Edition
Harri
Deutsch

Mathematik leicht gemacht

von

Harald Ziebarth
Hans Kreul

9., überarbeitete und erweiterte Auflage

VERLAG EUROPA-LEHRMITTEL · Nourney, Vollmer GmbH & Co. KG
Düsselberger Straße 23 · 42781 Haan-Gruiten

Europa-Nr.: 56085

Harald Ziebarth ist Privatlehrer für Mathematik, Biologie und Chemie. Er ist Herausgeber und Mitautor zahlreicher Mathematikbücher für die Oberstufe. Sein Spezialgebiet ist die Aufarbeitung mathematischer Grundlagen zur Vorbereitung auf die Themen der gymnasialen Oberstufe und des Grundstudiums.

Seit rund 25 Jahren beschäftigt er sich mit unterschiedlichen Formen des *E-Learning*, also dem Einsatz von Computern und des Internets im Bildungsbereich.

Seit 2010 entwickelt er Methoden für den persönlichen Live-Unterricht über das Internet und bildet Lehrkräfte in *Online-Didaktik* aus. Zusammen mit einem engagierten Team koordiniert er den Unterricht für Schüler bzw. Studierende und untersucht Synergieeffekte, die sich aus dem *Blended Learning* – der Kombination von Präsenz- und Online-Unterricht – für die Lernenden ergeben.

Prof. Dr.-Ing. Hans Kreul († 2010) lehrte an der Fachhochschule Zittau.

Er verantwortete von 1956 bis 1965 die Lehrbuchentwicklung für das Mathematikstudium an den Ingenieur- und Fachschulen der DDR und war als Mitherausgeber und Autor maßgeblich an der Entwicklung von mehr als 40 Lehrbüchern beteiligt.

Mathematik leicht gemacht ist eine Weiterentwicklung der beiden Vorläufer *Lehrgang der Elementarmathematik* (Fachbuchverlag Leipzig, 20 Auflagen von 1962 bis 1988) und *Moderner Vorkurs der Elementarmathematik* (Verlag Harri Deutsch Frankfurt/Main, 8 Auflagen von 1972 bis 1991). Alle drei Werke entstanden unter Federführung von Prof. Kreul und wurden in insgesamt mehr als 1 Million Exemplaren verkauft.

9., überarbeitete und erweiterte Auflage 2025

Druck 5 4 3 2 1

ISBN 978-3-8085-5909-3

Alle Drucke derselben Auflage sind parallel einsetzbar, da sie bis auf die Korrektur von Druckfehlern identisch sind.

Bei Fragen zur Produktsicherheit wenden Sie sich bitte an
produktsicherheit@europa-lehrmittel.de.

Satz: Satzherstellung Dr. Naake, 09212 Limbach-Oberfrohna
Umschlaggestaltung: braunwerbeagentur, 42477 Radevormwald
Druck: Plump Druck und Medien GmbH, 53619 Rheinbreitbach

Vorwort zur 9. Auflage

In den letzten Jahren hat die „**Künstliche Intelligenz**“ (KI) unser Leben und Arbeiten grundlegend verändert. KI-Modelle lösen komplexe Aufgaben, analysieren riesige Datenmengen in Sekundenschnelle und übernehmen Tätigkeiten, die früher ausschließlich Menschen vorbehalten waren. Diese rasante Entwicklung wirft insbesondere für Lernende eine zentrale Frage auf: „Wieso soll ich noch Mathematik lernen, wenn die KI Probleme und Aufgaben auf Knopfdruck löst?“

Damit eng verbunden ist die Frage, ob ein Buch wie „Mathematik leicht gemacht“ überhaupt noch benötigt wird.

Zwar liefern KI-Modelle beeindruckende Ergebnisse, doch diese basieren auf mathematischen Prinzipien – von Algorithmen über Statistik bis hin zu linearen Gleichungen. Wer Mathematik beherrscht, versteht nicht nur besser, wie KI funktioniert, sondern kann sie auch weiterentwickeln, anpassen und verantwortungsvoll einsetzen.

Die **Arbeitswelt verändert sich rasant**: Viele Routinetätigkeiten werden automatisiert, gleichzeitig entstehen jedoch auch neue Berufe und Chancen für diejenigen, die bereit sind, sich weiterzubilden und Neues zu lernen. Mathematik fördert kritisches Denken und trainiert das Lösen von Problemen – zwei Fähigkeiten, die in jeder Branche gefragt sind. Sie ermöglicht es uns, datenbasierte Entscheidungen zu treffen und innovative Technologien zu meistern. Ein Buch wie „Mathematik leicht gemacht“ ist dabei ein exzellenter Werkzeugkasten: Es macht komplexe Konzepte zugänglich, stärkt das Selbstvertrauen und zeigt, dass Mathematik keine Hürde, sondern eine Chance ist!

Trotz aller Fortschritte ist **KI nicht unfehlbar**. So kann sie beispielsweise Aufgabenstellungen missverstehen, fehlerhafte Daten verarbeiten oder falsche Annahmen treffen. Das kann zu ungenauen oder sogar komplett falschen Ergebnissen führen. Gerade bei komplexeren mathematischen Fragestellungen schleichen sich in den Antworten von KI-Modellen immer wieder Fehler in der Argumentation oder Berechnung ein. Dies kann beispielsweise durch das Übersehen von Zwischenschritten, die Anwendung ungeeigneter Methoden oder das Missachten von Randbedingungen verursacht werden.

☞ Der KI fehlt die menschliche Intuition, die erkennt, dass bei einem Argument oder einem Sachverhalt etwas nicht stimmt.

Deshalb ist es wichtig, die von der KI gelieferten Antworten stets kritisch zu hinterfragen und zu überprüfen, anstatt sie blind zu übernehmen. Nur wer über mathematisches Grundwissen verfügt, kann die Qualität und Richtigkeit der Ergebnisse wirklich beurteilen.

Die **Stärke von Lehrbüchern** besteht vor allem darin, dass sie einen klar strukturierten Lehrpfad aufzeigen und somit den eigenen Lernprozess optimal unterstützen. KI-Systeme liefern zwar schnelle Antworten, fördern jedoch nicht immer das tiefere Verständnis, welches erst durch wiederholtes Üben und intensives Nachdenken entsteht.

Damit die **KI als Begleiter zu diesem Buch** die Rolle eines idealen mathematischen Trainingspartners für die Leserinnen und Leser übernehmen kann, gibt es einen gesonderten Abschnitt zur praktischen Anwendung von KI-Modellen. Damit wird der in früheren

Auflagen eingeschlagene Weg fortgeführt, technische Hilfsmittel wie Taschenrechner und Computer-Algebra-Systeme konsequent einzusetzen.

Angeregt durch zahlreiche Zuschriften von Lernenden und Lehrenden sowie Vorschläge aus dem näheren Kollegenkreis werden insbesondere zu den Kapiteln der **Geometrie** zusätzlich zu den Endergebnissen auch die **ausführlichen Lösungswege** erläutert.

„Mathematik leicht gemacht" ist kein neues Buch. Schon etliche Schüler- und Studierendengenerationen haben mit ihm oder seinem Vorgänger „Moderner Vorkurs der Elementarmathematik" gearbeitet. In den letzten zwanzig Jahren wurde es mir ermöglicht, neue Entwicklungen der Schulmathematik in das Manuskript einzuarbeiten. Trotz aller Veränderungen ist der didaktische Geist der früheren Herausgeber, allen voran von Professor Hans Kreul, der 2010 verstorben ist, noch spürbar.

Der **Verlag** hat die Arbeit auch an dieser Auflage wieder optimal unterstützt. Obwohl wir mittlerweile in Dekaden denken, gab es keine personellen Veränderungen, sodass die Erfahrungen von Klaus Horn und Steffen Naake mit den bisherigen Auflagen auch in der vorliegenden Ausgabe genutzt werden konnten:

- Herr Horn hat in der Redaktion wie bisher die Fäden zusammengehalten und als Lektor viele Aspekte der Schulmathematik kritisch kommentiert. Seine Hinweise zur Gesamtstruktur, zu einzelnen Formulierungen und Rechenwegen waren stets hilfreich und wichtig!
- Herr Dr. Naake setzte meine groben Skizzen rasch und gekonnt in aussagekräftige Abbildungen um. Zu den unvermeidlichen LaTeX-Problemen fand er stets die perfekte Lösung.

Besonders erwähnen möchte ich die Unterstützung durch meine **Familie**, allen voran durch meine Frau Gabriele, der mein besonderer Dank gilt! Nachdem unsere Söhne während ihrer Ausbildung regen Anteil am Manuskript hatten, schaue ich nun mit Interesse auf die Enkelkinder, die bald ihre ersten Schritte in der Schule machen werden.

In all den Jahren gab es viele interessante Kontakte mit **Leserinnen und Lesern**. Für diese wertvollen Rückmeldungen bin ich sehr dankbar, denn sie geben mir die nötige Bodenhaftung und tragen dazu bei, das Interesse an diesem Buch lebendig zu halten.

Ich wünsche allen Leserinnen und Lesern viel Freude, Neugier und Erfolg beim Lernen!

Bornheim-Sechtem (Vorgebirge / Rheinland), im September 2025 Harald Ziebarth

Lehrbücher sollen anlockend sein.

Johann Wolfgang von Goethe

Inhaltsverzeichnis

Hinweise zur Benutzung des Buches . . . 17

1 Zur Technik des Zahlenrechnens . . . 27

1.1 Der Zahlbegriff . . . 27
1.1.1 Die natürlichen Zahlen . . . 27
1.1.2 Das dekadische Positionssystem . . . 29
1.1.3 Das duale Positionssystem . . . 31
1.1.4 Das römische Zahlensystem . . . 36
1.1.5 Konstante und Variable . . . 38
1.2 Das Rechnen mit Zahlen . . . 41
1.2.1 Bezeichnungen . . . 41
1.2.2 Die Teilbarkeit von Zahlen . . . 42
1.2.2.1 Teiler einer Zahl . . . 42
1.2.2.2 Teilbarkeitsregeln . . . 43
1.2.2.3 Primzahlen . . . 46
1.2.2.4 Der größte gemeinsame Teiler . . . 48
1.2.2.5 Das kleinste gemeinsame Vielfache . . . 51
1.2.3 Gewöhnliche Brüche . . . 52
1.2.3.1 Begriffserklärungen . . . 52
1.2.3.2 Erweitern und Kürzen von Brüchen . . . 54
1.2.3.3 Addition und Subtraktion gewöhnlicher Brüche . . . 55
1.2.3.4 Multiplikation von Brüchen . . . 57
1.2.3.5 Der Kehrwert eines Bruches . . . 58
1.2.3.6 Division von Brüchen . . . 59
1.2.3.7 Doppelbrüche . . . 60
1.2.3.8 Zusammenfassung Bruchrechnung . . . 62
1.2.4 Dezimalbrüche . . . 63
1.2.4.1 Begriffserklärungen . . . 63
1.2.4.2 Addition und Subtraktion von Dezimalbrüchen . . . 65
1.2.4.3 Multiplikation von Dezimalbrüchen . . . 65
1.2.4.4 Division von Dezimalbrüchen . . . 66
1.2.4.5 Umwandlung von Brüchen . . . 68
1.2.4.6 Das Runden von Dezimalbrüchen . . . 72
1.2.4.7 Bruch oder Dezimalzahl? . . . 74
1.2.4.8 Größenvergleich von Brüchen . . . 75
1.3 Rechenhilfsmittel . . . 88
1.3.1 Taschenrechner . . . 88
1.3.1.1 Grundrechenarten . . . 90
1.3.1.2 Eingeben, Editieren, Löschen . . . 91
1.3.1.3 Werte abspeichern . . . 93
1.3.1.4 Terme berechnen . . . 95
1.3.1.5 Funktionentasten . . . 99
1.3.1.6 Verschiedene Arbeitsmodi . . . 103
1.3.1.7 Kaufkriterien für einen Taschenrechner . . . 103

1.3.2 Tabellenkalkulation . . . 104
1.3.2.1 Kurze Einführung in Excel . . . 104
1.3.2.2 Mathematik mit Excel . . . 106
1.3.3 Computeralgebrasystem . . . 106
1.3.3.1 Anwendungen für Derive . . . 107
1.3.4 Funktionenplotter . . . 107
1.3.5 Künstliche Intelligenz . . . 108
1.3.5.1 Prompten – Mit den richtigen Fragen punkten . . . 109
1.3.5.2 Künstliche Intelligenz als Lernassistent . . . 113

2 Arithmetik . . . 119
2.1 Die Rolle der Sprache in der Mathematik . . . 119
2.1.1 Allgemeine Bemerkungen . . . 119
2.1.2 Aussagen und Aussageformen . . . 119
2.1.3 Verknüpfung von Aussagen . . . 121
2.1.3.1 Einführendes Beispiel . . . 121
2.1.3.2 Die Konjunktion . . . 122
2.1.3.3 Die Disjunktion . . . 123
2.1.3.4 Die Implikation . . . 125
2.1.3.5 Die Äquivalenz . . . 127
2.2 Grundbegriffe der Mengenlehre . . . 130
2.2.1 Der Begriff der Menge . . . 130
2.2.2 Zahlenmengen . . . 132
2.2.3 Die Beschreibung von Mengen . . . 134
2.2.3.1 Mengenschreibweise . . . 134
2.2.3.2 Intervallschreibweise . . . 138
2.2.4 Mengenrelationen . . . 140
2.2.4.1 Teilmengen . . . 140
2.2.4.2 Gleichheit zweier Mengen . . . 141
2.2.5 Mengenoperationen . . . 142
2.2.5.1 Vereinigung von Mengen . . . 142
2.2.5.2 Durchschnitt von Mengen . . . 144
2.2.5.3 Differenz zweier Mengen . . . 146
2.2.5.4 Produktmenge . . . 148
2.3 Das Rechnen mit Variablen . . . 153
2.3.1 Die vier Grundrechenoperationen . . . 153
2.3.1.1 Einfache Rechenoperationen mit Variablen . . . 153
2.3.1.2 Die negativen Zahlen . . . 157
2.3.1.3 Addition und Subtraktion . . . 160
2.3.1.4 Multiplikation . . . 165
2.3.1.5 Division . . . 167
2.3.2 Das Rechnen mit algebraischen Summen . . . 169
2.3.2.1 Über die Bedeutung der Klammern . . . 169
2.3.2.2 Setzen und Auflösen additiver und subtraktiver Klammern . . . 170
2.3.2.3 Multiplikation von Klammerausdrücken . . . 172
2.3.2.4 Ausklammern gemeinsamer Faktoren . . . 176
2.3.2.5 Binomische Formeln . . . 178
2.3.2.6 Die Quadratische Ergänzung . . . 181

2.3.3 Bruchrechnung 183
2.3.3.1 Erweitern und Kürzen von Brüchen 184
2.3.3.2 Addition und Subtraktion von Brüchen 185
2.3.3.3 Multiplikation und Division von Brüchen 187
2.3.3.4 Doppelbrüche 189
2.4 Potenzrechnung 207
2.4.1 Begriffserklärungen 207
2.4.2 Potenzgesetze 211
2.4.2.1 Addition und Subtraktion von Potenzen 211
2.4.2.2 Multiplikation von Potenzen 211
2.4.2.3 Division von Potenzen 212
2.4.2.4 Potenzieren einer Potenz 214
2.4.2.5 Klammergesetze 215
2.4.3 Erste Erweiterung des Potenzbegriffs 217
2.4.4 Potenzen von Binomen 221
2.4.5 Polynomdivision 224
2.4.6 Ausklammern für Fortgeschrittene 229
2.4.7 Anwendungen der Potenzen 231
2.4.7.1 Schreibweise rationaler Zahlen mithilfe von Zehnerpotenzen 231
2.4.7.2 Schreibweise von Maßeinheiten 232
2.4.8 Übersicht der Potenzgesetze 234
2.5 Wurzelrechnung 243
2.5.1 Radizieren als erste Umkehrung des Potenzierens 243
2.5.1.1 Der Wurzelbegriff 243
2.5.1.2 Definitionsbereich und einschränkende Bedingungen 247
2.5.1.3 Die Berechnung von Wurzelwerten 249
2.5.2 Die reellen Zahlen 250
2.5.3 Zweite Erweiterung des Potenzbegriffs 253
2.5.4 Wurzelgesetze 255
2.5.4.1 Addition und Subtraktion von Wurzeln 255
2.5.4.2 Multiplikation von Wurzeln mit gleichen Wurzelexponenten 256
2.5.4.3 Teilradizieren 257
2.5.4.4 Division von Wurzeln mit gleichen Wurzelexponenten 259
2.5.4.5 Rationalmachen des Nenners 260
2.5.4.6 Radizieren von Potenzen und Wurzeln 262
2.5.4.7 Wurzeln mit verschiedenen Wurzelexponenten 264
2.5.4.8 Rückblick auf die Potenz- und die Wurzelgesetze 265
2.6 Logarithmenrechnung 273
2.6.1 Logarithmieren als zweite Umkehrung des Potenzierens 273
2.6.1.1 Der Logarithmusbegriff 273
2.6.1.2 Logarithmengesetze 276
2.6.2 Spezielle Logarithmensysteme 279
2.6.2.1 Die dekadischen Logarithmen 279
2.6.2.2 Die natürlichen Logarithmen 281
2.6.2.3 Die dualen Logarithmen 282
2.6.2.4 Weitere Logarithmensysteme 282
2.6.3 Zusammenfassung 284

3 Algebra . . . 291
3.1 Lineare Gleichungen und Ungleichungen . . . 291
3.1.1 Vorbemerkungen und Begriffserklärungen . . . 291
3.1.1.1 Definitionsbereich . . . 291
3.1.1.2 Gleichungen . . . 294
3.1.1.3 Ungleichungen . . . 298
3.1.2 Umformung von Gleichungen . . . 298
3.1.2.1 Äquivalente Umformung von Gleichungen . . . 298
3.1.2.2 Nichtäquivalente Umformung von Gleichungen . . . 301
3.1.2.3 Elektronische Hilfsmittel beim Lösen von Gleichungen . . . 303
3.1.3 Lösung linearer Gleichungen mit einer Variablen . . . 305
3.1.3.1 Begriffserklärungen . . . 305
3.1.3.2 Einfache lineare Gleichungen . . . 306
3.1.3.3 Nichtlineare Gleichungen auf lineare Gleichungen zurückführen . . . 308
3.1.3.4 Gleichungen mit Parametern . . . 310
3.1.3.5 Gleichungen mit Klammerausdrücken . . . 311
3.1.3.6 Bruchgleichungen . . . 313
3.1.3.7 Wurzelgleichungen . . . 316
3.1.3.8 Gleichungen mit eingeschränktem Definitionsbereich . . . 319
3.1.3.9 Das Umstellen von Formeln . . . 320
3.1.3.10 Anwendungen . . . 321
3.1.3.11 Schlussbemerkungen . . . 328
3.1.4 Das Rechnen mit Ungleichungen . . . 328
3.1.5 Gleichungen und Ungleichungen mit Beträgen . . . 334
3.2 Proportionen . . . 343
3.2.1 Begriffserklärungen . . . 343
3.2.2 Rechengesetze für Proportionen . . . 344
3.2.3 Fortlaufende Proportionen . . . 346
3.2.4 Direkte Proportionalität . . . 347
3.2.5 Indirekte Proportionalität . . . 349
3.2.6 Proportionen als Gleichungen . . . 350
3.3 Prozentrechnung . . . 354
3.3.1 Grundbegriffe . . . 354
3.3.2 Berechnung des Prozentsatzes . . . 355
3.3.3 Berechnung des Prozentwertes . . . 355
3.3.4 Berechnung des Grundwertes . . . 356
3.3.5 Verminderter oder vermehrter Grundwert . . . 357
3.3.6 Promillerechnung . . . 362
3.3.7 Zinsrechnung . . . 363
3.3.8 Zinseszinsrechnung . . . 364
3.4 Lineare Gleichungssysteme . . . 371
3.4.1 Lineare Gleichungssysteme mit zwei Variablen . . . 371
3.4.2 Lösungsverfahren für LGS mit zwei Variablen . . . 373
3.4.2.1 Das Einsetzungsverfahren . . . 373
3.4.2.2 Das Gleichsetzungsverfahren . . . 374
3.4.2.3 Das Additionsverfahren . . . 375
3.4.2.4 Bemerkungen zu den drei Lösungsverfahren . . . 375
3.4.2.5 Die Lösbarkeit linearer Gleichungssysteme mit zwei Variablen . . . 375
3.4.2.6 Schwierigere Gleichungssysteme . . . 378

3.4.3 LGS mit drei und mehr Variablen . . . 383
3.4.3.1 Begriffserklärungen . . . 383
3.4.3.2 Lösungsverfahren für LGS mit drei und mehr Variablen . . . 384
3.4.4 LGS mit elektronischen Hilfsmitteln lösen . . . 391
3.4.4.1 Taschenrechner . . . 391
3.4.4.2 CAS . . . 392
3.5 Quadratische Gleichungen . . . 400
3.5.1 Begriffserklärungen . . . 400
3.5.2 Spezielle Formen der quadratischen Gleichung . . . 402
3.5.2.1 Die reinquadratische Gleichung . . . 402
3.5.2.2 Die gemischtquadratische Gleichung ohne Absolutglied . . . 405
3.5.3 Die Normalform der quadratischen Gleichung . . . 406
3.5.3.1 Die Lösungsformel für quadratische Gleichungen . . . 406
3.5.3.2 Die Lösung der allgemeinen Form der quadratischen Gleichung . . . 411
3.5.4 Beziehungen zwischen den Koeffizienten und den Lösungen einer quadratischen Gleichung . . . 414
3.5.4.1 Die Diskriminante . . . 414
3.5.4.2 Der Wurzelsatz von VIETA . . . 415
3.5.4.3 Die Produktform quadratischer Terme – Faktorisieren für Profis . . . 417
3.5.5 Quadratische oder höhere Ungleichungen . . . 419
3.5.6 Wurzelgleichungen, Teil 2 . . . 421
3.5.7 Quadratische Gleichungssysteme . . . 423
3.5.8 Biquadratische Gleichungen . . . 424
3.6 Polynomgleichungen . . . 435
3.6.1 Gleichungen ohne Absolutglied . . . 438
3.6.2 Kubische Gleichungen . . . 439
3.6.2.1 Kubische Gleichungen mit Absolutglied . . . 439
3.6.2.2 Methode des gezielten Ratens . . . 441
3.6.2.3 Der Einfluss des Leitkoeffizienten . . . 444
3.6.3 Höhere Polynomgleichungen . . . 447
3.6.4 Übersicht . . . 449
3.7 Exponentialgleichungen . . . 451
3.7.1 Lösen einer Exponentialgleichung durch Exponentenvergleich . . . 452
3.7.2 Lösen einer Exponentialgleichung durch Logarithmieren . . . 453
3.7.3 Lösen einer Exponentialgleichung durch Substitution . . . 458
3.7.4 Nicht elementar lösbare Exponentialgleichungen . . . 460
3.8 Logarithmische Gleichungen . . . 464
3.8.1 Lösen durch Vergleich der Numeri . . . 465
3.8.2 Lösen durch Exponieren . . . 466
3.8.3 Besondere logarithmische Gleichungen . . . 467
3.8.3.1 Substitutionsmethode . . . 467
3.8.3.2 Lösen durch Basiswechsel . . . 468
3.8.3.3 Lösungsvariable in der Basis . . . 469
3.8.4 Nicht elementar lösbare Logarithmusgleichungen . . . 470

4 Funktionen . . . 475
4.1 Begriffsbestimmungen . . . 475
4.1.1 Der Begriff der Abbildung . . . 475
4.1.2 Der Begriff der Funktion . . . 477

4.2 Arten der Darstellung von Funktionen . . . 480
4.2.1 Darstellung einer Funktion durch die Angabe der geordneten Paare . . . 480
4.2.2 Darstellung einer Funktion durch eine Wertetabelle . . . 481
4.2.3 Darstellung einer Funktion durch Zuordnungsgraphen . . . 481
4.2.4 Darstellung einer Funktion durch wörtliche Formulierung der Zuordnungsvorschrift . . . 482
4.2.5 Darstellung einer Funktion durch mathematische Relationen . . . 483
4.2.6 Darstellung einer Funktion durch eine Kurve . . . 484
4.2.6.1 Das rechtwinklige Koordinatensystem . . . 484
4.2.6.2 Darstellung von Funktionen in Form von Graphen . . . 487
4.2.6.3 Grafische Darstellung von Funktionen, die nicht von vornherein als Kurven gegeben sind . . . 489
4.2.6.4 Zusammenhänge zwischen der Gleichung einer Funktion und der zugehörigen Kurve . . . 493
4.2.6.5 Schnittpunkt zweier Kurven . . . 495
4.3 Wichtige Eigenschaften von Funktionen . . . 499
4.3.1 Monotonie . . . 499
4.3.2 Stetigkeit . . . 500
4.3.3 Gerade Funktionen . . . 501
4.3.4 Ungerade Funktionen . . . 502
4.3.5 Schnittpunkte mit den Achsen . . . 503
4.4 Lineare Funktionen . . . 506
4.4.1 Vorbemerkungen . . . 506
4.4.2 Begriffserklärungen . . . 507
4.4.3 Die Funktion $y = mx$ . . . 508
4.4.4 Die Funktion $y = mx + b$ . . . 511
4.4.5 Grafische Darstellung der linearen Funktion . . . 514
4.4.6 Grafische Lösung linearer Gleichungen und linearer Gleichungssysteme mit zwei Variablen . . . 515
4.5 Quadratische Funktionen . . . 520
4.5.1 Begriffserklärungen . . . 520
4.5.2 Die quadratische Funktion $y = x^2$ . . . 520
4.5.3 Die quadratische Funktion $y = x^2 + q$ . . . 522
4.5.4 Die quadratische Funktion $y = x^2 + px + q$ . . . 522
4.5.5 Die allgemeine quadratische Funktion $y = a\,x^2 + b\,x + c$ . . . 526
4.5.6 Modellieren quadratischer Funktionen . . . 529
4.5.7 Parabel und Gerade . . . 531
4.5.8 Grafische Lösung quadratischer Gleichungen . . . 533
4.6 Potenzfunktionen . . . 538
4.6.1 $y = x^n$ mit ganzzahligem positivem Exponenten . . . 538
4.6.2 Die Potenzfunktion $y = x^0$ . . . 541
4.6.3 $y = x^{-n}$ mit ganzzahligem negativem Exponenten . . . 541
4.6.4 $y = x^n$ mit gebrochenem Wert des Exponenten n . . . 544
4.7 Wichtige transzendente Funktionen . . . 545
4.7.1 Die Exponentialfunktionen . . . 545
4.7.2 Die logarithmischen Funktionen . . . 547

5 Planimetrie 551
5.1 Grundbegriffe der Geometrie 551
5.2 Lagebeziehungen zwischen Geraden und Winkeln 554
5.2.1 Parallele Geraden 554
5.2.2 Schnitt zweier Geraden 554
5.2.3 Winkel an Parallelen 555
5.3 Symmetrie 556
5.3.1 Axiale Symmetrie 556
5.3.2 Zentrale Symmetrie 558
5.3.3 Geometrische Grundkonstruktionen 558
5.3.4 Punktmengen 561
5.4 Das Dreieck 563
5.4.1 Allgemeines Dreieck 563
5.4.2 Spezielle Dreiecke 565
5.4.3 Dreieckstransversalen und deren Schnittpunkte 566
5.5 Das Viereck 570
5.5.1 Allgemeines Viereck 570
5.5.2 Spezielle Vierecke 571
5.6 Das Vieleck 576
5.6.1 Unregelmäßiges Vieleck 576
5.6.2 Regelmäßige Vielecke 576
5.7 Kongruenz 577
5.7.1 Was ist Kongruenz? 577
5.7.2 Kongruenz von Dreiecken 578
5.8 Ähnlichkeit 582
5.8.1 Ähnlichkeit im Allgemeinen 582
5.8.2 Ähnlichkeit von Dreiecken 582
5.8.3 Strahlensätze 584
5.8.4 Zentrische Streckungen 587
5.9 Das rechtwinklige Dreieck 593
5.10 Strecken und Winkel am Kreis 604
5.10.1 Kreis und Gerade 604
5.10.2 Winkel am Kreis 606
5.10.3 Ähnlichkeit am Kreis 609
5.10.4 Der Goldene Schnitt 611
5.11 Berechnung von Flächen und Umfängen 618
5.11.1 Vierecke 618
5.11.2 Dreiecke 621
5.11.3 Unregelmäßige Vielecke 622
5.11.4 Regelmäßige Vielecke 623
5.11.5 Kreis und Kreisteile 625
5.11.6 Umfang und Flächeninhalt ähnlicher Flächen 631

6 Goniometrie 653
6.1 Das Bogenmaß 653
6.2 Winkelfunktionen 655
6.2.1 Definition der Winkelfunktionen 655
6.2.2 Kurvenbilder der Winkelfunktionen 658
6.2.3 Die Zahlenwerte der Winkelfunktionen 662

6.2.4 Die Umkehrung der Winkelfunktionen . . . 665
6.2.5 Elementare Beziehungen zwischen den Winkelfunktionen . . . 669
6.3 Trigonometrie . . . 672
6.3.1 Die Winkelfunktionen am rechtwinkligen Dreieck . . . 673
6.3.2 Sätze über beliebige Dreiecke . . . 679
6.3.2.1 Der Sinussatz . . . 680
6.3.2.2 Die Flächenformel für Dreiecke . . . 681
6.3.2.3 Der Kosinussatz . . . 682
6.3.3 Die Berechnung schiefwinkliger Dreiecke . . . 683
6.4 Additionstheoreme . . . 691
6.5 Goniometrische Gleichungen . . . 697

7 Stereometrie . . . 707
7.1 Einteilung der Körper . . . 707
7.1.1 Ebenflächner . . . 707
7.1.2 Krummflächner . . . 710
7.2 Darstellung von Körpern . . . 714
7.2.1 Mehrtafelprojektion . . . 714
7.2.2 Axonometrische Projektion . . . 716
7.2.2.1 Isometrische Projektion . . . 716
7.2.2.2 Dimetrische Projektion . . . 717
7.3 Körperberechnung . . . 718
7.3.1 Berechnungsgrundlagen . . . 718
7.3.2 Ebenflächner . . . 719
7.3.2.1 Quader und Würfel . . . 719
7.3.2.2 Volumina ähnlicher Körper . . . 721
7.3.2.3 Gerades Prisma . . . 724
7.3.2.4 Satz des CAVALIERI . . . 729
7.3.2.5 Pyramide . . . 730
7.3.2.6 Pyramidenstumpf . . . 735
7.3.3 Krummflächner . . . 740
7.3.3.1 Kreiszylinder . . . 740
7.3.3.2 Kegel . . . 748
7.3.3.3 Kegelstumpf . . . 752
7.3.3.4 Kugel und Kugelteile . . . 758
7.3.4 Die GULDIN'schen Regeln . . . 777

Anhang – Mathematische Zeichen, Formelapparat . . . 785

Anhang – Mathematische Begriffe . . . 807

Lösungen . . . 841

Sachwortverzeichnis . . . 949

Aufgabenverzeichnis

Die Aufgaben zu den aufgelisteten Abschnitten finden sich jeweils gesammelt auf den angegebenen Seiten.

1 Zur Technik des Zahlenrechnens ... 27

1.1.3 Das duale Positionssystem ... 39
1.1.4 Das römische Zahlensystem ... 40
1.2.2 Teilbarkeit von Zahlen ... 76
1.2.2.4 Der größte gemeinsame Teiler ... 76
1.2.2.5 Das kleinste gemeinsame Vielfache ... 77
1.2.3 Gewöhnliche Brüche ... 78
1.2.3.2 Erweitern und Kürzen von Brüchen ... 78
1.2.3.3 Addition und Subtraktion gewöhnlicher Brüche ... 79
1.2.3.4 Multiplikation von Brüchen ... 80
1.2.3.5 Der Kehrwert eines Bruches ... 80
1.2.3.6 Division von Brüchen ... 81
1.2.3.7 Doppelbrüche ... 82
1.2.3.8 Zusammenfassung Bruchrechnung ... 83
1.2.4 Dezimalbrüche ... 84
1.2.4.2 Addition und Subtraktion von Dezimalbrüchen ... 84
1.2.4.3 Multiplikation von Dezimalbrüchen ... 84
1.2.4.4 Division von Dezimalbrüchen ... 85
1.2.4.5 Umwandlung von Brüchen ... 85
1.2.4.6 Das Runden von Dezimalbrüchen ... 86
1.2.4.7 Bruch oder Dezimalzahl? ... 87
1.2.4.8 Größenvergleich von Brüchen ... 87
1.3.1 Taschenrechner ... 115
1.3.2 Tabellenkalkulation ... 116
1.3.3 Computeralgebrasystem ... 117
1.3.5 Künstliche Intelligenz ... 117

2 Arithmetik ... 119

2.1.3 Verknüpfung von Aussagen ... 130
2.2 Mengen ... 151
2.3.1.1 Einfache Rechenoperationen mit Variablen ... 190
2.3.1.2 Die negativen Zahlen ... 191
2.3.1.3 Addition und Subtraktion ... 192
2.3.1.4 Multiplikation ... 193
2.3.1.5 Division ... 193
2.3.2.2 Setzen und Auflösen additiver und subtraktiver Klammern ... 194
2.3.2.3 Multiplikation von Klammerausdrücken ... 196
2.3.2.4 Ausklammern gemeinsamer Faktoren ... 198
2.3.2.5 Binomische Formeln ... 199
2.3.2.6 Quadratische Ergänzung ... 201
2.3.3.1 Erweitern und Kürzen von Brüchen ... 202
2.3.3.2 Addition und Subtraktion von Brüchen ... 203

2.3.3.3 Multiplikation und Division von Brüchen 204
2.3.3.4 Doppelbrüche 205
2.4 Potenzrechnung 234
2.4.2.1 Addition und Subtraktion von Potenzen 235
2.4.2.2 Multiplikation von Potenzen 236
2.4.2.3 Division von Potenzen 236
2.4.2.4 Potenzieren einer Potenz 237
2.4.2.5 Klammergesetze 237
2.4.3 Erste Erweiterung des Potenzbegriffs 238
2.4.4 Potenzen von Binomen 239
2.4.5 Polynomdivision 240
2.4.6 Ausklammern für Fortgeschrittene 242
2.5.1.1 Der Wurzelbegriff 266
2.5.1.2 Definitionsbereich und einschränkende Bedingungen 266
2.5.1.3 Die Berechnung von Wurzelwerten 267
2.5.3 Wurzeln als Potenzen mit gebrochenen Exponenten 267
2.5.4.1 Addition und Subtraktion von Wurzeln 268
2.5.4.2 Multiplikation und Division von Wurzeln mit gleichen Wurzelexponenten 268
2.5.4.3 Teilradizieren 268
2.5.4.4 Division von Wurzeln mit gleichen Wurzelexponenten 269
2.5.4.5 Rationalmachen des Nenners 270
2.5.4.6 Radizieren von Potenzen und Wurzeln 271
2.5.4.7 Wurzeln mit verschiedenen Wurzelexponenten 272
2.6 Logarithmenrechnung 285
2.6.1.2 Logarithmengesetze 287
2.6.2 Spezielle Logarithmensysteme 287

3 Algebra 291
3.1.3.2 Einfache lineare Gleichungen 336
3.1.3.3 Nichtlineare Gleichungen auf lineare Gleichungen zurückführen 337
3.1.3.4 Gleichungen mit Parametern 337
3.1.3.5 Gleichungen mit Klammerausdrücken 338
3.1.3.6 Bruchgleichungen 338
3.1.3.7 Wurzelgleichungen 340
3.1.3.9 Das Umstellen von Formeln 341
3.1.3.10 Anwendungen 341
3.1.4 Das Rechnen mit Ungleichungen 342
3.2 Proportionen 352
3.3 Prozentrechnung 367
3.3.7 Zinsrechnung 370
3.4.2 2er-LGS 393
3.4.3 3er-LGS 396
3.5 Quadratische Gleichungen 427
3.5.2.1 Die reinquadratische Gleichung 427
3.5.2.2 Die gemischtquadratische Gleichung ohne Absolutglied 428
3.5.3.1 Die Lösungsformel für quadratische Gleichungen 428
3.5.3.2 Lösungen der allgemeinen Form 429
3.5.4.1 Die Diskriminante 430

3.5.4.2 Wurzelsatz von VIETA 430
3.5.4.3 Produktform quadratischer Terme 431
3.5.5 Quadratische oder höhere Ungleichungen 431
3.5.6 Wurzelgleichungen, Teil 2 432
3.5.7 Quadratische Gleichungssysteme 432
3.5.8 Biquadratische Gleichungen 433
Gemischte Aufgaben zu den quadratischen Gleichungen 434
3.6 Polynomgleichungen 449
3.7 Exponentialgleichungen 462
3.8 Logarithmische Gleichungen 472

4 Funktionen 475
4.2 Arten der Darstellung von Funktionen 497
4.3.5 Schnittpunkte mit den Achsen 506
4.4 Lineare Funktionen 516
4.4.3 Die Funktion $y = mx$ 516
4.4.4 Die Funktion $y = mx + b$ 517
4.4.5 Grafische Darstellung der linearen Funktion 517
4.4.6 Grafische Lösungen 519
4.5 Quadratische Funktionen 535
4.5.6 Modellieren quadratischer Funktionen 536
4.5.7 Parabel und Gerade 537
4.5.8 Grafische Lösung quadratischer Gleichungen 538
4.6 Potenzfunktionen 544
4.7 Wichtige transzendente Funktionen 548

5 Planimetrie 551
5.3 Symmetrie 562
5.4 Das Dreieck 570
5.6 Das Vieleck 577
5.8 Ähnlichkeit 592
5.8.3 Strahlensätze 592
5.8.4 Zentrische Streckungen 593
5.9 Das rechtwinklige Dreieck 599
5.10.2 Winkel am Kreis 617
5.10.3 Ähnlichkeit am Kreis 617
5.10.4 Der Goldene Schnitt 617
5.11.1 Vierecke 633
5.11.2 Dreiecke 639
5.11.4 Regelmäßige Vielecke 642
5.11.5 Kreis und Kreisteile 645
5.11.6 Umfang und Flächeninhalt ähnlicher Flächen 652

6 Goniometrie 653
6.1 Das Bogenmaß 655
6.2.1 Definition der Winkelfunktionen 671
6.2.4 Die Umkehrung der Winkelfunktionen 672
6.2.5 Elementare Beziehungen zwischen den Winkelfunktionen 672

6.3.1 Die Winkelfunktionen am rechtwinkligen Dreieck 687
6.3.3 Die Berechnung schiefwinkliger Dreiecke 689
6.4 Additionstheoreme 697
6.5 Goniometrische Gleichungen 706

7 Stereometrie 707
7.3.2.1 Quader und Würfel 722
7.3.2.3 Gerades Prisma 726
7.3.2.4 Satz des CAVALIERI 730
7.3.2.5 Pyramide 733
7.3.2.6 Pyramidenstumpf 738
7.3.3.1.1 Gerader Voll- und Hohlzylinder 742
7.3.3.1.2 Schiefer Voll- und Hohlzylinder 747
7.3.3.2 Kegel 751
7.3.3.3 Kegelstumpf 755
7.3.3.4 Kugel- und Kugelteile 771
7.3.4 Die GULDIN'schen Regeln 783

Hinweise zur Benutzung des Buches

Ziel des Buches ist ein Einstieg in die Mathematik ohne Voraussetzungen; es reicht die Bereitschaft zum Lesen und zum gründlichen Üben. Es regt an, mit dem Wissen, das dieses Buch vermittelt, je nach Bedarf in weitere Gebiete der Mathematik, vielleicht sogar in die „Höhere Mathematik" einzusteigen. Das Buch stellt das „mathematische Handwerkszeug" bereit, das jeder souverän beherrschen muss, der tiefer in die Mathematik eindringen möchte.

Struktur des Buches

Dem Lernenden soll die Möglichkeit geboten werden, sich auf die wenigen Bereiche zu konzentrieren, deren Studium besonders dringlich erscheint. Deshalb sind die einzelnen Kapitel so aufgebaut, dass sie unabhängig voneinander erarbeitet werden können.

Am Anfang eines neuen Themenbereiches wird durch das nebenstehende Logo auf notwendiges **Vorwissen** hingewiesen, so dass Sie als Leser sofort erkennen, ob Sie das eine oder andere Thema noch einmal auffrischen müssen.

Innerhalb des Textes finden sich weitere Hinweise auf bereits an anderer Stelle besprochene Definitionen und Formeln. In jedem Kapitel werden Formeln und Definitionen, Abbildungen, Beispiele sowie Aufgaben eigenständig durchnummeriert. Der Hinweis auf Bild 3.4 verweist somit auf das dritte Kapitel und dort auf die vierte Abbildung. Versteht man einzelne Begriffe nicht, hilft sicherlich das Glossar im Anhang oder ansonsten das ausführliche Sachwortverzeichnis weiter.

Durchgängig werden im gesamten Buch die **Fachbegriffe** erklärt und um Informationen zur Wortherkunft ergänzt. Gerade an weiterführenden Schulen wird sehr viel Wert auf die mündliche Beteiligung im Unterricht und die richtige Verwendung der Fachtermini [1)] in den Klausuren gelegt. An den Hochschulen und in der dort empfohlenen Literatur gehören diese Begriffe zum normalen Sprachgebrauch. Sie werden sehr schnell erkennen, dass sich einige Begriffe oder Silben öfters wiederholen und Ihnen an ganz unterschiedlichen Stellen begegnen. Wenn Sie einmal gelernt haben, dass mit „Substitution" ein Austausch gemeint ist, worauf das lateinische Verb „substituere" in der Bedeutung „ersetzen, an die Stelle setzen" hinweist, haben Sie alsbald auch eine gute Vorstellung, was sich in der Mathematik hinter einer *Variablensubstitution* oder einem *Substitutionsverfahren* verbergen könnte. Dass in der Chemie unter einer *Substitutionsreaktion* eine chemische Reaktion verstanden wird, bei der Atome oder Atomgruppen ausgetauscht werden, ist dann ebenso klar, wie der Begriff „Substitut" aus dem Munde eines Wirtschaftswissenschaftlers. Die Bedeutung von „substituere" werden Sie spätestens dann nicht mehr vergessen, wenn Ihnen der Obsthändler statt der gewünschten, aber leider ausverkauften Birnen, als *Substitut* nun Äpfel einpackt.

[1)] terminus (lat.): Abgrenzung. Die Terminologie beschreibt die Fachbegriffe eines Wissensgebietes.

An passender Stelle wird im Text mit dem Symbol ✍ auf **Übungsaufgaben** hingewiesen, die jeweils am Ende eines Abschnittes zu finden sind. Dort ist auch ein Hinweis auf die zugehörigen **Lösungen** angebracht.

Das Symbol zeigt, dass es zusätzlich zu der Lösung auch einen **kommentierten Lösungsweg** gibt. Alle Lösungskommentare sind in einem digitalen Buch zusammengefasst, dass Sie in Ihr virtuelles Regal in der EUROPATHEK stellen können. Die **kostenlose Freischaltung** der digitalen Lösungen ist auf der Rückseite des Umschlags beschrieben.

Das Warndreieck weist auf typische **Anwendungsfehler** hin, aber auch auf kleine Tricks, mit denen man sie umgehen kann.

Hinweise, die zwar wichtig sind, aber den Lesefluss stören könnten, sind eingerückt und durch das Symbol ☞ markiert.

Da die meisten Leser einen Taschenrechner und vielfach auch einen Computer besitzen, wird bereits im ersten Kapitel die Einsatzmöglichkeit elektronischer Hilfsmittel besprochen. Hinweise zur konkreten Anwendung in der Mathematik finden sich dann später bei den jeweiligen Themen.

Der Einsatz eines **Taschenrechners (TR)** wird durch das nebenstehende Logo signalisiert. Die Angabe der einzelnen Handlungsschritte soll es den Lesern ermöglichen, den Taschenrechner als alltägliches Rechenhilfsmittel einzusetzen und die volle Bandbreite seiner Funktionen zu nutzen. In diesem Buch orientieren wir uns in erster Linie an dem Modell *Casio fx-991 ES*, das eine enorme Leistungsfähigkeit mit einer einfachen, fast intuitiven Bedienbarkeit verbindet. Daneben sind die Hinweise aber auch so gestaltet, dass jedes andere Modell verwendet werden kann.

Programmierbare und grafikfähige Modelle werden bewusst nicht besprochen, da sie um ein Vielfaches teurer als normale Taschenrechner sind, z. Z. im Unterricht – wenn überhaupt – leider nur eine Nebenrolle spielen und meistens in den Prüfungen nicht zugelassen sind.

Neben der Nutzung als Rechenhilfsmittel können die Geräte auch zur Veranschaulichung von mathematischen Zusammenhängen eingesetzt werden.

Da auf den meisten Computern, sei es am Arbeitsplatz oder im Privatbereich, ein **Tabellenkalkulationsprogramm** installiert ist, werden auch Hinweise auf dessen mathematische Anwendungsmöglichkeiten gegeben.

Wegen seines hohen Verbreitungsgrades orientieren wir uns bei der Beschreibung der Befehle an *Excel*; vielfach können diese aber auch bei anderen Tabellenkalkulationsprogrammen (z. B. *Calc* aus der *OpenOffice*-Reihe) verwendet werden.

Der Einsatz einer Tabellenkalkulation ist didaktisch sinnvoll, da die Leser dadurch die Möglichkeit bekommen, eine allgemeine Lösung für ein mathematisches Problem zu erstellen, um diese dann mit den Zahlenangaben von speziellen Einzelsituationen schnell überprüfen zu können.

Zusätzlich zu den reinen Rechenprogrammen gibt es **Computeralgebrasysteme (CAS)**, die auch Ausdrücke mit Variablen verarbeiten können.

Aus der großen Vielfalt der Programme wurde *Derive* ausgewählt, da dieses Programm im Schulbereich immer noch gerne eingesetzt wird. Es ist einfach in der Handhabung und ermöglicht dem Benutzer auch eine schrittweise Darstellung von Lösungsprozessen.

Auch in der Mathematik gilt wie in jedem anderen Beruf der Grundsatz: Technische Hilfsmittel kann man erst dann effektiv nutzen, wenn man sich bestimmte handwerkliche Grundfertigkeiten erarbeitet hat. Und zu den handwerklichen Grundfertigkeiten der Mathematik gehören sicheres Zahlenrechnen sowie gefestigte Kenntnisse der elementaren mathematischen Grundgesetze.

Um die Informationen zu den Programmen oder Hinweise auf interessante Internetseiten auch nach Drucklegung möglichst aktuell zu halten, gibt es eine **begleitende Internetseite**, auf die ein Logo in diesem Buch aufmerksam macht.

Die Seite `http://www.europa-lehrmittel.de/56085.html` bietet unter dem Reiter „Links / Downloads" eine Sammlung weiterführender Links[1], Dateien zum Herunterladen und – sobald bekannt – Fehlerkorrekturen zum Buch an.

Inhalt des Buches

Auch wegen der gerade vermerkten Erkenntnis zu den Grundfertigkeiten im **Zahlenrechnen** wird im ersten Kapitel die Zahl, als Grundgröße der Mathematik, in ihren verschiedenen Darstellungsformen besprochen. Neben den *natürlichen Zahlen* lernen Sie die *Brüche* und *Dezimalbrüche* kennen. Die zahlreichen Übungsaufgaben geben ausreichend Gelegenheit, den Umgang mit den besprochenen Rechentechniken zu üben.

Das nächste Kapitel, **Arithmetik**[2], erklärt den Umgang mit mathematischen Ausdrücken, die auch Buchstabensymbole, sogenannte Variable, enthalten. Es behandelt neben dem Rechnen mit Klammern das Potenzieren, das Wurzelziehen und das Logarithmieren.

Mit diesem Wissen aus der Arithmetik können Sie in der elementaren **Algebra**[3] das Lösen von Gleichungen und Gleichungssystemen verstehen.

---

[1] *Link* ist die Kurzform von *Hyperlink*, einem elektronischen Querverweis. Durch Anklicken eines Hyperlinks gelangt man zu einem Bereich mit weiteren Informationen. Der Begriff *Link* wird als Kurzform für weiterführende Adressen im Internet verwendet.

[2] arithmos (griech.): die Zahl.

[3] Das Wort Algebra stammt von dem arabischen Wort „al-gabr" ab, womit so viel wie „das Ausüben von Zwang" gemeint ist. Im Laufe der Zeit ist aus dem ursprünglichen ‚Wiederherstellen' und ‚Einrenken von Knochen' ein weniger brutales ‚Ausgleichen' durch Hinzufügen gleichwertiger Ausdrücke auf den beiden Seiten einer Gleichung geworden.

Ein weiteres Kapitel ist den **Funktionen** gewidmet: Der Erläuterung des allgemeinen Funktionsbegriffes, der zu den fundamentalen Begriffen der Mathematik zählt, schließt sich die detaillierte Behandlung der wichtigsten Funktionen der Elementarmathematik an.

Die Kapitel **Planimetrie** und **Goniometrie** beschäftigen sich mit der Geometrie von Flächen, insbesondere mit der von Dreiecken. Im Kapitel **Stereometrie** wird die Geometrie der Körper besprochen.

Den Abschluss bildet ein umfangreiches **Glossar**[1]. In diesem Verzeichnis finden Sie zu den wichtigsten Fachwörtern kurze Erläuterungen. Auch die des Öfteren benötigten Formeln können Sie hier im Sinne einer kleinen Formelsammlung nachschlagen. Die Querverweise zu anderen Begriffen sollen Ihnen dabei helfen, die Zusammenhänge zwischen den einzelnen Themen besser einordnen zu können.

Das Buch im Unterricht

Mit der Neubearbeitung liegt ein Buch vor, in dem das Augenmerk mehr als bisher auf die sinnvolle und effektive Nutzung heute vorhandener Rechenhilfsmittel gelegt wird, ohne dabei die von Lehrenden und Lernenden geschätzten Vorteile der bisherigen Fassungen – die leichtverständliche und anschauliche Darlegung des Lehrstoffes sowie die außerordentlich große Anzahl von Übungsaufgaben unterschiedlichsten Schwierigkeitsgrades für die einzelnen Stoffkomplexe – aufzugeben.

Durch die gewählte Anordnung des Lehrstoffes kann das Buch darüber hinaus sehr gut als Unterrichtshilfe in Lehrgängen der Volkshochschulen, betrieblichen Ausbildungsstätten oder ähnlichen Bildungseinrichtungen verwendet werden, in denen einzelne Teilgebiete der Mathematik behandelt werden sollen.

Der umfangreiche Lehrstoff wurde auf mehrere, voneinander unabhängig zu erarbeitende Teilkomplexe aufgeteilt, wobei die methodischen Gesichtspunkte bei der Behandlung der einzelnen Teilgebiete keineswegs außer Acht gelassen wurden. Es wird daher kaum möglich sein, den Lehrstoff im Unterricht in derselben Reihenfolge darzubieten, in der er hier im Lehrbuch angeordnet ist. Dies ist aber auch nicht erforderlich, denn das Buch bietet dem Lernenden die Möglichkeit, den im Unterricht behandelten Stoff zu wiederholen, zu ergänzen und ihn anhand zahlreicher Beispiele und Übungsaufgaben sich einzuprägen und zu festigen.

Das Buch zum Selbstlernen

Wenn Sie ohne Anleitung eines Lehrers selbstständig mit diesem Buch die Mathematik ergründen möchten, so benötigen Sie einen Leitfaden, an dem Sie sich orientieren können. Im Idealfall schlagen Sie das Buch auf der ersten Seite auf und gehen Thema für Thema durch. Das Inhaltsverzeichnis ist dabei ein guter Wegweiser.

Zwischendurch werden Sie selbst schon merken, ob Ihnen das eine oder andere Thema gut oder weniger gut gefällt. Inwiefern Sie „langweilige“ Themen überspringen können,

[1] glossarium (lat.), glossa (griech.): Zunge, fremdartiges Wort. Hier: Wörterverzeichnis mit Erklärungen.

lässt sich aus der Ferne nicht beurteilen und hängt in erster Linie von Ihrem Vorwissen ab. Sie werden aber sehr schnell ein Gefühl dafür bekommen, was Sie intensiv durcharbeiten müssen und was Sie überfliegen können – denn spätestens ein paar Seiten weiter stellt sich die Frage, ob Sie die darauf aufbauenden Zusammenhänge noch verstehen.

Nachfolgend möchten wir Ihnen einen typischen Vorbereitungsplan für den Übertritt in die Oberstufe an die Hand geben. Die Angaben zur Gewichtung sollen eine Richtschnur sein, wie intensiv das jeweilige Thema von Ihnen in den genannten Abschnitten zu bearbeiten ist:

[K]urze Wiederholung [G]ründliches Durcharbeiten [I]ntensives Lernen und Üben

Für Ihren persönlichen Plan müssen Sie besonderes Augenmerk auf Ihr bisheriges Vorwissen legen! Bedenken Sie auch, dass es durch spezielle Vorgaben seitens Ihrer Lehranstalt im Einzelfall zu Abweichungen kommen kann.

Übungsplan zur Vorbereitung auf die Sekundarstufe II

Bruchrechnung	Grundlagen: 1.2.2 [K]; 1.2.3 [K]; 1.2.3.8 [I]; 1.2.4.5 – 1.2.4.7 [G].
Taschenrechner	Speichern; Berechnen von Termen: 1.3.1 [K].
Klammerrechnung	Ausmultiplizieren; Ausklammern; Binome; Quadratische Ergänzung: 2.3.2 [I].
Bruchterme	2.3.3 [G].
Potenzrechnung	Potenzen, Potenzgesetze; PASCALsches Dreieck; Polynomdivision: 2.4 [I].
Wurzelrechnung	Wurzeln, Wurzelgesetze; Nenner rational machen; Teilradizieren: 2.5 [G].
Gleichungen	Prinzip: 3.1.1 [K], 3.1.2 [I]; lineare Gl.: 3.1.3 [I]; Ungleichungen: 3.1.4 [G]; Betragsgl.: 2.3.1.2, 3.1.5 [K]; Quadratische Gl., pq-Formel, Diskriminante, Vieta: 3.5.1 – 3.5.4 [I]; Biquadratische Gl.: 3.5.8 [I]; Höhere Gl.: 3.6 [I].
LGS	Nur 2er- und einfache 3er-Gleichungssysteme: 3.4 [I].
Prozentrechnung	3.3.1 – 3.3.5 [K].
Funktionen	Allgemeines: 4.1 – 4.3 [K]; Lineare Funktionen: 4.4 [I]; Quadratische Funktionen: 4.5 [I].
Geometrie	Fläche und Umfang Dreieck: 5.4, 5.11.2 [K]; Viereck: 5.5, 5.11.1 [K]; Kreis: 5.11.5 [K]. Strahlensätze: 5.8.3 [K]; PYTHAGORAS: 5.9 [I]. Goniometrie, speziell Tangens: 6.1, 6.2, 6.3.1 [G].

Nachdem diese Themen im Unterricht abgehandelt sind, werden Sie zusätzlich den Abschnitt 2.6 zu den Logarithmen bearbeiten und Ihr Wissen über die Winkelfunktionen im Kapitel 6 vertiefen müssen.

Für die Vorbereitung eines Studiums können Sie die Liste im Prinzip übernehmen, sollten aber je nach Fachrichtung die Geometrie intensiver einplanen. Darüber hinaus müssen Sie natürlich noch zusätzlich die notwendigen Bereiche der Oberstufenmathematik präsent haben.

Benutzen Sie das Buch parallel zu einer Lehrveranstaltung, so können Sie nach Belieben einsteigen. Die Vermerke zum notwendigen Vorwissen, die Querverweise im Text und das Sachwortverzeichnis helfen Ihnen bei der Orientierung.

Lernen lernen

Möchten Sie sich mit diesem Buch auf eine Prüfung vorbereiten, so ergibt sich oftmals als typische Lernsituation, dass Sie drei Wochen vor einer Prüfung noch 65 Seiten durcharbeiten müssen. Somit sind pro Woche ungefähr 22 und pro Tag rund 3 Seiten zu bewältigen. Diese Seitenaufteilung sollte nur eine grobe Voreinteilung sein, denn:

- Lernen Sie immer nach *Themengebieten* und nicht nach Seitenzahlen!

Versuchen Sie den Lerntext in überschaubare Themenblöcke einzuteilen, deren Umfang ungefähr mit der obigen Seitenaufteilung übereinstimmt. Das Tagesziel sollte deshalb nicht „3 Seiten“ lauten, es sollte sich stattdessen an einem Thema orientieren, was Sie in dieser Zeit bewältigen können: „Ich möchte heute das Prinzip des PASCAL’schen Dreiecks verstehen und es anwenden können.“

Beachten Sie auch, dass Buchseiten mit Aufgaben meistens einen höheren Zeiteinsatz von Ihnen fordern als Textseiten.

Nachdem Sie den Text gelesen haben, sollten Sie unbedingt die zahlreichen im Buche vorgerechneten **Beispiele** sorgfältig durcharbeiten und erst dann zum nächsten Beispiel übergehen, wenn jeder Schritt der Rechnung erfasst ist und der gesamte, dem Problem zugrunde liegende Gedankengang überblickt wird. Manchmal wird in einem Beispiel nur der Lösungsweg skizziert und nicht jeder kleine Zwischenschritt ausformuliert, da man sonst vor lauter Nebenrechnungen die Grundidee aus den Augen verlieren würde. Es ist dann Ihre Aufgabe, dieses Beispiel in Ihrem Übungsheft selbstständig durchzurechnen und um die Zwischenschritte zu ergänzen. Dabei sollten die Nebenrechnungen nie wahllos und unsystematisch auf irgendwelchen Schmierzetteln niedergeschrieben werden, sondern man sollte sie mit genau derselben Sorgfalt ausführen wie die Hauptrechnung und sie auch mit in das eventuell vorhandene Rechenschema einordnen.

> Wenn Sie glauben, alles verstanden zu haben, dann sollten Sie unbedingt die **Übungsaufgaben** zu dem Thema bearbeiten. Ihr Ergebnis vergleichen Sie bitte *sofort* mit der Lösung im hinteren Teil des Buches. Es ist nicht sinnvoll, erst mehrere Aufgaben zu bearbeiten und dann die Lösungen zu kontrollieren. Haben Sie nämlich einen grundsätzlichen oder systematischen Fehler gemacht, so üben Sie ihn nur unsinnigerweise ein.

Stimmen die Ergebnisse überein, sollten Sie noch weitere Aufgaben rechnen, bis Sie sich in der Thematik sicher fühlen.

Meist sind die einzelnen Übungen einer Aufgabe nach Schwierigkeitsgraden geordnet, sodass auf die einfachen Einstiegsaufgaben immer anspruchsvollere folgen.

Ist es aus Zeitgründen nicht möglich, sich mit allen Unteraufgaben zu beschäftigen, so versuchen Sie zumindest nach dem Motto *Anfang – Mitte – Ende* einen repräsentativen Querschnitt zu bearbeiten.

Um die einzelnen Rechenschritte in einem Beispiel oder in einer kommentierten Lösung besser nachvollziehen zu können, sind diese nummeriert (s. a. Bild 0.1). Durch die Kennzeichnung wichtiger Formeln werden die mathematischen Operationen transparenter.

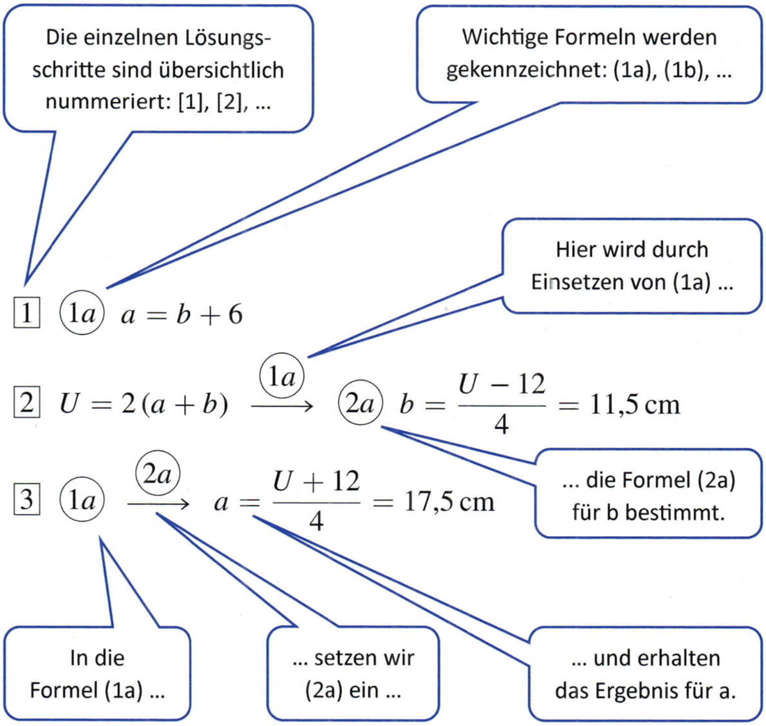

Bild 0.1

Gibt es Abweichungen zum Ergebnis im Lösungsteil, so sollten Sie unbedingt die Ursache dafür ergründen. Haben Sie die Aufgabenstellung richtig abgeschrieben? Können Sie einen Fehler in Ihrem Ansatz oder im Rechenweg finden? Gibt es eine Möglichkeit, die Zwischenschritte in Form einer Probe zu kontrollieren? Können Sie mithilfe eines Taschenrechners oder eines Computeralgebrasystems den Fehler einkreisen?

Liegt wirklich ein Fehler vor oder wurde nur eine andere Schreibweise verwendet? Beispielsweise ist das berechnete Ergebnis $0{,}5x$ nur anders geschrieben als das mit $x/2$ im Lösungsabschnitt angegebene.

Sollten jedoch wesentliche Abweichungen von dem im Lösungsteil angegebenen Resultat auftreten, so muss der eingeschlagene Lösungsweg noch einmal genau durchdacht und kontrolliert werden. – Schließlich lasse man sich durch falsche Ergebnisse keinesfalls entmutigen! Aus jedem Fehler, den man macht, kann man neue und wichtige Erkenntnisse für seine weitere Arbeit gewinnen.

Nur derjenige wird seine Sicherheit im Anwenden der verschiedenen Rechengesetze erfolgreich überprüfen können, der die Aufgaben in der beschriebenen Weise löst. Durch die am Ende des Buches angegebenen Lösungen sollte man sich aber keinesfalls dazu verleiten lassen, die eigene Rechnung so „hinzubiegen", dass man auf die gewünschte Lösung kommt. Diese Vorgehensweise schadet mehr als sie nützt, denn in diesem Falle hat man meist nur die Lösung im Auge, auf die man unbedingt kommen will. Man rechnet dann gedankenlos darauf zu, ohne sich zu überlegen, warum man die einzelnen Rechenschritte unternimmt.

Die Lerngruppe

Die Effizienz einer **Lerngruppe** oder eines **Nachhilfeunterrichtes** hängt – eine fähige Lehrkraft vorausgesetzt – in erster Linie von der Vorbereitung des Schülers ab. Gehen Sie nie in eine Sitzung, ohne sich vorher konkrete Fragen überlegt zu haben! Fallen Ihnen keine Fragen ein, so rechnen Sie genügend Aufgaben zu dem aktuellen Themengebiet, trennen mithilfe der Lösungen im Anhang die richtigen von den falschen Ergebnissen und sprechen die Problemfälle mit der Lehrkraft durch.

Vergleichen Sie Ihre Ergebnisse und Lösungswege auch mit denen Ihrer Mitschüler und suchen Sie die Diskussion mit Ihrem Lehrer oder Tutor[1)].

Im Zeitalter des Internets haben Sie auch die Möglichkeit, Ihre Fragen oder Rechenergebnisse in einem Forum zur Schulmathematik zu veröffentlichen. In solchen Diskussionsgruppen bekommen Sie meist recht schnell eine Antwort und eine Kontrolle Ihres Rechenweges.

Da es im Internet aber jedermann möglich ist, sich zu Ihrer Anfrage zu äußern, haben Sie leider keine Garantie für die Richtigkeit dieser Stellungnahme. Zuverlässiger sind da betreute Foren, in denen erfahrene Tutoren sich Ihrer Probleme annehmen.

Wer dieses Buch in der angeführten Weise bewusst und gründlich durcharbeitet, der wird bald feststellen, dass es gar nicht so schwierig ist, Mathematik zu erlernen, wie es häufig hingestellt wird. Es wird sich zeigen, dass der Erfolg bei fleißiger Arbeit und fortwährendem Üben nicht ausbleibt. Ein gediegenes Können in der elementaren Mathematik wird aber nicht nur das Studium der höheren Mathematik, sondern auch das Studium fast aller anderen Unterrichtsfächer, vor allem der technischen Wissenschaften, günstig beeinflussen.

KI als Lernassistenten

Für den Fall, dass keine passende Lerngruppe verfügbar ist, bietet sich ein KI-Chatbot als Trainingspartner oder Lernassistent an. Die gezielte Anwendung von **Künstlicher**

[1)] tutor (lat.): Bewahrer, Beschützer, Vormund. Hier: Betreuer einer Lerngruppe.

Intelligenz (KI) für das Erlernen neuer Themen ist besonders in der Mathematik von Vorteil. Zwar fehlt der persönliche Austausch mit anderen Menschen, doch die Vorzüge der KI sind eindeutig: Sie ist jederzeit verfügbar, erklärt geduldig und unterstützt beim gezielten Üben – immer im individuellen Tempo und angepasst an die persönlichen Bedürfnisse.
Damit die KI den eigenen Lernprozess nachhaltig fördern kann und einen echten Mehrwert bietet, enthält der Abschnitt 1.3.5 praktische Tipps und anregende Beispiele für den Dialog mit einem digitalen Assistenten.

So geht es weiter

Wer sich mit dem Inhalt des Buches erfolgreich beschäftigt hat, ist gerüstet, sich weiteren Themen zuzuwenden. Der Lehrplan sieht im Allgemeinen vor:

Analysis
- Differenzialrechnung
- Integralrechnung

Lineare Algebra
- Matrizen und Determinanten
- Vektorrechnung

Stochastik
- Kombinatorik
- Wahrscheinlichkeitsrechnung
- Beschreibende Statistik
- Beurteilende Statistik

Rückmeldungen

Abschließend sei an dieser Stelle aus dem Vorwort von Herrn Professor Kreul zu einer früheren Auflage zitiert:

„Schließlich sei dem Autor noch eine ganz persönliche Bitte an die Benutzer dieses Buches gestattet. Wenn man als Lehrer vor einer Klasse steht, dann merkt man im Allgemeinen sofort, ob der dargebotene Lehrstoff beim Schüler ‚ankommt' oder nicht, und man kann sich im weiteren Verlauf des Unterrichts an die jeweilige Hörerschaft anpassen.

Der Autor eines Buches dagegen hat in dem Augenblick, in dem er sein Manuskript schreibt, keinen unmittelbaren Kontakt zum Leser. Er ist sich aber dessen bewusst, dass es kein vollkommenes Buch geben kann, das die Ansprüche aller Leser völlig befriedigt. Außerdem lässt es sich in der mathematischen Literatur auch bei sorgfältigster Bearbeitung kaum vermeiden, dass sich – meist an den unglücklichsten Stellen – Druckfehler einschleichen, die dem Studierenden dann unnötiges Kopfzerbrechen bereiten."

Wenn Sie Verbesserungsvorschläge haben, weitergehende Aufgaben wünschen oder Druckfehler entdecken, so teilen Sie uns dies bitte per E-Mail an die Adresse des Verlages lektorat@europa-lehrmittel.de mit, damit wir es in der nächsten Auflage berücksichtigen können!

Autor und Verlag Europa-Lehrmittel
Nourney, Vollmer GmbH & Co. KG
Düsselberger Straße 23
42781 Haan-Gruiten

E-Mail: lektorat@europa-lehrmittel.de

www.europa-lehrmittel.de

1 Zur Technik des Zahlenrechnens

Gott hat die ganzen Zahlen geschaffen,
alles andere ist Menschenwerk.

Leopold Kronecker, 1823–1891

1.1 Der Zahlbegriff

1.1.1 Die natürlichen Zahlen

Der Zahlbegriff entwickelte sich sehr frühzeitig vermutlich aus zwei elementaren Bedürfnissen der Menschen.

Zum einen hatten die Menschen das Bestreben, gleichartige Gegenstände oder Dinge, später auch Begriffe gruppieren und vergleichen zu können. So könnte beispielsweise die Bestandsaufnahme bei einem vorgeschichtlichen Volksstamm wie folgt ausgesehen haben:

> *dreiundzwanzig Frauen, achtzehn Männer, sechsundfünfzig Kinder, einhundertzweiundsechzig Schafe, neun Hütten ...*

Sieht man von der Natur der gezählten Lebewesen und Gegenstände ab, so handelt es sich um Zahlen aus der Folge

> *eins, zwei, drei, vier, fünf, sechs, ...,*

die wir – zusammen mit der Null – als **natürliche Zahlen** bezeichnen.

Zum selben Zahlbegriff führte aber auch das Bedürfnis, innerhalb einer bestimmten Gruppierung eine „Rangordnung" für die einzelnen Glieder dieser Gruppe einzuführen. So besaß z. B. das erste Kind einer Familie weit größere Rechte als das zweite Kind, und dieses wiederum war dem dritten Kind bevorrechtigt.

Die natürlichen Zahlen treten somit in zwei Bedeutungen auf:

> Werden sie benutzt, um die Anzahl der Elemente einer Menge anzugeben, so nennt man sie **Kardinalzahlen** (Grundzahlen); benutzt man sie dagegen, um die Rangordnung eines bestimmten Elements in einer gewissen Menge anzugeben, so nennt man sie **Ordinalzahlen** (Ordnungszahlen).

Ob man die Zahl Null mit zu den natürlichen Zahlen rechnen soll oder nicht, kann beliebig festgelegt werden. Im Allgemeinen wird die Null zur Menge der natürlichen Zahlen hinzugerechnet, denn es ist sinnvoll, durch ein eigenständiges Zahlensymbol angeben zu können, dass von einer bestimmten Kategorie von Dingen *kein* Element vorhanden ist.

Leider wird dies nicht von allen Autoren gleich behandelt. Deshalb ist es wichtig, dass man sich als Leser eines Mathematikbuches genau darüber informiert, wie dort die jeweiligen Zahlenbereiche definiert sind. Eine Tabelle mit den hier benutzen Formulierungen befindet sich im Anhang.

Natürliche Zahlen werden in der Mathematik durch ein großes, fettgedrucktes **N** symbolisiert [1)].

Um Klarheit zu schaffen, ob man die Null in einer bestimmten Situation zu den natürlichen Zahlen hinzuzählt oder nicht, schreiben wir hier nach DIN 5473 [2)] für die

natürlichen Zahlen $\mathbf{N} = \{0;\ 1;\ 2;\ 3;\ \ldots\}$ und für die
positiven ganzen Zahlen $\mathbf{N}^* = \{1;\ 2;\ 3;\ \ldots\}$.

Die Zugehörigkeit einer bestimmten Zahl zu einem Zahlbereich drückt man durch das Zeichen $\in$ aus [3)]:

$2 \in \mathbf{N}$	gelesen:	„2 ist ein Element der natürlichen Zahlen."
	gemeint:	„Die Zwei gehört dazu."
$0 \notin \mathbf{N}^*$	gelesen:	„0 ist kein Element der positiven ganzen Zahlen."
	gemeint:	„Die Null gehört nicht dazu."

Bei den Ordinalzahlen ist es nicht sinnvoll, von einem *nullten* Element zu sprechen, denn dies würde bedeuten, ein nicht vorhandenes Element in eine Rangfolge einordnen zu wollen.

Die Diskussion, ob man die Null nun zu den natürlichen Zahlen hinzuzählen soll oder nicht, mag auf den ersten Blick verwundern. Die später noch näher zu beleuchtende Tatsache, dass man auf keinen Fall durch 0 teilen darf, lässt auch den mathematischen Anfänger erkennen, dass hier eine klare Absprache getroffen werden muss.

Zur Darstellung der natürlichen Zahlen verwendete man in den verschiedenen Zeitepochen und in den verschiedenen Kulturkreisen die unterschiedlichsten Symbole. Es sei hier nur an die uns noch einigermaßen geläufige Darstellung beispielsweise der Jahreszahl 1648 mithilfe der „römischen Zahlen" [4)] erinnert:

$$1\,648 = \text{MDCXLVIII}.$$

Wir benutzen heutzutage zehn **Zahlsymbole**, die arabischen **Ziffern** 0, 1, 2, ... 9, mit deren Hilfe sich alle natürlichen Zahlen darstellen lassen:

$$0, 1, 2, 3, 4, 5, 6, 7, 8, 9, 10, 11, 12, 13, \ldots$$

(Auf die Grundlage dieser Art der Zahlendarstellung wird in Abschnitt 1.1.2 näher eingegangen. Hier sei nur erwähnt, dass z. B. die Zahl 38 652 aus den Ziffern 3,8,6,5 und 2 gebildet wird.)

Aus der Aufeinanderfolge der natürlichen Zahlen ist zu erkennen, dass man jeweils eine neue Zahl erhält, indem man zur vorangehenden Zahl die Einheit 1 hinzufügt. Damit hat jede natürliche Zahl einen **Nachfolger**, und die Folge der natürlichen Zahlen ist nach oben hin unbeschränkt:

Es gibt keine größte natürliche Zahl.

---

1) Da man sowohl an der Tafel als auch im Heft nur schwierig fettgeschriebene Zeichen darstellen kann, fügt man den Symbolen für Zahlenmengen alternativ auch einen doppelten Anstrich hinzu: |N.

2) Die Schreibweise $\mathbf{N}_0$, mit der einige Autoren die Zugehörigkeit der Null ausdrücken möchten, sollte laut DIN nicht mehr benutzt werden.

3) Einzelheiten zu den Mengenschreibweisen werden in den Abschnitten 2.2 und 2.5.2 behandelt.

4) siehe Abschnitt 1.1.4

Außer der ersten besitzt jede natürliche Zahl auch einen **Vorgänger**.

Die natürlichen Zahlen lassen sich geometrisch durch Punkte auf einem Strahl veranschaulichen. Dazu trägt man vom Anfangspunkt A eines Strahls aus auf diesem wiederholt eine Strecke von beliebig gewählter konstanter Länge ab und ordnet den entstehenden Punkten der Reihe nach die Zahlen 1, 2, 3, ... zu, siehe Bild 1.1. Der Anfangspunkt A des Strahls symbolisiert dabei die Zahl Null.

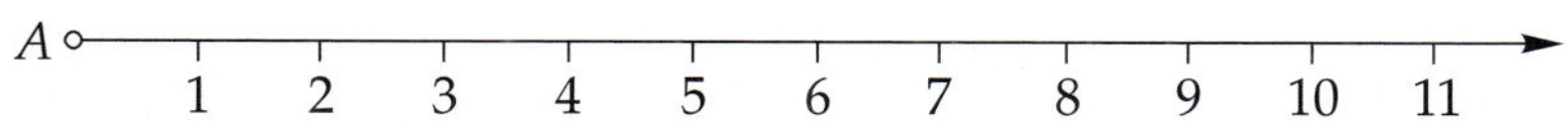

Bild 1.1

Diese Darstellung wird **Zahlenstrahl** genannt. Da sich dieser Strahl in Richtung des Pfeils unbegrenzt weit fortsetzen lässt, erkennt man auch hier erneut, dass es keine größte natürliche Zahl geben kann.

Es sei noch darauf hingewiesen, dass in den Anwendungen der Mathematik Zahlen sehr häufig in Verbindung mit physikalischen Einheiten oder anderen Begriffen verwendet werden. In diesem Falle spricht man dann von einer **Größe.**

Beispiel:

1.1 a) Die Zahlen 1, 625, 1 072 536 sind *natürliche Zahlen.*

b) Bei 3 kg, 500 MHz, 125 km/h handelt es sich um *physikalische Größen.*

c) Die Zahl 375 ist der *Nachfolger* von 374 und der *Vorgänger* von 376 in der Folge der natürlichen Zahlen.

d) Ist a eine natürliche Zahl, dann ist deren Nachfolger die Zahl $a + 1$ und außer für die erste Zahl ist $a - 1$ ihr Vorgänger.

e) Am 31. Dezember des Jahres 1999 wurde der Übergang in das dritte Jahrtausend weltweit festlich begangen. Dies war aber – mathematisch gesehen – nicht in Ordnung, denn das dritte Jahrtausend begann erst am 1. Januar des Jahres 2001.

Zur Erklärung: Da es in unserer Zeitrechnung nur *Jahre vor* sowie *Jahre nach der Geburt Christi* gibt, existiert kein Jahr Null. Das erste Jahr beginnt demzufolge am 1.1.0001 und endet am 31.12.0001, das zweite geht vom 1.1.0002 bis zum 31.12.0002 usw. Demnach ist der Beginn des 10. Jahres der 1.1.0010, und es läuft bis zum 31.12.0010. Diese zehn Jahre bilden das erste Jahrzehnt, das mithin am 1.1.0001 beginnt und am 31.12.0010 endet. – Setzt man diese Überlegungen fort, so ging das 1. Jahrhundert nicht am 31.12.0099, sondern erst am 31.12.0100 zu Ende. Das 20. Jahrhundert endete demzufolge erst am 31.12. des Jahres 2000. Damit sprach von Seiten der Mathematik nichts dagegen, dass der Übergang in das 3. Jahrtausend am 31.12.2000 noch einmal bombastisch gefeiert wurde.

1.1.2 Das dekadische Positionssystem

Da es viele, sogar unendlich viele natürliche Zahlen gibt, ist es verständlich, dass nicht jede natürliche Zahl eine eigene Ziffer haben kann. Aus diesem Grunde werden in dem bei uns gebräuchlichen Zahlensystem jeweils 10 Einheiten zu einer höheren Einheit zusammengefasst:

10 Einer (E) = 1 Zehner (Z)
10 Zehner (Z) = 1 Hunderter (H)
10 Hunderter (H) = 1 Tausender (T)
10 Tausender (T) = 1 Zehntausender (ZT) usw.

Die Zahlen 1, 10, 100, 1 000, ... bezeichnet man als **Stufenzahlen**. Die höheren Stufenzahlen erhält man durch fortlaufende Multiplikation der Zahl 10 mit sich selbst:

$$100 = \underbrace{10 \cdot 10}_{\text{2-mal}} = 10^2 \quad \text{bzw.} \quad 1\,000 = \underbrace{10 \cdot 10 \cdot 10}_{\text{3-mal}} = 10^3,$$

was kurz als **Zehnerpotenz**[1] 10^2, 10^3, ... geschrieben wird. Die hochgestellte Zahl gibt dabei an, wie oft die Zahl 10 mit sich selbst multipliziert wird. Um dieses Prinzip auf alle Stufenzahlen ausdehnen zu können, legt man schließlich noch fest, dass

$$10^0 = 1 \quad \text{und} \quad 10^1 = 10 \quad \text{ist.}$$

Für die höheren Einheiten werden keine neuen Symbole eingeführt (wie z. B. im römischen Zahlensystem), sondern man kennzeichnet diese übergeordneten Einheiten durch die Stellung der entsprechenden Ziffer innerhalb des gesamten Zahlzeichens. In der Zahl 3 333 haben zwar alle vier Ziffern den gleichen **Ziffernwert** drei, sie stehen aber an verschiedenen Stellen der Zahl und haben damit verschiedene **Stellenwerte**.

Der niedrigste Stellenwert, die Einerstelle, steht am weitesten rechts, und der Stellenwert einer jeden Ziffer innerhalb einer Zahl ist stets das Zehnfache des Stellenwertes der rechts von ihr stehenden Ziffer. Damit ist das Zahlzeichen 3 333 nichts anderes als eine abgekürzte Schreibweise für

3 Tausender + 3 Hunderter + 3 Zehner + 3 Einer,

oder kürzer

3 T + 3 H + 3 Z + 3 E.

$$3\,333 = 3 \cdot 10^3 + 3 \cdot 10^2 + 3 \cdot 10^1 + 3 \cdot 10^0.$$

Entsprechend ist

$$70\,264 = 7 \cdot 10^4 + 0 \cdot 10^3 + 2 \cdot 10^2 + 6 \cdot 10^1 + 4 \cdot 10^0.$$

Aus dem letzten Beispiel ist ersichtlich, dass für diese Art der Zahlendarstellung die Ziffer *Null*[2] unbedingt erforderlich ist, denn sie steht als Zeichen für eine an der jeweiligen Stelle fehlende Potenz von 10.

Zusammenfassend lässt sich also feststellen, dass jeder Ziffer innerhalb einer Dezimalzahl eine Zehnerpotenz als Stellenwert zugeordnet ist. Daraus erklärt sich auch die

[1] gesprochen: „zehn hoch zwei“, „zehn hoch drei“, ...

[2] nullum (lat.) nichts

Bezeichnung für dieses Zahlensystem: Es wird **dekadisches**[1] **Positionssystem**[2] oder dekadisches Stellenwertsystem oder auch kurz **Dezimalzahlsystem**[3] genannt.

Greifen wir auf die Bruchrechnung vor, lässt sich die Einheit 1 der natürlichen Zahlen aber auch noch in kleinere Einheiten unterteilen:

1 Einer	= 10 Zehntel	1 Zehntel	$= 10^{-1}$
1 Zehntel	= 10 Hundertstel	1 Hundertstel	$= 10^{-2}$
1 Hundertstel	= 10 Tausendstel	1 Tausendstel	$= 10^{-3}\ldots,$

wobei sich diese Feineinteilung beliebig weit vorantreiben lässt. Auf diese Weise entstehen die **Dezimalbrüche**, bei denen die Bruchteile der Einheit von den ganzen Anteilen durch ein Komma abgetrennt werden. So bedeutet z. B. die Zahl 502,307:

5 Hunderter + 0 Zehner + 2 Einer + 3 Zehntel
+ 0 Hundertstel + 7 Tausendstel ,

oder kurz

$$502{,}307 = 5 \cdot 10^2 + 0 \cdot 10^1 + 2 \cdot 10^0 + 3 \cdot 10^{-1} + 0 \cdot 10^{-2} + 7 \cdot 10^{-3}.$$

1.1.3 Das duale Positionssystem

So, wie sich jede natürliche Zahl als Summe von Vielfachen von Zehnerpotenzen darstellen lässt, so kann man auch jede natürliche Zahl als Summe von Zweierpotenzen darstellen. Legt man fest, dass

$$2^0 = 1 \quad \text{und} \quad 2^1 = 2$$

sein soll, und beachtet man ferner, dass

$$2^2 = 4, \quad 2^3 = 8, \quad 2^4 = 16, \quad 2^5 = 32, \quad 2^6 = 64, \quad \ldots$$

ist, so lässt sich beispielsweise die Zahl 100 zerlegen in

$$100 = \mathbf{1} \cdot 2^6 + \mathbf{1} \cdot 2^5 + \mathbf{0} \cdot 2^4 + \mathbf{0} \cdot 2^3 + \mathbf{1} \cdot 2^2 - \mathbf{0} \cdot 2^1 + \mathbf{0} \cdot 2^0.$$

Man erkennt aus dem Beispiel, dass bei dieser Darstellungsweise einer natürlichen Zahl durch Zweierpotenzen keine weiteren Ziffern als die beiden Ziffern 0 und 1 erforderlich sind.

Damit kann die Dezimalzahl 100 mit den hier hervorgehobenen Vorfaktoren der Zweierpotenzen 1, 1, 0, 0, 1, 0, 0 wie folgt notiert[4] werden:

$$100_{(10)} = 1\,100\,100_{(2)}.$$

---

[1] deka (griech.) zehn

[2] Position (lat.) Stellung

[3] decem (lat.) zehn

[4] Wenn Zahlen aus verschiedenen Zahlensystemen gleichzeitig verwendet werden, dann fügt man an die einzelnen Zahlen die Basis des jeweils gültigen Zahlensystems als Index an.
Häufig wird die duale Eins durch das Zeichen „L“ anstelle des Zeichens „1“ und die Null zum Unterschied zur dezimalen Null auch in der Form Ø geschrieben, so dass dann die Dezimalzahl 100 als Dualzahl das Aussehen L LØØ LØØ hat.

Da in dieser Art der Zahlendarstellung der Stellenwert einer jeden Ziffer jeweils eine Potenz von Zwei ist, wird dieses Zahlensystem als **duales Positionssystem** oder kurz als Dualzahlsystem bezeichnet.[1)]

Anstelle des Wortes Dualzahlsystem findet man in der Literatur häufig den Begriff Binärsystem und oft ist auch von Binärzahlen, Binärzeichen oder Binärstellen die Rede. Diese Bezeichnungen stammen aus dem Englischen und lassen sich auf *binary digit*[2)] zurückführen.

Das Dualzahlsystem hat mit der Entwicklung der modernen Rechentechnik und der elektronischen Datenverarbeitung sehr an Bedeutung gewonnen. Die modernen elektronischen Bauelemente gestatten es nämlich, extrem schnell den Stromfluss in einer elektrischen Leitung zu sperren bzw. freizugeben. Ordnet man nun dem Zustand „Strom fließt" die Dualzahl „1" und dem Zustand „Strom fließt nicht" die Dualzahl „0" zu, so kann man dadurch die beiden Ziffern des Dualzahlsystems elektronisch realisieren. Der daraus resultierende Informationsgehalt wird als ein **Bit**[3)] (1 b) bezeichnet.

Da nun darüber hinaus mit den Zahlen des Dualzahlsystems in der gleichen Weise gerechnet werden kann wie mit den Zahlen des Dezimalzahlsystems (hierauf soll jedoch im Rahmen dieses Buches nicht näher eingegangen werden), bilden die oben erwähnten Bauelemente die Grundbausteine für die schnell rechnenden modernen Computer.

Wegen der Bedeutung der Dualzahlen für die Computertechnik sollen einige Beispiele zur Umwandlung von Dezimalzahlen in Dualzahlen und umgekehrt von Dualzahlen in Dezimalzahlen angegeben werden. Da die Umwandlung von Zahlen in die verschiedenen Zahlensysteme von den einzelnen Taschenrechnermodellen unterschiedlich gehandhabt wird, informiere sich der Leser in der jeweiligen Bedienungsanleitung über diesen Modus. Zusätzlich zu den nachfolgenden Berechnungen sollte man die Umwandlung auch mit dem Taschenrechner einüben.

Auch wenn umgangssprachlich von Dezimalzahlen oder Dualzahlen die Rede ist, handelt es sich um dieselben Zahlen, nur die Darstellung ist jeweils eine andere.

Beispiele:

1.2 Die folgende Tabelle enthält eine Gegenüberstellung der ersten zwanzig Zahlen in dezimaler und dualer Schreibweise:

dezimal	dual	dezimal	dual	dezimal	dual	dezimal	dual
1	1	6	110	11	1 011	16	10 000
2	10	7	111	12	1 100	17	10 001
3	11	8	1 000	13	1 101	18	10 010
4	100	9	1 001	14	1 110	19	10 011
5	101	10	1 010	15	1 111	20	10 100

---

1) duo (lat.) zwei

2) binary (engl.) aus zwei bestehend; digit (engl.) Ziffer

3) bit = **bi**nary digi**t**

1.3 Die Dezimalzahl 73 ist in eine Dualzahl umzuwandeln.

Man versucht, die gegebene Zahl 73 in eine Summe von Potenzen der Zahl 2 zu zerlegen. Dabei ist es sinnvoll, mit der größten Potenz von 2 zu beginnen, die unterhalb der gegebenen Zahl liegt, den Rest zu berechnen und dafür wieder die größte Zweierpotenz zu suchen usw.

$$73 = 64 + 8 + 1 = 1 \cdot 2^6 + 1 \cdot 2^3 + 1 \cdot 2^0 .$$

Da in Positionssystemen auch die fehlenden Potenzen von 2 angegeben werden müssen, lautet die vollständige Darstellung der zu 73 gehörigen Dualzahl

$$73 = 1 \cdot 2^6 + 0 \cdot 2^5 + 0 \cdot 2^4 + 1 \cdot 2^3 + 0 \cdot 2^2 - 0 \cdot 2^1 + 1 \cdot 2^0$$

sodass die Dualschreibweise für die Dezimalzahl 73

$$73_{(10)} = 1\,001\,001_{(2)}$$

lautet.

1.4 Die Dezimalzahl 1 972 ist in eine Dualzahl umzuwandeln.

Man könnte wie im ersten Beispiel versuchen, die Zahl 1 972 in eine Summe von Potenzen zur Grundzahl 2 zu zerlegen. Bei großen Dezimalzahlen ist dieses Verfahren aber recht umständlich, da man sämtliche Potenzen von 2 im Kopfe behalten müsste. Aus diesem Grunde soll hier ein *Algorithmus* [1] vorgeführt werden, der es gestattet, auf sehr einfache Weise eine beliebige *ganze* Dezimalzahl in die entsprechende Dualzahl umzuwandeln:

Man dividiert die umzuwandelnde Dezimalzahl durch zwei und schreibt das Ergebnis einschließlich des auftretenden Restes auf. Diese Division wiederholt man dann mit den immer wieder neu entstehenden Quotientenwerten so lange, bis man als Ergebnis eine Null erhält. Dann notiert man alle Reste *vom letzten bis zum ersten* der Reihe nach hintereinander und erhält so die gesuchte Dualzahl.

Im gegebenen Falle verläuft die Rechnung wie folgt:

1 972	:	2	=	**986**	Rest	(0)
986	:	2	=	**493**	Rest	(0)
493	:	2	=	**246**	Rest	(1)
246	:	2	=	**123**	Rest	(0)
123	:	2	=	**61**	Rest	(1)
61	:	2	=	**30**	Rest	(1)
30	:	2	=	**15**	Rest	(0)
15	:	2	=	**7**	Rest	(1)
7	:	2	=	**3**	Rest	(1)
3	:	2	=	**1**	Rest	(1)
1	:	2	=	**0**	Rest	(1)

Die durch Klammern eingerahmten Reste brauchen nun nur noch von unten nach oben in der angegebenen Reihenfolge hintereinander aufgeschrieben zu werden. Man erhält

$$1\,972_{(10)} = 11\,110\,110\,100_{(2)} .$$

Auf den Beweis für die Richtigkeit dieser Rechenvorschrift soll hier verzichtet werden.

✍ A. 1.1 auf Seite 39

---

[1] Algorithmus (aus dem Arabischen): Rechenvorschrift

1.5 Die Dualzahl 10 110 ist in eine Dezimalzahl umzuwandeln.

Da das Dualsystem ein Positionssystem mit der Basis 2 ist, stellt 10 110 nur eine Kurzschreibweise für

$$1 \cdot 2^4 + 0 \cdot 2^3 + 1 \cdot 2^2 + 1 \cdot 2^1 + 0 \cdot 2^0$$

dar. (Zu beachten ist, dass die am weitesten rechts stehende Ziffer den Stellenwert 2^0 hat!) Es ist also

$$\begin{aligned} 10\,110_{(2)} &= 1 \cdot 16 + 0 \cdot 8 + 1 \cdot 4 + 1 \cdot 2 + 0 \cdot 1 \\ 10\,110_{(2)} &= 22_{(10)} \end{aligned}$$

1.6 Die Dualzahl 1 101,011 ist in eine Dezimalzahl umzuwandeln.

An diesem Beispiel ist neu, dass in der Dualzahl ein Komma auftritt. Es gelten hier jedoch die gleichen Regeln, die wir bereits beim Dezimalsystem kennengelernt haben, nur dass hier alles auf die Basis 2 statt auf 10 bezogen wird.

Die letzte Stelle vor dem Komma ist die Einerstelle, sie hat also den Stellenwert 2^0.

Rechts vom Komma hat jede Stelle einen Stellenwert, der nur noch halb so groß ist wie der Stellenwert der vorangehenden Stelle. Es ist also

$$\begin{aligned} 1\,101{,}011_{(2)} &= 1 \cdot 2^3 + 1 \cdot 2^2 + 0 \cdot 2^1 + 1 \cdot 2^0 + 0 \cdot 2^{-1} + 1 \cdot 2^{-2} + 1 \cdot 2^{-3} \\ &= 1 \cdot 8 + 1 \cdot 4 + 0 \cdot 2 + 1 \cdot 1 + 0 \cdot 0{,}5 + 1 \cdot 0{,}25 + 1 \cdot 0{,}125 \\ 1\,101{,}011_{(2)} &= 13{,}375_{(10)} \end{aligned}$$

✍ A. 1.2–1.3 auf Seite 39

Es sei darauf hingewiesen, dass anstelle der beiden Zahlen 10 und 2 auch jede beliebige andere natürliche Zahl n als Basis für ein Positionssystem geeignet ist, sofern nur $n \geq 2$ gilt [1]. Warum muss diese Bedingung erfüllt sein?

Rudimente derartiger Zahlensysteme finden wir heute noch in zahlreichen gebräuchlichen Maßeinheiten. So lässt sich die Einteilung des Tages in zweimal 12 Stunden und die Einteilung des Jahres in 12 Monate auf ein Zahlensystem mit der Basis 12 zurückführen. Hingegen liegt der Einteilung der Stunde in 60 Minuten, der Minute in 60 Sekunden, der Einteilung eines Winkelgrades in 60 Winkelminuten usw. ein Zahlensystem mit der Basis 60 zugrunde.

Allgemein kann festgestellt werden, dass die Verwendung von wenigen Symbolen zwangsläufig den Nachteil mit sich bringt, dass lange „Zahlenungeheuer" entstehen. Ein typisches Beispiel hierfür sind die Zahlen des Dualzahlsystems.

Möchte man dagegen eine kurze Schreibweise für die Zahlen erreichen, so muss man dafür mehr verschiedene Grundsymbole (Ziffern) in Kauf nehmen. Überlege selbst, warum das so sein muss und welche Vor- und Nachteile sich daraus für die verschiedenen Zahlensysteme ergeben!

In der Informatik spielen insbesondere das **Hexadezimalsystem** [2] mit der Basis 16 und das **Oktalsystem** [3] mit der Basis 8 eine wichtige Rolle.

---

1) Das Zeichen $\geq$ wird gelesen „größer oder gleich" und fordert, dass n nur den Wert 2 oder größere Werte annehmen darf. Für n kann somit nicht der Wert 0 oder 1 eingesetzt werden.

2) hex (gr.) sechs

3) octo (lat.) acht

Das Oktalsystem besitzt die acht Ziffern 0 bis 7. Die Oktalzahl $100_{(8)}$ entspricht damit der Dezimalzahl

$$100_{(8)} = 1 \cdot 8^2 + 0 \cdot 8^1 + 0 \cdot 8^0 = 64_{(10)}.$$

Im Hexadezimalsystem benötigt man 16 Ziffern. Man verwendet die 10 üblichen Ziffern 0 bis 9 mit ihrem gewohnten Ziffernwert sowie die Ziffern A, B, C, D, E und F, mit den Dezimalwerten A = 10, B = 11, C = 12, D = 13, E = 14 sowie F = 15. Damit besitzt die Hexadezimalzahl $ABC_{(16)}$ den Dezimalwert

$$ABC_{(16)} = 10 \cdot 16^2 + 11 \cdot 16^1 + 12 \cdot 16^0 = 2\,560 + 176 + 12 = 2\,748_{(10)}.$$

A. 1.4–1.9 auf Seite 39

Anmerkung: Die Informationsmenge von einem Bit (1 b) kann zwei verschiedene Zustände beschreiben, z. B. „Schalter aus“ oder „Schalter ein“. Dies kann mit einer einstelligen Dualzahl (0 oder 1) symbolisiert werden. Eine zweistellige Zahl erlaubt schon vier verschiedene Möglichkeiten (00,01,10,11); bei drei Stellen sind es acht (000, ... ,111), bei n Stellen sind es 2^n verschiedene Zustände.

Den Speicherplatz von acht Bits fasst man zu einem Byte (1 B) zusammen: 8 b = 1 B. Ein Byte umfasst 256 verschiedene Möglichkeiten und reicht daher aus, um die zehn Ziffern, alle Klein- und Großbuchstaben unseres Alphabets und zusätzlich viele mathematische und sonstige Zeichen zu kodieren.

Höhere Speicherkapazitäten werden unterschiedlich zusammengefasst: Über Zweierpotenzen z. B. entsprechen 2^{10} B = 1 024 B einem sogenannten Kilo-binary Byte (KiB oder auch KB), über Zehnerpotenzen sind 10^3 B = 1 000 B = 1 kB, also ein Kilobyte. Weil der Unterschied nur gering ist, werden diese Begriffe umgangssprachlich oft nicht auseinander gehalten.

Eventuell muss für den Übergang zwischen den einzelnen Zahlensystemen in einen speziellen *Base*-Modus umgeschaltet werden. Mit den Tasten [BIN], [OCT], [DEC] bzw. [HEX] erfolgt dann die Umrechnung; Einzelheiten stehen in der Bedienungsanleitung.

Aufgabe	**Eingabe**	**Ausgabe**
$17_{(10)} = ?_{(2)}$	[DEC] 17 [=] [BIN]	10001
$A1B_{(16)} = ?_{(10)}$	[HEX] A1B [=] [DEC]	2 587

In *Excel* erfolgt die Umrechnung mit den Befehlen **BININ**...(zahl), **OKTIN**...(zahl), **DEZIN**...(zahl) bzw. **HEXIN**...(zahl), wobei für zahl eine ganze Zahl einzugeben ist.

Aufgabe	**Eingabe**	**Ausgabe**
$11101_{(2)} = ?_{(10)}$	=BININDEZ(11101)	29
$11101_{(2)} = ?_{(16)}$	=BININHEX(11101)	1D
$125_{(10)} = ?_{(2)}$	=DEZINBIN(125)	1111101
$3A7B1_{(16)} = ?_{(10)}$	=HEXINDEZ(„3A7B1“)	239 537
$5471_{(8)} = ?_{(10)}$	=OKTINDEZ(„5471“)	2 873

Umrechnungen erfolgen, indem man das Zahlensystem für die Ein- und Ausgabe unterschiedlich festlegt.

1.1.4 Das römische Zahlensystem

Die antiken Römer haben, bis auf wenige Ausnahmen, zur Mathematik keine nachhaltigen Beiträge geleistet. Wichtige mathematische Aufgaben, wie z. B. die Vermessung des römischen Reiches, wurden von griechischen und ägyptischen Fachleuten durchgeführt. Aber durch ihre Eroberungspolitik mit nachfolgendem Handel haben die Römer zur Verbreitung eines Zahlensystems beigetragen, das uns heute noch in vielfältiger Weise in Form von römischen Zahlen begegnet. Dabei werden die Zahlen durch Aneinanderreihung verschiedener Symbole in Form von Zahlzeichen dargestellt. Diese Symbole waren im Laufe der Zeit Veränderungen unterworfen, heute gilt:

Zeichen	Wertigkeit	Zeichen	Wertigkeit
I	1	V	5
X	10	L	50
C	100	D	500
M	1 000		

Da die Römer für die Zahl Null kein Zahlzeichen besaßen – die Null wurde in Texten durch ein Wort wie „null“ oder „nichts“ (lateinisch nullum, nihil) beschrieben – hätte man mit diesen Zeichen niemals ein Stellenwertsystem aufbauen können, da man fehlende Stufenwerte nicht anzeigen konnte:

$$106 = 1 \text{ Hunderter} + \underline{\text{kein}} \text{ Zehner} + 6 \text{ Einer} = \mathbf{1} \cdot 10^2 + \mathbf{0} \cdot 10^1 + \mathbf{6} \cdot 10^0.$$

Stattdessen ergibt sich der Wert eines Zahlwortes nach bestimmten Regeln aus der Summe der Wertigkeiten einzelner Zeichen, z. B. $106 = 100 + 5 + 1 = \text{CVI}$.

Das römische Zahlensystem ist ein Additionssystem und kein Stellenwertsystem.

Regeln für römische Zahlen

Auch die Regeln zur Bestimmung des Wertes eines römischen Zahlwortes haben im Laufe der Zeit verschiedene Abwandlungen erfahren. Die heute schulüblichen Regeln lauten:

- R 1: Additionsregeln
  - R 1a: Steht eine kleinere Zahl hinter einer größeren, so wird sie dazu gezählt:
    VI: 1 **nach** 5 — VI = 5 **+** 1 = 6
    CX: 10 **nach** 100 — CX = 100 **+** 10 = 110
  - R 1b: Steht eine kleinere Zahl vor einer größeren, so wird sie davon abgezogen:
    IV: 1 vor 5 — IV = 5 − 1 = 4
    XC: 10 vor 100 — XC = 100 − 10 = 90
- R 2: Maximumregel
  Ein Symbol wird höchstens dreimal hintereinander geschrieben.
  richtig: 4 = IV — falsch: ~~4 = IIII~~

▶ R 3: Rangregeln

- R 3a: Vor einer Ziffer stehen niemals zwei kleinere Ziffern, sondern höchstens eine kleinere.
  richtig: 8 = VIII falsch: ~~8 = IIX~~
- R 3b: Vor einem Symbol steht höchstens das nächstkleinere Symbol I, X oder C, aber nie ein noch kleineres.
  richtig: 99 = XCIX falsch: ~~99 = IC~~
  richtig: 990 = CMXC falsch: ~~990 = XM~~
- R 3c: Die Symbole V, L, und D kommen in einer römischen Zahl höchstens einmal vor. Sie stehen auch niemals vor einem größeren Symbol. Verboten sind also z. B. DM, LC oder VX.
  richtig: 95 = XCV falsch: ~~95 = VC~~

Beispiele:

1.7 Schreibe die römische Zahl MDCCCLXXI in arabischen Ziffern.

$$\text{MDCCCLXXI} = 1\,000 + 500 + 100 + 100 + 100 + 50 + 10 + 10 + 1 = 1\,871$$

1.8 Schreibe die Zahl 784 in römischen Ziffern.

$$784 = 500 + 100 + 100 + 50 + 10 + 10 + 10 + 5 - 1$$

$$784 = \text{D} + \text{C} + \text{C} + \text{L} + \text{X} + \text{X} + \text{X} + \text{V} - \text{I}$$

$$784 = \text{DCCLXXXIV}$$

✍ A. 1.10–1.13 auf Seite 40

Römische Zahlzeichen wurden bis über das 12. Jahrhundert hinaus in Mitteleuropa benutzt. Bis zum neunzehnten Jahrhundert findet man sie auch als Jahreszahlen in Kirchenbüchern, danach dienten sie eher zur Nummerierung im unteren Zahlenbereich.

In der Praxis wurden die Regeln nicht immer streng eingehalten. Auf vielen Ziffernblättern von Uhren findet man IIII statt IV für die Zahl 4. Da die Ziffern früher aus Metall gegossen wurden, war es wahrscheinlich rationeller, sie in Blöcken aus jeweils fünf I, einem V und einem X zu gießen, da man dann aus vier solchen Blöcken alle Zeichen eines Ziffernblattes zusammensetzen konnte. Hätte man die Uhrziffern regelgerecht angefertigt, wäre der Guss komplizierter geworden. (Bitte nachprüfen, durch Aufschreiben aller Zahlen der beiden möglichen Zifferblätter!)

Der *Excel*-Befehl **RÖMISCH**(zahl; typ) wandelt eine arabische Zahl in ein römisches Zahlsymbol in Textform um. Der Typ 0 ist regelkonform, die Typen 1 bis 4 liefern verkürzte, aber nicht regelgerechte Ergebnisse.

Befehl	**Eingabe-Beispiel**	**Ergebnis**
RÖMISCH(zahl; typ)	=RÖMISCH(1189; 0)	MCLXXXIX

1.1.5 Konstante und Variable

Die in der Mathematik aufgestellten Gesetzmäßigkeiten gelten nicht nur für bestimmte einzelne Zahlen, sondern sie sind ganz allgemein gültig. So weiß jeder, der die Anfangsgründe der Mathematik kennengelernt hat, dass bei der Additionsaufgabe

$$3+8$$

dasselbe Ergebnis entsteht wie bei der Aufgabe

$$8+3.$$

Für diesen speziellen Fall lässt sich also sagen, dass

$$3+8=8+3$$

gilt.

Anstelle der beiden Zahlen 3 und 8 können in dieser Gleichung aber auch beliebige andere Zahlen stehen. So ist beispielsweise auch

$$2{,}56+7{,}02=7{,}02+2{,}56$$

oder

$$392{,}46+1\,763{,}409=1\,763{,}409+392{,}46$$

usw.

Man versteht auf diese Weise schließlich den aus der Arithmetik bekannten Satz:

> Es ist gleichgültig, in welcher Reihenfolge man zwei Zahlen addiert. Der Wert der Summe ist stets der gleiche.

Um diesen Satz nun in kürzerer Form und dennoch für jedermann verständlich darstellen zu können, verwendet man in der Mathematik allgemeine Zahlensymbole, etwa die beiden Buchstaben a und b, und formuliert die oben angegebene Gesetzmäßigkeit wie folgt:

> Für alle a und b gilt:
>
> $$a+b=b+a.$$

In diese letzte Gleichung darf man für a und b ganz beliebige Zahlenwerte einsetzen; stets ist dann die Aussage dieses Satzes richtig.

Statt a und b hätte man in dieser Gleichung ohne Weiteres auch irgendwelche andere Zeichen verwenden können, beispielsweise ..., $\bowtie$, $\cup$, $\otimes$, ∇ usw. So könnte die erwähnte Gleichung

$$a+b=b+a$$

auch in der Form

Bild 1.2

geschrieben werden. Allerdings verwendet man derartige Fantasiegebilde seltener für die Formulierung mathematischer Tatbestände, da sie einerseits beim Schreiben mehr Zeit erfordern und zum anderen auch schlecht aussprechbar sind.

Allgemeine Zahlensymbole, bei denen noch offengelassen ist, welche spezielle Zahl man für sie im jeweiligen Falle verwenden kann, wollen wir in Zukunft **Variable**[1] nennen. Dagegen sollen die eindeutig bestimmten Zahlen wie

1; 392,47; π; 0,001 usw.

als **Konstante**[2] bezeichnet werden.

Beim Arbeiten mit Variablen ist es wichtig, dass innerhalb derselben Aufgabe einem bestimmten Symbol auch immer wieder nur ein und derselbe Zahlenwert zugeordnet werden muss. Wenn man sich also entschlossen hat, in einer Aufgabe für das darin auftretende Symbol δ den Wert $\delta = 2{,}15$ einzusetzen, so muss man innerhalb dieser Aufgabe überall dort, wo die Variable δ auftritt, immer wieder denselben Wert 2,15 einsetzen und nicht irgendwann einmal zu einem anderen Wert übergehen. – Aus diesem Grunde dürfen auch in Formeln für verschiedene Größen niemals die gleichen Variablen verwendet werden.

Aufgaben:

Die Ergebnisse aus diesem Abschnitt sind mit *Excel* zu kontrollieren!

1.1.3 Das duale Positionssystem (Lösungen ab Seite 841)

1.1 Die Dezimalzahlen sind in Dualzahlen umzuwandeln:

a) 1	b) 2	c) 3	d) 4
e) 5	f) 6	g) 7	h) 8
i) 9	k) 10	l) 314	m) 128
n) 1 000	o) 500	p) 250	q) 125
r) 13	s) 26	t) 52	u) 104

1.2 Die Dualzahlen sind in Dezimalzahlen umzuwandeln:

a) $1\,111_{(2)}$	b) $101_{(2)}$	c) $11\,001_{(2)}$
d) $0{,}1_{(2)}$	e) $0{,}01_{(2)}$	f) $0{,}001_{(2)}$
g) $111{,}11_{(2)}$	h) $1{,}1111_{(2)}$	i) $10{,}1001_{(2)}$
k) $1\,001{,}011_{(2)}$	l) $110\,011{,}101_{(2)}$	m) $111{,}0101_{(2)}$
n) $10\,101\,010\,101_{(2)}$	o) $100\,000\,000\,000_{(2)}$	p) $1\,100\,110\,011_{(2)}$

1.3 Durch Übergang zu den entsprechenden Dezimalzahlen ist zu prüfen, ob die nachfolgenden für das Dualsystem geltenden Grundaufgaben der Addition und der Multiplikation (Kleines Einmaleins des Dualsystems) richtig sind:

a)
$$\begin{aligned} 0 + 0 &= 0 \\ 0 + 1 &= 1 \\ 1 + 0 &= 1 \\ 1 + 1 &= 10 \end{aligned}$$

b)
$$\begin{aligned} 0 \cdot 0 &= 0 \\ 0 \cdot 1 &= 0 \\ 1 \cdot 0 &= 0 \\ 1 \cdot 1 &= 1 \end{aligned}$$

1.4 Die in Aufgabe 1.1 genannten Dezimalzahlen sind in Oktalzahlen umzuwandeln.

Anmerkung: Es kann hier mit einem ähnlichen Algorithmus gearbeitet werden, wie dies im Beispiel 1.4 getan wurde: Bei der Umrechnung von Dezimal- in Oktalzahlen muss nur jeweils durch 8 geteilt werden.

---

[1] variabilis (lat.) veränderlich

[2] constans (lat.) beständig, unveränderlich

1.5 Welchen Wert besitzen die folgenden Oktalzahlen im Dezimalsystem?

a) $10_{(8)}$	b) $10\,000_{(8)}$	c) $7_{(8)}$	d) $777_{(8)}$	e) $1\,813_{(8)}$
f) $125_{(8)}$	g) $375_{(8)}$	h) $260_{(8)}$	i) $300_{(8)}$	k) $623_{(8)}$
l) $55_{(8)}$	m) $234_{(8)}$	n) $0{,}1_{(8)}$	o) $0{,}25_{(8)}$	p) $0{,}005_{(8)}$

1.6 Die in Aufgabe 1.1 genannten Dezimalzahlen sind in Hexadezimalzahlen umzuwandeln.

Wie muss der bereits benutzte Algorithmus für diese Aufgaben abgeändert werden?

1.7 Welchen Wert besitzen die folgenden Hexadezimalzahlen im Dezimalsystem?

a) $10_{(16)}$	b) $10\,000_{(16)}$	c) $1A_{(16)}$	d) $ABC_{(16)}$	e) $A\,FFE_{(16)}$
f) $125_{(16)}$	g) $F_{(16)}$	h) $FFF_{(16)}$	i) $3E0{,}9_{(16)}$	k) $C6{,}3_{(16)}$
l) $55_{(16)}$	m) $234_{(16)}$	n) $A\,BBA_{(16)}$	o) $0{,}2B_{(16)}$	p) $A\,BER_{(16)}$

1.8 Die einzelnen Resultate der Aufgaben 1.1, 1.4 und 1.6 sind miteinander zu vergleichen!

Lassen sich Gesetzmäßigkeiten zwischen den jeweils zueinander gehörenden Lösungen der Teilaufgaben a) bis p) feststellen?

1.9 Wie lautet die größte ganzzahlige vierstellige

a) Dezimalzahl, b) Oktalzahl, c) Hexadezimalzahl?

Welchen Dezimalwert besitzen die in b) und c) ermittelten Zahlen?

1.1.4 Das römische Zahlensystem (Lösungen ab Seite 842)

1.10 Gesucht werden die römischen Zahlzeichen von 1 bis 20 und die der ersten zwölf Vielfachen von 10.

1.11 Die Zahlen sollen in römischer Schreibweise notiert werden:

a) 23	b) 28	c) 29	d) 399	e) 1 944
f) 5 784	g) 888	h) 1 960	i) 338	k) 2 006

1.12 Die römischen Jahreszahlen sind in der heutigen Weise mit arabischen Ziffern zu schreiben:

a) MCMLXXXVIII	b) DCLXXVII	c) MCXIII
d) CCCLXXVI	e) MCLXXXVII	f) CDLVIII
g) MDCCLXXXIII	h) CMLXXXV	i) DCLXIII
k) MCVII		

1.13 Wie heißt die größte Zahl, die man den Regeln entsprechend in römischer Schreibweise notieren kann?

1.2 Das Rechnen mit Zahlen

1.2.1 Bezeichnungen

Am Beispiel der Variablen a, b und c sollen die wichtigsten Bezeichnungen zusammengestellt werden, die in den folgenden Abschnitten immer wieder auftreten:

Addieren

Bei der **Addition** wird zu einer Zahl eine zweite hinzugezählt. Die Zahlen, die addiert werden, nennt man **Summanden**. Den Ausdruck $a + b$ bezeichnet man als **Summe**, das Ergebnis ist der **Summenwert**:

$$\begin{array}{ccccc} \text{Summand} & \text{plus} & \text{Summand} & \text{gleich} & \text{Summenwert} \\ 14 & + & 3 & = & 17 \\ \underbrace{a \quad + \quad b}_{\text{Summe}} & & & = & c \end{array}$$

Subtrahieren

Bei der **Subtraktion** wird von einer Zahl eine zweite Zahl abgezogen. Die Zahl, die vermindert wird, nennt man **Minuend**, die, die abgezogen wird, heißt **Subtrahend**. Den Ausdruck $a - b$ bezeichnet man als **Differenz**, das Ergebnis ist der **Differenzwert**:

$$\begin{array}{ccccc} \text{Minuend} & \text{minus} & \text{Subtrahend} & \text{gleich} & \text{Differenzwert} \\ 15 & - & 6 & = & 9 \\ \underbrace{a \quad - \quad b}_{\text{Differenz}} & & & = & c \end{array}$$

Multiplizieren

Bei der **Multiplikation** wird eine Zahl mit einer zweiten Zahl vervielfacht; die Zahlen werden malgenommen. Die Zahlen, die miteinander multipliziert werden, nennt man **Faktoren**. Den Ausdruck $a \cdot b$ bezeichnet man als **Produkt**, das Ergebnis ist der **Produktwert**:

$$\begin{array}{ccccc} \text{Faktor} & \text{mal} & \text{Faktor} & \text{gleich} & \text{Produktwert} \\ 4 & \cdot & 7 & = & 28 \\ \underbrace{a \quad \cdot \quad b}_{\text{Produkt}} & & & = & c \end{array}$$

Dividieren

Bei der **Division** wird bestimmt, wievielmal in einer Zahl eine zweite Zahl enthalten ist; die Zahlen werden durcheinander geteilt. Die Zahl, die geteilt wird, ist der **Dividend**; die Zahl, durch die man teilt, ist der **Divisor**. Den Ausdruck $a : b$ bezeichnet man als **Quotient**, das Ergebnis ist der **Quotientenwert**:

$$\begin{array}{ccccc} \text{Dividend} & \text{geteilt durch} & \text{Divisor} & \text{gleich} & \text{Quotientenwert} \\ 12 & : & 3 & = & 4 \\ \underbrace{a \quad : \quad b}_{\text{Quotient}} & & & = & c \end{array} \qquad b \neq 0$$

Beim Dividieren gibt es noch ein zweite, gleichwertige Schreibweise in Form eines **Bruches**, mit der wir uns im Abschnitt 1.2.3 ausführlich beschäftigen werden. Der Bruchstrich übernimmt dabei die Bedeutung des Divisionszeichens (Teilungsoperator), der Dividend wird zum Zähler, der Divisor zum Nenner des Bruches:

$$\begin{array}{lcl} \text{Zähler durch Nenner} & \text{gleich} & \text{Quotientenwert} \\ \dfrac{12}{3} & = & 4 \\ \text{Bruch}\left\{\dfrac{\text{Zähler } a}{\text{Nenner } b}\right. & = & c \end{array}$$

Potenzieren

Eine **Potenz** ist ein Produkt aus lauter gleichen Faktoren. Man verwendet folgende Schreib- und Sprechweisen:

$$\begin{array}{lll} a \cdot a = a^2 & \text{gelesen:} & \text{„}a\text{ hoch zwei“ oder „}a\text{-Quadrat“} \\ a \cdot a \cdot a = a^3 & \text{gelesen:} & \text{„}a\text{ hoch drei“} \\ a \cdot a \cdot a \cdot a = a^4 & \text{gelesen:} & \text{„}a\text{ hoch vier“} \\ \vdots & & \vdots \\ \underbrace{a \cdot a \cdot a \cdot \ldots \cdot a}_{n \text{ Faktoren}} = a^n & \text{gelesen:} & \text{„}a\text{ hoch }n\text{“.} \end{array}$$

Allgemein gilt

$$\underbrace{\text{Basis}^{\text{Exponent}}}_{\text{Potenz}} = \text{Potenzwert}$$

Der **Exponent** gibt dabei an, wie oft die **Basis** mit sich selbst multipliziert werden soll.

Ausführlicher werden wir dieses Thema noch in Abschnitt 2.4 besprechen.

1.2.2 Die Teilbarkeit von Zahlen

Bei den in diesem Abschnitt dargestellten Eigenschaften von Zahlen handelt es sich nur um die Eigenschaften natürlicher Zahlen **N** bzw. positiver ganzer Zahlen $\mathbf{N}^*$.

1.2.2.1 Teiler einer Zahl

Definition:

Lässt sich eine natürliche Zahl z *ohne Rest* durch eine natürliche Zahl $t \neq 0$ teilen, so bezeichnet man den Divisor t als einen **Teiler** von z:

$$z : t = k \qquad \text{mit } k \in \mathbf{N}$$

und schreibt kurz $t|z$ [1)].

[1)] Es wird gelesen: „t teilt z“ oder „t ist Teiler von z“ oder „t ist in z enthalten“ oder genauer „t ist in z als Faktor enthalten“.
Es ist sehr wichtig, dass man die natürliche Zahl Null nicht als Teiler zulässt, da die Division durch 0 nicht erlaubt ist, siehe Abschnitt 2.3.1.5! Das Zeichen $\neq$ wird deshalb gelesen „ungleich“ oder „verschieden von“.

Entsprechend nennt man die natürliche Zahl z ein **Vielfaches** von t:

$$z = k \cdot t$$

Somit ist auch k ein Teiler von z. Die beiden Teiler t und k, die miteinander multipliziert wieder die Zahl z ergeben, nennt man Ergänzungs- oder **Komplementärteiler**[a].

Beispiel:

1.9 Die Zahl 165 hat die Teiler 1, 3, 5, 11, 15, 33, 55 und 165, denn sie lässt sich durch jede der angegebenen Zahlen ohne Rest teilen (Bitte nachprüfen!): $3|165$ oder $55|165$ usw.

Entsprechend ist 165 ein Vielfaches von 1, 3, 5, 11, 15, 33, 55 und 165.

Da 2 kein Teiler von 165 ist, schreibt man $2 \nmid 165$ („2 teilt nicht 165").

Für die Zahl 165 ist der Teiler 11 der Komplementärteiler zu 15 und umgekehrt, da $11 \cdot 15 = 165$. Genauso verhalten sich 5 und 33 bzw. 3 und 55 bzw. 1 und 165 komplementär zueinander.

Aus der oben angeführten Definition des Teilers t einer natürlichen Zahl z ergeben sich die folgenden drei **Sonderfälle:**

1. Jede natürliche Zahl hat den Teiler eins: $1|z$
2. Jede natürliche Zahl ist Teiler von sich selbst: $z|z$
3. Jede natürliche Zahl ist Teiler der Zahl Null: $t|0$

Die beiden letzten Sonderfälle ermöglichen auch $0|0$. Dies mag auf den ersten Blick ein Widerspruch zur oben aufgeführten Teiler-Definition sein. Da aber $0 = k \cdot 0$ für alle $k \in \mathbf{N}$ erfüllt ist, gilt auch $0|0$.

Wir können also feststellen:

- Jede natürliche Zahl hat mindestens die Teiler eins und sich selbst.

Schließlich sei noch auf die folgende Eigenschaft des Teilers einer Zahl hingewiesen:

- Wenn $a|b$ und $b|c$, dann gilt auch $a|c$ für alle $a, b \in \mathbf{N}^*$ und $c \in \mathbf{N}$.

Beispiel:

1.10 Es gilt $3|15$ und $15|75$.
Also muss auch $3|75$ gelten, was ohne Schwierigkeiten nachgeprüft werden kann.

Alle natürlichen Zahlen, die den Teiler 2 besitzen, bezeichnet man als **gerade Zahlen**. Die übrigen natürlichen Zahlen heißen **ungerade Zahlen**.

1.2.2.2 Teilbarkeitsregeln

Bei vielen Aufgaben, insbesondere aus der Bruchrechnung, ist es erforderlich, zu untersuchen, ob eine gegebene ganze Zahl durch eine andere teilbar ist. Diese Teilbarkeitsuntersuchung liefert zwar nicht das Ergebnis der Division, informiert aber, ob die Division ohne Rest möglich ist oder nicht, ob sich also ein eventueller Rechenaufwand überhaupt lohnt.

---

[4] complementum (lat.) Ergänzung

Wir beziehen uns im Folgenden ausschließlich auf die dezimale Schreibweise der natürlichen Zahlen. In anderen Darstellungen gelten völlig andere Teilbarkeitsregeln.

Vorab wollen wir noch den Begriff der Quersumme, QS klären: Die **Quersumme** einer Zahl ist die Summe der Ziffern, aus der diese Zahl zusammengesetzt ist. So ist z. B. die Quersumme der Zahl 53 017 965:

$$\text{QS}(53\,017\,965) = 5 + 3 + 0 + 1 + 7 + 9 + 6 + 5 = 36.$$

Speziell für die Teilbarkeitsuntersuchungen können wir noch zwei Vereinfachungen vornehmen. Wir dürfen alle Ziffern streichen, die ein Vielfaches der Zahl darstellen, durch die wir teilen möchten. Wollen wir z. B. prüfen, ob die Zahl 53 017 965 durch 3 teilbar ist, so streichen wir bei der Quersummenbildung direkt alle Vielfachen von 3 aus der Ziffernfolge heraus:

$$\text{QS}(5\not{3}\,017\,\not{9}\not{6}5) = 5 + 0 + 1 + 7 + 5 = 18.$$

Weiterhin können wir vom Quersummenwert wiederum eine Quersumme bilden, solange, bis wir einstellige Ergebnisse erhalten:

$$\text{QS}(18) = 1 + 8 = 9$$

Die **vereinfachte Quersumme** für die Teilbarkeitsuntersuchung von 53 017 965 auf 3 ist somit 9.

Bei der **alternierenden**[1] **Quersumme** werden die Ziffern abwechselnd addiert und subtrahiert: $\text{aQS}(53\,017\,965) = 5 - 3 + 0 - 1 + 7 - 9 + 6 - 5 = 0$

Für einige Untersuchungen benötigen wir die **alternierende Dreiergruppensumme**. Dazu teilt man die Zahl zunächst *von rechts her* in Gruppen mit jeweils drei Ziffern ein und bildet dann *abwechselnd* die Summe bzw. Differenz aus den entstehenden dreistelligen Zahlen. Hierbei ist es egal, ob man mit dieser Summenbildung bei der ersten oder der letzten Gruppe beginnt, wichtig ist nur der Wechsel von Summe und Differenz. Für unsere Zahl 53 017 965 erhalten wir dann die alternierende Gruppensumme, aGS

$$\text{aGS}(53\,017\,965) = 965 - 017 + 53 = 1\,001.$$

Auch hier können wir durch fortgesetztes Anwenden dieser Technik weiter vereinfachen:

$$\text{aGS}(1\,001) = 001 - 1 = 0.$$

Jetzt können wir einige nützliche **Teilbarkeitsregeln** formulieren. Eine natürliche Zahl ist teilbar durch

2, wenn ihre *letzte Ziffer gerade* ist, also 0,2,4,6 oder 8 ist.

3, wenn ihre *Quersumme durch* 3 *teilbar* ist.

4, wenn die aus ihren *letzten beiden Ziffern gebildete Zahl durch* 4 *teilbar* ist, insbesondere wenn sie mit 00 endet.

5, wenn ihre *letzte Ziffer* 5 *oder* 0 ist.

[1] alterno (lat.) abwechselnd. Hier im Sinne von abwechselndem Addieren und Subtrahieren.

6, wenn sie *durch* 2 ***und*** *durch* 3 teilbar ist.
7, wenn ihre *alternierende Dreiergruppensumme durch* 7 *teilbar* ist.
8, wenn die aus ihren *letzten drei Ziffern gebildete Zahl durch* 8 *teilbar* ist, insbesondere wenn sie mit 000 endet.
9, wenn ihre *Quersumme durch* 9 *teilbar* ist.
10, wenn sie *mit* 0 *endet.*
11, wenn ihre *alternierende Quersumme bzw. ihre Dreiergruppensumme durch* 11 *teilbar* ist.
12, wenn sie *durch* 3 ***und*** *durch* 4 *teilbar* ist.
13, wenn ihre *alternierende Dreiergruppensumme durch* 13 *teilbar* ist.
14, wenn sie *durch* 2 ***und*** *durch* 7 *teilbar* ist.
15, wenn sie *durch* 3 ***und*** *durch* 5 *teilbar* ist.

Beispiele:

1.11 Es soll untersucht werden, ob die Zahl 11 981 252 052 durch 4, 7, 8 oder 13 teilbar ist.

Die Anwendung der Teilbarkeitsregeln ergibt:

4: Die Zahl, die aus den letzten beiden Ziffern gebildet wird, lautet 52 und 52 ist durch 4 teilbar.
7: Die Einteilung in Dreiergruppen ist bereits aus der obigen Darstellung der Zahl ersichtlich. Man bildet nun $11 - 981 + 252 - 52 = -770$.
Das Ergebnis -770 ist durch 7 teilbar, denn es ist $770 = 7 \cdot 110$.
8: Die Zahl, die aus den letzten drei Ziffern gebildet wird, lautet 052. 52 ist nicht durch 8 teilbar.
13: Die Einteilung in Dreiergruppen lieferte -770, was nicht durch 13 teilbar ist.

Die gegebene Zahl 11 981 252 052 ist also durch 4 und 7 teilbar, aber *nicht* durch 8 und 13. Bitte nachprüfen!

1.12 Die Zahl 53 017 965 soll auf ihre Teilbarkeit durch die Zahlen 2 bis 15 untersucht werden.

Mit den eingangs durchgeführten Berechnungen zur Quersumme untersucht man die Gültigkeit der Teilbarkeitskriterien.

2: Nicht teilbar, da ungerade Endziffer. Somit entfallen alle weiteren geraden Teiler, d. h., die Zahl ist auch *nicht teilbar* durch 4,6,8, . . .
3: Teilbar, da $QS = 9$ und $3|9$.
5: Teilbar, da letzte Ziffer eine 5 ist.
7: Teilbar, da alternierende Dreiergruppensumme $aGS = 0$ und $7|0$.
9: Teilbar, da $QS = 9$ und $9|9$.
11: Teilbar, da $aGS = 0$ und $11|0$.
13: Teilbar, da $aGS = 0$ und $13|0$.
15: Teilbar, da teilbar durch 3 **und** teilbar durch 5.

✍ A. 1.14 auf Seite 76

Möchte man sämtliche Teiler einer Zahl herausfinden, so kann dies bei größeren Zahlen schnell unübersichtlich werden.

Beispiele:

1.13 Bestimme sämtliche Teiler von a) 175 und b) 16.

Man prüft die positiven ganzen Zahlen von 1 an, ob sich ein Teiler der zu untersuchenden Zahl findet. Wenn ja, so schreibt man diesen Teiler und seinen Komplementärteiler in einer kurzen Tabelle auf. Sobald ein möglicher Teiler schon als Komplementärteiler vorhanden ist oder ihn sogar überschreitet, ist die Untersuchung beendet:

a)

T(175)	
1	175
5	35
7	25
~~25~~	~~7~~

b)

T(16)	
1	16
2	8
4	4

Sämtliche Teiler einer Zahl a fasst man zu einer **Teilermenge**[1] T(a) zusammen:
a) T(175) = {1,5,7,25,35,175} und b) T(16) = {1,2,4,8,16}.

A. 1.15 auf Seite 76

DIVISORS(n) liefert alle Teiler von n.

1.2.2.3 Primzahlen

Wie aus Abschnitt 1.2.2.1 hervorgeht, hat mit Ausnahme von Eins, jede natürliche Zahl mindestens zwei verschiedene Teiler, nämlich eins und sich selbst. Diese beiden Teiler werden *unechte Teiler* genannt. Hat eine Zahl außer diesen beiden unechten Teilern noch weitere Teiler, so werden diese *echte Teiler* der Zahl genannt.

So hat 165 (vgl. Beispiel 1.9) die unechten Teiler 1 und 165 sowie die echten Teiler 3, 5, 11, 15, 33 und 55.

Definition:

- Eine natürliche Zahl größer eins, die *keine echten Teiler* hat, wird **Primzahl** genannt.
- Eine Primzahl hat *genau* zwei verschiedene Teiler, nämlich eins und sich selbst.

Somit lauten die ersten Primzahlen:

$$2, 3, 5, 7, 11, 13, 17, 19, 23, 29, 31, 37, 41, \ldots$$

Alle positiven ganzen Zahlen, die echte Teiler haben, also keine Primzahlen sind, werden *zusammengesetzte Zahlen* genannt.

$$4, 6, 8, 9, 10, 12, 14, 15, 16, 18, 20, 21, 22, \ldots$$

sind demnach die ersten zusammengesetzten Zahlen.

Die 1 ist definitionsgemäß weder eine Primzahl noch eine zusammengesetzte Zahl.

---

[1] Nicht zu verwechseln mit der *Teilmenge* aus Abschnitt 2.2.4.1. Einzelheiten zur Mengenschreibweise findet man in Abschnitt 2.2.3.

Für die zusammengesetzten Zahlen gilt der folgende Satz von der **Primfaktorzerlegung**:

Sieht man von der Reihenfolge der Faktoren ab, so lässt sich jede zusammengesetzte Zahl eindeutig in ein Produkt von Primzahlen zerlegen.
Die einzelnen Faktoren einer solchen Zerlegung werden *Primfaktoren* oder *Primteiler* genannt.

Beispiel:

1.14 $165 = 3 \cdot 5 \cdot 11$

3, 5 und 11 sind die Primfaktoren von 165,
$3 \cdot 5 \cdot 11 = 165$ ist die Darstellung der Zahl als Primzahlenprodukt.

Wenn eine Zahl in ihre Primfaktoren zerlegt werden soll, empfiehlt es sich, *systematisch* vorzugehen und die Zahl der Reihe nach auf ihre Teilbarkeit durch die Primzahlen 2, 3, 5, 7 usw. zu untersuchen. Dabei ist zu beachten, dass eine Primzahl auch mehrfach als Faktor in der Zerlegung auftreten kann. – Schließlich braucht man bei der Zerlegung nur diejenigen Primzahlen zu berücksichtigen, deren Quadrat kleiner oder höchstens gleich der gegebenen Zahl ist.

Im Beispiel 1.14 braucht man also nur für die Primzahlen bis einschließlich 11 zu untersuchen, ob sie Primfaktoren von 165 sind.

Beispiele:

1.15 Die Zahl 1 620 ist in ihre Primfaktoren zu zerlegen.

Durch schrittweises Dividieren werden alle Primfaktoren ermittelt:

$$\begin{aligned} 1\,620 &= 2 \cdot 810 \\ &= 2 \cdot 2 \cdot 405 \\ &= 2 \cdot 2 \cdot 3 \cdot 135 \\ &= 2 \cdot 2 \cdot 3 \cdot 3 \cdot 45 \\ &= 2 \cdot 2 \cdot 3 \cdot 3 \cdot 3 \cdot 15 \\ &= 2 \cdot 2 \cdot 3 \cdot 3 \cdot 3 \cdot 3 \cdot 5 \end{aligned}$$

Um den Schreibaufwand zu verringern, schreibt man die beteiligten Zahlen in eine kleine Tabelle. Links steht die zu zerlegende Zahl bzw. die beim Dividieren durch die Primzahlen entstehenden Ergebnisse. Rechts schreibt man die Primzahlen auf, die als Teiler fungieren.

1 620	2
810	2
405	3
135	3
45	3
15	3
5	5
1	

Man teilt die zu zerlegende Zahl durch die kleinste Primzahl, die als Teiler infrage kommt. Sobald sie nicht mehr als Teiler funktioniert, wechselt man zum nächstgrößeren Primfaktor. Die Zerlegung ist beendet, sobald in der linken Spalte eine 1 erscheint.

Die Primfaktorzerlegung von 1 620 ist $2^2 \cdot 3^4 \cdot 5$.

1.16 Fertige die Primfaktorzerlegung von 326 928 an.

Lösung:

326 928	2
163 464	2
81 732	2
40 866	2
20 433	3
6 811	7
973	7
139	139 (139 ist eine Primzahl.)
1	

Die Primfaktorzerlegung lautet: $326\,928 = 2^4 \cdot 3 \cdot 7^2 \cdot 139$.

Bei der Primfaktorzerlegung zerlegt man die Zahlen in ihre elementaren Bestandteile. Dadurch werden größere Zahlen handlicher und das weitere Rechnen mit ihnen ist einfacher.

1.17 Beachte: Nicht alle faktorisierten Darstellungen sind Primfaktorzerlegungen!

Die Zerlegungen a) $78 = 1 \cdot 2 \cdot 3 \cdot 13$
b) $616 = 7 \cdot 8 \cdot 11$

stellen keine Primfaktorzerlegungen dar, da 1 bzw. 8 keine Primzahlen sind.

Richtig in Primfaktoren zerlegt sind: a) $78 = 2 \cdot 3 \cdot 13$
b) $616 = 2^3 \cdot 7 \cdot 11$

✍ A. 1.16 auf Seite 76

CAS

NTH_PRIME(*n*) liefert die *n*-te Primzahl.

PRIME?(*n*) ergibt *true*, wenn *n* eine Primzahl ist, ansonsten *false*.

NEXT_PRIME(*n*) gibt die erste Primzahl aus, die größer als *n* ist.

PREVIOUS_PRIME(*n*) liefert – wenn existent – die erste Primzahl, die kleiner als *n* ist.

FACTOR(*n*) liefert die Primfaktorzerlegung von *n*.

1.2.2.4 Der größte gemeinsame Teiler

Zwei oder mehrere natürliche Zahlen können *gemeinsame Teiler* größer eins haben oder nicht. So haben die beiden Zahlen

$$21 = 3 \cdot 7 \qquad \text{und} \qquad 65 = 5 \cdot 13$$

keine gemeinsamen Teiler außer der Eins. Man sagt, sie sind **teilerfremd** zueinander. Dagegen haben die Zahlen

$$360 = 2^3 \cdot 3^2 \cdot 5 \qquad \text{und} \qquad 945 = 3^3 \cdot 5 \cdot 7$$

die gemeinsamen Teiler $3, 5, 9, 15$ und 45. Von diesen fünf gemeinsamen Teilern ist 45 der größte. Die Zahl 45 heißt daher der **größte gemeinsame Teiler** (ggT) der Zahlen 360 und 945:

$$\text{ggT}(360, 945) = 45$$

Allgemein kann man den größten gemeinsamen Teiler mehrerer Zahlen wie folgt bestimmen:

> Der größte gemeinsame Teiler mehrerer natürlicher Zahlen ist das Produkt der kleinsten Potenzen der Primfaktoren, die in *jeder* dieser Zahlen gleichzeitig enthalten sind.

Beispiel:

1.18 Wie lautet der größte gemeinsame Teiler der Zahlen 120, 252, 300, 672 und 29 400?

Wir erinnern uns: Da die Hochzahl (Exponent) angibt, wie oft eine Zahl p als Faktor in einem Produkt erscheint, können wir für einen nur einmal auftretenden Primfaktor auch p^1 (z. B. $3 = 3^1$, $5 = 5^1$) schreiben. Tritt ein Primfaktor zweimal auf, so schreiben wir $p \cdot p = p^2$ (z. B. $2 \cdot 2 = 2^2$, $5 \cdot 5 = 5^2$) usw. Einen fehlenden Faktor können wir als p^0 notieren, z. B. 7^0 in 120, da 7 kein Faktor von 120 ist. Weil p^0 immer den Wert eins besitzt, ändert sich auch nichts am Wert des Produktes. Wir bekommen so eine übersichtliche Darstellung, in der die Primfaktoren in Potenzschreibweise aufgelistet sind:

$$\begin{array}{rcll}
120 & = & 2^3 \cdot 3^1 \cdot 5^1 \cdot 7^0 & \\
252 & = & 2^2 \cdot 3^2 \cdot 5^0 \cdot 7^1 & \\
300 & = & 2^2 \cdot 3^1 \cdot 5^2 \cdot 7^0 & \\
672 & = & 2^5 \cdot 3^1 \cdot 5^0 \cdot 7^1 & \\
29\,400 & = & 2^3 \cdot 3^1 \cdot 5^2 \cdot 7^2 & \\
\hline
\mathrm{ggT}(120, 252, \ldots) & = & 2^2 \cdot 3^1 \cdot 5^0 \cdot 7^0 & = \; 12
\end{array}$$

Man erhält den *größten* gemeinsamen Teiler, indem man von allen beteiligten Primfaktoren jeweils diejenige Potenz mit dem *kleinsten* Exponenten auswählt.

A. 1.17 auf Seite 76

Der größte gemeinsame Teiler wird später beim Ausklammern von Zahlen oder in der Bruchrechnung *beim Kürzen von Brüchen* benötigt.

Schreibt man zwei oder mehrere natürliche Zahlen als Produkt mit je zwei Faktoren, bei denen der eine Faktor der größte gemeinsame Teiler aller Zahlen ist, so müssen die Ergänzungsfaktoren teilerfremd zueinander sein.

Beispiel:

1.19 Der größte gemeinsame Teiler der beiden Zahlen 360 und 945 ist, wie leicht nachgeprüft werden kann, 45. Die in den Zerlegungen $360 = 8 \cdot 45$ und $945 = 21 \cdot 45$ auftretenden Ergänzungsfaktoren 8 und 21 sind teilerfremd zueinander.

Ein einfaches Verfahren zur Bestimmung des größten gemeinsamen Teilers zweier Zahlen, welches ohne die Primfaktorzerlegung auskommt, stellt der **EUKLIDische Algorithmus**[1] dar. Er lautet:

[1] EUKLID (365 bis 300 v.Chr.), griechischer Mathematiker; Algorithmus: Rechenvorschrift, die bei richtiger Anwendung zum gewünschten Ergebnis führt.

Man dividiert die größere der beiden Zahlen durch die kleinere. Aus dem Divisor und dem Rest dieser ersten Divisionsaufgabe bildet man einen zweiten Quotienten; aus dem zweiten Divisor und dem Rest der zweiten Division einen dritten Quotienten usw. Dieses Verfahren setzt man so lange fort, bis die Division aufgeht. Der Divisor des zuletzt gebildeten Quotienten ist dann der größte gemeinsame Teiler der beiden Zahlen.

Beispiele:

1.20 Mit Hilfe des EUKLIDischen Algorithmus ist der größte gemeinsame Teiler der beiden Zahlen 360 und 945 zu ermitteln.

Man dividiert

$$945 : 360 = 2 \text{ Rest } 225.$$

Aus dem Divisor 360 und dem Rest 225 bildet man den Quotienten

$$360 : 225 = 1 \text{ Rest } 135,$$

dann $225 : 135 = 1 \text{ Rest } 90,$

hieraus $135 : 90 = 1 \text{ Rest } 45$

und schließlich

$$90 : 45 = 2.$$

Diese Division hat keinen Rest mehr. Der Divisor 45 des letzten Quotienten ist der größte gemeinsame Teiler von 360 und 945.

1.21 Desgleichen für die beiden Zahlen 81 und 98.

$$\begin{aligned} 98 : 81 &= 1 \text{ Rest } 17, \\ 81 : 17 &= 4 \text{ Rest } 13, \\ 17 : 13 &= 1 \text{ Rest } 4, \\ 13 : 4 &= 3 \text{ Rest } 1, \\ 4 : 1 &= 4\,. \end{aligned}$$

Da der Divisor der letzten Divisionsaufgabe 1 ist, sind die beiden Zahlen 81 und 98 teilerfremd.

Für das praktische Rechnen ist es günstig, wenn man weiß, dass für die Ermittlung des größten gemeinsamen Teilers genügt, eine der beiden gegebenen Zahlen mit der Differenz der beiden Zahlen zu vergleichen. So würde es im Beispiel 1.21 ausreichen, den größten gemeinsamen Teiler von 81 und $98 - 81 = 17$ zu bestimmen. Da 17 eine Primzahl und nicht Teiler von 81 ist, ist offensichtlich, dass 81 und 98 teilerfremd sein müssen.

A. 1.18–1.19 auf Seite 77

Mit dem *Excel*-Befehl **GGT**(zahl1; zahl2; ...) kann der ggT von bis zu 29 Zahlen bestimmt werden.

Aufgabe	Eingabe-Beispiel	Ergebnis
ggT(70, 118) = ?	=GGT(70; 118)	2

GCD($z_1, z_2, \ldots$) liefert den ggT der Zahlen $z_1, z_2, \ldots$

1.2.2.5 Das kleinste gemeinsame Vielfache

Von einer Zahl lassen sich durch Multiplikation mit den Zahlen 1, 2, 3, ... beliebig viele Vielfache bilden.

Beispiel:

1.22 Die ersten Vielfachen der beiden Zahlen 3 und 4 sind:

Vielfache von 3:	3		6		9	**[12]**	15		18		21	**[24]**	27		30 ...
Vielfache von 4:		4		8		**[12]**		16		20		**[24]**		28	...

Sind zwei oder mehrere Zahlen gegeben, so haben diese *gemeinsame Vielfache*. So erkennt man beispielsweise aus dem letzten Beispiel, dass 12, 24, 36, 48, ... gemeinsame Vielfache der beiden Zahlen 3 und 4 sind. Unter den gemeinsamen Vielfachen existiert ein **kleinstes gemeinsames Vielfaches** (kgV). Die Zahl 12 ist das kleinste gemeinsame Vielfache der beiden Zahlen 3 und 4:

$$\text{kgV}(3{,}4) = 12$$

Ein Vielfaches mehrerer Zahlen muss durch jede dieser Zahlen teilbar sein. Es muss daher jeden Primfaktor mindestens so oft enthalten, wie er am häufigsten in einer der gegebenen Zahlen auftritt.

> Das kleinste gemeinsame Vielfache mehrerer Zahlen ist die kleinste Zahl, die durch alle gegebenen Zahlen teilbar ist.

Analog zum größten gemeinsamen Teiler bestimmt man das kleinste gemeinsame Vielfache am besten ebenfalls durch Zerlegung der gegebenen Zahlen in ihre Primfaktoren.

Beispiel:

1.23 Es ist das kleinste gemeinsame Vielfache der Zahlen 36, 48, 60 und 210 zu bestimmen.

Die Zerlegung der gegebenen Zahlen in Primfaktoren ergibt

$$\begin{aligned}
36 &= 2^2 \cdot 3^2 \cdot 5^0 \cdot 7^0 \\
48 &= 2^4 \cdot 3^1 \cdot 5^0 \cdot 7^0 \\
60 &= 2^2 \cdot 3^1 \cdot 5^1 \cdot 7^0 \\
210 &= 2^1 \cdot 3^1 \cdot 5^1 \cdot 7^1 \\
\hline
\text{kgV}(36, 48, 60, 210) &= 2^4 \cdot 3^2 \cdot 5^1 \cdot 7^1 = 5\,040
\end{aligned}$$

Insgesamt treten die Primfaktoren $2, 3, 5$ und 7 auf. Für das *kleinste* gemeinsame Vielfache (kgV) wählen wir von jedem dieser Faktoren die Potenz mit dem *größten* Exponenten. Der Primfaktor 2 kommt in den Potenzen $1, 2$ und 4 vor – wir lassen in das kgV den Faktor 2^4 einfließen. Analog erhalten wir 3^2 bzw. 5^1 bzw. 7^1.

✍ A. 1.20–1.21 auf Seite 77

Das kleinste gemeinsame Vielfache wird bei der *Bestimmung des Hauptnenners* von Brüchen benötigt.

Ein größtes gemeinsames Vielfache zweier Zahlen gibt es nicht, da sich die Folge der gemeinsamen Vielfachen zweier Zahlen nach oben hin unbegrenzt weit fortsetzen lässt.

Mit dem *Excel*-Befehl **KGV**(zahl1; zahl2; ...) kann das kgV von bis zu 29 Zahlen bestimmt werden.

Aufgabe	**Eingabe-Beispiel**	**Ergebnis**
kgV(70, 118) = ?	=KGV(70; 118)	4 130

LCM(z_1,z_2, ...) liefert das kgV der Zahlen $z_1, z_2, \ldots$

1.2.3 Gewöhnliche Brüche

In diesem und dem nächsten Abschnitt wollen wir uns der Bruchrechnung widmen. Zuerst besprechen wir die *gewöhnlichen* Brüche, danach die *Dezimalbrüche*.

An dieser Stelle setzen wir an Vorwissen voraus:
ggT (Abschnitt 1.2.2.4), kgV (Abschnitt 1.2.2.5)

Leser, die nur die Bruchrechnung aufarbeiten möchten und die beiden Abschnitt 1.2.3 und 1.2.4 erfolgreich durchgearbeitet haben, sollten sich anschließend unbedingt noch mit den Klammerausdrücken in Abschnitt 2.3.2 beschäftigen und dort insbesondere die Aufgaben 2.34 und 2.35 bearbeiten.

1.2.3.1 Begriffserklärungen

Unter einem **gewöhnlichen Bruch** oder einer **gebrochenen Zahl** versteht man einen Ausdruck der Form $\frac{a}{b}$, worin a und b beliebige Zahlen sein können, wobei allerdings $b \neq 0$ sein muss.

Die über dem Bruchstrich stehende Zahl heißt **Zähler** des Bruches, während die darunter stehende Zahl **Nenner** des Bruches genannt wird.

■ Die Brüche liegen auf dem Zahlenstrahl zwischen den ganzen Zahlen.

Brüche, deren Zähler 1 ist, heißen *Stammbrüche*. Demnach sind

$$\frac{1}{2}, \quad \frac{1}{3}, \quad \frac{1}{4}, \quad \frac{1}{5}, \quad \ldots$$

Stammbrüche.

Jede ganze Zahl kann als Bruch mit dem Nenner 1 geschrieben werden:

$$25 = \frac{25}{1}, \quad 173 = \frac{173}{1}.$$

Jeder *Bruch kann als Divisionsaufgabe*, umgekehrt kann auch jede *Divisionsaufgabe als Bruch* aufgefasst werden. Dabei entspricht der Zähler des Bruches dem Dividenden, der Nenner des Bruches dem Divisor der Divisionsaufgabe und der Bruchstrich übernimmt die Funktion des Geteiltzeichens „ : “.

Beispiel:

1.24 a) $\frac{5}{7} = 5 : 7,$ b) $2 : 3 = \frac{2}{3}.$

Man unterscheidet **echte** und **unechte Brüche**. Bei einem echten Bruch ist der Zähler *kleiner* als der Nenner. Der Wert des Bruches liegt demzufolge zwischen 0 und 1.

Beispiel:

1.25 $\frac{1}{2}, \quad \frac{3}{5}, \quad \frac{5}{9}, \quad \ldots$ sind echte Brüche.

Ist der Zähler eines Bruches *nicht kleiner* als der Nenner, so liegt ein *unechter Bruch* vor. Der Wert eines unechten Bruches ist also größer oder mindestens gleich eins.

Beispiel:

1.26 $\frac{2}{1}, \quad \frac{5}{3}, \quad \frac{9}{5}, \quad \frac{5}{5}, \quad \ldots$ sind unechte Brüche.

Jeder unechte Bruch lässt sich in die Summe aus einer ganzen Zahl und einem echten Bruch verwandeln und als eine **gemischte Zahl** schreiben[1].

Beispiel:

1.27 $\frac{11}{5} = 11 : 5 = 2$ Rest 1. Demnach ist $\frac{11}{5} = 2 + \frac{1}{5} = 2\frac{1}{5}$.

Dabei darf das Pluszeichen zwischen der ganzen Zahl und dem Bruch weggelassen werden.

Beispiel:

1.28 $3\frac{4}{7} = 3 + \frac{4}{7}$. Es ist aber zu beachten, dass $3 \cdot \frac{4}{7} \neq 3\frac{4}{7}$.

A. 1.22 auf Seite 78

Brüche und gemischte Zahlen werden auf dem Taschenrechner mit der Bruchtaste [a b/c] eingegeben. Bei einigen Modellen kann man einstellen, ob gemischte Zahlen als solche oder als unechte Brüche ausgegeben werden sollen.

Aufgabe	Eingabe	Anzeige
$\frac{1}{4}$ eingeben.	1 [a b/c] 4 [=]	1⌋4
$\frac{9}{5}$ eingeben.	9 [a b/c] 5 [=]	9⌋5 oder 1⌋4⌋5
$8\frac{2}{5}$ eingeben.	8 [a b/c] 2 [a b/c] 5 [=]	8⌋2⌋5 oder 42⌋5
$\frac{2+3}{7}$ eingeben.	[(] 2 [+] 3 [)] [a b/c] 7 [=]	5⌋7
$\frac{7}{4}$ als gemischte Zahl.	7 [a b/c] 4 [=] [Shift] [ε b/c]	1⌋3⌋4
$8\frac{2}{5}$ als unechten Bruch.	8 [a b/c] 2 [a b/c] 5 [=] [Shift] [a b/c]	42⌋5

Der Taschenrechner ist zur Kontrolle der Ergebnisse zu benutzen, wobei für die Übungsaufgaben gilt: **Erst im Heft selbst rechnen, dann mit dem Taschenrechner kontrollieren!**

[1] Die Umwandlung einer gemischten Zahl in einen unechten Bruch wird im Abschnitt 1.2.3.3 behandelt.

In *Excel* kann man Brüche als Quotient eingeben und bekommt je nach Einstellungen unter „Format/ Zellen/ Zahlen" einen Bruch oder eine Dezimalzahl angezeigt.

Beispiel: Zeige den Bruch $\frac{7}{4}$ in verschiedenen Formaten an.

Anzeige	**Format**	
$=7/4$	1,75	Zahl mit 2 Dezimalstellen
$=7/4$	$1\ 3/4$	Bruch, einstellig
$=7/4$	$1\ 75/100$	Bruch, hunderstel

1.2.3.2 Erweitern und Kürzen von Brüchen

Ein Bruch wird **erweitert**, indem Zähler und Nenner mit derselben Zahl, der *Erweiterungszahl*, multipliziert werden.

Ein Bruch wird **gekürzt**, indem Zähler und Nenner durch dieselbe Zahl, die *Kürzungszahl*, dividiert werden.

Beim Erweitern und beim Kürzen ändert sich nur die Form, nicht aber der Wert eines Bruches.

Beispiele:

1.29 a) $\frac{3}{8} \overset{5}{=} \frac{3 \cdot 5}{8 \cdot 5} = \frac{15}{40}$. Der Bruch $\frac{3}{8}$ wurde „mit 5 erweitert".

Den Erweiterungsfaktor kann man bei Bedarf oberhalb des Gleichheitszeichen notieren.

A. 1.23–1.27 auf Seite 78

b) $\frac{15}{40} \underset{5}{=} \frac{15 : 5}{40 : 5} = \frac{3}{8}$. Der Bruch $\frac{15}{40}$ wurde „mit 5 gekürzt".

Den Kürzungsfaktor kann man bei Bedarf unterhalb des Gleichheitszeichen notieren.

Die beiden Brüche $\frac{3}{8}$ und $\frac{15}{40}$ sehen unterschiedlich aus, sind aber wertegleich und stehen für dieselbe gebrochene Zahl!

Das Erweitern von Brüchen wird benötigt, wenn mehrere Brüche mit verschiedenen Nennern auf einen gemeinsamen Nenner, den *Hauptnenner*, gebracht werden sollen.

Das Kürzen von Brüchen ist sinnvoll, da große Zahlen in Zähler und Nenner in kleinere verwandelt werden, so dass dadurch das Rechnen erleichtert wird. Es gilt als Grundsatz bei vielen Aufgaben mit gewöhnlichen Brüchen:

- **Erst kürzen, dann rechnen!**

Die größte Zahl, mit der ein Bruch gekürzt werden kann, muss alle in Zähler und Nenner gemeinsam vorkommenden Teiler als Faktoren enthalten.

Die größte Kürzungszahl für einen Bruch ist demnach der größte gemeinsame Teiler von Zähler und Nenner: ggT(Zähler, Nenner)

Ein Bruch ist dann vollständig gekürzt, wenn Zähler und Nenner teilerfremd sind.

Beispiel:

1.30 Der Bruch $\frac{405}{1\,080}$ ist durch Kürzen zu vereinfachen.

Wir fertigen vom Zähler und vom Nenner jeweils eine Primfaktorzerlegung an: $405 = 3^4 \cdot 5$ und $1\,080 = 2^3 \cdot 3^3 \cdot 5$.

Nun kürzen wir entweder gemeinsame Primfaktoren einzeln weg

$$\frac{405}{1\,080} = \frac{\cancel{3} \cdot \cancel{3} \cdot \cancel{3} \cdot 3 \cdot \cancel{5}}{2 \cdot 2 \cdot 2 \cdot \cancel{3} \cdot \cancel{3} \cdot \cancel{3} \cdot \cancel{5}} = \frac{3}{8}, \text{ kurz: } \quad \frac{405}{1\,080} = \frac{3^{\cancel{4}} \cdot \cancel{5}}{2^3 \cdot \cancel{3^3} \cdot \cancel{5}} = \frac{3}{8}$$

oder wir kürzen den Bruch direkt durch den größten gemeinsamen Teiler von Zähler und Nenner: ggT(405,1 080) = 135

$$\frac{405}{1\,080} \underset{135}{=} \frac{405 : 135}{1\,080 : 135} = \frac{3}{8}.$$

Taschenrechner kürzen die Brüche automatisch.

Aufgabe	**Eingabe**	**Anzeige**
Kürze $\frac{4}{8}$.	4 [a b/c] 8 [=]	1⌋2

A. 1.28–1.29 auf Seite 78

1.2.3.3 Addition und Subtraktion gewöhnlicher Brüche

Haben mehrere Brüche gleiche Nenner, so heißen sie **gleichnamig**; sind ihre Nenner verschieden, so werden sie **ungleichnamig** genannt. Ungleichnamige Brüche lassen sich gleichnamig machen, indem sie durch Erweitern auf den gemeinsamen **Hauptnenner** gebracht werden.

Der Hauptnenner mehrerer Brüche ist das kleinste gemeinsame Vielfache (kgV) aller Einzelnenner.

Beispiel:

1.31 Die Brüche $\frac{3}{8}, \frac{5}{24}, \frac{13}{72}, \frac{17}{108}$ und $\frac{49}{120}$ sollen auf einen gemeinsamen Nenner gebracht werden.

Zuerst fertigen wir von allen Nennern eine Primfaktorzerlegung an und bestimmen damit das kgV als ihren Hauptnenner:

Nenner	EWF
$8 = 2^3$	$3^3 \cdot 5 = 135$
$24 = 2^3 \cdot 3$	$3^2 \cdot 5 = 45$
$72 = 2^3 \cdot 3^2$	$3 \cdot 5 = 15$
$108 = 2^2 \cdot 3^3$	$2 \cdot 5 = 10$
$120 = 2^3 \cdot 3 \cdot 5$	$3^2 = 9$
$\text{kgV} = 2^3 \cdot 3^3 \cdot 5$	
$\text{HN} = 1\,080$	

Anmerkung: Hinter jeder Faktorzerlegung sind nach der Bestimmung des Hauptnenners gleich die Erweiterungsfaktoren (EWF) für jeden Bruch notiert worden. Die jeweiligen Erweiterungsfaktoren erhalten wir, wenn wir die Zerlegung eines Nenners mit der des Hauptnenners vergleichen und die fehlenden Faktoren miteinander multiplizieren.

Zum Beispiel haben wir für den Nenner 108 auch $2^2 \cdot 3^3$ geschrieben; im Hauptnenner wird aber $2^3 \cdot 3^3 \cdot 5$ eingefordert. Somit fehlen im Nenner 108 die Faktoren 2 und 5, der EWF lautet deshalb: $2 \cdot 5 = 10$.

Es ergeben sich somit folgende Brüche:

$$\frac{3}{8} \overset{135}{=} \frac{3 \cdot 135}{8 \cdot 135} = \frac{405}{1\,080} \qquad \frac{5}{24} \overset{45}{=} \frac{5 \cdot 45}{24 \cdot 45} = \frac{225}{1\,080} \qquad \frac{13}{72} \overset{15}{=} \frac{195}{1\,080}$$

$$\frac{17}{108} \overset{10}{=} \frac{170}{1\,080} \qquad \frac{49}{120} \overset{9}{=} \frac{441}{1\,080}$$

✍ A. 1.30 auf Seite 79

Für die Addition und Subtraktion gewöhnlicher Brüche gelten folgende Sätze:

> Gleichnamige Brüche werden addiert (subtrahiert), indem man ihre Zähler addiert (subtrahiert) und den Nenner beibehält.
>
> Ungleichnamige Brüche müssen vor dem Addieren (Subtrahieren) gleichnamig gemacht werden.

Beispiel:

1.32 a) $\frac{7}{24} + \frac{5}{24} = \frac{7+5}{24} = \frac{12}{24} \underset{12}{=} \frac{1}{2}$

b) $\frac{7}{24} - \frac{5}{24} = \frac{7-5}{24} = \frac{2}{24} \underset{2}{=} \frac{1}{12}$

c) $\frac{2}{3} - \frac{1}{4} = \frac{2 \cdot 4}{3 \cdot 4} - \frac{1 \cdot 3}{4 \cdot 3} = \frac{8}{12} - \frac{3}{12} = \frac{8-3}{12} = \frac{5}{12}$

d) $\frac{3}{4} - \frac{5}{6} + \frac{2}{9} - \frac{7}{12} + \frac{23}{48} = \quad ?$

Bestimmung des Hauptnenners und der Erweiterungsfaktoren:

Nenner	EWF
$4 = 2^2$	$2^2 \cdot 3^2 = 36$
$6 = 2 \cdot 3$	$2^3 \cdot 3 = 24$
$9 = 3^2$	$2^4 = 16$
$12 = 2^2 \cdot 3$	$2^2 \cdot 3 = 12$
$48 = 2^4 \cdot 3$	$3 = 3$
$\text{HN} = 2^4 \cdot 3^2 = 144$	

Damit wird

$$\frac{3}{4} - \frac{5}{6} + \frac{2}{9} - \frac{7}{12} + \frac{23}{48} = \frac{3 \cdot 36}{144} - \frac{5 \cdot 24}{144} + \frac{2 \cdot 16}{144} - \frac{7 \cdot 12}{144} + \frac{23 \cdot 3}{144}$$

$$= \frac{108 - 120 + 32 - 84 + 69}{144} = \frac{5}{144}$$

✍ A. 1.31–1.32 auf Seite 79

Beachtet man, dass sich jede ganze Zahl auch als Bruch mit dem Nenner 1 schreiben lässt, so kann man jede gemischte Zahl in einen unechten Bruch verwandeln oder, wie der Fachausdruck lautet, *„einrichten"*.

Beispiel:

1.33 $3\frac{7}{9} = 3 + \frac{7}{9} = \frac{3 \cdot 9 + 7}{9} = \frac{34}{9}$

✍ A. 1.33 auf Seite 79

Bei gemischten Zahlen ist es manchmal vorteilhaft, wenn man die ganzen Zahlen und die Brüche getrennt addiert bzw. subtrahiert. Vielfach hilft auch die Umwandlung einer gemischten Zahl in einen unechten Bruch.

Beispiel:

1.34 a) $5\frac{7}{8} + 3\frac{2}{5} = 5 + 3 + \frac{7}{8} + \frac{2}{5} = 8 + \frac{35 + 16}{40} = 8 + \frac{51}{40} = 9\frac{11}{40}$

b) $5\frac{7}{8} - 3\frac{2}{5} = 5 - 3 + \frac{7}{8} - \frac{2}{5} = 2 + \frac{35 - 16}{40} = 2 + \frac{19}{40} = 2\frac{19}{40}$

c) $5\frac{2}{3} - 3\frac{7}{8} = \frac{17}{3} - \frac{31}{8} = \frac{136}{24} - \frac{93}{24} = \frac{43}{24} = 1\frac{19}{24}$

✍ A. 1.34 auf Seite 79

1.2.3.4 Multiplikation von Brüchen

Da sich jede ganze Zahl als Bruch mit dem Nenner 1 schreiben und jede gemischte Zahl sich in einen unechten Bruch verwandeln lässt, genügt es, die folgende *Multiplikationsregel für gewöhnliche Brüche* zu kennen:

> Brüche werden miteinander multipliziert, indem man das Produkt der Zähler durch das Produkt der Nenner dividiert:
>
> $$\frac{z_1}{n_1} \cdot \frac{z_2}{n_2} = \frac{z_1 \cdot z_2}{n_1 \cdot n_2} \quad \text{mit } n_1, n_2 \neq 0$$

Man spart oft erheblichen Aufwand an Rechenarbeit ein, wenn man grundsätzlich jede Möglichkeit zu kürzen vor dem Multiplizieren ausnutzt.

Beispiel:

1.35 a) $\frac{13}{14} \cdot \frac{35}{52} = \frac{\cancel{13}^{1} \cdot \cancel{35}^{5}}{\cancel{14}_{2} \cdot \cancel{52}_{4}} = \frac{1 \cdot 5}{2 \cdot 4} = \frac{5}{8}$ Rechne *nicht*: $\frac{13}{14} \cdot \frac{35}{52} = \frac{455}{728} \underset{91}{=} \frac{5}{8}$

b) $25 \cdot \frac{4}{9} = \frac{25}{1} \cdot \frac{4}{9} = \frac{25 \cdot 4}{1 \cdot 9} = \frac{100}{9} = 11\frac{1}{9}$

c) $5\frac{1}{3} \cdot \frac{9}{16} = \frac{16}{3} \cdot \frac{9}{16} = \frac{\cancel{16} \cdot \cancel{9}^{3}}{\cancel{3} \cdot \cancel{16}} = \frac{1 \cdot 3}{1 \cdot 1} = 3$

d) $2\frac{7}{9} \cdot 1\frac{1}{5} = \frac{\cancel{25}^{5} \cdot \cancel{6}^{2}}{\cancel{9}^{3} \cdot \cancel{5}} = \frac{5 \cdot 2}{3 \cdot 1} = \frac{10}{3} = 3\frac{1}{3}$

e) Bei großen Zahlen empfiehlt sich eine Primfaktorzerlegung der einzelnen Faktoren, damit man besser erkennt, wo man kürzen kann:

$$\frac{1\,485 \cdot 1\,225 \cdot 12\,750}{1\,875 \cdot 315 \cdot 5\,355} = \frac{3^3 \cdot 5 \cdot 11 \;\cdot\; 5^2 \cdot 7^2 \;\cdot\; 2 \cdot 3 \cdot 5^3 \cdot 17}{3 \cdot 5^4 \;\cdot\; 3^2 \cdot 5 \cdot 7 \;\cdot\; 3^2 \cdot 5 \cdot 7 \cdot 17} = \frac{22}{3} = 7\,\frac{1}{3}$$

Zusammengesetzte Zähler bzw. Nenner sind beim TR in Klammern zu setzen.

Aufgabe	**Eingabe**	**Anzeige**
$\frac{3}{25 \cdot 5}$	3 [÷] [(] 25 [*] 5 [)] [=]	0,024 bzw. 3⌋125
⚠ $\frac{3}{25 \cdot 5}$	3 [÷] 25 [÷] 5 [=]	0,024 bzw. 3⌋125

A. 1.35–1.39 auf Seite 80

1.2.3.5 Der Kehrwert eines Bruches

Für die Division von Brüchen hat der Begriff des *Kehrwertes* eine besondere Bedeutung.

Den **Kehrwert (reziproken Wert)** eines Bruches erhält man, indem man Zähler und Nenner des Bruches miteinander vertauscht.

Bruch und Kehrwert des Bruches sind im Allgemeinen *verschieden* voneinander.

Zwischenfrage: Wie ist ein Bruch beschaffen, der mit seinem Kehrwert übereinstimmt, und welchen Wert hat er? $\left(1 = \frac{1}{1} \text{ bzw. } -1 = \frac{1}{-1}\right)$

Beispiel:

1.36 a) Der Kehrwert von $\frac{2}{7}$ ist $\frac{7}{2}$.

b) Der Kehrwert von $\frac{1}{9}$ ist $\frac{9}{1} = 9$.

c) Der Kehrwert von 5 ist $\frac{1}{5}$.

d) Der Kehrwert von $2\frac{3}{7} = \frac{17}{7}$ ist $\frac{7}{17}$.

Der Ausdruck $\frac{1}{z}$ stellt den Kehrwert einer Zahl $z \neq 0$ dar.

Merke: $\frac{1}{\ldots}$ bedeutet „Kehrwert bilden“!

A. 1.40–1.41 auf Seite 80

Man beachte, dass der Kehrwert einer Summe nicht einfach dadurch gebildet werden darf, indem man die Summe der Kehrwerte der einzelnen Summanden berechnet. Es muss immer zuerst die Summe der Brüche berechnet werden, erst danach darf die Kehrwertbildung erfolgen.

Beispiel:

1.37 Es ist der Kehrwert der Summe $\frac{2}{3}+\frac{1}{4}-\frac{5}{6}$ zu bilden.

Es ist $\frac{2}{3}+\frac{1}{4}-\frac{5}{6}=\frac{8+3-10}{12}=\frac{1}{12}$.

Folglich ist der Kehrwert der gegebenen Summe die Zahl 12.

Die Rechnung $\frac{3}{2}+\frac{4}{1}-\frac{6}{5}=\frac{43}{10}$ hätte zu einem <u>falschen</u> Ergebnis geführt

✍ A. 1.42 auf Seite 81

■ Das Produkt aus einer Zahl und ihrem Kehrwert ist stets 1.

Beispiel:

1.38 Der Kehrwert von $\frac{2}{5}$ ist $\frac{5}{2}$.

Das Produkt der beiden Zahlen ist $\frac{2}{5}\cdot\frac{5}{2}=1$.

■ Der Kehrwert vom Kehrwert einer Zahl ist wieder die ursprüngliche Zahl.

Beispiel:

1.39 Der Kehrwert von $\frac{2}{5}$ ist $\frac{5}{2}$.

Der Kehrwert hiervon ist wieder die ursprüngliche Zahl $\frac{2}{5}$.

Zum Berechnen eines Kehrwertes nutzt man beim Taschenrechner die Kehrwerttaste [1/x] oder [x^{-1}].

Aufgabe	**Eingabe**	**Anzeige**
Kehrwert von 2.	2 [x^{-1}] [=]	0,5 bzw. $1\rfloor 2$
Kehrwert von $\frac{2}{3}$.	[(] 2 [a b/c] 3 [)] [x^{-1}] [=]	1,5 bzw. $3\rfloor 2$ bzw. $1\rfloor 1\rfloor 2$
Aber!!!	2 [a b/c] 3 [x^{-1}] [=]	6

Im letzten Fall interpretiert der TR die Eingabe als $\frac{2}{\frac{1}{3}}=2\cdot 3=6$.

1.2.3.6 Division von Brüchen

Für die *Division von Brüchen* gilt die *Regel*:

Man dividiert durch einen Bruch, indem man mit seinem Kehrwert multipliziert:

$$\frac{z_1}{n_1}:\frac{z_2}{n_2}=\frac{z_1}{n_1}\cdot\frac{n_2}{z_2}=\frac{z_1\cdot n_2}{n_1\cdot z_2} \quad \text{mit } n_1, n_2, z_2 \neq 0$$

Beispiel:

1.40 a) $\frac{2}{5} : \frac{6}{7} = \frac{\not 2}{5} \cdot \frac{7}{\not 6_3} = \frac{7}{15}$

b) $7 : \frac{1}{3} = 7 \cdot \frac{3}{1} = 7 \cdot 3 = 21$

c) $3\frac{3}{4} : 5 = \frac{\not{15}^3}{4} \cdot \frac{1}{\not 5} = \frac{3}{4}$

d) $7\frac{7}{8} : 5\frac{5}{9} = \frac{63}{8} : \frac{50}{9} = \frac{63}{8} \cdot \frac{9}{50} = \frac{567}{400} = 1\frac{167}{400}$

e) $\frac{6}{5} : \frac{4}{3} : \frac{7}{5} : \frac{9}{2} = \frac{6}{5} \cdot \frac{3}{4} \cdot \frac{5}{7} \cdot \frac{2}{9} = \frac{1}{7}$

Wird ein Bruch durch mehrere Brüche geteilt, so ist dieser Bruch mit den Kehrwerten aller Divisoren zu multiplizieren.

✍ A. 1.43–1.47 auf Seite 81

1.2.3.7 Doppelbrüche

Doppelbrüche sind Brüche, deren Zähler bzw. Nenner wiederum Brüche sind, wie z. B.:

a) $\dfrac{\frac{5}{3}}{\frac{2}{5}}$, b) $\dfrac{\frac{5}{3}}{2}$, c) $\dfrac{5}{\frac{3}{2}}$.

Treten Doppelbrüche auf, so vereinfacht man sie, indem man die dem Doppelbruch entsprechende Divisionsaufgabe löst.

Beispiel:

1.41 a) $\dfrac{\frac{5}{3}}{\frac{2}{5}} = \frac{5}{3} : \frac{2}{5} = \frac{5}{3} \cdot \frac{5}{2} = \frac{25}{6} = 4\frac{1}{6}$,

b) $\dfrac{\frac{5}{3}}{2} = \frac{5}{3} : \frac{2}{1} = \frac{5}{3} \cdot \frac{1}{2} = \frac{5}{6}$,

c) $\dfrac{5}{\frac{3}{2}} = \frac{5}{1} : \frac{3}{2} = \frac{5}{1} \cdot \frac{2}{3} = \frac{10}{3} = 3\frac{1}{3}$.

Beim Rechnen mit Doppelbrüchen ist darauf zu achten, welcher Bruchstrich der Hauptbruchstrich ist, denn wie die Beispiele b) und c) zeigen, besitzen $\dfrac{\frac{5}{3}}{2}$ und $\dfrac{5}{\frac{3}{2}}$ völlig verschiedene Werte.

Die Kennzeichnung des Hauptbruchstriches kann auf drei Arten geschehen:

a) Man verlängert den Hauptbruchstrich; z. B. $\dfrac{5}{\frac{2}{3}}$;

b) man verstärkt den Hauptbruchstrich; z. B. $\dfrac{5}{\frac{2}{3}}$ oder

b) man verstärkt den Hauptbruchstrich; z. B. $\dfrac{5}{\frac{2}{3}}$ oder

c) man schreibt nicht-gebrochene Zahlen größer; z. B. $\dfrac{5}{\frac{2}{3}}$.

Auf alle Fälle sollte man stets darauf achten, dass der *Hauptbruchstrich* immer *in Höhe des Gleichheitszeichens* steht.

Bei komplizierteren Doppelbrüchen empfiehlt es sich, Zähler und Nenner zunächst für sich zu vereinfachen und dann erst zu dividieren.

> Vermeide Doppelbrüche beim Rechnen!
> Die Doppelbruchschreibweise lässt sich umgehen, indem Zähler und Nenner in Klammern gesetzt werden und die Divisionsschreibweise verwendet wird. Die Klammern sorgen dafür, dass wir Zähler und Nenner getrennt berechnen müssen und erst dann deren Ergebnisse durcheinander teilen können. In dieser geklammerten Form kann man Doppelbrüche auch mit dem TR berechnen.

Beispiel:

1.42 a) $$\frac{\frac{3}{2}+\frac{2}{3}}{\frac{3}{2}-\frac{2}{3}} = \frac{\frac{13}{6}}{\frac{5}{6}} = \frac{13}{6}\cdot\frac{6}{5} = \frac{13}{5} = 2\frac{3}{5}$$

b) $$\frac{\frac{3}{2}+\frac{2}{3}}{\frac{3}{2}-\frac{2}{3}} = \left(\frac{3}{2}+\frac{2}{3}\right) : \left(\frac{3}{2}-\frac{2}{3}\right) = \frac{13}{6} : \frac{5}{6} = \frac{13}{6}\cdot\frac{6}{5} = \frac{13}{5} = 2\frac{3}{5}$$

c) $$\frac{\frac{4}{9}+\frac{2}{3}-\frac{3}{4}+\frac{1}{6}}{\frac{17}{24}+\frac{3}{8}-\frac{5}{6}}=\left(\frac{4}{9}+\frac{2}{3}-\frac{3}{4}+\frac{1}{6}\right):\left(\frac{17}{24}+\frac{3}{8}-\frac{5}{6}\right)$$

$$=\frac{16+24-27+6}{36}:\frac{17+9-20}{24}=\frac{19}{36}:\frac{1}{4}=\frac{19}{\cancel{36}_9}\cdot\frac{\cancel{4}}{1}=\frac{19}{9}=2\frac{1}{9}$$

In der zweiten Zeile ist es nicht mehr nötig die Zähler in Klammern zu setzen, da die (langen) Bruchstriche hier die Funktion einer Klammer übernehmen und die Bruchausdrücke zusammenhalten.

d) Doppelbrüche der folgenden Art nennt man **Kettenbrüche**. Bei der Berechnung geht man schrittweise vor (Kehrwertregeln aus 1.2.3.5 beachten):

$$\frac{1}{1+\frac{1}{2+\frac{3}{4}}}=\frac{1}{1+\frac{1}{\frac{11}{4}}}=\frac{1}{1+\frac{4}{11}}=\frac{1}{\frac{15}{11}}=\frac{11}{15}.$$

Doppelbrüche lassen sich bequem mit dem Taschenrechner berechnen, wenn man Zähler und Nenner jeweils in Klammern setzt, siehe Beispiel 1.42.

A. 1.48–1.52 auf Seite 82

1.2.3.8 Zusammenfassung Bruchrechnung

Brüche

Brüche sind Quotienten: Bruch $=\frac{\text{Zähler}}{\text{Nenner}}=$ Zähler : Nenner

Echter Bruch: Zähler $<$ Nenner, z. B.: $\frac{3}{7}$; $\frac{4}{9}$; $-\frac{1}{2}$

Unechter Bruch: Zähler $\geq$ Nenner, z. B.: $\frac{8}{3}$; $-\frac{6}{4}$; $\frac{14}{7}$

Gemischte Zahl: ganze Zahl + echter Bruch, z. B.: $2\frac{3}{5}=2+\frac{3}{5}$

Zwischen der ganzen Zahl und dem echten Bruch steht kein Malpunkt, sondern ein Plus-Zeichen (+), welches aber nicht ausgeschrieben wird! Sinnvollerweise rechnet man nur mit echten oder unechten Brüchen. Gemischte Zahlen sind zum Rechnen meist ungeeignet!

Kürzen

Teilt man Zähler und Nenner durch die gleiche Zahl, so nennt man dies *Kürzen*. Brüche sind immer komplett zu kürzen!

$$\frac{15}{35}\underset{5}{=}\frac{15:5}{35:5}=\frac{3}{7}\qquad\qquad\frac{14}{154}\underset{14}{=}\frac{14:14}{154:14}=\frac{1}{11}$$

Erweitern

Werden Zähler und Nenner mit der gleichen Zahl multipliziert, so nennt man dies *Erweitern*.

$$\frac{4}{9}\overset{4}{=}\frac{4\cdot4}{9\cdot4}=\frac{16}{36}\qquad\qquad\frac{8}{3}\overset{5}{=}\frac{8\cdot5}{3\cdot5}=\frac{40}{15}$$

Addition/ Subtraktion — Es können nur *gleichnamige Brüche*, d. h., nur Brüche, die gleiche Nenner besitzen, addiert oder subtrahiert werden: $\frac{a}{c} \pm \frac{b}{c} = \frac{a \pm b}{c}$.

Ungleichnamige Brüche müssen zuvor auf den gemeinsamen *Hauptnenner* (= kgV der einzelnen Nenner) erweitert werden.

$\frac{5}{9} - \frac{4}{9} = \frac{5-4}{9} = \frac{1}{9}$ $\qquad$ $\frac{3}{4} + \frac{1}{6} = \frac{9}{12} + \frac{2}{12} = \frac{11}{12}$

Multiplikation — Brüche werden multipliziert, indem man die Zähler und die Nenner jeweils miteinander multipliziert: $\frac{a}{b} \cdot \frac{c}{d} = \frac{a \cdot c}{b \cdot d}$.

$\frac{2}{15} \cdot \frac{7}{3} = \frac{2 \cdot 7}{15 \cdot 3} = \frac{14}{45}$ $\qquad$ $\frac{16}{27} \cdot \frac{9}{8} = \frac{\not{16}^{\,2} \cdot \not{9}^{\,1}}{\not{27}_{\,3} \cdot \not{8}_{\,1}} = \frac{2}{3}$

Division — Brüche werden dividiert, indem man den ersten Bruch mit dem Kehrwert des folgenden Bruches multipliziert: $\frac{a}{b} : \frac{c}{d} = \frac{a}{b} \cdot \frac{d}{c} = \frac{a \cdot d}{b \cdot c}$.

$\frac{5}{4} : \frac{9}{8} = \frac{5}{\not{4}_{\,1}} \cdot \frac{\not{8}^{\,2}}{9} = \frac{10}{9}$ $\qquad$ $9 : \frac{1}{2} = \frac{9}{1} \cdot \frac{2}{1} = \frac{18}{1} = 18$

Den *Kehrwert* eines Bruches erhält man durch Vertauschen von Zähler und Nenner: $\frac{a}{b} \overset{\text{KW}}{\longleftrightarrow} \frac{b}{a}$.

✍ A. 1.53–1.54 auf Seite 83

1.2.4 Dezimalbrüche

1.2.4.1 Begriffserklärungen

■ Endliche Dezimalbrüche sind Brüche, deren Nenner Potenzen von 10 sind.

Beispiel:

1.43 $\frac{3}{10}, \quad \frac{7}{100}, \quad \frac{7\,043}{1\,000\,000}, \quad \ldots$ sind endliche Dezimalbrüche.

Sie werden jedoch selten in der im Beispiel 1.43 angeführten Form geschrieben, sondern meistens in der *Dezimalschreibweise* mithilfe eines *Kommas*. Dabei hat nach 1.1.2 jede Stelle vor und hinter dem Komma einen ganz bestimmten *Stellenwert*. Umgangssprachlich werden die Dezimalbrüche auch als Kommazahlen oder Dezimalzahlen bezeichnet.

Beispiel:

1.44 Schreibe die Dezimalbrüche als Kommazahl.

a) $\frac{3}{10} = 0{,}3$ $\quad$ b) $\frac{7}{100} = 0{,}07$ $\quad$ c) $\frac{7\,043}{1\,000\,000} = 0{,}007\,043$

Daraus erkennt man folgende *Regel für die Schreibweise von Dezimalbrüchen.*

> Bei einem endlichen Dezimalbruch wird nur der Zähler hingeschrieben, während der Nenner durch die Stellung des Kommas gekennzeichnet wird. Dabei werden vom Zähler so viele Stellen von rechts her durch das Komma abgetrennt, wie der Nenner Nullen hat.

✍ A. 1.55 auf Seite 84

Wenn eine Dezimalzahl vor bzw. nach dem Komma viele Ziffern besitzt, dann ist es ratsam, sie vom Komma aus nach rechts bzw. nach links in Dreiergruppen, bei sehr vielen Ziffern in Fünfergruppen anzuordnen. Dadurch wird die Lesbarkeit der Zahl wesentlich erhöht. So lassen sich beispielsweise die ersten 32 Ziffern der *Kreiszahl*[1)]

$$\pi = 3{,}1415926535897932384626433832795$$

viel besser lesen, wenn sie in der Form

$$\pi = 3{,}14159\,26535\,89793\,23846\,26433\,83279\,5$$

niedergeschrieben sind.

Der Wert eines Dezimalbruches ändert sich nicht, wenn Nullen als letzte Stellen hinter dem Komma hinzugefügt oder weggestrichen werden, da dies nur einem Erweitern oder Kürzen mit einer Potenz von 10 gleichkommt, siehe auch Abschnitt 1.2.4.6.

Beispiel:

1.45 a) $0{,}67 = 0{,}67000 \qquad \left(\text{erweitert mit } 1\,000: \ \dfrac{67}{100} = \dfrac{67\,000}{100\,000}\right)$

b) $0{,}050 = 0{,}05 \qquad \left(\text{gekürzt mit } 10: \ \dfrac{50}{1\,000} = \dfrac{5}{100}\right)$

Für das Dezimalkomma gibt es auf dem TR die Taste $\boxed{\cdot}$ mit einem Punkt, da international kein Dezimalkomma, sondern ein Dezimalpunkt verwendet wird.

In Deutschland wird der Punkt dagegen zur Tausendertrennung eingesetzt, was international meist mit einem Komma erreicht wird.

Die Zahl 156 946,125 wird im deutschen Format als 156.946,125 und im angloamerikanischen Format als 156,946.125 ausgegeben.

Bei einigen TR-Modellen kann man das gewünschte Ausgabeformat wählen, andere wiederum verzichten ganz auf eine Tausendertrennung; Einzelheiten stehen in der Bedienungsanleitung.

Eine einzelne Null vor dem Komma muss nicht zwingend eingetippt werden: Die Eingaben 0 $\boxed{\cdot}$ 054 und $\boxed{\cdot}$ 054 werden beide vom TR als 0,054 verstanden.

---

1) siehe Abschnitt 5.11.5

1.2.4.2 Addition und Subtraktion von Dezimalbrüchen

Dezimalbrüche können wie ganze Zahlen addiert bzw. subtrahiert werden, wenn man sie so untereinander schreibt, dass Komma unter Komma steht.

Beispiel:

1.46 a)

$$\begin{array}{r} 35{,}0674 \\ 2{,}5732 \\ + \quad {\scriptstyle 11} \\ \hline 37{,}6406 \end{array}$$

b)

$$\begin{array}{r} 35{,}0674 \\ 2{,}5732 \\ - \quad {\scriptstyle 1\ 1} \\ \hline 32{,}4942 \end{array}$$

← Zeile für den Zehnerübertrag

Treten bei den zu addierenden Zahlen unterschiedlich viele Stellen hinter dem Komma auf, so können sie auf gleich viele Stellen nach dem Komma gebracht werden, indem bei den „kürzeren Zahlen" die am Ende fehlenden Stellen durch Nullen aufgefüllt werden.

Wichtig ist nur, dass die Ziffern stellengerecht untereinander geschrieben werden. Hilfreich ist auch die Verwendung von kariertem Papier.

Beispiel:

1.47 $0{,}54 + 0{,}0873 + 13{,}06052 + 253{,}8703 \ = \ ?$

		0,	5	4	0	0	0
		0,	0	8	7	3	0
	1	3,	0	6	0	5	2
2	5	3,	8	7	0	3	0
		1	2		1		
2	6	7,	5	5	8	1	2

oder

		0,	5	4			
		0,	0	8	7	3	
	1	3,	0	6	0	5	2
2	5	3,	8	7	0	3	
		1	2		1		
2	6	7,	5	5	8	1	2

✍ A. 1.56–1.57 auf Seite 84

1.2.4.3 Multiplikation von Dezimalbrüchen

Die Multiplikation mit einer Zehnerstufenzahl entspricht einer Kommaverschiebung:

> Man multipliziert einen Dezimalbruch mit einer Zehnerpotenz, indem man das Komma um so viele Stellen nach rechts verschiebt, wie die Zehnerpotenz Nullen besitzt.

Beispiel:

1.48 a) $2{,}751 \cdot 100 = ?$

$100 = 10^2$ besitzt zwei Nullen, somit wird das Komma um zwei Stellen verschoben:
$2{,}751 \cdot 100 = 275{,}1$

b) $34 \cdot 10 = ?$

$10 = 10^1$ besitzt eine Null, somit wird das Komma um eine Stelle verschoben:
$34 \cdot 10 = 34{,}00\ldots \cdot 10 = 340{,}0 = 340$

c) $18{,}4 \cdot 1\,000 = 18{,}4000\ldots \cdot 1\,000 = 18\,400{,}0 = 18\,400$
Wenn rechts nicht genügend Ziffern stehen, so ergänzt man mit Nullen.

d) $17{,}5 \cdot 1 = ?$

$1 = 10^0$ besitzt keine Null, deshalb braucht das Komma auch nicht verschoben zu werden. Die Multiplikation einer Zahl mit der Eins verändert nicht das Ergebnis, da 1 das *neutrale Element der Multiplikation* ist; für alle Zahlen $a \in \mathbf{R}$ gilt: $a \cdot 1 = a$. Somit ist auch $17{,}5 \cdot 1 = 17{,}5$

✍ A. 1.58 auf Seite 84

Allgemein werden Dezimalbrüche zunächst ohne Rücksicht auf die Kommastellung multipliziert. Erst im Ergebnis teilt man dann von rechts her so viele Stellen durch das Komma ab, wie sämtliche Faktoren zusammen Stellen nach dem Komma haben. Sollten dabei vorn Stellen fehlen, sind diese durch Nullen aufzufüllen.

Beispiel:

1.49

a) $0{,}37 \cdot 563{,}62 = ?$

5	6	3	6	2	·	3	7
	1	6	9	0	8	6	
		3	9	4	5	3	4
	1	1		1			
	2	0	8	5	3	9	4

Nachkommastellen:
$2 + 2 = 4$

$0{,}37 \cdot 563{,}62 = 208{,}5394$

b) $0{,}27 \cdot 0{,}014 = ?$

$27 \cdot 14 = 378$

Nachkommastellen:
$2 + 3 = 5$

$0{,}27 \cdot 0{,}014 = 0{,}003\,78$

c) $0{,}02^3 = 0{,}02 \cdot 0{,}02 \cdot 0{,}02 = ?$

$2^3 = 8$

Nachkommastellen:
$3 \cdot 2 = 6$

$0{,}02^3 = 0{,}000\,008$

Der Wert eines Produktes von Dezimalzahlen ändert sich nicht, wenn man in einem der Faktoren das Komma genau so viele Stellen nach rechts rückt, wie man es in einem der anderen Faktoren nach links verschiebt.

Beispiel:

1.50 Es ist $47{,}2 \cdot 0{,}08 = 4{,}72 \cdot 0{,}8 = 0{,}472 \cdot 8$ usw.
In jedem Falle lautet das Ergebnis 3,776.

✍ A. 1.59–1.60 auf Seite 84

1.2.4.4 Division von Dezimalbrüchen

Die Division durch eine Zehnerstufenzahl entspricht ebenfalls einer Kommaverschiebung:

Man dividiert einen Dezimalbruch durch eine Zehnerpotenz, indem man das Komma um so viele Stellen nach links verschiebt, wie die Zehnerpotenz Nullen besitzt.

Beispiel:

1.51 a) $867{,}1 : 100 = ?$

$100 = 10^2$ besitzt zwei Nullen, somit wird das Komma um zwei Stellen verschoben: $867{,}1 : 100 = 8{,}671$

b) $76 : 1\,000 = ?$

$1\,000 = 10^3$ besitzt drei Nullen, somit wird das Komma um drei Stellen verschoben:
$76 : 1\,000 = 0076{,}0 : 1\,000 = 0{,}076$
Wenn links nicht genügend Ziffern stehen, so ergänzt man mit Nullen.

c) $32{,}4 : 1 = ?$

$1 = 10^0$ besitzt keine Null, deshalb braucht das Komma auch nicht verschoben zu werden. Die Division einer Zahl durch eins verändert nicht das Ergebnis, da 1 das *neutrale Element der Division* ist; für alle Zahlen $a \in \mathbf{R}$ gilt: $a : 1 = a$.
Somit ist auch $32{,}4 : 1 = 32{,}4$

✍ A. 1.61 auf Seite 85

Allgemein wird die Division von Dezimalbrüchen durch eine ganze Zahl zunächst so durchgeführt wie die Division zweier ganzer Zahlen. An der Stelle der Division, bei der im Dividenden das Komma überschritten wird, ist im Ergebnis ein Komma zu setzen.

Beispiel:

1.52 a) $105{,}69 : 13 = \quad ?$ b) $0{,}035 : 7 = \quad ?$

1	0	5,	6	9	:	1	3	=	8,	1	3			0,	0	3	5	:	7	=	0,	0	0	5
1	0	4												0										
		1	6											0	0									
		1	3												0									
			3	9											0	3								
			3	9												0								
				0												3	5							
																3	5							
																	0							

Ist durch einen Dezimalbruch zu dividieren, so erweitert man Dividend und Divisor derart, dass der Divisor eine ganze Zahl wird und damit wie oben geschildert verfahren werden kann.

Beispiel:

1.53 a) $2{,}601 : 0{,}17 = 260{,}1 : 17 = 15{,}3$

b) $0{,}0035112 : 0{,}042 = 3{,}5112 : 42 = 0{,}0836$

Beim Rechnen mit Dezimalbrüchen entstehen – insbesondere bei der Multiplikation und bei der Division – häufig sehr viele Stellen nach dem Komma. Man sollte es sich zur Gewohnheit machen, nie mehr Stellen zu berechnen, als nach der Aufgabenstellung erforderlich sind und entsprechend runden, siehe Abschnitt 1.2.4.6. Speziell bei technischen Berechnungen reichen einige wenige Dezimalstellen meist schon aus.

✍ A. 1.62–1.64 auf Seite 85

1.2.4.5 Umwandlung von Brüchen

Je nach Modell kann flexibel zwischen einem Bruch, der zugehörigen Dezimalzahl bzw. zwischen unechtem Bruch, gemischter Zahl und Dezimalzahl gewechselt werden.

Aufgabe: Schreibe …	**Eingabe**	**Anzeige**
$\frac{1}{4}$ als Dezimalzahl.	1 [a b/c] 4 [=] [a b/c]	0,25
$9\frac{4}{7}$ als Dezimalzahl.	9 [a b/c] 4 [a b/c] 7 [=] [a b/c]	9,57 …
0,5 als Bruch.	0,5 [=] [a b/c]	1⌋2
3,8 als gemischte Zahl.	3,8 [=] [a b/c]	3⌋4⌋5
8,4 als unechten Bruch.	8,4 [=] [Shift] [a b/c]	42⌋5

1.2.4.5.1 Bruch in Dezimalzahl

Ein gewöhnlicher Bruch wird in eine Dezimalzahl umgewandelt, indem man die dem Bruch entsprechende Divisionsaufgabe löst, also den Zähler durch den Nenner teilt. Diese Umformung heißt Dezimalbruchentwicklung.

Beispiel:

1.54 a) $\frac{5}{160} = 5 : 160 = 0{,}03125$

Die Dezimalbruchentwicklung von $\frac{5}{160}$ ist 0,03125.

b) $5\frac{3}{8} = 5 + \frac{3}{8} = 5 + 3 : 8 = 5 + 0{,}375 = 5{,}375$ oder

$5\frac{3}{8} = \frac{43}{8} = 43 : 8 = 5{,}375$

c) Besitzt der Nenner nur die Primteiler 2 oder 5, so kann man den Bruch auch derart erweitern, dass im Nenner eine Zehnerstufenzahl erscheint. Dann erfolgt die Division durch eine einfache Kommaverschiebung.

$\frac{7}{50} \overset{2}{=} \frac{14}{100} = 14 : 100 = 0{,}14$ bzw. $\frac{3}{8} \overset{125}{=} \frac{375}{1\,000} = 375 : 1\,000 = 0{,}375$

d) $\frac{2}{9} = 2 : 9 = 0{,}2222\ldots$

Da die Ziffer 2 sich dauernd wiederholt, spricht man hier von einer periodischen Dezimalzahl, siehe Abschnitt 1.2.4.5.3.

✍ A. 1.65–1.68 auf Seite 85

1.2.4.5.2 Dezimalzahl in Bruch

Viele Berechnungen lassen sich mit Brüchen einfacher und genauer als mit Dezimalzahlen durchführen. Deshalb ist es oft zweckmäßig, Dezimalzahlen vor einer Rechnung in Brüche zu verwandeln.

Dazu notiert man die Ziffern der Dezimalzahl ohne Komma als Zähler und die den Nachkommastellen entsprechende Zehnerpotenz als Nenner. Durch anschließendes Kürzen wird der Bruch noch vereinfacht. Unechte Brüche wurden dabei nicht in gemischte Zahlen umgewandelt, da mit unechten Brüchen meist nur schwerfällig gerechnet werden kann.

Beispiel:

1.55 a) $0{,}37 = \frac{37}{100}$ 2 Nachkommastellen, somit $10^2 = 100$ im Nenner.

b) $0{,}0045 = \frac{45}{10\,000} \underset{5}{=} \frac{9}{2\,000}$ 4 Nachkommastellen, somit $10^4 = 10\,000$ im Nenner.

c) $5{,}68 = \frac{568}{100} \underset{4}{=} \frac{142}{25}$

d) $11{,}304 = \frac{11\,304}{1\,000} \underset{8}{=} \frac{1\,413}{125}$

Weiteres Kürzen ist nicht möglich, da 5 als einziger Primteiler des Nenners kein Teiler des Zählers ist.

✍ A. 1.69 auf Seite 86

Das folgende Beispiel macht die Vorteile der gewöhnlichen Bruchzahlen bezüglich Genauigkeit und Kürze der Schreibweise deutlich.

Beispiel:

1.56 Bestimme den Kehrwert von 3,82

a) als Dezimalzahl

$1 : 3{,}82 = 0{,}261\,780\,104\,712\,041\,884\ldots$

b) als Bruch

$3{,}82 = \frac{382}{100} \underset{2}{=} \frac{191}{50}$

$$\frac{1}{3{,}82} = \frac{1}{\frac{191}{50}} = \frac{50}{191}$$

✍ A. 1.70 auf Seite 86

1.2.4.5.3 Periodische Dezimalzahl in Bruch

Neben den endlichen Dezimalzahlen gibt es auch Zahlen, die unendlich viele Nachkommastellen besitzen. Kehrt von einer gewissen Stelle an eine Ziffer bzw. eine Ziffernfolge immer wieder, so nennt man diese sich wiederholende Ziffer bzw. die kleinste immer wiederkehrende Ziffernfolge die **Periode** der Dezimalzahl. Die Anzahl der Ziffern in der Periode ist die **Periodenlänge**.

Die Division wird nach der ersten vollständigen Periode abgebrochen. Die Periode wird durch Überstreichen der sich wiederholenden Ziffer bzw. Ziffernfolge gekennzeichnet. Beginnt die Periode unmittelbar hinter dem Komma, so heißt der Bruch *reinperiodisch*.

Beispiel:

1.57 a) $\frac{1}{3} = 1 : 3 = 0{,}333\ldots = 0{,}\overline{3}$ Periode: 3 Periodenlänge = 1

gesprochen: null-Komma-Periode-drei

b) $\frac{1\,001}{999} = 1\,001 : 999 = 1{,}002\,002\ldots = 1{,}\overline{002}$ Periode: 002 Periodenlänge = 3

gesprochen: eins-Komma-Periode-null-null-zwei

$0{,}\overline{3}$ und $1{,}\overline{002}$ sind *reinperiodische Dezimalbrüche.*

Gehen der Periode eines Dezimalbruches noch andere Ziffern voraus, so beschreiben diese Ziffern die **Vorperiode** und der Dezimalbruch heißt *gemischtperiodisch.*

Beispiel:

1.58 a) $\frac{91}{12} = 91 : 12 = 7{,}58\,333\ldots = 7{,}58\,\overline{3}$

gesprochen: sieben-Komma-fünf-acht-Periode-drei

Vorperiode: 58 Länge = 2 Periode: 3 Periodenlänge = 1

b) $\frac{3}{14} = 3 : 14 = 0{,}2\,142857\,142857\,14\ldots = 0{,}2\,\overline{142\,857}$

Vorperiode: 2 Länge = 1 Periode: 142 857 Periodenlänge = 6

$7{,}58\,\overline{3}$ und $0{,}2\,\overline{142\,857}$ sind *gemischtperiodische Dezimalbrüche.*

Periodische Dezimalzahlen kann man in Brüche verwandeln, indem man durch geschickte Subtraktion die Ziffern der Periode entfernt.

Beispiel:

1.59

a) Schreibe die periodische Dezimalzahl $0{,}\overline{927}$ als gewöhnlichen Bruch.

1. Multiplikation mit einer Zehnerpotenz, sodass die Periode komplett vor dem Komma erscheint: $1\,000 \cdot 0{,}\overline{927} = 927{,}\overline{927}$
2. Periode beginnt direkt hinter dem Komma und wird nun einmal abgezogen: $-0{,}\overline{927} = -0{,}\overline{927}$

---

3. Durch die Subtraktion fallen alle Stellen der Periode weg: $999 \cdot 0{,}\overline{927} = 927 \quad | : 999$
4. Periodische Dezimalzahl als gewöhnlicher Bruch: $0{,}\overline{927} = \frac{927}{999} \underset{9}{=} \frac{103}{111}$

b) Verfahre ebenso mit der gemischtperiodischen Zahl $0{,}43\overline{52}$.

1.	Periode vor das Komma holen:	$10\,000 \cdot 0{,}43\overline{52}$	$=$	$4\,352{,}\overline{52}$	
2.	Multiplikation mit einer Zehnerpotenz, sodass die Periode direkt hinter dem Komma erscheint:	$-100 \cdot 0{,}43\overline{52}$	$=$	$-43{,}\overline{52}$	
3.	Periode fällt weg:	$9\,900 \cdot 0{,}43\overline{52}$	$=$	$4\,309$	$\mid : 9\,900$
4.	Als gewöhnlicher Bruch:	$0{,}43\overline{52}$	$=$	$\frac{4\,309}{9\,900}$	

Diese schrittweise Umwandlung lässt sich als Regel abkürzen.

> Jede periodische Dezimalzahl kann als Bruch geschrieben werden.
> Der Zähler ist die Differenz zweier Zahlen: Man subtrahiert – unter Weglassen des Dezimalkommas – von der Zahl mit allen sichtbaren Ziffern diejenige, bei der man die Periodenziffern weglässt.
> Der Nenner wird aus Neunerziffern und angehängten Nullen gebildet: Die Anzahl der Neunerziffern ist die Periodenlänge, die Anzahl der Nullen ist die Vorperiodenlänge.
> Gegebenenfalls wird der Bruch noch gekürzt.

Beispiel:

1.60 a) Wandle die Dezimalzahl $17{,}543\overline{2}$ in einen Bruch um.

$$\underbrace{17}_{\text{Vorkomma}}\,,\,\underbrace{543}_{\text{Vorperiode 3-stellig}}\,\underbrace{\overline{2}}_{\text{Periode 1-stellig}} = \frac{\overbrace{175\,432}^{\text{alle Ziffern}} - \overbrace{17\,543}^{\text{ohne Periodenziffern}}}{\underbrace{9}_{\text{eine Neun}}\;\underbrace{000}_{\text{drei Nullen}}} = \frac{157\,889}{9\,000}$$

Da die Primteiler des Nenners (2, 3 und 5) keine Teiler des Zählers sind, kann der Bruch nicht weiter gekürzt werden.

b) Ebenso für $0{,}04\overline{37}$. $0{,}04\overline{37} = \frac{437 - 4}{9\,900} = \frac{433}{9\,900}$

c) Bei reinperiodischen Dezimalzahlen gibt es keine Vorperiodenziffern, weshalb im Nenner keine Nullen angehängt werden. Der Nenner besteht dann nur aus Neunerziffern, deren Anzahl die Periodenlänge ist:

$$2{,}\overline{8734} = \frac{28\,734 - 2}{9\,999} = \frac{28\,732}{9\,999} \underset{11}{=} \frac{2\,612}{909}$$

d) $1{,}\overline{9} = \frac{19 - 1}{9} = \frac{18}{9} = 2$

e) $0{,}\overline{37} = \frac{37}{99}$

✍ A. 1.71–1.72 auf Seite 86

Bei den *nichtperiodischen unendlichen Dezimalzahlen* ist keine Regelmäßigkeit der Ziffernfolge nach dem Komma vorhanden. Es ist also nicht – wie bei den periodischen Dezimalzahlen – voraussagbar, wie z. B. die tausendste Nachkommastelle lautet.

Beispiel:

1.61 Die Kreiszahl π, die EULER'sche Zahl e und die Wurzel aus einer Primzahl sind Beispiele für *nichtperiodische unendliche Dezimalzahlen*, Details siehe Abschnitt 2.5.2.

a) $\pi = 3{,}14159\ldots$

b) $e = 2{,}71828\ldots$

c) $\sqrt{2} = 1{,}41421\ldots$

1.2.4.6 Das Runden von Dezimalbrüchen

Da die Zahlen in der Praxis meist nur bis zu einer bestimmten Stellenzahl benötigt werden, rundet man sie, falls sie mehr Stellen als erforderlich haben, den jeweiligen Genauigkeitsforderungen entsprechend. Dies geschieht laut DIN 1 333 nach den folgenden **Rundungsregeln**:

1. Die letzten, nicht benötigten Ziffern eines Dezimalbruches werden weggelassen, wenn die erste der weggestrichenen Ziffern eine 0, 1, 2, 3 oder 4 ist: Der Bruch wird *abgerundet*.
   Ist die erste der weggestrichenen Ziffern eine 5, 6, 7, 8 oder 9, so wird die letzte stehen bleibende Ziffer um 1 erhöht: Der Bruch wird *aufgerundet*.
2. Die Rundung auf eine bestimmte Stellenzahl ist nach Möglichkeit *direkt* und *nicht schrittweise* durchzuführen.
3. Wenn die Ergebnisse vorhergegangener Rundungen berücksichtigt werden sollen und die erste der weggelassenen Ziffern eine 5 ist, dann wird wie folgt verfahren:
   - Die letzte stehen bleibende Ziffer *bleibt erhalten*, wenn die 5 *durch Rundung nach oben* entstanden ist;
   - die letzte stehen bleibende Ziffer wird *um 1 erhöht*, wenn die 5 *durch Rundung nach unten* entstanden ist.

Gerundete Werte werden durch das Zeichen ≈ gekennzeichnet, das „angenähert gleich" oder „rund" gelesen wird. Wenn keine Missverständnisse auftreten können, darf statt ≈ auch das Gleichheitszeichen verwendet werden.

Beispiele:

1.62 a) $3{,}14159 \approx 3{,}142 \qquad 2{,}75003 \approx 2{,}8$ (Regel 1)

b) Entstand $0{,}1265$ aus $0{,}12648$, so ist $0{,}1265 \approx 0{,}126$.

Entstand $0{,}1265$ dagegen aus $0{,}12654$, so wird $0{,}1265 \approx 0{,}127$.

Ferner ist $\frac{1}{8} = 0{,}125 \approx 0{,}13$ und $\frac{3}{4} = 0{,}75 \approx 0{,}8$.

c) 5,2749 auf zwei Stellen nach dem Komma gerundet ergibt 5,27.

Hingegen würde sich bei der nicht empfohlenen schrittweisen Rundung $5{,}2749 \approx 5{,}275 \approx 5{,}28$ ergeben.

1.63 0,42575 auf die erste Stelle hinter dem Komma gerundet gibt 0,4.

Auf die zweite Stelle gerundet erhält man für 0,42575 den Wert 0,43; auf die dritte Stelle: 0,426 und auf die vierte: 0,4258.

✍ A. 1.73–1.74 auf Seite 86

Die durch das Runden entstehende *Ungenauigkeit* kann damit *nie größer* werden *als* 5 *Einheiten des Stellenwertes der ersten weggelassenen Ziffer.*

Aus diesem Grunde darf eine beim Runden als letzte Ziffer entstehende Null nie weggelassen werden, da durch ihr ausdrückliches Mitschreiben ausgedrückt wird, dass die zu rundende Dezimalzahl bis zu dieser Stelle genau ist und dass die durch das Runden entstandene Ungenauigkeit 5 Stellen der nächsten Dezimalstelle nicht übersteigt.

Beispiel:

1.64 Die Zahl 0,143 kann durch Runden aus den Zahlen von 0,1425 bis 0,1434 entstanden sein; 0,1430 aus den Zahlen von 0,14295 bis 0,14304.

✍ A. 1.75 auf Seite 86

Umgekehrt dürfen bei Dezimalbrüchen, die gerundet worden sind, keine Nullen mehr angehängt werden, da diese eine nicht vorhandene Genauigkeit vortäuschen würden.

Wenn man also weiß, dass es sich bei den Zahlen 34,1; 34,10, 34,1000 um gerundete Werte handelt, so sind die Bereiche der Ausgangszahlen, aus denen diese Werte hervorgegangen sein müssen, sehr verschieden.

Beispiel:

1.65 a) 0,249 903 auf 5 Stellen hinter dem Komma gerundet: 0,24 990
0,249 903 auf 4 Stellen hinter dem Komma gerundet: 0,2499
0,249 903 auf 3 Stellen hinter dem Komma gerundet: 0,250
0,249 903 auf 2 Stellen hinter dem Komma gerundet: 0,25
0,249 903 auf 1 Stelle hinter dem Komma gerundet: 0,2

Anmerkung: Beim Runden auf eine bestimmte Stellenzahl ist stets von der gegebenen Zahl auszugehen, nicht etwa von einem bereits vorher gerundeten Wert.

b) Die Zahl 57 465 ergibt gerundet
auf Zehner: $57\,465 \approx 57\,470 = 5{,}747 \cdot 10^4$,
auf Hunderter: $57\,465 \approx 57\,500 = 5{,}75 \cdot 10^4$,
auf Tausender: $57\,465 \approx 57\,000 = 5{,}7 \cdot 10^4$,
auf Zehntausender: $57\,465 \approx 60\,000 = 6 \cdot 10^4$.

Zuweilen ist es üblich, die Fehlergrenzen bei gerundeten Zahlen mit anzugeben. So könnten die gerundeten Zahlen aus Beispiel 1.64 wie folgt aussehen:

$$0{,}143 \pm 0{,}0005 \text{ bzw. } 0{,}1430 \pm 0{,}00005.$$

✍ A. 1.76–1.79 auf Seite 86

Im Rundungsmodus [FIX] können die Rechenergebnisse direkt vom TR in der gewünschten Form gerundet werden. Wie dieser Modus jeweils aufgerufen wird, steht im Handbuch des betreffendes TR. Zum Verlassen der Rundungsroutine wählt man den Normalzustand [NORM].

Aufgabe	**Eingabe**	**Anzeige**	**Kommentar**
$3 : 7 = ?$	3 [÷] 7 [=] [FIX] 2	0,43	Auf 2 Stellen runden.
	[NORM]	0,42857 ...	Rundungsautomatik aus.

Mit dem Befehl **RUNDEN**(zahl; anzahl_stellen) wird die Ausgabe auf eine gewünschte Stellenzahl gerundet. Mit den Befehlen **ABRUNDEN**(zahl; anzahl_Stellen) und **AUFRUNDEN**(zahl; anzahl_Stellen) kann man – unabhängig von den Rundungsregeln – grundsätzlich ab- bzw. aufrunden.

Aufgabe	**Eingabe**	**Anzeige**
Runde 8,746 auf 2 Stellen.	=RUNDEN(8,746; 2)	8,75
4,21569 auf 3 Stellen abrunden.	=ABRUNDEN(4,21569; 3)	4,215
2,341 an der 2. Stelle aufrunden.	=AUFRUNDEN(2,341; 2)	2,35

1.2.4.7 Bruch oder Dezimalzahl?

Oft ist zu beobachten, dass – in der Annahme dies sei rechnerisch einfacher oder besser verständlich – mit Dezimalzahlen statt mit gewöhnlichen Brüchen gerechnet wird.

Damit es dann noch schneller geht, wird aus $\frac{3}{17} = 0{,}17647\ldots$ schnell 0,18, womit dann ohne Scham weitergerechnet wird. Dass sich dadurch Rundungsfehler unnötig aufschaukeln, wird stillschweigend in Kauf genommen oder – was leider wahrscheinlicher ist – gar nicht bedacht.

> Grundsätzlich sollte man so lange wie möglich mit den Ausgangszahlen weiterrechnen und nur das Endergebnis auf die nötige Stellenzahl runden!
> Das Rechnen mit Brüchen ist meist genauer und einfacher als der Weg über die entsprechenden Dezimalzahlen.
> Statt mit gemischten Zahlen kann man viel schneller und bequemer mit unechten Brüchen rechnen.

Andererseits ist es nicht nötig, jede Dezimalzahl in einen gewöhnlichen Bruch zu verwandeln. Wenn nur zwei oder drei Nachkommastellen vorkommen, ist es oftmals sinnvoller, die Kommaschreibweise beizubehalten. Werden die Nachkommastellen aber unüberschaubar oder drängt sich ein Runden auf, so sollte man die Bruchschreibweise wählen.

Beispiel:

1.66 a) Familie A muss 3 von 17 Anteilen einer monatlichen Stromrechnung über 568 € bezahlen. Für welche Berechnung wird man sich entscheiden?

$$568\,€ \cdot \frac{3}{17} = \frac{1\,704}{17}\,€ \approx 10\underline{\mathbf{0}},24\,€$$

$$568\,€ \cdot \frac{3}{17} \approx 568 \cdot 0{,}18\,€ = 10\underline{2}{,}24\,€$$

Die monatliche Differenz von 2 € summiert sich im Jahr auf 24 € – für diesen Preis bekommt man fast schon ein gutes Mathebuch!

b) $1{,}2 \cdot 15 = \quad ?$

Hier besteht keine direkte Notwendigkeit mit Brüchen zu rechnen, es sei denn, die Aufgabe muss im Kopf gelöst werden.

$$1{,}2 \cdot 15 = \frac{\cancel{12}^{\,6}}{\cancel{10}_{\,5}} \cdot 15 = \frac{6}{\cancel{5}_{\,1}} \cdot \frac{\cancel{15}^{\,3}}{1} = 18$$

c) $5{,}14 \cdot 7{,}8 = \quad ?$

Eine solche Aufgabe kann man getrost mit Dezimalzahlen lösen und auch das Ergebnis in dieser Form notieren. Eventuell rundet man noch auf einen sachgemäßen Wert:

$$5{,}14 \cdot 7{,}8 = 40{,}092 \approx 40{,}1$$

Möchte man mit diesem Ergebnis weiterrechnen, sollte man aber den Wert 40,092 und *nicht* 40,1 verwenden.

d) $2{,}1 \cdot \frac{15}{14} - 1{,}35 : \frac{3}{4} = \quad ?$

Wollte man die Brüche in dezimaler Schreibweise notieren, müsste man mit gerundeten Werten rechnen. Deshalb wandeln wir die Dezimalzahlen hier besser in Brüche um und berücksichtigen im ersten Rechenschritt auch direkt die Multiplikation mit dem Kehrwert:

$$2{,}1 \cdot \frac{15}{14} - 1{,}35 : \frac{3}{4} = \frac{21}{10} \cdot \frac{15}{14} - \frac{27}{20} \cdot \frac{4}{3}$$

Kürzen vereinfacht zu:

$$= \frac{\cancel{21}^{\,3} \cdot \cancel{15}^{\,3}}{\cancel{10}_{\,2} \cdot \cancel{14}_{\,2}} - \frac{\cancel{27}^{\,9} \cdot \cancel{4}^{\,1}}{\cancel{20}_{\,5} \cdot \cancel{3}_{\,1}} = \frac{9}{4} - \frac{9}{5}$$

Mit dem Hauptnenner erhalten wir schließlich:

$$= \frac{45 - 36}{20} = \frac{9}{20} = 0{,}45$$

Viele TR können so eingestellt werden, dass sie die Ergebnisse bevorzugt als Dezimalzahl, (unechten) Bruch oder gemischte Zahl ausgeben.

Lange Dezimalzahlen oder große Brüche speichert man am besten im TR ab, so dass bei weiteren Rechenschritten die volle Genauigkeit genutzt werden kann. Einzelheiten zum Abspeichern von Zahlen stehen im Abschnitt 1.3.1.3.

A. 1.80 auf Seite 87

1.2.4.8 Größenvergleich von Brüchen

Von zwei Bruchzahlen liegt die größere auf dem Zahlenstrahl weiter rechts.

Von zwei Brüchen mit demselben Nenner, hat die größere Zahl den größeren Zähler. Haben zwei Brüche denselben Zähler, so besitzt die größere Zahl den kleineren Nenner.

Beispiel:

1.67 a) Gleicher Nenner: $\frac{2}{\mathbf{7}} < \frac{6}{\mathbf{7}}$

b) Gleicher Zähler: $\frac{3}{\mathbf{8}} < \frac{3}{\mathbf{4}}$

Möchte man Dezimalzahlen und Brüche ordnen, so ist es sinnvoll, entweder alle Dezimalzahlen in Brüche oder – was im Zeitalter des TR einfacher ist – alle Brüche in Dezimalzahlen zu verwandeln und diese dann zu vergleichen.

Beispiel:

1.68 Ordne der Größe nach: 0,739 ; $\frac{31}{42}$; $0{,}73\overline{8}$

$0{,}739 = 0{,}73900$

$\frac{31}{42} \approx 0{,}73810$

$0{,}73\overline{8} \approx 0{,}73889$

Da $0{,}73810 < 0{,}73889 < 0{,}73900$, somit gilt auch $\frac{31}{42} < 0{,}73\overline{8} < 0{,}739$.

✍ A. 1.81 auf Seite 87

Aufgaben:

Wenn nicht ausdrücklich anders gefordert, sollten diese Aufgaben zunächst ohne Hilfe der Bruchrechnungsfunktion eines Taschenrechners gelöst werden. Eine sich daran anschließende Kontrollrechnung mit TR oder PC wird jedoch durchaus empfohlen.

1.2.2 Teilbarkeit von Zahlen

(Lösungen ab Seite 842)

1.14 Prüfe auf die Teilbarkeit durch die Zahlen 2 bis 15:

a) 792	b) 312	c) 11 088	d) 74 550 675	e) 854 490
f) 625 975	g) 4 851	h) 229 775	i) 42 658	k) 123 875

1.15 Bestimme die Teilermengen der Zahlen:

a) 12	b) 35	c) 36	d) 142	e) 45
f) 76	g) 56	h) 73	i) 108	k) 84

1.16 Zerlege in Primfaktoren:

a) 56	b) 108	c) 1 568	d) 360	e) 5 292
f) 462	g) 273	h) 3 900	i) 2 280	k) 9 625
l) 41 548	m) 115 797	n) 63 342	o) 98 260	p) 694 512
q) 48 357	r) 144 875	s) 55 832	t) 5 986 890	u) 453 277

1.2.2.4 Der größte gemeinsame Teiler

(Lösungen ab Seite 843)

1.17 Bestimme den größten gemeinsamen Teiler:

a) 27, 39, 57, 66, 72, 87	b) 504, 12 780, 3 132, 180
c) 1 512, 2 772, 630, 4 662, 65 520	d) 364, 1 365, 91, 18 018, 3 822
e) 30 030, 1 232, 565, 440, 6 641	f) 1 800, 15 300, 6 804, 1 764

1.18 Bestimme mithilfe des EUKLIDischen Algorithmus den größten gemeinsamen Teiler:

a) 375, 825	b) 748, 484	c) 1 871, 391
d) 16 384, 486	e) 92 778, 1 034	f) 848, 318
g) 1 001, 858	h) 19 778, 48 763	i) 434 146, 119 102
k) 66 417, 91 962	l) 13 650, 40 560	m) 74 052, 21 000

1.19 a) Zwei Wände (4,20 mal 2,55 m bzw. 6,30 mal 2,55 m) sollen komplett mit quadratischen Fliesen beklebt werden. Wie viele Fliesen welcher Größe benötigt man, wenn nur ganze Platten verarbeitet werden sollen?

b) Wie viele möglichst große quadratische Fliesen benötigt man, wenn ein Sportschwimmbecken (50 m lang, 19,80 m breit, 2,60 m tief) so ausgekachelt werden soll, dass keine Fliesen geschnitten werden müssen.

c) Ein Überseecontainer (12 580 mm lang, 2 960 mm breit und 3 700 mm hoch) soll mit möglichst vielen würfelförmigen Kisten beladen werden. Wie viele größtmöglichsten Kisten können geladen werden?

d) In einem 12-stöckigen Neubau ist jedes Stockwerk 2 805 mm, der Keller aber nur 2,31 m hoch. Wie hoch muss eine Stufe sein, damit im ganzen Haus eine einheitliche Stufenhöhe vorhanden ist? Wie viele Stufen gibt es?

1.2.2.5 Das kleinste gemeinsame Vielfache

(Lösungen ab Seite 843)

1.20 Bestimme das kleinste gemeinsame Vielfache:

a) 36, 48	b) 24, 20	c) 75, 12	d) 84, 140
e) 2, 3, 4, 5, 6, 10, 12		f) 15, 42, 60, 105	
g) 210, 378, 315, 90		h) 37, 61, 71, 74	
i) 48, 126, 273, 156, 56, 189, 546		k) 81,225, 135, 125, 675, 6	
l) 77, 97, 221, 143, 119, 539, 2 431		m) 19 683, 729, 6 561	
n) 83, 483, 967		o) 64, 95, 243, 1 296, 3 888, 384	
p) 2 730, 139 944, 3 300		q) 392, 84, 4 116, 1 176	

1.21 a) Zwei Zahnräder mit 48 bzw. 72 Zähnen greifen ineinander. Nach wie vielen Umdrehungen befinden sie sich wieder in der Ausgangsposition?

b) Blättern wir auf die (jetzt noch sehr weit entfernte) Seite 708 vor, dann finden wir dort das Bild eines Würfels. Dieser ist uns aus vielen Alltagssituationen bekannt, so dass wir uns sicherlich erinnern, dass alle seine Kanten gleich lang sind. Seinen Inhalt, also sein Volumen V, können wir berechnen, indem wir diese Kantenlänge a dreimal mit sich selbst malnehmen: $V = a \cdot a \cdot a = a^3$.

Welches Volumen hat der kleinste Würfel, den man aus 28 cm langen, 6 cm breiten und 4 cm hohen Steinen bauen kann? Wie viele Steine werden benötigt?

c) Werktags fahren in der Zeit von 4 bis 10 Uhr vom Hauptbahnhof alle 20 Minuten ein Regionalzug, alle 6 Minuten eine Straßenbahn und alle 14 Minuten ein Bus ab. Wann fahren die verschiedenen Nahverkehrsmittel wieder gemeinsam ab?

d) Bei der Qualitätskontrolle in einer Porzellanfabrik werden von den rund 5 500 täglich produzierten Teilen durch unterschiedliche Personen bei jedem zweiten Teil die Unversehrtheit der Oberfläche, jedem fünften die Farbe, jedem zwölften der Glanz und jedem zehnten das Firmenlogo kontrolliert. Wie viele Komplettprüfungen auf alle vier Merkmale finden an einem Tag statt?

1.2.3 Gewöhnliche Brüche

(Lösungen ab Seite 844)

1.22 Verwandle die unechten Brüche in gemischte Zahlen:

a) $\frac{13}{6}$ b) $\frac{27}{4}$ c) $\frac{28}{15}$ d) $\frac{348}{87}$ e) $\frac{61}{19}$ f) $\frac{97}{35}$

g) $\frac{199}{61}$ h) $\frac{865}{123}$ i) $\frac{503}{84}$ k) $\frac{223}{37}$ l) $\frac{502}{317}$ m) $\frac{729}{115}$

n) $\frac{814}{99}$ o) $\frac{964}{109}$ p) $\frac{987}{467}$ q) $\frac{145}{71}$ r) $\frac{231}{54}$ s) $\frac{721}{216}$

1.2.3.2 Erweitern und Kürzen von Brüchen

(Lösungen ab Seite 844)

Erweitere die folgenden Brüche zeilenweise mit 2, 3, 5, 7, 11, 17 und 48:

	a)	b)	c)	d)	e)
1.23	$\frac{1}{2}$	$\frac{5}{13}$	$\frac{14}{17}$	$\frac{23}{24}$	$\frac{31}{35}$
1.24	$\frac{3}{4}$	$\frac{4}{17}$	$\frac{11}{25}$	$\frac{17}{40}$	$\frac{44}{57}$
1.25	$\frac{2}{5}$	$\frac{6}{19}$	$\frac{15}{38}$	$\frac{12}{35}$	$\frac{51}{60}$
1.26	$\frac{6}{7}$	$\frac{8}{15}$	$\frac{17}{29}$	$\frac{42}{65}$	$\frac{72}{83}$
1.27	$\frac{2}{9}$	$\frac{7}{18}$	$\frac{18}{37}$	$\frac{20}{71}$	$\frac{93}{97}$

1.28 Kürze folgende Brüche:

a) $\frac{8}{16}$ b) $\frac{6}{24}$ c) $\frac{15}{21}$ d) $\frac{30}{54}$ e) $\frac{51}{68}$

f) $\frac{126}{288}$ g) $\frac{103}{570}$ h) $\frac{111}{185}$ i) $\frac{240}{304}$ k) $\frac{1\,260}{3\,024}$

l) $\frac{13\,838}{25\,058}$ m) $\frac{189}{252}$ n) $\frac{1\,232}{2\,310}$ o) $\frac{8\,232}{27\,783}$ p) $\frac{2\,352}{1\,960}$

q) $\frac{18\,900}{33\,075}$ r) $\frac{2\,074}{8\,633}$ s) $\frac{64\,680}{485\,100}$ t) $\frac{1\,771}{2\,618}$ u) $\frac{6\,006}{14\,014}$

1.29 Desgleichen:

a) $\frac{4}{18}$ b) $\frac{63}{14}$ c) $\frac{125}{625}$ d) $\frac{84}{28}$ e) $\frac{12}{27}$

f) $\frac{34}{41}$ g) $\frac{146}{438}$ h) $\frac{3\,738}{3\,318}$ i) $\frac{16\,384}{262\,144}$ k) $\frac{12}{276}$

l) $\frac{112}{210}$ m) $\frac{3\,705}{3\,835}$ n) $\frac{53\,475}{58\,725}$ o) $\frac{13}{65}$ p) $\frac{420}{390}$

q) $\frac{1\,197}{1\,767}$ r) $\frac{24\,576}{178\,625}$ s) $\frac{28}{21}$ t) $\frac{504}{270}$ u) $\frac{3\,692}{8\,094}$

v) $\frac{126\,672}{188\,384}$ w) $\frac{65}{78}$ x) $\frac{144}{720}$ y) $\frac{6\,402}{9\,894}$ z) $\frac{189\,210}{329\,616}$

1.2.3.3 Addition und Subtraktion gewöhnlicher Brüche (Lösungen ab Seite 845)

1.30 Bestimme für folgende Gruppen von Nennern den Hauptnenner:

a) 3, 5, 8, 16, 30 b) 12, 16, 24, 32, 48
c) 48, 60, 144, 180, 240 d) 45, 76, 160, 225, 285, 300
e) 6, 20, 63, 84, 90, 105, 126 f) 68, 72, 88, 102, 132, 187
g) 21, 27, 69, 161, 483 h) 2, 8, 64, 512
i) 15,18, 30, 62, 90, 186 k) 35, 77, 85, 385, 935

1.31 Addiere/subtrahiere folgende Brüche:

a) $\frac{7}{4}+\frac{3}{4}$ b) $\frac{5}{11}+\frac{9}{11}$ c) $\frac{7}{8}-\frac{3}{8}$ d) $\frac{26}{19}+\frac{12}{19}$ e) $\frac{13}{15}-\frac{3}{15}$ f) $\frac{13}{12}-\frac{15}{36}$

1.32 Desgleichen:

a) $\frac{3}{5}+\frac{1}{4}$ b) $\frac{2}{7}+\frac{4}{6}$ c) $\frac{7}{12}+\frac{3}{8}$ d) $\frac{5}{6}-\frac{3}{16}$ e) $\frac{8}{15}-\frac{9}{25}$ f) $\frac{39}{49}-\frac{9}{14}$

g) $\frac{1}{4}+\frac{1}{2}+\frac{1}{5}$ h) $\frac{1}{2}+\frac{2}{3}-\frac{3}{4}-\frac{1}{6}$ i) $\frac{7}{6}-\frac{2}{5}-\frac{5}{12}+\frac{1}{3}$

k) $\frac{5}{9}-\frac{3}{4}+\frac{1}{3}+\frac{5}{6}-\frac{7}{8}+\frac{5}{12}$ l) $\frac{2}{3}-\frac{3}{7}-\frac{1}{4}-\frac{7}{9}+\frac{5}{6}$

m) $\frac{7}{8}-\frac{5}{12}+\frac{17}{24}-\frac{1}{16}-\frac{2}{3}$ n) $\frac{11}{12}-\frac{5}{56}+\frac{25}{42}+\frac{79}{84}-\frac{19}{21}$

o) $\frac{12}{13}+\frac{3}{5}+\frac{7}{16}-\frac{25}{26}-\frac{17}{20}$ p) $\frac{1}{5}+\frac{1}{7}+\frac{1}{11}+\frac{1}{13}$

q) $\frac{14}{27}+\frac{5}{18}+\frac{7}{9}+\frac{5}{6}-\frac{1}{3}-\frac{71}{81}-\frac{41}{54}$ r) $\frac{37}{252}+\frac{17}{120}+\frac{45}{616}-\frac{35}{264}-\frac{34}{315}$

1.33 Verwandle die gemischten Zahlen in unechte Brüche:

a) $2\frac{3}{5}$ b) $1\frac{4}{7}$ c) $5\frac{1}{8}$ d) $3\frac{4}{11}$ e) $13\frac{2}{15}$ f) $27\frac{5}{21}$

g) $38\frac{15}{41}$ h) $74\frac{74}{95}$ i) $5\frac{2}{3}$ k) $12\frac{17}{23}$ l) $24\frac{1}{8}$ m) $41\frac{42}{43}$

n) $83\frac{5}{7}$ o) $6\frac{7}{8}$ p) $17\frac{1}{11}$ q) $21\frac{9}{16}$ r) $52\frac{26}{31}$ s) $99\frac{1}{2}$

1.34 Berechne:

a) $3\frac{4}{5}+2\frac{1}{8}$ b) $7\frac{6}{9}-3\frac{5}{12}$ c) $5\frac{5}{24}-4\frac{4}{9}$ d) $2\frac{72}{35}-3\frac{25}{48}$

e) $5\frac{1}{3}-6\frac{3}{4}+7\frac{1}{2}+\frac{4}{5}-9\frac{5}{8}+2\frac{11}{12}$ f) $15\frac{18}{35}+23\frac{1}{70}+31\frac{19}{20}+42\frac{23}{28}$

g) $61\frac{70}{117}-58\frac{25}{78}$ h) $461\frac{29}{30}+141\frac{31}{45}+703\frac{17}{72}+355\frac{19}{40}+298\frac{53}{60}$

i) $19\frac{5}{6}-10\frac{5}{8}+2\frac{1}{2}$ k) $2\frac{17}{24}+5\frac{7}{12}+1\frac{41}{72}+\frac{23}{40}+9\frac{5}{9}+5\frac{61}{120}+2\frac{2}{5}$

l) $36\frac{14}{39}-15\frac{5}{6}$ m) $83\frac{17}{30}+68\frac{17}{18}-47\frac{11}{14}-75\frac{4}{15}+34\frac{3}{10}-66\frac{10}{63}$

n) $9\frac{54}{156}-4\frac{133}{475}$ o) $46\frac{51}{55}-71\frac{41}{110}+12\frac{25}{132}-1\frac{19}{220}+63\frac{23}{60}-27\frac{19}{20}$

p) $8\frac{78}{312} + 4\frac{14}{29}$ q) $38\frac{23}{30} + 72\frac{2}{5} + 91\frac{7}{15} - 243\frac{5}{6} + 18\frac{3}{10} + 25\frac{7}{10}$

1.2.3.4 Multiplikation von Brüchen (Lösungen ab Seite 846)

1.35 Berechne:

a) $\frac{3}{4} \cdot 12$ b) $\frac{7}{8} \cdot 8$ c) $6 \cdot \frac{11}{12}$ d) $5 \cdot \frac{2}{7}$ e) $16 \cdot \frac{13}{24}$

f) $\frac{14}{25} \cdot 15$ g) $93 \cdot \frac{53}{62}$ h) $\frac{5}{68} \cdot 51$ i) $42 \cdot \frac{1}{70}$ k) $174 \cdot \frac{13}{29}$

1.36 Desgleichen:

a) $\frac{5}{8} \cdot \frac{9}{10}$ b) $\frac{16}{35} \cdot \frac{7}{4}$ c) $\frac{11}{21} \cdot \frac{4}{3}$ d) $\frac{25}{6} \cdot \frac{18}{5}$ e) $\frac{32}{63} \cdot \frac{77}{80}$

f) $\frac{143}{150} \cdot \frac{75}{99}$ g) $\frac{91}{102} \cdot \frac{119}{117}$ h) $\frac{64}{27} \cdot \frac{81}{128}$ i) $\frac{399}{520} \cdot \frac{286}{285}$ k) $\frac{335}{116} \cdot \frac{464}{201}$

1.37 Desgleichen:

a) $5\frac{2}{7} \cdot 4$ b) $3 \cdot 7\frac{2}{3}$ c) $13\frac{1}{18} \cdot 6$ d) $10\frac{19}{24} \cdot 30$ e) $87 \cdot 21\frac{21}{58}$

f) $5\frac{2}{3} \cdot 6\frac{1}{2}$ g) $7\frac{7}{8} \cdot 3\frac{5}{9}$ h) $2\frac{8}{45} \cdot 2\frac{41}{42}$ i) $4\frac{69}{94} \cdot 2\frac{10}{89}$ k) $1\frac{37}{96} \cdot 1\frac{127}{336}$

1.38 Berechne:

a) $\frac{3}{8} \cdot \frac{5}{14} \cdot \frac{2}{3} \cdot \frac{7}{15}$ b) $\frac{7}{18} \cdot \frac{11}{17} \cdot \frac{9}{21} \cdot \frac{34}{44}$ c) $5 \cdot \frac{18}{29} \cdot \frac{37}{25} \cdot \frac{58}{111}$

d) $\frac{75}{98} \cdot 12 \cdot \frac{77}{45} \cdot \frac{28}{55}$ e) $\frac{1}{6} \cdot \frac{5}{9} \cdot \frac{7}{8} \cdot \frac{11}{13}$ f) $\frac{15}{34} \cdot \frac{16}{23} \cdot 19 \cdot \frac{51}{32}$

g) $\frac{425}{252} \cdot \frac{110}{221} \cdot \frac{182}{165}$ h) $\frac{2\,244}{3\,185} \cdot 207 \cdot \frac{280}{5\,643} \cdot \frac{1\,729}{25\,024}$

i) $\frac{664}{7\,663} \cdot \frac{623}{2\,241} \cdot 158 \cdot \frac{873}{4\,984}$ k) $\frac{1\,024}{14\,175} \cdot \frac{25\,725}{36\,608} \cdot \frac{297}{8\,036} \cdot 533$

1.39 Desgleichen:

a) $2\frac{2}{3} \cdot \frac{5}{8} \cdot 4\frac{3}{5}$ b) $4\frac{2}{5} \cdot 1\frac{1}{4} \cdot 1\frac{5}{11}$ c) $3 \cdot 7\frac{1}{14} \cdot 6\frac{8}{15} \cdot \frac{5}{18}$

d) $5\frac{9}{25} \cdot 1\frac{44}{51} \cdot 5\frac{5}{67} \cdot \frac{1}{38}$ e) $11\frac{3}{7} \cdot 3\frac{1}{8} \cdot 4\frac{4}{5} \cdot 2\frac{5}{8}$ f) $\frac{255}{256} \cdot 3\frac{9}{25} \cdot \frac{52}{81} \cdot 1\frac{79}{221}$

g) $4\frac{1}{124} \cdot 3\frac{119}{123} \cdot 1\frac{188}{427} \cdot \frac{341}{568}$ h) $4\frac{12}{77} \cdot 10\frac{45}{56} \cdot \frac{7}{25} \cdot 10\frac{1}{44}$

i) $3\frac{6}{175} \cdot 5\frac{83}{297} \cdot 19\frac{497}{1\,152} \cdot 2\frac{110}{413}$ k) $2\frac{179}{455} \cdot \frac{169}{385} \cdot 2\frac{13}{165} \cdot \frac{125}{273}$

1.2.3.5 Der Kehrwert eines Bruches (Lösungen ab Seite 846)

1.40 Bestimme den Kehrwert:

a) 8 b) $\frac{3}{5}$ c) $\frac{1}{2}$ d) 2 e) $\frac{1}{10}$ f) 1

g) $\frac{3}{11}$ h) $\frac{4}{17}$ i) $\frac{1}{13}$ k) $\frac{7}{19}$ l) $\frac{14}{21}$ m) $\frac{72}{20}$

1.41 Desgleichen:

a) $3\frac{1}{3}$ b) $4\frac{4}{9}$ c) $13\frac{1}{2}$ d) $40\frac{17}{20}$ e) $28\frac{11}{25}$

f) $6\frac{42}{71}$ g) $9\frac{1}{30}$ h) $54\frac{3}{5}$ i) $36\frac{19}{49}$ k) $5\frac{130}{217}$

1.42 Desgleichen:

a) $\frac{1}{2}+\frac{1}{3}$ b) $\frac{1}{2}-\frac{2}{3}+\frac{3}{4}$ c) $1-\frac{5}{6}$ d) $7\frac{8}{9}-3\frac{5}{6}$

e) $14\frac{5}{12}-14\frac{3}{8}$ f) $13\frac{5}{9}-\frac{13}{18}-7\frac{26}{27}$ g) $18-5\frac{11}{13}+\frac{4}{5}$ h) $\frac{3}{5}-\frac{5}{7}+\frac{7}{9}$

i) $\frac{1}{8}+\frac{1}{6}-\frac{1}{4}$ k) $5\frac{2}{21}-\frac{1}{35}-2\frac{7}{30}$ l) $2\frac{8}{21}-\frac{7}{3}+\frac{5}{7}$ m) $2\frac{3}{11}+\frac{72}{99}$

1.2.3.6 Division von Brüchen

(Lösungen ab Seite 847)

1.43 Berechne:

a) $\frac{8}{13}:4$ b) $\frac{4}{9}:2$ c) $\frac{4}{5}:5$ d) $\frac{42}{43}:6$ e) $\frac{15}{16}:25$

f) $\frac{8}{9}:16$ g) $\frac{46}{71}:69$ h) $\frac{70}{73}:14$ i) $\frac{94}{99}:141$ k) $\frac{225}{728}:90$

1.44 Desgleichen:

a) $1\frac{1}{2}:3$ b) $5\frac{5}{7}:5$ c) $17\frac{1}{4}:46$ d) $4\frac{8}{9}:8$ e) $7\frac{1}{8}:19$

f) $320\frac{1}{4}:42$ g) $922\frac{1}{2}:35$ h) $28\frac{6}{11}:4$ i) $10\frac{1}{26}:58$ k) $17\frac{11}{29}:63$

1.45 Berechne:

a) $\frac{8}{11}:\frac{2}{11}$ b) $\frac{32}{52}:\frac{12}{52}$ c) $\frac{15}{17}:\frac{15}{21}$ d) $\frac{21}{65}:\frac{42}{91}$ e) $\frac{42}{91}:\frac{21}{65}$

f) $\frac{37}{75}:\frac{69}{94}$ g) $\frac{16}{75}:\frac{18}{29}$ h) $\frac{44}{21}:\frac{32}{15}$ i) $\frac{216}{539}:\frac{135}{308}$ k) $\frac{114}{287}:\frac{418}{2\,583}$

l) $\frac{1\,088}{1\,863}:\frac{272}{5\,589}$ m) $\frac{795}{25\,232}:\frac{3\,975}{6\,308}$ n) $\frac{3}{8}:\frac{5}{16}:\frac{6}{25}$ o) $\frac{5}{12}:\frac{19}{24}:\frac{21}{18}$

1.46 Desgleichen:

a) $5\frac{4}{9}:\frac{7}{9}$ b) $3\frac{1}{4}:\frac{5}{8}$ c) $1\frac{9}{25}:\frac{9}{25}$ d) $\frac{9}{25}:1\frac{9}{25}$

e) $4\frac{6}{7}:\frac{17}{35}$ f) $13\frac{1}{18}:\frac{47}{63}$ g) $1\frac{47}{72}:\frac{85}{96}$ h) $2\frac{310}{637}:\frac{264}{455}$

i) $9\frac{508}{1\,167}:4\frac{17}{389}$ k) $\frac{8}{15}:1\frac{31}{51}$ l) $3\frac{31}{1\,323}:\frac{400}{3\,087}$ m) $2\frac{3\,959}{6\,424}:\frac{1\,029}{4\,664}$

1.47 Desgleichen:

a) $13\frac{1}{2}:4\frac{1}{2}$ b) $23\frac{3}{4}:7\frac{1}{8}$ c) $12\frac{16}{17}:3\frac{4}{17}$ d) $2\frac{9}{14}:13\frac{3}{14}$

e) $11\frac{13}{25}:6\frac{6}{35}$ f) $3\frac{47}{126}:26\frac{13}{42}$ g) $66\frac{25}{36}:12\frac{26}{55}$ h) $2\frac{23}{176}:2\frac{11}{32}$

i) $8\frac{7}{72}:5\frac{11}{48}$ k) $3\frac{2}{3}:5\frac{2}{165}$ l) $207\frac{27}{184}:55\frac{55}{69}$ m) $1217\frac{209}{216}:37\frac{103}{120}$

1.2.3.7 Doppelbrüche

(Lösungen ab Seite 847)

1.48 Vereinfache:

a) $\dfrac{\frac{6}{7}}{\frac{2}{3}}$ b) $\dfrac{\frac{7}{11}}{\frac{11}{7}}$ c) $\dfrac{\frac{5}{6}}{\frac{1}{12}}$ d) $\dfrac{\frac{1}{12}}{\frac{5}{6}}$ e) $\dfrac{\frac{17}{28}}{\frac{5}{63}}$

f) $\dfrac{\frac{25}{36}}{\frac{15}{16}}$ g) $\dfrac{\frac{21}{26}}{\frac{35}{78}}$ h) $\dfrac{\frac{91}{360}}{\frac{13}{3\,240}}$ i) $\dfrac{\frac{28}{65}}{\frac{15}{46}}$ k) $\dfrac{\frac{742}{3\,015}}{\frac{2\,968}{24\,321}}$

1.49 Desgleichen:

a) $\dfrac{7}{\frac{3}{2}}$ b) $\dfrac{15}{\frac{1}{3}}$ c) $\dfrac{\frac{1}{5}}{8}$ d) $\dfrac{1}{\frac{5}{8}}$ e) $\dfrac{\frac{28}{45}}{63}$

f) $\dfrac{28}{\frac{45}{63}}$ g) $\dfrac{\frac{84}{95}}{70}$ h) $\dfrac{\frac{76}{91}}{19}$ i) $\dfrac{360}{\frac{252}{425}}$ k) $\dfrac{\frac{729}{730}}{2\,187}$

1.50 Desgleichen:

a) $\dfrac{4\frac{1}{2}}{4\frac{3}{4}}$ b) $\dfrac{6\frac{5}{12}}{3\frac{1}{18}}$ c) $\dfrac{5\frac{5}{14}}{2\frac{6}{7}}$ d) $\dfrac{1\frac{7}{9}}{1\frac{5}{27}}$ e) $\dfrac{2\frac{10}{27}}{5\frac{31}{45}}$

f) $\dfrac{22\frac{13}{36}}{2\frac{67}{84}}$ g) $\dfrac{70\frac{7}{22}}{35\frac{20}{31}}$ h) $\dfrac{17\frac{31}{47}}{2\frac{50}{141}}$ i) $\dfrac{1\frac{151}{644}}{14\frac{131}{161}}$ k) $\dfrac{98\frac{43}{304}}{1\frac{539}{1\,216}}$

1.51 Vereinfache:

a) $\dfrac{\frac{2}{5}+3\frac{1}{4}}{9\frac{1}{2}-4\frac{2}{3}}$ b) $\dfrac{11\frac{1}{3}-7\frac{7}{12}}{\left(\frac{7}{16}-\frac{17}{48}\right)\cdot 15}$ c) $\dfrac{\dfrac{5\frac{2}{7}-3\frac{1}{2}}{2\frac{9}{14}}}{\dfrac{4\frac{3}{8}}{2\frac{1}{4}}+\dfrac{10}{37}}$

d) $\dfrac{\dfrac{4\frac{3}{8}}{6\frac{5}{12}}}{\dfrac{\frac{1}{3}+\frac{19}{33}}{2}}$ e) $\dfrac{1\frac{5}{12}\cdot 10\frac{1}{2}+42\frac{3}{8}:6}{66\frac{1}{4}:3\frac{3}{4}-3\frac{17}{20}\cdot 1\frac{1}{14}}$ f) $\dfrac{\dfrac{15\frac{1}{2}-11\frac{1}{6}}{12\frac{2}{3}-11\frac{5}{12}}}{\dfrac{19\frac{4}{9}:5\frac{5}{9}}{\frac{1}{4}+\frac{7}{8}:6\frac{1}{2}}}$

g) $\dfrac{3\frac{3}{8} \cdot 1\frac{31}{45} \cdot 7\frac{1}{7}}{\dfrac{3\frac{13}{69} \cdot 3\frac{1}{15}}{3\frac{7}{27}}}$ h) $\dfrac{\dfrac{2\frac{7}{24}}{2\frac{1}{16}} + 8\dfrac{64}{117} \cdot \dfrac{13}{80}}{\dfrac{1}{5} + \dfrac{5\frac{19}{25}}{12\frac{12}{35}}}$ i) $\dfrac{\dfrac{3 + \frac{4}{7}}{\frac{2}{3} + 5} + \dfrac{93}{119}}{7 \cdot \dfrac{\frac{3}{5} + 4}{2 + \frac{3}{7}} - 13\dfrac{7}{85}}$

1.52 Vereinfache folgende Kettenbrüche:

a) $\dfrac{1}{1 + \dfrac{1}{2 + \dfrac{1}{3 + \frac{1}{4}}}}$ b) $\dfrac{1}{3 + \dfrac{1}{3 + \dfrac{1}{3 + \frac{1}{3}}}}$ c) $\dfrac{1}{2 + \dfrac{1}{3 + \dfrac{1}{4 + \frac{1}{5}}}}$

d) $\dfrac{1}{3 + \dfrac{1}{6 - \frac{9}{2}}}$ e) $\dfrac{1}{2 + \dfrac{3}{4 + \dfrac{5}{6 + \frac{1}{7}}}}$ f) $\dfrac{5}{5 - \dfrac{1}{5 - \frac{5}{6}}}$

1.2.3.8 Zusammenfassung Bruchrechnung

(Lösungen ab Seite 848)

1.53 Berechne zur Wiederholung und Auffrischung ohne Benutzung der Bruchtaste:

a) $\frac{4}{7} + \frac{9}{7}$ b) $\frac{3}{4} + \frac{1}{8}$ c) $\frac{2}{3} + \frac{1}{14}$ d) $1\frac{3}{24} + 3\frac{4}{18}$

e) $\frac{15}{8} - \frac{9}{8}$ f) $\frac{7}{24} - \frac{3}{20}$ g) $\frac{7}{60} - \frac{4}{45}$ h) $2\frac{17}{18} - 1\frac{11}{30}$

i) $\frac{3}{5} \cdot \frac{4}{11}$ k) $\frac{8}{7} \cdot \frac{63}{44}$ l) $2\frac{6}{15} \cdot 7\frac{31}{62}$ m) $\frac{6}{5} \cdot \frac{7}{12} \cdot \frac{25}{63}$

n) $\frac{3}{5} : \frac{18}{10}$ o) $\frac{5}{12} : \frac{25}{4}$ p) $\frac{3}{5} : \frac{2}{9}$ q) $5\frac{1}{25} : 1\frac{9}{15}$

r) $\frac{3}{8} + \frac{4}{15} - \frac{7}{24} + \frac{11}{40} - \frac{17}{30}$ s) $\frac{101}{96} \cdot \frac{12}{45} : \frac{5}{18} : \frac{17}{16}$

t) $\frac{56}{9} \cdot 4 \cdot \frac{27}{14} \cdot \frac{5}{16} \cdot 3$ u) $\frac{56}{9} : 4 : \frac{27}{14} : \frac{7}{18} : 6$ v) $\frac{56}{9} : 4 \cdot \frac{27}{14} : \frac{7}{18} : 6$

1.54 Desgleichen. Beachte dabei die Punkt-vor-Strich-Regel!

a) $\frac{4}{3} : \frac{6}{5} - \frac{2}{14} \cdot \frac{7}{3} + \frac{2}{9}$ b) $\frac{5}{3} - \frac{194}{12} + \frac{6}{5} : \frac{3}{14} \cdot \frac{8}{3}$

c) $\frac{2}{5} + 7 \cdot \frac{33}{385} + \frac{8}{3} \cdot \frac{5}{6} : \frac{77}{18} - \frac{3}{4}$ d) $2\frac{1}{5} - \frac{9}{5} \cdot 1\frac{2}{9} + \frac{15}{12} \cdot \frac{5}{16} - \frac{2}{3} : \frac{45}{6}$

e) $\frac{17}{10} - 2 \cdot \frac{9}{48} : \frac{15}{4} + \frac{5}{112} \cdot \frac{105}{45}$ f) $\frac{3}{14} + \frac{22}{9} : \frac{70}{37} \cdot \frac{15}{4} - \frac{5}{84}$

1.2.4 Dezimalbrüche (Lösungen ab Seite 848)

1.55 Die folgenden Brüche sind als Dezimalzahlen zu schreiben. Bei f) bis k) ist erst das Ergebnis der Additionen als Dezimalzahl anzugeben:

a) $\frac{3}{10}$ b) $\frac{7\,004}{100}$ c) $\frac{12}{10\,000}$ d) $\frac{35\,728}{100\,000}$

e) $\frac{102}{1\,000\,000}$ f) $\frac{7}{10}+\frac{5}{100}$ g) $\frac{9}{10}+\frac{34}{10\,000}+\frac{83}{1\,000\,000}+\frac{1}{100}$

h) $\frac{31}{100}+\frac{918}{1\,000}$ i) $\frac{90\,705}{100\,000}+\frac{80\,004}{1\,000\,000}+\frac{600\,301}{1\,000\,000\,000}+\frac{20}{1\,000\,000\,000}$

k) $\frac{6\,004}{10\,000}+\frac{973}{1\,000}+\frac{7}{10}+\frac{85}{10\,000}+\frac{604}{1\,000}$ l) $3+\frac{1\,003}{100\,000}+\frac{7}{100}$

1.2.4.2 Addition und Subtraktion von Dezimalbrüchen (Lösungen ab Seite 848)

1.56 Man addiere sowohl α) zeilenweise als auch β) spaltenweise und man addiere und subtrahiere abwechselnd sowohl γ) zeilenweise als auch δ) spaltenweise:

	i)	k)	l)	m)	n)
a)	67,372	214,288 53	0,327	137,450 69	471,6
b)	0,9 254	0,07 273	0,02	0,8	0,000 407
c)	81,3	13,47	0,000 81	72	4,169 19
d)	6,75	1,010 1	0,010 1	4,307	748,637 663
e)	122	64,043 08	0,2	0,000 9	526,087 89
f)	0,007 2	5	0,058 3	16,04	223
g)	988,618 9	317,2	0,117 09	681,876	83
h)	17,040 5	4,000 81	0,266 7	87,525 4	111,219 01

1.57 Berechne in kg, km bzw. km^2:

a) 33,42 kg + 5,063 kg + 742 g + 113,8 kg + 75 g + 146,9 kg

b) 17,42 km + 57 m + 417 cm − 0,93 km − 306,17 m + 21,026 4 km
−38,79 m − 3261 cm

c) 4,2084 m^2 − 4 715 cm^2 + 2,087 74 km^2 − 39,008 5 m^2 + 52 716 cm^2 − 0,9 km^2

d) 0,5817 kg − 58,3 kg + 423,737 kg + 0,372 kg − 5,7217 kg + 992,831 kg

1.2.4.3 Multiplikation von Dezimalbrüchen (Lösungen ab Seite 848)

1.58 Berechne durch Verschieben des Dezimalkommas:

a) 47,39 · 10 b) 64,32 · 100 c) 83,04 · 1 000 d) 0,475 · 10
e) 0,001 01 · 10 f) 0,044 18 · 10 000 g) 4 025,3 · 1 000 h) 0,070 4 · 100
i) 7,72 · 1 000 k) 0,000 402 · 10 000 l) 0,0 403 · 1 000 m) 10,50 · 100

1.59 Berechne:

a) 71,6 · 4 b) 724,26 · 30 c) 0,628 · 5 d) 1,466 9 · 70
e) 0,007 08 · 9 f) 0,053 · 15 g) 0,771 52 · 400 h) 15,27 · 24
i) 267,9 · 630 k) 54,073 · 204 l) 0,035 09 · 8 300 m) 3,474 · 44

1.60 Desgleichen:

a) $7{,}64 \cdot 3{,}2$ b) $24{,}903 \cdot 14{,}3$ c) $491{,}6 \cdot 0{,}1$ d) $6{,}46 \cdot 0{,}9$
e) $835{,}62 \cdot 0{,}67$ f) $0{,}750\,4 \cdot 0{,}429$ g) $55\,427{,}3 \cdot 0{,}005\,1$
h) $0{,}027 \cdot 0{,}005\,63$ i) $0{,}005\,9 \cdot 2\,207{,}6$ k) $100{,}97 \cdot 0{,}074$

1.2.4.4 Division von Dezimalbrüchen

(Lösungen ab Seite 849)

1.61 Berechne durch Kommaverschieben:

a) $89{,}51 : 10$ b) $75{,}212 : 100$ c) $17{,}01 : 1\,000$ d) $0{,}392 : 10$
e) $0{,}001\,05 : 10$ f) $0{,}066\,19 : 10\,000$ g) $7\,032{,}4 : 1\,000$ h) $0{,}020\,7 : 100$
i) $9{,}23 : 1\,000$ k) $0{,}000\,594 : 10\,000$ l) $1{,}0004 : 1\,000$ m) $106{,}01 : 100$
n) $65{,}49 \cdot 0{,}01$ o) $53{,}39 \cdot 0{,}001$ p) $8{,}225 \cdot 0{,}1$ q) $0{,}062 \cdot 0{,}01$

1.62 Berechne:

a) $17{,}6 : 2$ b) $54{,}81 : 7$ c) $386{,}722 : 14$ d) $23{,}609\,5 : 23$
e) $49{,}704 : 57$ f) $0{,}357\,808 : 88$ g) $67{,}302 : 90$ h) $1{,}034 : 752$
i) $2\,821{,}8 : 600$ k) $4{,}660\,149 : 4\,332$ l) $116{,}476 : 787$ m) $916{,}183\,2 : 229$

1.63 Desgleichen:

a) $4{,}2 : 0{,}3$ b) $18{,}9 : 0{,}7$ c) $14{,}26 : 0{,}02$
d) $4{,}88 : 0{,}08$ e) $9{,}18 : 0{,}27$ f) $0{,}037\,7 : 0{,}002\,9$
g) $463{,}2 : 0{,}1$ h) $44{,}64 : 2{,}79$ i) $134{,}68 : 19{,}24$
k) $0{,}546\,1 : 0{,}000\,1$ l) $36{,}312 : 0{,}136$ m) $11{,}8825 : 0{,}0679$

1.64 Desgleichen:

a) $173{,}664 : 64{,}32$ b) $121{,}233 : 24{,}15$ c) $33{,}258 : 72{,}3$
d) $30{,}725\,4 : 18{,}735$ e) $0{,}004\,189 : 0{,}005\,9$ f) $59{,}672\,16 : 0{,}091\,2$
g) $1{,}836 : 0{,}004\,25$ h) $0{,}032\,5 : 0{,}008\,125$ i) $48{,}113\,1 : 0{,}916\,44$
k) $63{,}4 : 0{,}032$ l) $1{,}117\,6 : 27{,}94$ m) $23{,}317\,64 : 7{,}379$

1.2.4.5 Umwandlung von Brüchen

(Lösungen ab Seite 849)

1.65 Die folgenden gewöhnlichen Brüche sind in Dezimalbrüche umzuwandeln:

a) $\frac{3}{4}$ b) $\frac{7}{8}$ c) $\frac{2}{5}$ d) $\frac{7}{20}$ e) $\frac{13}{25}$ f) $\frac{11}{16}$ g) $\frac{37}{64}$ h) $\frac{29}{32}$ i) $\frac{71}{125}$ k) $\frac{23}{256}$

1.66 Desgleichen:

a) $\frac{19}{16}$ b) $\frac{1\,027}{125}$ c) $\frac{1\,099}{80}$ d) $\frac{27\,431}{500}$ e) $\frac{5\,037}{128}$
f) $\frac{9\,365}{40}$ g) $\frac{16\,548}{3\,125}$ h) $\frac{17\,618}{250}$ i) $\frac{2\,559}{512}$ k) $\frac{97\,619}{1\,250}$

1.67 Desgleichen:

a) $\frac{4}{9}$ b) $\frac{2}{3}$ c) $\frac{1}{11}$ d) $\frac{51}{99}$ e) $\frac{8}{11}$
f) $\frac{1}{7}$ g) $\frac{9}{13}$ h) $\frac{21}{37}$ i) $\frac{71}{271}$ k) $\frac{19}{303}$

1.68 Desgleichen:

a) $\frac{1}{6}$ b) $\frac{5}{18}$ c) $\frac{51}{275}$ d) $\frac{35}{36}$ e) $\frac{311}{404}$ f) $\frac{79}{205}$ g) $\frac{19}{54}$

h) $\frac{15}{52}$ i) $\frac{341}{425}$ k) $\frac{425}{808}$ l) $\frac{667}{222}$ m) $\frac{314}{4\,545}$ n) $\frac{95}{1\,818}$ o) $\frac{77}{3\,996}$

1.69 Folgende Dezimalbrüche sind in gewöhnliche Brüche umzuwandeln:

a) 0,16 b) 0,625 c) 7,82 d) 0,588 e) 0,419 2

f) 23,237 5 g) 0,062 5 h) 0,626 72 i) 115,656 25 k) 0,523 437 5

1.70 Bestimme den Kehrwert und gib das Ergebnis als gewöhnlichen Bruch an:

a) 2,56 b) 63,4 c) 0,047 8 d) 0,509 e) 0,000 826

f) 361 g) 5 140 h) 0,009 09 i) 17,8 k) 0,727

1.71 Schreibe als gewöhnlichen Bruch:

a) $0{,}\overline{8}$ b) $0{,}\overline{27}$ c) $0{,}\overline{03}$ d) $0{,}\overline{59}$ e) $0{,}\overline{273}$

f) $0{,}\overline{90}$ g) $0{,}\overline{234}$ h) $0{,}\overline{037}$ i) $0{,}\overline{2211}$ k) $0{,}\overline{5437}$

l) $0{,}\overline{9}$ m) $3{,}\overline{9}$ n) $8{,}\overline{89}$ o) $72{,}\overline{541}$ p) $4{,}\overline{729}$

1.72 Desgleichen:

a) $0{,}3\overline{7}$ b) $0{,}02\overline{3}$ c) $0{,}55\overline{61}$ d) $0{,}2\overline{407}$ e) $0{,}2708\overline{3}$

f) $0{,}631\overline{35}$ g) $0{,}8\overline{783}$ h) $0{,}97\overline{65853}$ i) $0{,}310\overline{6435}$ k) $0{,}7\overline{307692}$

1.2.4.6 Das Runden von Dezimalbrüchen

(Lösungen ab Seite 850)

1.73 Es ist auf die 4., 3., 2., 1. Stelle hinter dem Komma zu runden:

a) 0,750 283 b) 0,070 605 c) 0,646 27 d) 0,287 86 e) 3,008 72

f) 17,989 89 g) 5,094 95 h) 9,822 57 i) 7,299 96 k) 3,456 78

1.74 Die folgenden Zahlen sind auf Zehner, Hunderter und Zehntausender zu runden:

a) 26 461 b) 874 478 c) 6 899,7 d) 7 402 976 e) 86 004 f) 517

1.75 Durch Rundung welcher Zahlen können die folgenden Zahlen entstanden sein?

a) 0,84 b) 7,127 c) 113,081 d) 64,0 e) 7 163,29

f) 614,300 g) 0,5001 h) 347,2 i) 0,010 000 k) 1,0

1.76 Welche Genauigkeit ergibt sich aus folgenden Zahlenangaben:

a) 0,070 0 km b) 0,30 N c) 4,200 kg d) 163,08 s

e) 4 168,0 V f) 394,60 m g) 0,10 m h) 714,200 kg

i) 4 713,00 t k) 93,200 0 MHz l) 0,923 mg m) 2,9 m

1.77 Man berechne die Produkte der Aufgabe 1.60, indem man vor dem Multiplizieren jeden Faktor auf zwei Stellen hinter dem Komma rundet. Vergleiche danach diese Ergebnisse mit denen, die durch nachträgliches Runden der ursprünglichen Ergebnisse entstehen. Welche Abweichungen treten auf?

1.78 Berechne schriftlich bis auf die in eckigen Klammern angegebene Stellenanzahl genau und kontrolliere das Ergebnis mit dem Taschenrechner:

a) $0{,}3938 \cdot 5{,}348$ [3] b) $3677{,}02 : 4{,}07$ [1] c) $5{,}97604 : 0{,}0236$ [1]

d) $\dfrac{7825 \cdot 0{,}735}{16{,}187}$ [2] e) $\dfrac{90807{,}2}{312{,}4 \cdot 17{,}6}$ [2] f) $\dfrac{12{,}034 \cdot 1{,}473}{42{,}34}$ [4]

g) $\dfrac{556{,}5 \cdot 2{,}6016}{7{,}588 \cdot 101{,}76}$ [3] h) $\dfrac{16\frac{5}{8} \cdot 15\frac{13}{21} \cdot 0{,}15}{15{,}2}$ [4]

i) $(345{,}7 - 6{,}225 \cdot 0{,}73) : 7{,}285$ [2] k) $(17{,}35 : 37 + 18{,}53 : 43) \cdot 35$ [3]

1.79 Welche Fehlerschranken ergeben sich, wenn man die folgenden periodischen Dezimalbrüche jeweils nach der zweiten Periode abbricht und rundet:

a) $0{,}\overline{4}$ b) $0{,}\overline{07}$ c) $0{,}\overline{643}$ d) $0{,}\overline{7529}$ e) $0{,}63\overline{7}$
f) $0{,}137\overline{23}$ g) $0{,}\overline{899}$ h) $0{,}4\overline{5}$ i) $0{,}71\overline{54}$ k) $0{,}0329\overline{731}$

1.2.4.7 Bruch oder Dezimalzahl? (Lösungen ab Seite 850)

1.80 Berechne durch sinnvollen Einsatz von Brüchen und Dezimalzahlen:

a) $\dfrac{3}{4} + 0{,}4$ b) $0{,}55 + \dfrac{4}{9} - 0{,}75$ c) $4{,}2 - 0{,}025 + \dfrac{7}{3}$

d) $3{,}2 \cdot \dfrac{8}{5}$ e) $11{,}1 \cdot \dfrac{2}{9} \cdot 6{,}3$ f) $2{,}62 \cdot \dfrac{150}{6} \cdot 0{,}2$

g) $46{,}2 : \dfrac{9}{2}$ h) $\dfrac{5}{3} : 6{,}4$ i) $14.3 : \dfrac{11}{6} : 2\dfrac{4}{7}$

k) $1{,}3 \cdot \dfrac{14}{9} + 0{,}56$ l) $3{,}2 - \dfrac{26}{15} \cdot \dfrac{141}{104}$ m) $2{,}7 : \dfrac{8}{11} - 1{,}9 \cdot \dfrac{11}{8} + 0{,}75$

1.2.4.8 Größenvergleich von Brüchen (Lösungen ab Seite 851)

1.81 Die Zahlen sind der Größe nach zu ordnen und auf einem geeigneten Zahlenstrahl zu markieren:

a) $\dfrac{67}{250}$; $\dfrac{34}{125}$; $0{,}26\overline{9}$; $\dfrac{53}{200}$ b) $0{,}2$; $\dfrac{2}{35}$; $\dfrac{1}{14}$; $\dfrac{2}{7}$ c) $\dfrac{2}{7}$; $0{,}25$; $\dfrac{4}{17}$; $\dfrac{2}{9}$

Mag der Computer wirklich unseren Intellekt weitgehend ersetzen,
indem er Rechnungen von staunenswerten Ausmaßen vollbringt –
ein Maschinenherz wird das Menschenherz nie ersetzen.
Maschinen können weder dichten noch kreativ sein,
noch können sie lieben.

Nach Gertrud von le Fort

1.3 Rechenhilfsmittel

1.3.1 Taschenrechner

In Warenhäusern und Fachgeschäften wird eine große Vielfalt an Taschenrechnern[1] angeboten: angefangen vom Billigrechner für 3 €, bis hin zu Modellen, die mehrere hundert Euro kosten, dafür Grafiken anzeigen und mathematische Ausdrücke selbstständig vereinfachen können.

Da wir trotz vieler Politikerworte in der Realität noch sehr weit davon entfernt sind, dass an deutschen Schulen und Universitäten im Unterricht und bei den Prüfungen programmierbare und grafikfähige Taschenrechner als Regelfall zugelassen sind, sollen hier in erster Linie verbreitete aktuelle Modelle nicht programmierbarer TR behandelt werden.

Alle Firmen bieten auf ihren Internetseiten ausführliche Informationen zu ihren TR-Modellen an. Dort kann man auch bei Bedarf oder zwecks Modellvergleich die Bedienungsanleitungen herunterladen.

Die Ausführungen hier sollen kein Ersatz für die Bedienungsanleitung eines TR sein. Wir können auch nicht auf jedes Detail eingehen, da bei der Vielfalt an Geräten, je nach Hersteller und Modell, verschiedene Bezeichnungen und Eingabeformalitäten benutzt werden. Wir werden uns deshalb auf die wichtigsten Regeln, die für die meisten TR Gültigkeit haben, beschränken.

In Detailfragen der Bedienung ist auf jeden Fall die Bedienungsanleitung des TR zu lesen!

Dieser Abschnitt soll nur ganz allgemein über die Nutzung eines Taschenrechners informieren. Einzelheiten, Hintergründe und Beispiele findet man in den jeweiligen mathematischen Abschnitten, wobei dort auf das Logo zu achten ist. Bevor wir uns aber mit diesen technischen Hilfsmitteln beschäftigen, noch ein paar grundsätzliche Anmerkungen.

Taschenrechner und Computer sind außerordentlich nützliche Rechenhilfsmittel. Sie ersparen dem Menschen sehr viel stumpfsinnige Arbeit, aber sie befreien uns in keiner Weise davon,

stets kritisch und mit wachen Sinnen zu arbeiten.

Daran sollte man immer wieder denken, wenn man zu diesen Hilfsmitteln greift.

[1] Abkürzungen: TR für Taschenrechner; GTR für grafikfähiger Taschenrechner

Noch ein zweiter Gesichtspunkt soll erwähnt werden. Er greift zurück auf eine Geschichte, die sich während der Schulzeit des berühmten Carl Friedrich GAUSS [1)] ereignet haben soll:

An einem heißen Sommertage war der Lehrer Büttner, der die Klasse des jungen Carl Friedrich GAUSS unterrichtete, aus einem nicht mehr nachvollziehbaren Grunde recht müde, und so dachte er sich eine Aufgabe aus, von der er annahm, dass sie die Kleinen eine Stunde lang in Anspruch nehmen müsste und er es sich während dieser Zeit hinter dem Katheder bequem machen könnte. Er stellte der Klasse die Aufgabe, die ganzen Zahlen von 1 bis 100 zu addieren, wobei er annahm, dass die Kinder sich sehr bald verheddern würden und nicht mehr wüssten, welche Zahl sie zuletzt addiert hatten, so dass sie ihre Aufgabe immer wieder von Anfang an beginnen müssten.

Diese Strategie ging auch auf – bis auf eine Ausnahme: Der kleine GAUSS dachte über die Aufgabenstellung etwas gründlicher nach als seine Mitschüler und stellte fest, dass sich die Summe 101 immer wieder ergibt, wenn man die erste und die letzte, die zweite und die vorletzte, die dritte und die drittletzte … Zahl addiert. Auf diese Weise entstehen Zahlenpaare, die alle die Summe 101 besitzen.
Zum besseren Verständnis schreiben wir die Summanden von 1 bis 100 einmal in gewohnter und einmal in umgekehrter Reihenfolge auf:

	Summe:	1	+	2	+	3	+	…	+	98	+	99	+ 100
+	Summe:	100	+	99	+	98	+	…	+	3	+	2	+ 1
=	2 Summen:	101	+	101	+	101	+	…	+	101	+	101	+ 101

Die 100 Summanden vom jeweiligen Wert 101 liefern das doppelte Ergebnis. Somit ist $\frac{1}{2} \cdot 100 \cdot 101 = 5\,050$ die Lösung des scheinbar schwierigen Problems und der kleine GAUSS konnte schon nach wenigen Minuten seinen Lehrer mit dem richtigen Ergebnis überraschen. [2)]

Ob dies nun wirklich passiert ist oder nicht, das spielt gar keine Rolle. Eines kann man aus dieser Geschichte lernen:

Man soll nie blindlings drauflosrechnen oder zum Taschenrechner greifen, wenn eine Aufgabe gelöst werden soll, sondern erst einmal gründlich überlegen, wie man am elegantesten zum Ziel kommen kann.

Übrigens sollten Lehrer, gleichgültig ob sie Erwachsene oder Kinder unterrichten, ihren Schülern ab und zu diese oder ähnliche Aufgaben stellen. Sie werden sich wundern, wie wenig darüber nachgedacht wird, ob man die Aufgabe nicht vielleicht auch anders als üblich und damit rationeller lösen kann.

[1)] GAUSS, Carl Friedrich, deutscher Mathematiker, Astronom und Physiker, geb. 30.4.1777 in Braunschweig, gestorben 23.2.1855 in Göttingen. Sein Bild war auf dem letzten 10-DM-Schein abgedruckt.

[2)] Verallgemeinert man diese Überlegungen, so kann man die Summe der natürlichen Zahlen von 1 bis n über die GAUSS'sche Summenformel $S_n = \frac{1}{2} \cdot n \cdot (n + 1)$ berechnen, die auch als „Kleiner GAUSS“ bezeichnet wird.

1.3.1.1 Grundrechenarten

Viele Bezeichnungen und Tastenbeschriftungen beim Taschenrechner sind – wie im Elektronikbereich üblich – Abkürzungen, die der englischen bzw. amerikanischen Sprache entlehnt sind. Aber dennoch sind die Geräte so konzipiert, dass selbst Grundschüler und mathematikunerfahrene Personen mit ihnen ohne weitere Anleitung die einfachen Rechenprobleme lösen können.

Ein Taschenrechner ist eine angenehme Sache: Direkt nach dem Einschalten mit [ON] kann man den zu berechnenden Ausdruck eintippen und bekommt, nachdem man mit der [=] betätigt hat, schon nach Bruchteilen einer Sekunde im Display [1], dem Anzeigefenster, das Ergebnis eingeblendet. Man muss sich natürlich an gewisse Eingabespielregeln halten, weil das Gerät sonst eine Fehlermeldung [2] ausgibt.

Zur Eingabe der Rechenausdrücke benutzt man die **Zifferntasten** [0] bis [9], das Dezimalkomma [·], siehe Abschnitt 1.2.4.1, und die **Operationstasten** [+], [−], [×] und [÷]. Mit der **Vorzeichentaste** [±] oder [(−)] können auch negative Zahlen eingegeben werden, siehe Abschnitt 2.3.1.3.

Über die **Rundungsautomatik** bei der Ausgabe der Ergebnisse wird ausführlich in Abschnitt 1.2.4.6 berichtet.

Beispiel:

1.69 Diese und die folgenden Beispiele sind auf dem Taschenrechner nachzurechnen.

	Aufgabe	Tastenfolge				Ergebnis
a)	$46 + 9$	43	[+]	9	[=]	55
b)	$22 - 5{,}6$	22	[−]	5,6	[=]	16,4
c)	$14{,}5 \cdot 6{,}4$	14,5	[×]	6,4	[=]	92,8
d)	$27{,}84 : 3{,}2$	27,84	[÷]	3,2	[=]	8,7

Alternativ zur Divisionstaste [÷] kann man auch die Bruchtaste [a b/c] benutzen. Der Unterschied liegt in der Ausgabe der Ergebnisse: Im ersten Fall erhält man Dezimalzahlen, im zweiten – soweit sie noch im Display anzeigt werden können – Brüche.

Beispiel:

1.70 Berechne den Wert des Quotienten 2 : 5 sowohl mit der Divisions- als auch mit der Bruchtaste.

---

[1] to display (engl.) anzeigen, ausgeben

[2] error (engl.) Fehler

Aufgabe	Tastenfolge	Anzeige
a) 2 : 5	2 [÷] 5 [=]	0,4
b) $\frac{2}{5}$	2 [a b/c] 5 [=]	$\frac{2}{5}$

Durch erneutes Betätigen der Bruchtaste (oder einer speziellen Umwandlungstaste) kann man die verschiedenen Schreibweisen für das Ergebnis ineinander umwandeln.

Hierarchieregeln wie 'Punkt-vor-Strich' werden automatisch berücksichtigt. Möchte man diese Strukturen durchbrechen, so muss man Klammern [(] [)] benutzen, wobei oft bis zu 30 Klammerebenen eröffnet werden können.

Beispiel:

1.71 Beim Rechnen mit Brüchen, die zusammengesetzte Zähler / Nenner besitzen, sind Klammern zu verwenden, damit deutlich wird, wo ein Zähler oder Nenner anfängt und wo er aufhört.

Aufgabe	Tastenfolge	Ergebnis
a) $\frac{2}{3+8}$	2 [a b/c] [(] 3 [+] 8 [)] [=]	$\frac{2}{11}$
b) $\frac{4}{5 \cdot 9}$	4 [a b/c] [(] 5 [×] 9 [)] [=]	$\frac{4}{45}$
c) $\frac{8-3}{2+5}$	[(] 8 [−] 3 [)] [a b/c] [(] 2 [+] 5 [)] [=]	$\frac{5}{7}$

✍ A. 1.82 auf Seite 115

1.3.1.2 Eingeben, Editieren, Löschen

Neben den Zifferntasten gibt es noch weitere Tasten zur grundsätzlichen Bedienung des Gerätes:

Bedeutung	Tastenbeschriftung	Position auf TR
Einschalten	[ON]	rechts oben
Ausschalten	[OFF]	rechts oben / Mitte
Alle Eingaben löschen	[AC] [1]	rechts oben / Mitte
Einzelnes Zeichen löschen	[DEL] [2] [C]	rechts oben / Mitte
Einfügen / Überschreiben	[INS] [3] [Shift] [DEL]	rechts oben / Mitte

[1] all clear (engl.) alles löschen / reinigen

[2] to delete (engl.) streichen, tilgen

[3] to insert (engl.) einfügen

Um eine hohe Funktionendichte auf engstem Raum übersichtlich unterbringen zu können, haben die Hersteller sich zwei Tricks einfallen lassen:

- Es gibt verschiedene **mathematische Arbeitsmodi** für spezielle Berechnungen, siehe Abschnitt 1.3.1.6.
  Diese Aufteilung ist vergleichbar mit einem Kaufhaus, dass seine große Angebotspalette auch nicht in eine Etage presst, sondern auf verschiedene, thematisch sortierte Ebenen verteilt:
  Direkt im Eingangsbereich können die allgemeinen Berechnungen durchgeführt werden. Möchte man aber Zahlenmaterial statistisch auswerten oder Gleichungen lösen, so begibt man sich mit [Mode] in die darauf spezialisierten Abteilungen.
- Die Tasten sind mehrfach belegt: Neben der aufgedruckten Bedeutung kann mit der **Umschalttaste** [Shift] oder [2nd] eine weitere Funktion aufgerufen werden, die direkt oberhalb der Taste notiert ist, z. B. $\overset{x^3}{[x^2]}$.
  Je nach Arbeitsmodus können die Tasten unterschiedliche Bedeutungen bzw. eine abweichende **Zweitbelegung** haben.

Einige Tasten dienen speziell zur Steuerung der Berechnungen:

Bedeutung	**Tastenbeschriftung**	**Position auf TR**
Umschalt-Taste	[Shift][1) [2nd][2) [INV][3)	links oben
Cursorsteuerung[4)	[◁] [▷]	Mitte oben
Blättern	[△] [▽]	Mitte oben
Wahl der Arbeitsmodi	[Mode]	rechts oben

Beispiele:

1.72 Für den Fall, dass die mit x^2 bedruckte Taste die Zweitbelegung x^3 besitzt, berechnet man die zweite bzw. dritte Potenz einer Zahl wie folgt:

Aufgabe	**Tastenfolge**	**Ergebnis**
6^2	6 [x^2] [=]	36
6^3	6 [Shift] [x^2] [=]	216

1.73 Hat man sich bei der Eingabe eines Rechenausdruckes vertan oder möchte man sonstige Veränderungen an dem Ausdruck vornehmen, so lässt sich die Eingabemarkierung, der Cursor, mithilfe der Pfeiltasten an die jeweilige Stelle bringen. Bei der Korrektur ist darauf zu achten, dass man noch benötigte Eingaben nicht mit den neuen überschreibt. Eventuell muss man vorher mit [INS] in den Einfüge-Modus wechseln.

---

1) to shift (engl.) umschalten

2) 2nd = Kurzform von seco<u>nd</u> (engl.) zweitens; hier Zweitbelegung der Taste.

3) <u>inv</u>erse (engl.) umgekehrt. Vielfach wird die Zweitbelegung für die Umkehrfunktion benutzt.

4) cursor (engl.) Schreibmarke

a) Die fehlerhafte Eingabe 22 – 526 wird in 22 – 5,6 korrigiert:

Aufgabe	Tastenfolge	Ergebnis
22 – 5,6	22 [–] 526 [◁] [DEL] [·] [=]	16,4

b) In die bereits ausgeführte Berechnung

Aufgabe	Tastenfolge	Ergebnis
22 – 5,6	22 [–] 5,6 [=]	16,4

springen wir mit den Links-Rechts-Pfeiltasten hinein und verändern sie nachträglich:

c) 22 + 7 – 5,6 [▷] [▷] [▷] [+] 7 [=] 23,4

Solange sie noch nicht vollständig gelöscht wurden, ist es möglich, mit den Pfeiltasten [△] bzw. [▽] auch in ältere Berechnungen zurückzublättern und dort auf analoge Weise die Rechenausdrücke den neuen Bedürfnissen anzupassen.

1.3.1.3 Werte abspeichern

Meistens benötigt man mehrere Schritte zur Berechnung eines Endergebnisses, wobei zuerst Hilfsgrößen und Zwischenwerte berechnet werden, aus denen man letztlich das Ergebnis erhält. Diese Werte lassen sich direkt im TR abspeichern. Gute Modelle nutzen große Buchstaben zur Beschreibung der Speicherplätze (A, B, ...), so dass man sie, analog zu Variablen, anschließend in mathematische Ausdrücke einbinden und deren Inhalt verwenden kann.

Bedeutung	Tastenbeschriftung	Position auf TR
Werte abspeichern	[STO] 1)	links oberhalb Ziffernblock
Speicherwerte abrufen	[RCL] 2)	links oberhalb Ziffernblock
Buchstabeneingabe	[Alpha]	links oben
Antwort-Taste	[Ans] 3)	rechts unten
Saldierender Speicher	[M+] 4)	rechts oberhalb Operationstasten

Beispiele:

1.74 Die Aufgabe ist zu lösen und das jeweilige Ergebnis ist abzuspeichern.

1) to store (engl.) lagern, aufbewahren, speichern
2) to re̲ca̲ll (engl.) zurückrufen
3) answer (engl.) Antwort
4) memory (engl.) Gedächtnis, (Computer)-Speicher

	Aufgabe	Tastenfolge	Ergebnis	Kommentar
a)	$17+8$	17 [+] 8 [STO] [A]	25	Ergebnis in A gespeichert.
b)	$15 \cdot 9$	15 [×] 9 [STO] [B]	135	Ergebnis in B gespeichert.

Im Zusammenhang mit [STO] bzw. [RCL] wird nicht zusätzlich [Alpha] betätigt.

1.75 Mit diesen abgespeicherten Werten lassen sich zusammengesetzte Rechenausdrücke einfach berechnen.

$$12 \cdot \underbrace{(17+8)}_{\Rightarrow A} - \underbrace{15 \cdot 9}_{\Rightarrow B} = 12 \cdot A - B$$

Tastenfolge	Ergebnis
12 [×] [RCL] [A] [−] [RCL] [B] [=]	165

Bei den meisten Modellen ruft [RCL] nur den Wert aus dem Speicher ab, weshalb hier ein Malzeichen zwischen der 12 und dem Speicherwert gesetzt werden muss.

Der mit [Alpha] aufgerufene Buchstabe wird im Sinne einer Variablen behandelt, die mit einem bestimmten Wert belegt ist. Deshalb kann hier das Malzeichen bei $12 \cdot A = 12A$ entfallen.

12 [Alpha] [A] [−] [Alpha] [B] [=]	165

Das letzte Berechnungsergebnis wird automatisch in einem **Ergebnis-Speicher** abgelegt. Es kann mit [Ans] abgerufen und in weiteren Berechnungen verwendet werden.

Der Inhalt des Ergebnis-Speichers verändert sich beim Betätigen von [=], da er jeweils mit dem neuen Ergebnis überschrieben wird!

Beispiel:

1.76 Setze die Zahlenreihe 11,14,17,... durch Addition von 3 fort.

Hierzu wird zuerst der Wert 11 im Ergebnis-Speicher abgelegt und dann fortlaufend 3 zum letzen Ergebnis hinzuaddiert.

Tastenfolge	Ergebnisanzeige		Kommentar
11 [=]	11	11	11 in Ergebnis-Speicher legen.
3 [+] [Ans] [=]	3+ Ans	14	Ergebnis-Speicher jeweils
[=]	3+ Ans	17	um 3 vermehren.
[=]	3+ Ans	20	

...

Die abgespeicherten Werte muss man nicht löschen, da ein Speicherinhalt bei weiteren Speicheraktionen automatisch überschrieben wird und somit immer den aktuellen Wert enthält. Sollen die Werte dennoch gelöscht werden, so benutzt man entweder den Befehl 'Clear Memory' um alle **Speicherplätze** zu **löschen** oder man belegt einen einzelnen Speicher mit dem Wert null.

Das Löschen eines einzelnen Speichers ist besonders wichtig, wenn man den **saldierenden Speicher M** benutzen möchte. Er unterscheidet sich von den anderen Buchstabenspeichern dadurch, dass man mit [M+] Werte zum Speicherinhalt von M hinzuaddieren kann. Analog werden mit [M−] Werte subtrahiert.

Beispiel:

1.77 Fülle die Tabelle aus

12 · 6,40 €	=	€
18 · 4,29 €	=	€
26 · 4,17 €	=	€
56 · 1,53 €	=	€
Summe		€

Zuerst löschen wir den M-Speicher und geben dann nacheinander die einzelnen Rechenschritte ein. Eine einzelne Rechnung wird dadurch abgeschlossen, dass wir ihr Ergebnis zum M-Speicher hinzuaddieren.

Tastenfolge	Ergebnisanzeige		Kommentar
0 [STO] [M]	$0 \Rightarrow$ M	0	M-Speicher löschen.
12 [×] 6,4 [M+]	12 × 6,4M+	76,8	Ergebnis zu M addieren.
18 [×] 4,29 [M+]	18 × 4,29M+	77,22	"
26 [×] 4,17 [M+]	26 × 4,17M+	108,42	"
56 [×] 1,53 [M+]	56 × 1,53M+	85,68	"
[RCL] [M]	M	348,12	M-Speicher abrufen.

Neben den Einzelposten bekommt man hier über den M-Speicher automatisch den Gesamtbetrag von 348,12 € angegeben.

Sobald im saldierenden Speicher ein Wert abgespeichert wird, erscheint am oberen Displayrand das Symbol M. Wird der saldierende Speicher gelöscht, erlischt auch diese Anzeige.

1.3.1.4 Terme berechnen

Zu den wichtigsten Einsätzen eines Taschenrechners in der Mathematik gehört das Berechnen von mathematischen Ausdrücken, indem man die dort vorkommenden Variablen mit bestimmten Werten belegt. Erledigt man dies nacheinander für verschiedene Werte einer Variablen und ordnet man die Ergebnisse tabellarisch an, so erstellt man eine **Wertetabelle**.

Beispiel:

1.78 **TR in einfachster Ausführung.**

Berechne $2x^3 - 9x^2$ für die x-Werte 2, −3 und 4,5.

Man setzt für jede Variable (hier nur x) nacheinander die angegebenen Zahlen ein:

Wert	Tastenfolge	Ergebnisanzeige
$x = 2$:	2 [×] **2** [x^3] [−] 9 [×] **2** [x^2] [=]	−20
$x = -3$:	2 [×] [(] [±] **3** [)] [x^3] [−]	
	9 [×] [(] [±] **3** [)] [x^2] [=]	−135
$x = 4{,}5$:	2 [×] **4,5** [x^3] [−] 9 [×] **4,5** [x^2] [=]	0

Dieses Vorgehen ist bei sehr stupide und fehleranfällig, wenn viele Werte zu verarbeiten sind. Je nachdem, welchen Bedienungskomfort ein TR anbietet, lassen sich solche Berechnungen vereinfachen und beschleunigen.

Beispiel:

1.79 **TR mit Links-Rechts-Pfeiltasten** [◁] [▷].

Berechne $2x^3 - 9x^2$ für die x-Werte 2, −3 und 4,5 durch gezielte Veränderung der Variablenwerte mithilfe der Pfeiltasten.

Bei einem einfachen TR-Modell mit Links-Rechts-Pfeiltasten [◁] [▷] kann man die Werte der Variablen innerhalb der Berechnungszeile verändern. Damit man sie in komplizierteren Termen schneller auffindet und negative Vorzeichen sowie Brüche richtig behandelt, empfiehlt es sich, die Werte immer in Klammern zu setzen:

Tastenfolge für $x = 2$	**Ergebnis**
2 [×] [(] **2** [)] [x^3] [−] 9 [×] [(] **2** [)] [x^2] [=]	−20

Durch mehrmaliges Betätigen einer der beiden Pfeiltasten bewegt man die Eingabemarke an die Position der Variablen und verändert deren Wert[1)], z. B.:

[▷] [▷] [▷] [▷] [▷] [DEL] −3

Hat man sämtliche Werte korrigiert, erhält man mit [=] das neue Ergebnis.

Anzeige für $x = -3$	**Ergebnis**
$2 \times (-3)^3 - 9 \times (-3)^2$	−135

Analog geht man für $x = 4{,}5$ vor.

Besitzt der TR auch Pfeiltasten [△] [▽], mit denen man in ältere Berechnungen zurückblättern kann, so ist eine weitere Vereinfachung durch den gezielten Einsatz von Speicherplätzen möglich.

---

1) Eventuell vorher zwischen dem Überschreib- und dem Einfüge-Modus umschalten, siehe Abschnitt 1.3.1.2.

Zuerst gibt man den Term mit der Variablen ein, belegt einen geeigneten Speicherplatz mit dem Wert der Variablen (*zahl* [STO] [X]) und blättert dann mit [Δ] in den zu berechnenden Ausdruck zurück. Betätigen wir nun [=], so wird der Ausdruck mit dem geänderten Wert neu berechnet.

Beispiel:

1.80 **TR mit Pfeiltasten** [Δ] [∇].

Berechne $2x^3 - 9x^2$ für die x-Werte 2, −3 und 4,5 durch Nutzung von Speicherplätzen.

Tastenfolge	Ergebnisanzeige		Kommentar
2 [Alpha] [X] [x^3] [−]			
9 [Alpha] [X] [x^2] [=]	individuell		Term eingeben.
2 [STO] [X]	$2 \Rightarrow X$	2	Wert „2" speichern.
[Δ] [=]	$2x^3 - 9x^2$	−20	Term berechnen.
−3 [STO] [X]	$-3 \Rightarrow X$	−3	Wert „−3" speichern.
[Δ] [=]	$2x^3 - 9x^2$	−135	Term berechnen.
4,5 [STO] [X]	$4{,}5 \Rightarrow X$	4,5	Wert „4,5" speichern.
[Δ] [=]	$2x^3 - 9x^2$	0	Term berechnen.

Natürlich können in den Termen auch andere Buchstaben verwendet werden, soweit diese auf der Tastatur vorhanden sind. Enthält ein Ausdruck verschiedene Buchstaben, so belegt man die verschiedenen Speicherplätze nacheinander mit den Werten der Variablen

zahl [STO] [A] *zahl* [STO] [B] ... *zahl* [STO] [Z]

und geht mit [Δ] so weit zurück, bis der zu berechnende Ausdruck wieder erscheint. Mit [=] wird der Ausdruck mit den geänderten Werten neu berechnet.

Es gibt auch TR, die für solche Zwecke eine eigene **Berechnungstaste** [CALC] besitzen, so dass die Abfolge kürzer und übersichtlicher wird.

Beispiele:

1.81 **TR mit Berechnungstaste** [CALC].

Berechne $2x^3 - 9x^2$ für die x-Werte 2, −3 und 4,5 mit der Berechnungstaste.

Nachdem man den Term eingegeben hat, leitet man mit [CALC] die Variablenabfrage ein und bestätigt mit [=].

Tastenfolge	**Ergebnisanzeige**	
2 [Alpha] [X] [x^3] [−] 9 [Alpha] [X] [x^2]		
[CALC]	X?	individuell
2 [=]	$2x^3 - 9x^2$	−20
[CALC]	X?	2
−3 [=]	$2x^3 - 9x^2$	−135
[CALC]	X?	−3
4,5 [=]	$2x^3 - 9x^2$	0

Beispiel:

1.82 **Nutzung der Berechnungstaste [CALC] bei mehreren Variablen.**

Berechne den Ausdruck $a \cdot x - 5$ für $a = 1$ und $x = 8$ sowie für $a = 4$ und $x = 9$.

Enthält ein Ausdruck verschiedene Buchstaben, so werden sie in der Reihenfolge ihres Auftretens abgefragt.

Tastenfolge	**Ergebnisanzeige**	
[Alpha] [A] [Alpha] [X] [−] 5		
[CALC]	A?	individuell
1 [=]	X?	individuell
8 [=]	AX −5	3
[CALC]	A?	1
4 [=]	X?	8
9 [=]	AX −5	31

Für $a = 1$ und $x = 8$ nimmt der Ausdruck $a \cdot x - 5$ den Wert 3 an, für $a = 4$ und $x = 9$ ergibt sich der Wert 31.

Abschließend sei noch darauf hingewiesen, dass einige TR-Modelle sogar über einen speziellen Modus zur Erstellung von Wertetabellen verfügen.

Beispiel:

1.83 **TR mit Wertetabelle.**

Erstelle eine Wertetabelle für $2x^3 - 9x^2$ für $-2{,}5 \leq x \leq 3$ in 0,5er-Schritten.

Im Tabellen-Modus ([Mode] TABLE oder siehe Bedienungsanleitung) kann man den zu berechnenden Term, das Berechnungsintervall und die Schrittweite eingeben:

Kommentar	Anzeige	Eingabe
Term eingeben	f(x) =	2 [Alpha] [X] [x^3] [−] 9 [Alpha] [X] [x^2] [=]
Anfangswert	Start?	−2,5 [=]
Endwert	End?	3 [=]
Schrittweite	Step?	0,5 [=]

Für die Variable x werden automatisch Zahlen zwischen −2,5 und 3 mit einer Schrittweite von 0,5 eingesetzt und der Wert des Terms berechnet:

x	$f(x)$	x	$f(x)$	x	$f(x)$	x	$f(x)$
−2,5	−87,5	−1,0	−11,0	0,5	−2,0	2,0	−20,0
−2,0	−52,0	−0,5	−2,5	1,0	−7,0	2,5	−25,0
−1,5	−27,0	0	0	1,5	−13,5	3,0	−27,0

✍ A. 1.83–1.84 auf Seite 115

1.3.1.5 Funktionentasten

Oberhalb des Ziffernblocks sind verschiedene Funktionentasten angebracht, die uns wichtige mathematische Operationen zur Verfügung stellen.

Thema	Mögliche Tastenbezeichnungen				Abschnitt
Bruchrechnung					1.2.3
Bruch	[$a\,{}^b/_c$]	[$\frac{\square}{\square}$]			1.2.3.1
unechter Bruch	[d/c]				1.2.3.1
Kehrwert	[x^{-1}]	[$1/x$]			1.2.3.5, 2.4.3
Potenzen					2.4
hoch zwei (Quadrieren)	[x^2]				2.4.1
hoch drei	[x^3]				2.4.1
hoch n (Potenzieren)	[x^n]	[$x^\square$]	[∧]	[y^x]	2.4.1
Zehnerpotenzen	[$\times 10^x$]	[EXP]	[EE]		2.4.7.1
Wurzeln					2.5
zweite Wurzel (Quadratwurzel)	[$\sqrt{\ }$]	[$\sqrt{\square}$]			2.5.1.1
dritte Wurzel (Kubikwurzel)	[$\sqrt[3]{\ }$]				2.5.1.1
n-te Wurzel (Radizieren)	[$\sqrt[x]{\ }$]	[$\sqrt[\square]{\square}$]		[$\sqrt[x]{y}$]	2.5.1.1

Thema	Mögliche Tastenbezeichnungen			Abschnitt
Logarithmen				2.6
Zehnerlogarithmus	log			2.6.2.1
10er-Potenz	10^x	$10^\square$		2.6.2.1
Natürlicher Logarithmus	ln			2.6.2.2
e-Funktion	e^x	$e^\square$		2.6.2.2
Goniometrie und Trigonometrie				6
Sinus, Kosinus, Tangens	sin	cos	tan	6.2
Arkus	$\sin^{-1}$	$\cos^{-1}$	$\tan^{-1}$	6.2.4
Winkelteile	° ′ ″	D°M'S		5.1
Sonstiges				
Fakultät	x!			2.4.4
Binomialkoeffizient	nCr			2.4.4
Betrag	Abs	$\|\square\|$		2.3.1.2

Wie man mit diesen speziellen Tasten arbeitet, werden wir jetzt am Beispiel des Potenzierens und einer seiner Umkehrungen, des Wurzelziehens erlernen. Die mathematische Bedeutung der übrigen Tasten wird in den jeweiligen Abschnitten behandelt.

Wie schon in Abschnitt 1.2.1 erläutert, ist das **Potenzieren** eine mehrfache Multiplikation mit gleichbleibendem Faktor. Statt $x \cdot x$ kann man auch x^2, statt $x \cdot x \cdot x$ auch x^3 ... schreiben. Diese Vereinfachung in der Schreibweise zieht bei Nutzung der Potenztaste [x^n] auch eine Verringerung des Rechenaufwandes nach sich: statt etwa die Zahl 4 siebenmal mit sich selbst malzunehmen

4 [×] 4 [×] 4 [×] 4 [×] 4 [×] 4 [×] 4 [=]

kann man einfacher auch

4 [x^n] 7 [=]

eintippen: In beiden Fällen erhält man das Ergebnis 16 384.

Da das zweimalige Multiplizieren einer Zahl mit sich selbst (Quadrieren) in der Mathematik eine wichtige Rolle spielt, hat man für die Eingabe [x^n] [2] eine eigene Taste [x^2] installiert. Analog liefert [x^3] die gleichen Ergebnisse wie [x^n] [3].

Beispiel:

1.84 Berechne die Potenzen.

	Aufgabe	Tastenfolge	Ergebnis
a)	$3{,}5^2$	3,5 [x^2] [=]	12,25
b)	$\left(\frac{5}{8}\right)^2$	[(] 5 [$a\,^b/_c$] 8 [)] [x^2] [=]	$\frac{25}{64}$
	$\left(\frac{5}{8}\right)^2$	5 [$a\,^b/_c$] 8 [x^2] [=]	$\frac{5}{64}$
⚠	Beim Potenzieren von Brüchen immer eine Klammer benutzen!		
c)	$3{,}5^3$	3,5 [x^3] [=]	42,875
d)	$0{,}4^5$	0,4 [x^n] 5 [=]	0,01024

✍ A. 1.85 auf Seite 115

Eine der Umkehrungen des Potenzierens ist das **Wurzelziehen**. Wenn man z. B. wissen möchte, welche Zahl mit sich selbst multipliziert 841 ergibt, so liefert die Tastenfolge [$\sqrt{\ }$] 841 [=] das Ergebnis 29, da $29^2 = 841$.

Diese mathematische Umkehrung wurde auch bei der Gestaltung der TR-Tastatur berücksichtigt. Die Taste für die allgemeine Potenz [x^n] besitzt als Zweitbelegung die allgemeine Wurzelfunktion [$\sqrt[x]{\ }$], die man mit der Umschalttaste [Shift] aufrufen kann.

Unterbrochen wird dieses Anordnungsprinzip von Funktion und Umkehrfunktion nur dann, wenn beide im rechnerischen Alltag eine wichtige Rolle spielen: So besitzen die häufig benutzten Funktionen [x^2] und [$\sqrt{\ }$] meist eine eigene Taste, so dass der Aufruf über die Umschalttaste entfällt.

Dreimaliges Multiplizieren eines gleichbleibenden Faktors kann man mit [$\sqrt[3]{\ }$] umkehren; allgemein benutzt man [$\sqrt[x]{\ }$].

Zu jeder mathematischen Funktion gehört wenigstens ein **Argument** – das ist der Zahlwert, auf den man die Funktion anwendet.

Möchte man aus der Zahl 25 die Quadratwurzel ziehen, so wendet man die Wurzel-Funktion auf das Argument 25 an. Je nach Alter des TR kann sich bei den Funktionentasten eine unterschiedliche Eingabereihenfolge von Funktion und Argument ergeben.

Der aktuelle technische Standard erlaubt es, die mathematischen Ausdrücke so in den TR einzutippen, wie sie auf dem Papier notiert sind. Die Bezeichnung dafür ist von Hersteller zu Hersteller unterschiedlich, aber auf jeden Fall werbewirksam formuliert: „Super Visual Perfect Algebraic Method, S.-V.P.A.M.“, „Natural Textbook Display“, „Direkte Algebraische Logik, D.A.L.“ oder „Equation Operating System, EOS“.

Beispiel:

1.85 Zum Lösen der Aufgabe $\sqrt{10+15} = ?$ tippt man bei älteren Geräten

10 [+] 15 [=] [√] bzw. [(] 10 [+] 15 [)] [√] ein.

Damit der Rechenausdruck richtig interpretiert wird, muss der Ausdruck unter der Wurzel in eine Klammer gesetzt werden.

Moderne TR erlauben es, den Rechenausdruck direkt vom Papier abzuschreiben:

[√] [(] 10 [+] 15 [)] [=]

Bei Geräten mit einer speziellen mathematischen Eingabe kann sogar die Klammer für den Wurzelausdruck entfallen, da alles, was nach dem Wurzelzeichen eingetippt wird, automatisch unter dem Funktionssymbol, hier der Wurzel, erscheint – solange, bis mit der rechten Pfeiltaste die Eingabeebene der Wurzel verlassen wird.

[√□] 10 [+] 15 [▷] [=]

Wir werden uns in den Beispielen an den Modellen orientieren, bei denen die Eingabereihenfolge der normalen Schreib- und Sprechfolge entspricht: zuerst die Funktion, dann das Argument.

Beispiel:

1.86 Berechne die folgenden Wurzelwerte: $\sqrt{0{,}64}$, $\sqrt{(3+4)^3+18}$, $\sqrt[3]{\frac{125}{8}}$ und $\sqrt[5]{243}$.

	Aufgabe	**Tastenfolge**	**Ergebnis**
a)	$\sqrt{0{,}64}$	[√] 0,64 [=]	0,8
b)	$\sqrt{(3+4)^3+18}$	[√] [(] [(] 3 [+] 4 [)] [x^3] [+] 18 [)] [=]	19

	Aufgabe	**Tastenfolge**	**Ergebnis**
c)	$\sqrt[3]{\frac{125}{8}}$	[∛] [(] 125 [a b/c] 8 [)] [=]	$\frac{5}{2}$
	$\sqrt[3]{\frac{125}{8}}$	[∛] 125 [a b/c] 8 [=]	$\frac{5}{2}$
	$\sqrt[3]{\frac{125}{8}}$	[∛] [(] 125 [÷] 8 [)] [=]	$\frac{5}{2}$
	$\sqrt[3]{\frac{125}{8}}$	[∛] 125 [÷] 8 [=]	↯ $\frac{5}{8}$

⚠ Gibt man den Quotienten mithilfe der Bruchtaste ein, so wird er automatisch als Einheit verstanden. Benutzt man aber die Divisionstaste, so ist der Quotient in eine Klammer zu setzen, da sonst nur die Wurzel aus dem Zähler gezogen wird!

d)	$\sqrt[5]{243}$	5 [$\sqrt[x]{\ }$] 243 [=]	3

✍ A. 1.86 auf Seite 116

1.3.1.6 Verschiedene Arbeitsmodi

Je nach Modell verfügen die TR über Modi, in denen spezielle mathematische Probleme bearbeitet werden können.

- Zahlensysteme
  Umwandlung von Zahlen in die einzelnen Zahlensysteme, siehe Abschnitt 1.1.
- Statistik
  Ausführliche Berechnungen zur beschreibenden Statistik.
- Gleichungen
  Eingabemasken und Lösungsroutinen für quadratische und kubische Gleichungen, siehe Kapitel 3.5.
  Einige Modelle können, unabhängig von starren Vorgaben, auch andere Gleichungstypen zu lösen.
- Lineare Gleichungssysteme
  Eingabemasken und Lösungsroutinen für 2er und 3er-Systeme, siehe Abschnitt 3.4.
  Lösungsmannigfaltigkeiten werden nicht bewältigt und als Fehler ausgegeben.
- Matrizen und Vektoren
  Beide Themen werden in dem vorliegenden Buch zwar nicht behandelt, es ist aber für weitere Anwendungen praktisch, wenn diese Berechnungen mit dem TR durchgeführt werden können.
- Tabellen
  Eine komfortable Routine, mit der man schnell Wertetabellen erstellen kann, siehe Abschnitt 1.3.1.4.

1.3.1.7 Kaufkriterien für einen Taschenrechner

Bedienung: An erster Stelle steht die Bedienungsfreundlichkeit. Ein TR soll uns von überflüssigen Berechnungen befreien und den Blick für das Wesentliche öffnen. Er soll uns die Möglichkeit zur raschen Kontrolle geben und somit unser mathematisches Selbstbewusstsein stärken.
Vorteilhaft ist, wenn wir mathematische Ausdrücke in der Reihenfolge eingeben können, die wir als natürliche Schreib- und Lese-Reihenfolge gewohnt sind.

Display: Ein mehrzeiliges Display ermöglicht es, Aufgabe und Lösung gleichzeitig anzuzeigen.

Speicher: Die Speicherplätze sollten mit **Buchstaben** gekennzeichnet sein und in mathematischen Ausdrücken wie Variablen benutzt werden können. Durchnummerierte Bezeichnungen wie ‘Speicher 1’, ‘Speicher 2’ sind umständlich in der Handhabung. Eine **Berechnungstaste** zur gezielten Veränderung der Speicherwerte in mathematischen Ausdrücken ist äußerst hilfreich.

Arbeitsmodi: Der TR sollte über spezielle Arbeitsmodi zum Lösen von mathematischen Problemen verfügen, siehe Abschnitt 1.3.1.6

Preis: Ein guter TR, der nicht programmierbar ist und keine Grafiken anzeigen kann, kostet etwa 25 € (Stand 2025).

Aber, jeder Technik wird eine natürliche Grenze gesetzt:

> Die letzte Entscheidung über Art und Einsatz von Hilfsmitteln, wie Taschenrechner und Formelsammlungen während einer Prüfung liegt immer beim Prüfer, wobei meist die Prüfungsordnung nähere Einzelheiten regelt.

Ganz wichtig ist es, dass man den neu erworbenen TR auch regelmäßig benutzt – nicht für jede Kleinigkeit, die man auch im Kopf berechnen kann, aber man sollte sich kundig machen, wie neue Unterrichtsthemen mit dem TR zu bearbeiten sind. Es ist unsinnig, sich erst während einer schriftlichen Prüfung über das Leistungsspektrum seines Taschenrechners zu informieren und sich dann beim Durchblättern der Bedienungsanleitung zu wundern, welche Möglichkeiten dieses Gerät anbietet.

1.3.2 Tabellenkalkulation

Da heute die meisten Schüler und Studierende einen Computer zur Verfügung haben, möchten wir kurze Anwendungshinweise zum Einsatz der weit verbreiteten Tabellenkalkulation[1)] *Excel* geben.

Angesichts des enormen Funktionsumfangs ist es offensichtlich, dass wir hier kein Handbuch zum Programm anbieten können. Die Anmerkungen in den einzelnen Abschnitten sollen den Leser auf die Einsatzmöglichkeiten zum jeweiligen Thema hinweisen.

1.3.2.1 Kurze Einführung in Excel

Nach dem Start von *Excel* wird eine Tabelle mit rechteckigen Feldern, sogenannten **Zellen**, angeboten. Eine Tabelle besteht aus

- senkrechten **Spalten** und
- waagerechten **Zeilen**.

Die Spalten werden mit Buchstaben A, B, ..., Z, AA, AB, ... und die Zeilen mit Zahlen 1, 2, 3, ... bezeichnet.

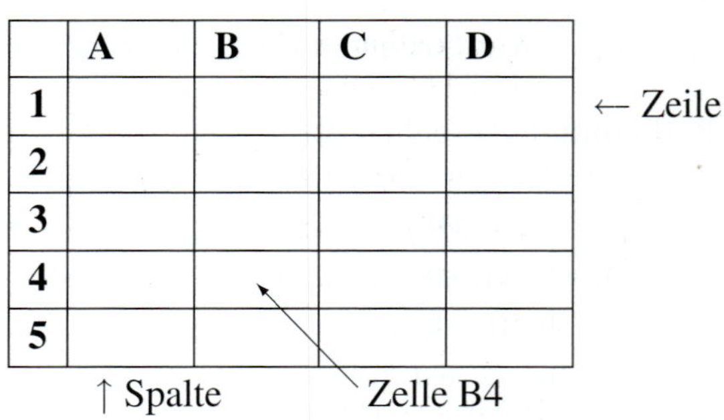

Die Bezeichnung einer Zelle als Schnitt von Spalte und Zeile ergibt sich somit als Kombination der Spalten- und Zeilenbezeichnung: Die Zelle B4 steht in der zweiten Spalte (B) und der vierten Zeile (4).

In die Tabelle können Zahlen, Texte oder auch eigene Berechnungsformeln eingeben werden. Die Eingabe erfolgt ganz einfach: Mit der linken Maustaste wird in die gewünschte Zelle geklickt, der Text wird geschrieben und mit der Eingabe-Taste [Return] wird bestätigt.

---

1) Hinweise zu kostenlosen Tabellenkalkulationen (z. B. *Open Office*) findet man auf der begleitenden Internetseite.

Beispiel:

1.87 Der Text „Mathematik ist toll." ist in die Zelle A1 zu schreiben.

Zelle	Eingabe	Ausgabe
A1	Mathematik ist toll. [Return]	Mathematik ist toll.

Möchte man Berechnungen durchführen, so ist die Eingabe mit einem Gleichheitszeichen „=" zu beginnen.

Beispiel:

1.88 Berechne $14 + 7$ und gib das Ergebnis in der Zelle A1 aus.

Zelle	Eingabe	Ausgabe
A1	$= 14 + 7$ [Return]	21

Interessant wird die Tabellenkalkulation dadurch, dass man den Inhalt verschiedener Zellen rechnerisch verknüpfen kann. Die Zellbezeichnung symbolisiert dabei den Inhalt der Zelle.

Beispiel:

1.89 Die folgenden Zellen sollen mit dem genannten Text ausgefüllt werden:

	A	**B**	**C**	**D**
1	Anzahl	Artikel	Einzelpreis	Gesamtpreis
2	5	Bleistift	0,89	
3	2	Papier	4,75	
4	9	Farbstift	2,78	
5			Summe	

Zur Ermittlung des Gesamtpreises für einen Artikel muss man den Einzelpreis mit der Anzahl der gekauften Artikel multiplizieren. Für die Bleistifte rechnen wir $5 \cdot 0{,}89$. In der Tabelle bedeutet dies, dass wir den Inhalt zweier Zellen multiplizieren (A2 mal C2) und das Ergebnis in D2 ausgeben.

Schreiben wir dies in die D-Spalte:

Zelle	Eingabe	Ausgabe
D2	$= A2 * C2$	4,45
D3	$= A3 * C3$	9,50
D4	$= A4 * C4$	25,02

Die insgesamt zu zahlende Summe erhalten wir, indem wir den Inhalt der Zellen D2 bis D4 addieren. Wir schreiben in die Zelle D5: $= D2 + D3 + D4$

	A	**B**	**C**	**D**
1	Anzahl	Artikel	Einzelpreis	Gesamtpreis
2	5	Bleistift	0,89	4,45
3	2	Papier	4,75	9,50
4	9	Farbstift	2,78	25,02
5			Summe	38,97

Verändert man den Wert einer Zelle, so werden die Werte aller Zellen, die mit der geänderten Zelle verknüpft sind, automatisch angepasst. Wenn wir z. B. die Anzahl der gekauften Gegenstände oder die Preise verändern, dann werden alle berechneten Werte automatisch korrigiert.

Es ist zu beachten, dass eine Berechnungsformel immer mit einem Gleichheitszeichen „=“ beginnt!

Für eine spätere Verwendung der Tabelle speichert man die *Excel*-Datei mit dem Menübefehl „ Datei / Speichern unter ... “ ab.

✍ A. 1.87 auf Seite 116

1.3.2.2 Mathematik mit Excel

Excel verfügt über eigene mathematische Funktionen, die man entweder mit dem Menübefehl „Einfügen / Funktion“ oder durch direktes Hineinschreiben in eine Zelle einfügt.

Jeder Funktionsbefehl wird durch ein Gleichheitszeichen eingeleitet und bekommt ein oder mehrere Argumente in einer Klammer angehängt, die durch Semikola getrennt werden:

$$= \textbf{Funktion}(argument_1;\ argument_2)$$

Beispielsweise werden die Zahlenwerte, die im obigen Beispiel des Schreibwareneinkaufes in den Zellen D2 bis D4 stehen, durch den folgenden Befehl in der Zelle D5 addiert:

$$= \textbf{SUMME}(D2;\ D3;\ D4)$$

Ein Bereich von benachbarten Zellen kann kürzer auch dadurch aufgerufen werden, dass man die Eckpunkte des Bereiches durch einen Doppelpunkt verknüpft. Für unsere Summe lautet der Befehl dann:

$$= \textbf{SUMME}(D2:D4)$$

Weitere Anwendungshinweise zu den speziellen mathematischen Funktionen von *Excel* sind in den einzelnen Abschnitten durch das Logo markiert.

✍ A. 1.88–1.89 auf Seite 116

Weitere Aufgaben, bei deren Lösung *Excel* eingesetzt werden kann, finden sich über das ganze Buch verteilt, z. B. Aufgabe 2.175, 3.32 oder 3.46. Die Dateien mit beispielhaften Lösungen können auf der begleitenden Internetseite heruntergeladen werden.

1.3.3 Computeralgebrasystem

Im Gegensatz zu den reinen Rechenprogrammen, wie *Excel*, können Computeralgebrasysteme (CAS) nicht nur numerische Berechnungen durchführen, sondern auch algebraische Umformungen vornehmen. Exemplarisch soll hier das verbreitete Programm *Derive* [1] vorgestellt werden.

[1] Hinweise zu kostenlosen Computeralgebrasystemen findet man auf der begleitenden Internetseite.

Beispiel:

1.90 Löse die Klammer auf: $8a \cdot (a + b)^2$

Nachdem man den zu bearbeitenden Ausdruck in die Eingabezeile eingegeben hat, kann man in der Menüleiste den entsprechenden Befehl zur Veränderung oder Umformung aufrufen. Das Ergebnis wird im Ausgabefenster angezeigt.

Eingabe	Befehl	Ausgabe
$8a(a + b)^2$	Menü: Vereinfachen / Multiplizieren	$8a^3 + 16a^2b + 8ab^2$

✍ A. 1.90 auf Seite 117

1.3.3.1 Anwendungen für Derive

Die folgende Tabelle zeigt auf, wie einige der in diesem Buch behandelten Themen mit *Derive* bearbeitet werden können. Hinweise sind in den Abschnitten bei [CAS] zu finden.

Befehl	Kurzbeschreibung	Abschnitt
Brüche		
GCD(z_1,z_2, ...)	Berechnet ggT.	1.2.2.4
LCM(z_1,z_2, ...)	Berechnet kgV.	1.2.2.5
DIVISORS(n)	Liefert Teiler von n.	1.2.2.2
NTH_PRIME(n)	Liefert n-te Primzahl.	1.2.2.3
PRIME?(n)	Prüft, ob n prim ist.	1.2.2.3
NEXT_PRIME(n)	Liefert nächste Primzahl ab n.	1.2.2.3
PREVIOUS_PRIME(n)	Liefert letzte Primzahl vor n.	1.2.2.3
FACTOR(n)	Liefert Primfaktorzerlegung von n.	1.2.2.3

1.3.4 Funktionenplotter

Möchte man den Graphen einer Funktion (siehe Kapitel 4) mit dem PC zeichnen, so hat man mehrere Möglichkeiten:

- Tabelle mit mehreren Wertepaaren einer Funktion erstellen; den Graphen zeichnet man mit dem Menüpunkt: *Einfügen / Diagramm / Punkt (XY) / Punkte mit (interpolierten) Linien.*
- [CAS] Funktionsterm eingeben, in das 2D-Grafikfenster umschalten und mit dem Menüpunkt *Einfügen /Graph* den Funktionsgraphen erstellen.
- Ein Programm nutzen, welches eigens zum Zeichnen von Funktionsgraphen geschrieben wurde. Solche „Funktionenplotter“[1)] bekommt man zum Teil kostenlos im Internet.

⚠ Auch das Arbeiten mit einem Funktionenplotter muss erlernt werden.

Bei ungünstiger Vergrößerung wird das Bild möglicherweise so entstellt, dass es zur fehlerhaften Interpretation des mathematischen Inhalts kommen kann. Die scheinbare „Gerade“ aus Bild 1.3 ist in Wirklichkeit der stark vergrößerte

[1)] plotter (engl.) Kurvenzeichner, Zeichengerät

Ausschnitt einer quadratischen Parabel, die Bild 1.4 zeigt. Mathematisches Hintergrundwissen und gewonnene Erfahrungen sind nötig, um möglichst rasch die geeignete Darstellung am Bildschirm erzeugen zu können.

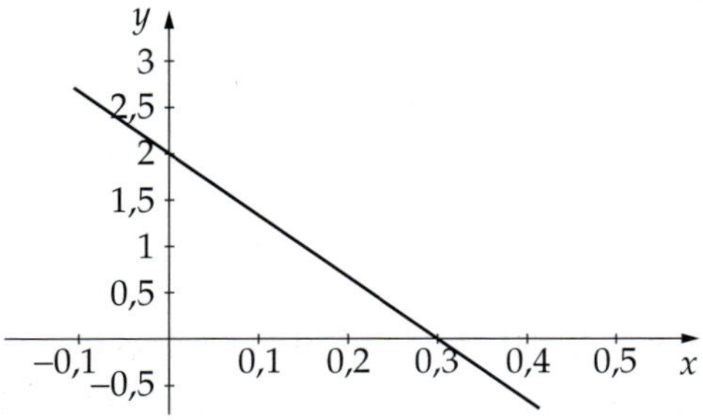

Bild 1.3

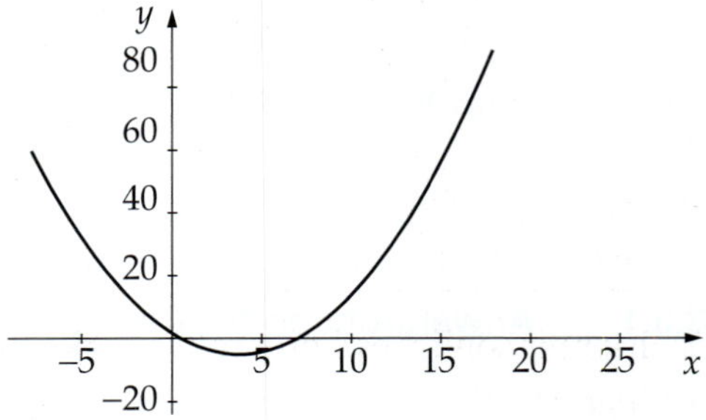

Bild 1.4

✍ A. 1.91 auf Seite 117

1.3.5 Künstliche Intelligenz

Wer sich weigert, sich mit Arithmetik zu beschäftigen,
ist dazu verdammt, Unsinn zu reden!

John McCarthy, Mathematiker (1927–2011),
prägte den Begriff „Künstliche Intelligenz".

Nachdem die Firma OpenAI Ende 2022 ihren interaktiven Chatbot[1)] „ChatGPT"[2)] veröffentlicht hatte, entstanden in relativ kurzer Zeit vielfältige Anwendungen für diese Form der „Künstlichen Intelligenz (KI)"[3)]. Vor allem Schüler und Studierende entdeckten darin ein elegantes Mittel zur Lösung ihrer Hausaufgaben, was in den Schulen reflexartig zu einem Verbot dieser Systeme führte. Mit der Zeit merkten die Lehrer und Schulbehörden jedoch, dass man eine solche Entwicklung nicht mit Verboten aufhalten kann. Zunächst zögerlich, dann aber zunehmend bestimmt, fand die KI Einzug in den Unterricht und die Seminare:

- Lehrkräfte und Dozierende nutzen die KI zur Unterrichtsplanung und zur schnellen Generierung von Beispielen und Lernmaterialien.
- Schüler und Studierende können im Dialog mit der KI neue Themenbereiche erkunden und sich Anregungen für mögliche Lösungsansätze holen.

---

1) chat (engl.) Unterhaltung. „bot" als Kurzform aus robot (engl.) Roboter. Ein Chatbot ist ein technisches System, welches in einer elektronischen Unterhaltung als Dialogpartner fungiert.

2) *ChatGPT* ist ein Kunstwort, das sich aus dem englischen „chat" und der Abkürzung „GPT" für „Generative Pre-trained Transformer" zusammensetzt. Es bezeichnet ein Sprachmodell, das aus im Training gewonnenen Informationen neue Zusammenhänge erstellt.

3) artificial (engl.) künstlich. Analog wird im englischen Sprachraum von „artificial intelligence" (AI) gesprochen.

Neben ChatGPT gibt es aktuell (Stand: 2025) weitere KI-Chatbots, die sich für Lernende eignen:

Name	KI-Anbieter	Web-Adresse
ChatGPT	OpenAI	https://openai.com/
Claude	Anthropic	https://claude.ai/
Copilot	Microsoft	https://copilot.microsoft.com/
Gemini	Google DeepMind	https://deepmind.google/
perplexity	Perplexity.ai	https://www.perplexity.ai/

Um unser persönliches Lernprofil zu erkennen, muss die KI mit der Zeit mehr über unseren Wissensstand und über unsere Erwartungen lernen. Dazu ist es ratsam, sich über einen (oftmals noch kostenlosen) Zugang bei dem jeweiligen KI-System anzumelden. Dadurch werden die einzelnen Lernsituationen, die Erfolge oder Misserfolge, gesammelt und bei zukünftigen Anfragen berücksichtigt.

Zu Beginn sollte man der KI grundlegende Informationen zum eigenen Lernverhalten sowie zur Rollenverteilung zwischen Anfrager (Schüler) und KI (Lehrer) mitteilen. Dabei ist darauf zu achten, dass persönliche Daten wie Name, Geburtsdatum, Adresse usw. nicht genannt oder anonymisiert werden! Diese Eckdaten hinterlegt man einmalig in den System-Anweisungen[1)], sodass sie bei den einzelnen Anfragen nicht permanent erwähnt werden müssen. Bei Bedarf werden sie an die aktuelle Situation angepasst.

Beispiel:

1.91 Ein möglicher Steckbrief könnte beispielsweise wie folgt aussehen:

„Ich bin Schüler der 10. Klasse einer Realschule in Bayern und bereite mich auf den Mittleren Schulabschluss vor. Du bist mein Mathematiklehrer und erklärst mir die jeweiligen Themen der Schulmathematik in einfacher, schülergerechter Sprache. Deine Erklärungen sollen in kleinen, gut nachvollziehbaren Schritten erfolgen. Frage nach jedem Schritt, ob ich alles verstanden habe, bevor Du weitermachst. Achte darauf, dass alle Informationen korrekt und faktenbasiert sind."

1.3.5.1 Prompten – Mit den richtigen Fragen punkten

Nach diesen Vorbereitungen können wir mit den Anfragen beginnen. Dabei ist es wenig hilfreich, den Aufgabentext einfach in das Anfragefenster zu kopieren. Stattdessen empfiehlt es sich, einen „Prompt"[2)] zu formulieren, der unsere individuelle Situation berücksichtigt.

Ein Prompt ist ein Befehl oder eine Anfrage, die ein Anwender der KI schriftlich oder mündlich übergibt.

1) Mithilfe dieser „system instructions" oder „custom instructions" wird der KI das gewünschte Antwortverhalten in Bezug auf Anrede, Stil, Ton und Ausgabeformat beschrieben.

2) to prompt (engl.) auffordern. Neben dem Substantiv „Prompt" für die Aufforderung an die KI kennt der Duden auch das Verb „prompten" für das Verfassen einer Eingabeaufforderung.

Beispiele:

1.92 Im einfachsten Fall wird die Aufgabenstellung als Prompt in den Chat kopiert.

Prompt Aus einem quadratischen Blech mit einer Seitenlänge von 5 cm wird ein möglichst großer Kreis ausgestanzt. Berechne den prozentualen Anteil des Abfalls.

Die KI skizziert den Lösungsweg mitsamt der Zwischenergebnisse und gibt das folgende Resultat heraus:

KI-Antwort Prozentualer Anteil $= \frac{\text{Abfall}}{\text{Fläche Quadrat}} \times 100 = \frac{5{,}365}{25} \times 100 \approx 21{,}46\,\%$

Indem wir möglichst präzise und detaillierte Prompts formulieren, können wir die Qualität KI-generierter Antworten verbessern und diese gezielt an unsere Anforderungen anpassen.

Prompt Aus einem quadratischen Blech mit einer Seitenlänge von 5 cm wird ein möglichst großer Kreis ausgestanzt. Berechne den prozentualen Anteil des Abfalls.

a) Erstelle mithilfe geeigneter Variablen eine allgemeine Lösung.
b) Setze erst in der Endformel die Zahlenwerte ein, um eine Fehlerhäufung durch gerundete Zwischenwerte zu vermeiden.
c) Untersuche die allgemeine Lösung auf eventuelle Spezialfälle.

Der nun von der KI präsentierte Lösungsweg entspricht dem der ersten Variante. Allerdings wird jetzt mit entsprechenden Termen statt mit gerundeten Zwischenwerten gearbeitet, sodass am Ende eine allgemeine Lösung gefunden wird, aus der mögliche Spezialfälle oder Verallgemeinerungen abgeleitet werden können:

KI-Antwort **Allgemeine Formel:** $p = (1 - \pi/4) \cdot 100$

Mit Zahlenwerten:

$p \approx 21{,}46\,\%$

Der prozentuale Abfall ist unabhängig von der Größe des Quadrats und beträgt immer ca. $21{,}46\,\%$.

Spezialfälle:

1. Quadrat wird sehr groß ($a \to \infty$):

Der prozentuale Anteil bleibt gleich, da sich die Seitenlänge a herauskürzt. Die Formel ist unabhängig von der Größe des Quadrats.

2. Quadrat wird sehr klein ($a \to 0$):

Auch hier bleibt der Anteil gleich, solange überhaupt ein Kreis ausgestanzt werden kann.

1.93 **Prompt** Prüfe, ob meine Primfaktorenzerlegung richtig ist: $2 \star 5^2 \star 13 \star 29 = 6\,786$.

KI-Antwort Gerne, das überprüfe ich für dich.

Leider ist deine Primfaktorenzerlegung nicht ganz richtig. Man kann das auf zwei Wegen sehen:

1. Überprüfung durch Multiplikation:

Wenn man deine angegebenen Faktoren multipliziert, [. . .]

2. Die korrekte Primfaktorenzerlegung von 6 786**:**

Lass uns die Zahl 6 786 schrittweise zerlegen: [. . .]

Die korrekte Primfaktorenzerlegung von 6 786 ist also: [. . .]

Fazit: Du warst schon sehr nah dran! Es hat sich bei dir nur eine 5^2 anstelle der richtigen 3^2 eingeschlichen. Ein klassischer Zahlendreher oder Rechenfehler, der schnell passieren kann.

Den größten Lernerfolg wird man sicherlich erzielen, wenn die KI nicht direkt den kompletten Lösungsweg offenbart, sondern uns gezielte Leitfragen[1)] stellt, durch deren Beantwortung wir schrittweise zur Lösung finden.

Beispiel:

1.94 Ein entsprechender Prompt könnte dann so aussehen:

Prompt Gesucht ist der Flächeninhalt eines Kreises mit einem Umfang von 10 Metern.

Präsentiere mir nicht direkt das Ergebnis, sondern führe mich mit der sokratischen Methode zur Lösung. Bewerte jeweils erst meine Antworten, bevor du fortschreitest.

KI-Antwort Ausgezeichnet! Lass uns gemeinsam mit der sokratischen Methode vorgehen.

Wir wissen, dass der **Umfang eines Kreises** gegeben ist – er beträgt 10 Meter.

Erste Frage: Welche Formel beschreibt den Zusammenhang zwischen dem **Umfang** eines Kreises und seinem **Radius**?

Bitte gib die Formel an und erkläre kurz, welche Größen darin vorkommen [. . .]

Durch das kleinschrittige Vorgehen werden wir auch eventuelle Fehler der KI schneller bemerken und sie durch kritische Gegenfragen unsererseits zügig auf den richtigen Weg zurückbringen.

Insbesondere bei neuen Themen ist es oft schwierig, die richtigen Fragen an die KI zu formulieren. Aber auch hierfür bietet die KI die passende Unterstützung!

Beispiel:

1.95 **Prompt** Ich möchte das Thema „quadratische Gleichungen“ bearbeiten. Leider verstehe ich die Zusammenhänge nicht und weiß eigentlich auch nicht, welche Fragen ich Dir stellen soll. Deshalb stelle Du mir Leitfragen, damit Du weißt, wie Du mir helfen kannst.

KI-Antwort Das ist eine sehr gute Herangehensweise! Damit ich dir beim Thema „quadratische Gleichungen“ gezielt helfen kann, stelle ich dir einige Fragen. Deine Antworten helfen mir, deinen Wissensstand

---

1) Mit dieser speziellen Form der Gesprächsführung hat laut den Überlieferungen des griechischen Philosophen PLATON (ca. 428 bis 348 v. Chr.) sein Lehrer SOKRATES (ca. 469 bis 399 v. Chr.) die Schüler dazu angeleitet, ihre Überlegungen kritisch zu hinterfragen, um eventuelle Irrtümer selbst zu erkennen.

und deine Schwierigkeiten besser einzuschätzen und dir passende Erklärungen und Übungen zu geben.

Fragen, um deinen Lernstand zu klären 1. **Was verstehst du unter einer „quadratischen Gleichung“?**
(Kannst du vielleicht ein Beispiel nennen oder weißt du, wie so eine Gleichung aussieht?)

2. **Kennst du die Begriffe „Scheitelpunktform“, „Normalform“ oder „Faktorisieren“ im Zusammenhang mit quadratischen Gleichungen?**
(Sind dir diese Begriffe schon begegnet?) [. . .]

Tipp:
Du kannst einfach die Fragen beantworten, bei denen du etwas sagen kannst. Wenn du bei einer Frage nicht weiterweißt, ist das völlig in Ordnung – das hilft mir auch, zu erkennen, wo ich besonders erklären sollte. Sobald ich deine Antworten habe, kann ich dir Schritt für Schritt erklären, was du brauchst – und zwar genau auf deinem Niveau!

Checkliste für einen guten Mathe-Prompt

- **Klarheit:** Formuliere die Anfrage klar, präzise und unmissverständlich. Vermeide mehrdeutige Begriffe.
- **Ziel definieren:** Benenne das genaue Ziel und die gewünschte Art der Antwort (z. B. nur das Endergebnis oder eine ausführliche Erklärung). Je nach Lernsituation einen sokratischen Dialog anstreben.
- **Kontext:** Gib alle relevanten Hintergrundinformationen an: Thema, Zielgruppe, Vorkenntnisse, Schwierigkeitsgrad.
- **Sprache:** Fordere eine alters- und niveaugerechte Sprache.
- **Beispiele:** Stelle der KI nach Möglichkeit ein Beispiel mit einer Musterlösung zur Verfügung.
- **Strukturierung:** Zerlege komplexe oder mehrteilige Aufgaben in logische Einzelschritte oder nummerierte Fragen.
- **Anwendungsbezug:** Frage gezielt nach Anwendungsbeispielen oder einem Praxisbezug, um das mathematische Konzept besser zu verstehen.
- **Format:** Lege das gewünschte Ausgabeformat fest, z. B. reinen Text, Tabelle usw.
- **Terminologie:** Bitte bei Bedarf explizit um die Erklärung von verwendeten Fachbegriffen.

Der Prompt sollte so spezifisch wie nötig sein, aber nicht überladen. Zu viele Details können die KI verwirren, während zu wenige Informationen zu allgemeinen oder ungenauen Antworten führen!

✍ A. 1.92–1.93 auf Seite 117

1.3.5.2 Künstliche Intelligenz als Lernassistent

Trotz aller Begeisterung für die KI-Modelle darf man deren **Schwächen & Probleme** nicht übersehen:

- Da KI-Modelle aus Trainingsdaten neue Zusammenhänge erstellen können, kann dies zu fehlerhaften Aussagen oder Interpretationen führen. Diese „Halluzinationen“ in Form von erfundenen Ereignissen oder Zitaten, falschen Behauptungen, fehlerhaften Übersetzungen, widersprüchlichen oder unsinnigen Interpretationen werden oftmals sehr plausibel vorgetragen, sind aber falsch! Zwar ist zu erwarten, dass zukünftige KI-Systeme durch spezielle Mechanismen zur Selbstüberprüfung und Fehlerkorrektur zuverlässiger werden, dennoch sollten die Antworten der KI stets kritisch hinterfragt werden!
- Einige KI-Modelle haben selbst bei den einfachsten Rechenaufgaben massive Schwierigkeiten, da sie auf Mustererkennung ausgelegt sind und keine eigenständigen Berechnungen durchführen können. Dem Modell ist zwar aus seinen Trainingsmaterialien bekannt, dass „$2 + 3 = 5$“ ist, es kann das Ergebnis aber nicht selbstständig berechnen. Durch die Integration spezieller Computer-Algebra-Systeme (CAS) lassen sich die mathematischen Fähigkeiten der Modelle jedoch drastisch verbessern. Ein bekanntes Beispiel ist die Kombination von ChatGPT mit dem CAS „Wolfram Alpha“.
- Insbesondere bei komplexeren Aufgabenstellungen haben KI-Modelle Probleme, logische Zusammenhänge zu erkennen, was zu fehlerhaften Lösungen führt.
- Logische oder rechnerische Fehler sind oftmals nur bei einer genauen Analyse der einzelnen Schritte in der Argumentationskette erkennbar.

Beispiel:

1.96 Dass aktives Mitdenken angesagt ist, zeigt uns der Lösungsversuch einer KI an der Aufgabe 5.180.

Prompt Das Seitenfenster einer Wartehalle ist ein regelmäßiges Sechseck. Es ist aus Leisten von 5 cm Breite gezimmert. Sein äußerer Umfang beträgt 3 m. Welche Fläche steht für den Lichteinfall zur Verfügung, wenn die Verkittung nicht berücksichtigt wird und wie groß ist ihr Anteil an der gesamten Fensteröffnung?

KI-Antwort ### 1. **Seitenlänge des äußeren Sechsecks berechnen**
Der Umfang des äußeren Sechsecks beträgt 3 m = 300 cm ...

2. **Seitenlänge des inneren (lichte) Sechsecks berechnen**
Da jede Leiste 5 cm breit ist, verringert sich die Seitenlänge des inneren Sechsecks um 5 cm pro Seite (innen entlang der gesamten Kanten): $a_{\text{innen}} = a_{\text{außen}} - 5\,\text{cm} = 45\,\text{cm}$.

Ein Blick auf das Bild der kommentierten Lösung zu Aufgabe 5.180 zeigt uns, dass die KI die Aufgabenstellung falsch interpretiert hat. Wir machen sie auf den Fehler aufmerksam und starten damit eine neue Iteration [1].

[1] iteratio (lat.) Wiederholung. Iteration wird hier als die wiederholte Anwendung eines Prozesses verstanden, bei dem in jedem Schritt leichte Anpassungen vorgenommen werden.

Prompt Deine Annahme ist falsch: „Da jede Leiste 5 cm breit ist, verringert sich die Seitenlänge des inneren Sechsecks um 5 cm pro Seite (innen entlang der gesamten Kanten)"

KI-Antwort Stimmt: Die Aussage, dass sich die Seitenlänge des inneren Sechsecks einfach um 5 cm pro Seite verringert, ist falsch.

Richtige Herleitung:
Die Leisten sind **parallel zu den Seiten** des Sechsecks angebracht und haben eine Breite von 5 cm. Die lichte Fläche ist also ein Sechseck, das **um** 5 cm **nach innen versetzt** ist – aber nicht mit einer um 5 cm kürzeren Seitenlänge, sondern mit einem um 5 cm kleineren Abstand vom Mittelpunkt zu den Seiten (dem sogenannten Inkreisradius).

Jetzt ist die KI auf dem richtigen Weg. Sie präsentiert die Zwischenschritte der weiteren Rechnung und schließlich das richtige Endergebnis:

KI-Antwort Die Fläche für den Lichteinfall beträgt ca. 5.086 cm^2 (0,509 m^2). Der Anteil an der gesamten Fensteröffnung beträgt ca. 78,3 %.

Passive Schüler, die ihre Lernaufgaben nur von einer KI erledigen lassen, können keine Fertigkeiten zur Problemlösung erlangen. Dazu ist wiederholtes, eigenständiges Üben erforderlich!

Wenn wir diese Punkte beachten, können wir die **Chancen**, die uns die Künstliche Intelligenz bietet, beim Lernen optimal nutzen:

- Personalisiertes Lernen und individuelle Lernpfade: Mithilfe der KI können Schüler und Studierende ihre Bedürfnisse und Interessen beim Lernen stärker berücksichtigen und somit ihr Verständnis und ihre Motivation steigern.
- Wer die KI als geduldigen Lernassistenten oder geistigen Trainingspartner einsetzt, kann dadurch Anregungen für neue Lösungsansätze entdecken.
- Problem zum Vorteil wandeln: Das genaue Studium der KI-Antworten zwingt die Lernenden dazu, die Ergebnisse kritisch zu hinterfragen und zu überprüfen. Oftmals ergeben sich durch die Analyse fehlerhafter Antworten neue Ansätze, sodass letztlich im Frage-Antwort-Spiel mit der KI die richtige Lösung erarbeitet werden kann.

Ein Blick in die nahe **Zukunft** lässt die intensive Durchdringung des Bildungsbereichs durch KI-Anwendungen erahnen:

- Die Kommunikation der Lernenden mit dem KI-System wird zunehmend vertrauter werden. Heute können Fragen an die KI bereits mündlich gestellt werden. In absehbarer Zukunft werden virtuelle Tutoren in Form von Video-Avataren die Erklärungen vortragen und durch Mimik und Gestik für eine persönlichere Lernumgebung sorgen.

Aufgaben:

1.3.1 Taschenrechner

(Lösungen ab Seite 851)

1.82 Berechne mit dem TR:

a) $\dfrac{3{,}71 \cdot 0{,}0525}{0{,}202}$ b) $\dfrac{27{,}3}{614 \cdot 0{,}744}$

c) $\dfrac{0{,}472 \cdot 14{,}15}{587{,}5 \cdot 0{,}000\,314}$ d) $\dfrac{793 \cdot 8{,}55 \cdot 0{,}0171}{0{,}213 \cdot 59{,}2}$

e) $\dfrac{1{,}414 \cdot 27{,}6}{39{,}7 \cdot 0{,}445 \cdot 102{,}5 \cdot 71{,}4}$ f) $\dfrac{0{,}495 \cdot 173{,}4 \cdot 0{,}0207}{0{,}936 \cdot 24{,}6 \cdot 606 \cdot 0{,}1235}$

g) $\dfrac{12 \cdot 34 + 56 \cdot 78}{98 \cdot 76 - 54 \cdot 32}$ h) $\dfrac{6{,}2 \cdot 4{,}5 + 0{,}6 \cdot 7{,}1}{8{,}04 \cdot 14{,}4 \cdot 0{,}003 \cdot 9{,}42}$ l) $\dfrac{\dfrac{15\frac{1}{2} - 11\frac{1}{6}}{12\frac{2}{3} - 11\frac{5}{12}}}{\dfrac{19\frac{4}{9} : 5\frac{5}{9}}{\frac{1}{4} + \frac{7}{8} : 6\frac{1}{2}}}$

i) $\dfrac{2}{3 + \dfrac{4}{5 + \dfrac{6}{7 + \dfrac{8}{9}}}}$ k) $\dfrac{5}{3{,}4 + \dfrac{6}{2 + \dfrac{4{,}8}{6 + \dfrac{2}{3}}}}$

1.83 Berechne die Werte der Terme für alle ganzen Zahlen aus dem genannten Intervall:

a) $f(x) = 3x - 8 \quad x \in [-7; 4]$ b) $5a^2 + 17a - 23 \quad a \in [-6; 5]$

c) $O = 2ab + 2ac + 2bc$
$a = 3;\ b \in [3; 14];\ c = 17$

d) $A = \dfrac{(a + c) \cdot h}{2}$
$a \in [88; 99];\ c = 5;\ h = 3$

e) $\dfrac{(3x^3 + 9x^2 - 12x - 36) \cdot (9x^3 - 27x^2 - 9x + 27)}{(9x^2 + 36x + 27) \cdot (4x^3 - 8x^2 - 20x + 24)} \quad x \in [-59; -48]$

1.84 Berechne die Terme mit dem TR bei Nutzung der Buchstabenspeicher und anschließender Verwendung untenstehender Werte:

a) $(a - b) \cdot c$ b) $a - b \cdot c$ c) $\dfrac{a - b}{c}$ d) $a - \dfrac{b}{c}$

e) $\dfrac{a}{c} - d$ f) $(a : c - b) \cdot d$ g) $(a - b \cdot c) : d$ h) $a : d - b \cdot c$

Werte:

α) $a = 2$	$b = 5$	$c = 3$	$d = 3$
β) $a = 4$	$b = 12$	$c = 6$	$d = 8$
γ) $a = 3{,}1$	$b = 11$	$c = 4$	$d = 9$
δ) $a = 11$	$b = 3$	$c = 2{,}5$	$d = -10$
ϵ) $a = 5{,}5$	$b = -\dfrac{2}{3}$	$c = 2\dfrac{5}{6}$	$d = 0{,}25$

1.85 Berechne die Potenzen mit dem TR:

a) $1\,150^2$	b) $0{,}0879^2$	c) $64{,}6^2$	d) $7\,600^2$	e) $0{,}313^2$
f) $5\,600^3$	g) $0{,}0702^3$	h) $8{,}69^3$	i) $0{,}798^3$	k) $35{,}2^3$
l) $4{,}3^4$	m) $9{,}2^5$	n) $1{,}17^4$	o) 62^4	p) $0{,}25^6$

1.86 Berechne die Wurzeln mit dem TR:

a) $\sqrt{8{,}74}$ b) $\sqrt{0{,}0421}$ c) $\sqrt{0{,}0059}$ d) $\sqrt{6\,700}$ e) $\sqrt{0{,}270}$

f) $\sqrt[3]{0{,}07}$ g) $\sqrt[3]{6\,000}$ h) $\sqrt[3]{0{,}534}$ i) $\sqrt[3]{0{,}065}$ k) $\sqrt[3]{0{,}000\,261}$

l) $\sqrt[4]{2{,}9}$ m) $\sqrt[6]{5\,235}$ n) $\sqrt[5]{4{,}12}$ o) $\sqrt[4]{0{,}02}$ p) $\sqrt[5]{11{,}8}$

q) $\dfrac{\sqrt{24{,}3^2 - 9{,}85^2}}{9{,}85}$ r) $\sqrt{\dfrac{2{,}16 \cdot 0{,}0575}{31{,}2 \cdot 707{,}5}}$ s) $\sqrt{\dfrac{\sqrt{167{,}3} \cdot 0{,}0288}{13{,}6^2 - 8{,}04^2}}$

1.3.2 Tabellenkalkulation

(Lösungen ab Seite 853)

1.87 Welche Werte ergeben sich, wenn in Beispiel 1.89 der Einkauf verändert wird?

a) 5 Pakete Papier, 12 Bleistifte, 2 Farbstifte

b) kein Papier, 7 Bleistifte, 15 Farbstifte

c) neue Preise: 2 Pakete Papier (5,18), 5 Bleistifte (0,83), 9 Farbstifte (2,47 €)

1.88 In einem Lebensmittel-Labor werden mit Pilzen gefüllte Konservendosen untersucht. Dabei wird zur Überprüfung der Inhaltsangaben die komplette Konserve, die leere Dose und die abgetropfte Flüssigkeit gewogen. Berechne mit einer Tabellenkalkulation aus den Messwerten in Gramm die gesuchten Einzel- und Durchschnittswerte.

	A	B	C	D	C	D
1	Nr.	Pilze	Flüssigkeit	Inhalt	Dose	Gesamt
2	1		170,36		62,85	461,59
3	2		169,62		61,03	462,71
4	3		169,77		61,46	462,20
5	4		170,88		62,25	464,21
6	5		170,46		61,39	460,85
7	6		169,13		62,74	462,35
8	Mittel					

1.89 Die Hausverwaltung informiert die Mieter eines Hauses zu Beginn des Jahres über die Höhe der zu erwartenden Mietnebenkosten (NK).

	A	B	C
1	Nebenkosten (NK)		
2	Anzahl Mietparteien	5	
3			
4	Müll	5 014,00 €	
5	Versicherungen	817,00 €	
6	Steuer	600,00 €	
7	Straßenreinigung	56,90 €	
8	Abwasser	2 654,35 €	
9	NK gesamt		
10			
11	NK pro Mietpartei		pro Jahr
12	NK-Abschlag		pro Monat

a) Welche Formeln müssen in den Zellen B9, B11 und B12 stehen?

b) Welche Zahlenwerte werden dann in diesen Zellen ausgegeben?

1.3.3 Computeralgebrasystem (Lösungen ab Seite 853)

1.90 Löse Aufgaben aus dem Abschnitt 2.3 mit einem CAS.

1.91 Stelle die Graphen von verschiedenen Funktionen aus dem Kapitel 4 mit einem Computer dar und drucke einige Beispiele aus.

1.3.5 Künstliche Intelligenz (Lösungen ab Seite 853)

1.92 Ermittle mithilfe einer KI die Schwächen der folgenden Anfragen. Wie könnten die Prompts präzisiert werden, um ein besseres Ergebnis zu erzielen?

a) „Kannst du mir erklären, wie man Bruchrechnen lernt?“

b) „Was ist der Unterschied zwischen Gleichung und Ungleichung?“

c) „Wie berechnet man den Prozentsatz?“

d) „Ich verstehe das mit den linearen Funktionen nicht.“

1.93 Formuliere einen geeigneten Prompt zur Bearbeitung der folgenden Aufgabe:

„Veranschauliche die Sitzverteilung im Deutschen Bundestag nach der Wahl im Frühjahr 2025.“

2 Arithmetik

Denken ist immer gut,
aber es sollte immer einen Sinn ergeben.

Christopher Morley

2.1 Die Rolle der Sprache in der Mathematik

2.1.1 Allgemeine Bemerkungen

Die Sprache übt im Leben des Menschen verschiedenartige Funktionen aus, doch sie ist – gleichgültig, ob in Form des gesprochenen oder des geschriebenen Wortes – stets ein *Kommunikationsmittel*, das dem Menschen die Möglichkeit gibt, mit seinen Mitmenschen in Verbindung zu treten und ihnen von bestimmten Erscheinungen oder Dingen seines Lebenskreises Mitteilung zu machen.

Durch die Sprache wird der Mensch in die Lage versetzt, seine ureigensten Gedankengänge auszudrücken, sie seinen Mitmenschen nahe zu bringen und so den Gedanken Wirkung zu verleihen.

Bei einer *idealen* Sprache müsste jedes verwendete Zeichen, jede Zeichenreihe, jedes Wort eine ganz bestimmte, genau festgelegte Bedeutung haben, wenn verhindert werden soll, dass bei der Benutzung dieser Sprache Missverständnisse auftreten können. Dass dem aber nicht so ist, lässt sich an zahllosen Beispielen aus der Umgangssprache belegen. So ruft das Wort „Leiter" bei verschiedenen Menschen die unterschiedlichsten Assoziationen hervor. Der Bauhandwerker wird sofort an ein Hilfsmittel denken, das es ihm ermöglicht, auf ein Gerüst zu steigen, der Elektriker verbindet damit Stoffe, die die Elektrizität besonders gut oder vielleicht auch extrem schlecht weiterleiten und ein verantwortlicher Mitarbeiter eines Betriebes wird unter bestimmten Umständen mit gemischten Gefühlen an seinen Chef denken.

Für die Nutzung einer Sprache in einer Wissenschaft muss gewährleistet sein, dass derartige Mehrdeutigkeiten oder gar Missverständnisse möglichst weitgehend ausgeschaltet werden. Dies ist aber nur dadurch möglich, dass die *für bestimmte Sachverhalte verwendeten Worte oder Redewendungen* ***eindeutig*** *festgelegt werden und dass sich jeder, der diese Worte oder Redewendungen der jeweiligen Wissenschaft benutzt, fest an die einmal getroffenen Vereinbarungen hält und keine individuellen Deutungen zulässt.*

Aus diesem Grunde sollen im Folgenden einige Formulierungen angeführt und erläutert werden, die für die Mathematik von besonderer Bedeutung sind.

2.1.2 Aussagen und Aussageformen

Unter einer **Aussage** versteht man die gedankliche Widerspiegelung eines Sachverhaltes und damit verbunden die sprachliche Darstellung eines objektiven Sachverhalts.

Diese gedankliche Widerspiegelung von Sachverhalten kann in den verschiedensten Formen erfolgen: *Aussagen können in Form von gesprochenen oder geschriebenen Sätzen, in*

Form von mathematischen oder technischen Formeln oder in anderer Gestalt auftreten. Charakteristisch für Aussagen ist, dass sie einen bestimmten *Wahrheitswert* haben. Spiegelt eine Aussage die Wirklichkeit richtig wider, so wird sie **wahr** genannt, andernfalls ist sie **falsch**.

Eine Aussage ist entweder wahr, oder sie ist falsch.

Beispiele:

2.1 „Die Rose ist weiß" ist eine Aussage, sofern sie sich auf eine bestimmte Rose bezieht.

„Die weiße Rose" ist zwar ein nach den geltenden Regeln der deutschen Sprache ordnungsgemäß formuliertes Gebilde, kann aber nicht als Aussage in dem hier gemeinten Sinne angesehen werden, da nicht entschieden werden kann, ob *wahr* oder *falsch* zutrifft.

„$A = \frac{1}{2} \cdot g \cdot h$ ist der Flächeninhalt eines Dreiecks mit der Grundlinie g und der Höhe h" ist eine Aussage.

„125 ist eine Quadratzahl" ist eine Aussage.

„Die Stadt Berlin" ist keine Aussage. Dagegen ist „Berlin ist eine Stadt" eine Aussage.

2.2 Die Aussage „125 ist eine Quadratzahl" hat den Wahrheitswert *falsch*.

Die Aussage „Berlin ist eine Stadt" hat den Wahrheitswert *wahr*.

Die Aussage „$25 > 36$" ist *falsch*.

Die Aussage „Die Mathematik ist eine schöne Wissenschaft" ist wahr. ;-)

Eine **Aussageform** ist dadurch charakterisiert, dass in ihr mindestens eine **Variable** vorkommt, über die noch nicht verfügt worden ist.
In Aussageformen dürfen auch *mehr als eine Variable* auftreten.

So stellt die Gleichung

$$x^2 - 6x + 8 = 0$$

eine Aussageform dar, wobei x die in dieser Aussageform auftretende Variable[1)] ist. Belegt man diese Variable mit dem Wert $x = 1$, so geht die gegebene Aussageform über in die Aussage

$$1 - 6 + 8 = 0.$$

Der Wahrheitswert dieser Aussage ist *falsch*.

Belegt man dagegen die Variable x mit dem Wert $x = 2$, so geht die Aussageform über in die *wahre* Aussage

$$4 - 12 + 8 = 0.$$

Es gibt noch einen weiteren Wert, für den die aus der obigen Gleichung hervorgehende Aussageform in eine wahre Aussage übergeht, nämlich den Wert $x = 4$, was nachzuprüfen

---

1) variabilis (lat.) veränderlich; hier: Veränderliche

ist. Jede andere zahlenmäßige Belegung der Variablen x führt jedoch zu einer falschen Aussage.

Aus diesem ersten Beispiel kann man für Aussageformen den folgenden Satz ableiten:

Eine Aussageform ist von vornherein weder wahr noch falsch.
Belegt man jedoch in ihr alle auftretenden Variablen mit bestimmten **Konstanten**, so entsteht aus der Aussageform eine Aussage, die entweder wahr oder falsch ist.

Beispiele:

2.3 X ist die erste Kanzlerin der Bundesrepublik Deutschland.

Dieser Satz ist eine Aussageform. Ersetzt man die Variable X durch *Angelika Merkel*, so entsteht aus dieser Aussageform eine wahre Aussage.

Würde man dagegen X durch die Konstante *Adenauer* oder durch *Beethoven* oder durch die Zahl 13 ersetzen, so würde in jedem dieser Fälle eine Aussage mit dem Wahrheitswert *falsch* entstehen.

2.4 $(a+b)^2 = a^2 + 2ab + b^2$ ist eine Aussageform mit den beiden Variablen a und b.

Für jede Belegung der beiden Variablen a und b durch beliebige Zahlen liefert diese Aussageform eine wahre Aussage, siehe dazu den Abschnitt 2.3.2.5 über die *binomischen Formeln*.

2.5 Die Aussageform $2|n$ wird durch $n = 12$ zu einer wahren, durch $n = 15$ dagegen zu einer falschen Aussage gemacht.

2.6 Mit $u = 3$ und $v = 15$ wird aus der Aussageform $u < v$ eine wahre Aussage. Dagegen liefert die Belegung $u = 17$ und $v = 12$ aus der gleichen Aussageform eine falsche Aussage.

2.1.3 Verknüpfung von Aussagen

2.1.3.1 Einführendes Beispiel

Wenn man gewisse Aussagen näher untersucht, so kann man feststellen, dass sie aus zwei oder mehreren einfacheren Aussagen zusammengesetzt sind. Dabei treten immer wieder ganz bestimmte Bindewörter sowie Wortverbindungen zur Verknüpfung der einfacheren Aussagen zu einer komplizierteren Aussage auf. Verspricht beispielsweise ein Vater während einer Wanderung seinem Kind, um es aufzumuntern:

„Bei der nächsten Rast kaufe ich dir einen Fruchtbecher und eine Portion Eis“,

so ist diese Aussage zusammengesetzt aus den beiden einfacheren Aussagen:

„Ich kaufe dir einen Fruchtbecher“
und
„Ich kaufe dir eine Portion Eis“.

Die Verknüpfung dieser beiden Aussagen geschieht hier durch das Wörtchen **und**. Das Kind wird dieser Verknüpfung der beiden Aussagenteile sicher nur dann den Wahrheitswert *wahr* zuordnen, wenn beide Teilaussagen den Wahrheitswert *wahr* haben, also wenn es *sowohl* einen Fruchtbecher *als auch* eine Portion Eis erhält. Ob die Kombination dem Verdauungsapparat bekommt, spielt bei dieser Logik keine Rolle. Würde der Vater dem Kind nur einen Fruchtbecher oder nur eine Portion Eis kaufen wollen, weil er sich in der Zwischenzeit der eventuellen Folgen seines Versprechens bewusst geworden ist, so darf es mit Recht am Wahrheitswert der Aussage seines Vaters zweifeln.

Hätte der Vater dagegen die gleichen Grundaussagen durch das Wörtchen **oder** miteinander verbunden, indem er versprach:

> „Bei der nächsten Rast kaufe ich dir einen Fruchtbecher oder eine Portion Eis",

so wäre diese Aussage bereits dann wahr, wenn das Kind *nur* einen Fruchtbecher bekäme. Sie wäre aber auch dann wahr, wenn der Vater stattdessen *nur* eine Portion Eis spendieren würde. Schließlich würde diese Aussage selbst dann den Wahrheitswert *wahr* zugebilligt bekommen müssen, wenn der Vater *sowohl* den Fruchtbecher *als auch* die Portion Eis kaufen würde.

Der Wahrheitswert einer Verknüpfung von zwei Aussagen fällt also ganz verschieden aus, je nachdem, mit welchem Bindewort – hier *und* sowie *oder* – die beiden Teilaussagen zu einer neuen Aussage verknüpft werden.

2.1.3.2 Die Konjunktion

Sofern es sich im Folgenden um *allgemeine Betrachtungen* handelt, sollen zur Abkürzung der Schreibweise für Aussagen die Symbole $p, q, r, \ldots$ verwendet werden.
Zwei Aussagen p und q lassen sich durch das Bindewort **und** zu einer neuen Aussage r verknüpfen:

$$r\colon\ p \quad \text{und} \quad q.$$

Für das Wort *und* verwendet man dabei das Zeichen $\wedge$, sodass die Aussagenverbindung $r\colon\ p$ und q auch in der Form

$$r\colon\ p \wedge q$$

geschrieben werden kann. Eine solche *und-Verknüpfung* zweier Aussagen bezeichnet man als **Konjunktion**.

Wann ist es nun sinnvoll, einer Aussagenverbindung $r\colon\ p \wedge q$ den Wahrheitswert *wahr* zuzuordnen? Es soll dazu ein einfaches Beispiel betrachtet werden.

Die Aussagenverbindung

r: „Die Zahl 18 ist eine gerade Zahl und ist durch 3 teilbar"

setzt sich zusammen aus den beiden Aussagen

p: „Die Zahl 18 ist eine gerade Zahl" und
q: „Die Zahl 18 ist durch 3 teilbar".

Zweifellos muss die Gesamtaussage r als wahr anerkannt werden, denn die beiden Teilaussagen p und q sind beide wahr. Würde man im obigen Beispiel jeweils nur die Zahl 18 durch die Zahl 17 ersetzen, so dass

r: „Die Zahl 17 ist eine gerade Zahl und ist durch 3 teilbar“,
p: „Die Zahl 17 ist eine gerade Zahl“ und
q: „Die Zahl 17 ist durch 3 teilbar“

lauten, so wären alle drei Aussagen falsch.

Setzt man statt 18 die Zahl 16 ein, so wird die Aussage p wahr, die Aussage q dagegen falsch. Auch die Aussagenverbindung r wird in diesem Falle zur falschen Aussage.

Schließlich untersuchen wir noch den Fall, dass anstelle der 18 die Zahl 15 steht. Dann ist zwar die Aussage q wahr, dagegen ist p falsch. Die Aussagenverbindung

r: „Die Zahl 15 ist eine gerade Zahl und ist durch 3 teilbar“

ist offensichtlich ebenfalls falsch.

Verallgemeinernd lässt sich sagen:

> Eine durch **und** gebildete Aussagenverbindung $p \wedge q$ hat genau dann den Wahrheitswert *wahr*, wenn *sowohl* die Aussage p *als auch* die Aussage q wahr ist.
> Ist auch *nur eine* der beiden Aussagen p und q *falsch oder* sind *beide falsch*, dann ist auch die Aussagenverbindung $p \wedge q$ *falsch*.

Beispiel:

2.7 Die Regel für die Teilbarkeit einer Zahl z durch 6 lässt sich mithilfe der kennengelernten Symbolik kurz wie folgt formulieren:

$$6 \mid z, \quad \textit{wenn} \quad 2 \mid z \wedge 3 \mid z,$$

denn weder $2 \mid z$ allein noch $3 \mid z$ allein reichen aus, um zu gewährleisten, dass $6 \mid z$. So ist 8 beispielsweise durch 2 teilbar, aber nicht durch 3. Damit ist 8 *nicht* durch 6 teilbar.

Nur in dem Falle, dass *sowohl* $2 \mid z$ *als auch* $3 \mid z$ erfüllt sind, gilt $6 \mid z$.

In ähnlicher Weise ist eine Teilbarkeitsregel für die 15 mithilfe der kennengelernten Symbolik zu formulieren!

2.1.3.3 Die Disjunktion

Sehr häufig werden zwei Aussagen p und q mithilfe des Wortes **oder** zu einer neuen Aussage verknüpft:

r: p oder q.

Verwendet man für *oder* das Zeichen[1] $\vee$, so lässt sich die Aussagenverbindung r: p oder q auch in der Form

r: $p \vee q$

schreiben[2].

In welchem Sinne das Wort *oder* verwendet wird, soll am folgenden Beispiel gezeigt werden.

---

[1] vel (lat.) oder

[2] Ein Verwechseln der Zeichen $\wedge$ bzw. $\vee$ lässt sich durch folgende Eselsbrücke vermeiden:
und ($\wedge$): unten offen bzw. oder ($\vee$): oben offen

Beispiel:

2.8 Die Aussage

r: „Ich fahre morgen nach Dresden oder nach München"

setzt sich aus den beiden Aussagen

p: „Ich fahre morgen nach Dresden"

q: „Ich fahre morgen nach München"

zusammen zu

$r\colon\ p \vee q.$

Wenn ich nun morgen nach Dresden, aber nicht nach München fahre – p ist wahr aber q ist falsch –, so wird man die Aussagenverbindung r dennoch als wahr bezeichnen müssen. Genauso verhält es sich, wenn ich nach München, aber nicht nach Dresden fahre – q ist wahr aber p ist falsch. Auch in diesem Falle wird man r als wahr anerkennen. Fahre ich schließlich am morgigen Tage sowohl nach Dresden als auch nach München – sowohl p ist wahr als auch q ist wahr –, so liegt kein Grund vor, die Aussagenverbindung $r\colon\ p \vee q$ als falsch zu bezeichnen. Die Aussage r ist also auch in diesem Falle wahr.

Wenn ich allerdings morgen weder nach Dresden noch nach München fahre – sowohl p ist falsch als auch q ist falsch –, dann ist die Aussage r sicherlich falsch.

Dies lässt sich verallgemeinern zu dem Satz:

Eine durch **oder** gebildete Aussagenverbindung $p \vee q$ hat dann den Wahrheitswert *wahr*, wenn *wenigstens eine* der Aussagen p bzw. q wahr ist – also dürfen auch beide wahr sein.
Sind jedoch *beide* Aussagen p und q falsch, so hat auch die Aussagenverbindung $p \vee q$ den Wahrheitswert *falsch*.

In der Logik wird eine durch *oder* gebildete Verknüpfung zweier Aussagen eine **Disjunktion**, *Alternative* oder auch *Adjunktion* genannt.

Der Unterschied zwischen *und* und *oder* soll noch an einem weiteren Beispiel erläutert werden:

Beispiel:

2.9 Verspricht ein Vater seinem Kinde, mit ihm spazieren zu gehen, „wenn Sonntag ist *oder* wenn die Sonne scheint", so dürfte es diesem Vater wahrscheinlich schwer fallen, sein Versprechen immer einzuhalten. Er müsste nämlich dann jeden Tag mit seinem Kinde spazieren gehen, an dem das Wetter schön ist, gleichgültig, ob es sich um einen Sonntag oder um einen Wochentag handelt. Er müsste darüber hinaus aber auch an jedem Sonntag hinaus an die frische Luft, selbst wenn es draußen stürmen oder schneien sollte. Hätte der Vater dagegen vorsichtiger formuliert: „... wenn Sonntag ist *und* wenn die Sonne scheint", so ist die maximale Anzahl durchzuführender Spaziergänge 52, die aber nicht erreicht werden dürfte, da es innerhalb eines Jahres wohl kaum vorkommen wird, dass an allen Sonntagen sonniges Wetter ist.

Schließlich sei noch vermerkt, dass das Wörtchen *oder* im deutschen Sprachgebrauch in zwei verschiedenen Versionen verwendet wird. Das *oder*, das wir in der Logik durch das Zeichen $\vee$ kennzeichnen, ist das sogenannte

einschließende oder.

Es wurde wie folgt definiert:

> Die Aussagenverbindung $p \vee q$ ist genau dann wahr, wenn
>
> p wahr und q falsch, oder wenn
> p falsch und q wahr, oder wenn
> p wahr und q wahr
>
> ist.
>
> Sie ist nur dann falsch, wenn sowohl p als auch q falsch ist.

In diesem Sinne ist in dem Satz: „Ich sehe mir ‚Effi Briest' im Theater oder im Fernsehen an" das *einschließende oder* verwendet, denn derjenige, der diesen Satz formuliert, lässt bewusst oder unbewusst offen, ob er sich „Effi Briest"

a) im Theater und nicht im Fernsehen,
b) im Fernsehen und nicht im Theater oder
c) sowohl im Theater als auch im Fernsehen

ansehen will.

Wenn durch den obigen Satz die unter c) angegebene Möglichkeit ausgeschlossen werden soll, sollte man eindeutiger formulieren: „Ich sehe mir ‚Effi Briest' *entweder* im Theater *oder* im Fernsehen an". Diese Aussagenverbindung

entweder p oder q

bezeichnet man als das

ausschließende oder.

Sie ist nur dann wahr, wenn entweder

p wahr und q falsch, oder wenn
p falsch und q wahr

ist. Sie ist falsch, wenn entweder p und q beide wahr oder wenn p und q beide falsch sind. Leider wird diese Trennung zwischen dem *einschließenden oder* und dem *ausschließenden oder* in der Umgangssprache nicht immer konsequent durchgeführt, was zur Folge hat, dass Missverständnisse auftreten können.

Aus diesem Grunde sei an dieser Stelle noch einmal darauf hingewiesen, dass man im täglichen Leben immer wieder mit Aussagenverbindungen konfrontiert wird, die nicht zweifelsfrei interpretiert werden können.

2.1.3.4 Die Implikation

Es ist ein Wesensmerkmal der Mathematik, dass in ihr immer wieder aus bestimmten Voraussetzungen ganz bestimmte Schlussfolgerungen gezogen werden. Dies geschieht sehr häufig mithilfe einer der beiden Wortverbindungen

wenn ..., so ... oder *wenn ..., dann ...* oder *aus ... folgt ...*.

Alle diese Redewendungen werden in einem festen Sinne benutzt:

„Wenn die genannte *Voraussetzung* erfüllt ist, so trifft auch die angegebene *Schlussfolgerung* zu."

Bezeichnet man die Voraussetzung in einer derartigen Aussagenverbindung mit p und die Schlussfolgerung mit q, so kann man mithilfe des Symbols $\Rightarrow$ die Aussagenverbindung „wenn p, so q" auch kurz in der Form

$$p \Rightarrow q$$

gelesen: „aus p folgt q" oder „wenn p, dann q"

schreiben.

Man nennt eine solche Aussagenverbindung auch eine **Implikation** oder *Subjunktion*. Die Bedeutung einer Implikation „wenn ..., so ...," soll an dem folgenden Beispiel erläutert werden:

Beispiel:

2.10 Bekanntlich gilt

Wenn die Zahl z durch 10 teilbar ist, so ist sie auch durch 5 teilbar.

Die Bedingung lautet hier: p: „z ist durch 10 teilbar",
und die Folgerung: q: „z ist durch 5 teilbar".

Wenn nun eine Zahl z tatsächlich durch 10 teilbar ist – p ist wahr –, so ist sie auf alle Fälle auch durch 5 teilbar – q ist wahr –, und damit ist dann auch die gesamte Aussagenverbindung $p \Rightarrow q$ wahr.

Es gibt jedoch auch Fälle, in denen die Voraussetzung p nicht erfüllt zu sein braucht, in denen aber dennoch die Schlussfolgerung zutrifft. So ist die Zahl $z = 25$ nicht durch 10 teilbar, jedoch lässt sie sich durch 5 teilen. Lediglich der Fall, dass bei erfüllter Voraussetzung die Schlussfolgerung *nicht* eintrifft, ist *nicht möglich*.

Die Aussagenverbindung $p \Rightarrow q$ gibt eine Bedingung p an, bei deren Erfüllung die Folgerung q unter allen Umständen zutrifft. Sie lässt jedoch noch völlig offen, dass es auch noch andere Fälle geben kann, in denen die Folgerung q zutrifft, ohne dass die in der Verbindung angeführte Bedingung p erfüllt sein muss.

Beispiele:

2.11 Das eingangs erwähnte Beispiel „Wenn eine Zahl z durch 10 teilbar ist, so ist sie auch durch 5 teilbar" lässt sich auch in der Kurzform

$$10 \mid z \quad \Rightarrow \quad 5 \mid z$$

schreiben.

2.12 $x = 5 \quad \Rightarrow \quad x^2 = 25.$

Hier ist $x = 5$ nicht die einzige Möglichkeit dafür, dass $x^2 = 25$ wird, denn auch $x = -5$ liefert $x^2 = 25$.

2.13 Auch die Aussagenverbindung

„Wenn du Fieber hast, so gehörst du ins Bett!"

fällt unter die in diesem Abschnitt betrachtete Kategorie. Sie lässt jedoch auch ohne Weiteres zu, dass man sich auch ohne Fieber ins Bett legen kann.

2.1.3.5 Die Äquivalenz

Es gibt nun auch zahlreiche Fälle, in denen sich aus einer Voraussetzung p eine ganz bestimmte Schlussfolgerung q ziehen lässt, wobei aber diese Schlussfolgerung q einzig und allein *nur dann zu Stande kommt, wenn die genannte Bedingung p erfüllt ist*. Hierzu gehört die Regel für die Teilbarkeit einer Zahl z durch 2, die man wie folgt formulieren könnte:

Wenn eine Zahl z gerade ist, so ist sie durch 2 teilbar.

Da wir nach 1.2.2.1 diejenigen Zahlen, die den Teiler 2 besitzen, gerade Zahlen nannten, muss also jede gerade Zahl durch 2 teilbar sein. Bei der erfüllten Voraussetzung

p: „z ist eine gerade Zahl"

ist also auf alle Fälle die genannte Schlussfolgerung

q: „z ist durch 2 teilbar"

richtig.

Wenn wir aber nach Gegenbeispielen suchen, also nach Zahlen, die durch 2 teilbar sind, ohne dass die angegebene Bedingung „z ist eine gerade Zahl" erfüllt ist, so wird dieses Suchen vergeblich sein. Durch die Voraussetzung

p: „z ist eine gerade Zahl"

werden demnach *genau dieselben* Zahlen erfasst wie durch die Aussage

q: „z ist durch 2 teilbar".

Die beiden Aussagen p und q sind also in diesem speziellen Falle *völlig gleichwertig*. Man spricht hier von einer **Äquivalenz**[1)] der beiden Aussagen p und q und man sagt, die beiden Aussagen p und q sind *äquivalent zueinander*. Von manchen Autoren wird die Äquivalenz auch als *Bijunktion* bezeichnet.

Zwei äquivalente Aussagen p und q werden symbolisch durch einen Doppelpfeil $\Leftrightarrow$ oder $\leftrightarrow$ miteinander verbunden:

$$p \Leftrightarrow q \text{ oder } p \leftrightarrow q\,.$$

Während bei der Implikation $p \Rightarrow q$ die Schlussfolgerung nur in Leserichtung oder in Richtung der Pfeilspitze gezogen werden darf, deutet der Doppelpfeil bei der Äquivalenz zweier Aussagen $p \Leftrightarrow q$ darauf hin, dass hier Voraussetzung und Schlussfolgerung miteinander vertauscht werden dürfen.

Das Ausgangsbeispiel dieses Abschnittes kann also mit der hier eingeführten Symbolik wie folgt geschrieben werden:

„z ist eine gerade Zahl" $\Leftrightarrow$ $2 \mid z$.

[1)] Gleichwertigkeit; aequus (lat.) gleich, valere (lat.) wert sein

Die **Äquivalenz**

$$p \Leftrightarrow q$$

ist eine Aussagenverbindung, die genau dann wahr ist, wenn die Bedingung p und die Folgerung q denselben Wahrheitswert haben.

Als Formulierung für eine Aussagenverbindung der Form $p \Leftrightarrow q$ verwendet man im Allgemeinen

„genau wenn p, so q" oder
„dann und nur dann, wenn p, so q" oder
„aus p folgt q und umgekehrt".

Beispiel:

2.14 Die beiden Aussagen

p: „Das Viereck A ist ein Quadrat" und
q: „Das Viereck A hat vier rechte Innenwinkel"

lassen sich durch

$$p \Rightarrow q$$

zu einer *Implikation* zusammenfassen. Denn wenn ein Viereck ein Quadrat ist, dann besitzt es auf alle Fälle vier rechte Innenwinkel.

Umgekehrt darf man aber aus der Tatsache, dass ein Viereck vier rechte Innenwinkel hat, nicht ohne Weiteres schließen, dass es sich um ein Quadrat handeln muss, denn auch jedes beliebige Rechteck, bei dem die senkrecht aufeinander stehenden Seiten *verschieden lang* sind, hat vier rechte Winkel, ist aber kein Quadrat.

Durch die Aussage q werden also im gewählten Beispiel *viel mehr* Vierecke erfasst als durch die Aussage p.

Geht man dagegen aus von den beiden Aussagen

p: „Ein Viereck ist ein Quadrat" und
q: „Ein Viereck hat vier rechte Innenwinkel **und** vier gleich lange Seiten",

so lassen sich diese beiden Aussagen durch

$$p \Leftrightarrow q$$

zusammenfassen. Denn wenn ein Viereck ein Quadrat ist, dann hat es auf alle Fälle vier rechte Innenwinkel und vier gleiche Seiten. Hat aber umgekehrt ein Viereck vier rechte Innenwinkel und vier gleich lange Seiten, dann ist es auch ein Quadrat.

In diesem zweiten Falle werden also durch die Aussage p genau dieselben Vierecke erfasst wie durch die Aussage q. Die Aussagen p und q sind demzufolge äquivalent.

Die *Äquivalenz* von Aussagen ist eine der wichtigsten Aussagenverbindungen in der Mathematik. Sie erlaubt es auch, komplizierte mathematische Aufgabenstellungen auf äquivalente einfachere Probleme zurückzuführen, diese einfacheren Probleme dann zu lösen und aus der Lösung der einfacheren Aufgabe auf die Lösung der ursprünglichen komplizierten Aufgabenstellung zurückzuschließen. Hiervon wird in diesem Buche noch häufig Gebrauch gemacht werden.

Abschließend sei noch darauf aufmerksam gemacht, dass viele mathematische Sätze die hier angeführten Aussagenverbindungen nicht allein in dieser reinen Form enthalten, sondern dass in ihnen auch Kombinationen von Aussagenverbindungen auftreten.

Beispiel:

2.15 Im Abschnitt 1.2.2.2 ist die Regel für die Teilbarkeit einer Zahl z durch 6 angeführt:

Die Zahl z ist genau dann durch 6 teilbar, wenn sie sowohl durch 2 als auch durch 3 teilbar ist.

Dieser Satz enthält drei Einzelaussagen:

$p: \quad 6 \mid z, \qquad q: \quad 2 \mid z \qquad$ und $\qquad r: \quad 3 \mid z.$

Die Gesamtaussage lautet: Die Aussage p trifft *genau dann* zu, wenn q *und* r erfüllt sind. Sie lässt sich damit wie folgt in kurzer Form schreiben:

$$p \Leftrightarrow (q \wedge r) .$$

In ähnlicher Weise lassen sich die drei Aussagen

p: $5 \mid 590$,
q: „Die letzte Ziffer der Zahl 590 ist eine 5" und
r: „Die letzte Ziffer der Zahl 590 ist eine 0"

zusammenfassen zu

$$p \Leftrightarrow (q \vee r).$$

Eine empfehlenswerte Übung ist, die bisher behandelten Regeln und Sätze daraufhin zu untersuchen, welche logischen Aussagenverbindungen in ihnen enthalten sind.

Zusammenfassend sei der Wahrheitswert der behandelten logischen Verknüpfungen zweier Aussagen p und q für alle Kombinationen von *wahr* (w) und *falsch* (f) in der folgenden **Wahrheitswertetafel** dargestellt:

		Konjunktion	Disjunktion	Implikation	Äquivalenz
p	q	$p \wedge q$	$p \vee q$	$p \Rightarrow q$	$p \Leftrightarrow q$
w	w	w	w	w	w
w	f	f	w	f	f
f	w	f	w	w	f
f	f	f	f	w	w

Bei all unseren Betrachtungen haben wir vorausgesetzt, dass eine Aussage entweder den Wahrheitswert *wahr* oder den Wahrheitswert *falsch* besitzt. Eine dritte Möglichkeit für den Wahrheitswert einer Aussage haben wir ausgeschlossen, was den realen Verhältnissen ja auch ohne Weiteres entspricht. Die hier durchgeführten Betrachtungen bilden daher einen Teil der sogenannten *zweiwertigen Logik.*

Nun ist offensichtlich, dass zwischen der zweiwertigen Logik und dem Dualzahlsystem sehr enge Beziehungen bestehen müssen. Die zweiwertige Logik hat zwei verschiedene Wahrheitswerte:

wahr und *falsch,*

und das Dualzahlsystem hat zwei verschiedene Ziffern:

1 und 0.

Es ist in der modernen Rechentechnik üblich,

dem Wahrheitswert *wahr* die Dualzahl 1 und
dem Wahrheitswert *falsch* die Dualzahl 0

zuzuordnen. Auf diese Weise wird es möglich, Probleme der Logik in das Gebiet der Dualzahlen zu übertragen.

In 1.1.3 haben wir gesehen, dass die elektronischen Rechenautomaten mit Dualzahlen arbeiten. Damit wird es möglich, von derartigen Rechenautomaten auch logische Entscheidungen durch entsprechende Programmierung fällen zu lassen. Wer mehr über diese Problematik erfahren möchte, sei auf die einschlägige Literatur verwiesen.

✍ A. 2.1 auf Seite 130

Aufgaben:

2.1.3 Verknüpfung von Aussagen

(Lösungen ab Seite 854)

2.1 Es ist zu untersuchen, welche sinnvollen Aussagenverbindungen sich aus den folgenden Einzelaussagen bilden lassen:

a) $p\colon x = y$ $q\colon x^2 = y^2$

b) $p\colon 9 \mid u$ $q\colon 3 \mid u$

c) p: „Die Sonne scheint“ q: „ Es ist hell“

d) p: „Ich kaufe ein Auto“ q: „ Ich gewinne in der Lotterie“

e) $p\colon 5x = 600$ $q\colon x = 120$

f) $p\colon a = c$ $q\colon b = d$ $r\colon a + b = c + d$

g) $p\colon a = c$ $q\colon b = c$ $r\colon a = b$

h) p: „Seine Leistungen in Mathematik sind ungenügend“
q: „Seine Leistungen in Physik sind ungenügend“
r: „Seine Versetzung ist gefährdet“

i) $p\colon a = 2$ $q\colon b = 8$ $r\colon a \cdot b = 16$

k) $p\colon a = 0$ $q\colon b = 0$ $r\colon a \cdot b = 0$

2.2 Grundbegriffe der Mengenlehre

2.2.1 Der Begriff der Menge

Bei wissenschaftlichen Untersuchungen betrachtet man sehr häufig mehrere voneinander wohl zu unterscheidende Objekte unter einem einheitlichen Gesichtswinkel, während man alle anderen Objekte, die sich nicht in die gewählte Betrachtungsweise einordnen lassen, von vornherein außer Acht lässt. Man trifft also eine Auswahl aus einer Vielzahl von Dingen, um Untersuchungen an dieser Auswahl zielgerichtet vornehmen zu können.

Auch für die Mathematik ist diese Art des Herangehens bei vielen Fragestellungen von Nutzen. Hier bezeichnet man die Gesamtheit aller derjenigen Objekte, die man für die jeweilige Fragestellung zu einem neuen Ganzen zusammenfasst, als eine *Menge*.

Unter einer **Menge** versteht man in Anlehnung an CANTOR[1] eine Zusammenfassung von einzelnen wohlunterschiedenen Objekten zu einer Gesamtheit.
Die einzelnen Objekte, aus denen sich die Menge zusammensetzt, werden **Elemente** der Menge genannt.

Als Variable für Mengen sollen künftig große lateinische Buchstaben verwendet werden, während die Elemente einer Menge durch kleine lateinische Buchstaben gekennzeichnet werden. Wie im folgenden Kapitel noch ausführlicher dargestellt werden wird, haben sich für einige Zahlenmengen fettgeschriebene Symbole etabliert, wie **N** für die Menge der natürlichen Zahlen.

Beispiele:

2.16 Die Gesamtheit aller auf der Erde lebenden Menschen bildet eine Menge in dem oben angeführten Sinne, denn man kann von jedem auf der Erde existierenden Lebewesen feststellen, ob es ein Mensch ist – und damit zur Menge hinzugehört, also ein Element dieser Menge ist – oder nicht. Das geht zumindest im Prinzip, ob es auch praktisch möglich ist, spielt hier aber keine Rolle.

2.17 Innerhalb der Menge aller Menschen gibt es natürlich wiederum sehr viele kleinere Mengen. So bilden beispielsweise die vier Autoren, welche die Erstfassung dieses Buches schrieben, ebenfalls eine Menge. Die Herren *Kreul, Kulke, Pester* und *Schroedter* sind die Elemente der in diesem Beispiel betrachteten Menge. Hingegen gehören die sicher existierenden Damen und Herren *Schmidt* oder *Lehmann* nicht zu dieser Menge.

2.18 Die Gesamtheit aller natürlichen Zahlen **N** bildet ebenfalls eine Menge. Aus dieser Menge seien die Zahlen 27, 1 265 und 3 000 000 als Beispiele für darin enthaltene Elemente herausgegriffen. Dagegen gehören die Zahlen 3,141 59 und −5 nicht zur Menge **N**.

2.19 „Eine Menge Wasser“ in umgangssprachlicher Bedeutung hat nichts mit dem hier angeführten Mengenbegriff zu tun, denn bei der „Menge Wasser“ kann man einzelne Elemente nicht scharf voneinander abgrenzen und unterscheiden, was als Element dazu gehören soll und was nicht.

2.20 „In der Versammlung war eine Menge Leute anwesend.“ In diesem Satz kann der Begriff Menge mit der oben angegebenen Erklärung in Übereinstimmung gebracht werden, denn es lässt sich für jeden einzelnen Menschen entscheiden, ob er an der Versammlung teilgenommen hat oder nicht, also ob er zur Menge gehört oder nicht.

Jeder Teilnehmer an der Versammlung ist dann ein Element der in diesem Beispiel genannten Menge; alle Leute, die nicht an der Versammlung teilgenommen haben, gehören nicht zu den Elementen der Menge.

Ist M eine Menge und x ein Element, das dieser Menge angehört, so schreibt man

$x \in \mathrm{M}$ gelesen: „x ist Element von M.“
oder: „Die Menge M enthält das Element x.“

[1] Georg CANTOR, deutscher Mathematiker und Begründer der Mengenlehre, 1845 – 1918.

Gehört dagegen ein Element y der Menge M *nicht* an, so schreibt man

$y \notin M$ gelesen: „y ist *nicht* Element von M.“
oder: „Die Menge M enthält *nicht* das Element y.“

Beispiele:

2.21 Bezeichnet man die im Beispiel 2.17 angegebene Menge der Erstautoren dieses Buches mit B, so gilt

Kreul $\in$ B, Kulke $\in$ B, Pester $\in$ B, und Schroedter $\in$ B,
jedoch Schmidt $\notin$ B, Lehmann $\notin$ B.

2.22 Beispiel 2.18 lässt sich mit der eingeführten Symbolik wie folgt kürzer schreiben:

$27 \in \mathbf{N}, \quad 1\,265 \in \mathbf{N}, \quad 3\,000\,000 \in \mathbf{N},$

jedoch: $3{,}141\,59 \notin \mathbf{N}, \quad -5 \notin \mathbf{N}.$

2.23 Bezeichnet man die Menge aller Quadratzahlen mit A[1], so gilt

$1 \in A, \quad 144 \in A, \quad 4\,096 \in A, \quad \ldots \quad ,$

jedoch: $23 \notin A.$

2.2.2 Zahlenmengen

Wie wir bereits wissen, hat man für die Zahlenmengen eigene Symbole eingeführt, die durch große, fettgeschriebene Buchstaben dargestellt werden. So steht **N** für die Menge der natürlichen Zahlen. Da sich dies beim Schreiben im Heft oder an der Tafel nur schwer ausführen lässt, wird dort ein doppelter Anstrich bei normalen Großbuchstaben benutzt: |N.

Die Zahlenmengen werden in der Schule traditionell so eingeführt, dass man im ersten Schuljahr die **natürlichen Zahlen**

$$\mathbf{N} = \{\,0;\ 1;\ 2;\ 3;\ \ldots\}$$

kennenlernt und mit ihnen später die verschiedensten Additions- und Multiplikationsaufgaben löst.

> Die Addition bzw. die Multiplikation zweier natürlicher Zahlen ergibt stets wieder eine natürliche Zahl.

Es ist jedoch schon nicht mehr möglich, *jede Subtraktionsaufgabe* innerhalb des Bereiches der natürlichen Zahlen zu lösen. Um z. B. „3 minus 5“ ausrechnen zu können, muss man einen umfassenderen Zahlbegriff schaffen, nämlich den der ganzen Zahlen. Der Zahlbereich der **ganzen Zahlen** (Symbol: **Z**) umfasst die positiven und die negativen ganzen Zahlen sowie die Zahl Null:

$$\mathbf{Z} = \{\,\ldots;\ -3;\ -2;\ -1;\ 0;\ 1;\ 2;\ 3;\ \ldots\}$$

Der Bereich der ganzen Zahlen ist aber immer noch nicht umfassend genug, um beispielsweise auch *jede Divisionsaufgabe* lösen zu können. So ist die Aufgabe „3 geteilt durch 5“

---

[1] Wir verwenden für die Menge der Quadratzahlen *nicht* die naheliegende Abkürzung Q, um Verwechselungen mit der Menge der rationalen Zahlen **Q** zu vermeiden, siehe Abschnitt 2.2.2.

im Bereich der ganzen Zahlen nicht lösbar. Damit nun auch jede Divisionsaufgabe gelöst werden kann, muss man erneut eine Zahlbereichserweiterung vornehmen.

Jede Zahl, die sich als Quotient zweier ganzer (positiver oder negativer) Zahlen darstellen lässt, heißt eine rationale[2)] Zahl. Man bezeichnet die Menge der **rationalen Zahlen** mit dem Symbol **Q**.

Die rationalen Zahlen umfassen demnach alle positiven und negativen ganzen und gebrochenen Zahlen sowie die Zahl Null. Dabei spielt es bei den Brüchen keine Rolle, ob es sich um endliche oder periodische Dezimalbrüche handelt.

Beispiele für rationale Zahlen: $-8\frac{2}{3}$; -3 ; $-\frac{3}{8}$; 0 ; $0{,}208$; $\frac{4}{7}$; $1{,}5\overline{84}$; $\frac{14}{5}$; 3

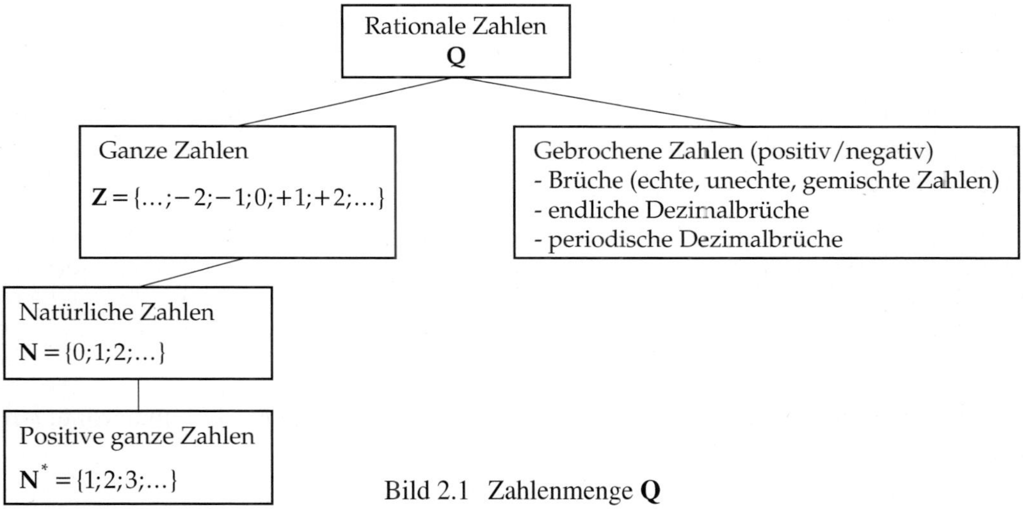

Bild 2.1 Zahlenmenge **Q**

Jeder rationalen Zahl entspricht genau ein Punkt auf der Zahlengeraden. Die rationalen Zahlen liegen auf der Zahlengeraden *in sich dicht*. Darunter versteht man, dass es zwischen zwei verschiedenen rationalen Zahlen – mögen sie auch noch so eng beieinander liegen – stets mindestens noch eine weitere rationale Zahl gibt. So liegt zwischen den beiden verschiedenen aber ansonsten beliebigen rationalen Zahlen a und b als weitere rationale Zahl u. a. die Zahl $\frac{a+b}{2}$.

Man könnte nun annehmen, dass wegen ihrer dichten Lage mit den rationalen Zahlen bereits alle Zahlen, die es gibt, erfasst sein müssten. Dies ist aber nicht der Fall, denn es lassen sich schon *nicht alle* Aufgaben der Wurzelrechnung im Bereich der rationalen Zahlen lösen. So werden wir im Abschnitt 2.5.2 zeigen, dass bereits $\sqrt{2}$ keine rationale Zahl ist. Wir werden dort erfahren, dass ihre Ziffernfolge nach dem Komma nie aufhört, sich aber auch nicht nach einem periodischen Muster wiederholt. Solche *unendlichen, nichtperiodischen Dezimalzahlen* gehören nicht mehr zum Bereich der rationalen Zahlen und werden deshalb als **irrationale Zahlen** bezeichnet.

[2)] ratio (lat.) Verstand, Verhältnis

Rationale und irrationale Zahlen fasst man zur Menge der **reellen Zahlen** (Symblol: **R**) zusammen. Damit lassen sich zwar immer noch nicht alle mathematischen Probleme berechnen, für uns sollen die reellen Zahlen aber die Obermenge der zur Verfügung stehenden Zahlen darstellen.

2.2.3 Die Beschreibung von Mengen

Wir werden künftig sehr viel mit Mengen arbeiten. Dazu ist es aber erforderlich, dass man in die Lage versetzt wird, anderen Personen mitteilen zu können, von welcher speziellen Menge man im einzelnen Falle gerade spricht, damit auch sie erkennen können, welche Objekte Elemente der betrachteten Menge sind und welche Objekte dieser Menge nicht angehören.

2.2.3.1 Mengenschreibweise

Dies kann, wie in den ersten beiden Beispielen, dadurch geschehen, dass man die zur Diskussion stehende Menge möglichst eindeutig durch einen Satz oder auch durch mehrere Sätze *beschreibt*.

Hat eine Menge nur wenige Elemente, so kann man diese Elemente einzeln vollständig anführen. Man setzt sie dazu hintereinander, durch Semikolon getrennt, in eine geschweifte Klammer. So wird durch

$$\mathrm{M} = \{\,1\,;\,2\,;\,3\,\}$$

eine Menge M definiert, deren Elemente die drei natürlichen Zahlen 1, 2 und 3 sind. Für diese Menge gilt also

$$1 \in \mathrm{M}, \quad 2 \in \mathrm{M}, \quad 3 \in \mathrm{M}, \quad 4 \notin \mathrm{M}, \quad 27 \notin \mathrm{M}, \quad \ldots$$

Meist werden die Elemente einer Menge in einer aufschreibenden Reihenfolge notiert. Für die Mathematik spielt diese Anordnung aber keine Rolle. Beispielsweise wird mit den folgenden sechs Schreibweisen immer die gleiche Menge M beschrieben:

$$\mathrm{M} = \{\,1\,;\,2\,;\,3\,\} = \{\,1\,;\,3\,;\,2\,\} = \{\,2\,;\,1\,;\,3\,\} = \{\,2\,;\,3\,;\,1\,\} = \{\,3\,;\,1\,;\,2\,\} = \{\,3\,;\,2\,;\,1\,\}$$

Es ist lediglich zu beachten, dass ein Element in einer Menge nur einmal vorkommen darf:

$$\mathrm{M} = \{\,1\,;\,2\,;\,2\,;\,3\,;\,1\,\} \text{ reduziert sich zu } \mathrm{M} = \{\,1\,;\,2\,;\,3\,\}.$$

In einer Menge darf ein Element nur einmal aufgeführt werden. Die Reihenfolge der Elemente innerhalb der Menge ist beliebig.

Das Aufzählen zur Beschreibung der einzelnen Elemente einer Menge ist jedoch nicht mehr verwendbar, wenn die Menge sehr viele oder gar unendlich viele Elemente besitzt. In einzelnen Fällen wird man dann durch die Angabe einiger aufeinander folgender Elemente der Menge die Gesetzmäßigkeiten erkennen können, die der jeweiligen Mengenbildung zugrunde liegen. So wird man in

$$\mathrm{A}_1 = \{\,1;\;4;\;9;\;16;\;25;\;\ldots;\;10\,000\,\}$$

die (endliche) Menge aller Quadratzahlen von 1 bis einschließlich 10 000 erkennen, während

$$A_2 = \{ 1;\ 4;\ 9;\ 16;\ 25;\ \ldots \}$$

die (unendliche) Menge *aller* Quadratzahlen[1)] erfasst.

Für die beiden Mengen A_1 und A_2 gilt beispielsweise $4\,096 \in A_1$ und $4\,096 \in A_2$, dagegen ist $1\,000\,000 \in A_2$, jedoch $1\,000\,000 \notin A_1$.

Leider ist eine solche Art der Beschreibung einer Menge nicht immer völlig eindeutig. So könnte beispielsweise

$$T = \{ 1;\ 2;\ 3;\ 4;\ 5;\ \ldots\ ;60 \}$$

die Menge der natürlichen Zahlen von 1 bis 60 sein, aber es bestünde durchaus auch die Möglichkeit, dass mit T nur die Menge der Teiler von 60 gemeint ist.

Man sollte eine Menge nur dann durch ihre Anfangs- und Endglieder darstellen, wenn aus dem Zusammenhang der Aufgabenstellung zweifelsfrei hervorgeht, welche Elemente mit den andeutenden Punkten gemeint sind.

Eine weitere Möglichkeit, Mengen darzustellen, besteht darin, dass man einen Grundbereich nennt, dem die Elemente der Menge angehören sollen, und dass man eine Aussageform hinzufügt, aufgrund derer die Elemente der Menge aus dem angegebenen Grundbereich eindeutig ausgewählt werden können.

So wird durch

$$x \in E \Leftrightarrow x \in \mathbf{N} \wedge 3|x$$

eine Menge E angegeben, deren Elemente x die Eigenschaft haben, dass sie natürliche Zahlen sind ($x \in \mathbf{N}$) und dass diese Zahlen gleichzeitig durch 3 teilbar sein sollen ($3|x$). Die Menge E besteht also aus sämtlichen durch 3 teilbaren natürlichen Zahlen und könnte auch als Menge der Vielfachen von 3 in der Form

$$E = \{ 3;\ 6;\ 9;\ 12;\ 15;\ \ldots \}$$

angegeben werden.

In ähnlicher Weise ließe sich auch die Menge $M = \{1;\ 2;\ 3\}$ in der Form

$$x \in M \Leftrightarrow x \in \mathbf{N} \wedge 0 < x < 4$$

schreiben.

Weiter verbreitet ist jedoch die Schreibweise, bei der in einer geschweiften Klammer die die Menge charakterisierende gemeinsame Eigenschaft der Elemente aufgeschrieben ist. Dies kann für die zuletzt genannte Menge in folgender Form geschehen:

$$M = \{ x \in \mathbf{N} \,|\, 0 < x < 4 \}$$

[1)] Die Zahl Null wird üblicherweise nicht als Quadratzahl angesehen.

Der senkrechte Strich | bedeutet „für die gilt: ...“ oder „mit der Eigenschaft ...“, so dass wir insgesamt lesen:

„M ist die Menge aller natürlichen Zahlen x, mit der Eigenschaft $0 < x < 4$.“

Hinter dem Strich | muss also eine Aussage stehen (z. B. „$0 < x < 4$“), die unter den Rahmenbedingungen, die vor dem Strich notiert sind (z. B. „$x \in \mathbf{N}$“), im günstigsten Fall wahr ist. (Die Konsequenzen für eine nicht erfüllte Aussage werden wir nach den folgenden Beispielen besprechen.)

Es ist offensichtlich, dass es sich auch hier wiederum um die bereits am Anfang des Abschnitts beschriebene Menge $\mathrm{M} = \{1;\ 2;\ 3\}$ handelt.

Beispiele:

2.24 Die Menge G aller geraden Zahlen in **N** lässt sich durch die folgenden verschiedenen Schreibweisen darstellen:

a) G ist die Menge aller geraden Zahlen in **N**.
b) $\mathrm{G} = \{0;\ 2;\ 4;\ 6;\ 8;\ldots\}$
c) $x \in \mathrm{G} \Leftrightarrow x \in \mathbf{N} \wedge 2 \mid x$
d) $\mathrm{G} = \{x,y \in \mathbf{N} \mid y = 2x\}$
Die Schreibweise $\mathrm{G} = \{x \in \mathbf{N} \mid 2x\}$ ist falsch, da „$2x$“ keine Aussage darstellt!
e) $\mathrm{G} = \left\{x \in \mathbf{N} \,\middle|\, 2|x\right\}$

Anmerkung: In der letzten Schreibweise ist die Bedeutung der beiden Zeichen | zu beachten. Im ersten Falle hat das Zeichen | die Bedeutung „mit der Eigenschaft“ und im zweiten Falle die Bedeutung „ist Teiler von“.

2.25 Durch $\mathrm{A} = \{x,y \in \mathbf{N}^* \mid y = x^2\}$ wird die Menge aller Quadratzahlen definiert.

Sie kann auch in der Form $\mathrm{A} = \{1;\ 4;\ 9;\ 16;\ \ldots\}$ geschrieben werden.

2.26 Die Menge $\mathrm{S} = \{x \in \mathbf{N} \mid x \neq 5\}$ enthält alle natürlichen Zahlen mit Ausnahme der Zahl $x = 5$.

2.27 Die Menge $\mathrm{T}_1 = \{x \in \mathbf{N} \mid x \leq 5\}$ enthält genau die gleichen Elemente wie die Menge $\mathrm{T}_2 = \{0;\ 1;\ 2;\ 3;\ 4;\ 5\}$, also ist $\mathrm{T}_1 = \mathrm{T}_2$.

Als weiteres Beispiel sei die Menge

$$\mathrm{H} = \{x \mid x^2 = 6{,}25\}$$

genannt. Diese Menge besteht aus denjenigen Elementen x, für die $x^2 = 6{,}25$ gilt. Sie hat demnach zwei Elemente, nämlich $x_1 = 2{,}5$ sowie $x_2 = -2{,}5$.

Betrachtet man dagegen die Menge

$$\mathrm{K} = \{x \in \mathbf{N} \mid x^2 = 6{,}25\},$$

so stellt man fest, dass diese Menge K überhaupt kein Element besitzen kann, denn es gibt keine natürliche Zahl x, deren Quadrat gleich 6,25 ist.

In einem solchen Falle spricht man von der *leeren Menge*[1]: $\mathrm{K} = \{\ \}$ oder $\mathrm{K} = \emptyset$

---

[1] Der Begriff *leere Menge* darf nur in der Einzahl verwendet werden, denn es gibt keine verschiedenen leeren Mengen.

Die **leere Menge** besitzt kein Element! Als Symbol für die leere Menge verwendet man das Zeichen $\emptyset$ oder man deutet durch $\{\ \}$ an, dass kein Element vorhanden ist.

⚠ Die leere Menge darf nicht mit der Menge $\{ 0 \}$ verwechselt werden: Die Menge $\{ 0 \}$ besitzt ein Element, nämlich die Null. Auch wenn man die Null als „Nichts" empfinden könnte, ist die Null zweifellos eine wohlbestimmte Zahl, siehe auch Beispiel 2.41:

$$\{ 0 \} \neq \{\ \} \quad \text{bzw.} \quad \{ 0 \} \neq \emptyset\,.$$

Beispiele:

2.28 Trotz neuester Erfolge bei der Erkundung des Planeten Mars dürfte auch die Menge der im Jahr 2024 auf dem Mars lebenden Menschen leer sein.

2.29 Ein weiteres Beispiel, das auf die leere Menge führt, ist $\mathrm{F} = \{ x \mid x + 5 = x \}$.

Da es keine Zahl gibt, für die $x + 5 = x$ ist, hat die Menge F kein Element. Es gilt demnach $\mathrm{F} = \emptyset$.

2.30 Die durch $\mathrm{U}_1 = \{ x \mid 3x + 6 = 0 \}$ gegebene Menge hat ein einziges Element, nämlich $x = -2$.

Dagegen hat die durch $\mathrm{U}_2 = \{ x \in \mathbf{N} \mid 3x + 6 = 0 \}$ gegebene Menge überhaupt kein Element. U_2 ist die leere Menge.

2.31 Die Menge

$$\mathrm{M}_1 = \{ x \in \mathbf{N} \mid x < 5 \ \vee \ x > 10 \}$$

enthält alle natürlichen Zahlen mit Ausnahme der Zahlen 5, 6, 7, 8, 9 und 10.

Man überzeuge sich davon, dass dagegen

$$\mathrm{M}_2 = \{ x \in \mathbf{N} \mid x < 5 \ \wedge \ x > 10 \}$$

die leere Menge ist.

Die Anzahl der Elemente einer (endlichen) Menge wird durch ihre **Mächtigkeit** oder **Kardinalität** beschrieben. Zum Beispiel besitzt die Menge $\mathrm{S} = \{ \text{Mütze; Jacke; Hose} \}$ die Mächtigkeit $|\,S\,| = 3$, weil sie drei Elemente beinhaltet.

Beispiele:

2.32 a) $\mathrm{M} = \{ 1 ; 2 ; 3 \} \Rightarrow |\,\mathrm{M}\,| = 3$

b) $|\{ -10 ; 0 ; 15 ; 38 \}| = 4$

c) $|\{ 5 ; 7 ; 7 ; 11 ; 5 \}| = 3$ Wieso?

d) $\mathrm{H} = \{ x \mid x^2 = 6{,}25 \} \Rightarrow |\,\mathrm{H}\,| = 2$

e) $\mathrm{K} = \{ x \in \mathbf{N} \mid x^2 = 6{,}25 \} \Rightarrow |\,\mathrm{K}\,| = 0$

f) $\mathrm{A}_1 = \{ 1;\ 4;\ 9;\ 16;\ 25;\ \ldots;\ 10\,000 \} \Rightarrow |\,\mathrm{A}_1\,| = 100$

g) $|\{\ \}| = |\emptyset| = 0$

h) $|\,\mathbf{N}\,| = \infty$. Da es unendlich viele natürliche Zahlen gibt, wollen wir die Mächtigkeit dieser und anderer unendlicher Mengen mit dem Begriff „unendlich" bzw. mit dem Zeichen „∞" beschreiben. Eine intensivere Beschäftigung mit dem Begriff des Unendlichen ist in diesem Buch leider nicht möglich, da der Umgang mit unendlich großen Mengen nicht ganz so einfach ist, wie manche vielleicht vermuten. Wenn wir zum Beispiel die Frage stellen, ob die Menge der natürlichen oder die der ganzen Zahlen mächtiger ist, so werden die meisten Menschen wohl antworten, dass es mehr ganze Zahlen gibt, da diese Menge neben den natürlichen auch noch die negativen ganzen Zahlen enthält. Bereits beim Nachzählen der ersten Elemente sieht man schon, dass es rund doppelt so viele ganze, wie natürliche Zahlen geben muss.

Richten wir diese Frage aber an die Mathematiker, so werden wir schnell merken, dass der Umgang mit dem Unendlichen teilweise ganz anderen Gesetzen gehorcht: Unendlich plus unendlich ergibt nicht zweimal unendlich! Folgen wir aufmerksam den Mathematikern bei ihrer Argumentation, so werden viele von uns verwundert zur Kenntnis nehmen, dass beide Mengen, die der natürlichen und die der ganzen Zahlen, als gleichmächtig zu betrachten sind.

Die Gesetze und Regeln, die wir in diesem Buch für den Umgang mit Zahlen erarbeiten, lassen sich nicht auf den Begriff des Unendlichen übertragen. „Unendlich" beschreibt keine Zahl, sondern die Eigenschaft, beim Zählen immer weiter fortzuschreiten.

Bei **endlichen Mengen** können wir die Anzahl ihrer Elemente, also ihre **Mächtigkeit**, in Form einer konkreten Zahl angeben. Bei unendlichen Mengen ist dies nicht möglich.

✍ A. 2.2 auf Seite 151

2.2.3.2 Intervallschreibweise

Markiert man auf dem Zahlenstrahl beispielsweise die reellen Zahlen von 3 bis 8, wie es Bild 2.2 zeigt, so erhält man die grafische Darstellung eines *Intervalls*[1)], welches man durch seine Grenzen als [3 ; 8] notiert.

Bild 2.2

Sind a und b zwei reelle Zahlen mit $a < b$, so bildet die Menge aller Zahlen x, für die gilt

$$a \leq x \leq b,$$

das beiderseits abgeschlossene **Intervall** $[\,a\,;\,b\,]$.

Die beiden Schreibweisen $a \leq x \leq b$ und $x \in [\,a\,;\,b\,]$ drücken also denselben Sachverhalt aus.

Da sich jede reelle Zahl als Punkt auf der Zahlengeraden darstellen lässt, werden die beiden das Intervall $[a\,;b]$ begrenzenden Zahlen a und b, also die *Grenzen des Intervalls*, häufig auch als *Endpunkte* bezeichnet. Gehören beide Endpunkte nicht mehr mit zum Intervall, so spricht man von einem *beiderseitig offenen* Intervall, gehört nur einer der Eckpunkte nicht dazu, heißt das Intervall *einseitig offen.*

[1)] intervallum (lat.) Zwischenraum

Man beachte die richtige Verwendung von runden und eckigen Klammern in den folgenden Schreib- und Bezeichnungsweisen nach DIN 1302:

$a \leq x \leq b$	$x \in [\,a\,;\,b\,]$			beiderseits abgeschlossenes Intervall,
$a \leq x < b$	$x \in [\,a\,;\,b\,)$	oder	$x \in [\,a\,;\,b\,[$	rechts offenes Intervall,
$a < x \leq b$	$x \in (\,a\,;\,b\,]$	oder	$x \in \,]\,a\,;\,b\,]$	links offenes Intervall,
$a < x < b$	$x \in (\,a\,;\,b\,)$	oder	$x \in \,]\,a\,;\,b\,[$	beiderseits offenes Intervall.

Die grafische Darstellung von teilweise offenen Intervallen ist im Bild 2.3 am Beispiel $\mathrm{I} = (\,4\,;\,9\,]$ veranschaulicht. Die nicht mehr zum Intervall gehörende untere Grenze 4 ist im Bild durch einen offenen Kreis oder auch durch die schließende eckige Klammer dargestellt. Die obere Grenze dagegen gehört dazu, $9 \in \mathrm{I}$, was durch den gefüllten Kreis ausgedrückt wird oder wieder durch die entsprechende eckige Klammer.

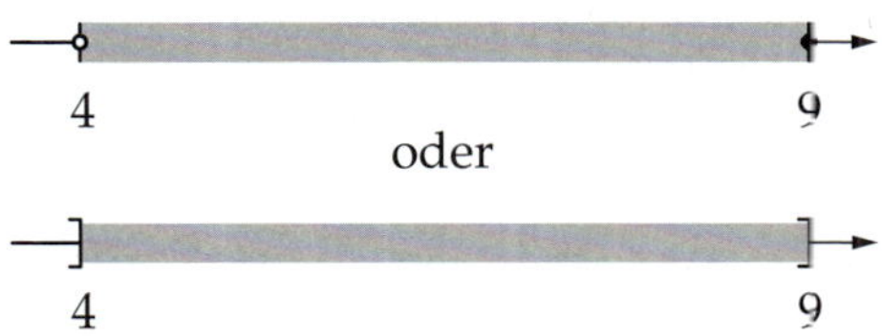

Bild 2.3

Häufig benutzt man die Intervallschreibweise auch dann, wenn sich ein Intervall bis ins Unendliche, symbolisiert durch ∞, erstreckt. Die Menge der negativen Zahlen kann man mithilfe der Intervallschreibweise so darstellen: $\mathrm{I}_1 = (\,-\infty\,;\,0\,)$.

Die Menge $\{x \in \mathbf{Z} \mid x \in [\,0\,;\,+\infty\,)\}$ ist der Menge der natürlichen Zahlen äquivalent.

Dort, wo ∞ als Grenze eines Intervalls auftritt, kann das Intervall natürlich nur offen sein, denn die Grenze „*unendlich*" kann nie erreicht werden. Wir erinnern uns: „unendlich" (∞) ist keine Zahl, sondern steht für eine Eigenschaft.

Beispiele:

2.33 Man beachte die unterschiedliche Bedeutung der Klammerschreibweisen:

$[\,a\,;\,b\,]$ beschreibt ein beiderseits abgeschlossenes Intervall, also die Menge der Zahlen, die größer oder gleich a und kleiner oder gleich b sind.

$\{\,a\,;\,b\,\}$ ist eine Menge, die nur aus den beiden Elementen a und b besteht.

2.34

a)	$25 < x \leq 30$	ist gleichbedeutend mit	$x \in (\,25\,;\,30\,]$ oder $x \in \,]\,25\,;\,30\,]$,
b)	$-5 < u < +2$	mit	$u \in (\,-5\,;\,2\,)$ oder $u \in \,]\,-5\,;\,2\,[$,
c)	$0 \leq k < 0{,}5$	mit	$k \in [\,0\,;\,0{,}5\,)$ oder $k \in [\,0\,;\,0{,}5\,[$,
d)	$p \in [\,-5\,;\,5\,)$	mit	$-5 \leq p < +5$,
e)	$q \in [\,-a\,;\,a\,]$	mit	$-a \leq q \leq +a$.

2.35 Man bestimme, welche der Zahlen 1; 3,14; $\dfrac{1}{3{,}14}$; 4 den folgenden Intervallen angehören:

a) $\mathrm{I}_1 = (\,1\,;\,4\,]$ b) $\mathrm{I}_2 = [\,0\,;\,1\,]$ c) $\mathrm{I}_3 = [\,3\,;\,\infty\,[$

a) Die untere Grenze 1 von I_1 ist entsprechend der Klammer (offen, also ist $1 \notin I_1$.
3,14 liegt zwischen 1 und 4, also ist $3{,}14 \in I_1$.
Es ist $\frac{1}{3{,}14} < 1$, demnach ist $\frac{1}{3{,}14} \notin I_1$.
Die 4 gehört dem rechts abgeschlossenen Intervall als Endpunkt noch an.

b) $1 \in I_2$, $3{,}14 \notin I_2$, $\frac{1}{3{,}14} \in I_2$, $4 \notin I_2$.

c) $1 \notin I_3$, $3{,}14 \in I_3$, $\frac{1}{3{,}14} \notin I_3$, $4 \in I_3$.

2.2.4 Mengenrelationen

2.2.4.1 Teilmengen

Betrachtet man die beiden Mengen

$$A = \{2;\ 4;\ 6;\ 8;\ 10;\ 12;\ 14;\ 16\}$$

und

$$B = \{2;\ 4;\ 8;\ 16\}\,,$$

so erkennt man, dass jedes Element der Menge B auch in der Menge A enthalten ist, dass es aber andererseits in A auch Elemente gibt, die in B nicht auftreten. Man bezeichnet in diesem Falle B als eine **echte Teilmenge** von A und schreibt: $B \subset A$.

Eine Menge B wird genau dann **Teilmenge** einer Menge A genannt, wenn jedes Element von B auch Element von A ist.

Man schreibt dafür

$$\boxed{B \subseteq A} \qquad (2.1)$$

und liest dies „B ist Teilmenge von A“, oder „B ist enthalten in A oder gleich A“.

Umgekehrt kann man natürlich auch schreiben

$$\boxed{A \supseteq B} \qquad (2.2)$$

was dann in der Form „A ist **Obermenge** von B“ oder „A umfasst B“ gelesen wird.

B wird genau dann **echte Teilmenge** von A genannt, wenn jedes Element von B auch in A enthalten ist und wenn darüber hinaus A mindestens noch ein weiteres Element enthält, das nicht in B auftritt: $B \subset A \Leftrightarrow B \subseteq A \wedge B \neq A$

Beispiele:

2.36 Es gilt: $A \subseteq A$ und $\emptyset \subseteq A$

2.37 U sei die Menge der Quadratzahlen und P die Menge der vierten Potenzen aller natürlichen Zahlen.

Dann ist, wie man sich überlegen kann, P eine echte Teilmenge von U, also $P \subset U$.

2.38 Die Menge aller Quadrate ist eine echte Teilmenge der Menge aller Rechtecke.

2.2.4.2 Gleichheit zweier Mengen

V sei die Menge aller durch 2 teilbaren Zahlen und G die Menge aller geraden Zahlen.

Dann gilt offensichtlich

$$\mathrm{V} \subseteq \mathrm{G},$$

denn jede durch 2 teilbare Zahl ist in der Menge der geraden Zahlen enthalten.

Umgekehrt gilt aber auch

$$\mathrm{G} \subseteq \mathrm{V},$$

da jede gerade Zahl auch in der Menge der durch 2 teilbaren Zahlen enthalten ist. Daraus geht aber hervor, dass die beiden Mengen G und V genau die gleichen Elemente enthalten müssen.

Es liegt auf der Hand, dass man die beiden Mengen G und V als gleich bezeichnen kann:

$$\mathrm{G} = \mathrm{V}$$

Zwei Mengen A und B heißen genau dann gleich, wenn beide Mengen genau die gleichen Elemente besitzen:

$$\boxed{\mathrm{A} = \mathrm{B} \quad \Leftrightarrow \quad (\mathrm{A} \subseteq \mathrm{B} \quad \wedge \quad \mathrm{B} \subseteq \mathrm{A})} \tag{2.3}$$

Beispiele:

2.39 Die drei Mengen A, B und C seien gegeben durch
$\mathrm{A} = \{e;\ m;\ i;\ l\}$, $\mathrm{B} = \{l;\ e;\ i;\ m\}$ und $\mathrm{C} = \{e;\ l;\ i;\ m\}$.
A, B und C enthalten genau die gleichen Elemente *e*, *i*, *l* und *m*. Diese vier Elemente sind nur in den Beschreibungen für A, B und C in unterschiedlicher Reihenfolge angegeben worden.

Also gilt: $\mathrm{A} = \mathrm{B} = \mathrm{C}$.

Wird eine Menge dadurch beschrieben, dass man deren Elemente aufzählt, dann spielt die Reihenfolge, in der die einzelnen Elemente angegeben werden, bei dieser Aufzählung keine Rolle. Es ist üblich – aber nicht zwingend notwendig – die Elemente einer Menge der Größe nach oder alphabetisch zu ordnen. Jedes Element der Menge darf jedoch bei der Aufzählung *nur einmal* angegeben werden.

2.40 M sei die Menge aller natürlichen Zahlen, die mit einer 5 oder mit einer 0 enden. P sei gegeben durch

$$n \in \mathrm{P} \Leftrightarrow (n \in \mathbf{N} \ \wedge \ 5 \,|\, n).$$

Auch hier gilt M = P, wie man leicht nachprüfen kann.

2.41 Es sei $\mathrm{R} = \{\, x \,|\, x + x = x \,\}$ und $\mathrm{S} = \{\, x \,|\, x + 5 = x \,\}$.
Die Menge R hat nur das eine Element $x = 0$, also $\mathrm{R} = \{\, 0 \,\}$.
Die zweite Menge wurde bereits im Beispiel 2.29 als die leere Menge erkannt, also ist $\mathrm{S} = \emptyset = \{\,\}$.

Daraus folgt aber, dass R und S nicht gleich sein können, also gilt $\mathrm{R} \neq \mathrm{S}$.

✍ A. 2.3 auf Seite 151

2.2.5 Mengenoperationen

2.2.5.1 Vereinigung von Mengen

Viele Gesetzmäßigkeiten der Mengenlehre lassen sich einfacher erfassen, wenn man Mengen beispielhaft und anschaulich darstellt. Sehr oft benutzt man dazu sogenannte Venn-Diagramme [1], indem man Punkte einer Ebene, die in einem Bereich liegen, mit einer beliebigen Kurve K umschließt, so wie das in Bild 2.4 zu sehen ist.

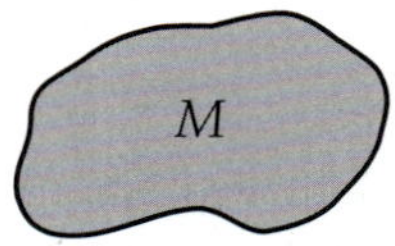

Bild 2.4

Gegeben seien nun zwei Mengen M_1 und M_2. Dann kann man sämtliche Elemente dieser beiden Mengen zu einer neuen Menge zusammenfassen, die als **Vereinigungsmenge** der beiden Mengen M_1 und M_2 bezeichnet wird.

Für die Operation der Vereinigung zweier Mengen wird ein eigenes Symbol eingeführt:

$$\boxed{M = M_1 \cup M_2} \tag{2.4}$$

was als „M gleich M_1 vereinigt mit M_2" gelesen wird.

Das Bild 2.5 zeigt anschaulich, wie zwei Mengen zu einer neuen Menge vereinigt werden.

Die Vereinigungsmenge $M = M_1 \cup M_2$ enthält genau all die Elemente, die M_1 *oder* M_2 angehören. Im Bild 2.5 ist die Vereinigungsmenge grau dargestellt.

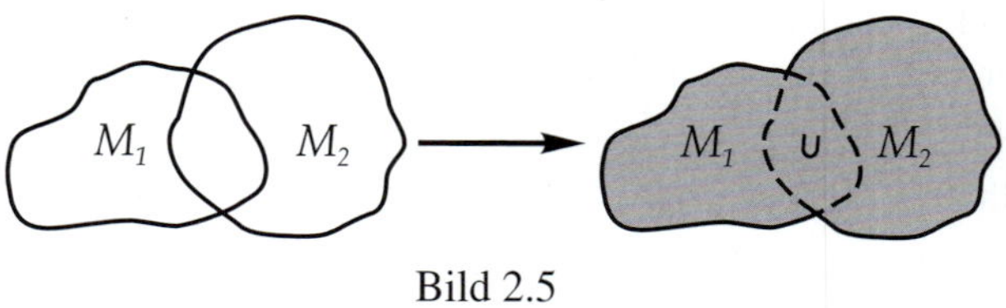

Bild 2.5

Entsprechend gehören im Bild 2.6 alle Punkte der beiden grauen Flächen zur Menge $M_1' \cup M_2'$.

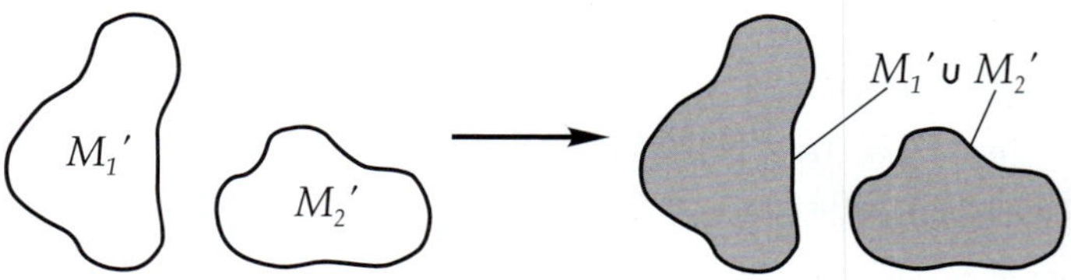

Bild 2.6

Das Bild 2.7 zeigt die Vereinigung zweier Intervalle $I = I_1 \cup I_2$, die ebenfalls all die Elemente enthält, die I_1 *oder* I_2 angehören.

---

[1] Benannt nach dem englischen Mathematiker John Venn (1834-1923).

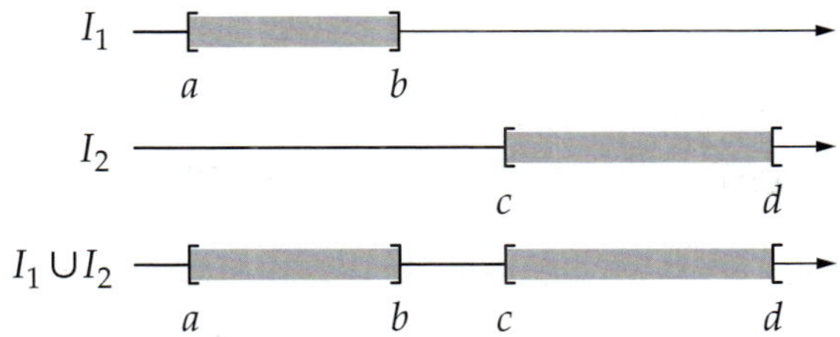

Bild 2.7

Wir kommen damit zu folgender Definition für die Mengenvereinigung:

Zur Vereinigung M zweier Mengen M_1 und M_2 gehören genau diejenigen Elemente, die wenigstens in einer dieser beiden Mengen enthalten sind:

$$x \in M_1 \cup M_2 \quad \Leftrightarrow x \in M_1 \vee x \in M_2 \tag{2.5}$$

Die Ähnlichkeit des in der Formel (2.5) auftretenden Zeichens $\cup$ für „vereinigt mit" mit dem Zeichen $\vee$ für das logische „oder" ist auffällig! Die beiden Operationen sind einander nicht nur äußerlich, sondern auch inhaltlich sehr ähnlich.

Beispiele:

2.42 $A = \{l; e; i; m\}$ und $B = \{t; o; p; f\}$
ergibt $A \cup B = \{l; e; i; m; t; o; p; f\} = \{e; f; i; l; m; o; p; t\}$.

2.43 Es sei G die Menge aller geraden Zahlen und U die Menge aller ungeraden Zahlen. Dann ist $G \cup U = \mathbf{N}$.

2.44 $P = \{1; 2; 3; 4; 5\}$ und $S = \{3; 4; 5; 6; 7; 8\}$
ergibt $P \cup S = \{1; 2; 3; 4; 5; 6; 7; 8\}$.
Die sowohl in P als auch in S auftretenden Elemente 3, 4 und 5 dürfen in der Vereinigung $P \cup S$ jeweils *nur einmal* angegeben werden.

2.45 Die Menge E der Eltern einer Familie bestehe aus dem Vater V und der Mutter M:

$E = \{M; V\}$

Die Menge K der Kinder der Familie bestehe aus dem Sohn S und der Tochter T:

$K = \{S; T\}$.

Dann kann man die Menge F aller Familienmitglieder wie folgt schreiben:

$F = E \cup K = \{M; S; T; V\}$.

2.46 Es ist ohne Schwierigkeiten einzusehen, dass $M \cup \emptyset = M$ sein muss.

2.47 Ermittle die Vereinigung der Intervalle
a) $I_1 = [1; 6]$ und $I_2 = (5; 7)$ b) $I_3 = (a; b]$ und $I_4 = [a; b)$

a) $I_1 \cup I_2 = [1; 7)$

b) $I_3 \cup I_4 = [a; b]$

2.2.5.2 Durchschnitt von Mengen

Gegeben seien wiederum zwei Mengen M_1 und M_2. Dann lässt sich aus den Elementen dieser beiden Mengen eine neue Menge M bilden, indem nur die Elemente zu M genommen werden, die *sowohl* in M_1 *als auch* in M_2 liegen. Diese neue Menge M wird **Schnittmenge** oder **Durchschnitt der beiden Mengen** M_1 und M_2 genannt. Das Symbol für diese Operation ist

$$\boxed{M = M_1 \cap M_2} \tag{2.6}$$

und wird gesprochen als: „M ist M_1 geschnitten mit M_2" oder „M ist die Schnittmenge von M_1 und M_2" oder „M ist der Durchschnitt der Mengen M_1 und M_2".

Im Bild 2.8 ist der Durchschnitt zweier Mengen M_1 und M_2 dargestellt. Die Schnittmenge $M = M_1 \cap M_2$ setzt sich aus all denjenigen Elementen zusammen, die beiden Mengen M_1 und M_2 *zugleich* angehören.

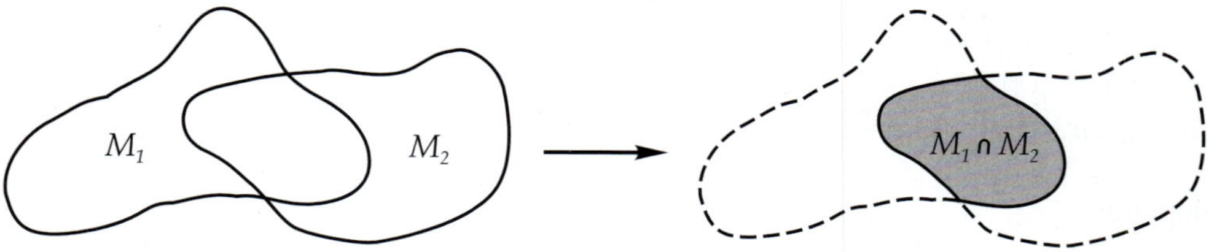

Bild 2.8

Für die im Bild 2.9 dargestellten Mengen M_1' und M_2' gilt daher

$$M_1' \cap M_2' = \emptyset,$$

denn es gibt kein Element, das *sowohl der Menge* M_1' *als auch der Menge* M_2' angehört.

Wir kommen damit zu folgender Definition für den **Durchschnitt** zweier Mengen:

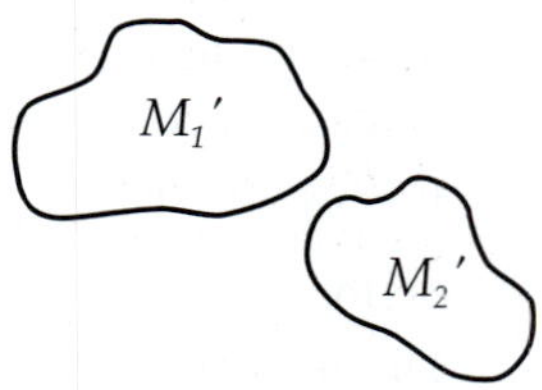

Bild 2.9

Zur Schnittmenge M zweier Mengen M_1 und M_2 gehören genau diejenigen Elemente, die sowohl in der Menge M_1 als auch in der Menge M_2 enthalten sind:

$$\boxed{x \in M_1 \cap M_2 \quad \Leftrightarrow \quad x \in M_1 \wedge x \in M_2} \tag{2.7}$$

Man beachte auch hier die äußerliche und inhaltliche Ähnlichkeit der Zeichen $\cap$ für „geschnitten mit" und $\wedge$ für das logische „und"!

Zur Schnittmenge zweier Intervalle I_1 und I_2 gehören genau diejenigen Elemente, die sowohl zum Intervall I_1 als auch zum Intervall I_2 gehören:

Im Bild 2.10 sind als Schnittbereich alle Zahlen $7 < x \leq 8$ dargestellt, wobei die 7 selbst nicht dazugehört, da $7 \notin I_2$.

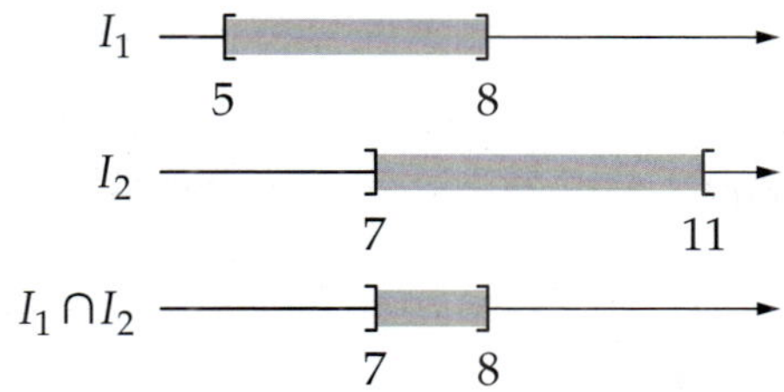

Bild 2.10

Beispiele:

2.48 $A = \{ l ; e ; i ; m \}$, $B = \{ t ; o ; p ; f \} \Rightarrow A \cap B = \emptyset$, denn A und B haben keine gemeinsamen Elemente.

2.49 Für die beiden Mengen G und U aus Beispiel 2.43 gilt aus dem gleichen Grund $G \cap U = \emptyset$.

2.50 Für die beiden Mengen P und S aus Beispiel 2.44 gilt $P \cap S = \{ 3;\ 4;\ 5 \}$, denn diese drei Elemente treten sowohl in P als auch in S auf.

2.51 In Bild 2.11 ist ein Fünfeck $P_1P_2P_3P_4P_5$ dargestellt, das aus einem Quadrat $P_1P_2P_3P_5$ und einem aufgesetzten Dreieck $P_3P_4P_5$ besteht.
Bezeichnet man mit T die Menge aller Punkte des Quadrates einschließlich der Punkte der Begrenzungslinien und mit D die Menge aller Punkte des Dreiecks, ebenfalls einschließlich der Punkte der Begrenzungslinien, so ist $T \cap D$ die Menge der Punkte der Strecke P_3P_5, denn nur die Punkte dieser Strecke gehören sowohl zu T als auch zu D.
Bezeichnet man dagegen mit T' die Menge der „inneren Punkte" des Quadrates T – das sind alle Punkte des Quadrates mit Ausnahme der Punkte der Begrenzungslinien – und mit D' die Menge der „inneren Punkte" des Dreiecks D, so gilt $T' \cap D' = \emptyset$.

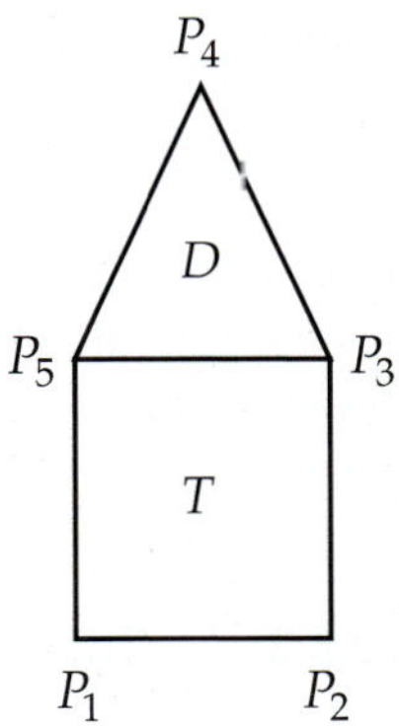

Bild 2.11

2.52 Es sei $x \in M_1 \quad \Leftrightarrow \quad x \in \mathbf{N} \wedge 3 \mid x$ und

$x \in M_2 \quad \Leftrightarrow \quad x \in \mathbf{N} \wedge 4 \mid x$.

Durch M_1 sind diejenigen Zahlen erfasst, die durch 3 teilbar sind:

$$M_1 = \{ 0;\ 3;\ 6;\ 9;\ 12;\ 15;\ \ldots \},$$

während M_2 die Menge aller durch 4 teilbaren Zahlen darstellt:

$$M_2 = \{ 0;\ 4;\ 8;\ 12;\ 16;\ 20;\ \ldots \}.$$

$M_1 \cup M_2$ sind dann alle diejenigen Zahlen, die sich durch 3 oder durch 4 teilen lassen:

$$M_1 \cup M_2 = \{ 0;\ 3;\ 4;\ 6;\ 8;\ 9;\ 12;\ 15;\ 16;\ 18;\ 20;\ \ldots \},$$

während der Durchschnitt $M_1 \cap M_2$ genau diejenigen Zahlen enthält, die sowohl durch 3 als auch durch 4 teilbar sind, also alle durch 12 teilbaren Zahlen:

$$M_1 \cap M_2 = \{ 0;\ 12;\ 24;\ 36;\ \ldots \}.$$

In der Darstellungsweise, in der die Aufgabe gestellt wurde, könnte man das Ergebnis also wie folgt formulieren:

$$x \in \mathrm{M}_1 \cup \mathrm{M}_2 \quad \Leftrightarrow \quad x \in \mathbf{N} \wedge (3 \mid x \vee 4 \mid x)$$

und

$$x \in \mathrm{M}_1 \cap \mathrm{M}_2 \quad \Leftrightarrow \quad x \in \mathbf{N} \wedge (3 \mid x \wedge 4 \mid x),$$

oder im letzten Falle kürzer

$$x \in \mathrm{M}_1 \cap \mathrm{M}_2 \quad \Leftrightarrow \quad x \in \mathbf{N} \wedge 12 \mid x\,.$$

2.53 Man ermittle den Schnitt der Intervalle a) $\mathrm{I}_1 = [\,1\,;\,6\,]$ und $\mathrm{I}_2 = (\,5\,;\,7\,)$
b) $\mathrm{I}_3 = (\,a\,;\,b\,]$ und $\mathrm{I}_4 = [\,a\,;\,b\,)$

a) Zu beachten ist der linke Randpunkt von I_2. Da er I_2 nicht angehört, darf er auch nicht dem Durchschnitt von I_1 und I_2 angehören: $\mathrm{I}_1 \cap \mathrm{I}_2 = (\,5\,;\,6\,]$.

b) $\mathrm{I}_3 \cap \mathrm{I}_4 = (\,a\,;\,b\,)$

2.54 $\mathrm{M} \cap \emptyset = \emptyset\,.$

In den Beispielen 2.48 und 2.49 sowie am Ende des Beispiels 2.51 wurden Mengen vorgeführt, die keine gemeinsamen Elemente besitzen, deren Schnittmengen also leer sind, siehe auch Bild 2.9. Solche Mengen werden **elementfremde** oder **disjunkte Mengen** genannt.

■ Für zwei disjunkte Mengen M_1 und M_2 gilt stets $\mathrm{M}_1 \cap \mathrm{M}_2 = \emptyset\,.$

Wenn wir die **Mächtigkeit der Vereinigung** zweier Mengen A und B betrachten, dann müssen wir die Anzahl der in den beiden Mengen A und B gemeinsam enthaltenen Elemente herausrechnen, da wir sie mit den beiden Ausgangsmengen bereits doppelt erfasst haben: $|\,\mathrm{A} \cup \mathrm{B}\,| = |\,\mathrm{A}\,| + |\,\mathrm{B}\,| - |\,\mathrm{A} \cap \mathrm{B}\,|$.

2.2.5.3 Differenz zweier Mengen

Es seien erneut zwei Mengen M_1 und M_2 gegeben. Dann lässt sich aus diesen beiden Mengen eine neue Menge M dadurch bilden, dass man von der Menge M_1 alle diejenigen Elemente weglässt, die auch in M_2 enthalten sind.

Die so entstehende Menge ist die **Restmenge** oder die **Differenzmenge** der beiden Mengen M_1 und M_2. Man schreibt dafür

$$\boxed{\mathrm{M} = \mathrm{M}_1 \setminus \mathrm{M}_2} \qquad (2.8)$$

was als „M gleich M_1 ohne M_2“ oder „M gleich Differenz von M_1 und M_2“ gesprochen wird.

In Bild 2.12 sind die Differenzmengen $\mathrm{M}_1 \setminus \mathrm{M}_2$ bzw. $\mathrm{M}_2 \setminus \mathrm{M}_1$ der beiden Mengen M_1 und M_2 dargestellt.

Es ist offensichtlich, dass die Differenzmenge M_1 und M_2 zweier disjunkter Mengen wieder die erste Menge M_1 ergibt, siehe Bild 2.13.

Die Bildung der **Differenz** zweier Mengen lässt sich wie folgt definieren:

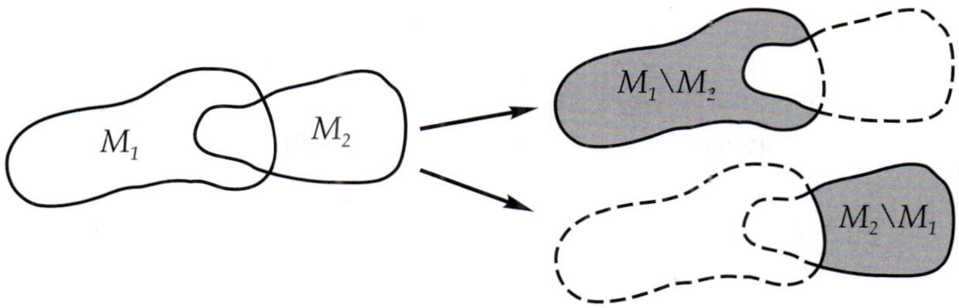

Bild 2.12

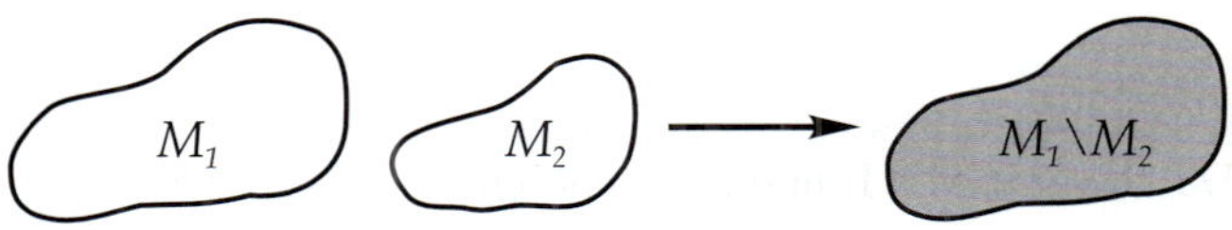

Bild 2.13

Zur Differenzmenge M zweier Mengen M_1 und M_2 gehören genau diejenigen Elemente von M_1, die nicht gleichzeitig auch Elemente von M_2 sind:

$$\boxed{x \in M_1 \setminus M_2 \qquad \Leftrightarrow \qquad x \in M_1 \wedge x \notin M_2} \tag{2.9}$$

Man mache sich anhand einiger Punktmengen klar, dass für die Vereinigung und für den Durchschnitt zweier Mengen M_1 und M_2 stets gilt

$$M_1 \cup M_2 = M_2 \cup M_1 \qquad \text{bzw.} \qquad M_1 \cap M_2 = M_2 \cap M_1,$$

dass jedoch für die Differenzmengen im Allgemeinen

$$M_1 \setminus M_2 \neq M_2 \setminus M_1$$

ist.

Beispiele:

2.55 $A = \{0; 1; 2; 3; 4; 5\}$ und $B = \{4; 5; 6; 7; 8\}$ ergibt
$A \setminus B = \{0; 1; 2; 3\}$, dagegen $B \setminus A = \{6; 7; 8\}$.

2.56 Bezeichnet man mit **N** die Menge aller natürlichen Zahlen, mit G die Menge aller geraden Zahlen und mit U die Menge aller ungeraden Zahlen. so gilt

$$\mathbf{N} \setminus G = U, \qquad \mathbf{N} \setminus U = G, \qquad G \setminus \mathbf{N} = \emptyset, \qquad U \setminus \mathbf{N} = \emptyset.$$

2.57 Aus $x \in M_1 \;\Leftrightarrow\; x \in \mathbf{N} \wedge 3\,|\,x$ und $x \in M_2 \;\Leftrightarrow\; x \in \mathbf{N} \wedge 4\,|\,x$ folgt

$$M_1 = \{x \in \mathbf{N} \mid 3\,|\,x\} \text{ und } M_2 = \{x \in \mathbf{N} \mid 4 \;\; x\}. \text{ (Vgl. Beispiel 2.52)}$$

Dann ist $M_1 \setminus M_2$ die Menge derjenigen Zahlen, die durch 3, aber nicht gleichzeitig durch 4 teilbar sind:

$$M_1 \setminus M_2 = \{3; 6; 9; 15; 18; 21; 27; 30; 33; 39; \ldots\}.$$

Hingegen ist $M_2 \setminus M_1$ die Menge aller durch 4 teilbaren Zahlen, die jedoch nicht gleichzeitig durch 3 teilbar sind:

$$M_2 \setminus M_1 = \{4; 8; 16; 20; 28; 32; 40; 44; 52; \ldots\}.$$

2.58 Ermittle die Differenz der Intervalle a) $I_1 = [1; 6]$ und $I_2 = (5; 7)$
b) $I_3 = (a; b]$ und $I_4 = [a; b)$

a) Man beachte den linken Endpunkt von I_2. Da er I_2 nicht angehört, darf er bei der Differenzbildung auch nicht von I_1 weggenommen werden. Er verbleibt also in der Differenzmenge: $I_1 \setminus I_2 = [1; 5]$.

Der Endpunkt 6 gehört der Menge I_1 an. Also muss er bei der Bildung der Differenzmenge mit von I_2 weggenommen werden: $I_2 \setminus I_1 = (6; 7)$.

b) $I_3 \setminus I_4 = \{b\}$ $\quad I_4 \setminus I_3 = \{a\}$

2.59 Es seien T, D, T′ und D′ die durch Beispiel 2.51 definierten Punktmengen. Dann ist

$T \setminus D$ die Menge aller Punkte des Quadrates mit Ausnahme der Punkte, die die obere Begrenzungslinie P_3P_5 bilden;

$T \setminus D'$ die Menge aller Punkte des Quadrates einschließlich der Punkte der vier Begrenzungslinien;

$D \setminus T$ die Menge aller Punkte des Dreiecks mit Ausnahme der unteren Begrenzungslinie P_3P_5 sowie

$D \setminus T'$ die Menge aller Punkte des Dreiecks einschließlich der Punkte der drei Begrenzungslinien.

2.60 Für jede beliebige Menge M gelten die beiden Beziehungen

$$M \setminus \emptyset = M$$

sowie $\quad \emptyset \setminus M = \emptyset.$

Der Inhalt dieser beiden Formeln ist leicht zu interpretieren:

Wenn jemand eine Menge Dinge besitzt und er soll *nichts* davon wegnehmen, so bleibt ihm seine ursprünglich vorhandene Menge erhalten.
Hat dagegen jemand *nichts*, so kann er logischerweise auch nichts davon wegnehmen, und er besitzt dann leider immer noch *nichts*.

✍ A. 2.4–2.13 auf Seite 152

2.2.5.4 Produktmenge

Nachdem wir die Elemente zweier Mengen zu einer neuen Menge zusammengefasst, also vereinigt haben bzw. an anderer Stelle die Differenz zweier Mengen untersuchten, könnte man bei dem Begriff der „Produktmenge“[1] vermuten, dass die Elemente zweier Mengen in irgendeiner Form miteinander multipliziert werden. Dem ist aber nicht so!

Die Produktmenge von zwei Mengen liefert Paare von jeweils zwei Elementen, die aus den beiden Ausgangsmengen stammen:

- Dazu kombinieren wir ein Element der ersten Menge nacheinander mit allen Elementen der zweiten Menge zu jeweils einem 2er-Paar.
- Danach nehmen wir das nächste Element der ersten Menge und wiederholen die schrittweise Kombination mit allen Elementen der zweiten Menge.

[1] Oftmals wird auch die Bezeichnung „kartesisches Produkt“ oder Mengenprodukt verwendet. Der Begriff „Kreuzprodukt“ sollte hier vermieden werden, da er anderweitig eine andere Verwendung findet.

► Dies praktizieren wir solange, bis alle Elemente der ersten Menge, Paare mit den Bestandteilen der zweiten Menge gebildet haben.

Beispiel:

2.61 Für die Mengen $\mathrm{A} = \{\, r;\ x;\ z \,\}$ und $\mathrm{B} = \{\, 4;\ 7 \,\}$ wollen wir die beiden möglichen Produktmengen[1] $\mathrm{A} \times \mathrm{B}$ bzw. $\mathrm{B} \times \mathrm{A}$ notieren, wobei die Darstellung in einer Tabelle meist übersichtlicher ist, als die in klassischer Mengenform:

Schreibweise	Produktmenge $\mathrm{A} \times \mathrm{B}$	Produktmenge $\mathrm{B} \times \mathrm{A}$
Menge	$\mathrm{A} \times \mathrm{B} = \{\, (r;4);\ (r;7);\ (x;4);\ (x;7);\ (z;4);\ (z;7) \,\}$	$\mathrm{B} \times \mathrm{A} = \{\, (4;r);\ (4;x);\ (4;z);\ (7;r);\ (7;x);\ (7;z) \,\}$

Tabelle

A \ B	4	7
r	$(r;4)$	$(r;7)$
x	$(x;4)$	$(x;7)$
z	$(z;4)$	$(z;7)$

B \ A	r	x	z
4	$(4;r)$	$(4;x)$	$(4;z)$
7	$(7;r)$	$(7;x)$	$(7;z)$

Die Produktmenge zweier[2] Mengen A und B ist die Menge aller Paare, die sich durch Kombination der Elemente von A und B ergeben.

Mit $\mathrm{A} = \{\, a_1;\ a_2;\ \ldots;\ a_m \,\}$ und $\mathrm{B} = \{\, b_1;\ b_2;\ \ldots;\ b_n \,\}$ erhalten wir als Produktmenge

$$\begin{aligned} \mathrm{A} \times \mathrm{B} = \{\ & (a_1;b_1);\ (a_1;b_2);\ \ldots;\ (a_1;b_n);\\ & (a_2;b_1);\ (a_2;b_2);\ \ldots;\ (a_2;b_n);\\ & \ldots\\ & (a_m;b_1);\ (a_m;b_2);\ \ldots;\ (a_m;b_n)\ \}. \end{aligned}$$

Da die Reihenfolge innerhalb der Paare genau zu beachten ist, spricht man auch von „**geordneten Paaren**“: Der erste Partner in einem Paar entstammt immer der ersten Menge, der zweite Partner kommt dagegen immer aus der zweiten Menge. Für zwei (unterschiedliche) Mengen A und B gilt das Kommutativgesetz *nicht*: $\mathrm{A} \times \mathrm{B} \neq \mathrm{B} \times \mathrm{A}$.

Die Paare selbst sind Elemente einer Menge und können deshalb beliebig in der Produktmenge angeordnet sein.

Die Mächtigkeit der Produktmenge ergibt sich als Produkt der Mächtigkeiten der beiden Ausgangsmengen: $|\mathrm{A} \times \mathrm{B}| = |\mathrm{A}| \cdot |\mathrm{B}|$.

Beispiele:

2.62 Ein Automobil-Hersteller bietet für eine Modellreihe Fahrzeuge mit einem Benzin-, Gas- oder Elektroantrieb an. Alle Ausführungen können in den Farben Blau, Gelb,

[1] $\mathrm{A} \times \mathrm{B}$ wird gelesen als „A kreuz B“.

[2] Es sind auch Verknüpfungen von mehr als zwei Mengen denkbar, z. B. führt $\mathrm{A} \times \mathrm{B} \times \mathrm{C}$ zu geordneten Dreierpaaren $(a;b;c)$, sogenannten Tripeln. Bei der Produktmenge von n Mengen werden n-Tupel gebildet:

$$\mathrm{A}_1 \times \mathrm{A}_2 \times \ldots \times \mathrm{A}_n = \{(a_1;a_2;\ldots;a_n) \mid a_1 \in \mathrm{A}_1, a_2 \in \mathrm{A}_2, \ldots, a_n \in \mathrm{A}_n\}$$

Rot oder Silber bestellt werden. Auf dem Bestellzettel wird die gewünschte Kombination als (Farbe; Antrieb) ausgegeben. Zwischen welchen Kombinationen können die Kunden wählen?

Lösung: Mit den beiden Mengen

Farbe = { Blau; Gelb; Rot; Silber } mit $|\text{Farbe}| = 4$

Antrieb = { Benzin; Gas; Elektro } mit $|\text{Antrieb}| = 3$

ergeben sich für die Produktmenge „Farbe × Antrieb" $4 \cdot 3 = 12$ mögliche Kombinationen, die hier als Tabelle notiert sind:

Farbe \ Antrieb	Benzin (B)	Gas (G)	Elektro (E)
Blau (B)	(B; B)	(B; G)	(B; E)
Gelb (G)	(G; B)	(G; G)	(G; E)
Rot (R)	(R; B)	(R; G)	(R; E)
Silber (S)	(S; B)	(S; G)	(S; E)

Beachte unbedingt die Reihenfolge in einem geordneten Paar, denn mit dem Kürzel (B; G) wird ein blaues, gasbetriebenes Fahrzeug, aber mit (G; B) ein gelber Benziner bestellt! Um solche Verwechselungen zu vermeiden, werden in der Praxis meist unterschiedliche Symbole verwendet, z. B. könnte mit Kleinbuchstaben für die Farben das Modell (b; G) leichter von (g; B) unterschieden werden.

2.63 Die Produktmengen werden gerne in der Kombinatorik, einem Teilgebiet der Wahrscheinlichkeitsrechnung, zur Beschreibung der Kombinationsmöglichkeiten verschiedener Ereignisse genutzt.

Auf wie viele unterschiedliche Arten kann ich fünf Hemden, drei Hosen, eine Jacke und zwei Paar Schuhe kombinieren?

Lösung: Aus den genannten Kleidungsstücken lassen sich $5 \cdot 3 \cdot 1 \cdot 2 = 30$ verschiedene Outfits erstellen.

Wie viele Regalfächer muss ein Großhändler einplanen, wenn ein Pullover in sechs verschiedenen Farben und vier unterschiedlichen Größen angeboten wird?

Lösung: Die Logistiker müssen $6 \cdot 4 = 24$ Lagerplätze berücksichtigen.

2.64 In einer Pizzeria werden Gerichte mit unterschiedlichen Teigsorten und Belägen angeboten. Aus den beiden Mengen

Belag = { Fisch; Gemüse, Huhn; Lamm; Rind; Schwein } mit $|\text{Belag}| = 6$

Mehl = { Weizen; Roggen; Mehrkorn } mit $|\text{Mehl}| = 3$

erhält man eine bunte Speisekarte mit $3 \cdot 6 = 18$ verschiedenen Gerichten, die sich aus der Produktmenge „Mehl × Belag" ergeben:

Mehl \ Belag	<u>F</u>isch	<u>G</u>emüse	<u>H</u>uhn	<u>L</u>amm	<u>R</u>ind	<u>S</u>chwein
<u>W</u>eizen	(W; F)	(W; G)	(W; H)	(W; L)	(W; R)	(W; S)
<u>R</u>oggen	(R; F)	(R; G)	(R; H)	(R; L)	(R; R)	(R; S)
<u>M</u>ehrkorn	(M; F)	(M; G)	(M; H)	(M; L)	(M; R)	(M; S)

2.65 Notiere die Produktmenge T×T für $T = \{-4; 7; 62\}$ und bestimme ihre Mächtigkeit.

$T \times T = \{(-4;-4); (-4;7); (-4;62); (7;-4); (7;7); (7;62); (62;-4); (62;7); (62;62)\}$

$|T \times T| = |T|^2 = 3^2 = 9$

✍ A. 2.14–2.15 auf Seite 153

Bei den Grundgesetzen für die Mengenoperationen traten Zeichen und Formulierungen auf, an die man sich zunächst einmal gewöhnen muss. Um das zu erleichtern, sind hier die wichtigsten Begriffe und Formeln in tabellarischer Übersicht zusammengefasst.

Übersicht über die wichtigsten Mengenrelationen und -operationen

Bezeichnung	Symbolik	Definition	Erfasst werden Elemente, die ...
Teilmenge	$A \subset B$	$x \in A \Rightarrow x \in B$	
Gleichheit	$A = B$	$x \in A \Leftrightarrow x \in B$	
Vereinigungs-menge	$A \cup B$	$x \in A \cup B$ $\Leftrightarrow x \in A \vee x \in B$	... *entweder* in A *oder* in B *oder* in beiden Mengen liegen.
Durchschnitts-menge	$A \cap B$	$x \in A \cap B$ $\Leftrightarrow x \in A \wedge x \in B$	... *sowohl* in A *als auch* in B liegen.
Differenz-menge	$A \setminus B$	$x \in A \setminus B$ $\Leftrightarrow x \in A \wedge x \notin B$	... zwar in A, *aber nicht* in B liegen.
Produkt-menge	$A \times B$	$\{(a;b) \mid a \in A \wedge b \in B\}$	

Aufgaben:

2.2 Mengen

(Lösungen ab Seite 855)

2.2 Wie heißen die Elemente der nachfolgend angegebenen Mengen?

a) $x \in M \Leftrightarrow x \in \mathbf{N} \wedge 2 < x \leq 7$

b) $z \in A \Leftrightarrow z = 2^n \wedge n \in \mathbf{N} \setminus \{0\}$

c) $b \in B \Leftrightarrow b = \frac{1}{n} \wedge n \in \mathbf{N} \wedge 0 < n < 11$

d) $x \in M \Leftrightarrow x \in \mathbf{N} \wedge 4 \mid x \wedge 5 \mid x$

e) $x \in M \Leftrightarrow x \in \mathbf{N} \wedge 4 \mid x \vee 5 \mid x$

f) $K = \{x, y \in \mathbf{N} \mid y = x^3\}$

g) $A = \{m \mid m = 3n + 2 \wedge n \in \mathbf{N}\}$

h) $V = \left\{ k \,\middle|\, k = \frac{r+1}{r+2} \wedge r \in \mathbf{N} \right\}$

i) $L = \{x \mid x < 5 \wedge x > 6\}$

k) $L_1 = \{x \in \mathbf{R} \mid x > 5 \wedge x < 6\}$

2.3 Es ist zu untersuchen, ob zwischen den in den einzelnen Teilaufgaben genannten Mengen die Relationen $\subset$ oder $=$ bestehen.

a) $A = \{0; 1; 2\}$, $B = \{0; 1; 2; 3; 4\}$

b) $M_1 = \{s; a; h; n; e\}$, $M_2 = \{h; a; n; s; e\}$

c) A = Menge aller Quadrate, B = Menge aller Vierecke mit vier rechten Winkeln.

d) $S = \{1; 3; 5\}$, $T = \{2; 4; 6\}$

e) $G = \{x, y \in \mathbf{N} \mid y = 2x\}$, $H = \{x \in \mathbf{N} \mid 2 \mid x\}$

f) $x \in A \Leftrightarrow x \in \mathbf{N} \wedge 7 \mid x$ $x \in B \Leftrightarrow x \in \mathbf{N} \wedge 5 \mid x$

g) T = Menge der Tage des Jahres 2050,
S = Menge der Sonntage des Jahres 2050.

h) **N** = Menge der natürlichen Zahlen, Prim = Menge der Primzahlen.

i) A = $\{x \in \mathbf{N} \mid 5 \leq x \leq 6\}$, B = $\{5 ; 6\}$

k) C = $\{x \in \mathbf{N} \mid 5 < x < 6\}$, D = $\emptyset$

l) E = $\{x \in \mathbf{N} \mid 5 \leq x < 6\}$, F = $\{6\}$

m) G = Menge der in einem Hause lebenden Familien.
H = Menge der in demselben Hause lebenden Menschen

n) A = Menge aller Dreiecke B = Menge aller gleichseitigen Dreiecke
C = Menge aller gleichschenkligen Dreiecke.

2.4 Gegeben seien die beiden Mengen

$$P = \{ 1 ; 2 ; 3 ; \ldots ; 10 \} \quad \text{und} \quad S = \{ 5 ; 6 ; 7 ; \ldots ; 15 \}$$

Die Elemente folgender Mengen sind zu bestimmen:

a) $P \cup S$ b) $P \cap S$ c) $P \setminus S$ d) $S \setminus P$

2.5 Durch zwei konzentrische Kreise mit den beiden Radien r_1 und r_2 mit $r_1 > r_2$ seien entsprechend Bild 2.14 die beiden Punktmengen K_1 und K_2 bestimmt. Welche Punktmengen werden durch die folgenden Mengenrelationen dargestellt:

a) $K_1 \cup K_2$ b) $K_1 \cap K_2$

c) $K_1 \setminus K_2$ d) $K_2 \setminus K_1$

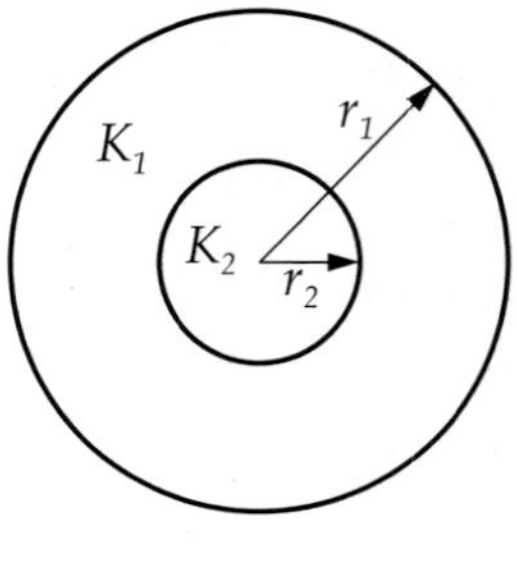

Bild 2.14

2.6 Wie lauten die Antworten a) bis d) in Aufgabe 2.5, wenn $r_1 = r_2$ ist?

2.7 Bestimme:

a) $A \cup A$ b) $A \cap A$ c) $A \setminus A$ d) $A \cup \emptyset$

e) $A \cap \emptyset$ f) $A \setminus \emptyset$ g) $\emptyset \setminus A$

2.8 Es sei $A \subset B$. Zu welchen Mengen vereinfachen sich unter dieser Voraussetzung die folgenden Operationen?

a) $A \cup B$ b) $A \cap B$ c) $A \setminus B$ d) $B \setminus A$

2.9 Welche Schlussfolgerungen lassen sich ziehen, wenn folgende Beziehungen gelten:

a) $M_1 \cup M_2 = M_2$ b) $M_1 \cap M_2 = M_1$ c) $M_1 \setminus M_2 = M_1$

d) $M_1 \setminus M_2 = \emptyset$ e) $M_1 \cap M_2 = \emptyset$ f) $M_1 \cup M_2 = \emptyset$

2.10 Die graue Fläche im Bild 2.15 soll mithilfe von Mengenoperationen aus den beiden Mengen M_1 und M_2 zusammengesetzt werden.

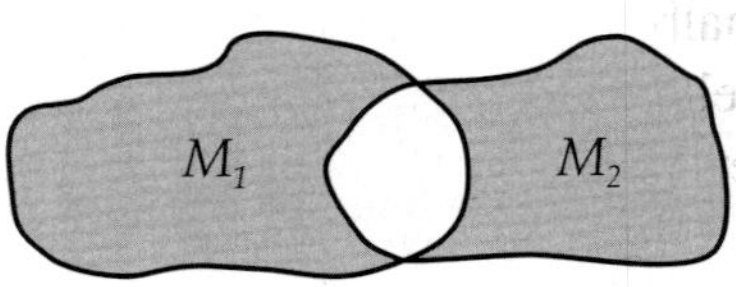

Bild 2.15

2.11 g_1 und g_2 seien diejenigen Punktmengen, die durch zwei sich schneidende Geraden in einer Ebene bestimmt werden. Welche geometrische Bedeutung hat $g_1 \cap g_2$?

2.12 Durch E_1 und E_2 seien die Punkte von zwei nicht parallelen Ebenen im Raume gegeben. Welche geometrische Bedeutung hat dann $E_1 \cap E_2$?
Was ergibt sich für $E_1 \cap E_2$, wenn die beiden Ebenen parallel zueinander liegen?

2.13 Anhand zweier Punktmengen für die Mengen A und B sind die beiden Ausdrücke

a) $A \cap (A \cup B)$ und b) $A \cup (A \cap B)$

so weit wie möglich zu vereinfachen.

2.14 Bilde aus $M_1 = \{a; b; c\}$ und $M_2 = \{K; T\}$ die folgenden Produktmengen:

a) $M_1 \times M_2$ b) $M_2 \times M_1$ c) $M_1 \times M_1$
d) $M_2 \times M_2$ e) $M_1 \times$ f) $M_1 \times M_2 \times M_2$

2.15 Für den neuen Vereinsvorstand, bestehend aus einer vorsitzenden und einer stellvertretenden Person, kandidieren Anton (A), Bertha (B), Chris (C) und Dora (D). Wie viele Paarungen sind möglich und wie lauten sie?

2.3 Das Rechnen mit Variablen

Für das Verständnis der folgenden Überlegungen ist es hilfreich, wenn man vorher Abschnitt 1.2, „Das Rechnen mit Zahlen", durchgearbeitet hat.

2.3.1 Die vier Grundrechenoperationen

2.3.1.1 Einfache Rechenoperationen mit Variablen

Wie wir bereits gesehen haben, verwendet man für *allgemein gültige* Aussagen oder Rechenvorschriften Buchstabensymbole, sogenannte **Variablen**[1)]. Dabei bevorzugt man für Zahlen, die innerhalb einer Aufgabe einen *konstanten* Wert beibehalten sollen, die ersten Buchstaben a, b, c, ... unseres Alphabets, während die letzten Buchstaben ..., u, v, w, x, y, z meist solchen Zahlen vorbehalten bleiben, deren Wert noch *nicht* bekannt ist oder die innerhalb gewisser, von der Aufgabenstellung abhängiger, Grenzen mit beliebigen Zahlenwerten belegt werden dürfen.

Bei praktischen Problemen sollte man sich bei der Wahl der Variablenbezeichnungen an den auftretenden Begriffen und Größen orientieren und nicht immer nur x und y benutzen. Sinnvoll und einprägsam ist etwa

m für „Alter der Mutter in Jahren" p für „Alter von Peter in Jahren"

Wichtig ist, dass innerhalb einer Aufgabenbearbeitung ein und derselben Variablen auch immer nur ein und dieselbe Bedeutung zugewiesen wird. Bei komplexen Fragestellungen hilft, die Bedeutung der Variablen kurz aufzuschreiben, damit es nicht versehentlich zu einer inhaltlichen Änderung kommt. Dann sind für uns selbst – und auch für andere – die Berechnungen später noch nachzuvollziehen.

---

1) variabilis (lat.) veränderlich

Es ist naheliegend, mehrere gleichartige Größen mit dem gleichen Buchstaben zu bezeichnen, z. B. v für Geschwindigkeiten[1] und durch einen rechts unten angefügten Index[2] auszudrücken, dass diese Symbole verschiedene Variable sind. v_1 und v_2 bezeichnen somit zwei verschiedene Geschwindigkeiten. Braucht man die Geschwindigkeiten verschiedener Fahrzeugtypen, so wären folgende Bezeichnungen sinnvoll:

v_{L}: LKW-Geschwindigkeit, v_{P}: PKW-Geschwindigkeit,
v_{F}: Fahrrad-Geschwindigkeit

Die verwendeten Symbole für die Variablen stehen im Folgenden sowohl für ganze als auch gebrochene sowie benannte[3] als auch unbenannte Zahlen und Größen.

Gebilde, in denen Zahlen und Variablen durch Rechenzeichen sinnvoll miteinander verbunden sind, wollen wir künftig **Terme**[4] nennen.

So ist der Ausdruck $(a + b)^2$ ein Term, $a - (b+$ dagegen besteht zwar aus zulässigen Zeichen, ist aber unsinnig und kein Term. Korrekt gebildete Terme sind beispielsweise auch

$$\frac{x + 2y}{x - 2y}, \qquad 5u, \qquad (a - 2b)^{3c}.$$

Werden in einem Term für die Variablen die dafür vorgesehenen speziellen Zahlenwerte **eingesetzt**, lässt sich der Wert des Terms ausrechnen. Man sagt dazu auch: Die Variablen werden mit bestimmten Zahlenwerten **belegt**. Dabei ist zu beachten, dass *innerhalb einer Aufgabenstellung eine Variable nicht verschiedene Inhalte* annehmen darf.

Beispiel:

2.66 Man berechne den Wert des Terms $\frac{7a + 3}{15}$ für die Zahlen $a = 2$, 7 und 15.

$a = 2$: $\quad \frac{7 \cdot 2 + 3}{15} = \frac{17}{15}$

$a = 7$: $\quad \frac{7 \cdot 7 + 3}{15} = \frac{52}{15}$

$a = 15$: $\quad \frac{7 \cdot 15 + 3}{15} = \frac{36}{5}$

Eine ausführliche Darstellung zum Berechnen von Termen mit dem Taschenrechner findet man in Abschnitt 1.3.1.4.

---

[1] velocity (engl.) Geschwindigkeit

[2] index (lat.) Anzeiger; Mehrzahl: Indizes. Symbol, Text oder Ziffer, welche zum Zwecke der Unterscheidung rechts unten an eine Variable geschrieben werden: $\mathrm{Variable}_{\mathrm{Index}}$

[3] Eine benannte Zahl ist eine Maßzahl, die von einer Maßeinheit begleitet wird, z. B. Länge = 5 m. In der Physik spricht man auch von Größen. Bei der Festlegung der Variablen sollte man unbedingt die Einheit angeben, also „v_{P}: PKW-Geschwindigkeit in km/h“ oder „v_{S}: Schnecken-Geschwindigkeit in cm/h“.

[4] term (engl.) Ausdruck; hier: mathematischer Ausdruck. Nicht zu verwechseln mit thermos (griech.) Hitze, wie z. B. in Thermometer.

Ferner gilt die Regel:

> Die *Rechenoperationen der dritten Stufe* (Potenzieren und Radizieren) sind *denen der zweiten Stufe* (Multiplizieren und Dividieren) *und diese wiederum denen der ersten Stufe* (Addieren und Subtrahieren) *übergeordnet*. Das bedeutet, dass das Potenzieren Vorrang vor der Multiplikation sowie der Division und diese wiederum Vorrang vor der Addition sowie der Subtraktion haben.
>
> Soll von dieser Regel abgewichen werden, so ist der betreffende Teil des Terms in *ein Klammerpaar einzuschließen*.

Im Volksmund wird diese Regel auch häufig wie folgt formuliert:

Punktrechnung geht vor Strichrechnung.

Wenn also $3+4\cdot 5$ berechnet werden soll, dann ist zunächst das Produkt $4\cdot 5$ zu ermitteln, und erst danach darf die am Anfang der Aufgabe stehende 3 hinzugefügt werden, sodass sich $3+4\cdot 5 = 3+20 = 23$ ergibt.

Entsprechend ist bei der Aufgabe $1+2\cdot 3^4$ zuerst die Potenz 3^4 zu ermitteln, diese ist danach mit 2 zu multiplizieren und schließlich muss dann noch die 1 addiert werden:

$$1+2\cdot 3^4 = 1+2\cdot 81 = 1+162 = 163\,.$$

Will man dagegen erreichen, dass das gesamte Produkt $2\cdot 3$ in die vierte Potenz erhoben werden soll, so muss es in Klammern eingeschlossen werden:

$$1+(2\cdot 3)^4\,.$$

In diesem Falle entsteht der Zahlenwert $1+6^4 = 1+1\,296 = 1\,297$.

Und schließlich ergibt sich bei der Aufgabe $(1+2\cdot 3)^4$ der Wert $7^4 = 2\,401$.

Beispiele:

2.67 Welchen Zahlenwert nehmen die folgenden Terme für $a=5$, $b=2$, $c=4$ und $m=3$ an?

a) $a+b\cdot a-b$ b) $(a+b)\cdot a-b$ c) $a+b\cdot(a-b)$

d) $(a+b)\cdot(a-b)$ e) $\frac{a}{c}+b\cdot a-b$ f) $\frac{a+b}{c}\cdot a-b$

g) $\frac{a+b}{c}\cdot(a-b)$ h) $\frac{a\cdot b^m}{c}$ i) $\frac{(a\cdot b)^m}{c}$

k) $\left(\frac{a\cdot b}{c}\right)^m$ l) $a\cdot\left(\frac{b}{c}\right)^m$ m) $\left(\frac{a+b}{c}\right)^m$

Lösungen:

a) $a+b\cdot a-b = 5+2\cdot 5-2 = 5+10-2 = 13$
b) $(a+b)\cdot a-b = (5+2)\cdot 5-2 = 7\cdot 5-2 = 35-2 = 33$
c) $a+b\cdot(a-b) = 5+2\cdot(5-2) = 5+2\cdot 3 = 5+6 = 11$
d) $(a+b)\cdot(a-b) = (5+2)\cdot(5-2) = 7\cdot 3 = 21$
e) $\frac{a}{c}+b\cdot a-b = \frac{5}{4}+2\cdot 5-2 = 1{,}25+10-2 = 9{,}25$

f) $\frac{a+b}{c} \cdot a - b = \frac{5+2}{4} \cdot 5 - 2 = \frac{7}{4} \cdot 5 - 2 = \frac{35}{4} - 2 = 6{,}75$

g) $\frac{a+b}{c} \cdot (a-b) = \frac{5+2}{4} \cdot (5-2) = \frac{7}{4} \cdot 3 = \frac{21}{4} = 5{,}25$

h) $\frac{a \cdot b^m}{c} = \frac{5 \cdot 2^3}{4} = \frac{5 \cdot 8}{4} = 10$

i) $\frac{(a \cdot b)^m}{c} = \frac{(5 \cdot 2)^3}{4} = \frac{10^3}{4} = \frac{1\,000}{4} = 250$

k) $\left(\frac{a \cdot b}{c}\right)^m = \left(\frac{5 \cdot 2}{4}\right)^3 = 2{,}5^3 = 15{,}625$

l) $a \cdot \left(\frac{b}{c}\right)^m = 5 \cdot \left(\frac{2}{4}\right)^3 = 5 \cdot \left(\frac{1}{2}\right)^3 = 5 \cdot \frac{1}{8} = \frac{5}{8} = 0{,}625$

m) $\left(\frac{a+b}{c}\right)^m = \left(\frac{5+2}{4}\right)^3 = \left(\frac{7}{4}\right)^3 = \frac{343}{64} = 5{,}359\,375$

Bei älteren TR ist darauf zu achten, dass Zähler und Nenner bei der Eingabe jeweils in Klammern zu setzen sind, da sie jeweils eine Einheit darstellen; siehe Abschnitt 1.2.3.1.

A. 2.16 auf Seite 190

Wenn Variable nur ganzzahlige Werte annehmen dürfen, so verwendet man meistens die Buchstaben m, n und l oder die griechischen Buchstaben μ, sprich „mü“, ν, sprich „nü“ und λ, sprich „lambda“.

An dieser Stelle wollen wir noch zwei Begriffe einführen:

Ist n eine beliebige ganze Zahl, so lautet die vorhergehende ganze Zahl $n-1$, die um 1 kleinere Zahl, während die auf n folgende ganze Zahl $n+1$ ist, also die um 1 größere Zahl. $n-1$ wird der *Vorgänger*, $n+1$ der *Nachfolger* der Zahl n genannt.

und eine einfache, aber wichtige Erkenntnis formulieren:

Das Doppelte einer ganzen Zahl n, also die Zahl $2n$, ist stets eine *gerade Zahl*. Vermindert oder vermehrt man eine gerade Zahl um 1, so ergibt sich stets eine *ungerade Zahl*. Folglich sind $2n-1$ und $2n+1$ stets *ungerade Zahlen*. (2.10)

Beispiel:

2.68 Ist m irgendeine Zahl, so bedeutet

$m+5$	die um 5 größere Zahl als m,	$m-3$	die um 3 kleinere Zahl als m,
$4m$	das Vierfache von m,	$\frac{m}{7}$	den siebenten Teil von m,
m^3	die dritte Potenz von m,	$\sqrt[4]{m}$	die vierte Wurzel aus m …

A. 2.17–2.19 auf Seite 190

2.3.1.2 Die negativen Zahlen

Die **Addition** zweier Zahlen kann man mit einem festen und einem beweglichen Zahlenstrahl anschaulich darstellen. Ein langes Lineal dient als Ersatzobjekt für den eigentlich unendlich langen Zahlenstrahl. Dabei verfährt man nach der folgenden *Vorschrift*:

> Sollen die beiden Zahlen a und b addiert werden, so bringt man den Anfangspunkt A des beweglichen Zahlenstrahles unter die Zahl a des festen Zahlenstrahles. Die Summe $a+b$ wird dann über der Zahl b des beweglichen Strahles auf dem festen Zahlenstrahl abgelesen.

Im Bild 2.16 ist die Aufgabe $2{,}5 + 4{,}5 = 7$ auf diese Weise gelöst worden. Es ist ohne Weiteres einzusehen, dass die Zahl 7 auf unzählig viele Arten auch aus anderen Zahlenpaaren erzeugt werden kann, etwa aus $6 + 1$ oder $7 + 0$ oder $3{,}71 + 3{,}29 \ldots$

Ferner ist zu erkennen, dass sich mit den Zahlen, die uns bis jetzt zur Verfügung stehen, *jede* Additionsaufgabe lösen lässt.

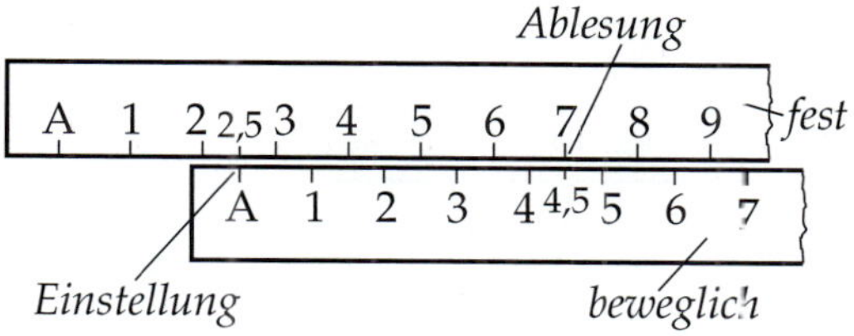

Bild 2.16

In ähnlicher Weise kann man sich auch die **Subtraktion** veranschaulichen. Man geht dabei wie folgt vor:

> Ist die Differenz $a-b$ zu bilden, so stellt man den Subtrahenden b auf dem beweglichen Zahlenstrahl unter dem Minuenden a auf dem festen Zahlenstrahl ein. Die Differenz $a-b$ wird dann über dem Anfangspunkt A des beweglichen Zahlenstrahls auf dem festen Zahlenstrahl abgelesen.

Bild 2.17 stellt die Lösung der Aufgabe $8 - 4{,}5 = 3{,}5$ dar. Auch hier kann man leicht einsehen, dass sich die Zahl 3,5 ebenfalls auf unzählig viele Weisen auch aus anderen Zahlenpaaren erzeugen lässt, etwa $7{,}6 - 4{,}1$ oder $3{,}5 - 0$ oder $12{,}25 - 8{,}75 \ldots$

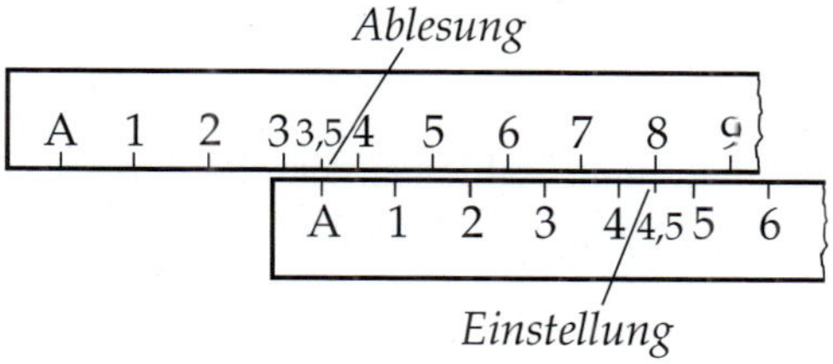

Bild 2.17

Es ist auch zu erkennen, dass man *nicht mehr jede Subtraktionsaufgabe* mit den bis jetzt verfügbaren Zahlen lösen kann. Die Subtraktion lässt sich durchführen, solange der

Subtrahend kleiner ist als der Minuend, denn in diesem Falle liegt der Anfangspunkt A des beweglichen Zahlenstrahles stets unter einer bestimmten Zahl des festen Strahles.

Ist der Subtrahend gleich dem Minuenden, so wird der Anfangspunkt erreicht. Ist der Subtrahend größer als der Minuend, so liegt der Anfangspunkt des beweglichen Strahles links vom Anfangspunkt des festen Strahles.

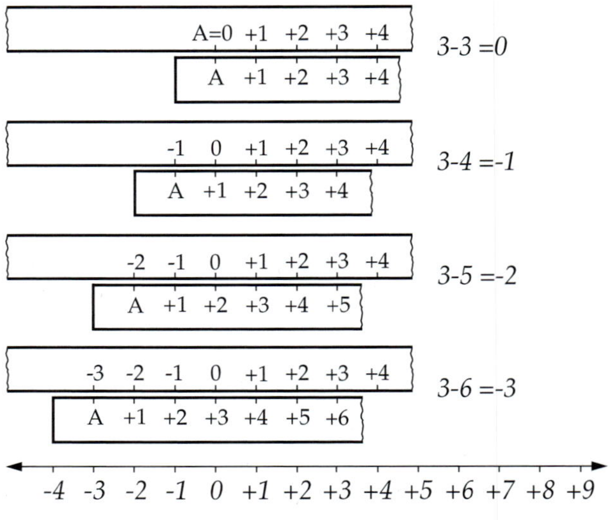

Bild 2.18

Um nun auch derartige Aufgaben, die im praktischen Leben tatsächlich auftreten, lösen zu können, erweitert man den Zahlenstrahl nach links über seinen Anfangspunkt A hinaus und bezeichnet die bei den Subtraktionsaufgaben $3-3$, $3-4$, $3-5$, $3-6\ldots$ entstehenden Endpunkte mit 0, -1, -2, $-3\ldots$, siehe Bild 2.18.

Auf diese Weise entsteht die vom Punkt Null aus nach links und nach rechts verlaufende **Zahlengerade**. Auf ihr sind die **positiven Zahlen** vom Nullpunkt aus nach rechts abgetragen, während die neu eingeführten Zahlen, die **negativen Zahlen**, vom Nullpunkt aus nach links abgetragen werden. Die **Null** trennt beide Bereiche voneinander. Sowohl die positiven und negativen *ganzen Zahlen* als auch die positiven und negativen *gebrochenen Zahlen*, also alle *rationalen* Zahlen sind so auf der Zahlengeraden untergebracht.

☞ Diese Darstellung der positiven und der negativen Zahlen ist jedem vom Thermometer her bereits bekannt.

Um die positiven von den negativen Zahlen unterscheiden zu können, versieht man sie mit einem **Vorzeichen**. Vor die *positiven* Zahlen schreibt man ein *Pluszeichen*, während die *negativen* Zahlen mit einem *Minuszeichen* versehen werden.

☞ Wenn Irrtümer ausgeschlossen sind, darf das Pluszeichen vor einer positiven Zahl weggelassen werden: $+3 = 3$. Dagegen muss das Minuszeichen vor einer negativen Zahl stets mitgeschrieben werden.

✍ A. 2.20 auf Seite 191

Die Gesamtheit aller positiven und negativen Zahlen fasst man unter dem Begriff **relative Zahlen** zusammen, weil bei diesem erweiterten Zahlenbegriff neben der *Größe der Zahl* nunmehr auch deren Lage bezüglich des Nullpunktes auf der Zahlengeraden berücksichtigt wird.

Von zwei Zahlen liegt die größere von beiden auf der Zahlengeraden stets rechts von der kleineren.

Es ist also	$-3 > -7$,	$0 > -1$,	$+2 > -3$;
dagegen	$+3 < +7$,	$0 < +1$,	$-2 < +3$.

Das Rechnen mit positiven und negativen Zahlen wird sehr erleichtert, wenn man sich unter diesen Zahlen konkrete Begriffe vorstellt. Hierfür eignen sich beispielsweise der Begriff Guthaben für positive Zahlen und Schulden für negative Zahlen oder Wärmegrade positiv und Kältegrade negativ …

Unter dem **Betrag** einer Zahl versteht man den Wert der Zahl ohne Rücksicht auf deren Vorzeichen. Der Betrag einer Zahl ist damit stets eine *positive Zahl.* Er wird gekennzeichnet durch je einen senkrechten Strich vor und hinter der Zahl.

So ist

$$|+3| = |-3| = 3.$$

Anschaulich beschreibt der Betrag $|a|$ den *Abstand* des zu einer Zahl a gehörenden Punktes vom Nullpunkt der Zahlengeraden.

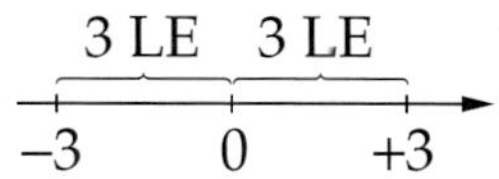

Zwei Zahlen, die sich nur in ihren Vorzeichen voneinander unterscheiden, werden *entgegengesetzte Zahlen* genannt. So sind -3 und $+3$ sowie $+0{,}27$ und $-0{,}27$ jeweils **Gegenzahlen** zueinander. Sie liegen paarweise gleich weit vom Nullpunkt der Zahlengeraden entfernt, weshalb der Betrag zweier entgegengesetzter Zahlen auch gleich groß ist. Sowohl die Zahl -2, als auch $+2$ ist jeweils zwei Einheiten von der Null entfernt – sie liegen aber auf unterschiedlichen Seiten der Null: $|-2| = 2 = |+2|$.

Die allgemeine Definition für den **Betrag einer Zahl** lautet

$$|a| = \begin{cases} +a, & \text{wenn } a > 0 \\ 0, & \text{wenn } a = 0 \\ -a, & \text{wenn } a < 0 \end{cases} \qquad (2.11)$$

Es ist demnach

$$|-8| - |+3| + |-2| = 8 - 3 + 2 = 7.$$

Einige TR verfügen über eine spezielle Taste [|□|] zum Berechnen von Beträgen. Ansonsten muss man sich mit einem kleinen Trick behelfen: Man quadriert den Ausdruck, wodurch sich ein positiver Wert ergibt. Das Quadrat hebt man durch anschließendes Wurzelziehen wieder auf.

Aufgabe	Eingabe-Beispiel	Ergebnis
$\lvert -3\rvert = ?$	[$\lvert\square\rvert$] [−] 3 [=]	3
$\lvert -3\rvert = ?$	[$\sqrt{\ }$] [( ] [−] 3 [ )] [x^2] [=]	$\sqrt{(-3)^2} = 3$
$\lvert x+1\rvert$	[$\sqrt{\ }$] [( ] [Alpha] [X] [+] 1 [ )] [x^2]	

Mit dem Befehl[1] **ABS( )** erhält man in allen gängigen Computerprogrammen den Betrag einer Zahl.

Aufgabe	Eingabe-Beispiel	Ergebnis
$\lvert -3\rvert = ?$	**ABS**(−3)	3
$f(x) = \lvert x-7\rvert$	$f(x) =$ **ABS**$(x-7)$	

A. 2.21–2.28 auf Seite 191

Aus dem bisher Gesagten geht hervor, dass die beiden Zeichen + und − in der Mathematik mit zwei verschiedenen Bedeutungen verwendet werden: Sie werden einmal als **Rechenzeichen** oder **Operationszeichen** benutzt und geben damit an, welche Rechenoperation – Addition oder Subtraktion – durchgeführt werden soll.

Zum anderen werden dieselben Zeichen auch als **Vorzeichen** benutzt. In dieser Eigenschaft geben die Zeichen Auskunft darüber, ob die betreffende Zahl *positiv* oder *negativ* ist.

Sind Verwechslungen möglich, so schließt man das Vorzeichen mit der zugehörigen Zahl in Klammern ein.

Beispiele:

2.69 In der Aufgabe $8 + 5$ ist + das Operationszeichen. Es ist die Kurzform der Aufforderung: Addiere 5 zu 8.
Entsprechend ist in $8 - 5$ das Zeichen − ebenfalls das Operationszeichen. Die Aufforderung ist: Subtrahiere 5 von 8.

2.70

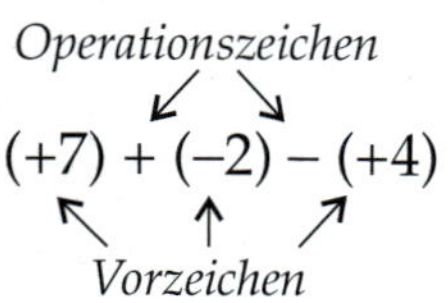

Die nebenstehende Aufgabe bedeutet:
Addiere zur positiven Zahl +7 die negative Zahl −2 und *subtrahiere* davon noch die Zahl +4!

2.3.1.3 Addition und Subtraktion

Die Addition und die Subtraktion gehören zu den *Rechenoperationen erster Stufe*. Für die Addition gilt das **Kommutativgesetz**[2], das **Vertauschungsgesetz**:

---

[1] absolut

[2] commutare (lat.) vertauschen

In jeder Additionsaufgabe dürfen die Summanden vertauscht werden. Der Wert der Summe ändert sich beim Vertauschen der Summanden nicht.

$$\boxed{a + b = b + a} \tag{2.12}$$

Dieser Satz lässt sich ohne Weiteres auch auf mehr als zwei Summanden erweitern, so dass für drei Summanden

$$a + b + c = a + c + b = b + a + c = b + c + a = c + a + b = c + b + a$$

gilt. Von dieser Eigenschaft macht man bei der Addition einer größeren Anzahl von Summanden Gebrauch, indem man beispielsweise die Summe

$$67 + 49 + 23 + 54 + 33 + 26$$

nicht in der angegebenen Reihenfolge ermittelt, sondern die Summanden wie folgt geeignet zusammenfasst:

$$\begin{aligned} 67 + 49 + 23 + 54 + 33 + 26 &= 67 + 23 + 54 + 26 + 49 + 33 \\ &= 90 + 80 + 82 = 252\,. \end{aligned}$$

Für die Addition relativer Zahlen gilt die folgende *Festsetzung*:

Zahlen mit gleichen Vorzeichen werden addiert, indem man ihre Beträge addiert und der Summe das gemeinsame Vorzeichen der beiden Summanden gibt.

Sollen Zahlen mit ungleichen Vorzeichen addiert werden, so subtrahiert man den kleineren Betrag vom größeren und gibt der Differenz das Vorzeichen der Zahl mit dem größeren Betrag.

Demnach gilt für $a, b \geq 0$:

$$\begin{aligned} (+a) + (+b) &= +(a + b), \\ (-a) + (-b) &= -(a + b), \\ (+a) + (-b) &= +(a - b), \quad \text{wenn } a \geq b, \\ (-a) + (+b) &= -(a - b), \quad \text{wenn } a \geq b. \end{aligned}$$

☞ Es ist nicht zu empfehlen, sich diese Formeln durch „Auswendig-Lernen“ einzuprägen. Viel sinnvoller ist es, sich deren Inhalt und Bedeutung anhand von plausiblen Beispielen anschaulich vorzustellen. Wenn man beispielsweise zu einem Guthaben (positiv) ein weiteres Guthaben (positiv) hinzufügt, dann wird sich der vorhandene Besitz vermehren. Verändert man seinen Besitz jedoch dadurch, dass man zu einem Guthaben Schulden (negativ) hinzufügt, so hängt das Resultat ganz davon ab, wie hoch der Betrag der Schulden im Vergleich zum vorhandenen Guthaben ist. Sind die Schulden geringer als das vorhandene Guthaben, so bleibt einem immer noch ein gewisser Besitz übrig. Er ist aber kleiner geworden. Überwiegen jedoch die Schulden, so gerät man unweigerlich in Minusbereiche. Am schlimmsten ist es sicherlich, wenn Schulden zu Schulden hinzugefügt werden. Der Schuldenberg (negativ) wird dadurch noch größer als vorher, denn das Leben lehrt uns „Schulden addieren sich zu noch mehr Schulden!“.

Beispiel:

2.71 a) $(+3) + (+5) = +(3 + 5) = +8$

b) $(-3) + (-5) = -(3 + 5) = -8$

c) $(+3) + (-5) = -(5 - 3) = -2$

d) $(-3) + (+5) = +(5 - 3) = +2$

☞ Diese Ergebnisse sollten mit zwei gegeneinander verschiebbaren Zahlengeraden nachgeprüft werden!

2.72 Betrachten wir die finanzielle Situation einer Person, die anfänglich Schulden in Höhe von 5,30 € hat:

a) −5,30 € +(−2,40 €) = −7,70 €

↳ (+)-Zeichen: Es kommen Schulden hinzu – der Schuldenberg wächst!

b) −5,30 € −(−2,40 €) = −2,90 €

↳ (−)-Zeichen: Es werden Schulden erlassen, wenn man eine Rate bezahlt.

Auch beim TR werden Rechen- und Vorzeichen unterschieden. Die Operationstasten für [+] und [−] findet man rechts neben dem Zahlenblock, die Vorzeichentaste [±] oder [(−)] meist ober- oder unterhalb des Zahlenblockes.

Einige Modelle erfordern konsequent die Verwendung der Vorzeichentaste, andere akzeptieren stattdessen auch die Rechentaste [−]. Man probiere mit dem eigenen TR aus, ob bei beiden folgenden Eingaben für $3 + (-5)$ das Ergebnis -2 erscheint oder im zweiten Fall eine Fehlermeldung:

3 [+] [±] 5 [=] oder 3 [+] [−] 5 [=]

Aus der Regel für die Addition zweier Zahlen geht hervor, dass die Summe zweier entgegengesetzter Zahlen null ergibt:

$$\boxed{(+a) + (-a) = 0} \tag{2.13}$$

Die Additionsaufgabe

$$a + b = c$$

sagt dasselbe aus wie die beiden Subtraktionsaufgaben

$$c - a = b \qquad \text{und} \qquad c - b = a.$$

Aus diesem Zusammenhang zwischen Addition und Subtraktion folgt, dass

$$a + b - b = a \qquad \text{und} \qquad a - b + b = a$$

sein muss. Addition und Subtraktion, mit denselben Zahlen ausgeführt, heben sich also gegenseitig auf:

■ Addition und Subtraktion sind einander entgegengesetzte Rechenarten.

☞ Diese Eigenschaft wird bei der Probe für Subtraktionsaufgaben benutzt.

Wie man mithilfe der bereits erwähnten gegeneinander verschiebbaren Zahlengeraden ohne Weiteres nachprüfen kann, ist

$$(+8)-(+5)=(+3), \qquad (+8)-(-5)=(+13),$$
$$(-8)-(+5)=(-13) \quad \text{und} \quad (-8)-(-5)=(-3).$$

Diesen vier Subtraktionsaufgaben lassen sich vier Additionsaufgaben mit den gleichen Ausgangszahlen (+8) und (−8) sowie (+5) und (−5) gegenüberstellen, die zu denselben Ergebnissen wie oben führen:

$$(+8)-(+5)=(+3) \quad \text{entspricht} \quad (+8)+(-5)=(+3),$$
$$(+8)-(-5)=(+13) \quad \text{entspricht} \quad (+8)+(+5)=(+13),$$
$$(-8)-(+5)=(-13) \quad \text{entspricht} \quad (-8)+(-5)=(-13) \quad \text{und}$$
$$(-8)-(-5)=(-3) \quad \text{entspricht} \quad (-8)+(+5)=(-3).$$

Dem entspricht die folgende **Regel für die Subtraktion relativer Zahlen**:

■ Eine relative Zahl kann man subtrahieren, indem man ihre Gegenzahl addiert.

Da sich nach dieser Regel jede Subtraktionsaufgabe auf eine entsprechende Additionsaufgabe überführen lässt, werden Terme, in denen die einzelnen Glieder nur durch *Additions- und Subtraktionszeichen* miteinander verbunden sind, auch **algebraische Summen** genannt.

■ Eine Differenz ist eine Summe mit negativen Summanden: $a-b=a+(-b)$.

Diese Erkenntnis erlaubt uns einen bestimmten Term allgemein als Summe anzusprechen, obwohl in ihm neben den Plus- auch Minuszeichen auftreten.

Die beiden Grundregeln für die Addition und die Subtraktion relativer Zahlen lassen sich selbstverständlich auch dann anwenden, wenn mehr als zwei Glieder zu addieren oder zu subtrahieren sind.

Beispiel:

2.73 $(+3)+(-4)-(-2)-(+1)$ ist eine algebraische Summe.
Um sie berechnen zu können, beseitigt man zunächst nach der obigen Regel die Subtraktionszeichen und fasst danach zusammen:
$(+3)+(-4)-(-2)-(+1)=(+3)+(-4)+(+2)+(-1)=3-4+2-1=0.$

Auf diese Weise lässt sich jede algebraische Summe aus relativen Zahlen ermitteln.

Enthält eine algebraische Summe **benannte Zahlen**, so lassen sich nur die *Maßzahlen gleichartiger Größen* zusammenfassen, wobei gegebenenfalls vorher die Einheiten aufeinander abgestimmt werden müssen.

Beispiele:

2.74 a) $3{,}6\,\text{m/s}+8{,}2\,\text{m/s}=11{,}8\,\text{m/s}$

b) $0{,}5\,\text{m}^2-1\,350\,\text{cm}^2=5\,000\,\text{cm}^2-1\,350\,\text{cm}^2=3\,650\,\text{cm}^2$

c) 3 Äpfel + 5 Äpfel = 8 Äpfel.

d) 3 Äpfel + 5 Birnen lassen sich mathematisch nicht zusammenfassen, weil es sich hier um verschiedenartige Größen handelt.

Beim *Rechnen mit Variablen* unterscheidet man *gleichartige* und *ungleichartige Glieder*. So sind die beiden Glieder $4a$ und $-7a$ gleichartig, denn sie enthalten beide dieselbe Variable a. Die beiden Glieder unterscheiden sich nur in der *Vorzahl*, auch *Vorfaktor* oder *Koeffizient*[1] genannt, der Variablen a. Dagegen sind $3a$ und $5b$ sowie $5x^2y$ und $5xy^2$ ungleichartige Glieder.

In dem Term ...	besitzt die Variable x den Koeffizienten ...
$3x$	3
$-8x$	-8
$a\,x$	a
$12\,xz^3$	$12\,z^3$

Ungleichartige Glieder lassen sich nur dann zusammenfassen, wenn für die einzelnen Variablen bestimmte Zahlenwerte vorgeschrieben sind, siehe Beispiel 2.67.

Für das **Rechnen mit algebraischen Summen** lässt sich damit die folgende Regel formulieren:

> In algebraischen Summen lassen sich stets nur *gleichartige Glieder* durch Addition oder Subtraktion zusammenfassen. Dabei werden nur die Koeffizienten dieser Glieder addiert oder subtrahiert und die Variablen beibehalten.

Sind in einer Aufgabe mehrere Additionen oder Subtraktionen auszuführen, so darf nach dem Kommutativgesetz die Reihenfolge der Rechenoperationen vertauscht werden.

Beispiel:

2.75
$$\begin{aligned}&3a + 2b - 4c + 2a - 7b + 2c - a + b - 5c\\ &= 3a + 2a - a + 2b - 7b + b - 4c + 2c - 5c\\ &= 4a - 4b - 7c\end{aligned}$$

Schließlich sei noch darauf hingewiesen, dass das Kommutativgesetz für die Subtraktion *nicht* gilt. So ist beispielsweise $8 - 3 = 5$, während $3 - 8 = -5$ ergibt.

Fasst man dagegen die Differenz als Summe mit negativen Summanden auf, so kann man durch einen *Tausch der Summanden* formulieren

$$8 - 3 = 8 + (-3) = (-3) + 8 = -3 + 8 = 5\,.$$

Man achte darauf, dass bei diesem Stellungstausch das Vorzeichen mitgewandert ist!

> Vertauscht man Minuend und Subtrahend miteinander, so ist vor die neue Differenz ein Minuszeichen zu setzen: $a - b = -(b - a)$.

✍ A. 2.29 auf Seite 192

[1] numerus coefficiens (nlat.) mitbewirkende Zahl

2.3.1.4 Multiplikation

Die Multiplikation und deren Umkehrung, die Division, gehören zu den *Rechenoperationen zweiter Stufe*. Sie sind demzufolge, falls keine Klammern gesetzt sind, *vorrangig vor der Addition und der Subtraktion* auszuführen.

Bei der Multiplikation handelt es sich um eine Sonderform der Addition: Soll eine Zahl a b-mal als Summand gesetzt werden, so schreibt man hierfür auch kurz ein **Produkt**:

$$\underbrace{a + a + a + a + \cdots + a}_{b \text{ Summanden } a} = a \cdot b \tag{2.14}$$

Die beiden an der Multiplikation beteiligten Zahlen a und b werden **Faktoren** genannt.

Nach der obigen Definition der Multiplikation zweier Zahlen muss zunächst vorausgesetzt werden, dass der Faktor b eine positive ganze Zahl ist. Diese Voraussetzung kann jedoch später ohne Weiteres fallen gelassen werden.

Auch für die Multiplikation gilt das **Kommutativgesetz**:

$$a \cdot b = b \cdot a \tag{2.15}$$

- Die Faktoren eines Produkts dürfen miteinander vertauscht werden.

Sind mehr als zwei Faktoren miteinander zu multiplizieren, so dürfen sie nach dem **Assoziativgesetz der Multiplikation**[1)] in beliebiger Reihenfolge zu Teilprodukten zusammengefasst werden:

$$a \cdot b \cdot c = (a \cdot b) \cdot c = a \cdot (b \cdot c) = (a \cdot c) \cdot b \tag{2.16}$$

Beispiel:

2.76 a) $3z \cdot 5x \cdot 4y = 3 \cdot 4 \cdot 5 \cdot x \cdot y \cdot z = 60 \cdot x \cdot y \cdot z = 60\,xyz$

Es ist üblich, die allgemeinen Zahlensymbole im Ergebnis alphabetisch anzuordnen.

b) $25 \cdot 57 \cdot 400 = 25 \cdot 4 \cdot 100 \cdot 57 = 100 \cdot 5\,700 = 570\,000$

Bei der Berechnung von Produkten, die viele Faktoren enthalten, lassen sich durch geeignetes Umstellen der Faktoren oft zeitsparende *Rechenvorteile* erzielen! Man kommt wesentlich schneller zum Ziel, wenn man zuerst das Produkt $25 \cdot 400 = 25 \cdot 4 \cdot 100$ berechnet, und dessen Wert danach mit dem Faktor 57 multipliziert.

c) $2a \cdot 3b \cdot 6a \cdot 5b \cdot 4a \cdot 2c = 2 \cdot 2 \cdot 3 \cdot 4 \cdot 5 \cdot 6 \cdot a \cdot a \cdot a \cdot b \cdot b \cdot c = 1\,440\,a^3b^2c$

d) Das Produkt $5 \cdot x \cdot (4x - 7)$ besteht aus den drei Faktoren 5 bzw. x bzw. $(4x - 7)$. Der Klammerausdruck $(4x - 7)$ ist *eine* Einheit und repräsentiert somit als Ganzes einen Faktor.

Eine allgemein gültige Regel, welche Faktoren man bei einem mehrgliedrigen Produkt vorrangig zusammenfassen soll, kann man nicht aufstellen. Hier hilft nur eines: *Nicht blindlings drauflosrechnen*, sondern vor das mechanische Rechnen eine Zwischenstufe

---

1) Assoziation (lat.) Verbindung, deshalb auch Verbindungsgesetz genannt

einschalten und darüber *nachdenken*, welche Faktoren sich für eine Erleichterung der Arbeit anbieten.

Zwischen allgemeinen Zahlenfaktoren sowie zwischen allgemeinen Zahlensymbolen und bestimmten Zahlen ist es erlaubt, das Multiplikationszeichen · wegzulassen. Das Endergebnis des Beispiels 2.76a) darf also auch in der Form $60 \cdot xyz$ oder $60\,xyz$ geschrieben werden.

Mehrere gleiche Faktoren innerhalb eines Produkts dürfen selbstverständlich zu der entsprechenden Potenz zusammengefasst werden, wie dies bereits im Beispiel 2.76c) getan worden ist.

Die Zahl Null muss in der Mathematik mit besonderer Vorsicht behandelt werden. Der leichtsinnige Umgang mit dieser Zahl kann, wie wir noch sehen werden, bisweilen zu schwerwiegenden Fehlern führen.

Aufgrund der Definition (2.14) für das Produkt als Summe mehrerer gleicher Summanden gilt für die Multiplikation:

Wenn mindestens ein Faktor eines Produkts gleich null ist, dann ist auch der Wert des Produkts gleich null.[a]

$$\boxed{a \cdot 0 = 0 \cdot a = 0} \tag{2.17}$$

Es gilt aber auch die Umkehrung dieses Satzes, die vor allem in der Gleichungslehre eine wichtige Rolle spielt:

Wenn der Wert eines Produkts gleich null ist, dann muss wenigstens einer seiner Faktoren gleich null sein.

Somit lassen sich die letzten beiden Sätze wie folgt in Form einer Äquivalenz ausdrücken:

Nullproduktsatz, NPS: Das Produkt zweier Zahlen ist genau dann null, wenn mindestens einer der Faktoren null ist.

$$\boxed{a \cdot b = 0 \Leftrightarrow a = 0 \vee b = 0} \tag{2.18}$$

Sind a und b beliebige *positive* Zahlen, so gelten die folgenden **Vorzeichenregeln für die Multiplikation**:

$$\boxed{\begin{array}{ll} (+a) \cdot (+b) = +a \cdot b & (+a) \cdot (-b) = -a \cdot b \\ (-a) \cdot (+b) = -a \cdot b & (-a) \cdot (-b) = +a \cdot b \end{array}} \tag{2.19}$$

[3] Die Kölner Karnevalisten werden jedes Jahr an diesen Satz erinnert, wenn sie ihren engagierten Pädagogen Heinrich WELSCH (1848 – 1935) im Refrain eines auch außerhalb des Rheinlandes bekannten Schlagers zitieren: „Dreimol null es null bliev null." Im mathematischen Hochdeutsch heißt dies $3 \cdot 0 = 0$ oder dreimal Nichts bleibt Nichts.

Man multipliziert zwei Zahlen, indem man das Produkt ihrer Beträge bildet. Das Produkt erhält ein positives Vorzeichen, wenn beide Faktoren das gleiche Vorzeichen besitzen, es wird negativ, wenn die Faktoren verschiedene Vorzeichen haben.

☞ Die ersten beiden Regeln lassen sich leicht nachprüfen, indem man die Multiplikationsaufgabe durch die ihr entsprechende Additionsaufgabe ersetzt. Die Vorzeichen für die anderen beiden Fälle wurden so festgelegt, dass alle bisher aufgestellten Rechengesetze auch weiterhin gültig bleiben.

Das Vorzeichen eines aus mehr als zwei Faktoren bestehenden Produkts ist von der Anzahl der in ihm enthaltenen negativen Faktoren abhängig.

Ist die Anzahl der in einem Produkt auftretenden negativen Faktoren *gerade*, so ist das Produkt *positiv*, bei einer *ungeraden* Anzahl negativer Faktoren ist das Produkt *negativ*.

Es ist ratsam, ein aus mehreren Faktoren bestehendes Produkt zunächst unabhängig von den Vorzeichen der Faktoren zu berechnen und danach erst das Vorzeichen des Produkts aus der Anzahl der in ihm enthaltenen negativen Faktoren zu bestimmen.

Beispiel:

2.77 Die folgenden Multiplikationsaufgaben ergeben:

a) $(-2a)\cdot(+3b)\cdot(+4a)\cdot(-5b)\cdot(-3a) = -2\cdot 3\cdot 4\cdot 5\cdot 3\cdot a\cdot a\cdot a\cdot b\cdot b = -360a^3b^2$

(3 negative Faktoren $\Rightarrow$ negatives Ergebnis.)

b) $(-0{,}5x)\cdot(-3y)\cdot(-0{,}25z)\cdot(-6u) = +2{,}25\,uxyz = 2{,}25\,uxyz$

c) $(-2u)\cdot(+3v)+(-5u)\cdot(-4v) = (-6uv)+(+20uv) = +14uv = 14uv$

(Erst die Produkte berechnen, dann addieren.)

d) $(-2u)\cdot(+3v)-(-5u)\cdot(-4v) = (-6uv)-(+20uv) = (-6uv)+(-20uv) = -26uv$

✍ A. 2.30 auf Seite 193

2.3.1.5 Division

Die Division ist die entgegengesetzte Rechenart zur Multiplikation.

Die Multiplikationsaufgabe $a\cdot b = c$ sagt damit das Gleiche aus wie die beiden Divisionsaufgaben $c : b = a$ $(b \neq 0)$ oder $c : a = b$ $(a \neq 0)$, die übrigens auch in Form von Brüchen geschrieben werden dürfen, da die Bruchrechung ja nur eine besondere Schreibweise der Division ist, siehe Abschnitt 1.2.3: $\frac{c}{b} = a$ oder $\frac{c}{a} = b$.

Da die Faktoren eines Produkts miteinander vertauscht werden dürfen, besitzt die Multiplikation nur die Division als Umkehrungsrechenart.

Aus diesem Zusammenhang zwischen der Multiplikation und der Division folgt demnach, dass

$$\boxed{(a\cdot b) : b = \frac{a\cdot b}{b} = a \qquad \text{und} \qquad (a : b)\cdot b = \frac{a}{b}\cdot b = a} \tag{2.20}$$

sein muss: Multiplikation und Division, mit denselben Zahlen ausgeführt, *heben sich gegenseitig auf*. Diese Eigenschaft wird für die Probe bei Divisions- und Multiplikationsaufgaben ausgenutzt.

Aus den vier Vorzeichenregeln für die Multiplikation ergeben sich damit die folgenden Regeln für die Division:

$$\boxed{\begin{array}{ll} (+a):(+b) = +a:b & (+a):(-b) = -a:b \\ (-a):(+b) = -a:b & (-a):(-b) = +a:b \end{array}} \tag{2.21}$$

In Worten:

Man dividiert zwei Zahlen durcheinander, indem man den Quotienten ihrer Beträge bildet. Dieser Quotient erhält das positive Vorzeichen, wenn Dividend und Divisor *gleiche* Vorzeichen besitzen. Sind die Vorzeichen von Dividend und Divisor *verschieden*, so ist der Quotient negativ.

Die Zahl *Null* nimmt bei der Division eine Sonderstellung ein, die bei den bisher behandelten Rechenoperationen noch nicht zu Tage getreten ist:

Da $0 \cdot a = 0$ ist, gilt

$$\boxed{0 : a = 0 \qquad \text{wenn} \qquad a \neq 0} \tag{2.22}$$

Dagegen ist die Aufgabe $a : 0$ *nicht lösbar* und demzufolge nicht erlaubt, weil es keine Zahl gibt, die mit 0 multipliziert den Wert a ergeben würde.

Schließlich besitzt die Aufgabe $0 : 0$ *kein bestimmtes Ergebnis*, denn *jede* Zahl ergibt, wenn sie mit null multipliziert wird, den Wert 0. Aus all dem folgt:

Die **Division durch null** ist sinnlos und darf *grundsätzlich nicht* ausgeführt werden! Bei allgemeinen Ausdrücken ist durch einschränkende Bedingungen sicherzustellen, dass jeder Term, der als Divisor oder Nenner infrage kommt, immer als ungleich null betrachtet wird.

☞ In der höheren Mathematik werden bei der Behandlung der Eigenschaften von Funktionen Untersuchungen angestellt, die Auskunft darüber geben, was passiert, wenn der Nenner eines Bruches sich dem Wert null nähert, wenn der Nenner gegen null strebt.

Da beim **Rechnen mit der Zahl Null** häufig Fehler gemacht werden, seien die wichtigsten Regeln für den Umgang mit dieser Zahl noch einmal zusammengefasst:

Addition:		$a + 0 = a$	$0 + a = a$
Subtraktion:		$a - 0 = a$	$0 - a = -a$
Multiplikation:		$a \cdot 0 = 0$	$0 \cdot a = 0$
	Aus	$a \cdot b = 0$	folgt $a = 0 \wedge b \neq 0$
			oder $a \neq 0 \wedge b = 0$
			oder $a = 0 \wedge b = 0$
Division:		$0 : a = 0$	wenn $a \neq 0$
		$a : 0$	ist nicht erlaubt
		$0 : 0$	ist unbestimmt.

Beispiele:

2.78 a) $(+36z):(+1) = +36z$ b) $(+36z):(-1) = -36z$

c) $(-36z):(+1) = -36z$ d) $(-36z):(-1) = +36z$

2.79 a) $(+37{,}2s):(+3{,}72) = +10s$ b) $(-37{,}2s):(+3{,}72) = -10s$

c) $(+37{,}2s):(-3{,}72) = -10s$ d) $(-37{,}2s):(-3{,}72) = +10s$

2.80 a) $(+36xy):(-8y) = -4{,}5x$ Probe: $(-4{,}5x)\cdot(-8y) = +36xy$

b) $(-45u^3):(-25u^2) = +1{,}8u$ Probe: $(+1{,}8u)\cdot(-25u^2) = -45u^3$

c) Oftmals ist es einfacher und übersichtlicher, eine Teilungsaufgabe als Bruch zu schreiben und dann zu kürzen (s. a. Abschnitt 2.3.3):

$$(-45u^3):(-25u^2) = \frac{-45u^3}{-25u^2} = \frac{\cancel{(-1)}\cdot \cancel{45}^{\,9}\cdot \cancel{u^3}^{\,1}}{\cancel{(-1)}\cdot \cancel{25}_{\,5}\cdot \cancel{u^2}} = \frac{9u}{5} = 1{,}8u$$

2.81 $48u^2v^2 : [(-4u)\cdot(+3v)] - 4u\cdot[(-8uv):(-2u)]$

$= 48u^2v^2 : (-12uv) - 4u\cdot(+4v) = -4uv - 16uv = -20uv$

Man beachte die Reihenfolge, in der die einzelnen Rechenoperationen ausgeführt werden müssen!

✍ A. 2.31–2.35 auf Seite 193

2.3.2 Das Rechnen mit algebraischen Summen

2.3.2.1 Über die Bedeutung der Klammern

Durch die Vorschrift, dass die Rechenarten der höheren Stufe *vor* den Rechenarten der niedrigeren Stufe durchzuführen sind, ist für jede Aufgabe eine eindeutige Aufeinanderfolge der Rechnungen festgelegt. So ist in $2+3\cdot 4$ zunächst das Produkt $3\cdot 4$ zu bestimmen und danach die Zahl 2 zu addieren:

$$2 + 3\cdot 4 = 2 + 12 = 14\,.$$

Sollen dagegen zuerst die beiden Zahlen 2 und 3 addiert und deren Summe mit 4 multipliziert werden, so muss dies dadurch gekennzeichnet werden, dass man die Summe in eine *Klammer* einschließt:

$$(2+3)\cdot 4 = 5\cdot 4 = 20\,.$$

Durch das Setzen einer Klammer kann demnach zum Ausdruck gebracht werden, dass von den vereinbarten Vorrangregeln abgewichen werden soll.

Beim Rechnen mit bestimmten Zahlen bereiten die Klammern keine Schwierigkeiten, da sich der Inhalt der Klammern zahlenmäßig ermitteln lässt. Davon wurde bei verschiedenen Beispielen bereits Gebrauch gemacht. Treten dagegen in den Klammern Variable auf, so lässt sich der Inhalt der Klammer zuweilen nicht ohne Weiteres zusammenfassen, da in ihr meist verschiedenartige Glieder auftreten. Für solche Fälle ist es notwendig, dass man die Regeln für das Rechnen mit Klammerausdrücken sicher beherrscht.

2.3.2.2 Setzen und Auflösen additiver und subtraktiver Klammern

Soll die Summe $5 + 7$ zur Zahl 8 addiert werden, so schreibt man

$$8 + (5 + 7) = 8 + 12 = 20\,.$$

Das gleiche Resultat ergibt sich, wenn man die beiden Summanden 5 und 7 nacheinander addiert:

$$(8 + 5) + 7 = 13 + 7 = 20\,.$$

Es ist demnach

$$(8 + 5) + 7 = 8 + (5 + 7) = 8 + 5 + 7$$

oder allgemein

$$(a + b) + c = a + (b + c) = a + b + c\,.$$

Für die anderen Vorzeichenkombinationen ergeben sich ähnliche Beziehungen, die man wie folgt zusammenfassen kann:

$$\boxed{\begin{aligned} a + (b + c) &= a + b + c \\ a + (b - c) &= a + b - c \\ a - (b + c) &= a - b - c \\ a - (b - c) &= a - b + c \end{aligned}} \qquad (2.23)$$

Hieraus lässt sich die folgende **Regel für das Auflösen von Klammern** herleiten:

Klammern, vor denen ein Pluszeichen steht, dürfen ohne Weiteres weggelassen werden, da Plusklammern im Prinzip nur kosmetische Bedeutung haben.

Klammern, vor denen ein Minuszeichen steht, dürfen nur dann weggelassen werden, wenn gleichzeitig alle Vorzeichen innerhalb der Klammer umgekehrt werden.

Diese Rechenregel gilt auch für drei- und mehrgliedrige Klammerausdrücke.

☞ Steht vor dem ersten Glied in einer Klammer kein Vorzeichen, so ist an dieser Stelle stets ein Pluszeichen zu denken. Pluszeichen dürfen am Anfang einer algebraischen Summe weggelassen werden; Minuszeichen müssen dagegen immer geschrieben werden.

Beispiel:

2.82 a) $3a + (4b - 2c) = 3a + 4b - 2c$

b) $(2x + 3y) + (2x - 3y) = 2x + 3y + 2x - 3y = 4x$

c) $(-10 + 3x) + (15 - x) = -10 + 3x + 15 - x = 2x + 5$

d) $5x - (3 - 7x) = 5x - 3 + 7x = 12x - 3$

e) $(5u - 3v) - (2u + v) = 5u - 3v - 2u - v = 3u - 4v$

Man beachte: Nachdem man die Minusklammer aufgelöst hat, erhält man u. a. den Ausdruck $-2u$. Das Minuszeichen von $-2u$ ist *nicht* das Minuszeichen, welches ehemals vor der Klammer stand, sondern es ist das veränderte Pluszeichen, welches innerhalb der Klammer vor 2 stand, aber nicht ausgeschrieben wurde:

$$-(2u + v) = -(+2u + v) = -2u - v$$

f) $(16r + 21s) - (15r - 12s) = 16r + 21s - 15r + 12s = r + 33s$

g) $5k - (-8m - 3k + 19) = 5k + 8m + 3k - 19 = 8k + 8m - 19$

h) $-(12a + 2c) - (-33a - 7c) = -12a - 2c + 33a + 7c = 21a + 5c$

Aufgrund der letzten Beispiele können wir die Regel zum Auflösen von Minusklammern noch anders formulieren:

Beim Auflösen einer Minusklammer fällt die Klammer mit ihrem Minuszeichen weg und alle Vorzeichen in der ehemaligen Klammer werden geändert.

✍ A. 2.36 auf Seite 194

Es kommt sehr häufig vor, dass mehrere Klammern ineinander geschachtelt sind. Zur besseren Orientierung verwendet man in solchen Fällen unterschiedliche Klammerarten, also runde $(\cdots)$, eckige $[\cdots]$, geschweifte $\{\cdots\}$ oder spitze $< \cdots >$ Klammern.

Ineinander geschachtelte Klammern kann man sowohl von *außen nach innen* als auch von *innen nach außen* auflösen. Es wird jedoch empfohlen, sich stets für dieselbe Variante zu entscheiden. Wir werden uns hier immer von innen nach außen vorarbeiten.

Beispiele:

2.83 Der Ausdruck $3a + [4b - (2a + 3b)]$ soll vereinfacht werden.

$$\begin{aligned} 3a + [4b - (2a + 3b)] &= 3a + [4b - 2a - 3b] && \text{innere Klammer auflösen} \\ &= 3a + [b - 2a] = 3a + b - 2a && \text{zusammenfassen} \\ &= a + b \end{aligned}$$

2.84

$$\begin{aligned} &(5x + 3y) - \{(2x - 3y) - [(3x - 2y) - (2x - 5y)]\} \\ &= 5x + 3y - \{2x - 3y - [3x - 2y - 2x + 5y]\} \\ &= 5x + 3y - \{2x - 3y - 3x + 2y + 2x - 5y\} \\ &= 5x + 3y - \{x - 6y\} = 5x + 3y - x + 6y \\ &= 4x + 9y \end{aligned}$$

✍ A. 2.37 auf Seite 195

Zuweilen werden mathematische Ausdrücke oder Formeln übersichtlicher, wenn man zusammengehörige Teile durch Klammern zusammenfasst. Dabei muss folgendes beachtet werden:

Glieder einer algebraischen Summe dürfen in eine Klammer eingeschlossen werden, wenn vor diese Klammer ein Pluszeichen geschrieben wird. Wird dagegen vor die Klammer ein Minuszeichen gesetzt, dann müssen alle Pluszeichen durch Minuszeichen und alle Minuszeichen durch Pluszeichen ersetzt werden.

Demnach gilt:

$$a + b + c = a + (b + c) \qquad a + b - c = a + (b - c)$$
$$a - b + c = a - (b - c) \qquad a - b - c = a - (b + c)\,.$$

Beispiel:

2.85

$$\begin{aligned} & 3u - 2v + w - 2u - 4v - 3w + 5u - 3v + 6w - u + 5v - 2w \\ &= (3u - 2u + 5u - u) - (2v + 4v + 3v - 5v) + (w - 3w + 6w - 2w) \\ &= 5u - 4v + 2w \end{aligned}$$

✍ A. 2.38–2.40 auf Seite 195

2.3.2.3 Multiplikation von Klammerausdrücken

Für die Multiplikation von algebraischen Summen gilt das **Verteilungs-** oder **Distributivgesetz** [1]:

$$\boxed{a \cdot (b \pm c) = a \cdot b \pm a \cdot c} \qquad (2.24)$$

In Worten:

Eine algebraische Summe kann man mit einer Zahl multiplizieren, indem man jedes einzelne Glied der Summe mit dieser Zahl multipliziert. Die Vorzeichen ergeben sich dabei aus den Vorzeichenregeln für die Multiplikation.

Das Distributivgesetz gilt selbstverständlich auch dann, wenn die algebraische Summe aus mehr als zwei Gliedern besteht.

Die Umformung eines Terms der Form $a \cdot (b \pm c)$ in eine algebraische Summe bezeichnet man als **Ausmultiplizieren** dieses Terms.

Das Distributivgesetz $a \cdot (b + c)$ wird im Bild 2.19 für den Fall veranschaulicht, dass a, b und c positive Zahlen sind.

☞ Es sind zwei Rechtecke übereinandergesetzt mit den Seitenlängen a und b sowie a und c. Sie haben die Flächeninhalte

$$A_1 = a \cdot b \qquad \text{und} \qquad A_2 = a \cdot c$$

Aus diesen beiden Rechtecken ist das große Rechteck mit den Seiten a und $b + c$ zusammengesetzt. Dessen Flächeninhalt ist

$$A_{\text{Gesamt}} = a \cdot (b + c)$$

$A_{\text{Gesamt}} = A_1 + A_2$ muss damit auch

$$a \cdot (b + c) = a \cdot b + a \cdot c$$

sein, w. z. b. w. [2]

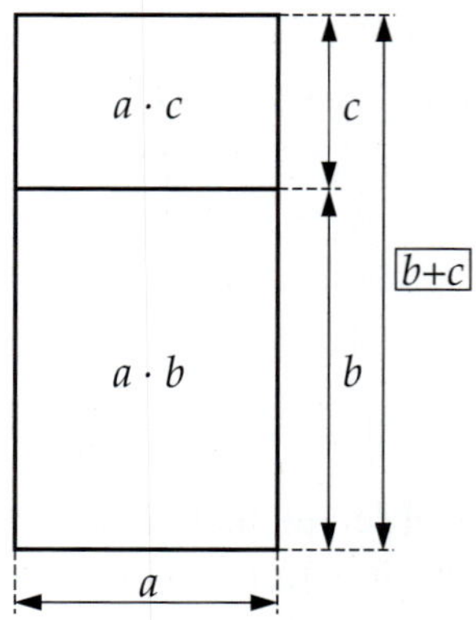

Bild 2.19

[1] distributivus (lat.) verteilend

[2] w. z. b. w. ist die Abkürzung für „was zu beweisen war", lateinisch: „quod erat demonstrandum", q. e. d. Am einfachsten beendet man einen Beweis mit dem Beweisabschlusszeichen □.

Beispiel:

2.86 a) $98 \cdot 27 = (100 - 2) \cdot 27 = 100 \cdot 27 - 2 \cdot 27 = 2\,700 - 54 = 2\,646$

Rechenvorteile beim Kopfrechnen!

b) $258 \cdot 37 = (200 + 50 + 8) \cdot 37 = 7\,400 + 1\,850 + 296 = 9\,546$

c) $5 \cdot (2b - 7 + 5c) = 5 \cdot 2b - 5 \cdot 7 + 5 \cdot 5c = 10b - 35 + 25c$

d) $u \cdot (2 - 9a) = u \cdot 2 - u \cdot 9a = 2u - 9au$

e) $(6m + 8n - 3p) \cdot 2{,}5\,q = 2{,}5\,q \cdot (6m + 8n - 3p) = 15mq + 20nq - 7{,}5pq$

f) $2(x - y) + 3(x + y) - 4(y - x) - 5(y + x)$
$= 2x - 2y + 3x + 3y - 4y + 4x - 5y - 5x = 4x - 8y$

✍ A. 2.41–2.43 auf Seite 196

Nach dem Distributivgesetz ist

$$(a + b) \cdot m = a \cdot m + b \cdot m$$

Ersetzt man auf beiden Seiten die Größe m durch $c + d$, so ergibt sich

$$(a + b) \cdot (c + d) = a \cdot (c + d) + b \cdot (c + d)\,,$$

woraus nach weiterem Ausmultiplizieren der rechten Seite

$$(a + b) \cdot (c + d) = a \cdot c + a \cdot d + b \cdot c + b \cdot d$$

folgt. In Worten erhalten wir folgende Regel:

Zwei algebraische Summen lassen sich miteinander multiplizieren, indem man unter Beachtung der Vorzeichenregeln jeden Summanden der ersten Klammer mit jedem Summanden der zweiten Klammer multipliziert und die entstehenden Produkte addiert.

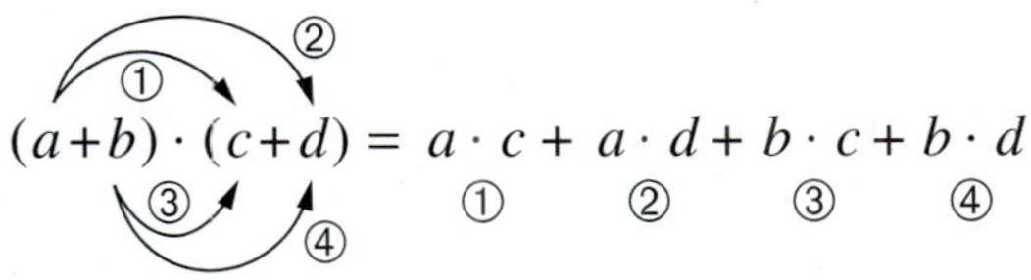

Im Bild 2.20 wird dies geometrisch veranschaulicht: Ein Rechteck mit den Kantenlängen $a + b$ und $c + d$ setzt sich aus vier Teilrechtecken zusammen.

☞ Man überzeuge sich in Anlehnung an die Betrachtungen zum Bild 2.19 selbst davon, dass die geometrische Deutung auf das gleiche Resultat wie der rechnerische Weg führt. Man versuche auch die folgenden Beispiele in ähnlicher Weise geometrisch zu deuten!

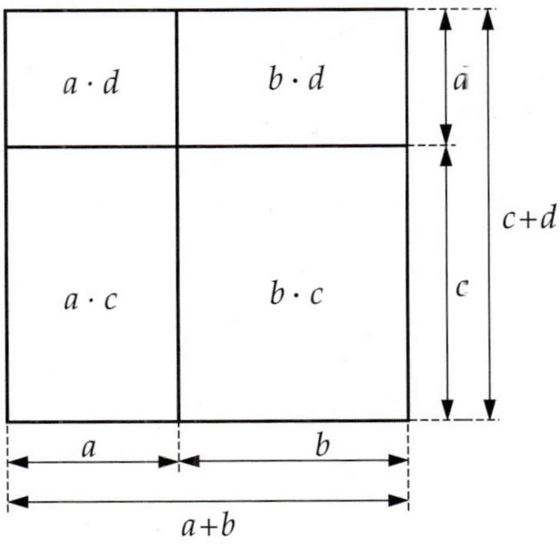

Bild 2.20

Beispiel:

2.87 a) $(a+b)\cdot(c-d) = a\cdot c - a\cdot d + b\cdot c - b\cdot d$

b) $(a-b)\cdot(c+d) = a\cdot c + a\cdot d - b\cdot c - b\cdot d$

c) $(a-b)\cdot(c-d) = a\cdot c - a\cdot d - b\cdot c + b\cdot d$

Der Satz für die Multiplikation von algebraischen Summen gilt auch dann, wenn die Summen aus *mehr als zwei Gliedern* bestehen. Eine zweigliedrige Summe wird *Binom*, eine dreigliedrige *Trinom*[1)] genannt.

Sind *mehr als zwei Summen* miteinander zu multiplizieren, so bildet man nach dem Assoziativgesetz zunächst das Produkt zweier Summen, multipliziert dieses Produkt mit der dritten und fährt so fort, bis alle Summen erfasst sind.

☞ Um beim Ausmultiplizieren alle Glieder zu erfassen, ist es ratsam, systematisch vorzugehen. Es wird empfohlen, zunächst das erste Glied der ersten Klammer der Reihe nach mit allen Gliedern der zweiten Klammer zu multiplizieren, und diese Vorgehensweise dann in gleicher Weise mit dem zweiten, dem dritten ... Glied der ersten Klammer beizubehalten. Die Anzahl der Teilprodukte, die bei der Multiplikation mehrgliedriger Klammern entstehen, lässt sich leicht feststellen:

$(a+b)\cdot(c+d)$	ergibt	$2\cdot 2$	=	4	Teilprodukte
$(a+b)\cdot(c+d-e)$	ergibt	$2\cdot 3$	=	6	Teilprodukte
$(a+b-c)\cdot(d-e+f)$	ergibt	$3\cdot 3$	=	9	Teilprodukte
$(a+b)\cdot(c+d-e)\cdot(f-g+h)$	ergibt	$2\cdot 3\cdot 3$	=	18	Teilprodukte

Beispiele:

2.88 $(12+3)\cdot(14-6) = 15\cdot 8 = 120$

Derartige Produkte sollte man zweckmäßigerweise *nicht gliedweise* multiplizieren. Dort, wo es möglich ist, sollte man *vor dem Rechnen* stets erst zusammenfassen, was sich zusammenfassen lässt.

2.89 $(2a+3)\cdot(3a-2) = 6a^2 - 4a + 9a - 6 = 6a^2 + 5a - 6$

2.90 Man berechne $(3x-2y+5z)\cdot(2x-4y-3z)$.

Mit einer sinnvollen und übersichtlichen Anordnung der Rechnung lassen sich unnötige Rechenfehler vermeiden:

$$\begin{array}{rrrrrr}
(3x & -\ 2y & +\ 5z)\cdot(2x & -\ 4y & -\ 3z) & \\ \hline
6x^2 & -\ 12xy & -\ 9xz & & & \\
 & -\ 4xy & & +\ 8y^2 & +\ 6yz & \\
 & & +\ 10xz & & -\ 20yz & -\ 15z^2 \\ \hline
6x^2 & -\ 16xy & +\ xz & +\ 8y^2 & -\ 14yz & -\ 15z^2
\end{array}$$

Bei der Berechnung der einzelnen Teilprodukte sind hier die „Malpunkte“ zwischen den Einzelfaktoren weggelassen worden. So wurde z. B. xy statt $x\cdot y$ geschrieben. Dieses Weglassen des Multiplikationszeichens $\cdot$ ist erlaubt, es dürfen dabei nur keine Irrtümer entstehen.

2.91 Enthält das Produkt mehrere Faktoren, so ist darauf zu achten, dass man pro Rechenschritt immer nur jeweils zwei Faktoren multiplizieren kann!

1) bis (lat.) zweimal; tris (griech.) dreimal; nomos (griech.) Gesetz

a) $8(2x-7)(5u-x) = 8\cdot\left(10ux - 2x^2 - 35u + 7x\right)$
$= 80ux - 16x^2 - 280u + 56x = -16x^2 + 56x + 80ux - 280u$

b) $(3u-2v)\cdot(6u+3v)\cdot(2v-5u)$
$= \left(18u^2 + 9uv - 12uv - 6v^2\right)\cdot(2v-5u)$ Zusammenfassen!
$= \left(18u^2 - 3uv - 6v^2\right)\cdot(2v-5u)$
$= 36u^2v - 90u^3 - 6uv^2 + 15u^2v - 12v^3 + 30uv^2$

Zusammenfassen und ordnen!
$(3u-2v)\cdot(6u+3v)\cdot(2v-5u) = -90u^3 + 51u^2v - 24uv^2 - 12v^3$

2.92 $(2r-3s)\cdot(4r-2s) - (3r-4s)\cdot(s+3r)$
$= 8r^2 - 4rs - 12rs + 6s^2 - \left(3rs + 9r^2 - 4s^2 - 12rs\right)$

Es ist auf die Reihenfolge der Rechenoperationen zu achten: Zuerst ist zu multiplizieren, und danach darf erst die Differenz gebildet werden. Da das zweite Produkt subtrahiert werden soll, wurde das Ergebnis der zweiten Multiplikation in Klammern eingeschlossen.

Die weitere Zusammenfassung ergibt:
$= 8r^2 - 16rs + 6s^2 - \left(9r^2 - 9rs - 4s^2\right) = 10s^2 - 7rs - r^2$

2.93 $(u+v)\cdot\left[u^2 - (3u-v)\cdot(2u+3v) - (3u+v)\cdot(3u-2v) + v^2\right]$
$= (u+v)\cdot\left[u^2 - \left(6u^2 + 7uv - 3v^2\right) - \left(9u^2 - 3uv - 2v^2\right) + v^2\right]$
$= (u+v)\cdot\left[6v^2 - 4uv - 14u^2\right] = 6v^3 + 2uv^2 - 18u^2v - 14u^3$

Die fehlenden Zwischenschritte sind nachzuprüfen!

Oftmals beobachtet man eine falsch verstandene Mischung von Assoziativ- und Distributivgesetz: ~~$a\cdot(b\cdot c) = ab\cdot ac$~~

Multipliziert man ein Produkt mit einem weiteren Faktor, so darf nicht jeder der Faktoren des Produktes vervielfältigt werden – der externe Faktor wird nur einmal berücksichtigt. Es gilt laut Assoziativgesetz der Multiplikation:

$$a\cdot(b\cdot c) = a\cdot b\cdot c\,.$$

Somit rechnet man	und nicht etwa
$3\cdot(4a+5b)$	$3\cdot(4a+5b)$
$= 3\cdot 4a + 3\cdot 5b$	~~$= 3\cdot 4\cdot 3\cdot a + 3\cdot 5\cdot 3\cdot b$~~
$= 12a + 15b$	~~$= 36a + 45b$~~

Tipp: Beachte auch Beispiel 2.76!

Viele Anwendungsfehler lassen sich vermeiden, wenn man die Faktoren der *optischen Größe* nach ordnet.

Man schreibt

besser ...,	statt ...
$6x\cdot\left(x^2 - x + 3\right)$	$\left(x^2 - x + 3\right)\cdot 6x$
$-3\cdot(a-8)\cdot\left(2x^3 - 26b\right)^3$	$\left(2x^3 - 26b\right)^3\cdot(a-8)\cdot(-3)$

A. 2.44–2.46 auf Seite 197

2.3.2.4 Ausklammern gemeinsamer Faktoren

Faktoren, die in allen Gliedern einer Summe oder Differenz – kurz: in einer *algebraischen Summe* – enthalten sind, lassen sich **ausklammern**:

$$\underbrace{a \cdot n + b \cdot n - c \cdot n}_{\text{(algebraische) Summe}} = \underbrace{n \cdot (a + b - c)}_{\text{Produkt}} \qquad (2.25)$$

(Summanden: a, b, c; Faktoren: n und $(a+b-c)$)

Ausklammern ist mit *Dividieren* verbunden: Man teilt jeden Summanden der algebraischen Summe durch den ausgeklammerten Faktor und erhält dadurch die Ausdrücke in der Klammer.

Das Ausklammern[1] *ist die Umkehrung des Ausmultiplizierens*, weshalb man sich sehr schnell von der Richtigkeit des ausgeklammerten Terms überzeugen kann, indem man das Produkt (im Kopf) wieder ausmultipliziert, um dann erneut den Ausgangsterm zu erhalten. Diese kurze Probe sollte man grundsätzlich ausführen!

Ausklammern (→)

$$6ab - 8a = 2a \cdot (3b - 4)$$

Ausmultiplizieren (←)

Da beim Ausklammern eines gemeinsamen Faktors eine algebraische Summe in ein Produkt umgewandelt wird, haben wir es hier mit der einfachsten Form der *Produkt-* oder *Faktorenzerlegung*, dem **Faktorisieren**, zu tun. Wir werden in diesem Buch noch weitere Techniken der Faktorzerlegung kennenlernen, die insbesondere bei der Handhabung von Gleichungen wichtig sind.

Beispiele:

2.94 a) $24x^2 - 36xy + 12xz = 12x \cdot (2x - 3y + z)$

Beim Ausklammern muss jeder Summand durch den ausgeklammerten Ausdruck geteilt werden. Wir erhalten deshalb folgende Nebenrechnungen:

$$\frac{24x^2}{12x} = 2x; \quad \frac{-36xy}{12x} = -3y; \quad \frac{12xz}{12x} = z$$

Probe: Multipliziert man das Produkt $12x \cdot (2x - 3y + z)$ aus, so erhält man wieder den ursprünglichen Ausdruck $24x^2 - 36xy + 12xz$.

b) $252ar + 966rt - 588ru = 42r \cdot (6a - 14u + 23t)$

Bei komplizierten Zahlkombinationen liefert das ggT der einzelnen Vorfaktoren den auszuklammernden Faktor: ggT(252,966,588) = 42, siehe Abschnitt 1.2.2.4.

c) $\frac{1}{3}gh^3 + \frac{1}{3}g^3h = \frac{1}{3}gh \cdot \left(h^2 + g^2\right) = \frac{1}{3}gh \cdot \left(g^2 + h^2\right)$ Alphabet! Probe ausführen!

[1] Manchmal auch als „Herausheben" bezeichnet.

d) Klammere bei $d - 3a$ den Faktor (-1) aus.

$d - 3a = (-1) \cdot (-d + 3a) = -(3a - d)$

Beim Ausklammern von (-1) ändern sich alle Vorzeichen in der Klammer!

e) $3\frac{3}{5}u - 1{,}05a = -\frac{21}{20}a + \frac{18}{5}u = -\frac{21}{20}a + \frac{72}{20}u = -\frac{3}{20} \cdot (7a - 24u)$

Soll die Klammer bruchfrei sein, so ist der Hauptnenner ebenfalls auszuklammern.

☞ Beim Ausklammern geht man nach Möglichkeit so vor, dass in der Klammer

- keine Brüche bzw. Kommazahlen stehen, d. h., dass der ggT der Zähler und das kgV der Nenner ausgeklammert wird,
- die Terme alphabetisch und nach fallenden Potenzen sortiert sind,
- die Anzahl der Minuszeichen in der Klammer gering ist oder
- der erste Term ein positives Vorzeichen bekommt.

In Einzelfällen können diese Punkte sich widersprechen, so dass man einem davon den Vorzug geben muss. Insbesondere bei geringen Abweichungen der eigenen Ergebnisse von den Musterlösungen sollte man sich diese Regeln noch einmal vor Augen führen.

✍ A. 2.47–2.48 auf Seite 198

Vielfach lässt sich das Ausklammern mehrmals wiederholen, indem man in den Zwischenergebnissen geeignete Summanden zusammenfasst.

Beispiele:

2.95 a) $u^2 + 3u - 2uv - 6v$ soll in ein Produkt verwandelt werden.

Im 1. und 2. Glied kann man u ausklammern, im 3. und 4. Glied $(-2v)$:

$$u^2 + 3 \cdot u - 2 \cdot u \cdot v - 6 \cdot v = u \cdot (u + 3) - 2v \cdot (u + 3)$$

Im Zwischenergebnis tritt in jedem Glied der gemeinsame Faktor $(u + 3)$ auf. Somit klammern wir die Klammer $(u + 3)$ aus und erhalten schließlich

$$u^2 + 3u - 2uv - 6v = (u + 3) \cdot (u - 2v) \qquad \text{Probe!}$$

b) $6ab - 3b - 2a + 1 = 3b \cdot (2a - 1) - 1 \cdot (2a - 1) = (2a - 1) \cdot (3b - 1)$ Probe!

c) $4m \cdot (3a - 2b) + 8n \cdot (2b - 3a) = 4m \cdot (3a - 2b) - 8n \cdot (-1) \cdot (3a - 2b)$
$= (3a - 2b) \cdot (4m - 8n) = (3a - 2b) \cdot 4 \cdot (m - 2n) = 4 \cdot (3a - 2b) \cdot (m - 2n)$

d)
$$\begin{aligned} 0{,}75ux + 3u - 21 - 5{,}25x &= \frac{3}{4}ux - \frac{21}{4}x + 3u - 21 \\ &= \frac{3}{4}x \cdot (u - 7) + 3 \cdot (u - 7) \\ &= (u - 7) \cdot \left(\frac{3}{4}x + 3\right) = (u - 7) \cdot \frac{3}{4} \cdot (x + 4) \\ &= \frac{3}{4} \cdot (u - 7) \cdot (x + 4) \end{aligned}$$

✍ A. 2.49 auf Seite 198

Das Ausklammern ist eine sehr wichtige Technik von großer praktischer Bedeutung. Deshalb werden wir nach Kenntnis der Potenzgesetze die Thematik in Abschnitt 2.4.6 noch einmal vertiefen und in diesem Buch an vielen Stellen wieder aufgreifen.

2.3.2.5 Binomische Formeln

Unter einem **Binom**[1)] versteht man eine zweigliedrige algebraische Summe, wie $a + b$ oder $k - 5$ oder $2x - 3y$ ...

Bei der Berechnung der Potenzen von Binomen treten gewisse Gesetzmäßigkeiten auf. Wenn man diese speziellen Eigenschaften der Binome kennt, lassen sich die Potenzen von Binomen mit ihrer Hilfe unmittelbar niederschreiben.

Es ist

$$(a + b)^2 = (a + b) \cdot (a + b).$$

Multipliziert man die rechte Seite dieser Gleichung aus, so erhält man die

erste binomische Formel $$\boxed{(a + b)^2 = a^2 + 2ab + b^2} \qquad (2.26)$$

In Worten: Man erhält das Quadrat einer Summe, indem man rechnet:
- ▶ erster Summand zum Quadrat,
- ▶ plus zweimal erster Summand mal zweiter Summand,
- ▶ plus zweiter Summand zum Quadrat.

Entsprechend ergibt sich die

zweite binomische Formel $$\boxed{(a - b)^2 = a^2 - 2ab + b^2} \qquad (2.27)$$

Multipliziert man die Summe $a + b$ zweier Zahlen a und b mit ihrer Differenz $a - b$, so erhält man die

dritte binomische Formel $$\boxed{(a + b) \cdot (a - b) = a^2 - b^2} \qquad (2.28)$$

Insbesondere am Beispiel der dritten binomischen Formel, bei dem sich die gemischten Glieder beim Ausmultiplizieren aufheben, erkennt man:

> Die binomischen Formeln stellen eine enorme Erleichterung dar, um Produkte vom Typ $(a + b) \cdot (a + b)$, $(a - b) \cdot (a - b)$ oder $(a + b) \cdot (a - b)$ zu berechnen.
> Statt die Klammern erst mühsam auszumultiplizieren, kann mit ihrer Hilfe das Ergebnis sofort hingeschrieben werden.

Beispiele:

2.96 a) $(3 + t)^2 = 3^2 + 2 \cdot 3 \cdot t + t^2 = 9 + 6t + t^2 = t^2 + 6t + 9$

b) $(u - 4v)^2 = u^2 - 2 \cdot u \cdot 4v + (4v)^2 = u^2 - 8uv + 16v^2$

c) $(2x + 3y)^2 = (2x)^2 + 2 \cdot 2x \cdot 3y + (3y)^2 = 4x^2 + 12xy + 9y^2$

d) $(4a + 5b) \cdot (4a - 5b) = (4a)^2 - (5b)^2 = 16a^2 - 25b^2$

Nach einigem Üben muss man in der Lage sein, das Ergebnis sofort aufzuschreiben, ohne dabei die hier noch angeführten Zwischenrechnungen durchzuführen.

✍ A. 2.50–2.52 auf Seite 199

[1)] bis (lat.) zweimal; nomos (griech.) Gesetz.
Bitte unbedingt den Schülerslang „bionomische Formel“ vermeiden!

2.97 Steht vor dem Binom ein Vorfaktor oder ein Minuszeichen, so muss auch das aufgelöste Binom in eine Klammer gesetzt werden, die erst in einem weiteren Schritt ausmultipliziert wird.

a) $3(m+5)^2 = 3 \cdot (m^2 + 10m + 25) = 3m^2 + 30m + 75$

b) $-(6k-t)^2 = -(36k^2 - 12kt + t^2) = -36k^2 + 12kt - t^2$

c)
$$11 \cdot \left(\frac{1}{3}u + 9v\right)^2 - \left(\frac{1}{3}u - 9v\right)^2 - \left(\frac{1}{3}u + 9v\right) \cdot \left(\frac{1}{3}u - 9v\right)$$
$$= 11 \cdot \left(\frac{1}{9}u^2 + 6uv + 81v^2\right) - \left(\frac{1}{9}u^2 - 6uv + 81v^2\right) - \left(\frac{1}{9}u^2 - 81v^2\right)$$
$$= u^2 + 72uv + 891v^2$$

✍ A. 2.53 auf Seite 199

Auch wenn wir von links nach rechts lesen und schreiben, sollten wir doch immer daran denken, dass man die binomischen Formeln auch „rückwärts" anwenden kann. Dadurch ist es möglich, bestimmte Summen als Produkte zu schreiben, sie zu faktorisieren. Von dieser Möglichkeit wird in Büchern und Lehrveranstaltungen zur weiterführenden Mathematik gerne Gebrauch gemacht, ohne dass speziell auf diese Umformung hingewiesen wird. Es ist dann Aufgabe des Lernenden, dies selbstständig zu erkennen!

Die binomischen Formeln erlauben es uns, bestimmte algebraische Summen als Produkte zu schreiben!

Beispiel:

2.98 a) $u^2 - 10ur + 25r^2 = u^2 - 2 \cdot u \cdot (5r) + (5r)^2 = (u-5r)^2$

b) $4b^2 - 1 = (2b)^2 - 1^2 = (2b+1) \cdot (2b-1)$

c) $64Q^2 - 36R^2 = (8Q)^2 - (6R)^2 = (8Q + 6R) \cdot (8Q - 6R)$

d)
$$16p^2 + 40pq + 25q^2 - r^2 + 6rs - 9s^2$$
$$= \left(16p^2 + 40pq + 25q^2\right) - \left(r^2 - 6rs + 9s^2\right)$$
$$= \underbrace{(4p+5q)^2}_{a^2} - \underbrace{(r-3s)^2}_{b^2} \qquad \text{3. binomische Formel!}$$
$$= \underbrace{[(4p+5q)+(r-3s)]}_{a+b} \cdot \underbrace{[(4p+5q)-(r-3s)]}_{a-b}$$
$$= (4p + 5q + r - 3s) \cdot (4p + 5q - r + 3s) \qquad \text{Probe!}$$

e) $(3u+3v)^2 = [3 \cdot (u+v)]^2 = 3^2 \cdot (u+v)^2 = 9 \cdot (u+v)^2$

Zum besseren Verständnis seien hier noch einige Sonderfälle hervorgehoben:

⚠ a) $(a+b) \cdot (b-a) = (b+a) \cdot (b-a) = b^2 - a^2$
Die Orientierung für das dritte Binom erfolgt immer an der Klammer mit der Differenz, da man die Summe je nach Bedarf flexibel umstellen kann.

b) Ausdrücke wie $(-a-b)^2$ beschreiben die erste binomische Formel:
$(-u-k)^2 = [(-1) \cdot (u+k)]^2 = (-1)^2 \cdot (u+k)^2 = (u+k)^2$ □

c) Weiterhin gilt $(a-b)^2 = (b-a)^2$, da
$(a-b)^2 = [(-1) \cdot (-a+b)]^2 = (-1)^2 \cdot (b-a)^2 = (b-a)^2$ □

d) Man beachte die Unterschiede:

$(a+b)^2 = (a+b)\cdot(a+b)$

$a^2 - b^2 = (a+b)\cdot(a-b)$

$a^2 + b^2$: Es ist *keine* Zerlegung in Faktoren möglich!

e) $(a-b)^2 \neq a^2 - b^2$

$(a-b)^2 = a^2 - 2ab + b^2$, aber

$a^2 - b^2 = (a+b)\cdot(a-b)$

✍ A. 2.54–2.56 auf Seite 200

Wenn man die binomischen Formeln beherrscht, dann lassen sich mit deren Hilfe auch sehr oft Multiplikationsaufgaben mit gewöhnlichen Zahlen vereinfachen, ohne dass man dazu Bleistift und Papier oder den Taschenrechner zur Hand nehmen muss.

Beispiel:

2.99 a) $47^2 = (40+7)^2 = 1\,600 + 560 + 49 = 2\,209$

b) $2{,}3 \cdot 3{,}7 = (3-0{,}7)\cdot(3+0{,}7) = 9 - 0{,}49 = 8{,}51$

✍ A. 2.57 auf Seite 200

Höhere Binome wie $(a \pm b)^3$, $(a \pm b)^4$ werden wir in Abschnitt 2.4.4 behandeln.

Potenzen von Trinomen[1)] oder anderen mehrgliedrigen Ausdrücken berechnet man am besten durch Ausmultiplizieren der Klammern.

Beispiel:

2.100 a) $$(a-b+c)^2 = (a-b+c)\cdot(a-b+c) = a^2 - 2ab + 2ac + b^2 - 2bc + c^2$$

b) $$(a-b+c-d)^2 = (a-b+c-d)\cdot(a-b+c-d) = a^2 - 2ab + 2ac - 2ad + b^2 - 2bc + 2bd + c^2 - 2cd + d^2$$

✍ A. 2.58 auf Seite 200

Abschließend wollen wir uns im folgenden Beispiel eine typische Anwendung der Binome bei der Erörterung von theoretischen Zusammenhängen anschauen. Auf die dort gewonnene Erkenntnis werden wir später noch einmal zurückkommen.

Beispiel:

2.101 Zeige: Das Quadrat einer geraden Zahl ist ebenfalls gerade, das einer ungeraden Zahl bleibt ungerade.

Lösung: Ist n eine ganze Zahl, so gilt mit den Formeln (2.10):
gerade Zahl: $(2n)^2 = 4n^2$ ist gerade, da der Faktor 4 ein Vielfaches von 2 ist.
ungerade Zahl: $(2n \pm 1)^2 = 4n^2 \pm 4n + 1 = \underbrace{\underbrace{4\cdot(n^2 \pm n)}_{\text{gerade}} + 1}_{\text{ungerade}}$ □

---

1) tris (gr.) dreimal. Dreigliedriger Ausdruck, z. B. $(a \pm b \pm c)^2$.

2.3.2.6 Die Quadratische Ergänzung

Im letzten Abschnitt haben wir die binomischen Formeln auch rückwärts gelesen und konnten damit eine Summe in ein Produkt überführen. Einen Ausdruck der Form

$$x^2 + 2ax + a^2 \quad \text{oder} \quad x^2 - 2ax + a^2$$

nennen wir nun ein *vollständiges Quadrat*, da er nach den binomischen Formeln auch wie folgt geschrieben werden kann:

$$x^2 + 2ax + a^2 = (x+a)^2 \quad \text{oder} \quad x^2 - 2ax + a^2 = (x-a)^2$$

In diesem Abschnitt werden wir versuchen, auch bei unvollständigen Quadraten eine binomische Komponente einzufügen. Betrachten wir dazu den Ausdruck $x^2 + 2ax$ näher: Jede Summe der Form $x^2 + 2ax$ lässt sich durch Hinzufügen eines geeigneten Gliedes, der sogenannten *quadratischen Ergänzung*, in ein vollständiges Quadrat überführen. Man findet die quadratische Ergänzung, indem man das gemischte Glied $2ax$ durch die doppelte Basis des quadratischen Ausdruckes teilt und diesen Quotienten dann quadriert. Die quadratische Ergänzung für $x^2 + 2ax$ lautet erwartungsgemäß

$$\left(\frac{\cancel{2}\,a\,\cancel{x}}{\cancel{2}\cdot\cancel{x}}\right)^2 = a^2$$

und führt somit zum vollständigen Quadrat $x^2 + 2ax + a^2 = (x+a)^2$.
Analog kann die quadratische Ergänzung auch für $x^2 - 2ax$ durchgeführt werden.

Beispiele:

2.102 Die quadratische Ergänzung des Terms $x^2 - 12x$ ist die Zahl 6^2, denn der Ausdruck $x^2 - 12x + 6^2$ kann in der Form $(x-6)^2$, also als vollständiges Quadrat geschrieben werden.

☞ **Halbieren**: $\frac{12}{2} = 6$ **Quadrieren**: 6^2 **Addieren**: $+6^2$

2.103 In der folgenden Zusammenstellung sind zu einigen Termen die zugehörigen quadratischen Ergänzungen ($\star$) und die damit entstehenden vollständigen Quadrate angegeben:

Ausdruck	quadratische Erg. $\star$	vollständiges Quadrat = Binom
$u^2 - 7u + \star$	$\left(\frac{7\cancel{u}}{2\cancel{u}}\right)^2 = \left(\frac{7}{2}\right)^2$	$u^2 - 7u + \left(\frac{7}{2}\right)^2 = \left(u - \frac{7}{2}\right)^2$
$m^2 - \frac{3}{2}mn + \star$	$\left(\frac{\frac{3}{2}\cancel{m}\,n}{2\cancel{m}}\right)^2 = \left(\frac{3}{4}n\right)^2$	$m^2 - \frac{3}{2}mn + \left(\frac{3}{4}n\right)^2 = \left(m - \frac{3}{4}n\right)^2$
$x^2 + px + \star$	$\left(\frac{p\cancel{x}}{2\cancel{x}}\right)^2 = \left(\frac{p}{2}\right)^2$	$x^2 + px + \left(\frac{p}{2}\right)^2 = \left(x + \frac{p}{2}\right)^2$

✍ A. 2.59–2.60 auf Seite 201

Durch die quadratische Ergänzung wird der Ausgangsterm verändert, da wir – zur Vervollständigung eines Binoms – einen Ausdruck hinzuaddiert haben, der vorher nicht vorhanden war. Soll der ursprüngliche Term durch diese Prozedur in einen äquivalenten

Ausdruck umgeschrieben werden, so muss die quadratische Ergänzung auch wieder abzogen werden. Dies mag auf den ersten Blick unsinnig erscheinen, wir erzeugen aber damit in dem Term eine binomische Komponente.

Beispiel:

2.104 a) $a^2 - \underbrace{2\,a}_{2 \cdot a \cdot 1} = \underbrace{a^2 - 2a + 1^2}_{\text{Binom}} - 1^2 = (a-1)^2 - 1$

b) $u^2 - \underbrace{10\,u\,r}_{2 \cdot u \cdot (5r)} = \underbrace{u^2 - 2u \cdot (5r) + (5r)^2}_{\text{Binom}} - (5r)^2 = (u - 5r)^2 - 25r^2$

c) $x^2 + \underbrace{3\,x}_{2 \cdot x \cdot \frac{3}{2}} - 65 = \underbrace{x^2 + 3x + \left(\frac{3}{2}\right)^2}_{\text{Binom}} - \left(\frac{3}{2}\right)^2 - 65 = \left(x + \frac{3}{2}\right)^2 - \frac{269}{4}$

✍ A. 2.61–2.62 auf Seite 201

Besitzt die quadratische Komponente einen Vorfaktor, so klammert man diesen vorübergehend mit einer eckigen Klammer aus, um dann innerhalb dieser Klammer ungestört die quadratische Ergänzung ausführen zu können.

Beispiel:

2.105 a)

$$
\begin{aligned}
2x^2 - 36x + 176 &= 2 \cdot \left[x^2 - 18x + 88\right] \quad \text{quadr. Erg.: } \left(\frac{18\not{x}}{2\not{x}}\right)^2 = 9^2 \\
&= 2 \cdot \Big[\underbrace{x^2 - 18x + 9^2}_{\text{Binom}} - 9^2 + 88\Big] \\
&= 2 \cdot \left[(x-9)^2 + 7\right] \qquad \mid \text{Eckige Klammer auflösen.} \\
&= 2 \cdot (x-9)^2 + 14
\end{aligned}
$$

⚠ Es ist nicht unbedingt notwendig, den absoluten Anteil 176 ebenfalls in die eckige Klammer zu holen, da er auf die quadratische Ergänzung keinen Einfluss hat. Die Erfahrung zeigt aber, dass es ansonsten häufig zu Rechenfehlern kommt.

b)

$$
\begin{aligned}
-4x^2 + 7x - 15 &= -4 \cdot \left[x^2 - \frac{7}{4}x + \frac{15}{4}\right] \quad \text{quadr. Erg.: } \left(\frac{\frac{7}{4}\not{x}}{2\not{x}}\right)^2 = \left(\frac{7}{8}\right)^2 \\
&= -4 \cdot \left[\left(x^2 - \frac{7}{4}x + \left(\frac{7}{8}\right)^2\right) - \left(\frac{7}{8}\right)^2 + \frac{15}{4}\right] \\
&= -4 \cdot \left[\left(x - \frac{7}{8}\right)^2 + \frac{191}{64}\right] \\
&= -4 \cdot \left(x - \frac{7}{8}\right)^2 - \frac{191}{16}
\end{aligned}
$$

c) $3k^2 + 7kt$

$$\begin{aligned} &= 3 \cdot \left[k^2 + \frac{7t}{3}k\right] \quad \text{quadr. Erg.:} \left(\frac{\frac{7t}{3}\cancel{k}}{2\cancel{k}}\right)^2 = \left(\frac{7t}{6}\right)^2 \\ &= 3 \cdot \Bigg[\underbrace{k^2 + \frac{7t}{3}k + \left(\frac{7t}{6}\right)^2}_{\text{Binom}} - \left(\frac{7t}{6}\right)^2\Bigg] \\ &= 3 \cdot \left[\left(k + \frac{7t}{6}\right)^2 - \frac{49}{36}t^2\right] \\ &= 3 \cdot \left(k + \frac{7}{6}t\right)^2 - \frac{49}{12}t^2 \end{aligned}$$

A. 2.63–2.64 auf Seite 201

In einigen Fällen kann man durch den weiteren Einsatz der dritten binomischen Formel $a^2 - b^2 = (a + b) \cdot (a - b)$ aus dem quadratisch ergänzten Term ein Produkt erhalten, also die ursprüngliche Summe *faktorisieren*.

Beispiel:

2.106 a) $x^2 - 16x + 39$

$$\begin{aligned} &= \left(x^2 - 16x + 8^2\right) - 8^2 + 39 \\ &= (x-8)^2 - 25 = (x-8)^2 - 5^2 \\ &= (x - 8 + 5) \cdot (x - 8 - 5) = (x-3) \cdot (x-13) \end{aligned}$$

b) $5m^2 + 20km - 160k^2$

$$\begin{aligned} &= 5 \cdot \left[m^2 + 4km - 32k^2\right] \\ &= 5 \cdot \left[\left(m^2 + 4km + (2k)^2\right) - (2k)^2 - 32k^2\right] \\ &= 5 \cdot \left[(m+2k)^2 - 36k^2\right] = 5 \cdot \left[(m+2k)^2 - (6k)^2\right] \\ &= 5 \cdot [(m + 2k + 6k) \cdot (m + 2k - 6k)] \\ &= 5 \cdot (m + 8k) \cdot (m - 4k) \end{aligned}$$

c) $x^2 - 9x + 39{,}25$

$$\begin{aligned} &= \left(x^2 - 16x + 4{,}5^2\right) - 4{,}5^2 + 39{,}25 \\ &= (x - 4{,}5)^2 + 19 \qquad \text{Keine Faktorisierung möglich!} \end{aligned}$$

A. 2.65 auf Seite 202

Zwei wichtige Anwendungen der quadratischen Ergänzung werden wir in Abschnitt 3.5.3 und 4.5 kennenlernen.

2.3.3 Bruchrechnung

Die Rechenregeln, die bereits im Abschnitt 1.2.3 für die gewöhnlichen Brüche angegeben worden sind, gelten selbstverständlich auch dann, wenn im Zähler und im Nenner der Brüche Variable auftreten.

Bei **Bruchtermen** ist aber zusätzlich zu beachten, dass man durch einschränkende Randbedingungen sicherstellt, dass der *Nenner nicht null* wird. Wenn wir diese Einschränkungen im Einzelfall nicht extra aufschreiben, gehen wir natürlich davon aus, dass die Leser sich immer ausreichende Gedanken über die Definitionsmenge der jeweiligen Bruchterme machen!

2.3.3.1 Erweitern und Kürzen von Brüchen

Analog zum Rechnen mit Zahlenwerten können wir für das Kürzen und Erweitern eines Bruches allgemein festlegen:

Man erweitert einen Bruch, indem man Zähler und Nenner mit dem gleichen Term multipliziert. Man kürzt den Bruch, indem man Zähler und Nenner durch den gleichen Term dividiert.

Es gilt für b, m und $n \neq 0$:

$$\boxed{\frac{a}{b} = \frac{a \cdot m}{b \cdot m} = \frac{a : n}{b : n}} \qquad (2.29)$$

Beispiele:

2.107 Der Bruch $\frac{x+y}{x-y}$ ist mit $x+y$ zu erweitern. Man überlege dabei *vor* der Rechnung, welche Werte x und y *nicht* annehmen dürfen.

$$\frac{x+y}{x-y} = \frac{(x+y)\cdot(x+y)}{(x-y)\cdot(x+y)} = \frac{(x+y)^2}{x^2-y^2}$$

Beantwortung der Zusatzfrage: Es muss $x \neq y$ und $x \neq -y$ sein.

2.108 Der Bruch $\frac{0{,}25xy - 0{,}5z}{0{,}125xy + z}$ ist mit $8z$ zu erweitern.

$$\frac{0{,}25xy - 0{,}5z}{0{,}125xy + z} = \frac{(0{,}25xy - 0{,}5z)\cdot 8z}{(0{,}125xy + z)\cdot 8z} = \frac{2xyz - 4z^2}{xyz + 8z^2}$$

2.109 Erweitert oder kürzt man mit (-1), so ist $\frac{-a}{b} = \frac{a}{-b} = -\frac{a}{b}$.

2.110 Die Brüche sollen so weit wie möglich vereinfacht werden:

a) $\frac{0{,}2uv^2}{0{,}6u^2v}$ b) $\frac{m^2-n^2}{(m-n)^2}$ c) $\frac{6ax-9ay}{3by-2bx}$ d) $\frac{9a^2-24ab+16b^2}{16b^2-9a^2}$

a) $\frac{0{,}2uv^2}{0{,}6u^2v} = \frac{v}{3u}$ gekürzt mit $0{,}2uv$

b) $\frac{m^2-n^2}{(m-n)^2} = \frac{(m-n)\cdot(m+n)}{(m-n)^2} = \frac{m+n}{m-n}$ gekürzt mit $(m-n)$

c) $\frac{6ax-9ay}{3by-2bx} = \frac{3a\cdot(2x-3y)}{b\cdot(3y-2x)} = \frac{3a\cdot(2x-3y)}{-b\cdot(2x-3y)} = -\frac{3a}{b}$

d)
$$\frac{9a^2-24ab+16b^2}{16b^2-9a^2} = \frac{(3a-4b)^2}{(4b-3a)\cdot(4b+3a)} = \frac{(4b-3a)^2}{(4b-3a)\cdot(4b+3a)} = \frac{4b-3a}{4b+3a}$$

Man beachte: Faktoren dürfen und sollten gekürzt werden.

⚠ **Einzelne Summanden dürfen keinesfalls gekürzt werden!**

Die Brüche $\frac{r-s}{r \cdot s}$ $\frac{p+q}{p-q}$ $\frac{25a-36b}{5a-6b}$ $\frac{x^2-y^2}{x^2+y^2}$

lassen sich *nicht* kürzen, da in keinem der Beispiele Zähler und Nenner einen *gemeinsamen Faktor* enthalten.

✍ A. 2.66–2.71 auf Seite 202

2.3.3.2 Addition und Subtraktion von Brüchen

Für gleichnamige Brüche gilt, sofern $n \neq 0$ ist:

$$\frac{a}{n} + \frac{b}{n} - \frac{c}{n} = \frac{a+b-c}{n} \tag{2.30}$$

Ungleichnamige Brüche müssen *vor* dem Addieren und Subtrahieren *gleichnamig gemacht* werden. Die Bestimmung des dazu erforderlichen Hauptnenners geschieht in gleicher Weise wie beim Rechnen mit gewöhnlichen Zahlen:

■ Der **Hauptnenner** ist das *kleinste gemeinsame Vielfache (kgV)* aller Einzelnenner.

Die über oder unter einem Bruchstrich stehenden Glieder einer Summe müssen so behandelt werden, als wären sie in eine Klammer eingeschlossen.

Beispiel:

2.111 a) $\frac{a^2}{xy} - \frac{2ab}{xy} + \frac{b^2}{xy} = \frac{a^2-2ab+b^2}{xy} = \frac{(a-b)^2}{xy}$

b) $\frac{8u-3v}{u^2-v^2} - \frac{4u-7v}{u^2-v^2} = \frac{8u-3v-(4u-7v)}{u^2-v^2}$ Klammer beachten!

$$= \frac{4u+4v}{u^2-v^2} = \frac{4 \cdot (u+v)}{(u+v) \cdot (u-v)} = \frac{4}{u-v}$$

c) Gleichung (2.30) erlaubt es auch, einen Bruch, dessen Zähler eine Summe ist, in Teilbrüche zu zerlegen:

$$\frac{3x^2-8x+17}{4x} = \frac{3x^2}{4x} - \frac{8x}{4x} + \frac{17}{4x} = \frac{3x}{4} - 2 + \frac{17}{4x}$$

2.112 $\frac{9a+8b-3c}{2ab} + \frac{3b-4a-12c}{3ac} - \frac{27c-7a-8b}{6bc} = ?$

Zuerst bestimmt man den Hauptnenner und die Erweiterungsfaktoren (EWF) sowie die einschränkenden Bedingungen für die Variablen im Nenner:

Nenner	EWF
$2ab = 2 \cdot a \cdot b$	$3c$
$3ac = 3 \cdot a \cdot c$	$2b$
$6bc = 2 \cdot 3 \cdot b \cdot c$	a

$\text{HN} = 2 \cdot 3 \cdot a \cdot b \cdot c = 6abc$ mit $a, b, c \neq 0$

$$\frac{9a+8b-3c}{2ab}+\frac{3b-4a-12c}{3ac}-\frac{27c-7a-8b}{6bc}$$
$$=\frac{3c\cdot(9a+8b-3c)+2b\cdot(3b-4a-12c)-a\cdot(27c-7a-8b)}{6abc}$$
$$=\frac{27ac+24bc-9c^2+6b^2-8ab-24bc-27ac+7a^2+8ab}{6abc}$$
$$=\frac{7a^2+6b^2-9c^2}{6abc}$$

✍ A. 2.72–2.73 auf Seite 203

2.113 $$\frac{2c-5b}{6ab-10b^2}-\frac{5\cdot(2c-3a)}{18a^2-30ab}=?$$

Für die Bestimmung des Hauptnenners ist es hilfreich, die einzelnen Nenner weitestgehend zu faktorisieren. Die Koeffizienten werden dabei in ihre Primfaktoren zerlegt. Die zu den Einzelbrüchen gehörigen Erweiterungsfaktoren erkennt man durch einen einfachen Vergleich der faktorisierten Schreibweisen von Hauptnenner und Einzelnenner.

Die unzulässigen Werte für die Variablen im Nenner lassen sich ebenfalls aus den Faktoren ablesen, da ein Produkt null wird, sobald einer seiner Faktoren null ist (Nullproduktsatz).

Nenner	EWF
$6ab-10b^2 = 2\cdot \quad b\cdot(3a-5b)$	$3a$
$18a^2-30ab = 2\cdot 3\cdot a\cdot \quad (3a-5b)$	b

$$\text{Hauptnenner} = 2\cdot 3\cdot a\cdot b\cdot(3a-5b)$$
$$= 6ab\cdot(3a-5b) \quad \text{mit } a,b\neq 0 \wedge a\neq \frac{5}{3}b$$

Damit wird

$$\frac{2c-5b}{6ab-10b^2}-\frac{5\cdot(2c-3a)}{18a^2-30ab}=\frac{3a\cdot(2c-5b)-5\cdot b\cdot(2c-3a)}{6ab\cdot(3a-5b)}$$
$$=\frac{6ac-15ab-10bc+15ab}{6ab\cdot(3a-5b)}=\frac{6ac-10bc}{6ab\cdot(3a-5b)}$$
$$=\frac{2c\cdot(3a-5b)}{6ab\cdot(3a-5b)}=\frac{c}{3ab}$$

Es ist ratsam, die Faktoren im Nenner erst dann auszumultiplizieren, wenn feststeht, dass nicht mehr gekürzt werden kann.

2.114 $$\frac{3m}{9m^2-24mn+16n^2}-\frac{5m}{9m^2-16n^2}+\frac{1}{3m+4n}=?$$

Bestimmung des Hauptnenners:

Nenner	EWF
$9m^2-24mn+16n^2 = (3m-4n)^2$	$3m+4n$
$9m^2-4n^2 = (3m-4n)\cdot(3m+4n)$	$3m-4n$
$3m+4n = (3m+4n)$	$(3m-4n)^2$

$$\text{Hauptnenner} = (3m-4n)^2\cdot(3m+4n) \quad \text{mit } m\neq\pm\frac{4}{3}n$$

Damit ergibt sich

$$\frac{3m}{9m^2 - 24mn + 16n^2} - \frac{5m}{9m^2 - 16n^2} + \frac{1}{3m + 4n}$$

$$= \frac{3m \cdot (3m + 4n) - 5m \cdot (3m - 4n) + (3m - 4n)^2}{(3m - 4n)^2 \cdot (3m + 4n)}$$

$$= \frac{3m^2 + 8mn + 16n^2}{(3m - 4n)^2 \cdot (3m + 4n)}$$

2.115 $\frac{3}{x+4} - \frac{4}{x+3} + \frac{5}{x-1} - 3 = ?$

Nenner				EWF
$x + 4 =$			$(x + 4)$	$(x - 1) \cdot (x + 3)$
$x + 3 =$		$(x + 3)$		$(x - 1) \cdot (x + 4)$
$x - 1 =$	$(x - 1)$			$(x + 3) \cdot (x + 4)$
$1 = 1$				$(x - 1) \cdot (x + 3) \cdot (x + 4)$

HN $= 1 \cdot (x - 1) \cdot (x + 3) \cdot (x + 4)$ mit $x \neq -4; -3; 1$

$$\frac{3}{x+4} - \frac{4}{x+3} + \frac{5}{x-1} - 3$$

$$= \frac{3(x-1)(x+3) - 4(x-1)(x+4) + 5(x+3)(x-4) - 3(x-1)(x+3)(x+4)}{(x+4) \cdot (x+3) \cdot (x-1)}$$

$$= \frac{3(x^2 + 2x - 3) - 4(x^2 + 3x - 4) + 5(x^2 + 7x + 12) - 3(x^3 + 6x^2 + 5x - 12)}{(x+4) \cdot (x+3) \cdot (x-1)}$$

$$= \frac{-3x^3 - 14x^2 + 14x + 103}{(x+4) \cdot (x+3) \cdot (x-1)}$$

2.116 $\frac{a}{a-b} - \frac{b}{b-a} = ?$

$$\frac{a}{a-b} - \frac{b}{b-a} = \frac{a}{a-b} - \frac{b}{-(a-b)} = \frac{a}{a-b} + \frac{b}{a-b} = \frac{a+b}{a-b} \quad \text{mit } a \neq b$$

✍ A. 2.74–2.76 auf Seite 204

2.3.3.3 Multiplikation und Division von Brüchen

Auch für das Multiplizieren und Dividieren von Brüchen gelten die vom Zahlenrechnen her bekannten Regeln:

$$\boxed{\frac{a}{b} \cdot \frac{c}{d} = \frac{a \cdot c}{b \cdot d} \quad \text{und} \quad \frac{a}{b} : \frac{c}{d} = \frac{a}{b} \cdot \frac{d}{c} = \frac{a \cdot d}{b \cdot c}} \tag{2.31}$$

Da sich jede ganze Zahl als Bruch mit dem Nenner 1 schreiben lässt, sind damit auch die Regeln für die Multiplikation und Division von Brüchen mit ganzen Zahlen erfasst.

Bei der Multiplikation und Division von Brüchen muss davon abgeraten werden, im Zähler oder Nenner entstehende Produkte sofort auszumultiplizieren. Es ist viel ratsamer, gemeinsame Faktoren auszuklammern, da man besser übersehen kann, ob sich etwas kürzen lässt, siehe dazu das folgende Beispiel 2.121.

Beispiele:

2.117 Es muss zugegeben werden, dass es vielen Leuten einigen Verdruss bereitet, Aufgaben wie $25 \cdot 38{,}2$ berechnen zu müssen, ohne elektronische Rechenhilfsmittel oder ohne Bleistift und Papier zur Hand zu haben.

Beachtet man jedoch, dass $25 = \frac{100}{4}$ ist, dann braucht nur die Aufgabe

$$38{,}2 \cdot \frac{100}{4} = \frac{38{,}2 \cdot 100}{4} = \frac{3\,820}{4} = 955$$

gelöst zu werden, was sich durchaus „im Kopfe“ bewältigen lässt.

Derartige Rechenvorteile lassen sich öfter anwenden als man annimmt!

2.118 $$\left(-\frac{u}{v}\right) \cdot \left(\frac{uw^2}{v}\right) \cdot \left(-\frac{v}{uw}\right) = +\frac{\cancel{u} \cdot uw^{\cancel{2}} \cdot \cancel{v}}{v \cdot \cancel{v} \cdot \cancel{u}\cancel{w}} = \frac{uw}{v}$$

2.119 $$\left(\frac{x}{y} - \frac{y}{x}\right) \cdot \left(\frac{1}{x} - \frac{1}{y}\right) = \frac{x}{xy} - \frac{x}{y^2} - \frac{y}{x^2} + \frac{y}{xy} = \frac{1}{y} - \frac{x}{y^2} - \frac{y}{x^2} + \frac{1}{x}$$

Fasst man die Brüche in den beiden Klammern vor der Multiplikation zusammen, so ergibt sich

$$\left(\frac{x}{y} - \frac{y}{x}\right) \cdot \left(\frac{1}{x} - \frac{1}{y}\right) = \frac{x^2 - y^2}{xy} \cdot \frac{y - x}{xy} = \frac{x^2y - x^3 - y^3 + xy^2}{x^2y^2}$$

In faktorisierter Form sieht Rechnung und Ergebnis dann so aus:

$$\left(\frac{x}{y} - \frac{y}{x}\right) \cdot \left(\frac{1}{x} - \frac{1}{y}\right) = \frac{x^2 - y^2}{xy} \cdot \frac{y - x}{xy}$$

$$= \frac{(x + y) \cdot (x - y)}{xy} \cdot \frac{-(x - y)}{xy} = \frac{-(x + y) \cdot (x - y)^2}{x^2y^2}$$

Überzeugen Sie sich davon, dass alle drei Ergebnisse übereinstimmen, obwohl sie wegen der unterschiedlichen Vorgehensweise sehr verschieden zu sein scheinen.

2.120 a) $$m : \frac{m}{n} = \frac{m}{1} : \frac{m}{n} = \frac{m \cdot n}{1 \cdot m} = n$$

b) $$\frac{m}{n} : m = \frac{m}{n} : \frac{m}{1} = \frac{m \cdot 1}{n \cdot m} = \frac{1}{n}$$

2.121 $$\frac{6x^2 + 18y}{2xy - 10} \cdot \frac{5x^2y - 25x}{3y - 6x} : \frac{5x^2 + 15y}{4xy - 8x^2} = \frac{6(x^2 + 3y) \cdot 5x(xy - 5) \cdot 4x(y - 2x)}{2(xy - 5) \cdot 3(y - 2x) \cdot 5(x^2 + 3y)} = 4x^2$$

Dieses Beispiel zeigt besonders deutlich, wie wichtig es ist, beim Rechnen mit Brüchen *alles auszuklammern, was auszuklammern möglich ist.* Dadurch lässt sich leicht erkennen, welche Faktoren man kürzen kann. Hätte man in dieser Aufgabe brav alle Faktoren des Zählers und alle Faktoren des Nenners so wie sie dastehen ausmultipliziert, so wäre ein ellenlanger und unübersichtlicher Ausdruck entstanden, den zu entwirren auch einem gewieften Mathematiker Schwierigkeiten bereiten würde.

✍ A. 2.77–2.78 auf Seite 204

2.3.3.4 Doppelbrüche

Doppelbrüche sind Brüche, bei denen im Zähler und im Nenner weitere Brüche auftreten können. Sie lassen sich stets auf einfache Brüche zurückführen, indem man den Doppelbruch als Divisionsaufgabe deutet. Ausdrücklich wiederholen wir hier noch einmal die Warnung aus Abschnitt 1.2.3.7:

■ Man rechne nicht mit Doppelbrüchen, sondern schreibe sie als Divisionsaufgabe um!

☞ Bei Doppelbrüchen ist es zu empfehlen, den Hauptbruchstrich etwas länger zu machen als die Bruchstriche im Zähler und im Nenner des Doppelbruchs.

Beispiele:

2.122 $$\frac{\frac{a}{b}}{\frac{c}{d}} = \frac{a}{b} : \frac{c}{d} = \frac{a \cdot d}{b \cdot c}$$

2.123 $$\frac{\frac{x}{y} - \frac{y}{x}}{\frac{x}{y} + \frac{y}{x}} = \left(\frac{x}{y} - \frac{y}{x}\right) : \left(\frac{x}{y} + \frac{y}{x}\right)$$

$$= \frac{x^2 - y^2}{xy} : \frac{x^2 + y^2}{xy} = \frac{x^2 - y^2}{xy} \cdot \frac{xy}{x^2 + y^2} = \frac{x^2 - y^2}{x^2 + y^2}$$

⚠ Es wird hier mancher dieses Ergebnis noch weiter vereinfachen wollen, indem er x^2 im Zähler gegen x^2 im Nenner und entsprechend auch die beiden y^2 „kürzen" möchte. Das ist aber ein schwerer Fehler, denn es dürfen nur Faktoren gekürzt werden, keinesfalls aber einzelne Glieder einer Summe.

Merke: In *Differenzen* und *Summen* kürzen nur die *Dummen*!

2.124 $$\frac{\frac{u+v}{u-v} - \frac{u-v}{u+v}}{\frac{u+v}{u-v} - \frac{u^2+v^2}{u^2-v^2}} = \left(\frac{u+v}{u-v} - \frac{u-v}{u+v}\right) : \left(\frac{u+v}{u-v} - \frac{u^2+v^2}{u^2-v^2}\right)$$

$$= \frac{(u+v)^2 - (u-v)^2}{(u+v)(u-v)} : \frac{(u+v)^2 - (u^2+v^2)}{(u+v)(u-v)}$$

$$= \frac{4uv}{u^2-v^2} : \frac{2uv}{u^2-v^2} = \frac{4uv}{u^2-v^2} \cdot \frac{u^2-v^2}{2uv} = 2$$

2.125 $$1 - \frac{1}{1 - \frac{a}{a-b}} = 1 - \frac{1}{\frac{a-b-a}{a-b}} = 1 - \frac{a-b}{-b} = 1 + \frac{a-b}{b} = \frac{b+a-b}{b} = \frac{a}{b}$$

2.126 Der elektrische Widerstand wird traditionell mit R bezeichnet[1)]. Verschiedene Widerstände können durch einen rechts unten angefügten Index unterschieden werden. Für die Berechnung des Gesamtwiderstandes R zweier parallel geschalteter Einzelwiderstände R_1 und R_2 gilt die Beziehung

$$\frac{1}{R} = \frac{1}{R_1} + \frac{1}{R_2}$$

[1)] resistor (engl.) elektrischer Widerstand

Für die beiden auftretenden Symbole R_1 und R_2 dürfen ganz beliebige Zahlenwerte eingesetzt werden. Diese Zahlenwerte müssen aber eine Gemeinsamkeit aufweisen: Sie müssen die Maßzahlen für elektrische Widerstände sein. Den Gesamtwiderstand R berechnet man durch schrittweise Umformung:

$$\frac{1}{R} = \frac{1}{R_1} + \frac{1}{R_2} = \frac{R_1 + R_2}{R_1 \cdot R_2}$$

R ist der Kehrwert von $\frac{1}{R}$; demnach ist

$$R = \frac{R_1 \cdot R_2}{R_1 + R_2}$$

Warum kommen für R_1 und R_2 nur *positive* Zahlenwerte infrage?

Das letzte Beispiel zeigt wieder sehr deutlich, dass die **Warnung** gilt:

Beim Rechnen mit Summen muss man stets besondere Vorsicht walten lassen!

Will man eine Summe quadrieren, so darf man die Summanden nicht einzeln quadrieren, sondern muss den binomischen Lehrsatz anwenden. – Soll der Kehrwert einer Summe von Brüchen ermittelt werden, so darf man ihn nicht einfach dadurch bilden, dass man die Kehrwerte der Einzelbrüche addiert, sondern es müssen die Einzelbrüche erst addiert werden, und von diesem *einen* Bruch darf dann erst der Kehrwert gebildet werden.

Ähnliche „Fußangeln" werden uns im weiteren Verlaufe dieses Buches immer wieder begegnen. *Man muss sie kennen, um unnötige Fehler vermeiden zu können.*

✍ A. 2.79–2.82 auf Seite 205

Aufgaben:

2.3.1.1 Einfache Rechenoperationen mit Variablen (Lösungen ab Seite 856)

2.16 Berechne die folgenden Terme für $a = 0{,}1$, $r = 125$ und $x = 3{,}5$:

a) $x^2 + 7x - 4$ b) $8x^3 - 9ax$ c) $r \cdot (x - 3) \cdot (x - a^2)$

d) $0{,}13\,a \cdot \left(\frac{r}{50} \cdot x - 1{,}6a\right)$ e) $2 \cdot \frac{3r + a}{4a + r}$ f) $\frac{3}{500} \cdot \left(4x^3 + 7arx^2 - 5a^3\right)$

2.17 Unter welchen Bedingungen ergeben sich für die folgenden Terme α) gerade und β) ungerade Zahlen?

a) $3n$ b) $n - 1$ c) $2n + 5$ d) $7n - 3$ e) $4n + 6$

2.18 Berechne die Terme

a) $(a - b) \cdot c$ b) $a - b \cdot c$ c) $\frac{a - b}{c}$ d) $a - \frac{b}{c}$

e) $\frac{a}{c} - d$ f) $(a : c - b) \cdot d$ g) $(a - b \cdot c) : d$ h) $a : d - b \cdot c$

i) $a : d - b \cdot c : d$ k) $(2a - b) \cdot (3c + d)$

wenn folgende bestimmte Zahlenwerte gegeben sind

α) $a = 7$	$b = 5$	$c = 3$	$d = 2$
β) $a = 2$	$b = 9$	$c = 6$	$d = 7$
γ) $a = -14$	$b = 11$	$c = -5$	$d = 9$
δ) $a = -21$	$b = -5$	$c = -6$	$d = -10$
ϵ) $a = 5{,}5$	$b = -\frac{2}{3}$	$c = 2\frac{5}{6}$	$d = 0{,}25$

2.19 Stelle einen passenden Term auf:

a) Addiere 3 zum Fünffachen einer Zahl.

b) Verdopple eine Zahl und vermindere das Ergebnis um 4.

c) Verdreifache die Hälfte einer Zahl.

d) Halbiere eine um 8 größere Zahl.

e) Subtrahiere vom 9-fachen einer Zahl das um 1 verkleinerte Dreifache der Zahl.

f) Subtrahiere vom vierten Teil einer Zahl ihren Quadratwert.

2.3.1.2 Die negativen Zahlen

(Lösungen ab Seite 857)

2.20 Beschreibe folgende Rechenvorschriften in Worten:

a) $2 \cdot x - 4$ b) $(m-6)^2$ c) $8d^2 + 17$ d) $(n+7) : 4$ e) $(x-1) \cdot (x+1)$

2.21 Welches der drei Zeichen $>$, $<$ oder $=$ ist zwischen die folgenden Zahlenpaare zu setzen?

a) $-13 \square +13$	b) $+5 \square -12$	c) $\lvert +5 \rvert \square \lvert -12 \rvert$
d) $-3 \square -1$	e) $-16 \square +2$	f) $\lvert -16 \rvert \square \lvert +2 \rvert$
g) $+21 \square +35$	h) $-11 \square -27$	i) $+7 \square -7$
k) $\lvert +7 \rvert \square \lvert -7 \rvert$	l) $\lvert -8 \rvert \square -2$	m) $-4 \square \lvert +5 \rvert$

2.22 Bestimme die Beträge:

a) $\lvert -5{,}8 \rvert$ b) $\left\lvert +7\frac{3}{4} \right\rvert$ c) $\lvert -0{,}9 \rvert$ d) $\lvert -18{,}345 \rvert$ e) $\lvert (-7)^2 \rvert$

2.23 Welche Zahlen besitzen die angegebenen Beträge?

a) 19 b) 34,7 c) 0 d) $\frac{5}{8}$ e) -9

2.24 Bestimme alle ganzen Zahlen x, für die gilt:

a) $\lvert x \rvert < 3$ b) $\lvert x \rvert \leq 0$ c) $1 < \lvert x \rvert < 7$ d) $1{,}4 < \lvert x \rvert < 4{,}3$

2.25 Berechne:

a) $(+35) + (+15)$ b) $(+35) + (-15)$ c) $(+35) - (+15)$ d) $(+35) - (-15)$

e) $(-35) + (+15)$ f) $(-35) + (-15)$ g) $(-35) - (+15)$ h) $(-35) - (-15)$

2.26 Bilde entsprechende Kombinationen wie in Aufgabe 2.25 mit den folgenden Zahlenpaaren:

α) 6 und 7 β) 11 und 22 γ) 46 und 14 δ) 16 und 16

2.27 Berechne:

a) $(-3) + (+2) - (+5) - (-11) + (-6)$

b) $(-4) + \lvert -3 \rvert - \lvert -5 \rvert + (-8) - (-12) + \lvert -4 \rvert$

c) $418 - (69 - 83) + (116 - 327)$

d) $(+89{,}7) - (-24{,}3) + (37{,}2 - 52{,}6) - (+44{,}1)$

e) $|+4| + |-19| - |-31| + |-10| - |+2|$

f) $\left(+\frac{2}{3}\right) - \left(-4\frac{1}{2}\right) - \left(+\frac{9}{4}\right) + \left(-2\frac{2}{3}\right) + \left(5\frac{1}{6}\right)$

g) $172{,}6 - (+37{,}2) + |-89{,}7| + (-54{,}4) - |-91{,}9|$

h) $(+4) + |-4| - |+4| - (-4) - (+4) - |-4| + (-4) + |+4|$

i) $(16 - 108) - (73 - 147) - (89 + 13) + (186 - 41)$

k) $\left(3\frac{1}{8} - 7\frac{1}{3}\right) + \left|4\frac{1}{3} - 5\frac{3}{4}\right| - \left(\frac{55}{12} - 2\frac{5}{6}\right) - \left|7\frac{1}{2} - 13\frac{7}{8}\right|$

2.28 Für welche Werte von x gilt:

a) $|x| - 2 = 0$ b) $|x - 7| = 3$ c) $|3x + 1| - 10 = 0$

d) $|2x + 3| + 8 = 0$ e) $|x - 3| + |2x + 1| = 13$ f) $|x| + |x - 1| = 2$

Ermittle:

g) $|3 - a| + |b - 2| - |a - b|$ für α) $a = 1,\ b = 3$
β) $a = 6,\ b = 1$

h) $|3u - 2v| - 6$ für α) $u = 5,\ v = 8$
β) $u = 2,\ v = -4$

i) $|a^2 - b^2| + |a - b|$ für α) $a = 2,\ b = 3$
β) $a = 0,\ b = -5$

k) $c = 3a - b$ für α) $|a| = 2,\ |b| = 6$
β) $|a| = 4,\ |b| = 7$

2.3.1.3 Addition und Subtraktion

(Lösungen ab Seite 858)

2.29 Vereinfache folgende Ausdrücke:

a) $14u + 5r - 2u$ b) $25a + 2b - 3a + 8b$ c) $4z - 8h + 0{,}4z + 36h$

d) $13s - 3a + 6u + 14a - 2u$ e) $17a - 23b + 35c - 9a - 41c + 30b$

f) $4g - 16 + 3p + 9{,}3g$ g) $37m - 15l - 64n + 13l + 100n - 38m$

h) $\frac{3}{4}k + 7{,}6p + 1{,}2k - 4p$ i) $81y - 59x + 15z + 99x - 75z - 31y$

k) $5p - 3q - 7r + 9q + 13s - 17t - 3p + 19r - 6s$

l) $34u - 69w + 51v + 27w - 16u - 22v - 18u$

m) $3{,}13a - 7{,}25b + 9{,}08c - 2{,}02b - 6{,}52a + 4{,}02c$

n) $\frac{2}{3}d + \frac{1}{5}e - \frac{4}{7}f - \frac{1}{3} + \frac{1}{2}f - \frac{5}{6}e - \frac{4}{9}d$

o) $1\,081{,}27x - 495{,}3 + 726{,}88y - 693{,}04z - 375{,}42y + 484{,}14z - 92{,}3x$

p) $4\frac{1}{5}R_1 - 9\frac{2}{7}R_2 + 21\frac{1}{2}R_4 - 15R_3 + 5\frac{2}{3}R_2 - 19\frac{3}{4}R_4 + 12\frac{5}{6}R_1 + 3\frac{13}{21}R_2$

q) $17\frac{2}{5}u - 69{,}258 + 31\frac{3}{4}v - 44{,}327w + 12{,}6u + 59\frac{5}{16}w + 24\frac{1}{8} - 87{,}63v$

2.3.1.4 Multiplikation

(Lösungen ab Seite 858)

2.30 Desgleichen:

a) $4a \cdot 2c \cdot 5b \cdot 3c \cdot 2a$ b) $x \cdot 3y \cdot 2z \cdot 5xz \cdot 3xy$ c) $2rt \cdot 5ts \cdot 7rs \cdot 6t \cdot 3$

d) $\frac{2}{3}u \cdot \frac{1}{4}vw \cdot \frac{3}{8}w \cdot 6v \cdot \frac{7}{9}uv \cdot \frac{3}{14}v$ e) $\left(-\frac{1}{2}ab\right)\left(+\frac{8}{3}bc\right)\left(-\frac{3}{4}ac\right)$

f) $(+2rx) \cdot (-6sy) \cdot (+3tz)$ g) $0{,}4pq \cdot 2{,}72q \cdot 0{,}625s \cdot 1{,}6pt \cdot 2{,}5rs \cdot 6{,}25$

h) $(+3x) \cdot (-2y) - (-5x) \cdot (-4y) + (-y) \cdot (+6x) - (+4x) \cdot (-9y)$

i) $(-3u)(6vw) + (+2u)(-3w)(-v) - (+4uvw)(-5) + (-vw) \cdot 8u$

k) $2s \cdot \left(-\frac{2}{3}at\right) \cdot \left(+8\frac{1}{5}b\right) - \frac{2}{3}b \cdot \left(-3\frac{1}{8}as\right)\left(+\frac{11}{5}t\right) + \frac{5}{16}t\left(+\frac{17}{81}a\right)\left(-\frac{0}{15}bs\right)$

2.3.1.5 Division

(Lösungen ab Seite 858)

2.31 Berechne:

a) $(+132x) : (-11)$ b) $(+15ab) : (-3b)$ c) $(96uv) : (-12u)$

d) $(+3r) : (-3r)$ e) $(-102y^2) : (17y)$ f) $(-7a^2b) : (-21ab^2)$

g) $(-56u^2vw) : (72uv^2w)$ h) $\left(+\frac{3}{7}x\right) : (-x)$ i) $32{,}66ab : (-7{,}1rs)$

k) $\left(-\frac{21}{25}xy^2z^3\right) : \left(-\frac{14}{15}x^2yz^2\right)$ l) $\left(3\frac{1}{4}a^2uw\right) : (4{,}9aow)$

2.32 Berechne:

a) $\frac{+48x}{6}$ b) $\frac{-133u}{19}$ c) $\frac{403}{-31c}$ d) $\frac{-209xz}{-38yz}$

e) $-\frac{-6{,}29ax}{4{,}81abx}$ f) $+\frac{+rstx}{-stx}$ g) $-\frac{-0{,}4a^2b}{-1{,}2ab}$ h) $-\frac{\frac{3}{4}ab^2x}{-\frac{5}{8}a^2bx}$

i) $-\frac{8{,}69xy}{79xy}$ k) $+\frac{-5ast}{+9stx}$ l) $\frac{45k^2t}{-153a^2t}$ m) $\frac{-187qpr}{0{,}34rmp}$

2.33 Berechne:

a) $34a^3b^2 : [(+2a)(-b)] - 54a^4b^3 : [(-a^2)(9b^2)]$

b) $u^2v^3w : [(-uv^2)(+uw)] + (-u^3v^3w^2) : [(+u^2vw)(-uvw)]$

c) $(-17{,}49x^2yz) : [(+1{,}1x)(-5{,}3y)] + [13{,}34x^4y^2z^2 : (-2{,}9x^2y^2)] : (+2{,}3xz)$

d) $[(-63rs^2t) : (+3r^2s^3t^2)] \cdot (-2rs) - (+29rs^2t) : [(+7r^3s^3t^4) : (-14r^2st^2)]$

e) $[(-a^2b) : (+5a^3b^2)] \cdot 7ab - 14a^3b^2 : [(-3ab) \cdot (7a^2b)]$

2.34 Berechne ohne TR, zumindest ohne die Bruchtaste zu benutzen:

a) $17{,}58 - (5{,}04 + 1{,}01 \cdot 12{,}5)$ b) $\left(4\frac{5}{8} - 5\frac{1}{2} - \frac{1}{2}\right) - \left[7\frac{2}{5} - \left(1\frac{2}{5} + 6\frac{5}{8}\right)\right]$

c) $\frac{21}{47} + \left(\frac{16}{705} - (7{,}9 : 17{,}625)\right)$ d) $5\frac{5}{18} - \left\{2\frac{5}{4} \cdot \frac{4}{15} - \left[1\frac{2}{5} + \left(2\frac{5}{9} : 5\frac{5}{4}\right)\right]\right\}$

e) $7\frac{5}{9} - \left[14\frac{2}{15} - \left(5\frac{7}{16} \cdot \frac{65}{45}\right) + 1\right]$ f) $\frac{1}{8} - \left[\left(4\frac{1}{9} \cdot 3\frac{7}{20} - 4\frac{7}{8}\right) - \left(11 - 2\frac{1}{5}\right)\right]$

g) $-2\frac{1}{4}+\left(255{,}2+19\frac{15}{32}\right)+\left\{3{,}8-5\frac{1}{2}\cdot 7{,}25:0{,}8\right\}-\left(18{,}5+\frac{3}{8}-6{,}45:2{,}58\right)$

2.35 Desgleichen:

a) $\left(1\frac{1}{2}\right)^2-\left(2\frac{1}{3}\right)^2+\left(3\frac{1}{4}\right)^2-7\frac{1}{3}$

b) $\left[\left(2\frac{1}{4}\right)^2:5\frac{1}{8}\right]:\left[\left(1\frac{1}{2}\right)^2+5\frac{1}{4}:5\frac{1}{8}\right]$

c) $\left(7\frac{1}{5}+5\frac{7}{8}\cdot 2\frac{3}{4}\right):\left(5\frac{3}{10}:\frac{9}{8}-4\frac{23}{288}\right)$

d) $\left(4\frac{1}{6}+5\frac{1}{5}\right):\left(5\frac{1}{6}-1\frac{1}{5}\right)-\frac{8}{119}$

e) $\frac{66}{55}:\frac{42}{27}-\left(\frac{41}{105}+\frac{52}{63}\right)+\frac{22}{45}:\frac{1}{5}$

f) $\left(4\frac{7}{12}+5\frac{11}{15}\right)\cdot 1\frac{5}{18}-1\frac{3}{8}\cdot 6\frac{121}{135}$

g) $(11{,}25+5{,}19):(88{,}125-5{,}925)$

h) $(8{,}41+22{,}058)-114{,}01\cdot\frac{12}{45}$

i) $\left(17\frac{1}{12}\cdot 21\right):665$

k) $\left(4\frac{1}{4}-1\frac{7}{16}\cdot\left(-3\frac{5}{69}\right)\right):\left[2\frac{8}{12}\cdot\frac{7}{18}+3\frac{25}{54}\right]-\left(1\frac{7}{9}\right)^2$

l) $\dfrac{\left(2\frac{1}{5}\right)^2:5\frac{4}{5}}{4\frac{1}{8}:2\frac{1}{16}-2\frac{5}{4}}$

m) $7\frac{5}{8}:4+1\frac{2}{4}:5+\dfrac{2\cdot\frac{7}{4}+5\frac{1}{2}}{4-\frac{9}{2}:2\frac{1}{2}-\frac{2}{5}}-\frac{937}{1\,440}-1\frac{3}{8}:4\frac{1}{2}$

n) $\dfrac{6\frac{1}{8}\cdot 4-1\frac{5}{4}:5}{12{,}5\cdot 5\frac{1}{2}-\frac{1}{28}}$

o) $\left[\left(4\frac{1}{2}-2\cdot 1\frac{2}{5}+1\frac{1}{5}\right)\cdot 12-6\frac{2}{5}\right]:\frac{22}{9}-5\frac{1}{5}:\frac{13}{2}$

p) $\left(15{,}806-11{,}54+\frac{7}{4}\right):\left(0{,}62+0{,}75:\frac{3}{8}+3{,}8\right)-\left(1\frac{1}{107}-1{,}4+\frac{219}{535}\right)\cdot 7\frac{1}{3}$

q) $(4{,}625:8{,}15)\cdot\left(15{,}049+2\frac{5}{14}-5{,}094\right)+\frac{3}{163}:\frac{16}{89}\cdot\left(\frac{8}{35}+3\cdot\left(\frac{886}{3}-2\frac{1}{3}\right)\right)$

2.3.2.2 Setzen und Auflösen additiver und subtraktiver Klammern

(Lösungen ab Seite 859)

2.36 Vereinfache:

a) $2+(x-4)+(3x+7)+x$

b) $5u+(8+r+2u)+4r$

c) $(x-6y)-(4x-9y)$

d) $-(2x-a)-(a+3x)$

e) $(3q-5r)-(4q+8r)+(2q+6r)-(q-9r)$

f) $5-(-9+b)-(4-3b)$

g) $3{,}5r-7{,}2s-(5{,}4r+3{,}6s)+(2{,}7r+11{,}8s)$

h) $(7a+4i)-2a-(-2i+5a)$

i) $-(-4g-3w)-(-8w+6g)-(-6m-2g)$

k) $5k+(s-4k)+(-k-s)$

l) $(5n - 7p - 8m) - (2p - m - 3n) + (9m - 8n + 7p)$

m) $\left(\frac{2}{3}u - \frac{3}{4}v - \frac{1}{2}w\right) + \left(\frac{1}{2}u + \frac{2}{3}v + \frac{1}{4}w\right) - \left(\frac{1}{6}u - \frac{1}{12}v + \frac{3}{4}w\right)$

2.37 Vereinfache:

a) $6x - [2y - \{4z + (3x - 2y) + 2x\} - 5z]$

b) $2\frac{1}{2}a - \left(0{,}75b - \frac{1}{3}c\right) + \left[\frac{4}{5}a - \left(0{,}6b + \frac{1}{6}c\right)\right]$

c) $(3u - v) - \{[3v - (2u - v)] - [(5u + 4v) + w]\}$

d) $5x - 7y - \{3z + 3y + [-4x + 11z - (10y - z) - (-3x + 8z)]\}$

e) $(5a + 3b) + [(12a - 6b) - \{(10a - 2b) - (3a - 4b)\} - 5b]$

f) $15a - \{13b + [9c + 15d - (14a + 36d)]\} + 14b - 29c$

g) $200m - \{30n + 75p + (15n - 90m)$
$+[7p + n - (3p + 2q) - 47q] + 15n\} + 25p$

h) $45d - \{38c + [50k - (29l + 12d)] - 65c\} - \{77d - [53d + 16l - (124k + 98l)]$
$-51c + k\} - 43c + 87k$

i) $26\frac{5}{6}x^2yz - \left\{37\frac{7}{9}xy^2z - 75\frac{4}{5}x^2y^2z + \left[27\frac{3}{4}xy^2z + 46\frac{7}{8}x^2yz\right.\right.$
$- \left(69\frac{5}{12}x^2y^2z + 28\frac{17}{24}x^2y^2z - 45\frac{9}{16}x^2yz\right) - 68\frac{3}{4}x^2y^2z$
$\left.\left.-99\frac{2}{3}x^2yz + 78\frac{1}{2}xy^2z\right] - 15x^2yz\right\} - 107x^2y^2z$

k) $4a^2b - \left(2ab^2 - 4ab + 4a - 5b - 4\right) + \left(-4a^2b + ab^2 - 2ab + 3a - 3b - 3\right)$
$- \left(-a - ab^2 - 2ab + 2b + 1\right)$

l) $17 + 5 - \left\{18 - \left[9 - \left(3 + 2\frac{1}{2}\right) - 17\right] + 25\right\}$

m) $18a^2 - \{24a^2 + [-36b^2 - (-18a^2 + 4b^2) + 48b^2] - 20a^2\}$

n) $\frac{3}{4} - \left\{\frac{1}{6} - \left[\frac{1}{4} - \left(\frac{1}{2} - \frac{1}{3}\right) + \frac{1}{5}\right] + \frac{13}{15}\right\}$

o) $(9{,}7x - 5{,}08y) - \left\{13{,}642x + 18{,}612y - \left(39{,}7y - 12\frac{5}{6}x\right)\right.$
$\left. - \left[3\frac{5}{9}x - \left(7{,}39y + 16\frac{9}{22}x\right)\right] - 14{,}8x\right\}$

p) $49\frac{5}{22}a^2bc^2 - \left\{60{,}07a^2bc^2 + \left[103{,}372a^2bc - 0{,}46a^2bc^2\right.\right.$
$\left.\left. + \left(13\frac{4}{5}a^3bc + 45{,}062a^2b^2c\right)\right]\right\} - 18\frac{2}{3}a^3bc - \left(16\frac{5}{6}a^2bc + a^2b^2c\right)$

2.38 Die letzten beiden Glieder sind in eine Klammer einzuschließen, vor der ein Pluszeichen stehen soll:

a) $x + a - b$ b) $u - v + w$ c) $\frac{q}{2} - \frac{2}{3}v + \frac{1}{4}s$

d) $1 + a - b + c$ e) $2x - 3y + 4z - 5$ f) $d + a - u - b$

2.39 Die letzten beiden Glieder sind in eine Klammer einzuschließen, vor der ein Minuszeichen stehen soll:

a) $x - 2y + 4z$ b) $\frac{1}{4}e + \frac{2}{7}f - \frac{3}{8}g$ c) $0{,}25q - 0{,}49r - 0{,}52s + 2{,}12t$

d) $37{,}2a - 42{,}5b + 41{,}6c - 0{,}62d$ e) $\frac{3}{5}u - \frac{7}{9}v - \frac{9}{11}w - \frac{5}{7}x$

2.40 Die letzten drei Glieder sind in eine Klammer einzuschließen, vor der das Vorzeichen des drittletzten Gliedes stehen soll:

a) $a - 3b + 2c - 4d$ b) $x - 0{,}2y + 0{,}3y - 4{,}2z + 6{,}3u$

c) $3p - 6q - 2r - 4s + 5t$ d) $\frac{1}{3}u - \frac{2}{5}v + \frac{4}{7}w - \frac{5}{9}x - \frac{2}{3}y + \frac{1}{4}z$

e) $0{,}3k + 3{,}2l - 4{,}5m - 2{,}7n - 1{,}6p$ f) $0{,}9w + 9{,}4x - 8z - 3$

2.3.2.3 Multiplikation von Klammerausdrücken (Lösungen ab Seite 860)

2.41 Löse die Klammern auf und fasse zusammen:

a) $5 \cdot (2u - 13)$ b) $3 \cdot (5 + 2a)$ c) $6x \cdot (4s + 9x + 8x^2)$

d) $7dz \cdot (3d - 5z)$ e) $(4x^2 - 3x) \cdot 5x$ f) $(7t - 16)(-9t)$

g) $gh(4r + 3i)$ h) $\left(\frac{2}{3}k - \frac{1}{5}l\right) \cdot (-15kl)$ i) $(0{,}7a + 3{,}4b) \cdot 0{,}3c$

k) $3 \cdot (5r + t - 2s)$ l) $(x - 6z - 2y) \cdot (-4a)$ m) $5a \cdot 7b \cdot (3u - 4)$

n) $\left(\frac{2}{3}u - \frac{4}{5}v + \frac{1}{2}w\right)\left(-\frac{3}{4}v\right)$ o) $-\frac{7}{8} \cdot \left(-\frac{2}{21}q + \frac{4}{35}h\right)$

p) $-5{,}2 \cdot (3{,}1a - 2{,}3b - 7{,}6d + 4{,}7c)$ q) $-(-3st - 7T) \cdot (-3{,}2T)$

r) $\left(\frac{a}{x} - \frac{3b}{x^2} + c\right) \cdot x^3$ s) $-\left(\frac{4a}{3h} + \frac{6b}{5h^2}\right) \cdot \frac{9h^2}{8a}$ t) $-\frac{3}{5t}s\left(-\frac{2}{15st}q - \frac{15z}{57s^2}t\right)$

2.42 Desgleichen:

a) $3 \cdot (x + y + z) - 5 \cdot (x + y - z) - 2 \cdot (y - x - z)$

b) $2 \cdot (4b - a) - 6 \cdot (2a - b) - 7 \cdot (-2a + 2b)$

c) $\left(3\frac{1}{2} \cdot a^4 - 2\frac{1}{4} \cdot a^3 + 1\frac{3}{8} \cdot a^2 - \frac{3}{4} \cdot a + 4\frac{1}{4}\right) \cdot \left(-1\frac{3}{5}a\right)$

d) $2 \cdot [18 - 3(7w - 5)] - 3 \cdot [5w + 2(9 - 4w)] + 4 \cdot [2w - 5(2w - 3)]$

e) $\frac{rt}{35} \cdot (-7ar - 15pr) + 0{,}8ar^2t$ f) $7x^3 \cdot \left(\frac{9}{x} - \frac{8}{x^2} + \frac{11}{x^3}\right)$

g) $\frac{9p^2}{20uv} \cdot \left(\frac{5u^2}{3p^2} + \frac{7v^2}{3p} - \frac{10u^2v}{9p^2}\right)$ h) $3a(5u + 2a - 6v) \cdot 7b$

i) $\left(\frac{4a}{5u} - \frac{3}{4}\frac{b}{v} + \frac{2}{7w}c\right) \cdot \left(-\frac{10}{7}uvw\right)$ k) $(5b^2) \cdot \left(3 - \frac{4}{b} + \frac{7}{b^2}\right)$

l) $-\frac{2}{3}xy \cdot \left(-\frac{6}{5}z + 9\right)$ m) $5\frac{2}{7}a \cdot \left(3\frac{2}{3}b - \frac{4}{5}c\right)$ n) $\left(\frac{2{,}7b}{ac} - \frac{0{,}8}{a}\frac{c}{b}\right) \cdot 3{,}1\frac{a}{bc}$

2.43 Desgleichen:

a) $a(2b-c)+3b(2a+c)-5c(2a-b)$

b) $4x(3y-2z)-7y(x-8z)-2z(28y-4x)$

c) $5\frac{3}{4}r\left(4\frac{1}{2}s-2t\right)-7\frac{1}{2}s\left(1\frac{3}{4}r+2\frac{1}{2}t\right)-6\frac{1}{4}t(-2r-3s)$

d) $x(2-7x)+4x(3x+2)-5x(3x-1)+(2x-3)5x$

e) $0{,}4a\,(0{,}16b-0{,}61c)-0{,}72b\,(0{,}91a+0{,}43c)+0{,}81c\,(0{,}33b+0{,}29a)$

f) $\frac{4}{3}u\left(\frac{1}{2}v-\frac{2}{3}w\right)-\frac{5}{6}v\left(\frac{3}{5}u+\frac{3}{10}w\right)+\frac{4}{9}w\left(\frac{1}{2}u+\frac{9}{16}v\right)$

g) $6x(l-2m+3n)-8x(3l+m-2n)-9x(-2l-3m+n)$

h) $\frac{5a}{6x^2}\left(\frac{3x}{4a^2}-\frac{7x^2}{15a}\right)+\frac{3a}{8x^2}\left(\frac{16x}{3a^2}-\frac{4x^2}{5a}\right)+\frac{5a}{2x^2}\left(\frac{7x^2}{45a}-\frac{3x}{12a^2}\right)$

i) $2x\,[5y(3-8z)-(4z+7)y+2y(22z-4)]$

k) $\frac{2}{3}a\left[\frac{1}{4}b\left(\frac{2}{5}c-\frac{1}{8}\right)-\frac{3}{2}b\left(\frac{2}{7}+\frac{1}{3}c\right)\right]-\frac{3}{4}b\left[\frac{2}{3}a\left(\frac{2}{15}c-\frac{49}{24}\right)-\frac{4}{3}a\left(\frac{1}{3}c+\frac{2}{7}\right)\right]$

2.44 Desgleichen:

a) $(2x+3y)\cdot(5x+2y)$

b) $(5a+7b)\cdot(3a-4b)$

c) $(2m-n)\cdot(9m+4n)$

d) $(9u-2z)\cdot(7u-3z)$

e) $(11v+9w)\cdot(11v-9w)$

f) $(-13x-11y)\cdot(9x-14y)$

g) $\left(\frac{3}{4}a+\frac{2}{3}b\right)\cdot\left(-\frac{4}{5}a-\frac{9}{8}b\right)$

h) $(0{,}7u-0{,}3v)\cdot(-0{,}3v+0{,}7u)$

i) $\left(2\frac{1}{2}a-1\frac{1}{3}b\right)\cdot\left(2\frac{2}{3}m+5\frac{1}{4}n\right)$

k) $(2ax+3by)\cdot\left(\frac{1}{2}a-\frac{2}{3}b\right)$

2.45 Desgleichen:

a) $(x+y-z)\cdot(x-y-z)$

b) $(2a+3b+4c)\cdot(a-3b-3c)$

c) $(-0{,}3k-0{,}7l-2{,}1m)\cdot(1{,}4m+0{,}6l-0{,}5k)$

d) $(13u-27v-18w)(5v-9u-6w)$

e) $\left(\frac{1}{2}p-\frac{2}{3}q+\frac{1}{4}r\right)\cdot\left(\frac{1}{2}p+\frac{2}{3}q-\frac{1}{4}r\right)$

f) $(x-4)\cdot(x-5)\cdot(4+x)$

g) $(2x-1)\cdot(3x+5)\cdot(x+1)$

h) $(3u+5)\cdot(2u-3)\cdot(u-1)$

i) $(3x+2y)\cdot(4x-3y)\cdot(5x-7y)$

k) $(4a-2b)\cdot(5a-3b)\cdot(6a+4b)$

l) $(k-2l)\cdot(3m-n)\cdot(2p+3q)$

2.46 Desgleichen:

a) $(a+b)\cdot(2a-3b)-(3a+2b)\cdot(a-b)$

b) $5m\cdot\left(3m^2-4m\right)\cdot\left(7m^3-2m^2+5m+1\right)$

c) $(x+y)\cdot[(x+y)\cdot(x-2y)-(x+2y)\cdot(x-y)]$

d) $(k+9)\cdot(k+7)-(k+4)\cdot(k+4)-(k+1)\cdot(k-1)+(k-2)^2$

e) $\left\{(u-v)\cdot[(2u-3v)\cdot(3u-2v)-(2u+3v)\cdot(3u+2v)]+u^3-v^3\right\}\cdot(u+v)$

2.3.2.4 Ausklammern gemeinsamer Faktoren

(Lösungen ab Seite 861)

2.47 Klammere die gemeinsamen Faktoren aus:

a) $12x - 8$ b) $35u - 20v$ c) $2p + 6b - 12c$
d) $9t^2 + 6at - 12tg$ e) $8sag - 12ka^2g$ f) $25kpr + 40kop$
g) $7a + 7x$ h) $5cu + 10u - 5ug$ i) $1{,}6 + 1{,}6w$
k) $4r + 2k$ l) $4t^2d + 8bdt - 6dts$ m) $-252aq^2 - 462rau$
n) $0{,}25br - 0{,}75r$ o) $\frac{5}{16} + 0{,}625t^2x$ p) $0{,}4y + \frac{2k}{5} - \frac{2}{5}p$
q) $tyz + ye^2z - zyv$ r) $70th + 28gt$ s) $0{,}6m^2 - 2{,}1m$
t) $1{,}5e - 0{,}5ed - \frac{1}{2}e^2$ u) $26vab^3 - 143azb^3$ v) $168fk - 96uk + 72kb$
w) $25np - 55p^2 - 15pd$ x) $1{,}2kug^2 - 5{,}6kg^2w$ y) $32ab + 12a^2 + 24ba^2$

2.48 Klammere die gemeinsamen Faktoren aus und mache die Klammer bruchfrei:

a) $8a + 0{,}8c$ b) $3u + 0{,}3m - 0{,}03w$ c) $-54a - 30u - 18v$
d) $-9efr + 36kr - 9r^2$ e) $28xy^3 + 14t^2u + 56z$ f) $7r + 4{,}2t$
g) $6uv - \frac{24}{7}q$ h) $3\frac{1}{9}z + 3\frac{5}{9}gk$ i) $\frac{4}{5}a + 2\frac{4}{5}r - 1{,}6h$
k) $2{,}4xd - \frac{3}{5}sx$ l) $2ci + ia$ m) $df^2 + 3fg$
n) $p^2 - 4pt + 2p$ o) $32kv^2 - 72uvk$ p) $3{,}4md - dp$
q) $2pamt + 3apm$ r) $-0{,}9cwy + \frac{2}{5}tcw$ s) $27u^2 + 6au + 21u^2k$
t) $72bop + 132pow - 48pog$ u) $35u^2p^2 + 13vu^2p + 7pu^2v - 7p^2u^2 + u^2vp$
v) $10a^3dx^2 - 14dax + 8taxd^2$ w) $18azy^2 - 12{,}75y^2z^2 + 6ty^2z^2$
x) $81pm^2x - 18mx^2p$ y) $10lk - 5k^3l - \frac{5}{11}luk$

Tipp: Bei Problemen mit den Bruchaufgaben wiederhole die Division durch Brüche in Abschnitt 1.2.3.8 mit Aufgabe 1.53.

2.49 Desgleichen:

a) $a(x-3) + 2(x-3)$ b) $5c \cdot (2a - 3b) + 9 \cdot (2a - 3b)$
c) $x \cdot (p_0 + 4) - \alpha t \cdot (p_0 + 4)$ d) $ab + ac - 2b - 2c$
e) $15rs - 1 - 5r + 3s$ f) $a^2b^2 - aby + abx - xy$
g) $2u(5v - w) + 6(w - 5v)$ h) $2y^3 - 6y^2 + 18y$
i) $5x(3y - 2z) + 30z - 45y$ k) $10abc - 2a + 20bc - 4$
l) $18r^3 - 45rs + 14r^2s - 35s^2$ m) $100x^3 + 10xy^3 - 10x^2y^2 - y^5$
n) $-16r^2 - 8pr + 8rq + 4pq$ o) $9x^2 - 3xy + 4uy - 12ux + 12vx - 16uv$
p) $4x^2 - 2bx + 6ax - 3ab$ q) $-21a^2k + 18bkt - 9akt + 42abk$

r) $\frac{3}{17}x + \frac{9}{187}a$ s) $9x^3 - 15x^2z - 6xz^2 - 6x^2y + 10xyz + 4yz^2$

t) $-\frac{35}{27}k - \frac{5}{18}k^2$ u) $3ax - 3bx - 2ay + 2by + 4ax - 4bx + 7ay - 7by$

v) $\frac{81}{26}l + \frac{27}{104}kl + l^2$ w) $abc - b^2c + abd + bc^2 - acd - b^2d - ac^2 + bcd$

x) $15x^2 + 0{,}6abx - 225ax - 9a^2b$ y) $\frac{8}{81}lm^2 - \frac{4}{9}lmn + \frac{8}{27}lmp - \frac{4}{3}lnp$

2.3.2.5 Binomische Formeln

(Lösungen ab Seite 862)

2.50 Berechne die Quadrate:

a) $(2u)^2$ b) $(5r)^2$ c) $(-4)^2$ d) $\left(\frac{3}{4}\right)^2$ e) $(8mr)^2$

f) $\left(3\frac{7}{5}t\right)^2$ g) $(-6k)^2$ h) $\left(m^2\right)^2$ i) $(0{,}3v)^2$ k) $\left(4a^2vw^3\right)^2$

2.51 Löse mithilfe der binomischen Formeln die Klammern auf und fasse zusammen:

a) $(m+3)^2$ b) $(k+8)^2$ c) $(r+5)^2$

d) $(4+f)^2$ e) $(x-2)^2$ f) $(6-u)^2$

g) $(-w+9)^2$ h) $(t-0{,}75)^2$ i) $(u-1)(u+1)$

k) $(w+8)(w-8)$ l) $(13-s)(s+13)$ m) $(z-3)(3+z)$

n) $(2x+1)^2$ o) $(6r+26)^2$ p) $(5t-1{,}5)^2$

q) $(9-7y)^2$ r) $(4b+3u)(4b-3u)$ s) $(5-2r)(2r+5)$

t) $(2u+9z)^2$ u) $(3c+4t)^2$ v) $(3kp-7{,}2z)^2$

w) $(2x-0{,}4\,o)^2$ x) $(8e+3d)(3d-8e)$ y) $(2g+5f)(2f-5g)$

2.52 Ebenso:

a) $(u-v)^2$ b) $(m+1)^2$ c) $(1+x)(1-x)$ d) $(z+4)^2$

e) $(8+k)^2$ f) $(u+5)(u-5)$ g) $(1-y)^2$ h) $(-7+t)(t+7)$

i) $\left(\frac{1}{3}+u\right)^2$ k) $(-4-k)^2$ l) $(3p-z)^2$ m) $(2a-b)^2$

n) $(x+3y)^2$ o) $(3p-2q)^2$ p) $\left(\frac{2}{3}m+\frac{1}{4}n\right)^2$

q) $\left(4\frac{2}{3}k-9b\right)^2$ r) $(3a+2v)\cdot(2v-3a)$ s) $\left(5{,}1m^2-17k^3x\right)^2$

t) $\left(-\frac{3}{8}s+\frac{4}{9}bt\right)^2$ u) $(3{,}1s-5{,}7t)\cdot(3{,}1s+5{,}7t)$ v) $(-0{,}7u+1{,}2v)^2$

2.53 Ebenso:

a) $(a-7)^2-(a+5)^2$ b) $(u+8)^2-(u-3)^2$

c) $(b-6)^2+5b-(b-4)^2$ d) $(2x-9)^2-4(x-8)^2$

e) $(-1+x)^2-(1-x)^2$ f) $\left(3a-\frac{1}{2}b\right)^2-\left(3a+\frac{1}{2}b\right)^2$

g) $\left(4x^2 + 3y^2\right)\left(4x^2 - 3y^2\right)$ h) $(-5x - 3y)^2 + (-5x + 3y)^2$

i) $\left(3x^2 - 1\right)^2 + (2 - 5x)^2$ k) $\left(5 - 9a^3\right)\left(5 + 9a^3\right)$

l) $(1{,}3m - 1{,}7n)^2 - (0{,}9n + 1{,}9m)^2$ m) $2(x + 1)^2 - 144 - 4(x - 5)^2$

n) $\left(\frac{7}{9}u - \frac{4}{7}v\right)^2 - \left(\frac{7}{9}u + \frac{4}{7}v\right) \cdot \left(\frac{7}{9}u - \frac{4}{7}v\right) - \left(\frac{7}{9}v - \frac{4}{7}u\right)^2$

o) $(4m + 3n)^2 - (2m - 4n) \cdot (2m + 4n) - (3m - 5n)^2 - 3m^2$

p) $(3k + 4l)^2 - (2l - 5k)^2 + (4k - 3l)(3l + 4k) - 2l^2$

2.54 Schreibe durch Ausklammern und mithilfe der Binome als Produkt:

a) $a^2 - 6a + 3^2$ b) $k^2 + 14k + 49$ c) $x^2 - 8x + 16$
d) $y^2 + 36 + 12y$ e) $x^2 - 25$ f) $z^2 + 25 - 10z$
g) $a^2 - 16a + 81$ h) $12b + 4b^2 + 9$ i) $-9a^2 + 16v^2$
k) $\frac{9}{49} + c^2 - \frac{6}{7}c$ l) $64 - 16u + u^2$ m) $4t^2 + 16$
n) $-v^2 + 28v - 196$ o) $(7t)^2 - 28tu + (2u)^2$ p) $a^2 + 10{,}2ak + 26{,}01\,k^2$
q) $-\frac{4}{3}w + \frac{4}{9} + w^2$ r) $-120t - 48t^2 - 75$ s) $3t + \frac{9}{25}k^2 - 3t - 49$
t) $25a^2 + 144$ u) $12ar + 9r^2 + 4a^2$ v) $\frac{1\,681}{50}up^2 - 60{,}5k^2u$

2.55 Desgleichen:

a) $a^2 - 1$ b) $4b^2 - 9$ c) $2r^3 - 8r$ d) $5a^2 + 8b^2$
e) $1 - 81x^2$ f) $c^3 + 2c^2 + c$ g) $4b - 12b^2 + 9b^3$ h) $63x^4 - 175x^2$
i) $\frac{4}{9}v^2z - \frac{2}{3}vwz + \frac{1}{4}w^2z$ k) $9x^2 - 6xy + y^2 - 16u^2 + 8u - 1$
l) $4p^2 + 20pq + 25q^2 - 16r^2$ m) $100x^4 - y^6$
n) $4x^2 - 9a^2 - 6ab - b^2$ o) $a^2b^2 - x^2y^2$
p) $28a^3 + 12a^2b - 7ab^2 - 3b^3$ q) $72u^2x - 60ux - 24u^2x^2 + 180u$
r) $18abs^2v - 36abs^2w + 24abstw - 12abstv - 4abt^2w + 2abt^2v$

2.56 Bilde eine vollständige Gleichung:

a) $(\square + k)^2 = e^2 + \diamond + \odot$ b) $(2b - \diamond)^2 = \square - \otimes + x^2$

c) $(\diamond + 8t)^2 = \otimes + 80tu + \square$ d) $(3g - \square) \cdot (3g + \square) = \triangle - 4a^2$

e) $(7 - \square)^2 = \diamond - \oslash + 225k^2v^2$ f) $289 - \diamond = (\square - 23z) \cdot (\square + \otimes)$

2.57 Berechne unter Verwendung der binomischen Formeln:

a) 41^2 b) 87^2 c) $38 \cdot 42$ d) $69^2 - 31^2$ e) $383 \cdot 417$
f) 1010^2 g) $145^2 - 55^2$ h) $304 \cdot 296$ i) 997^2 k) $675^2 - 25^2$

2.58 Löse die Klammern auf und fasse zusammen:

a) $(x + y - z)^2$ b) $(u - v + w)^2$ c) $(2a - 3b - 4c)^2$

d) $(k + l + m + n)^2$ e) $\left(2p - \frac{1}{2}q + \frac{3}{4}r - s\right)^2$ f) $-9ab\left(5u + \frac{2}{3} - 4k\right)^2$

2.3.2.6 Quadratische Ergänzung

(Lösungen ab Seite 863)

2.59 Überprüfe, ob die folgenden Terme vollständige Quadrate sind:

a) $x^2 - 6x + 8$ b) $a^2 + 14a + 49$ c) $y^2 + 12y - 36$

d) $b^2 + 1 - 2b$ e) $z^2 - \frac{8}{3}z + \frac{16}{9}$ f) $c^2 + 34c + 279$

g) $\frac{1}{3}v + v^2 + \frac{1}{9}$ h) $u^2 - 9u + \frac{81}{4}$ i) $w + \frac{1}{4} + w^2$

k) $t^2 + \frac{9}{64} - \frac{3}{4}t$ l) $0{,}16 + \frac{4}{5}x + x^2$ m) $\frac{1}{9} + k^2 - 3k$

2.60 Wie lauten die quadratischen Ergänzungen ($\star$) und die vollständigen Quadrate der folgenden Ausdrücke?

a) $x^2 - 4x + \star$ b) $r^2 + 14r + \star$ c) $u^2 - 16u - \star$ d) $x^2 + \frac{2}{7}x + \star$

e) $a^2 - \frac{4}{3}a + \star$ f) $m^2 - 0{,}6m + \star$ g) $x^2 + 15x + \star$ h) $x^2 - 2kx + \star$

i) $h^2 + 6hi + \star$ k) $b^2 - 5bc + \star$ l) $c^2 + 6{,}7cd + \star$ m) $p^2q^2 - 8pqr + \star$

2.61 Wandle in einen äquivalenten Ausdruck, der ein vollständiges Quadrat enthält:

a) $x^2 - 8x + 17$ b) $y^2 + 12y + 30$ c) $z^2 + 30 - 10z$

d) $a^2 - 18a + 81$ e) $6b + b^2$ f) $\frac{67}{98} + c^2 - \frac{6}{7}c$

g) $100 - 16u + u^2$ h) $-v^2 + 28v - 201$ i) $7 - \frac{4}{3}w + w^2$

k) $10t + t^2 - 82$ l) $198 + p^2 + 30p$ m) $r^2 + 128 - 12r$

2.62 Bilde für die x- und y-Terme jeweils eine getrennte quadratische Ergänzung, so dass ein Ausdruck der Form $(x \pm \otimes)^2 + (y \pm \diamond)^2 \pm \square$ entsteht:

a) $x^2 - 6x + y^2 - 16y + 64$ b) $x^2 + 8x + 160 + y^2 - 22y + 13$

c) $x^2 + 14y + y^2 + 10x + 74$ d) $x^2 - 5{,}4x + y^2 - 6{,}8y + 33{,}35$

e) $x^2 + y^2 + 110x - 13y + 3032{,}25$ f) $y^2 - 46y + x^2 - 34x + 802$

☞ Zur Vertiefung eignet sich die Aufgabe 4.32.

2.63 Bestimme die Ergänzung und das vollständige Quadrat:

a) $x^2 + 6x$ b) $y^2 + 121$ c) $z^2 - \frac{10}{7}z$ d) $9a^2 + 64$

e) $16b^2 - 120b$ f) $25c^2 + 2c$ g) $324u^2 + 81$ h) $v^2 + 7$

i) $9w^2 - 480w$ k) $\frac{16}{49}t^2 - \frac{16}{21}t$ l) $4x^2 - 2{,}8x$ m) $-\frac{20}{21}k + 2\frac{7}{9}k^2$

2.64 Wandle in einen äquivalenten Ausdruck, der ein vollständiges Quadrat enthält:

a) $2x^2 + 12x + 18$ b) $-3a^2 + 24a - 48$ c) $7h^2 - 49h + 85{,}75$

d) $676 + 4u^2 + 104u$ e) $44{,}18 + 18{,}8d + 2d^2$ f) $-6{,}1w^2 - 54{,}9 + 36{,}6w$

g) $16i + 8i^2 + 11$ h) $28t - 2t^2 - 83$ i) $5x^2 + 120 - 50x$

k) $-x^2 - 22x - 77$ l) $6x^2 - 72x + 666$ m) $23{,}1 - 13x + 1{,}3x^2$

n) $\frac{383}{3} + \frac{2}{3}y^2 - \frac{28}{3}y$ o) $\frac{7}{15}k^2 + 8{,}4k + 23{,}8$ p) $28u - 3{,}5u^2 - 53{,}4$

q) $2{,}5i^2 + 12\frac{5}{8} + 9{,}5i$ r) $86{,}8q - 6\frac{1}{5}q^2 - 322{,}2$ s) $-137{,}2a + 14a^2 + \frac{8\,991}{25}$

2.65 Verwandle die folgenden Terme mithilfe der quadratischen Ergänzung in ein Produkt:

a) $x^2 + 6x - 40$ b) $x^2 + 10x - 39$ c) $4a^2 - 48a + 119$

d) $5 - 18y + 9y^2$ e) $x^2 + 23{,}68 + 10{,}6x$ f) $0{,}09p^2 - 69\frac{651}{2\,500} + 0{,}684p$

2.3.3.1 Erweitern und Kürzen von Brüchen

(Lösungen ab Seite 864)

2.66 Kürze die folgenden Brüche so weit wie möglich:

a) $\frac{ab - b}{ab + b}$ b) $\frac{ax - ay}{5x - 5y}$ c) $\frac{a^2b - ab^2}{a^2c - ac^2}$ d) $\frac{3a - 6b}{8b - 4a}$ e) $\frac{4x - 4}{9 - 9x}$

f) $\frac{a^2 - b^2}{a^2 - ab}$ g) $\frac{(u - v)^2}{u^2 - v^2}$ h) $\frac{m^4 - n^4}{m^2 + n^2}$ i) $\frac{k^2 + k}{k^2 - 1}$ k) $\frac{u - v}{v - u}$

2.67 Desgleichen:

a) $\frac{16 - 49m^2}{16 - 28m}$ b) $\frac{x^2 - 4y^2}{x^2 - 4xy + 4y^2}$ c) $\frac{a^2 + 4a + 4}{a + 2}$

d) $\frac{10ax + 15bx - 10ay - 15by}{8ax - 8ay + 12by - 12bx}$ e) $\frac{a - bc}{a \cdot bc}$

f) $\frac{mt + ms - nt - ns}{mt - ms - nt + ns}$ g) $\frac{9a^2 + 6a + 1}{1 + 3a}$ h) $\frac{5t - 2s}{4s^2 - 20st + 25t^2}$

i) $\frac{uv \cdot xy}{ux + vy}$ k) $\frac{52mx - 117nx + 63ny - 28my}{13x - 7y}$

2.68 Bringe den Bruch $\frac{1}{a}$ auf folgende Nenner (keine Doppelbrüche):

a) a^2 b) ab c) b d) a^2b e) $3a$ f) $ax - 2ay$

2.69 Bringe den Bruch $\frac{1}{x - y}$ auf folgende Nenner (keine Doppelbrüche):

a) $y - x$ b) $x^2 - 2xy + y^2$ c) $x^2 - y^2$

d) $x \cdot y$ e) $x^3 + y^3 - x^2y - xy^2$ f) $ax - x + y - ay$

Tipp zu den Aufgaben 2.69 – 2.71: Faktorisiere den Zielnenner durch Ausklammern, Anwenden der Binome bzw. quadratischer Ergänzung und ermittle so den Erweiterungsfaktor.

2.70 Bringe den Bruch $\frac{m - 1}{m + 1}$ auf folgende Nenner (keine Doppelbrüche):

a) $m - 1$ b) $m^2 + m$ c) $m^2 + 2m + 1$

d) $m^2 - 1$ e) $3m^2 - 4m - 7$ f) $m^2 - 2m - 3$

2.71 Bringe den Bruch $\frac{2s - t}{4s - 7t}$ auf folgende Nenner (keine Doppelbrüche):

a) $21t - 12s$ b) $5s - 8t$ c) $49t^2 - 16s^2$ d) $16s^2 - 56st + 49t^2$

e) $-64s^3 - 112s^2t + 196st^2 + 343t^3$ f) $12as - 21at - 4bs + 7bt$

2.3.3.2 Addition und Subtraktion von Brüchen

(Lösungen ab Seite 865)

Bei Bedarf sollte man jetzt kurz die Bruchrechnung auffrischen: A. 1.53–1.54 auf Seite 83

2.72 Berechne:

a) $\frac{4u+8w}{7}+\frac{6w+3u}{7}$

b) $\frac{a+b}{2}+\frac{a-b}{2}$

c) $\frac{3a-b}{2}-\frac{3a+b}{2}$

d) $\frac{9p+5k}{5}-\frac{-19k+4p}{5}$

e) $\frac{(a+b)^2}{4}-\frac{(a-b)^2}{4}$

f) $\frac{u+3}{3}+\frac{u+4}{3}-\frac{2u-5}{3}$

g) $\frac{15a+11b}{48}-\frac{6a-13b}{48}+\frac{7a-24b}{48}$

h) $\frac{x-2y}{2}+\frac{x+3y}{3}$

i) $\frac{3a+k}{5}-\frac{1{,}6k+8{,}8a}{8}$

k) $\frac{4u+12w}{3}-\frac{5u-7v+16w}{4}-\frac{5}{3}v$

l) $-\frac{n-p}{42}+\frac{n+p}{14}$

m) $\frac{a}{4}-\frac{4a-3b}{3}+b-\frac{a-5b}{6}$

n) $\frac{x-2}{6}-\frac{3(x-1)}{8}-\frac{2(3x-4)}{9}+\frac{5(2x-1)}{12}+\frac{x-9}{18}$

o) $\frac{u^3+3u}{18}-\frac{8u-15}{30}+\frac{3u^2+7u-12}{72}+\frac{7u+5-8u^2}{40}-\frac{20u^3-54u^2+62u}{360}$

2.73 Berechne und vereinfache:

a) $\frac{2x+1}{x}-\frac{x+1}{x}$

b) $\frac{7x-8y+9z}{24}-\frac{9x-8y+12z}{32}+\frac{16y+3z}{48}$

c) $\frac{(5a-2b)^2}{12}-\frac{(5a+2b)^2}{12}+\frac{(5a-2b)(5a+2b)}{12}$

d) $\frac{3u+x}{21}-\frac{\frac{47}{3}x+u}{14}$

e) $\frac{(a+b)^2}{4}-\frac{(a-b)^2}{6}+\frac{(a+3b)^2}{9}-\frac{(4a-b)^2}{24}$

f) $\frac{9a+8b-3c}{2ab}+\frac{3b-4a-12c}{3ac}-\frac{27c-7a-8b}{6bc}$

g) $\frac{2(x-1)}{3}-\frac{3(x-2)}{4}+\frac{4(x-3)}{5}-\frac{5(x-4)}{6}-\frac{3(6-x)}{10}$

h) $\frac{9x+7}{12x^2}-\frac{5x-3x^2-4}{8x^3}+\frac{9x^3-5x^2+2x-8}{108x^4}$

i) $\frac{5a-2x}{10ax}-\frac{3b-4x}{12bx}+\frac{4a^2-5b}{20a^2b}-\frac{a^2-x}{4a^2x}-\frac{a-b}{5ab}+\frac{2}{3b}$

k) $\frac{a\left(3x^2-2b\right)}{12bx^2}-\frac{b\left(5x^2-3a\right)}{15ax^2}+\frac{5a-6b}{30x^2}-\frac{a}{4b}+\frac{b}{3a}$

l) $\frac{(3b-2c)a}{6bc}-\frac{b(4a-5c)}{10ac}+\frac{8a^2+3b^2}{6ab}-\frac{5a-4b}{10c}$

2.74 Berechne und vereinfache:

a) $1+\frac{1}{x+y}$ b) $1-\frac{u}{u+v}$ c) $\frac{2a}{3b-c}-\frac{5}{3}$ d) $\frac{x}{x-y}-1$

e) $\frac{m}{n-m}+1$ f) $\frac{2}{5}-\frac{4r}{10r+7s}$ g) $\frac{a}{a+b}+\frac{b}{a-b}$ h) $\frac{1}{u-v}-\frac{1}{u+v}$

i) $\frac{ax}{x+y}-a$ k) $\frac{1}{a-3}+a-3$ l) $\frac{m+2}{3+r}-\frac{4}{9}m$ m) $\frac{43}{735}k-\frac{u-5}{56u}$

2.75 Berechne und vereinfache:

a) $\frac{2a}{3x}-\frac{2a}{3x-2y}$ b) $\frac{u}{v}+\frac{u+v}{u-v}-\frac{v}{u}$ c) $\frac{3}{a-2}-\frac{8}{3a}$

d) $\frac{a}{2a-b}+\frac{b}{2b-4a}$ e) $\frac{m^2}{m+n}-\frac{n^2-mn}{m-n}$ f) $\frac{x+1}{x+3}-\frac{x+2}{x+1}+\frac{x+3}{x+2}$

g) $\frac{5}{x-a}-\frac{4}{x-2a}-\frac{3}{x-3a}$ h) $\frac{1}{t-1}-\frac{8}{1+t}+\frac{5t-11}{t^2-1}-\frac{4}{1-t}$

i) $\frac{8x}{4x^2-12xy+9y^2}-\frac{6y}{4x^2-9y^2}+\frac{1}{2x+3y}$

k) $\frac{2}{1-5k}-\frac{3k}{25k^2-1}-2+\frac{3k}{25k^2-10k+1}$

2.76 Berechne und vereinfache:

a) $\frac{5}{a+b}-\frac{4}{a-b}+\frac{9b-a}{a^2-b^2}$ b) $\frac{x+y}{x-y}+\frac{x-y}{x+y}-2\frac{x^2+y^2}{x^2-y^2}$

c) $\frac{u+1}{u-1}-\frac{u+2}{u-2}+\frac{u-1}{u+1}-\frac{u-2}{u+2}$ d) $\frac{2a-3b}{5a+b}-2-\frac{7a-4b}{5a+2b}$

e) $\frac{ax-by}{2x^2y-2xy^2}-\frac{ax+by}{2x^2y+2xy^2}$ f) $\frac{2a+3}{2a-2}-\frac{3a-2}{3a+3}-\frac{5}{6a^2-6}$

g) $\frac{1}{a^2+2ab+b^2}+\frac{1}{a^2-b^2}-\frac{1}{a^2}-\frac{b^2}{a^4-a^2b^2}$ h) $\frac{x-2}{x-3}-\frac{x-1}{x-2}$

i) $\frac{q+1}{q^2-q}-\frac{q-1}{q^2+q}+\frac{1}{q}-\frac{4}{q^2-1}$ k) $\frac{5}{x-1}-\frac{2}{x-2}-\frac{3}{x-3}$

2.3.3.3 Multiplikation und Division von Brüchen

(Lösungen ab Seite 866)

2.77 Berechne und vereinfache:

a) $\frac{4a}{5b}\cdot\frac{3}{u}$ b) $\frac{7t}{9}\cdot\frac{13rs}{63t^2}$ c) $\frac{8}{3u}\cdot 4$

d) $\frac{a}{4}\cdot\frac{8xy}{5a}$ e) $\frac{15xz}{4rt}\cdot\frac{18ut}{25z}$ f) $3x\cdot\frac{7a}{12bx}$

g) $\frac{uv}{16w}\cdot 4vw$ h) $\frac{7rs}{9ab^2c}\cdot 3a^2b^2c$ i) $\frac{8uv}{17x^2y^3z}\cdot 51xy^2z^2$

k) $\frac{14k}{3b}\cdot\left(-\frac{b}{2t}\right)$ l) $\frac{15o}{4q}\cdot\frac{6p}{25}\cdot\frac{5q}{9op}$ m) $\frac{ab}{18c}\cdot\frac{b^3c}{7}\cdot\frac{63}{a^2bc^2}$

n) $(2a-b)\left(\frac{1}{2a}+\frac{1}{b}\right)$ o) $3xy\left(\frac{x}{3y}+\frac{3y}{x}\right)$

p) $\left(\frac{2z}{3xy}+\frac{5x}{6yz}-\frac{6y}{7xz}\right)\cdot 42xyz$ q) $\left(\frac{x}{4}-\frac{y}{5}\right)\left(\frac{4}{x}+\frac{5}{y}\right)$

r) $\left(a-\frac{2}{a}\right)\left(2a+\frac{3}{a}\right)\left(3a-\frac{4}{a}\right)$ s) $\frac{5m^2n+7n}{3m-2n}\cdot\frac{4n^2-9m^2}{15n^2m+10n^3}$

2.78 Berechne und vereinfache:

a) $\frac{2u}{3br}:\frac{4au}{15b}$ b) $\frac{4}{5}a:\frac{8}{15}b$ c) $\frac{56abx}{39cdy}:\frac{7b}{13y}$

d) $\frac{42s^2c}{55a^3b^2}:\frac{72cs}{165ab^3}$ e) $\frac{648r^2k}{245mu}:\frac{36r}{385u^3k}$ f) $\frac{u-v}{12u}:\frac{v-u}{24v}$

g) $\frac{3(1-2a)}{c(b-1)}:\frac{4(2a-1)}{(1+b)c}$

h) $\left(\frac{x^2-10x+25}{3a-1}-\frac{x-5}{9a^2-1}\right):\frac{x^2-25}{1-3a}$

i) $\left(\frac{3uvw}{2abc}-\frac{4u}{5a}-\frac{3v}{4b}\right):\frac{-9uv}{10ab}$

k) $\left(\frac{x^2}{2y}-\frac{y^2}{2x}\right):\left(\frac{2}{x}-\frac{2}{y}\right)$

l) $\frac{9ab-3b^2}{4ab-3a}\cdot\frac{4a^2+10ab}{18a-6b}:\frac{4ab+10b^2}{8ab-6a}$

m) $\frac{36x^6-48x^5+16x^4}{3(3x-2)^3}:\frac{24x^7+8x^6}{81x^4-36x^2}$

n) $\frac{8a+6}{5ab-a^2}\cdot\frac{25ab-5a^2}{6ab}:\frac{20ab+15b}{9a^3b^2}$

o) $\frac{2(7u-v)^3}{84au-105u^2-12av+15uv}:\left(\frac{28u^2-4uv}{48a^2u^2-75u^4}:\frac{2a^2}{49u^2-v^2}\right)$

2.3.3.4 Doppelbrüche

(Lösungen ab Seite 866)

2.79 Vereinfache die folgenden Doppelbrüche so weit wie möglich:

a) $\frac{\frac{2}{a}+\frac{a}{2}}{\frac{2}{a}-\frac{a}{2}}$ b) $\frac{\frac{x-1}{x}-\frac{x}{x+1}}{\frac{x}{1-x}+\frac{x+1}{x}}$ c) $\frac{m-\frac{1}{m}}{1+\frac{1}{m}}$

d) $\frac{\frac{u-v}{u+v}-\frac{u+v}{u-v}}{1+\frac{v^2}{u^2-v^2}}$ e) $\frac{1-\frac{6}{x}+\frac{9}{x^2}}{\frac{9}{x^2}-1}$ f) $\frac{\frac{1}{x+1}+\frac{1}{1-x}}{\frac{1}{1+x}+\frac{1}{x-1}}$

g) $\frac{\frac{9}{4a^2}-25}{\frac{15}{a}+25+\frac{9}{4a^2}}$ h) $\frac{\frac{a}{x}-\frac{x}{a}}{\frac{a}{x}+\frac{x}{a}-2}$ i) $\frac{\frac{r^2+s}{s}-\frac{r+s^2}{r}}{\frac{r^2+rs+s^2}{rs}}$

k) $\dfrac{\dfrac{4}{a^2}+\dfrac{4}{ab}+\dfrac{1}{b^2}}{\dfrac{1}{2b}+\dfrac{1}{a}}+\dfrac{\dfrac{4}{a^2}-\dfrac{4}{ab}+\dfrac{1}{b^2}}{\dfrac{1}{a}-\dfrac{1}{2b}}$

2.80 Desgleichen:

a) $\dfrac{\dfrac{a}{b}+1}{\dfrac{b}{a}+1}$ b) $\dfrac{u}{1-\dfrac{1}{u}}-\dfrac{1}{u-1}$ c) $\dfrac{\dfrac{x}{x+y}+\dfrac{y}{x-y}}{\dfrac{x}{x-y}-\dfrac{y}{x+y}}$

d) $\dfrac{\dfrac{m}{n}-\dfrac{m-n}{m+n}}{1+\dfrac{m}{n}\cdot\dfrac{m-n}{m+n}}$ e) $\dfrac{\dfrac{bh}{2}\cdot\dfrac{2h}{3}+\dfrac{ah}{2}\cdot\dfrac{2h}{3}}{\dfrac{(a+b)\cdot h}{2}}$ f) $1-\dfrac{x}{1-\dfrac{x}{x+1}}$

g) $\dfrac{a}{a-\dfrac{4}{a-\dfrac{3a}{3-a}}}$ h) $3x+\dfrac{56}{7+\dfrac{21x}{8-3x}}$ i) $\dfrac{1}{x+\dfrac{1}{2x-\dfrac{2x^2}{1+x}}}$

k) $1-\dfrac{a}{1-\dfrac{1}{1+a}}$

2.81 Schaltet man die vier Widerstände R_1, R_2, R_3 und R_4 in einer Schaltung *hintereinander*, so berechnet sich der Gesamtwiderstand R_{Reihe} aus

$$R_{\text{Reihe}} = R_1 + R_2 + R_3 + R_4$$

Schaltet man sie dagegen *parallel* zueinander, so gilt für den Gesamtwiderstand R_{Par}

$$\frac{1}{R_{\text{Par}}} = \frac{1}{R_1}+\frac{1}{R_2}+\frac{1}{R_3}+\frac{1}{R_4}$$

Berechne die Gesamtwiderstandswerte bei einer Reihen- und einer Parallelschaltung für $R_1 = 500$, $R_2 = 200$, $R_3 = 400$ und $R_4 = 800\ \Omega$.

2.82 Zusammenfassung Bruchterme.
Vereinfache oder fasse folgende Bruchterme zusammen. Eventuell empfiehlt sich eine kurze Wiederholung der Bruchrechnung mit Aufgabe 1.53.

a) $\dfrac{60ax^2u}{1\,050ru^2x^4}$ b) $\dfrac{360y^5x^3f}{150mxy^2}$

c) $\dfrac{3mn-12m}{6mx-18m}$ d) $\dfrac{8u+16r}{8vr+4uv}$

e) $\dfrac{-5c^2-10cd-5d^2}{7d^2-7c^2}$ f) $\dfrac{6su+2ps-6uh-2ph}{4s^2-8hs+4h^2}$

g) $\dfrac{u}{5}+\dfrac{a-u}{5}-\dfrac{2a}{5}$ h) $\dfrac{u-2v}{8xu}+\dfrac{v}{3ux}-\dfrac{p+v}{12ux}$

i) $\dfrac{6x-m}{2x}-\dfrac{21b+14m}{7b}$ k) $\dfrac{4w+9}{x-3}-\dfrac{7w-5}{21-7x}$

l) $\dfrac{16(3-4x)^3-4(16x+84)\cdot(-3)\cdot(3-4x)^2}{(3-4x)^6}$ m) $\dfrac{3r}{4x}-\dfrac{2t}{u}+\dfrac{5r}{x}$

n) $\dfrac{-8(7x-63)^2-14(x-9)\cdot(392-56x)}{(7x-63)^4}$ o) $\dfrac{14}{xm}+\dfrac{3}{am}-\dfrac{6t}{5xam}$

p) $\frac{6a}{5p} \cdot \frac{25q}{18b}$

q) $\frac{5k}{3v} \cdot \frac{15w}{8k^2} \cdot \frac{7v}{125}$

r) $\frac{11t}{2+a} \cdot \frac{a^2-4}{99o}$

s) $\frac{58m}{35v} \cdot \frac{225u}{174}$

t) $\frac{91}{35pt} : \frac{78a}{186t}$

u) $\frac{7}{3r} : \frac{6k}{5p} : \frac{14k}{18z}$

v) $\frac{24v}{m^2-n^2} : \frac{4tv}{(n+m)^2}$

w) $12w : \frac{24u}{17v}$

x) $\frac{2a}{9b} \cdot \frac{3cb}{14d} + \frac{5e}{6f} : \frac{7}{8f} - \frac{2{,}5ue}{3d} \cdot \frac{8d}{7u}$

y) $\dfrac{8x+(x-4)^2-19}{-\dfrac{59}{125x-100}+\dfrac{5x+4}{25}} - \dfrac{20x^2-3x-40}{4x+8}$

Wenn beim Lösen dieser Wiederholungsaufgaben noch schwerwiegende Probleme auftreten, so sollten unbedingt die jeweiligen Themen, eventuell sogar die elementare Bruchrechnung (Abschnitt 1.2.3), wiederholt werden!

2.4 Potenzrechnung

2.4.1 Begriffserklärungen

Die Addition gleicher Summanden führte uns zu einer neue Rechenart, zur Multiplikation:

$$\underbrace{a+a+\ldots+a}_{n \text{ Summanden } a} = n \cdot a$$

Multipliziert man mehrere gleiche Faktoren miteinander, so hat man auch hierbei das Bedürfnis, eine Abkürzung für diesen Sonderfall des Multiplizierens einzuführen. Man definiert daher eine weitere neue Rechenart, die **Potenzrechnung** [1)].

Unter der Potenz a^n versteht man das Produkt von n gleichen Faktoren a:

$$b = \underbrace{a \cdot a \cdot a \cdot \ldots \cdot a}_{n \text{ Faktoren } a} = a^n \qquad (2.32)$$

Man nennt hierbei

- a die **Basis** oder die **Grundzahl**,
- n den **Exponenten** oder die **Hochzahl**,
- a^n die **Potenz**,
- b den **Potenzwert**

$$\underbrace{\text{Basis}^{\text{Exponent}}}_{\text{Potenz}} = \text{Potenzwert}$$

und liest a^n als „a hoch n". Der Rechenvorgang wird **Potenzieren** genannt und gehört zu den *Rechenarten der dritten Stufe*.

---

1) potentia (lat.) Kraft, Macht

Die *Basis*[1] a darf *jeden beliebigen Wert* annehmen. Da wir den *Exponenten*[2] n nach Definition der Potenz als Anzahl gleicher Faktoren eingeführt haben, kann es sich dabei vorerst nur um eine *natürliche Zahl* größer als eins handeln. Um jedoch *alle* natürlichen Zahlen als Exponenten verwenden zu können, führt man eine erste *Erweiterung des Potenzbegriffes* durch, indem man *festlegt*[3], dass

$$\boxed{a^0 := 1} \qquad (a \neq 0) \qquad \text{und} \qquad \boxed{a^1 := a} \tag{2.33}$$

gelten soll. Es wird sich beim Rechnen mit Potenzen erweisen, dass diese Art der Erweiterung des Potenzbegriffes sinnvoll ist. Wir werden das Konzept später noch weiter verallgemeinern und auch andere Zahlbereiche als **N** für den Exponenten zulassen.

Auch wenn die *Zahlen Null und Eins in der Basis* stehen, kann man wichtige Vereinfachungen formulieren:

- Da wir wissen, dass ein Produkt den Wert null annimmt, sobald einer der Faktoren null ist, erhalten wir:

  $$0^n = 0 \qquad (n \neq 0)$$

  ☞ Aufmerksame Leser werden schon bemerkt haben, dass die in Klammern geschriebenen Einschränkungen notwendig sind, da sonst die Formeln $0^n = 0$ für $n = 0$ und $a^0 = 1$ für $a = 0$ unterschiedliche Ergebnisse für den Ausdruck 0^0 liefern.

  Der Ausdruck 0^0 ist in der Mathematik nicht eindeutig definiert. Es gibt gute Gründe als Ergebnis 0 zu nehmen, aber andere Mathematiker fordern genauso begründbar das Ergebnis 1. Obwohl dieser Streit nun schon seit Jahrhunderten auf eine Klärung wartet, konnte man sich bisher nicht einigen.

  Die meisten Taschenrechner melden bei 0^0 einen mathematischen Fehler, vereinzelte Modelle erlauben eine benutzerseitige Festlegung, welchen Wert das Gerät für 0^0 nehmen soll.

  Für unsere weiteren Überlegungen spielt der Grenzfall 0^0 keine Rolle, weshalb wir nicht auf eine Festlegung pochen müssen.

- Die Multiplikation von Einsen, dem neutralen Element der Multiplikation, führt zu keiner Veränderung und es gilt:

  $$1^n = 1$$

Bei der Multiplikation von negativen Zahlen haben wir Vorzeichenregeln kennengelernt, die besagen, dass das Produkt aus einer negativen und einer positiven Zahl einen negativen Wert ergibt, die Multiplikation zweier negativen Zahlen aber ein positives Ergebnis liefert. Überträgt man dies auf das **Potenzieren von negativen Zahlen**, so liefert eine gerade Anzahl von negativen Faktoren immer einen positiven und eine ungerade Anzahl immer einen negativen Potenzwert.

---

[1] (griech.) Grundlage

[2] expono (lat.) ausstellen

[3] Das Zeichen „:=“ bedeutet „... wird definiert als ...“, wobei der Doppelpunkt auf der Seite des zu definierenden Ausdrucks steht.

Alle *geraden Potenzen* von negativen Zahlen ($-a < 0$) sind *positiv*, alle *ungeraden Potenzen* von negativen Zahlen sind *negativ*.

$$\boxed{(-a)^{2n} = +a^{2n} \qquad \text{und} \qquad (-a)^{2n+1} = -a^{2n+1}} \tag{2.34}$$

Bei der Anwendung dieser Gesetzmäßigkeiten ist genau darauf zu achten, ob die zu potenzierende Zahl in Klammern eingeschlossen ist oder nicht, denn $(-a)^n$ und $-a^n$ sind verschiedene Aufgabenstellungen! Bei $(-a)^n$ ist, $a > 0$ vorausgesetzt, die negative Zahl $-a$ in die n-te Potenz zu erheben, während bei $-a^n$ zunächst die positive Zahl a zu potenzieren und dann das gefundene Ergebnis mit einem negativen Vorzeichen zu versehen ist. Die höhere Rechenoperation ist vor der niedrigeren auszuführen!

Aus (2.34) folgen die beiden Formeln

$$\boxed{(-1)^{2n} = +1 \qquad \text{und} \qquad (-1)^{2n+1} = -1} \tag{2.35}$$

die bei der Umformung mancher Terme von großer Bedeutung sind.

Während man bei der Addition die Summanden in beliebiger Reihenfolge addieren und bei der Multiplikation die Faktoren ebenso in beliebiger Reihenfolge multiplizieren darf, gilt in der Potenzrechnung:

Beim Potenzieren dürfen Basis und Exponent im Allgemeinen **nicht miteinander vertauscht** werden. Es gibt in der Potenzrechnung kein Kommutativgesetz.

$$\boxed{a^n \neq n^a} \tag{2.36}$$

Beispiele:

2.127 a) Es ist $3^4 = 3 \cdot 3 \cdot 3 \cdot 3 = 81$, dagegen ist $4^3 = 4 \cdot 4 \cdot 4 = 64$

b) Es ist $(-2)^8 = 256$, dagegen ist $-2^8 = -256$

c) Es ist $(-2)^5 = -32$ und auch $-2^5 = -32$

d) $(+3)^5 + (-5)^3 = (+243) + (-125) = 243 - 125 = 118$

2.128 Die Abhängigkeit des Potenzwertes b von der Basis a bei dem festgehaltenen Exponenten $n = 3$ wird durch die folgende Übersicht veranschaulicht:

Es ist	$5^3 = +125$	oder allgemein:	für $a > 1$	ist	$b > a$
	$1^3 = +1$		$a = 1$		$b = a$
	$0{,}5^3 = +0{,}125$		$0 < a < 1$		$b < a$
	$0^3 = +0$		$a = 0$		$b = a$
	$(-0{,}5)^3 = -0{,}125$		$-1 < a < 0$		$b > a$
	$(-1)^3 = -1$		$a = -1$		$b = a$
	$(-5)^3 = -125$		$a < -1$		$b < a$

Man stelle eine entsprechende Übersicht für einen geraden Exponenten auf!

A. 2.83–2.85 auf Seite 234

Die marktüblichen Taschenrechner bieten für das Potenzieren drei verschiedene Tasten an, siehe Abschnitt 1.3.1.5:

Taste	Funktion	Beispiel	Eingabe	Ergebnis
$\boxed{x^2}$	quadriert die Eingabe	$3^2 = ?$	$3\boxed{x^2}\boxed{=}$	9
$\boxed{x^3}$	berechnet die dritte Potenz	$2^3 = ?$	$2\boxed{x^3}\boxed{=}$	8
$\boxed{x^n}$	berechnet beliebige Potenz	$5^4 = ?$	$5\boxed{x^n}4\boxed{=}$	625

Beispiele:

2.129 Die Vorrangregeln beachten die Geräte selbst, so dass man die Aufgaben meist ohne Einschränkungen direkt eingeben kann.

Aufgabe	Eingabe	Ergebnis
Potenzieren vor Punktrechnung:		
$5 \cdot 8^3 = ?$	$5\boxed{\times}8\boxed{x^3}\boxed{=}$	2 560
Potenz vor Punkt vor Strich:		
$2 + 5 \cdot 8^3 = ?$	$2\boxed{+}5\boxed{\times}8\boxed{x^3}\boxed{=}$	2 562
Klammern haben Vorrang:		
$(5 \cdot 8)^3 = ?$	$\boxed{(}5\boxed{\times}8\boxed{)}\boxed{x^3}\boxed{=}$	64 000

2.130 Sind Basis oder Exponent ein zusammengesetzter Ausdruck, müssen sie jeweils mit Klammern eingegeben werden, damit sie als Einheit erkannt werden:

a) Eine negative Basis muss unbedingt in Klammern gesetzt werden. Für $(-3)^4$ liefert die Eingabe $\boxed{(}\boxed{\pm}3\boxed{)}\boxed{x^n}4\boxed{=}$ das richtige Ergebnis $+81$. Dagegen führt $\boxed{\pm}3\boxed{x^n}4\boxed{=}$ auf -81 für -3^4.

b) Die Aufgabe $3^{7+2} = ?$ löst man mit der Eingabe $3\boxed{x^n}\boxed{(}7\boxed{+}2\boxed{)}\boxed{=}$ und erhält als Ergebnis 19 683, was gleichwertig mit 3^9 ist, da der Taschenrechner intern zuerst den Exponenten vereinfacht.

c) Bei Ausdrücken wie $9 \cdot 2^{\frac{15+7}{8+3}}$ muss man unterschiedliche Klammerebenen berücksichtigen. Hier wird einerseits der gesamte Exponent in Klammern gesetzt, andererseits müssen Zähler und Nenner jeweils zusätzlich geklammert werden. Die Eingabe

$9\boxed{\times}2\boxed{x^n}\boxed{(}\boxed{(}15\boxed{+}7\boxed{)}\boxed{a\,^b/_c}\boxed{(}8\boxed{+}3\boxed{)}\boxed{)}\boxed{=}$

entspricht dann dem Ausdruck $9 \cdot 2^{\left(\frac{15+7}{8+3}\right)}$ und liefert das Ergebnis 36.

In den meisten Computer-Anwendungen wird eine Potenz mit $\boxed{\wedge}$ eingegeben. Die Taste findet man links oben auf der Tastatur unterhalb von $\boxed{\text{Esc}}$, links neben $\boxed{1}$. Das Dach erscheint aber erst, nachdem man den zugehörigen Exponenten eingetippt hat.

Term	Eingabe
4^2	$4\boxed{\wedge}2$
5^{x-8}	$5\boxed{\wedge}\boxed{(}\boxed{X}\boxed{-}8\boxed{)}$

✍ A. 2.86–2.91 auf Seite 234

2.4.2 Potenzgesetze

2.4.2.1 Addition und Subtraktion von Potenzen

Da sich nur *gleichartige Glieder* durch Addition und Subtraktion zusammenfassen lassen, gilt die Regel:

> Potenzen können nur dann addiert oder subtrahiert werden, wenn sie in ihren Basen *und* in ihren Exponenten übereinstimmen.

Das bedeutet, dass sich allgemeine Ausdrücke wie $a^m \pm a^n$ oder $a^m \pm b^m$ *nicht vereinfachen* lassen, obwohl die beiden Glieder des ersten Ausdrucks in den Basen, die des zweiten in ihren Exponenten übereinstimmen. Eine Zusammenfassung derartiger Ausdrücke wird erst dann möglich, wenn für die darin auftretenden Variablen konkrete Zahlenwerte eingesetzt werden dürfen.

Beispiel:

2.131 a) $12g + 6g^2 - 4g^3 - 2g^2 + 9g^3$
$= 9g^3 - 4g^3 + 6g^2 - 2g^2 + 12g = 5g^3 + 4g^2 + 12g$

b) $9a^3 + 5b^3 - 2a^3 - 4b^3 + 7a^3 - 6b^3$
$= 9a^3 - 2a^3 + 7a^3 + 5b^3 - 4b^3 - 6b^3 = 14a^3 - 5b^3$

c) $\frac{2}{3}u^7 - \frac{3}{4}u^7 = \frac{8}{12}u^7 - \frac{9}{12}u^7 = -\frac{1}{12}u^7 = -\frac{u^7}{12}$

d) $5^4 - 5^2 = 625 - 25 = 600$

e) $3^4 + 2^4 = 81 + 16 = 97$,

aber $(3+2)^4 = 5^4 = 625$ und $3 + 2^4 = 3 + 16 = 19$.

Klammer- und Vorrangregeln sind zu beachten!

f) $ax^m + bx^m - cx^m = (a + b - c) \cdot x^m$

g) $q^{10} - (-q)^{10} + (-r)^5 + r^5 = q^{10} - (+q)^{10} + (-r)^5 + r^5 = q^{10} - q^{10} - r^5 + r^5 = 0$

✍ A. 2.92 auf Seite 235

2.4.2.2 Multiplikation von Potenzen

Es ist

$$a^m \cdot a^n = \underbrace{(a \cdot a \cdot \cdots \cdot a)}_{m \text{ Faktoren } a} \cdot \underbrace{(a \cdot a \cdot a \cdot \cdots \cdot a)}_{n \text{ Faktoren } a} = \underbrace{(a \cdot a \cdot a \cdot \cdots \cdot a)}_{(m+n) \text{ Faktoren } a} = a^{m+n}$$

Verallgemeinert schreiben wir dies als unser erstes Potenzgesetz:

> Potenzen mit gleicher Basis werden multipliziert, indem man die Basis beibehält und die Exponenten addiert:
>
> **POT 1**: $\boxed{a^m \cdot a^n = a^{m+n}}$ (2.37)

Beispiel:

2.132 a) $5u^2 \cdot 2u^4 \cdot 4u^6 = 5 \cdot 2 \cdot 4 \cdot u^2 \cdot u^4 \cdot u^6 = 40 \cdot u^{2+4+6} = 40u^{12}$

b) $0{,}15a^5x^n \cdot 0{,}8a^{4n}b^mx^2 \cdot 2a^4b^2x^5 = 0{,}15 \cdot 0{,}8 \cdot 2 \cdot a^{5+4n+4} \cdot b^{m+2} \cdot x^{n+2+5}$
$= 0{,}24 \cdot a^{4n+9} \cdot b^{m+2} \cdot x^{n+7}$

c) $(x-y)^{n-5} \cdot (x-y)^{n+5} = (x-y)^{n-5+n+5} = (x-y)^{2n}$

✍ A. 2.93–2.94 auf Seite 236

Von der Umkehrung des Satzes wird Gebrauch gemacht, um eine Summe bzw. Differenz in ein Produkt umzuwandeln:

Steht im Exponenten eine Summe, so kann man die Potenz auch als ein Produkt von Potenzen mit gleichen Basen schreiben:

POT 1: $$a^{m+n} = a^m \cdot a^n \tag{2.38}$$

Beispiel:

2.133 a) $u \cdot u^8$ oder $u^2 \cdot u^7$ oder $u^3 \cdot u^6$ oder $u^3 \cdot u^2 \cdot u^4 \ldots$ sind verschiedene Varianten, in die sich die Potenz u^9 zerlegen lässt.

b) $y^{p+q+r} = y^p \cdot y^q \cdot y^r$

c) $5z^2 - 7z^8 + 2z^6 = z^2 \cdot (5 - 7z^6 + 2z^4) = z^2 \cdot (-7z^6 + 2z^4 + 5) = -z^2 \cdot (7z^6 - 2z^4 - 5)$

d) $k^{n+1} - k^{n-1} = k^{n-1} \cdot (k^2 - 1)$

☞ Die Potenz mit dem kleinsten Exponenten wird ausgeklammert!

✍ A. 2.95 auf Seite 236

2.4.2.3 Division von Potenzen

Betrachtet man die Division von Potenzen mit gleichen Basen aus dem Blickwinkel der Bruchrechnung, so können wir, $a \neq 0$ vorausgesetzt, den Quotienten $a^m : a^n$ auch als

$$\frac{a^m}{a^n} = \frac{a \cdot a \cdot a \cdot a \cdot \cdots \cdot a}{a \cdot a \cdot a \cdot \cdots \cdot a}$$

schreiben. Dabei soll zunächst die Anzahl der Faktoren im Zähler größer als die im Nenner sein, also $m > n$. Den Bruch können wir dann durch Kürzen vereinfachen. Da wir von den m Basen im Zähler aber nur n wegnehmen, bleiben noch $m - n$ Faktoren übrig.

$$\frac{a^m}{a^n} = \frac{\overbrace{\cancel{a} \cdot \cancel{a} \cdot \cancel{a} \cdot a \cdot \cdots \cdot a \cdot \cancel{a}}^{m \text{ Faktoren } a}}{\underbrace{\cancel{a} \cdot \cancel{a} \cdot \cancel{a} \cdot \cdots \cdot \cancel{a}}_{n \text{ Faktoren } a}} = \frac{\overbrace{a \cdot \cdots \cdot a}^{(m-n)\text{ Faktoren}}}{1} = a^{m-n}$$

Dies führt uns zum zweiten Potenzgesetz:

Potenzen mit gleicher Basis werden dividiert, indem man die Basis beibehält und die Exponenten subtrahiert:

POT 2: $$a^m : a^n = \frac{a^m}{a^n} = a^{m-n} \qquad a \neq 0 \tag{2.39}$$

Auch dieses Gesetz lässt sich umkehren:

Steht im Exponenten eine Differenz, so kann man eine Potenz auch als Quotienten von Potenzen mit gleicher Basis schreiben:

POT 2: $$a^{m-n} = a^m : a^n = \frac{a^m}{a^n} \qquad a \neq 0 \qquad (2.40)$$

Beispiel:

2.134 a) $x^{17} : x^4 : x^5 = x^{17-4-5} = x^8$

b) $(-v)^9 : v^5 = -v^9 : v^5 = -v^{9-5} = -v^4$

c) $a^{m+2} : a^{m-2} = a^{(m+2)-(m-2)} = a^4,$ es ist $m + 2 > m - 2$

d) $a^{m-2} : a^{m+2} = \dfrac{1}{a^{(m+2)-(m-2)}} = \dfrac{1}{a^4},$ es ist $m - 2 < m + 2$

e) $x^{3a-2b} : x^{2a-3b} = x^{(3a-2b)-(2a-3b)} = x^{a+b}$

f) $\dfrac{4}{r^{12}} - \dfrac{12}{r^6 s^4} + \dfrac{9}{s^8} = ?$

Der Hauptnenner der einzelnen Potenzen ist die höchste Potenz einer Nenner-Variablen. Hier ist der Hauptnenner $r^{12}s^8$ mit $r, s \neq 0$. Damit wird

$$\frac{4}{r^{12}} - \frac{12}{r^6 s^4} + \frac{9}{s^8} = \frac{4s^8 - 12r^6 s^4 + 9r^{12}}{r^{12}s^8} = \frac{\left(2s^4 - 3r^6\right)^2}{r^{12}s^8}$$

g) $\dfrac{x^7}{(x+y)^7} - \dfrac{2x^6}{(x+y)^6} + \dfrac{x^5}{(x+y)^5} - \dfrac{x^5y^2}{(x+y)^7} = ?$

Der Hauptnenner ist $(x + y)^7$, wobei $x \neq -y$ erfüllt sein muss.

$$\begin{aligned}
&\frac{x^7}{(x+y)^7} - \frac{2x^6}{(x+y)^6} + \frac{x^5}{(x+y)^5} - \frac{x^5y^2}{(x+y)^7} \\
&= \frac{x^7 - 2x^6 \cdot (x+y) + x^5 \cdot (x+y)^2 - x^5y^2}{(x+y)^7} \\
&= \frac{x^7 - 2x^7 - 2x^6y + x^7 + 2x^6y + x^5y^2 - x^5y^2}{(x+y)^7} = 0
\end{aligned}$$

h) $\dfrac{1}{q^{n-3}} - \dfrac{q^2-1}{q^{n+1}} - \dfrac{q^2-1}{q^{n-1}} = ?$

Der Hauptnenner ist q^{n+1}, denn $n + 1$ ist der größte der drei Exponenten $n + 1, n - 1$ und $n - 3$. Man erhält für $q \neq 0$:

$$\begin{aligned}
\frac{1}{q^{n-3}} - \frac{q^2-1}{q^{n+1}} - \frac{q^2-1}{q^{n-1}} &= \frac{1 \cdot q^4}{q^{n-3} \cdot q^4} - \frac{q^2-1}{q^{n+1}} - \frac{\left(q^2-1\right) \cdot q^2}{q^{n-1} \cdot q^2} \\
&= \frac{q^4 - \left(q^2-1\right) - q^2 \cdot \left(q^2-1\right)}{q^{n+1}} = \frac{1}{q^{n+1}}
\end{aligned}$$

✍ A. 2.96 auf Seite 236

2.4.2.4 Potenzieren einer Potenz

Die Potenz $(a^m)^n$ kann wie folgt geschrieben werden:

$$(a^m)^n = \underbrace{(a^m) \cdot (a^m) \cdot \cdots \cdot (a^m)}_{n \text{ Faktoren } (a^m)}$$

Nach dem Gesetz für die Multiplikation von Potenzen mit gleichen Basen wird daraus

$$(a^m)^n = a^{m+m+m+\cdots+m},$$

wobei der Summand m im Exponenten genau n mal erscheint. Somit lautet die Regel für das Potenzieren einer Potenz:

> Eine Potenz wird nochmals potenziert, indem man die Basis beibehält und die Exponenten multipliziert:
>
> **POT 3:** $$\boxed{(a^m)^n = a^{m \cdot n}} \qquad (2.41)$$

Wendet man die Regel für das Potenzieren einer Potenz auf die Potenz $(a^n)^m$ an, so ergibt sich mit dem Vertauschungsgesetz für die Multiplikation

$$(a^n)^m = a^{n \cdot m} = a^{m \cdot n} = (a^m)^n$$

Wir können somit formulieren:

> Beim Potenzieren einer Potenz dürfen die Exponenten miteinander vertauscht werden:
>
> **POT 3:** $$\boxed{(a^m)^n = (a^n)^m = a^{m \cdot n}} \qquad (2.42)$$

Daraus folgt die Umkehrung:

> Man kann jede Potenz, deren Exponent sich in Faktoren zerlegen lässt, durch mehrmaliges Potenzieren mit diesen Faktoren berechnen:
>
> **POT 3:** $$\boxed{a^{m \cdot n} = (a^m)^n = (a^n)^m} \qquad (2.43)$$

Beispiel:

2.135 a) $\left(-3s^2\right)^3 = (-3)^3 \cdot \left(s^2\right)^3 = -27 \cdot s^6$

b) $\left(a^5\right)^7 \cdot \left(a^3\right)^4 = a^{35} \cdot a^{12} = a^{47}$

c) $2^{12} = \left(2^6\right)^2 = 64^2 = 4\,096$

d) $(-a)^{10} - \left(-a^5\right)^2 + \left[(-a)^2\right]^5 - \left[(-a)^5\right]^2 = a^{10} - \left(+a^{10}\right) + \left(+a^{10}\right) - \left(+a^{10}\right) = 0$

Man muss $(a^m)^n$ von $a^{(m^n)}$ unterscheiden. Bei $(a^m)^n$ ist zunächst a^m zu ermitteln und danach das Ergebnis in die n-te Potenz zu erheben. Dagegen ist bei $a^{(m^n)}$ zuerst der Klammerinhalt m^n auszurechnen, und erst danach darf die Basis a mit diesem Wert potenziert werden.

Beispiel:

2.136 Es ist

$$\left(3^2\right)^4 = 9^4 = 6\,561,$$

und

$$3^{2^4} = 3^{16} = 43\,046\,721.$$

✍ A. 2.97 auf Seite 237

2.4.2.5 Klammergesetze

Es ist

$$a^n \cdot b^n = \underbrace{(a \cdot a \cdot a \cdot \dots \cdot a)}_{n \text{ Faktoren } a} \cdot \underbrace{(b \cdot b \cdot b \cdot \dots \cdot b)}_{n \text{ Faktoren } b}$$

Nach dem Assoziativgesetz der Multiplikation dürfen die Faktoren auf der rechten Seite dieser Gleichung wie folgt umgestellt werden:

$$a^n \cdot b^n = \underbrace{(a \cdot b) \cdot (a \cdot b) \cdot (a \cdot b) \cdot \dots \cdot (a \cdot b)}_{n \text{ Faktoren } (a \cdot b)} = (a \cdot b)^n$$

Potenzen mit gleichem Exponenten werden multipliziert, indem man die Basen miteinander multipliziert und den gemeinsamen Exponenten beibehält:

POT 1*: $$\boxed{a^n \cdot b^n = (a \cdot b)^n} \qquad (2.44)$$

Beispiel:

2.137 a) $0{,}125^9 \cdot 8^9 = (0{,}125 \cdot 8)^9 = 1^9 = 1,$ man beachte den Rechenvorteil

b) $(a-b)^3 \cdot (a+b)^3 = [\,(a-b) \cdot (a+b)\,]^3 = (a^2 - b^2)^3$

Man überzeuge sich davon, dass der andere Weg, die Potenzen zuerst auszurechnen und danach erst zu multiplizieren, wesentlich umständlicher ist als die oben vorgeführte Lösung:

$$(a-b)^3 \cdot (a+b)^3 = a^6 - 3a^4b^2 + 3a^2b^4 - b^6$$

c) $(-2x)^5 \cdot (-3y)^5 = [\,(-2x) \cdot (-3y)\,]^5 = (+6xy)^5 = 6^5x^5y^5 = 7\,776x^5y^5$

d) Bei den folgenden Aufgaben ist die Reihenfolge der Rechenoperationen zu beachten:

Es ist $-(5\,a^2) = -5\,a^2,$

aber $-(5\,a)^2 = -5^2 \cdot a^2 = -25\,a^2$

und schließlich ist $(-5\,a)^2 = (-5)^2 \cdot a^2 = -25\,a^2$

Da man die Seiten der Formelgleichung vertauschen darf, gilt auch:

Man potenziert ein Produkt, indem man jeden einzelnen Faktor potenziert:

POT 1*: $$\boxed{(a \cdot b)^n = a^n \cdot b^n} \qquad (2.45)$$

Auch für die Division von Potenzen mit verschiedenen Basen, aber gleichen Exponenten, lässt sich durch analoge Überlegungen ein Gesetz aufstellen. Für $b \neq 0$ erhalten wir

$$\frac{a^n}{b^n} = \frac{a \cdot a \cdot a \cdot \ \ldots \ \cdot a}{b \cdot b \cdot b \cdot \ \ldots \ \cdot b},$$

wobei im Zähler sowie im Nenner des rechten Bruches jeweils n Faktoren stehen.

Nach den Regeln der Bruchrechnung kann der rechte Ausdruck in n Einzelbrüche zerlegt werden:

$$\frac{a^n}{b^n} = \underbrace{\frac{a}{b} \cdot \frac{a}{b} \cdot \frac{a}{b} \cdot \ldots \frac{a}{b}}_{n \text{ Faktoren } \frac{a}{b}} = \left(\frac{a}{b}\right)^n$$

Demnach gilt für die Division von Potenzen mit gleichen Exponenten:

> Potenzen mit gleichen Exponenten werden dividiert, indem man die Basen durcheinander teilt und den gemeinsamen Exponenten beibehält:
>
> **POT 2***: $\boxed{a^n : b^n = (a : b)^n}$ oder $\boxed{\frac{a^n}{b^n} = \left(\frac{a}{b}\right)^n}$ $b \neq 0$ (2.46)

Da man die Seiten der Formelgleichung vertauschen darf, gilt auch:

> Man potenziert einen Bruch, indem man Zähler und Nenner für sich potenziert und dann diese Potenzen durcheinander teilt:
>
> **POT 2***: $\boxed{(a : b)^n = a^n : b^n}$ oder $\boxed{\left(\frac{a}{b}\right)^n = \frac{a^n}{b^n}}$ $b \neq 0$ (2.47)

Beispiel:

2.138 a) $\left(4\frac{2}{3}\right)^3 : \left(\frac{7}{9}\right)^3 = \left(\frac{14}{3} : \frac{7}{9}\right)^3 = \left(\frac{14 \cdot 9}{3 \cdot 7}\right)^3 = 6^3 = 216$

b) $\frac{24^5}{16^3} = ?$

Da verschiedene Exponenten vorhanden sind, darf *vor* dem Potenzieren *nicht* gekürzt werden, denn die höhere Rechenart hat den Vorzug.

Es kann aber wie folgt vereinfacht werden:

$$\frac{24^5}{16^3} = \frac{24^2 \cdot 24^3}{16^3} = 24^2 \cdot \frac{24^3}{16^3} = 24^2 \cdot \left(\frac{24}{16}\right)^3 = 24^2 \cdot \left(\frac{3}{2}\right)^3$$

$$= \frac{\cancel{576}^{\,72} \cdot 27}{\cancel{8}_{\,1}} = 72 \cdot 27 = 1\,944$$

Einfacher geht es mit der Zerlegung der Basen in Primfaktoren

$$\frac{24^5}{16^3} = \frac{(2^3 \cdot 3)^5}{(2^4)^3} = \frac{2^{15} \cdot 3^5}{2^{12}} = 2^3 \cdot 3^5 = 8 \cdot 243 = 1\,944$$

c) $$\frac{(9xy^3)^3}{(12x^2y)^4} : \frac{(6x^5y^3)^3}{(8x^4y)^5} = \frac{(9xy^3)^3}{(12x^2y)^4} \cdot \frac{(8x^4y)^5}{(6x^5y^3)^3} = \frac{(3^2)^3\, x^3y^9 \cdot (2^3)^5\, x^{20}y^5}{(2^2)^4 \cdot 3^4x^8y^4 \cdot 2^3 \cdot 3^3x^{15}y^9}$$
$$= \frac{3^6 \cdot 2^{15}x^{23}y^{14}}{3^7 \cdot 2^{11}x^{23}y^{13}} = \frac{2^4y}{3} = \frac{16y}{3}$$

☞ Tipp: Koeffizienten in Primfaktoren zerlegen, siehe Beispiel 1.35 e.

d) Man beachte den Unterschied zwischen $\frac{a^n}{b}$ und $\left(\frac{a}{b}\right)^n$.

Im ersten Bruch muss potenziert werden, bevor dividiert werden darf, im zweiten ist erst zu dividieren, bevor potenziert werden darf.

e) $$\left(\frac{5u-2v}{4}\right)^3 : \left(\frac{25u^2-4v^2}{8}\right)^3 = \left(\frac{5u-2v}{4} : \frac{25u^2-4v^2}{8}\right)^3$$
$$= \left(\frac{(5u-2v)\cdot 8}{4\cdot(5u-2v)\cdot(5u+2v)}\right)^3$$
$$= \left(\frac{2}{5u+2v}\right)^3 = \frac{8}{(5u+2v)^3} \qquad \text{mit } u \neq \pm\frac{2}{5}v$$

✍ A. 2.98–2.100 auf Seite 237

Beim Potenzieren von Brüchen ist unbedingt auf die richtige Verwendung der Klammern zu achten!

Aufgabe	**Eingabe-Beispiel**	**Ergebnis**
$\left(\frac{5}{8}\right)^3 = ?$	[( ] 5 [a b/c] 8 [ )] [x^3] [=]	$\frac{125}{512}$
Aber:	5 [a b/c] 8 [x^3] [=]	$\frac{5}{512}$
$\left(-1\frac{2}{3}\right)^4 = ?$	[( ] [±] 1 [a b/c] 2 [a b/c] 3 [ )] [x^n] 4 [=]	$\frac{625}{81}$

✍ A. 2.101 auf Seite 238

2.4.3 Erste Erweiterung des Potenzbegriffs

Abschnitt 1.2.3.5: Kehrwert

Aus den Gesetzen für die Multiplikation und Division von Potenzen kann man entnehmen, dass die fortschreitende Multiplikation mit einem gleichbleibendem Faktor den Exponenten der zugehörigen Potenz schrittweise um eins erhöht:

$5^2 = 25$ $\quad\cdot 5$
$5^3 = 125$ $\quad\cdot 5$
$5^4 = 625$ $\quad\cdot 5$
$\ldots$

x^2 $\quad\cdot x$
x^3 $\quad\cdot x$
x^4 $\quad\cdot x$
$\ldots$

Analog verringert die Division durch eine gleichbleibende Zahl den Exponenten um eins:

$$\begin{array}{lll} 5^4 = 625 & & \\ & : 5 & \\ 5^3 = 125 & & \\ & : 5 & \\ 5^2 = 25 & & \\ & : 5 & \\ 5^1 = 5 & & \\ & : 5 & \\ 5^0 = 1 & & \\ & : 5 & \\ 5^{-1} = \frac{1}{5} = \frac{1}{5^1} & & \\ & : 5 & \\ 5^{-2} = \frac{1}{25} = \frac{1}{5^2} & & \\ & : 5 & \\ \ldots & & \end{array} \qquad \begin{array}{lll} x^4 & & \\ & : x & \\ x^3 & & \\ & : x & \\ x^2 & & \\ & : x & \\ x^1 = x & & \\ & : x & \\ x^0 = 1 & & \\ & : x & \\ x^{-1} = \frac{1}{x} & & \\ & : x & \\ x^{-2} = \frac{1}{x^2} & & \\ & : x & \\ \ldots & & \end{array}$$

Führt man diese Entwicklung konsequent fort, so erkennt man, dass

- die Festlegungen $x^0 := 1$ und $x^1 := x$ in Formel (2.33) sinnvoll waren,
- auch negative Zahlen für den Exponenten zugelassen werden können und
- ein negativer Exponent einer Kehrwertbildung entspricht:

$$x^{-2} \text{ bedeutet } \frac{1}{x^2}$$

Allgemein können wir formulieren:

Eine Potenz mit einem *negativen Exponenten* ist eine andere Schreibweise für den **Kehrwert** der Potenz mit dem entsprechenden positiven Exponenten:

$$\boxed{a^{-n} = \frac{1}{a^n}} \qquad a \neq 0 \tag{2.48}$$

Anders ausgedrückt: Beim Bilden des Kehrwertes einer Potenz ändert sich das Vorzeichen des Exponenten.

☞ Die in der Formel angegebene Bedingung $a \neq 0$ ist notwendig, da nicht durch null dividiert werden darf.

Es ist offensichtlich, dass es sich bei der Potenzumformung (2.48) nur um einen Spezialfall von POT 2 (2.39) handelt:

$$a^{-n} = a^{0-n} = \frac{a^0}{a^n} = \frac{1}{a^n}$$

Beispiel:

2.139 a) $2^{-7} = \frac{1}{2^7} = \frac{1}{128}$

b) $(-3)^{-3} = \frac{1}{(-3)^3} = \frac{1}{-27} = -\frac{1}{27}$

c) $10^{-5} = \frac{1}{10^5} = \frac{1}{100\,000} = 0{,}000\,01$

d) $\frac{1}{x^{-n}} = \frac{1}{\frac{1}{x^n}} = x^n$

e) $5 \cdot 10^{-5} = 5 \cdot \frac{1}{10^5} = 5 \cdot 0{,}000\,01 = 0{,}000\,05$

f) Die Brüche $\frac{1}{10}, \frac{1}{a}, \frac{1}{b^2}, \frac{1}{r^x}$ und $\frac{a}{b^n}$ können mithilfe von negativen Exponenten wie folgt geschrieben werden: $10^{-1}, a^{-1}, b^{-2}, r^{-x}$ und $a \cdot b^{-n}$.

✍ A. 2.102–2.103 auf Seite 238

Alle Potenzgesetze gelten auch für den erweiterten Potenzbegriff mit ganzzahligen Exponenten $n \in \mathbf{Z}$. Das soll an einigen Beispielen gezeigt werden.

Nach der Regel für die Multiplikation von Potenzen mit gleichen Basen müsste nunmehr auch

$$a^{-m} \cdot a^{-n} = a^{(-m)+(-n)} = a^{-m-n} = a^{-(m+n)}$$

gelten. Die nachfolgende Kontrollrechnung bestätigt das:

$$a^{-m} \cdot a^{-n} = \frac{1}{a^m} \cdot \frac{1}{a^n} = \frac{1}{a^m \cdot a^n} = \frac{1}{a^{m+n}}$$

Die beiden unterschiedlich aussehenden Ergebnisse stimmen überein, denn nach der Definition (2.48) von Potenzen mit negativen Exponenten ist

$$a^{-(m+n)} = \frac{1}{a^{m+n}}$$

In ähnlicher Weise ergibt sich für $(a^{-m})^n$ nach den Potenzgesetzen der Ausdruck $a^{-m \cdot n}$, während sich nach der Umformung von a^{-m} in einen Bruch die folgende Berechnung ergibt:

$$\left(a^{-m}\right)^n = \left(\frac{1}{a^m}\right)^n = \frac{1^n}{(a^m)^n} = \frac{1}{a^{m \cdot n}}$$

Auch hier entstehen bei den Rechnungen zwei verschieden aussehende, aber dennoch gleichwertige Ergebnisse.

☞ Man führe derartige Untersuchungen auch für diejenigen Potenzgesetze durch, die mit den bisherigen Beispielen nicht erfasst worden sind. Man überzeuge sich davon, dass alle Potenzgesetze auch dann gültig bleiben, wenn in der Rechnung negative Exponenten auftreten.

Es gilt somit der Satz:

Für Potenzen mit negativen Exponenten dürfen die gleichen Rechengesetze wie für Potenzen mit positiven Exponenten angewendet werden.

Als Besonderheit sei noch eine Gesetzmäßigkeit angeführt, die beim Rechnen mit Potenzen häufig vorteilhaft verwendet werden kann. Setzt man $a, b \neq 0$ sowie $n \in \mathbf{Z}$ voraus, dann ist

$$\left(\frac{a}{b}\right)^{-n} = \frac{1}{\left(\frac{a}{b}\right)^n} = \frac{1}{\left(\frac{a^n}{b^n}\right)} = \left(\frac{b^n}{a^n}\right) = \left(\frac{b}{a}\right)^n,$$

woraus folgt:

$$\left(\frac{a}{b}\right)^{-n} = \left(\frac{b}{a}\right)^{n} \qquad (2.49)$$

Statt einen Bruch mit einem negativen Exponenten zu potenzieren, kann man auch den Kehrwert des Bruches mit dem entsprechenden positiven Exponenten potenzieren.

Verallgemeinert für beliebige Basen und unterschiedliche Exponenten kann man schreiben:

$$\frac{a^{-n}}{b^{-m}} = \frac{\frac{1}{a^n}}{\frac{1}{b^m}} = \frac{1}{a^n} : \frac{1}{b^m} = \frac{1}{a^n} \cdot \frac{b^m}{1} = \frac{b^m}{a^n}$$

Bringt man eine Potenz vom Zähler in den Nenner oder umgekehrt, so ändert sich das Vorzeichen des Exponenten.

Beispiel:

2.140 Die folgenden Ausdrücke sollen so umgeformt werden, dass in ihnen keine negativen Vorzeichen mehr auftreten.

a) $(xy)^{-2} : (xy)^{-5} = (xy)^{(-2)-(-5)} = (xy)^3$

b) $a^m : b^{-n} = \frac{a^m}{b^{-n}} = \frac{a^m \cdot b^n}{1} = a^m \cdot b^n$ und $a^{-m} : b^n = \frac{a^{-m}}{b^n} = \frac{1}{a^m \cdot b^n}$

Folgerung: Faktoren, die mit negativem Exponenten im Zähler oder im Nenner eines Bruches stehen, dürfen mit positivem Vorzeichen in den Nenner oder den Zähler des Bruches gebracht werden.

c) $\frac{a^{-3}b^3c^4}{x^2y^{-5}} = \frac{\frac{1}{a^3} \cdot b^3c^4}{x^2 \cdot \frac{1}{y^5}} = \frac{b^3c^4y^5}{a^3x^2}$

d) $\frac{x^{-2}+y^{-2}}{x^{-2}-y^{-2}} = \frac{\frac{1}{x^2}+\frac{1}{y^2}}{\frac{1}{x^2}-\frac{1}{y^2}} = \frac{\frac{y^2+x^2}{x^2y^2}}{\frac{y^2-x^2}{x^2y^2}} = \frac{y^2+x^2}{x^2y^2} \cdot \frac{x^2y^2}{y^2-x^2} = \frac{x^2+y^2}{y^2-x^2}$

Folgerung: Summanden mit negativen Exponenten im Zähler oder Nenner eines Bruches dürfen nicht wie Faktoren behandelt werden. Sie sind, sofern das möglich ist, erst zu einem Produkt zusammenzufassen, bevor sie ihrem Exponenten entsprechend vom Zähler in den Nenner oder vom Nenner in den Zähler gebracht werden können.

e) $\left\{\left[(3x-4y)^{-3}\right]^0\right\}^5 = (3x-4y)^{(-3)\cdot 0\cdot 5} = (3x-4y)^0 = 1$

f) $\frac{24a^3b^{-5}}{7c^3} : \frac{8b^{-4}c^{-4}}{21a^{-3}b^{-5}} = \frac{24a^3}{7c^3b^5} : \frac{8a^3b^5}{21b^4c^4} = \frac{24a^3 \cdot 21b^4c^4}{7c^3b^5 \cdot 8a^3b^5} = \frac{9c}{b^6}$

Falls kein Bruch erwünscht ist, kann das Ergebnis als $9b^{-6}c$ geschrieben werden.

Den aufgeführten Beispielen entnehmen wir den Tipp:

- Rechne *nicht mit negativen Exponenten*, sondern mache diese zuerst positiv!

Zum Berechnen von Potenzen mit negativen Exponenten stehen zwei Wege zur Verfügung, die an $2^{-3} = ?$ erläutert werden sollen:

(1) Direkte Eingabe mit negativem Exponenten: 2 [x^n] [±] 3 [=]

(2) Nutzung der Kehrwert-Taste [$1/x$] oder [x^{-1}]: [(] 2 [x^n] 3 [)] [x^{-1}] [=]

In beiden Fällen erhält man das Ergebnis $2^{-3} = \frac{1}{8} = 0{,}125$

Beim Eintippen einer Potenz mit negativen Exponenten ist es bei den meisten Taschenrechnern nicht notwendig, den Exponenten in eine Klammer zu setzen. Bei zusammengesetzten Termen ist dies aber durchaus sinnvoll.

$5^{-3} + 2$ gibt man sicherheitshalber ein als

5 [x^n] [(] [±] 3 [)] [+] 2 [=]

Spezielle Hinweise zur Handhabung der Kehrwert-Taste [$1/x$] oder [x^{-1}] finden sich in Abschnitt 1.2.3.5.

A. 2.104–2.109 auf Seite 238

2.4.4 Potenzen von Binomen

Im Abschnitt 2.3.2.5 wurden die binomischen Formeln

$$(a \pm b)^2 = a^2 \pm 2ab + b^2$$

für die zweite Potenz der Binome $a + b$ und $a - b$ hergeleitet.

Für die dritte und vierte Potenz von $a + b$ ergibt sich entsprechend

$$\begin{aligned}(a+b)^3 &= (a+b)\cdot(a+b)^2\\ &= (a+b)\cdot(a^2+2ab+b^2)\\ &= a^3+3a^2b+3ab^2+b^3\end{aligned}$$

$$\begin{aligned}(a+b)^4 &= (a+b)^2\cdot(a+b)^2\\ &= (a^2+2ab+b^2)\cdot(a^2+2ab+b^2)\\ &= a^4+4a^3b+6a^2b^2+4ab^3+b^4\end{aligned}$$

In der folgenden Zusammenstellung der ersten vier Potenzen von $(a \pm b)^n$ mit $n \in \mathbf{N}$ sind die Vorfaktoren der Potenzen, die sogenannten **Binomialkoeffizienten**[1)] durch Fettdruck hervorgehoben:

$$\begin{aligned}(a \pm b)^0 &= \mathbf{1}\\ (a \pm b)^1 &= \mathbf{1}a \pm \mathbf{1}b\\ (a \pm b)^2 &= \mathbf{1}a^2 \pm \mathbf{2}ab + \mathbf{1}b^2\\ (a \pm b)^3 &= \mathbf{1}a^3 \pm \mathbf{3}a^2b + \mathbf{3}ab^2 \pm \mathbf{1}b^3\\ (a \pm b)^4 &= \mathbf{1}a^4 \pm \mathbf{4}a^3b + \mathbf{6}a^2b^2 \pm \mathbf{4}ab^3 + \mathbf{1}b^4\end{aligned}$$

Es lassen sich daraus die folgenden Gesetzmäßigkeiten erkennen:

1. Die Anzahl der Glieder ist stets um 1 größer als der Exponent des Binoms.
2. Jede Entwicklung beginnt mit einer Potenz des ersten Summanden a und endet mit einer Potenz des zweiten Summanden b, deren Exponent jeweils mit dem Exponenten des Binoms übereinstimmt.

[1)] Binomialkoeffizienten = Koeffizienten / Vorfaktoren in den entwickelten Binomen

3. Während in einer Zeile die Exponenten des ersten Summanden a von Glied zu Glied jeweils um 1 abnehmen, wachsen die Exponenten des zweiten Summanden b in gleichem Maße an.
4. In jedem Glied einer Entwicklung ist die Summe der Exponenten der beiden Summanden a und b gleich dem Exponenten des Binoms.
5. Zu jedem Glied jeder Entwicklung gehört ein bestimmter Zahlenfaktor, der Binomialkoeffizient.
6. Die Binomialkoeffizienten sind innerhalb einer Entwicklung symmetrisch angeordnet: Der erste und der letzte Koeffizient ist stets 1, der zweite und der vorletzte Koeffizient stimmt immer mit dem Exponenten des Binoms überein. Auch die restlichen Koeffizienten sind spiegelbildlich angeordnet.
7. Bei $(a+b)^n$ treten nur positive Glieder auf, während bei $(a-b)^n$ die Vorzeichen von Glied zu Glied wechseln. Das Vorzeichen des ersten Gliedes ist stets positiv.

Zur Ermittlung der Binomialkoeffizienten dient folgende Zahlenanordnung, das sogenannte PASCAL'sche[1] Dreieck:

$n=0$	1
$n=1$	1 1
$n=2$	1 2 1
$n=3$	1 3 3 1
$n=4$	1 4 6 4 1
$n=5$	1 5 10 10 5 1
$n=6$	1 6 15 20 15 6 1
$n=7$	1 7 21 35 35 21 7 1
$n=8$	1 8 28 56 70 56 28 8 1
$n=9$	1 9 36 84 126 126 84 36 9 1
$n=10$	1 10 45 120 210 252 210 120 45 10 1
...	...

Das PASCAL'sche Dreieck ist symmetrisch aufgebaut. Jede Zeile beginnt und endet mit einer 1 und alle übrigen Zahlen der Anordnung stimmen mit der Summe der beiden schräg darüber stehenden Zahlen überein.

☞ In der obigen Abbildung des PASCAL'schen Dreiecks ist dies an einigen Stellen durch Klammern angedeutet: Die beiden nebeneinander stehenden Zahlen 1 und 1 ergeben als Summe die darunter stehende Zahl 2; entsprechend ist $1+2=3$; $2+1=3$; $21+35=56$; $56+28=84$; $84+36=120\ldots$

Mit Hilfe der erwähnten Gesetzmäßigkeiten ist es möglich, Potenzen beliebiger Binome ohne langwieriges Ausmultiplizieren zu ermitteln. Eine ausführliche Begründung für die Allgemeingültigkeit der hier dargestellten Zusammenhänge zwischen den Binomialkoeffizienten soll nicht gegeben werden, denn sie führt über den Rahmen dieses Buches hinaus.

[1] BLAISE PASCAL (1623 bis 1662), französischer Mathematiker, Physiker und Philosoph

Im Binom $(a+b)^n$ dürfen die beiden Summanden a und b ohne Weiteres miteinander vertauscht werden, denn es ist

$$(a+b)^n = (b+a)^n$$

Vertauscht man dagegen im Binom $(a-b)^n$ die beiden Summanden a und b miteinander, so muss beachtet werden, dass sich bei ungeraden Exponenten das Vorzeichen ändert, denn es ist

$$(a-b)^n = [(-1)\cdot(b-a)]^n = (-1)^n\cdot(b-a)^n$$

Der oben erwähnte Vorzeichenwechsel bei ungeradem n wird durch den Faktor $(-1)^n$ hervorgerufen, der, wie wir wissen, bei geradem n keine Rolle spielt.

Beispiel:

2.141 a) $(k+5)^3 = ?$

(1) Notiere die Produkte der beiden Summanden. Setze den ersten Summanden in der höchsten Potenz n an und verringere diese schrittweise auf null. Gleichzeitig erhöhe beim zweiten Ausdruck den Exponenten von null auf n:

$k^3\cdot 5^0 \quad k^2\cdot 5^1 \quad k^1\cdot 5^2 \quad k^0\cdot 5^3$

Die Summe der beiden Exponenten ergibt immer n, hier $3:\ 3+0, 2+1, \ldots$

(2) Schreibe für $n=3$ die Binomialkoeffizienten aus dem PASCAL'schen Dreieck als Faktoren dazu:

$1\cdot k^3\cdot 5^0 \quad 3\cdot k^2\cdot 5^1 \quad 3\cdot k^1\cdot 5^2 \quad 1\cdot k^0\cdot 5^3$

(3) Füge die richtigen Vorzeichen ein. Beim Typ $(a+b)^n$ überall ein Pluszeichen, beim Typ $(a-b)^n$ abwechselnd ein Plus- und Minuszeichen:

$1\cdot k^3\cdot 5^0 + 3\cdot k^2\cdot 5^1 + 3\cdot k^1\cdot 5^2 + 1\cdot k^0\cdot 5^3$

(4) Löse die Potenzen auf und beachte, dass $x^0=1$ und $x^1=x$ ist:

$(k+5)^3 = k^3+15k^2+75k+125$

b) $(r+s)^6 = ?$

Aus dem PASCAL'schen Dreieck entnimmt man für die 6. Potenz eines Binoms die Koeffizienten 1, 6, 15, 20, 15, 6 und 1. Somit wird

$$(r+s)^6 = r^6+6r^5s+15r^4s^2+20r^3s^3+15r^2s^4+6rs^5+s^6$$

c) $(2a-3b)^4 = ?$

(1) Notiere die Produkte der beiden Summanden $2a$ und $3b$:

$(2a)^4\cdot(3b)^0 \quad (2a)^3\cdot(3b)^1 \quad (2a)^2\cdot(3b)^2 \quad (2a)^1\cdot(3b)^3 \quad (2a)^0\cdot(3b)^4$

(2) Schreibe die Binomialkoeffizienten als Faktoren dazu:

$1\cdot(2a)^4\cdot(3b)^0 \quad 4\cdot(2a)^3\cdot(3b)^1 \quad 6\cdot(2a)^2\cdot(3b)^2 \quad 4\cdot(2a)^1\cdot(3b)^3 \quad 1\cdot(2a)^0\cdot(3b)^4$

(3) Füge die richtigen Vorzeichen, hier abwechselnd ein Plus- und Minuszeichen, ein:

$+1\cdot(2a)^4\cdot(3b)^0-4\cdot(2a)^3\cdot(3b)^1+6\cdot(2a)^2\cdot(3b)^2-4\cdot(2a)^1\cdot(3b)^3+1\cdot(2a)^0\cdot(3b)^4$

(4) Löse die Klammern auf und beachte, dass $x^0=1$ und $x^1=x$ ist:

$(2a-3b)^4 = 16a^4-96a^3b+216a^2b^2-216ab^3+81b^4$

d) Es ist $(a-b)^2=(b-a)^2$, dagegen ist $(a-b)^3=-(b-a)^3$.

e) $\dfrac{(x-y)^3}{(y-x)^2} = \dfrac{(x-y)^3}{(x-y)^2} = x-y$

f) $$\frac{(2x-4y)^3}{(2y-x)^4} = \frac{[2\cdot(x-2y)]^3}{(x-2y)^4} = \frac{2^3\cdot(x-2y)^3}{(x-2y)^4} = \frac{8}{x-2y}$$

g) $$\frac{(8u+8v)^2\cdot(3u-3v)^3}{\left(24u^2-24v^2\right)^2} = \frac{8^2\cdot(u+v)^2\cdot 3^3\cdot(u-v)^3}{24^2\cdot(u+v)^2\cdot(u-v)^2} = 3\cdot(u-v)$$

Bei großen Exponenten kann die Arbeit mit dem PASCAL'schen Dreieck sehr mühselig werden, da das Dreieck Zeile für Zeile entwickelt werden muss. Verfügt ein Taschenrechner über eine Taste [nCr], so können die Binomialkoeffizienten auch direkt berechnet werden. Neben dem Exponenten n wird noch eine Laufzahl k eingegeben, die man mit ganzen Zahlen von null bis n belegt: n [nCr] k [=]

Für $n = 4$ erhält man mit den Eingaben

4 [nCr] 0 [=], 4 [nCr] 1 [=], 4 [nCr] 2 [=], 4 [nCr] 3 [=], 4 [nCr] 4 [=]

nacheinander die Zahlen

1, 4, 6, 4 und 1 .

Unter Berücksichtigung der Symmetrie und mit Kenntnis der Randwerte 1 und n beschränkt sich die Eingabe auf wenige Werte. Man überzeuge sich selbst davon, dass für $n = 9$ die Berechnungen mit $k = 2{,}3$ und 4 ausreichen, um die Binomialkoeffizienten dieser Reihe vollständig notieren zu können.

Die Binomialkoeffizienten ermittelt man in *Derive* mit **COMB(*n*,*k*)**. Das oben abgebildete PASCAL'sche Dreieck kann mit der Befehlskette

VECTOR(VECTOR(COMB(*n*,*k*),*k*,0,10),*n*,0,10)

dargestellt werden.

Mit **KOMBINATIONEN(*n*; *k*)** kann man in *Excel* die Binomialkoeffizienten der 2er-Reihe wie folgt berechnen:

Eingabe	**Ausgabe**
=**KOMBINATIONEN**(2; 0)	1
=**KOMBINATIONEN**(2; 1)	2
=**KOMBINATIONEN**(2; 2)	1

✍ A. 2.110–2.113 auf Seite 239

2.4.5 Polynomdivision

Aus der Bruchrechnung wissen wir, dass eine Summe oder Differenz von gleichnamigen Brüchen auf einem Bruchstrich zusammengefasst werden kann:

$$\frac{a}{n} + \frac{b}{n} - \frac{c}{n} = \frac{a+b-c}{n}$$

Drehen wir die Gleichung um, so erhalten wir

$$\frac{a+b-c}{n} = \frac{a}{n} + \frac{b}{n} - \frac{c}{n},$$

woraus wir für die Division von algebraischen Summen durch eine Zahl ableiten:

> Statt eine algebraische Summe durch eine Zahl zu dividieren, kann man auch jedes einzelne Glied der Summe durch diese Zahl teilen. Dabei sind die Vorzeichenregeln für die Division zu beachten.

Es ist also unter der Voraussetzung, dass $n \neq 0$ gilt:

$$\boxed{(a+b-c) : n = a : n + b : n - c : n} \qquad (2.50)$$

Probe: $(a : n + b : n - c : n) \cdot n = (a : n) \cdot n + (b : n) \cdot n - (c : n) \cdot n = a + b - c$

Beispiele:

2.142 $(45a - 54b) : 9 = 45a : 9 - 54b : 9 = 5a - 6b$

Probe: $9 \cdot (5a - 6b) = 45a - 54b$ ✓

2.143 $(3x^2 - 6xy + 9xz) : (-3x) = -x + 2y - 3z$ Bitte nachprüfen!

✍ A. 2.114 auf Seite 240

Ist der Divisor ein mehrgliedriger Term, so benutzt man vorteilhaft das Verfahren der **Polynomdivision**, auch **Partialdivision** genannt. Es ist das gleiche Verfahren, das wir bereits von der Division gewöhnlicher Zahlen kennen, siehe Abschnitt 1.2.4.4:

$$\begin{array}{l}
2\,2\,1\,4 : 3 = 7\,3\,8 \\
-\underline{2\,1} \\
1\,1 \\
\underline{-\,9} \\
2\,4 \\
\underline{-\,2\,4} \\
0
\end{array}$$

Einzelne Ziffern oder Zifferngruppen des Dividenden werden durch den Divisor geteilt ($22 : 3 = 7 +$ Rest). Der ganzzahlige Anteil dieses Quotienten wird mit dem Divisor zurückmultipliziert ($7 \cdot 3 = 21$) und dieses Ergebnis wird vom Dividenden abgezogen ($22 - 21 = 1$). Die nächste Ziffer wird heruntergezogen und die Prozedur wird solange fortgesetzt, bis kein Rest mehr bleibt oder bis man die Rechnung mit Rest abbricht.

Ähnlich geht man bei Polynomen vor: Man ordnet zunächst Dividend und Divisor nach gleichen Gesichtspunkten, wobei man die einzelnen Glieder zumeist in alphabetischer Reihenfolge und außerdem nach fallenden Potenzen anordnet. Dann dividiert man das erste Glied des Dividenden durch das erste Glied des Divisors. Der entstehende Quotient wird dann mit dem ganzen Divisor multipliziert und dieses Produkt wird vom Dividenden subtrahiert. Mit dem Rest wird dann in derselben Weise weitergerechnet, bis entweder die Division aufgeht oder ein nicht mehr teilbarer Rest übrig bleibt. Während der Durchführung der Division darf man dabei keinesfalls vom ersten Glied des Divisors auf ein anderes Glied des Divisors überwechseln.

Beispiele:

2.144 $(5x^2 + 50x + 105) : (x + 3) = ?$

① Das erste Glied des Dividenden $5x^2$ wird durch das erste Glied des Divisors x geteilt: $5x^2 : x = 5x$.

$$\begin{array}{l}
(\,5x^2 + 50x + 105\,) : (x+3) = 5x \quad \longleftarrow \quad ① \; 5x^2 : x = 5x \\
\underline{-(\,5x^2 + 15x\;\;)} \; \leftarrow \; ② \; 5x \cdot (x+3) \\
\qquad ③ \quad 35x + 105
\end{array}$$

② Mit dem Ergebnis aus ① wird der Divisor zurückmultipliziert: $5x \cdot (x+3)$,

③ was nun vom Dividenden abgezogen wird.

④ Mit dem Rest wiederholt man das Prinzip, indem das erste Glied des Restes $35x$ durch das erste Glied des Divisors x geteilt wird: $35x : x = 35$.

$$\begin{array}{l} (\ 5x^2 + 50x + 105\ ) : (x+3) = 5x + 35 \quad \leftarrow \quad ④\ 35x : x = 35 \\ \underline{-(\ 5x^2 + 15x\ )} \\ \qquad\qquad 35x + 105 \\ \qquad - \underline{(\ 35x + 105\ )} \leftarrow \ ⑤\ 35 \cdot (x+3) \\ \qquad\qquad ⑥ \quad 0 \end{array}$$

⑤ Die Rückmultiplikation $35 \cdot (x+3) = 35x + 105$ und

⑥ die anschließende Subtraktion zeigen, dass die Polynomdivision ohne Rest aufgeht.

Wenn die Polynomdivision wie im obigen Beispiel „glatt aufgeht", so bedeutet dies, dass mit

$$\left(5x^2 + 50x + 105\right) : (x+3) = 5x + 35$$

auch die Umkehrung gilt:

$$(5x+35) \cdot (x+3) = 5x^2 + 50x + 105$$

Dies können wir einerseits für eine Probe nutzen, andererseits erlaubt es uns, den Dividenden als Produkt zu schreiben:

$$5x^2 + 50x + 105 = (5x+35) \cdot (x+3) = 5 \cdot (x+7) \cdot (x+3)$$

⚠ Die meisten Fehler bei einer Polynomdivision geschehen durch falsche Vorzeichen und fehlerhafte Subtraktion der Zwischenergebnisse. Viele Probleme lassen sich durch sauberes und übersichtliches Aufschreiben der Rechenschritte verhindern!
Es ist dringend anzuraten, nach der Polynomdivision immer eine Probe durchzuführen, indem man, wenn möglich im Kopf, zurückmultipliziert.

Die beiden folgenden Beispiele zeigen uns hilfreiche Wege aus weiteren typischen Problemsituationen.

Beispiele:

2.145

$$\begin{array}{l} (x^3 - 67x + 126) : (x-2) = x^2 \\ \underline{-(x^3 - 2x^2)} \\ \qquad\qquad ? \end{array}$$

Hier ist nicht sofort erkennbar, wie sich das Ergebnis der Rückmultiplikation vom Dividenden abziehen lässt. Einfacher wird es, wenn man in einem Polynom, in dem nicht alle benötigten Potenzen vorhanden sind, die Lücken mit Nullen auffüllt:

■ Merke: Fehlende Potenzen durch null ergänzen!

$$
\begin{array}{l}
(x^3 + 0x^2 \quad - 67x + 126) : (x - 2) = x^2 + 2x - 63 \\
\underline{-(x^3 - 2x^2)} \\
\qquad 2x^2 \quad - 67x \\
\quad \underline{-(2x^2 \quad - \quad 4x)} \\
\qquad\qquad - 63x + 126 \\
\qquad\quad \underline{-(- 63x + 126)} \\
\qquad\qquad\qquad\quad 0
\end{array}
$$

Die Probe bestätigt unser Ergebnis: $(x^2 + 2x - 63) \cdot (x - 2) = x^3 - 67x + 126$

✍ A. 2.115 auf Seite 240

2.146 Ist eine mehrfache Polynomdivision notwendig, so kann sie in mehreren Schritten durchgeführt werden:

$$(x^5 - 42x^3 + 152x^2 - 183x + 72) : (x - 1) : (x + 8)$$

$$① \; (x^5 - 42x^3 + 152x^2 - 183x + 72) : (x - 1) = x^4 + x^3 - 41x^2 + 111x - 72$$

$$② \; (x^4 + x^3 - 41x^2 + 111x - 72) : (x + 8) = x^3 - 7x^2 + 15x - 9$$

Meistens ist es aber einfacher, die verschiedenen Teiler zu einem Divisor zusammenzufassen, so dass nur noch eine Polynomdivision notwendig ist:

$$
\begin{aligned}
&(x^5 - 42x^3 + 152x^2 - 183x + 72) : (x - 1) : (x + 8) \\
&= (x^5 - 42x^3 + 152x^2 - 183x + 72) : [(x - 1) \cdot (x + 8)] \\
&= (x^5 - 42x^3 + 152x^2 - 183x + 72) : (x^2 + 7x - 8) \\
&= x^3 - 7x^2 + 15x - 9
\end{aligned}
$$

✍ A. 2.116 auf Seite 241

Weitere Beispiele sollen das Prinzip der Polynomdivision veranschaulichen und zum eigenständigen Üben anregen.

Beispiele:

2.147 Es ist der Wert des Quotienten $\left(x^3 + x^2y - 3xy^2 + y^3\right) : (x - y)$ zu berechnen.

Dividend und Divisor sind bereits nach fallenden Potenzen von x geordnet, also kann das erste Glied x^3 durch das erste Glied des Divisors x geteilt werden. Damit ergibt sich der folgende Rechenablauf:

$$
\begin{array}{l}
\left(x^3 \; + x^2y - 3xy^2 + y^3\right) : (x - y) = x^2 + 2xy - y^2 \\
\underline{-(x^3 - x^2y)} \\
\qquad 2x^2y - 3xy^2 \\
\quad \underline{-(2x^2y - 2xy^2)} \\
\qquad\qquad - xy^2 + y^3 \\
\quad\quad \underline{-(- xy^2 + y^3)} \\
\qquad\qquad\qquad 0
\end{array}
$$

Die Probe ist auszuführen: $(x - y) \cdot \left(x^2 + 2xy - y^2\right) = x^3 + x^2y - 3xy^2 + y^3$ ✓

2.148 $\left(u^3 - v^3\right) : (u - v) = \; ?$

$$
\begin{array}{l}
\quad \left(u^3 - \quad v^3\right) : (u - v) = u^2 \\
\underline{- \left(u^3 - u^2v\right)} \\
\qquad\qquad ?
\end{array}
$$

Die Situation wird einfacher, wenn die fehlenden Potenzen durch Nullen aufgefüllt werden:

$$\begin{array}{l}
(u^3 + 0u^2v + 0uv^2 - v^3) : (u - v) = u^2 + uv + v^2 \\
\underline{-(u^3 - u^2v)} \\
\quad u^2v + 0uv^2 \\
\quad \underline{-(u^2v - uv^2)} \\
\qquad uv^2 - v^3 \\
\qquad \underline{-(uv^2 - v^3)} \\
\qquad\qquad 0
\end{array}$$

Probe: $(u - v) \cdot \left(u^2 + uv + v^2\right) = u^3 - v^3$ ✓

2.149 Es soll $\left(49a^2 - 25x^2 - 9b^2 - 30bx\right) : (5x + 7a + 3b)$ berechnet werden.

Man ordnet zuerst nach fallenden Potenzen und füllt die Lücken mit Nullen auf.

$$\begin{array}{l}
(49a^2 + 0ab + 0ax - 9b^2 - 30bx - 25x^2) : (7a + 3b + 5x) \\
\underline{-(49a^2 + 21ab + 35ax)} \qquad\qquad = 7a - 3b - 5x \\
\quad - 21ab - 35ax - 9b^2 - 30bx - 25x^2 \\
\quad \underline{-(- 21ab \qquad - 9b^2 - 15bx)} \\
\qquad - 35ax \qquad - 15bx - 25x^2 \\
\qquad \underline{-(- 35ax \qquad - 15bx - 25x^2)} \\
\qquad\qquad\qquad 0
\end{array}$$

Probe: $(7a - 3b - 5x) \cdot (7a + 3b + 5x) = 49a^2 - 9b^2 - 30bx - 25x^2$ ✓

2.150

$$\begin{array}{l}
(x^3 - 4x^2 + 6x - 5) : (x - 2) = x^2 - 2x + 2, \quad \text{Rest: } -1 \\
\underline{-(x^3 - 2x^2)} \\
\quad -2x^2 + 6x \\
\quad \underline{-(-2x^2 + 4x)} \\
\qquad +2x - 5 \\
\qquad \underline{-(+2x - 4)} \\
\qquad\quad -1
\end{array}$$

Anmerkung: Wenn die Division wie in diesem Beispiel nicht aufgeht, schreibt man das Ergebnis entweder in der oben angegebenen Form $x^2 - 2x + 2$, Rest: -1 oder, da der Rest noch durch $(x - 2)$ geteilt werden muss, ähnlich wie bei den nicht aufgehenden Divisionsaufgaben mit gewöhnlichen Zahlen in der Form

$$x^2 - 2x + 2 + \frac{-1}{x - 2} = x^2 - 2x + 2 - \frac{1}{x - 2}$$

Auch hier muss die Probe das Ergebnis bestätigen:

$$(x - 2) \cdot \left(x^2 - 2x + 2 - \frac{1}{x - 2}\right) = (x - 2) \cdot \left(x^2 - 2x + 2\right) - (x - 2) \cdot \frac{1}{x - 2}$$
$$= x^3 - 4x^2 + 6x - 4 - 1 = x^3 - 4x^2 + 6x - 5 \text{ ✓}$$

Am folgenden Beispiel soll gezeigt werden, dass äußerlich ganz verschieden aussehende Ergebnisse entstehen können, wenn man die Glieder innerhalb der beiden Klammern vor der Division nach unterschiedlichen Gesichtspunkten ordnet.

Beispiel:

2.151 $\left(x^3 + x^2y + 2xy^2 + y^3\right) : (x + y) = \ ?$

1. Lösung:

Ordnet man die Inhalte der beiden Klammern nach fallenden Potenzen von x, so erhält man

$$\begin{array}{l} (x^3 + x^2y + 2xy^2 + y^3) : (x + y) = x^2 + 2y^2 - \dfrac{y^3}{x + y} \\ \underline{-\,(x^3 + x^2y)} \\ \qquad\qquad 2xy^2 + y^3 \\ \qquad\quad \underline{-(2xy^2 + 2y^3)} \\ \qquad\qquad\qquad -\,y^3 \end{array}$$

2. Lösung:

Wenn man dagegen nach fallenden Potenzen von y ordnet, so ergibt sich

$$\begin{array}{l} (y^3 + 2xy^2 + x^2y + x^3) : (y + x) = y^2 + xy + \dfrac{x^3}{x + y} \\ \underline{-(y^3 + xy^2)} \\ \qquad\quad xy^2 + x^2y \\ \qquad \underline{-(xy^2 + x^2y)} \\ \qquad\qquad\qquad +x^3 \end{array}$$

Für diese beiden Ergebnisse mache man die Probe. So zeigt sich, dass *beide Resultate richtig* sind, obwohl sie äußerlich ganz unterschiedlich aussehen.

An das hier angeführte Beispiel möge man vor allem dann denken, wenn man die selbst ermittelten Ergebnisse von Übungsaufgaben mit den am Ende des Buches angegebenen Lösungen vergleicht. Es ist ohne Weiteres möglich, dass das eigene Ergebnis sich zunächst einmal äußerlich von dem im Lösungsteil des Buches stehenden Resultat unterscheidet. Dies trifft vor allem bei Aufgaben zu, bei denen es verschiedene Lösungswege gibt. Bevor man in solch einem Falle an seinen eigenen Fähigkeiten zu zweifeln beginnt, sollte man sich durch eine Proberechnung davon überzeugen, ob das selbst ermittelte Ergebnis nicht vielleicht *doch* richtig ist.

Ein solches kritisches Herangehen an die eigene Arbeit wird auch tiefere Einsichten in die Zusammenhänge der Mathematik mit sich bringen.

✍ A. 2.117–2.120 auf Seite 241

2.4.6 Ausklammern für Fortgeschrittene

Wie wir schon in Abschnitt 2.3.2.4 gesehen haben, kann man gemeinschaftliche Faktoren verschiedener Summanden vor eine Klammer ziehen. Die Restterme in der Klammer erhält man durch Division:

> Ausklammern bedeutet Teilen, wobei man jeden Summanden durch den ausgeklammerten Term dividieren muss.

Das Ausklammern kann nun mithilfe der Potenzgesetze einfacher und systematischer durchgeführt werden.

Beispiel:

2.152 Klammere die höchste Potenz von x aus, die im gesamten Bruch vorkommt.

a) $\dfrac{8x^4 - 5x^3 + 4x - 7}{2x^2 - 9} = ?$ Der größte Exponent von x ist vier.

$\Rightarrow$ Wir klammern im Zähler und im Nenner x^4 aus und teilen daher jeden Summanden durch x^4: $\dfrac{8x^4}{x^4} = 8 \quad \dfrac{-5x^3}{x^4} = -\dfrac{5}{x} \quad \dfrac{4x}{x^4} = \dfrac{4}{x^3} \quad \dfrac{-7}{x^4} = -\dfrac{7}{x^4} \quad \ldots$

$$\frac{8x^4 - 5x^3 + 4x - 7}{2x^2 - 9} = \frac{\cancel{x^4} \cdot \left(8 - \frac{5}{x} + \frac{4}{x^3} - \frac{7}{x^4}\right)}{\cancel{x^4} \cdot \left(\frac{2}{x^2} - \frac{9}{x^4}\right)} = \frac{8 - \frac{5}{x} + \frac{4}{x^3} - \frac{7}{x^4}}{\frac{2}{x^2} - \frac{9}{x^4}}$$

b) $\dfrac{33x^{4b+2} - 24x^{4b+1} + 45x^{4b}}{204x^{2\cdot(2b+1)} + 108x^{4b} + 60x^{3b+2}} = ?$ Der höchste Exponent ist $4b + 2$.

$\Rightarrow$ Wir rechnen u. a. $45x^{4b} : 3x^{4b+2} = 15x^{4b-(4b+2)} = 15x^{-2} = \dfrac{15}{x^2}$

$$\frac{33x^{4b+2} - 24x^{4b+1} + 45x^{4b}}{204x^{2\cdot(2b+1)} + 108x^{4b} + 60x^{3b+2}} = \frac{3x^{4b+2}\left(11 - \frac{8}{x} + \frac{15}{x^2}\right)}{12x^{4b+2}\left(17 + \frac{9}{x^2} + \frac{5}{x^b}\right)}$$

$$= \frac{11 - \frac{8}{x} + \frac{15}{x^2}}{4\left(17 + \frac{9}{x^2} + \frac{5}{x^b}\right)} = \frac{\frac{15}{x^2} - \frac{8}{x} + 11}{4\left(\frac{5}{x^b} + \frac{9}{x^2} + 17\right)}$$

Beispiel:

2.153 Schreibe in faktorisierter Form.

$$\frac{3(x+5)^2 - (3x-7)\cdot(2)(x+5)}{(x+5)^4} = \frac{3(x+5)^2 - 2\cdot(x+5)\cdot(3x-7)}{(x+5)^4}$$

☞ Hier klammern wir die Klammer aus!

$$= \frac{\cancel{(x+5)}\cdot[3\cdot(x+5) - 2\cdot(3x-7)]}{(x+5)^{\cancel{4}\,3}}$$

$$= \frac{3x + 15 - 6x + 14}{(x+5)^3}$$

$$= \frac{29 - 3x}{(x+5)^3} = -\frac{3x - 29}{(x+5)^3}$$

✍ A. 2.121–2.122 auf Seite 242

2.4.7 Anwendungen der Potenzen

2.4.7.1 Schreibweise rationaler Zahlen mithilfe von Zehnerpotenzen

Sehr kleine und sehr große Zahlen lassen sich mit der Potenzschreibweise als Zehnerpotenzen recht übersichtlich darstellen. So ist

$0{,}000\,01 = 10^{-5}$	Hunderttausendstel	$100\,000 = 10^{5}$	Hunderttausend
$0{,}000\,1 = 10^{-4}$	Zehntausendstel	$10\,000 = 10^{4}$	Zehntausend
$0{,}001 = 10^{-3}$	Tausendstel	$1\,000 = 10^{3}$	Tausend
$0{,}01 = 10^{-2}$	Hundertstel	$100 = 10^{2}$	Hundert
$0{,}1 = 10^{-1}$	Zehntel	$10 = 10^{1}$	Zehn

sowie $1 = 10^0$ Eins

Allgemein gilt:

> Ist n eine positive ganze Zahl, so ist 10^n diejenige Zahl, die aus einer Eins und n nachfolgenden Nullen besteht.
> Dagegen ist 10^{-n} derjenige echte Dezimalbruch, bei dem an der n-ten Stelle nach dem Komma als erste von null verschiedene Ziffer eine Eins folgt.

Auch alle anderen Zahlen lassen sich mithilfe von Zehnerpotenzen darstellen.

So ist beispielsweise

$$300\,000 = 3 \cdot 100\,000 = 3 \cdot 10^5$$
$$\text{und } 0{,}000\,125 = 125 \cdot 10^{-6} = 1{,}25 \cdot 10^{-4}$$

Man richtet es bei dieser Darstellungsweise meist so ein, dass der auftretende Faktor vor der Zehnerpotenz eine Zahl zwischen 1 und 10 ist.

Beispiel:

2.154 a) Die Lichtgeschwindigkeit beträgt $c \approx 3 \cdot 10^{10}$ cm/s.
Ausführlich geschrieben würde diese Zahl 30 000 000 000 cm/s lauten.
Das sind 300 000 km/s.

b) Die AVOGADRO'sche Zahl gibt an, dass in einem Mol eines Stoffes etwa $6{,}02 \cdot 10^{23}$ Moleküle enthalten sind.
Das sind 602 000 000 000 000 000 000 000 Moleküle.

c) Der Elastizitätsmodul des Eisens beträgt $21{,}1 \cdot 10^{10}$ N/m².
Ausgeschrieben sieht die Zahl wie folgt aus: 211 000 000 000 N/m².

d) Der Durchmesser eines Atomkernes beträgt rund 10^{-12} cm,
das sind 0,000 000 000 001 cm.

e) Die Masse eines Protons beträgt $m \approx 1{,}673 \cdot 10^{-24}$ g. Ausgeschrieben lautet die Zahl 0,000 000 000 000 000 000 000 001 673 g.

Speziell zur Eingabe von Zehnerpotenzen ist die Taste [EXP], [EE] oder [×10ˣ] gedacht. Damit kann man bequem sehr große und sehr kleine Zahlen eingeben.

Beispiel:

2.155 a)

Zahl	Eingabe	Ausgabe
$37\,000\,000 = 37 \cdot 10^6$	37 [EXP] 6 [=]	37 000 000
$0{,}000\,075 = 7{,}5 \cdot 10^{-5}$	7,5 [EXP] [±] 5 [=]	0,000 075

b) Dagegen führt die Eingabe von 74 [EXP] 58 [=] wegen Überschreitung der Anzeigekapazität zu der Ausgabe $7{,}4 \times 10^{59}$. Der Taschenrechner gibt den Vorfaktor der Zehnerpotenz als eine Zahl zwischen null und neun aus:

$$74 \cdot 10^{58} = 74 \cdot 10^{59-1} = 74 \cdot 10^{-1} \cdot 10^{59} = 7{,}4 \cdot 10^{59}$$

c) Analog liefert 1256 [EXP] [−] 35 [=] die Anzeige $1{,}256 \times 10^{-32}$, da

$$1\,256 \cdot 10^{-35} = 1\,256 \cdot 10^{-32-3} = 1\,256 \cdot 10^{-3} \cdot 10^{-32} = 1{,}256 \cdot 10^{-32}$$

2.4.7.2 Schreibweise von Maßeinheiten

Bei der Schreibweise von Maßeinheiten verwendet man oft Potenzen mit negativen Exponenten, weil damit Brüche vermieden werden können.

Beispiel:

2.156 Einheit der Geschwindigkeit: $m \cdot s^{-1}$ Einheit der Dichte: $g \cdot cm^{-3}$

Einheit der Beschleunigung: $m \cdot s^{-2}$ Einheit des Heizwerts: $J \cdot kg^{-1}$

Auch die Teile und die Vielfachen von Maßeinheiten werden in der Regel in Form von Zehnerpotenzen gebildet.

Beispiel:

2.157

1 mm $= 10^{-3}$ m

1 nm (gelesen: ein Nanometer) $= 10^{-9}$ m $= 10^{-6}$ mm

1 km $= 10^{3}$ m

1 pF (gelesen: ein Pikofarad) $= 10^{-12}$ F

1 µN (gelesen: ein Mikronewton) $= 10^{-6}$ N

Zur Bildung von dezimalen Vielfachen und dezimalen Teilen der Grundeinheiten verwendet man die folgenden Abkürzungen:

Bezeichnung	Abkürzung	Faktor	Bezeichnung	Abkürzung	Faktor
Deka	da	10^{1}	Dezi	d	10^{-1}
Hekto	h	10^{2}	Zenti	c	10^{-2}
Kilo	k	10^{3}	Milli	m	10^{-3}
Mega	M	10^{6}	Mikro	µ	10^{-6}
Giga	G	10^{9}	Nano	n	10^{-9}
Tera	T	10^{12}	Piko	p	10^{-12}
Peta	P	10^{15}	Femto	f	10^{-15}
Exa	E	10^{18}	Atto	a	10^{-18}

Beispiel:

2.158 a) $1\,\text{ml} = 10^{-3}\,\text{l} = \frac{1}{1\,000}$ Liter, $\quad 1\,\text{hl} = 10^2\,\text{l} = 100\,\text{l}$.

b) Nach Beispiel 2.154a ist die Lichtgeschwindigkeit $c = 3 \cdot 10^{10}$ cm/s.

Das sind $c = 3 \cdot 10^8$ m/s $= 3 \cdot 10^5$ km/s. Rechnet man diese Zahl in die für irdische Verhältnisse üblicheren km/h um, so wird $c = 1{,}08 \cdot 10^9$ km/h. Das Licht legt damit rund 1 Milliarde km pro Stunde zurück.

Besonders im naturwissenschaftlich-technischen Bereich wird gerne mit Tausender-Potenzen gearbeitet $(10^3, 10^6, 10^9, \ldots)$. Hier kann die Taste[1] [ENG] nützlich eingesetzt werden. Durch mehrfaches Betätigen dieser Taste wird die Schreibweise einer Zahl in Tausenderschritten verändert. Der Wert der Zahl ändert sich dabei nicht!

Ältere Modelle umgehen die hochgestellte Schreibweise durch Einfügen des Buchstaben E als Trennzeichen zwischen Vorfaktor und Zehnerpotenz:

$$7.8\text{E}{+}03 = 7{,}8 \cdot 10^3 = 7\,800 \quad \text{oder} \quad 1.5\text{E}{-}02 = 1{,}5 \cdot 10^{-2} = 0{,}015$$

Beispiel:

2.159 a)

Eingabe	**Ausgabe**
3,5 [=] [ENG]	$3{,}5 \times 10^{00}$

Weiteres Betätigen von [ENG] liefert andere Schreibweisen für den gleichen Wert:

Eingabe	**Ausgabe**
[ENG]	$3\,500 \times 10^{-03}$
[ENG]	$3\,500\,000 \times 10^{-06}$

b) Man kann diesen Vorgang auch in die andere Richtung ablaufen lassen, allerdings benötigt man dann zusätzlich die Taste zum Aufrufen einer Zweitfunktion.

Eingabe	**Ausgabe**
[Shift] [ENG]	$3\,500 \times 10^{-03}$
[Shift] [ENG]	$3{,}5 \times 10^{00}$
[Shift] [ENG]	$0{,}003\,5 \times 10^{03}$

Man mache sich unbedingt klar, dass sich der Wert der Zahl 3,5 bisher nicht verändert hat, sondern nur auf unterschiedliche Weise geschrieben wurde!

Interpretiert man die Zehnerpotenzen 10^{-3} als *Milli* und 10^{-6} als *Mikro*, so kann man mit [ENG] durch einen Tastendruck bequem umrechnen:

$$3{,}5\,\text{g} = 3\,500\,\text{mg} = 3\,500\,000\,\mu\text{g}\,.$$

Entsprechend sind

$$3{,}5\,\text{g} = 0{,}003\,5\,\text{kg}\,,$$

da 10^3 der Vorsilbe *Kilo* entspricht.

---

[1] engineer (engl.) = Ingenieur

2.4.8 Übersicht der Potenzgesetze

POT 1 $a^m \cdot a^n = a^{m+n}$ **POT 1*** $a^n \cdot b^n = (a \cdot b)^n$

POT 2 $a^m : a^n = a^{m-n} \quad a \neq 0$ **POT 2*** $\frac{a^n}{b^n} = \left(\frac{a}{b}\right)^n \quad b \neq 0$

POT 3 $(a^m)^n = a^{m \cdot n}$ $a^{-n} = \frac{1}{a^n} \quad a \neq 0$

Betrachtet man die Potenzgesetze, so stellt man fest, dass die *Multiplikation* zweier Potenzen in die *Addition* der Exponenten übergeführt wird, die *Division* in die *Subtraktion* der Exponenten sowie das *Potenzieren* in die *Multiplikation* der Exponenten. Das heißt:

> Die Gesetze für das Rechnen mit Potenzen gleicher Basen führen jede Rechenoperation auf die nächst niedrigere Rechenoperation mit den jeweiligen Exponenten zurück.

Das erklärt auch, warum es für die Addition und die Multiplikation von Potenzen keine Vereinfachungsmöglichkeiten geben kann.

Aufgaben:

2.4 Potenzrechnung

(Lösungen ab Seite 867)

2.83 Fasse zusammen:

a) $r+r+r+r$ b) $u \cdot u \cdot u \cdot u$ c) $5+k+k+k+k+k$

d) $8 \cdot v \cdot v \cdot v$ e) $t \cdot g \cdot g \cdot t \cdot g$ f) $2 \cdot q \cdot 4 \cdot u \cdot q \cdot q$

g) $(a-k) \cdot (a-k) \cdot (a-k)$ h) $5 \cdot a^2 \cdot a \cdot a^3$ i) $-3 \cdot (a-b) + (a+b)$

k) $3w \cdot u \cdot (t-u) \cdot w \cdot 4 \cdot w^2 \cdot (u+t)$ l) $3 \cdot x \cdot 4 \cdot d^2 \cdot x + x^2$

m) $7 \cdot (r+x) \cdot i \cdot (r+x) \cdot p \cdot i \cdot (x+r) \cdot p \cdot p$ n) $(-2)^2 \cdot x^2 \cdot x \cdot (-2) \cdot x^3$

2.84 Vergleiche:

a) 2^3 mit $2 \cdot 3$ b) 4^2 mit $4 \cdot 2$ c) 2^3 mit 3^2 d) $(-5)^2$ mit -5^2

e) 3^2 mit $\left(\frac{1}{3}\right)^2$ f) $(-1)^3$ mit -1^3 g) $0{,}1^3$ mit 10^3 h) 4^2 mit 2^4

2.85 Überprüfe, ob die Gleichungen richtig sind:

a) $(-3)^4 \stackrel{?}{=} +81$ b) $(-2)^7 \stackrel{?}{=} 128$ c) $(-5)^3 \stackrel{?}{=} -3^5$

d) $(-2)^4 \stackrel{?}{=} +4^2$ e) $3^7 \stackrel{?}{=} 7^3$ f) $(-12)^{11} \stackrel{?}{=} -12^{11}$

g) $(x-1)^{14} \stackrel{?}{=} (1-x)^{14}$ h) $(-4)^3 \stackrel{?}{=} (+3)^4$ i) $2^4 \stackrel{?}{=} 4^2$

k) $(-5)^9 \cdot (-9)^5 \stackrel{?}{=} 5^9 \cdot 9^5$

2.86 Berechne schriftlich und kontrolliere anschließend mit dem Taschenrechner:

a) $\left(\frac{1}{3}\right)^4$ b) $0{,}01^7$ c) $0{,}0004^2$ d) $6{,}3^2$ e) $26 + 3{,}7^2$

f) $3 + 2 \cdot 7^2$ g) $(3+2) \cdot 7^2$ h) $3 + (2 \cdot 7)^2$ i) $(3 + 2 \cdot 7)^2$ k) $(-a)^{2k-5}$

2.87 Überprüfe, ob die Gleichungen richtig sind:

a) $2^2 + 3^2 \stackrel{?}{=} 5^2$ b) $3^2 + 4^2 \stackrel{?}{=} 5^2$ c) $6^2 - 3^2 \stackrel{?}{=} 3^2$

d) $6^3 - 5^3 - 4^3 \stackrel{?}{=} 3^3$ e) $11^3 + 12^3 + 13^3 + 14^3 \stackrel{?}{=} 20^3$

2.88 Berechne schriftlich und kontrolliere anschließend mit dem Taschenrechner:

a) $5^2 + 7^2$ b) $(5 + 7)^2$ c) $14^2 - 3^2$

d) $(14 - 3)^2$ e) $(-9)^2 + (+6)^2$ f) $(-9 + 6)^2$

g) $5^3 - 3^3 - 2^3$ h) $(5 - 3 - 2)^3$ i) $(-2)^3 + (-5)^3 + (-7)^3$

k) $[(-2) + (-5) + (-7)]^3$ l) 5^{2+4} m) $5^{13-2(4+1)}$

n) $(-4)^{2+1} - 3^{2^3}$ o) 2^{3^2-4} p) $2^{\frac{5 \cdot 2 + 11}{16 : 2 - 1}}$

2.89 Bestimme die Potenzwerte mit dem Taschenrechner:

Welche Gesetzmäßigkeiten lassen sich dabei feststellen?

a) 617^2 b) $6{,}17^2$ c) $6\,170^2$ d) $0{,}617^2$ e) $0{,}006\,17^2$

f) 372^3 g) $3{,}72^3$ h) 3720^3 i) $0{,}372^3$ k) $0{,}0372^3$

2.90 Berechne mit dem Taschenrechner oder PC:

a) $0{,}000\,502^2$ b) $4{,}93^2$ c) $25\,400^2$ d) $0{,}000\,067^2$ e) $0{,}009\,71^2$

f) $4\,370^3$ g) $0{,}0092^3$ h) $0{,}000\,117^3$ i) $62\,700^3$ k) $0{,}259^3$

2.91 Führe zunächst eine Überschlagsrechnung durch und berechne *danach* den Potenzwert mit dem Taschenrechner. Wie gut war die Schätzung?

Anmerkung: Das Symbol π steht für die Kreiszahl „pi“. Ihr Wert beträgt ungefähr 3,14, wobei im Taschenrechner ein Wert mit mehr Nachkommastellen hinterlegt ist. Eine genaue Darstellung ist nicht möglich, da π unendlich viele Nachkommastellen besitzt. Weitere Details besprechen wir im Abschnitt 5.11.5.

a) $2{,}6^2$ b) $19{,}7^2$ c) $0{,}628^2$ d) 323^2 e) $0{,}014\,65^2$

f) $8{,}06^2$ g) $0{,}413^2$ h) $21{,}5^2$ i) π^2 k) $10{,}05^2$

l) $3{,}6^3$ m) $0{,}704^3$ n) $12{,}725^3$ o) π^3 p) $0{,}094\,4^3$

q) $2{,}04^3$ r) $0{,}312^3$ s) $0{,}060\,4^3$ t) $100{,}6^3$ u) $0{,}008\,12^3$

2.4.2.1 Addition und Subtraktion von Potenzen

(Lösungen ab Seite 868)

2.92 Fasse zusammen:

a) $7a^3 - 2a^3 + 4a^3 + 11a^3 - 15a^3$ b) $4u^7 - 11u^7 - 14u^7 + 6u^7$

c) $21x^2 - 16y^2 - 37x^2 + 9y^2$ d) $\frac{2}{3}uv^2 - \frac{8}{11}u^2v + \frac{5}{6}uv^2 + \frac{1}{2}u^2v$

e) $7\frac{1}{2}ay^3 + 6\frac{2}{3}ay^3 - 5\frac{1}{6}ay^3 + 2\frac{5}{12}ay^3 - 4\frac{1}{3}by$

f) $2ax^8 - 3b^2x^8 + 7c^3x^8 - 5d^4x^8$

g) $3{,}6(a-p)^2 + 5{,}5(a-p)^2 - (p-a)^2 : 10$

h) $\frac{1}{2}a^5b - \frac{5}{7}a^4b^3 + \frac{3}{8}a^3b^3 - 2a^2b^4 + \frac{1}{6}ab^5 - 14b^6 + 2a$

i) $14\frac{5}{9}u^3v^2 - 27\frac{4}{5}u^2v^3 - 9\frac{2}{3}u^3v^2 + 17{,}2u^2v^3$

k) $211a^3 - 89b^3 + 75c^3 - 62d^3$ l) $14x^7 - 5x^4 + x^6 + 12x^5 - 9x^6$

2.4.2.2 Multiplikation von Potenzen

(Lösungen ab Seite 868)

2.93 Berechne:

a) $2^3 \cdot 2^4$ b) $7^2 \cdot 7^3$ c) $4^2 \cdot 4^4$ d) $10^5 \cdot 10^2$ e) $5^3 \cdot 5 \cdot 5^2$

f) $x^3 \cdot x^6$ g) $m^4 \cdot m^5$ h) $r^7 \cdot r^2 \cdot r^4$ i) $b^u \cdot b^2$ k) $z^4 \cdot z^m$

l) $x^n \cdot x \cdot x^3$ m) $a^n \cdot a$ n) $u^{2n} \cdot u^3$ o) $b^n \cdot b^{2n} \cdot b^2$ p) $p^m \cdot p^{m-1}$

q) $y^{n-3} \cdot y^{n+4}$ r) $z^{5-n} \cdot z^{n-4}$ s) $m^9 \cdot m^7$ t) $m^{9n} \cdot m^7$ u) $t^n \cdot t^7 \cdot t^{2-n}$

2.94 Berechne:

a) $4x^2y^3 \cdot \frac{1}{2}x^3y^2 \cdot 0{,}5x^3y^3$ b) $\frac{5}{9}a^3b^2x \cdot \frac{6}{7}a^2by^3 \cdot \frac{4}{5}a^nb^2x^m \cdot y^n$

c) $x^{3n-2} \cdot 2x^{m-4n+7} \cdot 5x^{2n+m}$ d) $\frac{5}{6}m^xn^2t^5 \cdot \frac{7}{8}mn^yt^3 \cdot \frac{6}{7}m^3nt^z$

e) $ab^{m-2n} \cdot a^2b^{3-m} \cdot 4a^3b^{2-3n+5m}$ f) $3x^2(y-z)^3 \cdot 5^2x^7(y-z)^4 \cdot 2^3x^3(z-y)^6$

g) $(-a)^7 \cdot (-a)^{2n} \cdot (-a)^{4-n}$ h) $\frac{2}{3}(-x)^6 \cdot \frac{5}{8}(-x)^{10} \cdot \frac{3}{4}x^9 \cdot \frac{4}{5}x^{13}$

i) $\frac{5}{18}u^2 \cdot \left(-\frac{3g}{4} \cdot 3u^2\right) \cdot 12u^2g^3$ k) $(7a^4 - 3a^3 + 5a^2)(3a^3 - 2a^2 + 1)$

l) $(5x^{n-1} - 3x^{2n+1}y^{n+2} + 4x^{3n-2}y^{2n-1})(3x^{n+1} - x^{n-3}y^{2n+3})$

2.95 Schreibe die Potenzen als Produkte:

a) a^{m+n} b) b^{2x+1} c) c^{a+b} d) $x^{a+2b+3c}$ e) a^{28}

f) 3^5 g) 12^4 h) $(a-b)^{1+n}$ i) $3x^{m+2}$ k) $(-a)^{2n+1}$

2.4.2.3 Division von Potenzen

(Lösungen ab Seite 868)

2.96 Berechne die Potenzen:

a) $\frac{5^{18}}{5^{15}}$ b) $\frac{2^4 \cdot 2^3}{2^5 \cdot 2}$ c) $\frac{5 \cdot 10^6}{10^4}$ d) $\frac{u^{23}}{u^7}$

e) $\frac{r^4 \cdot k^9}{k\,r^2}$ f) $\frac{5^3\,z^4}{5\,z^7}$ g) $\frac{8a^3x^2}{18a^2x^3}$ h) $\frac{210bx^2y^5}{7y^2bx}$

i) $\frac{24r^5s^7t}{54t^4r^6s}$ k) $\frac{1540u^7v^5w^6}{858u^3v^8w^4}$ l) $\frac{357l^3(m^2-n^2)n^2}{273m^2(m+n)l^4}$ m) $\frac{42a^3b^2}{63bc^2}$

n) $\frac{15x^3yz^2}{9xy^2z}$ o) $\frac{7rs^2t^3}{196r^2s^3t^4}$ p) $\frac{57(a+b)^2(d-c)^2}{119(c-d)^3(b+a)}$ q) $\frac{165xy^3z^2}{12y^2z}$

2.4.2.4 Potenzieren einer Potenz (Lösungen ab Seite 869)

2.97 Berechne die Potenzen:

a) $(2^3)^2$ b) $2^{(3^2)}$ c) $(-b^5)^4$ d) $(x^3)^n$ e) $(-y^4)^3$

f) $(b^{2m})^6$ g) $(b^6)^{2m}$ h) $(x^{m+1})^2$ i) $\left[(-y)^{2n-1}\right]^{2n+1}$ k) $(z^{c+2b})^{2a-b}$

2.4.2.5 Klammergesetze (Lösungen ab Seite 869)

2.98 Desgleichen:

a) $(a^2b^3)^4$ b) $(x^4y)^7$ c) $(u^xv^3)^3$ d) $(2m^2n^3)^5$

e) $(-3x^2y^nz^{m-1})^3$ f) $\left(\dfrac{-3a^3}{5b^5}\right)^4$ g) $\left(\dfrac{m^5n^2}{x^7y^6}\right)^8$ h) $\dfrac{(u^3v^5)^4}{(uv)^{12}}$

i) $\dfrac{(-6a^3b^4)^3}{(-4a^4b^2)^5}$ k) $\dfrac{(xy)^{22}}{(x^7)^3\cdot(y^5)^4}$

2.99 Vereinfache:

a) $\dfrac{(6abx)^3\cdot(10aby)^4}{(4ab)^4\cdot(3ax)^3\cdot(25by)^2}$ b) $\dfrac{(3ab)^2\cdot(4ac)^3\cdot(5bc)^4}{(25abc)^2\cdot(6abc)^3}$

c) $\left(\dfrac{u^3v^5}{x^4y^6}\right)^9\cdot\left(\dfrac{u^2v^3}{x^3y^5}\right)^9:\left(\dfrac{x^4y^7}{u^6y^{10}}\right)^9$ d) $\left(\dfrac{a-x}{x-y}\right)^3\cdot\left(\dfrac{x^2-y^2}{b^2-x^2}\right)^2:\left(\dfrac{x-a}{x-b}\right)^3$

e) $\left(\dfrac{(m+n)^{3x-4}}{m^{x-1}n}:\dfrac{n^{2x-5}}{m^{4x-3}(m+n)^{3-2x}}\right)\cdot\dfrac{m^{4-3x}n^{3x-6}}{(m+n)^{x-2}}$

f) $\left(\dfrac{3b^3y}{2ax^2}\right)^3\cdot\left(\dfrac{5x^2y^2}{3a^2b^2}\right)^3:\left(\dfrac{5b^2y^6}{4a^4}\right)^2$ g) $\dfrac{1-r^2}{r^8}+\dfrac{1+r}{r^6}-\dfrac{2r^3}{r^5}$

h) $\dfrac{3^4\cdot a^{7-x}\cdot b^{3n}\cdot 24^5}{5^3\cdot a^{2-3x}\cdot 2^{10}\cdot b^{2n+1}\cdot 6^5}$ i) $\dfrac{18}{(a-3)^9}+\dfrac{2a}{(a-3)^8}-\dfrac{1}{(a-3)^7}$

k) $\dfrac{a}{x^{n+1}}+\dfrac{b}{x^{n-1}}+\dfrac{c}{x^2}-\dfrac{d}{x^{n-4}}+\dfrac{e}{x}-f$

2.100 Vereinfache:

a) $\dfrac{3-a}{a^{m-4}}+\dfrac{a^6-a^5+2a^3-1}{a^{m+1}}-\dfrac{2a^2+1}{a^{m-2}}$

b) $\left(\dfrac{x^7y^3}{z^5}\right)^4:\left(\dfrac{x^4y^2}{z^3}\right)^7$ c) $\dfrac{(135ux^3)^4}{(27x^4y^3)^3}:\dfrac{(70v^3y^8)^5}{(28u^5v^2)^3}$ d) $\dfrac{1}{x^3}-\dfrac{x^2-1}{x^5}$

e) $\dfrac{(21r^4s^3t)^3}{(6r^4s^5t)^3}:\dfrac{(7r^3s^2t^2)^5}{(14r^5s^6t^4)^2}$ f) $\dfrac{x^4}{(1-x)^4}+\dfrac{2x^5-x^4}{(1-x)^5}+\dfrac{x^6-x^5+x^4}{(1-x)^6}$

g) $\left[\left(\frac{6a^2x^3}{5y^4}\right)^4 : \left(\frac{4x^2}{15ay^3}\right)^5\right] : \left(\frac{27a^6x}{8y}\right)^2$ h) $\frac{v^x \cdot (uv)^{x+y} \cdot w^2}{(uw)^{x+z} \cdot [(uv)^x]^2}$

i) $\left(\frac{a^2 \cdot b^{n+1}}{27c^{1-2n}}\right)^3 : \left(\frac{a^3 \cdot b^{2-n}}{45c^{3-2n}}\right)^2$ k) $-\left(\frac{6u^2v^5}{25x^4y^9}\right)^5 : \frac{\left(-\frac{27x^4y}{50u^2v^{11}}\right)^3}{\left(\frac{15v^9x^8y}{4u^4}\right)^4}$

2.101 Berechne durch geschickte Anwendung der Potenzgesetze und prüfe mit dem TR:

a) $16^3 \cdot 25^3$ b) $\left(3\frac{1}{3}\right)^5 \left(\frac{3}{5}\right)^5$ c) $0{,}92^4 : 0{,}23^4$

d) $0{,}375^4 \cdot \left(\frac{8}{3}\right)^4$ e) $\left(16\frac{1}{5}\right)^3 \cdot \left(2\frac{2}{9}\right)^3 : 6^3$ f) $\left[\left(3\frac{3}{7}\right)^4 : \left(\frac{16}{5}\right)^4\right] \cdot \left(4\frac{2}{3}\right)^4$

g) $\frac{15^3 \cdot 28^3 \cdot 35^3}{147^3}$ h) $(-3)^4 \cdot (-3^4)$ i) $\left(\frac{3}{4}\right)^7 \cdot \left(\frac{4}{5}\right)^7 \cdot \left(\frac{5}{3}\right)^8$

k) $177^4 : 59^4$

2.4.3 Erste Erweiterung des Potenzbegriffs (Lösungen ab Seite 869)

2.102 Beseitige die negativen Exponenten:

a) 2^{-3} b) 3^{-2} c) $0{,}2^{-4}$ d) $2 \cdot 5^{-2}$ e) $5 \cdot 2^{-5}$

f) $(-4)^{-3}$ g) -4^{-3} h) $(-4)^{-4}$ i) -4^{-4} k) $0{,}1^{-1}$

2.103 Desgleichen:

a) $\left(\frac{1}{4}\right)^{-3}$ b) $\left(-\frac{1}{3}\right)^{-4}$ c) $\left(\frac{5}{8}\right)^{-1}$ d) $\left(\frac{8}{5}\right)^{-1}$ e) $\left(-2\frac{1}{3}\right)^{-3}$

f) $\left(7\frac{5}{6}\right)^{-2}$ g) $\left(247\frac{17}{34}\right)^{-0}$ h) $\left(\frac{4}{7}\right)^{-3}$ i) $\frac{4^{-3}}{7}$ k) $\left(\frac{a}{x}\right)^{-m}$

2.104 Forme in Potenzen mit negativen Exponenten um und beseitige so die Brüche:

a) $\frac{1}{3}$ b) $\frac{1}{a^3}$ c) $\frac{5}{7}$ d) $\frac{c}{ab}$ e) $\frac{1}{a-b}$

f) $\frac{x+y}{x-y}$ g) $\frac{3}{x^2} - \frac{2}{x} + 1$ h) $\frac{u^3}{v^5}$ i) $\frac{\frac{1}{n}}{a^{-2}}$ k) $\frac{\frac{m}{n}}{\frac{x^2-1}{y^3+2}}$

2.105 Schreibe so, dass nur negative Exponenten auftreten:

a) $\frac{1}{5}$ b) 5 c) m^4 d) $\frac{a^3}{b^2}$ e) $\frac{3}{x^2}$

f) $\frac{m}{n^x}$ g) $\left(\frac{m}{n}\right)^x$ h) $\frac{m^x}{n}$ i) $\frac{1}{mn^x}$ k) $\frac{1}{(mn)^x}$

2.106 Schreibe als Bruch:

a) x^{m-1} b) $3a^{2m-5}$ c) b^{2-m} d) $a^{n-2}b^{-2n}$

e) $a^{-x} \cdot (bc)^{3-x} \cdot d^{x-2}$ f) $(a-b)^{m-n}$

g) $x^{-3m} + x^{-2m} + x^{-m+1}$ h) $2a^{-4n} + 5a^{2-m} - 3a^{m-n}$

i) $(2a)^{-4n} + (5a)^{-1+m} - (3a)^{n-m}$ k) $x^{-2} + y^{-2}$

2.107 Fasse derart zusammen, so dass keine negativen Exponenten mehr auftreten:

a) $3a^{-3} \cdot 5a^7 \cdot 2a^{-2}$

b) $\frac{5}{8}a^2b^{-3}c \cdot \frac{9}{25}a^{-3}b^{-1}c^6 \cdot \frac{20}{21}a^4b^2c^{-7}$

c) $35x^6y^{-4}z^2 : 14x^{-3}y^{-3}z^4$

d) $\dfrac{\frac{2}{5}m^{x-1}n^{x+2}t^4}{\frac{4}{15}m^{1-x}n^{2x+5}t^4}$

e) $\dfrac{3a^{-2}b^{-4}}{4x^{-2}y^{-5}} \cdot \dfrac{6a^3x^{-1}}{5b^{-3}y^2}$

f) $\dfrac{12m^3n^{-2}}{25a^{-7}b^2} \cdot \dfrac{15m^{-4}b^2}{16a^5n}$

g) $\dfrac{a^{-4}b^5c^{-2}}{x^{-1}y^{-2}z^{-3}} : \dfrac{x^2y^3z^4}{a^4b^{-4}c^4}$

h) $\dfrac{m^{2x-1}n^{3-x}}{s^{m+1}t^{3m}} : \dfrac{m^{3-x}n^{-x+3}}{s^{1-2m}t^2}$

i) $\left(\dfrac{x^{-4}y^{-5}}{a^{-1}b^3}\right)^2 \cdot \left(\dfrac{b^{-2}y^{-3}}{x^{-1}a^2}\right)^{-3}$

k) $\left(\dfrac{v^{-4}x^{+2}}{u^{-6}y^{-4}}\right)^4 : \left(\dfrac{x^{-1}y^{-2}}{u^4v^{-3}}\right)^{-6}$

2.108 Desgleichen:

a) $\left(x^{-2}\right)^3$ b) $\left(2x^2\right)^{-3}$ c) $\left(-5x^{-3}\right)^{-2}$ d) $\left[\left(23x^{-3}\right)^8\right]^0$

e) $\left[a \cdot \left(b^{-2}\right)^3\right]^{-4}$ f) $\left(-2^{-3}\right)^4$ g) $\left(-2^{-3}\right)^{-4}$ h) $\left(-2^{-4}\right)^{-3}$

i) $\left[\left(\dfrac{1}{r^{-2}}\right)^{-3}\right]^{-2}$ k) $\left[\left(\dfrac{x^{-3}y^{-2}}{z^{-4}}\right)^5\right]^{-3}$

2.109 Berechne:

a) $\left(6x^{-5}y^{-2} - 2x^{-4}y^{-3} + 7x^{-3}y^{-4}\right) \cdot 5x^{-1}y^{-3}$

b) $\left(\dfrac{2}{3}a^{n-2}b^{3-n} - \dfrac{5}{6}a^{2n}b^{-2n} + \dfrac{4}{9}a^{1-n}b^{n+3}\right) \cdot \dfrac{9}{20}a^{-n}b^{2n}$

c) $\left(3x^{-3} + 2x^{-4} - x^{-5}\right) : x^{-6}$

d) $\left(8m^{-7}n^2 - 15m^{-6}n + 7m^{-5} - 2m^{-4}n^{-1}\right) : 12m^{-4}n^{-3}$

e) $\left(5y^{2n-1} - 3y^{-n+2} + 6y^{-4n-5}\right) : 15y^{-n+1}$

2.4.4 Potenzen von Binomen

(Lösungen ab Seite 870)

2.110 Entwickle die folgenden Binome:

a) $(v+5)^3$ b) $(b-8)^3$ c) $(x-k)^4$ d) $(r+w)^4$

e) $(x+y)^7$ f) $(2a-1)^3$ g) $(3u-7)^3$ h) $(2x+3y)^3$

i) $(3x-2y)^5$ k) $\left(2a - \dfrac{1}{2}\right)^4$ l) $(-4u-5v)^3$ m) $(-4m-8ak)^5$

n) $\left(-2 + \dfrac{1}{2}y\right)^3$ o) $\left(9a^2+6ab+4b^2\right)(3a-2b)$ p) $\left(1 - \dfrac{1}{2}b\right)^6$

2.111 Berechne:

a) $(a+b)^2$ b) a^2+b^2 c) $(a-b)^2$ d) a^2-b^2

e) $(a+b)^3$ f) a^3+b^3 g) $(a-b)^3$ h) a^3-b^3

für folgende Zahlenwerte

α) $a=5;\ b=3$ β) $a=2;\ b=7$ γ) $a=8;\ b=-6$

δ) $a=-4;\ b=9$ ε) $a=10;\ b=10$ ξ) $a=10{,}1;\ b=9{,}9$

2.112 Vereinfache:

a) $\dfrac{(9a+3b)^2}{9b^2-81a^2}$ b) $\dfrac{(qx-pqy)^5}{(x-py)^3}$ c) $\dfrac{(6u+3v)^2(12u-6v)^3}{(24u^2-6v^2)^2}$

d) $\dfrac{(ax+ay)^n}{(abx-aby)^{n-1}}$ e) $\dfrac{(au+av)^m\cdot(bu-bv)^n}{(cu^2-cv^2)^{m+n}}$ f) $\dfrac{(2a+4b)^2\cdot(a-b)^2}{(2br-2ra)^2\cdot r^{-3}}$

2.113 Vereinfache:

a) $(a-x)^3+(x-a)^3$ b) $(a-x)^3-(x-a)^3$

c) $(a-x)^3\cdot(x-a)^3\cdot(a-x)^6$ d) $(a+x)^5\cdot(x+a)^5$

e) $\dfrac{u-v}{(s-r)^2}:\dfrac{u^2-v^2}{r-s}$ f) $2(x-y)^{n-3}\cdot\dfrac{1}{3}a\cdot(x-y)^{n+1}\cdot1\dfrac{1}{2}(y-x)^2$

g) $1\dfrac{2}{3}(p-q)^x\cdot4\dfrac{1}{2}(q-p)^2\cdot4\dfrac{4}{5}(p-q)^{x-2}$

h) $5(a-b)^{2k-2}\cdot1\dfrac{4}{5}(b-a)^{7-2k}\cdot\dfrac{2}{3}(b-a)^{2k-5}$

i) $(15a-27b)^6+(27b-15a)^6$

k) $(200x-600y)^5+(600y-200x)^5$

2.4.5 Polynomdivision

(Lösungen ab Seite 871)

2.114 Berechne:

a) $(21x-14y):7$ b) $(10a-2ab+16ac):2a$

c) $(12uvw-2uvz+6uvwz):9uv$ d) $(15kmq+6lnpq-kn):3knq$

e) $\left(-64x^6y+18x^5y^2-36x^4y^3+10x^3y^4-2x^2y^5\right):\left(-\dfrac{2}{3}x^2y\right)$

f) $\left(20a^2+15ab-35ac\right):5a$ g) $\left(\dfrac{5}{6}xyv-\dfrac{5}{3}y^2v+\dfrac{5}{2}yzv-\dfrac{10}{3}yuv\right):\dfrac{5}{6}yv$

h) $\left(\dfrac{14}{45}rstux-\dfrac{7}{30}rt^2ux-\dfrac{14}{15}rtu^2x+\dfrac{7}{45}st^2ux+\dfrac{2}{15}stu^2x-\dfrac{7}{60}t^2u^2x\right):\dfrac{14}{15}tux$

i) $\left(6{,}24l^2mn-8{,}84l^2n^2+11{,}44lmn^2\right):2{,}6ln$

k) $\left(0{,}704x^3y^2z^2-1{,}056x^2y^3z^2+1{,}408x^2y^2z^3\right):3{,}2xyz$

2.115 Berechne:

a) $\left(x^3+3x^2-13x-15\right):(x+5)$

b) $\left(x^3-19x^2+39x+315\right):(x+3)$

c) $\left(3{,}1x^2-77{,}5\right):(x-5)$

d) $\left(x^3 - 84x + 160\right) : (x - 2)$

e) $\left(x^3 - 4x^2 - 95x + 198\right) : (x - 2)$

f) $\left(x^3 + 14x^2 - 36x - 504\right) : (x - 6)$

g) $\left(20x^3 + 32x^2 - 363x - 837\right) : (x + 3)$

h) $\left(x^3 - 8x^2 - 64x + 512\right) : (x + 8)$

i) $\left(8x^3 - 3{,}2x^2 - 6x + 3{,}024\right) : (x + 0{,}9)$

k) $\left(x^3 - 2x^2 - 0{,}27x + 0{,}126\right) : (x - 2{,}1)$

l) $\left(2x^3 - 101{,}58x + 269{,}78\right) : (x - 3{,}5)$

m) $\left(7x^3 - 39x^2 + 100\right) : (x - 5)$

2.116 Führe eine Polynomdivision durch und klammere, wenn möglich, im Ergebnis aus:

a) $\left(4x^2 + 18x - 90\right) : (x - 3)$

b) $\left(-7x^2 - 189x - 1\,064\right) : (x + 8)$

c) $\left(4{,}2x^2 - 15{,}12x - 485{,}394\right) : (x - 12{,}7)$

d) $\left(x^3 - 67x + 126\right) : (x - 2)$

e) $\left(-15{,}75x^2 + 1\,708{,}0245x - 78{,}5358\right) : (x - 108{,}4)$

f) $\left(450x^2 - 150x - 3\,600\right) : (3x + 8)$

g) $\left(x^3 + 9{,}5x^2 - 112{,}5\right) : (x - 3)$

h) $\left(-210x^2 + 236{,}5x + 152\right) : (-6x + 9{,}5)$

i) $\left(5x^3 - 66{,}65x - 6{,}66\right) : (x - 3{,}7)$

k) $\left(28x^3 + 42x^2 - 406x - 840\right) : (x - 4)$

l) $\left(x^3 + 73x^2 - 5\,184\right) : (x - 8)$

m) $\left(-22x^3 - 148{,}5x^2 + 472{,}89x + 3\,341{,}888\right) : (22x + 111{,}1)$

n) $\left(12{,}3x^4 - 61{,}91x^3 - 996{,}054x^2 + 1\,503{,}716x + 6\,299{,}568\right) : \left(x^2 - 3{,}8x - 79{,}2\right)$

o) $\left(36{,}6x^4 - 64{,}05x^3 - 2\,456{,}958x^2 + 7\,573{,}6197x\right) : (2x - 6{,}7)$

p) $\left(-3{,}093x^6 - 27{,}0122x^4 + 0{,}27837x^2 + 191{,}640218\right) : \left(3x^2 - 7{,}1\right)$

q) $\left(1\,200x^6 - 432x^4 + 820x^2 - 295{,}2\right) : (x - 0{,}6)$

r) $\left(x^4 - 17x^3 + 67x^2 + 129x - 756\right) : (x + 3) : (x - 7)$

s) $\left(2x^6 - x^5 - 2x^4 + 3x^3 - x^2 - 2x + 1\right) : (x + 1) : (x - 0{,}5)$

2.117 Vereinfache:

a) $(2{,}7x - 2{,}7y) : (x - y)$

b) $(28m + 21n) : (4m + 3n)$

c) $\left(38u^2 - 57uv\right) : (2u - 3v)$

d) $\left(27a^4b + 36a^2b^4\right) : \left(\frac{1}{2}a^2 + \frac{2}{3}b^3\right)$

e) $\left(a^2 + 2ab + b^2\right) : (a + b)$

f) $\left(9x^2 + 6x + 1\right) : (3x + 1)$

g) $\left(u^2 - 10u + 25\right) : (u - 5)$

h) $\left(x^2 - y^2\right) : (x - y)$

i) $\left(196m^2 - 169\right) : (14m - 13)$

k) $\left(x^3 + y^3\right) : (x + y)$

2.118 Desgleichen. Beachte, dass bei diesen Aufgaben auch ein Rest auftreten kann!

a) $\left(3x^2+5xy+2y^2\right):(x+y)$ b) $\left(21a^3-34a^2b+25b^3\right):(7a+5b)$

c) $\left(9x^3-7xy^2+3y^3\right):(3x-2y)$ d) $\left(23s+24s^3+58s^2-15\right):(5+4s)$

e) $\left(10a^2b^3-4ab^4-7a^3b^2+2a^5-4a^4b+b^5\right):\left(a^2+b^2-2ab\right)$

f) $\left(a^2-\frac{1}{2}ab-\frac{1}{9}b^2\right):\left(2a+\frac{1}{3}b\right)$

g) $\left(375a^3+1\,536b^3\right):\left(25a^2-40ab+64b^2\right)$

h) $\left(41u^5-10u^4v+51u^3v^2-21u^2v^3+20uv^4\right):\left(u^2-uv+v^2\right)$

i) $\left(144x^4-81y^2\right):\left(36x^2+27y\right)$

k) $\left(104p^5q^4-59p^3q^6+60p^7q^2-99p^6q^3+18p^4q^5+18p^2q^7\right):\left(5p^3+9pq^2-7p^2q\right)$

2.119 Vereinfache:

a) $\left(12x^3-17x^2+2x+3\right):(3x+1)$ b) $\left(a^3-b^3\right):(a-b)$

c) $\left(4u^2-16w^2+9v^2-12uv\right):(2u+4w-3v)$ d) $\left(x^3+y^3\right):(x+y)$

e) $\left(33a^2-7b^2-15x^2+22bx-74ab+82ax\right):(3a-7b+8x)$

f) $\left(0{,}64a^8+0{,}42a^2-0{,}49-0{,}09a^4\right):\left(0{,}8a^4-0{,}7+0{,}3a^2\right)$

g) $\left(24l^2+17mn-6m^2+37ln-5n^2-7lm\right):(3l-2m+5n)$

h) $\left(\frac{4}{9}x^4+\frac{9}{25}x^2-\frac{25}{36}-\frac{4}{5}x^3\right):\left(\frac{2}{3}x^2-\frac{3}{5}x-\frac{5}{6}\right)$ i) $\left(y^5+1\right):(y+1)$

k) $\dfrac{2a^3-7a^2b+10a^2c+ab^2-23abc+19ac^2+10b^3-3b^2c-32bc^2+21c^3}{a-2b+3c}$

2.120 Desgleichen:

a) $\left(9a^4-58a^2b^2+49b^4\right):\left(3a^2-4ab-7b^2\right)$ b) $\left(y^{3n}+z^{3n}\right):\left(y^n+z^n\right)$

c) $\left(a^{n+4}-a^n\right):\left(a^3+a\right)$ d) $\left(x^9-3x^6y^3+3x^3y^6-y^9\right):\left(x^4-x^3y-xy^3+y^4\right)$

e) $\left(p^{q+2}-p^{q+1}+p^q-p^{q-1}+p^{q-2}\right)\cdot\left(p^{8-q}+p^{7-q}\right)$

2.4.6 Ausklammern für Fortgeschrittene

(Lösungen ab Seite 872)

2.121 Klammere die höchste Potenz des gesamten Bruches aus. Dies wird in der höheren Mathematik benötigt:

a) $\dfrac{3x^2-7x+12}{5x-8x^2}$ b) $\dfrac{19x^3+11x-22}{5x^3-4x^2+9x}$ c) $\dfrac{3x^2}{4x^2-7}$

d) $\dfrac{2(x+2)^2-7(x+2)+1}{4(x+2)^3+11(x+2)-3}$ e) $\dfrac{2x^4+x^3-96x^2+11x-15}{4x^2+x-12}$

2.122 Vereinfache:

a) $\dfrac{5\cdot(8x+3)-(5x-7)\cdot 8}{(8x+3)^2}$ b) $\dfrac{-3x^2\left(1+x^3\right)-\left(1-x^3\right)\cdot 3x^2}{\left(1+x^3\right)^2}$

c) $\dfrac{\left(20x^3+6x^2\right)\cdot\left(8x^3-x^2\right)-\left(5x^4+2x^3\right)\cdot\left(24x^2-2x\right)}{\left(8x^3-x^2\right)^2}$

d) $\dfrac{6x^2\left(x^3-x^2\right)-2x^3\left(3x^2-2x\right)}{\left(x^3-x^2\right)^3}$ e) $\dfrac{4x\left(x^2-2\right)\cdot 3-\left(6x^2-3\right)\cdot 2x}{\left(x^2-2\right)^2}$

f) $\dfrac{\left(20x^3-150x\right)\cdot\left(14x^2+35x^4\right)-\left(5x^4-75x^2\right)\cdot(28x+140x)}{\left(14x^2+35x^4\right)^2}$

g) $\dfrac{\left(288x^3+36-126x\right)\cdot\left(72x^4-36x+63x^2\right)-\left(72x^4+36x-63x^2\right)\cdot\ldots}{\left(72x^4+36x-63x^2\right)^2}$

h) $\dfrac{(3x-7)\cdot(63-27x)-(42x-98)\cdot 119}{-(133-57x)^3}$ $\dfrac{\ldots\cdot\left(288x^3-36+126x\right)}{\ldots}$

i) $\dfrac{(3x^k+6)(x^6-4^5)+48(x^k+2)x^3-72(x^{2+k}+2x^2)+3\,072x^k+6\,144}{x(9x^{k+2}+18x^2)}$

2.5 Wurzelrechnung

Abschnitt 2.4: Potenzrechnung
Abschnitt 2.3.1.2: Betrag
Abschnitt 1.2.2.3: Primfaktorzerlegung

2.5.1 Radizieren als erste Umkehrung des Potenzierens

2.5.1.1 Der Wurzelbegriff

Für die beiden direkten Rechenarten erster und zweiter Stufe, die Addition und die Multiplikation, gilt das *Kommutativgesetz*

$$a+b=b+a \qquad \text{und} \qquad a\cdot b=b\cdot a$$

Deswegen hat jede dieser beiden Rechenarten auch nur *eine* Umkehrung: Die Umkehrung der Addition ist die Subtraktion, die Umkehrung der Multiplikation ist die Division.

Das Kommutativgesetz gilt aber *nicht* für die Potenzrechnung, die direkte Rechenart dritter Stufe, denn es ist

$$a^n \neq n^a.$$

Aus diesem Grund muss die Potenzrechnung zwei Umkehrungen besitzen.

Ist aus der Potenzgleichung

$$a^n = b$$

bei bekanntem $n \in \mathbf{N}^*$ und $b \geq 0$ die Basis a zu bestimmen, so führt dies auf die **Wurzelrechnung**, auch **Radizieren** [1] genannt.

Für diese neue Rechenart muss eine neue Symbolik eingeführt werden. Man schreibt

$$a^n = b \quad \Leftrightarrow \quad a=\sqrt[n]{b}.$$

Gelesen wird die Gleichung $a=\sqrt[n]{b}$ als „a ist die n-te Wurzel aus b“.

[1] radix (lat.) die Wurzel

Für nicht-negative Werte von a und b drücken demnach die beiden Gleichungen

$$a^n = b \qquad \text{und} \qquad a = \sqrt[n]{b}$$

denselben Sachverhalt aus; sie sind nur nach verschiedenen Größen aufgelöst.

Bei der *Potenzrechnung* ist der Potenzwert b gesucht, den man erhält, wenn man die gegebene Basis a so oft mit sich selbst multipliziert, wie das der Exponent n vorschreibt.

Dagegen wird bei der *Wurzelrechnung* die Basis a gesucht, die in die n-te Potenz erhoben werden muss, wenn man den Radikanden b erhalten will.

In $\sqrt[n]{b} = a$ nennt man

b	den **Radikanden**,
n	den **Wurzelexponenten**,
$\sqrt[n]{b}$	die **Wurzel** und
a	den **Wurzelwert**.

$$\underbrace{\sqrt[\text{W-Exp}]{\text{Radikand}}}_{\text{Wurzel}} = \text{Wurzelwert}$$

☞ Bei der zweiten Wurzel lässt man gewöhnlich den Wurzelexponenten 2 weg und schreibt in vereinfachter Form

$$\sqrt[2]{b} = \sqrt{b}\,.$$

Man nennt die zweite Wurzel auch *Quadratwurzel*, da sie die Seitenlänge a eines Quadrates mit dem Flächeninhalt a^2 angibt.
Entsprechend liefert die dritte Wurzel, die *Kubikwurzel* $\sqrt[3]{a^3}$, die Kantenlänge a eines Würfels [1)], dessen Volumen $V = a^3$ beträgt.

Die hier verwendete Definition des Wurzelbegriffes erlaubt nicht, Wurzeln aus negativen Zahlen zu ziehen. Es wird daher gefordert, dass der Radikand nicht negativ sein darf, also $b \geq 0$.

Bei geradem Wurzelexponenten ist dies offensichtlich: Setzen wir den Wurzelwert in eine gerade Potenz, so können wir niemals eine negative Zahl für den Radikanden zurück bekommen.

Bei ungeraden Wurzelexponenten findet man in der mathematischen Literatur zwei unterschiedliche Ansätze:

- ▶ Einige Autoren streben besonders in der Schulmathematik ein einheitliches Konzept an, indem sie festlegen, dass ein Radikand niemals negativ sein darf. Die n-te Wurzel wird – egal, ob der Wurzelexponent gerade oder ungerade ist – nur für nicht-negative Radikanden b definiert: $a = \sqrt[n]{b}$ für $b \geq 0$.
  Dies hat zur Folge, dass dann schon Gleichungen wie $x^3 + 1 = 0$ mit der offensichtlichen Lösung $x = -1$ nicht ohne Weiteres lösbar sind.

- ▶ Um auch solche Gleichungen durch Wurzelziehen lösen zu können, unterscheiden andere Autoren zwischen geraden und ungeraden Wurzelexponenten:

---

1) cubus (lat.) Würfel

gerader Wurzelexponent	$a = \sqrt[2n]{b}$	für $b \geq 0$
ungerader Wurzelexponent	$a = \sqrt[2n+1]{b}$	für $b \geq 0$
	$a = \sqrt[2n+1]{b} = -\sqrt[2n+1]{\lvert b \rvert}$	für $b < 0$

Somit können diese Autoren *für ungerade Wurzeln auch negative Radikanden* akzeptieren.

Da für unsere weiteren Überlegungen diese Kontroverse zweitrangig ist, wollen wir uns hier dem Weg der Schulmathematik anschließen und die pädagogisch einfachere Variante benutzen. Wir definieren deshalb den Wurzelbegriff wie folgt:

Die n-te Wurzel aus $b \geq 0$ ist diejenige *nicht-negative* Zahl a, deren n-te Potenz b ergibt:

$$a^n = b \quad \Leftrightarrow \quad a = \sqrt[n]{b} \qquad \text{mit} \quad a, b \geq 0 \quad \text{sowie} \quad n \in \mathbf{N}^* \tag{2.51}$$

Entsprechend dieser Definition kann es keine negativen Wurzelwerte geben.

☞ Die Beschränkung auf *positive Wurzelwerte* ist nötig, wenn das Wurzelsymbol ein *eindeutiges Rechenzeichen* sein soll. Würde man nämlich diese Einschränkung nicht einführen, so könnte man z. B. dem Zeichen $\sqrt{4}$ zwei unterschiedliche Werte zuordnen, nämlich $+2$ und -2, denn es ist sowohl $(+2)^2 = 4$ als auch $(-2)^2 = 4$. Für Aufgaben der Art

$$\sqrt{4} + \sqrt{9} - \sqrt{16} = ?$$

würde es dann eine ganze Reihe unterschiedlicher Lösungen geben.

Dagegen hat diese Aufgabe bei Beschränkung auf positive Wurzelwerte die eindeutige Lösung

$$\sqrt{4} + \sqrt{9} - \sqrt{16} = 2 + 3 - 4 = 1.$$

Aus der Definition der Wurzel folgt für $b \geq 0$

$$\left(\sqrt[n]{b}\right)^n = \sqrt[n]{b^n} = b \tag{2.52}$$

Bei nicht-negativem Radikanden heben sich demnach Potenzieren und Radizieren mit dem gleichen Exponenten gegenseitig auf:

■ Das Radizieren ist die erste Umkehrung des Potenzierens.

Von diesem Satz wird Gebrauch gemacht, wenn nachgeprüft werden soll, ob eine Wurzel richtig berechnet worden ist.

☞ Die zweite Umkehrung der Potenzrechnung, die Logarithmenrechnung, wird im Abschnitt 2.6 behandelt.

Beispiel:

2.160 a) $\sqrt{0{,}0121} = 0{,}11$, denn $0{,}11^2 = 0{,}0121$.

$\sqrt[3]{-125}$ gibt es nicht: Laut unserer Definition der Wurzel darf der Radikand nicht negativ sein. Ein TR liefert aber möglicherweise den Wert -5.

$\sqrt[4]{256} = 4$, denn $4^4 = 256$.

b) Für $a \geq 0$ gilt

$$\sqrt[3]{a^{3n}} = a^n, \quad \text{denn} \quad (a^n)^3 = a^{3n}.$$

$$\sqrt[n]{a^{3n}} = a^3, \quad \text{denn} \quad (a^3)^n = a^{3n}.$$

✍ A. 2.123–2.124 auf Seite 266

Beim Rechnen mit Wurzeln sollte man immer auf die folgenden **Sonderfälle** achten:

1. Es ist stets

$$\boxed{\sqrt[n]{1} = 1} \tag{2.53}$$

denn für alle n ist $1^n = 1$.

2. Für alle $n \in \mathbf{N}^*$ gilt

$$\boxed{\sqrt[n]{0} = 0} \tag{2.54}$$

denn unter der genannten Voraussetzung ist $0^n = 0$.

3. Für $b \geq 0$ ist

$$\boxed{\sqrt[1]{b} = b} \tag{2.55}$$

denn es ist $b^1 = b$.

☞ Das Zeichen $\sqrt[1]{}$ wird im Allgemeinen nicht geschrieben. Bei $\sqrt[2]{}$ darf dagegen nur der Wurzelexponent 2 weggelassen werden. Bei allen übrigen Wurzeln *muss* der Wurzelexponent angegeben werden.

Für das Wurzelziehen stellen die meisten Geräte folgende Tasten bereit:

zweite Wurzel (Quadratwurzel)	[$\sqrt{}$] [$\sqrt{\square}$]
dritte Wurzel (Kubikwurzel)	[$\sqrt[3]{}$]
n-te Wurzel (Radizieren)	[$\sqrt[x]{}$] [$\sqrt[\square]{\square}$] [$\sqrt[x]{y}$]

Über die Besonderheiten der Eingabereihenfolge bei veralteten Geräten siehe Abschnitt 1.3.1.5.

Aufgabe	**Tastenfolge**	**Ergebnis**
$\sqrt{306{,}25} = ?$	[$\sqrt{}$] 306,25 [=]	17,5
$\sqrt{6 \cdot 54} = ?$	[$\sqrt{}$] [(] 6 [×] 54 [)] [=]	18
$\sqrt[3]{\dfrac{8}{343}} = ?$	[$\sqrt[3]{}$] 8 [a b/c] 343 [=]	$\dfrac{2}{7}$

Man beachte den Hinweis in Abschnitt 1.3.1.5, Beispiel 1.85!

$\sqrt[6]{4\,096} = ?$	6 [$\sqrt[x]{}$] 4 096 [=]	4

WURZEL(radikand) liefert die Quadratwurzel aus der positiven Zahl *radikand.*

Aufgabe	**Eingabe**	**Ausgabe**
$\sqrt{222{,}01} = ?$	=**WURZEL**(222,01)	14,9

Die meisten Computerprogramme benutzen den Befehl **SQRT**(x) für die Quadratwurzel[1)] von x. *Derive* bietet zusätzlich noch ein Wurzelzeichen in der Symbolleiste an.

Höhere Wurzeln werden als Potenz mit gebrochenem Exponenten dargestellt, siehe Abschnitt 2.5.3.

A. 2.125–2.126 auf Seite 266

2.5.1.2 Definitionsbereich und einschränkende Bedingungen

Da wir für den Radikanden und für den Wurzelwert nur nicht-negative Zahlen zulassen, ist besonders darauf zu achten, welche Werte die Variablen in einer Wurzel annehmen dürfen und welche nicht. Die Menge der zulässigen Variablenwerte beschreibt den **Definitionsbereich D** eines Wurzelterms. Man bestimmt diese erlaubten Werte, indem man den Ausdruck unter dem Wurzelzeichen, den Radikanden, größer oder gleich null setzt:

$$\text{Radikand} \geq 0$$

Steht die Wurzel als Faktor im Nenner eines Bruches, so schränkt sich diese Menge noch weiter ein, da man nicht durch die Null teilen darf.

Beispiel:

2.161 a) $\sqrt{5x}$ Es dürfen alle nicht-negativen Zahlen für x eingesetzt werden:

$5x \geq 0 \Rightarrow x \geq 0$ $\quad$ $\mathbf{D} = [\,0\,;\,+\infty\,)$

b) $\sqrt{11x^2}$ Hier sind alle Zahlen für x erlaubt, da ein *Quadrat niemals negativ* werden kann:

$11x^2 \geq 0$ $\quad$ $\mathbf{D} = (\,-\infty\,;\,+\infty\,)$

c) $\sqrt{-x}$ $\quad$ $-x \geq 0 \Rightarrow x \leq 0$ $\quad$ $\mathbf{D} = (\,-\infty\,;\,0\,]$

d) $\sqrt{x+4}$ Damit der Radikand nicht negativ wird, muss $x + 4 \geq 0$ sein. Dies ist erfüllt, wenn x nur Werte größer oder gleich -4 annimmt:

$x + 4 \geq 0 \Rightarrow x \geq -4$ $\quad$ $\mathbf{D} = [\,-4\,;\,+\infty\,)$

e) $\dfrac{18}{7\sqrt{2x}}$ Zusätzlich zu den unter a) genannten Einschränkungen darf x auch nicht den Wert null annehmen, da man sonst durch null teilen würde:

$2x > 0 \Rightarrow x > 0$ $\quad$ $\mathbf{D} = (\,0\,;\,+\infty\,)$

[1)] square root (engl.) Quadratwurzel

f) $\sqrt{x}+\sqrt{x-3}$ Setzt sich ein Term aus mehreren Wurzeln zusammen, so muss jede Wurzel und damit jeder Radikand einzeln bewertet werden; der Definitionsbereich des gesamten Ausdrucks ergibt sich als Schnittmenge der einzelnen Definitionsbereiche.
In diesem Beispiel erfordert die erste Wurzel, dass $x \geq 0$ ist, die zweite Wurzel erlaubt dagegen nur $x \geq 3$.
So wäre etwa $x = 2$ für die erste, nicht aber für die zweite Wurzel erlaubt.

$$\mathbf{D} = [\,0\,;\,+\infty\,) \cap [\,3\,;\,+\infty\,)$$

$$\mathbf{D} = [\,3\,;\,+\infty\,)$$

✍ A. 2.127 auf Seite 266

Entscheidend für die Definitionsmenge ist der Ausgangsterm. Schließt er von vornherein bestimmte Werte aus, so sind diese Werte für alle Folgeterme ausgeschlossen. Treten durch nachfolgende Umformungen weitere Einschränkungen auf, so sind diese durch entsprechende Maßnahmen kenntlich zu machen, etwa durch Betragsstriche oder durch Ausschluss einzelner Werte.

☞ Auch wenn der Definitionsbereich nicht ausdrücklich gefordert oder angegeben ist, sollte man sich immer Klarheit über die zulässigen Zahlenwerte verschaffen!

Beispiel:

2.162 Man vereinfache die Wurzelterme unter Berücksichtigung ihrer Definitionsbereiche.

a) $\left(\sqrt{x}\right)^2 = ?$
Die Wurzel ist hier nur für $x \geq 0$ definiert. Das Wurzelziehen und das Quadrieren heben sich gegenseitig auf: $\left(\sqrt{x}\right)^2 = x$ mit $x \geq 0$

b) $\sqrt{x^2} = ?$
Die Wurzel ist für alle $-\infty < x < +\infty$ definiert, da der Radikand x^2 niemals negativ werden kann. Wurzelziehen und Quadrieren heben sich hier in der Form auf, dass $\sqrt{x^2} = |x|$ ergibt.
Mit $-\infty < x < +\infty$ kann die Variable x sowohl einen positiven, wie auch einen negativen Wert annehmen. Das Wurzelziehen liefert – in Übereinstimmung mit unserer Definition – aber nur einen positiven Wert, nämlich $|x|$.

Greifen wir den Ereignissen schon ein wenig voraus und überlegen, welche Werte für x die folgende Gleichung erfüllen: $\sqrt{x^2} = 5$

$$\sqrt{x^2} = 5 \qquad \Rightarrow |x| = 5 \quad \Leftrightarrow \quad (x = -5) \vee (x = +5)$$

Die Probe zeigt, dass beide Werte richtig sind: $\sqrt{(-5)^2} = 5$ ✓ $\sqrt{(+5)^2} = 5$ ✓

c) $\sqrt{x} \cdot \sqrt{x^2} = ?$
Die erste Wurzel ist nur für $x \geq 0$, die zweite Wurzel für alle $-\infty < x < +\infty$ definiert. Der gesamte Ausdruck erfordert somit die Beschränkung auf $x \geq 0$. Die Betragsstriche entfallen aufgrund dieser Einschränkung:

$$\sqrt{x} \cdot \sqrt{x^2} = \sqrt{x} \cdot x = x \cdot \sqrt{x}$$

d) $\sqrt{x^2} \cdot \sqrt{y^2} \cdot \sqrt{x} \cdot \sqrt{z} = ?$ Die Variablen sind für unterschiedliche Bereiche definiert: $x \geq 0,\ -\infty < y < +\infty, z \geq 0$

$$\sqrt{x^2} \cdot \sqrt{y^2} \cdot \sqrt{x} \cdot \sqrt{z} = x \cdot |y| \cdot \sqrt{x} \cdot \sqrt{z}$$

Als Verallgemeinerung dieser Beispiele kann man für gerade Wurzelexponenten formulieren:

$$\boxed{\begin{array}{ll} \text{Ist } n \in \mathbf{N}^*, \text{ so gilt} & \\ \sqrt[2n]{b}^{\,2n} = \sqrt[2n]{b^{2n}} = b \ \text{ für } b \geq 0 & \\ \sqrt[2n]{b^{2n}} = |\,b\,| & \text{für } -\infty < b < \infty \end{array}} \qquad (2.56)$$

Man darf also nicht ohne Weiteres gleiche Wurzel- oder Potenzexponenten gegeneinander „kürzen“. Es muss stets darauf geachtet werden, in welchem Bereich die Basis b gültig ist.

Dies hat zur Folge, dass von gleichen Quadraten nicht auf gleiche Basen, sondern nur auf gleiche Beträge der Basen geschlossen werden kann:

$$a^2 = b^2 \Leftrightarrow |a| = |b|.$$

Es gilt auch $a = b \Rightarrow a^2 = b^2$, aber nicht unbedingt umgekehrt!

Da der Pfeil nur in eine Richtung zeigt, merken wir uns:

▌ Quadrieren ist *keine* Äquivalenzoperation!

Wir werden diesen wichtigen Aspekt in Abschnitt 2.5.4.3 noch einmal vertiefen und an Beispielen erläutern.

✍ A. 2.128–2.129 auf Seite 267

2.5.1.3 Die Berechnung von Wurzelwerten

Algorithmen[1)], mit deren Hilfe die Berechnung von Wurzelwerten auf die vier Grundrechenarten $+, -, \times$ und $\div$ zurückgeführt werden, gibt es, solange man die Wurzelrechnung kennt. Allerdings werden sie heute kaum noch verwendet, da es mit Computern und Taschenrechnern Hilfsmittel gibt, die die gesuchten Zahlenwerte außerordentlich schnell und mit großer Genauigkeit ermitteln können. Wir demonstrieren hier ein Verfahren, das in ähnlicher Weise auch bei der Lösung vieler komplizierter mathematischer Probleme beschritten wird, die sich nicht ausschließlich auf die Grundrechenarten zurückführen lassen.

Beispiel:

2.163 $\sqrt[3]{10}$ soll ohne die Wurzel-Tasten eines Taschenrechners berechnet werden.

Es wird ein Einschachtelungsprinzip, die **Intervallschachtelung**, vorgestellt, mit deren Hilfe der Zahlenwert von $\sqrt[3]{10}$ von Schritt zu Schritt immer genauer angenähert wird. Das Intervall, also der Zahlenbereich, in dem das Ergebnis liegt, wird von links und rechts schrittweise eingeengt. Der Grundgedanke ist dabei folgender:

---

1) al (arab.) arab.Artikel, arithmos (griech.) Zahl. Hier: Oberbegriff für spezielle Rechenverfahren.

Da die dritte Wurzel aus 10 bestimmt werden soll, werden zunächst die beiden benachbarten natürlichen Zahlen gesucht, zwischen deren dritten Potenzen die 10 liegt. Das sind 2 und 3, denn

$$2^3 = 8 < 10 < 3^3 = 27$$

Hieraus lässt sich vermuten, dass $\sqrt[3]{10}$ näher an der 2 liegen wird als an der 3.

Also berechnet man mit der 2,1 beginnend in Zehntelschritten die folgenden Zahlen, bis man wiederum an die Stelle gelangt, an der die dritten Potenzen den Wert 10 überschreiten:

$$2{,}1^3 = 9{,}261 \qquad 2{,}2^3 = 10{,}648$$

Schon beim zweiten Schritt erkennt man, dass $2{,}1 < \sqrt[3]{10} < 2{,}2$ sein muss. Da der Radikand 10 fast in der Mitte zwischen 9,261 und 10,648 liegt, lässt sich vermuten, dass auch der gesuchte Wurzelwert etwa in der Mitte von 2,1 und 2,2 liegen wird.

Beim folgenden Schritt unserer Annäherung an den gesuchten Wert wird man daher von 2,14 ausgehend in Hundertstelschritten weitergehen, bis man wiederum die Grenze 10 überschreitet:

$$2{,}14^3 = 9{,}800\,344 \qquad 2{,}15^3 = 9{,}938\,375 \qquad 2{,}16^3 = 10{,}077\,696$$

Das Grundprinzip des Verfahrens ist also: Überschreitet der Potenzwert den Wert des Radikanden, so verkleinert man die Schrittweite für die Suche nach dem exakten Wert auf ein Zehntel der bisherigen Schrittweite und verfährt damit nach demselben Schema, das vorher angewendet worden ist:

$$\begin{array}{llll}
2 < \sqrt[3]{10} < 3 & \text{, da} & 2^3 = 8 & < 10 < 27 = 3^3 \\
2{,}1 < \sqrt[3]{10} < 2{,}2 & \text{, da} & 2{,}1^3 = 9{,}261 & < 10 < 10{,}648 = 2{,}2^3 \\
2{,}15 < \sqrt[3]{10} < 2{,}16 & \text{, da} & 2{,}15^3 \approx 9{,}9384 & < 10 < 10{,}0777 \approx 2{,}16^3 \\
2{,}154 < \sqrt[3]{10} < 2{,}155 & \text{, da} & 2{,}154^3 \approx 9{,}9939 & < 10 < 10{,}0079 \approx 2{,}155^3 \\
2{,}1544 < \sqrt[3]{10} < 2{,}1545 & \text{, da} & 2{,}1544^3 \approx 9{,}9995 & < 10 < 10{,}0009 \approx 2{,}1545^3
\end{array}$$

Soll $\sqrt[3]{10}$ auf 5 Stellen nach dem Komma ermittelt werden, so findet man auf diese Weise

$$\sqrt[3]{10} \approx 2{,}15\,443$$

Um sich mit dem Verfahren vertraut zu machen, sollte man es selbstständig und auch für andere Werte ausprobieren.

Das Beispiel macht deutlich, wie viel Mühe und Ausdauer nötig waren, um derartige Zahlenwerte zu berechnen, als noch keinerlei elektronische Rechenhilfsmittel zur Verfügung standen.

✍ A. 2.130 auf Seite 267

2.5.2 Die reellen Zahlen

Abschnitt 2.2.2: Zahlenmengen

Der Pythagoreer[1)] HIPPASOS VON METAPONT hat im fünften vorchristlichen Jahrhundert die Behauptung aufgestellt, dass es Strecken geben muss, deren Länge man nicht als

1) Anhänger der Lehre des griechischen Mathematikers und Philosophen PYTHAGORAS.

Quotient zweier ganzer Zahlen ausdrücken kann. Solche Strecken bezeichnet man als **inkommensurable**[1] Strecken. Das führt auf Zahlen, die unendlich viele Nachkommastellen besitzen, die sich *nicht periodisch* wiederholen. Daher reichen die rationalen Zahlen a/b nicht mehr aus und man benötigt eine neue Klasse von Zahlen, die **irrationalen**[2] **Zahlen**.

Irrationale Zahlen lassen sich nicht als Quotient zweier ganzer Zahlen darstellen. Sie können nur als unendliche, nicht periodische Dezimalzahlen geschrieben werden.

Ein Beispiel für eine irrationale Zahl ist $\sqrt{2} = 1{,}4142\ldots$ oder allgemeiner die Wurzel aus einer Primzahl $\sqrt{\text{prim}}$. Später werden wir noch die EULER'sche Zahl $\mathrm{e} = 2{,}7182\ldots$, siehe Abschnitt 2.6.2.2 und die Kreiszahl $\pi = 3{,}1415\ldots$, siehe Abschnitt 5.11.5 kennenlernen.

Woher will man wissen, dass $\sqrt{2}$ wirklich irrational ist? Die Ziffernfolge könnte sich ja ab der dreimillionsten Stelle doch noch periodisch wiederholen oder nach der viermilliardsten Stelle abbrechen.

Im zehnten Buch von EUKLIDS[3] Elementen findet man einen Beweis, der in zeitgemäßer Sprache hier erläutert werden soll. Man macht dabei eine Annahme, die man Schritt für Schritt zu einem Widerspruch führt. Daraus kann man schlussfolgern, dass die ursprüngliche Annahme falsch sein muss. Das ist das *Prinzip des Widerspruchbeweises.*

Wäre $\sqrt{2}$ eine rationale Zahl, so müsste man sie als Quotient zweier ganzer Zahlen a und b darstellen können:

$$\sqrt{2} = \frac{a}{b} \qquad (*)$$

Wir würden dabei a und b so wählen, dass der Bruch a/b nicht weiter zu kürzen ist. Somit müssen a und b *teilerfremd* und verschieden von 1 sein. Dann gilt

$$a = \sqrt{2} \cdot b \text{ , woraus durch Quadrieren}$$

$$a^2 = 2 \cdot b^2 \text{ folgt.} \qquad (**)$$

Das bedeutet aber, dass a^2 als Vielfaches von 2 eine *gerade Zahl* sein muss. Da aber das Quadrat einer geraden Zahl stets gerade, das Quadrat einer ungeraden Zahl aber stets ungerade ist, siehe Beispiel 2.101, folgt, dass der Zähler a des Bruches (*) eine *gerade Zahl* sein muss. Die Zahl a muss sich demnach in der Form

$$a = 2 \cdot k$$

schreiben lassen. Setzt man dies in (**) ein, so erhält man

$$(2 \cdot k)^2 = 2 \cdot b^2 \qquad \text{oder} \qquad 4k^2 = 2 \cdot b^2 \qquad \text{oder} \qquad b^2 = 2k^2.$$

Aus der letzten Gleichung geht, analog zu den Schlussfolgerungen für Gleichung (**), hervor, dass b^2 und damit auch b *gerade Zahlen* sein müssen.

---

[1] commensurabilis (lat.) gleich zu bemessen; in … als Verneinungsform

[2] ir … Form der lat. Verneinung. Irrationale Zahlen sind somit nicht rationale, d. h., „unvernünftige" Zahlen.

[3] griech. Mathematiker, 4. / 3. Jhdt. v. Chr.

Fassen wir zusammen:

- Der Zähler a ist eine gerade Zahl.
- Der Nenner b ist ebenfalls eine gerade Zahl.
- Zähler und Nenner enthalten somit beide den Faktor 2.
- Deshalb können wir den Bruch $\frac{a}{b}$ durch 2 kürzen.

Dies bedeutet aber, dass wir die ursprüngliche Voraussetzung, dass a und b teilerfremd sein sollen, nicht aufrecht erhalten können.

Dies wiederum besagt, dass die Voraussetzung *falsch* sein muss. Daraus folgt:

$\sqrt{2}$ kann **keine rationale Zahl** sein! □

Das, was hier für $\sqrt{2}$ vorgeführt wurde, kann für alle Quadratwurzeln nachgewiesen werden, deren Radikand keine Quadratzahl ist.

Außer der Menge der rationalen Zahlen, die unendlich viele Elemente besitzt, gibt es demnach auch noch die Menge der irrationalen Zahlen mit unendlich vielen Elementen. Beim tieferen Eindringen in die Mathematik hat sich herausgestellt, dass es noch weitere Zahlenarten gibt, die sich nicht in diese beiden Kategorien einordnen lassen.

Die Vereinigung der Mengen der rationalen und der irrationalen Zahlen wird die **Menge der reellen Zahlen** genannt und mit dem Symbol **R** bezeichnet. Die reellen Zahlen füllen den Zahlenstrahl komplett aus.

Die rationalen und die irrationalen Zahlen unterscheiden sich in den folgenden Merkmalen:

Rationale Zahlen sind ganze oder gebrochene Zahlen, die in Dezimaldarstellung

- als endliche Dezimalbrüche oder
- *periodische* unendliche Dezimalbrüche geschrieben werden.

Jede rationale Zahl kann in Form eines Bruches notiert werden!

Irrationale Zahlen sind dadurch gekennzeichnet, dass sie in Dezimaldarstellung *nichtperiodische* unendliche Dezimalbrüche angenähert werden, komplett ausschreiben kann man sie logischerweise nicht.

Mit den bereits eingeführten Bezeichnungen

N: Menge der natürlichen Zahlen,
Z: Menge der ganzen Zahlen,
Q: Menge der rationalen Zahlen und
R: Menge der reellen Zahlen

lässt sich folgende Relation zwischen diesen Mengen formulieren, siehe auch Bild 2.21:

$$\boxed{\mathbf{N} \subset \mathbf{Z} \subset \mathbf{Q} \subset \mathbf{R}} \tag{2.57}$$

Ein umfassenderer Zahlbereich als die reellen Zahlen wird in diesem Buch absichtlich nicht behandelt.

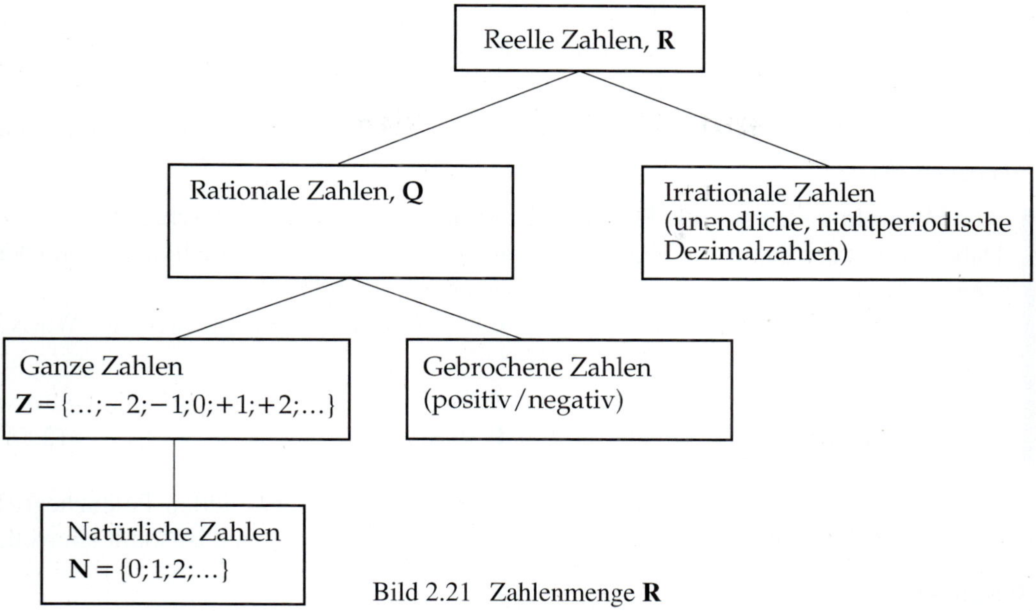

Bild 2.21 Zahlenmenge **R**

2.5.3 Zweite Erweiterung des Potenzbegriffs – Wurzeln als Potenzen mit gebrochenen Exponenten

Im Abschnitt 2.4.3 wurde der Potenzbegriff, der ursprünglich nur Sinn hatte, wenn der Exponent eine natürliche Zahl größer als eins war, dadurch erweitert, dass auch Potenzen mit negativen Exponenten sowie Potenzen mit den Exponenten null und eins definiert wurden. Es zeigte sich dann, dass die Potenzgesetze auch auf diesen erweiterten Potenzbegriff angewendet werden dürfen.

Es soll nun untersucht werden, ob es sinnvoll ist, auch mit **Potenzen mit gebrochenen Exponenten** zu rechnen. Solche Potenzen wären $3^{\frac{1}{2}}$, $4^{\frac{3}{4}}$, $36^{0{,}5}$, $a^{\frac{m}{n}}$, $5^{-\frac{2}{7}}$ …

Wenn auch solche Potenzen einen Sinn haben sollen, dann müssen in erster Linie auch für sie die Potenzgesetze gelten. So müsste etwa

$$\left(3^{\frac{1}{2}}\right)^2 = 3^{\frac{1}{2} \cdot 2} = 3^1 = 3 \quad \text{sein.}$$

Nun gilt aber

$$\sqrt{3}^{\,2} = 3, \quad \text{so dass es naheliegt,}$$

$$3^{\frac{1}{2}} = \sqrt{3} \quad \text{zu setzen.}$$

In ähnlicher Weise führt der Vergleich von

$$\left(27^{\frac{3}{4}}\right)^4 = 27^{\frac{3}{4} \cdot 4} = 27^3 \quad \text{und} \quad \left(\sqrt[4]{27^3}\right)^4 = 27^3$$

auf die Beziehung

$$27^{\frac{3}{4}} = \sqrt[4]{27^3}$$

Verallgemeinert man diese Beispiele, so kommt man zu einer *zweiten Erweiterung des Potenzbegriffs*:

> Alle **Wurzeln** lassen sich als *Potenzen mit gebrochenen Exponenten* schreiben. Dabei stimmt der Zähler des Exponenten mit dem Exponenten des Radikanden und der Nenner des Exponenten mit dem Wurzelexponenten überein.
> Umgekehrt lässt sich auch jede Potenz mit gebrochenem Exponenten als Wurzel schreiben:
>
> $$\boxed{b^{\frac{m}{n}} = \sqrt[n]{b^m} = \sqrt[n]{b}^{\,m}} \qquad b \in \mathbf{R}^{\geq 0};\ m,n \in \mathbf{N}^* \tag{2.58}$$

Es lässt sich zeigen, dass alle Potenzgesetze auch für diesen erweiterten Potenzbegriff gültig sind. Die Definition von Potenzen mit gebrochenen Exponenten ist somit sinnvoll.

Beispiele:

2.164 Verwandlung von Potenzen mit gebrochenen Exponenten in Wurzelausdrücke:

a) $5^{\frac{2}{3}} = \sqrt[3]{5^2} = \sqrt[3]{25}$

b) $16^{\frac{1}{4}} = \sqrt[4]{16^1} = \sqrt[4]{16} = 2$

c) $243^{0{,}2} = 243^{\frac{1}{5}} = \sqrt[5]{243} = 3$

d) $q^{-\frac{1}{2}} = \dfrac{1}{q^{\frac{1}{2}}} = \dfrac{1}{\sqrt{q}}$

e) $x^{-0.75} = \dfrac{1}{x^{\frac{3}{4}}} = \dfrac{1}{\sqrt[4]{x^3}}$

f) $u^{5{,}9} = u^5 \cdot u^{0{,}9} = u^5 \cdot \sqrt[10]{u^9}$

A. 2.131–2.132 auf Seite 267

2.165 Verwandlung von Wurzeln in Potenzen mit gebrochenen Exponenten:

a) $\sqrt[5]{x^2} = x^{\frac{2}{5}}$

b) $\sqrt[5]{x}^{\,2} = \left(x^{\frac{1}{5}}\right)^2 = x^{\frac{2}{5}}$

c) $\sqrt[3]{u^4} = u^{\frac{4}{3}}$

d) $\dfrac{1}{\sqrt[n]{z^m}} = z^{-\frac{m}{n}}$

e) $\sqrt{a^2 + b^2} = \left(a^2 + b^2\right)^{\frac{1}{2}}$

A. 2.133–2.135 auf Seite 267

Sämtliche Wurzelausdrücke können auch als Potenz mit gebrochenem Exponenten eingegeben werden:

Aufgabe	**Eingabe**
$\sqrt[5]{26^4} = ?$	$5\ \boxed{\sqrt[x]{\ }}\ \boxed{(}\ 26\ \boxed{x^n}\ 4\ \boxed{)}\ \boxed{=}$
$26^{\frac{4}{5}} = ?$	$26\ \boxed{x^n}\ \boxed{(}\ 4\ \boxed{a\,b/c}\ 5\ \boxed{)}\ \boxed{=}$
$26^{0{,}8} = ?$	$26\ \boxed{x^n}\ 0{,}8\ \boxed{=}$

In allen drei Fällen wird als gerundetes Ergebnis 13,551 229 angezeigt.

Mit dem Taschenrechner ist es sehr einfach geworden, auch „exotische" Ausdrücke wie $\sqrt[\pi]{\sqrt{2}^{\sqrt[3]{3}}}$ zu berechnen:

$$\sqrt[\pi]{\sqrt{2}^{\sqrt[3]{3}}} \approx 1{,}172\,462.$$

Dieses Beispiel legt nahe, dass der Wurzelbegriff und die damit verbundenen Gesetze auch auf reelle Wurzelexponenten $n \in \mathbf{R}$ erweitert werden kann. Wir sollten aber bedenken, dass für irrationale Zahlen numerisch stets nur mit Näherungen endlich vieler Stellen gerechnet werden kann – also mit rationalen Näherungswerten.

✍ A. 2.136 auf Seite 268

2.5.4 Wurzelgesetze

Für die Wurzelrechnung sind *keine neuen Rechengesetze erforderlich*, weil sich jede Wurzel als Potenz mit einem gebrochenen Exponenten schreiben lässt und damit die Potenzgesetze auch für Wurzeln gelten.

☞ Da sich jedoch viele Aufgaben der Wurzelrechnung mit dem Wurzelzeichen bequemer darstellen lassen als mithilfe der Potenzschreibweise, werden die einzelnen Rechengesetze im Folgenden auch in der Wurzelschreibweise angegeben. Man vergewissere sich jedoch, dass bei keinem der folgenden Gesetze etwas Neues gegenüber dem entsprechenden Potenzgesetz auftritt. Es reicht also aus, die Potenzgesetze zu kennen und sie auf die Wurzelrechnung zu übertragen.

2.5.4.1 Addition und Subtraktion von Wurzeln

Wie für Potenzen in Abschnitt 2.4.2.1 beschrieben, gilt auch für Wurzeln:

Wurzeln lassen sich nur dann addieren und subtrahieren, wenn sie sowohl in ihren Radikanden als auch in ihren Wurzelexponenten übereinstimmen.

⚠ Allgemeine Terme wie $\sqrt[n]{a} \pm \sqrt[n]{b}$ oder $\sqrt{a^2 \pm b^2 \ldots}$ lassen sich demnach nicht weiter vereinfachen, es sei denn, dass für die Variablen a und b bestimmte Zahlenwerte gegeben sind. So sind

$$\sqrt{a} \pm \sqrt{b} \neq \sqrt{a \pm b} \qquad \text{und} \qquad \sqrt{a^2 \pm b^2} \neq a \pm b.$$

Beispiel:

2.166 a) $5 \cdot \sqrt[6]{d} + 8 \cdot \sqrt[6]{d} - 11 \cdot \sqrt[6]{d} = 2 \cdot \sqrt[6]{d}$

b) $4 \cdot \sqrt[4]{x} + 2 \cdot \sqrt[3]{x} - 3 \cdot \sqrt[4]{x} - \sqrt[3]{x} = \sqrt[4]{x} + \sqrt[3]{x}$

c) $T_1(x) : \sqrt{x \cdot x^3} = \sqrt{x^4} = x^2 \qquad x \in \mathbf{R}$

$T_2(x) : \sqrt{x} \cdot \sqrt{x^3} = \sqrt{x^4} = x^2 \qquad x \in \mathbf{R}^{\geq 0}$

Die beiden Terme $T_1(x)$ und $T_2(x)$ lassen sich mithilfe von Potenz- und Wurzelumformungen *scheinbar* auf das gleiche Ergebnis x^2 bringen. Während man aber in $T_1(x)$ für x alle reelle Zahlen einsetzen darf, sind bei $T_2(x)$ nur die nicht-negativen Werte erlaubt.

$x = -4$ liefert im ersten Term das Ergebnis 16, aber beim zweiten Term ist dieser Wert für x überhaupt nicht zugelassen.

Dieses Beispiel soll noch einmal verdeutlichen, dass alle Potenz- und Wurzelumformungen nur im Rahmen des individuell zu bestimmenden Definitionsbereiches anzuwenden sind! Das ist eigentlich selbstverständlich, wird aber allzu oft übersehen.

d) $a \cdot \sqrt[6]{q} - b \cdot \sqrt[6]{q} + c \cdot \sqrt[6]{q} - \sqrt[6]{q} = (a - b + c - 1) \cdot \sqrt[6]{q}$

e) $\sqrt[3]{3^3 + 4^3 + 5^3} = \sqrt[3]{27 + 64 + 125} = \sqrt[3]{216} = 6$

f) $\sqrt{81} - \sqrt[4]{81} = 9 - 3 = 6$

✍ A. 2.137 auf Seite 268

2.5.4.2 Multiplikation von Wurzeln mit gleichen Wurzelexponenten

Nach den Potenzgesetzen gilt für $a,b \geq 0$

$$a^{\frac{1}{n}} \cdot b^{\frac{1}{n}} = (a \cdot b)^{\frac{1}{n}}$$

Ersetzt man die gebrochenen Exponenten durch Wurzelzeichen, so erkennt man:

Wurzeln mit gleichen Wurzelexponenten lassen sich multiplizieren, indem man das Produkt der Radikanden berechnet und dieses mit dem gemeinsamen Wurzelexponenten radiziert:

$$\boxed{\sqrt[n]{a} \cdot \sqrt[n]{b} = \sqrt[n]{a \cdot b}} \qquad a,b \geq 0 \tag{2.59}$$

Es gilt auch die Umkehrung dieses Satzes:

Die Wurzel aus einem Produkt kann dadurch gebildet werden, dass man die Faktoren einzeln radiziert und danach das Produkt der Wurzeln ermittelt:

$$\boxed{\sqrt[n]{a \cdot b} = \sqrt[n]{a} \cdot \sqrt[n]{b}} \qquad a,b \geq 0 \tag{2.60}$$

Beispiel:

2.167 a) $\sqrt{6} \cdot \sqrt{8} \cdot \sqrt{3} = \sqrt{6 \cdot 8 \cdot 3} = \sqrt{144} = 12$

b) $\sqrt[3]{6 \cdot \sqrt{3} + 9} \cdot \sqrt[3]{6 \cdot \sqrt{3} - 9} = \sqrt[3]{(6 \cdot \sqrt{3} + 9)\,(6 \cdot \sqrt{3} - 9)}$

$$= \sqrt[3]{\left(6 \cdot \sqrt{3}\right)^2 - 9^2} = \sqrt[3]{36 \cdot 3 - 81} = \sqrt[3]{27} = 3$$

c) $\left(\sqrt{a} - \sqrt{b}\right)^2 = \sqrt{a}^2 - 2 \cdot \sqrt{a} \cdot \sqrt{b} + \sqrt{b}^2 = a - 2 \cdot \sqrt{ab} + b$

d) $\left(\sqrt{u} + \sqrt{v}\right) \cdot \left(\sqrt{u} - \sqrt{v}\right) = u - v$

e) Das geometrische Mittel der n Zahlen $a_1, a_2, a_3, \ldots\ a_n$ ist der Ausdruck

$$m = \sqrt[n]{a_1 \cdot a_2 \cdot a_3 \cdot \ldots \cdot a_n}$$

Somit ist das geometrische Mittel der Zahlen 6 und 24 die Zahl

$$m_1 = \sqrt{6 \cdot 24} = \sqrt{144} = 12$$

und das geometrische Mittel von 12, 45 und 50 ist

$$m_2 = \sqrt[3]{12 \cdot 45 \cdot 50} = \sqrt[3]{(2^2 \cdot 3) \cdot (3^2 \cdot 5) \cdot (5^2 \cdot 2)} = \sqrt[3]{(2 \cdot 3 \cdot 5)^3} = 30$$

✍ A. 2.138 auf Seite 268

2.5.4.3 Teilradizieren

Das Wurzelgesetz für die Multiplikation erlaubt häufig ein **teilweises Wurzelziehen**. Man versucht dazu, den Radikanden in zwei Gruppen von Faktoren zu zerlegen: solche, aus denen die Wurzel glatt gezogen werden kann und solche, bei denen dies nicht möglich ist.

Beispiel:

2.168 a) $\sqrt{72a^2b} = \sqrt{36a^2 \cdot 2b} = \sqrt{6^2a^2} \cdot \sqrt{2b} = 6|a| \cdot \sqrt{2b}$

b) $\sqrt{131\,220} = ?$

Bei größeren Zahlen ist eine Primfaktorzerlegung des Radikanden hilfreich, siehe Abschnitt 1.2.2.3:

$131\,220 = 2^2 \cdot 3^8 \cdot 5^1 = 2^2 \cdot \left(3^4\right)^2 \cdot 5^1 = \left(2 \cdot 3^4\right)^2 \cdot 5$

$\sqrt{131\,220} = \sqrt{\left(2 \cdot 3^4\right)^2} \cdot \sqrt{5} = 2 \cdot 3^4 \cdot \sqrt{5} = 162 \cdot \sqrt{5}$

c) $\sqrt[3]{9\,720\,000} = \sqrt[3]{2^6 \cdot 3^5 \cdot 5^4} = \sqrt[3]{\left(2^2\right)^3 \cdot 3^3 \cdot 5^3} \cdot \sqrt[3]{3^2 \cdot 5} = 2^2 \cdot 3 \cdot 5 \cdot \sqrt[3]{45} = 60 \cdot \sqrt[3]{45}$

d) $3 \cdot \sqrt{125} - 2 \cdot \sqrt{20} - 3 \cdot \sqrt{180} + 6 \cdot \sqrt{45} = ?$

Hier ist in jedem Radikanden eine Quadratzahl als Faktor enthalten. Daher lassen sich die Wurzeln wie folgt vereinfachen:

$$= 3 \cdot \sqrt{25 \cdot 5} - 2 \cdot \sqrt{4 \cdot 5} - 3 \cdot \sqrt{36 \cdot 5} + 6 \cdot \sqrt{9 \cdot 5}$$
$$= 3 \cdot 5 \cdot \sqrt{5} - 2 \cdot 2 \cdot \sqrt{5} - 3 \cdot 6 \cdot \sqrt{5} + 6 \cdot 3 \cdot \sqrt{5} = 11 \cdot \sqrt{5}$$

e) $\left(\sqrt[3]{a^2} - \sqrt[3]{b}\right)\left(\sqrt[3]{a} + \sqrt[3]{b^2}\right) = \sqrt[3]{a^3} + \sqrt[3]{a^2b^2} - \sqrt[3]{ab} - \sqrt[3]{b^3}$

$= a + \sqrt[3]{(ab)^2} - \sqrt[3]{ab} - b$

f) $\sqrt[n]{a^{n-2}} \cdot \sqrt[n]{a^{n+3}} = \sqrt[n]{a^{n-2} \cdot a^{n+3}} = \sqrt[n]{a^{2n+1}} = \sqrt[n]{a^{2n} \cdot a} = a^2 \cdot \sqrt[n]{a}$

g) α) $\sqrt{a^2b^3} = \sqrt{a^2} \cdot \sqrt{b^2} \cdot \sqrt{b} = |a| \cdot b \cdot \sqrt{b}$

Die Betragsstriche bei b entfallen, da der Ausdruck $\sqrt{b}$ eine Beschränkung im Definitionsbereich von b zur Folge hat: $\mathbf{D}_b = \mathbf{R}^{\geq 0}$

β) $\sqrt{a^4b^3} = \sqrt{a^4} \cdot \sqrt{b^2} \cdot \sqrt{b} = a^2 \cdot b \cdot \sqrt{b}$

Die Beträge entfallen komplett, da zusätzlich zu den in α) genannten Kriterien a^2 nie negativ werden kann und sich somit eine Fallunterscheidung erübrigt.

h) Wann sind Betragsstriche erforderlich und wann nicht?

α) $\sqrt{x^2} = \lvert x\rvert$	β) $\sqrt[42]{x^{42}} = \lvert x\rvert$	γ) $\sqrt[4]{x^2} = \sqrt{\lvert x\rvert}$
δ) $\sqrt[6]{x^2} = \sqrt[3]{\lvert x\rvert}$	ϵ) $\sqrt{x^4} = x^2$	ζ) $\sqrt[6]{x^{18}} = \lvert x\rvert^3$
η) $\sqrt[4]{x^{10}} = \sqrt{\lvert x\rvert^5}$	ϑ) $\sqrt[6]{x^{10}} = \sqrt[3]{\lvert x\rvert^5}$	ι) $\sqrt[3]{x^4} = \lvert x\rvert \cdot \sqrt[3]{\lvert x\rvert}$
κ) $\sqrt[9]{x^3} = \sqrt[3]{x}$	λ) $\sqrt{x^3} = x \cdot \sqrt{x}$	μ) $\sqrt{x^5} = x^2 \cdot \sqrt{x}$
ν) $\sqrt[4]{x^5} = x \cdot \sqrt[4]{x}$	ξ) $\sqrt[3]{x^5} = x \cdot \sqrt[3]{x^2}$	o) $\sqrt[3]{x^7} = x^2 \cdot \sqrt[3]{x}$

Für κ bis o gilt $x \in \mathbf{R}^{\geq 0}$, ansonsten $x \in \mathbf{R}$.

Modelle, die über einen speziellen mathematischen Ausgabe-Modus verfügen, liefern für quadratische Wurzeln auch teilradizierte Ergebnisse:

Aufgabe	**Eingabe**	**Ausgabe**
$\sqrt{8} = ?$	[√□] 8 [=]	$2\sqrt{2}$
$\sqrt{5\,769} = ?$	[√□] 5 769 [=]	$3\sqrt{641}$

A. 2.139–2.142 auf Seite 268

Möchte man das Teilradizieren wieder umkehren, also einen Faktor, der vor dem Wurzelzeichen steht, unter die Wurzel holen, so muss dieser Faktor in die Potenz des Wurzelexponenten gesetzt werden. Für nicht-negative Faktoren gilt:

$$a \geq 0: \qquad a \cdot \sqrt[n]{b} = \sqrt[n]{a^n} \cdot \sqrt[n]{b} = \sqrt[n]{a^n \cdot b}$$

Beispiel:

2.169 a) $3 \cdot \sqrt{7} = \sqrt{3^2 \cdot 7} = \sqrt{63}$

b) $4 \cdot \sqrt[3]{18} = \sqrt[3]{4^3 \cdot 18} = \sqrt[3]{1\,152}$

c) Der Faktor $x > 0$ soll mit unter das Wurzelzeichen gebracht werden: $x \cdot \sqrt{1 - \frac{y^2}{x^2}}$

$$x \cdot \sqrt{1 - \frac{y^2}{x^2}} = \sqrt{x^2} \cdot \sqrt{1 - \frac{y^2}{x^2}} = \sqrt{x^2 \cdot \left(1 - \frac{y^2}{x^2}\right)} = \sqrt{x^2 - y^2}$$

Bei negativen Vorfaktoren ist zu berücksichtigen, dass man nur den Betrag des Vorfaktors unter die Wurzel holen kann, denn der Radikand darf auch bei ungeraden Wurzelexponenten nicht negativ werden. Vor die Wurzel muss ein Minuszeichen gesetzt werden:

$$a < 0,\ n \text{ ungerade:} \quad a \cdot \sqrt[n]{b} = -\sqrt[n]{|a|^n} \cdot \sqrt[n]{b} = -\sqrt[n]{|a|^n \cdot b} = -\sqrt[n]{-a^n \cdot b}$$

Beispiel:

2.170 a) $-5 \cdot \sqrt{11} = -\sqrt{5^2 \cdot 11} = -\sqrt{275}$

b) $-2 \cdot \sqrt[3]{10} = -\sqrt[3]{2^3 \cdot 10} = -\sqrt[3]{80}$

c) Schreibe für beliebiges k unter eine Wurzel: $3k \cdot \sqrt{5x^2}$

$k > 0: \quad 3k \cdot \sqrt{5x^2} = \sqrt{(3k)^2} \cdot \sqrt{5x^2} = \sqrt{45\,k^2x^2}$

$k < 0: \quad 3k \cdot \sqrt{5x^2} = -\sqrt{(3k)^2} \cdot \sqrt{5x^2} = -\sqrt{45\,k^2x^2}$

$k = 0: \quad 0$ (Trivialer[1)] Fall, wird hier nicht weiter betrachtet.)

d) Schreibe für beliebiges f unter eine Wurzel: $2f \cdot \sqrt[5]{7a^3b}$

$f > 0: \quad 2f \cdot \sqrt[5]{7a^3b} = \sqrt[5]{(2f)^5} \cdot \sqrt[5]{7a^3b} = \sqrt[5]{224\,a^3b\,f^5}$

$f < 0: \quad 2f \cdot \sqrt[5]{7a^3b} = -\sqrt[5]{\left(2\,|f|\right)^5} \cdot \sqrt[5]{7a^3b} = -\sqrt[5]{224\,a^3b\,|f|^5}$

$= -\sqrt[5]{-224\,a^3b\,f^5}$

1) trivialis (lat.) gewöhnlich. Lieblingsvokabel der Mathematiker, speziell für Erkenntnisse, die sich direkt aus einer Definition ergeben und deshalb nicht weiter erörtert werden müssen. Die Verwendung als Adjektiv erfolgt meist im Sinne von „sehr einfach“.

e) Wenn der Radikand schon einen nicht-negativen Wert für die Variable einfordert, entfällt die Fallunterscheidung:

$$2y\sqrt[3]{4y} = \sqrt[3]{(2y)^3} \cdot \sqrt[3]{4y} = \sqrt[3]{32\,y^4} \qquad y \geq 0$$

☞ Tipp: Man nutze diese Umkehrmöglichkeit zur Kontrolle der Ergebnisse, die man beim Teilradizieren erhalten hat!

✍ A. 2.143 auf Seite 269

2.5.4.4 Division von Wurzeln mit gleichen Wurzelexponenten

In ähnlicher Weise wie bei der Multiplikation von Wurzeln mit gleichen Wurzelexponenten lässt sich herleiten, dass gilt:

Wurzeln mit gleichen Wurzelexponenten können dividiert werden, indem man den Quotienten der Radikanden mit dem gemeinsamen Wurzelexponenten radiziert:

$$\boxed{\frac{\sqrt[n]{a}}{\sqrt[n]{b}} = \sqrt[n]{\frac{a}{b}}} \qquad a \geq 0, b > 0 \tag{2.61}$$

Entsprechend gilt für die Umkehrung

Einen Bruch kann man radizieren, indem man Zähler und Nenner für sich radiziert und die entstehenden Wurzelwerte durcheinander dividiert:

$$\boxed{\sqrt[n]{\frac{a}{b}} = \frac{\sqrt[n]{a}}{\sqrt[n]{b}}} \qquad a \geq 0, b > 0 \tag{2.62}$$

Beispiele:

2.171 a) $\sqrt{72} : \sqrt{8} = \sqrt{72 : 8} = \sqrt{9} = 3$

b) $\sqrt{x} : \sqrt{y} = \dfrac{\sqrt{x}}{\sqrt{y}} = \sqrt{\dfrac{x}{y}}$

x darf alle nicht-negativen Werte annehmen, für y muss aber die Null ausgeschlossen werden, da y im Nenner steht, also $(x \geq 0) \wedge (y > 0)$.

c) $\sqrt[3]{81a^5b^7} : \sqrt[3]{3ab} = \sqrt[3]{\left(81a^5b^7\right) : (3ab)} = \sqrt[3]{27a^4b^6} = 3ab^2 \cdot \sqrt[3]{a} \qquad a, b \in \mathbf{R}^{>0}$

d) $\sqrt{0{,}84} = \sqrt{\dfrac{84}{100}} = \dfrac{\sqrt{84}}{\sqrt{100}} = \dfrac{2 \cdot \sqrt{21}}{10} = \dfrac{1}{5}\sqrt{21}$

e) $\sqrt[3]{0{,}21} = \sqrt[3]{\dfrac{210}{1\,000}} = \dfrac{1}{10}\sqrt[3]{210}$

f)
$$
\begin{array}{rrrrl}
(u\cdot\sqrt{u} & +\,v\cdot\sqrt{v}) & : (\sqrt{u}+\sqrt{v}) & & = u-\sqrt{uv}+v \\
-(u\cdot\sqrt{u} & +\,u\cdot\sqrt{v}) & & & \\
\hline
 & -\,u\cdot\sqrt{v} & +\,v\cdot\sqrt{v} & & \\
 & -(-\,u\cdot\sqrt{v} & -\,v\cdot\sqrt{u}\,) & & \\
\hline
 & & +\,v\cdot\sqrt{u} & +v\cdot\sqrt{v} & \\
 & & -(+\,v\cdot\sqrt{u} & +v\cdot\sqrt{v}\,) & \\
\hline
 & & & 0 &
\end{array}
$$

Hier noch einmal ausführlich ein Schritt der Zwischenrechnung:

$$\frac{-u\sqrt{v}}{\sqrt{u}} = \frac{-\sqrt{u^2v}}{\sqrt{u}} = -\sqrt{\frac{u^2v}{u}} = -\sqrt{uv}$$

Die Schreibweise einer Zahl mithilfe des Wurzelzeichens charakterisiert stets den *exakten Wert* dieser Zahl. So liefert

$$\sqrt{180}^{\,2} = 180$$

Für das praktische Rechnen verwendet man normalerweise *Näherungswerte* mit so vielen Stellen hinter dem Komma, die der geforderten Genauigkeit der Berechnung entsprechen. So kann man etwa für $\sqrt{180}$ den Wert

$$\sqrt{180} \approx 13{,}4164$$

verwenden, muss sich dabei jedoch darüber im Klaren sein, dass das Quadrat von 13,4164 nicht 180 ist, sondern $13{,}4164^2 = 179{,}999\,788\,96$. Bei den meisten Aufgaben reichen im Allgemeinen vier oder fünf Stellen nach dem Komma aus.

Ähnlich, wie man die rationale Zahl $2/3$ nicht durch den Näherungswert 0,666 67 ersetzen sollte, ist auch bei den irrationalen Zahlen zu verfahren. Man sollte möglichst lange mit den Symbolen $2/3$ oder $6\sqrt{5}$ für $\sqrt{180}$ arbeiten und erst zum Schluss eine gerundete Näherungslösung angeben.

A. 2.144–2.145 auf Seite 269

2.5.4.5 Rationalmachen des Nenners

Benötigt man einen Näherungswert für den Bruch $1/\sqrt{2}$, dann muss man – wenn man nicht weiter über die Aufgabe nachdenkt – den Zähler durch die Irrationalzahl $\sqrt{2} = 1{,}41\,421\ldots$ teilen. Je genauer das Ergebnis sein soll, umso mehr Stellen nach dem Komma müssen dann für $\sqrt{2}$ verwendet werden.

Einfacher ist es jedoch, durch eine natürliche Zahl zu teilen. Man erweitert deshalb den Nenner so, dass man dort eine natürliche Zahl erhält:

$$\frac{1}{\sqrt{2}} = \frac{1\cdot\sqrt{2}}{\sqrt{2}\cdot\sqrt{2}} = \frac{\sqrt{2}}{2} \approx \frac{1{,}41\,421}{2} \approx 0{,}70\,711$$

Da im Nenner nun eine rationale Zahl erscheint, wird diese Vorgehensweise **Rationalmachen des Nenners** genannt.

☞ Steht dabei im Nenner eine n-te Wurzel, so muss man versuchen so zu erweitern, dass im Nenner die n-te Potenz einer Zahl entsteht, denn im Allgemeinen lässt sich mit einer irrationalen Zahl im Zähler vorteilhafter umgehen als mit einer irrationalen Zahl im Nenner.

Beispiel:

2.172 a) $$\frac{6}{\sqrt{3}} = \frac{6\cdot\sqrt{3}}{\sqrt{3}\cdot\sqrt{3}} = \frac{6\cdot\sqrt{3}}{3} = 2\cdot\sqrt{3}$$

b) $$\sqrt{\frac{64}{135}} = \frac{\sqrt{8^2}}{\sqrt{3^2\cdot 15}} = \frac{8}{3\cdot\sqrt{15}} = \frac{8\cdot\sqrt{15}}{3\cdot\left(\sqrt{15}\right)^2} = \frac{8}{45}\sqrt{15}$$

c) $$\frac{2}{\sqrt[3]{9}} = \frac{2\cdot\sqrt[3]{3}}{\sqrt[3]{9}\cdot\sqrt[3]{3}} = \frac{2\cdot\sqrt[3]{3}}{\sqrt[3]{27}} = \frac{2}{3}\cdot\sqrt[3]{3}$$

d) $$\frac{a}{\sqrt{a}} = \frac{a\cdot\sqrt{a}}{\sqrt{a}\cdot\sqrt{a}} = \frac{a\cdot\sqrt{a}}{a} = \sqrt{a} \qquad a>0$$

e) $$\frac{x}{\sqrt[7]{x^3}} = \frac{x\cdot\sqrt[7]{x^4}}{\sqrt[7]{x^3}\cdot\sqrt[7]{x^4}} = \frac{x\cdot\sqrt[7]{x^4}}{\sqrt[7]{x^7}} = \frac{x\cdot\sqrt[7]{x^4}}{x} = \sqrt[7]{x^4} \qquad x>0$$

f) $\sqrt[3]{\frac{a}{x^2}} = ?$ Da sich für den Definitionsbereich von x aus der Wurzel nur die Einschränkung $x \neq 0$ ergibt, ist beim Erweitern folgende Fallunterscheidung notwendig:

$$x<0: \quad \sqrt[3]{\frac{a}{x^2}} = \sqrt[3]{\frac{a\cdot|x|}{x^2\cdot|x|}} = \frac{\sqrt[3]{a\cdot|x|}}{\sqrt[3]{|x|^3}} = \frac{\sqrt[3]{a\cdot|x|}}{|x|} = -\frac{\sqrt[3]{a\cdot|x|}}{x}$$

$$x>0: \quad \sqrt[3]{\frac{a}{x^2}} = \sqrt[3]{\frac{a\cdot x}{x^2\cdot x}} = \frac{\sqrt[3]{a\cdot x}}{\sqrt[3]{x^3}} = \frac{\sqrt[3]{a\cdot x}}{x}$$

g) $\sqrt[3]{\frac{b^2}{x}} = ?$ Bei diesem Beispiel entfällt die Fallunterscheidung, da von vornherein $x>0$ durch die Wurzel festgelegt wird.

$$\sqrt[3]{\frac{b^2}{x}} = \sqrt[3]{\frac{b^2\cdot x^2}{x\cdot x^2}} = \frac{\sqrt[3]{b^2x^2}}{\sqrt[3]{x^3}} = \frac{\sqrt[3]{b^2x^2}}{x}$$

Steht im Nenner eines Bruches eine Summe, in der Quadratwurzeln auftreten, dann kann man im Nenner die dritte binomische Formel

$$(a+b)\cdot(a-b) = a^2 - b^2$$

anwenden, um ihn rational zu machen: Erweitern mit dem *dazu passenden* Wurzelausdruck.

Beispiel:

2.173 a) $$\frac{2\cdot\sqrt{3}}{\sqrt{5}-\sqrt{3}} = \frac{2\cdot\sqrt{3}\cdot\left(\sqrt{5}+\sqrt{3}\right)}{\left(\sqrt{5}-\sqrt{3}\right)\left(\sqrt{5}+\sqrt{3}\right)} = \frac{2\cdot\sqrt{3}\cdot\left(\sqrt{5}+\sqrt{3}\right)}{5-3} = 3+\sqrt{15}$$

Im Nenner steht der irrationale Ausdruck $\sqrt{5}-\sqrt{3}$, weshalb wir den Bruch mit $\sqrt{5}+\sqrt{3}$ erweitern, so dass im Nenner die dritte binomische Formel angewendet werden kann: $\left(\sqrt{5}-\sqrt{3}\right)\cdot\left(\sqrt{5}+\sqrt{3}\right) = \sqrt{5}^2 - \sqrt{3}^2 = 5-3 = 2$

b) $$\frac{15}{2+\sqrt{6}} = \frac{15\cdot\left(2-\sqrt{6}\right)}{\left(2+\sqrt{6}\right)\left(2-\sqrt{6}\right)} = \frac{15\cdot\left(2-\sqrt{6}\right)}{4-6} = \frac{15}{2}\cdot\left(\sqrt{6}-2\right)$$

c) $$\frac{a}{a+\sqrt{b}} = \frac{a\cdot\left(a-\sqrt{b}\right)}{\left(a+\sqrt{b}\right)\cdot\left(a-\sqrt{b}\right)} = \frac{a\cdot\left(a-\sqrt{b}\right)}{a^2-b}$$

d) $$\frac{\sqrt{3}}{2\cdot\sqrt{5}-\sqrt{3}} = \frac{\sqrt{3}\cdot\left(2\cdot\sqrt{5}+\sqrt{3}\right)}{\left(2\cdot\sqrt{5}-\sqrt{3}\right)\cdot\left(2\cdot\sqrt{5}+\sqrt{3}\right)} = \frac{2\cdot\sqrt{15}+3}{20-3} = \frac{3+2\cdot\sqrt{15}}{17}$$

e) $$\frac{\sqrt{6}-\sqrt{2}}{\sqrt{2}+\sqrt{6}-\sqrt{10}} = \frac{\left(\sqrt{6}-\sqrt{2}\right)\cdot\left(\sqrt{2}+\sqrt{6}+\sqrt{10}\right)}{\left[\left(\sqrt{2}+\sqrt{6}\right)-\sqrt{10}\right]\cdot\left[\left(\sqrt{2}+\sqrt{6}\right)+\sqrt{10}\right]}$$

$$= \frac{\sqrt{12}+\sqrt{36}+\sqrt{60}-\sqrt{4}-\sqrt{12}-\sqrt{20}}{\left(2+2\cdot\sqrt{12}+6\right)-10} = \frac{6+2\cdot\sqrt{15}-2-2\cdot\sqrt{5}}{4\cdot\sqrt{3}-2}$$

$$= \frac{2\cdot\left(2+\sqrt{15}-\sqrt{5}\right)}{2\cdot(2\cdot\sqrt{3}-1)} = \frac{\left(2+\sqrt{15}-\sqrt{5}\right)\cdot(2\cdot\sqrt{3}+1)}{(2\cdot\sqrt{3}-1)\cdot(2\cdot\sqrt{3}+1)}$$

$$= \frac{4\cdot\sqrt{3}+2+2\cdot\sqrt{45}+\sqrt{15}-2\cdot\sqrt{15}-\sqrt{5}}{4\cdot 3-1}$$

$$= \frac{4\cdot\sqrt{3}+2+6\cdot\sqrt{5}+\sqrt{15}-2\cdot\sqrt{15}-\sqrt{5}}{11} = \frac{2+4\cdot\sqrt{3}+5\cdot\sqrt{5}-\sqrt{15}}{11}$$

☞ Tipp: Die Rechnung wird einfacher, wenn man direkt zu Beginn im Zähler und im Nenner $\sqrt{2}$ ausklammert und wegkürzt.

f) In manchen Fällen kann man das dritte Binom auch in die andere Richtung anwenden, so dass man nicht mit einem Wurzelterm erweitert, sondern durch ihn kürzt:

$$\frac{a-1}{2\left(\sqrt{a}+1\right)} = \frac{\cancel{\left(\sqrt{a}+1\right)}\cdot\left(\sqrt{a}-1\right)}{2\cancel{\left(\sqrt{a}+1\right)}} = \frac{\sqrt{a}-1}{2}$$

✍ A. 2.146–2.150 auf Seite 270

2.5.4.6 Radizieren von Potenzen und Wurzeln

Beim Potenzieren einer Potenz dürfen die beiden Exponenten miteinander multipliziert werden. Dies trifft auch für gebrochene Exponenten zu, so dass für $a \geq 0$ gilt

$$(a^m)^{\frac{1}{n}} = \left(a^{\frac{1}{n}}\right)^m$$

Schreibt man diese Formel mithilfe des Wurzelzeichens, so ergibt sich

$$\boxed{\sqrt[n]{a^m} = \sqrt[n]{a}^{\,m}} \qquad a \geq 0 \qquad (2.63)$$

Es ist gleichgültig, ob man eine nicht-negative Zahl zuerst potenziert und dann radiziert oder ob man in der umgekehrten Reihenfolge vorgeht.

Ob man erst potenzieren und dann radizieren oder es umgekehrt machen soll, hängt ganz von der Aufgabenstellung ab.

Beispiel:

2.174 a) $\sqrt[5]{243^3} = \sqrt[5]{243}^3 = 3^3 = 27$

b) $\sqrt{9x^2 - 12xy + 4y^2}^5 = \sqrt{(3x-2y)^2}^5 = |3x - 2y|^5$

Anmerkung: Der Radikand $(3x - 2y)^2$ der zweiten Wurzel ist als Quadrat auf alle Fälle positiv, so dass die Wurzel ohne Bedenken gezogen werden darf. Da jedoch der Ausdruck $3x - 2y$ sowohl positiv als auch negativ sein kann, ist der Wurzelwert der Quadratwurzel in Absolutstriche zu setzen, siehe Abschnitt 2.5.1.2.

c) $\sqrt[3]{5}^2 = ?$

$\sqrt[3]{5}^2$ ist das Quadrat einer vielstelligen Dezimalzahl und lässt sich damit nur sehr unbequem ermitteln. Vertauscht man hier die Reihenfolge von Radizieren und Potenzieren miteinander, so wird die Berechnung wesentlich einfacher.

$$\sqrt[3]{5}^2 = \sqrt[3]{5^2} = \sqrt[3]{25} \approx 2{,}9240.$$

✍ A. 2.151 auf Seite 271

Für $a \geq 0$ folgt schließlich aus der Potenzgleichung

$$a^{\frac{m}{n}} = a^{\frac{k \cdot m}{k \cdot n}}$$

die Beziehung

$$\boxed{\sqrt[n]{a^m} = \sqrt[k \cdot n]{a^{k \cdot m}}} \qquad a \geq 0 \qquad (2.64)$$

Wurzel- und Potenzexponent dürfen mit der gleichen Zahl multipliziert und durch die gleiche Zahl dividiert werden.

Man nennt diesen Vorgang in Analogie zur Bruchrechnung *Erweitern und Kürzen von Wurzel- und Radikandenexponenten.*

Beispiel:

2.175 a) $\sqrt[4]{25} = \sqrt[4]{5^2} = \sqrt[2]{5^1} = \sqrt{5}$

b) $\sqrt[9]{\dfrac{8a^6b^{12}}{27c^3d^{15}}} = \sqrt[9]{\left(\dfrac{2a^2b^4}{3cd^5}\right)^3} = \sqrt[3]{\dfrac{2a^2b^4}{3cd^5}} = \dfrac{|b|}{d} \cdot \sqrt[3]{\dfrac{2a^2|b|}{3cd^2}} \qquad \begin{array}{l} a, b \in \mathbf{R} \\ c, d \in \mathbf{R}^{>0} \end{array}$

c) $\sqrt[4]{u^3}$ soll als 12. Wurzel geschrieben werden.

$$\sqrt[4]{u^3} = \sqrt[4 \cdot 3]{u^{3 \cdot 3}} = \sqrt[12]{u^9}$$

✍ A. 2.152–2.155 auf Seite 271

Nach den Potenzgesetzen muss

$$\left(a^{\frac{1}{n}}\right)^{\frac{1}{m}} = \left(a^{\frac{1}{m}}\right)^{\frac{1}{n}} = a^{\frac{1}{m \cdot n}}$$

sein. Schreibt man dies mithilfe von Wurzeln, so ergibt sich eine *Doppelwurzel*:

$$\boxed{\sqrt[m]{\sqrt[n]{a}} = \sqrt[n]{\sqrt[m]{a}} = \sqrt[m \cdot n]{a}} \qquad a \geq 0 \tag{2.65}$$

Beim Radizieren einer Wurzel darf die Reihenfolge, in der radiziert werden soll, vertauscht werden.

Jede mehrfache Wurzel kann auch stets als eine einfache Wurzel geschrieben werden mit einem Wurzelexponenten, der gleich dem Produkt der gegebenen Wurzelexponenten ist.

Umgekehrt lässt sich jede Wurzel mit einem Wurzelexponenten der keine Primzahl ist in mehrere ineinander geschachtelte Wurzeln umformen.

Beispiel:

2.176 a) $\sqrt[3]{\sqrt{27}} = \sqrt{\sqrt[3]{27}} = \sqrt{3}$

b) $\sqrt[6]{9} = \sqrt[3]{\sqrt{9}} = \sqrt[3]{3}$

c) $\sqrt[4]{\sqrt[7]{u^3}} = \sqrt[28]{u^3}$

d) $\sqrt[3]{3\sqrt{3\sqrt[3]{3}}} = \sqrt[3]{3\sqrt{\sqrt[3]{3^3 \cdot 3}}} = \sqrt[3]{3 \cdot \sqrt[6]{3^4}} = \sqrt[3]{3 \cdot \sqrt[3]{3^2}} = \sqrt[3]{\sqrt[3]{3^3 \cdot 3^2}} = \sqrt[9]{3^5}$

✍ A. 2.156 auf Seite 272

2.5.4.7 Wurzeln mit verschiedenen Wurzelexponenten

Wenn in einem Term unterschiedliche Wurzelexponenten auftreten, ist es meistens vorteilhaft, die Wurzeln als Potenzen mit gebrochenen Exponenten zu schreiben und dann die Potenzgesetze anzuwenden.

Beispiel:

2.177 a) $\sqrt[n]{a^x} \cdot \sqrt[m]{a^y} = a^{\frac{x}{n}} \cdot a^{\frac{y}{m}} = a^{\frac{x}{n} + \frac{y}{m}} = a^{\frac{mx+ny}{mn}} = \sqrt[m \cdot n]{a^{mx+ny}}$

b) $\sqrt[3]{3 \cdot \sqrt{3 \cdot \sqrt[3]{3}}} = \left\{3 \cdot \left[3 \cdot 3^{\frac{1}{3}}\right]^{\frac{1}{2}}\right\}^{\frac{1}{3}} = \left\{3 \cdot \left[3^{\frac{4}{3}}\right]^{\frac{1}{2}}\right\}^{\frac{1}{3}} = \left\{3 \cdot 3^{\frac{2}{3}}\right\}^{\frac{1}{3}}$

$= \left\{3^{\frac{5}{3}}\right\}^{\frac{1}{3}} = 3^{\frac{5}{9}}$

Vergleiche diese Rechnung mit der in Beispiel 2.176 d.

c) $$\left(4\cdot\sqrt{xy}+\sqrt[3]{xy^2}+3\sqrt[4]{xy^3}\right)\cdot\left(\sqrt[12]{xy^4}-2\cdot\sqrt{xy}\right)$$
$$=\left(4\cdot x^{\frac{1}{2}}\cdot y^{\frac{1}{2}}+x^{\frac{1}{3}}\cdot y^{\frac{2}{3}}+3\cdot x^{\frac{1}{4}}\cdot y^{\frac{3}{4}}\right)\cdot\left(x^{\frac{1}{12}}\cdot y^{\frac{1}{3}}-2x^{\frac{1}{2}}\cdot y^{\frac{1}{2}}\right)$$
$$=4\cdot x^{\frac{7}{12}}\cdot y^{\frac{5}{6}}-8xy+x^{\frac{5}{12}}\cdot y-2\cdot x^{\frac{5}{6}}\cdot y^{\frac{7}{6}}+3\cdot x^{\frac{1}{3}}\cdot y^{\frac{13}{12}}-6\cdot x^{\frac{3}{4}}\cdot y^{\frac{5}{4}}$$
$$=4\sqrt[12]{x^7y^{10}}-8xy+y\cdot\sqrt[12]{x^5}-2y\cdot\sqrt[6]{x^5y}+3y\cdot\sqrt[12]{x^4y}-6y\cdot\sqrt[4]{x^3y}$$

d) Schreibe unter eine Wurzel: $\dfrac{V}{\pi\left(\sqrt[3]{\frac{V}{2\pi}}\right)^2}$

$$\frac{V}{\pi\left(\sqrt[3]{\frac{V}{2\pi}}\right)^2}\overset{①}{=}\frac{V}{\pi}\cdot\frac{1}{\left(\sqrt[3]{\frac{V}{2\pi}}\right)^2}\overset{②}{=}\frac{V}{\pi}\cdot\left(\sqrt[3]{\frac{2\pi}{V}}\right)^2\overset{③}{=}\sqrt[3]{\left(\frac{V}{\pi}\right)^3\cdot\left(\frac{2\pi}{V}\right)^2}=\sqrt[3]{\frac{4V}{\pi}}$$

Strategie:
① Struktur verbessern ⇒ Produkt zweier Brüche
② $1/\ldots$ bedeutet Kehrwert bilden ⇒ Radikanden umkehren
③ Vorfaktor und äußere Potenz unter die Wurzel holen

✍ A. 2.157–2.160 auf Seite 272

2.5.4.8 Rückblick auf die Potenz- und die Wurzelgesetze

Da sich jede Wurzel als Potenz mit gebrochenem Exponenten darstellen lässt, können die Potenzgesetze ohne Schwierigkeiten auf das Wurzelrechnen übertragen werden. Um mit Wurzeln rechnen zu können, würde es demnach ausreichen, nur die Potenzgesetze zu beherrschen.

Man verwendet jedoch beim Wurzelrechnen sowohl die Schreibweise mit Wurzelzeichen als auch die Darstellung durch Potenzen mit gebrochenen Exponenten. Dabei hängt es von der Aufgabenstellung, den gegebenen Zahlenwerten sowie den persönlichen Rechengewohnheiten ab, welcher der beiden Darstellungsformen der Vorrang gegeben wird.

Wer Aufgaben der Wurzelrechnung schnell und sicher lösen will, der muss mit der einen Darstellungsweise genau so sicher umgehen können wie mit der anderen. Es wird daher empfohlen, mehrere Aufgaben mit beiden Darstellungsarten zu lösen und die auf den unterschiedlichen Wegen gefundenen Resultate auf Übereinstimmung zu prüfen.

Aufgaben:

Anmerkung: Die Aufgaben, die reine Zahlenrechnungen sind, sollen zunächst ohne Hilfe von Rechengeräten gelöst werden. Danach erst sollte man den Taschenrechner zur Hand nehmen, um die schriftlich ermittelten Ergebnisse mit dem Rechner zu bestätigen. Das ist zwar zeitaufwendig, fördert aber das Gefühl für die zu erwartenden Ergebnisse ungemein.

2.5.1.1 Der Wurzelbegriff

(Lösungen ab Seite 873)

2.123 Prüfe ohne die Wurzel-Tasten des Taschenrechners zu benutzen, ob die Wurzelwerte richtig sind:

a) $\sqrt{50\,176} = +224$ b) $\sqrt{0{,}121} = +0{,}11$ c) $\sqrt[3]{0{,}001} = +0{,}1$

d) $\sqrt[4]{20\,736} = +12$ e) $\sqrt[6]{-4\,096} = +4$ f) $\sqrt[8]{6\,562} = +3$

g) $\sqrt{(a+b)^4} = +(a+b)^2$ h) $\sqrt{66{,}2596} = +8{,}14$ i) $\sqrt[3]{132\,651} = \pm 51$

k) $\sqrt[3]{-0{,}008} = -0{,}2$

2.124 Desgleichen:

a) $\sqrt[5]{-161\,051} = -11$ b) $\sqrt[7]{-78\,125} = 5$ c) $\sqrt[x]{a^{3x}} = a^3$

d) $\sqrt{a^2 - b^2} = a - b$ e) $\sqrt{220\,900} = 470$ f) $\sqrt[3]{65} = -0{,}402\,07$

g) $\sqrt{9 + 16} = 3 + 4 = 7$ h) $\sqrt[4]{0{,}0016x^{12}} = 0{,}2x^3$

i) $\sqrt{100 - 36} = 10 - 6 = 4$ k) $\sqrt[3]{x^3 + y^3} = x + y$

2.125 Berechne mit dem Taschenrechner und runde das Ergebnis auf 4 Nachkommastellen:

a) $\sqrt{580}$ b) $\sqrt{8{,}74}$ c) $\sqrt{0{,}0421}$ d) $\sqrt{0{,}270}$ e) $\sqrt{6\,700}$

f) $\sqrt[3]{10\,368}$ g) $\sqrt[3]{0{,}00648}$ h) $\sqrt[3]{0{,}00972}$ i) $\sqrt[3]{0{,}766}$ k) $\sqrt[3]{30{,}25}$

l) $\sqrt[4]{336}$ m) $\sqrt[4]{1{,}625}$ n) $\sqrt[5]{196{,}875}$ o) $\sqrt[5]{\frac{125}{24}}$ p) $\sqrt[4]{6\frac{49}{96}}$

2.126 Desgleichen:

a) $\sqrt[4]{42{,}6 \cdot 97{,}3 \cdot 62{,}1 \cdot 50{,}08}$ b) $\sqrt[3]{\dfrac{17{,}42 \cdot 9{,}235 \cdot 482{,}3}{0{,}003\,16 \cdot 0{,}000\,100\,4}}$

c) $\sqrt[8]{\left(\dfrac{1\,926 \cdot 63{,}24 \cdot 0{,}8204}{615 \cdot 8{,}925 \cdot 0{,}001\,24}\right)^5}$ d) $\sqrt[10]{\left(\dfrac{0{,}608 \cdot 0{,}3007 \cdot 0{,}012\,64 \cdot 0{,}0073}{14{,}86 \cdot 9{,}072 \cdot 0{,}8001 \cdot 0{,}006\,009}\right)^3}$

e) $\sqrt[3]{\dfrac{62{,}05^2 \cdot \sqrt[3]{0{,}0314} \cdot 120{,}04^3}{147{,}2^3 \cdot 40{,}57^4 \cdot \sqrt{25{,}64}}}$ f) $\left(\dfrac{\sqrt{1{,}076} \cdot \sqrt[3]{0{,}034}}{\sqrt[4]{0{,}6807} \cdot \sqrt[5]{0{,}000\,82}}\right)^3$

g) $\dfrac{\sqrt[3]{102{,}4} - \sqrt{10{,}24}}{1{,}024^4}$ h) $\sqrt[3]{\left(\dfrac{0{,}074^2 \cdot 6{,}285^3}{0{,}602^3 \cdot \sqrt{596{,}2}} + \dfrac{1{,}001^5 \cdot 0{,}0072^2}{0{,}095^4 \cdot \sqrt[3]{3{,}001}}\right)^2}$

i) $\sqrt{\dfrac{62{,}36 \cdot 0{,}725}{1\,986 \cdot 432{,}3}}$ k) $\sqrt[3]{\dfrac{4{,}36^2 \cdot 72{,}53^3}{\sqrt[3]{75{,}6} \cdot 604^2}} + \sqrt{\dfrac{0{,}076^3 \cdot \sqrt[4]{0{,}001\,29}}{0{,}0024^2 \cdot \sqrt[3]{0{,}0426}}}$

l) $\sqrt[3]{\left(\dfrac{26{,}48^3 \cdot \sqrt{7{,}824} \cdot 0{,}1845^4}{8{,}47^4 \cdot \sqrt[3]{1\,574} \cdot 0{,}0756^2}\right)^3 + \left(\dfrac{176{,}4^2 \cdot \sqrt[3]{67{,}23} \cdot 24{,}75^4}{25{,}76^3 \cdot \sqrt{30{,}27} \cdot 603{,}2^2}\right)^2}$

2.5.1.2 Definitionsbereich und einschränkende Bedingungen

(Lösungen ab Seite 873)

2.127 Für welche x-Werte aus **R** existieren die folgenden Wurzeln?

a) $\sqrt{x}$ b) $\sqrt{x^3}$ c) $\sqrt{x}^3$ d) $\sqrt[3]{x}$

e) $\sqrt[3]{2}$ f) $\sqrt[3]{x}^2$ g) $\sqrt{1 - x}$ h) $\sqrt[3]{(x - y)^2}$

i) $\sqrt[3]{x - y}^2$ k) $\sqrt{a^2 - x^2}$

2.128 Vereinfache die Wurzeln so weit wie möglich:

a) $\sqrt{64}$ b) $\sqrt[7]{-1}$ c) $\sqrt[3]{64}$ d) $\sqrt[3]{27^3}$ e) $\sqrt[6]{64}$

f) $\sqrt{(uv)^2}$ g) $\sqrt[4]{a+b}^{4}$ h) $\sqrt[3]{125x^6}$ i) $\sqrt{1-x^2}$ k) $\sqrt[3]{\left(8a^3b^6\right)^2}$

2.129 Desgleichen:

a) $\sqrt[4]{a^4}\,\sqrt[4]{b^{12}}\,\sqrt[4]{c^8}$ b) $\sqrt{(1-x)^2}$ c) $\sqrt[3]{(u-8)^3}$ d) $\sqrt[4]{16}\,\sqrt[4]{a^4}\,\sqrt[4]{b^8}\,\sqrt[4]{c^{20}}$

e) $\left(7\cdot\sqrt{a-b}\right)^2+\left(5\cdot\sqrt{b-c}\right)^2+\left(4\cdot\sqrt{c-a}\right)^2-\left(3\cdot\sqrt{b-c}\right)^2$

f) $5\cdot\sqrt{36}-8\cdot\sqrt[3]{64}+7\cdot\sqrt{121}-9\cdot\sqrt{64}$ g) $5\cdot\sqrt[4]{16}-10\cdot\sqrt[4]{81}-9\cdot\sqrt[3]{64}+8\cdot\sqrt[5]{243}$

h) $(2\cdot\sqrt{10})^2-(10\cdot\sqrt{2})^2+(4\cdot\sqrt{10})^2$ i) $\sqrt[3]{\frac{1}{8}}+\sqrt{+\frac{1}{4}}-\sqrt[4]{\frac{1}{256}}+\sqrt[3]{\frac{1}{64}}+\sqrt[10]{+1}$

2.5.1.3 Die Berechnung von Wurzelwerten

(Lösungen ab Seite 873)

2.130 Berechne durch Intervallschachtelung die Wurzelwerte und runde auf fünf Nachkommastellen:

a) $\sqrt{3}$ b) $\sqrt{17}$ c) $\sqrt{22}$ d) $\sqrt{9{,}8}$ e) $\sqrt{0{,}005}$ f) $\sqrt[3]{9}$ g) $\sqrt[3]{5{,}1}$

2.5.3 Wurzeln als Potenzen mit gebrochenen Exponenten

(Lösungen ab Seite 874)

2.131 Schreibe die Potenzen als Wurzeln:

a) $4^{\frac{1}{3}}$ b) $x^{\frac{2}{5}}$ c) $a^{-\frac{1}{2}}$ d) $b\cdot c^{-\frac{2}{7}}$ e) $(b\,c)^{-\frac{2}{7}}$

f) $y^{-\frac{2}{3}}$ g) $z^{3\frac{1}{2}}$ h) $(m-n)^{-\frac{1}{x}}$ i) $a^{-0{,}5}$ k) $a\cdot b^{2{,}6}$

2.132 Desgleichen:

a) $a^{\frac{5}{6}}$ b) $b^{-\frac{4}{7}}$ c) $c^{\frac{11}{8}}$ d) $d^{-2\frac{2}{3}}$ e) $e^{0{,}64}$

f) $x^{2{,}5}$ g) $y^{-2{,}1}$ h) $z^{1{,}4}$ i) $u^{-0{,}75}$ k) $v^{-0{,}47}$

2.133 Schreibe die Wurzeln als Potenzen mit gebrochenen Exponenten:

a) $\sqrt[3]{5}$ b) $\sqrt{2}$ c) $\sqrt[4]{7}$ d) $\sqrt[5]{a}$ e) $\sqrt[9]{x}$

f) $\sqrt[4]{b^3}$ g) $\sqrt[7]{x^4}$ h) $\sqrt[4]{x^7}$ i) $\sqrt{a+b}$ k) $\sqrt[3]{x^3-y^3}$

2.134 Desgleichen:

a) $\sqrt[3]{p^9}$ b) $\sqrt[15]{u^{20}}$ c) $\sqrt[4]{(x+y)^3}$ d) $m\cdot\sqrt[k]{p^2}$

e) $\sqrt[n-1]{x^{n+1}}$ f) $\sqrt[a-2]{(m-3n)^{3a-6}}$ g) $\sqrt[4]{m^2+n^2}$ h) $6\cdot\sqrt[3]{4a^2b^3c^4}$

i) $\sqrt[5]{p^2\,(q-r)^4}$ k) $\sqrt[6]{x^5y^6z^8u^{12}v^{14}w^{15}}$

2.135 Desgleichen:

a) $\frac{1}{\sqrt{a}}$ b) $\sqrt[3]{\frac{1}{x}}$ c) $\frac{1}{\sqrt[4]{y^3}}$ d) $\frac{1}{\sqrt{x-y}}$ e) $\frac{1}{\sqrt[3]{(1-x)^2}}$

f) $\sqrt{\frac{a}{b}}$ g) $\sqrt[5]{\frac{x^2}{y^3}}$ h) $\frac{a^m}{\sqrt[n]{b^x}}$ i) $\frac{\sqrt[4]{u^5}}{\sqrt[5]{v^4}}$ k) $\frac{3}{\sqrt{x}\cdot\sqrt[3]{y^2}}$

2.136 Berechne die Zahlenwerte:

a) $2^{0,5}$ b) $16^{0,75}$ c) $\left(\frac{1}{4}\right)^{-0,5}$ d) $0,343^{\frac{1}{3}}$ e) $256^{0,125}$

f) $1\,024^{-0,1}$ g) $1\,296^{-0,25}$ h) $274,625^{\frac{2}{3}}$ i) $7,84^{2,5}$ k) $0,561\,001^{1,5}$

2.5.4.1 Addition und Subtraktion von Wurzeln

(Lösungen ab Seite 874)

2.137 Vereinfache ohne Benutzung der Wurzel-Tasten des Taschenrechners:

a) $7 \cdot \sqrt{2} - 13 \cdot \sqrt{2} + \sqrt{2} + 12 \cdot \sqrt{2}$ b) $\sqrt[3]{4} + \sqrt[3]{5} - \sqrt[3]{6}$

c) $\frac{2}{3} \cdot \sqrt[4]{a} - \frac{5}{6} \cdot \sqrt[4]{a} + \frac{1}{2} \cdot \sqrt[4]{a} - \frac{7}{12}\sqrt[4]{a}$ d) $9\sqrt[3]{2} - 3\sqrt[5]{2} + \sqrt[8]{2}$

e) $0,7 \cdot \sqrt[5]{5b} + 3,1 \cdot \sqrt[5]{5b} - 0,4 \cdot \sqrt[5]{5b} + 6,2 \cdot \sqrt[5]{ab} - 2,3 \cdot \sqrt[5]{5b}$

f) $4 \cdot \sqrt[3]{2} - 5 \cdot \sqrt{3} + 2 \cdot \sqrt[3]{2} + \sqrt[3]{8} + 4 \cdot \sqrt{3} - 3 \cdot \sqrt[3]{2} - \sqrt[3]{+8}$

g) $3 \cdot \sqrt{5} + \sqrt{9} - 2 \cdot \sqrt{7} + 2 \cdot \sqrt{5} - 3 - 4 \cdot \sqrt{5} + 2 \cdot \sqrt{7}$

h) $\sqrt[3]{a} - \sqrt{a}$ i) $\sqrt[3]{a^3 - b^3}$ k) $\sqrt{\frac{64}{225} + 1}$

l) $\sqrt[3]{12^3 - 10^3 - 8^3}$ m) $\sqrt[7]{x^2} + 2a \cdot \sqrt[7]{x^2} - 4b \cdot \sqrt[7]{x^2} + c \cdot \sqrt[7]{x^2}$

2.5.4.2 Multiplikation und Division von Wurzeln mit gleichen Wurzelexponenten

(Lösungen ab Seite 874)

2.138 Berechne:

a) $\sqrt{3} \cdot \sqrt{12}$ b) $\sqrt{2} \cdot \sqrt{12,5}$ c) $\sqrt{56} \cdot \sqrt{14}$ d) $\sqrt[3]{48} \cdot \sqrt[3]{36}$

e) $\sqrt{45} \cdot \sqrt{125}$ f) $\sqrt[3]{12} \cdot \sqrt[3]{18}$ g) $\sqrt{140} \cdot \sqrt{35}$ h) $\sqrt{x} \cdot \sqrt{4x}$

i) $\sqrt[3]{4a^2b} \cdot \sqrt[3]{18a^2b^2} \cdot \sqrt[3]{a} \cdot \sqrt[3]{3a}$ k) $\sqrt{8yz} \cdot \sqrt{6xy} \cdot \sqrt{3xz}$

l) $\sqrt[4]{96uv^2w} \cdot \sqrt[4]{8v^3} \cdot \sqrt[4]{576u^3vw^2} \cdot \sqrt[4]{12v^2w}$ m) $\sqrt[7]{a^{n+2}} \cdot \sqrt[7]{a^{5n}} \cdot \sqrt[7]{a^{n+5}}$

2.5.4.3 Teilradizieren

(Lösungen ab Seite 875)

2.139 Zerlege den Radikanden in seine Primfaktoren und ziehe die Wurzel teilweise:

a) $\sqrt{27}$ b) $\sqrt{75}$ c) $\sqrt{98}$ d) $\sqrt{320}$ e) $\sqrt{432}$

f) $\sqrt{72}$ g) $\sqrt{45}$ h) $\sqrt{360}$ i) $\sqrt{1\,176}$ k) $\sqrt[3]{448}$

l) $\sqrt[3]{160}$ m) $\sqrt[4]{405}$ n) $\sqrt{9\,375}$ o) $\sqrt{4\,536}$ p) $\sqrt{445\,500}$

q) $\sqrt[3]{12\,960}$ r) $\sqrt[3]{57\,408\,750}$ s) $\sqrt[5]{5\,686\,200\,000}$ t) $\sqrt[4]{45\,405\,868\,032}$

u) $\sqrt{11^2 + 2^2 + 5^2}$ v) $\sqrt{(-3)^2 + 9^2 + 1^2}$ w) $\sqrt{\left(\frac{3}{4}\right)^2 + 5^2 + 0,2^2}$

2.140 Teilradiziere die Wurzeln aus Aufgabe 2.125.

2.141 Vereinfache und berechne ohne Benutzung der Wurzel-Tasten des Taschenrechners:

a) $3 \cdot \sqrt{343} - 2 \cdot \sqrt{175} - 3 \cdot \sqrt{63} + 6 \cdot \sqrt{112} - 4 \cdot \sqrt{28} + 5 \cdot \sqrt{252}$

b) $\sqrt{720} - 2 \cdot \sqrt{242} + \sqrt{8} - 3 \cdot \sqrt{320} + 5 \cdot \sqrt{72} + 3 \cdot \sqrt{162} - 4 \cdot \sqrt{605}$

c) $\left(6 \cdot \sqrt{2} - 2 \cdot \sqrt{18} + 5 \cdot \sqrt{50} - 2 \cdot \sqrt{98}\right) \cdot 2 \cdot \sqrt{2}$

d) $\left(\sqrt{2}+3\cdot\sqrt{3}\right)\left(3\sqrt{2}+4\cdot\sqrt{3}\right)$ e) $\left(\sqrt{a}+\sqrt{b}\right)\left(\sqrt{a}-\sqrt{b}\right)$

f) $\left(2\sqrt{2}-3\sqrt{3}+5\sqrt{6}\right)\cdot 3\sqrt{6}$ g) $\left(3\sqrt{6}-2\sqrt{5}\right)^2$

h) $\sqrt{2+\sqrt{3}}\cdot\sqrt{2-\sqrt{3}}$ i) $\sqrt[3]{2}+\sqrt[3]{16}-\sqrt[3]{54}+\sqrt[3]{250}-\sqrt[3]{686}$

k) $15\cdot\sqrt[3]{1\,029}-8\sqrt{147}-11\cdot\sqrt[3]{648}+5\sqrt{363}+4\cdot\sqrt[3]{192}-2\sqrt{1\,875}$

2.142 Desgleichen:

a) $\left(\sqrt{5}+\sqrt{3}\right)^2+\left(\sqrt{5}-\sqrt{3}\right)^2$ b) $\left(\sqrt{9+4\sqrt{2}}+\sqrt{9-4\sqrt{2}}\right)^2$

c) $\sqrt[4]{\sqrt{23}+\sqrt{7}}\cdot\sqrt[4]{\sqrt{23}-\sqrt{7}}+\sqrt[6]{5\sqrt{2}+7}\cdot\sqrt[6]{5\sqrt{2}-7}$

d) $\left(\sqrt{2}-\sqrt{3}+\sqrt{8}+\sqrt{18}+3\sqrt{\frac{1}{2}}-\sqrt{0{,}5}\right)\cdot\sqrt{2}$

e) $\sqrt{4a^2-4b^2}+\sqrt{(a+b)^2}-5\sqrt{(a+b)(a-b)}+\sqrt{9\left(a^2-b^2\right)}-\sqrt{(a-b)^2}$

f) $\sqrt[3]{9+\sqrt{17}}\cdot\sqrt[3]{9-\sqrt{17}}$ g) $\left(2+\sqrt{3}\right)^2-\left(2-\sqrt{3}\right)^2$

h) $\left(\sqrt[3]{9}+\sqrt[3]{6}+\sqrt[3]{4}\right)\left(\sqrt[3]{3}-\sqrt[3]{2}\right)$ i) $\left(\sqrt[5]{16}-2\cdot\sqrt[5]{8}\right)\left(2\cdot\sqrt[5]{2}-3\cdot\sqrt[5]{4}\right)$

k) $(\sqrt{7}+\sqrt{11}+\sqrt{13})(\sqrt{7}+\sqrt{11}-\sqrt{13})(\sqrt{7}-\sqrt{11}+\sqrt{13})(\sqrt{11}+\sqrt{13}-\sqrt{7})$

2.143 Bringe den vor der Wurzel stehenden Faktor mit unter die Wurzel
Bei m) sei der Faktor positiv.

a) $x\cdot\sqrt{y}$ b) $4\cdot\sqrt{3}$ c) $3a\cdot\sqrt[3]{x}$ d) $xy\cdot\sqrt{z}$ e) $2m\cdot\sqrt[4]{m}$

f) $x\cdot\sqrt{\frac{1}{x}}$ g) $\frac{2}{y}\cdot\sqrt[3]{5y}$ h) $\left(\sqrt{3}+\sqrt{2}\right)\cdot\sqrt{\sqrt{3}-\sqrt{2}}$ i) $b\cdot\sqrt[3]{a}$

k) $(\sqrt{2}-\sqrt{11})\cdot\sqrt{\sqrt{11}+2\cdot\sqrt{2}}$ l) $\frac{\sqrt{21ab^2}}{3a\sqrt{7b}}$ m) $\frac{u+v}{u}\cdot\sqrt[3]{\frac{u^4-u^3v}{u^2+2uv+v^2}}$

2.5.4.4 Division von Wurzeln mit gleichen Wurzelexponenten

(Lösungen ab Seite 875)

2.144 Berechne ohne Benutzung der Wurzel-Tasten des Taschenrechners:

a) $\sqrt{147}:\sqrt{3}$ b) $\sqrt{272}:\sqrt{17}$ c) $\sqrt{90}:\sqrt{18}$ d) $\sqrt{120}:\sqrt{5}$

e) $\sqrt{\frac{5}{8}}:\sqrt{\frac{5}{32}}$ f) $\sqrt{17\frac{1}{3}}:\sqrt{4\frac{1}{3}}$ g) $\sqrt[3]{1\frac{1}{8}}:\sqrt[3]{2\frac{2}{3}}$ h) $\sqrt[3]{x^8}:\sqrt[3]{x^5}$

i) $\sqrt[5]{a^{n+5}}:\sqrt[5]{a^{n-5}}$ k) $\sqrt{27\frac{5}{9}}:\sqrt{3\frac{4}{9}}$ l) $9\sqrt{\frac{1}{45}}:\frac{3}{2}\sqrt{2\frac{2}{3}}$ m) $\sqrt[3]{102}:\sqrt[3]{4\frac{1}{4}}$

2.145 Desgleichen:

a) $\left(10\sqrt{48}-6\sqrt{27}+4\sqrt{12}\right):\sqrt{3}$ b) $\left(15\sqrt{50}+5\sqrt{200}-3\sqrt{450}\right):\sqrt{10}$

c) $\left(\frac{1}{2}\sqrt{\frac{1}{2}}-\frac{3}{2}\sqrt{\frac{1}{3}}+\frac{4}{5}\sqrt{\frac{3}{5}}\right):\frac{8}{15}\sqrt{\frac{1}{8}}$ d) $\left(\frac{1}{2}\sqrt[3]{9}-2\sqrt[3]{3}+3\sqrt[3]{\frac{1}{3}}\right):2\sqrt[3]{\frac{1}{3}}$

e) $\left(\sqrt{x^3y}+\sqrt{xy^3}\right):\sqrt{xy}$ f) $\left(\sqrt{ab}+a\sqrt{b}+b\sqrt{a}\right):\sqrt{a}$

g) $\left(\frac{3x}{2}\sqrt{\frac{x}{y}} - 0{,}4\sqrt{\frac{3}{xy}} + \frac{1}{3}\sqrt{\frac{xy}{2}}\right) : \frac{4}{15}\sqrt{\frac{3y}{2x}}$

h) $\left(\sqrt{a^5b^3} - \sqrt{a^3b^5}\right) : \sqrt{a^2b^3}$

i) $\left(\frac{a}{2}\sqrt[3]{a^2b} + \frac{b}{3a^2}\sqrt[3]{\frac{15a}{b^2}} - \frac{4a}{5b}\sqrt[3]{\frac{b}{2a^2}}\right) : \frac{2a^3}{15b^2}\sqrt[3]{\frac{5a^2}{2b}}$ k) $\left(xy^2 - y\right) : \sqrt{y}$

2.5.4.5 Rationalmachen des Nenners

(Lösungen ab Seite 876)

2.146 Mache den Nenner rational:

a) $\frac{\sqrt[3]{210a^5b} \cdot \sqrt[3]{450a^2b^7} \cdot \sqrt[3]{24ab}}{\sqrt[3]{84a^2b^6}}$ b) $\frac{\sqrt[4]{144u^2v} \cdot \sqrt[4]{8u} \cdot \sqrt[4]{450v^3}}{\sqrt[4]{18uv} \cdot \sqrt[4]{30u^3v} \cdot \sqrt[4]{60u^3v^2}}$

c) $\frac{\sqrt{a+x}}{\sqrt{a^4-x^4}} \cdot \sqrt{a^2+x^2}$ d) $\frac{\sqrt[n]{a^{2n-3}} \cdot \left(\sqrt[n]{a}\right)^{n+7}}{\sqrt[n]{a^4}}$

e) $(m-n) : \left(\sqrt{m} - \sqrt{n}\right)$ f) $(4-a) : \left(2 + \sqrt{a}\right)$

g) $\left(\sqrt[3]{36x^2} - \sqrt[3]{9y^2}\right) : \left(\sqrt[3]{6x} - \sqrt[3]{3y}\right)$

h) $(a+b) : \left(\sqrt[3]{a} + \sqrt[3]{b}\right)$ i) $(4m-7n) : \left(\sqrt[3]{4m} - \sqrt[3]{7n}\right)$

k) $\left(12x^2 - 9x\sqrt{xy} + 20y\sqrt{xy} - 8x\sqrt{y} + 6y\sqrt{x} - 15y^2\right) : \left(4\sqrt{x} - 3\sqrt{y}\right)$

2.147 Desgleichen:

a) $\frac{7}{3\sqrt{7}}$ b) $\frac{2}{\sqrt{2}}$ c) $\frac{1}{\sqrt{3}}$ d) $\frac{1}{\sqrt{5}}$ e) $\frac{15}{\sqrt{15}}$

f) $\sqrt{\frac{1}{6}}$ g) $\sqrt{\frac{3}{5}}$ h) $20 \cdot \sqrt{\frac{2}{5}}$ i) $\frac{5}{6} \cdot \sqrt{\frac{6}{5}}$ k) $\frac{5}{\sqrt{12}}$

2.148 Desgleichen:

a) $\frac{1}{\sqrt{x}}$ b) $\frac{5b}{3\sqrt{15a}}$ c) $\sqrt{\frac{5m}{4x}}$ d) $\frac{a}{\sqrt[4]{a^3}}$

e) $\frac{3x^2}{\sqrt[7]{x^2}}$ f) $\frac{1}{\sqrt[n]{y^{n-4}}}$ g) $\frac{4m^3}{\sqrt[5]{m^2}}$ h) $\frac{4+2\sqrt{3}}{\sqrt{2}}$

i) $\frac{8-12\sqrt[3]{5}}{\sqrt[3]{4}}$ k) $\frac{1-\sqrt[4]{2}}{\sqrt[4]{3}}$ l) $\frac{4a^2-25b^2}{\sqrt{2a+5b}}$ m) $\frac{7m-3n}{\sqrt{7m+3n}}$

2.149 Berechne:

a) $\frac{1}{\sqrt{3}+2}$ b) $\frac{1}{\sqrt{7}-\sqrt{6}}$ c) $\frac{9}{2\sqrt{3}-3}$ d) $\frac{12}{7-3\sqrt{5}}$

e) $\frac{6}{\sqrt{5}+\sqrt{8}}$ f) $\frac{14}{\sqrt{10}-\sqrt{3}}$ g) $\frac{\sqrt{5}+\sqrt{3}}{\sqrt{5}-\sqrt{3}}$ h) $\frac{7\sqrt{2}+2\sqrt{15}}{7\sqrt{3}+3\sqrt{10}}$

i) $\frac{4\sqrt{14}-7\sqrt{3}}{4\sqrt{6}-3\sqrt{7}}$ k) $\frac{\sqrt{5+2\sqrt{6}}}{\sqrt{5-2\sqrt{6}}}$ l) $\frac{5}{\sqrt{5}+5}$ m) $\frac{2+\sqrt{3}}{2-\sqrt{3}}$

2.150 Berechne:

a) $\dfrac{\sqrt{\dfrac{2}{5}}+\dfrac{2}{5}\sqrt{3}}{3\sqrt{5}+5\sqrt{1\dfrac{1}{2}}}$ b) $\dfrac{\sqrt{2}+\sqrt{\dfrac{2}{3}}}{\sqrt{3}-\sqrt{\dfrac{2}{3}}}$

c) $\dfrac{x}{\sqrt{x+y}-\sqrt{y}}$ d) $\dfrac{4+2\sqrt{10}}{\sqrt{2}+\sqrt{3}+\sqrt{5}}$

e) $\dfrac{1-\sqrt{2}+\sqrt{3}}{1+\sqrt{2}-\sqrt{3}}$ f) $\dfrac{1}{\sqrt{2}+\sqrt{3}-\sqrt{8}}$

g) $\dfrac{2}{\sqrt{3}-\sqrt{5}+\sqrt{12}}$ h) $\dfrac{1}{\sqrt{10}-\sqrt{15}+\sqrt{14}-\sqrt{21}}$

i) $\dfrac{2k-6}{\sqrt{k^2-9}}$ k) $\dfrac{1}{2+\sqrt{2}+\sqrt{3}+\sqrt{6}}$

l) $\dfrac{2+\sqrt{6}}{2\sqrt{2}+2\sqrt{3}-\sqrt{6}-2}$ m) $\dfrac{\left(\sqrt{0{,}5}\right)^{-2}\sqrt{2}}{\sqrt{2^3}\sqrt{0{,}5}\left(\sqrt{0{,}5}\right)^3}$

2.5.4.6 Radizieren von Potenzen und Wurzeln

(Lösungen ab Seite 876)

2.151 Vereinfache:

a) $\left(\sqrt{5}\right)^2$ b) $\left(\sqrt[6]{a^2}\right)^3$ c) $\left(\sqrt[3]{b}\right)^2$ d) $\left(\sqrt[3]{y}\right)^6$ e) $\sqrt[4]{x^2y^3}^{\,3}$

f) $\sqrt[7]{m^2ny^3}^{\,-1}$ g) $\sqrt[6]{a^4b^3c^2}^{\,2}$ h) $\sqrt[4]{x}^{\,-4}$ i) $\sqrt[12]{r^4s^5t^8}^{\,3}$ k) $\sqrt{abc}^{\,-4}$

2.152 Verkleinere den Wurzelexponent so weit wie möglich:

a) $\sqrt[4]{16}$ b) $\sqrt[6]{16}$ c) $\sqrt[8]{16}$ d) $\sqrt[12]{81}$ e) $\sqrt[10]{64}$

f) $\sqrt[4]{25}$ g) $\sqrt[6]{729}$ h) $\sqrt[8]{1\,296}$ i) $\sqrt[16]{6\,561}$ k) $\sqrt[18]{15\,625}$

2.153 Desgleichen:

a) $\sqrt[8]{256^3}$ b) $\sqrt[6]{4\,096^5}$ c) $\sqrt[3]{216^2}$ d) $\sqrt{100^3}$ e) $\sqrt[6]{49^3}$

f) $\sqrt[6]{125^2}$ g) $\sqrt[8]{1{,}44^4}$ h) $\sqrt[4]{0{,}01^8}$ i) $\sqrt[14]{128^3}$ k) $\sqrt[20]{59\,049^7}$

2.154 Desgleichen:

a) $\sqrt[6]{a^4}$ b) $\sqrt[15]{x^{20}}$ c) $\sqrt[2n]{a^{3n}}$ d) $\sqrt[4]{25x^2y^6}$

e) $\sqrt[8]{16m^{12}n^4}$ f) $\sqrt[21]{p^{21k}q^{7n}}$ g) $\sqrt[3n]{v^n}$ h) $\sqrt[m+2]{u^{5m+10}}$

i) $\sqrt[p]{u^{kp-p}\,v^{kp+p}}$ k) $\sqrt[12]{64\,a^{24}\,b^{18}\,c^{15}\,d^{12}\,e^{10}\,x^9\,y^8\,z^6\,u^4\,v^3\,w^2}$

2.155 Bringe den Wurzelexponent auf die Zahl, die neben der Aufgabe in Klammern angegeben ist:

a) $\sqrt{u}$ (6) b) $\sqrt[3]{v^2}$ (12) c) $\sqrt[4]{x^3y}$ (8) d) $\sqrt[7]{a^5b^2c^6}$ (21)

e) $\sqrt[5]{a+b}$ (20) f) $\sqrt[3]{k^2}$ (4) g) $\sqrt[6]{a^2b^3-c}$ (18) h) $\sqrt[5]{ak^2r}$ (15)

i) $\sqrt{x-y}$ (4) k) $\sqrt[4]{mn^3}$ (13) l) $\sqrt[9]{a^2-b^2}$ (18) m) $\sqrt[6]{m^4(u-v)^2}$ (9)

2.156 Beseitige die Doppelwurzeln:

a) $\sqrt{\sqrt[5]{x^4}}$ b) $\sqrt[4]{\sqrt[3]{16}}$ c) $\sqrt[5]{\sqrt[3]{32}}$ d) $\sqrt[x]{\sqrt[3]{a^x}}$

e) $\sqrt[3]{\sqrt[5]{u^3 - 3u^2v + 3uv^2 - v^3}}$ f) $\sqrt[5]{\sqrt[3]{p^{10}q^5}}$ g) $\sqrt[6]{\sqrt[3]{m^2n^6}}$

h) $\sqrt[3]{\sqrt[5]{a^6b^3c^9}}$ i) $\sqrt[3]{\frac{a}{\sqrt{a}}}$ k) $\sqrt[5]{\sqrt[3]{x^5y^{10}z^{15}}}$

2.5.4.7 Wurzeln mit verschiedenen Wurzelexponenten (Lösungen ab Seite 877)

2.157 Vereinfache:

a) $\sqrt[16]{6\,561}$ b) $\sqrt[18]{262\,144}$ c) $\sqrt[4]{1\,296}$

d) $\sqrt{\frac{a}{b} \cdot \sqrt{\frac{b}{a} \cdot \sqrt{\frac{a}{b}}}}$ e) $\sqrt{\frac{x}{y} \cdot \sqrt{\frac{x}{y} \cdot \sqrt[3]{\frac{y^3}{x}}}}$ f) $\sqrt[3]{\frac{u}{v} \cdot \sqrt{\frac{v^2}{u} \cdot \sqrt{\frac{1}{u^2}}}}$

g) $\sqrt[3]{m^2\sqrt{m\sqrt[5]{m^8\sqrt[4]{m^3}}}}$ h) $\sqrt[4]{a \cdot \sqrt[3]{a^2 \cdot \sqrt{a}}} : \sqrt{a \cdot \sqrt[8]{a^5 \cdot \sqrt[3]{a}}}$

i) $\sqrt[3]{\sqrt[6]{u}} \cdot \sqrt[9]{\sqrt{u^4}} \cdot \sqrt[18]{u^7} \cdot \sqrt[9]{u^3}$ k) $\frac{\sqrt[6]{x^5 \cdot \sqrt[3]{x^2}}}{\sqrt[3]{x^2 \cdot \sqrt[6]{x^4}}} : \frac{\sqrt{x^3 \cdot \sqrt[9]{x^7}}}{\sqrt[9]{x^7 \cdot \sqrt{x}}}$

2.158 Vereinfache:

a) $\sqrt{2} \cdot \sqrt[4]{4}$ b) $\sqrt[3]{5} \cdot \sqrt{2}$ c) $\sqrt[4]{2} \cdot \sqrt[3]{3}$ d) $\sqrt{\frac{2}{3}} \cdot \sqrt[3]{\frac{3}{2}}$

e) $\sqrt[3]{\frac{1}{2}} \cdot \sqrt[4]{\frac{4}{5}} \cdot \sqrt[6]{5}$ f) $\sqrt[5]{16} : \sqrt{2}$ g) $\sqrt{3} : \sqrt[3]{2}$ h) $\sqrt[6]{32} : \sqrt[3]{2}$

i) $\sqrt[5]{6} : \sqrt[6]{5}$ k) $\sqrt[7]{\frac{64}{15}} : \sqrt[4]{\frac{8}{5}}$ l) $\sqrt[4]{5} \cdot \sqrt[6]{8}$ m) $\sqrt[4]{\frac{28}{3}} : \sqrt[5]{\frac{4}{9}}$

2.159 Vereinfache:

a) $\sqrt[4]{x^3} \cdot \sqrt[5]{x}$ b) $\sqrt[5]{u^2v} \cdot \sqrt[3]{uv^4} \cdot \sqrt[10]{uv^2}$

c) $\sqrt[3]{m^2} \cdot \sqrt{m^2n^3} \cdot \sqrt[4]{n^9}$ d) $\frac{\sqrt[4]{2} \cdot \sqrt{3} \cdot \sqrt[6]{2}}{\sqrt{2} \cdot \sqrt[4]{3}}$

e) $\left(3\sqrt{10} - 2 \cdot \sqrt[3]{4} + \sqrt[4]{25}\right) \cdot \sqrt[4]{2}$ f) $\left(\sqrt{2} + \sqrt[3]{3}\right)\left(\sqrt[3]{2} - \sqrt{3}\right)$

g) $\left(4\sqrt{8} + 6 \cdot \sqrt[3]{2}\right) : \sqrt{2}$ h) $\left(2\sqrt{12} + 4 \cdot \sqrt[3]{4} - 6 \cdot \sqrt[4]{32}\right) : \left(2 \cdot \sqrt[4]{2}\right)$

i) $\frac{\sqrt[3]{16} \cdot \sqrt[4]{8}}{\sqrt[12]{2}}$ k) $\left(\sqrt{2} - 1\right) \cdot \sqrt[3]{5\sqrt{2} + 7}$

l) $\frac{a - b}{\sqrt{a} - \sqrt{b}} - \frac{a - b}{\sqrt{a} + \sqrt{b}}$ m) $\frac{100}{10 - \sqrt{99}}$

n) $\left(0{,}5x^{0{,}5} - 0{,}5x^{-0{,}5}\right)^2$ o) $\frac{2 + \sqrt{3}}{1 + \sqrt{3}} - \sqrt{3}$

p) $\sqrt[4]{3c\sqrt[5]{4r^2}}$

2.160 Setze in den Term $\dfrac{z}{\sqrt{\left(1+a^2\right)^3}}$ für a und z die jeweiligen Ausdrücke ein und vereinfache dann den Term.

	a)	b)	c)	d)	e)
a	$\frac{3\sqrt{x}}{2}$	$\frac{1}{\sqrt{1-x^2}}$	$\frac{1}{x}$	$\frac{1}{2\sqrt{x-2}}$	$-\frac{x}{\sqrt{r^2-x^2}}$
z	$\frac{3}{4\sqrt{x}}$	$\frac{x}{\sqrt{\left(1-x^2\right)^3}}$	$-\frac{1}{x^2}$	$-\frac{1}{4(x-2)\cdot\sqrt{x-2}}$	$-\frac{r^2}{\sqrt{\left(r^2-x^2\right)^3}}$ $r>0$

2.6 Logarithmenrechnung

Durch Verkürzung der Arbeit verdoppelten die Logarithmen die Leben der Astronomen.

Pierre Simon Laplace, 1749–1827

2.6.1 Logarithmieren als zweite Umkehrung des Potenzierens

2.6.1.1 Der Logarithmusbegriff

Wenn aus der Potenzgleichung

$$a^c = b$$

bei bekannter Basis a und bekanntem Potenzwert b der Exponent c bestimmt werden soll, dann ist diese Aufgabe weder mit der Potenzrechnung noch mit der Wurzelrechnung lösbar. Der Grund ist, dass bei der Berechnung von a^c die Basis a und der Exponent c *nicht miteinander vertauscht werden dürfen.*

Zur Lösung dieser Aufgabe ist eine neue Rechenart, die **Logarithmenrechnung**[1] erforderlich.

Die Auflösung der obigen Potenzgleichung nach dem Exponenten schreibt man in der Form

$$\boxed{c = \log_a(b)} \qquad (2.66)$$

und liest[2] es als „c ist der Logarithmus von b zur Basis a“.

■ **Der Logarithmus entspricht in der Potenzschreibweise dem Exponenten.**

[1] logos (griech) Vernunft, richtige Beziehung; arithmos (griech) Zahl. Der Logarithmus ist demnach die Zahl, die zwischen Basis und Potenzwert die richtige Beziehung herstellt.
Singular: der Logarithmus; Plural: die Logarithmen.

[2] Die Formulierung, „den Logarithmus aus einer Zahl ziehen“ ist falsch. Wurzeln werden gezogen, Logarithmen dagegen berechnet.

Im Ausdruck $c = \log_a(b)$ nennt man

a die **Basis** des Logarithmus,

b den **Numerus** [1] und Logarithmus $= \log_{\text{Basis}}(\text{Numerus})$

c den **Logarithmus**.

Das Zeichen log(...) ist das Rechensymbol, das angibt, welche Rechenart ausgeführt werden soll. Man kann es mit dem Pluszeichen für die Addition oder dem Wurzelzeichen der Wurzelrechnung vergleichen. Es ist ratsam, den Numerus in Klammern zu setzen, um den funktionalen Charakter des Logarithmus hervorzuheben. Viele Fehler resultieren aus der Missachtung dieses Zusammenhanges, siehe auch die Auflistung am Ende des Kapitels.

Mit den eingeführten Begriffen kann der Logarithmus genauer definiert werden:

Der Logarithmus einer Zahl b zur Basis a ist derjenige Exponent c, mit dem die Basis a potenziert werden muss, um den Numerus b zu erhalten.
Die Formeln

$$\boxed{a^c = b \Leftrightarrow c = \log_a(b)} \tag{2.67}$$

drücken demnach ein und denselben Sachverhalt aus und sind nur nach verschiedenen Größen aufgelöst.

Aus dem Zusammenhang zwischen der Potenz- und der Logarithmenrechnung folgt:

Logarithmieren und Potenzieren mit den gleichen Basen heben sich gegenseitig auf.

$$\boxed{a^{\log_a(b)} = b = \log_a\left(a^b\right)} \tag{2.68}$$

Das Logarithmieren ist die zweite Umkehrung des Potenzierens.

Hiervon wird Gebrauch gemacht, wenn überprüft werden soll, ob ein Logarithmus richtig ermittelt wurde.

Beispiele:

2.178 a) $\log_5(625) = 4,$ denn $5^4 = 625.$

b) $\log_8(0{,}5) = -\frac{1}{3},$ denn $8^{-\frac{1}{3}} = \frac{1}{8^{\frac{1}{3}}} = \frac{1}{\sqrt[3]{8}} = \frac{1}{2} = 0{,}5.$

c) $\log_{0{,}2}(5) = -1,$ denn $0{,}2^{-1} = \frac{1}{0{,}2} = 5.$

d) $\log_{100}(10) = \frac{1}{2},$ denn $100^{\frac{1}{2}} = \sqrt{100} = 10.$

e) $\log_k\left(k^2\right) = 2,$ denn $k^2 = k^2.$

---

[1] numerus (lat.) Zahl; Singular: der Numerus; Plural: die Numeri

f) $\log_{\frac{1}{k}}\left(k^2\right) = -2, \quad$ denn $\quad \left(\frac{1}{k}\right)^{-2} = k^2.$

Aus dem Zusammenhang mit dem Potenzbegriff erklären sind auch die **Sonderfälle**:

1. Der Logarithmus jeder Basis selbst ist eins,

$$\boxed{\log_a(a) = 1} \tag{2.69}$$

denn es ist stets $a^1 = a$.

2. Der Logarithmus von eins ist bei jeder Basis null,

$$\boxed{\log_a(1) = 0} \tag{2.70}$$

denn es ist stets $a^0 = 1$.

3. Der Logarithmus von null

$$\boxed{\log_a(0) \text{ ist nicht erklärt}} \tag{2.71}$$

denn es gibt keinen Exponenten c, für den $a^c = 0$ ist.

Man überlege sich, warum die 0, die 1 und die negativen Zahlen *nicht* als Basen für Logarithmen infrage kommen.

Im Ausdruck

$$\log_a(b) = c$$

darf die **Basis** a jeden beliebigen *positiven* Wert außer eins annehmen:

$$a > 0 \wedge a \neq 1$$

Weil alle Potenzen von positiven Zahlen wiederum positiv sind, lässt sich folgern, dass der *Numerus* eines Logarithmus stets *größer null* sein muss. Es gibt also keine Logarithmen von negativen Zahlen.

Im Ausdruck

$$\log_a(b) = c$$

gilt für den **Numerus** b die Einschränkung

$$b > 0 \Leftrightarrow 0 < b < \infty$$

Hingegen kann der Logarithmus c jeden beliebigen reellen Wert annehmen:

$$-\infty < c < +\infty \Leftrightarrow c \in \mathbf{R}$$

Logarithmen, die negativ sind, findet man schon in den Beispielen 2.178 b), c) und f).

Beispiel:

2.179 a) Schreibe $5^3 = 125$ als Logarithmengleichung.

$5^3 = 125 \Leftrightarrow \log_5(125) = 3$

b) Bestimme den Wert der Logarithmen.

α) $\log_2(1\,024) = x$

$\Leftrightarrow 2^x = 1\,024$

$\Leftrightarrow 2^x = 2^{10}$

$\Rightarrow x = 10$

β) $\log_{0,5}(0{,}03125) = x$

$\Leftrightarrow \log_{0,5}\left(\frac{1}{32}\right) = x$

$\Leftrightarrow \left(\frac{1}{2}\right)^x = \frac{1}{32}$

$\Leftrightarrow \left(\frac{1}{2}\right)^x = \left(\frac{1}{2}\right)^5$

$\Rightarrow x = 5$

c) Bestimme den Wert für die Variable.

α) $\log_3(b) = 2$

$\Leftrightarrow 3^2 = b$

$\Leftrightarrow b = 9$

β) $\log_a(1\,296) = 4$

$\Leftrightarrow a^4 = 1\,296$

$\Leftrightarrow |a| = \sqrt[4]{1\,296} = 6$

$\Rightarrow a = 6$, der negative Wert entfällt,

da $a > 0$ sein muss!

Zusammenfassung:

Zwischen den drei Grundrechenarten dritter Stufe besteht der folgende Zusammenhang:

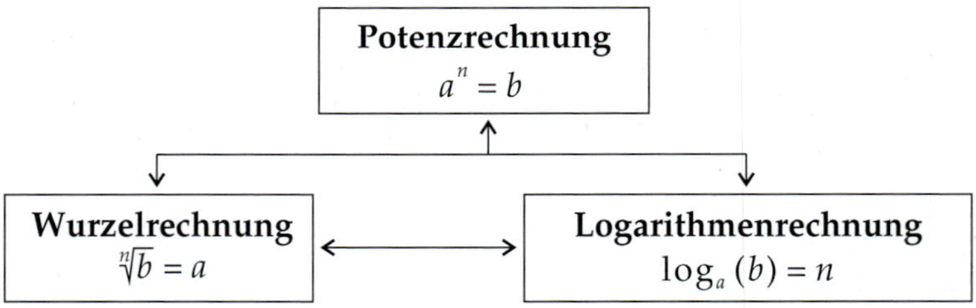

Dabei sind in den genannten Gleichungen die Gültigkeitsbereiche für a, b und n zu beachten.

✍ A. 2.161–2.170 auf Seite 285

2.6.1.2 Logarithmengesetze

Es seien x und y zwei beliebige positive Zahlen. Dann lassen sich für eine gegebene Basis a mit $a > 0$ und $a \neq 1$ stets zwei Exponenten u und v so finden, dass

$$x = a^u \qquad \text{und} \qquad y = a^v$$

wird, was auch in der Form

$$u = \log_a(x) \qquad \text{und} \qquad v = \log_a(y)$$

geschrieben werden kann.

Es ist dann

$$x \cdot y = a^u \cdot a^v = a^{u+v}.$$

Löst man die letzte Gleichung nach dem Exponenten $u + v$ auf, so ergibt sich

$$\log_a(x \cdot y) = u + v,$$

woraus wegen $u = \log_a(x)$ und $v = \log_a(y)$ das erste Logarithmengesetz folgt:

Ein Produkt wird logarithmiert, indem man die Logarithmen der einzelnen Faktoren addiert:

LOG 1: $$\boxed{\log_a(x \cdot y) = \log_a(x) + \log_a(y)} \qquad x,y > 0 \qquad (2.72)$$

Was hier für zwei Faktoren hergeleitet wurde, lässt sich ohne Weiteres auf beliebig viele Faktoren erweitern. So gilt für den Logarithmus des Produkts der n Faktoren $x_1, x_2, \ldots, x_n$:

$$\log_a(x_1 \cdot x_2 \cdot \ldots \cdot x_n) = \log_a(x_1) + \log_a(x_2) + \ldots + \log_a(x_n) \ . \qquad (2.73)$$

Beispiel:

2.180 a) $\log_2(4 \cdot 16) = \log_2(4) + \log_2(16) = 2 + 4 = 6 = \log_2(64)$

b) $\log_a\left(\frac{a}{2}\right) + \log_a(2) = \log_a\left(\frac{a}{2} \cdot 2\right) = \log_a(a) = 1$

Wie schon bei den Wurzeltermen, merken wir uns auch hier:

Entscheidend für die *Definitionsmenge* ist der Ausgangsterm. Schließt er von vornherein bestimmte Werte aus, so sind diese Werte für alle Folgeterme ausgeschlossen. Treten durch nachfolgende Umformungen weitere Einschränkungen auf, so sind diese durch entsprechende Maßnahmen wie Betragsstriche und Ausschluss einzelner Werte kenntlich zu machen.

Beispiel:

2.181 Der eingeschränkte Definitionsbereich des Logarithmus macht es notwendig, bei der Anwendung der Logarithmengesetze auf eventuelle Veränderungen zu achten:

a) Für $\log_a\left(x^2\right)$ gilt $x \neq 0$, da x^2 nicht negativ werden kann. Zerlegt man den Term aber in einzelne Logarithmen, ist eine weitere Beschränkung auf $x > 0$ notwendig oder es müssen Betragsstriche gesetzt werden:

$$\log_a\left(x^2\right) = \log_a(x \cdot x) = \log_a|\,x\,| + \log_a|\,x\,| = 2 \cdot \log_a|\,x\,|$$

b) Der Logarithmus $\log_a(x \cdot y)$ ist auch definiert, wenn x und y beide negativ sind, weil der Numerus dann positiv ist: $x \cdot y > 0$.

Das Logarithmengesetz ist dann aber nur erfüllt, wenn wir schreiben:

$$\log_a(x \cdot y) = \log_a|\,x\,| + \log_a|\,y\,|$$

☞ Besteht keine Klarheit über den Definitionsbereich einzelner Variablen, so sollte man vorsichtshalber Betragsstriche verwenden!

Analog zum Produkt lässt sich die Regel für den Logarithmus eines Quotienten finden:

Ein Bruch wird logarithmiert, indem man die Logarithmen von Zähler und Nenner subtrahiert:

$$\textbf{LOG 2:} \quad \boxed{\log_a\left(\frac{x}{y}\right) = \log_a(x) - \log_a(y)} \qquad x, y > 0 \tag{2.74}$$

Man führe den Nachweis dieser Formel selbstständig durch.

Beispiel:

2.182 a) $\log_2(64 : 2) = \log_2(64) - \log_2(2) = 6 - 1 = 5 = \log_2(32)$

b) $\log_c\left(\frac{1}{k}\right) = \log_c(1) - \log_c(k) = -\log_c(k), \quad \text{denn } \log_c(1) = 0$

Setzt man in Formel (2.73) $x_1 = x_2 = \cdots = x_n = x$, so ergibt sich für den Logarithmus einer Potenz $\log_a(x^n) = n \cdot \log_a(x)$ für $x > 0$. Das lässt sich zunächst auf Potenzen mit rationalen Exponenten und dann auch auf reelle Exponenten verallgemeinern:

Beim Logarithmieren einer Potenz kann man den Exponenten als Faktor vor den Logarithmus ziehen:

$$\textbf{LOG 3:} \quad \boxed{\log_a\left(x^b\right) = b \cdot \log_a(x)} \qquad x > 0 \tag{2.75}$$

Aus dem dritten Logarithmengesetz ergeben sich zwei wichtige **Spezialfälle**:

$$\log_a\left(\sqrt[n]{x}\right) = \log_a\left(x^{\frac{1}{n}}\right) = \frac{1}{n} \cdot \log_a(x), \quad \text{für } x > 0$$

$$\log_a\left(\frac{1}{x}\right) = \log_a\left(x^{-1}\right) = -\log_a(x), \quad \text{für } x > 0$$

Beispiele:

2.183 a) $\log_2\left(4^3\right) = 3 \cdot \log_2(4) = 3 \cdot 2 = 6 = \log_2(64)$

b) $\log_2\left(\sqrt{16}\right) = \frac{1}{2} \cdot \log_2(16) = \frac{1}{2} \cdot 4 = 2 = \log_2(4)$

2.184 a)
$$\begin{aligned} \log_a\left(xy^2z^3\right) &= \log_a|\,x\,| + \log_a\left(y^2\right) + \log_a|\,z^3\,| && \text{nach (2.72)} \\ &= \log_a|\,x\,| + 2 \cdot \log_a|\,y\,| + 3 \cdot \log_a|\,z\,| && \text{nach (2.75)} \end{aligned}$$

b)
$$\begin{aligned} \log_p\left(\frac{p^2q^3}{rs^4}\right) &= \log_p|\,p^2q^3\,| - \log_p|\,rs^4\,| && \text{nach (2.74)} \\ &= 2\log_p(p) + 3\log_p|\,q\,| - \left(\log_p|\,r\,| + 4\log_p|\,s\,|\right) && \text{nach (2.75)} \\ &= 2 + 3\log_p|\,q\,| - \log_p|\,r\,| - 4\log_p|\,s\,| && \text{denn } \log_p(p) = 1 \end{aligned}$$

c) $\log_r\left(\sqrt[3]{\frac{a^2b \cdot \sqrt{c}}{d^3 \cdot \sqrt[4]{e^3}}}\right) = \frac{1}{3}\left(2\log_r|\,a\,| + \log_r|\,b\,| + \frac{1}{2}\log_r(c) - 3\log_r|\,d\,| - \frac{3}{4}\log_r(\mathrm{e})\right)$

d) $\log_{\mathrm{e}}(x) + \log_{\mathrm{e}}(y) - \log_{\mathrm{e}}(z) = \log_{\mathrm{e}}\left(\frac{x\,y}{z}\right)$

e) $$s \cdot \log_x(a) + \frac{1}{3} \cdot \log_x(b) - r \cdot \log_x(c) - \frac{3}{2} \cdot \log_x(d) = \log_x\left(\frac{a^s \cdot \sqrt[3]{b}}{c^r \cdot \sqrt{d^3}}\right)$$

✍ A. 2.171–2.173 auf Seite 287

2.6.2 Spezielle Logarithmensysteme

Weil Logarithmen für die Exponenten einer Potenz stehen, reduziert sich die Rechenstufe:

- Die Multiplikation führt auf eine Addition.
- Die Division führt auf eine Subtraktion.
- Das Potenzieren führt auf eine Multiplikation.

Deshalb stellten noch vor wenigen Jahrzehnten, als an Computer oder an elektronische Taschenrechner nicht zu denken war, die Logarithmentafeln und die logarithmischen Rechenstäbe ein unentbehrliches Hilfsmittel für alle dar, die kompliziertere Rechenaufgaben zu lösen hatten.

Die Logarithmentafeln enthielten Tabellen, in denen die Logarithmen für vier-, fünf- oder siebenstellige Numeri aufgelistet wurden. Damit ließen sich Aufgaben wie:

$$\text{Berechne} \quad z = \frac{a^2 \cdot b^3}{c^4 \cdot d^5},$$

wobei die Symbole a bis d für bestimmte Zahlenwerte stehen, erheblich vereinfachen. Dazu suchte man in der Logarithmentafel die Logarithmen der Zahlen a, b, c und d auf und berechnete an Stelle des *Produkts* dessen Logarithmus, also die *Summe*

$$\log(z) = 2\log(a) + 3\log(b) - 4\log(c) - 5\log(d)\,.$$

Das bereitete wesentlich weniger Mühe als die direkte Rechnung. Nun brauchte man nur noch im Innern der Logarithmentafel nachzusehen, welcher Logarithmus der berechneten Summe $\log(z)$ am nächsten kam: Für diesen Wert wurde der zugehörigen Numerus am Rande der Tabelle abgelesen – die Aufgabe war gelöst.

Der Rechenstab war dank seiner logarithmischen Teilung ein Hilfsmittel, das analog arbeitete und vor allem schnell Näherungswerte lieferte. Erst durch die moderne elektronische Rechentechnik wurden diese beiden sinnvollen Hilfsmittel überflüssig.

Völlig unabhängig von der Rechentechnik spielt die Logarithmusfunktion jedoch bei naturwissenschaftlichen Untersuchungen und in den Ingenieurwissenschaften eine außerordentlich wichtige Rolle. Man muss daher auch heute mit Logarithmen sicher umgehen können.

2.6.2.1 Die dekadischen Logarithmen

Logarithmen gibt es für jede beliebige Basis a mit $(a > 0) \wedge (a \neq 1)$ sowie für jeden beliebigen Numerus b mit $b > 0$. In der Praxis werden jedoch nur einige wenige Zahlen als Basen für Logarithmensysteme favorisiert.

Die Gesamtheit aller Logarithmen zu einer bestimmten Basis a bezeichnet man als *Logarithmensystem zur Basis a*.

Für logarithmische Berechnungen eignet sich vor allem das **dekadische Logarithmensystem**. Das dekadische[1] Logarithmensystem hat, wie schon der Name sagt, als Basis die Zahl 10 und wird deshalb auch *Zehner- oder* BRIGGS*'sches Logarithmensystem*[2] genannt.

Da die dekadischen Logarithmen im Vergleich zu anderen Logarithmensystemen am häufigsten verwendet werden, wurde für sie ein vereinfachtes Symbol eingeführt. Man schreibt an Stelle des ausführlichen Symbols $\log_{10}(x)$ das kürzere Zeichen $\lg(x)$:

$$\boxed{\lg(x) := \log_{10}(x)} \tag{2.76}$$

Die drei Gleichungen

$$y = \lg(x), \qquad x = 10^y \qquad \text{und} \qquad 10 = \sqrt[y]{x}$$

stellen demzufolge ein und denselben Zusammenhang dar. Sie sind lediglich nach den drei verschiedenen Größen 10, x und y aufgelöst.

Die Logarithmen sind im Allgemeinen *irrationale Zahlen*, also Dezimalzahlen mit unendlich vielen Stellen nach dem Komma, ohne dass dabei eine Periode auftritt. Für den praktischen Gebrauch der dekadischen Logarithmen werden diese unendlichen Dezimalbrüche meist auf vier oder fünf Stellen nach dem Komma gerundet.

Die dekadischen Logarithmen der Potenzen von 10 lassen sich besonders gut merken, denn es ist

$$\begin{array}{llll}
\lg(1) = \lg\left(10^0\right) = 0 & & & \\
\lg(10) = \lg\left(10^1\right) = 1 & & \lg(0{,}1) = \lg\left(10^{-1}\right) = -1 & \\
\lg(100) = \lg\left(10^2\right) = 2 & & \lg(0{,}01) = \lg\left(10^{-2}\right) = -2 & \\
\lg(1\,000) = \lg\left(10^3\right) = 3 & & \lg(0{,}001) = \lg\left(10^{-3}\right) = -3 & \\
\lg(10\,000) = \lg\left(10^4\right) = 4 & & \lg(0{,}000\,1) = \lg\left(10^{-4}\right) = -4 & \\
\ldots & & \ldots &
\end{array}$$

A. 2.174 auf Seite 287

In Deutschland kürzen wir den dekadischen Logarithmus mit $\lg(x)$ ab, international ist aber das Kürzel $\log(x)$ gebräuchlich, weshalb letzteres auf den Taschenrechnern benutzt wird.

Die Umkehrfunktion 10^x kann mit der Zweitbelegung der Logarithmen-Taste aufgerufen werden.

---

1) deka (gr.) = zehn

2) BRIGGS, Henry, 1556 bis 1630, englischer Mathematiker. Er berechnete die ersten Tafeln mit 14-stelligen dekadischen Logarithmen, die im Jahre 1615 erschienen.

Aufgabe	Eingabe	Anzeige	Ergebnis
$\lg(100) = ?$	[log] 100 [=]	log 100	2
$\lg(0{,}3) = ?$	[log] 0,3 [=]	log 0,3	$-0{,}522\,87\ldots$
$10^{2,1} = ?$	[Shift] [log] 2,1 [=]	10 2,1	$125{,}892\,54\ldots$

☞ Die Potenzierungstaste darf für [10^x] *nicht* zusätzlich betätigt werden.

2.6.2.2 Die natürlichen Logarithmen

Die dekadischen Logarithmen eignen sich durch ihre große Nähe zum Dezimalzahlsystem vor allem für das normale Zahlenrechnen. Ein zweites Logarithmensystem, das insbesondere als mathematische Funktion und bei theoretischen Untersuchungen naturwissenschaftlicher Probleme eine große Rolle spielt, ist das System der **natürlichen Logarithmen**.

Sie gehen auf den von 1550 bis 1617 lebenden schottischen Mathematiker John NAPIER zurück, dessen Name häufig auch NEPER geschrieben wird. Er berechnete die erste siebenstellige Tafel natürlicher Logarithmen und veröffentlichte sie im Jahre 1614 in dem Werk „Mirifici logarithmorum canonis descriptio“.

Die Basis des natürlichen Logarithmensystems ist die EULER'sche[1] Zahl

$$\mathrm{e} = 2{,}718\,281\,828\,459\ldots,$$

die durch den Ausdruck

$$\left(1 + \frac{1}{n}\right)^n$$

mit immer größer werdendem n angenähert wird. Die Zahl e ist irrational. Die Ziffernfolge ..1828.. erscheint so auch nur zweimal hintereinander und setzt sich nicht weiter fort.

✍ A. 2.175 auf Seite 288

Auch für die natürlichen Logarithmen gibt es ein eigenes Symbol:

$$\boxed{\ln(x) := \log_{\mathrm{e}}(x)} \qquad (2.77)$$

$\ln(x)$ wird gelesen als „Logarithmus naturalis von x“ oder „natürlicher Logarithmus von x“.

Die drei Gleichungen

$$y = \ln(x), \qquad x = \mathrm{e}^y \qquad \text{und} \qquad \mathrm{e} = \sqrt[y]{x}$$

stellen auch hier ein und denselben Zusammenhang dar und sind lediglich nach den drei verschiedenen Größen e, x und y aufgelöst.

[1] Benannt nach dem Schweizer Mathematiker Leonhard EULER (1707 – 1783).

Für die Zahlenwerte der natürlichen Logarithmen ist auf dem Taschenrechner die Taste [ln] vorgesehen. Die zugehörigen Werte der Umkehrfunktion e^x bekommt man über die Zweitbelegung [Shift] [ln].

Aufgabe	**Eingabe**	**Anzeige**	**Ergebnis**
$\ln(100) = ?$	[ln] 100 [=]	ln 100	4,605 17 ...
$\ln(0{,}3) = ?$	[ln] 0,3 [=]	ln 0,3	−1,203 97 ...
$e^{1,5} = ?$	[Shift] [ln] 1,5 [=]	e1,5	4,481 68 ...

☞ Die Potenzierungstaste darf für [e^x] *nicht* zusätzlich betätigt werden.

2.6.2.3 Die dualen Logarithmen

Das Dualzahlsystem hat durch die elektronische Rechentechnik eine besondere Bedeutung erhalten und damit auch die Basis 2 für das entsprechende Logarithmensystem. Solche Logarithmen werden **duale** oder **binäre Logarithmen** [1] genannt und mit dem Symbol ld(...) oder lb(...) gekennzeichnet:

$$\boxed{\mathrm{lb}(x) := \log_2(x)} \tag{2.78}$$

Zwischen den drei Größen 2, x und y bestehen die Beziehungen

$$y = \mathrm{lb}(x), \qquad x = 2^y \qquad \text{und} \qquad 2 = \sqrt[y]{x}\,.$$

Beispiel:

2.185 a) $\mathrm{lb}(4\,096) = 12, \quad \text{denn} \quad 2^{12} = 4\,096.$

b) Aus $\mathrm{lb}(x) = -0{,}5$ folgt

$$x = 2^{-0,5} = \frac{1}{2^{0,5}} = \frac{1}{\sqrt{2}} = \frac{1}{2}\cdot\sqrt{2} \approx 0{,}707\,107.$$

2.6.2.4 Weitere Logarithmensysteme

Bei Logarithmensystemen mit anderen Basen nutzen wir eine Umrechnungsformel, die sich wie folgt herleiten lässt.

Für den Logarithmus zu einer beliebigen Basis b können wir zwei äquivalente Gleichungen aufschreiben:

$$y = \log_b(x) \;\Leftrightarrow\; b^y = x$$

Wenn wir die letzte Gleichung zur Basis a logarithmieren, erhalten wir

$$\log_a(b^y) = \log_a(x)\ .$$

Mit dem dritten Logarithmengesetz LOG3 holen wir den Exponenten als Faktor vor den Logarithmus

$$y\cdot\log_a(b) = \log_a(x)$$

---

[1] binarius (lat.) = zwei enthaltend, duo (lat.) = zwei

und können nun nach y auflösen:

$$y = \frac{\log_a(x)}{\log_a(b)} .$$

Ersetzen wir y durch den Term aus der Ausgangsgleichung, so erhalten wir eine Umrechnungsformel, mit der wir die Logarithmen zu einer beliebigen Basis b berechnen können:

Ein **Basiswechsel** von a nach b erfolgt durch

$$\boxed{\log_b(x) = \frac{\log_a(x)}{\log_a(b)}} \tag{2.79}$$

Sobald uns ein Logarithmensystem zu einer Basis a bekannt ist, können wir alle Logarithmen zu einer gewünschten Basis b berechnen und benötigen daher für dieses System b keine weiteren Informationen.

Beispiel:

2.186 a) $\log_2(32) = \frac{\log_{10}(32)}{\log_{10}(2)} = \frac{\lg(32)}{\lg(2)} = 5$

b) $\log_{3,1}(8{,}9) = \frac{\lg(8{,}9)}{\lg(3{,}1)} \approx 1{,}9322$

Schreiben wir die Formel (2.79) als

$$\log_b(x) = \frac{1}{\log_a(b)} \cdot \log_a(x) ,$$

so sieht man, dass sich die Logarithmen für alle zulässigen Werte von x beim Basiswechsel von a nach b immer um den gleichen Faktor $\frac{1}{\log_a(b)}$ unterscheiden, den man also nur ein Mal ausrechnen muss.

Wegen dieser Umrechnungsmöglichkeit würde schon eine Taste zum Logarithmieren auf dem Taschenrechner genügen, um auch beliebige andere Logarithmensysteme nutzen zu können. Wegen der praktischen Bedeutung haben die Hersteller die Geräte aber mit zwei Tasten ausgestattet, eine für den dekadischen und eine für den natürlichen Logarithmus. Wir können also Logarithmen zu einer allgemeinen Basis a auf zwei Wegen berechnen:

$$\boxed{\log_a(x) = \frac{\lg(x)}{\lg(a)}} \quad \text{oder} \quad \boxed{\log_a(x) = \frac{\ln(x)}{\ln(a)}} \tag{2.80}$$

Aufgabe	**Eingabe**	**Ergebnis**
$\log_2(100) = ?$	[log] 100 [÷] [log] 2 [=]	6,643 85 ...
$\log_{7,8}(0{,}3) = ?$	[log] 0,3 [÷] [log] 7,8 [=]	−0,586 12 ...

Man hätte hier auch [ln] benutzen können und wäre zu den gleichen Ergebnissen gekommen. Bitte ausprobieren!

Einige wenige Modelle haben sogar eine allgemeine Logarithmen-Taste [log□(□)], mit der man jeden Logarithmus zu einer beliebigen Basis direkt und ohne Umrechnungsformel ermitteln kann.

Achtung: In Programmiersprachen wie Basic, Pascal oder C++ wird mit **LOG** der natürliche Logarithmus angesprochen!

Die LOG-Befehle sind in *Derive* und *Excel* sehr ähnlich:

	Derive	*Excel*
$\ln(x)$	**LN**(x) oder **LOG**(x)	=**LN**(x)
$\lg(x)$	**LOG**(x, 10)	=**LOG10**(x)
$\log_a(x)$	**LOG**(x, a)	=**LOG**(x; a)

A. 2.176–2.177 auf Seite 288

2.6.3 Zusammenfassung

Die meisten Fehler beim Umgang mit den Logarithmen sind auf Defizite in der Potenzrechnung zurückzuführen. Darüber hinaus sind folgende spezielle Fehler häufig zu beobachten:

- Den Logarithmus einer Summe $\log_a(x+y)$ kann man nicht in einfachere Logarithmen aufspalten, da es kein Logarithmengesetz für Summen gibt.
- $\log_a(x) + \log_b(x)$ kann in dieser allgemeinen Form nicht weiter vereinfacht werden, da sich die beiden Logarithmen auf verschiedene Basen beziehen.
- Der Logarithmus ist eine Funktion, die sich auf den Numerus bezieht. Man kann diese Operation *nicht* wegkürzen[1]!

$$\frac{\log_a(7x)}{\log_a(4)} \overset{\lightning}{=} \frac{\cancel{\log_a}(7x)}{\cancel{\log_a}(4)} \overset{\lightning}{=} \frac{7x}{4} \lightning$$

- Man kann den Numerus *nicht* vom Logarithmus-Symbol abkoppeln:

$$\lg x = a + 3 \quad | : \lg \lightning$$
$$x \overset{\lightning}{=} \frac{a+3}{\lg} \lightning$$

- Man darf *nicht* in die Numeri hineinkürzen:

$$\frac{\lg\left(3a^2\right) \cdot \lg(7b)}{\lg(6a)} \overset{\lightning}{=} \frac{\lg\left(\cancel{3}\, a^{\cancel{2}}\right) \cdot \lg(7b)}{\lg\left(\cancel{6}_2\ \cancel{a}\right)} \lightning \qquad \frac{\lg(12)}{\lg(3)} \overset{\lightning}{=} \lg(4) \lightning$$

- Um Fehler zu vermeiden, sollte der Numerus *immer in eine Klammer* geschrieben werden!

---

[1] Das Blitz-Symbol $\lightning$ wird in der Mathematik gerne eingesetzt um auf einen Widerspruch oder einen Fehler hinzuweisen.

Zusammenhänge zwischen Potenzen, Wurzeln und Logarithmen:

$$a^c = b \qquad c = \log_a(b) \qquad a = \sqrt[c]{b}$$

$a, b \in \mathbf{R}^{>0}, a \neq 1$
$c \in \mathbf{N}$

Definitionsbereiche:

$\sqrt[n]{a}$	$a \geq 0$	und	$n > 0$
$\log_a(x)$	$a > 0, a \neq 1$	und	$x > 0$

Erweiterungen des Potenzbegriffs:

$a^{-n} = \dfrac{1}{a^n}$	$a^{\frac{1}{n}} = \sqrt[n]{a}$	$a^1 = a$	$a^0 = 1$
$a \in \mathbf{R}^*, n \in \mathbf{N}$	$a \in \mathbf{R}^{\geq 0}, n \in \mathbf{N}^*$	$a \in \mathbf{R}$	$a \in \mathbf{R}^*$

Spezielle Logarithmensysteme:

$10^n = x \Leftrightarrow n = \lg(x)$ $\qquad$ $e^n = x \Leftrightarrow n = \ln(x)$ $\qquad$ $2^n = x \Leftrightarrow n = \text{lb}(x)$

Spezielle Zahlenwerte: $\quad e = 2{,}718\,281\,828\,459\,045\,235\,360\,287\,471\,352\,662\ldots$

$1^n = 1$	$0^n = 0, n \in \mathbf{N}^*$	$\sqrt[n]{1} = 1$	$\sqrt[n]{0} = 0, n \in \mathbf{N}^*$
$\log_a(1) = \lg(1) = \ln(1) = \text{lb}(1) = 0$			$\log_a(0)$ existiert nicht.
$\lg(10) = 1$	$\ln(e) = 1$	$\text{lb}(2) = 1$	$\log_a(a) = 1$
$\lg(10^x) = x$	$\ln(e^x) = x$	$\text{lb}(2^x) = x$	$\log_a(a^x) = x$
$10^{\lg(x)} = x$	$e^{\ln(x)} = x$	$2^{\text{lb}(x)} = x$	$a^{\log_a(x)} = x$

✍ A. 2.178–2.182 auf Seite 288

Aufgaben:

2.6 Logarithmenrechnung

(Lösungen ab Seite 877)

2.161 Wandle die Potenzgleichungen in Logarithmengleichungen um:

a) $2^4 = 16$ b) $\left(\dfrac{1}{2}\right)^3 = \dfrac{1}{8}$ c) $0{,}2^{-2} = 25$ d) $(-5)^2 = 25$

e) $6^{-2} = \dfrac{1}{36}$ f) $a^{-7} = x$ g) $8^3 = 512$ h) $x^0 = 1$

i) $0{,}01^4 = 0{,}000\,000\,01$ k) $(-3)^{-x} = -y$

2.162 Prüfe nach, ob die Logarithmen richtig bestimmt worden sind:

a) $\log_4(64) = 3$ b) $\log_{10}(100) = 2$ c) $\log_{50}(50) = 1$

d) $\log_{0{,}5}(0{,}25) = 2$ e) $\log_{0{,}2}(5) = 1$ f) $\log_{0{,}5}(8) = -4$

g) $\log_{10}(0{,}000\,000\,1) = -7$ h) $\log_{\frac{1}{k}}\left(k^2\right) = -2$ i) $\log_{625}(5) = 0{,}25$

k) $\log_2(0{,}7071) \approx -\dfrac{1}{2}$

2.163 Wandle die Gleichungen in Logarithmengleichungen um:

a) $\sqrt{64} = 8$ b) $\sqrt[5]{243} = 3$ c) $\sqrt[3]{0{,}001} = 0{,}1$ d) $\sqrt[8]{390\,625} = 5$

e) $\sqrt[p]{k} = q$ f) $\sqrt[3]{a^2} = b$ g) $\sqrt[4]{\frac{1}{x}} = y$ h) $\sqrt[n]{p^q} = r$

i) $\sqrt[k]{\frac{1}{m}} = n$ k) $\sqrt[r]{\frac{1}{s^3}} = t$

2.164 Bestimme den Wert der Logarithmen:

a) $\log_3(81)$ b) $\log_{0,5}\left(\frac{1}{64}\right)$ c) $\log_{10}(0{,}0001)$ d) $\log_{0,07}(0{,}0049)$

e) $\log_9(6\,561)$ f) $\log_6(6)$ g) $\log_4\left(\frac{1}{4}\right)$ h) $\log_4(0{,}0625)$

i) $\log_a\left(\frac{1}{a}\right)$ k) $\log_8\left(\frac{1}{512}\right)$ l) $\log_9(27)$ m) $\log_q\left(\frac{1}{q^n}\right)$

2.165 Desgleichen:

a) $\log_4(2)$ b) $\log_{81}(3)$ c) $\log_{64}(0{,}5)$ d) $\log_{100}(0{,}1)$

e) $\log_{729}(1)$ f) $\log_5(0{,}008)$ g) $\log_9(-81)$ h) $\log_{27}(3)$

i) $\log_{70}(8{,}3666)$ k) $\log_{3,42}\left(\frac{1}{11{,}6964}\right)$ l) $\log_{0,2}(3\,125)$ m) $\log_{2,7}(7{,}29)$

2.166 Ermittle x:

a) $\log_2(x) = 5$ b) $\log_6(x) = 6$ c) $\log_{64}(x) = \frac{1}{3}$

d) $\log_x(25) = 2$ e) $\log_x(0{,}5) = -1$ f) $\log_3(x) = -2$

g) $\log_{\frac{1}{2}}(x) = -10$ h) $\log_{\frac{1}{9}}(x) = -0{,}5$ i) $\log_x(0{,}000\,001) = -6$

k) $\log_x(a) = 1$

2.167 Desgleichen:

a) $\log_9(x) = 1$ b) $\log_{0,3}(x) = 4$ c) $\log_{2\,401}(x) = -\frac{1}{4}$

d) $\log_x(2\,197) = 3$ e) $\log_x\left(\frac{1}{a}\right) = -1$ f) $\log_m\left(m^3\right) = x$

g) $x = \log_r\left(\sqrt[n]{r}\right)$ h) $\log_2(x) = 4$ i) $\log_x(243) = 5$

k) $x = \log_c\left(\frac{1}{c}\right) + \log_{\frac{1}{c}}(c)$

2.168 Desgleichen:

a) $x = \log_p\left(\frac{1}{p^4}\right)$ b) $\log_4(x) = 0{,}5$ c) $\log_x(4\,096) = 6$

d) $x = \log_a\left(\frac{1}{\sqrt[n]{a^m}}\right)$ e) $\log_3(x) = -1$ f) $\log_{64}(x) = -\frac{1}{3}$

g) $\log_x(19\,683) = 9$ h) $x = \log_k\left(\frac{1}{k^n}\right)$ i) $\log_x(1) = 0$

k) $x = \log_5(0{,}001\,6)$

2.169 Ermittle die dualen Logarithmen (Basis 2) der Zahlen:

a) 16 b) 64 c) 2 d) 0,5 e) $\frac{1}{32}$

f) 1,4142 g) 0,25 h) −12 i) 1 024 k) 1,2599

2.170 Bestimme für die Basis 0,5 die Logarithmen der Zahlen:

a) 1 b) $\sqrt{2}$ c) 2 d) $\sqrt[5]{2^7}$ e) 16

f) 0,125 g) $\sqrt{2^{10}}$ h) 256 i) 0,5 k) 0,7071

2.6.1.2 Logarithmengesetze (Lösungen ab Seite 878)

2.171 Spalte die Ausdrücke so weit wie möglich in einzelne Logarithmen auf:

a) $\log_a\left(\frac{x^2\sqrt{y}}{z^3\cdot\sqrt[4]{u}}\right)$ b) $\log_m\left(\frac{3u^2}{4\sqrt{v}}\right)$ c) $\log_p\left(\sqrt{\frac{4a^3\cdot\sqrt{p}}{b^5q^7}}\right)$

d) $\log_{10}\left(\frac{x^2-y^2}{x^2+y^2}\right)$ e) $\log_q(x+y)$ f) $\log_x\left(\frac{5}{x^2\cdot y^3}\right)$

g) $\log_y\left(\frac{a\cdot\sqrt{b}}{c^2}\right)$ h) $\log_r\left(x\cdot\sqrt[8]{x+y}\right)$ i) $\log_5\left((3a)^5\right)$

k) $\log_y\left(\frac{1}{\sqrt[4]{x^5y^3}}\right)$ l) $\log_c\left(\sqrt{\frac{x^2y^3}{k}}\right)$ m) $\log_k\left(\sqrt{\frac{r^2(1+t)\sqrt{k}}{t^2-1}}\right)$

2.172 Fasse zu einem einzigen Logarithmus zusammen:

a) $\log_k(a)+\log_k(b)-\log_k(c)-\log_k(d)$

b) $2\cdot\log_a(x)+3\cdot\log_a(y)-\log_a(u)-4\cdot\log_a(v)$

c) $\frac{1}{2}\cdot\log_x(u)+\frac{1}{3}\cdot\log_x(v)$ d) $\frac{1}{2}\cdot\left(\log_x(u)+\frac{1}{3}\cdot\log_x(v)\right)$

e) $\frac{1}{3}\cdot\log_m(a)-\frac{1}{4}\cdot\log_m(b)+\frac{2}{3}\cdot\log_m(c)-\frac{3}{4}\cdot\log_m(d)$

f) $p\cdot\log_a(q)-q\cdot\log_a(p)$ g) $-k\cdot\log_s(x)-\frac{1}{k}\cdot\log_s(y)$

h) $n\cdot\log_r(a)+(n-1)\cdot\log_r(b)+(n-2)\cdot\log_r(c)$

i) $\frac{p}{q}\cdot\log_z(r)-\frac{q}{p}\cdot\log_z(s)$ k) $\frac{b}{a}\cdot\log_d(c)+\frac{b}{c}\cdot\log_d(a)-\frac{c}{a}\cdot\log_d(b)-\frac{3}{a}$

2.173 Es gibt Mathematiker, die behaupten, dass man nur das erste Logarithmusgesetz benötigt. Begründe diese Haltung. Tipp: $b^r=\underbrace{b\cdot b\cdot\ldots\cdot b}_{r\text{-fach}}$ und $\frac{u}{v}=u\cdot\frac{1}{v}$.

2.6.2 Spezielle Logarithmensysteme (Lösungen ab Seite 879)

2.174 Es ist lg (4,036) ≈ 0,60 595. Welchen Wert besitzen dann die Logarithmen?

a) lg (403,6) b) lg (403 600) c) lg (0,4036) d) lg (4 036)

e) lg (0,004 036) f) lg (40,36) g) $\lg\left(0{,}040\,36^2\right)$

h) $\lg\left(\sqrt{40\,360}\right)$ i) $\lg\left(0{,}000\,403\,6^3\right)$ k) $\lg\left(\sqrt[3]{4{,}036}\right)$

2.175 Die EULER'sche Zahl e stellt die Basis für die natürlichen Logarithmen dar. e ist eine irrationale Zahl, die daher unendlich viele nicht periodische Dezimalstellen besitzt. Setze in $\left(1+\frac{1}{n}\right)^n$ für n zunehmend größere Zahlen ein und berechne dadurch eine Näherung für e.

2.176 Berechne mit dem Taschenrechner und runde die Ergebnisse auf 4 Stellen:

a) $\lg(0{,}25)$ b) $\lg(0{,}9)$ c) $\lg(2{,}5)$ d) $\lg(17)$ e) $\lg(289)$

f) $\ln(0{,}18)$ g) $\ln(0{,}8)$ h) $\ln(3{,}5)$ i) $\ln(28)$ k) $\ln(475)$

l) $\log_2(0{,}4)$ m) $\log_2(0{,}85)$ n) $\log_2(4{,}3)$ o) $\log_2(12{,}9)$ p) $\log_2(495)$

q) $\log_{5,9}(0{,}4)$ r) $\log_{3,1}(5)$ s) $\log_6(56)$ t) $\log_{1,5}(374)$ u) $\log_{0,7}(951)$

2.177 Schreibe jeweils als dekadischen und als natürlichen Logarithmus:

a) $\frac{\lg(x)}{\ln(x)}$ b) $\lg(x)\cdot \mathrm{lb}(x)$ c) $\frac{\sqrt{\lg(\mathrm{e})}}{\ln(7)}$

d) $\frac{1}{x\cdot\ln(10)}\cdot\frac{1}{\lg(x)}+\frac{1}{x}\cdot\frac{1}{\ln(x)\cdot\ln(10)}$ e) $\frac{3\cdot\frac{5\lg(x)}{x\cdot \mathrm{lb}(x)}}{\ln^3\left(x^2\right)}$

2.178 Berechne x:

a) $x=10^{1{,}549}$ b) $x=10^{\lg(3{,}696)}$ c) $10^x=227{,}3$

d) $x=10^{\lg(0{,}2913)}$ e) $10^x=0{,}843\,92$ f) $x=10^{0{,}7532}$

g) $x=10^{2\cdot\lg(13)}$ h) $10^x=-3{,}925$ i) $x=10^{2{,}031}$

k) $x=10^{-\lg(4)}$

2.179 Desgleichen:

a) $x=100^{0{,}4733}$ b) $10^{2x}=471{,}67$ c) $x=10\,000^{\lg(3)}$

d) $10^{-x}=5\,921{,}7$ e) $x=\sqrt{10^{5{,}96}}$ f) $x=10^{-\lg(74{,}6)}$

g) $1\,000^{-x}=-28{,}63$ h) $x=10^{-0{,}0898}$ i) $\sqrt{10^x}=65{,}793$

k) $x=10^{0{,}5\cdot\lg(38{,}44)}$

2.180 Desgleichen:

a) $x=10^{-2{,}18}$ b) $x=100^{0{,}5\cdot\lg(53{,}29)}$ c) $100^{-x}=0{,}077\,425$

d) $x=1\,000^{-0{,}190\,73}$ e) $\sqrt[3]{10^x}=12\,346$ f) $x=\sqrt{10}^{\lg(1\,024)}$

g) $x=\sqrt{10}^{-2{,}218\,38}$ h) $\sqrt[7]{10^x}=0{,}000\,005\,590\,9$

i) $x=\sqrt[3]{10}^{-\lg(125)}$ k) $x=\sqrt[3]{10}^{4{,}913\,37}$

2.181 Vereinfache:

a) $\mathrm{e}^{7x+2}+x\cdot 7\cdot\mathrm{e}^{7x+2}$ b) $8\,\mathrm{e}^2\cdot x\cdot\mathrm{e}^{3x}+18\,\mathrm{e}\cdot\mathrm{e}^{2x}\cdot 4\,\mathrm{e}^{x+1}$

c) $\frac{26\,\mathrm{e}^{3x+1}\cdot 3\cdot(9x^2-6x+2)}{135}+\frac{26}{135}\,\mathrm{e}^{3x+1}\cdot(18x-6)$

d) $\frac{-\mathrm{e}^x\cdot(\mathrm{e}^{2x}+1)+\mathrm{e}^x\cdot 2\cdot\mathrm{e}^{2x}}{(\mathrm{e}^{2x}-1)^2}$ e) $\frac{4\,\mathrm{e}^{3x}\cdot 3(x\,\mathrm{e}^x)-4\,\mathrm{e}^{3x}\cdot(\mathrm{e}^x+x\,\mathrm{e}^x)}{(x\,\mathrm{e}^x)^2}$

f) $3x^2\,\mathrm{e}^{-x}-x^3\cdot\mathrm{e}^{-x}$ g) $2\,\mathrm{e}^{-x}\cdot x+\mathrm{e}^{-x}-x\cdot\mathrm{e}^{-x}\cdot x-\frac{x}{\mathrm{e}^x}$

h) $-\frac{3\,e^{2x}}{x^4}+\frac{2}{x^3\cdot e^{-2x}}+\frac{6\,e^x}{x^4}-\frac{3}{x^4}-\frac{2\,e^x\cdot x}{x^4}$ i) $x^2\left(-e^{-x}\right)+2x\,e^{-x}$

k) $5x^2\,e^{2x-4}+10\cdot\frac{x}{e^3}\,e^{2x-3}$ l) $-20\,ax^2\cdot e^{-ax^2}+10\cdot e^{-ax^2}$

2.182 Vereinfache:

a) $\dfrac{3\,\lg\left(x^2\right)-3x\cdot\frac{2}{x}}{\lg^2\left(x^2\right)}$ b) $\dfrac{\left(\frac{2}{x}-5\right)\cdot\ln\left(x^2\right)-\frac{2}{x}\cdot(2\ln(x)-5x)}{\ln^2\left(x^2\right)}$

c) $\dfrac{e^{-x}}{x}-e^{-x}\cdot\ln(x)$ d) $\dfrac{2x\cdot\ln\left(x^2-1\right)+\frac{2x}{x^2-1}\cdot\ln\left(x^2-1\right)}{\ln^2\left(x^2-1\right)}$

e) $\dfrac{\left(\frac{1}{2\sqrt{x}}\cdot\ln(x)+\frac{\sqrt{x}}{x}\right)\cdot e^x-\sqrt{x}\cdot\ln(x)\cdot e^x}{e^{2x}}$ f) $\dfrac{1}{2\sqrt{x}}\ln(x)+\sqrt{x}\cdot\dfrac{1}{x}$

3 Algebra

Lang ist der Weg durch Lehren,
kurz und wirksam durch Beispiele.

Lucius Annaeus Seneca
* um 4 v. Chr., † um 65 n. Chr.

Die **Algebra** befasste sich ursprünglich nur mit der im vorherigen Kapitel behandelten Arithmetik sowie mit Verfahren zur Lösung von Gleichungen und Gleichungssystemen. Ihr Wirkungsfeld hat sich jedoch seit dem 18. Jahrhundert um sehr komplexe Teildisziplinen erweitert. Wir beschränken uns hier auf die Grundlagen der Gleichungslehre und damit vor allem auf Lösungsverfahren für einfache Gleichungen und Gleichungssysteme.

Das Wort Algebra geht auf den um 850 n. Chr. verstorbenen Perser al-HWĀRIZMĪ zurück. Er war der erste arabische Mathematiker, der in seinen Lehrbüchern das dezimale Stellenwertsystem mithilfe der arabischen Ziffern und die darauf beruhenden Rechenoperationen beschrieb. Von ihm stammt auch eines der ersten Lehrbücher, die sich mit der Auflösung von linearen und quadratischen Gleichungen beschäftigten. Die von ihm beschriebenen Lösungsverfahren für diese Gleichungstypen unterscheiden sich nur unwesentlich von denen, die auch heute noch angewendet werden. Seine Schriften zeichneten sich insbesondere durch zahlreiche – man würde heute dazu sagen: praxisgebundene – Aufgabenstellungen aus, die sich vor allem mit Problemen finanztechnischer, erbrechtlicher und astronomischer Art beschäftigten.

3.1 Lineare Gleichungen und Ungleichungen

3.1.1 Vorbemerkungen und Begriffserklärungen

Abschnitte 2.2.3 bis 2.2.5: Menge, Intervall, Schnitt- und Vereinigungsmenge

3.1.1.1 Definitionsbereich

Betrachtet man die vier Terme

$$T_1 = 1 - x^2, \qquad T_2 = \sqrt{1 - x^2},$$
$$T_3 = \frac{1}{1 - x^2}, \qquad T_4 = \frac{1}{\sqrt{1 - x^2}},$$

so werden einem bei oberflächlichem Betrachten keine allzu großen Unterschiede auffallen. Jeder dieser vier Terme ist ein arithmetischer Ausdruck, in dem das Quadrat der Variablen x und die Konstante 1 auftreten.

Bei genauerer Untersuchung dieser Terme stellt man jedoch fest, dass in T_1 die Variable x mit jedem beliebigen Wert aus der Menge der reellen Zahlen belegt werden darf:

$$x \in \mathbf{R}.$$

In T_2 dagegen darf der Radikand, also der Ausdruck unter dem Wurzelzeichen, nicht negativ werden. Das bedeutet für die Belegung der Variablen x im Falle T_2, dass die Einschränkung

$$-1 \leq x \leq +1$$

beachtet werden muss.

Da nicht durch null dividiert werden darf, sind für T_3 nur solche Werte von x zugelassen, für die gilt:

$$x \in \mathbf{R} \setminus \{-1;\ +1\}.$$

Schließlich überzeuge man sich selbst davon, dass x im Falle T_4 nur mit solchen Werten belegt werden darf, für die gilt:

$$-1 < x < +1.$$

Da derartige Überlegungen in den folgenden Abschnitten immer wieder auftreten, werden einige Bezeichnungen eingeführt, die wir künftig konsequent verwenden wollen. So lassen sich viele Sachverhalte kurz und präzise formulieren.

Der erste dieser Begriffe ist der des *Definitionsbereiches eines Terms*. Er spielt später bei der Untersuchung von Funktionen ebenfalls eine große Rolle.

Definition 1:

Tritt in einem Term T eine Variable auf, so versteht man unter dem **Definitionsbereich** oder der **Definitionsmenge D** des Terms T die Menge all derjenigen Zahlenwerte, die für die Variable eingesetzt werden dürfen.

In der Regel wird der Definitionsbereich eines Terms T alle Zahlen einer bestimmten Teilmenge der Menge der reellen Zahlen umfassen. So darf für x in T_1 jede beliebige reelle Zahl eingesetzt werden, also $\mathbf{D} = \mathbf{R}$, in T_2 dürfen nur diejenigen reellen Zahlen eingesetzt werden, die die Bedingung $-1 \leq x \leq +1$ erfüllen, ...

Damit lassen sich die vier Definitionsbereiche der eingangs erwähnten Terme T_1 bis T_4 wie folgt schreiben:

$$\mathbf{D}_1 = \mathbf{R}, \qquad \mathbf{D}_2 = [\,-1;\ +1\,],$$
$$\mathbf{D}_3 = \mathbf{R} \setminus \{-1\,;+1\,\}, \qquad \mathbf{D}_4 = \,]-1;\ +1\,[\,.$$

Es gibt aber auch Probleme, bei denen der Definitionsbereich eines Terms, bedingt durch die Aufgabenstellung, noch weiter eingeschränkt werden muss. Soll ein Term gefunden werden, der nur alle ungeraden natürlichen Zahlen zwischen 0 und 10 liefert, so eignet sich

$$T_5 = 2x - 1,$$

was aber ohne zusätzliche Bedingung für *jede beliebige reelle Zahl* x berechenbar ist und wodurch auch jede reelle Zahl zurückgeliefert werden kann.

Nur wenn man den Definitionsbereich von T_5 eingrenzt, bleiben genau die gewünschten Werte übrig:

$$\mathbf{D}_5 = \{1; 2; 3; 4; 5\}.$$

Die bisher betrachteten Terme haben einen einfachen Aufbau. Daher war es auch leicht, ihren Definitionsbereich zu bestimmen. Bei komplizierteren Termen versucht man, diese in einfachere Bestandteile zu zerlegen. So kann man den Term

$$T = (2x - 3) \cdot \sqrt{16 - x^4} - \frac{5}{x - 1}$$

aus den drei Termen

$$T_1 = 2x - 3, \qquad T_2 = \sqrt{16 - x^4}, \qquad T_3 = \frac{5}{x - 1}$$

erzeugen:

$$T = T_1 \cdot T_2 - T_3.$$

Es ist ohne Weiteres einzusehen, dass zum Definitionsbereich des Gesamtterms T nur diejenigen x-Werte gehören können, die *sowohl* zum Definitionsbereich von T_1 *als auch* zum Definitionsbereich von T_2 *als auch* zum Definitionsbereich von T_3 gehören.

Aus dieser Erkenntnis ergibt sich der Satz:

> Der Definitionsbereich eines durch Addition, Subtraktion und Multiplikation zusammengesetzten Terms stimmt mit der *Schnittmenge* der Definitionsbereiche der am Aufbau des zusammengesetzten Terms beteiligten Einzelterme überein.

So ist im letzten Beispiel der Definitionsbereich von

$$T_1 = 2x - 3 \qquad \mathbf{D}_1 = \mathbf{R},$$
$$T_2 = \sqrt{16 - x^4} \qquad \mathbf{D}_2 = [\,-2; +2\,],$$
$$T_3 = \frac{5}{x - 1} \qquad \mathbf{D}_3 = \mathbf{R} \setminus \{\,1\,\},$$

woraus für den Definitionsbereich des Gesamtterms T folgt:

$$\mathbf{D} = \mathbf{D}_1 \cap \mathbf{D}_2 \cap \mathbf{D}_3 = [-2; +2\,] \setminus \{\,1\,\}.$$

Beispiele:

3.1 Der Definitionsbereich des Terms $T = \frac{1}{x+5} - \frac{1}{x-5} + 2 \cdot \sqrt{x+9}$ soll ermittelt werden.

Als Definitionsbereiche der am Aufbau von T beteiligten Einzelfunktionen erhält man:

$$T_1 = \frac{1}{x+5} \qquad \mathbf{D}_1 = \mathbf{R} \setminus \{-5\},$$
$$T_2 = \frac{1}{x-5} \qquad \mathbf{D}_2 = \mathbf{R} \setminus \{+5\},$$
$$T_3 = \sqrt{x+9} \qquad \mathbf{D}_3 = [\,-9; +\infty\,[\,.$$

Daraus ergibt sich als Definitionsbereich von T:

$$\mathbf{D} = \mathbf{D}_1 \cap \mathbf{D}_2 \cap \mathbf{D}_3 = [\,-9; +\infty\,[\, \setminus \{-5; +5\}.$$

3.2 Gesucht ist der Definitionsbereich des Terms $T = \sqrt{x-5} + \sqrt{5-x}$.

$\sqrt{x-5}$ kann nur berechnet werden, wenn $x \geq 5$ ist, denn der Radikand der Wurzel muss ≥ 0 sein. Der Definitionsbereich des ersten Terms ist damit $\mathbf{D}_1 = [\,5;\, \infty)$.

Der Radikand $5 - x$ der zweiten Wurzel ist nur dann ≥ 0, wenn $x \leq 5$ ist. Es ist demnach $\mathbf{D}_2 =]-\infty;\, 5\,]$, so dass gilt

$$\mathbf{D} = \mathbf{D}_1 \cap \mathbf{D}_2 = [\,5;\, \infty\,[\, \cap\,]-\infty;\, 5\,] = \{\,5\,\}.$$

Daher ist $x = 5$ der einzige Wert, für den der gegebene Term berechnet werden kann.

3.3 Der Definitionsbereich des Terms $T = \sqrt{x-5} + \dfrac{1}{\sqrt{5-x}}$ ist zu bestimmen.

Für die erste Wurzel in T gilt wie in der letzten Aufgabe $\mathbf{D}_1 = [\,5;\, \infty\,[$.

Im zweiten Term reicht es nicht aus, dass der Radikand ≥ 0 ist, denn da die Wurzel im Nenner eines Bruches steht, darf ihr Wert nicht null werden. Somit fällt auch noch der Wert 5 für den Definitionsbereich des zweiten Terms weg. Es ist demnach $\mathbf{D}_2 =]-\infty;\, 5\,[$. Demzufolge gibt es keine reelle Zahl, für die der gesamte Term T berechnet werden kann, also

$$\mathbf{D} = \mathbf{D}_1 \cap \mathbf{D}_2 = [\,5;\, \infty\,[\, \cap\,]-\infty;\, 5\,[\, = \emptyset = \{\,\}.$$

Im Abschnitt 2.3.1 wurden Gebilde, in denen Zahlen und Variable durch mathematische Zeichen sinnvoll miteinander verbunden sind, als *Terme* definiert. So sind

$$a + b \qquad \text{und} \qquad \ln(x-5) \qquad \text{und} \qquad (ax+b)^{\sqrt{cx}}$$

Terme.

Wir ergänzen hier, dass auch Ausdrücke, die *nur Konstanten* enthalten, als Terme bezeichnet werden dürfen. So sind auch Ausdrücke wie $7 - 2$ oder 45,309 oder 0 ebenfalls Terme.

Schließlich sei noch darauf hingewiesen, dass jede mathematisch zulässige Verknüpfung von mehreren Termen wiederum einen Term ergibt. Sind also T_1, T_2 und T_3 Terme, so sind auch Ausdrücke wie

$$T_4 = a \cdot T_1 \pm b \cdot T_2 \pm c \cdot T_3 \qquad \text{und} \qquad T_5 = T_1 \cdot T_2 - {T_3}^4$$

und

$$T_6 = T_1 \cdot \sqrt[5]{\frac{T_2}{T_3}}$$

Terme. Dabei ist allerdings bei T_6 zu beachten, dass T_3 innerhalb des Definitionsbereiches stets von null verschieden sein muss und der Quotient T_2/T_3 nicht negativ werden darf.

3.1.1.2 Gleichungen

Der hier grundlegende Begriff der **Gleichung** wird wie folgt definiert:

> Werden zwei Terme T_1 und T_2 durch ein Gleichheitszeichen miteinander verbunden, so entsteht eine Gleichung.

Das Gleichheitszeichen trennt dabei die *linke* von der *rechten Seite der Gleichung*.

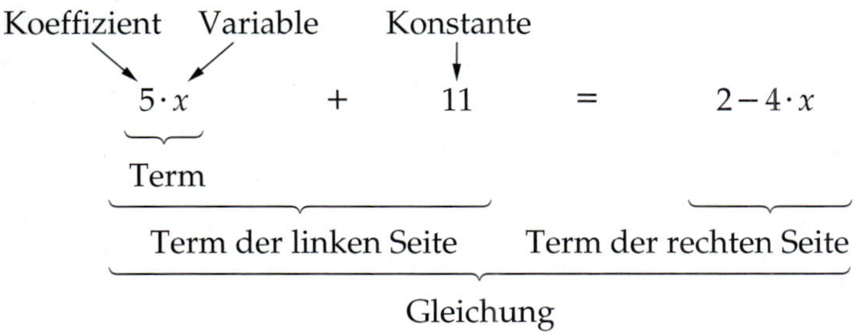

Bild 3.1

Die allgemeinste Form, in der eine Gleichung dargestellt werden kann, ist demnach

$$\boxed{T_1 = T_2} \tag{3.1}$$

Gleichungen sind also Aussagen oder Aussageformen, die mithilfe der Gleichheitsrelation gebildet werden.

Im Sinne der eben getroffenen Festlegung sind

$$10 - 5 = 2 + 3, \qquad 2 + 6 = 5 - 1, \qquad a + b = b + a,$$
$$(a - b)^2 = a^2 - b^2, \qquad 2x - 3 = 1, \qquad x^2 - 6x + 27 = 0$$

Gleichungen.

Bei näherer Betrachtung dieser Beispiele wird man feststellen, dass darunter Gleichungen sind, deren Gleichheitsaussage offensichtlich wahr ist, aber auch solche, deren Gleichheitsaussage falsch ist. Schließlich sind auch solche Gleichungen darunter, die *Variable* enthalten, so dass man den Wahrheitswert der Gleichheitsaussage erst dann feststellen kann, wenn man diese Variablen mit bestimmten Zahlen belegt.

Beispiele:

3.4 Die Gleichung $10 - 5 = 2 + 3$ stellt eine wahre Aussage dar.

Hingegen liefert die Gleichung $2 + 6 = 5 - 1$ ↯ eine falsche Aussage, was wir durch einen *Fehler-Blitz* symbolisieren.

3.5 Die Gleichung $a + b = b + a$ liefert für jede Belegung von a und b eine *wahre Aussage*.

Dagegen liefert die Gleichung $(a - b)^2 = a^2 - b^2$ nur dann eine wahre Aussage, wenn $a = b$ ist, oder wenn a beliebig und $b = 0$ gesetzt ist. In allen anderen Fällen liefert $(a - b)^2 = a^2 - b^2$ eine falsche Aussage.

3.6 Die Gleichung $2x - 3 = 1$ ist keine Aussage sondern eine *Aussageform*, die erst bei der Belegung von x mit einer Konstanten zur Aussage wird. Mit $x = 2$ wird die Gleichung zu einer *wahren Aussage*, mit jeder anderen Belegung von x liefert sie eine falsche Aussage.

3.7 Wie im Laufe dieses Kapitels noch gezeigt wird, gibt es *keine reelle Zahl* x, die die Gleichung $x^2 - 6x + 27 = 0$ zu einer wahren Aussage macht. Es handelt sich in diesem Falle um eine für uns unerfüllbare Gleichung.

Besonders die Gleichungen, die Variable enthalten, sind für die weiteren Betrachtungen interessant, siehe Beispiele 3.8 bis 3.11. Die Variablen können innerhalb eines bestimmten Zahlenbereiches mit beliebigen Zahlen belegt werden, wobei dann entweder wahre oder falsche Aussagen entstehen.

Der Zahlenbereich, aus dem die Zahlen für die Belegung der Variablen einer Gleichung ausgewählt werden dürfen, wird **Definitionsbereich der Gleichung** genannt.

Als Definitionsbereich einer Gleichung wählt man meist den umfassendsten Zahlenbereich, aus dem die Zahlen für die Belegung der in der Gleichung auftretenden Variablen infrage kommen. In manchen Fällen wird man jedoch diesen Zahlenbereich wegen der Aufgabenstellung sinnvoll einschränken müssen.

Beispiele:

3.8 Bei den Gleichungen $2x - 3 = 1$ und $x^2 - 6x + 27 = 0$ kann jedes $x \in \mathbf{R}$ für die Belegung von x ausgewählt werden.

Die Definitionsbereiche $\mathbf{D}_1$ und $\mathbf{D}_2$ beider Gleichungen stimmen hier überein:

$$\mathbf{D}_1 = \mathbf{R} \quad \text{und} \quad \mathbf{D}_2 = \mathbf{R}.$$

3.9 Der Definitionsbereich der Gleichung $\sqrt{x} + \sqrt{5 - x} = 0$ ist $\mathbf{D} = [\,0\,;\,5\,]$, denn nur für die Zahlen dieses Intervalls sind die beiden am Aufbau der Gleichung beteiligten Terme *gleichzeitig* definiert.

3.10 Der Definitionsbereich der Gleichung $\dfrac{1}{x-1} - \dfrac{1}{x+1} = 5$ ist $\mathbf{D} = \mathbf{R} \setminus \{-1;\,+1\}$.

3.11 Es soll eine *natürliche* Zahl gefunden werden, deren Quadrat halb so groß ist wie deren vierte Potenz. Dem entspricht die Gleichung

$$x^2 = \frac{1}{2} \cdot x^4.$$

Der größte Zahlenbereich, für den beide Seiten dieser Gleichung sinnvolle Werte ergeben, wäre der Bereich $\mathbf{R}$ der reellen Zahlen. Die Aufgabenstellung schränkt jedoch diesen Bereich auf den Bereich $\mathbf{N}$ der natürlichen Zahlen ein: $\mathbf{D} = \mathbf{N}$.

Wie die letzten Beispiele zeigen, ist eine Gleichung erst dann vollständig formuliert, wenn man ihren Definitionsbereich kennt. Es soll hier vereinbart werden, dass für Gleichungen, deren Definitionsbereich nicht explizit genannt wird, derjenige umfassendste Zahlenbereich als Definitionsbereich zu wählen ist, für den alle in der Gleichung auftretenden Terme definiert sind. Soll der Definitionsbereich bewusst eingeschränkt werden, so ist dies besonders anzugeben.

Bei der Betrachtung der ersten Beispiele für Gleichungen mit Variablen wurde gezeigt, dass es Belegungen für die auftretenden Variablen geben kann, die die Gleichung zu einer *wahren Aussage* machen:

Jede Belegung der Variablen einer Gleichung, die dem Definitionsbereich der Gleichung angehört und die diese Gleichung zu einer wahren Aussage macht, wird **Lösung** der Gleichung genannt.
Die Menge *aller* Lösungen einer Gleichung ist die **Lösungsmenge L der Gleichung**.

Beispiele:

3.12 $x = 2$ ist eine Lösung der Gleichung $2x - 3 = 1$, denn $2 \cdot 2 - 3 = 1$ ist richtig.

Wie später gezeigt werden wird, ist $x = 2$ die einzig mögliche Lösung der gegebenen Gleichung. Demzufolge ist die Lösungsmenge von $2x - 3 = 1$: $\mathbf{L} = \{2\}$.

3.13 $u = 2$ und $u = 5$ sind zwei Lösungen der Gleichung $u^2 - 7u + 10 = 0$, denn beide Werte gehören dem Definitionsbereich $\mathbf{D} = \mathbf{R}$ der Gleichung an, und es sind sowohl $2^2 - 7 \cdot 2 + 10 = 0$ als auch $5^2 - 7 \cdot 5 + 10 = 0$ wahre Aussagen. Weitere Lösungen gibt es nicht.

Die Lösungsmenge der Gleichung $u^2 - 7u + 10 = 0$ ist demnach $\mathbf{L} = \{2; 5\}$.

3.14 Ist für die Gleichung $x^2 = \frac{1}{2} \cdot x^4$ als Definitionsbereich der Bereich $\mathbf{R}$ der reellen Zahlen zugelassen, so hat diese Gleichung die drei Lösungen $x = 0$, $x = -\sqrt{2}$ sowie $x = +\sqrt{2}$, denn wie man leicht nachprüfen kann, gehören alle drei genannten Zahlen dem Definitionsbereich $\mathbf{R}$ an und erfüllen überdies die gegebene Gleichung.

Wird jedoch der Definitionsbereich dieser Gleichung wie im Beispiel 3.11 auf den Bereich $\mathbf{N}$ der natürlichen Zahlen eingeschränkt, so hat diese Gleichung nur noch eine Lösung, nämlich $x = 0$. Für $\mathbf{D} = \mathbf{R}$ ist also $\mathbf{L} = \left\{-\sqrt{2}; 0; +\sqrt{2}\right\}$, dagegen lautet die Lösungsmenge für $\mathbf{D}_1 = \mathbf{N}$ nur $\mathbf{L}_1 = \{0\}$.

In manchen Fällen kann man bereits aus der Ermittlung des Definitionsbereiches einer Gleichung gewisse Rückschlüsse auf die Lösungsmenge der Gleichung ziehen. Dies soll an zwei weiteren Beispielen gezeigt werden:

Beispiele:

3.15 Die Gleichung $\sqrt{x-5} + \sqrt{5-x} = 0$ hat den Definitionsbereich $\mathbf{D} = \{5\}$, siehe Beispiel 3.2.

Falls diese Gleichung eine Lösung haben sollte, dann kann es nur $x = 5$ sein, denn $x = 5$ ist der einzige Wert, für den beide Wurzeln gleichzeitig existieren. Setzt man $x = 5$ in die gegebene Gleichung ein, so erhält man die wahre Aussage $0 + 0 = 0$. Daraus folgt, dass $x = 5$ tatsächlich die Lösung der gegebenen Gleichung ist.

3.16 Der Definitionsbereich der Gleichung $\sqrt{x-5} + \frac{1}{\sqrt{5-x}} = 25$, siehe Beispiel 3.3, ist die leere Menge. Folglich kann es auch keinen Wert x geben, der die Gleichung erfüllt. Die gegebene Gleichung ist demnach unerfüllbar: $\mathbf{L} = \emptyset$.

Anmerkung: Hätte man versucht, die Gleichungen aus den Beispielen 3.15 und 3.16 mit den Hilfsmitteln zu lösen, die wir in späteren Abschnitten kennenlernen werden, so hätte sich ein wesentlich höherer Rechenaufwand ergeben als hier. Die beiden Beispiele verdeutlichen, wie wichtig der folgende Satz ist:

Erst überlegen, dann rechnen!

Schließlich sei noch auf folgenden Sonderfall hingewiesen:

Gleichungen, die für *jede Belegung der Variablen* wahre Aussagen liefern, werden **Identitäten** genannt.

Beispiel:

3.17 Die Gleichung $(a+b)^2 = a^2 + 2ab + b^2$ ist für jede beliebige Belegung der beiden Variablen a und b richtig. Demnach handelt es sich bei dieser Gleichung um eine Identität und die Lösungsmenge entspricht der Definitionsmenge: $\mathbf{L} = \mathbf{D}$.

3.1.1.3 Ungleichungen

Die hier für Gleichungen sehr ausführlich erläuterten Grundbegriffe lassen sich ohne Schwierigkeiten auch auf Ungleichungen erweitern.

Werden zwei Terme T_1 und T_2 durch eines der folgenden Relationszeichen

$$<, \quad \leq, \quad \geq, \quad > \quad \text{oder} \quad \neq$$

miteinander verbunden, so entsteht eine **Ungleichung.**

Ungleichungen sind also Aussagen oder Aussageformen, die mit einer der angegebenen Relationen gebildet werden. Eine Ungleichung, die nur konstante Größen enthält, ist entweder eine wahre oder eine falsche Aussage. Enthält die Ungleichung jedoch auch Variablen, so wird sie erst dann zu einer wahren oder einer falschen Aussage, wenn man die Variablen mit bestimmten Zahlen belegt.

Genau so, wie man bei Gleichungen einen Definitionsbereich festlegen kann, funktioniert das auch bei Ungleichungen. Analog formuliert man für die Lösungsmenge:

Jede Belegung der Variablen einer Ungleichung, die dem Definitionsbereich der Ungleichung angehört und die die Ungleichung zu einer wahren Aussage macht, heißt **Lösung der Ungleichung**. Die Gesamtheit aller möglichen Lösungen einer Ungleichung wird **Lösungsmenge der Ungleichung** genannt.

Beispiel:

3.18 Die Ungleichung $3 \leq 5$ ist eine wahre Aussage.
Die Ungleichung $5 > 20$ ist eine falsche Aussage.

3.19 Für die Ungleichung $2x - 3 \geq 1$ liefert sowohl die Belegung $x = 15$ als auch die Belegung $x = 2$ eine wahre Aussage.
Für $x = 0$ dagegen wird die Ungleichung eine falsche Aussage.

Der Definitionsbereich der Ungleichung ist $\mathbf{D} = \mathbf{R}$. Als Lösungsmenge erhält man alle Zahlen des Intervalls

$$\mathbf{L} = [\,2; +\infty\,[= \left\{ x \in \mathbf{R} \,\middle|\, x \geq 2 \right\}$$

oder kurz $\mathbf{L} : x \in \mathbf{R}^{\geq 2}$.

3.1.2 Umformung von Gleichungen

3.1.2.1 Äquivalente Umformung von Gleichungen

Wenn eine Gleichung mit Variablen vorliegt, so besteht die Aufgabe in den meisten Fällen darin, die *Gleichung zu lösen*: Es sind solche Belegungen der Variablen zu ermitteln, die die Gleichung zu einer wahren Aussage machen und die gleichzeitig dem Definitionsbereich der Gleichung angehören. Dazu formt man im Allgemeinen die gegebene

Gleichung schrittweise in immer einfacher werdende Gleichungen um, bis man schließlich die Lösungsmenge leicht ablesen kann.

Dabei ist natürlich wesentlich, dass sich bei diesen Umformungen weder die Lösungsmenge noch der Definitionsbereich der Gleichung ändert.

Zwei Gleichungen oder zwei Ungleichungen, die in ihren Definitionsbereichen übereinstimmen und die gleiche Lösungsmenge besitzen, heißen einander **äquivalent.**

Den Übergang von einer Gleichung zu einer dazu äquivalenten (einfacheren) Gleichung nennt man eine *äquivalente Umformung*.

Für die äquivalente Umformung von Gleichungen gelten die folgenden vier wichtigen Regeln:

Regel 1:

Vertauscht man die beiden Seiten einer Gleichung miteinander, so ist die neue Gleichung der alten äquivalent:

$$\boxed{T_1 = T_2 \quad \Leftrightarrow \quad T_2 = T_1} \tag{3.2}$$

☞ Die Regeln für den Umgang mit Gleichungen lassen sich recht anschaulich mit Eigenschaften einer Balkenwaage vergleichen. Regel 1 ist analog zu folgendem Vorgang: Ist eine Balkenwaage im Gleichgewicht, und legt man dann die Gewichte von der rechten Seite der Waage auf die linke und die zu wiegende Ware dafür von der linken auf die rechte, so ist die Waage hinterher immer noch im Gleichgewicht.

Regel 2:

Addiert oder subtrahiert man auf beiden Seiten einer Gleichung einen Term T_3, dessen Definitionsbereich nicht kleiner ist als der Definitionsbereich der gegebenen Gleichung, so ist die neue Gleichung der ursprünglichen äquivalent:

$$\boxed{T_1 = T_2 \quad \Leftrightarrow \quad T_1 \pm T_3 = T_2 \pm T_3} \tag{3.3}$$

Die Gleichung

$$3x - 5 = 2x - 3$$

hat den Definitionsbereich $\mathbf{D} = \mathbf{R}$ und die einzige Lösung $x = 2$.

Dass $x = 2$ tatsächlich die Gleichung löst, sieht man durch die *Probe*: Man setzt den ermittelten Wert in die Gleichung ein und stellt fest, ob sich eine wahre oder eine falsche Aussage ergibt:

$$3 \cdot 2 - 5 = 2 \cdot 2 - 3 \qquad \Rightarrow \qquad 6 - 5 = 4 - 3 \qquad \Rightarrow \qquad 1 = 1.$$

Die Aussage erweist sich als wahr, womit nun feststeht, dass $x = 2$ tatsächlich eine Lösung der Gleichung ist. Dass es sich um die einzige Lösung der Gleichung handelt, muss an dieser Stelle zunächst hingenommen werden.

Addiert man nun zu beiden Seiten der obigen Gleichung den Term $T_3 = 5 - 2x$, so entsteht als neue Gleichung

$$3x - 5 + (5 - 2x) = 2x - 3 + (5 - 2x).$$

Diese Gleichung hat offensichtlich den gleichen Definitionsbereich wie die ursprüngliche Gleichung und liefert, wenn man auf beiden Seiten in gleicher Weise vereinfacht, sofort die bereits bekannte Lösung $x = 2$.

Addiert man hingegen auf beiden Seiten derselben Gleichung den komplizierteren Term $T_4 = \sqrt{1 - x}$, so ist die neu entstehende Gleichung

$$3x - 5 + \sqrt{1 - x} = 2x - 3 + \sqrt{1 - x}$$

der ursprünglichen nicht mehr äquivalent, denn der Definitionsbereich der neu entstandenen Gleichung ist durch die Hinzunahme von T_4 auf $\mathbf{D}_1 = \,]-\infty; +1[$ eingeschränkt worden, und die bisherige Lösung der Gleichung gehört diesem verkleinerten Definitionsbereich gar nicht mehr an: $2 \notin \mathbf{D}_1$.

Regel 3:

Multipliziert man beiden Seiten einer Gleichung mit derselben von null verschiedenen Zahl a, so ist die neue Gleichung der alten äquivalent:

$$\boxed{T_1 = T_2 \quad \Leftrightarrow \quad a \cdot T_1 = a \cdot T_2} \qquad a \neq 0 \tag{3.4}$$

Regel 4:

Dividiert man beide Seiten einer Gleichung durch dieselbe von null verschiedene Zahl a, so ist die neue Gleichung der alten äquivalent:

$$\boxed{T_1 = T_2 \quad \Leftrightarrow \quad \frac{T_1}{a} = \frac{T_2}{a}} \qquad a \neq 0 \tag{3.5}$$

So hat die aus $3x - 5 = 2x - 3$ durch die Division beider Seiten durch 10 entstehende neue Gleichung

$$0{,}3x - 0{,}5 = 0{,}2x - 0{,}3$$

die gleiche Lösung $x = 2$ und auch den gleichen Definitionsbereich wie die Ausgangsgleichung, was nachzuprüfen ist! Sie ist damit der Ausgangsgleichung äquivalent.

⚠ Manche Lehrer und Prüfer erwarten zwischen jedem äquivalenten Umformungsschritt ein Äquivalenz-Zeichen $\Leftrightarrow$. Wir verzichten hier meist der Einfachheit halber darauf.

Bei nicht äquivalenten Umformungen, siehe nächstes Kapitel, darf natürlich nur ein Folgerungspfeil $\Rightarrow$ gesetzt werden!

3.1.2.2 Nichtäquivalente Umformung von Gleichungen

Die vier im letzten Abschnitt genannten Regeln zur äquivalenten Umformung von Gleichungen reichen nicht in jedem Falle aus, um eine komplizierte Gleichung so weit zu vereinfachen, dass man ihre Lösungsmenge ohne Schwierigkeiten ermitteln kann. Man muss daher in manchen Fällen zu Umformungen greifen, bei denen die neu entstehende Gleichung der ursprünglichen nicht mehr äquivalent ist. Hierfür werden nachfolgend einige markante Beispiele angegeben.

Multipliziert man beide Seiten einer Gleichung mit einem Term, der die Variable enthält, so können zur Lösungsmenge der ursprünglichen Gleichung weitere Lösungen hinzukommen, die vorher nicht vorhanden waren.

Beispiel:

3.20 Die Gleichung $3x - 5 = 2x - 3$ ist bereits aus dem letzten Abschnitt bekannt. Multipliziert man beide Seiten dieser Gleichung mit dem Term $T = x - 1$, der denselben Definitionsbereich hat wie die Ausgangsgleichung, so erhält man

$$(x - 1) \cdot (3x - 5) = (x - 1) \cdot (2x - 3),$$

oder, wenn man die Klammern ausmultipliziert,

$$3x^2 - 8x + 5 = 2x^2 - 5x + 3.$$

Man kann sich durch die Probe leicht davon überzeugen, dass diese *neue Gleichung* neben der bisherigen Lösung $x = 2$ eine weitere Lösung besitzt, nämlich $x = 1$.

Probe für $x = 2$: $3 \cdot 4 - 8 \cdot 2 + 5 = 2 \cdot 4 - 5 \cdot 2 + 3$
$1 = 1$ Probe stimmt,

Probe für $x = 1$: $3 \cdot 1 - 8 \cdot 1 + 5 = 2 \cdot 1 - 5 \cdot 1 + 3$
$0 = 0$ Probe stimmt ebenfalls.

Der Wert $x = 1$ ist demnach als neue Lösung durch die Multiplikation der ursprünglichen Gleichung mit dem Term T hinzugekommen.

Dieser Wert erfüllt jedoch *nicht die ursprüngliche Gleichung* $3x - 5 = 2x - 3$:

$$3 \cdot 1 - 5 \neq 2 \cdot 1 - 3 \;\lightning$$

Aus diesem ersten Beispiel lässt sich eine wichtige Schlussfolgerung für das Lösen von Gleichungen ziehen, die künftig immer konsequent beachtet werden muss:

Bei nichtäquivalenter Umformung von Gleichungen können sich selbst bei fehlerlosem Rechnen Werte als Lösungen einschleichen, die die Ausgangsgleichung *nicht erfüllen*. Es ist daher zu jeder Lösung einer Gleichung **unbedingt erforderlich, die Probe zu machen**.
Lösungen, die durch den Rechengang zur eigentlichen Lösungsmenge der Gleichung hinzukommen, werden **Scheinlösungen** genannt.

Für die Probe ist es wichtig, dass man sie *stets an der Ausgangsgleichung* durchführt und *nicht an einem der Zwischenergebnisse der Rechnung*. Die folgende Gleichung kann ja unter Umständen bereits durch einen Rechenfehler beim Umformen verfälscht worden sein oder durch eine nichtäquivalente Umformung zusätzliche Scheinlösungen enthalten.

Ähnlich wie bei der Multiplikation beider Seiten einer Gleichung mit demselben Term ist auch bei der Division durch einen Term stets Vorsicht geboten:

Dividiert man beide Seiten einer Gleichung durch einen Term, der die Variable enthält, so können Lösungen der ursprünglichen Gleichung verloren gehen.

Beispiel:

3.21 Wie man sich leicht überzeugen kann, hat die Gleichung

$$3x^2 - 5x = 2x^2 - 3x$$

die beiden Lösungen $x_1 = 2$ und $x_2 = 0$, was durch die Probe für beide Lösungen zu bestätigen ist!

Dividiert man diese Gleichung durch den die Variable x enthaltenden Term $T = x$, so entsteht die neue Gleichung

$$3x - 5 = 2x - 3$$

Diese Gleichung hat jedoch, wie wir bereits wissen, nur noch die einzige Lösung $x_1 = 2$. Die zweite Lösung $x_2 = 0$ ist demnach durch die Division der ursprünglichen Gleichung durch den Term x weggefallen.

Auch beim Potenzieren beider Seiten einer Gleichung können unvorhersehbare Besonderheiten auftreten:

Potenziert man die beiden Seiten einer Gleichung mit demselben ganzzahligen Exponenten, so können zur Lösungsmenge der ursprünglichen Gleichung noch weitere Lösungen hinzukommen.

Beispiel:

3.22 Die Wurzelgleichung

$$\sqrt{x - 1} = -2$$

besitzt den Definitionsbereich $\mathbf{D} = [\,1;\, \infty\,[$ und kann offensichtlich *keine Lösung* besitzen, denn laut Definition des Wurzelbegriffs darf der Wurzelwert keine negative Zahl sein. Die Lösungsmenge $\mathbf{L}$ der vorliegenden Gleichung ist demzufolge die leere Menge: $\mathbf{L} = \emptyset$.

Quadriert man nun die ursprüngliche Gleichung, so ergibt sich die neue Gleichung

$$x - 1 = 4.$$

Diese Gleichung ist der ursprünglich gegebenen Gleichung *nicht äquivalent*, denn erstens besitzt sie eine Lösung, nämlich $x = 5$, die nicht Lösung der Ausgangsgleichung ist, und zweitens stimmt ihr Definitionsbereich $\mathbf{D}_1 = \mathbf{R}$ nicht mit dem der ursprünglichen Gleichung überein.

Das Radizieren beider Seiten einer Gleichung mit demselben Wurzelexponenten ist im Allgemeinen keine äquivalente Umformung.

Beispiel:

3.23 Die Gleichung

$$x - 3 = 25$$

hat den Definitionsbereich $\mathbf{D} = \mathbf{R}$ sowie die Lösung $x = 28$.

Zieht man auf beiden Seiten der Gleichung die Quadratwurzel, so erhält man eine neue Gleichung:

$$\sqrt{x-3} = 5,$$

die zwar noch dieselbe Lösung $x = 28$ hat wie die Ausgangsgleichung, deren Definitionsbereich jedoch nur noch $\mathbf{D}_1 = [\,3;\, +\infty\,[$ ist. Da die Definitionsbereiche der beiden Gleichungen nicht übereinstimmen, sind die Gleichungen auch nicht äquivalent.

3.1.2.3 Elektronische Hilfsmittel beim Lösen von Gleichungen

3.1.2.3.1 Gleichungen mit dem Taschenrechner lösen

Einige der nicht programmierbaren Taschenrechner besitzen eine Lösungsroutine für Gleichungen. Die Geräte bedienen sich dabei einer Methode, die einen Startwert benötigt, in dessen Nähe die eigentliche Lösung gesucht wird. In den meisten Fällen ist es gleichgültig, welchen Startwert man eingibt; die Zeitverzögerung durch einen „schlechten" Startwert wird man akzeptieren können. Es ist aber durchaus möglich, dass man durch einen unpassenden Startwert das Berechnungsprogramm derart in die Irre führt, dass eine tatsächlich vorhandene Lösung nicht gefunden wird und der Hinweis „Can't solve!"[1] erscheint. Die Entscheidung, ob dann eine weitere Suche mit einem neuen Startwert sinnvoll ist oder ob man davon ausgehen kann, dass die Gleichung keine (weitere) Lösung besitzt, hängt in erster Linie vom mathematischen Hintergrundwissen des Benutzers ab.

Die Prozedur zum Lösen einer allgemeinen Gleichung läuft in folgenden Schritten ab:

- Gleichung eingeben
- Lösungsroutine aufrufen
  - Startwert eingeben
  - Lösung ablesen

Beispiel:

3.24 a) Ermittle die Lösung für x in der Gleichung $3x - 5 = 2x - 3$.

Lösungsschritt	**Eingabe**	**Ausgabe**
Gleichung eingeben	3 [Alpha] [X] [−] 5	
	[Alpha] [=]	
	2 [Alpha] [X] [−] 3	$3x - 5 = 2x - 3$
Lösungsroutine aufrufen	[Shift] [Solve]	Solve for X
Startwert eingeben	1 [=]	$x = 2$

Hierbei wurden *zwei verschiedene* Tasten für das Gleichheitszeichen benutzt:

Für das Gleichheitszeichen in der Gleichung wird die Mehrfachbelegung von [Calc] – [Solve] benutzt. Dieses Gleichheitszeichen ist in der gleichen Farbe wie

[1] Frei übersetzt: „Es kann keine Lösung bestimmt werden!"

[Alpha] auf die Tastatur gedruckt und wird auch nur in Kombination mit dieser Taste verwendet: [Alpha] [=]

Zur Eingabebestätigung und als Abschluss einer Rechnung wird jedoch wie gewohnt die rechts unten angeordnete Taste [=] benutzt, die direkt den Aufdruck des Gleichheitszeichen besitzt.

b) Die Gleichung $8x + 5 = 12 - 3x$ führt mit dem Startwert 1 zu dem Ergebnis $x = 0{,}6363\ldots$, was man durch erneuten Aufruf des X-Speichers als $^7/_{11}$ identifiziert:

	Eingabe	Ausgabe
	[Alpha] [X] [=]	$\frac{7}{11}$
oder	[RCl] [X]	$\frac{7}{11}$

c) Gibt es zu einer Gleichung verschiedene Lösungen, so kann man diese durch geschickten Einsatz unterschiedlicher Startwerte finden:

Die Gleichung $3x^2 - 5x = 2x^2 - 3x$ aus dem Beispiel 3.21 liefert für den Startwert -4 die Lösung $x = 0$ und für den Startwert 5 die Lösung $x = 2$, was nachzuprüfen ist!

Auch bei der **Probe** kann der Taschenrechner eingesetzt werden.

Mit der Berechnungstaste [Calc] setzt man das Ergebnis einer Untersuchung in die Ausgangsgleichung ein. Linke und rechte Seite dieser Gleichung trennt man jetzt nicht durch ein Gleichheitszeichen, sondern durch einen *Doppelpunkt*, so dass der Taschenrechner diese beiden Terme getrennt berechnet. Wird in beiden Fällen der gleiche Wert ausgegeben, so ist das eingetippte Ergebnis auch eine Lösung der Gleichung.

Beispiel:

3.25 Kontrolliere, ob $x = 6$ und $x = 4$ Lösungen der Gleichung $2x + 5 = 4x - 7$ sind.

Eingabe	Ausgabe	
2 [Alpha] [X] [+] 5 (linke Seite) [Alpha] [:] (Doppelpunkt) 4 [Alpha] [X] [−] 7 (rechte Seite)	$2x + 5 : 4x - 7$	
[Calc]	X ?	
6 [=]	$2x + 5$	17
[=]	$4x - 7$	17
[Calc]	X ?	
4 [=]	$2x + 5$	13
[=]	$4x - 7$	9

$\Rightarrow x = 6$ ist eine Lösung der Gleichung $2x + 5 = 4x - 7$, nicht aber $x = 4$.

3.1.2.3.2 Gleichungen mit einem CAS lösen

Ein wichtiges Einsatzgebiet für ein CAS ist das Lösen von Gleichungen.

Beispiel:

3.26 a) Mit dem Befehl **SOLVE**(Gleichung, Variable) kann man die Lösung(en) einer Gleichung finden. Zur Ausführung wählt man im Menü: „Vereinfachen / Algebraisch“.

Eingabe	**Ausgabe**
SOLVE($3 \cdot x - 7 = 14$,x)	$x = 7$

Alternativ kann eine vorhandene Gleichung durch Anklicken markiert und durch den Menüpunkt „Lösen / Ausdruck“ gelöst werden. Sind mehrere Variablen in der Gleichung vorhanden, wählt man hier die gewünschte Lösungsvariable aus.

b) Existieren wie im Beispiel 3.21 mehrere Lösungen, so werden sie nacheinander aufgelistet.

Eingabe	**Ausgabe**
SOLVE($3x$^2 $- 5x = 2x$^2 $- 3x$,x)	$x = 2 \vee x = 0$

c) Besitzt eine Gleichung keine Lösung, so wird der Wahrheitswert *falsch* angezeigt.

Eingabe	**Ausgabe**
SOLVE($x + 1 = x + 3$,x)	false

Auch eine **Probe** lässt sich mit einem CAS einfach durchführen:

- Gleichungsterm eingeben oder anklicken
- Menü: „Vereinfachen / Variablen-Substitution“
  - Wert(e) für Variable(n) eingeben
  - „Vereinfachen“ anklicken

Je nachdem, ob die Belegung der Variable(n) richtig oder falsch ist, wird eine wahre oder eine falsche Aussage ausgegeben.

☞ Es ist ratsam, die Gleichungen in den folgenden Beispielen und Aufgaben erst einmal mit Papier und Bleistift zu bearbeiten und sie dann per TR oder CAS zu lösen. Dadurch stärkt man seine Fertigkeiten auf beiden Wegen.

3.1.3 Lösung linearer Gleichungen mit einer Variablen

Abschnitt 2.3.2: Das Rechnen mit Klammern

3.1.3.1 Begriffserklärungen

Unter einer linearen Gleichung mit einer Variablen[1)] versteht man eine Gleichung, die sich in ihrer allgemeinsten Form wie folgt schreiben lässt:

$$\boxed{a \cdot x + b = 0} \qquad a \neq 0 \qquad (3.6)$$

[1)] Meist benutzt man für die Variable den Buchstaben x. Alle anderen Buchstaben symbolisieren dann eine Konstante, der man innerhalb der weiteren Rechnung einen festen, unveränderlichen Wert zuordnet. Unsere Überlegungen gelten aber analog auch für andere Variablenbezeichnungen.

Sie enthält die Variable (hier: x) nur in der *ersten*, keinesfalls aber in einer höheren Potenz. Daher werden lineare Gleichungen häufig auch als **Gleichungen ersten Grades** bezeichnet. Das Glied ax, das die Variable enthält, ist somit das *lineare Glied der Gleichung* und der Vorfaktor a heißt *Leitkoeffizient*, während das von x freie Glied b das *Absolutglied* der Gleichung ist.

Beispiel:

3.27

Variable	Gleichung	lineares Glied	Leitkoeffizient	Absolutglied
x	$4x - 7 = 0$	$4x$	4	-7
x	$23 + kx = 0$	kx	k	23
x	$r^2 \cdot x - 5t = 0$	r^2x	r^2	$-5t$

Sofern der Definitionsbereich einer linearen Gleichung nicht durch die Aufgabenstellung einer besonderen Einschränkung unterworfen ist[1)], erstreckt er sich über die Menge aller reellen Zahlen:

$$\mathbf{D} = \mathbf{R}.$$

Da die linearen Gleichungen nur in den seltensten Fällen unmittelbar in der allgemeinen Form $ax + b = 0$ gegeben sind, führt man kompliziertere Gleichungen mithilfe der Sätze aus 3.1.2 auf immer einfacher werdende äquivalente Gleichungen mit derselben Lösung zurück, bis man schließlich auf die leicht zu lösende Form $ax + b = 0$ kommt.

3.1.3.2 Einfache lineare Gleichungen

Enthält eine lineare Gleichung, mit einer Variablen auf beiden Seiten, sowohl lineare als auch absolute Glieder, so wird die Gleichung zunächst in der Weise geordnet, dass man durch geeignete Additionen und Subtraktionen gleicher Terme dafür sorgt, dass auf der einen Seite der Gleichung nur noch diejenigen Glieder verbleiben, die die Variable enthalten und auf der anderen Seite nur noch die absoluten Glieder.

Schließlich wird der nach dem Zusammenfassen bei der Variablen verbleibende Zahlenfaktor durch Division beseitigt. Der Rechenvorgang, bei dem die Glieder, die die Variable enthalten, auf eine Seite der Gleichung gebracht werden, wird auch *Ordnen der Gleichung* oder *Isolieren der Variablen* genannt.

Die Rechnung sollte beim Lösen einer Gleichung stets so angeordnet werden, dass Gleichheitszeichen unter Gleichheitszeichen steht. Dadurch wird der Lösungsablauf übersichtlicher.

Auf die Notwendigkeit der Probe für die Richtigkeit der gefundenen Lösung wurde bereits hingewiesen, siehe Beispiel 3.20. Es empfiehlt sich, bei der Probe jede Seite der Gleichung für sich zu vereinfachen, und zwar so lange, bis die Übereinstimmung

---

[1)] Bezeichnet die Variable x in einer Aufgabenstellung die Anzahl der verkauften Bananen, so dürfen nur natürliche Zahlen für x verwendet werden, da man weder -3, noch halbe Bananen verkaufen kann. Es ist aber durchaus zulässig – z. B. während der Betriebsferien – auch keine Bananen zu veräußern, womit $x = 0 \in \mathbf{D}$.

beider Seiten erkennbar ist. Keinesfalls sollte man bei der Probe dieselben äquivalenten oder nichtäquivalenten Umformungen durchführen, die man beim Lösen der Gleichung vorgenommen hat. Damit wird vermieden, dass gedankliche Fehler, die einem beim Lösen der Gleichung unterlaufen sind, auf die Probe übertragen werden.

Beispiele:

3.28 Die Lösung der linearen Gleichung

$$3 \cdot x = 105 \qquad \mathbf{D} = \mathbf{R}$$

findet sich sehr schnell, da wir nur den bei x stehenden Faktor 3 zu entfernen brauchen. Dies gelingt, indem wir auf die *gesamte Gleichung* die gegenteilige Operation anwenden - hier müssen wir also *beide Seiten* der Gleichung durch 3 teilen.

Lösung:

$$\begin{aligned} 3x : 3 &= 105 : 3 \\ x &= 35 \end{aligned}$$

Probe:

$$\begin{aligned} 3 \cdot 35 &\stackrel{?}{=} 105 \\ 105 &= 105 \ \checkmark \qquad \Rightarrow \mathbf{L} = \{35\} \end{aligned}$$

✍ A. 3.1 auf Seite 336

3.29 Die lineare Gleichung

$$8x + 2 = 24 - 3x \qquad \mathbf{D} = \mathbf{R}$$

soll gelöst werden.

Lösung: Zuerst trennt man die Terme mit der zu bestimmenden Variablen von den übrigen, indem man alle Ausdrücke, die die Variable enthalten, auf eine Seite und die restlichen Terme auf die andere Seite des Gleichheitszeichens bringt. Die dazu notwendigen Rechenoperationen notiert man hinter einem senkrechten Strich. So lassen sich die Schritte zur Kontrolle und Fehlersuche später nachvollziehen[1]:

$$\begin{aligned} 8x + 2 &= 24 - 3x & &| + 3x \\ 11x + 2 &= 24 & &| - 2 \\ 11x &= 22 & &| : 11 \\ x &= 2 \end{aligned}$$

☞ Tipp: Immer zuerst den kleineren Variablenwert verschieben!

Man prüfe nun, ob das Ergebnis überhaupt zum Bereich der erlaubten Werte, zur Definitionsmenge der Gleichung, gehört: $2 \in \mathbf{D}$?

Trifft dies zu, so mache man mit *der Ausgangsgleichung* die *Probe*:

Probe:

$$\begin{aligned} 8 \cdot 2 + 2 &\stackrel{?}{=} 24 - 3 \cdot 2 \\ 16 + 2 &= 24 - 6 \\ 18 &= 18 \ \checkmark \end{aligned}$$

Die Gleichung ist erfüllt und damit ist die Lösung der Gleichung ermittelt:

$$\mathbf{L} = \{2\}.$$

Um anzudeuten, dass man bei der Probe noch nicht weiß, ob die Gleichung richtig gelöst worden ist, wurde dem Gleichheitszeichen ein Fragezeichen aufgesetzt: $\stackrel{?}{=}$.

---

[1] Die Verständlichkeit des Lösungsweges ist nicht nur für die eigene Kontrolle, sondern auch für die Bewertung in einer Prüfung wichtig. Sind die einzelnen Schritte nachvollziehbar, so kann man trotz falschem Endergebnis noch zahlreiche Bewertungspunkte für die richtigen Zwischenschritte bekommen!

☞ Man beachte den feinen Unterschied zwischen *Ergebnis* und *Lösung*!

Es gibt Gleichungen, bei denen das Ergebnis, welches durch eine richtige Berechnung ermittelt wurde, nicht zur Definitionsmenge gehört, siehe Beispiel 3.46. Solche Ergebnisse sind *keine* Lösungen.

Außerdem gibt es Gleichungen, bei denen das Ergebnis richtiger Berechnungen zwar zur Definitionsmenge gehört, aber dennoch nicht die Gleichung erfüllt. Diese Scheinlösungen werden nur durch die Probe aufgedeckt, siehe Beispiel 3.49.

Nur wenn das Ergebnis zur Definitionsmenge gehört und die Probe erfüllt wird, haben wir eine Lösung der Gleichung gefunden!

✍ A. 3.2–3.4 auf Seite 337

3.1.3.3 Nichtlineare Gleichungen auf lineare Gleichungen zurückführen

Für diesen Abschnitt ist es wichtig, dass man die Technik des Ausklammerns (2.3.2.4) beherrscht und die binomischen Formeln (2.3.2.5) sicher anwenden kann. Wenn notwendig, sollte man diese Themen jetzt kurz wiederholen.

Auch nichtlineare Gleichungen lassen sich u. U. mit den bisher bekannten Mitteln lösen. Wir müssen lediglich alle Ausdrücke auf eine Seite der Gleichung schaffen, so dass wir den Typ $\ldots = 0$ erhalten. Wenn wir die Seite mit den Termen durch Ausklammern oder Anwenden der Binome in Faktoren zerlegen können, erlaubt es uns der *Nullproduktsatz*, NPS (2.18) aus Abschnitt 2.3.1.4, die einzelnen Faktoren auf ihre Lösungen hin zu untersuchen:

> Nullproduktsatz, NPS:
>
> Ein Produkt ist genau dann null, wenn mindestens einer der Faktoren null ist.

$$\overset{\text{Faktoren}}{\underbrace{a \cdot b}_{\text{Produkt}}} = 0 \;\Leftrightarrow\; a = 0 \text{ oder } b = 0$$

Beispiele:

3.30 Gesucht sind die Lösungen der quadratischen Gleichung $30x^2 = 42x$ mit $\mathbf{D} = \mathbf{R}$.

Lösung: Man hüte sich stets davor, leichtfertig durch x zu teilen (s. a. Abschn. 3.1.2.2, Bsp. 3.21)! Wir schaffen stattdessen alle Ausdrücke auf eine Seite und klammern aus:

$$\begin{aligned} 30x^2 &= 42x && \mid -42x \\ 30x^2 - 42x &= 0 && \mid \text{ausklammern} \\ 6 \cdot x \cdot (5x - 7) &= 0 && \mid \text{NPS} \end{aligned}$$

Nach dem Faktorisieren werden die einzelnen Faktoren gleich null gesetzt und diese neuen Gleichungen jeweils weiter nach der Variable x aufgelöst:

$$6 \cdot x \cdot (5x - 7) = 0$$

$$\underset{\text{Unsinn!}}{6 = 0 \;\lightning} \quad \underset{\text{„oder“}}{\vee} \quad x = 0 \in \mathbf{D} \quad \underset{\text{„oder“}}{\vee} \quad \begin{aligned} 5x - 7 &= 0 \quad \mid +7 \quad \mid :5 \\ x &= 1{,}4 \in \mathbf{D} \end{aligned}$$

Gelingt es uns, eine Gleichung vom Typ „... = 0" in Produktform zu schreiben, so ermöglicht uns der Nullproduktsatz, diese Gleichung in einfache Teilgleichungen aufzuspalten.

☞ Den konstanten Vorfaktor 6 können wir bei den weiteren Überlegungen ignorieren, da er *nie* den Wert null annehmen kann!

Probe: $30 \cdot 0^2 \stackrel{?}{=} 42 \cdot 0$ $\quad 30 \cdot 1{,}4^2 \stackrel{?}{=} 42 \cdot 1{,}4$

$0 = 0$ ✓ $\quad 58{,}8 = 58{,}8$ ✓

Die Gleichung $30x^2 = 42x$ besitzt somit zwei Lösungen: $x_1 = 0$ und $x_2 = 1{,}4$.
Die Lösungsmenge ist: $\mathbf{L} = \{\,0;\ 1{,}4\,\}$.

☞ Klammert man den Vorfaktor der höchsten Potenz, den Leitkoeffizienten, direkt mit aus, so kann man sich weitere Umformungen sparen:

$$30x^2 - 42x = 0$$

$$30 \cdot x \cdot (x - 1{,}4) = 0$$

$$x = 0 \lor x - 1{,}4 = 0 \qquad \Rightarrow x = 0 \lor x = 1{,}4$$

☞ Beachte die unterschiedliche Verknüpfung der Ergebnisse:

Bei gleicher Variable wird mit „oder" verknüpft: $x = 0 \;\lor$ (oder) $x = 3$,

bei unterschiedlichen Variablen benutzt man „und": $x_1 = 0 \;\land$ (und) $x_2 = 3$.

x_1 und x_2 sind zwei *verschiedene* Variablen, ähnlich wie a und z!

3.31 Gesucht sind alle Lösungen für x: $-3x \cdot (x - 4) \cdot (x + 7{,}1) \cdot (x - 9) = 0$

Lösung: Wegen des Nullproduktsatzes können wir uns auf die einfachen Gleichungen konzentrieren:

$$x = 0 \quad \lor \quad x - 4 = 0 \quad \lor \quad x + 7{,}1 = 0 \quad \lor \quad x - 9 = 0$$

$$x_1 = 0 \quad \land \quad x_2 = 4 \quad \land \quad x_3 = -7{,}1 \quad \land \quad x_4 = 9$$

Den konstanten Faktor (-3) dürfen wir dabei übergehen, da er keinen Einfluss auf die Lösungen der Gleichung hat.

3.32 Auch die binomischen Formeln können ein wichtiges Instrument zum Faktorisieren und somit zum Lösen von Gleichungen sein.

Gesucht sind alle Lösungen der Gleichung $x^2 + 6x + 9 = -5x - 15$ mit $\mathbf{D} = \mathbf{R}$.

Lösung:

$$\begin{aligned} x^2 + 6x + 9 &= -5x - 15 && \mid \text{faktorisieren} \\ (x+3)^2 &= -5 \cdot (x+3) && \mid +5 \cdot (x+3) \\ (x+3)^2 + 5 \cdot (x+3) &= 0 && \mid \text{ausklammern} \\ (x+3) \cdot [(x+3) + 5] &= 0 \\ (x+3) \cdot (x+8) &= 0 && \mid \text{NPS} \end{aligned}$$

$$x + 3 = 0 \quad \lor \quad x + 8 = 0$$

$$x = -3 \quad \lor \quad x = -8$$

Da die Ergebnisse aus **D** stammen und die Proben erfüllt sind, gilt $\mathbf{L} = \{\,-8;\ -3\,\}$.

⚠ Auf keinen Fall darf man beim obigen Lösungsweg die Gleichung durch $(x + 3)$ teilen, denn dadurch würde man die Lösung $x = -3$ verlieren!

✍ A. 3.5–3.7 auf Seite 337

3.1.3.4 Gleichungen mit Parametern

Treten in der Gleichung neben der zu bestimmenden Variable, der sogenannten Lösungsvariable, noch weitere Buchstaben (sog. Parameter[1)]) auf, so ist ihr Einfluss auf die Lösbarkeit der Gleichung zu untersuchen.

3.33 Löse die Gleichung $k \cdot x + 7 - 5x = 12 + 3x$ nach x auf und diskutiere den Einfluss des Parameters k auf die Lösbarkeit.

Lösung:

$$\begin{aligned} k \cdot x + 7 - 5x &= 12 + 3x && \mid -3x \\ k \cdot x + 7 - 8x &= 12 && \mid -7 \\ k \cdot x - 8x &= 5 && \mid x \text{ ausklammern} \\ x \cdot (k-8) &= 5 && \mid :(k-8) \\ x &= \frac{5}{k-8} \end{aligned}$$

Da die Division durch $k - 8$ nur dann erlaubt ist, wenn $k - 8 \neq 0$, d. h., wenn $k \neq 8$, müssen hier zwei Fälle unterschieden werden:

1. Fall: $k \neq 8 \quad \Rightarrow \quad x = \frac{5}{k-8}$

2. Fall: $k = 8 \quad \Rightarrow \quad \mathbf{L} = \emptyset$

Fassen wir zusammen:

- Solange der Parameter k *nicht* den Wert 8 annimmt, gibt es eine Lösung für x: $\mathbf{L} = \left\{ \frac{5}{k-8} \right\}$.
- Für den Fall, dass $k = 8$ ist, kann die Gleichung nicht mehr gelöst werden, da wir ansonsten durch null teilen müssten.

3.34 Löse $ax + b = bx + a$ für x mit $\mathbf{D} = \mathbf{R}$.

Lösung:

$$\begin{aligned} ax + b &= bx + a && \mid -bx \\ ax - bx + b &= a && \mid -b \\ ax - bx &= a - b && \mid x \text{ ausklammern} \\ x \cdot (a-b) &= a - b && \mid -(a-b) \\ x \cdot (a-b) - (a-b) &= 0 && \mid (a-b) \text{ ausklammern} \\ (a-b) \cdot (x-1) &= 0 && \mid \text{NPS} \end{aligned}$$

$$a - b = 0 \quad \vee \quad x - 1 = 0$$
$$a = b \quad \vee \quad x = 1$$

1. Fall: $a \neq b \quad \Rightarrow \quad x = 1$

Probe: $a \cdot 1 + b \stackrel{?}{=} b \cdot 1 + a$

$a + b = b + a$ ✓ $\quad \Rightarrow \quad \mathbf{L} = \{1\}$

Da das Ergebnis zur Definitionsmenge gehört ($1 \in \mathbf{D}$) und die Probe das Ergebnis bestätigt, hat die Gleichung die Lösung $x = 1$.

2. Fall: $a = b \quad \Rightarrow \quad \mathbf{L} = \mathbf{R}$

Wenn $a = b$ ist, dann wird das Produkt $(a-b) \cdot (x-1)$ immer null sein, unanhängig davon, welchen Wert wir für x einsetzen. Man sagt auch, dass die Gleichung dann allgemeingültig für x ist.

[1)] para (griech.) Neben-; metron (griech.) Maß; hier: Hilfsvariable

3.35 Die Gleichung $ax + b = bx + a$ ist nach a aufzulösen; $\mathbf{D} = \mathbf{R}$.

Lösung: Man beachte, dass die Unbekannte in dieser Aufgabe nicht wie meist üblich x, sondern a ist! Aus diesem Grund wird x zu einer Hilfsvariablen, einem Parameter. Es werden alle Ausdrücke auf eine Seite der Gleichung gebracht und faktorisiert.

$$\begin{array}{rl}
ax + b = bx + a & \mid -bx - a \\
ax + b - bx - a = 0 & \mid \text{Ausklammern} \\
x \cdot (a-b) - (a-b) = 0 & \mid (a-b) \text{ ausklammern} \\
(a-b) \cdot (x-1) = 0 & \mid \text{NPS} \qquad (*) \\
a - b = 0 \quad \vee \quad x - 1 = 0 & \\
a = b \quad \vee \quad x = 1 &
\end{array}$$

Probe: $a = b$ $\qquad bx + b = bx + b$ ✓

Mithilfe des *Nullproduktsatzes*, NPS (2.18) erkennt man aus der Zeile (*), dass diese Gleichung nicht nur für $a = b$, sondern auch für $x = 1$ gelöst wird. Mit anderen Worten: Nimmt x den Wert 1 an, kann man für a alle Zahlen aus $\mathbf{D}$ einsetzen.

Lösungsmenge: $x = 1\colon\ \mathbf{L}_a = \mathbf{D} = \mathbf{R}$ oder $x \neq 1\colon\ \mathbf{L}_a = \{\, b \,\}$

3.36 Die Gleichung ist für $\mathbf{D} = \mathbf{R}$ nach s aufzulösen:

$$s - 6a - 7as + 1 = 7b - 7a - 8as + bs - 6b$$

Lösung: Ordnen, indem alle Glieder mit der Variablen s auf die linke Seite der Gleichung gebracht werden, die Glieder ohne s auf die rechte. Jeder Term, der auf die andere Gleichungsseite übertragen wird, ändert dort sein Vorzeichen.

$$\begin{array}{rl}
s - 7as + 8as - bs = 7b - 7a - 6b + 6a - 1 & \mid \text{zusammenfassen} \\
s + as - bs = -a + b - 1 & \mid s \text{ ausklammern} \\
s \cdot (a - b + 1) = -(a - b + 1) & \mid +(a - b + 1) \\
s \cdot (a - b + 1) + (a - b + 1) = 0 & \mid (\ldots) \text{ ausklammern} \\
(a - b + 1) \cdot (s + 1) = 0 & \mid \text{NPS}
\end{array}$$

$$\begin{array}{c}
a - b + 1 = 0 \quad \vee \quad s + 1 = 0 \\
a = b - 1 \quad \vee \quad s = -1
\end{array}$$

1. Fall: $a \neq b - 1 \Rightarrow s = -1$

Probe: $-1 - 6a + 7a + 1 \stackrel{?}{=} 7b - 7a + 8a - b - 6b$

$a = a$ ✓ $\quad \Rightarrow \mathbf{L}_s = \{\, -1 \,\}$

2. Fall: $a = b - 1 \Rightarrow \mathbf{L}_s = \mathbf{D} = \mathbf{R}$

✍ A. 3.8 auf Seite 337

3.1.3.5 Gleichungen mit Klammerausdrücken

Wiederhole das Rechnen mit Klammern in den Abschnitten 2.3.2.1 - 2.3.2.5: Plusklammer, Minusklammer, Ausmultiplizieren und Ausklammern.

Gleichungen, in denen Klammerausdrücke auftreten, werden übersichtlicher, wenn man die vorhandenen Klammern nach den schon früher besprochenen Regeln auflöst.

Beispiele:

3.37 $5 \cdot (2x - 3) = 14 - 6 \cdot (4 - x) \qquad \mathbf{D} = \mathbf{R}$

Lösung:

$$\begin{aligned} 5 \cdot (2x - 3) &= 14 - 6 \cdot (4 - x) && \mid \text{Klammern auflösen} \\ 10x - 15 &= 14 - 24 + 6x && \mid \text{zusammenfassen} \\ 10x - 15 &= 6x - 10 && \mid -6x \\ 4x - 15 &= -10 && \mid +15 \\ 4 \cdot x &= 5 && \mid :4 \\ x &= 1{,}25 \in \mathbf{D} \end{aligned}$$

Probe:

$$\begin{aligned} 5 \cdot (2 \cdot 1{,}25 - 3) &\stackrel{?}{=} 14 - 6 \cdot (4 - 1{,}25) \\ 5 \cdot (-0{,}5) &= 14 - 6 \cdot 2{,}75 \\ -2{,}5 &= -2{,}5 \checkmark \qquad \Rightarrow \mathbf{L} = \{1{,}25\} \end{aligned}$$

3.38 $x - (7x - 69) = 2x - (x - 8) - (6x + 50) \qquad \mathbf{D} = \mathbf{R}$

Lösung:

$$\begin{aligned} x - (7x - 69) &= 2x - (x - 8) - (6x + 50) && \mid \text{Klammern auflösen} \\ x - 7x + 69 &= 2x - x + 8 - 6x - 50 && \mid \text{zusammenfassen} \\ -6x + 69 &= -5x - 42 && \mid +6x \\ 69 &= x - 42 && \mid +42 \\ x &= 111 \in \mathbf{D} \end{aligned}$$

Probe:

$$\begin{aligned} 111 - (777 - 69) &\stackrel{?}{=} 222 - (111 - 8) - (666 + 50) \\ 111 - 708 &= 222 - 103 - 716 \\ -597 &= -597 \checkmark \qquad \Rightarrow \mathbf{L} = \{111\} \end{aligned}$$

3.39 $5 - (32x + 7) \cdot (5 + 2x) = 3 - (4x + 9) \cdot 16x \qquad \mathbf{D} = \mathbf{R}$

Lösung: Auf der linken Seite multiplizieren wir aus, lassen eine Klammer aber wegen des Minuszeichens stehen. Auf der rechten Seite ordnen wir die Faktoren nach der optischen Größe (s. a. Hinweis auf Seite 175).

$$\begin{aligned} 5 - (160x + 64x^2 + 35 + 14x) &= 3 - 16x \cdot (4x + 9) && \mid \text{Klammern auflösen} \\ 5 - 160x - 64x^2 - 35 - 14x &= 3 - 64x^2 - 144x && \mid \text{zusammenfassen} \\ -64x^2 - 174x - 30 &= -64x^2 - 144x + 3 && \mid +64x^2 \\ -174x - 30 &= -144x + 3 && \mid +174x \\ -30 &= 30x + 3 && \mid -3 \ \text{(Seiten vertauschen)} \\ 30 \cdot x &= -33 && \mid :30 \\ x &= -1{,}1 \in \mathbf{D} \end{aligned}$$

Probe:

$$\begin{aligned} 5 - (32 \cdot (-1{,}1) + 7) \cdot (5 + 2 \cdot (-1{,}1)) &\stackrel{?}{=} 3 - (4 \cdot (-1{,}1) + 9) \cdot 16 \cdot (-1{,}1) \\ 5 - (-28{,}2) \cdot 2{,}8 &= 3 - 4{,}6 \cdot (-17{,}6) \\ 5 + 78{,}96 &= 3 + 80{,}96 \\ 83{,}96 &= 83{,}96 \checkmark \qquad \Rightarrow \mathbf{L} = \{-1{,}1\} \end{aligned}$$

3.40 $2 \cdot \{4 \cdot [6 \cdot (7x - 8) - 5] - 3\} - 1 = 241 \qquad \mathbf{D} = \mathbf{R}$

Lösung: Innere Klammer auflösen und beiderseits 1 addieren:

$$2 \cdot \{4 \cdot [42x - 48 - 5] - 3\} = 242$$

Innere Klammer zusammenfassen und Division durch 2:

$$4 \cdot [42x - 53] - 3 = 121$$

Beiderseits 3 addieren: $4 \cdot (42x - 53) = 124$

Division durch 4: $42x - 53 = 31$

Beiderseits 53 addieren: $42x = 84$

Division durch 42: $x = 2 \in \mathbf{D}$

Probe:

$$2 \cdot \{4 \cdot [6 \cdot \underbrace{(7 \cdot 2 - 8)} - 5] - 3\} - 1 \stackrel{?}{=} 241$$
$$2 \cdot \{4 \cdot \underbrace{[6 \cdot 6 - 5]} - 3\} - 1 = 241$$
$$2 \cdot \underbrace{\{4 \cdot 31 - 3\}} - 1 = 241$$
$$2 \cdot 121 - 1 = 241$$
$$241 = 241 \checkmark \qquad \Rightarrow \mathbf{L} = \{2\}$$

Hier sollte man überlegen, warum beispielsweise die Division durch 4 in der vierten Lösungszeile vorteilhafter ist als das Ausmultiplizieren der Klammer!

3.41 $(a-x)(x-b) = (ab-x)(x-1) \qquad \mathbf{D} = \mathbf{R}$

Klammern ausmultiplizieren: $ax - \cancel{ab} - \cancel{x^2} + bx = abx - \cancel{ab} - \cancel{x^2} + x$
Ordnen: $ax + bx - abx - x = 0$
Ausklammern: $x \cdot (a + b - ab - 1) = 0$
Ausklammern: $x \cdot [-a \cdot (b-1) + (b-1)] = 0$
Ausklammern: $x \cdot (b-1) \cdot (1-a) = 0 \qquad (*)$
$x = 0 \in \mathbf{D}$

Probe für $x = 0$:
$$(a-0)(0-b) \stackrel{?}{=} (ab-0)(0-1)$$
$$a \cdot (-b) = ab \cdot (-1)$$
$$-ab = -ab \checkmark$$

Mithilfe des *Nullproduktsatzes* (2.18) erkennt man aus der Zeile (*), dass diese Gleichung nicht nur für $x = 0$, sondern auch für $a = 1$ oder $b = 1$ gelöst wird. Mit anderen Worten: Nimmt a oder b den Wert 1 an, kann man für x alle Zahlen einsetzen.

Lösungsmenge: $a, b = 1 : \mathbf{L} = \mathbf{D} = \mathbf{R}$ oder $a, b \neq 1 : \mathbf{L} = \{0\}$

✍ A. 3.9–3.10 auf Seite 338

3.1.3.6 Bruchgleichungen

Es ist selbstverständlich, dass für diesen Abschnitt der Umgang mit Brüchen (1.2.3) und Bruchtermen (2.3.3) beherrscht werden muss. Insbesondere sollte man den Hauptnenner laut Abschnitt 2.3.3.2 und die Definitionsmenge (3.1.1.1) ermitteln können.

Eine **Bruchgleichung** ist eine Gleichung, bei der die Variable auch im Nenner vorkommt.

Bei Bruchgleichungen beseitigt man die Brüche, indem man beide Seiten der Gleichung mit dem Hauptnenner aller auftretenden Brüche multipliziert.

Beispiele:

3.42 $$\frac{2x+9}{4} - \frac{12x-3}{44} = \frac{4x+4}{5} - \frac{5x-4}{55}$$

Dies ist zwar *keine* Bruchgleichung im o. g. Sinne, denn die Variable steht nicht im Nenner, aber an diesem Beispiel soll noch einmal der Umgang mit Brüchen kurz dargestellt werden.

Definitionsbereich der Gleichung: $\mathbf{D} = \mathbf{R}$
Hauptnenner (kgV): 220

Die Multiplikation der Gleichung mit 220 – Klammern nicht vergessen! – ergibt:

$$\frac{2x+9}{\not{4}_1}\cdot\not{220}^{55}-\frac{12x-3}{\not{44}_1}\cdot\not{220}^{5}=\frac{4x+4}{\not{5}_1}\cdot\not{220}^{44}-\frac{5x-4}{\not{55}_1}\cdot\not{220}^{4}$$

Klammern setzen: $55\cdot(2x+9)-5\cdot(12x-3)=44\cdot(4x+4)-4\cdot(5x-4)$

Klammern auflösen: $110x+495-60x+15=176x+176-20x+16$

Ordnen: $110x-60x-176x+20x=176+16-495-15$

Zusammenfassen: $-106x=-318$

Division durch (-106): $x=3\ \in\mathbf{D}$

Probe:

$$\frac{15}{4}-\frac{33}{44}\overset{?}{=}\frac{16}{5}-\frac{11}{55}$$

$$\frac{15}{4}-\frac{3}{4}=\frac{16}{5}-\frac{1}{5}$$

$$3=3\ \checkmark\qquad\Rightarrow\ \mathbf{L}=\{3\}$$

3.43 $\dfrac{x}{3+x}=\dfrac{7}{4}$

Definitionsbereich der Gleichung: $\mathbf{D}=\mathbf{R}\setminus\{-3\}$, d. h., für x darf der Wert (-3) nicht verwendet werden, da sonst durch null geteilt würde.

Hauptnenner (kgV): $4\cdot(3+x)$

Durch Multiplikation mit dem HN bekommen wir:

$$\frac{x}{\not{3+x}}\cdot 4\cdot\not{(3+x)}=\frac{7}{\not{4}}\cdot\not{4}\cdot(3+x)$$

$$4x=7\cdot(3+x)$$

Als Resultat haben wir „über Kreuz“ multipliziert, d. h., wir haben den Zähler des einen mit dem Nenner des anderen Bruches malgenommen und umgekehrt. Dies ist immer dann möglich, wenn eine Gleichung vom Typ „Bruch = Bruch“ vorliegt:

$$\frac{\text{Zähler}_1}{\text{Nenner}_1}=\frac{\text{Zähler}_2}{\text{Nenner}_2}\qquad|\times$$

$$\text{Zähler}_1\cdot\text{Nenner}_2=\text{Zähler}_2\cdot\text{Nenner}_1$$

Die resultierende Gleichung ist dann schnell gelöst:

$$4x=21+7x$$

$$3x=-21$$

$$x=-7\ \in\mathbf{D}$$

Probe: $-28=-28\ \checkmark\qquad\Rightarrow\ \mathbf{L}=\{-7\}$

3.44 $\dfrac{4h+5}{3+h}=\dfrac{8h+7}{5+2h}$

Definitionsbereich der Gleichung: $\mathbf{D}=\mathbf{R}\setminus\{-3;\ -2{,}5\}$

Lösung:

$$\begin{aligned} \frac{4h+5}{3+h} &= \frac{8h+7}{5+2h} && \mid \times \\ (4h+5)\cdot(5+2h) &= (8h+7)\cdot(3+h) && \mid \text{ausmultiplizieren} \\ 20h+8h^2+25+10h &= 24h+8h^2+21+7h && \mid -8h^2 \\ 30h+25 &= 31h+21 && \mid -30h \\ 25 &= h+21 && \mid -21 \\ h &= 4 \ \in \mathbf{D} \end{aligned}$$

Probe:

$$\begin{aligned} \frac{4\cdot 4+5}{3+4} &\stackrel{?}{=} \frac{8\cdot 4+7}{5+2\cdot 4} \\ 3 &= 3 \ ✓ \qquad \Rightarrow \mathbf{L} = \{4\} \end{aligned}$$

✍ A. 3.11 auf Seite 338

3.45 $$\frac{3}{1-x} - \frac{2}{1+x} = \frac{31}{1-x^2}$$

In dieser Bruchgleichung kommt die Variable sogar mehrfach im Nenner vor.

Definitionsbereich der Gleichung: $\mathbf{D} = \mathbf{R} \setminus \{-1; +1\}$

Die Multiplikation mit dem Hauptnenner $(1+x)\cdot(1-x)$ entfernt alle Brüche:

$$\begin{aligned} 3(1+x) - 2(1-x) &= 31 \\ 3+3x-2+2x &= 31 \\ 5x &= 30 \\ x &= 6 \ \in \mathbf{D} \end{aligned}$$

Probe:

$$\begin{aligned} \frac{3}{-5} - \frac{2}{7} &\stackrel{?}{=} \frac{31}{-35} \\ \frac{-21}{35} - \frac{10}{35} &= -\frac{31}{35} \\ -\frac{31}{35} &= -\frac{31}{35} \ ✓ \qquad \Rightarrow \mathbf{L} = \{6\} \end{aligned}$$

3.46 $$\frac{7}{5-x} + \frac{6x-32}{5-x} = \frac{7x-30}{5-x} \qquad \mathbf{D} = \mathbf{R} \setminus \{5\}$$

Lösung:

$$\begin{aligned} \frac{7}{5-x} + \frac{6x-32}{5-x} &= \frac{7x-30}{5-x} && \mid \cdot \text{HN, d. h., } \cdot(5-x) \\ 7 + (6x-32) &= 7x-30 \\ 6x-25 &= 7x-30 && \mid -6x+30 \\ 5 &= x && \mid \text{Seiten vertauschen} \\ x &= 5 \ \notin \mathbf{D} && \Rightarrow \mathbf{L} = \emptyset \end{aligned}$$

3.47 $$\frac{b+x}{a^2+2ab+b^2} + \frac{2x}{a} = \frac{x-b}{a^2-b^2} + \frac{x+b}{a+b} + \frac{x-b}{a-b}$$

Hauptnenner: $(a+b)^2\cdot(a-b)\cdot a$

Definitionsmenge: $\mathbf{D} = \mathbf{R}$ mit $a \neq b \wedge a \neq -b \wedge a \neq 0$

Multiplikation mit dem Hauptnenner:

$$(b+x)\cdot a\cdot(a-b) + 2x(a+b)^2(a-b) = \begin{cases} (x-b)\cdot a\cdot(a+b) \\ +(x+b)\cdot a\cdot(a-b)\cdot(a+b) \\ +(x-b)\cdot(a+b)^2\cdot a \end{cases}$$

Ausmultiplizieren:

$$\left.\begin{array}{l} a^2b+a^2x-ab^2-abx+2a^3x \\ \quad +2a^2bx-2ab^2x-2b^3x \end{array}\right\} = \left\{\begin{array}{l} a^2x+abx-a^2b-ab^2+a^3x-ab^2x+a^3b \\ -ab^3+a^3x+2a^2bx+ab^2x-a^3b-2a^2b^2-ab^3 \end{array}\right.$$

Zusammenfassen und ordnen:

$$2a^2b + 2a^2b^2 + 2ab^3 = 2abx + 2ab^2x + 2b^3x$$

Ausklammern: $2ab(a + ab + b^2) = 2bx(a + ab + b^2)$

Division durch $2b(a + ab + b^2)$: $x = a \in \mathbf{D}$

Probe:

$$\frac{b+a}{(a+b)^2} + \frac{2a}{a} \stackrel{?}{=} \frac{a-b}{a^2-b^2} + \frac{a+b}{a+b} + \frac{a-b}{a-b}$$

$$\frac{1}{a+b} + 2 = \frac{1}{a+b} + 1 + 1 \checkmark \qquad \Rightarrow \mathbf{L} = \{a\}$$

✍ A. 3.12–3.13 auf Seite 339

Weitere Bruchgleichungen, die dann aber auf eine quadratische Gleichung führen, werden in Abschnitt 3.5.3 (Aufgabe 3.76 ff.) besprochen.

3.1.3.7 Wurzelgleichungen

Wurzelrechnung aus Abschnitt 2.5

Bei Wurzelgleichungen tritt die gesuchte Variable im Radikanden einer oder mehrerer Wurzeln auf.

Um die Glieder, die die Variable enthalten, zusammenfassen zu können, müssen die Wurzeln beseitigt werden. Dies kann dadurch erreicht werden, dass man beide Seiten der Gleichung, eventuell mehrmals, *mit der gleichen Hochzahl* potenziert. Dabei muss man versuchen, die Anzahl der vorhandenen Wurzeln durch geeignetes Umstellen der Gleichung schrittweise zu verringern.

Durch das Potenzieren der Ausgangsgleichung werden sich im Allgemeinen Veränderungen des Definitionsbereiches ergeben. Aus diesem Grunde ist es bei Wurzelgleichungen unerlässlich, dass zum Schluss die Probe gemacht wird.

Beispiele:

3.48 $\sqrt{2x+5} - 5 = 0$

Wenn man beide Seiten der Gleichung sofort quadriert, erhält man:

$$\left(\sqrt{2x+5} - 5\right)^2 = 0 \quad \text{oder}$$

$$2x + 5 - 10 \cdot \sqrt{2x+5} + 25 = 0, \quad \text{bei Beachtung der binomischen Formel!}$$

Durch das gemischte Glied im Binom tritt die Wurzel, die eigentlich beseitigt werden sollte, immer noch auf. Die zu lösende Gleichung ist komplizierter statt einfacher geworden.

Stellt man jedoch vor dem Quadrieren die Gleichung so um, dass die Wurzel zunächst alleine auf einer Seite der Gleichung bleibt, so ergibt sich

	$\sqrt{2x+5} = 5$	$\mathbf{D} = [\,-2{,}5;\ \infty\,[$
Quadrieren:	$2x + 5 = 25$	$\mathbf{D}_1 = \mathbf{R}$
Auflösen nach x:	$x = 10\ \in \mathbf{D}$	

Probe:
$$\sqrt{2\cdot 10+5} - 5 \stackrel{?}{=} 0$$
$$\sqrt{25} - 5 = 0$$
$$5 - 5 = 0\ \checkmark \qquad \Rightarrow \mathbf{L} = \{\,10\,\}$$

3.49 $\sqrt{2x+5} + 5 = 0$

Isolieren der Wurzel:	$\sqrt{2x+5} = -5$	$\mathbf{D} = [\,-2{,}5;\ \infty\,[$
Quadrieren:	$2x + 5 = 25$	$\mathbf{D}_1 = \mathbf{R}$
Auflösen nach x:	$[\,x = 10\,]\ \in \mathbf{D}$	

Probe: $\sqrt{25} + 5 \stackrel{?}{=} 0$
$$5 + 5 \neq 0\ ↯ \qquad \Rightarrow \mathbf{L} = \emptyset$$

Die Probe stimmt *nicht* und $x = 10$ ist demnach *keine Lösung* der gegebenen Gleichung. Aus diesem Grunde wurde oben das Ergebnis $x = 10$ in Klammern eingeschlossen. In solchen Fällen spricht man von einer *Scheinlösung*.

Quadrieren (allgemein Potenzieren mit geradem Exponenten) kann *Scheinlösungen* verursachen. Deshalb sind Ergebnisse, die durch ein solches Potenzieren zustande gekommen sind, unbedingt durch eine Probe zu überprüfen!

Die Erkenntnis, dass die gegebene Gleichung keine Lösung hat, hätte man auch ohne Rechnung voraussagen können, siehe dazu Beispiel 3.22, in dem dieselben Verhältnisse vorliegen wie hier.

Bevor man also beginnt, blindlings darauf loszurechnen, sollte man an den bewährten *Grundsatz* denken: **Erst nachdenken, dann rechnen!**

Damit kann man sich oftmals langwierige Rechnungen und unnötige Fehler ersparen.

3.50 $9 \cdot \sqrt{5x+1} = 20 + 4 \cdot \sqrt{5x+1}$

Der Definitionsbereich der Gleichung ist $\mathbf{D} = [\,-0{,}2;\ \infty\,[$

Zusammenfassen der beiden Wurzeln:	$5 \cdot \sqrt{5x+1} = 20$
Division durch 5:	$\sqrt{5x+1} = 4$
Quadrieren:	$5x + 1 = 16$
Auflösen nach x:	$x = 3\ \in \mathbf{D}$

Probe: $9 \cdot \sqrt{16} \stackrel{?}{=} 20 + 4 \cdot \sqrt{16}$
$$9 \cdot 4 = 20 + 4 \cdot 4$$
$$36 = 20 + 16$$
$$36 = 36\ \checkmark \qquad \Rightarrow \mathbf{L} = \{\,3\,\}$$

3.51 $9 \cdot \sqrt{x-21} + 7 \cdot \sqrt{x+11} = 0$

Definitionsbereich der Gleichung: $\mathbf{D} = [\,21;\ \infty\,[$

Man bringt auf jede Seite der Gleichung eine Wurzel und quadriert dann:

$$9 \cdot \sqrt{x-21} = -7 \cdot \sqrt{x+11}$$
$$81 \cdot (x-21) = 49 \cdot (x+11)$$
$$[\,x = 70\,] \in \mathbf{D}$$

Probe: $9 \cdot \sqrt{49} + 7 \cdot \sqrt{81} \stackrel{?}{=} 0$

$$9 \cdot 7 + 7 \cdot 9 \neq 0 \;\lightning \qquad \Rightarrow \mathbf{L} = \emptyset$$

$x = 70$ ist demnach wiederum eine Scheinlösung, weswegen sie oben bereits eingeklammert wurde. Warum kann diese Gleichung keine Lösung haben?

Man versuche jetzt, die ganz ähnlich aufgebaute Gleichung

$$9 \cdot \sqrt{x-21} - 7 \cdot \sqrt{x+11} = 0$$

zu lösen. Die Lösung ist $x = 70$.

3.52 $\sqrt{9x-17} - 3 \cdot \sqrt{x-4} = 1$

Definitionsbereich der Gleichung: $\mathbf{D} = [\,4; \infty\,[$.

Man verteilt die Wurzeln gleichmäßig auf beide Seiten der Gleichung:

$$\sqrt{9x-17} = 1 + 3 \cdot \sqrt{x-4}$$

Warum ist das sinnvoll? Quadriert man unter Beachtung der binomischen Formeln, so folgt:

$$9x - 17 = 1 + 6 \cdot \sqrt{x-4} + 9(x-4)$$

Soll durch nochmaliges Quadrieren auch die letzte Wurzel wegfallen, muss sie vorher isoliert werden:

$$18 = 6 \cdot \sqrt{x-4}$$

Kürzen: $3 = \sqrt{x-4}$

Quadrieren: $9 = x - 4$

$$x = 13 \;\in \mathbf{D}$$

Probe: $\sqrt{117-17} - 3 \cdot \sqrt{13-4} \stackrel{?}{=} 1$

$$\sqrt{100} - 3 \cdot \sqrt{9} = 1$$
$$10 - 9 = 1 \;\checkmark \qquad \Rightarrow \mathbf{L} = \{\,13\,\}$$

3.53 $\sqrt{x-2} + \sqrt{x+5} - \sqrt{x-7} - \sqrt{x+14} = 0$

Der Definitionsbereich der Gleichung ist $\mathbf{D} = [\,7; \infty\,[$.

Gleichmäßige Verteilung der Wurzeln auf beide Seiten der Gleichung:

$$\sqrt{x-2} + \sqrt{x+5} = \sqrt{x-7} + \sqrt{x+14}$$

Quadrieren: $x - 2 + 2 \cdot \sqrt{(x-2)(x+5)} + x + 5 =$

$$= x - 7 + 2 \cdot \sqrt{(x-7)(x+14)} + x + 14$$

Ordnen: $2 \cdot \sqrt{x^2+3x-10} - 4 = 2 \cdot \sqrt{x^2+7x-98}$

Kürzen: $\sqrt{x^2+3x-10} - 2 = \sqrt{x^2+7x-98}$

Quadrieren: $x^2 + 3x - 10 - 4 \cdot \sqrt{x^2+3x-10} + 4 = x^2 + 7x - 98$

Ordnen: $92 - 4x = 4 \cdot \sqrt{x^2+3x-10}$

Kürzen: $23 - x = \sqrt{x^2 + 3x - 10}$

Quadrieren: $529 - 46x + x^2 = x^2 + 3x - 10$

$$x = 11 \in \mathbf{D}$$

Probe: $\sqrt{9} + \sqrt{16} - \sqrt{4} - \sqrt{25} \stackrel{?}{=} 0$

$$3 + 4 - 2 - 5 = 0 \checkmark \qquad \Rightarrow \mathbf{L} = \{\,11\,\}$$

3.54 $b \cdot \sqrt[k]{\frac{x}{a} - b} = a \cdot \sqrt[k]{a - \frac{x}{b}}$

Lösung: Damit die Wurzeln wegfallen, muss die Gleichung beiderseits in die k-te Potenz erhoben werden:

$$b^k \cdot \left(\frac{x}{a} - b\right) = a^k \left(a - \frac{x}{b}\right)$$

$$\frac{b^k x}{a} - b^{k+1} = a^{k+1} - \frac{a^k x}{b}$$

Multiplikation mit dem Hauptnenner ab:

$$b^{k+1}x - ab^{k+2} = a^{k+2}b - a^{k+1}x$$

Ordnen: $a^{k+1}x + b^{k+1}x = a^{k+2}b + ab^{k+2}$

Ausklammern: $x \cdot (a^{k+1} + b^{k+1}) = ab \cdot (a^{k+1} + b^{k+1})$

$$x = ab$$

Probe: $b \cdot \sqrt[k]{b - b} \stackrel{?}{=} a \cdot \sqrt[k]{a - a}$

$$0 = 0 \checkmark \qquad \Rightarrow \mathbf{L} = \{\,ab\,\}$$

✍ A. 3.14–3.15 auf Seite 340

Weitere Wurzelgleichungen, die dann aber auf eine quadratische Gleichung führen, werden in Abschnitt 3.5.6 (Aufgabe 3.92) besprochen.

3.1.3.8 Gleichungen mit eingeschränktem Definitionsbereich

Soll eine Gleichung gelöst werden, deren Definitionsbereich von der Aufgabenproblematik her eingeschränkt worden ist, so beachtet man zunächst diese Einschränkung nicht. Man löst die Aufgabe für den größtmöglichen Definitionsbereich. Erst am Ende der Rechnung prüft man dann nach, ob die ermittelte Lösung auch dem eingeschränkten Definitionsbereich angehört.

Beispiel:

3.55 Welche ganze Zahl erfüllt die lineare Gleichung $3x - 5 = 2$?

Die Bedingung, dass die Lösung der gegebenen Gleichung eine *ganze Zahl* sein soll, schränkt den Definitionsbereich der Gleichung ein auf die Menge **Z** der ganzen Zahlen: $\mathbf{D} = \mathbf{Z}$.

Man verzichtet jedoch zunächst darauf, diese Bedingung zu beachten und löst die Gleichung innerhalb ihres eigentlichen Definitionsbereiches: $\mathbf{D}_1 = \mathbf{R}$.

Hier ergibt sich, wie man leicht nachrechnen kann, $x = \frac{7}{3}$.

Dies ist jedoch keine ganze Zahl. Daraus folgt, dass die gegebene Gleichung innerhalb des geforderten Lösungsbereiches *keine Lösung* haben kann: $\mathbf{L} = \emptyset$.

3.1.3.9 Das Umstellen von Formeln

Das Umstellen von Formeln ist eines der wichtigsten Anwendungsgebiete der Gleichungslehre.

Unter einer Formel versteht man die mathematische Beschreibung der Relationen, die zwischen unterschiedlichen Größen eines bestimmten Fachgebietes, wie Mathematik, Physik, Technik usw. bestehen. Die in solchen Formeln auftretenden Größen dürfen im Allgemeinen nur innerhalb gewisser Grenzen beliebige Werte annehmen.

Kennt man beispielsweise in einem Stromkreis die Spannung U sowie den Widerstand R, so kann man mit dem OHM'schen Gesetz

$$U = R \cdot I \tag{a}$$

die Stromstärke I ermitteln.

Da die beiden Größen U und R bekannt sind, kann man die dritte Größe I als Unbekannte in der durch das OHM'sche Gesetz gegebenen Gleichung ansehen und diese Gleichung nach I auflösen:

$$I = \frac{U}{R}. \tag{b}$$

Entsprechend kann man bei bekanntem U und I den Widerstand R aus der Beziehung

$$R = \frac{U}{I} \tag{c}$$

ermitteln.

Das *Formelumstellen* ist demnach nichts anderes, als eine gegebene Gleichung – die Formel – nach einer unbekannten Größe aufzulösen. Man muss sich nur daran gewöhnen, dass die unbekannte Größe nicht mehr in jedem Falle mit x bezeichnet ist.

Beispiele:

3.56 Die Formel $V \cdot p = V_0 \cdot p_0 \cdot (1 + \alpha t)$ ist nach α umzustellen.

Das Glied, das die gesuchte Variable enthält, wird zunächst auf die linke Gleichungsseite gebracht:

$$V_0 \cdot p_0 \cdot (1 + \alpha t) = V \cdot p$$

Ausmultiplizieren: $V_0 \cdot p_0 + V_0 \cdot p_0 \cdot \alpha \cdot t = V \cdot p$

Ordnen: $V_0 \cdot p_0 \cdot \alpha \cdot t = V \cdot p - V_0 \cdot p_0$

Auflösen nach α: $\alpha = \dfrac{V \cdot p - V_0 \cdot p_0}{V_0 \cdot p_0 \cdot t}$

3.57 Die Formel $I = \dfrac{n \cdot U}{n \cdot R_i + R_a}$ ist nach n umzustellen.

$$I = \frac{n \cdot U}{n \cdot R_i + R_a}$$

Nenner beseitigen: $I \cdot (n \cdot R_i + R_a) = n \cdot U$

Ausmultiplizieren: $I \cdot n \cdot R_i + I \cdot R_a = n \cdot U$

Ordnen: $I \cdot R_a = n \cdot U - n \cdot I \cdot R_i$

n ausklammern: $I \cdot R_a = n \cdot (U - I \cdot R_i)$

Auflösen nach n: $n = \dfrac{I \cdot R_a}{U - I \cdot R_i}$

3.58 Die Formel $v = \sqrt{2g(h_1 - h_2)}$ ist nach h_2 aufzulösen.

$$v = \sqrt{2g(h_1 - h_2)}$$

Quadrieren: $v^2 = 2gh_1 - 2gh_2$

Ordnen: $2gh_2 = 2gh_1 - v^2$

Auflösen nach h_2: $h_2 = \dfrac{2gh_1 - v^2}{2g}$

CAS Das Umstellen von Formelgleichungen mit *Derive* verläuft analog zum Lösen von Gleichungen, siehe Abschnitt 3.1.2.3.2.

Möchte man die Formel $12a - 3x = 5b - 8u$ jeweils nach einer der Variablen umstellen, so braucht man nur die Lösungsvariable neu festzulegen:

Eingabe	**Ausgabe**
SOLVE$(12\cdot a - 3\cdot x = 5\cdot b - 8\cdot u,\ a)$	$a = \dfrac{3x + 5b - 8u}{12}$
SOLVE$(12\cdot a - 3\cdot x = 5\cdot b - 8\cdot u,\ b)$	$b = -\dfrac{3x - 12a - 8u}{5}$
SOLVE$(12\cdot a - 3\cdot x = 5\cdot b - 8\cdot u,\ u)$	$u = \dfrac{3x - 12a + 5b}{8}$
SOLVE$(12\cdot a - 3\cdot x = 5\cdot b - 8\cdot u,\ x)$	$x = \dfrac{12a - 5b + 8u}{3}$

✍ A. 3.16 auf Seite 341

3.1.3.10 Anwendungen

Viele Anwendungsaufgaben – oft auch als Textaufgaben bezeichnet – lassen sich mit Gleichungen lösen.

3.1.3.10.1 Physikalische Hintergründe

Bei einigen Aufgaben ist ein minimales physikalisches Hintergrundwissen erforderlich, was hier in kurzer Zusammenfassung wiedergegeben wird.

Geschwindigkeit

Teilt man die Länge eines zurückgelegten Weges s durch die dafür benötigte Zeit[1] t, so beschreibt dieser Quotient die *Geschwindigkeit*[2] v, mit der sich ein Objekt bewegt:

$$\text{Geschwindigkeit} = \frac{\text{Weg}}{\text{Zeit}}, \qquad v = \frac{s}{t}$$

[1] tempus (lat.) oder time (engl.) Zeit

[2] velocity (engl.) Geschwindigkeit

Verändert sich die Geschwindigkeit während des gesamten Weges nicht, so spricht man von einer *gleichförmigen Bewegung*. In der Praxis sind Bewegungen mit konstanter Geschwindigkeit eher selten, so dass unsere Definition eigentlich für eine *Durchschnittsgeschwindigkeit* steht, mit der die Schwankungen während des Bewegungsvorganges ausgeglichen werden.

Die Einheit der Geschwindigkeit ist *Längeneinheit pro Zeiteinheit*, etwa *Kilometer pro Stunde*, also km/h oder $\mathrm{km} \cdot \mathrm{h}^{-1}$. Die umgangssprachliche Formulierung „Stundenkilometer" ist falsch, weil sie ein Produkt vortäuscht.

Je nach Aufgabenstellung kann die Formel für die Geschwindigkeit auch umgestellt werden:

$$v = \frac{s}{t}$$

$$\swarrow\!\!\nearrow \qquad \nwarrow\!\!\searrow$$

$$s = v \cdot t \qquad \Longleftrightarrow \qquad t = \frac{s}{v}$$

Änderungen der Geschwindigkeit werden als *Beschleunigungen* bezeichnet. Auf diese physikalische Größe gehen wir hier aber nicht ein.

Beispiel:

3.59 a) Mit einem Pkw wird in 1,5 h eine Strecke von 180 km durchfahren. Mit welcher durchschnittlichen Geschwindigkeit fuhr das Fahrzeug?

Weg: $s = 180$ km, Zeit: $t = 1{,}5\,\mathrm{h}$

Geschwindigkeit: $v = \frac{s}{t} = \frac{180\,\mathrm{km}}{1{,}5\,\mathrm{h}} = 120\,\frac{\mathrm{km}}{\mathrm{h}}$

Der Pkw hat die Strecke mit einer durchschnittlichen Geschwindigkeit von 120 km/h zurückgelegt.

b) Eine Schnecke bewegt sich mit einer Geschwindigkeit $v_S = 0{,}002\,88$ km/h voran. Welche Strecke legt sie in 40 Minuten zurück?

Geschwindigkeit: $v_S = 0{,}002\,88\,\frac{\mathrm{km}}{\mathrm{h}} = 0{,}002\,88 \cdot \frac{1\,000\,\mathrm{m}}{60\,\mathrm{min}} = 0{,}048\,\frac{\mathrm{m}}{\mathrm{min}}$

Zeit: $t = 40\,\mathrm{min}$

Weg: $s = v_S \cdot t = 0{,}048\,\frac{\mathrm{m}}{\mathrm{min}} \cdot 40\,\mathrm{min} = 1{,}92\,\mathrm{m}$

Die Schnecke durchkriecht in 40 Minuten eine Strecke von 1,92 Metern.

c) Die Geschwindigkeit des Lichtes im Vakuum beträgt $v_L = 299\,792\,458$ m/s. Wie lange ist das Licht von der Sonne zur Erde unterwegs, wenn die mittleren Entfernung Sonne–Erde $\approx 149{,}5 \cdot 10^6$ km beträgt?

Geschwindigkeit: $v_L = 299\,792\,458\,\frac{\mathrm{m}}{\mathrm{s}} = 299\,792\,458 \cdot \frac{\frac{1}{1\,000}\,\mathrm{km}}{\frac{1}{3\,600}\,\mathrm{h}} \approx 1{,}08 \cdot 10^9\,\frac{\mathrm{km}}{\mathrm{h}}$

Weg: $s = 149{,}5 \cdot 10^6\,\mathrm{km}$

Zeit: $t = \frac{s}{v_L} \approx \frac{149{,}5 \cdot 10^6\,\mathrm{km}}{1{,}08 \cdot 10^9\,\mathrm{km} \cdot \mathrm{h}^{-1}} \approx 0{,}1384\,\mathrm{h} \approx 8\,\mathrm{min}$

Das Licht benötigt ca. 8 Minuten von der Sonne zur Erde: Wir sehen die Sonne 8 Minuten zeitverzögert.

Dichte

Eine bestimmte Masse eines Schaumstoffes benötigt viel mehr Platz als die gleiche Masse eines Eisenblockes. Dieser unterschiedliche Raumanspruch wird durch die Dichte eines Stoffes zum Ausdruck gebracht.

Die Dichte ist, ähnlich dem Schmelz- und Siedepunkt, eine physikalische Eigenschaft, die für jeden Stoff einen charakteristischen Wert annimmt. Sie ist das Verhältnis der Masse m eines Körpers zu seinem Volumen V:

$$\text{Dichte} = \frac{\text{Masse}}{\text{Volumen}}, \qquad \varrho = \frac{m}{V}$$

Als Formelzeichen für die Dichte wird das kleine griechische Rho ϱ benutzt. Die abgeleitete SI-Einheit ist *Kilogramm pro Kubikmeter*, also $[\varrho] = 1\,\text{kg}/\text{m}^3$.

Die Dichte der Stoffe ist temperaturabhängig. Die Dichte von Wasser beträgt bei 4 °C ungefähr $1\,\text{g}/\text{cm}^3$.

$$\varrho = \frac{m}{V}$$

$$\nearrow\!\!\swarrow \qquad \searrow\!\!\nwarrow$$

$$m = \varrho \cdot V \qquad \Longleftrightarrow \qquad V = \frac{m}{\varrho}$$

Beispiel:

3.60 a) Eine reine Metallprobe wiegt 17,3 g und besitzt ein Volumen von $1{,}6\,\text{cm}^3$. Um welches der Metalle Kupfer $\left(\varrho_{\text{Cu}} = 8{,}92\,\text{g} \cdot \text{cm}^{-3}\right)$, Silber $\left(\varrho_{\text{Ag}} = 10{,}5\,\text{g} \cdot \text{cm}^{-3}\right)$ oder Gold $\left(\varrho_{\text{Au}} = 19{,}25\,\text{g} \cdot \text{cm}^{-3}\right)$ könnte es sich dabei handeln?

Masse: $m = 17{,}3\,\text{g}$, Volumen: $V = 1{,}6\,\text{cm}^3$,

Dichte: $\varrho = \dfrac{m}{V} = \dfrac{17{,}3\,\text{g}}{1{,}6\,\text{cm}^3} \approx 10{,}8\,\text{g} \cdot \text{cm}^{-3}$.

Es handelt sich bei der Materialprobe wahrscheinlich um Silber.

b) Ein Mineralöl hat eine Dichte von $0{,}85\,\text{g}/\text{cm}^3$. In einem Kanister befinden sich 1,614 kg Öl. Welches Volumen nimmt das Öl ein?

Dichte: $\varrho = 0{,}85\,\text{g} \cdot \text{cm}^{-3}$, Masse: $1{,}614\,\text{kg} = 1\,614\,\text{g}$,

Volumen: $V = \dfrac{m}{\varrho} = \dfrac{1\,614\,\text{g}}{0{,}85\,\text{g} \cdot \text{cm}^{-3}} \approx 1\,899\,\text{cm}^3 \approx 1{,}9\,\text{L}$.

In dem Kanister befinden sich ca. 1,9 Liter Öl.

3.1.3.10.2 Textaufgaben

Zur Lösung einer Anwendungsaufgabe ist folgender Weg sinnvoll:

a) Feststellen, welche Größe gesucht ist. Wenn möglich, ist dazu eine aussagekräftige Skizze anzufertigen.

b) Durch eine Überschlagsrechnung sollte man ermitteln, welche Größenordnung das gesuchte Ergebnis hat.

c) Festlegen einer Benennung für die gesuchte Größe.
d) Umformulieren der Angaben aus der Aufgabenstellung über die Beziehungen zwischen den bekannten und den unbekannten Größen in die Sprache der Mathematik: Aufstellen einer mathematischen Gleichung.
e) Lösen der aufgestellten Gleichung. Dabei werden häufig die auftretenden Maßeinheiten, die vorher in Übereinstimmung zu bringen sind, weggelassen und es wird nur mit reinen Zahlenwerten gerechnet.
f) Zusammenfassen des gefundenen Ergebnisses in einem Antwortsatz und nötige Maßeinheiten ergänzen.
g) Überprüfen der Lösung anhand der Aufgabenstellung.
h) Nachdenken, ob es neben der speziellen Lösung der Aufgabenstellung auch eine allgemeine Lösung des Problems gibt.

Starre Regeln für das Aufstellen des Lösungsansatzes lassen sich nicht angeben. Nur gründliches Üben bringt Sicherheit, den richtigen Ansatz zur Lösung einer Textgleichung zu finden.

Beispiele:

3.61 Drei Zahlen, von denen die folgende jeweils um 3 größer ist als die vorhergehende, haben die Summe 63. Wie heißen die drei Zahlen?

Lösung: Die erste der drei Zahlen sei x. Da die beiden anderen Zahlen jeweils um 3 größer sein sollen als die vorhergehende Zahl, muss die zweite $x + 3$ und die dritte $x + 6$ sein.

Da die Summe dieser drei Zahlen 63 ergeben soll, muss die folgende Gleichung gelten:

$$x + (x + 3) + (x + 6) = 63,$$

woraus $x = 18$ folgt.

Die drei gesuchten Zahlen sind demnach 18, 21 und 24.

Probe: Jede folgende Zahl ist um 3 größer als die vorhergehende, die Summe der drei Zahlen ist $18 + 21 + 24 = 63$. Die in der Aufgabenstellung genannten Bedingungen sind demnach alle erfüllt. Damit ist die Aufgabe richtig gelöst.

3.62 Unter drei Personen A, B und C sollen 1 000 € so verteilt werden, dass A doppelt so viel erhält wie B und B dreimal so viel wie C. Wie viel erhält jede der drei Personen?

Lösung: C bekommt den kleinsten Betrag und die anderen Personen bekommen Vielfache des Anteils von C. Wir bezeichnen deshalb den Anteil von C mit x. B muss dann $3x$, nämlich dreimal so viel wie C bekommen, und A erhält $2 \cdot 3x = 6x$, also doppelt so viel wie B.

Diese drei Teile müssen zusammen 1 000 € ergeben:

$$\begin{aligned} 6x + 3x + x &= 1\,000\text{ €} \\ x &= 100\text{ €} \end{aligned}$$

Ergebnis: C erhält 100 €, B 300 € und A 600 €.

Die Probe ist noch durchzuführen!

Die Einheit € muss in der Gleichung nicht unbedingt mit hingeschrieben werden. Lässt man sie weg, muss sie aber auf jeden Fall im Ergebnis wieder hinzugefügt werden!

Für den Fall, das diese Personen öfters einen beliebigen Betrag b nach dem gleichen Verteilungsschlüssel aufteilen müssen, lohnt sich eine allgemeine Betrachtung:

$$\begin{aligned} 6x + 3x + x &= b \\ 10x &= b \\ x &= \frac{1}{10} b \end{aligned}$$

C erhält jeweils ein Zehntel, B drei Zehntel und A sechs Zehntel des Betrages b. Die Aufteilung, die wir für die ursprüngliche Aufgabe berechnet haben, ist ein Spezialfall dieser allgemeinen Lösung und dient uns als Probe für die allgemeine Formel.

3.63 Eine Legierung aus Silber und Zinn hat eine Dichte $\varrho = 9\,\text{kg}/\text{dm}^3$. Wie viel Silber und wie viel Zinn sind in 10 kg dieser Legierung enthalten, wenn $\varrho_{\text{Ag}} = 10{,}2\,\text{kg}/\text{dm}^3$ und $\varrho_{\text{Sn}} = 7{,}3\,\text{kg}/\text{dm}^3$ beträgt?

Lösung: Die Legierung enthalte x kg Silber, damit verbleiben dann für den Zinnanteil noch $(10 - x)$ kg.

x kg Silber haben das Volumen $V_{\text{Ag}} = \dfrac{x\,\text{kg}}{\varrho_{\text{Ag}}}$

$(10 - x)$ kg Zinn haben das Volumen $V_{\text{Sn}} = \dfrac{(10 - x)\,\text{kg}}{\varrho_{\text{Sn}}}$

10 kg der Legierung haben das Volumen $V = \dfrac{10\,\text{kg}}{\varrho}$

Das Volumen des Silbers und das des Zinns ergeben zusammen das Volumen der Legierung, also muss gelten

$$\frac{x\,\text{kg}}{\varrho_{\text{Ag}}} + \frac{(10 - x)\,\text{kg}}{\varrho_{\text{Sn}}} = \frac{10\,\text{kg}}{\varrho}$$

Mit den gegebenen Zahlenwerten ergibt sich daraus die Gleichung

$$\frac{x}{10{,}2} + \frac{10 - x}{7{,}3} = \frac{10}{9},$$

woraus $x = \dfrac{578}{87} \approx 6{,}644$ folgt.

Ergebnis: Die Legierung enthält 6,644 kg Silber und 3,356 kg Zinn. Probe!

Stellt man sich nun vor, dass in einem Betrieb, der diese Legierung herstellt, jede Bestellung wie oben bearbeitet würde, dann müssten ab einer bestimmten Auftragslage zusätzliche Personen zur Berechnung der Materialkosten eingestellt werden.

Einfacher und kostengünstiger ist es, die Berechnung zu verallgemeinern.

Bezeichnen wir mit m die bestellte Masse einer Legierung in Kilogramm, dann gilt analog zu den obigen Überlegungen:

$$\frac{x}{10{,}2} + \frac{m-x}{7{,}3} = \frac{m}{9} \qquad \mid \text{Brüche aufteilen}$$

$$\frac{1}{10{,}2}x + \frac{1}{7{,}3}m - \frac{1}{7{,}3}x = \frac{1}{9}m \qquad \mid -\frac{1}{7{,}3}m$$

$$-\frac{145}{3\,723}x = -\frac{17}{657}m \qquad \mid : \left(-\frac{145}{3\,723}\right)$$

$$x = \frac{289}{435}m$$

Zur Herstellung von m kg der Legierung werden $\frac{289}{435}m$ kg Silber und $1m - \frac{289}{435}m = \frac{146}{435}m$ kg Zinn benötigt.

Setzen wir zur Kontrolle in diese allgemeine Lösung für m den Wert 10 kg ein, so erhalten wir wieder die schon oben berechnete spezielle Lösung.

Fügt man diese beiden Formeln in eine *Excel*-Tabelle, so ist nur noch die Bestellmenge zu aktualisieren um sofort die Herstellungsmengen zu erhalten. Unter Berücksichtigung der tagesaktuellen Rohstoffpreise sowie der allgemeinen Handlungskosten kann daraus auch der Verkaufspreis der bestellten Legierungsmenge berechnet werden. *Excel*-Datei.

3.64 Ein Wasserbehälter kann durch drei Röhren gefüllt werden. Wird nur die erste Röhre benutzt, so dauert die Füllung 3 Stunden. Die zweite Röhre allein benötigt 4 Stunden, die dritte allein 6 Stunden. In welcher Zeit wird der Behälter gefüllt, wenn alle drei Röhren gleichzeitig laufen?

Lösung: Die Zeit, die zur Füllung des Behälters benötigt wird, wenn alle drei Röhren gleichzeitig laufen, betrage x Stunden.

Die erste Röhre füllt in 1 Stunde $\frac{1}{3}$ des Behälters, denn sie benötigt 3 Stunden, um ihn ganz zu füllen.

Die zweite Röhre füllt in 1 Stunde $\frac{1}{4}$ und die dritte in 1 Stunde $\frac{1}{6}$ des Behälters.

Laufen alle drei Röhren gemeinsam, so wird in 1 Stunde $\frac{1}{x}$ des Behälters gefüllt.

Da die Summe der Teilfüllungen innerhalb einer Stunde mit der Gesamtfüllung während der gleichen Zeit übereinstimmen muss, ergibt sich die Gleichung

$$\frac{1}{3} + \frac{1}{4} + \frac{1}{6} = \frac{1}{x},$$

woraus $x = \frac{4}{3}$ folgt.

Ergebnis: Wenn alle drei Röhren gemeinsam laufen, dann ist der Behälter nach $\frac{4}{3}$ Stunden, das ist 1 Stunde und 20 Minuten, voll gelaufen. Probe!

3.65 Um 7 Uhr fährt von A aus ein Lkw mit einer Durchschnittsgeschwindigkeit $v_\mathrm{L} = 40\,\mathrm{km/h}$ nach dem $e = 225\,\mathrm{km}$ entfernten Ort B ab. Ihm fährt von B aus um 8:30 Uhr ein Pkw mit einer Durchschnittsgeschwindigkeit $v_\mathrm{P} = 70\,\mathrm{km/h}$ entgegen.

Wann und wo begegnen sich die beiden Fahrzeuge?

Lösung: Die Fahrzeuge begegnen sich nach einer gewissen Zeit t nach Abfahrt des Lkw. In dieser Zeit t legt der Lkw die Strecke

$$s_{\mathrm{L}} = v_{\mathrm{L}} \cdot t$$

zurück. Der Pkw fährt 1,5 Stunden später ab als der Lkw, damit ist er bis zur Begegnung nur $t - 1{,}5$ Stunden unterwegs. Während dieser Zeit legt er die Strecke

$$s_{\mathrm{P}} = v_{\mathrm{P}} \cdot (t - 1{,}5\,\mathrm{h})$$

zurück. Da die beiden Fahrzeuge einander entgegenfahren, muss die Summe der Teilstrecken $s_{\mathrm{L}} + s_{\mathrm{P}}$ gleich der Entfernung e der beiden Orte A und B sein, also

$$s_{\mathrm{L}} + s_{\mathrm{P}} = e \qquad \text{oder}$$
$$v_{\mathrm{L}} \cdot t + v_{\mathrm{P}} \cdot (t - 1{,}5\,\mathrm{h}) = e.$$

Mit den gegebenen Zahlenwerten ergibt sich daraus

$$40\,\frac{\mathrm{km}}{\mathrm{h}} \cdot t + 70\,\frac{\mathrm{km}}{\mathrm{h}} \cdot (t - 1{,}5\,\mathrm{h}) = 225\,\mathrm{km},$$
$$t = 3\,\mathrm{h}$$

Ergebnis: Die beiden Fahrzeuge treffen sich 3 Stunden nach der Abfahrt des Lkw, also um 10:00 Uhr. Der Treffpunkt liegt 120 km von A entfernt. Probe!

3.66 In einem Stromkreis mit 24 V Spannung hat ein Zweig AB einen Widerstand $R_1 = 6\,\Omega$. Schaltet man zwischen A und B einen weiteren Widerstand $R_2 = 2\,\Omega$ parallel, so steigt die Stromstärke auf 4 A an.

Wie groß ist der Widerstand des Stromkreises ohne den des Zweiges AB?

Lösung: Nach dem OHM'schen Gesetz ist

$$U = R \cdot I.$$

Dabei setzt sich der Widerstand R zusammen aus dem Widerstand R_{p} der Parallelschaltung von R_1 und R_2 sowie aus dem noch unbekannten Widerstand R_3 des restlichen Stromkreises.

Der Widerstand R_{p} der Parallelschaltung ergibt sich aus

$$\frac{1}{R_{\mathrm{p}}} = \frac{1}{R_1} + \frac{1}{R_2} = \frac{1}{6\,\Omega} + \frac{1}{2\,\Omega} = \frac{2}{3} \cdot \frac{1}{\Omega}$$

zu $$R_{\mathrm{p}} = \frac{3}{2}\,\Omega = 1{,}5\,\Omega.$$

Der Gesamtwiderstand des Stromkreises ist demnach

$$R = R_{\mathrm{p}} + R_3 = 1{,}5\,\Omega + R_3.$$

Setzt man diesen Widerstand für R in das OHM'sche Gesetz ein, so ergibt sich mit $U = 24$ V und $I = 4$ A die Gleichung

$$24\,\mathrm{V} = (1{,}5\,\Omega + R_3) \cdot 4\,\mathrm{A},$$

aus der sich schließlich

$$R_3 = 4{,}5\,\Omega$$

ergibt.

Ergebnis: Der gesuchte Widerstand beträgt 4,5 Ω. Probe!

✍ A. 3.17–3.19 auf Seite 341

3.1.3.11 Schlussbemerkungen

Jede lineare Gleichung lässt sich in der Form $ax + b = 0$ darstellen. Der zugehörige umfassendste Definitionsbereich ist die Menge der reellen Zahlen $\mathbf{R}$.

Jede derartige Gleichung lässt sich durch eine äquivalente Umformung nach x auflösen:

$$x = -\frac{b}{a}.$$

Da es keine weitere Möglichkeit gibt, zu einem anderen Wert von x zu kommen, der die gegebene Gleichung ebenfalls erfüllt, lässt sich der folgende Satz formulieren:

Jede lineare Gleichung der Form $ax + b = 0$ mit $a \neq 0$ hat innerhalb ihres Definitionsbereiches $\mathbf{D} = \mathbf{R}$ genau eine Lösung: $x = -\frac{b}{a}$.

3.1.4 Das Rechnen mit Ungleichungen

In diesem Abschnitt sollen nur solche Ungleichungen untersucht werden, in denen zwei Terme T_1 und T_2 durch eines der folgenden vier Zeichen miteinander verglichen werden: „$<$“, „$\leq$“, „$\geq$“, oder „$>$“. Dabei wollen wir uns zunächst nur auf Ungleichungen mit Zahlen beschränken und erst gegen Schluss des Abschnittes kurz auch auf Ungleichungen mit Variablen eingehen.

Beim Rechnen mit Ungleichungen gibt es wesentlich mehr zu beachten als beim Rechnen mit Gleichungen.

Es gelten die folgenden Regeln: [1)]

Regel 1:

Werden beide Seiten einer Ungleichung miteinander vertauscht, so ist das Ungleichheitszeichen umzukehren:

$$\boxed{a < b \quad \Leftrightarrow \quad b > a} \tag{3.7}$$

Diese Regel ist ohne weitere Erläuterungen plausibel.

Beispiel:

3.67 Es ist $-5 < +3$. Das ist gleichbedeutend mit $+3 > -5$.

Regel 2:

Addiert oder subtrahiert man auf beiden Seiten einer Ungleichung die gleiche Zahl, so bleibt das Ungleichheitszeichen erhalten:

$$\boxed{a < b \quad \Leftrightarrow \quad a \pm c < b \pm c} \tag{3.8}$$

[1)] In den folgenden zusammenfassenden Formeln wird jeweils das Zeichen „$<$“ verwendet. Die Formeln bleiben auch dann richtig, wenn „$<$“ sinnvoll durch „$\leq$“, „$\geq$“ oder „$>$“ ersetzt wird.

Beispiel:

3.68 Es ist $5 > -12$.

Addiert man auf beiden Seiten der Ungleichung die Zahl 27, so darf das $>$-Zeichen nicht verändert werden:

$$32 > 15.$$

Auch wenn man die Zahl 27 beiderseits subtrahiert, muss das Zeichen $>$ beibehalten werden, denn es ist auch

$$-22 > -39.$$

Regel 3:

Werden beide Seiten einer Ungleichung mit dem gleichen *positiven* Faktor multipliziert oder durch die gleiche *positive* Zahl dividiert, dann bleibt das Relationszeichen erhalten:

$$\boxed{a < b \quad \Leftrightarrow \quad a \cdot c < b \cdot c} \qquad c > 0 \tag{3.9}$$

Ist der Faktor oder der Divisor jedoch *negativ*, dann ist das Relationszeichen umzukehren (Inversionsgesetz[1] für Ungleichungen):

$$\boxed{a < b \quad \Leftrightarrow \quad a \cdot c > b \cdot c} \qquad c < 0 \tag{3.10}$$

Beispiel:

3.69

Es ist	$-6 < +4.$	
Multiplikation mit $+2$:	$-12 < +8$	Relationszeichen bleibt erhalten.
Division durch $+2$:	$-3 < +2$	Relationszeichen bleibt erhalten.
Multiplikation mit (-2):	$+12 > -8$	Relationszeichen ändert sich.
Division durch (-2):	$+3 > -2$	Relationszeichen ändert sich.

Regel 4:

Haben beide Seiten einer Ungleichung dasselbe Vorzeichen, so ist das Relationszeichen umzukehren, wenn man beiderseits den Kehrwert bildet:

$$\boxed{a < b \quad \Leftrightarrow \quad \frac{1}{a} > \frac{1}{b}} \qquad a \cdot b > 0 \tag{3.11}$$

Sind die Vorzeichen der beiden Seiten einer Ungleichung verschieden voneinander, dann bleibt das Relationszeichen bei der Kehrwertbildung erhalten:

$$\boxed{a < b \quad \Leftrightarrow \quad \frac{1}{a} < \frac{1}{b}} \qquad a \cdot b < 0 \tag{3.12}$$

☞ Anmerkung zu den Formeln (3.11) und (3.12): Besitzen die beiden Zahlen a und b gleiche Vorzeichen, dann ist das Produkt $a \cdot b > 0$; bei verschiedenen Vorzeichen von a und b ist $a \cdot b < 0$.

---

[1] inversio (lat.) Umkehrung

Beispiele:

3.70 a) Beide Seiten der Ungleichung haben dasselbe Vorzeichen:

Es ist $3 < 6$, jedoch $\frac{1}{3} > \frac{1}{6}$,

es ist $-3 > -6$, jedoch $-\frac{1}{3} < -\frac{1}{6}$.

b) Beide Seiten der Ungleichung haben verschiedene Vorzeichen:

Es ist $-3 < 6$, und $-\frac{1}{3} < \frac{1}{6}$,

es ist $3 > -6$, und $\frac{1}{3} > -\frac{1}{6}$.

Regel 5:

Zwei Ungleichungen mit gleichartigen Ungleichheitszeichen dürfen addiert, jedoch nicht subtrahiert werden:

$$(a < b) \wedge (c < d) \quad \Rightarrow \quad a + c < b + d \tag{3.13}$$

Beispiel:

3.71 Es ist $-2 < +3$ und $-8 < -2$.

Addiert man jeweils beide Seiten dieser Ungleichungen, so ergibt sich

$$\begin{aligned} (-2) + (-8) \ &? \ (+3) + (-2) \\ -10 &< +1. \end{aligned}$$

Das Ungleichheitszeichen ist erhalten geblieben.

Würde man dagegen die beiden Ungleichungen voneinander subtrahieren, so ergäbe sich links $(-2) - (-8) = +6$ und rechts $3 - (-2) = 5$. Es ist jedoch $6 > 5$. Das Ungleichheitszeichen hat sich also in diesem Falle geändert.

Die hier angeführten fünf Regeln für den Umgang mit Ungleichungen sind vor allem dann bedeutungsvoll, wenn man Ungleichungen lösen will, in denen Terme auftreten, die variable Größen enthalten.

Beispiele:

3.72 Für welche Werte von x gilt die Ungleichung

$$5x - 2 \geq 2x + 10\,?$$

Lösung: Um die Variable x zu isolieren, teilt man x-haltige und x-freie Terme auf die beiden Seiten der Ungleichung auf:

$$\begin{aligned} 5x - 2 &\geq 2x + 10 \quad && |\, -2x \quad && \text{(Regel 2)} \\ 3x - 2 &\geq 10 && |\, +2 && \text{(Regel 2)} \\ 3x &\geq 12 && |\, :3 && \text{(Regel 3)} \\ x &\geq 4 \end{aligned}$$

Demnach erfüllen alle x die gegebene Ungleichung, für die gilt: $4 \leq x < +\infty$. Die gesuchte Lösungsmenge ist demzufolge $\mathbf{L} = [\,4;\ \infty\,[$.

Der Leser führe die Probe selbst durch, indem er sich an *mindestens einem* Zahlenwert aus dem Intervall $\mathbf{L} = [\,4;\ \infty\,[$ davon überzeugt, dass dieser die gegebene Ungleichung erfüllt, und an mindestens einem weiteren Zahlenwert, der $\mathbf{L}$ nicht angehört, dass für diesen die Ungleichung *nicht* gilt.

✍ A. 3.20–3.21 auf Seite 342

3.73 Man ermittle die Lösungsmenge der Ungleichung $\dfrac{1}{x-5} < 2$.

Lösung: Der Definitionsbereich der gegebenen Gleichung ist $\mathbf{D} = \mathbf{R} \setminus \{\,5\,\}$.

Wenn man den in der Ungleichung auftretenden Bruch beseitigen möchte, muss man beide Seiten der Ungleichung mit dem Faktor $x - 5$ multiplizieren. Dabei ist aber **Vorsicht** geboten, denn der Term $(x - 5)$ kann sowohl positiv als auch negativ sein, und für diese beiden Fälle gelten unterschiedliche Regeln, siehe Regel 3!

$$x-5>0 \quad \text{für} \quad x \in\,]\,5;\ +\infty\,[\qquad \text{und} \qquad x-5<0 \quad \text{für} \quad x \in\,]-\infty;\ 5\,[\,.$$

Aus diesem Grund muss die weitere Behandlung der Ungleichung in die folgenden zwei Fälle aufgeteilt werden:

Fall 1: $x \in\,]\,5;\ +\infty\,[$.

In diesem Bereich ist der Nenner $(x - 5)$ positiv. Das Ungleichheitszeichen bleibt nach Regel 3 bei der Multiplikation beider Gleichungsseiten mit dem Faktor $(x - 5)$ erhalten. Es ergibt sich damit die folgende Rechnung:

$$\begin{aligned} 1 &< 2\cdot(x-5) & & \\ 1 &< 2x-10 & & \\ 11 &< 2x & & \text{(Regel 2)} \\ 2x &> 11 & & \text{(Regel 1)} \\ x &> 5{,}5 & & \text{(Regel 3)} \end{aligned}$$

Die Ungleichung ist demnach für alle diejenigen Werte des Intervalls $]\,5;\ \infty\,[$ erfüllt, für die $x > 5{,}5$ ist. Damit ist die erste Teilmenge der Lösungsmenge der Ungleichung ermittelt:

$$\mathbf{L}_1 = \,]\,5{,}5;\ \infty\,[\,.$$

Fall 2: $x \in\,]-\infty;\ +5\,[$.

Der Erweiterungsfaktor $(x - 5)$ ist für alle x aus dem angegebenen Intervall *negativ*. Nach Regel 3 muss demnach das Relationszeichen $<$ durch das entgegengesetzte Zeichen $>$ ersetzt werden:

$$\begin{aligned} 1 &> 2\cdot(x-5) & & \text{(Anderes Ungleichheitszeichen!)} \\ 1 &> 2x-10 & & \\ 11 &> 2x & & \text{(Regel 2)} \\ 2x &< 11 & & \text{(Regel 1)} \\ x &< 5{,}5 & & \text{(Regel 3)} \end{aligned}$$

Damit gehören alle x-Werte des Intervalls $]-\infty;\ +5\,[$, für die $x < 5{,}5$ ist, ebenfalls zur Lösungsmenge der Ungleichung. Da aber alle $x \in\,]-\infty;\ +5\,[$ die genannte Bedingung erfüllen, bildet das gesamte Intervall $]-\infty;\ +5\,[$ die zweite Teilmenge der Lösungsmenge der gegebenen Ungleichung:

$$\mathbf{L}_2 = \,]-\infty;\ +5\,[\,.$$

Die Gesamtlösungsmenge der gegebenen Ungleichung setzt sich aus den beiden Teillösungsmengen zusammen:

$$\mathbf{L} = \mathbf{L}_1 \cup \mathbf{L}_2 = \,]-\infty;\, 5\,[\; \cup \;]\,5{,}5;\, +\infty\,[\,,$$

was sich wesentlich kürzer auch in der Form

$$\mathbf{L} = \mathbf{R} \setminus [\,5;\, 5{,}5\,]$$

schreiben lässt.

Die gegebene Ungleichung ist demnach für alle reellen Werte von x erfüllt mit Ausnahme derjenigen, die in dem abgeschlossenen Intervall $[\,5;\, 5{,}5\,]$ liegen.

Das ist an ausgewählten Zahlenbeispielen nachzuprüfen!

Alternativ zum oben genanntem Lösungsweg kann man auch erst alle Terme auf eine Seite der Ungleichung bringen und dort zu einem Bruch zusammenfassen:

$$\frac{1}{x-5} < 2 \quad | -2$$

$$\frac{1}{x-5} - 2 < 0$$

$$\frac{1 - 2 \cdot (x-5)}{x-5} < 0$$

$$\frac{-2x + 11}{x-5} < 0$$

Dann nutzt man den Satz (2.21), nach dem ein Bruch negativ ist, wenn Zähler und Nenner verschiedene Vorzeichen haben:

$$\begin{array}{ccccccc}
(\text{Zähler} > 0 & \wedge & \text{Nenner} < 0) & \vee & (\text{Zähler} < 0 & \wedge & \text{Nenner} > 0) \\
(-2x + 11 > 0 & \wedge & x - 5 < 0) & \vee & (-2x + 11 < 0 & \wedge & x - 5 > 0) \\
(-2x > -11 & \wedge & x < 5) & \vee & (-2x < -11 & \wedge & x > 5) \\
(x < 5{,}5 & \wedge & x < 5) & \vee & (x > 5{,}5 & \wedge & x > 5) \\
 & x < 5 & & \vee & & x > 5{,}5 &
\end{array}$$

$$\Rightarrow \mathbf{L} = \mathbf{R} \setminus [\,5;\, 5{,}5\,]$$

Zum besseren Verständnis veranschaulichen wir diese Zusammenhänge in der Abbildung 3.2:

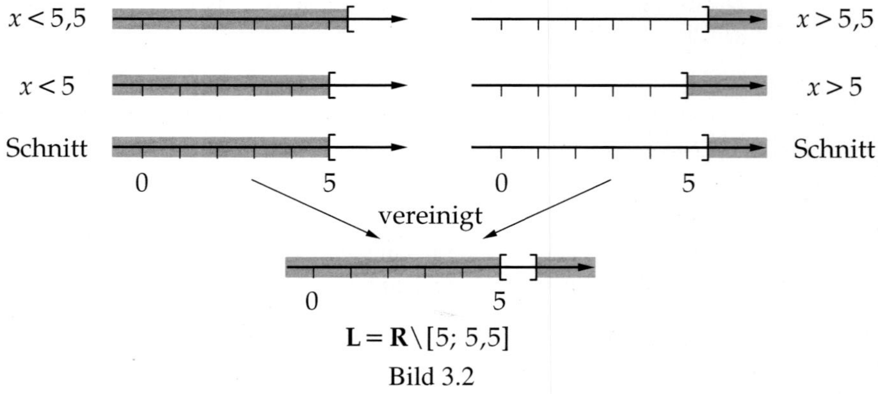

Bild 3.2

3.74 Die Ungleichung $\frac{1}{x-2} < \frac{2}{x+2}$ ist zu lösen.

Lösung: Der Definitionsbereich der Ungleichung ist $\mathbf{D} = \mathbf{R} \setminus \{-2;\ +2\}$.

Um die Brüche beseitigen zu können, muss die Ungleichung mit dem Hauptnenner HN $= (x-2) \cdot (x+2)$ multipliziert werden (Abschnitt 3.1.3.6). Dabei ist aber zu beachten, dass dieser Hauptnenner sowohl positiv als auch negativ sein kann. Für $x < -2$ sind beide Faktoren des Hauptnenners negativ, der Hauptnenner selbst also positiv. Im Bereich $-2 < x < +2$ ist der erste Faktor des Hauptnenners noch negativ, der zweite dagegen bereits positiv; der Hauptnenner selbst ist also in diesem Intervall negativ. Schließlich sind für $x > 2$ beide Faktoren und damit auch der Hauptnenner positiv.

Es sind also die folgenden beiden Fälle zu unterscheiden:

Fall 1: $x \in\ ]-\infty;\ -2\,[\ \cup\ ]+2;\ +\infty\,[$; hier ist HN > 0 sowie

Fall 2: $x \in\ ]-2;\ +2\,[$; hier ist HN < 0.

Für die beiden Fälle sind zwei getrennte Rechnungen erforderlich.

Fall 1: $x \in\ ]-\infty;\ -2\,[\ \cup\ ]+2;\ \infty\,[$.

Da der Hauptnenner in diesem Intervall positiv ist, wird aus der gegebenen Ungleichung nach Multiplikation mit dem Hauptnenner $(x-2) \cdot (x+2)$

$$\begin{aligned} x+2 &< 2x-4 \\ 6 &< x \\ x &> 6 \end{aligned}$$

Damit ist eine erste Teilmenge der gesuchten Lösungsmenge gefunden:

$$\mathbf{L}_1 = \,]6;\ +\infty\,[\,.$$

Fall 2: $x \in\ ]-2;\ +2\,[$.

Bei der Multiplikation der Ungleichung mit dem Hauptnenner muss beachtet werden, dass dieser im betrachteten Intervall negativ ist. Daher ergibt sich

$$\begin{aligned} x+2 &> 2x-4 \\ 6 &> x \\ x &< 6 \end{aligned}$$

Dieses Ergebnis muss nun nicht etwa automatisch bedeuten, dass die gegebene Ungleichung für alle reellen x-Werte mit $x < 6$ erfüllt sein muss, denn unsere Rechnung gilt ja nur für das Intervall $(-2;\ +2)$.

Da aber alle x-Werte des Intervalls $]-2;\ +2\,[$ die Bedingung $x < 6$ erfüllen, gehört diese Teilmenge der reellen Zahlen ebenfalls der Lösungsmenge der Ungleichung an:

$$\mathbf{L}_2 = \,]-2;\ +2\,[\,.$$

Die Lösungsmenge der Ungleichung setzt sich demnach wie folgt zusammen:

$$\mathbf{L} = \mathbf{L}_1 \cup \mathbf{L}_2 = \,]-2;\ +2\,[\ \cup\ ]6;\ +\infty\,[\,.$$

✍ A. 3.22 auf Seite 343

Quadratische und höhere Ungleichungen werden im Abschnitt 3.5.5 behandelt.

3.1.5 Gleichungen und Ungleichungen mit Beträgen

Im Abschnitt 2.3.1.2 wurde der Betrag einer Zahl a definiert. Dieser Begriff des Betrages lässt sich natürlich auch ohne Weiteres auf Terme mit Variablen übertragen. Man muss dabei allerdings jeweils angeben können, für welche Belegungen der Variablen der innerhalb der Betragsstriche stehende Term positiv oder negativ ist.

Beispiel:

3.75 Der Ausdruck $|3x-9|$ lässt sich ohne Betragsstriche wie folgt schreiben:

$$|3x-9| = \begin{cases} 3x-9 & \text{für} \quad x \in \,]3;\,+\infty[\\ 0 & \text{für} \quad x = 3 \\ -(3x-9) & \text{für} \quad x \in \,]-\infty;\,3[\end{cases}$$

denn für alle x-Werte mit $x > 3$ ist der innerhalb der Betragsstriche stehende Term positiv, also können in diesem Falle die Betragsstriche ohne Weiteres weggelassen werden. Ist dagegen $x < 3$, so steht innerhalb der Betragsstriche etwas Negatives. Den Betrag einer negativen Zahl erhält man, indem man vor diese negative Zahl ein Minuszeichen setzt (siehe Abschnitt 2.3.1.2).

Treten in Gleichungen oder Ungleichungen die Beträge von Termen auf, die Variablen enthalten, so sind die Betragsstriche in der Weise zu beseitigen, wie dies im Beispiel 3.75 vorgeführt worden ist. Damit lassen sich die Gleichungen und Ungleichungen mit Beträgen auf Gleichungen und Ungleichungen der Art zurückführen, wie sie bereits in den letzten Abschnitten ausführlich behandelt worden sind.

Beispiele:

3.76 Welche Werte von x erfüllen die Betragsgleichung $|x-3| = 5$?

Lösung: Bei einer so einfachen Aufgabe kann man auch ohne systematisches Vorgehen feststellen, dass $x = 8$ sowie $x = -2$ die gegebene Gleichung erfüllen, was nachzuprüfen ist!

Da das bei Gleichungen mit Beträgen anzuwendende Lösungsverfahren bei so einfachen Aufgaben besonders durchsichtig ist und ohne Schwierigkeiten auf kompliziertere Gleichungen übertragen werden kann, soll die Aufgabe nunmehr auch noch ausführlich gelöst werden.

Den in der Gleichung auftretenden Betrag kann man wie folgt ohne Betragsstriche schreiben:

$$|x-3| = \begin{cases} x-3 & \text{für} \quad x \in \,]3;\,\infty[\\ 0 & \text{für} \quad x = 3 \\ -(x-3) & \text{für} \quad x \in \,]-\infty;\,3[\end{cases}$$

Um die Betragsstriche beseitigen zu können, muss die Lösung der Gleichung in den beiden Intervallen $I_1 = \,]-\infty;\,3[$ und $I_2 = \,]3;\,+\infty[$ getrennt vorgenommen werden.

Fall 1: $x \in \,]-\infty;\,3[$

Hier ist

$$\begin{aligned} |x-3| &= -(x-3) && \text{also geht die gegebene Gleichung über in} \\ -(x-3) &= 5 && \text{woraus} \\ x &= -2 && \text{folgt.} \end{aligned}$$

Diese Lösung $x = -2$ gehört dem Intervall an, für das die Rechnung durchgeführt wurde; folglich gehört $x = -2$ der Lösungsmenge der Gleichung an.

Fall 2: $x \in \,]3;\, +\infty\,[$

Hier gilt

$$|x-3| = x-3 \qquad \text{Man erhält demnach}$$
$$x-3 = 5$$
$$x = 8$$

Da auch dieser Wert zu dem Intervall gehört, für das diese zweite Rechnung durchgeführt wurde, haben wir damit eine zweite Lösung der gegebenen Gleichung gefunden.

Warum muss der Fall $x = 3$ nicht diskutiert werden?

Die Lösungsmenge der Gleichung $|x-3| = 5$ ist somit $\mathbf{L} = \{-2;\, 8\}$.

3.77 Welche Werte von x erfüllen die Gleichung $|2x-8| = |x-7|$?

Lösung: Zunächst werden die beiden in der Gleichung auftretenden Beträge ohne Betragsstriche formuliert:

$$|2x-8| = \begin{cases} 2x-8 & \text{für} \quad x \in \,]4;\, \infty\,[\\ 0 & \text{für} \quad x = 4 \\ -(2x-8) & \text{für} \quad x \in \,]-\infty;\, 4\,[\end{cases}$$

und

$$|x-7| = \begin{cases} x-7 & \text{für} \quad x \in \,]7;\, \infty\,[\\ 0 & \text{für} \quad x = 7 \\ -(x-7) & \text{für} \quad x \in \,]-\infty;\, 7\,[\end{cases}$$

Hieraus ist zu erkennen, dass die Lösung der Gleichung in den folgenden drei Teilintervallen getrennt erfolgen muss:

$$\mathrm{I}_1 = \,]-\infty;\, 4\,[, \quad \text{für} \quad \mathrm{I}_2 = \,]4;\, 7\,[\quad \text{und für} \quad \mathrm{I}_3 = \,]7;\, +\infty\,[\,.$$

Fall 1: $x \in \mathrm{I}_1$, d. h., $x \in \,]-\infty;\, 4\,[$

Hier lautet die zu lösende Gleichung

$$-(2x-8) = -(x-7).$$

Sie hat die Lösung

$$x_1 = 1.$$

Da $x_1 = 1$ dem Intervall I_1 angehört, ist damit eine erste Lösung der Ursprungsgleichung gefunden.

Fall 2: $x \in \mathrm{I}_2$, d. h., $x \in \,]4;\, 7\,[$

In diesem Fall ist die Gleichung $2x-8 = -(x-7)$ zu lösen, aus der sich als Lösung $x_2 = 5$ ergibt.

$x_2 = 5$ gehört dem für Fall 2 zuständigen Teilintervall I_2 an, demzufolge ist auch x_2 eine Lösung der ursprünglichen Gleichung.

Fall 3: $x \in \mathrm{I}_3$, d. h., $x \in \,]7;\, +\infty\,[$

Hier kann die gegebene Gleichung ersetzt werden durch $2x-8 = x-7$; die zugehörige Lösung lautet $x_3 = 1$.

$x_3 = 1$ gehört jedoch *nicht* dem Intervall I_3 an, für das diese Rechnung durchgeführt wurde. Folglich kann $x_3 = 1$ *keine Lösung* der gegebenen Ausgangsgleichung sein.

Die ursprünglich gegebene Gleichung besitzt damit die Lösungsmenge $\mathbf{L} = \{1; 5\}$.

Die Probe ist noch zu machen!

3.78 Für welche Werte von x gilt die Betragsungleichung $|3x - 6| \leq x + 2$?

Lösung: Der in der Ungleichung auftretende Betrag kann ersetzt werden durch

$$|3x-6| = \begin{cases} 3x-6 & \text{für } x \in]2; \infty[\\ 0 & \text{für } x = 2 \\ -(3x-6) & \text{für } x \in]-\infty; 2[\end{cases}$$

Fall 1: $x \in]-\infty; 2[$

Hier gilt:

$$\begin{aligned} -(3x-6) &\leq x+2 \\ -3x+6 &\leq x+2 \\ -4x &\leq -4 \\ x &\geq 1 \end{aligned}$$

Zusammen mit dem Gültigkeitsbereich $x \in]-\infty; 2[$ dieser Rechnung ergibt sich damit eine erste Teillösungsmenge für die gegebene Ungleichung:

$$\mathbf{L}_1 = [1; 2[\,.$$

Fall 2: $x \in]2; +\infty[$

Die in diesem Bereich geltende Gleichung lautet $3x - 6 \leq x + 2$.

Sie besitzt die Lösung $x \leq 4$, was nachzuprüfen ist!

Damit ist ein weiterer Teilbereich gefunden, in dem die gegebene Ungleichung gültig ist:

$$\mathbf{L}_2 =]2; 4]\,.$$

Schließlich muss noch der Wert $x = 2$ untersucht werden. Für ihn ist die Ungleichung ebenfalls erfüllt, denn es gilt

$$|3 \cdot 2 - 6| \leq 2 + 2;$$

also gehört auch $x = 2$ der Lösungsmenge der Ungleichung an.

Die gesamte Lösungsmenge der Ungleichung setzt sich demzufolge zusammen aus

$$\begin{aligned} \mathbf{L} &= \mathbf{L}_1 \cup \mathbf{L}_2 \cup \{2\} = [1; 2[\cup]2; 4] \cup \{2\} \\ \mathbf{L} &= [1; 4] \end{aligned}$$

✍ A. 3.23 auf Seite 343

Höhere Ungleichungen werden in Abschnitt 3.5.5 behandelt.

Aufgaben:

3.1.3.2 Einfache lineare Gleichungen

(Lösungen ab Seite 880)

3.1 Beschreibe den ersten Umformungsschritt und finde die Lösung für x:

a) $2x = 5$ b) $x + 4 = 12$ c) $x - 7 = 9$ d) $\frac{x}{5} = 6$ e) $-3 + x = 7$

3.2 Nenne den ersten Umformungsschritt:

a) $5x - 7 = 2x + 1$ b) $-8x + 11 = 4x - 4$ c) $14 - 9x = -23x + 82$

d) $81 + x = 17 - 4x$ e) $x + 25 = -3x + 2$ f) $1{,}3x + 14 = 13x - 27$

3.3 Löse die Gleichung für x; Probe nicht vergessen:

a) $x + 17 = 21$ b) $64 + x = 89$ c) $x + 35 = 17$

d) $5 - x = 2$ e) $4x - 13 = 3x$ f) $\frac{x}{9} = 8$

g) $\frac{2x}{5} = 12$ h) $\frac{x}{5} + 3 = 18$ i) $14 + 2x = 11 - 7x$

k) $4x + 3 = 16x - 45$ l) $3{,}2x + 7 = 5{,}1x + 20{,}3$ m) $58 + 12x = 377 - 17x$

n) $43x - 7 + 11x = 65 + 9x + 153$ o) $16 + 2x - 23 + 9x = 5x - 17 - 4x + 14$ p) $\frac{2}{3}x + 5 = \frac{3}{4}x - 6$

q) $5{,}9x - 7 = 2x + 6{,}2$ r) $\frac{5}{7}x + 4\frac{1}{9} = \frac{37}{9}$ s) $5x - \frac{17}{5} = 37{,}4 - 3x$

t) $2x - 5{,}9 + 2{,}6x = 44{,}1 + 6{,}7 - 2{,}4x$ u) $15{,}2 + 2{,}51x = 5{,}11x$ v) $-0{,}75x + 1{,}9 = -7\frac{2}{3}x$

3.4 Löse die Gleichungen aus Aufgabe 3.2.

3.1.3.3 Nichtlineare Gleichungen auf lineare Gleichungen zurückführen

(Lösungen ab Seite 881)

3.5 Löse die Gleichung mithilfe des *Nullproduktsatzes*, NPS (2.18):

a) $(x + 1) \cdot (x - 7) = 0$ b) $(x - 5) \cdot (x + 4) = 0$

c) $(x - 2) \cdot (x + 1) \cdot (x - 8) = 0$ d) $(5x - 1) \cdot (4x + 3) = 0$

e) $x \cdot (x - 1{,}2) \cdot (7x + 6) = 0$ f) $-8x^2 \cdot (11 - x) = 0$

g) $-x \cdot (15 - x) = 0$ h) $1{,}3x^4 \cdot (3x + 2) \cdot (-1) = 0$

i) $\left(x + \frac{2}{3}\right) \cdot \left(\frac{3}{2} - x\right) = 0$ k) $9 \cdot [3x \cdot (4 - x)]\, x = 0$

l) $-4(x - 2)^3 = 0$ m) $3{,}1x(x + 2{,}7)^4 \cdot (x - 8{,}6)^5 = 0$

3.6 Klammere aus und bestimme die Lösungen für x:

a) $x^2 + 8x = 0$ b) $x^2 - 7x = 0$ c) $3x^2 + 36x = 0$

d) $5x^2 - 11x = 4x$ e) $-4x^3 + 5x^2 = x^2$ f) $3x^2 - 2ax = 4xa - 5x^2$

3.7 Faktorisiere (Ausklammern, Binome anwenden) und löse die Gleichung für x:

a) $x^2 + 1 = 2x$ b) $25x^2 - 64 = 0$ c) $3x^2 + 48 - 24x = 0$

d) $100x^2 + 1\,849 = 860x$ e) $4x^3 - 5x = -x$ f) $x^4 + 16 = 8x^2$

3.1.3.4 Gleichungen mit Parametern

(Lösungen ab Seite 881)

3.8 Löse die Gleichung für x und berücksichtige den Einfluss des Parameters:

a) $k(3x + k) = 0$ b) $9rx + 5r = 17rx - 35$

c) $ax + 5{,}2a - 2{,}1x = -11{,}8a + 2{,}9x$ d) $ax - 0{,}8a + 1{,}4x = 0{,}2a + 3 - 1{,}6x$

e) $ux + ub = bx + u^2$ f) $4x - 5{,}4 = 6m - 2x + 12{,}6$

g) $ax + b = c - dx$ h) $5tx - 21x = 35t - 147$

i) $9ax - 5a = 6ax + 7a$ k) $s(x - 4{,}1)^2(x - k) = 0$

l) $42ax^2 + 12ax = 21ax^2$ m) $9t^2 + 9x^2 = 18tx$

n) $8xy + 5z = -8xz - 5y$ o) $4(x - y) = -11a(x - y)$

p) $64x^2 + 9k^2 = 48kx$

3.1.3.5 Gleichungen mit Klammerausdrücken (Lösungen ab Seite 881)

3.9 Löse die Gleichung. Bei mehr als einer Variable ist die Lösung für x oder für die in eckigen Klammern angegebene Variable gesucht:

a) $5x + 2(4x + 3) = 149$

b) $14x + 189 = 2x + 11(3 - 6x)$

c) $2 - 3(7x + 4) = -102 + 5(2x - 7) + 3$

d) $16 + (3x + 9) \cdot 4 = 303{,}4 - 13(4x + 9)$

e) $3x - 7(5x + 1) = 9(x - 16) + 2x - 250$

f) $45(11 - 2x) - 109{,}5 = -(5x - 3)$

g) $13 - (5x + 2) + (x - 7) = 8x - 20$

h) $5 \cdot (2u - 3) + 3 \cdot (4 - u) - 2 \cdot (u + 7) = (2u - 4) + 2 \cdot (6 - u)$

i) $2 \cdot [18 - 3 \cdot (7x - 5)] = 3 \cdot [5x + 2 \cdot (9 - 4x)]$

k) $51a - 2 \cdot \{3x + 5 \cdot [2a - 3 \cdot (2x - 7a)] + 4x\} - 3 \cdot (5x + 149a) \ldots$

$\ldots - 2 \cdot (3x + a) = 72a - 3x$

l) $0{,}3(4 - 5x) - 0{,}5(6 - 7x) + 0{,}7(8 - 9x) = 1{,}1 - 4x$

m) $3 \cdot (5y - 7a) + 5 \cdot (3b - 7y) = 7 \cdot (5b - 3a)$ [y]

n) $a - (a + b) \cdot x = (b - a) \cdot x - (c + bx)$

o) $9\,[3x - 2 \cdot (4x + 3) + 7] - 2 \cdot [5 \cdot (x + 9) - 6x + 1] = 3 \cdot (5 - 8x) + 2x$

p) $17 \cdot (2 - 3t) - 8 \cdot (1 - 7t) = 5 \cdot (t + 12)$

q) $7 \cdot (2z - 1) - 6 \cdot (11 - z) = 3 \cdot (z + 4)$

r) $-4(x + 2) - 15(-3 + x) = 2.6\,((2x - 17) - 4(-7 + x))$

3.10 Desgleichen:

a) $(x - 5)(x - 7) = (x + 4)(x - 9) - 13$

b) $(3x - 2)(x + 7) - (4x - 1)(1 + x) = (x - 2)(5 - x)$

c) $(x + 4b)(x + 3a + 6b) - 3b(x + 10b) = (x + 6b)(3a + x - 5b) + 4b(a + x + 3b)$

d) $(x - a)^2 + (x - b)^2 - (x - a)(x - b) = x^2 + a^2 + b^2$

e) $(4t + 3)^2 + (7t - 3)^2 = (8t - 7)^2 + (t + 7)^2$

f) $(a + x)(b - x) = (a - x)(b + x)$

g) $5u(x + 2v) - 4v(2x - 3u) - 3u(2x - u) + 4v(3x - 10u - 10v) = -64v^2$

h) $(3y - 10)(10 + 3y) - (2y + 3)^2 = 5y^2 - 157$

i) $(1{,}2x + 0{,}56)(0{,}6x - 0{,}22) = (0{,}9x + 0{,}92)(0{,}8x - 0{,}46)$

k) $(3z - 5a)(8z - a) - (4z - 3a)(5z - 7a) - (2z - 5a)(2z + a) = 5a^2$ [z]

3.1.3.6 Bruchgleichungen (Lösungen ab Seite 882)

3.11 Bestimme die Lösungsmenge:

a) $\dfrac{3}{x} = \dfrac{5}{16}$ b) $\dfrac{7}{h} = 4$ c) $\dfrac{x + 8}{5} = \dfrac{9}{4}$

d) $\frac{8}{9} = \frac{5x}{3}$ e) $\frac{3}{d-6} = \frac{4}{9}$ f) $\frac{14}{x-5} = 3$

g) $\frac{x}{3} = \frac{x-4}{7}$ h) $\frac{7{,}5}{3x} = \frac{5}{4{,}2x}$ i) $\frac{11-6x}{8} = \frac{7}{5}$

k) $\frac{2x+5}{2x^2+1} = \frac{-3}{7-3x}$ l) $\frac{2x-7}{5x} = -\frac{3}{80}$ m) $\frac{4}{9+r} = \frac{13}{8r+2}$

n) $\frac{x+2}{15-x} = \frac{3x-16}{4-3x}$ o) $\frac{a+2}{7-a} = \frac{3}{14}$ p) $\frac{h+11}{h-11} = \frac{h-4}{7+h}$

q) $\frac{4-u}{8+u} = \frac{2+u}{3-u}$ r) $\frac{2x-3}{x+11} = \frac{4x-7}{9+2x}$ s) $\frac{8x+1}{9+2x} = \frac{12x-1}{3x-5}$

3.12 Löse nach x auf:

a) $\frac{x+1}{15} + \frac{2x-10}{5} = 3 - \frac{3x-16}{3}$

b) $\frac{7}{x-7} - \frac{2}{x-2} = \frac{15}{(x-2)(x-7)}$

c) $1 - \frac{3}{5}(2x+11) = \frac{4x-3}{20} - \frac{1}{12}(4x-5)$

d) $\frac{4}{x-4} + \frac{4}{x+4} = \frac{35}{x^2-16}$

e) $\frac{5x-6}{10} - \frac{9-10x}{14} = \frac{3x-4}{5} - \frac{3-4x}{7}$

f) $\frac{563}{2x+7} - \frac{2\,773}{5x+47} = \frac{670}{5x+47}$

g) $\frac{7x-2}{3} - \frac{4}{5}(x+3) + 6 = \frac{3(x+2)}{2}$

h) $\frac{x}{b} - f = \frac{k}{f}$

i) $\frac{ax-b^2}{b} + \frac{bx-a^2}{a} = \frac{a-ab}{b} + \frac{b-ab}{a}$

k) $\frac{a}{x} + b = \frac{b}{x} + a$

l) $\frac{10+x}{24x} - \frac{x+4}{12x} = 1 - \frac{x+3}{8x}$

m) $\frac{7}{2x} - \frac{8}{3x} + \frac{9}{4x} - \frac{1}{3} = \frac{31-7x}{6x}$

n) $\frac{3a-5b}{15ab} + \frac{a+7x}{12ax} + \frac{5b+4x}{20bx} + \frac{3}{4a} - \frac{11}{15b} - \frac{4}{3a} = 0$

o) $\frac{1+x}{1-x} = \frac{a}{b}$

3.13 Bestimme die Lösungsmenge für x:

a) $\frac{x+4}{7x+1}=\frac{x+6}{7x+6}$

b) $\frac{a-bx}{ax+b}=\frac{a}{b}$

c) $\frac{5x-1}{2x-1}-\frac{7x-2}{4x-2}-\frac{4x+1}{6x-3}+\frac{7x-2}{8x-4}=1$

d) $\frac{5x+3}{7x-9}-\frac{4x+9}{9-7x}=2$

e) $\frac{7x-1}{x-2}-\frac{5x-3}{3x-6}+\frac{8x-5}{5x-10}=\frac{9x-7}{7x-14}$

f) $\frac{5x+2k}{kx}+\frac{1}{x+1}=\frac{5}{k}$

g) $\frac{x+3}{x+1}-\frac{2x+5}{x+2}-\frac{x-5}{3x+3}+\frac{4x-3}{3x+6}=0$

h) $\frac{ax}{a+b}+\frac{bx}{a-b}=a^2+b^2$

i) $\frac{2x+1}{x-1}+\frac{2x+4}{1-x}+\frac{2x-9}{x^2-1}=\frac{4-8x}{1-x^2}$

k) $\frac{7}{2}+c=\frac{51}{4x+10}$

l) $\frac{1}{8-4x}-\frac{1}{8}-\frac{x+5}{16-4x^2}+\frac{x}{16+8x}=0$

m) $\frac{3x+2x^2+1}{2x+3}+2=\frac{53+23x}{23}$

n) $\frac{3x-5}{x+2}+\frac{7x-10}{x+1}+\frac{x+99}{(x+1)\cdot(x+2)}=10$

o) $\frac{3}{8x-18}+\frac{2x+15}{2}=\frac{23x+162}{23}$

3.1.3.7 Wurzelgleichungen

(Lösungen ab Seite 882)

3.14 Löse nach x auf:

a) $\sqrt{x}=13$

b) $3\cdot\sqrt{4x}-7=0$

c) $0{,}8\sqrt{2x+1}+0{,}2=1$

d) $4\sqrt[3]{6x-1}+5=0$

e) $\sqrt[3]{x-2}=a+2$

f) $\sqrt[4]{7x+4}+3=0$

g) $\sqrt{19+\sqrt{3x+15}}=5$

h) $6\sqrt{4-x}-9=7+2\sqrt{4-x}$

i) $\sqrt{85-4\sqrt{19x+5}}=3\sqrt{5}$

k) $5\sqrt{2x+7}=\sqrt{50x+175}$

3.15

a) $4\sqrt{x+3}-3\sqrt{x+10}=0$

b) $\sqrt{x-1}+\sqrt{x+8}=9$

c) $\sqrt{x+7}-\sqrt{x-5}-2=0$

d) $\sqrt{x-3}-1=\sqrt{x-10}$

e) $\sqrt{4x+5}+2\sqrt{x-3}=17$

f) $\sqrt{x+5}+\sqrt{x}-\sqrt{4x+9}=0$

g) $3\sqrt{x+2}-2\sqrt{x-13}=5\sqrt{x-10}$

h) $\sqrt{x+2}-\sqrt{x-9}=\sqrt{x-18}-\sqrt{x-25}$

i) $\sqrt{5x+1+2\sqrt{6x-5}}-\sqrt{6x-5}-1=0$

k) $\frac{1}{4}\sqrt{3x-5}+\sqrt{5x+2-3\sqrt{3x-5}}=6$

3.1.3.9 Das Umstellen von Formeln

(Lösungen ab Seite 882)

3.16 Stelle die Formeln um:

a) $p(1+q)=m$ nach q
b) $l_t = l_0 \cdot (1+\alpha t)$ nach α
c) $Q = mc(t_1 - t_2)$ nach t_2
d) $g = a + (n-1)d$ nach n
e) $s = \frac{g}{2}(2t-1)$ nach t
f) $\frac{1+m}{1-m} = \frac{a}{b}$ nach m
g) $\frac{r+f}{r_1+a+f} = \frac{r}{r_1}$ nach f
h) $\frac{y-y_1}{y_2-y_1} = \frac{x-x_1}{x_2-x_1}$ nach y
i) $r^2 = s^2 + (r-p)^2$ nach r
k) $\frac{a-b(a-c)}{a+d} = 1$ nach a

3.1.3.10 Anwendungen

(Lösungen ab Seite 882)

3.17

a) Welche Zahl muss man zu 87,3 addieren, damit man 102,4 erhält?

b) Welche Zahl muss man von $53\frac{2}{3}$ subtrahieren, damit man $17\frac{1}{6}$ erhält?

c) Welche Zahl muss man um $\frac{7}{27}$ vermindern, damit man $\frac{5}{6}$ erhält?

d) Welche Zahl muss mit 9,7 multipliziert werden, damit man 652,325 erhält?

e) Mit welcher Zahl muss man $5\frac{1}{3}$ multiplizieren, damit man $\frac{1}{2}$ erhält?

3.18

a) Die vierfache Summe des Doppelten und des Dreifachen einer Zahl ist gleich der Differenz des Siebenfachen dieser Zahl und 39. Wie heißt die Zahl?

b) Welche Zahl ergibt versechsfacht $2\frac{3}{4}$ mehr, als wenn man sie halbiert?

c) Die Faktoren der Produkte $236{,}6 \cdot 72{,}38$ und $137{,}9 \cdot 111{,}86$ sollen alle so um den gleichen Betrag vermindert werden, dass die neuen Produkte gleich sind.

d) Hängt man an eine bestimmte Zahl eine 5 an, subtrahiert dann 9, hängt danach eine 3 an, addiert dazu 37 und dividiert das ganze bis jetzt erhaltene Ergebnis durch 52, so erhält man 1 weniger als das Doppelte der ursprünglichen Zahl. Wie heißt diese Zahl?

e) Multipliziert man eine Zahl mit 7, addiert eine 9 und hängt an diese Summe eine Null an, subtrahiert dann 17, hängt an das Ergebnis noch eine Null an, subtrahiert davon 30 und dividiert diese Differenz durch 7, so erhält man 200. Wie heißt die Zahl?

f) Die erste Ziffer einer vierstelligen Zahl ist 5. Streicht man sie links weg und setzt sie rechts an, so verringert sich der Wert der Zahl um 4 410. Wie heißt die ursprüngliche Zahl?

3.19

a) Eine Gruppe hat sich verpflichtet, in einem Jahr eine bestimmte Anzahl Stunden für freiwillige Arbeit zu leisten. Wenn jedes Mitglied 30 Stunden arbeitet, so kommen 70 Stunden mehr zusammen als vorgesehen sind; leistet jedoch jedes Mitglied nur 25 Stunden, so fehlen am Ende noch 25 Stunden zur Erfüllung der Aufgabe. Wie viele Mitglieder hat die Gruppe und zu wie vielen Arbeitsstunden hat sie sich verpflichtet?

b) Aus einem Motorradtank, von dessen Inhalt $\frac{1}{5}$ verbraucht war, wurden noch 2,4 L Benzin abgelassen. Im Tank blieb ein Rest von $\frac{2}{3}$ des gesamten Inhalts. Wie viel Liter Benzin fasst der Tank?

c) In einem Stromkreis fließt bei einer Spannung von 120 V ein Strom von 6 A. Welcher Widerstand muss zugeschaltet werden, damit der Strom auf 2,4 A sinkt?

d) Wie viel kg Kupfer ($\varrho_{\mathrm{Cu}} = 9\,\mathrm{kg} \cdot \mathrm{dm}^{-3}$) und Zink ($\varrho_{\mathrm{Zn}} = 7\,\mathrm{kg} \cdot \mathrm{dm}^{-3}$) benötigt man zu einer Messinglegierung von 2 kg mit einer Dichte $\varrho = 8{,}5\,\mathrm{kg} \cdot \mathrm{dm}^{-3}$?

e) Ein Facharbeiter benötigt zur Endmontage einer Apparatur $5\frac{1}{2}$ Tage, ein anderer für die gleiche Arbeit 7 Tage. Wie viele Tage brauchen beide zusammen, wenn der erste Arbeiter erst 2 Tage später als der zweite mitarbeitet?

f) Drei Informatikstudierende erstellen zusammen Module für ein Computerprogramm. Würde der erste das Programm alleine erstellen, wäre er nach 15 Tagen fertig. Die zweite Studentin würde für die gesamte Arbeit 12,5 Tage benötigen. Schließlich verteilen sie die Arbeit untereinander und sind nach 5 Tagen fertig. Wie lange hätte der dritte Student alleine an dem Programm gearbeitet?

g) Zum Entleeren eines Beckens benötigt eine Pumpe 4 h 30 min, eine andere 6 h 45 min. In welcher Zeit ist das Becken leer, wenn beide Pumpen gleichzeitig arbeiten?

h) Der zwischen den einzelnen Eisenbahnschienen vorhandene Schienenstoß verursacht ein im fahrenden Zug wahrnehmbares taktmäßiges Aufschlagen der Räder. Wie groß ist die Geschwindigkeit eines Zuges in km/h, wenn die Strecke 30-m-Schienen hat und 36 Stöße in 30 s gezählt wurden?

i) Man stelle eine Formel für die allgemeine Betrachtung von Aufgabe (h) auf: s = gezählte Stöße; t = Zeit der Messung in Sekunden

k) Ein Radrennfahrer habe eine durchschnittliche Geschwindigkeit von 42 km/h. Sein Verfolger, der im Zeitfahren 1 min später gestartet ist, hat ihn nach 28 min eingeholt. Wie groß ist die durchschnittliche Geschwindigkeit des Verfolgers?

l) Wie viel Liter 20-prozentigen und 78-prozentigen Alkohol braucht man zur Herstellung von 5 L 35-prozentigem Alkohol?

3.1.4 Das Rechnen mit Ungleichungen

(Lösungen ab Seite 883)

3.20 Für welche Werte von x gelten die folgenden Ungleichungen?

a) $4x < 3$

b) $3x - 5 > 4$

c) $6(5x - 7) > 18x - 42$

d) $4x + 1 > 5x + 3$

e) $\frac{2}{3} - \frac{1}{2}x < \frac{1}{3}x - \frac{1}{2}$

f) $\frac{4}{3}x - 18\frac{13}{15} < \frac{2}{5}x + 6\frac{1}{3}$

g) $\dfrac{2x - 1}{3} < \dfrac{x + 6}{2}$

h) $2 + \dfrac{3(x + 1)}{8} < 3 - \dfrac{x - 1}{4}$

3.21 Desgleichen:

a) $2x + 3 < 9$

b) $5x - 8 > 2$

c) $3x + 13 < 4$

d) $3 - 7x \leq 5$

e) $\frac{4}{3}x - \frac{2}{7} < \frac{3}{5}$

f) $\frac{1}{3} - \frac{4}{5}x < \frac{5}{6}$

g) $1 - \frac{3}{4}x \geq -\frac{1}{2}$

3.22 Desgleichen:

a) $9x - 8 - 3(x - 2) > 2(x + 3)$ b) $\frac{1}{x+1} < 1$ c) $\frac{1}{x-1} < \frac{2}{x+1}$

d) $2a(x - 1) - 3(a + 5x) < 4x(3a - 5)$ e) $\frac{3x-5}{x-1} - \frac{2x-5}{x-2} > 1$

f) $\frac{x^2+17}{x^2-1} \le \frac{x-2}{x+1} - \frac{5}{x-1}$ g) $\frac{10-x}{24x} - \frac{x+4}{12x} \le 1 - \frac{x+3}{8x}$

h) $\frac{a}{x} + b < \frac{b}{x} + a$ i) $\frac{x+2}{x-2} + \frac{x-5}{x+5} \ge 2$

3.23 Bestimme die Lösungsmenge der Betragsungleichung:

a) $|x| + 2x < 1$ b) $3 \cdot |2x - 7 - 5x \le 8 + x$

c) $|2x - 1| \ge |x - 1|$ d) $\left|\frac{3}{2}x + \frac{3}{4}\right| \ge |x - 2|$

3.2 Proportionen

3.2.1 Begriffserklärungen

Um zwei Größen a und b miteinander vergleichen zu können, bildet man häufig deren Quotienten $a : b$ oder in anderer Schreibweise $\frac{a}{b}$ und nennt diese Quotienten das **Verhältnis *a* zu *b***.

Die beiden Größen a und b heißen die Glieder des Verhältnisses.

Sind a und b in gleichen Maßeinheiten angegeben, so ist das Verhältnis $a : b$ eine unbenannte Zahl, da sich die Maßeinheiten wegkürzen.

Da jedes Verhältnis durch einen Bruch dargestellt werden kann, gelten für die Verhältnisse die gleichen Rechenregeln wie für die Brüche.

So dürfen die Glieder eines Verhältnisses mit derselben Zahl multipliziert oder dividiert werden, ohne dass sich dadurch der Wert des Verhältnisses ändert:

$$6 : 8 = 12 : 16 = 3 : 4 = \ldots$$

Es ist jedoch üblich, Verhältnisse durch möglichst kleine ganze Zahlen auszudrücken.

Beispiel:

3.79 Die Geschwindigkeit eines Erdsatelliten betrug $v_E = 8\,000\,\text{m/s}$, während die eines Düsenflugzeuges $v_D = 900\,\text{km/h}$ erreicht.

In welchen Verhältnis stehen die beiden Geschwindigkeiten zueinander?

Lösung: Um die beiden Geschwindigkeiten miteinander vergleichen zu können, müssen sie zunächst auf gleiche Maßeinheiten gebracht werden.

$$v_D = 900\,\frac{\text{km}}{\text{h}} = 900 \cdot \frac{1\,000\,\text{m}}{3\,600\,\text{s}} = 250\,\frac{\text{m}}{\text{s}}$$

Das Verhältnis der beiden Geschwindigkeiten ist damit

$$v_E : v_D = 8\,000 : 250,$$

was als „v_E verhält sich zu v_D wie 8 000 : 250“ gelesen wird.

Kürzt man dieses Verhältnis mit 250, um auf möglichst kleine ganze Zahlen zu kommen, so ergibt sich

$$v_E : v_D = 32 : 1$$

Der Satellit war demnach 32mal so schnell wie die Düsenmaschine.

Werden zwei gleiche Verhältnisse zu einer Gleichung zusammengefasst, so entsteht eine **Verhältnisgleichung** oder **Proportion** [1]. So lässt sich aus den beiden gleichen Verhältnissen 1 : 32 und 250 : 8 000 aus Beispiel 3.79 die Proportion

$$1 : 32 = 250 : 8\,000$$

aufstellen, die als „1 zu 32 wie 250 zu 8 000“ gelesen wird.

Im Allgemeinen schreibt man eine Proportion in der Form

$$\boxed{a : b = c : d} \quad \text{oder} \quad \boxed{\frac{a}{b} = \frac{c}{d}} \tag{3.14}$$

Dabei werden die einzelnen Glieder nach ihrer Anordnung innerhalb der Proportion wie folgt benannt:

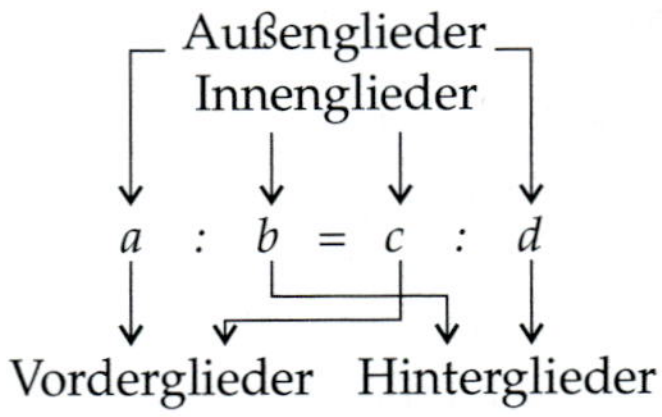

Bild 3.3

A. 3.24–3.26 auf Seite 352

3.2.2 Rechengesetze für Proportionen

Da jede Proportion eine Gleichung zwischen zwei Verhältnissen ist, lassen sich die Gesetze der Gleichungslehre ohne Weiteres auf die Proportionen übertragen.

Multipliziert man beide Seiten der Proportion $a : b = c : d$ mit dem Hauptnenner bd, so tritt an die Stelle der Proportion deren **Produktgleichung** $a \cdot d = b \cdot c$.

In jeder Proportion ist das Produkt der beiden Innenglieder gleich dem Produkt der beiden Außenglieder:

$$\boxed{a : b = c : d \quad \Rightarrow \quad a \cdot d = b \cdot c} \tag{3.15}$$

☞ In der obigen Formel wurde der Pfeil *nur in einer Richtung* eingezeichnet. Der Grund hierfür ist, dass aus der Proportion $a : b = c : d$ zwar stets die Produktgleichung $ad = bc$ folgt, dass aber umgekehrt aus der Produktgleichung $ad = bc$ nicht unbedingt die Proportion $a : b = c : d$ folgen muss: Ist in der Produktgleichung etwa $b = 0$, dann darf nicht durch b geteilt werden.

Die Produktgleichung ist nützlich, wenn man die Richtigkeit einer Proportion nachprüfen möchte. Sie kann aber auch benutzt werden, wenn man aus einer Proportion eine neue entwickelt hat und man sich nicht sicher ist, ob dabei richtig gerechnet wurde. Man braucht

---

[1] proportio (lat.) Gleichmaß, Ebenmaß

dann nur die zu den beiden Proportionen gehörenden Produktgleichungen zu berechnen. Sind beide Produktgleichungen richtig, dann ist die durchgeführte Rechnung in Ordnung; ist eine von beiden falsch, dann ist die Umwandlung der einen Proportion in die andere fehlerhaft. Was ist, wenn beide Produktgleichungen falsch sind?

Beispiel:

3.80 Zur Proportion $1 : 32 = 250 : 8000$ gehört die Produktgleichung

$$1 \cdot 8\,000 = 250 \cdot 32$$
$$8\,000 = 8\,000$$

Da die Produktgleichung stimmt, muss auch die Proportion, von der ausgegangen wurde, richtig sein und umgekehrt.

✍ A. 3.27–3.28 auf Seite 353

Aus jeder Proportion lassen sich stets neue Proportionen herleiten, die einander äquivalent sind, wobei wir voraussetzen, dass dabei niemals durch null geteilt werden darf.

Dann gilt:

In jeder Proportion darf man
a) die beiden Seiten miteinander,
b) die Innenglieder untereinander,
c) die Außenglieder untereinander, und
d) die Innenglieder gegen die Außenglieder
vertauschen.

Aus der Proportion $a : b = c : d$ folgt also durch Vertauschung der Innenglieder die neue Proportion $a : c = b : d$, durch Vertauschung der Außenglieder $d : b = c : a$ und durch Vertauschung der Innenglieder gegen die Außenglieder folgt $b : a = d : c$.

Da alle diese Proportionen dieselbe Produktgleichung $ad = bc$ haben, sind sie einander gleichwertig.

☞ Dass die beiden Seiten einer Proportion miteinander vertauscht werden dürfen, bedarf keiner weiteren Erläuterung.

Schließlich kann man noch durch die Bildung der Produktgleichung bestätigen, dass mit der Proportion

$$\frac{a}{b} = \frac{c}{d}$$

auch die Proportionen

$$\frac{a+b}{b} = \frac{c+d}{d}, \quad \frac{a-b}{b} = \frac{c-d}{d} \quad \text{und} \quad \frac{a+b}{a-b} = \frac{c+d}{c-d} \tag{3.16}$$

gelten.

Die hier angeführten Formeln heißen die **Gesetze der korrespondierenden**[1] **Addition und Subtraktion**.

[1] correspondance (frz.) Entsprechung

Beispiele:

3.81 Für die gebräuchlichen Papierformate gelten die folgenden Standards[1]:

Klasse	Reihe A	Reihe B	Reihe C	Reihe D
0	841 · 1 189	1 000 · 1 414	917 · 1 297	771 · 1 090
1	594 · 841	707 · 1 000	648 · 917	545 · 771
2	420 · 594	500 · 707	458 · 648	385 · 545
3	297 · 420	353 · 500	324 · 458	272 · 385
4	210 · 297	250 · 353	229 · 324	192 · 272
5	148 · 210	176 · 250	162 · 229	136 · 192
6	105 · 148	125 · 176	114 · 162	96 · 136
7	74 · 105	88 · 125	81 · 114	68 · 96
8	52 · 74	62 · 88	57 · 81	48 · 68

Bei allen diesen Papierformaten gilt für die Breite b und die h das Verhältnis $b : h = 1 : \sqrt{2}$.

Man prüfe das durch Stichproben nach!

3.82 Aus der Produktgleichung $3 \cdot 8 = 4 \cdot 6$ lassen sich u. a. die folgenden Poportionen bilden:

$$3 : 4 = 6 : 8, \quad 3 : 6 = 4 : 8, \quad 8 : 4 = 6 : 3, \quad 8 : 6 = 4 : 3 \quad \ldots$$

3.83 Die Proportion $\frac{2u + 3v}{2u - 3v} = \frac{3m + 4n}{3m - 4n}$ lässt sich mithilfe des Gesetzes der korrespondierenden Addition und Subtraktion wie folgt vereinfachen:

$$\frac{2u + 3v}{2u - 3v} = \frac{3m + 4n}{3m - 4n}$$

$$\frac{(2u + 3v) + (2u - 3v)}{(2u + 3v) - (2u - 3v)} = \frac{(3m + 4n) + (3m - 4n)}{(3m + 4n) - (3m - 4n)}$$

$$\frac{4u}{6v} = \frac{6m}{8n}$$

$$\frac{2u}{3v} = \frac{3m}{4n} \qquad \text{Probe!}$$

✍ A. 3.29 auf Seite 353

3.2.3 Fortlaufende Proportionen

Mehrere gleiche Verhältnisse wie 2 : 3, 4 : 6, 6 : 9, 8 : 12, … lassen sich auch in Form einer **fortlaufenden Proportion** schreiben:

$$2 : 3 = 4 : 6 = 6 : 9 = 8 : 12 \qquad \text{oder} \qquad \frac{2}{3} = \frac{4}{6} = \frac{6}{9} = \frac{8}{12}.$$

Jede fortlaufende Proportion lässt sich in eine Anzahl einfacher Proportionen aufspalten, indem man jeweils zwei Verhältnisse aus der fortlaufenden Proportion herausgreift und

[1] Von diesen Formaten werden für Briefhüllen vornehmlich die Formate der Reihe C und für Briefbögen die der Reihe A verwendet.

diese einander gleichsetzt. So lassen sich aus der obigen fortlaufenden Proportion auch folgende einfache Proportionen bilden:

$$2:3=4:6 \quad 2:3=6:9 \quad 2:3=8:12 \quad 4:6=6:9$$
$$4:6=8:12 \quad 6:9=8:12.$$

Für fortlaufende Proportionen hat sich noch eine andere Schreibweise eingebürgert, und zwar schreibt man die obige fortlaufende Proportion auch in der Form

$$2:4:6:8=3:6:9:12.$$

Dabei werden auf der einen Seite des Gleichheitszeichens die Vorderglieder, auf der anderen Seite die Hinterglieder der Proportionen in der ursprünglichen Reihenfolge niedergeschrieben. Es ist zu beachten, dass diese letzte Form eine auf einer Übereinkunft beruhende vereinfachende Schreibweise der fortlaufenden Proportion ist. Diese Schreibweise bedeutet nicht etwa, 2 durch 4 zu dividieren, den entstehenden Quotienten dann durch 6 usw.

Beispiele:

3.84 Die drei Proportionen $a:b=4:5, b:c=5:6$ und $c:d=6:7$ kann man als fortlaufende Proportion schreiben:

$$a:b:c:d=4:5:6:7.$$

3.85 Aus der fortlaufenden Proportion $x:y:z=3:5:7$ lassen sich auch folgende einfache Proportionen bilden:

$$x:y=3:5 \qquad x:z=3:7 \quad \textit{und} \quad z:x=7:3.$$

3.86 Wenn man die Proportionen $u:v=2:3$, $v:w=5:6$ und $w:x=8:11$ als fortlaufende Proportion schreiben möchte, müssen die einzelnen Proportionen zunächst so „erweitert" werden, dass sie aneinander passen:

$u:v=10:15$		$u:v=40:60$
$v:w=15:18$	$v:w=60:72$	$v:w=60:72$
	$w:x=72:99$	$w:x=72:99$

Lösung: Die fortlaufende Proportion lautet

$$u:v:w:x=40:60:72:99.$$

3.2.4 Direkte Proportionalität

Fährt ein Pkw mit der konstanten Geschwindigkeit von $100\,\text{km/h}$ auf der Autobahn entlang, so besteht zwischen dem zurückgelegten Weg s und der Zeit t ein Zusammenhang, der in der folgenden Tafel zusammengestellt ist.

t in s	1	2	3	4	5	6	7	8
s in m	27,78	55,56	83,33	111,11	138,89	166,67	194,44	222,22

Zusammengehörige Werte von t und s stehen hier immer im gleichen Verhältnis zueinander:

$$27{,}78\text{ m} : 1\text{ s} = 55{,}56\text{ m} : 2\text{ s} = 83{,}33\text{ m} : 3\text{ s} = \ldots$$

Allgemein gilt im vorliegenden Falle

$$s : t = c = 27{,}78\ \frac{\text{m}}{\text{s}}.$$

Man sagt: Bei konstanter Geschwindigkeit ist der zurückgelegte Weg s **direkt proportional** zur Fahrzeit t.

Besteht zwischen zwei Größen ein sachlicher Zusammenhang, so spricht man dann von **direkter Proportionalität**, wenn sich das Verhältnis von jeweils zwei zueinander gehörenden Werten nicht ändert, also **Quotientengleichheit** besteht.

Die direkte Proportionalität zweier Größen wird durch das Zeichen $\sim$ ausgedrückt, was als „proportional" oder „proportional zu" gelesen wird.

Im einführenden Beispiel ist $s \sim t$, da für zwei beliebige zusammengehörige Werte von s und t immer gilt

$$s : t = c \qquad \text{oder} \qquad s = c \cdot t.$$

Der Faktor c heißt **Proportionalitätsfaktor**. Im Beispiel ist der Proportionalitätsfaktor c die Geschwindigkeit $v = 27{,}78\,\text{m} \cdot \text{s}^{-1}$.

Mit $s = c \cdot t$ gilt für zwei zusammengehörige Wertepaare $(s_1;\ t_1)$ und $(s_2\ ;\ t_2)$ auch $s_1 = c \cdot t_1$ und $s_2 = c \cdot t_2$, woraus durch Division der beiden Gleichungen

$$s_1 : s_2 = t_1 : t_2$$

folgt.

Die direkte Proportionalität der beiden Größen s und t lässt sich demnach auch in dieser Form ausdrücken. Das einfachste Kennzeichen der direkten Proportionalität ist, dass sich die eine Größe in dem gleichen Maße verdoppelt, verdreifacht, ..., wie man die andere Größe verdoppelt, verdreifacht, ...

Beispiel:

3.87 a) Der Bruttoarbeitslohn L ist direkt proportional der Anzahl n der geleisteten Arbeitsstunden. Der Proportionalitätsfaktor c ist dabei der Stundenlohn in €/h:

$$L = c \cdot n$$

b) Die Ausdehnung einer Feder Δs ist der Belastungszunahme ΔF direkt proportional:

$$\Delta s = c \cdot \Delta F \quad \text{HOOKE'sches Gesetz}$$

Anmerkung: Der Proportionalitätsfaktor c ist hierbei in gewissen Grenzen vom Material und von den Abmessungen der Feder abhängig.

c) Die Saatgutmenge M_S ist direkt proportional der Größe A des zu bestellenden Feldes:

$$M_\text{S} = c \cdot A$$

Der Proportionalitätsfaktor c ist abhängig von der pro Flächeneinheit benötigten Saatgutmenge.

d) Die Masse m eines homogenen Körpers ist direkt proportional zu seinem Volumen:

$$m = \varrho \cdot V$$

Dabei ist der Proportionalitätsfaktor ϱ die Dichte des Materials, aus dem der Körper besteht.

3.2.5 Indirekte Proportionalität

In der folgenden Tabelle sind die Zeiten t in Sekunden zusammengestellt, die man benötigt, um eine Strecke $s = 100\,\text{m}$ bei bestimmten Geschwindigkeiten zu durchfahren.

v in km/h	10	20	30	40	50	60	70	80	90	100	110	120
t in s	36,0	18,0	12,0	9,0	7,2	6,0	5,1	4,5	4,0	3,6	3,3	3,0

Da hier die t-Werte mit wachsender Geschwindigkeit v immer kleiner werden, liegt *keine* direkte Proportionalität vor.

Dagegen ist das Produkt $v \cdot t$ aus allen zusammengehörenden Werten konstant:

$$10\,\frac{\text{km}}{\text{h}} \cdot 36{,}0\,\text{s} = 20\,\frac{\text{km}}{\text{h}} \cdot 18{,}0\,\text{s} = 30\,\frac{\text{km}}{\text{h}} \cdot 12{,}0\,\text{s} = 40\,\frac{\text{km}}{\text{h}} \cdot 9{,}0\,\text{s} = \ldots$$

Im vorliegenden Beispiel gilt ganz allgemein

$$v \cdot t = c.$$

Man sagt: Die Fahrzeit t für eine bestimmte Strecke s ist **umgekehrt proportional** zur Geschwindigkeit v und schreibt dafür

$$t \sim \frac{1}{v}.$$

Hängen zwei Größen so zusammen, dass das Produkt zueinander gehörender Werte stets gleich ist, also **Produktgleichheit** besteht, so spricht man von **indirekter** oder **umgekehrter Proportionalität**, oder auch von Antiproportionalität[1].

Sind also $(t_1; v_1)$ und $(t_2; v_2)$ zueinander gehörende Wertepaare der obigen Bewegung, so muss gelten:

$$v_1 \cdot t_1 = c \qquad \text{und auch} \qquad v_2 \cdot t_2 = c,$$

was sich leicht nachprüfen lässt. Daraus entsteht durch Gleichsetzen

$$v_1 \cdot t_1 = v_2 \cdot t_2.$$

Demnach lässt sich die umgekehrte Proportionalität im obigen Beispiel auch wie folgt schreiben:

$$v_1 : v_2 = t_2 : t_1.$$

☞ Das einfachste Kennzeichen der umgekehrten Proportionalität ist, dass sich die eine Größe verdoppelt, verdreifacht, …, wenn man von der anderen Größe die Hälfte, ein Drittel, … nimmt.

Beispiel:

3.88 a) Die Zeit T, die für die Fertigstellung einer bestimmten Arbeit benötigt wird, ist innerhalb bestimmter Grenzen umgekehrt proportional der Anzahl n der daran beteiligten Arbeitskräfte:

$$T \sim \frac{1}{n} \qquad \text{oder} \qquad T \cdot n = \text{const.}$$

Warum wird hier die Einschränkung „innerhalb bestimmter Grenzen" gemacht?

[1] anti (griech.) gegen; hier: *nicht* proportional

b) Bei konstanter Spannung U ist die Stromstärke I nach dem OHM'schen Gesetz

$$I \cdot R = U = \text{const.} \qquad \text{oder} \qquad I \sim \frac{1}{R}$$

umgekehrt proportional zum Widerstand R.

c) Bei konstanter Temperatur ist das Volumen V eines eingeschlossenen Gases umgekehrt proportional zu dem herrschenden Druck p:

$$V \cdot p = \text{const.} \qquad \text{oder} \qquad V \sim \frac{1}{p}$$

3.2.6 Proportionen als Gleichungen

Sind drei Glieder einer Proportion bekannt, so kann man die Proportion als *Gleichung für das fehlende vierte Glied* auffassen. Dabei darf die Unbekannte natürlich auch an mehreren Stellen der Gleichung auftreten.

Beispiel:

3.89 a) Bestimme x aus der Proportion $3 : x = 5 : 8$.

Produktgleichung aufstellen:

$$5x = 24$$
$$x = 4{,}8 \qquad \text{Probe!}$$

b) Bestimme u aus der Proportion $(u + 5) : u = 3 : 2$.

Lösung: Auch hier würde der Weg über die Produktgleichung zum Ziel führen. Eleganter ist jedoch die Anwendung des Gesetzes der korrespondierenden Addition und Subtraktion:

$$\frac{u+5}{u} = \frac{3}{2}$$
$$\frac{u+5-u}{u} = \frac{3-2}{2}$$
$$\frac{5}{u} = \frac{1}{2}$$
$$u = 10 \qquad \text{Probe!}$$

Proportionen, bei denen die Innenglieder gleich sind, heißen *stetige Proportionen*. Das gemeinsame Innenglied dieser Proportion wird *mittlere Proportionale* genannt.

Beispiel:

3.90 Wie lautet die mittlere Proportionale m der beiden Zahlen a und b?

Lösung: Die mittlere Proportionale m ist definiert durch die Proportion

$$a : m = m : b, \qquad \text{aus der}$$
$$m^2 = ab \qquad \text{bzw.}$$
$$|m| = \sqrt{ab}$$
$$m = -\sqrt{ab} \vee m = +\sqrt{ab}$$

folgt.

Für die mittlere Proportionale zu 75 und 3 gibt es somit zwei Möglichkeiten (-15 oder $+15$): $75 : 15 = 15 : 3$ bzw. $75 : (-15) = (-15) : 3$

Die mittlere Proportionale zweier Zahlen a und b wird auch *geometrisches Mittel* dieser beiden Zahlen genannt.

Die Feststellung, dass zwischen verschiedenen Größen einer Aufgabe direkte oder umgekehrte Proportionalität besteht, kann die Lösung dieser Aufgabe wesentlich erleichtern.

Beispiele:

3.91 Welche Masse hat 1 km eines Drahtes von 120 mm² Querschnitt, wenn 300 m eines Drahtes aus dem gleichen Material, jedoch mit 50 mm² Querschnitt, die Masse 30,2 kg haben?

Vorüberlegung: Da der Draht, dessen Masse gesucht ist, ungefähr die dreifache Länge und den doppelten Querschnitt des Vergleichsdrahtes hat, muss etwa die sechsfache Masse herauskommen, also rund 200 kg.

Lösung: 300 m Draht von 50 mm² Querschnitt haben 30,2 kg Masse.

Wegen der direkten Proportionalität zwischen Länge und Masse bei gleichbleibendem Querschnitt muss 1 m Draht von 50 mm² Querschnitt die Masse $\frac{30{,}2}{300}$ kg besitzen.

Für einen 1 m langen Draht von 1 mm² Querschnitt ergibt sich daraus eine Masse von $\frac{30{,}2}{300 \cdot 50}$ kg.

1 m Draht von 120 mm² Querschnitt muss dann die Masse $\frac{30{,}2 \cdot 120}{300 \cdot 50}$ kg haben.

Ergebnis: 1 km Draht von 120 mm² Querschnitt hat demzufolge die Masse

$$m = \frac{30{,}2\,\text{kg} \cdot 120\,\text{mm}^2 \cdot 1\,000\,\text{m}}{300\,\text{m} \cdot 50\,\text{mm}^2} = 241{,}6\,\text{kg}.$$

Bei einiger Übung lässt sich der Lösungsansatz für derartige Aufgaben sofort in der endgültigen Form

$$m = \frac{30{,}2\,\text{kg} \cdot 120\,\text{mm}^2 \cdot 1\,000\,\text{m}}{300\,\text{m} \cdot 50\,\text{mm}^2}$$

niederschreiben.

Die erforderliche Zahlenrechnung mit dem Taschenrechner dürfte dann keinerlei Schwierigkeiten mehr bereiten.

3.92 Ein Riementrieb hat zwei Riemenscheiben mit den Durchmessern d_1 und d_2, von denen die eine Scheibe die Umdrehungszahl n_1 besitzt. Wie groß ist die Umdrehungszahl n_2 der zweiten Scheibe?

Welche Beziehung besteht zwischen den Umdrehungszahlen und den Durchmessern der Scheiben?

Zahlenbeispiel: $d_1 = 120\,\text{cm}$, $d_2 = 50\,\text{cm}$, $n_1 = 150\,\text{min}^{-1}$

Lösung: Der Umfang des ersten Rades ist $u_1 = \pi \cdot d_1$. Da dieses Rad die Umdrehungszahl n_1 besitzt, ist seine Umfangsgeschwindigkeit

$$v_1 = \pi \cdot d_1 \cdot n_1.$$

Entsprechend erhält man für die Umfangsgeschwindigkeit des zweiten Rades

$$v_2 = \pi \cdot d_2 \cdot n_2.$$

Da beide Riemenscheiben durch den Treibriemen miteinander verbunden sind, müssen die beiden Umfangsgeschwindigkeiten gleich sein:

$$v_1 = v_2$$
$$\pi \cdot d_1 \cdot n_1 = \pi \cdot d_2 \cdot n_2$$

Dieses Ergebnis lässt sich auch in Form einer Proportion schreiben:

$$n_1 : n_2 = d_2 : d_1,$$

also sind *die Umdrehungszahlen umgekehrt proportional zu den Durchmessern der beiden Riemenscheiben.*

Aus dieser Proportion lässt sich die noch unbekannte Umdrehungszahl der zweiten Scheibe ermitteln:

$$n_2 = \frac{d_1}{d_2} \cdot n_1.$$

Mit den gegebenen Werten ergibt sich die Umdrehungszahl

$$n_2 = \frac{120\,\text{cm}}{50\,\text{cm}} \cdot 150\,\text{min}^{-1} = 360\,\text{min}^{-1}.$$

3.93 Bei einem Zahnradgetriebe greifen zwei Räder mit den Radien r_1 und r_2 ineinander, von denen das erste z_1, das zweite z_2 Zähne hat. Welche Beziehung lässt sich zwischen den vier Größen r_1, r_2, z_1 und z_2 aufstellen?

Lösung: Die Umfänge der beiden Zahnräder sind

$$u_1 = 2\pi r_1 \qquad \text{und} \qquad u_2 = 2\pi r_2.$$

Teilt man jeden Umfang durch die zugehörige Zähnezahl, so erhält man die sogenannte *Teilkreisteilungen* t_1 und t_2 der beiden Zahnräder:

$$t_1 = \frac{2\pi r_1}{z_1} \qquad \text{und} \qquad t_2 = \frac{2\pi r_2}{z_2}.$$

Bei ineinander greifenden Zahnrädern müssen die Teilungen gleich sein, so dass gilt

$$\frac{2\pi r_1}{z_1} = \frac{2\pi r_2}{z_2},$$

woraus

$$r_1 : r_2 = z_1 : z_2$$

folgt: *Bei ineinander greifenden Zahnrädern sind die Zähnezahlen direkt proportional zu den Radien.*

Ähnlich wie im Beispiel 3.92 lässt sich nachweisen, dass zwischen den Radien – damit auch zwischen den Zähnezahlen – und den Drehzahlen umgekehrte Proportionalität herrscht:

$$r_1 : r_2 = n_2 : n_1 \qquad \text{und} \qquad z_1 : z_2 = n_2 : n_1.$$

Aufgaben:

3.2 Proportionen

(Lösungen ab Seite 884)

3.24 Gib die Verhältnisse in kleinsten ganzen Zahlen an:

a) 54 : 81   b) 57 : 38   c) 1 196 L : 299 L   d) 3,36 m : 1,4 m

e) 10 min 38 s : 11 min 7 s   f) $\frac{2}{3} : \frac{4}{5}$ g) $8\frac{1}{4} : 5\frac{1}{2}$

h) $4{,}13\,\text{m}\,\text{s}^{-1} : 4{,}72\,\text{m}\,\text{s}^{-1}$ i) 3,87 hl : 473 L   k) 2,64 kg : 2 970 g

3.25 Bilde aus jeder Gleichung 8 verschiedene Proportionen:

a) $2 \cdot 9 = 6 \cdot 3$ b) $3 \cdot 81 = 9 \cdot 27$ c) $3a = 5b$

d) $0{,}3x = 0{,}7y$ e) $12m \cdot 7n = 21m \cdot 4n$ f) $ab = xy$

g) $v_1\sqrt{h_2} = v_2\sqrt{h_1}$ h) $(a+b) \cdot (a-b) = a^2 - b^2$ i) $I_1R_1 = I_2R_2$

k) $s_1{t_2}^2 = s_2{t_1}^2$

3.26 Vereinfache die Proportionen durch Kürzen:

a) $v_1 : v_2 = 32 : 48$ b) $l_1 : l_2 = 2{,}66\,\text{km} : 1520\,\text{m}$

c) $i_1 : i_2 = 102\,\text{mA} : 0{,}255\,\text{A}$ d) $r_1 : r_2 = 3806\,\text{mm} : 311{,}4\,\text{cm}$

e) $n_1 : n_2 = 693 : 847$ f) $t_1 : t_2 = 22{,}2\,\text{s} : 59{,}2\,\text{s}$

g) $R_1 : R_2 = 0{,}4\,\text{M}\Omega : 76\,\text{k}\Omega$ h) $A_1 : A_2 = 4032\,\text{ha} : 52{,}92\,\text{km}^2$

i) $m_1 : m_2 = 4{,}41\,\text{dt} : 63\,\text{kg}$ k) $U_1 : U_1 = 220\,\text{V} : 220\,\text{kV}$

3.27 Sind die Proportionen richtig?

a) $8 : 15 = 48 : 90$ b) $23 : 16 = 254 : 176$

c) $33{,}8 : 11{,}7 = 5{,}2 : 1{,}8$ d) $\frac{4}{7} : \frac{3}{8} = 32 : 21$

e) $15{,}8 : 4{,}9 = 0{,}79 : 0{,}24$ f) $555{,}6 : 231{,}5 = 93{,}73 : 36{,}05$

g) $\frac{208}{7} : 32 = 34 : \frac{221}{7}$ h) $\frac{25}{3} : 5 = 5 : 3$

i) $657{,}4 : 207{,}6 = 12{,}291 : 4{,}338$ k) $\frac{88}{7} : 8 = 8 : \frac{56}{11}$

3.28 Ermittle x in den Proportionen:

a) $9 : 8 = 27 : x$ b) $36 : 5x = 9 : 35$

c) $0{,}8x : 4{,}9 = 7{,}2 : 3{,}5$ d) $92{,}4 : 13{,}2 = 0{,}75x : 4{,}5$

e) $\frac{5a^2b^2}{2c^2d^2} : \frac{10ab}{c} = \frac{4a}{7cd} : \frac{x}{14}$ f) $\frac{3}{4}a^2 : x = \frac{5b}{6a} : \frac{2b^2}{3}$

g) $\frac{12u^2}{7vw} : \frac{9uw}{14v^3} = \frac{2v}{3u^3w^2} : \frac{x}{u^2}$ h) $\frac{27m^2}{10n^2} : \frac{3x}{m} = \frac{18m^4}{5n^4} : \frac{2m^2}{n}$

i) $12{,}25 : x = x : 4$ k) $\frac{2{,}5a^2}{3b} : x = x : \frac{5b^5}{6a^4}$

3.29 Ermittle x durch korrespondierende Addition und Subtraktion:

a) $24 : x = 17 : (x-5)$ b) $(15+x) : 8 = x : 5$

c) $(x-27) : 2 = x : 5$ d) $(13+x) : (13-x) = 5 : 3$

e) $(24-x) : 48 = x : 24$ f) $12 : x = 18 : (x+4)$

g) $(15+x) : (15-x) = 3 : 2$ h) $(26-x) : 5 = (26+x) : 8$

i) $(3x+4) : (3x-4) = 2 : 1$ k) $(2x-7) : 13 = (2x+7) : 26$

3.3 Prozentrechnung

3.3.1 Grundbegriffe

Zum besseren Vergleich verschiedener Anteile normiert man die Grundgesamtheit auf 100, so dass alle Anteile jeweils als Teile von Hundert betrachtet werden. Anteile von Hundert bezeichnet man als **Prozent**[1)].

Ein Prozent (1 %) einer Größe G ist der hundertste Teil von G.
p Prozent (p %) einer Größe G sind p Hundertstel von G.

Beispiel:

3.94

a) $0{,}45 = \frac{45}{100} = 45\,\%$ b) $0{,}8 = \frac{80}{100} = 80\,\%$

c) $0{,}071 = \frac{7{,}1}{100} = 7{,}1\,\%$ d) $0{,}0032 = \frac{0{,}32}{100} = 0{,}32\,\%$

e) $94\,\% = \frac{94}{100} = 0{,}94$ f) $7{,}4\,\% = \frac{7{,}4}{100} = 0{,}074$

g) $0{,}095\,\% = \frac{0{,}095}{100} = 0{,}00095$ h) $162{,}5\,\% = \frac{162{,}5}{100} = 1{,}625$

✍ A. 3.30 auf Seite 367

Die Größe G wird dabei als **Grundwert** bezeichnet, ihm werden 100 Anteile von Hundert, d. h., 100 %, zugeordnet. Der **Prozentwert** P ist ein Teil des Grundwertes. Der **Prozentsatz** p gibt an, wie viel Hundertstel des Grundwertes dem Prozentwert entsprechen.

Beispiel:

3.95 Berechne den Anteil 17 % von 34 €.

Es gilt: $17\,\% = 17$ Prozent $= 17$ von Hundert $= 17$ Hundertstel $= \frac{17}{100} = 0{,}17$

$$17\,\% \quad \text{von} \quad 34\,€$$

$$\frac{17}{100} \cdot 34\,€ = 5{,}78\,€$$

$$0{,}17 \cdot 34\,€ = 5{,}78\,€$$

Der Bezug erfolgt hier auf den **Grundwert** $\boldsymbol{G} = 34$ €. Der **Prozentsatz** $\boldsymbol{p}$ beträgt $p\,\% = 17\,\%$ und der Wert des berechneten Anteils wird durch den **Prozentwert** $\boldsymbol{P} = 5{,}78$ € angegeben.

Aus der Definition des Prozentsatzes folgt die für die gesamte Prozentrechnung grundlegende Proportion:

$$\boxed{P : G = p : 100} \quad \text{oder} \quad \boxed{\frac{P}{G} = \frac{p}{100}} \tag{3.17}$$

Mit dieser Proportion lassen sich alle Prozentrechnungsaufgaben lösen. Gleichzeitig erkennen wir:

[1)] pro centum (lat.) je Hundert, d. h., Hundertstel

■ Die Prozentrechnung ist ein Spezialfall der Bruchrechnung mit dem Nenner 100.

3.3.2 Berechnung des Prozentsatzes

Der Prozentsatz p lässt sich berechnen, wenn man sowohl den Grundwert G als auch den Prozentwert P kennt.

Die obige Proportion braucht dann nur nach dem Prozentsatz p aufgelöst zu werden:

$$\frac{P}{G} = \frac{p}{100} \Rightarrow p = \frac{P}{G} \cdot 100$$

Beispiele:

3.96 Wie viel Prozent von 1 250 sind 148?

Überschlag mit gerundeten Werten:

$150 : 1\,200 = 1 : 8 \approx 0{,}125;$ also muss $p \approx 12{,}5$ sein.

Genauer Wert von p:

$$p = \frac{P}{G} \cdot 100$$

$$p = \frac{148}{1\,250} \cdot 100 = 11{,}84$$

Ergebnis: 148 sind demnach 11,84 % von 1 250.

3.97 Während von 1 200 Werkstücken, die der Arbeiter A anfertigte, 36 als Ausschuss gewertet wurden, galten von den 1 400 Werkstücken, die der Arbeiter B anfertigte, 49 als Ausschuss. Welcher der beiden Arbeiter hat die bessere Leistung erzielt?

Lösung: Um die beiden Leistungen miteinander vergleichen zu können, kann man berechnen, wie viel Prozent Ausschuss jeder der beiden Arbeiter fabriziert hat:

$$p_A : 100 = 36 : 1\,200 \qquad p_B : 100 = 49 : 1\,400$$

$$p_A = \frac{36}{1\,200} \cdot 100 = 3 \qquad p_B = \frac{49}{1\,400} \cdot 100 = 3{,}5$$

Die Leistung des Arbeiters A ist die bessere, denn bei ihm beträgt der Ausschuss nur 3 %, während B immerhin 3,5 % Ausschuss fabriziert.

✍ A. 3.31–3.34 auf Seite 367

3.3.3 Berechnung des Prozentwertes

Für die Berechnung von Prozentsätzen, Grund- oder Prozentwerten wird empfohlen, immer wieder auf die grundlegende Proportion der Prozentrechnung zurückzugreifen und sie nach der gesuchten Größe aufzulösen:

$$\frac{P}{G} = \frac{p}{100} \Rightarrow P = \frac{p}{100} \cdot G$$

Beispiele:

3.98 Wie viel sind 4 % von 7 248 €?

Lösung:

$$P : 7\,248\ € = 4 : 100$$

$$P = \frac{p}{100} \cdot G = \frac{4}{100} \cdot 7\,248\ € = 289{,}92\ €$$

Ergebnis: 4 % von 7 248 € sind demnach 289,92 €.

3.99 Rohbaumwolle wird in Ballen zu je 180 kg geliefert.

Wie viel kg Garn kann man aus einem solchen Ballen produzieren, wenn mit 6 % Abfall gerechnet werden muss?

Lösung: Mit 6 % Abfall verbleiben für das Garn nur noch 94 % von den 180 kg des Ballens.

$$P : 180\,\text{kg} = 94 : 100$$

$$P = \frac{p}{100} \cdot G = \frac{94}{100} \cdot 180\,\text{kg} = 169{,}2\,\text{kg}$$

Ergebnis: Aus dem Ballen können 169,2 kg Garn gesponnen werden.

3.100 Bei einer statistischen Erhebung wird festgestellt, dass 7 % der 1 870 Befragten ein bestimmtes Krankheitsmerkmal aufweisen. Wie viele Merkmalsträger befinden sich in dieser Gruppe?

Lösung: Mit $p\ \% = 7\ \%$ und $G = 1\,870$ errechnen sich $P = \frac{7}{100} \cdot 1\,870 = 130{,}9$ erkrankte Personen.

Da Bruchteile von Personen nicht möglich sind, muss die Angabe des Anteils $p\ \% = 7\ \%$ durch Runden aus den Befragungswerten hervorgegangen sein. Dadurch kann sich der wirkliche Anteil im Bereich von $6{,}5\ \% < p\ \% < 7{,}5\ \%$ bewegen, was einer möglichen Personenzahl von $122 < P < 140$ entspricht.

Die folgenden Prozentsätze und Anteile vom Grundwert G sollte man sich gut merken, da sie in der Praxis sehr oft vorkommen:

$100\ \% = \frac{100}{100} = 1 = \frac{1}{1} \mathrel{\widehat{=}}$ Grundwert G	$20\ \% = \frac{20}{100} = 0{,}2 = \frac{1}{5} \mathrel{\widehat{=}}$ Fünftel von G
$50\ \% = \frac{50}{100} = 0{,}5 = \frac{1}{2} \mathrel{\widehat{=}}$ Hälfte von G	$12{,}5\ \% = \frac{12{,}5}{100} = 0{,}125 = \frac{1}{8} \mathrel{\widehat{=}}$ Achtel von G
$33{,}\overline{3}\ \% = \frac{33{,}\overline{3}}{100} = 0{,}\overline{3} = \frac{1}{3} \mathrel{\widehat{=}}$ Drittel von G	$10\ \% = \frac{10}{100} = 0{,}1 = \frac{1}{10} \mathrel{\widehat{=}}$ Zehntel von G
$25\ \% = \frac{25}{100} = 0{,}25 = \frac{1}{4} \mathrel{\widehat{=}}$ Viertel von G	$5\ \% = \frac{5}{100} = 0{,}05 = \frac{1}{20} \mathrel{\widehat{=}}$ Zwanzigstel von G

✍ A. 3.35–3.37 auf Seite 368

3.3.4 Berechnung des Grundwertes

Auch den Grundwert G erhält man durch einfaches Umstellen der Proportion:

$$\frac{P}{G} = \frac{p}{100} \Rightarrow G = P \div \frac{p}{100}$$

Beispiel:

3.101 An einem zentralen Wettbewerb nahmen 20 550 Auszubildende eines Berufszweiges teil. Das sind 31 % aller Azubis dieses Zweiges.

Wie groß war die Anzahl aller in Betracht kommenden Auszubildenden?

Überschlagsrechnung mit gerundeten Werten:

31 % entspricht nicht ganz einem Drittel der Gesamtmenge; also mussten etwa 60 000 junge Leute in dem Berufszweig ausgebildet worden sein.

Rechnung:

$$20\,550 : G = 31 : 100$$

$$G = P \div \frac{p}{100} = 20\,550 \div \frac{31}{100} \approx 66\,290$$

Die Anzahl der Azubis betrug demnach rund 66 300.

3.3.5 Verminderter oder vermehrter Grundwert

Oftmals wird der Grundwert durch einen Abschlag verringert

	Grundwert	G	100 %
−	Prozentwert	P	p %
=	verminderter Grundwert	$G - P$	$(100 - p)$ % von G

oder durch einen Aufschlag erhöht

	Grundwert	G	100 %
+	Prozentwert	P	p %
=	erhöhter Grundwert	$G + P$	$(100 + p)$ % von G

Beispiele:

3.102 Die Verpackung einer Warensendung wird mit 12 % der Bruttomasse veranschlagt. Wie groß ist die Bruttomasse, wenn die Nettomasse 66 kg beträgt?

Lösung: Da von der Gesamtmasse 12 % für die Verpackung abgehen, verbleiben für die Nettomasse noch 88 % des Grundwertes.

	Massen	Prozente
Netto[1]	66 kg	88 %
+ Zuschlag	? kg	12 %
= Brutto[2]	? kg	100 %

$$66\,\text{kg} : G = 88 : 100$$

$$G = P \div \frac{p}{100} = 66\,\text{kg} \div \frac{88}{100} = 75\,\text{kg}$$

Die Bruttomasse beträgt demnach 75 kg, die Verpackung wiegt 9 kg.

3.103 In einem Industriebetrieb sollen innerhalb eines Jahres 108 000 Stück eines Produktes hergestellt werden. Das bedeutet die Steigerung um 181 % der Jahresproduktion des Vorjahres.

[1] netto (ital.) fein, rein. Reinbetrag, z. B. „ohne Verpackung“ oder „nach Abzug der Kosten“.

[2] brutto (ital.) roh. Gesamtbetrag, z. B. „mit Verpackung“ oder „ohne Abzug der Kosten“.

Wie viel Stück wurden im Vorjahr produziert?

Lösung: Da es sich um eine Erhöhung der Produktion um 181 % handelt, entspricht die mit 108 000 angegebene Stückzahl 281 % der Jahresproduktion des Vorjahres, das ist rund das Dreifache. Demnach müssen im Vorjahre etwa 35 000 Stück hergestellt worden sein.

Rechnung:

$$108\,000 : G = 281 : 100$$

$$G = P \div \frac{p}{100} = 108\,000 \div \frac{281}{100} \approx 38\,434$$

Ergebnis: Im Vorjahr wurden rund 38 400 Stück produziert.

In der Prozentrechnung ist es besonders wichtig, dass man sich immer Klarheit über den Grundwert als Bezugspunkt verschafft!

Dieser Merksatz wird in den folgenden Beispielen erläutert.

Beispiele:

3.104 Ein Händler verkauft eine Kommode für 315 €. Steigende Kosten zwingen ihn, die Preise aller Artikel um 10 % anzuheben. Da in den nächsten Wochen die Nachfrage für die Kommode aber rapide zurückgeht, senkt er den Preis wieder um 10 %. Wie teuer ist nun die Kommode?

Spontan könnte man antworten: „Es gilt wieder der ursprüngliche Preis.“

Rechnet man die einzelnen Fälle aber schrittweise durch, so erkennt man, dass hier verschiedene Grundwerte betrachtet werden:

Am Anfang benutzen wir den Preis von 315 € als Grundwert (≙ 100 %). Dann aber beziehen wir unsere Berechnungen auf den erhöhten Preis und setzen diesen mit 100 % an. Zur besseren Übersicht notieren wir alles in einer Tabelle:

	Euro	Prozente	
Preis_1	315,00 €	100 %	
+ Erhöhung	31,50 €	10 %	
= Preis_2	346,50 €	110 %	100 %
− Senkung	34,65 €		10 %
= Preis_3	311,85 €		90 %

Die Kommode kostet jetzt 311,85 €.

Notiert man die Erhöhung um p_1 % und die anschließende Senkung um p_2 % in einem Schritt, so bekommt man den aktuellen Preis mit

$$\text{Preis}_3 = \text{Preis}_1 \cdot \underbrace{\left(1 + \frac{p_1}{100}\right)}_{\text{Erhöhung}} \cdot \underbrace{\left(1 - \frac{p_2}{100}\right)}_{\text{Senkung}}$$

Benutzt man bei der Erhöhung und der Senkung den gleichen Prozentsatz $p_1 = p_2 = p$, so vereinfacht sich der aktuellen Preis durch das dritte Binom zu

$$\text{Preis}_3 = \text{Preis}_1 \cdot \left(1 + \frac{p_1}{100}\right) \cdot \left(1 - \frac{p_2}{100}\right) = \text{Preis}_1 \cdot \left(1 - \frac{p^2}{10\,000}\right)$$

Für $p = 10$ % erkennen wir, dass die beiden Änderungen den Preis auf 99 % seines ursprünglichen Wertes gesenkt haben.

3.105 **Mehrwertsteuer**

Um seinen ungeheuren Finanzbedarf besser decken zu können, erhebt der Staat seit 1968 auf den Umsatz, der durch den Verkauf von Produkten oder durch bestimmte Dienstleistungen erzielt wird, eine zusätzliche Steuer, die Umsatzsteuer, umgangssprachlich auch Mehrwertsteuer (MwSt) genannt. Der allgemeine Steuersatz betrug 16 % bis Ende 2006 und wurde dann durch die große Koalition von CDU, CSU und SPD auf 19 % angehoben.

Im damaligen Wahlkampf wollte die SPD den Mehrwertsteuersatz gar nicht erhöhen, die CDU dagegen um zwei Prozentpunkte. Dass man sich dann später in der Koalitionsregierung auf einen „Mittelwert“ von drei Prozentpunkten geeinigt hat, ist Politik und kann mathematisch nicht nachvollzogen werden.

a) Um wie viel Prozent ist der Mehrwertsteuersatz 2007 gestiegen?

Viele Leute beantworten diese Frage spontan mit der Überlegung:

$19\,\% - 16\,\% = 3\,\%$ – Dies ist aber leider falsch!

Der Mehrwertsteuersatz betrug vorher 16 *Prozentpunkte* und wurde um 3 *Punkte* auf 19 *Prozentpunkte* angehoben. Die Anhebung um 3 *Punkte* bedeutet eine Erhöhung um 3 von 16, also um $3/16$. Drückt man dies prozentual aus, so erhält man

$$\frac{3}{16} \cdot 100 = 18{,}75\,\%$$

Der Mehrwertsteuersatz wurde um 18,75 % angehoben. Dies war die höchste Anhebung seit Einführung der Umsatzsteuer.

b) Was kostet ein Produkt nach der Steuererhöhung, wenn es vorher 100 Euro gekostet hat und der Handel die Steuererhöhung nicht für zusätzliche versteckte Preiserhöhungen nutzt?

Der Verkaufspreis von 100 Euro setzt sich so zusammen:

	Euro	Prozente
Nettopreis	?	100 %
+ MwSt	?	16 %
= Bruttopreis	100	116 %

Berechnet man die fehlenden Werte, so erhält man:

	Euro	Prozente
Nettopreis	86,21	100 %
+ MwSt	13,79	16 %
= Bruttopreis	100,00	116 %

Der Nettopreis des Produktes ist 86,21 €. Erfolgen neben der Steuererhöhung keine weiteren Preisaufschläge, so bleibt dieser Betrag konstant und bildet auch den Grundwert für den neuen Verkaufspreis:

Der Nettopreis bleibt gleich:

	Euro	Prozente
Nettopreis	86,21	100 %
+ MwSt	?	19 %
= Bruttopreis	?	119 %

Der neue Bruttopreis ist dann:

	Euro	Prozente
Nettopreis	86,21	100 %
+ MwSt	16,38	19 %
= Bruttopreis	102,59	119 %

Der Artikel kostet nach der Steuer-Erhöhung 102,59 €. Der Betrag für die MwSt ist wegen der Rundungsdifferenzen um 18,78 % gestiegen. Rechnet man dies für einen der Lieblingspreise des Einzelhandels, für 1,99 € nach, so sieht man, dass die Erhöhung real auf über 20 % anwachsen kann!

c) Um wie viel Prozent sind die Verkaufspreise durch die Erhöhung der Umsatzsteuer gestiegen?

Aus den Preisänderungen im Beispiel (b) kann man die Antwort zwar schon ablesen, wir wollen die Rechnung aus (b) aber verallgemeinern und setzen den Verkaufspreis vor der Erhöhung mit x € an. Der neue Verkaufspreis beträgt dann

$$\frac{x}{1{,}16} \cdot 1{,}19 = \frac{119}{116}\,x \approx 1{,}026\,x$$

Durch die Anhebung des MwSt-Satzes haben sich alle Verkaufspreise um 2,6 % erhöht!

d) Betrachten wir ein Produkt, dessen Verkaufspreis bei einem Mehrwertsteuersatz von 19 % mit 145,80 € ausgewiesen ist. Welchen prozentualen Anteil des Preises nimmt die MwSt ein?

Wer spontan mit 19 % antwortet, sollte noch einmal darüber nachdenken, auf welchen *Grundwert* sich seine Antwort bezieht. Die 19 % müssen auf den Nettopreis als Grundwert bezogen werden und nicht auf den Bruttopreis! Berechnen wir deshalb mit unserem bewährtem Tabellenschema erst einmal den fehlenden Nettopreis und den Betrag für die MwSt:

	Euro	Prozente
Nettopreis	122,52	100 %
+ MwSt	23,28	19 %
= Bruttopreis	145,80	119 %

Grundwert (= Bruttopreis): $G = 145{,}80$ €

Prozentwert (= MwSt): $P = 23{,}28$ €

Prozentsatz: $p = \frac{P}{G} \cdot 100 = \frac{23{,}28}{145{,}80} \cdot 100 \approx 15{,}97$

Der MwSt-Anteil am Verkaufspreis beträgt 15,97 %.

Die Prozent-Taste [%] ist auf fast allen Taschenrechnern vorhanden. Dahinter verbirgt sich der Faktor „ein Hunderstel“. Leider ist die weitere Funktion der Taste aber nicht einheitlich geregelt – selbst Modelle des gleichen Herstellers liefern unterschiedliche Ergebnisse! Es ist deshalb anzuraten, *grundsätzlich bei der Prozentrechnung den Weg über die Bruchrechnung zu wählen.* Praktischerweise wird man auf Dauer dazu übergehen, Dezimalbrüche bei einfachen Prozentzahlen zu benutzen:

$$p\,\%: \qquad 4{,}8\,\% = \frac{4{,}8}{100} = 0{,}048 \qquad 31\,\% = \frac{31}{100} = 0{,}31$$

Gesucht	**Aufgabe**	**Eingabe**	**Ausgabe**
P	3 % von 17 = ?	3 [a b/c] 100 [×] 17 [=]	0,51
	oder	0,03 [×] 17 [=]	0,51
p %	12 von 300 = ?	12 [a b/c] 300 [×] 100 [=]	4
G	$93 \mathrel{\widehat{=}} 24\ \% \Rightarrow G = ?$	93 [÷] 24 [a b/c] 100 [=]	387,5
	oder	93 [÷] 0,24 [=]	387,5
	aber nicht!	93 [÷] 24 [÷] 100 [=]	0,038 75

Im letzten Fall müsste der Quotient (24 ÷ 100) in eine Klammer geschrieben werden.

In *Excel* kann die Darstellung von Zahlen verändert werden, ohne dass der Wert der Zahl sich dabei ändert:

Zahl	**Anzeige**
0,05	5 %
3,8	380 %
120	12 000 %

Dazu geht man wie folgt vor:

- Zellen markieren, deren Ausgabe formatiert werden soll.
- Im Menü „Format / Zellen" anklicken und Registerkarte „Zahlen" auswählen.
- In der Liste „Kategorie" den Eintrag „Prozent" auswählen.

Für die eigentliche Berechnung empfiehlt sich aber, analog zu den Erklärungen beim Taschenrechner, immer der Weg über die Bruchrechnung. Dafür bietet eine Tabellenkalkulation aber optimale Möglichkeiten der Darstellung. Als Beispiel sei eine kleine Tabelle angegeben, mit der man sehr übersichtlich prozentuale Aufschläge berechnen kann. Der Netto-Preis wird in C2 eingegeben.

	A	**B**	**C**	**D**
1			Euro	Prozent
2		Netto		100
3	+	MwSt	=C2⋆D3/100	19
4	=	Brutto	=SUMME(C2 :C3)	119

Dieses Grundmodell kann der Aufgabenstellung einfach angepasst werden.

A. 3.38–3.41 auf Seite 369

3.3.6 Promillerechnung

Analog zur Prozentrechnung kann man auch mit Anteilen von Tausend rechnen:

Ein Promille[1] (1 ‰) einer Größe G ist der tausendste Teil von G.
p^* Promille einer Größe G sind p^* Tausendstel von G.

Wegen dieser Erklärung gilt für die Promillerechnung eine ähnliche grundlegende Proportion wie bei der Prozentrechnung. Es ist

$$\boxed{P : G = p^* : 1\,000} \qquad \text{oder} \qquad \boxed{\frac{P}{G} = \frac{p^*}{1\,000}} \tag{3.18}$$

Die Promillerechnung wird immer dann angewandt, wenn es sich um sehr kleine Prozentsätze handelt. Jeder Prozentsatz kann in Promille umgerechnet werden und umgekehrt:

$$\boxed{1\,\% = 10\,‰ \qquad 1\,‰ = 0{,}1\,\%} \tag{3.19}$$

Beispiel:

3.106 Bei einer zwei Stunden nach einem Verkehrsunfall durchgeführten Blutprobe wurden bei einem Kraftfahrer in 120 g Blut 95 mg Alkohol festgestellt.

Welche Alkoholkonzentration lag zur Zeit des Unfalls vor, wenn der menschliche Körper je Stunde 0,12 ‰ Alkohol abbaut?

Lösung:

$$p^* = \frac{P}{G} \cdot 1\,000$$

$$p^* = \frac{95\,\text{mg}}{120\,000\,\text{mg}} \cdot 1\,000 \approx 0{,}79\,‰$$

Zur Zeit der Blutentnahme betrug die Alkoholkonzentration demnach 0,79 ‰.

Dazu kommen noch weitere 0,24 ‰, die in der Zeit zwischen Unfall und Untersuchung bereits vom Körper des Fahrers abgebaut worden sind, so dass der Fahrer zur Zeit des Unfalls mit 1,03 ‰ unter erheblicher Alkoholeinwirkung stand.

Zum Abschluss der Betrachtungen über das Rechnen mit Prozenten und Promillewerten soll noch eine Bemerkung über den Wert oder Unwert von Prozentangaben gemacht werden.

Prozentangaben werden sehr häufig dazu verwendet, Vergleiche anzustellen und aus diesen Vergleichen dann Rückschlüsse auf die vorliegenden Verhältnisse zu ziehen. Für solche Vergleiche ist die Prozentangabe allein oft nicht sehr aussagefähig. Es kommt immer darauf an, die Zusammenhänge zu erkennen und auch das Verfahren zu kennen, durch das die Prozentangaben gewonnen worden sind. So sagt die Angabe, dass in einem Land die Autoproduktion um 100 % gegenüber dem Vorjahr gestiegen sei, überhaupt nichts aus. Im Extremfall könnte das nämlich heißen, dass in diesem Jahr zwei Autos

[1] pro mille (lat.) je Tausend, d. h., Tausendstel

gebaut wurden, während im Vorjahr nur ein Auto hergestellt wurde. Es könnte aber genau so gut sein, dass es sich um 2 Millionen Autos handelt, weil im Vorjahr 1 Million Autos produziert worden sind.

Auch bei Meinungsumfragen kommt es darauf an, die Auswahlkriterien und Fragestellungen zu beachten, die zu den angegebenen Prozentzahlen geführt haben. Entgegen einem weit verbreiteten Irrtum kommt es allerdings bei Stichprobenbefragungen nicht auf den Auswahlsatz $\frac{n}{N}$ an, wobei n der Stichprobenumfang und N der Umfang der Grundgesamtheit ist. Für die Güte einer Stichprobe ist vielmehr die Größe n von ausschlaggebender Bedeutung. Eine Stichprobe $n = 300$ liefert Informationen spezifischer Güte, ganz unabhängig davon, ob die Grundgesamtheit $N = 8\,000$ oder $N = 100\,000$ oder sogar $N = 20\,000\,000$ Elemente enthält.

3.3.7 Zinsrechnung

Zinsen sind eine Leihgebühr für Geld. Leiht man sich Geld, so muss man die Zinsen an den Verleiher, meist eine Bank, bezahlen. Verleiht man Geld, so kann man diese Gebühr fordern.

Hat man bei einem Kreditinstitut ein Sparguthaben, so bedeutet dies, dass man der Bank den gesparten Betrag für eine bestimmte Zeit leiht und somit, meistens am Ende eines Jahres, die Leihgebühr als Zinsen gutgeschrieben bekommt.

Die Leihgebühr ist abhängig vom jeweiligen Geldbetrag und wird prozentual ausgedrückt. Der Prozentsatz p, der bei der Berechnung der Zinsen Z angewendet wird, heißt **Zinssatz** oder Zinsfuß, die Sparsumme, die verzinst wird, wird **Kapital** K genannt.

Da die Zinsrechnung im Prinzip Prozentrechnung ist, werden die Jahreszinsen wie dort aus der Proportion

$$\boxed{Z : K = p : 100} \qquad \text{oder} \qquad \boxed{\frac{Z}{K} = \frac{p}{100}} \tag{3.20}$$

ermittelt.

Wird ein Kapital nur für ein halbes Jahr verliehen, dürfen verständlicherweise auch nur die halben Jahreszinsen berechnet werden. Zinsen für Bruchteile eines Jahres werden als entsprechende Bruchteile der Jahreszinsen berechnet, wobei unabhängig von der wirklichen Länge des Monats im Allgemeinen 1 Monat = 30 Tage und 1 Jahr = 360 Tage gesetzt werden. Die Formel für die Jahreszinsen wird deshalb noch um einen Zeitfaktor erweitert:

$$\boxed{Z = K \cdot \underbrace{\frac{p}{100}}_{\substack{\text{Zins-}\\ \text{faktor}}} \cdot \underbrace{\frac{t}{360}}_{\substack{\text{Zeit-}\\ \text{faktor}}}} \tag{3.21}$$

Beispiele:

3.107 Wie hoch sind die Jahreszinsen für ein Guthaben von 15 000 €, wenn sie mit 3 % verzinst werden?

Lösung: Jahreszinsen

$$Z = K \cdot \frac{p}{100} = 15\,000\,€ \cdot \frac{3}{100} = 450\,€$$

15 000 € erbringen bei 3 %-iger Verzinsung im Jahr 450 € Zinsen.

3.108 Ein Darlehen von 80 000 € wird nach 80 Tagen zurückgezahlt. Wie viel Zinsen sind zu zahlen, wenn das Darlehen mit 10 % verzinst wurde?

$$Z = K \cdot \frac{p}{100} \cdot \frac{t}{360} = 80\,000\,€ \cdot \frac{10}{100} \cdot \frac{80}{360} \approx 1\,777{,}78\,€$$

Die Jahreszinsen betragen 8 000,– €. Da das Darlehen nur 80 Tage in Anspruch genommen wurde, sind nur 80/360 dieses Betrages zu zahlen. Die Darlehenszinsen betragen somit 1 777,78 €.

3.109 Zu welchen Zinssatz wurde ein Darlehen von 36 000 € verzinst, wenn nach 8 Monaten ein Betrag von 37 200 € zurückgezahlt wurde?

Lösung: Da es sich bei den 1 200 € Zinsen nicht um Jahreszinsen handelt, empfiehlt es sich, von der Zinsformel (3.21) auszugehen, wobei die Zeit mit 8 von 12 Monaten anzusetzen ist.

$$Z = K \cdot \frac{p}{100} \cdot \frac{m}{12}$$

$$1\,200\,€ = 36\,000\,€ \cdot \frac{p}{100} \cdot \frac{8}{12} \qquad \Rightarrow p = 5$$

Das Darlehen wurde mit 5 % verzinst.

3.110 Wie lange wurde ein Darlehen von 75 000 € mit 8 % verzinst, wenn 77 500 € zu zahlen sind?

Lösung: Die Zinsen in Höhe von 2 500 € und die restlichen Angaben ergeben mit der Zinsformel (3.21)

$$Z = K \cdot \frac{p}{100} \cdot \frac{t}{360}$$

$$2\,500\,€ = 75\,000\,€ \cdot \frac{8}{100} \cdot \frac{t}{360} \qquad \Rightarrow t = 150 \text{ Tage } = 5 \text{ Monate}$$

Das Darlehen wurde für 5 Monate gewährt.

✍ A. 3.42–3.44 auf Seite 370

3.3.8 Zinseszinsrechnung

Bei der Zinsrechnung in der in 3.3.7 behandelten Form geht man davon aus, dass die im Laufe eines Jahres auflaufenden Zinsen ausgezahlt und dem Guthaben *nicht gutgeschrieben* werden. Der zu verzinsende Betrag *bleibt von Jahr zu Jahr gleich.*

Kreditinstitute gehen in der Regel aber davon aus, dass die Jahreszinsen am Ende des Jahres zu dem vorhandenen Guthaben hinzugefügt und in der Folgezeit ebenfalls *mit verzinst* werden. Die dadurch entstehenden tatsächlichen Zinsbeträge zu ermitteln ist Aufgabe der *Zinseszinsrechnung*.

Geht man von einem Anfangskapital K_0 aus, das mit p % verzinst wird, so wächst dieses Kapital innerhalb des ersten Jahres auf den Betrag

$$K_1 = K_0 + K_0 \cdot \frac{p}{100} = K_0 \cdot \left(1 + \frac{p}{100}\right)$$

an.

Lässt man K_1 ein weiteres Jahr auf dem Konto, so vergrößert sich das Guthaben entsprechend der vorherigen Überlegung auf

$$K_2 = K_1 + K_1 \cdot \frac{p}{100} = K_1 \cdot \left(1 + \frac{p}{100}\right).$$

Ersetzt man hierin K_1 durch den Ausdruck, der in der vorhergehenden Formel für K_1 ermittelt wurde, so erhält man

$$K_2 = K_0 \cdot \left(1 + \frac{p}{100}\right) \cdot \left(1 + \frac{p}{100}\right) = K_0 \cdot \left(1 + \frac{p}{100}\right)^2.$$

Fährt man in dieser Weise fort, so ergeben sich aus dem Ausgangskapital K_0 – vorausgesetzt das Kapital wird nicht angetastet – nach $3, 4, \ldots$ Jahren die Beträge

$$K_3 = K_0 \cdot \left(1 + \frac{p}{100}\right)^3, \qquad K_4 = K_0 \cdot \left(1 + \frac{p}{100}\right)^4, \qquad \ldots$$

Diese Überlegungen lassen sich wie folgt verallgemeinern:

Verbleibt ein Anfangskapital K_0 bei einem Zinssatz von p % für n Jahre unangetastet auf einem Konto, so wächst es in dieser Zeit auf den Betrag

$$\boxed{K_n = K_0 \cdot \left(1 + \frac{p}{100}\right)^n} \qquad (3.22)$$

an.

Diese Formel wird **Zinseszinsformel** genannt.

Für den in der Zinseszinsformel auftretenden Faktor $\left(1 + \frac{p}{100}\right)$ wird häufig das Symbol

$$q = \left(1 + \frac{p}{100}\right)$$

verwendet, so dass die Zinseszinsformel auch in der Form

$$\boxed{K_n = K_0 \cdot q^n} \qquad (3.23)$$

geschrieben werden kann. q wird **Zinsfaktor** genannt.

Beispiel:

3.111 a) Zu welchem Betrag wachsen 30 000 € in 10 Jahren bei 4,5-prozentiger Verzinsung an?

Lösung: Hier ist $K_0 = 30\,000$ €, $n = 10$ Jahre und $p = 4{,}5$ %. Damit wird

$$q = 1 + \frac{4{,}5}{100} = 1{,}045,$$

woraus

$$K_{10} = 30\,000\text{ €} \cdot 1{,}045^{10} \approx 46\,589{,}08\text{ €}$$

folgt.

Man prüfe nach, wie viel Zinsen insgesamt in diesen 10 Jahren anfallen, wenn sie jeweils am Ende eines Jahres vom Konto abgebucht würden!

b) Welchen Betrag muss man zu einem Zinssatz von 10 % anlegen, um nach 6 Jahren 50 000 € ausgezahlt zu bekommen?

Lösung: Löst man die Zinseszinsformel $K_n = K_0 \cdot q^n$ nach dem Anfangswert K_0 auf, so ergibt sich

$$K_0 = \frac{K_n}{q^n} = \frac{50\,000\text{ €}}{1{,}10^6} \approx 28\,223{,}70\text{ €}.$$

Man braucht unter solchen – zur Zeit leider nicht realistischen – Konditionen nur 28 224 € einzuzahlen. Man prüfe die Rechnung nach!

c) In welcher Zeit verdoppelt sich ein Anfangsbetrag, wenn man ihn mit 3,5 % verzinst?

Lösung: Der anfängliche Betrag sei K_0. Laut Aufgabenstellung muss dann gelten:

$$K_n = 2K_0 \Rightarrow 2K_0 = K_0 \cdot q^n \Rightarrow 2 = q^n.$$

Löst man diese Gleichung [1)] nach der gesuchten Zeit n auf, so ergibt sich *unabhängig vom anfänglichen Betrag*

$$n = \frac{\lg(2)}{\lg(q)}$$

Mit $q = 1{,}035$ ergibt sich

$$n = \frac{\lg(2)}{\lg(1{,}035)} \approx 20{,}1$$

Nach rund 20 Jahren hat sich demnach der Anfangsbetrag verdoppelt. Man beachte, dass die Verdopplungszeit unabhängig vom Startkapital K_0 ist!

d) Ein junger Wald hatte einen Bestand von 90 m³ je ha. Der Bestand vergrößerte sich innerhalb von 12 Jahren auf 114 m³. Wie viel % betrug der jährliche Zuwachs?

Lösung: Natürliche Wachstumsprozesse erfolgen ähnlich wie bei den Zinseszinsen mit einem jährlich konstant bleibenden Prozentsatz. Hatte der Wald also einen Anfangsbestand B_0, so ist sein Bestand innerhalb von n Jahren auf

$$B_n = B_0 \cdot q^n$$

angewachsen, wobei im gegebenen Beispiel der Wachstumsfaktor q zu bestimmen ist.

Bildet man auf beiden Seiten der Wachstumsformel den Logarithmus, so erhält man

$$\lg(B_n) = \lg(B_0) + n \cdot \lg(q)$$

Diese Gleichung lässt sich nach $\lg(q)$ auflösen. Es ergibt sich

$$\lg(q) = \frac{\lg(B_n) - \lg(B_0)}{n}$$

Mit den gegebenen Zahlenwerten erhält man

$$\lg(q) = \frac{\lg(114) - \lg(90)}{12} \approx 0{,}00\,856,$$

woraus

$$q \approx 10^{0{,}00\,856} \approx 1{,}019\,9$$

folgt.

1) Das Lösen solcher *Exponentialgleichungen* wird in Abschnitt 3.7 eingehender besprochen.

Der Waldbestand nimmt damit jährlich um rund 2 % zu.

✍ A. 3.45–3.46 auf Seite 370

Aufgaben:

3.3 Prozentrechnung

(Lösungen ab Seite 884)

3.30 Schreibe die Anteile in Prozentschreibweise, als Bruch und als Dezimalbruch auf:

a) 3 %	b) 25 %	c) 33 %	d) 210 %	e) 0,8 %	f) 0,05 %
g) $\frac{1}{2}$	h) $\frac{28}{80}$	i) $\frac{191}{50}$	k) $\frac{5}{8}$	l) $\frac{7}{2\,500}$	m) $\frac{6}{125}$
n) 0,48	o) 0,05	p) 0,97	q) 1,43	r) 0,75	s) 0,146

3.31 Wie viel Prozent von

a) 120 sind 30?	b) 6 400 € sind 704 €?	c) 70 t sind 6,3 t?
d) 37,5 kg sind 1500 g?	e) 5 kΩ sind 400 Ω?	f) 3 A sind 72 mA?
g) 220 kV sind 176 V?	h) 580 m sind 6,50 m?	i) 930 hl sind 6 000 L?
k) 495 °C sind 14,3 °C?	l) 8,1 g sind 765 mg?	m) 308 sind 221,76?

3.32

a) Ein Monatsticket für den öffentlichen Nahverkehr kostet 132 €. Zum nächsten Fahrplanwechsel wird der Preis um 8,20 € angehoben.
Um wie viel Prozent erhöht sich der Ticketpreis?

b) Frau Müller konnte durch verschiedene Energiesparmaßnahmen die jährlichen Energiekosten für ihre Wohnung von 1 158,23 € auf 920,75 € senken.
Wie groß war die prozentuale Ersparnis?

c) Von den 57 Unterrichtsstunden war ein Kursteilnehmer 8 Stunden erkrankt.
Wie hoch war die prozentuale Fehlquote?

d) Peter braucht im Durchschnitt 20 Minuten weniger als sein Freund zur Erledigung der Hausaufgaben. Um wie viel Prozent ist Peter schneller?

e) Von seinem Gehalt in Höhe von 4 200 € bekommt Herr Wagener nur 3 036,14 € ausgezahlt. Wie viel Prozent wurden an Abzügen für Steuer und Versicherung einbehalten?

f) In einem Büro wurden im letzten Jahr 8 349 E-Mails empfangen. Darunter befanden sich 1 383 unerwünschte Mitteilungen, sogenannte Spam-Mails.
Wie groß war der prozentuale Spam-Anteil?

g) Von den 316 Beschäftigten einer Firma kommt im Schnitt jeder Siebte mit öffentlichen Verkehrsmitteln zur Arbeit.
Wie hoch ist der prozentuale Anteil der ÖPNV-Benutzer?

h) Bei einer Verkehrszählung werden 176 Pkw, 35 Lkw, 54 Busse und Bahnen, 66 Motorräder, 2 Elektroroller und 127 Fahrräder ermittelt. Stelle die Ergebnisse übersichtlich in einer *Excel*-Tabelle dar und ermittle die Anteile für die einzelnen Fahrzeugtypen.

3.33

a) Aus einer Stichprobe von 29 Studierenden einer Fachhochschule stammen 19 aus Beamtenfamilien und sechs aus Arbeiter- und Angestelltenfamilien. Vier machten keine Angaben über ihre Herkunft.
Wie ist die prozentuale Verteilung der Studierenden?

b) Zwei Kurzarbeiter erhalten für ihre Tätigkeit jeweils 688,– €. Als Lohnsteuer werden dem älteren, der verheiratet ist und zwei Kinder hat, 67,40 €, dem jüngeren, der ledig ist, 115,10 € abgezogen.
Bestimme den Prozentsatz der Abzüge für beide Arbeiter!

c) Wie viel Prozent Alkohol hat eine Mischung von 165 cm^3 Alkohol und 782 cm^3 Wasser?

d) Wie viel Prozent Kristallwasser enthält kristalline Pottasche, wenn 39,120 g einen Glührückstand von 31,044 g ergeben?

e) Eine Kohle enthält 9,75 % Feuchtigkeit. Wie groß ist der Aschegehalt der Kohle, bezogen auf die Trockensubstanz, wenn 53,4 mg feuchte Kohle einen Veraschungsrückstand von 2,95 mg ergeben?

f) Bestimme die prozentuale Zusammensetzung der Masse des Kohlendioxids CO_2. Die relative Atommasse von C ist 12,01; von O ist sie 16.

g) Welche Konzentration erhält man, wenn man 7 kg 60-prozentige und 33 kg 10-prozentige Salzsäure mischt?

3.34 Das Statistische Bundesamt weist für die Jahre 2000 bis 2008 folgende Fahrzeugbestände aus: 38 426,8; 39 058,9; 39 388,3; 39 721,0; 40 017,5; 40 179,5; 40 659,5; 41 019,7 und 41 183,6 tausend Pkw.

Ermittle für diesen Zeitraum mit einer *Excel*-Tabelle die jährlichen prozentualen Zuwachszahlen.

3.35 Bestimme den Prozentwert:

a) 53 % von 678 €	b) 122 % von 1 456 kg	c) 11,5 % von 34 200 t
d) 41,4 % von 6 362 ha	e) 26,4 % von 374 m	f) 17,75 % von 484 Stk.
g) 8,7 % von 912 €	h) 2,4 % von 57,2 hl	i) 0,3 % von 156 MW
k) 181 % von 873 000	l) 1,3 % von 36 h	m) 217 % von 47 m

3.36 a) Von einem 564 m^2 großen Grundstück wurden 23 % bebaut.
Wie groß ist die bebaute Fläche?

b) Das Monatsgehalt von Herrn Wagener in Höhe von 4 200 € wird ab dem nächsten Quartal um 7,5 % angehoben.
Wie viel Geld bekommt Herr Wagener mehr?

c) Der Anteil der männlichen Bevölkerung in einer Stadt mit 85 376 Einwohnern beträgt 48 %. Wie viele weibliche Bewohnerinnen leben in dieser Stadt?

d) Die Südapotheke verfügt über eine Nutzfläche von 172 m^2. Davon werden rund 9,5 % als Personalraum für Nacht- und Wochenenddienste genutzt.
Wie groß ist der Personalbereich?

e) Gegenüber dem vorherigen Quartal konnte der Umsatz von 387 625,14 € um 7,2 % gesteigert werden. Mit welchem zusätzlichen Erlös kann für das aktuelle Quartal gerechnet werden?

f) Eine weiterführende Schule wird von 844 Schülern besucht, 55 % davon sind weiblich. 64 % der Schülerinnen rauchen regelmäßig.
Wie viele rauchende Schülerinnen gibt es an dieser Schule?

3.37 a) Eine Prüfungsarbeit werde bei richtiger Lösung mit 60 Punkten bewertet. Die Noten werden nach folgender Skala festgelegt:

0 ... 39,9 %	der Gesamtpunktzahl:	Note 5
40 ... 54,9 %	der Gesamtpunktzahl:	Note 4
55 ... 74,9 %	der Gesamtpunktzahl:	Note 3
75 ... 93,9 %	der Gesamtpunktzahl:	Note 2
94 ... 100 %	der Gesamtpunktzahl:	Note 1

Berechne die zugehörige sinnvoll gerundete Punkteskala!

b) Die Gesamtfläche eines landwirtschaftlichen Betriebes beträgt 4 163 ha. Davon sind 47 % Ackerland, 28 % Wiesen und Weiden, 19 % Wald, der Rest Wege, Baugelände und Sumpf. Wie groß sind die einzelnen Anteile?

c) Vier Siemens-Martin-Öfen benötigen eine tägliche Erzmenge von 9 200 t, woraus 20 % Roheisen gewonnen wird. Wie groß wird die tägliche Produktionsleistung, wenn noch zwei weitere Öfen in Betrieb genommen werden?

3.38 Ermittle die Grundwerte zu den Prozentwerten:

a)	885 Stück ≙ 121 %		b)	140,42 € ≙ 17 %	
c)	690 m ≙ 149 %		d)	8 117,5 kg ≙ 324,7 %	
e)	294,528 ha ≙ 38,4 %		f)	169,6 € ≙ 212 %	
g)	226,8 MW ≙ 189 %		h)	75,69 g ≙ 87 %	
i)	183 642 Einwohner ≙ 254 %		k)	58,11 hl ≙ 103,4 %	

3.39 a) Herr Welter bekommt von der Krankenkasse 80 % der Kosten für eine spezielle medizinische Untersuchung erstattet.
Wie teuer war die Untersuchung, wenn die Kasse 734,08 € überweist?

b) Der Preis für einen Restposten wurde um rund 12,7 %, das sind 16 €, gesenkt. Wie teuer war der Artikel ursprünglich?

c) Bei der Bundestagswahl 2005 haben 48 434 tausend Bürger ihre Stimme abgegeben. Die Wahlbeteiligung betrug 78,3 %. Wie viele Wahlberechtigte gab es zu dieser Zeit?

d) Laut einer Kundenbefragung sind 91 % der Befragten mit dem Service eines Online-Versandes zufrieden, 1 136 Kunden wünschen sich Verbesserungen und der Rest hat sich nicht geäußert. Wie viele Kunden wurden befragt?

e) 2006 wurden in Deutschland 9,33 Milliarden Euro für Prävention und Gesundheitsschutz ausgegeben. Die restlichen 96,19 % verteilten sich auf andere medizinischen Bereiche. Wie hoch waren die gesamten Gesundheitsausgaben?

f) Mit seinen 736 Millionen Einwohnern leben in Europa 10,98 % der Menscheit. Wie viele Menschen leben auf der Erde?

g) Im Jahre 2000 wurden in Deutschland 33,29 %, entsprechend 3 295 000 Tonnen, mehr Kartoffeln als fünf Jahre zuvor geerntet.
Welcher Kartoffelertrag konnte 1995 und welcher im Jahr 2000 erzielt werden?

h) Bei einer Verkehrskontrolle wurden 11 Verwarnungen ausgesprochen.
Wie viele Fahrzeugführer wurden kontrolliert, wenn in 96,1 % der Fälle alles in Ordnung war?

3.40 Ein Metallblock kühlt sich innerhalb einer bestimmten Zeit um 20 % ab. Um wie viel Prozent muss man nun seine Temperatur durch Erhitzen anheben, damit er wieder seine Ausgangstemperatur erreicht?

3.41 Iris möchte über eine Internetplattform eine Küchenmaschine verkaufen. Für diesen Service berechnen die Plattformbetreiber dem Verkäufer 55 Cent pro Inserat und 3,57 % des vom Käufer überwiesenen Betrags. Die Kosten für Verpackung und Versand belaufen sich auf 11 Euro.

a) Ein Interessent hat 450 Euro für das Gerät geboten. Welchen Betrag kann Iris nach Abzug aller Kosten als Reingewinn verbuchen? Wie hoch ist der prozentuale Gewinnanteil?

b) Welchen Betrag muss ein Käufer überweisen, damit Iris einen Reingewinn von 450 € erzielen kann? Gib neben der speziellen auch eine allgemeine Lösung an.

3.3.7 Zinsrechnung

(Lösungen ab Seite 886)

3.42 Berechne die Zinsen für

a) 763 500 € zu 4,5 % in 1 Jahr

b) 8 953,50 € zu 12 % in 1 Jahr

c) 56,80 € zu 4,2 % in $\frac{3}{4}$ Jahr

d) 7 165,50 € zu $7\frac{1}{3}$ % in $2\frac{1}{5}$ Jahr

e) 69 547 € zu 14 % in 4 Monaten

f) 80,00 € zu 5 % in 6 Monaten

g) 250 € zu 4 % in 2 Monaten 12 Tagen

h) 240 € zu 2,5 % in 1 Monat 18 Tagen

i) 16 200 € zu 3,5 % in 2 Jahren 3 Monaten 22 Tagen

k) 24 € zu 5 % in 3 Jahren 6 Monaten

3.43 Frau Esser bekommt bei einem Zinssatz von 3,5 % auf einem Festgeldkonto für 180 000 € nach 3 Monaten 181 159,60 € gutgeschrieben. Wie viel Prozent der Zinseinkünfte wurden an Steuern von der Bank an das Finanzamt abgeführt?

3.44 Ein halbes Jahr vor der Mehrwertsteuer-Erhöhung von 16 auf 19 Prozentpunkte versuchte der Handel die Kunden zum rechtzeitigen Konsum zu bewegen, damit diese noch zu den alten Konditionen einkaufen konnten.

Lohnt es sich, für den vorgezogenen Kauf eines neuen Fernsehgerätes im Wert von 600 € sein Konto bei einem Zinssatz von 12 % zu überziehen?

3.45

a) Zu welchem Betrag wachsen 50 000 € innerhalb von 4 Jahren bei 4,5 % Zinseszins an?

b) Ein Grundbetrag wuchs in 22 Jahren bei 4 % Zinseszins auf 85 000 € an. Wie groß war er?

c) In wie viel Jahren wachsen 22 500 € bei 5 %iger Verzinsung auf insgesamt 59 699 an?

d) Mit wie viel Prozent wird ein Betrag verzinst, der sich im Verlauf von 20 Jahren verdreifacht?

3.46 Ein Sparguthaben in Höhe von 17 400 € soll 10 Jahre zu einem gleichbleibenden Zinssatz von 4,2 % angelegt werden.

a) Erstelle eine *Excel*-Tabelle, die für die einzelnen Jahre die Entwicklung des Sparguthabens aufzeigt und kontrolliere die jährlichen Endwerte mit der Zinseszinsformel.

b) Gestalte die Tabelle möglichst variabel, so dass Veränderungen beim Startkapital oder beim Zinssatz einfach vorgenommen werden können.

c) Finde durch schrittweises Ändern des Zinssatzes heraus, welches Zinsangebot benötigt wird, wenn das ursprüngliche Startkapital sich in der angegebenen Zeit auf mindestens 30 000 € vermehren soll.

3.4 Lineare Gleichungssysteme

3.4.1 Lineare Gleichungssysteme mit zwei Variablen

Eine lineare Gleichung mit zwei Variablen lässt sich stets in der Form

$$\boxed{ax + by = c} \tag{3.24}$$

schreiben. Dabei bedeuten a, b und c beliebige, aber feste Zahlen, während x und y die beiden Variablen darstellen, für die innerhalb eines bestimmten Definitionsbereiches beliebige Werte eingesetzt werden dürfen.

Da die Gleichung linear sein soll, dürfen die beiden Variablen x und y **nur in der ersten Potenz** auftreten.

Der Definitionsbereich einer Gleichung mit mehreren Variablen ist für die in der Gleichung auftretenden Variablen jeweils getrennt festzulegen. Im Allgemeinen – sofern durch die Aufgabenstellung keine ausdrücklich geforderten Einschränkungen auftreten – ist der Definitionsbereich für eine lineare Gleichung mit zwei Variablen der Bereich

$$\mathbf{D}_x = \mathbf{R} \quad \text{und} \quad \mathbf{D}_y = \mathbf{R}\,.$$

Wird aus diesem Definitionsbereich ein beliebiges Zahlenpaar $(x; y)$ ausgewählt und in die gegebene Gleichung (3.24) eingesetzt, so entsteht entweder eine wahre oder eine falsche Aussage.

Ein Zahlenpaar $(x; y)$, das die lineare Gleichung $ax + by = c$ zu einer wahren Aussage macht, heißt **Lösung** dieser Gleichung.

Beispiel:

3.112 Die Gleichung $3x + y = 15$ hat die Lösungen:

$$\begin{array}{llllll} x = 0\,; & y = 15 & x = 2\,; & y = 9 & x = 4\,; & y = 3 \\ x = 5\,; & y = 0 & x = -5\,; & y = 30 & x = 100\,; & y = -285 \\ x = 0{,}5\,; & y = 13{,}5 & x = -22{,}5\,; & y = 82{,}5 & x = 0{,}1\,; & y = 14{,}7 \end{array}$$

und noch viele andere mehr. Alle angeführten Wertepaare $(x; y)$ erfüllen die gegebene Gleichung, was nachzuprüfen ist!

Dagegen ist das Wertepaar $x = 20$; $y = 10$ keine Lösung der gegebenen Gleichung, denn wenn man diese beiden Werte in die gegebene Gleichung einsetzt, so ist die entstehende Aussage $3 \cdot 20 + 10 = 15$ *falsch*.

Aus diesem einführenden Beispiel ist bereits zu erkennen, dass eine Gleichung mit zwei Variablen im Allgemeinen unendlich viele Lösungen besitzt, denn es lässt sich stets bei beliebiger Wahl einer der beiden Variablen die andere Variable so bestimmen, dass die gegebene Gleichung erfüllt wird.

Wählt man beispielsweise in der obigen Gleichung $x = 3$, so erhält man aus $3 \cdot 3 + y = 15$ eine Gleichung für die Variable y, die sich leicht lösen lässt: $y = 6$.

Das Wertepaar $x = 3$; $y = 6$ ist damit ebenfalls eine Lösung der Gleichung $3x + y = 15$.

Setzt man allgemeiner $x = t$, wobei t ein beliebiger, dem Definitionsbereich der Gleichung angehörender Wert sein darf, so erhält man

$$\begin{aligned} 3 \cdot t + y &= 15, \qquad \text{woraus} \\ y &= 15 - 3 \cdot t \end{aligned}$$

folgt. Jedes Wertepaar

$$x = t; \qquad y = 15 - 3 \cdot t, \qquad t \in \mathbf{R}$$

liefert eine Lösung der Gleichung.

Um zwei Variablen eindeutig bestimmen zu können, reicht eine einzige Gleichung nicht aus. Besteht aber neben der bereits gegebenen Gleichung $3x + y = 15$ noch eine weitere, z. B.

$$5x - 6y = 2, \qquad x \in \mathbf{R}, \qquad y \in \mathbf{R},$$

so existieren für diese zweite Gleichung ebenfalls unendlich viele Lösungen, von denen einige in der nachfolgenden Wertetabelle zusammengestellt sind:

x	0	1	2	3	4	5	6	
y	$-\frac{1}{3}$	$\frac{1}{2}$	$\frac{4}{3}$	$\frac{13}{6}$	3	$\frac{23}{6}$	$\frac{14}{3}$	...

Die Lösungen dieser zweiten Gleichung sind im Allgemeinen von denen der ersten Gleichung verschieden. Ein einziges Wertepaar jedoch, im Beispiel $x = 4$; $y = 3$, erfüllt *beide Gleichungen gleichzeitig*.

Dieses Wertepaar heißt **Lösung des linearen Gleichungssystems (LGS)** [1] **mit zwei Variablen**

$$\left| \begin{aligned} 3x + y &= 15 \\ 5x - 6y &= 2 \end{aligned} \right| .$$

Die beiden senkrechten Striche, in die das Gleichungssystem eingeschlossen wurde, bedeuten, dass diese beiden Gleichungen *als zusammengehörig* betrachtet werden sollen und dass die gemeinsame Lösung dieser beiden Gleichungen zu bestimmen ist.

Aus den Überlegungen geht hervor, dass zur eindeutigen Bestimmung zweier Unbekannter stets *zwei Gleichungen* erforderlich sind, die zu einem Gleichungssystem zusammengefasst werden.

Sind mehr als zwei Gleichungen mit zwei Variablen gegeben, so wird es von Fall zu Fall verschieden sein, ob sich ein Wertepaar $(x; y)$ ermitteln lässt, das alle Gleichungen gleichzeitig erfüllt oder nicht.

---

[1] LGS = Lineares Gleichungssystem

Die Frage, wann ein solches Gleichungssystem mit mehr als zwei Gleichungen lösbar ist, soll erst zu einem späteren Zeitpunkt behandelt werden. Wir wollen uns vorerst nur der Frage zuwenden, wie man ein System von zwei linearen Gleichungen mit zwei Variablen behandeln muss, um dessen Lösung zu finden.

3.4.2 Lösungsverfahren für LGS mit zwei Variablen

3.4.2.1 Das Einsetzungsverfahren

Jedes numerische Verfahren zur Lösung eines Systems von zwei linearen Gleichungen mit zwei Variablen der Form

$$\boxed{\left| \begin{array}{l} a_1 \cdot x + b_1 \cdot y = c_1 \\ a_2 \cdot x + b_2 \cdot y = c_2 \end{array} \right|} \tag{3.25}$$

läuft darauf hinaus, eine der beiden Variablen zu beseitigen – zu eliminieren [1] – und statt der zwei Gleichungen mit zwei Variablen nur noch eine Gleichung mit einer Variablen zu bekommen, die sich dann nach den bekannten Verfahren lösen lässt.

Beim *Einsetzungsverfahren* wird eine der beiden Gleichungen nach einer Variablen aufgelöst. Der entstehende Ausdruck wird dann an Stelle dieser Variablen in die andere Gleichung eingesetzt. Dadurch entsteht eine neue Gleichung, die nur noch eine Variable enthält.

Beispiel:

3.113 Das Gleichungssystem

$$\left| \begin{array}{rl} 3x + y = & 15 \\ 5x - 6y = & 2 \end{array} \right| \qquad \text{mit } x \text{ und } y \in \mathbf{R}$$

soll mit dem Einsetzungsverfahren gelöst werden.

Lösung: Man löst in diesem Fall vorteilhaft die erste Gleichung nach y auf:

$$y = 15 - 3x \tag{a}$$

und setzt diesen Wert in die zweite Gleichung ein:

$$5x - 6 \cdot (15 - 3x) = 2\,.$$

Daraus folgt $\quad x = 4.$

Den zugehörigen Wert der Variablen y erhält man, indem man den soeben gefundenen Wert $x = 4$ in eine der beiden gegebenen Gleichungen einsetzt – hier zweckmäßig, weil wesentlich einfacher, in die mit (a) bezeichnete Gleichung:

$$y = 15 - 3 \cdot 4, \qquad \text{woraus} \qquad y = 3\,.$$

folgt.

Probe:

$$3 \cdot 4 + 3 \stackrel{?}{=} 15 \qquad 5 \cdot 4 - 6 \cdot 3 \stackrel{?}{=} 2$$

$$12 + 3 = 15 \checkmark \qquad 20 - 18 = 2 \checkmark$$

[1] elimino (lat.) aussondern

Das Zahlenpaar $x = 4$; $y = 3$ erfüllt beide Gleichungen. Demnach ist $x = 4$; $y = 3$ die Lösung des Gleichungssystems: $\mathbf{L} = \{\,(x;\ y)\ |\ (4;\ 3)\,\}$.

Gelesen: „Menge aller Wertepaare $(x;\ y)$, für die gilt: $x = 4$ und $y = 3$."

Bei einem Gleichungssystem mit mehreren Variablen ist die **Probe** stets *an allen Ausgangsgleichungen* durchzuführen. Warum ist das nötig?

Das Einsetzungsverfahren eignet sich vor allem dann, wenn sich eine der beiden Gleichungen auf einfache Weise nach einer Variablen auflösen lässt.

Das Einsetzungsverfahren wird gelegentlich auch Substitutionsverfahren[1)] genannt.

✍ A. 3.47 auf Seite 393 [nur a) bis d)]

3.4.2.2 Das Gleichsetzungsverfahren

Das Gleichsetzungsverfahren ist eine Abart des Einsetzungsverfahrens: Man löst beide Gleichungen nach derselben Variablen auf und setzt die so entstehenden Ausdrücke einander gleich.

Beispiel:

3.114 Das Gleichungssystem

$$\left|\begin{array}{rcr} 3x + \ \ y & = & 15 \\ 5x - 6y & = & 2 \end{array}\right| \qquad \text{mit } x \text{ und } y \in \mathbf{R}$$

soll mit dem Gleichsetzungsverfahren gelöst werden.

Lösung: Auflösen der ersten Gleichung nach y:

$$y = 15 - 3x;$$

Auflösen der zweiten Gleichung nach y:

$$y = \frac{5}{6}x - \frac{1}{3}.$$

Diese beiden Ausdrücke für y müssen miteinander übereinstimmen:

$$\begin{aligned} 15 - 3x &= \frac{5}{6}x - \frac{1}{3} \\ x &= 4\,. \end{aligned}$$

Die zweite Variable ermittelt man am besten aus der einfacheren der beiden nach y umgestellten Gleichungen:

$$\begin{aligned} y &= 15 - 3 \cdot 4 \\ y &= 3\,. \end{aligned}$$

Probe: Siehe Beispiel 3.113. ✓ $\Rightarrow \mathbf{L} = \{\,(x;\ y)\ |\ (4;\ 3)\,\}$.

Das Gleichsetzungsverfahren eignet sich vor allem dann, wenn sich beide Gleichungen möglichst einfach nach ein und derselben Variablen auflösen lassen.

✍ A. 3.47 auf Seite 393 [nur e) bis h)]

---

1) substituere (lat.) ersetzen, an die Stelle setzen

3.4.2.3 Das Additionsverfahren

Beim Additionsverfahren multipliziert man die beiden Gleichungen so mit geeigneten Faktoren, dass eine der beiden Variablen wegfällt, wenn man die neu entstandenen Gleichungen addiert.

Beispiel:

3.115 Das Gleichungssystem

$$\begin{vmatrix} 3x + y = 15 \\ 5x - 6y = 2 \end{vmatrix} \qquad \text{mit } x \text{ und } y \in \mathbf{R}$$

soll mit dem Additionsverfahren gelöst werden.

Lösung: Multipliziert man die erste Gleichung mit 6, so werden die Koeffizienten von y in beiden Gleichungen entgegengesetzt gleich. Es entsteht so das neue Gleichungssystem

$$\begin{vmatrix} 18x + 6y = 90 \\ 5x - 6y = 2 \end{vmatrix}$$

Addiert man die Seiten der beiden Gleichungen, so ergibt sich

$$23x = 92$$
$$x = 4\,.$$

Mit $x = 4$ kann man schließlich y aus einer der beiden Ausgangsgleichungen ermitteln: $y = 3$.

Probe: Siehe wiederum Beispiel 3.113. ✓ $\Rightarrow \mathbf{L} = \{\,(x;\, y) \mid (4;\, 3)\,\}$.

✍ A. 3.47 auf Seite 393 [nur i) bis m)]

3.4.2.4 Bemerkungen zu den drei Lösungsverfahren

Bei jedem Lösungsverfahren wurde angegeben, welche Gleichungssysteme sich damit vorteilhaft bearbeiten lassen. Ein allgemein gültiges „Rezept“, wann dieses oder jenes Verfahren am günstigsten ist, kann aber nicht gegeben werden.

Nur wer eine große Anzahl von Aufgaben systematisch durchrechnet, wird dann aus Erfahrung bei einem gegebenen Gleichungssystem sehr schnell den dafür geeigneten Lösungsweg wählen. Grundsätzlich aber kommt man mit jedem der drei Verfahren zum Ziel.

✍ A. 3.47–3.49 auf Seite 393

3.4.2.5 Die Lösbarkeit linearer Gleichungssysteme mit zwei Variablen

Soll ein lineares Gleichungssystem mit zwei Variablen gelöst werden, so können drei Fälle auftreten.

1. Fall:

$$\begin{vmatrix} 2x + 3y = 12 \\ 2x - 3y = 0 \end{vmatrix}$$

Das Gleichungssystem ist *eindeutig lösbar* und hat die Lösung

$$x = 3; \qquad y = 2 \quad \Rightarrow \mathbf{L} = \{\,(x;\,y)\,|\,(3;\,2)\,\}\,.$$

2. Fall:

$$\begin{vmatrix} 2x + 3y &= 12 \\ 4x + 6y &= 24 \end{vmatrix}$$

Dieses Gleichungssystem besteht nur formal aus zwei Gleichungen, denn die zweite Gleichung sagt dasselbe aus wie die erste: Sie geht aus der ersten durch Multiplikation beider Seiten mit 2 hervor.

Man nennt zwei derartige Gleichungen **linear abhängig** voneinander.

Löst man eine der Gleichungen nach einer der Variablen auf, so bekommt man

$$y = 4 - \frac{2}{3}x\,.$$

Setzt man für x eine beliebige Zahl ein, kann mit dieser Gleichung direkt der zugehörige Lösungspartner ermittelt werden:

$$\begin{array}{llll} x = 0 & \Rightarrow\; y = 4 & \Rightarrow & (0;\,4) \\ x = -3 & \Rightarrow\; y = 6 & \Rightarrow & (-3;\,6) \\ x = 35{,}7 & \Rightarrow\; y = -19{,}8 & \Rightarrow & (35{,}7;\,-19{,}8) \\ x = t & \Rightarrow\; y = 4 - \frac{2}{3}t & \Rightarrow & \left(t;\,4 - \frac{2}{3}t\right) \end{array}$$

Da für die Variablen x und y alle Zahlen erlaubt sind – solange das daraus resultierende Paar $(x;\,y)$ die Gleichung löst – , kann man für x auch einen beliebigen Parameter[1] $t \in \mathbf{R}$ einsetzen. Wie man sofort erkennt, wird dieses LGS *unendlich viele Lösungen* besitzen.

Probe:

$$\begin{aligned} 2 \cdot t + 3 \cdot \left(4 - \frac{2}{3}t\right) &\stackrel{?}{=} 12 \\ 2t + 12 - 2t &= 12 \\ 12 &= 12 \;\checkmark \end{aligned}$$

Lösungsmenge: $\mathbf{L} = \left\{ (x;\,y) \;\middle|\; \left(t;\,4 - \frac{2}{3}t\right),\, t \in \mathbf{R} \right\}$

☞ Der Versuch, ein lineares Gleichungssystem mit zwei voneinander abhängigen Gleichungen mit einem der drei behandelten Lösungsverfahren zu lösen, führt immer auf eine identische Gleichung, in der die Unbekannten nicht mehr auftreten. So erhält man mit dem Additionsverfahren, nach Multiplikation der ersten Gleichung mit (-2), die Identität $0 = 0$.

3. Fall:

$$\begin{vmatrix} 2x + 3y &= 12 \\ 4x + 6y &= 30 \end{vmatrix}$$

In diesem Falle sind zwar zwei voneinander unabhängige Gleichungen gegeben, die beiden Gleichungen *widersprechen jedoch einander*: Nach der ersten Gleichung soll

[1] para (griech.) Neben-; metron (griech.) Maß; hier: Hilfsvariable

$2x + 3y = 12$ sein, nach der zweiten Gleichung $2x + 3y = 15$, also ein Widerspruch. Ein derartiges Gleichungssystem kann keine Lösung besitzen und die Lösungsmenge ist leer: $\mathbf{L} = \emptyset$.

☞ Der Versuch, ein Gleichungssystem mit einander widersprechenden Gleichungen zu lösen, führt stets auf einen Widerspruch. So liefert im vorliegenden Fall das Additionsverfahren, wenn die erste Gleichung mit -2 multipliziert wird, die falsche Aussage $0 = 6$ ↯.

✍ A. 3.50–3.51 auf Seite 394

Sind mehr als zwei Gleichungen mit zwei Variablen gegeben, so empfiehlt es sich, zunächst zwei von diesen Gleichungen zu einem Teilsystem zusammenzufassen und dessen Lösung zu ermitteln. Danach muss allerdings noch untersucht werden, ob die gefundene Lösung des Teilsystems auch *alle restlichen Gleichungen* des ursprünglichen Systems erfüllt. Ist dies der Fall, dann ist die ermittelte Lösung des Teilsystems auch Lösung des Gesamtsystems. Erfüllt die Lösung des Teilsystems jedoch nur eine oder auch mehrere Gleichungen des Gesamtsystems nicht, so hat das Gesamtsystem keine Lösung.

Damit gilt:

Jede lineare Gleichung mit zwei Variablen besitzt unendlich viele Lösungen.

Ein System von zwei linearen Gleichungen mit zwei Variablen hat im Allgemeinen eine eindeutige Lösung. Sind die beiden Gleichungen des Systems linear abhängig voneinander, dann existieren unendlich viele Lösungen. Widersprechen die beiden Gleichungen einander, dann gibt es keine Lösung.

Ein System von mehr als zwei linearen Gleichungen mit zwei Variablen hat nur dann eine Lösung, wenn die Lösung eines beliebig herausgegriffenen, aus zwei Gleichungen bestehenden Teilsystems auch sämtliche übrigen Gleichungen des Gesamtsystems erfüllt.

Beispiele:

3.116 Das aus vier Gleichungen bestehende Gleichungssystem mit zwei Variablen

$$\left| \begin{aligned} 2x + 3y &= 12 \\ 2x - 3y &= 0 \\ 6x + 6y &= 30 \\ 5x - 2y &= 11 \end{aligned} \right|$$

soll gelöst werden.

Lösung: Aus dem gegebenen Gesamtsystem werden zunächst zwei beliebige Gleichungen zu einem Teilsystem zusammengefasst, wobei man möglichst einfache Gleichungen aussuchen sollte.

Im gegebenen Beispiel eignen sich für die weitere Rechnung besonders die ersten beiden Gleichungen.

$$\left| \begin{aligned} 2x + 3y &= 12 \\ 2x - 3y &= 0 \end{aligned} \right|$$

Dieses Teilsystem ist bereits im Fall 1 des letzten Abschnittes behandelt worden. Es besitzt die Lösung

$$x = 3; \qquad y = 2.$$

Setzt man die gefundenen Werte in die übrigen beiden Gleichungen ein, so ergibt sich

$$6 \cdot 3 + 6 \cdot 2 = 30 \checkmark \qquad \text{und}$$
$$5 \cdot 3 - 2 \cdot 2 = 11 \checkmark.$$

Die Lösung des Teilsystems erfüllt demnach alle vier Gleichungen des gegebenen Systems; folglich ist $x = 3$; $y = 2$ auch die Lösung des Gesamtsystems:

$$\mathbf{L} = \{ (x;\, y) \mid (3;\, 2) \}.$$

3.117 Desgleichen für das Gleichungssystem

$$\left| \begin{array}{rcr} 2x + 3y &=& 12 \\ 2x - 3y &=& 0 \\ x + \ \ y &=& 5 \\ x - \ \ y &=& 0 \end{array} \right|$$

Als Teilsystem werden wieder die ersten beiden Gleichungen mit der Lösung

$$x = 3 \qquad y = 2$$

gewählt.

Dieses Zahlenpaar löst auch die dritte Gleichung des gegebenen Gleichungssystems, denn es ist

$$3 + 2 = 5.$$

Dagegen ist $x = 3$ und $y = 2$ *keine Lösung der vierten Gleichung*, denn

$$3 - 2 = 0 \ \lightning$$

ist eine *falsche Aussage*.

Da die anfangs gefundene „Lösung" *nicht alle* Gleichungen des Gesamtsystems erfüllt, hat das gegebene Gleichungssystem *keine Lösung*: $\mathbf{L} = \emptyset$.

3.4.2.6 Schwierigere Gleichungssysteme

Wenn ein Gleichungssystem mit zwei Variablen nicht von vornherein in der *Normalform*

$$\left| \begin{array}{l} a_1 \cdot x + b_1 \cdot y = c_1 \\ a_2 \cdot x + b_2 \cdot y = c_2 \end{array} \right|$$

gegeben ist, so sollte man es zunächst in diese Form umwandeln.

Danach kann man dann wie gewohnt die gesuchten Variablen mit einem der drei behandelten Lösungsverfahren bestimmen.

Beispiele:

3.118

$$\left| \begin{array}{l} (x + 2)(y - 1) = (x + 5)(y - 2) \\ (x - 4)(y + 7) = (x - 3)(y + 4) \end{array} \right|$$

Lösung: Durch Ausmultiplizieren und Ordnen wird zunächst die Normalform hergestellt.

$$\begin{vmatrix} x - 3y = -8 \\ 3x - y = 16 \end{vmatrix}$$

Hieraus ergibt sich das Lösungspaar

$x = 7; \qquad y = 5,$ was nachzurechnen ist!

Probe:

$$9 \cdot 4 \stackrel{?}{=} 12 \cdot 3 \qquad 3 \cdot 12 \stackrel{?}{=} 4 \cdot 9$$
$$36 = 36 \checkmark \qquad 36 = 36 \checkmark \Rightarrow \mathbf{L} = \{ (x; y) \mid (7; 5) \}$$

3.119

$$\begin{vmatrix} 5(x-2) - 3(y-1) = 0 \\ 2(x-2) + 7(y-1) = 0 \end{vmatrix}$$

Lösung: Durch Ausmultiplizieren könnte man das Gleichungssystem wie im vorhergehenden Beispiel zunächst wieder auf die Normalform bringen. Da aber die Variablen in beiden Gleichungen in den gleichbleibenden Verbindungen $x - 2$ und $y - 1$ auftreten, kann man auch sofort das Additionsverfahren anwenden und dadurch eine der beiden Variablen eliminieren:

$$\begin{vmatrix} 5(x-2) - 3(y-1) = 0 \\ 2(x-2) + 7(y-1) = 0 \end{vmatrix} \begin{matrix} \cdot 7 \\ \cdot 3 \end{matrix}$$

$$\begin{vmatrix} 35(x-2) - 21(y-1) = 0 \\ 6(x-2) + 21(y-1) = 0 \end{vmatrix} \begin{matrix} + \\ + \end{matrix}$$

$$41(x-2) = 0$$
$$x - 2 = 0$$
$$x = 2$$

y wird am besten aus einer der Ausgangsgleichungen berechnet:

$$5(2-2) - 3(y-1) = 0$$
$$-3(y-1) = 0$$
$$y - 1 = 0$$
$$y = 1,$$ was nachzuprüfen ist!

3.120 $(u + v) : (u + 1) : (9 - v) = 3 : 2 : 1$

Zerlegung der beiden fortlaufenden Proportionen in zwei Einzelproportionen:

$$\begin{vmatrix} (u+v) : (u+1) = 3 : 2 \\ (u+1) : (9-v) = 2 : 1 \end{vmatrix}$$

Produktgleichungen:

$$\begin{vmatrix} 2(u+v) = 3(u+1) \\ u + 1 = 2(9-v) \end{vmatrix}$$

Ausmultiplizieren und ordnen:

$$\begin{vmatrix} -u + 2v = 3 \\ u + 2v = 17 \end{vmatrix}$$

Addition:

$$4v = 20$$

Lösungen: $u = 7 \quad v = 5,$ die Probe ist noch zu machen!

3.121
$$\left| \begin{array}{rcl} ax + by &=& a^2 + 2ab - b^2 \\ bx - ay &=& b^2 + 2ab - a^2 \end{array} \right| \begin{array}{l} \cdot a \\ \cdot b \end{array}$$

Lösung: Additionsverfahren – geeignete Erweiterungsfaktoren stehen neben den beiden Gleichungen:

$$\left| \begin{array}{rcl} a^2x + aby &=& a^3 + 2a^2b - ab^2 \\ b^2x - aby &=& b^3 + 2ab^2 - a^2b \end{array} \right|$$

$$\begin{aligned} a^2x + b^2x &= a^3 + a^2b + ab^2 + b^3 \\ x \cdot (a^2 + b^2) &= a^3 + a^2b + ab^2 + b^3 \\ x &= \frac{a^3 + a^2b + ab^2 + b^3}{a^2 + b^2} \end{aligned}$$

Durch Polynomdivision lässt sich dieses Ergebnis vereinfachen zu

$$x = a + b.$$

Setzt man diesen Wert für x in die erste Gleichung ein, so ergibt sich

$$\begin{aligned} a^2 + ab + by &= a^2 + 2ab - b^2 \\ by &= ab - b^2 = b(a - b) \\ y &= a - b. \end{aligned}$$

Probe für die erste Gleichung:

$$\begin{aligned} a(a + b) + b(a - b) &\stackrel{?}{=} a^2 + 2ab - b^2 \\ a^2 + ab + ab - b^2 &= a^2 + 2ab - b^2 \\ a^2 + 2ab - b^2 &= a^2 + 2ab - b^2 \; \checkmark \end{aligned}$$

Die Probe für die zweite Gleichung ist noch durchzuführen!

$\mathbf{L} = \{ (x; y) \mid (a + b;\, a - b) \}$

3.122
$$\left| \begin{array}{l} \dfrac{m}{x + m} + \dfrac{n}{y + n} = 1 \\ \dfrac{n}{x + m} - \dfrac{m}{y + n} = 2 \end{array} \right| \qquad x \in \mathbf{R} \setminus \{-m\} \text{ und } y \in \mathbf{R} \setminus \{-n\}$$

Lösung: Hier würde die Multiplikation mit dem Hauptnenner auf sehr umständliche Gleichungen führen. Da die Variablen ähnlich wie im Beispiel 3.119 wieder nur in ganz bestimmten Verbindungen, nämlich $\frac{1}{x + m}$ und $\frac{1}{y + n}$ auftreten, kann sofort das Additionsverfahren angewendet werden.

$$\left| \begin{array}{l} \dfrac{m}{x + m} + \dfrac{n}{y + n} = 1 \\ \dfrac{n}{x + m} - \dfrac{m}{y + n} = 2 \end{array} \right| \begin{array}{l} \cdot m \\ \\ \cdot n \end{array}$$

$$\left| \begin{array}{l} \dfrac{m^2}{x + m} + \dfrac{mn}{y + n} = m \\ \dfrac{n^2}{x + m} - \dfrac{mn}{y + n} = 2n \end{array} \right| \begin{array}{l} + \\ \\ + \end{array}$$

$$\frac{m^2+n^2}{x+m} = m+2n$$
$$x+m = \frac{m^2+n^2}{m+2n}$$
$$x = \frac{m^2+n^2}{m+2n} - m = \frac{m^2+n^2-m^2-2mn}{m+2n}$$
$$x = \frac{n(n-2m)}{m+2n}$$

Statt y dadurch zu berechnen, dass man den für x gefundenen Wert in eine der beiden Ausgangsgleichungen einsetzt, wird es wesentlich einfacher, wenn man das Additionsverfahren ein zweites Mal anwendet, um x zu eliminieren: Multiplikation der ersten Gleichung mit n, der zweiten mit $-m$.

Die zweite Rechnung unterscheidet sich nur unwesentlich von der ersten und ist selbstständig durchzuführen.

Das Resultat lautet

$$y = \frac{m \cdot (m+2n)}{n-2m} \,.$$

Probe für die erste Gleichung:

$$\frac{m}{\frac{n(n-2m)}{m+2n}+m} + \frac{n}{\frac{m(m+2n)}{n-2m}+n} \stackrel{?}{=} 1$$
$$\frac{m(m+2n)}{n(n-2m+m(m+2n)} + \frac{n(n-2m)}{m(m+2n)+n(n-2m)} = 1$$
$$\frac{m^2+2mn}{m^2+n^2} + \frac{n^2-2mn}{m^2+n^2} = 1$$
$$\frac{m^2+n^2}{m^2+n^2} = 1 \checkmark$$

Die erste Gleichung ist somit richtig gelöst. Die Probe für die zweite Gleichung ist noch zu machen und die Lösungsmenge muss noch angegeben werden!

3.123 Vergrößert man die Spannung in einem Stromkreis um 5 V und vermindert man gleichzeitig den Widerstand um 2 Ω, so wird die Stromstärke 4,5 A. Vermindert man dagegen die Spannung um 4 V bei gleichzeitiger Vergrößerung des Widerstandes um 6 Ω, so sinkt die Stromstärke auf 2 A ab.

Wie groß sind die ursprüngliche Stromstärke, die Spannung und der Widerstand?

Lösung: Die ursprünglichen Größen von Spannung und Widerstand seien U und R. Aus den Angaben der Aufgabenstellung muss dann aufgrund des OHM'schen Gesetzes gelten:

$$U + 5\,\text{V} = (R - 2\,\Omega) \cdot 4{,}5\,\text{A} \qquad \text{und}$$
$$U - 4\,\text{V} = (R + 6\,\Omega) \cdot 2\,\text{A}$$

Die Auflösung dieses Gleichungssystems nach U und R liefert

$$U = 40\,\text{V} \qquad \text{und} \qquad R = 12\,\Omega\,.$$

Folglich betrug die ursprüngliche Spannung im Stromkreis $U = 40$ V, der ursprüngliche Widerstand $R = 12\ \Omega$ und die ursprüngliche Stromstärke $I = \dfrac{U}{R} = 3{,}33$ A.

3.124 Es stehen zwei Sorten Alkohol zur Verfügung: 72-prozentiger und 96-prozentiger. Wie viel muss man von jeder Sorte nehmen, wenn man 50 L Alkohol benötigt, der 80-prozentig ist?

Lösung: Man muss x L des 72-prozentigen und y L des 96-prozentigen Alkohols nehmen. Weil 50 L benötigt werden, muss

$$x + y = 50$$

sein.

Da 1 L des 72-prozentigen Alkohols 0,72 L reinen Alkohol enthält, enthalten x L des 72-prozentigen Alkohols $0{,}72 \cdot x$ L reinen Alkohol. Entsprechend sind in y L des 96-prozentigen Alkohols $0{,}96 \cdot y$ L und in 50 L des 80-prozentigen Alkohols $0{,}80 \cdot 50$ L reiner Alkohol enthalten. Der Vergleich der vorhandenen Mengen an reinem Alkohol ergibt

$$0{,}72 \cdot x + 0{,}96 \cdot y = 0{,}80 \cdot 50\,.$$

Aus den beiden so gefundenen Gleichungen

$$\left| \begin{array}{rcl} 0{,}72 \cdot x + 0{,}96 \cdot y &=& 0{,}80 \cdot 50 \\ x + \quad\;\; y &=& 50 \end{array} \right|$$

folgt $\quad x = 33\tfrac{1}{3} \quad$ und $\quad y = 16\tfrac{2}{3}$.

Es müssen demnach $33\frac{1}{3}$ L des 72-prozentigen und $16\frac{2}{3}$ L des 96-prozentigen Alkohols gemischt werden, wenn man 50 L Alkohol herstellen will, der 80-prozentig ist.

3.125 Eine Platte aus Messingblech hat die Masse 9,405 kg und die Abmessungen $500 \times 500 \times 4{,}4\,\text{mm}^3$. Wie viel Kupfer (Cu) und wie viel Zink (Zn) sind in der Legierung enthalten? ($\varrho_{\text{Cu}} = 8{,}9\,\text{kg/dm}^3$; $\varrho_{\text{Zn}} = 7{,}14\,\text{kg/dm}^3$)

Lösung: Die Platte enthält x kg Cu und y kg Zn. Beide Massen ergeben zusammen die Masse der Platte:

$$x\,\text{kg} + y\,\text{kg} = 9{,}405\,\text{kg}$$

x kg Cu besitzen das Volumen

$$V_{\text{Cu}} = \frac{m_{\text{Cu}}}{\varrho_{\text{Cu}}} = \frac{x\,\text{kg}}{8{,}9\,\text{kg/dm}^3} = \frac{x}{8{,}9}\,\text{dm}^3,$$

y kg Zn besitzen das Volumen

$$V_{\text{Zn}} = \frac{m_{\text{Zn}}}{\varrho_{\text{Zn}}} = \frac{y\,\text{kg}}{7{,}14\,\text{kg/dm}^3} = \frac{y}{7{,}14}\,\text{dm}^3.$$

Diese beiden Volumina ergeben zusammen das Volumen der Platte

$$V_{\text{Cu}} + V_{\text{Zn}} = V_{\text{Platte}} = 5 \cdot 5 \cdot 0{,}044\,\text{dm}^3,$$

also

$$\frac{x}{8{,}9}\,\text{dm}^3 + \frac{y}{7{,}14}\,\text{dm}^3 = 1{,}1\,\text{dm}^3.$$

Aus dem Gleichungssystem

$$\left| \begin{array}{rcl} x + y &=& 9{,}405 \\ \dfrac{x}{8{,}9} + \dfrac{y}{7{,}14} &=& 1{,}1 \end{array} \right|$$

ergibt sich

$$x = \frac{12\,549}{1\,600} \approx 7{,}843 \qquad \text{und} \qquad y = \frac{2\,499}{1\,600} \approx 1{,}562.$$

Die Legierung enthält also rund 7,843 kg Cu und 1,562 kg Zn.

✍ A. 3.52–3.54 auf Seite 395

Gleichungssysteme mit quadratischen Gleichungen werden in Abschnitt 3.5.7 behandelt.

3.4.3 LGS mit drei und mehr Variablen

3.4.3.1 Begriffserklärungen

Eine **lineare Gleichung mit *n* Variablen** lässt sich stets in der Form

$$\boxed{a_{11} \cdot x_1 + a_{12} \cdot x_2 + a_{13} \cdot x_3 + \ldots + a_{1n} \cdot x_n = b_1} \tag{3.26}$$

schreiben, wobei die Koeffizienten a_{11}, a_{12}, ..., a_{1n} und b_1 beliebige, aber feste Zahlen bedeuten. Für die Variablen $x_1, x_2, \ldots, x_n$ dürfen innerhalb eines bestimmten Definitionsbereiches beliebige Werte eingesetzt werden. Dadurch wird dann aus der Gleichung eine wahre oder falsche Aussage.

Eine Wertezusammenstellung $(x_1; x_2; \ldots; x_n)$ – auch n-Tupel genannt –, die die lineare Gleichung (3.26) zu einer wahren Aussage macht, heißt eine **Lösung** dieser Gleichung.

Wie bei den Gleichungen mit zwei Variablen muss der Definitionsbereich für die in der Gleichung auftretenden Variablen einzeln festgelegt werden. Sofern durch die Aufgabenstellung nicht anders gefordert, ist der Definitionsbereich für die Variablen die Menge der reellen Zahlen.

Sind mehrere, beispielsweise m Gleichungen mit n Variablen gegeben, so nennt man die Gesamtheit dieser Gleichungen

$$\begin{array}{|ccccccccc|}
a_{11} \cdot x_1 & + & a_{12} \cdot x_2 & + & a_{13} \cdot x_3 & + & \ldots\ a_{1n} \cdot x_n & = & b_1 \\
a_{21} \cdot x_1 & + & a_{22} \cdot x_2 & + & a_{23} \cdot x_3 & + & \ldots\ a_{2n} \cdot x_n & = & b_2 \\
a_{31} \cdot x_1 & + & a_{32} \cdot x_2 & + & a_{33} \cdot x_3 & + & \ldots\ a_{3n} \cdot x_n & = & b_3 \\
\vdots & & & & & & \vdots & & \vdots \\
a_{m1} \cdot x_1 & + & a_{m2} \cdot x_2 & + & a_{m3} \cdot x_3 & + & \ldots\ a_{mn} \cdot x_n & = & b_m
\end{array} \tag{3.27}$$

ein **System von *m* linearen Gleichungen mit *n* Variablen.**

Jede Wertezusammenstellung $(x_1; x_2; \ldots; x_n)$, die alle m Gleichungen des linearen Gleichungssystems (3.27) mit n Variablen erfüllt, heißt eine Lösung dieses Gleichungssystems.

Alles was im Abschnitt über die Lösbarkeit eines Gleichungssystems mit zwei Variablen gesagt wurde, lässt sich sinngemäß auch auf Systeme mit mehr als zwei Variablen übertragen:

Zur eindeutigen Bestimmung der n Variablen $x_1, x_2, \ldots, x_n$ eines linearen Gleichungssystems sind genau n linear unabhängige Gleichungen erforderlich, die einander nicht widersprechen.

Sind weniger als n linear unabhängige und einander nicht widersprechende Gleichungen vorhanden, dann gibt es unendlich viele Lösungen des Gleichungssystems.

Ein System von mehr als n linearen Gleichungen mit n Variablen hat nur dann eine Lösung, wenn die Lösung eines beliebig herausgegriffenen, aus n Gleichungen bestehenden Teilsystems auch sämtliche übrigen Gleichungen des Systems erfüllt.

Bei einander widersprechenden Gleichungen gibt es keine Lösung.

☞ Die Frage, wann m lineare Gleichungen linear unabhängig oder linear abhängig sind, soll hier nicht näher erörtert werden.

3.4.3.2 Lösungsverfahren für LGS mit drei und mehr Variablen

Das Grundprinzip für die Lösung eines linearen Gleichungssystems mit n Variablen ist das gleiche wie für lineare Gleichungssysteme mit zwei Variablen: Man eliminiert aus den m ursprünglich vorhandenen Gleichungen zunächst eine Variable und kommt auf diese Weise zu $m-1$ Gleichungen mit $n-1$ Variablen. Aus diesen eliminiert man erneut eine der verbliebenen Variablen, so dass ein neues Gleichungssystem von $m-2$ Gleichungen mit $n-2$ Variablen entsteht. Das wird so lange fortgesetzt, bis zum Schluss nur noch eine einzige Gleichung übrig bleibt. Diese Gleichung wird gelöst. Mit der gefundenen Lösung werden dann die übrigen Variablen schrittweise aus den während des Eliminationsprozesses entstandenen Gleichungen bestimmt.

Beispiele:

3.126
$$\left|\begin{array}{rcr} 4x + y - 2z & = & 0 \\ 3x + 2y + 3z & = & 16 \\ 5x - y + 3z & = & 12 \end{array}\right| \qquad x, y, z \in \mathbf{R}$$

Lösung: Zur Elimination eignet sich in diesem Gleichungssystem besonders die Variable y. Addiert man nämlich die dritte zu der ersten Gleichung, so ergibt sich

$$9x + z = 12.$$

Multipliziert man die dritte Gleichung mit 2 und addiert sie dann zur zweiten Gleichung, so erhält man

$$13x + 9z = 40.$$

Um die langatmige Beschreibung dieses Rechenganges zu vermeiden, kann man die einzelnen Rechenschritte am Rande des Gleichungssystems notieren, wobei die römischen Ziffern zur Nummerierung der Gleichungen dienen:

$$\left|\begin{array}{rcr} 4x + y - 2z & = & 0 \\ 3x + 2y + 3z & = & 16 \\ 5x - y + 3z & = & 12 \end{array}\right| \begin{array}{l} \mid +\mathrm{III} \\ \mid +2\cdot\mathrm{III} \\ \end{array} \qquad \left|\begin{array}{rcr} 9x + z & = & 12 \\ 13x + 9z & = & 40 \\ 5x - y + 3z & = & 12 \end{array}\right| \begin{array}{l} \\ \mid -9\cdot\mathrm{I} \\ \end{array}$$

$$\left|\begin{array}{rcr} 9x + z & = & 12 \\ -68x & = & -68 \\ 5x - y + 3z & = & 12 \end{array}\right| \begin{array}{l} \\ \mid :(-68) \\ \end{array}$$

Aus der zweiten Gleichung erkennt man sofort die Lösung für x: $x = 1$. Mit diesem Wert kann nun die Variable z aus der ersten Gleichung bestimmt werden:

$$\begin{aligned} 9 \cdot 1 + z &= 12 \\ z &= 3\,. \end{aligned}$$

Schließlich erhält man durch Einsetzen der bekannten Werte die noch zu ermittelnde Variable y aus der dritten Gleichung:

$$\begin{aligned} 5 \cdot 1 - y + 3 \cdot 3 &= 12 \\ y &= 2\,. \end{aligned}$$

Die *Probe* muss an allen drei Ausgangsgleichungen durchgeführt werden:

$4 + 2 - 6 = 0$ ✓ $\qquad 3 + 4 + 9 = 16$ ✓ $\qquad 5 - 2 + 9 = 12$ ✓

Alle drei Proben stimmen, demnach ist das Gleichungssystem *richtig* gelöst worden:

$$\mathbf{L} = \{\,(x;\, y;\, z) \mid (1;\, 2;\, 3)\,\}\,.$$

3.127

$$\left|\begin{array}{ccccccc} x & - & 2y & + & 3z & = & 8 \\ x & - & y & & & = & 2 \\ x & & & - & z & = & 4 \end{array}\right|$$

Lösung: Mit der zweiten und der dritten Gleichung lassen sich hier sowohl y als auch z allein durch die Variable x ausdrücken:

$$y = x - 2 \qquad \text{(a)}$$

$$z = x - 4 \qquad \text{(b)}$$

Setzt man dies in die erste Gleichung des ursprünglichen Systems ein, so ergibt sich eine Gleichung, die nur noch die Variable x enthält:

$$x - 2 \cdot (x - 2) + 3 \cdot (x - 4) = 8\,. \qquad \text{(c)}$$

Aus ihr folgt

$$x = 8\,.$$

Setzt man diesen Wert in die Gleichungen (a) und (b) ein, so erhält man für die Werte der beiden noch nicht ermittelten Variablen

$$y = 6 \qquad \text{und} \qquad z = 4\,. \qquad \text{Probe!}$$

✍ A. 3.55–3.57 auf Seite 396

3.128 Ein Meister erteilt einem Auszubildenden den folgenden Auftrag: „Ich brauche genau 100 kg Zement. Im Lager stehen Säcke, die mit 50 kg, 10 kg und 5 kg gefüllt sind. Von jeder Sorte brauche ich jedoch *mindestens einen Sack*. Richte es aber bitte so ein, dass Du genau 10 Säcke bringst. Die Waage im Lager ist leider defekt.“

Wie kann der Auszubildende seinen Auftrag ordnungsgemäß erledigen?

Lösung: Der Auszubildende möge x Säcke zu 50 kg, y Säcke zu 10 kg und z Säcke zu 5 kg bringen. Da er genau 10 Säcke bringen soll, muss

$$x + y + z = 10$$

sein.

Weil ferner genau 100 kg Zement benötigt werden, gilt außerdem

$$50 \cdot x + 10 \cdot y + 5 \cdot z = 100\,.$$

Diese Gleichung lässt sich noch vereinfachen zu

$$10x + 2y + z = 20\,.$$

Weitere mathematische Beziehungen zwischen den unbekannten Größen x, y und z lassen sich wegen der Aufgabenstellung nicht finden, so dass hier ein Gleichungssystem mit nur 2 Gleichungen für 3 Variable entsteht:

$$\left| \begin{array}{rcl} 10x + 2y + z & = & 20 \\ x + y + z & = & 10 \end{array} \right| \qquad \text{(a)}$$

Da die im Lager befindliche Waage defekt ist, kann der Auszubildende nur volle Säcke bringen. Damit wird der Definitionsbereich des Gleichungssystems weiter stark eingeschränkt: Es sind nur ganzzahlige, positive Werte für die Variablen x, y und z sinnvoll. Für die gilt:

$$x, y, z \in \{1, 2, 3, 4, 5, 6, 7, 8\}.$$

Man überlege, warum 0, 9 und 10 *nicht* dem Definitionsbereich angehören!

Zur Lösung des Gleichungssystems (a) subtrahiert man am besten die zweite Gleichung von der ersten:

$$9x + y = 10, \qquad \text{woraus}$$

$$y = 10 - 9x$$

folgt.

Beachtet man die Einschränkungen für die Definitionsbereiche der drei Variablen, so muss

$$x = 1$$

sein, denn alle übrigen erlaubten Werte würden negative Werte für y ergeben, und die haben im Sinne der Aufgabenstellung keine Bedeutung.

Mit $x = 1$ folgt aus der Gleichung $y = 10 - 9x$, dass auch

$$y = 1$$

sein muss. Wegen $x + y + z = 10$ ergibt sich für die letzte Variable

$$z = 8.$$

Der Auszubildende muss somit einen 50-kg-Sack, einen 10-kg-Sack und acht 5-kg-Säcke Zement bringen, wenn er die Forderungen seines Meisters erfüllen will.

Die Probe dazu ist durchführen!

Es soll nun noch gezeigt werden, wie man durch systematisches Nachdenken insbesondere bestimmte Textaufgaben unkonventionell und meist auch recht rasch lösen kann, ohne dass dazu Gleichungssysteme aufgestellt werden müssen:

Der Auszubildende soll von jeder Sorte Säcke mindestens einen mitbringen. Würde er nun zwei 50-kg-Säcke nehmen, so wären die 100 kg Zement bereits erreicht, ohne dass auch nur eine der kleineren Sacksorten mitgenommen werden. Das soll aber nicht sein. Also kommt nur **ein 50-kg-Sack** in Betracht und es verbleiben noch 50 kg Zement, die in 10- und 5-kg-Säcken zu liefern sind. Für deren Aufteilung gibt es folgende Möglichkeiten: einen 10-kg-Sack und acht 5-kg-Säcke, zwei 10-kg-Säcke und sechs 5-kg-Säcke, drei 10-kg-Säcke und vier 5-kg-Säcke sowie vier 10-kg-Säcke und zwei 5-kg-Säcke.

Man überlege, warum es keine weitere Varianten gibt!

Nur mit **einem 10-kg-Sack** und **acht 5-kg-Säcken** wird die Forderung des Meisters nach 10 Säcken erfüllt. Also lautet die Lösung wie oben:

Der Auszubildende muss einen 50-kg-Sack, einen 10-kg-Sack und acht 5-kg-Säcke bringen.

3.129 Drei Arbeiter A, B und C haben eine Arbeit auszuführen. Arbeiten A und B gemeinsam, so dauert die Arbeit 12 Tage; A und C benötigen zusammen 15 Tage, und bei B und C würde es 20 Tage dauern, bis die Arbeit erledigt ist. Wie lange würde jeder Arbeiter brauchen, wenn er die Arbeit allein ausführen müsste, und wie lange, wenn alle drei gemeinsam arbeiten würden?

Lösung: A benötige a Tage, B b Tage und C c Tage für die Arbeit. Dann schafft, wenn er allein arbeiten würde, A an einem Tag $\frac{1}{a}$, B an einem Tag $\frac{1}{b}$ und C an einem Tag $\frac{1}{c}$ der Arbeit.

Wenn A und B zusammen 12 Tage brauchen, erledigen sie an einem Tag $\frac{1}{12}$ der Arbeit. Folglich gilt

$$\frac{1}{a}+\frac{1}{b}=\frac{1}{12}.$$

Entsprechend erhält man die Gleichungen

$$\frac{1}{a}+\frac{1}{c}=\frac{1}{15} \qquad \text{sowie} \qquad \frac{1}{b}+\frac{1}{c}=\frac{1}{20}.$$

Das Gleichungssystem, aus dem die drei unbekannten Größen a, b, c ermittelt werden können, hat damit die Form

$$\left| \begin{array}{rcrcrcl} \frac{1}{a} & + & \frac{1}{b} & & & = & \frac{1}{12} \\ \frac{1}{a} & & & + & \frac{1}{c} & = & \frac{1}{15} \\ & & \frac{1}{b} & + & \frac{1}{c} & = & \frac{1}{20} \end{array} \right| \qquad \text{(a)}$$

Gewöhnlich gibt man bei Gleichungen, in denen Brüche auftreten, den Rat, zuerst die Brüche zu beseitigen, indem man auf beiden Seiten der Gleichung mit dem Hauptnenner multipliziert. Dieser Rat würde im vorliegenden Beispiel nur zu Komplikationen führen, denn die Variablen ließen sich danach nicht eliminieren, was auszuprobieren ist!

Sinnvoller ist es hier, die drei Gleichungen nicht nach $a, b,$ und c aufzulösen, sondern nach deren Kehrwerten $\frac{1}{a}, \frac{1}{b}$ und $\frac{1}{c}$.

Man erhält

$$\frac{1}{a}=\frac{1}{20} \qquad \frac{1}{b}=\frac{1}{30} \qquad \frac{1}{c}=\frac{1}{60},$$

woraus

$$a=20 \qquad b=30 \qquad c=60$$

folgt. Probe!

Demnach arbeitet A 20 Tage, B 30 Tage und C 60 Tage, wenn die Aufgabe jeweils allein erledigt werden muss, und bei gemeinsamer Arbeit schaffen die drei an einem Tag

$$\frac{1}{20}+\frac{1}{30}+\frac{1}{60}=\frac{1}{10}$$

der Arbeit. Folglich brauchen sie gemeinsam nur 10 Tage, um ihre Aufgabe zu erledigen.

✍ A. 3.58 auf Seite 397

3.130 Bei größeren Gleichungssystemen werden die Variablen schrittweise eliminiert. Dabei bedient man sich in geschickter Weise der drei erlaubten Umformungen:

> In einem linearen Gleichungssystem darf man *jederzeit*
> a) Gleichungen in ihrer Reihenfolge vertauschen,
> b) Gleichungen mit einer *beliebigen* Zahl ($\neq 0$) malnehmen,
> c) Gleichungen addieren.

①
$$\left|\begin{array}{rcrcrcr} 5x & + & 6y & - & 7z & = & 2{,}5 \\ 3x & - & 9y & - & 3{,}5z & = & -2{,}5 \\ 12x & + & 12y & + & 21z & = & 26 \end{array}\right| \begin{array}{l} \\ \mid \Rightarrow \mathrm{I} \\ \\ \end{array}$$

Zu Beginn werden die Gleichungen in ihrer Reihenfolge so umsortiert, dass das betragskleinste Element der ersten Spalte in der ersten Zeile erscheint. In diesem Fall liefert $3x$ von den Werten der ersten Spalte ($5x$, $3x$ und $12x$) den kleinsten Wert. Wir bringen deshalb die zweite Gleichung in die erste Position. Die weitere Reihenfolge der anderen Gleichungen ist im Augenblick unwichtig.

②
$$\left|\begin{array}{rcrcrcr} 3x & - & 9y & - & 3{,}5z & = & -2{,}5 \\ 5x & + & 6y & - & 7z & = & 2{,}5 \\ 12x & + & 12y & + & 21z & = & 26 \end{array}\right| \begin{array}{l} \\ \mid \cdot(-3) \\ \mid \cdot(-1) \end{array}$$

Mit der ersten Gleichung können wir nun die Variable x aus den darunter stehenden Gleichungen eliminieren. Zu diesem Zweck multiplizieren wir die unteren Gleichungen mit einem geeigneten Faktor, so dass wir dort in der ersten Spalte jeweils Vielfache von 3 erhalten. Gleichzeitig achten wir auf unterschiedliche Vorzeichen in der ersten Spalte, damit wir die nachfolgende Eliminierung durch Addieren statt Subtrahieren erledigen können.

③
$$\left|\begin{array}{rcrcrcr} 3x & - & 9y & - & 3{,}5z & = & -2{,}5 \\ -15x & - & 18y & + & 21z & = & -7{,}5 \\ -12x & - & 12y & - & 21z & = & -26 \end{array}\right| \begin{array}{l} \\ \mid +5\cdot\mathrm{I} \\ \mid +4\cdot\mathrm{I} \end{array}$$

④
$$\left|\begin{array}{rcrcrcr} 3x & - & 9y & - & 3{,}5z & = & -2{,}5 \\ & - & 63y & + & 3{,}5z & = & -20 \\ & - & 48y & - & 35z & = & -36 \end{array}\right| \begin{array}{l} \\ \\ \mid \cdot(-21) \end{array}$$

Nachdem wir x aus den unteren Gleichungen entfernt haben, verfahren wir nun analog mit y in der zweiten Spalte. Wir multiplizieren die dritte Zeile mit 21, damit wir dort ein gemeinsames Vielfaches von 63 und 48 bekommen. Gleichzeitig ändern wir dort die Vorzeichen, damit wir im nächsten Schritt durch Addieren die Variable y eliminieren können.

⑤
$$\left|\begin{array}{rcrcrcr} 3x & - & 9y & - & 3{,}5z & = & -2{,}5 \\ & - & 63y & + & 3{,}5z & = & -20 \\ & + & 1\,008y & + & 735z & = & 756 \end{array}\right| \begin{array}{l} \\ \\ \mid +16\cdot\mathrm{II} \end{array}$$

⑥
$$\left|\begin{array}{rcrcrcr} 3x & - & 9y & - & 3{,}5z & = & -2{,}5 \\ & - & 63y & + & 3{,}5z & = & -20 \\ & & & + & 791z & = & 436 \end{array}\right| \begin{array}{l} \\ \\ \mid :791 \;\Rightarrow z = \dfrac{436}{791} \end{array}$$

Die letzte Gleichung liefert uns nun den gesuchten Wert für z. Setzt man diesen Wert in die zweite Zeile ein, so bekommt man das Ergebnis für y:

$$-63y + 3{,}5 \cdot \frac{436}{791} = -20 \qquad \Rightarrow\ y = \frac{118}{339}$$

Mit diesen beiden Ergebnissen kann man aus der ersten Zeile x berechnen:

$$3x - 9 \cdot \frac{118}{339} - 3{,}5 \cdot \frac{436}{791} = -2{,}5 \qquad \Rightarrow\ x = \frac{193}{226}$$

Die Probe *für alle 3 Ausgangsgleichungen* ist noch durchzuführen!

☞ Die Lösungsidee zum schrittweise Entfernen der Variablen stammt von dem Mathematiker CARL FRIEDRICH GAUSS (GAUSS'scher Eliminationsalgorithmus). Dieser Weg mag auf den ersten Blick langatmig und kompliziert erscheinen, er hat aber einen entscheidenden Vorteil: *Diese Methode funktioniert immer!*
Mit ein wenig Routine wird man mehrere Schritte, die hier zum besseren Verständnis einzeln aufgeführt wurden, in einem Arbeitsgang erledigen.
Sicherlich gibt es im Einzelfall immer wieder Abkürzungen und Tricks, mit denen man schneller zum Ziel kommt. Sie lassen sich aber nicht in einer allgemein anwendbaren Methode einsetzen.

3.131

$$\left| \begin{array}{r} x+y+z=6 \\ x-y+z=2 \\ x+y-z=0 \\ -x+y+z=8 \end{array} \right|$$

Lösung: Es handelt sich hier um ein *überbestimmtes Gleichungssystem*, bei dem die Anzahl der Gleichungen größer ist als die Anzahl der zu bestimmenden Variablen.

In derartigen Fällen greift man zunächst ein Teilsystem heraus, bei dem die Anzahl der Gleichungen mit der Anzahl der Variablen übereinstimmt. Ein solches Teilsystem ist

$$\left| \begin{array}{r} x+y+z=6 \\ x-y+z=2 \\ x+y-z=0 \end{array} \right|$$

Addiert man hierin die letzten beiden Gleichungen, so erhält man die einfache Gleichung

$$2x = 2, \qquad \text{woraus} \qquad x = 1 \quad \text{folgt.}$$

Mit $x = 1$ entsteht aus den ersten beiden Gleichungen das Gleichungssystem mit zwei Variablen

$$\left| \begin{array}{r} y+z = 5 \\ -y+z = 1 \end{array} \right|,$$

woraus man

$$y = 2 \qquad \text{und} \qquad z = 3$$

erhält.

Somit lautet die Lösung des gewählten Teilsystems

$$x = 1, \qquad y = 2 \qquad \text{und} \qquad z = 3.$$

Nun muss allerdings noch überprüft werden, ob dies auch eine Lösung der bisher noch nicht beachteten vierten Gleichung ist.

Setzt man die gefundenen Werte in diese vierte Gleichung ein, so erhält man mit

$$-1+2+3=8 \;\text{↯}$$

eine *falsche Aussage*. Die Lösung des Teilsystems erfüllt somit zwar die ersten drei Gleichungen des Gesamtsystems, jedoch nicht die vierte.

Das gegebene Gleichungssystem hat folglich *keine Lösung*: $\mathbf{L}=\emptyset$

3.132
$$\left|\begin{array}{l} 3x+2y-\;\;z=20 \\ 2x+3y+\;\;z=40 \\ \;\;x+4y+3z=80 \end{array}\right|$$

Zunächst wird z eliminiert:

$$\left|\begin{array}{l} 3x+2y-\;\;z=20 \\ 2x+3y+\;\;z=40 \\ \;\;x+4y+3z=80 \end{array}\right| \begin{array}{l} \\ \mid +\mathrm{I} \\ \mid +3\cdot\mathrm{I} \end{array}$$

Dann vereinfacht:

$$\left|\begin{array}{l} 3x+\;\;2y-z=\;\;20 \\ 5x+\;\;5y\;\;\;\;\;\;=\;\;60 \\ 10x+10y\;\;\;\;\;=140 \end{array}\right| \begin{array}{l} \\ \\ \mid :2 \end{array}$$

$$\left|\begin{array}{l} 3x+2y-z=20 \\ 5x+5y\;\;\;\;\;\;=60 \\ 5x+5y\;\;\;\;\;\;=70 \end{array}\right| \begin{array}{l} \\ \text{↯} \\ \text{↯} \end{array}$$

Dieses Gleichungssystem enthält offensichtlich einen *Widerspruch*, denn $5x+5y$ kann nicht gleichzeitig den Wert 60 und 70 annehmen.

Das gegebene Gleichungssystem kann demnach keine Lösung besitzen: $\mathbf{L}=\emptyset$

3.133
$$\left|\begin{array}{l} 5x+2y-z=20 \\ 3x-4y+z=40 \end{array}\right|$$

Lösung: Im Gegensatz zu dem Gleichungssystem im Beispiel 3.131 handelt es sich hier um ein *unterbestimmtes Gleichungssystem*, bei dem weniger Gleichungen als Variable vorhanden sind: Es liegen nur 2 Gleichungen für 3 Variable vor und man kann über eine Variable völlig frei verfügen.

Setzt man

$$z=t,$$

wobei t beliebig gewählt werden darf, so entsteht aus dem unterbestimmten System ein System von zwei Gleichungen mit zwei Variablen:

$$\left|\begin{array}{l} 5x+2y=20+t \\ 3x-4y=40-t \end{array}\right|,$$

das mit den bekannten Verfahren gelöst werden kann.

$$\left|\begin{array}{l} 5x+2y=20+t \\ 3x-4y=40-t \end{array}\right| \begin{array}{l} \\ \mid +2\cdot\mathrm{I} \end{array} \quad \left|\begin{array}{l} 5x+2y=20+t \\ 13x\;\;\;\;\;\;\;\;=80+t \end{array}\right| \begin{array}{l} \\ \mid :13 \end{array} \quad \Rightarrow\; x=\frac{80+t}{13}$$

Durch Einsetzen in die erste Gleichung erhält man

$$y=\frac{4t-70}{13}.$$

Damit lautet die Lösung dieses Gleichungssystems

$$\mathbf{L}=\left\{(x;\,y;\,z)\;\middle|\;\left(\frac{80+t}{13};\,\frac{4t-70}{13};\,t\right)\;t\in\mathbf{R}\right\}$$

wobei t ein vollkommen beliebiger Wert sein darf:

Das Gleichungssystem hat also unendlich viele Lösungen. Wählt man beispielsweise $t=0$, erhält man

$$x=\frac{80}{13},\qquad y=-\frac{70}{13},\qquad z=0.$$

Es ist noch nachzuprüfen, ob diese Wertezusammenstellung die beiden gegebenen Gleichungen erfüllt!

Entsprechend erhält man für $t = 11$ die Lösung

$$x = 7, \qquad y = -2, \qquad z = 11 \qquad \text{Probe!}$$

Es wird empfohlen, sich aus der oben angegebenen allgemeinen Lösung noch weitere spezielle Lösungen zu verschaffen und nachzuprüfen, dass jede dieser Lösungen das Gleichungssystem erfüllt. Natürlich sollte man auch mit der allgemeinen Lösung die Probe durchführen!

A. 3.59–3.62 auf Seite 397

3.4.4 LGS mit elektronischen Hilfsmitteln lösen

3.4.4.1 Taschenrechner

Einige Modelle können auch Gleichungssysteme mit 2 oder 3 Unbekannten lösen.

Dazu wechselt man in einen speziellen EQN-Modus[1], wählt dort das 2er oder 3er-LGS aus und gibt nacheinander die Koeffizienten ein, die jeweils mit [=] bestätigt werden:

- EQN-Modus durch mehrfaches Betätigen von [Mode] aufrufen.
- 2er-LGS auswählen: z. B. „Unknowns = 2“[2] oder „2-VLE“

$$\left| \begin{array}{rcrcr} 7x & - & 4y & = & 2 \\ 12x & + & 9y & = & 51 \end{array} \right|$$

Erläuterung	**Anzeige**	**Eingabe**
Werte für die erste Gleichung eingeben.	$a1?$	7 [=]
	$b1?$	[−] 4 [=]
	$c1?$	2 [=]
Werte für die zweite Gleichung eingeben.	$a2?$	12 [=]
	$b2?$	9 [=]
	$c3?$	51 [=]
Ergebnis abrufen	$x = 2$	[=]
	$y = 3$	

Mit [Mode] 0 oder [Mode] 1 kann man diesen Spezialmodus wieder verlassen.

Besitzt das LGS keine oder unendlich viele Lösungen, gibt der TR eine Fehlermeldung heraus.

Das Einsetzen der Variablenwerte in das LGS zwecks **Probe** kann mit einem TR analog zum Beispiel 3.25 im Abschnitt 3.1.2.3.1 erfolgen.

---

[1] equation (engl.) Gleichung

[2] unknown (engl.) unbekannt

3.4.4.2 CAS

Mit einem CAS können auch komplexere Gleichungssysteme, wie sie besonders bei praktischen Anwendungen auftreten, leicht bearbeitet werden. Zur Demonstration werden hier aber bewusst einfache Beispiele gewählt.

Beispiel:

3.134 Die Lösung des folgenden 2er-Systems findet man in *Derive* in wenigen Schritten:

$$\left| \begin{array}{rcr} 7x - 4y &=& 2 \\ 12x + 9y &=& 51 \end{array} \right|$$

- Im Menü „Lösen / System“ anwählen.
- Anzahl der Gleichungen angeben: 2
- Gleichungen in die vorgegebenen Felder eintippen und mit der linken Maustaste in den Bereich „Lösungsvariable“ klicken.
- „Lösen“ anklicken:

SOLVE($[7\cdot x - 4\cdot y = 2{,}12\cdot x + 9\cdot y = 51],[x,y]$) $\quad [x = 2 \wedge y = 3]$

Im Gegensatz zum Taschenrechner werden auch Lösungsmannigfaltigkeiten angezeigt. Bei der Eingabe können die Lösungsvariablen im gleichnamigen Feld ausgewählt werden.

Beispiel:

3.135 Für das folgende LGS soll die Lösungsmenge mit unterschiedlichen Lösungsvariablen bestimmt werden:

$$\left| \begin{array}{l} 3x + 2y - z = 20 \\ 2x + 3y + z = 40 \end{array} \right|$$

Die **Eingabe** ... führt zu dem **Ergebnis** ...

SOLVE($[3\cdot x + 2\cdot y - z = 20{,}2\cdot x + 3\cdot y + z = 40],[x,y]$) $\quad [x = z - 4 \wedge y = 16 - z]$

$\Rightarrow \mathbf{L} = \{\, (x;\ y;\ z) \,|\, (r - 4;\ 16 - r;\ r) \ ;\ r \in \mathbf{R} \,\}$

SOLVE($[3\cdot x + 2\cdot y - z = 20{,}2\cdot x + 3\cdot y + z = 40],[x,z]$) $\quad [x = 12 - y \wedge z = 16 - y]$

$\Rightarrow \mathbf{L} = \{\, (x;\ y;\ z) \,|\, (12 - s;\ s;\ 16 - s) \ ;\ s \in \mathbf{R} \,\}$

SOLVE($[3\cdot x + 2\cdot y - z = 20{,}2\cdot x + 3\cdot y + z = 40],[y,z]$) $\quad [y = 12 - x \wedge z = x + 4]$

$\Rightarrow \mathbf{L} = \{\, (x;\ y;\ z) \,|\, (t;\ 12 - t;\ t + 4) \ ;\ t \in \mathbf{R} \,\}$

Beispiel:

3.136 Unlösbare Systeme werden von einem CAS mit [ ] angezeigt.

$$\left| \begin{array}{rcr} 8a - 3g &=& 7 \\ 8a - 3g &=& 44 \end{array} \right|$$

SOLVE($[8\cdot a - 3\cdot g = 7{,}8\cdot a - 3\cdot g = 44],[a,g]$) $\quad [\ ]$

$\Rightarrow \mathbf{L} = \emptyset$

Aufgaben:

Die folgenden Gleichungssysteme sollen gelöst werden.

Es ist sinnvoll, die Aufgaben nicht nur mit einem der behandelten Verfahren zu lösen, sondern alle anzuwenden. So sammelt man Erfahrungen, wie bestimmte Aufgabentypen effektiv gelöst werden können. Außerdem sollte man die Berechnungen mit einem TR oder CAS überprüfen.

3.4.2 2er-LGS

(Lösungen ab Seite 886)

3.47 Löse (a) bis (d) mit dem Einsetzungs-, (e) bis (h) mit dem Gleichsetzungs- und (i) bis (m) mit dem Additionsverfahren. Für die restlichen Aufgaben benutze das Verfahren, welches am besten geeignet erscheint.

a) $\left|\begin{array}{l} 2x+5y=18 \\ y=4x+8 \end{array}\right|$ b) $\left|\begin{array}{l} 2x=9y-43 \\ 7y+2x=37 \end{array}\right|$ c) $\left|\begin{array}{r} 8x-6y=-12 \\ 5x-11y=7 \end{array}\right|$

d) $\left|\begin{array}{l} 2x-3y=-15 \\ 7x-6y=-12 \end{array}\right|$ e) $\left|\begin{array}{l} x=21y-74 \\ x=110-25y \end{array}\right|$ f) $\left|\begin{array}{l} 9y=5x+7 \\ 9y=2x+1 \end{array}\right|$

g) $\left|\begin{array}{l} y=3x-11 \\ -5+2x=y \end{array}\right|$ h) $\left|\begin{array}{l} 3x+0{,}2y=0{,}74 \\ 6{,}8y=3{,}36+7x \end{array}\right|$ i) $\left|\begin{array}{r} 5x+29y=6{,}9 \\ -5x+61y=2{,}1 \end{array}\right|$

k) $\left|\begin{array}{r} 2x+3y=30 \\ 9x+y=85 \end{array}\right|$ l) $\left|\begin{array}{l} 1{,}4x+6{,}3y=21 \\ 8x-6{,}3y=35{,}4 \end{array}\right|$ m) $\left|\begin{array}{l} 8x-5y=-26{,}6 \\ 24x+25y=55{,}2 \end{array}\right|$

n) $\left|\begin{array}{r} 6x+9y=-23{,}4 \\ -6x+5y=-18{,}6 \end{array}\right|$ o) $\left|\begin{array}{r} -x+8y=11 \\ 5x-4y=17 \end{array}\right|$ p) $\left|\begin{array}{l} 3x+y=14 \\ 2x-y=1 \end{array}\right|$

q) $\left|\begin{array}{r} 2x+3y=-14 \\ x+2y=-8 \end{array}\right|$ r) $\left|\begin{array}{l} 9x-8y=14 \\ 5x-4y=10 \end{array}\right|$ s) $\left|\begin{array}{l} 6x-5y=1 \\ 9x-7y=8 \end{array}\right|$

t) $\left|\begin{array}{l} 3x+y=-5 \\ 2y+x=5 \end{array}\right|$ u) $\left|\begin{array}{r} 2{,}4x-4{,}5y=1{,}5 \\ 10{,}5y-3{,}6x=1{,}5 \end{array}\right|$ v) $\left|\begin{array}{r} 3x-y=8 \\ 0{,}4x+0{,}06y=3 \end{array}\right|$

w) $\left|\begin{array}{r} 5x+8y=28 \\ \frac{3x}{4y}=\frac{2}{3} \end{array}\right|$ x) $\left|\begin{array}{l} \frac{x}{2}+\frac{y}{6}=2\frac{5}{6} \\ \frac{x}{3}+\frac{y}{4}=3 \end{array}\right|$ y) $\left|\begin{array}{l} 3{,}2x+6{,}8=-0{,}7y \\ 1{,}9x+8{,}3=0{,}65y \end{array}\right|$

3.48 Bestimme die Lösung für x und y:

a) $\left|\begin{array}{l} x=3y-2 \\ x=5y-12 \end{array}\right|$ b) $\left|\begin{array}{l} 0{,}80x-0{,}25y=0{,}60 \\ 0{,}64x+1{,}25y=6{,}28 \end{array}\right|$ c) $\left|\begin{array}{r} 28x-57y=55 \\ 49x+4y=200 \end{array}\right|$

d) $\left|\begin{array}{r} 15x+23y+10=0 \\ 9x+12y+6=0 \end{array}\right|$ e) $\left|\begin{array}{l} 15x-10y=25 \\ 10x+15y=60 \end{array}\right|$ f) $\left|\begin{array}{l} 21x-9y+3=0 \\ 4x-5y+17=0 \end{array}\right|$

g) $\left|\begin{array}{l} -3x+y=2 \\ 12x+4y=32 \end{array}\right|$ h) $\left|\begin{array}{l} 0{,}6x+3{,}5y=22{,}3 \\ 1{,}4y-0{,}9x=1{,}15 \end{array}\right|$ i) $\left|\begin{array}{l} \frac{x}{3}+\frac{y}{8}=9 \\ \frac{x}{9}-\frac{y}{10}=-\frac{2}{5} \end{array}\right|$

3.49

a) Die Summe zweier Zahlen beträgt 518, ihre Differenz 204. Um welche beiden Zahlen handelt es sich?

b) Die Quersumme einer zweistelligen Zahl ist 9. Vertauscht man die beiden Ziffern, so erhält man eine um 45 größere Zahl. Von welcher Zahl ist die Rede?

c) Man zerlege 219 so in eine Summe zweier Zahlen, dass der sechste Teil der einen Zahl um 19 kleiner ist als der dritte Teil der anderen. Wie heißen die beiden Zahlen?

d) Ein Vater sagt zu seinem Sohn: „In vier Jahren werde ich dreimal so alt sein wie du, und vor vier Jahren war ich fünfmal so alt wie du.“ Wie alt sind Vater und Sohn?

e) Die Summe zweier Zahlen, die sich wie 3 : 11 verhalten, ist 238. Wie heißen diese Zahlen?

f) Addiert man zur ersten von zwei Zahlen 3, so verhält sich diese Summe zur zweiten Zahl wie 5 : 7. Addiert man zur zweiten Zahl 9, so verhält sich diese Summe zur ersten Zahl wie 2 : 1. Um welche beiden Zahlen handelt es sich?

g) Wenn man den Zähler und den Nenner eines Bruchs jeweils um 1 vergrößert, ergibt sich der Wert $8/9$. Wenn man Zähler und Nenner jeweils um 1 vermindert, erhält man den Wert $7/8$. Von welchem Bruch wurde ausgegangen?

h) Ein Wasserbehälter fasst 1 000 m^3 Wasser. Er wird durch zwei Rohrleitungen gefüllt. Laufen beide Rohre gleichzeitig, so ist der Behälter nach 20 min voll. Läuft das eine Rohr nur 10 min mit, so muss das andere insgesamt 35 min laufen, damit der Behälter vollständig gefüllt wird. Wie viel m^3 je Minute liefert jedes der beiden Rohre?

i) Eine Badewanne von 120 l Inhalt wird durch eine Warm- und eine Kaltwasserleitung gefüllt. Läuft das Wasser 3 min aus der Kalt- und 2 min aus der Warmwasserleitung, so sind 76 l eingeflossen. Hat man die Kaltwasserleitung nur 1 min und die Warmwasserleitung dafür 4 min geöffnet, so sind 72 l in der Badewanne.
Wie viel Wasser liefert jede Leitung in der Minute? In welcher Zeit wird die Badewanne gefüllt, wenn beide Leitungen gleichzeitig laufen?

3.50 Bestimme die Lösung für x und y:

a) $\left| \begin{array}{r} 10x - 9y = 12 \\ 25x - 12y = 51 \end{array} \right|$

b) $\left| \begin{array}{r} 4x - y = 1 \\ 12x = 3(y+1) \end{array} \right|$

c) $\left| \begin{array}{r} x + 3y = 20 \\ x - 5y = 12 \end{array} \right|$

d) $\left| \begin{array}{l} 7x + 0{,}5y = 6 \\ y = 13 - 14x \end{array} \right|$

e) $\left| \begin{array}{l} x + 2y = 6(x - 3y) \\ 7(x - 3y) = \frac{x}{4} + 6 \end{array} \right|$

f) $\left| \begin{array}{r} 10(3x + 5) = 2(16 - 3y) \\ 6(1 - 7x) = 5(4y - 10) \end{array} \right|$

g) $\left| \begin{array}{r} 0{,}4x - 0{,}6y = 1{,}2 \\ 5{,}6x - 8{,}4y = 16{,}8 \end{array} \right|$

h) $\left| \begin{array}{r} \frac{1}{2}x + \frac{1}{3}y = 7 \\ 2x + 3y = 43 \end{array} \right|$

i) $\left| \begin{array}{r} \frac{x}{2} + \frac{y}{2} = 4 \\ 3(x + y) = 10 \end{array} \right|$

k) $\left| \begin{array}{r} 1{,}2x + 3{,}5y = 0{,}827 \\ 2{,}8x + 1{,}5y = 1{,}063 \end{array} \right|$

l) $\left| \begin{array}{r} 0{,}6x - 2{,}4y = 22{,}5 \\ 9x + 3y = 6 \end{array} \right|$

m) $\left| \begin{array}{l} ax + y = 2a + b \\ ax - y = -b \end{array} \right|$

n) $\left| \begin{array}{r} 5x - 2y = 14 \\ 22{,}5x - 54 = 9y \end{array} \right|$

o) $\left| \begin{array}{r} 8x + 5y = 63 \\ 7x - 5y = 27 \end{array} \right|$

p) $\left| \begin{array}{r} 5{,}25x - 10y = 5{,}25k - 4{,}5 \\ 7x + 9{,}3y = 7k + 4{,}185 \end{array} \right|$

3.51 a) In einem Rechteck ist die eine Seite 3 cm größer als die andere. Der Umfang des Rechtecks beträgt 38 cm. Wie lang sind die beiden Rechteckseiten?

b) Verlängert man die eine Seitenlänge eines Rechtecks um 3 cm und verkürzt die andere um 1 cm, so entsteht ein Quadrat. Der Umfang des Quadrats ist 4 cm größer als der des Rechtecks. Wie lang sind die Seiten des Rechtecks?

c) Verlängert man eine Seite eines Rechtecks um 2 cm und verkürzt die andere um 3 cm, so erhält man ein Quadrat, dessen Umfang 6 cm größer ist als der des Rechtecks. Wie groß sind die Seiten des Rechtecks?

d) Frau Meyer hat für ihre Grafikagentur zwei Kredite über insgesamt 55 000 Euro aufgenommen und muss dafür jährlich 4 250,75 Euro Zinsen bezahlen. Der kleinere Betrag wird mit 8,45 % verzinst, der größere mit 7,3 %. Wie hoch sind die beiden Kreditbeträge?

3.52 Bestimme die Lösung für x und y. Wenn nötig, kann man vorher mit Beispiel 3.43 und Aufgabe 3.11 den Umgang mit Bruchgleichungen auffrischen:

a) $$\left| \begin{array}{l} \frac{5x}{6} + \frac{7y}{4} = 12 \\ \frac{2}{3}x + \frac{5}{4}y = 9 \end{array} \right|$$

b) $$\left| \begin{array}{l} \frac{5}{2x} - \frac{2}{3y} = \frac{1}{2} \\ \frac{7}{2x} + \frac{5}{3y} = 2 \end{array} \right|$$

c) $$\left| \begin{array}{l} \frac{7}{x} - \frac{3}{y} = 4 \\ \frac{5}{x} - \frac{2}{y} = 3 \end{array} \right|$$

d) $$\left| \begin{array}{l} \frac{x-1}{x+15} = \frac{y-6}{y+2} \\ \frac{x-3}{x} = \frac{y-4}{y-1} \end{array} \right|$$

e) $$\left| \begin{array}{l} 15x - (7y + x) = 7 \\ 13x - 2(7y - x) = 1 \end{array} \right|$$

f) $$\left| \begin{array}{l} bx + ay = a + b \\ b^2x - a^2y = 0 \end{array} \right|$$

g) $$\left| \begin{array}{l} x + 3y = a^2 + 3ab + b^2 \\ 3x - y = a^2 - ab + b^2 \end{array} \right|$$

3.53

a) $$\left| \begin{array}{l} \frac{2x+1}{x-4} - \frac{y+2}{y-1} = 1 \\ \frac{3x-1}{x-3} - \frac{2y+8}{y+1} = 1 \end{array} \right|$$

b) $$\left| \begin{array}{l} \frac{x}{a+b} - \frac{y}{a-b} = a - b \\ \frac{x}{a} + \frac{y}{b} = 2a \end{array} \right|$$

c) $$\left| \begin{array}{l} (3x+4) : (3y+5) = 2 \\ (4x+3) : (3y-2) = 3 \end{array} \right|$$

d) $$\left| \begin{array}{l} (a-b)x + (a+b)y = 2a \\ (a-b)x - (a+b)y = 2b \end{array} \right|$$

e) $$\left| \begin{array}{l} (2x-7)(3y-16) = 2(3x-13)(y-5) \\ (3x-17)(4y-17) = (4x-29)(3y-8) \end{array} \right|$$

f) $(3x - 7) : (y + 7) : (x - y) = 5 : 3 : 1$

g) $$\left| \begin{array}{l} \frac{x}{2a-b} - \frac{y}{2a+b} = \frac{8ab}{4a^2 - b^2} \\ \frac{x}{2a-b} + \frac{y}{2a+b} = \frac{8a^2 + 2b^2}{4a^2 - b^2} \end{array} \right|$$

h) $$\left| \begin{array}{l} \frac{x+y+1}{x-y+1} = \frac{a+1}{a-1} \\ \frac{x+y+1}{x-y-1} = \frac{1+b}{1-b} \end{array} \right|$$

3.54

a) An einem zweiarmigen Hebel hängen zwei Körper im Gleichgewicht, die zusammen 50 kg wiegen. Die Hebelarme verhalten sich wie 2 : 3. Wie schwer ist jeder einzelne Körper?

b) Erhöht man die Anzahl der Elemente einer Batterie von 4 auf 7, so steigt in einem Stromkreis die Stromstärke von 3 A auf 4 A an, während der Gesamtwiderstand um 0,5 Ω zunimmt. Berechne die Spannung eines Elements sowie den Widerstand des ursprünglichen Kreises.

c) In einem Stromkreis steigt bei Verminderung des Widerstandes um 4 Ω der Strom auf 9 A an. Beim Zuschalten von 3 Ω sinkt der Strom auf 2 A ab. Berechne die Spannung und den Widerstand des Stromkreises.

d) Mischt man $x\,\text{cm}^3$ einer Flüssigkeit (Dichte $1{,}2\,\text{g/cm}^3$) mit $y\,\text{cm}^3$ derselben Flüssigkeit stärkerer Konzentration (Dichte $1{,}7\,\text{g/cm}^3$), so wird die Dichte der Mischung $1{,}6\,\text{g/cm}^3$.Nähme man von der ersten Flüssigkeit $7\,\text{cm}^3$ mehr und von der zweiten $8\,\text{cm}^3$ weniger, so wäre die Dichte dieser Mischung $1{,}5\,\text{g/cm}^3$. Wie viel Kubikzentimeter jeder Sorte sind in jeder Mischung?

e) Zwei Lkw unterschiedlicher Größe sollten eine bestimmte Menge eines Transportgutes in 12 Tagen in einen Verarbeitungsbetrieb transportieren. Da nach 6 Tagen der eine Lkw wegen eines Getriebeschadens ausfiel, musste der andere noch 4 Tage länger fahren als ursprünglich geplant war, bis die gesamte Menge abtransportiert war. In wie viel Tagen hätte jeder der beiden Lkw das Transportgut allein zur Fabrik gefahren?

3.4.3 3er-LGS

(Lösungen ab Seite 887)

3.55

a) $$\left| \begin{aligned} x + y + z &= 13 \\ -x + y + z &= 9 \\ y + 2z &= 19 \end{aligned} \right|$$

b) $$\left| \begin{aligned} x + y + z &= 10 \\ -x + y + z &= 0 \\ x - y + z &= 2 \end{aligned} \right|$$

c) $$\left| \begin{aligned} x_1 + x_2 + x_3 &= 19 \\ x_1 + 2x_3 &= 26 \\ x_1 + x_2 &= 10 \end{aligned} \right|$$

d) $$\left| \begin{aligned} x + 3y + 2z &= 10 \\ -5x + y &= 12 \\ 2x + 9y + 4z &= 26 \end{aligned} \right|$$

e) $$\left| \begin{aligned} k + 2g + 4t &= -13 \\ 2k + 6g + 8t &= -44 \\ 3k + 5g + t &= -30 \end{aligned} \right|$$

f) $$\left| \begin{aligned} a + b + c &= 2{,}6 \\ a - b + c &= 4 \\ -a + b + c &= 2 \end{aligned} \right|$$

g) $$\left| \begin{aligned} 5x + 20y + 50z &= 33 \\ 7x + 5y + z &= 14 \\ 2x + 5y + 5z &= 6 \end{aligned} \right|$$

h) $$\left| \begin{aligned} 8x + 6y + 2z &= -2 \\ x + 6y + 2z &= 12 \\ 5x - y + 6z &= -6 \end{aligned} \right|$$

i) $$\left| \begin{aligned} 3x + 9y + 2z &= 12 \\ 4x + y + 3z &= -3 \\ x + 5y + 4z &= 38 \end{aligned} \right|$$

k) $$\left| \begin{aligned} u + v + w &= 4{,}4 \\ v - u + w &= 7 \\ w + u - v &= -1 \end{aligned} \right|$$

l) $$\left| \begin{aligned} 8x + 16y + 40z &= 272 \\ 3x + 4y + 19z &= 138 \\ -2x - z &= -21 \end{aligned} \right|$$

m) $$\left| \begin{aligned} 4x_1 + x_2 - 5x_3 &= 3 \\ 2x_1 + x_2 - 3x_3 &= -1 \\ 6x_1 - x_2 + x_3 &= 71 \end{aligned} \right|$$

n) Vergleiche die Lösungswege von (b), (f) und (k).

3.56

a) $$\left| \begin{aligned} 9a + 3b + c &= 35 \\ 4a + 2b + c &= 16 \\ a - b + c &= 7 \end{aligned} \right|$$

b) $$\left| \begin{aligned} 9a + 3b + c &= 32{,}45 \\ 16a - 4b + c &= -38{,}6 \\ 49a - 7b + c &= -91{,}55 \end{aligned} \right|$$

c) $$\left| \begin{aligned} 25x_1 + 5x_2 + x_3 &= 27{,}04 \\ 64x_1 + 8x_2 + x_3 &= 39{,}52 \\ 4x_1 - 2x_2 + x_3 &= -0{,}68 \end{aligned} \right|$$

d) $$\left| \begin{aligned} 4r - 2s + t &= \frac{344}{33} \\ r + s + t &= -\frac{415}{132} \\ 121r + 11s + t &= -\frac{155}{12} \end{aligned} \right|$$

e) $\left| \begin{array}{l} \frac{1}{25}a + \frac{1}{5}b + c = -0{,}057 \\ 361a - 19b + c = -676{,}857 \\ \frac{324}{25}a + \frac{18}{5}b + c = -24{,}282 \end{array} \right|$ f) $\left| \begin{array}{l} 100u + 10v + w = -138 \\ 256u - 16v + w = -720{,}4 \\ \frac{5329}{25}u + \frac{73}{5}v + w = -464{,}278 \end{array} \right|$

Tipp: Die Gleichungssysteme zeichnen sich dadurch aus, dass alle Vorfaktoren der dritten Variable +1 sind.

3.57 a) $\left| \begin{array}{l} 8b + 12 = 5a - 8c \\ 3c + 2b = 13 \\ -22 + 2b = -2c \end{array} \right|$ b) $\left| \begin{array}{l} 2z + 6y = 4x - 2 \\ 4 - 2z = 3y - 4x \\ 4z + 6y = 4x + 4 \end{array} \right|$

c) $\left| \begin{array}{l} 5m + 5n = 7{,}5 \\ -5n - p = 53{,}5 \\ 49{,}5 = -2p - 5n \end{array} \right|$ d) $\left| \begin{array}{l} 3v + 12 = -3x \\ -9x = -3u + 9v \\ 7v + 14 = -6x \end{array} \right|$

e) $\left| \begin{array}{l} -4r = -7 + 2s + 6p \\ -2s - 4r = 12{,}5 + 3p \\ -7 + 2s = -6p - 8r \end{array} \right|$ f) $\left| \begin{array}{l} z + y = -0{,}5 - 12x \\ -2 - 12x = y \\ -z = -7{,}5 + 4x \end{array} \right|$

g) $\left| \begin{array}{l} 2n + 4m = 22 \\ 4n + 6m = 14 \\ 3p + 8m + 8n = 1 \end{array} \right|$ h) $\left| \begin{array}{l} -12 = -2z + 2y \\ 5x = 2 - 12z + 18y \\ -10z = 5x - 18y \end{array} \right|$

i) $\left| \begin{array}{l} 10f + 2g = -6 \\ 4g = -2k - 24f + 5 \\ -6f - g = 7 \end{array} \right|$ k) $\left| \begin{array}{l} 5n + 9o = -7 + 3m \\ -12o + 3m - 4 = 5n \\ -2 - 5n = -4m + 6o \end{array} \right|$

l) $\left| \begin{array}{l} 12 = 3z + 3y \\ -5x + 9y = -9z - 1{,}5 \\ 3z - 5x = 9 \end{array} \right|$ m) $\left| \begin{array}{l} b = -2c + 2a - 14 \\ -4 + 3b + 4c = 8a \\ -6 = 4a - b - 2c \end{array} \right|$

3.58 a) Wie lang sind die Seiten eines Dreiecks, wenn die Summen je zweier Seiten 40 cm, 63 cm und 71 cm ergeben?

b) Addiert man von drei Zahlen die Summe je zweier zum Doppelten der dritten Zahl, so erhält man die Summen 245; 170 und 161. Wie heißen die drei Zahlen?

c) Drei Behälter haben ein gemeinsames Fassungsvermögen von 640 l. Der größte Behälter kann mit dem Inhalt des ersten und 3/5 des zweiten Behälters oder aber mit dem Inhalt des zweiten und 70 % des ersten Behälters gefüllt werden. Welches Fassungsvermögen haben die einzelnen Behälter?

d) Eine hochgoldhaltige Dentallegierung besteht aus 78 Gewichts-% Gold (Au), 20 % Platin (Pt) und 2 % Zink (Zn). Eine Zahntechnikerin hat verschiedene Roh-Legierungen und reines Zinkpulver vorrätig. Welche Anteile muss die Technikerin mischen, um 52 g der Dentallegierung herstellen zu können?

Gew.-%	Au	Pt	Zn
Leg 1	86	12	2
Leg 2	74	25	1
Leg 3	76	23	1
Zink	-	-	100

3.59 a) $\left| \begin{array}{l} 4x - 6y + 5z = 27 \\ 2x + 3y - 10z = -69 \\ 10x + 9y + 15z = 210 \end{array} \right|$ b) $\left| \begin{array}{l} 2x + y - 3z = 9 \\ 3x + 2y - z = 24 \\ 4x - 3y + 3z = 1 \end{array} \right|$

c) $\begin{vmatrix} 4x - 7y = 4 \\ 5y - 3z = 26 \\ 2z + x = 4 \end{vmatrix}$

d) $\begin{vmatrix} 0{,}4x + 0{,}3y - 0{,}2z = 4 \\ 0{,}6x - 0{,}5y + 0{,}3z = 5 \\ 0{,}3x + 0{,}2y + 0{,}5z = 22 \end{vmatrix}$

e) $\begin{vmatrix} 6x + 10y - 15z = 73 \\ 9x - 15y + 20z = 32 \\ 8x + 25y - 35z = 129 \end{vmatrix}$

f) $\begin{vmatrix} 2x - y = 4 \\ 3x - z = 6 \\ 2y - z = 10 \end{vmatrix}$

g) $\begin{vmatrix} \frac{x}{2} + \frac{y}{3} + \frac{z}{4} = 36\frac{1}{2} \\ \frac{x}{3} + \frac{y}{4} + \frac{z}{5} = 27 \\ \frac{x}{5} + \frac{y}{6} + \frac{z}{7} = 18 \end{vmatrix}$

h) $\begin{vmatrix} 3a - b + 2c = 0 \\ 3a + b + 4c = 0 \\ 4a - 3b + c = 0 \end{vmatrix}$

i) $\begin{vmatrix} -7u + 58w = -2 \\ 2u - 6v = 0 \\ 15u - 45v = -3 \end{vmatrix}$

k) $\begin{vmatrix} \frac{x+3}{y+z} = 2 \\ \frac{y+3}{x+z} = 1 \\ \frac{z+3}{x+y} = \frac{1}{2} \end{vmatrix}$

3.60 Bestimme die Lösung für x, y und z:

a) $\begin{vmatrix} ax + by - cz = b - c \\ cx - ay - bz = -a - b \\ bx - cy + az = a - c \end{vmatrix}$

b) $\begin{vmatrix} 2{,}5x + 2{,}5y = 23 \\ -5x + 35z = 14 \\ 39u - 7z = 46 \end{vmatrix}$

c) $\begin{vmatrix} x - y + z = 2 \\ ax + by = 2a \\ (a-b)x + (a+b)y = (a+b)z \end{vmatrix}$

d) $\begin{vmatrix} \frac{1}{x} + \frac{2}{y} + \frac{3}{z} = \frac{5}{12} \\ \frac{2}{x} - \frac{1}{y} - \frac{4}{z} = \frac{5}{6} \\ \frac{3}{x} + \frac{5}{y} - \frac{2}{z} = 2\frac{3}{4} \end{vmatrix}$

e) $\begin{vmatrix} \frac{1}{x} + \frac{1}{y} = a \\ \frac{1}{x} + \frac{1}{z} = b \\ \frac{1}{y} + \frac{1}{z} = c \end{vmatrix}$

f) $\begin{vmatrix} \frac{6}{x+y} + \frac{5}{y+3z} = 2 \\ \frac{15}{x+y} - \frac{4}{x-2z} = \frac{1}{2} \\ \frac{10}{y+3z} - \frac{7}{x-2z} = -\frac{3}{2} \end{vmatrix}$

g) $\begin{vmatrix} x + y + z = 3a^2 + b^2 \\ \frac{x}{a+b} + \frac{y}{a-b} = 2a \\ \frac{x+z}{x-z} = \frac{a}{b} \end{vmatrix}$

h) $\begin{vmatrix} \frac{1}{x} - \frac{1}{y} - \frac{4}{z} = -5 \\ \frac{2}{x} + \frac{2}{y} - \frac{12}{z} = 18 \\ \frac{1}{z} - \frac{3}{x} + \frac{2}{y} = -4 \end{vmatrix}$

i) $$\left|\begin{array}{l} \dfrac{12}{2x+3y} - \dfrac{7{,}5}{3x+4z} = 1 \\ \dfrac{30}{3x+4z} + \dfrac{37}{5y+9z} = 3 \\ \dfrac{222}{5y+9z} - \dfrac{8}{2x+3y} = 5 \end{array}\right|$$

3.61

a) $$\left|\begin{array}{l} 2x+3y-2z+3u=16 \\ 3x+3y-2z-3u=19 \\ 3x-3y+3z-2u=0 \\ 2x+2y-3z-2u=11 \end{array}\right|$$

b) $$\left|\begin{array}{l} x+2y=5 \\ y+2z=8 \\ z+2u=11 \\ u+2x=6 \end{array}\right|$$

c) $$\left|\begin{array}{r} x+y+z+u+v=15 \\ 4y+6z+9u=71 \\ 2x+7z+11v=7 \\ 5y+8z+12v=21 \\ 3x+10u+13v=9 \end{array}\right|$$

d) $$\left|\begin{array}{l} 3x-5z=a+5b \\ 2y-x=4a-2b \\ 2z-3u=2a-8b \\ 3v+2y=3a+7b \\ u+2v=8b-2a \end{array}\right|$$

e) $$\left|\begin{array}{r} x_1+2x_2+4x_3+8x_4+16x_5=57 \\ x_1+3x_2+9x_3+27x_4+81x_5=179 \\ x_1+4x_2+16x_3+64x_4+256x_5=453 \\ x_1+5x_2+25x_3+125x_4+625x_5=975 \\ x_1+6x_2+36x_3+216x_4+1\,296x_5=1\,865 \end{array}\right|$$

f) $$\left|\begin{array}{r} x+y+z+u+v+w=31 \\ x+y+z+u-v-w=3 \\ x+y-z-u+v+w=21 \\ -x-y-z+u+v+w=1 \\ x-y+z-u+v-w=5 \\ x-y+z+u-v+w=-3 \end{array}\right|$$

g) $$\left|\begin{array}{l} x-y=3 \\ y-z=2 \\ z-u=1 \\ u-v=0 \\ v+x=20 \end{array}\right|$$

h) $$\left|\begin{array}{l} x+y+2z=19 \\ y+z+2u=15 \\ z+u+2v=11 \\ u+v+2w=7 \\ v+w+2x=15 \\ w+x+2y=17 \end{array}\right|$$

i) $$\left|\begin{array}{r} x+y+z+u=60 \\ x+2y+3z+4u=100 \\ x+3y+6z+10u=150 \\ x+4y+10z+20u=210 \end{array}\right|$$

k) $$\left|\begin{array}{r} -4a+3c=36 \\ 5a+11b=4{,}1 \\ -7d+4c=3{,}4 \\ 9c+8d=50{,}4 \end{array}\right|$$

l) $$\left|\begin{array}{l} -c-8b+a=12{,}5 \\ 3e+4a=15 \\ 33b+3c=4a+0{,}5+5d \\ 3a-2c=7b+16 \\ 3c-5d+32b=4a+2{,}5 \end{array}\right|$$

3.62 Finde die Lösungen mit dem Satz von PYTHAGORAS (Abschnitt 5.9):

a) Eine Seite eines Dreiecks wird durch die Höhe in Abschnitte von 9 cm und 30 cm Länge geteilt. Die Differenz der beiden anderen Seiten beträgt 9 cm.
Wie lang sind diese Seiten?

b) Die Summe zweier Seiten eines Dreiecks beträgt 40 cm. Die Projektionen dieser Seiten auf die dritte Seite sind 12 cm und 8 cm lang.
Wie groß sind die Dreiecksseiten?

3.5 Quadratische Gleichungen

3.5.1 Begriffserklärungen

Gleichungen, in denen die Variable bis zur zweiten Potenz, jedoch in keiner höheren auftritt, werden **quadratische Gleichungen** oder *algebraische Gleichungen zweiten Grades* genannt.

Die *allgemeine Form einer quadratischen Gleichung* hat die Gestalt

$$\boxed{a\,x^2 + b\,x + c = 0} \tag{3.28}$$

Dabei nennt man

$a\,x^2$ das **quadratische Glied** und a den **Leitkoeffizienten**,
$b\,x$ das **lineare Glied** und
c das **Absolutglied** der Gleichung.

Die Koeffizienten a, b und c sind dabei beliebige, aber feste Zahlenwerte, wobei jedoch $a \neq 0$ vorausgesetzt[1)] werden muss: $a, b, c \in \mathbf{R} \wedge a \neq 0$.

Für die Variable x ist jeder Wert aus der Menge der reellen Zahlen einsetzbar, sofern durch die Aufgabenstellung nichts anderes festgelegt wird. Der **Definitionsbereich** der quadratischen Gleichungen ist demzufolge im Allgemeinen

$$\mathbf{D} = \mathbf{R}.$$

Setzt man einen beliebigen Wert $x \in \mathbf{D}$ in die quadratische Gleichung ein, so erhält man eine Aussage, die wahr oder falsch sein kann.

Jeder Wert x, der die quadratische Gleichung $ax^2+bx+c = 0$ zu einer wahren Aussage macht und der dem Definitionsbereich **D** der Gleichung angehört, heißt **Lösung** oder auch **Wurzel** dieser Gleichung.

Beispiele:

3.137 Gegeben sei die quadratische Gleichung

$$10x^2 - 7x - 45 = 0$$

mit dem Definitionsbereich

$$\mathbf{D} = \mathbf{R}.$$

$x = 2{,}5$ macht die Gleichung zu einer wahren Aussage, denn es ist

$$62{,}5 - 17{,}5 - 45 = 0,$$

und da überdies $2{,}5 \in \mathbf{D}$, ist $x = 2{,}5$ eine Lösung der gegebenen Gleichung. Auch $x = -1{,}8$ ist eine Lösung der Gleichung, wie man leicht nachprüfen kann.

---

1) Es ist offensichtlich, dass der Leitkoeffizient a nie null werden darf, da ansonsten der quadratische Anteil $a\,x^2$ wegfallen würde und wir es nicht mehr mit einer quadratischen, sondern bestenfalls mit einer linearen Gleichung zu tun hätten.

Dagegen ist $x = 5$ keine Lösung; $x = 5$ gehört zwar dem Definitionsbereich der Gleichung an, aber mit $x = 5$ wird aus der Gleichung keine wahre Aussage, was nachzuprüfen ist!

3.138 Gegeben sei die quadratische Gleichung

$$x^2 + 3x - 10 = 0;$$

ihr Definitionsbereich sei – bedingt durch spezielle Anforderungen der Aufgabenstellung – die Menge der natürlichen Zahlen:

$$\mathbf{D} = \mathbf{N}.$$

In diesem Falle ist $x = 2$ eine Lösung dieser Gleichung, denn mit $x = 2$ wird die Gleichung zu einer wahren Aussage:

$$2^2 + 3 \cdot 2 - 10 = 4 + 6 - 10 = 0 \qquad \text{und} \qquad 2 \in \mathbf{D}.$$

Dagegen ist $x = -5$ keine Lösung der Gleichung. Zwar macht $x = -5$ die gegebene Gleichung zu einer wahren Aussage:

$$25 - 15 - 10 = 0; \qquad \text{jedoch ist} \qquad -5 \notin \mathbf{D}.$$

Auch $x = 100$ ist keine Lösung der Gleichung, denn 100 gehört zwar dem Definitionsbereich der Gleichung an, aber die Aussage

$$100^2 + 3 \cdot 100 - 10 = 0 \ ↯$$

ist falsch.

Bereits in Abschnitt 1.3.1.4 haben wir ausführlich besprochen, wie man mithilfe des Taschenrechners Zahlen in einen Term einsetzen und den Wert des Terms berechnen kann.

✍ A. 3.63 auf Seite 427

Da für eine quadratische Gleichung in der oben angegebenen allgemeinen Form stets $a \neq 0$ vorausgesetzt werden muss, kann diese Gleichung durch a dividiert werden:

$$x^2 + \frac{b}{a} \cdot x + \frac{c}{a} = 0\,.$$

Setzen wir hierin zur Abkürzung $\frac{b}{a} = p$ und $\frac{c}{a} = q$, so erhalten wir die sogenannte

Normalform der quadratischen Gleichung

$$\boxed{x^2 + px + q = 0} \qquad (3.29)$$

Zur Lösung von quadratischen Gleichungen geht man in den meisten Fällen von der Normalform aus, indem man dafür sorgt, dass das quadratische Glied den Faktor 1 erhält.

Einige TR haben zum Lösen von Gleichungen zweiten Grades einen speziellen EQN-Modus[1)]. Man wählt dort die quadratische Gleichung (x^2) aus und gibt nacheinander die Koeffizienten ein, die jeweils mit [=] bestätigt werden:

- ▶ EQN-Modus durch mehrfaches Betätigen von [Mode] aufrufen.

[1)] equatio<u>n</u> (engl.) Gleichung

- x^2 auswählen: z. B. „Degree[1] = 2“ oder „Quad“
- Koeffizienten eingeben
- Ergebnis abrufen

Löse für x: $x^2 - 0{,}6x - 7{,}2 = 0$ $\quad a = 1 \quad b = -0{,}6 \quad c = -7{,}2$

Erläuterung	**Anzeige**	**Eingabe**
Koeffizienten a, b, c eingeben.	$a?$	1 [=]
	$b?$	[−] 0,6 [=]
	$c?$	[−] 7,2 [=]
Ergebnis abrufen	$x_1 = 3$	[=]
	$x_2 = -2{,}4$	

Mit [Mode] 0 oder [Mode] 1 kann dieser Spezialmodus wieder verlassen werden.

Besitzt die Gleichung keine Lösung in **R**, berechnet der TR eine *komplexe* Lösung:

Aufgabe: $3x^2 - 12x + 255 = 0 \qquad a = 3 \quad b = -12 \quad c = 255$

Lösung: $x_1 = 2 + 9i \qquad x_2 = 2 - 9i$

Leider bringen nicht alle Modelle die komplexe Lösung so klar zum Ausdruck. Bei einigen erscheint nur in der Ecke versteckt ein Symbol R⇔I oder xy. Es sollten unbedingt die Beispiele auf dem eigenen TR ausprobiert werden, damit nicht versehentlich eine komplexe als reelle Lösung akzeptiert wird! Da wir uns nur im Bereich der reellen Zahlen bewegen wollen, bedeuten solche komplexe Lösungen für uns, dass die Gleichung nicht lösbar ist: $\mathbf{L} = \emptyset$.

Das Einsetzen der Variablenwerte in die Gleichung zwecks **Probe** kann mit einem TR analog zum Beispiel 3.25 im Abschnitt 3.1.2.3.1 erfolgen.

CAS Für das Lösen von quadratischen Gleichungen mit einem CAS gelten die grundsätzlichen Erläuterungen aus Abschnitt 3.1.2.3.2.

SOLVE$(-4.6 \cdot x^2 + 1.84 \cdot x + 119.462, x)$ $\qquad x = 5.3 \lor x = -4.9$

SOLVE$(3.8 \cdot x^2 - 18.24 \cdot x + 56.088, x)$ $\qquad x = 2.4 - 3 \cdot i \lor x = 2.4 + 3 \cdot i$

Achtung, im letzten Beispiel keine reelle Lösung! $\Rightarrow$ $\mathbf{L} = \emptyset$

3.5.2 Spezielle Formen der quadratischen Gleichung

3.5.2.1 Die reinquadratische Gleichung

Besitzt eine quadratische Gleichung *kein lineares Glied* ($b = 0$), so wird die Gleichung als *reinquadratisch* bezeichnet.

---

[1] degree (engl.) Grad

Eine reinquadratische Gleichung lässt sich demnach stets in der folgenden Form angeben:

$$\boxed{a\,x^2 + c = 0} \qquad (3.30)$$

Gilt für eine solche reinquadratische Gleichung

$$a \cdot c \leq 0,$$

was dann der Fall ist, wenn a und c verschiedene Vorzeichen besitzen oder $c = 0$ ist, dann lässt sich diese reinquadratische Gleichung durch Wurzelziehen leicht lösen.

Die reinquadratische Gleichung ist damit die einfachste Form, in der quadratische Gleichungen auftreten können.

Beispiel:

3.139 Die reinquadratische Gleichung $4 \cdot x^2 - 25 = 0$ mit $x \in \mathbf{R}$ soll gelöst werden.

Lösung: $a = +4;\ c = -25 \quad \Rightarrow\ a \cdot c \leq 0$

Die Gleichung kann nach x^2 aufgelöst werden:

$$x^2 = \frac{25}{4}\,.$$

Da auf beiden Seiten dieser Gleichung positive Zahlen stehen und die Bedingung $a \cdot c \leq 0$ erfüllt ist, kann beiderseits radiziert werden:

$$\sqrt{x^2} = \sqrt{\frac{25}{4}} = \frac{5}{2},$$

woraus

$$|\,x\,| = \frac{5}{2}$$

folgt.

Nach der Definition des Betrages einer Zahl folgt daraus, dass

$$\text{für} \quad x < 0 \qquad -x = \frac{5}{2} \qquad \text{für} \quad x > 0 \qquad +x = \frac{5}{2}$$

sein muss. Das bedeutet, dass die gegebene Gleichung *zwei Lösungen* besitzt:

$$x = -\frac{5}{2} \quad \vee\ (\text{oder}) \quad x = \frac{5}{2}$$

$$x_1 = -\frac{5}{2} \quad \wedge\ (\text{und}) \quad x_2 = \frac{5}{2}$$

☞ Werden die beiden Lösungen mit *und* verknüpft, so muss die Variable x einen Index bekommen (x_1, x_2); bei der Verknüpfung mit *oder* entfällt der Index.

Die Probe für die Richtigkeit beider Lösungen ist noch durchzuführen!

Damit lautet die Lösungsmenge der quadratischen Gleichung $4 \cdot x^2 - 25 = 0$:

$$\mathbf{L} = \left\{-\frac{5}{2};\ +\frac{5}{2}\right\}$$

Die Lösungsmenge einer quadratischen Gleichung besteht im Allgemeinen *aus zwei Elementen*. Beide Elemente der Lösungsmenge sind mathematisch vollkommen gleichberechtigt, denn jedes dieser Elemente macht die Gleichung zu einer wahren Aussage.

Bei Anwendungsaufgaben kann es jedoch vorkommen, dass einer der beiden gefundenen Lösungen kein praktischer Wert zukommt.

Beispiel:

3.140 Für eine Ausstellung soll ein Würfel mit einem Schutzanstrich versehen werden. Welche Kantenlänge k besitzt der Würfel, wenn insgesamt $9{,}375\,\mathrm{m}^2$ zu streichen sind?

Lösung: Die Oberfläche des Würfels setzt sich aus sechs gleichen Quadraten zusammen, sodass wir als Gleichung erhalten:

$$6 \cdot k^2 = 9{,}375$$

Für diese Gleichung existiert die eingeschränkte Definitionsmenge $\mathbf{D} = \mathbf{R}^+$, da für die Seitenlänge einer Figur nur positive Werte möglich sind.

Die Gleichung wird durch die Zahlen $k = -1{,}25$ oder $k = +1{,}25$ gelöst. Da aber $-1{,}25 \notin \mathbf{D}$, erfüllt nur der Würfel mit der Seitenlänge $k = 1{,}25\,\mathrm{m}$ die Anforderungen der Aufgabenstellung.

Besitzen die Koeffizienten a und c gleiche Vorzeichen, so ist die reinquadratische Gleichung nicht lösbar.

Beispiel:

3.141 $x^2 + 16 = 0; \qquad x \in \mathbf{R}$

Lösung: $a = +1;\ c = +16 \quad \Rightarrow\ a \cdot c > 0$

Bei dieser Gleichung ist die Bedingung $a \cdot c \leq 0$ *nicht erfüllt*, denn $1 \cdot 16 > 0$.

Der Versuch, die Gleichung ähnlich wie im letzten Beispiel zu lösen, ergibt zunächst

$$x^2 = -16.$$

Im Bereich der reellen Zahlen gibt es jedoch keine Zahl x, deren Quadrat den negativen Wert -16 hat. Die gestellte Aufgabe ist also im gegebenen Definitionsbereich *nicht lösbar*. Die Lösungsmenge dieser Aufgabe ist demnach die *leere Menge*:

$$\mathbf{L} = \emptyset.$$

Die reinquadratische Gleichung der Form

$$a\,x^2 + c = 0 \qquad \text{mit} \qquad a \cdot c \leq 0 \text{ und } a \neq 0$$

hat die beiden Lösungen:

$$x_1 = -\sqrt{-\frac{c}{a}} \qquad \text{und} \qquad x_2 = +\sqrt{-\frac{c}{a}}\,.$$

Die beiden Lösungen unterscheiden sich nur in ihren Vorzeichen voneinander.

Beispiel:

3.142 $(2x - 3)^2 = 49; \qquad x \in \mathbf{R}.$

Lösung: Die Gleichung ist nicht reinquadratisch, da beim Ausmultiplizieren der linken Seite ein lineares Glied auftritt. Dennoch lässt sie sich auf die gleiche Weise lösen wie eine reinquadratische Gleichung und es wäre sogar verfehlt, die linke Seite erst auszumultiplizieren!

Auf beiden Seiten der Gleichung stehen positive Zahlen. Folglich darf beiderseits radiziert werden. Es ergibt sich

$$|\,2x-3\,| = 7,$$

wobei der innerhalb der Absolutstriche stehende Term $2x-3$ sowohl positiv als auch negativ sein kann.

$$\begin{array}{lll} 2x-3<0: \quad -(2x-3)=7 & \Rightarrow & x_1=-2 \\ 2x-3>0: \quad +(2x-3)=7 & \Rightarrow & x_2=5 \end{array}$$

Probe:

$$\text{für } x_1: \quad (-4-3)^2 \overset{?}{=} 49 \qquad (-7)^2 = 49 \checkmark \qquad\qquad \text{für } x_2: \quad (10-3)^2 \overset{?}{=} 49 \qquad 7^2 = 49 \checkmark$$

Beide Ergebnisse stimmen, demnach ist $\mathbf{L} = \{-2;\ -5\}$ die Lösungsmenge der zu lösenden Gleichung.

✍ A. 3.64–3.67 auf Seite 427

3.5.2.2 Die gemischtquadratische Gleichung ohne Absolutglied

Quadratische Gleichungen, in denen neben dem quadratischen Glied auch ein lineares Glied auftritt, heißen **gemischtquadratische Gleichungen.**

Der Fall, dass eine gemischtquadratische Gleichung *kein Absolutglied* enthält, lässt sich nach dem Ausklammern mit dem Nullproduktsatz (NPS) besonders einfach behandeln.

Beispiele:

3.143 $2x^2 - 16x = 0 \quad \text{mit} \quad x \in \mathbf{R}.$

Lösung: Links kann $2x$ ausgeklammert werden:

$$2 \cdot x \cdot (x-8) = 0.$$

Da dieses Produkt nur dann null wird, wenn einer der Faktoren null ist, kann die letzte Gleichung in zwei einfache Gleichungen aufgespalten werden:

$$x = 0 \quad \text{oder} \quad x - 8 = 0,$$

woraus die beiden Lösungen

$$x_1 = 0 \quad \text{und} \quad x_2 = 8 \quad \text{oder} \quad \mathbf{L} = \{0; 8\}$$

folgen. Probe!

3.144 $ax^2 + bx = 0 \quad \text{mit} \quad x \in \mathbf{R}.$

Lösung: Klammern wir auf der linken Seite x aus:

$$x \cdot (ax + b) = 0,$$

so können wir die Gleichung mit dem Nullproduktsatz wieder zerlegen:

$$x = 0 \quad \text{oder} \quad ax + b = 0,$$

was zu den Lösungen

$$x_1 = 0 \qquad \text{und} \qquad x_2 = -\frac{b}{a} \quad (a \neq 0) \qquad \text{oder} \qquad \mathbf{L} = \left\{ 0;\ -\frac{b}{a} \right\}$$

führt. Probe!

Bei den quadratischen Gleichungen, die kein Absolutglied enthalten, ist zu beachten, dass sie *keinesfalls durch die Variable* dividiert werden dürfen, da durch diesen unzulässigen Schritt eine der beiden Lösungen, nämlich $x = 0$, verloren gehen würde. Somit gilt:

Jede gemischtquadratische Gleichung ohne Absolutglied besitzt stets zwei Lösungen, von denen eine $x = 0$ ist.

✍ A. 3.68 auf Seite 428

3.5.3 Die Normalform der quadratischen Gleichung

Die Technik der *Quadratischen Ergänzung* aus Abschnitt 2.3.2.6 wird hier benutzt.

3.5.3.1 Die Lösungsformel für quadratische Gleichungen

Die Lösung einer quadratischen Gleichung soll zunächst an einem Beispiel vorgeführt werden.

Beispiel:

3.145 Die gemischtquadratische Gleichung

$$x^2 - 5x + 6 = 0 \qquad x \in \mathbf{R}$$

ist zu lösen.

Lösung: Man bringt zunächst das Absolutglied auf die rechte Seite um die Unbekannte x zu isolieren:

$$x^2 - 5x = -6$$

und fügt auf beiden Seiten die quadratische Ergänzung $\left(\frac{5}{2}\right)^2$ des links verbliebenen Terms hinzu:

$$x^2 - 5x + \left(\frac{5}{2}\right)^2 = -6 + \left(\frac{5}{2}\right)^2$$

$$\left(x - \frac{5}{2}\right)^2 = \frac{1}{4}$$

Zieht man beiderseits die Quadratwurzel, so ergibt sich

$$\left| x - \frac{5}{2} \right| = \frac{1}{2}$$

Hieraus folgt

$$\text{für } x-\frac{5}{2}<0:\quad -\left(x-\frac{5}{2}\right)=\frac{1}{2} \qquad\qquad \text{für } x-\frac{5}{2}>0:\quad +\left(x-\frac{5}{2}\right)=\frac{1}{2}$$

$$-x=\frac{1}{2}-\frac{5}{2} \qquad\qquad x=\frac{1}{2}+\frac{5}{2}$$

$$x=2 \qquad\qquad x=3$$

Probe für $x_1=2$: $2^2-5\cdot 2+6\stackrel{?}{=}0$ $\quad 4-10+6=0$ ✓

für $x_2=3$: $3^2-5\cdot 3+6\stackrel{?}{=}0$ $\quad 9-15+6=0$ ✓

Beide Ergebnisse stimmen. Die Lösungsmenge ist also $\mathbf{L}=\{2;3\}$.

✍ A. 3.69 auf Seite 428

Der hier eingeschlagene Lösungsweg für diese spezielle quadratische Gleichung kann bei *jeder* gemischtquadratischen Gleichung genutzt werden. Löst man beispielsweise die gemischtquadratische Gleichung in der allgemeinen Form

$$x^2+px+q=0,$$

so ergibt sich analog zum Beispiel 3.145 die folgende Rechnung:

$$x^2+px+q=0 \quad |-q$$

$$x^2+px=-q \quad |+\left(\tfrac{p}{2}\right)^2$$

$$x^2+px+\left(\frac{p}{2}\right)^2=-q+\left(\frac{p}{2}\right)^2$$

$$\left(x+\frac{p}{2}\right)^2=\left(\frac{p}{2}\right)^2-q$$

$$\left|x+\frac{p}{2}\right|=\sqrt{\left(\frac{p}{2}\right)^2-q}$$

↙ ↘

$$-\left(x+\frac{p}{2}\right)=\sqrt{\left(\frac{p}{2}\right)^2-q} \quad\vee\quad +\left(x+\frac{p}{2}\right)=\sqrt{\left(\frac{p}{2}\right)^2-q}$$

$$x=-\frac{p}{2}-\sqrt{\left(\frac{p}{2}\right)^2-q} \quad\vee\quad x=-\frac{p}{2}+\sqrt{\left(\frac{p}{2}\right)^2-q}$$

$$x_1=-\frac{p}{2}-\sqrt{\left(\frac{p}{2}\right)^2-q} \quad\wedge\quad x_2=-\frac{p}{2}+\sqrt{\left(\frac{p}{2}\right)^2-q}$$

Die hier ermittelten Endergebnisse für x_1 und x_2 können als Formel für die Lösung jeder quadratischen Gleichung verwendet werden, die in der Normalform gegeben ist.

Die beiden Lösungen x_1 und x_2 der in der Normalform gegebenen quadratischen Gleichung $x^2+px+q=0$ lauten

$$x_1=-\frac{p}{2}-\sqrt{D} \qquad \text{und} \qquad x_2=-\frac{p}{2}+\sqrt{D}, \tag{3.31}$$

wobei der Ausdruck unter der Wurzel als *Diskriminante* $D=\left(\frac{p}{2}\right)^2-q$ bezeichnet wird[1].

Es ist auch üblich, diese **Lösungsformel**, die **pq-Formel**, in einer komprimierten Form

$$\boxed{x_{1,2} = -\frac{p}{2} \pm \sqrt{\left(\frac{p}{2}\right)^2 - q}} \quad \text{oder} \quad \boxed{x_{1,2} = -\frac{p}{2} \pm \sqrt{D}} \qquad (3.32)$$

zu schreiben.

☞ Der Index „1,2“ weist darauf hin, dass wir beide Lösungen, x_1 und x_2, in einem gemeinsamen Ausdruck notieren. Bitte nicht den Index als „1/2“ schreiben.

⚠

- Beim Arbeiten mit der pq-Formel sollte direkt zu Beginn aufgeschrieben werden, welchen Wert p und welchen q besitzt.
- Dann wird $-\frac{p}{2}$ berechnet, indem p durch -2 geteilt wird: $-\frac{p}{2} = \frac{p}{-2}$; dieser Bruch ist dann noch zu kürzen.
- Dieses Zwischenergebnis kann quadriert und sofort unter der Wurzel weiter verwendet werden, da $\left(-\frac{p}{2}\right)^2 = \left(+\frac{p}{2}\right)^2 = \left(\frac{p}{2}\right)^2$.
- Doppelbrüche und andere abenteuerliche Konstruktionen sind dabei unbedingt zu vermeiden!

Beispiele:

3.146 Bestimme die Lösungen der Gleichung $x^2 + 8x + 12 = 0$ mit $x \in \mathbf{R}$.

Lösung: Für diese Gleichung ist $p = 8$ und $q = 12$. Die Lösungsformel ergibt mit $-\frac{p}{2} = -4$ und $\left(\frac{p}{2}\right)^2 = 16$:

$$x_{1,2} = -4 \pm \sqrt{16 - 12} = -4 \pm \sqrt{4} = -4 \pm 2$$

$$x_1 = -4 - 2 = -6 \qquad x_2 = -4 + 2 = -2 \qquad \text{Probe!}$$

3.147 $x^2 - 0{,}7x - 4{,}5 = 0 \qquad x \in \mathbf{R}$.

Lösung:

Mit $p = -0{,}7 = -\frac{7}{10}$ und $q = -4{,}5 = -\frac{9}{2}$ wird $-\frac{p}{2} = \frac{7}{20}$ und $\left(\frac{p}{2}\right)^2 = \frac{49}{400}$.

$$x_{1,2} = \frac{7}{20} \pm \sqrt{\frac{49}{400} + \frac{9}{2}} = \frac{7}{20} \pm \sqrt{\frac{1\,849}{400}} = \frac{7}{20} \pm \frac{43}{20}$$

$$x_1 = -\frac{9}{5} = -1{,}8 \qquad x_2 = \frac{5}{2} = 2{,}5 \qquad \text{Probe!}$$

3.148 $x^2 - 6x + 10 = 0 \qquad x \in \mathbf{R}$.

Lösung: $p = -6$ und $q = 10$

$$x_{1,2} = 3 \pm \sqrt{9 - 10} = 3 \pm \sqrt{-1}$$

Da in Quadratwurzeln keine negativen Radikanden auftreten dürfen, lässt sich die Wurzel hier nicht berechnen. Damit besitzt die gegebene Gleichung *keine Lösung*.

Die Lösungsmenge ist somit die leere Menge: $\mathbf{L} = \emptyset$

---

1) siehe auch Abschnitt 3.5.4.1

3.149 $x^2 - 14x + 49 = 0 \qquad x \in \mathbf{R}.$

Lösung: $p = -14$ und $q = 49$

$$x_{1,2} = 7 \pm \sqrt{49-49} = 7 \pm 0 \quad \Rightarrow \quad x_1 = x_2 = 7 \qquad \text{Probe!}$$

In diesem Beispiel haben beide Lösungen der quadratischen Gleichung denselben Wert. Man spricht in einem solchen Fall von einer *Doppellösung* oder *Doppelwurzel* der Gleichung.

Trotz Lösungsformel sollte man sich nicht dazu verleiten lassen, gedankenlos zu arbeiten und jede auch noch so einfache quadratische Gleichung mit dieser Formel lösen zu wollen. Die Lösung kann oftmals viel einfacher gefunden werden:

Beispiele:

3.150 Gesucht sind die Lösungen der Gleichung $x^2 - 196 = 0$.

Ausführlich geschrieben lautet die quadratische Gleichung

$$x^2 + 0 \cdot x - 196 = 0$$

und somit ist $p = 0$ und $q = -196$, woraus sich mit der pq-Formel ergibt:

$$x_{1,2} = 0 \pm \sqrt{0 + 196}$$

$$x_{1,2} = \pm\sqrt{196}$$

$$x_1 = -14 \qquad x_2 = 14$$

Laut unseren Überlegungen im Abschnitt 3.5.2.1 zu den reinquadratischen Gleichungen hätten wir diese Lösungen durch direktes Wurzelziehen schneller erhalten:

$$\begin{aligned} x^2 - 196 &= 0 \qquad && | +196 \\ x^2 &= 196 && | \sqrt{} \\ x &= \pm 14 \end{aligned}$$

3.151 Soll die Gleichung $x^2 + 3x = 0$ mit der pq-Formel gelöst werden, schreibt man hier:

$$x^2 + 3x + 0 = 0.$$

Da das Absolutglied q fehlt, lautet der Ansatz für die Lösungsformel: $p = 3; q = 0$.

$$x_{1,2} = -\frac{3}{2} \pm \sqrt{\frac{9}{4} - 0}$$

$$x_{1,2} = -\frac{3}{2} \pm \frac{3}{2}$$

$$x_1 = -3 \qquad x_2 = 0$$

Viel bequemer ist – wie schon in 3.5.2.2 gezeigt – der Weg über das Ausklammern:

$$x^2 + 3x = 0$$

$$x \cdot (x+3) = 0$$

$$x_1 = 0 \quad \text{und} \quad x_2 = -3$$

Fehlt in einer quadratischen Gleichung das lineare Glied, d. h., ist $p = 0$, so wird diese reinquadratische Gleichung durch Wurzelziehen gelöst (s. a. 3.5.2.1).
Besitzt eine quadratische Gleichung kein Absolutglied, d. h., ist $q = 0$, so löst man die Gleichung durch Ausklammern und Anwenden des Nullproduktsatzes (s. a. 3.5.2.2).

Enthält die quadratische Gleichung neben der zu bestimmenden Variablen noch Parameter, so können wir durch konsequentes Anwenden der Lösungsformel auch hier die Lösungen bestimmen.

Beispiele:

3.152 $x^2 - 2kx + k^2 - 9 = 0 \qquad x \in \mathbf{R}.$

Lösung: $p = -2k$ und $q = k^2 - 9$

$$x_{1,2} = k \pm \sqrt{k^2 - \left(k^2 - 9\right)} = k \pm \sqrt{9}$$

$$x_1 = k - 3 \qquad x_2 = k + 3 \qquad \text{Probe!}$$

3.153 $x^2 - 2ax + a^2 - b^2 = 0 \qquad x \in \mathbf{R}.$

Lösung: $p = -2a$ und $q = a^2 - b^2$

$$x_{1,2} = +a \pm \sqrt{a^2 - \left(a^2 - b^2\right)} = a \pm \sqrt{b^2}$$

$$x_1 = a - b \qquad x_2 = a + b \qquad \text{Probe!}$$

⚠ Eine typische Fehlerquelle ist das leichtfertige Runden bei Brüchen und Wurzeln. Es ist deshalb dringend anzuraten, mit Brüchen und Wurzeln weiter zu rechnen und sie nicht in (gerundete) Dezimalbrüche umzubrechen!

Beispiele:

3.154 Versuche, die Gleichung $x^2 + \frac{7}{3}x - \frac{17}{12} = 0$ mit dem Ansatz $p \approx 2{,}33$ und $q \approx -1{,}42$ zu lösen, sind durch die Rundungsfehler bei den Brüchen von vornherein zum Scheitern verurteilt. Hier führt nur die saubere Bruchrechnung zum Erfolg:

$$x_{1,2} = -\frac{7}{6} \pm \sqrt{\frac{49}{36} + \frac{17}{12}}$$

$$x_{1,2} = -\frac{7}{6} \pm \sqrt{\frac{25}{9}}$$

$$x_{1,2} = -\frac{7}{6} \pm \frac{5}{3}$$

$$x_1 = -\frac{17}{6} \qquad x_2 = \frac{1}{2}$$

3.155 $x^2 - 6x + 4 = 0 \qquad x \in \mathbf{R}.$

Lösung: $p = -6$ und $q = 4$

$$x_{1,2} = 3 \pm \sqrt{9 - 4} = 3 \pm \sqrt{5}$$

$$x_1 = 3 - \sqrt{5} \approx 0{,}7639 \qquad x_2 = 3 + \sqrt{5} \approx 5{,}2361$$

Probe: Es wäre verfehlt, die Probe für diese Gleichung mit den beiden Näherungswerten 0,7639 und 5,2361 durchzuführen. Der Rechenaufwand wäre erheblich, selbst wenn man mit dem Taschenrechner arbeiten würde. Genauer und schneller kommt man mit den exakten Resultaten zum Ziel:

Probe für $x_2 = 3 + \sqrt{5}$:

$$\left(3+\sqrt{5}\right)^2 - 6\cdot\left(3+\sqrt{5}\right) + 4 \stackrel{?}{=} 0$$
$$9 + 6\cdot\sqrt{5} + 5 - 18 - 6\cdot\sqrt{5} + 4 = 0$$
$$0 = 0 \ \checkmark$$

Die Lösung für x_2 erfüllt die gegebene Gleichung. Die Probe für x_1 sei dem Leser überlassen!

⚠ Typische Fehler beim Arbeiten mit der Lösungsformel.

Situation	**Falsch**	**Richtig**
$x^2 + 6x - 14 = 0$	$p = 6x;\ q = -14$	$p = 6;\ q = -14$ p ist der *Vorfaktor* des linearen Gliedes!
$p = 6;\ q = -14$	$x_{1,2} = 3 \pm \ldots$	$x_{1,2} = -3 \pm \ldots$ Teile p durch -2!
$p = -1{,}7;\ q = -14$	$x_{1,2} = \frac{-1{,}7}{-2} \pm \sqrt{\left(\frac{-1{,}7}{-2}\right)^2 \ldots}$	$x_{1,2} = \frac{17}{20} \pm \sqrt{\frac{289}{400} \ldots}$ Brüche sofort vereinfachen!

✍ A. 3.70 auf Seite 428

3.5.3.2 Die Lösung der allgemeinen Form der quadratischen Gleichung

Da für die allgemeine Form $ax^2 + bx + c = 0$ einer quadratischen Gleichung der Faktor a des quadratischen Gliedes verschieden von null vorausgesetzt werden muss:

$$a \neq 0,$$

kann jede dieser Gleichungen durch a geteilt werden. Damit lässt sich *jede* in der allgemeinen Form gegebene quadratische Gleichung auf die Normalform zurückführen.

Beispiele:

3.156 Bestimme die Lösungen zu $3x^2 + 3x - 126 = 0$ mit $x \in \mathbf{R}$.

Lösung: Die Division durch den Leitkoeffizienten 3 liefert die Normalform

$$x^2 + x - 42 = 0,$$

aus der wir mit $p = 1$ und $q = -42$ die Lösungen berechnen können:

$$x_{1,2} = -\frac{1}{2} \pm \sqrt{\frac{1}{4} + 42}$$
$$x_{1,2} = -\frac{1}{2} \pm \sqrt{\frac{169}{4}}$$
$$x_{1,2} = -\frac{1}{2} \pm \frac{13}{2}$$
$$x_1 = -\frac{1}{2} - \frac{13}{2} = -7 \qquad x_2 = -\frac{1}{2} + \frac{13}{2} = 6 \qquad \text{Probe!}$$

3.157 $120x^2 - 949x + 1\,173 = 0 \qquad x \in \mathbf{R}$

Lösung: Wird die Gleichung durch den Leitkoeffizienten 120 geteilt, so entsteht die Normalform

$$x^2 - \frac{949}{120}x + \frac{391}{40} = 0,$$

auf die die Lösungsformel mit $p = -\frac{949}{120}$ und $q = \frac{391}{40}$ angewendet werden kann. Die gewöhnlichen Brüche sollten hier *nicht* in Dezimalbrüche umgewandelt werden, weil ansonsten unendliche periodische Dezimalbrüche entstehen und dadurch unliebsame Rundungsfehler in Kauf genommen werden müssen. Kann der TR die Brüche nicht mehr sauber verarbeiten, so muss mit Kenntnis der Regeln zur Bruchrechnung nachgeholfen werden.

Man erhält
$$\begin{aligned} x_{1,2} &= \frac{949}{240} \pm \sqrt{\left(\frac{949}{240}\right)^2 - \frac{391}{40}} \\ &= \frac{949}{240} \pm \sqrt{\frac{949^2}{240^2} - \frac{391 \cdot 1\,440}{40 \cdot 1\,440}} \\ &= \frac{949}{240} \pm \sqrt{\frac{337\,561}{240^2}} = \frac{949}{240} \pm \frac{581}{240} \\ x_1 &= \frac{368}{240} = \frac{23}{15} \qquad x_2 = \frac{1\,530}{240} = \frac{51}{8} \end{aligned}$$
Probe!

3.158 $\frac{a}{x} - b = \frac{a}{b} - x \qquad x \in \mathbf{R} \setminus \{0\}$ und $b \neq 0$

Lösung: Multiplikation beider Seiten der Gleichung mit dem Hauptnenner bx:

$$ab - b^2x = ax - bx^2$$

Ordnen: $$bx^2 - (a + b^2) \cdot x + ab = 0$$

Division durch b: $$x^2 - \frac{a+b^2}{b} \cdot x + a = 0$$

Mit $p = -\frac{a+b^2}{b}$ und $q = a$ erhalten wir dann

$$\begin{aligned} x_{1,2} &= \frac{a+b^2}{2b} \pm \sqrt{\left(\frac{a+b^2}{2b}\right)^2 - a} \\ &= \frac{a+b^2}{2b} \pm \sqrt{\frac{a^2 + 2ab^2 + b^4 - 4ab^2}{4b^2}} \\ &= \frac{a+b^2}{2b} \pm \sqrt{\frac{a^2 - 2ab^2 + b^4}{4b^2}} \\ &= \frac{a+b^2}{2b} \pm \sqrt{\left(\frac{a-b^2}{2b}\right)^2} = \frac{a+b^2}{2b} \pm \frac{a-b^2}{2b} \end{aligned}$$

$x_1 = b \qquad x_2 = \frac{a}{b}$ Probe!

✍ A. 3.71–3.77 auf Seite 429 mit der pq-Formel.

Alternativ zum Weg über die Normalform kann die quadratische Ergänzung auch direkt auf die allgemeine Form einer quadratischen Gleichung

$$a\,x^2 + b\,x + c = 0 \text{ mit } a \neq 0$$

angewendet werden. Nach dem Ausklammern des Leitkoeffizienten a erhält man

$$a \cdot \left(x^2 + \frac{b}{a} \cdot x + \frac{c}{a}\right) = 0\,.$$

Da der Leitkoeffizient a laut Vorraussetzung nie null werden darf, kann sich die weitere Untersuchung auf

$$x^2 + \frac{b}{a} \cdot x + \frac{c}{a} = 0$$

konzentrieren. Analog zur Herleitung der pq-Formel im Abschnitt 3.5.3.1 erhalten wir jetzt eine Lösungsformel, in die direkt die Werte für die Koeffzienten a, b und c eingesetzt werden können.

Die Lösungen einer allgemeinen quadratischen Gleichung

$$a\,x^2 + b\,x + c = 0 \text{ mit } a \neq 0$$

werden durch die ***abc*-Formel**[1]

$$\boxed{x_{1,2} = \frac{-b \pm \sqrt{b^2 - 4ac}}{2a}} \tag{3.33}$$

angegeben.

Beispiele:

3.159 Bestimme die Lösungen der Gleichung $5x^2 + 20x - 105 = 0$ mit der abc-Formel.

Lösung: Mit $a = 5$, $b = 20$ und $c = -105$ erhalten wir:

$$x_{1,2} = \frac{-20 \pm \sqrt{400 + 2\,100}}{10} = \frac{-20 \pm 50}{10} = -2 \pm 5$$

$$x_1 = -7 \;\wedge\; x_2 = 3$$

Die Probe erfolgt durch Einsetzen in die Ausgangsgleichung.

3.160 $\frac{3}{17}x^2 - \frac{41}{340}x + \frac{1}{51} = 0$

Lösung: Für $a = \frac{3}{17}$, $b = -\frac{41}{340}$ und $c = \frac{1}{51}$ liefert die abc-Formel:

$$x_{1,2} = \frac{\frac{41}{340} \pm \sqrt{\frac{1\,681}{115\,600} - \frac{4}{289}}}{\frac{6}{17}} = \frac{\frac{41}{340} \pm \sqrt{\frac{81}{115\,600}}}{\frac{6}{17}} = \frac{\frac{41}{340} \pm \frac{9}{340}}{\frac{6}{17}}$$

[1] In einigen Gegenden wird die abc-Formel auch als „Mitternachtsformel“ bezeichnet, weil die Lehrer offensichtlich soviel Routine beim Umgang mit dieser Formel voraussetzen, dass man die Schüler auch des Nachts wecken kann und sie die Formel dennoch fehlerlos aufsagen und anwenden können.
Zur Herleitung s. a. Aufgabe 3.78.

$$x_1 = \frac{4}{15} \wedge x_2 = \frac{5}{12} \qquad \text{Probe!}$$

3.161 $x^2 - 14x + 45 = 0$

Lösung: Für $a = 1$, $b = -14$ und $c = 45$ liefert die abc-Formel

$$x_{1,2} = \frac{14 \pm \sqrt{196 - 180}}{2} = \frac{14 \pm 4}{2} = 7 \pm 2$$

$$x_1 = 5 \wedge x_2 = 9 \qquad \text{Probe!}$$

Der Lösungsweg über die abc-Formel ist rechnerisch meist aufwendiger als der über die pq-Formel. In diesem Buch wollen wir deshalb in erster Linie die pq-Formel zur Lösung von quadratischen Gleichungen einsetzen. Wer aber mit der abc-Formel gut zurecht kommt, kann natürlich auch diese verwenden.

✍ A. 3.71–3.77 auf Seite 429 mit der abc-Formel und Aufgabe 3.78.

3.5.4 Beziehungen zwischen den Koeffizienten und den Lösungen einer quadratischen Gleichung

3.5.4.1 Die Diskriminante

Die bisherigen Beispiele haben gezeigt, dass die quadratischen Gleichungen im Allgemeinen zwei Lösungen besitzen. Maßgebend für die Art der Lösungen der quadratischen Gleichung

$$x^2 + px + q = 0$$

ist der in der Lösungsformel auftretende Radikand

$$\left(\frac{p}{2}\right)^2 - q,$$

der **Diskriminante**[1)] der quadratischen Gleichung genannt wird. Durch teilweises Wurzelziehen kann die Diskriminante zu $p^2 - 4q$ vereinfacht werden:

$$\sqrt{\left(\frac{p}{2}\right)^2 - q} = \sqrt{\frac{p^2 - 4q}{4}} = \frac{1}{2} \cdot \sqrt{p^2 - 4q}$$

Die Diskriminante hilft uns, wie ihr Name schon sagt, die drei möglichen Fälle für die Lösbarkeit einer quadratischen Gleichung zu unterscheiden:

1. Fall: Diskriminante > 0 Die quadratische Gleichung hat *zwei voneinander verschiedene Lösungen*: $x_{1,2} = -\frac{p}{2} \pm \sqrt{\left(\frac{p}{2}\right)^2 - q}$.

2. Fall: Diskriminante $= 0$ Beide Lösungen haben denselben Wert: $x_1 = x_2 = -\frac{p}{2}$. Man sagt, die Gleichung hat *eine Doppelwurzel*.

1) discrimino (lat.) scheiden, unterscheiden

3. Fall: Diskriminante < 0 — Da es im Bereich der reellen Zahlen nicht möglich ist, Quadratwurzeln aus negativen Zahlen zu berechnen, kann die quadratische Gleichung in diesem Falle nicht gelöst werden. Eine solche Gleichung hat in $\mathbf{R}$ deshalb *keine Lösung*: $\mathbf{L} = \emptyset$.

Analoge Überlegungen gelten natürlich auch für die in der abc-Formel auftretende Diskriminante $b^2 - 4ac$.

Beispiel:

3.162 Untersuche, welchen Einfluss der Parameter k auf die Lösungen der Gleichung $x^2 + 6x + k = 0$ besitzt.

Lösung: Mit der pq-Formel erhalten wir für $p = 6$ und $q = k$:

$$x_{1,2} = -3 \pm \sqrt{9 - k}$$

Je nach Qualität der Diskriminanten D unterscheiden wir die drei Fälle:

1) $D > 0$: $9 - k > 0 \quad \Rightarrow k < 9$ — 2 Lösungen: $x_{1,2} = -3 \pm \sqrt{9 - k}$
2) $D = 0$: $9 - k = 0 \quad \Rightarrow k = 9$ — 1 doppelte Lösung: $x_{1,2} = -3$
3) $D < 0$: $9 - k < 0 \quad \Rightarrow k > 9$ — Keine Lösung: $\emptyset$

✍ A. 3.79–3.80 auf Seite 430

3.5.4.2 Der Wurzelsatz von VIETA

Addiert man die beiden Lösungen

$$x_1 = -\frac{p}{2} + \sqrt{\left(\frac{p}{2}\right)^2 - q} \quad \text{und} \quad x_2 = -\frac{p}{2} - \sqrt{\left(\frac{p}{2}\right)^2 - q}$$

der quadratischen Gleichung

$$x^2 + px + q = 0,$$

so ergibt sich

$$x_1 + x_2 = -p.$$

Multipliziert man die beiden Lösungen miteinander, so entsteht

$$\begin{aligned} x_1 \cdot x_2 &= \left(-\frac{p}{2} + \sqrt{\left(\frac{p}{2}\right)^2 - q}\right) \cdot \left(-\frac{p}{2} - \sqrt{\left(\frac{p}{2}\right)^2 - q}\right) \\ &= \left(-\frac{p}{2}\right)^2 - \left[\left(\frac{p}{2}\right)^2 - q\right] = \left(\frac{p}{2}\right)^2 - \left(\frac{p}{2}\right)^2 + q \\ &= q. \end{aligned}$$

Ergebnis: Sind x_1 und x_2 die Lösungen der quadratischen Gleichung $x^2 + px + q = 0$, so gelten die beiden Beziehungen

$$\boxed{x_1 + x_2 = -p} \quad \text{und} \quad \boxed{x_1 \cdot x_2 = q} \qquad (3.34)$$

In Worten:

> Die Summe der beiden Lösungen einer in der Normalform gegebenen quadratischen Gleichung stimmt bis auf das Vorzeichen mit dem Koeffizienten des linearen Gliedes überein.
> Das Produkt der beiden Lösungen ist gleich dem Absolutglied der Gleichung.

Diese Eigenschaft der Lösungen einer quadratischen Gleichung wird **Wurzelsatz von VIETA** [1] genannt.

Der Wurzelsatz von VIETA kann die an der Ausgangsgleichung durchzuführenden Proben für die Lösungen ersetzen. Mit seiner Hilfe lassen sich auch oft die Lösungen einer quadratischen Gleichung durch planmäßiges Probieren ermitteln.

Beispiele:

3.163 Die Gleichung $x^2 - 11x + 24 = 0$ hat die beiden Lösungen $x_1 = 3$ und $x_2 = 8$.

Diese beiden Lösungen lassen sich ohne Schwierigkeiten gewinnen, indem man das Absolutglied 24 so in zwei Faktoren zerlegt, dass deren Summe den entgegengesetzten Wert des Koeffizienten -11 des Lineargliedes ergibt:

$$x_1 \cdot x_2 = 3 \cdot 8 = 24 \qquad \text{und} \qquad x_1 + x_2 = 3 + 8 = +11.$$

3.164 Von der quadratischen Gleichung $x^2 + 15x - 250 = 0$ lässt sich die eine Lösung $x_1 = 10$ durch planmäßiges Probieren leicht ermitteln. Diese Lösung ist durch eine Probe zu kontrollieren!

Nach dem Wurzelsatz von VIETA muss dann die zweite Lösung $x_2 = -25$ sein, denn es ist $x_1 \cdot x_2 = 10 \cdot (-25) = -250$, was mit dem Absolutglied der Gleichung übereinstimmt, und $x_1 + x_2 = 10 + (-25) = -15$, was zum Koeffizienten des linearen Gliedes $+15$ passt. Die Probe für $x_2 = -25$ ist an der Ausgangsgleichung durchzuführen!

3.165 Die Gleichung $x^2 - 8x - 316 = 0$ hat die beiden Lösungen $x_1 = 4 + 2 \cdot \sqrt{83}$ und $x_2 = 4 - 2 \cdot \sqrt{83}$.

Die Probe mithilfe des Wurzelsatzes von VIETA liefert:

$$x_1 + x_2 = \left(4 + 2 \cdot \sqrt{83}\right) + \left(4 - 2 \cdot \sqrt{83}\right) = +8;$$

die Übereinstimmung mit dem entgegengesetzten Wert des Koeffizienten des Lineargliedes ist vorhanden.

$$x_1 \cdot x_2 = \left(4 + 2 \cdot \sqrt{83}\right) \cdot \left(4 - 2 \cdot \sqrt{83}\right) = 16 - 4 \cdot 83 = 16 - 332 = -316;$$

die Übereinstimmung mit dem Absolutglied der Gleichung ist ebenfalls vorhanden.

Die beiden Werte $x_1 = 4 + 2 \cdot \sqrt{83}$ und $x_2 = 4 - 2 \cdot \sqrt{83}$ müssen demnach Lösungen der gegebenen Gleichung sein.

Wie der Vergleich mit Beispiel 3.155 zeigt, ist diese Art der Probe für eine quadratische Gleichung wesentlich rationeller als das Einsetzen der beiden gefundenen Lösungswerte in die Ausgangsgleichung.

---

[1] Francois VIETA (1540 bis 1603); franz. Mathematiker

3.166 Die Gleichung $x^2 - 8x + 16 = 0$ hat die *Doppellösung* $x_1 = x_2 = 4$.

Hier ist $x_1 + x_2 = +8$ und in der Gleichung steht $p = -8$. $x_1 \cdot x_2 = 16$ ist in Übereinstimmung mit dem Absolutglied.

Damit ist das Ergebnis $x_1 = x_2 = 4$ gesichert: $\mathbf{L} = \{4\}$

✍ A. 3.81–3.82 auf Seite 430

3.5.4.3 Die Produktform quadratischer Terme – Faktorisieren für Profis

Sind x_1 und x_2 die beiden Lösungen der quadratischen Gleichung

$$x^2 + px + q = 0,$$

so gilt nach dem Wurzelsatz von VIETA

$$p = -(x_1 + x_2) \qquad \text{und} \qquad q = x_1 \cdot x_2 \,.$$

Setzt man diese Werte für p und q in die quadratische Gleichung ein, so ergibt sich

$$\begin{aligned} x^2 - (x_1 + x_2) \cdot x + x_1 \cdot x_2 &= 0 \\ x^2 - x_1 \cdot x - x_2 \cdot x + x_1 \cdot x_2 &= 0 \\ x \cdot (x - x_1) - x_2 \cdot (x - x_1) &= 0 \\ (x - x_1) \cdot (x - x_2) &= 0 \end{aligned}$$

Ergebnis:

Hat die quadratische Gleichung

$$x^2 + px + q = 0$$

die beiden Lösungen x_1 und x_2, so lässt sich deren linke Seite als Produkt der beiden **Linearfaktoren** $x - x_1$ und $x - x_2$ darstellen:

$$x^2 + px + q = (x - x_1) \cdot (x - x_2) = 0 \,. \qquad (3.35)$$

Folgerung:

Ist x_1 eine Lösung der quadratischen Gleichung

$$x^2 + px + q = 0,$$

so lässt sich der quadratische Term $x^2 + px + q$ *ohne Rest* durch den Ausdruck $x - x_1$ dividieren:

$$(x^2 + px + q) : (x - x_1) = x - x_2.$$

✍ A. 3.83–3.84 auf Seite 431

Diese beiden Sätze werden vor allem bei der Faktorenzerlegung quadratischer Terme und später in der Theorie der Gleichungen höheren Grades benötigt.

Beispiele:

3.167 Der Term $x^2 - 5x - 6$ soll in Faktoren zerlegt werden.

Lösung: Die beiden Lösungen der aus dem obigen Term hervorgehenden quadratischen Gleichung $x^2 - 5x - 6 = 0$ sind $x_1 = -1$ und $x_2 = 6$ mit ihren Linearfaktoren $[x - (-1)] = (x - 1)$ und $(x - 6)$. Folglich ist

$$x^2 - 5x - 6 = (x + 1) \cdot (x - 6), \qquad \text{was nachzuprüfen ist!}$$

3.168 Gleiche Aufgabenstellung für $16u^2 + 56u + 49$.

Lösung:

$$16u^2 + 56u + 49 = 16 \cdot \left(u^2 + \frac{7}{2}u + \frac{49}{16}\right) .$$

Die aus dem Klammerausdruck hervorgehende quadratische Gleichung

$$u^2 + \frac{7}{2}u + \frac{49}{16} = 0$$

hat die Doppellösung

$$u_1 = u_2 = -\frac{7}{4} .$$

Folglich ist

$$\begin{aligned} u^2 + \frac{7}{2}u + \frac{49}{16} &= \left[u - \left(-\frac{7}{4}\right)\right] \cdot \left[u - \left(-\frac{7}{4}\right)\right] = \left(u + \frac{7}{4}\right)^2 \\ &= \left(\frac{4u}{4} + \frac{7}{4}\right)^2 = \left(\frac{4u+7}{4}\right)^2 = \frac{(4u+7)^2}{16} . \end{aligned}$$

Daraus folgt

$$16u^2 + 56u + 49 = 16 \cdot \left(u^2 + \frac{7}{2}u + \frac{49}{16}\right) = 16 \cdot \frac{(4u+7)^2}{16} = (4u+7)^2 ,$$

was nachzuprüfen ist!

3.169 Desgleichen für $abx^2 - (a^2 + b^2)x + ab$ mit $a, b \neq 0$.

Lösung: Es ist

$$abx^2 - (a^2 + b^2)x + ab = ab \cdot \left(x^2 - \frac{a^2 + b^2}{ab} \cdot x + 1\right) .$$

Die quadratische Gleichung

$$x^2 - \frac{a^2 + b^2}{ab} \cdot x + 1 = 0$$

hat die Lösungen

$$x_1 = \frac{a}{b} \qquad \text{und} \qquad x_2 = \frac{b}{a},$$

so dass

$$x^2 - \frac{a^2 + b^2}{ab} \cdot x + 1 = \left(x - \frac{a}{b}\right) \cdot \left(x - \frac{b}{a}\right)$$

ist. Daraus folgt

$$\begin{aligned} abx^2 - (a^2 + b^2)x + ab &= ab \cdot \left(x - \frac{a}{b}\right) \cdot \left(x - \frac{b}{a}\right) \\ &= b \cdot \left(x - \frac{a}{b}\right) \cdot a \cdot \left(x - \frac{b}{a}\right) \\ abx^2 - (a^2 + b^2)x + ab &= (bx - a) \cdot (ax - b) , \end{aligned}$$

was nachzuprüfen ist!

✍ A. 3.85–3.87 auf Seite 431

✍ A. 3.99–3.105 auf Seite 434: Gemischte Aufgaben.

3.5.5 Quadratische oder höhere Ungleichungen

Unser bisheriges Wissen über den Umgang mit Ungleichungen aus dem Abschnitt 3.1.4 kann auch zum Lösen von quadratischen oder höheren Ungleichungen erfolgreich eingesetzt werden.

3.170 Für welche Werte von $x \in \mathbf{R}$ gilt die Ungleichung

$$x^2 - 6x - 40 < 0\ ?$$

Lösung: Wir lösen die Ungleichung genau so wie eine Gleichung mit der quadratischen Ergänzung. Dabei sind jedoch die verschärften Regeln für den Umgang mit Ungleichungen zu beachten.

$$\begin{aligned} x^2 - 6x - 40 &< 0 && \mid +40 \\ x^2 - 6x &< 40 && \mid \text{quadratische Ergänzung: } +3^2 \\ x^2 - 6x + 3^2 &< 40 + 3^2 \\ (x-3)^2 &< 49 && \mid \sqrt{\ } \end{aligned}$$

Diese Ungleichung ist erfüllt für

$$|x - 3| < 7$$

und somit gilt

$$\begin{aligned} &\text{für } x \geq 3\text{:}\ +(x-3) < 7 \quad &&\text{oder} \quad \text{für } x < 3\text{:}\ -(x-3) < 7 \\ &x \geq 3\text{:}\ x < 10 &&\text{oder} \quad x < 3\text{:}\ x > -4 \end{aligned}$$

Aus der Abbildung 3.4 wird deutlich, dass die Ungleichung damit für alle x-Werte erfüllt ist, die im Bereich $]-4;\ 10[$ liegen. Wie immer empfiehlt sich die Probe mit geeigneten Werten!

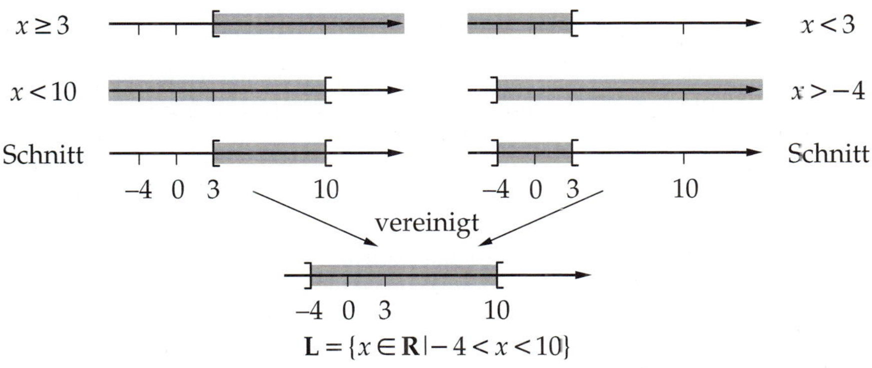

Bild 3.4

Gelingt es uns, mit den Überlegungen aus dem vorherigen Abschnitt 3.5.4.3 den Term der Ungleichung in Produktform zu schreiben, so eröffnet sich ein zweiter Lösungsweg, wie das folgende Beispiel zeigt.

Beispiel:

3.171 Die quadratische Ungleichung $x^2 + 4x - 45 > 0$ ist zu lösen.

Lösung: Wir schreiben den Ungleichungsterm als Produkt $(x-5)\cdot(x+9)>0$ und nutzen die Vorzeichenregel (2.19) für die Multiplikation:

Das Produkt zweier Faktoren ist positiv, wenn die beiden Faktoren gleiche Vorzeichen besitzen.

$$
\begin{array}{ccc}
\text{„Beide Faktoren positiv."} & \text{oder} & \text{„Beide Faktoren negativ."} \\
\big((x-5)>0 \quad \text{und} \quad (x+9)>0\big) & \text{oder} & \big((x-5)<0 \quad \text{und} \quad (x+9)<0\big) \\
\big(x>5 \quad \text{und} \quad x>-9\big) & \text{oder} & \big(x<5 \quad \text{und} \quad x<-9\big) \\
x>5 & \text{oder} & x<-9
\end{array}
$$

Für die Lösungsmenge gilt somit: $\mathbf{L} = \,]-\infty\,;\,-9\,[\,\cup\,]\,5\,;\,+\infty\,[\, = \mathbf{R}\setminus[\,-9\,;\,5\,]$.

Diese Grundidee der Fallunterscheidungen wollen wir im nachfolgenden Beispiel systematisch einsetzen und dann verallgemeinern.

Beispiel:

3.172 Für den Term $x^2-11x+28$ soll die Frage, für welche Werte von x er negativ, null oder positiv ist, in einer gemeinsamen Betrachtung gelöst werden. Dazu überführen wir ihn in seine Linearfaktorform $(x-4)\cdot(x-7)$ und untersuchen die einzelnen Faktoren getrennt.

Der Nullproduktsatz zeigt uns, dass der Term für $x_1=4$ und $x_2=7$ den Wert null annimmt. Mithilfe dieser beiden Lösungen der Gleichung können wir auf dem Zahlenstrahl drei Bereiche markieren, in denen der Term positive oder negative Werte annimmt:

- links von 4, d. h., $x\in\,]-\infty\,;\,4\,[$,
- zwischen 4 und 7, d. h., $x\in\,]\,4\,;\,7\,[$ und
- rechts von 7, d. h., $x\in\,]\,7\,;\,+\infty\,[$

Setzen wir für die Variable nun beliebige Zahlenwerte aus diesen Bereichen ein, so ergibt sich für die einzelnen Faktoren bzw. für das Produkt folgende Situation:

		$(x-4)$	$\cdot(x-7)$	$\gtreqless 0$
Für Werte kleiner als 4, sind beide Faktoren negativ und das Produkt positiv.	$]-\infty\,;\,4\,[$	$-$	$-$	$+$
Für $x=4$ ist der erste Faktor null und somit auch das Produkt null.	$x=4$	0		0
Wählen wir für eine Zahl zwischen 4 und 7, so haben die Faktoren unterschiedliche Vorzeichen.	$]\,4\,;\,7\,[$	$+$	$-$	$-$
Für $x=7$ ist der zweite Faktor null und somit alles null.	$x=7$		0	0
Setzen wir eine Zahl größer als 7 ein, so sind beide Faktoren positiv.	$]\,7\,;\,+\infty\,[$	$+$	$+$	$+$

Aus dieser Tabelle können wir sofort die Lösungsmengen für alle denkbaren Fälle ablesen:

$$x^2 - 11x + 28 = 0 \qquad \mathbf{L} = \{\,4;\ 7\,\}$$

$$x^2 - 11x + 28 > 0 \qquad \mathbf{L} = \,]-\infty\,;\,4\,[\,\cup\,]\,7\,;\,+\infty\,[\, = \mathbf{R} \setminus [\,4\,;\,7\,]$$

$$x^2 - 11x + 28 \geq 0 \qquad \mathbf{L} = \,]-\infty\,;\,4\,]\,\cup\,[\,7\,;\,+\infty\,[\, = \mathbf{R} \setminus \,]\,4\,;\,7\,[$$

$$x^2 - 11x + 28 < 0 \qquad \mathbf{L} = \,]\,4\,;\,7\,[$$

$$x^2 - 11x + 28 \leq 0 \qquad \mathbf{L} = [\,4\,;\,7\,]$$

✍ A. 3.88–3.89 auf Seite 431

Diese Methode kann auch auf Ungleichungen höheren Grades angewendet werden – vorausgesetzt, der Term kann in seine Linearfaktoren zerlegt werden.

Beispiel:

3.173 Für welche Werte von $x \in \mathbf{R}$ gilt $(-3x^2 - 21) \cdot (x^2 - 4) \cdot (x - 4) < 0$?

Der Term $(-3x^2 - 21) \cdot (x^2 - 4) \cdot (x - 4)$ kann durch Ausklammern und mithilfe der Binome als $-3 \cdot (x + 2) \cdot (x - 2) \cdot (x - 4) \cdot (x^2 + 7)$ geschrieben werden.

Beachte: Egal, welche Werte wir für x in den Term einsetzen, der Faktor (-3) ist immer negativ und der Faktor $(x^2 + 7)$ immer positiv.

Markieren wir auf einem Zahlenstrahl für die zugehörige Gleichung die Lösungen $x_1 = -2$, $x_2 = +2$ und $x_3 = +4$, so erkennen wir sofort die Intervalle, die näher zu untersuchen sind. Die tabellarische Darstellung liefert uns folgende Übersicht:

	$-3 \cdot (x+2) \cdot (x-2) \cdot (x-4) \cdot \left(x^2+7\right)$					Produkt
$]-\infty\,;\,-2\,[$	$-$	$-$	$-$	$-$	$+$	$+$
$x = -2$	$-$	0			$+$	0
$]-2\,;\,+2\,[$	$-$	$+$	$-$	$-$	$+$	$-$
$x = +2$	$-$		0		$+$	0
$]+2\,;\,+4\,[$	$-$	$+$	$+$	$-$	$+$	$+$
$x = +4$	$-$			0	$+$	0
$]+4\,;\,+\infty\,[$	$-$	$+$	$+$	$+$	$+$	$-$

Für $-3 \cdot (x + 2) \cdot (x - 2) \cdot (x - 4) \cdot (x^2 + 7) < 0$ gilt: $\mathbf{L} = \,]-2\,;\,2\,[\,\cup\,]\,4\,;\,+\infty\,[$

✍ A. 3.90–3.91 auf Seite 432

3.5.6 Wurzelgleichungen, Teil 2

Im Abschnitt 3.1.3.7 haben wir Wurzelgleichungen durch Quadrieren in eine lineare Gleichung überführen und dieses dann lösen können. In diesem Abschnitt sollen Wurzelgleichungen besprochen werden, die nach ein- oder mehrfachem Quadrieren zu einer quadratischen Gleichung führen.

Beispiel:

3.174 Es sind die Lösungen der Gleichung $7 - \sqrt{4x+1} = 2x$ zu bestimmen.

Lösung:

① Definitionsmenge bestimmen: Radikand ≥ 0

$$\begin{aligned} 4x + 1 &\geq 0 \quad &| -1 \\ 4x &\geq -1 \quad &| :4 \\ x &\geq -\frac{1}{4} \quad &\Rightarrow \mathbf{D} = \left\{ x \in \mathbf{R} \,\middle|\, x \geq -\frac{1}{4} \right\} \end{aligned}$$

② Gleichung lösen:

$$\begin{aligned} 7 - \sqrt{4x+1} &= 2x \quad && |-2x \quad |+\sqrt{\ldots} \\ 7 - 2x &= \sqrt{4x+1} && |(\ldots)^2 \\ (7-2x)^2 &= \left(\sqrt{4x+1}\right)^2 && \\ (7-2x)^2 &= 4x + 1 && \\ 4x^2 - 32x + 48 &= 0 && |\ \text{Lösungsformel} \\ x = 2 &\vee x = 6 && \end{aligned}$$

③ Probe: Ergebnisse in Ausgangsgleichung einsetzen.

$x_1 = 2$: $4 = 4$ ✓

$x_2 = 6$: $2 = 12$ ↯

④ Lösungsmenge: $\mathbf{L} = \{2\}$

Beispiel:

3.175 Ebenso für $\sqrt{x+4} + \sqrt{5x-11} = 11$.

Lösung:

① Definitionsmenge bestimmen: Alle Radikanden ≥ 0.

$$\begin{aligned} x + 4 \geq 0 \quad &\wedge \quad 5x - 11 \geq 0 \\ x \geq -4 \quad &\wedge \quad x \geq 2{,}2 \qquad \Rightarrow \mathbf{D} = \left\{ x \in \mathbf{R} \,\middle|\, x > 2{,}2 \right\} \end{aligned}$$

② Gleichung lösen:

$$\begin{aligned} \sqrt{x+4} + \sqrt{5x-11} &= 11 && |-\sqrt{5x-11} \\ \sqrt{x+4} &= 11 - \sqrt{5x-11} && |(\ldots)^2 \\ \left(\sqrt{x+4}\right)^2 &= \left(11 - \sqrt{5x-11}\right)^2 && \text{Binom beachten!} \\ x + 4 &= 121 - 22 \cdot \sqrt{5x-11} + 5x - 11 && \\ 11 \cdot \sqrt{5x-11} &= 2x + 53 && |(\ldots)^2 \\ \left(11 \cdot \sqrt{5x-11}\right)^2 &= (2x+53)^2 && \\ 121 \cdot (5x - 11) &= 4x^2 + 212x + 2\,809 && \\ 4x^2 - 393x + 4\,140 &= 0 && |\ \text{Lösungsformel} \\ x = 12 &\vee x = 86{,}25 && \end{aligned}$$

③ Probe: Ergebnisse in Ausgangsgleichung einsetzen.

$x_1 = 12$: $11 = 11$ ✓

$x_2 = 86{,}25$: $30 = 11$ ↯

④ Lösungsmenge: $\mathbf{L} = \{12\}$

✍ A. 3.92 auf Seite 432

3.5.7 Quadratische Gleichungssysteme

Kombinieren wir eine quadratische Gleichung, die zwei Unbekannte besitzt, mit einer anderen (linearen oder quadratischen) Gleichung, so erhalten wir ein quadratisches Gleichungssystem. Zum Auffinden der Lösungen dieses Systems können die Strategien benutzt werden, die im Abschnitt 3.4 zum Lösen von linearen Gleichungssystemen vorgestellt wurden.

Beispiel:

3.176 Die Lösungen des Gleichungssystems sind zu bestimmen:

$$\left| \begin{array}{r} -3x + 7y = 25 \\ x^2 - 12x + y^2 - 4y = -11 \end{array} \right|$$

Lösung: Durch Auflösen der linearen Gleichung nach einer der Variablen

$$-3x + 7y = 25 \;\Rightarrow\; y = \frac{3}{7}x + \frac{25}{7}$$

und anschließendem Einsetzen in die quadratische Gleichung

$$x^2 - 12x + \left(\frac{3}{7}x + \frac{25}{7}\right)^2 - 4 \cdot \left(\frac{3}{7}x + \frac{25}{7}\right) = -11$$

erhalten wir eine quadratische Gleichung mit nur noch einer Variablen, deren Lösung wir auf dem üblichen Wege bestimmen können:

$$\begin{array}{rl} \frac{58}{49}x^2 - \frac{522}{49}x + \frac{464}{49} = 0 & \Big| : \frac{58}{49}, \text{ d. h.}, \Big| \cdot \frac{49}{58} \\ x^2 - 9x + 8 = 0 & \big| \; p = -9;\; q = 8 \\ x_1 = 1 \wedge x_2 = 8 & \end{array}$$

Die zugehörigen y-Werte werden durch Einsetzen in die lineare Gleichung ermittelt:

$$y_1 = 4 \wedge y_2 = 7$$

Fazit: Das quadratische Gleichungssystem wird durch die Wertepaare (1 ; 4) bzw. (8 ; 7) gelöst, was man zur eigenen Sicherheit unbedingt noch durch Einsetzen in die beiden Ausgangsgleichungen überprüfen sollte.

✍ A. 3.93 auf Seite 432

Bei vielen Gleichungssystemen mit zwei quadratischen Gleichungen lassen sich die quadratischen Terme durch Subtraktion der Gleichungen entfernen, so dass dann eine vergleichbare Situation zu Beispiel 3.176 vorliegt.

Beispiel:

3.177

$$\left| \begin{array}{r} x^2 - 151x + y^2 + 83y = -84 \\ x^2 - 178x + y^2 + 103y = -130 \end{array} \right| \;\; | -\mathrm{I}$$

$$\left| \begin{array}{r} x^2 - 151x + y^2 + 83y = -84 \\ -27x + 20y = -46 \end{array} \right| \;\Rightarrow y = 1{,}35x - 2{,}3$$

$$\left| \begin{array}{c} x^2 - 151x + (1{,}35x - 2{,}3)^2 + 83\,(1{,}35x - 2{,}3) = -84 \\ y = 1{,}35x - 2{,}3 \end{array} \right|$$

Durch Zusammenfassen und Vereinfachen erhalten wir

$$x^2 - 16x - 36 = 0$$

und daraus die Lösungen $x_1 = -2 \quad \wedge \quad x_2 = 18$

Die lineare Gleichung liefert die zugehörigen y-Werte:

$$y_1 = -5 \quad \wedge \quad y_2 = 22$$

Die Wertepaare $(-2\,;\,-5)$ bzw. $(18\,;\,22)$ stellen die Lösungen des Systems dar.

✍ A. 3.94–3.95 auf Seite 433

Heben sich die quadratischen Terme durch Subtraktion der Gleichungen nicht auf, so entstehen nach dem Einsetzen sehr schnell Gleichungen höheren Grades, die mit unseren Mitteln nicht oder nur sehr mühsam gelöst werden können.

3.5.8 Biquadratische Gleichungen

In diesem Abschnitt werden spezielle Gleichungen höheren Grades auf die Grundform einer quadratischen Gleichung zurückgeführt. Vorausgesetzt wird, dass die Leser quadratische Gleichungen, z. B. mit der pq-Formel (3.5.3), lösen können.

In einer Gleichung, in der die Variable x nur in der Form x^4 und x^2 erscheint, wird x^2 durch einen anderen Buchstaben, z. B. durch z, ersetzt. Die Potenzgesetze erlauben es, x^4 auch in Form einer doppelt quadrierten Potenz zu schreiben: $x^4 = \left(x^2\right)^2 = z^2$. Die resultierende Gleichung für z ist dann quadratisch und wird wie gewohnt gelöst.

Beispiel:

3.178 Gesucht sind alle Lösungen der Gleichung $3x^4 - 60x^2 + 192 = 0$.

Wir formen die Gleichung um, indem wir durch 3 teilen und x^2 durch z ersetzen. Die Mathematiker sprechen beim letzten Schritt von einer Substitution[1]:

$$\begin{aligned} 3x^4 - 60x^2 + 192 &= 0 \mid : 3 \\ x^4 - 20x^2 + 64 &= 0 \\ \left(x^2\right)^2 - 20\left(x^2\right) + 64 &= 0 \mid \text{Substitution: } x^2 = z \\ z^2 - 20z + 64 &= 0 \end{aligned}$$

Jetzt ist eine quadratische Gleichung für z zu lösen. Mit der pq-Formel erhalten wir für $p = -20$ und $q = 64$:

$$\begin{aligned} z_{1,2} &= 10 \pm \sqrt{100 - 64} \\ &= 10 \pm 6 \end{aligned}$$

Die quadratische Hilfsgleichung liefert für z die Ergebnisse $z_1 = 4$ und $z_2 = 16$. Erinnern wir uns daran, dass sich die ursprüngliche Gleichung auf x bezog, so müssen wir die Substitution wieder rückgängig machen, d. h., wir müssen die Substitutionsvorschrift $x^2 = z$ nach x auflösen[2]. Mit

$$x^2 = z \quad \Rightarrow |x| = \sqrt{z}, \text{d. h.}, x = \pm\sqrt{z}$$

---

[1] substituere (lat.) ersetzen, an die Stelle setzen

[2] Man spricht hier von einer Rücksubstitution oder *Re*substitution, von re (lat.) zurück.

liefern unsere beiden Ergebnisse für z die gesuchten Lösungen für x:

$$\begin{array}{cccc} \multicolumn{2}{c}{z_1 = 4} & \multicolumn{2}{c}{z_2 = 16} \\ \swarrow & \searrow & \swarrow & \searrow \\ x_1 = -\sqrt{4} & x_2 = +\sqrt{4} & x_3 = -\sqrt{16} & x_4 = +\sqrt{16} \\ x_1 = -2 & x_2 = +2 & x_3 = -4 & x_4 = +4 \end{array}$$

Die Lösungsmenge der Gleichung $3x^4 - 60x^2 + 192 = 0$ lautet somit

$$\mathbf{L} = \{-4\,;\,-2\,;\,2\,;\,4\}\,.$$

Ähnlich wie bei den quadratischen Gleichungen können wir auch hier zu jeder Lösung x_i einen Linearfaktor $(x - x_i)$ formulieren, so dass die Gleichung sowohl in der

Polynomdarstellung $3x^4 - 60x^2 + 192 = 0$, als auch in der

Linearfaktorendarstellung $3 \cdot (x+4) \cdot (x+2) \cdot (x-2) \cdot (x-4) = 0$

aufgeschrieben werden kann, was sich durch einfaches Ausmultiplizieren zeigen lässt.

Eine Gleichung vom Typ

$$a\,x^4 + b\,x^2 + c = 0 \text{ mit } a, b, c \neq 0$$

bezeichnen wir als biquadratische[1)] Gleichung. Durch die Substitution $z = x^2$ erhalten wir eine quadratische Hilfsgleichung

$$a\,z^2 + b\,z + c = 0,$$

aus deren Lösungen z_1 und z_2 wir durch die Rücksubstitution $x = \pm\sqrt{z}$ die Lösungen für x gewinnen.

Eine biquadratische Gleichung kann bis zu vier Lösungen haben. Besitzt die quadratische Hilfsgleichung für die Variable z negative oder gar keine Lösungen, so wird die Anzahl der Lösungen für x in der biquadratischen Ausgangsgleichung eingeschränkt, da wir in **R** die Wurzel aus einer negativen Zahl nicht berechnen können.

Beispiele:

3.179

$$\begin{array}{rcll} x^4 - x^2 - 12 &=& 0 & \mid \text{Substitution: } x^2 = z \\ z^2 - z - 12 &=& 0 & \mid p = -1;\ q = -12 \\ z_{1,2} &=& \frac{1}{2} \pm \sqrt{\frac{1}{4} + 12} & \\ z_{1,2} &=& \frac{1}{2} \pm \frac{7}{2} & \\ z_1 = -3 & \wedge & z_2 = 4 & \mid \text{Resubstitution: } x = \pm\sqrt{z} \\ x_{1,2} = \pm\sqrt{-3}\ \lightning & \wedge & x_{3,4} = \pm\sqrt{4} = \pm 2 & \Rightarrow \mathbf{L} = \{-2\,;\,2\} \end{array}$$

3.180

$$\begin{array}{rcll} x^4 - 98x^2 + 2\,401 &=& 0 & \mid \text{Substitution: } x^2 = z \\ z^2 - 98z + 2\,401 &=& 0 & \mid p = -98;\ q = 2\,401 \\ z_{1,2} &=& 49 \pm \sqrt{0} & \mid \text{Resubstitution: } x = \pm\sqrt{z} \\ x_1 = -\sqrt{49} = -7 & \wedge & x_2 = +\sqrt{49} = +7 & \Rightarrow \mathbf{L} = \{-7\,;\,7\} \end{array}$$

[1)] bis (lat.) zweimal. Hier im Sinne eines doppelten Quadrates.
Den allgemeinen Fall einer Gleichung vierten Grades besprechen wir in Abschnitt 3.6.

3.181

$$\begin{aligned} x^4 + 34x^2 + 225 &= 0 && \mid \text{Substitution: } x^2 = z \\ z^2 + 34z + 225 &= 0 && \mid p = 34;\ q = 225 \\ z_{1,2} &= -17 \pm \sqrt{64} \\ z_1 = -25 \quad &\wedge \quad z_2 = -9 && \mid \text{Resubstitution: } x = \pm\sqrt{z} \\ x_{1,2} = \pm\sqrt{-25}\ \lightning \quad &\wedge \quad x_{3,4} = \pm\sqrt{-9}\ \lightning && \Rightarrow \mathbf{L} = \emptyset \end{aligned}$$

✍ A. 3.96–3.97 auf Seite 433

Diese Form der Substitution kann auch für höhere Potenzen durchgeführt werden:

Eine Gleichung vom Typ

$$a\,x^n + b\,x^{n/2} + c = 0 \text{ mit } a, b, c \neq 0 \text{ und geradem } n \in \mathbf{N}^{\geq 4}$$

bringen wir durch die Substitution $z = x^{n/2}$ auf die quadratische Hilfsgleichung

$$a\,z^2 + b\,z + c = 0,$$

aus deren Lösungen z_1 und z_2 wir durch die Rücksubstitution $x = (\pm)\,\sqrt[n/2]{z}$ die endgültigen Lösungen für x erhalten.

Beispiel:

3.182 Schauen wir uns ein Beispiel für $n = 6$ und $\frac{n}{2} = 3$ an:

$$\begin{aligned} x^6 - 19x^3 - 216 &= 0 && \mid \text{Substitution: } x^3 = z \\ z^2 - 19z - 216 &= 0 && \mid p = -19;\ q = -216 \\ z_{1,2} &= 9{,}5 \pm \sqrt{306{,}25} \\ z_1 = -8 \quad &\wedge \quad z_2 = 27 && \mid \text{Resubstitution: } x = \sqrt[3]{z} \\ x_1 = \sqrt[3]{-8} = -\sqrt[3]{8} = -2 \quad &\wedge \quad x_2 = \sqrt[3]{27} = 3 && \Rightarrow \mathbf{L} = \{-2\,;\,3\} \end{aligned}$$

☞ Wer hier über die dritte Wurzel aus einer negativen Zahl stolpert, möge sich bitte noch einmal die Überlegungen zum Wurzelbegriff im Abschnitt 2.5.1.1 anschauen.

Gleichungen mit komplizierten Ausdrücken lassen sich manchmal durch eine Substitution vereinfachen. Wir werden die Substitutionsmethode später noch bei anderen Gleichungstypen einsetzen, z. B. bei exponentiellen (Abschnitt 3.7), logarithmischen (Abschnitt 3.8) und goniometrischen Gleichungen (Abschnitt 6.5).

Beispiele:

3.183

$$\begin{aligned} x - 5 - 4\sqrt{x-5} &= 21 && \mathbf{D} = \mathbf{R}^{\geq 5} \\ \left(\sqrt{x-5}\right)^2 - 4\sqrt{x-5} - 21 &= 0 && \mid \text{Substitution: } \sqrt{x-5} = z \\ z^2 - 4z - 21 &= 0 && \mid p = -4;\ q = -21 \\ z_{1,2} &= 2 \pm \sqrt{25} \\ z_1 = -3 \quad &\wedge \quad z_2 = 7 \end{aligned}$$

Für die Rücksubstitution lösen wir die Substitutionsvorschrift $\sqrt{x-5} = z$ wieder nach x auf: $x = z^2 + 5$

$$\begin{aligned} x_1 = (-3)^2 + 5 \quad &\wedge \quad x_2 = 7^2 + 5 \\ x_1 = 14 \in \mathbf{D} \quad &\wedge \quad x_2 = 54 \in \mathbf{D} \\ \text{Probe: } \lightning \quad & \quad \text{Probe: } \checkmark \end{aligned}$$

Da Quadrieren keine Äquivalenzoperation ist, muss mit der Ausgangsgleichung unbedingt eine Probe durchgeführt werden. Dabei stellen wir fest, dass $x = 14$ die Gleichung nicht erfüllt und somit *keine* Lösung ist. Es gilt daher: $\mathbf{L} = \{54\}$.

3.184 Zum Lösen der Gleichung $5\left(x^2-4\right)^2 + 3\left(x^2-4\right) - 756 = 0$ könnte man die Klammern auflösen und die resultierende Gleichung untersuchen. Einfacher ist es, von vornherein den Ausdruck $x^2 - 4$ zu substituieren: $z = x^2 - 4$.

Die Lösungen von $5z^2 + 3z - 756 = 0$ ergeben sich zu $z_1 = -12{,}6$ und $z_2 = 12$. Kehren wir die Substitution um, d. h., lösen wir $z = x^2 - 4$ nach x auf, so erhalten wir mit $x = \pm\sqrt{z+4}$ die beiden Ergebnisse $x_{1,2} = \pm 4$, die auch der Probe genügen.

✍ A. 3.98 auf Seite 434

Aufgaben:

Für die folgenden Gleichungen soll – wenn im Einzelfall nichts anderes formuliert ist – die Lösungsmenge für x bestimmt werden. Grundsätzliche Hinweise zum Lösen von Bruch- und Wurzelgleichungen findet man in den Abschnitten 3.1.3.6 und 3.1.3.7.

Zur Übung empfiehlt es sich, die Beispiele, bei denen die Lösungsformel verwendet wird, zusätzlich auch auf dem umständlicheren Weg über die quadratische Ergänzung zu lösen!

3.5 Quadratische Gleichungen (Lösungen ab Seite 889)

3.63 Überprüfe, ob die angegebenen Lösungswerte die zugehörige Gleichung erfüllen:

a) $x^2 + 13x - 30 = 0$	$x_1 = 2$	$x_2 = -15$
b) $x^2 - 29x - 210 = 0$	$x_1 = -6$	$x_2 = -35$
c) $-x^2 + 10x - 21 = 0$	$x_1 = -3$	$x_2 = -7$
d) $x^2 - 4x + 1 = 0$	$x_1 = 2 + \sqrt{3}$	$x_2 = 2 - \sqrt{3}$
e) $5x^2 - 25x + 24 = 0$	$x_1 = 1$	$x_2 = 24$
f) $12x^2 + 19x - 18 = 0$	$x_1 = \frac{2}{3}$	$x_2 = -2\frac{1}{4}$
g) $x^2 - 6x + 3 = 0$	$x_1 = 3 + \sqrt{7}$	$x_2 = 3 - \sqrt{7}$
h) $-0{,}5x^2 - 3{,}45x + 11{,}16 = 0$	$x_1 = 1{,}8$	$x_2 = 6{,}2$

3.5.2.1 Die reinquadratische Gleichung (Lösungen ab Seite 889)

3.64 Bestimme die Lösungen:

a) $x^2 - 196 = 0$ b) $75 - 3x^2 = 0$ c) $x^2 - 876{,}16 = 0$

d) $9x^2 - 16 = 0$ e) $3 - 4x^2 = 5 - 6x^2$ f) $49x^2 + 16 = 0$

3.65 Welche Zahl ist genau n-mal so groß wie ihr Kehrwert?

3.66 Bestimme die Lösungen für x und gib die Randbedingungen für die Parameter an:

a) $9\left(x^2+7\right)=7\left(x^2+9\right)$ b) $(7x-2)\cdot(7x+2)=60$

c) $\sqrt{x+15}-\sqrt{5x-77}=\dfrac{16}{\sqrt{x+15}}$ d) $ax^2+5x^2=2x^2-bx^2$

e) $ax^2-b=0$ f) $ax^2=a^2+b^2$

g) $ax^2=a\cdot(a-1)$ h) $(a+1)x^2-2\cdot(a+0{,}5)=0$

i) $(a-4)x^2-a^2+16=0$ k) $(a-b)x^2=a^3+a^2b-ab^2-b^3$

3.67 Desgleichen:

a) $\dfrac{7x+5}{7+5x}=\dfrac{9x-8}{9-8x}$ b) $\dfrac{x^2-5x+11}{x^2-7x+83}=\dfrac{5}{7}$

c) $\sqrt{x+4}-\sqrt{x-4}=\dfrac{x+1}{\sqrt{x+4}}$ d) $\sqrt{5+x}-\sqrt{25-3x}=2\sqrt{5-x}$

e) $\sqrt{a+x}+\sqrt{a-x}=2\sqrt{a}$ f) $\sqrt{a+x}+\sqrt{a-x}=\sqrt{2a}$

g) $\dfrac{x+1}{x-1}+\dfrac{x-1}{x+1}=3\dfrac{1}{3}$ h) $(x-3)^2=16$ i) $(x-a)^2=b^2$

3.5.2.2 Die gemischtquadratische Gleichung ohne Absolutglied

(Lösungen ab Seite 889)

3.68 Bestimme die Lösungen für x:

a) $2x^2-12x=0$ b) $15x^2-45x=0$ c) $2x^2+8x=0$

d) $10x^2+4x=0$ e) $7x^2+3x=0$ f) $13x=8x^2$

g) $7x^2-\dfrac{5}{3}x=0$ h) $3(x+2)^2=5x^2+12$ i) $ux^2-vx=0$

k) $x^2+2px=0$ l) $(a+x)(a-x)=a^2-bx$ m) $\dfrac{a}{b}x^2+\dfrac{b}{a}x=0$

3.5.3.1 Die Lösungsformel für quadratische Gleichungen

(Lösungen ab Seite 890)

3.69 Löse die Gleichung durch quadratische Ergänzung:

a) $x^2+6x-55=0$ b) $x^2-4x-21=0$ c) $x^2+1{,}28=3{,}6x$

d) $x^2+1{,}8x+0{,}81=0$ e) $x^2-1{,}2x+\dfrac{16}{45}=0$ f) $14=9x^2-15x$

g) $30x^2-41x=-13$ h) $x^2-\dfrac{1}{5}x=2{,}55$ i) $x^2+24x=11$

3.70 Bestimme mit der pq-Formel die Lösungen für x:

a) $x^2-6x+5=0$ b) $x^2+5x-14=0$ c) $x^2+4x-5=0$

d) $x^2-1=0$ e) $x^2-4x-5=0$ f) $x^2-12{,}1x=0$

g) $x^2+10=6{,}5x$ h) $x^2-8x+15{,}96=0$ i) $x^2=0{,}6x-0{,}09$

k) $x^2-9x=-25$ l) $x^2+2{,}62x=4{,}1888$ m) $x^2+7x+26=0$

n) $x^2-2x=2$ o) $x^2-4mx=49-4m^2$ p) $x^2+r^2=2(rx+1)$

3.5.3.2 Lösungen der allgemeinen Form

(Lösungen ab Seite 890)

3.71 Bestimme die Lösungen für x:

a) $5x^2 - 45x + 70 = 0$
b) $8x^2 + 32x - 360 = 0$
c) $2x^2 + 264 = 44x$
d) $-x^2 - 27x - 92 = 0$
e) $0{,}3x^2 - 80{,}4x + 5\,386{,}8 = 0$
f) $-5x^2 + 65{,}5x = 168$
g) $-4x^2 + 14x - 64 = 0$
h) $0{,}2x^2 + 45 + 6x = 0$
i) $100x^2 = 1\,940x - 9\,409$
k) $15x^2 = 168x + 144$
l) $4x^2 - 32x + 60 = 0$
m) $3x^2 - 21x = 54$
n) $-2{,}1x^2 + 16{,}8x = 33{,}6$
o) $0{,}8x^2 + 7{,}2x + 6{,}4 = 0$
p) $2x^2 - 30x + 120 = 0$
q) $5x^2 + 420 = 95x$

3.72 Desgleichen:

a) $2x^2 - 19x + 9 = 0$
b) $16x^2 + 120x + 221 = 0$
c) $5x^2 + 87x = 506$
d) $24x^2 - 105 + 11x = 0$
e) $5x^2 + 34x + 55{,}35 = 0$
f) $16x^2 + 85 = 97x$
g) $17x^2 - 152x + 336 = 0$
h) $12x^2 = x + 6$
i) $5x^2 - 27ax + 10a^2 = 0$
k) $2x^2 - 6bx - 15bc + 5cx = 0$

3.73 Bestimme die richtigen Lösungen zu den Gleichungen aus Aufgabe 3.63.

3.74 Bestimme die Lösungen für x:

a) $0{,}3x^2 - 3x + 6 = 0$
b) $\frac{4}{3}x^2 - 8x + 11 = 0$
c) $3x^2 - 10bx + 3b^2 = 0$
d) $\frac{1}{2}x^2 - \frac{5}{2}x - 1 = 0$
e) $2{,}5x^2 - 46x + 192{,}5 = 0$
f) $\frac{1}{3}x^2 + 3x + \frac{19}{3} = 0$
g) $\sqrt{15}\,x^2 - 5\sqrt{3}\,x + 3\sqrt{5}\,x = 15$
h) $\frac{4}{3}\sqrt{5}\,x^2 + \frac{4}{3}\sqrt{5}\,x = 5x + 5$

3.75 Desgleichen:

a) $(x-4)^2 + (x-7)^2 = 29$
b) $(x+4)^2 - (x-5)^2 - (x-1)^2 = 14x - 1$
c) $2(x-3)^2 - 3(x-5)^2 - 4(x-7)^2 - (3x-5) = 0$
d) $x^2 - 2bx - a^2 + b^2 = 0$
e) $x^2 - 4ax - 4bx + 3a^2 + 10ab + 3b^2 = 0$
f) $\left(\frac{1}{2}x - 2\right)^2 + (x-4)^2 - \left(\frac{3}{5}x + 1\right)^2 + 4\left(\frac{1}{5}x - 1\right)^2 = 0$
g) $\frac{1}{a}x^2 - \frac{\sqrt{a}}{a}x + x = \sqrt{a}$
h) $(9x+21)^2 - (182 - 13x)^2 = (30x - 35)^2$

3.76 Für die Bruchgleichung (s. a. Abschn. 3.1.3.6) sind die x-Lösungen zu bestimmen:

a) $\frac{5x-1}{6x-9} - \frac{9x-4}{8x+12} - \frac{3x+8}{4x^2-9} = \frac{1}{2}$
b) $\frac{2x+1}{x-1} - \frac{3x-4}{x+1} = \frac{3x+3}{x^2-1}$
c) $1 + \frac{8}{x-4} - \frac{16}{x^2-16} = 0$
d) $\frac{5}{6x} - \frac{2x-3}{6x-4} - \frac{3x^2-1}{9x^2-6x} = \frac{1}{6}$
e) $\frac{2x-1}{x+3} - \frac{1-x}{x} - \frac{3(x-2)}{x-1} = 0$
f) $\frac{2x-1}{x+3} - \frac{11}{8x} - \frac{3x-12}{4x+12} = 1$

g) $\frac{x-8a}{8x-48a}-\frac{2ax+5a^2}{x^2-36a^2}+\frac{72a+13x}{24x+144a}=\frac{5}{12}$ h) $\frac{x-2a}{2x-8a}=\frac{x}{x-6a}$

i) $\frac{35x-117}{21-7x}-\frac{12}{7x+28}=\frac{5x^2+5x-72}{-x^2-x+12}-1$ k) $\frac{x-3}{2x+7}-\frac{3x+1}{x-5}=0$

3.77 Desgleichen:

a) $1-\frac{8}{x-4}=\frac{5}{3-x}-\frac{8-x}{x+2}$ b) $\frac{x+1}{4x}-\frac{5x-1}{2x-4}=\frac{8-x}{3x^2-6x}-\frac{x-5}{x-2}$

c) $\frac{2}{x^2-4}=\frac{1}{x^2-2x}-\frac{x-4}{x^2+2x}$ d) $\frac{1}{x-6}+\frac{1}{x-4}=\frac{1}{x+2}+\frac{1}{x-7}$

e) $\frac{8a^2}{x^2-a^2}+\frac{2a}{x+a}=-\frac{x}{a-x}$ f) $\frac{x}{a}-\frac{1}{bx-ax}+\frac{b}{a^2x-abx}=\frac{2}{a-b}$

g) $a^2-\frac{a^2-b^2}{2x-x^2}=\frac{b^2(x+2)}{x-2}$ h) $\frac{5x+15}{5x-36}+\frac{x-5}{x+11}=\frac{x-7{,}2}{3x-21{,}6}$

i) $\frac{1}{a-c}+\frac{1}{cx^2-ax}=\frac{d-dx}{a^2-acx-ac+c^2x}$ k) $\frac{95}{x+9}+x=9-\frac{3}{x+9}$

3.78 Leite, analog zur Vorgehensweise in Abschnitt 3.5.3.1, für die allgemeine quadratische Gleichung $ax^2+bx+c=0$ die abc-Formel (3.33) her.

3.5.4.1 Die Diskriminante

(Lösungen ab Seite 891)

3.79 Bestimme den Parameter so, dass die Gleichung für x *genau eine* Lösung besitzt und gib diese an:

a) $x^2-6x+a+9=0$ b) $x^2-10x=4p-23$

c) $rx^2+x+1=0$ d) $x^2+2a^2=-3ax$

e) $0{,}5x^2+2{,}5kx=5k+x$ f) $x^2-(h+3)x+3h=0$

g) $4x^2+20rx+25r=0$ h) $ux^2+\frac{15{,}25}{u}=5x+6{,}25u$

i) $4x^2+36t^2+4t=24tx+56$ k) $0{,}7x^2+39{,}2=9{,}8x+0{,}7t$

l) $x^2+25k^2+19k=10kx+4x$ m) $1{,}5x^2-1{,}5t+13{,}5v^2=0{,}45+9vx$

3.80 Bestimme die Lösungsmenge für x und die Anzahl der Lösungen in Abhängigkeit vom Parameter:

a) $0{,}2x^2+3{,}2r^2=1{,}6rx+5t^2$ b) $42x+3k=147+3x^2$

c) $0{,}5x^2+0{,}5h^2=8+hx$ d) $3{,}1x^2-6{,}2hx-108{,}5h^2=0$

e) $12\left(x^2+u^2\right)=24ux-72(x-u)+480$ f) $4x-6=x^2-s$

g) $3x^2+12x+24s=6sx+96$ h) $2{,}3x^2+2{,}3g+262{,}2=50{,}6x$

i) $32x^2+288d^2-64d=192dx-288$ m) $0{,}5x^2+2{,}5ax-5a=x$

l) $x^2+3bx+2b^2=0$ k) $4x^2=16x+180t-52$

3.5.4.2 Wurzelsatz von VIETA

(Lösungen ab Seite 892)

3.81 Löse die Gleichungen durch Anwendung des Wurzelsatzes von VIETA:

a) $x^2-4x-21=0$ b) $x^2-7x-8=0$

c) $x^2-6x+9=0$ d) $x^2+x-72=0$

e) $x^2+9x+14=0$ f) $x^2+9x-112=0$

g) $3x^2+6x+3=0$ h) $x^2-34x+288=0$

i) $4x^2+40x+96=0$ k) $x^2-(a-b)x-ab=0$

3.82 Löse die Aufgabe 3.63 mit dem Satz von VIETA.

3.5.4.3 Produktform quadratischer Terme (Lösungen ab Seite 892)

3.83 Wiederhole Aufgabe 3.5 zur Anwendung des Nullproduktsatzes.

3.84 Welche quadratischen Gleichungen besitzen die angegebenen Lösungen? Es sind ganzzahlige Koeffizienten anzugeben:

a) $x_1 = 2 \quad x_2 = 5$ b) $x_1 = -3 \quad x_2 = 7$
c) $x_1 = -14 \quad x_2 = -11$ d) $x_1 = -129 \quad x_2 = 3$
e) $x_1 = 4\frac{1}{3} \quad x_2 = -\frac{5}{6}$ f) $x_1 = 7 + \sqrt{2} \quad x_2 = 7 - \sqrt{2}$
g) $x_1 = -7{,}2 \quad x_2 = 0{,}8$ h) $x_1 = 2k \quad x_2 = -\frac{1}{3}k$

3.85 Zerlege die quadratischen Terme in Linearfaktoren für die Variable x:

a) $x^2 - 11x + 24$ b) $2x^2 + 4x - 70$
c) $x^2 + x - 12$ d) $6x^2 + x - 40$
e) $\sqrt{2}\,x^2 - 4x - 30\sqrt{2}$ f) $25x^2 - 378x + 45$
g) $bx^2 + (1 - ab)x - a$ h) $15x^2 + 17xy - 18y^2$
i) $x^2 + ax + bx - 2a^2 - 2b^2 + 5ab$
k) $18x^2 - 21{,}42x - \frac{801}{1\,250}k(100x - 119)$

3.86 Faktorisiere und vereinfache:

a) $\dfrac{x^2 - 5x - 36}{x + 4}$ b) $\dfrac{x^2 - 5x + 6}{4x - 8}$
c) $\dfrac{8x^2 - 12x - 56}{21 - 6x}$ d) $\dfrac{-3x^2 + 2{,}1x + 284{,}82}{14x + 131{,}6}$
e) $\dfrac{2x^2 - 11{,}6x + 16{,}32}{8x^2 - 27{,}2x + 19{,}2}$ f) $\dfrac{3{,}1x^2 + 4{,}65x - 235{,}6}{-4{,}9x^2 + 3{,}92x + 282{,}24}$

3.87 Wie lässt sich diese Gleichung am bequemsten nach x lösen?

$$(2{,}784x - 5{,}387) \cdot \left(25 \cdot \pi - x \cdot \sqrt{2}\right) = 0$$

3.5.5 Quadratische oder höhere Ungleichungen (Lösungen ab Seite 892)

3.88 Bestimme die Lösungsmenge der quadratischen Ungleichung:

a) $(x - 3) \cdot (x - 8) > 0$ b) $(x - 5) \cdot (x + 9) < 0$
c) $(2{,}7 - x) \cdot (3{,}6 + x) \leq 0$ d) $(x + 4) \cdot (x + 9{,}5) \geq 0$
e) $6 \cdot (x - 26{,}2) \cdot (x - 37{,}1) < 0$ f) $-5 \cdot (x - 8) \cdot (3{,}4 - x) > 0$
g) $(3x - 12) \cdot (16 + 8x) \leq 0$ h) $-6{,}1 \cdot (4x - 28) \cdot (3x + 27) \geq 0$
i) $(6x + 2) \cdot 4{,}9 \cdot (4 - 3x) \geq 0$ k) $(2{,}1 - 5x) \cdot \left(0{,}52 - \frac{4}{7}x\right) > 0$
l) $(6{,}5x - 4{,}1) \cdot (2{,}6x + 5{,}4) \leq 0$ m) $7{,}3\,(6x - 8{,}4) \cdot (2{,}4 - 3x) > 0$

3.89 Desgleichen:

a) $x^2 - 4 < 0$ b) $9x^2 - 25 < 0$ c) $7x^2 + 10 < 0$

d) $x^2 - 7x + 10 < 0$ e) $x^2 + 10x < -21$ f) $x^2 < 11x + 12$

g) $x^2 - 8x + 8 > 1$ h) $4 + x^2 > 5$ i) $6x^2 + 11x < -7$

k) $2x^2 + 18x + 21 > x^2 + 5x - 9$

l) $18x^2 - 119x - 356 \geq 1\,672 - 6x^2$

3.90 Bestimme die Lösungsmenge der Ungleichung:

a) $(6 - x) \cdot (x^2 + 0{,}3x) \leq 0$ b) $4x^3 - 20x^2 < 0$

c) $-9x^3 - 9x < 0$ d) $(x^2 + 4) \cdot (x^2 - 4) \leq 0$

e) $-4{,}2 \cdot x^2 \cdot (x + 11) \cdot (x - 3)^2 > 0$ f) $-3 \cdot (x^3 - 15x^2 - 26)^2 > 0$

g) $\dfrac{2 - 6x^2}{\left(x^2 + 1\right)^3} \gtreqless 0$ h) $\dfrac{18x^2 + 12}{\left(x^2 - 2\right)^3} \gtreqless 0$

i) $\dfrac{3}{x} < 2x - 5$ k) $(x + 2) \cdot (x - 4) \cdot (x + 5) \geq 0$

l) $(21 - x) \cdot (4x + 15) \cdot \left(0{,}25 - \frac{3}{8}x\right) < 0$ m) $(x - 14) \cdot (x^2 + 5) > 0$

n) $3{,}2\,(8x - 6) \cdot (5x^2 + 10) \cdot (24x^2 - 3x) \leq 0$

3.91 Bestimme die Lösungsmenge für x und die Anzahl der Lösungen in Abhängigkeit vom Parameter:

a) $x^2 - 22kx + 3k = 0$ b) $x^2 - 4x + k^2 = k + 8$

c) $x^2 - 28t = 6tx + 90 - 7t^2$ d) $2x^2 - 20x + 24 = 2p^2 + 12{,}8p - 61{,}7$

e) $x^2 - (8 + k) \cdot x + 9k = 0$ f) $x^2 + 5r^2 + 16 = r^3 + 8x + 4r$

3.5.6 Wurzelgleichungen, Teil 2

(Lösungen ab Seite 894)

3.92 Für die Wurzelgleichung (s. a. Abschn. 3.1.3.7) sind die x-Lösungen zu bestimmen:

a) $4x - 7 - 2\sqrt{8x + 1} = 2x - 9$ b) $\sqrt{3x + 1} - \sqrt{2x - 7} = 2$

c) $3\sqrt{x + 5} - 2\sqrt{x + 12} = 1$ d) $\sqrt{5x - 4} = 1 + \sqrt{3x + 1}$

e) $\sqrt{2x - 1 + \sqrt{8x + 9}} = 4$ f) $\sqrt{20x - 1} = \sqrt{4x + 3} + \sqrt{8x - 2}$

g) $\sqrt{2x + 2} - \sqrt{x - 1} = \sqrt{21 - x}$ h) $\sqrt{35x + 3} - \sqrt{7x - 9} = \sqrt{14x + 6}$

i) $\sqrt{8x + 1} - \sqrt{3x - 5} = \sqrt{4x - 3}$ k) $\sqrt{5x + a} - \sqrt{2x + 2a} = \sqrt{x - 3a}$

3.5.7 Quadratische Gleichungssysteme

(Lösungen ab Seite 894)

3.93

a)
$$\left|\begin{aligned} (x-3)^2 + (y-5)^2 &= 25 \\ x + 7y &= 63 \end{aligned}\right|$$

b)
$$\left|\begin{aligned} x + y &= 0 \\ x^2 + 4x + y^2 + 18y &= -24 \end{aligned}\right|$$

c)
$$\left|\begin{aligned} 27x - 10y &= 48 \\ 5x^2 + 31x + 5y^2 &= 76y - 101{,}85 \end{aligned}\right|$$

d)
$$\left|\begin{aligned} 2x + 2y &= 27 \\ 5x^2 + 5y^2 + 47y &= 52x + 179{,}35 \end{aligned}\right|$$

e) $\begin{vmatrix} -4x + y = 27 \\ x^2 + 16x + y^2 = 24y - 174 \end{vmatrix}$

f) $\begin{vmatrix} 3y + 23 = 2x \\ 10x^2 + 10y^2 = 162x + 128y - 545{,}7 \end{vmatrix}$

3.94

a) $\begin{vmatrix} x^2 + y^2 = 25 \\ x^2 - 20x + y^2 - 10y = -85 \end{vmatrix}$

b) $\begin{vmatrix} x^2 - 34x + y^2 + 181 = 26y \\ x^2 + 12x + 83 = 36y - y^2 \end{vmatrix}$

c) $\begin{vmatrix} x^2 + y^2 = 39 + 10x + 12y \\ x^2 + 13 + y^2 = 4x + 14y \end{vmatrix}$

d) $\begin{vmatrix} 36 - (x+4)^2 = (y+10)^2 \\ 0{,}05x^2 + 0{,}4x = -\left(0{,}05y^2 + y + 4\right) \end{vmatrix}$

e) $\begin{vmatrix} (x-7)^2 + (y-10)^2 = 109 \\ (x-18)^2 + (y-16)^2 = 82 \end{vmatrix}$

f) $\begin{vmatrix} x^2 - 4x + y^2 - 4y = 5 \\ x^2 + 10x + y^2 - 30y = -113 \end{vmatrix}$

g) $\begin{vmatrix} x^2 + y^2 = 55 \\ y^2 + (x+3)^2 = 2y - 7 \end{vmatrix}$

h) $\begin{vmatrix} x^2 + y^2 = 25 \\ (x-2)^2 + y^2 = 24 + 2y \end{vmatrix}$

3.95 Die Summe der Quadrate zweier aufeinander folgender natürlicher Zahlen ist 25. Um welche Zahlen handelt es sich?

3.5.8 Biquadratische Gleichungen

(Lösungen ab Seite 894)

3.96 Bestimme alle Lösungen der Gleichung in **R** und gib zu (a), (e), (i) und (o) die Linearfaktorenform der Gleichung an:

a) $x^4 - 13x^2 + 36 = 0$

b) $x^4 - 20x^2 + 64 = 0$

c) $x^4 + 4x^2 = 117$

d) $x^4 + 34x^2 + 225 = 0$

e) $3x^4 - 60x^2 + 192 = 0$

f) $9x^4 - 6x^2 + 5 = 0$

g) $\frac{1}{4}x^4 - 6x^2 = 6{,}25$

h) $5x^4 - 2\sqrt{5}\,x^2 + 3 = 0$

i) $1{,}4x^2 - \frac{12}{5} = \frac{1}{5}x^4$

k) $3x^4 + 7x^2 = 6$

l) $5x^4 + 420 = -95x^2$

m) $8x^4 + 18x^2 = 1\,421$

n) $x^4 + 5\,000 = 633x^2$

o) $-5x^4 + 525x^2 = 9\,720$

p) $5x^4 = 243{,}89 + 13{,}05x^2$

3.97 Bestimme alle Lösungen in der Grundmenge **R**:

a) $x^4 - 34x^2 + 225 = 0$

b) $u^4 = 16u^2 + 225$

c) $x^4 - 8x^2 = 0$

d) $2{,}5x^4 = 187{,}5x^2 - 3\,240$

e) $m^4 + 64 = 0$

f) $4x^4 + 2 = 9x^2$

g) $7{,}25x^4 + 3\,393 = 319x^2$

h) $t^4 = 633t^2 - 5\,000$

i) $\frac{1}{7}w^4 + \frac{3}{14}w^2 = \frac{6}{5}$

k) $-25x^4 + 4\,325x^2 = 151\,900$

l) $3{,}5x^4 + 238 = 73{,}5x^2$

m) $-s^4 + 3s^2 + 2 = 0$

n) $\left(x^2 + 12\right)^2 - 49x^2 = 0$

o) $x^4 + 18 = 11x^2$

p) $10x^2 = 0{,}5x^4 + 32$

3.98 Bestimme durch eine geeignete Substitution alle reellen Lösungen der Gleichung:

a) $(s+4)^2 + 5(s+4) = 24$ b) $0{,}2\left(x^2+4\right)^2 - 5\left(x^2+4\right) + 20$

c) $t + 96 = 28\sqrt{t}$ d) $\left(x^2-6\right)^2 = \left(x^2-6\right) + 42$

e) $\sqrt{2x+3} + 2(2x+3) = 55$ f) $\dfrac{45}{2x^2} + \dfrac{4x^2+8x+45}{4x} = \dfrac{45}{4(x-2)}$

g) $x^6 - 17x^3 + 16 = 0$ h) $x^{2/3} - 15x^{1/3} + 50 = 0$

i) $9r^{4/3} + 131r^{2/3} = 60$ k) $x^8 = 49 + 48x^4$

l) $\left(x^{2/3}-8\right)^2 = 25\left(x^{2/3}-8\right) - 136$ m) $\dfrac{x^2-3}{\left(x^2-3\right)+2} = \dfrac{x^2-3}{2-\left(x^2-3\right)} - \dfrac{2}{3}$

Gemischte Aufgaben zu den quadratischen Gleichungen (Lösungen ab Seite 895)

3.99 Löse die Gleichung:

a) $(16-3x)^2 - 4\cdot(3+x)^2 + 324 = 9x^2$ b) $\dfrac{8-x}{2} - \dfrac{2x-11}{x-3} = \dfrac{x-2}{6}$

c) $\dfrac{3x-2}{x-8} + \dfrac{2x-3}{x-4} = \dfrac{5x^2-29x-4}{x^2-12x+32}$ d) $\dfrac{10}{x-3} - \dfrac{15x}{4-x} = 3$

e) $\dfrac{5x-1}{3(x+1)} - \dfrac{3x+2}{2x-2} = \dfrac{2x^2+3x+25}{6x^2-6}$ f) $9x^2 + 4 - 6x = (3x+2)^2 - 18x$

g) $\dfrac{x+2}{x+1} - \dfrac{3}{x} + \dfrac{1}{4} = \dfrac{2x-1}{2x} - \dfrac{12}{x^2+x}$ h) $\dfrac{3}{u+4} - \dfrac{5}{u-2} + \dfrac{2}{u} = 0$

i) $2\cdot\left[2z - 3\cdot\left(z^2-4z+8\right)\right] = 4\cdot[z\cdot(z-4)+5] - 2\cdot(6z-2)$

3.100 Desgleichen:

a) $\sqrt{v-4} = \sqrt{2v+6} - 3$ b) $\sqrt{9-w} - \sqrt{3+w} = 2\cdot\left(\sqrt{2}-1\right)$

c) $\sqrt[3]{4s + 2\cdot\sqrt{2-3s}} = 2$ d) $\sqrt[3]{u-4} + \sqrt[3]{u-4} = 4$

e) $\sqrt[3]{u-4} - \sqrt[3]{u-4} = 0$ f) $\sqrt{2{,}27r - 36{,}5} = 1{,}74r + 9{,}08$

g) $\sqrt{1{,}07t + 2{,}45} + \sqrt{16{,}32 - 3{,}36t} = 5{,}24$ h) $\sqrt{-x} = \dfrac{\sqrt{14}}{2} - \sqrt{7+2x}$

3.101 Desgleichen:

a) $\left(\dfrac{7}{2}-x\right)\cdot\left(\dfrac{7}{2}+x\right) = 12$ b) $\left(\dfrac{5}{3}-x\right)\cdot\left(\dfrac{5}{3}+x\right) = \dfrac{10}{3}$

c) $\left(\dfrac{8}{7}-x\right)\cdot\left(\dfrac{8}{7}+x\right) = \dfrac{64}{49}$ d) $\dfrac{100x-3}{100}\cdot\dfrac{100x+3}{100} = \dfrac{1}{625}$

3.102 Desgleichen:

a) $\dfrac{u-4}{u+4} = \dfrac{1-u}{1+u}$ b) $\dfrac{u+3}{u-3} = \dfrac{3+u}{3-u}$ c) $\dfrac{1-13u}{13-u} = \dfrac{11-u}{1-11u}$

3.103 Desgleichen:

a) $\dfrac{x}{x+2} - \dfrac{x}{2-x} = -\dfrac{2}{3}$ b) $\dfrac{x+5}{x-5} + \dfrac{x-5}{x+5} + \dfrac{13}{6} = 0$

c) $\dfrac{x-3}{x+3} + \dfrac{x+3}{x-3} = \dfrac{26}{x^2-9}$ d) $\dfrac{1}{z^2-9} + \dfrac{2z+3}{z+3} = \dfrac{3z+1}{z-3}$

e) $\frac{5p+3}{5p-3}+\frac{5p-3}{5p+3}=\frac{468}{25p^2-9}$ f) $\frac{9+q}{54-6q^2}+\frac{1}{5}=\frac{1}{6-2q}+\frac{1}{9+3q}$

3.104 Desgleichen:

a) $x\cdot\left(x-\frac{a}{b}\right)=\frac{1}{b}-\frac{x}{a}$ b) $x^2\cdot\left(1+\frac{b}{a}\right)-\frac{a}{a-b}=\frac{2bx}{a-b}$

c) $\frac{1}{a-b+x}=\frac{1}{a}-\frac{1}{b}+\frac{1}{x}$ d) $\frac{1}{x-a+b}=\frac{1}{x}-\frac{1}{a}+\frac{1}{b}$

e) $x+\frac{a+b}{a-b}=\frac{a-b}{a+b}+\frac{1}{x}$ f) $x-\frac{a+b}{a-b}=\frac{a-b}{a+b}-\frac{1}{x}$

3.105 Löse die Formel nach der jeweils angegebenen Variablen auf:

a) $E=Gh+\frac{mv^2}{2}$ $[v]$ b) $b=rw^2\cdot\left(1+\frac{r}{l}\right)$ $[w]$

c) $E=h\cdot(f_1-f_2)+mc^2$ $[c]$ d) $c_1=c+v\cdot\left(1-\frac{1}{n^2}\right)$ $[n]$

e) $D=\frac{mMv^2}{2(m+M)}$ $[v]$ f) $E=\frac{m_1m_2}{2(m_1+m_2)}\cdot\left({v_1}^2-{v_2}^2\right)$ $[v_1]$

3.6 Polynomgleichungen

Für diesen Abschnitt ist es wichtig, die Rechentechniken folgender Themen zu beherrschen:

- Teilermenge bestimmen (1.2.2)
- Ausklammern (2.3.2.4)
- Polynomdivision (2.4.5)
- Lineare Gleichungen (3.1.3)
- Quadratische Gleichungen lösen (3.5.3)
- Biquadratische Gleichung lösen (3.5.8)

In den bisherigen Abschnitten haben wir verschiedene Gleichungstypen kennengelernt, z. B. $3x+8=0$, $5x^2-4x+7=0$ oder $x^4-6x^2+11=0$. Charakteristisch für diese Gleichungen ist, dass sie nur aus x-Potenzen mit natürlichen Exponenten bestehen. Man nennt solche Gleichungen ganzrational[1] oder auch Polynomgleichungen.

In diesen Gleichungen können alle Summanden als x-Potenzen geschrieben werden. Die letzte Gleichung lautet dann:

$$1\cdot x^4+0\cdot x^3-6\cdot x^2+0\cdot x^1+11\cdot x^0=0.$$

Jede dieser Potenzen x^4 bis x^0 besitzt einen eigenen Vorfaktor, der in allgemeiner Schreibweise durch einen rechts unten angefügten Index gekennzeichnet wird[2]:

$$a_4\cdot x^4+a_3\cdot x^3+a_2\cdot x^2+a_1\cdot x^1+a_0\cdot x^0=0,$$

in der obigen Gleichung sind $a_4=1$, $a_3=0$, $a_2=-6$, $a_1=0$ und $a_0=11$.

[1] Ganzrational heißen diese Gleichungen, weil in ihnen keine Bruch- ($x^{-n}=\frac{1}{x^n}$) oder (irrationale) Wurzelterme ($x^{\frac{1}{2}}=\sqrt{x}$) vorkommen. Dies wäre auch nicht mit natürlichen, sondern nur mit negativen oder gebrochenen Exponenten zu realisieren.

[2] Zur Erinnerung: $x^0=1$; $x^1=x$.

Eine *Polynomgleichung n-ten Grades* kann in allgemeiner Form als

$$a_n x^n + a_{n-1} x^{n-1} + \ldots + a_2 x^2 + a_1 x + a_0 = 0 \qquad (a_n \neq 0)$$

geschrieben werden, wobei man unter dem *Grad n* die höchste Potenz der Variablen x versteht. Die einzelnen Vorfaktoren $a_n, \ldots, a_0$ nennt man die *Koeffizienten* der Gleichung. Den Vorfaktor a_n der höchsten Potenz bezeichnet man als *Leitkoeffizient* und den Ausdruck a_0, der ohne Variable notiert wird, als *Absolutglied*. Besitzt der Leitkoeffizient den Wert 1, so liegt die Gleichung in der *Normalform* vor.

☞ Der Leitkoeffizient a_n darf niemals den Wert null annehmen, da sonst das Glied für x^n wegfallen würde und somit der Grad n nicht mehr erfüllt wäre.

Beispiel:

3.185

	$x^2-2x+11=0$	$7x^2-4=0$	$4{,}1x^3+8x^2+1{,}2x=0$
Grad n	$n=2$ Normalform	$n=2$ allgemeine Form	$n=3$ allgemeine Form
Leitkoeffizient a_n	$a_2=1$	$a_2=7$	$a_3=4{,}1$
Absolutglied a_0	$a_0=11$	$a_0=-4$	$a_0=0$
Weitere Koeffizienten a_i	$a_1=-2$	$a_1=0$	$a_2=8, \quad a_1=1{,}2$

Eine Gleichung der allgemeinen Form ($a_n \neq 1$) kann in ihre Normalform ($a_n = 1$) verwandelt werden, indem die komplette Gleichung durch den Leitkoeffizienten a_n geteilt wird, wie an dem folgenden Beispiel einer Gleichung dritten Grades gezeigt sei:

$$4x^3 - 8x^2 + 5x - 24 = 0 \quad |:4 \quad \text{Allgemeine Form}$$

$$x^3 - 2x^2 + 1{,}25x - 6 = 0 \quad \text{Normalform}$$

Für die Gleichungen der ersten Grade gibt es spezielle Namen, die wir teilweise schon früher erwähnt haben:

$n=1$	lineare Gleichung (s. a. Abschnitt 3.1)	$a_1x + a_0 = 0$
$n=2$	quadratische Gleichung (s. a. Abschnitt 3.5)	$a_2x^2 + a_1x + a_0 = 0$
$n=3$	kubische Gleichung (s. a. Abschnitt 3.6.2)	$a_3x^3 + a_2x^2 + a_1x + a_0 = 0$
$n=4$	quartische Gleichung [1)] (s. a. Abschnitt 3.6.3)	$a_4x^4 + a_3x^3 + a_2x^2 + a_1x + a_0 = 0$

Wir wollen uns hier aber nicht nur mit der Systematik beschäftigen, sondern insbesondere Erkenntnisse sammeln, die uns das Auffinden der Lösungen einer Polynomgleichung

[1)] Einige Autoren bezeichnen alle Gleichungen vierten Grades als biquadratische Gleichungen. Wir wollen unter diesem Begriff – wie in Abschnitt 3.5.8 erläutert – den Spezialfall für $a_3 = a_1 = 0$ verstehen, bei dem dann nur noch gerade Exponenten x^4, x^2 und x^0 vorkommen.

erleichtern. Aus den Erfahrungen mit dem Lösen von linearen, quadratischen und biquadratischen Gleichungen können wir ohne weiteren Beweis festhalten:

Eine Polynomgleichung n-ten Grades kann maximal n Lösungen haben. Ist n
- eine *gerade Zahl*, so *kann* es in **R** auch keine Lösung geben.
- eine *ungerade Zahl*, so gibt es in **R** *mindestens eine* Lösung.

Man beachte, dass hier nur die *Anzahl der Lösungen* eingegrenzt und keine Garantie für das Auffinden der Lösungen ausgesprochen wurde.

Beispiel:

3.186 a) Eine lineare Gleichung ($n = 1$ ist ungerade) hat mindestens eine und höchstens eine, d. h., immer genau eine Lösung, z. B.: $5x - 3 = 0 \quad \Rightarrow x = 0{,}6$.

b) Eine quadratische Gleichung ($n = 2$ ist gerade) kann maximal zwei Lösungen besitzen, z. B.: $x^2 - x - 12 = 0 \quad \Rightarrow \mathbf{L} = \{-3\,;\,4\}$.

Es ist aber auch möglich, dass eine quadratische Gleichung nicht lösbar ist, z. B.: $x^2 - 2x + 11 = 0 \quad \Rightarrow \mathbf{L} = \emptyset$.

c) Die kubische Gleichung $x^3 - 3x^2 - 46x + 168 = 0$ muss mindestens eine, kann aber höchstens drei Lösungen besitzen. Haben wir drei Lösungen gefunden, dann brauchen wir nach einer vierten oder weiteren Lösung nicht mehr zu suchen.

Zu jeder Lösung x_i gibt es einen *Linearfaktor*[1)] $(x - x_i)$, sodass wir durch Multiplikation aller Linearfaktoren und unter Berücksichtigung des Leitkoeffizienten a_n eine Gleichung auch mithilfe ihrer Linearfaktoren aufschreiben können:

$$a_n \cdot (x - x_1) \cdot (x - x_2) \cdot \ldots \cdot (x - x_n) = 0$$

Beispiel:

3.187	Allgemeine Form	Lösungen	Linearfaktorenform
a)	$5x - 3 = 0$	$L = \{0{,}6\}$	$5 \cdot (x - 0{,}6) = 0$
b)	$2x^2 - 8 = 0$	$L = \{-2;\ 2\}$	$2 \cdot (x + 2) \cdot (x - 2) = 0$
c)	$x^2 + 6x + 9 = 0$	$L = \{-3\}$	$(x + 3)^2 = 0$
d)	$3x^4 - 183x^2 + 2\,700 = 0$	$L = \{-6;\ -5;\ 5;\ 6\}$	$3 \cdot (x + 6) \cdot (x + 5) \cdot (x - 5) \cdot (x - 6) = 0$
e)	$7x^4 - 21x^2 - 28 = 0$	$L = \{-2;\ 2\}$	$7 \cdot (x + 2) \cdot (x - 2) \cdot (x^2 + 1) = 0$

☞
- Zur Kontrolle kann die Linearfaktorenform ausmultipliziert werden, sodass wieder die allgemeine Form der Gleichung erscheint.
- Besitzt, wie im letzten Beispiel, eine Gleichung n-ten Grades weniger als n Lösungen, so müssen in der Produktschreibweise auch *irreduzible Faktoren*[2)] vorkommen. Dies sind nichtlineare Faktoren wie $\left(x^2 + 1\right)$, die wir in **R** nicht weiter zerlegen können.

---

1) Die Variable x kommt nur in der ersten Potenz vor, d. h., der Faktor ist ein linearer Ausdruck.

2) irreduzibel (lat.) nicht zurückführbar.

In einem Linearfaktor ist das Vorzeichen zu beachten:
- zur Lösung $x = +8$ gehört der Linearfaktor $(x - 8)$,
- zur Lösung $x = -8$ gehört dagegen $(x - (-8)) = (x + 8)$.

Der Linearfaktor zur Lösung $x = 0$ vereinfacht sich zu $(x - 0) = x$.

Die Linearfaktorenform macht das Lösen einer Gleichung besonders einfach, da sich der Gleichungsterm mit dem Nullproduktsatz (NPS) in lineare Teilgleichungen aufspalten lässt (s. a. Abschnitt 3.1.3.3).

Beispiel:

3.188

$$5 \cdot x \cdot (x + 3{,}2) \cdot (x - 9{,}1) \cdot \left(x^2 + 8\right) = 0 \quad | \text{ NPS}$$
$$5 \cdot x = 0 \vee x + 3{,}2 = 0 \quad \vee x - 9{,}1 = 0 \quad \vee x^2 + 8 = 0$$
$$x = 0 \vee \quad x = -3{,}2 \vee \quad x = 9{,}1 \vee \quad x^2 = -8 \text{ ↯}$$
$$L = \{-3{,}2;\ 0;\ 9{,}1\}$$

✍ A. 3.106 auf Seite 449

3.6.1 Gleichungen ohne Absolutglied

Besitzt eine Polynomgleichung kein Absolutglied, d. h., ist $a_0 = 0$, so kann man die kleinste Potenz der Variablen mit dem Leitkoeffizienten a_n ausklammern und mithilfe des Nullproduktsatzes (NPS) eine Aufspaltung in einfachere Teilgleichungen vornehmen.

Beispiel:

3.189 a)

$$2x^3 + 16x^2 + 30x = 0 \mid \text{ausklammern}$$
$$2x \cdot (x^2 + 8x + 15) = 0 \mid \text{NPS}$$
$$x = 0 \vee x^2 + 8x + 15 = 0$$
$$\ldots pq\text{-Formel}\ldots$$
$$x_1 = 0 \wedge x_2 = -5 \wedge x_3 = -3 \Rightarrow \mathbf{L} = \{-5;\ -3;\ 0\}$$
$$\text{Linearfaktorenform: } 2 \cdot x \cdot (x + 5) \cdot (x + 3) = 0$$

b)

$$-0{,}1x^7 + 2{,}9x^5 - 10x^3 = 0 \mid \text{ausklammern}$$
$$-0{,}1x^3 \cdot (x^4 - 29x^2 + 100) = 0 \mid \text{NPS}$$
$$x^3 = 0 \vee x^4 - 29x^2 + 100 = 0$$
$$\ldots\text{Substitution}\ldots$$
$$x_{1,2,3} = 0 \wedge x_{4,5} = \pm 2 \wedge x_{6,7} = \pm 5 \Rightarrow \mathbf{L} = \{-5;\ -2;\ 0;\ 2;\ 5\}$$
$$\text{Linearfaktorenform: } -0{,}1 \cdot x^3 \cdot (x + 5) \cdot (x + 2) \cdot (x - 2) \cdot (x - 5)$$

c)

$$243x = 108x^2 - 12x^3$$
$$12x^3 - 108x^2 + 243x = 0 \quad \mid \text{ausklammern}$$
$$12x \cdot \left(x^2 - 9x + 20{,}25\right) = 0 \quad \mid \text{Binom anwenden}$$
$$12x \cdot (x - 4{,}5)^2 = 0 \quad \mid \text{NPS}$$
$$x_1 = 0 \wedge x_{2,3} = 4{,}5 \qquad \mathbf{L} = \{0;\ 4{,}5\}$$

☞ Tritt eine Lösung mehrfach auf, so muss sie bei den Linearfaktoren auch mehrfach gezählt werden, z. B. $x_{1,2,3} = 0$ in Beispiel 3.189b oder $x_{2,3} = 4{,}5$ in Beispiel c. In der Lösungsmenge wird sie aber nur einmal erwähnt. Das mehrfache Vorkommen einer Lösung kann bei der Interpretation der Werte im Zusammenhang mit der Aufgabenstellung von Bedeutung sein.

✍ A. 3.107 auf Seite 449

3.6.2 Kubische Gleichungen

Eine Polynomgleichung dritten Grades bezeichnet man als kubische[1] Gleichung: $a_3x^3 + a_2x^2 + a_1x + a_0 = 0$. Analog zur pq-Formel für quadratische, gibt es auch für kubische Gleichungen Lösungsformeln, die der italienische Mathematiker und Arzt Girolamo CARDANO (1501 – 1576) um 1545 veröffentlichte[2]. Für die praktischen Anwendungen erweisen sich die CARDANischen Formeln aber als zu kompliziert, sodass wir hier auf ihre Verwendung verzichten und einen anderen Weg beschreiten wollen.

3.6.2.1 Kubische Gleichungen mit Absolutglied

Ist in einer kubischen Gleichung ein Absolutglied a_0 vorhanden, so führt das teilweise oder komplette Ausklammern der Variablen x nicht zur Lösung, wie wir exemplarisch an den folgenden Situationen erkennen:

$$\begin{aligned} x^3 + 4x^2 - 157x + 560 &= 0 \\ x \cdot \left(x^2 + 4x - 157 + \frac{560}{x}\right) &= 0 \end{aligned}$$

Hier müssten wir eine Bruchgleichung mit x im Nenner lösen und würden somit zwangsläufig wieder bei der Ausgangssituation landen.

$$\begin{aligned} x^3 + 4x^2 - 157x + 560 &= 0 \\ x^3 + 4x^2 - 157x &= -560 \\ x \cdot \left(x^2 + 4x - 157\right) &= -560 \end{aligned}$$

Diese Umformung bringt uns der Lösung überhaupt nicht näher, da wir zwar dank des Nullproduktsatzes darüber informiert sind, wann ein Produkt null wird, nicht aber, wann es den Wert (-560) annimmt.

Aus den vorherigen Überlegungen wissen wir, dass eine kubische Gleichung mindestens eine, aber höchstens drei Lösungen besitzt. Ist uns eine dieser Lösungen bekannt – woher auch immer dieses Wissen stammen mag –, so können wir den zugehörigen Linearfaktor durch Polynomdivision[3] aus dem Gleichungsausdruck herausteilen. Als Ergebnis erhal-

---

1) Das Volumen V eines Würfels (lat.: cubus) ist das geometrische Paradebeispiel für einen kubischen Ausdruck, es berechnet sich nach $V = a^3$, wobei a die Kantenlänge des Würfels beschreibt.

2) CARDANO machte dabei von Erkenntnissen Gebrauch, die ihm Nicolo TARTAGLIA (1500 – 1557) unter dem Siegel der Verschwiegenheit anvertraut hatte. Daraufhin warf TARTAGLIA in öffentlichen Streitschriften CARDANO Vertrauensbruch vor, was wiederum dessen Schüler Ludovico FERRARI veranlasste, mit TARTAGLIA in einen öffentlichen Disput zu treten.

3) Alternativ zur Polynomdivision wird von einigen Autoren ein Schema benutzt, das in Ansätzen schon im 13. Jahrhundert in China bekannt war und die Polynomdivision auf das Rechnen mit den Koeffizienten reduziert. Es wurde populär, nachdem der britische Mathematiker William George HORNER (1786 – 1837) der Royal Society 1819 eine Arbeit unter dem Titel „A new method of solving numerical equations

ten wir einen quadratischen Term, den wir dann mit der pq-Formel weiter untersuchen können.

✍ A. 3.108–3.109 auf Seite 449

Schauen wir uns diese Strategie beispielhaft für das Lösen der folgenden Gleichung an:

$$x^3 + 4x^2 - 157x + 560 = 0.$$

Gehen wir davon aus, dass wir mit $x = 5$ schon eine Lösung der Gleichung kennen. Um sicherzugehen, dass $x = 5$ auch wirklich die Gleichung erfüllt, setzen wir diesen Wert in den Gleichungsausdruck ein:

$$\begin{aligned} 5^3 + 4 \cdot 5^2 - 157 \cdot 5 + 560 \;&|\; 0 \\ 0 &= 0 \quad ✓ \end{aligned}$$

Ist die Probe erfüllt, so haben wir die Bestätigung, dass der vorgeschlagene Wert 5 tatsächlich zur Lösungsmenge gehört. Dann aber muss $(x - 5)$ ein Linearfaktor[1)] der Gleichung sein, den wir jetzt mittels Polynomdivision aus dem Gleichungsterm entfernen, getreu dem Motto

$$\begin{aligned} (\text{Gleichungsterm}) : (x - \text{Lösung}) &= \left(x^3 + 4x^2 - 157x + 560\right) : (x - 5) \\ &= x^2 + 9x - 112 \quad (\text{Bitte nachrechnen!}) \end{aligned}$$

Die Polynomdivision muss beim Lösen von Gleichungen glatt aufgehen. Sollte ein Rest bleiben, so liegt ein Fehler vor:

- Der Kandidat stellt gar keine Lösung der Gleichung dar und somit haben wir durch einen falschen Linearfaktor geteilt.
- Wir haben uns in der Polynomdivision verrechnet – und dies ist viel wahrscheinlicher. Besonders häufig sind Vorzeichenfehler beim Abziehen der zurückmultiplizierten Terme.

So, wie die Division $14 : 2 = 7$ auch als $14 = 2 \cdot 7$ verstanden werden kann, können wir nun $x^3 + 4x^2 - 157x + 560 = (x - 5) \cdot \left(x^2 + 9x - 112\right)$ notieren.

Fassen wir noch einmal die ursprüngliche Aufgabe ins Auge: Wir suchen die Lösungen der Gleichung

$$x^3 + 4x^2 - 157x + 560 = 0.$$

Stattdessen können wir jetzt auch das Produkt

$$(x - 5) \cdot \left(x^2 + 9x - 112\right) = 0$$

---

of all orders, by continuous approximation“ vorlegte. Mit diesem Schema lassen sich mit geringem Rechenaufwand Funktionswerte an einer bestimmten Stelle berechnen.

Die weit verbreitete Behauptung, man könne mit dem HORNER-Schema Lösungen einer Gleichung oder Nullstellen einer Funktion berechnen, ist falsch. Dieses Schema liefert keine Lösungen, sondern bestätigt sie nur. Da wir heutzutage über leistungsfähige Taschenrechner verfügen, die uns den Wert eines Terms auf Knopfdruck liefern, können wir hier auf das HORNER-Schema verzichten.

1) Allgemein: $(x - \text{Lösung})$.

aufschreiben, das mit dem Nullproduktsatz die Teilgleichungen

$$x - 5 = 0 \quad \text{und} \quad x^2 + 9x - 112 = 0$$

liefert, die sich einfach zu

$$x_1 = 5 \quad \text{und} \quad x_2 = -16, \quad \text{sowie} \quad x_3 = 7$$

lösen lassen.

Unsere Gleichung $x^3 + 4x^2 - 157x + 560 = 0$ wird somit durch die Lösungsmenge $\mathbf{L} = \{-16;\ 5;\ 7\}$ erfüllt, was auch aus der Linearfaktorenschreibweise zu erkennen ist: $(x + 16) \cdot (x - 5) \cdot (x - 7) = 0$.

✍ A. 3.110 auf Seite 450

3.6.2.2 Methode des gezielten Ratens

Um alle Lösungen einer kubischen Gleichung zu finden, benötigen wir als Einstieg eine der drei möglichen Lösungen. Woher bekommen wir aber die erste Lösung einer solchen Gleichung?

Auch wenn die meisten Leser sich jetzt wundern und die weitere Vorgehensweise erst einmal als unprofessionell empfinden werden, so ist die Antwort doch ganz einfach: Raten! Allerdings wollen wir nicht im „mathematischen Nebel" herumstochern, sondern relativ gezielt auf die Lösung zulaufen. Dazu erinnern wir uns, dass wir schon bei den quadratischen Gleichungen die folgende Aussage von VIETA genutzt haben: $x_1 \cdot x_2 = q$. Oder in Worten: Das Produkt der beiden Lösungen einer quadratischen Gleichung liefert ihr Absolutglied.

Wie bereits oben erwähnt, können wir eine Polynomgleichung n-ten Grades in Normalform mit ihren n möglichen Lösungen x_1 bis x_n auch in ihrer Linearfaktorenschreibweise notieren:

$$(x - x_1) \cdot (x - x_2) \cdot \ldots \cdot (x - x_n) = 0.$$

Multiplizieren wir diese Klammern aus, so erkennen wir die

> Allgemeine Form des Wurzelsatzes von VIETA: Das Absolutglied einer Polynomgleichung in Normalform wird, abgesehen vom Vorzeichen, durch das Produkt aller Lösungen gebildet:
>
> $$x^n + \ldots \pm \underbrace{x_1 \cdot x_2 \cdot \ldots \cdot x_n}_{a_0} = 0.$$

Kehren wir diese Erkenntnis um, so werden wir die Lösungen der Gleichungen in den Teilern des Absolutgliedes wiederfinden.

Beispiel:

3.190 Durch Einsetzen überzeugen wir uns davon, dass die Gleichung $x^3 - 8x^2 - 21x + 108 = 0$ die Lösungsmenge $\mathbf{L} = \{-4;\ 3;\ 9\}$ besitzt.

Bestimmen wir von dem Absolutglied 108 die Menge seiner Teiler, so finden wir in ihr alle Beträge der Lösungen wieder:

$$\text{Teiler}(108) = \{1;\ 2;\ 3;\ 4;\ 6;\ 9;\ 12;\ 18;\ 27;\ 36;\ 54;\ 108\}\,.$$

Allgemein merken wir uns:

Die Beträge der ganzzahligen Lösungen einer Polynomgleichung mit ganzzahligen Koeffizienten sind Teiler des Absolutgliedes.

Beispiel:

3.191 Wir schauen uns die *Methode des gezielten Ratens* für die Lösung der Gleichung

$$x^3 - 4x^2 + x + 6 = 0$$

etwas genauer an und notieren dazu die Teiler des Absolutgliedes:

$$\text{Teiler}(a_0) = \text{Teiler}(6) = \{1;\ 2;\ 3;\ 6\}\,,$$

wodurch wir die folgenden Kandidaten für eine Lösung bekommen:

$$x_0 = \pm\, 1;\ 2;\ 3;\ 6.$$

So einfach reduzieren wir die Anzahl der Lösungskandidaten auf acht Möglichkeiten. Im Prinzip brauchen wir nur alle Werte nacheinander einzusetzen und zu prüfen, ob sie die Gleichung erfüllen oder nicht. Mit der Berechnungstaste [Calc] des Taschenrechners[1)] ist dies eine Sache von wenigen Sekunden.

Zur besseren Übersicht notieren wir diese Ergebnisse in einer kleinen Wertetabelle, in der wir festhalten, ob der Gleichungsterm für den einzelnen Kandidaten einen positiven (+) oder negativen (−) Wert liefert oder ob wir sogar das (gesuchte) Ergebnis null erhalten:

x	−6	−3	−2	−1	0	1	2	3	6
Wert					+				

Die Position $x = 0$ ist als Lösungskandidat bei einer Gleichung mit Absolutglied natürlich unsinnig, erleichtert uns aber die Orientierung auf der Zahlenachse. Setzen wir für x nun (-6) ein, so erhalten wir mit (-360) einen negativen Wert:

x	−6	−3	−2	−1	0	1	2	3	6
Wert	−				+				

Leider haben wir damit noch keine Lösung gefunden, dafür aber einen wichtigen Hinweis bekommen, an welcher Stelle wir unsere Suche fortsetzen sollten. Bei $x = -6$ ist der Gleichungsterm negativ, bei $x = 0$ ist er positiv – also muss irgendwo dazwischen das Ergebnis null auftauchen. Probieren wir $x = -2$, so bekommen wir mit (-20) wieder einen negativen Wert:

x	−6	−3	−2	−1	0	1	2	3	6
Wert	−		−		+				

1) Nähere Hinweise über die Verwendung von Taschenrechnern zum Berechnen von Termen oder beim Erstellen von Wertetabellen finden sich in Abschnitt 1.3.1.4.

Da zwischen $x = -6$ und $x = -2$ kein Wechsel im Vorzeichen zu beobachten ist, wohl aber zwischen $x = -2$ und $x = 0$, werden wir jetzt $x = -1$ auf seine Brauchbarkeit prüfen:

x	-6	-3	-2	-1	0	1	2	3	6
Wert	$-$		$-$	0	$+$				

Treffer! $x = -1$ ist eine Lösung der Gleichung $x^3 - 4x^2 + x + 6 = 0$.

Auf diese Weise würden wir auch die weiteren ganzzahligen Lösungen finden. Bei Prüfungsarbeiten wird aber erwartet, dass wir die bekannte Lösung bzw. den zugehörigen Linearfaktor $(x + 1)$ durch eine Polynomdivision herausdividieren und den quadratischen Ergebnisterm weiter mit der pq-Formel analysieren:

$$\left(x^3 - 4x^2 + x + 6\right) : (x + 1) = x^2 - 5x + 6,$$

also

$$(x + 1) \cdot \left(x^2 - 5x + 6\right) = 0,$$

was mit dem Nullproduktsatz die Teilgleichungen

$$x + 1 = 0 \quad \text{und} \quad x^2 - 5x + 6 = 0$$

liefert, die sich einfach zu

$$x_1 = -1 \quad \text{und} \quad x_2 = 2, \quad \text{sowie} \quad x_3 = 3$$

lösen lassen.

Unsere Gleichung $x^3 - 4x^2 + x + 6 = 0$ wird somit durch die Lösungsmenge $\mathbf{L} = \{-1;\ 2;\ 3\}$ erfüllt.

Zwei weitere Beispiele sollen uns mit der Methode vertrauter machen:

Beispiele:

3.192 Gesucht sind die Lösungen der Gleichung:

$$x^3 + x^2 - 14x - 24 = 0.$$

Mit den Teilern des Absolutgliedes

$$\text{Teiler}(24) = 1;\ 2;\ 3;\ 4;\ 6;\ 8;\ 12;\ 24$$

erhalten wir eine Kandidatenliste

$$x_0 = \pm 1;\ 2;\ 3;\ 4;\ 6;\ 8;\ 12;\ 24,$$

die wir in Form einer Wertetabelle darstellen. Durch Einsetzen ermitteln wir die Vorzeichen für $x = 0$ und für die beiden Randwerte $x = \pm 24$:

x	-24	...	0	1	2	3	4	5	8	12	24
Wert	$-$		$-$								$+$

Wegen des Vorzeichenwechsels im rechten Teil der Tabelle werden wir eine Lösung im Bereich zwischen 0 und 24 suchen. Wir probieren $x = 4$ und haben damit auch schon eine Lösung gefunden:

x	-24	...	0	1	2	3	4	5	8	12	24
Wert	$-$		$-$				0				$+$

Dividieren wir den Linearfaktor $(x - 4)$ heraus, so erhalten wir mit

$$\left(x^3 + x^2 - 14x - 24\right) : (x - 4) = x^2 + 5x + 6$$

die quadratische Gleichung

$$x^2 + 5x + 6 = 0,$$

die sich mit $x = -3$ oder $x = -2$ lösen lässt, sodass wir die Lösungsmenge aufschreiben können:

$$\mathbf{L} = \{-3;\ -2;\ 4\}\,.$$

Der Grundgedanke unserer Lösungsstrategie als Kombination von Raten und Herausdividieren wird noch einmal besonders deutlich, wenn wir die Gleichung komplett mithilfe ihrer Linearfaktoren notieren:

$$x^3 + x^2 - 14x - 24 = 0 \qquad \text{Polynomdarstellung}$$

$$(x+3)\cdot(x+2)\cdot(x-4) = 0 \qquad \text{Linearfaktordarstellung}$$

3.193 Um die Lösungen der Gleichung

$$x^3 - 10x^2 - 3x + 30 = 0$$

zu bestimmen, stellen wir die zugehörigen Werte der Teiler des Absolutgliedes in einer Tabelle dar:

x	-30	-15	-10	-6	-5	-3	-2	-1	0	...	30
Wert	$-$								$+$		$+$

Bei der Suche nach einem Vorzeichenwechsel ergibt sich folgende Situation:

x	-30	-15	-10	-6	-5	-3	-2	-1	0	...	30
Wert	$-$				$-$				$+$		$+$

x	-30	-15	-10	-6	-5	-3	-2	-1	0	...	30
Wert	$-$				$-$		$-$		$+$		$+$

x	-30	-15	-10	-6	-5	-3	-2	-1	0	...	30
Wert	$-$				$-$		$-$	$+$	$+$		$+$

Der Vorzeichenwechsel zwischen $x = -2$ und $x = -1$ weist uns auf eine Lösung in diesem Bereich hin. Da aber alle Koeffizienten ganzzahlig sind und keine weiteren Teiler in diesem Intervall liegen, muss es sich hier um eine irrationale Lösung handeln. Eine solche Zahl können wir aber grundsätzlich nicht erraten.

Die weitere Suche führt uns endlich zur Lösung $x = 10$, sodass wir nach der Polynomdivision mit $(x - 10)$ aus dem Restpolynom $x^2 - 3 = 0$ auch die irrationalen Lösungen $x = \pm\sqrt{3} \approx \pm 1{,}73$ erhalten und somit unsere Vermutung bestätigt finden.

✍ A. 3.111 auf Seite 450

3.6.2.3 Der Einfluss des Leitkoeffizienten

Haben wir es mit einer kubischen Gleichung in allgemeiner Form zu tun, so müssen wir auch den Einfluss des Leitkoeffizienten a_3 beachten. Zu diesem Zweck schreiben wir die allgemeine Form der Gleichung

$$a_3x^3 + a_2x^2 + a_1x + a_0 = 0$$

mit ihren Lösungen x_1, x_2 und x_3 zuerst in Linearfaktorenform

$$a_3 \cdot (x - x_1)\cdot(x - x_2)\cdot(x - x_3) = 0$$

und multiplizieren dann wieder aus:

$$a_3 \cdot x^3 + \ldots - \underbrace{a_3 \cdot x_1 \cdot x_2 \cdot x_3}_{a_0} = 0.$$

Wir sehen, dass neben den gesuchten Lösungen x_1, x_2 und x_3 auch der Leitkoeffizient a_3 als Faktor im Absolutglied erscheint.

> Das Absolutglied einer Polynomgleichung ist das Produkt aller Lösungen mit dem Leitkoeffizienten.

Damit wir unsere *Methode des gezielten Ratens* auch in einem solchen Fall anwenden können, müssen wir zuerst die möglichen Teiler des Leitkoeffizienten aus dem Absolutglied entfernen. Die Kandidaten für eine Lösung erhalten wir deshalb mit:

$$x_0 = \pm \frac{\text{Teiler(Absolutglied)}}{\text{Teiler(Leitkoeffizient)}}.$$

Bevor wir uns auch hierzu ein Beispiel anschauen, sei noch vermerkt, dass die *Methode des gezielten Ratens* nur bei ganzzahligen Koeffizienten angewendet werden kann. Bei gebrochenen Werten muss die Gleichung deshalb zuerst mit dem Hauptnenner multipliziert werden.

Beispiel:

3.194 Gesucht sind die Lösungen der Gleichung $x^3 - 0{,}5x^2 - 13{,}5x + 18 = 0$.

$$\begin{aligned} x^3 - 0{,}5x^2 - 13{,}5x + 18 &= 0 \quad | \cdot 2 \\ 2x^3 - x^2 - 27x + 36 &= 0. \end{aligned}$$

Untersuchen wir jetzt die Teiler:

$$\text{Teiler}\,(a_0) = \text{Teiler}\,(36) = 1;\ 2;\ 3;\ 4;\ 6;\ 9;\ 12;\ 18;\ 36$$

$$\text{Teiler}\,(a_3) = \text{Teiler}\,(2) = 1;\ 2,$$

so erhalten wir als Lösungskandidaten:

$$\begin{aligned} x_0 = \pm \frac{T(a_0)}{T(a_3)} = \pm\ & \frac{1}{1};\ \frac{2}{1};\ \frac{3}{1};\ \frac{4}{1};\ \frac{6}{1};\ \frac{9}{1};\ \frac{12}{1};\ \frac{18}{1};\ \frac{36}{1}; \\ & \frac{1}{2};\ \cancel{\frac{2}{2}};\ \frac{3}{2};\ \cancel{\frac{4}{2}};\ \cancel{\frac{6}{2}};\ \frac{9}{2};\ \cancel{\frac{12}{2}};\ \cancel{\frac{18}{2}};\ \cancel{\frac{36}{2}} \end{aligned}$$

Streichen wir die doppelten Werte, so bleiben noch 24 Möglichkeiten, die wir auf ihre Brauchbarkeit hin prüfen müssen:

$$x_0 = \pm\, 0{,}5;\ 1;\ 1{,}5;\ 2;\ 3;\ 4;\ 4{,}5;\ 6;\ 9;\ 12;\ 18;\ 36.$$

Nun mögen einem 24 Möglichkeiten als sehr viel erscheinen. Bedenkt man aber, dass wir die Anzahl der möglichen Lösungen von unendlich vielen auf nur 24 reduziert haben, so ist dies doch schon beachtlich – zumal wir mit einem ordentlichen Taschenrechner schnell die Spreu vom Weizen getrennt haben.

Auch hier gilt: Sobald wir eine Lösung gefunden haben, dividieren wir sie mittels Polynomdivision heraus und untersuchen das Ergebnis auf weitere Lösungen. Haben wir z. B. $x_1 = -4$ erraten, so lauten die weiteren Schritte

$$\left(2x^3 - x^2 - 27x + 36\right) : (x + 4) = 2x^2 - 9x + 9 \quad \text{und}$$

$$2x^2 - 9x + 9 = 0, \quad \text{wodurch mit}$$

$$x_2 = 1{,}5 \quad \text{und} \quad x_3 = 3$$

jetzt alle Lösungen der Gleichung bekannt sind: $\mathbf{L} = \{-4;\ 1{,}5;\ 3\}$.

Für die Linearfaktorendarstellung dürfen wir den Leitkoeffizienten nicht vergessen:

$$2x^3 - x^2 - 27x + 36 = 0 \qquad \text{Polynomdarstellung}$$

$$2 \cdot (x + 4) \cdot (x - 1{,}5) \cdot (x - 3) = 0 \qquad \text{Linearfaktordarstellung}$$

Rückblickend erkennen wir, dass diese Lösungen schon von Anfang an auf unserer Kandidatenliste standen. Verallgemeinert können wir deshalb formulieren:

Die *Methode des gezielten Ratens* liefert *alle rationalen*[1] *Lösungen* einer Polynomgleichung.

Einige Taschenrechner verfügen über einen speziellen EQN-Modus[2] zum Lösen von quadratischen und kubischen Gleichungen. Rationale Lösungen werden genau angezeigt, irrationale nur näherungsweise bestimmt.

Beispiel:

3.195 Mit dem Taschenrechner werden die Lösungen der Gleichung

$$x^3 - 19{,}3x^2 - 37x + 714{,}1 = 0$$

durch Eingabe der Koeffizienten $a = 1$, $b = -19{,}3$, $c = -37$ und $d = 714{,}1$ im EQN-Modus bestimmt: $x_1 \approx -6{,}08$, $x_2 \approx 6{,}08$, $x_3 = 19{,}3$.

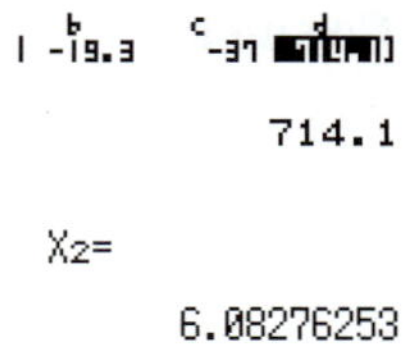

Führen wir mit der genauen Lösung $x = 19{,}3$ eine Polynomdivision durch, so erhalten wir

$$\left(x^3 - 19{,}3x^2 - 37x + 714{,}1\right) : (x - 19{,}3) = x^2 - 37,$$

wodurch die Tür zu den Wurzellösungen geöffnet wird:

$$x^2 - 37 = 0$$

$$x = \pm\sqrt{37} \approx \pm 6{,}08$$

Linearfaktorenform:

$$\left(x + \sqrt{37}\right) \cdot \left(x - \sqrt{37}\right) \cdot (x - 19{,}3) = 0$$

Lösungsmenge:

$$\mathbf{L} = \left\{-\sqrt{37};\ \sqrt{37};\ 19{,}3\right\}$$

A. 3.112 auf Seite 450

[1] Wir erinnern uns: Die rationalen Zahlen $\mathbf{Q}$ umfassen alle (positiven und negativen) Brüche und ganzen Zahlen.

[2] Siehe auch die analogen Ausführungen zu den quadratischen Gleichungen im Abschnitt 3.5.1.

3.6.3 Höhere Polynomgleichungen

Da schon die CARDANischen Lösungsformeln für Gleichungen dritten Grades als zu umständlich beschrieben wurden, ist es nachvollziehbar, dass entsprechende Wurzellösungsformeln für Gleichungen vierten Grades [1] noch problematischer in der Handhabung sind. Darüber hinaus hat der sehr jung verstorbene norwegische Mathematiker Niels Hendrik ABEL [2] 1824 bewiesen, dass es für Gleichungen fünften oder höheren Grades keine Lösungsformeln geben kann, die sich nur auf Wurzelterme und arithmetische Grundoperationen beschränken.

Deshalb werden wir die *Methode des gezielten Ratens* auch bei höheren Polynomgleichungen anwenden – wir haben nichts Besseres. Bei höheren Potenzen ist es meist erforderlich, diese Vorgehensweise mehrfach hintereinander auszuführen und die jeweils gefundenen Lösungen schrittweise herauszuteilen.

Beispiele:

3.196 $x^5 - 9x^4 + x^3 + 57x^2 - 2x - 48 = 0$

Teiler (a_0) = Teiler (48) = 1; 2; 3; 4; 6; 8; 12; 16; 24; 48

$x_0 = \pm 1;\ 2;\ 3;\ 4;\ 6;\ 8;\ 12;\ 16;\ 24;\ 48.$

Wie gewohnt, notieren wir zuerst die Werte für $x = 0$ und für die beiden Randpositionen:

x	−48	…	0	1	2	3	4	6	8	12	16	24	48
Wert	−		−										+

Dann suchen wir nach Vorzeichenwechsel:

x	−48	…	0	1	2	3	4	6	8	12	16	24	48
Wert	−		−					−					+

x	−48	…	0	1	2	3	4	6	8	12	16	24	48
Wert	−		−					−		+			−

x	−48	…	0	1	2	3	4	6	8	12	16	24	48
Wert	−		−					−	0	+			−

Die Division durch $(x - 8)$ würde uns ein Polynom vierten Grades liefern, auf das wir wieder unsere Teileruntersuchung anwenden müssten. Einfacher ist es, für die Ausgangsgleichung direkt weitere Lösungen zu suchen und dann mehrere Linearfaktoren gemeinsam herauszuteilen.

Da im Augenblick kein weiterer Vorzeichenwechsel zu beobachten ist, springen wir irgendwo hinein und probieren z. B. $x = 2$ aus:

x	−48	…	0	1	2	3	4	6	8	12	16	24	48
Wert	−		−		+			−	0	+			+

Zu beiden Seiten von $x = 2$ finden wir nun Vorzeichenwechsel, die uns zu weiteren Lösungen führen:

x	−48	…	0	1	2	3	4	6	8	12	16	24	48
Wert	−		−	0	+	0		−	0	+			+

[1] CARDANO berichtete 1545 über eine entsprechende Methode seines Schülers Ludovico FERRARI (1522 – 1565).

[2] Niels Hendrik ABEL (1802 – 1829).

Mit diesen Lösungen $x_1 = 1$, $x_2 = 3$ und $x_3 = 8$ führen wir eine gemeinsame Polynomdivision durch:

$$\left(x^5 - 9x^4 + x^3 + 57x^2 - 2x - 48\right) : [(x-1)\cdot(x-3)\cdot(x-8)] =$$

$$\left(x^5 - 9x^4 + x^3 + 57x^2 - 2x - 48\right) : \left[x^3 - 12x^2 + 35x - 24\right] = x^2 + 3x + 2$$

und lösen die resultierende quadratische Gleichung zu

$$x^2 + 3x + 2 = 0 \quad \Rightarrow x_4 = -2;\ x_5 = -1,$$

womit wir die komplette Lösungsmenge aufschreiben können:

$$\mathbf{L} = \{-2;\ -1;\ 1;\ 3;\ 8\}\,.$$

3.197 Lösen einer quartischen Gleichung

$$4x^4 - 48x^3 + 115x^2 + 300x - 875 = 0$$

$$\text{Teiler}\,(a_0) = \text{Teiler}\,(875) = 1;\ 5;\ 7;\ 25;\ 35;\ 125;\ 175;\ 875$$

$$\text{Teiler}\,(a_4) = \text{Teiler}\,(4) = 1;\ 2;\ 4$$

Die Teiler werden, wie in den vorherigen Abschnitten erläutert, durcheinander dividiert und die daraus gewonnenen Kandidaten auf ihre Brauchbarkeit hin getestet. Aus der Kandidatenliste haben wir schnell eine Lösung, z. B. $x_1 = 5$, gefunden. Für den Fall, dass wir auch $x_2 = -2{,}5$ finden, werden wir nicht zuerst durch $(x-5)$ und dann noch einmal durch $(x+2{,}5)$, sondern direkt durch $(x-5)\cdot(x+2{,}5) = \left(x^2 - 2{,}5x - 12{,}5\right)$ teilen:

$$\left(4x^4 - 48x^3 + 115x^2 + 300x - 875\right) : \left(x^2 - 2{,}5x - 12{,}5\right) = 4x^2 - 38x + 70,$$

womit auch die beiden restlichen Lösungen $x_3 = 2{,}5$ und $x_4 = 7$ durch Untersuchung der resultierenden quadratischen Gleichung erschlossen sind. Die Lösungsmenge lautet $\mathbf{L} = \{-2{,}5;\ 2{,}5;\ 5;\ 7\}$.

✍ A. 3.113 auf Seite 450

3.6.4 Übersicht

Abschließend wollen wir alle Methoden zum Lösen von Polynomgleichungen noch einmal in einer Übersicht darstellen.

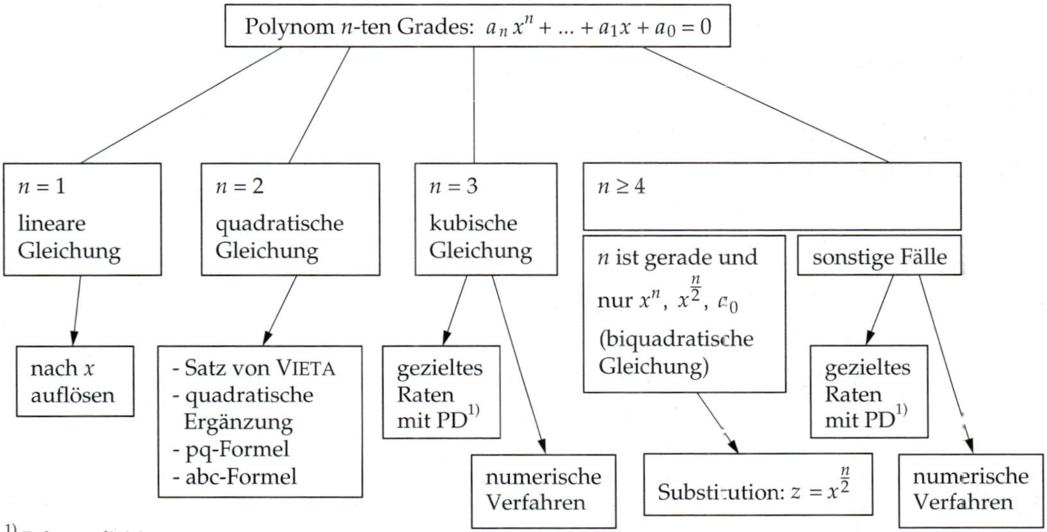

[1)] Polynomdivision

Ist in einer Polynomgleichung kein Absolutglied a_0 enthalten, d. h., $a_0 = 0$, so klammern wir die kleinste Potenz der Variablen aus, wenden den Nullproduktsatz an und untersuchen das Restpolynom in der Klammer nach dem obigen Schema.

Neben diesen Methoden, die ein exaktes Ergebnis liefern, gibt es auch noch rechnerische Näherungsverfahren, auf die wir hier aber nicht eingehen können.

✍ A. 3.114 auf Seite 451

Aufgaben:

3.6 Polynomgleichungen (Lösungen ab Seite 896)

3.106 Bearbeite zur Wiederholung die Aufgaben 3.5, 3.6 und 3.7.

3.107 Bestimme alle Lösungen der Gleichung und notiere die Gleichung in Linearfaktorenform:

a) $20x^2 - 26x = 0$
b) $20x^3 + 50x^2 = 14x^2 + 243x$
c) $17 + (x-2)^3 + 49x^2 = 790x + (x+3)^2 - 9x^3$
d) $50x^6 + 194{,}5x^4 - 1830{,}15x^2 = 0$

3.108 Bearbeite zur Wiederholung der Polynomdivision die Aufgaben 2.115 und 2.116.

3.109 Führe die Polynomdivision durch:

a) $\left(x^3 + 5x^2 - 97x + 91\right) : (x-1)$
b) $\left(4x^3 - 60x^2 + 268x - 352\right) : (x-8)$
c) $\left(-x^3 + 2{,}7x^2 - 9{,}1x + 24{,}57\right) : (x-2{,}7)$
d) $\left(25x^3 - 190{,}81x + 112{,}344\right) : (x+3{,}02)$

3.110 Prüfe, ob der angegebene x-Wert die Gleichung erfüllt, bestimme die restlichen Lösungen in **R** und notiere die Gleichung in Linearfaktorenform:

a) $x^3 + 9x^2 - 84x - 196 = 0$ $\quad x = 7$
b) $x^3 + 11x^2 + 3x + 33 = 0$ $\quad x = -11$
c) $1{,}25x^3 + 2x^2 - 22{,}05x = 35{,}28$ $\quad x = -4{,}2$
d) $20x^3 + 72{,}45x = 94x^2 + 15{,}39$ $\quad x = 0{,}45$
e) $22x^3 - 204{,}6x^2 = 596{,}86x - 6\,566{,}67$ $\quad x = 6{,}5$
f) $3x^4 - 6x^2 - 24 = 0$ $\quad x = \pm 2$
g) $4x^3 - 63x + 81 = 0$ $\quad x = 3$

3.111 Bestimme alle Lösungen der kubischen Gleichung in **R**:

a) $x^3 + 4x^2 + x - 6 = 0$
b) $x^3 - 4x^2 - x + 4 = 0$
c) $x^3 - x^2 - 16x - 20 = 0$
d) $x^3 - 37x^2 + 322x = 0$
e) $x^3 - 4x^2 + 256 = 64x$
f) $5x^3 + 25x^2 - 10x - 120 = 0$
g) $x^3 - 24x^2 - 385x = 0$
h) $x^3 + 2x - 3 = 0$
i) $x^3 + 3x^2 = 9x - 5$
k) $2x^3 - 22x = 40$
l) $x^3 - 20x^2 + 117x - 162 = 0$
m) $x^3 - 8x^2 - 5x + 40 = 0$
n) $3x^3 + 24x + 120 + 15x^2 = 0$
o) $\frac{1}{7}x^3 + 63 = \frac{5}{7}x^2 + 11x$
p) $0{,}5x^3 + 32 = 3x^2 + 12x$
q) $0{,}25x^3 + 16 = x^2 + 4x$

3.112 Bestimme – wenn nötig, unter Zuhilfenahme eines Taschenrechners – alle Lösungen der Gleichung in **R**:

a) $2x^3 + 3x^2 - 9x - 10 = 0$
b) $x^3 - 3{,}9x^2 + 3{,}9x - 1 = 0$
c) $4x^3 - 12x^2 + 5x + 6 = 0$
d) $0{,}5x^3 - 3{,}55x^2 = 19{,}76x + 18{,}59$
e) $x^3 + 1{,}1x^2 - x - 1{,}1 = 0$
f) $10x^3 - 110x = 253 - 23x^2$
g) $60x^3 - 68x + 120 = 896x^2$
h) $36x^5 - 7{,}6x^4 - 428x^3 + 47{,}6x^2 = 0$
i) $22x^3 - 204{,}6x^2 = 596{,}86x - 6\,566{,}67$
k) $6x + \frac{3}{2x^4} = -4{,}5$
l) $3x + 35x^2(x-3) - 31x(x-3) = 21(x-3) + 9$
m) $27x^2 + \frac{40}{x} = 141x - 22$

3.113 Bestimme alle Lösungen der Gleichung in **R**:

a) $x^4 - 7x^3 - 25x^2 + 151x - 120 = 0$
b) $8x^4 + 54x^3 + 233x + 120 = 975x^2$
c) $x^5 + 5x^4 - 77x^3 - 169x^2 + 940x - 700 = 0$
d) $27x^4 - 255x^2 + 108 = 0$
e) $0{,}01x^5 - 0{,}11x^4 + 4{,}51x^2 + 2{,}02x = 4{,}4 + 2{,}03x^3$
f) $x^6 + 22x^5 + 137x^4 + 136x^3 = 376x^2 + 320x - 400$
g) $4x^9 + 9x^7 = -6x^5 - x^3$
h) $2x^7 - 31x^5 - 16x^3 = 0$
i) $x^5 - 3{,}9x^3 + 165x^2 = 10x^4 + 21{,}7x - 607{,}6$
k) $x^6 + 309{,}4x^3 = 4{,}3x^5 + 234{,}1x^4$
l) $2x^4 - 2x^3 + x - 1 = 0$
m) $x^5 - x^3 + 5x^2 = 5$

3.114 Klassifiziere den Gleichungstyp, finde die passende Lösungsstrategie und bestimme alle Lösungen der Gleichung in **R**:

a) $x^3 - 3x^2 = 46x - 168$
b) $x^3 - x^2 + 2 = 0$
c) $10x^4 - 77x^3 + 150x^2 - 77x + 10 = 0$
d) $x^4 + 3x^3 + 28x = 24x^2$
e) $4x^6 - 21x^4 + 21x^2 - 4 = 0$
f) $0{,}25x^3 + 5{,}0625 = 3{,}9375x$
g) $x^2 - \frac{111}{12-3x} + x - \frac{9}{x+2} = \frac{29}{0{,}5x-2} + \frac{9x+9}{x+2}$
h) $x^4 + x^3 = 3x^2 + 5x + 2$
i) $\frac{1}{8}x^4 - x^2 - \frac{9}{8} = -\frac{8}{9}\sqrt{3}\,x - \frac{11}{24}$ mit $x_{1,2,3} = \frac{2}{3}\sqrt{3}$
k) $x^3 + \frac{14}{5}x^2 - \frac{21}{5}x = 10{,}8$
l) $50x^3 + 12 = 205x^2 - 17x$
m) $2x^5 - 3x^3 + 0{,}5x = 0$
n) $0{,}01x^4 - 0{,}15x^3 - 0{,}3x + 0{,}25 = 1{,}35x - 0{,}77x^2 - 1{,}01$
o) $5x^{10} - 35{,}5x^9 + 390{,}5x^6 + 90x^4 = 55x^7 + 639x^3$ mit $x_1 = 7{,}1$

3.7 Exponentialgleichungen

In diesem Abschnitt wird die sichere Anwendung der Gesetze zur Potenzrechnung aus Abschnitt 2.4 und zum Logarithmieren aus Abschnitt 2.6 vorausgesetzt.

In den bisher betrachteten Gleichungen war die zu bestimmende Größe, die Lösungsvariable x, in Termen wie x^2, $\sqrt[3]{x} = x^{\frac{1}{3}}$ oder $\frac{1}{x^4} = x^{-4}$ nur in der Basis vertreten. In diesem Abschnitt beschäftigen wir uns mit Gleichungen, in denen die Lösungsvariable auch im Exponenten steht.

Eine Gleichung, in der die Lösungsvariable (meist x oder t genannt) in mindestens einem Exponenten auftritt, nennt man **Exponentialgleichung**.

Beispiel:

3.198 Typische Exponentialgleichungen für t oder x sind:

$$7^x = 25,\ 2^{t-3} = 3 \cdot t + 8^{1,2t},\ b^x = p,\ \mathrm{e}^{k \cdot x} + \mathrm{e}^{-x} = 11{,}3 \text{ oder } x \cdot \mathrm{e}^x = 1.$$

Bevor wir die Strategien zum Lösen von Exponentialgleichungen näher besprechen, wollen wir uns noch drei wichtige Punkte aus der Potenzrechnung in Erinnerung rufen.

- Sollen in einer Potenz b^x alle reellen Zahlen für den Exponenten x zugelassen und auch die Potenzgesetze weiterhin uneingeschränkt gültig sein, dann müssen wir bei den folgenden Überlegungen die Basis b auf positive Werte ungleich eins beschränken. [1] In der Praxis werden oftmals die EULER'sche Zahl $\mathrm{e} \approx 2{,}718$ oder die Zahl 10 als Basis verwendet.

[1] Beachte: Negative Basen erzeugen mit geraden Exponenten positive Potenzwerte; ungerade Exponenten liefern dagegen negative Werte. Gebrochene Exponenten stellen Wurzeln dar und sind deshalb für negative Basen teilweise nicht definiert!

- Für die **Definitionsmenge der Exponentialgleichung** $b^x = p$ gibt es mit $b > 0$ für die Variable x keine Einschränkungen. Somit können für x alle reellen Zahlen verwendet werden: $\mathbf{D} = \mathbf{R}$.
- Wegen ihrer grundlegenden Bedeutung für unsere weiteren Überlegungen wollen wir die Erkenntnis aus der Potenzrechnung, dass eine positive Basis immer zu positiven Potenzwerten führt, hier noch einmal deutlich hervorheben:

> Unter der Voraussetzung $b > 0$ ist die Potenz b^x *immer positiv*. Anders ausgedrückt: Egal, welche Zahlen wir für x wählen, b^x mit $b > 0$ kann niemals null werden oder gar negativ sein!
>
> $$b > 0 \wedge x \in \mathbf{R} \quad \Rightarrow \quad b^x > 0$$

3.7.1 Lösen einer Exponentialgleichung durch Exponentenvergleich

Der am einfachsten zu lösende Fall einer Exponentialgleichung liegt dann vor, wenn alle Potenzen die gleiche Basis besitzen. Zwei Potenzen mit *gleicher* Basis sind genau dann gleich, wenn ihre Exponenten übereinstimmen:

$$b^{r(x)} = b^{s(x)} \Leftrightarrow r(x) = s(x)\,.$$

Durch Gleichsetzen der Exponenten erhält man meist eine einfach zu lösende Gleichung.

Beispiel:

3.199 a) Welche Werte für x erfüllen die Gleichung $5^{6x-1} = 5^{2x+1}$?

Lösung: Da hier zwei Potenzen mit derselben Basis 5 einander gleich gesetzt werden, müssen ihre Exponenten ebenfalls gleich sein.

$$5^{6x-1} = 5^{2x+1} \qquad \text{Exponentenvergleich!}$$

$$\Rightarrow 6x - 1 = 2x + 1 \qquad \text{Diese lineare Gleichung lässt sich mit}$$

$$x = \tfrac{1}{2} \qquad \text{den bekannten Techniken leicht lösen!}$$

Die Probe bestätigt die Richtigkeit der Rechnung:

$$5^{6\cdot\frac{1}{2}-1} \stackrel{?}{=} 5^{2\cdot\frac{1}{2}+1}$$

$$5^2 = 5^2 \checkmark \qquad \text{Lösungsmenge: } \mathbf{L} = \{0{,}5\}$$

b) Bestimme die Lösungsmenge für die Gleichung $5^{4k} \cdot 125^{k+1} = 0{,}04^{2k+3}$.

Lösung: Hier wird die Möglichkeit eines Vergleichs der Exponenten erst nach geschickter Anwendung der Potenzgesetze offensichtlich: Dezimalbrüche werden in gemeine Brüche und diese dann in Potenzen gewandelt.

$$5^{4k} \cdot 125^{k+1} = 0{,}04^{2k+3} \qquad \Big|\ 0{,}04 = \frac{1}{25} = \frac{1}{5^2} = 5^{-2} \text{ und } 125 = 5^3$$

$$5^{4k} \cdot \left(5^3\right)^{k+1} = \left(5^{-2}\right)^{2k+3} \qquad |\ \textbf{POT 3}: (a^m)^n = a^{m\cdot n}$$

$$5^{4k} \cdot 5^{3\cdot(k+1)} = 5^{-2\cdot(2k+3)} \qquad |\ \textbf{POT 1}: a^m \cdot a^n = a^{m+n}$$

$$5^{7k+3} = 5^{-4k-6}$$

Der Exponentenvergleich führt zu der einfachen linearen Gleichung:

$$\Rightarrow 7k + 3 = -4k - 6$$

$$k = -\tfrac{9}{11}$$

Das Ergebnis kann durch Einsetzen in die Ausgangsgleichung bestätigt werden. Dadurch ergibt sich als Lösungsmenge: $\mathbf{L} = \left\{-\frac{9}{11}\right\}$.

✍ A. 3.115–3.116 auf Seite 462

3.7.2 Lösen einer Exponentialgleichung durch Logarithmieren

Oftmals reichen einfache Potenzumformungen zum Lösen von Exponentialgleichungen nicht aus. Hier kann es hilfreich sein, die Idee des Logarithmierens aus Abschnitt 2.6 zu nutzen:

Der **Logarithmus** liefert den Exponenten einer Potenz, also die Zahl x, mit der man eine Basis b potenzieren muss, um den Potenzwert p zu erhalten:

$$b^x = p \quad \Leftrightarrow \quad x = \log_b(p) \ .$$

Wenn ein Exponent berechnet werden soll, muss logarithmiert werden, da sich Potenzieren und Logarithmieren bei gleicher Basis aufheben:

$$x = \log_b(b^x) \ .$$

Dabei gelten die bekannten Logarithmengesetze:

$$\log_b(x \cdot y) = \log_b(x) + \log_b(y)$$
LOG 1

$$\log_b\left(\frac{x}{y}\right) = \log_b(x) - \log_b(y)$$
LOG 2

$$\log_b(x^y) = y \cdot \log_b(x)$$
LOG 3

Obwohl ein Logarithmus zu einer beliebigen positiven Basis ungleich eins formuliert werden kann, werden wir in erster Linie den Zehnerlogarithmus $\lg(x)$ verwenden. Für Exponentialgleichungen zur Basis e benutzen wir den natürlichen Logarithmus $\ln(x)$.

Beispiel:

3.200 a) Welche Werte für x erfüllen die Gleichung $2^x = 12$?

Lösung: Zur Lösung einer solchen Gleichung wird jeweils die komplette linke und rechte Seite der Gleichung logarithmiert.

$$\begin{aligned} 2^x &= 12 && |\ \lg(\ldots) \\ \lg(2^x) &= \lg(12) && |\ \textbf{LOG 3} \\ x \cdot \lg(2) &= \lg(12) && |\ :\lg(2) \\ x &= \frac{\lg(12)}{\lg(2)} \\ x &\approx 3{,}585 \end{aligned}$$

b) Welche Werte für x erfüllen die Gleichung $5 \cdot 3^x = -7$?

Lösung: Die bewährte Methode, beide Seiten zu logarithmieren, zeigt uns anhand des negativen Numerus, dass diese Gleichung in **R** nicht lösbar ist.

$$\begin{aligned} 5 \cdot 3^x &= -7 && \mid : 5 \\ 3^x &= -1{,}4 && \mid \lg(\ldots) \\ \lg(3^x) &= \lg(-1{,}4) \ ↯ \end{aligned}$$

Alternativ hätte uns die eingangs erwähnte Feststellung, dass eine Potenz wie 3^x immer positiv ist, sofort auf die Unlösbarkeit der Gleichung hingewiesen: $\mathbf{L} = \emptyset$.

c) Mit **LOG** 3: $\lg(b^n) = n \cdot \lg(b)$ kann der Exponent als Faktor vor die Potenz geholt werden. Bestimme die Lösungsmenge für x in $k \cdot b^x = p$.

Lösung: Zuerst wird die Potenz isoliert, dann logarithmiert:

$$\begin{aligned} k \cdot b^x &= p && \mid : k, \text{ für } k \neq 0 \\ b^x &= \frac{p}{k} && \mid \lg(\ldots), \text{ für } \frac{p}{k} > 0 \\ \lg(b^x) &= \lg\left(\frac{p}{k}\right) \end{aligned}$$

Den Exponenten mit **LOG** 3 isolieren:

$$\begin{aligned} x \cdot \lg(b) &= \lg\left(\frac{p}{k}\right) && \mid : \lg(b), \text{ für } b \neq 1 \\ x &= \frac{\lg\left(\frac{p}{k}\right)}{\lg(b)} = \frac{\lg|p| - \lg|k|}{\lg(b)} \end{aligned}$$

Wenn die Größen k und p weder null werden noch verschiedene Vorzeichen besitzen, lautet für $b > 0$ und $b \neq 1$ die Lösungsmenge: $\mathbf{L} = \left\{ \dfrac{\lg|p| - \lg|k|}{\lg(b)} \right\}$.

Beispiel:

3.201 Nach dem Reaktorunfall von Tschernobyl wurden die Tee-Pflanzen einer Plantage derart mit Cäsium-137 belastet, dass bei der Analyse einer Tee-Probe eine Aktivität[1)] von 2 585 Bq pro kg Trockenmasse festgestellt wurde.

Wie lange muss man den Tee lagern, damit durch den radioaktiven Zerfall bei einer Halbwertszeit mit $\tau_{\text{Cs}} \approx 30{,}17$ Jahren die Strahlenwerte unterhalb des Grenzwertes von $600 \, \frac{\text{Bq}}{\text{kg}}$ gesunken sind? Die Entstehung von radioaktiven Sekundärprodukten soll bei der Rechnung vernachlässigt werden.

Lösung:

gegeben: Anfangswert $A_0 = 2\,585 \, \dfrac{\text{Bq}}{\text{kg}}$

Halbwertszeit $\tau = 30{,}17 \text{ a}$

Grenzwert (= Endwert) $A_{\text{G}} = 600 \, \dfrac{\text{Bq}}{\text{kg}}$

gesucht: Zeit t_{G}, nach der die anfängliche Aktivität A_0 auf A_{G} gesunken ist.

1) Die *Aktivität* beschreibt die Anzahl der Atomkernzerfälle pro Sekunde. Sie wird zu Ehren des französischen Physikers Antoine-Henri BECQUEREL (1852 – 1908) in der Einheit Becquerel (Bq) angeben.

Die Verringerung der Aktivität $A(t)$ kann mathematisch durch $A(t) = A_0 \cdot q^t$ beschrieben werden, wobei q eine stoffspezifische Konstante mit $0 < q < 1$ darstellt. Die anschauliche Bedeutung von q ergibt sich aus dem Quotienten $A(t+1)$ zu $A(t)$:

$$\frac{A(t+1)}{A(t)} = \frac{\not{A_0} \cdot q^{t+1}}{\not{A_0} \cdot q^t} = q \qquad \Rightarrow \qquad A(t+1) = q \cdot A(t)$$

Die Stoffkonstante q beschreibt das Verhältnis der Aktivitätswerte zweier aufeinanderfolgender Jahre. Durch Multiplikation eines Aktivitätswertes mit q erhält man den Wert des jeweils nächsten Zeitabschnittes.

Für die gesuchte Zeitdauer t_G ergibt sich dann:

$$\begin{aligned} A_G &= A_0 \cdot q^{t_G} && |: A_0 \\ \frac{A_G}{A_0} &= q^{t_G} && |\lg(\ldots) \\ t_G \cdot \lg(q) &= \lg\left(\frac{A_G}{A_0}\right) && |: \lg(q) \\ t_G &= \frac{\lg\left(\frac{A_G}{A_0}\right)}{\lg(q)} \end{aligned}$$

Die noch fehlende Konstante q erhalten wir aus der **Halbwertszeit** τ. Sie beschreibt die Zeitspanne, in der eine Größe dem Wert nach halbiert wird. D. h., die verbleibende Aktivität $A(\tau)$ beträgt nach Ablauf einer Halbwertszeit nur noch die Hälfte der Ausgangsaktivität A_0: $A(\tau) = \frac{1}{2} \cdot A_0$.

$$\begin{aligned} A(\tau) &= \frac{1}{2} \cdot A_0 \\ A_0 \cdot q^\tau &= \frac{1}{2} \cdot A_0 && |: A_0 \\ q^\tau &= \frac{1}{2} && |\sqrt[\tau]{\ldots} \\ q &= \frac{1}{\sqrt[\tau]{2}} = 2^{-\frac{1}{\tau}} \approx 0{,}9773 \end{aligned}$$

Aus dem Wert der Konstanten q lesen wir ab, dass der Tee jeweils nach Ablauf eines Jahres noch mehr als 97,7 % seiner Vorjahresaktivität aufweist; jedes Jahr reduziert sich die Aktivität nur um weniger als 2,3 % des aktuellen Wertes. Im Laufe von rund 30 Jahren wird sich dann die ursprüngliche Belastung halbiert haben.

Setzen wir dies in die Gleichung für t ein, so erhalten wir

$$t_G = \frac{\lg\left(\frac{A_G}{A_0}\right)}{\lg(q)} = \frac{\lg\left(\frac{A_G}{A_0}\right)}{\lg\left(2^{-\frac{1}{\tau}}\right)} = \frac{\lg\left(\frac{A_G}{A_0}\right)}{-\frac{1}{\tau} \cdot \lg(2)} = -\tau \cdot \frac{\lg\left(\frac{A_G}{A_0}\right)}{\lg(2)} = \frac{\tau}{\lg(2)} \cdot \lg\left(\frac{A_0}{A_G}\right)$$

Speziell mit den genannten Werten gilt:

$$t_G = \frac{\tau}{\lg(2)} \cdot \lg\left(\frac{A_0}{A_G}\right) = \frac{30{,}17\,\mathrm{a}}{\lg(2)} \cdot \lg\left(\frac{2\,585\,\not{\mathrm{Bq}}}{600\,\not{\mathrm{Bq}}}\right) \approx 63{,}6\,\mathrm{a}$$

Nach einer Lagerzeit von mindestens 63,6 Jahren ist der Tee strahlenbiologisch wieder genießbar – ob er dann noch schmeckt, ist eine andere Frage.

✍ A. 3.117–3.118 auf Seite 462

Auch bei unterschiedlichen Basen ist es möglich, die Exponenten durch Logarithmieren zu isolieren und somit eine Exponentialgleichung zu lösen.

Beispiel:

3.202 a) Welche Werte für x erfüllen die Gleichung $5^{2x} = 8^{7x+3}$?

Lösung: Beidseitiges Logarithmieren der Gleichung und Isolieren der Variablen ergibt:

$$\begin{aligned}
5^{2x} &= 8^{7x+3} && \mid \lg(\ldots) \\
\lg\left(5^{2x}\right) &= \lg\left(8^{7x+3}\right) && \mid \textbf{LOG}\,3 \\
2x \cdot \lg(5) &= (7x+3) \cdot \lg(8) && \\
2x \cdot \lg(5) &= 7x \cdot \lg(8) + 3 \cdot \lg(8) && \mid -7x \cdot \lg(8) \\
2x \cdot \lg(5) - 7x \cdot \lg(8) &= 3 \cdot \lg(8) && \mid \text{x ausklammern} \\
x \cdot \left[2 \cdot \lg(5) - 7 \cdot \lg(8)\right] &= 3 \cdot \lg(8) && \mid : [\ldots] \\
x &= \frac{3 \cdot \lg(8)}{2 \cdot \lg(5) - 7 \cdot \lg(8)} && \\
x &\approx -0{,}5503 && \text{Probe durchführen!}
\end{aligned}$$

b) Bestimme die Lösungsmenge für x in $5 \cdot 2^{2x} = 10 \cdot 3^{3x-5}$.

Lösung: Oftmals kann durch eine geschickte Anwendung von Potenzgesetzen der Umgang mit den Logarithmen vereinfacht werden.

$$\begin{aligned}
5 \cdot 2^{2x} &= 10 \cdot 3^{3x-5} && \mid : 10 \\
\tfrac{1}{2} \cdot 2^{2x} &= 3^{3x-5} && \\
2^{-1} \cdot 2^{2x} &= 3^{3x-5} && \\
2^{2x-1} &= 3^{3x-5} && \mid \lg(\ldots) \\
\lg\left(2^{2x-1}\right) &= \lg\left(3^{3x-5}\right) && \mid \textbf{LOG}\,3 \\
(2x-1) \cdot \lg(2) &= (3x-5) \cdot \lg(3) && \\
2x \cdot \lg(2) - \lg(2) &= 3x \cdot \lg(3) - 5 \cdot \lg(3) &&
\end{aligned}$$

Die Ausdrücke mit x werden auf einer Seite versammelt:

$$\begin{aligned}
3x \cdot \lg(3) - 2x \cdot \lg(2) &= 5 \cdot \lg(3) - \lg(2) && \\
x \cdot \left[3 \cdot \lg(3) - 2 \cdot \lg(2)\right] &= 5 \cdot \lg(3) - \lg(2) && \mid : [\ldots] \\
x &= \frac{5 \cdot \lg(3) - \lg(2)}{3 \cdot \lg(3) - 2 \cdot \lg(2)} = \frac{\lg\left(3^5\right) - \lg(2)}{\lg\left(3^3\right) - \lg\left(2^2\right)} && \\
x &= \frac{\lg\left(\frac{243}{2}\right)}{\lg\left(\frac{27}{4}\right)} = \frac{\lg(121{,}5)}{\lg(6{,}75)} \approx 2{,}5136 &&
\end{aligned}$$

c) Löse $3^x + 7^{3x-3} = 3^{x-1} + 7^{3x+1}$ nach x auf.

Lösung: Erst nach Potenzen mit gleicher Basis sortieren, dann die Potenzen mit x ausklammern:

$$3^x + 7^{3x-3} = 3^{x-1} + 7^{3x+1}$$
$$3^x - 3^{x-1} = 7^{3x+1} - 7^{3x-3}$$
$$3^x \cdot \left(1 - 3^{-1}\right) = 7^{3x} \cdot \left(7^1 - 7^{-3}\right)$$
$$3^x \cdot \frac{2}{3} = 7^{3x} \cdot \frac{2\,400}{343}$$

Für die Lösung von Exponentialgleichungen dieses Typs bieten sich immer zwei Strategien an:

① Zuerst mithilfe der Potenzgesetze die Terme vereinfachen, dann die Gleichung logarithmieren.

$$3^x \cdot \tfrac{2}{3} = 7^{3x} \cdot \tfrac{2\,400}{343} \quad \Big| : \tfrac{2}{3} \quad \Big| : 7^{3x}$$
$$\frac{3^x}{\left(7^3\right)^x} = \frac{3\,600}{343}$$
$$\left(\frac{3}{343}\right)^x = \frac{3\,600}{343} \quad | \lg(\ldots)$$
$$x \cdot \lg\left(\tfrac{3}{343}\right) = \lg\left(\tfrac{3\,600}{343}\right) \quad \Big| : \lg\left(\tfrac{3}{343}\right)$$
$$x = \frac{\lg\left(\frac{3\,600}{343}\right)}{\lg\left(\frac{3}{343}\right)}$$
$$x \approx -0{,}4961$$

② Erst die Gleichung logarithmieren, dann weitere Vereinfachungen durch Einsatz der Logarithmengesetze.

$$3^x \cdot \tfrac{2}{3} = 7^{3x} \cdot \tfrac{2\,400}{343} \quad | \lg(\ldots)$$
$$\lg\left(3^x \cdot \tfrac{2}{3}\right) = \lg\left(7^{3x} \cdot \tfrac{2\,400}{343}\right)$$
$$x \cdot \lg(3) + \lg\left(\tfrac{2}{3}\right) = 3x \cdot \lg(7) + \lg\left(\tfrac{2\,400}{343}\right)$$
$$x \cdot \left[\lg(3) - 3 \cdot \lg(7)\right] = \lg\left(\tfrac{2\,400}{343}\right) - \lg\left(\tfrac{2}{3}\right)$$
$$x = \frac{\lg\left(\frac{2\,400}{343}\right) - \lg\left(\frac{2}{3}\right)}{\lg(3) - \lg(343)}$$
$$x \approx -0{,}4961$$

Welcher der beiden Rechenwege der kürzere bzw. einfachere ist, muss man jeweils im Einzelfall entscheiden.

✍ A. 3.119–3.120 auf Seite 462

Erscheint die Variable in einer mehrfachen Potenz, wie z. B. in $7^{(8^x)}$, so kann sie auch nur durch mehrfaches Logarithmieren isoliert werden.

Beispiel:

3.203 Für welche Werte von x ist die Gleichung $2^{(3^x)} = 4^{(1{,}2^x)}$ erfüllt?

Lösung: Durch Logarithmieren werden die Exponenten als Faktoren vor ihre Potenzen gebracht.

$$2^{(3^x)} = 4^{(1{,}2^x)} \quad | \lg(\ldots)$$
$$\lg\left[2^{(3^x)}\right] = \lg\left[4^{(1{,}2^x)}\right] \quad | \textbf{LOG } 1$$
$$3^x \cdot \lg(2) = 1{,}2^x \cdot \lg(4) \quad | : 1{,}2^x \quad | : \lg(2)$$
$$\frac{3^x}{1{,}2^x} = \frac{\lg(4)}{\lg(2)}$$
$$2{,}5^x = 2$$

☞ $\frac{\lg(4)}{\lg(2)} = \frac{\lg\left(2^2\right)}{\lg(2)} = \frac{2 \cdot \lg(2)}{\lg(2)} = 2$

Diese vereinfachte exponentielle Gleichung wird durch weiteres Logarithmieren endgültig gelöst:

$$\begin{aligned} 2{,}5^x &= 2 && \mid \lg(\ldots) \\ x \cdot \lg(2{,}5) &= \lg(2) && \mid : \lg(2{,}5) \\ x &= \frac{\lg(2)}{\lg(2{,}5)} \approx 0{,}7565 \end{aligned}$$

Die Kontrolle mit der Ausgangsgleichung bestätigt das Ergebnis und somit gilt:

$$\mathbf{L} = \left\{ \frac{\lg(2)}{\lg(2{,}5)} \approx 0{,}7565 \right\} .$$

Vergleichen wir die Lösungswege aus den obigen Beispielen mit der Methode des Exponentenvergleichs aus dem vorherigen Abschnitt 3.7.1, so erkennen wir, dass es sich beim **Exponentenvergleich** um einen *Spezialfall* handelt, bei dem wegen der gleichen Basis b der beiden Potenzen das ausdrückliche Logarithmieren zu eben dieser Basis b übersprungen werden kann:

$$\begin{aligned} b^{r(x)} &= b^{s(x)} && \mid \log_b(\ldots) \\ \Leftrightarrow \quad \log_b\left(b^{r(x)}\right) &= \log_b\left(b^{s(x)}\right) \\ \Leftrightarrow \quad r(x) &= s(x) \end{aligned}$$

✍ A. 3.121 auf Seite 463

3.7.3 Lösen einer Exponentialgleichung durch Substitution

Die Logarithmengesetze erlauben es nicht, den Logarithmus aus einer Summe zu vereinfachen. Somit führt das beidseitige Logarithmieren bei einer Gleichung wie $3^{2x} + 3^x = 2$ nicht zum Erfolg, da wir aus Termen wie $\lg\left(3^{2x} + 3^x\right)$ die Variable x nicht vollständig herauslösen können.

Im Abschnitt 3.5.8 haben wir die Idee der **Substitutionsmethode** kennengelernt. Das Prinzip, einen komplizierten Ausdruck durch einen einfacheren zu ersetzen, kann bei unserem Problem eine Lösung ermöglichen. Bei Exponentialgleichungen bietet es sich an, mit Hilfe des dritten Potenzgesetzes die Potenz $b^{k \cdot x}$ umzuschreiben und dann zu substituieren: $b^{k \cdot x} = (b^x)^k = z^k$ mit $z = b^x$.

Beispiel:

3.204 a) Welche Werte für x erfüllen die Gleichung $3^{2x} + 3^x = 2$?

Lösung:

① Definitionsmenge bestimmen: Es gibt bei dieser Gleichung *keine Beschränkungen* für die Wahl der x-Werte. Somit gilt: $\mathbf{D} = \mathbf{R}$.

② Durch geeignete Substitution eine lösbare Hilfsgleichung schaffen.

$$\begin{aligned} 3^{2x} + 3^x &= 2 \\ (3^x)^2 + 3^x &= 2 \quad \mid \text{Subst.: } 3^x = z \\ z^2 + z &= 2 \end{aligned}$$

③ Hilfsgleichung lösen:

$$\begin{aligned} z^2 + z - 2 &= 0 \qquad \mid p = 1;\ q = -2 \\ z_{1,2} &= -\frac{1}{2} \pm \sqrt{\frac{1}{4} + 2} \\ z_{1,2} &= -\frac{1}{2} \pm \frac{3}{2} \\ z_1 = -2 &\wedge z_2 = 1 \end{aligned}$$

Die quadratische Gleichung für die Hilfsvariable z wird wie gewohnt mit der *pq*-Formel gelöst.

④ Resubstitution: Aus dem Ergebnis für die Hilfsvariable z wird mithilfe der Substitutionsvorschrift $3^x = z$ das Ergebnis für die eigentliche Variable x ermittelt.

$$\begin{aligned} 3^x &= z \qquad \mid \lg(\ldots) \\ x \cdot \lg(3) &= \lg(z) \\ x &= \frac{\lg(z)}{\lg(3)} \end{aligned}$$

Setzen wir die berechneten Werte für z ein, so erhalten wir – insofern überhaupt definiert – die Ergebnisse für x:

$$\begin{aligned} z &= -2 \qquad \vee \qquad z = 1 \\ x &= \frac{\lg(-2)}{\lg(3)} \lightning \qquad \vee \qquad x = \frac{\lg(1)}{\lg(3)} = 0 \end{aligned}$$

⑤ Probe mit der ursprünglichen Gleichung für $x = 0$ durchführen: $3^0 + 3^0 = 2$ ✓

⑥ Lösungsmenge angeben: $\mathbf{L} = \{0\}$.

b) Bestimme die Lösungsmenge für x in $2^{2x+5} + 1 = 3 \cdot 2^{x+2}$.

Lösung:

$$\begin{aligned} 2^{2x+5} + 1 &= 3 \cdot 2^{x+2} \\ 2^{2x+5} - 3 \cdot 2^{x+2} + 1 &= 0 \end{aligned}$$

Vor der Substitution muss der Exponent der ersten Potenz umgeschrieben werden: $2x + 5 = (2x + 4) + 1 = 2 \cdot (x + 2) + 1$.

Mit dem ersten Potenzgesetz **POT** 1, $a^m \cdot a^n = a^{m+n}$ erhalten wir dann:

$$\begin{aligned} 2^{2(x+2)+1} - 3 \cdot 2^{x+2} + 1 &= 0 \qquad \mid \textbf{POT}\ 3, (a^m)^n = a^{m \cdot n} \\ \left(2^{x+2}\right)^2 \cdot 2^1 - 3 \cdot 2^{x+2} + 1 &= 0 \qquad \mid \text{Subst.: } 2^{x+2} = z \\ 2z^2 - 3z + 1 &= 0 \end{aligned}$$

Die Lösungen dieser Hilfsgleichung lauten $z_1 = \frac{1}{2}$ und $z_2 = 1$. Die zugehörigen Werte für x ergeben sich aus der Resubstitution von $z = 2^{x+2}$:

$$\begin{aligned} 2^{x+2} &= z && \mid \lg(\ldots) \\ (x+2)\cdot\lg(2) &= \lg(z) && \mid :\lg(2) \\ x+2 &= \frac{\lg(z)}{\lg(2)} && \mid -2 \\ x &= \frac{\lg(z)}{\lg(2)} - 2 \end{aligned}$$

für $z_1 = \dfrac{1}{2}: \quad x = \dfrac{\lg\left(\frac{1}{2}\right)}{\lg(2)} - 2 = -3$ für $z_2 = 1: \quad x = \dfrac{\lg(1)}{\lg(2)} - 2 = -2$

Nach durchgeführter Probe können wir die Lösungsmenge angeben: $\mathbf{L} = \{-3;\ -2\}$.

✍ A. 3.122 auf Seite 463

3.7.4 Nicht elementar lösbare Exponentialgleichungen

Leider gibt es kein universelles Verfahren mit dem man alle Exponentialgleichungen lösen kann. Eine Lösungsformel, wie wir sie z. B. von den quadratischen Gleichungen her kennen, existiert für diesen Gleichungstyp nicht. Tritt die Lösungsvariable sowohl in der Basis als auch im Exponenten verschiedener Potenzen auf, so kann die Auflösung der Gleichung durch Termumformungen sogar unmöglich werden.

Beispiel:

3.205 Gesucht sind die Lösungen für x in $2^x + 5x = 4$.

Lösung: Die üblichen Umformungen führen hier nicht zum Ziel, da es nicht gelingt, die Variable x *komplett* zu isolieren!

① $$\begin{aligned} 2^x + 5x &= 4 && \mid -2^x \\ 5x &= 4 - 2^x && \mid :5 \\ x &= \frac{4-2^x}{5} \end{aligned}$$

② $$\begin{aligned} 2^x + 5x &= 4 && \mid -5x \\ 2^x &= 4 - 5x && \mid \lg(\ldots) \\ x\cdot\lg(2) &= \lg(4-5x) && \mid :\lg(2) \\ x &= \frac{\lg(4-5x)}{\lg(2)} \end{aligned}$$

Die vorgenommenen Umformungen sind für sich genommen alle richtig, haben aber in beiden Fällen nicht zum gewünschten Erfolg geführt. Die Lösungsvariable x ist noch auf beiden Seiten der Gleichung vertreten: Im linken Beispiel erscheint sie im Exponenten, im rechten Beispiel im Numerus.

Für Gleichungen dieses Typs können die Lösungen meist nur näherungsweise bestimmt werden, z. B. durch einen zeichnerischen Ansatz[1]. Darüber hinaus gibt es noch spezielle numerische Verfahren, die aber den Rahmen dieses Buches sprengen würden.

[1] Beachte auch die analogen Erklärungen in Abschnitt 4.5.8.

Beispiel:

3.206 Bestimme die Lösungen für x in $2^x + 5x = 4$.

Lösung:
Da eine Lösung auf der Basis elementarer Umformungen nicht möglich ist, wollen wir die **Gleichung grafisch lösen**. Dazu verteilen wir die einzelnen Ausdrücke derart auf die beiden Seiten der Gleichung, dass sowohl auf der linken wie auf der rechten Seite des Gleichheitszeichens einfach darzustellende Funktionen erscheinen.

$$2^x + 5x = 4$$

$$\underbrace{2^x}_{l(x)} = \underbrace{-5x + 4}_{r(x)}$$

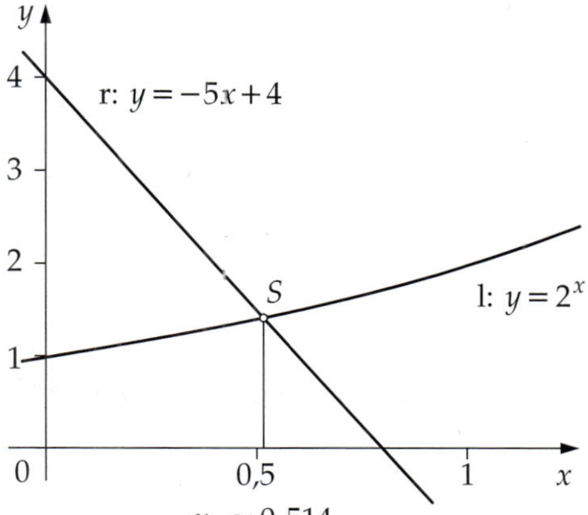

Bild 3.5 Grafisches Lösen

Sodann zeichnen wir die beiden Graphen der Funktionen $l(x)$ und $r(x)$, deren Funktionsterme die linke und die rechte Seite der Gleichung repräsentieren, in ein gemeinsames Koordinatensystem, s. a. Abbildung 3.5. Die jeweiligen x-Koordinaten der Schnittpunkte liefern uns alle Lösungen der Gleichung. Im aktuellen Fall existiert nur ein gemeinsamer Punkt und somit nur eine Lösung für x : $\mathbf{L} = \{x \approx 0{,}514\}$.

Je nach gewünschter Genauigkeit muss man die beiden Graphen um den Schnittpunkt herum vergrößert darstellen, um weitere Nachkommastellen ablesen zu können.

Termumformungen zur Lösung einer Exponentialgleichung greifen erst, wenn die gemischten Ausdrücke, beispielsweise durch Ausklammern, in reine Vorkommen der Variablen innerhalb der Basis bzw. des Exponenten getrennt werden können.

Beispiel:

3.207 Bestimme die Lösungsmenge für x in $x \cdot e^{2x-5} - 3 \cdot \frac{e^{2x}}{e^5} = 0$.

Lösung: Durch Umformen und Ausklammern ergibt sich ein Produkt:

$$x \cdot e^{2x-5} - 3 \cdot \frac{e^{2x}}{e^5} = 0$$

$$x \cdot e^{2x-5} - 3 \cdot e^{2x-5} = 0$$

$$e^{2x-5} \cdot (x - 3) = 0$$

Diese Gleichung wird mit dem Nullproduktsatz in zwei einfache Gleichungen aufgeteilt:

$e^{2x-5} = 0$ ↯ und $x - 3 = 0$

$x = 3$

Da ein exponentieller Ausdruck vom Typ $e^{(\dots)}$ entsprechend unseren Vorüberlegungen nie null werden kann, besitzt die Gleichung nur die Lösung, die wir aus dem linearen Faktor gewinnen: $\mathbf{L} = \{3\}$.

✍ A. 3.123 auf Seite 463

⚠ Typische Fehler:

- Mangelnde Kenntnis von Potenz- und Logarithmusgesetzen lässt viele Versuche zum Lösen von Exponentialgleichungen scheitern.

  Insbesondere gibt es kein Zerlegungsgesetz für Summen im Numerus: $\log_b(u+v)$ kann **nicht** in Terme mit $\log_b(u)$ und $\log_b(v)$ zerlegt werden!

- Oftmals wird vergessen, dass bei einer Gleichung *beide Seiten* logarithmiert werden müssen.

✍ A. 3.124–3.125 auf Seite 463

Aufgaben:

3.7 Exponentialgleichungen

(Lösungen ab Seite 898)

3.115 Bestimme die Lösungsmenge für k, r, x durch einen Vergleich der Exponenten:

a) $2^{x-1} = 2^{3x+7}$ b) $19^{8x+1} = 19^{2+13x}$ c) $3{,}8^{r+4} - 3{,}8^{5r-12} = 0$

d) $7^{-6x} = 7^{8x-21}$ e) $u^{x-4} = u^{5x-(2+6x)}$ f) $\mathrm{e}^{4{,}1k-61} = \mathrm{e}^{-(12-9k)}$

g) $5^x = 625$ h) $7 \cdot 2^x = 56$ i) $64^x = 8$

k) $3^{k+1} = 3^{2k}$ l) $m^{4(2r-7)} = m^{7(r-4)}$ m) $t^{5x-3} \cdot t^{7x} = t^{4x-1}$

3.116 Desgleichen:

a) $4^{2k+1} = 4^{7k+8} \cdot 4^{3k-4}$ b) $2^{5r-1} \cdot 4^{3r} = 16^{2r+1}$ c) $\dfrac{9}{3^{k-7}} = 3^{4k-5}$

d) $7^{32-x^2} = 7^{4x}$ e) $\mathrm{e}^{8x-2} = \mathrm{e}^3 \cdot \mathrm{e}^{35x}$ f) $v^{9{,}43} : v^{6{,}4r} = v^{-r^2}$

g) $7^{x^2+x} = \dfrac{1}{7^{2x}}$ h) $2^{x+1} + 2^x = 3$ i) $\dfrac{3^x - 3^{-x}}{3^x + 3^{-x}} = \dfrac{1}{2}$

k) $5^r + 5^{2+r} = 1{,}04$ l) $\mathrm{e}^{4x-9} \cdot \mathrm{e}^{x^2} = \left(\mathrm{e}^{3x+5}\right)^2$ m) $\sqrt[4x]{5^{2x+6}} = 5$

3.117 Löse die Gleichung für die Variable im Exponenten durch Logarithmieren:

a) $2^x = 25$ b) $3^x = 58$ c) $4^t = \frac{2}{3}$

d) $\left(\frac{5}{6}\right)^k = \frac{7}{15}$ e) $4 \cdot 7^x = 45$ f) $-2 \cdot 3^x = -\frac{5}{7}$

g) $3^{2x} = 4$ h) $1{,}8^{7x-1} = 9$ i) $3^{-\frac{1}{4}x^2} = 0{,}2$

k) $\sqrt[5]{8^{3x-4}} = 37$ l) $2^{5x} \cdot 8^{x-4} = 34 \cdot 16^{x-5}$ m) $m \cdot b^r = 8{,}1$

n) $5{,}2 - \mathrm{e}^{0{,}4-x} = 3{,}7$ o) $4{,}75^x = 0$ p) $4\,\mathrm{e}^{3x^2-4x} = 9{,}2$

3.118 Bestimme die in Beispiel 3.201 gesuchte Lagerungszeit t_{G} für den radioaktiv verstrahlten Tee mit der in der Physik üblichen Ansatzgleichung $A(t) = A_0 \cdot \mathrm{e}^{-\lambda t}$. Dabei gibt die **Zerfallskonstante** λ den pro Sekunde zerfallenden Anteil einer vorhandenen Anzahl von Atomen an.

3.119 Löse die Gleichung für die Variable im Exponenten:

a) $3^x = 4^{x+1}$ b) $5^{r+1} = 3^{r-1}$ c) $7^{2x} = 2^{3x+1}$

d) $2^{x+2} = 3 \cdot 5^x$ e) $8 \cdot 3^m = 5 \cdot 7^m$ f) $4{,}1 \cdot 5^{x+1} = 9 \cdot 3^{2x}$

g) $3b^x \cdot 5b^{2x-3} = 4\dfrac{a^{5x}}{3a^{2+2x}}$ h) $8{,}7 \cdot 3^{x-4} - 4{,}3 \cdot 2^{3x} = 0$ i) $\mathrm{e}^{2t+3} = 8{,}4\,\mathrm{e}^{9t-2}$

3.120 Desgleichen:

a) $3^{4x-1} + 5^{x+1} = 3^{4x+3} + 5^{x-2}$ b) $6^{2-x} + 11^{2x-7} = 6^{1-x} + 11^{2x+4}$

c) $5^{x+1} = 4^x \cdot 11^{2x}$ d) $35^x = 7^{\ln(5)} \cdot \mathrm{e}^{x^2}$

e) $5\,\mathrm{e}^{x^2-2x} = 6{,}1\,\mathrm{e}^{x+3}$ f) $10^{5t-7} = \mathrm{e}^{2t+3} \cdot 10^{4t+8}$

3.121 Ermittle die Lösung durch mehrfaches Logarithmieren:

a) $9^{(2^t)} = 6^{(3^t)}$ b) $2.8^{(5^x)} = 3{,}6^{(7^x)}$ c) $0{,}9^{(3{,}5^x)} = 5{,}1^{(4{,}2^x)}$

d) $2^{(10^x)} = 3^{(\mathrm{e}^{5x})}$ e) $a^{(u^x)} = b^{(v^x)}$ f) $6^{(2^t)} = -3 \cdot 4^{(8^t)}$

3.122 Löse die Gleichung für die Variable im Exponenten durch eine geeignete Substitution:

a) $6^{2x} + 4 = 5 \cdot 6^x$ b) $9 \cdot 3^x - 3 \cdot 3^{-x} = -26$

c) $10^{2x+1} + 99 \cdot 10^x = 10$ d) $2^{6x+1} + 59 \cdot 2^{2x} = 19 \cdot 2^{4x} + 60$

e) $8^x + 2 = 4^x + 2^{x+1}$ f) $\frac{5}{2} \cdot \left(3{,}5^{100d} + 3{,}5^{-100d}\right) = 80$

g) $5^{4x} + 36 = 13 \cdot 5^{2x}$ h) $0{,}0324 \cdot 0{,}3^{4x} + 2025 = 16{,}29 \cdot 0{,}3^{2x}$

i) $5^x + 25 \cdot 5^{-x} = 26$ k) $3^x + 8 \cdot 3^{1-x} = 11$

l) $\mathrm{e}^{3t} + 60 = 4\,\mathrm{e}^{2t} + 17\,\mathrm{e}^t$ m) $\mathrm{e}^{2t} + \sqrt{3\,\mathrm{e}}\,\mathrm{e}^t = \sqrt{6}\,\mathrm{e} + \sqrt{2\,\mathrm{e}}\,\mathrm{e}^t$

3.123 Bestimme die Lösungen zeichnerisch:

a) $\mathrm{e}^x - 1 = x^2$ b) $\sqrt{x} - \mathrm{e}^x = 1$ c) $\mathrm{e}^x - x = 1$

d) $t - \mathrm{e} = \mathrm{e}^{t-\mathrm{e}} - 1$ e) $\mathrm{e}^x - 3x = x^2$ f) $0{,}125 \cdot 5^k = k + 1{,}25$

h) $\frac{2^x}{x-3} = x^2 + 7x + 10$

3.124 Bestimme die Lösungsmenge:

a) $3^{6x-7} + 9^{3x-4} + 27^{2x-4} = 325$ b) $1 - \mathrm{e}^{3-x} = 0$

c) $x \cdot \mathrm{e}^{2-k} + 1 - \mathrm{e}^{2-k} \cdot k = 1 + \mathrm{e}^{2-k}$ d) $3x^2 \cdot \mathrm{e}^{2x} \cdot (x-9) = 0$

e) $\frac{-15+6x}{4\,\mathrm{e}^x + 5} = 0$ f) $3^{\left(\frac{x-1}{x+3}\right)} = 1{,}2$ g) $\frac{2t-11}{\mathrm{e}^t} = 0$

h) $-2\,(3r-14) \cdot \mathrm{e}^{r+4} \cdot 1{,}7^{3r+1} \cdot \mathrm{e}^{0{,}9x-1} = 0$ i) $4 - 16\,\mathrm{e}^x = 5\,\mathrm{e}^x - \mathrm{e}^{-x}$

k) $4^x = \sqrt{x+2}$ l) $0{,}2\,\mathrm{e}^{4t} - 1 = 0{,}6\,\mathrm{e}^{2t} + 1$ m) $\frac{\mathrm{e}^x - 1}{2x} = 0$

3.125 Die folgenden Exponentialgleichungen spielen als Berechnungsformeln eine wichtige Rolle in den Naturwissenschaften und in der Finanzmathematik: (a) Exponentielles Wachstum, (b) exp. Zerfall, (i) Verdopplungszeit, (k, l) Beschränktes bzw. logistisches Wachstum, (c – h) Rentenrechnung, (m) Tilgung.

Die Gleichungen sind nach n oder t umzustellen, wobei alle anderen beteiligten Variablen positive Werte annehmen sollen:

a) $K_n = K_0 \cdot q^n$ b) $m = m_0 \cdot \mathrm{e}^{-kt}$

c) $S_n = r \cdot \frac{q^n - 1}{q-1}$ d) $S_n' = r \cdot q \cdot \frac{q^n - 1}{q-1}$

e) $S_0' = r \cdot q \cdot \frac{q^n - 1}{q^n} \cdot (q-1)$ f) $S_0 = r \cdot \frac{q^n - 1}{q^n \cdot (q-1)}$

g) $K_n = K_0 \cdot q^n \pm r \cdot \frac{q^n - 1}{q - 1}$ h) $K_n = K_0 \cdot q^n \pm r \cdot q \cdot \frac{q^n - 1}{q - 1}$

i) $2a = a \cdot \mathrm{e}^{kt}$ k) $y = S - (S - a) \cdot \mathrm{e}^{-kt}$

l) $y = \frac{a \cdot S}{a + (S - a) \cdot \mathrm{e}^{-Skt}}$ m) $T_1 = K_0 \cdot \frac{q - 1}{q^n - 1}$

3.8 Logarithmische Gleichungen

Eine logarithmische Gleichung ist eine Gleichung, bei der die Lösungsvariable (meist x genannt) in dem Argument eines Logarithmus erscheint. Dieses Argument wird als Numerus bezeichnet.

Einfache logarithmische Gleichungen, wie wir sie bereits in Abschnitt 2.6 kennengelernt haben, kann man direkt durch Anwendung der Definition für den Logarithmus lösen:

$$\log_b(x) = p \Leftrightarrow x = b^p$$

Beispiel:

3.208 a) $\log_2(x) = 7 \quad \Leftrightarrow \quad x = 2^7 = 128$

b) $\lg(x) = 2{,}5 \quad \Leftrightarrow \quad x = 10^{2{,}5} \approx 316{,}2278$

✍ A. 3.126 auf Seite 472

Prinzipiell ist damit schon das Geheimnis der logarithmischen Gleichungen gelüftet. Es lohnt sich aber noch einige spezielle Situationen zu betrachten, da sich dadurch die praktische Handhabung in komplizierteren Fällen vereinfacht.

Damit wir im weiteren Verlauf unsere Überlegungen nicht immer mit zusätzlichen Anmerkungen versehen müssen, die dann vielleicht den Blick auf das Wesentliche behindern, wollen wir vorweg für den Umgang mit Logarithmen noch an zwei wichtige Punkte aus Abschnitt 2.6 erinnern:

- Logarithmische Terme sind im Bereich der reellen Zahlen **R** nur für positive Numeri definiert: $\log_b(x)$ für $x \in \mathbf{R}$ mit $x > 0$.
  Deshalb ist bei logarithmischen Gleichungen auf jeden Fall der Definitionsbereich zu bestimmen. Man muss also *vor* dem Lösen einer Gleichung klären, welche Werte für die Variable überhaupt zugelassen sind und welche nicht. Zu diesem Zweck setzt man alle in der Gleichung vorkommenden Numeri nacheinander größer null und löst diese Ungleichungen[1)].
- Für die Basen von logarithmischen Termen sind nur positive Zahlen ungleich eins erlaubt: $\log_b(x)$ für $b \in \mathbf{R}$ mit $b > 0$ und $b \neq 1$.

Daraus ergibt sich folgender **Ablaufplan zum Lösen einer logarithmischen Gleichung**:

① Definitionsmenge bestimmen

② Gleichung lösen und Ergebnisse für die Lösungsvariable bestimmen

③ Unter Beachtung der Definitionsmenge die Probe durchführen

④ Lösungsmenge angeben

---

1) Einzelheiten zum Lösen von Ungleichungen findet man im Abschnitt 3.1.4.

3.8.1 Lösen durch Vergleich der Numeri

Zwei Logarithmen zu der *gleichen Basis* sind genau dann gleich, wenn ihre *Numeri gleich* sind:

$$\log_b(\,r(x)\,) = \log_b(\,s(x)\,) \Leftrightarrow r(x) = s(x)$$

Beispiel:

3.209 a) Bestimme die Lösungsmenge für x in $\log_b(2x+3) = \log_b(x+4)$ für $b \in \mathbf{R}$ mit $b > 0$ und $b \neq 1$.

Lösung:

① Definitionsmenge bestimmen: Numeri > 0

$$\begin{aligned} 2x+3 &> 0 \quad \wedge \quad x+4 > 0 \\ x &> -1{,}5 \quad \wedge \quad x > -4 \quad \Rightarrow \mathbf{D} = \left\{ x \in \mathbf{R} \,\middle|\, x > -1{,}5 \right\} \end{aligned}$$

② Gleichung lösen: Da in dieser Gleichung zwei Logarithmen mit übereinstimmender Basis verglichen werden, müssen ihre Numeri gleich sein.

$$\begin{aligned} &\log_b(2x+3) = \log_b(x+4) \\ \Rightarrow \quad &2x+3 = x+4 \qquad |-x-3 \\ &x = 1 \in \mathbf{D} \end{aligned}$$

Man prüfe sofort, ob das Ergebnis überhaupt zulässig ist, d. h., ob es auch in der Definitionsmenge enthalten ist.

③ Probe durchführen: Ergebnis in die Ausgangsgleichung einsetzen.

$$\begin{aligned} \log_b(2\cdot 1+3) &\stackrel{?}{=} \log_b(1+4) \\ \log_b(5) &= \log_b(5) \ \checkmark \end{aligned}$$

④ Die Probe bestätigt die Richtigkeit der Lösung: $\mathbf{L} = \{\,1\,\}$.

b) Bestimme die Lösungsmenge der Gleichung $\log_b(5x-7) = \log_b(x-2)$.

① Definitionsmenge bestimmen

$$\begin{aligned} 5x-7 &> 0 \quad \wedge \quad x-2 > 0 \\ x &> 1{,}4 \quad \wedge \quad x > 2 \quad \Rightarrow \mathbf{D} = \left\{ x \in \mathbf{R} \,\middle|\, x > 2 \right\} \end{aligned}$$

② Gleichung lösen

$$\begin{aligned} &\log_b(5x-7) = \log_b(x-2) \\ \Rightarrow \quad &5x-7 = x-2 \\ &x = 1{,}25 \notin \mathbf{D} \end{aligned}$$

③ Da das Ergebnis nicht in der Definitionsmenge enthalten und somit nicht zulässig ist, entfällt die Probe.

④ Die Lösungsmenge ist leer, da es keine reellen Zahlen gibt, die man für x in die Gleichung einsetzen könnte, sodass diese erfüllt wäre: $\mathbf{L} = \emptyset$.

✍ A. 3.127 auf Seite 472

3.8.2 Lösen durch Exponieren

Die bisherigen Überlegungen beruhen letztlich auf der Tatsache, dass das Logarithmieren eine Umkehrung des Potenzierens ist und sich diese beiden Rechenoperationen gegenseitig aufheben. Schreibt man einen Logarithmus in den Exponenten seiner Basis, so erhält man den Numerus, z. B. $10^{\lg(a)} = a$ für $a > 0$. Man bezeichnet diese Vorgehensweise als **Exponieren**.

Beispiel:

3.210 a) Bestimme durch Exponieren die Lösungsmenge für x in der Gleichung

$$\lg\left(x^5\right) - 2 \cdot \lg(x) = 4{,}1406\,.$$

Lösung:

① Definitionsmenge bestimmen: Numeri > 0

$$x^5 > 0 \qquad \wedge \qquad x > 0 \qquad \Rightarrow \mathbf{D} = \left\{x \in \mathbf{R} \,\middle|\, x > 0\right\}$$

② Gleichung lösen: Durch geschickte Anwendung der Logarithmengesetze kann man die Gleichung auf *einen* logarithmischen Ausdruck reduzieren.

$$\begin{aligned} \lg\left(x^5\right) - 2 \cdot \lg(x) &= 4{,}1406 && \mid \textbf{LOG}\ 3 \\ 5 \cdot \lg(x) - 2 \cdot \lg(x) &= 4{,}1406 \\ 3 \cdot \lg(x) &= 4{,}1406 && \mid :3 \\ \lg(x) &= 1{,}3802 && \mid 10^{(\ldots)} \end{aligned}$$

Exponieren: Beide Seiten der Gleichung werden in den Exponenten von 10 geschrieben.

$$\begin{aligned} 10^{\lg(x)} &= 10^{1{,}3802} \\ x &= 10^{1{,}3802} \approx 24 \in \mathbf{D} \end{aligned}$$

③ Probe durchführen: Ergebnis in die Ausgangsgleichung einsetzen.

$$\begin{aligned} \lg\left(\left(10^{1{,}3802}\right)^5\right) - 2 \cdot \lg\left(10^{1{,}3802}\right) &\stackrel{?}{=} 4{,}1406 \\ 5 \cdot \lg\left(10^{1{,}3802}\right) - 2 \cdot \lg\left(10^{1{,}3802}\right) &= 4{,}1406 \\ 5 \cdot 1{,}3802 - 2 \cdot 1{,}3802 &= 4{,}1406 \\ 4{,}1406 &= 4{,}1406 \ \checkmark \end{aligned}$$

④ Die Probe bestätigt die Richtigkeit der Lösung: $\mathbf{L} = \{\, 10^{1{,}3802} \approx 24 \,\}$.

b) Bestimme die Lösungsmenge der Gleichung $3 \cdot \log_3(x) + 1{,}5 = 10 - 2 \cdot \log_3(x)$.

Lösung:

① Definitionsmenge bestimmen: Numeri $> 0 \Rightarrow \mathbf{D} = \left\{x \in \mathbf{R} \,\middle|\, x > 0\right\}$

② Gleichung lösen: Logarithmischen Ausdruck isolieren.

$$\begin{aligned} 3 \cdot \log_3(x) + 1{,}5 &= 10 - 2 \cdot \log_3(x) && \mid +2 \cdot \log_3(x) \ \mid -1{,}5 \\ 5 \cdot \log_3(x) &= 8{,}5 && \mid :5 \\ \log_3(x) &= 1{,}7 && \mid 3^{(\ldots)} \\ 3^{\log_3(x)} &= 3^{1{,}7} \\ x &= 3^{1{,}7} \approx 6{,}473 \in \mathbf{D} \end{aligned}$$

Wegen der Logarithmen-Basis 3 wurde auch das Exponieren zur Basis 3 durchgeführt.

③ Probe durchführen: Ergebnis in die Ausgangsgleichung einsetzen.

$$\begin{aligned} 3 \cdot \log_3\left(3^{1,7}\right) + 1{,}5 &\stackrel{?}{=} 10 - 2 \cdot \log_3\left(3^{1,7}\right) \\ 3 \cdot 1{,}7 + 1{,}5 &= 10 - 2 \cdot 1{,}7 \\ 6{,}6 &= 6{,}6 \checkmark \end{aligned}$$

④ Die Probe bestätigt die Richtigkeit der Lösung: $\mathbf{L} = \{\, 3^{1,7} \approx 6{,}473 \,\}$.

Da man jede positive Zahl z als Logarithmus $z = \log_b(b^z)$ schreiben kann, erkennen wir nun, dass die Methode über den Vergleich der Numeri im Abschnitt 3.8.1 nur eine Abkürzung darstellt, bei der man angesichts der gemeinsamen Logarithmen-Basis b das ausdrückliche Exponieren zu eben dieser Basis überspringt:

$$\begin{aligned} & \log_b(\,r(x)\,) = \log_b(\,s(x)\,) \\ \Leftrightarrow \quad & b^{\log_b(\,r(x)\,)} = b^{\log_b(\,s(x)\,)} \\ \Leftrightarrow \quad & r(x) = s(x) \end{aligned}$$

✍ A. 3.128 auf Seite 472

3.8.3 Besondere logarithmische Gleichungen

3.8.3.1 Substitutionsmethode

Logarithmische Gleichungen, bei denen der *gleiche* Numerus in *verschiedenen* logarithmischen Termen auftritt, können in vielen Fällen durch eine Substitution in einen einfacheren Gleichungstyp umgewandelt werden. Nachdem man diese Hilfsgleichung gelöst hat, führt eine Resubstitution, bei der die Substitutionsvorschrift nach der eigentlich gesuchten Variablen aufgelöst wird, zur Lösung der ursprünglichen Gleichung.

Beispiel:

3.211 Bestimme die Lösungsmenge für x in $3 \cdot \lg^2(2x-3) + 72 = 30 \cdot \lg(2x-3)$.

Lösung:

① Definitionsmenge bestimmen: $2x - 3 > 0 \Rightarrow \mathbf{D} = \left\{ x \in \mathbf{R} \,\middle|\, x > 1{,}5 \right\}$

② Gleichung lösen

$$\begin{aligned} 3 \cdot \lg^2(2x-3) + 72 &= 30 \cdot \lg(2x-3) && |:3 \\ \lg^2(2x-3) - 10 \cdot \lg(2x-3) + 24 &= 0 && |\,\text{Subst.: } \lg(2x-3) = z \\ z^2 - 10 \cdot z + 24 &= 0 \end{aligned}$$

③ Hilfsgleichung lösen

Durch Einsatz der Lösungsformel für quadratische Gleichungen erhält man als Lösungen für z:

$$\begin{aligned} z^2 - 10 \cdot z + 24 &= 0 \\ z = 4 &\vee z = 6 \end{aligned}$$

④ Resubstitution

Nun müssen wir die Vorschrift aus der Substitution $\lg(2x-3)=z$ zur eigentlich gesuchten Variablen x hin auflösen und die Lösungen der Hilfsgleichung für z einsetzen:

$$\begin{aligned} \lg(2x-3) &= z && \Big|\,10^{(\ldots)} \\ 2x-3 &= 10^z && \big|+3 \quad \big|:2 \\ x &= \frac{3+10^z}{2} \end{aligned}$$

$$z_1 = 4:\quad x_1 = \frac{3+10^4}{2} = 5\,001{,}5 \in \mathbf{D}$$

$$z_2 = 6:\quad x_2 = \frac{3+10^6}{2} = 500\,001{,}5 \in \mathbf{D}$$

⑤ Bei der Probe werden beide Ergebnisse durch die Ausgangsgleichung bestätigt.

$$x_1 = 5\,001{,}5:\qquad 3\cdot\lg^2(2\cdot 5\,001{,}5-3)+72 \stackrel{?}{=} 30\cdot\lg(2\cdot 5\,001{,}5-3)$$

$$120 = 120\ ✓$$

$$x_2 = 500\,001{,}5:\qquad 3\cdot\lg^2(2\cdot 500\,001{,}5-3)+72 \stackrel{?}{=} 30\cdot\lg(2\cdot 500\,001{,}5-3)$$

$$180 = 180\ ✓$$

⑥ $\mathbf{L} = \{\,5\,001{,}5;\ 500\,001{,}5\,\}$.

✍ A. 3.129 auf Seite 472

3.8.3.2 Lösen durch Basiswechsel

Tauchen in einer logarithmischen Gleichung mehrere Logarithmen mit verschiedenen Basen auf, so wandelt man sie mit der Umrechnungsformel für Logarithmen auf eine einheitliche Basis um:

$$\log_b(x) = \frac{\log_a(x)}{\log_a(b)}\,.$$

Da wir meist den dekadischen oder den natürlichen Logarithmus verwenden, ergibt sich

$$\log_b(x) = \frac{\lg(x)}{\lg(b)} \qquad \text{bzw.} \qquad \log_b(x) = \frac{\ln(x)}{\ln(b)}\,.$$

Beispiel:

3.212 Bestimme die Lösungsmenge für x in $\log_3(x)+\log_5(x) = -\frac{1}{2}$.

Lösung:

① Definitionsmenge bestimmen: $D = \{x \in R\,|\,x>0\}$

② Gleichung lösen

$$\begin{aligned}
\log_3(x) + \log_5(x) &= -\frac{1}{2} && \mid \text{Basiswechsel}\\
\frac{\lg(x)}{\lg(3)} + \frac{\lg(x)}{\lg(5)} &= -\frac{1}{2} && \mid \text{Brüche addieren}\\
\frac{\lg(5)\cdot\lg(x) + \lg(3)\cdot\lg(x)}{\lg(3)\cdot\lg(5)} &= -\frac{1}{2} && \mid \text{ausklammern}\\
\frac{\lg(x)\cdot\left[\lg(5)+\lg(3)\right]}{\lg(3)\cdot\lg(5)} &= -\frac{1}{2} && \mid \textbf{LOG}\,1:\ \lg(5)+\lg(3)=\lg(5\cdot 3)
\end{aligned}$$

$$\begin{aligned}
\lg(x)\cdot\frac{\lg(15)}{\lg(3)\cdot\lg(5)} &= -\frac{1}{2} && \Big|: \frac{\lg(15)}{\lg(3)\cdot\lg(5)}\\
\lg(x) &= -\frac{\lg(3)\cdot\lg(5)}{2\cdot\lg(15)}\\
\lg(x) &\approx -0{,}14178 && \mid 10^{(\ldots)}\\
x &\approx 0{,}721\,472 \in \mathbf{D}
\end{aligned}$$

③ Bei der Probe wird das Ergebnis durch die Ausgangsgleichung bestätigt.

$$\begin{aligned}
\log_3(0{,}721\,472) + \log_5(0{,}721\,472) &\stackrel{?}{=} -\frac{1}{2}\\
\frac{\lg(0{,}721\,472)}{\lg(3)} + \frac{\lg(0{,}721\,472)}{\lg(5)} &= -\frac{1}{2}\ \checkmark
\end{aligned}$$

④ $\mathbf{L} = \{\approx 0{,}721\,472\}$.

✍ A. 3.130 auf Seite 472

3.8.3.3 Lösungsvariable in der Basis

Steht die gesuchte Variable in der Basis eines Logarithmus, so handelt es sich nur im indirekten Sinn um eine logarithmische Gleichung. Man löst solche Gleichungen, indem man sie mithilfe der Definition für den Logarithmus in eine Potenzgleichung umschreibt.

Beispiel:

3.213 a) Bestimme die Lösungsmenge für b in $\log_b(25) = 2$.

Lösung:

① Definitionsmenge bestimmen

Da die Logarithmen in $\mathbf{R}$ nur für positive Basen ungleich eins definiert sind, gilt:

$$\mathbf{D} = \{b \in \mathbf{R} \mid b > 0 \land b \neq 1\}$$

② Gleichung lösen: $\log_b(25) = 2$

Wendet man die Definition für den Logarithmus an, so erhält man eine Potenzgleichung:

$$\begin{aligned}
b^2 &= 25 && \mid \sqrt{\cdots}\\
|b| &= 5 && \mid -5 \notin \mathbf{D}\\
b &= 5 \in \mathbf{D}
\end{aligned}$$

③ Für die Probe nutzen wir die Umrechnungsformel für den Basiswechsel bei Logarithmen:

$$\log_5(25) \stackrel{?}{=} 2 \qquad \Rightarrow \qquad \frac{\lg(25)}{\lg(5)} = 2 \qquad \Rightarrow \qquad 2 = 2 \checkmark$$

④ Lösungsmenge: $\mathbf{L} = \{5\}$.

b) Bestimme die Lösungsmenge für x in $\log_{2x}(125) - 2 \cdot \log_{2x}(8) = 3$.

Lösung:

① Über die Definitionsmenge legen wir die für x zur Verfügung stehenden Werte derart fest, dass nur positive Basen ungleich eins vorkommen.

$$2x > 0 \quad \wedge \quad 2x \neq 1$$

$$x > 0 \quad \wedge \quad x \neq 0{,}5 \qquad \Rightarrow \mathbf{D} = \left\{ x \in \mathbf{R} \,\middle|\, x > 0 \wedge x \neq 0{,}5 \right\}$$

② Gleichung lösen

$$\begin{aligned}
\log_{2x}(125) - 2 \cdot \log_{2x}(8) &= 3 \\
\log_{2x}\left(5^3\right) - 2 \cdot \log_{2x}\left(2^3\right) &= 3 && |\,\mathbf{LOG}\,3 \\
3 \cdot \log_{2x}(5) - 6 \cdot \log_{2x}(2) &= 3 && |:3 \\
\log_{2x}(5) - 2 \cdot \log_{2x}(2) &= 1 && |\,\mathbf{LOG}\,2 \\
\log_{2x}\left(\frac{5}{2^2}\right) &= 1 && |\,\text{Log-Def.} \rightarrow \text{Potenzgleichung} \\
(2x)^1 &= \frac{5}{4} && |:2 \\
x &= 0{,}625 \in \mathbf{D}
\end{aligned}$$

③ Probe

$$\log_{2 \cdot 0{,}625}(125) - 2 \cdot \log_{2 \cdot 0{,}625}(8) \stackrel{?}{=} 3$$

$$\frac{\lg(125)}{\lg(1{,}25)} - 2 \cdot \frac{\lg(8)}{\lg(1{,}25)} = 3 \checkmark$$

④ Lösungsmenge: $\mathbf{L} = \{0{,}625\}$.

✍ A. 3.131 auf Seite 473

3.8.4 Nicht elementar lösbare Logarithmusgleichungen

Tritt in einer Logarithmusgleichung die gesuchte Variable nicht nur im Numerus, sondern *zusätzlich* auch an anderen Stellen auf, so lässt sich die Gleichung meistens nicht durch Termumformungen lösen. Analog zu den in 3.7.4 betrachten Exponentialgleichungen lösen wir solche Gleichungen grafisch.

Beispiel:

3.214 Gesucht sind die Lösungen für x in $x - 2\lg(x-1) = 4$.

Lösung: Die üblichen Umformungen führen hier nicht zum Ziel, da es nicht gelingt, die Variable x *komplett* zu isolieren!

① $x - 2\lg(x-1) = 4 \quad | +2\lg(x-1)$

$x = 4 + 2\lg(x-1)$

② $x - 2\lg(x-1) = 4 \quad | -x \quad | : (-2)$

$\lg(x-1) = 0{,}5x - 2 \quad | \; 10^{(\ldots)}$

$x - 1 = 10^{0{,}5x-2} \quad | +1$

$x = 10^{0{,}5x-2} + 1$

Die vorgenommenen Umformungen sind für sich genommen alle richtig, haben aber in beiden Fällen nicht zum gewünschten Erfolg geführt. Die Lösungsvariable x ist noch auf beiden Seiten der Gleichung vertreten: Im linken Beispiel erscheint sie im Numerus, im rechten Beispiel im Exponenten.

Für Gleichungen dieses Typs können die Lösungen meist nur näherungsweise bestimmt werden, z. B. durch einen zeichnerischen Ansatz [1)]. Darüber hinaus gibt es noch spezielle numerische Verfahren, die aber den Rahmen dieses Buches sprengen würden.

Beispiel:

3.215 Bestimme die Lösungen für x in $x - 2\lg(x-1) = 4$.

Lösung: Da eine Lösung auf der Basis elementarer Umformungen nicht möglich ist, wollen wir die **Gleichung grafisch lösen**. Dazu verteilen wir die einzelnen Ausdrücke derart auf die beiden Seiten der Gleichung, dass sowohl auf der linken wie auf der rechten Seite des Gleichheitszeichens einfach darzustellende Funktionen erscheinen.

$$x - 2\lg(x-1) = 4 \quad | -x$$

$$-2\lg(x-1) = -x + 4 \quad | : (-2)$$

$$\underbrace{\lg(x-1)}_{l(x)} = \underbrace{0{,}5x - 2}_{r(x)}$$

Sodann zeichnen wir die beiden Graphen der Funktionen $l(x)$ und $r(x)$, deren Funktionsterme die linke und die rechte Seite der Gleichung repräsentieren, in ein gemeinsames Koordinatensystem, s. a. Abbildung 3.6. Die jeweiligen x-Koordinaten der Schnittpunkte liefern uns alle Lösungen der Gleichung. Im aktuellen Fall besitzen die beiden Graphen zwei gemeinsame Punkte und somit existieren zwei Lösungen für x in der obigen Gleichung: $\mathbf{L} = \{x_1 \approx 1{,}03;\ x_2 \approx 5{,}26\}$.

Je nach gewünschter Genauigkeit muss man die beiden Graphen um den jeweiligen Schnittpunkt herum vergrößert darstellen, um weitere Nachkommastellen ablesen zu können.

[1)] Beachte auch die analogen Erklärungen in Abschnitt 4.5.8.

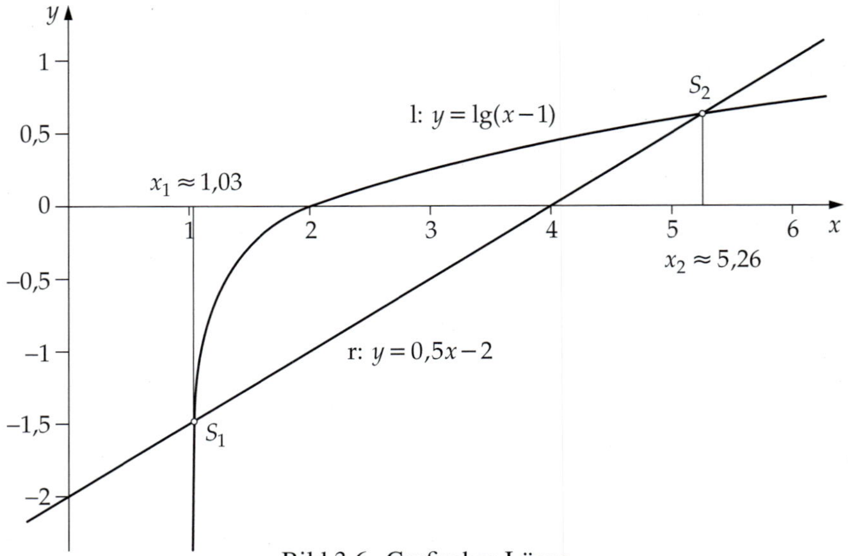

Bild 3.6 Grafisches Lösen

✍ A. 3.132 auf Seite 473

Aufgaben:

3.8 Logarithmische Gleichungen (Lösungen ab Seite 900)

3.126 Löse die Gleichung mit der Definition des Logarithmus:

a) $\log_5(x) = 2$ b) $\log_3(x) = 3$ c) $\log_4(x) = \frac{1}{2}$

d) $\log_8(a) = \frac{1}{3}$ e) $\log_4(3x - 2) = 2$ f) $\log_5(2x + 15\,603) = 6$

3.127 Bestimme durch Vergleich der Numeri die Lösungsmenge:

a) $\lg(x) = 2\lg(x) + \lg(1 + x)$ b) $2\lg(r + 1) = 2\lg(r) + \lg(9)$

c) $\lg(x - 3) + \lg(x - 4) = 0$ d) $\log_5(t + 2) + 1 = \log_5(12)$

e) $\log_2(a) - 2\log_2(25) = 2$ f) $\log_5\left(\sqrt{x}\right) = \log_5(3x)$

g) $\log_2(k) + \log_2(3) = \log_2(5)$ h) $\lg\left((x - 3)^2\right) = \lg(3x + 4)$

3.128 Bestimme die Lösungsmenge durch geeignetes Exponieren:

a) $\lg(3x + 2) = \frac{3}{4}$ b) $\log_2(2x + 3) = 2$

c) $7\lg\left(k^3\right) = 5\lg(k) - 3{,}2$ d) $x^{\lg(x)} = x^3$

e) $\log_6\left(2^t\right) + \log_6\left(3^t\right) = 4$ f) $\ln(3x + 8) = \ln(3) + \ln(x) + \ln(8)$

3.129 Löse die Gleichung mit der Substitutionsmethode:

a) $\lg^2(x) = 24 + 5\lg(x)$ b) $5\lg^2(7x + 1) + 6\lg(7x + 1) = \lg^3(7x + 1)$

c) $4\lg^2(x) - 8\lg(x) = 5$ d) $2\lg^3(x + 2) + 20 = 41\lg(x + 2) - \lg^2(x + 2)$

3.130 Bestimme die Lösungsmenge für die Variable im Numerus:

a) $\log_7(x) + \log_2(x) = 2{,}5$ b) $4 \cdot \log_4(u) + 3 = 5 - 7 \cdot \log_9(u)$

c) $\lg(x) - 2 = 7 - \ln(x)$ d) $4\log_3(t) + 2\lg(3t) = 2 + 5\ln(t)$

3.131 Bestimme die Lösungsmenge für die Variable in der Basis:

a) $\log_{2x}(243) = 5$ b) $\log_{x-6}(2) = \frac{1}{3}$

c) $\log_{5-2x}(729) = 6$ d) $\frac{2}{3} \cdot \log_{9-x}(4\,096) = 8$

3.132 Bestimme die Lösungsmenge graphisch:

a) $\lg(x) = x^2 - 1$ b) $5\sqrt{x} = 2\lg(x)$ c) $e^x = \lg(x+5)$ d) $\ln(x) + 3 = x$

4 Funktionen

Je mehr wir in uns aufnehmen, umso größer
wird unser geistiges Fassungsvermögen.

Lucius Annaeus Seneca
* um 4 v. Chr., † um 65 n. Chr.

4.1 Begriffsbestimmungen

4.1.1 Der Begriff der Abbildung

Zwei fundamentale Begriffe der Mathematik sind **Abbildung** und **Funktion**, die im Folgenden zunächst an einigen Beispielen erläutert und danach exakt definiert werden sollen.

Beispiele:

4.1 Betrachten wir die Häuser eines beliebigen Ortes und dessen Einwohner.

Dann ist jedes Haus die Wohnstätte für ganz bestimmte Bewohner des Ortes. Das kann man auch so formulieren: Jedem Hause sind ganz bestimmte Einwohner des Ortes *zugeordnet*, die ihre Wohnung in diesem Hause haben. Es kann dies nur ein einziger Einwohner sein, aber meistens werden mehrere Einwohner das Haus bewohnen. Auf diese Weise besteht ein Zusammenhang zwischen den Häusern und den Einwohnern des Ortes: Es lässt sich für jedes Haus genau angeben, welche Einwohner in ihm wohnen und welche nicht.

Umgekehrt lässt es sich auch für jeden Einwohner des Ortes exakt ermitteln, in welchem Haus er wohnt.

4.2 Betrachten wir die Familiennamen der Schüler einer Klasse.

Dann gehört zu jedem Familiennamen ein ganz bestimmter Schüler, jedoch kann es auch vorkommen, dass mehrere Schüler ein und denselben Familiennamen haben. Auch hier treten ähnliche Verhältnisse wie im ersten Beispiel auf: Jedem Familiennamen sind ganz bestimmte Schüler *zugeordnet*, und umgekehrt besitzt jeder Schüler einen bestimmten Familiennamen, so dass auch in der entgegengesetzten Richtung eine Zuordnung vorhanden ist.

4.3 Jedem polizeilichen Kennzeichen ist ein ganz bestimmtes Kraftfahrzeug zugeordnet. Für die Polizei ist die Angabe des Kennzeichens genauso viel wert wie eine bis ins kleinste Detail gehende Beschreibung eines bestimmten Kraftfahrzeuges. Sie kann das entsprechende Fahrzeug allein anhand des polizeilichen Kennzeichens dem jeweiligen Fahrzeughalter zuordnen.

4.4 $A' = \{0;\ 1;\ 4;\ 9;\ 16;\ 25;\ \ldots\}$ sei die Menge aller Quadratzahlen einschließlich der Null. Dann gibt es – abgesehen von der Null – in der Menge $\mathbf{Z}$ der ganzen Zahlen

$$\mathbf{Z} = \{\ldots;\ -3;\ -2;\ -1;\ 0;\ 1;\ 2;\ 3;\ \ldots\}$$

jeweils zwei Zahlen, deren Quadrate mit einem bestimmten Element der Menge A' übereinstimmen. So sind beispielsweise der Zahl $9 \in A'$ die beiden Zahlen $-3 \in \mathbf{Z}$ sowie $+3 \in \mathbf{Z}$ zugeordnet.

4.5 Gegeben seien die beiden Geraden g_1 und g_2 sowie zwei außerhalb dieser Geraden liegende Punkte P_1 und P_2, siehe Bild 4.1. Zieht man durch die beiden Punkte P_1 und P_2 jeweils eine Gerade, die g_1 in einem Punkt A schneidet, so schneiden die beiden zusätzlich eingezeichneten Geraden die Gerade g_2 in den zwei weiteren Punkten A' und A''.

Damit werden dem Punkt $A \in g_1$ durch die genannte Vorschrift die beiden Punkte $A' \in g_2$ sowie $A'' \in g_2$ zugeordnet.

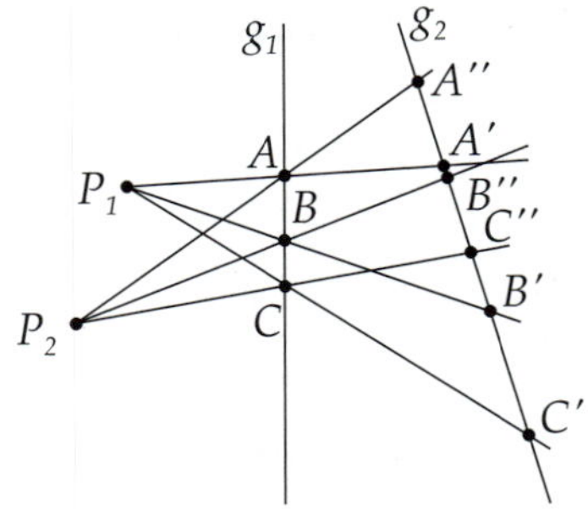

Bild 4.1

Im Bild 4.1 ist das Verfahren noch für zwei weitere Punkte eingezeichnet: Dem Punkt $B \in g_1$ sind die beiden Punkte $B' \in g_2$ und $B'' \in g_2$ sowie dem Punkt $C \in g_1$ die Punkte $C' \in g_2$ und $C'' \in g_2$ zugeordnet.

Bei allen hier angeführten Beispielen treten gewisse Gemeinsamkeiten auf. Zunächst haben wir es stets mit zwei Mengen zu tun. Im Beispiel 4.1 sind es die Menge der Häuser eines Ortes einerseits und die Menge der Einwohner dieses Ortes andererseits. Im Beispiel 4.2 ist die Menge der Familiennamen der Menge der Schüler einer Klasse gegenüber gestellt. Im Beispiel 4.3 wird die Menge der polizeilichen Kennzeichen auf die Menge der Kraftfahrzeuge bezogen. Das Beispiel 4.4 betrifft die beiden Mengen A und **Z**. Im Beispiel 4.5 geht es um bestimmte Punktmengen der beiden Geraden g_1 und g_2.

Ferner fällt auf, dass in jedem Beispiel den Elementen der zuerst genannten Menge durch eine bestimmte Vorschrift jeweils bestimmte Elemente der zweiten Menge zugeordnet werden. Es werden also in gewisser Weise jeweils *Paare* gebildet, wobei der eine Partner aus der ersten, der andere Partner aus der zweiten Menge entnommen wird. Dabei kann es ohne Weiteres vorkommen, dass ein Element der ersten Menge auch mehrere Partner in der zweiten Menge haben darf, siehe Beispiel 4.1, 4.2, 4.4 und 4.5.

Verallgemeinert man diese Beispiele, so kommt man auf den Begriff der **Abbildung**, der wie folgt definiert ist:

Eine **Abbildung ist eine Menge geordneter Paare** $(x\,;\,y)$.[1] Dabei werden den Elementen x aus einer Menge X auf eine bestimmte Weise Elemente y aus einer zweiten Menge Y zugeordnet. Die Menge X wird **Definitionsbereich D**, die Menge Y **Wertebereich W** der Abbildung genannt.[2]

Unter einem geordneten Paar versteht man dabei stets die Angabe je eines Elements aus dem Definitionsbereich und des zugeordneten Elements aus dem Wertebereich, wobei das Element aus dem Definitionsbereich immer an erster Stelle genannt werden muss.

---

[1] Die Schreibweise $(x\,;\,y)$ tritt von nun an in zwei verschiedenen Varianten auf: einmal als Schreibweise für ein beiderseits offenes Intervall, zum anderen als Schreibweise für ein geordnetes Paar. Es ist jedoch stets aus dem Zusammenhang der Aufgabe ersichtlich, welche dieser beiden Bedeutungen gemeint ist.

[2] Statt Definitionsbereich findet man häufig auch die Bezeichnung *Urbildbereich*, statt Wertebereich die Bezeichnung *Bildbereich*.

Beispiele:

4.6 Im Beispiel 4.4 handelt es sich offensichtlich um eine Abbildung im oben definierten Sinne, denn jedem Element der Menge A', der Quadratzahlen einschließlich der Null, sind – abgesehen von der Null – jeweils zwei Elemente der Menge der ganzen Zahlen **Z** zugeordnet.
Die dort angeführte Abbildung besteht demnach aus der Menge der Wertepaare

$$A_4 = \{(0\,;\,0);\ (1\,;\,-1);\ (1\,;\,1);\ (4\,;\,-2);\ (4\,;\,2);\ (9\,;\,-3);\ (9\,;\,3);\ \ldots\}.$$

4.7 Auch im Beispiel 4.5 kann man von einer Abbildung sprechen. Sie umfasst die Menge der folgenden Wertepaare:

$$A_5 = \{(A\,;\,A');\ (A\,;\,A'');\ (B\,;\,B');\ (B\,;\,B'');\ (C\,;\,C');\ (C\,;\,C'');\ \ldots\}.$$

4.8 Die Menge der geordneten Paare

$$A_8 = \left\{(1\,;\,1);\ \left(2\,;\,\frac{1}{2}\right);\ \left(3\,;\,\frac{1}{3}\right);\ \left(4\,;\,\frac{1}{4}\right);\ \left(5\,;\,\frac{1}{5}\right);\ \ldots\right\}$$

erfüllt ebenfalls die Bedingungen, die an eine Abbildung gestellt werden. Hier ist jeder positiven ganzen Zahl deren Kehrwert zugeordnet. Der Definitionsbereich **D** dieser Abbildung ist $\mathbf{D} = \mathbf{N}^*$, und der zugehörige Wertebereich ist die Menge S der Stammbrüche **W** = S.

Als Wertebereich könnte man hier auch das Intervall $]0\,;\,1]$ angeben, denn es ist in der Definition der Abbildung *nicht* gefordert, dass jeder Wert des Wertebereiches erfasst sein muss.

4.9 Die Menge der geordneten Paare

$$A_9 = \{(0\,;\,0);\ (1\,;\,0);\ (1\,;\,1);\ (2\,;\,0);\ (2\,;\,1);\ (2\,;\,2);\ (3\,;\,0);\ (3\,;\,1);\ (3\,;\,2);\ (3\,;\,3);\ (4\,;\,0);\ (4\,;\,1);\ (4\,;\,2);\ (4\,;\,3);\ (4\,;\,4);\ (5\,;\,0);\ (5\,;\,1);\ \ldots\}$$

ist eine Abbildung, bei der jeder natürlichen Zahl der Reihe nach alle natürlichen Zahlen zugeordnet werden, die kleiner oder gleich der Ausgangszahl sind.

Definitions- und Wertebereich dieser Abbildung stimmen hier überein:

$$\mathbf{D} = \mathbf{W} = \mathbf{N}.$$

Zusammenfassung:

Bei einer Abbildung handelt es sich um eine Menge von geordneten Paaren $(x\,;\,y)$, von denen der erste Partner des Paars dem Definitionsbereich, der zweite Partner dem Wertebereich der Abbildung entnommen ist. Es kann bei einer Abbildung ohne Weiteres vorkommen, dass Elementen des Definitionsbereichs mehrere verschiedene Elemente des Wertebereichs zugeordnet werden.

4.1.2 Der Begriff der Funktion

Von besonderer Bedeutung für die Mathematik sind diejenigen Abbildungen, bei denen jedem Element x des Definitionsbereiches X jeweils *nur genau ein* Element y des Wertebereiches Y zugeordnet wird. Solche eindeutige Abbildungen werden **Funktionen** genannt.

Eine **Funktion ist eine Menge geordneter Paare** $(x\,;\,y)$. Dabei wird jedem Element x aus einer Menge X *genau ein* Element y aus einer Menge Y zugeordnet.

Die Elemente $x \in \mathrm{X}$ heißen **Argumente** oder **unabhängige Variable**, die Elemente $y \in \mathrm{Y}$ heißen **Funktionswerte** oder **abhängige Variable** der Funktion. Die Menge X aller Argumente bildet den **Definitionsbereich**, die Menge Y aller Funktionswerte bildet den **Wertebereich** der Funktion.

Bei der Angabe eines geordneten Paares aus einer Funktion steht also an erster Stelle immer das Argument und an zweiter Stelle folgt der zu diesem Argument gehörige Funktionswert.

Während also bei einer Abbildung innerhalb der Menge der dort gebildeten geordneten Paare ein Vorderglied mehrfach auftreten durfte – bei den Beispielen 4.1, 4.2, 4.4, 4.5, 4.6, 4.7 und 4.9 ist dies der Fall –, darf bei einer Funktion jedem Argument nur ein einziger Funktionswert zugeordnet sein. Das bedeutet, dass bei einer Funktion innerhalb der Menge der geordneten Paare jedes Vorderglied, jedes Argument, *nur einmal* auftreten darf. Die Beispiele 4.3 und 4.8 stehen für Funktionen.

Der Begriff der Funktion lässt sich unter Verwendung des Abbildungsbegriffes ganz kurz wie folgt definieren:

Eine Funktion ist eine eindeutige Abbildung.

Funktionen werden meist durch kleine oder große lateinische oder griechische Buchstaben gekennzeichnet, wobei häufig die Symbole

$$f, g, h, F, \varphi, \psi \quad \text{und} \quad \Phi$$

bevorzugt werden.

Wenn man eine bestimmte Funktion *mathematisch exakt* formulieren will, so ist dazu eine sehr umständliche Schreibweise erforderlich. Wollte man die Funktion f angeben, die die Eigenschaft besitzt, dass durch sie jedem $x \in \mathbf{R}$ dessen Quadrat zugeordnet werden soll, so müsste man diesen Sachverhalt als Menge aller derjenigen geordneten Paare $(x\,;\,y)$ schreiben, für die $x \in \mathbf{R}$, $y \in \mathbf{R}_0^+$ und $y = x^2$ gelten soll.

Das müsste wie folgt geschrieben werden:

$$f = \{\,(x\,;\,y) \mid y = x^2 \wedge x \in \mathbf{R} \wedge y \in \mathbf{R}_0^+\,\}.$$

Diese umständliche Schreibweise soll in Zukunft durch die einfachere Darstellungsweise

$$f\colon \quad y = x^2$$

ersetzt werden. Sofern aus der Aufgabenstellung der Definitions- und Wertebereich klar hervorgeht, wollen wir auf deren Angabe verzichten. Man sollte jedoch stets wissen, dass mit dieser Kurzform die Menge aller geordneten Paare $(x\,;\,y)$ gemeint ist, bei denen jedem Element x eindeutig ein anderes Element y zugeordnet wird, das die Eigenschaft $y = x^2$ besitzt.

Will man eine Zuordnungsvorschrift ganz allgemein formulieren, so

	schreibt man	und liest es als
	$f\colon \quad y = f(x)$	„y gleich f von x“
oder	$f\colon \quad y = y(x)$	„y gleich y von x“
oder	$f\colon \quad x \mapsto y$	„x wird zugeordnet y“ .

Beispiele:

4.10 Bei der Registrierung jedes polizeilich zugelassenen Kraftfahrzeuges durch ein polizeiliches Kennzeichen handelt es sich um eine Funktion, denn zu jedem Kennzeichen gehört ein eindeutig zu ermittelndes Kraftfahrzeug, siehe Beispiel 4.3.

4.11 Bei der Menge der geordneten Paare aus Beispiel 4.8 handelt es sich ebenfalls um eine Funktion:

Jeder positiven ganzen Zahl ist genau ein Stammbruch zugeordnet. In ausführlicher Schreibweise müsste diese Funktion wie folgt angegeben werden:

$$f = \left\{ (n\,;\,s) \;\middle|\; s = \frac{1}{n} \wedge n \in \mathbf{N}^* \wedge s \in \left]0\,;\,1\right] \right\},$$

oder in Kurzform:

$$f\colon \quad s = \frac{1}{n} \quad \text{mit} \quad n \in \mathbf{N}^*.$$

Hier ist die Angabe des Definitionsbereiches erforderlich, da ja beispielsweise auch $\mathbf{R}^*$ infrage kommen könnte.

4.12 Die Funktion

$$L = \{ (x\,;\,y) \mid y = \lg(x) \wedge x \in \left]0\,;\,+\infty\right[\wedge y \in \mathbf{R} \}$$

besteht aus der Menge der geordneten Paare $(x\,;\,y)$, bei denen jedem positiven Argumentwert x dessen dekadischer Logarithmus zugeordnet ist.

☞ Der Logarithmus ist für 0 und negative Argumente nicht definiert (s. a. Abschnitt 2.6.1.1).

Eine kürzere Schreibweise wäre

$$L\colon \quad y = \lg(x) \quad \text{mit} \quad x \in \left]0\,;\,+\infty\right[\,.$$

4.13 Ordnet man, wie dies in der Schaltalgebra üblich ist, dem Wahrheitswert *wahr* die Dualzahl 1 und dem Wahrheitswert *falsch* die Dualzahl 0 zu:

$$\mathit{wahr} \mapsto 1; \quad \mathit{falsch} \mapsto 0,$$

so entstehen die beiden geordneten Paare

$$S = \{ (\mathit{wahr}\,;\,1); \quad (\mathit{falsch}\,;\,0) \}.$$

Diese beiden geordneten Paare stellen eine Funktion dar.

Der Definitionsbereich dieser Funktion ist die Menge $\mathbf{D} = \{\mathit{wahr};\,\mathit{falsch}\}$, ihr Wertebereich ist die Menge $\mathbf{W} = \{0;\,1\}$.

Zusammenfassung:

Eine Funktion ist eine Menge von geordneten Paaren $(x\,;\,y)$, von denen der erste Partner, das Argument x, dem Definitionsbereich X und der zweite Partner, der Funktionswert y, dem Wertebereich Y entnommen ist.

Bei einer Funktion dürfen einem Argument x niemals mehrere Funktionswerte y zugeordnet werden, denn eine Funktion ist eine eindeutige Abbildung.

4.2 Arten der Darstellung von Funktionen

4.2.1 Darstellung einer Funktion durch die Angabe der geordneten Paare

Da unter einer Funktion die Menge von geordneten Paaren $(x\,;\,y)$ verstanden wird, würde es genügen, alle diese geordneten Paare der Reihe nach aufzuschreiben, wenn man eine bestimmte Funktion angeben möchte. Dies wird allerdings nur selten möglich sein, denn die Menge der Wertepaare der meisten Funktionen besteht nicht nur aus sehr vielen, sondern unendlich vielen Elementen. Dennoch sollen zwei Beispiele für diese Darstellungsart angegeben werden.

Beispiele:

4.14 Die Menge der geordneten Paare

$$f = \{\,(1\,;\,732);\ (2\,;\,527);\ (3\,;\,-126);\ (4\,;\,3{,}141\,59)\,\}$$

ist eine Funktion. Was sind der Definitionsbereich und der Wertebereich von f?

Dagegen ist

$$g = \{\,(1\,;\,0);\ (2\,;\,1);\ (3\,;\,0);\ (2\,;\,0);\ (1\,;\,1)\}$$

keine Funktion, denn hier sind den beiden Argumentwerten 1 und 2 jeweils zwei verschiedene Werte zugeordnet. Es gibt die Wertepaare $(1\,;\,0)$ und $(1\,;\,1)$ sowie $(2\,;\,1)$ und $(2\,;\,0)$. Die durch g gegebene Zuordnung stellt nur eine *Abbildung* dar.

4.15 Eine hervorragende Gesamtaufnahme der Oper FIDELIO von LUDWIG VAN BEETHOVEN wurde anlässlich des 200. Geburtstages des Komponisten unter der Gesamtleitung von KARL BÖHM mit der folgenden Besetzung eingespielt:

DON FERNANDO	Martti TALVELA
DON PIZARRO	Theo ADAM
FLORESTAN	James KING
LEONORE	Gwyneth JONES
ROCCO	Franz CRASS
MARZELLINE	Edith MATHIS
JAQUINO	Peter SCHREIER
ERSTER GEFANGENER	Eberhard BÜCHNER
ZWEITER GEFANGENER	Günther LEIB

Das ist ebenfalls eine Menge geordneter Paare, denn jeder Person der Handlung ist ein ganz bestimmter, hervorragender Künstler zugeordnet, auch wenn nicht die gewohnte Paarschreibweise benutzt wurde. Man kann die Rollenbesetzung im Sinne der Mathematik ohne Weiteres als eine Funktion auffassen. Der Definitionsbereich dieser Funktion besteht aus den verschiedenen zu besetzenden Rollen, während der Wertebereich aus den diese Rollen spielenden Künstlern besteht.

Die Aufzählung der zu einer Funktion gehörenden geordneten Paare hat den Vorteil, dass man sehr schnell überblicken kann, welche Elemente der Funktion angehören und welche nicht. So kann man im Beispiel 4.15 sofort erkennen, dass in der Oper FIDELIO keine Rolle eines DON PASQUALE vorkommt und dass die berühmte Sängerin Maria CALLAS bei dieser Aufnahme nicht mitgewirkt hat.

4.2.2 Darstellung einer Funktion durch eine Wertetabelle

Eine Funktion dadurch darzustellen, dass man sämtliche geordnete Paare angibt, bringt zwar die fundamentale Eigenschaft einer Funktion als eine Menge geordneter Paare am deutlichsten zum Ausdruck, ist aber nur dann sinnvoll, wenn die Funktion aus einer geringen Anzahl von Wertepaaren besteht.

Übersichtlicher wird die Darstellung, wenn man die geordneten Paare nicht mehr einzeln als $(x\,;\,y)$ aufschreibt, sondern in einer Tabelle anordnet: In der einen Spalte werden die Argumentwerte aufgeschrieben und in der anderen Spalte die Funktionswerte – statt in zwei Spalten kann man auch in zwei Zeilen schreiben. Solche Tabellen werden **Wertetabellen** genannt.

Wertetabellen gibt es für viele Funktionen. So sind die Tabellen der Quadrat- und Kubikzahlen oder der Quadratwurzeln nichts anderes als Wertetabellen für die Funktionen mit den Gleichungen

$$y = x^2, \qquad y = x^3, \qquad y = \sqrt{x}\,.$$

Seitdem es Taschenrechner gibt, sind Tabellen für solche Funktionen überflüssig geworden.

Ein Vorteil von Wertetabellen ist, dass man durch weitere Spalten die Funktionswerte mehrerer Funktionen notieren kann und mit einem einzigen Blick bestimmte Eigenschaften der jeweiligen Funktion durch Vergleich gut erkennen kann. Es gibt jedoch auch einen großen Nachteil der tabellarischen Zusammenstellung von Funktionen: Besitzt der Definitionsbereich einer Funktion sehr viele oder gar unendlich viele Elemente, so kann man mit einer Wertetabelle stets nur eine gewisse Auswahl aus der Vielzahl der Argumente erfassen.

Bei der Behandlung der Eigenschaften bestimmter Funktionen werden wir noch mehrfach Wertetafeln heranziehen und können hier auf einführende Beispiele verzichten.

Eine ausführliche Darstellung, wie Wertetabellen mit dem Taschenrechner erstellt werden, findet sich in Abschnitt 1.3.1.4.

4.2.3 Darstellung einer Funktion durch Zuordnungsgraphen

Der Zusammenhang zwischen Argument und Funktionswert wird sehr anschaulich, wenn man die Elemente des Definitions- und des Wertebereiches symbolisch aufzeichnet und die Zuordnung durch Pfeile ausdrückt.

Im Bild 4.2 ist eine Funktion auf diese Weise dargestellt worden. Solche Bilder dürften ohne weiteren Kommentar verständlich sein. Es ist klar, dass solche Darstellungen nur dann sinnvoll sind, wenn Definitions- und Wertebereich nur wenige Elemente haben.

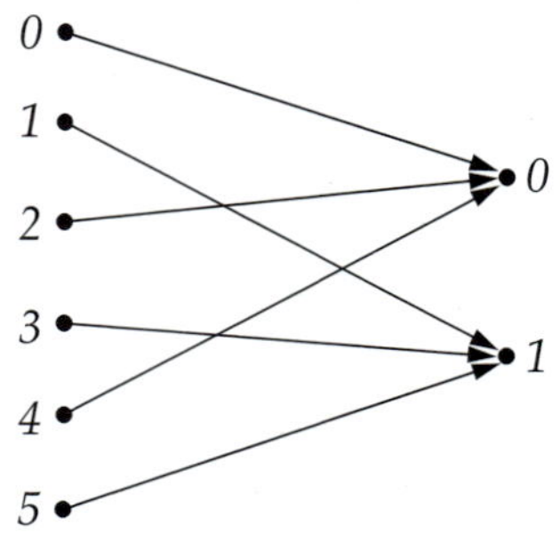

Bild 4.2

4.2.4 Darstellung einer Funktion durch wörtliche Formulierung der Zuordnungsvorschrift

Es gibt Funktionen, die sich nur schwer durch eine der bisher genannten Darstellungsarten beschreiben lassen. In derartigen Fällen kann eine ausführliche und genaue Angabe der Zuordnung zwischen Argument und Funktionswert in Worten helfen.

Beispiele:

4.16 Eine Funktion f sei dadurch gegeben, dass jeder natürlichen Zahl die Anzahl derjenigen Primzahlen zugeordnet wird, die kleiner sind als die gegebene Zahl.

Diese wörtliche Beschreibung der Zuordnungsvorschrift dürfte für jeden verständlich sein.

Definitions- und Wertebereich der Funktion sind gleich, und zwar ist

$$\mathbf{D} = \mathbf{W} = \mathbf{N}.$$

Eine tabellarische Darstellung der Funktion wäre in jedem Falle unvollständig, und vor allem unterliegen die Funktionswerte keiner leicht überschaubaren Gesetzmäßigkeit, wie schon der Anfang der Wertetabelle erkennen lässt:

n	0	1	2	3	4	5	6	7	8	9	...
$f(n)$	0	0	0	1	2	2	3	3	4	4	...

4.17 Die Funktion f sei dadurch gegeben, dass man jedem am 01. 01. 2000 auf der Erde lebenden Menschen sein auf volle Jahre abgerundetes Lebensalter zuordnet.

Der Definitionsbereich dieser Funktion ist die Menge M aller am 01. 01. 2000 auf der Erde lebenden Menschen; der Wertebereich A ist die Menge aller Jahresangaben zwischen 0 Jahre und dem menschlichen Höchstalter, das gewiss deutlich über 100 Jahren liegt.

Eine Angabe dieser Funktion durch die Aufzählung der geordneten Paare oder durch eine tabellarische Zusammenstellung oder durch Graphen ist nicht sinnvoll, wohl aber die obige wörtliche Beschreibung des Zusammenhangs zwischen den Menschen und den zugehörigen Lebensaltern.

Ist die umgekehrte Zuordnung der in vollen Jahren gerechneten Lebensalter zu den Menschen, die dieses Lebensalter erreicht haben, auch eine Funktion?

4.18 Jeder natürlichen Zahl in Dezimalschreibweise soll dieselbe Zahl in Dualschreibweise zugeordnet werden.

Mit dieser Zuordnungsvorschrift erhält man die Menge der geordneten Paare

$$M = \{(0\,;\,0);\ (1\,;\,1);\ (2\,;\,10);\ (3\,;\,11);\ (4\,;\,100);\ (5\,;\,101);\ \ldots\ \}.$$

Diese Menge geordneter Paare ist eine Funktion. Ihr Definitionsbereich ist die Menge der natürlichen Zahlen im Dezimalsystem, der Wertebereich die Menge der natürlichen Zahlen im Dualsystem.

Wenn man die Zuordnungsvorschrift umkehrt und jeder natürlichen Zahl im Dualsystem die entsprechende Zahl im Dezimalsystem zuordnet, ist die dann die entstehende Menge von geordneten Paaren ebenfalls eine Funktion? Wie heißt diese Menge von geordneten Paaren?

4.2.5 Darstellung einer Funktion durch mathematische Relationen

Der weitaus größte Teil der in der Mathematik betrachteten Funktionen stellt Zuordnungen zwischen zwei Zahlenmengen dar, wobei sich die Zuordnungsvorschrift in den meisten Fällen durch Gleichungen oder Ungleichungen zwischen den in den Funktionen auftretenden Variablen darstellen lässt.

Beispiele:

4.19 In jeder größeren Zahlentafel sind geordnete Paare in Form einer Tabelle zusammengestellt, in denen jeder natürlichen Zahl x beispielsweise aus dem Bereich $1 \leq x \leq 1\,000$

a) die zugehörige Quadratzahl,
b) die zugehörige Kubikzahl,
c) die zugehörige Quadratwurzel

zugeordnet ist.

Die hier genannten Funktionen lassen sich in ausführlicher Weise durch folgende mathematische Gleichungen darstellen:

a) $f_1 = \{(x\,;\,y) \mid y = x^2 \wedge x \in \mathbf{N} \cap [\,1;\ 1\,000\,]\}$,
b) $f_2 = \{(x\,;\,y) \mid y = x^3 \wedge x \in \mathbf{N} \cap [\,1;\ 1\,000\,]\}$,
c) $f_3 = \{(x\,;\,y) \mid y = \sqrt{x} \wedge x \in \mathbf{N} \cap [\,1;\ 1\,000\,]\}$.

Im allgemeinen Sprachgebrauch sind dies die Funktionen

a) $f_1 : y = x^2$, b) $f_2 : y = x^3$, c) $f_3 : y = \sqrt{x}$.

4.20 Die Funktion f mit der Gleichung

$$f: \quad u = v^2 - 3v + 5$$

und dem Definitionsbereich $\mathbf{D} = \{-2;\ -1;\ 0;\ 1;\ 2\}$ besteht aus der folgenden Menge geordneter Paare:

$$f = \{(-2\,;\,15);\ (-1\,;\,9);\ (0\,;\,5);\ (1\,;\,3);\ (2\,;\,3)\}\,.$$

Den genauen Wertebereich einer durch eine Gleichung festgelegten Funktion von vornherein angeben zu können, ist nur in den seltensten Fällen möglich. Man kann sich in einem solchen Falle mit einer allgemeinen Festlegung behelfen, indem man hier beispielsweise verlangt, dass $u \in \mathbf{N}$ sein soll.

4.21 Die Funktion

$$f: \quad y = \begin{cases} +1 & \text{für} \quad x \in \,]0\,;\,+\infty[\\ 0 & \text{für} \quad x = 0 \\ -1 & \text{für} \quad x \in \,]-\infty\,;\,0[\end{cases}$$

legt für alle positiven x-Werte als Funktionswert die Zahl $+1$ fest, ordnet allen negativen Argumenten x den Funktionswert -1 zu und liefert schließlich für das Argument $x = 0$ den zugehörigen Funktionswert $y = 0$.

Diese Funktion wird in der höheren Mathematik als *Signum-Funktion*[1] bezeichnet und hat das eigenständiges Symbol

$$f: \quad y = \operatorname{sgn}(x) \qquad \text{gelesen: „Signum von x“.}$$

Wie das letzte Beispiel zeigt, muss bei einer durch eine Gleichung gegebenen Funktion diese Gleichung nicht unbedingt durchgängig durch den gesamten Definitionsbereich hindurch gelten. Es kann ohne Weiteres sein, dass für verschiedene Teilbereiche des Definitionsbereiches verschiedene Gleichungen zu beachten sind, wir es also mit einer **abschnittsweise definierten Funktion** zu tun haben.

Man überzeuge sich davon, dass

$$b = \begin{cases} a & \text{für} \quad a \in \,]0\,;\,+\infty[\\ 0 & \text{für} \quad a = 0 \\ -a & \text{für} \quad a \in \,]-\infty\,;\,0[\end{cases} \qquad \text{und} \qquad b = |\,a\,| \quad \text{für} \quad a \in \mathbf{R}$$

zwei verschiedene Darstellungsweisen für ein und dieselbe Funktion, die Betragsfunktion, sind.

4.2.6 Darstellung einer Funktion durch eine Kurve

4.2.6.1 Das rechtwinklige Koordinatensystem

Um einzelne Zahlen anschaulich darzustellen, wurden in früheren Abschnitten der Zahlenstrahl und die Zahlengerade eingeführt. Dabei entspricht jeder Zahl genau ein Punkt auf der Zahlengeraden und umgekehrt auch jedem Punkt der Zahlengeraden eine ganz bestimmte Zahl. Auf diese Weise ist es möglich, mathematische Zusammenhänge zwischen einzelnen Zahlen an der Zahlengeraden sichtbar zu verdeutlichen. So erkennt man die Relation $a < b$ zwischen den Zahlen a und b daran, dass der zugehörige Punkt für a links von dem für b liegt.

Es ist sehr vorteilhaft, auch geordnete Paare, wie sie im letzten Abschnitt benutzt wurden, visuell darzustellen, um kompliziertere Zusammenhänge zwischen Funktionen zu veranschaulichen. Für die Darstellung eines Zahlenpaares reicht aber eine Zahlengerade nicht mehr aus – hier bedient man sich dazu einer Ebene mit einem **rechtwinkligen Koordina-**

[1] signum (lat.) das Zeichen; hier im Sinne einer **Vorzeichendefinition**.

tensystem[1] (KoSy), bei dem sich zwei senkrecht aufeinander stehende Zahlengeraden in einem gemeinsamen Nullpunkt (Origo[2]) schneiden.

Für die beiden Achsen gibt es verschiedene Begriffe:

waagerechte Achse:	senkrechte Achse:
* x-Achse	* y-Achse
* Abszissenachse[3]	* Ordinatenachse[4]
* **D**-Achse	* **W**-Achse
* Rechtsachse	* Hochachse

Es ist üblich, die positive Zählrichtung auf der Abszissenachse, der x-Achse, nach rechts und auf der Ordinatenachse, der y-Achse, nach oben anzutragen, siehe Bild 4.3.

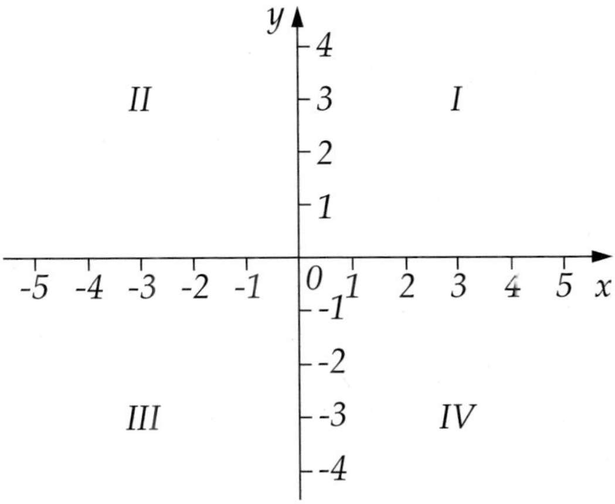

Bild 4.3

Durch das Achsenkreuz wird die Ebene in vier Felder, die vier **Quadranten**[5], aufgeteilt, die im Bild 4.3 mit I, II, III und IV gekennzeichnet worden sind. Die Zählrichtung der vier Quadranten erfolgt stets *entgegen der Uhrzeigerbewegung*, was auch als *mathematisch positiver Sinn* bezeichnet wird.

Wenn es die Aufgabenstellung zulässt, werden die Einheiten auf den beiden Achsen im gleichen Maßstabe abgetragen. Wir werden jedoch auch Beispiele kennenlernen, wo es erforderlich sein wird, auf den beiden Achsen verschiedene Maßstäbe zu verwenden.

In ähnlicher Weise, wie man einer Zahl eindeutig einen ganz bestimmten Punkt auf der Zahlengeraden zuordnet, lässt sich jedem geordneten Paar $(x\,;\,y)$ im rechtwinkligen Koordinatensystem ein bestimmter Punkt der Ebene zuordnen. Dabei geht man wie folgt vor:

---

1) coordinare (lat.) gegenseitig zuordnen

2) origo (lat.) Ursprung. Der Punkt $(0\,|\,0)$ wird deshalb auch mit einem großen O abgekürzt: $O(0\,|\,0)$.

3) abscindere (lat.) abschneiden; Abszisse: Abschnitt.

4) ordinatus (lat.) geordnet; Ordinate: zugeordneter Abschnitt.

5) quadrans (lat.) Viertel

Dem geordneten Paar $(x\,;\,y)$ wird im rechtwinkligen Koordinatensystem derjenige Punkt zugeordnet, den man erhält, wenn man vom Ursprung aus zunächst auf der waagerechten Abszissenachse um x Schritte vorangeht und dann von der erreichten Stelle aus um y Schritte in Richtung parallel zur senkrechten Ordinatenachse weiterschreitet.

Durch diese Vorschrift wird jedem geordneten Paar $(x\,;\,y)$ genau ein Punkt in der Ebene des rechtwinkligen Koordinatensystems zugeordnet, der mit $P(x\,|\,y)$ bezeichnet werden soll. Die beiden Angaben x und y, die die Lage eines Punktes $P(x\,|\,y)$ im Koordinatensystem eindeutig charakterisieren, werden die **Koordinaten des Punktes** P genannt. Analog zu den Achsen haben sich auch für die Koordinaten unterschiedliche Begriffe eingebürgert:

x-Koordinate:	y-Koordinate:
* Abszisse, Abszissenwert	* Ordinate, Ordinatenwert
* Stelle[1]	* Funktionswert

Wie bei den geordneten Paaren $(x\,;\,y)$ ist auch bei der Angabe der Koordinaten des zugehörigen Punktes $P(x\,|\,y)$ genau die Reihenfolge zu beachten: An erster Stelle steht die Abszisse, ihr folgt die Ordinate des Punktes.

In welchem der vier Quadranten des Koordinatensystems ein Punkt liegt, ist aus den Vorzeichen von Abszisse und Ordinate des Punktes zu erkennen. Im Bild 4.4 sind die Punkte $P_1(3\,|\,4)$, $P_2(-2\,|\,5)$, $P_3(-4\,|\,-4)$, $P_4(1\,|\,-3)$, $P_5(0\,|\,1{,}5)$ und $P_6(-2{,}5\,|\,0)$ eingetragen. Diese sechs ausgewählten Punkte des Koordinatensystems veranschaulichen die sechs geordneten Paare $(3\,;\,4)$, $(-2\,;\,5)$, $(-4\,;\,-4)$, $(1\,;\,-3)$, $(0\,;\,1{,}5)$ und $(-2{,}5\,;\,0)$.

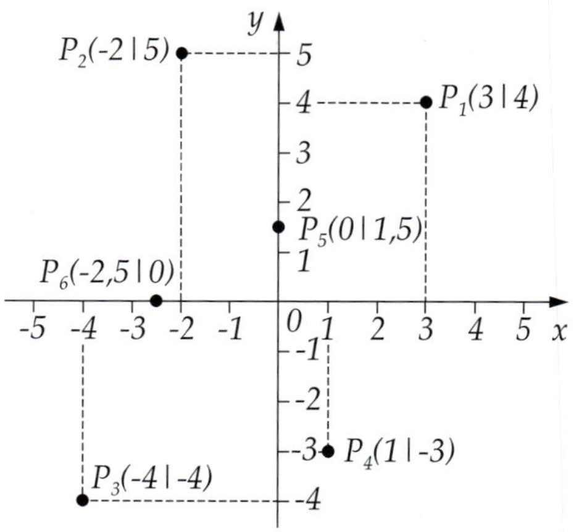

Bild 4.4

Aus der Vorschrift, nach der jedem geordneten Paar $(x\,;\,y)$ genau ein Punkt $P(x\,|\,y)$ des Koordinatensystems zugeordnet wird, lässt sich der folgende wichtige Zusammenhang zwischen Punkten im Koordinatensystem und Wertepaaren erkennen:

[1] Der Begriff *Stelle* wird uns in der Mathematik noch des Öfteren als Bezeichnung für den x-Wert besonderer Punkte begegnen: Null*stelle*, Extrem*stelle*, Wende*stelle*, …

Jedem geordneten Paar $(x\,;\,y)$ ist *genau ein* Bildpunkt $P(x\,|\,y)$ im rechtwinkligen Koordinatensystem zugeordnet. Umgekehrt ist auch jedem Punkt $P(x\,|\,y)$ des rechtwinkligen Koordinatensystems *genau ein* geordnetes Paar $(x\,;\,y)$ zugeordnet.

$$(x\,;\,y) \quad \Longleftrightarrow \quad P(x\,|\,y) \tag{4.1}$$

Damit wird es künftig möglich sein, Aussagen, die für Funktionen – also für Mengen geordneter Paare – als richtig erkannt worden sind, auch auf Punktmengen zu übertragen und umgekehrt.

Das rechtwinklige Koordinatensystem wird nach dem französischen Mathematiker und Philosophen RENE DESCARTES[1)] häufig auch als **kartesisches Koordinatensystem** bezeichnet.

Schließlich sei darauf hingewiesen, dass es außer dem rechtwinkligen Koordinatensystem auch noch zahlreiche weitere Formen von Koordinatensystemen gibt, auf die jedoch im Rahmen dieses Buches nicht eingegangen werden kann.

✍ A. 4.1–4.3 auf Seite 497

4.2.6.2 Darstellung von Funktionen in Form von Graphen

Eine, in ein rechtwinkliges Koordinatensystem eingezeichnete Kurve – auch *Graph* genannt – stellt eine Punktmenge dar. Da im letzten Abschnitt festgestellt wurde, dass jeder Punkt des rechtwinkligen Koordinatensystems einem geordneten Paar gleichwertig ist, lässt sich demnach jede Kurve auch als eine Menge geordneter Paare deuten.

Welche Eigenschaften muss nun eine Kurve haben, wenn sie eine Funktion darstellen soll?

Diese Frage ist sofort beantwortet, wenn man sich an die Definition der Funktion erinnert: Jedem Argument x darf nur *genau ein* Funktionswert y zugeordnet sein. Für die Kurve bedeutet dies, dass zu jeder Stelle x der x-Achse – des Definitionsbereiches der Funktion – stets nur genau *ein einziger Kurvenpunkt* gehören darf.

Im Bild 4.5 sind drei verschiedene Kurven dargestellt. Dabei ist die Kurve im Bild 4.5a das Bild einer Funktion, denn oberhalb oder unterhalb jedes Punktes der x-Achse liegt jeweils nur genau ein Kurvenpunkt. Im Bild 4.5a ist der Punkt $P_1(x_1\,|\,y_1)$ als Beispiel hervorgehoben.

Dagegen kann die Kurve in Bild 4.5b keine Funktion darstellen, denn es gibt beispielsweise für die Stelle x_1 zwei verschiedene Kurvenpunkte, nämlich $P_1(x_1\,|\,y_1)$ und $P_1'(x_1\,|\,y_1')$. Das bedeutet, dass bei dieser Darstellung dem Argument x_1 zwei verschiedene Funktionswerte zugeordnet sind: y_1 und y_1'. Dies trifft auch für jedes andere Argument aus dem Definitionsbereich der Funktion zu, mit Ausnahme der beiden Punkte, in denen die x-Achse geschnitten wird. Die Kurve im Bild 4.5b kann damit nicht die grafische Darstellung einer Funktion sein, sondern nur die grafische Darstellung einer Abbildung.

Im Bild 4.5c dagegen handelt es sich wieder um die Darstellung einer Funktion, sofern vereinbart wird, dass die durch offene Kreise dargestellten Punkte an den Stellen x_1, x_2

1) latinisierte Form: RENATUS CARTESIUS; 1596 bis 1650

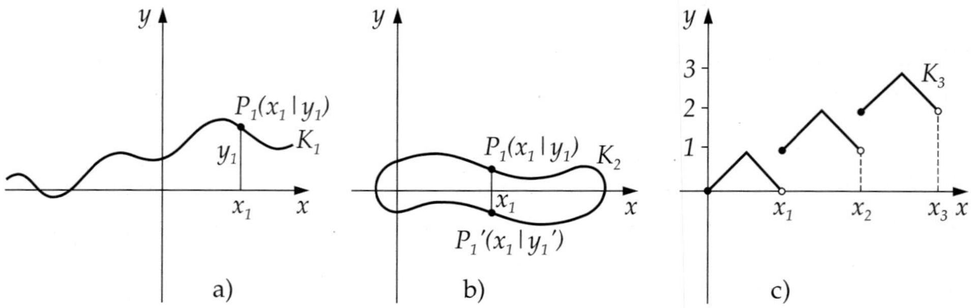

Bild 4.5

und x_3 *nicht* mit zum Kurvenzug gehören, die ausgemalten Kreise dagegen der Kurve angehören sollen. Ist eine derartige Verabredung nicht erfolgt, so kann man nicht von einer Funktion sprechen.

Auch im Bild 4.6 ist eine Funktion dargestellt, und zwar handelt es sich hier um die Funktion

$$f\colon \quad y = x^2 - 6x + 8.$$

Für die unendlich große Punktmenge dieser Funktion kann man aus der vorliegenden Kurve beispielsweise für die x-Werte 1, 1,5, 2, 3, 4, 5 die zugehörigen y-Werte 3, 1,25, 0, -1, 0, 3 ermitteln. Die damit entstandenen Wertepaare $(1\,;\,3)$, $(1{,}5\,;\,1{,}25)$, $(2\,;\,0)$, $(3\,;\,-1)$, $(4\,;\,0)$, $(5\,;\,3)$ gehören, wie man leicht nachprüfen kann, der oben genannten Funktion f an.

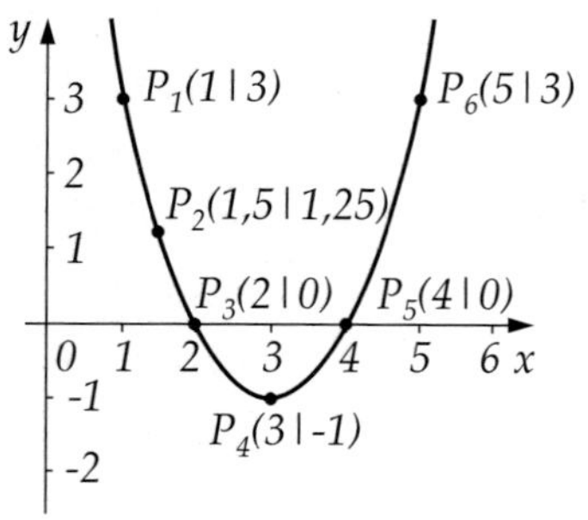

Bild 4.6

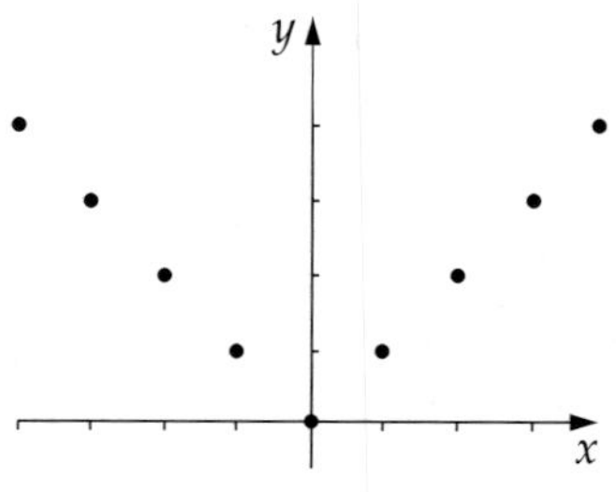

Bild 4.7

Wie aus Bild 4.5c hervorgeht, darf der Begriff „Kurve“ für die Darstellung von Funktionen nicht in dem engen Sinne verwendet werden, wie man ihn in der Umfangssprache benutzt. Wenn eine Funktion durch eine „Kurve“ dargestellt werden soll, so kann es ohne Weiteres vorkommen, dass die Kurve an bestimmten Stellen Lücken hat oder Sprünge macht. Ja, man spricht sogar in einem solchen Falle, wie er im Bild 4.7 dargestellt ist, von einer Kurve oder besser von der grafischen Darstellung einer Funktion, wenn diese grafische Darstellung aus lauter einzelnen Punkten besteht.

Im Bild 4.7 handelt es sich um die grafische Darstellung der Funktion

$$f = \{(x\,;\,y) \quad | \quad y = |x| \wedge x \in \mathbf{Z}\},$$

wobei unter $\mathbf{Z}$ der Bereich der ganzen Zahlen zu verstehen ist.

4.2.6.3 Grafische Darstellung von Funktionen, die nicht von vornherein als Kurven gegeben sind

Um eine durch eine Gleichung gegebene Funktion zeichnen zu können, ist es oft erforderlich, zunächst eine Wertetabelle für diese Funktion aufzustellen. Allerdings lässt sich damit selten die gesamte Funktion erfassen. Man greift aus dem Gesamtverlauf der Funktion möglichst denjenigen Abschnitt heraus, der für die Aufgabenstellung besonders interessiert.

Beispiele:

4.22 Die Funktion f: $y = 2x + 3$ soll grafisch dargestellt werden.

Lösung: Zur Aufstellung der Wertetabelle wählt man für die unabhängige Variable x eine Anzahl von Werten aus und errechnet mit der Gleichung $y = 2x + 3$ die zugehörigen y-Werte. Da x vollkommen willkürlich gewählt werden darf, sollte man für die Wertetabelle solche x-Werte verwenden, bei denen möglichst wenig Rechenarbeit für die Berechnung des zugehörigen y-Wertes nötig ist, siehe Abschnitt 1.3.1.4.

x	−4	−3	−2	−1	0	+1	+2	+3	+4	+5
y	−5	−3	−1	+1	+3	+5	+7	+9	+11	+13

Werden die geordneten Paare $(x\,;\,y)$ der Wertetabelle als Punkte in das Koordinatensystem übertragen, so erhält man einzelne Punkte des Graphen zu $y = 2x + 3$.

Statt zu formulieren: „das Bild der Funktion f: $y = 2x + 3$“, wollen wir künftig kurz sagen: „die Kurve zu $y = 2x + 3$“ oder „der Graph zu $y = 2x + 3$“.

Durch fortgesetzte Verfeinerung der Einteilung der Wertetabelle würden die entstehenden Punkte der Kurve im Koordinatensystem immer enger aneinander rücken. Alle diese Punkte liegen im vorliegenden Beispiel auf einer Geraden, siehe Bild 4.8. Die im Bild 4.8 dargestellte Gerade ist demzufolge das Bild der Funktion

$$f:\quad y = 2x + 3.$$

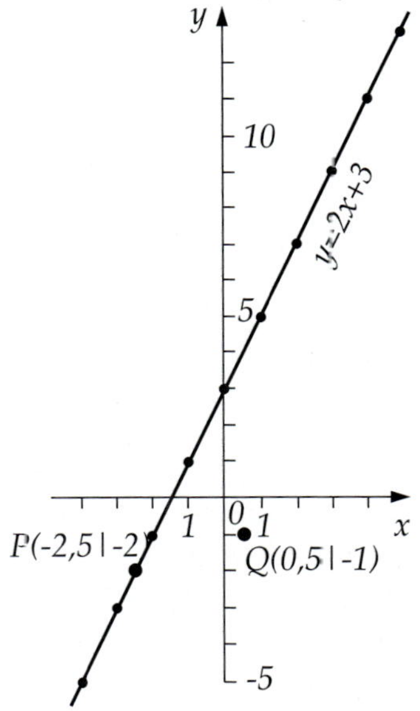

Bild 4.8

4.23 Die Funktion f: $y = x^2 - 5x + 4$ ist grafisch darzustellen.

Lösung: Zunächst soll wie im Beispiel 4.22 eine Wertetabelle für ganzzahlige x-Werte aufgestellt werden:

x	−1	0	+1	+2	+3	+4	+5	+6
y	+10	+4	0	−2	−2	0	+4	+10

Es zeigt sich, dass die so entstehenden Punkte nicht mehr in einer geraden Linie liegen. Daher wäre es auch verfehlt, die gefundenen Punkte durch geradlinige Streckenzüge miteinander zu verbinden. Eine Verfeinerung der Wertetabelle zeigt nämlich, dass die Punkte sich in einer gekrümmten Linie aneinander fügen:

x	2,0	2,1	2,2	2,3
y	−2,00	−2,09	−2,16	−2,21

x	2,4	2,5	2,6	2,7
y	−2,24	−2,25	−2,24	−2,21

x	2,8	2,9	3,0
y	−2,16	−2,09	−2,00

Das Bild der Funktion f: $y = x^2 - 5x + 4$ ist die im Bild 4.9 dargestellte **Parabel**.

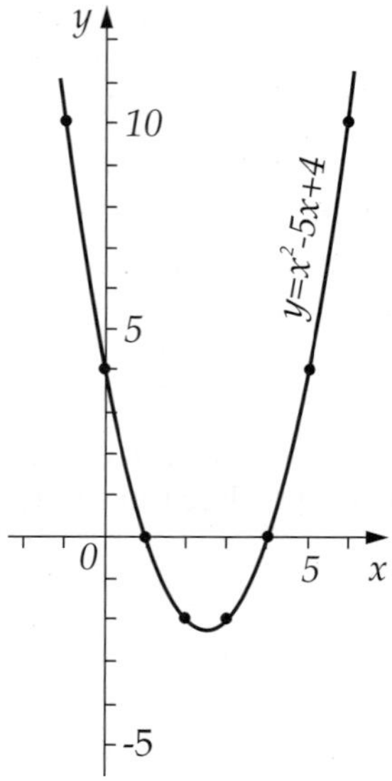

Bild 4.9

Für die Auswahl eines geeigneten Bereiches und einer geeigneten Schrittweite für die Wertetabelle sind einige Erfahrungen nötig, die sich nur durch die Bearbeitung möglichst vieler Beispiele erwerben lassen.

4.24 Bei einem Turbinenversuch, durch den der Dampfverbrauch $\dot{m}$ in kg/h in Abhängigkeit von der Nutzleistung P in kW des mit der Turbine gekoppelten Wechselstromgenerators ermittelt werden sollte, ergaben sich folgende Messwerte:

Belastung	Nutzleistung P in kW	Dampfverbrauch $\dot{m}$ in kg/h
Leerlauf	0	920
Viertellast	250	1 880
Halblast	500	2 890
Dreiviertellast	750	3 770
Volllast	1 000	4 540
Überbelastung	1 200	5 240

Lösung: Aus der obigen Zusammenstellung ist ersichtlich, dass jeder erzielten Nutzleistung P ein ganz bestimmter Dampfverbrauch $\dot{m}$ zugeordnet ist. Um sich ein anschauliches Bild dieser Zuordnung zu verschaffen, trägt man die in der Tabelle enthaltenen geordneten Paare $(P\,;\,\dot{m})$ als Punkte in ein P-$\dot{m}$-Koordinatensystem ein, siehe Bild 4.10.

Der Definitionsbereich der gegebenen Funktion ist durch die vorgenommenen Messungen auf das Intervall $I_D = [\,0\,;\,1\,200\,]$, der zugehörige Wertebereich auf das Intervall $I_W = [\,920\,;\,5\,240\,]$ beschränkt.

Der für die grafische Darstellung zur Verfügung stehende Platz wird gut ausgenutzt, wenn man auf den Koordinatenachsen die folgenden Maßstäbe verwendet:

Abszissenachse (P-Achse): 1 cm $\widehat{=}$ 200 kW,
Ordinatenachse ($\dot{m}$-Achse): 1 cm $\widehat{=}$ 1 000 kg/h.

Da sich natürlich außer den durch die Messung erfassten Werten auch jede andere Nutzleistung zwischen 0 und 1 200 kW erreichen lässt, verbindet man die eingezeichneten Punkte durch Streckenzüge. Dabei ist jedoch zu bedenken, dass diese Streckenzüge nur eine mehr oder weniger gute Annäherung an die tatsächlichen Verhältnisse darstellen können, denn schon allein die Messpunkte sind, bedingt durch unvermeidbare Messungenauigkeiten, mit gewissen Fehlern behaftet.

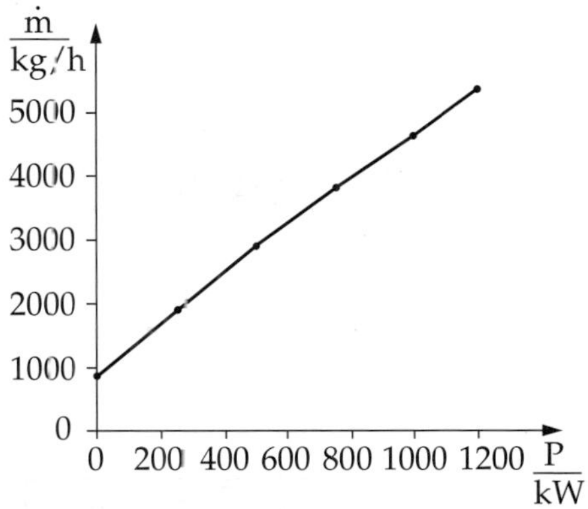

Bild 4.10

Aus dieser Darstellung ist leicht erkennen, dass der Dampfverbrauch ungefähr linear von der Nutzleistung abhängt. Die geringfügigen Abweichungen vom geradlinigen Verlauf der Messkurve sind vermutlich durch Messungenauigkeiten zu erklären.

4.25 Für die Beförderung von Briefsendungen innerhalb Deutschlands werden in Abhängigkeit von Gewicht der jeweiligen Sendung die folgenden Gebühren erhoben (Stand vom 1. Januar 2025):

Briefart	Gewicht	Gebühr in €
Standardbrief	bis 20 g	0,95 €
Kompaktbrief	bis 50 g	1,10 €
Großbrief	bis 500 g	1,80 €
Maxibrief	bis 1 000 g	2,90 €

Handelt es sich bei dieser Tafel um die Darstellung einer Funktion?

Definitions- und Wertebereich sind zu bestimmen, eine grafische Darstellung ist anzufertigen.

Lösung: Bei der vorliegenden Tabelle der Briefgebühren handelt es sich um die Darstellung einer Funktion, denn jedem Brief ist durch sein Gewicht *genau ein* bestimmtes Briefporto zugeordnet. Die zusätzlichen Bedingungen für die Größe der Postsendung sollen hier nicht berücksichtigt werden. So kostet beispielsweise ein Brief, der genau 50 Gramm wiegt, 1,10 € an Porto, während für einen Brief, der nur geringfügig schwerer ist als 50 g, jedoch weniger wiegt als 500 g, bereits 1,80 € zu bezahlen sind.

Die Angabe von Definitions- und Wertebereich dieser Funktion bereitet jedoch einige Schwierigkeiten, wenn man die entsprechenden Mengen nicht durch unzulässige Elemente belasten möchte. Es reicht nicht aus, für

$$\mathbf{D} =]\,0\,;\,1\,000\,] \qquad \text{und für} \qquad \mathbf{W} = [\,0{,}95\,;\,2{,}90]$$

anzugeben, denn diese Angaben würden beispielsweise suggerieren, dass ein Brief auch mit 0,98 € oder 1,30 € frankiert werden dürfte. Um derartige Fehlinterpretationen auszuschalten, empfiehlt es sich, den Definitions- und den Wertebereich so anzugeben, dass nur die wirklich zugelassenen Werte angeführt werden, also beispielsweise in der Form

$$\mathbf{D} =]\,0\,;\,1\,000\,] \qquad \text{und} \qquad \mathbf{W} = \{\,0{,}95;\ 1{,}10;\ 1{,}80;\ 2{,}90\,\}$$

zu schreiben.

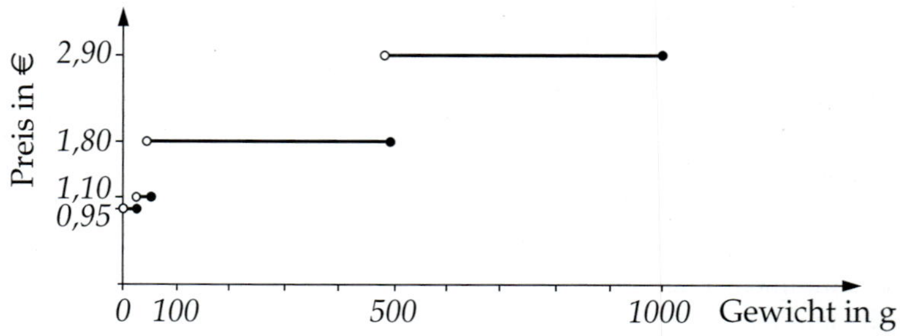

Bild 4.11

Die zugehörige Grafik ist im Bild 4.11 dargestellt. Es gibt hier keinen durchgehenden Kurvenzug, sondern eine aus mehreren Teilstrecken zusammengesetzte „Kurve". Die Kreise am linken Ende einer jeden Teilstrecke sollen andeuten, dass der zugehörige Portowert nicht mit zu dem jeweiligen Teilstück gehört, durch die dickeren, schwarz ausgemalten Punkte am rechten Ende soll darauf hingewiesen werden, dass hier noch der durch das Kurvenstück angegebene Wert zu verwenden ist. So ist beispielsweise ein Brief, der genau 500 g wiegt, noch mit 1,80 € zu frankieren, während für einen Brief, der geringfügig schwerer ist als 500 g, Briefmarken zu 2,90 € zu verwenden sind.

Funktionen mit ähnlichen Eigenschaften fasst man zu einer Klasse zusammen, die man in Anlehnung an unser Beispiel als *Portofunktionen* oder im Hinblick auf die Grafik als *Treppenfunktionen* bezeichnet. Mit solchen intervallweise definierten Funktionen kann man Tarife wie Telefongebühren, Handytarife oder Steuertarife mathematisch beschreiben.

Die teilweise sehr aufwendige Erstellung von Funktionsgraphen kann mit elektronischen Hilfsmitteln sehr schnell durchgeführt werden. Ausführliche Informationen finden sich in Abschnitt 1.3.4.

Man sollte sich unbedingt ein *Funktionenplotter*-Programm besorgen, welches es als kostenlose Software im Internet gibt und damit seine selbst erstellten Graphen kontrollieren.

Die eigens für diesen Zweck konzipierten grafischen Taschenrechner (GTR) werden wir hier absichtlich nicht näher besprechen; sie sind in Prüfungen meist nicht zugelassen.

CAS

Zeichne den Graphen der Funktion f: $y = 2x + 3$ mit Derive.

Zuerst wird der Funktionsterm $y = 2x + 3$ oder auch nur $2x + 3$ eingegeben oder durch Mausklick markiert. Dann schaltet man mit dem Menüeintrag „Fenster / 2D-Graph" in das Grafikfenster um und wählt dort in der neuen Menüleiste „Einfügen / Graph". Das Ergebnis ist in Bild 4.8 dargestellt.

Eventuell muss mit den verschiedenen Zoom-Funktionen, die über die Icon-Leiste [1]) erreicht werden, der Grafikbereich noch angepasst werden.

[1]) icon (engl.) Ikone; eikona (griech.) Bild. Begriff der Computersprache für *Symbol*.

4.2.6.4 Zusammenhänge zwischen der Gleichung einer Funktion und der zugehörigen Kurve

Die Menge aller möglichen geordneten Paare $(x\,;\,y)$ mit $x \in \mathbf{R}$ und $y \in \mathbf{R}$, hier mit

$$\mathrm{M} = \{(x\,;\,y)\},$$

bezeichnet, besitzt unendlich viele Elemente.

Ist eine Funktion f durch eine Gleichung

$$f = \{(x\,;\,y) \mid y = f(x)\}$$

gegeben, so ist die dadurch festgelegte Menge von geordneten Paaren eine Teilmenge von M:

$$f \subset \mathrm{M}$$

Weil jedes geordnete Paar $(x\,;\,y)$ einen Punkt $P(x \mid y)$ im x, y-Koordinatensystem darstellt, kann man für die Menge aller Punkte der x, y-Ebene ganz entsprechend feststellen: Die Menge

$$\mathrm{M}' = \{P(x \mid y)\}$$

aller Punkte der x, y-Ebene hat unendlich viele Elemente $P(x \mid y)$. Ist nun eine Funktion f durch eine Kurve K gegeben, so ist die dadurch bestimmte Punktmenge eine Teilmenge von M′:

$$K \subset \mathrm{M}'$$

Aus der Art, wie man zu einer durch eine Gleichung gegebenen Funktion die zugehörige Kurve zeichnet und wie man umgekehrt aus einer Kurve die zur Funktion zugehörige Menge von Wertepaaren ermittelt, kann man den **Zusammenhang zwischen Gleichung und Kurve einer Funktion** wie folgt formulieren:

> Genau dann, wenn ein geordnetes Paar $(x\,;\,y)$ mit $x \in \mathbf{D}$ und $y \in \mathbf{W}$ die Gleichung einer Funktion f erfüllt, dann gehört der Punkt $P(x \mid y)$ zu der Kurve, die die gleiche Funktion grafisch darstellt.

In Kurzform lautet das:

$$\left.\begin{array}{l}\text{Das geordnete Paar}(x\,;\,y)\\ \text{erfüllt die Gleichung}\\ \text{der Funktion } f\end{array}\right\} \iff \left\{\begin{array}{l}\text{Der Punkt } P(x \mid y)\\ \text{liegt auf der Kurve}\\ \text{der Funktion } f\end{array}\right.$$

Dieser Zusammenhang ist für die gesamte höhere Mathematik von fundamentaler Bedeutung.

Beispiele:

4.26 Es soll geprüft werden, ob der Punkt $(-2{,}5 \mid -2)$ auf der Geraden mit der Gleichung $y = 2x + 3$ liegt. Dafür gibt es zwei Möglichkeiten.

a) Man zeichnet die Gerade $y = 2x + 3$ und stellt fest, ob diese durch den angegebenen Punkt $P(-2{,}5 \mid -2)$ hindurchgeht, siehe dazu Beispiel 4.22 mit Bild 4.8. Das Bild zeigt, dass dies der Fall ist.

Dieser Weg ist aber nicht sehr sicher, besonders wenn der gegebene Punkt nur ganz knapp neben der Kurve liegt. Dann hilft nur, den Maßstab der Zeichnung zu vergrößern.

b) Ein zuverlässiges Ergebnis erhält man, wenn man den oben erläuterten Zusammenhang zwischen einem geordneten Paar $(x\,;\,y)$ und dem zugehörigen Punkt $P(x \mid y)$ benutzt:

Statt der Geraden $y = 2x + 3$ nimmt man die entsprechende Funktion $f\colon y = 2x + 3$ und für den Punkt $P(-2{,}5 \mid -2)$ das geordnete Paar $(-2{,}5\,;\,-2)$. Dieses geordnete Paar erfüllt mit seinem x- und y-Wert die Funktionsgleichung, denn es ist

$$-2 \overset{?}{=} 2 \cdot (-2{,}5) + 3, \text{ also: } -2 = -2 \checkmark$$

Da die Funktionsgleichung erfüllt ist, muss der gegebene Punkt $P(-2{,}5 \mid -2)$ nach dem oben angeführten Satz auf der Geraden $y = 2x + 3$ liegen.

Diese einfach durchzuführende Kontrolle, ob ein Punkt auf dem Graphen der Funktion liegt oder nicht, nennt man **Punktprobe**.

Was liefert die entsprechende Rechnung für einen Punkt, der *nicht* auf der Geraden liegt, beispielsweise für $P_1(-2 \mid 10)$?

4.27 Um festzustellen, ob die Kurve $y = 0{,}5x - 2{,}5$ durch die Punkte $P(3 \mid -1)$, $Q(-5 \mid -4)$ und $R(-1 \mid -3)$ hindurchgeht, ist es, wie Beispiel 4.26 zeigt, nicht unbedingt notwendig, die Kurve zu zeichnen, denn durch Einsetzen der Koordinaten der drei gegebenen Punkte P, Q und R in die Gleichung der Funktion $f\colon y = 0{,}5x - 2{,}5$ ergibt sich

$$\begin{array}{lll} \text{für } P(3 \mid -1): & -1 = 0{,}5 \cdot 3 - 2{,}5 \checkmark & \Rightarrow P \in f \\ \text{für } Q(-5 \mid -4): & -4 = 0{,}5 \cdot (-5) - 2{,}5 \lightning & \Rightarrow Q \notin f \\ \text{für } R(-1 \mid -3): & -3 = 0{,}5 \cdot (-1) - 2{,}5 \checkmark & \Rightarrow R \in f \end{array}$$

Da die Koordinaten von P und R die Gleichung der Funktion f erfüllen, liegen die beiden Punkte P und R auf der zur Funktion f gehörenden Geraden. Die Koordinaten von Q erfüllen die Gleichung der Funktion f nicht; folglich kann der Punkt Q nicht auf der Kurve liegen.

Man bestätige dieses Ergebnis, indem man die Gerade $y = 0{,}5x - 2{,}5$ zeichnet und die Lage der drei gegebenen Punkte bezüglich dieser Geraden untersucht.

4.28 Für welches Argument nimmt die Funktion $f\colon y = x^2 - 5x + 10$ den Funktionswert $y = 4$ an?

Lösung: Es gibt zunächst unendlich viele geordnete Paare $(x\,;\,y)$, die den Funktionswert $y = 4$ haben. Alle haben die Form $(x\,;\,4)$, wobei über die darin auftretende Variable x völlig frei verfügt werden kann. Die Aufgabe besteht nun darin, diese Variable x so zu bestimmen, dass das geordnete Paar $(x\,;\,4)$ ein Element der Funktion wird.

Dies ist dann der Fall, wenn $(x\,;\,4)$ die gegebene Gleichung der Funktion erfüllt:

$$4 = x^2 - 5x + 10 \quad \Leftrightarrow \quad x^2 - 5x + 6 = 0$$

also für

$$x_1 = 2 \qquad \text{und} \qquad x_2 = 3.$$

Dieses Ergebnis kann auf drei verschiedene, aber vollkommen gleichwertig Arten gedeutet werden:

a) Die Funktion $f\colon y = x^2 - 5x + 10$ nimmt sowohl für das Argument $x_1 = 2$ als auch für das Argument $x_2 = 3$ den Funktionswert $y = 4$ an.

b) Die beiden geordneten Paare (2 ; 4) und (3 ; 4) sind Elemente der Funktion $f\colon y = x^2 - 5x + 10$.

c) Die Parabel $y = x^2 - 5x + 10$ verläuft sowohl durch den Punkt $P_1(2 \mid 4)$ als auch durch den Punkt $P_2(3 \mid 4)$.

✍ A. 4.4–4.6 auf Seite 498

4.2.6.5 Schnittpunkt zweier Kurven

Die Aufgabe, den Schnittpunkt zweier Kurven zu ermitteln, ist zunächst ein geometrisches Problem, das gelöst werden kann, indem man die beiden Kurven zeichnet und dann die Punkte aufsucht, in denen sie sich schneiden.

Beachtet man jedoch den Zusammenhang zwischen einer Kurve und der Gleichung der Funktion, die dieser Kurve entspricht, so lässt sich die gestellte Aufgabe auch rechnerisch lösen – in vielen Fällen mit einem wesentlich geringeren Aufwand und mit einem genaueren Ergebnis. Voraussetzung hierfür ist jedoch, dass man die Gleichungen der Funktionen kennt.

Der Schnittpunkt $S(x_S \mid y_S)$ zweier Kurven K_1 und K_2 gehört jeder der beiden Kurven an. Folglich muss das geordnete Paar $(x_S\,;\,y_S)$ auch jede der beiden zu K_1 und K_2 gehörenden Funktionsgleichungen erfüllen. Dem entspricht ein Gleichungssystem für die beiden gesuchten Variablen x_S und y_S, das rechnerisch gelöst werden kann.

Beispiele:

4.29 Wo schneiden sich die beiden Geraden

$$g_1\colon y = 2x+3 \qquad \text{und} \qquad g_2\colon y = -0{,}5x+0{,}5\,?$$

Lösung: Der Schnittpunkt der beiden Geraden sei $S(x_S \mid y_S)$. Dann gilt:

$$S \in g_1 \cap g_2.$$

Da $S \in g_1$, muss

$$y_S = 2x_S + 3$$

gelten. Da aber auch $S \in g_2$ sein soll, muss daneben auch die Gleichung

$$y_S = -0{,}5x_S + 0{,}5$$

erfüllt sein.

Aus dem sich ergebenden Gleichungssystem

$$\left| \begin{array}{l} y_S = 2x_S + 3 \\ y_S = -0{,}5x_S + 0{,}5 \end{array} \right|$$

erhält man

$$x_S = -1 \qquad \text{und} \qquad y_S = 1.$$

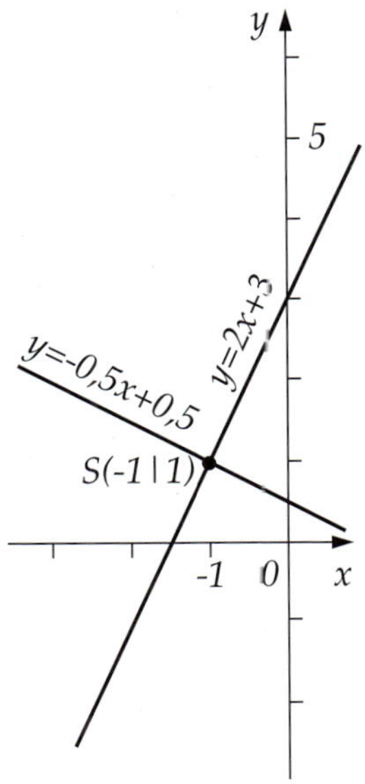

Bild 4.12

Die beiden Geraden schneiden sich demnach im Punkt $S(-1 \mid 1)$.
Man zeichne die beiden Geraden und prüfe das gewonnene Ergebnis nach, siehe Bild 4.12!

CAS Die Koordinaten einzelner Punkte, z. B. von Schnittpunkten, können aus der Grafik einfach abgelesen werden. Im Grafikfenster schaltet man unter dem

Menüpunkt „Extras" in einen *Spur-Modus*, mit dem die Koordinaten einzelner Kurvenpunkte ermittelt werden können. Klickt man dann einen Punkt des Graphen an, so erscheint dort eine Markierung, die mit den Cursor-Tasten [◁] oder [▷] auf dem Graphen fortbewegt werden kann. Links unten am Bildschirmrand werden die Koordinaten des aktuellen Punktes angezeigt.

Sollten die Koordinatenangaben in der aktuellen Darstellung zu ungenau sein, muss ein Ausschnitt um den interessierenden Punkt herum vergrößert werden. Meist wird dazu – wie in *Derive* – mit festgehaltener linker Maustaste ein Rechteck beliebiger Größe aufgezogen. Wenn man dann die Maustaste löst, wird von dem gewählten Bereich eine vergrößerte Grafik angezeigt. Dies ist solange zu wiederholen, bis die Koordinaten mit der gewünschten Genauigkeit erscheinen.

Jeder gute Funktionenplotter sollte über einen solchen Spur- oder Trace-Modus [1)] verfügen.

4.30 Wo liegt der Schnittpunkt der beiden Kurven

$$K_1\colon\quad y = x^2 - 3x + 5 \qquad \text{und} \qquad K_2\colon\quad y = x - 3?$$

Lösung: Der Schnittpunkt der beiden Kurven sei $S(x_S \mid y_S)$. Wegen $S \in K_1$ muss gelten

$$y_S = x_S^2 - 3x_S + 5,$$

und wegen $S \in K_2$

$$y_S = x_S - 3.$$

Das entstehende Gleichungssystem

$$\left| \begin{array}{lcl} y_S & = & x_S^2 - 3x_S + 5 \\ y_S & = & x_S - 3 \end{array} \right|$$

wird am einfachsten mit dem Gleichsetzungsverfahren gelöst:

$$\begin{aligned} x_S^2 - 3x_S + 5 &= x_S - 3 && \mid -x_S + 3 \\ x_S^2 - 4x_S + 8 &= 0 && \mid p = -4 \quad q = 8 \\ x_{S_{1,2}} &= 2 \pm \sqrt{-4} \ ↯ \end{aligned}$$

Das Gleichungssystem besitzt also keine reelle Lösung. Es gibt daher keinen Abszissenwert x_S für einen Schnittpunkt der beiden Kurven und damit auch keinen Schnittpunkt.

Bei solchen Berechnungen ist es üblich, die Indizes bei $x_S, y_S, \ldots$ fortzulassen, was bei den folgenden Aufgaben auch stets gemacht wird.

Besser als nach bestimmten „Rezepten" vorzugehen ist es, bei jeder Aufgabe immer wieder die Zusammenhänge im Kopf zu haben, die zur Lösung führen.

4.31 Es sollen die Schnittpunkte der Kurve $K\colon y = x^2 - 5x + 4$ mit den beiden Koordinatenachsen ermittelt werden.

Lösung: a) x-Achse: Alle Punkte der x-Achse haben die Gestalt $P(x \mid 0)$. Für die zweite Koordinate, die Ordinate, gilt also $y = 0$. Wenn die Schnittpunkte einer Kurve

---

[1)] trace (engl.) Spur; nachspüren, verfolgen

mit der x-Achse bestimmt werden sollen, braucht in der Gleichung der Kurve nur $y = 0$ gesetzt zu werden. Die Lösungen dieser Gleichung ergeben dann die x-Koordinaten der gemeinsamen Punkte des Graphen mit der x-Achse:

$$0 = x^2 - 5x + 4 \quad | \ p = -5 \quad q = 4$$
$$x_1 = 1 \quad \wedge \quad x_2 = 4 \quad | \ \text{Probe mit VIETA!}$$

Die Kurve K schneidet die x-Achse in den beiden Punkten $S_1(1 \,|\, 0)$ und $S_2(4 \,|\, 0)$.

b) y-Achse: Zu allen Punkten der y-Achse gehört die Abszisse $x = 0$. Soll also der Schnittpunkt einer Kurve mit der y-Achse bestimmt werden, so braucht man in der Kurvengleichung nur $x = 0$ zu setzen:

$$y = 0^2 - 5 \cdot 0 + 4$$
$$y = 4$$

Die Kurve K schneidet die y-Achse im Punkt $S_y(0 \,|\, 4)$, siehe Bild 4.9!

Aufgaben:

4.2 Arten der Darstellung von Funktionen (Lösungen ab Seite 901)

4.1 Wie lauten die Koordinaten der in Bild 4.13 dargestellten Punkte?

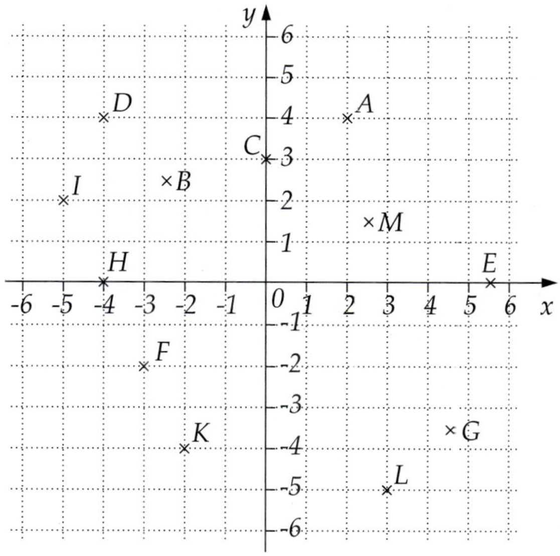

Bild 4.13

4.2 Zeichne die Punkte einer Gruppe jeweils mit einer anderen Farbe in ein gemeinsames KoSy und verbinde sie gruppenweise in geeigneter Weise untereinander:

a) $P_1(-5 \,|\, 0)$ $P_2(8 \,|\, 7)$ $P_3(-5 \,|\, 7)$ $P_4(8 \,|\, 0)$ $P_5(1{,}5 \,|\, 11{,}5)$

b) $P_{26}(5 \,|\, 0)$ $P_{27}(7 \,|\, 3)$ $P_6(7 \,|\, 0)$ $P_7(5 \,|\, 3)$

c) $P_8(2 \,|\, 3)$ $P_9(2 \,|\, 1)$ $P_{10}(-3 \,|\, 1)$ $P_{11}(-3 \,|\, 3)$

d) $P_{12}(-3 \,|\, 6)$ $P_{13}(0{,}5 \,|\, 4)$ $P_{14}(0{,}5 \,|\, 6)$ $P_{15}(-3 \,|\, 4)$

e) $P_{16}(5{,}5 \,|\, 4{,}5)$ $P_{17}(6{,}5 \,|\, 5{,}5)$ $P_{18}(5{,}5 \,|\, 5{,}5)$ $P_{19}(6{,}5 \,|\, 4{,}5)$

f) P_1 P_4 $P_{20}(-10\,|\,-5)$ $P_{21}(3\,|\,-5)$

g) $P_{22}\left(-5{,}5\,\middle|\,-\frac{5}{2}\right)$ $P_{23}(-5\,|\,-4)$ $P_{24}\left(-\frac{7}{2}\,\middle|\,-2{,}5\right)$ $P_{25}(-7\,|\,-4)$

4.3 Welche Gemeinsamkeiten besitzen alle Punkte, die auf der

a) x-Achse liegen?

b) y-Achse liegen?

c) ersten Winkelhalbierenden $y = x$ liegen?

4.4 Untersuche rechnerisch, ob die Kurven, die durch die Gleichungen bestimmt sind, durch die angegebenen Punkte hindurchgehen.

a) $y = 3x + 2$ $P_1(0\,|\,-2)$ $P_2(-1\,|\,-1)$ $P_3\left(-\frac{2}{3}\,\middle|\,0\right)$

b) $3x - 4y + 7 = 0$ $P_1\left(\frac{1}{2}\,\middle|\,\frac{17}{8}\right)$ $P_2(-4\,|\,3)$ $P_3(-3{,}2\,|\,4{,}6)$

c) $y = -\frac{2}{3}x + \frac{5}{4}$ $P_1\left(\frac{4}{7}\,\middle|\,5\right)$ $P_2(-6\,|\,5)$ $P_3\left(\frac{26}{5}\,\middle|\,-\frac{133}{60}\right)$

d) $y = \frac{7}{4}x^2 + x - 3$ $P_1(4{,}71\,|\,-2{,}36)$ $P_2\left(\frac{2}{7}\,\middle|\,-\frac{18}{7}\right)$ $P_3(-14\,|\,-95)$

e) $4x^2 - 3y^2 = 16$ $P_1(-2\,|\,0)$ $P_2\left(\frac{5}{2}\,\middle|\,\sqrt{3}\right)$ $P_3\left(-\frac{1}{2}\sqrt{19}\,\middle|\,1\right)$

4.5 Berechne für die angegebenen Ordinaten die Abszissen der Punkte, die auf den durch die Funktionsgleichungen gegebenen Kurven liegen:

a) $y = \frac{4}{5}x - \frac{2}{3}$ für $y_1 = 4$ $y_2 = -1$ $y_3 = \frac{2}{15}$

b) $y = -6x + 2$ für $y_1 = 2$ $y_2 = 0$ $y_3 = -4$

c) $7x - 9y - 3 = 0$ für $y_1 = -\frac{2}{3}$ $y_2 = 5\frac{3}{4}$ $y_3 = 1\frac{2}{9}$

d) $y = 4x^2 - 9$ für $y_1 = -1$ $y_2 = 8{,}64$ $y_3 = 27$

e) $y = 15x^2 + x - 6$ für $y_1 = 0$ $y_2 = 73\frac{1}{3}$ $y_3 = -4$

4.6 Stelle für die Funktion f die Terme $f(x_0), f(x_0 + h)$ und $\frac{f(x_0+h)-f(x_0)}{h}$ auf und vereinfache sie:

a) $f: y = 3x$ b) $f(x) = -2gx + 9$ c) $f: y = 4x^2 + 8$

d) $f: y = ax^2 - 5bx$ e) $f(x) = -7x^2 + 3x + 5$ f) $f(x) = 0{,}2x^3 + 14$

4.3 Wichtige Eigenschaften von Funktionen

4.3.1 Monotonie

Es gibt einige Eigenschaften von Funktionen, die zwar nicht bei jeder Funktion auftreten, jedoch für viele Funktionen charakteristisch sind. Dazu gehört der Begriff der **Monotonie**[1].

Bei den bisher behandelten Beispielen haben wir Funktionen kennengelernt, deren Kurven ständig anstiegen, siehe Bilder 4.8, 4.10, ... sowie Funktionen, deren Kurven ständig abfielen, wie die Gerade $y = -0{,}5x + 0{,}5$ im Bild 4.12, aber auch Kurven, bei denen sich Abschnitte des Steigens mit Abschnitten des Abfallens abwechselten, siehe Bilder 4.9, 4.5a und c. Wenn nun die Kurve einer Funktion beispielsweise in einem Intervall ständig ansteigt oder ständig abfällt, so bedeutet dies, dass für wachsende Argumentwerte x auch die zugeordneten Funktionswerte y ständig größer oder ständig kleiner werden.

Für solche Funktionen gilt die folgende Definition:

Eine Funktion $f\colon y = f(x)$ heißt in einem Intervall I **monoton steigend**, wenn für beliebige $x_1 \in \mathrm{I}$ und $x_2 \in \mathrm{I}$ gilt

$$x_1 < x_2 \quad \Rightarrow \quad f(x_1) \leq f(x_2).$$

Sie heißt in I **monoton fallend**, wenn unter den gleichen Bedingungen gilt

$$x_1 < x_2 \quad \Rightarrow \quad f(x_1) \geq f(x_2).$$

Gilt nur $f(x_1) < f(x_2)$ oder nur $f(x_1) > f(x_2)$, so spricht man von **streng monoton steigend** oder von **streng monoton fallend**.

In diesem Sinne ist die Treppenfunktion aus Bild 4.11 monoton wachsend, aber nicht streng monoton.

Im Bild 4.14 ist eine Funktion dargestellt, in der Intervalle monotonen Steigens und Intervalle monotonen Fallens einander abwechseln:

In den Intervallen I_1, I_3 und I_5 fällt die Funktion $f\colon y = f(x)$ monoton, während sie in den Intervallen $\mathrm{I}_2, \mathrm{I}_4$ und I_6 monoton steigt. An zwei Stellen wird hierauf besonders hingewiesen. Die beiden x-Werte x_1 und x_2 liegen im Intervall I_2. Für die zugehörigen Funktionswerte gilt

$$f(x_1) < f(x_2).$$

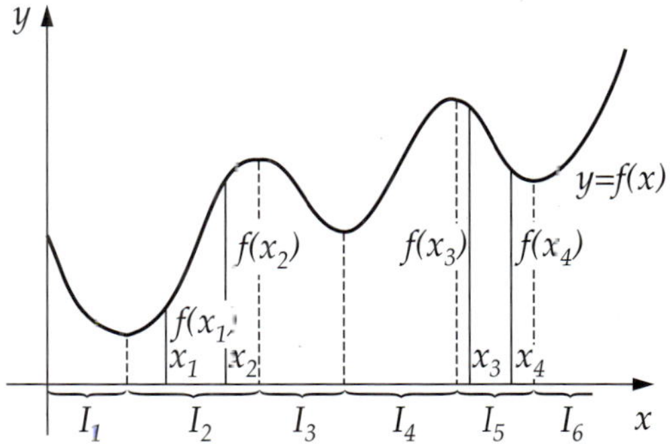

Bild 4.14

[1] monótonos (griech.) eintönig

Diese Beziehung würde auch für jede beliebige andere Lage von x_1 und x_2 innerhalb von I_2 gelten, sofern nur $x_1 < x_2$ gewählt wird. Damit ist die Funktion $f\colon y = f(x)$ im gesamten Intervall I_2 streng monoton steigend.

Entsprechend liegen die beiden Stellen x_3 und x_4 im Intervall I_5, und es gilt für die Argumente $x_3 < x_4$, dagegen ist bei den zugehörigen Funktionswerten $f(x_3) > f(x_4)$, weshalb der Graph in diesem Intervall streng monoton fällt.

4.3.2 Stetigkeit

Der Begriff der Stetigkeit einer Funktion kann im Rahmen dieses Buches nicht mathematisch exakt definiert werden. Er soll hier nur anschaulich plausibel gemacht werden.

Die meisten bisher behandelten Funktionen hatten Kurven, bei denen die Punktmenge der Kurve „in sich dicht" war, bei denen sich also ein Kurvenpunkt unmittelbar an den anderen anschloss, ohne dass dabei irgendwo eine Lücke oder ein Sprung in der Kurve entstand. Es wurden aber auch Beispiele angeführt, bei denen bei allmählicher Vergrößerung des Argumentwertes x der zugeordnete y-Wert plötzlich einen *Sprung* machte und dazwischen liegende y-Werte übersprang. Das Beispiel 4.25 zum Briefporto mit dem Bild 4.11 ist hierfür charakteristisch.

Schließlich gibt es auch Funktionen, die an bestimmten Stellen überhaupt nicht definiert sind. So ist die Funktion $f\colon y = \dfrac{x-1}{x-1}$ an der Stelle $x = 1$ nicht definiert, denn an dieser Stelle entsteht der unbestimmte Ausdruck $0 : 0$. Diese Beispiele führen zu der folgenden, anschaulich erklärenden Definition des Begriffes der **Stetigkeit:**

Eine Funktion f heißt in einem Intervall I **stetig**, wenn sich bei der fortwährenden Änderung der Argumentwerte x innerhalb des Intervalls I ohne Auslassung irgendwelcher Zwischenwerte auch die zugehörigen Funktionswerte y ohne Auslassung von Zwischenwerten ändern oder unter Umständen auch ständig gleich bleiben.

Eine Funktion f heißt an einer Stelle x_1 **unstetig**,

a) wenn sie an dieser Stelle nicht definiert ist oder

b) wenn sich der Funktionswert y an dieser Stelle unter Auslassung von Zwischenwerten sprunghaft ändert.

Die im Bild 4.11 dargestellte Portofunktion ist demnach an den Stellen $x_1 = 20$, $x_2 = 50$, $x_3 = 500$ und $x_4 = 1\,000$ unstetig. Innerhalb der dazwischen liegenden Intervallen ist sie überall stetig.

Die im Bild 4.7 dargestellte Funktion ist an jeder Stelle unstetig, denn sie besteht aus lauter einzelnen isolierten Punkten.

Die im Bild 4.5c dargestellte Funktion ist in den Intervallen $[\,0\,;\,x_1\,[$, $[\,x_1\,;\,x_2\,[$ und $[\,x_2\,;\,x_3\,[$ stetig; dagegen ist sie an den Stellen x_1 und x_2 unstetig, weil sich dort die zugehörigen y-Werte nicht unmittelbar aneinander anschließen. Auch in den Intervallen $]-\infty\,;\,0\,[$ und $[\,x_3\,;\,+\infty\,[$ ist sie unstetig, da sie in diesen Bereichen nicht definiert ist.

Wie diese Beispiele zeigen, kann man die Stetigkeit anschaulich auch so beschreiben:

Eine Funktion ist in einem Bereich stetig, wenn man den Graphen der Funktion in diesem Bereich zeichnen kann, ohne den Stift absetzen zu müssen.

Eines der Ziele der Autoren ist es, mit diesem Buch das Interesse der Leser an der Mathematik so weit geweckt zu haben, dass sie einzelne Themen in anderen Büchern vertiefen oder auf diesem Buch aufbauend ganz neue Bereiche der Mathematik erkunden. Deshalb hier noch ein kurzer Hinweis:

☞ Einige Autoren beschränken die *Stetigkeit nur auf die definierten Bereiche* einer Funktion und schlussfolgern dann, dass Funktionen wie $1/x$ oder $1/x^2$, deren Graphen in den Bildern 4.44 und 4.45 dargestellt sind, an der Stelle $x = 0$ weder stetig, noch unstetig, sondern schlichtweg nicht definiert sind. Eine solche Stetigkeitsdefinition hat dann zur Folge, dass Funktionen, die, wie in Bild 4.7, nur aus isolierten Punkten bestehen, in diesen Punkten als stetig betrachtet werden.

4.3.3 Gerade Funktionen

Bei zahlreichen Funktionen treten gewisse Symmetrieeigenschaften auf. So erhält man beispielsweise bei der Funktion $f\colon y = x^2$ für den Argumentwert $x_1 = +4$ denselben Funktionswert $y = 16$ wie für den Argumentwert $x_2 = -4$. Was hier für $x_1 = +4$ und $x_2 = -4$ gesagt wurde, gilt bei dieser Funktion ganz allgemein: Unterscheiden sich zwei Argumente dieser Funktion nur in ihrem Vorzeichen, so sind die zugeordneten Funktionswerte gleich, es gilt also $f(x) = f(-x)$ für *jeden beliebigen* x-Wert. Funktionen, die diese Eigenschaft besitzen, nennt man **gerade Funktionen.**

Eine Funktion $f\colon y = f(x)$ mit dem Definitionsbereich **D** heißt eine **gerade Funktion**, wenn mit jedem Argument $x \in \mathbf{D}$ stets auch $-x \in \mathbf{D}$ ist, und wenn für alle $x \in \mathbf{D}$ gilt:

$$f(x) = f(-x)\,. \tag{4.2}$$

Die hier genannte Bedingung für gerade Funktionen ist im Bild 4.15 veranschaulicht und lässt gewisse Rückschlüsse auf die Kurven gerader Funktionen zu.

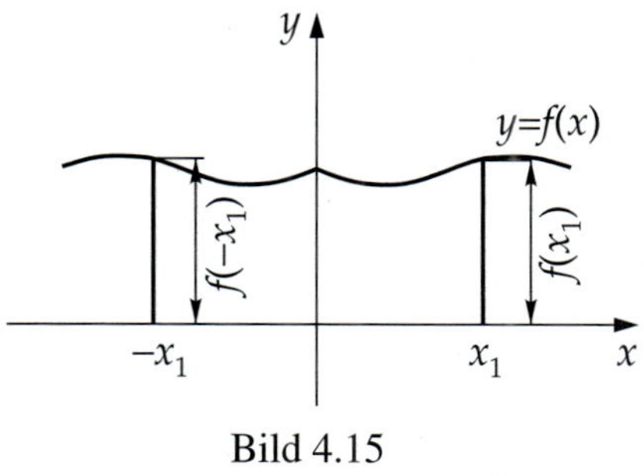

Bild 4.15

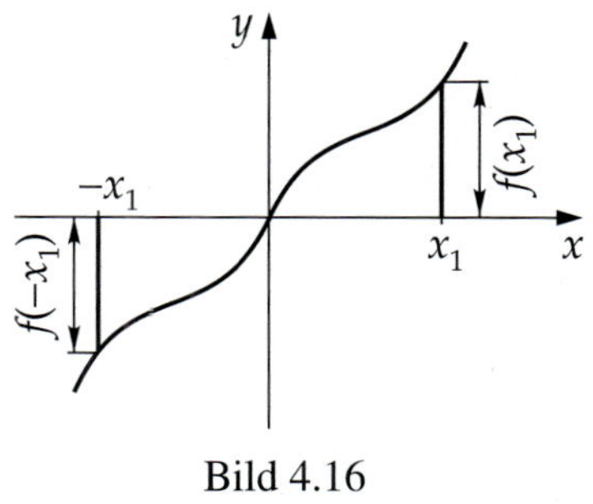

Bild 4.16

Zunächst liegen die beiden Abszissen x und $-x$ im Koordinatensystem symmetrisch zum Koordinatenursprung 0. Wenn nun für diese beiden x-Werte die zugehörigen Funktionswerte gleich sein sollen, so bedeutet dies für die zugehörigen Kurvenpunkte, dass sie symmetrisch zur y-Achse liegen müssen. Da diese Eigenschaft für alle $x \in \mathbf{D}$ zutreffen soll, so muss die gesamte Kurve symmetrisch zur y-Achse verlaufen.

■ Die Kurve einer geraden Funktion ist stets *symmetrisch zur y*-Achse.

Die bekanntesten geraden Funktionen sind die Potenzfunktionen $f(x) = x^{2n}$ mit stets *geradem* Exponenten $2n$. Alle zugehörigen Kurven sind symmetrisch zur y-Achse. Diese Kurven dürften den geraden Funktionen wohl zu ihrem Namen verholfen haben.

Als weiteres Beispiel für eine bereits bekannte gerade Funktion kann die *Betrags-Funktion*

$$f\colon y = |\,x\,|$$

genannt werden, die für $x \in \mathbf{Z}$ bereits im Bild 4.7 dargestellt worden ist. Man vervollständige diesen Graphen durch weitere Punkte mit $x \in \mathbf{R}$ und vergleiche dies mit der Darstellung eines Funktionenplotter (siehe PC-Hinweise in Abschnitt 1.3.4).

4.3.4 Ungerade Funktionen

Wenn man anstelle der in Abschnitt 4.3.3 behandelten Funktion $f\colon y = x^2$ die Funktion $\varphi\colon y = x^3$ betrachtet, so treten auch bei dieser Funktion Symmetrieeigenschaften auf, die jedoch ganz anderer Art sind, als die, die bereits beschriebenen.

So ergibt sich bei der Funktion $\varphi\colon y = x^3$ für den Argumentwert $x = +4$ als zugeordneter Funktionswert $y = +64$, hingegen ist dem Argument $x = -4$ der Funktionswert $y = -64$ zugeordnet.

Diese Besonderheit tritt bei allen Argumentwerten dieser Funktion auf, die sich nur in ihren Vorzeichen voneinander unterscheiden: Die zugehörigen Funktionswerte sind jeweils betragsmäßig gleich, aber sie besitzen verschiedene Vorzeichen.

Funktionen, die diese Eigenschaft haben, nennt man **ungerade Funktionen.**

Eine Funktion $f\colon y = f(x)$ mit dem Definitionsbereich $\mathbf{D}$ heißt eine **ungerade Funktion**, wenn mit jedem Argument $x \in \mathbf{D}$ stets auch $-x \in \mathbf{D}$ ist, und wenn für alle $x \in \mathbf{D}$ gilt:

$$f(x) = -f(-x) \tag{4.3}$$

Die bekanntesten ungeraden Funktionen sind die Potenzfunktionen $f(x) = x^{2n-1}$, deren Exponent $2n - 1$ stets *ungerade* ist.

Beispiele:

4.32 Die Funktion $f(x) = \dfrac{x^2 - 1}{x^2 + 1}$ ist eine gerade Funktion. Ersetzt man nämlich in der Gleichung der Funktion das Argument x durch den entgegengesetzten Wert $-x$, so erhält man

$$f(-x) = \frac{(-x)^2 - 1}{(-x)^2 + 1} = \frac{x^2 - 1}{x^2 + 1} = f(x)$$

$$f(-x) = f(x)$$

Die Bedingung, die für gerade Funktionen gestellt worden ist, ist hier also erfüllt. Demnach muss, wie behauptet, $f(x)$ eine gerade Funktion sein.

4.33 Es soll untersucht werden, ob die Funktion $f(x) = 3x \cdot (x^2 - 5)$ gerade oder ungerade ist.

Lösung: Um festzustellen zu können, ob es sich um eine gerade oder um eine ungerade Funktion handelt, braucht man in der Gleichung der Funktion das Argument x nur durch den entgegengesetzten Wert $-x$ zu ersetzen. Man erhält

$$f(-x) = 3 \cdot (-x) \cdot [(-x)^2 - 5)] = -3x \cdot (x^2 - 5)$$
$$f(-x) = -f(x)$$

Die letzte Beziehung ist das Kennzeichen einer ungeraden Funktion, siehe oben.

Ergebnis: Die gegebene Funktion $f(x)$ ist eine *ungerade Funktion.*

4.34 Gehört die Funktion $g(x) = x^2 - 2x + 3$ zu den geraden oder zu den ungeraden Funktionen?

Lösung: Ersetzt man in dieser Funktion das Argument x durch seinen entgegengesetzten Wert $-x$, so erhält man

$$g(-x) = (-x)^2 - 2 \cdot (-x) + 3 = x^2 + 2x + 3$$

In diesem Falle ist weder $g(-x) = g(x)$ noch $g(-x) = -g(x)$ erfüllt.

Die gegebene Funktion ist demzufolge *weder eine gerade noch eine ungerade* Funktion.

Für die genauere Untersuchung einer Funktion ist es vorteilhaft, wenn man weiß, ob es sich um eine gerade oder um eine ungerade Funktion handelt. Trifft eine dieser beiden Vermutungen zu, dann kann man aus der Kenntnis der Eigenschaften der Funktion im Intervall $\mathrm{I} = [\,0\,;\,+\infty\,[$ sofort auch auf die Eigenschaften der Funktion im symmetrisch zum Koordinatenursprung liegenden Intervall $\mathrm{I}_1 = \,]\,-\infty\,;\,0\,]$ schließen.

4.3.5 Schnittpunkte mit den Achsen

Es gibt sehr viele Funktionen, bei denen für gewisse Argumente x der zugeordnete Funktionswert y gleich null ist. Unter den geordneten Paaren $(x;\, y)$ dieser Funktionen treten also auch solche der Form $(x\,;\,0)$ auf. Bei der grafischen Darstellung der Funktionen entsprechen den Zahlenpaaren $(x\,;\,0)$ die Kurvenpunkte $N(x\,|\,0)$, in denen die Kurve die x-Achse schneidet oder berührt.

Diejenigen Argumente x, für die der zugeordnete Funktionswert y den Wert null annimmt, werden **Nullstellen** der Funktion genannt. Die zugehörigen Punkte $N(x\,|\,0)$ nennt man **Nullpunkte** der Funktion.

Die sehr oft zu erledigende Aufgabe, die Nullstellen einer beliebigen Funktion $f\colon y = f(x)$ zu ermitteln, löst man dadurch, dass man den Funktionsterm gleich null setzt und die daraus entstehende Gleichung

$$f(x) = 0$$

nach x auflöst.

⚠ Wegen der häufig anzutreffenden sprachlichen Vermischung sei noch einmal darauf hingewiesen, dass die **Nullstelle** *nicht* einen gemeinsamen *Punkt* des Graphen mit der x-Achse, sondern nur dessen x-Koordinate beschreibt!

Beispiele:

4.35 Bestimme die Nullstellen der Funktion $f(x) = 9x - 4{,}5$ und gib die zugehörigen Nullpunkte an.

Lösung: Funktionsterm gleich null setzen und Gleichung nach x auflösen.

$$\begin{aligned} 9x - 4{,}5 &= 0 \qquad &&| + 4{,}5 \\ 9x &= 4{,}5 &&| : 9 \\ x &= 0{,}5 \end{aligned}$$

Ergebnis: Die Funktion $f(x) = 9x - 4{,}5$ hat nur eine Nullstelle, der entsprechende Nullpunkt ist $N(0{,}5 \mid 0)$.

4.36 Bestimme die Nullstellen der Funktion $y = x^2 - 5x + 4$ und gib die zugehörigen Nullpunkte an.

Lösung: Im Beispiel 4.31 auf Seite 496 wurde bereits eine derartige Nullstellenbestimmung durchgeführt. Bei den dort ermittelten Werten $x_1 = 1$ und $x_2 = 4$ handelt es sich um die beiden Nullstellen der Funktion $y = x^2 - 5x + 4$.

Ergebnis: Zur Nullstelle $x_1 = 1$ gehört der Nullpunkt $N_1(1 \mid 0)$ und entsprechend zur Nullstelle $x_2 = 4$ der Nullpunkt $N_2(4 \mid 0)$.

4.37 Welche Nullstellen hat die Funktion $f\colon y = \frac{x^2 - 1}{x^2 + 1}$?

Lösung: Da an einer Nullstelle der y-Wert der Funktion null sein muss, ergibt sich die Gleichung

$$\frac{x^2 - 1}{x^2 + 1} = 0\,.$$

Ein Bruch wird null, wenn dessen Zähler null ist. Damit ergibt sich zur Bestimmung der Nullstellen die Gleichung $x^2 - 1 = 0$, die die beiden Lösungen $x_1 = -1$ und $x_2 = +1$ besitzt. Der Nenner spielt bei dieser Berechnung keine Rolle, er darf nur nicht null werden!

Ergebnis: Die Nullstellen der Funktion $f\colon y = \frac{x^2 - 1}{x^2 + 1}$ sind $x_1 = -1$ und $x_2 = +1$. An diesen beiden Stellen schneidet die zur Funktion gehörende Kurve in den Punkten $N_1(-1 \mid 0)$ und $N_2(1 \mid 0)$ die x-Achse.

4.38 Die Nullstellen der Funktion $g\colon y = \frac{1}{1 + x^2}$ sollen ermittelt werden.

Lösung: Da der Bruch $\frac{1}{1 + x^2}$ – egal, welche Werte man für x einsetzt – niemals den Wert null annehmen kann, besitzt die Funktion g auch keine Nullstellen. Daraus folgt, dass die zugehörige Kurve $y = \frac{1}{1 + x^2}$ keine gemeinsamen Punkte mit der x-Achse haben kann.

Zusammenfassung zum Thema Nullstellenberechnungen

Die Erfahrung zeigt, dass sehr viele Schüler mit der „Nullstellenberechnung“ in der Praxis Probleme haben. Wir wollen deshalb dieses Thema, seine Rückführung auf das Lösen von Gleichungen und die dazu notwendigen Voraussetzungen noch einmal übersichtlich auflisten:

> Die Nullstellen einer Funktion $f(x)$ werden berechnet, indem man den Funktionsausdruck gleich null setzt und die daraus resultierende Gleichung (wie auch immer) nach x auflöst.

Die Technik des Gleichungslösens, die oben leichtfertig mit „wie auch immer“ umschrieben wurde, bedient sich verschiedener mathematischer Werkzeuge, deren Gebrauch in einigen Abschnitten dieses Buches bereits erläutert wurde:

Klammerrechnung	2.3.2.3	Klammern auflösen bzw. ausmultiplizieren
	2.3.2.4	Ausklammern, Faktorisieren
	2.3.2.5	Binome
Polynomdivision	2.4.5	Polynomdivision
Gleichungen lösen	3.1.3	Lineare Gleichungen
	3.1.3.3	Nullproduktsatz
	3.5.3, 3.5.4	Quadratische Gleichungen (Lösungsformel)
	3.5.4.3	Linearfaktoren
	3.5.8	Biquadratische Gleichungen (Substitution)
	3.6	Höhere Polynomgleichungen

Damit sollte man für die erste Oberstufenklasse gerüstet und anhand der Übersicht von Seite 449 in der Lage sein, die Gleichungen der Aufgaben 3.106 - 3.114 (Seite 449 f.) zu lösen.

Für den weiteren Bereich der Oberstufe können je nach Funktionstypen im Anforderungsprofil noch folgende Gleichungstypen und Methoden wichtig sein:

Spezielle Gleichungen	3.1.3.6	Bruchgleichungen
	3.1.3.7	Wurzelgleichungen
	3.1.5	Betragsgleichungen
	3.7	Exponentialgleichungen
	3.8	Logarithmische Gleichungen
	6.5	Goniometrische Gleichungen
Spezielle Methoden	3.1.2.3	Einsatz von Taschenrechner und PC
	4.4.6	Graphisches Lösen von Gleichungen

Der Leser sei nun an dieser Stelle aufgerufen, anhand einiger Aufgaben aus den genannten Abschnitten selbstkritisch zu prüfen, welche dieser Themen er gut beherrscht und welche Werkzeuge er für sich persönlich durch intensives Üben noch einmal nachschleifen muss. Sobald man in den nachfolgenden Abschnitten den jeweiligen Funktionstyp richtig erkannt hat, sollte man mit den hier aufgelisteten Strategien die resultierende Gleichung zur Nullstellenberechnung lösen können.

Der **Schnittpunkt** eines Graphen **mit der y-Achse** lässt sich einfach bestimmen, da alle Punkte der y-Achse die x-Koordinate null besitzen. Somit muss nur für x eine Null in den Funktionsterm eingesetzt und $f(0)$ berechnet werden.

Beispiel:

4.39 a) Wo schneidet der Graph zu $f\colon y = \dfrac{x^2-1}{x^2+1}$ die y-Achse?

Lösung: Setze $x = 0$ und berechne $f(0) = \dfrac{0^2-1}{0^2+1} = \dfrac{-1}{+1} = -1$

Ergebnis: Der Graph schneidet die y-Achse im Punkt $S_y(0\,|\,-1)$.

b) Berechne den Schnittpunkt mit der y-Achse für $f(x) = \dfrac{5x+3}{x}$.

Grundsätzlich sollte man immer zuerst den Definitionsbereich abklären. Hier gilt: $\mathbf{D} = \mathbf{R} \setminus \{\,0\,\}$. Dies bedeutet aber, dass $f(0)$ nicht gebildet werden kann, da $0 \notin \mathbf{D}$. Der Graph besitzt somit keinen gemeinsamen Punkt mit der y-Achse.

Da der Funktionsbegriff für einen x-Wert nicht mehrere y-Werte erlaubt, gilt:

■ Jede Funktion hat höchstens einen Schnittpunkt mit der y-Achse.

✍ A. 4.7 auf Seite 506

Aufgaben:

4.3.5 Schnittpunkte mit den Achsen

(Lösungen ab Seite 902)

4.7 In welchen Punkten werden die Koordinatenachsen durch die Kurven geschnitten, die durch die Gleichungen gegeben sind?

a) $y = x - 2$ b) $y = 3x + 5$ c) $y = -\dfrac{2}{3}x - \dfrac{4}{7}$

d) $5x - 6y - 10 = 0$ e) $14x - 9y + 21 = 0$ f) $y = x^2 - 3x$

g) $y = -4x^2 - 6x + 4$ h) $6y = -36x^2 - 252x - 491$

i) $x^2 + y^2 = 6{,}76$ k) $4x^2 + 9y^2 = 100$

4.4 Lineare Funktionen

4.4.1 Vorbemerkungen

In den einführenden Abschnitten über Funktionen ist immer wieder darauf hingewiesen worden, dass eine Funktion eine Menge geordneter Paare ist. Dafür wurden bisher die Schreibweisen

$$f = \{(x\,;\,y) \mid y = f(x) \land x \in \mathbf{D} \land y \in \mathbf{W}\}$$

oder kurz

$$f\colon \quad y = f(x)$$

verwendet, die zwar exakt, aber doch ziemlich umständlich sind. Nun werden wir eine kürzere, wenn auch weniger exakte Formulierung benutzen.

Anstelle von „die Funktion $f\colon y = f(x)$“ soll künftig nur noch kurz von der „Funktion $y = f(x)$“ die Rede sein, und statt „die Kurve der Funktion f mit der Gleichung $y = f(x)$“ soll „die Kurve $y = f(x)$“ gesagt werden. Trotz dieser zweckmäßigen abkürzenden Formulierungen sollte man sich stets über die eigentliche Bedeutung des Funktionsbegriffes im Klaren sein.

4.4.2 Begriffserklärungen

Funktionen, in deren Gleichungen die beiden Variablen x und y nur in der ersten Potenz auftreten, werden **Funktionen ersten Grades** oder **lineare Funktionen** genannt.

So sind

$$y = 2x + 3 \qquad y = -0{,}5x + 0{,}5 \qquad y = 0{,}314x + 7{,}268$$
$$3x - 4y + 5 = 0 \qquad x + 3 = 10y \qquad y - 7{,}28 = 0$$

Funktionen ersten Grades.

Die **allgemeine Form einer Funktion ersten Grades** ist

$$\boxed{r \cdot x + s \cdot y + t = 0} \tag{4.4}$$

Definitions- und Wertebereich stimmen bei den linearen Funktionen überein:

$$\mathbf{D} = \mathbf{W} = \mathbf{R}\,.$$

Wie noch gezeigt werden wird, gilt für alle Funktionen ersten Grades der Satz:

- Das Bild einer Funktion ersten Grades ist immer eine Gerade.

Aus diesem Grund werden die Funktionen ersten Grades auch **lineare**[1] **Funktionen** genannt.

Jede lineare Funktion, die in der allgemeinen Form

$$r \cdot x + s \cdot y + t = 0$$

gegeben ist, lässt sich, sofern nur $s \neq 0$ ist, nach y auflösen. Man erhält eine Gleichung der Form

$$y = -\frac{r}{s}x - \frac{t}{s}$$

Setzt man hierin noch $-\frac{r}{s} = m$ und $-\frac{t}{s} = b$, so erhält man eine Funktionsgleichung der Form

$$\boxed{y = m \cdot x + b} \tag{4.5}$$

Das ist die **Normalform** einer linearen Funktion.

---

[1] linea (lat.) Strich, Linie. Hieraus leitet sich das „Lineal“ ab, mit dem man *jede* lineare Funktion zeichnen kann. Für andere Funktionstypen existiert ein solches universelles Zeichengerät im Allgemeinen nicht.

Da eine lineare Funktion stets durch eine Gerade dargestellt wird, genügen zwei, die Funktionsgleichung erfüllende, geordnete Paare $(x_1\,;\,y_1)$ und $(x_2\,;\,y_2)$, um die zu dieser linearen Funktion gehörende Gerade zeichnen zu können. [1)]

Aus dem gleichen Grund ist auch jede lineare Funktion in ihrem gesamten Definitionsbereich *stetig* und innerhalb dieses Bereichs *streng monoton steigend oder streng monoton fallend.*

Beispiele:

4.40 Berechne den Funktionswert für $f\colon\ y = -2x + 15$ an der Stelle $x = -2$, $x = 3$, $x = 8{,}6$ und gib den zugehörigen Punkt auf der Geraden an.

Lösung:

Man berechnet den Funktionswert für einen vorgegebenen x-Wert x_0, indem man x_0 in den Funktionsterm einsetzt: $f(x_0)$.

$x = -2$: $f(-2) = -2 \cdot (-2) + 15 = 19 \Rightarrow P_1(-2\,|\,19)$

$x = 3$: $f(3) = 9 \Rightarrow P_2(3\,|\,9)$

$x = 8{,}6$: $f(8{,}6) = -2{,}2 \Rightarrow P_3(8{,}6\,|\,-2{,}2)$

4.41 Liegen die Punkte $P(4\,|\,-4)$ und $Q(-5\,|\,-30)$ auf der Geraden $g\colon\ y = 3x - 16$?

Lösung: Diese Frage kann -wie in Abschnitt 4.2.6.4 schon grundsätzlich besprochen- durch eine *Punktprobe* geklärt werden. Setzen wir die x- und y-Koordinaten des Punktes in die Geradengleichung ein, so erhalten wir:

$P(4\,|\,-4)$: $-4 \stackrel{?}{=} 3 \cdot 4 - 16 \Rightarrow -4 = -4$ ✓ $\Rightarrow P$ liegt auf g.

$Q(-5\,|\,-30)$: $-30 \stackrel{?}{=} 3 \cdot (-5) - 16 \Rightarrow -30 \neq -31$ ↯ $\Rightarrow Q$ liegt *nicht* auf g.

☞ Nutze die Taste [Calc] des Taschenrechners (Abschnitt 1.3.1.4).

✍ A. 4.8–4.9 auf Seite 516

4.4.3 Die Funktion $y = mx$

In der Abbildung 4.17 sind mehrere Funktionen der Form $y = mx$ dargestellt, und zwar

$$y = \frac{1}{4}x,\quad y = \frac{1}{2}x,\quad y = \frac{3}{4}x,\quad y = x,$$

$$y = 2x,\quad y = 4x,\quad y = -4x,\quad y = -2x,$$

$$y = -x,\quad y = -\frac{3}{4}x,\quad y = -\frac{1}{2}x,\quad y = -\frac{1}{4}x.$$

☞ Man prüfe nach, ob die einzelnen Geraden richtig dargestellt sind, indem man jeweils zwei geeignete Punkte zu jeder Geraden berechnet.

---

1) Dabei sollte man die beiden Punkte P_1 und P_2 stets so wählen, dass sie möglichst weit voneinander entfernt liegen. Um eventuelle Fehler sofort zu bemerken, empfiehlt es sich, unbedingt einen zusätzlichen dritten Punkt für die Grafik zu benutzen!

Es lassen sich dabei die folgenden Gemeinsamkeiten feststellen:

Jede dieser Geraden verläuft durch den Nullpunkt des Koordinatensystems; es sind sogenannte **Ursprungsgeraden**.

Für positive Werte von m steigt die Gerade an, ist m negativ, so fällt die Gerade ab.

Je größer m ist, desto steiler ist der Verlauf der Geraden.

Wegen dieser Eigenschaften wird m der **Anstieg** oder die **Steigung**[a] der Geraden genannt.

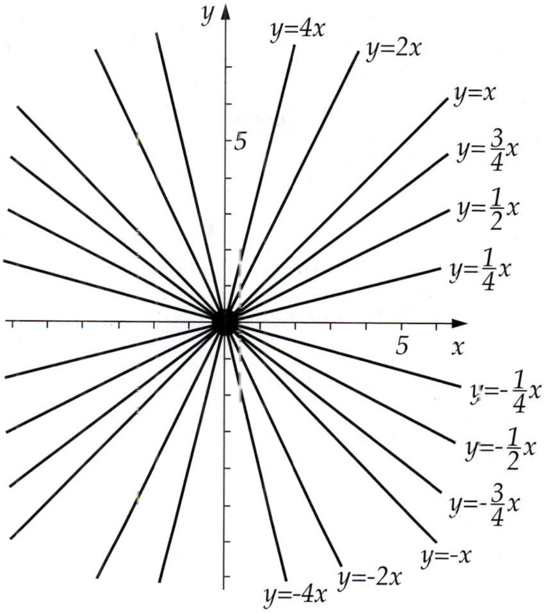

Bild 4.17

Aus den Wertetafeln für die beiden Funktionen $y = 2x$ und $y = mx$ erkennt man, dass sich y jeweils um 2 bzw. um m Einheiten verändert, wenn x um eine Einheit vergrößert wird:

x	-4	-3	-2	-1	0	1	2	3	4
$y = 2x$	-8	-6	-4	-2	0	2	4	6	8
$y = mx$	$-4m$	$-3m$	$-2m$	$-m$	0	m	$2m$	$3m$	$4m$

Damit gilt:

Jede Funktion der Form $y = mx$ wird durch *eine Gerade* dargestellt, die durch den Nullpunkt des Koordinatensystems hindurchgeht und die Steigung m hat.

Die Steigung m ist der Wert, um den sich y ändert, wenn x um eine Einheit vergrößert wird.

Beispiele:

4.42 Berechne die Steigung der Ursprungsgeraden, die durch den Punkt $P(2\,|\,5)$ verläuft.

Lösung: Die Steigung m einer Geraden ergibt sich aus dem Verhältnis von y-Differenz[1] (Δy) zur x-Differenz (Δx) zweier Punkte der Geraden. Neben dem Ursprung $O(0\,|\,0)$ verläuft die Gerade durch den genannten Punkt $P(2\,|\,5)$, sodass wir für m berechnen:

$$m = \frac{\Delta y}{\Delta x} = \frac{y_2 - y_1}{x_2 - x_1} = \frac{5 - 0}{2 - 0} = \frac{5}{2} = 2{,}5$$

Die Ursprungsgerade durch $P(2\,|\,5)$ besitzt die Steigung $m = 2{,}5$.

☞ Die Reihenfolge der Punkte, deren Koordinaten subtrahiert werden, ist beliebig. Wichtig ist nur, dass die im Zähler gewählte Abfolge auch im Nenner beibehalten wird.

---

[2] **m**ontée (franz.) die Steigung

Da der Bruch oder Quotient $m = \frac{\Delta y}{\Delta x}$ im Zähler und Nenner Differenzen enthält, bezeichnet man ihn auch als *Differenzenquotienten.*

4.43 Verfahre analog für die Ursprungsgerade durch den Punkt $R(6 \mid -3)$.

Lösung:

$$m = \frac{\Delta y}{\Delta x} = \frac{y_2 - y_1}{x_2 - x_1} = \frac{0 - (-3)}{0 - 6} = \frac{3}{-6} = -0{,}5$$

Die Ursprungsgerade durch $R(6 \mid -3)$ besitzt die Steigung $m = -0{,}5$.

✍ A. 4.10–4.11 auf Seite 516

Für Leser, die schon Vorkenntnisse aus der Trigonometrie besitzen, gibt es noch eine andere anschauliche Erklärung für den Anstieg einer Geraden. Wie in Abschnitt 6.3.1 näher erläutert wird, beschreibt der *Tangens* mit $\tan(\alpha)$ das Verhältnis der Länge der Gegenkathete (GK) von α zur Länge der Ankathete (AK) von α:

$$\tan(\alpha) = \frac{\text{GK}}{\text{AK}}.$$

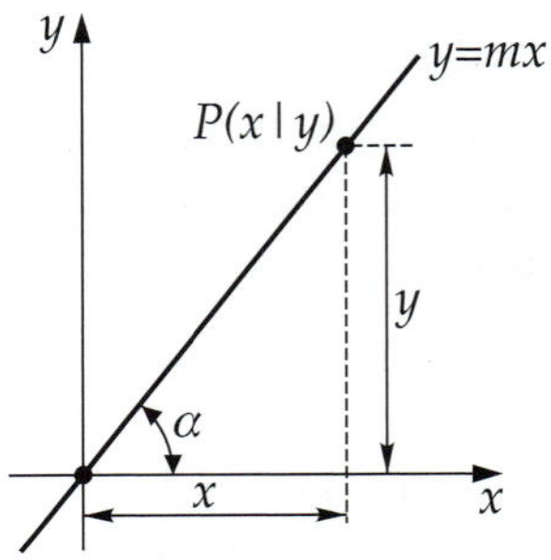

Bild 4.18

Betrachtet man einen beliebigen vom Koordinatenursprung verschiedenen Punkt $P(x \mid y)$ der Geraden $y = mx$, dann folgt aus Bild 4.18

$$\tan(\alpha) = \frac{y}{x},$$

und wegen $y = mx$ wird daraus

$$\tan(\alpha) = \frac{m \cdot x}{x} = m\,.$$

Demnach gilt

Die Steigung m einer Geraden $y = mx$ stimmt mit dem Tangens des Winkels überein, den die Gerade mit der positiven Richtung der x-Achse bildet:

$$m = \tan(\alpha)\,. \tag{4.6}$$

Entsprechend ergibt sich der **Steigungswinkel** α einer Geraden mit der Steigung m aus

$$\alpha = \arctan(m)\,.$$

Diese Formel gehört zu den wichtigsten Merkmalen der linearen Funktionen.

Beispiele:

4.44 Welche Steigung besitzt eine Gerade, die die x-Achse unter einem Winkel von $\alpha = 75°$ schneidet?

Lösung: Es gilt: $m = \tan(75°) \approx 3{,}7$

Die Steigung der Geraden beträgt ungefähr 3,7.

[1] Differenzen werden durch den großen griechischen Buchstaben Δ (= Delta) für „D" gekennzeichnet.

☞ Bei diesen Berechnungen mit [tan] ist der TR unbedingt auf das Gradmaß (DEG) einzustellen; nähere Einzelheiten in Abschnitt 6.2.

4.45 Berechne die Steigungswinkel der Geraden $g\colon\ y = 2x$ und $h\colon\ y = -5x$.

Lösung: Es gilt: $\alpha_g = \arctan(m_g)$. Mit $m_g = 2$ erhalten wir

$$\alpha_g = \arctan(2) \approx 63{,}4^\circ\,.$$

Analog erhalten wir für die Gerade h mit $m_h = -5$ der Winkel

$$\alpha_h = \arctan(-5) \approx -78{,}7^\circ\,.$$

Da der Steigungswinkel einer Geraden durch eine Drehung gegen den Uhrzeigersinn von x-Achse zur Geraden beschrieben wird, weist das negative Vorzeichen im Ergebnis auf eine falsche Orientierung für den berechneten Winkel hin. Den gesuchten Steigungswinkel erhalten wir schließlich als Nebenwinkel durch Ergänzen auf 180°:

$$\alpha_h = \arctan(-5) + 180^\circ \approx 101{,}3^\circ\,.$$

✍ A. 4.12 auf Seite 517

4.4.4 Die Funktion $y = mx + b$

Gegeben seien die beiden Geraden

$$g\colon\quad y = mx \qquad \text{und} \qquad g'\colon\quad y = mx + b\,.$$

Es soll untersucht werden, welchen Einfluss das Absolutglied b auf die Lage der Geraden g' hat.

Dazu wird auf der einen Geraden ein beliebiger Punkt gewählt und auf der anderen Geraden der Punkt, der den gleichen x-Wert besitzt. Auf der Geraden g ist dies der Punkt $P(x\,|\,y)$ und auf der Geraden g' der Punkt $P'(x\,|\,y')$, siehe Bild 4.19.

Da $P(x\,|\,y) \in g$, gilt für den zu x gehörenden y-Wert $y = mx$.

Da $P'(x\,|\,y') \in g'$, muss entsprechend $y' = mx + b$ sein.

Subtrahiert man die erste Gleichung von der zweiten, so erhält man

$$y' - y = b \quad \text{oder}$$
$$y' = y + b\,.$$

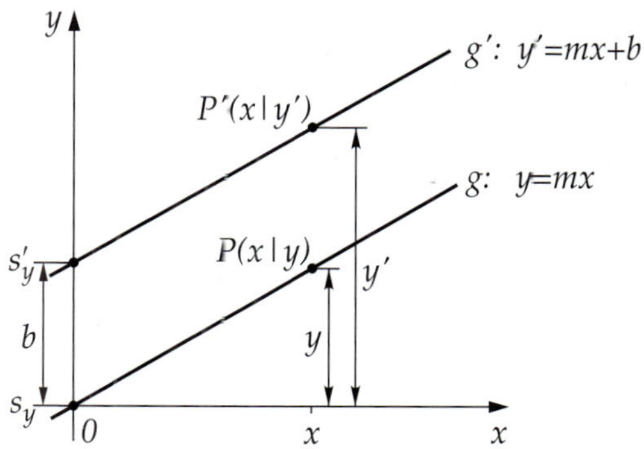

Bild 4.19

Da keinerlei Voraussetzungen über die gleichen x-Werte der Punkte P und P' gemacht worden sind, muss die Beziehung $y' = y + b$ für *alle* Abszissen x der beiden Geraden g und g' gelten:

> Die zu jeweils gleichen x-Werten gehörenden Ordinaten y der Geraden $y = mx + b$ unterscheiden sich nur um den Wert b von den Ordinaten der Geraden $y = mx$.

Das bedeutet aber, dass die Gerade $y = mx + b$ aus der Geraden $y = mx$ hervorgeht, indem man diese um b Einheiten parallel zu sich in Richtung der y-Achse verschiebt.

Wir erkennen sofort zwei Formulierungen für den gleichen Sachverhalt:

> Zueinander parallel verlaufende Geraden g_1, g_2 haben immer die gleiche Steigung:
>
> $$g_1 || g_2 \Rightarrow m_1 = m_2$$
>
> Besitzen zwei Geraden g_1, g_2 die gleiche Steigung, so sind sie parallel:
>
> $$m_1 = m_2 \Rightarrow g_1 \parallel g_2$$
>
> Da beide Richtungen gelten, können wir die Aussagen zu einer zusammenfassen:
>
> $$m_1 = m_2 \Leftrightarrow g_1 || g_2$$

Im Bild 4.20 sind die Funktionen

$$y = \frac{2}{3}x - 2, \quad y = \frac{2}{3}x - 1, \quad y = \frac{2}{3}x,$$

$$y = \frac{2}{3}x + 1 \quad \text{und} \quad y = \frac{2}{3}x + 2$$

dargestellt.

Alle Geraden verlaufen parallel zur Geraden $y = \frac{2}{3}x$.

Die Absolutglieder der Funktionsgleichungen stimmen mit den Ordinaten des Punktes überein, in dem die jeweilige Gerade die y-Achse schneidet.

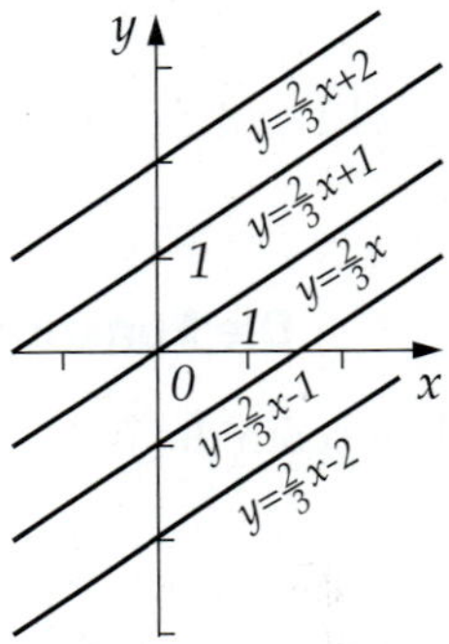

Bild 4.20

Allgemein gilt:

> Die Funktion $y = mx + b$ wird durch eine Gerade dargestellt, die die Steigung m besitzt und die y-Achse im Punkt $S_y(0 \mid b)$ schneidet.

Ist die Steigung einer linearen Funktion nicht von vornherein bekannt, so kann sie aus den Koordinaten zweier bekannter Punkte der Geraden ermittelt werden.

Beispiel:

4.46 Erstelle aus den Koordinaten der Punkte $P_1(-4 \mid 2)$ und $P_2(5 \mid 29)$ eine Gleichung für die Gerade g_{12}, die durch diese beiden Punkte verläuft.

Lösung: Die Steigung m der Geraden berechnet sich als

$$m = \frac{\Delta y}{\Delta x} = \frac{y_2 - y_1}{x_2 - x_1} = \frac{29 - 2}{5 - (-4)} = \frac{27}{9} = 3.$$

Setzen wir diesen Wert für die Steigung in den Ansatz $y = m \cdot x + b$ einer Geradengleichung ein, so erhalten wir

$$y = 3 \cdot x + b.$$

Den fehlenden Wert für den Achsenabschnitt b bestimmen wir durch Einsetzen der Koordinaten eines Punktes der Geraden; mit $P_2(5 \mid 29)$ ergibt sich

$$29 = 3 \cdot 5 + b,$$

was nach $b = 14$ aufgelöst werden kann.

Die Vorschrift für die gesuchte Gerade lautet somit

$$g_{12}\colon\ y = 3 \cdot x + 14\,.$$

Da das Aufstellen einer Geradengleichung meist nur eine Nebenrechnung in einem größeren Aufgabenblock darstellt, sollte man sich unbedingt von der Richtigkeit der Gleichung überzeugen. Die Punktprobe mit P_1 und P_2 bestätigt hier unser Ergebnis:

$$2 \stackrel{?}{=} 3 \cdot (-4) + 14 \qquad 29 \stackrel{?}{=} 3 \cdot 5 + 14$$

$$2 = 2\ ✓ \qquad 29 = 29\ ✓$$

✍ A. 4.13–4.15 auf Seite 517

Schaut man sich noch einmal die Bilder 4.17 und 4.20 an, so sieht man Geraden, die trotz aller Unterschiede auch auffällige Gemeinsamkeiten besitzen.

Im Bild 4.17 hat zwar jede Gerade eine andere Steigung m, sie verlaufen aber alle durch einen Punkt, hier den Ursprung, und haben somit alle den gleichen y-Achsenabschnitt $b = 0$. Die Geraden haben die gemeinsame Form $y = m \cdot x + 0$.

Man spricht hier von einer **Geradenschar** und in dieser speziellen Form der Abbildung 4.17 von einem **Geradenbüschel**.

Die Geraden in Bild 4.20 besitzen zwar alle die gleiche Steigung $m = \frac{2}{3}$, haben aber dafür unterschiedliche Schnittpunkte mit der y-Achse: $y = \frac{2}{3} \cdot x + b$.

Diese spezielle Form einer Geradenschar bezeichnet man als **Parallelenschar**.

Eine **Schar** ist somit eine Menge von Funktionen, vergleichbar mit den Mitgliedern einer Familie[1)], die einerseits gewisse Gemeinsamkeiten besitzen – den „Familiennamen" $y = \frac{2}{3} \cdot x + b$ in Bild 4.20 –, andererseits aber individuelle Unterschiede aufweisen – im Bild die „Vornamen" $b = -2$ oder $b = -1$ oder $b = \ldots$

Beispiel:

4.47 Bestimme die Gleichung der zu $g\colon\ y = 2{,}5x - 12$ parallelen Geraden, die durch den Punkt $P(9\,|\,4)$ verläuft.

Lösung: Da parallele Geraden die gleiche Steigung besitzen, hat die gesuchte Gerade ebenfalls die Steigung $m_{||} = 2{,}5$. Der Ansatz

$$y = 2{,}5 \cdot x + b$$

liefert mit den Koordinaten des Punktes P die Geichung

$$4 = 2{,}5 \cdot 9 + b,$$

woraus sich für den Achsenabschnitt b der Wert $b = -18{,}5$ ermitteln lässt.

Die Vorschrift für die parallele Gerade lautet somit $g_{||}\colon\ y = 2{,}5x - 18{,}5$.

☞ Unbedingt zur Kontrolle eine Punktprobe durchführen!

✍ A. 4.16 auf Seite 517

1) Beachte in diesem Zusammenhang auch die Analogie zur *Kinderschar*.

4.4.5 Grafische Darstellung der linearen Funktion

Um eine lineare Funktion $y = mx + b$ grafisch darzustellen, ist es nach den letzten Erkenntnissen nicht mehr nötig, eine Wertetabelle zu berechnen. Da man weiß, dass jede lineare Funktion eine Gerade ergibt, genügt es, zwei Punkte dieser Geraden auf möglichst einfache Weise zu bestimmen.

Der erste dieser beiden Punkte ist der Schnittpunkt der Geraden mit der y-Achse, den man aus dem Absolutglied b der Funktionsgleichung ablesen kann. Einen zweiten Punkt erhält man, indem man vom Schnittpunkt $P(0 \mid b)$ mit der y-Achse um *eine Einheit in Richtung der positiven x-Achse* und von da aus *um m Einheiten parallel zur Richtung der y-Achse* bis zum Punkt Q weitergeht, wobei das Vorzeichen von m zu beachten ist. Die Verbindungsgerade PQ ist dann das Bild der Funktion $y = mx + b$, siehe Bild 4.21.

Im Bild 4.22 sind die beiden Funktionen $y = 2x + 3$ und $y = -0{,}75x - 1{,}25$ auf diese Weise gezeichnet worden.

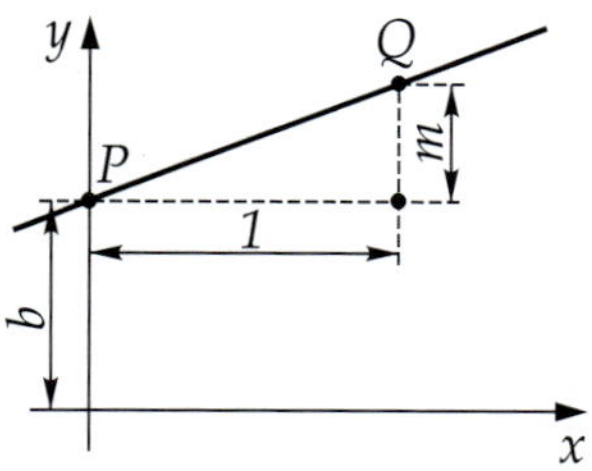

Bild 4.21

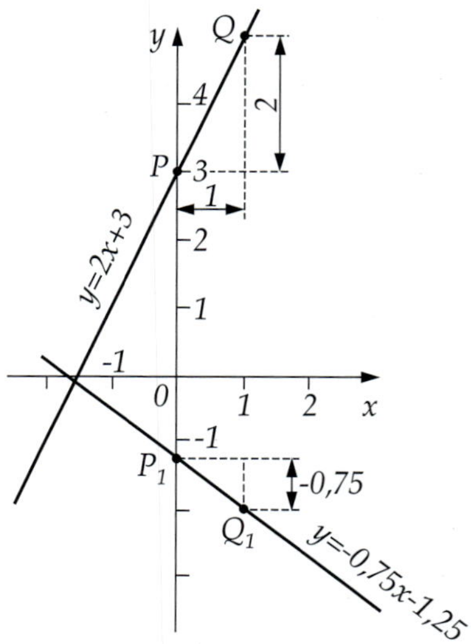

Bild 4.22

✍ A. 4.17–4.21 auf Seite 517

Die Schnittpunkte der Geraden mit den Achsen lassen sich nach den bisherigen Überlegungen sehr einfach ermitteln.

Beispiel:

4.48 Berechne die Schnittpunkte der Geraden $y = 2x + 7$ mit den KoSy-Achsen.

Lösung: ① Schnittpunkt mit der x-Achse: $y = 0$

$2x + 7 = 0 \Rightarrow x = -3{,}5 \Rightarrow N(-3{,}5 \mid 0)$

Die Funktion hat die *Nullstelle* $x = -3{,}5$ und schneidet die x-Achse im *Nullpunkt* $N(-3{,}5 \mid 0)$.

② Schnittpunkt mit der y-Achse: $x = 0$

$f(0) = 7 \Rightarrow S_y(0\,|\,7)$

✍ A. 4.22–4.23 auf Seite 518

4.4.6 Grafische Lösung linearer Gleichungen und linearer Gleichungssysteme mit zwei Variablen

Mit der grafischen Darstellung linearer Funktionen lassen sich lineare Gleichungen sowie lineare Gleichungssysteme mit zwei Variablen auf einfache Weise auch grafisch lösen.

Beispiel:

4.49 Die Gleichung $2x + 3 = 0$ ist grafisch zu lösen.

Lösung: Anstelle der Gleichung $2x + 3 = 0$ betrachtet man die der Gleichung entsprechende Funktionsgleichung $y = 2x + 3$ und liest aus der Grafik ab, welcher Punkt der Geraden den y-Wert null besitzt. Dieser Punkt gehört zur Nullstelle des Graphen.

Die zugehörige Gerade schneidet die x-Achse im Punkt mit der Abszisse $x = -1{,}5$, siehe Bild 4.23. Dieser Wert ist die Lösung der gegebenen Gleichung, denn für $x = -1{,}5$ nimmt die Funktion $y = 2x + 3$ den Wert $y = 0$ an, so wie es die zu lösende Gleichung verlangt.

Die Lösung einer Gleichung mit einer Variablen stimmt mit der Nullstelle der zugehörigen Funktion überein. Diese Regel gilt für Gleichungen jeder Art, nicht nur für lineare.

Für die Lösung einer linearen Gleichung mit einer Variablen bringt dieses grafische Verfahren kaum Vorteile. Bedeutung hat es bei Gleichungen höheren Grades (Abschnitt 4.5.8) oder bei Gleichungssystemen mit zwei Variablen, die sich in vielen Fällen so wenigstens näherungsweise schnell lösen lassen.

Beispiel:

4.50 Das Gleichungssystem $\left| \begin{array}{rcr} 3x + 2y & = & 12 \\ 2x - 3y & = & -5 \end{array} \right|$ ist grafisch zu lösen.

Lösung: Wir deuten die beiden Gleichungen als die Funktionen $g_1\colon\ 3x + 2y = 12$ und $g_2\colon\ 2x - 3y = -5$ und zeichnen die zugehörigen Geraden

$$g_1\colon y = -\frac{3}{2}x + 6 \qquad \text{und} \qquad g_2\colon y = \frac{2}{3}x + \frac{5}{3}, \qquad \text{siehe Bild 4.24.}$$

Als Schnittpunkt von g_1 und g_2 liest man den Punkt $S(2\,|\,3)$ ab.

Die Koordinaten $x_S = 2$ und $y_S = 3$ von S sind die Lösungen des gegebenen Gleichungssystems.

Begründung: Da der Schnittpunkt S sowohl auf g_1 als auch auf g_2 liegt, müssen die Koordinaten dieses Punktes beide Geradengleichungen erfüllen:

$$S \in g_1\colon\ 3x_S + 2y_S = 12 \quad \Rightarrow 3 \cdot 2 + 2 \cdot 3 = 12\ ✓$$
$$S \in g_2\colon\ 2x_S - 3y_S = -5 \quad \Rightarrow 2 \cdot 2 - 3 \cdot 3 = -5\ ✓$$

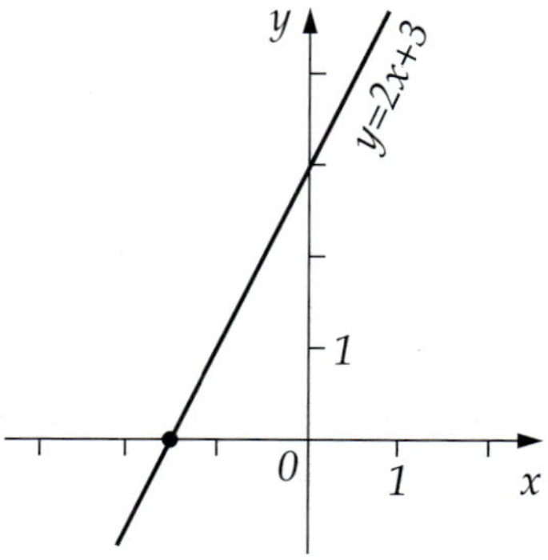

Bild 4.23

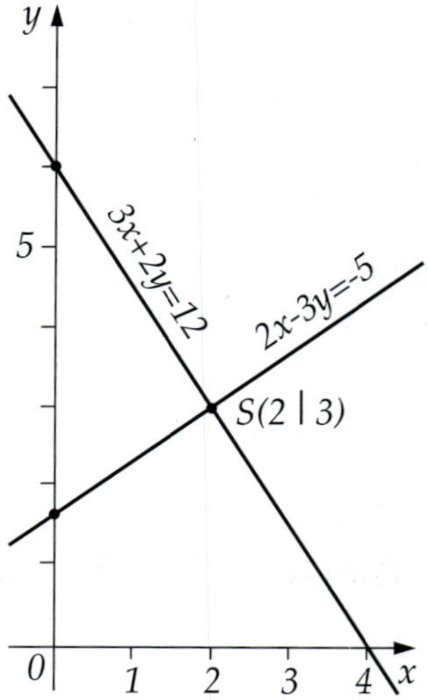

Bild 4.24

Damit erfüllen x_S und y_S die beiden ursprünglich gegebenen Gleichungen, und somit sind sie auch die Lösungen des gegebenen Gleichungssystems.

Dieses Lösungsverfahren ist prinzipiell auf Gleichungssysteme mit zwei Variablen anwendbar, auch wenn die Gleichungen nicht linear sind.

Man überlege sich, warum das grafische Verfahren bei Gleichungssystemen mit mehr als zwei Variablen nicht funktioniert.

✍ A. 4.24–4.27 auf Seite 519

Aufgaben:

4.4 Lineare Funktionen (Lösungen ab Seite 903)

4.8 Berechne an der Stellen −3,5; 0; 11 und 86 den jeweiligen Wert der Funktion und notiere die Koordinaten der zugehörigen Punkte P der Geraden:

a) $y = 5x + 9$ b) $y = -\frac{3}{7}x + 36$

4.9 Untersuche, ob der Punkt auf der Geraden zu $y = -5x + 64$ liegt:

a) $R(9 \mid 19)$ b) $S(-4{,}7 \mid 87{,}6)$ c) $W(11{,}7 \mid 5)$ d) $Z(-3{,}9 \mid 83{,}5)$

4.4.3 Die Funktion $y = mx$ (Lösungen ab Seite 903)

4.10 Berechne die Steigung der Ursprungsgeraden, die durch den angegebenen Punkt verläuft:

a) $U(4{,}8 \mid 24)$ b) $V(6 \mid -18{,}6)$ c) $D(7{,}4 \mid 3{,}8)$ d) $A(-3{,}5 \mid 17{,}15)$

4.11 Bestimme die Funktionsvorschrift der Ursprungsgeraden, die durch den angegebenen Punkt verläuft.

a) $P_1(3 \mid 6)$ b) $P_2(5 \mid -2)$ c) $P_3(0{,}5 \mid 4)$ d) $P_4\left(-\frac{1}{3} \,\middle|\, 1\right)$ e) $P_5\left(\frac{5}{14} \,\middle|\, 2{,}5\right)$

4.12 Berechne den Steigungswinkel der Geraden:

a) $y = 4x$ b) $y = x$ c) $y = -x$ d) $y = -6{,}2x$ e) $y = 0{,}8x$ f) $y = -42x$

4.4.4 Die Funktion $y = mx + b$ (Lösungen ab Seite 903)

4.13 Ermittle den Funktionsterm der Geraden, die mit der angegebenen Steigung m durch den Punkt P verläuft.

a) $m = 2$; $P_1(3\,|\,6)$ b) $m = -3$; $P_2(5\,|\,-2)$ c) $m = \frac{3}{4}$; $P_5\left(\frac{5}{14}\,\middle|\,2{,}5\right)$

4.14 Bestimme die Gleichung der Geraden, die durch die beiden Punkte verläuft:

a)	$P_1(4\,|\,-5)$	$P_2(-3\,|\,-19)$	b)	$P(-1\,|\,-3)$	$Q(-7\,|\,21)$
c)	$P_5(3\,|\,10)$	$P_8(-9\,|\,2)$	d)	$R(0{,}9\,|\,-2)$	$T(-2{,}3\,|\,2)$
e)	$U(-14\,|\,7)$	$V(56\,|\,67)$	f)	$P_1(12\,|\,-112)$	$P_2(-48\,|\,383)$
g)	$U(-76\,|\,-9\,620)$	$V(3{,}4\,|\,384{,}4)$	h)	$P_1(11{,}4\,|\,-229{,}8)$	$P_2(-0{,}5\,|\,781{,}7)$

4.15 Es ist rechnerisch die Vorschrift der Geraden zu bestimmen, die durch die beiden Punkte verläuft:

a)	$P_1(3\,|\,7)$	$P_2(8\,|\,17)$	b)	$A(4\,|\,-8)$	$B(-2\,|\,22)$
c)	$P(2\,|\,-3)$	$Q(2\,|\,11)$	d)	$U(5\,|\,-15{,}4)$	$V(-4\,|\,15{,}2)$
e)	$R(-9\,|\,14{,}91)$	$S(-4\,|\,14{,}96)$	f)	$P_{1}(8{,}1\,|\,4{,}9)$	$P_{27}(-3{,}8\,|\,4{,}9)$
g)	$A_{01}(-5\,|\,42)$	$A_{02}(9\,|\,-72{,}94)$	h)	$T(7{,}2\,|\,132{,}41)$	$W(1{,}3\,|\,20{,}015)$

4.16 Bestimme die Gleichung der Geraden, die parallel zu g durch den Punkt P verläuft:

a)	$g\colon y = 6x + 1$	$P(1{,}5\,|\,17)$	b)	$g\colon y = -4x + 7$	$P(-3\,|\,-19)$
c)	$g\colon y = 11{,}2x - 5{,}8$	$P(5{,}7\,|\,11)$	d)	$g\colon y = -\frac{114}{7}x + 2{,}6$	$P(49\,|\,14)$

4.4.5 Grafische Darstellung der linearen Funktion (Lösungen ab Seite 904)

4.17 Zeichne die Graphen der Funktionen in ein geeignetes Koordinatensystem.

a) $y = 2x$ b) $y = -x$ c) $f(x) = 2{,}5x$ d) $18x + 10y = 0$ e) $y = \frac{4}{3}x$

4.18 Stelle die Geraden grafisch dar:

a) $g_1\colon y = 2x + 1$ b) $g_2\colon y = x - 3$ c) $g_3\colon y = -4x + 4$

d) $g_4\colon y = 3{,}5$ e) $g_5\colon y = -\frac{1}{3}x$ f) $g_6\colon y = \frac{3}{5}x + \frac{12}{5}$

g) $g_7\colon 5y + 16 = 0$ h) $g_8\colon y = x$ i) $g_9\colon 2x + 3y - 15 = 0$

k) $g_{10}\colon \frac{1}{4}x + \frac{1}{5}y - 1 = 0$

4.19 Zeichne die Geraden in ein gemeinsames Koordinatensystem.

a) $y = x + 2$ b) $y = -2x - 3$ c) $f(x) = 1{,}5x - 4$ d) $28x - 24y = 20$

e) $f(x) = 4$ f) $x = -2$ g) $f(x) = 0{,}9x - 1{,}3$ h) $y = 4 + \frac{2}{7}x$

4.20 Lies aus der Abbildung 4.25 die Vorschriften der zugehörigen Funktionen ab.

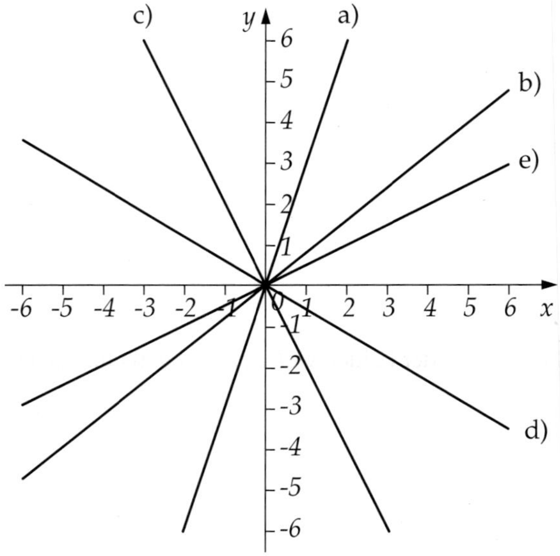

Bild 4.25

4.21 Bestimme die Funktionsterme der in Bild 4.26 dargestellten Geraden.

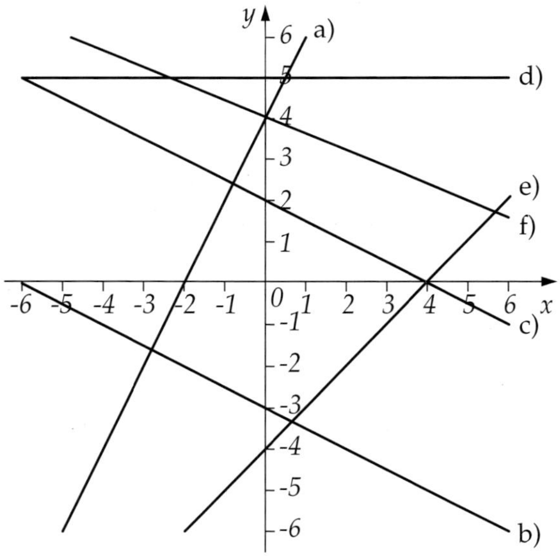

Bild 4.26

4.22 Berechne die Nullstelle der linearen Funktion und gib den Schnittpunkt mit der x-Achse an:

a) $y = 3x + 9$ b) $y = -5x + 24$ c) $y = 0{,}35x - 1{,}7$ d) $y = -32x - 448$

4.23 Gib den Schnittpunkt S_y mit der y-Achse für die Geraden aus Aufgabe 4.22 an.

4.4.6 Grafische Lösungen

(Lösungen ab Seite 905)

4.24 In welchen Punkten schneiden sich die folgenden Geraden:

a) $y = 4x + 3 \quad ; \quad y = \frac{3}{2}x - 2$

b) $y = 0{,}8x - 2{,}3 \; ; \; 2x + 30y - 35 = 0$

c) $y = 5x - 8 \quad ; \quad y = -\frac{4}{3}x + 11$

d) $y = \frac{3}{2}x - 3 \quad ; \quad y = -6x - 18$

e) $x + y - 2 = 0 \; ; \; -\frac{2}{5}x + \frac{1}{5}y = 1$

f) $y = -3x - 1 \quad ; \quad y = -7$

g) $14x - 7y = 15 \; ; \; y = 2x + 11$

h) $y = 0{,}3x + 1{,}5 \; ; \; 12y - 3{,}6x = 18$

4.25 Beschreibe die relative Lage der beiden Geraden und berechne gegebenenfalls ihren Schnittpunkt.

a) $g_1: y = 0{,}5x + 11 \quad g_2: y = \frac{1}{2}x - 14$

b) $h_1: y = 8x - 1 \quad h_2: y = 5x + 2$

c) $s_1: y = 4x + 12 \quad s_2: 3 = 0{,}25y - x$

d) $g: y = \frac{5}{9}x + 1 \quad h: y = \frac{9}{5}x - 1$

4.26 Löse die Gleichungen und Gleichungssysteme grafisch:

a) $\frac{4}{3}x + 2 = 0$

b) $-0{,}5x + 3{,}2 = 0$

c) $\begin{aligned} 3x - 2y + 1 &= 0 \\ x + 3y - 18 &= 0 \end{aligned}$

d) $\begin{aligned} 4x + 2y &= 1 \\ 3x - 6y &= 7 \end{aligned}$

e) $\begin{aligned} 3x - y - 4 &= 0 \\ x + 3y + 2 &= 0 \end{aligned}$

f) $\begin{aligned} 3x - 2y &= 11 \\ 2x + 3y &= 16 \end{aligned}$

g) $\begin{aligned} 3x + 2y &= 12 \\ 5x - 2y &= 4 \end{aligned}$

h) $\begin{aligned} x + 2y &= 3 \\ -x + 6y &= 3 \end{aligned}$

i) $\begin{aligned} 3x - 2y - 2 &= 0 \\ x + 2y - 4 &= 0 \end{aligned}$

k) $\begin{aligned} 2x + 4y + 5 &= 0 \\ x + 2y &= 4 \end{aligned}$

l) $\begin{aligned} x + y + 1 &= 0 \\ -2x + y &= 6 \end{aligned}$

m) $\begin{aligned} y - 3x &= 5 \\ 6x - 2y &= -10 \end{aligned}$

n) $\begin{aligned} 3x + 2y &= 2 \\ 3x - 4y &= -1 \end{aligned}$

o) $\begin{aligned} 3x + y &= 4 \\ y + 3x - 2 &= 0 \end{aligned}$

p) $\begin{aligned} -27 - 63y &= 14x \\ 100{,}8y + 43{,}2 &= -22{,}4x \end{aligned}$

4.27 In einem Obstgeschäft ist die elektronische Waage defekt, so dass der Preis für die gewogene Ware nicht mehr angezeigt wird.

a) Fertige für die Zeit der Reparatur für jede Obstsorte ein Preisdiagramm in DIN-A-4-Größe an, aus dem der Preis für die gewünschte Menge abgelesen werden kann:

Bananen	1,25 €/ 500 g	Birnen	2,60 €/ kg
Erdbeeren	1,10 €/ 250 g	Äpfel	2,30 €/ kg

b) Lies aus der Grafik ab, welche Menge der einzelnen Obstsorten man für 5 € erhält und wie teuer 300 g Erdbeeren sind.

c) Von einer Banane sind nur 61,7 % der Frucht essbar, von einer Birne 92 %. Welches Obst ist für den Verbraucher preiswerter, Birne oder Banane?

4.5 Quadratische Funktionen

4.5.1 Begriffserklärungen

Eine Funktion der Form

$$\boxed{y = a\,x^2 + b\,x + c} \tag{4.7}$$

bei der a, b und c beliebige konstante Werte mit $a \neq 0$ sind, wird **quadratische Funktion** genannt. Wie bei den quadratischen Gleichungen heißen

$a \cdot x^2$	*quadratisches Glied* mit dem **Leitkoeffizienten** a,
$b \cdot x$	*lineares Glied* und
c	**Absolutglied** der quadratischen Funktion.

Der zu einer quadratischen Funktion gehörende Graph ist eine **quadratische Parabel**, auch Parabel zweiter Ordnung genannt.

Der Definitionsbereich einer quadratischen Funktion ist die Menge $\mathbf{R}$ der reellen Zahlen:

$$\mathbf{D} = \mathbf{R}\,.$$

Der zugehörige Wertebereich $\mathbf{W}$ kann vorerst nicht allgemein angegeben werden. Er hängt von den Werten der in der Gleichung der Funktion auftretenden Konstanten a, b und c ab.

4.5.2 Die quadratische Funktion $y = x^2$

Die quadratische Funktion $y = x^2$ ist eine *gerade Funktion*, denn mit $f(x) = x^2$ ist stets auch $f(-x) = (-x)^2 = x^2$, so dass für alle x gilt:

$$f(-x) = f(x).$$

Daraus folgt, dass die zu $y = x^2$ gehörende Parabel symmetrisch zur y-Achse verlaufen muss.

Der **Definitionsbereich** der Funktion ist $\mathbf{D} = \mathbf{R}$, und für den **Wertebereich** erhält man, da x^2 nie negativ werden kann,

$$\mathbf{W} = [\,0\,;\,+\infty\,[\,.$$

Der Graph zu $y = x^2$ ist im Bild 4.27 dargestellt. Es ist eine nach oben geöffnete **Parabel**. Ihre größte Krümmung hat diese Parabel im Koordinatenursprung. Man nennt daher diesen Punkt den **Scheitelpunkt** der Parabel. Der Graph zu $y = x^2$ wird auch **Normalparabel** (NP) genannt.

Der tiefste Punkt der Parabel liegt im Koordinatenursprung. Für negative x-Werte gilt stets

$$x_1 < x_2 \qquad \Longrightarrow \qquad {x_1}^2 > {x_2}^2, \text{ streng monoton fallend.}$$

Dagegen gilt für positive x-Werte

$$x_1 < x_2 \qquad \Longrightarrow \qquad {x_1}^2 < {x_2}^2, \text{ streng monoton steigend.}$$

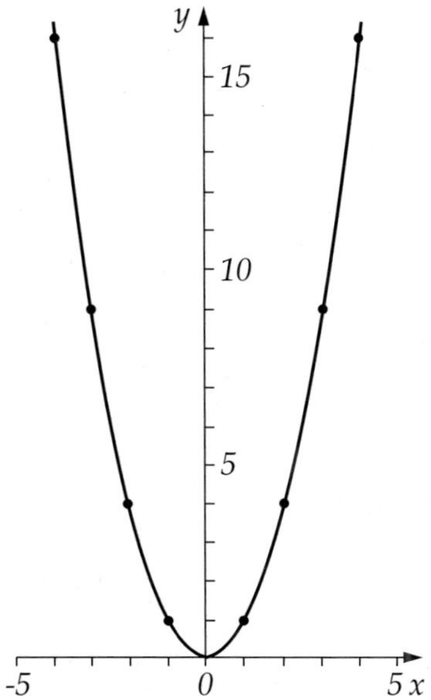

Bild 4.27

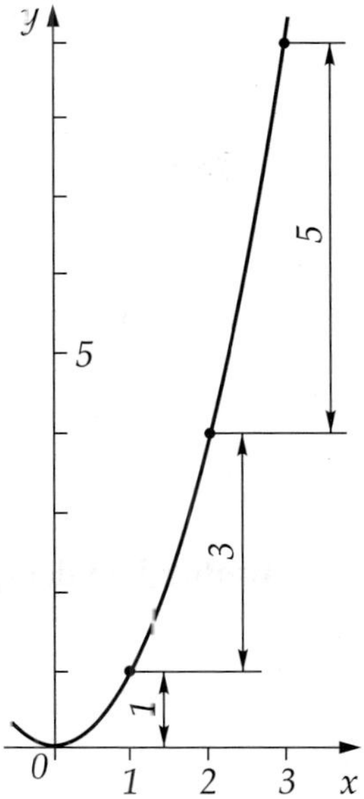

Bild 4.28

Darüber hinaus ist die Funktion innerhalb des gesamten Definitionsbereiches stetig.

Das Monotonieverhalten einer quadratischen Parabel links und rechts des Scheitelpunktes ist auch aus Bild 4.27 abzulesen. Aber was ist mit der Monotonie *im* Scheitelpunkt, also für $x = 0$?

Für einen einzelnen Punkt gibt es keine Monotonie, denn der Monotoniebegriff ist immer an ein Intervall gebunden. Erst mit den Methoden der höheren Mathematik ist es möglich, Angaben über die Steigung einer Funktion in einem bestimmten Punkt zu machen.

Wir stellen fest, dass im Scheitelpunkt der Normalparabel die Monotonie von fallend nach steigend wechselt. Solche Wechsel können bei komplizierteren Funktionen sogar öfters auftreten, siehe Bild 4.14. Ein Punkt, in dem der Wechsel stattfindet, ist ein **Minimum** oder ein **Maximum** im Funktionsverlauf. Bei unstetigen Funktionen kann sich die Monotonie auch an den Unstetigkeitsstellen ändern, siehe Bild 4.44.

Man kann die Punkte einer Normalparabel sehr einfach bestimmen: Vergrößern wir x, vom Scheitelpunkt ausgehend, jeweils um *eine volle Einheit*, dann nehmen die zugehörigen y-Werte der Reihe nach zunächst *um eine*, dann *um drei, um fünf, um sieben, ...* Einheiten zu. So erhält man eine Folge von Punkten der Parabel, aus denen sich der Graph dann leicht zeichnen lässt, siehe Bild 4.28. [1]

[1] Für alle Funktionen, deren Wertetabellen nicht aufgeführt sind, sollten diese selbst aufgestellt und die gefundenen Werte mit den Kurvenpunkten verglichen werden.

4.5.3 Die quadratische Funktion $y = x^2 + q$

Die Funktionsgleichung der Parabel $y = x^2 + q$ unterscheidet sich von der Normalparabel $y = x^2$ nur durch das Absolutglied q.

Jeder y-Wert der Parabel $y = x^2 + q$ ist demnach für $q > 0$ um q größer oder für $q < 0$ um $|\,q\,|$ kleiner als der zur gleichen Abszisse x gehörende y-Wert der Normalparabel. Das Absolutglied q bewirkt lediglich eine Verschiebung der Normalparabel in Richtung der y-Achse. Der Scheitel der Parabel $y = x^2 + q$ liegt nicht mehr im Koordinatenursprung, sondern im Punkt $S(0\,|\,q)$.
Diese Verschiebung in Richtung der y-Achse wird an den Parabeln

$$y = x^2 - 2 \quad \text{und} \quad y = x^2 + 3$$

im Bild 4.29 veranschaulicht.

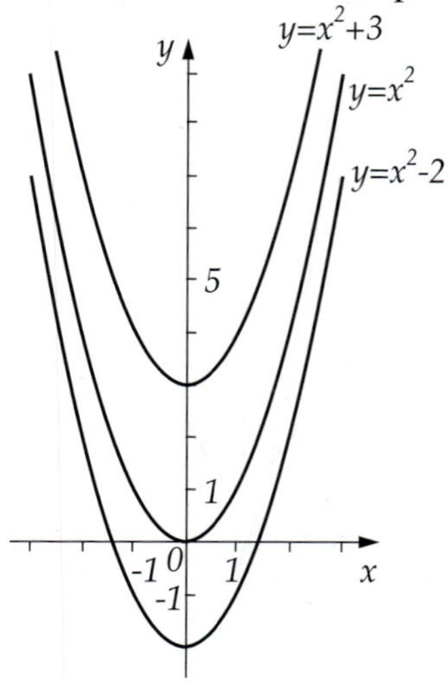

Bild 4.29

Funktionen mit der Gleichung $y = x^2 + q$ sind, genau wie die Funktion $y = x^2$, *gerade Funktionen*, was nachzuprüfen ist!

4.5.4 Die quadratische Funktion $y = x^2 + px + q$

Die Technik der quadratischen Ergänzung aus Abschnitt 2.3.2.6 wird hier vorausgesetzt.

Weil in der Gleichung der Funktion

$$y = x^2 + px + q$$

auch ein lineares Glied auftritt, ist diese Funktion weder gerade noch ungerade, siehe auch Beispiel 4.34 auf Seite 503. Der Graph zu $y = x^2 + px + q$ ist zwar wieder eine Parabel, aber nunmehr im Vergleich zur Normalparabel $y = x^2$ nicht nur in Richtung der y-Achse verschoben, sondern auch in Richtung der x-Achse.

Im Bild 4.30 sind die drei Parabeln

$$y = x^2, \qquad y = (x-2)^2 \qquad \text{und} \qquad y = (x-2)^2 + 4$$

nebeneinander dargestellt.

Trotz der unterschiedlichen Funktionsgleichungen sind die drei Kurven kongruent, besitzen also die *gleiche Gestalt*. Allen drei Graphen haben die Form der Normalparabel. Sie unterscheiden sich voneinander lediglich durch ihre Lage im Koordinatensystem.

Die Normalparabel $y = x^2$ hat ihren Scheitel im Koordinatenursprung. Der Scheitel der Parabel $y = (x-2)^2$ liegt im Punkt $S_1(2\,|\,0)$. Diese Parabel ist im Vergleich zur Parabel $y = x^2$ lediglich in Richtung der x-Achse um 2 Einheiten verschoben.

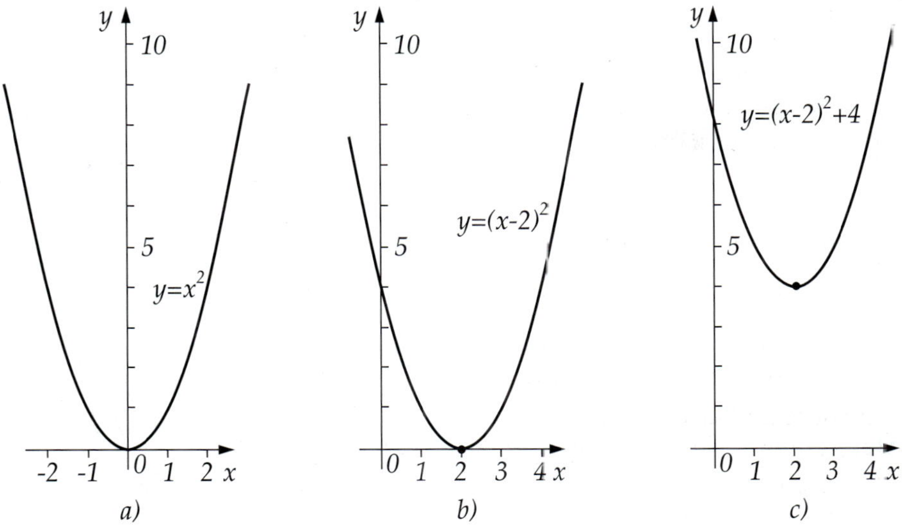

Bild 4.30

Der Scheitel der Parabel $y = (x-2)^2 + 4$ schließlich liegt im Punkt $S_2(2 \mid 4)$. Die Parabel $y = (x-2)^2 + 4$ ist im Vergleich zur Parabel $y = x^2$ sowohl in x-Richtung als auch in y-Richtung verschoben.

Allgemein gilt:

Die zur quadratischen Funktion

$$y = (x-d)^2 + e$$

gehörende Kurve hat die **Form einer Normalparabel**, ihr Scheitel liegt im Punkt $S(d \mid e)$ und ihre Symmetrieachse verläuft parallel zur y-Achse. Der Definitionsbereich ist $\mathbf{D} = \mathbf{R}$, der Wertebereich $\mathbf{W} = [\, e\,; +\infty\, [$.

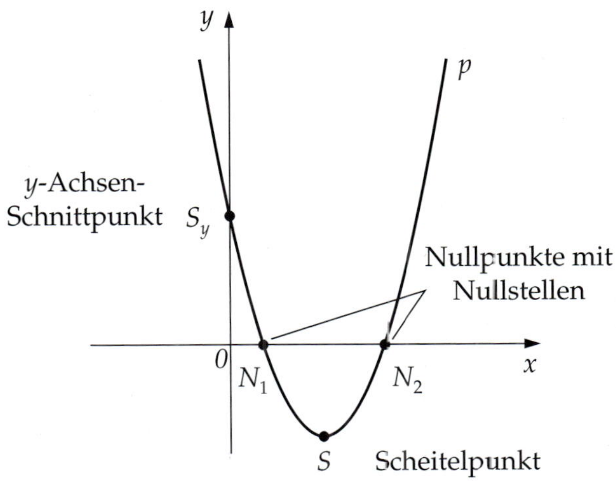

Bild 4.31 Wichtige Punkte einer quadratischen Parabel

Die Funktion ist im gesamten Definitionsbereich stetig, sie ist streng monoton fallend[1] für $x \in]-\infty\,;\, d\,]$ und streng monoton steigend für $x \in [\,d\,;\, +\infty\,[$.

Durch eine geeignete Umformung, die quadratische Ergänzung, lässt sich jede quadratische Funktion der Form

$$y = x^2 + px + q$$

auf die Form

$$y = (x - d)^2 + e$$

bringen. Daraus geht hervor, dass sich jede Funktion $y = x^2 + px + q$ durch eine verschobene Normalparabel darstellen lässt.

Beispiele:

4.51 Die Funktion $y = x^2 - 4x + 5$ soll auf ihre charakteristischen Eigenschaften hin untersucht werden.

Lösung: Die Funktionsgleichung wird durch quadratische Ergänzung umgeformt:

$$y = x^2 - 4x + 5 = \left(x^2 - 4x + 4\right) + 1$$

$$y = (x - 2)^2 + 1$$

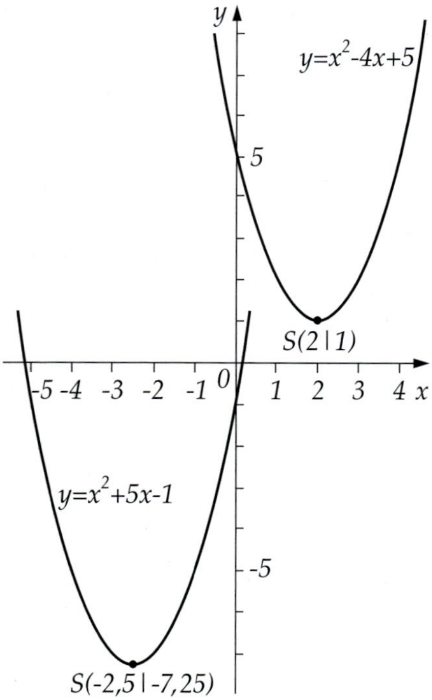

Bild 4.32

[1] Im Sinne unserer obigen Anmerkung zur Monotonie im Scheitelpunkt ordnen wir die Scheitelstelle beiden Monotonie-Intervallen zu. Es gibt andere Autoren, die sie gänzlich auslassen und bewusst offene Intervalle benutzen: $]-\infty;\, d\,[$ und $]\,d;\, +\infty\,[$

Aus dieser Form der Funktionsgleichung kann man die Koordinaten des Scheitelpunktes der zugehörigen Parabel ablesen:

$$d = 2, \qquad e = 1.$$

Es handelt sich also um eine Parabel, die nach oben geöffnet ist und die den Scheitelpunkt $S(2 \mid 1)$ besitzt.

Der zugehörige Graph ist im Bild 4.32 dargestellt.

4.52 Der Scheitelpunkt der Parabel $y = x^2 + 5x - 1$ soll ermittelt werden.

Lösung: Es ist

$$y = x^2 + 5x - 1 = \left(x^2 + 5x + 2{,}5^2\right) - 2{,}5^2 - 1 = \left(x^2 + 5x + 2{,}5^2\right) - 7{,}25$$
$$y = (x + 2{,}5)^2 - 7{,}25.$$

Beachtet man den Vorzeichenwechsel gegenüber dem vollständigen Quadrat $(x + 2{,}5)^2$, so erhält man mit $d = -2{,}5$ und $e = -7{,}25$ die Koordinaten des Scheitelpunktes:

$$S(-2{,}5 \mid -7{,}25), \qquad \text{siehe Bild 4.32.}$$

✍ A. 4.28–4.29 auf Seite 535

Die Nullstellen, also die x-Koordinaten der gemeinsamen Punkte der Parabel mit der x-Achse, berechnen sich, indem man den Funktionsausdruck gleich null setzt und dann nach x auflöst. Je nach Lage der Parabel im KoSy kann – wie in Bild 4.33 ersichtlich – eine quadratische Funktion zwei, eine oder keine Nullstellen besitzen. Das ausschlaggebende Kriterium liefert dabei die Diskriminante D[1].

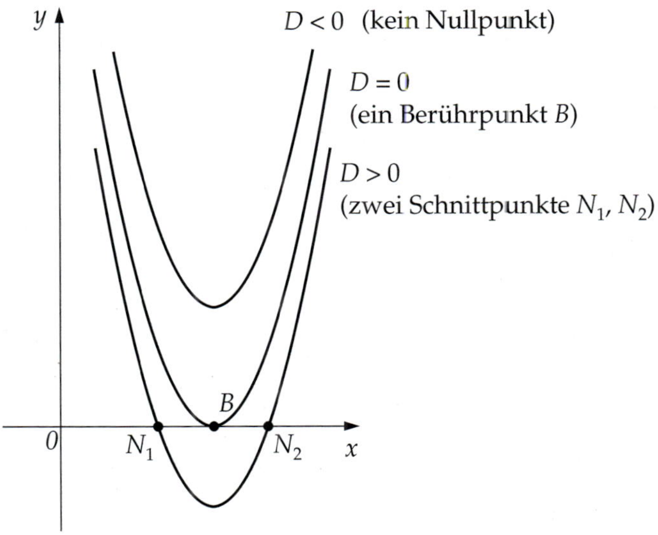

Bild 4.33

[1] Der Wert der Diskriminante entscheidet, welcher der drei möglichen Fälle vorliegt: discrimino (lat.) scheiden, unterscheiden.

Beispiele:

4.53 Berechne die Nullstellen der Funktion $y = x^2 - 12x - 13$ und gib die Nullpunkte an.

Lösung: Die quadratische Gleichung $x^2 - 12x - 13 = 0$ hat eine positive Diskriminante, weshalb die Parabel zwei Nullstellen besitzt:

$$x_{1,2} = 6 \pm \sqrt{36 + 13} = 6 \pm \sqrt{49} = 6 \pm 7$$

Aus den Lösungen $x_1 = -1$ und $x_2 = 13$ erhalten wir die beiden Nullpunkte $N_1(-1\,|\,0)$ und $N_2(13\,|\,0)$ und als alternative Schreibweise die **Linearfaktorenform** $y = (x + 1) \cdot (x - 13)$ der Parabel.

4.54 Die im Beispiel 4.51 untersuchte Funktion $y = x^2 - 4x + 5$ kann keine Nullstellen besitzen, da der Scheitelpunkt $S(2\,|\,1)$ oberhalb der x-Achse liegt und die Parabel nach oben geöffnet ist. Die quadratische Gleichung $x^2 - 4x + 5 = 0$ besitzt dann erwartungsgemäß auch eine negative Diskriminante:

$$x_{1,2} = 2 \pm \sqrt{4 - 5} = 2 \pm \sqrt{-1}$$

4.55 Die Nullstellen der im Beispiel 4.52 untersuchten Parabel $y = x^2 + 5x - 1$ können als ungefähr $x_1 \approx -5{,}1$ und $x_2 \approx 0{,}1$ aus Abbildung 4.32 abgelesen werden. Genau berechnen sie sich als:

$$x_{1,2} = -2{,}5 \pm \sqrt{6{,}25 + 1} = -2{,}5 \pm \sqrt{7{,}25}$$

$$x_1 \approx -5{,}19 \text{ und } x_2 \approx 0{,}19$$

✍ A. 4.30 auf Seite 535

4.5.5 Die allgemeine quadratische Funktion $y = ax^2 + bx + c$

Alle quadratischen Funktionen, die bisher behandelt wurden, waren dadurch charakterisiert, dass das quadratische Glied *keinen zusätzlichen Faktor* enthielt. Auf das Bild der zugehörigen Parabeln wirkt sich dies so aus, dass alle Parabeln genau dieselbe Form besitzen und sich nur durch ihre Lage im Koordinatensystem voneinander unterscheiden.

Tritt nun beim quadratischen Glied einer quadratischen Funktion ein von eins verschiedener Faktor a auf, so bewirkt dieser eine *Formänderung* der Parabel. Der Vorfaktor a wird auch als *Leitkoeffizient* bezeichnet. [1)]

Dies soll an den Beispielen der Funktionen

$$y = x^2 \qquad y = 2x^2 \qquad y = \tfrac{1}{2}x^2$$

$$y = -x^2 \qquad y = -2x^2 \qquad y = -\tfrac{1}{2}x^2$$

gezeigt werden, siehe Bilder 4.34 und 4.35.

Die Parabeln $y = a\,x^2$ sind im Vergleich zur Normalparabel $y = x^2$ *gestreckt* oder *gestaucht*, je nachdem, ob $|\,a\,| > 1$ oder ob $0 < |\,a\,| < 1$ ist.

---

1) Des Öfteren zu beobachtende Hinweise, dass der Leitkoeffizient a die *Steigung* der Parabel beschreibe, sind falsch! Bei einer Parabel ändert sich das Steigungsverhalten von Punkt zu Punkt und kann deshalb nur mit einer Funktion in Abhängigkeit von der jeweils betrachteten Stelle x_0 beschrieben werden.

Ist *a positiv*, so ist die zugehörige Parabel nach oben geöffnet. Bei *negativem a* ist sie nach unten offen. Die y-Achse ist in jedem dieser beiden Fälle die Symmetrieachse der Parabel.

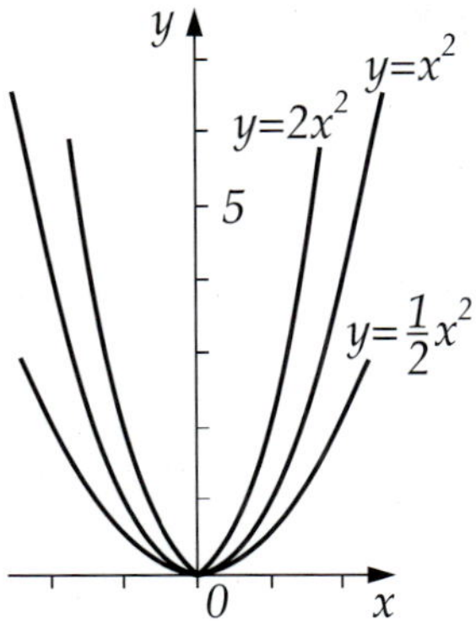

Bild 4.34

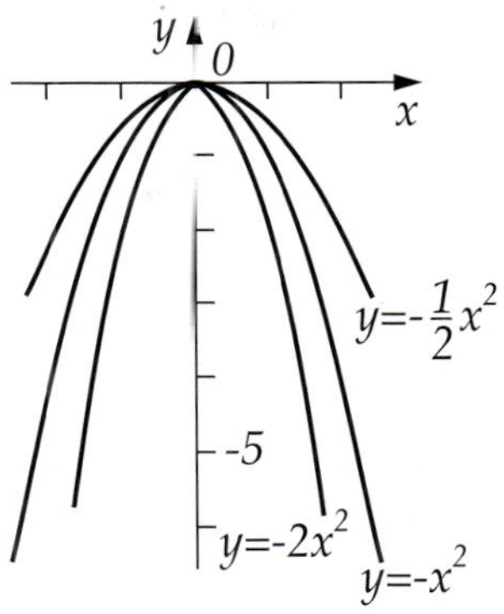

Bild 4.35

Treten auch noch lineare und absolute Glieder in der Funktionsgleichung auf, so besitzt die zur quadratischen Funktion

$$y = a\,x^2 + b\,x + c$$

gehörende Parabel die *gleiche Gestalt* wie die Parabel $y = a\,x^2$. Durch das lineare Glied $b\,x$ und das Absolutglied c wird lediglich eine Verschiebung der Parabel hervorgerufen, nicht aber eine Formänderung.

Ist die *Parabel nach oben geöffnet*, so ist der Scheitelpunkt der tiefste Punkt des Graphen, er stellt ein **Minimum** dar.

Ist die *Parabel nach unten geöffnet*, so stellt der Scheitelpunkt ein **Maximum** dar, weil er der höchste Punkt der Kurve ist.

Der Scheitelpunkt einer allgemeinen quadratischen Funktion $y = a\,x^2 + b\,x + c$ kann aus ihrer **Scheitelpunktform** sofort abgelesen werden:

$$y = a \cdot (x - d)^2 + e \;\Rightarrow\; S(d \mid e)$$

Beispiel:

4.56 a) Bestimme den Scheitelpunkt der Funktion $y = -\frac{1}{2}\,x^2 + 2x + 3$.

Lösung: Der Scheitel dieser Parabel lässt sich durch eine quadratische Ergänzung gemäß Beispiel 2.105 unmittelbar aus der Gleichung der Funktion bestimmen:

$$y = -\tfrac{1}{2}\,x^2 + 2x + 3 \qquad | \text{ Vorfaktor von } x^2 \text{ ausklammern}$$

$$y = -\tfrac{1}{2} \cdot \left[x^2 - 4x - 6\right] \qquad | \text{ Quadratische Ergänzung in } [\ldots]$$

$$y = -\tfrac{1}{2} \cdot \left[\left(x^2 - 4x + 4\right) - 10\right]$$

$$y = -\tfrac{1}{2} \cdot \left[(x - 2)^2 - 10\right] \qquad | \; [\ldots] \text{ auflösen}$$

$$y = -\tfrac{1}{2} \cdot (x - 2)^2 + 5$$

Hieraus lassen sich die Koordinaten des Scheitelpunktes ablesen: $d = 2$; $e = 5$, somit $S(2\,|\,5)$.

b) Die quadratische Funktion $y = -\frac{1}{2}x^2 + 2x + 3$ soll grafisch dargestellt werden.

Lösung: Um die zugehörige Parabel zeichnen zu können, wird eine *Wertetabelle* für die gegebene Funktion aufgestellt:

x	-4	-3	-2	-1	0	$+1$	$+2$	$+3$	$+4$	$+5$	$+6$	$+7$
y	-13	$-7{,}5$	-3	$+0{,}5$	$+3$	$+4{,}5$	$+5$	$+4{,}5$	$+3$	$+0{,}5$	-3	$-7{,}5$

Es entsteht eine nach unten geöffnete, gestauchte Parabel, siehe Bild 4.36.

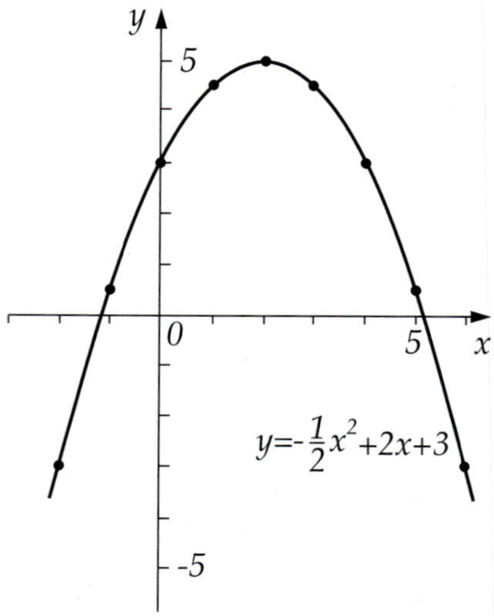

Bild 4.36

✍ A. 4.31–4.32 auf Seite 535

Auch die Nullstellen lassen sich bei einer allgemeinen quadratischen Funktion wie gewohnt berechnen.

Beispiele:

4.57 Ermittle die Nullstellen der Funktion $y = -7x^2 - 119x + 502{,}25$ und gib die Nullpunkte an.

Lösung: Die quadratische Gleichung $-7x^2 - 119x + 502{,}25 = 0$ wird durch Division mit (-7) auf die Normalform $x^2 + 17x - 71{,}75 = 0$ gebracht und dann mit der *pq*-Formel gelöst:

$$x_{1,2} = -8{,}5 \pm \sqrt{72{,}25 + 71{,}75} = -8{,}5 \pm \sqrt{144} = -8{,}5 \pm 12$$

Aus den Lösungen $x_1 = -20{,}5$ und $x_2 = 3{,}5$ erhalten wir die beiden Nullpunkte $N_1(-20{,}5\,|\,0)$ und $N_2(3{,}5\,|\,0)$.

4.58 Aus der Abbildung 4.36 können für die Funktion $y = -\frac{1}{2}x^2 + 2x + 3$ die Nullstellen $x_1 \approx -1{,}1$ und $x_2 \approx 5{,}1$ abgelesen werden. Die genaue Berechnung ergibt:

$$-\tfrac{1}{2}x^2 + 2x + 3 = 0 \quad |\cdot(-2)$$

$$x^2 - 4x - 6 = 0$$
$$x_{1,2} = 2 \pm \sqrt{4+6} = 2 \pm \sqrt{10}$$
$$x_1 \approx -1{,}16 \text{ und } x_2 \approx 5{,}16$$

✍ A. 4.33–4.36 auf Seite 536

Besitzt eine quadratische Funktion Nullpunkte, so liegen diese symmetrisch zur senkrechten Achse, die durch den Scheitelpunkt der Parabel verläuft.

Jede quadratische Parabel mit dem Scheitelpunkt $S(x_S \mid y_S)$ ist achsensymmetrisch zur Geraden $x = x_S$, die parallel zur y-Achse durch den Scheitelpunkt verläuft.
Besitzt eine Parabel die Nullstellen x_1 und x_2, so kann die **Scheitelstelle** x_S als ihr Mittelwert berechnet werden:

$$x_S = \frac{x_1 + x_2}{2} \tag{4.8}$$

☞ Der Beweis erfolgt in Aufgabe 4.38.

Beispiel:

4.59 Die Parabel zu $y = 3x^2 - 27x + 42$ besitzt die Nullstellen $x_1 = 2$ und $x_2 = 7$, wovon sich der Leser durch eine schnelle Probe überzeugen sollte.

Für die Scheitelstelle x_S folgt als Mittelwert der Nullstellen:

$$x_S = \frac{2+7}{2} = 4{,}5$$

Durch Einsetzen in die Funktionsvorschrift ergibt sich die y-Koordinate $y(4{,}5) = -18{,}75$, womit der Scheitelpunkt als $S(4{,}5 \mid -18{,}75)$ angegeben werden kann.

Überführt man die ursprüngliche Funktion durch eine quadratische Ergänzung in ihre Scheitelpunktform, so bestätigt sich dieses Ergebnis $y = 3 \cdot (x - 4{,}5)^2 - 18{,}75$.

✍ A. 4.37–4.38 auf Seite 536

4.5.6 Modellieren quadratischer Funktionen

Abschnitt 3.4.3: Lösen von linearen Gleichungssystemen (3er-LGS)

In diesem Abschnitt wollen wir aus den uns vorliegenden Informationen über eine quadratische Funktion den zugehörigen Funktionsausdruck herleiten. Daraus resultierende Aufgabenstellungen bezeichnet man als *Steckbriefaufgaben*.

Beispiel:

4.60 Erstelle aus den Koordinaten der drei Punkte $P_1(1 \mid 17)$, $P_2(-4 \mid 82)$ und $P_3(2 \mid 22)$ eine Gleichung für die Parabel p, die durch diese Punkte verläuft.

Lösung: Setzt man die Koordinaten der gegebenen Punkte in die allgemeine Form $y = ax^2 + bx + c$ einer quadratischen Funktion ein, so erhält man ein lineares Gleichungssystem mit drei Gleichungen und den drei Unbekannten a, b und c :

$$\begin{array}{lll} \text{I} & P_1(1\,|\,17) \in p: & 17 = a \cdot 1^2 + b \cdot 1 + c \\ \text{II} & P_2(-4\,|\,82) \in p: & 82 = a \cdot (-4)^2 + b \cdot (-4) + c \\ \text{III} & P_3(2\,|\,22) \in p: & 22 = a \cdot 2^2 + b \cdot 2 + c \end{array}$$

Die Lösungen für das LGS

$$\begin{array}{ll} \text{I} & a + b + c = 17 \\ \text{II} & 16a - 4b + c = 82 \\ \text{III} & 4a + 2b + c = 22 \end{array}$$

sind die gesuchten Koeffizienten der Parabel: $a = 3$, $b = -4$ und $c = 18$.

☞ Wie wir schon in Aufgabe 3.56 erfahren haben, sind solche Systeme besonders einfach zu lösen, da die Variable c in allen drei Gleichungen mit dem Vorfaktor 1 erscheint und somit durch einfaches Subtrahieren der Gleichungen eliminiert werden kann.

Die Vorschrift der Parabel lautet somit $y = 3x^2 - 4x + 18$.

☞ Zur eigenen Sicherheit sollte das Ergebnis unbedingt einer Punktprobe mit *allen beteiligten Punkten* unterzogen werden:

$$\begin{array}{llll} P_1(1\,|\,17): & 17 \stackrel{?}{=} 3 \cdot 1^2 - 4 \cdot 1 + 18 & \Rightarrow & 17 = 17 \checkmark \\ P_2(-4\,|\,82): & 82 \stackrel{?}{=} 3 \cdot (-4)^2 - 4 \cdot (-4) + 18 & \Rightarrow & 82 = 82 \checkmark \\ P_3(2\,|\,22): & 22 \stackrel{?}{=} 3 \cdot 2^2 - 4 \cdot 2 + 18 & \Rightarrow & 22 = 22 \checkmark \end{array}$$

✍ A. 4.39 auf Seite 536

Der Scheitelpunkt ist der zentrale Punkt einer Parabel, so dass bei seiner Kenntnis nur noch ein weiterer Punkt zum Auffinden der Funktionsvorschrift notwendig ist.

Beispiel:

4.61 Bestimme die quadratische Funktion, deren Graph den Scheitelpunkt $S\left(7\,|\,-32\right)$ besitzt und durch den Punkt $P\left(9\,|\,-24\right)$ verläuft.

Lösung: Setzt man die Koordinaten des Scheitelpunktes ($d = 7$; $e = -32$) und die des zusätzlich genannten Punktes ($x = 9$; $y = -24$) in die Scheitelpunktform ein, so erhält man

$$\begin{aligned} y &= a \cdot (x - d)^2 + e \\ -24 &= a \cdot (9 - 7)^2 - 32 \quad | + 32 \\ a &= 2 \end{aligned}$$

Die Scheitelpunktform der Parabel lautet somit $y = 2 \cdot (x - 7)^2 - 32$, woraus sich nach Auflösen der Klammer ihre allgemeine Form $y = 2x^2 - 28x + 66$ ergibt.

✍ A. 4.40 auf Seite 537

Die quadratischen Parabeln spielen bei Vorgängen in Natur und Technik eine wichtige Rolle, z. B. als Wurfparabeln und als Form von Brückenbögen.

Beispiel:

4.62 Auf dem nahezu parabelförmigen Bogen einer Brücke wurden die Punkte $P_2(7\,|\,11{,}6)$ und $P_3(154\,|\,70{,}4)$ vermessen. Wie lang ist die Brücke und welche maximale Höhe erreicht der Bogen, wenn einer ihrer Auflagepunkte im Ursprung eines KoSy mit 1 LE = 1 m liegt?

Lösung: Die Koordinaten der Messpunkte ergeben mit dem Ansatz $y = ax^2 + bx + c$ ein lineares Gleichungssystem (LGS):

I	$P_1(0\,|\,0)$:	$c = 0$
II	$P_2(7\,|\,11{,}6)$:	$49a + 7b = 11{,}6$
III	$P_3(154\,|\,70{,}4)$:	$23\,716\,a + 154\,b = 70{,}4$

Aus den Lösungen des LGS kann die Gleichung des Parabelbogens als

$$y = -\frac{2}{245}x^2 + \frac{12}{7}x$$

gewonnen werden.

Die Differenz ihrer Nullstellen $x_1 = 0$ und $x_2 = 210$ gibt die Länge, die y-Koordinate y_S des Scheitelpunktes die Höhe der Brücke an:

$$d = x_2 - x_1 = 210\,\text{m};\quad h = y_S = 90\,\text{m}.$$

✍ A. 4.41 auf Seite 537

4.5.7 Parabel und Gerade

Zeichnet man eine Parabel und eine Gerade in ein gemeinsames KoSy, so sind drei Fälle denkbar (Abb. 4.37):

Die Parabel wird von der Geraden

- in zwei Punkten geschnitten; die Gerade ist eine **Sekante**[1].
- in einem Punkt berührt; die Gerade ist eine **Tangente**[2].
- gemieden, d. h. die Gerade ist eine **Passante**[3] und läuft an der Parabel vorbei.

Die rechnerische Unterscheidung der drei Fälle geschieht durch die Diskriminante[4] D der quadratischen Schnittgleichung.

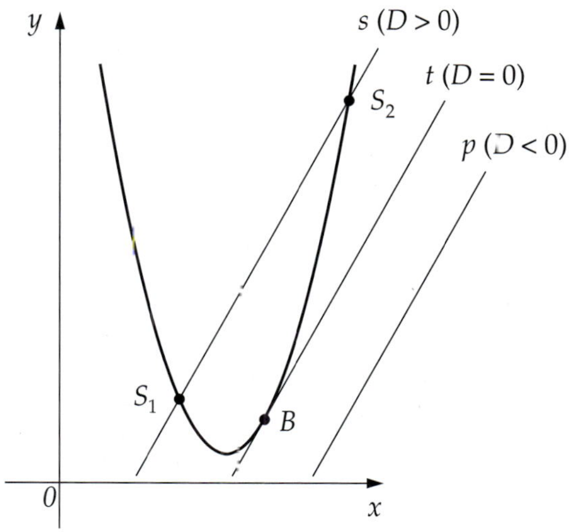

Bild 4.37

[1] secō (lat.) schneiden
[2] tango (lat.) berühren
[3] passer (franz.) vorbeigehen
[4] Beachte auch den Hinweis in Abschnitt 3.5.4.1 auf Seite 414: discrimino (lat.) = unterscheiden.

Beispiele:

Untersuche die relative Lage der Parabel p und der Geraden g. Gib gegebenenfalls die Koordinaten der gemeinsamen Punkte an.

4.63 $p\colon\ y = x^2 + 8x - 43, \quad g\colon\ y = 2x + 12$

Lösung: Setzt man die beiden Funktionsvorschriften einander gleich

$$x^2 + 8x - 43 = 2x + 12\,,$$

so kennzeichnen eventuelle Lösungen dieser Schnittgleichung die x-Koordinaten gemeinsamer Punkte der beiden Graphen:

$$\begin{aligned} x^2 + 8x - 43 &= 2x + 12 && \mid -2x - 12 \\ x^2 + 6x - 55 &= 0 && \mid pq\text{-Formel mit } p = 6;\ q = -55 \\ x_1 = -11 &\wedge x_2 = 5 \end{aligned}$$

Wegen der *positiven Diskriminante* wurden *zwei Lösungen* gefunden, es muss sich hierbei um *Schnittstellen* handeln. Die zugehörigen y-Koordinaten der beiden **Schnittpunkte** S_1 und S_2 liefern die Funktionsgleichungen durch Einsetzen der berechneten x-Werte:

$$\begin{aligned} g(-11) &= -10 && \Rightarrow S_1\left(-11 \mid -10\right) \\ g(5) &= 22 && \Rightarrow S_2\left(5 \mid 22\right) \end{aligned}$$

Da es zwei Schnittpunkte zwischen den Graphen gibt, ist die Gerade g für die Parabel p eine **Sekante**.

4.64 $p\colon\ y = x^2 - 10x + 40, \quad g\colon\ y = 3x - 2{,}25$

Lösung: Durch Gleichsetzen der beiden Funktionsvorschriften ergibt sich die Gleichung

$$x^2 - 10x + 40 = 3x - 2{,}25 \qquad \text{bzw.}$$

$$x^2 - 13x + 42{,}25 = 0\,,$$

die laut pq-Formel die *doppelte Lösung* $x_1 = x_2 = 6{,}5$ besitzt.

Im Unterschied zum Beispiel 4.63 erhalten wir hier nur einen x-Wert, was wir anschaulich so interpretieren können, dass beim Annähern von Parabel und Gerade die beiden möglichen Schnittpunkte aufeinander zulaufen und damit in einem **Berührpunkt** zusammenfallen.

Jede der beiden Funktionsvorschriften liefert durch Einsetzen des errechneten x-Wertes den fehlenden y-Wert des Berührpunktes, z. B. $g(6{,}5) = 17{,}25$. Somit berührt die Gerade g die Parabel p im Berührpunkt $B(6{,}5 \mid 17{,}25)$, d. h., sie ist eine **Tangente** an p.

4.65 $p\colon\ y = x^2 - 2{,}5x + 17, \quad g\colon\ y = 4x - 7$

Lösung: Setzt man die Vorschriften von Parabel und Gerade einander gleich, so erhält man eine Gleichung, die in $\mathbf{R}$ nicht lösbar ist:

$$x^2 - 2{,}5x + 17 = 4x - 7 \qquad \mathbf{L} = \emptyset$$

Dies bedeutet, dass die Gerade g und die Parabel p keinen gemeinsamen Punkt besitzen, d. h., die Gerade g ist eine **Passante** zu p.

Die Beispiele lassen erkennen, dass die Lösbarkeit der quadratischen Schnittgleichung und somit die Art der Diskriminante[1] für die Anzahl der gemeinsamen Punkte zwischen einer Parabel und einer Geraden verantwortlich ist; vergleiche auch mit Abbildung 4.37:

Diskriminante D	Anzahl Lösungen	gemeinsame Punkte	Gerade
positiv	zwei	2 Schnittpunkte	Sekante
null	eine	1 Berührpunkt	Tangente
negativ	keine	keine Punkte	Passante

✍ A. 4.42–4.44 auf Seite 537

4.5.8 Grafische Lösung quadratischer Gleichungen

Die grafische Lösung quadratischer Gleichungen gelingt auf zwei Wegen, die am Beispiel

$$x^2 + x - 2 = 0$$

vorgeführt werden sollen.

1. Verfahren:

Statt der *Gleichung* $x^2 + x - 2 = 0$ betrachtet man die quadratische *Funktion*

$$y = x^2 + x - 2$$

und bestimmt zeichnerisch deren Nullstellen.

Der Scheitelpunkt der Parabel $y = x^2 + x - 2$ ist $S(-0{,}5 \mid -2{,}25)$.

Aus der zugehörigen Kurve lassen sich die beiden Nullstellen

$$x_1 = -2 \qquad \text{und} \qquad x_2 = +1$$

ablesen, siehe Bild 4.38. Diese beiden Nullstellen sind gleichzeitig die beiden Lösungen der gegebenen quadratischen Gleichung.

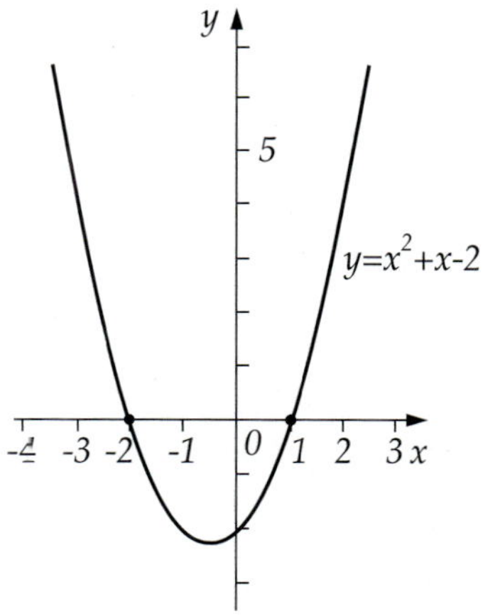

Bild 4.38

[1] Die Diskriminante (discrimino (lat.) unterscheiden) dient zur Unterscheidung der drei möglichen Fälle.

2. Verfahren:

Man isoliert in der gegebenen quadratischen Gleichung das quadratische Glied:

$$x^2 + x - 2 = 0 \qquad | -x + 2$$
$$x^2 = -x + 2$$

und betrachtet statt der *Gleichung* $y = x^2 + x - 2$ die beiden *Funktionen*

$$y = x^2 \qquad \text{und} \qquad y = -x + 2.$$

Die zu diesen beiden Funktionen gehörenden Graphen lassen sich leicht zeichnen[a]. Die erste Funktion ist die Normalparabel, die zweite eine Gerade. Die Maßzahlen für die Abszissen der beiden Schnittpunkte von Gerade und Parabel sind die Lösung der gegebenen Gleichung, siehe Bild 4.39:

$$S_1(-2 \,|\, 4) \qquad \Rightarrow x_1 = -2$$
$$S_2(1 \,|\, 1) \qquad \Rightarrow x_2 = 1$$

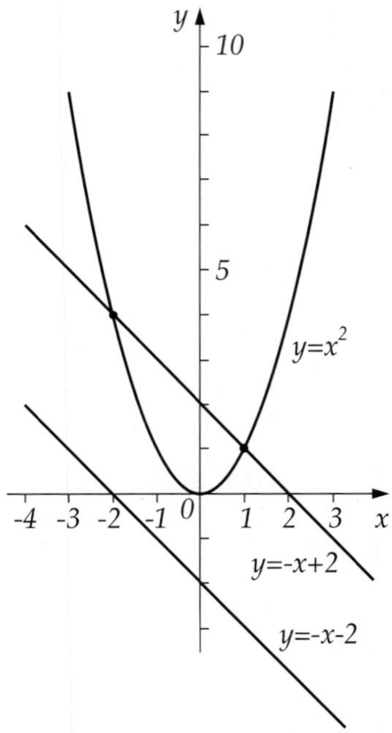

Bild 4.39

In den beiden Schnittpunkten zwischen Parabel und Gerade stimmen die y-Werte y_1 und y_2 der beiden betrachteten Funktionen $y = x^2$ und $y = -x + 2$ überein, so dass aus

$$y_1 = y_2$$

die Beziehung

$$x^2 = -x + 2$$

folgt, was nach Aufgabenstellung gefordert war.

Quadratische Gleichungen, die rechnerisch im Bereich der reellen Zahlen nicht gelöst werden können, lassen sich natürlich auch nicht grafisch lösen.

So ist die Gleichung

$$x^2 + x + 2 = 0$$

für $x \in \mathbf{R}$ nicht lösbar, was nachzuprüfen ist! Bei der grafischen Lösung dieser Gleichung mit dem ersten Verfahren liegt die zugehörige Parabel völlig oberhalb der x-Achse, so dass sich *kein Schnittpunkt* mit der x-Achse ergibt. Wendet man das zweite Verfahren an, so schneidet die zu zeichnende Gerade $y = -x - 2$ die Normalparabel $y = x^2$ *nicht*, siehe Bild 4.39, so dass auch hier keine Lösung abgelesen werden kann. Beide Möglichkeiten sind nachzuprüfen!

✍ A. 4.45 auf Seite 538

[2)] Es ist vorteilhaft, sich für derartige Aufgaben eine Normalparabel $y = x^2$ als Schablone zu besorgen. Sinnvoll sind Schablonen, in deren inneren Bereich auch die Kurven für die trigonometrischen Funktionen aus Abschnitt 6.2.2 eingearbeitet sind.

Aufgaben:

4.5 Quadratische Funktionen

(Lösungen ab Seite 906)

☞ Um das Verständnis für die grafischen Zusammenhänge zu schulen, sollte man die Rechenergebnisse mit einem Funktionenplotter am Funktionsgraphen überprüfen.

4.28 Überführe in die Scheitelpunktform und bestimme den Scheitelpunkt der Parabel:

a) $y = x^2 - 6x + 10$ b) $y = x^2 - 4x - 1$ c) $y = x^2 + 8x + 18$

d) $y = x^2 + 2x - 2$ e) $y = x^2 - 9x + 1{,}25$ f) $y = x^2 - 3x + 4$

g) $y = x^2 - x - 10{,}75$ h) $y = x^2 - 0{,}5x + 0{,}75$ i) $y = x^2 - 0{,}8x - 1{,}64$

k) $y = x^2 + 16x$ l) $y = x^2 + 7$ m) $y = x^2 + x - 2$

4.29 Desgleichen:

a) $y = x^2 + 6x - 12$ b) $y = x^2 - 4x + 5$ c) $y = x^2 + 12x + 30$

d) $y = x^2 + 7x - 18$ e) $y = x^2 - 5x - 6$ f) $y = x^2 - 2{,}2x + 4{,}1$

g) $y = x^2 + 3{,}4x - 1$ h) $y = x^2 - 4{,}7x + 29$ i) $y = x^2 + 13x - 8{,}2$

k) $y = x^2 - 19{,}5x - 3{,}5$ l) $y = x^2 + \frac{2}{3}x - 8$ m) $y = x^2 - \frac{6}{7}x + \frac{3}{4}$

n) $y = x^2 - 9$ o) $y = x^2 + \frac{5}{7}x$ p) $y = x^2 - \frac{9}{5}$

4.30 Berechne die Nullstelle(n) der Parabel:

a) $y = x^2 + 3x - 28$ b) $y = x^2 - 40x + 319$ c) $y = x^2 - 12{,}6x + 41{,}4$

d) $y = x^2 + 4{,}6x + 4{,}48$ e) $y = x^2 + 1{,}5x + 4{,}06$ f) $y = x^2 + 13{,}8x + 47{,}61$

4.31 Bestimme den Scheitelpunkt der Parabel und beschreibe seine Qualität:

a) $y = 2x^2 - 12x + 10$ b) $y = 7x^2 - 56x + 111$ c) $y = -2x^2 + 4x - 5$

d) $y = 3x^2 - 12x + 19$ e) $y = -5x^2 - 70x - 244$ f) $y = -0{,}1x^2 + 1{,}8x - 16{,}6$

g) $y = \frac{1}{3}x^2 - 2x + 1$ h) $y = -x^2 - 24x - 140$ i) $y = 4x^2 - \frac{16}{3}x - \frac{38}{9}$

k) $y = x^2 - x - 0{,}55$ l) $y = -\frac{2}{7}x^2 + 0{,}8x + 2{,}44$ m) $y = 8{,}1x^2 - 3{,}6x - 2{,}6$

4.32 Einige Anwendungen in der weiterführenden Mathematik erfordern es, dass Terme und Gleichungen durch quadratische Ergänzung auf eine bestimmten Vorgabe umgeformt werden. Bringe die Gleichungen auf die gewünschte Form und gib die Werte für a, b, d, e und r an:

Parabel: $y = a \cdot (x - d)^2 + e$

a) $y = x^2 - 4x + 7$

b) $y = 5x^2 - 80x + 309$

c) $150x^2 + 720x + 50y + 689 = 0$

Kreis: $(x - a)^2 + (y - b)^2 = r^2$

d) $x^2 - 6x + y^2 = 16y - 72$

e) $100x^2 + 860y + 11\,893 + 100y^2 = 2\,240x$

f) $25\left(x^2 + y^2\right) + 130x + 2\,019 - 450y = 0$

Ellipse: $\frac{x^2}{a^2} + \frac{y^2}{b^2} = 1$

g) $25x^2 + 64y^2 = 1\,600$

h) $125x^2 + 28{,}8y^2 - 6\,480 = 0$

i) $324x^2 + 49y^2 = 635{,}04$

Hyperbel: $\frac{x^2}{a^2} - \frac{y^2}{b^2} = 1$

k) $100x^2 - 9y^2 = 6\,561$

l) $729x^2 + 1\,156y^2 = 8\,427{,}24$

m) $9{,}604x^2 - 2{,}209y^2 = 212{,}15236$

4.33 Berechne die Nullstelle(n) der Parabel:

a) $y = -2x^2 + 12x - 16$ b) $y = 0{,}6x^2 - 0{,}6x - 33{,}6$

c) $y = 3x^2 + 24x + 48$ d) $y = -9x^2 + 130{,}5x - 563$

e) $y = -6{,}1x^2 - 122{,}61x - 534{,}848$ f) $y = 83x^2 + 104x + 53$

g) $y = 7{,}6x^2 - 72{,}96x + 144{,}704$ h) $y = -2{,}52x^2 - 64{,}008x - 406{,}4508$

i) $y = 0{,}88x^2 - 22{,}968x + 87{,}032$ k) $y = 0{,}233x^2 - 15{,}844x + 271{,}155$

l) $y = -3{,}64x^2 + 0{,}8736x + 0{,}97006$ m) $y = 15{,}8x^2 + 734{,}7x + 8\,268{,}772$

4.34 Berechne die Nullstelle(n) der Funktionen aus Aufgabe 4.31.

4.35 Bestimme die charakteristischen Punkte der quadratischen Funktion: Nullpunkte, Scheitel- und y-Achsenschnittpunkt.

a) $y = x^2 - 16x + 60$ b) $y = x^2 - 10x + 9$ c) $y = x^2 + 6x - 16$

d) $y = x^2 - 12x - 64$ e) $y = x^2 - 3x - 6{,}75$ f) $y = x^2 + 7x + 12{,}25$

g) $y = -x^2 + 2x + 24$ h) $y = 2x^2 - 28x + 48$ i) $y = -3x^2 - 36x - 60$

k) $y = 4x^2 - 16x + 18$ l) $y = -4x^2 + 40x - 84$ m) $y = 5x^2 + 90x - 440$

n) $y = -1{,}3x^2 + 5{,}2x - 23$ o) $y = -4{,}8x^2 + 115{,}2x - 648$

p) $y = \frac{2}{3}x^2 - \frac{28}{15}x + 0{,}98$ q) $y = 0{,}1x^2 - 0{,}36x - 0{,}972$

r) $y = -\frac{7}{9}x^2 + \frac{574}{45}x - \frac{623}{12}$ s) $y = -0{,}8x^2 + 5{,}92x - 10{,}952$

4.36 Bestimme die Öffnungsrichtung und die Gestalt der Parabel, sowie die Lage des Scheitelpunktes und gib an, wo die Koordinatenachsen geschnitten werden:

a) $y = -2x^2 - 4x$ b) $y = -\frac{3}{2}x^2 + 6x - 7$ c) $y = 0{,}3x^2 - 2{,}7$

d) $y = -3x^2 + 6x - 1$ e) $7y = 8x^2 + 16x - 6$ f) $y = -x^2 + 2x - 3$

g) $y = \frac{1}{3}x^2 - 2x$ h) $y = 4x^2 + 2x - 6$ i) $y = -x^2 - 1{,}6x + 2{,}12$

k) $-4y = x^2 - 6x + 8$

4.37 Berechne zuerst die Nullstellen der quadratischen Funktion und ermittle dann daraus ihren Scheitelpunkt:

a) $y = x^2 - 4x - 45$ b) $y = 2x^2 - 18$

c) $y = -3x^2 + 33x - 84$ d) $y = 5{,}6x^2 - 11{,}2x - 196$

e) $y = 4x^2 - 44x + 132$ f) $y = -0{,}8x^2 + 37{,}6x + 3\,312$

4.38 Zeige rechnerisch, dass die Scheitelstelle x_S einer beliebigen quadratischen Parabel $y = ax^2 + bx + c$ als Mittelwert ihrer möglichen Nullstellen x_1 und x_2 angegeben werden kann.

4.5.6 Modellieren quadratischer Funktionen (Lösungen ab Seite 909)

4.39 Stelle die Vorschrift für eine quadratische Funktion auf, deren Graph durch die drei angegebenen Punkte verläuft:

a)	$A(1 \mid 4)$	$B(-1 \mid 8)$	$C(3 \mid 8)$
b)	$R(2 \mid 6)$	$S(-3 \mid -4)$	$T(1 \mid 0)$
c)	$U(5 \mid -13)$	$V(-2 \mid 15)$	$W(3 \mid -15)$
d)	$P_1(1 \mid 5)$	$P_2(2 \mid 7)$	$P_3(-1 \mid -5)$
e)	$U(3 \mid 30)$	$V(5 \mid -24)$	$W(4 \mid 2)$
f)	$A(4 \mid -6)$	$F(1 \mid -9)$	$K(-4 \mid -54)$
g)	$P_1(1{,}5 \mid -2{,}75)$	$P_2(3{,}2 \mid -8{,}36)$	$P_4(-2{,}1 \mid 28{,}21)$
h)	$A(8{,}5 \mid 85{,}25)$	$B(-2{,}4 \mid -3{,}04)$	$C(5{,}5 \mid 37{,}25)$
i)	$P(12 \mid 39)$	$Q(10{,}9 \mid 23{,}71)$	$R(4{,}5 \mid -17{,}25)$
k)	$P(1 \mid 7)$	$P(-2 \mid 13)$	$P(0 \mid 5)$
l)	$P(0 \mid 0)$	$P(2 \mid -10)$	$P(-4 \mid -52)$
m)	$U(3 \mid 16)$	$V(-2 \mid -19)$	$W(4 \mid 35)$
n)	$R(4 \mid -27)$	$S(-3 \mid -55)$	$T(6 \mid -73)$
o)	$P_1(7 \mid 369)$	$P_2(-2 \mid 45)$	$Z(5 \mid 185)$
p)	$P(1 \mid -20{,}8)$	$Q\left(0{,}5 \,\middle|\, -\frac{93}{40}\right)$	$R(0{,}1 \mid 2{,}987)$
q)	$A(-2 \mid -48{,}6)$	$B(3 \mid -127{,}1)$	$Q(0{,}4 \mid 5{,}448)$
r)	$U(1{,}5 \mid 29{,}45)$	$V(-2{,}5 \mid 54{,}25)$	$W(-0{,}2 \mid 1{,}672)$
s)	$P(-2{,}4 \mid 37)$	$P(1{,}2 \mid 21{,}7)$	$P(7{,}2 \mid 92{,}2)$

4.40 Ermittle aus den Angaben zum Scheitelpunkt S und eines weiteren Punktes P die Funktionsvorschrift der Parabel:

a) $S(8 \mid -81)$; $P(1 \mid -32)$
b) $S(4{,}5 \mid -9)$; $P(-1{,}5 \mid 27)$
c) $S(-3 \mid 64)$; $P(7 \mid -36)$
d) $S(8 \mid -196)$; $P(-6 \mid 588)$
e) $S(-1 \mid -57{,}6)$; $P(-4 \mid -25{,}2)$
f) $S(2{,}5 \mid -296{,}875)$; $P(14 \mid -45{,}6)$

4.41 An einer parabelförmigen Spannbetonbrücke wurden drei Messpunkte abgenommen: $P_1(20{,}000 \mid 69{,}375)$, $P_2(40{,}000 \mid 55{,}500)$ und $P_3(60{,}000 \mid 32{,}375)$, alle Angaben in Metern. Berechne Spannweite und Höhe des Brückenbogens.

4.5.7 Parabel und Gerade

(Lösungen ab Seite 910)

4.42 Untersuche die relative Lage der Geraden g und der Parabel p und gib die Koordinaten eventueller Berühr- oder Schnittpunkte an:

a) $p\colon y = x^2 - 7x + 20$
$g\colon y = 5x - 7$

b) $p\colon y = x^2 - 11x + 53$
$g\colon y = 3x + 4$

c) $p\colon y = x^2 + 18x + 68$
$g\colon y = 40x - 142$

d) $p\colon y = 5x^2 - 24x + 19$
$g\colon y = 6x - 6$

e) $p\colon y = -6x^2 - 60x - 60$
$g\colon y = -12x + 12$

f) $p\colon y = 4x^2 - 28x + 55$
$g\colon y = 2{,}4x - 2{,}76$

g) $p\colon y = -0{,}7x^2 + 16{,}82x - 27{,}003$
$g\colon y = 3{,}8x + 8{,}34$

h) $p\colon y = 2{,}9x^2 + 52x + 20{,}5$
$g\colon y = 8{,}5x - 168$

4.43 Nicht nur Parabel und Gerade können sich schneiden, sondern auch zwei Parabeln. Die Berechnung der gemeinsamen Punkte gelingt auch dafür durch Gleichsetzen der Funktionsgleichungen. In welchen Punkten berühren oder schneiden sich die folgenden Graphen?

a) $y = -3x^2 + 5$
$y = x^2 + 1$

b) $y = \frac{10}{7}x^2 + 4$
$y = 2x^2 - 3$

c) $y = -5x^2 - 20x - 23$
$y = \frac{3}{4}x^2 + 3x$

d) $y = -\frac{7}{2}x^2 - 14x - 9$
$y = 3 + 2x + \frac{1}{2}x^2$

4.44 Bestimme

α) die Öffnungsrichtung, die Gestalt sowie den Scheitelpunkt der Parabel p,
β) den Verlauf der Geraden g und
γ) die Schnittpunkte der Parabel mit der Geraden:

a) $y = x^2 - 2x + 3$	und	$y = -x + 5$
b) $y = x^2 + 4x + 1$	und	$y = x + 1$
c) $y = -x^2 + 6x - 1$	und	$y = 3x - 5$
d) $y = -x^2 - 6x - 13$	und	$x + 2y + 3 = 0$
e) $2x^2 + 4x - 7y - 19 = 0$	und	$7y + 13 = 0$
f) $4x^2 + 20x - 3y + 25 = 0$	und	$y = -2x - 5$
g) $y = 0{,}25x^2 + x + 3{,}25$	und	$y = 2x + 2{,}25$
h) $x^2 - 9y - 36 = 0$	und	$y = 0{,}3x - 5{,}2$
i) $y = -2x^2 + 16x - 35$	und	$y = -x$
k) $4x^2 - 36x + 6y + 81 = 0$	und	$20x + 6y - 115 = 0$

4.5.8 Grafische Lösung quadratischer Gleichungen (Lösungen ab Seite 911)

4.45 Löse die Gleichung grafisch:

a) $x^2 + 0{,}3x - 1{,}3 = 0$ b) $x^2 - 1{,}5x - 4{,}5 = 0$ c) $x^2 - 4x + 13 = 0$
d) $x^2 - 3{,}4x = 0$ e) $x^2 + 0{,}3x - 7 = 0$ f) $y^2 - 1{,}4y + 0{,}49 = 0$
g) $x^2 + 2{,}8x + 2 = 0$ h) $4z^2 + 4z - 3 = 0$ i) $5x^2 + 18x + 16{,}2 = 0$
k) $5y^2 + 10y - 2{,}2 = 0$

4.6 Potenzfunktionen

4.6.1 $y = x^n$ mit ganzzahligem positivem Exponenten

Die Potenzfunktionen $y = x^n$ sind für $n \in \mathbf{N}^*$ für alle reellen Werte von x definiert, ihr Definitionsbereich ist also

$$\mathbf{D} = \mathbf{R}.$$

Der Wertebereich der einzelnen Funktionen ist vom Exponenten n abhängig. Außerdem ist jede der genannten Funktionen im gesamten Definitionsbereich stetig.

Die Kurven der Potenzfunktionen $y = x^n$ werden **Parabeln n-ter Ordnung** genannt, wenn $n \in \mathbf{N}^*$.

Um die Eigenschaften der Funktionen $y = x^n$ genauer kennenzulernen, sollen zwei Fälle unterschieden werden.

Fall a: n ist eine gerade Zahl: $n = 2m$, $m \in \mathbf{N}^*$.

Alle Funktionen $y = x^{2m}$ sind *gerade Funktionen*, denn es gilt stets

$$(-x)^{2m} = x^{2m}.$$

Aus diesem Grunde müssen alle Kurven $y = x^{2m}$ symmetrisch zur y-Achse verlaufen.

Unabhängig vom Exponenten gilt für $x \in \,]-\infty\,;\,0\,]$:

$$x_1 < x_2 \quad \Longrightarrow \quad x_1^{2m} > x_2^{2m}, \qquad \text{streng monoton fallend,}$$

und für $x \in [\,0\,;\,+\infty\,[$:

$$x_1 < x_2 \quad \Longrightarrow \quad x_1^{2m} < x_2^{2m}, \qquad \text{streng monoton steigend.}$$

Ferner haben alle Funktionen $y = x^{2m}$ drei Punkte gemeinsam: den Punkt $P_1(1\,|\,1)$, den Punkt $P_2(-1\,|\,1)$ sowie den Koordinatenursprung $O(0\,|\,0)$.

Im Bild 4.40 sind eine Anzahl von Funktionen $y = x^{2m}$ dargestellt. Es ist zu erkennen, dass die Kurven für $x > 1$ *um so steiler* ansteigen, *je größer* der Exponent $2m$ ist. Sie gehen *um so flacher* durch den Koordinatenursprung hindurch, *je größer* der Exponent $2m$ ist.

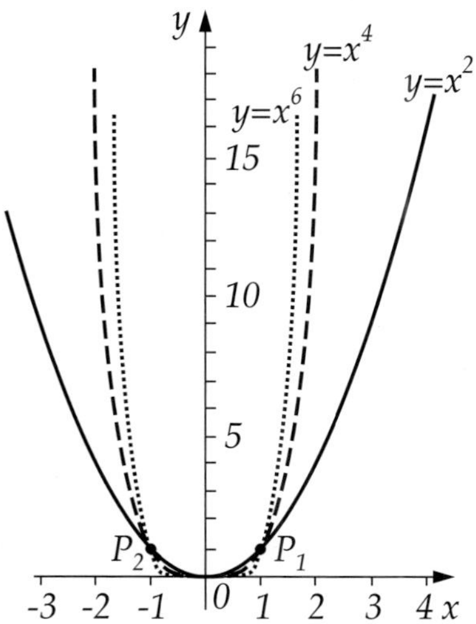

Bild 4.40

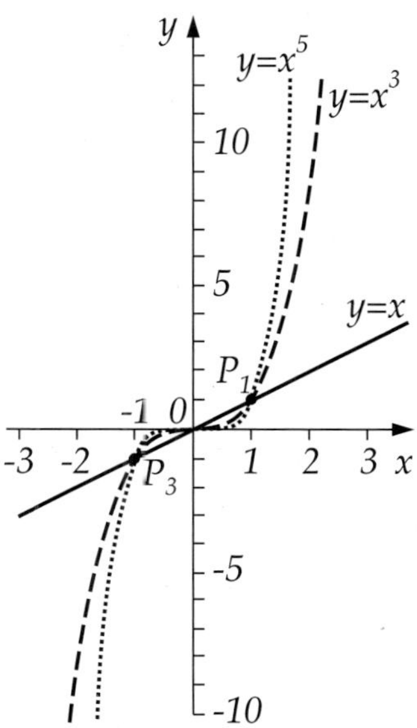

Bild 4.41

Fall b: n ist eine ungerade Zahl: $n = 2m - 1$, $m \in \mathbf{N}^*$.

Alle Funktionen $y = x^{2m-1}$ sind *ungerade Funktionen*, denn es gilt stets

$$(-x)^{2m+1} = -x^{2m-1}.$$

Die Kurven $y = x^{2m-1}$ verlaufen demnach alle punktsymmetrisch zum Koordinatenursprung.

Unabhängig vom Exponenten gilt bei ungeraden Potenzfunktionen für alle $x \in \mathbf{R}$:

$$x_1 < x_2 \implies x_1^{2m-1} < x_2^{2m-1}, \quad \text{streng monoton wachsend.}$$

Ein Blick auf Bild 4.42, welches das Verhalten der Funktionen $y = x^n$ für $n \in \mathbf{N}^*$ in der Nähe des Koordinatenursprungs vergrößert darstellt, mag den Eindruck verstärken, dass die Graphen für ungerade Exponenten im Ursprung mit ihrem Wachstum innehalten. Aber die Tatsache $x_1 < 0 < x_2 \Rightarrow f(x_1) < f(0) < f(x_2)$ bedeutet, dass die ungeraden Potenzfunktionen $y = x^{2m-1}$ *im gesamten Definitionsbereich streng monoton steigen.*

In Bild 4.41 sind einige Funktionen $y = x^{2m-1}$ dargestellt. Es ist zu erkennen, dass alle Kurven durch die drei Punkte $P_1(1 \mid 1)$, den Koordinatenursprung $O(0 \mid 0)$ und $P_3(-1 \mid -1)$ hindurchgehen und dass bezüglich der Steilheit der Kurven das gleiche gilt, was bereits im Fall a) für die Kurven $y = x^{2m}$ festgestellt wurde.

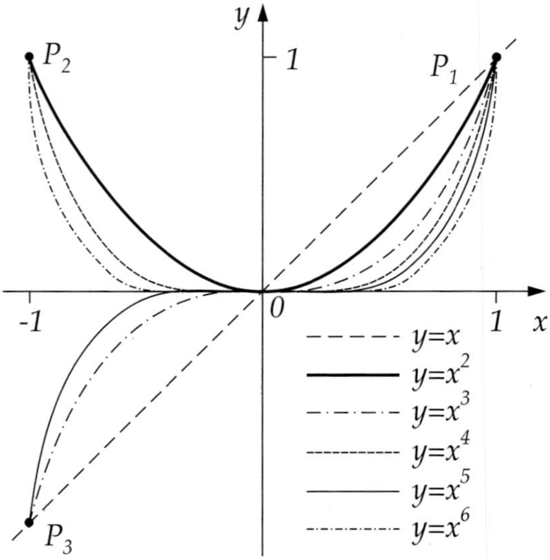

Bild 4.42

Zusammenfassung:

$$y = x^n \quad \textbf{für} \quad n \in \mathbf{N}^*$$

Exponent	gerade	ungerade
Definitionsbereich	$x \in \mathbf{R}$	$x \in \mathbf{R}$
Wertebereich	$y \in [\,0\,;\,+\infty\,[$	$y \in \mathbf{R}$
Symmetrie	gerade Funktion	ungerade Funktion
Stetigkeit für	$x \in \mathbf{R}$	$x \in \mathbf{R}$
Streng monoton fallend für	$x \in \,]-\infty\,;\,0\,]$	–
Streng monoton steigend für	$x \in [\,0\,;\,+\infty\,[$	$x \in \mathbf{R}$
Gemeinsame Punkte	$P_1(1 \mid 1)$	$P_1(1 \mid 1)$
	$O(0 \mid 0)$	$O(0 \mid 0)$
	$P_2(-1 \mid 1)$	$P_3(-1 \mid -1)$

4.6.2 Die Potenzfunktion $y = x^0$

Für die Potenz a^0 gilt $a^0 = 1$ für alle $a \neq 0$. Für $a = 0$ dagegen stellt die Potenz a^0 einen unbestimmten Ausdruck dar.

Demzufolge ergibt sich für den Definitions- und den Wertebereich der Funktion $y = x^0$:

$$\mathbf{D} = \mathbf{R}^* \qquad \text{und} \qquad \mathbf{W} = \{\,1\,\}.$$

Die Funktion $y = x^0$ hat also für jeden von null verschiedenen Wert x den Funktionswert $y = 1$.

Für $x = 0$ ist die Funktion *nicht erklärt*, es fehlt dort ein *einzelner* Punkt im Graphen. Man sagt dazu: Die Funktion $y = x^0$ hat an der Stelle $x = 0$ eine (behebbare) **Lücke**. Der Zusatz „behebbar“ zielt darauf ab, dass man durch Einfügen des fehlenden Punktes die Lücke schließen könnte.

Das Bild der Funktion $y = x^0$ ist somit eine Parallele zur x-Achse im Abstand 1, siehe Bild 4.43, die im Punkt $P(0 \mid 1)$ unterbrochen ist, also dort eine Lücke hat. Die Parallele nähert sich von beiden Seiten her unbegrenzt nahe an den Punkt $P(0 \mid 1)$ an, das Wertepaar $(0\,;\,1)$ selbst gehört jedoch **nicht** mit zur Funktion, so gehört auch der Punkt $P(0 \mid 1)$ *nicht* mit zur Kurve.

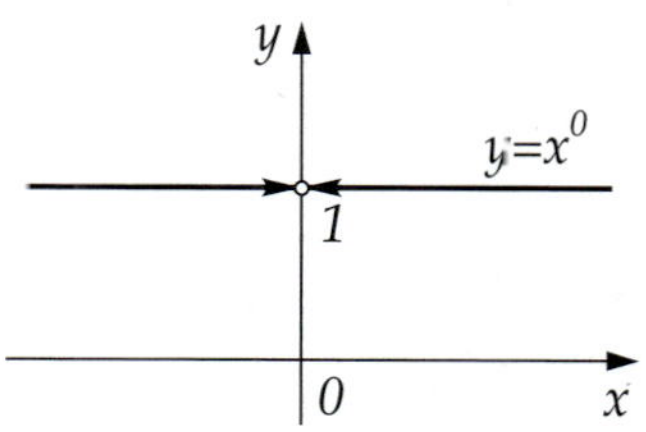

Bild 4.43

4.6.3 $y = x^{-n}$ mit ganzzahligem negativem Exponenten

x^{-n} mit $n \in \mathbf{N}^*$ ist bekanntlich gleichbedeutend mit dem Bruch $\dfrac{1}{x^n}$.

Da die Division durch null nicht erlaubt ist, existieren alle Potenzfunktionen $y = x^{-n}$ für $n \in \mathbf{N}^*$ nur im Definitionsbereich

$$\mathbf{D} = \mathbf{R}^*.$$

Der Wertebereich der einzelnen Funktionen hängt auch hier vom Exponenten n ab.

Die Funktionen sind für $x = 0$ nicht definiert und an dieser Stelle *unstetig*. Innerhalb der beiden Teilbereiche

$$\mathbf{D}_1 =]-\infty\,;\,0[\qquad \text{und} \qquad \mathbf{D}_2 =]\,0\,;\,+\infty\,[$$

ist jedoch jede dieser Funktionen stetig.

Die Kurven der Funktionen $y = x^{-n}$ werden **Hyperbeln n-ter Ordnung** genannt, wenn $n \in \mathbf{N}^*$.

Um die Eigenschaften der Hyperbeln n-ter Ordnung und damit der Potenzfunktionen $y = x^{-n}$ für einen ganzzahligen negativen Exponenten genauer kennenzulernen, unterscheiden wir wiederum zwei Fälle.

Fall a: n ist eine gerade positive Zahl: $n = 2m$, $m \in \mathbf{N}^*$.

Alle Funktionen $y = x^{-2m}$ sind *gerade Funktionen*, was nachzuprüfen ist!

Im Intervall $]\,0\,;\,+\infty\,[$ gilt unabhängig vom Exponenten

$$x_1 < x_2 \quad \Longrightarrow \quad x_1^{-2m} > x_2^{-2m},$$

so dass die Funktion $y = x^{-2m}$ im genannten Intervall eine streng monoton fallende Funktion ist.

Aus Symmetriegründen muss sie dann im Intervall $]-\infty\,;\,0\,[$ streng monoton steigen.

Mit wachsenden Werten von $|\,x\,|$ werden die zugeordneten y-Werte immer kleiner, so dass sich die Kurvenpunkte der x-Achse immer mehr annähern, ohne sie jedoch im Endlichen jemals völlig zu erreichen. Man nennt daher die x-Achse eine **Asymptote**[1)] der Hyperbel.

Auch die y-Achse ist eine Asymptote der Hyperbeln $y = x^{-2m}$. Lässt man nämlich x immer mehr an den Wert null heranrücken, so wachsen die zugeordneten y-Werte immer mehr an. Damit nähern sich die Kurven nach oben hin immer mehr auch an die y-Achse an, ohne diese jemals zu erreichen.

Man nennt die Stelle $x = 0$ eine **Unendlichkeitsstelle**, hier speziell einen **Pol** der Funktion $y = x^{-2m}$.

Alle Kurven $y = x^{-2m}$ gehen sowohl durch den Punkt $P_1(1\,|\,1)$ als auch durch $P_2(-1\,|\,1)$ hindurch.

Fall b: n ist eine ungerade positive Zahl: $n = 2m - 1$, $m \in \mathbf{N}^*$.

In diesem Falle sind alle Funktionen $y = x^{-(2m-1)}$ *ungerade Funktionen*. Sie fallen in den beiden Intervallen $]-\infty\,;\,0\,[$ und $]\,0\,;\,+\infty\,[$ jeweils streng monoton ab.

Auch sie haben die beiden Koordinatenachsen als Asymptoten sowie an der Stelle $x = 0$ einen Pol.

---

1) sýmptōtos (griech.) zusammenfallend; a (griech.) Verneinungsform. Die Kurve schmiegt sich an, wird die Asymptote aber nie erreichen.

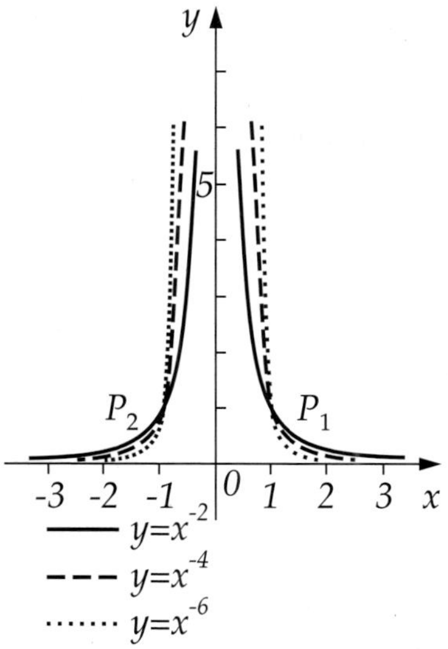

Bild 4.44

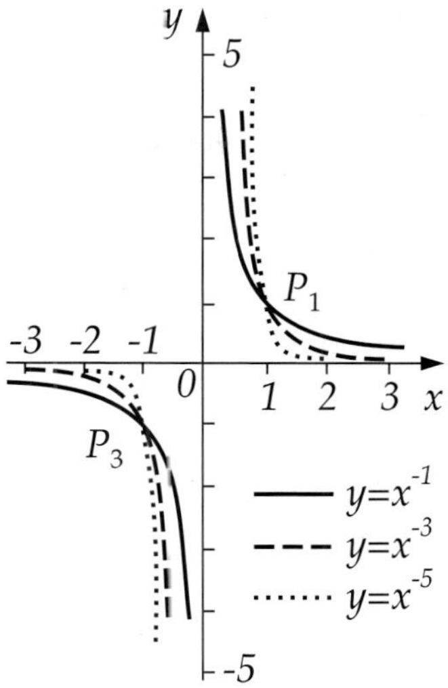

Bild 4.45

Gemeinsame Punkte aller Kurven $y = x^{-(2m-1)}$ sind die beiden Punkte $P_1(1 \mid 1)$ und $P_3(-1 \mid -1)$.

In den Bildern 4.44 und 4.45 sind einige spezielle Kurven $y = x^{-n}$ für verschiedene Exponenten $n \in \mathbf{N}^*$ dargestellt.

Zusammenfassung:

$$\boldsymbol{y = x^{-n}} \quad \textbf{für} \quad \boldsymbol{n \in \mathbf{N}^*}$$

Exponent	gerade	ungerade
Definitionsbereich	$x \in \mathbf{R}^*$	$x \in \mathbf{R}^*$
Wertebereich	$y \in]0\,;\, +\infty[$	$y \in \mathbf{R}^*$
Symmetrie	gerade Funktion	ungerade Funktion
Stetigkeit	unstetig bei $x = 0$	unstetig bei $x = 0$
Streng monoton fallend für	$x \in]0\,;\, +\infty[$	$x \in \mathbf{R}^*$
Streng monoton steigend für	$x \in]-\infty\,;\, 0[$	–
Gemeinsame Punkte	$P_1(1 \mid 1)$	$P_1(1 \mid 1)$
	$P_2(-1 \mid 1)$	$P_3(-1 \mid -1)$
Asymptoten	x-Achse	x-Achse
	y-Achse	y-Achse

4.6.4 $y = x^n$ mit gebrochenem Wert des Exponenten n

Aus der Vielzahl der möglichen Funktionen $y = x^n$ für gebrochene Werte von n sollen hier nur diejenigen kurz behandelt werden, bei denen n ein *positiver Stammbruch* ist, also die sogenannten **Wurzelfunktionen**

$$y = x^{\frac{1}{m}} = \sqrt[m]{x} \qquad (m \in \mathbf{N} \wedge m > 1).$$

Der Definitionsbereich aller Wurzelfunktionen ist die Menge der positiven reellen Zahlen

$$\mathbf{D} = [\,0\,;\,+\infty\,[\,,$$

denn der Wurzelbegriff ist für negative Radikanden nicht erklärt.

Auch der Wertebereich ist

$$\mathbf{W} = [\,0\,;\,+\infty\,[\,,$$

und alle Wurzelfunktionen sind im gesamten Definitionsbereich *stetige und streng monoton steigende* Funktionen.

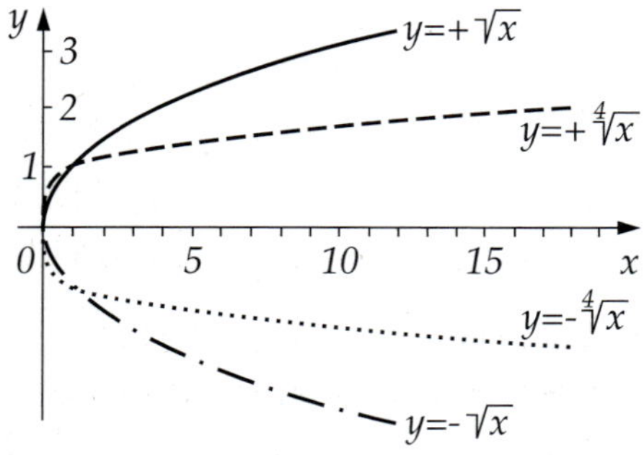

Bild 4.46

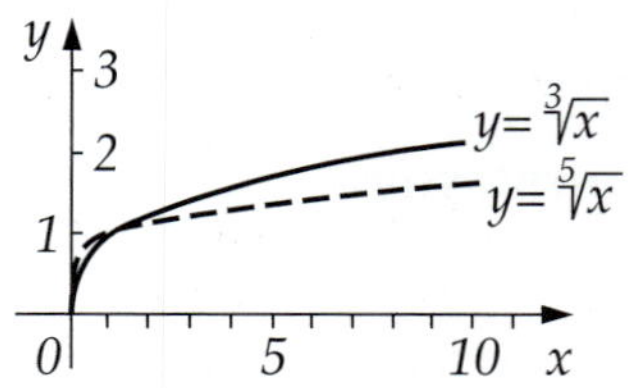

Bild 4.47

In den beiden Bildern 4.46 und 4.47 sind jeweils die ersten beiden Wurzelfunktionen mit geraden und ungeraden Exponenten dargestellt. Dabei sind in das Bild 4.46 auch die Funktionen $y = -\sqrt{x}$ und $y = -\sqrt[4]{x}$ eingezeichnet worden. Die beiden Kurven $y = \sqrt{x}$ und $y = -\sqrt{x}$ gehen im Nullpunkt des Koordinatensystems ineinander über und bilden zusammen eine Parabel, die bei einer Drehung um 90° in die quadratische Normalparabel übergehen würde. Ähnliche Verhältnisse liegen auch bei $y = \sqrt[4]{x}$ und $y = -\sqrt[4]{x}$ vor.

✍ A. 4.46 auf Seite 544

Aufgaben:

4.6 Potenzfunktionen

(Lösungen ab Seite 911)

4.46 a) Welche Kurvenform ergibt sich, wenn das OHM'sche Gesetz $U = R \cdot I$ grafisch dargestellt wird?

- α) U als Funktion von I bei konstantem R,
- β) U als Funktion von R bei konstantem I,
- γ) I als Funktion von R bei konstantem U,
- δ) I als Funktion von U bei konstantem R,

ε) R als Funktion von I bei konstantem U,
ζ) R als Funktion von U bei konstantem I?

b) In Abhängigkeit vom Radius r sind darzustellen:

α) der Umfang eines Kreises, β) die Fläche eines Kreises,
γ) die Oberfläche einer Kugel, δ) das Volumen einer Kugel.

Welche Kurven ergeben sich in den einzelnen Fällen?

4.7 Wichtige transzendente Funktionen

4.7.1 Die Exponentialfunktionen

Bei den Potenzfunktionen tritt die unabhängige Variable x *in der Basis* einer Potenz auf, während der Exponent eine Konstante ist, z. B. $y = x^2$.

Bei einer **Exponentialfunktion** ist die Basis konstant und die Variable x tritt *im Exponenten* einer Potenz auf. So gehören die Funktionen

$$y = 2^x, \qquad y = 10^x, \qquad y = 7{,}4^x, \qquad y = e^x, \qquad y = 3^{-x}, \quad \ldots$$

zu den Exponentialfunktionen[1].

Ist $q > 1$, so existiert für die Exponentialfunktion $y = q^x$ für alle reellen Werte von x ein zugehöriger y-Wert. Der Definitionsbereich der Funktion $y = q^x$ ist demnach für $q > 1$

$$\mathbf{D} = \mathbf{R}.$$

Für sehr große negative Werte von x wird, $q > 1$ vorausgesetzt, y sehr klein. Die Kurve $y = q^x$ nähert sich demzufolge immer mehr an die negative x-Achse an. Damit ist die negative x-Achse für diese Funktionen eine *Asymptote*.

Mit wachsendem x wird y dagegen immer größer: Für $x = 0$ wird $y = q^0 = 1$, und schließlich nehmen mit weiter wachsendem x die y-Werte immer mehr zu, so dass die Kurve für positive x-Werte immer steiler ansteigen muss.

Aus all dem folgt, dass die Funktion $y = q^x$ für $q > 1$ eine *streng monoton steigende Funktion* mit dem Wertebereich

$$\mathbf{W} =]0;\, +\infty[$$

sein muss; siehe Bild 4.48 für die Beispiele $q = 2$ und $q = 10$.

Die Funktion $y = q^{-x}$ ist für $q > 1$ eine *streng monoton fallende Funktion*, die als Definitions- und Wertebereich ebenfalls

$$\mathbf{D} = \mathbf{R} \qquad \text{und} \qquad \mathbf{W} =]0;\, +\infty[$$

[1] Die EULER'sche Zahl e wurde bereits in Abschnitt 2.6.2.2 eingeführt.

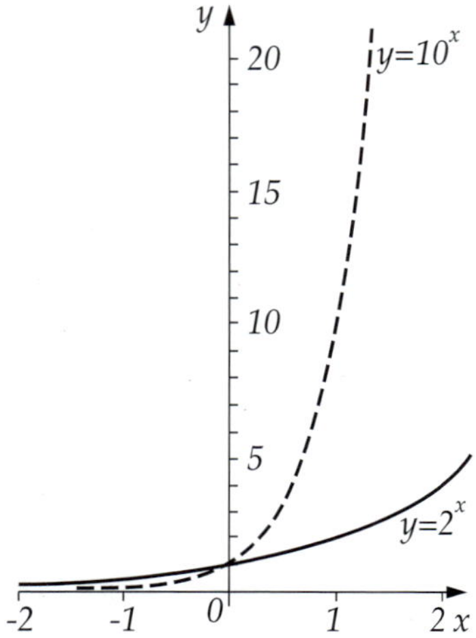

Bild 4.48

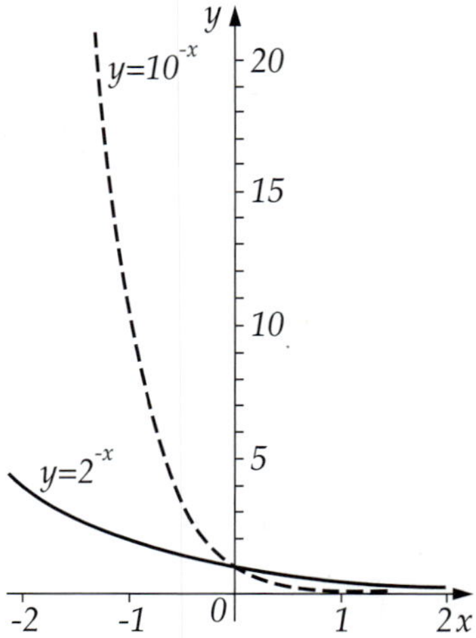

Bild 4.49

hat. Sie besitzt für sehr große negative Werte von x auch sehr große y-Werte; für $x = 0$ wird $y = 1$, und schließlich werden die y-Werte mit weiter wachsendem x immer kleiner.

Für die Kurve $y = q^{-x}$ bedeutet dies, dass sie steil von oben herabkommt, die y-Achse im Punkt $P(0 \mid 1)$ schneidet und sich dann immer mehr der positiven x-Achse annähert, siehe Bild 4.49. Die positiv gerichtete x-Achse ist damit Asymptote der Kurve $y = q^{-x}$.

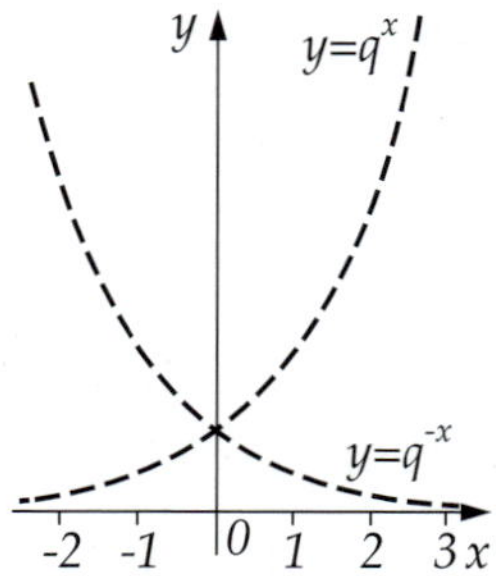

Bild 4.50

Wie aus Bild 4.50 hervorgeht, erhält man eine der beiden Kurven, indem man die andere an der y-Achse spiegelt.

Für $q = 1$ erhält man als Bild der Funktion $y = q^x$ die Parallele zur x-Achse, die die y-Achse im Punkt $P(0 \mid 1)$ schneidet, da 1^x stets den Wert 1 besitzt, unabhängig davon, welchen Wert man für x wählt.

Ist $0 < q < 1$, so lässt sich die zugehörige Exponentialfunktion auf einen der beiden bereits behandelten Fälle zurückführen, wenn man beachtet, dass

$$q^{-x} = \frac{1}{q^x} = \left(\frac{1}{q}\right)^x \qquad \text{und} \qquad q^x = \frac{1}{q^{-x}} = \left(\frac{1}{q}\right)^{-x}$$

ist.

Für negative Werte der Basis q machen die Exponentialfunktionen $y = q^x$ und $y = q^{-x}$ keinen Sinn.

Sind Punkte des Funktionsgraphen gegeben, so kann die Funktionsvorschrift ermittelt werden.

Beispiel:

4.66 Welche Funktion vom Typ $y = a \cdot q^x$ gehört zu den Punkten $P_1\left(-2 \mid \frac{3}{64}\right)$ und $P_2(3 \mid 1\,536)$?

Lösung: Durch Einsetzen der Koordinaten in die Ansatzgleichung erhalten wir ein System von zwei Gleichungen mit zwei Unbekannten:

$$P_1\left(-2 \,\middle|\, \frac{3}{64}\right): \qquad \frac{3}{64} = a \cdot q^{-2} \quad \Rightarrow \quad a = \frac{3}{64} q^2$$

$$P_2(3 \,|\, 1\,536): \qquad 1\,536 = a \cdot q^3 \quad \Rightarrow \quad a = \frac{1\,536}{q^3}$$

Setzt man die Terme für a einander gleich, lässt sich q isolieren:

$$\begin{aligned} \frac{3}{64} q^2 &= \frac{1\,536}{q^3} \quad \left| \cdot q^3 \;\right| : \frac{3}{64} \\ q^5 &= 32\,768 \quad \left| \sqrt[5]{\ldots} \right. \\ q &= 8 \end{aligned}$$

Für a erhalten wir dann den Wert

$$a = \frac{3}{64} \cdot 8^2 = 3$$

Die gesuchte Funktion besitzt die Vorschrift $y = 3 \cdot 8^x$; dies sollte unbedingt durch eine Punktprobe kontrolliert werden.

Beachte: Bei Wachstumsproblemen entspräche $q = 8$ einem Zuwachs von 700 % pro Zeiteinheit, da $8 = 1 + \frac{700}{100}$.

A. 4.47 auf Seite 548

4.7.2 Die logarithmischen Funktionen

Abschnitt 2.6: Logarithmen

Bei einer **logarithmischen Funktion** tritt die unabhängige Variable x nur im Argument eines Logarithmus, dem sogenannten Numerus auf.

Daher lautet die allgemeine Gleichung einer logarithmischen Funktion mit der Basis a

$$y = \log_a(x) \ .$$

Eine solche Funktion kann nur für $a > 0$ und $a \neq 1$ existieren. Da der Numerus eines Logarithmus positiv sein muss, ist der *Definitionsbereich* der logarithmischen Funktion

$$\mathbf{D} = \,]\,0\,;\, +\infty\,[\,,$$

und der zugehörige *Wertebereich* ist $\mathbf{W} = \mathbf{R}$.

Alle logarithmischen Funktionen sind im gesamten Definitionsbereich stetig. Für $a > 1$ handelt es sich um Funktionen, die im gesamten Definitionsbereich streng monoton ansteigen, im Falle $0 < a < 1$ fallen sie im gesamten Definitionsbereich streng monoton ab. Jede Kurve $y = \log_a(x)$ geht unabhängig von der Basis a durch den Punkt $P(1 \mid 0)$ der x-Achse hindurch.

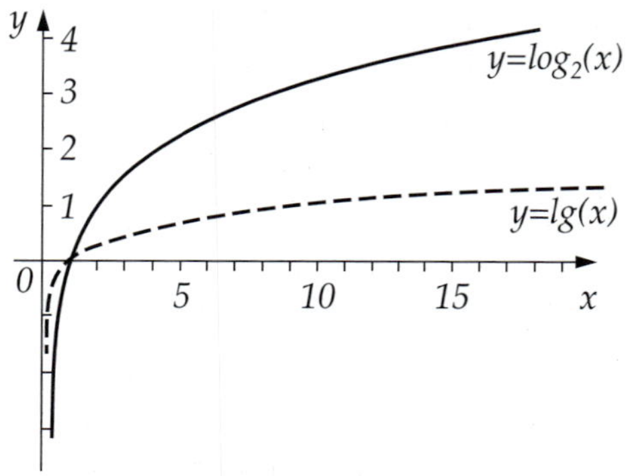

Bild 4.51

Im Bild 4.51 sind die beiden Funktionen $y = \lg(x)$ sowie $y = \log_2(x)$ grafisch dargestellt.

✍ A. 4.48 auf Seite 548

Die Winkelfunktionen werden in Abschnitt 6.2 besprochen.

Aufgaben:

4.7 Wichtige transzendente Funktionen

(Lösungen ab Seite 911)

4.47 Bestimme aus den Koordinaten der Punkte eine Vorschrift für die Funktion f vom Typ $y = a \cdot q^x$ mit $a \in \mathbf{R}^*$ und $q > 0$:

a) $A(2 \mid 45)$; $B(4 \mid 405)$ b) $P(5 \mid -486)$; $Q\left(-4 \mid -\frac{2}{81}\right)$

c) $U\left(6 \mid \frac{256}{729}\right)$; $W(-3 \mid 13{,}5)$ d) $P_1(2 \mid 6{,}144)$; $P_2(-2 \mid 0{,}9375)$

4.48 Nachfolgend ist eine Reihe von Funktionen tabellarisch erfasst. Ermittle den Typ der Funktion und die zugehörige Funktionsgleichung.

Anmerkung: Zeichne die zu den gegebenen Wertetabellen gehörenden Kurven, um den zu einem Funktionstyp gehörenden typischen Kurvenverlauf und umgekehrt den einer bestimmten Kurvenform zugeordneten Funktionstyp zu erkennen.

a)

x	−5	−4	−3	−2	−1	0	1	2	3	4	5
y	27	18	11	6	3	2	3	6	11	18	27

b)

x	−4	−3	−2	−1	0	1	2	3	4	5
y	−23	−14	−7	−2	1	2	1	−2	−7	−14

c)

x	−4	−3	−2	−1	0	1	2	3	4
y	−3,4	0,3	2,2	2,9	3	3,1	3,8	5,7	9,4

d)

x	−4	−3	−2	−1	0	1	2	3	4	5
y	66	29	10	3	2	1	−6	−25	−62	−123

e)

x	2	3	4	5	6	7	8	9	10	11
y	0	1	1,414	1,732	2	2,236	2,449	2,646	2,828	3

f)

x	0	1	2	3	4	5	6	7	8	9
y	0	1	1,587	2,080	2,520	2,924	3,302	3,659	4	4,327

g)

x	−4	−3	−2	−1	0	1	2	3	4	5
y	0,00625	0,0125	0,025	0,05	0,1	0,2	0,4	0,8	1,6	3,2

h)

x	−5	−4	−3	−2	−1	0	1	2
y	100 000 a	10 000 a	1 000 a	100 a	10 a	a	0,1 a	0,01 a

x	3	4	5	6
y	0,001 a	0,000 1 a	0,000 01 a	0,000 001 a

i)

x	0,001	0,01	0,1	0,5	1	1,5	2
y	−3 b	−2 b	−b	−0,30103 b	0	0,17609 b	0,30103 b

x	3	4	5	10	100	1 000	10 000
y	0,47712 b	0,60206 b	0,69897 b	b	2 b	3 b	4 b

k)

x	0,001	0,01	0,1	0,5	1	1,5	2
y	9,90776	7,60517	5,30259	3,69315	3	2,59453	2,30685

x	3	4	5	10	100	1 000
y	1,90139	1,61371	1,39056	0,69741	−1,60517	−3,90776

5 Planimetrie

Es ist immer leichter einen Fehler von einem anderen zu erkennen, als den eigenen zu vermeiden.

Maria-Theresia Radloff

5.1 Grundbegriffe der Geometrie

Die *Planimetrie* ist die Lehre von den Formen und Beziehungen geometrischer Figuren in der Ebene. In der *Stereometrie* werden die Formen und Beziehungen geometrischer Körper im Raum untersucht.

Entsprechend den Zahlen in der Arithmetik sind die Grundelemente der Geometrie die Punkte, Geraden, Ebenen und Winkel.

Der **Punkt** ist das einfachste geometrische Gebilde. Ein Punkt hat *keine Ausdehnung*, er ist dimensionslos.

Punkte werden durch große lateinische Buchstaben bezeichnet. Bei der zeichnerischen Darstellung ist es üblich, Punkte durch den Schnitt von zwei möglichst zueinander senkrecht verlaufenden Linien oder durch kleine Kreise zu kennzeichnen.

Eine **Linie** entsteht durch die Bewegung eines Punktes. Von besonderem Interesse ist dabei der Sonderfall, bei dem der Punkt seine Bewegungsrichtung nicht ändert:

Die **Gerade** ist die Spur eines Punktes, der in konstanter Richtung verschoben wird. Sie hat *eine Ausdehnung*: die Länge. Eine Gerade ist eine *eindimensionale Punktmenge.*

Eine Gerade erstreckt sich nach beiden Seiten hin bis ins Unendliche. Sie besitzt keinen Anfangspunkt und keinen Endpunkt.

Ein *nach einer Seite hin begrenzter* Teil einer Geraden ist eine **Halbgerade**, sie besitzt einen Startpunkt, aber keinen Endpunkt. Wird dieser Halbgeraden eine Richtung zugewiesen, sprechen wir von einem **Strahl**[1].

Ein *nach beiden Seiten durch einen Start- und einen Endpunkt begrenzter* Teil einer Geraden ist eine **Strecke**.

Eine Strecke ist stets die *kürzeste Verbindung zweier Punkte* in der Ebene und im Raum.

Strecken werden entweder durch die Angabe des Anfangs- und des Endpunktes oder durch kleine lateinische Buchstaben gekennzeichnet.

So kann man die im Bild 5.1 dargestellte Strecke als

Strecke MP oder $\overline{MP}$ oder r

angeben.

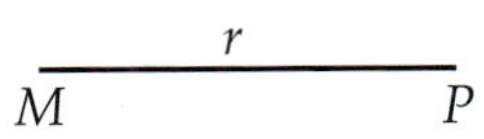

Bild 5.1

[1] Man denke dabei an einen Zahlen*strahl*, der bei null startet und sich ins „Unendliche" erstreckt oder an Licht*strahlen*, die einer (punktförmigen) Lichtquelle entstammen und sich in eine bestimmte Richtung ausbreiten.

Dabei kann der Buchstabe r sowohl als *Symbol für die Strecke* selbst als auch als *Symbol für die Länge dieser Strecke* angesehen werden. Die Angabe $r = 3{,}5$ cm für Bild 5.1 verweist darauf, dass die Strecke MP 3,5 cm lang ist: $r = |\overline{MP}| = 3{,}5$ cm.

Wird eine Linie – insbesondere eine Gerade – im Raum bewegt, so erhält man ein weiteres geometrisches Gebilde:

Verschiebt man eine Gerade längs einer anderen Geraden, so entsteht eine **Ebene**.
Jede Ebene besitzt *zwei Ausdehnungen*: Länge und Breite.
Eine Ebene ist eine *zweidimensionale Punktmenge*.

Eine Ebene dehnt sich in Länge und Breite ins Unendliche aus.

Eine **Fläche** ist ein durch Randlinien begrenzter Teil einer Ebene.

Verschiebt man eine Ebene längs einer Geraden, die nicht in dieser Ebene liegt, so entsteht ein **Raum**. Jeder Raum hat drei Ausdehnungen: Länge, Breite und Höhe. Er ist eine *dreidimensionale Punktmenge*.

Ein in allen drei Ausdehnungsrichtungen begrenzter Teil eines Raumes ist ein **Körper**.

Für zwei in einer Ebene liegende Geraden ist häufig der *Richtungsunterschied* von Interesse. Dabei gelangt man zum Begriff des *Winkels*.

Ein **Winkel** ist der Richtungsunterschied zweier Strahlen, die von einem gemeinsamen Anfangspunkt ausgehen.
Der gemeinsame Ausgangspunkt der beiden Strahlen wird **Scheitel** oder **Scheitelpunkt** des Winkels genannt.
Die beiden den Winkel einschließenden Strahlen heißen **Schenkel** des Winkels.

Zur Benennung eines Winkels gibt es drei Möglichkeiten:
1. Verwendung eines kleinen griechischen Buchstabens, z. B. γ (= gamma),
2. Verwendung der Bezeichnungen für die beiden Strahlen, die den Winkel bilden, z. B. $\measuredangle(b,a)$,
3. Verwendung dreier Punkte, von denen der mittlere Punkt der Scheitelpunkt des Winkels sein muss, während die anderen beiden Punkte nicht auf demselben Strahl liegen dürfen, z. B. $\measuredangle BSA$.

Den im Bild 5.2 dargestellten Winkel mit dem Scheitelpunkt S kann man so angeben:

$$\gamma = \measuredangle(b,a) = \measuredangle BSA.$$

Man beachte, dass $\measuredangle ASB \neq \measuredangle BSA$ ist! Der erste Schenkel muss *gegen den Uhrzeigersinn*[a] auf den zweiten Schenkel gedreht werden: Im Bild 5.2 muss b auf a gedreht werden.

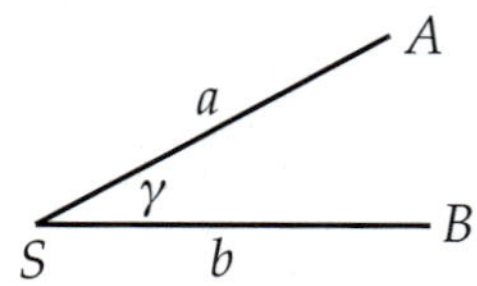

Bild 5.2

[1] In der Mathematik werden Drehungen immer *gegen den Uhrzeigersinn* durchgeführt. Diese Orientierung bezeichnet man als *positiven Drehsinn* und spricht dabei von einer *Linksdrehung*.

Als **Längenmaß** sind das *Meter* (m) sowie dessen Vielfache oder Bruchteile gebräuchlich, z. B. Kilometer (km) oder Zentimeter (cm). Als **Winkelmaß** wird im Allgemeinen das *Gradmaß* verwendet. Dabei ist ein Grad (1°) der Richtungsunterschied zweier benachbarter Strahlen, wenn der Vollkreis vom Mittelpunkt aus in 360 gleiche Teile zerlegt wird. Auf die Winkelmessung im *Bogenmaß*, die in der höheren Mathematik sowie bei der Lösung naturwissenschaftlicher Probleme eine große Rolle spielt, wird im Abschnitt 6.1 näher eingegangen.

Das Gradmaß ist keine dekadische, sondern eine sexagesimale[1)] Maßeinheit: Die Unterteilung eines Grades geschieht nicht in Zehnereinheiten, wie dies bei den üblichen Längen- und Flächenmaßen der Fall ist, sondern in Bruchteilen von 60:

- 1 Winkelminute ($1'$) ist der 60te Teil eines Grades: $1' = \frac{1}{60}^{\circ}$.
- 1 Winkelsekunde ($1''$) ist der 60te Teil einer Winkelminute: $1'' = \frac{1}{60}' = \frac{1}{3\,600}^{\circ}$.

Mit der Taste [°'"] können dezimale und sexagesimale Werte ineinander umgerechnet werden.

Diese Umrechnungstaste kann auch für Zeitberechnungen genutzt werden.

Beispiel:

5.1 a) Schreibe die Winkel $\alpha = 3{,}8^{\circ}$ und $\beta = 17{,}084^{\circ}$ in sexagesimaler Form.

Winkel	**Eingabe**	**Anzeige**
$\alpha = 3{,}8^{\circ}$	3,8 [=] [°'"]	$3^{\circ}\,48'\,0''$
$\beta = 17{,}084^{\circ}$	17,084 [=] [°'"]	$17^{\circ}\,5'\,2{,}4''$

b) Notiere den Winkel $\gamma = 15^{\circ}\,8'\,17''$ in dezimaler Form.

Winkel	**Eingabe**	**Anzeige**
$\gamma = 15^{\circ}\,8'\,17''$	15 [°'"] 8 [°'"] 17 [°'"] [=] [°'"]	15,138055 ...

$\gamma = 15^{\circ}\,8'\,17'' \approx 15{,}14^{\circ}$.

c) Auf einem Formular soll die Arbeitszeit in Stunden mit zwei Dezimalen angegeben werden. Wie viele Stunden kann man für 4 Stunden 35 Minuten eintragen?

Zeit	**Eingabe**	**Anzeige**
4 h 35 min	4 [°'"] 35 [°'"] 0 [°'"] [=] [°'"]	4,5833 ...

4 Stunden 35 Minuten entsprechen ungefähr 4,58 Stunden.

d) Eine Rechnung weist für die Durchführung eines Auftrages 8,45 h aus. Wie viele Stunden und Minuten wurden berechnet?

Zeit	**Eingabe**	**Anzeige**
8,45 h	8,45 [=] [°'"]	$8^{\circ}\,27'\,0''$

Die Dauer von 8,45 Stunden entspricht 8 Stunden 27 Minuten.

---

1) sexagesimus (lat.) sechzigster; hier: 60er-Zahlensystem

Nach ihrer Größe werden die Winkel wie folgt eingeteilt:

$0^\circ < \alpha < 90^\circ$	*Spitzer* Winkel,
$\alpha = 90^\circ$	*Rechter* Winkel,
$90^\circ < \alpha < 180^\circ$	*Stumpfer* Winkel,
$\alpha = 180^\circ$	*Gestreckter* Winkel,
$180^\circ < \alpha < 360^\circ$	*Überstumpfer* Winkel,
$\alpha = 360^\circ$	*Vollwinkel.*

In Zeichnungen und Skizzen kann man rechte Winkel durch einen in den Winkel gesetzten Punkt kennzeichnen: ⦝

Zwei Winkel, die einander zu 90° ergänzen, werden **Komplementwinkel**[1] genannt.

Supplementwinkel[2] heißen zwei Winkel dann, wenn sie einander zu 180° ergänzen.

5.2 Lagebeziehungen zwischen Geraden und Winkeln

5.2.1 Parallele Geraden

Zwei Geraden heißen dann **parallel**[4] zueinander, wenn sie im Endlichen *überall den gleichen Abstand* voneinander haben.

Das mathematische Zeichen für **Parallelität** ist $\|$.

Wegen des konstanten Abstands können sich parallele Geraden einander im Endlichen nicht schneiden. Häufig wird aber gesagt, parallele Geraden würden sich „im Unendlichen schneiden".

Im Bild 5.3 wird der Gedankengang veranschaulicht, der zu dieser Formulierung führt:

Die Gerade f liege fest und die Gerade g soll um den Punkt P drehbar sein. g schneide die Gerade f im Punkt S. Je mehr sich g der Grenzlage als Parallele nähert, desto weiter wandert der Schnittpunkt S nach rechts. Im Grenzfall wird die Entfernung vom Drehpunkt unendlich groß.

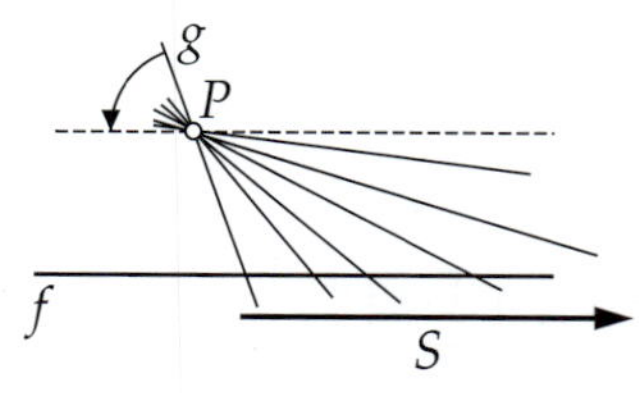

Bild 5.3

5.2.2 Schnitt zweier Geraden

Beim Schnitt *zweier* Geraden ergeben sich stets vier Winkel. Ein Paar *nicht benachbarter* Winkel nennt man dabei **Scheitelwinkel**, zwei *benachbarte* Winkel heißen **Nebenwinkel.**

[1] complementum (lat.) Ergänzung. Dieses Komplement hat nichts mit einem „Kompliment" zu tun!
[2] supplementum (lat.) Ergänzung
[4] pará (griech.) neben; allélōn (griech.) gegenseitig

Im Bild 5.4 treten zwei Paare von Scheitelwinkeln auf: (α_1, α_2) und (β_1, β_2). Paare von Nebenwinkeln gibt es in diesem Falle vier, nämlich (α_1, β_1), (α_1, β_2), (α_2, β_1) und (α_2, β_2).

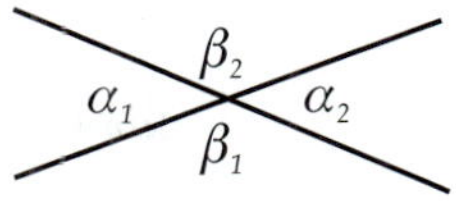

Bild 5.4

Vernachlässigt man im Bild 5.4 den gemeinsamen Schenkel zweier Nebenwinkel, so erkennt man, dass die verbleibende Gerade einen gestreckten Winkel bildet.

Damit lassen sich für Neben- und Scheitelwinkel die folgenden beiden Sätze formulieren:

> Zwei Nebenwinkel ergänzen sich stets zu 180°, sind also Supplementwinkel.
> Scheitelwinkel sind stets gleich groß.

Während Nebenwinkel stets Supplementwinkel sind, sind Supplementwinkel nur dann gleichzeitig auch Nebenwinkel, wenn sie einen Schenkel und den Scheitel gemeinsam haben.

5.2.3 Winkel an Parallelen

Zwei *parallele Geraden* sollen von einer dritten Geraden geschnitten werden.

Verschiebt man eine der beiden Parallelen bis sie sich mit der anderen deckt, so sind **Stufenwinkel** solche, die sich dann decken, **gegenüberliegende Winkel** solche, die zu Nebenwinkeln auf ein und derselben Seite der schneidenden Geraden werden und **Wechselwinkel** solche, die zu Scheitelwinkeln werden.

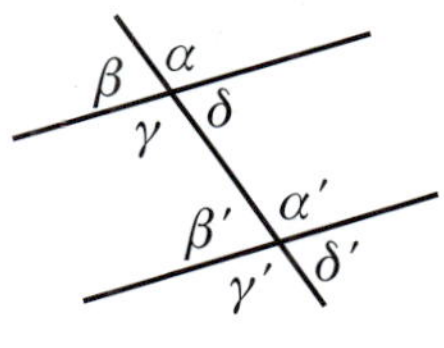

Bild 5.5

Im Bild 5.5 sind

α und α',	β und β',	γ und γ',	δ und δ'	Stufenwinkel,
α und δ',	β und γ',	γ und β',	δ und α'	gegenüberliegende Winkel,
α und γ',	β und δ',	γ und α',	δ und β'	Wechselwinkel.

Aus der oben genannten Parallelverschiebung ergeben sich die folgenden Gesetzmäßigkeiten:

> Stufenwinkel an Parallelen sind gleich groß,
> gegenüberliegende Winkel an Parallelen sind Supplementwinkel,
> Wechselwinkel an Parallelen sind gleich groß.

Diese Aussagen lassen sich auch umkehren – darunter versteht man in der Mathematik die *Vertauschung von Voraussetzung und Folgerung*. Dies soll am ersten der drei oben genannten Sätze erläutert werden.

Ursprüngliche Form des Satzes:

Voraussetzung:		Folgerung:
Wenn die geschnittenen Geraden parallel verlaufen, A	$\Longrightarrow$	dann sind die Stufenwinkel gleich groß. B

Umkehrung:

Voraussetzung:		Folgerung:
Wenn die Stufenwinkel an geschnittenen Geraden gleich groß sind, B	$\Longrightarrow$	dann laufen diese Geraden parallel. A

Zusammenfassend kann man sagen, dass diese beiden Aussagen gleichwertig, also *äquivalent* sind:

$$A \iff B$$

Wegen dieser Äquivalenz lässt sich der geometrische Sachverhalt nunmehr folgendermaßen formulieren:

> Die geschnittenen Geraden laufen *dann und nur dann* parallel, wenn die Stufenwinkel gleich groß sind.

☞ Statt *dann und nur dann* wird häufig auch die Sprechweise *genau dann* verwendet.

Nicht alle Aussagen sind umkehrbar, wie beispielsweise aus der Bemerkung am Ende von Abschnitt 5.2.2 hervorgeht.

Im Folgenden wird auf die Umkehrungen von Sätzen, sofern sie gelten und von Bedeutung sind, besonders hingewiesen. Auf der Umkehrung des Satzes von den Stufenwinkeln beruht beispielsweise die zeichnerische Konstruktion paralleler Geraden durch Verschiebung des Zeichendreiecks längs eines Lineals.

Sämtliche Betrachtungen dieses Abschnittes lassen sich auch auf eine Schar paralleler Geraden ausdehnen.

☞ Von Stufen-, gegenüberliegenden und Wechselwinkeln bei Geraden kann auch dann gesprochen werden, wenn die Geraden nicht parallel zueinander verlaufen. Dazu braucht man die verschiedenen Winkelpaare nur auf die gleiche Weise zu erklären, wie dies oben getan worden ist. Für diese Winkelpaare lassen sich jedoch die Aussagen, die für parallele Geraden gemacht wurden, nicht aufrecht erhalten.

5.3 Symmetrie

5.3.1 Axiale Symmetrie

Axiale Symmetrie[1] ist eine vielfach anzutreffende Eigenschaft geometrischer Figuren. Man begegnet ihr an Bauwerken, bei Ornamenten, im Grundriss von Gartenanlagen usw., besonders also dort, wo es auf eine ästhetische Wirkung ankommt. Auch in der Biologie beobachten wir vielfach symmetrische Strukturen, wie beispielsweise die spiegelbildliche Anatomie von linker und rechter Körperhälfte. Psychologische Studien haben gezeigt, dass es einen engen Zusammenhang zwischen Symmetrie und unserem Empfinden von „Schönheit“ gibt. Gesichter mit optimaler Symmetrie werden meist als langweilig eingestuft, solche mit leichter Abweichung im symmetrischen Aufbau wirken dagegen

[1] sýmmetros (griech.) übereinstimmend

interessant und natürlich. Starke Störungen der Symmetrie, wie z. B. das Fehlen oder eine verschobene Anordnung von Körperteilen, werden dagegen oftmals als Makel eingestuft.

Axial symmetrische Figuren bestehen aus zwei *spiegelgleichen* Teilen. Die folgende Definition beschreibt die Grundlage dafür geometrisch:

Zwei Punkte liegen *symmetrisch zu einer Geraden*, der *Symmetrieachse*, wenn sie von ihr den gleichen Abstand haben und ihre Verbindungsgerade mit der Symmetrieachse einen *rechten Winkel* bildet.

Wird diese Bedingung zugleich von mehreren Punktepaaren erfüllt, so bilden diese Punktepaare eine axialsymmetrische Figur, deren eine Hälfte aus der anderen durch Spiegelung an der Symmetrieachse hervorgegangen sein könnte, siehe Bild 5.6. Dabei sind die beiden Hälften *entgegengesetzt orientiert*.

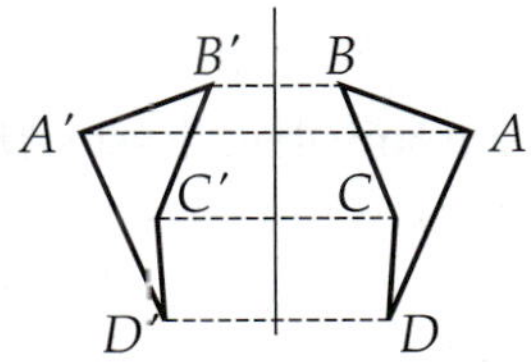

Bild 5.6

Das bedeutet: Umläuft man beide Hälften der Figur im Gegenuhrzeigersinn, so folgen die einander entsprechenden Punkte der einen Hälfte in der *entgegengesetzten* Reihenfolge als in der anderen Hälfte. So folgen die Punkte der linken Hälfte des Bildes 5.6 in der Reihenfolge $A'D'C'B'$, rechts dagegen in der Reihenfolge $ABCD$.

Symmetrie tritt aber nicht nur bezüglich zweier Figuren zu einer Achse auf, es kann auch eine einzige Figur in sich symmetrisch zu einer Achse sein. Bisweilen gibt es sogar mehrere Achsen, die als Symmetrieachsen einer bestimmten Figur infrage kommen, siehe Bild 5.7a bis f.

Das gleichschenklige Dreieck a) und das Drachenviereck b) besitzen jeweils *eine Symmetrieachse*. *Zwei Symmetrieachsen* treten beim Rechteck c) und bei der Raute d) auf. *Drei Symmetrieachsen* hat das gleichseitige Dreieck e) und vier das Quadrat f).

Eine Sonderstellung nimmt der Kreis ein: Er besitzt *unendlich viele Symmetrieachsen*, da er bezüglich jedes Durchmessers symmetrisch ist.

Die Symmetrieachse einer Fläche geht stets durch deren **Schwerpunkt**. Besitzt eine Figur mehrere Symmetrieachsen, so schneiden sich diese im Schwerpunkt der Fläche.

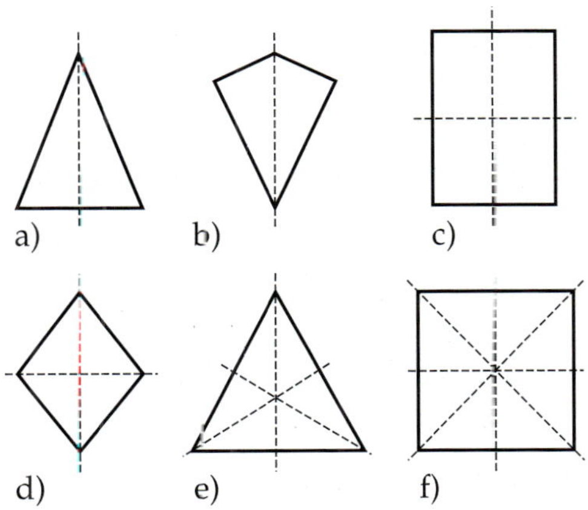

Bild 5.7

5.3.2 Zentrale Symmetrie

Von gleicher Bedeutung wie die axiale Symmetrie ist die *zentrale Symmetrie*. Die folgende geometrische Definition erfasst den grundlegenden Fall:

Zwei Punkte liegen **zentral-** oder **punktsymmetrisch** zu einem Punkt, dem **Symmetriezentrum,** wenn sie von ihm den gleichen Abstand haben und wenn ihre Verbindungsgerade durch diesen Punkt hindurchgeht.

Wird diese Bedingung zugleich von mehreren Punktepaaren erfüllt, so entsteht eine *zentralsymmetrische Figur*, deren eine Hälfte aus der anderen durch Drehung um 180° um das Symmetriezentrum hervorgegangen sein könnte, siehe Bild 5.8.

Bei der zentralen Symmetrie sind beide Hälften gleichsinnig orientiert, wie man an der Reihenfolge der Punkte in den beiden Teilen der im Bild 5.8 dargestellten Figur erkennt, wenn man jedes Teil im Gegenuhrzeigersinn umläuft. Auch hier ist es wie bei der axialen Symmetrie möglich, dass eine Figur zentralsymmetrisch zu sich selbst ist. Es braucht nur gewährleistet zu sein, dass die Figur nach einer Drehung um 180° wieder mit sich selbst zur Deckung kommt.

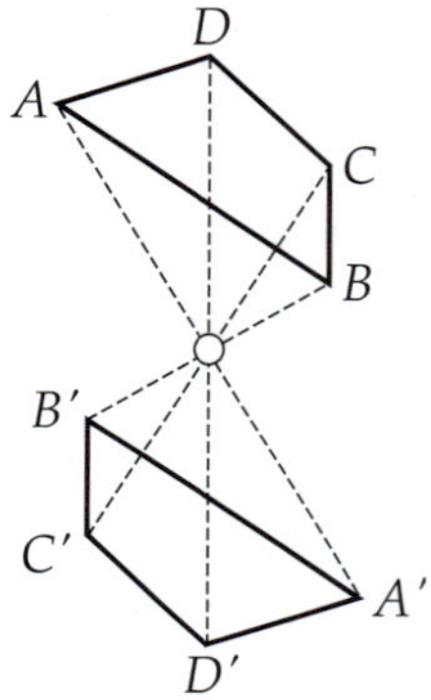

Bild 5.8

Von den oben erwähnten Figuren erfüllen das Rechteck, die Raute, das Quadrat und der Kreis diese Bedingung. Auch ein Parallelogramm erfüllt diese Bedingung, und zwar dann, wenn man den Schnittpunkt der beiden Diagonalen als Symmetriezentrum wählt.

Das Symmetriezentrum einer zentralsymmetrischen Figur liegt stets in deren Schwerpunkt.

☞ Der Begriff Zentralsymmetrie kann verallgemeinert werden: Wird beispielsweise ein gleichseitiges Dreieck um 120° oder um 240° um seinen Schwerpunkt gedreht, so kommt es wieder mit sich selbst in Deckung. In einem solchen Falle spricht man von **Drehsymmetrie** oder auch von **Radialsymmetrie**. Die Zentralsymmetrie ist dann ein Spezialfall der Drehsymmetrie.

In der Natur finden wir dieses Phänomen zahlreich verwirklicht, wie z. B. an der drehsymmetrischen Anordnung von Blättern an manchen Pflanzen, dem Aufbau ihrer Blüten oder der unter dem Mikroskop erkennbaren Gestalt von Eiskristallen.

✍ A. 5.1–5.4 auf Seite 562

5.3.3 Geometrische Grundkonstruktionen

⚠ Für die folgenden Beispiele und Beweise ist aktive Mitarbeit gefordert! Mit Papier und Bleistift ist gegebenenfalls die Situation zu skizzieren, Konstruktionen sind selbstständig durchzuführen und die Beispiele sind nachzurechnen. Einige kleine Zwischenschritte wurden bewusst weggelassen, damit die Beispiele übersichtlich bleiben, aber gerade diese Schritte muss man selbst ergänzen. Jeder sollte für sich herausfinden, ob viele kleine Schritte oder eine geringere Anzahl von Zwischenstationen sinnvoll sind. Wie man im Einzelfall auch vorgeht: Wichtig ist, dass *jeder* Schritt verstanden und nachvollzogen wird!

In den nächsten Beispielen werden einige geometrische Grundkonstruktionen vorgeführt, die lediglich mit Zirkel und Lineal ausgeführt werden. Diese Beispiele lassen sich mit der *axialen Symmetrie* erklären.

Beispiele:

5.2 Die Strecke $\overline{AB}$ soll halbiert werden.

Erster Lösungsweg: Man schlägt um die beiden Endpunkte A und B der gegebenen Strecke Kreisbögen mit gleichem Radius. Diese beiden Kreisbögen schneiden sich in den beiden Punkten S_1 und S_2. Die Verbindungsgerade von S_1 und S_2 schneidet $\overline{AB}$ im gesuchten Mittelpunkt M, siehe Bild 5.9a.

Zweiter Lösungsweg: Man schlägt je zwei Kreisbögen mit verschiedenen Radien um A und B. Die Schnittpunkte jeweils zweier Kreisbögen mit gleichem Radius seien S_1 und S_2. Deren Verbindungsgerade schneidet $\overline{AB}$ im gesuchten Punkt, siehe Bild 5.9b.

Welche der beiden Varianten ist zu bevorzugen?

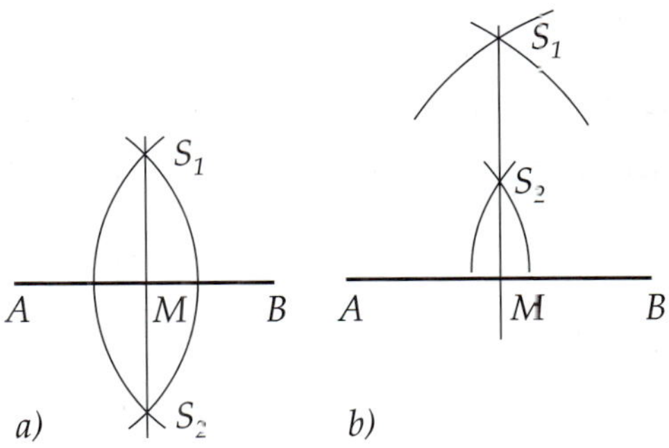

Bild 5.9

5.3 Mit der gleichen Konstruktion kann auf der Strecke $\overline{AB}$ die *Mittelsenkrechte* errichtet werden.

Die **Mittelsenkrechte** ist eine Gerade, die durch den Mittelpunkt einer Strecke verläuft und dabei senkrecht auf der Strecke steht. Im Bild 5.9 ist die Gerade durch die Punkte S_1 und S_2 die Mittelsenkrechte zur Strecke $\overline{AB}$.

5.4 Im Punkt P der Geraden g soll eine Senkrechte errichtet werden.

Lösung: Die Schnittpunkte eines beliebigen Kreisbogens um P schneide g in A und B. Zwei Kreisbögen mit gleichem Radius um A und B schneiden einander in S. Verbindet man schließlich S mit P, so ist dies die gesuchte Senkrechte, siehe Bild 5.10.

5.5 Vom Punkt P aus soll auf die Gerade g das Lot gefällt werden.

Lösung: Ein beliebiger Kreis um P schneidet g in A und B. Schlägt man um A und B zwei Kreisbögen mit gleichem Radius, so schneiden sich diese in C. C mit P verbunden ergibt das gesuchte Lot, siehe Bild 5.11.

5.6 Ein Winkel soll halbiert werden.

Lösung: Ein beliebiger Kreisbogen um den Scheitel S des Winkels schneidet die beiden Schenkel in A und B. Zwei Kreisbögen mit gleichem Radius um A und B schneiden einander im Punkt C. Verbindet man nun den Scheitel S des Winkels mit C, so ist dies die gesuchte Winkelhalbierende, siehe Bild 5.12.

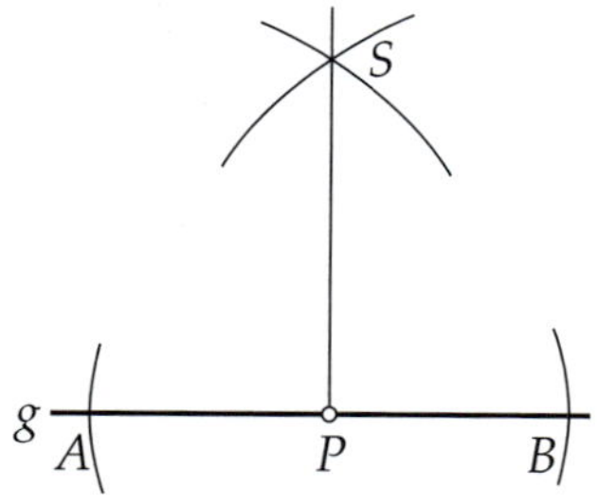

Bild 5.10

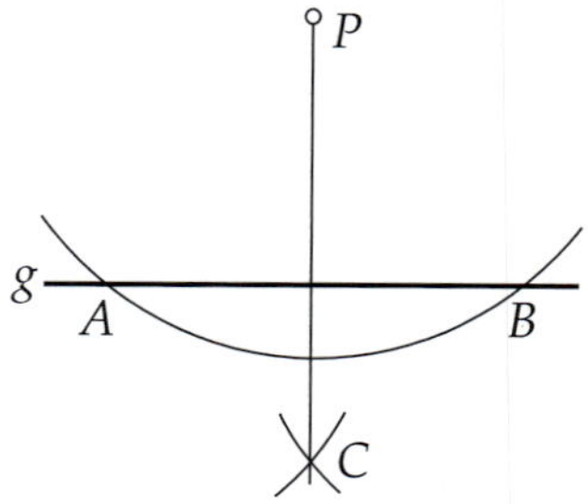

Bild 5.11

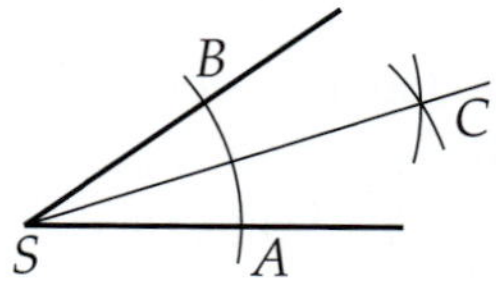

Bild 5.12

☞ *Anmerkung:* Bei allen fünf Konstruktionen sollte man darauf achten, dass die Radien der Kreisbögen genügend groß gewählt werden, da sich sonst „schleifende Schnitte" oder gar keine Schnitte ergeben können. Bei einem schleifenden Schnitt ist der Winkel zwischen den sich schneidenden Linien sehr spitz, so dass sich deren Schnittpunkt nur sehr ungenau bestimmen lässt.

Der Vollständigkeit halber seien noch zwei geometrische Grundkonstruktionen erwähnt, die allerdings mit der Symmetrie in keinem Zusammenhang stehen:

Beispiele:

5.7 Zur Geraden g soll eine Parallele im Abstand d gezeichnet werden.

Lösung: Wenn nur Zirkel und Lineal zur Verfügung stehen, kann man wie folgt vorgehen: An beliebiger Stelle von g errichtet man eine Senkrechte. Auf ihr trägt man d ab und erhält so den Punkt P. Durch Errichten eines zweiten Lotes der Länge d ergibt sich P'. Die Verbindungsgerade PP' ist die gesuchte Parallele.

Steht uns neben dem Lineal auch ein Zeichendreieck zur Verfügung, dann legen wir an einer Seite des Dreiecks die Gerade g und an einer der anderen Seiten das Lineal an. Letzteres verbleibt fest an dieser Stelle und dient dem Geo-Dreieck als Schiene, an der wir es so weit verschieben, bis die parallele Gerade im gewünschten Abstand d gezeichnet werden kann.

5.8 Im Punkt A einer Geraden g soll an diese ein zeichnerisch gegebener Winkel α angetragen werden.

Lösung: Um den Scheitel S des gegebenen Winkels α schlägt man einen beliebigen Kreisbogen. Dieser schneidet die Schenkel des Winkels in P und T. Trägt man nun $\overline{ST}$ von A aus auf g ab, so ergibt sich als Schnittpunkt mit der Geraden g der Punkt B.

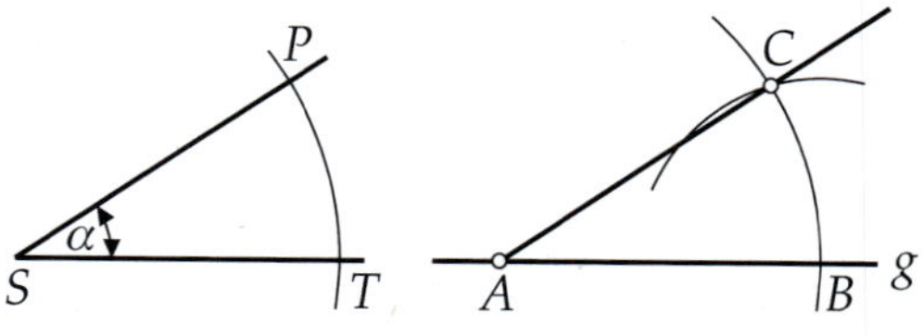

Bild 5.13

Die Kreisbögen mit $|\overline{ST}|$ um A und mit $|\overline{TP}|$ um B schneiden sich im Punkt C. Die Verbindungsgerade von A und C ist dann der zweite Schenkel des gesuchten Winkels α, siehe Bild 5.13.

Mit einem Programm zur dynamischen Geometrie kann man Konstruktionsaufgaben am PC durchführen. Solche Programm sind teilweise kostenlos im Internet erhältlich.

5.3.4 Punktmengen

In Abschnitt 5.1 waren Linien und Flächen als ein- und zweidimensionale Punktmengen erklärt worden. Darauf soll hier noch näher eingegangen werden.

Wenn Punktmengen mit bestimmten Eigenschaften vorgegeben sind, ergeben sich in der Ebene entweder Kurven oder bestimmte Teilbereiche der Ebene. Ist ein solcher Teilbereich *endlich*, so hat man es mit einer *begrenzten* Kurve oder einem begrenzten Flächenstück zu tun.

Beispiele:

5.9 Alle Punkte P der Ebene, für deren Abstand[1] von einem festen Punkt M der Ebene gilt

$$\text{dist}(P, M) = r = \text{konstant},$$

bilden einen Kreis um den Mittelpunkt M mit dem Radius r, siehe Bild 5.14.

Würde die Forderung $\text{dist}(P, M) < r$ lauten, so würden alle Punkte *im Inneren des Kreises* ohne die Punkte der Kreislinie erfasst.

Wollte man alle Punkte erfassen, deren Abstand höchstens r ist, müsste gefordert werden, dass $\text{dist}(P, M) \leq r$ sein soll. Damit würden auch die Punkte der Kreislinie mit zur Punktmenge gehören.

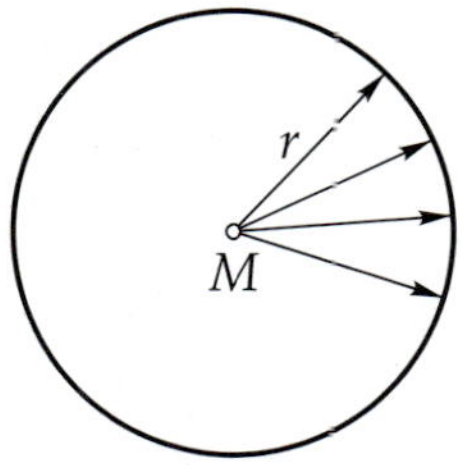

Bild 5.14

Bei der Bedingung $\text{dist}(P, M) > r$ oder $\text{dist}(P, M) \geq r$ würde die Punktmenge aus all den Punkten der Ebene bestehen, die *außerhalb* des Kreises liegen. Im Falle $\text{dist}(P, M) > r$ gehören die Punkte der Kreislinie *nicht* mit zur geforderten Punktmenge, im Falle $\text{dist}(P, M) \geq r$ gehören sie der Punktmenge an.

5.10 Die Menge aller Punkte P der Ebene, für deren Abstand von einer festen Geraden g gilt

$$\text{dist}(P, g) = a = \text{konstant},$$

besteht aus zwei Parallelen zu dieser Geraden im Abstand a, siehe Bild 5.15.

Setzt man hier statt des Gleichheitszeichens zwischen $\text{dist}(P, g)$ und a das Zeichen $<$, so erhält man das sich nach beiden Seiten bis ins Unendliche erstreckende Innere des von den beiden Parallelen gebildeten Streifens.

Bei $>$ schließlich gehören alle Punkte der gesamten Ebene zur Punktmenge mit Ausnahme des Innengebietes zwischen den beiden Parallelen.

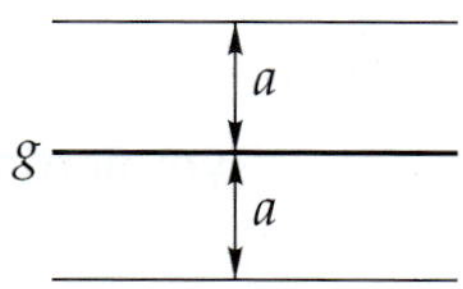

Bild 5.15

---

[1] distantia (lat.) Abstand, Entfernung

Man überlege sich selbst, welche Veränderungen eintreten, wenn statt $<$ oder $>$ die beiden Relationszeichen $\leq$ oder $\geq$ verwendet werden.

Aufgrund der Symmetrie lassen sich für die **Mittelsenkrechte** und für die **Winkelhalbierende** die folgenden Sätze formulieren:

Die Menge aller Punkte der Ebene, von denen jeder gleich weit von zwei festen Punkten A und B entfernt liegt, bildet die *Mittelsenkrechte* der Strecke $\overline{AB}$, siehe Bild 5.16.

und

Die Menge aller Punkte der Ebene, von denen jeder den gleichen Abstand von zwei festen, sich schneidenden Geraden hat, bildet die *Winkelhalbierenden* der beiden Paare von Scheitelwinkeln, siehe Bild 5.17.

Die Winkelhalbierenden zweier Nebenwinkel stehen stets senkrecht aufeinander.

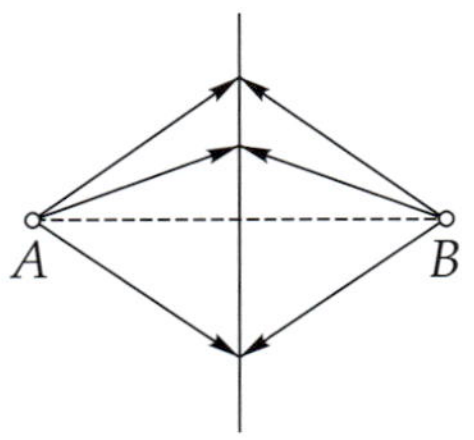

Bild 5.16

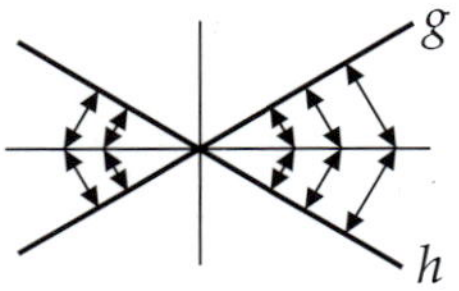

Bild 5.17

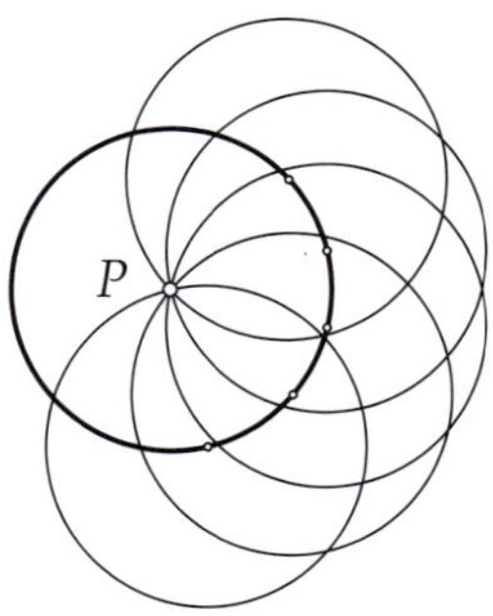

Bild 5.18

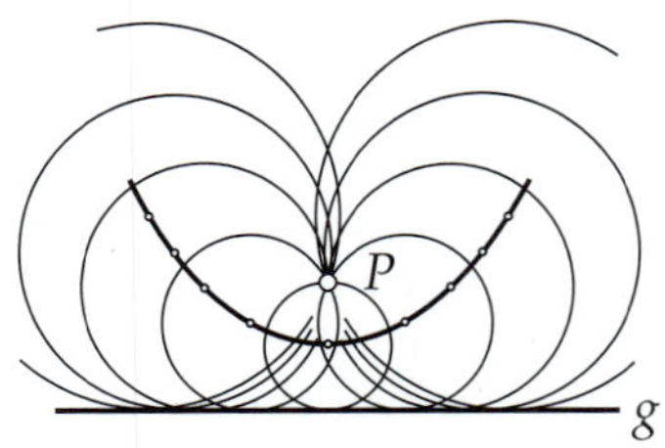

Bild 5.19

Häufig lassen sich geometrisch und technisch interessante Kurven auf verschiedene Weisen als *Punktmengen* definieren. So ist beispielsweise

a) die Menge der Mittelpunkte aller Kreise mit dem Radius r, die durch einen festen Punkt P hindurchgehen, der Kreis mit dem Radius r und dem festen Punkt P als Mittelpunkt, siehe Bild 5.18,

b) die Menge der Mittelpunkte aller Kreise, die durch einen festen Punkt P hindurchgehen und die Gerade g berühren, eine Parabel, siehe Bild 5.19.

Aufgaben:

5.3 Symmetrie (Lösungen ab Seite 912)

5.1 Wie viele Symmetrieachsen hat ein regelmäßiges n-Eck?

5.2 Wann ist eine axialsymmetrische Fläche auch zentralsymmetrisch?

5.3 Welche regelmäßigen n-Ecke sind zentralsymmetrisch?

5.4 Welche regelmäßigen n-Ecke sind drehsymmetrisch? Wie viele Symmetrielagen sind dabei möglich? Wie groß ist in jedem Fall der kleinste Drehwinkel?

5.4 Das Dreieck

5.4.1 Allgemeines Dreieck

Das Dreieck ist die einfachste geradlinig begrenzte Figur der Ebene. Es wird von drei Strecken, seinen *Seiten*, begrenzt, und es enthält in seinem Inneren drei *Winkel*, die man genauer als *Innenwinkel* bezeichnet.

Zur Benennung der Bestimmungsstücke Seiten und Winkel eines Dreiecks sind im Allgemeinen folgende Bezeichnungen üblich, siehe Bild 5.20:

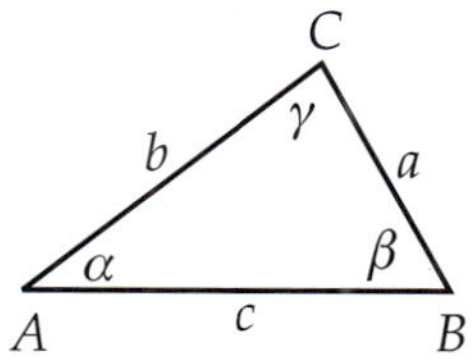

Bild 5.20

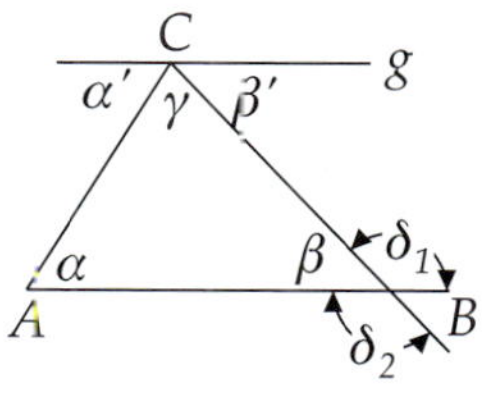

Bild 5.21

$$\text{Im Eckpunkt} \begin{cases} A \\ B \\ C \end{cases} \text{befindet sich der Winkel} \begin{cases} \alpha \\ \beta \\ \gamma \end{cases} \text{und gegenüber liegt die Seite} \begin{cases} a \\ b \\ c \end{cases}.$$

Dabei ist es üblich, mit der Bezeichnung der Eckpunkte links unten zu beginnen und in alphabetischer Reihenfolge im mathematisch positiven Sinne – entgegen dem Uhrzeigersinn – vorzugehen. Strecken und Winkel bezeichnet man als die *Bestimmungsstücke* des Dreiecks.

Für die **Winkelsumme eines Dreiecks** gilt der wichtige **Innenwinkelsummensatz**:

■ Die Summe aller drei Innenwinkel beträgt in jedem Dreieck 180°.

☞ Zum Beweis dieses Satzes ist im Bild 5.21 durch den Punkt C eine Hilfslinie g parallel zu $\overline{AB}$ gezogen worden. Da α und α' sowie β und β' jeweils Wechselwinkel sind, gilt

$$\alpha = \alpha' \qquad \text{sowie} \qquad \beta = \beta' \ .$$

Da ferner

$$\alpha' + \gamma + \beta' = 180^\circ$$

ist, muss demzufolge auch

$$\alpha + \gamma + \beta = 180^\circ$$

sein. □

Die **Innenwinkel** des Dreiecks stehen im Gegensatz zu den **Außenwinkeln**, die man erhält, wenn man die Dreieckseiten über die Eckpunkte hinaus verlängert. So findet man an jeder Ecke eines Dreiecks einen Innenwinkel und zwei Außenwinkel. Im Bild 5.21 sind δ_1 und δ_2 die Außenwinkel für den Eckpunkt B. Als Scheitelwinkel sind beide gleich groß, so dass man vom Außenwinkel in irgendeinem Eckpunkt schlechthin sprechen darf, sofern nur die Größe und nicht die Lage des Winkels interessiert.

Im Bild 5.21 erkennt man ferner, dass β und δ_1 Supplementwinkel sind.

Also ist $\beta + \delta_1 = 180°.$
Ferner gilt aber auch $\alpha + \beta + \gamma = 180°.$

Subtrahiert man die beiden Gleichungen, so ergibt sich

$$\alpha + \gamma = \delta_1,$$

Es gilt also der Satz:

Jeder Außenwinkel an einem Dreieck ist gleich der Summe der beiden nicht anliegenden Innenwinkel.

Für die Außenwinkel eines Dreiecks gilt:

- Die Summe der Außenwinkel eines Dreiecks beträgt 360°.

☞ Der Beweis hierfür ergibt sich aus der folgenden Überlegung:

Außenwinkel in A:	$\beta + \gamma$
Außenwinkel in B:	$\alpha \quad + \gamma$
Außenwinkel in C:	$\alpha + \beta$
Summe der Außenwinkel:	$2(\alpha + \beta + \gamma) = 2 \cdot 180° = 360°$ □

Um aus drei Strecken ein Dreieck bilden zu können, müssen zwei dieser Strecken zusammen länger sein als die dritte. Dabei ist es gleichgültig, welche der drei Strecken die „dritte" ist: Der direkte Weg von einer Ecke des Dreiecks zur anderen ist kürzer als der Umweg über die dritte.

Dieser Sachverhalt kommt in den folgenden **Dreiecksungleichungen** zum Ausdruck:

$$\boxed{a + b > c; \quad b + c > a; \quad c + a > b} \qquad (5.1)$$

oder in Worten:

- Die Summe zweier Dreiecksseiten ist stets größer als die dritte.

Nach den Gesetzen für das Rechnen mit Ungleichungen kann man z. B. die erste der obigen Ungleichungen folgendermaßen umformen:

$$c - b < a\,,$$

woraus allgemein folgt:

- Die Differenz zweier Dreiecksseiten ist stets kleiner als die dritte.

Schließlich lassen sich alle vorkommenden Dreiecke **klassifizieren**:

Nach dem *größten* in einem Dreieck vorkommenden Winkel unterscheidet man

- ► *spitzwinklige* Dreiecke,
- ► *rechtwinklige* Dreiecke,
- ► *stumpfwinklige* Dreiecke.

☞ Ein Dreieck kann *höchstens einen* rechten oder stumpfen Winkel enthalten. Im rechtwinkligen oder stumpfwinkligen Dreieck müssen die beiden neben dem rechten oder stumpfen Winkel auftretenden Dreieckswinkel auf jeden Fall kleiner sein als 90°, was zu begründen ist.

Nach der *Länge* der auftretenden Seiten lassen sich die Dreiecke unterteilen in

- *ungleichseitige* Dreiecke, wenn alle Seiten verschieden lang sind,
- *gleichschenklige* Dreiecke, wenn zwei Seiten, die Schenkel, gleich lang sind,
- *gleichseitige* Dreiecke, wenn alle Seiten gleich lang sind.

5.4.2 Spezielle Dreiecke

Im *rechtwinkligen Dreieck* bezeichnet man die Seiten in Abhängigkeit von ihrer Lage zum rechten Winkel:

Die Seiten im rechtwinkligen Dreieck, die den rechten Winkel einschließen, werden **Katheten**[1] genannt. Die dem rechten Winkel gegenüberliegende Seite heißt **Hypotenuse**[2] des Dreiecks; die Hypotenuse ist die längste Seite im rechtwinkligen Dreieck.

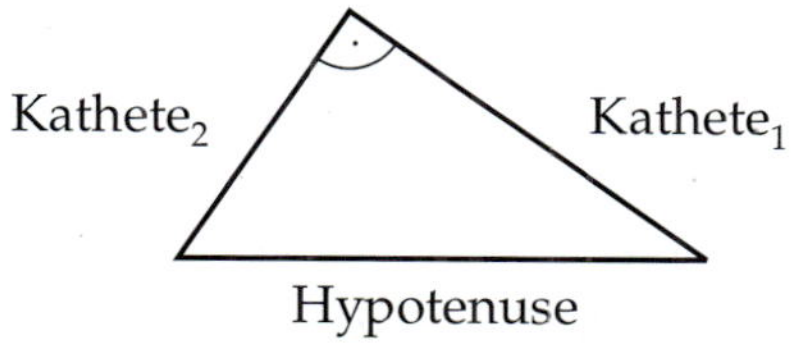

Bild 5.22

Klappt man ein *rechtwinkliges Dreieck* um eine seiner Katheten, siehe Bild 5.23, so entsteht als Gesamtfigur ein *gleichschenkliges Dreieck* mit der betreffenden Kathete als Symmetrieachse. Die beiden gleich langen Seiten $\overline{AC}$ und $\overline{A'C}$ dieses gleichschenkligen Dreiecks $AA'C$ heißen dessen **Schenkel**. Die dritte Seite, die der Spitze des Dreiecks gegenüberliegt, heißt **Basis**[3] oder Grundlinie $\overline{AA'}$ des gleichschenkligen Dreiecks.

Aus der Deckungsgleichheit der beiden Teildreiecke im Bild 5.23 ergeben sich die folgenden Gesetzmäßigkeiten:

Die Winkel an der Basis eines gleichschenkligen Dreiecks sind stets gleich. Die Mittelsenkrechte der Basis halbiert den Winkel an der Spitze des gleichschenkligen Dreiecks.

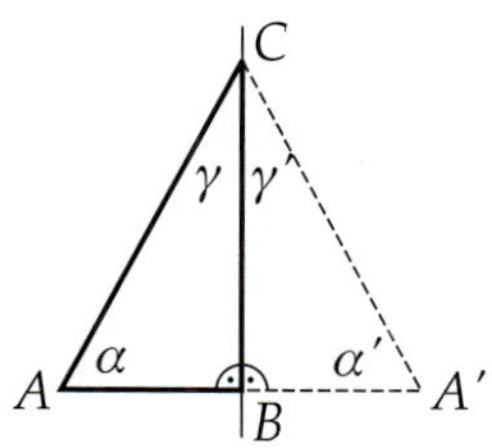

Bild 5.23

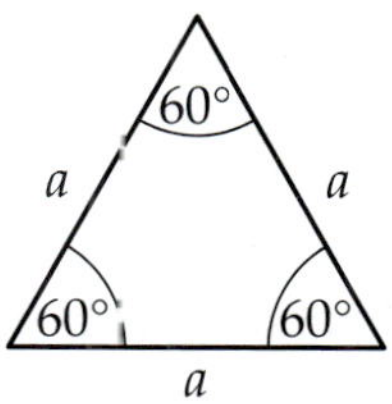

Bild 5.24

[1] káthetos (griech.) Senkblei

[2] hypoteínusa (griech.) die sich darunter ausstreckende (Seite)

[3] (griech.) Grundlage, Fundament

Sind schließlich die Schenkel eines gleichschenkligen Dreiecks genau so lang wie dessen Basis, so spricht man von einem *gleichseitigen Dreieck.*

Da man in einem gleichseitigen Dreieck jede Seite als Basis auffassen kann, müssen *alle Winkel gleich groß* sein.

Damit gilt für die Größe aller drei Winkel eines gleichseitigen Dreiecks:

$$3\alpha = 180^\circ \quad \Longrightarrow \quad \alpha = 60^\circ$$

Zusammenfassend ergibt sich somit:

- Im gleichseitigen Dreieck sind alle drei Winkel gleich groß, nämlich jeweils 60°.

Zum Abschluss soll noch ein Satz erwähnt werden, der über die Größenverhältnisse von Winkeln und Seiten eines *beliebigen Dreiecks* Auskunft gibt:

> In jedem Dreieck liegt der größte Winkel der größten Seite und der kleinste Winkel der kleinsten Seite gegenüber.

Hiervon gilt auch die Umkehrung, die besagt, dass dem größten Winkel auch die längste Dreiecksseite gegenüber liegen muss.

5.4.3 Dreieckstransversalen und deren Schnittpunkte

Unter einer *Dreieckstransversalen*[1)] versteht man eine Gerade, die ein Dreieck in irgendeiner Weise schneidet. Unter diesen Schnittlinien gibt es einige, die für die Konstruktion und die Berechnung von Dreiecken von besonderer Bedeutung sind. Dazu gehören

- die drei **Seitenhalbierenden,** das sind Strecken, die den Mittelpunkt einer Seite mit dem gegenüberliegenden Eckpunkt verbinden, sie werden mit s_a, s_b und s_c bezeichnet;
- die drei **Mittelsenkrechten**, die jeweils *senkrecht durch den Mittelpunkt* einer Seite verlaufen; sie werden m_a, m_b und m_c bezeichnet;
- die drei **Höhen**[2)], das sind die Lote, die von den Eckpunkten auf die jeweils gegenüberliegenden Seiten bzw. deren Verlängerungen gefällt werden, sie werden mit h_a, h_b und h_c bezeichnet;
- die drei **Winkelhalbierenden**, die durch einen Eckpunkt verlaufen und dabei den jeweiligen Winkel halbieren; sie werden mit w_α, w_β und w_γ bezeichnet.

Die drei Transversalen jeder dieser vier Gruppen schneiden einander jeweils in *einem* Punkt, einem sogenannten *ausgezeichneten* oder auch *merkwürdigen Punkt* des Dreiecks. Das Merkwürdige dieser Punkte besteht darin, dass sie sich als Schnittpunkte *dreier Geraden* ergeben, während sich normalerweise drei beliebige Geraden in *drei* Punkten schneiden.

[1)] transversus (lat.) querliegend, schief, schräg

[2)] Die Höhen im Dreieck werden u. a. für die Bestimmung des Flächeninhaltes von Dreiecken benötigt. Wie wir in Abschnitt 5.11.2 noch näher besprechen werden, ergibt sich der Flächeninhalt eines Dreiecks aus dem halben Produkt einer Dreiecksseitenlänge mit der zugehörigen Höhe: $A_\triangle = \frac{1}{2}\,a \cdot h_a = \frac{1}{2}\,b \cdot h_b = \frac{1}{2}\,c \cdot h_c$.

☞ Bei der Konstruktion der merkwürdigen Punkte eines Dreiecks sollte man *stets alle drei Bestimmungsgeraden* zeichnen. Treffen sich diese drei Geraden nämlich *nicht* in einem Punkt, dann muss bei der Konstruktion wenigstens einer der Geraden etwas falsch gemacht worden sein.

Im Folgenden soll untersucht werden, welche Bedeutung den vier merkwürdigen Punkten eines Dreiecks zukommt.

Die *Seitenhalbierenden* eines Dreiecks schneiden einander *in einem Punkt*, dem **Schwerpunkt** des Dreiecks. Sie werden daher auch *Schwerelinien* genannt.
Der Schwerpunkt teilt alle drei Schwerelinien vom Eckpunkt aus betrachtet im Verhältnis 2 : 1 (s. a. Bild 5.60, Seite 587).

Ein Beweis für diesen Satz kann hier noch nicht geliefert werden, er folgt im Beispiel 5.25 auf der Seite 587. Die Bezeichnung Schwerelinie für die Seitenhalbierende kann man folgendermaßen anschaulich begründen:

Bild 5.25 deutet die Zerlegung eines Dreiecks in viele sehr schmale Streifen an. Deren Mittelpunkte kann man bei genügend feiner Unterteilung und demzufolge geringer Streifenbreite als deren Schwerpunkte auffassen. Die Menge aller dieser Mittelpunkte bildet die Schwerelinie.

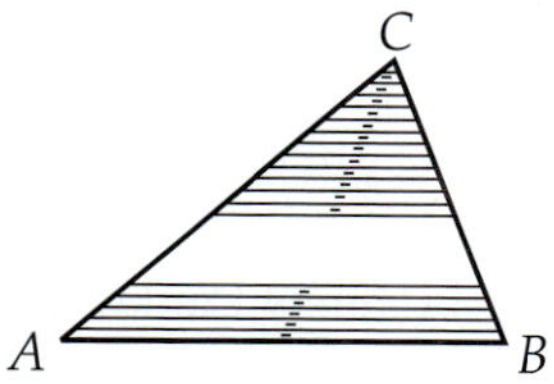

Bild 5.25

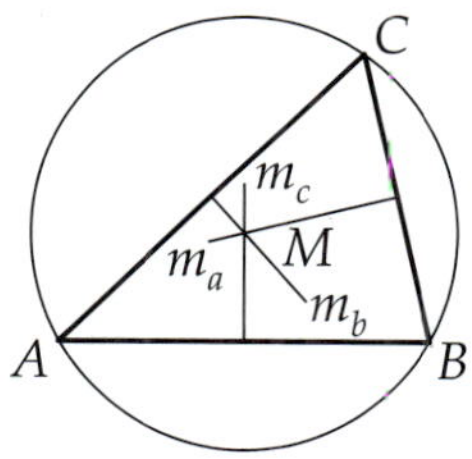

Bild 5.26

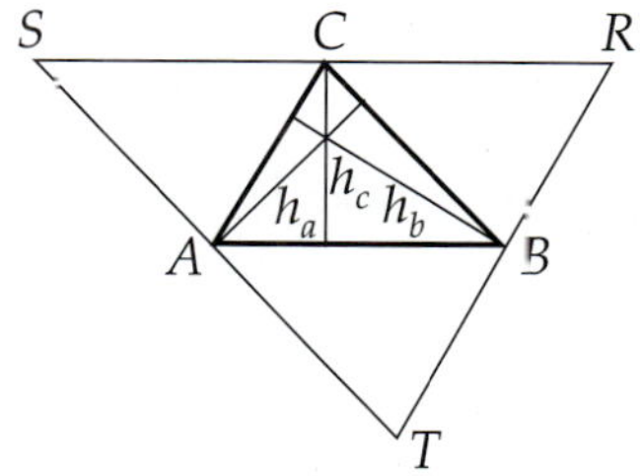

Bild 5.27

Im Bild 5.26 sind die drei *Mittelsenkrechten* des Dreiecks *ABC* eingezeichnet. Es sollen jedoch zunächst nur die beiden Mittelsenkrechten m_b und m_c genauer betrachtet werden. Sie schneiden sich im Punkte *M*.

Infolge der schon in Bild 5.16 dargestellten Eigenschaften der Mittelsenkrechten einer Strecke muss

$$|\overline{MA}| = |\overline{MB}|, \qquad \text{aber auch} \qquad |\overline{MB}| = |\overline{MC}|$$

sein. Daraus folgt jedoch, dass

$$|\overline{MA}| = |\overline{MB}| = |\overline{MC}| = r$$

gelten muss. Dieses Ergebnis besagt aber, dass alle drei Eckpunkte *A*, *B* und *C* gleich weit vom Punkt *M* entfernt sein müssen, d. h., dass sie auf einem Kreis um *M* liegen. Dieser Kreis wird *Umkreis* des Dreiecks *ABC* genannt.

Die *Mittelsenkrechten* eines Dreiecks schneiden einander in *einem* Punkt, dem *Mittelpunkt des Umkreises*. Dies ist derjenige Kreis, der durch die drei Eckpunkte des Dreiecks hindurchgeht.

Für die drei Höhen eines Dreiecks gilt der Satz:

Die Geraden der drei *Höhen* eines Dreiecks schneiden einander in *einem* Punkt, dem *Höhenschnittpunkt.*

Zum Beweis dieses Satzes wurden im Bild 5.27 drei Hilfslinien eingezeichnet, die parallel zu den Seiten des gegebenen Dreiecks ABC verlaufen. Man erhält das größere Dreieck RST. Gleichzeitig entstehen im oberen Teil der Zeichnung die beiden Parallelogramme $ABRC$ und $ABCS$.

Da die einander gegenüberliegenden Seiten eines Parallelogramms gleich groß sind, wird

$$|\overline{AB}| = |\overline{CR}| \qquad \text{sowie} \qquad |\overline{AB}| = |\overline{SC}|$$

woraus folgt, dass C der Mittelpunkt der Seite $\overline{SR}$ sein muss. Damit liegt aber die Höhe h_c des Dreiecks ABC gleichzeitig auf der Mittelsenkrechten des Dreiecks RST. Ganz entsprechend lässt sich zeigen, dass h_b mit der Mittelsenkrechten der Seite $\overline{RT}$ und h_a mit der Mittelsenkrechten von $\overline{ST}$ zusammenfällt. Damit liegt jede Höhe des ursprünglichen Dreiecks auf der jeweiligen Mittelsenkrechten des Dreiecks RST. Für die Mittelsenkrechten eines Dreiecks wurde bereits bewiesen, dass sie sich in *einem* Punkt schneiden, also muss dieser Satz auch für die Höhen des ursprünglichen Dreiecks zutreffen. □

Beim *Inkreis* eines Dreiecks handelt es sich um denjenigen Kreis, der alle drei Seiten des Dreiecks von innen her berührt. Für den Mittelpunkt des Inkreises gilt der folgende Satz:

Die *Winkelhalbierenden* eines Dreiecks schneiden einander in *einem* Punkt, dem *Mittelpunkt des Inkreises.*

Den Beweis für die Richtigkeit dieses Satzes veranschaulicht Bild 5.28.

Der Punkt M sei zunächst als Schnittpunkt von w_α und w_β entstanden. Infolge der schon in Bild 5.17 erläuterten Eigenschaft der Winkelhalbierenden gilt

$$|\overline{MS}| = |\overline{MT}| \quad \text{und} \quad |\overline{MR}| = |\overline{MT}|;$$

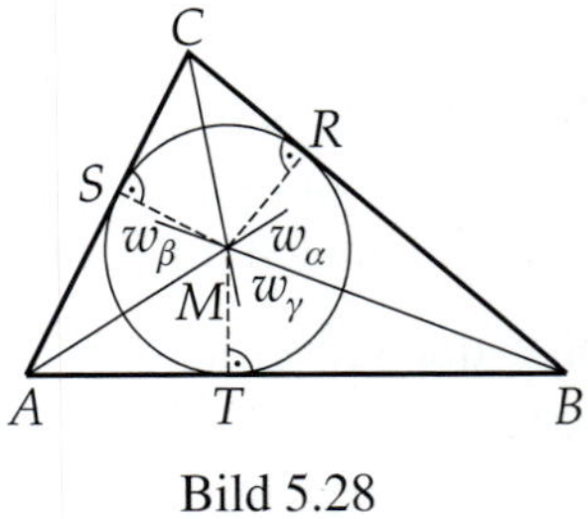

Bild 5.28

also

$$|\overline{MR}| = |\overline{MS}| = |\overline{MT}|.$$

Demzufolge muss M auch auf w_γ liegen.

Außerdem gilt für den Radius r_i des Inkreises:

$$r_\mathrm{i} = |\overline{MR}| = |\overline{MS}| = |\overline{MT}|.$$

In der Aufgabe 5.130 auf Seite 640 werden wir eine Formel herleiten, mit der wir die Länge des Inkreisradius eines Dreiecks berechnen können.

In **gleichseitigen Dreiecken** sind die vier Dreieckstransversalen t_i (Höhen, Seitenhalbierenden, Mittelsenkrechten, Winkelhalbierenden) gleichwertig:

$$t_i = h_i = s_i = m_i = w_i.$$

Ihr gemeinsamer Schnittpunkt ist der Schwerpunkt S, der sie – vom jeweiligen Eckpunkt aus betrachtet – im Verhältnis 2 : 1 teilt. Der Schwerpunkt ist somit auch Mittelpunkt des In- und des Umkreises, weshalb im gleichseitigen Dreieck der Radius r_u des Umkreises doppelt so groß wie der des Inkreises ist: $r_u = 2 \cdot r_i$.

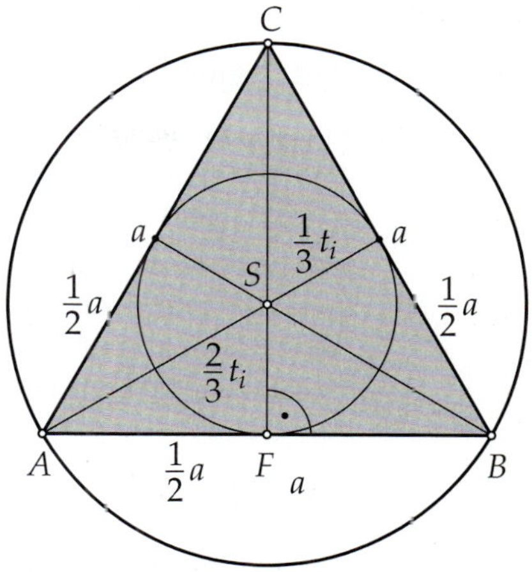

Bild 5.29

Legen wir an ein Dreieck von außen einen Kreis an, derart, dass der Kreis eine Dreieckseite direkt und von den beiden anderen ihre Verlängerungen berührt, dann erhalten wir einen *Ankreis* des Dreiecks, s. a. Bild 5.30. Sein Mittelpunkt liegt auf dem Schnittpunkt der Winkelhalbierenden des gegenüberliegenden Innenwinkels und den Halbierenden der beiden Außenwinkeln an den verlängerten Seiten.

Ein Dreieck besitzt für jede seiner drei Seiten jeweils einen eigenen Ankreis. Wegen der besseren Übersicht haben wir hier nur den Ankreis für die Seite a dargestellt. Die Formeln zur Berechnung der Ankreisradien erarbeiten wir in der Aufgabe 5.131 auf Seite 640.

Der Schwerpunkt, der Umkreismittelpunkt und der Höhenschnittpunkt eines Dreiecks liegen immer auf einer Geraden, die als EULER'sche Gerade bezeichnet wird.

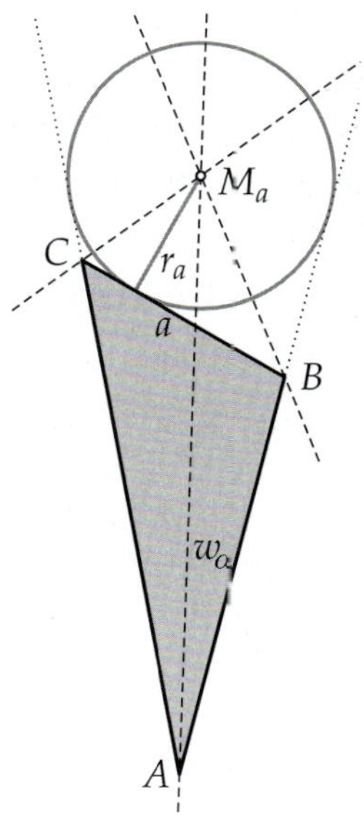

Bild 5.30

Im Internet gibt es zahlreiche Applets[1], mit denen man die Dreieckstransversalen, die merkwürdigen Punkte und auch die EULER'sche Gerade darstellen kann. Meist wird ein Dreieck gezeichnet, dessen Eckpunkte man anklicken und über den Bildschirm verschieben kann. Gleichzeitig werden die Auswirkungen dieser Manipulation auf die Transversalen deutlich.

A. 5.5 auf Seite 570

[1] Unter einem *Applet* (application program (engl.) Anwendungsprogramm) versteht man ein kleines Programm, welches direkt im Web-Browser läuft. Meist ist der Start dieser Programme etwas verzögert, da zuerst die notwendigen Daten übertragen werden müssen.

Aufgabe:

5.4 Das Dreieck (Lösungen ab Seite 912)

5.5 Konstruiere die vier Schnittpunkte der Dreieckstransversalen an verschiedenen, insbesondere auch an rechtwinkligen, stumpfwinkligen, gleichschenkligen und gleichseitigen Dreiecken.

Welche Punkte liegen stets innerhalb des Dreiecks?
Welche Punkte können auf den Seiten des Dreiecks liegen?
Welche Punkte können außerhalb des Dreiecks liegen?
Welche Art von Dreiecken müssen in den beiden letzten Fällen vorliegen?

5.5 Das Viereck

5.5.1 Allgemeines Viereck

Ein *Viereck* ist ein von vier Strecken, seinen *Seiten*, begrenztes Stück einer Ebene.

Verbindet man zwei nicht benachbarte Ecken eines Vierecks durch eine Gerade, so ist diese Gerade eine **Diagonale**[1] des Vierecks. Im Bild 5.31 ist die Diagonale $\overline{BD}$ eingezeichnet.

Vierecke, bei denen wie in Bild 5.32 eine Diagonale außerhalb der Figur verläuft, werden als **konkave Vierecke**[2] bezeichnet.

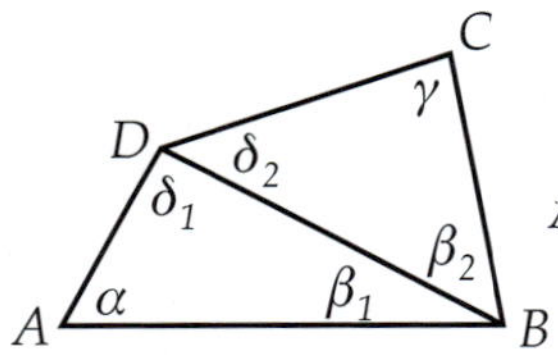

Bild 5.31

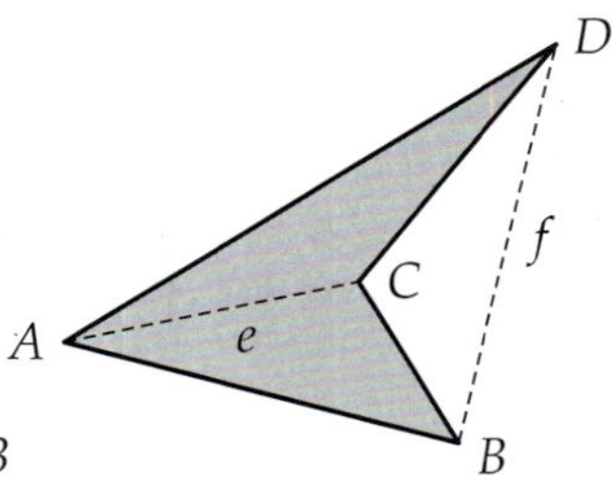

Bild 5.32

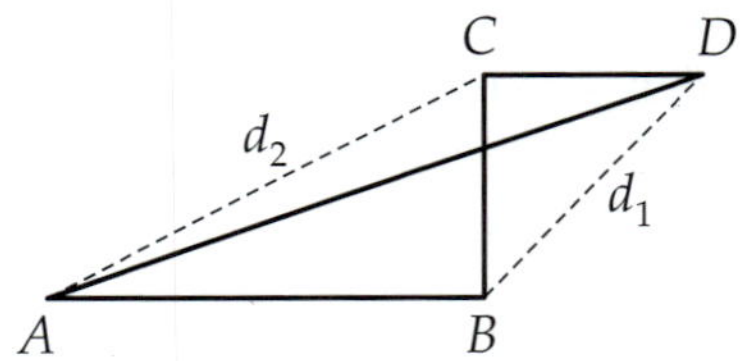

Bild 5.33

Überkreuzen sich die Seiten wie in Bild 5.33 und liegen somit beide Diagonalen außerhalb, so sprechen wir von einem **verschränkten** oder **überschlagenen Viereck**. Meist werden solche Figuren nicht mehr zu den „echten" Vierecken gezählt.

Im Folgenden werden wir ausschließlich **konvexe Vierecke** wie in Bild 5.31 besprechen, bei denen es keine „konkaven Einbuchtungen" wie am Punkt C in Bild 5.32 gibt.

▶ Für **konvexe Vierecke** gilt, dass jede Verbindungsstrecke zwischen zwei beliebigen Punkten der Figur – somit auch die Diagonalen – im Inneren der Figur verlaufen.

Eine Diagonale zerlegt ein Viereck in zwei Dreiecke. Dabei gilt, siehe Bild 5.31:

$$\alpha + \beta_1 + \delta_1 = 180^\circ \qquad \text{und} \qquad \gamma + \beta_2 + \delta_2 = 180^\circ \ .$$

---

[1] diagōnios (griech.) von einem Winkel zum anderen

[2] concavus (lat.) nach innen gewölbt

[2] convexus (lat.) nach außen gewölbt

Durch Addition beider Gleichungen ergibt sich, wenn man

$$\beta_1 + \beta_2 = \beta \qquad \text{und} \qquad \delta_1 + \delta_2 = \delta$$

setzt:

$$\alpha + \beta + \gamma + \delta = 360^\circ ,$$

oder in Worten:

■ Die Winkelsumme im Viereck beträgt immer 360°.

5.5.2 Spezielle Vierecke

Trapez

Ein Viereck mit *einem* Paar paralleler Seiten heißt **Trapez**[1]. Der Abstand der beiden parallelen Seiten wird *Höhe* des Trapezes genannt.

Suchen wir ein Trapez mit den parallelen Grundlinien $a = 7{,}6\,\text{cm}$ und $c = 3{,}4\,\text{cm}$, der Höhe $h = 4\,\text{cm}$ und dem Schenkel $b = 5{,}1\,\text{cm}$, dann lassen sich – wie in Bild 5.34 erkennbar – zwei verschiedene Figuren konstruieren. Würden wir auch überschlagene Varianten zulassen, so könnten wir aus den Angaben sogar vier verschiedene Gebilde erstellen, die (im weitesten Sinn) Vierecke mit zwei parallelen Seiten sind.

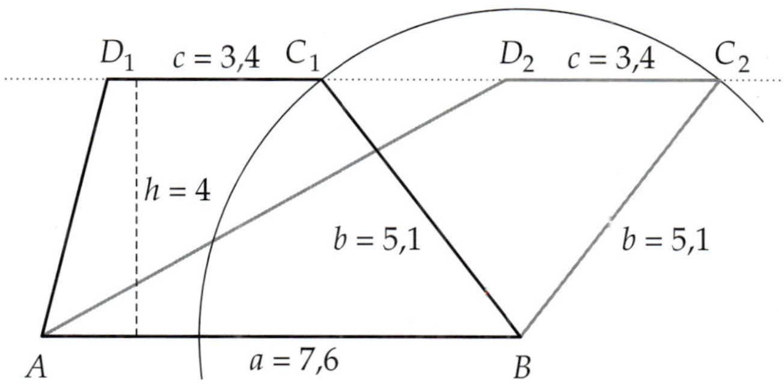

Bild 5.34

☞ Solange nichts Besonderes über die Winkel angegeben ist, wollen wir Trapeze so betrachten, dass – entsprechend der linken Variante ABC_1D_1 in Bild 5.34 – an der längeren Grundlinie a kein stumpfer Winkel vorliegt. Dennoch werden wir zum besseren Verständnis in der Aufgabe 5.98 beide Konstruktionsergebnisse rechnerisch miteinander vergleichen.

Die Details zur Berechnung der Größen in einem Trapez folgen auf Seite 619. Mit dem Wissen aus Abschnitt 6.3 werden wir auch die Winkel in den Figuren rechnerisch erfassen können.

Lassen wir auch rechte Winkel zu, dann erhalten wir ein *rechtwinkliges Trapez*:

■ Ein rechtwinkliges Trapez enthält stets *zwei rechte Winkel* (Bild 5.35).

[1] trapézion (griech.) Tischchen

Klappt man ein rechtwinkliges Trapez um die Seite, an der beide rechte Winkel liegen, erhält man als Gesamtfigur ein *gleichschenkliges Trapez*, siehe Bild 5.36. Aus der Symmetrie der dabei entstehenden Figur ergibt sich:

▌ Im gleichschenkligen Trapez sind die Winkel an jeder der beiden Parallelen gleich groß und beide Schenkel sowie beide Diagonalen gleich lang.

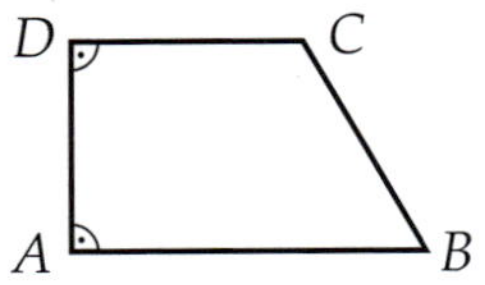

Bild 5.35

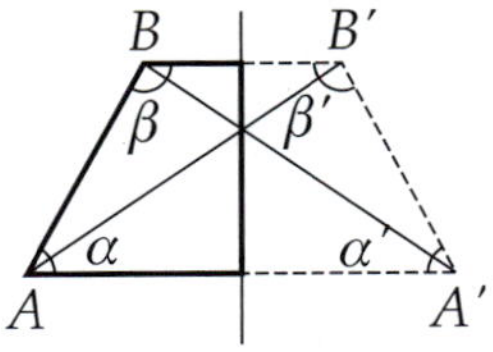

Bild 5.36

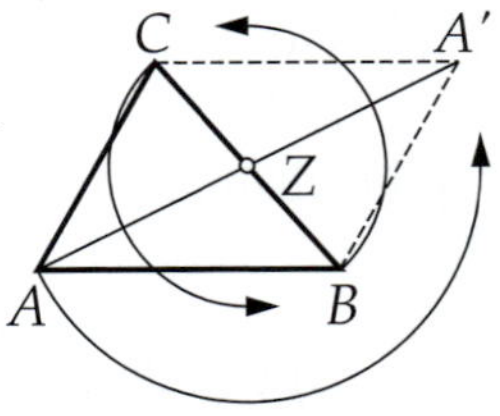

Bild 5.37

Parallelogramm

Ein Viereck mit zwei Paaren paralleler Seiten heißt **Parallelogramm**[1)] oder **Rhomboid**[2)]. Die Abstände der parallelen Seiten heißen *Höhen* des Parallelogramms.

An Bild 5.37 wird gezeigt, dass man ein Parallelogramm auch dadurch erhalten kann, dass ein Dreieck um den Mittelpunkt Z einer seiner Seiten um 180° gedreht wird. Für Parallelogramme gilt der folgende für viele Anwendungen wichtige Satz:

Im einem Parallelogramm
- sind die gegenüberliegenden Winkel gleich groß,
- sind die gegenüberliegenden Seiten gleich lang,
- halbieren die Diagonalen einander.

Auch die Umkehrung dieses Satzes ist wichtig:

Ein Viereck,
- dessen gegenüberliegende Winkel gleich groß sind, oder
- dessen gegenüberliegende Seiten gleich lang sind, oder
- dessen Diagonalen einander halbieren,

ist ein Parallelogramm.

Raute

Sind im Parallelogramm *alle* Seiten gleich lang, ergibt sich ein weiterer Sonderfall: die **Raute**[3)] oder der **Rhombus**[4)]. Dafür gelten natürlich alle die schon beim Parallelogramm formulierten Sätze. Speziell für die Raute gilt außerdem:

▪ Die Diagonalen der Raute stehen senkrecht aufeinander.

---

1) (lat.) s. a. Parallelität

2) rhomboeides (griech.) einem Rhombus ähnlich

3) rūta (lat.) Weinraute, bitter schmeckende Pflanze. Verbindet man die vier Kronblätter der Rautenblüte, so erhält man einen Rhombus, der deshalb seit Mitte des 16. Jahrhunderts auch *Raute* genannt wird.

4) rhómbos (griech.) Kreisel, Doppelkegel, verschobenes Quadrat

Eine Umkehrung des letzten Satzes gilt allerdings nicht, da z. B. auch beim Drachenviereck, das am Ende dieses Abschnittes definiert wird, die Diagonalen senkrecht aufeinander stehen.

Klappt man ein gleichschenkliges Dreieck um seine Basis, ergibt sich als Gesamtfigur eine Raute. Da schon das gleichschenklige Dreieck eine symmetrische Figur ist, muss die Raute doppelt symmetrisch sein:

- Die beiden Diagonalen sind Symmetrieachsen der Raute, d. h., sie halbieren einander.

Umgekehrt gilt auch:

- Ein Viereck, dessen Diagonalen Symmetrieachsen sind, ist eine Raute.

Während die bisher behandelten speziellen Vierecke durch Seitenbeziehungen definiert wurden, spielen bei den folgenden Spezialfällen die Winkel eine besondere Rolle.

Rechteck

- Das **Rechteck** ist ein Viereck mit vier gleichen Winkeln.

Das ist nur möglich, wenn gilt:

- Jeder Winkel des Rechtecks beträgt 90°.

Verbindet man die Mitten der gegenüberliegenden Seiten eines Rechtecks miteinander, so erhält man die beiden *Mittelparallelen* des Rechtecks, die im Bild 5.38 mit m und n bezeichnet sind. Sie sind Symmetrieachsen des Rechtecks und stehen senkrecht aufeinander.

Aus dieser doppelten Symmetrie des Rechtecks ergibt sich weiter, dass die beiden Diagonalen *gleich lang* sein müssen.

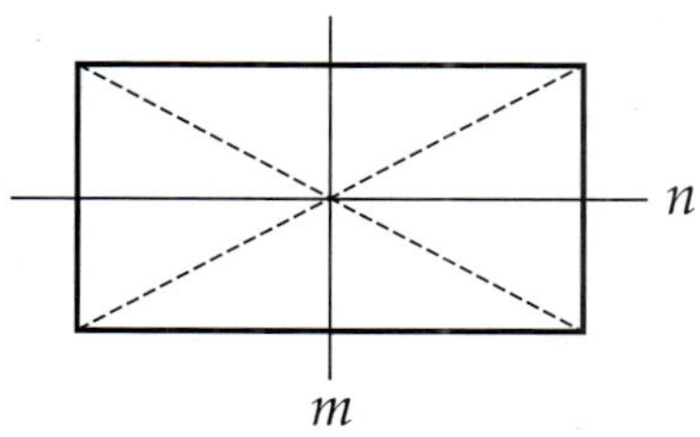

Bild 5.38

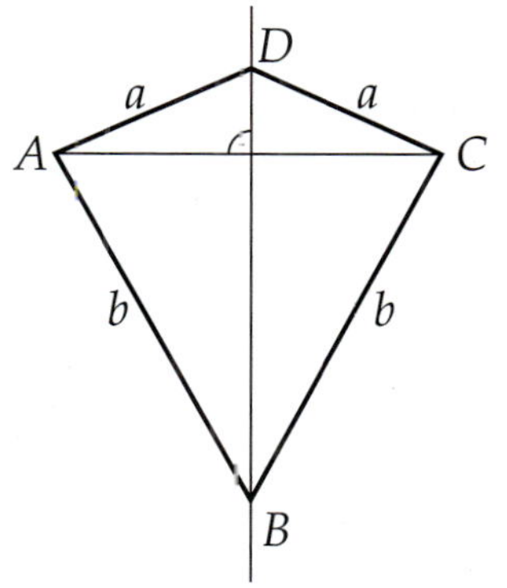

Bild 5.39

Drachenviereck

Das letzte spezielle Viereck ist das **Drachenviereck**. Hier handelt es sich um ein Viereck, in dem *nur eine* Diagonale Symmetrieachse ist. Damit ergibt sich, dass die Diagonale, die nicht gleichzeitig Symmetrieachse ist, durch die andere Diagonale halbiert wird und auf ihr senkrecht stehen muss. Begrenzt wird das Drachenviereck durch zwei verschiedene Paare gleich langer Seiten, siehe Bild 5.39.

Für die Anwendung in der Vektorrechnung sind noch die beiden folgenden, für *Parallelogramme* geltenden Sätze wichtig:

Wenn in einem Parallelogramm die Diagonalen gleich lang sind, stehen die Parallelogrammseiten senkrecht aufeinander.

Wenn in einem Parallelogramm die Diagonalen senkrecht aufeinander stehen, sind die Parallelogrammseiten gleich lang.

Der Beweis beider Sätze ergibt sich aus Symmetriebetrachtungen und ist durchzuführen! Von den beiden Sätzen gelten auch die Umkehrungen.

Für die Konstruktion oder Berechnung eines allgemeinen Viereckes sind fünf Bestimmungsstücke notwendig. Mit zunehmender Spezialisierung, wie der Einführung von parallelen Seiten oder Symmetrieachsen, verringert sich die Anzahl der benötigten Angaben, sodass schließlich für ein Quadrat nur noch eine Angabe notwendig ist.

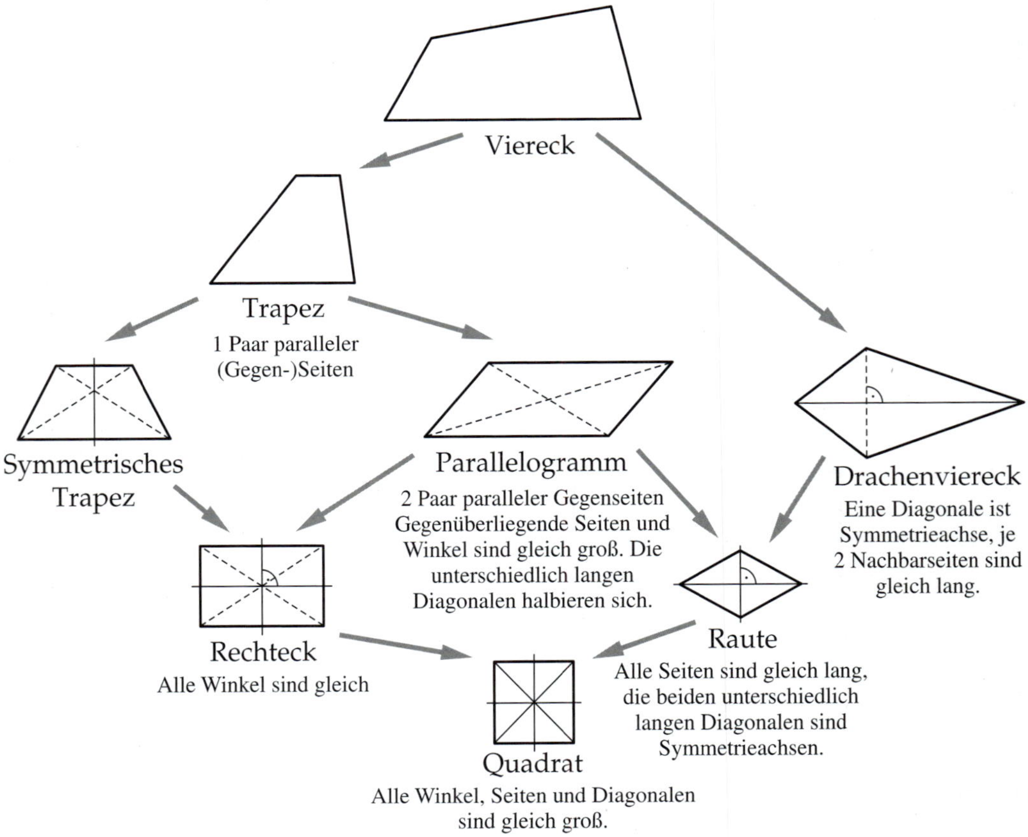

Bild 5.40

	Viereck	Trapez	Symmetrisches Trapez	Parallelogramm	Drachenviereck	Raute	Rechteck	Quadrat
	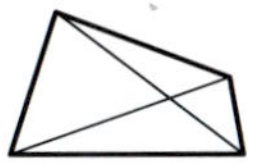	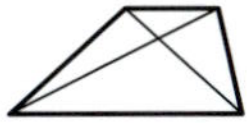	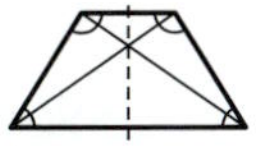	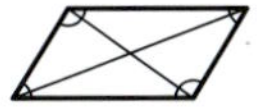	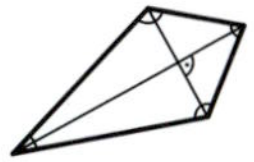	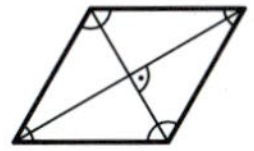	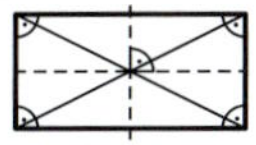	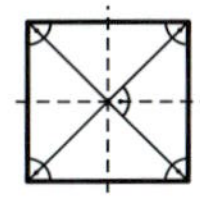
Bestimmungsstücke	5	4	3	3	3	2	2	1
Diagonalen … …sind gleich lang			✔				✔	✔
…halbieren sich				✔	(✔) längere halbiert kürzere	✔	✔	✔
…stehen senkrecht aufeinander					✔	✔		✔
…halbieren Winkel					(✔) nur längere Diag.	✔		✔
Symmetrieachsen			1		1	2	2	4
Winkel gegenüber gleich				✔	(✔) nur kürzere Diag.	✔	✔	✔
Anzahl paralleler Seiten		1×2	1×2	2×2		2×2	2×2	2×2
Anzahl gleichlanger Seiten			2	2×2	2×2	4	2×2	4
Fläche		$A=\frac{a+c}{2}h$	$A=\frac{a+c}{2}h$	$A=a\cdot h_a$	$A=\frac{1}{2}ef$	$A=\frac{1}{2}ef$	$A=ab$	$A=a^2$
Umfang	$U=a+b+c+d$	$U=a+b+c+d$	$U=a+c+2s$	$U=2(a+b)$	$U=2(a+c)$	$U=4a$	$U=2(a+b)$	$U=4a$

Bild 5.40 zeigt eine *Zusammenstellung aller hier besprochenen besonderen Viereckformen* einschließlich ihrer von Fall zu Fall hinzukommenden typischen Eigenschaften. Der Stammbaum der Vierecke fasst sie also gewissermaßen in ihrer genetischen Folge zusammen, die eine zunehmende Spezialisierung erkennen lässt.

5.6 Das Vieleck

5.6.1 Unregelmäßiges Vieleck

Ein **Vieleck** oder **Polygon**[1] ist eine ebene geometrische Figur, die aus *mindestens drei* sich aneinander fügenden und sich nicht überschneidenden Strecken gebildet wird. Bilden genau n Strecken in dieser Weise ein Vieleck, so spricht man von einem ***n*-Eck**.

- Innenwinkelsummensatz: Die Winkelsumme eines n-Ecks beträgt $(n-2) \cdot 180°$.

☞ Dies lässt sich wie folgt begründen: Schneidet man von einem n-Eck mit einer Diagonalen genau ein Dreieck ab, so bleibt ein $(n-1)$-Eck übrig. Wenn man von dem verbleibenden $(n-1)$-Eck wiederum ein Dreieck abschneidet, erhält man ein $(n-2)$-Eck. Setzt man dieses Abschneiden von Dreiecken fort, so erhält man schließlich eine Zerlegung des n-Ecks in $(n-2)$ Dreiecke. Daraus ergibt sich der oben angegebene Wert für die Winkelsumme des n-Ecks. Diese Aussage ist nachzuprüfen, indem ein beliebiges n-Eck gezeichnet und in der angegebenen Weise in Dreiecke zerlegt wird.

5.6.2 Regelmäßige Vielecke

Ein regelmäßiges n-Eck ($n \geq 3$) ist ein von n gleich langen Strecken, seinen Seiten, begrenztes Stück einer Ebene. Dabei liegen alle Eckpunkte auf einem Kreis, dem **Umkreis** des regelmäßigen n-Ecks.

Verbindet man den Mittelpunkt des Umkreises mit allen Eckpunkten des regelmäßigen n-Ecks, so wird dieses in n gleichschenklige Dreiecke zerlegt, seine sogenannten Bestimmungsdreiecke. Deren Spitzen liegen im Mittelpunkt des Umkreises, ihre Schenkel sind gleich dessen Radius r und ihre Basen gleich der Seite s_n des regelmäßigen n-Ecks, siehe Bild 5.41.

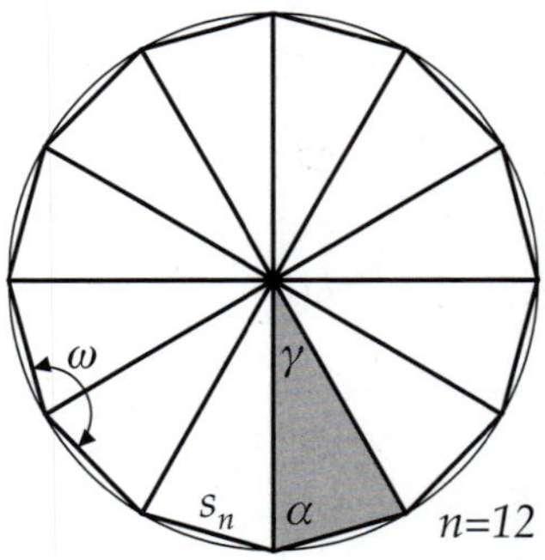

Bild 5.41

Aus dieser Zerlegung ergibt sich mit dem Satz über die Winkelsumme eines Dreiecks:

Die Winkel γ an der Spitze und die Basiswinkel α der Bestimmungsdreiecke eines regelmäßigen n-Ecks sind

$$\gamma = \frac{360°}{n} \qquad \text{und} \qquad \alpha = \frac{n-2}{n} \cdot 90°\,,$$

und die Winkel ω an der Peripherie des regelmäßigen n-Ecks betragen

$$\omega = 2\alpha = \frac{n-2}{n} \cdot 180°\,.$$

---

[1] polýs (griech.) viel; gōnía (griech.) Ecke.

Die direkte Verbindung von nicht benachbarten Eckpunkten eines n-Ecks erfolgt durch die Diagonalen des Vielecks.

Ein regelmäßiges n-Eck ($n \geq 3$) besitzt

$$\frac{1}{2} \cdot n \cdot (n-3) \tag{5.2}$$

Diagonalen.

☞ Beweis: Von jedem der n Eckpunkte können wir mit dem Einzeichnen einer Diagonalen starten. Solche geradlinigen Querverbindungen dürfen weder in ihrem Ausgangspunkt noch in den beiden unmittelbar benachbarten Punkten enden, weshalb nur $(n-3)$ Ecken als mögliche Zielpunkte infrage kommen. Da wir bei dieser Betrachtungsweise vom Anfangs- und vom Endpunkt her die Anzahl der Verbindungslinien mit $n \cdot (n-3)$ doppelt erfasst haben, erhalten wir durch Halbieren die o. g. Formel für die Anzahl der Diagonalen in einem regelmäßigen Vieleck: $\frac{1}{2} \cdot n \cdot (n-3)$. □

Für jedes Vieleck können die Diagonalen in Gruppen unterschiedlicher Länge eingeteilt werden; beim Fünfeck sind alle Diagonalen gleich lang. Die Details für einige wichtige n-Ecke werden in den Tabellen ab Seite 794 aufgelistet.

✍ A. 5.6 auf Seite 577

Aufgaben:

5.6 Das Vieleck (Lösungen ab Seite 913)

5.6

a) Wie viele Ecken besitzt ein regelmäßiges Vieleck, dessen Innenwinkel 135° groß sind.

b) Ein regelmäßiges Vieleck soll Innenwinkel von ungefähr 128,5° aufweisen. Um welches n-Eck handelt es sich?

c) Gibt es ein regelmäßiges Vieleck mit dem Mittelpunktswinkel $\alpha = 4{,}5°$?

5.7 Kongruenz

5.7.1 Was ist Kongruenz?

Die Kongruenz[1] zweier geometrischer Figuren ist die einfachste geometrische Verwandtschaft. Bei ihr bleiben *Form und Größe*, also die Winkel, die Strecken und der Flächeninhalt einer Figur unverändert:

Zwei Figuren heißen **kongruent**, wenn sie vollständig zur Deckung gebracht werden können. Strecken oder Winkel, die dabei zur Deckung kommen, heißen **homologe Stücke.**

Das Zeichen $a \cong b$ bedeutet: „a ist kongruent zu b“ oder „a ist deckungsgleich mit b“.

[1] Das Wort **Kongruenz** leitet sich ab von dem lateinischen Wort *congruens*, das soviel wie *übereinstimmend, passend* bedeutet. In diesem Sinne der **Deckungsgleichheit** wird es auch in der Mathematik verwendet.

Beispiel:

5.11 Die beiden Rechtecke mit der Länge $a_1 = 4\,\text{cm}$ und der Breite $b_1 = 3\,\text{cm}$ bzw. der Länge $a_2 = 6\,\text{cm}$ und der Breite $b_2 = 2\,\text{cm}$ besitzen zwar den gleichen Flächeninhalt

► $A_1 = a_1 \cdot b_1 = 4\,\text{cm} \cdot 3\,\text{cm} = 12\,\text{cm}^2$ bzw.

► $A_2 = a_2 \cdot b_2 = 6\,\text{cm} \cdot 2\,\text{cm} = 12\,\text{cm}^2$,

sind aber *nicht kongruent*, da ihre Seiten unterschiedlich lang sind. Wir können sie drehen und wenden, wie wir möchten, wir werden sie nicht deckungsgleich übereinanderlegen können.

Beispiel:

5.12 Die beiden Figuren aus Bild 5.42 sind spiegelbildlich zueinander. Durch einfaches Verschieben können sie nicht zur Deckung gebracht werden. Schneiden wir eines der Bilder aus und klappen es um, dann wird die Übereinstimmung jedoch ersichtlich.

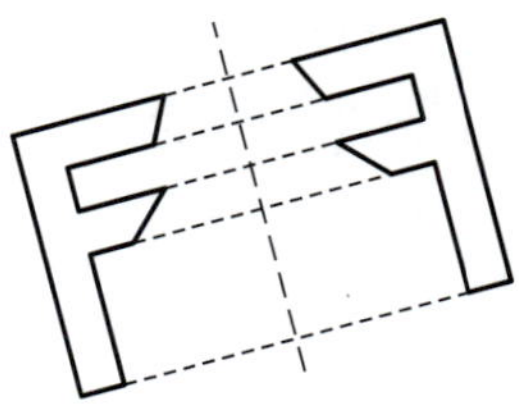

Bild 5.42

Verschiebungen und Achsenspiegelungen stellen **Kongruenzabbildungen** dar. Solange die Kongruenz durch Verschieben oder Drehen in der Zeichenebene hergestellt werden kann, bezeichnen wir dies als *gleichsinnige Kongruenz*. Wenn wir eine Figur aber aus der Ebene herausheben und umklappen müssen, damit sie die Vergleichsfigur abdeckt, dann sprechen wir von einer *ungleichsinnigen Kongruenz*.

Kongruenzen treten insbesondere dort auf, wo symmetrische Figuren durch ihre Symmetrieachse in zwei deckungsgleiche Teile zerlegt werden. Die entgegengesetzte Orientierung dieser Teile steht nicht im Widerspruch zur Definition der Kongruenz, da dort nichts darüber ausgesagt wird, ob die Deckung durch Drehung, Parallelverschiebung oder Umklappung (Spiegelung) zustande kommen soll.

Durch Umkehrung der obigen Definition lässt sich auch der folgende Satz formulieren:

■ Sind zwei Figuren kongruent, dann stimmen sie *in allen homologen Stücken* überein.

Die Kongruenz von Figuren spielt vor allem dann eine wesentliche Rolle, wenn bestimmte geometrische Gebilde wie Dreiecke, Vierecke usw. aufgrund ihrer Bestimmungsstücke konstruiert werden sollen.

5.7.2 Kongruenz von Dreiecken

Um bei zwei Dreiecken nachweisen zu können, dass sie kongruent sind, genügt es, die *Übereinstimmung in drei unabhängigen Stücken* nachzuweisen, wie aus den folgenden Sätzen hervorgeht. Diese **Kongruenzsätze** stellen also Mindestforderungen dar.

☞ *Abhängige* Bestimmungsstücke sind beispielsweise die drei Winkel eines Dreiecks, da der dritte Winkel aufgrund des Satzes über die Winkelsumme im Dreieck bereits festgelegt ist, wenn die beiden anderen Winkel bekannt sind.

Ebenso wichtig sind aber auch die Umkehrungen der Kongruenzsätze. Mit ihrer Hilfe kann man aus der Übereinstimmung in drei unabhängigen Stücken schlussfolgern, dass die Dreiecke kongruent sind.

Kongruenzsätze:

Dreiecke sind kongruent, wenn sie übereinstimmen in
a) drei Seiten,
b) zwei Seiten und dem *eingeschlossenen* Winkel,
c_1) einer Seite und zwei *anliegenden* Winkeln,
c_2) einer Seite, einem *anliegenden* und einem *gegenüberliegenden* Winkel,
d) zwei Seiten und dem der *größeren Seite gegenüberliegenden* Winkel.

Diesen fünf Sätzen entspricht, dass ein Dreieck stets dann *eindeutig* konstruiert werden kann, wenn Bestimmungsstücke gegeben sind, die einem dieser Fälle entsprechen.

Damit bilden die Kongruenzsätze die *Grundlage für die Konstruktion von Dreiecken.*

Beispiele:

5.13 Es soll ein Dreieck konstruiert werden, dessen drei Seiten a, b und c gegeben sind.

Lösung: Es wird zunächst die Strecke $\overline{AB} = c$ gezeichnet.

Der noch fehlende Dreieckspunkt C muss vom Punkt A die Entfernung b und vom Punkt B die Entfernung a haben. Nun liegen alle Punkte, die von A die Entfernung b besitzen, auf dem Kreis um A mit dem Radius b und alle Punkte, die um a vom Punkt B entfernt liegen, auf dem Kreis um B mit dem Radius a. Da der gesuchte Punkt C beide Bedingungen erfüllen muss, kann es sich nur um den Schnittpunkt der beiden genannten Kreise handeln.

Man braucht also nur um A einen Kreisbogen mit dem Radius b und um B einen Kreisbogen mit dem Radius a zu schlagen. Deren Schnittpunkt ist der gesuchte Eckpunkt C des zu konstruierenden Dreiecks, siehe Bild 5.43.

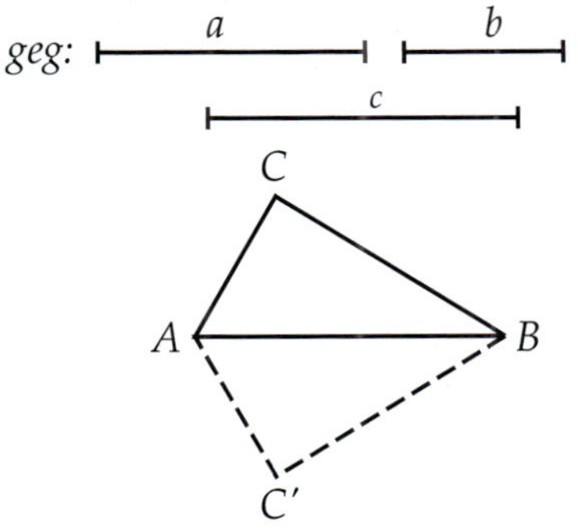

Bild 5.43

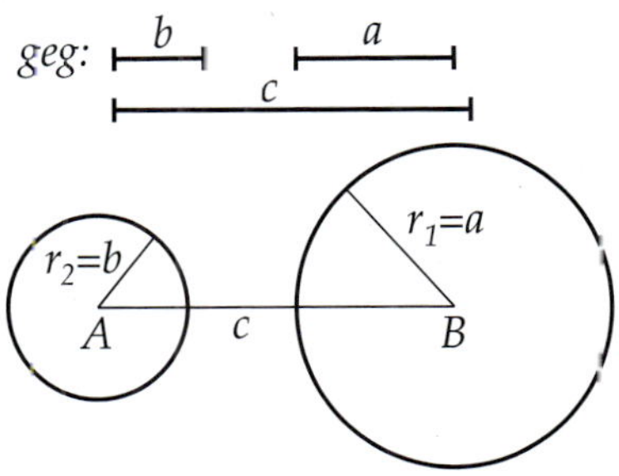

Bild 5.44

Die Länge der drei Dreiecksseiten kann nur innerhalb gewisser Grenzen willkürlich gewählt werden. Ist nämlich die Summe zweier Seiten kleiner als die dritte, so schneiden sich die erforderlichen Kreisbögen nicht, gleichgültig mit welcher Seite man die Konstruktion auch beginnt, siehe Bild 5.44.

5.14 Es soll ein Dreieck aus den beiden Seiten a und b und dem von diesen Seiten eingeschlossenen Winkel γ konstruiert werden.

Lösung: Auf den Schenkeln des Winkels γ trägt man vom Scheitelpunkt C aus die Strecken b und a ab. Die dadurch entstehenden Punkte sind die beiden fehlenden Eckpunkte A und B des zu konstruierenden Dreiecks, siehe Bild 5.45.

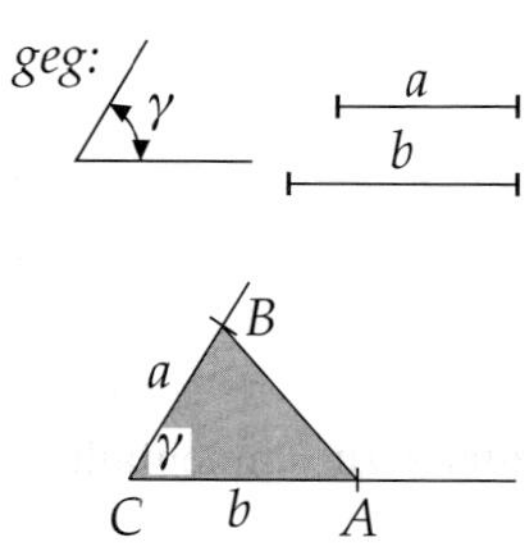

Bild 5.45

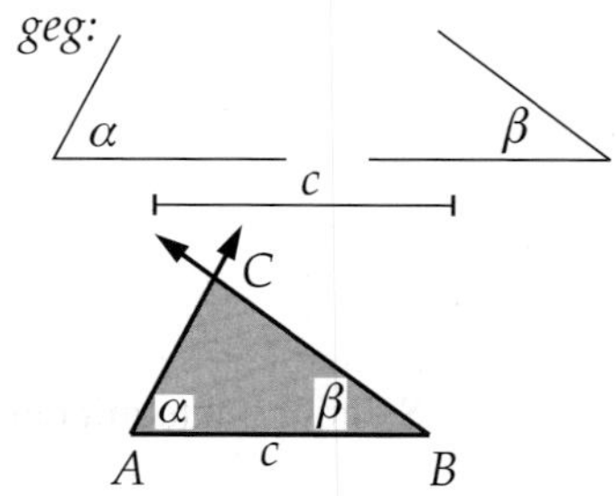

Bild 5.46

5.15 Ein Dreieck soll aus der Seite c und den beiden anliegenden Winkeln α und β konstruiert werden.

Lösung: Man braucht nur in den beiden Endpunkten A und B der Strecke c die beiden gegebenen Winkel α und β anzutragen. Die freien Schenkel dieser beiden Winkel schneiden sich im gesuchten dritten Eckpunkt C des Dreiecks, siehe Bild 5.46.

Der Fall, dass eine Seite, ein an dieser Seite anliegender und der der Seite gegenüberliegende Winkel gegeben sind, etwa c, β und γ, lässt sich in ähnlicher Weise lösen.

Sind die beiden Winkel β und γ zahlenmäßig gegeben, so kann man aus der Winkelsumme des Dreiecks sofort den Winkel α ermitteln:

$$\alpha = 180^\circ - \beta - \gamma$$

und damit die Aufgabe auf den oben behandelten Fall zurückführen.

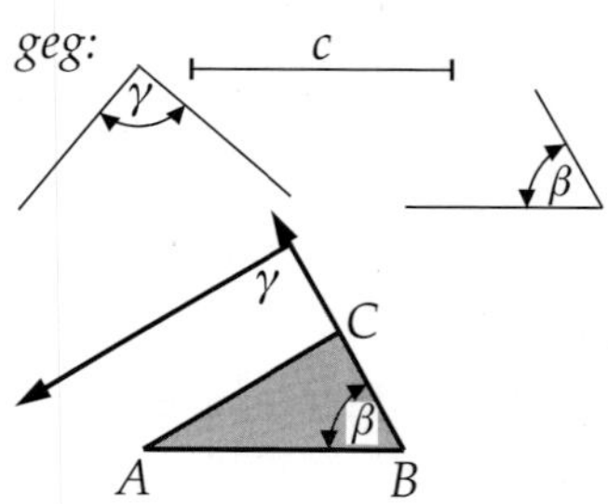

Bild 5.47

Sind β und γ zeichnerisch gegeben, so kann man im Endpunkt B der Strecke $c = \overline{AB}$ den Winkel β antragen und in einem *beliebigen* Punkt seines freien Schenkels den Winkel γ. Den freien Schenkels des Winkels γ verschiebt man schließlich parallel zu sich so, dass er durch den Punkt A hindurchgeht, siehe Bild 5.47.

5.16 Aus den beiden Seiten a und c sowie dem Winkel α soll ein Dreieck konstruiert werden.

Lösung: Zuerst zeichnet man die Seite $c = \overline{AB}$ und legt in A den Winkel α mit einem freien Schenkel an.

Schlägt man nun um B einen Kreisbogen mit dem Radius a, so schneidet dieser gegebenenfalls den freien Schenkel des Winkels α im noch fehlenden Eckpunkt C des zu konstruierenden Dreiecks, siehe Bild 5.48.

Bei dieser Aufgabe sind drei Möglichkeiten zu unterscheiden, siehe Bild 5.49:

a) $a > c$: Die Konstruktion liefert ein *eindeutiges Ergebnis*, da der freie Schenkel des Winkels α vom Kreis um B nur an *einer* Stelle geschnitten wird.

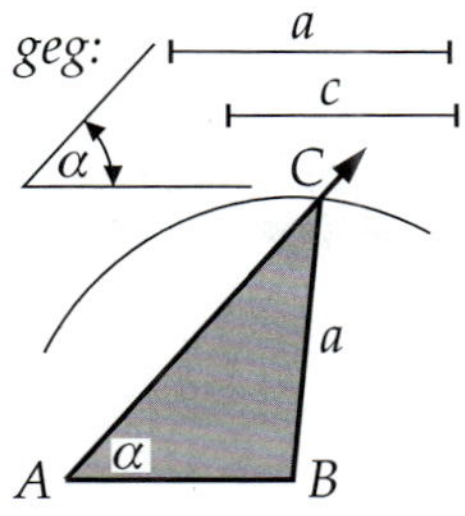

Bild 5.48

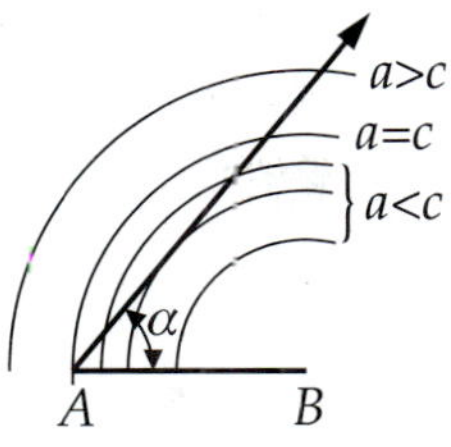

Bild 5.49

b) $a = c$: Der Kreisbogen um B liefert zwar zwei Schnittpunkte mit dem freien Schenkel von α, es entsteht dabei aber *nur ein Dreieck*, da einer der Schnittpunkte mit dem Scheitel A zusammenfällt.

c) $a < c$: Hier gibt es drei Möglichkeiten:
   c_1) *Zwei Lösungen:* wenn der Kreisbogen den freien Schenkel des gegebenen Winkels an zwei Stellen schneidet.
   c_2) *Eine Doppellösung:* wenn der Kreisbogen den freien Schenkel des Winkels nur berührt.
   c_3) *Keine Lösung:* wenn der Kreisbogen den freien Schenkel des Winkels meidet.

Die Fälle c_1 bis c_3 rechtfertigen den Zusatz im letzten Kongruenzsatz, dass der der *größeren Seite gegenüberliegende* Winkel entscheidend ist.

⚠ Vereinbarungsgemäß bezeichnen wir ein Dreieck mithilfe seiner Eckpunkte, die wir gegen den Uhrzeigersinn durchlaufen. Die bei Achsenspiegelungen auftretende ungleichsinnige Kongruenz kann in einigen Fällen das Verständnis erschweren, da sich der Umlaufsinn des Dreiecks ändert. Wie in Bild 5.50 zu erkennen ist, wird aus der Abfolge

$$A \to B \to C$$

durch die Spiegelung

$$A_1 \to C_1 \to B_1 .$$

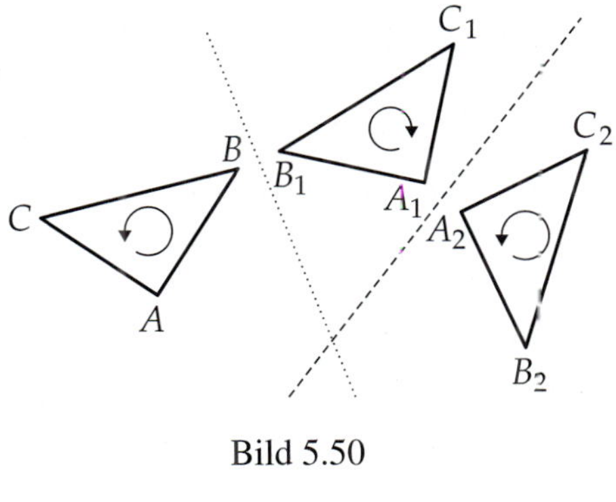

Bild 5.50

Bild und Spiegelbild bleiben dabei kongruent, was aber oftmals erst deutlich wird, wenn wir die beiden Figuren in eine vergleichbare Lage bringen. Entweder führen wir eine erneute Achsenspiegelung durch oder heben ein

Dreieck aus der Zeichenebene heraus und „klappen“ es um. Damit die Kongruenz deutlich wird, verstoßen wir in einigen Fällen absichtlich gegen die vereinbarten Regeln zur Bezeichnung, indem wir schreiben:

„Die beiden Dreiecke ABC und $A_1C_1B_1$ sind kongruent:

$\triangle ABC \cong \triangle A_1B_1C_1$.“

5.8 Ähnlichkeit

5.8.1 Ähnlichkeit im Allgemeinen

Die Ähnlichkeit ist eine allgemeinere geometrische Verwandtschaft als die Kongruenz.

Von zwei Figuren sagt man, sie seien **ähnlich**, wenn sie in allen einander entsprechenden Winkeln übereinstimmen und wenn die entsprechenden Seiten im gleichen Verhältnis zueinander stehen. Das mathematische Zeichen für *ähnlich* ist $\sim$.

Das *gleiche Verhältnis entsprechender Seiten* kann auf zweierlei Arten geschrieben werden, entweder als

$$\frac{a_1}{a_2} = \frac{b_1}{b_2} = \frac{c_1}{c_2} = \ldots,$$

wobei der Wert dieses Quotienten als Ähnlichkeitsverhältnis bezeichnet wird, oder als fortlaufende Proportion

$$a_1 : b_1 : c_1 : \ldots = a_2 : b_2 : c_2 : \ldots$$

Dabei sind mit $a_1, b_1, c_1, \ldots$ die Strecken der einen und mit $a_2, b_2, c_2, \ldots$ die Strecken der anderen Figur bezeichnet.

Bei einer ähnlichen Abbildung bleibt die Gestalt einer Figur unverändert, aber nicht deren Größe und Flächeninhalt. Ähnliche Figuren gehen durch Vergrößern oder Verkleinern auseinander hervor. Dabei gibt das oben erwähnte Ähnlichkeitsverhältnis den Maßstab der Vergrößerung oder Verkleinerung an.

Es gibt bestimmte geometrische Figuren, die stets untereinander ähnlich sind. Dazu gehören alle Kreise [1)] und alle regelmäßigen Vielecke mit gleicher Seitenzahl, also gleichseitige Dreiecke, Quadrate usw.

5.8.2 Ähnlichkeit von Dreiecken

Für die Ähnlichkeit von Dreiecken gelten Gesetze, die denen der Kongruenz von Dreiecken fast völlig entsprechen. Auch sie stellen *Mindestforderungen* dar.

1) Alle Kreise sind ähnlich zueinander; das Ähnlichkeitsverhältnis ergibt sich aus dem Verhältnis der Radien.

Ähnlichkeitssätze:

Dreiecke sind einander ähnlich, wenn sie übereinstimmen in

a) dem Verhältnis dreier Seiten,

b) dem Verhältnis zweier Seiten und dem von ihnen *eingeschlossenen* Winkel,

c) dem Verhältnis zweier Seiten und dem der größeren Seite gegenüberliegenden Winkel oder

d) zwei Winkeln.

Auch von diesen Sätzen gelten die Umkehrungen.

Beispiele:

5.17 Bild 5.51 zeigt zwei ähnliche Dreiecke, da $\triangle ABC$ und $\triangle AB'C'$ in zwei Winkeln (α und rechtem Winkel) übereinstimmen.

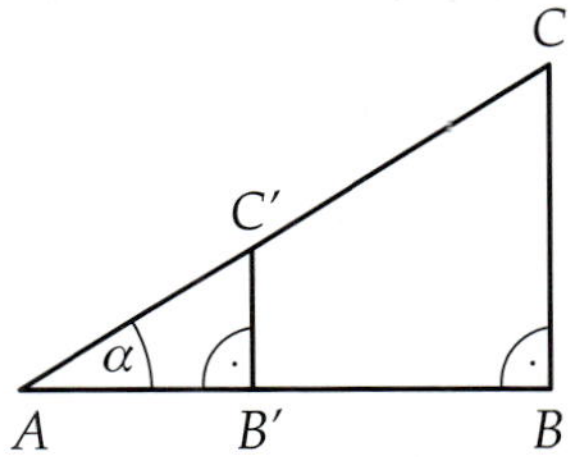

Bild 5.51

Aus den bekannten Seitenlängen $|\overline{AB}| = 7\,\text{cm}$, $|\overline{BC}| = 4{,}3\,\text{cm}$ und $|\overline{AB'}| = 2\,\text{cm}$ kann die Länge von $|\overline{B'C'}|$ berechnet werden. Aufgrund der Ähnlichkeit ist das *Verhältnis* der Seiten in beiden Dreiecken gleich:

$$\frac{|\overline{B'C'}|}{|\overline{AB'}|} = \frac{|\overline{BC}|}{|\overline{AB}|}$$

$$|\overline{B'C'}| = \frac{|\overline{BC}| \cdot |\overline{AB'}|}{|\overline{AB}|} = \frac{4{,}3\,\text{cm} \cdot 2\,\text{cm}}{7\,\text{cm}} \approx 1{,}2\,\text{cm}$$

5.18 Die soeben gewonnene Erkenntnis können wir auch direkt für ein praktisches Beispiel nutzen:

Aus der Länge l des Schattens eines Turmes soll dessen Höhe ermittelt werden, wenn eine senkrecht stehende Stange der Länge h' einen Schatten der Länge l' wirft.

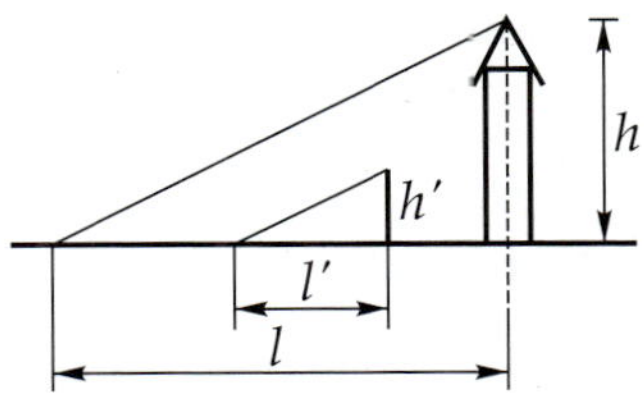

Bild 5.52

Lösung: Aus den Verhältnissen entsprechender Seiten in den beiden ähnlichen rechtwinkligen Dreiecken, siehe Bild 5.52, ergibt sich die Proportion

$$h : l = h' : l' \,.$$

Daraus erhält man für die gesuchte Turmhöhe: $h = \dfrac{l \cdot h'}{l'}$.

5.19 Die Papierformate der Reihe A sind so bemessen, dass jedes Format aus dem vorhergehenden durch Halbieren der jeweils längeren Seite entsteht und diesem zugleich ähnlich ist.

Man berechne das Verhältnis der langen zur kurzen Seite dieser Rechtecke!

Lösung: Die beiden Seiten des Rechtecks seien a und b, wobei a die längere der beiden Seiten sein soll. Dann muss nach der obigen Erklärung

$$a : b = b : \frac{a}{2}$$

gelten. Hieraus folgt

$$a : b = \sqrt{2} : 1, \quad \text{also} \quad a = b \cdot \sqrt{2}\,.$$

Bei den Blättern des A-Formates ist die lange Seite stets das $\sqrt{2}$-fache der kurzen Seite. Das ist mit den Angaben des Beispiels 3.81 nachzuprüfen!

5.20 Mit einer Kamera der Brennweite f wird aus der Höhe h ein Luftbild aufgenommen. Das Aufnahmeformat besitze die Länge a und die Breite b.

Wie lang sind die Seiten $\overline{a}$ und $\overline{b}$ des aufgenommenen Flächenstückes und wie groß ist der Abbildungsmaßstab der Aufnahme, wobei die Filmebene parallel zur eben anzunehmenden Erdoberfläche liegt?

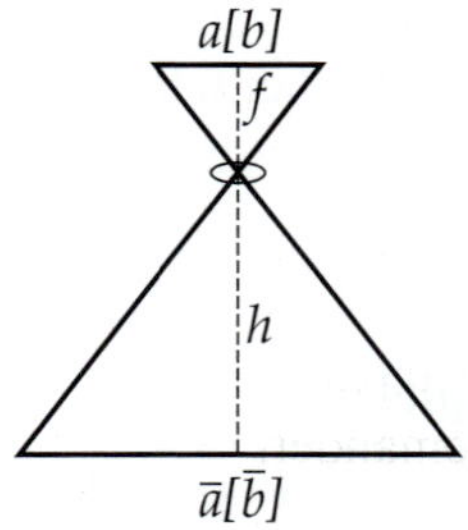

Bild 5.53

Lösung: Aus Bild 5.53 ergeben sich der Abbildungsmaßstäbe:

$$a : \overline{a} = b : \overline{b} = f : h\,.$$

Hieraus lassen sich die Abmessungen des Flächenstücks ermitteln:

$$\overline{a} = a \cdot \frac{h}{f} \qquad \text{und} \qquad \overline{b} = b \cdot \frac{h}{f}\,.$$

A. 5.7–5.8 auf Seite 592

5.8.3 Strahlensätze

Bruchgleichungen: Abschnitt 3.1.3.6, Beispiel 3.43, Aufgabe 3.11

Für viele Anwendungen ist die Formulierung der Gesetze der Ähnlichkeit in Form der **Strahlensätze** zweckmäßig. Die Strahlensätze erhält man aus der Ähnlichkeit von Dreiecken, die sich ergeben, wenn ein von einem Punkt S ausgehendes Strahlenbüschel von einer Schar paralleler Geraden geschnitten wird, siehe Bild 5.54.

1. Strahlensatz:

Einander entsprechende Abschnitte auf den Strahlen stehen im gleichen Verhältnis zueinander.

So ist beispielsweise im Bild 5.54

$$|\overline{SA}| : |\overline{SB}| : |\overline{SC}| = |\overline{SA_1}| : |\overline{SB_1}| : |\overline{SC_1}| = |\overline{SA_2}| : |\overline{SB_2}| : |\overline{SC_2}|,$$

aber auch

$$|\overline{SA_1}| : |\overline{SB_1}| = |\overline{A_1A_2}| : |\overline{B_1B_2}|\,.$$

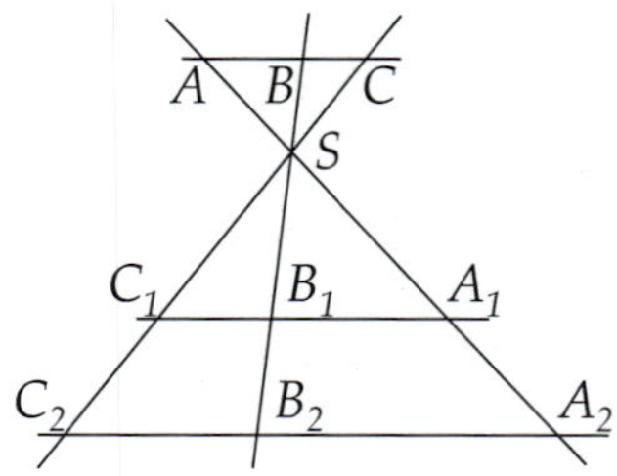

Bild 5.54

2. Strahlensatz:

Einander entsprechende Abschnitte auf den Parallelen stehen im gleichen Verhältnis zueinander wie die zugehörigen, *vom Scheitel aus* gemessenen Abschnitte auf den Strahlen.

Als Beispiele für diesen Strahlensatz seien die folgenden Verhältnisse angegeben:

$$|\overline{CB}| : |\overline{C_1B_1}| : |\overline{C_2B_2}| = |\overline{SC}| : |\overline{SC_1}| : |\overline{SC_2}| = |\overline{SB}| : |\overline{SB_1}| : |\overline{SB_2}|$$

oder

$$|\overline{AB}| : |\overline{A_1B_1}| : |\overline{A_2B_2}| = |\overline{SA}| : |\overline{SA_1}| : |\overline{SA_2}| = |\overline{SB}| : |\overline{SB_1}| : |\overline{SB_2}| \ .$$

Zu beachten ist dabei stets, dass beim zweiten Strahlensatz die Abschnitte auf den Strahlen *vom Scheitelpunkt ausgehen* müssen, was beim ersten Strahlensatz nicht gefordert wird.

3. Strahlensatz:

Einander entsprechende Abschnitte auf den Parallelen stehen im gleichen Verhältnis zueinander.

Im Bild 5.54 ist also nach dem dritten Strahlensatz

$$|\overline{AB}| : |\overline{BC}| = |\overline{A_1B_1}| : |\overline{B_1C_1}| = |\overline{A_2B_2}| : |\overline{B_2C_2}| \ .$$

Von den Umkehrungen der Strahlensätze ist allenfalls die des ersten von Bedeutung. Mit dieser Umkehrung kann man aus der Gleichheit der Verhältnisse entsprechender Abschnitte auf die Parallelität der Geradenschar schließen.

Mithilfe der Ähnlichkeitssätze für Dreiecke können wir die Strahlensätze auch zu folgendem Satz zusammenfassen:

Von einem Zentrum Z gehen zwei Strahlen Z-A-B und Z-C-D aus, die von den parallelen Geraden g und h geschnitten werden. Dadurch entstehen aus der Sicht von Z die kurzen Abschnitte $\overline{ZA}$, $\overline{ZC}$ und $\overline{AC}$, sowie die langen Abschnitte $\overline{ZB}$, $\overline{ZD}$ und $\overline{BD}$. Das Längenverhältnis von kurzen und zugehörigen langen Abschnitten ist dabei konstant:

$$\frac{\text{kurz}}{\text{lang}} = \frac{|\overline{ZA}|}{|\overline{ZB}|} = \frac{|\overline{ZC}|}{|\overline{ZD}|} = \frac{|\overline{AC}|}{|\overline{BD}|}$$

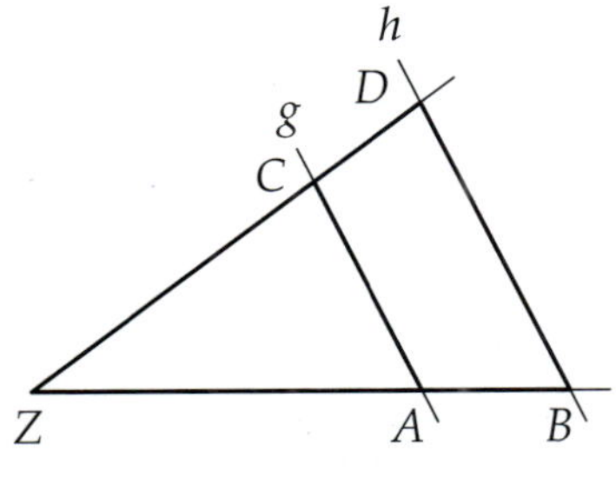

Bild 5.55

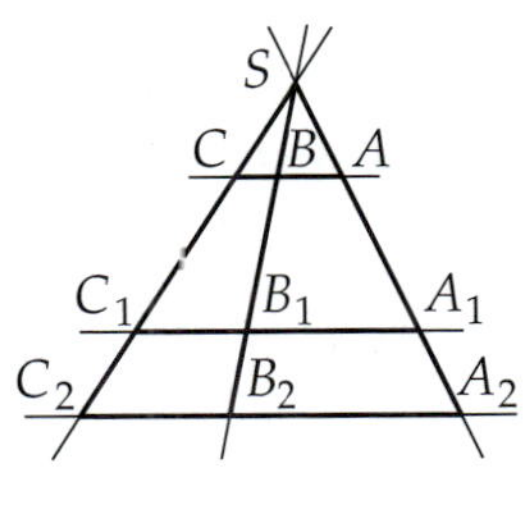

Bild 5.56

☞ Situationen wie in Bild 5.54 können wir dadurch vereinfachen, indem wir das kleine Dreieck CAS um den Punkt S in das große Dreieck C_2A_2S hineindrehen und dann nach dem „Kurz-zu-lang-Prinzip" die Streckenverhältnisse aus der neuen Figur 5.56 ermitteln.

Um den Rechenaufwand gering zu halten, sollte man den Rechenansatz immer mit der gesuchten Größe beginnen. Dies dürfte kein grundsätzliches Problem darstellen, da natürlich auch der Kehrwert, also das Verhältnis „lang : kurz", konstant ist.

Beispiele:

5.21 Für die Strahlensatzfigur in Bild 5.55 sind mithilfe von $|\overline{BD}| = 20$ cm, $|\overline{ZB}| = 51$ cm, $|\overline{ZC}| = 3$ cm und $|\overline{AC}| = 15$ cm die restlichen Größen zu berechnen.

Lösung:

① Aus dem Ansatz „lang : kurz“ $\dfrac{|\overline{ZD}|}{|\overline{ZC}|} = \dfrac{|\overline{BD}|}{|\overline{AC}|}$ erhält man durch Einsetzen $\dfrac{|\overline{ZD}|}{3} = \dfrac{20}{15}$ den gesuchten Wert für $|\overline{ZD}| = 4$ cm.

② Die Länge des Abschnittes $\overline{CD}$ ist nun einfach zu berechnen:
$|\overline{CD}| = |\overline{ZD}| - |\overline{ZC}| = 1$ cm.

③ Ansatz „kurz : lang“ $\dfrac{|\overline{ZA}|}{|\overline{ZB}|} = \dfrac{|\overline{AC}|}{|\overline{BD}|} \Rightarrow |\overline{ZA}| = 38{,}25$ cm

④ $|\overline{ZB}| = |\overline{ZA}| + |\overline{AB}| \Rightarrow |\overline{AB}| = 12{,}75$ cm

✍ A. 5.9 auf Seite 592

5.22 Der *Transversalmaßstab*[1)] gestattet es, Bruchteile einer vorgegebenen Längeneinheit abzulesen. Im Bild 5.57 wird dies an Zehnteln demonstriert.

Lösung: Um beispielsweise Zehntel einer gegebenen Längeneinheit $|\overline{BC}|$ zu erhalten, zeichnet man zu einer Geraden 10 Parallelen in gleichen Abständen.

Dabei sei

$|\overline{AB}| = 10$ Einheiten und

$|\overline{BC}| = 1$ Einheit.

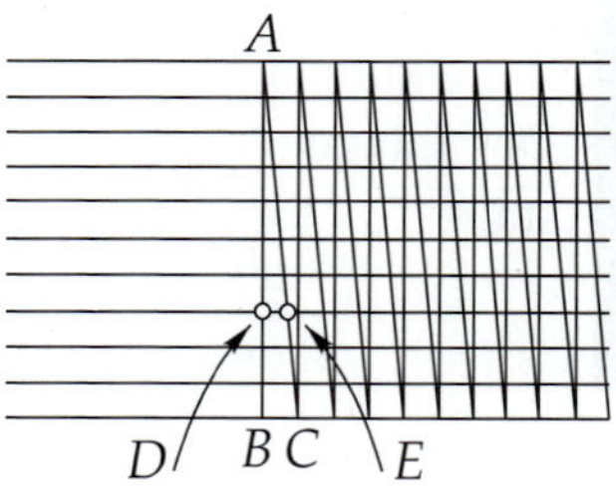

Bild 5.57

Die Längen der parallelen Abschnitte zwischen den beiden Strahlen AB und AC betragen dann bei A beginnend:

$$0, \frac{1}{10}, \frac{2}{10}, \frac{3}{10}, \ldots, \frac{8}{10}, \frac{9}{10}, \frac{10}{10}$$

der gewählten Längeneinheit $|\overline{BC}|$.

Nach dem zweiten Strahlensatz ist beispielsweise

$|\overline{BC}| : |\overline{AB}| = |\overline{DE}| : |\overline{AD}|$ oder in Zahlen: $1 : 10 = x : 7$,

woraus sich $x = \frac{7}{10}$ ergibt.

Weil nach rechts ebenfalls 10 senkrechte Parallelen gezeichnet wurden, lassen sich mit einem Transversalmaßstab ohne Schwierigkeiten auch Werte wie 3,7 LE oder 6,3 LE ablesen.

5.23 Eine Strecke $\overline{AB}$ soll in n gleich große Teile geteilt werden.

Lösung: Vom Endpunkt A der Strecke $\overline{AB}$ aus zieht man einen beliebigen Strahl und trägt auf diesem von A aus n gleich große Strecken ab. Der Endpunkt der letzten Teilstrecke sei C.

---

1) transversus (lat.) querliegend, schief, schräg

Die Parallelen zu $\overline{BC}$ durch die übrigen Teilungspunkte des Hilfsstrahles schneiden die Strecke $\overline{AB}$ in den gesuchten Teilungspunkten. Im Bild 5.58 ist die Konstruktion für den Fall $n = 5$ dargestellt.

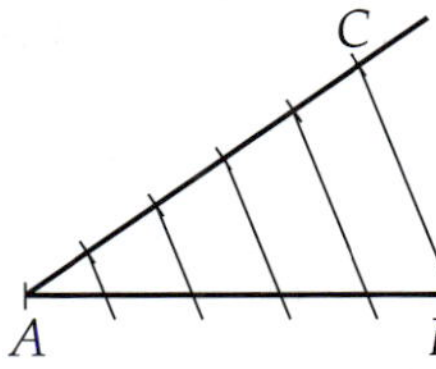

Bild 5.58

5.24 Zu den Größen a, b und c soll die vierte Proportionale konstruiert werden.

Lösung: Die folgende Konstruktion beruht auf dem ersten Strahlensatz.

Auf den Schenkeln eines beliebigen Winkels werden von dessen Scheitelpunkt S aus die gegebenen Strecken a, b und c abgetragen wie dies im Bild 5.59 dargestellt ist. Die Endpunkte dieser drei Strecken seien A, B und C. Die Parallele zu $\overline{AC}$ durch B schneidet den anderen Strahl im Punkt X.

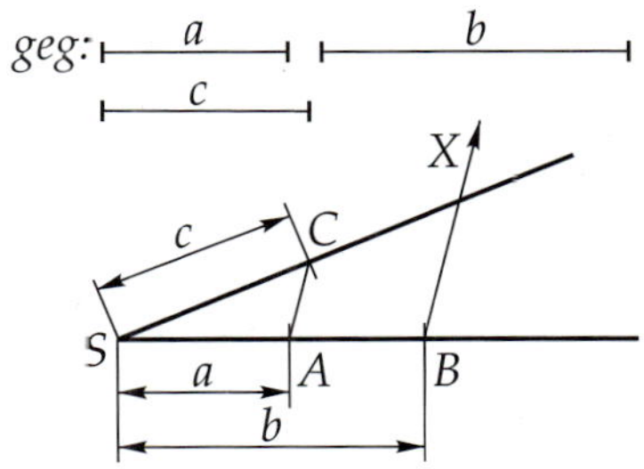

Bild 5.59

$|\overline{SX}|$ stellt dann die gesuchte vierte Proportionale dar, denn es gilt

$$\frac{\text{lang}}{\text{kurz}}: \quad \frac{|\overline{SX}|}{|\overline{SC}|} = \frac{|\overline{SB}|}{|\overline{SA}|} \Rightarrow |\overline{SX}| = \frac{|\overline{SB}| \cdot |\overline{SC}|}{|\overline{SA}|} = \frac{b \cdot c}{a}$$

5.25 Es soll nachgewiesen werden, dass die Seitenhalbierenden eines Dreiecks sich in einem Punkt, dem sogenannten Schwerpunkt, schneiden und einander dabei im Verhältnis 2 : 1 teilen, siehe Abschnitt 5.4.3.

Lösung: In dem im Bild 5.60 gezeichneten Dreieck halbieren D, E und F nach den in der Aufgabenstellung genannten Bedingungen die zugehörigen Dreiecksseiten.

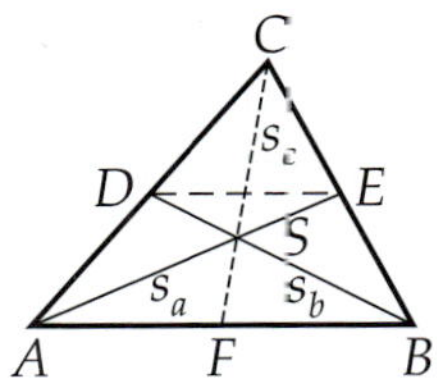

Bild 5.60

Demnach muss gelten:

$$\overline{DE} \parallel \overline{AB}, \quad |\overline{DE}| = \tfrac{1}{2} \cdot |\overline{AB}| \quad \text{und}$$

$$\triangle ABS \sim \triangle EDS.$$

Daraus folgen die Proportionen

$$|\overline{AB}| : |\overline{ED}| = 2 : 1 = |\overline{BS}| : |\overline{DS}| = |\overline{AS}| : |\overline{ES}|$$

Damit ist der Satz für die beiden Seitenhalbierenden $s_a = \overline{AE}$ und $s_b = \overline{BD}$ bewiesen. Die Beweise für die Kombinationen s_a und s_c bzw. s_b und s_c lassen sich analog durchführen. Erst dann ist der Beweis des Satzes vollständig erbracht.

✍ A. 5.10–5.12 auf Seite 592

5.8.4 Zentrische Streckungen

Bei der Betrachtung ähnlicher Figuren spielt gelegentlich auch die gegenseitige Lage der Objekte eine Rolle. Von besonderer Bedeutung ist dabei die **Ähnlichkeitslage**. In diesem Fall fordert man zusätzlich zur Ähnlichkeit der beiden Figuren noch, dass entsprechende Strecken beider Figuren *parallel* zueinander verlaufen.

Solche ähnlichen Lagen müssen natürlich auch bei der Verkleinerung oder Vergrößerung von Dingen oder Abbildungen erhalten bleiben. Betrachten wir Bild 5.61, so erkennen wir, dass die Figur $P_1 \ldots P_{10}$ zum Gebilde $P_1' \ldots P_{10}'$ vergrößert wurde, indem von einem Punkt Z aus die Strecke $\overline{ZP_1}$ über P_1 hinaus derart verlängert wurde, dass der Abstand von Z nach P_1' doppelt so lang ist, wie $|\overline{ZP_1}|$. Dies wurde für alle Abstände ZP_i durchgeführt, so dass für alle Punkte der Figuren in dieser Abbildung gilt:

$$|\overline{ZP_i'}| = 2 \cdot |\overline{ZP_i}|$$

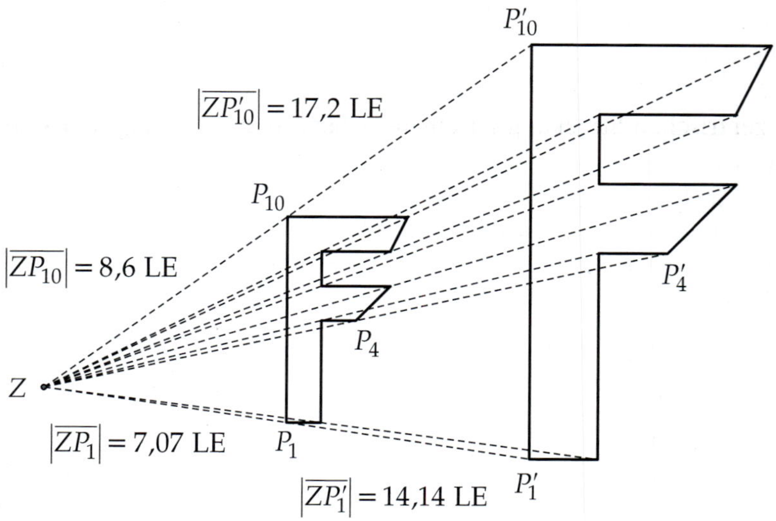

Bild 5.61

Analog können wir auch argumentieren, dass durch diese Abbildung die rechte Figur derart verkleinert wurde, so dass aus ihr die linke Figur entstanden ist: $|\overline{ZP_i}| = \frac{1}{2} \cdot |\overline{ZP_i'}|$.

Wir sprechen von einer **zentrischen Streckung**, wenn eine Abbildung von einem zentralen Punkt Z ausgehend jedem Punkt P_i einer Figur einen Bildpunkt P_i' derart zuordnet, dass

- die Bildpunkte P_i' auf der jeweiligen Halbgeraden ZP_i liegen und
- deren Entfernungen zu dem Punkt Z einem konstanten Vielfachem von $|\overline{ZP}|$ entsprechen: $|\overline{ZP_i'}| = k \cdot |\overline{ZP_i}|$.

Den zentralen Punkt Z, von dem alle Strahlen ausgehen, bezeichnen wir als **Streckzentrum** oder **Ähnlichkeitspunkt**, der Faktor $k \in \mathbf{R}^{\neq 0}$ ist der **Streck-** oder **Ähnlichkeitsfaktor**. Da alle Streckenlängen in der Figur mit dem Faktor k multipliziert werden, beobachten wir je nach Wert des Faktors:

- $0 < |k| < 1$: Verkleinerungen,
- $|k| = 1$: identische Abbildungen oder
- $|k| > 1$: Vergrößerungen.

Bei negativen Streckfaktoren k liegen Punkt P_i und Bildpunkt P_i' auf unterschiedlichen Seiten des Streckzentrums.

☞ Zum Beweis dieses Satzes werden die Verbindungsgeraden AA' und BB' im Bild 5.62 betrachtet. Sie schneiden einander im Punkt Z.

Nach dem zweiten Strahlensatz gilt

$$|\overline{AB}| : |\overline{A'B'}| = |\overline{BZ}| : |\overline{B'Z}|$$

und infolge der Ähnlichkeit der Dreiecke ABC und $A'B'C'$ ist

$$|\overline{AB}| : |\overline{A'B'}| = |\overline{BC}| : |\overline{B'C'}| .$$

Aus der Parallelität von $\overline{BC}$ und $\overline{B'C'}$, aus der Verhältnisgleichheit von $|\overline{BC}| : |\overline{B'C'}|$ und $|\overline{BZ}| : \overline{B'Z}$ sowie aus der Umkehrung des zweiten Strahlensatzes folgt, dass von Z aus ein weiterer Strahl durch C und C' gelegt werden kann.

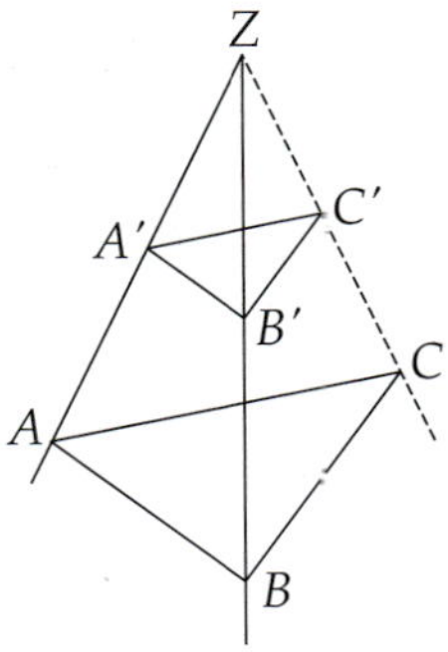

Bild 5.62

Die bei der zentrischen Streckung auseinander hervorgehenden Figuren sind zueinander ähnlich, so dass

- parallele Strecken in der Ausgangsfigur auch in der Bildfigur parallel bleiben,
- einander entsprechende Winkel in beiden Figuren gleich groß sind und
- die Ähnlichkeitsverhältnisse einander zugeordneter Streckenlängen immer den Streckfaktor k ergeben: $k = |\overline{ZP_i'}| : |\overline{ZP_i}|$.

Logischerweise hat eine Längenveränderung von Strecken auch Auswirkungen auf die Größe der von diesen Strecken begrenzten Flächen bzw. Körpern. Die Details, welchen Einfluss eine Streckung von Flächen auf deren Inhalt hat, besprechen wir in Abschnitt 5.11.6 und die entsprechenden Veränderungen beim Volumen von Körpern in Abschnitt 7.3.2.1.

Beispiele:

5.26 Der Eckpunkt B des Dreiecks $A(3\,|\,2)$, $B(6\,|\,1)$, $C(5\,|\,4)$ wird bei einer Streckung von $Z(1\,|\,-3)$ aus auf $B'(9{,}5\,|\,3{,}8)$ abgebildet.

Bestimme die restlichen Koordinaten des Bilddreiecks $A'B'C'$.

Lösung: Im Augenblick lösen wir die Aufgaben zeichnerisch. Aber bereits im nachfolgenden Abschnitt 5.9 werden wir eine rechnerische Methode zur Bestimmung der Abstände zweier Punkte kennenlernen.

① Zeichne das Dreieck ABC, Zentrum Z und Bildpunkt B' in ein Koordinatensystem.

② Prüfe, ob die Punkte Z, B und B' auf einer Geraden liegen. Wenn nein, dann ist eine Streckung mit diesen Angaben nicht möglich.

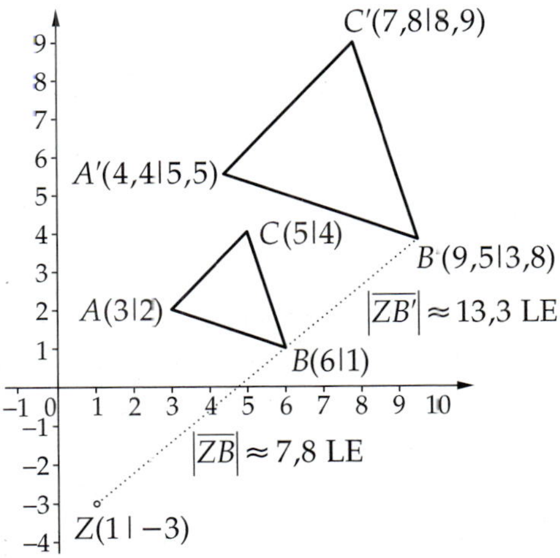

Bild 5.63

③ Miss die Längen von $\overline{ZB}$ und $\overline{ZB'}$ und ermittle aus diesen Angaben den Streckfaktor k:

$$k = \frac{|\overline{ZB'}|}{|\overline{ZB}|} \approx \frac{13{,}3\,\text{LE}}{7{,}8\,\text{LE}} \approx 1{,}7$$

$k > 1 \Rightarrow$ Vergrößerung

④ Zeichne von Z aus einen Strahl durch A und ermittle die Länge $\overline{ZA}$. Trage von Z aus das k-fache dieser Länge auf dem Strahl ab, markiere dort den Punkt A' und lies seine Koordinaten ab:

$$|\overline{ZA'}| = k \cdot |\overline{ZA}| \approx 1{,}7 \cdot 5{,}4\,\text{LE} \approx 9{,}2\,\text{LE} \Rightarrow A'(4{,}4 \,|\, 5{,}5)$$

⑤ Verfahre analog für Punkt C:

$$|\overline{ZC'}| = k \cdot |\overline{ZC}| \approx 1{,}7 \cdot 8{,}1\,\text{LE} \approx 13{,}8\,\text{LE} \Rightarrow C'(7{,}8 \,|\, 8{,}9)$$

5.27 Wie lauten die Koordinaten des Dreiecks $A'B'C'$ mit $C(-4\,|\,4)$, wenn $A(-2\,|\,2)$ auf $A'(3\,|\,1{,}5)$ und gleichzeitig $B(4\,|\,4)$ auf $B'(6\,|\,2{,}5)$ abgebildet werden?

Lösung:

① Zeichne das Dreieck ABC und die Bildpunkte A', B' in ein Koordinatensystem.

② Lege durch A und A' bzw. B und B' jeweils eine Gerade und ermittle den Ähnlichkeitspunkt bzw. das Streckzentrum als deren Schnittpunkt, hier $Z(8\,|\,1)$.

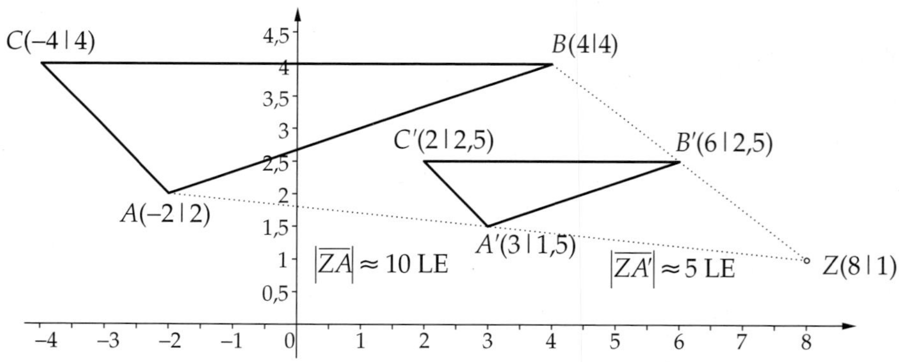

Bild 5.64

③ Miss die Längen von $\overline{ZA}$ und $\overline{ZA'}$ und ermittle aus diesen Angaben den Streckfaktor k:

$$k = \frac{|\overline{ZA'}|}{|\overline{ZA}|} \approx \frac{5\,\text{LE}}{10\,\text{LE}} \approx 0{,}5 \qquad k < 1 \Rightarrow \text{Verkleinerung}$$

Verfahre zur Kontrolle analog mit den Strecken $\overline{ZB}$ und $\overline{ZB'}$.

④ Zeichne von Z aus einen Strahl durch C und ermittle die Länge $\overline{ZC}$. Trage von Z aus das k-fache dieser Länge auf dem Strahl ab, markiere dort den Punkt C' und lies seine Koordinaten ab:

$$|\overline{ZC'}| = k \cdot |\overline{ZC}| \approx 0{,}5 \cdot 12{,}4\,\text{LE} \approx 6{,}2\,\text{LE} \Rightarrow C'(2 \,|\, 2{,}5)$$

5.28 Bild 5.65 zeigt das Schema eines *Pantographen*[1] oder *Storchschnabels*. Dieses Gerät besteht aus vier starren Stäben $\overline{FB}$, $\overline{BZ}$, $\overline{AS}$ und $\overline{SC}$, die gelenkig miteinander verbunden sind. Es dient zum Vergrößern und Verkleinern von Zeichnungen. Das Original und das entstehende Bild befinden sich dabei in Ähnlichkeitslage.

$\overline{FB}$ und $\overline{BZ}$ werden durch A bzw. C im gleichen Verhältnis geteilt, so dass gilt

$$|\overline{AB}| : |\overline{FB}| = |\overline{CZ}| : |\overline{BZ}| = m : n\,.$$

S ergänzt das Dreieck ABC zu einem Parallelogramm. So ergibt sich

$$\triangle ZSC \sim \triangle SFA \sim \triangle ZFB$$

Demnach muss S auf der Strecke $\overline{FZ}$ liegen und diese Strecke so teilen, dass auch hier das gleiche Verhältnis gilt wie oben:

$$|\overline{SZ}| : |\overline{FZ}| = m : n\,.$$

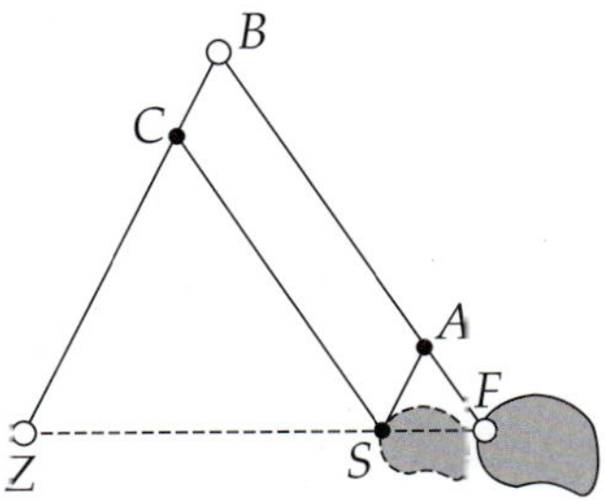

Bild 5.65

Die *Wirkungsweise des Pantographen* ist wie folgt:

Der Punkt Z, der Ähnlichkeitspunkt, bleibt fest. Fährt man mit dem Stift F längs des Originals, so beschreibt der Zeichenstift S ein verkleinertes Bild ($m < n$ vorausgesetzt), dessen Strecken sich zu denen des Originals wie $m : n$ verhalten.

Vertauscht man S und F miteinander, so entsteht ein vergrößertes Bild.

✍ A. 5.13 auf Seite 593

⚠ Beim Lösen von geometrischen Problemen ist es empfehlenswert, in folgenden Schritten vorzugehen:

- Fertige zu jeder Aufgabe eine Planfigur oder Skizze an.
- Markiere die bekannten Größen in grüner Farbe.
- Stelle eine allgemeine Formel mit Variablen auf.
- Löse diese Formel nach der gesuchten Größe auf.
- Setze die Zahlenwerte für die bekannten Größen ein und berechne den Wert für die gesuchte Variable. Beachte dabei die Einheiten!
- Formuliere einen Antwortsatz.

Bei der rechnerischen Ermittlung der gesuchten Größen werden wir uns nicht von einem zahlenmäßigen Zwischenergebnis zum nächsten hangeln. Vielmehr werden wir versuchen, **Formeln zu erstellen, die es uns erlauben, direkt mit den vorliegenden Angaben die unbekannten Größen zu berechnen**.

- Die Zahlenwerte für Konstanten wie π, e, $\sqrt{5}$ usw. setzen wir erst am Ende ein und verzichten somit weitestgehend auf gerundete Werte.
- Dadurch, dass wir gerundete Zwischenwerte vermeiden, verhindern wir, dass sich über mehrere Rechenstufen u. U. beachtliche Ungenauigkeiten ansammeln.
- Der konsequente Einsatz von Variablen liefert uns Terme, aus denen wir eventuell „innere Zusammenhänge" und weitere Abhängigkeiten erken-

[1] pantós (griech.) ganz; grapho (griech.) schreiben

nen können. Die Zahlen 4,24, 7,07 und 9,9 geben uns keinen tieferen Einblick in ihr Zustandekommen – die Formulierungen $3\sqrt{2}$, $5\sqrt{2}$ und $7\sqrt{2}$ offenbaren als ungerade Vielfache von $\sqrt{2}$ aber vielleicht ein wichtiges Prinzip zum weiteren Verständnis der einer Aufgabe zugrunde liegenden Problematik. Aus den allgemeinen Formeln können wir eventuelle Sonderfälle oder Beschränkungen für die Gültigkeit der Berechnungen erkennen (s. a. Aufgabe 5.111 auf Seite 639 oder 7.74 auf Seite 739).

► Die allgemeine Lösung hat auch den Vorteil, dass bei Änderung der Ausgangswerte nicht alle Rechenschritte mit den neuen Zahlen wiederholt werden müssen. Haben wir die Formeln einmal erstellt, dann können wir direkt die Lösungen an die aktuellen Voraussetzungen anpassen (s. a. Aufgabe 5.69).

Aufgaben:

5.8 Ähnlichkeit (Lösungen ab Seite 913)

5.7 Bestimme x zeichnerisch aus der Proportion $a : b = b : x$ für $a = 55$ mm und $b = 32$ mm.

5.8 Die Steigung eines Schienenstrangs ist auf einer Länge von 1,45 km mit 1 : 36 angegeben. Wie viel Meter liegt der Endpunkt dieser Strecke höher als der Anfangspunkt?

5.8.3 Strahlensätze (Lösungen ab Seite 913)

5.9 Berechne die fehlenden Größen zur Strahlensatzfigur in Bild 5.66:

a) $a = 13{,}5$ cm; $k = 9$ cm; $r = 4$ cm; $w = 2{,}5$ cm

b) $a = 17$ cm; $m = 3{,}5$ cm; $s = 26{,}4$ cm; $u = 5$ cm

c) $b = 18$ cm; $m = 5$ cm; $s = 11{,}2$ cm; $u = 2{,}4$ cm

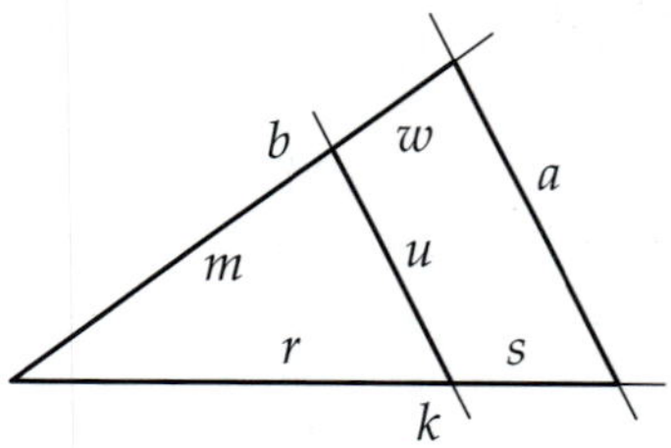

Bild 5.66

5.10 Der im Bild 5.67 dargestellte Taster dient zur Dickenmessung dünner Werkstücke.

Wie lang muss sein Schenkel a gefertigt werden, damit bei einer Schenkellänge des Tasters von $b = 3$ cm die Strecke $h = 6$ cm wird? Die Entfernung der Spitzen der Messeinrichtung soll dann $d = 6$ mm betragen.

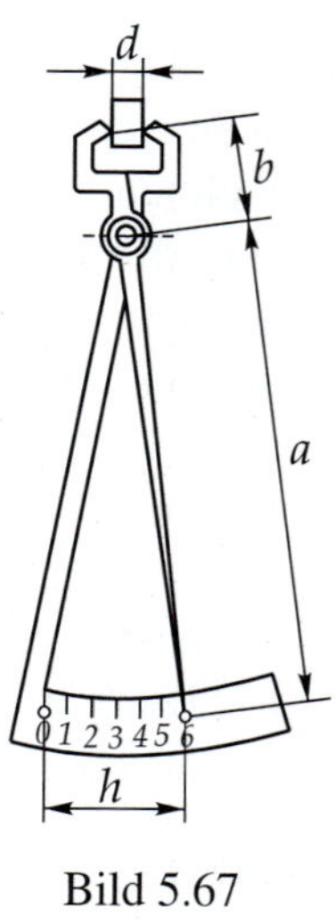

Bild 5.67

5.11 Wie lang sind die Strecken b und c des im Bild 5.68 dargestellten Dachbinders, wenn $h = 3{,}5$ m und $a = 2{,}8$ m lang sind?

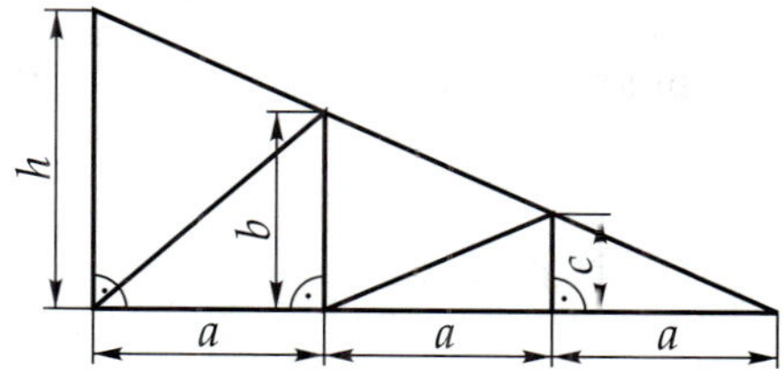

Bild 5.68

5.12 Bestimme die durch einen Fluss nicht direkt messbare Strecke $\overline{AC}$, siehe Bild 5.69.

Zu diesem Zweck wird das Dreieck AB_1C_1 mit den Seitenlängen $|\overline{AB_1}| = 15$ m und $|\overline{AC_1}| = 9$ m abgesteckt. Für die Strecke $|\overline{AB}|$ werden 148 m gemessen.

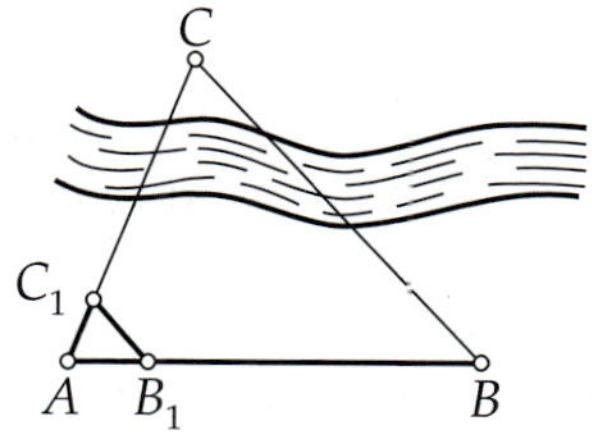

Bild 5.69

5.8.4 Zentrische Streckungen

(Lösungen ab Seite 913)

5.13 Bei einer zentrischen Streckung sind neben den Punkten der Ausgangs- und der Bildfigur auch das Streckzentrum und der Streckfaktor von Bedeutung.

Bestimme aus den Angaben die fehlenden Werte.

a) $A(4\,|\,1), B(5\,|\,3), C(-1\,|\,5), D(-3\,|\,0), Z(1\,|\,3), k = 0{,}6$

b) $A(4\,|\,1), B(5\,|\,3), C(-1\,|\,5), D(-3\,|\,0), Z(-8\,|\,7), k = 0{,}4$

c) $A(4\,|\,1), B(5\,|\,3), C(-3\,|\,3), D(1\,|\,5{,}5), Z(7\,|\,7), k = 1{,}5$

d) $A(2\,|\,-1), B'(8{,}6\,|\,5{,}8), C(-2\,|\,3), D(1\,|\,2), A'(3{,}8\,|\,-2{,}2), C'(-2{,}6\,|\,4{,}2)$

e) $A(2\,|\,0), B(3\,|\,2), C(-1\,|\,3), A'(-4\,|\,1), B'(-5\,|\,-1), D'(-1\,|\,-0{,}5)$

f) $C(0\,|\,2{,}5), D(-1\,|\,1{,}5), A'(-2{,}1\,|\,-0{,}6), B'(0{,}9\,|\,1{,}8), C'(-1\,|\,2), Z(1{,}5\,|\,0), k = 1{,}2$

5.9 Das rechtwinklige Dreieck

Die grundlegenden Begriffe zu den rechtwinkligen Dreiecken können im Abschnitt 5.4.2 nachgelesen werden.

Im rechtwinkligen Dreieck fallen zwei der drei möglichen Höhen mit den beiden Katheten zusammen. Die dritte Höhe steht senkrecht auf der Hypotenuse. Diese ist gemeint, wenn von der **Höhe** h eines rechtwinkligen Dreiecks die Rede ist.

Wie aus Bild 5.70 ersichtlich, ist die Höhe h das Lot von Punkt C auf die Hypotenuse $\overline{AB}$. Im Lotfußpunkt F trifft die Höhe (rechtwinklig) auf der Hypotenuse auf und teilt sie dabei in die beiden **Hypotenusenabschnitte** p und q [1].

[1] Beachte die genaue Lage von p und q in Bild 5.70. Einige Autoren verwenden die Hypotenusenabschnitte genau in umgekehrter Reihenfolge!

Kathetensatz oder 1. Satz des EUKLID[2]: Im rechtwinkligen Dreieck ist das Quadrat über einer Kathete flächengleich mit dem Rechteck, das aus der Hypotenuse und dem der Kathete anliegenden Hypotenusenabschnitt gebildet wird.

$$a^2 = c \cdot p \qquad \text{und} \qquad b^2 = c \cdot q \tag{5.3}$$

☞ *Beweis:* Aus der Ähnlichkeit der beiden Teildreiecke AFC und FBC mit dem Gesamtdreieck ABC im Bild 5.70 folgt

$$p : a = a : c \quad \text{und} \quad q : b = b : c\,,$$

und daraus

$$a^2 = c \cdot p \qquad \text{bzw.} \qquad b^2 = c \cdot q \quad \square$$

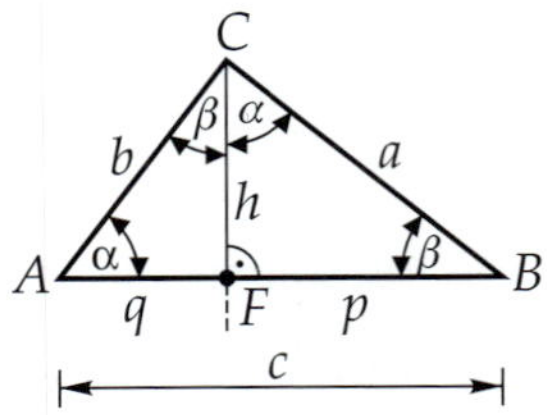

Bild 5.70

Höhensatz oder 2. Satz des EUKLID: Im rechtwinkligen Dreieck ist das Quadrat über der Höhe flächengleich mit dem Rechteck, das aus den beiden Hypotenusenabschnitten gebildet wird.

$$h^2 = p \cdot q \tag{5.4}$$

☞ *Beweis:* Im Bild 5.70 sind alle darin auftretenden Teildreiecke einander ähnlich, da sie in jeweils zwei Winkeln übereinstimmen.

Aus der Ähnlichkeit der beiden Teildreiecke AFC und FBC folgt

$$h : p = q : h\,,$$

woraus die angegebene Formel für den Höhensatz folgt. □

Der wohl bekannteste Satz über das rechtwinklige Dreieck, der besonders gern von Leuten zitiert wird, die mit der Mathematik auf Kriegsfuß stehen, stammt von dem griechischen Mathematiker **PYTHAGORAS**, der ungefähr von 580 bis 500 v. Chr. lebte.

Satz des PYTHAGORAS
Im rechtwinkligen Dreieck ist das **Quadrat über der Hypotenuse** flächengleich mit der **Summe der Quadrate über den beiden Katheten**: $\text{Hyp}^2 = \text{Kath}_1^2 + \text{Kath}_2^2$

Beispiel:

5.29 Formuliere den Satz des PYTHAGORAS für das abgebildete Dreieck.

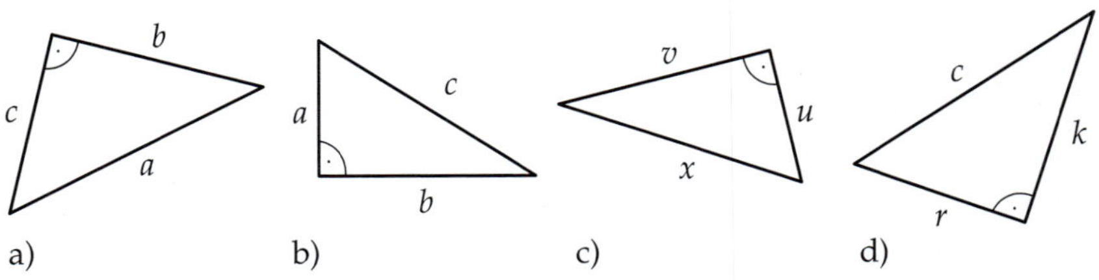

Bild 5.71

---
[2] EUKLID (365 bis 300 v. Chr.), griechischer Mathematiker

Lösung:

a) $a^2 = b^2 + c^2$ b) $c^2 = a^2 + b^2$ c) $x^2 = u^2 + v^2$ d) $c^2 = k^2 + r^2$

Wenn die Hypotenuse mit c und die beiden Katheten mit a und b bezeichnet werden, siehe Bild 5.71b, ergibt sich die schultypische Formulierung:

$$c^2 = a^2 + b^2 \tag{5.5}$$

⚠ Weil die Dreieckseiten beliebig benannt werden können, sollte man besser die allgemeine wörtliche Formulierung im Kopf behalten und benutzen!

☞ *Beweis:* Durch Addition der beiden aus dem Kathetensatz hervorgehenden Gleichungen $a^2 = c \cdot p$ und $b^2 = c \cdot q$ erhält man

$$a^2 + b^2 = c \cdot p + c \cdot q = c \cdot (p + q)$$

Wegen $p + q = c$ folgt der gesuchte Zusammenhang. □

✍ A. 5.14–5.17 auf Seite 599

Höhensatz und Kathetensatz sind *nicht umkehrbar*.

☞ Dies soll am Höhensatz mit einem Gegenbeispiel gezeigt werden:

Die Umkehrung des Höhensatzes müsste lauten: Wenn in einem Dreieck das Quadrat über der Höhe flächengleich ist mit dem Rechteck aus den beiden Basisabschnitten, dann liegt ein rechtwinkliges Dreieck vor.

Diese Aussage ist jedoch falsch, wie man an dem im Bild 5.72 dargestellten schiefwinkligen Dreieck erkennen kann. Die angegebenen Maße erfüllen zwar die Gleichung $h^2 = p \cdot q$, das Dreieck jedoch ist offensichtlich stumpf.

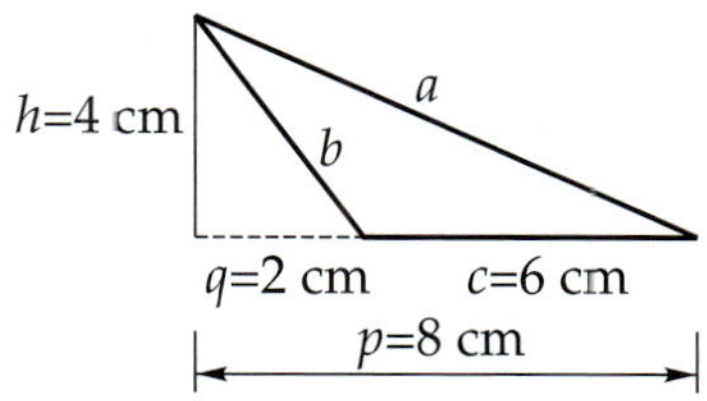

Bild 5.72

Dagegen ist der Satz des PYTHAGORAS umkehrbar.

Umkehrung des Satzes von PYTHAGORAS: Ist in einem Dreieck die Summe der Quadrate zweier Seiten gleich dem Quadrat über der dritten Seite, dann ist dieses Dreieck rechtwinklig.

☞ Der Beweis für diesen Satz kann mit den bis jetzt zur Verfügung stehenden mathematischen Hilfsmitteln nicht erbracht werden. Dafür soll eine sehr einfache Anwendung dieser Umkehrung beschrieben werden:
Mit einer Schnur kann man im Gelände auf einfache Weise einen rechten Winkel abstecken. Man braucht an der Schnur nur drei Teilstrecken zu markieren, die im Verhältnis *pythagoreischer Dreieckszahlen* stehen – 3 : 4 : 5 ist bestens geeignet – und aus diesen Teilstrecken ein Dreieck zu bilden. Dieser Weg zur Absteckung rechter Winkel war bereits vor PYTHAGORAS im alten Ägypten bekannt, wo man bei Vermessungsarbeiten entsprechende Knotenschnüre verwendete.

Die drei hier vorgestellten Sätze zu den Zusammenhängen in rechtwinkligen Dreiecken werden auch unter dem Begriff der **pythagoreischen Satzgruppe** zusammengefasst.

Beispiele:

5.30 Welche Länge besitzt die Diagonale eines Rechtecks mit den Seiten a und b?

Lösung: Nach dem Satz des PYTHAGORAS

$$\text{Hyp}^2 = \text{Kath}_1^2 + \text{Kath}_2^2$$

gilt laut Bild 5.73:

$$d^2 = a^2 + b^2 \ .$$

Daraus ergibt sich die gesuchte Diagonalenlänge:

$$d = \sqrt{a^2 + b^2} \ .$$

Ist $a = b$, so dass ein Quadrat vorliegt, so erhält man

$$d = \sqrt{2 \cdot a^2} = a \cdot \sqrt{2} \ .$$

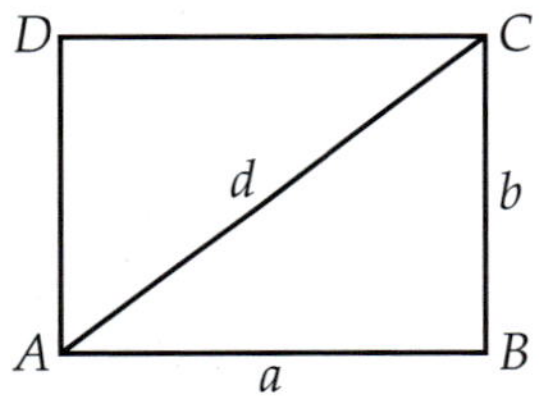

Bild 5.73

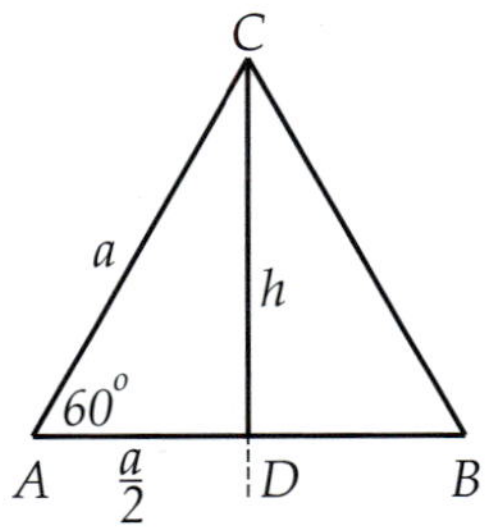

Bild 5.74

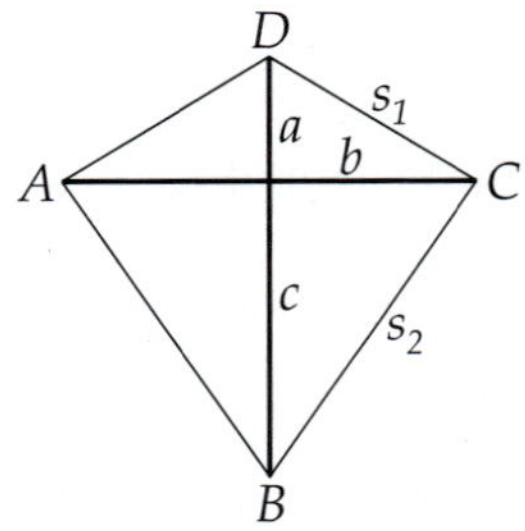

Bild 5.75

5.31 Die Höhe eines gleichseitigen Dreiecks ist zu berechnen, siehe Bild 5.74.

Lösung:

① $a^2 = h^2 + \left(\frac{a}{2}\right)^2$ ③ $h^2 = a^2 - \frac{1}{4}a^2$ ⑤ $h = \sqrt{\frac{3}{4}a^2}$

② $h^2 = a^2 - \left(\frac{a}{2}\right)^2$ ④ $h^2 = \frac{3}{4}a^2$ ⑥ $h = \frac{a}{2} \cdot \sqrt{3}$

✍ A. 5.18–5.22 auf Seite 600

⚠ Beim Arbeiten mit der pythagoreischen Satzgruppe sollte man in der Planskizze zuerst Ausschau nach rechtwinkligen Dreiecken halten. Oftmals sind sie nicht direkt zu erkennen oder müssen durch das Einzeichnen eines Lotes oder einer Höhe erst herausgestellt werden. Direkt dem rechten Winkel gegenüber befindet sich die Hypotenuse; die beiden anderen Dreieckseiten sind die Katheten.

Bei der rechnerischen Lösung von geometrischen Problemen werden wir meist mehrere Formeln miteinander kombinieren, in denen die Variablen in unterschiedlichen Potenzen und Wurzeln auftreten. Anhand der beiden nachfolgenden Beispiele lernen wir eine einfache, aber wirkungsvolle Methode kennen, solche Gleichungssysteme (fast) immer zu bewältigen – vorausgesetzt, uns ist eine ausreichende Anzahl an Bestimmungsstücken bekannt und wir sind in der Lage, die resultierende Gleichung für die verbleibende Unbekannte zu lösen.

Beispiele:

5.32 Bestimme im rechtwinkligen Dreieck alle fehlenden Größen, wenn $a = 6$ cm und $p = 4$ cm.

Lösung: Zu Beginn notieren wir alle Beziehungen, die sich aus dem rechtwinkligen Dreieck im Bild 5.76 ablesen lassen und markieren die bekannten Größen a und p in unserer Liste durch eine farbige Umkreisung:

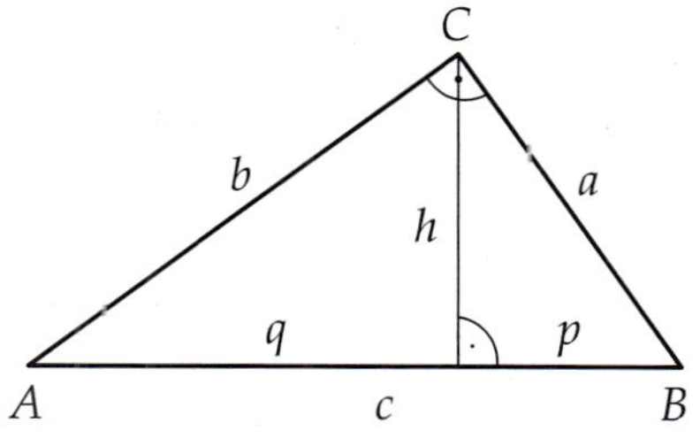

Bild 5.76

PYTHAGORAS	$c^2 = \boxed{a^2} + b^2$	Kathetensatz	$\boxed{a^2} = \boxed{p} \cdot c$
	$\boxed{a^2} = h^2 + \boxed{p^2}$		$b^2 = q \cdot c$
	$b^2 = h^2 + q^2$	Höhensatz	$h^2 = \boxed{p} \cdot q$
Hypotenuse	$c = \boxed{p} + q$		

Fläche $\quad A = \frac{1}{2} c \cdot h = \frac{1}{2} \boxed{a} \cdot b \Rightarrow \boxed{a} \cdot b = c \cdot h \quad$ (Abschn. 5.11.2)

Dann suchen wir eine Gleichung, in der es nur eine Unbekannte gibt. Sofort wird deutlich, dass mit der Gleichung $a^2 = p \cdot c$ der fehlenden Wert für die Hypotenuse c und mit $a^2 = h^2 + p^2$ der für die Höhe h berechnet werden kann:

$$c = \frac{a^2}{p} = \frac{6^2}{4} = 9 \text{ cm} \quad \text{und} \quad h = \sqrt{a^2 - p^2} = \sqrt{6^2 - 4^2} = 2\sqrt{5} \approx 4{,}5 \text{ cm}.$$

Durch weiteres farbiges Markieren der nun bekannten Variablen c und h erkennt man die Gleichungen für b und q:

$$a \cdot b = c \cdot h \Rightarrow a \cdot b = \frac{a^2}{p} \cdot \sqrt{a^2 - p^2} \Rightarrow b = \frac{a}{p}\sqrt{a^2 - p^2} = 3\sqrt{5} \approx 6{,}7 \text{ cm} \quad \text{und}$$

$$c = p + q \Rightarrow \frac{a^2}{p} = p + q \Rightarrow q = \frac{a^2 - p^2}{p} = 5 \text{ cm}.$$

Die Fläche berechnet sich zu $A = \frac{1}{2} c \cdot h = \frac{a^2}{2p}\sqrt{a^2 - p^2} = 9\sqrt{5} \approx 20{,}1 \text{ cm}^2$.

5.33 Ändern wir die Bedingungen ein wenig ab, indem wir den anderen Hypotenusenabschnitt vorgeben und im rechtwinkligen Dreieck alle fehlenden Größen bestimmen, wenn $a = 6$ cm und $q = 4$ cm.

Lösung: Zuerst notieren wir wieder alle Beziehungen, die sich aus dem rechtwinkligen Dreieck im Bild 5.76 ablesen lassen und markieren die bekannten Größen a und q durch eine farbige Umkreisung:

PYTHAGORAS	$c^2 = \boxed{a^2} + b^2$	Kathetensatz	$\boxed{a^2} = p \cdot c$
	$\boxed{a^2} = h^2 + p^2$		$b^2 = \boxed{q} \cdot c$
	$b^2 = h^2 + \boxed{q^2}$	Höhensatz	$h^2 = p \cdot \boxed{q}$
Hypotenuse	$c = p + \boxed{q}$		

Fläche $\quad A = \frac{1}{2} c \cdot h = \frac{1}{2} \boxed{a} \cdot b \Rightarrow \boxed{a} \cdot b = c \cdot h$

In der Liste finden wir jetzt keine Gleichung, in der nur noch eine unbekannte Größe auftritt, aber dennoch wird uns die farbige Markierung helfen, den Formel-Dschungel schnell und sicher zu durchdringen.

Die Gleichungen $a^2 = h^2 + p^2$ und $h^2 = p \cdot q$ beinhalten neben den bekannten Größen a und q und der Unbekannten p auch den gemeinsamen Ausdruck $\boldsymbol{h^2}$. Kombinieren wir die beiden Gleichungen über dieses Bindeglied, so erhalten wir:

$$\boxed{a^2} = \boldsymbol{h^2} + p^2 \qquad \boldsymbol{h^2} = p \cdot \boxed{q}$$
$$\boxed{a^2} = p \cdot \boxed{q} + p^2$$

Somit treffen wir nur noch auf die Unbekannte p, wobei wir beim Lösen der (quadratischen) Gleichung den negativen Wert nicht beachten müssen, da die geometrischen Größen alle positiv sind. Damit uns die Buchstaben p und q in der Lösungsformel für quadratische Gleichungen nicht verwirren, bezeichnen wir p vorübergehend mit x:

$$p^2 + q \cdot p - a^2 = 0 \quad | p = x$$
$$x^2 + 4 \cdot x - 36 = 0$$
$$x = -2 + \sqrt{4 + 36}$$
$$x = -2 + 2\sqrt{10} \approx 4{,}3\,\text{cm} = p$$

Nachdem wir den Wert für den zweiten Hypotenusen-Abschnitt ermittelt haben, markieren wir auch p in unserer Formelsammlung farbig und erkennen sofort den weiteren Lösungsweg: $c = p + q \approx 8{,}3\,\text{cm}$ und $h = \sqrt{p \cdot q} \approx 4{,}2\,\text{cm}$, sodann $b = \sqrt{q \cdot c} \approx 5{,}8\,\text{cm}$ und $A = \frac{1}{2} c \cdot h \approx 17{,}3\,\text{cm}^2$.

✍ A. 5.23 auf Seite 600

5.34 Der Umfang des im Bild 5.75 dargestellten Drachenvierecks ist zu bestimmen und auf das Zahlenbeispiel $a = 6$ m, $b = 8$ m, $c = 15$ m anzuwenden.

Allgemeine *Lösung*: $U = 2s_1 + 2s_2 = 2 \cdot (s_1 + s_2)$

$$s_1 = \sqrt{a^2 + b^2} \qquad s_2 = \sqrt{b^2 + c^2}$$
$$U = 2 \cdot \left(\sqrt{a^2 + b^2} + \sqrt{b^2 + c^2}\right)$$

Mit den gegebenen Zahlenwerten $a = 6$ m, $b = 8$ m, $c = 15$ m ergibt sich

$$U = 2 \cdot \left(\sqrt{36\,\text{m}^2 + 64\,\text{m}^2} + \sqrt{64\,\text{m}^2 + 225\,\text{m}^2}\right)$$
$$U = 2 \cdot (\quad 10\,\text{m} \quad + \quad 17\,\text{m} \quad) = 54\,\text{m}$$

5.35 Eine Leiter der Länge l wird in der Entfernung d von einer senkrechten Wand aufgestellt, siehe Bild 5.77. In welcher Höhe erreicht die Leiter die Wand? Wie hoch reicht sie für $l = 6$ m, $d = 1{,}3$ m?

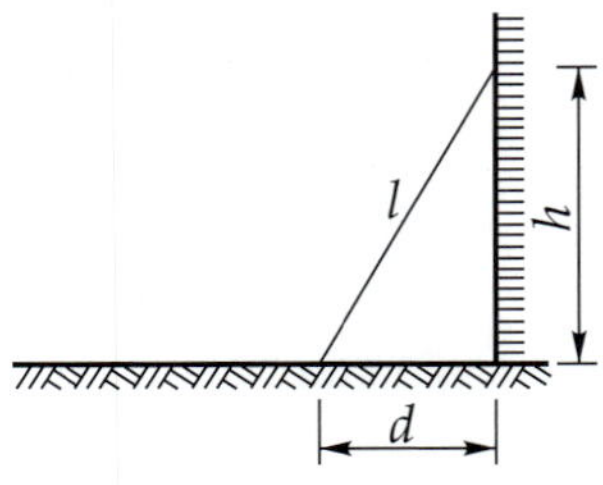

Bild 5.77

Lösung: Nach dem Satz des PYTHAGORAS lautet die allgemeine Lösung der Aufgabe

$$l^2 = h^2 + d^2 \Rightarrow h = \sqrt{l^2 - d^2}$$

$$h = \sqrt{34{,}31\,\text{m}^2} \approx 5{,}86\,\text{m}\,.$$

5.36 Einem Quadrat mit der Seitenlänge a ist ein gleichseitiges Dreieck eingezeichnet, siehe Bild 5.78. Wie hängt die Seitenlänge b des Dreiecks von a ab?

Lösung: Im Dreieck CDE gilt nach dem Satz des PYTHAGORAS mit $|\overline{CD}| = |\overline{DE}| = x$:

$$2x^2 = b^2 \qquad \text{also} \qquad x = \frac{b}{\sqrt{2}} = \frac{b}{2} \cdot \sqrt{2}\,.$$

Im Dreieck ABC ist ebenfalls nach dem Satz des PYTHAGORAS:

$$a^2 + (a - x)^2 = b^2.$$

Auflösen der Klammer und Ersetzen von x liefert

$$2a^2 - ab \cdot \sqrt{2} = \frac{1}{2} \cdot b^2$$
$$b^2 + 2 \cdot \sqrt{2} \cdot ab - 4a^2 = 0\,.$$

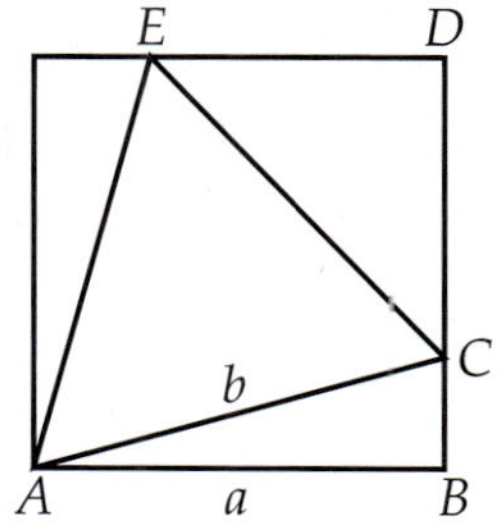

Bild 5.78

Die beiden Lösungen dieser quadratischen Gleichung (s. a. Abschnitt 3.5.3) für die zu ermittelnde Größe b lauten

$$b_1 = a \cdot \left(-\sqrt{2} + \sqrt{6}\right) \qquad \text{und} \qquad b_2 = a \cdot \left(-\sqrt{2} - \sqrt{6}\right)\,.$$

Die zweite Lösung ist negativ und scheidet aus, da sie als Länge einer Strecke gegenstandslos ist. Damit bleibt als Ergebnis:

$$b_1 = a \cdot \left(\sqrt{6} - \sqrt{2}\right) \approx 1{,}035\,a\,.$$

5.37 Wie groß sind die in dem gotischen Spitzbogen vorkommenden Kreisradien in Abhängigkeit von der Basislänge b, siehe Bild 5.79?

Lösung: Die beiden Radien r_1 und r_2 lassen sich unmittelbar aus der Zeichnung ablesen:

$$r_1 = b \qquad \text{und} \qquad r_2 = \tfrac{1}{4} \cdot b\,.$$

Im Dreieck ACD gilt $|\overline{CD}|^2 = |\overline{AD}|^2 - |\overline{AC}|^2$ und im Dreieck BCD ist $|\overline{CD}|^2 = |\overline{BD}|^2 - |\overline{BC}|^2$.

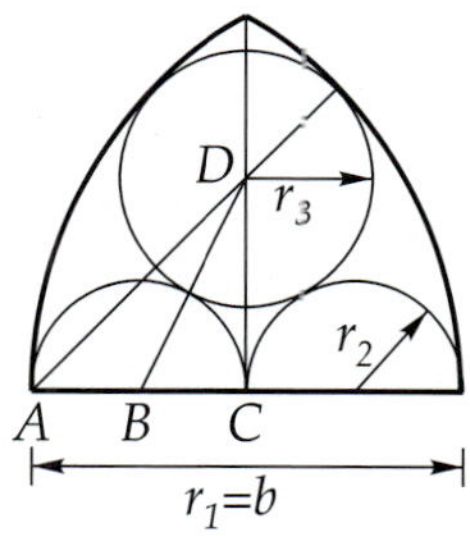

Bild 5.79

Durch Gleichsetzen der rechten Seiten ergibt sich schließlich

$$|\overline{AD}|^2 - |\overline{AC}|^2 = |\overline{BD}|^2 - |\overline{BC}|^2$$
$$(b - r_3)^2 - \left(\frac{b}{2}\right)^2 = \left(\frac{b}{4} + r_3\right)^2 - \left(\frac{b}{4}\right)^2$$
$$b^2 - 2\,b\,r_3 - \frac{b^2}{4} = \frac{1}{2}\,b\,r_3$$
$$r_3 = \tfrac{3}{10} \cdot b\,.$$

✍ A. 5.24–5.50 auf Seite 601

Aufgaben:

5.9 Das rechtwinklige Dreieck (Lösungen ab Seite 914)

5.14 Wie lang ist die Hypotenuse c eines rechtwinkligen Dreiecks, wenn die beiden Katheten a und b die folgenden Abmessungen haben:

a) $a = 7{,}3\,\text{cm}$ $b = 2{,}1\,\text{cm}$
b) $a = 85{,}3\,\text{mm}$ $b = 112{,}2\,\text{mm}$
c) $a = 0{,}85\,\text{m}$ $b = 0{,}32\,\text{m}$
d) $a = 4{,}321\,\text{km}$ $b = 7{,}845\,\text{km}$
e) $a = 24{,}1\,\text{dm}$ $b = 12{,}4\,\text{dm}$
f) $a = 0{,}85\,\text{m}$ $b = 0{,}76\,\text{m}$

5.15 Wie lang ist die eine Kathete a eines rechtwinkligen Dreiecks, wenn die andere Kathete b und die Hypotenuse c folgende Abmessungen haben:

a) $b = 11\,\text{cm}$ $c = 12{,}4\,\text{cm}$ b) $b = 7{,}8\,\text{cm}$ $c = 9{,}8\,\text{cm}$
c) $b = 4{,}53\,\text{dm}$ $c = 6{,}78\,\text{dm}$ d) $b = 46{,}3\,\text{m}$ $c = 58{,}1\,\text{m}$
e) $b = 0{,}832\,\text{km}$ $c = 0{,}986\,\text{km}$ f) $b = 45{,}79\,\text{mm}$ $c = 74{,}35\,\text{mm}$

5.16 Berechne die fehlenden Tabellenwerte:

	a)	b)	c)	d)	e)	f)
Kathete$_1$	3,6 dm			846 m	460 cm	
Kathete$_2$	1,5 dm	12 m	5 cm	1,7 km		t m
Hypotenuse		13 m	25 cm		73 dm	2 m

5.17 Formuliere den Satz des PYTHAGORAS und berechne die Länge der fehlenden Seite:

	a)	b)	c)	d)	e)	f)
Kath$_1$	$a = 36$ cm	$r = ?$	$k = 5{,}5$ cm	$u = 2{,}7$ km	$c = 3{,}9$ m	$e = ?$
Kath$_2$	$b = ?$	$c = 35$ cm	$g = 4{,}8$ cm	$w = 4{,}9$ m	$s = ?$	$g = 60$ cm
Hyp.	$v = 39$ cm	$b = 91$ cm	$s = ?$	$a = ?$	$l = 5{,}1$ cm	$n = 6{,}1$ dm

5.18 Ist das Dreieck mit den Seitenlängen 4,5 m, 5,5 m und 7 m rechtwinklig?

5.19 Berechne die fehlende Größe des gleichschenkligen Dreiecks (Bild 5.80):

	a)	b)	c)	d)	e)	f)	g)	h)
Basis g	15 m	3,8 cm		3,5 m	165 cm	14 cm		2 m
Schenkel s	120 dm		25 cm	1,65 m		8 cm	4 cm	
Höhe h		15 mm	5 cm		5,5 dm		2 cm	h m

5.20 Berechne die fehlende Größe des gleichseitigen Dreiecks:

	a)	b)	c)	d)	e)	f)	g)	h)
Seite a	4 cm	7,7 cm			a m		$\sqrt{75}$ cm	
Höhe h			9 cm	1,9 m		8,5 mm		$\sqrt{27}$ m

5.21 Untersuche, welche Besonderheiten in einem gleichschenklig-rechtwinkligen Dreieck (z. B. „Geo-Dreieck“) für die üblichen Bestimmungsstücke gelten.

5.22 Zeichne die Punkte $A(3\,|\,4)$ und $B(17\,|\,12)$ in ein Koordinatensystem mit der Längeneinheit 1 cm.

a) Berechne den Abstand[1)] dist(A, B) der beiden Punkte und vergleiche das Ergebnis mit dem aus der Zeichnung abgelesenen Wert.
b) Stelle eine allgemeine Formel auf, mit der man den **Abstand zweier Punkte** $A(x_A\,|\,y_A)$ und $B(x_B\,|\,y_B)$ berechnen kann.

5.23 Berechne für a, b, c, p, q, h, und A die fehlenden Größen des rechtwinkligen Dreiecks:

a) $p = 5$ cm; $q = 6$ cm b) $c = 17$ cm; $q = 4$ cm
c) $h = 8$ cm; $b = 11$ cm d) $b = 14$ cm; $q = 4$ cm
e) $h = 6$ cm; $p = 9$ cm f) $a = 8$ cm; $b = 6$ cm
g) $b = 12$ cm; $A = 72\,\text{cm}^2$ h) $b = 24{,}3$ cm; $p = 35$ cm
i) $q = 3$ cm; $A = 27\,\text{cm}^2$

[1)] distantia (lat.) Abstand, Entfernung

5.24 Einem gleichschenklig-rechtwinkligen Dreieck, siehe Bild 5.81, ist ein gleichseitiges Dreieck mit der Seite b einbeschrieben. Drücke b durch die Katheten a des rechtwinkligen Dreiecks aus.

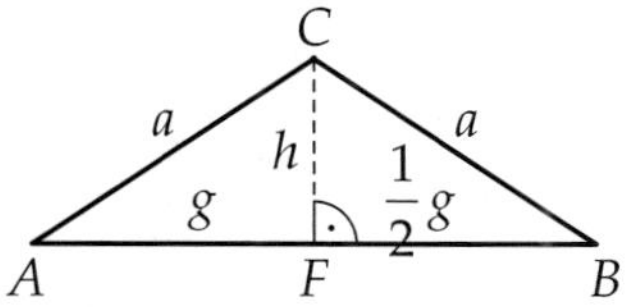

Bild 5.80

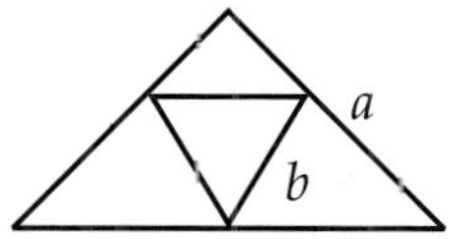

Bild 5.81

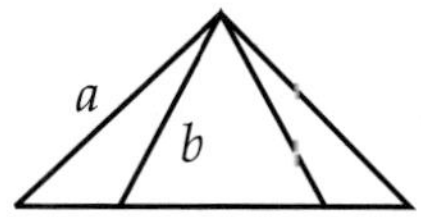

Bild 5.82

5.25 Einem gleichschenklig-rechtwinkligen Dreieck mit den Katheten a, siehe Bild 5.82, ist ein gleichseitiges Dreieck mit der Seite b einbeschrieben. Wie lässt sich b durch a ausdrücken?

5.26 Die Katheten eines rechtwinkligen Dreiecks stehen im Verhältnis $a : b = 3 : 4$.

a) Wie lang sind seine Katheten a und b und wie groß sein Flächeninhalt A, wenn die Hypotenuse die Länge $c = 8\,\text{cm}$ besitzt?

b) Löse die Aufgabe allgemein für das Verhältnis $a : b = m : n$.

5.27 In welchem Verhältnis stehen die Katheten a und b eines rechtwinkligen Dreiecks mit $a > b$, das einem gleichseitigen Dreieck flächengleich ist? Die Hypotenuse des rechtwinkligen Dreiecks sei $c = 8\,\text{cm}$ und die Seite des gleichseitigen Dreiecks $d = 6\,\text{cm}$.

5.28 Von einem rechtwinkligen Dreieck sind die Hypotenusenabschnitte $q = 4\,\text{cm}$ und $p = 5\,\text{cm}$ bekannt. Berechne die Katheten a, b und den Flächeninhalt A.

5.29 Von einem rechtwinkligen Dreieck sind die Höhe $h = 5$ cm und der Hypotenusenabschnitt $q = 3\,\text{cm}$ gegeben. Wie groß sind die Seiten a, b und c des Dreiecks und dessen Flächeninhalt A?

5.30 Berechne die Seite x des einem rechtwinkligen Dreieck einbeschriebenen Quadrates, siehe Bild 5.83.

Drücke x

a) durch die Katheten a und b,

b) durch die Hypotenusenabschnitte u und v aus.

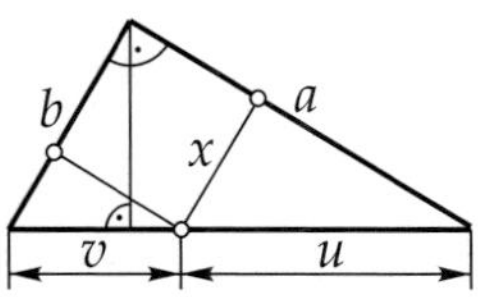

Bild 5.83

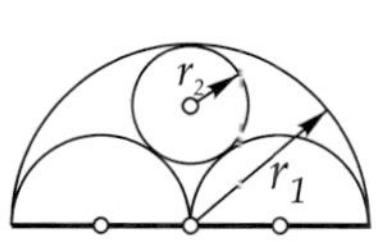

Bild 5.84

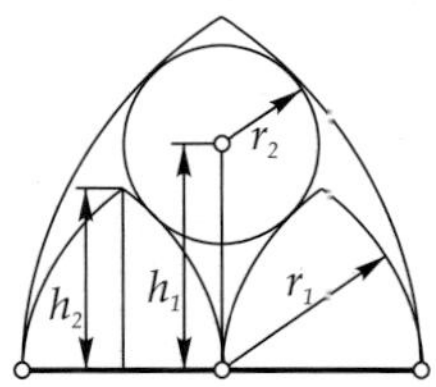

Bild 5.85

5.31 Drücke r_2 in Bild 5.84 durch r_1 aus.

5.32 Drücke die Stücke h_1, h_2 und r_2 in Bild 5.85 durch r_1 aus.

5.33 Drücke r_2, r_3 und r_4 in Bild 5.86 durch r_1 aus.

5.34 Drücke r_2 und r_3 in Bild 5.87 durch r_1 aus.

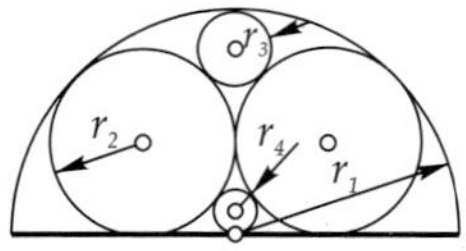

Bild 5.86

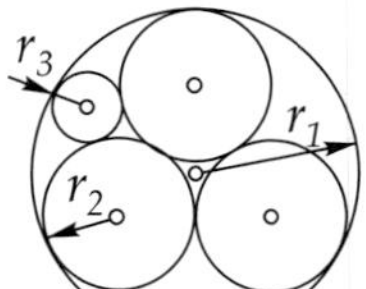

Bild 5.87

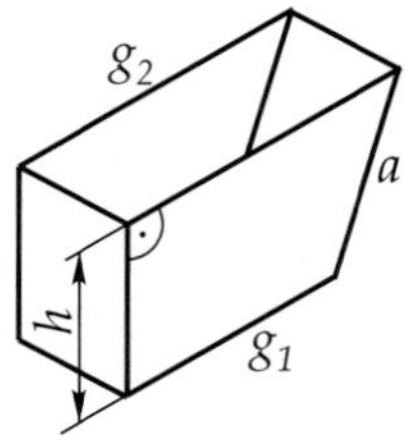

Bild 5.88

5.35 Von dem im Bild 5.88 dargestellten Gefäß ist die Höhe h zu bestimmen. Erstelle zuerst eine allgemeine, dann eine spezielle Lösung für $g_1 = 6\,\text{dm}$, $g_2 = 8\,\text{dm}$ und $a = 5\,\text{dm}$.

5.36 Wie groß ist die Höhe h der im Bild 5.89 gezeigten Leiter, wenn die Entfernung zwischen ihren Fußpunkten $s = 1{,}5\,\text{m}$ und ihre Schenkellängen $l = 5\,\text{m}$ betragen?

5.37 Berechne die Stücke b, c und d des im Bild 5.90 gezeigten Dachbinders aus den Stücken $a = 12\,\text{m}$ und $h = 4\,\text{m}$.

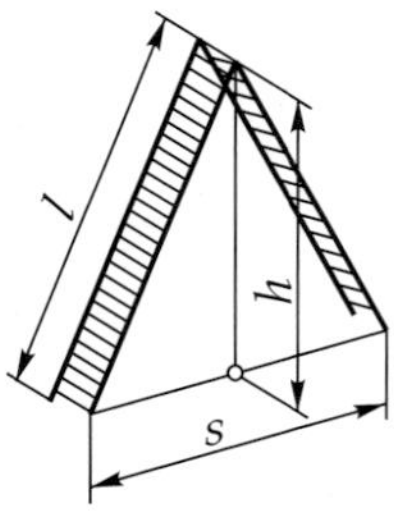

Bild 5.89

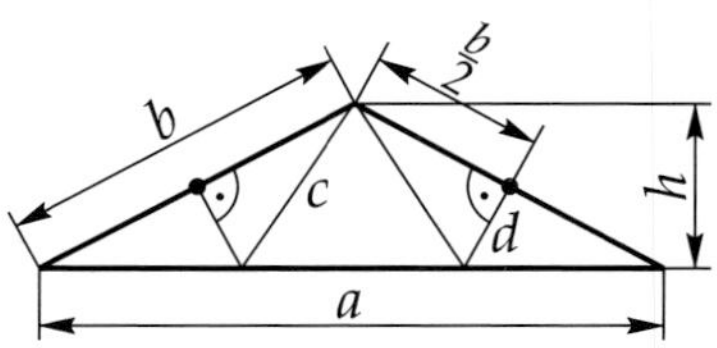

Bild 5.90

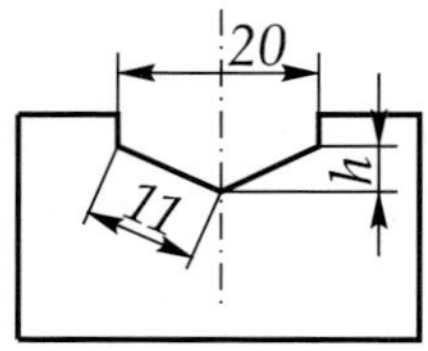

Bild 5.91

5.38 Die Kräfte $F_1 = 53{,}4\,\text{N}$ und $F_2 = 38{,}1\,\text{N}$ haben einen gemeinsamen Angriffspunkt und schließen einen rechten Winkel ein. Berechne ihre Resultierende F_R.

5.39 Die Kantenlänge k einer Sechskantschraube mit der Schlüsselweite $s = 17\,\text{mm}$ soll ermittelt werden.

5.40 Zum Schleifen eines Spiralbohrers von 20 mm Durchmesser soll eine Lehre nach Bild 5.91 angefertigt werden. Berechne h für die dort eingetragenen Maße.

5.41 Ein Kasten mit einseitiger Schwerpunktlage hängt an einer gespreizten Kette, siehe Bild 5.92. Welche Länge l hat die einen rechten Winkel einschließende Kette, wenn der Hakenabstand $b = 2{,}68\,\text{m}$ beträgt und der Schwerpunktabstand $a = 0{,}76\,\text{m}$ ist?

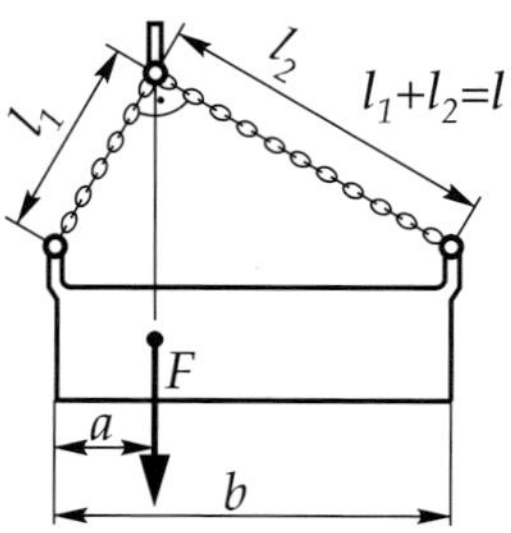

Bild 5.92

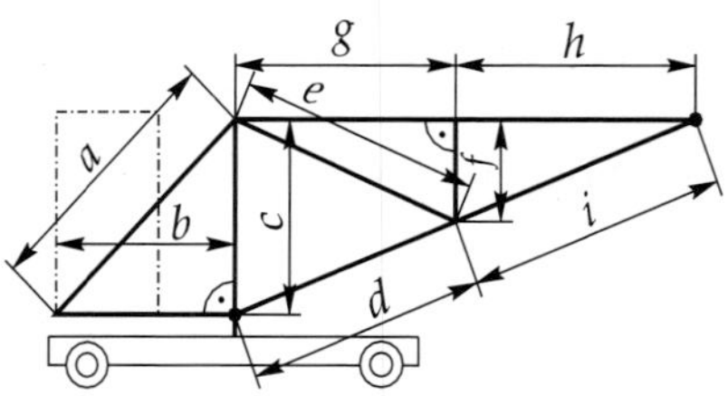

Bild 5.93

5.42 Von dem im Bild 5.93 dargestellten Drehkran sind für die Träger a, b, g und h die Längen $a = 4{,}8$ m, $b = 4{,}1$ m, $g = 5{,}9$ m und $h = 2{,}4$ m ermittelt worden.

Welche Längen haben die Träger c, d, e, f und i?

5.43 Von dem im Bild 5.94 gezeigten Kegelradpaar sind der Radius $r_1 = 68$ mm und die Kegelerzeugende $|\overline{MC}| = 76$ mm bekannt.

Berechne r_2 und die Radien e_1 und e_2 der Ergänzungskegel.

5.44 In einer Blechrinne, deren Querschnitt ein gleichschenklig-rechtwinkliges Dreieck von der Höhe $h = 64$ cm ist, fließt Wasser mit der Geschwindigkeit $v = 0{,}2$ m/s.

Welche Wassermenge Q liefert die Rinne stündlich bei einem Wasserstand von $\frac{2}{3}\,h$?

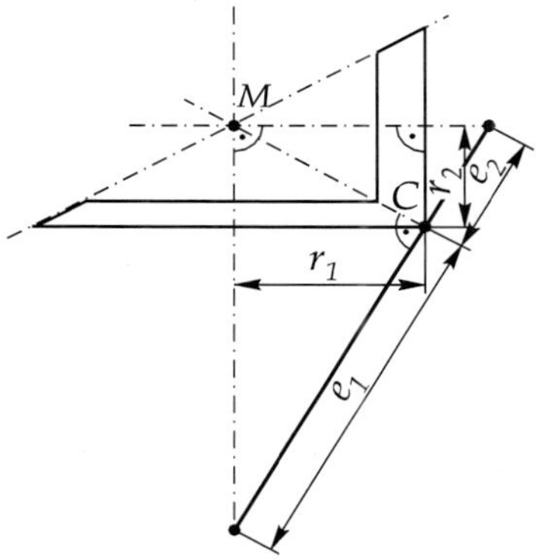

Bild 5.94

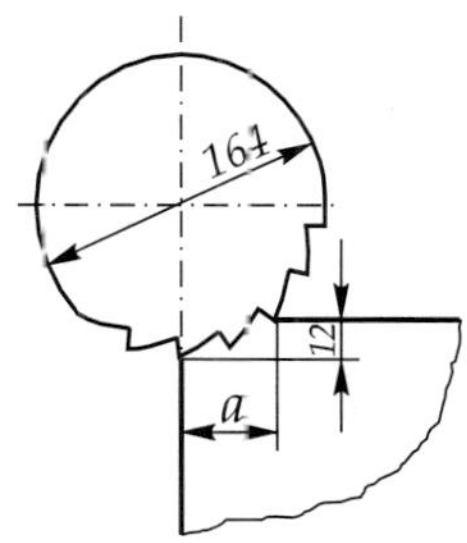

Bild 5.95

5.45 Berechne den Anschnitt a des im Bild 5.95 dargestellten Scheibenfräsers nach den dort eingetragenen Maßen.

5.46 Berechne die Normalkräfte F_1, mit denen ein Keilriemen auf die Flanken der Rillen einer Keilriemenscheibe drückt, siehe Bild 5.96.

5.47 Wie groß ist die Eindrucktiefe h einer Kugel, die nach Bild 5.97 den Eindruckkreis $d_1 = 132$ mm erzeugt und selbst den Durchmesser $d = 154$ mm hat?

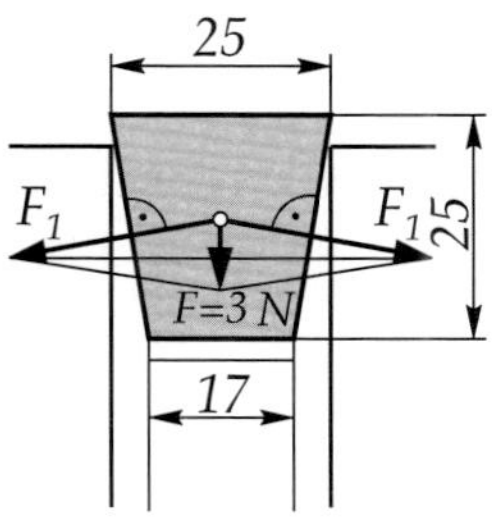

Bild 5.96

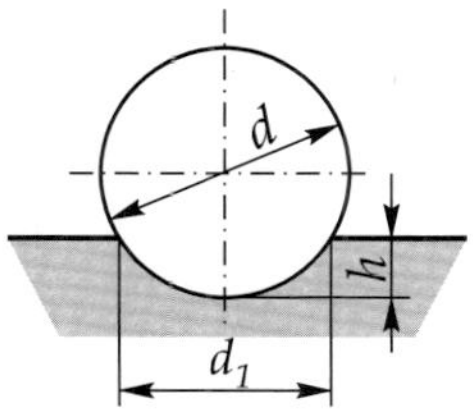

Bild 5.97

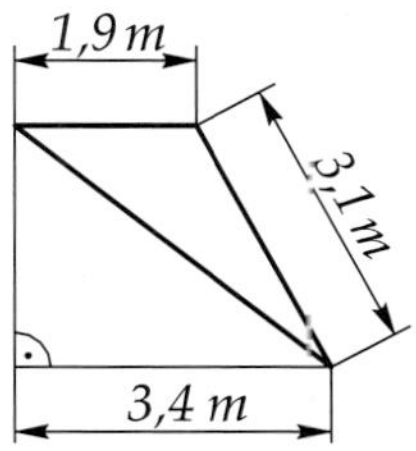

Bild 5.98

5.48 Ein schiefwinkliges Dreieck hat die Seiten a, b und c.

Die durch h_c auf c gebildeten Abschnitte q und p sind durch die Seiten auszudrücken.

5.49 Die Seite b eines schiefwinklig-spitzwinkligen Dreiecks ist durch die beiden anderen Seiten a und c und die Projektion q der Seite b auf die Seite c auszudrücken.

5.50 Ein Blech, dessen Abmessungen aus Bild 5.98 hervorgehen, soll beiderseits gestrichen werden.

Welche Farbmenge m wird hierfür benötigt, wenn der Verbrauch erfahrungsgemäß $0{,}175\,\mathrm{kg/m^2}$ ist?

5.10 Strecken und Winkel am Kreis

5.10.1 Kreis und Gerade

Kreise und Geraden können die unterschiedlichsten Lagen zueinander einnehmen, siehe Bild 5.99.

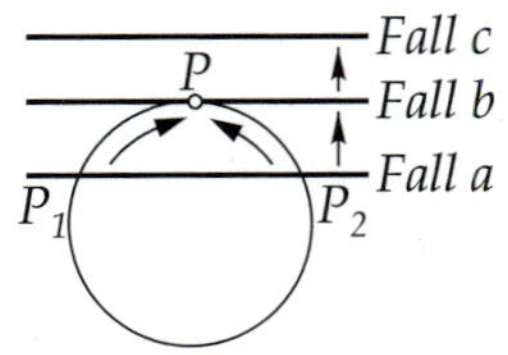

Bild 5.99

Fall a) Die Gerade g und der Kreis K können einander *schneiden*.

Sie haben dann *zwei* Punkte gemeinsam, P_1 und P_2:

$$g \cap K = \{P_1;\ P_2\}\ .$$

Verschiebt man die Gerade parallel zu sich nach oben, so wandern die beiden Schnittpunkte P_1 und P_2 auf dem Kreis aufeinander zu, bis sie sich schließlich im Grenzfall im Punkt P vereinigen. Diese Grenzlage der Geraden liefert den

Fall b) Die Gerade g *berührt* den Kreis K, Kreis und Gerade haben nur noch *einen* Punkt gemeinsam, den Berührpunkt P:

$$g \cap K = \{P\}\ .$$

Verschiebt man die Gerade weiter nach oben, so verläuft sie vollkommen außerhalb des Kreises, und es gibt *keinen gemeinsamen Punkt* mehr zwischen Kreis und Gerade.

Fall c) Die Gerade g *meidet* den Kreis K. Kreis und Gerade haben dann *keinen Punkt mehr gemeinsam*:

$$g \cap K = \emptyset.$$

Für die verschiedenen Lagen zwischen Kreis und Gerade werden spezielle Bezeichnungen verwendet.

Fall a) in Bild 5.99:

Eine Gerade, die einen Kreis *schneidet*, heißt **Sekante**[a].

Geht eine Sekante *durch den Mittelpunkt eines Kreises* hindurch, so wird sie als **Zentrale** bezeichnet.

Die Strecke auf einer Sekante, die durch die beiden Schnittpunkte mit dem Kreis begrenzt wird, wird als **Sehne** bezeichnet.

Geht eine *Sehne durch den Kreismittelpunkt* hindurch, so heißt sie **Durchmesser** des Kreises und ist somit die größte aller Sehnen dieses Kreises.

Die Endpunkte einer Sehne bilden zusammen mit dem Kreismittelpunkt ein gleichschenkliges Dreieck, da nach Bild 5.100

$$|\overline{AM}| = |\overline{BM}| = r \, .$$

Aus der Symmetrie des Dreiecks folgt:

Der Mittelpunkt eines Kreises liegt stets auf der Mittelsenkrechten einer jeden beliebigen Sehne.

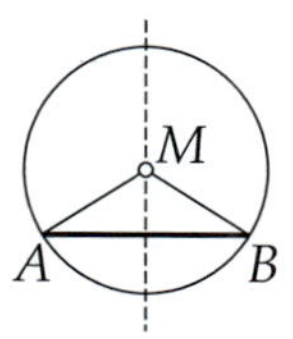

Bild 5.100

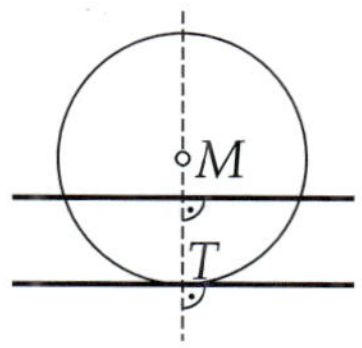

Bild 5.101

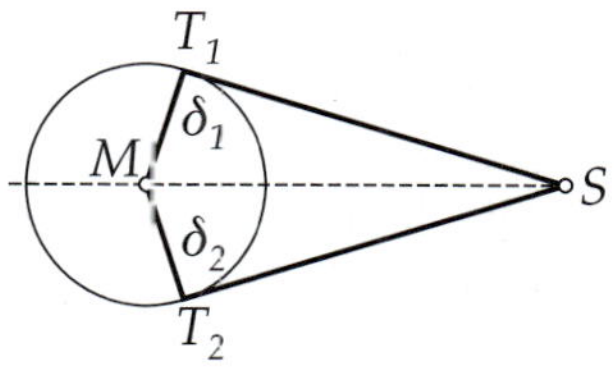

Bild 5.102

Fall b) in Bild 5.99:

Eine Gerade, die einen Kreis *berührt*, heißt **Tangente**[a].

Die Strecke, die den Berührungspunkt einer Tangente mit dem Kreismittelpunkt verbindet, wird **Berührungsradius** genannt.

Verlängert man eine Sehne zur Sekante und verschiebt diese nach außen bis in die Grenzlage als Tangente, so deckt sich deren Berührungsradius mit der Symmetrieachse des oben erwähnten gleichschenkligen Dreiecks. Daraus ergibt sich der folgende Sachverhalt, siehe Bild 5.101:

Tangente und Berührungsradius eines Kreises stehen *senkrecht aufeinander*.

Eine andere Formulierung dafür ist:

Der Mittelpunkt eines Kreises liegt stets auf der Senkrechten, die man auf jeder beliebigen Tangente in ihrem Berührungspunkt errichten kann.

Von einem Punkt S außerhalb des Kreises lassen sich zwei Tangenten an einen Kreis legen. Jede von ihnen berührt den Kreis in einem Punkt: T_1 und T_2. Die Entfernungen $|\overline{ST_1}|$ und $|\overline{ST_2}|$ nennt man die *Länge*[6] der beiden Tangenten. Die beiden Dreiecke MST_1 und MT_2S im Bild 5.102 sind kongruent ($\triangle MST_1 \cong \triangle MST_2$), da sie in $|\overline{SM}|$ übereinstimmen, und ferner gilt:

$$|\overline{MT_1}| = |\overline{MT_2}| = r \qquad \text{und} \qquad \delta_1 = \delta_2 = 90^\circ \, .$$

---

[3] secō (lat.) schneiden

[5] tango (lat.) berühren

[6] Genauer sollte man von gleich langen *Tangenten-Abschnitten* reden, da die Formulierung einer Länge im Zusammenhang mit einer Geraden keinen Sinn ergibt. In der Literatur ist die o. g. Sprechweise aber noch weit verbreitet.

Aus dieser Kongruenz folgt der Satz:

Die beiden von einem beliebigen außerhalb des Kreises liegenden Punkt an den Kreis gelegten Tangenten sind *gleich lang*.
Der Mittelpunkt des Kreises liegt *auf der Winkelhalbierenden* dieser beiden Tangenten.

Beispiel:

5.38 Auf einer Konstruktionszeichnung ist der Mittelpunkt eines Kreises „verloren gegangen“. Er soll rekonstruiert werden.

Lösung: Man zeichne in den Kreis zwei verschiedene, nicht parallele Sehnen und errichte auf ihnen die Mittelsenkrechten, siehe Bild 5.103. Deren Schnittpunkt ist der gesuchte Mittelpunkt des Kreises. Die Sehnen sollten zweckmäßigerweise einen Winkel von etwa 90° bilden, damit sich ein günstiger Schnitt ergibt.

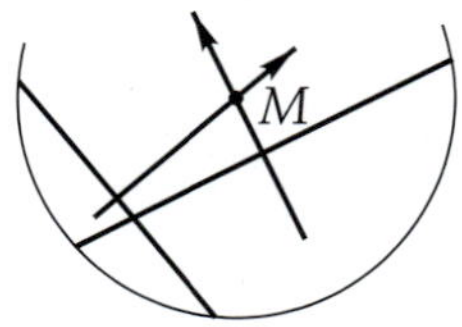

Bild 5.103

Praktische Methode: In der Praxis bedient man sich zur Bestimmung des Mittelpunktes von Kreisscheiben und Ähnlichem eines *Zentriergerätes*, siehe Bild 5.104. Es besteht aus zwei Anlegekanten, die nicht unbedingt einen rechten Winkel zu bilden brauchen, und einer Schablone, die die Winkelhalbierende bildet. Längs dieser Kante reißt man zweimal an, wobei die Kreisscheibe verschieden eingelegt werden muss. Als Schnitt beider Geraden ergibt sich der gesuchte Mittelpunkt des Kreises.

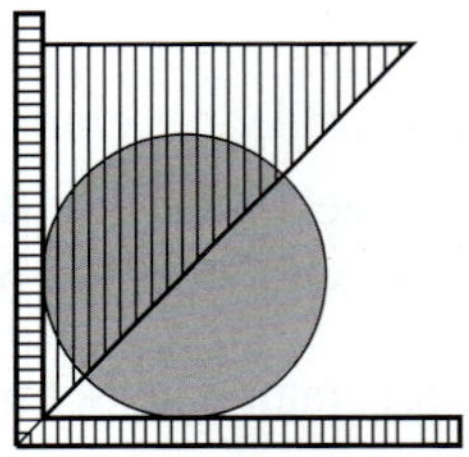
Bild 5.104

Fall c) in Bild 5.99:

Eine Gerade, die einen Kreis *meidet*, heißt **Passante**[a].

5.10.2 Winkel am Kreis

Verbindet man die Endpunkte A und B eines Kreisbogens mit dem Mittelpunkt M des zugehörigen Kreises, dann bilden $\overline{AM}$ und $\overline{BM}$ die Schenkel des zum Bogen[9] $\overset{\frown}{AB}$ gehörigen **Mittelpunkts-** oder **Zentriwinkels** ($\measuredangle AMB = \varepsilon_1 + \varepsilon_2 = \varepsilon$ in Bild 5.105).

Verbindet man die Punkte A und B mit einem beliebigen Punkt P auf dem Kreis, dann bilden $\overline{AP}$ und $\overline{BP}$ die Schenkel des zum Bogen $\overset{\frown}{AB}$ gehörenden **Umfangs-** oder **Peripheriewinkels**[10] ($\measuredangle APB = \gamma_1 + \gamma_2 = \gamma$ in Bild 5.105). Dabei ist darauf zu achten, dass P und M auf ein und derselben Seite der Sehne $\overline{AB}$ liegen, d. h., dass P *nicht* auf dem Bogen $\overset{\frown}{AB}$, sondern auf dem Bogen $\overset{\frown}{BA}$ liegt.

---

[8] passer (franz.) vorbeigehen

[9] Der Bogen $\overset{\frown}{AB}$ beschreibt den Weg, den man auf einer Kreislinie zurücklegt, wenn man sich dort *gegen* den Uhrzeigersinn von A nach B bewegt.

[10] periphero (griech.) herumtragen. Die Peripherie bezeichnet eine Begrenzungslinie, hier den Kreisrand.

Mittelpunktswinkel und Umfangswinkel hängen voneinander ab.

Mittelpunktswinkelsatz: Der Mittelpunktswinkel ε über einem Kreisbogen ist *doppelt so groß* wie der Umfangswinkel γ über demselben Bogen: $\varepsilon = 2 \cdot \gamma$.

☞ Der Beweis ergibt sich aus Bild 5.105:

$\alpha_1 = \gamma_1$	und	$\gamma_2 = \beta_1$	Basiswinkel in gleichschenkligen Dreiecken
$\varepsilon_1 = 2\,\gamma_1$	und	$\varepsilon_2 = 2\,\gamma_2$	Außenwinkel an Dreiecken.

Durch Addition der letzten beiden Gleichungen folgt

$$\varepsilon_1 + \varepsilon_2 = 2 \cdot (\gamma_1 + \gamma_2) \quad \square$$

Es kann gezeigt werden, dass die Gültigkeit dieser letzten Beziehung unabhängig ist von der Lage des Punktes P auf dem Kreis, siehe dazu Aufgabe 5.51! Deshalb ändert sich der Umfangswinkel bei Verschiebung von P längs des Kreises nicht.

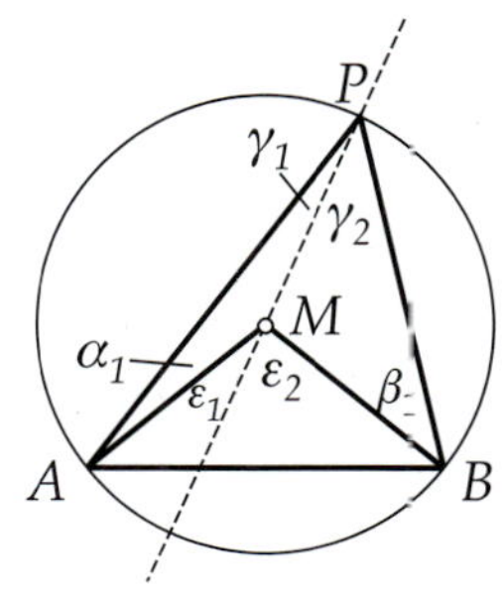

Bild 5.105

Daraus folgt der

Umfangswinkelsatz: Alle Umfangswinkel über ein und derselben Sehne sind gleich groß.

Für die praktische Anwendung ist die Umkehrung dieses Satzes besonders wichtig, siehe Bild 5.106:

Die Scheitelpunkte aller gleichen Winkel über einer Strecke liegen auf dem Kreisbogen, der die Strecke zur Sehne hat und den gegebenen Winkel als Umfangswinkel fasst.

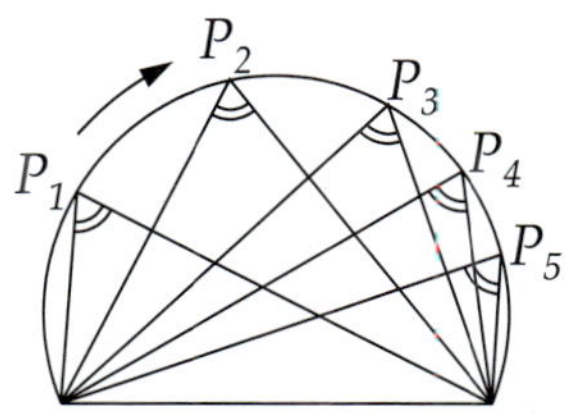

Bild 5.106

Beispiele:

5.39 Man konstruiere den Kreisbogen, den sogenannten *Ortskreis*, der zu einer gegebenen Sehne $\overline{AB}$ gehört und der einen gegebenen Winkel φ als Umfangswinkel enthält.

Lösung: Zur Sehne $\overline{AB}$ wird die Mittelsenkrechte konstruiert. In einem beliebigen Punkt R trägt man den gegebenen Winkel φ an und zieht zu seinem freien Schenkel eine Parallele durch A. Deren Schnittpunkt mit der Mittelsenkrechten ist der Mittelpunkt M des gesuchten Kreises, der damit gezeichnet werden kann, siehe Bild 5.107.

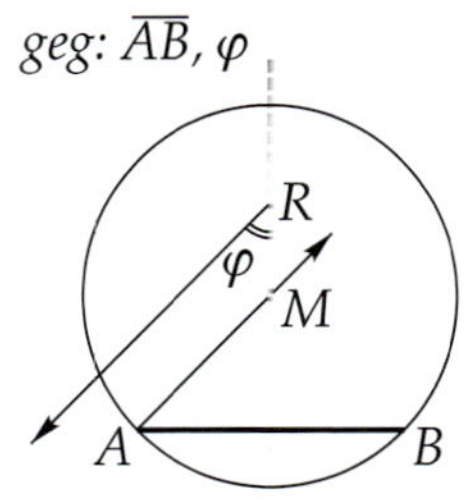

Bild 5.107

5.40 Bestimmung der Koordinaten eines Punktes P durch *Rückwärtseinschneiden* – ein Verfahren, das in der Vermessungstechnik angewandt wird.

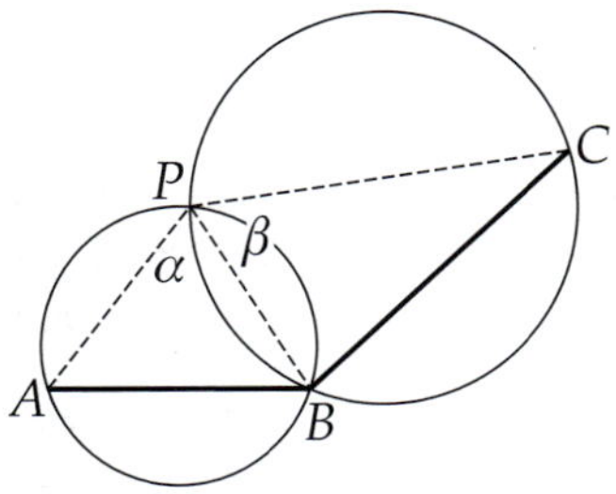

Bild 5.108

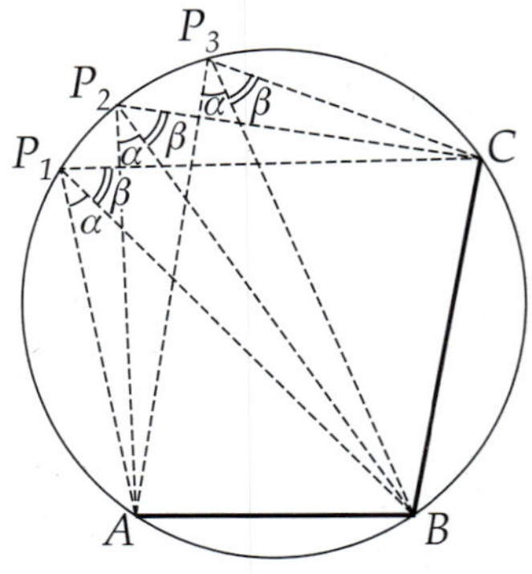

Bild 5.109

Die Koordinaten der Punkte A, B und C seien bekannt, die des Punktes P sind zu bestimmen. Misst man den Winkel α, unter dem $\overline{AB}$ von P aus erscheint, so kann P überall auf dem Ortskreis liegen, ist also noch nicht eindeutig bestimmt. Man misst also noch für eine zweite, der Lage und Größe nach bekannte Strecke $\overline{BC}$ den Blickwinkel β. Der Schnittpunkt der beiden sich ergebenden Ortskreise, siehe Bild 5.108, ist dann der gesuchte Punkt P.

Dieses Verfahren versagt allerdings, wenn der dritte Punkt C bereits auf dem zuerst erhaltenen Ortskreis liegt, denn dann decken sich die beiden Hilfskreise. Einen Kreis, auf dem A, B, C und P liegen, nennt man einen „gefährlichen Kreis“, siehe Bild 5.109.

Im Halbkreis beträgt der Mittelpunktswinkel bekanntlich 180°. Daher muss jeder Umfangswinkel eines Halbkreises ein rechter Winkel sein. Dies ist der Inhalt des Satz des **THALES**[1].

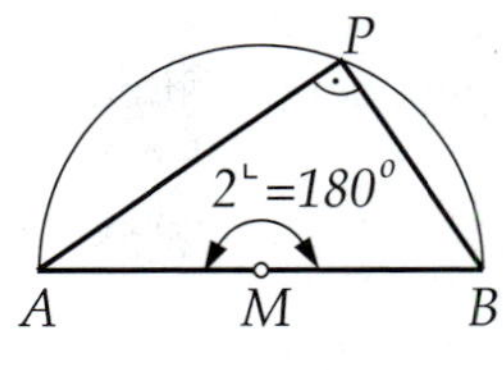

Bild 5.110

■ **Satz des THALES**: Der Umfangswinkel im Halbkreis ist 90°.

Beispiel:

5.41 Von einem Punkt P, der außerhalb eines Kreises mit dem Mittelpunkt M liegt, sollen die Tangenten an den Kreis gelegt werden, siehe Bild 5.111.

Lösung: Da die Tangente eines Kreises und deren Berührungsradius senkrecht aufeinander stehen, müssen die beiden Berührungspunkte T_1 und T_2 sowie die Punkte M und P auf einem THALES-Kreis liegen. Der Mittelpunkt N dieses THALES-Kreises ist der Halbierungspunkt der Strecke $\overline{MP}$.

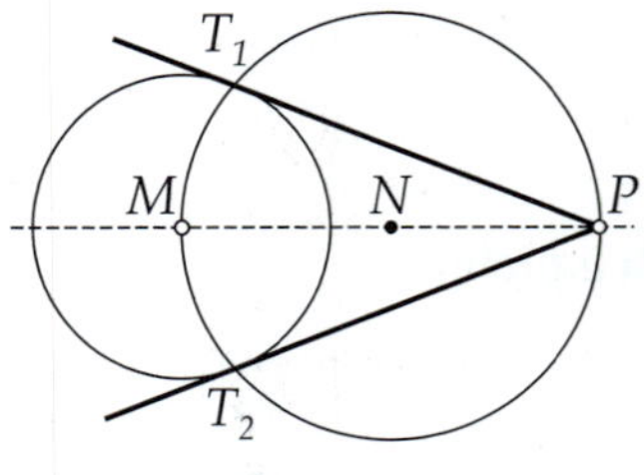

Bild 5.111

Der THALES-Kreis durch M und P schneidet den gegebenen Kreis in T_1 und T_2, den beiden Berührungspunkten der gesuchten Tangenten.

[1] Der griechische Mathematiker THALES von Milet lebte von 624 bis 548 v. Chr.

⚠ Das bloße „Dranlegen“ der Tangenten ist ungenau und kommt nicht infrage. Eine Gerade muss entweder als Verbindung zweier Punkte oder mit einem Punkt und der vorgegebenen Richtung konstruiert werden.

✍ A. 5.51–5.53 auf Seite 617

5.10.3 Ähnlichkeit am Kreis

Eine Gerade, die einen Kreis in zwei Punkten, z. B. A und B, schneidet, haben wir bereits als Sekante und das Geradenstück $\overline{AB}$ innerhalb des Kreises als Sehne kennengelernt. In diesem Abschnitt werden wir uns mit Ähnlichkeitsverhältnissen beschäftigen, die sich aus der relativen Lage von Gerade und Kreis ergeben.

Für zwei nicht parallele Sekanten, deren Schnittpunkt S außerhalb des Kreises liegt (Bild 5.113), gilt der

Sekantensatz: Schneiden sich zwei Sekanten außerhalb eines Kreises, so sind die Produkte der Längen der entstehenden Sekantenabschnitte gleich groß:

$$|\overline{SA}| \cdot |\overline{SB}| = |\overline{SC}| \cdot |\overline{SD}|.$$

Dabei sind sämtliche Abschnitte vom Schnittpunkt S der Sekanten aus zu messen.

Der Produktwert der Sekantenabschnitte wird als „Potenz des Punktes S“ für den jeweiligen Kreis bezeichnet.

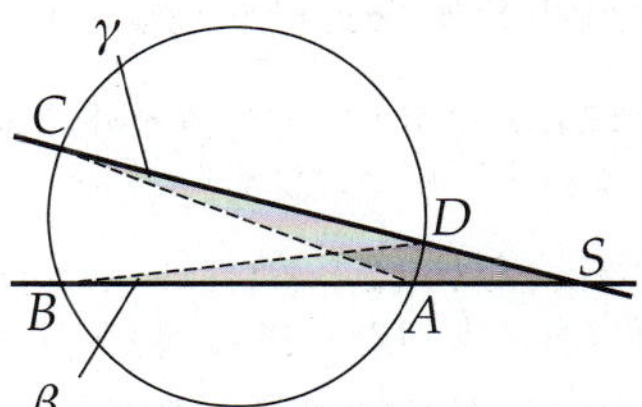

Sekantensatz

Bild 5.112

☞ *Beweis:* Aus dem Bild 5.112 entnehmen wir folgende Informationen:

- Die Winkel β und γ sind Umfangswinkel über dem Bogen $\overset{\frown}{AD}$, also ist $\beta = \gamma$.
- Ferner sind $\measuredangle CSA$ und $\measuredangle DSB$ identisch, also gilt $\measuredangle CSA = \measuredangle DSB$.
- Daraus folgt $\triangle SCA \sim \triangle SBD$.
- Infolgedessen gilt

$$|\overline{SA}| : |\overline{SC}| = |\overline{SD}| : |\overline{SB}| \quad \text{oder} \quad |\overline{SA}| \cdot \overline{SB}| = |\overline{SC}| \cdot |\overline{SD}| \qquad \square$$

Verändern wir die Lage der Sekanten, sodass ihr Schnittpunkt S innerhalb des Kreises zu liegen kommt (Bild 5.113), dann gilt für die Strecken im Kreis der

Sehnensatz: Für jeden Punkt S innerhalb eines Kreises ist das Produkt der Längen seiner Sehnenabschnitte konstant.

Speziell für Bild 5.113 gilt somit:

$$|\overline{SA}| \cdot |\overline{SB}| = |\overline{SC}| \cdot |\overline{SD}|.$$

Auch hier wird der Produktwert als „Potenz des Punktes S“ für den jeweiligen Kreis bezeichnet; er ist unabhängig davon, welche durch S verlaufende Sehne wir betrachten.

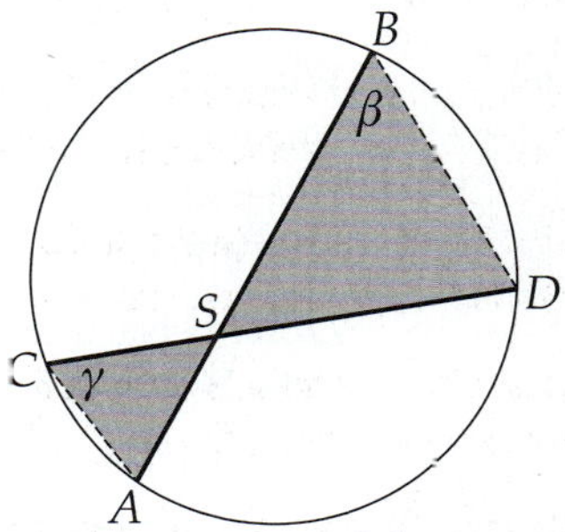

Sehnensatz

Bild 5.113

☞ Bei den Winkeln $\measuredangle CSA$ und $\measuredangle DSB$ handelt es sich laut Bild 5.113 um Scheitelwinkel, sodass der Beweis analog zum vorherigen Satz erfolgt.

⚠ Die Dreiecke CAS und DBS sind zwar ähnlich ($\triangle ACS \sim \triangle DBS$), können aber nicht durch eine Halbdrehung in eine Strahlensatzfigur analog Bild 5.55, Seite 585 gebracht werden, da sie sich nicht in einer Ähnlichkeitslage zueinander befinden, was z. B. an der unterschiedlichen Position der Umfangswinkel zu erkennen ist.

Da die beiden geschilderten Situationen sich nur in der Lage des Schnittpunktes S, innerhalb oder außerhalb des Kreises, unterscheiden und die Sätze zu dem gleichen Resultat führen, werden sie oftmals auch unter dem Begriff „**Sehnen-Sekantensatz**" zusammengefasst.

Lassen wir im Bild 5.112 die Punkte C und D auf der Kreislinie aufeinander zulaufen, sodass sie in einem Punkt T zusammenfallen (siehe Bild 5.114), dann geht die zugehörige Sekante g_{SDC} in eine Tangente über, die den Kreis in T berührt. Die Strecken $|\overline{SC}|$ und $|\overline{SD}|$ werden dabei zur gemeinsamen Strecke $|\overline{ST}|$:

$$|\overline{SC}| = |\overline{SD}| = |\overline{ST}|.$$

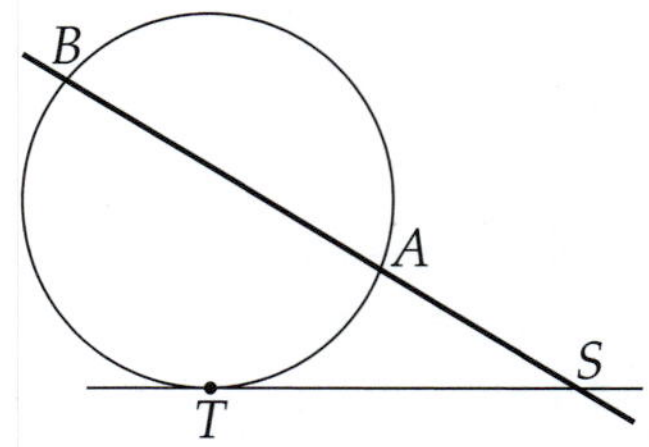

Bild 5.114

Mit der Tangente als Grenzfall einer Sekante kann der folgende Satz auch als Sonderfall des Sehnen-Sekantensatzes betrachtet werden:

Tangentensatz oder **Sekanten-Tangentensatz**: Schneiden sich Sekante und Tangente eines Kreises, so ist der Tangentenabschnitt $|\overline{ST}|$ die mittlere Proportionale[1)] der beiden Sekantenabschnitte:

$$|\overline{SA}| : |\overline{ST}| = |\overline{ST}| : |\overline{SB}| \quad \Rightarrow \quad |\overline{ST}|^2 = |\overline{SA}| \cdot |\overline{SB}| \quad \Rightarrow \quad |\overline{ST}| = \sqrt{|\overline{SA}| \cdot |\overline{SB}|}.$$

Auch hier sind die Abschnitte wiederum vom Schnittpunkt S aus zu messen.

☞ Der Beweis dieses Satzes kann mithilfe von Bild 5.114 in Analogie zum Sehnen-Sekantensatz durch Betrachtung der Seitenverhältnisse in den ähnlichen Dreiecken SBT und SAT ($\triangle SBT \sim \triangle STA$) geführt werden.

Beispiele:

5.42 Wie groß ist die Sichtweite x von einem Punkt S – von einem Turm, einer Bergspitze oder von einem Flugzeug aus –, der in der Höhe h liegt, wenn man die Gestalt der Erde näherungsweise als Kugel ansieht?

Lösung: Nach dem Sekanten-Tangentensatz ergibt sich, siehe Bild 5.115

$$x^2 = h \cdot (2r + h) \qquad \text{oder}$$
$$x = \sqrt{h \cdot (2r + h)}\,.$$

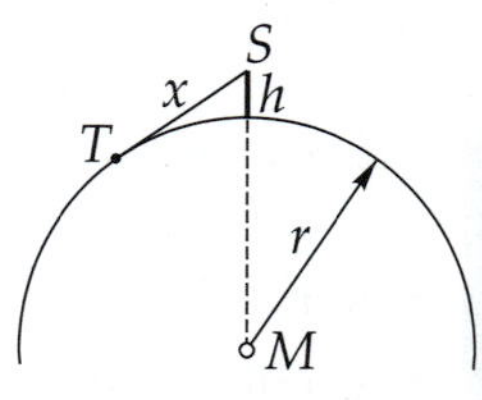

Bild 5.115

---

1) Die mittlere Proportionale zweier positiver Zahlen a, b entspricht ihrem geometrischen Mittel $\sqrt{a \cdot b}$.

Da die Höhe h eines Turmes gegenüber dem Erdradius r verschwindend klein ist, kann h^2 vernachlässigt werden, so dass sich mit genügender Genauigkeit ergibt:

$$x \approx \sqrt{2rh}\,.$$

Demnach hat man von einem Berg, der 400 m über einer Ebene liegt, bei einem Erdradius von $r \approx 6\,367$ km, eine Fernsicht von

$$x \approx \sqrt{2 \cdot 6\,367\,000\text{ m} \cdot 400\text{ m}} \approx 71\,370\text{ m}\,.$$

Man kann demnach bei klarer Sicht von dort etwa 70 km weit sehen.

5.43 Wie lässt sich die mittlere Proportionale zweier Größen a und b bestimmen?

Lösung: Auf der Strecke $|\overline{SB}| = b$ trägt man $|\overline{SA}| = a$ ab, siehe Bild 5.116. Um den Halbierungspunkt M von $\overline{AB}$, schlägt man einen Hilfskreis mit dem Radius $r = \frac{1}{2}|\overline{AB}|$. Der THALES-Kreis über $\overline{MS}$ schneidet diesen Hilfskreis im Punkt T. $|\overline{TS}|$ ist wegen des Tangentensatzes die gesuchte mittlere Proportionale von a und b.

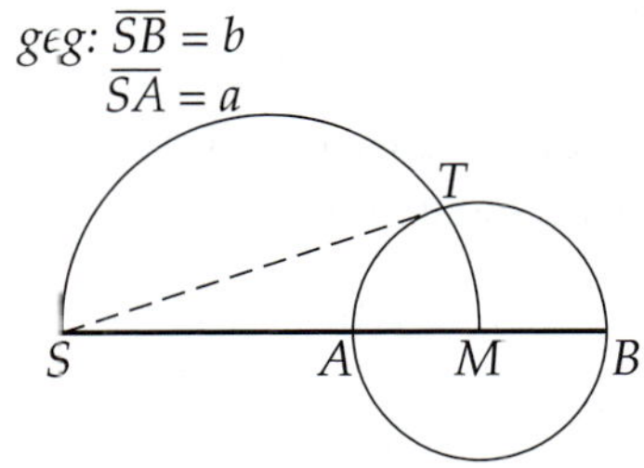

Bild 5.116

5.44 Die Gleichung $b^2 = a \cdot x$ soll zeichnerisch nach x aufgelöst werden.

Lösung: Im Endpunkt T der Strecke $|\overline{TS}| = b$ errichtet man die Senkrechte und wählt darauf einen beliebigen Punkt M, siehe Bild 5.117. Der Kreis um M mit $r = |\overline{MT}|$ und ein Kreis um S mit dem Radius a schneiden sich in A und A_1. Damit überhaupt ein Schnitt zustande kommt, muss $|\overline{MT}|$ genügend groß gewählt werden!

Die Verbindungsgeraden SA und SA_1 schneiden den Kreis um M zusätzlich in B und B_1. Dabei sind $|\overline{SB}|$ und $|\overline{SB_1}|$ aus Symmetriegründen gleich und stellen die gesuchte Größe x dar.

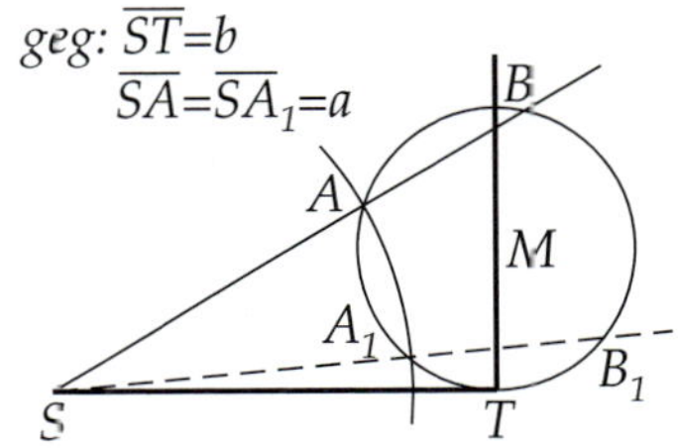

Bild 5.117

✍ A. 5.54–5.56 auf Seite 617

5.10.4 Der Goldene Schnitt

Eine Strecke nennt man nach dem **Goldenen Schnitt** oder **stetig geteilt**, wenn ihr großer Abschnitt die mittlere Proportionale der Gesamtstrecke und des kleinen Abschnittes ist:

$$|\overline{SC}| = \sqrt{|\overline{ST}| \cdot |\overline{CT}|} \quad \Rightarrow \quad \frac{|\overline{ST}|}{|\overline{SC}|} = \frac{|\overline{SC}|}{|\overline{CT}|}$$

Beim Goldenen Schnitt einer Strecke $\overline{ST}$ durch den Punkt C verhält sich die Gesamtstrecke zum größeren der beiden Abschnitte wie der große Abschnitt zum kleinen:

$$|\overline{ST}| : |\overline{SC}| = |\overline{SC}| : |\overline{CT}|$$

Diese Aufteilung findet sich oftmals in der Kunst und in der Architektur wieder, angefangen von antiken Figuren bis hin zu Bildkompositionen in der digitalen Fotografie, da sie dem Betrachter nach gängiger Auffassung eine harmonische Darstellung vermittelt.

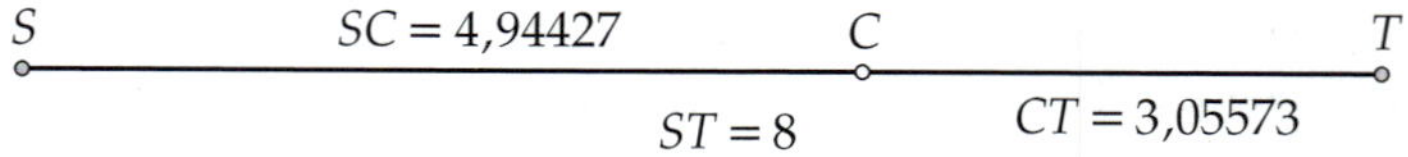

$$|\overline{ST}| : |\overline{SC}| = 8 : 4{,}94427 = 1{,}61803$$

$$|\overline{SC}| : |\overline{CT}| = 4{,}94427 : 3{,}05573 = 1{,}61803$$

Bild 5.118

Beispiel:

5.45 Die Strecke $\overline{ST}$ soll nach dem Goldenen Schnitt geteilt werden, siehe Bild 5.119.

Lösung: Im Endpunkt T der Strecke $|\overline{ST}| = a$ wird eine Senkrechte mit der Länge $|\overline{TM}| = \frac{1}{2}a$ errichtet. Um M schlägt man einen Kreis mit dem Radius $\frac{1}{2}a$. Die Verbindungsgerade SM schneidet diesen Kreis in den Punkten A und B.

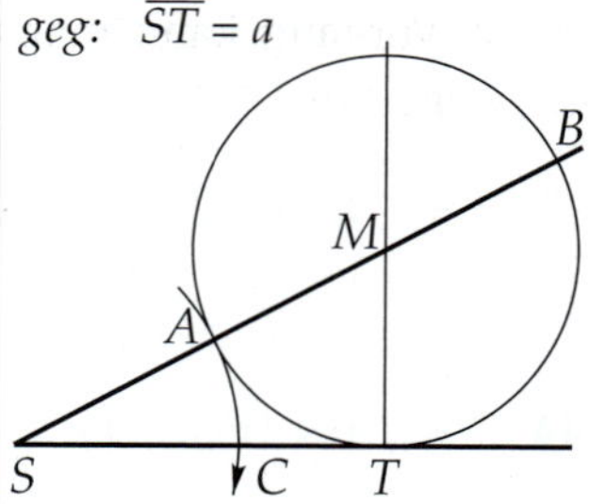

Bild 5.119

Nach dem Sekanten-Tangenten-Satz gilt dann

$$|\overline{ST}|^2 = |\overline{SA}| \cdot |\overline{SB}|\,,$$

und wegen $|\overline{ST}| = a = |\overline{AB}|$ wird

$$|\overline{AB}|^2 = |\overline{SA}| \cdot \left(|\overline{SA}| + |\overline{AB}|\right)\ .$$

Damit wird die Strecke $\overline{SB}$ durch A stetig geteilt.

Überträgt man nun $|\overline{SA}|$ von S aus auf $\overline{ST}$, so erhält man den Punkt C.

Schreibt man die letzte Gleichung in der Form

$$|\overline{ST}|^2 = |\overline{SC}| \cdot \left(|\overline{SC}| + |\overline{ST}|\right)\ ,$$

so erhält man durch Umformung:

$$|\overline{ST}|^2 = |\overline{SC}|^2 + |\overline{SC}| \cdot |\overline{ST}| \quad \Longrightarrow \quad |\overline{SC}|^2 = |\overline{ST}| \cdot \left(|\overline{ST}| - |\overline{SC}|\right)$$

und daraus

$$|\overline{ST}| : |\overline{SC}| = |\overline{SC}| : |\overline{CT}|\,,$$

womit gezeigt ist, dass die Strecke $|\overline{ST}|$ durch C im Goldenen Schnitt geteilt ist.

Stetige Teilung, Goldene Zahl Φ

Trägt man den kleineren Abschnitt b einer nach dem Goldenen Schnitt geteilten Strecke $(a+b)$ auf der größeren Strecke a ab, so wird diese wiederum nach dem Goldenen Schnitt geteilt. Da sich dieses Verfahren, wie im Folgenden angedeutet, beliebig fortsetzen lässt, sprechen wir von einer *stetigen* Teilung:

Die im Bild 5.120a dargestellte Gesamtstrecke sei durch a und b stetig geteilt. Dann muss

$$(a+b) : a = a : b$$

gelten. Durch Umformung ergibt sich hieraus die *Bestimmungsgleichung für den Goldenen Schnitt*:

$$b \cdot (a+b) = a^2$$

$$a^2 - ab - b^2 = 0\ .$$

Wenn auch diese Strecke a nach dem Goldenen Schnitt geteilt ist, siehe Bild 5.120b, so muss gelten:

$$a : b = b : (a - b)\,.$$

Wie sich leicht nachprüfen lässt, ergibt sich aus dieser Proportion die gleiche Bestimmungsgleichung

$$a^2 - ab - b^2 = 0$$

wie bei der ersten Teilung.

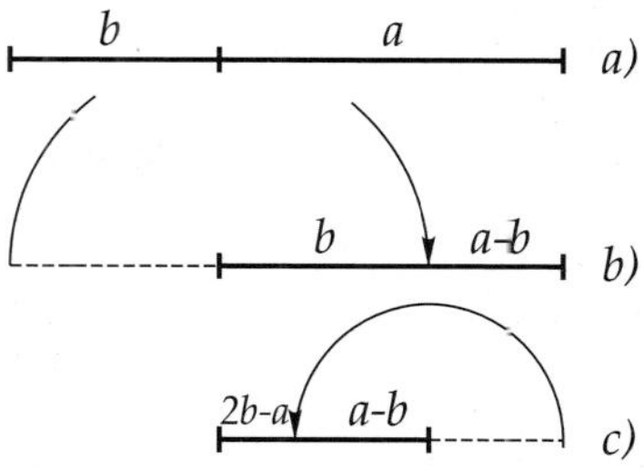

Bild 5.120

Diesen Vorgang kann man beliebig oft wiederholen, immer wieder wird sich dieselbe Gleichung ergeben.

Teilt man die Bestimmungsgleichung für den Goldenen Schnitt durch b^2:

$$a^2 - ab - b^2 = 0 \qquad \Big| : b^2$$

$$\left(\frac{a}{b}\right)^2 - 1 \cdot \left(\frac{a}{b}\right) - 1 = 0$$

und löst diese Gleichung nach dem Teilungsverhältnis $a : b$ auf, so erhält man

$$\left(\frac{a}{b}\right)_{1,2} = \tfrac{1}{2} \pm \tfrac{1}{2}\sqrt{5}\,.$$

Der negative Wert hat für das betrachtete Problem keine Bedeutung, so dass man für das **Teilungsverhältnis $a : b$ einer stetigen Teilung** den Wert

$$\boxed{a : b = \frac{\sqrt{5} + 1}{2} = \Phi \approx 1{,}618} \qquad (5.6)$$

erhält, der auch als **Goldene Zahl**[1] Φ bezeichnet wird.

Teilen wir die Länge des kleineren durch die des größeren Abschnittes, so ändert sich die Aufteilung der Strecke nach dem Goldenen Schnitt nicht; lediglich das Teilungsverhältnis kehrt sich um, der Kehrwert von Φ ist

$$\varphi = \frac{1}{\Phi} = \frac{2}{\sqrt{5} + 1} = \frac{\sqrt{5} - 1}{2} = \frac{1}{2} \cdot \left(\sqrt{5} - 1\right) \approx 0{,}618\,.$$

Auch dieses charakteristische Teilungsverhältnis φ können wir mit den folgenden Überlegungen leicht realisieren: Zu einem rechtwinkligen Dreieck mit den Kathetenlängen von 1 und 2 cm gehört eine Hypotenuse der Länge $\sqrt{1^2 + 2^2} = \sqrt{5}$ cm. Strecken wir dieses Dreieck mit dem Ähnlichkeitsfaktor $\frac{1}{2}\,a$ $(a > 0)$, dann erhält es die Seitenlängen $\frac{1}{2}\,a$, a und $\frac{1}{2}\,a\sqrt{5}$ cm.

[1] Die Buchstaben „Φ“ (= großes Phi) und „φ“ (= kleines Phi) erinnern an den griechischen Bildhauer PHIDIAS, der im 5. Jahrhundert vor Christus in vielen seiner Werke den Goldenen Schnitt angewendet haben soll.

Beispiel:

5.46 Teile die Strecke der Länge $a = 7\,\text{cm}$ nach dem Goldenen Schnitt.

Lösung: Konstruiere ein rechtwinkliges Dreieck STM mit den Katheten $|\overline{ST}| = a = 7\,\text{cm}$ und $|\overline{TM}| = \frac{1}{2}a = 3{,}5\,\text{cm}$ wie in Bild 5.121.

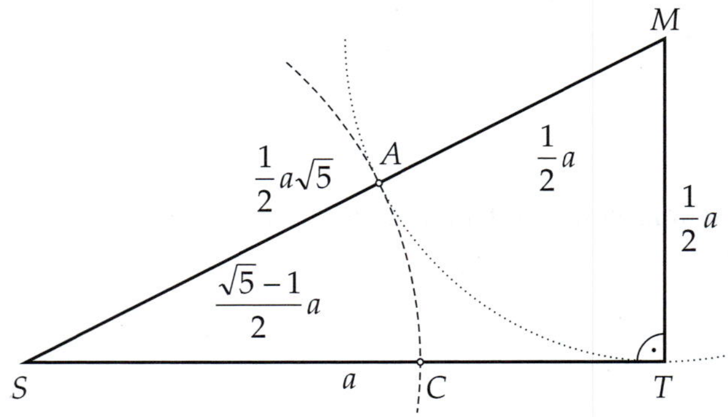

Bild 5.121

1. Zeichne die Strecke $\overline{ST}$ der Länge $a = 7\,\text{cm}$.
2. Errichte in T eine Senkrechte zu $\overline{ST}$ mit

   $|\overline{TM}| = \frac{1}{2}a = 3{,}5\,\text{cm}$.
3. Vervollständige das Dreieck STM durch Einzeichnen der Hypotenuse $\overline{SM}$

   $$\Rightarrow |\overline{SM}| = \frac{1}{2}a\sqrt{5} \approx 7{,}83\,\text{cm}$$
4. Schlage um M einen Kreisbogen mit $r = |\overline{MT}| = \frac{1}{2}a = 3{,}5\,\text{cm}$. Der Schnittpunkt mit $\overline{SM}$ ergibt A, wodurch wir die Hypotenuse um $\frac{1}{2}a$ verkürzen können:

   $$|\overline{SA}| = |\overline{SM}| - |\overline{AM}| = \frac{1}{2}a\sqrt{5} - \frac{1}{2}a = \frac{1}{2}\left(\sqrt{5}-1\right)\cdot a$$
5. Schlage um S Kreisbogen mit $r = |\overline{SA}|$; Schnittpunkt mit $\overline{ST}$ ergibt C.

   $$|\overline{SC}| = |\overline{SA}| = \frac{1}{2}\left(\sqrt{5}-1\right)\cdot a = \varphi \cdot a \approx 4{,}33\,\text{cm}$$

   $$|\overline{CT}| = |\overline{ST}| - |\overline{SC}| = a - \varphi a = (1-\varphi)\cdot a = \varphi^2 \cdot a \approx 2{,}67\,\text{cm}$$ [1)]

   $\Rightarrow$ C teilt $\overline{ST}$ nach dem Goldenem Schnitt, was leicht zu überprüfen ist:

   $$\frac{|\overline{SC}|}{|\overline{ST}|} = \frac{|\overline{CT}|}{|\overline{SC}|} = \varphi \approx 0{,}618 \quad \text{bzw.} \quad \frac{|\overline{ST}|}{|\overline{SC}|} = \frac{|\overline{SC}|}{|\overline{CT}|} = \Phi \approx 1{,}618.$$

Damit wird die Vorgehensweise nach dem Sekanten-Tangenten-Satz im Beispiel 5.45 durch den Satz von PYTHAGORAS bestätigt!

---

1) s. a. Aufgabe 5.58

Anwendung bei Konstruktionen

Aus diesen Überlegungen ergibt sich eine interessante Konstruktionsmöglichkeit für ein *regelmäßiges Zehneck*. Ein regelmäßiges n-Eck besteht aus n kongruenten gleichschenkligen Dreiecken, deren aneinandergereihten Grundseiten den Umfang des Vielecks bilden. Da sich seine n Eckpunkte – wie für das Beispiel eines Zwölfecks in Bild 5.41 auf Seite 576 dargestellt – auf einem Umkreis anordnen, stellen die Schenkel dieser Dreiecke den Radius des Kreises dar.

Die Seite s_{10} eines regelmäßigen Zehnecks stimmt mit dem großen Abschnitt des nach dem Goldenen Schnitt geteilten Umkreisradius r_u überein.

☞ *Beweis:* Eines der zehn gleichschenkligen Bestimmungsdreiecke ABM ist in Bild 5.122 aufgezeichnet, mit $\overline{AB}$ als Zehneckseite und $\overline{MA}$ bzw. $\overline{MB}$ als Radius des Umkreises. $\measuredangle AMB = \frac{1}{10} \cdot 360° = 36°$, sodass die beiden Basiswinkel jeweils 72° ausmachen.

Trägt man die Winkelhalbierende eines Basiswinkels ein, ergibt sich ein neues Dreieck BDA, das nach Winkelvergleich dem ursprünglichen Dreieck ABM ähnlich ist. Somit gilt:

$$|\overline{AB}| = |\overline{AD}| = |\overline{MD}|$$

mit $\overline{AB}$ als Zehneckseite und $\overline{MB}$ als Umkreisradius. Aus der Ähnlichkeit der Dreiecke ABM und BDA folgt:

$$|\overline{MB}| : |\overline{AB}| = |\overline{AB}| : |\overline{BD}| \quad \square$$

Die Seite des regelmäßigen Zehnecks lässt sich demnach mithilfe des Goldenen Schnittes aus dem Umkreisradius konstruieren, siehe dazu Beispiel 5.47 und Bild 5.123.

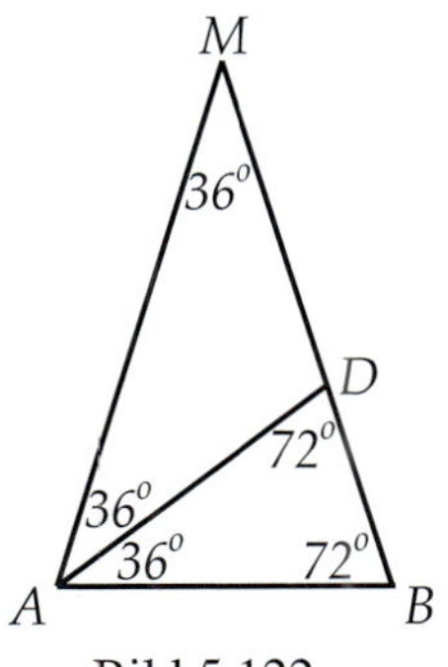

Bild 5.122

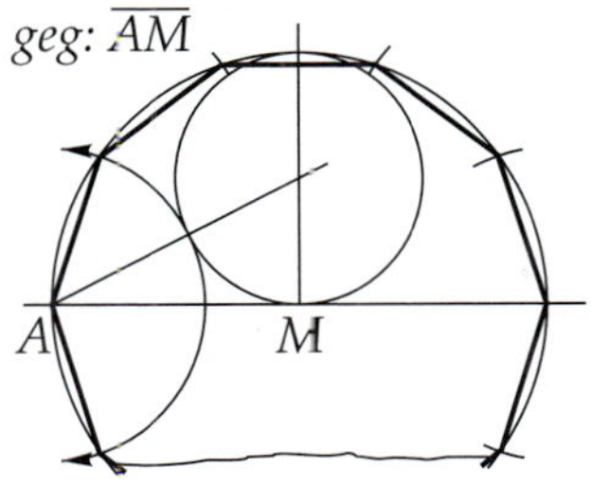

Bild 5.123

Beispiel:

5.47 Ein regelmäßiges Zehneck mit der Seitenlänge $s_{10} = s$ soll konstruiert werden.

Lösung: Man bestimmt mithilfe des Goldenen Schnittes aus der gegebenen Seite $|\overline{ST}| = s$ den Radius $|\overline{SB}| = r_\mathrm{u}$ des Umkreises, siehe dazu Beispiel 5.45, Seite 612 und Bild 5.124. Damit kann man den Umkreis zeichnen und auf seiner Peripherie 10 mal die Seitenlänge s des zu konstruierenden Zehnecks abtragen.

Rechnerisch lässt sich die Konstruktion mit den in Aufgabe 5.158, Seite 643, hergeleiteten Formeln überprüfen:

Zehneck	Seite s_{10}	Radius r_u
Seite s_{10}	–	$s_{10} = \frac{1}{2}\, r_u \cdot \left(\sqrt{5} - 1\right)$ $s_{10} = \varphi \cdot r_u \approx 0{,}618\, r_u$
Umkreis-Radius r_u	$r_u = \frac{1}{2}\, s_{10} \cdot \left(1 + \sqrt{5}\right)$ $r_u = \Phi \cdot s_{10} \approx 1{,}618\, s_{10}$	–

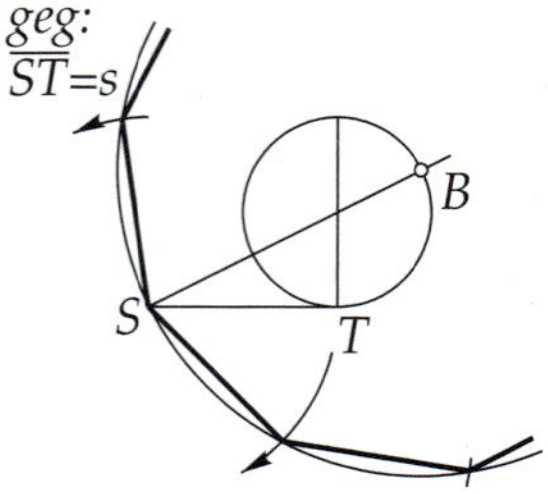

Bild 5.124

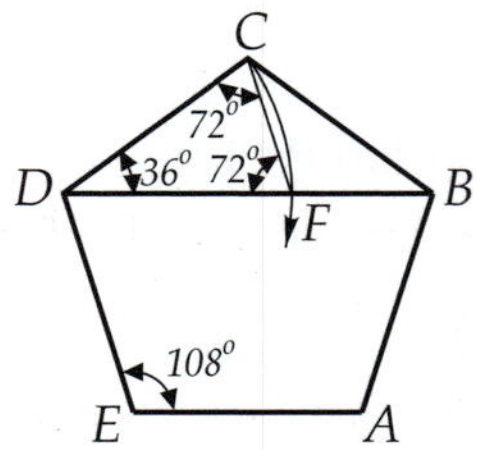

Bild 5.125

Verbinden wir nur jeden zweiten Eckpunkt des Zehnecks zu einem Vieleck, dann erhalten wir ein regelmäßiges Fünfeck. Mit dieser Vorgehensweise lässt sich generell aus einem $2n$-Eck ein n-Eck mit gleichem Umkreis gewinnen (s. a. Aufgabe 5.61c). Verfügen wir nicht über ein passendes Zehneck, dann helfen folgende Hinweise bei der Konstruktion eines regelmäßigen Fünfecks:

Alle fünf Diagonalen des regelmäßigen Fünfecks sind gleich lang:

$$|\overline{AC}| = |\overline{AD}| = |\overline{BD}| = |\overline{BE}| = |\overline{CE}| = d_5.$$

Zum Beweis betrachten wir das Fünfeck in Bild 5.125:

- Innenwinkel 5-Eck: $\dfrac{(5-2)\cdot 180^\circ}{5} = 108^\circ$ (Innenwinkelsummensatz von Seite 576)
- Alle Dreiecke, die aus drei direkt benachbarten Eckpunkten des Fünfecks gebildet werden, sind – wie am Beispiel des Dreiecks DBC gezeigt – gleichschenklig $\left(|\overline{DC}| = |\overline{BC}| = s_5\right)$ mit den Basiswinkeln

$$\measuredangle BDC = \measuredangle CBD = \frac{180^\circ - 108^\circ}{2} = 36^\circ.$$

- Alle fünf möglichen Dreiecke sind kongruent ($\triangle ADE \cong \triangle ECD \cong \ldots \cong \triangle DBC$) und somit sind die Basen dieser Dreiecke (= Diagonalen des Fünfecks) gleich lang. □

Trägt man im Teildreieck DBC von D aus nach B die Seitenlänge $s_5 = |\overline{DC}|$ ab, so entsteht der Punkt F des gleichschenkligen Dreiecks FCD. Aus dessen Lage erkennt man:

Die Seite s_5 eines regelmäßigen Fünfecks ist gleich dem größeren Abschnitt der nach dem Goldenen Schnitt geteilten Diagonale.

Damit lassen sich nunmehr auch regelmäßige Fünfecke leicht konstruieren (Details s. a. Aufgabe 5.61, Seite 618 bzw. Tabelle auf Seite 796) und die Ergebnisse mit den folgenden Formeln überprüfen:

Fünfeck	Seite s_5	Radius r_u	Diagonale d_5
Seite s_5	–	$s_5 \approx 1{,}1756 \cdot r_u$	$s_5 = \varphi \cdot d_5$ $s_5 \approx 0{,}618 \cdot d_5$
Umkreisradius r_u	$r_u \approx 0{,}8507 \cdot s_5$	–	$r_u \approx 0{,}5257 \cdot d_5$
Diagonale d_5	$d_5 = \Phi \cdot s_5$ $d_5 \approx 1{,}618 \cdot s_5$	$d_5 \approx 1{,}9021 \cdot r_u$	–

✍ A. 5.57–5.63 auf Seite 617

Aufgaben:

5.10.2 Winkel am Kreis (Lösungen ab Seite 917)

5.51 Beweise den Satz vom Umfangs- und Mittelpunktswinkel für die im
a) linken bzw. b) rechten Teil von Bild 5.126 angegebenen Lagen des Punktes P.

5.52 Konstruiere mithilfe des Höhensatzes eine Strecke der Länge $\sqrt{s} = \sqrt{9{,}2}$ cm.

5.53 Die Koordinaten der drei Punkte A, B und C sowie die von einem vierten Punkt D aus gemessenen Winkel ADB und BDC seien bekannt, siehe Bild 5.127. Ermittle zeichnerisch den Punkt D mit der Methode des Rückwärtseinschneidens, siehe Beispiel 5.40.

a) $A(1\,|\,4)$ $B(6\,|\,1)$ $C(11\,|\,3)$ $\measuredangle ADB = 54°$ $\measuredangle BDC = 50°$
b) $A(2\,|\,4)$ $B(6\,|\,2)$ $C(11\,|\,7)$ $\measuredangle ADB = 26{,}5°$ $\measuredangle BDC = 45°$

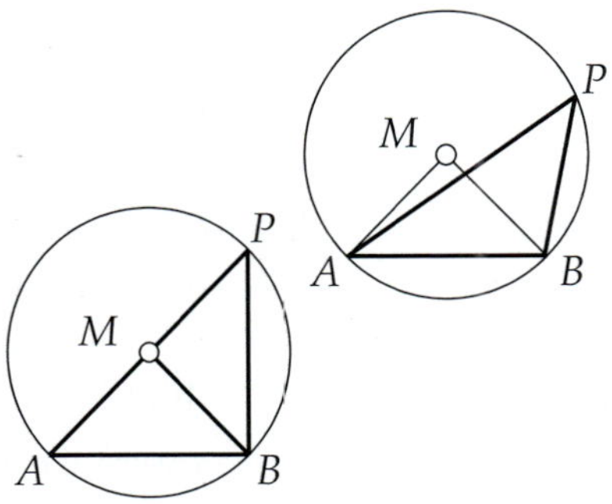

Bild 5.126

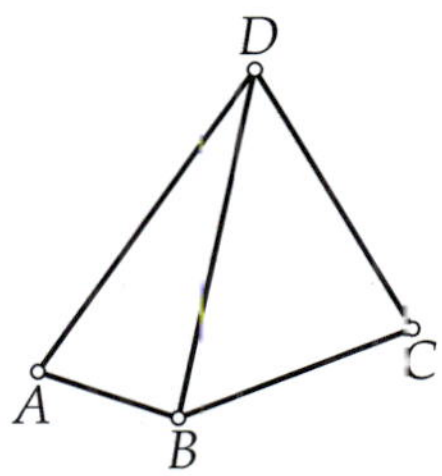

Bild 5.127

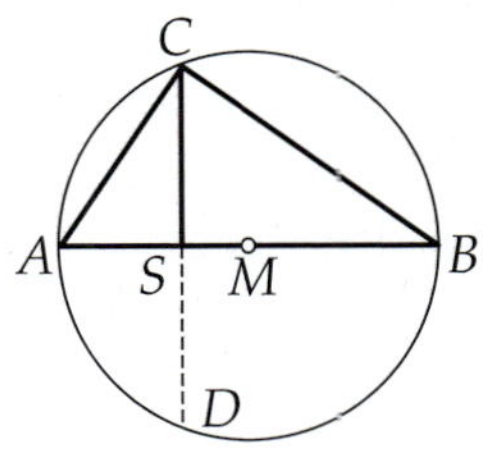

Bild 5.128

5.10.3 Ähnlichkeit am Kreis (Lösungen ab Seite 917)

5.54 Konstruiere einen Kreis, der durch zwei gegebene Punkte A und B geht und eine gegebene Gerade g berührt. $\overline{AB}$ soll nicht parallel zu g verlaufen.

Anleitung: Verlängere $\overline{AB}$ bis zum Schnitt mit der Geraden g und konstruiere den Berührungspunkt durch Anwendung des Sekanten-Tangenten-Satzes.

5.55 Zeige anhand des Bildes 5.128, dass der Höhensatz ein Sonderfall des Sehnensatzes ist.

5.56 Bestimme mithilfe des Höhensatzes zeichnerisch die mittlere Proportionale zweier Größen.

5.10.4 Der Goldene Schnitt (Lösungen ab Seite 918)

5.57 Teile eine Strecke von 15 cm stetig. Die gesuchten Teilstrecken seien a und b.

5.58 Zeige, dass für die Goldene Zahl Φ bzw. für deren Kehrwert $\varphi = \frac{1}{\Phi}$ gilt:

a) $\varphi = \Phi - 1$ b) $\Phi^2 - \Phi = 1$ c) $\varphi^2 + \varphi = 1$ d) $\varphi\sqrt{5} - \varphi^2 = 1$

5.59 Eine Postkarte hat das Format 148 mm×105 mm. Untersuche, ob diese Abmessungen aus einer stetigen Teilung hervorgegangen sind.

5.60 Der Umfang eines Bilderrahmens soll 126 cm betragen. Wie groß sind seine Höhe h und seine Breite b anzufertigen, wenn der halbe Umfang stetig geteilt sein soll?

5.61 Konstruiere ein regelmäßiges Fünfeck
a) aus der Seite $s_5 = 6\,\text{cm}$,
b) aus der Diagonale $d_5 = 6\,\text{cm}$.
c) Gewinne aus dem Fünfeck ein Zehneck mit gleichem Umkreis.

5.62 Entwickle für ein regelmäßiges Zehneck Formeln, mit denen aus
a) dem Umkreisradius r die Seitenlänge s_{10}
b) der Seitenlänge s_{10} der Umkreisradius r

berechnet werden kann.

5.63 Aus einem n-Eck lässt sich mithilfe von Mittelsenkrechten das zugehörige $2n$-Eck konstruieren, weitere Details s. a. Aufgabe 5.61c.

Beschreibe den rechnerischen Zusammenhang zwischen der Seitenlänge s_n eines regelmäßigen n-Ecks und der eines $2n$-Ecks bei gleichbleibendem Umkreisradius r.

5.11 Berechnung von Flächen und Umfängen

5.11.1 Vierecke

Rechteck

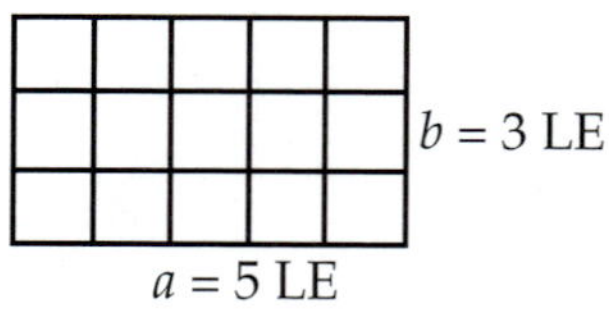

Bild 5.129

Es soll ein Rechteck betrachtet werden, dessen Seiten a und b ganzzahlige Vielfache einer beliebigen Längeneinheit „LE" sind:

$$a = m \cdot \text{LE} \qquad \text{und} \qquad b = n \cdot \text{LE}.$$

☞ Im Bild 5.129 ist $m = 5$ und $n = 3$; 1 LE könnte 1 cm oder 4,382 km oder sonst wie lang sein.

Dann lässt sich das Rechteck in m Streifen zu je n quadratischen Flächeneinheiten, also insgesamt $m \cdot n$ Flächeneinheiten „FE" zerlegen. Dabei ist die Flächeneinheit FE jeweils LE^2, so dass man den Flächeninhalt des Rechtecks wie folgt berechnen kann:

Die **Fläche**[1] **eines Rechtecks** ist gleich dem Produkt zweier benachbarter Seiten:

$$\boxed{A = a \cdot b} \tag{5.7}$$

☞ Auf Fallunterscheidungen, die nötig werden, wenn m und n keine natürlichen, sondern rationale oder gar reelle Zahlen sind, soll hier nicht näher eingegangen werden.

Der **Umfang des Rechtecks** setzt sich aus den Längen der vier Seiten zusammen, so dass gilt:

$$\boxed{U = 2a + 2b = 2 \cdot (a + b)} \tag{5.8}$$

[1] Formelzeichen A: area (lat.) Fläche, area (engl.) Fläche, s. a. das Areal.

Quadrat

Beim **Quadrat** sind alle vier Seiten gleich groß, die Formeln des Rechtecks vereinfachen sich mit $b = a$ zu:

$$\boxed{A = a^2 \qquad \text{und} \qquad U = 4 \cdot a} \tag{5.9}$$

Parallelogramm

Das Parallelogramm $ABCD$ im Bild 5.130 ist dem Rechteck $EFCD$ flächengleich, da die Dreiecke AED und BFC kongruent sind. Damit ist der **Flächeninhalt des Parallelogramms** gleich dem Produkt aus einer Seite und der zugehörigen Höhe:

$$\boxed{A = g \cdot h} \tag{5.10}$$

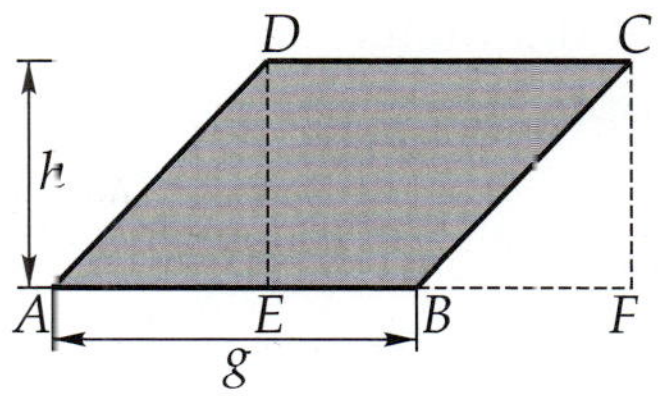

Bild 5.130

Trapez

Das **Trapez** (Bild 5.131) haben wir bereits auf der Seite 571 als Viereck mit zwei parallelen Seiten a,c [1] kennengelernt, wobei der Abstand der beiden Parallelen die **Höhe** h des Trapezes darstellt. Die beiden anderen Seiten werden als **Schenkel** bezeichnet. Genau in der Mitte zwischen den beiden Parallelen liegt die **Mittellinie** $m = \overline{GH}$, die somit auch die beiden Schenkel b, d halbiert[2]. Die Länge der **Mittellinie** m errechnet sich als arithmetisches Mittel aus der Länge der beiden Parallelen:

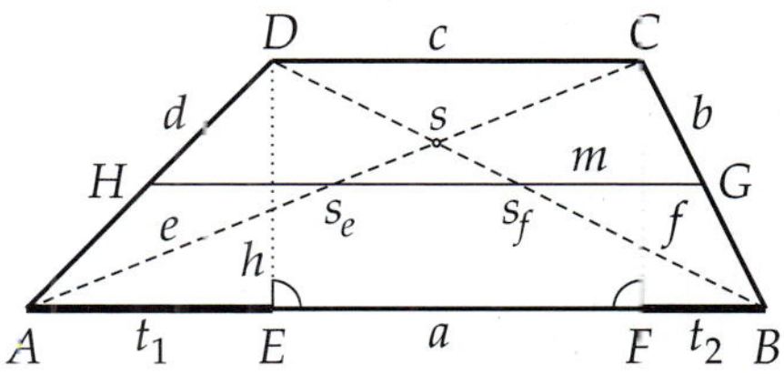

Bild 5.131

$$\boxed{m = \frac{a + c}{2}} \tag{5.11}$$

Der **Flächeninhalt eines Trapezes** ist gleich dem Produkt aus Mittellinie m und Höhe h:

$$\boxed{A_{⏢} = m \cdot h = \frac{a + c}{2} \cdot h} \tag{5.12}$$

Diese Zusammenhänge lassen sich leicht beweisen, wenn wir – wie im Bild 5.132 geschehen – ein Trapez am Mittelpunkt eines seiner Schenkel spiegeln. Die beiden kongruenten Trapeze bilden dann ein Parallelogramm mit doppeltem Flächeninhalt

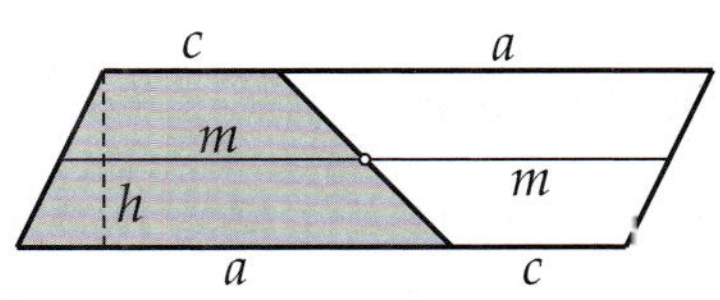

Bild 5.132

$$A_{▱} = 2 \cdot A_{⏢},$$

[1] Oftmals werden die beiden Parallelen a,c auch **Grundlinien** g_1,g_2 genannt.

[2] Beweis s. a. Aufgabe 5.100.

wobei die Länge der Grundseite des Parallelogramms der Summe der beiden Trapezgrundlinien entspricht

$$g_{\text{▱}} = a + c.$$

So ergibt sich die Fläche eines Trapezes als halber Wert der Parallelogrammfläche:

$$A_{\text{⏢}} = \tfrac{1}{2} \cdot A_{\text{▱}} = \tfrac{1}{2} \cdot g_{\text{▱}} \cdot h = \tfrac{1}{2} \cdot (a + c) \cdot h \qquad \square$$

Da Grund- und Mittellinien parallel verlaufen, ist aus Bild 5.132 deutlich zu erkennen, dass die Summe der beiden Grundlinien a, c der doppelten Länge der Mittellinie m entspricht:

$$a + c = 2m \Rightarrow m = \frac{a + c}{2} \qquad \square$$

In einem Trapez teilen sich die beiden Diagonalen e, f im gleichen Verhältnis; dies entspricht dem Verhältnis der beiden Grundlinien.

Der Beweis lässt sich nach einer 180°-Drehung des Dreiecks SCD um den Punkt S im Bild 5.131 aus dem Strahlensatz erkennen:

$$\frac{|\overline{CS}|}{|\overline{AS}|} = \frac{c}{a} = \frac{|\overline{DS}|}{|\overline{BS}|} \qquad \square$$

☞ Um ein allgemeines Trapez beschreiben zu können, werden mindestens vier (voneinander unabhängige) Größen benötigt. Durch das Einzeichnen der Höhe h in die Trapezfigur erhalten wir mehrere rechtwinklige Dreiecke, die uns über den Satz von PYTHAGORAS den Zugang zu den fehlenden Größen ermöglichen (s. a. Aufgabe 5.99, Seite 637).

Alle hier dargestellten Zusammenhänge gelten natürlich auch in einem **gleichschenkligen Trapez** (Bild 5.133). Bedingt durch die **Symmetrie** weisen hier einige Größen jeweils gleiche Werte auf:

- die beiden Schenkel $b = d = s$,
- die Diagonalen $e = f$,
- die Teilstrecken $t_1 = t_2 = t$ und
- die Winkel an jeder der beiden Parallelen.

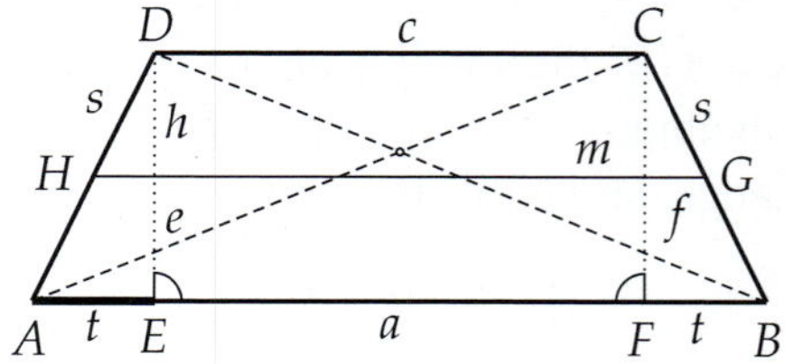

Bild 5.133

Dadurch verringert sich die Anzahl der notwendigen Bestimmungsstücke von vier auf drei.

Drachenviereck

Im Bild 5.134 ist ein **Drachenviereck** mit einem umbeschriebenen Rechteck dargestellt. Jedes der vier Teilrechtecke wird durch die Seiten des Drachenvierecks halbiert, so dass die Fläche eines Drachenvierecks gleich der halben Rechtecksfläche sein muss.

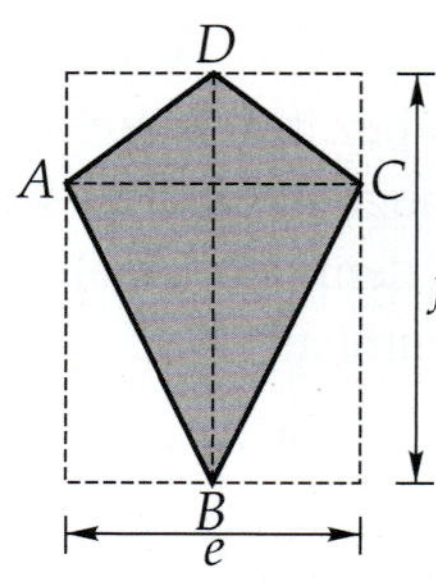

Bild 5.134

Raute

An diesem Sachverhalt ändert sich auch nichts, wenn man die Diagonale $\overline{AC}$ parallel zu sich verschiebt. Daher muss die hergeleitete Formel auch für den Spezialfall, die Raute, gültig sein.

Damit ergibt sich als Flächenformel für die **Raute** oder den Rhombus und das **Drachenviereck**:

$$\boxed{A = \tfrac{1}{2} \cdot e \cdot f} \tag{5.13}$$

✍ A. 5.64–5.112 auf Seite 633

5.11.2 Dreiecke

Im Bild 5.135 wird das Parallelogramm *ABCD* durch die Diagonale $\overline{BD}$ in zwei kongruente und damit flächengleiche Dreiecke zerlegt. Damit ist die Dreiecksfläche gleich der halben Parallelogrammfläche.

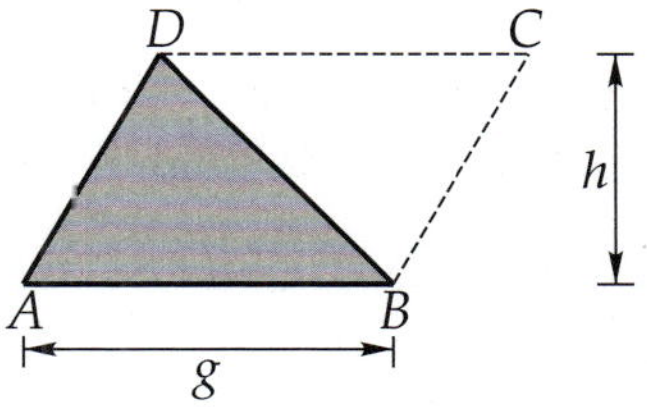

Bild 5.135

Daraus folgt: Die **Fläche eines Dreiecks** ist gleich dem halben Produkt aus der Länge einer Seite und der zugehörigen Höhe:

$$A_\triangle = \tfrac{1}{2} a \cdot h_a = \tfrac{1}{2} b \cdot h_b = \tfrac{1}{2} c \cdot h_c$$

oder allgemein mit der Grundseite g:

$$\boxed{A_\triangle = \tfrac{1}{2} \cdot g \cdot h} \tag{5.14}$$

Benutzt man statt des oben erwähnten Parallelogramms ein Rechteck, so ist dessen Hälfte ein rechtwinkliges Dreieck.

Die **Fläche eines rechtwinkligen Dreiecks** ist gleich dem halben Produkt der beiden Kathetenlängen:

$$\boxed{A_{\triangle} = \tfrac{1}{2} \cdot \mathrm{Kath}_1 \cdot \mathrm{Kath}_2} \tag{5.15}$$

Ersetzt man schließlich in der allgemeinen Flächenformel für das Dreieck h durch die im Beispiel 5.31 berechnete Höhe eines gleichseitigen Dreiecks, so ergibt sich für die **Fläche des gleichseitigen Dreiecks**:

$$\boxed{A = \tfrac{1}{4} a^2 \cdot \sqrt{3}} \tag{5.16}$$

Die Berechnung der Dreiecksfläche wäre sehr einfach, wenn man dazu von vornherein die drei Seiten des Dreiecks verwenden könnte. Eine Formel hierfür existiert tatsächlich.

Sie ist jedoch recht unhandlich und wird nur selten angewendet. Es handelt sich um die **HERON'sche Formel**[1] für die Dreiecksfläche:

$$A = \sqrt{s \cdot (s-a) \cdot (s-b) \cdot (s-c)} \quad \text{mit} \quad s = \frac{1}{2} \cdot (a+b+c) = \frac{1}{2} U \tag{5.17}$$

☞ Der Beweis für diese Formel ist sehr aufwendig. Aus diesem Grund soll auf ihn verzichtet werden.

Beispiel:

5.48 Wie groß ist die Fläche eines Dreiecks mit den Seiten $a = 10$ cm, $b = 8$ cm und $c = 14$ cm?

Lösung: Mit den gegebenen Zahlenwerten ergibt sich nach der Formel von HERON

$$s = \tfrac{1}{2} \cdot (10\,\text{cm} + 8\,\text{cm} + 14\,\text{cm}) = 16\,\text{cm},$$

$$A = \sqrt{16\,\text{cm} \cdot 6\,\text{cm} \cdot 8\,\text{cm} \cdot 2\,\text{cm}} = 16 \cdot \sqrt{6}\,\text{cm}^2 \approx 39{,}2\,\text{cm}^2 .$$

✍ A. 5.113–5.152 auf Seite 639

5.11.3 Unregelmäßige Vielecke

Allgemein gültige Formeln für den Flächeninhalt und den Umfang unregelmäßiger Vielecke lassen sich im Rahmen dieses Buches nicht angeben. Es wird empfohlen, solche Aufgaben wie folgt zu lösen:

- durch Zerlegung des Vielecks in Dreiecke wie im Bild 5.136 oder
- durch Zerlegung des Vielecks in Dreiecke und rechtwinklige Trapeze wie im Bild 5.137.

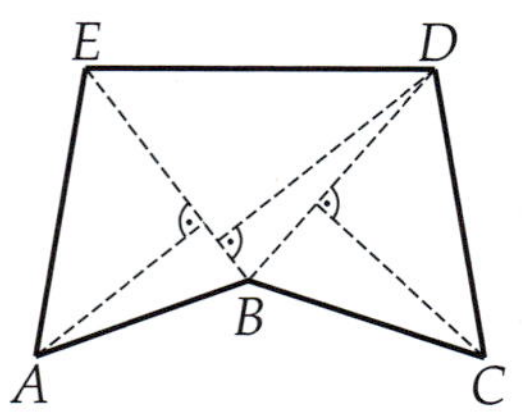

Bild 5.136

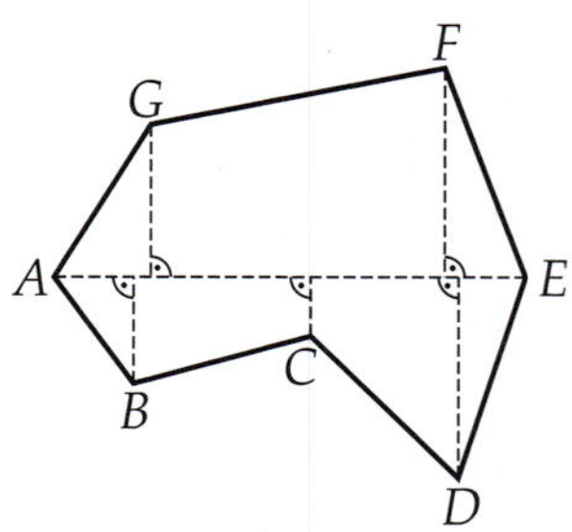

Bild 5.137

Die erforderlichen Maße für die Teilflächen entnimmt man am besten einer möglichst genauen maßstabsgerechten Zeichnung. Bei mehr als fünf Ecken eines Vielecks ist der zweite Lösungsvorschlag rationell, da weniger Messungen als bei der ersten Variante nötig sind.

---

[1] HERON, um 20 bis 62 n. Chr., griechischer Mathematiker und Mechaniker

5.11.4 Regelmäßige Vielecke

Weiter oben haben wir bereits regelmäßige Vielecke kennengelernt. Für einige dieser n-Ecke sind in den Tabellen auf den nachfolgend genannten Seiten die Formeln zur Berechnung ihrer wichtigsten Größen aufgelistet: Seitenlänge s_n, Inkreisradius r_{i}, Umkreisradius r_{u}, Fläche A_n, Umfang U_n und die Transversalen t bzw. Diagonalen d_n.

n	n-Eck	Wortherkunft [gōnía (griech.) Ecke]	Seite
3	gleichseitiges Dreieck		792
4	Quadrat	quadrātus (lat.) viereckig	794
5	Pentagon	pentákis (griech.) fünfmal	796
6	Hexagon	hexákis (griech.) sechsmal	798
8	Oktogon, Oktagon	octō (lat.) acht	800
10	Dekagon	deká (griech.) zehn	802

Zu jeder Formel ist in den Tabellen auch ein Hinweis auf die jeweilige Herleitung angegeben, deren Studium sehr zu empfehlen ist. Dadurch können wir diese Sammlung zur Lösung verschiedener Aufgaben verwenden, ohne jedes Mal „das Rad neu erfinden“ zu müssen.

Ein regelmäßiges Vieleck, dessen Seiten *Sehnen seines Umkreises* sind, heißt **Sehnenvieleck** (z. B. Bild 5.140).

Ein regelmäßiges Vieleck, dessen Seiten *Tangenten seines Inkreises* sind, heißt **Tangentenvieleck** (z. B. Bild 5.141).

Bild 5.138 zeigt ein *Bestimmungsdreieck* eines Sehnenvielecks. Es bedeuten s_n die Seitenlänge, r_{u} der Radius des Umkreises und n die Anzahl der Ecken des Sehnenvielecks. Die Fläche A_b des Bestimmungsdreiecks berechnet sich wie folgt:

$$A_b = \tfrac{1}{2} \cdot s_n \cdot h \quad \text{mit} \quad h = \sqrt{r_{\mathrm{u}}^2 - \left(\tfrac{1}{2}\, s_n\right)^2} = \tfrac{1}{2}\sqrt{4\, r_{\mathrm{u}}^2 - s_n^2} \quad \text{also}$$

$$A_b = \tfrac{1}{4}\, s_n \cdot \sqrt{4\, r_{\mathrm{u}}^2 - s_n^2}$$

Die **Fläche** A_s **des gesamten Sehnenvielecks** ist damit:

$$\boxed{A_s = \frac{n \cdot s_n}{4} \cdot \sqrt{4\, r_{\mathrm{u}}^2 - s_n^2}} \tag{5.18}$$

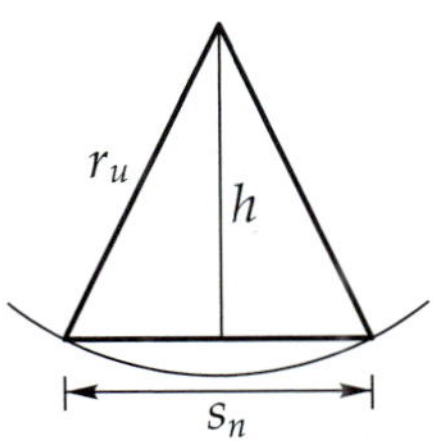

Bild 5.138

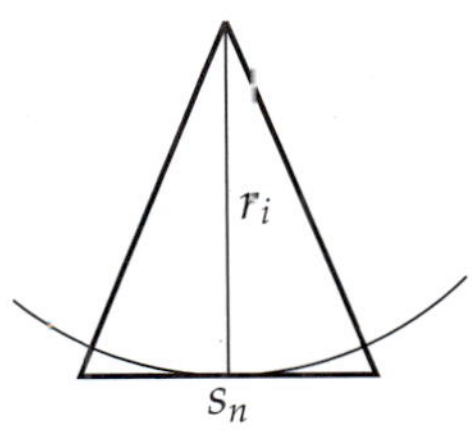

Bild 5.139

Im Bild 5.139 ist das Bestimmungsdreieck eines Tangentenvielecks dargestellt, wobei r_i den Radius des Inkreises bezeichnet. In diesem Fall ergibt sich

$$A_b = \tfrac{1}{2} \cdot s_n \cdot r_\mathrm{i}$$

Die **Fläche A_t des gesamten Tangentenvielecks** ist damit:

$$\boxed{A_t = \tfrac{1}{2} \cdot n \cdot s_n \cdot r_\mathrm{i}} \qquad (5.19)$$

Die letzten beiden Formeln sind *überbestimmt*: Die Größen s_n, n und r_u beim Sehnenvieleck sowie s_n, n und r_i beim Tangentenvieleck dürfen nicht willkürlich gewählt werden, da sie voneinander abhängig sind.

Beispiel:

5.49 Die Seitenlänge s_8 und die Fläche A_8 eines regelmäßigen Achtecks sollen in Abhängigkeit vom Umkreisradius r_u und vom Inkreisradius r_i berechnet werden. Weiterhin interessiert der Zusammenhang zwischen den beiden Radien.

Lösung: Für das **Sehnenachteck** ergibt sich laut Bild 5.140 im rechtwinklig-gleichschenkligen $\triangle ACM$: $\measuredangle DAM$ und $\measuredangle AMD$ sind, wie leicht einzusehen ist, 45°-Winkel. Somit ist $\triangle MAD$ ebenfalls rechtwinklig und gleichschenklig.

Für das Sehnenachteck aus Bild 5.140 gilt demnach:

$$\begin{aligned}
\triangle ACM\colon\ |\overline{AC}|^2 &= 2\,r_\mathrm{u}^2 \qquad \text{und} \qquad |\overline{AD}| = |\overline{DM}| \\
|\overline{AC}| &= r_\mathrm{u}\sqrt{2} \qquad\qquad\quad |\overline{AD}| = \tfrac{1}{2}|\overline{AC}| = \tfrac{1}{2}r_\mathrm{u}\sqrt{2} \\
\triangle ABD\colon\ |\overline{AB}|^2 &= |\overline{AD}|^2 + \left(r_\mathrm{u} - |\overline{DM}|\right)^2 = \tfrac{1}{2}r_\mathrm{u}^2 + \left(r_\mathrm{u} - \tfrac{1}{2}r_\mathrm{u}\sqrt{2}\right)^2 \\
&= \tfrac{1}{2}r_\mathrm{u}^2 + r_\mathrm{u}^2 - r_\mathrm{u}^2\sqrt{2} + \tfrac{1}{2}r_\mathrm{u}^2 = r_\mathrm{u}^2\left(2 - \sqrt{2}\right) \\
|\overline{AB}| &= s_8 = r_\mathrm{u}\sqrt{2 - \sqrt{2}}\,.
\end{aligned}$$

Berechnet man die Höhe des gleichschenkligen Dreiecks ABM nach PYTHAGORAS als $h = \frac{1}{2}\sqrt{4\,r_\mathrm{u}^2 - s_8^2} = \frac{1}{2}r_\mathrm{u}\sqrt{2 + \sqrt{2}}$, so ergibt sich für die Gesamtfläche A_8:

$$\begin{aligned}
A_8 &= 8 \cdot A_{\triangle ABM} = 8 \cdot \left(\tfrac{1}{2} \cdot s_8 \cdot h\right) \\
&= 8 \cdot \tfrac{1}{2} \cdot \left[r_\mathrm{u}\sqrt{2 - \sqrt{2}}\right] \cdot \left[\tfrac{1}{2}r_\mathrm{u} \cdot \sqrt{2 + \sqrt{2}}\right] \\
&= 2\,r_\mathrm{u}^2 \cdot \sqrt{2 - \sqrt{2}} \cdot \sqrt{2 + \sqrt{2}} \qquad |\ \text{3. Binom} \\
A_8 &= 2\,r_\mathrm{u}^2 \cdot \sqrt{2} \approx 2{,}83\,r_\mathrm{u}^2\,.
\end{aligned}$$

Aus dem **Tangentenachteck** in Bild 5.141 folgt mit $|\overline{NO}| = |\overline{OP}|$ und $\overline{NP} = s_8$:

$$\begin{aligned}
{s_8}^2 &= |\overline{NP}|^2 = |\overline{NO}|^2 + |\overline{OP}|^2 = 2 \cdot |\overline{NO}|^2 \\
|\overline{NO}| &= \tfrac{1}{2}s_8 \cdot \sqrt{2}\,.
\end{aligned}$$

Mit $|\overline{QN}| = \frac{1}{2}s_8$ ist der Inkreisradius r_i

$$r_\mathrm{i} = |\overline{QO}| = \tfrac{1}{2}s_8 + |\overline{NO}| = \tfrac{1}{2}s_8 + \tfrac{1}{2}s_8 \cdot \sqrt{2} = \tfrac{1}{2}s_8 \cdot \left(1 + \sqrt{2}\right),$$

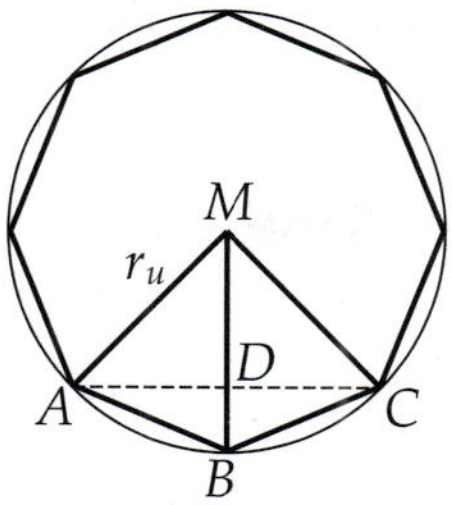

Bild 5.140

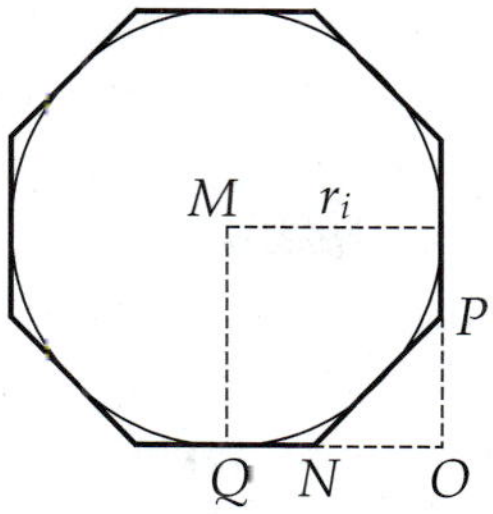

Bild 5.141

woraus

$$s_8 = \frac{2r_i}{1+\sqrt{2}} = \frac{2\,r_i \cdot \left(1-\sqrt{2}\right)}{\left(1+\sqrt{2}\right)\cdot\left(1-\sqrt{2}\right)} = 2\,r_i \cdot \left(\sqrt{2}-1\right)$$

folgt. Damit erhält man schließlich für den Flächeninhalt A_8 des Tangentenachtecks:

$$A_8 = 8 \cdot A_{\triangle NPM} = 8 \cdot \tfrac{1}{2} \cdot s_8 \cdot r_i = 4 \cdot 2\,r_i \cdot \left(\sqrt{2}-1\right) \cdot r_i = 8\,r_i^2 \cdot \left(\sqrt{2}-1\right)$$
$$\approx 3{,}31\,r_i^2\,.$$

Für den **Zusammenhang zwischen den beiden Radien** nutzen wir die Tatsache, dass in beiden Fällen der Flächeninhalt des *gleichen* Achtecks ermittelt wurde. Setzen wir die beiden Flächenformeln für A_8 einander gleich:

$$2\,r_u^2 \cdot \sqrt{2} = 8\,r_i^2 \cdot \left(\sqrt{2}-1\right),$$

so erhalten wir allgemeingültig für Um- und Inkreise eines beliebigen Achtecks

$$r_u = r_i \cdot \sqrt{2 \cdot \left(2-\sqrt{2}\right)}$$

$$r_u \approx 1{,}082\,r_i$$

Der Außenradius r_u ist 1,082mal so lang wie der Innenradius r_i.

$$r_i = \tfrac{1}{2}\,r_u \cdot \sqrt{2+\sqrt{2}}$$

$$r_i \approx 0{,}924\,r_u$$

Der Innenradius r_i beträgt 92,4 % vom Außenradius r_u.

✍ A. 5.153–5.189 auf Seite 642

5.11.5 Kreis und Kreisteile

Die Menge der Punkte, die von einem bestimmten Punkt, dem Mittelpunkt M, alle den gleichen Abstand besitzen, beschreibt eine Kreislinie k um M herum.

Der Abstand des Mittelpunktes M zur Kreislinie k wird durch den **Radius** r beschrieben.

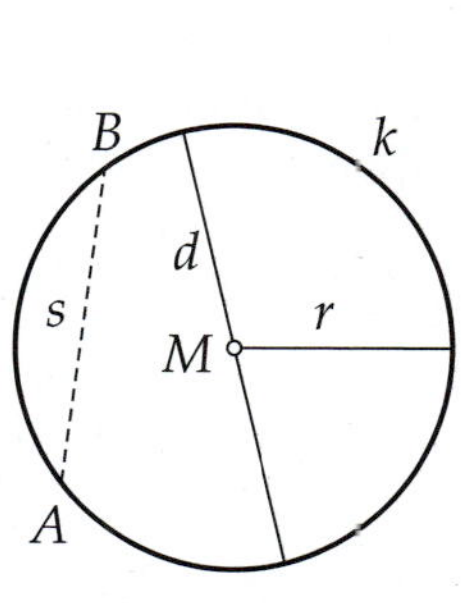

Bild 5.142

Die geradlinige Verbindung zweier Kreislinienpunkte bezeichnet man als **Sehne** s. Die längste aller Kreissehnen verläuft durch den Mittelpunkt und stellt den **Durchmesser** d des Kreises dar. Es ist offensichtlich, dass der Durchmesser dem doppelten Radius entspricht: $d = 2r$ oder $r = \frac{1}{2}d$.

Ermittelt man mit einem flexiblen Maßband an verschiedenen kreisförmigen Gegenständen mit dem Durchmesser d die Länge der Kreislinie, den sogenannten **Umfang** U, so bemerkt man für den Quotienten U/d einen konstanten Wert von ungefähr 3,14. Diese Verhältniszahl ist typisch für alle Kreise und wird als **Kreiszahl**[1)] π bezeichnet; sie ist eine *irrationale Zahl*, lässt sich also nicht mit völliger Genauigkeit durch eine Dezimalzahl ausdrücken:

Gegenstand	Umfang	Durchm.	U/d
Schüssel	58 cm	18,5 cm	$\approx 3{,}135$
Tonne	108 cm	34,4 cm	$\approx 3{,}140$
Spiegel	150 cm	47,7 cm	$\approx 3{,}145$
Münze	7,8 cm	2,5 cm	$\approx 3{,}120$

$$\pi = 3{,}141\,592\,653\,589\,793\,238\ldots$$

☞ Für viele Berechnungen genügt jedoch meist der Näherungswert $\pi \approx 3{,}14$. Für manche Rechnungen, insbesondere für solche, in denen Brüche auftreten, ist der Näherungswert $\pi \approx \frac{22}{7}$ zu empfehlen.

Die meisten Mathematik-Programme interpretieren die Eingabe „pi“ als π. In *Excel* liefert der Befehl **PI()** einen Näherungswert für π mit einer Genauigkeit von 15 Stellen.

Bei einem TR ist mit [π] ein 10 bis 12-stelliger Näherungswert abrufbar.

Aus dem Verhältnis $\pi = U/d$ erhalten wir mit dem Durchmesser d und dem Radius r die Formeln zur Berechnung des **Kreisumfangs** U:

$$\boxed{U = \pi d} \quad \text{oder} \quad \boxed{U = 2\pi r} \tag{5.20}$$

Die von der Kreislinie eingeschlossene **Fläche eines Kreises** beträgt

$$\boxed{A = \frac{\pi d^2}{4}} \quad \text{oder} \quad \boxed{A = \pi r^2} \tag{5.21}$$

✍ A. 5.190–5.197 auf Seite 645

Ein **Kreisring** ist ein Flächenstück, das von zwei konzentrischen[1)] Kreisen mit den Radien r_1 und r_2 eingeschlossen wird. Seine Fläche ergibt sich aus der Differenz zweier Kreisflächen:

$$A_{\text{Ring}} = A_{\text{großer}\,\bigcirc} - A_{\text{kleiner}\,\bigcirc}.$$

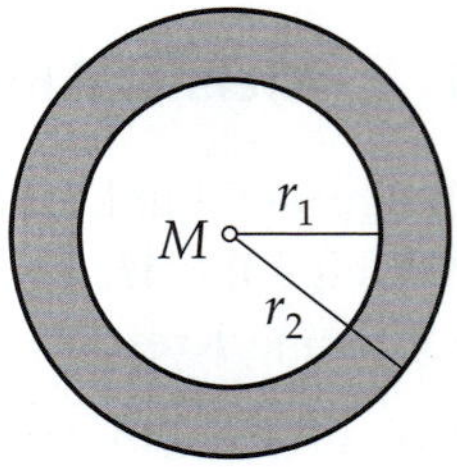

Bild 5.143

[1)] π ist der kleine griechische Buchstabe p und wird als „pi“ ausgesprochen. Die Kreiszahl wird zu Ehren des deutsch-niederländischen Mathematikers Ludolph van Ceulen (1540–1610), der die ersten 35 Nachkommastellen von π genau berechnete, auch LUDOLF'sche Zahl genannt. Im Jahre 2022 wurden mit einem Computerprogramm in 157 Tagen 100 Billionen Nachkommastellen von π ermittelt.

[1)] Konzentrische Kreise besitzen den gleichen Mittelpunkt M, haben aber verschiedene Radien.

Die **Fläche eines Kreisringes** mit den Radien $r_1 < r_2$ ist

$$A = \pi \cdot \left(r_2^{\,2} - r_1^{\,2}\right) = \pi \cdot (r_2 + r_1) \cdot (r_2 - r_1) \tag{5.22}$$

Entsprechend berechnet sich der **Umfang des Ringes** als Summe von innerem und äußerem Kreisumfang:

$$U = 2\pi \cdot (r_1 + r_2) \tag{5.23}$$

A. 5.198–5.204 auf Seite 646

Von einem Kreis sind besonders zwei Teilstücke geometrisch von Interesse:

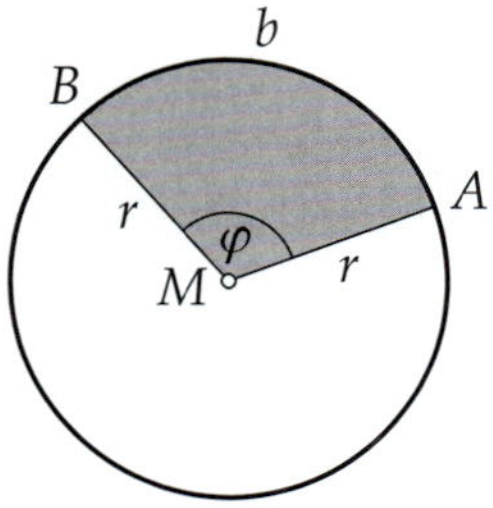

Bild 5.144

Ein **Kreisausschnitt** oder **Kreissektor** ist die Fläche, die durch zwei Radien aus einem Kreis her*ausgeschnitten* wird.

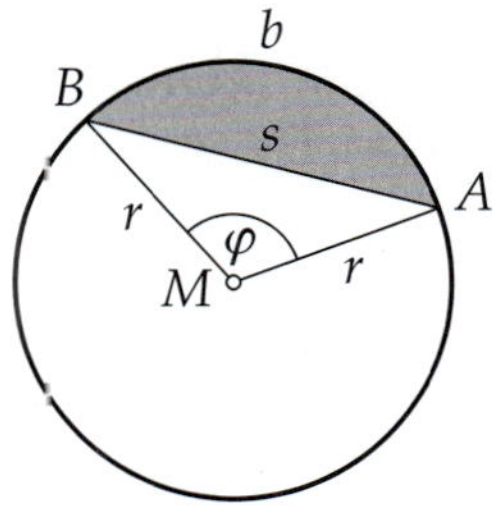

Bild 5.145

Ein **Kreisabschnitt** oder **Kreissegment** ist die Fläche, die durch eine Sehne $\overline{AB}$ von einem Kreis *abgeschnitten* wird.

Die Bogenlänge b und der Mittelpunktswinkel φ eines Kreisbogens sind proportional zueinander:

$$b : U = \varphi : 360^\circ, \qquad \text{woraus}$$
$$b = U \cdot \frac{\varphi}{360^\circ} = 2\pi\, r \cdot \frac{\varphi}{360^\circ} = \pi\, r \cdot \frac{\varphi}{180^\circ}$$

folgt.

Die **Länge eines Kreisbogens** mit dem Radius r und dem Mittelpunktswinkel φ beträgt

$$b = \pi\, r \cdot \frac{\varphi}{180^\circ} \tag{5.24}$$

Zwischen der Fläche A eines Kreisausschnittes mit dem Mittelpunktswinkel φ und der Fläche des Kreises besteht die Proportion

$$A : \pi r^2 = \pi\, r \cdot \frac{\varphi}{180^\circ} : 2\pi r\,.$$

Daraus ergibt sich:

Die **Fläche eines Kreisausschnittes** mit dem Bogen b und dem Mittelpunktswinkel φ beträgt

$$A = \tfrac{1}{2}\, b\, r = \pi r^2 \cdot \frac{\varphi}{360^\circ} \tag{5.25}$$

Für den **Umfang des Kreisausschnittes** gilt:

$$U = b + 2r = \frac{(\pi \cdot \varphi + 360^\circ) \cdot r}{180^\circ} \tag{5.26}$$

Für den **Kreisabschnitt** sind

s, die Sehnenlänge, und

h, die Pfeilhöhe oder Höhe des Kreisabschnittes,

maßgebend, siehe Bild 5.146.

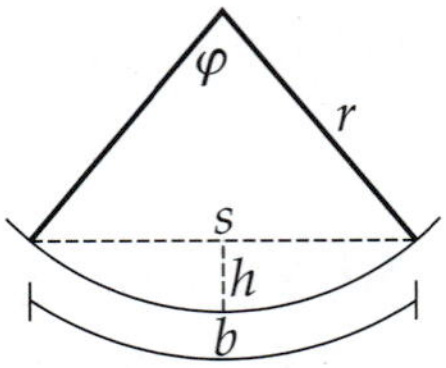

Bild 5.146

Seine Fläche ist die Differenz der Flächen von Kreisausschnitt und gleichschenkligem *Mittelpunktsdreieck*, also:

Die **Fläche des Kreisabschnittes** beträgt

$$A = \frac{\pi r^2 \varphi}{360^\circ} - \frac{s}{2} \cdot (r - h) = \frac{r}{2} \cdot (b - s) + \tfrac{1}{2} \cdot s\,h \tag{5.27}$$

Auch diese Formel ist überbestimmt, denn die Größen r, φ, b, h und s dürfen nicht völlig willkürlich gewählt werden.

Beispiele:

5.50 Ein Stück Blech hat die Gestalt eines gleichseitigen Dreiecks mit der Seite a. Die Ecken werden durch Kreise mit den Radien r abgerundet. Wie viel Prozent Verlust treten dabei auf? (Zahlenwerte: $a = 10$ cm, $r = 1$ cm.)

Lösung: Da es sich bei dem Blechstück (Bild 5.147) um ein gleichseitiges Dreieck handelt, muss der Winkel $\measuredangle PAD = 30^\circ$ sein. Daraus folgt, dass das Dreieck APD die Hälfte eines gleichseitigen Dreiecks mit $|\overline{PD}| = r$ als halber Seite und $|\overline{AP}|$ als Höhe ist. Damit ist nach Beispiel 5.31

$$|\overline{AP}| = |\overline{PD}| \cdot \sqrt{3} = r \cdot \sqrt{3}\,.$$

Ferner gilt:

$$|\overline{DE}| = |\overline{PQ}| = a - 2|\overline{AP}| = a - 2r\sqrt{3}\,.$$

Die Fläche A_{Blech} des verbleibenden Blechstückes setzt sich folgendermaßen zusammen:

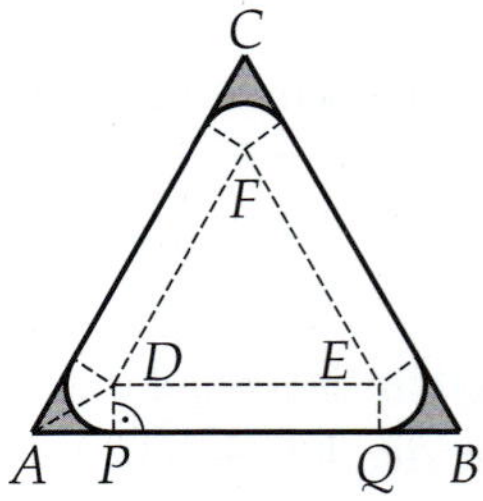

Bild 5.147

$$\begin{aligned} A_{\text{Blech}} &= A_{DEF} + 3A_{PQED} + 3 \cdot \tfrac{1}{3} A_{\text{Kreis}} \\ &= \tfrac{1}{4}\sqrt{3} \cdot |\overline{DE}|^2 + 3r \cdot |\overline{DE}| + \pi r^2 \\ &= \tfrac{1}{4}\sqrt{3}\left(a - 2r\sqrt{3}\right)^2 \\ &\quad + 3r\left(a - 2r\sqrt{3}\right) + \pi r^2 \end{aligned}$$

Mit den gegebenen Größen erhält man:

$$A_{\text{Blech}} = \left(\tfrac{1}{4}\sqrt{3} \cdot \left(10 - 2\sqrt{3}\right)^2 + 3 \cdot \left(10 - 2\sqrt{3}\right) + \pi\right) \text{cm}^2$$

$$A_{\text{Blech}} \approx 41{,}25 \text{ cm}^2$$

Die Fläche A_{ABC} des gesamten Dreiecks beträgt:

$$A_{ABC} = \tfrac{1}{4}\sqrt{3}\,a^2 = 25\sqrt{3} \text{ cm}^2 \approx 43{,}3 \text{ cm}^2$$

Damit beträgt die Abfallfläche A_{Abfall}:

$$A_{\text{Abfall}} = A_{ABC} - A_{\text{Blech}}$$

Der prozentuale Materialverlust V, der durch die Abrundung der Ecken entsteht, ist demnach

$$\begin{aligned} V &= \frac{A_{\text{Abfall}}}{A_{ABC}} \cdot 100\,\% = \left(\frac{A_{ABC} - A_{\text{Blech}}}{A_{ABC}}\right) \cdot 100\,\% \\ &= \left(1 - \frac{A_{\text{Blech}}}{A_{ABC}}\right) \cdot 100\,\% \approx \left(1 - \frac{41{,}25}{43{,}30}\right) \cdot 100\,\% \\ V &\approx 4{,}7\,\%. \end{aligned}$$

5.51 Es soll die Länge des im Bild 5.148 dargestellten Korbbogens, einer besonderen Form einer gemauerten Überbrückung, sowie die von ihm und der Strecke $\overline{AD}$ eingeschlossene Fläche berechnet werden. Der Korbbogen besteht aus drei Kreisbögen, deren Mittelpunkte nacheinander in B, M und C liegen. An den Stellen, an denen der Übergang von einen Kreisbogen in den nächsten stattfindet, also in G und in E, soll kein Knick in der Kurve auftreten. $\left(|\overline{AB}| = |\overline{BC}| = |\overline{CD}| = a, \measuredangle CMB = 90^\circ\right)$

Lösung: Damit bei den Anschlussstellen der drei Kreisbögen keine Knicke entstehen, muss

$$|\overline{BG}| = |\overline{CE}| = a \qquad \text{und} \qquad \measuredangle CMB = 90^\circ$$

sein. Aus der Symmetrie der Figur folgt weiterhin

$$\measuredangle GBA = \measuredangle DCE = 45^\circ$$

sowie

$$\widehat{AG} = \widehat{ED} = \tfrac{1}{4}\pi a\,.$$

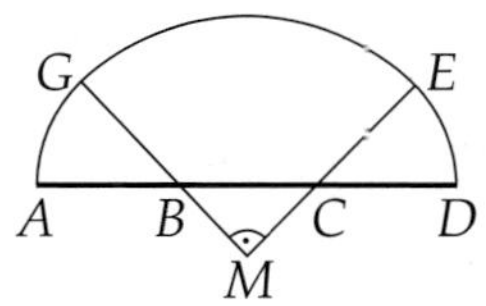

Bild 5.148

Aus dem rechtwinkligen Dreieck BMC ergibt sich:

$$|\overline{MB}|^2 = \tfrac{1}{2}\,|\overline{BC}|^2 = \tfrac{1}{2}\,a^2$$

und daraus

$$|\overline{MB}| = \tfrac{1}{2} \cdot a \cdot \sqrt{2}\,.$$

Es ist

$$\begin{aligned} |\overline{MG}| &= |\overline{MB}| + a = \tfrac{1}{2}\,a\left(2 + \sqrt{2}\right) \\ \widehat{GE} &= \tfrac{1}{2}\,|\overline{MG}|\,\pi = \tfrac{1}{4}\pi a\left(2 + \sqrt{2}\right) \end{aligned}$$

Länge b des Gesamtbogens:

$$\begin{aligned} b &= \widehat{AG} + \widehat{GE} + \widehat{ED} = \tfrac{1}{4}\,\pi a\left(4 + \sqrt{2}\right) \\ b &\approx 4{,}25\,a \end{aligned}$$

Die Fläche A setzt sich wie folgt zusammen:

$$\begin{aligned} A &= A_{ABG} + A_{ECD} + A_{MEG} - A_{MCB} \\ &= 2 \cdot \tfrac{1}{8}\,\pi a^2 + \tfrac{1}{4}\,|\overline{MG}|^2 \cdot \pi - \tfrac{1}{2}\,|\overline{MB}|^2 \\ &= \tfrac{1}{4}\,\pi a^2 + \tfrac{1}{4}\,\pi a^2\left(1 + \tfrac{1}{2}\sqrt{2}\right)^2 - \tfrac{1}{4}\,a^2 \end{aligned}$$

$$= \frac{\left(5 + 2\sqrt{2}\right)\pi - 2}{8} a^2$$

$$A \approx 2{,}82\,a^2$$

5.52 Welche Fläche bedeckt das im Bild 5.149 dargestellte Bogendreieck? Die Eckpunkte des Dreiecks sind die Mittelpunkte der Kreisbögen. Die Länge a der Dreiecksseite sei gegeben.

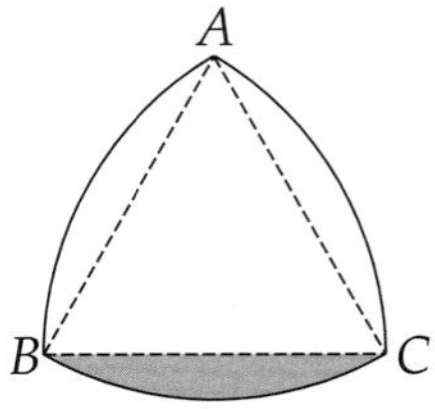

Bild 5.149

Lösung: ABC ist ein gleichseitiges Dreieck. Demzufolge ist

$$\measuredangle BAC = 60^\circ\,.$$

Die Fläche A_1 des schraffierten Kreisabschnittes ist die Differenz aus einem Sechstelkreis und dem gleichseitigen Dreieck ABC:

$$A_1 = \tfrac{1}{6}\cdot \pi a^2 - \tfrac{1}{4}\cdot a^2\sqrt{3} = \frac{a^2}{12}\cdot\left(2\pi - 3\cdot\sqrt{3}\right)\,.$$

Die Gesamtfläche des Bogendreiecks setzt sich wie folgt zusammen:

$$A = 3A_1 + A_{ABC}$$
$$= 3\cdot\frac{a^2}{12}\cdot\left(2\pi - 3\cdot\sqrt{3}\right) + \tfrac{1}{4}\cdot a^2\sqrt{3}$$
$$A = \tfrac{1}{2}a^2\cdot\left(\pi - \sqrt{3}\right) \approx 0{,}7\,a^2$$

5.53 **Konstruktion und Berechnung eines Spitzbogens**

Ein Spitzbogen (Figur $M_1M_2S_1$ in Bild 5.150) lässt sich sehr einfach durch Überlagerung zweier Kreisbögen konstruieren. Wir verwenden hier Vollkreise, um die Berechnungsformeln anschaulich herleiten zu können.

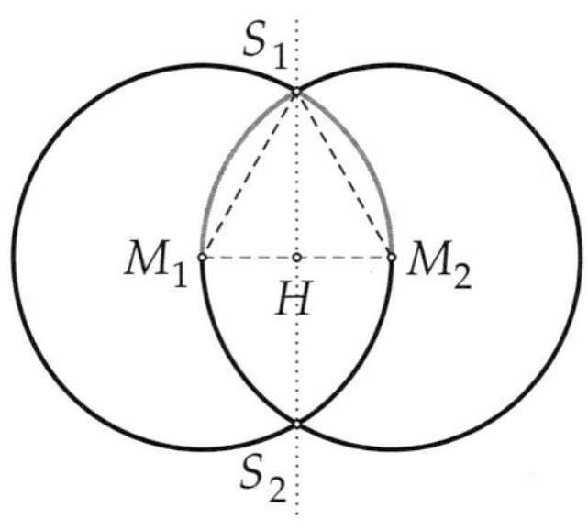

Bild 5.150

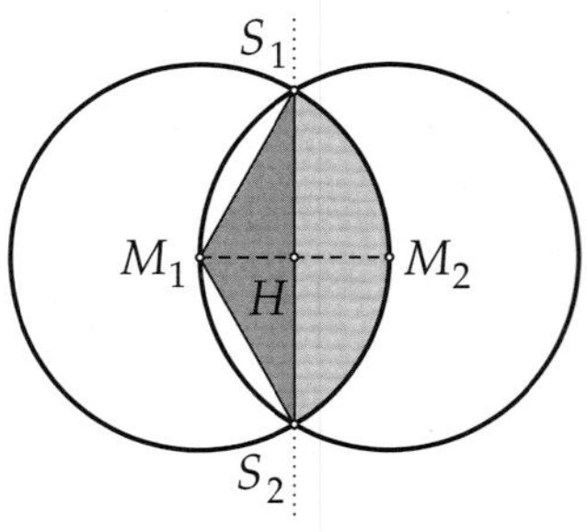

Bild 5.151

1. Zeichne zwei Kreise K_1 und K_2 mit gleichen Radien, deren Mittelpunkte M_1 und M_2 jeweils auf der Linie des anderen Kreises liegen. Die beiden Kreise schneiden sich in den Punkten S_1 und S_2.

2. Die beiden Mittelpunkte bilden mit dem Schnittpunkt S_1 das gleichseitige Dreieck $M_1M_2S_1$ mit der Seitenlänge $a = r$. Der Winkel $\alpha = \measuredangle M_2M_1S_1$ beträgt somit 60°.

Die Kreisbögen $\widehat{S_1M_1}$ und $\widehat{M_2S_1}$ bilden zusammen mit der Grundlinie $|\overline{M_1M_2}|$ einen „normalen“ bzw. „gleichseitigen“ Spitzbogen.

3 Die Linie S_1S_2 dient als Spiegelachse und halbiert somit die Fläche unter dem Bogen. Legen wir die beiden Hälften untereinander, wie in Bild 5.151 geschehen, dann erhalten wir einen Kreisabschnitt mit dem Radius r, der durch die folgenden Werte gekennzeichnet ist:

- Öffnungswinkel $\varphi = 2 \cdot \alpha = 120°$
- Höhe $h = |\,\overline{HM_2}\,| = \frac{1}{2}\,r$
- Sehne $s = |\,\overline{S_1S_2}\,| = 2 \cdot h_\triangle = r\sqrt{3}$

4 Mit diesen Angaben berechnen wir die Fläche unter dem Spitzbogen mit der Formel (5.27) von Seite 628 für Kreisabschnitte zu

$$A = \frac{4\,\pi - 3\sqrt{3}}{12} \cdot r^2 \approx 0{,}614\,r^2\,. \tag{5.28}$$

Den Umfang der Spitzbogenfigur erhalten wir als Summe aus der Länge der beiden Bögen und der Grundlinie:

$$U = 2 \cdot \widehat{M_2S_1} + r \;\Rightarrow\; U = \left(\tfrac{2}{3}\pi + 1\right)\,r \approx 3{,}094\,r.$$

✍ A. 5.205–5.260 auf Seite 647

5.11.6 Umfang und Flächeninhalt ähnlicher Flächen

Wie im Abschnitt 5.8.4 besprochen, sind zwei ähnliche Figuren dadurch gekennzeichnet, dass alle Strecken $a, b, c, \ldots$ der einen Figur in einem konstanten Verhältnis k zu den entsprechenden Strecken $a', b', c', \ldots$ der anderen Figur stehen:

$$\boxed{a' : a = b' : b = c' : c = \ldots = k} \tag{5.29}$$

Somit verändern sich bei Ähnlichkeitsabbildungen die Längen von Strecken a_i durch die Multiplikation mit dem Ähnlichkeits- oder Streckfaktor k zu $a_i' = k \cdot a_i$. Je nach Wert des Faktors beobachten wir:

- Verkleinerungen $(0 < |\,k\,| < 1)$,
- identische Abbildungen $(|\,k\,| = 1)$ oder
- Vergrößerungen $(|\,k\,| > 1)$.

Bei Flächenberechnungen werden, eventuell unter Berücksichtigung eines weiteren konstanten Faktors f, Längen von zwei Strecken a_1, a_2 miteinander multipliziert, sodass wir für die Flächeninhalte A und A' zweier ähnlicher Figuren allgemein schreiben können::

$$A = f \cdot a_1 \cdot a_2$$

$$A' = f \cdot a_1' \cdot a_2' = f \cdot (k \cdot a_1) \cdot (k \cdot a_2) = k^2 \cdot f \cdot a_1 \cdot a_2$$

$$\boxed{A' = k^2 \cdot A} \tag{5.30}$$

Für die Berechnung von Umfängen werden die Längen der die Figur begrenzenden Strecken addiert, weshalb eine Umfangsformel einen linearen Term dargestellt. Da die Umfänge der ursprünglichen und der abgebildeten Figur lineare Ausdrücke sind, genügen sie auch dem gleichen Ähnlichkeitsverhältnis:

$$U = a_1 + a_2 + \ldots + a_n$$

$$U' = a_1' + a_2' + \ldots + a_n'$$

$$U' = k \cdot a_1 + k \cdot a_2 + \ldots + k \cdot a_n$$

$$U' = k \cdot (a_1 + a_2 + \ldots + a_n)$$

$$\boxed{U' = k \cdot U} \qquad (5.31)$$

Stehen entsprechende **Strecken** zweier ähnlicher Figuren im Verhältnis $k : 1$ zueinander, so bilden

- deren **Umfänge** das gleiche Verhältnis und
- die zugehörigen **Flächeninhalte** das Verhältnis $k^2 : 1$.

Beispiele:

5.54 Ein 6,5 cm langes und 3 cm breites Rechteck wird mit dem Faktor 4,8 vergrößert. Welchen Umfang und Flächeninhalt besitzt das Rechteck nach der Vergrößerung?

Lösung: Wir könnten nun zuerst die neuen Längen a' und b' berechnen, um dann mit deren Hilfe die Veränderungen für Umfang bzw. Fläche zu ermitteln:

$$a = 6{,}5\,\text{cm} \qquad a' = k \cdot a = 4{,}8 \cdot 6{,}5\,\text{cm} = 31{,}2\,\text{cm}$$

$$b = 3\,\text{cm} \qquad b' = k \cdot b = 4{,}8 \cdot 3\,\text{cm} = 14{,}4\,\text{cm}$$

$$U' = 2 \cdot (a' + b') = 91{,}2\,\text{cm}$$

$$A' = a' \cdot b' = 449{,}28\,\text{cm}^2$$

Oftmals ist es viel einfacher, aus den bisherigen Werten direkt die neuen Angaben für Umfang und Fläche zu bestimmen:

$$a = 6{,}5\,\text{cm}; \quad b = 3\,\text{cm}$$

$$U = 2 \cdot (a + b) = 19\,\text{cm} \qquad U' = k \cdot U = 4{,}8 \cdot 19\,\text{cm} = 91{,}2\,\text{cm}$$

$$A = a \cdot b = 19{,}5\,\text{cm}^2 \qquad A' = k^2 \cdot A = 4{,}8^2 \cdot 19{,}5\,\text{cm}^2 = 449{,}28\,\text{cm}^2$$

5.55 Eine Versorgungsleitung für Trinkwasser hat einen kreisförmigen Querschnitt mit dem Durchmesser d. Sie soll durch eine neue Rohrleitung ersetzt werden, die den dreifachen Querschnitt hat. Berechne den Durchmesser d' der neuen Leitung!

Lösung: Die Querschnitte der neuen und der alten Leitung sollen sich wie

$$A' : A = 3 : 1$$

verhalten. Mit $A' = 3 \cdot A$ und $A' = k^2 \cdot A = 3 \cdot A$ gilt:

$$k = \sqrt{3}$$

Der neue Durchmesser ist daher $d' = d \cdot \sqrt{3} \approx 1{,}73\,d$.

Den Rauminhalt von ähnlichen Körpern betrachten wir im Abschnitt 7.3.2.1.

✍ A. 5.261–5.262 auf Seite 652

Aufgaben:

5.11.1 Vierecke

(Lösungen ab Seite 919)

Rechteck

5.64 Wie groß ist der Querschnitt A des im Bild 5.152 dargestellten Profils?

5.65 Gesucht ist der Querschnitt A des Kastenträgers, dessen Abmessungen aus Bild 5.153 hervorgehen.

5.66 Wie groß ist die schraffierte Schnittfläche A der im Bild 5.154 dargestellten Riemenscheibe?

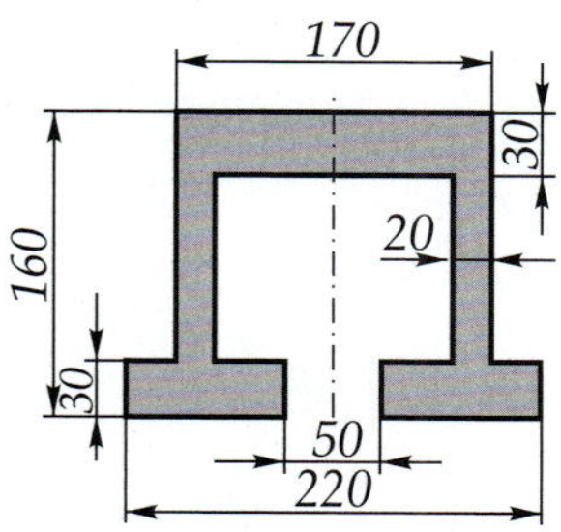

Bild 5.152

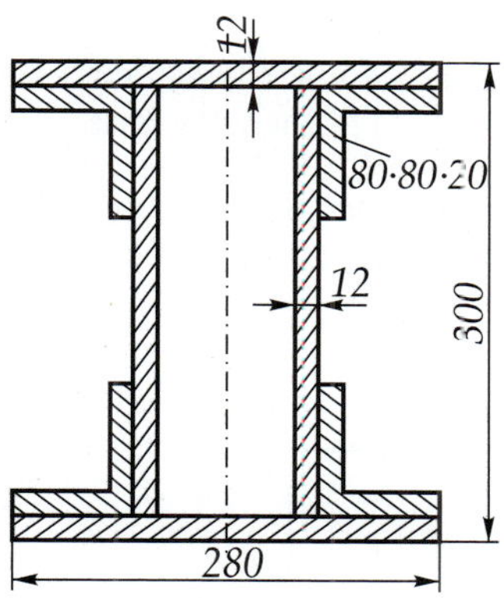

Bild 5.153

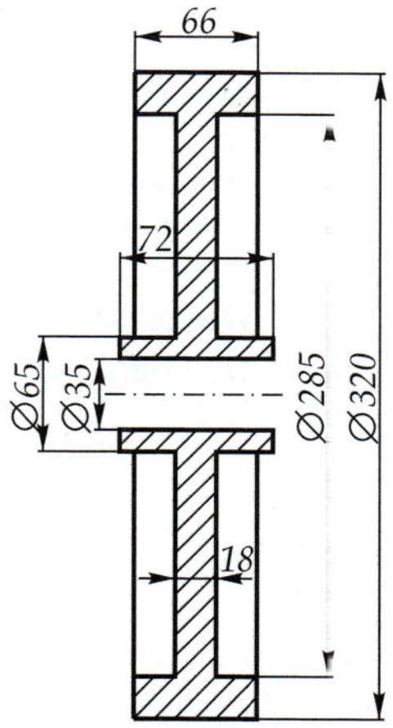

Bild 5.154

5.67 Von einem Rechteck sind die Diagonale $d = 8$ cm und die Seite $a = 3$ cm bekannt. Wie groß sind die andere Seite b und der Flächeninhalt A?

5.68 Wie groß sind die Diagonale d und die Seite b eines Rechtecks mit dem Flächeninhalt $A = 8\,\text{cm}^2$ und der Seite $a = 2$ cm?

5.69 Eine Informatik-Studentin soll ein Computer-Programm schreiben, welches für Rechtecke die Werte für die Längen der Seiten a,b, der Diagonalen d, den Flächeninhalt A und den Umfang U ermittelt, sobald zwei davon bekannt sind.

a) Erstelle die dazu nötige Formelsammlung und

b) ergänze mit ihrer Hilfe die folgende Tabelle:

	Seite a	Seite b	Diagonale d	Fläche A	Umfang U
(a)				646 FE	111 LE
(b)		42,3 LE			129 LE
(c)		37,8 LE		29,4 FE	
(d)			14,3 LE		39,2 LE
(e)	24,9 LE				125 LE
(f)			4 LE	5,7 FE	
(g)	12,8 LE		24,7 LE		
(h)	2,3 LE	9,1 LE			
(i)		22 LE	44 LE		
(k)	9,4 LE			87,2 FE	

5.70 Aus einem Baumstamm ist ein Balken mit rechteckigem Querschnitt herzustellen. Welchen Durchmesser d muss der Stamm mindestens haben, wenn für den Balkenquerschnitt $b = 5\,\text{cm}$ und $h = 12\,\text{cm}$ gefordert werden?

5.71 Die Seiten eines Rechtecks verhalten sich wie $b : c = 2 : 3$. Außerdem ist das Rechteck einem Quadrat mit der Seite $a = 4\,\text{cm}$ flächengleich.

a) Welche Länge haben die Seiten b und c und die Diagonale d des Rechtecks?
b) Wie lautet die allgemeine Lösung für das Seitenverhältnis $m : n$?

5.72 Ein Rechteck mit den Seiten b und c ist einem Quadrat mit der Seite $a = 4\,\text{cm}$ flächengleich. Die Diagonale e des Rechtecks und die Diagonale d des Quadrates stehen im Verhältnis $d : e = 2 : 3$.

a) Wie groß sind die Seiten b und c des Rechtecks?
b) Wie lautet die allgemeine Lösung für das Seitenverhältnis $m : n$?

5.73 Wie groß ist die Seite a eines Quadrates, das einem Rechteck mit den zwei Seiten $b = 5\,\text{cm}$ und $c = 3\,\text{cm}$ flächengleich ist?

5.74 Wie groß ist der Flächeninhalt A des grauen Quadrates im Bild 5.155, und wie groß ist die Diagonale d? A und d sollen durch $a = 3\,\text{cm}$ und $b = 5\,\text{cm}$ ausgedrückt werden.

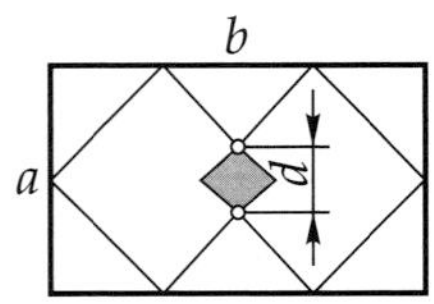

Bild 5.155

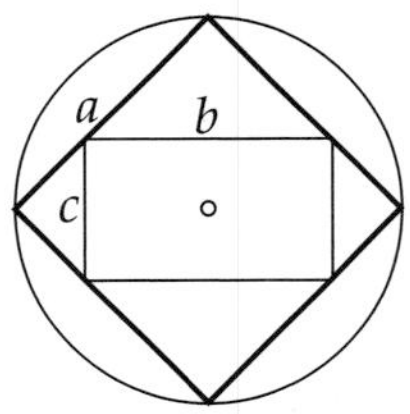

Bild 5.156

5.75 Einem Quadrat ist ein Rechteck mit den Seiten b und c einbeschrieben, siehe Bild 5.156.

a) Berechne b und c, wenn die Seite des Quadrates $a = 8\,\text{cm}$ beträgt und die Flächeninhalte $A_{\square}$ und $A_{\text{▭}}$ sich wie $3 : 1$ verhalten.
b) Bestimme die allgemeine Lösung, wenn die Flächeninhalte $A_{\square}$ und $A_{\text{▭}}$ im Verhältnis $m : n$ stehen.

5.76 Die im Bild 5.157 dargestellten Messblenden eines Fotometers können in der durch die Pfeile gekennzeichneten Richtung verschoben werden, wodurch sich die Blendenöffnung verkleinert. Wie groß muss a gemacht werden, damit A

a) auf die Hälfte,
b) auf ein Drittel,
c) auf ein Viertel,
d) auf ein Sechstel

seiner ursprünglichen Größe $A = 1{,}44\,\text{cm}^2$ verringert wird?

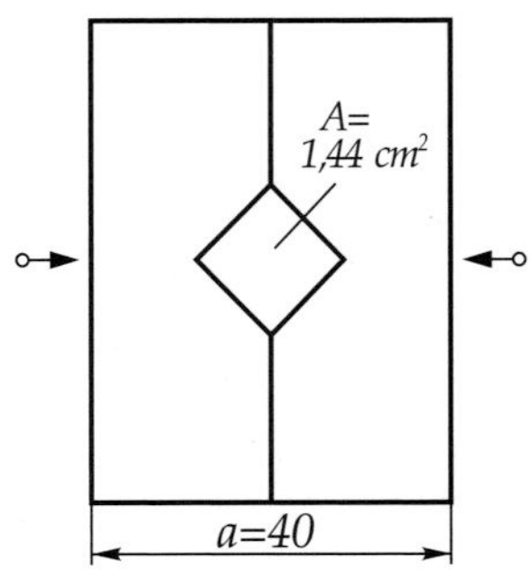

Bild 5.157

5.77 Die Diagonalen eines rechteckigen Platzes sind 43 m lang und schließen die Winkel 60° und 120° miteinander ein. Wie groß sind die Seiten a und b des Platzes?

5.78 Aus einem dünnen Draht ist ein Rechteck zu biegen, dessen eine Seite 6 cm größer ist als die andere. Wie groß müssen die Rechteckseiten a und b für eine Drahtlänge von 58 cm gemacht werden?

5.79 Ein rechteckiger Platz von 6 000 m² Flächeninhalt soll umzäunt werden. Welche Holzmenge G wird dafür benötigt, wenn die Diagonale des Platzes 115 m misst und für den laufenden Meter 0,25 m³ Holz gebraucht werden? Wie groß sind die Seiten a und b des Platzes?

5.80 30 Stück Bleche der aus Bild 5.158 erkennbaren Form sind einseitig zu verchromen. Welcher Preis T ergibt sich dafür, wenn je Quadratmeter 24,60 € gezahlt werden müssen?

5.81 Welche Beziehung besteht zwischen den im Bild 5.159 eingetragenen Strecken a, b, c und d und was folgt daraus für die Rechtecke A_{AEKH} bzw. A_{KFCG}?

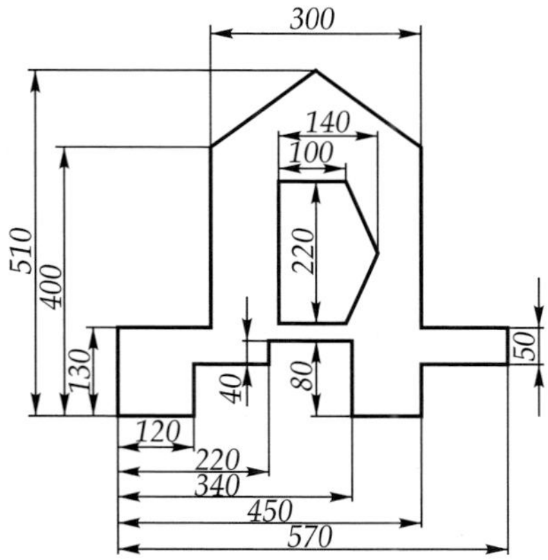

Bild 5.158

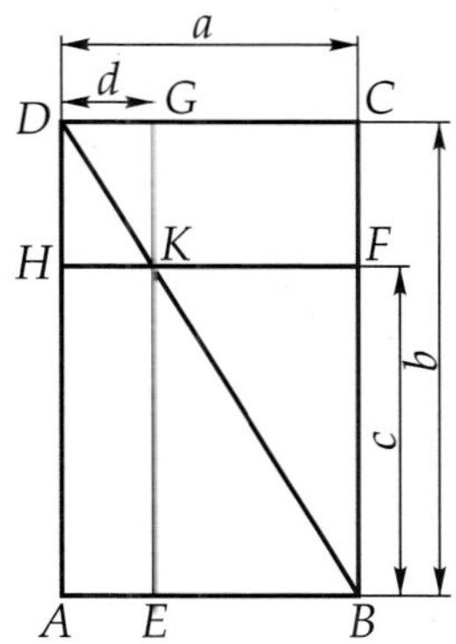

Bild 5.159

5.82 Von einer rechteckigen Platte mit der Breite $b = 16$ cm und der Höhe $h = 5$ cm sind an zwei aneinanderstoßenden Seiten Streifen gleicher Breite a abzuschneiden, so dass sich der Flächeninhalt der Platte um ein Drittel verringert. Berechne a.

5.83 Von einem Rechteck sind die Seite $a = 44$ cm und der Flächeninhalt $A = 484$ cm² bekannt. Wie groß ist die Seite b, die Diagonale d, die Länge l des Lotes von einem

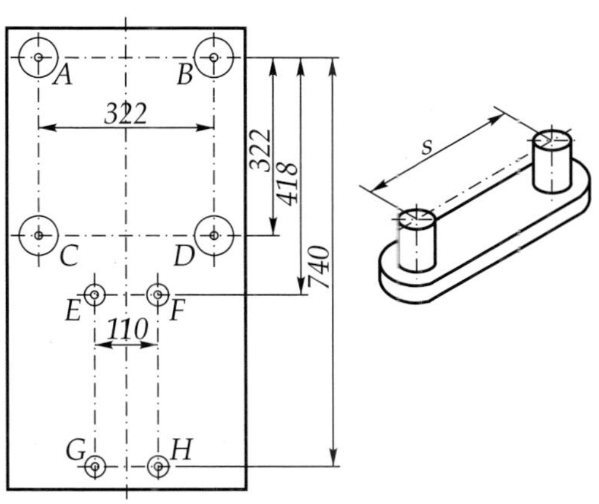

Bild 5.160

Eckpunkt auf die Diagonale und die beiden Abschnitte u und v, in die die Diagonale durch das Lot zerlegt wird. Bestimme auch das Verhältnis der Abschnitte u und v auf der Diagonalen d.

5.84 Die im Bild 5.160 gezeigte Stahlplatte ist mit 8 Bohrungen versehen, deren Mitten durch die Buchstaben $A, B, \dots, H$ bezeichnet sind. Zur Kontrolle sollen Lehren der neben der Platte erkennbaren Form hergestellt werden.

Wie groß müssen die Stichmaße s zur Kontrolle der Abstände
a) AD, b) AE, c) CE, d) AG, e) CH
sein?

Raute

5.85 Die Diagonalen einer Raute sind $e = 4\,\text{cm}$ und $f = 6\,\text{cm}$. Wie groß sind ihre Seiten a und der Flächeninhalt A, ausgedrückt durch die gegebenen Stücke e und f?

5.86 Wie groß ist die Höhe h einer Raute, wenn ihre Seiten $a = 8\,\text{cm}$ und die Diagonale $e = 3\,\text{cm}$ lang sind?

5.87 Die Höhe h einer Raute soll durch ihren Flächeninhalt $A = 16\,\text{cm}^2$ und ihre Seite $a = 6\,\text{cm}$ ausgedrückt werden.

5.88 Wie groß ist der Inkreisradius r_i einer Raute mit den Diagonalen $e = 52\,\text{mm}$ und $f = 88\,\text{mm}$?

5.89 Aus einem quadratischen Blech mit der Seitenlänge $a = 6\,\text{cm}$ soll eine Raute ausgeschnitten werden, deren eine Diagonale mit der des Bleches übereinstimmt und deren andere Diagonale halb so lang ist wie diese. Bestimme den Schnittverlust A und die Seite b der Raute?

5.90 Um welchen Betrag Δl verlängert sich das in Bild 5.161 dargestellte Gelenksystem, wenn die Entfernung a der Punkte A und B auf ein Drittel verkürzt wird?

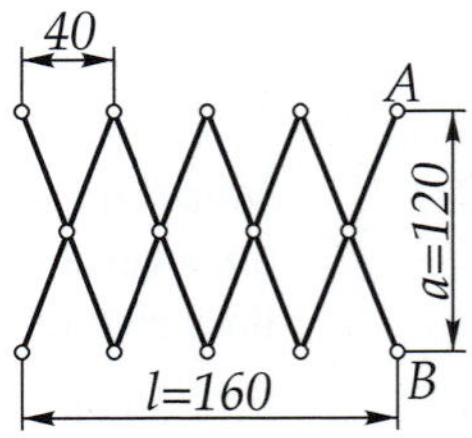

Bild 5.161

Parallelogramm

5.91 Von einem Parallelogramm sind die Seiten $a = 4\,\text{cm}$, $b = 8\,\text{cm}$ und der Flächeninhalt $A = 12\,\text{cm}^2$ bekannt. Wie groß sind seine Höhe h_a und die längere Diagonale d?

5.92 Von dem in Bild 5.162 gezeigten Gelenkparallelogramm sind der Abstand h zwischen Steg d und Koppel b sowie die beiden Gelenkpunktabstände AC und BD für die eingetragenen Maße zu berechnen.

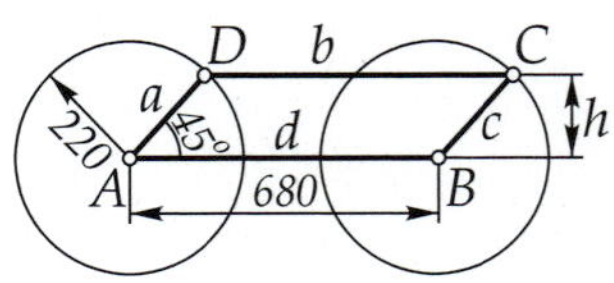

Bild 5.162

5.93 Zwei Kräfte $F_1 = 120\,\text{N}$ und $F_2 = 75\,\text{N}$ schließen den Winkel
a) $\alpha = 45°$, b) $\alpha = 60°$
miteinander ein. Konstruiere das Kräfteparallelogramm und ermittle zeichnerisch die Resultierende F_R.

Trapez

5.94 Erstelle eine Formel für den Flächeninhalt A eines gleichschenkligen Trapezes mit bekannter Diagonale e und Höhe h.

5.95 Berechne den Querschnitt der im Bild 5.163 dargestellten Schwalbenschwanzführung.

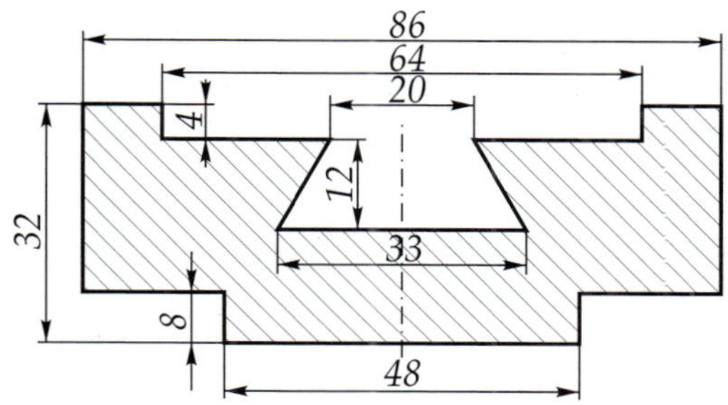

Bild 5.163

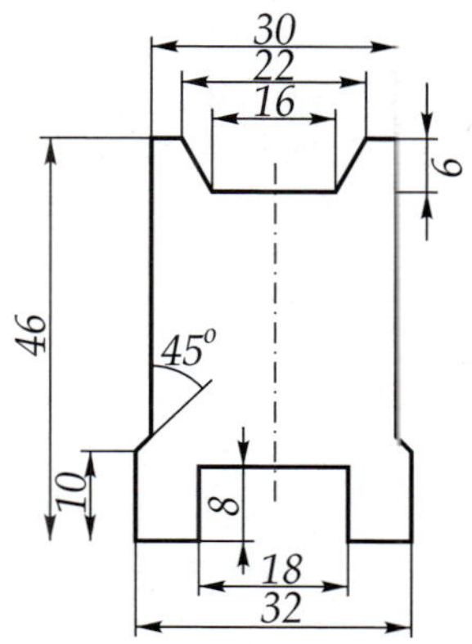

Bild 5.164

5.96 Das im Bild 5.164 dargestellte Blech wird aus vorgeschnittenen Stücken von 38 mm Breite und 46 mm Höhe hergestellt. Wie groß ist der Schnittverlust A bei 100 Blechen?

5.97 Ein gleichschenkliges Trapez hat die Mittellinie $m = 6\,\text{cm}$, den Flächeninhalt $A = 12\,\text{cm}^2$ und die Schenkel $s = 3\,\text{cm}$.

Wie lang sind die Grundlinien g_1 und g_2 mit $g_1 > g_2$?

5.98 Vergleiche in Anlehnung an Bild 5.34 auf Seite 571 die beiden Trapeze, die die Grundlinien $a = 7{,}2\,\text{cm}$ bzw. $c = 4{,}2\,\text{cm}$, den Schenkel $b = 3{,}1\,\text{cm}$ und die Höhe $h = 2{,}4\,\text{cm}$ besitzen.

a) Konstruiere aus den gegebenen Angaben die Trapeze und ermittle die fehlenden Größen durch Messung.

b) Berechne aus den vorliegenden Angaben die fehlenden Größen und vergleiche mit den Konstruktionsergebnissen aus (a).

c) Wie muss die Konstruktion verändert werden, um die beiden verschränkten Trapeze (s. a. Bild 5.33, Seite 570) zu erhalten?

5.99 In einem Trapez können wir neben den Grundseiten a, c, den Schenkeln b, d, den Diagonalen e, f, der Mittellinie m und der Höhe h auch den Flächeninhalt A und den Umfang U als Größen benennen. Berechne aus den gegebenen Angaben die fehlenden Größen.

a) $b = 47{,}18\,\text{cm}$, $c = 6{,}65\,\text{cm}$, $d = 7{,}38\,\text{cm}$, $h = 1{,}6\,\text{cm}$

b) $a = 17{,}500\,\text{km}$, $b = 8{,}930\,\text{km}$, $c = 4{,}100\,\text{km}$, $h = 2{,}400\,\text{km}$

c) $d = 5{,}95\,\text{cm}$, $e = 7{,}85\,\text{cm}$, $f = 4{,}78\,\text{cm}$, $h = 2{,}9\,\text{cm}$

d) $a = 2\,\text{dm}$, $b = 2{,}66\,\text{dm}$, $c = 0{,}3\,\text{dm}$, $d = 2{,}21\,\text{dm}$

e) $A = 53{,}9\,\text{cm}^2$, $c = 6{,}5\,\text{cm}$, $d = 5{,}5\,\text{cm}$, $m = 11\,\text{cm}$

f) $b = 2\,\text{m}$, $d = 5{,}3\,\text{m}$, $m = 4\,\text{m}$, $h = 1{,}8\,\text{m}$

5.100 In einem beliebigen Trapez liegt die Mittellinie m auf der halben Höhe zwischen den parallelen Grundlinien a, c. Beweise, dass m
a) die beiden Schenkel b, d halbiert, b) die beiden Diagonalen e, f halbiert.

5.101 Ein Trapez hat einen senkrecht zu seinen Grundlinien stehenden Schenkel a und einen zu diesem geneigten Schenkel b. Berechne die Grundlinie g_1 ($g_2 < g_1$) und die Seite b, wenn die Mittellinie 4 cm, die Grundlinie $g_2 = 3$ cm und die Höhe $h = 4$ cm betragen.

5.102 Von einem gleichschenkligen Trapez sind der Umfang U, der Flächeninhalt A und die Schenkel s bekannt. Drücke die Höhe h sowie die beiden Grundlinien g_1 und g_2 durch U, A und s aus.

5.103 Wie groß sind die Höhe h, die Diagonale und der Schenkel s eines gleichschenkligen Trapezes, wenn $g_1 = 4$ cm, $g_2 = 2$ cm und $A = 8\,\text{cm}^2$ sind?

5.104 Von einem gleichschenkligen Dreieck mit der Basis $c = 6$ cm und den beiden Schenkeln $a = 8$ cm wird ein Streifen von $d = 1$ cm Breite parallel zu einem Schenkel abgeschnitten. Bestimme die Flächeninhalte A_1 und A_2 des ursprünglichen und des verkleinerten Dreiecks.

5.105 Ein rechteckiger Bilderrahmen mit den äußeren Abmessungen $a = 64$ cm und $b = 92$ cm ist aus einfachen Holzleisten zusammengesetzt. Die Länge des unter 45° geführten Gehrungsschnittes s beträgt 3,54 cm. Bestimme die innerhalb des Rahmens liegende Fläche A und die Breite d der Leisten?

5.106 Wie groß muss die Höhe h_1 des gleichschenkligen Trapezes im Bild 5.165 sein, damit das über dem Trapez liegende gleichschenklige Dreieck diesem flächengleich ist? Wähle dann $h = 8$ cm für die Höhe des gleichschenkligen Dreiecks.

5.107 Wie lautet die für h_1 in Aufgabe 5.106 erhaltene Beziehung, wenn die Fläche des Trapezes zur darüber liegenden Dreiecksfläche im Verhältnis $A_{⏢} : A_{\triangle} = n : m$ steht?

5.108 Wie groß ist der Flächeninhalt A des im Bild 5.166 grau gezeichneten gleichschenkligen Trapezes, dessen Grundlinie die Seite eines gleichseitigen Dreiecks ist und dessen andere Grundlinie durch den Mittelpunkt des Dreiecksumkreises hindurchgeht? Wähle dann $r = 6$ cm.

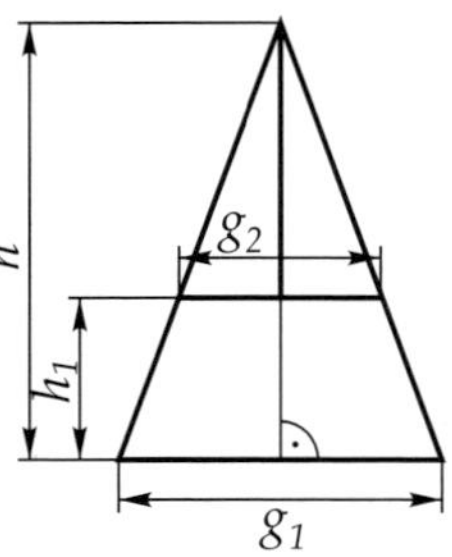

Bild 5.165

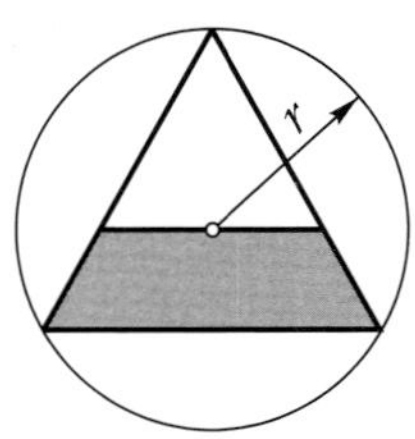

Bild 5.166

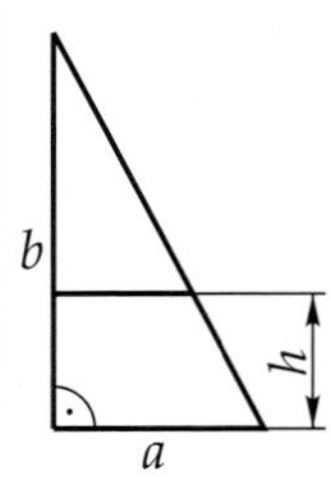

Bild 5.167

5.109 Von einem rechtwinkligen Dreieck mit den Seiten a und b soll durch eine Parallele zu a ein Trapez abgetrennt werden, siehe Bild 5.167, so dass dessen Fläche sich zum darüber liegenden Dreieck wie $A_{⏢} : A_{◺} = 3 : 2$ verhält. Wie groß muss die Höhe h des Trapezes für diesen Fall gemacht werden? Wähle dann $b = 8$ cm.

5.110 Ein Trapez mit der Mittellinie $m = 6\,\text{cm}$ und der Höhe $h_{\triangle} = 4\,\text{cm}$ soll einem gleichseitigen Dreieck mit der Seite a flächengleich sein. Wie groß muss a sein, und in welchem Verhältnis stehen die Höhen $h_{\triangle}$ und $h_{\triangle}$ beider Figuren zueinander?

5.111 Die Fläche eines Trapezes wie in Bild 5.131, Seite 619 wird durch die Mittellinie m in zwei Trapeze aufgeteilt. Welche Randbedingungen müssen erfüllt sein, damit das untere Trapez

a) ... einen doppelt so großen Flächeninhalt aufweist, wie das obere?
b) ... den gleichen Flächeninhalt wie das obere besitzt?
c) ... fünfmal so groß wie das obere ist?
d) Welche Verhältnisse v sind prinzipiell möglich und welche nicht?

5.112 Die beiden Diagonalen e und f eines Trapezes schneiden sich im Punkt S (Bild 5.131, Seite 619). Die Mittellinie m wird von ihnen in den Punkten S_e und S_f geschnitten.

a) Zeige, dass der Abstand der beiden Schnittpunkte S_e und S_f der halben Differenz der Längen der beiden Grundlinien a,c entspricht.
b) Stelle eine Formel zur Berechnung des Flächeninhaltes des Dreiecks S_eS_fS auf.
c) Ermittle den Flächenanteil des Dreiecks aus (b) am Trapez.
d) Gib eine Formel für den Umfang des Dreiecks aus (b) an.

5.11.2 Dreiecke

(Lösungen ab Seite 924)

5.113 Berechne den Flächeninhalt des Dreiecks:

a) $c = 3$ cm; $h_c = 7$ cm
b) $g = 11{,}5$ m; $h = 40$ dm
c) $h_a = 21{,}5$ mm; $a = 8{,}3$ cm
d) $b = 926$ m; $h_b = 0{,}38$ km

5.114 Konstruiere ein Dreieck mit $a = 4{,}1$ cm, $b = 6{,}8$ cm und $c = 6{,}4$ cm und zeichne alle Höhen ein. Wähle nacheinander jede der drei Seiten als Grundseite und berechne mit der jeweiligen Höhe auf drei unterschiedlichen Wegen den Flächeninhalt des Dreiecks. Vergleiche die Ergebnisse.

5.115 Berechne von einem Dreieck mit bekannter Fläche die fehlende Höhe oder Grundseite:

a) $A_{\triangle} = 100$ cm²; $h = 25$ cm
b) $A_{\triangle} = 540$ mm²; $b = 7$ cm
c) $c = 17{,}1$ cm; $A_{\triangle} = 135{,}7$ cm²
d) $h_a = 3{,}4$ cm; $A_{\triangle} = 84{,}2$ cm²

5.116 Berechne die fehlende Größe und die Fläche des Dreiecks:

a) $a = 5$ cm; $b = 8$ cm; $h_b = 4{,}6$ cm; $h_a = ?$
b) $c = 4{,}2$ m; $h_a = 1030$ mm; $h_c = 83{,}4$ cm; $a = ?$
c) $a = 7$ km; $c = 22$ km; $h_a = 18{,}25$ km; $h_c = ?$

5.117 Von einem Dreieck sind bekannt: $a = 10{,}4\,\text{cm}$, $b = 6\,\text{cm}$ und $h_b = 8{,}08\,\text{cm}$. Ein zweites, flächengleiches Dreieck besitzt die Höhe $h_c = 5{,}99\,\text{cm}$; berechne die Länge seiner Grundseite c und seinen Flächeninhalt.

5.118 Von einem rechtwinkligen Dreieck sind die Kathete $a = 3\,\text{cm}$ und die Hypotenuse $c = 6\,\text{cm}$ gegeben. Berechne den Flächeninhalt A des Dreiecks.

5.119 Ein gleichschenklig-rechtwinkliges Dreieck mit den Schenkeln a ist einem gleichseitigen Dreieck mit der Seite b flächengleich. Welche Relation besteht zwischen a und b?

5.120 Ein rechtwinkliges Dreieck hat die Höhe $h_c = 3\,\text{cm}$ und den Flächeninhalt $A = 12\,\text{cm}^2$. Wie lang sind die Seiten a, b und c?

5.121 Wie groß ist der Flächeninhalt A eines Dreiecks mit den Seiten $a = 3\,\text{cm}$, $b = 5\,\text{cm}$ und $c = 4\,\text{cm}$?

5.122 Von einem schiefwinkligen Dreieck sind die Seiten $a = 5\,\text{cm}$, $b = 3\,\text{cm}$ und der Flächeninhalt $A = 5\,\text{cm}^2$ bekannt. Wie groß ist die Seite c?

5.123 Ein Dreieck, dessen Seitenlängen durch aufeinanderfolgende natürliche Zahlen beschrieben werden, besitzt einen Flächeninhalt von $84\,\text{cm}^2$. Bestimme die Länge der Seiten.

Tipp: Betrachte für die Seitenlängen die Werte $z - 1, z, z + 1$ mit $z \in \mathbf{N}$.

5.124 Drücke die Höhe h_c eines gleichschenkligen Dreiecks durch den Schenkel a und die Basis c aus.

5.125 In einem gleichschenkligen Dreieck ist die Höhe h_c gleichlang mit der Basis c. Welchen Flächeninhalt A hat dieses Dreieck, und wie lang sind seine Schenkel a? Drücke A und a durch c aus.

5.126 Von einem gleichschenkligen Dreieck sind die Höhe $h_c = 5\,\text{cm}$ und die Schenkel $a = 8\,\text{cm}$ gegeben. Welchen Flächeninhalt A hat das Dreieck?

5.127 Leite analog zum Beispiel 5.31, Seite 596 eine **Flächenformel** für ein **gleichschenkliges Dreieck** (s. a. Bild 5.80, Seite 601) her.

5.128 Von einem gleichschenkligen Dreieck sind der Flächeninhalt $A = 10\,\text{cm}^2$ und die Basis $c = 4\,\text{cm}$ bekannt. Wie lang sind die Schenkel a und die Höhe h_c?

5.129 Die Seiten eines gleichschenkligen Dreiecks stehen im Verhältnis $a : c = m : n$. Der Flächeninhalt des Dreiecks ist $A = 6\,\text{cm}^2$.

Berechne die Höhe h_c, die beiden Schenkel a und die Basis c des Dreiecks für den allgemeinen und für den speziellen Fall $m = 2$, $n = 1$.

5.130 Ermittle eine Formel zur Berechnung des Inkreisradius r_i eines Dreiecks mit den Seiten a, b und c. Tipp: Vergleiche die Dreiecksfläche in Bild 5.28, Seite 568 mit denen der drei Teilflächen, die durch die Winkelhalbierenden entstanden sind.

Spezifiziere die Formel für ein rechtwinkliges Dreieck mit den Katheten $a = 6\,\text{cm}$ und $b = 8\,\text{cm}$?

5.131 Ermittle die Formel zur Berechnung des Ankreisradius r_{AnKr_a} an die Seite a eines Dreiecks. Tipp: Setze die Fläche des Vierecks ABM_aC in Bild 5.28, Seite 568 in unterschiedlicher Weise aus den eingezeichneten Dreiecken zusammen und vergleiche. Spezifiziere die Formel für ein rechtwinkliges Dreieck mit den Katheten $a = 6\,\text{cm}$ und $b = 8\,\text{cm}$?

5.132 Wie groß ist der Inkreisradius r_I eines gleichschenkligen Dreiecks, von dem der Flächeninhalt $A = 8\,\text{cm}^2$ und die beiden Schenkel $a = 5\,\text{cm}$ gegeben sind?

5.133 Ein gleichschenkliges Dreieck hat den Umfang $U = 16\,\text{cm}$ und die Höhe $h = 4\,\text{cm}$. Wie groß sind die Schenkel a, die Basis c und der Flächeninhalt A des Dreiecks?

5.134 Berechne für ein gleichschenkliges Dreieck die Längen der Schenkel a und des Lotes f vom Fußpunkt der Höhe h_c auf den Schenkel a, wenn $h_c = 5\,\text{cm}$ und $c = 4\,\text{cm}$ sind?

5.135 Ein gleichschenkliges Dreieck mit der Basis $c = 4\,\text{cm}$ und dem Umfang $U = 24\,\text{cm}$ soll in ein gleichschenklig-rechtwinkliges Dreieck mit gleichem Umfang verwandelt werden. In welchem Verhältnis stehen die Flächeninhalte der beiden Dreiecke zueinander?

5.136 Die Seitenhalbierende s_a eines gleichschenkligen Dreiecks teilt das Dreieck in zwei Teildreiecke. In welchem Verhältnis $A_1 : A_2$ stehen die beiden Teilflächen zueinander?

5.137 Wie lang ist die Seitenhalbierende s_a eines gleichschenkligen Dreiecks, wenn dessen Basis $c = 4{,}5$ cm und die Schenkel $a = 8{,}3$ cm lang sind?

5.138 Wie lang sind die Gurtlängen b und c des im Bild 5.168 dargestellten Dachbinders?

5.139 Welchen Querschnitt A besitzt die im Bild 5.169 dargestellte Schiene?

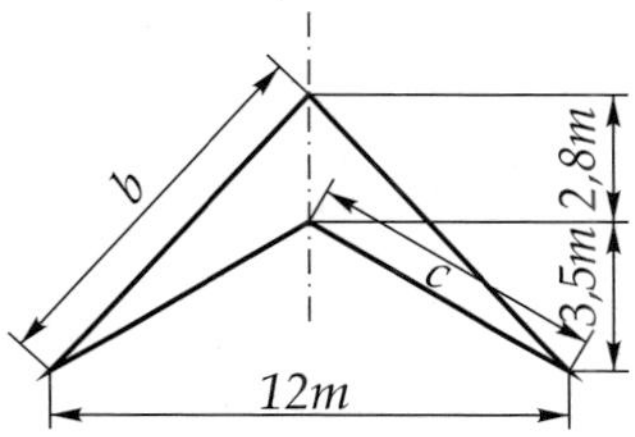

Bild 5.168

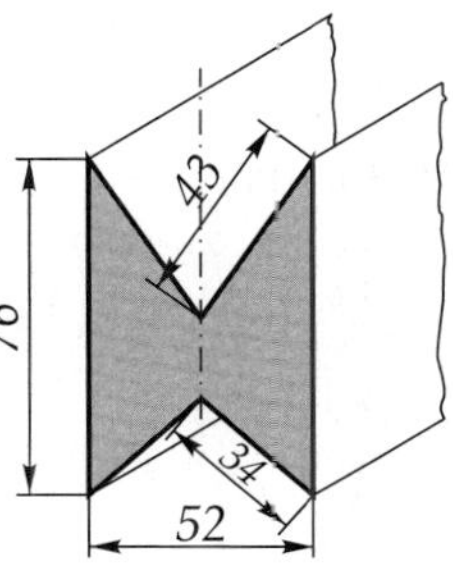

Bild 5.169

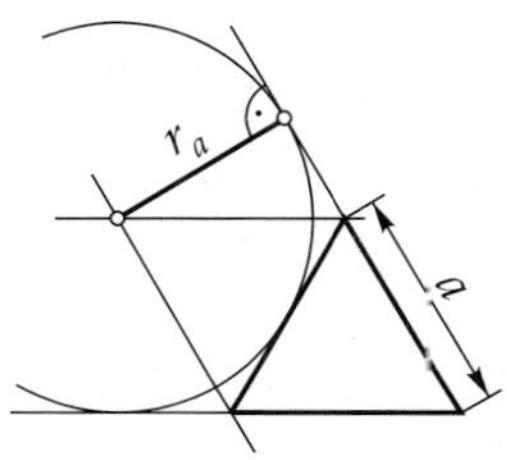

Bild 5.170

5.140 Ein gleichseitiges Dreieck hat die Seitenlänge $a = 3{,}0$ cm. Berechne den Inkreisradius r_i und den Umkreisradius r_u.

5.141 Der Ankreisradius r_a eines gleichseitigen Dreiecks, siehe Bild 5.170, ist durch die Dreieckseite a auszudrücken.

5.142 Die Seiten a und b zweier gleichseitiger Dreiecke stehen im Verhältnis $a : b = m : n$ zueinander. Welches Verhältnis $A_a : A_b$ haben deren Flächeninhalte allgemein und speziell für $m = 2$ und $n = 3$?

5.143 Der Flächeninhalt A und die Höhe h eines gleichseitigen Dreiecks mit der Seite a sind durch dessen Umfang U auszudrücken.

5.144 Der Querschnitt A einer Stahlschiene ist ein gleichseitiges Dreieck. Berechne A für den Umfang $U = 26{,}4$ cm.

5.145 Die Schlüsselweite einer Sechskantschraube ist $s = 21$ mm. Wie groß ist das Eckmaß e des Schraubenkopfes?

5.146 Der Achsenabstand zweier Zahnräder ist $a = 345$ mm und ihre Teilkreisdurchmesser sind $d_{0_1} = d_{0_2} = 124$ mm. Wie groß ist der Teilkreisdurchmesser d_{0_3} eines dritten Rades zu machen, damit es mit den gegebenen *kämmt* und von diesen gleichen Achsenabstand a hat?

5.147 Eine Schraube mit metrischem Spitzgewinde hat einen Kerndurchmesser von $d_1 = 41{,}504$ mm. Der Flankenwinkel β des Profildreiecks beträgt $60°$, die Länge seiner Basis, die sogenannte „Steigung“, ist nach Standard mit $P = 5$ mm vorgeschrieben. Die Gewindetiefe t beansprucht 75 % der Dreieckshöhe. Wie groß ist der Nenndurchmesser d dieser Schraube?

5.148 Ein Mast ist in der Höhe $h = 23{,}4$ m durch drei Seile der Länge $l = 30$ m verspannt. Die Fußpunkte der Seile bilden die Endpunkte eines gleichseitigen Dreiecks. Wie weit sind die Fußpunkte voneinander entfernt?

5.149 In die vier Seiten einer quadratischen Platte, siehe Bild 5.171, sind Einschnitte in Form gleichseitiger Dreiecke eingearbeitet. Wie groß ist deren Seite a?

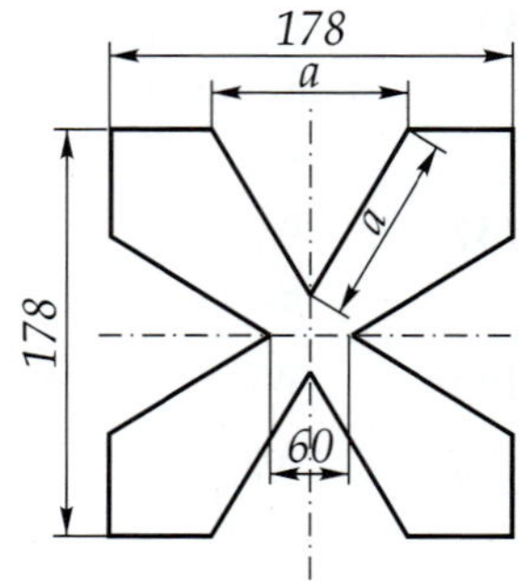

Bild 5.171

5.150 In eine Bohrung vom Durchmesser $d = 14{,}2$ mm ist ein Dreikantstahl mit den Seiten a einzupassen. Wie groß ist a zu wählen?

5.151
a) Zeichne das im Bild 5.172 dargestellte Schubkurbelgetriebe.
b) Berechne die Koppellänge b.
c) Konstruiere die beiden Totlagen der Schwinge c. Die Totlagen der Schwinge sind die Stellungen des Getriebes, bei denen die Koppel b und die Kurbel a in eine Linie zusammenfallen.
d) Berechne den Gelenkpunktabstand DB für die im Bild 5.172 dargestellte Kurbelstellung.
e) Berechne ebenso den Gelenkpunktabstand AC.

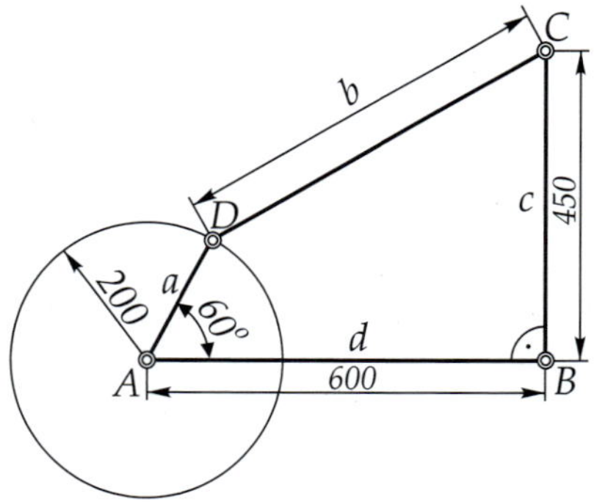

Bild 5.172

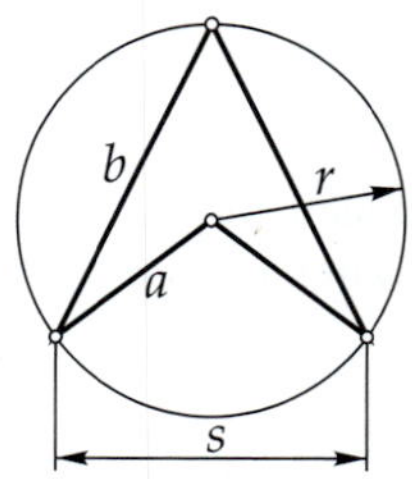

Bild 5.173

5.152 Wie groß ist der Flächeninhalt A des im Bild 5.173 dargestellten Vierecks, das einem Kreis vom Radius $r = 5$ cm einbeschrieben ist und dessen untere Eckpunkte den Abstand $s = 7$ cm haben? Wie groß sind die Seiten a und b?

5.11.4 Regelmäßige Vielecke

(Lösungen ab Seite 927)

5.153 In der Kreuztabelle 7.216 auf Seite 792 sind Formeln zur Berechnung wichtiger Größen von gleichseitigen Dreiecken aufgelistet. Beachte Bild A.1 auf Seite 805 und leite mithilfe der mit ⊛ gekennzeichneten Hinweisen die restlichen Beziehungen her.

Diese und die folgenden Aufgaben zur Herleitung der n-Eck-Formeln aus den jeweiligen Kreuztabellen bieten eine hervorragende Gelegenheit, das Umstellen von Termen im Allgemeinen und den Umgang mit Wurzelausdrücken im Besonderen zu üben! Auf den ersten Blick mag es sich dabei „nur“ um Termumformungen handeln, die meisten Fälle erfordern aber gute Kenntnisse aus den vorherigen Kapiteln. Die

Tatsache, dass die Größen in der Geometrie ausschließlich positive Werte besitzen, erleichtert das Vorgehen jedoch ungemein.

5.154 Ebenso für Quadrate: Tab. auf S. 794; Bild A.2, S. 805.

5.155 Ebenso für regelmäßige Fünfecke: Tab. auf S. 796; Bild A.3, S. 805.

5.156 Ebenso für regelmäßige Sechsecke: Tab. auf S. 798; Bild A.4, S. 805.

5.157 Ebenso für regelmäßige Achtecke: Tab. auf S. 800; Bild A.5, S. 805.

5.158 Ebenso für regelmäßige Zehnecke: Tab. auf S. 802; Bild A.6, S. 805.

5.159 Stelle eine Formel zum Berechnen des Flächeninhaltes eines regelmäßigen Sechseckes auf.

☞ Die Konstruktion eines solchen Sechsecks erfolgt, indem man auf einer Kreislinie den für den Kreis verwendeten Radius r mehrfach rundherum abträgt und die Schnittpunkte zu einem Sechseck verbindet (s. a. Bild 5.174).

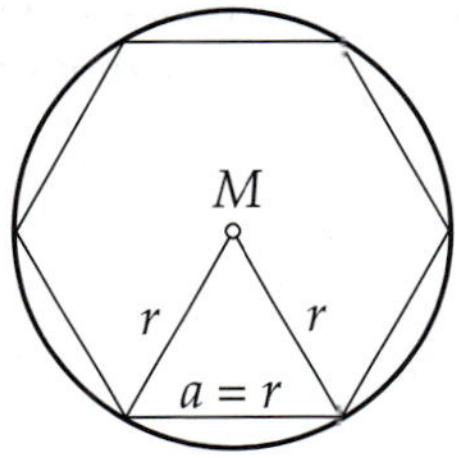

Bild 5.174

5.160 Einem Kreis mit dem Radius $r = 12$ cm ist ein regelmäßiges Achteck einbeschrieben.

Wir groß sind die Seite s, der Flächeninhalt A und der Inkreis-Radius des Achtecks?

5.161 Einem Kreis ist ein gleichseitiges Dreieck mit der Seite $s = 4$ cm einbeschrieben.

Wie groß ist die Seite s_6 des dem Kreis einbeschriebenen Sechsecks?

5.162 Ein Quadrat und ein regelmäßiges Sechseck sind flächengleich.

Wie lang ist die Seite b des Sechsecks, wenn die Quadratseite $a = 10$ cm lang ist?

5.163 Der Flächeninhalt A eines regelmäßigen
a) Fünfecks, b) Sechsecks, c) Achtecks, d) Zehnecks
ist durch den Umfang U auszudrücken.

5.164 Einem regelmäßigen Sechseck mit der Seite $a = 8$ cm ist ein Quadrat mit der Seite b einbeschrieben, siehe Bild 5.175.
a) Drücke b durch a aus und b) gib eine Konstruktionsbeschreibung für b an.

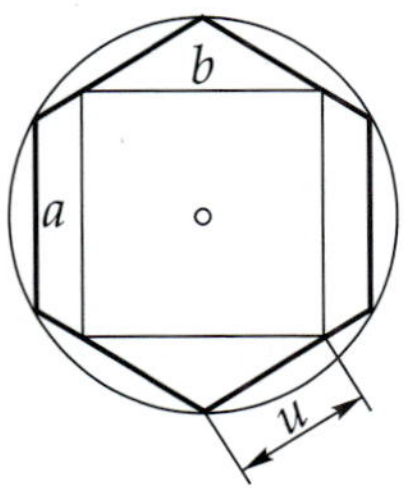

Bild 5.175

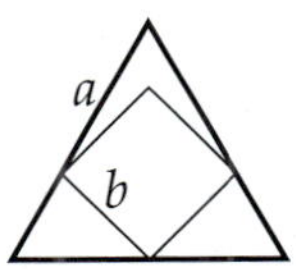

Bild 5.176

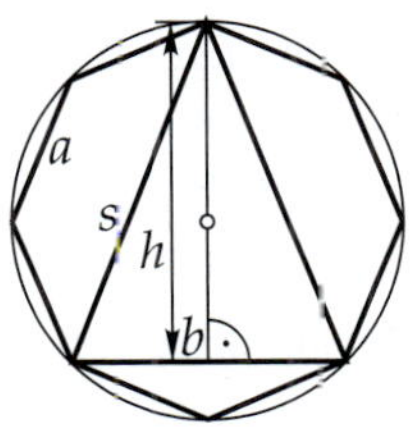

Bild 5.177

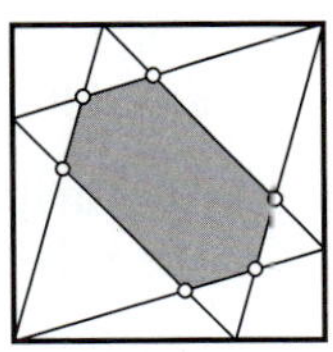

Bild 5.178

5.165 Einem gleichseitigen Dreieck mit der Seite $a = 3$ cm ist ein Quadrat mit der Seite b einbeschrieben, siehe Bild 5.176. Drücke b durch a aus.

5.166 Einem regelmäßigen Achteck mit der Seite a ist ein gleichschenkliges Dreieck einbeschrieben, siehe Bild 5.177. Drücke die Stücke b, s, h und den Flächeninhalt A des Dreiecks durch $a = 6$ cm aus.

5.167 Ein regelmäßiges Sechseck und ein regelmäßiges Achteck haben den gleichen Umfang. Die Sechseckseite sei $s_6 = 2$ cm. Berechne die Achteckseite s_8 und die Flächeninhalte A_6 und A_8 des Sechs- und Achtecks für diesen Fall.

5.168 Einem Kreis mit dem Radius r sind ein regelmäßiges Fünf- und ein regelmäßiges Zehneck einbeschrieben. Welche Verhältnisse bestehen zwischen den Flächeninhalten, Umfängen und Seiten der beiden Vielecke?

5.169 Zwei nach Bild 5.178 in ein Quadrat einbeschriebene gleichseitige Dreiecke begrenzen das eingefärbte unregelmäßige Sechseck.

Wie groß ist dessen Flächeninhalt A, wenn die Quadratseite $a = 5$ cm lang ist?

5.170 Ein regelmäßiges Fünfeck hat einen Umfang $U_5 = 15$ cm. Wie groß sind die Seite s_5, der Umkreisradius $r_{5_{(u)}}$ und der Flächeninhalt A_5 des Fünfecks?

5.171 Die Grundfläche eines alten Brunnens in Form eines regelmäßigen Achtecks beträgt 15,4 m^2. Wie lang ist die Achteckseite s?

5.172 Der Querschnitt einer Säule ist ein regelmäßiges Sechseck der Seitenlänge $s = 32$ cm. Sie ruht auf einem zylindrischen Sockel. Wie muss dessen Durchmesser d bemessen sein, wenn er beiderseits um je 6 cm über die größte Diagonale des Säulenquerschnitts hinausragt?

5.173 Der Boden eines aus Blech gefertigten Ziergefäßes bildet ein regelmäßiges Fünfeck mit dem Umfang $U = 20$ cm. Er soll durch einen Boden der Form eines regelmäßigen Zehnecks mit gleichem Umfang ersetzt werden.

Welchen Umkreisradius r hat der neue Boden?

5.174 Einem Kreis vom Radius $r = 6$ cm ist ein Hexagramm einbeschrieben, also zwei entgegengesetzt parallele regelmäßige Dreiecke.

Zeichne die Figur und berechne den Flächeninhalt A des Hexagramms.

5.175 Ein Abdeckblech hat die Form eines regelmäßigen Fünfecks dessen Seiten $s = 3{,}2$ cm lang sind. Es ist zu groß geraten und wird deshalb beschnitten. Die Schnitte werden allseits parallel zu den Seiten in 5 mm Abstand vom Rand geführt.

Welche Seitenlänge s' und welchen Flächeninhalt A' hat das bearbeitete Blech, welcher Anteil der ursprünglichen Fläche wird noch genutzt?

5.176 Der Querschnitt eines Dreikantstahls beträgt $A = 8$ cm^2. Er soll durch einseitiges Abfräsen auf 5 cm^2 verringert werden. Welche Anstelltiefe a des Fräsers muss gewählt werden, wenn die Form des regelmäßigen Dreiecks erhalten bleiben soll?

5.177 Ein Pavillon besteht aus drei Etagen, deren Grundrisse regelmäßige Sechsecke sind. Die Seite der untersten Etage ist $s = 3$ m lang.

Wie lang sind die Seiten s_2 und s_3 der beiden nächsten Etagen, wenn jede von ihnen 0,5 m zur darunterliegenden zurücksteht?

5.178 Mit einem Faden von 45 cm Länge wird ein regelmäßiges Zehneck abgesteckt.

Wie groß wird dessen Flächeninhalt A?

5.179 Mit einem Draht von 15 cm Länge werden nacheinander ein regelmäßiges Dreieck, Viereck, Fünfeck und Sechseck gebildet. Welche Flächeninhalte haben diese Figuren?

5.180 Das Seitenfenster einer Wartehalle ist ein regelmäßiges Sechseck. Es ist aus Leisten von 5 cm Breite gezimmert. Sein äußerer Umfang beträgt 3 m. Welche Fläche steht für den Lichteinfall zur Verfügung, wenn die Verkittung nicht berücksichtigt wird und wie groß ist ihr Anteil an der gesamten Fensteröffnung?

5.181 Ein quadratisches Blech mit 16 cm Seitenlänge wird an seinen Ecken so beschnitten, dass ein regelmäßiges Achteck entsteht. Wie groß ist dessen Fläche A?

5.182 12 Stück Bleche von der Form eines regelmäßigen Sechsecks werden so bearbeitet, dass 12 regelmäßige Dreieckbleche mit größtmöglicher Seite entstehen. Wie groß ist der entstehende Schnittverlust A, wenn die Sechseckseite 14,5 cm lang ist?

5.183 Die Irisblende einer Kamera besteht aus zehn Lamellen und die Blendenöffnung hat die Form eines regelmäßigen Zehnecks. Bei der Blendenstellung 3,5 ist die Seite dieses Zehnecks 8 mm lang. Wie groß wird diese Seite s für die nächste Blendenstellung 4, bei der die Blendenöffnung auf die Hälfte der Stellung 3,5 reduziert wird?

5.184 Für Straßenleuchten werden Steinsäulen mit dem Querschnitt eines regelmäßigen Zehnecks hergestellt. Wie groß ist die Seitenlänge s dieses Zehnecks, wenn für den Abstand zweier paralleler Seiten 45 cm vorgeschrieben sind?

5.185 Eine Kachel von der Form eines regelmäßigen Achtecks hat einen Flächeninhalt $A = 250\,\text{cm}^2$. Welche Seitenlänge s hat die Kachel?

5.186 Aus einem runden Stamm von 56 cm Durchmesser wird ein Balken hergestellt, dessen Querschnitt die Form eines regelmäßigen Sechsecks hat. Berechne den Umfang U des Sechsecks, wenn die Schnittverluste so klein wie möglich gehalten werden.

5.187 Die acht Spiegel eines achteckigen Drehspiegels werden aus 3 mm dickem Glas geschnitten und so auf eine Walze montiert, dass sie ein regelmäßiges Achteck bilden. Dabei soll berücksichtigt werden, dass die Spiegelrückseiten die Walze berühren, zwischen den aneinanderstoßenden Spiegelkanten kein Zwischenraum bleibt und der Abstand von Kante zu Kante 3,5 cm beträgt.

Wie groß wird der Walzendurchmesser d?

5.188 Einem Kreis vom Radius $r = 8\,\text{cm}$ ist ein Sehnenviereck einbeschrieben, siehe Bild 5.179. Berechne den Flächeninhalt A, den Umfang U und die Diagonale e des Vierecks für $n = \frac{1}{2}\,r$.

5.189 Der Flächeninhalt des Sehnenvierecks in Bild 5.179 beträgt $A = 36\,\text{cm}^2$. Wie groß ist sein Umkreisradius r, wenn die Diagonalen senkrecht aufeinander stehen und die Diagonale e die Senkrechte f im Verhältnis 4 : 3 teilt?

5.11.5 Kreis und Kreisteile

(Lösungen ab Seite 929)

5.190 Berechne die fehlenden Größen beim Kreis:

a) $r = 4\,\text{cm}$	b) $r = 3{,}5\,\text{km}$	c) $d = 7{,}6\,\text{m}$	d) $U = 10\,\text{m}$
e) $A = 117\,\text{m}^2$	f) $U = 893\,\text{mm}$	g) $d = t\,(\text{m})$	h) $A = s\,\left(\text{m}^2\right)$

5.191 Für eine runde Tischplatte mit einem Umfang von 4,96 m wird eine neue Furnierauflage zum Preis von 17,50 €/ m² angefertigt.

a) Wie teuer wird die Auflage?

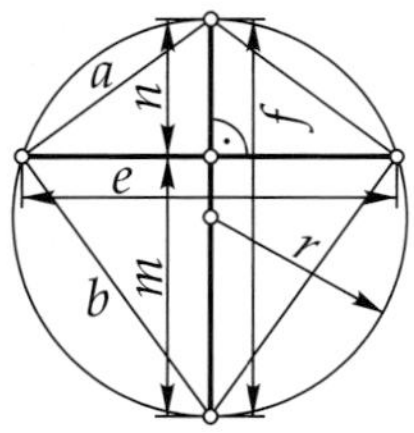

Bild 5.179

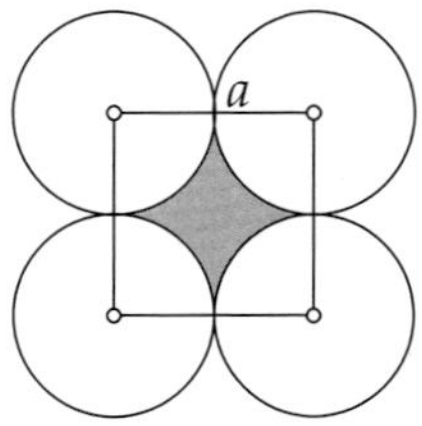

Bild 5.180

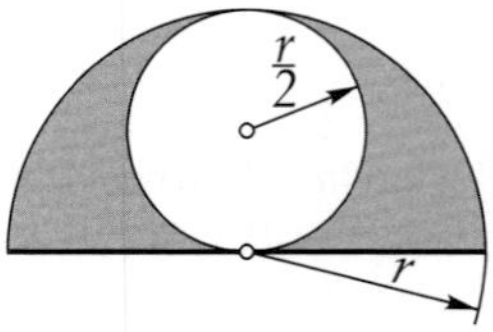

Bild 5.181

b) Erstelle für den Schreiner eine *Excel*-Tabelle, die den Gesamtpreis P bei beliebigem Umfang U in Metern und einem Quadratmeterpreis p in € berechnet.

5.192 Welchen Durchmesser d hat ein Kreis mit dem Flächeninhalt $A = 30\,\text{cm}^2$?

5.193 Drücke den Umfang U eines Kreises durch seinen Flächeninhalt A aus und berechne U für $A = 8\,\text{cm}^2$

5.194 Aus einem quadratischen Blech mit der Kantenlänge 17 cm wird ein möglichst großer Kreis ausgestanzt.

a) Wie groß ist die verbleibende Restfläche und wie viel Prozent der Quadratfläche sind dies?

b) Welcher prozentuale Abfallwert ergibt sich allgemein für ein Quadrat der Seitenlänge a?

5.195 Von Handwerkern wird für Umfangsberechnungen am Kreis oft die Faustformel „5 % Aufschlag auf den dreifachen Durchmesser“ verwendet.

a) Berechne den Kreisumfang für $d = 217$ mm sowohl mit der Faustformel als auch mit dem TR-Wert für π und vergleiche.

b) Welchen Näherungswert für π benutzt die Faustformel? Wie groß ist die prozentuale Abweichung?

5.196 Um die Eckpunkte eines Quadrates mit der Seite a sind vier Kreise mit dem Radius $r = \frac{1}{2}\,a$ geschlagen, siehe Bild 5.180.

Gib eine Formel für den Inhalt der grauen Fläche A an.

5.197 Einem Halbkreis mit dem Radius r ist ein Kreis einbeschrieben, siehe Bild 5.181. Gib eine Formel für den Inhalt der grauen Fläche A an.

5.198 Ein Kreisring hat einen inneren Radius $r_1 = 5\,\text{cm}$ und einen Flächeninhalt von $A = 12\,\text{cm}^2$. Wie groß ist der äußere Radius r_2?

5.199 Zwei Kreise mit den Flächeninhalten A_1 und A_2 sollen zusammen einem Kreisring flächengleich sein. r_3 ist der größere, r_4 der kleinere Radius des Ringes.

Drücke r_3 und r_4 durch A_1 und A_2 für folgende Fälle aus:

a) r_4 ist das arithmetische Mittel,

b) r_4 ist das geometrische Mittel,

c) r_4 ist das harmonische Mittel

der Radien r_1 und r_2 der gegebenen Kreise.

5.200 Die Summe der Radien eines Kreisringes sei $a = r_1 + r_2 = 20\,\text{cm}$. Berechne r_1 und r_2, wenn der Flächeninhalt des Ringes $A = 40\,\text{cm}^2$ ist.

5.201 Wie lässt sich der Flächeninhalt A eines Kreisringes als Fläche eines Trapezes mit der Höhe $h = 2\,\pi \cdot (r_1 - r_2)$ darstellen?

5.202 Welche Beziehung besteht zwischen den Radien r_1 und r_2 eines Kreisringes, wenn die Fläche des Ringes dem inneren Kreis mit dem Radius r_2 flächengleich ist?

5.203 Bestimme den Zusammenhang zwischen den beiden Radien eines Kreisringes, wenn die Ringfläche das v-fache des inneren Kreises beträgt.

5.204 Die Höhe h eines gleichseitigen Dreiecks ist gleich dem inneren Radius r_2 eines Kreisringes. Die Seite a des Dreiecks ist gleich dem äußeren Radius r_1 des Ringes.

In welchem Verhältnis steht die Fläche des Ringes zur Fläche A_2 des inneren Kreises?

5.205 Von einem Kreis sind die Sehne $s = 4$ cm und die Höhe $h = 1$ cm des zu dieser Sehne gehörigen Bogens bekannt. Welchen Radius r hat der Kreis?

5.206 Die Sehne s eines Kreises ist durch die Höhe h des zur Sehne gehörigen Bogens und durch den Kreisumfang U auszudrücken.

5.207 Die Strecke $|\overline{AB}| = 2\,r_3$ ist durch den Teilpunkt T stetig geteilt, siehe Bild 5.182.

In welchem Verhältnis stehen die Flächen A_1, A_2 und A_3 der über den drei Strecken geschlagenen Kreise?

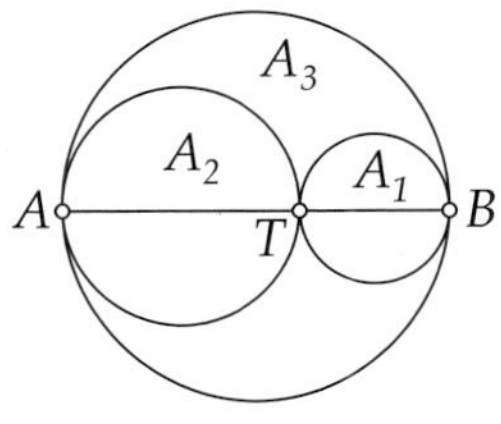

Bild 5.182

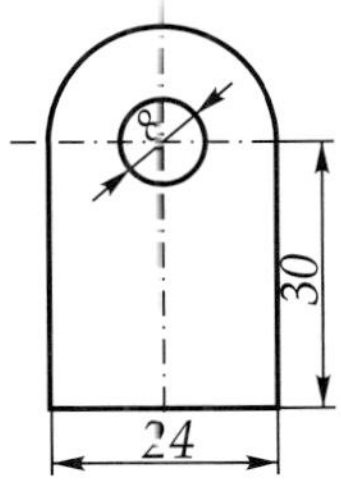

Bild 5.183

5.208 Das prall mit Luft gefüllte Rad eines Autos muss 400 Umdrehungen ausführen, um einen Kilometer zurückzulegen. Welchen Durchmesser d hat es demzufolge?

5.209 Der Außendurchmesser eines Reifens ist normal 92 cm. Wie viele Umdrehungen u mehr muss dieser Reifen je Kilometer machen, wenn er nur noch einen wirksamen Außendurchmesser von 88 cm hat?

5.210 Aus einem Blech von 35 cm Breite soll ein Rohr der lichten Weite 10 cm gebogen werden. Wie groß ist der für den Falz verbleibende Rest a.

5.211 Durch ein Rohr fließen stündlich 500 m^3 Wasser mit einer Geschwindigkeit von 0,11 m/s. Welchen Innendurchmesser d hat das Rohr?

5.212 Wie groß ist der Blechbedarf A für das in Bild 5.183 gezeigte Werkstück?

5.213 Wie viele Umdrehungen n pro Minute führt ein Rad mit einem Durchmesser von 78 cm aus, wenn es sich mit einer Geschwindigkeit von 42 km/h fortbewegt?

5.214 Welche Durchmesser d_1, d_2 und d_3 muss eine Stufenscheibe haben, deren Drehzahl 50 min^{-1} ist, wenn deren einzelne Stufen die Umfangsgeschwindigkeiten 100 m/min, 72 m/min und 60 m/min haben sollen?

5.215 Die Teilkreisumfänge zweier Stirnzahnräder mit Evolventenverzahnung sind $U_1 =$ 328 mm und $U_2 = 142$ mm. Wie groß muss der Achsenabstand a der Räder sein?

5.216 An der wirksamen Fläche des Tellers eines Sicherheitsventils tritt bei einem Druck von 1,5 MPa eine Druckkraft von 1 560 N auf. Welchen Durchmesser d hat diese Fläche?

5.217 Berechne die Bruchfestigkeit σ eines Werkstoffes, von dem ein kreisrunder Stab mit 1,4 cm Durchmesser bei einer Belastung von 6 000 N zerreißt.

5.218 Um eine Scheibe vom Durchmesser d wird eine Schnur im gleichmäßigen Abstand b gelegt. Um welches Stück a ist die Schnur gegenüber dem Scheibenumfang länger zu machen?

5.219 Bild 5.184 zeigt den Querschnitt durch den Anodenzylinder einer Senderöhre, der eine Höhe von 65 mm hat. Berechne den Blechbedarf A unter Vernachlässigung der Blechdicke.

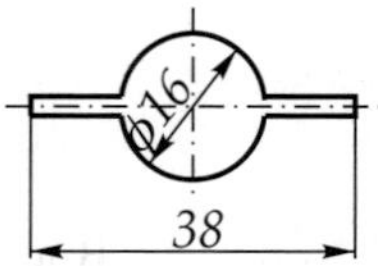

Bild 5.184

5.220 Welchen Durchmesser d hat ein Kupferdraht des spezifischen Widerstands $\varrho = 0{,}017\ \Omega\text{mm}^2/\text{m}$, der bei 40 m Länge einen Widerstand von 24 Ω aufweist?

5.221 Eine rechteckige Schiene mit der Breite 15 mm und der Höhe 24 mm soll durch eine kreisrunde Stange von gleichem Querschnitt ersetzt werden. Welchen Durchmesser d muss diese haben?

5.222 Zwei kleine Kanalisationsrohre mit den lichten Weiten 24 cm und 38 cm sollen durch ein einziges Rohr mit gleichem Querschnitt ersetzt werden.

Welchen Durchmesser d muss das neue Rohr besitzen?

5.223 An einem Wagen beträgt der Durchmesser der Vorderräder 32 cm und der der Hinterräder 38 cm. Berechne die Zahl n der Umdrehungen, die die vorderen Räder mehr ausführen müssen als die hinteren, wenn der Wagen eine Strecke von 8,4 km zurücklegt.

5.224 Der Achsenabstand zweier Reibräder ist 47 cm. Wie groß muss der Durchmesser d des einen Rades sein, wenn der Umfang des anderen 60 cm ist.

5.225 Von einer Welle mit dem Umfang $U = 21$ cm wird eine 0,5 cm dicke Schicht abgedreht. Um welchen Betrag A verringert sich der Querschnitt der Welle, und wie groß ist der neue Umfang U_1?

5.226 Berechne den entstehenden Schnittverlust ΔA, wenn das im Bild 5.185 dargestellte Blech aus vorgeschnittenen Rechteckplatten von 48 mm Breite und 64 mm Höhe herausgearbeitet wird.

5.227 Welche Grundfläche A hat der im Bild 5.186 dargestellte Brückenpfeiler?

5.228 Wie groß ist der Querschnitt A des im Bild 5.187 gezeigten Profilstahls?

5.229 Die Teilkreisdurchmesser zweier Zahnräder mit Evolventenverzahnung betragen 7,2 cm und 9,6 cm. Ihr Achsenabstand wurde mit 13 cm gemessen.

Welchen Teilkreisumfang U_3 muss ein Zwischenrad haben, das mit beiden Rädern im Eingriff steht und dessen Mittelpunkt auf der Geraden liegt, die durch die Mittelpunkte der gegebenen Räder bestimmt ist?

5.230 Eine Stahlwelle von 32 mm Durchmesser soll durch eine quadratische Aussparung im Wellenquerschnitt um die Hälfte verringert werden.

Bestimme die Länge der Quadratseite a.

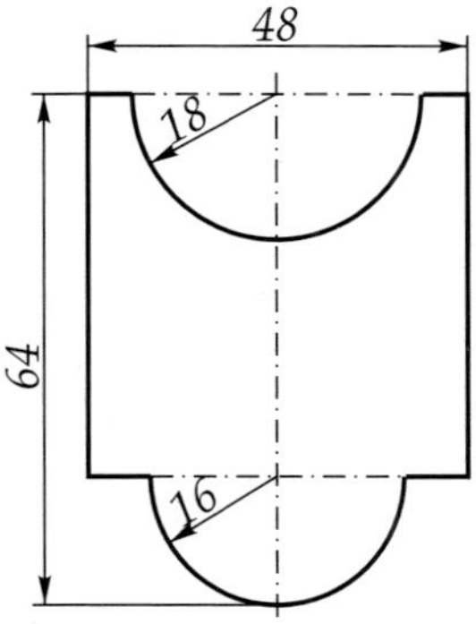

Bild 5.185

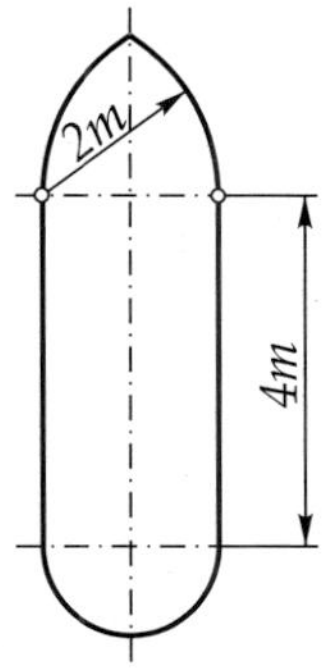

Bild 5.186

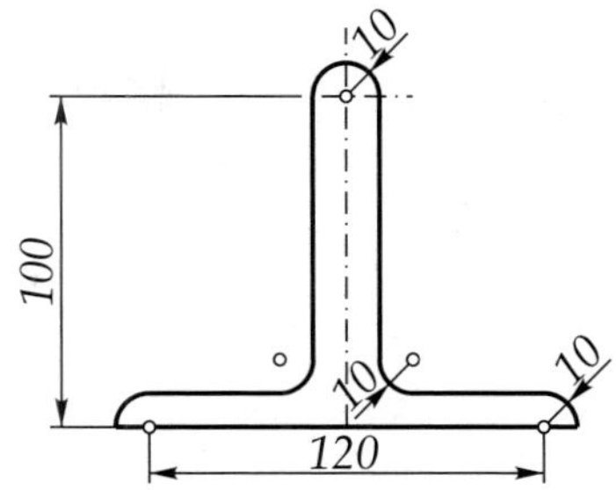

Bild 5.187

5.231 Ein nahtlos gewalztes Rohr hat eine Wanddicke w von 14 mm und einen lichten Durchmesser von 75 mm. Wie groß ist der Materialquerschnitt A?

5.232 Der äußere Umfang eines Brunnens mit kreisringförmigem Querschnitt ist 9,5 m, der innere Umfang 7,2 m.

Wie groß sind die Wanddicke a und der Querschnitt A des Mauerwerkes?

5.233 Eine Bremstrommel von 42 cm Umfang wird mit Bremsbelag von 6 mm Dicke belegt. Welchen Umfang U und welchen Durchmesser d erhält dadurch die Trommel?

5.234 Eine Stahlwelle von 84 mm Durchmesser soll so ausgebohrt werden, dass der ursprüngliche Querschnitt auf die Hälfte reduziert wird. Wie groß muss der Bohrungsdurchmesser d gewählt werden?

5.235 Über ein Vierkanteisen, das einen quadratischen Querschnitt mit der Seitenlänge $a = 31$ mm besitzt, soll eine zylindrische Hülse von 150 mm äußerem Umfang geschoben werden. Berechne die Wanddicke w der Hülse sowie deren inneren und äußeren Durchmesser d_1 und d_2.

5.236 Ein Teleskopstativ ist aus drei ineinander verschiebbaren Rohren von 0,8 mm Wanddicke zusammengesetzt. Wie groß sind die Querschnitte A_1, A_2 und A_3 der Rohre, wenn der Innendurchmesser des kleinsten Rohres $d = 7$ mm misst?

5.237 Aus einem Blechstreifen von 1,5 m Länge und 3 cm Breite sollen Ringe von 24 mm Außendurchmesser und 12 mm Innendurchmesser ausgestanzt werden. Wie groß ist der Abfall A, wenn zwischen je zwei Ringen und von den Rändern des Streifens ein Abstand von 3 mm eingehalten werden muss?

5.238 Die Schleifringe eines Drehstromgenerators haben eine Dicke von 4 mm und einen inneren Umfang von 118 mm. Berechne ihre Umfangsgeschwindigkeit v am äußeren Umfang bei einer Drehzahl von $n = 1\,500\ \text{min}^{-1}$.

5.239 Wie groß ist der Querschnitt der im Bild 5.188 dargestellten Schelle, wenn die Laschen als Rechtecke betrachtet werden?

5.240 Ein Kreisbogen ist $b = 6$ cm lang und hat den Radius $r = 4$ cm.

Wie groß ist der zum Bogen gehörende Mittelpunktswinkel α, und wie groß ist der Flächeninhalt A des entsprechenden Sektors?

5.241 Wie groß ist der Flächeninhalt A der drei Segmente, die entstehen, wenn einem Kreis mit dem Radius $r = 8$ cm ein gleichseitiges Dreieck einbeschrieben wird?

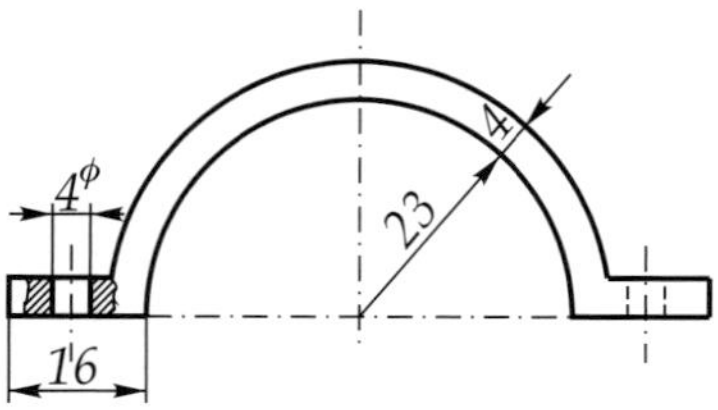

Bild 5.188

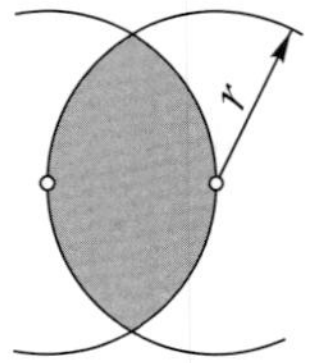

Bild 5.189

5.242 Der Bogen b eines Sektors mit dem Radius $r = 4\,\text{cm}$ sei ebenfalls r.

Wie groß sind der Flächeninhalt A des Sektors und der Radius $r_{\bigcirc}$ eines Kreises, der dem Sektor flächengleich ist?

5.243 Wie groß ist das grau gezeichnete Flächenstück A im Bild 5.189, wenn der Kreisradius $r = 6\,\text{cm}$ beträgt?

5.244 Ein Sektor und ein Segment, die beide zu dem gleichen Kreis gehören, sollen flächengleich sein. Wie groß ist der Bogen b_1 des Sektors, wenn vom Segment der Bogen $b_2 = 5\,\text{cm}$, die Bogenhöhe $h = 1\,\text{cm}$ und die Sehne $s = 4\,\text{cm}$ lang sind?

5.245 Vergleiche die gemeinsame Größe der beiden Flächen M_a und M_b in Bild 5.190, die als „Möndchen des HIPPOKRATES“[1] bekannt sind, mit dem Inhalt des rechtwinkligen Dreiecks ABC.

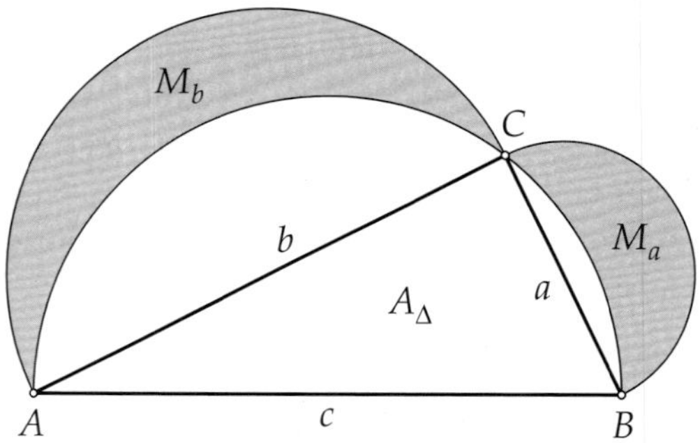

Bild 5.190

5.246 Wie groß ist die im Bild 5.191 grau gezeichnete Fläche A, wenn $r = 6\,\text{cm}$ ist?

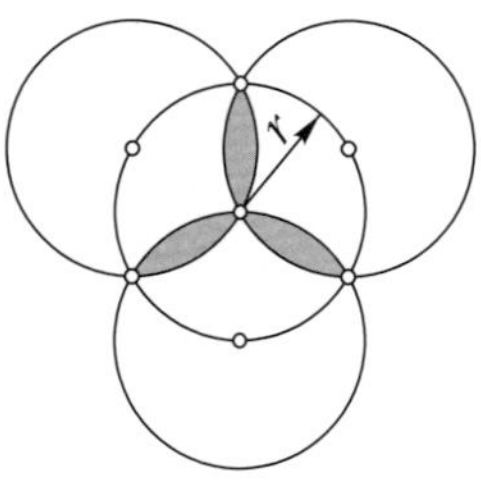

Bild 5.191

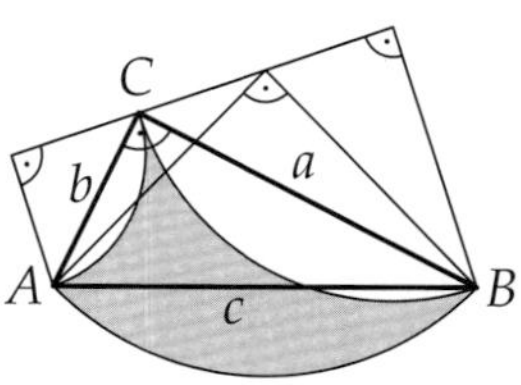

Bild 5.192

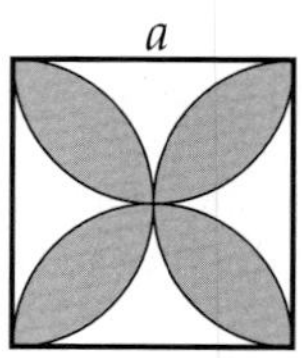

Bild 5.193

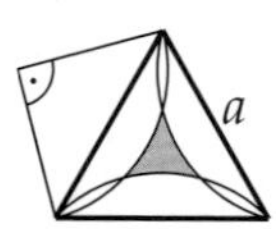

Bild 5.194

[1] HIPPOKRATES VON CHIOS, antiker griechischer Mathematiker aus dem 5. Jahrhundert vor Christus; nicht zu verwechseln mit dem Begründer der wissenschaftlichen Medizin, HIPPOKRATES VON KOS.

5.247 Welche Beziehung besteht zwischen dem Flächeninhalt der im Bild 5.192 eingefärbten Fläche und dem Flächeninhalt des rechtwinkligen Dreiecks *ABC*?

5.248 Berechne den Flächeninhalt *A* der im Bild 5.193 grau gezeichneten Fläche, wenn die Quadratseite $a = 3\,\text{cm}$ lang ist.

5.249 Wie groß ist der Inhalt *A* der im Bild 5.194 grau dargestellten Fläche, wenn die Seite des gleichseitigen Dreiecks $a = 8\,\text{cm}$ lang ist?

5.250 Welche Länge *l* hat der im Bild 5.195 dargestellte Rohrbogenausgleicher?

5.251 Wie groß ist der Flächeninhalt *A* des im Bild 5.196 dargestellten Bleches?

5.252 Bestimme den in Bild 5.197 grau dargestellten Querschnitt *A* einer Welle.

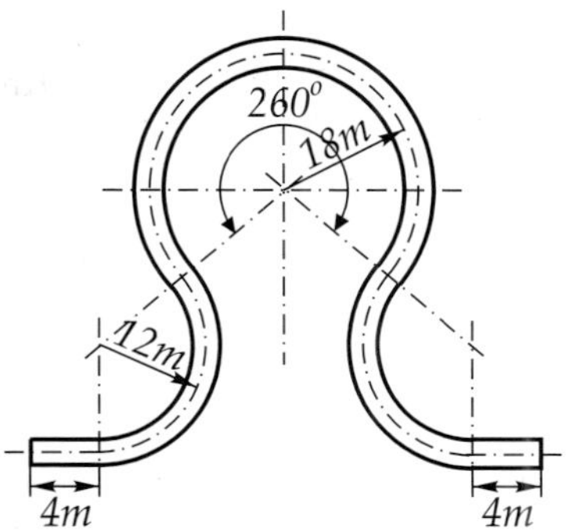

Bild 5.195

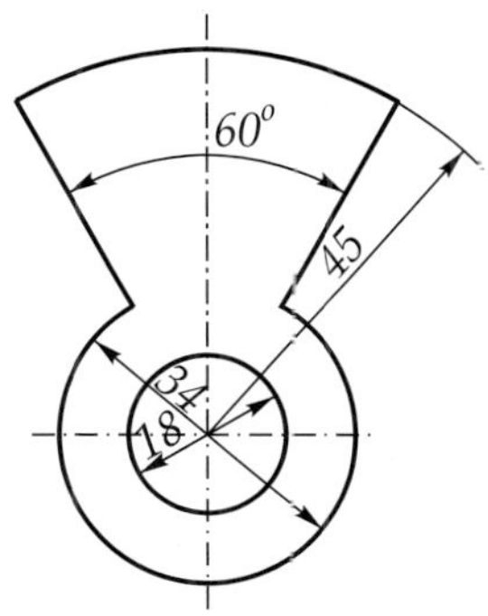

Bild 5.196

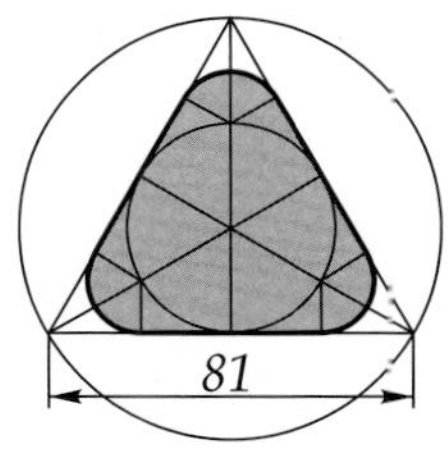

Bild 5.197

5.253 Welchen Umfang *U* hat das im Bild 5.198 dargestellte Werkstück?

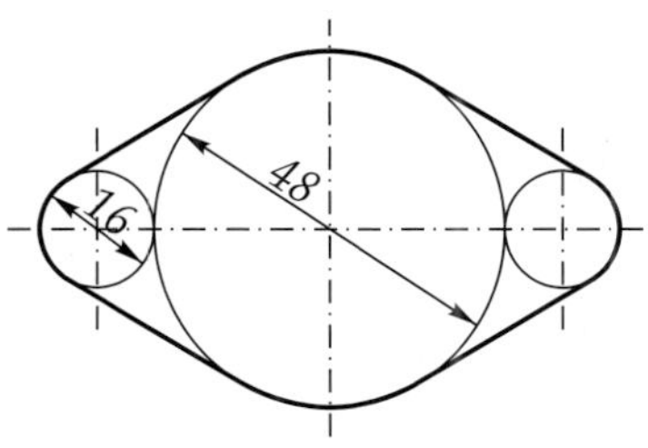

Bild 5.198

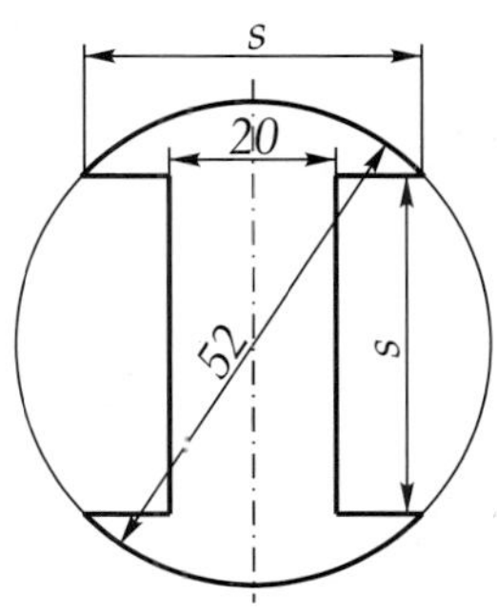

Bild 5.199

5.254 Berechne das fehlende Maß *s* im Bild 5.199. Welchen Querschnitt *A* hat der Doppel-T-Anker?

5.255 Ergänze die Maße α, b_1 und b_2 des im Bild 5.200 dargestellten Rohrbogens.

5.256 Wie groß ist der Schnitt *A* einer plankonvexen Linse mit den Abmessungen aus Bild 5.201?

5.257 Berechne den Materialbedarf *A* der im Bild 5.202 dargestellten Kondensatorplatte.

5.258 Im Bild 5.203 ist die Platte eines Schmetterlingskreises dargestellt, die in der Dezimeterwellentechnik zur Kapazitätsveränderung von Schwingkreisen benutzt wurden. Berechne den Materialbedarf *A* für 80 solcher Platten.

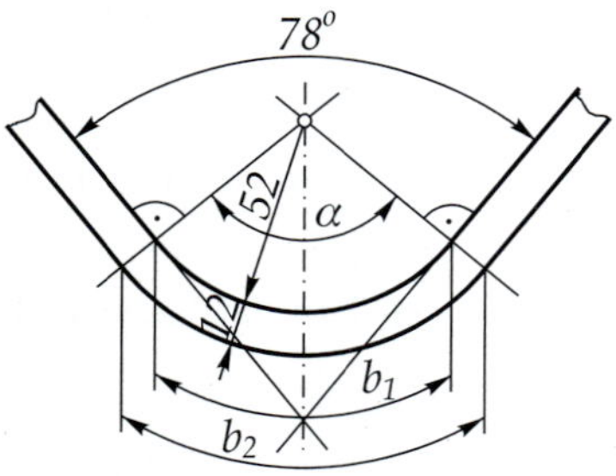

Bild 5.200

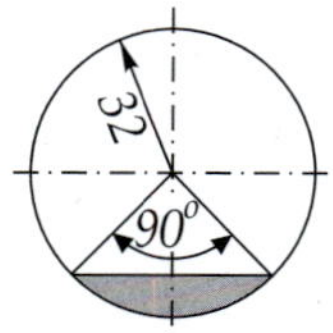

Bild 5.201

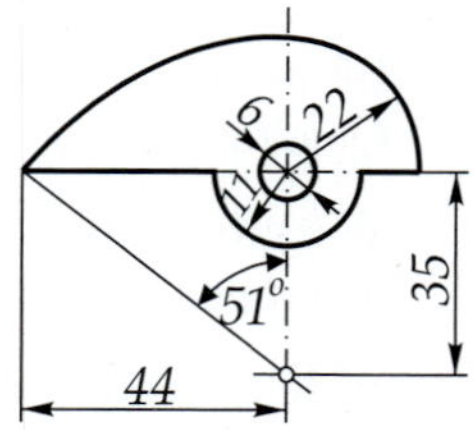

Bild 5.202

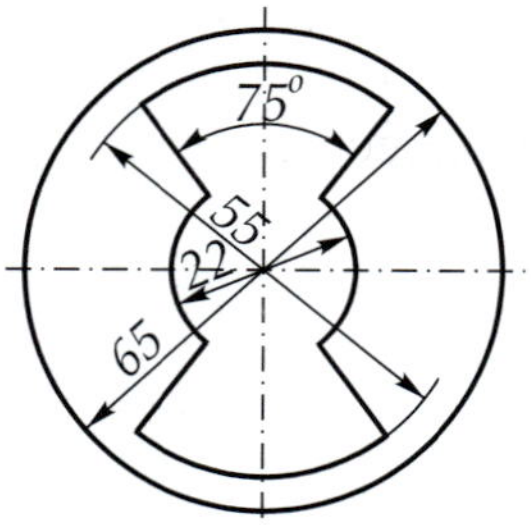

Bild 5.203

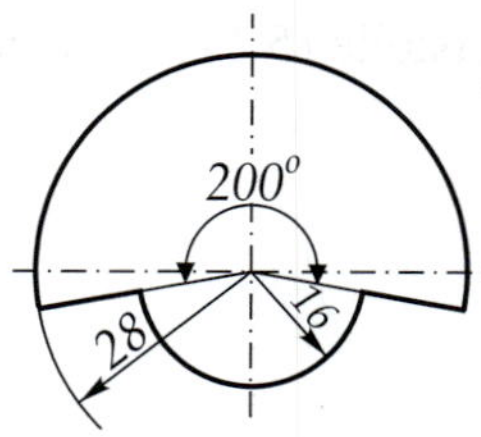

Bild 5.204

5.259 Bestimme den Umfang U und den Blechbedarf A des im Bild 5.204 gezeigten Werkstückes.

5.260 Aus einem Blech von 24 mm Durchmesser soll ein gleichseitiges Dreieck herausgeschnitten werden, dessen Ecken auf dem Kreisumfang liegen. Berechne den Flächeninhalt A eines der drei abfallenden Segmente.

5.11.6 Umfang und Flächeninhalt ähnlicher Flächen (Lösungen ab Seite 933)

5.261 Ein Kupferdraht von 2 mm² Querschnitt soll durch einen Aluminiumdraht von 3,4-fachem Querschnitt ersetzt werden.

Welchen Durchmesser d muss der Aluminiumdraht haben?

5.262 Die Papierformate aus den DIN-Reihen besitzen laut Beispiel 3.81 auf Seite 346 den Ähnlichkeitsfaktor $\sqrt{2}$.

Wie verändert sich in den Reihen die Blattgröße von einem zum nächsten Format?

6 Goniometrie

> Das erste und wesentlichste einer Aufgabe besteht darin,
> dass sie gelöst werde. Allein zu ein und demselben Ziel
> führen oft mehrere Wege. Nicht selten kommt man beim
> ersten Male auf einem langen und dornigen Umweg zum Ziel.
> Der kürzeste, wahre und echte Weg wird oft erst viel später entdeckt.
>
> *Carl Friedrich Gauß*

In diesem Kapitel wird Grundwissen aus der Geometrie (Kapitel 5) vorausgesetzt, insbesondere die Abschnitte über Winkel (5.1), den Kreis und die Kreisteile (5.11.5) sowie über die Dreiecke.

6.1 Das Bogenmaß

Für viele Berechnungen, insbesondere später bei der Differenzial- und Integralrechnung, ist das Gradmaß als Maß für Winkel nicht gut geeignet. Dafür wird ein Winkelmaß in Form einer *unbenannten Zahl*, das Bogenmaß verwendet.

Das **Bogenmaß** ist das Verhältnis der Bogenlänge b eines Kreisausschnitts mit dem Mittelpunktswinkel α zum zugehörigen Kreisradius r.

Für das Bogenmaß werden die beiden gleichwertigen Schreibweisen $\widehat{\alpha}$ [1] und [1] verwendet und es gilt

$$\boxed{\widehat{\alpha} = \quad = \frac{b}{r}} \tag{6.1}$$

Wie gefordert ist das Bogenmaß als Quotient zweier Strecken eine dimensionslose Zahl.

Außerdem erkennt man aus Bild 6.1, dass alle Kreisausschnitte mit gleichem Mittelpunktswinkel α ähnlich sind, die Bogenlänge dem zugehörigen Mittelpunktswinkel proportional ist und das Bogenmaß auch unabhängig von dem jeweils betrachteten Kreisausschnitt ist.
Ersetzt man in der Definitionsgleichung für das Bogenmaß (6.1) die Bogenlänge durch $b = \dfrac{\pi r \alpha}{180^\circ}$ aus (5.24), so erhält man die folgende

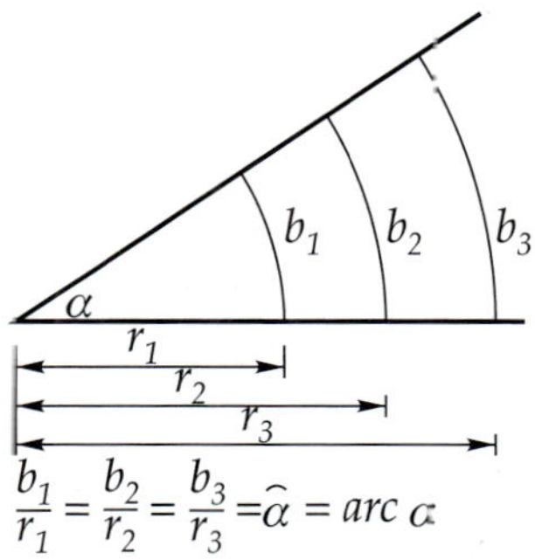

Bild 6.1

Berechnungsvorschrift für das Bogenmaß:

$$\boxed{\widehat{\alpha} = \frac{\pi \cdot \alpha}{180^\circ}} \tag{6.2}$$

---

[1] Lies: alpha Bogen

[1] Lies: arkus alpha. arcus (lat.) Bogen

Stellt man diese Gleichung nach α um, kann man das Bogenmaß wie folgt in das entsprechende Gradmaß umrechnen:

$$\boxed{\alpha = \widehat{\alpha}\frac{180^\circ}{\pi} \approx \widehat{\alpha} \cdot 57{,}295\,8^\circ} \qquad (6.3)$$

Die folgende Tabelle enthält für einige ausgewählte Winkel die genauen und die auf vier Stellen gerundeten Werte für das Bogenmaß:

Gradmaß	0°	30°	45°	60°	90°	180°	270°	360°
Bogenmaß	0	$\frac{\pi}{6}$	$\frac{\pi}{4}$	$\frac{\pi}{3}$	$\frac{\pi}{2}$	π	$\frac{3}{2}\pi$	2π
	0,0000	0,5236	0,7854	1,0472	1,5708	3,1416	4,7124	6,2832

Beispiel:

6.1 Welcher Winkel besitzt das Bogenmaß 1? Anders formuliert: Bei welchem Winkel ist der zugehörige Kreisbogen genau so groß wie der Kreisradius?

Lösung: Der gesuchte Winkel sei x. Dann muss

$$b = \pi \cdot r \cdot \frac{x}{180^\circ} = r$$

sein, woraus

$$x = \frac{180^\circ}{\pi} \approx 57{,}295\,8^\circ \approx 57^\circ\, 17'\, 45''$$

folgt.

Der in diesem Beispiel ermittelte Winkel x, der auch schon in Formel (6.3) auftrat, wird als **Radiant** [1] bezeichnet.

■ Ein Winkel, dessen Bogenmaß 1 ist, heißt Radiant.

Zur Kennzeichnung, dass eine Zahl das Bogenmaß eines Winkels bedeutet, setzt man oft die Abkürzung rad dahinter, für den Radiant also 1 rad.

☞ 1 rad ist damit gleichbedeutend mit den Winkelangaben $\approx 57{,}295\,8^\circ$ oder $\approx 57^\circ\, 17'\, 45''$.

Beispiel:

6.2 Zur Umrechnung von Winkeln aus dem Gradmaß ins Bogenmaß und umgekehrt kann man die Formel (6.2) verwenden.

a) Wandle den Winkel $\alpha = 75^\circ$ in sein Bogenmaß:

$$\widehat{\alpha} = \frac{\pi \cdot \alpha}{180^\circ} = \frac{\pi \cdot 75^\circ}{180^\circ} = \frac{5}{12}\pi \approx 1{,}309\,.$$

Es ist üblich, das Bogenmaß als Vielfaches oder Bruchteil von π anzugeben und nicht als dezimalen Wert zu schreiben.

[1] radiō (lat.) strahlen

b) Wandle das Bogenmaß 0,4 in das zugehörige Gradmaß:

$$\alpha = \frac{180^\circ}{\pi} \cdot \widehat{\alpha} = \frac{180^\circ}{\pi} \cdot 0{,}4 \approx 22{,}9^\circ \approx 22^\circ 55' 6'' .$$

BOGENMASS(Grad-Winkel) wandelt ein Gradmaß in Bogenmaß um.
GRAD(Rad-Winkel) wandelt ein Bogenmaß in Gradmaß um.

Aufgabe	**Eingabe**	**Ergebnis**
$17^\circ \Longrightarrow$? rad	**BOGENMASS(17)**	0,2967 ...
2 rad $\Longrightarrow$?°	**GRAD(2)**	114,5915 ...

✍ A. 6.1 auf Seite 655

Aufgaben:

6.1 Das Bogenmaß

(Lösungen ab Seite 933)

6.1 Wandle die Winkel in Gradmaß oder in Bogenmaß um:

a) 0,036 24	b) 0,271 10	c) 1,550 03	d) 2,943 25
e) $38^\circ 24' 30''$	f) $42^\circ 00' 45''$	g) $164^\circ 35' 18''$	h) $115^\circ 32' 06''$

6.2 Winkelfunktionen

6.2.1 Definition der Winkelfunktionen

Die **Winkelfunktionen**, auch **trigonometrische Funktionen**[1] genannt, spielen in der Mathematik und insbesondere in deren Anwendungen eine bedeutende Rolle.

Um diese Funktionen definieren zu können, wird auf der Peripherie eines Kreises ein veränderlicher Punkt P betrachtet, siehe Bild 6.2. Der Mittelpunkt M dieses Kreises soll mit dem Ursprung eines kartesischen Koordinatensystems zusammenfallen. Die Koordinaten des Punktes P seien $(u\,;\,v)$ und r sei die Maßzahl für den Kreisradius.

Wenn sich der Punkt P auf der Peripherie des Kreises bewegt, dann verändert sich mit dieser Bewegung auch der Winkel $\measuredangle EMP$, der mit x bezeichnet werden soll:

$$\measuredangle EMP = x\,.$$

Der Winkel x soll stets in Bezug auf die *positive Richtung* der Abszissenachse gemessen werden. Wird der Schenkel $\overline{MP}$ bezüglich seiner Ausgangslage links herum gedreht, also entgegengesetzt zum Uhrzeigersinn, dann ist x ein positiver Winkel.

Erfolgt die Drehung dagegen rechts herum im Uhrzeigersinn, so ist der Winkel negativ.

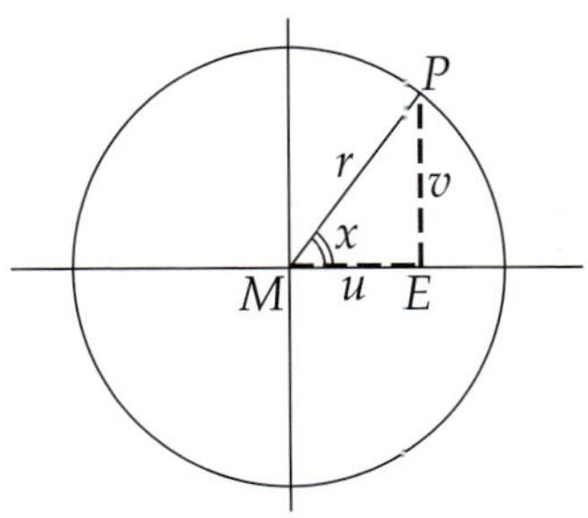

Bild 6.2

[1] trígōnon (griech.) Dreieck ⇒ Trigonometrie – Dreiecksmessung

Unter Beachtung dieser Festlegungen werden die vier **Winkelfunktionen** Sinus[1], Kosinus[2], Tangens[3] und Kotangens[4] wie folgt definiert:

Der **Sinus** eines Winkels x, bezeichnet mit $\sin(x)$, ist das Verhältnis der Ordinate v eines veränderlichen Kreispunktes zum Kreisradius r:

$$\sin(x) = \frac{v}{r}\,. \tag{6.4}$$

Der **Kosinus** eines Winkels x, bezeichnet mit $\cos(x)$, ist das Verhältnis der Abszisse u eines veränderlichen Kreispunktes zum Kreisradius r:

$$\cos(x) = \frac{u}{r}\,. \tag{6.5}$$

Der **Tangens** eines Winkels x, bezeichnet mit $\tan(x)$, ist das Verhältnis der Ordinate v eines veränderlichen Kreispunktes zur Abszisse u:

$$\tan(x) = \frac{v}{u}\,. \tag{6.6}$$

Der **Kotangens** eines Winkels x, bezeichnet mit $\cot(x)$, ist das Verhältnis der Abszisse u eines veränderlichen Kreispunktes zur Ordinate v:

$$\cot(x) = \frac{u}{v}\,. \tag{6.7}$$

☞ Die Einzahl von Sinus wird mit kurzem u gesprochen, wie „sinuss“, die Mehrzahl hingegen mit einem langgezogenen u, wie „sinuhs“. Das gleiche gilt auch für den Kosinus.

Die beiden Definitionsgleichungen (6.4) und (6.5) für den Sinus und den Kosinus eines Winkels unterliegen keinerlei Einschränkungen, da der Nenner des rechts stehenden Bruches konstant und stets von null verschieden ist. Beide Gleichungen führen bei allen Winkeln, also auch bei negativen, zu sinnvollen Zahlenwerten.

Dagegen können die Nenner in den Definitionsgleichungen (6.6) und (6.7) für den Tangens und den Kotangens eines Winkels bei bestimmten Winkeln null werden. Beim Tangens sind dies die Winkel $90°$, $270°$, $450°$, $\ldots$, $(2k+1)\cdot 90°$, beim Kotangens die Winkel $0°$, $180°$, $360°$, $\ldots$, $2k \cdot 90°$ mit $k \in \mathbf{Z}$.

Die Berechtigung, die hier definierten Quotienten als **Funktionen** zu bezeichnen, ergibt sich daraus, dass *jedem* Winkel *eindeutig* ein bestimmter Wert des Quotienten, der Funktionswert, zugeordnet ist.

Bevor man die Funktionstasten [sin], [cos] oder [tan] benutzt, muss geklärt werden, mit welchem Winkelmaß die Berechnungen durchgeführt werden sollen.

[1] Indische Astronomen haben schon sehr früh mit dem *Halbsehnenmaß* gearbeitet ($\overline{EP}$ in Bild 6.2). Seefahrende Araber haben das indische Wort „dschiba“ für Halbsehne wahrscheinlich mit dem lautgleichen arabischen „dschaib“ für Meerbusen verwechselt, was bei späteren Übersetzungen ins Lateinische zu dem heutigen Begriff Sinus (sinus (lat.) Meerbusen, Bucht) führte.

[2] complementi sinus (lat.) Sinus des Komplementwinkels

[3] tango (lat.) berühren

[4] complementi tangens (lat.) Tangens des Komplementwinkels

Die entsprechende Auswahl geschieht bei den verschiedenen Modellen ganz unterschiedlich. Bei bedienungsfreundlichen Geräten ist dies meist mit [Mode] möglich, ansonsten muss man im Handbuch nachschauen.

Nach der Auswahl wird am Display-Rand ein entsprechendes Symbol angezeigt, welches auf das aktuelle Winkelmaß hinweist: Gradmaß **D** oder **DEG**, Bogenmaß **R** oder **RAD** oder Gon[1] **G** oder **GRA**.

Für den Kotangens gibt es auf dem Taschenrechner keine eigene Funktionstaste, da er nach Vergleich von (6.6) und (6.7) als Kehrwert des Tangens berechnet werden kann.

Aufgabe	**Modus**	**Eingabe**	**Ergebnis**
$\sin(7^\circ) = ?$	DEG	[sin] [(] 7 [)] [=]	0,1218 ...
$\cos(2{,}5) = ?$	RAD	[cos] [(] 2.5 [)] [=]	−0,8011 ...
$\cot(35^g) = ?$	GRA	[tan] [(] 35 [)] [x^{-1}] [=]	1,6318 ...
$\cos\left(\pi/12\right) = ?$	RAD	[cos] [(] [π] [÷] 12 [)] [=]	$\frac{\sqrt{6}+\sqrt{2}}{4}$
$\tan(14^\circ) = ?$	DEG	[tan] [(] 14 [)] [=]	0,2493 ...

[sin] produziert bei einigen Modellen zusätzlich zur Funktion auch eine sich öffnende Klammer sin(, so dass nach dem Argument nur noch die Klammer geschlossen werden sollte. Folgen weitere Eingaben, wie z. B. bei $\sin(3 \cdot 7 + 5)$, so muss das Argument auf jeden Fall durch eine sich schließende Klammer beendet werden.

In einigen Fällen, wie z. B. bei $\cos\left(\pi/12\right)$, können einige Modelle einen Lösungsterm ausgeben, meist sind die Ergebnisse aber Dezimalbrüche.

Vorsicht: Einige ältere Modelle wechseln beim Einschalten des Gerätes automatisch in den Gradmaß-Modus! Ebenfalls kann bei älteren Modellen die Eingabereihenfolge vertauscht sein: $\sin(7^\circ)$ wird dann mit 7 [sin] [=] berechnet, siehe Abschnitt 1.3.1.5.

Woran erkennt man, ob mit dem Grad- oder dem Bogenmaß gearbeitet werden soll?

Meistens ist das aus der Aufgabenstellung ersichtlich. Ist dort von einem Winkel mit 17° die Rede oder soll ein Dreieckswinkel berechnet werden, so rechnet man im Gradmaß.

Wird der Winkel als Vielfaches von π, z. B. $\pi/5$, oder als dimensionslose Zahl, z. B. sin(0,3), angegeben, so muss der Taschenrechner auf das Bogenmaß eingestellt werden.

---

[1] Das Winkelmaß *Gon* (veraltete Bezeichnung: Neugrad) wird in der Einheit gon angegeben und besonders im Vermessungswesen verwendet. Ein Vollwinkel beträgt hier 400 gon, ein rechter Winkel entspricht 100^g.

Ein griechischer Buchstabe für den Winkel, z. B. α, β, ... bedeutet oft, dass mit dem Gradmaß gearbeitet werden soll, die Bezeichnung x in $\cos(x)$ dagegen deutet meist auf das Bogenmaß hin.

Excel erwartet die Winkelangaben für die trigonometrischen Funktionen im Bogenmaß. Die Rechenbefehle lauten:
SIN(Rad-Winkel **)** , **COS(** Rad-Winkel **)** oder **TAN(** Rad-Winkel **)**

Ein Winkel im Gradmaß muss deshalb vorher umgerechnet werden:

SIN(BOGENMASS(Gradwinkel **))** oder

SIN(Gradwinkel * **PI(** **)**/180 **)**

Aufgabe	**Eingabe**	**Ergebnis**
$\sin(15°) = ?$	**SIN(BOGENMASS(** 15 **))**	0,2588 ...
$\cos(0{,}5\,\pi) = ?$	**SIN(** 0,5 * **PI( )** **)**	0,9996 ...

Achtung: **SIN(PI( ))** ergibt 1,22E-16, also annähernd null für exakt $\sin(\pi) = 0$.

Auch *Derive* erwartet erst einmal die Winkelangaben im Bogenmaß. Durch die zusätzliche Angabe eines Gradzeichens ° oder „deg“ wird im Gradmaß gerechnet:

Aufgabe	**Eingabe**	**Ergebnis**
$\sin(45°) = ?$	sin(45°) =	$\frac{\sqrt{2}}{2} \approx 0{,}7071\ldots$
$\sin(45) = ?$	sin(45) =	0,8509 ...
$\cot(0{,}75\,\pi) = ?$	cot(0,75 pi) =	-1

Neben den Befehlen $\sin(x)$, $\cos(x)$ und $\tan(x)$ steht auch $\cot(x)$ zur Verfügung.

A. 6.2–6.6 auf Seite 671

6.2.2 Kurvenbilder der Winkelfunktionen

Um die im Abschnitt 6.2.1 eingeführten Winkelfunktionen grafisch darstellen zu können ist es sinnvoll, dafür zu sorgen, dass der Nenner der in den Definitionsgleichungen (6.4) und (6.5) auftretenden Brüche gleich 1 wird. Aus diesem Grunde geht man zum sogenannten **Einheitskreis** über, bei dem die Maßzahl des Radius gleich 1 gewählt wird. In diesem Falle stellen dann die Ordinate v und die Abszisse u des Punktes P im Bild 6.2 unmittelbar die Funktionswerte $\sin(x)$ und $\cos(x)$ dar.

Dabei ist zu beachten, dass diese Funktionswerte positiv und negativ sein können, je nachdem, in welchem Quadranten der betrachtete Winkel liegt.

Bei der zeichnerischen Darstellung der trigonometrischen Funktionen wählt man die Zeicheneinheiten auf der x-Achse gewöhnlich so, dass dem Winkel 2π auch die Maßzahl $2\pi \approx 6{,}28$ auf der Abszissenachse entspricht.

Damit lassen sich, wie dies im Bild 6.3 angedeutet ist, die zu verschiedenen Winkeln x gehörenden Werte v als Ordinaten in das x, y-Koordinatensystem übertragen. So entsteht die **Kurve der Funktion $y = \sin(x)$**, die auch **Sinuskurve** genannt wird.

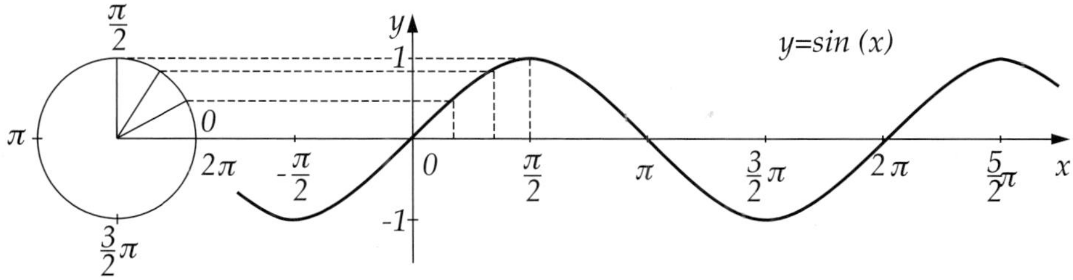

Bild 6.3

Ein Blick auf den Graphen $y = \sin(x)$ zeigt, dass man vier wesentliche Bereiche unterscheiden kann:

①	$0 \leq x < \pi/2$	oder	$0° \leq \alpha < 90°$
②	$\pi/2 \leq x < \pi$	oder	$90° \leq \alpha < 180°$
③	$\pi \leq x < 3/2\,\pi$	oder	$180° \leq \alpha < 270°$
④	$3/2\,\pi \leq x < 2\,\pi$	oder	$270° \leq \alpha < 360°$

Der zweite Bereich ergibt sich aus dem ersten durch eine Spiegelung an der Achse $x = \pi/2$. Führt man mit den ersten beiden Abschnitten eine Punktspiegelung an $x = \pi$ durch, so erhält man die beiden letzten Bereiche. Wir werden diese Überlegungen im folgenden Kapitel 6.2.3 noch einmal vertiefen und weitere Erkenntnisse daraus gewinnen.

In ähnlicher Weise ließe sich die Kosinuskurve zeichnen, indem man die zu verschiedenen Winkeln gehörenden Werte u als Ordinaten in das x, y-Koordinatensystem überträgt.

Die Zeichnung vereinfacht sich jedoch sehr wesentlich dadurch, dass man den Kreis vorher um $\frac{\pi}{2}$ im positiven Sinne dreht und dann ähnlich wie bei der Konstruktion der Sinuskurve vorgeht. Bild 6.4 zeigt die Kurve der Funktion $y = \cos(x)$, die sogenannte **Kosinuskurve**.

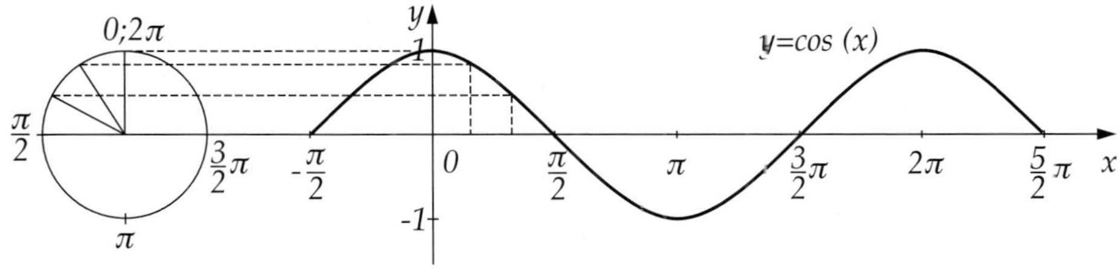

Bild 6.4

Lässt man in den Bildern 6.3 und 6.4 den Punkt P mehrfach auf dem Kreise herumwandern, so wird sich das anfängliche Verhalten sowohl der Sinus- als auch der

Kosinusfunktion nach jedem vollen Umlauf wiederholen. Das spiegelt sich auch in beiden Fällen im dargestellten Kurvenverlauf wider. Man sagt, die beiden Funktionen $y = \sin(x)$ und $y = \cos(x)$ haben die **Periode 2π.**

Der Definitionsbereich der beiden Funktionen ist unbegrenzt:

$$\mathbf{D} = \mathbf{R}\text{ , also } x \in \,]-\infty\,;\,+\infty[\text{ ,}$$

zum Wertebereich beider Funktionen gehören alle y-Werte von -1 bis $+1$:

$$\mathbf{W} = [\,-1\,;\,+1\,]\text{ .}$$

Zur Darstellung der Funktion $y = \tan(x)$ ist eine Vorbetrachtung nötig, siehe Bild 6.5. Wenn man, ähnlich wie bei der Sinusfunktion, auch bei der Tangensfunktion die Funktionswerte unmittelbar am Einheitskreis ablesen möchte, dann ist es erforderlich, das Verhältnis v/u so zu erweitern, dass im Nenner der Wert 1 erscheint. Dies wird geometrisch durch den Übergang vom Dreieck MEP zum Dreieck MAB erreicht. Die Maßzahl der Strecke $\overline{AB}$ auf der Haupttangente t_h stimmt dann mit dem Funktionswert von $\tan(x)$ überein, da $\overline{AM} = 1$ LE ist.

Der Strahl von M über P kommt allerdings nicht in allen Fällen mit der Haupttangente t_h zum Schnitt, wenn der Winkel im II. oder III. Quadranten liegt. Da aber das Verhältnis v/u für zwei Winkel, die sich um π unterscheiden, gleich ist, kann man in den Fällen die rückwärtige Verlängerung des Strahles MP mit der Haupttangente zum Schnitt bringen. So erhält man das im Bild 6.6 dargestellte Bild der Funktion $y = \tan(x)$.

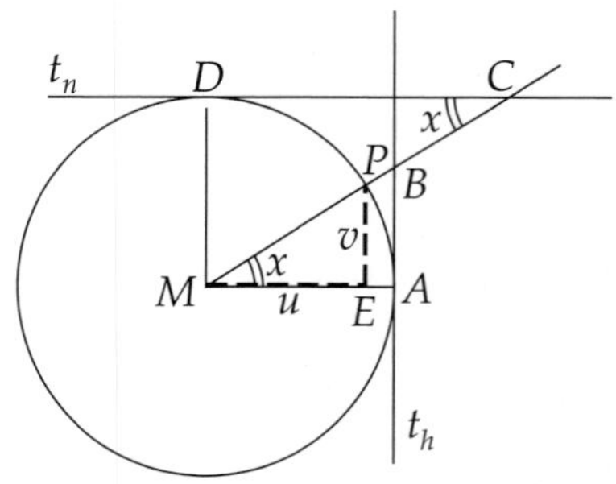

Bild 6.5

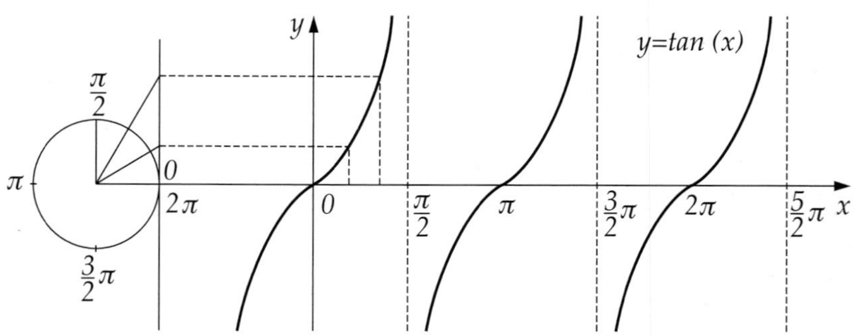

Bild 6.6

Wenn sich der Winkel x in der Funktion $y = \tan(x)$ einem der folgenden Werte

$$\pm\frac{\pi}{2},\quad \pm\frac{3}{2}\pi,\quad \pm\frac{5}{2}\pi,\quad \ldots,\quad \pm\frac{2n+1}{2}\pi,\quad \ldots$$

nähert, so wird der Nenner des Verhältnisses v/u immer kleiner, und damit wird der Wert von $\tan(x)$ dort immer größer – die Funktionswerte wachsen im negativen und positiven Bereich ins Unendliche. Dabei nähert sich der Graph immer mehr einer senkrechten

Asymptote[1], wird diese aber naturgemäß nie erreichen. An den genannten Stellen selbst ist der Wert der Tangensfunktion *nicht erklärt*, da an diesen Stellen der Nenner null wird:

Die Stellen $x = \pm\frac{2n+1}{2}\pi$ mit $n \in \mathbf{N}$ sind **Polstellen** der Funktion $y = \tan(x)$. Der Graph nähert sich dort von links und rechts mit unterschiedlichem Vorzeichen der Funktionswerte einer senkrechten Asymptote.

Damit ist der *Definitionsbereich* der Funktion $y = \tan(x)$

$$\mathbf{D} = \mathbf{R} \setminus \left\{ \pm\frac{\pi}{2},\ \pm\frac{3}{2}\pi,\ \pm\frac{5}{2}\pi,\ \ldots,\ \pm\frac{2n+1}{2}\pi,\ \ldots \right\}$$

und der zugehörige *Wertebereich*

$$\mathbf{W} = \mathbf{R}\,.$$

Der Funktionswert $y = \cot(x)$ wird durch die Maßzahl $\overline{CD}$ auf der *Nebentangente* t_n des Einheitskreises dargestellt, siehe Bild 6.5. Daraus ergibt sich die im Bild 6.7 dargestellte Kurve der Funktion $y = \cot(x)$:

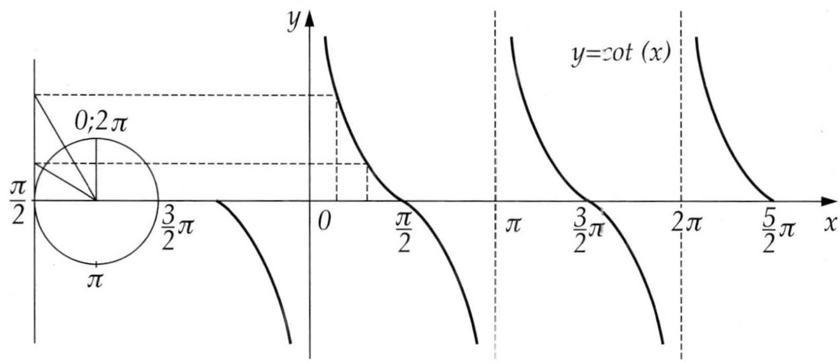

Bild 6.7

Für den *Definitions-* und den *Wertebereich* der Funktion $y = \cot(x)$ gilt

$$\mathbf{D} = \mathbf{R} \setminus \{\pm\pi;\ \pm 2\pi;\ \ldots;\ \pm n\cdot\pi;\ \ldots\} \quad \text{und} \quad \mathbf{W} = \mathbf{R}\,.$$

Die beiden Funktionen $y = \tan(x)$ und $y = \cot(x)$ haben die **Periode π.**

Die entsprechenden Überlegungen für die Funktionen $y = \cos(x)$ und $y = \cot(x)$ sind selbstständig nachzuvollziehen!

⚠ Weil bei der Bestimmung der Funktionswerte der Winkelfunktionen erfahrungsgemäß oft haarsträubende, aber durchaus vermeidbare Fehler gemacht werden, zum Schluss noch ein hilfreicher *Ratschlag*:

Man braucht sich nur die vier Bilder 6.3, 6.4, 6.6 und 6.7 gut einzuprägen. Dann hat man stets eine optische Vorstellung davon, wie beispielsweise der

[1] a (griech.) Verneinungsform; sýmptōtos (griech.) zusammenfallend und der Graph schmiegt sich an die Asymptote, es gibt aber keinen gemeinsamen Punkt. Asymptoten werden in gestrichelter Weise eingezeichnet und sind *kein* Bestandteil des Funktionsgraphen.

Wert des Sinus zunächst von 0 bis 1 zunimmt, wenn der Winkel von 0° bis 90° ansteigt. Lässt man den Winkel weiter von 90° bis 270° anwachsen, dann nimmt der Sinuswert in analoger Weise von 1 bis −1 ab. Danach wird er wieder größer, wenn sich der zugehörige Winkel zwischen 270° und 360° bewegt. Dieser Vorgang wiederholt sich schließlich immer wieder, wenn der Winkel über 360° hinaus vergrößert wird.

In gleicher Weise kann man optisch verfolgen, dass der Tangenswert zunächst von 0 an immer größer werden muss, um beim Winkel 90° ins positive Unendliche zu verschwinden. Sobald die 90° überschritten sind, kehrt der Schnittpunkt des beweglichen Strahls mit der Haupttangente aus dem negativen Unendlichen zurück, nimmt bei 180° den Wert 0 an und dann wiederholt sich der eben beschriebene Vorgang mit wachsendem Winkel immer wieder von Neuem.

Die Kurven der Winkelfunktionen kann man schnell und übersichtlich mit einem *Funktionenplotter* darstellen, siehe Abschnitt 1.3.4. Es wird dringend empfohlen, sich mit einem solchen Programm vertraut zu machen und *spielerisch* die Auswirkungen von Veränderungen am Funktionsterm auf den Graphen zu verfolgen.

Die meisten Computerprogramme interpretieren Winkelangaben im Bogenmaß, so dass ein Gradmaß erst umgerechnet werden muss. Soll für den Graphen der Funktion $f(x) = \sin(x)$ die x-Achse im Gradmaß eingeteilt sein, so lautet die Eingabe $f(x) = \sin\big(x \cdot \pi/180\big)$.

6.2.3 Die Zahlenwerte der Winkelfunktionen

Die Funktionswerte der Winkelfunktionen könnte man auf die Weise ermitteln, wie dies bei der Zeichnung der Kurven geschehen ist. Die so erhaltenen Werte wären jedoch naturgemäß sehr ungenau.

Wesentlich genauere Werte erhält man mit Methoden, die in der Infinitesimalrechnung bereitgestellt werden. Mit wenigen Ausnahmen sind diese Funktionswerte nichtperiodische unendliche Dezimalzahlen, also *irrationale Zahlen*, die durch endliche Dezimalbrüche angenähert werden.

Für einige besondere Winkel lassen sich die Zahlenwerte der vier Winkelfunktionen mühelos auf elementarem Wege berechnen, indem man die sich aus Bild 6.2 ergebenden Figuren zu gleichseitigen Dreiecken oder zum Quadrat ergänzt. So erhält man die Bilder 6.8 bis 6.10, in denen die Längen der Strecken eingetragen sind, die sich aus dem vorgegebenen Radius r berechnen lassen.

Beispielsweise erhält man aus diesen Bildern

$$\sin(30^\circ) = \frac{\frac{1}{2}r}{r} = \frac{1}{2} \qquad \cos(45^\circ) = \frac{\frac{1}{2}r\sqrt{2}}{r} = \frac{1}{2}\sqrt{2} \qquad \tan(60^\circ) = \frac{\frac{1}{2}r\sqrt{3}}{\frac{1}{2}r} = \sqrt{3}.$$

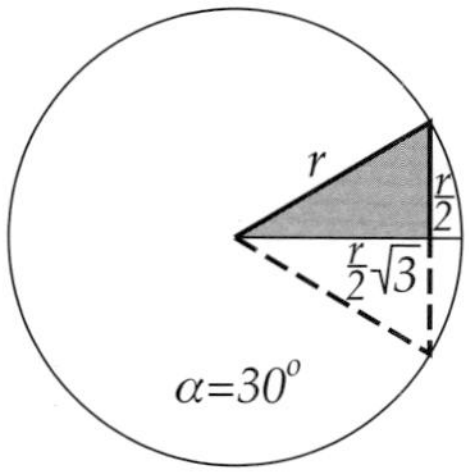

Bild 6.8

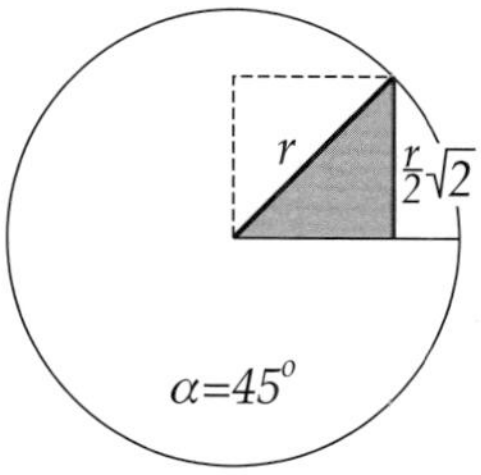

Bild 6.9

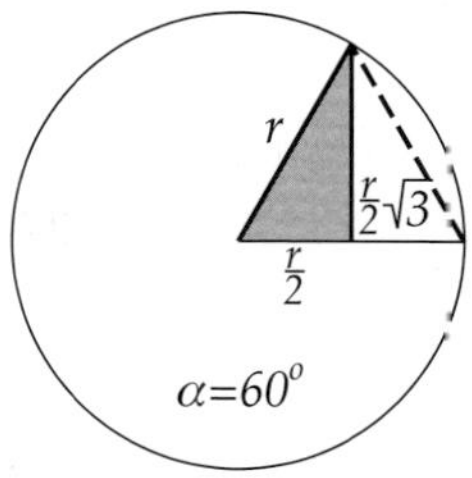

Bild 6.10

Alle Funktionswerte, die sich aus diesen drei Figuren ableiten lassen, sind in der nachfolgenden Tabelle zusammengestellt. Die Berechnung dieser Werte ist durchzuführen! Die Werte für 0° und 90° lassen sich ohne Schwierigkeiten aus den Kurvenbildern der vier trigonometrischen Funktionen ablesen.

Gradmaß α	0°	30°	45°	60°	90°
Bogenmaß x	0	$\frac{1}{6}\pi$	$\frac{1}{4}\pi$	$\frac{1}{3}\pi$	$\frac{1}{2}\pi$
$\sin(\alpha)$	0	$\frac{1}{2}$	$\frac{1}{2}\sqrt{2}$	$\frac{1}{2}\sqrt{3}$	1
$\cos(\alpha)$	1	$\frac{1}{2}\sqrt{3}$	$\frac{1}{2}\sqrt{2}$	$\frac{1}{2}$	0
$\tan(\alpha)$	0	$\frac{1}{3}\sqrt{3}$	1	$\sqrt{3}$	$\pm\infty$
$\cot(\alpha)$	$\pm\infty$	$\sqrt{3}$	1	$\frac{1}{3}\sqrt{3}$	0

Die Werte lassen sich einfacher merken, wenn man beachtet, dass man z. B. die Folge für den Sinus auch anders schreiben kann:

$$\tfrac{1}{2}\sqrt{0} \quad \tfrac{1}{2}\sqrt{1} \quad \tfrac{1}{2}\sqrt{2} \quad \tfrac{1}{2}\sqrt{3} \quad \tfrac{1}{2}\sqrt{4}\,.$$

Aus den Kurven aller vier trigonometrischen Funktionen sind markante Eigenschaften der Funktionen erkennbar, die für die Ermittlung von Funktionswerten für bestimmte Winkel oder für die Bestimmung eines zu einem bestimmten Funktionswert gehörenden Winkels von großer Bedeutung sind.

Betrachtet man das Kurvenbild der Sinus- oder der Tangens-Funktion und das der zugehörigen Co-Funktion im ersten Quadranten, so stellt man fest, dass man gleiche Funktionswerte erhält, wenn man die Ausgangsfunktion von 0 aus in Richtung wachsender α-Werte und die Co-Funktion von 90° aus in der entgegengesetzten Richtung durchläuft. Bild 6.11 veranschaulicht diesen Sachverhalt für die Sinus- und die Kosinus-Funktion. [1)]

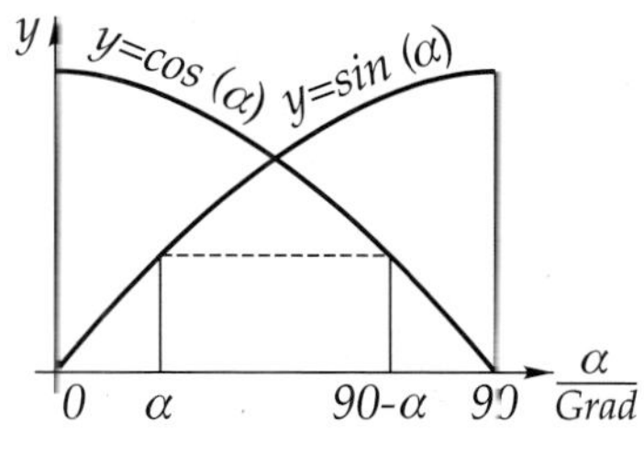

Bild 6.11

[1)] Zur Erinnerung: Kosinus, complementi sinus (lat.) Sinus des Komplementwinkels, also der Ergänzung zu 90°. Die Co-Funktion des Sinus ist der Kosinus, die des Kosinus der Sinus, die des Tangens der Kotangens und die des Kotangens der Tangens.

Daraus geht hervor, dass

$$\boxed{\sin(\alpha) = \cos(90^\circ - \alpha) \qquad \cos(\alpha) = \sin(90^\circ - \alpha)} \tag{6.8}$$

gelten muss. Entsprechend ergibt sich für die Tangens- und die Kotangensfunktion:

$$\boxed{\tan(\alpha) = \cot(90^\circ - \alpha) \qquad \cot(\alpha) = \tan(90^\circ - \alpha)} \tag{6.9}$$

Beide Sätze lassen sich allgemein wie folgt ausdrücken:

Der Funktionswert einer Winkelfunktion ist gleich dem Funktionswert der zugehörigen Co-Funktion für den Komplementwinkel.

Um Funktionswerte von Winkeln, die nicht im ersten Quadranten liegen, auf solche im ersten Quadranten zurückzuführen, orientiert man sich am zweckmäßigsten an einer Skizze, für die Sinus- und Kosinusfunktion entsprechend Bild 6.12, für die Tangens- und Kotangens-Funktion entsprechend Bild 6.13.

Wenn also beispielweise $\sin(298^\circ)$ bestimmt werden soll, bildet man

$$\sin(298^\circ) = \sin(270^\circ + 28^\circ) \ .$$

Die negative Ordinate dieses Winkels, siehe Bild 6.12, zeigt, dass der Funktionswert negativ sein muss. Aus der Symmetrie am waagerechten Durchmesser des Kreises kann man ablesen:

$$\begin{aligned} \sin(270^\circ + 28^\circ) &= -\sin(90^\circ - 28^\circ) \\ &= -\sin(62^\circ) \\ \sin(298^\circ) &\approx -0{,}882\,95 \,. \end{aligned}$$

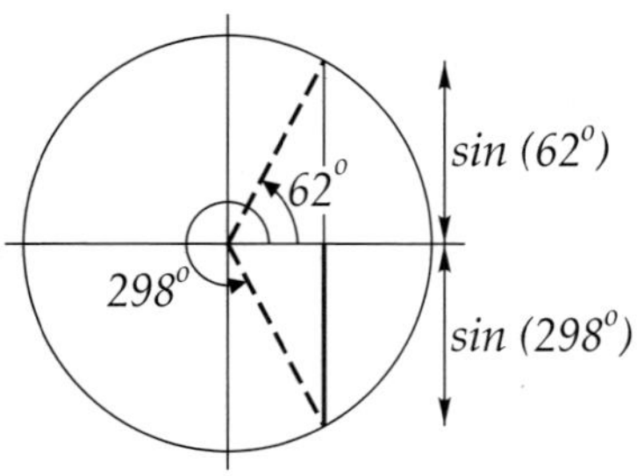

Bild 6.12

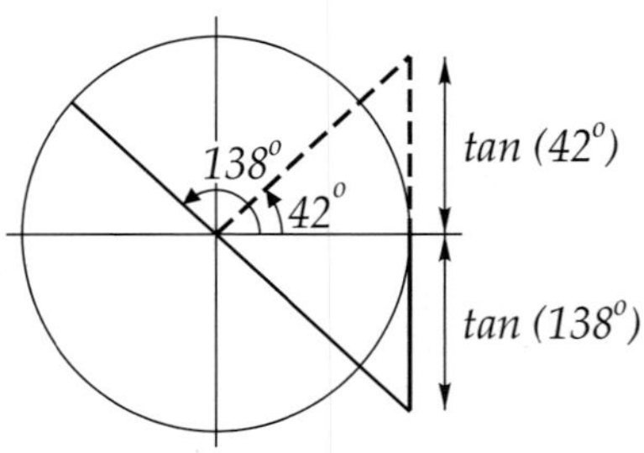

Bild 6.13

Entsprechend sieht die Berechnung von $\tan(138^\circ)$ wie folgt aus:

$$\tan(138^\circ) = \tan(90^\circ + 48^\circ) \ .$$

Nach Bild 6.13 muss $\tan(138^\circ)$ negativ sein.

Damit wird:

$$\begin{aligned} \tan(90^\circ + 48^\circ) &= -\tan(90^\circ - 48^\circ) \\ &= -\tan(42^\circ) \\ \tan(138^\circ) &\approx -0{,}900\,40 \,. \end{aligned}$$

Aus den bisherigen Überlegungen geht hervor, dass es wegen der Periodizität aller vier Winkelfunktionen ausreicht, wenn man deren Funktionswerte für die Winkel zwischen 0° und 90° kennt.

In der folgenden Tabelle ist zusammengefasst, wie man in allen Fällen vorgehen kann, in denen der Winkel zwischen 90° und 360° liegt. Für alle Winkel außerhalb dieses Bereiches braucht nur die jeweilige Periode beachtet zu werden.

I. Quadrant	II. Quadrant $180° - \alpha$	III. Quadrant $180° + \alpha$	IV. Quadrant $360° - \alpha$	
$\sin(\alpha)$	$+\sin(\alpha)$	$-\sin(\alpha)$	$-\sin(\alpha)$	
$\cos(\alpha)$	$-\cos(\alpha)$	$-\cos(\alpha)$	$+\cos(\alpha)$	$(0° \leq \alpha \leq 90°)$
$\tan(\alpha)$	$-\tan(\alpha)$	$+\tan(\alpha)$	$-\tan(\alpha)$	
$\cot(\alpha)$	$-\cot(\alpha)$	$+\cot(\alpha)$	$-\cot(\alpha)$	

Aus Bild 6.2 ist auch zu erkennen, welche Funktionswerte sich für negative Winkel ergeben, wenn man also den Strahl *MP* von der Nulllage ausgehend im Uhrzeigersinn dreht:

$$\begin{array}{ll} \sin(-\alpha) = -\sin(\alpha) & \cos(-\alpha) = +\cos(\alpha) \\ \tan(-\alpha) = -\tan(\alpha) & \cot(-\alpha) = -\cot(\alpha) \end{array} \qquad (6.10)$$

In diesen Gleichungen kommt zum Ausdruck, dass es sich bei der Kosinus-Funktion um eine *gerade Funktion* handelt. Die übrigen drei Winkelfunktionen sind *ungerade Funktionen*. Ein Blick auf die Funktionsgraphen in den Bildern 6.3, 6.4, 6.6 und 6.7 bestätigt diese Erkenntnis zur Symmetrie.

Winkel über 360°, wie sie insbesondere bei Drehbewegungen auftreten, werden durch Addition oder Subtraktion des entsprechenden Vielfachen von 360° bzw. 2π auf einen Winkel zwischen 0° und 360° bzw. zwischen 0 und 2π reduziert.

Beispiele:

6.3 $\sin(248°) = \sin(180° + 68°) = -\sin(68°) \approx -0{,}9272$

6.4 $\cos(-308°) = +\cos(308°) = \cos(360° - 52°) = \cos(52°) \approx +0{,}6157$

6.5 $\tan(426°) = \tan(360° + 66°) = \tan(66°) \approx +2{,}2460$

6.6 $\cot(3\,867°) = \cot(3\,867° - 10 \cdot 360°) = \cot(267°) = \cot(180° + 87°) = \cot(87°)$
$\cot(3\,867°) \approx 0{,}0524$

6.2.4 Die Umkehrung der Winkelfunktionen

Aus dem Graphen der Funktion $y = \sin(x)$ erkennt man sofort, dass die Umkehrung keine Funktion sein kann. Ein bestimmter Sinuswert würde wegen des periodischen Verlaufes unendlich viele zugehörige Winkelwerte ergeben. Eine Funktion darf aber an einer Stelle nur einen Funktionswert besitzen.

Beschränkt man nun die Sinus-Funktion auf einen Bereich, in dem sie streng monoton ist, so ist sie dort umkehrbar. In diesem Intervall muss der Graph auch alle Funktionswerte annehmen und die x-Werte sollten möglichst nahe bei null liegen. Für die Sinus-Funktion ist dies $\left[-\pi/2\,;\ +\pi/2\right]$. Die Umkehrfunktion wird als **Arkussinusfunktion**[1] bezeichnet.

Analog lässt sich für die anderen Winkelfunktionen eine zugehörige Umkehrfunktion, eine **Arkusfunktion** oder **zyklometrische Funktion**, formulieren.

Die *Definitionsmenge* ist für $y = \arcsin(x)$ und $y = \arccos(x)$

$$\mathbf{D} = [\,-1\,;\ +1\,] \quad \text{und}$$

für $y = \arctan(x)$ und $y = \operatorname{arccot}(x)$ ist

$$\mathbf{D} = \mathbf{R}\,.$$

In den Intervallen, in denen die Graphen streng monoton sind, liefern die Arkusfunktionen jeweils einen Winkel für das zugehörige Argument aus dem betreffenden Definitionsbereich. Die zugehörigen Funktionswerte werden als **Hauptwerte** der Arkusfunktion bezeichnet:

$y = \arcsin(x):$	$-\pi/2 \leq y \leq +\pi/2$	steigend
$y = \arccos(x):$	$0 \leq y \leq \pi$	fallend
$y = \arctan(x):$	$-\pi/2 < y < +\pi/2$	steigend
$y = \operatorname{arccot}(x):$	$0 < y < \pi$	fallend

Beispiel:

6.7 Welcher Winkel $0^\circ \leq \alpha \leq 90^\circ$ hat den Sinuswert 0,5.

Es gilt:

$$\sin(30^\circ) = 0{,}5$$

und somit ist

$$\alpha = \arcsin(0{,}5) = 30^\circ\,.$$

Die Arkusfunktionen werden durch eine hochgestellte „-1“ gekennzeichnet. Dies symbolisiert eine Umkehrfunktion f^{-1} und darf *nicht* als Exponent „hoch -1“, als Kehrwert, verstanden werden: $\arcsin(x) = \sin^{-1}(x)$

Dabei nutzt man, wie es für Umkehrfunktionen üblich ist, die Zweitbelegung der Funktionstasten: $\boxed{\sin^{-1}}$ ruft man über die Eingabe $\boxed{\text{Shift}}$ $\boxed{\sin}$ auf.

Auch hier ist es natürlich wichtig, dass man *vorher* das richtige Winkelmaß eingestellt hat.

[1] arcus (lat.) Bogen. $y = \arcsin(x)$ ergibt den Bogen bzw. den Winkel y, dessen Sinus den Wert x hat.

Aufgabe	**Modus**	**Eingabe**	**Ergebnis**
$\sin(\alpha) = 0{,}3$	DEG	[Shift] [sin] [(] 0,3 [)] [=]	17,45 ...
$\cos(x) = 0{,}8$	RAD	[Shift] [cos] [(] 0,8 [)] [=]	0,64 ...
$\tan(x) = \pi/3$	RAD	[Shift] [tan] [(] [π] [÷] 3 [)] [=]	0,80 ...
$\cot(\beta) = 16$	DEG	[Shift] [tan] [(] 16 [x^{-1}] [)] [=]	3,57 ...

Der Befehl **ARCSIN**(zahl) erwartet ein Argument mit $-1 \leq \text{zahl} \leq 1$ und liefert einen Winkel im Bogenmaß. Soll der Winkel in Grad ausgegeben werden, so multipliziert man das Ergebnis mit 180/**PI**( ) oder wandelt mit **GRAD**( ):

ARCSIN(zahl) *180 / **PI**( )

GRAD(**ARCSIN**(zahl))

Aufgabe	**Modus**	**Eingabe**	**Ergebnis**
$\sin(\alpha) = 0{,}75$	DEG	ARCSIN(0,75) * 180 / PI( )	48,59 ...
	DEG	GRAD(ARCSIN(0,75))	48,59 ...
$\sin(x) = 0{,}75$	RAD	ARCSIN(0,75)	0,8480 ...

Analog funktioniert **ARCCOS**(zahl) und **ARCTAN**(zahl).

In vielen Mathematik-Programmen, so auch in *Derive* werden die Arkusfunktionen mit ASIN, ACOS, ATAN und ACOT abgekürzt.

Die Periodizität der Winkelfunktionen ist auch dann zu berücksichtigen, wenn zu einem bestimmten Funktionswert der zugehörige Winkel zu ermitteln ist. Selbst innerhalb des Bereiches $0° \leq \alpha < 360°$ bzw. $0 \leq x < 2\pi$ gehören zu jedem Funktionswert jeweils *zwei Winkel*, wie man sehr anschaulich am Verlauf der trigonometrischen Funktionen erkennen kann. Es gibt nur folgende *Ausnahmen*:

$$\sin(\alpha) = +1 \Longrightarrow \alpha = 90° \quad \text{und} \quad \sin(\alpha) = -1 \Longrightarrow \alpha = 270°$$

$$\cos(\alpha) = +1 \Longrightarrow \alpha = 0° \quad \text{und} \quad \cos(\alpha) = -1 \Longrightarrow \alpha = 180°$$

Der Taschenrechner gibt über die jeweilige Arkusfunktion nur den Hauptwert aus. Weitere Winkel müssen aus dem Hauptwert durch Überlegungen zur Symmetrie und Periodizität der Winkelfunktion ermittelt werden.

Beispiele:

6.8 Um *alle* Winkel ermitteln zu können, die zu $\sin(\alpha) = -0{,}851\,12$ gehören, wird zunächst $\arcsin(-0{,}851\,12) \approx -58{,}33° \approx -58°\,20'$ berechnet. Wegen der Periode von 360° kann dieser negative Winkel auch rückwärts von 360° abgetragen werden:

$$-58°\,20' \text{ entspricht } 360° - 58°\,20' \quad \Rightarrow \quad \alpha_1 \approx 301°\,40'.$$

Ein Blick auf den Funktionsgraphen in Bild 6.3 oder den Einheitskreis in Bild 6.12 zeigt die Symmetrie der Sinuswerte zu $\alpha = 270°$. Folglich gibt es links von 270° im

Abstand $301^\circ\,40' - 270^\circ = 31^\circ\,40'$ einen weiteren Lösungswert:

$$\alpha_2 \approx 270^\circ - 31^\circ\,40' \approx 238^\circ\,20'.$$

Damit werden jedoch nur die infrage kommenden Winkel im Bereich $[\,0^\circ\,;\,360^\circ\,[$ der Sinusfunktion erfasst. Will man aber *alle* Winkel angeben, die zu dem gegebenen Sinuswert $-0{,}851\,12$ gehören, dann kann man wieder die Periodizität ausnutzen und das Ergebnis wie folgt aufschreiben:

$$\alpha \approx \{\,238^\circ\,20' + k\cdot 360^\circ;\; 301^\circ\,40' + k\cdot 360^\circ\} \qquad k \in \mathbf{Z}\,.$$

6.9 $\cos(\alpha) = 0{,}98\,378$

Zum Zahlenwert 0,98 378 liefert der Taschenrechner den Winkel

$$\alpha = 10{,}33\ldots^\circ \approx 10^\circ\,20'\,.$$

Wegen des positiven Vorzeichens des Kosinus-Wertes müssen die in Betracht kommenden Winkel im 1. oder 4. Quadranten liegen.

Ergebnis: $\alpha \approx \{10^\circ\,20' + k\cdot 360^\circ;\, 349^\circ\,40' + k\cdot 360^\circ\}$ mit $k \in \mathbf{Z}$.

6.10 $\tan(\alpha) = -2{,}1609$

Der Taschenrechner liefert $\alpha \approx -65^\circ\,10'$.

Tangenswert negativ $\Rightarrow$ Winkel im 2. oder im 4. Quadranten.

$$\alpha_1 \approx 180^\circ + \left(-65^\circ\,10'\right) \approx 114^\circ\,50'$$

$$\alpha_2 \approx 360^\circ + \left(-65^\circ\,10'\right) \approx 294^\circ\,50'\,.$$

Da sich die Funktionswerte des Tangens und des Kotangens bereits nach 180° periodisch wiederholen, kann das Ergebnis wie folgt formuliert werden:

$$\alpha \approx \{114^\circ\,50' + k\cdot 180^\circ\} \quad \text{mit } k \in \mathbf{Z}\,.$$

6.11 $\cot(\alpha) = 17{,}169\,34$

Der Taschenrechner liefert für den Zahlenwert 17,169 34 den Winkel $\alpha \approx 3^\circ\,20'$.

Da der Kotangenswert positiv ist, muss der gesuchte Winkel im 1. oder 3. Quadranten liegen.

Ergebnis: $\alpha \approx \{\,3^\circ\,20' + k\cdot 180^\circ\}$ mit $k \in \mathbf{Z}$.

6.12 Welche Winkel gehören zu dem Funktionswert $\sin(x) = 0{,}1$?

Lösung: Da das Argument mit x bezeichnet ist, soll der Winkel im Bogenmaß angegeben werden. Dazu muss der Taschenrechner entsprechend auf RAD eingestellt werden.

Als Ergebnis erscheint $x \approx 0{,}10016\ldots$. Zwischen 0 und $2\,\pi$ existieren jedoch immer zwei Winkel mit dem gleichen Sinus-Wert. Der zweite Winkel ist

$$x_2 \approx \pi - 0{,}1002 \approx 3{,}0414.$$

Berücksichtigt man schließlich noch die Periodizität der Sinus-Funktion, so besteht die Gesamtheit aller Winkel, die den Sinuswert 0,1 besitzen, aus den Winkeln

$$x_{1,k} \approx 0{,}1002 + 2\,k\,\pi \qquad \text{und} \qquad x_{2,k} \approx 3{,}0414 + 2\,k\,\pi \qquad \text{mit} \quad k \in \mathbf{Z}\,.$$

6.13 $\tan(x) = 10 \quad x = ?$ Der Winkel soll im Bogenmaß angegeben werden.

Lösung: Mit arctan erhält man $x \approx 1{,}4711$. Da die Tangensfunktion die Periode π besitzt, sind mit

$$x_k \approx 1{,}4711 + k\cdot\pi \qquad (k \in \mathbf{Z})$$

alle diejenigen Winkel erfasst, die die in der Aufgabenstellung gestellte Forderung erfüllen.

6.14 $\cos(x) = -2{,}5 \quad x = ?$

Lösung: Wer ohne weiter zu überlegen den Taschenrechner benutzt, bekommt eine Fehlermeldung. Wenn man nun immer noch nicht stutzig wird, dann sollte man alles, was bisher über die trigonometrischen Funktionen gelernt wurde, noch einmal intensiv wiederholen.

Der gegebene Kosinus-Wert ist kleiner als -1 und folglich kann diese Aufgabe *keine Lösung* besitzen! Dies ist unabhängig davon, ob mit dem Grad- oder dem Bogenmaß gearbeitet wird.

6.15 Welche Winkel erfüllen $\cot(x) = -1{,}75$?

Lösung: Der Beziehung zwischen Tangens und Kotangens ist:

$$\cot(x) = 1/\tan(x) \ .$$

Für den gegebenen Winkel x bedeutet das, dass

$$\tan(x) = \frac{1}{\cot(x)} = \frac{1}{-1{,}75} = -\frac{4}{7}$$

gelten muss.

Die Aufgabe lässt sich umschreiben und mit dem Arkustangens lösen:

$$\text{arccot}(-1{,}75) = \arctan(-4/7) = -0{,}5191\ldots$$

Gibt man alles in einem Schritt ein, so liefert der Taschenrechner im RAD-Modus den gleichen Wert:

[Shift] [tan] [(] $-$ 1,75 [x^{-1}] [)] [=] .

Mit der Periodizität von π wird $x = -0{,}5191\ldots + \pi \approx 2{,}6224$ und allgemein:

$$x_k \approx 2{,}6224 + k \cdot \pi \qquad (k \in \mathbf{Z}) \ .$$

✍ A. 6.7 auf Seite 672

6.2.5 Elementare Beziehungen zwischen den Winkelfunktionen

Zwischen den vier trigonometrischen Funktionen bestehen sehr enge und für die Arbeit mit diesen Funktionen wichtige Beziehungen. Im Grunde genommen würde eine der Funktionen, z. B. der Sinus völlig ausreichen, um alle Probleme, die mit ihrer Hilfe bearbeitet werden, lösen zu können. Allerdings würde der Verzicht auf den Kosinus, den Tangens und den Kotangens nach sich ziehen, dass sich ein sehr umfangreicher Formelapparat zur Bearbeitung dieser Probleme ergäbe.

Die Beziehungen zwischen den vier Funktionen ergeben sich aus Bild 6.2 sowie aus den Definitionen (6.4) bis (6.7).

Im rechtwinkligen Dreieck *MEP* des Bildes 6.2 gilt der Satz des PYTHAGORAS:

$$v^2 + u^2 = r^2 \ .$$

Dividiert man beide Seiten dieser Gleichung durch r^2, so erhält man

$$\left(\frac{v}{r}\right)^2 + \left(\frac{u}{r}\right)^2 = 1 \ .$$

Beachtet man, dass die beiden Brüche nach (6.4) und (6.5) in dieser Gleichung durch $\sin(x)$ und $\cos(x)$ ersetzt werden können, so ergibt sich die wohl wichtigste Beziehung zwischen den trigonometrischen Funktionen:

$$\boxed{\sin^2(\alpha) + \cos^2(\alpha) = 1} \tag{6.11}$$

Diese Formel[1] wird auch als **Trigonometrischer PYTHAGORAS** bezeichnet.

Unmittelbar aus den Definitionen (6.6) und (6.7) für $\tan(\alpha)$ und $\cot(\alpha)$ folgt weiterhin

$$\boxed{\tan(\alpha) = \frac{1}{\cot(\alpha)}} \tag{6.12}$$

und

$$\boxed{\tan(\alpha) = \frac{\sin(\alpha)}{\cos(\alpha)}} \tag{6.13}$$

Mit diesen drei fundamentalen Beziehungen ist es möglich, jede der vier Winkelfunktionen durch eine andere auszudrücken.

Löst man die Formel für den trigonometrischen PYTHAGORAS nach $\sin(\alpha)$ oder $\cos(\alpha)$ auf, so ergibt sich

$$|\sin(\alpha)| = \sqrt{1-\cos^2(\alpha)} \quad \text{bzw.} \quad \sin(\alpha) = \pm\sqrt{1-\cos^2(\alpha)} \quad \text{oder}$$

$$|\cos(\alpha)| = \sqrt{1-\sin^2(\alpha)} \quad \text{bzw.} \quad \cos(\alpha) = \pm\sqrt{1-\sin^2(\alpha)}\,.$$

⚠ Damit lässt sich der Sinus (Kosinus) eines Winkels berechnen, wenn man den Kosinus (Sinus) desselben Winkels kennt. Dabei sind aber die Betragsstriche unbedingt zu beachten, denn die Terme $\sin(\alpha)$ und $\sqrt{1-\cos^2(\alpha)}$ stimmen nur intervallweise überein:

Für $\alpha \in [\,0^\circ\,;\,180^\circ\,]$ gilt: $\sin(\alpha) = \sqrt{1-\cos^2(\alpha)}$

z. B. $\alpha = 90^\circ$: $\sin(90^\circ) = +1$ und $\sqrt{1-\cos^2(90^\circ)} = +1$

Für $\alpha \in \,]\,180^\circ\,;\,360^\circ\,[$: $\sin(\alpha) = -\sqrt{1-\cos^2(\alpha)}$

z. B. $\alpha = 270^\circ$: $\sin(270^\circ) = -1$ aber $\sqrt{1-\cos^2(270^\circ)} = +1$

Entsprechend ergibt sich für $\tan(\alpha)$

$$\tan(\alpha) = \frac{\sin(\alpha)}{\cos(\alpha)} \quad \Rightarrow \quad |\tan(\alpha)| = \frac{\sqrt{1-\cos^2(\alpha)}}{|\cos(\alpha)|}\,.$$

Die folgende Tabelle enthält eine Zusammenstellung aller Formeln, mit deren Hilfe sich jede der vier trigonometrischen Funktionen durch *eine* andere Winkelfunktion ausdrücken lässt. Damit die Übersichtlichkeit nicht durch die Betragsstriche verloren geht, wurden die Quadrate notiert.

[1] Statt $\sin(\alpha) \cdot \sin(\alpha) = [\,\sin(\alpha)\,]^2$ schreibt man nach Vereinbarung $\sin^2(\alpha)$ (gelesen: sinus Quadrat α).

Beim Auflösen ist zu beachten, dass je nach Winkel Betragsstriche erforderlich sind oder zusätzliche Vorzeichenbetrachtungen angestellt werden müssen.

☞ Als gute Übung zur Erlangung einer gewissen Sicherheit im Umgang mit Winkelfunktionen wird empfohlen, alle in der Tabelle enthaltenen Formeln selbst herzuleiten.

	gegeben			
gesucht	$\sin^2(\alpha)$	$\cos^2(\alpha)$	$\tan^2(\alpha)$	$\cot^2(\alpha)$
$\sin^2(\alpha)$	—	$1-\cos^2(\alpha)$	$\frac{\tan^2(\alpha)}{1+\tan^2(\alpha)}$	$\frac{1}{1+\cot^2(\alpha)}$
$\cos^2(\alpha)$	$1-\sin^2(\alpha)$	—	$\frac{1}{1+\tan^2(\alpha)}$	$\frac{\cot^2(\alpha)}{1+\cot^2(\alpha)}$
$\tan^2(\alpha)$	$\frac{\sin^2(\alpha)}{1-\sin^2(\alpha)}$	$\frac{1-\cos^2(\alpha)}{\cos^2(\alpha)}$	—	$\frac{1}{\cot^2(\alpha)}$
$\cot^2(\alpha)$	$\frac{1-\sin^2(\alpha)}{\sin^2(\alpha)}$	$\frac{\cos^2(\alpha)}{1-\cos^2(\alpha)}$	$\frac{1}{\tan^2(\alpha)}$	—

Beispiel:

6.16 Gegeben sei $\sin(\alpha) = 0{,}4\sqrt{3}$.
Wie groß ist der Kotangens des gleichen Winkels α mit $0° < \alpha < 90°$?

Lösung Nach der obigen Tabelle ist

$$\cot^2(\alpha) = \frac{1-\sin^2(\alpha)}{\sin^2(\alpha)} = \frac{1-\frac{12}{25}}{\frac{12}{25}} = \frac{13}{12} \quad\Rightarrow\quad \cot(\alpha) = \sqrt{\frac{13}{12}} = \frac{1}{6}\sqrt{39}\,.$$

Zu diesem Ergebnis könnte man natürlich auch gelangen, wenn man mit dem Taschenrechner den zu $\sin(\alpha) = 0{,}4\sqrt{3} \approx 0{,}692\,82$ gehörenden Winkel berechnen und dann dessen cot-Wert bestimmen würde. Legt man jedoch Wert auf ein genaues Ergebnis, so ist dem oben beschriebenen Verfahren der Vorzug zu geben, da die berechneten Werte stets mit Rundungsungenauigkeiten behaftet sind.

✍ A. 6.8 auf Seite 672

Aufgaben:

6.2.1 Definition der Winkelfunktionen (Lösungen ab Seite 933)

6.2 Bestimme die Werte der Winkelfunktionen:

a) $\sin(14°\,20')$ b) $\cos(18°\,33')$ c) $\tan(33°\,7')$ d) $\cot(8°\,25')$
e) $\sin(83°\,12')$ f) $\cos(62°\,28')$ g) $\tan(50°\,40')$ h) $\cot(77°\,43')$

6.3 Desgleichen:

a) $\sin(138{,}5°)$ b) $\cos(166{,}72°)$ c) $\tan(94{,}17°)$ d) $\cot(123{,}35°)$
e) $\sin(324{,}17°)$ f) $\cos(199{,}1°)$ g) $\tan(287{,}75°)$ h) $\cot(210{,}28°)$

6.4 Desgleichen:

a) $\sin(14°20'30'')$ b) $\cos(18°33'42'')$ c) $\tan(33°7'54'')$
d) $\cot(8°25'43'')$ e) $\sin(83°12'45'')$ f) $\cos(62°28'05'')$
g) $\tan(50°40'30'')$ h) $\cot(77°43'55'')$

6.5 Desgleichen:

a) $\sin(124°33')$ b) $\cos(98°16')$ c) $\tan(133°7')$
d) $\cot(175°53')$ e) $\sin(214°37'15'')$ f) $\cos(300°26'10'')$
g) $\tan(266°57'5'')$ h) $\cot(195°18'40'')$

6.6 Berechne den Ausdruck $z = \frac{1}{\cos(\alpha)}$ für

a) $\alpha = 15°17'20''$ und b) $\alpha = 12°15'40''$

6.2.4 Die Umkehrung der Winkelfunktionen

(Lösungen ab Seite 934)

6.7 Bestimme alle zu den Funktionswerten gehörenden Winkel im Bereich $0° \leq \alpha < 360°$:

a) $\sin(\alpha) = 0{,}112\,60$ b) $\cos(\alpha) = 0{,}900\,84$ c) $\tan(\alpha) = 0{,}648\,92$
d) $\cot(\alpha) = 2{,}609\,12$ e) $\sin(\alpha) = 0{,}882\,74$ f) $\cos(\alpha) = 0{,}426\,53$
g) $\tan(\alpha) = 1{,}554\,23$ h) $\cot(\alpha) = 0{,}875\,23$ i) $\sin(\alpha) = -0{,}484\,81$
k) $\cos(\alpha) = -0{,}087\,16$ l) $\tan(\alpha) = -2{,}112\,33$ m) $\cot(\alpha) = -1{,}590\,02$

6.2.5 Elementare Beziehungen zwischen den Winkelfunktionen

(Lösungen ab Seite 934)

6.8 Aus dem gegebenen Funktionswert sind die Werte der übrigen Funktionen zu bestimmen:

a) $\sin(\alpha) = \frac{2}{5}$ b) $\cos(\alpha) = \frac{3}{5}$ c) $\tan(\alpha) = 2$ d) $\cot(\alpha) = \frac{5}{12}$

6.3 Trigonometrie

Um Folgefehler bei den Dreiecksberechnungen durch Rundungsungenauigkeiten zu vermeiden, sollten Zwischenergebnisse abgespeichert werden. Tipps stehen in Abschnitt 1.3.1.3.

Während in der Goniometrie [1] die Winkelfunktionen für alle möglichen Winkel untersucht werden, beschränkt sich die Trigonometrie [2] auf die Berechnung von Dreiecken mithilfe der Winkelfunktionen. Bei der goniometrischen Betrachtungsweise der Winkelfunktionen gibt es keinerlei Einschränkungen für die auftretenden Winkel. Dagegen kommen in der Trigonometrie nur Winkel α in Betracht, die in einem Dreieck vorkommen und für die daher $0° < \alpha < 180°$ gilt.

[1] gōnía (griech.) Ecke, Winkel; metron (griech.) Maß ⇒ Goniometrie = Winkelmessung, -berechnung
[2] trígōnon (griech.) Dreieck ⇒ Trigonometrie = Dreiecksmessung, -berechnung

6.3.1 Die Winkelfunktionen am rechtwinkligen Dreieck

Betrachtet man das rechtwinklige Dreieck MEP im Bild 6.14, das im Wesentlichen mit Bild 6.2 übereinstimmt, so stellt man fest, dass die beiden Größen, die im Bild 6.2 mit u und v bezeichnet wurden, Katheten des Dreiecks MEP sind. Der Radius r ist die Hypotenuse dieses Dreiecks.

Man bezeichnet nun eine Kathete eines rechtwinkligen Dreiecks als **Ankathete**, wenn sie dem betrachteten Winkel anliegt. Liegt die Kathete dem betrachteten Winkel gegenüber, so wird sie **Gegenkathete** genannt. Demzufolge ist die Abszisse u die Ankathete des Winkels α des rechtwinkligen Dreiecks MEP im Bild 6.14 und die Ordinate v ist dessen Gegenkathete.

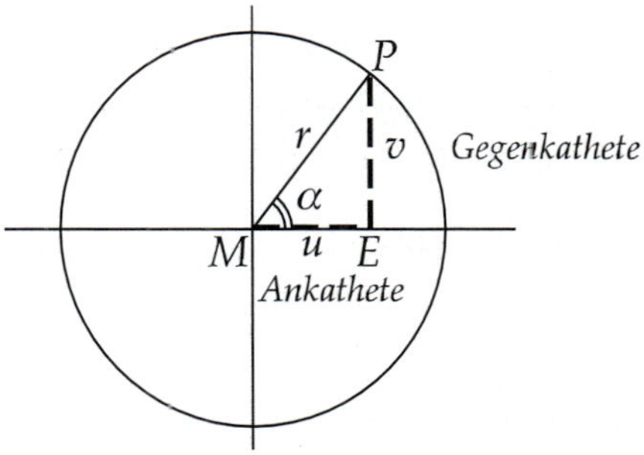

Bild 6.14

Die Definitionen der trigonometrischen Funktionen lassen sich ohne Schwierigkeiten nun auch so formulieren:

Der **Sinus** eines Winkels im rechtwinkligen Dreieck ist das **Verhältnis von Gegenkathete zur Hypotenuse**:

$$\boxed{\sin(\alpha) = \frac{\text{Gegenkathete}}{\text{Hypotenuse}}} \tag{6.14}$$

Der **Kosinus** eines Winkels im rechtwinkligen Dreieck ist das **Verhältnis von Ankathete zur Hypotenuse**:

$$\boxed{\cos(\alpha) = \frac{\text{Ankathete}}{\text{Hypotenuse}}} \tag{6.15}$$

Der **Tangens** eines Winkels im rechtwinkligen Dreieck ist das **Verhältnis von Gegenkathete zur Ankathete**:

$$\boxed{\tan(\alpha) = \frac{\text{Gegenkathete}}{\text{Ankathete}}} \tag{6.16}$$

Der **Kotangens** eines Winkels im rechtwinkligen Dreieck ist das **Verhältnis von Ankathete zur Gegenkathete**:

$$\boxed{\cot(\alpha) = \frac{\text{Ankathete}}{\text{Gegenkathete}}} \tag{6.17}$$

Setzen wir Sinus und Kosinus in ein Verhältnis, dann erhalten wir mit (6.14) und (6.15):

$$\boxed{\tan(\alpha) = \frac{\sin(\alpha)}{\cos(\alpha)}} \tag{6.18}$$

bzw. als Kehrwert[1)]:

$$\cot(\alpha) = \frac{\cos(\alpha)}{\sin(\alpha)} = \frac{1}{\tan(\alpha)} \tag{6.19}$$

Dabei spielt die Größe des betrachteten Dreiecks keine Rolle, denn alle rechtwinkligen Dreiecke, die den gleichen Winkel α enthalten, sind untereinander ähnlich.

So sind die rechtwinkligen Dreiecke C_1AB_1, C_2AB_2 und C_3AB_3 ähnlich, siehe Bild 6.15.

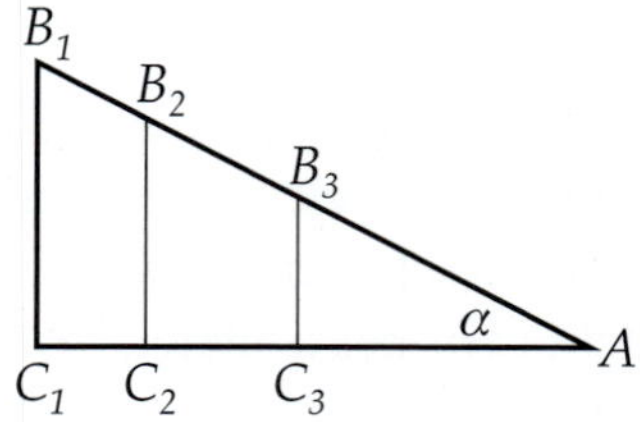

Bild 6.15

Demzufolge gilt:

$$\sin(\alpha) = \frac{\overline{B_1C_1}}{\overline{AB_1}} = \frac{\overline{B_2C_2}}{\overline{AB_2}} = \frac{\overline{B_3C_3}}{\overline{AB_3}}\,.$$

Beispiele:

6.17 Wie groß sind die fehlenden Seiten und Winkel eines rechtwinkligen Dreiecks mit $c = 10$ cm, $\alpha = 90°$ und $\beta = 25{,}67°$?

Lösung: Zu jeder Aufgabe fertigt man eine **Planskizze** an und notiert sich in einer kleinen Tabelle die bekannten Angaben, siehe Bild 6.16. Für die noch unbekannten Werte wird entsprechender Platz gelassen, so dass diese Übersicht im Laufe der Berechnungen aktualisiert werden kann und somit immer den Stand unserer Arbeit wiedergibt.

Die Planskizze braucht nicht genau oder maßstäblich zu sein. Es ist aber hilfreich, wenn die Winkel möglichst sinnvoll dargestellt werden: ein rechter Winkel sollte nicht unbedingt als spitzer eingezeichnet sein.

$a =$	$\alpha = 90°$
$b =$	$\beta = 25{,}67°$
$c = 10\,\text{cm}$	$\gamma =$

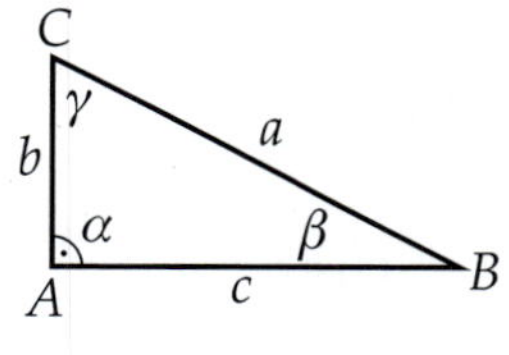

Bild 6.16

Mit dem Innenwinkelsatz erhalten wir

$$\gamma = 180° - \alpha - \beta = 64{,}33°\,.$$

Die fehlenden Seiten berechnen sich nach:

$$\tan(\sphericalangle) = \frac{\text{GK}}{\text{AK}} \qquad\qquad \cos(\sphericalangle) = \frac{\text{AK}}{\text{Hyp}}$$

$$\tan(\beta) = \frac{b}{c} \quad \Big|\cdot c \qquad\qquad \cos(\beta) = \frac{c}{a} \quad \Big|\cdot a \quad \Big| : \cos(\beta)$$

$$b = c\cdot\tan(\beta) \qquad\qquad a = \frac{c}{\cos(\beta)}$$

$$b = 10\text{ cm}\cdot\tan(25{,}67°) \qquad\qquad a = \frac{10\text{ cm}}{\cos(25{,}67°)}$$

$$b \approx 4{,}81\text{ cm} \qquad\qquad a \approx 11{,}10\text{ cm}$$

---

1) Hier nochmals der wichtige Hinweis die beiden *ähnlichen Schreibweisen nicht zu verwechseln*!
Kehrwert: $\tan^{-1}(\alpha) = \frac{1}{\tan(\alpha)}$ Umkehrfunktion: $\tan^{-1}(\alpha) = \arctan(\alpha)$

Unsere Tabelle ist am Schluss der Berechnungen vollständig ausgefüllt. Die in Klammern angefügten Buchstaben bezeichnen die TR-Speicherplätze, wo die Zwischenergebnisse gespeichert wurden und für weitere Rechnungen abgerufen werden können.

$a \approx 11{,}10$ cm (A)	$\alpha = 90°$
$b \approx 4{,}81$ cm (B)	$\beta = 25{,}67°$
$c = 10$ cm	$\gamma = 64{,}33°$

6.18 Desgleichen für $b = 5$ cm, $c = 12$ cm, $\alpha = 90°$, siehe Bild 6.16.

Lösung: Nach dem Satz des PYTHAGORAS ist

$$a = \sqrt{b^2 + c^2} = \sqrt{25\ \text{cm}^2 + 144\ \text{cm}^2} = \sqrt{169\ \text{cm}^2} \quad \Rightarrow a = 13\ \text{cm}$$

$a =$	$\alpha = 90°$
$b = 5$cm	$\beta =$
$c = 12$ cm	$\gamma =$

Die beiden Winkel erhält man aus

$$\tan(\beta) = \frac{b}{c} = \frac{5\ \text{cm}}{12\ \text{cm}} \quad \Longrightarrow \beta = \arctan\left(\frac{5}{12}\right) \approx 22{,}62°$$

$$\gamma = 180° - \alpha - \beta \quad \Longrightarrow \gamma \approx 67{,}38°$$

6.19 Desgleichen für $a = 24{,}32$ cm, $\alpha = 90°$, $\gamma = 38{,}28°$, siehe Bild 6.16.

Lösung: Laut Innenwinkelsummensatz ist

$a = 24{,}32$ cm	$\alpha = 90°$
$b =$	$\beta =$
$c =$	$\gamma = 38{,}28°$

$$\beta = 180° - \alpha - \gamma$$

$$\beta = 51{,}72°$$

$$\cos(\gamma) = \frac{b}{a} \Rightarrow b = a \cdot \cos(\gamma) \Rightarrow b = 24{,}32\ \text{cm} \cdot \cos(38{,}28°) \approx 19{,}09\ \text{cm}$$

$$\cos(\beta) = \frac{c}{a} \Rightarrow c = a \cdot \cos(\beta) \Rightarrow c = 24{,}32\ \text{cm} \cdot \cos(51{,}72°) \approx 15{,}07\ \text{cm}$$

6.20 Zu berechnen sind die fehlenden Seiten und die Winkel des rechtwinkligen Dreiecks, von dem $a = 19{,}23$ cm, $b = 8{,}09$ cm und $\alpha = 90°$ bekannt sind, siehe Bild 6.16.

Lösung: Nach dem Satz des PYTHAGORAS ist

$$c = \sqrt{a^2 - b^2} = \sqrt{(19{,}23\ \text{cm})^2 - (8{,}09\ \text{cm})^2} = \sqrt{304{,}3448\ \text{cm}^2} \quad \Rightarrow c \approx 17{,}45\ \text{cm}$$

$a = 19{,}23$ cm	$\alpha = 90°$
$b = 8{,}09$ cm	$\beta =$
$c =$	$\gamma =$

Die beiden Winkel erhält man aus

$$\sin(\beta) = \frac{b}{a} = \frac{8{,}09\ \text{cm}}{19{,}23\ \text{cm}} \quad \Longrightarrow \beta = \arcsin\left(\frac{809}{1\,923}\right) \approx 24{,}88°$$

$$\gamma = 180° - \alpha - \beta \quad \Longrightarrow \gamma \approx 65{,}12°$$

Da der Wert für β noch für die Berechnung von γ mit dem Innenwinkelsummensatz benötigt wird, speichert man ihn im Taschenrechner z. B.im Speicher [B] ab, siehe Abschnitt 1.3.1.3, und kann somit verhindern, dass Rundungsfehler sich im Laufe weiterer Berechnungen auf den ersten Dezimalen verstärken. Um den Überblick zu behalten, welcher Wert wo abgespeichert wurde, ist es ratsam, in der Zahlentabelle eine kleine Notiz einzufügen: $\beta \approx 24{,}88°$ (B)

✍ A. 6.9–6.15 auf Seite 687

Besonders interessant wird die Trigonometrie, wenn die oben vorgeführten Berechnungsmethoden auf **praktische Probleme** angewendet werden. Auch hier empfiehlt sich eine Planskizze, die neben den mathematischen auch die sonstigen Verhältnisse der Problemstellung berücksichtigen sollte.

Beispiele:

6.21 Ein in einem ebenen Gelände stehender Mast wirft bei einem Sonnenstand von $\alpha = 54^\circ$ einen $l = 24{,}8$ m langen Schatten, siehe Bild 6.17. Wie hoch ist der Mast?

Lösung: Aus $\tan(\alpha) = \dfrac{h}{l}$ folgt

$$h = l \cdot \tan(\alpha) = 24{,}8\ \text{m} \cdot \tan(54^\circ)$$

$$h \approx 34{,}1\ \text{m}\,.$$

Ergebnis: Der Turm ist ungefähr 34,1 m hoch.

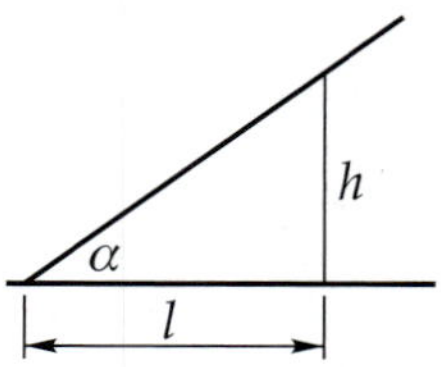

Bild 6.17

6.22 Zur Berechnung des Steigungswinkels einer Geraden s. a. Beispiele 4.44 und 4.45 im Abschnitt 4.4.3. Der Schnittwinkel zwischen zwei Geraden wird in Beispiel 6.43 erläutert.

6.23 Zwischen zwei Gebäuden, die $d = 38{,}2$ m voneinander entfernt stehen, wird ein $l = 39{,}8$ m langes Drahtseil gespannt. In der Mitte dieses Seiles wird eine Lampe von $G = 45$ N Gewicht aufgehängt.

Unter welchem Winkel γ stellen sich die beiden Seilstränge gegen die Horizontale ein, und wie groß ist die Zugkraft F in jedem der Seilstränge? Das Gewicht des Seiles wird nicht berücksichtigt.

Lösung: Der Winkel γ lässt sich nach Bild 6.18 wie folgt berechnen:

$$\cos(\gamma) = \frac{d/2}{l/2} = \frac{d}{l} = \frac{38{,}2\ \text{m}}{39{,}8\ \text{m}}$$

$$\gamma = \arccos\left(\frac{191}{199}\right) \approx 16{,}3^\circ$$

Zwischen der Zugkraft des Seiles und dem Gewicht der Lampe besteht die Beziehung

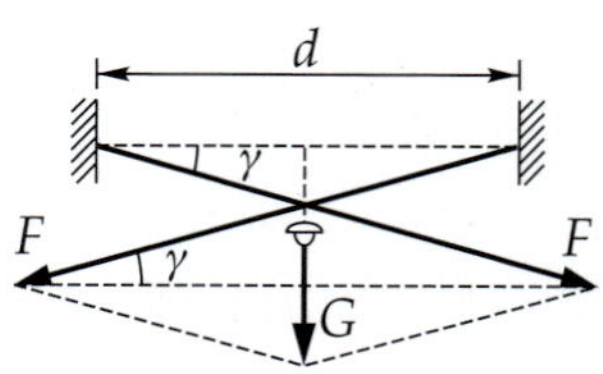

Bild 6.18

$$\frac{G}{2} : F = \sin(\gamma)\,, \qquad \text{woraus} \qquad F = \frac{G}{2 \cdot \sin(\gamma)} \approx \frac{45\ \text{N}}{2 \cdot \sin(16{,}3^\circ)} \approx 80{,}2\ \text{N}$$

folgt.

6.24 Ein Körper mit dem Gewicht $G = 78{,}5$ N liegt auf einer schiefen Ebene, die gegen die Horizontale um den Winkel $\alpha = 5{,}5^\circ$ geneigt ist.

Wie groß sind die Hangabtriebskraft F_H und die Normalkraft F_N, siehe Bild 6.19?

Lösung: Die Gewichtskraft G muss in zwei Komponenten zerlegt werden, von denen die eine (F_H) in Richtung der Rampe, die andere (F_N) senkrecht dazu wirkt.

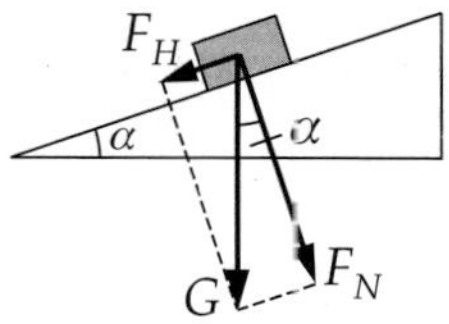

Bild 6.19

Der Winkel α, unter dem die Rampe ansteigt, tritt auch zwischen F_N und F_H auf, da die entstehenden Dreiecke einander ähnlich sind. Damit wird

$$F_H = G \cdot \sin(\alpha) \approx 7{,}52\,\text{N} \quad \text{und}$$

$$F_N = G \cdot \cos(\alpha) \approx 78{,}14\,\text{N}.$$

Die Zahlenergebnisse sind zu überprüfen!

6.25 Eine regelmäßige quadratische Pyramide habe die Grundkante $a = 15\,\text{cm}$ und die Höhe $h = 20\,\text{cm}$. Unter welchem Winkel α sind die Seitenflächen und unter welchem Winkel β die Seitenkanten gegen die Grundfläche geneigt?

Wie groß ist der Winkel γ an der Spitze eines der gleichschenkligen Dreiecke, die die Mantelfläche bilden?

Lösung: Aus Bild 6.20 lassen sich die folgenden Beziehungen zwischen den gegebenen und den gesuchten Größen ablesen:

$$\tan(\alpha) = \frac{h}{\frac{a}{2}} = \frac{2h}{a}, \qquad \tan(\beta) = \frac{h}{\frac{a}{2} \cdot \sqrt{2}} = \frac{h \cdot \sqrt{2}}{a},$$

$$H = \sqrt{h^2 + \left(\frac{a}{2}\right)^2} = \frac{1}{2} \cdot \sqrt{4h^2 + a^2} \qquad \text{sowie}$$

$$\tan\left(\frac{\gamma}{2}\right) = \frac{a/2}{H} = \frac{a}{\sqrt{4h^2 + a^2}}.$$

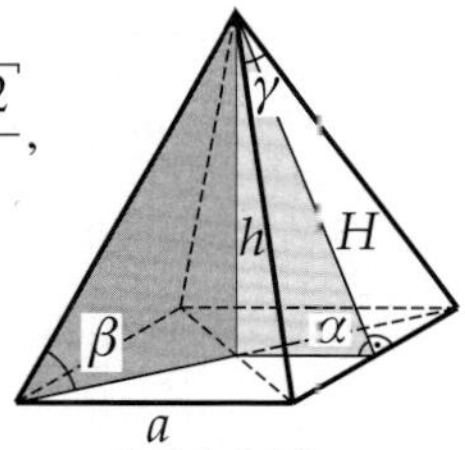

Bild 6.20

Daraus ergeben sich die folgenden drei Winkel:

$$\alpha \approx 69{,}44^\circ \qquad \beta \approx 62{,}06^\circ \qquad \gamma \approx 38{,}69^\circ$$

Diese Überlegungen und die zugehörige Zahlenrechnung sind nachzuprüfen!

6.26 Um zwei Riemenscheiben mit den Radien $R = 365$ mm und $r = 215$ mm und dem Achsabstand $d = 1\,850$ mm ist ein Treibriemen gelegt. Wie lang ist er? Es wird angenommen, dass der Treibriemen nirgends durchhängt.

Lösung: Das vom Treibriemen umschlungene Stück des großen Rades sei B, das des kleinen Rades b. Das obere und das untere Verbindungsstück des Treibriemens zwischen den beiden Rädern habe die Länge l, siehe Bild 6.21.

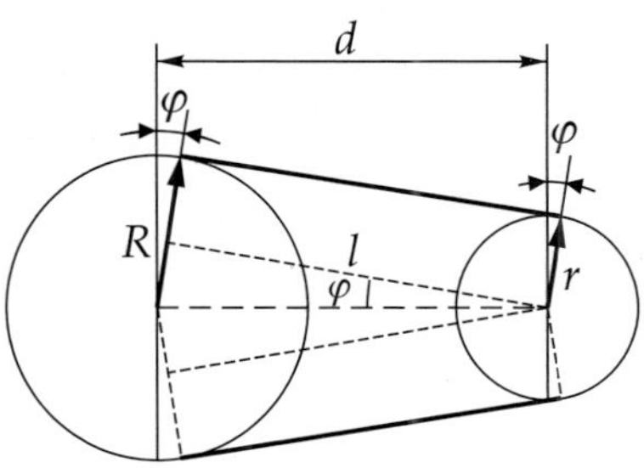

Bild 6.21

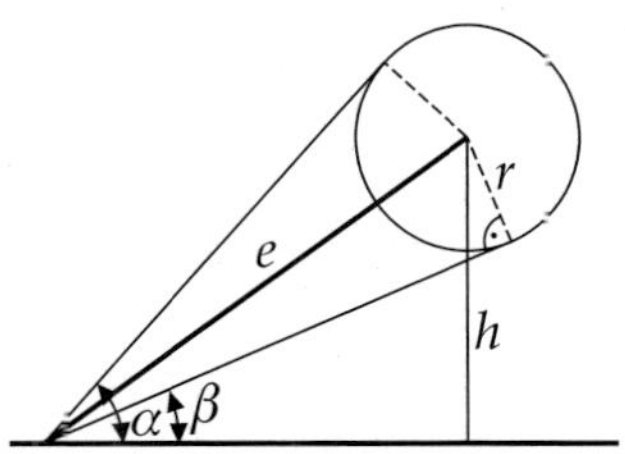

Bild 6.22

Dann ist die Gesamtlänge des Treibriemens

$$L = 2 \cdot l + B + b\,.$$

Das rechtwinklige Dreieck im Innern des Riemenwerkes liefert für die Länge des Verbindungsstückes

$l = \sqrt{d^2 - (R-r)^2}$ und $\tan(\varphi) = \dfrac{R-r}{l}$. Außerdem gilt

$\alpha = 180° + 2\varphi$ Umschlingungswinkel am großen Rad

$\beta = 180° - 2\varphi$ Umschlingungswinkel am kleinen Rad.

Die selbstständig durchzuführende Zahlenrechnung liefert:

$\varphi \approx 4{,}65°$ $\alpha \approx 189{,}30°$ $\beta \approx 170{,}70°$

$B = \dfrac{R\pi\alpha}{180°} \approx 1\,206$ mm $b = \dfrac{r\pi\beta}{180°} \approx 641$ mm

$l \approx 1\,844$ mm Gesamtlänge: $L \approx 5\,534{,}3$ mm

6.27 Ein Ballon mit dem Durchmesser $d = 4{,}2$ m wird von der Erde aus beobachtet, siehe Bild 6.22. Sein scheinbarer oberer und unterer Rand werden unter den Winkeln $\alpha = 18{,}7°$ und $\beta = 16{,}5°$ anvisiert. Man berechne die Entfernung e und die Höhe h des Ballons (bezogen auf den Ballon-Mittelpunkt).

Lösung: Es ist vorteilhaft, die beiden Hilfswinkel

$$\delta = \frac{\alpha - \beta}{2} = 1{,}1° \quad \text{und} \quad \varepsilon = \frac{\alpha + \beta}{2} = 17{,}6°\,.$$

zu verwenden.

Aus dem Verhältnis $r : e = \sin(\delta)$ erhält man für die Entfernung des Ballons

$$e = \frac{r}{\sin(\delta)} \approx 109{,}4 \text{ m}\,.$$

Entsprechend liefert das Verhältnis $h : e = \sin(\varepsilon)$ den Ballonhöhe h über Grund:

$$h = e \cdot \sin(\varepsilon) \approx 33{,}1 \text{ m}\,.$$

6.28 Die Spitze eines Turmes erscheint vom Punkt A aus unter dem Winkel $\alpha = 22{,}83°$ und von B aus unter $\beta = 31{,}15°$. Der Fußpunkt F des Turmes liegt in der Verlängerung der Strecke $\overline{AB} = d = 38{,}35$ m. Wie hoch ist der Turm?

Lösung: Aus Bild 6.23 geht hervor, dass für die beiden rechtwinkligen Dreiecke AFS und BFS gilt:

$$\tan(\alpha) = \frac{h}{\overline{AB} + \overline{BF}} \quad \text{und} \quad \tan(\beta) = \frac{h}{\overline{BF}} \Rightarrow \overline{BF} = \frac{h}{\tan(\beta)}$$

Durch Einsetzen erhält man

$$\tan(\alpha) = \frac{h}{d + \dfrac{h}{\tan(\beta)}}$$

Diese Gleichung lässt sich nach der gesuchten Höhe h auflösen. Man erhält

$$h = \frac{d \cdot \tan(\alpha) \cdot \tan(\beta)}{\tan(\beta) - \tan(\alpha)}\,.$$

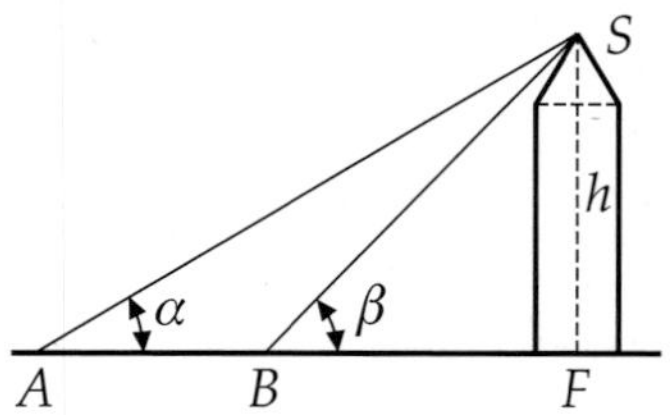

Bild 6.23

Mit den gegebenen Zahlenwerten ergibt sich daraus die Höhe h des Turmes:

$$h \approx 53{,}19 \text{ m}\,.$$

6.29 Wie groß sind die Basis g und der Flächeninhalt A eines gleichschenkligen Dreiecks, von dem man

a) die Höhe h und den Winkel γ an der Spitze kennt?

b) die Schenkellänge s und den Winkel γ kennt, siehe Bild 6.24?

Lösung zu a): Für den halben Winkel an der Spitze des Dreiecks gilt

$$\tan\left(\frac{\gamma}{2}\right) = \frac{g/2}{h}, \quad \text{woraus}$$

$$g = 2 \cdot h \cdot \tan\left(\frac{\gamma}{2}\right)$$

folgt.

Setzt man dies in die Flächenformel $A = 0{,}5 \cdot g \cdot h$ für das Dreieck ein, so ergibt sich

$$A = h^2 \cdot \tan\left(\frac{\gamma}{2}\right) .$$

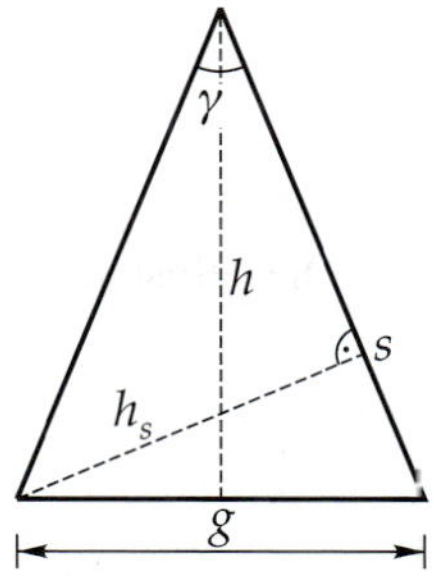

Bild 6.24

Lösung zu b): Der Flächeninhalt des Dreiecks kann auch in der Form $A = \frac{1}{2} \cdot s \cdot h_s$ geschrieben werden.

Ferner ist $\sin(\gamma) = \frac{h_s}{s}$, woraus $h_s = s \cdot \sin(\gamma)$ folgt.

Somit ist der Flächeninhalt des gegebenen Dreiecks

$$A = \frac{1}{2} \cdot s^2 \cdot \sin(\gamma) .$$

Aus $\frac{g}{2} : s = \sin\left(\frac{\gamma}{2}\right)$ folgt schließlich

$$g = 2s \cdot \sin\left(\frac{\gamma}{2}\right) .$$

✍ A. 6.16–6.25 auf Seite 688

6.3.2 Sätze über beliebige Dreiecke

Die Definitionen der trigonometrischen Funktionen umfassen in allen vier Fällen Eigenschaften von *rechtwinkligen Dreiecken*. Das bedeutet, dass das, was bisher behandelt wurde, auch nur auf rechtwinklige Dreiecke angewendet werden kann. In diesem Abschnitt soll nun die Frage geklärt werden, ob es nicht Möglichkeiten gibt, die trigonometrischen Funktionen auch bei der Berechnung *schiefwinkliger Dreiecke* zu nutzen.

☞ Um die erforderlichen Gesetzmäßigkeiten herleiten zu können, ist es erforderlich, die schiefwinkligen Dreiecke in geeigneter Weise in rechtwinklige Dreiecke zu zerlegen. Es sei jedoch hier bereits darauf verwiesen, dass diese Zerlegungen bei der Anwendung der sich ergebenden Sätze nicht wiederholt werden müssen. Die folgenden Sätze sind in ihrem Endergebnis alle so formuliert, dass sie *unmittelbar* auf schiefwinklige Dreiecke und damit als Spezialfall auch auf rechtwinklige Dreiecke angewendet werden können.

6.3.2.1 Der Sinussatz

Der **Sinussatz** der ebenen Trigonometrie[1] lautet:

Die Seiten eines allgemeinen Dreiecks verhalten sich wie die Sinus der gegenüberliegenden Winkel:

$$a : b : c = \sin(\alpha) : \sin(\beta) : \sin(\gamma) \tag{6.20}$$

Spaltet man die fortlaufende Proportion in drei Einzelproportionen auf, so lässt sich der Sinussatz auch wie folgt formulieren:

Das Verhältnis einer beliebigen Dreiecksseite zum Sinus des dieser Seite gegenüberliegenden Winkels ist innerhalb ein und desselben Dreiecks konstant. Der Wert des Verhältnisses stimmt mit dem Durchmesser $2r$ des Umkreises überein:

$$\frac{a}{\sin(\alpha)} = \frac{b}{\sin(\beta)} = \frac{c}{\sin(\gamma)} = 2r \tag{6.21}$$

Beweis: Die Gleichwertigkeit der beiden Formulierungen des Sinussatzes ergibt sich aus den Rechengesetzen für fortlaufende Proportionen.

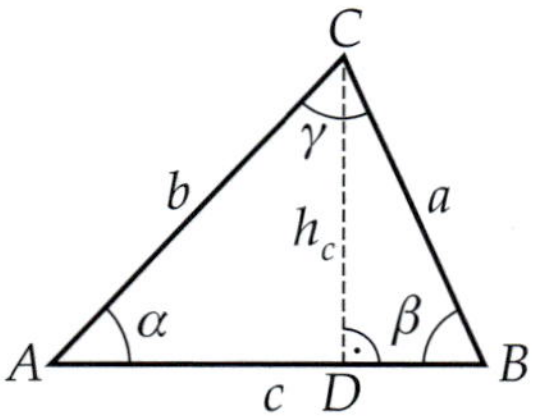

Bild 6.25

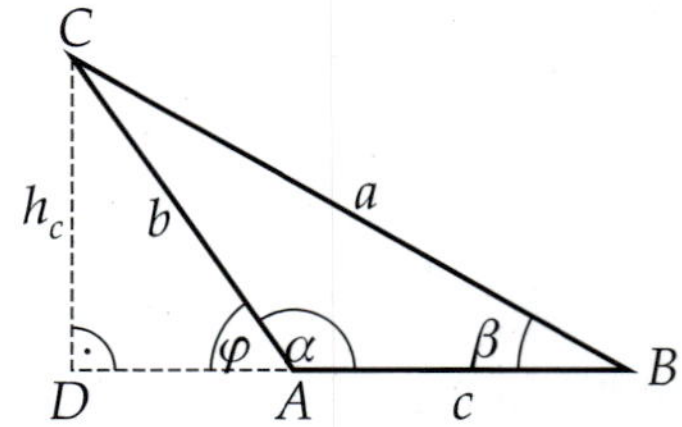

Bild 6.26

In einem spitzwinkligen Dreieck gilt für das linke Teildreieck $h_c = b \cdot \sin(\alpha)$ und für das rechte Teildreieck $h_c = a \cdot \sin(\beta)$, siehe Bild 6.25.

Die Elimination von h_c liefert

$$a \cdot \sin(\beta) = b \cdot \sin(\alpha) \qquad \text{oder} \qquad \frac{a}{\sin(\alpha)} = \frac{b}{\sin(\beta)}.$$

Benutzt man die Seite a oder b als Basis, lässt sich der Beweis auf dem gleichen Wege unter Verwendung der Höhen h_a und h_b vollenden. Das ist durchzuführen!

In einem stumpfwinkligen Dreieck, siehe Dreieck ABC im Bild 6.26, gilt für das Dreieck ACD $h_c = b \cdot \sin(\varphi)$ und für das Dreieck DBC $h_c = a \cdot \sin(\beta)$.

Da der Winkel φ Supplementwinkel zum Winkel α ist, gilt $\sin(\varphi) = \sin(\alpha)$ und es ergibt sich die gleiche Beziehung wie oben.

[1] Es gibt auch einen Sinussatz für die sphärische Trigonometrie, d. h., für die Trigonometrie auf der Kugeloberfläche (sphaira (griech.) Kugel).

Zum Nachweis des Zusammenhanges zwischen einer Seite eines schiefwinkligen Dreiecks, dem Sinus des gegenüberliegenden Winkels und dem Durchmesser des Umkreises wird Bild 6.27 betrachtet:

Der Winkel $\measuredangle AMB$ beträgt 2γ als Mittelpunktswinkel zum Umfangswinkel γ. Das Dreieck MPB hat in M den Winkel γ, denn dieses Dreieck ist gemäß der Konstruktion des Umkreismittelpunktes rechtwinklig in P und spiegelgleich dem Dreieck MPA.

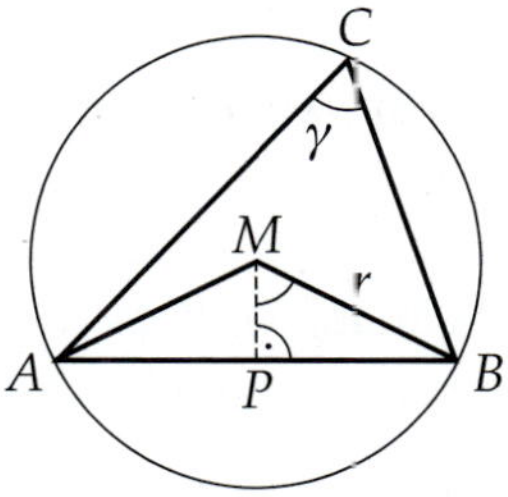

Bild 6.27

Damit ergibt sich aus dem Dreieck MPB mit $\overline{PB} = \frac{c}{2}$ die Beziehung $\frac{c}{2r} = \sin(\gamma)$, die mit der Formulierung des Sinussatzes in der Form $\frac{c}{\sin(\gamma)} = 2r$ übereinstimmt.

Damit ist der Sinussatz vollständig bewiesen. □

6.3.2.2 Die Flächenformel für Dreiecke

Eine sehr handliche Formel ergibt sich aus den bisherigen Betrachtungen für die Fläche eines Dreiecks:

Die **Fläche eines Dreiecks** ist gleich dem halben Produkt zweier Seiten und dem Sinus des von ihnen eingeschlossenen Winkels:

$$A = \frac{1}{2}\,a\,b \cdot \sin(\gamma) = \frac{1}{2}\,b\,c \cdot \sin(\alpha) = \frac{1}{2}\,a\,c \cdot \sin(\beta) \tag{6.22}$$

Beweis: Ersetzt man in der Flächenformel für das Dreieck

$$A = \frac{1}{2}\,b\,h_b$$

die Höhe h_b durch $h_b = a \cdot \sin(\gamma)$, so erhält man für den Fall, dass es sich um ein spitzwinkliges Dreieck handelt, siehe Bild 6.28,

$$A = \frac{1}{2}\,a\,b \cdot \sin(\gamma)\ .$$

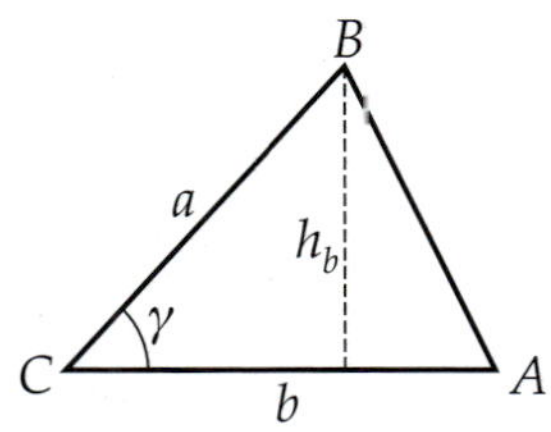

Bild 6.28

In gleicher Weise lassen sich auch die anderen beiden Formeln beweisen.

Handelt es sich um ein stumpfwinkliges Dreieck, siehe Bild 6.29, so verläuft der Beweis der Flächenformel in gleicher Weise mit

$$h_b = a\sin(\varphi) = a\sin(\gamma)\ .$$ □

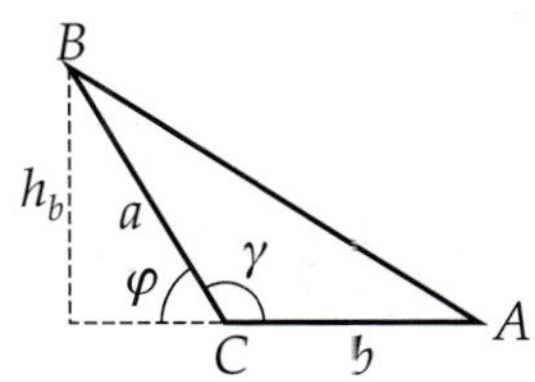

Bild 6.29

6.3.2.3 Der Kosinussatz

Bei den vier im Sinussatz auftretenden Größen handelt es sich immer um zwei Seiten und die beiden diesen Seiten *gegenüberliegenden Winkel*. Damit lassen sich fehlende Dreiecksseiten oder -winkel immer dann berechnen, wenn man die Maße von zwei Seiten und einem Winkel kennt, der einer der gegebenen Seiten gegenüberliegen muss, oder auch dann, wenn nur eine Seite und zwei Winkel gegeben sind.

Der Fall, dass zwei Seiten und der von ihnen *eingeschlossene Winkel* bekannt sind, lässt sich mit den bisher bereit gestellten Hilfsmitteln demnach *nicht lösen*.

Hier schafft der **Kosinussatz** Abhilfe:

Das Quadrat einer Seite eines beliebigen Dreiecks ist gleich der Summe aus den Quadraten der beiden anderen Seiten, vermindert um deren doppeltes Produkt, das mit dem Kosinus des von ihnen eingeschlossenen Winkels zu multiplizieren ist:

$$\begin{aligned} a^2 &= b^2 + c^2 - 2\,b\,c \cdot \cos(\alpha) \\ b^2 &= a^2 + c^2 - 2\,a\,c \cdot \cos(\beta) \\ c^2 &= a^2 + b^2 - 2\,a\,b \cdot \cos(\gamma) \end{aligned} \tag{6.23}$$

Beweis: Der Beweis für die Richtigkeit der obigen Formeln soll zunächst für *spitzwinklige Dreiecke* geführt werden.

Aus Bild 6.30 folgt, dass für die beiden rechtwinkligen Teildreiecke ADC und DBC gilt:

$$h_c^2 = a^2 - (c-q)^2 \qquad \text{und} \qquad h_c^2 = b^2 - q^2\,.$$

Die Elimination von h_c liefert

$$a^2 = b^2 + c^2 - 2cq\,.$$

Beachtet man hierin noch, dass $q = b \cdot \cos(\alpha)$ ist, so erhält man die oben angegebene Formel

$$a^2 = b^2 + c^2 - 2\,b\,c \cdot \cos(\alpha)\,.$$

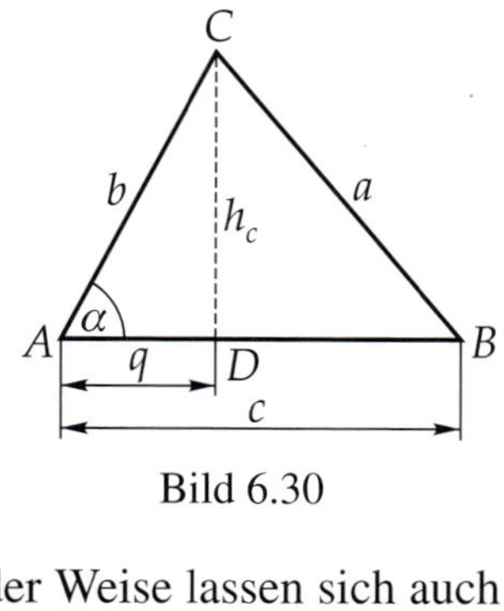

Bild 6.30

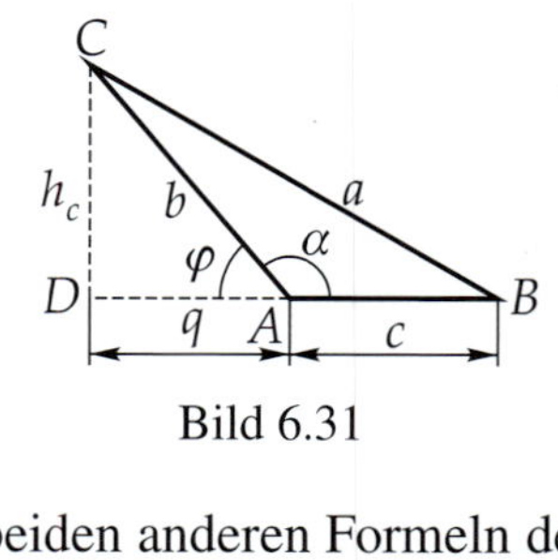

Bild 6.31

In entsprechender Weise lassen sich auch die beiden anderen Formeln des Kosinussatzes beweisen.

Für den Beweis des Kosinussatzes für stumpfwinklige Dreiecke ist das Bild 6.31 heranzuziehen. Man führe die entsprechenden Überlegungen selbstständig durch! □

6.3.3 Die Berechnung schiefwinkliger Dreiecke

Bei den folgenden Beispielen geht es vor allem darum, die bisher erworbenen Kenntnisse über die trigonometrischen Funktionen zu festigen. Dabei werden nicht nur formale Aufgaben mit vorgegebenen Bestimmungsstücken, also Winkel und Seiten, gelöst, sondern vor allem *Anwendungsaufgaben*, bei denen man selbst herausfinden muss, wie sich das, was man gelernt hat, auf Aufgabenstellungen aus den unterschiedlichsten Wissensgebieten anwenden lässt.

Beispiele:

6.30 Wendet man den Sinussatz auf ein rechtwinkliges Dreieck an, indem man etwa $\gamma = 90°$ setzt, womit $\sin(\gamma) = 1$ ist, so vereinfacht sich der Sinussatz zu der Definition des Sinus in Gleichung (6.14), siehe Bild 6.32, denn

$$\frac{a}{\sin(\alpha)} = \frac{c}{1} \quad \text{ergibt} \quad \sin(\alpha) = \frac{a}{c}$$

und

$$\frac{b}{\sin(\beta)} = \frac{c}{1} \quad \text{ergibt} \quad \sin(\beta) = \frac{b}{c}\,.$$

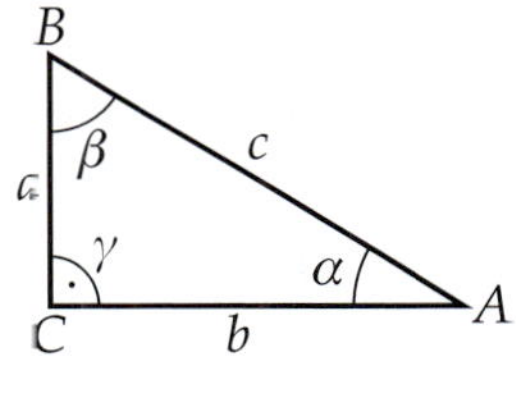

Bild 6.32

Es kann also nichts schief gehen, wenn man nicht erkennt, dass ein *rechtwinkliges* Dreieck zu berechnen ist. Man nimmt jedoch einen erhöhten Arbeitsaufwand in Kauf, wenn man statt der Sinus-Definition den Sinussatz anwendet. Mehr Arbeit zieht jedoch einen größeren Zeitaufwand nach sich, und damit ergeben sich auch mehr Gelegenheiten, Fehler zu machen.

6.31 Von den Endpunkten A und B einer Strecke $c = 183$ m erscheint ein dritter Punkt C unter den Winkeln $\alpha = 34{,}75°$ und $\beta = 76{,}37°$. Welche Entfernung hat der Punkt C von A und von B?

Lösung: Der dritte Winkel ergibt sich aus der Winkelsumme:

$$\gamma = 180° - \alpha - \beta = 68{,}88°\,.$$

Da alle drei Winkel des Dreiecks bekannt sind und kein rechter Winkel darunter ist, muss der Sinussatz angewendet werden. Mit den Bezeichnungen $\overline{AC} = b$ und $\overline{BC} = a$, siehe Bild 6.33, ergibt sich

$$b = \frac{c \cdot \sin(\beta)}{\sin(\gamma)} \quad \text{und} \quad a = \frac{c \cdot \sin(\alpha)}{\sin(\gamma)}\,.$$

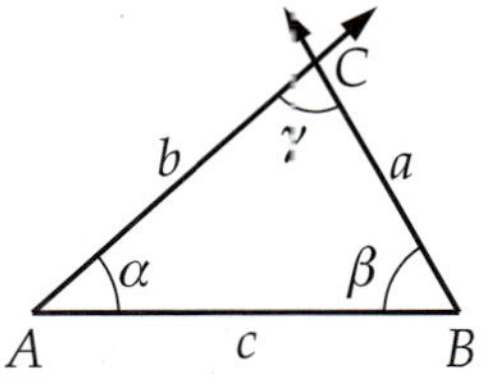

Bild 6.33

Setzt man die gegebenen Zahlenwerte ein, so erhält man die gesuchten Entfernungen:

$$\overline{AC} = b \approx 190{,}7 \text{ m} \qquad \text{und} \qquad \overline{BC} = a \approx 111{,}8 \text{ m}\,.$$

6.32 Von einem Dreieck sind die folgenden Stücke bekannt: $a = 6$ cm, $c = 13$ cm und $\alpha = 23°$. Man berechne die Seite b sowie die beiden Winkel β und γ.

Lösung: Da der gegebene Winkel α nicht von den beiden gegebenen Seiten a und c eingeschlossen wird, siehe Bild 6.34, kann der Sinussatz angewendet werden:

$$\frac{\sin(\gamma)}{\sin(\alpha)} = \frac{c}{a} \implies \sin(\gamma) = \frac{c \cdot \sin(\alpha)}{a} \, .$$

Mit den vorgegebenen Zahlen ergibt sich:

$$\begin{aligned} \sin(\gamma) &= 0{,}8465\ldots \\ \gamma &= \arcsin(0{,}8465\ldots) \end{aligned}$$

Der Taschenrechner liefert dazu

$$\gamma \approx 57{,}84^\circ \, .$$

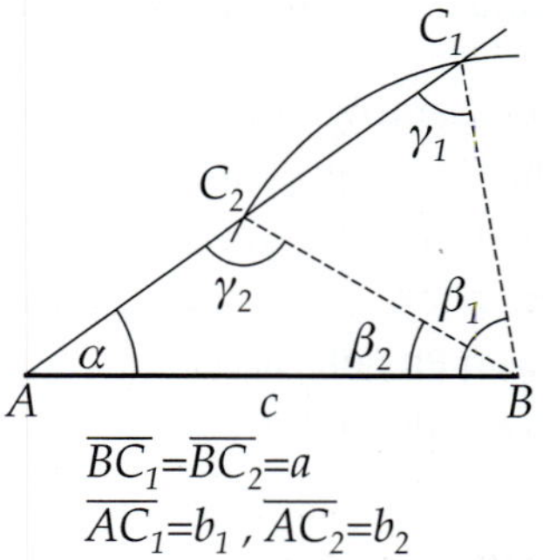

Bild 6.34

An dieser Stelle muss ein großes **Achtungszeichen** gesetzt werden:

Wenn man nämlich die Sinusfunktion betrachtet, stellt man fest, dass deren Funktionswerte zunächst von 0 bis 1 ansteigen, und dass sie dann ab 90° wieder kleiner werden, um bei 180° wieder den Wert 0 zu erreichen. Das bedeutet aber, dass für die gegebene Aufgabe noch ein zweiter Winkel infrage kommen kann, nämlich der Winkel $180^\circ - \gamma \approx 122{,}16^\circ$, so dass das Ergebnis in der Form

$$\gamma_1 \approx 57{,}84^\circ \qquad \gamma_2 \approx 122{,}16^\circ$$

geschrieben werden muss.

Da die Winkelsumme des Dreiecks 180° beträgt, ergeben sich auch für den noch fehlenden Winkel β zwei Werte:

$$\beta_1 \approx 99{,}16^\circ \qquad \beta_2 \approx 34{,}84^\circ \, .$$

Mit der Proportion

$$b : a = \sin(\beta) : \sin(\alpha)$$

lässt sich zu jeder dieser beiden Teillösungen ein Wert für die noch fehlende Seite b errechnen, was durchzuführen ist! Man erhält schließlich das Endergebnis:

Dreieck 1:	$\gamma_1 \approx 57{,}84^\circ$	$\beta_1 \approx 99{,}16^\circ$	$b_1 \approx 15{,}2$ cm
Dreieck 2:	$\gamma_2 \approx 122{,}16^\circ$	$\beta_2 \approx 34{,}84^\circ$	$b_2 \approx 8{,}8$ cm.

Doppeldeutiger Fall des Sinussatzes: Sind von einem Dreieck zwei Seiten und der Winkel, der der kleineren Seite gegenüberliegt, gegeben, so kann es zwei mögliche Lösungen geben!

Die möglichen Konstellationen bei einem allgemeinen Dreieck und die zugehörigen Lösungsstrategien entnehme man der folgenden Zusammenstellung:

Art	gegebene Stücke	gesuchte Seite(n) berechnen mit	gesuchte(n) Winkel berechnen mit
SWW WSW	1 Seite, 2 Winkel	Sinussatz (eindeutig)	IWS (eindeutig)
SsW	2 Seiten, Gegenwinkel zu großer Seite	Sinussatz (eindeutig)	Sinussatz, IWS (eindeutig)
SsW	2 Seiten, Gegenwinkel zu kleiner Seite	Sinussatz (2, 1, 0 Lösungen)	Sinussatz, IWS (2, 1, 0 Lösungen)
SWS	2 Seiten und eingeschlossener Winkel	Kosinussatz (eindeutig)	Sinussatz, IWS (eindeutig)
SSS	3 Seiten	(entfällt)	Kosinussatz, Sinussatz, IWS (eindeutig)

Anmerkung: IWS = Innenwinkelsummensatz

Beispiele:

6.33 Von einem Beobachtungspunkt P aus, der $h = 14{,}22$ m über einer Wasserfläche eines Sees liegt, erscheint eine Bergspitze B unter dem Erhebungswinkel $\alpha = 12{,}57°$ und ihr Spiegelbild S im Wasser unter dem Senkungswinkel $\beta = 14{,}97°$.

Wie hoch liegt die Bergspitze über dem See?

Lösung: Im Bild 6.35 sind die Winkel eingezeichnet, die für die Lösung der Aufgabe benötigt werden. Sie ergeben sich, wenn man die Sätze über die Wechsel- und Stufenwinkel an Parallelen beachtet. Außerdem muss das Reflexionsgesetz (Einfallswinkel = Ausfallswinkel) berücksichtigt werden.

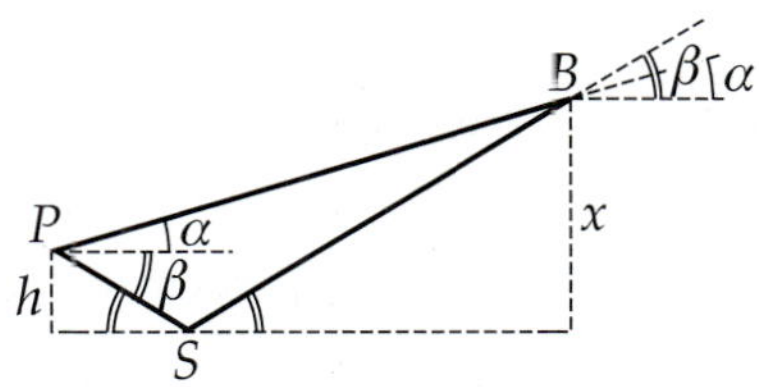

Bild 6.35

Der Winkel PBS im Dreieck SBP beträgt

$$\beta - \alpha = 2{,}4° \,.$$

Infolge der Ähnlichkeit der beiden rechtwinkligen Dreiecke ergibt sich

$$x : \overline{SB} = h : \overline{SP} \qquad \text{und daraus} \qquad x = h \cdot \frac{\overline{SB}}{\overline{SP}} \,.$$

Das in dieser Beziehung auftretende Streckenverhältnis $\overline{SB} : \overline{SP}$ lässt sich mit dem Sinussatzes wie folgt ausdrücken:

$$\frac{\overline{SB}}{\overline{SP}} = \frac{\sin(\alpha + \beta)}{\sin(\beta - \alpha)} \,.$$

Daraus ergibt sich für die gesuchte Höhe x:

$$x = h \cdot \frac{\sin(\alpha + \beta)}{\sin(\beta - \alpha)} \,.$$

Demzufolge liegt die Bergspitze $h \approx 157$ m über dem See.

6.34 Zwei Straßen treffen unter einem Winkel von $\varphi = 55°$ aufeinander. In diesem Winkel soll ein Gartengrundstück von 4800 m^2 Fläche so abgegrenzt werden, dass die eine Straßenfront $l = 80$ m lang wird.

Wie lang wird dann die andere Straßenfront?

Lösung: Für die Fläche des entstehenden Dreiecks gilt nach (6.22)

$$A = \frac{1}{2} \cdot l \cdot x \cdot \sin(\varphi) \; .$$

Da l, A und φ bekannt sind, lässt sich hieraus die gesuchte zweite Straßenfront x unmittelbar berechnen:

$$x = \frac{2A}{l \cdot \sin(\varphi)} = \frac{2 \cdot 4\,800 \text{ m}^2}{80 \text{ m} \cdot \sin(55^\circ)} \approx 146{,}49 \text{ m}$$

Die zweite Straßenfront wird $x \approx 146{,}50$ m lang.

6.35 Von einem Dreieck kennt man die Bestimmungsstücke $a = 14{,}6$ cm, $b = 23{,}8$ cm und $\gamma = 42{,}59^\circ$. Wie lang ist die Seite c des Dreiecks?

Lösung: Bei den gegebenen Bestimmungsstücken handelt es sich um zwei Seiten des Dreiecks und den von ihnen *eingeschlossenen* Winkel. Demzufolge muss der *Kosinussatz* angewendet werden:

$$c = \sqrt{a^2 + b^2 - 2ab \cdot \cos(\gamma) \; .}$$

Das liefert

$$c \approx 16{,}37 \text{ cm} \, ,$$

was mit dem Taschenrechner zu überprüfen ist!

Falls noch die übrigen unbekannten Stücke des Dreiecks berechnet werden sollen, sollte man mit dem *Sinussatz* weiterrechnen, da dieser bei der Zahlenrechnung wesentlich einfacher zu handhaben ist als der Kosinussatz.

6.36 Wie groß sind die drei Winkel eines Dreiecks, das die Seiten $a = 5$ cm, $b = 6$ cm und $c = 10$ cm besitzt?

Lösung: Wenn alle drei Seiten eines Dreiecks gegeben sind, kann nur der Kosinussatz angewendet werden.

Aus

$$a^2 = b^2 + c^2 - 2bc \cdot \cos(\alpha) \qquad \text{folgt} \qquad \cos(\alpha) = \frac{b^2 + c^2 - a^2}{2bc} \, .$$

Die Zahlenrechnung, die man in einem so einfachen Falle wie diesem ruhig im Kopf ausführen sollte, liefert

$$\cos(\alpha) = \frac{111}{120} = 0{,}925, \qquad \text{woraus sich} \qquad \alpha \approx 22{,}33^\circ \qquad \text{ergibt.}$$

Man überlege, warum man zur Berechnung des Winkels β zweckmäßig den Sinussatz verwendet:

$$\sin(\beta) : \sin(\alpha) = b : a \quad \Rightarrow \quad \sin(\beta) = \frac{b \cdot \sin(\alpha)}{a} \quad \Rightarrow \quad \beta \approx 27{,}13^\circ \, .$$

Da die Winkelsumme des Dreiecks 180° beträgt, muss der noch fehlende Winkel

$$\gamma \approx 130{,}54^\circ$$

sein.

Anmerkung: Bei der Anwendung des Kosinussatzes zur Berechnung eines Winkels braucht man nicht wie beim Sinussatz noch eine Untersuchung darüber anzustellen, ob noch ein zweiter Winkel als Lösung infrage kommen könnte. Da der Kosinus für

Winkel zwischen 0° und 90° positiv und für Winkel zwischen 90° und 180° negativ ist, gibt das Vorzeichen des berechneten Kosinuswertes eindeutig darüber Auskunft, welcher Winkel zu nehmen ist.

Der Sinussatz liefert leider keine eindeutige Lösung, siehe Beispiel 6.32.

6.37 Ähnlich wie dies im Beispiel 6.30 für den Sinussatz getan wurde, soll auch hier untersucht werden, wie sich der Kosinussatz verhält, wenn man ihn auf ein rechtwinkliges Dreieck anwendet.

Wendet man beispielsweise die Formel

$$a^2 = b^2 + c^2 - 2bc \cdot \cos(\alpha)$$

für $\alpha = 90°$ an, so ergibt sich wegen $\cos(90°) = 0$ der Satz des PYTHAGORAS

$$a^2 = b^2 + c^2 ,$$

weshalb man den Kosinussatz auch als den *verallgemeinerten Satz von Pythagoras* bezeichnet.

✍ A. 6.26–6.37 auf Seite 689

Aufgaben:

6.3.1 Die Winkelfunktionen am rechtwinkligen Dreieck

(Lösungen ab Seite 934)

☞ Fertige zu *jeder* Aufgabe eine neue Planskizze an! Beachte auch die Hinweise auf Seite 553 zur Schreibweise von Winkelanteilen in Minuten (′) und Sekunden (″).

6.9 Berechne die fehlenden Stücke der rechtwinkligen Dreiecke. Alle Dreiecke sollen so orientiert sein, dass c die Hypotenuse und damit $\gamma = 90°$ ist.

a) $a = 3\,\text{cm}$; $b = 4{,}6\,\text{cm}$
b) $a = 11\,\text{cm}$; $c = 61\,\text{cm}$
c) $a = 10\,\text{cm}$; $\beta = 34°18' = 34{,}3°$
d) $c = 25{,}2\,\text{cm}$; $\alpha = 72°15'36'' = 72{,}26°$

6.10 Berechne die Höhe, die Schenkellänge s, die Fläche und den Umfang eines gleichschenkligen Dreiecks mit der Basis b, und dem Basiswinkel β für den Fall, dass $b = 18{,}2\,\text{cm}$ und $\beta = 34{,}4°$ gegeben sind.

6.11 Berechne die Fläche eines Parallelogramms aus seinen beiden Seiten a und b und dem von ihnen eingeschlossenen Winkel φ. Gegeben seien $a = 14\,\text{cm}$, $b = 36\,\text{cm}$ und $\varphi = 51{,}7°$.

6.12 Berechne die Länge der Diagonalen einer Raute, wenn ihre Seitenlänge a und einer seiner Winkel φ gegeben sind.

Zahlenbeispiel: $a = 64{,}3\,\text{cm}$, $\varphi = 48°\,6'\,27'' = 48{,}1075°$.

6.13 Bestimme die fehlenden Stücke der durch 2 Stücke bestimmten Kreisabschnitte (s. a. Abschnitt 5.11.5). Die Längenangaben sind in cm, die Flächenangaben in cm^2:

	Mittelpunktswinkel	Bogenlänge	Höhe	Sehnenlänge	Fläche	Radius
a)				14,22		8
b)			2,05			12
c)		2,96				1,5
d)	$42^\circ\,30' = 42{,}5^\circ$					2,5
e)	20°			6,95		
f)	$14^\circ\,54' = 14{,}9^\circ$		0,12			
g)	70°	13,44				
h)	45°				35,71	
i)					210,14	35

6.14 Von einem gleichschenkligen Dreieck sind die Höhe h und der Winkel α an der Spitze bekannt. Wie lang ist die Basis l?

a) $h = 28{,}36\,\text{m}$ $\alpha = 15{,}4^\circ$ b) $h = 27{,}63\,\text{m}$ $\alpha = 14{,}4^\circ$

6.15 Von einer Raute kennt man den Umfang U und eine Diagonale d. Wie groß sind ihre Winkel?

a) $U = 36\,\text{cm}$ $d = 7{,}5\,\text{cm}$ b) $U = 32\,\text{cm}$ $d = 6{,}5\,\text{cm}$

6.16 Von einer regelmäßigen sechsseitigen Pyramide seien deren Grundkante $a = 14\,\text{cm}$ und die Höhe $h = 24\,\text{cm}$ bekannt.

Berechne den Neigungswinkel α der Seitenflächen, den Neigungswinkel β der Seitenkanten gegenüber der Grundfläche sowie den Winkel γ an der Spitze eines der Dreiecke, die die Mantelfläche bilden.

6.17 Gegeben sei ein regelmäßiges Tetraeder[1)]. Wie groß sind die Neigungswinkel der Seitenfläche und der Seitenkante gegenüber der Grundfläche?

6.18 Gegeben ist eine regelmäßige quadratische Pyramide, deren sämtliche Kanten die Länge a haben.

Berechne deren Höhe h, den Neigungswinkel α der Seitenflächen gegen die Grundfläche, den Neigungswinkel β der Seitenkanten gegen die Grundfläche und den Winkel φ, den zwei benachbarte Dreiecke der Mantelfläche miteinander einschließen.

Anleitung: Zur Berechnung von φ fälle man von zwei gegenüberliegenden Ecken der Grundfläche das Lot auf eine dazwischenliegende Seitenkante.

6.19 Ein Punkt P hat vom Mittelpunkt M eines Kreises mit dem Durchmesser d den Abstand $2\,k$. Welchen Winkel schließen die von P an den Kreis gelegten Tangenten ein? Wähle als Zahlenbeispiel $d = 264\,\text{mm}$, $k = 184\,\text{mm}$.

6.20 Zwei Riemenscheiben mit den Durchmessern $d_1 = 425$ mm und $d_2 = 675$ mm haben den Achsabstand $e = 1\,200$ mm. Sie sind durch einen gekreuzten Riementrieb miteinander verbunden.
Wie lang muss der Treibriemen sein?

6.21 Ein gerader Kreiskegel hat die Höhe $h = 55$ cm und den Grundkreisdurchmesser $d = 18$ cm. Berechne den Mittelpunktswinkel des Kreisausschnittes, der sich bei der Abwicklung des Kegelmantels ergibt.

[1)] tetrakis (griech.) viermal. Dieser Vierflächner stellt eine Pyramide dar, die von vier gleichseitigen Dreiecken begrenzt wird.

6.22 Berechne des Verhältnis von Grundkreisradius zur Höhe bei einem geraden Kreiskegel, dessen abgewickelter Mantel einen Halbkreis ergibt.

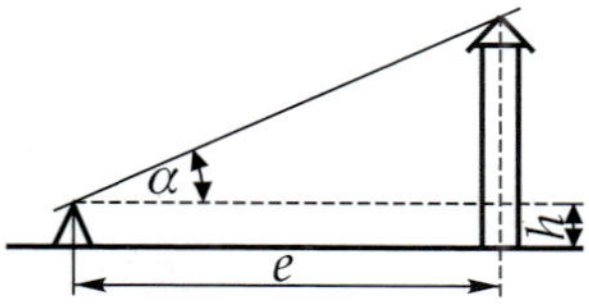

Bild 6.36

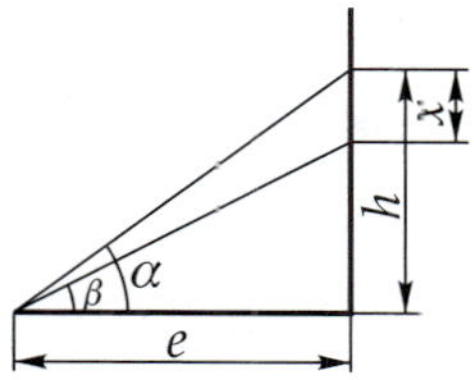

Bild 6.37

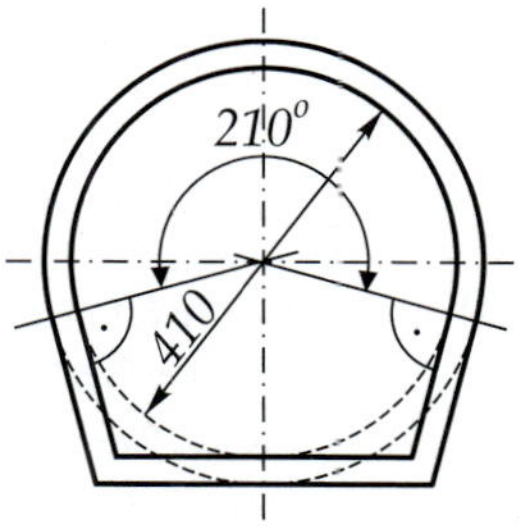

Bild 6.38

6.23 Ein Turm erscheint aus der Entfernung $e = 314{,}5\,\text{m}$ unter dem Erhebungswinkel $\alpha = 7{,}5°$, siehe Bild 6.36. Berechne seine Höhe unter Berücksichtigung der Instrumentenhöhe $h = 1{,}45\,\text{m}$.

6.24 Der Mittelpunkt des Zifferblattes einer Turmuhr befindet sich in $h = 60\,\text{m}$ Höhe und erscheint von einem Punkt aus unter dem Erhebungswinkel $\alpha = 42°\ 10'$, sein unterer Rand erscheint unter dem Erhebungswinkel $\beta = 41°\ 10'$, siehe Bild 6.37.
Wie groß ist der Durchmesser des Zifferblattes?

6.25 Wie groß ist der Durchflussquerschnitt A des im Bild 6.38 dargestellten Kanalisationsrohres?

6.3.3 Die Berechnung schiefwinkliger Dreiecke (Lösungen ab Seite 935)

6.26 Berechne aus den gegebenen Stücken allgemeiner Dreiecke die gesuchten Größen:

	$\frac{a}{\text{cm}}$	$\frac{b}{\text{cm}}$	$\frac{c}{\text{cm}}$	$\frac{A}{\text{cm}^2}$	α	β	γ
a)	38,0	44,5				38,25°	
b)			62,3		108°		34°
c)	14,5	30					50,2°
d)	29,2	45,4	57,6				
e)			6,5	18,4	72°		
f)	20	40	30				
g)	36		42		55°		
h)	10		18	45			

6.27 Drei Kreise mit den Durchmessern $d_1 = 10\,\text{cm}$, $d_2 = 12\,\text{cm}$ und $d_3 = 14\,\text{cm}$ berühren einander.

Welche Winkel bilden die drei Zentralen miteinander?

6.28 Berechne Betrag und Richtung einer Kraft F_R, die den Kräften F_1 und F_2 das Gleichgewicht hält, wobei F_1 und F_2 den Winkel φ einschließen:

a) $F_1 = 8\,\text{N}$ $F_2 = 9\,\text{N}$ $\varphi = 105°$
b) $F_1 = 6\,\text{N}$ $F_2 = 7\,\text{N}$ $\varphi = 115°$
c) $F_1 = 27{,}93\,\text{N}$ $F_2 = 35{,}88\,\text{N}$ $\varphi = 58°\ 9'$

6.29 Welche Winkel müssen drei Kräfte F_1, F_2 und F_3 miteinander bilden, damit sie im Gleichgewicht sind?

Dabei soll gelten: $F_1 : F_2 : F_3 = 8 : 11 : 13$.

6.30 Von den Endpunkten A und B einer Strecke erscheint ein dritter Punkt C unter den Winkeln $\alpha = 45°$ und $\beta = 60°$. $\overline{AB} = 100\,\text{m}$. Wie groß sind $\overline{AC}$ und $\overline{BC}$?

6.31 Von einem Viereck seien drei Seiten und beide Diagonalen bekannt. Berechne die vierte Seite, siehe grobe Skizze in Bild 6.39:
$a = 5\,\text{cm}$, $b = 10\,\text{cm}$, $c = 6\,\text{cm}$, $s = 11\,\text{cm}$, $t = 10\,\text{cm}$.

Anleitung: Man bestimme zunächst die Hilfswinkel α und β.

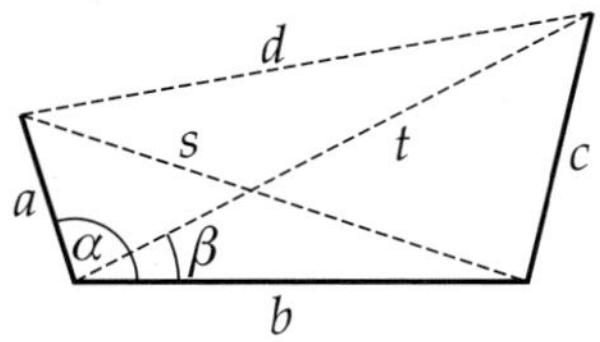

Bild 6.39

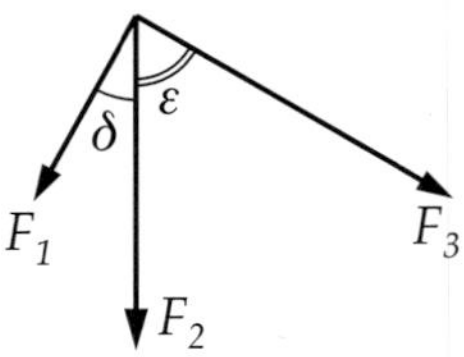

Bild 6.40

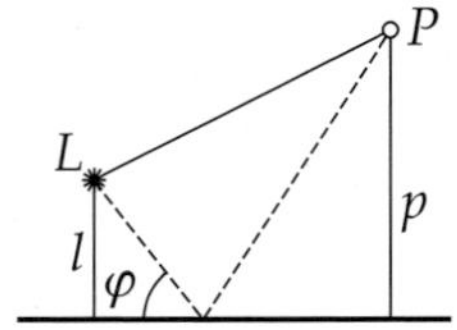

Bild 6.41

6.32 Eine Kraft $F = 400\,\text{N}$ soll in zwei Teilkräfte F_1 und F_2 zerlegt werden, die mit der Richtung von F die Winkel $\alpha_1 = 45°$ und $\alpha_2 = 60°$ einschließen.

Wie groß sind die Teilkräfte?

6.33 Wie groß ist die resultierende Kraft der drei Kräfte F_1, F_2 und F_3 und welchen Winkel bildet diese mit F_1, siehe Bild 6.40?

$$F_1 = 20\,\text{N}, \quad F_2 = 40\,\text{N}, \quad F_3 = 50\,\text{N}, \quad \delta = 30°, \quad \varepsilon = 60°\,.$$

6.34 Eine Lichtquelle L befindet sich $l = 2{,}85\,\text{m}$ vor einem Spiegel. Damit ein Lichtstrahl den Punkt P trifft, der $p = 12{,}20\,\text{m}$ vor dem Spiegel liegt, muss der Lichtstrahl unter einem Winkel von $\varphi = 34°$ auf den Spiegel treffen, siehe Bild 6.41.

Wie groß ist die direkte Entfernung $|\,\overline{LP}\,|$?

6.35 Zwischen zwei gleich hoch liegenden Punkten, deren Entfernung $e = 25\,\text{m}$ beträgt, wird ein Seil von $l = 30\,\text{m}$ Länge gespannt. In $1/3$ der Seillänge hängt eine Masse von 20 kg, siehe Bild 6.42.

Unter welchen Winkeln gegen die Horizontale stellen sich beide Seilstränge ein und welche Kraft wirkt in jedem von ihnen?

6.36 Von einem Punkt P, der 512,20 m über dem Meeresspiegel liegt, werden zwei Bergspitzen A und B anvisiert. Die Horizontalentfernung der beiden Spitzen beträgt $\overline{A'B'} = 3\,068{,}30\,\text{m}$. A liegt 1 020,34 m hoch, siehe Bild 6.43. Ferner wurden folgende Winkel gemessen: der Horizontalwinkel $\gamma = 58°\,45'$, der Erhebungswinkel $\alpha = 8°\,51'$ sowie der Erhebungswinkel $\beta = 10°\,12'$.

Wie hoch ist der Berg B?

Hinweis zur Lösung: Reduziere alle Höhen auf die Höhe des Punktes P.

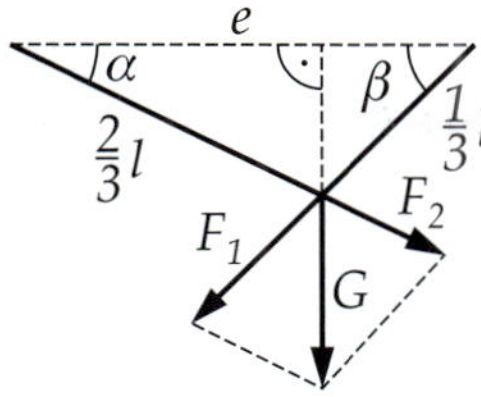

Bild 6.42

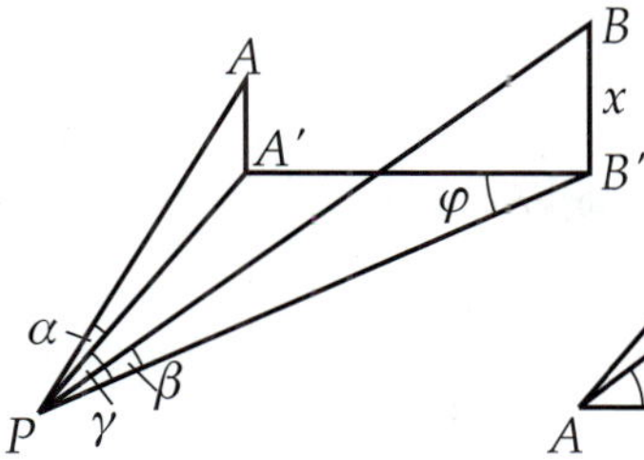

Bild 6.43

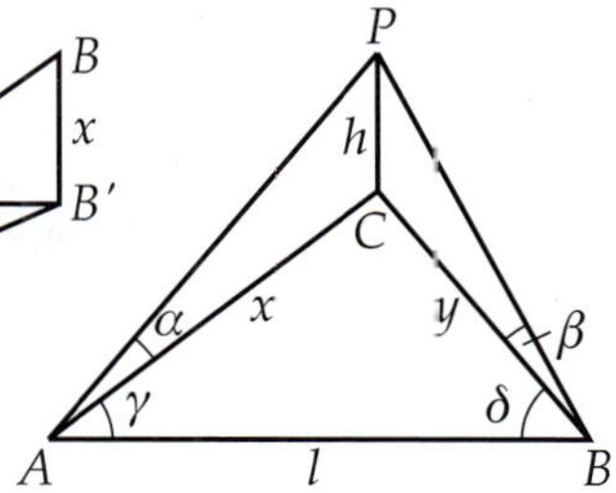

Bild 6.44

6.37 Von den Endpunkten A und B einer waagerecht liegenden Standlinie der Länge $|\overline{AB}| = l = 108{,}20\,\text{m}$ wird gleichzeitig ein Ballon P angepeilt. Wie groß ist seine Horizontalentfernung von A bzw. von B und wie hoch befindet er sich über der Bezugsebene, siehe Bild 6.44?

Horizontalwinkel: $85°24'$ Erhebungswinkel: $24°18'$
Horizontalwinkel: $71°37'$ Erhebungswinkel: $23°17'$

Hinweis: Es empfiehlt sich, zuerst die beiden Horizontalentfernungen $|\overline{AC}| = x$ und $|\overline{BC}| = y$ zu berechnen.

6.4 Additionstheoreme

Ein sehr häufiger Fehler, der bei der Anwendung der trigonometrischen Funktionen gemacht wird, besteht darin, dass die Funktionen von Winkelsummen, z. B. $\sin(\alpha+\beta)$, durch die Summe der Winkelfunktionen von α und β ersetzt werden.

Wie man sich durch Einsetzen konkreter Winkel für α und β in die beiden Ausdrücke $\sin(\alpha+\beta)$ und $\sin(\alpha)+\sin(\beta)$ leicht überzeugen kann, gilt im Allgemeinen

$$\sin(\alpha+\beta) \neq \sin(\alpha)+\sin(\beta)\ .$$

Der Grund dafür ist, dass die trigonometrischen Funktionen *keine linearen Funktionen* sind.

☞ Was hier für die Sinusfunktion gesagt wurde, gilt gleichermaßen auch für die drei anderen Winkelfunktionen.

Beispiel:

6.38 Es ist $\sin(30°) = 0{,}5$ und $\sin(60°) = \frac{1}{2}\sqrt{3} \approx 0{,}866$

Aber es ist **nicht**: $\sin(30° + 60°) = 0{,}5 + 0{,}833 = 1{,}366$ ↯

Das offensichtlich falsche Ergebnis kann aus zwei Gründen nicht stimmen: Zum einen ist $30° + 60° = 90°$, so dass

$$\sin(30° + 60°) = \sin(90°) = 1$$

sein muss, und zum anderen kann das Ergebnis $\sin(30° + 60°) = 1{,}366$ nicht stimmen, weil die Funktionswerte y des Sinus als Verhältnis einer Kathete zur Hypotenuse eines rechtwinkligen Dreiecks nur innerhalb des Bereiches $-1 \leq y \leq 1$ liegen können. Die Katheten eines rechtwinkligen Dreiecks sind stets kleiner als die Hypotenuse!

Die folgenden Betrachtungen dienen dazu, bestimmte Beziehungen zwischen den trigonometrischen Funktionen von Summen und Differenzen von Winkeln aufzudecken. Die dabei entstehenden Formeln werden **Additionstheoreme**[a] genannt.

Dazu soll die im Bild 6.45 dargestellte Figur betrachtet werden.

☞ Zuvor überzeuge man sich jedoch davon, dass der oben im Bild eingezeichnete Winkel α die gleiche Größe besitzt wie der untere Winkel α.

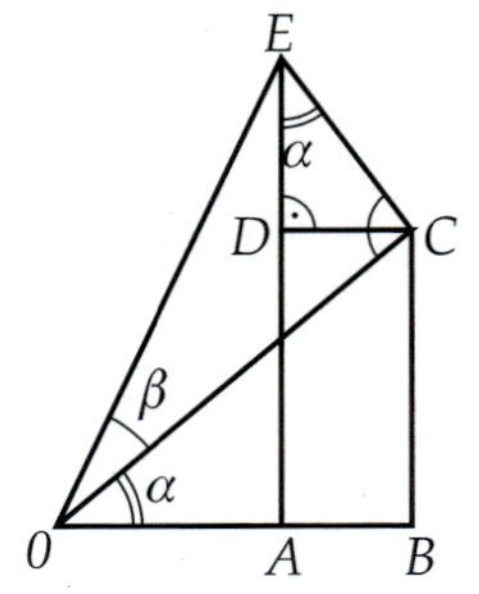

Bild 6.45

Aus Bild 6.45 geht hervor, dass im Dreieck OAE die folgenden Beziehungen bestehen:

$$\sin(\alpha+\beta) = \frac{\overline{AE}}{\overline{OE}} = \frac{\overline{BC}+\overline{DE}}{\overline{OE}} = \frac{\overline{BC}}{\overline{OE}} + \frac{\overline{DE}}{\overline{OE}} \qquad \cos(\alpha+\beta) = \frac{\overline{OA}}{\overline{OE}} = \frac{\overline{OB}-\overline{CD}}{\overline{OE}} = \frac{\overline{OB}}{\overline{OE}} - \frac{\overline{CD}}{\overline{OE}}\,.$$

Erweitert man die Brüche mit $\overline{OC}$ bzw. $\overline{EC}$ so ergibt sich

$$\sin(\alpha+\beta) = \frac{\overline{BC}}{\overline{OC}}\cdot\frac{\overline{OC}}{\overline{OE}} + \frac{\overline{EC}}{\overline{OE}}\cdot\frac{\overline{DE}}{\overline{EC}} \qquad \cos(\alpha+\beta) = \frac{\overline{OB}}{\overline{OC}}\cdot\frac{\overline{OC}}{\overline{OE}} - \frac{\overline{CD}}{\overline{EC}}\cdot\frac{\overline{EC}}{\overline{OE}}\,.$$

Ersetzt man die Quotienten durch die zugehörigen Winkelfunktionen, so erhält man die **Additionstheoreme für den Sinus und den Kosinus einer Summe von Winkeln**:

$$\boxed{\begin{aligned}\sin(\alpha+\beta) &= \sin(\alpha)\cdot\cos(\beta)+\cos(\alpha)\cdot\sin(\beta)\\ \cos(\alpha+\beta) &= \cos(\alpha)\cdot\cos(\beta)-\sin(\alpha)\cdot\sin(\beta)\end{aligned}} \qquad (6.24)$$

Ersetzt man den Winkel β in diesen beiden Formeln durch den Winkel $-\beta$, wobei zu beachten ist, dass zwar $\sin(-\beta) = -\sin(\beta)$, jedoch $\cos(-\beta) = \cos(\beta)$ ist, so erhält man die entsprechenden **Additionstheoreme für die Differenz zweier Winkel**:

$$\boxed{\begin{aligned}\sin(\alpha-\beta) &= \sin(\alpha)\cdot\cos(\beta)-\cos(\alpha)\cdot\sin(\beta)\\ \cos(\alpha-\beta) &= \cos(\alpha)\cdot\cos(\beta)+\sin(\alpha)\cdot\sin(\beta)\end{aligned}} \qquad (6.25)$$

Um die entsprechenden Formeln für den Tangens und den Kotangens zu erhalten, braucht man nur zu beachten, dass beispielsweise $\tan(\alpha\pm\beta)$ auch als Quotient von $\sin(\alpha\pm\beta)$ und $\cos(\alpha\pm\beta)$ geschrieben werden kann. Für den Winkel $\tan(\alpha+\beta)$ soll die erforderliche Rechnung demonstriert werden:

$$\tan(\alpha+\beta) = \frac{\sin(\alpha+\beta)}{\cos(\alpha+\beta)} = \frac{\sin(\alpha)\cdot\cos(\beta)+\cos(\alpha)\cdot\sin(\beta)}{\cos(\alpha)\cdot\cos(\beta)-\sin(\alpha)\cdot\sin(\beta)}\,.$$

[2] theōrēma (griech.) Lehrsatz

Kürzt man den letzten Bruch mit $\cos(\alpha)\cos(\beta)$, so entsteht

$$\tan(\alpha+\beta) = \frac{\dfrac{\sin(\alpha)\cdot\cos(\beta)+\cos(\alpha)\cdot\sin(\beta)}{\cos(\alpha)\cdot\cos(\beta)}}{\dfrac{\cos(\alpha)\cdot\cos(\beta)-\sin(\alpha)\cdot\sin(\beta)}{\cos(\alpha)\cdot\cos(\beta)}}$$

$$= \frac{\dfrac{\sin(\alpha)\cdot\cos(\beta)}{\cos(\alpha)\cdot\cos(\beta)}+\dfrac{\cos(\alpha)\cdot\sin(\beta)}{\cos(\alpha)\cdot\cos(\beta)}}{\dfrac{\cos(\alpha)\cdot\cos(\beta)}{\cos(\alpha)\cdot\cos(\beta)}-\dfrac{\sin(\alpha)\cdot\sin(\beta)}{\cos(\alpha)\cdot\cos(\beta)}}$$

$$\tan(\alpha+\beta) = \frac{\tan(\alpha)+\tan(\beta)}{1-\tan(\alpha)\tan(\beta)}\,.$$

Die vier **Additionstheoreme für den Tangens und den Kotangens** lauten damit

$$\boxed{\begin{aligned} \tan(\alpha+\beta) &= \frac{\tan(\alpha)+\tan(\beta)}{1-\tan(\alpha)\cdot\tan(\beta)} & \tan(\alpha-\beta) &= \frac{\tan(\alpha)-\tan(\beta)}{1+\tan(\alpha)\cdot\tan(\beta)} \\ \cot(\alpha+\beta) &= \frac{\cot(\alpha)\cdot\cot(\beta)-1}{\cot(\beta)+\cot(\alpha)} & \cot(\alpha-\beta) &= \frac{\cot(\alpha)\cdot\cot(\beta)+1}{\cot(\beta)-\cot(\alpha)} \end{aligned}} \tag{6.26}$$

Setzt man schließlich in den Formeln für die Winkelfunktionen der Winkelsumme $\alpha = \beta$, so ergeben sich die ebenfalls häufig benötigten **Additionstheoreme für den doppelten Winkel**:

$$\boxed{\begin{aligned} \sin(2\alpha) &= 2\cdot\sin(\alpha)\cdot\cos(\alpha) & \cos(2\alpha) &= \cos^2(\alpha)-\sin^2(\alpha) \\ \tan(2\alpha) &= \frac{2\tan(\alpha)}{1-\tan^2(\alpha)} & \cot(2\alpha) &= \frac{\cot^2(\alpha)-1}{2\cot(\alpha)} \end{aligned}} \tag{6.27}$$

Unter Verwendung der Beziehung $\sin^2(\alpha)+\cos^2(\alpha) = 1$ lässt sich die Formel für $\cos(2\alpha)$ auch in der Form

$$\boxed{\cos(2\alpha) = 2\cos^2(\alpha)-1 = 1-2\sin^2(\alpha)} \tag{6.28}$$

schreiben.

Für die **Summe bzw. Differenz zweier trigonometrischer Funktionen** gilt:

$$\boxed{\begin{aligned} \sin(\alpha)+\sin(\beta) &= 2\sin\left(\frac{\alpha+\beta}{2}\right)\cdot\cos\left(\frac{\alpha-\beta}{2}\right) \\ \sin(\alpha)-\sin(\beta) &= 2\cos\left(\frac{\alpha+\beta}{2}\right)\cdot\sin\left(\frac{\alpha-\beta}{2}\right) \end{aligned}} \tag{6.29}$$

Für die Herleitung der ersten Formel betrachten wir:

$$\begin{aligned}
&\sin(\alpha) + \sin(\beta) && \mid \alpha = r + s \ \wedge\ \beta = r - s \\
&= \sin(r+s) + \sin(r-s) && \mid \text{Zerlegung nach Theorem (6.24) bzw. (6.25)} \\
&\quad = \sin(r)\cdot\cos(s) + \cancel{\cos(r)\cdot\sin(s)} + \sin(r)\cdot\cos(s) - \cancel{\cos(r)\cdot\sin(s)} \\
&\quad = 2\,\sin(r)\cdot\cos(s)
\end{aligned}$$

Durch Addition der beiden Substitute erhalten wir:

$$\alpha + \beta = (r+s) + (r-s) = 2\,r \ \Rightarrow\ r = \frac{\alpha+\beta}{2} \ \wedge\ s = \frac{\alpha-\beta}{2}$$

Somit ist der Zusammenhang gegeben:

$$\sin(\alpha) + \sin(\beta) = 2\,\sin\left(\frac{\alpha+\beta}{2}\right)\cdot\cos\left(\frac{\alpha-\beta}{2}\right) \quad \square$$

Analog gilt:

$$\boxed{\begin{aligned}
\cos(\alpha) + \cos(\beta) &= 2\cos\left(\frac{\alpha+\beta}{2}\right)\cdot\cos\left(\frac{\alpha-\beta}{2}\right) \\
\cos(\alpha) - \cos(\beta) &= -2\sin\left(\frac{\alpha+\beta}{2}\right)\cdot\sin\left(\frac{\alpha-\beta}{2}\right)
\end{aligned}} \qquad (6.30)$$

$$\boxed{\begin{aligned}
\tan(\alpha) + \tan(\beta) &= \frac{\sin(\alpha+\beta)}{\cos(\alpha)\cdot\cos(\beta)} \\
\tan(\alpha) - \tan(\beta) &= \frac{\sin(\alpha-\beta)}{\cos(\alpha)\cdot\cos(\beta)}
\end{aligned}} \qquad (6.31)$$

$$\boxed{\begin{aligned}
\cot(\alpha) + \cot(\beta) &= \frac{\sin(\beta+\alpha)}{\sin(\alpha)\cdot\sin(\beta)} \\
\cot(\alpha) - \cot(\beta) &= \frac{\sin(\beta-\alpha)}{\sin(\alpha)\cdot\sin(\beta)}
\end{aligned}} \qquad (6.32)$$

Obwohl sich die Herleitung der Formeln für die Additionstheoreme auf *spitze Winkel* stützen, gelten *alle* Formeln für *beliebige Winkel*. Auf den Beweis dieser Behauptung soll jedoch verzichtet werden.

Die Vielzahl der hier hergeleiteten Formeln ist verwirrend. Man kann sie nicht immer „im Kopf haben". Aber man muss wissen, dass es sie gibt, und man muss auch wissen, wo man sie schnell finden kann, wenn sie gebraucht werden. *Vor allem aber sollte man stets daran denken, dass man die Winkelfunktionen von Summen oder Differenzen der Winkel keinesfalls „ausmultiplizieren" darf wie einfache Klammerausdrücke.*

Der Umgang mit diesen Formeln soll an den folgenden Beispielen demonstriert werden.

Beispiele:

6.39 Aus als allgemein bekannt vorauszusetzenden Funktionswerten soll der exakte Wert von $\cos(75°)$ berechnet werden.

Lösung: Der Winkel 75° lässt sich als Summe von 30° und 45° darstellen. Von diesen beiden Winkeln sind die genauen Funktionswerte bekannt (s. a. Seite 663).

Mit Hilfe des Additionstheoremes für den Kosinus ergibt sich

$$\begin{aligned}\cos(75°) &= \cos(30° + 45°) = \cos(30°)\cdot\cos(45°) - \sin(30°)\cdot\sin(45°)\\ &= \frac{1}{2}\sqrt{3}\cdot\frac{1}{2}\sqrt{2} - \frac{1}{2}\cdot\frac{1}{2}\sqrt{2}\\ \cos(75°) &= \frac{1}{4}\sqrt{2}\cdot\left(\sqrt{3}-1\right)\end{aligned}$$

6.40 $\sin(3x)$ soll in Abhängigkeit von $\sin(x)$ ausgedrückt werden.

Lösung:

$$\begin{aligned}\sin(3x) &= \sin(x + 2x) && \text{denn } 3x = x + 2x\\ &= \sin(x)\cdot\cos(2x) + \cos(x)\cdot\sin(2x) && \text{(Additionstheoreme)}\\ &= \sin(x)\cdot\left[\cos^2(x) - \sin^2(x)\right] + \cos(x)\cdot 2\,\sin(x)\cdot\cos(x)\\ &= 3\cdot\sin(x)\cdot\cos^2(x) - \sin^3(x)\\ &= \sin(x)\cdot\left[3\,\cos^2(x) - \sin^2(x)\right]\\ &= \sin(x)\cdot\left[3\cdot\left(1-\sin^2(x)\right) - \sin^2(x)\right]\\ &= \sin(x)\cdot\left[3 - 4\,\sin^2(x)\right]\\ \sin(3x) &= -4\,\sin^3(x) + 3\,\sin(x)\end{aligned}$$

6.41 Aus dem Additionstheorem für $\cos(2x)$ soll eine Formel für die Berechnung von $\cos\left(\frac{x}{2}\right)$ entwickelt werden.

Lösung: Das Additionstheorem für $\cos(2\,u)$ lautet

$$\cos(2\,u) = \cos^2(u) - \sin^2(u)\ .$$

Setzt man hierin $2\,u = x$, so gilt $u = \frac{x}{2}$. Damit erhält das obige Additionstheorem die Form

$$\cos(x) = \cos^2\left(\frac{x}{2}\right) - \sin^2\left(\frac{x}{2}\right)\ .$$

Beachtet man, dass $\sin^2(v) = 1 - \cos^2(v)$ ist, so geht die letzte Gleichung über in

$$\cos(x) = \cos^2\left(\frac{x}{2}\right) - \left[1 - \cos^2\left(\frac{x}{2}\right)\right] = 2\,\cos^2\left(\frac{x}{2}\right) - 1\ .$$

Diese Gleichung lässt sich nach dem gesuchten Ausdruck $\cos\left(\frac{x}{2}\right)$ auflösen. Es ergibt sich für den **halben Winkel**:

$$\boxed{\cos\left(\frac{x}{2}\right) = \pm\sqrt{\frac{1+\cos(x)}{2}}} \qquad (6.33)$$

Beachte, dass das Vorzeichen der Wurzel abhängig vom jeweils betrachteteten Intervall ist:

- $+\sqrt{\ldots}$ für $]-\pi;\pi[;\ ]3\,\pi;5\,\pi[;\ ]7\,\pi;9\,\pi[;\ \ldots$
- $-\sqrt{\ldots}$ für $]\pi;3\,\pi[;\ ]5\,\pi;7\,\pi[;\ ]9\,\pi;11\,\pi[;\ \ldots$

Wer daran interessiert ist, sein Wissen über den Umgang mit den trigonometrischen Funktionen zu vervollkommnen, der sollte versuchen, die Richtigkeit der nachfolgend angegebenen Formeln nachzuweisen (Vorzeichen abhängig vom Intervall):

$$\sin\left(\frac{x}{2}\right) = \pm\sqrt{\frac{1-\cos(x)}{2}}$$

$$\tan\left(\frac{x}{2}\right) = \pm\sqrt{\frac{1-\cos(x)}{1+\cos(x)}} = \frac{1-\cos(x)}{\sin(x)} = \frac{\sin(x)}{1+\cos(x)}$$

$$\cot\left(\frac{x}{2}\right) = \pm\sqrt{\frac{1+\cos(x)}{1-\cos(x)}} = \frac{1+\cos(x)}{\sin(x)} = \frac{\sin(x)}{1-\cos(x)}$$

6.42 Auf einem Sockel der Höhe h steht ein Fahnenmast der Höhe l, siehe Bild 6.46. Aus welcher, vom Fuß des Sockels aus gemessenen horizontalen Entfernung x erscheinen beide unter gleichem Blickwinkel α? Wie groß ist α?

Lösung: Aus Bild 6.46 ist ersichtlich, dass

$$\tan(\alpha) = \frac{h}{x} \quad \text{und} \quad \tan(2\alpha) = \frac{l+h}{x}$$

sein muss.

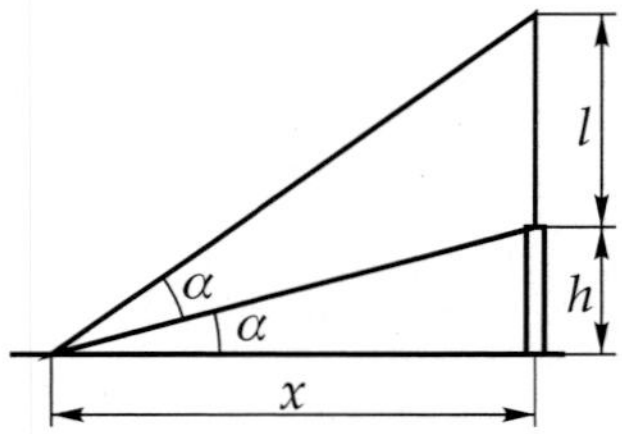

Bild 6.46

Setzt man beide Beziehungen in die Formel für den Tangens des doppelten Winkels ein, so ergibt sich

$$\tan(2\alpha) = \frac{2\tan(\alpha)}{1-\tan^2(\alpha)}$$

$$\frac{l+h}{x} = \frac{2\cdot\frac{h}{x}}{1-\left(\frac{h}{x}\right)^2}.$$

Diese Gleichung kann nach x aufgelöst werden, was nachzurechnen ist:

$$x = h\cdot\sqrt{\frac{l+h}{l-h}}.$$

Aus diesem Ergebnis lässt sich ablesen, dass das Problem nur dann lösbar ist, wenn der Mast höher ist als der Sockel. Ist diese Bedingung nicht erfüllt, so wird der Radikand im Falle $l < h$ negativ und die Wurzel damit nicht berechenbar. Bei $l = h$ müsste im Radikanden durch null dividiert werden. Beides ist nicht erlaubt.

Für den Tangens des Blickwinkels erhält man

$$\tan(\alpha) = \frac{h}{x} = \sqrt{\frac{l-h}{l+h}}.$$

6.43 Unter welchem Winkel schneiden sich die beiden Geraden $y = x-4$ und $y = 3x+3$?

Lösung: Wie in Abschnitt 4.4.3 erläutert, besitzt die Gerade $y = x - 4$ die Steigung $m_1 = \tan(\alpha_1) = 1$; die Steigung der Geraden $y = 3x + 3$ ist $m_2 = \tan(\alpha_2) = 3$.

Der Schnittwinkel φ der beiden Geraden ist bestimmt durch die Gleichung

$$\tan(\varphi) = \tan(\alpha_2 - \alpha_1).$$

Das Additionstheorem für den Tangens liefert

$$\tan(\varphi) = \frac{\tan(\alpha_2)-\tan(\alpha_1)}{1+\tan(\alpha_2)\cdot\tan(\alpha_1)} = \frac{m_2-m_1}{1+m_2\cdot m_1} = \frac{3-1}{1+3\cdot 1} = 0{,}5.$$

Aus $\tan(\varphi) = 0{,}5$ ergibt sich der zugehörige Schnittwinkel zu

$$\varphi \approx 26{,}57^\circ\,.$$

✍ A. 6.38–6.39 auf Seite 697

Aufgaben:

6.4 Additionstheoreme (Lösungen ab Seite 936)

6.38 Berechne durch geeignete Zerlegungen mithilfe der Additionstheoreme:

a) $\sin(15^\circ)$	b) $\cos(15^\circ)$	c) $\tan(15^\circ)$	d) $\cot(15^\circ)$
e) $\sin(75^\circ)$	f) $\cos(75^\circ)$	g) $\tan(75^\circ)$	h) $\cot(75^\circ)$

6.39 Vereinfache den Term $\sin(x) + \sin(x - 120^\circ) + \sin(x - 240^\circ)$.

6.5 Goniometrische Gleichungen

In diesem Abschnitt wird das Wissen über die Umkehrung der Winkelfunktionen aus Abschnitt 6.2.4 benötigt. Außerdem sollte man quadratische Gleichungen (3.5.3) lösen können und über das Prinzip der Substitution (3.5.8) informiert sein.

Goniometrische Gleichungen sind Gleichungen, in denen die Variablen als Argumente von Winkelfunktionen auftreten. In diesem Abschnitt soll an einigen exemplarischen Beispielen gezeigt werden, wie man an die Lösung derartiger Gleichungen herangeht und welche Besonderheiten dabei zu beachten sind.

Ziel der Auflösung einer goniometrischen Gleichung ist es, sie zunächst nach einer der in der Gleichung auftretenden Winkelfunktionen aufzulösen, so dass beispielsweise ein Ausdruck der Form

$$\sin(\alpha) = 0{,}374\,61$$

entsteht. Daraus lassen sich dann die Winkel ermitteln, die diese letzte Gleichung erfüllen. So würde die Lösungsmenge der gegebenen Gleichung lauten:

$$\mathrm{L} \approx \{22^\circ + k \cdot 360^\circ;\ 158^\circ + k \cdot 360^\circ\} \qquad k \in \mathbf{Z}$$

In diesem Sinne waren bereits die Beispiele 6.8 bis 6.15 aus dem Abschnitt 6.2.4 sehr einfache goniometrische Gleichungen.

Oft tritt aber in goniometrischen Gleichungen nicht von vornherein nur ein einziger Funktionstyp auf, wie dies im folgenden Beispiel der Fall ist.

Beispiel:

6.44 Ermittle alle Lösungen der Gleichung $\sin(\alpha) = 1 + \cos(\alpha)$.

In diesem Fall muss zunächst versucht werden, die Gleichung so umzuformen, dass nur noch ein einziger Typ von Winkelfunktionen auftritt. Dies kann beispielsweise in der gegebenen Gleichung dadurch erreicht werden, dass man den Kosinus mithilfe von Formel (6.11) durch den Sinus ersetzt:

$$\sin(\alpha) = 1 + \sqrt{1 - \sin^2(\alpha)}$$

Wurzel isolieren: $\sin(\alpha) - 1 = \sqrt{1 - \sin^2(\alpha)}$

Quadrieren: $\sin^2(\alpha) - 2\sin(\alpha) + 1 = 1 - \sin^2(\alpha)$

Ordnen: $2\sin^2(\alpha) - 2\sin(\alpha) = 0$

Kürzen: $\sin^2(\alpha) - \sin(\alpha) = 0$

$\sin(\alpha)$ ausklammern: $\sin(\alpha) \cdot [\,\sin(\alpha) - 1\,] = 0$

Da ein Produkt nur dann null wird, wenn einer der Faktoren null ist, ergeben sich hieraus die beiden Gleichungen

$$\sin(\alpha) = 0 \quad \text{mit den Lösungen } \alpha = 180^\circ + k \cdot 360^\circ \quad (k \in \mathbf{Z}) \quad \text{sowie}$$

$$\sin(\alpha) = 1 \quad \text{mit den Lösungen } \alpha = 90^\circ + k \cdot 360^\circ \quad (k \in \mathbf{Z}).$$

Anmerkung: Die vorletzte Gleichung $\sin(\alpha) = 0$ würde auch die Lösungen $\alpha = 0^\circ + k \cdot 360^\circ$ mit $(k \in \mathbf{Z})$ liefern. Macht man jedoch mit diesen Werten die *Probe*, so stellt man fest, dass $\alpha = 0^\circ$ eine *Scheinlösung* ist, die die Ausgangsgleichung **nicht** erfüllt.

Schließlich besteht noch die Möglichkeit, dass verschiedene Argumente innerhalb der Winkelfunktionen auftreten, wie dies im folgenden Beispiel der Fall ist:

$$\sin(2x) = 2\sin(x).$$

Bei solchen Aufgaben muss man versuchen, die Winkelfunktionen mithilfe der Additionstheoreme so umzuwandeln, dass innerhalb der Aufgabe schließlich nur noch ein einheitliches Argument auftritt.

Die Auflösung einer goniometrischen Gleichung kann demnach in die folgenden Teilschritte aufgegliedert werden:

- Grund- und Definitionsmenge festlegen
- Vereinheitlichung der Argumente
- Vereinheitlichung der Funktionstypen
- Auflösung nach der Winkelfunktion
- Bestimmung des zugehörigen Winkels
- Probe durchführen
- Lösungsmenge angeben

Es wird nicht bei jeder goniometrischen Gleichung erforderlich sein, *jeden* der genannten Schritte ausführen zu müssen. Auf die *Probe* sollte man jedoch nie verzichten, da bei der Auflösung einer goniometrischen Gleichung häufig quadriert werden muss, wodurch sich Scheinlösungen einschleichen können.

Beispiele:

6.45 Welche Winkel $0^\circ \leq \alpha < 360^\circ$ erfüllen die goniometrische Gleichung

$$\sin(2\alpha) = 2\sin(\alpha)\,?$$

Lösung: Vereinheitlichung der Argumente mithilfe der Formel (6.27) für $\sin(2\alpha)$:

$$2\sin(\alpha)\cdot\cos(\alpha) = 2\sin(\alpha)$$
$$\sin(\alpha)\cdot[\,\cos(\alpha)-1\,] = 0\,.$$

Daraus ergeben sich mit dem *Nullproduktsatz* die beiden Lösungsmöglichkeiten

$$\sin(\alpha)=0 \qquad \text{und} \qquad \cos(\alpha)-1=0$$

mit den Lösungsmengen

$$\mathrm{L}_1=\{0°,180°\} \qquad \text{und} \qquad \mathrm{L}_2=\{0°\}\,,$$

woraus folgende Gesamtlösung resultiert:

$$\mathrm{L}=\{\,0°,180°\,\}\ .$$

Für den Fall, dass *alle* infrage kommenden Winkel erfasst werden sollen, müsste die Lösung lauten:

$$\mathrm{L}=\{k\cdot 180° \quad \text{mit} \quad k\in\mathbf{Z}\}\ .$$

6.46 Welche Winkel zwischen 0° und 360° erfüllen die Gleichung

$$2\sin(\beta)-6\cos(\beta)-1=0\,?$$

Lösung: Da in der Gleichung zwei verschiedene Winkelfunktionen auftreten, muss die eine durch die andere ausgedrückt werden. Dabei ist es in diesem Fall gleichgültig, ob man sich für den Sinus oder für den Kosinus entscheidet, denn in beiden Fällen entsteht eine Wurzelgleichung:

$$2\cdot\sqrt{1-\cos^2(\beta)}-6\cos(\beta)-1=0 \qquad |\ \text{Wurzel isolieren}$$
$$2\cdot\sqrt{1-\cos^2(\beta)}=6\cos(\beta)+1 \qquad |\ (\ldots)^2$$
$$4-4\cos^2(\beta)=36\cos^2(\beta)+12\cos(\beta)+1$$
$$40\cos^2(\beta)+12\cos(\beta)-3=0.$$

Hier empfiehlt es sich, den Ausdruck $\cos(\beta)$ vorübergehend durch eine Variable zu ersetzen, also eine **Substitution** [1] durchzuführen: $\cos(\beta)=z$

$$40z^2+12z-3=0$$

Dies quadratische Gleichung kann nach der Division durch 40 bequem mit der *pq-Formel* gelöst werden. Die *Lösungen für z* lauten:

$$z_1=-\frac{3}{20}-\frac{\sqrt{39}}{20}\approx -0{,}4622 \qquad \text{und} \qquad z_2=-\frac{3}{20}+\frac{\sqrt{39}}{20}\approx 0{,}1622.$$

Da wir aber nicht die Lösungen für z, sondern für β suchen, müssen wir die Substitution wieder rückgängig machen, also eine *Resubstitution* [2] durchführen:

$$\cos(\beta)=z \implies \beta=\arccos(z)$$
$$\beta=\arccos(-0{,}4622) \qquad \text{oder} \qquad \beta=\arccos(0{,}1622)$$
$$\beta_1\approx 117{,}53° \qquad \beta_2\approx 242{,}47° \qquad \beta_3\approx 80{,}66° \qquad \beta_4\approx 279{,}34°$$

Da im Verlaufe der Rechnung quadriert worden ist, muss für jede der gefundenen Lösungen die Probe *an der Ausgangsgleichung* gemacht werden. Es stellt sich dabei heraus, dass β_1 und β_4 diese Gleichung *nicht* erfüllen.

---

[1] substituere (lat.) ersetzen, an die Stelle setzen

[2] re (lat.) zurück

Damit lauten die Lösungen der gegebenen Gleichung:

$$\beta \approx 80{,}66^\circ \qquad \text{oder} \qquad \beta \approx 242{,}47^\circ\,.$$

Anmerkung: Oftmals genügt es bei derartigen Aufgaben, statt der Probe nur eine Vorzeichenbetrachtung durchzuführen.

Für die Lösung β_4 würde diese etwa wie folgt ablaufen:

Der Winkel $\beta_4 \approx 279{,}34^\circ$ liegt im vierten Quadranten. Der Kosinus dieses Winkels ist positiv. Damit wird das zweite Glied $-6\,\cos(\beta)$ der Ausgangsgleichung *negativ*. Auch das erste Glied $\sin(\beta)$ wird für den Winkel β_4 negativ. Somit treten in der gegebenen Gleichung *drei negative Summanden* auf. Deren Summe kann somit niemals null werden, wie es die Gleichung fordert. Also kann β_4 *keine Lösung* der Gleichung sein.

6.47 Es sind alle Winkel gesucht, die die Gleichung $\sin(x) = 1 + \cot(x)$ im Bogenmaß erfüllen.

Lösung: Da die Kotangensfunktion für ganzzahlig Vielfache von π nicht definiert ist, reduziert sich die Menge der verfügbaren Zahlen auf $\mathbf{D} = \mathbf{R} \setminus \{k\,\pi\}$ mit $k \in \mathbf{Z}$.

Zu Beginn stellen wir durch geeignete Umformungen sicher, dass wir uns nur noch mit *einer* Winkelfunktion beschäftigen müssen:

$$\begin{aligned}
\sin(x) &= 1 + \cot(x) && |\ \text{Formel (6.19)}\\
\sin(x) &= 1 + \frac{\cos(x)}{\sin(x)} && |\ \cdot \sin(x)\\
\sin^2(x) &= \sin(x) + \cos(x) && |\ \text{Formel (6.11)}\\
\sin(x)\cdot[\sin(x) - 1] &= \sqrt{1 - \sin^2(x)} && |\,(\ldots)^2\\
\sin^4(x) - 2\,\sin^3(x) + 2\,\sin^2(x) - 1 &= 0 && |\ \sin(x) = z\\
z^4 - 2\,z^3 + 2\,z^2 - 1 &= 0
\end{aligned}$$

Aus dieser Gleichung lassen sich zwei Lösungen für z gewinnen:

① (gezieltes) Raten:

$$z_1 = 1 \qquad \Rightarrow \sin(x) = 1 \qquad \Rightarrow x_1 = \tfrac{1}{2}\,\pi$$

② graphische Näherung:

$$\begin{aligned}
z_2 \approx -0{,}5437 \Rightarrow \sin(x) \approx -0{,}5437 &\Rightarrow x_S \approx -0{,}5748 \approx -0{,}183\,\pi\\
&\Rightarrow x_2 = \pi + |x_S| \approx 3{,}7164 \approx 1{,}183\,\pi\\
&\Rightarrow x_3 = 2\,\pi - |x_S| \approx 5{,}7084 \approx 1{,}817\,\pi
\end{aligned}$$

Die Probe für die drei Lösungen ergibt, dass $x_2 \approx 1{,}183\,\pi$ die Ausgangsgleichung *nicht* erfüllt. Somit erhalten wir unter Berücksichtigung der Periodizität folgende Lösungsmenge:

$$\mathbf{L} = \left\{\, \left(\tfrac{1}{2} + 2\,k\right)\cdot\pi;\ (\approx 1{,}817 + 2\,k)\cdot\pi \,\right\} \text{ mit } k \in \mathbf{Z}.$$

In den folgenden Beispielen verallgemeinern wir die Anwendung der Arkusfunktionen zur Lösung von goniometrischen Gleichungen. Dabei nutzen wir die Symmetrie und Periodizität der trigonometrischen Funktionen, um aus einem berechneten Ergebnis weitere Lösungen aus dem Graphen herleiten zu können.

Beispiele:

6.48 Bestimme alle Winkel $x \in \mathbf{R}$ im Bogenmaß, die für $y > 0$, $y = 0$ oder $y < 0$ die Gleichung $y = \sin(x)$ erfüllen. Erstelle anschließend eine Übersicht der entsprechenden Ergebnisse im Gradmaß.

Lösung:

[1] Zulässige Werte: Für x sind alle Werte aus $\mathbf{R}$ möglich ($\mathbf{D} = \mathbf{R}$). y bewegt sich nur im Bereich $[-1;\ 1]$, was zur Folge hat, dass wir alle Gleichungen mit $|y| > 1$ als „nicht lösbar" aussortieren können.

[2] Für positive Funktionswerte $0 < y_+ < 1$ können wir im Bereich $]0; \pi[$ aus der Sinus-Kurve in Bild 6.47 zwei verschiedene Winkel x_1 und x_2 ablesen, die auf der x-Achse symmetrisch zu $\frac{1}{2}\pi$ angeordnet sind.

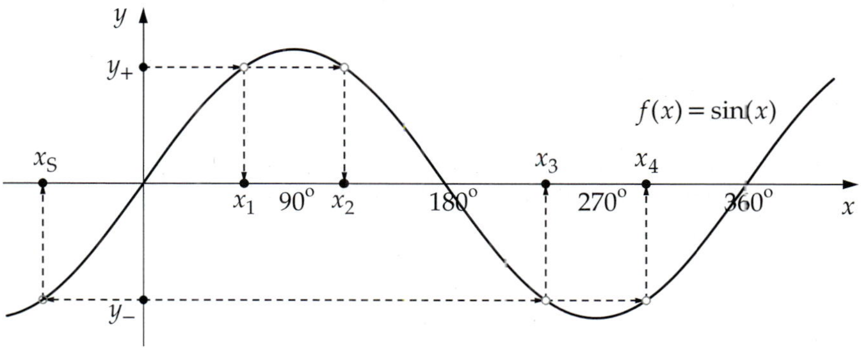

Bild 6.47

x_1 lässt sich bequem mit dem Taschenrechner als $\arcsin(y_+)$ ermitteln. Den Wert für x_2 erschließen wir aus der Symmetrie der Kurve, da der Abstand von $x = 0$ bis $x = x_1$ mit dem von $x = x_2$ bis $x = \pi$ übereinstimmt: $x_2 = \pi - x_1$.

[3] Den Wert null nimmt die Sinusfunktion genau dann an, wenn ihr Argument ein Vielfaches von π darstellt.

[4] Bei negativem Funktionswert $-1 \leq y_- < 0$ liefert uns der Taschenrechner für $\arcsin(y_-)$ einen negativen Winkel x_S, den wir mithilfe der Periodizität in den positiven Bereich übertragen können. Auch hier nutzen wir die Symmetrie der Kurve, um die beiden x-Werte aus $]\pi; 2\pi[$ für $\arcsin(y_-)$ zu ermitteln.

[5] Da sich die Werte mit der Periode 2π wiederholen, erhalten wir durch die Addition von $2k\pi$ mit $k \in \mathbf{Z}$ alle Lösungen der entsprechenden Gleichung:

	Bogenmaß	**Lösungen** in $[0; 2\pi]$	**allgemeine Lösungen mit** $k \in \mathbf{Z}$
①	$\sin(x) = y_+$	$x_1 = \arcsin(y_+)$	$x_{1,k} = 2k \cdot \pi + \arcsin(y_+)$
		$x_2 = \pi - x_1$	$x_{2,k} = (2k+1) \cdot \pi - \arcsin(y_+)$
②	$\sin(x) = 0$	$x = 0;\ x = \pi;\ x = 2\pi$	$x_{0,k} = k \cdot \pi$
③	$\sin(x) = y_-$	$x_S = \arcsin(y_-)$	
		$x_3 = \pi + \lvert x_S \rvert$	$x_{3,k} = (2k+1) \cdot \pi - \arcsin(y_-)$
		$x_4 = 2\pi - \lvert x_S \rvert$	$x_{4,k} = 2(k+1) \cdot \pi + \arcsin(y_-)$

6 Die Probe erfolgt durch Einsetzen der allgemeinen Lösungen:

$$\sin(x_{1,k}) = \sin(2\,k\cdot\pi + \arcsin(y_+)) \qquad | \text{ Formel (6.24)}$$
$$= \underbrace{\sin(2\,k\cdot\pi)}_{=0}\cdot\cos(\arcsin(y_+)) + \underbrace{\cos(2\,k\cdot\pi)}_{=1}\cdot\sin(\arcsin(y_+))$$
$$= y_+ 3$$

Für die anderen Lösungen verfährt man analog.

7 Mit einer Periodenlänge von 360°, erhalten wir durch die Addition von $k\cdot 360°$ mit $k\in\mathbf{Z}$ alle Lösungen der entsprechenden Gleichung im Gradmaß:

	Gradmaß	**Lös. in** $[0°; 360°]$	**allgemeine Lösungen mit** $k\in\mathbf{Z}$
①	$\sin(\alpha) = y_+$	$\alpha_1 = \arcsin(y_+)$	$\alpha_{1,k} = k\cdot 360° + \arcsin(y_+)$
		$\alpha_2 = 180° - \alpha_1$	$\alpha_{2,k} = \left(k+\frac{1}{2}\right)\cdot 360° - \arcsin(y_+)$
②	$\sin(\alpha) = 0$	$\alpha = 0°;\ \alpha = 180°;$	$\alpha_{0,k} = k\cdot 180°$
		$\alpha = 360°$	
③	$\sin(\alpha) = y_-$	$\alpha_S = \arcsin(y_-)$	
		$\alpha_3 = 180° + \lvert\alpha_S\rvert$	$\alpha_{3,k} = \left(k+\frac{1}{2}\right)\cdot 360° - \arcsin(y_-)$
		$\alpha_4 = 360° - \lvert\alpha_S\rvert$	$\alpha_{4,k} = (k+1)\cdot 360° + \arcsin(y_-)$

6.49 Ebenso für $y = \cos(x)$.

Lösung:

1 Zulässige Werte: Für x ist $\mathbf{D} = \mathbf{R}$, y ist aus $[-1;\ 1]$.

2 Aus der Kosinus-Kurve in Bild 6.48 lesen wir im Bereich $[0; 2\pi]$ für positive Funktionswerte (y_+) zwei verschiedene Winkel x_1 und x_2 ab, die auf der x-Achse symmetrisch zu $x = \pi$ angeordnet sind.

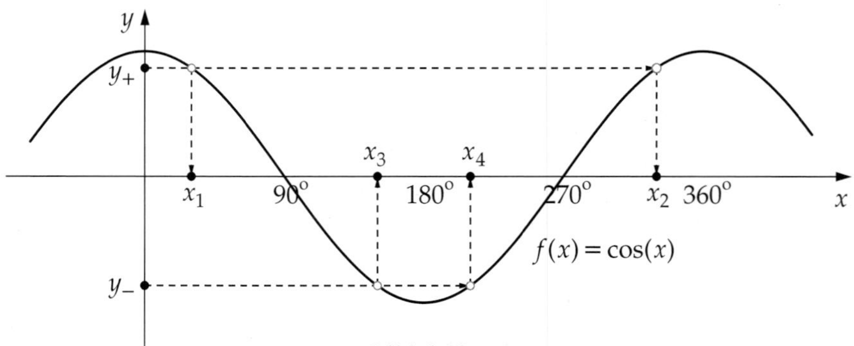

Bild 6.48

x_1 kann leicht mit dem Taschenrechner als $\arccos(y_+)$ ermittelt werden. Der Wert für x_2 ergibt sich aus der Symmetrie der Kurve, da der Abstand von $x = 0$ bis $x = x_1$ dem Abstand von $x = x_2$ bis $x = 2\,\pi$ entspricht: $x_2 = 2\,\pi - x_1$.

3 Die Kosinusfunktion nimmt den Wert null an, wenn ihr Argument ein ungeradzahlig Vielfaches von $\frac{1}{2}\,\pi$ darstellt.

4 Ist der Funktionswert y_- negativ, so liefert uns der Taschenrechner für $\arccos(y_-)$ den Wert für x_3. Den zweiten x-Wert aus $\left]\frac{1}{2}\,\pi;\ \frac{3}{2}\,\pi\right[$ für $\arccos(y_-)$ erhalten wir mithilfe der Symmetrie der Kurve: $x_4 = 2\,\pi - x_3$.

5 Bei einer Periodenlänge von 2π erhalten wir mithilfe des Summanden $2k\pi$ mit $k \in \mathbf{Z}$ alle Lösungen der Gleichung:

	Bogenmaß	**Lösungen in** $[0; 2\pi]$	**allgemeine Lösungen mit** $k \in \mathbf{Z}$
①	$\cos(x) = y_+$	$x_1 = \arccos(y_+)$	$x_{1,k} = 2k \cdot \pi + \arccos(y_+)$
		$x_2 = 2\pi - x_1$	$x_{2,k} = 2(k+1) \cdot \pi - \arccos(y_+)$
②	$\cos(x) = 0$	$x = \frac{1}{2}\pi;\ x = \frac{3}{2}\pi$	$x_{0,k} = \left(k + \frac{1}{2}\right) \cdot \pi$
③	$\cos(x) = y_-$	$x_3 = \arccos(y_-)$	$x_{3,k} = 2k \cdot \pi + \arccos(y_-)$
		$x_4 = 2\pi - x_3$	$x_{4,k} = 2(k+1) \cdot \pi - \arccos(y_-)$

6 Mit einer Periodenlänge von 360°, erhalten wir durch die Addition von $k \cdot 360°$ mit $k \in \mathbf{Z}$ alle Lösungen der entsprechenden Gleichung im Gradmaß:

	Gradmaß	**Lös. in** $[0°; 360°]$	**allgemeine Lösungen mit** $k \in \mathbf{Z}$
①	$\cos(\alpha) = y_+$	$\alpha_1 = \arccos(y_+)$	$\alpha_{1,k} = k \cdot 360° + \arccos(y_+)$
		$\alpha_2 = 360° - \alpha_1$	$\alpha_{2,k} = (k+1) \cdot 360° - \arccos(y_+)$
②	$\cos(\alpha) = 0$	$\alpha = 90°;\ \alpha = 270°$	$\alpha_{0,k} = \left(k + \frac{1}{2}\right) \cdot 180°$
③	$\cos(\alpha) = y_-$	$\alpha_3 = \arccos(y_-)$	$\alpha_{3,k} = k \cdot 360° + \arccos(y_-)$
		$\alpha_4 = 360° - \alpha_3$	$\alpha_{4,k} = (k+1) \cdot 360° - \arccos(y_-)$

6.50 Ebenso für $y = \tan(x)$.

Lösung:

1 y kann alle Werte aus $\mathbf{R}$ annehmen, aber für x gibt es Einschränkungen, da die Tangensfunktion für ungeradzahlig Vielfache von $\frac{1}{2}\pi$ nicht definiert ist:

$$\tan(x): \quad x = (2k+1) \cdot \tfrac{1}{2}\pi = \left(k + \tfrac{1}{2}\right) \cdot \pi$$

$$\Rightarrow \mathbf{D} = \mathbf{R} \setminus \left\{ \left(k + \tfrac{1}{2}\right) \cdot \pi \right\} \text{ mit } k \in \mathbf{Z}$$

2 Aus der Tangens-Kurve in Bild 6.49 können wir im Bereich $\left]0; \frac{1}{2}\pi\right[$ für positive Funktionswerte (y_+) den zugehörigen Winkel x_1 ablesen oder mit dem Taschenrechner als $\arctan(y_+)$ berechnen.

3 Die Tangensfunktion nimmt den Wert null an, wenn ihr Argument ein ganzzahliges Vielfaches von π darstellt.

4 Bei negativem Funktionswert y_- errechnet der Taschenrechner für $\arctan(y_-)$ einen negativen Wert x_S, den wir mithilfe der Periode 1π in den positiven Bereich schieben und als x_2 aus dem Graphen ablesen: $x_2 = \pi - |x_S|$.

5 Die Periode von 1π verhilft uns durch Addition von $k \cdot \pi$ zu allen Lösungen in $\mathbf{R}$.

	Bogenmaß	**Lösungen in** $[0; \pi]$	**allgemeine Lösungen mit** $k \in \mathbf{Z}$
①	$\tan(x) = y_+$	$x_1 = \arctan(y_+)$	$x_{1,k} = k \cdot \pi + \arctan(y_+)$
②	$\tan(x) = 0$	$x = 0;\ x = \pi$	$x_{0,k} = k \cdot \pi$
③	$\tan(x) = y_-$	$x_S = \arctan(y_-)$	
		$x_2 = \pi - \lvert x_S \rvert$	$x_{2,k} = (k+1) \cdot \pi + \arctan(y_-)$

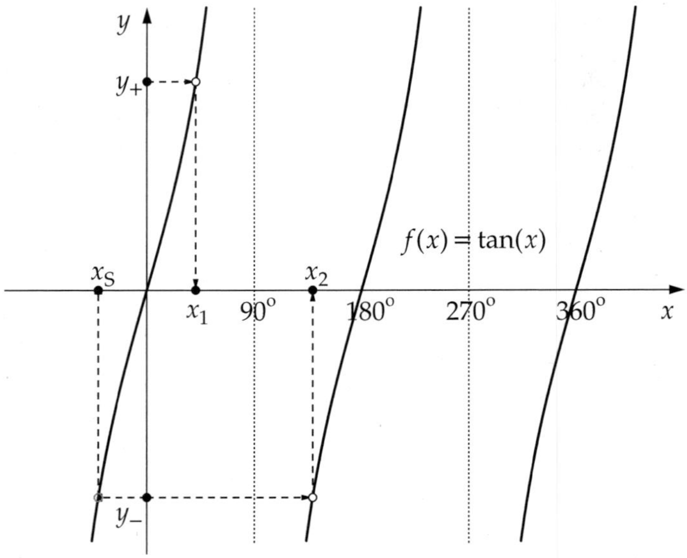

Bild 6.49

[6] Die Probe erfolgt wieder durch Einsetzen der allgemeinen Lösungen:

$$\tan\left(x_{2,k}\right) = \tan((k+1)\cdot\pi + \arctan(y_-)) \qquad | \text{ Formel (6.26)}$$

$$= \frac{\overbrace{\tan((k+1)\cdot\pi)}^{=0} + \tan(\arctan(y_-))}{1 - \underbrace{\tan((k+1)\cdot\pi)}_{=0}\cdot\tan(\arctan(y_-))} = \frac{y_-}{1} = y_- \; ✓$$

Für $x_{1,k}$ und $x_{0,k}$ verfährt man analog.

[7] Mit einer Periodenlänge von 180°, erhalten wir durch die Addition von $k \cdot 180°$ mit $k \in \mathbf{Z}$ alle Lösungen der entsprechenden Gleichung im Gradmaß:

	Gradmaß	**Lös. in** $[0°; 180°]$	**allgemeine Lösungen mit** $k \in \mathbf{Z}$
①	$\tan(\alpha) = y_+$	$\alpha_1 = \arctan(y_+)$	$\alpha_{1,k} = k\cdot 180° + \arctan(y_+)$
②	$\tan(\alpha) = 0$	$\alpha = 0°;\ \alpha = 180°$	$\alpha_{0,k} = k\cdot 180°$
③	$\tan(\alpha) = y_-$	$\alpha_S = \arctan(y_-)$	
		$\alpha_2 = 180° - \lvert\alpha_S\rvert$	$\alpha_{2,k} = (k+1)\cdot 180° + \arctan(y_-)$

6.51 Ebenso für $y = \cot(x)$.

Lösung:

[1] y kann alle Werte aus **R** annehmen, aber für x gibt es Einschränkungen, da die Kotangensfunktion für ganzzahlig Vielfache von π nicht definiert ist:

$$\Rightarrow \quad \mathbf{D} = \mathbf{R} \setminus \{k\pi\} \text{ mit } k \in \mathbf{Z}$$

2 Aus der Kotangens-Kurve in Bild 6.50 können wir im Bereich $0 < x < \frac{1}{2}\pi$ für positive Funktionswerte (y_+) den Winkel x_1 ablesen oder mit dem Taschenrechner als arccot (y_+) ermitteln.

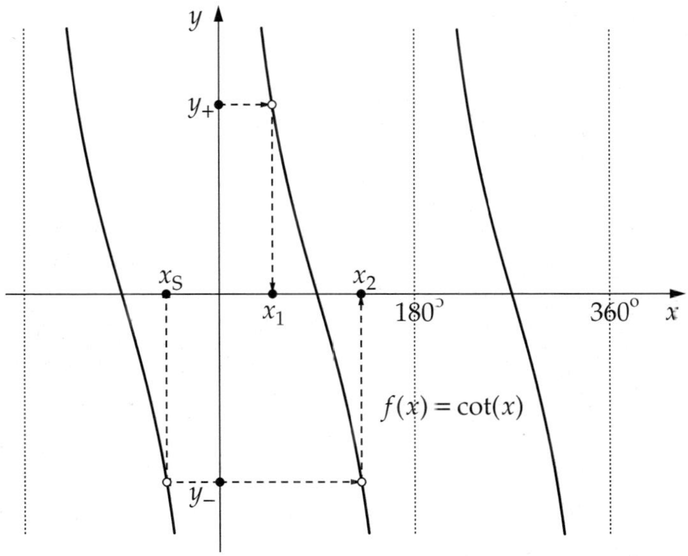

Bild 6.50

3 Die Kotangensfunktion nimmt den Wert null an, wenn ihr Argument ein ungeradzahlig Vielfaches von $\frac{1}{2}\pi$ darstellt.

4 Bei negativem Funktionswert y_- liefert der Taschenrechner für arccot (y_-) einen negativen Wert x_S, den wir mithilfe der Periode $1\,\pi$ in den positiven Bereich schieben und als x_2 aus dem Graphen ablesen: $x_2 = \pi - |x_S|$.

5 Wie im vorherigen Beispiel führt die Periode von $1\,\pi$ durch Addition von $k \cdot \pi$ zu allen Lösungen in **R**.

	Bogenmaß	**Lösungen in** $[0;\pi]$	**allgemeine Lösungen mit** $k \in \mathbf{Z}$
①	$\cot(x) = y_+$	$x_1 = \operatorname{arccot}(y_+)$	$x_{1,k} = k \cdot \pi + \operatorname{arccot}(y_+)$
②	$\cot(x) = 0$	$x = \frac{1}{2}\pi$	$x_{0,k} = \left(k + \frac{1}{2}\right) \cdot \pi$
③	$\cot(x) = y_-$	$x_S = \operatorname{arccot}(y_-)$	
		$x_2 = \pi - \lvert x_S \rvert$	$x_{2,k} = (k+1) \cdot \pi + \operatorname{arccot}(y_-)$

6 Mit einer Periodenlänge von 180°, erhalten wir durch die Addition von $k \cdot 180°$ mit $k \in \mathbf{Z}$ alle Lösungen der entsprechenden Gleichung im Gradmaß:

	Gradmaß	**Lös. in** $[0°; 180°]$	**allgemeine Lösungen mit** $k \in \mathbf{Z}$
①	$\cot(\alpha) = y_+$	$\alpha_1 = \operatorname{arccot}(y_+)$	$\alpha_{1,k} = k \cdot 180° + \operatorname{arccot}(y_+)$
②	$\cot(\alpha) = 0$	$\alpha = 90°$	$\alpha_{0,k} = \left(k + \frac{1}{2}\right) \cdot 180°$
③	$\cot(\alpha) = y_-$	$\alpha_S = \operatorname{arccot}(y_-)$	
		$\alpha_2 = 180° - \lvert\alpha_S\rvert$	$\alpha_{2,k} = (k+1) \cdot 180° + \operatorname{arccot}(y_-)$

✍ A. 6.40–6.43 auf Seite 706

Aufgaben:

6.5 Goniometrische Gleichungen

(Lösungen ab Seite 936)

6.40 Bestimme alle Lösungen der goniometrischen Gleichung, die der Bedingung $0° \leq \alpha \leq 360°$ genügen:

a) $\cot(\alpha) - \sin(2\alpha) = 0$ b) $\tan(\alpha) - \sin(2\alpha) = 0$

c) $\cos(\alpha) - \tan(\alpha) = 0$ d) $\sin(2\alpha) + 3\cos(\alpha) = 0$

e) $5\sin(\alpha) + 3\tan(\alpha) = 0$ f) $\sin(\alpha) - \cot(\alpha) = 0$

g) $\sin(\alpha - 30°) = \cos(\alpha)$ h) $2\sin(\alpha) = \sqrt{2} \cdot \tan(\alpha)$

i) $\sin(\alpha) \cdot \tan(\alpha) = \frac{1}{2}\sqrt{2}$ k) $\sin\left(\frac{\alpha}{4} + 1°\right) + \frac{28}{25} = \cos\left(\frac{\alpha}{2} + 2°\right)$

6.41 Bestimme alle Lösungen der goniometrischen Gleichung:

a) $4\sin^2(\alpha) + 3\cos(\alpha) = 4{,}5$ b) $\sin(2\alpha) + 2\cos(2\alpha) = 1$

c) $\tan(2\alpha) + \tan(\alpha) = \frac{2}{3}$ d) $36\sin^4(\alpha) = 13\sin^2(\alpha) - 1$

6.42 Bestimme alle Lösungen der goniometrischen Gleichung, die der Bedingung $0 \leq x \leq 2\pi$ genügen:

a) $2\sin^2(x) + 4\cos^2(x) = 3$ b) $\sin^2(x) - \cos^2(x) = 0{,}4$

c) $\sin^2(x) + 2{,}14\cos^2(x) = 1{,}62$ d) $\sin^2(x) + 2{,}14\cos^2(x) = 4{,}32$

e) $\tan^2(x) + 12{,}4\tan(x) = 14{,}2$ f) $\tan(x) + 1{,}5\cot(x) = 2{,}8$

g) $6{,}36\cos^2(x) - 6{,}94\sin(x) = 2{,}119$ h) $2\sin(0{,}5x) = 2 - \cos(0{,}5x)$

6.43 Bestimme alle Lösungen der goniometrischen Gleichung:

a) $\tan(x) = \cos(x)$ b) $\cot(x) - 1{,}3729\cos(x) = 0$

c) $2\cos(2x) = 3\sin(x) + 0{,}2$ d) $\cos(2x) + 0{,}5\cos(x) = -1$

e) $\sin(5x) + \sin(x) = 0$ f) $\tan^2\left(\frac{1}{2}x\right) + \cos^2\left(\frac{1}{2}x\right) = 1$

g) $4\sin(x) = 3\cos(x) - 2$ h) $\cot\left(\frac{1}{2}x\right) = 1 + \cos(x)$

i) $0{,}3x + \sin(x) - 2 = 0{,}5x - 1{,}9$ k) $5\sin^2(x) + \sqrt{8\cos(x)} = 5$

7 Stereometrie

Es kommt ein dicker Herr geschritten:
Vier Drittel Pi mal R zur Dritten.

Gedächtnisstütze für die Formel des Kugelvolumens

7.1 Einteilung der Körper

Die Flächentypen aus Kapitel 5 und die Formeln zur Berechnung von *Flächeninhalt* und *Umfang* sollten bekannt sein. Besonders wichtig sind die Eigenschaften gleichschenkliger und gleichseitiger *Dreiecke* aus Abschnitt 5.4, die *pythagoreische Satzgruppe* in Abschnitt 5.9 und die *Ähnlichkeit von Dreiecken* in Abschnitt 5.8.2.

Für einige Beispiele und Aufgaben wird auch die *pq-Formel* benötigt, siehe Abschnitt 3.5.3.

7.1.1 Ebenflächner

Ein vollständig begrenztes Stück des Raumes wird als **geometrischer Körper** bezeichnet. Die gesamte äußere Begrenzungsfläche eines Körpers ist dessen **Oberfläche**[1)]. Die Oberfläche schließt das **Volumen**[1)] des Körpers ein.

Sind alle Begrenzungsflächen eines Körpers eben, so liegt ein **Ebenflächner** oder **Polyeder**[2)] vor. Besitzt ein Körper auch oder ausschließlich krumme Begrenzungsflächen, so ist das ein **Krummflächner**.

Die Begrenzungsflächen der Ebenflächner schneiden sich in dessen **Kanten**. Der Schnittpunkt von mindestens drei Kanten ergibt eine **Ecke**.

Für die Zahl der Begrenzungsflächen f, die Kantenzahl k und die Eckenzahl e eines Ebenflächners ohne einspringende Ecken und Hohlräume gilt nach LEONHARD EULER[3)] der **EULER'sche Polyedersatz**

$$\boxed{e + f - k = 2} \qquad (7.1)$$

Die Standfläche eines Ebenflächners wird häufig als **Grundfläche** des Körpers bezeichnet. Liegt der Grundfläche eine weitere Fläche gegenüber, so wird diese **Deckfläche** genannt. Die restlichen Begrenzungsflächen heißen **Mantelflächen**.

---

1) Anschaulich können alle Flächen zur Oberfläche gezählt werden, die durch Eintauchen des Körpers in Wasser nass werden. Sogenannte *Hohlkörper* besitzen auch eine **innere Oberfläche**.

1) volūmen (lat.) Schriftrolle, Bündel. Das Volumen beschreibt den Rauminhalt eines Körpers. Die Mehrzahl sind die Volumen oder alternativ die Volumina.

2) polýs (griech.) viel; hedra (griech.) Grundfläche. Das h entfällt bei Wortzusammensetzungen, also Polyeder: Vielflächner

3) LEONHARD EULER, geb. 15. 4. 1707 in Basel, gest. 18. 9. 1783 in St. Petersburg. Er hinterließ wichtige Arbeiten auf vielen Gebieten der Mathematik.

Werden die Deckfläche und der Mantel in die Ebene der Grundfläche gelegt, ohne dass der Zusammenhang zwischen den einzelnen Flächen verloren geht, so erhält man das **Netz** des Ebenflächners.

Die wichtigsten Ebenflächner lassen sich in drei Gruppen einteilen: die *Prismen*, die *Pyramiden* und *Pyramidenstümpfe* sowie die *Prismatoide*.

Prismen[1] haben zwei kongruente und zueinander parallele n-Ecke als Grund- und Deckfläche und n Parallelogramme als Seitenflächen.

Regelmäßige oder unregelmäßige n-Ecke als Grund- und Deckflächen ergeben regelmäßige oder unregelmäßige Prismen.

Stehen die Seitenflächen senkrecht zu Grund- und Deckfläche, spricht man von *geraden Prismen*, andernfalls nennt man sie *schief*.

Zu den wichtigen Prismen gehören der **Würfel** mit sechs gleichen Quadraten als Begrenzungsflächen sowie der **Quader**[2] mit sechs Rechtecken als Begrenzungsflächen, von denen je zwei einander gegenüberliegende Flächen kongruent und parallel zueinander sein müssen, siehe Bild 7.1.

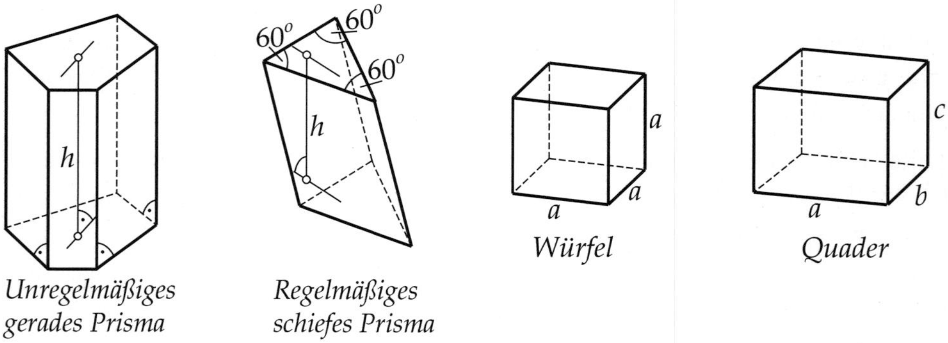

Bild 7.1

Pyramiden werden von einem n-Eck als Grundfläche und n Dreiecken als Seitenflächen begrenzt. Grundfläche und Seitenflächen stoßen in n Grundkanten zusammen. Die Seitenflächen bilden n Seitenkanten, deren gemeinsamer Schnittpunkt die **Pyramidenspitze** ist. Der Abstand der Spitze von der Grundfläche heißt **Höhe** der Pyramide.

Regelmäßige oder unregelmäßige n-Ecke als Grundflächen ergeben regelmäßige oder unregelmäßige Pyramiden.

Regelmäßige Pyramiden sind *gerade*, wenn die Pyramidenspitze senkrecht über dem Mittelpunkt von Umkreis und Inkreis der Grundfläche steht, andernfalls spricht man von *schiefen* Pyramiden, siehe Bild 7.2.

---

[1] prio (griech.) zersägen. Ein Prisma entsteht durch Zersägen eines Körpers.

[2] Im veralteten Sprachgebrauch auch als *Rechtkant*, seltener als *Rechtflach*, bezeichnet.

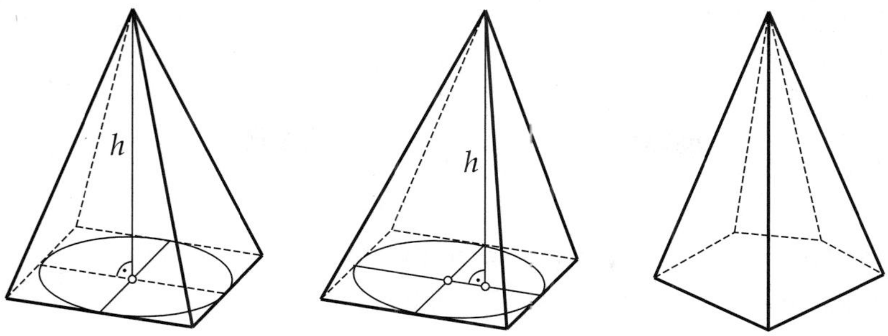

Regelmäßige gerade Pyramide *Regelmäßige schiefe Pyramide* *Unregelmäßige Pyramide*

Bild 7.2

Pyramidenstümpfe haben zwei ähnliche und zueinander parallele n-Ecke als Grund- und Deckfläche sowie n Trapeze als Seitenflächen. Der Abstand zwischen der Grund- und der Deckfläche ist die Höhe des Pyramidenstumpfes.

Pyramidenstümpfe entstehen durch einen ebenen Schnitt parallel zur Grundfläche zwischen der Spitze und der Grundfläche einer Pyramide. Die Spitze der dabei abgetrennten *Ergänzungspyramide* ist somit der Schnittpunkt der Verlängerungen der Seitenkanten des Stumpfes, siehe Bild 7.3.

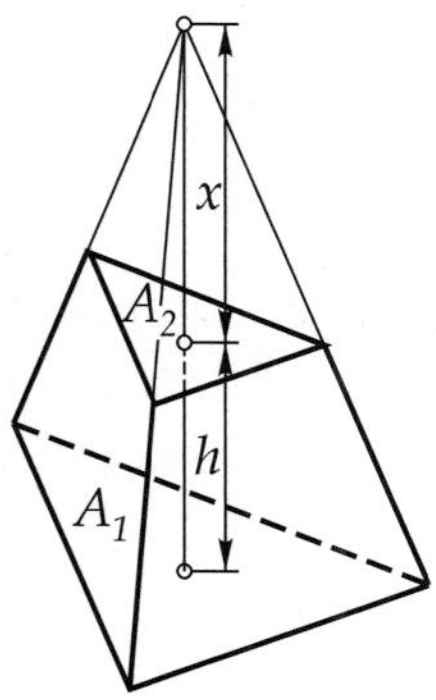

Bild 7.3

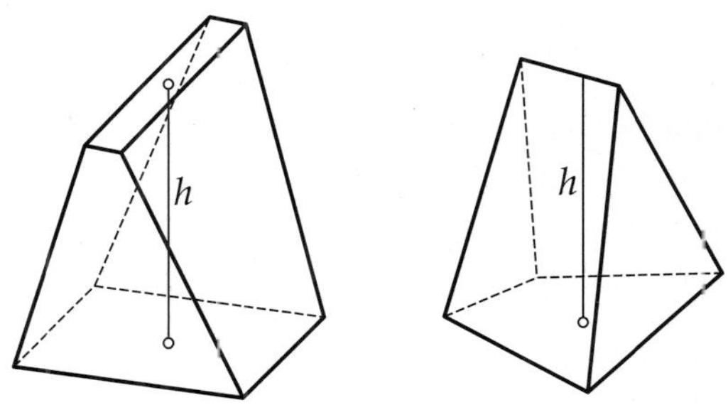

Bild 7.4

Prismatoide [1] besitzen zwei beliebige, jedoch zueinander parallele n-Ecke als Grund- und Deckfläche sowie Dreiecke oder Trapeze als Seitenflächen, siehe Bild 7.4. Der Abstand von Grund- und Deckfläche ist die *Höhe* des Prismatoids. Der in halber Höhe parallel zur Grundfläche geführte ebene Schnitt wird *Mittelschnitt* genannt.

Im Grenzfall kann der Flächeninhalt der Deckfläche des Prismatoids null sein. Die Deckfläche eines Prismatoids kann so zu einer Spitze oder zu einer Kante ausarten. Folglich stellen neben den im Bild 7.4 dargestellten allgemeinen Prismatoiden die Prismen, Pyramiden und Pyramidenstümpfe *Sonderfälle der Prismatoide* dar.

---

[1] eidos (griech.) ähnlich. Die Endsilbe „id“ weist auf eine Ähnlichkeit hin, hier prismenähnliche Körper.

Einige vollständig regelmäßige Polyeder, die von kongruenten, ebenen, regelmäßigen Vielecken begrenzt werden und in der Mathematik, Naturwissenschaft und Kunst eine wichtige Rolle spielen, fasst man zur Gruppe der platonischen [1)] Körper zusammen:

- **Tetraeder** [2)]: Vierflächner, 4 gleichseitigen Dreiecke
- **Hexaeder** [3)] (Würfel): Sechsflächner, 6 Quadrate
- **Oktaeder** [4)]: Achtflächner, 8 gleichseitige Dreiecke
- **Dodekaeder** [5)]: Zwölfflächner, 12 regelmäßige Fünfecke
- **Ikosaeder** [6)]: Zwanzigflächner, 20 gleichseitige Dreiecke

7.1.2 Krummflächner

Die wichtigsten Krummflächner sind der *Kreiszylinder*, der *Kreiskegel*, der *Kreiskegelstumpf* und die *Kugel*. Kreiszylinder, Kreiskegel und Kreiskegelstümpfe entstehen aus regelmäßigen Prismen, Pyramiden und Pyramidenstümpfen, wenn die Eckenzahl n der Grund- und Deckflächen dieser Ebenflächner unbeschränkt größer wird. Dabei gehen ihre n ebenen Seitenflächen in eine einzige gekrümmte Seitenfläche, die **Mantelfläche** des Krummflächners, über. Aus den als n-Ecke auftretenden Grund- und Deckflächen werden Kreisflächen.

Rotationskörper sind die in der Technik am häufigsten vorkommenden Krummflächner – die Drehbank ist die entsprechende Maschine. Sie entstehen durch die Rotation einer Fläche um eine Achse. Die Achsen stehen dabei senkrecht auf den Grund- und Deckflächen, weshalb die Körper *gerade Rotationskörper* sind.

Volle gerade Kreiszylinder, oft nur Zylinder genannt, entstehen durch Rotation einer Rechteckfläche um eine Rechteckseite, siehe Bild 7.5. Die Seite $\overline{M_1M_2}$ des rotierenden Rechtecks ist gleich der *Zylinderhöhe* h, und die ihr parallele, den Mantel beschreibende Seite $\overline{AB}$ ist gleichzeitig eine **Mantellinie**.

Grundfläche, Deckfläche und Normalschnitt [7)] eines geraden Kreiszylinders sind kongruente, zueinander parallele Kreisflächen, deren Mittelpunkte die *Zylinderachse* bestimmen. **Schiefe Zylinder** mit Ellipsen als Normalschnitt erhält man, wenn die Mittelpunkte der Grund- und der Deckfläche nicht genau senkrecht übereinander liegen, siehe Bild 7.6. Deren Höhe h ist ebenfalls der Abstand von Grund- und Deckfläche.

[1)] Benannt nach dem griechischen Philosophen Platon, der von ca. 428 bis 348 v. Chr. in Athen lebte und dort eine Philosophenschule gründete.

[2)] tetra (griech.) Vorsilbe vier

[3)] hexa (griech.) sechs

[4)] okta (griech.) acht

[5)] dodeka (griech.) zwölf

[6)] eikosa (griech.) zwanzig

[7)] normalis (lat.) nach dem Winkelmaß, rechter Winkel. Ein Normalschnitt verläuft senkrecht zu einer Achse, hier der Körperachse.

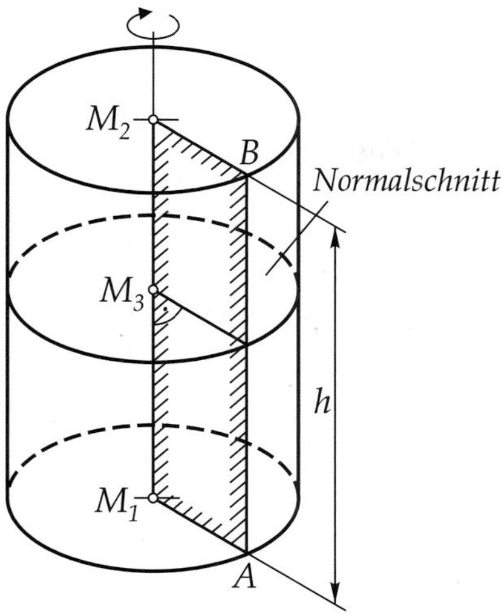

Bild 7.5

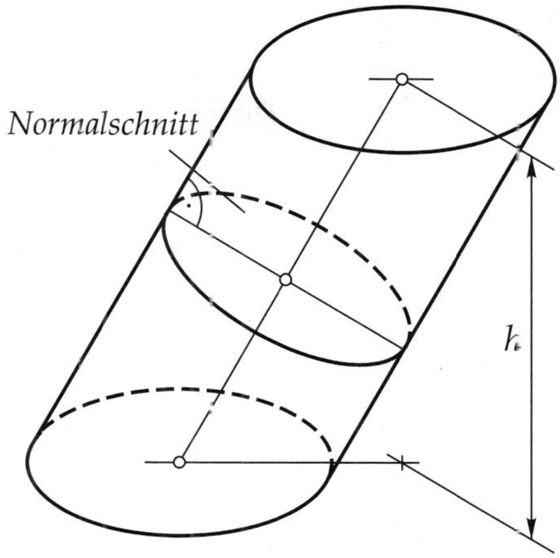

Bild 7.6

Gerade Hohlzylinder ergeben sich durch Rotation einer Rechteckfläche um eine außerhalb dieser Fläche liegende Achse, die parallel zu einer Rechteckseite verläuft, siehe Bild 7.7.

Ihre Grund- und Deckflächen sind kongruente, zueinander parallele Kreisringe, die beim schiefen Hohlzylinder nicht genau senkrecht übereinander liegen, siehe Bild 7.8.

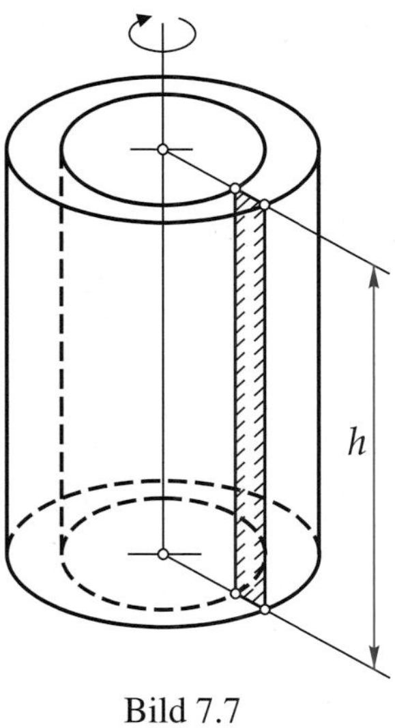

Bild 7.7

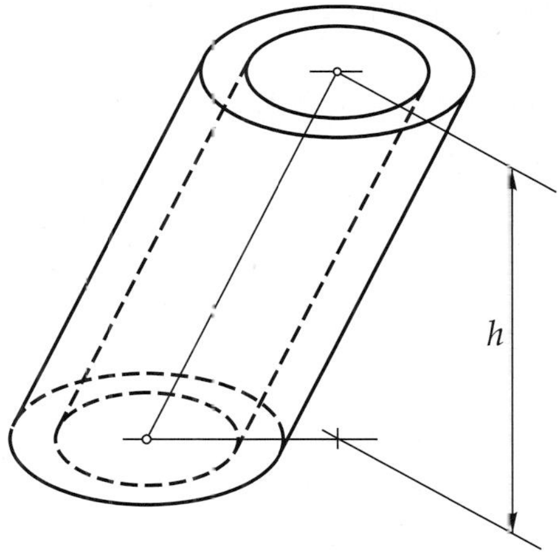

Bild 7.8

Schief geschnittene Zylinder entstehen im Gegensatz zu den schiefen Zylindern aus geraden Zylindern, wenn der ebene Schnitt schräg zur Achse geführt wird, siehe Bild 7.9. Die Schnittflächen sind Ellipsen.

Schneidet man senkrecht zur Zylinderachse und durch den Achsenschnittpunkt der Ellipse, so trennt dieser Schnitt vom schief geschnittenen Zylinder einen **Zylinderhuf** ab, siehe Bild 7.10.

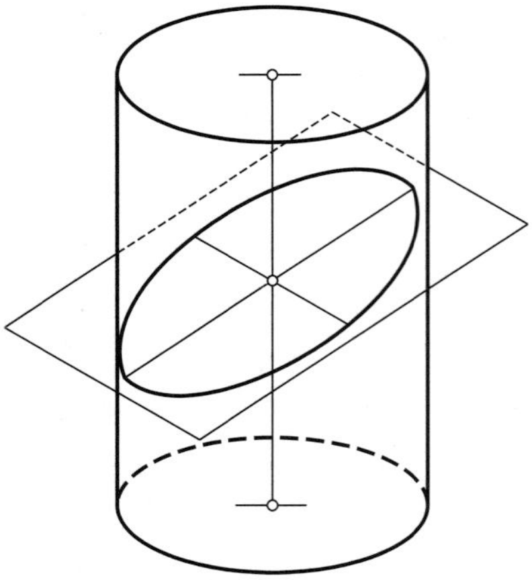

Bild 7.9

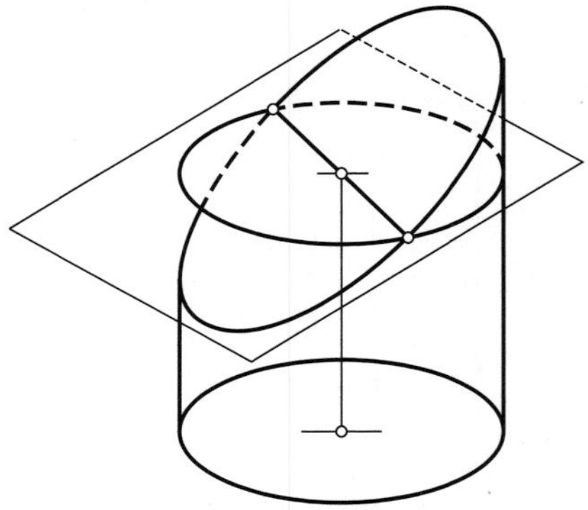

Bild 7.10

Gerade Kreiskegel, oft nur Kegel genannt, werden durch Rotation eines rechtwinkligen Dreiecks um eine seiner Katheten erzeugt, siehe Bild 7.11. Die Länge $\overline{MS}$ dieser Kathete entspricht der Kegelhöhe h, die Länge $\overline{MA}$ der anderen Kathete dem Radius r der Grundfläche. Die Hypotenuse $\overline{SA}$ beschreibt den *Kegelmantel*, $\overline{SA}$ selbst ist eine *Mantellinie*. Alle Mantellinien schneiden sich in der Kegelspitze S, die senkrecht über dem Mittelpunkt M der Grundfläche liegt. Durch M und S ist ferner die Kegelachse bestimmt.

Schiefe Kegel entstehen, wenn die Spitze S nicht senkrecht über dem Mittelpunkt M des Grundkreises liegt, siehe Bild 7.12. Der Abstand der Spitze S von der Grundfläche ist die Höhe des schiefen Kegels.

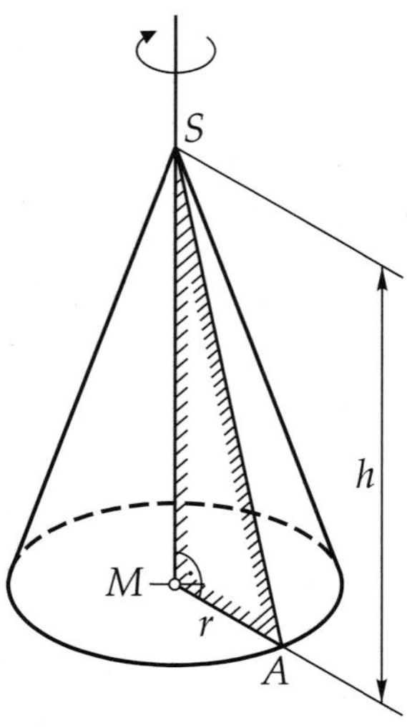

Bild 7.11

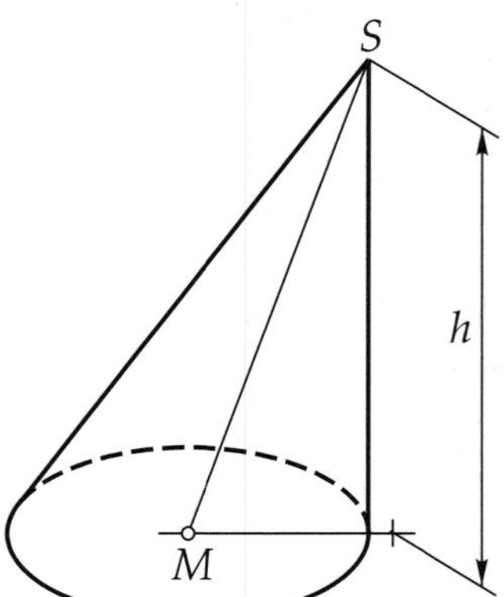

Bild 7.12

Gerade Kegelstümpfe entstehen durch Rotation eines rechtwinkligen Trapezes um diejenige Trapezseite, die senkrecht auf den beiden Grundlinien des Trapezes steht, siehe Bild 7.13. Diese Trapezseite $\overline{M_1M_2}$ entspricht der Höhe h des Kegelstumpfes. Die Seite $\overline{AB}$ beschreibt den Mantel und bildet damit die Mantellinie des Kegelstumpfes.

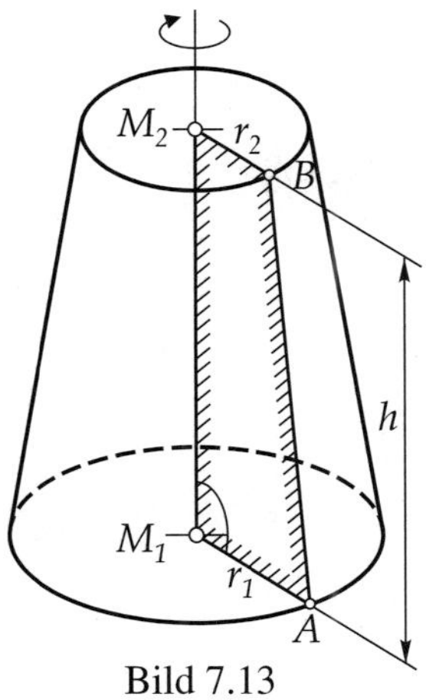

Bild 7.13

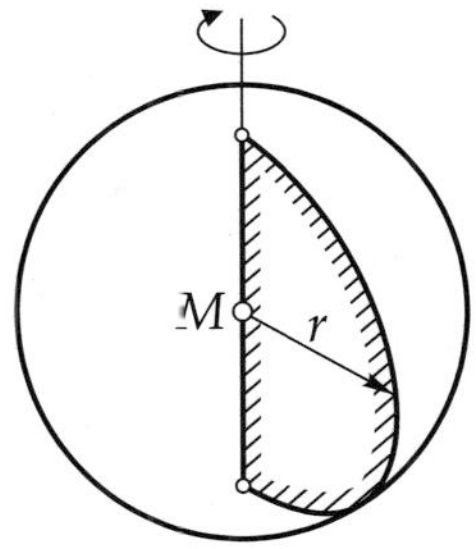

Bild 7.14

Die Grundlinien M_1A und M_2B stellen die Radien r_1 und r_2 der Grund- und der Deckfläche dar. M_1 und M_2 legen die Achse des Kegelstumpfes fest.

Die Verlängerungen aller Mantellinien des Kegelstumpfes schneiden einander in der Spitze des Ergänzungskegels, der den Kegelstumpf zu einem vollständigen Kegel ergänzen würde.

Kugeln entstehen durch die Rotation einer Halbkreisfläche um deren Durchmesser, siehe Bild 7.14. Der Abstand eines jeden Punktes der Kugeloberfläche vom Kugelmittelpunkt M ist gleich. Allein durch die Angabe ihres Radius r ist eine Kugel *eindeutig* bestimmt.

Legt man beliebige ebene Schnitte durch eine Kugel, so entstehen stets Kreise als Schnittfiguren, siehe Bild 7.15. Derartige Schnitte zerlegen die Kugel in zwei **Kugelsegmente** oder **Kugelabschnitte**[1]. Die gekrümmte Begrenzungsfläche eines Kugelsegments nennt man **Kugelkappe** oder **Kalotte**[2].

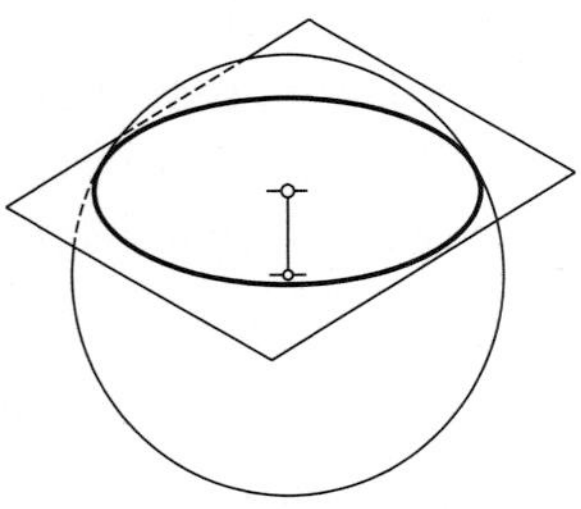

Bild 7.15

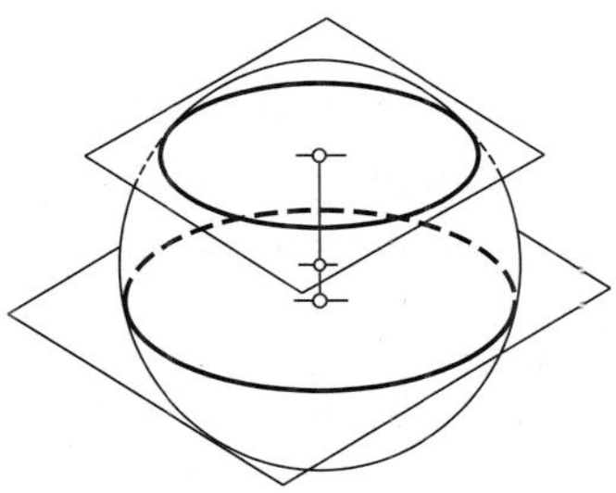

Bild 7.16

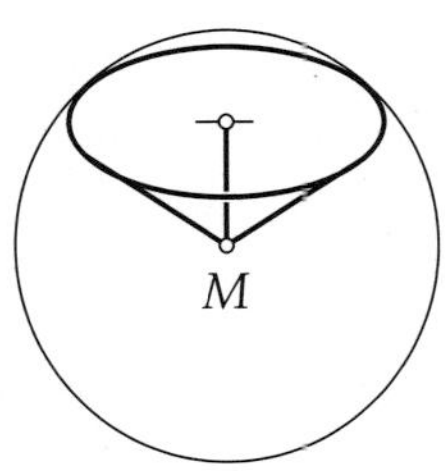

Bild 7.17

Geht ein ebener Schnitt durch den Mittelpunkt M einer Kugel hindurch, so nennt man den entstehenden Kreis einen *Großkreis*. Durch einen Großkreis wird die Kugel in zwei **Halbkugeln** geteilt.

Zwei parallele ebene Schnitte durch eine Kugel schließen eine **Kugelschicht** ein, deren gekrümmte Oberfläche **Kugelzone** genannt wird, siehe Bild 7.16.

[1] segmentum (lat.) Abschnitt

[2] calotte (franz.) Käppchen

Verbindungsstrecken zwischen allen Punkten eines Kalottengrundkreises und dem Kugelmittelpunkt hüllen mit der Kalotte den **Kugelsektor** ein, siehe Bild 7.17.

Segment, Halbkugel, Schicht und Sektor lassen sich ebenfalls durch Rotation einer entsprechenden Fläche um eine Achse erzeugen, siehe Bild 7.18.

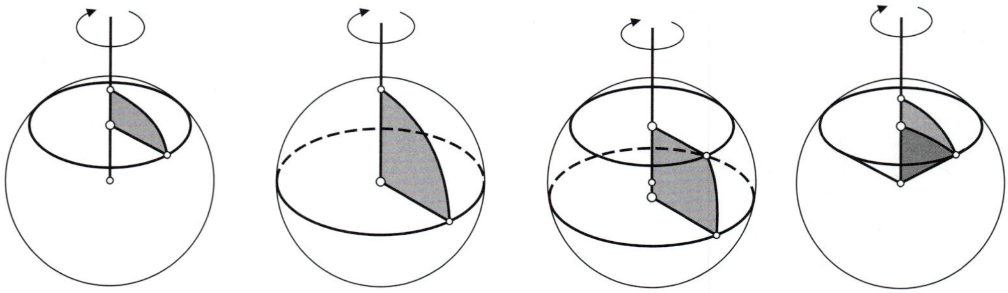

Bild 7.18

7.2 Darstellung von Körpern

7.2.1 Mehrtafelprojektion

Zur technisch richtigen Veranschaulichung von Körpern wird die Methode der **Orthogonalprojektion** [1] oder **Senkrechtprojektion** benutzt. Sie kann entweder als *Mehrtafelprojektion* oder als *axonometrische Projektion*, d. h., auf eine Achse bezogene Projektion, ausgeführt werden. Die Mehrtafelprojektion dient vor allem in der Form der Dreitafelprojektion zur Herstellung von Werkzeichnungen, die in der Produktion zur Anfertigung von Werkstücken gebraucht werden. Das Lesen solcher Werkzeichnungen setzt Fachkenntnisse voraus, denn die nach der Methode der Mehrtafelprojektion erzeugten Bilder sind nicht sofort anschaulich. Deshalb wird im Standard außerdem die axonometrische Projektion zum Darstellen von Körpern erlaubt, nach der perspektivische und damit anschaulichere Zeichnungen von Körpern erhalten werden können. Allerdings leidet bei dieser Art der Darstellung die bei der Orthogonalprojektion vorhandene größere Genauigkeit der Zeichnung auf Kosten der Anschaulichkeit.

Steht ein Quader so in einer Raumecke, dass entsprechende Seiten parallel zu den senkrecht aneinanderstoßenden Ebenen E_1, E_2 und E_3 der Ecke liegen, siehe Bild 7.19, so lässt sich die vordere Seitenfläche des Quaders als *Vorderansicht* A_1, seine linke Seitenfläche als *Seitenansicht* A_2 und seine Deckfläche als *Draufsicht* A_3 senkrecht und unverzerrt auf die Ebenen E_1 bis E_3 projizieren. Werden anschließend E_2 und E_3 in die Ebene von E_1 geklappt, siehe Bild 7.20, so ergibt sich die **Orthogonalprojektion**, die **technische Zeichnung** des Quaders, siehe Bild 7.21.

Der Zusammenhang der drei ein und demselben Körper zugehörigen Ansichten ist durch die eingezeichneten Hilfslinien sofort klar:

[1] orthós (griech.) gerade, richtig; gōnía (griech.) Winkel. **Orthogonal** ist der Fachbegriff für *rechtwinklig*.

Die linke Seitenfläche des Körpers erscheint rechts neben der Vorderansicht A_1 als Seitenansicht A_2 und hat mit ihr die gleiche Höhe h.

Die Deckfläche steht senkrecht unter der Vorderansicht als Draufsicht A_3 und hat mit ihr gleiche Breite b.

Die Dicke oder Tiefe d des Körpers ist sowohl in der Seitenansicht als auch in der Draufsicht zu erkennen.

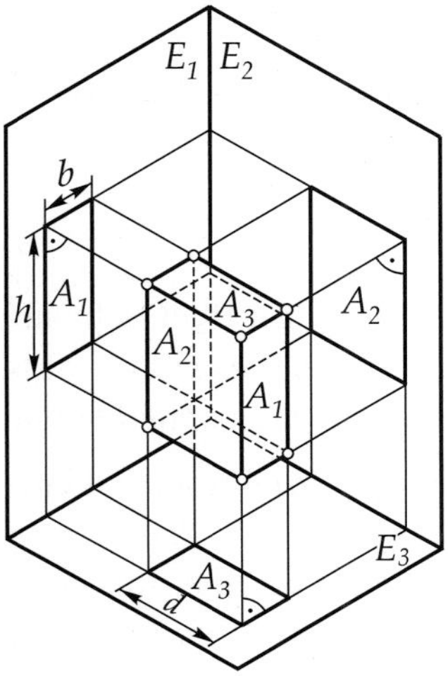

Bild 7.19

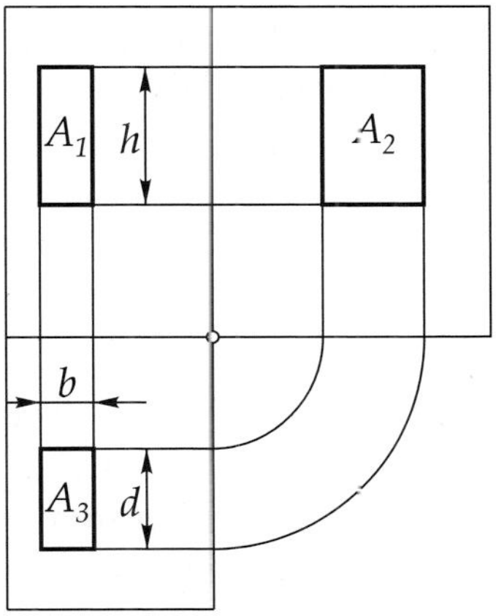

Bild 7.20

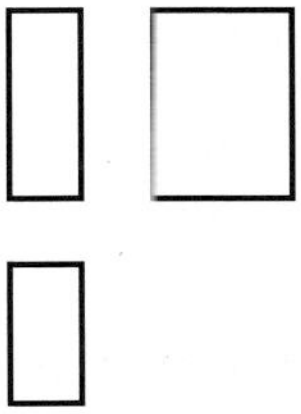

Bild 7.21

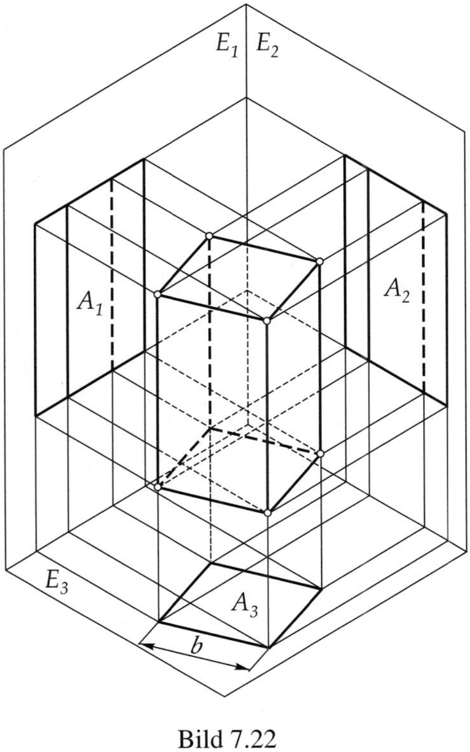

Bild 7.22

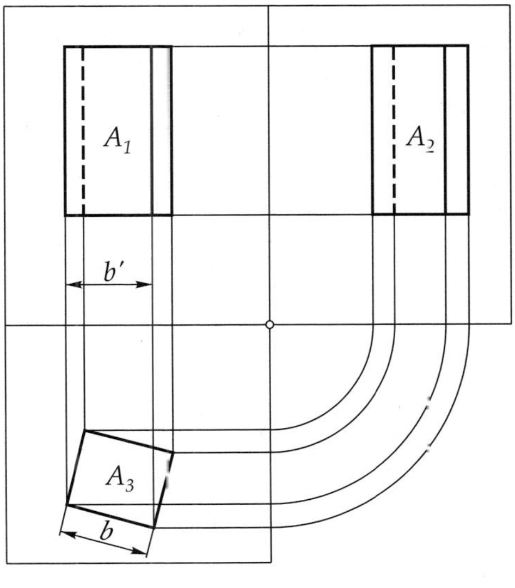

Bild 7.23

Die Maße eines Werkstücks kann man allerdings nur dann unmittelbar aus einer Orthogonalprojektion entnehmen, wenn das Werkstück ebene Seitenflächen besitzt und wenn diese parallel zu den drei Bezugsebenen liegen. Bei anderer Lage des Werkstücks und bei gekrümmten Oberflächen ist das Ermitteln der Abmessungen ein ungleich schwierigeres Problem.

Liegt beispielsweise nur die Deckfläche des Quaders parallel zur Ebene E_3 der Raumecke, siehe Bild 7.22, so zeigt die Vorderansicht A_1 der technischen Zeichnung nicht die wahre Breite b des Körpers und b erscheint verkürzt als b', siehe Bild 7.23. In der Draufsicht A_3 ist b dagegen in wahrer Größe zu erkennen und kann dort direkt entnommen werden.

7.2.2 Axonometrische Projektion

7.2.2.1 Isometrische Projektion

Die axonometrische Projektion oder **Parallelperspektive** verlangt mit Rücksicht auf eine möglichst leichte Ausführbarkeit und verständliche Bemaßung der Zeichnung, dass alle parallelen Kanten des darzustellenden Körpers auch in der Zeichnung parallel verlaufen.

Sie lässt zwei Ausführungsformen zu. Der **isometrischen**[1] **Projektion** bedient man sich, wenn drei Ansichten eines Körpers in einer Darstellung zugleich deutlich gezeigt werden sollen. Die **dimetrische**[2] **Projektion** betont dagegen nur eine Ansicht, wird also verwendet, wenn wichtige Einzelheiten *einer* Körperansicht hervorgehoben werden sollen.

Beide axonometrische Projektionen haben den Nachteil der Verzerrung von Winkeln und Strecken und außerdem ist es bei komplizierten Körpern nicht möglich, alle notwendigen Maße übersichtlich eintragen zu können. Bei der Orthogonalprojektion treten diese Nachteile nicht auf.

Die in isometrischer Projektion ausgeführte Zeichnung eines Würfels lässt die wichtigsten Merkmale dieser Darstellungsmethode erkennen, siehe Bild 7.24. Das Kantenverhältnis ist mit

$$a : b : c = 1 : 1 : 1$$

und das Achsenverhältnis der untereinander gleichen in die Würfelflächen einbeschriebenen Ellipsen, etwa für die Ellipse E_2, mit

$$\overline{FG} : \overline{HE} = \sqrt{3} : 1$$

festgelegt.

Folglich müssen die beiden Grundkanten a und b des Würfels mit der Horizontalen die Winkel

$$\alpha = \beta = 30^\circ$$

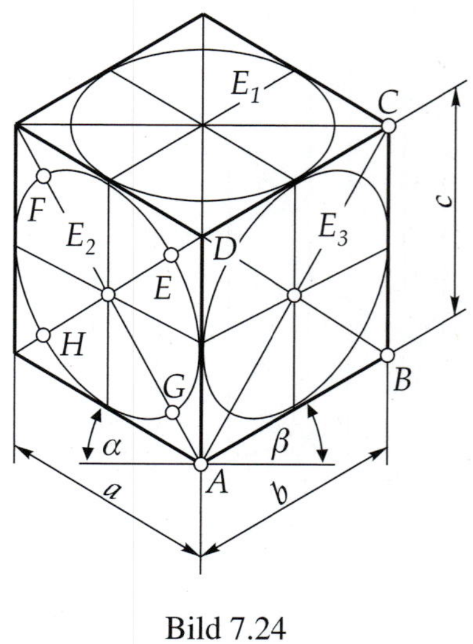

Bild 7.24

[1] isos (griech.) gleich; metron (griech.) Maß. Isometrisch bedeutet somit „gleiches Maß habend“.

[2] dis (griech.) zweimal. Dimetrisch: zweifaches Maß habend.

einschließen, denn dann ist das Dreieck DAB gleichschenklig, und somit gilt

$$\overline{AC} : \overline{AD} = \overline{FG} : \overline{HE} = \sqrt{3} : 1\,.$$

Ferner ist zu erkennen, dass die große Achse der Ellipse E_1 parallel, die der Ellipsen E_2 und E_3 um 60° zur Horizontalen geneigt sind.

Daraus ergeben sich für die praktische Anwendung der isometrischen Projektion nachstehende *Schlussfolgerungen*:

> Alle senkrecht aufeinander stoßenden Kanten eines Körpers, die in den Richtungen der Würfelkanten verlaufen, werden unverkürzt gezeichnet. Kreise, die in horizontalen Ebenen liegen, werden durch Ellipsen dargestellt, deren große Achsen gleichfalls horizontal liegen. Kreise, die in vertikalen Ebenen liegen, werden durch Ellipsen dargestellt, deren große Achsen unter 60° zur Horizontalen geneigt sind.

7.2.2.2 Dimetrische Projektion

Beim dimetrisch projizierten Würfel, siehe Bild 7.25, ist das Kantenverhältnis

$$a : b : c = 1 : \frac{1}{2} : 1$$

und die Achsenverhältnisse der Flächenellipsen für E_1 und E_3

$$\overline{EF} : \overline{GH} = \overline{KL} : \overline{MN} = 1 : 3$$

und für E_2

$$\overline{AB} : \overline{CD} = 9 : 10\,.$$

Die Grundkanten a und b des Würfels schließen demnach mit der Horizontalen die Winkel

$$\alpha = 7°\,10' \qquad \text{und} \qquad \beta = 41°\,25'$$

ein, was hier nicht bewiesen werden soll.

Außerdem ist zu beachten, dass die große Achse der Ellipse E_1 parallel, die der Ellipse E_2 unter 48° 35′ und die der Ellipse E_3 unter 83° zur Horizontalen geneigt liegt.

Für die praktische Anwendung der dimetrischen Projektion schreibt die Normung zwei Vereinfachungen vor:

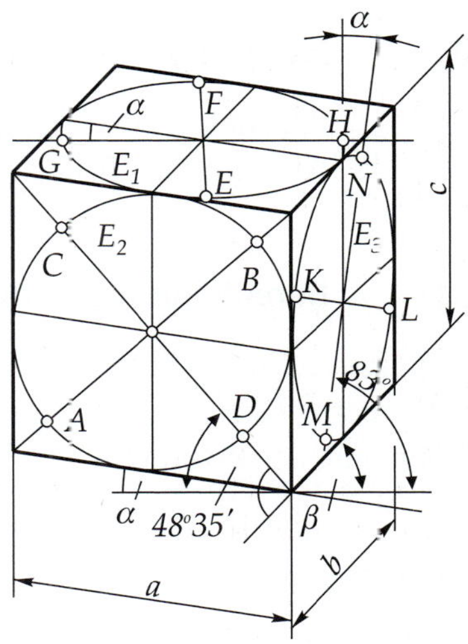

Bild 7.25

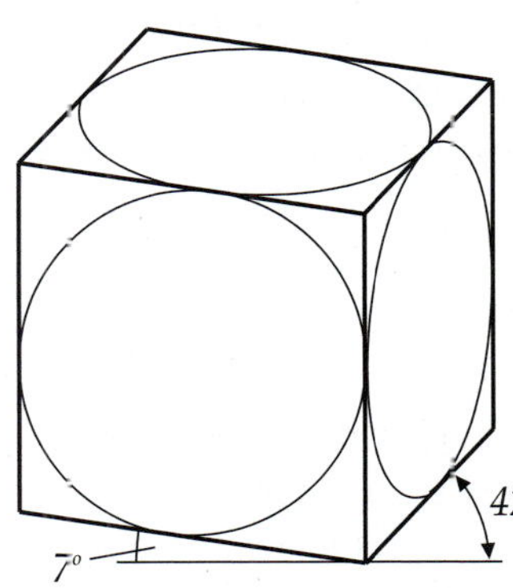

Bild 7.26

Die Neigungswinkel der beiden Würfelgrundkanten werden mit $\alpha = 7^\circ$ und $\beta = 42^\circ$ festgelegt.
Das Achsenverhältnis der Ellipse E_2 beträgt $\overline{AB} : \overline{CD} = 1 : 1$, damit wird E_2 als Kreis dargestellt, siehe Bild 7.26.

Beim Zeichnen einer dimetrischen Projektion sind die folgenden Gesichtspunkte zu beachten:

Alle senkrecht aufeinanderstoßenden Kanten, die in der Richtung der Würfelkanten a und c verlaufen, werden unverkürzt gezeichnet, solche, die in Richtung von b verlaufen, werden um die Hälfte verkürzt dargestellt. Kreise, die in horizontalen Ebenen liegen, erscheinen als Ellipsen mit horizontal liegenden großen Achsen. Kreise in den verkürzten vertikalen Seitenflächen werden zu Ellipsen, deren große Achsen unter 83° zur Horizontalen geneigt sind. Kreise in den unverkürzten vertikalen Vorderflächen bleiben als Kreise erhalten.

7.3 Körperberechnung

Für viele Anwendungsaufgaben benötigt man den Begriff der Dichte, siehe Abschnitt 3.1.3.10.1.

7.3.1 Berechnungsgrundlagen

Vorrangige Aufgaben der Stereometrie sind die Berechnung von Oberfläche und Volumen von Körpern. Dazu sind vergleichende Vorbetrachtungen zu den üblichen Raum- und Flächeneinheiten erforderlich.

Das *Grundmaß für die Flächeneinheit* ist das Einheitsquadrat mit der Seitenlänge 1 m oder 1 dm oder 1 cm oder 1 mm. Für diese Maßeinheiten gilt

$$(1\,\text{m})^2 = (10\,\text{dm})^2 = (100\,\text{cm})^2 = (1\,000\,\text{mm})^2 \quad \text{oder}$$

$$1\,\text{m}^2 = 10^2\,\text{dm}^2 = 10^4\,\text{cm}^2 = 10^6\,\text{mm}^2\,.$$

Das *Grundmaß für die Raumeinheit* ist der Einheitswürfel mit der Kantenlänge 1 m oder 1 dm oder 1 cm oder 1 mm. Hier gilt

$$(1\,\text{m})^3 = (10\,\text{dm})^3 = (100\,\text{cm})^3 = (1\,000\,\text{mm})^3 \quad \text{oder}$$

$$1\,\text{m}^3 = 10^3\,\text{dm}^3 = 10^6\,\text{cm}^3 = 10^9\,\text{mm}^3\,.$$

Stereometrische Rechnungen erfordern, durch geometrische Überlegungen Formeln zu finden, die für einen bestimmten Typ von Körpern allgemein gültige Aussagen über dessen Volumen und Oberfläche zulassen. Dabei lässt sich die Berechnung der Körperoberflächen im Allgemeinen mit den Formeln bewerkstelligen, die bereits in der Planimetrie behandelt worden sind. Die Formeln für die Körpervolumen werden in zwei Schritten ermittelt:

Zuerst ermittelt man die Volumenformel für gerade Prismen.
Danach untersucht man den Zusammenhang zwischen den Volumen grundflächen- und höhengleicher Körper beliebiger Form und leitet aus den gefundenen Zusammenhängen die Volumenformeln für die anderen Körper ab.

Der erste Schritt bildet den Inhalt der Abschnitte 7.3.2.1 und 7.3.2.3. Danach wird der Satz des CAVALIERI behandelt, der die Grundlage für die Berechnung des Volumens von Körpern bildet, die nicht nur von ebenen Flächen begrenzt sind.

7.3.2 Ebenflächner

7.3.2.1 Quader und Würfel

Das **Volumen eines Quaders** ist

$$V = a \cdot b \cdot c \tag{7.2}$$

wobei a, b und c die Kantenlängen des Quaders sind.

☞ *Beweis:* Die drei senkrecht in der Ecke A zusammenstoßenden Kanten a, b und c des Quaders, siehe Bild 7.27, sollen beispielsweise mit dem gemeinsamen Maß cm messbar sein. Dann können längs der Kante $a = 5\,\text{cm}$ fünf Würfel je $1\,\text{cm}^3$ aneinander gelegt werden.

Die Grundfläche $a \cdot b = 15\,\text{cm}^2$ bedecken dann $5 \cdot 3$ der $1\,\text{cm}^3$-Würfel und das Volumen $a \cdot b \cdot c = 60\,\text{cm}^3$ wird von $5 \cdot 3 \cdot 4$ Würfel je $1\,\text{cm}^3$ restlos ausgefüllt. Folglich ist das Volumen des Quaders $V = 5 \cdot 3 \cdot 4 \cdot 1\,\text{cm}^3$.

Da diese Überlegungen auch für jedes andere Maß der Größen a, b und c durchgeführt werden können, gilt demnach unabhängig vom gewählten gemeinsamen Maß:

$$V = a \cdot b \cdot c\,.$$ □

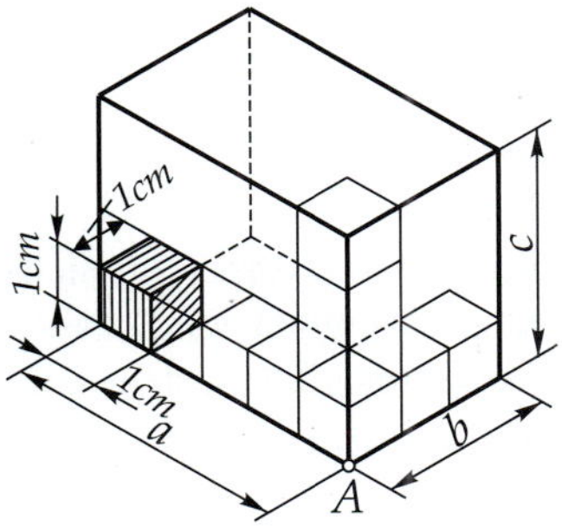

Bild 7.27

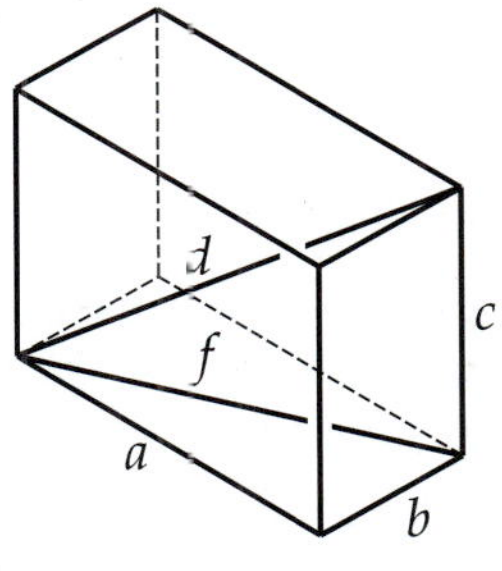

Bild 7.28

Die **Oberfläche eines Quaders** ist

$$A_O = 2 \cdot (ab + ac + bc) \tag{7.3}$$

☞ *Beweis:* Alle Seitenflächen des Quaders sind Rechtecke, siehe Bild 7.27. Damit gilt

$$A_O = 2ab + 2ac + 2bc = 2 \cdot (ab + ac + bc)\,,$$

womit die Formel bewiesen ist. □

Die Formel für die **Raumdiagonale des Quaders** lautet

$$d = \sqrt{a^2 + b^2 + c^2} \tag{7.4}$$

☞ Sie kann ohne Schwierigkeiten mit dem Satz von PYTHAGORAS abgeleitet werden, siehe Bild 7.28: Flächendiagonale $f = \sqrt{a^2 + b^2}$ und $d^2 = f^2 + c^2$.

Für den **Würfel** als Sonderfall eines Quaders, siehe Bild 7.29, ergeben sich mit $a = b = c$ die Formeln:

Volumen:

$$V = a^3 \tag{7.5}$$

Oberfläche:

$$A_O = 6\,a^2 \tag{7.6}$$

Raumdiagonale:

$$d = a \cdot \sqrt{3} \tag{7.7}$$

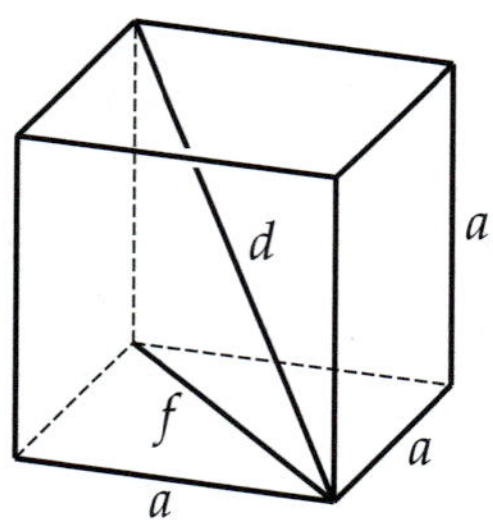

Bild 7.29

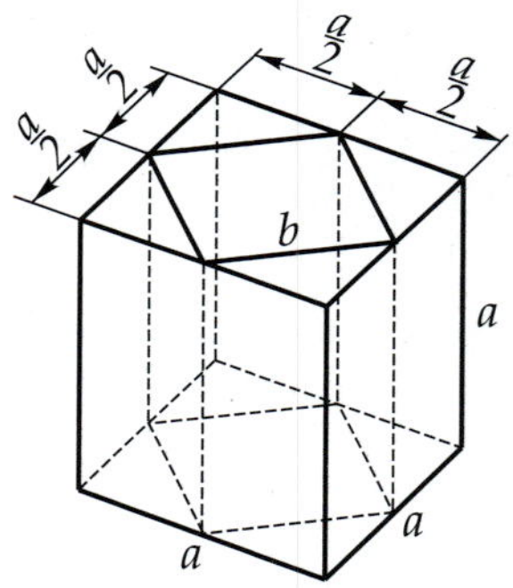

Bild 7.30

Beispiele:

7.1 Welches Volumen besitzen die vier prismatischen Restkörper, die sich ergeben, wenn aus einem Würfel ein Quader derart herausgeschnitten wird, dass die Ecken des Quaders mit den Mitten der Würfelkanten zusammenfallen, siehe Bild 7.30?

Lösung: Das Volumen V_W des gegebenen Würfels ist $V_W = a^3$.

Das Volumen V_R des herausgeschnittenen Quaders ist $V_R = b \cdot b \cdot a$, woraus wegen

$$b^2 = \left(\frac{a}{2}\right)^2 + \left(\frac{a}{2}\right)^2 = \frac{a^2}{2} \qquad \text{Satz von PYTHAGORAS}$$

folgt:

$$V_R = \frac{a^3}{2}.$$

Für die vier prismatischen Eckkörper insgesamt verbleibt das Restvolumen

$$V_{\text{Rest}} = V_W - V_R = a^3 - \frac{a^3}{2} = \frac{a^3}{2}.$$

Jeder der vier prismatischen Restkörper hat dann das Volumen $V_P = \dfrac{a^3}{8}$.

7.2 Von einem Quader sind die Raumdiagonale d und die Kanten a der quadratischen Seitenflächen bekannt, siehe Bild 7.31. Das Volumen V des Quaders soll durch d und a ausgedrückt werden.

Lösung: Wegen $a = c$ ist

$$V = a^2 \cdot b\,.$$

Für b gilt $b^2 = f^2 - a^2$. Da die Endformel nur von d und von a abhängen soll, muss im letzten Ausdruck f noch durch d und a ausgedrückt werden:

$$f^2 = d^2 - a^2\,.$$

Damit wird

$$b^2 = d^2 - 2a^2\,.$$

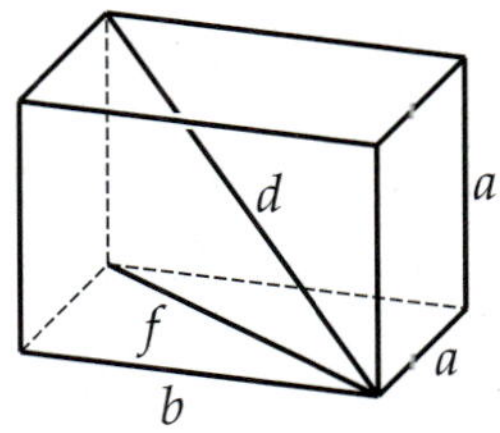

Bild 7.31

Die gesuchte Beziehung lautet demzufolge $V = a^2 \cdot \sqrt{d^2 - 2\,a^2}\,.$

✍ A. 7.1–7.25 auf Seite 722

7.3.2.2 Volumina ähnlicher Körper

Wenn wir einen Ballon unterschiedlich stark aufblasen oder wieder etwas Luft entweichen lassen, verändert sich seine Größe, aber die Form bleibt im Wesentlichen gleich. Die verschiedenen Zustände des Ballons sind also zueinander ähnlich – sie unterscheiden sich nur im Maßstab, nicht in der Form.

Wir erinnern uns, dass wir im Abschnitt 5.8.1 für die **Ähnlichkeit** eine Übereinstimmung der einander entsprechenden Winkel und Seitenverhältnisse gefordert haben. Als Fortsetzung zur Betrachtung von ähnlichen Strecken im Abschnitt 5.8.4 und ähnlichen Flächen im Abschnitt 5.11.6 wollen wir nun die Auswirkungen von Ähnlichkeitsabbildungen auf die Volumina von Körpern untersuchen.

Bei der Volumenberechnung werden, abgesehen von einem konstanten Faktor f, die Längen von drei Strecken a_1, a_2, a_3 miteinander multipliziert, sodass wir für die Rauminhalte V und V' zweier ähnlicher Körper schreiben können:

$$V = f \cdot a_1 \cdot a_2 \cdot a_3$$

$$V' = f \cdot a_1' \cdot a_2' \cdot a_3' = f \cdot (k \cdot a_1) \cdot (k \cdot a_2) \cdot (k \cdot a_3) = k^3 \cdot f \cdot a_1 \cdot a_2 \cdot a_3$$

$$\boxed{V' = k^3 \cdot V} \qquad (7.8)$$

Stehen entsprechende **Strecken** zweier ähnlicher Körper im Verhältnis $k : 1$ zueinander, so stehen die zugehörigen **Volumina** im Verhältnis $k^3 : 1$.

☞ Bei der Berechnung von Flächen an ähnlichen Körpern, wie Grund-, Mantel- oder Oberflächen, geht der Ähnlichkeitsfaktor entsprechend den Überlegungen aus dem Abschnitt 5.11.6 natürlich nur in der zweiten Potenz ein!

Beispiel:

7.3 Von einer quaderförmigen Halle (44,10 m × 12,50 m × 6 m), deren Dachfläche zu 90 % bepflanzt ist, wird ein maßstabgetreues Modell angefertigt.

a) Welches Volumen nimmt das Modell ein, wenn seine längste Seite 12,6 cm misst?
b) Wie groß ist die Fläche des Dachgartens im Modell?

Lösung:

a) ① Ähnlichkeitsfaktor k berechnen: $12{,}6\,\text{cm} = k \cdot 4\,410\,\text{cm} \Rightarrow k = \frac{1}{350}$

② $V' = k^3 \cdot V \Rightarrow V' = \left(\frac{1}{350}\right)^3 \cdot 4\,410\,\text{cm} \cdot 1\,250\,\text{cm} \cdot 600\,\text{cm} \approx 77{,}1\,\text{cm}^3$

b) ① Dachfläche: $A_{\text{Halle}} = 44{,}10\,\text{m} \cdot 12{,}50\,\text{m} = 551{,}25\,\text{m}^2$

② $A_{\text{Modell}} = k^2 \cdot A_{\text{Halle}} \Rightarrow A_{\text{Modell}} = \left(\frac{1}{350}\right)^2 \cdot 551{,}25\,\text{m}^2 = 45\,\text{cm}^2$

$\Rightarrow A_{\text{Modell Dachgarten}} = 0{,}9 \cdot 45\,\text{cm}^2 = 40{,}5\,\text{cm}^2$

Zusammenfassung Ähnlichkeitsabbildungen

Der Faktor $k \in \mathbf{R}^{\neq 0}$ ermöglicht bei ähnlichen Figuren die Umrechnung der einander entsprechenden Werte von Original F und Bild F':

- Strecken: $s' = k \cdot s$ (Abschnitt 5.8.4, Seite 587)
- Flächen: $A' = k^2 \cdot A$ (Abschnitt 5.11.6, Seite 631)
- Volumina: $V' = k^3 \cdot V$ (Seite 721)

Je nachdem, welchen Wert der Ähnlichkeitsfaktor k besitzt, sprechen wir von

- $0 < |k| < 1$: Verkleinerungen,
- $|k| = 1$: identischen Abbildungen oder
- $|k| > 1$: Vergrößerungen.

Mithilfe von Ähnlichkeitsbetrachtungen können oftmals aufwendige Berechnungen vermieden werden! Typische Anwendungsaufgaben sind über das gesamte Gebiet der Geometrie verteilt, weshalb hier auch auf fortgeschrittene Themen verwiesen wird:

✍ A. 7.55 auf Seite 734 und Aufgaben 7.60 (S. 734), 7.72 (S. 739).

Aufgaben:

7.3.2.1 Quader und Würfel

(Lösungen ab Seite 937)

7.1 Wie lang ist die Kante k eines Stahlwürfels mit der Masse 655 g? Die Dichte ist $\varrho = 7{,}85\ \text{g}/\text{cm}^3$.

7.2 Welche Masse m hat ein aus Grauguss gefertigtes Werkstück der Dichte $\varrho = 7{,}1\ \text{g}/\text{cm}^3$, siehe Bild 7.32?

7.3 Aus einer Baugrube mit senkrecht aufeinander stehenden Wänden und rechteckigem Grundriss von 4 m Breite und 8,5 m Länge sind bisher $96\,\text{m}^3$ Erdreich ausgeschachtet worden. Welche Tiefe der Grube ist damit erreicht worden?

Welches Volumen V ist noch auszuheben, damit die Grube ihre endgültige Tiefe von $h = 4{,}3\,\text{m}$ erhält?

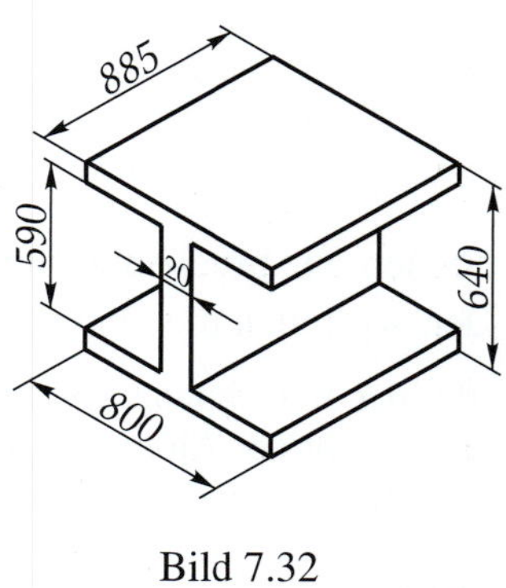

Bild 7.32

7.4 Das Mauerwerk eines Transformatorenhauses hat die Form eines Quaders mit den Außenmaßen 3,8 m Breite, 4,2 m Länge und 8 m Höhe einschließlich des Fundamentes von 80 cm Höhe. Für die Tür wird eine Aussparung von 1,3 m Breite und 2,1 m in der Höhe vorgesehen.

Welches Volumen V besitzt das Mauerwerk bei einer Wanddicke von 25 cm?

7.5 Eine Stahlschiene mit rechteckigem Querschnitt ist 3,1 cm breit, 2,6 cm hoch und 1,28 m lang. Sie wird in 8 Einzelteile zersägt. Berechne deren Gesamtmasse m bei einer Sägeblattbreite von 1,8 mm und der Dichte $\varrho = 7{,}85\ \mathrm{g/cm^3}$.

7.6 Ein rechteckiger Blechkasten, dessen Boden eine Breite von 65 cm und eine Länge von 38 cm hat, schwimmt auf dem Wasser.

Berechne seine Eintauchtiefe h bei einer Wasserverdrängung von 12 Litern

7.7 Berechne das Volumen V und die Oberfläche A_O des im Bild 7.33 gezeigten mehrfach ausgesparten Werkstückes.

7.8 In ein würfelförmiges Gefäß, das innen die Kantenlänge 50 cm hat, werden 18 Liter Flüssigkeit gefüllt. Berechne den Flüssigkeitsstand h.

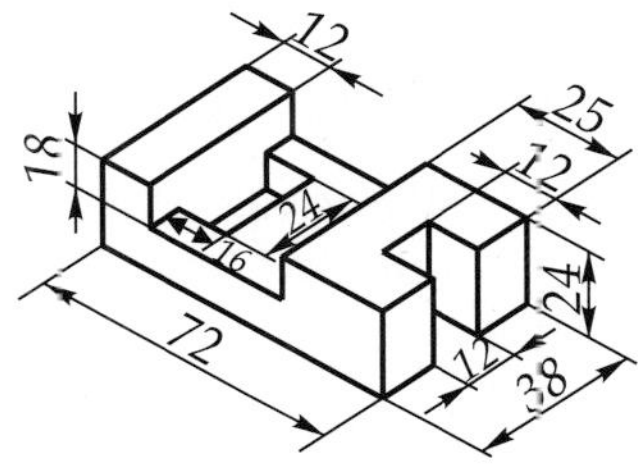

Bild 7.33

7.9 Zu Anschauungszwecken sollen drei Würfel mit der gleichen Masse $m = 100$ g aus Stahl, $\varrho_{\mathrm{Fe}} = 7{,}85\ \mathrm{g/cm^3}$, Kupfer, $\varrho_{\mathrm{Cu}} = 8{,}9\ \mathrm{g/cm^3}$, und Aluminium $\varrho_{\mathrm{Al}} = 2{,}7\ \mathrm{g/cm^3}$, angefertigt werden.

Welche Kantenlängen a_{Stahl}, a_{Cu}, und a_{Al} müssen die Würfel erhalten?

7.10 Ein quadratischer Holzbalken von 6 m Länge hat die Masse 38 kg.

Berechne seine Breite b, wenn die Dichte des Holzes $\varrho = 0{,}65\ \mathrm{g/cm^3}$ ist.

7.11 Ein 60 Liter fassendes Gefäß von der Form eines Würfels soll durch ein rechteckiges Gefäß ersetzt werden, dessen Boden 50 cm breit und 60 cm lang ist.

Berechne dessen Höhe h unter Vernachlässigung der Blechdicke, wenn das Fassungsvermögen erhalten bleiben soll.

7.12 Aus einem Festmeter[1)] Holz sollen Bretter von rechteckigem Querschnitt mit 18 mm Dicke und 22 cm Breite geschnitten werden.

Wie viel laufende Meter l erhält man daraus bei einem Schnittverlust von 15 %?

7.13 In eine rechteckige Stahlplatte von 12 cm Breite, 8 cm Länge und 5 cm Höhe und $\varrho = 7{,}85\ \mathrm{g/cm^3}$ wird eine Längsnut eingefräst, die die Form eines gleichschenklig-rechtwinkligen Dreiecks mit der Hypotenusenlänge 2,5 cm besitzt.

Welche Masse m hat die fertige Platte?

7.14 Drücke das Volumen V eines Würfels durch dessen Oberfläche A_O aus.

7.15 Drücke die Oberfläche A_O und das Volumen V eines Würfels durch dessen Raumdiagonale d aus.

---

1) Der Begriff *Festmeter* wird als Volumeneinheit für Holz in der Forst- und Holzwirtschaft verwendet. Ein Festmeter (fm) entspricht einem Kubikmeter ($\mathrm{m^3}$) fester Holzmasse, also ohne Berücksichtigung von Hohlräumen. Meist wird in der Umgangssprache ein männlicher Artikel verwendet, obwohl es richtig *das* Festmeter heißen muss.

7.16 Die Kanten eines Quaders verhalten sich wie $a : b : c = 1 : 3 : 5$. Welches Volumen V und welche Oberfläche A_O hat der Quader, wenn $b = 18\,\text{cm}$ gegeben ist.

7.17 Die Oberfläche eines Würfels mit der Kantenlänge $k = 5\,\text{cm}$ soll der eines Quaders mit den Kanten $a = 5\,\text{cm}$ und $b = 2\,\text{cm}$ gleich sein.

Wie groß muss die dritte Kante c des Quaders gemacht werden?

7.18 Aus einem Stück Rundstahl von 18 cm Länge und 7 cm Durchmesser soll ein größtmöglicher Vierkant mit quadratischem Querschnitt herausgefräst werden.

Berechne die Anstelltiefe a des Fräsers und das Volumen V des entstehenden Werkstückes.

7.19 Ein quadratischer Bleiriegel mit der Kantenlänge 36 cm und der Länge 62 cm soll in einen gleich langen Riegel mit rechteckigem Querschnitt umgegossen werden.

Wie ist die Höhe h des neuen Riegels zu wählen, wenn eine Breite von 5,5 cm gefordert wird?

7.20 Eine rechteckige Stahlplatte von 28 mm Breite, 24 mm Höhe und 140 mm Länge soll in einen Quadratstahl gleicher Länge umgeschmiedet werden.

Berechne die Quadratseite a ohne Berücksichtigung des Abbrandes.

7.21 Ein Quader mit den Kanten a und b soll das gleiche Volumen wie ein Würfel mit der Kante k erhalten.

Berechne die Kante c des Quaders für $a = 2\,\text{cm}$, $b = 3\,\text{cm}$ und $k = 6\,\text{cm}$.

7.22 Die dritte Kante c eines Quaders soll die mittlere Proportionale zu den beiden anderen Kanten a und b sein.

Wie groß ist das Volumen V des Quaders, wenn $a = 4\,\text{cm}$ und $b = 9\,\text{cm}$ gegeben sind?

7.23 Eine quadratische Stahlschiene der Dichte $\varrho_{\text{Stahl}} = 7{,}85\,\text{g/cm}^3$ mit der Kantenlänge $k = 14\,\text{mm}$ und der Oberfläche $A_O = 892\,\text{cm}^2$ soll durch eine Aluminiumschiene der Dichte $\varrho_{\text{Al}} = 2{,}7\,\text{g/cm}^3$ mit doppeltem und quadratischem Querschnitt und gleicher Länge ersetzt werden. Welche Masseneinsparung m ergibt sich dadurch?

7.24 Welche lichte Höhe h muss ein Wasserbehälter mit quadratischem Boden haben, wenn er $3{,}6\,\text{m}^3$ fassen soll, die Außenkanten des Bodens 80 cm lang sind und zu seiner Herstellung Blech von 8 mm Dicke verwendet wird?

7.25 Ein rechteckiger Holzkasten hat außen eine Breite von 72 cm, eine Länge von 68 cm und eine Höhe von 86 cm. Die Wanddicke soll 26 mm betragen.

Berechne den Holzbedarf V für 30 solcher allseits geschlossenen Kästen, wenn mit einem Schnittverlust von 12 % gerechnet wird.

7.3.2.3 Gerades Prisma

Das **Volumen eines geraden Prismas** ist

$$\boxed{V = A \cdot h} \tag{7.9}$$

Dabei bedeuten A die *Grundfläche* und h die *Höhe* des geraden Prismas.

☞ *Beweis:* Jedes gerade Prisma mit einem rechtwinkligen Dreieck als Grundfläche kann durch ein zweites Prisma gleicher Form und gleicher Abmessungen zu einem Quader ergänzt werden, siehe Bild 7.34.

Sind V_Q und V die Volumina des Quaders und des geraden Prismas sowie A_Q und A deren Grundflächen, dann gilt

(*) $$V = \frac{V_Q}{2}.$$

Für V_Q gilt $V_Q = A_Q \cdot h$

und wegen $A_Q = 2A$

auch $V_Q = 2 \cdot A \cdot h\,.$

Damit folgt aus (*) $V = A \cdot h\,.$

Diese Formel ist für jedes Prisma mit *beliebiger* Grundfläche gültig.

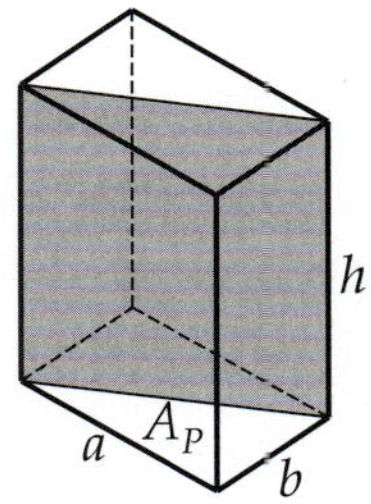

Bild 7.34

Zum Beweis für diese Behauptung kann man zeigen, dass sie auch für ein Prisma mit einem schiefwinkligen Dreieck als Grundfläche stimmt, denn jedes Prisma mit einem beliebigen Vieleck als Grundfläche lässt sich in solche zerlegen und damit berechnen.

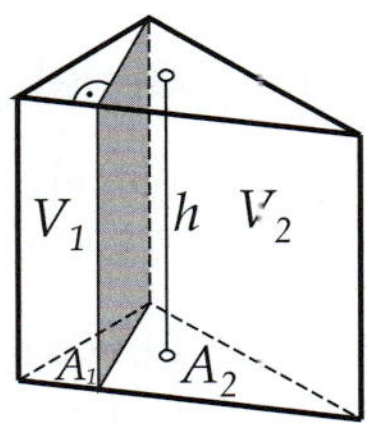

Bild 7.35

Ein gerades Prisma, siehe Bild 7.35, wird durch einen Schnitt derart zerlegt, dass zwei Prismen mit rechtwinkligen Dreiecken als Grundflächen entstehen. Da beide die gemeinsame Höhe h besitzen, gilt

$$V = V_1 + V_2 = A_1 \cdot h + A_2 \cdot h = (A_1 + A_2) \cdot h$$

oder mit $A_1 + A_2 = A$ wiederum

$$V = A \cdot h\,.$$ □

Für die **Oberfläche eines geraden Prismas** gilt

$$\boxed{A_O = 2A + A_M} \qquad (7.10)$$

Dabei bedeuten A die *Grundfläche* sowie die Deckfläche und A_M die *Mantelfläche* des geraden Prismas.

Beispiele:

7.4 Die Höhe h eines regelmäßigen dreiseitigen geraden Prismas mit der Grundkante a und dem Volumen $V = a^3\sqrt{3}$ soll bestimmt werden.

Wegen $$A = \frac{a^2}{4}\sqrt{3}$$

folgt aus $$V = A \cdot h$$

$$a^3\sqrt{3} = \frac{a^2}{4}\sqrt{3} \cdot h\,,$$

woraus sich $h = 4a$ ergibt.

7.5 Das Volumen V und die Oberfläche A_O eines regelmäßigen sechsseitigen geraden Prismas mit der Grundkante a und der Höhe $4a$ soll berechnet werden.

Volumen

Mit $A = \frac{3}{2}a^2\sqrt{3}$

folgt aus $V = A \cdot h$

$$V = \frac{3}{2}a^2\sqrt{3} \cdot 4a$$

$$V = 6a^3\sqrt{3}.$$

Oberfläche

Für $2A$ folgt $2A = 3a^2\sqrt{3}$.

Für A_M folgt $A_M = 6a \cdot h$

und mit $h = 4a$

ergibt sich $A_M = 24a^2$.

Damit wird $A_O = 2A + A_M$

$$A_O = 3a^2\left(8 + \sqrt{3}\right).$$

✍ A. 7.26–7.46 auf Seite 726

Aufgaben:

7.3.2.3 Gerades Prisma

(Lösungen ab Seite 938)

7.26 Wie viele laufende Meter Holzleisten, siehe Bild 7.36, ergeben einen Festmeter Holz? Zur Einheit Festmeter siehe Aufgabe 7.12 auf Seite 723.

7.27 Ein Gussstück von 65 cm Länge hat quadratischen Querschnitt. Die Seite des Quadrates misst 8 cm. Durch Bearbeitung der Längskanten erhält es einen regelmäßigen achteckigen Querschnitt.

Welche Massenverringerung m ergibt sich dadurch, wenn die Dichte $\varrho = 7{,}2\,\mathrm{g/cm^3}$ ist?

7.28 Zur Herstellung von 100 Spachteln, siehe Bild 7.37, wird Blech von 1,6 mm Dicke verwendet. Wie groß ist die Masse m der 100 Spachteln, wenn die Dichte $\varrho = 7{,}85\,\mathrm{g/cm^3}$ ist?

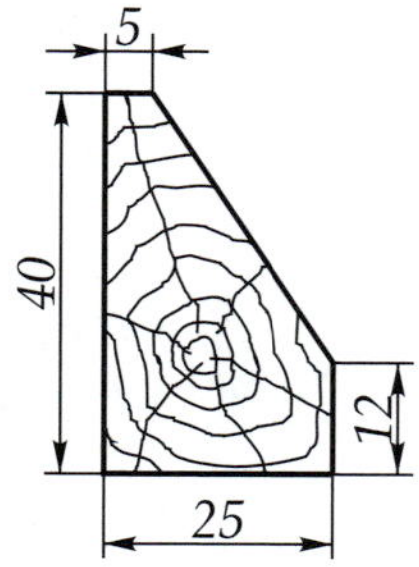

Bild 7.36

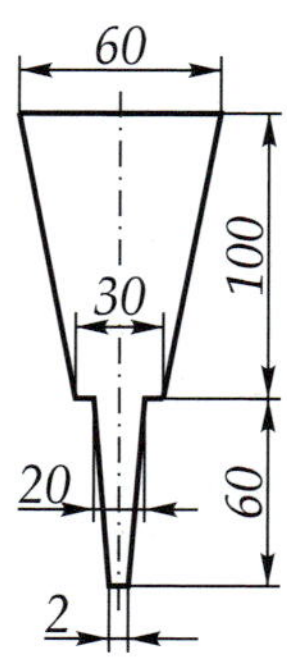

Bild 7.37

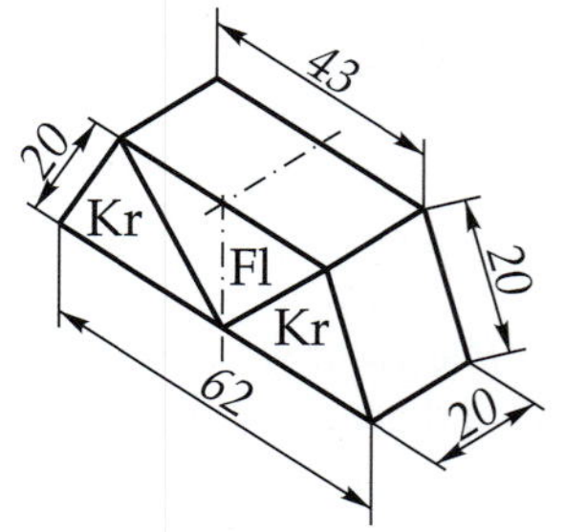

Bild 7.38

7.29 Der Querschnitt einer 1,5 m langen Schiene ist ein gleichschenkliges Trapez mit den Grundlinien 4 cm und 5 cm.

Welche Höhe h hat die Schiene, wenn ihr Volumen 3,5 $\mathrm{dm^3}$ beträgt?

7.30 Ein regelmäßiger sechseckiger Profilstahl ist 3 m lang. Die Kantenlänge des Sechsecks beträgt 2 cm. Berechne das Volumen V des Stahles.

7.31 Von einem regelmäßigen vierseitigen geraden Prisma sind das Volumen $V = 20\,\text{cm}^3$ sowie die Höhe $h = 5$ cm bekannt. Berechne die Grundkante a.

7.32 Wie groß ist die Masse m der Schneide einer Balkenwaage, deren Profil ein gleichschenkliges Dreieck mit der Basis 6 mm und den Schenkeln 14 mm ist? Die Schneide ist 20 mm lang, die Materialdichte ist $\varrho = 7{,}85\,\text{g/cm}^3$.

7.33 Berechne die Masse m des aus zwei Kronglasprismen Kr und einem Flintglasprisma Fl zusammengesetzten Geradsichtprismas, siehe Bild 7.38. Die Dichten sind $\varrho_{\text{Kr}} = 2{,}8\,\text{g/cm}^3$, $\varrho_{\text{Fl}} = 3{,}5\,\text{g/cm}^3$.

7.34 Welches Volumen V besitzt der Profilstahl von 178 mm Länge aus Bild 7.39?

7.35 Welche Masse m haben 50 Stück gusseiserne Roststäbe mit rhombischem Querschnitt und einer Länge von je 32 cm? Die Diagonalen des Rhombus sind 14 mm und 22 mm lang, die Dichte ist $\varrho = 7{,}2\,\text{g/cm}^3$.

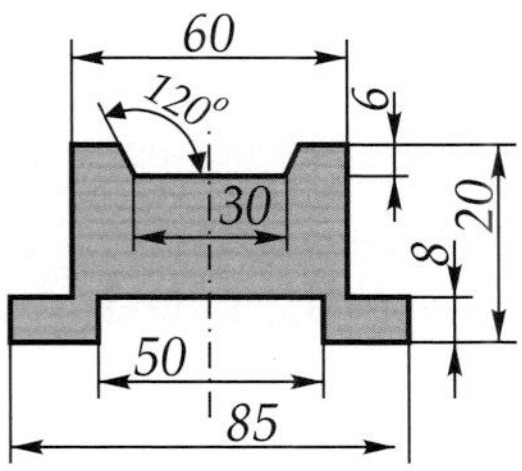

Bild 7.39

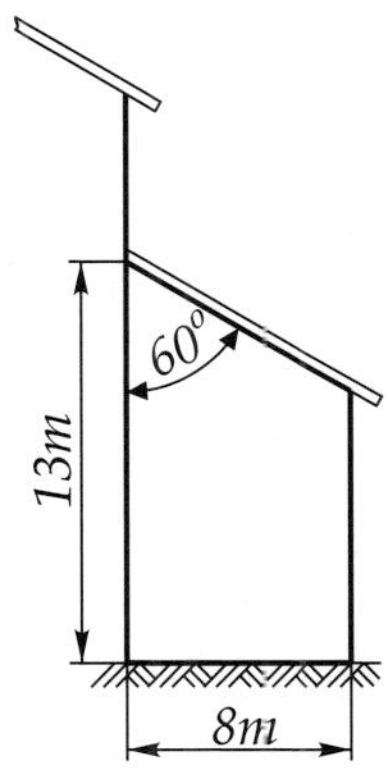

Bild 7.40

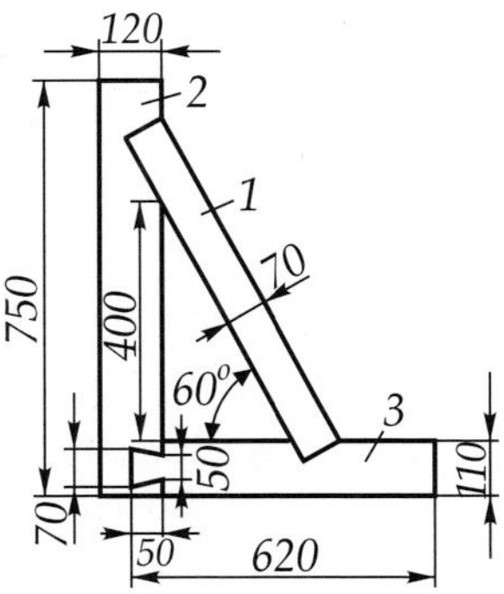

Bild 7.41

7.36 Der Giebel eines Anbaues, siehe Bild 7.40, soll mit 1,5 cm dickem Putz versehen werden. Der Mörtel wird aus Kalk und Sand im Verhältnis 1 : 4 gemischt. Berechne die benötigten Mindestmengen V_{K} und V_{S} für beide Materialien.

7.37 In eine Stahlplatte von 45 mm Breite, 250 mm Länge und 30 mm Höhe ist in der Längsrichtung eine schwalbenschwanzförmige Nut von 10 mm Tiefe eingefräst. Der Nutquerschnitt ist ein gleichschenkliges Trapez mit der kleineren Grundlinie 20 mm. Die beiden Trapezschenkel schließen mit der größeren Grundlinie einen Winkel von 60° ein. Wie groß sind das Volumen V und die Oberfläche A_{O} der Platte?

7.38 Berechne die Volumina V_1, V_2 und V_3 der Balken 1, 2 und 3, siehe Bild 7.41. Alle drei Balken haben eine Breite von 100 mm.

7.39 Aus $350\,\text{cm}^3$ Kunststoff soll ein regelmäßiges sechseckiges Formstück von 6 cm Höhe gepresst werden. Wie groß wird die Seite a des Sechsecks?

7.40 Wie groß ist die Höhe h eines regelmäßigen dreiseitigen geraden Prismas mit der Oberfläche $A_{\text{O}} = 20\,\text{cm}^2$ und der Grundkante $a = 2$ cm?

7.41 Ein Dreikantstahl hat als Querschnitt ein gleichseitiges Dreieck. Die Kantenlänge des Querschnittes beträgt 4 cm, das Volumen des Stahles 700 cm^3. Durch Auswalzen soll die Seitenlänge des Querschnittes auf 2,8 cm verringert werden.

Berechne die Längen l_1 und l_2 des Stahles vor und nach der Bearbeitung.

7.42 Der Querschnitt einer 1,2 m langen Schiene ist ein Parallelogramm, dessen große Seite 47 mm misst und die mit der kleinen Seite einen Winkel von 60° einschließt. Die Länge der kleinen Seite beträgt 25 mm.

Wie groß ist die Masse m der aus Stahl gefertigten Schiene bei der Dichte $\varrho = 7{,}85\ \mathrm{g/cm^3}$?

7.43 Ein Vierkantstahl, siehe Bild 7.42, soll durch einen 3 mm breiten Schnitt in zwei Teile zerlegt werden. Welches Volumen V_1 und V_2 haben diese beiden Teile?

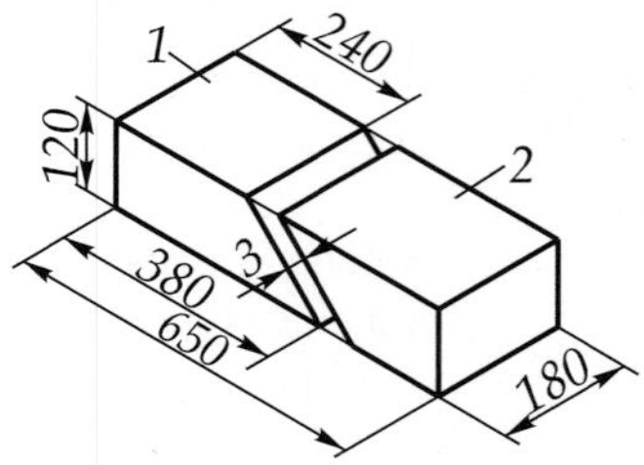

Bild 7.42

7.44 Für eine Gleisanlage muss ein Damm von 3,4 km Länge aufgeschüttet werden, dessen Querschnitt ein gleichschenkliges Trapez ist. Die Dammkrone soll 3,5 m breit werden und 4 m über der Dammsohle liegen. Die Böschungen schließen mit der Sohle einen Böschungswinkel von 30° ein.

Welche Erdmenge V muss zum Aufschütten des Dammes bewegt werden?

7.45 Ein Färbebottich, dessen sich parallel gegenüberstehende Wände die Form eines gleichschenkligen Trapezes mit dem Abstand 2 m haben, ist mit 2 m^3 Wasser gefüllt. Der Boden des Bottiches ist 1,5 m und die Flüssigkeitsoberfläche zwischen den schrägen Wänden 1,75 m breit. Ermittle den Wasserstand h.

7.46 Wie groß ist das Fassungsvermögen des im Bild 7.43 dargestellten Flüssigkeitsprismas?

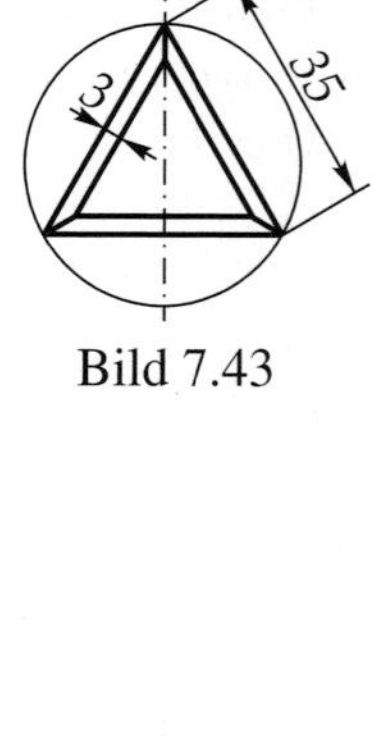

Bild 7.43

7.3.2.4 Satz des CAVALIERI

Der Satz des CAVALIERI[1] bildet die Grundlage für die Berechnung *beliebig geformter* Körper. Er lautet:

Körper mit inhaltsgleichen Grundflächen und gleichen Höhen haben das gleiche Volumen, wenn alle jeweils in gleichen Höhen parallel zur Grundfläche geführten Schnitte inhaltsgleich sind.

Dieser Satz gilt für *alle* Körper. Er soll hier jedoch nur am Beispiel des geraden und des schiefen Prismas nachgewiesen werden.

☞ *Beweis:* Die inhaltsgleichen Grundflächen A_1 und A_2 eines geraden und eines schiefen Prismas I und II mit der gemeinsamen Höhe h liegen in der Ebene E_1, siehe Bild 7.44. Die zu E_1 parallele Ebene E_2 schneidet beide Prismen in $A_1{}'$ und $A_2{}'$, die wiederum inhaltsgleich sind.

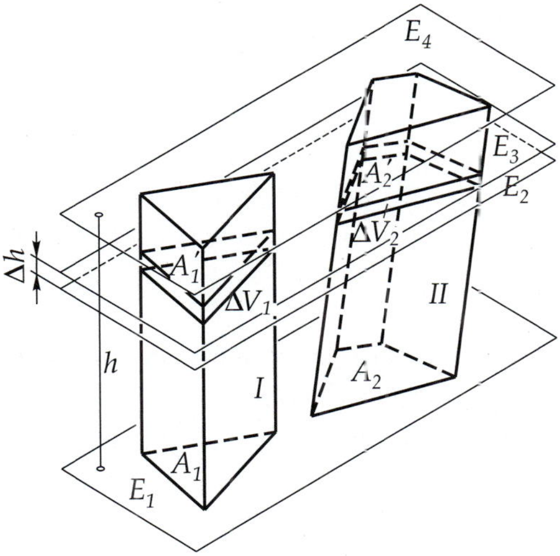

Bild 7.44

Die von E_2 um Δh entfernte[2] und zu ihr parallele Hilfsebene E_3 schließt zwischen sich und E_2 die dünnen Körperschichten ΔV_1 und ΔV_2 ein, für die um so genauer $\Delta V_1 = \Delta V_2$ gilt, je kleiner Δh gemacht wird.

Durch Einfügen weiterer derartiger Hilfsebenen zwischen E_1 und E_2 können die von E_1 und E_2 und natürlich auch von E_1 und E_4 begrenzten Prismen in eine beliebige Anzahl volumengleicher Schichten zerlegt werden, so dass die Summe der Volumen der Schichten des geraden Prismas I gleich der Summe der Volumen der Schichten des schiefen Prismas II wird.

Da Prismen mit inhaltsgleichen Grundflächen durch beliebige zu ihren Grundflächen parallele Ebenen immer in inhaltsgleichen Flächen geschnitten werden, ist die Anwendbarkeit des Satzes von CAVALIERI auf Prismen bewiesen. □

---

[1] FRANCESCO BONAVENTURA CAVALIERI, geb. 1598 in Mailand, gest. 1647 in Bologna, Jesuit; ital. Mathematiker und Astronom, Schüler des GALILEO GALILEI.

[2] Mit dem Zeichen Δ, dem großen griechischen D (gesprochen „Delta"), werden in der Mathematik Differenzen symbolisiert. Hier bedeutet Δh somit die Differenz zweier Höhen: $\Delta h = h_3 - h_2$.

Man findet also:

■ Prismen mit gleichen Höhen und inhaltsgleichen Grundflächen haben gleiche Volumen.

Demnach kann das Volumen *schiefer* Prismen ebenfalls mit der Formel $V = A \cdot h$ berechnet werden.

✍ A. 7.47–7.48 auf Seite 730

Aufgaben:

7.3.2.4 Satz des CAVALIERI

(Lösungen ab Seite 939)

7.47 In eine Mauer ist ein Rutschschacht eingearbeitet, der bei A und B quadratische Öffnungen hat, siehe Bild 7.45.

a) Wie groß ist der Abstand b zwischen der Rutschfläche und der Schachtdecke?

b) Wie groß ist die Mauerdicke d?

c) Welches Volumen V umschließt der Schacht?

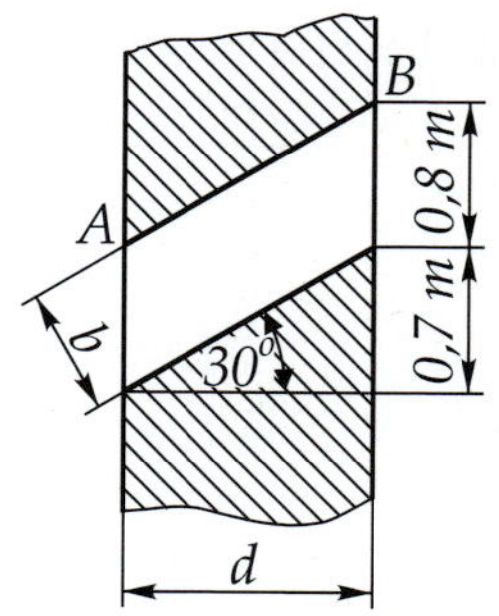

Bild 7.45

7.48 Drücke das Volumen V eines schiefen Prismas mit einem gleichseitigen Dreieck als Grundfläche durch a und m aus, siehe Bild 7.46.

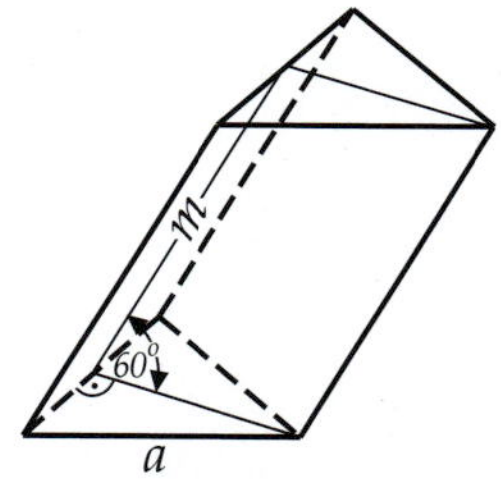

Bild 7.46

7.3.2.5 Pyramide

Für das **Volumen einer beliebigen Pyramide** mit der Grundfläche A und der Höhe h gilt

$$V = \frac{1}{3} A \cdot h \tag{7.11}$$

☞ *Beweis:* Zwei Pyramiden mit der gemeinsamen Höhe h und den inhaltsgleichen Grundflächen A_1 und A_2 stehen auf einer Ebene E_1, siehe Bild 7.47. Sie werden durch die zu E_1 parallele Ebene in den ebenfalls inhaltsgleichen Flächen A_1' und A_2' geschnitten.

$$\frac{A_1}{A_1'} = \frac{h^2}{h_1^2} \quad \text{und} \quad \frac{A_2}{A_2'} = \frac{h^2}{h_1^2},$$

und wegen $\quad A_1 = A_2$

auch $\quad A_1' = A_2'$.

Nach dem Satz des CAVALIERI sind also beide Pyramiden und alle anderen, die mit ihnen inhaltsgleiche Grundflächen und gleiche Höhen besitzen, volumengleich. Somit ist das Pyramidenvolumen V nur von der Grundfläche A und der Höhe h der Pyramide abhängig.

Zur Berechnung des Volumens zerlegt man ein unregelmäßiges dreiseitiges gerades Prisma mit zwei durch die Eckpunkte ABF und ADF bestimmten Schnittebenen in drei Pyramiden mit den Teilvolumen V_1, V_2 und V_3, siehe Bild 7.48.

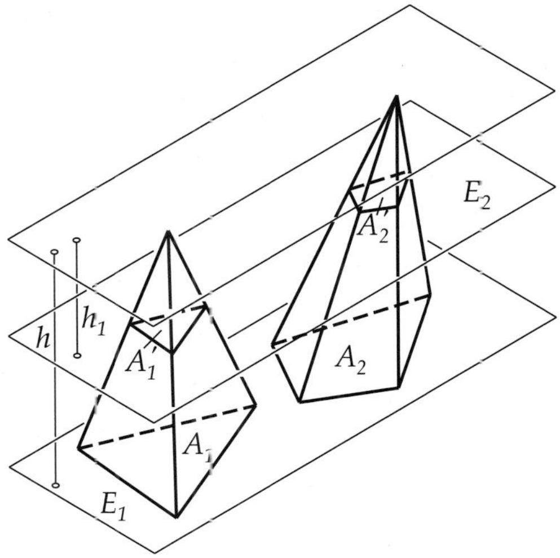

Bild 7.47

Die Pyramiden 2 und 3 stimmen in den Dreiecken ABC und GDF als Grundflächen und in den Kanten CF und AG als Höhen überein, folglich muss

$$V_2 = V_3$$

gelten.

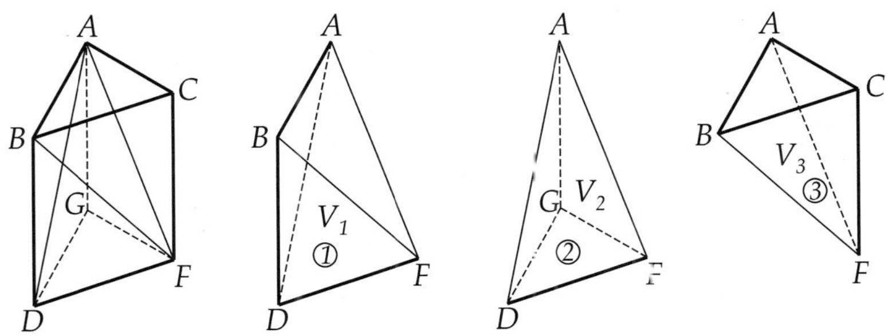

Bild 7.48

Die Pyramiden 1 und 2 stimmen in den Dreiecken ABD und AGD als Grundflächen überein. Außerdem haben sie in den vom Eckpunkt F auf diese Grundflächen gefällten Loten gleiche Höhen, folglich gilt

$$V_1 = V_2,$$

woraus

$$V_1 = V_2 = V_3 = V$$

folgt.

Mit dem Prismenvolumen V_{Pr} ergibt sich also

$$V_{\text{Pr}} = 3\,V$$

und wegen $\quad V_{\text{Pr}} = A \cdot h$

durch Gleichsetzen $\quad V = \frac{1}{3} A \cdot h$.

Diese Formel gilt für *jede beliebige n-seitige Pyramide*, denn diese ist nach dem Satz des CAVALIERI auch einer dreiseitigen Pyramide volumengleich, wenn sie mit ihr nur die Höhe und die Grundfläche gemeinsam hat. □

Für die **Oberfläche einer beliebigen Pyramide** gilt

$$\boxed{A_O = A + A_M} \tag{7.12}$$

Dabei ist A die Grundfläche und A_M die Mantelfläche der Pyramide.

Beispiele:

7.6 Volumen V, Oberfläche A_O, Kantenlänge k und Seitenflächenhöhe m einer regelmäßigen vierseitigen Pyramide mit der Grundkante a und der Höhe $h = 2a$ sind zu berechnen, siehe Bild 7.49.

Lösung: Mit $A = a^2$ und $h = 2a$ folgt aus

$$V = \frac{1}{3} A \cdot h \quad \text{direkt}$$

$$V = \frac{2}{3} a^3 .$$

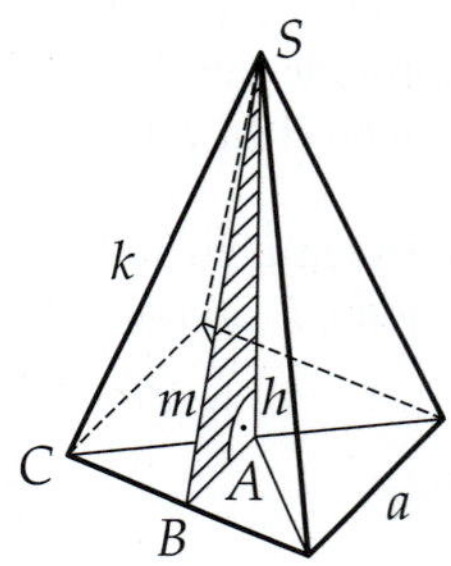

Bild 7.49

Mit $\overline{AB} = a/2$ erhält man aus dem schraffierten Dreieck BAS

$$m^2 = \left(\frac{a}{2}\right)^2 + (2a)^2$$

oder

$$m = \frac{a}{2}\sqrt{17} .$$

Aus Dreieck SBC ergibt sich

$$k^2 = m^2 + \left(\frac{a}{2}\right)^2 \quad \text{oder} \quad k = \frac{3}{2} a \sqrt{2} .$$

Ist A_1 eine der vier kongruenten Seitenflächen, so folgt aus

$$A_O = A + A_M = A + 4A_1$$

mit

$$A_1 = \frac{1}{2} a \cdot m = \frac{a^2}{4}\sqrt{17}$$

$$A_O = a^2 + 4 \cdot \frac{a^2}{4}\sqrt{17} = a^2 \cdot \left(1 + \sqrt{17}\right) .$$

7.7 Gesucht sind die Höhe h und der Flächeninhalt A der Grundfläche ACB einer Pyramide, die entsteht, wenn durch die Eckpunkte A, B und C eines Würfels mit der Kantenlänge a ein Schnitt geführt wird, siehe Bild 7.50.

Außerdem soll das Volumen V_R des Restkörpers berechnet werden.

Lösung: Die Grundkanten der Pyramide sind Diagonalen der Würfelseiten, folglich ist das Dreieck ACB gleichseitig.

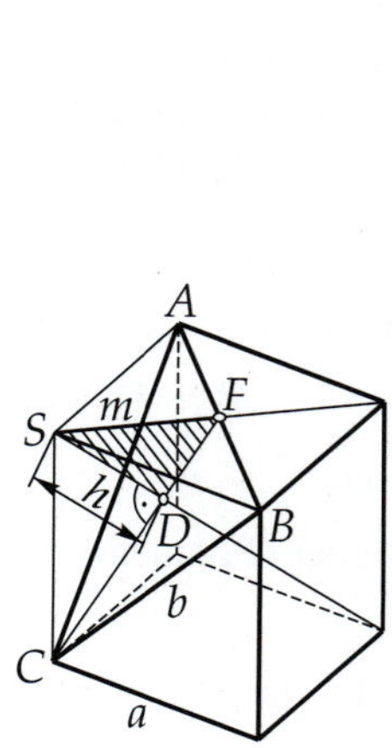

Bild 7.50

Setzt man $\overline{AB} = \overline{BC} = \overline{AC} = b$, so ergibt sich

$$A = \frac{b^2}{4}\sqrt{3} \quad \text{und mit} \quad b^2 = 2a^2$$

$$A = \frac{a^2}{2}\sqrt{3}\,.$$

Da im gleichseitigen Dreieck ACB der Punkt D zugleich Schwerpunkt und Höhenschnittpunkt ist und dieser die Schwerelinie (= Dreieckshöhe h_Δ) im Verhältnis 2 : 1 teilt, gilt:

Aus $\overline{DF} = \frac{1}{3}h_\Delta = \frac{1}{3}\cdot\frac{b}{2}\sqrt{3} = \frac{a}{6}\sqrt{6}$

und $\overline{SF} = m = \frac{b}{2} = \frac{a}{2}\sqrt{2}$,

wird $h^2 = m^2 - \overline{DF}^2 = \frac{a^2}{3}$

und $h = \frac{a}{3}\sqrt{3}$.

Damit wird das Volumen V_P der Pyramide

$$V_\text{P} = \frac{1}{3}A\cdot h = \frac{1}{3}\cdot\frac{a^2}{2}\sqrt{3}\cdot\frac{a}{3}\sqrt{3} = \frac{a^3}{6}$$

und das Volumen des Restkörpers wird

$$V_\text{R} = V_\text{W} - V_\text{P} = a^3 - \frac{a^3}{6}$$

$$V_\text{R} = \frac{5}{6}a^3\,.$$

Fasst man die Seitenfläche ASB der Pyramide als Grundfläche und die Kante $\overline{SC}$ als Höhe auf, dann ergibt sich wegen

$$A_{ASB} = \frac{a^2}{2} \qquad \text{und} \qquad \overline{SC} = a$$

aus $\qquad V = \frac{1}{3}A\cdot h$

die Lösung $V_\text{P} = \frac{1}{3}\cdot A_{ASB}\cdot\overline{SC} = \frac{1}{3}\cdot\frac{a^2}{2}\cdot a = \frac{a^3}{6}$

in Einklang mit dem bereits im ersten Teil der Lösung ermittelten Wert V_P.

✍ A. 7.49–7.60 auf Seite 733

Aufgaben:

7.3.2.5 Pyramide

(Lösungen ab Seite 939)

7.49 Aus einem Quaderstahl von 4 cm Breite, 12 cm Länge und 5 cm Höhe soll ein Werkstück von der Form einer regelmäßigen dreiseitigen Pyramide geschmiedet werden. Welche Höhe h bekommt diese, wenn sie eine Grundkante von 3 cm haben soll?

7.50 Ein Bleiwürfel von 5 cm Kantenlänge soll in eine regelmäßige vierseitige Pyramide von 8 cm Höhe umgegossen werden. Wie groß wird die Grundkante a der Pyramide?

7.51 Aus drei dünnen Blechen, die die Form gleichschenkliger Dreiecke mit der Basis $a = 4\,\text{cm}$ und der Höhe 12 cm haben, ist eine regelmäßige Pyramide zusammenzusetzen. Welche Höhe h bekommt diese Pyramide?

7.52 Ein Vierkantstahl wird an einer Stirnseite abgeflacht, siehe Bild 7.51. Welcher Materialverlust V tritt dabei ein?

7.53 Aus einem Würfel mit 8 cm Kantenlänge wird eine Pyramide herausgearbeitet, deren Grundfläche mit der Grundfläche des Würfels übereinstimmt und deren Seitenflächen mit der Grundfläche je einen Winkel von 60° einschließen. Um welchen Betrag V verringert sich das Würfelvolumen?

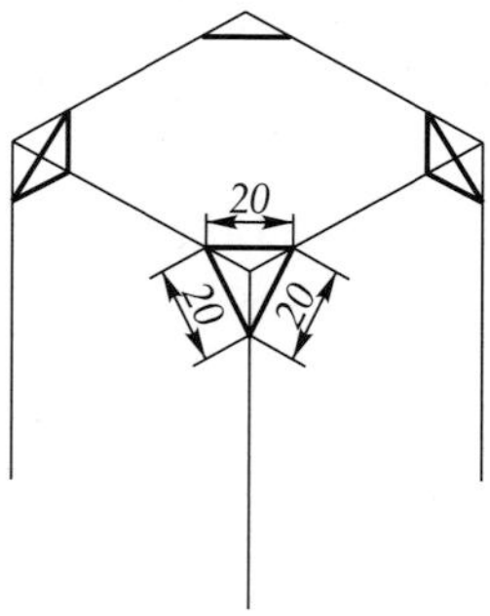

Bild 7.51

7.54 Der Turm eines alten Gebäudes hat die Form einer regelmäßigen achtseitigen Pyramide mit der Höhe $h = 4\,\text{m}$ und der Grundkante $a = 0{,}8\,\text{m}$. Er soll neu mit Dachpappe belegt werden. Berechne den Materialbedarf A bei einem Verschnitt von 15 %.

7.55 Durch eine zur Grundfläche parallele Ebene wird das Volumen einer Pyramide halbiert. Drücke die entstehende Schnittfläche A_2 durch die Pyramidengrundfläche A_1 aus.

7.56 In welchem Abstand x von der Spitze einer Pyramide muss eine zur Grundfläche parallele Ebene gelegt werden, damit das Volumen der über dem Schnitt liegenden Restpyramide zum Volumen der ganzen Pyramide im Verhältnis $m : n$ steht? Die Pyramidenhöhe soll mit h bezeichnet werden.

7.57 Die Grundfläche einer Pyramide ist ein gleichschenkliges Trapez mit den Grundlinien $g_1 = 5\,\text{cm}$ und $g_2 = 3\,\text{cm}$. Wie groß ist ihr Volumen, wenn außerdem die Schenkel $g_2/2$ des Trapezes und die Höhe $h = g_1$ der Pyramide gegeben sind?

7.58 Eine Pyramide wird durch einen zur Grundfläche parallelen Schnitt so geteilt, dass sich die Abschnitte der Höhe h, von der Spitze aus gerechnet, wie $m : n$ verhalten. In welchem Verhältnis steht dann das Volumen V_P der ganzen Pyramide zum Volumen V_R der über der Schnittfläche gelegenen Restpyramide?

7.59 Einer regelmäßigen vierseitigen Pyramide mit der Grundkante $a = 6\,\text{cm}$ und der Höhe $h = 10\,\text{cm}$ ist ein regelmäßiges vierseitiges Prisma mit der Grundkante b einbeschrieben, siehe Bild 7.52. Drücke das Volumen V des Prismas durch a und h aus, wenn

$$a : b = 3 : 2$$

ist.

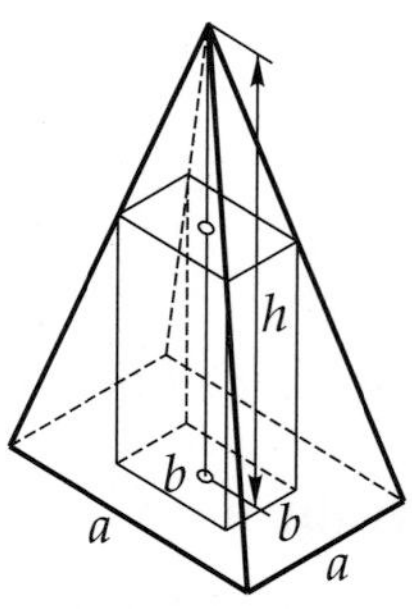

Bild 7.52

7.60 Mit einem 3-D-Drucker lassen wir aus Kunststoff ein Modell der größten der fünf Pyramiden des Pariser Louvre im Maßstab 1 : 144 drucken. Das Original besitzt eine quadratische Grundfläche mit einer Kantenlänge von 35,42 m und eine Höhe von 21,65 m.

Wie viel Kunststoff benötigen wir, wenn die Flächen des Hohlmodells am Boden und an den Seiten eine Wandstärke von 2 mm aufweisen sollen?

7.3.2.6 Pyramidenstumpf

Für das **Volumen eines beliebigen Pyramidenstumpfes** gilt

$$V = \frac{h}{3} \cdot \left(A_1 + \sqrt{A_1 A_2} + A_2\right) \tag{7.13}$$

Dabei sind A_1 und A_2 die Grund- und die Deckfläche sowie h die Höhe des Pyramidenstumpfes.

☞ *Beweis:* Für die Grundfläche A_1 und die Deckfläche A_2 des Pyramidenstumpfes, siehe Bild 7.53, gelten die Beziehungen

$$A_1 = \frac{1}{2} a_1 \cdot h_1 \qquad \text{und} \qquad A_2 = \frac{1}{2} a_2 \cdot h_2 .$$

Hieraus erhält man die Proportion

$$\frac{A_1}{A_2} = \frac{a_1 \cdot h_1}{a_2 \cdot h_2} . \tag{I}$$

Aus den Strahlensätzen folgt weiterhin

$$\frac{a_1}{a_2} = \frac{h_1}{h_2} = \frac{h + x}{x} .$$

Damit ergibt sich aus (I)

$$\frac{A_1}{A_2} = \left(\frac{h + x}{x}\right)^2$$

und hieraus schließlich die Höhe der Ergänzungspyramide

$$x = \frac{h \cdot \sqrt{A_2}}{\sqrt{A_1} - \sqrt{A_2}} . \tag{II}$$

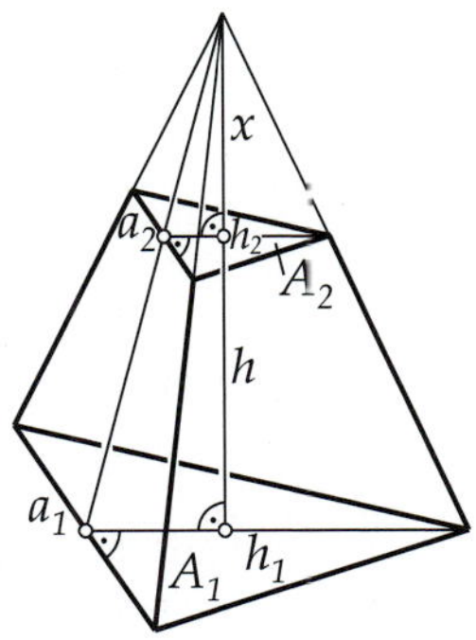

Bild 7.53

Zieht man vom Volumen der gesamten Pyramide das der Ergänzungspyramide ab, so ergibt sich für das Volumen des Pyramidenstumpfes

$$V = \frac{1}{3} \cdot A_1(x + h) - \frac{1}{3} \cdot A_2 x .$$

Setzt man den in (II) ermittelten Wert für x in diese Gleichung ein, so erhält man

$$V = \frac{1}{3}\left(A_1 \frac{h\sqrt{A_2}}{\sqrt{A_1} - \sqrt{A_2}} + A_1 h - A_2 \frac{h\sqrt{A_2}}{\sqrt{A_1} - \sqrt{A_2}}\right)$$

$$= \frac{h \cdot \left[A_1 + \sqrt{A_2} \cdot \left(\sqrt{A_1} + \sqrt{A_2}\right)\right]}{3}$$

und schließlich

$$V = \frac{h}{3} \cdot \left(A_1 + \sqrt{A_1 A_2} + A_2\right) .$$ □

Für die **Oberfläche eines beliebigen Pyramidenstumpfes** gilt

$$A_O = A_1 + A_2 + A_M \tag{7.14}$$

Darin sind A_1 und A_2 die Grund- und die Deckfläche, A_M die Mantelfläche des Pyramidenstumpfes.

Beispiele:

7.8 Wie groß sind das Volumen V und die Oberfläche A_O eines geraden Pyramidenstumpfes, dessen Grund- und Deckfläche jeweils durch ein gleichseitiges Dreieck mit den Seiten a und b gebildet und dessen Seitenkanten mit k bezeichnet werden, siehe Bild 7.54?

Lösung: Da der Pyramidenstumpf gerade ist, liegen die Schwerpunkte A und B der gleichseitigen Dreiecke aus der Grund- und Deckfläche genau übereinander. Schauen wir von oben auf den Stumpf, so erhalten wir in Ergänzung zu Bild 7.54 das Bild 7.55.

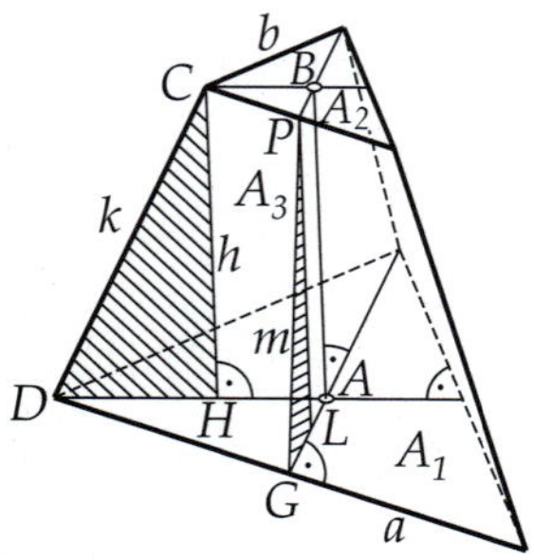

Bild 7.54

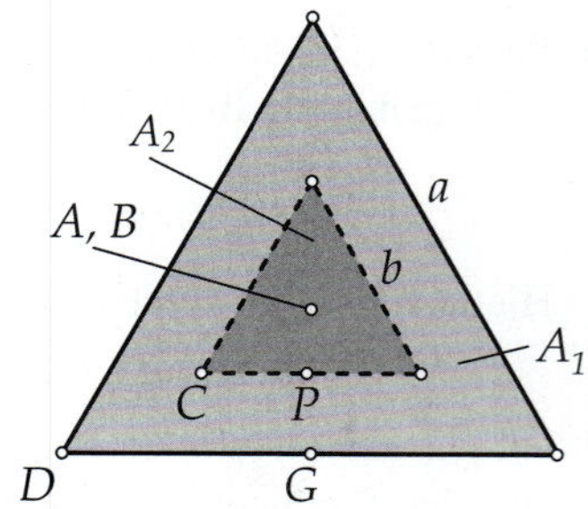

Bild 7.55

Aus dem rechtwinkligen Dreieck CDH folgt

$$h^2 = k^2 - |\overline{DH}|^2$$

und, da A und B als Schwerpunkte ihrer gleichseitigen Dreiecke die Dreieckshöhen im Verhältnis 2 : 1 teilen,

$$|\overline{DH}| = |\overline{AD}| - |\overline{BC}| = \frac{2}{3} \cdot \frac{a}{2}\sqrt{3} - \frac{2}{3} \cdot \frac{b}{2}\sqrt{3} = \frac{1}{3}(a-b)\sqrt{3}\,.$$

Somit ergibt sich

$$h^2 = k^2 - \left(\frac{1}{3}(a-b)\sqrt{3}\right)^2$$

oder

$$h = \sqrt{k^2 - \frac{1}{3}(a-b)^2} = \frac{1}{3}\sqrt{9k^2 - 3(a-b)^2}\,.$$

Für das Volumen des gegebenen Körpers ergibt sich aus

$$V = \frac{h}{3} \cdot \left(A_1 + \sqrt{A_1 A_2} + A_2\right) \quad \text{mit den gleichseitigen Flächen}$$

$$A_1 = \frac{a^2}{4}\sqrt{3}, \qquad A_2 = \frac{b^2}{4}\sqrt{3} \qquad \text{und} \qquad \sqrt{A_1 A_2} = \frac{ab}{4}\sqrt{3}$$

$$V = \frac{1}{9}\sqrt{9k^2 - 3(a-b)^2} \cdot \left(\frac{a^2}{4}\sqrt{3} + \frac{ab}{4}\sqrt{3} + \frac{b^2}{4}\sqrt{3}\right)$$

$$V = \frac{\sqrt{3}}{36}\left(a^2 + ab + b^2\right)\sqrt{9k^2 - 3(a-b)^2}\,.$$

Für die Oberfläche A_O erhält man

$$A_O = A_1 + A_2 + 3A_3\,.$$

Die Seitenfläche A_3 ist ein gleichschenkliges Trapez mit der Höhe $m = |\overline{GP}|$, wobei

$$m^2 = h^2 + |\overline{GL}|^2$$

und wegen

$$|\overline{GL}| = |\overline{AG}| - |\overline{BP}| = \frac{1}{3} \cdot \frac{a}{2}\sqrt{3} - \frac{1}{3} \cdot \frac{b}{2}\sqrt{3} = \frac{1}{6} \cdot (a-b)\sqrt{3}$$

auch

$$m^2 = k^2 - \tfrac{1}{3}(a-b)^2 + \tfrac{1}{12}(a-b)^2 \quad \text{oder} \quad m = \tfrac{1}{2} \cdot \sqrt{4k^2 - (a-b)^2}\,.$$

Damit wird die Seitenfläche

$$A_3 = \frac{a+b}{2} \cdot m = \frac{a+b}{2} \cdot \frac{1}{2}\sqrt{4k^2 - (a-b)^2} = \frac{a+b}{4}\sqrt{4k^2 - (a-b)^2}$$

und die Oberfläche

$$A_O = \frac{1}{4} \cdot \left[\left(a^2 + b^2\right)\sqrt{3} + 3(a+b)\sqrt{4k^2 - (a-b)^2}\right].$$

7.9 Wie lang ist die Raumdiagonale d eines regelmäßigen vierseitigen Pyramidenstumpfes, siehe Bild 7.56, von dem man die Grundflächen $A_1 = a^2$ und $A_2 = \dfrac{a^2}{4}$ sowie das Volumen $V = a^3$ kennt?

Lösung: Aus

$$V = \frac{h}{3} \cdot \left(A_1 + \sqrt{A_1 A_2} + A_2\right)$$

ergibt sich für h

$$h = \frac{3V}{A_1 + \sqrt{A_1 A_2} + A_2}$$

und mit $\sqrt{A_1 A_2} = \dfrac{a^2}{2}$ und den gegebenen Werten wird

$$h = \frac{3a^3}{a^2 + \dfrac{a^2}{2} + \dfrac{a^2}{4}} = \frac{12}{7}a\,.$$

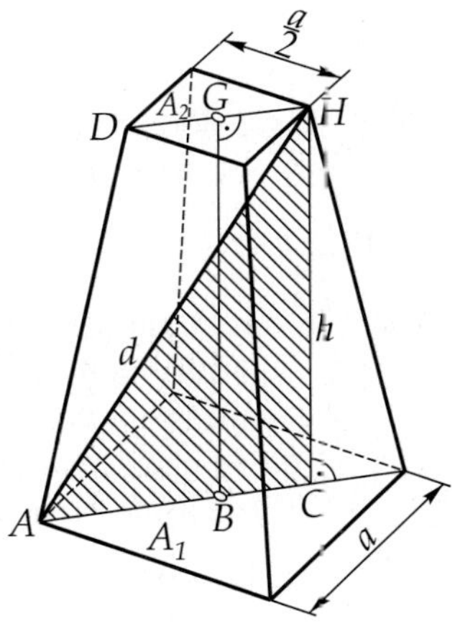

Bild 7.56

Aus dem rechtwinkligen Dreieck ACH folgt für die Raumdiagonale d

$$d^2 = h^2 + \overline{AC}^2$$

und mit

$$\overline{AC} = \overline{AB} + \overline{GH} = \frac{a}{2}\sqrt{2} + \frac{a}{4}\sqrt{2} = \frac{3}{4}a\sqrt{2}$$

ergibt sich für die gesuchte Länge der Raumdiagonalen d

$$d^2 = \left(\frac{12}{7}a\right)^2 + \left(\frac{3}{4}a\sqrt{2}\right)^2 = \frac{1593}{392}a^2$$

und somit

$$d = \frac{3}{28}a\sqrt{354} \approx 2{,}016\,a\,.$$

✍ A. 7.61–7.74 auf Seite 738

Aufgaben:

7.3.2.6 Pyramidenstumpf

(Lösungen ab Seite 940)

7.61 Wie groß ist die Masse m des aus Stahl gefertigten Einsatzambosses, siehe Bild 7.57? Die Dichte ist $\varrho = 7{,}85\,\text{g/cm}^3$.

7.62 Welches Fassungsvermögen V und welchen Materialbedarf A hat ein aus Stahlblech hergestellter oben offener Kohlenbunker, siehe Bild 7.58? Die Blechdicke soll unberücksichtigt bleiben.

7.63 Welche Masse m hat die im Bild 7.59 dargestellte gusseiserne Platte, wenn die Dichte des verwendeten Materials $\varrho = 7{,}2\,\text{g/cm}^3$ ist?

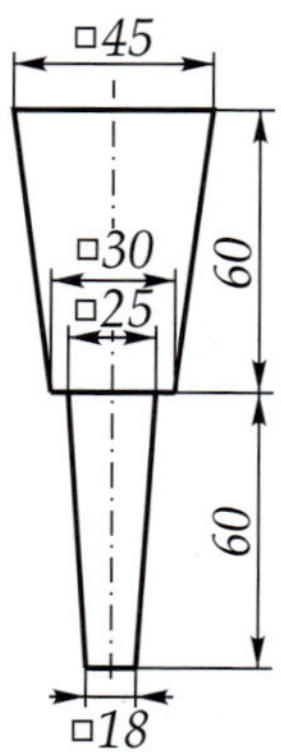

Bild 7.57

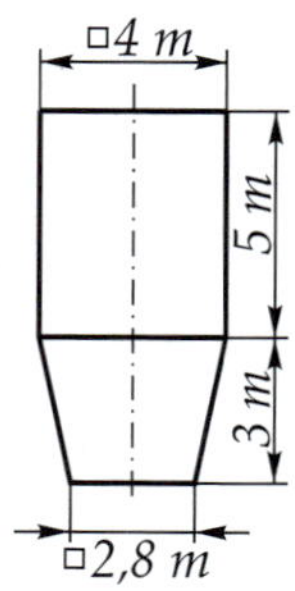

Bild 7.58

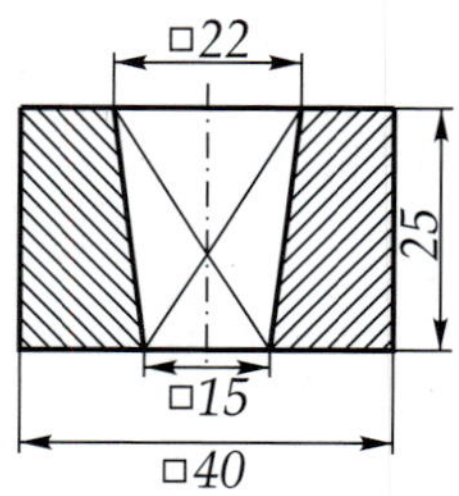

Bild 7.59

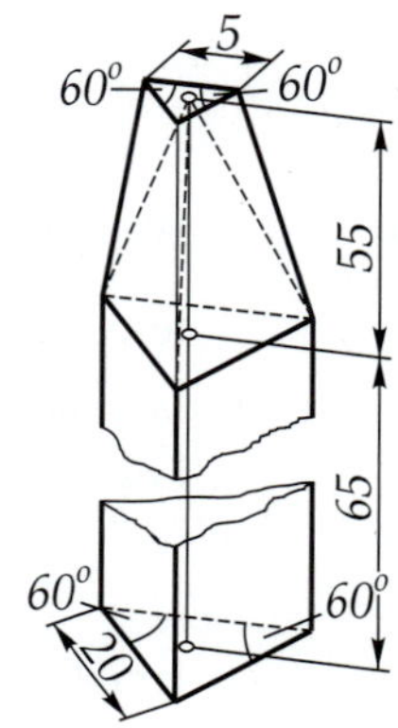

Bild 7.60

7.64 Aus $10\,\text{m}^3$ Beton werden drei Fundamente gegossen, die die Form regelmäßiger vierseitiger gerader Pyramidenstümpfe haben. Berechne die Höhe h eines dieser Fundamente, dessen Grundkante 0,8 m und dessen Deckkante 0,5 m misst.

7.65 Ein Werkstück soll an seinem verjüngten Ende so weit abgeschliffen werden, dass es die durch Strichlinien angegebene Form erhält, siehe Bild 7.60. Welcher Materialverlust V tritt durch das Abschleifen auf?

7.66 Ein Auffülltrichter, siehe Bild 7.61, soll außen gespritzt werden. Welche Menge Farbe ist dazu erforderlich, wenn 150 g Farbe je m^2 benötigt werden?

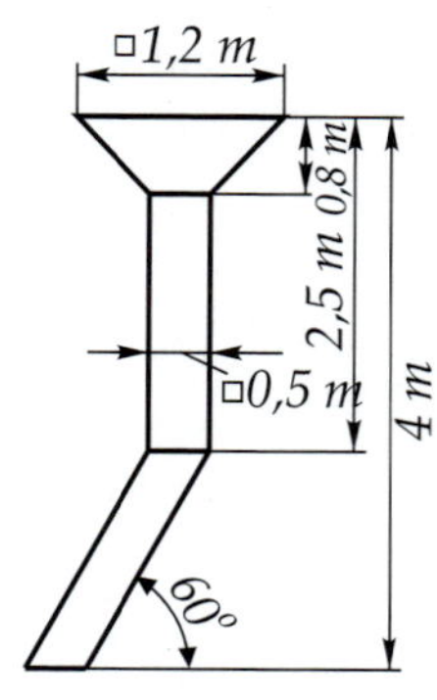

Bild 7.61

7.67 Bei Ausgrabungen wurde eine regelmäßige achtseitige Pyramide entdeckt, deren Spitze jedoch abgeschlagen war. Berechne ihre ursprüngliche Höhe h, wenn für die Höhe des erhalten gebliebenen Stumpfes 1,2 m, für seine Grundkante 30 cm und für seine Deckkante 10 cm gemessen wurden.

7.68 Ein Kunststoffpressling hat die Form eines regelmäßigen sechsseitigen Pyramidenstumpfes mit der Grundkante $a = 4\,\text{cm}$, der Deckkante $b = 3\,\text{cm}$ und der Höhe $h = 5\,\text{cm}$. Er soll in einen gleich hohen Stumpf mit der Grundkante $a_1 = 5\,\text{cm}$ umgepresst werden. Wie lang wird dessen Deckkante b_1?

7.69 Von einem regelmäßigen vierseitigen geraden Pyramidenstumpf sind die Grundkante $a = 4\,\text{cm}$ und die Seitenkante $k = 6\,\text{cm}$ bekannt, siehe Bild 7.62. Wie groß sind dessen Höhe h, die Grundkante b und das Volumen V für $\overline{AP} = \frac{d}{5}$?

7.70 Ein regelmäßiger vierseitiger Pyramidenstumpf mit den Grundkanten $a = 4\,\text{cm}$ und $b = 3\,\text{cm}$ ist höhen- und volumengleich einer regelmäßigen vierseitigen Pyramide. Wie groß ist deren Grundkante c?

7.71 Aus dem Achsenschnitt eines regelmäßigen vierseitigen geraden Pyramidenstumpfes, der durch die Mitten einander gegenüberliegender Grundkanten geführt ist, siehe Bild 7.63, ist das Volumen V zu berechnen. Der Radius der dem Stumpf einbeschriebenen Kugel ist $r = 10\,\text{cm}$, und die obere Deckkante b stimmt mit diesem Radius überein.

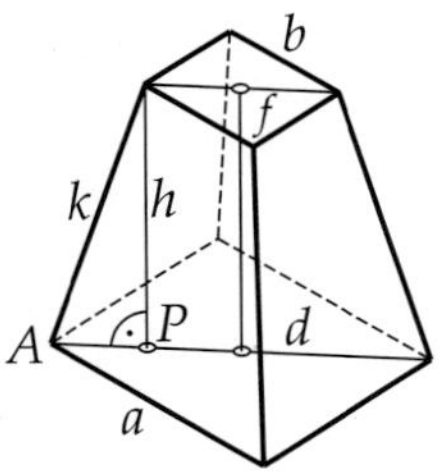

Bild 7.62

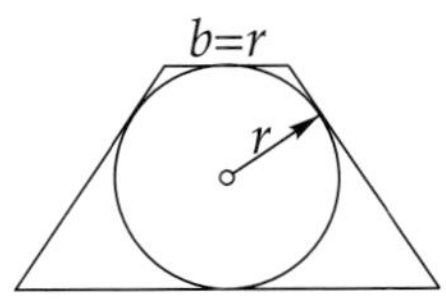

Bild 7.63

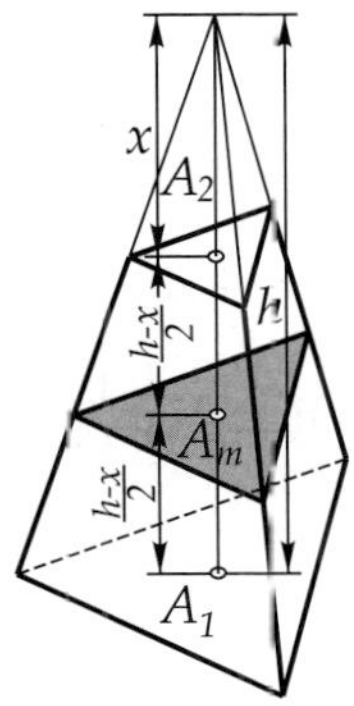

Bild 7.64

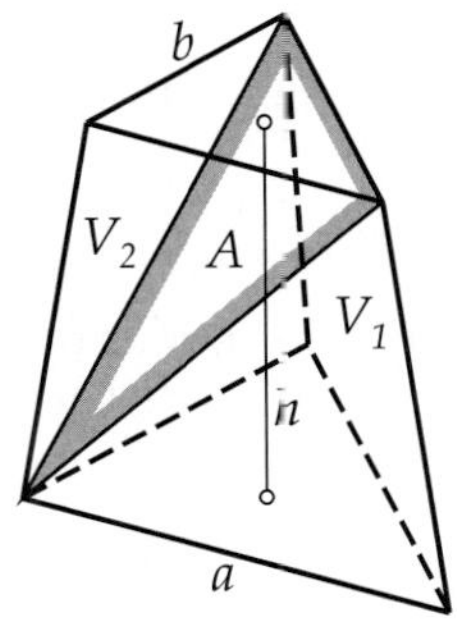

Bild 7.65

7.72 Drücke den Mittelschnitt A_m eines Pyramidenstumpfes durch dessen Grundfläche A_1 und Deckfläche A_2 aus, siehe Bild 7.64.

7.73 Durch einen regelmäßigen vierseitigen Pyramidenstumpf ist ein achsenparalleler Schnitt durch zwei sich gegenüberliegende Seitenkanten geführt. Der Schnitt ist ein gleichschenkliges Trapez mit den Grundlinien $g_1 = 4{,}8\,\text{cm}$ und $g_2 = 2{,}4\,\text{cm}$. Die Schenkel sind $c = 6{,}5\,\text{cm}$ lang.

Welches Volumen V und welche Oberfläche A_O besitzt der Stumpf?

7.74 Berechne die Schnittfläche A und die Volumina V_1 und V_2

a) des regelmäßigen dreiseitigen Pyramidenstumpfes für $a = 6{,}1\,\text{cm}$, $b = 2{,}7\,\text{cm}$ und $h = 3{,}8\,\text{cm}$, siehe Bild 7.65.

b) Wie verändert sich der Körper, wenn seine Kanten a und b gleich lang sind? Welche Auswirkungen hat dies auf die Volumina und die Schnittfläche?

7.3.3 Krummflächner

7.3.3.1 Kreiszylinder

7.3.3.1.1 Gerader Voll- und Hohlzylinder

Für das **Volumen des geraden Vollzylinders** gilt

$$V = \pi r^2 h \quad \text{bzw.} \quad V = \tfrac{1}{4}\pi d^2 h \qquad (7.15)$$

Darin sind r der Radius bzw. d der Durchmesser der Grund- und der Deckfläche, h die Höhe des Zylinders.

☞ Diese Formel ergibt sich ohne Schwierigkeiten, wenn in der Volumenformel für das Prisma $V = A \cdot h$ für die Grundfläche A der Flächeninhalt $\pi \cdot r^2$ des Grund- und Deckkreises des Zylinders eingesetzt wird.

Für die **Mantelfläche des geraden Vollzylinders** gilt

$$A_M = 2\pi rh \quad \text{bzw.} \quad A_M = \pi dh \qquad (7.16)$$

☞ *Beweis:* Der an der Mantellinie s aufgeschnittene und in die Ebene abgewickelte Zylindermantel ist eine Rechteckfläche mit den Seiten $s = h$ und $U = 2\pi r$. Deshalb gilt $A_M = U \cdot s = 2\pi rh$, siehe Bild 7.66. □

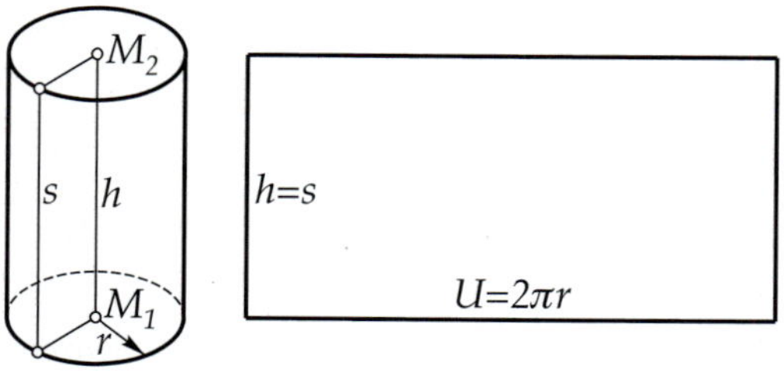

Bild 7.66

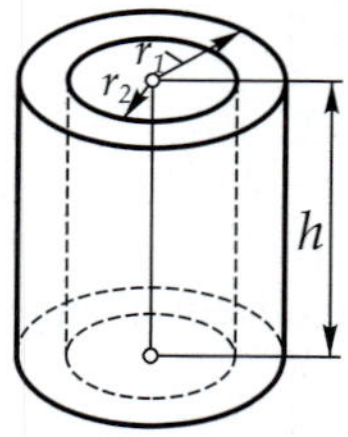

Bild 7.67

Die Oberfläche A_O eines geraden Vollzylinders setzt sich aus zwei kongruenten Kreisen (zweimal Grundfläche A_G) und dem Mantel A_M des Zylinders zusammen, so dass gilt:

Die **Oberfläche des geraden Vollzylinders** ist

$$A_O = 2A_G + A_M = 2\pi r^2 + 2\pi rh = 2\pi r\,(r + h) \qquad (7.17)$$

Beispiel:

7.10 Berechne für den Zylinder mit dem Radius $r = 3$ cm und $h = 8$ cm das Volumen, die Mantelfläche und die Oberfläche.

Volumen	Mantelfläche	Oberfläche
$V = \pi\, r^2\, h$	$A_M = 2\pi rh$	$A_O = 2\,A_G + A_M$
$V = \pi \cdot (3\text{ cm})^2 \cdot 8\text{ cm}$	$A_M = 2\pi \cdot 3\text{ cm} \cdot 8\text{ cm}$	$A_O = 2\pi \cdot (3\text{ cm})^2 + 48\,\pi(\text{cm})^2$
$V = 72\,\pi(\text{cm})^3$	$A_M = 48\,\pi(\text{cm})^2$	$A_O = 66\,\pi(\text{cm})^2$
$V \approx 226{,}2\text{ cm}^3$	$A_M \approx 150{,}8\text{ cm}^2$	$A_O \approx 207{,}3\text{ cm}^2$

Aus den Formeln für den geraden Vollzylinder lassen sich ohne Schwierigkeiten die entsprechenden Formeln für den **geraden Hohlzylinder** herleiten, siehe Bild 7.67:

Volumen:	$V = \pi h \left(r_1^2 - r_2^2\right)$	
Mantelfläche:	$A_M = 2\pi h\,(r_1 + r_2)$	(7.18)
Oberfläche:	$A_O = 2\pi \left[\left(r_1^2 - r_2^2\right) + h\,(r_1 + r_2)\right]$	
	$= 2\pi\,(r_1 + r_2)\cdot(r_1 - r_2 + h)$	

Beispiele:

7.11 Wie groß ist die Schnittfläche A, die entsteht, wenn ein gerader Kreiszylinder durch eine Ebene derart geschnitten wird, dass diese einen willkürlich gewählten Radius der Grundfläche halbiert und senkrecht zu ihm und der Grundfläche steht, siehe Bild 7.68. Es soll dabei mit $h = 2r$ gerechnet werden.

Außerdem sollen die Volumina V_1 und V_2 der beiden Zylinderteile angegeben werden.

Lösung: Ist a die in der Grundfläche liegende Seite der Schnittfläche, dann ergibt sich aus dem gleichseitigen Dreieck ABM mit der Seitenlänge r:

$$\frac{a}{2} = \frac{r}{2}\sqrt{3}$$

und damit

$$a = r\sqrt{3}\,.$$

Damit erhält man für die Schnittfläche

$$A = ah = r\sqrt{3}\cdot 2r = 2r^2\sqrt{3}\,.$$

Der durchgeführte Schnitt zerlegt die Grund- und die Deckfläche in zwei Segmente mit den Höhen h_1 und h_2.

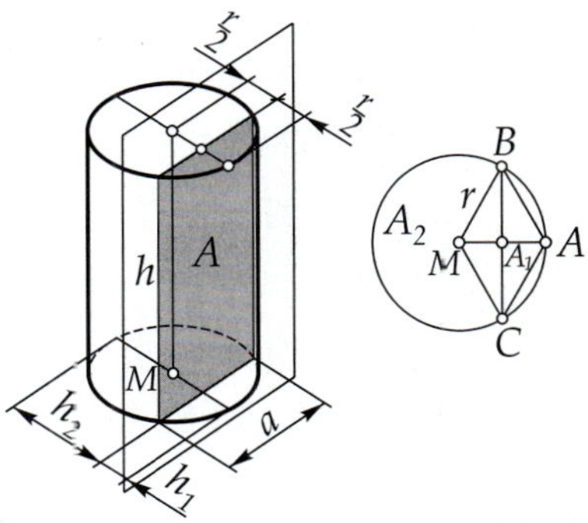

Bild 7.68

Die Flächeninhalte und Bögen dieser Segmente seien A_1 und A_2 und b_1 und b_2.

Für A_1 gilt:

$$A_1 = \frac{1}{2}(b_1 r - sr + s h_1)$$

und wegen

$$s = \overline{BC} = a = r\sqrt{3}, \quad h_1 = \frac{r}{2} \qquad \text{und} \qquad b_1 = \frac{120°\pi r}{180°} = \frac{2}{3}\pi r$$

wird

$$A_1 = \frac{r^2}{12}\left(4\pi - 3\sqrt{3}\right).$$

Damit ergibt sich das Volumen V_1 aus $V_1 = A_1 \cdot h$ zu

$$V_1 = \frac{r^3}{6}\left(4\pi - 3\sqrt{3}\right).$$

Da sich die Grundfläche des Zylinders aus A_1 und A_2 zusammensetzt, gilt für A_2:

$$A_2 = \pi r^2 - A_1 = \frac{r^2}{12} \cdot \left(8\pi + 3\sqrt{3}\right) .$$

Damit erhält man aus $V_2 = A_2 \cdot h$ das Volumen V_2 zu

$$V_2 = \frac{r^3}{6} \left(8\pi + 3\sqrt{3}\right) .$$

7.12 Ein Zylinder mit der Höhe $h = r$ soll einem Hohlzylinder volumen- und höhengleich sein. Außerdem soll $r_1 > r_2$ sein und $r_2 = r$ für die Radien des Hohlzylinders gelten.

Wie groß ist dann der Radius r_1?

Lösung: Für den Vollzylinder gilt:

$$V = \pi r^2 h$$

und mit $h = r$ wird

$$V = \pi r^3 . \qquad \text{(I)}$$

Für den Hohlzylinder gilt:

$$V = \pi h \left(r_1^2 - r_2^2\right)$$

und mit $h = r$ und $r_2 = r$ wird

$$V = \pi r \left(r_1^2 - r^2\right) . \qquad \text{(II)}$$

Durch Gleichsetzen von (I) und (II) ergibt sich

$$\pi r^3 = \pi r \left(r_1^2 - r^2\right)$$

$$r_1^2 = 2r^2$$

und

$$r_1 = r\sqrt{2} .$$

✍ A. 7.75–7.116 auf Seite 742

Aufgaben:

Soweit nichts anderes vermerkt, sind alle Maßangaben in Millimeter zu verstehen.

7.3.3.1.1 Gerader Voll- und Hohlzylinder (Lösungen ab Seite 941)

7.75 Welche Masse m besitzen 100 Stück aus Messing hergestellte Lagerbuchsen, siehe Bild 7.69, wenn $\varrho = 8{,}5\,\mathrm{g/cm^3}$ ist?

7.76 Wie groß ist der von einer Schutzhaube, siehe Bild 7.70, eingeschlossene Raum V und wie viel Material A wird für die Herstellung einer solchen Haube benötigt?

7.77 a) Wie groß ist der Materialbedarf V eines aus Beton gegossenen Kappengewölbes von 30 cm Dicke und 180 m Länge, siehe Bild 7.71?

b) Wie groß ist das Volumen des abgedeckten Schachtes?

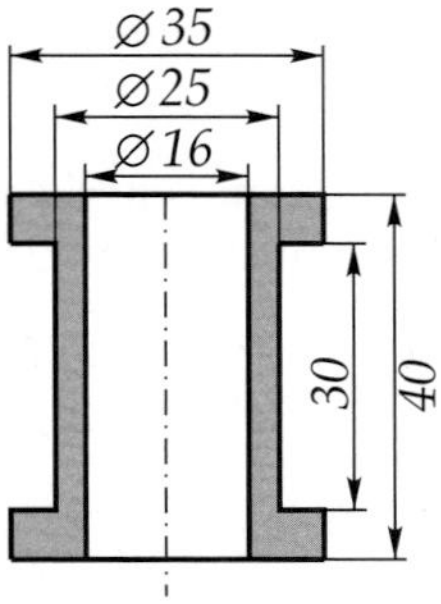

Bild 7.69

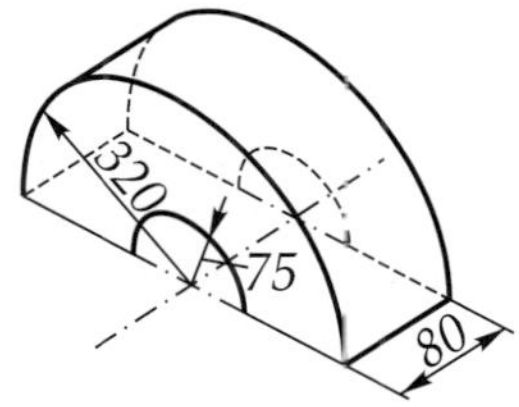

Bild 7.70

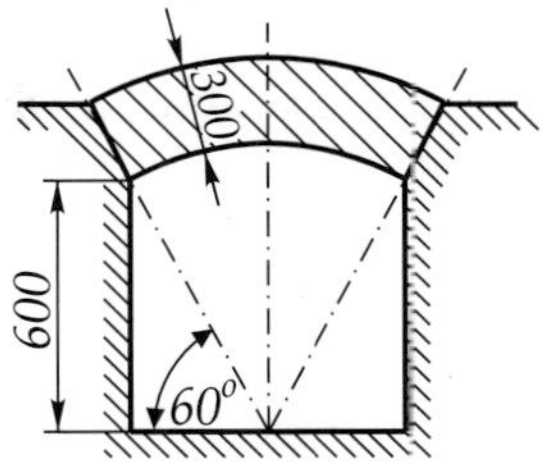

Bild 7.71

Alle Maße in mm

7.78 Aus Sechskantstahl von $s = 17$ mm Schlüsselweite und 60 mm Länge soll ein Schraubenrohling mit $d = 10$ mm Nenndurchmesser herausgedreht werden (Bild 7.72). Der Schraubenkopf soll 8 mm hoch sein. Welcher Materialabfall V tritt dabei auf?

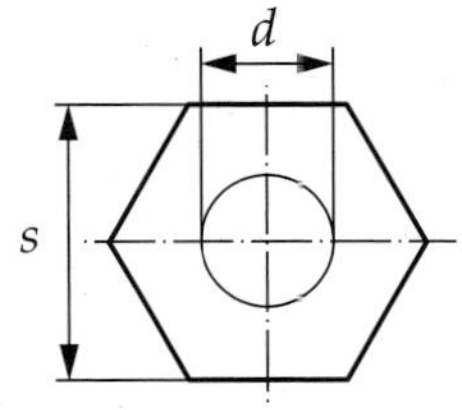

Bild 7.72

7.79 Aus einem 20 cm breiten, 30 cm hohen und 1 m langen Stahlblock soll 30 mm dicker Rundstahl gewalzt werden. Wie viele laufende Meter ergeben sich unter der Annahme, dass keinerlei Abfall entsteht?

7.80 180 kg Grauguss der Dichte $\varrho = 7{,}2\,\text{g/cm}^3$ werden im Schleudergussverfahren zu einem Rohr von 10 mm Wanddicke und 120 mm lichter Weite verarbeitet. Wie lang wird das Rohr?

7.81 Wie viele laufende Meter l der im Bild 7.73 dargestellten Abflussrinne lassen sich aus 1 m^3 Beton herstellen?

7.82 20 cm^3 Wasser werden in ein zylindrisches Gefäß von 24 mm lichtem Durchmesser gegossen. Welcher Wasserstand h wird damit erreicht?

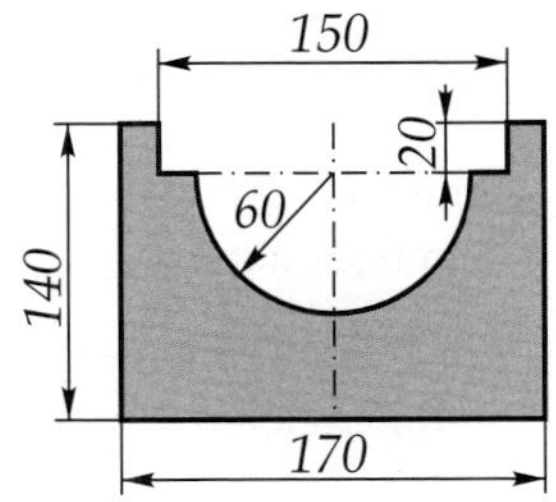

Bild 7.73

7.83 Das Standgefäß einer MOHR'schen Waage zur Bestimmung der Dichte von Flüssigkeiten hat 40 mm lichten Durchmesser. Wenn der Senkkörper vollständig eintaucht, hebt sich die Flüssigkeitsoberfläche um 3,5 mm.

Wie groß ist das Volumen V des Schwimmers.

7.84 Ein zylindrisches Standgefäß von 30 mm lichter Weite soll mit Teilstrichen für je 1 cm^3 Fassungsvermögen versehen werden. In welchen Abständen a müssen die Teilstriche angebracht werden?

7.85 Zwei Bleiwalzen von 34 mm Durchmesser und 48 mm Höhe werden in einen Würfel umgeschmolzen. Wie groß wird dessen Kantenlänge a?

7.86 Eine zylindrische Büchse fasst 1 dm^3 Flüssigkeit. Ihr Innendurchmesser d ist doppelt so groß wie ihre Höhe h. Welche Abmessungen haben d und h?

7.87 Ein 8 m tiefer Brunnen wird aus einer 25 cm dicken ringförmigen Mauer hochgezogen. Wie groß ist der Ziegelbedarf V, wenn der lichte Durchmesser 1,2 m beträgt?

7.88 Aus einem 28 mm langen Rundstab von 8 mm Durchmesser wird durch fortgesetztes Ziehen ein Draht von 0,3 mm Durchmesser gewonnen. Welche Länge l hat dieser Draht, wenn keine Materialverluste auftreten.

7.89 Eine 720 mm lange Achse aus Vierkantstahl mit quadratischem Querschnitt der Seitenlänge $a = 3$ cm wird beiderseits abgedreht, so dass zylindrische Zapfen von 18 mm Durchmesser und 58 mm Länge entstehen. Berechne die Masse m von 100 Stück fertig bearbeiteten Achsen und den dabei auftretenden Materialverlust m_1, wenn die Dichte $\varrho = 7{,}85\,\text{g/cm}^3$ ist.

7.90 Ein quadratisches Blech von 25 cm Seitenlänge und 4 mm Dicke wird nach entsprechender Abschrägung zweier gegenüberliegender Kanten so zu einem Hohlzylinder zusammengebogen und stumpf geschweißt, dass der Umfang 25 cm beträgt. Wie groß sind sein Außendurchmesser d_1, sein Innendurchmesser d_2 und der von ihm eingeschlossene Raum V?

7.91 Aus einer Aluminiumplatine von 35 mm Durchmesser und 15 mm Höhe soll durch Umpressen ein Becher von 34 mm Innendurchmesser und 1 mm dickem Boden hergestellt werden. Wie hoch wird der Becher?

7.92 Das Volumen eines Zylinders sei $V = 100\,\text{cm}^3$, seine Höhe $h = 5$ cm. Wie groß ist sein Durchmesser d?

7.93 Ein Zylinder hat einen quadratischen Achsenschnitt. Die Seiten der Schnittfläche sind $a = 4$ cm. Berechne das Volumen V und die Oberfläche A_{O} des Zylinders.

7.94 Das Volumen V eines Zylinders soll durch seine Mantelfläche A_{M} und seine Höhe h ausgedrückt werden. Außerdem soll sein Volumen V ermittelt werden, wenn $A_{\text{M}} = 100\,\text{cm}^2$ und $h = 10$ cm betragen.

7.95 Berechne das Volumen V und die Mantelfläche eines Zylinders mit $r : h = 3 : 5$ und dem Grundkreisradius $r = 2$ cm.

7.96 Ein Zylinder mit dem Radius $r_1 = 5$ cm und der Höhe $h_1 = 8$ cm soll einem Zylinder volumengleich sein, für den gilt $r_2 : h_2 = 3 : 5$. Wie groß sind dann r_2 und h_2?

7.97 Das Volumen eines Hohlzylinders soll gleich dem Volumen seines inneren Hohlraumes sein. In welchem Verhältnis stehen dann die Radien r_1 und r_2 des Hohlzylinders?

7.98 Wie verhalten sich die Mantelflächen A_{M1} und A_{M2} von Hohlzylinder und innerem Hohlraum für den Fall der Aufgabe 7.97?

7.99 Ein Hohlzylinder hat das Volumen $V = 20\,\text{cm}^3$, den Mantel $A_{\text{M}} = 40\,\text{cm}^2$ und die Höhe $h = 4$ cm. Wie groß sind die beiden Radien r_1 und r_2?

7.100 Ein Vollzylinder ist einem Hohlzylinder volumen- und höhengleich. Wie groß ist der Radius r des Vollzylinders zu machen, wenn der Hohlzylinder die Radien $r_1 = 3$ cm und $r_2 = 2$ cm hat?

7.101 Die Radien eines Hohlzylinders stehen im Verhältnis $r_1 : r_2 = 4 : 3$. Berechne sein Volumen V und seinen Mantel A_{M} für $r_1 = 4$ cm und $h = 6$ cm.

7.102 Welche Masse m besitzt der aus Grauguss gegossenen Hebel, siehe Bild 7.74, wenn die Dichte des Graugusses $\varrho = 7{,}2\,\mathrm{g/cm^3}$ ist?

7.103 In einem Transformator sind 8,4 kg Kupferdraht von 3 mm Durchmesser verarbeitet worden. Die Dichte ist $\varrho = 8{,}9\,\mathrm{g/cm^3}$. Welche Gesamtlänge l hat der Draht des Transformators?

7.104 In einem Rundsockel von 60 cm Höhe sind 1,4 m^3 Beton verarbeitet worden. Wie groß ist der Durchmesser d des Sockels?

7.105 Ein Bleiring von 15 mm Höhe, 38 mm Innen- und 62 mm Außendurchmesser soll bei gleichbleibender Höhe auf 45 mm Innendurchmesser ausgewalzt werden.
Berechne den neuen Außendurchmesser d.

7.106 In einem einseitig durch einen Kolben abgeschlossenen Gefäß dehnt sich Gas bei konstantem Druck um 210 cm^3 aus. Wie groß ist der dadurch verursachte Kolbenhub h bei einem Durchmesser des Zylinderraumes von 75 mm.

7.107 Zwei durch Kolben abgeschlossene Zylinder sind durch eine Rohrleitung miteinander verbunden.

a) Um welchen Betrag h_1 hebt sich der große Kolben mit dem Durchmesser $d_1 = 26{,}0$ cm, wenn mit dem kleinen Kolben vom Durchmesser $d_2 = 4{,}2$ cm bei einem Hub $h_2 = 7{,}5$ cm Flüssigkeit in den großen Zylinder gedrückt wird?

b) Wie viel Hübe z müssen mit dem kleinen Kolben ausgeführt werden, damit sich der große Kolben um $h_3 = 64$ cm hebt?

7.108 Das größte Volumen, das von einem Kolben in einem Zylinder mit kreisförmigem Querschnitt eingeschlossen wird, beträgt $V_1 = 1{,}5\,\mathrm{dm^3}$, das kleinste Volumen ist $V_2 = 0{,}11\,\mathrm{dm^3}$. Berechne den Kolbenhub h für den Kolbendurchmesser $d = 65$ mm.

7.109 Berechne die Masse m des im Bild 7.75 dargestellten Stahldrahthakens, wenn die Materialdichte $\varrho = 7{,}2\,\mathrm{g/cm^3}$ beträgt.

7.110 Welches Volumen V besitzt der im Bild 7.76 dargestellte Nocken?

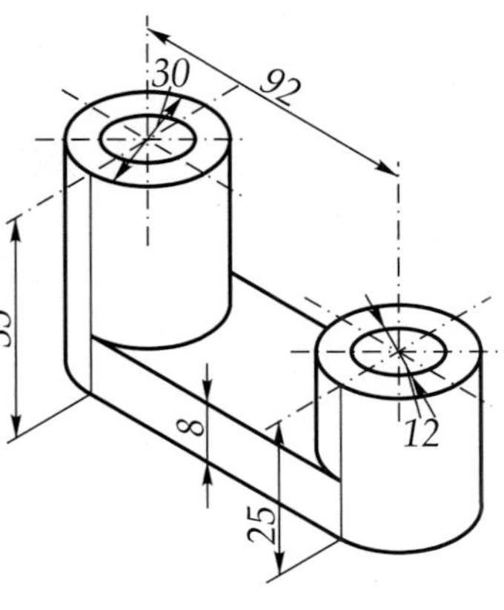

Bild 7.74

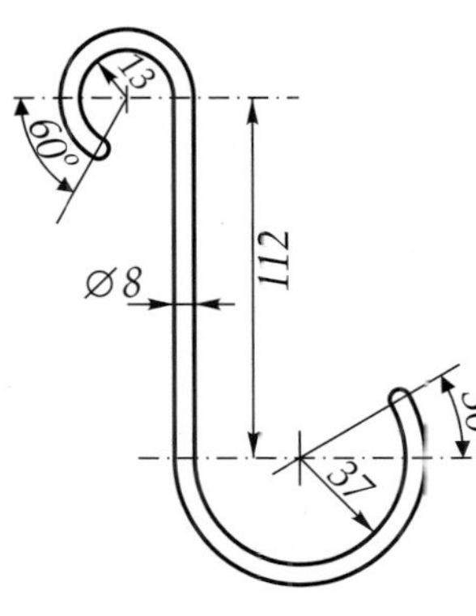

Bild 7.75

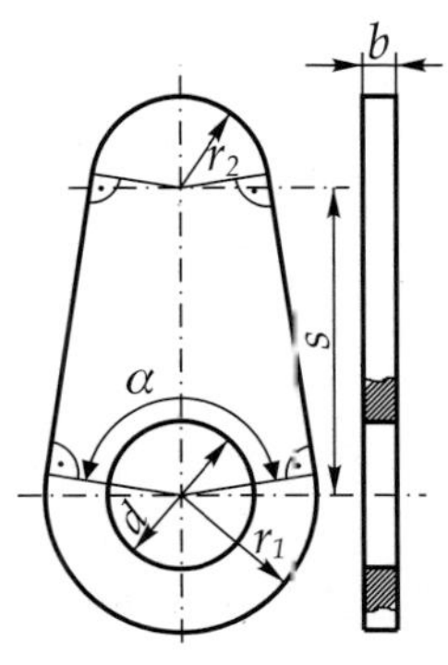

Bild 7.76

7.111 Ein zylindrisches Führungsstück aus Stahl der Dichte $\varrho = 7{,}85\,\mathrm{g/cm^3}$ besitzt die Länge $l = 150$ mm, siehe Bild 7.77.

Wie groß ist seine Masse m für $d_1 = 80$ mm, $d_2 = 40$ mm und $a = 30$ mm?

7.112 Welche Masse m hat ein Kupplungsteil, siehe Bild 7.78, aus einem Material mit der Dichte $\varrho = 7{,}2\,\mathrm{g/cm^3}$?

7.113 Aus dem Normalschnitt durch einen $l = 540\,\mathrm{mm}$ langen Rundstab, siehe Bild 7.79, ist die Masse des Stabes zu berechnen, wobei die Dichte $\varrho = 7{,}85\,\mathrm{g/cm^3}$ ist.

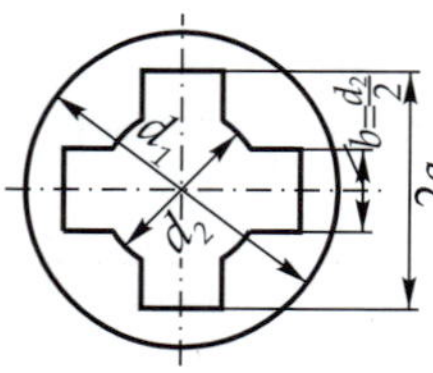

Bild 7.77

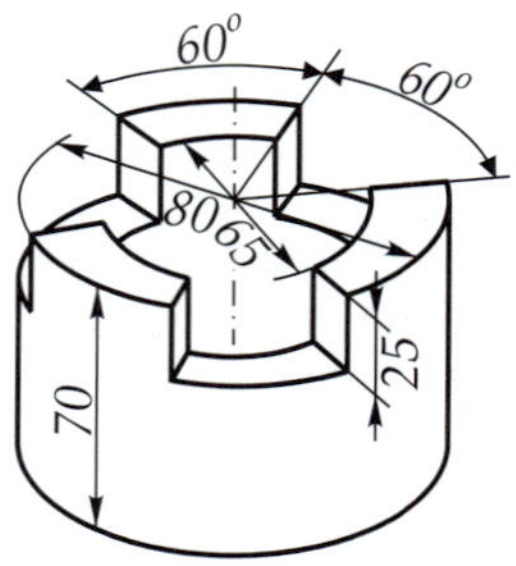

Bild 7.78

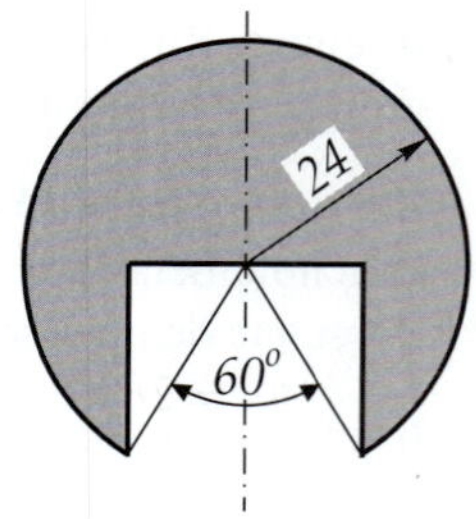

Bild 7.79

7.114 Berechne die Masse m einer 80 cm langen Achse, siehe Bild 7.80. Die Dichte des verwendeten Materials ist $\varrho = 7{,}85\,\mathrm{g/cm^3}$.

7.115 Welche Masse m hat ein gusseiserner Reiter mit der Dichte $\varrho = 7{,}2\,\mathrm{g/cm^3}$, siehe Bild 7.81?

7.116 Ein Kanalgewölbe ist 45 m lang, siehe Bild 7.82.

a) Welche Betonmenge V muss dafür bereit gestellt werden?

b) Wie groß ist der Holzbedarf A für die Verschalung der gekrümmten Gewölbeflächen?

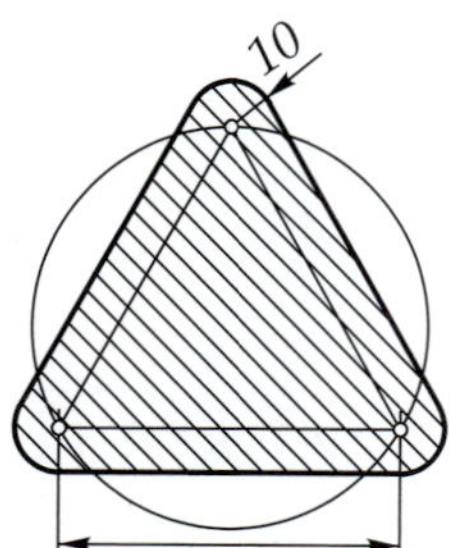

Bild 7.80

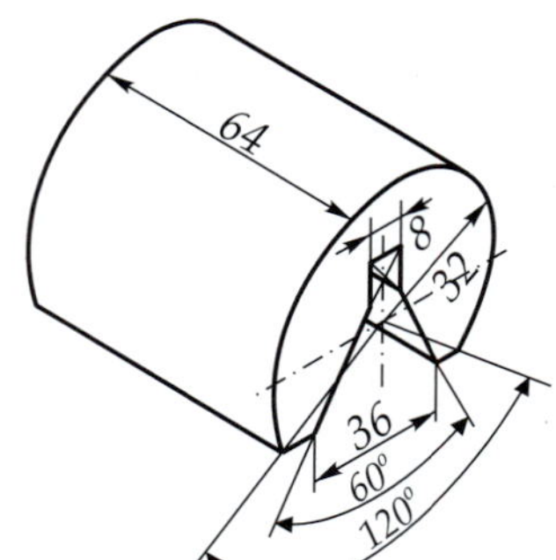

Bild 7.81

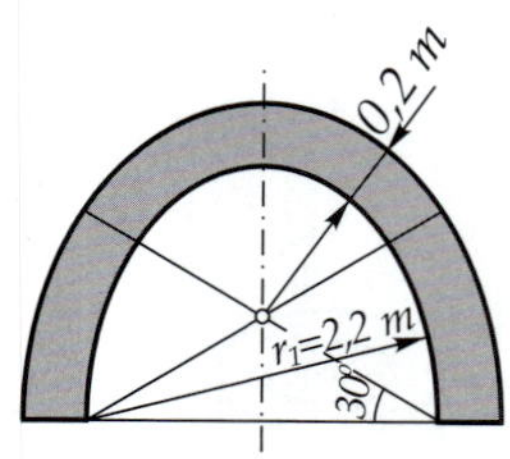

Bild 7.82

7.3.3.1.2 Schiefer Voll- und Hohlzylinder

Nach dem Satz des CAVALIERI gelten für das *Volumen des schiefen Voll- und Hohlzylinders* die gleichen Formeln wie für das Volumen des geraden Voll- und Hohlzylinders.

Die Mantel- und die Oberfläche des schiefen Voll- und Hohlzylinders lassen sich jedoch im Allgemeinen *nicht* durch einfache Formeln ausdrücken.

Beispiele:

7.13 Das Volumen V eines schiefen Vollzylinders soll berechnet werden. Die Grund- und die Deckfläche des Zylinders sollen so gegeneinander versetzt sein, dass ihre Projektionen einander gerade berühren, siehe Bild 7.83. Die Länge der Mantellinie sei $s = 4r$.

Lösung: Im rechtwinkligen Dreieck ABC ist h die Kathete und ergibt sich demzufolge aus

$$h^2 = s^2 - (2r)^2 = (4r)^2 - (2r)^2 = 12r^2$$
$$h = 2r\sqrt{3}\,.$$

Damit wird das gesuchte Volumen

$$V = \pi r^2 h = \pi r^2 \cdot 2r\sqrt{3}$$
$$V = 2\pi r^3\sqrt{3}\,.$$

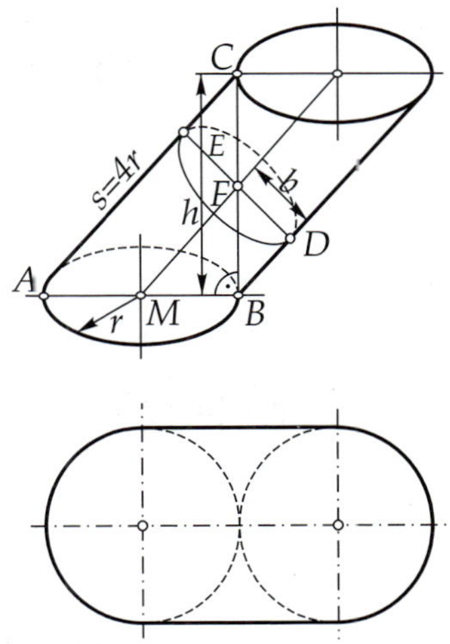

Bild 7.83

7.14 Wie groß ist der halbe Durchmesser b der Schnittellipse E, die durch den Normalschnitt an dem im Bild 7.83 dargestellten schiefen Kreiszylinder entsteht?

Lösung: Die Dreiecke ABC, MBF und FDB sind rechtwinklig und ähnlich: $\measuredangle BAC = \measuredangle BMF = \measuredangle DFB$. Somit gilt die Proportion

$$b : \frac{h}{2} = 2r : s\,.$$

Aus ihr folgt

$$b = \frac{hr}{s}\,.$$

Setzt man die im Beispiel 7.13 angegebenen Werte in diese Gleichung ein, so ergibt sich

$$b = \frac{r}{2} \cdot \sqrt{3}\,.$$

✍ A. 7.117–7.119 auf Seite 747

Aufgaben:

7.3.3.1.2 Schiefer Voll- und Hohlzylinder

(Lösungen ab Seite 942)

7.117 Wie groß ist das Volumen V eines schiefen Zylinders, dessen Achse mit der Grundfläche einen Winkel von 60° einschließt, siehe Bild 7.84?

7.118 Das Volumen V eines schiefen Zylinders soll durch die im Bild 7.85 gegebenen Stücke ausgedrückt werden.

7.119 Berechne das Volumen V eines schiefen Zylinders, dessen Normalschnitt mit der Grundfläche einen Winkel von 45° einschließt, siehe Bild 7.86.

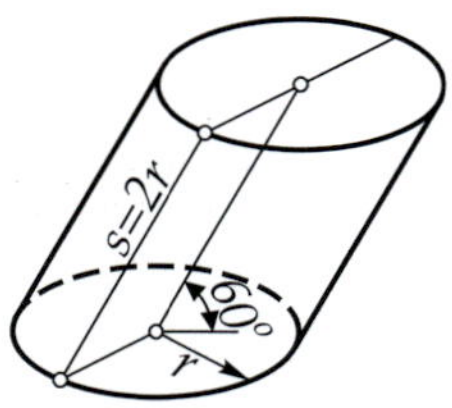

Bild 7.84

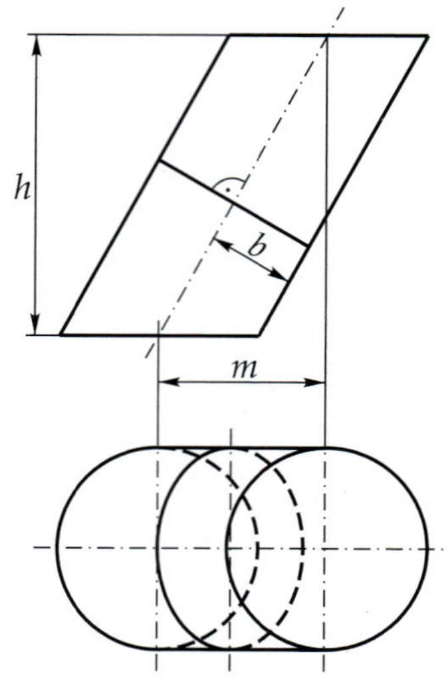

Bild 7.85

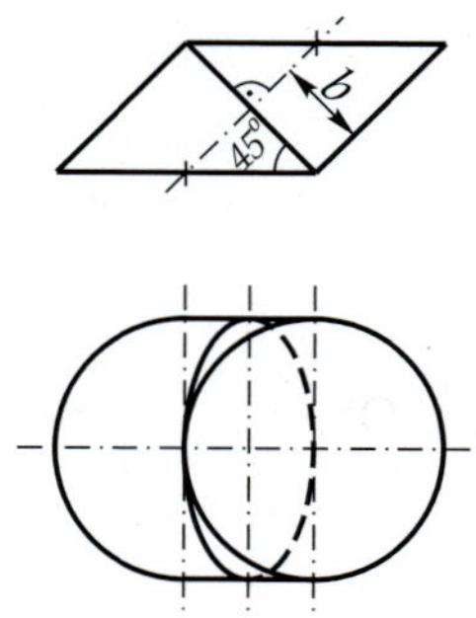

Bild 7.86

7.3.3.2 Kegel

Da der Kegel auch als Pyramide mit kreisförmiger Grundfläche betrachtet werden kann, lassen sich alle Berechnungsformeln für die Pyramide auch auf den Kegel anwenden.

Für das **Volumen des geraden** und **des schiefen Kreiskegels** gilt

$$\boxed{V = \tfrac{1}{3}\pi r^2 h} \quad \text{bzw.} \quad \boxed{V = \tfrac{1}{12}\pi d^2 h} \qquad (7.19)$$

Darin sind r der Radius bzw. d der Durchmesser der Grundfläche und h die Höhe des Kegels.

☞ *Beweis:* Aus der Volumenformel $V = \dfrac{1}{3}A \cdot h$ für die Pyramide folgt mit $A = \pi r^2$ die oben angegebene Formel für das Volumen eines Kegels. □

Es sei dabei besonders darauf verwiesen, dass diese Formel sowohl für den geraden als auch für den schiefen Kegel gilt.

Für die **Mantelfläche des geraden Kreiskegels** gilt

$$\boxed{A_\mathrm{M} = \pi r s} \quad \text{bzw.} \quad \boxed{A_\mathrm{M} = \tfrac{1}{2}\pi d s} \qquad (7.20)$$

Darin ist s die Länge der Mantellinie.

☞ *Beweis:* Der an der Mantellinie s aufgeschnittene und in die Ebene gelegte Kegelmantel ist ein Kreisausschnitt mit dem Radius $r_1 = s$ und dem Bogen $b = 2\pi r$, siehe Bild 7.87, dessen Fläche mit $A_\mathrm{M} = \dfrac{1}{2} b\, r_1 = \dfrac{1}{2} b\, s = \dfrac{1}{2} \cdot 2\pi r \cdot s$ die oben angegebene Formel liefert. □

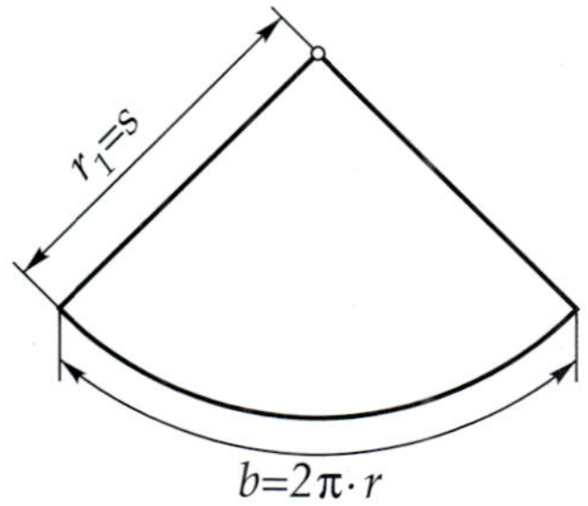

Bild 7.87

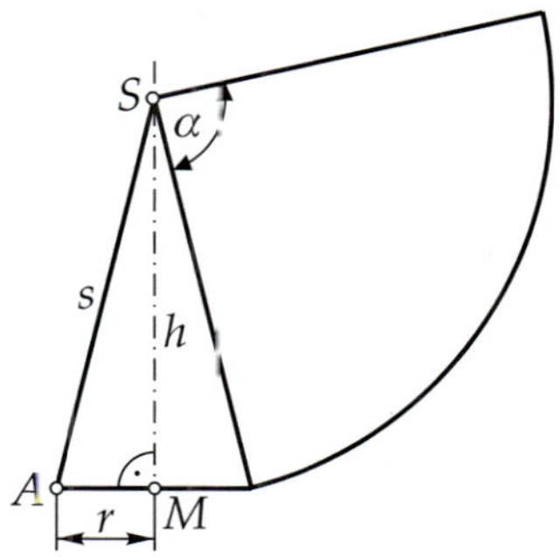

Bild 7.88

Die Oberfläche eines geraden Kegels setzt sich aus dem Grundkreis des Kegels und aus des Kegelmantels zusammen:

Die **Oberfläche des geraden Kreiskegels** ist

$$\boxed{A_O = \pi r \cdot (r+s)} \quad \text{bzw.} \quad \boxed{A_O = \tfrac{1}{4}\pi d \cdot (d+2s)} \tag{7.21}$$

☞ *Beweis:* Mit der Grundfläche $A = \pi r^2$ wird

$$A_O = A + A_M = \pi r^2 + \pi rs = \pi r(r+s)\,. \qquad \square$$

Schließlich sei noch eine Formel angegeben, aus der man die Höhe eines Kegels ermitteln kann, wenn man dessen Grundkreisradius r und die Länge s der Mantellinie kennt:

Die **Höhe des geraden Kegels** ist

$$\boxed{h = \sqrt{s^2 - r^2}} \quad \text{bzw.} \quad \boxed{h = \tfrac{1}{2}\cdot\sqrt{4s^2 - d^2}} \tag{7.22}$$

☞ *Beweis:* Nach dem Satz des PYTHAGORAS ergibt sich aus dem rechtwinkligen Dreieck AMS, siehe Bild 7.88

$$h^2 = s^2 - r^2 \quad \Rightarrow \quad h = \sqrt{s^2 - r^2}\,. \qquad \square$$

Beispiele:

7.15 Berechne das Volumen V, die Mantelfläche A_M und die Oberfläche A_O eines geraden Kegels, dessen Grundfläche den Radius r hat und dessen Schnitt mit einer Symmetrieebene ein gleichseitiges Dreieck ergibt.

Lösung: Die Höhe des Kegels ist Höhe in einem gleichseitigen Dreieck mit der Seitenlänge $s = 2r$ und mithin

$$h = \frac{1}{2}\cdot 2r\sqrt{3} = r\sqrt{3}\,.$$

Aus $\quad V = \dfrac{\pi}{3} r^2 h$

folgt damit

$$V = \frac{\pi}{3} r^2 \cdot r\sqrt{3}$$

oder $\quad V = \dfrac{\pi}{3} r^3 \sqrt{3}\,.$

Mit $s = 2r$ folgt aus $A_M = \pi r s$

$$A_M = 2\pi r^2 .$$

Aus $\quad A_O = \pi r (r + s)$

erhält man schließlich

$$A_O = \pi r (r + 2r) \qquad \text{oder}$$

$$A_O = 3\pi r^2 .$$

7.16 Wie groß ist das Volumen V eines schiefen Kegels, dessen Grundfläche den Radius r hat und der durch seine Symmetrieebene in einem rechtwinklig-gleichschenkligen Dreieck geschnitten wird, siehe Bild 7.89?

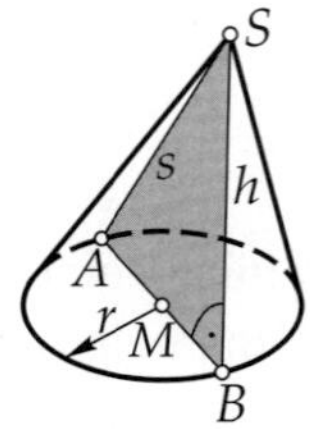

Bild 7.89

Lösung: Wegen $h = 2r$ folgt aus der Gleichung für das Volumen eines beliebigen Kegels

$$V = \frac{1}{3}\pi r^2 h = \frac{2}{3}\pi r^3 .$$

7.17 Man berechne das Volumen V des geraden Kegels, dem ein Würfel mit dem Volumen $V_W = r^3/27$ derart einbeschrieben ist, dass eine seiner Seitenflächen mit der Kegelgrundfläche und die vier dieser Seitenfläche gegenüberliegenden Ecken mit dem Mantel des Kegels zusammenfallen, siehe Bild 7.90. Der Radius der Kegelgrundfläche sei r.

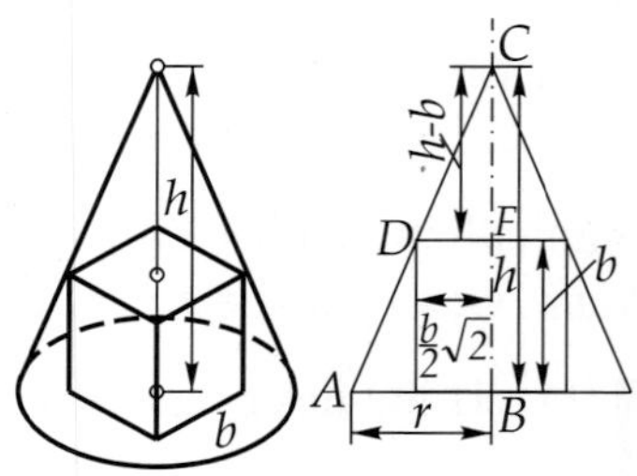

Bild 7.90

Lösung: Der Würfel habe die Kantenlänge b, für seine Flächendiagonale gilt dann $d = b\sqrt{2}$. Die Strecke $\overline{DF}$ ist eine halbe Flächendiagonale: $\overline{DF} = \frac{1}{2}d = \frac{b}{2}\sqrt{2}$.

Aus der Ähnlichkeit der Dreiecke ABC und DFC folgt

$$r : \frac{b}{2}\sqrt{2} = h : (h - b)$$

und daraus

$$h = \frac{2br}{2r - \sqrt{2}\,b} .$$

Aus

$$V = \frac{\pi}{3} r^2 h$$

erhält man

$$V = \frac{\pi}{3} r^2 \cdot \frac{2br}{2r - \sqrt{2}\,b} = \frac{2\pi r^3 b}{3\left(2r - \sqrt{2}\,b\right)}$$

und mit $b = \sqrt[3]{V_W} = \sqrt[3]{\frac{r^3}{27}} = \frac{r}{3}$ schließlich

$$V = \pi \cdot \frac{6+\sqrt{2}}{51} \cdot r^3 \qquad \text{oder}$$

$$V = \frac{\pi}{51} \cdot \left(6+\sqrt{2}\right) r^3 .$$

✍ A. 7.120–7.136 auf Seite 751

Aufgaben:

7.3.3.2 Kegel

(Lösungen ab Seite 943)

7.120 Eine kegelförmige Abraumhalde hat bei einem Böschungswinkel von 45° eine Höhe von 23 m erreicht. Welches Volumen V hat die Abraummenge?

7.121 Welche Höhe h_1 hat ein Zylinder, der einem geraden Kegel mit der Höhe $h = 6$ cm volumen- und grundflächengleich ist?

7.122 Wie groß ist die Oberfläche eines Daches, das im Bild 7.91 abgebildet ist? Die Grundfläche soll mit berücksichtigt werden.

7.123 Aus einem Holzzylinder, dessen Masse 290 g beträgt, soll der denkbar größte Kegel gedreht werden. Wie groß ist dessen Masse m?

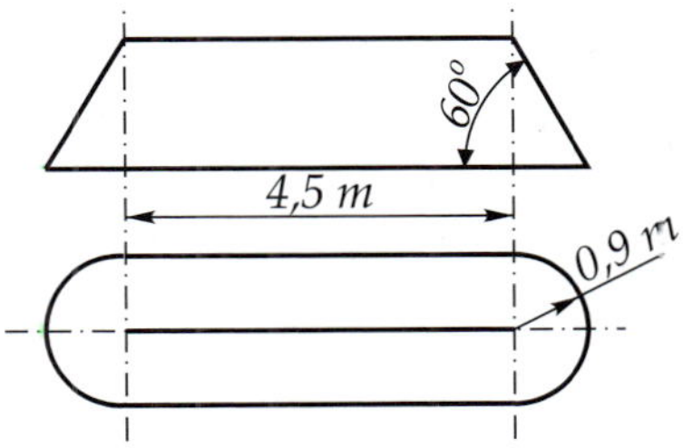

Bild 7.91

7.124 Aus einem Zylinder, dessen Achsenschnitt ein Quadrat von 4,5 cm Seitenlänge ist, wird der größtmögliche Kegel gedreht. Welches Volumen V hat dieser Kegel?

7.125 Aus einem halbkreisförmigen Blech von 16 cm Radius wird ein Kegel gebogen. Welches Volumen V schließt er ein?

7.126 Der Innenraum eines kegelförmigen, sich nach oben öffnenden Messgerätes hat als Achsenschnitt ein gleichseitiges Dreieck mit $s = 10$ cm Seitenlänge. Im Inneren sollen drei Teilstriche angebracht werden, die eine Füllung von 30 cm³, 60 cm³ und 90 cm³ angeben. In welchen Abständen a, b und c müssen diese Marken, von der Kegelspitze aus gerechnet, angebracht werden?

7.127 Die aus Blech gefertigte Haube eines Entlüftungsrohres hat die Form eines Kegels. Der Durchmesser des Grundkreises beträgt 35 cm, und die Höhe ist 12 cm. Wie groß ist der Blechbedarf A, und welchen Radius r muss das kreisförmige Blechstück haben, aus dem diese Haube geformt werden soll?

7.128 Aus einem dünnen, kreisförmigen Blech von 75 cm Durchmesser wird ein Sektor mit dem Mittelpunktswinkel 60° herausgeschnitten. Aus dem verbleibenden Blechstück wird ein Kegel gebogen. Wie groß sind dessen Höhe h, der Radius r der Grundfläche und das Volumen V?

7.129 Welche Oberfläche A_O und welches Volumen V hat ein gerader Kegel, von dem die Mantelfläche $A_M = 20\,\text{cm}^2$ und die Mantellinie $s = 5$ cm bekannt sind?

7.130 Das Volumen eines geraden Kegels wird durch eine zu seiner Grundfläche parallele Ebene halbiert. Der Radius r_2 der Schnittfläche soll durch den Radius r_1 der Grundfläche ausgedrückt werden.

7.131 Ein gerader Kegel mit dem Radius $r = 4{,}9\,\text{cm}$ seines Grundkreises und der Höhe $h = 13{,}2\,\text{cm}$ wird so bearbeitet, dass eine regelmäßige vierseitige Pyramide gleicher Höhe und größtmöglicher Grundfläche entsteht.
Welche Volumenverminderung V ergibt sich dadurch?

7.132 Der Achsenschnitt eines geraden Kegels ist ein gleichschenkliges Dreieck mit der Höhe $h = 3\,\text{cm}$ und der Schenkellänge $a = 5\,\text{cm}$. Welches Volumen V und welche Mantelfläche A_M hat dieser Kegel?

7.133 Ein Hohlzylinder mit den Radien $r_1 = 3\,\text{cm}$ und $r_2 = 1\,\text{cm}$ sowie der Höhe $h_1 = 5\,\text{cm}$ soll einem geraden Kegel volumengleich sein, dessen Radius r
a) das arithmetische Mittel,
b) das geometrische Mittel

der Radien des Hohlzylinders ist. Berechne die Höhen h des Kegels für jeden dieser beiden Fälle.

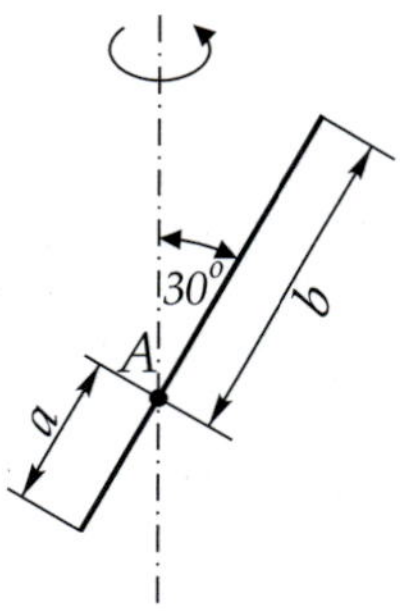

Bild 7.92

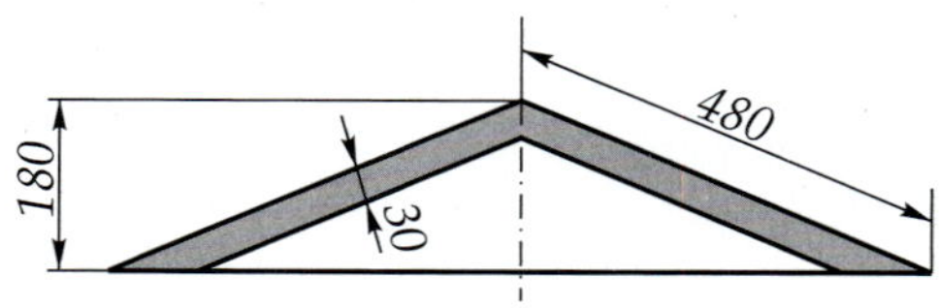

Bild 7.93

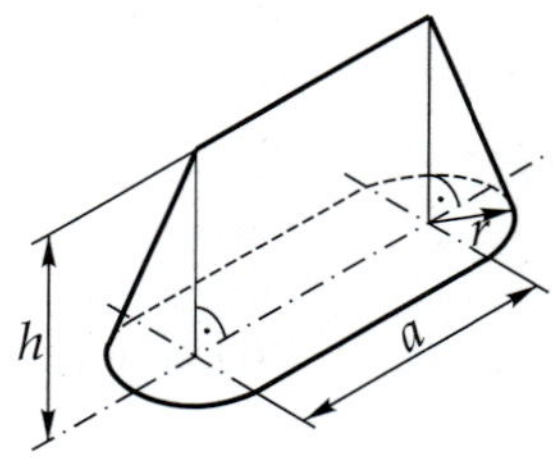

Bild 7.94

7.134 Ein Stab, der im Punkt A an einer Achse befestigt ist, siehe Bild 7.92, rotiert um diese Achse. Welches Volumen V hat der dadurch entstehende Doppelkegel, wenn $a + b = 12\,\text{cm}$ und $a : b = b : (a + b)$ ist?

7.135 Eine kegelförmige Abdeckung, siehe Bild 7.93, soll aus Beton gegossen werden. Wie groß ist ihre Masse m, wenn die Dichte $\varrho = 2{,}2\,\text{g}/\text{cm}^3$ ist?

7.136 Gesucht ist eine Formel für das Volumen und die Oberfläche des keilförmigen Körpers aus Bild 7.94.

7.3.3.3 Kegelstumpf

Das **Volumen des geraden und schiefen Kegelstumpfes** ist

$$V = \frac{1}{3}\pi h \cdot \left(r_1^2 + r_1 r_2 + r_2^2\right) \quad \text{bzw.} \quad V = \frac{1}{12}\pi h \cdot \left(d_1^2 + d_1 d_2 + d_2^2\right) \qquad (7.23)$$

Die Radien von Grund- und Deckkreis sind r_1 und r_2 (analog die Durchmesser d_1 und d_2), die Höhe des Stumpfes ist h, siehe Bild 7.95.

☞ *Beweis:* Aus der Formel für das Volumen eines Pyramidenstumpfes, siehe Abschnitt 7.3.2.6, erhält man mit

$$A_1 = \pi r_1^2, \qquad A_2 = \pi r_2^2 \qquad \text{und} \qquad \sqrt{A_1 A_2} = \pi r_1 r_2$$

direkt die oben angegebene Formel. □

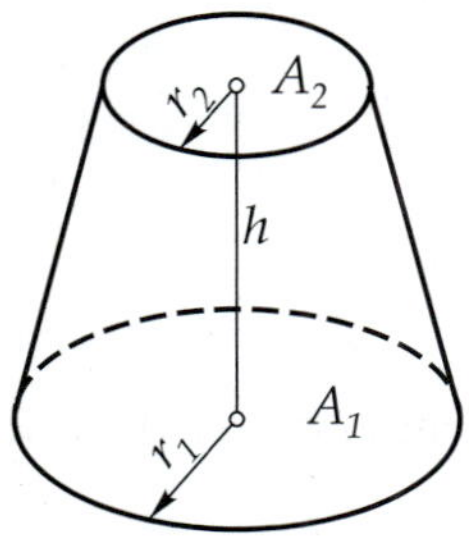

Bild 7.95

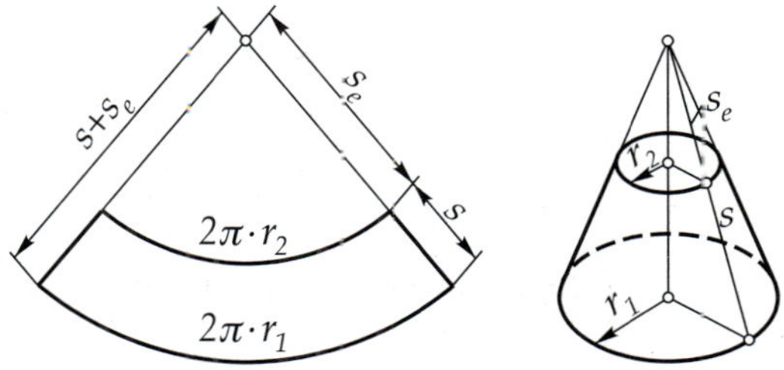

Bild 7.96

Während die Formel für das Volumen eines Kegelstumpfes sowohl für gerade als auch für schiefe Kegelstümpfe angewendet werden darf, gelten die folgenden Formeln *nur für gerade Kegelstümpfe*.

Die **Mantelfläche eines geraden Kegelstumpfes** ist

$$\boxed{A_M = \pi s \cdot (r_1 + r_2)} \qquad \text{bzw.} \qquad \boxed{A_M = \frac{1}{2}\pi s \cdot (d_1 + d_2)} \tag{7.24}$$

s ist die Mantellinie des Stumpfes.

☞ *Beweis:* Der in die Ebene abgewickelte Mantel des Kegelstumpfes, siehe Bild 7.96, ist die Differenz zweier *Kreisausschnitte* (s. a. Abschnitt 5.11.5). Daher gilt zunächst

$$A_M = \pi r_1 (s + s_e) - \pi r_2 s_e \tag{I}$$

und aus $\dfrac{s_e}{s + s_e} = \dfrac{r_2}{r_1}$ (Strahlensatz)

folgt $\qquad s_e = \dfrac{s\, r_2}{r_1 - r_2}$.

Durch Einsetzen in (I) und Umformung ergibt sich daraus

$$A_M = \pi s (r_1 + r_2)\ .$$ □

Die **Oberfläche eines geraden Kegelstumpfes** ist

$$\boxed{A_O = \pi \left[r_1^2 + r_2^2 + s (r_1 + r_2) \right]} \tag{7.25}$$

Die Größen r_1, r_2 und s sind die der vorangehenden Formeln.

☞ Der Beweis für die letzte Formel ist noch zu führen!

Wie bereits erwähnt wurde, lassen sich Mantel- und Oberfläche schiefer Kegelstümpfe *nicht* durch einfache Formeln ausdrücken.

Beispiele:

7.18 a) Wie groß ist der Radius a des Durchdringungskreises zweier Kegel mit den Radien r_1, und r_2 und der gemeinsamen Höhe h, siehe Bild 7.97?

b) Welches Volumen V hat einer der beiden entstehenden Kegelstümpfe, wenn $r_1 = r_2 = r$ ist?

Lösung a): Diese Teilaufgabe lässt sich als ebenes Problem lösen, siehe den Schnitt durch die Mittelachse der beiden Kegelstümpfe im Bild 7.98:

$$\triangle CDE \sim \triangle ABE\,,$$

folglich ist

$$a : r_1 = h_2 : (h_1 + h_2)\,. \qquad \text{(I)}$$

Entsprechend ist

$$\triangle CDB \sim \triangle FEB\,,$$

und damit

$$a : r_2 = h_1 : (h_1 + h_2)\,. \qquad \text{(II)}$$

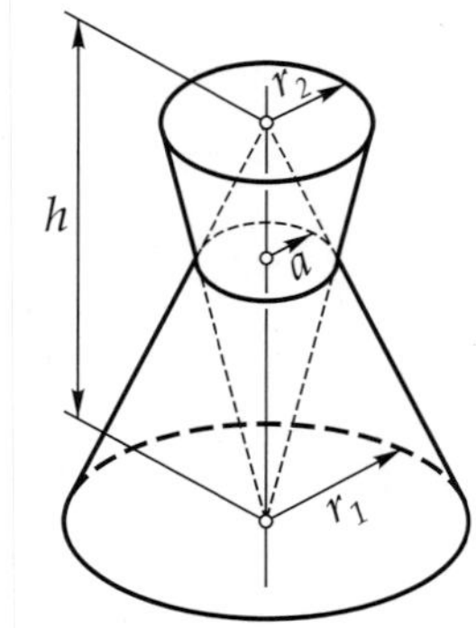

Bild 7.97

Durch Addition von (I) und (II) ergibt sich

$$\frac{a}{r_1} + \frac{a}{r_2} = 1$$

$$a \cdot \frac{r_1 + r_2}{r_1\, r_2} = 1$$

$$a = \frac{r_1\, r_2}{r_1 + r_2}\,.$$

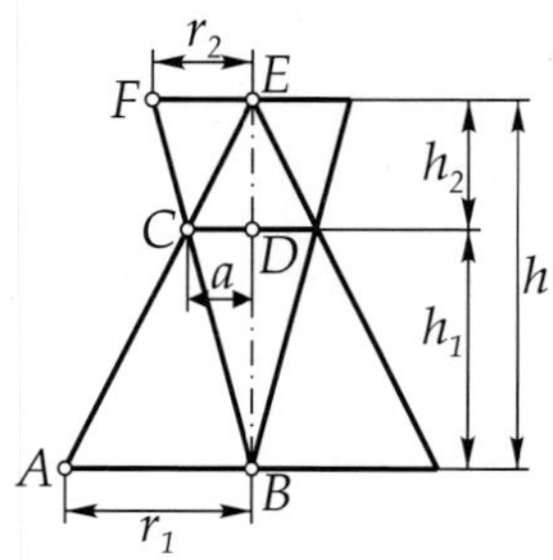

Bild 7.98

Lösung b): Setzt man in der Lösung der Teilaufgabe a)

$$r_1 = r_2 = r\,,$$

so ergibt sich

$$a = \frac{r^2}{2r} = \frac{r}{2}\,,$$

so dass die Höhe des Stumpfes

$$h_1 = h_2 = \frac{h}{2}$$

wird. Damit erhält man aus der Volumenformel für den Kegelstumpf

$$V = \frac{\pi}{3} \cdot h_1 \cdot \left(r_1^2 + r_1\, r_2 + r_2^2\right) = \frac{\pi}{3} \cdot \frac{h}{2} \cdot \left(r^2 + r \cdot \frac{r}{2} + \left(\frac{r}{2}\right)^2\right)$$

$$V = \frac{7}{24} \cdot \pi r^2\, h\,.$$

7.19 Wie groß sind die Radien r_1 und r_2 sowie die Höhe h eines geraden Kegelstumpfes, dem ein Kegel derart einbeschrieben ist, dass er mit dem Stumpf die größere Grundfläche gemeinsam hat und seine Spitze in der Kante der anderen Grundfläche liegt. Die Längen der beiden Mantellinien s_1 und s_2 seien bekannt. Sie schließen bei C einen rechten Winkel ein, siehe Bild 7.99.

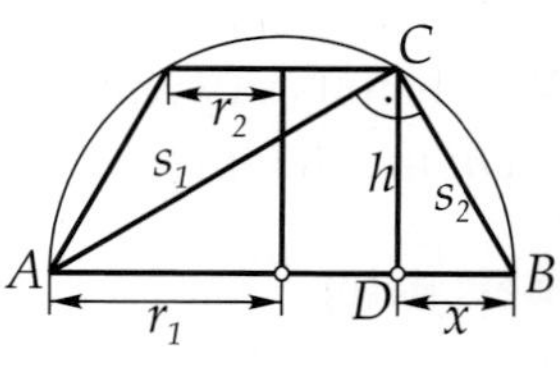

Bild 7.99

Lösung: Aus dem rechtwinkligen Dreieck ABC folgt nach dem Satz des PYTHAGORAS

$$(2r_1)^2 = s_1^2 + s_2^2\,,$$

woraus sich

$$r_1 = \frac{1}{2}\sqrt{s_1^2 + s_2^2} \qquad \text{(I)}$$

ergibt.

Die beiden Dreiecke ABC und DBC sind ähnlich. Damit ist

$$h : s_2 = s_1 : 2\,r_1\,.$$

Somit erhält man für h

$$h = \frac{s_1 \cdot s_2}{2\,r_1}\,.$$

Unter Berücksichtigung von (I) wird daraus

$$h = \frac{s_1 \cdot s_2}{\sqrt{s_1^2 + s_2^2}}\,. \qquad \text{(II)}$$

Aus der Ähnlichkeit der Dreiecke ABC und DBC folgt ferner

$$x : s_2 = s_2 : 2\,r_1$$

und somit

$$x = \frac{s_2^2}{2\,r_1} = \frac{s_2^2}{\sqrt{s_1^2 + s_2^2}}\,.$$

Wegen $r_2 = r_1 - x$ folgt schließlich

$$r_2 = \frac{s_1^2 - s_2^2}{2\sqrt{s_1^2 + s_2^2}}\,, \qquad \text{(III)}$$

womit alle zu bestimmenden Größen ermittelt sind.

✍ A. 7.137–7.155 auf Seite 755

Aufgaben:

7.3.3.3 Kegelstumpf (Lösungen ab Seite 943)

7.137 Welches Volumen hat der im Bild 7.100 dargestellte Aufnahmekegel für eine Drehmaschine?

7.138 Wie viel Blech wird für die Herstellung eines Kruges, siehe Bild 7.101, benötigt? Dabei soll einkalkuliert werden, dass für die Nahtstellen insgesamt 5 % Zuschlag gebraucht werden.

7.139 Ein zylindrischer Bolzen von 280 mm Länge und 40 mm Durchmesser soll beiderseits auf 80 mm Länge konisch abgefräst werden. Welcher Materialabfall entsteht bei einer vorgeschriebenen Neigung von 1 : 10?

7.140 Wie groß ist das Volumen V eines Eimers, dessen großer Durchmesser und Höhe 28 cm und dessen kleiner Durchmesser 19 cm betragen?

7.141 In einem Park soll eine Erhebung aufgeschüttet werden, siehe Bild 7.102. Wie viel m^3 an Erdreich werden dazu benötigt?

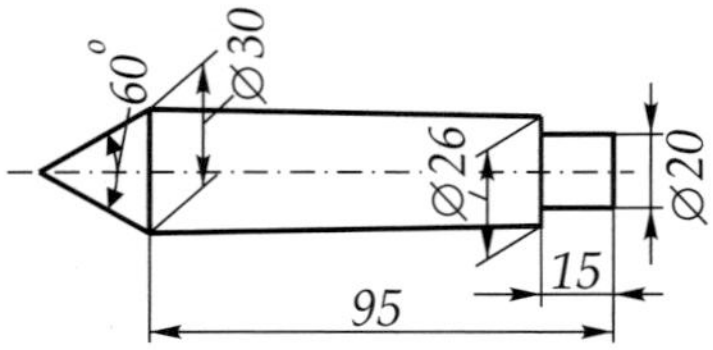

Bild 7.100

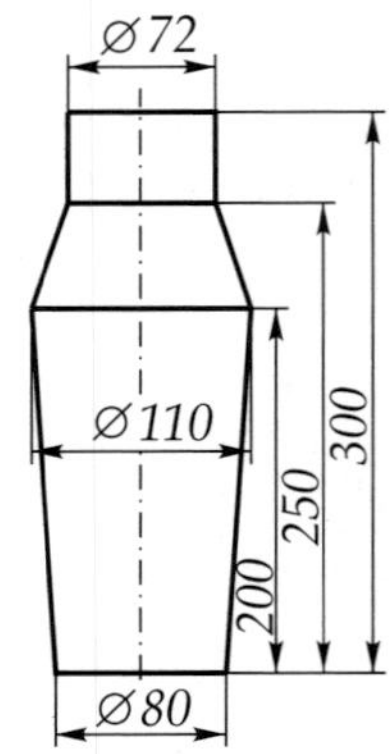

Bild 7.101

7.142 Wie groß ist die Masse m von 100 Stück Aluminiumnieten, siehe Bild 7.103, wenn $\varrho_{\text{Al}} = 2{,}7\,\text{g/cm}^3$ ist?

7.143 Bestimme den Blechbedarf A für einen Trichter, siehe Bild 7.104. Für die Nahtstellen soll eine Materialzugabe von insgesamt 5 % berücksichtigt werden.

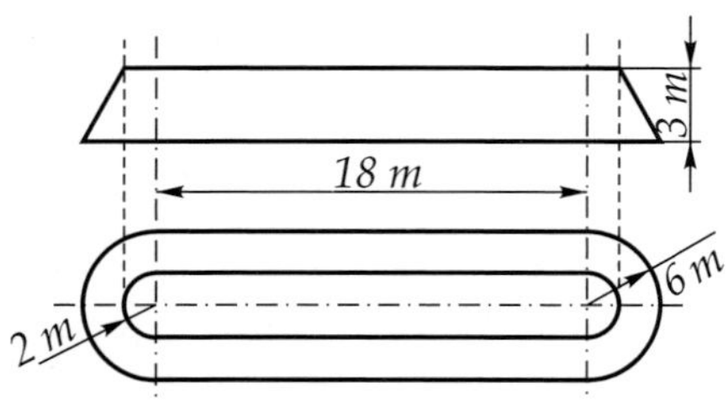

Bild 7.102

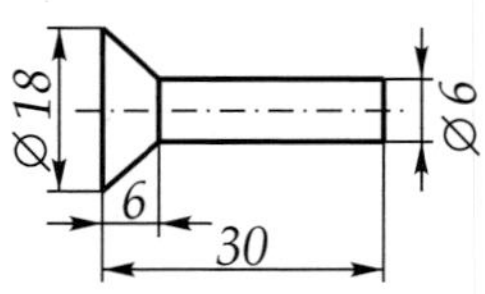

Bild 7.103

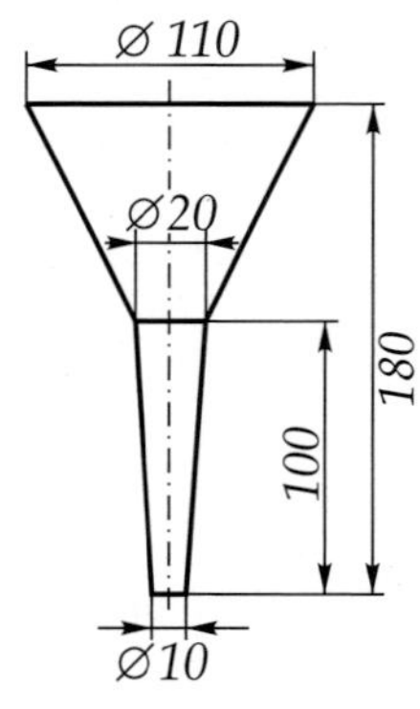

Bild 7.104

7.144 Aus einem Bleikegel von 5,5 cm Höhe und 1,5 cm Radius der Grundfläche soll ein Kegelstumpf mit gleicher Grundfläche gegossen werden, dessen Radius der Deckfläche 0,5 cm beträgt. Welche Höhe h besitzt dieser Stumpf?

7.145 Aus Rundstahl von 25 mm Durchmesser soll ein Werkstück, siehe Bild 7.105, geschmiedet werden. Berechne die Länge l des Rundstahles. Dabei wird angenommen, dass eine Längenzugabe von 3 % für den Abbrand erforderlich ist.

7.146 Welches Fassungsvermögen V besitzt ein an einem Schornstein befestigter Wasserbehälter, siehe Bild 7.106?

7.147 Welches Volumen V besitzt das im Bild 7.107 dargestellte Gefäß, wenn $r_1 = 12\,\text{cm}$, $r_2 = 21\,\text{cm}$, $h = 25\,\text{cm}$ und $a = 29\,\text{cm}$ sind?

7.148 Berechne den Mittelschnitt A_m eines Kegelstumpfes aus den Radien r_1 und r_2 der Grund- und Deckfläche.

7.149 Wie groß ist das Volumen V der Lagerbuchse im Bild 7.108?

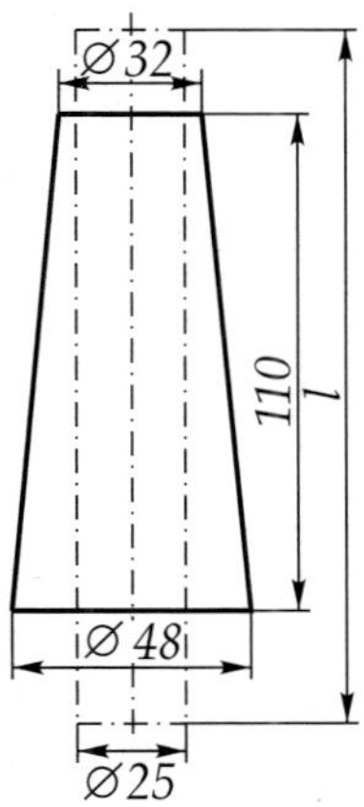

Bild 7.105

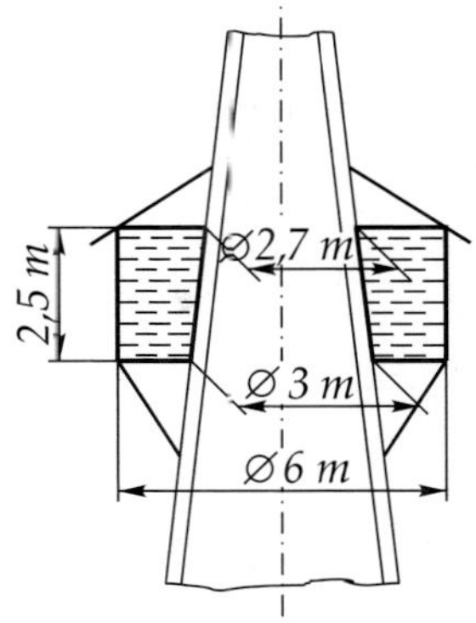

Bild 7.106

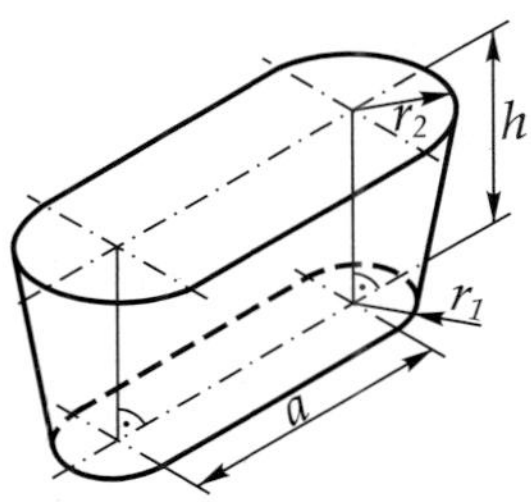

Bild 7.107

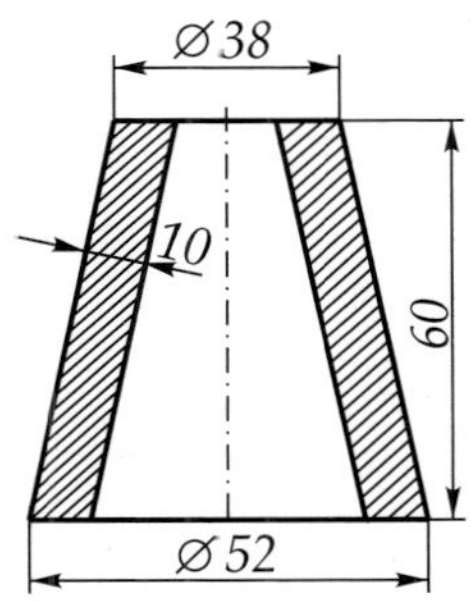

Bild 7.108

7.150 Eine Form, siehe Bild 7.109, wird mit Blei ausgegossen. Das Blei füllt nach dem Erstarren die Form bis zu $2/3\,h$. Welches Volumen V hat das flüssige Blei, wenn die Dichte von festem Blei $\varrho_{\text{fest}} = 11{,}34\,\text{g/cm}^3$ und die von flüssigem $\varrho_{\text{flüssig}} = 10{,}64\,\text{g/cm}^3$ ist?

7.151 Ein gerader Kegel wird durch eine zu seiner Grundfläche parallele Ebene so geschnitten, dass seine Höhe h, von der Spitze aus gerechnet, im Verhältnis $m : n$ geteilt wird. In welchem Verhältnis stehen dann die Radien r_1 und r_2 des Stumpfes und des Ergänzungskegels?

7.152 Das Kunstharz für den Pressling, siehe Bild 7.110, muss einer Maschine in Form zylindrischer Tabletten von 50 mm Durchmesser vorgelegt werden. Welche Höhe h muss eine solche Tablette für einen Pressling haben?

7.153 Ein gerader Kegel und ein Zylinder durchdringen einander, siehe Bild 7.111.

Wie groß ist

a) x, wenn r_1, r_2 und h bekannt sind,
b) r_2, wenn x, r_1 und h bekannt sind,
c) x, wenn $r_1 : r_2$ und h bekannt sind,
d) x, wenn die gerasterte Kreisringfläche der Grundfläche des Zylinders gleich ist,
e) x, wenn der unter der Durchdringungsfläche liegende Zylinder dem darüber liegenden Kegel volumengleich ist,

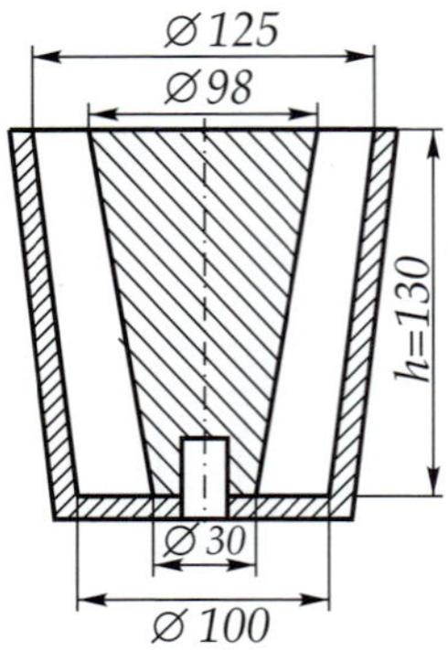

Bild 7.109

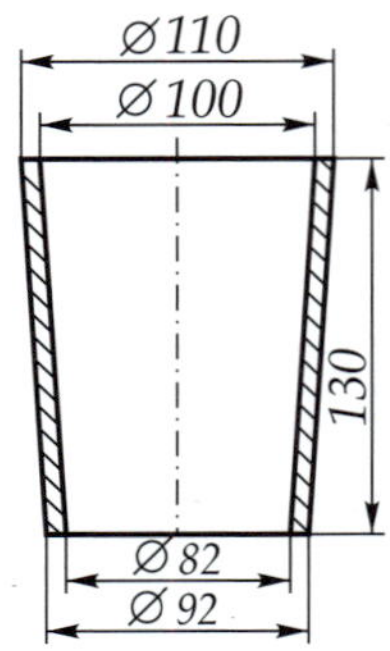

Bild 7.110

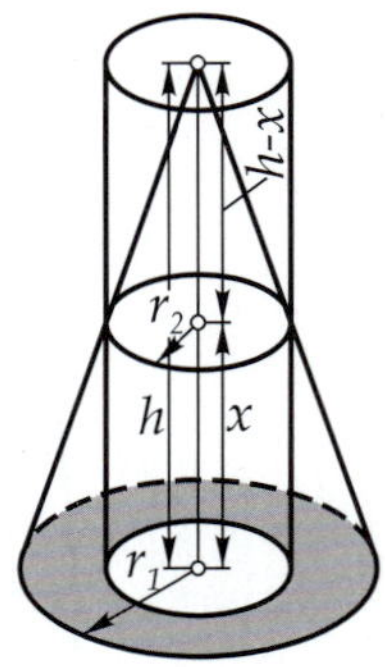

Bild 7.111

f) x, wenn der über der Durchdringungsfläche liegende Kegel dem unter dieser Fläche liegenden Restkörper aus Kegelstumpf und Zylinder volumengleich ist?

7.154 Berechne die Masse m des Kupplungsteiles einer Reibungskupplung, siehe Bild 7.112, wenn die Dichte $\varrho = 7{,}2\,\mathrm{g/cm^3}$ ist.

7.155 Berechne die Masse m einer konischen Buchse, siehe Bild 7.113, wenn die Dichte $\varrho = 8{,}3\,\mathrm{g/cm^3}$ ist.

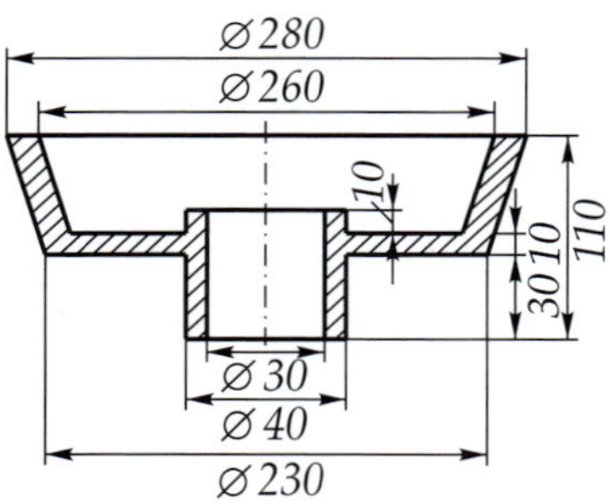

Bild 7.112

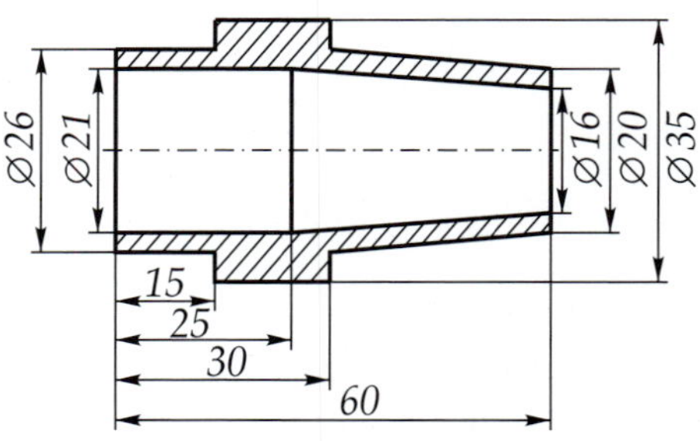

Bild 7.113

7.3.3.4 Kugel und Kugelteile

7.3.3.4.1 Volumenberechnung

Wird aus einem Zylinder, dessen Höhe mit dem Grundflächenradius r übereinstimmt, ein Kegel gleicher Höhe mit gleichem Grundflächenradius herausgeschnitten, so entsteht ein Restkörper, siehe Bild 7.114. Dieser Restkörper hat das gleiche Volumen wie eine Halbkugel mit dem Radius r.

Ein in beliebiger Höhe x durch beide Körper parallel zu ihrer Grundfläche geführter Schnitt ergibt nämlich für die Halbkugel die Kreisfläche

$$A_\mathrm{K} = \pi \cdot r_2^2\,. \qquad \text{(I)}$$

Für den Restkörper erhält man

$$A_\mathrm{R} = \pi \cdot \left(r^2 - r_1^2\right)\,. \qquad \text{(II)}$$

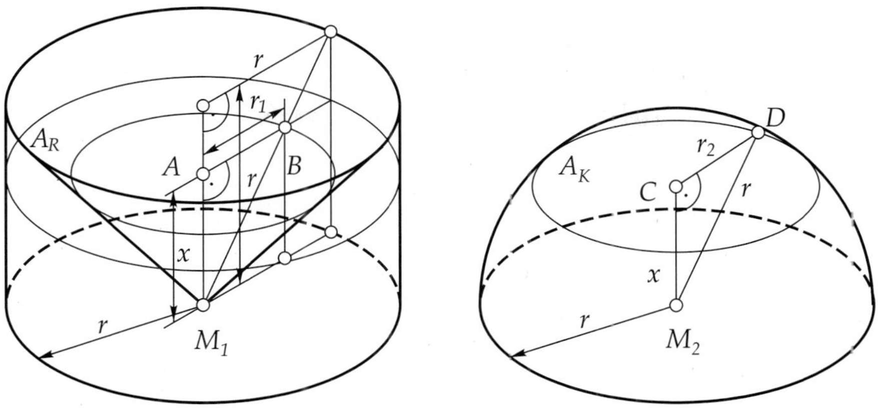

Bild 7.114

Das Dreieck M_2CD ist rechtwinklig, daher gilt

$$r_2^2 = r^2 - x^2 ,$$

und da das Dreieck M_1AB gleichschenklig ist, gilt ferner

$$x = r_1 ,$$

also ist $r_2^2 = r^2 - r_1^2$.

Setzt man dies in (I) ein, so ergibt sich $A_K = A_R$ und der Satz des CAVALIERI darf angewendet werden:

$$V_{\text{Halbkugel}} = V_{\text{Zylinder}} - V_{\text{Kegel}} = V_{\text{Restkörper}}$$

oder

$$V_{\text{Halbkugel}} = \pi r^2 \cdot r - \frac{1}{3}\pi r^2 \cdot r = \frac{2}{3}\pi r^3$$

und damit

$$V_{\text{Kugel}} = \frac{4}{3}\pi r^3 .$$

Das **Volumen einer Kugel** mit dem Radius r bzw. dem Durchmesser d ist

$$\boxed{V = \frac{4}{3}\pi r^3} \quad \text{bzw.} \quad \boxed{V = \frac{1}{6}\pi d^3} \tag{7.26}$$

Schneidet man eine Kugel mit zwei parallelen Ebenen, siehe Bild 7.16, so wird dadurch eine Kugelschicht herausgetrennt, für die gilt:

Das **Volumen einer Kugelschicht** ist

$$\boxed{V = \frac{\pi}{6} h \left(3r_1^2 + 3r_2^2 + h^2\right)} \tag{7.27}$$

Dabei sind r_1 und r_2 die Radien des Grund- und des Deckkreises und h die Dicke der Schicht.

☞ *Beweis:* Aus den Achsenschnitten des Restkörpers und der Halbkugel im Bild 7.115 ist links der trapezförmige Querschnitt eines Ringkörpers mit dem Volumen V_R sowie rechts der Querschnitt der ihm entsprechenden Kugelschicht mit dem Volumen V zu erkennen.

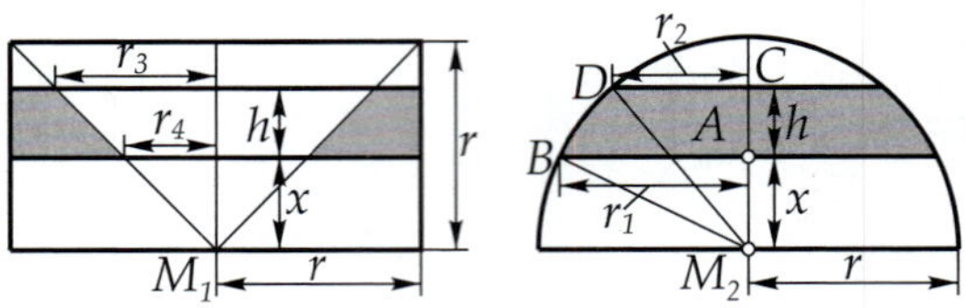

Bild 7.115

Beide Körper sind entsprechend den Überlegungen bei der Herleitung der Formel für das Kugelvolumen nach dem Satz des CAVALIERI volumengleich

$$V = V_R\,,$$

denn da die in einer beliebigen Höhe x geführten Schnitte flächengleich sind, müssen auch die in gleicher Höhe $x+h$ geführten Schnitte flächengleich sein.

V_R ergibt sich als Differenz eines Zylinders V_Z und eines Kegelstumpfes V_S mit der gemeinsamen Höhe h, dem Grundflächenradius r für den Zylinder und den Radien $r_3 = x+h$ und $r_4 = x$ für die Grund- und Deckfläche des Stumpfes.

Damit ist

$$V = V_Z - V_S = V_R$$

$$V = \pi r^2 h - \frac{\pi}{3} h \left[(x+h)^2 + (x+h)\cdot x + x^2 \right] \qquad \text{oder}$$

$$V = \pi h \left(r^2 - x^2 - x\,h - \frac{1}{3}h^2 \right)\,. \tag{I}$$

Aus den rechtwinkligen Dreiecken M_2AB und M_2CD des Halbkugelschnittes im Bild 7.115 ergibt sich zunächst

$$r_1^2 = r^2 - x^2 \qquad \text{und}$$

$$r_2^2 = r^2 - (x+h)^2\,.$$

Daraus erhält man durch Addition und Umformung

$$r_1^2 + r_2^2 = r^2 - x^2 + r^2 - (x+h)^2$$

$$\frac{r_1^2 + r_2^2 + h^2}{2} = r^2 - x^2 - x\,h \qquad \Big| -\frac{1}{3}h^2$$

$$\frac{3r_1^2 + 3r_2^2 + h^2}{6} = r^2 - x^2 - x\,h - \frac{1}{3}h^2\,. \tag{II}$$

(I) und (II) ergeben schließlich

$$V = \frac{\pi}{6} h \left(3r_1^2 + 3r_2^2 + h^2 \right)\,.$$ □

Das **Volumen eines Kugelsegments** oder **Kugelabschnitts** ist

$$\boxed{V = \frac{\pi}{6} h \cdot \left(3r_1^2 + h^2 \right) = \frac{\pi}{3} h^2 (3r - h)} \tag{7.28}$$

h ist die Höhe, r_1 der Grundkreisradius des Segments und r der Radius der dem Segment zugeordneten Kugel.

☞ *Beweis:* Das Kugelsegment ist ein Sonderfall einer Kugelschicht. Bei ihm ist $r_2 = 0$. Setzt man in der Volumenformel für die Kugelschicht $r_2 = 0$ ein, so erhält man sofort die erste der beiden oben angegebenen Formeln:

$$V = \frac{\pi}{6} h \cdot \left(3r_1^2 + h^2\right) .$$

Zum Beweis der zweiten Formel

$$V = \frac{\pi}{3} h^2 (3r - h)$$

betrachte man Bild 7.116. Aus ihm ist ersichtlich, dass

$$\triangle ABC \sim \triangle CBD$$

ist. Demzufolge gilt die Proportion

$$(2r - h) : r_1 = r_1 : h ,$$

aus der r_1^2 durch die restlichen Größen ausgedrückt werden kann:

$$r_1^2 = h \cdot (2r - h) . \qquad \text{(III)}$$

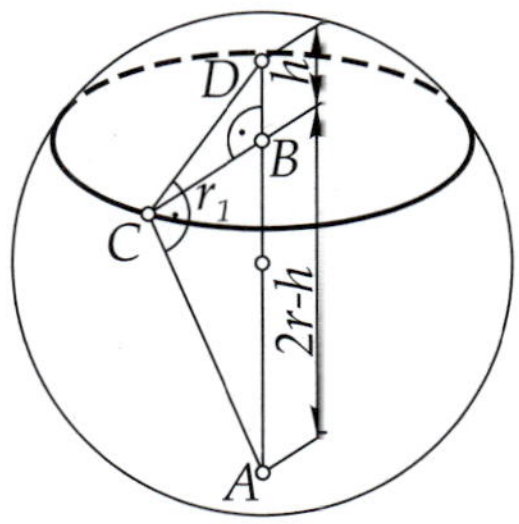

Bild 7.116

Setzt man diesen Ausdruck in die erste, bereits bewiesene Formel für das Kugelsegment ein, so ergibt sich die zweite Formel. □

Das **Volumen eines Kugelsektors** oder **Kugelausschnitts** ist

$$\boxed{V = \frac{2}{3} \pi r^2 h} \qquad (7.29)$$

Die Höhe des zum Sektor gehörenden Segments ist h und der Radius der dem Sektor zugeordneten Kugel ist r.

☞ *Beweis:* Ein Kugelsektor setzt sich aus einem Segment mit der Höhe h und aus einem Kegel mit der Höhe $r - h$ zusammen, siehe Bild 7.117. Segment und Kegel besitzen einen Kreis als gemeinsame Grundfläche.

Demzufolge ist das Volumen des Kugelsektors

$$V = V_S + V_K = \frac{\pi}{3} h^2 \cdot (3r - h) + \frac{\pi}{3} r_1^2 \cdot (r - h) .$$

Mit der Beziehung (III) aus dem obigen Beweis für das Kugelsegment

$$r_1^2 = h \cdot (2r - h)$$

erhält man schließlich

$$V = \frac{\pi}{3} h^2 \cdot (3r - h) + \frac{\pi}{3} h \cdot (2r - h) \cdot (r - h) = \frac{2}{3} \pi r^2 h .$$ □

Beispiele:

7.20 Einem Zylinder mit der Höhe $2r$ und dem Grundflächenradius r soll eine Kugel und ein Kegel einbeschrieben werde, siehe Bild 7.118. In welchem Verhältnis stehen V_{Zylinder}, V_{Kugel} und V_{Kegel} zueinander?

Lösung:

$$V_{\text{Zylinder}} = 2\pi r^3, \qquad V_{\text{Kugel}} = \frac{4}{3}\pi r^3 \qquad \text{und} \qquad V_{\text{Kegel}} = \frac{2}{3}\pi r^3 .$$

$$V_{\text{Zylinder}} : V_{\text{Kugel}} : V_{\text{Kegel}} = 3 : 2 : 1 .$$

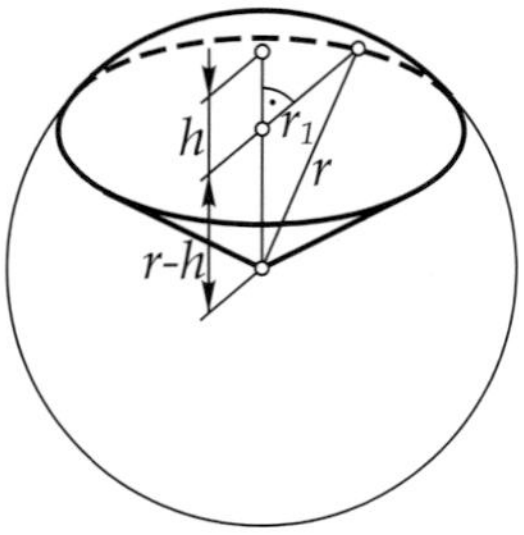

Bild 7.117

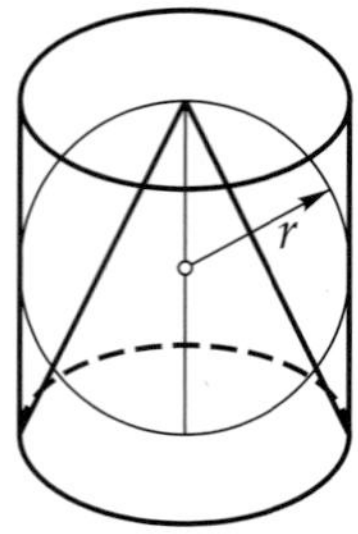

Bild 7.118

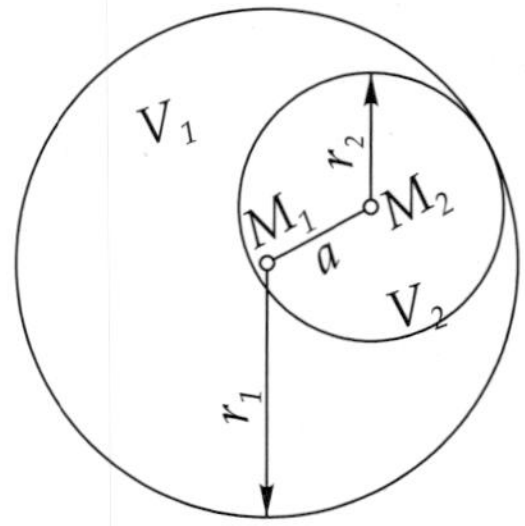

Bild 7.119

Diesen Zusammenhang hat schon der griechische Mathematiker ARCHIMEDES (287 bis 212 v. Chr.) entdeckt.

7.21 Wie groß sind die Radien r_1 und r_2 zweier Kugeln, von denen die kleinere die größere Kugel von innen berührt, siehe Bild 7.119. Ihr Mittelpunktabstand sei a und ihre Volumendifferenz sei ΔV.

Lösung: Aus

$$\Delta V = V_1 - V_2 = \frac{4}{3}\pi\left(r_1^3 - r_2^3\right)$$

folgt

$$r_1^3 - r_2^3 = (r_1 - r_2)\cdot\left(r_1^2 + r_1\,r_2 + r_2^2\right) = \frac{3\,\Delta V}{4\pi}$$

und mit

$$r_1 - r_2 = a \qquad \text{(I)}$$

folgt

$$r_1^2 + r_1\,r_2 + r_2^2 = \frac{3\,\Delta V}{4\pi a}\,. \qquad \text{(II)}$$

Aus (I) erhält man ferner durch Quadrieren

$$r_1^2 - 2r_1\,r_2 + r_2^2 = a^2 \qquad \text{(III)}$$

und damit durch Subtraktion von (II) und (III)

$$3\,r_1\,r_2 = \frac{3\,\Delta V}{4\pi a} - a^2 = \frac{3\,\Delta V - 4\pi a^3}{4\pi a}$$

oder, indem man die letzte Gleichung mit $\frac{4}{3}$ multipliziert:

$$4\,r_1\,r_2 = \frac{3\,\Delta V - 4\pi a^3}{3\pi a}\,. \qquad \text{(IV)}$$

Addiert man zu (III) beiderseits $4r_1r_2$, so folgt

$$\begin{aligned} r_1 + 2r_1\,r_2 + r_2 &= a^2 + 4\,r_1\,r_2 \\ (r_1 + r_2)^2 &= a^2 + 4\,r_1\,r_2 \end{aligned}$$

und

$$r_1 + r_2 = \sqrt{a^2 + 4\,r_1\,r_2}\,. \qquad \text{(V)}$$

Aus (I) und (V) ergibt sich schließlich unter Berücksichtigung von (IV)

$$r_1 = \frac{1}{2}\left(\sqrt{a^2 + 4r_1 r_2} + a\right) = \frac{1}{2}\left(\sqrt{\frac{3\,\Delta V - \pi a^3}{3\pi a}} + a\right)$$

und

$$r_2 = \frac{1}{2}\left(\sqrt{a^2 + 4r_1 r_2} - a\right) = \frac{1}{2}\left(\sqrt{\frac{3\,\Delta V - \pi a^3}{3\pi a}} - a\right).$$

7.22 Wie groß ist das Volumen V, das einerseits von einem Zylinder mit der Höhe r und dem Radius r und andererseits von der der Zylinderhöhe entsprechenden Kugelschicht einer Kugel mit dem Radius r eingeschlossen wird, siehe Bild 7.120?

Die Kugel berühre den Zylinder in der Höhe $\frac{r}{2}$.

Lösung: Das gesuchte Volumen V ergibt sich aus

$$V = V_z - V_s\,, \qquad \text{(I)}$$

wobei der Index z den Zylinder und s die Kugelschicht symbolisiert.

Das Zylindervolumen ist wegen $h = r$

$$V_z = \pi r^3\,.$$

Da MBA ein gleichseitiges Dreieck mit der Seitenlänge r und der Höhe r_1 ist, ergibt sich für die Kugelschicht mit $r_1 = r_2 = \frac{r}{2}\sqrt{3}$ und $h = r$

$$V_s = \frac{11}{12}\pi r^3\,.$$

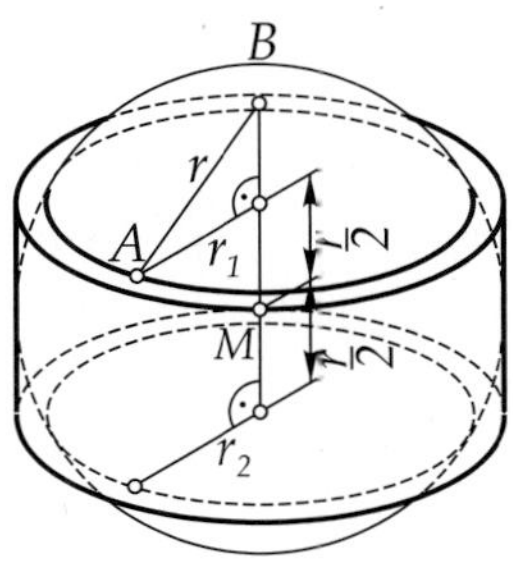

Bild 7.120

Mit diesen Werten erhält man das zu ermittelnde Volumen V aus (I):

$$V = \frac{\pi r^3}{12}\,.$$

7.23 Eine Kugel vom Radius r wird durch zwei parallele Schnitte in drei höhengleiche Körper zerlegt, und zwar in zwei Segmente und eine Schicht, siehe Bild 7.121.

Berechne $V_1 = V_{\text{Segment}}$ und $V_2 = V_{\text{Schicht}}$.

Lösung: Aus der Formel für das Volumen eines Kugelsegments $V_1 = \frac{\pi}{3}h^2 \cdot (3r - h)$ erhält man mit $h = \frac{2}{3}r$

$$V_1 = \frac{28}{81}\pi r^3\,.$$

Zur Berechnung des Volumens V_2 der Kugelschicht wird der Radius r_1 der Schicht benötigt.

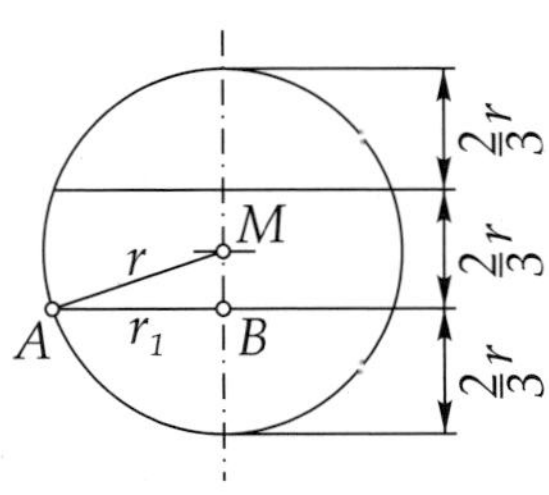

Bild 7.121

Da das Dreieck ABM rechtwinklig ist, gilt nach dem Satz des PYTHAGORAS

$$r_1^2 = r^2 - \left(\frac{r}{3}\right)^2 = \frac{8}{9}r^2\,,$$

und da weiterhin $h = \frac{2}{3}\,r$ ist, erhält man für das Volumen V_2 der Kugelschicht

$$V_2 = \frac{\pi}{6} \cdot h \cdot \left(3r_1^2 + 3r_2^2 + h^2\right) = \frac{\pi}{6} \cdot \frac{2}{3}r \cdot \left(3 \cdot \frac{8}{9}r^2 + 3 \cdot \frac{8}{9}r^2 + \left(\frac{2}{3}r\right)^2\right)$$

$$V_2 = \frac{52}{81} \cdot \pi r^3 \,.$$

Die Richtigkeit dieser Lösung lässt sich leicht nachweisen, indem man zeigt, dass

$$V_{\text{Kugel}} = 2\,V_1 + V_2$$

ist, was nachzuprüfen ist!

7.24 Ermittelt werden sollen der Radius r_1 des Berührungskreises, das Volumen V_{Sg} des durch den Berührungskreis bestimmten Segmentes mit der Höhe h und das Volumen V_{Sk} des entsprechenden Sektors, wenn von einem außerhalb der Kugel gelegenen Punkt P der Berührungskegel an die Kugel gelegt wird, siehe Bild 7.122.

P sei vom Kugelmittelpunkt um den Betrag a entfernt, a und der Kugelradius r seien bekannt.

Lösung: Aus der Ähnlichkeit der Dreiecke EMC und PME folgt

$$r : \sqrt{r^2 - r_1^2} = a : r$$

und daraus

$$r_1 = \frac{r}{a}\sqrt{a^2 - r^2}\,.$$

Aus der gleichen Ähnlichkeit folgt, da

$$\sqrt{a^2 - r^2} = r - h\,,$$

auch

$$r : (r - h) = a : r\,,$$

und damit

$$h = \frac{r \cdot (a - r)}{a}\,.$$

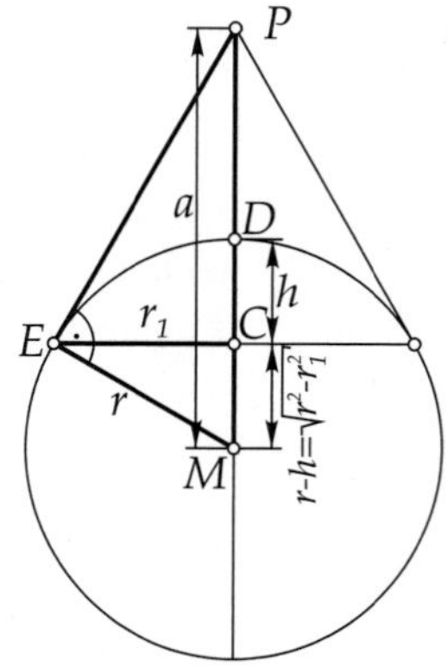

Bild 7.122

Setzt man diese Werte in die Volumenformel für das Kugelsegment ein, so erhält man

$$V_{\text{Sg}} = \frac{\pi}{3}h^2(3r - h) = \frac{\pi\,r^3}{3\,a^3}\left(2a^3 - 3a^2r + r^3\right)\,.$$

Für das Volumen des Sektors ergibt sich entsprechend

$$V_{\text{Sk}} = \frac{2}{3}\pi r^2 h = \frac{2\pi r^3}{3\,a}(a - r)\,.$$

7.25 Aus einer Kugel vom Radius r werden zwei einander symmetrisch gegenüberliegende gleich große Sektoren, im Bild 7.123 hell gezeichnet, herausgenommen, so dass der dunkel dargestellte Restkörper mit der Höhe r entsteht.

In welchem Verhältnis steht dessen Volumen V_{Rest} zum Volumen V_{Sch} der ihm entsprechenden Schicht?

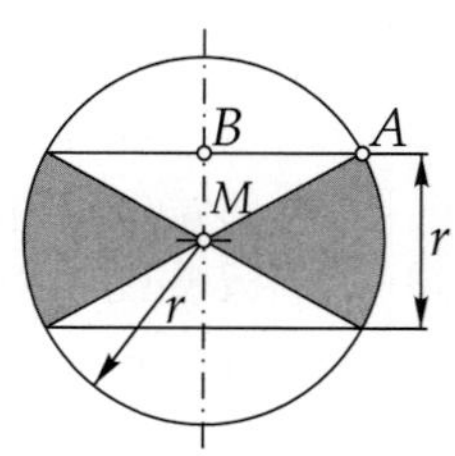

Bild 7.123

Lösung: Mit dem Kugelvolumen V_K und dem Volumen V_{Sk} eines Sektors folgt aus

$$V_{Rest} = V_K - 2\,V_{Sk} = \frac{4}{3}\pi r^3 - 2 \cdot \frac{2}{3}\pi r^2\, h_{Sk}$$

wegen $h_{Sk} = \dfrac{r}{2}$

$$V_{Rest} = \frac{4}{3}\pi r^3 - \frac{2}{3}\pi r^3 = \frac{2}{3}\pi r^3 .$$

Die Höhe der Schicht soll $h_{Sch} = r$ sein, und da das Dreieck ABM rechtwinklig ist, gilt für ihre Radien $r_1 = r_2 = \overline{BA}$

$$r_1^2 = r^2 - \left(\frac{r}{2}\right)^2 = \frac{3r^2}{4} .$$

Damit wird

$$V_{Sch} = \frac{\pi}{6} r \left(\frac{9}{4} r^2 + \frac{9}{4} r^2 + r^2\right) = \frac{11}{12}\pi r^3 .$$

Für das gesuchte Verhältnis erhält man demnach

$$V_{Rest} : V_{Sch} = 8 : 11 .$$

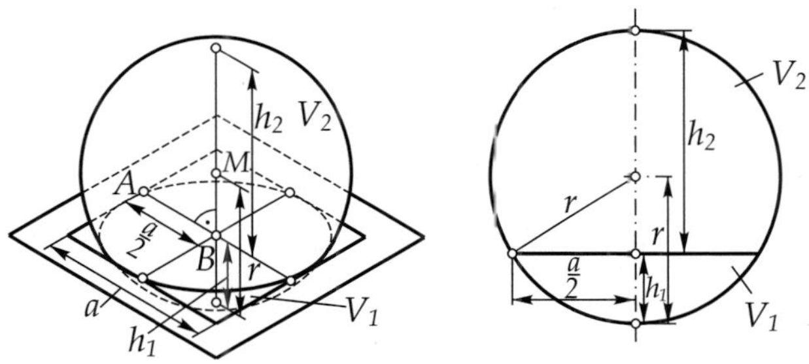

Bild 7.124

7.26 In die quadratische Öffnung eines Bleches wird eine Kugel mit dem Radius r gelegt, siehe Bild 7.124. Sie wird durch die Ebene des Bleches in zwei Segmente unterteilt. Die Volumen V_1 und V_2 dieser beiden Segmente sollen durch die Seitenlänge a der Öffnung sowie durch den Kugelradius r ausgedrückt werden.

Lösung: Aus dem rechtwinkligen Dreieck ABM folgt mit $\overline{MB} = r - h_1$

$$(r - h_1)^2 = r^2 - \left(\frac{a}{2}\right)^2$$

und hieraus

$$h_1 = r - \frac{1}{2}\sqrt{4r^2 - a^2}, \qquad \text{aber nicht} \quad h_1 = r + \frac{1}{2}\sqrt{4r^2 - a^2}\,!$$

Damit ergibt sich aus der Kugelsegment-Volumenformel $V = \dfrac{\pi}{3} h^2 \cdot (3r - h)$ für das untere Kugelsegment

$$V_1 = \frac{\pi}{3}\left(r - \frac{1}{2}\sqrt{4r^2 - a^2}\right)^2 \cdot \left(3r - r + \frac{1}{2}\sqrt{4r^2 - a^2}\right)$$

$$V_1 = \frac{\pi}{24}\left(16r^3 - 8r^2\sqrt{4r^2 - a^2} - a^2\sqrt{4r^2 - a^2}\right) .$$

Das Volumen des oberen Kugelsegments erhält man aus der Differenz der Volumina von Kugel und unterem Kugelsegment:

$$V_2 = \frac{4}{3}\pi r^3 - V_1$$

$$= \frac{4}{3}\pi r^3 - \frac{\pi}{24}\left(16r^3 - 8r^2\sqrt{4r^2 - a^2} - a^2\sqrt{4r^2 - a^2}\right)$$

$$V_2 = \frac{\pi}{24}\left(16r^3 + 8r^2\sqrt{4r^2 - a^2} + a^2\sqrt{4r^2 - a^2}\right) .$$

Um die Probe für die Richtigkeit dieser beiden Lösungen zu machen, empfiehlt es sich, das Volumen V_2 ein zweites Mal zu berechnen, und zwar dadurch, dass man die Volumenformel $V = (\pi/3) \cdot h^2 \cdot (3r - h)$ für

$$h_2 = 2r - h_1 = r + \frac{1}{2}\sqrt{4r^2 - a^2}$$

anwendet.

☞ Die zugehörige Rechnung ist eine gute Übungsaufgabe für den Umgang mit komplizierteren algebraischen Ausdrücken. Die Probe auf dem genannten Weg ist durchführen!

7.27 Ein Kegel mit der Höhe $2r_1$ und dem Grundflächenradius r_1 wird durch Abdrehen seiner Grundfläche in den größtmöglichen Kugelsektor verwandelt , siehe Bild 7.125.

Wie groß ist dessen Volumen V_{Sk}?

Lösung: Die beiden Dreiecke ABC und DEC, siehe Bild 7.125, sind ähnlich. Es gilt die Proportion

$$\overline{DE} : \overline{AB} = \overline{CD} : \overline{CA}$$

und mit $\overline{CD} = \overline{CB} = 2r_1$ auch

$$\frac{r_2}{r_1} = \frac{2\,r_1}{\overline{AC}\,.}$$

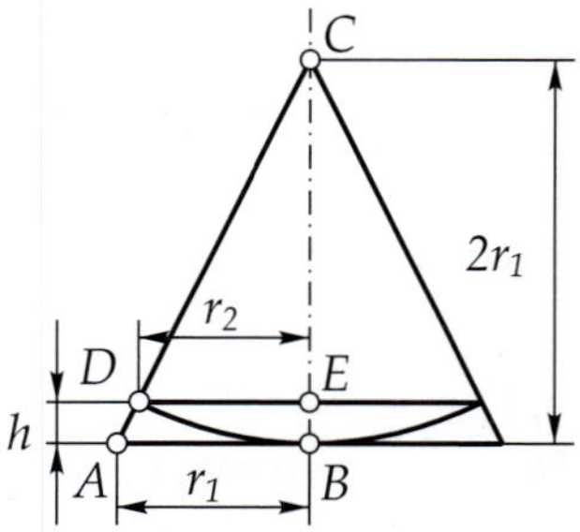

Bild 7.125

Mit $\overline{AC} = \sqrt{r_1^2 + (2r_1)^2} = r_1\sqrt{5}$ ist demnach

$$r_2 = \frac{2}{5}r_1\sqrt{5}\,.$$

Für die Höhe h erhält man

$$h = 2r_1 - \overline{EC}$$

und mit $\overline{EC} = \sqrt{(2r_1)^2 - r_2^2} = \frac{4}{5}r_1\sqrt{5}$ wird

$$h = 2r_1 - \frac{4}{5}r_1\sqrt{5} = \frac{2}{5}r_1 \cdot \left(5 - 2\sqrt{5}\right) .$$

Damit und mit $r = 2r_1$ erhält man aus $V_{Sk} = \frac{2}{3}\pi r^2 h$ das gesuchte Volumen zu

$$V_{Sk} = \frac{2}{3}\pi \cdot (2r_1)^2 \cdot \frac{2}{5}r_1 \cdot \left(5 - 2\sqrt{5}\right)$$

oder

$$V_{Sk} = \frac{16}{15}\,\pi r_1^3 \cdot \left(5 - 2\sqrt{5}\right) .$$

7.3.3.4.2 Mantel- und Oberflächenberechnung

Die **Oberfläche einer Kugel** mit dem Radius r bzw. dem Durchmesser d ist

$$\boxed{A_{\mathrm{O}} = 4\pi r^2} \quad \text{bzw.} \quad \boxed{A_{\mathrm{O}} = \pi d^2} \tag{7.30}$$

☞ *Beweis:* Wenn man eine Kugel mit dem Radius r in eine Anzahl kleiner Körper zerlegt, die näherungsweise die Gestalt von Pyramiden haben, deren Spitzen alle im Kugelmittelpunkt liegen, so nähert sich die Summe aller dieser kleinen Pyramiden mit wachsender Anzahl immer mehr der Kugel an.

Bezeichnet man die Grundflächen der auf diese Weise entstehenden winzigen Pyramiden mit $A_1, A_2, A_3, \ldots$, so wird das Gesamtvolumen V_s dieser Pyramiden

$$V_{\mathrm{S}} = \frac{1}{3}A_1 \cdot r + \frac{1}{3}A_2 \cdot r + \frac{1}{3}A_3 \cdot r + \cdots = \frac{1}{3} \cdot (A_1 + A_2 + A_3 + \ldots) \cdot r\,.$$

Lässt man nun die Anzahl der Teilpyramiden immer größer werden, so nähert sich die Summe der Grundflächen dieser Teilpyramiden immer mehr der Kugeloberfläche A_{O} an, womit schließlich

$$A_1 + A_2 + A_3 + \cdots = A_{\mathrm{O}}$$

und damit

$$V_{\mathrm{S}} = \frac{1}{3} \cdot (A_1 + A_2 + A_3 + \ldots) \cdot r = \frac{1}{3} A_{\mathrm{O}}\, r$$

wird.

In gleicher Weise lässt sich plausibel machen, dass sich das Gesamtvolumen der Teilpyramiden mit wachsender Anzahl immer mehr dem Kugelvolumen annähern muss, so dass schließlich

$$\frac{1}{3} A_{\mathrm{O}}\, r = \frac{4}{3}\pi r^3$$

wird.

Die Auflösung der letzten Gleichung nach A_{O} liefert die oben angegebene Formel für die Oberfläche der Kugel.

$$A_{\mathrm{O}} = 4\pi r^2\,.$$ □

Bei den hier durchgeführten Überlegungen handelt es sich um eine *Plausibilitäts-Erklärung*, aber **nicht** um einen *mathematisch exakten Beweis* der Formel, der erst mit Kenntnissen aus der Differenzialrechnung geführt werden kann.

Die **Fläche einer Kugelkappe**, der Mantelfläche eines Segments, ist

$$\boxed{A_{\mathrm{M}} = 2\pi r h} \tag{7.31}$$

Dabei ist h die Höhe der Kugelkappe und r der Radius der ihr zugeordneten Kugel.

☞ Auf den Beweis für die Richtigkeit dieser Formel soll verzichtet werden. Er kann in ähnlicher Weise geführt werden wie der Beweis der Formel für die Kugeloberfläche.

Die **Fläche einer Kugelzone**, also der Mantelfläche einer Kugelschicht, ist

$$\boxed{A_{\mathrm{M}} = 2\pi r h} \tag{7.32}$$

h ist die Höhe der zugehörigen Kugelschicht und r der Radius der ihr zugeordneten Kugel.

☞ *Beweis:* Die Kugelzone ist die Differenz zweier Kugelkappen mit den Höhen $h + x$ und x , siehe Bild 7.126.

Damit lässt sich die Mantelfläche der Kugelzone wie folgt angeben:

$$A_M = 2\pi r \cdot (h + x) - 2\pi r x\,.$$

Hieraus folgt sofort die oben angegebene Formel:

$$A_M = 2\pi r h\,.$$ □

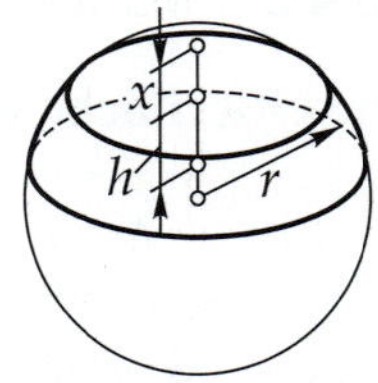

Bild 7.126

Die **Oberfläche eines Kugelsektors** ist

$$\boxed{A_O = \pi r \cdot (r_1 + 2h)} \qquad (7.33)$$

h ist die Höhe der den Sektor begrenzenden Kappe, r_1 ist der Radius des Grundkreises der Kappe und r ist der Radius der dem Sektor zugeordneten Kugel.

☞ *Beweis:* Die Oberfläche A_O des Kugelsektors setzt sich zusammen aus der Mantelfläche A_1 des Kegels und der Mantelfläche A_2 der Kappe.

Mit $r = r_1$ und $s = r$ wird

$$A_1 = \pi r_1 r\,.$$

Für die Kugelkappe gilt

$$A_2 = 2\pi r h\,.$$

Damit wird

$$A_O = A_1 + A_2 = \pi r_1 r + 2\pi r h = \pi r \cdot (r_1 + 2h)\;.$$ □

Beispiele:

7.28 Bestimme das Verhältnis $A_1 : A_2$ der Oberflächen zweier Kugeln, die man einem Kegel mit der Mantellinie s und dem Grundflächenradius r einbeschreiben kann, siehe Bild 7.127.

Lösung: Mit $\overline{M_1C} = h - r_1$ und $\overline{M_2C} = h - (r_2 + 2r_1)$ folgt aus der Ähnlichkeit der Dreiecke ABC, M_1FC und M_2DC:

$$r_1 : (h - r_1) = r : s\,,$$

also

$$r_1 = \frac{r\,h}{s + r}\,,$$

$$r_2 : (h - r_2 - 2r_1) = r : s\,,$$

also

$$r_2 = \frac{r\,h \cdot (s - r)}{(s + r)^2}\,.$$

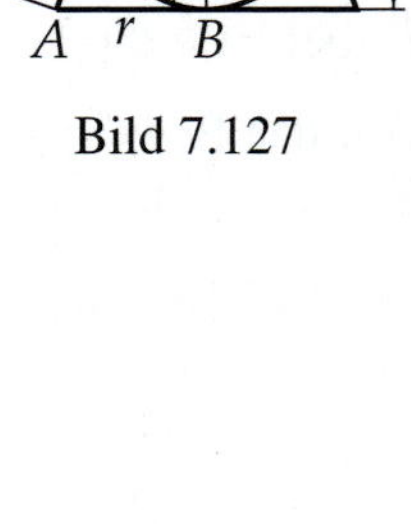

Bild 7.127

Damit können die beiden Oberflächen berechnet werden:

$$A_1 = \frac{4\pi r^2 h^2}{(s + r)^2}$$

und

$$A_2 = \frac{4\pi r^2 h^2 \cdot (s - r)^2}{(s + r)^4}\,.$$

Das Verhältnis der beiden Oberflächen ist demzufolge

$$A_1 : A_2 = (s+r)^2 : (s-r)^2 .$$

7.29 Ermittle das Volumen V und die Oberfläche A_O des Restkörpers, der entsteht, wenn eine Kugel mit dem Radius r von einem Zylinder mit dem Radius r_1 derart durchdrungen wird, dass die Zylinderachse durch den Kugelmittelpunkt hindurch geht, siehe Bild 7.128.

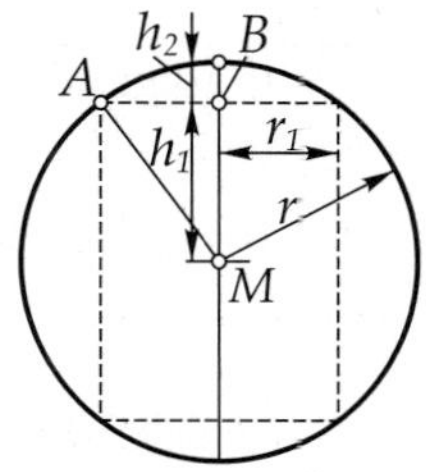

Bild 7.128

Lösung: $r_1 < r$

Aus dem rechtwinkligen Dreieck AMB kann man die beiden Höhen h_1 und h_2 ermitteln, und zwar ist

$$h_1 = \sqrt{r^2 - r_1^2} \quad \text{und} \quad h_2 = r - h_1 = r - \sqrt{r^2 - r_1^2} .$$

Daraus ergibt sich für das Zylindervolumen V_Z

$$V_Z = \pi r_1^2 \cdot 2h_1 = 2\pi r_1^2 \cdot \sqrt{r^2 - r_1^2} .$$

Das Gesamtvolumen der beiden oben und unten entstehenden Segmente ist

$$2V_S = \frac{2}{3}\pi h_2^2 \cdot (3r - h_2) = \frac{2}{3}\pi \cdot \left(2r^3 - 2r^2\sqrt{r^2 - r_1^2} - r_1^2\sqrt{r^2 - r_1^2}\right) .$$

Das Volumen des zylindrischen Durchdringungskörpers beträgt

$$V_D = V_Z + 2V_S = \frac{4}{3}\pi \cdot \left(r^3 + r_1^2\sqrt{r^2 - r_1^2} - r^2\sqrt{r^2 - r_1^2}\right) .$$

Subtrahiert man nun noch vom Kugelvolumen V_K das Volumen des Durchdringungskörpers V_D, so ergibt sich das gesuchte Volumen des Restkörpers:

$$V = V_K - V_D = \frac{4}{3}\pi r^3 - \frac{4}{3}\pi \cdot \left(r^3 + r_1^2\sqrt{r^2 - r_1^2} - r^2\sqrt{r^2 - r_1^2}\right)$$

$$V = \frac{4}{3}\pi \cdot \left(r^2 - r_1^2\right) \cdot \sqrt{r^2 - r_1^2} = \frac{4}{3}\pi\sqrt{\left(r^2 - r_1^2\right)^3} .$$

Beachtet man, dass $\sqrt{\left(r^2 - r_1^2\right)^3} = h_1^3$ ist, so kann man das Ergebnis auch so interpretieren:

$$V = \frac{4}{3}\pi h_1^3$$

Das Volumen des Restkörpers stimmt mit dem Volumen der Kugel überein, deren Radius die halbe Höhe des einbeschriebenen Zylinders ist.

Die Oberfläche des Restkörpers ist außen eine Kugelzone mit dem Radius r sowie der Höhe $2\,h_1$ und innen ein Zylindermantel:

$$A_O = 2\pi r \cdot 2h_1 + 2\pi r_1 \cdot 2h_1 = 4\pi h_1\,(r + r_1) = 4\pi\,(r + r_1) \cdot \sqrt{r^2 - r_1^2} .$$

7.30 Eine Kugel mit dem Radius r soll durch zwei parallele und zu ihrem Mittelpunkt symmetrisch gelegene Ebenen derart in zwei Segmente und eine Schicht zerlegt werden, dass sich für alle drei Teilkörper die gleiche Oberfläche ergibt.

Es sollen die Höhen h_{Sg} des Segments und h_{Sch} der Kugelschicht für diesen Fall berechnet werden.

Lösung: Alle drei Körper sollen die gleiche Grundfläche A besitzen. Aus

$$r_1^2 = r^2 - (r-h)^2 , \qquad \text{siehe Bild 7.129}$$

folgt mit $h = h_{\text{Sg}}$

$$r_1^2 = 2r\,h_{\text{Sg}} - h_{\text{Sg}}^2 , \tag{I}$$

und damit ist

$$A = \pi r_1^2 = \pi \cdot \left(2r\,h_{\text{Sg}} - h_{\text{Sg}}^2\right) .$$

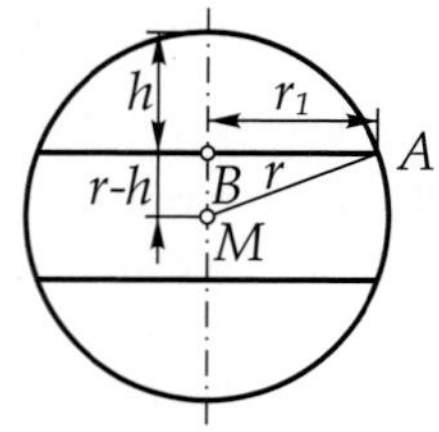

Bild 7.129

Für die Oberfläche der beiden Segmente gilt jeweils

$$A_{\text{Sg}} = A + 2\pi r\,h_{\text{Sg}} = 4\pi r\,h_{\text{Sg}} - \pi h_{\text{Sg}}^2 = \pi h_{\text{Sg}} \cdot \left(4r - h_{\text{Sg}}\right) \tag{IIa}$$

Die Oberfläche der Kugelschicht berechnet sich mithilfe von (I) nach

$$A_{\text{Sch}} = 2\pi r\,h_{\text{Sch}} + 2A = 2\pi \cdot \left(r\,h_{\text{Sch}} + 2\,r\,h_{\text{Sg}} - h_{\text{Sg}}^2\right) \tag{IIb}$$

Da alle Teilkörper die gleiche Oberfläche besitzen sollen, gilt

$$A_{\text{Sg}} = A_{\text{Sch}}$$
$$\pi h_{\text{Sg}} \cdot \left(4r - h_{\text{Sg}}\right) = 2\pi \cdot \left(r\,h_{\text{Sch}} + 2\,r\,h_{\text{Sg}} - h_{\text{Sg}}^2\right) ,$$

was sich zu

$$h_{\text{Sg}}^2 = 2\,r\,h_{\text{Sch}}$$

vereinfacht: $h_{\text{Sg}} = \sqrt{2\,r\,h_{\text{Sch}}}$ und $h_{\text{Sch}} = \dfrac{h_{\text{Sg}}^2}{2\,r}$. (III)

Aus dem Bild 7.129 erkennt man

$$2r = 2\,h_{\text{Sg}} + h_{\text{Sch}} , \quad \text{also}$$
$$h_{\text{Sch}} = 2 \cdot \left(r - h_{\text{Sg}}\right) .$$

Durch Einsetzen von (III) erhalten wir eine quadratische Gleichung für h_{Sg}

$$\frac{h_{\text{Sg}}^2}{2\,r} = 2 \cdot \left(r - h_{\text{Sg}}\right)$$
$$h_{\text{Sg}}^2 + 4r\,h_{\text{Sg}} - 4r^2 = 0 \qquad |\, p = 4r \quad q = -4r^2 ,$$

die aber nur eine für uns brauchbare Lösung hat:

$$h_{\text{Sg}} = 2r \cdot \left(\sqrt{2} - 1\right) .$$

Mit (III) ergibt sich für h_{Sch}

$$h_{\text{Sch}} = 2r \cdot \left(3 - 2\sqrt{2}\right) .$$

Die Oberflächen berechnen sich nun mit (IIa) und (IIb) zu

$$A_{\text{Sg}} = A_{\text{Sch}} = 4\pi r^2 \cdot \left(4\sqrt{2} - 5\right) .$$

7.31 Wie groß ist die Fläche A_M der Kugelzone, die entsteht, wenn eine Halbkugel mit dem Radius r von einem Kegel mit der Höhe $h = 2r$ durchdrungen wird? Grundfläche der Halbkugel und Grundfläche des Kegels fallen zusammen, siehe Bild 7.130.

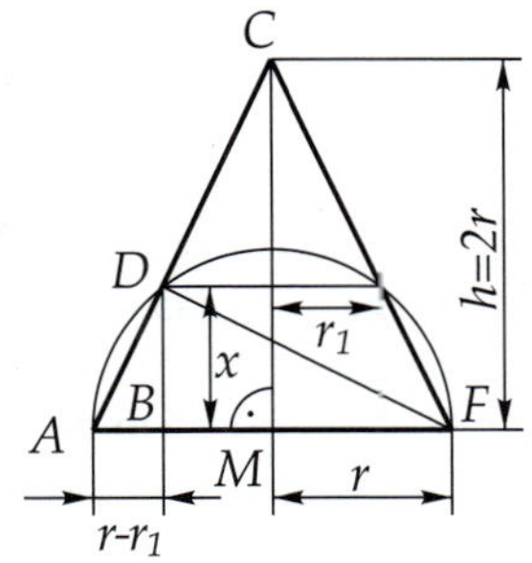

Bild 7.130

Lösung: Das Dreieck AFD ist nach dem Satz von THALES rechtwinklig und es gilt der Höhensatz:

$$x^2 = (r - r_1) \cdot (r + r_1) = r^2 - r_1^2 . \quad \text{(I)}$$

Aus der Ähnlichkeit der beiden Dreiecke ABD und AMC ergibt sich die Proportion

$$x : (r - r_1) = 2r : r ,$$

aus der sich

$$x^2 = 4 \cdot (r - r_1)^2 \quad \text{(II)}$$

ergibt.

Setzt man die beiden in (I) und (II) gefundenen Ausdrücke für x^2 einander gleich, so ergibt sich

$$(r - r_1) \cdot (r + r_1) = 4\,(r - r_1)^2 ,$$

woraus

$$r_1 = \frac{3}{5} r$$

folgt. Damit erhält man aus (I)

$$x^2 = r^2 - \left(\frac{3}{5} r\right)^2 = \frac{16}{25} r^2$$

$$x = \frac{4}{5} r .$$

Aus

$$A_M = 2\pi r \cdot h = 2\pi r \cdot x = 2\pi r \cdot \frac{4}{5} r$$

ergibt sich schließlich

$$A_M = \frac{8}{5} \pi r^2 .$$

✍ A. 7.156–7.215 auf Seite 771

Aufgaben:

7.3.3.4 Kugel- und Kugelteile (Lösungen ab Seite 944)

7.156 Zehn Bleikugeln von 3 cm Durchmesser werden zu einer Kugel zusammengeschmolzen. Wie groß wird der Durchmesser d dieser Kugel?

7.157 Welchen Radius r hat eine Kugel mit dem Volumen $V = 1\,\text{m}^3$ Volumen?

7.158 Welchen Radius r hat eine Kugel mit der Oberfläche $A_O = 1\,\text{m}^2$?

7.159 Zur Zeit der Fußballweltmeisterschaft liest Herr B. in einem Werbeprospekten, dass er für seinen Rasierapparat alle 18 Monate eine neue Scherfolie und einen Klingenblock kaufen sollte, da er in diesem Zeitraum ungefähr eine Fläche in der Größe eines Fußballfeldes rasiert hat.

a) Um diese Werbeaussage nachzuprüfen, geht Herr B. von einem näherungsweise kugelförmigen Kopf aus, wobei ein Viertel täglich rasiert wird. In zwei Richtungen misst er einen Kopfumfang von 59 cm und 65,5 cm.
Da die Größe eines Fußballfeldes nicht genau festgelegt ist, orientiert er sich an den Maßen, die für ein Länderspiel gefordert werden: 100 m bis 105 m lang und 64 m bis 75 m breit.
Nach welcher Zeit hat man bei täglicher Rasur eine Fußballfeld-Fläche rasiert?

b) Auf Nachfrage erklärt die Herstellerfirma, dass beim Rasieren eine Hautpartie bis zu 7-mal überstrichen werde und dass die Haardichte beim Menschen 25-mal größer als die Grasdichte auf einem Rasenplatz sei. Welcher Zeitraum ergibt sich unter Berücksichtigung der neuen Fakten?

c) Die weiterhin große Abweichung kommt wahrscheinlich dadurch zustande, dass unterschiedliche Vorstellungen von der Größe eines „Fußballfeldes“ genutzt werden. Auf Nachfrage wird von der Firma die Größe des zugrundeliegenden Fußballfeldes mit 4 536 m^2 angegeben.

Von welchen Platzmaßen sind die Werbestrategen ausgegangen, wenn ein Fußballfeld ungefähr 1,5-mal so lang wie breit sein sollte?

7.160 Ein zylinderförmiger Schwimmkörper von 88 cm Länge und 16 cm Durchmesser ist an seinen beiden Enden durch halbkugelförmige Böden abgeschlossen. Wie groß ist die Oberfläche A_O des Schwimmers und welches Volumen V schließt er ein? Die Blechdicke soll nicht berücksichtigt werden.

7.161 64 Stück Stahlkugeln von je 5 cm Durchmesser sollen gleichmäßig mit einer Schicht Chrom von 0,2 mm Dicke überzogen werden. Welche Chrommenge m wird dafür benötigt, wenn die Dichte $\varrho = 6{,}8\,\text{g/cm}^3$ ist?

7.162 Die Oberfläche einer Kugel, deren Radius 8,4 cm beträgt, soll durch gleichmäßiges Abschleifen um den dritten Teil verringert werden. Welchen Durchmesser d besitzt die Kugel nach dem Abschleifen?

7.163 Eine aus 3 mm dickem Material geformte Hohlkugel soll ein Fassungsvermögen von 1 Liter haben. Welchen äußeren Durchmesser D muss sie erhalten?

7.164 Welchen Durchmesser d hat eine massive Messingkugel der Dichte $\varrho = 8{,}85\,\text{g/cm}^3$, deren Masse 1,6 kg beträgt?

7.165 Für kleinere Ventile werden 100 Stück halbkugelförmige Dichtungskörper von 7 mm Radius benötigt, die auf der ebenen Fläche eine zylindrische Aussenkung von 4 mm Durchmesser und 3 mm Tiefe haben. Wie groß ist der Materialbedarf V.

7.166 Wie groß ist die Masse m einer Korkkugel der Dichte $\varrho = 0{,}24\,\text{g/cm}^3$ bei 1 m Durchmesser?

7.167 Berechne die Massendifferenz m von 1000 Stahlkugeln der Dichte $\varrho = 7{,}85\,\text{g/cm}^3$, deren Durchmesser 1 mm beträgt, und einem Stahlwürfel gleicher Dichte mit 1 cm Kantenlänge.

7.168 Ein massiver kugelförmiger Körper taucht zur Hälfte in Wasser ein. Welche Dichte ϱ besitzt das Material, aus dem der Körper gefertigt wurde?

7.169 Zur Herstellung eines kugelförmigen Ballons werden 12,5 m^2 Stoff verbraucht. Welchen Durchmesser d hat dieser Ballon, wenn man annimmt, dass bei der angegebenen Stoffmenge 10 % Abfall und Verluste für die Nahtstellen einkalkuliert worden sind?

7.170 Der kugelförmige Knauf eines Turmes hat einen Durchmesser von 30 cm und soll mit 10 g einer Goldlegierung überzogen werden. Welche Dicke s besitzt der überall gleichmäßige Überzug mit der Dichte $\varrho = 17\,\text{g/cm}^3$?

7.171 Ein zylindrischer Bottich, dessen lichter Durchmesser 0,9 m und dessen innere Höhe 1,2 m betragen, soll durch ein halbkugelförmiges Gefäß gleichen Volumens ersetzt werden. Welchen lichten Durchmesser d muss dieses Gefäß haben?

7.172 In einer kugelförmigen Gummiblase von 0,4 mm Wanddicke ist 1 Liter Gas eingeschlossen. Durch Erwärmung dehnt sich das Gas auf 1,8 Liter aus. Welche neue Wanddicke s erhält die Gummiblase unter der Annahme, dass sie sich überall gleichmäßig ausdehnt?

7.173 Eine Kugel mit dem Volumen $V = 2{,}4\,\text{dm}^3$ schrumpft gleichmäßig zusammen. Welchen neuen Durchmesser d besitzt die Kugel bei 10 % Schrumpfung ihres Volumens?

7.174 Die Oberflächen einer Kugel mit dem Radius r_1 und eines Zylinders, dessen quadratischer Achsenschnitt die Seitenlänge $a = 2r_2$ hat, sind gleich groß. In welchem Verhältnis stehen ihre Radien r_1 und r_2 zueinander?

7.175 Eine massive Halbkugel von 34 cm Durchmesser soll halbkugelförmig so weit ausgedreht werden, dass sich ihre Masse um die Hälfte verringert. Welchen Durchmesser d besitzt dann die Aussparung?

7.176 Von einer Hohlkugel kennt man das Volumen $V = 40\,\text{cm}^3$ sowie deren Wanddicke $s = r_1 - r_2 = 1$ cm bekannt. Wie groß sind die Radien r_1 und r_2?

7.177 In welchem Verhältnis stehen die Volumina V_1 und V_2 und die Oberflächen A_1 und A_2 zweier Kugeln zueinander, wenn sich deren Radien r_1 und r_2 wie 1 : 3 verhalten?

7.178 Die Radien zweier Kugeln stehen im Verhältnis $r_1 : r_2 = 1 : 2$ zueinander. Welches Volumen V und welche Oberfläche A hat eine dritte Kugel, deren Radius r das arithmetische Mittel der gegebenen Radien ist? Wähle als Zahlenbeispiel: $r_2 = 4$ cm.

7.179 In welchem Verhältnis stehen die Volumina dreier Kugeln, von denen die erste die Seitenflächen, die zweite die Seitenkanten eines Würfels mit der Seite $a = 3$ cm berührt, während die dritte die Eckpunkte des Würfels in ihrer Oberfläche umfasst?

7.180 Die Radien einer Hohlkugel stehen im Verhältnis $r_1 : r_2 = m : n$ zueinander.
a) In welchem Verhältnis steht das Volumen V_H der Hohlkugel zum Volumen V des inneren Hohlraumes?
b) Bestimme $r_1 : r_2$ für $V_H = V$.

7.181 Die Volumen V_1 und V_2 zweier sich berührender Kugeln stehen zueinander im Verhältnis $V_1 : V_2 = 4 : 3$. Der Abstand ihrer Mittelpunkte beträgt $a = 12$ cm.
a) Welche Durchmesser d_1 und d_2 haben die Kugeln?
b) Wie groß sind ihre Volumen V_1 und V_2?

7.182 Acht Kugeln vom Radius r berühren sich gegenseitig und sind so angeordnet, dass ihre Mittelpunkte die Eckpunkte eines Würfels bilden.
a) Wie groß darf das Volumen V_1 jener sechs Kugeln sein, deren Mittelpunkte mit den Schnittpunkten der Flächendiagonalen des Würfels zusammenfallen?

b) Welches Volumen V_2 hat die Kugel, deren Mittelpunkt zugleich Schnittpunkt der Raumdiagonalen ist und die die großen Kugeln berührt? V_1 und V_2 sind durch r auszudrücken und dann soll $r = 5{,}3$ cm gesetzt werden.

7.183 Eine aus dünnem Blech gefertigte Halbkugel soll bei einem Radius von 22 cm aus einer Kappe und einer Zone zusammengesetzt werden. Welche Höhen h_1 und h_2 müssen Kappe und Zone haben, wenn für beide gleich viel Blech verbraucht werden soll?

7.184 Eine aus Stein hergestellte Halbkugel von 70 cm Durchmesser soll aus einer Schicht und einem Segment zusammengesetzt werden, die beide gleiche Höhe haben. Berechne die Volumen V_1 und V_2 der Schicht und des Segments.

7.185 Eine Holzkugel von 8 cm Durchmesser wird auf ein kegelförmig zugespitztes Rundholz geleimt. Deshalb muss es mit einer Aussparung versehen werden, die die Form eines Sektors mit dem Kegelöffnungswinkel 60° hat. Welcher Materialabfall V ist zu erwarten?

7.186 Ein Bleideckel hat die Form eines Kugelsegmentes mit dem Radius $r = 16$ cm und der Höhe $h = 2$ cm. Er soll zu einem Segment mit der Höhe $h_1 = 4$ cm umgegossen werden. Welchen Radius r_1 muss die dazu anzufertigende Form haben?

7.187 Berechne die Masse m eines Kugelgelenkbolzens der Dichte $\varrho = 7{,}85\,\text{g}/\text{cm}^3$, siehe Bild 7.131.

7.188 Eine Stahlkugel wird durch einen Körper in eine Bleiplatte eingedrückt und hinterlässt darin einen 0,40 cm tiefen und 4,50 cm^2 großen Eindruck. Welchen Durchmesser d besitzt diese Kugel?

7.189 Das gusseiserne kugelförmige Schiebegewicht einer Dezimalwaage gleitet auf einer Stange von 8 mm Durchmesser. Es ist deshalb mit einer zentrischen Bohrung von gleichem Durchmesser versehen. Welche Masse m besitzt das Schiebegewicht der Dichte $\varrho = 7{,}2\,\text{g}/\text{cm}^3$ bei einem Durchmesser von 4 cm..

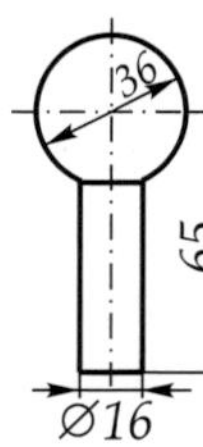

Bild 7.131

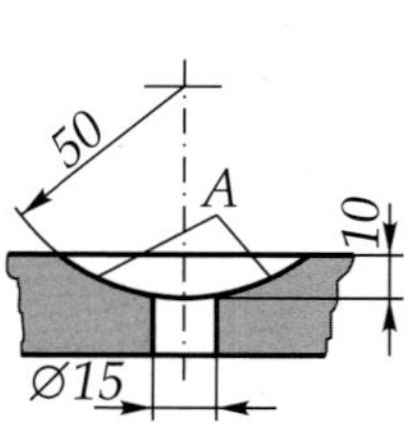

Bild 7.132

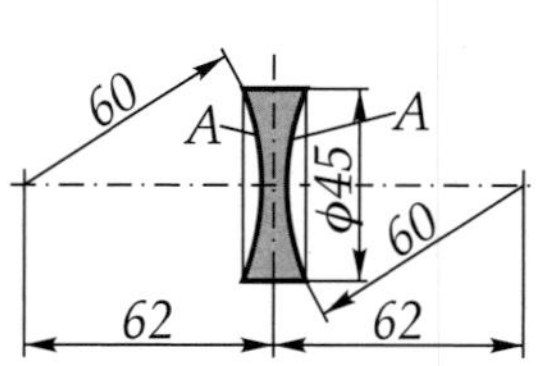

Bild 7.133

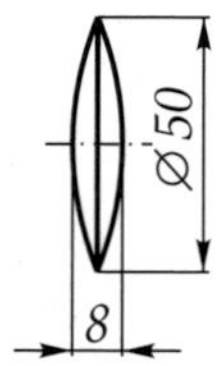

Bild 7.134

7.190 Welche tragende Fläche A besitzt eine Kugelpfanne, die in die Stützplatte für ein Kugelgelenk eingearbeitet ist, siehe Bild 7.132.

7.191 Eine steinerne Zierkugel von 80 cm Durchmesser ist so abgeflacht, dass die Auflagefläche einen Durchmesser von 25 cm hat. Welches Volumen V besitzt die Zierkugel?

7.192 Wie groß ist die polierte (gekrümmte) Fläche A der im Bild 7.133 dargestellten Bikonkavlinse, wenn die Krümmung beiderseits gleich ist?

7.193 Welche Masse m besitzt die im Bild 7.134 dargestellte Bikonvexlinse, wenn die Dichte des Materials $\varrho = 3{,}1\,\text{g}/\text{cm}^3$ ist?

7.194 An einem zylinderförmigen Kessel von 3,80 m Länge und 1,50 m Außendurchmesser sind Böden angeschweißt, die die Form einer Kugelkappe haben und 25 cm hoch sind. Welche Oberfläche A_O hat ein solcher Kessel?

7.195 Welche Masse m haben 50 Stück der im Bild 7.135 dargestellten Stahlbolzen der Dichte $\varrho = 7{,}85\ \mathrm{g/cm^3}$?

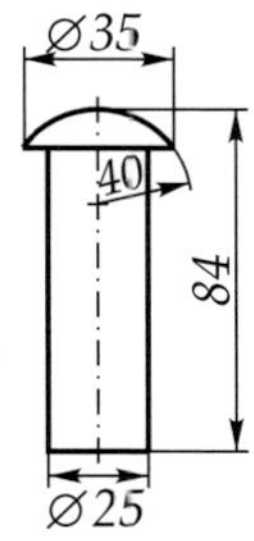

Bild 7.135

7.196 Von einer Kugelzone, deren großer Durchmesser gleich dem Durchmesser der dazugehörigen Kugel ist, sind die Höhe $h = 2\ \mathrm{cm}$ und die Fläche $A_M = 30\ \mathrm{cm}^2$ bekannt. Wie groß ist das Volumen V der der Zone entsprechenden Schicht?

7.197 Von einer Kugelkappe sind die Kappenfläche $A_M = 25\ \mathrm{cm}^2$ und die Höhe $h = 2\ \mathrm{cm}$ bekannt. Welches Volumen V besitzt die dazugehörige Kugel?

7.198 Von einem Kugelsektor kennt man Volumen $V = 20\ \mathrm{cm}^3$. Die Fläche der dazugehörigen Kappe ist $A_M = 10\ \mathrm{cm}^2$. Wie groß sind die Höhe h der Kappe und der Radius r der Kugel?

7.199 Wie groß muss die Höhe h eines Kugelsektors sein, damit die zum Sektor gehörende Kappe A_M flächengleich ist dem zum Sektor gehörenden Kegelmantel A_{M_1}? Wie groß ist die Höhe h bei einem Kugelradius von $r = 15\ \mathrm{cm}$?

7.200 Ein Kugelsektor soll der n-te Teil der ihm zugehörigen Kugel mit dem Radius $r = 5\ \mathrm{cm}$ sein. Welche Höhe h muss er für $n = 4$ haben?

7.201 Wie groß ist ein Kugelsegment V, dessen dazugehörige Kappe für $A_M = 40\ \mathrm{cm}^2$ die Höhe $h = 1\ \mathrm{cm}$ hat? Welchen Radius r hat ferner die zum Segment gehörige Kugel?

7.202 Der senkrecht zu einer Schnittfläche stehende Durchmesser $\overline{AB} = 2r$ einer Kugel wird durch die Schnittfläche in die Stücke x und y geteilt, siehe Bild 7.136. Wie groß sind die beiden durch die Schnittfläche bestimmten Kugelsegmente und ihre dazugehörigen Kappen, wenn $x : y = m : n$ gegeben ist?

7.203 Eine Halbkugel wird von einer zur Grundfläche parallelen Ebene geschnitten.

a) Wie groß muss der Abstand x der Schnittfläche, von der Grundfläche aus gerechnet, sein, damit die Kugelkappe zur Kugelzone im Verhältnis $m : n$ steht? Drücke x durch den Radius r der Halbkugel aus.

b) Wie groß muss x sein, wenn Kappe und Zone gleich groß sein sollen?

7.204 Der halbkugelförmige Kunststoff-Fuß eines Stehaufmännchens hat einen Durchmesser von 25 mm. Er soll mit einem Bleistück, das die Form eines entsprechenden und 8 mm hohen Kugelsegmentes hat, ausgelegt werden. Wie groß ist der Materialbedarf V?

7.205 Der Innendurchmesser einer Kugelvase beträgt 15 cm. Innerer Boden und obere Öffnung sind gleich groß und haben einen Durchmesser von 9 cm. Wie groß ist das Fassungsvermögen V der Vase?

7.206 Ein Windkessel besteht aus einem $l = 2{,}4\ \mathrm{m}$ langen zylindrischen Rohr mit der lichten Weite $d = 80\ \mathrm{cm}$. Er ist beiderseits durch Kugelkappen abgeschlossen, deren gemeinsamer Mittelpunkt im Schwerpunkt des Rohres liegt. Welches Fassungsvermögen V und welche Oberfläche A_O hat der Kessel?

7.207 Wie groß ist das Volumen V und die Oberfläche A_O eines Ziersteines, siehe Bild 7.137, und wie groß ist die Fläche A seines Achsenschnittes.

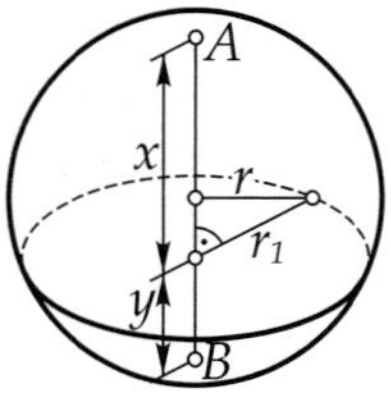

Bild 7.136

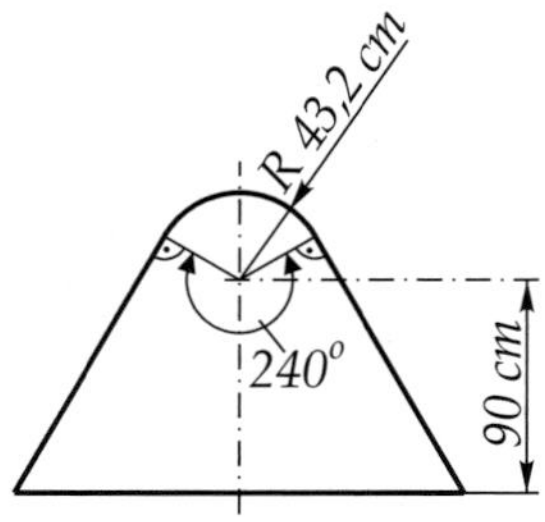

Bild 7.137

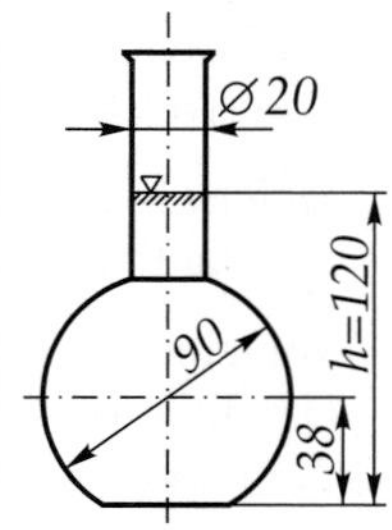

Bild 7.138

7.208 Ein gläserner Stehkolben, siehe Bild 7.138, ist bis zur Höhe h mit Wasser von 4 °C gefüllt. Wie groß ist die in der Flasche befindliche Wassermenge V?

7.209 Welchen Raum V umschließt ein kugelförmiger Tank, siehe Bild 7.139, und wie groß ist seine Oberfläche A_O? Die Zylinder- und Kegelansätze sind mitzurechnen, aber die Blechdicke ist nicht zu berücksichtigen.

7.210 Zwei Kugeln mit den Radien $r_1 = 27$ mm und $r_2 = 15$ mm werden an einer Stelle so weit plangeschliffen, dass sie eine gemeinsame Berührungsfläche vom Durchmesser $d = 23$ mm erhalten. Welche Volumen V_1 und V_2 haben die abgeschliffenen Segmente?

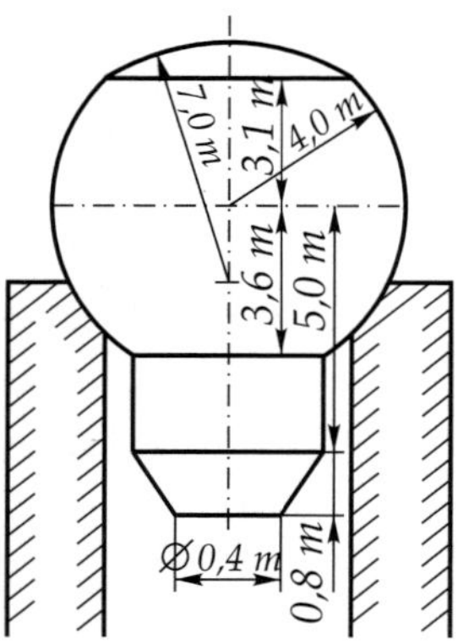

Bild 7.139

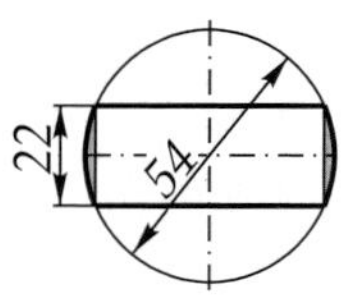

Bild 7.140

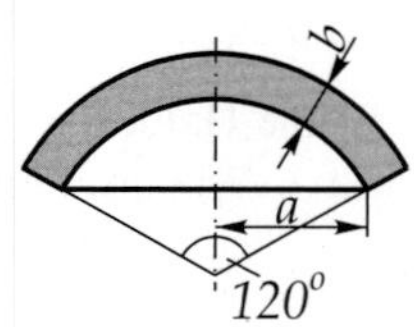

Bild 7.141

7.211 Welche Masse m besitzt der im Bild 7.140 dargestellte Ring, der aus Platin mit der Dichte $\varrho = 21{,}4\ \mathrm{g/cm^3}$ hergestellt wurde?

7.212 Welche Masse m hat der gusseiserne Deckel, siehe Bild 7.141, wenn $a = 21{,}0$ cm, $b = 0{,}8$ cm und $\varrho = 7{,}2\ \mathrm{g/cm^3}$ sind?

7.213 Das Volumen V des Restkörpers, der aus einer beiderseits konisch ausgedrehten Kugel hergestellt wird, siehe Bild 7.142, ist zu ermitteln.

7.214 Ein Restkörper entsteht dadurch, dass eine Kugel zentrisch mit einer konischen Bohrung versehen wird, siehe Bild 7.143. Das Volumen dieses Restkörpers ist durch den Kugelradius r auszudrücken.

7.215 Gesucht ist eine Formel für das Volumen V des im Bild 7.144 dargestellten Kugelkeiles oder Kugelzweiecks. Dabei ist V durch r und α auszudrücken.

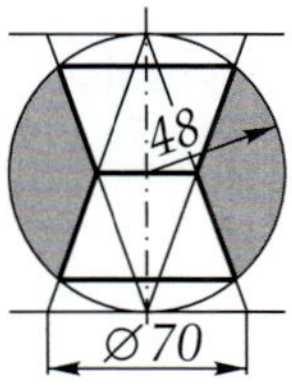

Bild 7.142

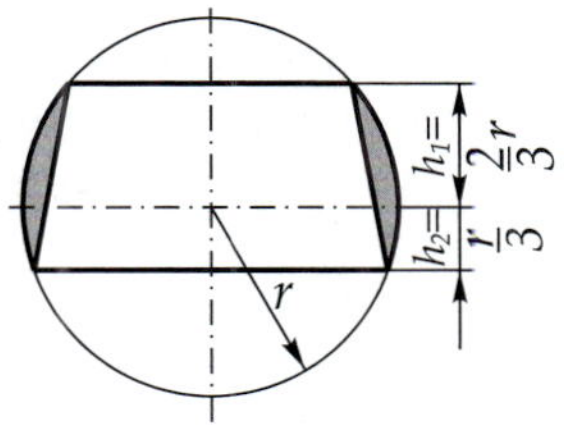

Bild 7.143

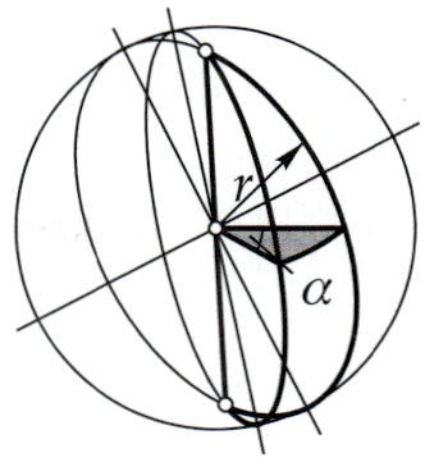

Bild 7.144

7.3.4 Die GULDIN'schen Regeln

Wie zu Beginn des Kapitels schon erwähnt, kann man sich einige Körper, die sogenannten **Rotationskörper**, durch Rotation einer Fläche um eine Achse erzeugt denken.

Der Schweizer Mathematiker PAUL GULDIN[1] erkannte als Erster bestimmte Gesetzmäßigkeiten, die zwischen den Oberflächen bzw. den Rauminhalten von Drehkörpern und der Lage des Schwerpunktes der diese Körper erzeugenden Kurven bzw. Flächen, bestehen.

Auf ihn gehen die **GULDIN'schen Regeln** zurück, mit deren Hilfe die Formeln für die Volumina und für die Mantelflächen von Voll- und Hohlzylinder, geradem Kegel, geradem Kegelstumpf und Kugel auf einfache Weise hergeleitet werden können.

Die beiden GULDIN'schen Regeln lauten wie folgt:

GULDIN'sche Regeln

Das Volumen eines Rotationskörpers ist gleich dem Produkt aus dem Flächeninhalt A der Fläche, die diesen Körper erzeugt, und aus dem Weg w, den der Schwerpunkt dieser Fläche bei einer Umdrehung um die Rotationsachse zurücklegt, siehe Bild 7.145:

$$V = A \cdot w = A \cdot 2\pi\, r_S \tag{7.34}$$

Das Mantelfläche A_M eines Rotationskörpers ist gleich dem Produkt aus der Länge l der Kurve, die diese Fläche erzeugt, und aus dem Weg w, den der Schwerpunkt dieser Kurve bei einer Umdrehung um die Rotationsachse zurücklegt, siehe Bild 7.146:

$$A_M = l \cdot w = l \cdot 2\pi\, r_S \tag{7.35}$$

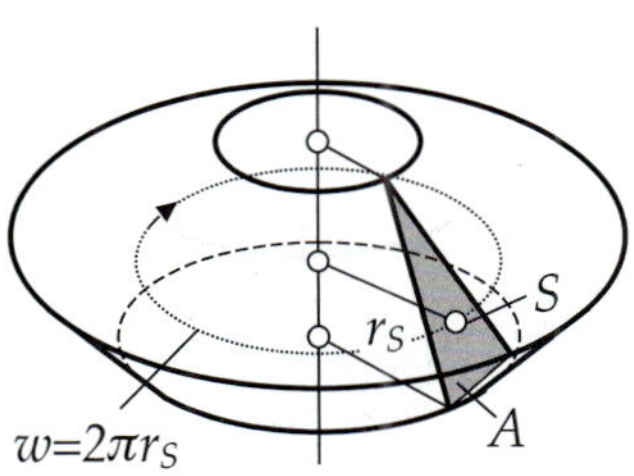

Bild 7.145

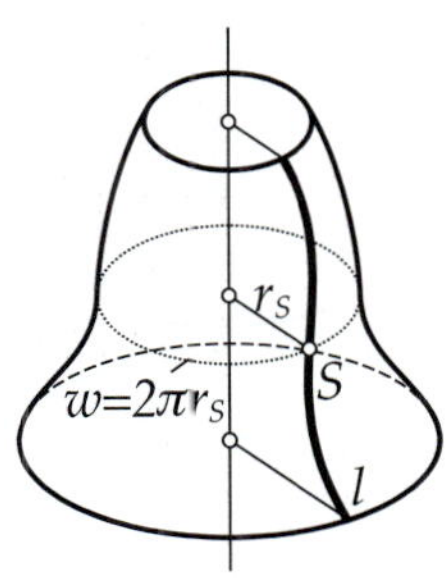

Bild 7.146

[1] geb. am 12. 6. 1577 in St. Gallen, gest. am 3. 11. 1643 in Graz

☞ Auf den Beweis für die Richtigkeit dieser beiden Sätze soll hier verzichtet werden, da hierzu mathematische Hilfsmittel benötigt werden, die über den Rahmen dieses Buches hinaus gehen. Stattdessen soll an einigen Beispielen gezeigt werden, dass die Anwendung dieser beiden Sätze zu richtigen Ergebnissen führt.

Beispiele:

7.32 Ein *Vollzylinder* entsteht, wenn ein Rechteck mit den beiden Seiten r und h um eine Achse rotiert, die mit einer dieser Seiten zusammenfällt, siehe Bild 7.147. Im vorliegenden Fall soll die Rotationsachse mit der Seite h des Rechtecks zusammenfallen.

Lösung: Der Flächeninhalt der rotierenden Fläche ist

$$A = r \cdot h\,.$$

Der Schwerpunkt des Rechtecks liegt im Schnittpunkt der beiden Diagonalen und hat demnach von der der Rotationsachse anliegenden Seite den Abstand

$$r_S = \frac{1}{2}r\,.$$

Damit ist der Weg, den der Schwerpunkt bei einer Umdrehung um die Rotationsachse zurücklegt

$$w = 2\pi \cdot r_S = 2\pi \cdot \frac{r}{2} = \pi r\,.$$

Folglich muss

$$V = A \cdot w = A \cdot \pi r = rh \cdot \pi r$$
$$V = \pi r^2 h$$

sein, was mit unseren bisherig erworbenen Kenntnissen über den Vollzylinder übereinstimmt.

Die *Mantelfläche des Vollzylinders* entsteht, wenn eine zur Zylinderachse parallele Strecke der Länge h im Abstand r um diese Achse rotiert, siehe Bild 7.148.

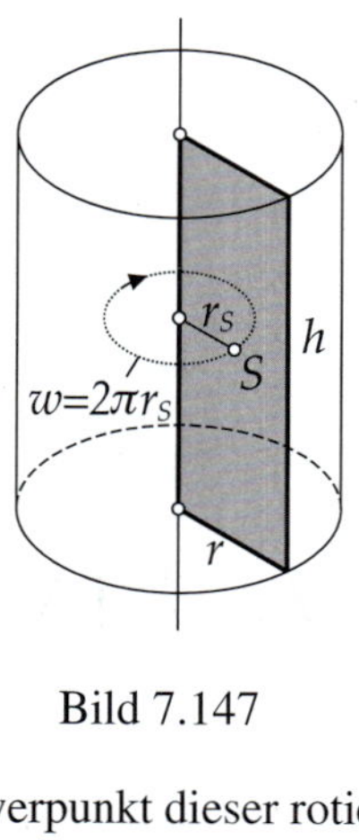

Bild 7.147

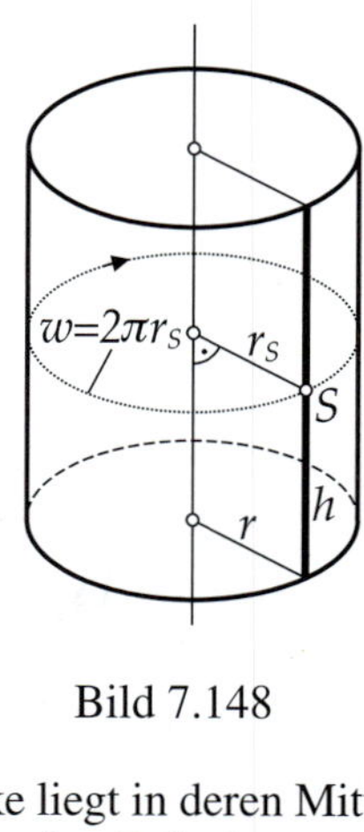

Bild 7.148

Der Schwerpunkt dieser rotierenden Strecke liegt in deren Mittelpunkt und hat damit von der Rotationsachse den Abstand r. Die den Zylindermantel erzeugende Strecke hat die Länge

$$l = h\,.$$

Der Schwerpunkt S der Strecke hat von der Rotationsachse den Abstand

$$r_S = r\,.$$

Bei einer Drehung um die Achse legt der Schwerpunkt den Weg

$$w = 2\pi \cdot r_S = 2\pi r$$

zurück.

Mit diesen Werten folgt aus der zweiten GULDIN'schen Regel $A_M = l \cdot w = h \cdot 2\pi r$.

Damit wird die bereits bekannte Formel $A_M = 2\pi r h$ für die Mantelfläche eines Vollzylinders auf elegante Weise bestätigt.

7.33 Ein *Hohlzylinder* entsteht, wenn ein Rechteck mit den beiden Seiten a und h um eine Achse rotiert. Dabei muss die Rotationsachse außerhalb des Rechtecks liegen und parallel zu einer der Rechteckseiten verlaufen, siehe Bilder 7.149 und 7.150.

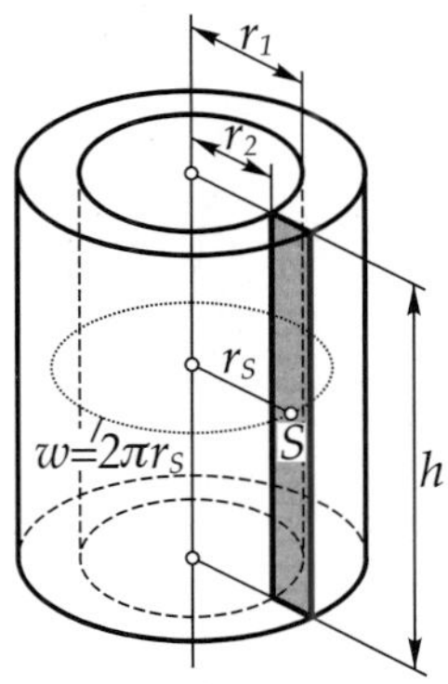

Bild 7.149

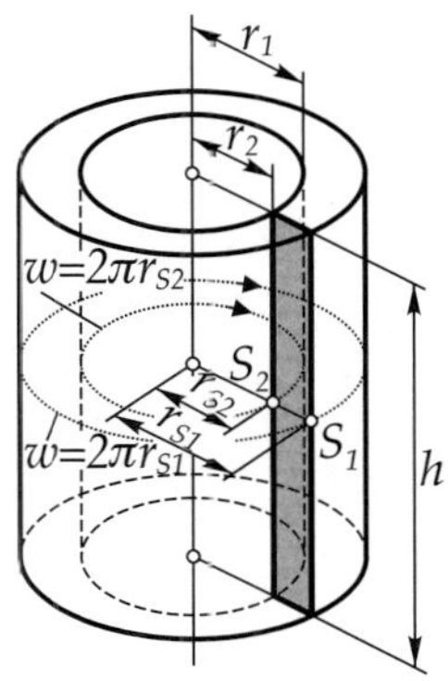

Bild 7.150

Für die *Volumenberechnung* betrachten wir zuerst die erzeugende Fläche mit den Seitenlängen $a = r_1 - r_2$ und h:

$$A = a \cdot h = (r_1 - r_2) \cdot h\,.$$

Abstand des Flächenschwerpunktes von der Rotationsachse:

$$r_S = \frac{r_1 + r_2}{2}\,.$$

Weg des Schwerpunktes bei einer Umdrehung:

$$w = 2\pi \cdot r_S = 2\pi \cdot \frac{r_1 + r_2}{2} = \pi(r_1 + r_2)\,.$$

Mit diesen Werten ergibt sich für das Volumen des Hohlzylinders

$$V = A \cdot w = a\,h \cdot w = (r_1 - r_2) \cdot h \cdot \pi(r_1 + r_2)$$

$$V = \pi h \cdot \left(r_1^2 - r_2^2\right)\,.$$

Berechnung der *Mantelfläche*:

Die erzeugenden Strecken

$$l_1 = h \qquad \text{und} \qquad l_2 = h\,.$$

besitzen als Schwerpunktsabstände von der Drehachse

$$r_{s_1} = r_1 \qquad \text{und} \qquad r_{s_2} = r_2,$$

womit für die Schwerpunktswege bei einer Umdrehung gilt:

$$w_1 = 2\pi \cdot r_1 \qquad \text{und} \qquad w_2 = 2\pi \cdot r_2 \,.$$

Damit wird

$$A_\mathrm{M} = l_1 w_1 + l_2 w_2 = h \cdot 2\pi r_1 + h \cdot 2\pi r_2$$
$$A_\mathrm{M} = 2\pi h \cdot (r_1 + r_2) \,.$$

7.34 Wenn ein gerader *Kegel* erzeugt werden soll, muss ein rechtwinkliges Dreieck um eine seiner beiden Katheten rotieren, siehe Bilder 7.151 und 7.152.

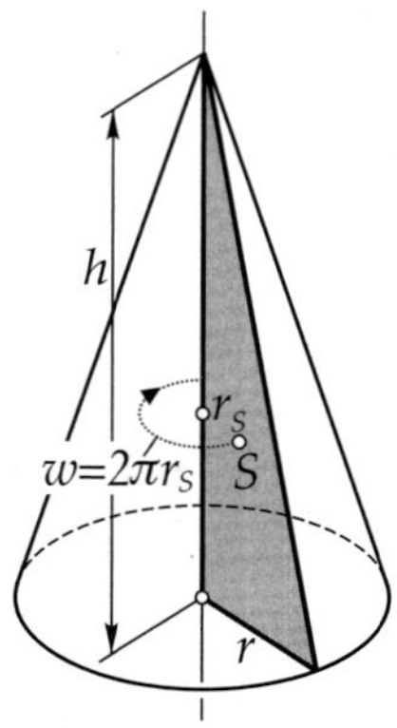

Bild 7.151

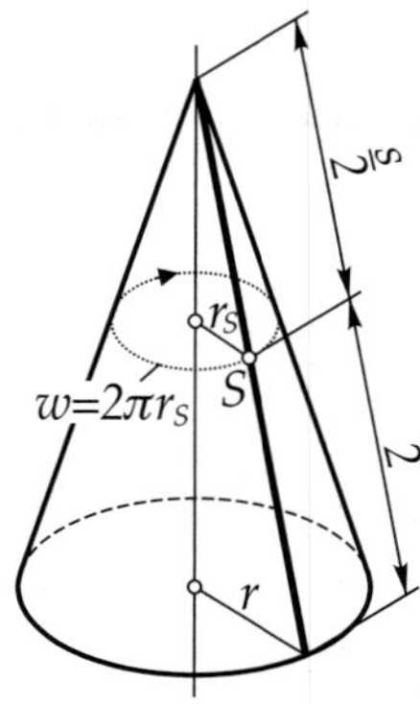

Bild 7.152

Erzeugende Fläche:

$$A = \frac{1}{2} r h \,.$$

In einem Dreieck wird die Seitenhalbierende durch den Schwerpunkt S im Verhältnis 2 : 1 geteilt. Zeichnet man durch den Schwerpunkt eine Parallele zu einer Dreieckseite, so erkennt man aus dem Strahlensatz, dass diese Parallele die beiden anderen Dreieckseiten ebenfalls im Verhältnis 2 : 1 teilt. Somit ergibt sich für den Abstand des Schwerpunktes von der Drehachse:

$$r_\mathrm{S} = \frac{1}{3} r \,.$$

Weg des Schwerpunkts bei einer Umdrehung:

$$w = 2\pi \cdot r_\mathrm{S} = \frac{2}{3}\pi r \,.$$

Damit ergibt sich für das Volumen eines geraden Kegels:

$$V = A \cdot w = \frac{1}{2} r h \cdot \frac{2}{3}\pi r = \frac{\pi}{3} r^2 h \,.$$

Die Berechnung der *Mantelfläche* verläuft wie folgt:

Erzeugende Strecke:

$$l = s \,.$$

Der Strahlensatz in Bild 7.152 liefert für den Schwerpunktsabstand von der Achse:

$$r_\mathrm{S} = \frac{r}{2} \,.$$

Somit ergibt sich für den Schwerpunktsweg:

$$w = 2\pi \cdot r_S = 2\pi \cdot \frac{r}{2} = \pi r\,.$$

Damit ergibt sich die bekannte Formel für den Kegelmantel:

$$A_M = l \cdot w = s \cdot \pi r = \pi r s\,.$$

7.35 Ein *Kegelstumpf* entsteht, wenn ein rechtwinkliges Trapez um seine Grundlinie rotiert.

Volumenberechnung: Das Trapez, durch dessen Rotation der Kegelstumpf entsteht, lässt sich in ein Rechteck und in ein rechtwinkliges Dreieck zerlegen, siehe Bilder 7.153 und 7.154. Damit lässt sich die den Kegelstumpf erzeugende Fläche in zwei Teilflächen zerlegen, in die Rechtecksfläche

$$A_1 = r_2 h$$

und die Dreiecksfläche

$$A_2 = \frac{1}{2}(r_1 - r_2)\,h\,.$$

Die Schwerpunkte der beiden Teilflächen haben von der Rotationsachse die Abstände

$$r_{S_1} = \frac{r_2}{2} \qquad \text{und} \qquad r_{S_2} = \frac{r_1 + 2r_2}{3}\,,$$

siehe auch die Überlegungen zum Schwerpunktsabstand im Beispiel 7.34.

Die Wege, die die beiden Schwerpunkte bei einer Umdrehung um die Rotationsachse zurücklegen, sind

$$w_1 = 2\pi \cdot \frac{r_2}{2} = \pi r_2 \qquad \text{und} \qquad w_2 = 2\pi \cdot \frac{r_1 + 2r_2}{3}\,.$$

Damit wird

$$\begin{aligned} V &= A_1 \cdot w_1 + A_2 \cdot w_2 \\ &= r_2 h \cdot \pi r_2 + \frac{r_1 - r_2}{2} \cdot h \cdot 2\pi \cdot \frac{r_1 + 2r_2}{3} \end{aligned}$$

$$V = \frac{1}{3}\pi h \cdot \left(r_1^2 + r_1 r_2 + r_2^2\right)\,.$$

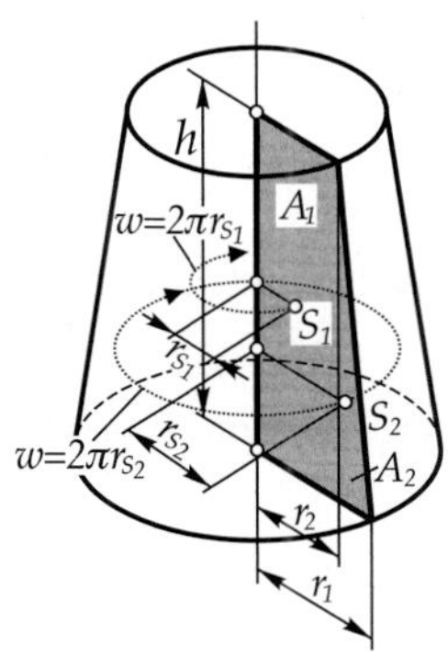

Bild 7.153

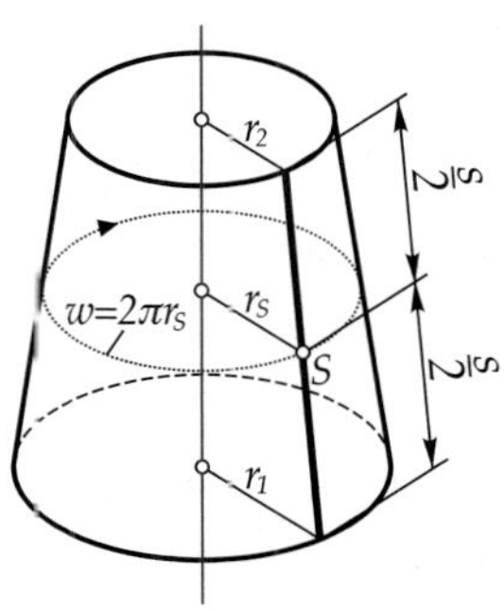

Bild 7.154

Die Berechnung der *Mantelfläche* soll nur stichwortartig vorgeführt werden:

Länge der erzeugenden Strecke:

$$l = s\,, \qquad \text{siehe Bild 7.154.}$$

Aus dem Schwerpunktsabstand von der Drehachse

$$r_S = \frac{r_1 + r_2}{2}$$

erhalten wir den Schwerpunktsweg w und somit die Mantelfläche A_M:

$$w = 2\pi \cdot r_S = 2\pi \cdot \frac{r_1 + r_2}{2} = \pi \cdot (r_1 + r_2)$$

$$A_M = l \cdot w = s \cdot \pi \cdot (r_1 + r_2) = \pi s \cdot (r_1 + r_2)\,.$$

Die Formeln für das Volumen und für die Mantelflächen von Rotationskörpern, die in den letzten Beispielen behandelt wurden, lassen sich auch ohne Zuhilfenahme der GULDIN'schen Regeln herleiten. Daher besteht die wichtigere Anwendungsmöglichkeit der GULDIN'schen Regeln wohl darin, dass man mit ihrer Hilfe auch die Lage des Schwerpunktes einer Fläche oder einer Kurve ermitteln kann.

Dies soll in den beiden folgenden Beispielen gezeigt werden.

Beispiele:

7.36 Rotiert eine Halbkreisfläche um ihren Durchmesser, siehe Bild 7.155, so entsteht eine Kugel.

Deren Volumen ist

$$V = \frac{4}{3}\pi r^3\,.$$

Der Flächeninhalt der rotierenden Halbkreisfläche ist

$$A_{HK} = \frac{1}{2}\pi r^2\,.$$

Setzt man diese Werte für V und A_{HK} in die erste *Guldin*'sche Regel ein, so ergibt sich

$$\frac{4}{3}\pi r^3 = \frac{1}{2}\pi r^2 \cdot 2\pi r_S\,.$$

Hieraus lässt sich der Abstand r_S des *Schwerpunkts der Halbkreisfläche* von der Rotationsachse ermitteln:

$$r_S = \frac{4r}{3\pi}\,.$$

Aus Symmetriegründen muss dieser Schwerpunkt auf der Mittelsenkrechten des Halbkreises liegen.

7.37 Rotiert nur die Halbkreislinie um ihren Durchmesser, siehe Bild 7.156, so wird auch nur die Kugeloberfläche erzeugt.

Deren Flächeninhalt ist

$$A_M = 4\pi r^2\,.$$

Die Länge der rotierenden Halbkreislinie beträgt

$$l_{HK} = \pi r\,.$$

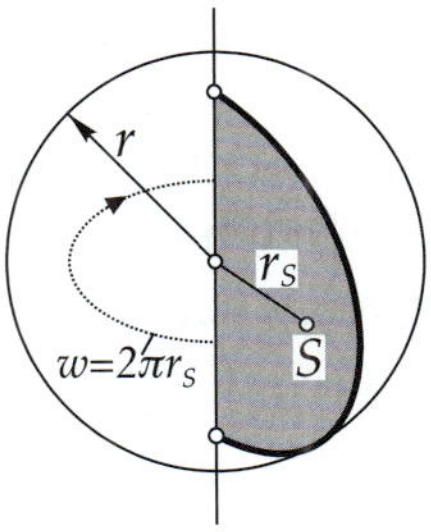

Bild 7.155

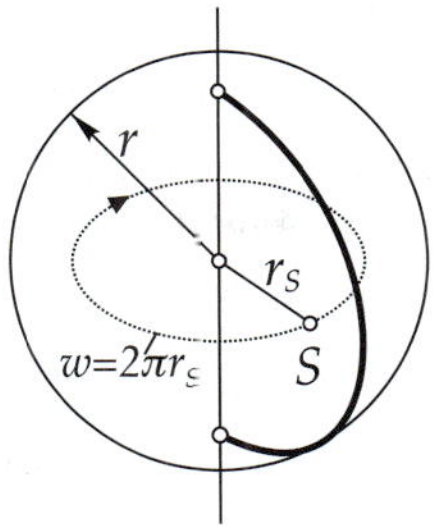

Bild 7.156

Setzt man diese Werte in die zweite GULDIN'sche Regel ein, so erhält man

$$4\pi r^2 = \pi r \cdot 2\pi r_S\,,$$

woraus für den Abstand des *Schwerpunkts der Halbkreislinie*

$$r_S = \frac{2r}{\pi}$$

folgt.

✍ A. 7.216 auf Seite 783

Aufgabe:

7.3.4 Die GULDIN'schen Regeln (Lösungen ab Seite 947)

7.216 Der innere Durchmesser eines straff aufgeblasenen Schwimmringes ist 60 cm. Der kreisförmige Querschnitt des Ringes hat einen Durchmesser von 25 cm.

Welches Volumen und welche Oberfläche besitzt dieser Schwimmring?

Schlussbemerkungen

Diejenigen Leserinnen und Leser, die sich durch dieses Buch mit viel Energie und Fleiß, aber auch mit großer Ausdauer und Geduld und sicherlich auch mit manchem Misserfolg „hindurchgeboxt" haben, verdienen für ihre Mühen Lob. Hoffentlich haben viele die Erkenntnis gewonnen, dass die Mathematik gar nicht so grässlich und so schwer zu verstehen ist, wie es oft behauptet wird.

Das, was in diesem Buch behandelt wurde, gehört zum *Grundwissen, das unbedingt beherrscht werden muss*, wenn man tiefer in die Geheimnisse der Mathematik eindringen will oder wenn man das erworbene Wissen erfolgreich zur Lösung komplizierter technischer oder ökonomischer Probleme einsetzen möchte.

Wer das hier vermittelte Grundwissen nicht sicher und souverän *beherrscht*, wird sehr schnell an die Grenzen seines Könnens stoßen, wenn er sich in seiner fachlichen oder beruflichen Tätigkeit intensiver mit mathematischen Problemen auseinandersetzen muss.

In diesem Buch wurden alle behandelten Themen mit Absicht sehr ausführlich und so anschaulich wie möglich dargestellt. Fehler, die man *selbst* gemacht, aber dann erkannt und überwunden hat, helfen auf dem Weg zum mathematischen Wissen.

Das Buch ist das Ergebnis langjähriger Lehrerfahrungen, die es gestatten, auf die Probleme, die den Lernenden erfahrungsgemäß größere Schwierigkeiten bereiten, ausführlich einzugehen. Möge es dazu beitragen, dass der Leser *Freude und Begeisterung an der Beschäftigung mit mathematischen Problemen* empfindet und in die Lage versetzt wird, die erworbenen Kenntnisse anzuwenden und sich auch mit den weiterführenden Gebieten der sogenannten höheren Mathematik zu beschäftigen.

Da es einem Dichter viel besser gelingt, kluge Gedanken in Worte zu fassen, als das einem Mathematiker möglich ist, sollen zwei deutsche Dichter das Schlusswort zu diesem Buch sprechen:

Das nächste Ziel mit Lust und Freude und
aller Kraft zu verfolgen, ist der einzige Weg,
das fernste zu erreichen.

FRIEDRICH HEBBEL (1813 – 1863)

Es gibt Berge,
über die man hinüber muss,
sonst geht der Weg nicht weiter.

LUDWIG THOMA (1867 – 1921)

Anhang – Mathematische Zeichen, Formelapparat

Ordnungszeichen

Zeichen	Sprechweise	Erläuterungen
1.	erstens	
(8.3)	Formel 3 in Kapitel 8	Benummerung von Formeln
,	Komma	Dezimalzeichen. Zum Trennen von Gruppen bei größeren Zahlen sind weder Komma noch Punkt, sondern Zwischenräume zu verwenden.
...	und so weiter bis	Drei Punkte in gleicher Höhe wie die Zeichen + und − oder auf der Zeile. Die Grenzen gelten als eingeschlossen. *Beispiele:* $k = 1, 2, \ldots, n$ $p = 1 \cdot 2 \cdot \cdots \cdot n$
	und so weiter unbegrenzt	wenn auf ... kein Zeichen folgt *Beispiele:* $n = 1, 2, \ldots$ $\sqrt{2} = 1{,}414\,21\ldots$ $1/2 + 1/4 + 1/8 + \cdots$
$a_1, a_2, \ldots, a_n$	*a* eins, *a* zwei, ..., *a n*	Unterscheidung durch Indizes
$a', a'', \ldots, a^{(n)}$	*a* Strich, *a* zwei Strich, ..., *a n* Strich	Unterscheidung durch hoch gestellte Striche

Gleichheit und Ungleichheit

Zeichen	Sprechweise	Erläuterungen
$=$	gleich, ist gleich	
$\equiv$	identisch gleich	*Beispiel:* $f(x) \equiv 0$ bedeutet, dass die Funktion $f(x)$ an jeder Stelle den Wert null hat.
$\neq$	nicht gleich, ungleich	
$\not\equiv$	nicht identisch gleich	
$\sim$	proportional	*Beispiel:* $U \sim r$ Der Umfang U eines Kreises ist proportional dem Radius r des Kreises.
$\approx$	angenähert, nahezu gleich, (rund, etwa)	*Beispiel:* $\pi \approx 3{,}14$
$\hat{=}$	entspricht	*Beispiel:* $1\,\text{cm} \mathrel{\hat{=}} 5\,\text{m/s}$ bedeutet: 1 cm (z. B. einer Zeichnung) entspricht 5 m/s
$<$	kleiner als	
$>$	größer als	
$\leqq$ oder $\leq$	kleiner oder gleich, höchstens gleich	
$\geqq$ oder $\geq$	größer oder gleich, mindestens gleich	
$\ll$	klein gegen	sehr klein im Vergleich zu, d. h. von *wesentlich* kleinerer Größenordnung
$\gg$	groß gegen	sehr groß im Vergleich zu, d. h. von *wesentlich* größerer Größenordnung

Elementare Rechenoperationen

Zeichen	Sprechweise	Erläuterungen
$+$	plus	
$-$	minus	
$\pm$	plus oder minus	Zwei Rechnungen (Plus- oder Minusrechnung) werden durch einen Ausdruck verkürzt dargestellt: 5 ± 1 bedeutet $5 + 1 = 6$ oder $5 - 1 = 4$.
$\cdot$ oder $\times$	mal	Der Punkt steht auf gleicher Höhe wie die Zeichen $+$ und $-$. Beim Rechnen mit Variablen darf das Multiplikationszeichen weggelassen werden, z. B. $3 \cdot x = 3x$.
—— oder / oder :	durch, geteilt durch, zu	In Formeln ist im Allgemeinen für die Division der waagerechte Strich als Bruchstrich zu verwenden, die Zeichen / und : nur dann, wenn Platz gespart werden soll. Beim Zeichen / wird gelegentlich auch die Sprechweise „je" oder „pro" verwendet; so wird für 5 m/s „5 Meter je Sekunde" oder „5 Meter pro Sekunde" gesagt.
%	Prozent, vom Hundert	$1\ \% = 10^{-2}$ = ein Hundertstel.
‰	Promille, vom Tausend	$1\ ‰ = 10^{-3}$ = ein Tausendstel.
() [] {} ⟨⟩	Runde, eckige, geschweifte, spitze Klammer auf und zu	

Geometrische Zeichen

Zeichen	**Sprechweise**	**Erläuterungen**
$\parallel$	parallel	
$\nparallel$	nicht parallel	
$\uparrow\uparrow$	gleichsinnig parallel	
$\uparrow\downarrow$	gegensinnig parallel	
$\perp$	rechtwinklig zu, senkrecht auf	
$\triangle ABC$	Dreieck ABC	A, B und C sind die Eckpunkte des Dreiecks.
$\sim$	ähnlich	
$\cong$	kongruent	
$\measuredangle$	Winkel	$\measuredangle CBA$ ist der Winkel mit dem Scheitel im Punkt B zwischen den beiden Schenkeln $\overline{BC}$ und $\overline{BA}$; Orientierung im Gegenuhrzeigersinn.
$\overline{AB}$	Strecke AB	Länge der Strecke AB: $\text{dist}(A, B) = \lvert \overline{AB} \rvert$.
$\overset{\frown}{AB}$	Bogen AB	

Formelzeichen

Zeichen	Bedeutung	Zeichen	Bedeutung
	1. Raum und Zeit		
$\alpha, \beta, \gamma, \cdots$	Winkel	A	Fläche
ω, Ω	Raumwinkel	A	Querschnitt, Querschnittsfläche
l	Länge	V	Volumen, Raum
b	Breite	t	Zeit, Dauer
h	Höhe	v	Geschwindigkeit[1)]
r	Radius (Halbmesser, Fahrstrahl)	a	Beschleunigung[1)]
d	Durchmesser	g	Fallbeschleunigung
	2. Mechanik		
m	Masse	G, F, F_G	Gewichtskraft
ϱ	Dichte[1)]	F	Kraft

[1)] siehe Abschnitt 3.1.3.10.1

Maßeinheiten

	Name der Einheit	Kurz-zeichen	Definition der Einheit
Länge	Meter	m	Das Meter ist die Länge der Strecke, die Licht im Vakuum während der Dauer von $1/299\,792\,458$ Sekunden durchläuft.
Fläche	Quadratmeter	m^2	1 Quadratmeter ist die Fläche eines Quadrates mit der Seitenlänge 1 m.
	Ar	a	$1\,\mathrm{a} = 100\,\mathrm{m}^2$.
	Hektar	ha	$1\,\mathrm{ha} = 100\,\mathrm{a} = 10\,000\,\mathrm{m}^2$. Hektar = „Hekto-Ar“
Winkel	Radiant	rad	Der Radiant ist der ebene Winkel, der von zwei vom Mittelpunkt eines Kreises vom Radius $r = 1\,\mathrm{m}$ ausgehenden Strahlen gebildet wird, die auf dem Umfang dieses Kreises einen Bogen der Länge 1 m einschließen.
	Grad	$^\circ$	$1^\circ = \dfrac{\pi}{180}\,\mathrm{rad} \approx 1{,}745329 \cdot 10^{-2}\,\mathrm{rad}$
	Minute	$'$	$1' = \dfrac{\pi}{10\,800}\,\mathrm{rad} \approx 2{,}908\,882 \cdot 10^{-4}\,\mathrm{rad}$
	Sekunde	$''$	$1'' = \dfrac{\pi}{648\,000}\,\mathrm{rad} \approx 4{,}848\,137 \cdot 10^{-6}\,\mathrm{rad}$
	Gon (Neugrad)	gon	$1\,\mathrm{gon} = \dfrac{\pi}{200}\,\mathrm{rad} \approx 1{,}570\,796 \cdot 10^{-2}\,\mathrm{rad}$

Vorsätze zur Bildung dezimaler Vielfache und Teile von Einheiten

Vorsatz	Kurzzeichen	Faktor, mit dem die Einheit multipliziert wird	Vorsatz	Kurzzeichen	Faktor, mit dem die Einheit multipliziert wird
Exa	E	10^{18}	Dezi	d	10^{-1}
Peta	P	10^{15}	Zenti	c	10^{-2}
Tera	T	10^{12}	Milli	m	10^{-3}
Giga	G	10^{9}	Mikro	µ	10^{-6}
Mega	M	10^{6}	Nano	n	10^{-9}
Kilo	k	10^{3}	Piko	p	10^{-12}
Hekto	h	10^{2}	Femto	f	10^{-15}
Deka	da	10	Atto	a	10^{-18}

Das griechische Alphabet

(Große und kleine Buchstaben.)

A	α	Alpha	I	ι	Iota	P	ρ	Rho
B	β	Beta	K	κ	Kappa	Σ	σ	Sigma
Γ	γ	Gamma	Λ	λ	Lambda	T	τ	Tau
Δ	δ	Delta	M	μ	Mü	Y	υ	Ypsilon
E	ε	Epsilon	N	ν	Nü	Φ	φ	Phi
Z	ζ	Zeta	Ξ	ξ	Ksi	X	χ	Chi
H	η	Eta	O	o	Omikron	Ψ	ψ	Psi
Θ	ϑ	Theta	Π	π	Pi	Ω	ω	Omega

Abkürzungen und Symbole aus der Mengenlehre und der Logik

Abkürzung, Symbol	Bedeutung
$x \in \mathrm{M}$	x ist Element der Menge M, x gehört zur Menge M.
$x \notin \mathrm{M}$	x ist kein Element der Menge M, x gehört *nicht* zur Menge M.
$\mathrm{A} \subset \mathrm{B}$	A ist Untermenge (Teilmenge) von B.
$\mathrm{B} \supset \mathrm{A}$	B ist Obermenge von A.
$\mathrm{A} \cup \mathrm{B}$	Vereinigungsmenge von A und B.
$\mathrm{A} \cap \mathrm{B}$	Durchschnittsmenge von A und B.
$\mathrm{A} \setminus \mathrm{B}$	Differenzmenge von A und B.
$\mathbf{N}$	Menge der natürlichen Zahlen: $\mathbf{N} = \{0;\ 1;\ 2;\ 3;\ \ldots\}$.
$\mathbf{N}^* = \mathbf{N}^+$	Menge der positiven ganzen Zahlen: $\mathbf{N}^* = \{1;\ 2;\ 3;\ \ldots\}$.
$\mathbf{Z}$	Menge der ganzen Zahlen: $\mathbf{Z} = \{\ldots;\ -2;\ -1;\ 0;\ 1;\ 2;\ \ldots\}$.
$\mathbf{Q}$	Menge der rationalen Zahlen.
$\mathbf{Q}^+ = \mathbf{Q}^{>0}$	Menge der positiven rationalen Zahlen.
$\mathbf{Q}^* = \mathbf{Q}^{\neq 0}$	Menge der rationalen Zahlen ohne null.
$\mathbf{R}$	Menge der reellen Zahlen.
$\mathbf{R}^+ = \mathbf{R}^{>0}$	Menge der positiven reellen Zahlen.
$\mathbf{R}^{\geq 0}$	Menge der nicht-negativen reellen Zahlen.
$\mathbf{R}^* = \mathbf{R}^{\neq 0}$	Menge der reellen Zahlen ohne null.
$\{x \mid x < 5 \wedge x \in \mathbf{N}\}$	Menge, bestehend aus Elementen x, die die Eigenschaften haben, dass $x < 5$ und $x \in \mathbf{N}$ ist. *Anmerkung:* Der senkrechte Strich, der hier in der Bedeutung „mit der Eigenschaft“ verwendet wird, tritt auch in anderen Zusammenhängen auf, z. B. bei $a \mid b$ (a ist Teiler von b) oder $\mid a \mid$ (Betrag von a).
$\{x_1; x_2; x_3;\ \ldots; x_n\}$	Menge, bestehend aus den Elementen $x_1,\ x_2,\ \ldots,\ x_n$.
$\emptyset = \{\ \}$	Leere Menge.
$\{0\}$	Menge, die nur das Element 0 enthält – sie ist nicht leer.
$\{a; b\}$	Menge, die die beiden Elemente a und b enthält.
$(x\,;\,y)$	Geordnetes Paar.
$P(x \mid y)$	Punkt P mit den Koordinaten x und y.
$]\,a\,;\,b\,[\, = (a\,;\,b)$	Beiderseits offenes Intervall von a bis b.
$]\,a\,;\,b\,] = (a\,;\,b\,]$	Links offenes, rechts abgeschlossenes Intervall von a bis b.
$[\,a\,;\,b\,[\, = [a\,;\,b)$	Links abgeschlossenes, rechts offenes Intervall von a bis b.
$[\,a\,;\,b\,]$	Beiderseits abgeschlossenes Intervall von a bis b.
$\wedge$	„und“ (Konjunktion)
$\vee$	„oder“ (Disjunktion)
$\Rightarrow$	„wenn …, dann …“ (Implikation)
$\Leftrightarrow$	„genau wenn …, dann …“ (Äquivalenz)

Formelapparat für regelmäßige Vielecke

Auf den folgenden Seiten sind wichtige Formeln für gleichseitige Vielecke aufgeführt. In den Zeilen wird jeweils beschrieben, wie die Größen des Vielecks von den in den Spalten genannten Größen abhängen. Zur besseren Unterscheidung werden die Größen durch die jeweilige Anzahl der Ecken indiziert. Mit s_3 wird somit die Seitenlänge eines Dreiecks, mit s_4 die eines Quadrats usw. beschrieben.

Die Hinweise (☞) beziehen sich auf Beispiele, Bilder oder Aufgaben, in denen der jeweilige Zusammenhang erläutert oder hergeleitet wird. Das Symbol ⊛ weist auf elementare Formeln hin, die sich direkt aus den jeweiligen Grundformeln oder Bildern ableiten lassen.

Formeln zum gleichseitigen Dreieck in Bild A.1, Seite 805

Dreieck	s_3	r_i	r_u
$s_3(\ldots) =$	—	$2\sqrt{3}\cdot r_\mathrm{i}$ ☞ Aufg. 5.153 [1], S. 642	$\sqrt{3}\cdot r_\mathrm{u}$ ☞ Aufg. 5.153 [1], S. 642
$r_\mathrm{i}(\ldots) =$	$\frac{1}{6}\sqrt{3}\cdot s_3$ ☞ Aufg. 5.140, S. 641 ⊛	—	$\frac{1}{2}\cdot r_\mathrm{u}$ ☞ Bild 5.29, S. 569 ⊛
$r_\mathrm{u}(\ldots) =$	$\frac{1}{3}\sqrt{3}\cdot s_3$ ☞ Aufg. 5.140, S. 641 ⊛	$2\cdot r_\mathrm{i}$ ☞ Bild 5.29, S. 569 ⊛	—
$A_3(\ldots) =$	$\frac{1}{4}\sqrt{3}\cdot s_3^2$ ☞ Formel (5.16), S. 621 ⊛	$3\sqrt{3}\cdot r_\mathrm{i}^2$ ☞ Aufg. 5.153 [2], S. 642	$\frac{3}{4}\sqrt{3}\cdot r_\mathrm{u}^2$ ☞ Aufg. 5.153 [2], S. 642
$U_3(\ldots) =$	$3\cdot s_3$ ☞ Bild 5.29, S. 569 ⊛	$6\sqrt{3}\cdot r_\mathrm{i}$ ☞ Aufg. 5.153 [2], S. 642	$3\sqrt{3}\cdot r_\mathrm{u}$ ☞ Aufg. 5.153 [2], S. 642
$t(\ldots) =$	$\frac{1}{2}\sqrt{3}\cdot s_3$ ☞ Bsp. 5.31, S. 596 ⊛	$3\cdot r_\mathrm{i}$ ☞ Aufg. 5.153 [1], S. 642	$\frac{3}{2}\cdot r_\mathrm{u}$ ☞ Aufg. 5.153 [1], S. 642

s_3: Länge der Dreiecksseite, A_3: Flächeninhalt, U_3: Umfang, r_i: Inkreisradius, r_u: Umkreisradius

Auf der Seite 569 konnten wir bereits herleiten, dass die vier Dreieckstransversalen t_i (Höhen, Seitenhalbierenden, Mittelsenkrechten, Winkelhalbierenden) gleichwertig sind, weshalb wir sie in dieser Übersicht nur allgemein als Transversale t erwähnen:

$$t_i = h_i = s_i = m_i = w_i.$$

A_3	U_3	t
$\frac{2}{3}\sqrt{3A_3\sqrt{3}}$ ☞ Aufg. 5.153 [1], S. 642	$\frac{1}{3}\cdot U_3$ ☞ Aufg. 5.153 [1], S. 642	$\frac{2}{3}\sqrt{3}\cdot t$ ☞ Aufg. 5.153 [1], S. 642
$\frac{1}{3}\sqrt{A_3\sqrt{3}}$ ☞ Aufg. 5.153 [3], S. 642	$\frac{1}{18}\sqrt{3}\cdot U_3$ ☞ Aufg. 5.153 [3], S. 642	$\frac{1}{3}\cdot t$ ☞ Bild 5.29, S. 569 ⊛
$\frac{2}{3}\sqrt{A_3\sqrt{3}}$ ☞ Aufg. 5.153 [3], S. 642	$\frac{1}{9}\sqrt{3}\cdot U_3$ ☞ Aufg. 5.153 [3], S. 642	$\frac{2}{3}\cdot t$ ☞ Bild 5.29, S. 569 ⊛
—	$\frac{1}{36}\sqrt{3}\cdot U_3^2$ ☞ Aufg. 5.143, S. 641 ⊛	$\frac{1}{3}\sqrt{3}\cdot t^2$ ☞ Aufg. 5.153 [2], S. 642
$2\sqrt{3A_3\sqrt{3}}$ ☞ Aufg. 5.153 [1], S. 642	—	$2\sqrt{3}\cdot t$ ☞ Aufg. 5.153 [1], S. 642
$\sqrt{A_3\sqrt{3}}$ ☞ Aufg. 5.153 [3], S. 642	$\frac{1}{6}\sqrt{3}\cdot U_3$ ☞ Aufg. 5.143, S. 641 ⊛	—

Formeln zum gleichseitigen Viereck (Quadrat) in Bild A.2 auf Seite 805

Viereck	s_4	r_i	r_u
$s_4(\ldots) =$	—	$2 \cdot r_i$ ☞ Bild A.2, S. 805 ⊛	$\sqrt{2} \cdot r_u$ ☞ Aufg. 5.154 [2], S. 643
$r_i(\ldots) =$	$\frac{1}{2} \cdot s_4$ ☞ Bild A.2, S. 805 ⊛	—	$\frac{1}{2}\sqrt{2} \cdot r_u$ ☞ Aufg. 5.154 [4], S. 643
$r_u(\ldots) =$	$\frac{1}{2}\sqrt{2} \cdot s_4$ ☞ Aufg. 5.154 [2], S. 643	$\sqrt{2} \cdot r_i$ ☞ Aufg. 5.154 [4], S. 643	—
$A_4(\ldots) =$	s_4^2 ☞ Formel (5.9), S. 619 ⊛	$4 \cdot r_i^2$ ☞ Aufg. 5.154 [4], S. 643	$2 \cdot r_u^2$ ☞ Aufg. 5.154 [4], S. 643
$U_4(\ldots) =$	$4 \cdot s_4$ ☞ Formel (5.9), S. 619 ⊛	$8 \cdot r_i$ ☞ Bild A.2, S. 805 ⊛	$4\sqrt{2} \cdot r_u$ ☞ Aufg. 5.154 [4], S. 643
$d_4(\ldots) =$	$\sqrt{2} \cdot s_4$ ☞ Aufg. 5.154 [2], S. 643	$2\sqrt{2} \cdot r_i$ ☞ Aufg. 5.154 [4], S. 643	$2 \cdot r_u$ ☞ Bild A.2, S. 805 ⊛

s_4: Länge der Quadratseite, A_4: Flächeninhalt, U_4: Umfang, r_i: Inkreisradius, r_u: Umkreisradius, d_4: Diagonale

Die Hinweise (☞) beziehen sich auf Beispiele, Bilder oder Aufgaben, in denen der jeweilige Zusammenhang erläutert oder hergeleitet wird.

A_4	U_4	d_4
$\sqrt{A_4}$ ☞ Aufg. 5.154 [3], S. 643	$\frac{1}{4} \cdot U_4$ ☞ Bild A.2, S. 805 ⊛	$\frac{1}{2}\sqrt{2} \cdot d_4$ ☞ Aufg. 5.154 [2], S. 643
$\frac{1}{2}\sqrt{A_4}$ ☞ Aufg. 5.154 [4], S. 643	$\frac{1}{8} \cdot U_4$ ☞ Bild A.2, S. 805 ⊛	$\frac{1}{4}\sqrt{2} \cdot d_4$ ☞ Aufg. 5.154 [4], S. 643
$\frac{1}{2}\sqrt{2A_4}$ ☞ Aufg. 5.154 [4], S. 643	$\frac{1}{8}\sqrt{2} \cdot U_4$ ☞ Aufg. 5.154 [4], S. 643	$\frac{1}{2} \cdot d_4$ ☞ Bild A.2, S. 805 ⊛
—	$\frac{1}{16} \cdot U_4^2$ ☞ Aufg. 5.154 [4], S. 643	$\frac{1}{2} \cdot d_4^2$ ☞ Aufg. 5.154 [4], S. 643
$4\sqrt{A_4}$ ☞ Aufg. 5.154 [4], S. 643	—	$2\sqrt{2} \cdot d_4$ ☞ Aufg. 5.154 [4], S. 643
$\sqrt{2A_4}$ ☞ Aufg. 5.154 [4], S. 643	$\frac{1}{4}\sqrt{2} \cdot U_4$ ☞ Aufg. 5.154 [4], S. 643	—

Formeln zum gleichseitigen Fünfeck in Bild A.3, Seite 805

Fünfeck	s_5	r_i	r_u
$s_5(\ldots) =$	—	$2\sqrt{5-2\sqrt{5}}\cdot r_\mathrm{i}$ ☞ Aufg. 5.155 $\boxed{4}$, S. 643	$\frac{1}{2}\sqrt{2\cdot\left(5-\sqrt{5}\right)}\cdot r_\mathrm{u}$ ☞ Aufg. 5.155 $\boxed{3}$, S. 643
$r_\mathrm{i}(\ldots) =$	$\frac{1}{10}\sqrt{5\cdot\left(5+2\sqrt{5}\right)}\cdot s_5$ ☞ Aufg. 5.155 $\boxed{4}$, S. 643	—	$\frac{1}{4}\left(1+\sqrt{5}\right)\cdot r_\mathrm{u} = \frac{1}{2}\,\Phi\cdot r_\mathrm{u}$ ☞ Aufg. 5.155 $\boxed{4}$, S. 643
$r_\mathrm{u}(\ldots) =$	$\frac{1}{10}\sqrt{10\cdot\left(5+\sqrt{5}\right)}\cdot s_5$ ☞ Aufg. 5.155 $\boxed{3}$, S. 643	$\left(\sqrt{5}-1\right)\cdot r_\mathrm{i} = 2\,\varphi\cdot r_\mathrm{i}$ ☞ Aufg. 5.155 $\boxed{4}$, S. 643	—
$A_5(\ldots) =$	$\frac{1}{4}\sqrt{5\cdot\left(5+2\sqrt{5}\right)}\cdot s_5^2$ ☞ Aufg. 5.155 $\boxed{2}$, S. 643	$5\sqrt{5-2\sqrt{5}}\cdot r_\mathrm{i}^2$ ☞ Aufg. 5.155 $\boxed{5}$, S. 643	$\frac{5}{8}\sqrt{2\cdot\left(5+\sqrt{5}\right)}\cdot r_\mathrm{u}^2$ ☞ Aufg. 5.155 $\boxed{3}$, S. 643
$U_5(\ldots) =$	$5\cdot s_5$ ☞ Bild A.3, S. 805 ⊛	$10\sqrt{5-2\sqrt{5}}\cdot r_\mathrm{i}$ ☞ Aufg. 5.155 $\boxed{5}$, S. 643	$\frac{5}{2}\sqrt{2\cdot\left(5-\sqrt{5}\right)}\cdot r_\mathrm{u}$ ☞ Aufg. 5.155 $\boxed{5}$, S. 643
$d_5(\ldots) =$	$\frac{1}{2}\left(1+\sqrt{5}\right)\cdot s_5 = \Phi\cdot s_5$ ☞ Aufg. 5.61 a, S. 618 ⊛	$\sqrt{2\cdot\left(5-\sqrt{5}\right)}\cdot r_\mathrm{i}$ ☞ Aufg. 5.155 $\boxed{5}$, S. 643	$\frac{1}{2}\sqrt{2\cdot\left(5+\sqrt{5}\right)}\cdot r_\mathrm{u}$ ☞ Aufg. 5.155 $\boxed{5}$, S. 643

s_5: Länge der Fünfeckseite, A_5: Flächeninhalt, U_5: Umfang, r_i: Inkreisradius, r_u: Umkreisradius, d_5: Diagonale

Die Hinweise (☞) beziehen sich auf Beispiele, Bilder oder Aufgaben, in denen der jeweilige Zusammenhang erläutert oder hergeleitet wird.

A_5	U_5	d_5
$\frac{2}{5}\cdot\sqrt{5A_5\cdot\sqrt{5-2\sqrt{5}}}$ ☞ Aufg. 5.155 $\boxed{2}$, S. 643	$\frac{1}{5}\cdot U_5$ ☞ Abb. A.3, S. 805 ⊛	$\frac{1}{2}\left(\sqrt{5}-1\right)\cdot d_5=\varphi\cdot d_5$ ☞ Aufg. 5.61 b, S. 618 ⊛
$\frac{1}{5}\cdot\sqrt{A_5\cdot\sqrt{5\cdot\left(5+2\sqrt{5}\right)}}$ ☞ Aufg. 5.155 $\boxed{5}$, S. 643	$\frac{1}{50}\sqrt{5\cdot\left(5+2\sqrt{5}\right)}\cdot U_5$ ☞ Aufg. 5.155 $\boxed{5}$, S. 643	$\frac{1}{20}\sqrt{10\cdot\left(5+\sqrt{5}\right)}\cdot d_5$ ☞ Aufg. 5.155 $\boxed{5}$, S. 643
$\frac{1}{5}\cdot\sqrt{2A_5\cdot\sqrt{10\cdot\left(5-\sqrt{5}\right)}}$ ☞ Aufg. 5.155 $\boxed{3}$, S. 643	$\frac{1}{50}\sqrt{10\cdot\left(5+\sqrt{5}\right)}\cdot U_5$ ☞ Aufg. 5.155 $\boxed{5}$, S. 643	$\frac{1}{10}\sqrt{10\cdot\left(5-\sqrt{5}\right)}\cdot d_5$ ☞ Aufg. 5.155 $\boxed{5}$, S. 643
—	$\frac{1}{100}\sqrt{5\cdot\left(5+2\sqrt{5}\right)}\cdot U_5^2$ ☞ Aufg. 5.155 $\boxed{5}$, S. 643	$\frac{1}{8}\sqrt{10\cdot\left(5-\sqrt{5}\right)}\cdot d_5^2$ ☞ Aufg. 5.155 $\boxed{5}$, S. 643
$2\cdot\sqrt{5A_5\cdot\sqrt{5-2\sqrt{5}}}$ ☞ Aufg. 5.155 $\boxed{5}$, S. 643	—	$\frac{5}{2}\left(\sqrt{5}-1\right)\cdot d_5=5\,\varphi\cdot d_5$ ☞ Aufg. 5.155 $\boxed{5}$, S. 643
$\frac{1}{5}\sqrt{10A_5\cdot\sqrt{2\cdot\left(5+\sqrt{5}\right)}}$ ☞ Aufg. 5.155 $\boxed{5}$, S. 643	$\frac{1}{10}\left(1+\sqrt{5}\right)\cdot U_5=\frac{1}{5}\Phi\cdot U_5$ ☞ Aufg. 5.155 $\boxed{5}$, S. 643	Alle Diagonalen sind gleich lang!

Formeln zum regulären Sechseck in Bild A.4, Seite 805

Sechseck	s_6	r_i	r_u
$s_6(\ldots) =$	—	$\frac{2}{3}\sqrt{3}\cdot r_i$ ☞ Aufg. 5.156 [2], S. 643	r_u ☞ Bild 5.174, S. 643 ⊛
$r_i(\ldots) =$	$\frac{1}{2}\sqrt{3}\cdot s_6$ ☞ Aufg. 5.156 [2], S. 643	—	$\frac{1}{2}\sqrt{3}\cdot r_u$ ☞ Aufg. 5.156 [4], S. 643
$r_u(\ldots) =$	s_6 ☞ Aufg. 5.159, S. 643 ⊛	$\frac{2}{3}\sqrt{3}\cdot r_i$ ☞ Aufg. 5.156 [4], S. 643	—
$A_6(\ldots) =$	$\frac{3}{2}\sqrt{3}\cdot s_6^2$ ☞ Aufg. 5.159, S. 643 ⊛	$2\sqrt{3}\cdot r_i^2$ ☞ Aufg. 5.156 [4], S. 643	$\frac{3}{2}\sqrt{3}\cdot r_u^2$
$U_6(\ldots) =$	$6\cdot s_6$ ☞ Bild 5.174, S. 643 ⊛	$4\sqrt{3}\cdot r_i$ ☞ Aufg. 5.156 [4], S. 643	$6\cdot r_u$ ☞ Aufg. 5.156 [3], S. 643
$d_{6_{(13)}}(\ldots) =$	$\sqrt{3}\cdot s_6$ ☞ Aufg. 5.156 [3], S. 643	$2\cdot r_i$ ☞ Bild A.4, S. 805 ⊛	$\sqrt{3}\cdot r_u$ ☞ Aufg. 5.156 [4], S. 643
$d_{6_{(14)}}(\ldots) =$	$2\cdot s_6$ ☞ Aufg. 5.156 [3], S. 643	$\frac{4}{3}\sqrt{3}\cdot r_i$ ☞ Aufg. 5.156 [4], S. 643	$2\cdot r_u$ ☞ Bild A.4, S. 805 ⊛

Analog lauten die Größen für ein Sechseck: Seitenlänge s_6, Inkreisradius r_i, Umkreisradius r_u, Fläche A_6, Umfang U_6 und die Diagonalen $d_{6_{(13)}}$, $d_{6_{(14)}}$.

Die Hinweise (☞) beziehen sich auf Beispiele, Bilder oder Aufgaben, in denen der jeweilige Zusammenhang erläutert oder hergeleitet wird.

A_6	U_6	$d_{6_{(13)}}$	$d_{6_{(14)}}$
$\frac{1}{3}\sqrt{2A_6\sqrt{3}}$ ☞ Aufg. 5.156 [3], S. 643	$\frac{1}{6}\cdot U_6$ ☞ Bild 5.174, S. 643 ⊛	$\frac{1}{3}\sqrt{3}\cdot d_{6_{(13)}}$ ☞ Aufg. 5.39 [3], S. 602 ⊛	$\frac{1}{2}\cdot d_{6_{(14)}}$ ☞ Aufg. 5.156 [3], S. 643
$\frac{1}{6}\sqrt{6A_6\sqrt{3}}$ ☞ Aufg. 5.156 [4], S. 643	$\frac{1}{12}\sqrt{3}\cdot U_6$ ☞ Aufg. 5.156 [4], S. 643	$\frac{1}{2}\cdot d_{6_{(13)}}$ ☞ Bild A.4, S. 805 ⊛	$\frac{1}{4}\sqrt{3}\cdot d_{6_{(14)}}$ ☞ Aufg. 5.156 [4], S. 643
$\frac{1}{3}\sqrt{2A_6\sqrt{3}}$ ☞ Aufg. 5.156 [4], S. 643	$\frac{1}{6}\cdot U_6$ ☞ Aufg. 5.156 [3], S. 643	$\frac{1}{3}\sqrt{3}\cdot d_{6_{(13)}}$ ☞ Aufg. 5.156 [4], S. 643	$\frac{1}{2}\cdot d_{6_{(14)}}$ ☞ Bild A.4, S. 805 ⊛
— ☞ Aufg. 5.156 [4], S. 643	$\frac{1}{24}\sqrt{3}\cdot U_6^2$ ☞ Aufg. 5.163 b, S. 643 ⊛	$\frac{1}{2}\sqrt{3}\cdot d_{6_{(13)}}^2$ ☞ Aufg. 5.156 [4], S. 643	$\frac{3}{8}\sqrt{3}\cdot d_{6_{(14)}}^2$ ☞ Aufg. 5.156 [4], S. 643
$2\sqrt{2A_6\sqrt{3}}$ ☞ Aufg. 5.156 [3], S. 643	—	$2\sqrt{3}\cdot d_{6_{(13)}}$ ☞ Aufg. 5.156 [4], S. 643	$3\cdot d_{6_{(14)}}$ ☞ Aufg. 5.156 [4], S. 643
$\frac{1}{3}\sqrt{6A_6\sqrt{3}}$ ☞ Aufg. 5.156 [4], S. 643	$\frac{1}{6}\sqrt{3}\cdot U_6$ ☞ Aufg. 5.156 [4], S. 643	—	$\frac{1}{2}\sqrt{3}\cdot d_{6_{(14)}}$ ☞ Aufg. 5.156 [4], S. 643
$\frac{2}{3}\sqrt{2A_6\sqrt{3}}$ ☞ Aufg. 5.156 [4], S. 643	$\frac{1}{3}\cdot U_6$ ☞ Aufg. 5.156 [4], S. 643	$\frac{2}{3}\sqrt{3}\cdot d_{6_{(13)}}$ ☞ Aufg. 5.156 [4], S. 643	—

Die 9 möglichen[1] Diagonalen eines Sechsecks treten in zwei verschiedenen Längen auf:

- Die sechs kurzen Diagonalen $d_{6_{(13)}}$ überspringen jeweils einen Eckpunkt und verbinden z. B. den ersten mit dem dritten, den zweiten mit dem vierten Punkt usw. und beschreiben dabei den Abstand der parallelen Sechseckseiten.
- Die drei längeren Diagonalen $d_{6_{(14)}}$ verlaufen durch den Mittelpunkt und überspringen somit jeweils zwei Eckpunkte:

$$d_{6_{(14)}} = |\overline{P_1P_4}| = |\overline{P_2P_5}| = |\overline{P_3P_6}|$$

[1] s. a. Seite 577

Formeln zum regulären Achteck in Bild A.5, Seite 805

Achteck	s_8	r_i	r_u	A_8
$s_8(\ldots) =$	—	$2(\sqrt{2}-1)\cdot r_\mathrm{i}$ ☞ Bsp. 5.49, S. 624 ⊛	$\sqrt{2-\sqrt{2}}\cdot r_\mathrm{u}$ ☞ Bsp. 5.49, S. 624 ⊛	$\frac{1}{2}\sqrt{2A_8(\sqrt{2}-1)}$ ☞ Aufg. 5.157 [3], S. 643
$r_\mathrm{i}(\ldots) =$	$\frac{1}{2}(1+\sqrt{2})\cdot s_8$ ☞ Bsp. 5.49, S. 624 ⊛	—	$\frac{1}{2}\sqrt{2+\sqrt{2}}\cdot r_\mathrm{u}$ ☞ Bsp. 5.49, S. 624 ⊛	$\frac{1}{4}\sqrt{2A_8(1+\sqrt{2})}$ ☞ Aufg. 5.157 [2], S. 643
$r_\mathrm{u}(\ldots) =$	$\frac{1}{2}\sqrt{2(2+\sqrt{2})}\cdot s_8$ ☞ Aufg. 5.157 [2], S. 643	$\sqrt{2(2-\sqrt{2})}\cdot r_\mathrm{i}$ ☞ Bsp. 5.49, S. 624 ⊛	—	$\frac{1}{2}\sqrt{A_8\sqrt{2}}$ ☞ Aufg. 5.157 [2], S. 643
$A_8(\ldots) =$	$2(1+\sqrt{2})\cdot s_8^2$ ☞ Aufg. 5.157 [3], S. 643	$8(\sqrt{2}-1)\cdot r_\mathrm{i}^2$ ☞ Bsp. 5.49, S. 624 ⊛	$2\sqrt{2}\cdot r_\mathrm{u}^2$ ☞ Bsp. 5.49, S. 624 ⊛	—
$U_8(\ldots) =$	$8\cdot s_8$ ☞ Bild A.5, S. 805 ⊛	$16(\sqrt{2}-1)\cdot r_\mathrm{i}$ ☞ Aufg. 5.157 [4], S. 643	$8\sqrt{2-\sqrt{2}}\cdot r_\mathrm{u}$ ☞ Aufg. 5.157 [4], S. 643	$4\sqrt{2A_8(\sqrt{2}-1)}$ ☞ Aufg. 5.157 [2], S. 643
$d_{8_{(13)}}(\ldots) =$	$\sqrt{2+\sqrt{2}}\cdot s_8$ ☞ Aufg. 5.157 [3], S. 643	$2\sqrt{2-\sqrt{2}}\cdot r_\mathrm{i}$ ☞ Aufg. 5.157 [4], S. 643	$\sqrt{2}\cdot r_\mathrm{u}$ ☞ Bsp. 5.49, S. 624 ⊛	$\frac{1}{2}\sqrt{2A_8\sqrt{2}}$ ☞ Aufg. 5.157 [4], S. 643
$d_{8_{(14)}}(\ldots) =$	$(1+\sqrt{2})\cdot s_8$ ☞ Aufg. 5.157 [3], S. 643	$2\cdot r_\mathrm{i}$ ☞ Bild A.5, S. 805 ⊛	$\sqrt{2+\sqrt{2}}\cdot r_\mathrm{u}$ ☞ Aufg. 5.157 [4], S. 643	$\frac{1}{2}\sqrt{2A_8(1+\sqrt{2})}$ ☞ Aufg. 5.157 [4], S. 643
$d_{8_{(15)}}(\ldots) =$	$\sqrt{2\cdot(2+\sqrt{2})}\cdot s_8$ ☞ Aufg. 5.157 [3], S. 643	$2\cdot\sqrt{2\cdot(2-\sqrt{2})}\cdot r_\mathrm{i}$ ☞ Aufg. 5.157 [4], S. 643	$2\cdot r_\mathrm{u}$ ☞ Bild A.5, S. 805 ⊛	$\sqrt{A_8\sqrt{2}}$ ☞ Aufg. 5.157 [4], S. 643

Die obige Übersicht enthält die Formeln zu den wichtigsten Größen eines regelmäßigen Achtecks: Seitenlänge s_8, Inkreisradius r_i, Umkreisradius r_u, Fläche A_8, Umfang U_8 und die Diagonalen $d_{8_{(13)}}$, $d_{8_{(14)}}$, $d_{8_{(15)}}$, teilweise unter Berücksichtigung der *Goldenen Zahl* Φ bzw. deren Kehrwert φ von Seite 613.

Die Hinweise (☞) beziehen sich auf Beispiele, Bilder oder Aufgaben, in denen der jeweilige Zusammenhang erläutert oder hergeleitet wird.

U_8	$d_{8_{(13)}}$	$d_{8_{(14)}}$	$d_{8_{(15)}}$
$\frac{1}{8}\cdot U_8$ ☞ Bild A.5, S. 805 ⊛	$\frac{1}{2}\sqrt{2(2-\sqrt{2})}\cdot d_{8_{(13)}}$ ☞ Aufg. 5.157 $\boxed{3}$, S. 643	$(\sqrt{2}-1)\cdot d_{8_{(14)}}$ ☞ Aufg. 5.157 $\boxed{3}$, S. 643	$\frac{1}{2}\sqrt{2-\sqrt{2}}\cdot d_{8_{(15)}}$ ☞ Aufg. 5.157 $\boxed{3}$, S. 643
$\frac{1}{16}(1+\sqrt{2})\cdot U_8$ ☞ Aufg. 5.157 $\boxed{4}$, S. 643	$\frac{1}{4}\sqrt{2(2+\sqrt{2})}\cdot d_{8_{(13)}}$ ☞ Aufg. 5.157 $\boxed{4}$, S. 643	$\frac{1}{2}\cdot d_{8_{(14)}}$ ☞ Bild A.5, S. 805 ⊛	$\frac{1}{4}\sqrt{2+\sqrt{2}}\cdot d_{8_{(15)}}$ ☞ Aufg. 5.157 $\boxed{4}$, S. 643
$\frac{1}{16}\sqrt{2(2+\sqrt{2})}\cdot U_8$ ☞ Aufg. 5.157 $\boxed{4}$, S. 643	$\frac{1}{2}\sqrt{2}\cdot d_{8_{(13)}}$ ☞ Aufg. 5.157 $\boxed{2}$, S. 643	$\frac{1}{2}\sqrt{2(2-\sqrt{2})}\cdot d_{8_{(14)}}$ ☞ Aufg. 5.157 $\boxed{4}$, S. 643	$\frac{1}{2}\cdot d_{8_{(15)}}$ ☞ Bild A.5, S. 805 ⊛
$\frac{1}{32}(1+\sqrt{2})\cdot U_8^2$ ☞ Aufg. 5.163 c, S. 643	$\sqrt{2}\cdot d_{8_{(13)}}^2$ ☞ Aufg. 5.157 $\boxed{4}$, S. 643	$2(\sqrt{2}-1)\cdot d_{8_{(14)}}^2$ ☞ Aufg. 5.157 $\boxed{4}$, S. 643	$\frac{1}{2}\sqrt{2}\cdot d_{8_{(15)}}^2$ ☞ Aufg. 5.157 $\boxed{4}$, S. 643
—	$4\sqrt{2(2-\sqrt{2})}\cdot d_{8_{(13)}}$ ☞ Aufg. 5.157 $\boxed{5}$, S. 643	$8(\sqrt{2}-1)\cdot d_{8_{(14)}}$ ☞ Aufg. 5.157 $\boxed{5}$, S. 643	$4\sqrt{2-\sqrt{2}}\cdot d_{8_{(15)}}$ ☞ Aufg. 5.157 $\boxed{5}$, S. 643
$\frac{1}{8}\sqrt{2+\sqrt{2}}\cdot U_8$ ☞ Aufg. 5.157 $\boxed{5}$, S. 643	—	$\sqrt{2-\sqrt{2}}\cdot d_{8_{(14)}}$ ☞ Aufg. 5.157 $\boxed{5}$, S. 643	$\frac{1}{2}\sqrt{2}\cdot d_{8_{(15)}}$ ☞ Aufg. 5.157 $\boxed{5}$, S. 643
$\frac{1}{8}(1+\sqrt{2})\cdot U_8$ ☞ Aufg. 5.157 $\boxed{5}$, S. 643	$\frac{1}{2}\sqrt{2(2+\sqrt{2})}\cdot d_{8_{(13)}}$ ☞ Aufg. 5.157 $\boxed{5}$, S. 643	—	$\frac{1}{2}\sqrt{2+\sqrt{2}}\cdot d_{8_{(15)}}$ ☞ Aufg. 5.157 $\boxed{5}$, S. 643
$\frac{1}{8}\sqrt{2(2+\sqrt{2})}\cdot U_8$ ☞ Aufg. 5.157 $\boxed{5}$, S. 643	$\sqrt{2}\cdot d_{8_{(13)}}$ ☞ Aufg. 5.157 $\boxed{5}$, S. 643	$\sqrt{2(2-\sqrt{2})}\cdot d_{8_{(14)}}$ ☞ Aufg. 5.157 $\boxed{5}$, S. 643	—

Die 20 möglichen[1] Diagonalen eines Achtecks können wir in drei Gruppen einteilen:

- Die acht kürzesten Diagonalen $d_{8_{(13)}}$ überspringen jeweils einen Eckpunkt und verbinden z. B. den ersten mit dem dritten, den zweiten mit dem vierten Punkt usw.
- Die acht mittleren Diagonalen $d_{8_{(14)}}$ überspringen jeweils zwei Eckpunkte:

  $$d_{8_{(14)}} = |\overline{P_1P_4}| = |\overline{P_2P_5}| \text{ usw.}$$

- Die vier längsten Varianten $d_{8_{(15)}}$ verbinden nur jeden dritten Eckpunkt:

  $$d_{8_{(15)}} = |\overline{P_1P_5}| = |\overline{P_2P_6}| \text{ usw.}$$

---

[1] s. a. Seite 577

Formeln zum regulären Zehneck in Bild A.6, Seite 805

Zehneck	s_{10}	r_i	r_u
$s_{10}(\ldots) =$	—	$\frac{2}{5}\sqrt{5\cdot(5-2\sqrt{5})}\cdot r_i$ ☞ Aufg. 5.158 [4], S. 643	$\frac{1}{2}(\sqrt{5}-1)\cdot r_u = \varphi\cdot r_u$ ☞ Aufg. 5.62, S. 618 ⊛
$r_i(\ldots) =$	$\frac{1}{2}\sqrt{5+2\sqrt{5}}\cdot s_{10}$ ☞ Aufg. 5.158 [3], S. 643	—	$\frac{1}{4}\sqrt{2\cdot(5+\sqrt{5})}\cdot r_u$ ☞ Aufg. 5.158 [3], S. 643
$r_u(\ldots) =$	$\frac{1}{2}(1+\sqrt{5})\cdot s_{10} = \Phi\cdot s_{10}$ ☞ Aufg. 5.62, S. 618 ⊛	$\frac{1}{5}\sqrt{10\cdot(5-\sqrt{5})}\cdot r_i$ ☞ Aufg. 5.158 [3], S. 643	—
$A_{10}(\ldots) =$	$\frac{5}{2}\sqrt{5+2\sqrt{5}}\cdot s_{10}^2$ ☞ Aufg. 5.158 [2], S. 643	$2\sqrt{5\cdot(5-2\sqrt{5})}\cdot r_i^2$ ☞ Aufg. 5.158 [8], S. 643	$\frac{5}{4}\sqrt{2\cdot(5-\sqrt{5})}\cdot r_u^2$ ☞ Aufg. 5.158 [9], S. 643
$U_{10}(\ldots) =$	$10\cdot s_{10}$ ☞ Bild A.6, S. 805 ⊛	$4\sqrt{5\cdot(5-2\sqrt{5})}\cdot r_i$ ☞ Aufg. 5.158 [8], S. 643	$5(\sqrt{5}-1)\cdot r_u = 10\,\varphi\cdot r_u$ ☞ Aufg. 5.158 [9], S. 643
$d_{10_{(13)}}(\ldots) =$	$\frac{1}{2}\sqrt{2\cdot(5+\sqrt{5})}\cdot s_{10}$ ☞ Aufg. 5.158 [4], S. 643	$(\sqrt{5}-1)\cdot r_i = 2\,\varphi\cdot r_i$ ☞ Aufg. 5.158 [8], S. 643	$\frac{1}{2}\sqrt{2\cdot(5-\sqrt{5})}\cdot r_u$ ☞ Aufg. 5.158 [9], S. 643
$d_{10_{(14)}}(\ldots) =$	$\frac{1}{2}(3+\sqrt{5})\cdot s_{10} = \Phi^2\cdot s_{10}$ ☞ Aufg. 5.158 [6], S. 643	$\frac{1}{5}\sqrt{10\cdot(5+\sqrt{5})}\cdot r_i$ ☞ Aufg. 5.158 [8], S. 643	$\frac{1}{2}(1+\sqrt{5})\cdot r_u = \Phi\cdot r_u$ ☞ Aufg. 5.158 [9], S. 643
$d_{10_{(15)}}(\ldots) =$	$\sqrt{5+2\sqrt{5}}\cdot s_{10}$ ☞ Aufg. 5.158 [7], S. 643	$2\cdot r_i$ ☞ Aufg. 5.158 [8], S. 643	$\frac{1}{2}\sqrt{2\cdot(5+\sqrt{5})}\cdot r_u$ ☞ Aufg. 5.158 [9], S. 643
$d_{10_{(16)}}(\ldots) =$	$(1+\sqrt{5})\cdot s_{10} = 2\,\Phi\cdot s_{10}$ ☞ Aufg. 5.158 [5], S. 643	$\frac{2}{5}\sqrt{10\cdot(5-\sqrt{5})}\cdot r_i$ ☞ Aufg. 5.158 [8], S. 643	$2\cdot r_u$ ☞ Bild A.6, S. 805 ⊛

Die obige Übersicht enthält die Formeln zu den wichtigsten Größen eines regelmäßigen Zehnecks: Seitenlänge s_{10}, Inkreisradius r_i, Umkreisradius r_u, Fläche A_{10}, Umfang U_{10} und die Diagonalen $d_{10_{(13)}}$, $d_{10_{(14)}}$, $d_{10_{(15)}}$, $d_{10_{(16)}}$, teilweise unter Berücksichtigung der *Goldenen Zahl* Φ bzw. deren Kehrwert φ von Seite 613.

Die Hinweise (☞) beziehen sich auf Beispiele, Bilder oder Aufgaben, in denen der jeweilige Zusammenhang erläutert oder hergeleitet wird.

A_{10}	U_{10}	$d_{10_{(13)}}$
$\frac{1}{5}\cdot\sqrt{2A_{10}\sqrt{5\cdot(5-2\sqrt{5})}}$ ☞ Aufg. 5.158 $\boxed{2}$, S. 643	$\frac{1}{10}\cdot U_{10}$ ☞ Bild A.6, S. 805 ⊛	$\frac{1}{10}\sqrt{10\cdot(5-\sqrt{5})}\cdot d_{10_{(13)}}$ ☞ Aufg. 5.158 $\boxed{4}$, S. 643
$\frac{1}{10}\cdot\sqrt{10A_{10}\cdot\sqrt{5+2\sqrt{5}}}$ ☞ Aufg. 5.158 $\boxed{8}$, S. 643	$\frac{1}{20}\sqrt{5+2\sqrt{5}}\cdot U_{10}$ ☞ Aufg. 5.158 $\boxed{8}$, S. 643	$\frac{1}{4}(1+\sqrt{5})\cdot d_{10_{(13)}}=\frac{1}{2}\Phi\cdot d_{10_{(13)}}$ ☞ Aufg. 5.158 $\boxed{8}$, S. 643
$\frac{1}{5}\cdot\sqrt{A_{10}\cdot\sqrt{10\cdot(5+\sqrt{5})}}$ ☞ Aufg. 5.158 $\boxed{9}$, S. 643	$\frac{1+\sqrt{5}}{20}\cdot U_{10}=\frac{\Phi}{10}\cdot U_{10}$ ☞ Aufg. 5.158 $\boxed{9}$, S. 643	$\frac{1}{10}\sqrt{10\cdot(5+\sqrt{5})}\cdot d_{10_{(13)}}$ ☞ Aufg. 5.158 $\boxed{9}$, S. 643
—	$\frac{1}{40}\sqrt{5+2\sqrt{5}}\cdot U_{10}^2$ ☞ Aufg. 5.163 d, S. 643 ⊛	$\frac{1}{4}\sqrt{10\cdot(5+\sqrt{5})}\cdot d_{10_{(13)}}^2$ ☞ Aufg. 5.158 $\boxed{10}$, S. 643
$2\cdot\sqrt{2A_{10}\sqrt{5\cdot(5-2\sqrt{5})}}$	— ☞ Aufg. 5.158 $\boxed{1}$, S. 643	$\sqrt{10\cdot(5-\sqrt{5})}\cdot d_{10_{(13)}}$ ☞ Aufg. 5.158 $\boxed{11}$, S. 643
$\frac{1}{5}\cdot\sqrt{5A_{10}\cdot(1+\sqrt{5})\cdot\sqrt{5-2\sqrt{5}}}$ ☞ Aufg. 5.158 $\boxed{10}$, S. 643	$\frac{1}{20}\sqrt{2\cdot(5+\sqrt{5})}\cdot U_{10}$ ☞ Aufg. 5.158 $\boxed{11}$, S. 643	—
$\frac{3+\sqrt{5}}{10}\cdot\sqrt{2A_{10}\sqrt{5\cdot(5-2\sqrt{5})}}$ ☞ Aufg. 5.158 $\boxed{10}$, S. 643	$\frac{3+\sqrt{5}}{20}\cdot U_{10}=\frac{\Phi^2}{10}\cdot U_{10}$ ☞ Aufg. 5.158 $\boxed{11}$, S. 643	$\frac{1}{5}\sqrt{5\cdot(5+2\sqrt{5})}\cdot d_{10_{(13)}}$ ☞ Aufg. 5.158 $\boxed{12}$, S. 643
$\frac{1}{5}\cdot\sqrt{10A_{10}\cdot(2+\sqrt{5})\cdot\sqrt{5-2\sqrt{5}}}$ ☞ Aufg. 5.158 $\boxed{10}$, S. 643	$\frac{1}{10}\sqrt{5+2\sqrt{5}}\cdot U_{10}$ ☞ Aufg. 5.158 $\boxed{11}$, S. 643	$\frac{1}{2}(1+\sqrt{5})\cdot d_{10_{(13)}}=\Phi\cdot d_{10_{(13)}}$ ☞ Aufg. 5.158 $\boxed{12}$, S. 643
$\frac{1+\sqrt{5}}{5}\cdot\sqrt{2A_{10}\sqrt{5\cdot(5-2\sqrt{5})}}$ ☞ Aufg. 5.158 $\boxed{10}$, S. 643	$\frac{1+\sqrt{5}}{10}\cdot U_{10}=\frac{1}{5}\Phi\cdot U_{10}$ ☞ Aufg. 5.158 $\boxed{11}$, S. 643	$\frac{1}{5}\sqrt{10\cdot(5+\sqrt{5})}\cdot d_{10_{(13)}}$ ☞ Aufg. 5.158 $\boxed{12}$, S. 643

Die 35 Diagonalen[1] eines Zehnecks lassen sich in vier Gruppen einteilen:

- Die zehn kürzesten Diagonalen $d_{10_{(13)}}$ überspringen jeweils einen Eckpunkt und verbinden z. B. den ersten mit dem dritten, den zweiten mit dem vierten Punkt usw.
- Die zehn Diagonalen $d_{10_{(14)}}$ überspringen jeweils zwei Eckpunkte:

  $$d_{10_{(14)}}=|\overline{P_1P_4}|=|\overline{P_2P_5}|\text{ usw.}$$

- Die zehn Diagonalen $d_{10_{(15)}}$ überspringen jeweils drei Eckpunkte und beschreiben den Abstand paralleler Seiten eines Zehnecks:

  $$d_{10_{(15)}}=|\overline{P_1P_5}|=|\overline{P_2P_6}|\text{ usw.}$$

[1] s. a. Seite 577

Zehneck	$d_{10_{(14)}}$	$d_{10_{(15)}}$	$d_{10_{(16)}}$
$s_{10}(\ldots) =$	$\frac{1}{2}(3-\sqrt{5})\cdot d_{10_{(14)}}$ $= \varphi^2 \cdot d_{10_{(14)}}$ ☞ Aufg. 5.158 $\boxed{6}$, S. 643	$\frac{1}{5}\sqrt{5\cdot(5-2\sqrt{5})}\,d_{10_{(15)}}$ ☞ Aufg. 5.158 $\boxed{7}$, S. 643	$\frac{1}{4}(\sqrt{5}-1)\cdot d_{10_{(16)}}$ $= \frac{1}{2}\,\varphi \cdot d_{10_{(16)}}$ ☞ Aufg. 5.158 $\boxed{5}$, S. 643
$r_{\mathrm{i}}(\ldots) =$	$\frac{1}{4}\sqrt{2\cdot(5-\sqrt{5})}\cdot d_{10_{(14)}}$ ☞ Aufg. 5.158 $\boxed{8}$, S. 643	$\frac{1}{2}\cdot d_{10_{(15)}}$ ☞ Aufg. 5.158 $\boxed{8}$, S. 643	$\frac{1}{8}\sqrt{2\cdot(5+\sqrt{5})}\cdot d_{10_{(16)}}$ ☞ Aufg. 5.158 $\boxed{8}$, S. 643
$r_{\mathrm{u}}(\ldots) =$	$\frac{1}{2}\cdot(\sqrt{5}-1)\cdot d_{10_{(14)}}$ $= \varphi \cdot d_{10_{(14)}}$ ☞ Aufg. 5.158 $\boxed{9}$, S. 643	$\frac{1}{10}\sqrt{10\cdot(5-\sqrt{5})}\,d_{10_{(15)}}$ ☞ Aufg. 5.158 $\boxed{9}$, S. 643	$\frac{1}{2}\cdot d_{10_{(16)}}$ ☞ Bild A.6, S. 805 ⊛
$A_{10}(\ldots) =$	$\frac{5}{4}(7-3\sqrt{5})\sqrt{5+2\sqrt{5}}\cdot d^2_{10_{(14)}}$ ☞ Aufg. 5.158 $\boxed{10}$, S. 643	$\frac{1}{2}\sqrt{5\cdot(5-2\sqrt{5})}\cdot d^2_{10_{(15)}}$ ☞ Aufg. 5.158 $\boxed{10}$, S. 643	$\frac{5}{16}(3-\sqrt{5})\sqrt{5+2\sqrt{5}}\cdot d^2_{10_{(16)}}$ ☞ Aufg. 5.158 $\boxed{10}$, S. 643
$U_{10}(\ldots) =$	$5\,(3-\sqrt{5})\cdot d_{10_{(14)}}$ $= 10\,\varphi^2 \cdot d_{10_{(14)}}$ ☞ Aufg. 5.158 $\boxed{11}$, S. 643	$2\sqrt{5\cdot(5-2\sqrt{5})}\,d_{10_{(15)}}$ ☞ Aufg. 5.158 $\boxed{11}$, S. 643	$\frac{5}{2}(\sqrt{5}-1)\cdot d_{10_{(16)}}$ $= 5\,\varphi \cdot d_{10_{(16)}}$ ☞ Aufg. 5.158 $\boxed{11}$, S. 643
$d_{10_{(13)}}(\ldots) =$	$\sqrt{5-2\sqrt{5}}\cdot d_{10_{(14)}}$ ☞ Aufg. 5.158 $\boxed{12}$, S. 643	$\frac{1}{2}(\sqrt{5}-1)\cdot d_{10_{(15)}}$ $= d_{10_{(15)}}\cdot\varphi$ ☞ Aufg. 5.158 $\boxed{12}$, S. 643	$\frac{1}{4}\sqrt{2\cdot(5-\sqrt{5})}\cdot d_{10_{(16)}}$ ☞ Aufg. 5.158 $\boxed{12}$, S. 643
$d_{10_{(14)}}(\ldots) =$	—	$\frac{1}{10}\sqrt{10\cdot(5+\sqrt{5})}\,d_{10_{(15)}}$ ☞ Aufg. 5.158 $\boxed{13}$, S. 643	$\frac{1}{4}(1+\sqrt{5})\cdot d_{10_{(16)}}$ $= \frac{1}{2}\,\Phi \cdot d_{10_{(16)}}$ ☞ Aufg. 5.158 $\boxed{13}$, S. 643
$d_{10_{(15)}}(\ldots) =$	$\frac{1}{2}\sqrt{2\cdot(5-\sqrt{5})}\cdot d_{10_{(14)}}$ ☞ Aufg. 5.158 $\boxed{13}$, S. 643	—	$\frac{1}{4}\sqrt{2\cdot(5+\sqrt{5})}\cdot d_{10_{(16)}}$ ☞ Aufg. 5.158 $\boxed{14}$, S. 643
$d_{10_{(16)}}(\ldots) =$	$(\sqrt{5}-1)\cdot d_{10_{(14)}}$ $= 2\,\varphi \cdot d_{10_{(14)}}$ ☞ Aufg. 5.158 $\boxed{13}$, S. 643	$\frac{1}{5}\sqrt{10\cdot(5-\sqrt{5})}\,d_{10_{(15)}}$ ☞ Aufg. 5.158 $\boxed{14}$, S. 643	—

► Die fünf längsten Varianten $d_{10_{(16)}}$ verbinden nur jeden vierten Eckpunkt:

$$d_{10_{(16)}} = |\overline{P_1 P_6}| = |\overline{P_2 P_7}| \text{ usw.}$$

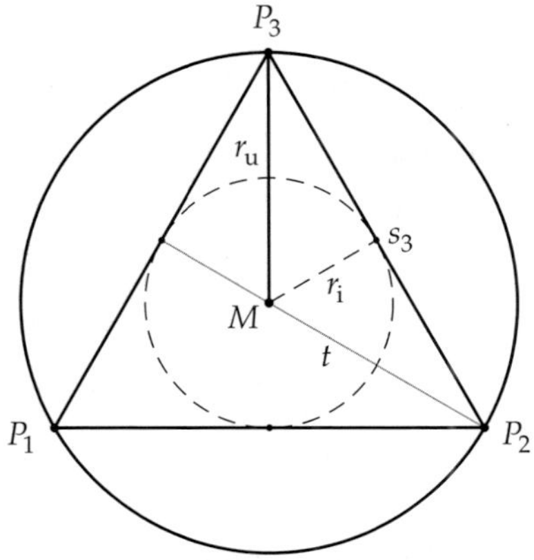

Bild A.1 Regelmäßiges bzw. gleichseitiges Dreieck

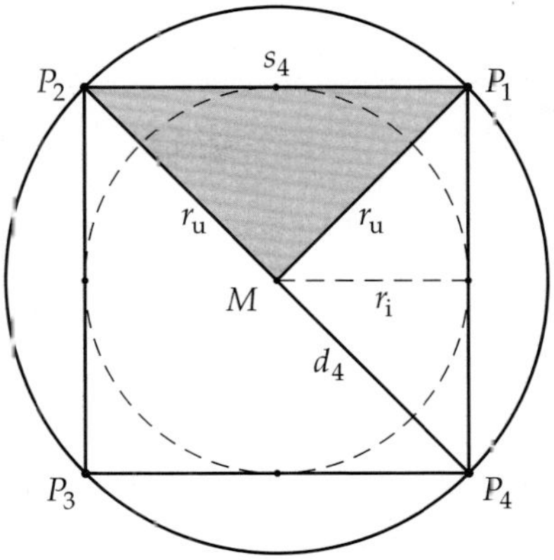

Bild A.2 Regelmäßiges Viereck (Quadrat)

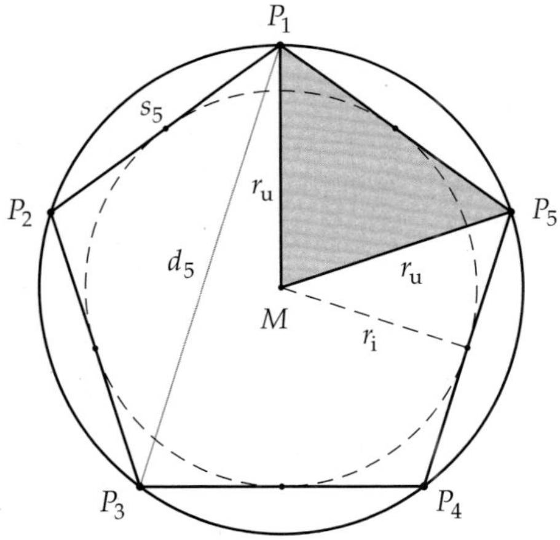

Bild A.3 Regelmäßiges Fünfeck

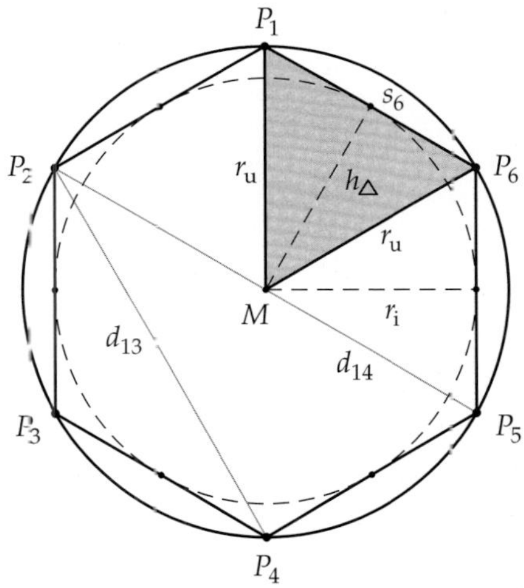

Bild A.4 Regelmäßiges Sechseck

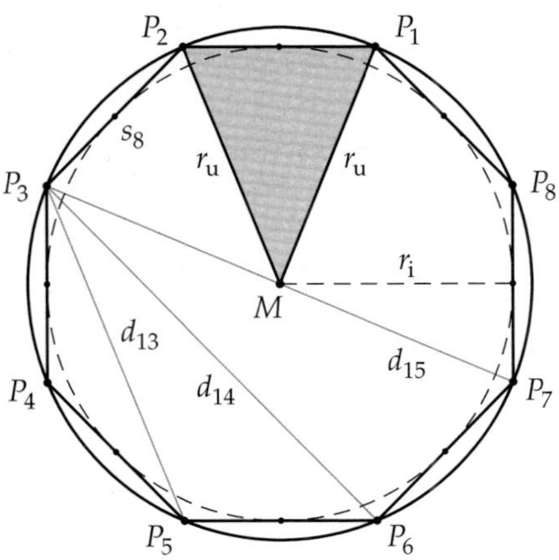

Bild A.5 Regelmäßiges Achteck

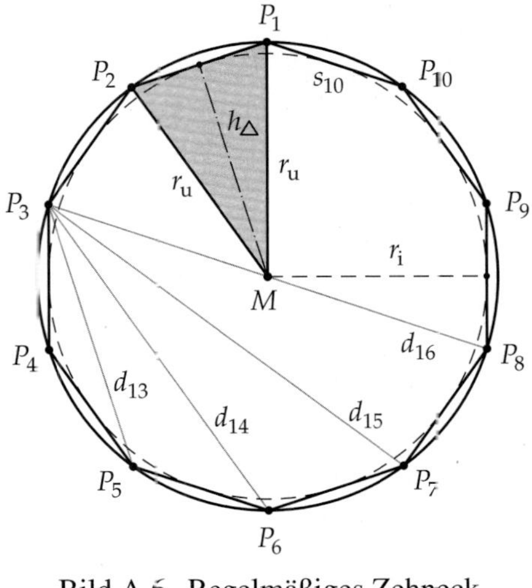

Bild A.6 Regelmäßiges Zehneck

Anhang – Mathematische Begriffe

Dieses Glossar[1] umfasst Fachbegriffe, die dem Leser des Öfteren im Text begegnen. Bei den Erklärungen wurde ganz bewusst ein Kompromiss zwischen mathematischer Exaktheit und kurzer, einprägsamer Darstellung gewählt. Der Leser soll möglichst schnell den unterbrochenen Lesefluss im Haupttext wieder herstellen können. Da hier auch zentrale Formeln aufgenommen wurden, kann das Glossar auch als Ersatz für eine Formelsammlung dienen. Werden darüber hinaus noch weitere Informationen benötigt, so hilft das Stichwortverzeichnis weiter. Querverweise auf andere Begriffe in diesem Glossar sind durch ↗ gekennzeichnet; ↗*3.4.5* verweist auf den entsprechenden Abschnitt im Buch.

A

abc-Formel Lösungsformel für ↗*quadratische* Gleichungen in der allgemeinen Form $ax^2 + bx + c = 0$ mit $a \neq 0$:

$$x_{1,2} = \frac{-b \pm \sqrt{b^2 - 4ac}}{2a}.$$

Beispiel: $-2x^2 - 6x + 56 = 0$, d. h., $a = -2$; $b = -6$; $c = 56$

$$x_{1,2} = \frac{+6 \pm \sqrt{36 + 448}}{-4} = \frac{+6 \pm 22}{-4}, \text{ somit gilt: } x_1 = 4 \wedge x_2 = -7.$$

In den meisten Fällen ist es einfacher, die allgemeine quadratische Gleichung in ihre ↗*Normalform* zu überführen und diese dann mit der ↗*pq-Formel* zu lösen.

Absolutglied ↗*Additiver* Ausdruck in einem Funktions- oder Gleichungs-↗*Term*, der *nicht* mit der unabhängigen ↗*Variable* ↗*multipliziert* wird.

Beispiele: In der ↗*Gleichung* $2x^4 - 7bx^2 + 4x - 8a = 0$ lautet das A. $(-8a)$;
für die ↗*Funktion* f mit $f(x) = 3x^2 - 2{,}1x + 7$ ist das A. $(+7)$.

Abszisse/Abszissenwert Wert der unabhängigen ↗*Variable*. Erste ↗*Koordinate* eines ↗*Punktes*, meist mit x bezeichnet. ↗*Stelle*.

Abszissenachse Koordinatenachse für die unabhängige ↗*Variabe* im ↗*Koordinatensystem*. Sie wird auch ↗*x-Achse*, ↗**D**-*Achse* oder ↗*Rechtsachse* genannt.

Abziehen ↗*Subtraktion*.

Achsensymmetrie Der ↗*Graph* einer ↗*Funktion* spiegelt sich an der ↗*y-Achse*.

Allgemein: $f(x) = f(-x)$. Bei ganzrationalen Funktionen: nur gerade ↗*Exponenten*.

Gebrochenrat. Funktionen: ↗*Zähler* und ↗*Nenner* besitzen die gleiche ↗*Symmetrie*.

[1] Fachwörterverzeichnis mit kurzen Erklärungen.

Addition/Addieren Plusrechnung. Zusammenzählen von Zahlen oder ↗*Termen*.

$$\underbrace{\text{Summand} + \text{Summand}}_{\text{Summe}} = \text{Summenwert}$$

Beispiel: $2 + 8 = 10$ oder $3a + 4a = 7a$.

Additionstheoreme Sätze, die den Umgang von ↗*Winkelfunktionen* mit ↗*Summen* und ↗*Differenzen* beschreiben. ↗*6.4*

Beispiel: $\sin(\alpha \pm \beta) = \sin(\alpha) \cdot \cos(\beta) \pm \cos(\alpha) \cdot \sin(\beta)$

additiv Durch ↗*Addition* hinzufügen.

ähnlich Figuren sind ä., wenn sich die eine durch Verkleinern oder Vergrößern aus der anderen ergibt. Die ↗*Winkel* verändern sich dabei nicht. Das ↗*Verhältnis* entsprechender Seiten bleibt bei einer *Ähnlichkeitsabbildung* gleich und wird durch den *Ähnlichkeitsfaktor k* ausgedrückt.

Algebraische Summe Oberbegriff für ↗*Summe* und ↗*Differenz*, der die ↗*Subtraktion* als ↗*Addition* von negativen Zahlen und ↗*Termen* auffasst. Dadurch entstehen Summen, in denen ↗*Summanden* und ↗*Subtrahenden* gemeinsam vorkommen können.

Beispiele: $7 - 4 = 7 + (-4) = 3$ $\quad 28x^2 - 3x^2 = 28x^2 + (-3x^2) = 25x^2$

Algorithmus Rechenverfahren oder Rechenvorschrift, die oft auch mehrfach hintereinander angewendet werden muss, um ein Problem zu lösen.

Ankathete Diejenige der beiden ↗*Katheten*, die im ↗*rechtwinkligen Dreieck* einem der nichtrechten ↗*Winkel* anliegt. Sie bildet mit der ↗*Hypotenuse* die ↗*Schenkel* des betreffenden Winkels.

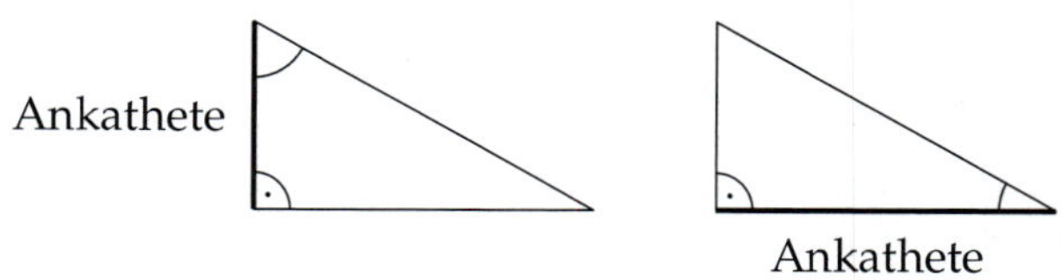

antiproportional Umgekehrt proportional oder ↗*proportional* zum ↗*Kehrwert*. Größen, deren ↗*Produkt* einen ↗*konstanten* Wert k annimmt.

Beispiel: $a \cdot b = k \Rightarrow a = k \cdot \frac{1}{b}$

Formulierungstypen: „Je mehr, desto weniger.“ oder „Je weniger, desto mehr.“

Beispiel: Je mehr Leute helfen, desto schneller sind wir fertig.

äquivalent Gleichwertigkeit von Dingen oder ↗*Aussagen*, weil sie denselben Wert, dieselbe Bedeutung oder dieselben Eigenschaften haben: Sie sind im jeweiligen Zusammenhang austauschbar.
Beispielsweise sind die ↗*Gleichungen* $3x = 12$ und $5x = 20$ ä., da sie die gleiche Lösung $x = 4$ besitzen. Die ↗*Terme* $2z$ und $z + z$ sind ä., da sie beide die Verdoppelung des Wertes von z beschreiben. Die ↗*Brüche* $\frac{2}{3}$ und $\frac{8}{12}$ sind ä., da sie den gleichen Wert repräsentieren.

Äquivalenzumformung Umformung einer ↗*Gleichung* oder Ungleichung ohne Veränderung der ↗*Lösungsmenge*. ↗*Potenzieren* und ↗*Wurzelziehen* sind *keine* Ä.en.

Arkus arcsin(...) Umkehrung einer ↗*Winkelfunktion*, die zu einem ↗*Funktionswert* den zugehörigen ↗*Winkel* liefert,

Beispiel: $\arcsin(0{,}5) = 30°$ bzw. $\arccos\left(\frac{1}{2}\sqrt{2}\right) = \frac{\pi}{2}$.

Beim Taschenrechner ↗*Winkelmaß* ↗*DEG* bzw. ↗*RAD* richtig einstellen!

Argument Ausdruck, auf den eine ↗*Funktion* angewendet wird. Das A. der Sinusfunktion $f(x) = \sin(x+3)$ ist $x+3$, von der Wurzelfunktion $f(x) = \sqrt{x^2+9}$ lautet das A. x^2+9.

Assoziativgesetz Das A. oder Verbindungsgesetz besagt, dass bei einer *reinen* ↗*Addition* oder ↗*Multiplikation* die Reihenfolge der Berechnung durch die Platzierung von Klammern beliebig geändert werden kann, ohne das Ergebnis zu verändern.

Beispiele: $(a+b)+c = a+(b+c) = a+b+c$

$(a \cdot b) \cdot c = a \cdot (b \cdot c) = a \cdot b \cdot c$

Asymptote Eine A. ist eine ↗*Gerade*, an die sich der ↗*Graph* einer ↗*Funktion* beliebig annähert, ohne sie letztendlich zu erreichen. Der Abstand zwischen Graph und Gerade wird verschwindend gering, aber nie ↗*null*; die Mathematiker sagen: „Der Abstand läuft gegen null“.

A.n können waagerecht (↗*x-Achse* oder dazu ↗*parallele* Geraden), senkrecht (↗*y-Achse* und ihre Parallelen) oder schief (Geraden der Form $y = mx + b, m \neq 0$) verlaufen.

Ausklammern Auch „Herausheben“ oder „Vorklammern“ genannt. Besitzen die ↗*Summanden* einer ↗*algebraischen Summe* einen gemeinsamen ↗*Faktor*, so kann dieser herausgehoben und vor eine Klammer geschrieben werden. Die Reste, die durch Teilen der einzelnen Summanden durch den ausgeklammerten Faktor entstehen, erscheinen in der Klammer.

Beispiele: $15x^2 - 6x = 3x \cdot \left(\frac{15x^2}{3x} - \frac{6x}{3x}\right) = 3x \cdot (5x - 2)$

$28ar^2 - 12a^2ru + 32ar^3z = 4ar \cdot (7r - 3au + 8r^2z)$

Ausklammern gelingt durch ↗*Dividieren*. Mache die Probe durch ↗*Ausmultiplizieren*!

Ausmultiplizieren Gegenteilige Operation zum ↗*Ausklammern*. Durch Hineinmultiplizieren eines ↗*Faktors* in eine geklammerte ↗*algebraische Summe* wird ein ↗*Produkt* in eine algebraische Summe überführt.

Beispiel: $3 \cdot (5a - 11x) = 3 \cdot 5a - 3 \cdot 11x = 15a - 33x$

Aussage Formulierung eines Sachverhaltes, der entweder „wahr“ oder „falsch“ sein kann.

B

Basis Teil einer ↗*Potenz*. Die B. beschreibt den gleichbleibenden ↗*Faktor*, der entsprechend oft mit sich selbst ↗*multipliziert* wird.

Beispiel: In der Potenz $3^5 = 243$ ist die B. 3.

Berührpunkt Gemeinsamer ↗*Punkt* zweier ↗*Funktionsgraphen*, in dem nicht nur ihre ↗*Koordinaten*, sondern auch ihre ↗*Steigungen* übereinstimmen.

Berührstelle ↗*x-Koordinate* des ↗*Berührpunktes*. Doppelte ↗*Nullstelle*; ↗*Extremum*.

Betrag Anschaulich: Abstand einer Zahl von null, z. B.: $|-8| = 8$; $|8| = 8$.

Binom/binomisch Allgemein: ↗*Algebraische Summe* mit zwei Gliedern.

Beispiele: $a + b$; $5u \pm 12mt^3$; $3x^2 - \sqrt{a\,x}$

Meist sind damit die b.en Formeln gemeint:

$$(a \pm b)^2 = a^2 \pm 2ab + b^2 \qquad (a + b) \cdot (a - b) = a^2 - b^2$$

Binomialkoeffizient Vorfaktor (↗*Koeffizient*) bei ↗*binomischen* ↗*Termen*, der einfach mit dem PASCALschen Dreieck ermittelt werden kann, ↗*2.4.4*.

Beispiel: Beim ↗*Binom* $(a + b)^2 = \underline{1}a^2 + \underline{2}ab + \underline{1}b^2$ lauten die B.en 1, 2 und 1.

biquadratisch Sonderfall eines ↗*Terms* vierter ↗*Potenz*, der durch die ↗*Substitution* $x^2 = z$ auf einen ↗*quadratischen* Term zurückgeführt werden kann:

$$a \cdot x^4 + b \cdot x^2 + c \quad \overset{x^2=z}{\leftrightarrow} \quad a \cdot z^2 + b \cdot z + c$$

Beispiel: $x^4 - 10\,x^2 + 25$ mit $x^2 = z$: $z^2 - 10\,z + 25$

Für höhere Potenzen ↗*3.5.8*.

Bogen ↗*Kreisbogen*.

Bogenmaß In diesem ↗*Winkelmaß* wird ein ↗*Winkel* durch die Länge des zugehörigen ↗*Bogen* am ↗*Einheitskreis* festgelegt. Für die Verwendung bei den ↗*Winkelfunktionen* muss der ↗*TR* auf ↗*RAD* eingestellt werden.

Beispiele: Vollkreis: $x = 2\pi$ rad; Halbkreis: $x = \pi$ rad ↗*Radiant*; ↗*Gradmaß*.

Bruch Besondere Schreibweise für eine Teilungsrechnung (↗*Division*). Ein B. (↗*Quotient*) besteht aus ↗*Zähler* und ↗*Nenner*:

$$\text{Bruch} = \frac{\text{Zähler}}{\text{Nenner}} \text{ mit Nenner } \neq 0.$$

Zur besseren Handhabung kann man Brüche ↗*erweitern* oder ↗*kürzen*.

Bruchgleichung ↗*Gleichung*, in der auch ↗*Bruchterme* vorkommen. Dadurch ist eventuell die ↗*Definitionsmenge* eingeschränkt.

Beispiel: $\frac{3}{x} - 7 = \frac{2x-5}{x+4}$ $\quad\quad$ $\mathbf{D} = \mathbf{R} \setminus \{0; -4\}$

Eine B. kann durch ↗*Multiplikation* mit dem ↗*Hauptnenner* aller beteiligten ↗*Brüche* bruchfrei gemacht werden:

$$\frac{3}{x} - 7 = \frac{2x-5}{x+4} \quad | \cdot x \cdot (x+4)$$
$$\frac{3}{x} \cdot x \cdot (x+4) - 7 \cdot x \cdot (x+4) = \frac{2x-5}{x+4} \cdot x \cdot (x+4)$$
$$3 \cdot (x+4) - 7 \cdot x \cdot (x+4) = (2x-5) \cdot x$$

Bruchterm Ausdruck, bei dem die ↗*Variable* auch im ↗*Nenner* vorkommt. Da der Nenner niemals ↗*null* werden darf, ist es erforderlich, den ↗*Definitionsbereich* für den ↗*Term* zu bestimmen.

$$\frac{5}{x}\,(x \neq 0);\quad \frac{12+t}{t+3}\,(t \neq -3);\quad \frac{7x}{x^2-4}\,(x \neq \pm 2);\quad \frac{a-10}{a^2+3}\,(a \in \mathbf{R})$$

Brutto Gesamtbetrag, der einen Aufschlag – beispielsweise für Verpackung, Steuer usw. – beinhaltet. ↗*Netto*; ↗*Tara*

Beispiele: Brutto = Netto + Tara $\quad$ bzw. $\quad$ Brutto = Netto + Steuer

C

CAS Abkürzung für „Computeralgebrasystem“, z. B. *Derive*.

CAVALIERI, Satz von ↗*Körper*, deren ↗*parallel* zur ↗*Grundfläche* verlaufende Schnitte auf gleicher ↗*Höhe* gleich groß sind, besitzen das gleiche ↗*Volumen*.

Cosinus cos(...) ↗*Kosinus*

D

D-Achse Koordinatenachse für die unabhängige ↗*Variabe* im ↗*Koordinatensystem* Sie wird auch ↗*Abszissenachse*, ↗*x-Achse* oder ↗*Rechtsachse* genannt.

Deckfläche ↗*Fläche*, die ↗*parallel* zur ↗*Grundfläche* eines ↗*Körpers* angeordnet ist. Nicht zu verwechseln mit der ↗*Oberfläche*.

Deckungsgleichheit von Flächen ↗*Kongruenz*.

Definitionsmenge, Definitionsbereich D Teil der ↗*Grundmenge*, der die für eine ↗*Variable* zulässigen Werte enthält. Die D. sagt aus, welche Werte man für die Variable innerhalb eines ↗*Terms*, einer ↗*Gleichung* oder einer Funktionsvorschrift einsetzen darf und welche nicht. Die D. einer ↗*Funktion* bezieht sich auf die unabhängige Variable, meist x. Einschränkungen in der D. ergeben sich insbesondere für:

↗*Bruchterm*: ↗*Nenner* $\neq 0$

↗*Wurzelterm*: ↗*Radikand* ≥ 0

↗*Logarithmischer* Term: ↗*Numerus* > 0

DEG Anzeige beim ↗*TR*, dass im ↗*Gradmaß* gerechnet wird. ↗*Winkelmaß.*

Delta, Δ Großer griechischer Buchstabe. Wird hier als Zeichen für eine ↗*Differenz* verwendet.

Beispiel: Differenz zweier x-Werte: $\Delta x = x_2 - x_1$.

Dezimalbruch ↗*Bruch*, in dessen ↗*Nenner* eine ↗*Stufenzahl* zur ↗*Basis* 10 steht. Ein D. kann auch in Form einer ↗*Dezimalzahl* oder ↗*Kommazahl* geschrieben werden.

Beispiel: $\frac{3}{5} = \frac{6}{10} = 0{,}6$

Dezimalzahl Streng genommen ist dies die Darstellung der Zahlen im Zehnerstellensystem. Die D. wird oftmals aber im Sinne eines ↗*Dezimalbruches* verstanden.

Diagonale ↗*Strecke*, die „quer" durch ein ↗*Vieleck* verläuft und dabei zwei nicht benachbarte ↗*Ecken* verbindet. In einem ↗*n-Eck* gehen von jedem Eckpunkt $(n - 3)$ D. aus.

D.n, die quer durch einen ↗*Körper* verlaufen, werden als Raumdiagonalen bezeichnet.

Dichte ↗*Verhältnis* von Masse m zu ↗*Volumen* V: $\rho = \frac{m}{V}$ (Formelzeichen rho: ρ).

Die D. eines Stoffes ist ein konstanter, für ihn typischer Wert. Unterschiedliche Stoffe nehmen mit zunehmender D. bei gleicher Masse ein kleineres Volumen ein: $V = \frac{m}{\rho}$.

Beispiel: $5\,\text{cm}^3$ Stahl ($\rho = 7{,}85\,\text{g/cm}^3$) besitzen eine Masse von $m = \rho \cdot V = 39{,}25\,\text{g}$.

Differenz Mathematischer Ausdruck, in dem Zahlen oder ↗*Terme* voneinander abgezogen werden (↗*Subtraktion*), z. B. $10 - 3$ oder $5a - 3t$. D.en von ↗*Variablen* werden oftmals durch ein großes griechisches D, das ↗*Delta*, Δ angezeigt. ↗*Algebraische Summe*

Differenzenquotient Ein ↗*Bruch*, also ein ↗*Quotient*, in dessen ↗*Zähler* und ↗*Nenner* jeweils ↗*Differenzen* stehen. Der D. beschreibt die ↗*Steigung* m einer ↗*Geraden* mithilfe der ↗*Koordinaten* zweier ihrer ↗*Punkte*: $m = \frac{\Delta y}{\Delta x} = \frac{y_2 - y_1}{x_2 - x_1}$.

Diskriminante Ausdruck, der in der ↗*Lösungsformel* für ↗*quadratische Gleichungen* unter der ↗*Wurzel* steht und somit hilft, die drei möglichen Fälle voneinander zu unterscheiden: zwei $(D > 0)$, eine $(D = 0)$ oder keine $(D < 0)$ Lösung.

Distributivgesetz Das D. oder Verteilungsgesetz regelt das ↗*Ausmultiplizieren* und das ↗*Ausklammern* bzw. ↗*Faktorisieren*: Eine ↗*Zahl* oder ein ↗*Term* kann mit jedem Glied einer ↗*Summe* oder ↗*Differenz* in der Klammer multipliziert werden, bzw. ein gemeinsamer ↗*Faktor* aus mehreren ↗*Summanden* oder ↗*Minuenden* kann vor eine Klammer gezogen werden.

Beispiele: $a \cdot (b + c) = a \cdot b + a \cdot c$

$4 \cdot (7 - 3) = 4 \cdot 7 - 4 \cdot 3 = 16$

$6\,a\,x + 18\,k\,x = 6x \cdot (a + 3\,k)$

Dividend Zahl oder ↗*Term*, der bei einer ↗*Division* geteilt wird.

Division/Dividieren Teilungsrechnung. Teilen von Zahlen oder ↗*Termen*. ↗*Bruch*

$$\underbrace{\text{Dividend} : \text{Divisor}}_{\text{Quotient}} = \text{Quotientenwert} = \left.\frac{\text{Dividend}}{\text{Divisor}}\right\} \text{Bruch}$$

Divisor Zahl oder ↗*Term*, durch den bei einer ↗*Division* geteilt wird.

Dreieck Ebene ↗*Fläche* mit drei Eckpunkten, die durch die Dreieckseiten geradlinig miteinander verbunden sind.

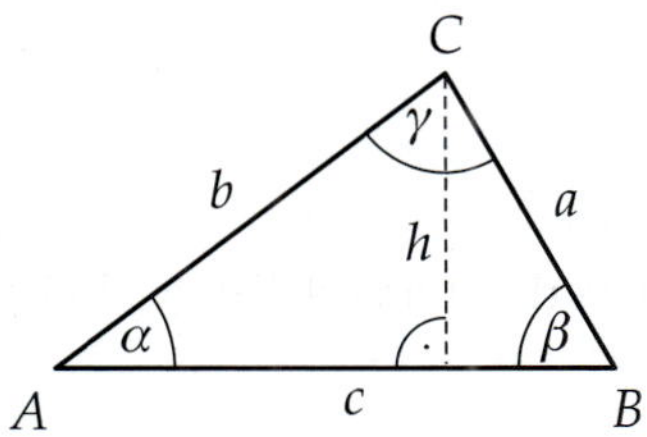

$$A = \frac{1}{2} \cdot c \cdot h$$

$$U = a + b + c$$

Gleichschenkliges D.: Zwei Seiten, die ↗*Schenkel* s, sind gleich lang ($a = b = s$).

$$A = \frac{c}{4} \cdot \sqrt{4s^2 - c^2} \qquad U = 2s + c \qquad h = \frac{1}{2} \cdot \sqrt{4s^2 - c^2}$$

Gleichseitiges D.: Alle Seiten sind gleich lang ($a = b = c$).

$$A = \frac{a^2}{4} \cdot \sqrt{3} \qquad U = 3a \qquad h = \frac{a}{2} \cdot \sqrt{3}$$

Dreieck, rechtwinkliges ↗*Dreieck*, welches einen rechten Innenwinkel besitzt. Die Seite, die dem ↗*rechten Winkel* gegenüber liegt, wird als ↗*Hypotenuse* (Hyp) bezeichnet, die beiden anderen sind die ↗*Katheten* (Kath). Die ↗*Höhe* h unterteilt die Hypotenuse in die beiden Hypotenusenabschnitte p und q. ↗*5.4.2* ↗PYTHAG. *Satzgruppe*

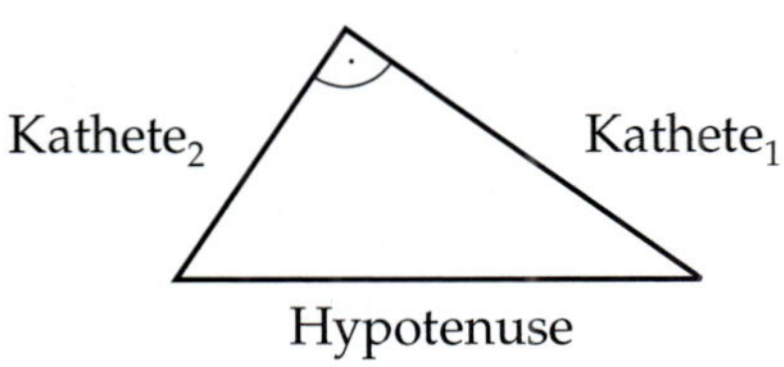

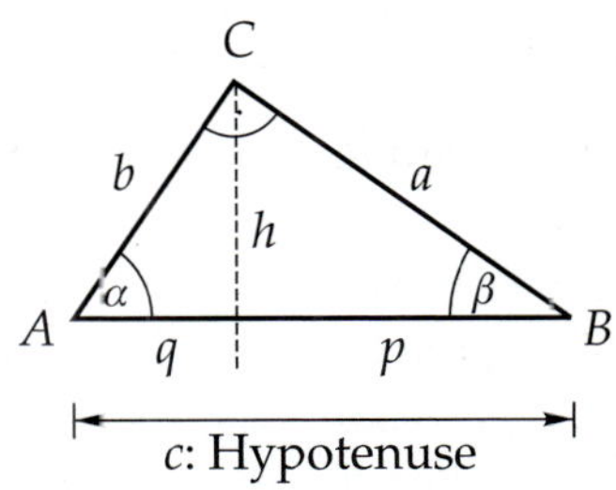

$$A = \frac{1}{2} \cdot \text{Kath}_1 \cdot \text{Kath}_2 \qquad U = \text{Kath}_1 + \text{Kath}_2 + \text{Hyp}$$

Dreisatz Schlussrechnung. Darstellungsform von ↗*Proportionen*.

Durchmesser Geradlinige Verbindung zweier ↗*Punkte* auf dem Rand eines ↗*Kreises*, die durch den Mittelpunkt verläuft. Der D. d entspricht dem doppelten ↗*Radius* r: $d = 2r$.

E

echter Bruch Bei einem echten ↗*Bruch* ist der ↗*Zähler* kleiner als der ↗*Nenner*: $\frac{1}{3}, \frac{4}{7}$.

Einheitskreis ↗*Kreis* mit dem ↗*Radius* r von einer Längeneinheit: $r = 1$ LE.

Erweitern ↗*Zähler* und ↗*Nenner* mit dem gleichen Ausdruck malnehmen:

Beispiele: $\frac{2}{7} \overset{6}{=} \frac{12}{42}$ $\quad \frac{5b}{8u} \overset{2r}{=} \frac{10br}{16ur}$

Exponent Hochzahl. Zahl, die in einer ↗*Potenz* aussagt, wie oft die ↗*Basis* mit sich selbst multipliziert wird. In der ↗*Potenz* 2^3 besitzt der E. den Wert drei.

Extremstelle ↗*x-Koordinate* eines ↗*Extremum*.
↗*Scheitelpunkt*; doppelte ↗*Nullstelle*

Extremum Oberbegriff zu ↗*Minimum* und ↗*Maximum*. Mehrzahl: Extrema.
↗*Scheitelpunkt*; doppelte ↗*Nullstelle*

F

Faktor Zahl bzw. ↗*Term*, der mit anderen malgenommen wird. Zwei oder mehr F.en bilden ein ↗*Produkt*. ↗*Multiplikation*

Beispiele: In dem Produkt $8a \cdot (2r + 7 \cdot t)$ lauten die F.en 8, a und $(2r + 7 \cdot t)$.

Faktorisieren Eine ↗*Summe* oder ↗*Differenz* in ein ↗*Produkt* umwandeln. Typische Hilfsmittel sind dabei das ↗*Ausklammern*, die Anwendung der ↗*Binome* nutzen, und die ↗*Linearfaktorenzerlegung*.

Fallunterscheidung Gibt es bei einer Berechnung mehrere, grundsätzlich verschiedene Vorgehensweisen, so ist es ratsam, die einzelnen Wege getrennt voneinander in Form einer F. zu betrachten.

F.en spielen besonders eine Rolle beim Rechnen mit ↗*Beträgen*, Ungleichungen und ↗*Termen* mit eingeschränktem ↗*Definitionsbereich*, z. B. ↗*Brüche*, ↗*Wurzeln* und ↗*Logarithmen*. Auch bei mehrdeutigen Konstruktionen in der Geometrie ist diese Vorgehensweise ratsam.

Beispiel: Löse die Betragsgleichung $|x - 2| = 5$ für $x \in \mathbf{R}$.
Je nachdem, ob der zwischen den Betragsstrichen stehende Ausdruck $x - 2$ negativ oder nicht-negativ ist, kann mit den ↗*Beträgen* unterschiedlich verfahren werden.

1. Fall: $x - 2 < 0$, d. h., $x < 2$

$$\begin{aligned} -(x-2) &= 5 \\ -x + 2 &= 5 \\ x &= -3 \end{aligned}$$

2. Fall: $x - 2 \geq 0$, d. h., $x \geq 2$

$$\begin{aligned} +(x-2) &= 5 \\ x - 2 &= 5 \\ x &= 7 \end{aligned}$$

Es gibt zwei Lösungen: $\mathbf{L} = \{-3; 7\}$.

FE Abkürzung für „Flächeneinheit". ↗*LE*, ↗*VE*

Fläche Ebener, umgrenzter Bereich. Typische F.n sind ↗*Dreiecke*, ↗*Vierecke* und der ↗*Kreis*. Kompliziertere F.n, z. B. ↗*Vielecke*, können oftmals in diese Grundformen zerlegt werden, sodass der Flächeninhalt A als ↗*Summe* der Einzelflächen berechnet werden kann.

Flächensätze ↗PYTHAGOREISCHE *Satzgruppe*.

Formvariable ↗*Parameter*.

Funktion Vorschrift, die jedem x genau einen ↗*Funktionswert* $f(x)$ zuordnet. Die F. wird durch ihren ↗*Funktionsterm* genauer beschrieben. Die zeichnerische Darstellung bezeichnet man als ↗*Graph* (↗*Funktionenplotter*).

Funktionenplotter Programm zur grafischen Darstellung von ↗*Funktionen*. ↗*GTR*.

Funktionenschar Menge von ↗*Funktionen* mit ähnlichen Eigenschaften. Setzt man für den ↗*Parameter* konkrete Werte ein, so erhält man die einzelnen Vertreter der F.

Beispiel: Bei der Parabelschar $f_k(x) = x^2 + k$ handelt es sich um ↗*Normalparabeln*, die durch den Parameter k in Richtung der ↗*y-Achse* verschoben werden.

Funktionsterm Funktionsausdruck, Funktionsvorschrift.

Beispiel: $3x + 8$ ist der F. der Funktion f mit $f(x) = 3x + 8$.

Funktionswert Wert, den eine ↗*Funktion* an einer bestimmten ↗*Stelle*, also für einen bestimmten ↗*x-Wert*, annimmt. ↗*y-Koordinate* eines ↗*Punktes*. Man erhält den F. durch Einsetzen des x-Wertes in den ↗*Funktionsterm*. Mehrere F.e können in einer ↗*Wertetabelle* zusammengefasst werden.

Beispiel: Für die Funktion f mit $f(x) = 3x + 8$ ergibt sich an der Stelle $x = 2$ der F. als $f(2) = 3 \cdot 2 + 8 = 14$. Dies bedeutet, dass der Punkt $P(2 \mid 14)$ auf dem ↗*Graphen* von f liegt.

G

ganze Zahlen Die Menge $\mathbf{Z}$ der g.Z. setzt sich zusammen aus positiven und negativen g.Z., sowie der ↗*Null*: $\mathbf{Z} = \{\ldots;\ -2;\ -1;\ 0;\ 1;\ 2;\ \ldots\}$ ↗*Zahl*

GAUSS-Algorithmus, GAUSS-Verfahren Verfahren zum Lösen von ↗*linearen Gleichungssystemen*, benannt nach Carl Friedrich GAUSS (1777 – 1855). Dabei werden systematisch einzelne ↗*Variablen* durch geschicktes ↗*Addieren* von ↗*Gleichungen* entfernt.

Gegenkathete Diejenige ↗*Kathete* im ↗*rechtwinkligen Dreieck*, die dem betrachteten ↗*Winkel* gegenüber liegt.

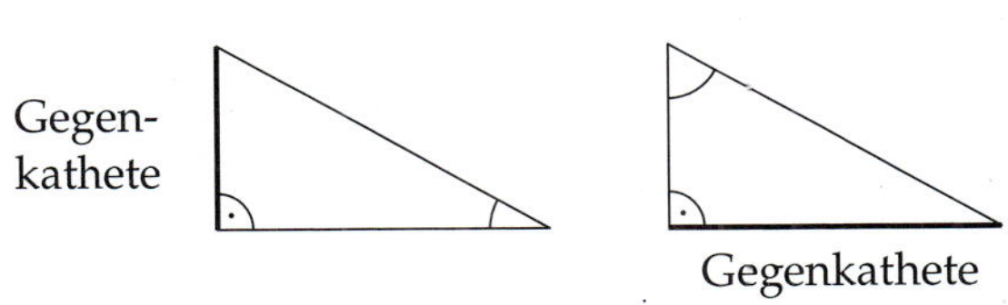

Gemischte Zahl ↗*Summe* aus ↗*ganzer Zahl* und ↗*echtem Bruch*, bei der das Pluszeichen nicht geschrieben wird. Zum Rechnen wandelt man besser in den zugehörigen ↗*unechten Bruch* um.

Beispiel: $2\frac{3}{4} = 2 + \frac{3}{4} = \frac{8}{4} + \frac{3}{4} = \frac{11}{4}$.

Gerade Geometrie: Geradlinige Verbindung zweier unterschiedlicher ↗*Punkte*, die nach beiden Seiten unbegrenzt weiter verläuft. Eine G. besteht aus unendlich vielen Punkten und besitzt keinen Anfangs- oder Endpunkt.

Zwei G.n in der Ebene können in allen ihren Punkten übereinstimmen und somit identisch sein. Haben sie nur einen gemeinsamen Punkt, so ist dies ihr Schnittpunkt. Gibt es keine gemeinsamen Punkte, so verlaufen die G.n parallel.

Funktionen: Die grafische Darstellung einer ↗*linearen Funktion* $y = m \cdot x + b$ ist immer eine G. Dabei beschreibt m die ↗*Steigung* und b ihren Schnittpunkt $S_y(0 \mid b)$ mit der ↗*y-Achse*.

Verläuft die G. ↗*parallel* zur ↗*x-Achse*, so besitzt sie die Steigung $m = 0$: $y = b$.

G.n, die parallel zur ↗*y-Achse* verlaufen, gehorchen der Vorschrift $x = x_0$, stellen aber keinen ↗*Graphen* einer ↗*Funktion* dar.

Gerader Körper ↗*Körper*, dessen ↗*Mantelfläche* (A_M) ↗*senkrecht* zur ↗*Grundfläche* (A_G) und ↗*Deckfläche* steht.

$$V = A_G \cdot h \quad A_M = U_G \cdot h \quad A_O = 2\,A_G + A_M$$

U_G: Umfang Grundfl.

Beispiele: ↗*Würfel*, ↗*Quader*, ↗*Prisma*, ↗*Zylinder*.

ggT Größter gemeinsamer Teiler; kann durch eine ↗*PFZ* bestimmt werden. ↗*kgV*

Gleichung In einer G. werden zwei ↗*Terme* durch ein Gleichheitszeichen (=) einander gleich gesetzt. Meist soll die G. nach einer bestimmten ↗*Variable* aufgelöst werden. Dies geschieht durch verschiedene Operationen (↗*Äquivalenzumformungen*), die die zulässigen Werte für diese Variable nicht beeinflussen dürfen. Die ↗*Lösungen* der G. werden in der ↗*Lösungsmenge* zusammengefasst.

Man unterscheidet z. B. ↗*lineare*, ↗*quadratische*, ↗*kubische*, ↗*quartische* G.en; ↗*Bruch-G.en*, ↗*Wurzel-G.en*.

Gleichungssystem ↗*Gleichungen*, die miteinander verknüpft sind. Besonders wichtig sind die ↗*linearen Gleichungssysteme*.

Goniometrie Bereich der Mathematik, in dem die Gesetze für Berechnungen mit den ↗*Winkelfunktionen* ↗*Kosinus*, ↗*Sinus*, ↗*Kotangens* und ↗*Tangens* formuliert sind.

Grad ↗*Algebra*: Höchste ↗*Potenz* der ↗*Variable* in einem ↗*Polynom*.

Beispiele: $2x^3 - 11x^2 + 18$ (Grad = 3); $5x - 7$ (Grad = 1)

↗*Geometrie*: Maß für die Winkelgröße, z. B. $\alpha = 17°$.

Gradmaß ↗*Winkelmaß*, welches einem Vollkreis den ↗*Winkel* 360° zuordnet. Für die Verwendung bei den ↗*Winkelfunktionen* muss der ↗*TR* auf ↗*DEG* eingestellt werden. ↗*Bogenmaß*.

Graph Zeichnerische Darstellung der geordneten Paare $(x; f(x))$ in einem ↗*KoSy* für eine ↗*Funktion* f. Die Werte für x und $f(x)$ sind meist in einer ↗*Wertetabelle* aufgelistet. ↗*Funktionenplotter*

Grundfläche Stand- oder Bodenfläche eines ↗*Körpers*.

Grundmenge Menge der prinzipiell zur Verfügung stehenden Zahlen. Meist ist es die Menge der ↗*reellen Zahlen* ($\mathbf{G} = \mathbf{R}$), sie kann aber auch für die einzelne ↗*Variable* in Form ihrer ↗*Definitionsmenge* eingeschränkt werden.

GTR Abkürzung für „Grafikfähiger Taschenrechner". ↗*TR*; ↗*Funktionenplotter*.

H

Herausheben ↗*Ausklammern*.

Hexaeder Fachbegriff für einen ↗*Würfel*, da er von *sechs* (griech. hexakis = sechsmal) Quadraten begrenzt wird.

Hexagon Regenmäßiges ↗*Sechseck*.

Hochachse Koordinatenachse für die abhängige ↗*Variabe* im ↗*Koordinatensystem*. Sie wird auch ↗*Ordinatenachse*, ↗*y-Achse* oder ↗**W**-*Achse* genannt.

Hochzahl ↗*Exponent*.

Höhe Kürzeste Entfernung eines Eckpunktes von der ihm gegenüberliegenden Grundseite eines ↗*Vielecks* oder deren Verlängerung. Eine H. trifft in Form eines ↗*Lotes* immer senkrecht auf eine Seite. Je nach Lage der Seiten kann es verschieden lange H.n in einer Figur geben. ↗*Körperhöhe*

Höhensatz Im ↗*rechtwinkligen Dreieck* ist das Quadrat der ↗*Höhe* dem ↗*Produkt* der beiden ↗*Hypotenusen*-Abschnitte gleich: $h^2 = p \cdot q$.

HORNER-Schema Zahlenschema zur rechnerischen Durchführung einer ↗*Polynomdivision*.

Hyperbel ↗*Graph* einer Potenzfunktion $y = \frac{1}{x^n} = x^{-n}, n \in \mathbf{N}^*$; setzt sich aus mehreren H.-Ästen zusammen.

Hypotenuse Dreieckseite, die dem ↗*rechten Winkel* gegenüber liegt und gleichzeitig die längste Seite im ↗*rechtwinkligen Dreieck* darstellt. Die H. wird durch den Auftreffpunkt der ↗*Höhe* in zwei H.-Abschnitte unterteilt. ↗*Kathete*, ↗*Pythagoras*.

Index Zahl, Buchstabe oder Symbol, welches rechts unten an eine ↗*Variable* angefügt wird und zur Unterscheidung von Variablen mit gleichen Buchstaben dient:

Beispiele: $a_0, a_1, a_2, \ldots, a_n$.

Inkreis ↗*Kreis*, der die Seiten eines ↗*Dreiecks* (auch mancher ↗*Vielecke*) von innen berührt, so dass sie ↗*Tangenten* des I.es sind. ↗*Umkreis*

Innenwinkelsummensatz, IWS Die ↗*Summe* der Innenwinkel in einem ↗*n-Eck* ist konstant: $(n-2)\cdot 180°$

Beispiele: ↗*Dreieck* ($n = 3$): 180°, ↗*Viereck* ($n = 4$): 360°.

Intervall Bereich auf dem Zahlenstrahl.

Beispiele: $x \in [\,a\,;\,b\,] : a \leq x \leq b$ (abgeschlossen)
$x \in [\,a\,;\,b\,[: a \leq x < b$ (rechts offen)
$x \in]\,a\,;\,b\,[: a < x < b$ (offen)

irrationale Zahl ↗*Reelle Zahl*, die nach dem Komma unendlich viele Stellen aufweist, aber keine Periodizität besitzt.

Beispiele: $\sqrt{2} = 1{,}41\ldots$, ↗EULER*sche Zahl* $e = 2{,}71\ldots$, ↗*Kreiszahl* $\pi = 3{,}14\ldots$

Irreduzibler Faktor ↗*Term*, der bei einer ↗*LFZ* im Bereich der ↗*reellen Zahlen* **R** nicht weiter in ↗*lineare* Terme zerlegt werden kann.

Beispiele: $x^2 + 7$; $x^{2n} + k$ mit $n \in \mathbf{N}^*$, $k > 0\ldots$

Kante Äußere Begrenzungslinie eines ↗*Körpers*.

Katheten Dreiecksseiten, die den ↗*rechten Winkel* einschließen. ↗*Ankathete*, ↗*Gegenkathete*, ↗*Hypotenuse*.

Kathetensatz Im ↗*rechtwinkligen Dreieck* ist das Quadrat über einer ↗*Kathetenlänge* dem ↗*Produkt* von ↗*Hypotenuse* und zugehörigem Hypotenusen-Abschnitt gleich: $a^2 = c\cdot p$ und $b^2 = c\cdot q$.

Kegel ↗*Spitzer Körper* mit einem ↗*Kreis* als ↗*Grundfläche*. Der Längsschnitt ist ein gleichschenkliges ↗*Dreieck* mit der Grundseite $2r$ und einer ↗*Mantellinie* s als Schenkel.

$$A_G = \pi r^2 \qquad A_M = \pi r s \qquad A_O = \pi r\cdot(r+s) \qquad h = \sqrt{s^2 - r^2} \qquad V = \frac{1}{3}\pi r^2 h$$

Kegelstumpf Restkörper, der dadurch entsteht, dass man von einem ↗*Kegel* ↗*parallel* zur ↗*Grundfläche* den oberen Teil abschneidet. Die ↗*Radien* r, Kantenlängen s und die ↗*Höhen* h des urspünglichen Kegels, des Restkörpers und des abgeschnittenen kleinen Kegels sind durch die ↗*Strahlensätze* rechnerisch miteinander verknüpft.

Die ↗*Grundfläche* A_{G_1} und ↗*Deckfläche* A_{G_2} sind zwei ↗*kongruente* ↗*Kreise* mit den unterschiedlichen Radien r_1 und r_2.

$$A_{G_1} = \pi r_1^2 \qquad A_{G_2} = \pi r_2^2 \qquad A_M = \pi s\cdot(r_1 + r_2)$$

$$A_O = \pi\cdot\left[r_1^2 + s(r_1 + r_2) + r_2^2\right] \qquad V = \frac{\pi h}{3}\cdot\left(r_1^2 + r_1 r_2 + r_2^2\right)$$

Kehrwert Zahl, die bei einem ↗*Bruch* durch Vertauschen von ↗*Zähler* und ↗*Nenner* entsteht. Das Produkt einer Zahl mit ihrem K. ist immer eins: $x\cdot\frac{1}{x} = 1$

Beispiele: $\frac{7}{3}$ ist der K. von $\frac{3}{7}$; $\quad x \overset{\text{KW}}{\leftrightarrow} \frac{1}{x}$; $\quad \frac{x}{4} \overset{\text{KW}}{\leftrightarrow} \frac{4}{x}$ $(x \neq 0)$; $\quad \frac{1}{2} \overset{\text{KW}}{\leftrightarrow} \frac{2}{1} = 2$.

kgV Kleinstes gemeinsames Vielfache; kann durch eine ↗*PFZ* bestimmt werden. ↗*ggT*

Kleiner Gauss Summenformel, die der 9-jährige Carl Friedrich Gauss (1777 – 1855), zur Berechnung der ↗*Summe* der ersten n ↗*positiven ganzen Zahlen* aufgestellt hat:

$$1 + 2 + 3 + \ldots + n = \frac{n}{2} \cdot (n + 1)\,.$$

Koeffizient Vorfaktor einer ↗*Variable* in einem ↗*Term.*

Beispiel: Im Term $3ax^4$ ist $3a$ der K. für die Variable x.

Körper Räumliches Gebilde, welches einen Rauminhalt (↗*Volumen*) umschließt. Man unterscheidet u. a. ↗*gerade*, ↗*spitze*, ↗*stumpfe* K., ↗*Kugeln* sowie deren Teile.

Typische Kenngrößen eines K.s sind die ↗*Körperhöhe*, die ↗*Grundfläche* (A_G), ↗*Deckfläche*, ↗*Mantelfläche* (A_M), ↗*Oberfläche* (A_O) und sein ↗*Volumen* (V).

Körperhöhe Kürzeste Entfernung zwischen ↗*Grundfläche* und ↗*Deckfläche* von geraden und stumpfen ↗*Körpern* oder zur Spitze eines ↗*spitzen Körpers*. Eine K. trifft in Form eines ↗*Lotes* immer senkrecht auf der Grundfläche (oder ihrer Verlängerung) auf.

Körperstumpf ↗*Stumpfer Körper.*

Kommutativgesetz Das K. oder Vertauschungsgesetz besagt, dass bei der Addition oder Multiplikation die Reihenfolge der ↗*Summanden* bzw. ↗*Faktoren* vertauscht werden kann, ohne dass sich das Ergebnis ändert.

Beispiele: $a + b + c = b + a + c = c + a + b$

$4 \cdot x \cdot (5 - y) = (5 - y) \cdot x \cdot 4$

Kongruenz In der Geometrie versteht man darunter die Deckungsgleichheit von Figuren. ↗*Flächen* oder Figuren, die in ihrer Größe und Form übereinstimmen, also deckungsgleich sind, bezeichnet man als kongruent. Sie können durch K.-Abbildungen wie Spiegelung, Drehung oder Parallelverschiebung aufeinander abgebildet werden.

Konstante Zahl oder ↗*Term*, welcher im Gegensatz zu einer ↗*Variable*, seinen Wert nicht verändert.

Konzentrische Kreise ↗*Kreise*, die einen gemeinsamen Mittelpunkt, aber unterschiedlich große ↗*Radien* besitzen.

Koordinaten Das geordnete Paar von ↗*x*- und ↗*y-Koordinate* beschreibt die Lage eines ↗*Punktes* im ↗*Koordinatensystem*: $P(x \mid y)$. ↗*Abszisse*, ↗*Ordinate*; ↗*Koordinatensystem.*

Koordinatensystem Im ebenen, kartesischen K. stehen die beiden Achsen, die x- und die ↗*y-Achse*, senkrecht aufeinander und schneiden sich im ↗*Ursprung*. Jeder Punkt der xy-Ebene ist durch die Angabe seiner ↗*Koordinaten* eindeutig festgelegt. ↗*Abszissenachse*; ↗*Ordinatenachse*

Kosinus cos(...) Seitenverhältnis im ↗*rechtwinkligen Dreieck*: $\cos(\sphericalangle) = \dfrac{\text{Ankathete}}{\text{Hypotenuse}}$.

Kosinussatz Der K. beschreibt im allgemeinen ↗*Dreieck* die Beziehung zwischen den drei Seiten und dem ↗*Kosinus* einer der Innenwinkel.

$$a^2 = b^2 + c^2 - 2\,b\,c \cdot \cos(\alpha)$$
$$b^2 = a^2 + c^2 - 2\,a\,c \cdot \cos(\beta)$$
$$c^2 = a^2 + b^2 - 2\,a\,b \cdot \cos(\gamma)$$

Dadurch können die Innenwinkel mithilfe der Dreieckseiten berechnet werden, z. B.

$$\cos(\alpha) = \frac{b^2 + c^2 - a^2}{2\,b\,c}\,.$$

Der K. wird auch als verallgemeinerter Satz von PYTHAGORAS bezeichnet.

KoSy Abkürzung für ↗*„Koordinatensystem“*.

Kotangens cot(...) Seitenverhältnis im ↗*rechtw. Dreieck*: $\cot(\sphericalangle) = \dfrac{\text{Ankathete}}{\text{Gegenkathete}}$.

Kreis Ebene ↗*Fläche*, deren Randpunkte die Kreislinie k bilden und alle einen ↗*konstanten* Abstand, den ↗*Radius* r, vom Mittelpunkt besitzen.

Die Länge der Kreislinie ist der Umfang U des K.es:

$$U = 2\pi r = \pi d.$$

Die umschlossene Fläche A berechnet sich nach

$$A = \pi r^2 = \frac{\pi d^2}{4}.$$

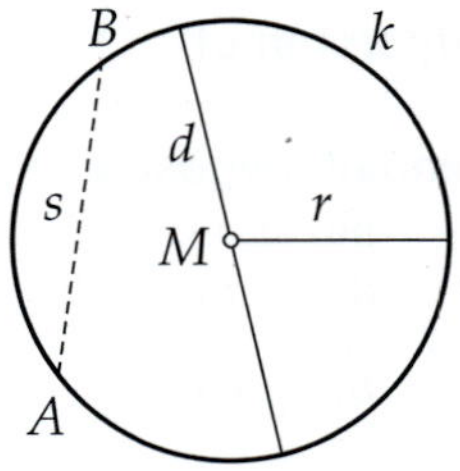

↗*Kreiszahl* π; ↗*Durchmesser* d; ↗*Sehne* s; ↗*Kugel*

Kreisabschnitt/Kreissegment ↗*Flächenstück*, welches durch eine ↗*Sehne* von einem ↗*Kreis* abgeschnitten wird.

$$A = \frac{br - s(r-h)}{2} \qquad U = b + s = \frac{\pi r \varphi}{180^\circ} + s$$

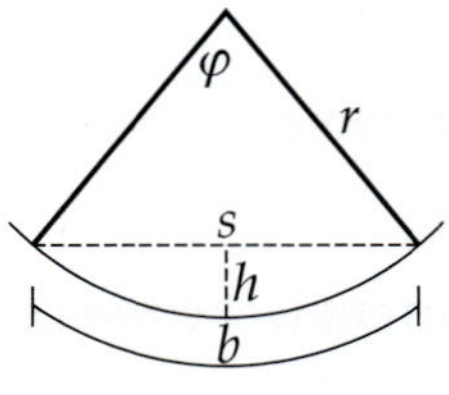

Kreisausschnitt/Kreissektor ↗*Fläche*, die durch zwei Radien aus einem ↗*Kreis* herausgeschnitten wird.

$$A = \frac{\pi r^2 \varphi}{360^\circ} = \frac{br}{2} \qquad U = b + 2r = \frac{\pi r \varphi}{180^\circ} + 2r$$

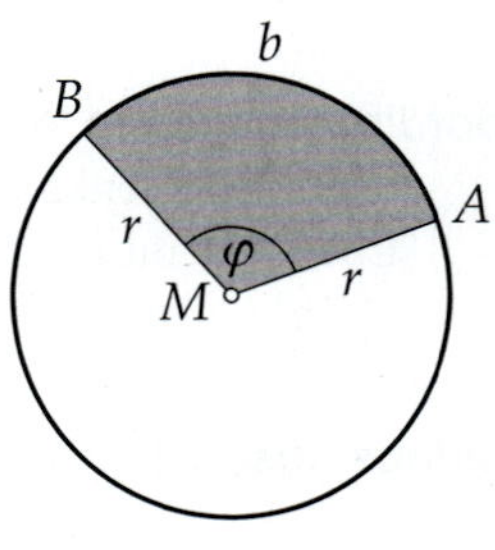

Kreisbogen Teil der Kreislinie, der von zwei ↗*Punkten* begrenzt wird. Die Länge b des K. berechnet sich nach $b = \frac{\pi r \varphi}{180}$.

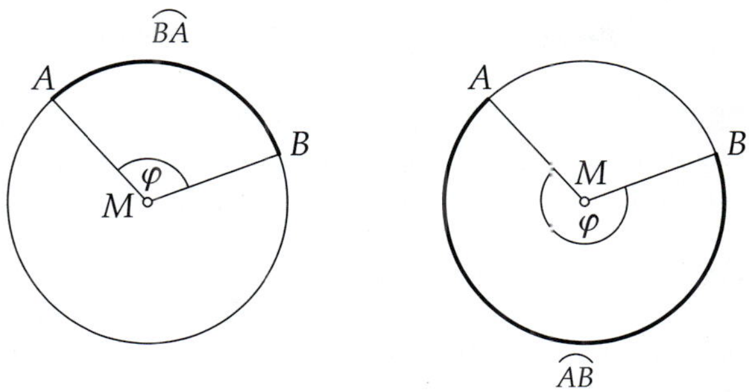

Kreissegment ↗*Kreisabschnitt*

Kreissektor ↗*Kreisausschnitt*

Kreiszahl π ↗*Konstante*, die das ↗*Verhältnis* von ↗*Umfang* und ↗*Durchmesser* jedes ↗*Kreises* beschreibt: $\frac{U}{d} = \pi = 3{,}14\ldots$ π ist eine ↗*irrationale* Zahl

kubisch ↗*Term* dritter ↗*Potenz*, d. h., der höchste ↗*Exponent* der ↗*Variable* ist drei: x^3.

Beispiele: k.e ↗*Gleichung*: $2x^3 + 11x - 4 = 0$; k.e ↗*Funktion*: $y = 5{,}2x^3 - 7x^2 + 15$.

Kugel ↗*Körper*, der durch Rotation eines ↗*Kreises* um seinen ↗*Durchmesser* entsteht.

$$A_O = 4\pi r^2 \qquad V = \frac{4}{3}\pi r^3$$

Kurve ↗*Graph*.

Kürzen ↗*Zähler* und ↗*Nenner* eines ↗*Bruches* durch den gleichen Ausdruck teilen:

Beispiele: $\frac{4}{12} \underset{4}{=} \frac{1}{3}$, $\frac{5x^2}{35ax} \underset{5x}{=} \frac{x}{7a}$.

Kurvenschar ↗*Funktionenschar*.

L

LE Abkürzung für „Längeneinheit". ↗*FE*, ↗*VE*

Leere Menge Menge, die keine Elemente enthält: $\emptyset = \{\ \}$

Leitkoeffizient ↗*Koeffizient* der höchsten ↗*Potenz* in einem ↗*Polynom* oder einer ↗*Gleichung*. *Beispiel:* In der Gleichung $7x^3 - 8x^2 + 9 = 0$ ist $7x^3$ der Ausdruck mit der höchsten Potenz und 7 der L.

LFZ Abkürzung für ↗*„Linearfaktorenzerlegung"*.

LGS Abkürzung für ↗„*Lineares Gleichungssystem*“.

linear ↗*Term* erster ↗*Potenz*, d. h., der höchste ↗*Exponent* der ↗*Variable* ist eins: $x^1 = x$.

Beispiele: l.e ↗*Gleichung*: $2x + 7 = 0$; l.e ↗*Funktion*: $y = -8x + 1$.

Lineares Gleichungssystem, LGS Anzahl von ↗*Gleichungen*, die unter Einsatz von mehreren ↗*Variablen* einen komplexeren Zusammenhang beschreiben und gemeinsam zu lösen sind. Zum Auffinden der Lösung wird oftmals das ↗GAUSS-*Verfahren* genutzt.

Linearfaktor ↗*Faktor* vom Typ $(x - x_0)$, $(x - x_1)$, ..., $(x - x_n)$, in die ein ↗*Polynom* mithilfe seiner ↗*Nullstellen* $x_0, x_1, \ldots, x_n$ zerlegt werden kann. Ist eine weitere Zerlegung in **R** nicht möglich, so werden auch Terme mit höheren ↗*Potenzen* wie z. B. $(x^2 + 1)$ als ↗*irreduzible Faktoren* akzeptiert.

Beispiel: Die L.en von $7x^5 - 7x^4 - 21x^3 - 63x^2 - 756x$ lauten x, $(x + 3)$, $(x - 4)$ und $(x^2 + 9)$, da $7x^5 - 7x^4 - 21x^3 - 63x^2 - 756x = 7 \cdot x \cdot (x + 3) \cdot (x - 4) \cdot (x^2 + 9)$.

Linearfaktorenzerlegung, LFZ Ein ↗*Polynom* kann mithilfe seiner ↗*Nullstellen* und den daraus resultierenden ↗*Linearfaktoren* nach dem Prinzip

$$(x - \text{Nullstelle}_1) \cdot (x - \text{Nullstelle}_2) \cdot \ldots \cdot (x - \text{Nullstelle}_n)$$

auch als ↗*Produkt* geschrieben werden.

Beispiel: Nullstellen von $x^3 - 9x^2 + 2x + 48$: $x_1 = -2$, $x_2 = 3$ und $x_3 = 8$.

$$\text{LFZ: } x^3 - 9x^2 + 2x + 48 = (x + 2) \cdot (x - 3) \cdot (x - 8)$$

Logarithmus/Logarithmieren Eine der Umkehrungen des ↗*Potenzierens*. Der L. beschreibt den ↗*Exponenten* einer ↗*Potenz*. ↗*2.6*

Beispiel: $\log_2(8) = 3$, da $2^3 = 8$

Logarithmengesetze: $\log_a(x \cdot y) = \log_a(x) + \log_a(y)$

$$\log_a\left(\frac{x}{y}\right) = \log_a(x) - \log_a(y) \qquad \log_a\left(x^b\right) = b \cdot \log_a(x)$$

Lösung Zahlenwert oder ↗*Term*, der eine ↗*Gleichung* erfüllt.

Lösungsformel Allgemeine Umschreibung für Wurzellösungsformeln, z. B. für die ↗*abc-Formel* oder ↗*pq-Formel* zum Lösen von ↗*quadratischen Gleichungen*.

Lösungsmenge In der L. **L** werden die ↗*Lösungen* einer ↗*Gleichung* zusammengefasst.

Lot ↗*Strecke*, die von einem bestimmten Punkt ausgehend, ↗*senkrecht* (↗*orthogonal*) auf eine ↗*Gerade* (Seite, Ebene) trifft. Der Auftreffpunkt wird als Lotfußpunkt bezeichnet.

LUDOLF'sche Zahl Historische Bezeichnung für die ↗*Kreiszahl* π.

M

Malnehmen ↗*Multiplikation.*

Mantel/Mantelfläche ↗*Summe* aller Seitenflächen eines ↗*Körpers*. ↗*Grundfläche* und ↗*Deckfläche* gehören nicht zum M., wohl aber zur ↗*Oberfläche* des Körpers.

Mantellinie Seitenlinie s eines ↗*Kegels*. Geradlinige Verbindung von der Spitze eines Kegels zum Kreisrand seiner ↗*Grundfläche*.

Maximum Allgemein: Größter Wert einer Zahlenmenge. Mehrzahl: Maxima.

Funktionen: Hochpunkt. ↗*Punkt* eines ↗*Graphen* mit größtem ↗*Funktionswert*. ↗*Scheitelpunkt*; ↗*Extremum*

Minimum Allgemein: Kleinster Wert einer Zahlenmenge. Mehrzahl: Minima.

Funktionen: Tiefpunkt. ↗*Punkt* eines ↗*Graphen* mit kleinstem ↗*Funktionswert*. ↗*Scheitelpunkt*; ↗*Extremum*

Minuend Zahl oder ↗*Term*, von dem etwas abgezogen wird. ↗*Subtraktion*.

Minusrechnen ↗*Subtraktion*.

Mitternachtsformel Schülerjargon für die ↗*abc-Formel*.

Monotonie, monoton Umschreibung für das Steigungsverhalten des ↗*Graphen* einer ↗*Funktion*. Bei wachsendem x-Wert, d. h., $x_1 < x_2$, werden die

- Funktionswerte größer, d. h., speziell:
  - streng m. steigend, wenn $f(x_1) < f(x_2)$, also wenn $f(x_2) - f(x_1) > 0$.
  - m. steigend, wenn $f(x_1) \leq f(x_2)$, also wenn $f(x_2) - f(x_1) \geq 0$.
- Funktionswerte kleiner, d. h., speziell:
  - streng m. fallend, wenn $f(x_1) > f(x_2)$, also wenn $f(x_2) - f(x_1) < 0$.
  - m. fallend, wenn $f(x_1) \geq f(x_2)$, also wenn $f(x_2) - f(x_1) \leq 0$.

Multiplikation/Multiplizieren Malrechnung. Malnehmen von Zahlen oder ↗*Termen*.

$$\underbrace{\text{Faktor} \cdot \text{Faktor}}_{\text{Produkt}} = \text{Produktwert}$$

multiplikativ Durch ↗*Multiplikation* vervielfältigen.

N

Natürliche Zahlen Positive ganze ↗*Zahlen* einschließlich der ↗*Null*: $\mathbf{N} = \{0;\ 1;\ 2;\ \ldots\}$.

Nebenwinkel Die beiden nebeneinander liegenden ↗*Winkel* an einer Geradenkreuzung werden N. oder ↗*Supplementwinkel* genannt. Sie ergänzen sich zu 180°.

***n*-Eck** ↗*Vieleck* mit n Eckpunkten, ↗*Polygon*.

Nenner Der Teil eines ↗*Bruches*, der unter dem Bruchstrich steht. Der Nenner darf nie ↗*null* sein.

$$\text{Bruch} = \frac{\text{Zähler}}{\text{Nenner}}$$

Netto Grundbetrag, der um einen Aufschlag vergrößert werden kann und dann den ↗*Bruttowert* ergibt: ↗*Tara*

$$\text{Netto} = \text{Brutto} - \text{Tara oder Netto} = \text{Brutto} - \text{Steuer}$$

Netz eines Körpers Zeichnerische Darstellung der Außenflächen eines Körpers, bei der die Flächen in der Ebene ausgebreitet werden.

nicht-negative Zahlen Positive ↗*Zahlen* einschließlich der ↗*Null*: $\mathbf{R}^{\geq 0}$.

Normalform ↗*Gleichung* oder ↗*Funktion*, deren ↗*Leitkoeffizient* eins ist.

Normalparabel ↗*Graph* einer ↗*quadratischen Funktion* mit dem ↗*Leitkoeffizienten* $a = -1$ oder $a = +1$.

Beispiele: $y = \pm x^2 \qquad y = \pm x^2 + c \qquad y = \pm x^2 + bx + c$

Null Zahl, die auf dem Zahlenstrahl zwischen den negativen und positiven Zahlen liegt. Die Verwendung der N. ist oftmals problematisch, da die ↗*Division* durch null nicht erlaubt ist. Der Ausschluss der N. aus einer Zahlenmenge wird durch einen rechts oben angeführten Stern symbolisiert, z. B. $\mathbf{N}^*$.

↗*Bruch* $= 0 \Leftrightarrow$ ↗*Zähler* $= 0$ ↗*Produkt* $= 0 \Leftrightarrow$ ↗*Faktor(en)* $= 0$

↗*Wurzel* $= 0 \Leftrightarrow$ ↗*Radikand* $= 0$ ↗*Logarithmus* $= 0 \Leftrightarrow$ ↗*Numerus* $= 1$

Nullproduktsatz, NPS Wichtige Erkenntnis, die das Lösen von ↗*Gleichungen* vereinfacht: Das ↗*Produkt* mehrerer ↗*Terme* ist genau dann ↗*null*, wenn mindestens einer der ↗*Faktoren* null ist.

Nullstelle x-Koordinate des Punktes, in dem der ↗*Graph* einer ↗*Funktion* die ↗*x-Achse* berührt oder schneidet. Beachte: Die N. gibt nur den ↗*x-Wert* und nicht den kompletten Punkt an!

Man berechnet die N.(n) einer ↗*Funktion*, indem man den ↗*Funktionsterm* gleich ↗*null* setzt und dann (wie auch immer) nach x auflöst. Deshalb wird vielfach auch die ↗*Lösung* einer ↗*Gleichung* als N. bezeichnet.

Tritt eine Zahl mehrfach als Lösung dieser Gleichung auf, so spricht man von einer *mehrfachen* N. Die Häufigkeit macht sich im Graphen in einer unterschiedlichen Qualität bemerkbar:

$f(x) = x - 1$	$f(x) = x^2 - 2x + 1$	$f(x) = -x^3 + 3x^2 - 3x + 1$
$x - 1 = 0$ $x_1 = 1$	$x^2 - 2x + 1 = 0$ $x_1 = 1 \wedge x_2 = 1$	$-x^3 + 3x^2 - 3x + 1 = 0$ $x_1 = 1 \wedge x_2 = 1 \wedge x_3 = 1$

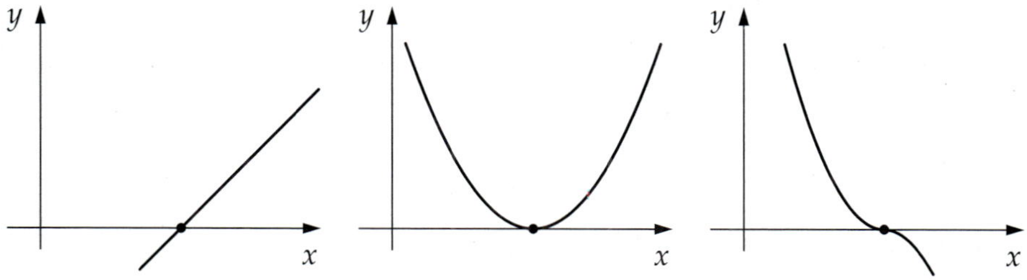

einfache Nullstelle	doppelte, vierfache, sechsfache, ... Nullstelle	dreifache, fünffache, siebenfache, ... Nullstelle
= Schnittstelle	= Berührstelle = Extremstelle	= Sattelstelle = Terrassenstelle

numerisch Beschreibung oder Vorgehensweise, die auf ↗*Zahlen* basiert. Im Gegensatz zu exakten Darstellungen mit ↗*Termen*, die oft nur schwer oder gar nicht lösbar sind, arbeiten n.e Verfahren nur mit Zahlen, um eine ↗*Lösung* zu finden. Diese Ergebnisse beschreiben die Lösung oftmals nur näherungsweise, was jedoch für viele praktische Anwendungen völlig ausreichend ist.

Numerus Positiver Ausdruck, auf den ein ↗*Logarithmus* angewendet wird.

Beispiel: Für $\lg(7x)$, $\ln(7x)$, $\log_4(7x)$ ist der N. jeweils $7x$ mit $x > 0$.

O

Oberfläche ↗*Summe* aller Außenflächen eines ↗*Körpers*.

Ordinate/Ordinatenwert ↗*y-Koordinate* eines ↗*Punktes*.

Ordinatenachse Koordinatenachse für die abhängige ↗*Variabe* im ↗*Koordinatensystem*. Sie wird auch ↗*y-Achse*, **W**-Achse oder ↗*Hochachse* genannt.

Origo ↗*Ursprung* des ↗*Koordinatensystems*: $O(0 \mid 0)$.

orthogonal Fachbegriff für „senkrecht zueinander“; Zeichen: $\perp$. ↗*Lot*

P

Parabel ↗*Graph* einer Potenzfunktion; meist ↗*quadratische* P.: $y = x^2$, aber auch ↗*kubische* P.: $y = x^3$. ↗*Normalparabel*; ↗*Scheitelpunkt*; ↗*Nullstelle*.

parallel Verlauf von zwei ↗*Geraden* oder ↗*Strecken* in der Ebene, die überall den gleichen Abstand voneinander besitzen und sich somit nicht schneiden können.

Parallelogramm ↗*Viereck* mit zwei Paaren ↗*paralleler* Seiten. Spezielle P. sind das ↗*Rechteck* und die ↗*Raute*. ↗*5.5.2*

$$A = g \cdot h \qquad U = 2 \cdot (a + b) \qquad g\text{: Grundseite, } h\text{: Höhe}$$

Parameter Hilfs- oder Formvariable; nicht mit der eigentlichen ↗*Variable* (meist x) zu verwechseln! Je nach Qualität des P. können ↗*Fallunterscheidungen* notwendig sein.

PASCAL'sches Dreieck Zahlenschema zum Ermitteln der ↗*Binomialkoeffzienten*, benannt nach dem französischen Mathematiker Blaise PASCAL (1623 – 1662). ↗*2.4.4.*

Passante ↗*Gerade*, die eine ↗*Kurve* passiert, d. h., ohne einen gemeinsamen ↗*Punkt* an ihr vorbeiläuft.

Periode Zahlen: Regelmäßige Wiederholung von ↗*Ziffern* oder ↗*Zifferngruppen*.

Beispiele: $0{,}\overline{3} = 0{,}33\ldots$ oder $4{,}7\,\overline{85} = 4{,}78585\ldots$.

↗*Winkelfunktion*: x-Abstand zwischen zwei vergleichbaren ↗*Punkten*.

Beispiel: Für $y = \sin(x)$ beträgt die P. 2π. Für alle $x \in \mathbf{R}$ gilt: $\sin(x) = \sin(x + 2\pi)$.

PFZ Abkürzung für ↗*„Primfaktorzerlegung"*.

π Kleiner griechischer Buchstabe p (gesprochen: pi). Symbol für die ↗*Kreiszahl* π.

Plusrechnung ↗*Addition*.

Polyeder Vielflächner. ↗*Körper*, der von ebenen ↗*Vielecken* begrenzt wird. Typische Beispiele sind ↗*Würfel*, ↗*Quader*, ↗*Prisma*, ↗*Tetraeder* und die ↗*Pyramide*.

Polygon ↗*Vieleck*.

Polynom Mehrgliedriger Ausdruck. ↗*Summe* von Potenzen mit natürlichen ↗*Exponenten*. ↗*Binom*: $a \pm b$, Trinom: $a \pm b \pm c$, Polynom: $a \pm b \pm c \pm \ldots$.

Beispiele: P.gleichung $4{,}1x^5 - 7x^3 + 8{,}5x^2 + 2x - 3 = 0$; P.funktion $y = -2x^4 + 17x + 1$.

Polynomdivision, PD Methode zum ↗*Dividieren* von ↗*Polynomen*, die analog zum schriftlichen ↗*Dividieren* von Zahlen abläuft. ↗*Horner-Schema*

Positive ganze Zahlen ↗*Natürliche Zahlen* ohne ↗*null*: $\mathbf{N}^* = \{1;\ 2;\ 3;\ldots\}$.

Potenz/Potenzieren Verkürzte Schreibweise für ein ↗*Produkt* mit gleichbleibendem Faktor.

Beispiele: $5^3 = 5 \cdot 5 \cdot 5 = 125$; $a^2 = a \cdot a$.

$$\underbrace{\text{Basis}^{\text{Exponent}}}_{\text{Potenz}} = \text{Potenzwert}$$

Potenzgesetze:

$$a^m \cdot a^n = a^{m+n} \qquad a^m : a^n = \frac{a^m}{a^n} = a^{m-n} \qquad (a^m)^n = a^{m \cdot n}$$

$$a^n \cdot b^n = (a \cdot b)^n \qquad \frac{a^n}{b^n} = \left(\frac{a}{b}\right)^n$$

Potenzwert ↗*Potenz*.

pq-Formel Lösungsformel für ↗*quadratische* Gleichungen in der ↗*Normalform*

$$x^2 + px + q = 0: \qquad x_{1,2} = -\frac{p}{2} \pm \sqrt{\left(\frac{p}{2}\right)^2 - q}$$

Beispiel:
$$-3x^2 - 9x + 84 = 0 \quad | : (-3)$$
$$x^2 + 3x - 28 = 0 \quad | \, p = 3;\ q = -28$$
$$x_{1,2} = -\frac{3}{2} \pm \sqrt{\frac{9}{4} + 28} = -\frac{3}{2} \pm \sqrt{\frac{121}{4}} = -\frac{3}{2} \pm \frac{11}{2}$$
$$x_1 = -7 \wedge x_2 = 4$$

Primfaktorzerlegung, PFZ Eine Zahl ausschließlich als ↗*Produkt* von ↗*Primzahlen* aufschreiben.

Beispiele: $126 = 2 \cdot 3^2 \cdot 7$; $28\,500 = 2^2 \cdot 3 \cdot 5^3 \cdot 19$

Primzahl Natürliche Zahl (größer eins), die nur durch eins und sich selbst teilbar ist.

$$\text{prim} = \{2;\ 3;\ 5;\ 7;\ 11;\ \ldots\}$$

Beachte: 1 ist *nicht* prim!

Prisma ↗*Gerader Körper* mit ↗*n-eckiger* ↗*Grundfläche.*

Produkt Mathematischer Ausdruck, in dem Zahlen bzw. ↗*Terme* miteinander ↗*multipliziert* werden.

Promille Tausendstel, abgekürzt ‰. *Beispiel:* $3\,‰ = \frac{3}{1\,000} = 0{,}003$. ↗*Prozent*

proportional Zusammenhang zwischen zwei Größen, die in einem festen ↗*Verhältnis k* zueinander stehen, d. h., deren ↗*Quotient* konstant ist.

Beispiel: $\frac{a}{b} = k \Rightarrow a = k \cdot b$

Eine Größe ist somit ein Vielfaches (das k-fache) der anderen.

Formulierungstypen: „Je mehr, desto mehr.“ oder „Je weniger, desto weniger.“

Beispiel: Je mehr wir kaufen, desto mehr müssen wir bezahlen. ↗*antiproportional*

Prozent Hundertstel, abgekürzt %. *Beispiel:* $5\,\% = \frac{5}{100} = 0{,}05$. ↗*Promille.*

prozentual Anteiliger Wert, der in ↗*Prozenten* ausgedrückt wird.

Beispiel: Von 600 Abgeordneten sind nur 360 anwesend, prozentual sind dies 60 %.

Punkt Elementares Objekt der Geometrie, welches keine Ausdehnung besitzt. Andere Objekte – wie Strecken, Geraden, Flächen und Ebenen – können als eine Menge von P.en verstanden werden.

Das Schnittgebilde zweier unterschiedlicher ↗*Geraden* ist ein P. Durch die Angabe seiner ↗*Koordinaten*, kann die Lage des P.es im ↗*Koordinatensystem* eindeutig beschrieben werden.

Punktprobe Methode, die überprüft, ob ein ↗*Punkt* auf einer mathematischen ↗*Kurve* liegt. Durch Einsetzen der ↗*Koordinaten* eines Punktes in die Kurvengleichung wird der Wahrheitsgehalt der ↗*Aussage* überprüft.

Beispiel: Der Punkt $A(2\,|\,8)$ liegt auf der Geraden zu $g\colon y = 4x$, da $8 = 4 \cdot 2$ wahr ist. $B(5\,|\,11)$ liegt dagegen nicht auf g, da $11 = 4 \cdot 5$ eine falsche Aussage darstellt.

Punktsymmetrie Der ↗*Graph* einer ↗*Funktion* wird am ↗*Ursprung* um 180° gedreht. Umgangssprachlich: Die Punkte einer Funktion werden am Ursprung gespiegelt.

Allgemein: $f(x) = -f(-x)$.

Bei ganzrationalen Funktionen: nur ungerade ↗*Exponenten.*
Gebrochenrat. Funktionen: Zähler und Nenner besitzen unterschiedliche Symmetrien.

Pyramide ↗*Spitzer Körper* mit einem ↗*n-Eck* als ↗*Grundfläche*. Die ↗*Mantelfläche* A_M setzt sich bei geraden P. aus n ↗*gleichschenkligen Dreiecken* zusammen.

$$A_\mathrm{O} = A_\mathrm{G} + A_\mathrm{M} \qquad V = \frac{1}{3} A_\mathrm{G} \cdot h$$

↗*Tetraeder*

Pyramidenstumpf Restkörper, der dadurch entsteht, dass man von einer ↗*Pyramide* ↗*parallel* zur ↗*Grundfläche* den oberen Teil abschneidet.

Die ↗*Grundfläche* A_{G_1} und ↗*Deckfläche* A_{G_2} sind zwei ↗*kongruente* ↗*n-Ecke*. Die ↗*Mantelfläche* A_M setzt sich aus n ↗*Trapezen* zusammen.

Die Grundflächenseiten, die Kantenlängen und die ↗*Höhen h* der urspünglichen Pyramide, des Restkörpers und der abgeschnittenen kleinen Pyramide sind durch die ↗*Strahlensätze* rechnerisch miteinander verknüpft.

$$A_\mathrm{O} = A_{\mathrm{G}_1} + A_{\mathrm{G}_2} + A_\mathrm{M} \qquad V = \frac{1}{3} \cdot \left(A_{\mathrm{G}_1} + \sqrt{A_{\mathrm{G}_1} \cdot A_{\mathrm{G}_2}} + A_{\mathrm{G}_2}\right) \cdot h$$

PYTHAGORAS, allgemeiner ↗*Kosinussatz.*

PYTHAGORAS, Satz von Bekanntester Satz der Schulmathematik. Im ↗*rechtwinkligen Dreieck* ist die Summe der beiden ↗*Katheten*quadrate genauso groß wie das ↗*Quadrat* über der ↗*Hypotenuse*:

$$\mathrm{Hyp}^2 = \mathrm{Kath}_1^2 + \mathrm{Kath}_2^2$$

PYTHAGORAS, trigonometrischer ↗*Trigonometrischer* PYTHAGORAS.

PYTHAGOREISCHE Satzgruppe Im ↗*rechtwinkligen Dreieck* gelten der Satz von ↗PYTHAGORAS, der ↗*Höhensatz* und die ↗*Kathetensätze*, die man allesamt zur p.S. oder zu den ↗*Flächensätzen* zusammenfasst.

Q

Quader ↗*Gerader Körper* mit ↗*rechteckiger* ↗*Grundfläche* A_G. ↗*Rechtkant*

$$A_\mathrm{G} = a \cdot b \qquad A_\mathrm{M} = 2(a+b) \cdot c \qquad A_\mathrm{O} = 2 \cdot (ab + ac + bc) \qquad V = a\,b\,c$$

Quadrant Eines der vier Felder in einem ↗*Koordinatensystem.*

Quadrat ↗*Viereck* mit gleich langen Seiten, die ↗*senkrecht* aufeinander stehen. Die beiden ↗*Diagonalen d* sind gleich lang, halbieren sich gegenseitig und schließen einen ↗*rechten Winkel* ein.

$$A = a^2 \qquad U = 4a \qquad d = a\sqrt{2}$$

quadratisch ↗*Term* 2. ↗*Potenz*, d. h., der höchste ↗*Exponent* der ↗*Variable* ist zwei: x^2.

Beispiele: ↗*q.e Gleichung*: $-1{,}5x^2 + 7x - 9 = 0$; ↗*q.e Funktion*: $y = 12x^2 + 3x - 1$.

Quadratische Ergänzung Verfahren zum Gewinnen von quadrierten ↗*Binomen* aus ↗*quadratischen* ↗*Termen*. Durch geschicktes Hinzufügen und gleichzeitiges Wegnehmen eines quadratischen Ausdruckes können Fragmente eines binomischen Terms in ein vollständiges Binom überführt werden. ↗*2.3.2.6*

Beispiel: Für $a^2 + 7au$ lautet die q.E. $\left[\frac{7\cancel{a}u}{2\cancel{a}}\right]^2 = \left[\frac{7u}{2}\right]^2 = \frac{49}{4}u^2$.

$$\begin{aligned} a^2 + 7au &= \left[a^2 + 7au + \left(\frac{7u}{2}\right)^2\right] - \left(\frac{7u}{2}\right)^2 \\ &= \left(a + \frac{7}{2}u\right)^2 - \left(\frac{7}{2}u\right)^2 = \left(a + \frac{7}{2}u\right)^2 - \frac{49}{4}u^2 \end{aligned}$$

Eine wichtige Anwendung ist das Bestimmen des ↗*Scheitelpunktes* einer ↗*quadratischen Funktion*. Die q.E. ist die theoretische Grundlage bei der Herleitung der ↗*pq-Formel* zum Lösen von ↗*quadratischen Gleichungen*.

quadratische Funktion ↗*Polynomfunktion* zweiten ↗*Grades* $y = ax^2 + bx + c$, deren grafische Darstellung eine ↗*Parabel* ist.

Allgemeine Form:	$y = ax^2 + bx + c$ mit $a \neq 0$	
Linearfaktorform:	$y = a \cdot (x - x_1) \cdot (x - x_2)$	↗*Nullstellen* x_1, x_2
Scheitelpunktform:	$y = a \cdot (x - d)^2 + e$	↗*Scheitelpunkt* $S(d \mid e)$

quadratische Gleichung ↗*Gleichung* zweiten ↗*Grades*, d. h., der höchste ↗*Exponent* der ↗*Variable* ist zwei: $ax^2 + bx + c = 0$ mit $a \neq 0$. Mögliche ↗*Lösungen* können mit der ↗*abc*- oder ↗*pq-Formel* berechnet und mit dem Satz von ↗*Vieta* kontrolliert werden.

Quadratwurzel Spezialfall der ↗*Wurzelrechnung* für den Wurzelexponenten 2 bzw. der ↗*Potenzrechnung* mit dem ↗*Exponenten* $\frac{1}{2}$: $\sqrt[2]{x} = \sqrt{x} = x^{\frac{1}{2}}$ mit $x \geq 0$. Der ↗*Radikand*, der Ausdruck unter dem Wurzelzeichen, darf im Bereich der ↗*reellen Zahlen* nicht negativ werden.

quadrieren Zahl oder ↗*Term* in die zweite ↗*Potenz* überführen, d. h., mit sich selbst ↗*multiplizieren*.

Beispiele: $7^2 = 7 \cdot 7 = 49 \qquad \left(\frac{3}{4}\right)^2 = \frac{3^2}{4^2} = \frac{9}{16} \qquad (u + 3)^2 = u^2 + 6u + 9$ (Binom!)

quartische Gleichung ↗*Gleichung* vierten ↗*Grades*: $ax^4 + bx^3 + cx^2 + dx + e = 0, a \neq 0$.

Quersumme ↗*Summe* der ↗*Ziffern* einer Zahl.

Beispiel: $QS(341) = 3 + 4 + 1 = 8$

Quotient Mathematischer Ausdruck in dem Zahlen oder ↗*Terme* durcheinander geteilt werden. Andere Bezeichnung für einen ↗*Bruch*. ↗*Division*

R

Rabatt Preisnachlass, der meist ↗*prozentual* angegeben wird:

$$\nearrow\textit{Brutto} - \text{Rabatt} = \nearrow\textit{Netto}$$

Beispiel: Eine Sommerhose kostet 150 €. Im Winter wird ein R. von 20 % gewährt; sie kostet dann nur noch 120 €.

rad/RAD Einheitenzeichen für die beim ↗*Bogenmaß* verwendete Hilfsmaßeinheit ↗*Radiant*. Beim ↗*TR* wird das Kürzel RAD angezeigt. ↗*Winkelmaß*.

Radiant Hilfsmaßeinheit für das ↗*Bogenmaß*, abgekürzt ↗*rad*. ↗*Winkelmaß*.

Radikand Ausdruck unter dem Wurzelzeichen (radix (lat.): Wurzel). Der R. darf im Bereich der ↗*reellen Zahlen* **R** zumindest für gerade ↗*Wurzeln* nicht negativ sein; bei ungeradem Wurzelexponenten gibt es unterschiedliche Auffassungen.

Radius Abstand vom Mittelpunkt eines ↗*Kreises* oder einer ↗*Kugel* zum Rand. Der R. r entspricht dem halben ↗*Durchmesser* d: $r = {}^1/_2\, d$.

Rationale Zahlen, Q Zahlenmenge, die die ↗*ganzen Zahlen* **Z** und die Bruchzahlen umfasst.

Raute ↗*Viereck* mit gleich langen Seiten a, die paarweise ↗*parallel* sind und nicht unbedingt rechtwinklig aufeinander stehen müssen. Die ↗*Diagonalen* e und f halbieren sich gegenseitig und stehen ↗*senkrecht* aufeinander. Ein ↗*Quadrat* ist eine spezielle R. mit rechten Innenwinkeln.

$$A = \frac{e \cdot f}{2} \qquad U = 4a$$

Rechteck ↗*Viereck* mit je zwei ↗*parallelen* Seiten a und b, die ↗*rechtwinklig* aufeinander stehen. Ein ↗*Quadrat* ist ein spezielles R. mit gleich langen Seiten ($a = b$).

$$A = a \cdot b \qquad U = 2 \cdot (a + b)$$

Rechter Winkel ↗*Winkel* der Größe 90° oder $\frac{\pi}{2}$ rad. ↗*orthogonal*

Rechtkant Veralteter Begriff für ↗*Quader*.

Rechtsachse Koordinatenachse für die unabhängige ↗*Variabe* im ↗*Koordinatensystem*. Sie wird auch ↗*Abszissenachse*, ↗*x-Achse* oder **D**-Achse genannt.

rechtwinkliges Dreieck ↗*Dreieck, rechtwinkliges*.

Reelle Zahlen, R Zahlenmenge, die neben den ↗*rationalen Zahlen* **Q** auch die ↗*irrationalen Zahlen* beinhaltet. In diesem Buch ist **R** die umfassenste Zahlenmenge.

Relation Beziehung (lateinisch *relatio*) zwischen zwei vergleichbaren Objekten, zum Beispiel zwei Zahlen oder zwei Mengen. Die Beziehung zweier Objekte zueinander wird mithilfe eines Relationszeichens ($=$, $<$, $\leq$, $>$, $\geq$, $\subset$ usw.) ausgedrückt.

Beispiele: $2 < 9$, $a \geq b$, $\mathbf{N} \subset \mathbf{R}$

Rhombus Veralteter Begriff für ↗*Raute*.

S

Sattelstelle ↗*x-Koordinate* eines Sattelpunktes. ↗*Nullstelle*, dreifache; ↗*Terrassenstelle*.

Schar ↗*Funktionenschar*; ↗*Parameter*.

Scheitel Geometrie: Schnittpunkt der beiden ↗*Schenkel* eines Winkels.

Funktionen: ↗*Scheitelpunkt*.

Scheitelpunkt Tiefster oder höchster Punkt einer ↗*quadratischen* ↗*Parabel*:

$$y = ax^2 + bx + c: \quad S\left(-\frac{b}{2a} \,\middle|\, \frac{4ac - b^2}{4a}\right) \qquad y = a \cdot (x - d)^2 + e: \quad S\left(d \,|\, e\right)$$

Für $a < 0$ ist die Parabel nach unten geöffnet, der S. repräsentiert ein ↗*Maximum*.
Für $a > 0$ ist die Parabel nach oben geöffnet, der S. repräsentiert ein ↗*Minimum*.

Scheitelpunktform Besondere Schreibweise für die Vorschrift einer ↗*quadratischen Funktion*, die das sofortige Ablesen des ↗*Scheitelpunktes S* erlaubt. Man gewinnt die S. aus der allgemeinen Form durch Anwenden einer ↗*quadratische Ergänzung* auf den ↗*Funktionsterm*:

Allgemeinen Form:	$y = ax^2 + bx + c$	I Quadratische Ergänzung
Scheitelpunktform:	$y = a \cdot (x - d)^2 + e$	mit $S(d\|e)$.

Schenkel Allgemein: Begrenzungsstrahlen eines ↗*Winkels*.

Im ↗*Dreieck*: Gleich lange Seiten eines symmetrischen Dreiecks.

Schnittmenge In der S. werden die gemeinsamen Elemente mehrerer Mengen zusammengefasst.

Beispiel: M_1: Menge aller Personen unter 18 Jahren.
M_2: Menge der Schüler.
$M_1 \cap M_2$ = Menge der minderjährigen Schüler.

Schwerpunkt ↗*Seitenhalbierende*.

Sechseck, regelmäßiges Durch seine ↗*Diagonalen* wird ein S. in sechs gleichseitige ↗*Dreiecke* zerlegt. Die Länge a der Dreieck- und der S.-Seiten stimmt mit dem ↗*Radius* r_U des ↗*Umkreises* überein: $a = r_U$. ↗*Aufgabe 5.159*; ↗*Hexagon*

$$A = \frac{3}{2}a^2 \cdot \sqrt{3} \qquad U = 6a$$

Wichtige Bedeutung bei Kristallstrukturen und Bienenwaben, aber auch in Architektur und in Technik (z. B. Schraubenköpfe).

Sehne Geradlinige und somit kürzeste Verbindung zweier Punkte auf dem Rand des ↗*Kreises*: $s = \overline{AB}$. Die größte aller S. ist der ↗*Durchmesser d*.

Seitenhalbierende ↗*Strecke* in einem ↗*Dreieck*, die den Mittelpunkt einer Seite mit dem gegenüberliegenden Eckpunkt verbindet. Die drei S.n schneiden sich in einem ↗*Punkt*, dem Schwerpunkt des Dreiecks. Der Schwerpunkt teilt eine S. vom Eckpunkt aus gesehen im ↗*Verhältnis* 2 : 1.

Sekante ↗*Gerade*, die eine ↗*Kurve* in einem bestimmten Punkt schneidet.

senkrecht Zeichen: $\perp$. ↗*rechter Winkel*; ↗*orthogonal*; ↗*Lot*

Sinus sin(...) Seitenverhältnis im ↗*rechtwinkligen Dreieck*: $\sin(\sphericalangle) = \frac{\text{Gegenkathete}}{\text{Hypotenuse}}$.

Sinussatz Der S. beschreibt im allgemeinen ↗*Dreieck* die Beziehung zwischen zwei Seiten und den ↗*Sinuswerten* der ihnen gegenüberliegenden ↗*Winkel*.

$$\frac{a}{\sin(\alpha)} = \frac{b}{\sin(\beta)} = \frac{c}{\sin(\gamma)}$$

Spitzer Körper ↗*Körper*, dessen ↗*Mantelfläche* (A_M) schräg zur ↗*Grundfläche* (A_G) steht und in einem Punkt, der Spitze, endet.

Beispiele: ↗*Kegel*, ↗*Pyramide*.

$$V = \frac{1}{3} A_G \cdot h \qquad A_O = A_G + A_M \qquad A_O : \text{Oberfläche}, \; h : \text{Körperhöhe}$$

Steigung ↗*Verhältnis* von vertikaler zu horizontaler Entfernung. Zur Berechnung der S. m einer ↗*Geraden* wird die ↗*Differenz* der ↗*y-Koordinaten* zweier ↗*Punkte* durch die ihrer ↗*x-Koordinaten* geteilt:

$$m = \frac{y_2 - y_1}{x_2 - x_1} = \frac{\Delta y}{\Delta x}$$ ↗*Differenzenquotient*

Für den Steigungswinkel α gilt: $m = \tan(\alpha)$. ↗*Tangens*

Stelle x-Koordinate eines Punktes, z. B. ↗*Nullstelle*, ↗*Extremstelle* oder ↗*Sattelstelle*.

stetig Der ↗*Graph* einer stetigen Funktion ist eine zusammenhängende Kurve, die man ohne abzusetzen zeichnen kann. Unstetige Funktionen bestehen aus mehreren Kurventeilen.

Strahl Halbgerade, also eine Linie, die durch einen Anfangspunkt begrenzt, sich auf der anderen Seite ins Unendliche erstreckt.

Strahlensatz Beschreibung der ↗*konstanten* ↗*Verhältnisse* von kurzen und langen ↗*Strecken*, die entstehen, wenn die beiden ↗*Strahlen*, die von einem Punkt Z ausgehen von ↗*parallelen* ↗*Geraden* g und h geschnitten werden. ↗*5.8.3*

$$\frac{\text{kurz}}{\text{lang}} = \frac{|\overline{ZA}|}{|\overline{ZB}|} = \frac{|\overline{ZC}|}{|\overline{ZD}|} = \frac{|\overline{AC}|}{|\overline{BD}|}$$

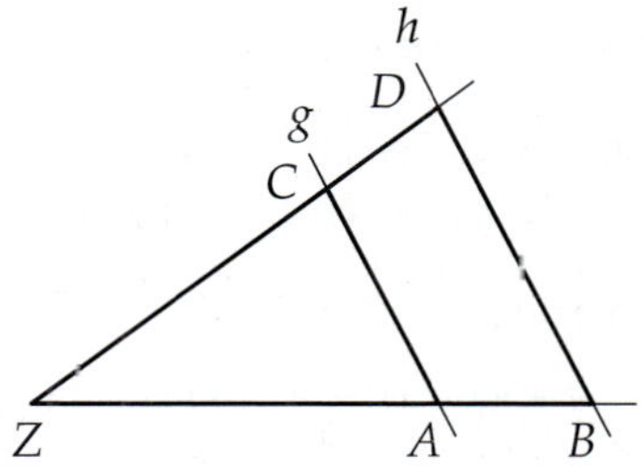

Strecke Geradlinige Verbindung zweier ↗*Punkte*: $\overline{AB}$. Länge der Strecke AB: $\text{dist}(A, B) = |\overline{AB}|$.

Streckung ↗*Zentrische Streckung*.

Stufenzahl Im Zehnersystem sind dies die ↗*Potenzen* von 10:

$$10^0 = 1;\ 10^1 = 10;\ 10^2 = 100;\ 10^3 = 1000;\ \ldots$$

Stumpf, stumpfer Körper Restkörper, der aus einem ↗*spitzen Körper* durch Abschneiden unterhalb der Spitze hervorgeht, z. B. ↗*Kegelstumpf*, ↗*Pyramidenstumpf*.

Subtrahend Zahl oder ↗*Term*, der abgezogen wird. ↗*Subtraktion*.

Subtraktion/Subtrahieren Minusrechnung. Abziehen von Zahlen oder ↗*Termen*.

$$\underbrace{\text{Minuend} - \text{Subtrahend}}_{\text{Differenz}} = \text{Differenzwert}$$

Summand Bestandteil einer ↗*Summe*. Zahl oder ↗*Term* der mit einem oder mehreren anderen S.en ↗*addiert* wird.

Beispiel: In der Summe $39 + 2a + 17$ lauten die S.en 39, $2a$ und 17.

Summe Mathematischer Ausdruck, in dem Zahlen oder Terme ↗*addiert* werden.

Beispiele: $8 + 7 + 9$ oder $6r + 11b + 2$. ↗*algebraische Summe*

Supplementwinkel ↗*Nebenwinkel*.

Symmetrie Deckungsgleichheit beim Spiegeln an einer Achse: ↗*Achsensymmetrie*. Deckungsgleichheit beim Drehen um 180° um einen Punkt: ↗*Punktsymmetrie*.

T

Tangens tan(...) Seitenverhältnis im ↗*rechtwinkligen Dreieck*: $\tan(\sphericalangle) = \dfrac{\text{Gegenkathete}}{\text{Ankathete}}$.

Tangente ↗*Gerade*, die den ↗*Graphen* einer ↗*Funktion* in einem Punkt berührt. Im ↗*Berührpunkt* besitzen die Graphen von Funktion und T. sowohl die gleichen ↗*Koordinaten*, als auch die gleiche ↗*Steigung*.

Tara Verpackungsgewicht als ↗*Differenz* von ↗*Brutto*- und ↗*Nettogewicht* bei Waren.

teilen ↗*Division.*

Teiler ↗*Natürliche Zahl*, durch die eine Zahl ohne Rest geteilt werden kann. Die Gesamtheit aller T. zu einer bestimmten Zahl wird in der Teilermenge zusammengefasst.

Teilmenge Teil einer größeren, umfassenderen Menge.

Beispiel: Die ↗*natürlichen Zahlen* sind eine T. der ↗*ganzen Zahlen*: $\mathbf{N} \subset \mathbf{Z}$.

Term Lieblingsbegriff der Mathematiker. Bedeutet, soviel wie „mathematisch sinnvoller Ausdruck“. (Fast) alles in der Mathematik kann als T. bezeichnet werden: Zahlen, ↗*Variablen*, ↗*Brüche*, Formeln, Teile von Formeln, Seiten einer ↗*Gleichung*.

„3 + “ ist kein T., da zumindest ein zweiter ↗*Summand* fehlt.

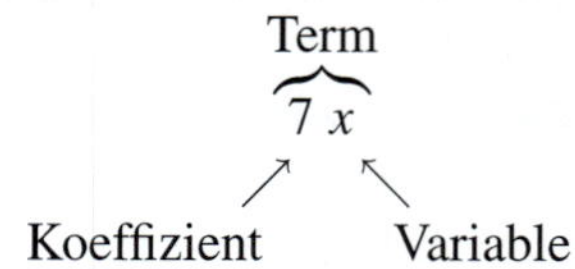

Terrassenstelle ↗*x-Koordinate* eines Terrassenpunktes. ↗*Nullstelle*, dreifache; ↗*Sattelstelle*.

Tetraeder Vierflächner, Vierflach. Dreiseitige ↗*Pyramide*, deren gleich große Außenflächen durch vier ↗*gleichseitige Dreiecke* mit der Kantenlänge a dargestellt werden.

$$A_G = \frac{a^2}{4} \cdot \sqrt{3}$$

$$A_M = \frac{3a^2}{4} \cdot \sqrt{3}$$

$$A_O = a^2 \cdot \sqrt{3}$$

$$V = \frac{a^3}{12} \cdot \sqrt{2}$$

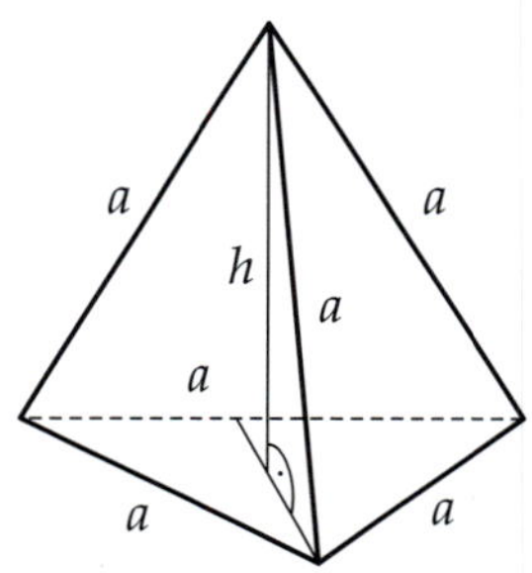

Dreiseitige ↗*Pyramiden* mit unterschiedlicher Kantenlänge werden oftmals auch als allgemeiner T. oder als *dreidimensionaler Simplex* bezeichnet.

THALES, Satz von Jeder Punkt C über einem Halbkreis mit dem ↗*Durchmesser* AB bildet ein ↗*Dreieck* ABC mit ↗*rechtem Winkel* bei C.

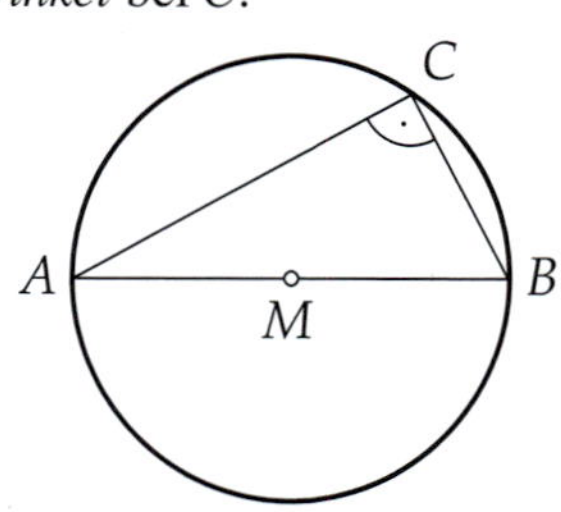

Der Thales-Kreis

TR Abkürzung für „Taschenrechner“. ↗*GTR*.

Transversale ↗*Gerade*, die eine Figur, z. B. in Form einer ↗*Diagonalen*, schneidet. Die T.n im ↗*Dreieck* sind die ↗*Seitenhalbierende*, ↗*Mittelsenkrechte*, ↗*Höhe* und die ↗*Winkelhalbierende*.

Trapez ↗*Viereck* mit zwei ↗*parallelen* Seiten a und c. ↗*Rechteck* und ↗*Parallelogramm* sind spezielle T.e. ↗*5.5.2*

$$A = \frac{a+c}{2} \cdot h \qquad U = a+b+c+d$$

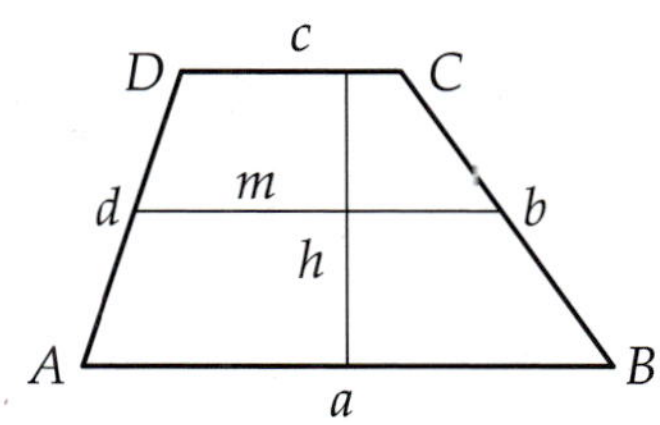

Trigonometrie/trigonometrisch Lehre der Dreiecksberechnungen, die speziell die ↗*goniometrischen* Beziehungen ↗*Kosinus*, ↗*Sinus*, ↗*Kotangens* und ↗*Tangens* nutzt.

Trigonometrischer Pythagoras $\sin^2(\alpha) + \cos^2(\alpha) = 1$ ↗PYTHAGORAS, *Satz von*

Trivial Lieblingsbegriff der Mathematiker. Bedeutet, soviel wie „einfach“, „sofort einsichtig“.

U

Umfang Gesamtlänge der Außenbegrenzung einer ↗*Fläche*; bei ↗*Vielecken* ist dies die ↗*Summe* aller Seitenlängen.

Umkreis ↗*Kreis*, der ein ↗*Dreieck* (auch manche ↗*Vielecke*) umschließt und dabei durch alle seine Eckpunkte verläuft. ↗*Inkreis*

Umsatz Summe der Einnahmen, die ein Unternehmen durch den Verkauf von Waren oder Dienstleistungen innerhalb eines bestimmten Zeitraumes erwirtschaftet. Zieht man von den Einnahmen die Ausgaben wie beispielsweise Miete, Personal- oder Rohstoffkosten ab, so erhält man den Gewinn.

unechter Bruch Bei einem unechten ↗*Bruch* ist der ↗*Zähler* größer als der ↗*Nenner*; die Schreibweise als ↗*gemischte Zahl* ist nach Möglichkeit zu vermeiden.

Beispiele: $\frac{8}{3}; \frac{11}{4}$

Ursprung Nullpunkt (↗*Origo*) eines ↗*Koordinatensystems*; resultiert aus dem Schnittpunkt der Koordinatenachsen: $O\,(0\,|\,0)$.

Ursprungsgerade ↗*Gerade*, die durch den ↗*Ursprung* des ↗*Koordinatensystems* verläuft. Sie gehorcht der Vorschrift $y = m \cdot x$.

V

Variable Buchstabe oder Platzhalter, der mit einem mathematischen Inhalt oder einem Zahlenwert belegt ist. ↗*Term*, ↗*Parameter*.

Bei ↗*Funktionen* unterscheidet man zwischen unabhängiger V. (meist x oder t) und abhängiger V. (meist y).

VE Abkürzung für „Volumeneinheit". ↗*LE*, ↗*FE*

Verhältnis ↗*Quotient* zweier Größen.

Beispiel: Ist eine Strecke b 3-mal länger als eine Strecke a, so verhalten sich die Längen a zu b wie 1 zu 3, kurz: $\frac{a}{b} = \frac{1}{3}$.

Wichtige Anwendungen von V.sen sind der ↗*Prozentsatz* $p\% = \frac{p}{100}$, die ↗*Strahlensätze* und die ↗*trigonometrischen* Beziehungen, wie z. B. $\cos(\sphericalangle) = \frac{\text{Ankathete}}{\text{Hypotenuse}}$.

Vieleck Ebene ↗*Fläche*, die durch einen Linienzug begrenzt wird, der durch n Eckpunkte verläuft. ↗*Polygon*.

Beispiel: $n = 3$: ↗*Dreieck*; $n = 4$: ↗*Viereck*; $n = 5$: Fünfeck usw.

Viereck Ebene ↗*Fläche* mit vier Eckpunkten.

Beispiel: ↗*Quadrat*, ↗*Raute*, ↗*Rechteck*, ↗*Parallelogram* oder ↗*Trapez*.

VIETA, Satz von Francois VIETA (1540 – 1603): Das ↗*Produkt* von ↗*Leitkoeffizient* und den ↗*Lösungen* einer ↗*Polynomgleichung* ergibt – abgesehen vom Vorzeichen – das ↗*Absolutglied* der ↗*Gleichung*.

Speziell für ↗*quadratische* Gleichungen in der ↗*Normalform* $x^2 + px + q = 0$ gilt: $x_1 \cdot x_2 = q$ und $x_1 + x_2 = -p$.

Volumen Rauminhalt, Inhalt eines ↗*Körpers*.

Vorklammern ↗*Ausklammern*.

W

W-Achse Koordinatenachse für die abhängige ↗*Variabe* im ↗*Koordinatensystem*. Sie wird auch ↗*Ordinatenachse*, ↗*y-Achse* oder ↗*Hochachse* genannt.

Wertemenge Menge der Zahlen, die sich beim Einsetzen aller zulässigen Werte aus der ↗*Definitionsmenge* für einen ↗*Funktionsterm* ergibt. Die W. enthält somit die ↗*y-Werte*.

Wertetabelle Auflistung von ↗*Funktionswerten* für verschiedene ↗*x-Werte*. Sie ist oftmals der Ausgangspunkt für die grafische Darstellung einer ↗*Funktion* im ↗*KoSy* in Form ihres ↗*Graphen*.

Winkel Ein W. besteht aus zwei Strahlen, den beiden Schenkeln, die von einem gemeinsamen Punkt, dem Scheitel, ausgehen. Dreht man einen Schenkel *gegen den Uhrzeigersinn* (= positiver Drehsinn) auf den anderen, so wird das Winkelfeld überstrichen.

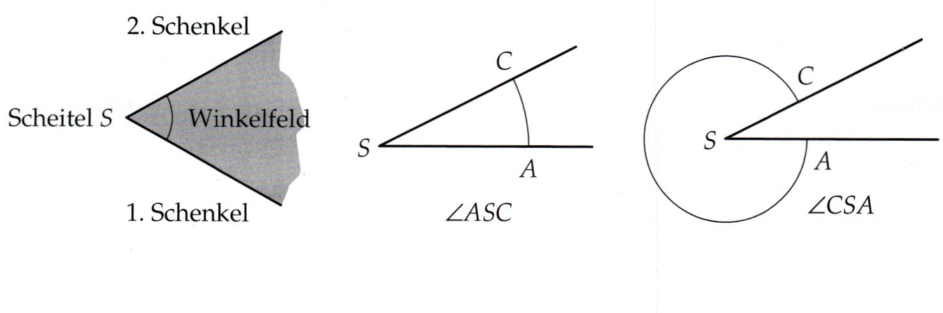

Die W. werden meist mit kleinen griechischen Buchstaben bezeichnet. Für einige Winkelgrößen gibt es besondere Bezeichnungen:

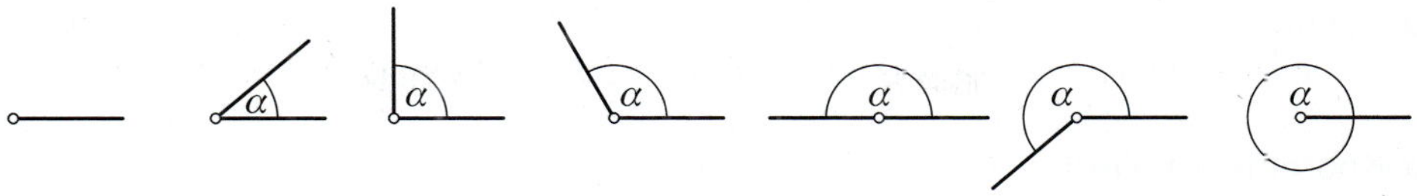

$\alpha = 0°$	$0° < \alpha < 90°$	$\alpha = 90°$	$90° < \alpha < 180°$	$\alpha = 180°$	$180° < \alpha < 360°$	$\alpha = 360°$
Nullwinkel	spitzer Winkel	rechter Winkel	stumpfer Winkel	gestreckter Winkel	überstumpfer Winkel	Vollwinkel

↗*Bogenmaß*; ↗*Gradmaß*

Winkelfunktion Oberbegriff für ↗*Funktionen*, die sich aus den Seitenverhältnissen im ↗*rechtwinkligen Dreieck* ergeben: ↗*Kosinus*; ↗*Sinus*; ↗*Kotangens*; ↗*Tangens*

$$f(x) = \cos(x) \qquad f(x) = \sin(x) \qquad f(x) = \cot(x) \qquad f(x) = \tan(x)$$

Winkelhalbierende ↗*Strahl*, der einen ↗*Winkel* in zwei gleich große Teilwinkel zerlegt.

↗*Funktion*: Die ↗*Ursprungsgeraden* $y = x$ (erste W.) bzw. $y = -x$ (zweite W.) halbieren jeweils die xy-Ebene des ↗*Koordinatensystems*.

Winkelmaß ↗*Bogenmaß*; ↗*Gradmaß*.

Würfel ↗*Gerader Körper* mit ↗*quadratischer* ↗*Grundfläche*, bei dem alle 12 ↗*Kanten* gleich lang sind. Da seine ↗*Oberfläche* sich aus 6 gleich großen ↗*Quadraten* zusammensetzt, nennt man ihn auch ↗*Hexaeder*.

$$A_G = a^2 \qquad A_M = 4a^2 \qquad A_O = 6a^2 \qquad V = a^3$$

Wurzel Symbol $\sqrt{\ldots}$ für die ↗*Quadratwurzel*. Die ↗*Wurzelrechnung* ist eine der Umkehrungen für das ↗*Potenzieren*. Bei höheren W.n wird der Wurzelexponent ausgeschrieben: $\sqrt[3]{\ldots}$, $\sqrt[n]{\ldots}$.

Oftmals wird unter einer W. auch die ↗*Lösung* einer ↗*Gleichung* verstanden.

Wurzelgleichung ↗*Gleichung* in der auch ↗*Wurzelterme* vorkommen. Beachte eventuelle Einschränkungen in der ↗*Definitionsmege*.

Wurzelterm Mathematischer Ausdruck, bei dem eine ↗*Variable* unter einer ↗*Wurzel* erscheint. Da der ↗*Radikand* bei geradem Wurzelexponenten (z. B. $\sqrt{\ldots}$, $\sqrt[4]{\ldots}$) nicht negativ werden darf, ist eine eventuelle Beschränkung der ↗*Definitionsmege* zu beachten.

Wurzelrechnung Die W., das Radizieren, ermöglicht als eine der Umkehrungen des Rechnens mit ↗*Potenzen* das Bestimmen der ↗*Basis*, wenn ↗*Exponent* und ↗*Potenzwert* bekannt sind. Da die W. wegen $\sqrt[n]{x^z} = x^{\frac{z}{n}}$ auch als Spezialfall der Potenzrechnung mit gebrochenen Exponenten aufgefasst werden kann, können die Gesetze der W. aus den ↗*Potenzgesetzen* abgeleitet werden:

$$\sqrt[n]{a \cdot b} = \sqrt[n]{a} \cdot \sqrt[n]{b} \qquad \sqrt[n]{\frac{a}{b}} = \frac{\sqrt[n]{a}}{\sqrt[n]{b}} \qquad \xcancel{\sqrt[n]{a \pm b} = \sqrt[n]{a} \pm \sqrt[n]{b}}$$

Wurzelziehen ↗*Wurzelrechnung*.

X

x-Achse Koordinatenachse für die unabhängige ↗*Variabe* im ↗*Koordinatensystem*. Sie wird auch ↗*Abszissenachse*, ↗**D**-*Achse* oder ↗*Rechtsachse* genannt.

x-Koordinate/x-Wert ↗*Stelle*; ↗*Abszissenwert*.

Y

y-Achse Koordinatenachse für die abhängige ↗*Variabe* im ↗*Koordinatensystem*. Sie wird auch ↗*Ordinatenachse*, **W**-Achse oder ↗*Hochachse* genannt.

y-Koordinate/y-Wert ↗*Funktionswert*; ↗*Ordinatenwert*.

Z

Zahlen Man kann die Z. nach verschiedene Kriterien einteilen:

↗*Natürliche* Z.: $\mathbf{N} = \{0;\ 1;\ 2;\ \ldots\}$

↗*ganze* Z.: $\mathbf{Z} = \{\ldots;\ -2;\ -1;\ 0;\ 1;\ 2;\ \ldots\}$

↗*Positive ganze* Z.: $\mathbf{N}^* = \{1;\ 2;\ \ldots\}$

nicht-negative ganze Z.: **N**

(positive) gerade Z.: $\{0;\ 2;\ 4;\ \ldots\}$

(positive) ungerade Z.: $\{1;\ 3;\ 5;\ \ldots\}$

↗*Primzahlen*: prim $= \{2;\ 3;\ 5;\ 7;\ 11;\ \ldots\}$

Bruchzahlen: ↗*Bruch*; ↗*echter Bruch*; ↗*unechter Bruch*; ↗*gemischte* Z.

↗*Dezimalzahlen*: ↗*Dezimalbrüche*

↗*Rationale* Z. **Q**

↗*Reelle* Z. **R**

Zähler Der Teil eines ↗*Bruches*, der über dem Bruchstrich steht.

$$\text{Bruch} = \frac{\text{Zähler}}{\text{Nenner}}$$

Zeitachse Koordinatenachse, auf der die Zeit t aufgetragen wird. Meist verwendet man dazu die ↗ *Abszissenachse*.

Zentrische Streckung Geometrische Abbildung, die ↗*Strecken* in einem bestimmten ↗*Verhältnis* vergrößert oder verkleinert. Dabei werden die ↗*Winkel* in Figuren nicht verändert und die Bildstrecken bleiben jeweils zu den ursprünglichen Strecken ↗*parallel*. Die Länge einer Bildstrecke $\overline{ZA'}$ ergibt sich aus der Länge der ursprünglichen Strecke $\overline{ZA}$ durch ↗*Multiplikation* mit dem Streckungsfaktor k:

$$|\,\overline{ZA'}\,| = |k| \cdot |\,\overline{ZA}\,| \qquad |k| > 1\text{: Vergrößerung; } |k| < 1\text{: Verkleinerung}$$

Ziffer Bestandteil einer Zahldarstellung. Die Zahl 7 585 besteht aus den Z.n 5, 7 und 8. Je nach Position besitzen die Z. einen unterschiedlichen Stellenwert. Die im Beispiel ganz rechts stehende 5 ist eine Einerziffer und repräsentiert somit den Wert $5 \cdot 1 = 5$. Die linksstehende 5 besitzt als Hunderterziffer den Wert $5 \cdot 100 = 500$.

Zinsen Leihgebühr Z für Geld, die meist jährlich als ↗*prozentualer* Anteil (p %) des geliehenen Geldbetrages K berechnet wird: $Z = K \cdot \frac{p}{100}$.

Beträgt die Leihfrist nur t Tage, so berechnen sich die Zinsen Z als $Z = K \cdot \frac{p}{100} \cdot \frac{t}{360}$.

Zusammenzählen ↗*Addition.*

Zylinder ↗*Gerader Körper* mit einem ↗*Kreis* als ↗*Grundfläche.*

$$A_G = \pi r^2 \qquad A_M = 2\pi r h \qquad A_O = 2\pi r \cdot (r + h) \qquad V = \pi r^2 h$$

Eigene Ergänzungen

Wünsche zu neuen Stichwörtern oder Hinweise zur Korrektur bitte per E-Mail an den Verlag: lektorat@europa-lehrmittel.de

Lösungen

> Man sollte sich nie schlafen legen
> ohne von sich sagen zu können,
> dass man an diesem Tage etwas gelernt hat.
>
> *Georg Christoph Lichtenberg, 1742 – 1799*

1 Zur Technik des Zahlenrechnens

1.1.3 Das duale Positionssystem

1.1	a) 1	b) 10	c) 11	d) 100
	e) 101	f) 110	g) 111	h) 1 000
	i) 1 001	k) 1010	l) 100 111 010	m) 10 000 000
	n) 1 111 101 000	o) 111 110 100	p) 11 111 010	q) 1 111 101
	r) 1 101	s) 11 010	t) 110 100	u) 1 101 000

1.2	a) 15	b) 5	c) 25	d) 0,5
	e) 0,25	f) 0,125	g) 7,75	h) 1,9375
	i) 2,5625	k) 9,375	l) 51,625	m) 7,3125
	n) 1 365	o) 2 048	p) 819	

1.3 Alle acht Aufgaben sind richtig gelöst.

1.4	a) $1_{(8)}$	b) $2_{(8)}$	c) $3_{(8)}$	d) $4_{(8)}$	e) $5_{(8)}$
	f) $6_{(8)}$	g) $7_{(8)}$	h) $10_{(8)}$	i) $11_{(8)}$	k) $12_{(8)}$
	l) $472_{(8)}$	m) $200_{(8)}$	n) $1750_{(8)}$	o) $764_{(8)}$	p) $372_{(8)}$
	q) $175_{(8)}$	r) $15_{(8)}$	s) $32_{(8)}$	t) $64_{(8)}$	u) $150_{(8)}$

1.5	a) 8	b) 4096	c) 7	d) 511	e) s. u.
	f) 85	g) 253	h) 176	i) 192	k) 403
	l) 45	m) 156	n) 0,125	o) 0,328 125	p) 0,009 765 625

Zu Teilaufgabe e): $1813_{(8)}$ kann keine Zahl des Oktalsystems sein, da in ihr eine Ziffer (die 8) auftritt, die nicht zu den Oktalziffern gehört.

1.6	a) $1_{(16)}$	b) $2_{(16)}$	c) $3_{(16)}$	d) $4_{(16)}$	e) $5_{(16)}$
	f) $6_{(16)}$	g) $7_{(16)}$	h) $8_{(16)}$	i) $9_{(16)}$	k) $A_{(16)}$
	l) $13A_{(16)}$	m) $80_{(16)}$	n) $3E8_{(16)}$	o) $1F4_{(16)}$	p) $FA_{(16)}$
	q) $7D_{(16)}$	r) $D_{(16)}$	s) $1A_{(16)}$	t) $34_{(16)}$	u) $68_{(16)}$

Algorithmus: Es werden die Reste bei der Division durch 16 bestimmt.

1.7	a) 16	b) 65 536	c) 26	d) 2 748	e) 45 054
	f) 293	g) 15	h) 4 095	i) 992,5625	k) 198,1875
	l) 85	m) 564	n) 43 962	o) 0,167 968 75	

p) Diese Zahl gehört dem Hexadezimalsystem *nicht* an, denn in ihr tritt das Symbol R auf, das keine Hexadezimalziffer ist (vgl. Aufgabe 1.5e).

1.8 Untergliedert man eine Dualzahl von der Einerstelle ausgehend nach links (bei Zahlen mit Komma auch nach rechts) in Dreiergruppen und wandelt man jede dieser Dreiergruppen in die ihr entsprechende Oktalziffer um, dann ergibt sich die der Dualzahl entsprechende Oktalzahl.

Bei der Einteilung in Vierergruppen erhält man die zugehörige Hexadezimalzahl.

1.9 a) $9\,999_{(10)}$ b) $7\,777_{(8)} = 4\,095_{(10)}$ c) $\mathrm{FFFF}_{(16)} = 65\,535_{(10)}$

1.1.4 Das römische Zahlensystem

1.10

1	I	2	II	3	III	4	IV	5	V
6	VI	7	VII	8	VIII	9	IX	10	X
11	XI	12	XII	13	XIII	14	XIV	15	XV
16	XVI	17	XVII	18	XVIII	19	XIX	20	XX
30	XXX	40	XL	50	L	60	LX	70	LXX
80	LXXX	90	XC	100	C	110	CX	120	CXX

1.11
a) XXIII b) XXVIII c) XXIX
d) CCCXCIX e) MCMXLIV f) nicht realisierbar
g) DCCCLXXXVIII h) MCMLX i) CCCXXXVIII
k) MMVI

1.12
a) 1 988 b) 677 c) 1 113 d) 376 e) 1 187
f) 458 g) 1 783 h) 985 i) 663 k) 1 107

1.13 MMMCMXCIX = 3 999

1.2.2 Teilbarkeit von Zahlen

1.14

		2	3	4	5	6	7	8	9	10	11	12	13	14	15
a)	792	+	+	+	–	+	–	+	+	–	+	+	–	–	–
b)	312	+	+	+	–	+	–	+	–	–	–	+	+	–	–
c)	11 088	+	+	+	–	+	+	+	+	–	+	+	–	+	–
d)	74 550 675	–	+	–	+	–	–	–	–	–	–	–	–	–	+
e)	854 490	+	+	–	+	+	+	–	–	+	–	–	+	+	+
f)	625 975	–	–	–	+	–	+	–	–	–	–	–	–	–	–
g)	4 851	–	+	–	–	–	+	–	+	–	+	–	–	–	–
h)	229 775	–	–	–	+	–	+	–	–	–	–	–	+	–	–
i)	42 658	+	–	–	–	–	+	–	–	–	+	–	–	+	–
k)	123 875	–	–	–	+	–	–	–	–	–	–	–	–	–	–

1.15
a) $T(12) = \{1, 2, 3, 4, 6, 12\}$ b) $T(35) = \{1, 5, 7, 35\}$
c) $T(36) = \{1, 2, 3, 4, 6, 9, 12, 18, 36\}$ d) $T(142) = \{1, 2, 71, 142\}$
e) $T(45) = \{1, 3, 5, 9, 15, 45\}$ f) $T(76) = \{1, 2, 4, 19, 38, 76\}$
g) $T(56) = \{1, 2, 4, 7, 8, 14, 28, 56\}$ h) $T(73) = \{1, 73\}$
i) $T(108) = \{1, 2, 3, 4, 6, 9, 12, 18, 27, 36, 54, 108\}$
k) $T(84) = \{1, 2, 3, 4, 6, 7, 12, 14, 21, 28, 42, 84\}$

1.16 a) $2^3 \cdot 7$ b) $2^2 \cdot 3^3$ c) $2^5 \cdot 7^2$
d) $2^3 \cdot 3^2 \cdot 5$ e) $2^2 \cdot 3^3 \cdot 7^2$ f) $2 \cdot 3 \cdot 7 \cdot 11$
g) $3 \cdot 7 \cdot 13$ h) $2^2 \cdot 3 \cdot 5^2 \cdot 13$ i) $2^3 \cdot 3 \cdot 5 \cdot 19$
k) $5^3 \cdot 7 \cdot 11$ l) $2^2 \cdot 13 \cdot 17 \cdot 47$ m) $3 \cdot 11^3 \cdot 29$
n) $2 \cdot 3^4 \cdot 17 \cdot 23$ o) $2^2 \cdot 5 \cdot 17^3$ p) $2^4 \cdot 3^2 \cdot 7 \cdot 13 \cdot 53$
q) $3^5 \cdot 199$ r) $5^3 \cdot 19 \cdot 61$ s) $2^3 \cdot 7 \cdot 997$
t) $2 \cdot 3^2 \cdot 5 \cdot 7 \cdot 13 \cdot 17 \cdot 43$ u) $11 \cdot 89 \cdot 463$

1.2.2.4 Der größte gemeinsame Teiler

1.17 a) 3 b) 36 c) 126 d) 91 e) 1 (teilerfremd) f) 36

1.18 a) 75 b) 44 c) 1 d) 2 e) 94 f) 106
g) 143 h) 341 i) 3 842 k) 5 109 l) 390 m) 12

1.19 a) ggT(255,420,630) = 15 und 420 : 15 = 28 ; 255 : 15 = 17 ; 630 : 15 = 42. Man benötigt (28 + 42) · 17 = 1 190 Fliesen mit einer Kantenlänge von 15 cm.

b) ggT(26,198,500) = 2 und 26 : 2 = 13 ; 198 : 2 = 99 ; 500 : 2 = 250. Man benötigt 2 · (250 + 99) · 13 + 250 · 99 = 33 824 Fliesen mit einer Kantenlänge von 2 dm.

c) ggT(12 580,2 960,3 700) = 740 ; 12 580 : 740 = 17 ; 2 960 : 740 = 4 ; 3 700 : 740 = 5. Es können 340 Würfel mit einer Kantenlänge von 74 cm geladen werden.

d) ggT(2 805,2 310) = 165. Jede Stufe ist 16,5 cm hoch. Für den Keller und die 13 Etagen (= 12 + Parterre) werden 1 · 14 + 13 · 17 = 235 Stufen benötigt.

1.2.2.5 Das kleinste gemeinsame Vielfache

1.20 a) 144 b) 120 c) 300 d) 420
e) 60 f) 420 g) 1 890 h) 320 494
i) 39 312 k) 20 250 l) 11 554 543 m) 19 683
n) 38 766 063 o) 31 104 p) 500 299 800 q) 8 232

1.21 a) kgV(48,72) = 144 und 144 : 48 = 3 ; 144 : 72 = 2. Das kleinere Zahnrad macht 3, das größere 2 Umdrehungen.

b) kgV(28,6,4) = 84 und V = 84^3 cm^3 ≈ 0,59 m^3 und 84 : 28 = 3 ; 84 : 6 = 14 ; 84 : 4 = 21. Der Würfel hat eine Kantenlänge von 84 cm, ein Volumen von ca. 0,59 m^3 und besteht aus 882 Steinen.

c) kgV(6,14,20) = 420. Im fraglichen Zeitraum gibt es keine weitere gemeinsame Abfahrtzeit für alle drei Verkehrsmittel, da die nächste Überschneidung erst um 11 Uhr stattfinden würde.

d) kgV(2,5,10,12) = 60 und 5 500 : 60 ≈ 92. Ca. 92 Teile werden auf alle Merkmale geprüft.

1.2.3 Gewöhnliche Brüche

1.22

a) $2\frac{1}{6}$	b) $6\frac{3}{4}$	c) $1\frac{13}{15}$	d) 4	e) $3\frac{4}{19}$	f) $2\frac{27}{35}$
g) $3\frac{16}{61}$	h) $7\frac{4}{123}$	i) $5\frac{83}{84}$	k) $6\frac{1}{37}$	l) $1\frac{185}{317}$	m) $6\frac{39}{115}$
n) $8\frac{2}{9}$	o) $8\frac{92}{109}$	p) $2\frac{53}{467}$	q) $2\frac{3}{71}$	r) $4\frac{5}{18}$	s) $3\frac{73}{216}$

1.2.3.2 Erweitern und Kürzen von Brüchen

1.23 bis **1.27**

Erweiterung mit 2:

a)	b)	c)	d)	e)
$\frac{2}{4}$;	$\frac{10}{26}$;	$\frac{28}{34}$;	$\frac{46}{48}$;	$\frac{62}{70}$
$\frac{6}{8}$;	$\frac{8}{34}$;	$\frac{22}{50}$;	$\frac{34}{80}$;	$\frac{88}{114}$
$\frac{4}{10}$;	$\frac{12}{38}$;	$\frac{30}{76}$;	$\frac{24}{70}$;	$\frac{102}{120}$
$\frac{12}{14}$;	$\frac{16}{30}$;	$\frac{34}{58}$;	$\frac{84}{130}$;	$\frac{144}{166}$
$\frac{4}{18}$;	$\frac{14}{36}$;	$\frac{36}{74}$;	$\frac{40}{142}$;	$\frac{186}{194}$

Erweiterung mit 3:

a)	b)	c)	d)	e)
$\frac{3}{6}$;	$\frac{15}{39}$;	$\frac{42}{51}$;	$\frac{69}{72}$;	$\frac{93}{105}$
$\frac{9}{12}$;	$\frac{12}{51}$;	$\frac{33}{75}$;	$\frac{51}{120}$;	$\frac{132}{171}$
$\frac{6}{15}$;	$\frac{18}{57}$;	$\frac{45}{114}$;	$\frac{36}{105}$;	$\frac{153}{180}$
$\frac{18}{21}$;	$\frac{24}{45}$;	$\frac{51}{87}$;	$\frac{126}{195}$;	$\frac{216}{249}$
$\frac{6}{27}$;	$\frac{21}{54}$;	$\frac{54}{111}$;	$\frac{60}{213}$;	$\frac{279}{291}$

Erweiterung mit 5:

a)	b)	c)	d)	e)
$\frac{5}{10}$;	$\frac{25}{65}$;	$\frac{70}{85}$;	$\frac{115}{120}$;	$\frac{155}{175}$
$\frac{15}{20}$;	$\frac{20}{85}$;	$\frac{55}{125}$;	$\frac{85}{200}$;	$\frac{220}{285}$
$\frac{10}{25}$;	$\frac{30}{95}$;	$\frac{75}{190}$;	$\frac{60}{175}$;	$\frac{255}{300}$
$\frac{30}{35}$;	$\frac{40}{75}$;	$\frac{85}{145}$;	$\frac{210}{325}$;	$\frac{360}{415}$
$\frac{10}{45}$;	$\frac{35}{90}$;	$\frac{90}{185}$;	$\frac{100}{355}$;	$\frac{465}{485}$

Erweiterung mit 7:

a)	b)	c)	d)	e)
$\frac{7}{14}$;	$\frac{35}{91}$;	$\frac{98}{119}$;	$\frac{161}{168}$;	$\frac{217}{245}$
$\frac{21}{28}$;	$\frac{28}{119}$;	$\frac{77}{175}$;	$\frac{119}{280}$;	$\frac{308}{399}$
$\frac{14}{35}$;	$\frac{42}{133}$;	$\frac{105}{266}$;	$\frac{84}{245}$;	$\frac{357}{420}$
$\frac{42}{49}$;	$\frac{56}{105}$;	$\frac{119}{203}$;	$\frac{294}{455}$;	$\frac{504}{581}$
$\frac{14}{63}$;	$\frac{49}{126}$;	$\frac{126}{259}$;	$\frac{140}{497}$;	$\frac{651}{679}$

Erweiterung mit 11:

a)	b)	c)	d)	e)
$\frac{11}{22}$;	$\frac{55}{143}$;	$\frac{154}{187}$;	$\frac{253}{264}$;	$\frac{341}{385}$
$\frac{33}{44}$;	$\frac{44}{187}$;	$\frac{121}{275}$;	$\frac{187}{440}$;	$\frac{484}{627}$
$\frac{22}{55}$;	$\frac{66}{209}$;	$\frac{165}{418}$;	$\frac{132}{385}$;	$\frac{561}{660}$
$\frac{66}{77}$;	$\frac{88}{165}$;	$\frac{187}{319}$;	$\frac{462}{715}$;	$\frac{792}{913}$
$\frac{22}{99}$;	$\frac{77}{198}$;	$\frac{198}{407}$;	$\frac{220}{781}$;	$\frac{1\,023}{1\,067}$

Erweiterung mit 17:

a)	b)	c)	d)	e)
$\frac{17}{34}$;	$\frac{85}{221}$;	$\frac{238}{289}$;	$\frac{391}{408}$;	$\frac{527}{595}$
$\frac{51}{68}$;	$\frac{68}{289}$;	$\frac{187}{425}$;	$\frac{289}{680}$;	$\frac{748}{969}$
$\frac{34}{85}$;	$\frac{102}{323}$;	$\frac{255}{646}$;	$\frac{204}{595}$;	$\frac{867}{1\,020}$
$\frac{102}{119}$;	$\frac{136}{255}$;	$\frac{289}{493}$;	$\frac{714}{1\,105}$;	$\frac{1\,224}{1411}$
$\frac{34}{153}$;	$\frac{119}{306}$;	$\frac{306}{629}$;	$\frac{340}{1\,207}$;	$\frac{1\,581}{1\,649}$

Erweiterung mit 48:

a)	b)	c)	d)	e)
$\frac{48}{96}$;	$\frac{240}{624}$;	$\frac{672}{816}$;	$\frac{1\,104}{1\,152}$;	$\frac{1\,488}{1\,680}$
$\frac{144}{192}$;	$\frac{192}{816}$;	$\frac{528}{1\,200}$;	$\frac{816}{1\,920}$;	$\frac{2\,112}{2\,736}$
$\frac{96}{240}$;	$\frac{288}{912}$;	$\frac{720}{1824}$;	$\frac{576}{1\,680}$;	$\frac{2\,448}{2\,880}$
$\frac{288}{366}$;	$\frac{384}{720}$;	$\frac{816}{1\,392}$;	$\frac{2\,016}{3\,120}$;	$\frac{3\,456}{3\,984}$
$\frac{96}{432}$;	$\frac{336}{864}$;	$\frac{864}{1\,776}$;	$\frac{960}{3\,408}$;	$\frac{4\,464}{4\,656}$

1.28 a) $\frac{1}{2}$ b) $\frac{1}{4}$ c) $\frac{5}{7}$ d) $\frac{5}{9}$ e) $\frac{3}{4}$ f) $\frac{7}{16}$ g) $\frac{103}{570}$ h) $\frac{3}{5}$ i) $\frac{15}{19}$ k) $\frac{5}{12}$

l) $\frac{37}{67}$ m) $\frac{3}{4}$ n) $\frac{8}{15}$ o) $\frac{8}{27}$ p) $\frac{6}{5}$ q) $\frac{4}{7}$ r) $\frac{2\,074}{8\,633}$ s) $\frac{2}{15}$ t) $\frac{23}{34}$ u) $\frac{3}{7}$

1.29 a) $\frac{2}{9}$ b) $\frac{9}{2}$ c) $\frac{1}{5}$ d) 3 e) $\frac{4}{9}$ f) $\frac{34}{41}$ g) $\frac{1}{3}$

h) $\frac{89}{79}$ i) $\frac{1}{16}$ k) $\frac{1}{23}$ l) $\frac{8}{15}$ m) $\frac{57}{59}$ n) $\frac{713}{783}$ o) $\frac{1}{5}$

p) $\frac{14}{13}$ q) $\frac{21}{31}$ r) $\frac{24\,576}{178\,625}$ s) $\frac{4}{3}$ t) $\frac{28}{15}$ u) $\frac{26}{57}$ v) $\frac{39}{58}$

w) $\frac{5}{6}$ x) $\frac{1}{5}$ y) $\frac{11}{17}$ z) $\frac{4\,505}{7\,848}$

1.2.3.3 Addition und Subtraktion gewöhnlicher Brüche

1.30 a) 240 b) 96 c) 720 d) 136 800 e) 1 260
f) 13 464 g) 4 347 h) 512 i) 2 790 k) 6 545

1.31 a) $\frac{5}{2} = 2\frac{1}{2}$ b) $\frac{14}{11} = 1\frac{3}{11}$ c) $\frac{1}{2}$ d) 2 e) $\frac{2}{3}$ f) Bruch vorher kürzen! $\frac{2}{3}$

1.32 a) $\frac{17}{20}$ b) $\frac{20}{21}$ c) $\frac{23}{24}$ d) $\frac{31}{48}$ e) $\frac{13}{75}$ f) $\frac{15}{98}$ g) $\frac{19}{20}$ h) $\frac{1}{4}$ i) $\frac{41}{60}$

k) $\frac{37}{72}$ l) $\frac{11}{252}$ m) $\frac{7}{16}$ n) $\frac{35}{24} = 1\frac{11}{24}$ o) $\frac{31}{208}$ p) $\frac{2\,556}{5\,005}$ q) $\frac{71}{162}$ r) $\frac{61}{504}$

1.33 a) $\frac{13}{5}$ b) $\frac{11}{7}$ c) $\frac{41}{8}$ d) $\frac{37}{11}$ e) $\frac{197}{15}$ f) $\frac{572}{21}$

g) $\frac{1573}{41}$ h) $\frac{7104}{95}$ i) $\frac{17}{3}$ k) $\frac{293}{23}$ l) $\frac{193}{8}$ m) $\frac{1805}{43}$

n) $\frac{586}{7}$ o) $\frac{55}{8}$ p) $\frac{188}{11}$ q) $\frac{345}{16}$ r) $\frac{1638}{31}$ s) $\frac{199}{2}$

1.34 a) $\frac{237}{40} = 5\frac{37}{40}$ b) $\frac{17}{4} = 4{,}25$ c) $\frac{55}{72}$ d) $\frac{901}{1\,680}$

e) $\frac{7}{40}$ f) 113,3 g) $\frac{59}{18} = 3\frac{5}{18}$ h) 1 961,25

i) $\frac{281}{24} = 11\frac{17}{24}$ k) 27,9 l) $\frac{1\,601}{78} = 20\frac{41}{78}$ m) −2,4

n) $\frac{3\,293}{650} = 5\frac{43}{650}$ o) $\frac{243}{11} = 22\frac{1}{11}$ p) $\frac{1\,477}{116} = 12\frac{85}{116}$ q) 2,8

1.2.3.4 Multiplikation von Brüchen

1.35 a) 9 b) 7 c) $\frac{11}{2} = 5{,}5$ d) $\frac{10}{7} = 1\frac{3}{7}$ e) $\frac{26}{3} = 8\frac{2}{3}$

f) $\frac{42}{5} = 8{,}4$ g) $\frac{159}{2} = 79{,}5$ h) $\frac{15}{4} = 3{,}75$ i) $\frac{3}{5}$ k) 78

1.36 a) $\frac{9}{16}$ b) $\frac{4}{5}$ c) $\frac{44}{63}$ d) 15 e) $\frac{22}{45}$

f) $\frac{13}{18}$ g) $\frac{49}{54}$ h) $\frac{3}{2} = 1{,}5$ i) $\frac{77}{100}$ k) $\frac{20}{3} = 6\frac{2}{3}$

1.37 a) $\frac{148}{7} = 21\frac{1}{7}$ b) 23 c) $\frac{235}{3} = 78\frac{1}{3}$ d) 323,75 e) 1 858,5

f) $\frac{221}{6} = 36\frac{5}{6}$ g) 28 h) $\frac{175}{27} = 6\frac{13}{27}$ i) 10 k) $\frac{8\,797}{4\,608} = 1\frac{4\,189}{4\,608}$

1.38 a) $\frac{1}{24}$ b) $\frac{1}{12}$ c) $\frac{12}{5} = 2{,}4$ d) 8 e) $\frac{385}{5\,616}$

f) $\frac{855}{92}$ g) $\frac{25}{27}$ h) $\frac{1}{2}$ i) $\frac{2}{3}$ k) 1

1.39 a) $\frac{23}{3} = 7\frac{2}{3}$ b) 8 c) $\frac{77}{2} = 38{,}5$ d) $\frac{4}{3} = 1\frac{1}{3}$ e) 450

f) $\frac{35}{12} = 2\frac{11}{12}$ g) $\frac{55}{4} = 13{,}75$ h) 126 i) $\frac{10\,582}{15} = 705\frac{7}{15}$ k) 1

1.2.3.5 Der Kehrwert eines Bruches

1.40 a) $\frac{1}{8}$ b) $\frac{5}{3}$ c) 2 d) $\frac{1}{2}$ e) 10 f) 1

g) $\frac{11}{3}$ h) $\frac{17}{4}$ i) 13 k) $\frac{19}{7}$ l) $\frac{3}{2}$ m) $\frac{5}{18}$

1.41 a) $\frac{3}{10}$ b) $\frac{9}{40}$ c) $\frac{2}{27}$ d) $\frac{20}{817}$ e) $\frac{25}{711}$

f) $\frac{71}{468}$ g) $\frac{30}{271}$ h) $\frac{5}{273}$ i) $\frac{49}{1\,783}$ k) $\frac{217}{1\,215}$

1.42 a) $\frac{6}{5}$ b) $\frac{12}{7}$ c) 6 d) $\frac{18}{73}$ e) 24 f) $\frac{54}{263}$

g) $\frac{65}{842}$ h) $\frac{315}{209}$ i) 24 k) $\frac{6}{17}$ l) $\frac{21}{16}$ m) $\frac{1}{3}$

1.2.3.6 Division von Brüchen

1.43 a) $\frac{2}{13}$ b) $\frac{2}{9}$ c) $\frac{4}{25}$ d) $\frac{7}{43}$ e) $\frac{3}{80}$

f) $\frac{1}{18}$ g) $\frac{2}{213}$ h) $\frac{5}{73}$ i) $\frac{2}{297}$ k) $\frac{5}{1\,456}$

1.44 a) $\frac{1}{2}$ b) $\frac{8}{7} = 1\frac{1}{7}$ c) $\frac{3}{8}$ d) $\frac{11}{18}$ e) $\frac{3}{8}$

f) $\frac{61}{8} = 7\frac{5}{8}$ g) $\frac{369}{14} = 26\frac{5}{14}$ h) $\frac{157}{22} = 7\frac{3}{22}$ i) $\frac{9}{52}$ k) $\frac{8}{29}$

1.45 a) 4 b) $\frac{8}{3} = 2\frac{2}{3}$ c) $\frac{21}{17} = 1\frac{4}{17}$ d) $\frac{7}{10}$ e) $\frac{10}{7} = 1\frac{3}{7}$ f) $\frac{3\,478}{5\,175}$ g) $\frac{232}{675}$

h) $\frac{55}{56}$ i) $\frac{32}{35}$ k) $\frac{27}{11} = 2\frac{5}{11}$ l) 12 m) $\frac{1}{20}$ n) 5 o) $\frac{60}{133}$

1.46 a) 7 b) $\frac{26}{5} = 5{,}2$ c) $\frac{34}{9} = 3\frac{7}{9}$ d) $\frac{9}{34}$

e) 10 f) $\frac{35}{2} = 17{,}5$ g) $\frac{28}{15} = 1\frac{13}{15}$ h) $\frac{30}{7} = 4\frac{2}{7}$

i) $\frac{7}{3}$ k) $\frac{68}{205}$ l) $\frac{70}{3} = 23\frac{1}{3}$ m) $\frac{2\,597}{219} = 11\frac{188}{219}$

1.47 a) 3 b) $\frac{10}{3} = 3\frac{1}{3}$ c) 4 d) $\frac{1}{5}$

e) $\frac{28}{15} = 1\frac{13}{15}$ f) $\frac{5}{39}$ g) $\frac{385}{72} = 5\frac{25}{72}$ h) $\frac{10}{11}$

i) $\frac{1\,166}{753} = 1\frac{413}{753}$ k) $\frac{605}{827}$ l) $\frac{297}{80} = 3\frac{57}{80}$ m) $\frac{3\,185}{99} = 32\frac{17}{99}$

1.2.3.7 Doppelbrüche

1.48 a) $\frac{9}{7}$ b) $\frac{49}{121}$ c) 10 d) $\frac{1}{10}$ e) $\frac{153}{20} = 7{,}65$

f) $\frac{20}{27}$ g) $\frac{9}{5} = 1{,}8$ h) 63 i) $\frac{1\,288}{975}$ k) $\frac{121}{60}$

1.49 a) $\frac{14}{3}$ b) 45 c) $\frac{1}{40}$ d) $\frac{8}{5} = 1{,}6$ e) $\frac{4}{405}$

f) $\frac{196}{5} = 39{,}2$ g) $\frac{6}{475}$ h) $\frac{4}{91}$ i) $\frac{4\,250}{7}$ k) $\frac{1}{2\,190}$

1.50 a) $\frac{18}{19}$ b) $\frac{21}{10} = 2{,}1$ c) $\frac{15}{8}$ d) $\frac{3}{2} = 1{,}5$ e) $\frac{5}{12}$

f) $\frac{1\,127}{141}$ g) $\frac{217}{110}$ h) $\frac{15}{2} = 7{,}5$ i) $\frac{1}{12}$ k) 68

1.51 a) $\frac{219}{290}$ b) 3 c) $\frac{18}{59}$ d) $\frac{3}{2}$ e) $\frac{81}{50}$ f) $\frac{8}{21}$ g) $\frac{95}{7}$ h) $\frac{15}{4}$ i) 8

1.52 a) $\frac{30}{43}$ b) $\frac{33}{109}$ c) $\frac{68}{157}$ d) $\frac{3}{11}$ e) $\frac{69}{181}$ f) $\frac{125}{119}$

1.2.3.8 Zusammenfassung Bruchrechnung

1.53 a) $\frac{13}{7}$ b) $\frac{7}{8}$ c) $\frac{31}{42}$ d) $\frac{313}{72}$ e) $\frac{3}{4}$ f) $\frac{17}{120}$ g) $\frac{1}{36}$

h) $\frac{71}{45}$ i) $\frac{12}{55}$ k) $\frac{18}{11}$ l) 18 m) $\frac{5}{18}$ n) $\frac{1}{3}$ o) $\frac{1}{15}$

p) $\frac{27}{10}$ q) $\frac{63}{20}$ r) $\frac{7}{120}$ s) $\frac{404}{425}$ t) 45 u) $\frac{28}{81}$ v) $\frac{9}{7}$

1.54 a) 1 b) $\frac{13}{30}$ c) $\frac{237}{308}$ d) $\frac{869}{2880}$ e) $\frac{409}{240}$ f) 5

Wenn beim Lösen dieser Aufgaben noch schwerwiegende Probleme aufgetreten sind, sollten unbedingt die jeweiligen Einzelthemen wiederholt werden!

1.2.4 Dezimalbrüche

1.55 a) 0,3 b) 70,04 c) 0,001 2 d) 0,357 28
e) 0,000 102 f) 0,75 g) 0,913 483 h) 1,228
i) 0,987 654 321 k) 2,885 9 l) 3,080 03

1.2.4.2 Addition und Subtraktion von Dezimalbrüchen

1.56 α) a) 891,038 22 b) 1,818 537 c) 170,94 d) 760,714 863
e) 712,331 87 f) 244,105 5 g) 2 070,811 99 h) 220,052 42

β) i) 1 284,014 k) 619,085 25 l) 1 m) 999,999 99
n) 2 167,714 16

γ) a) 187,559 78 b) 0,073 077 c) 0 d) 750,080 663
e) 584,243 91 f) 202,025 5 g) 72,659 99 h) 37

δ) i) 1 234,567 8 k) 598,917 97 l) 0,289 8 m) 782,655 19
n) 2

1.57 a) 300 kg b) 37,2 km c) 1,187 71 km^2 d) 1 353,5 kg

1.2.4.3 Multiplikation von Dezimalbrüchen

1.58 a) 473,9 b) 6 432 c) 83 040 d) 4,75 e) 0,0101 f) 441,8
g) 4 025 300 h) 7,04 i) 7 720 k) 4,02 l) 40,3 m) 1 050

1.59 a) 286,4 b) 21 727,8 c) 3,14 d) 102,683 e) 0,063 72 f) 0,795
g) 308,608 h) 366,48 i) 168 777 k) 11 030,892 l) 291,247 m) 152,856

1.60 a) 24,448 b) 356,1129 c) 49,16 d) 5,814
e) 559,8654 f) 0,3219216 g) 282,67923 h) 0,00015201
i) 13,02484 k) 7,47178

1.2.4.4 Division von Dezimalbrüchen

1.61 a) 8,951 b) 0,75212 c) 0,01701 d) 0,0392
e) 0,000105 f) 0,000006619 g) 7,0324 h) 0,000207
i) 0,00923 k) 0,0000000594 l) 0,0010004 m) 1,0601
n) 0,6549 o) 0,05339 p) 0,8225 q) 0,00062

1.62 a) 8,8 b) 7,83 c) 27,623 d) 1,0265
e) 0,872 f) 0,004066 g) 0,7478 h) 0,001375
i) 4,703 k) 0,00107575 l) 0,148 m) 4,0008

1.63 a) 14 b) 27 c) 713 d) 61 e) 34 f) 13
g) 4632 h) 16 i) 7 k) 5461 l) 267 m) 175

1.64 a) 2,7 b) 5,02 c) 0,46 d) 1,64 e) 0,71 f) 654,3
g) 432 h) 4 i) 52,5 k) 1981,25 l) 0,04 m) 3,16

1.2.4.5 Umwandlung von Brüchen

1.65 a) 0,75 b) 0,875 c) 0,4 d) 0,35 e) 0,52
f) 0,6875 g) 0,578125 h) 0,90625 i) 0,568 k) 0,08984375

1.66 a) 1,1875 b) 8,216 c) 13,7375 d) 54,862 e) 39,3515625
f) 234,125 g) 5,29536 h) 70,472 i) 4,998046875 k) 78,0952

1.67 a) $0,\overline{4}$ b) $0,\overline{6}$ c) $0,\overline{09}$ d) $0,\overline{51}$ e) $0,\overline{72}$
f) $0,\overline{142857}$ g) $0,\overline{692307}$ h) $0,\overline{567}$ i) $0,\overline{26199}$ k) $0,\overline{0627}$

1.68 a) $0,1\overline{6}$ b) $0,2\overline{7}$ c) $0,18\overline{54}$ d) $0,97\overline{2}$ e) $0,76\overline{9801}$
f) $0,3\overline{85365}$ g) $0,3\overline{518}$ h) $0,28\overline{846153}$ i) $0,80\overline{2352941176470588}$
k) $0,525\overline{9900}$ l) $3,0\overline{045}$ m) $0,0\overline{6908}$ n) $0,0\overline{5225}$ o) $0,01\overline{926}$

1.69 a) $\frac{4}{25}$ b) $\frac{5}{8}$ c) $7\frac{41}{50}$ d) $\frac{147}{250}$ e) $\frac{262}{625}$
f) $23\frac{19}{80}$ g) $\frac{1}{16}$ h) $\frac{3917}{6250}$ i) $115\frac{21}{32}$ k) $\frac{67}{128}$

1.70 a) $\frac{25}{64}$ b) $\frac{5}{317}$ c) $\frac{5000}{239}$ d) $\frac{1000}{509}$ e) $\frac{500000}{413}$
f) $\frac{1}{361}$ g) $\frac{1}{5140}$ h) $\frac{100000}{909}$ i) $\frac{5}{89}$ k) $\frac{1000}{727}$

1.71 a) $\frac{8}{9}$ b) $\frac{3}{11}$ c) $\frac{1}{33}$ d) $\frac{59}{99}$ e) $\frac{91}{333}$
f) $\frac{10}{11}$ g) $\frac{26}{111}$ h) $\frac{1}{27}$ i) $\frac{67}{303}$ k) $\frac{5437}{9999}$
l) 1 m) 4 n) $\frac{881}{99}$ o) $\frac{72469}{999}$ p) $\frac{175}{37}$

1.72 a) $\frac{17}{45}$ b) $\frac{7}{300}$ c) $\frac{2\,753}{4\,950}$ d) $\frac{13}{54}$ e) $\frac{13}{48}$
f) $\frac{7\,813}{12\,375}$ g) $\frac{65}{74}$ h) $\frac{1\,001}{1\,025}$ i) $\frac{251}{808}$ k) $\frac{19}{26}$

1.2.4.6 Das Runden von Dezimalbrüchen

1.73 a) 0,750 3; 0,750; 0,75; 0,8 b) 0,070 6; 0,071; 0,07; 0,1
c) 0,646 3; 0,646; 0,65; 0,6 d) 0,287 9; 0,288; 0,29; 0,3
e) 3,008 7; 3,009; 3,01; 3,0 f) 17,989 9; 17,990; 17,99; 18,0
g) 5,095 0; 5,095; 5,09; 5,1 h) 9,822 6; 9,823; 9,82; 9,8
i) 7,300 0; 7,300; 7,30; 7,3 k) 3,456 8; 3,457; 3,46; 3,5

1.74 a) 26 460; 26 500; 30 000 b) 874 480; 874 500; 870 000
c) 6 900; 6 900; 10 000 d) 7 402 980; 7 403 000; 7 400 000
e) 86 000; 86 000; 90 000 f) 520; 500; 0

1.75 Beachte den Unterschied zwischen $\leq$ und $<$.

a) $0{,}835 \leq 0{,}84 < 0{,}845$ b) $7{,}126\,5 \leq 7{,}127 < 7{,}127\,5$
c) $113{,}080\,5 \leq 113{,}081 < 113{,}081\,5$ d) $63{,}95 \leq 64{,}0 < 64{,}05$
e) $7\,163{,}285 \leq 7\,163{,}29 < 7\,163{,}295$ f) $614{,}299\,5 \leq 614{,}300 < 614{,}300\,5$
g) $0{,}500\,05 \leq 0{,}500\,1 < 0{,}500\,15$ h) $347{,}15 \leq 347{,}2 < 347{,}25$
i) $0{,}009\,999\,5 \leq 0{,}010\,000 < 0{,}010\,000\,5$ k) $0{,}95 \leq 1{,}0 < 1{,}05$

1.76 a) ±5 cm b) ±5 mN c) ±0,5 g d) ±0,005 s e) ±0,05 V f) ±5 mm
g) ±5 mm h) ±0,5 g i) ±5 kg k) ±50 Hz l) ±0,5 µg m) ±5 cm

1.77 a) ±0 b) −0,042 9 c) ±0 d) ±0 e) ±0
f) ≈ 0,000 578 g) +271,593 77 h) ≈ 0,000 148 i) +9,051 16 k) −0,403 88

Bei den Aufgaben g), h) und i) treten sehr große (relative) Fehler durch die Rundung auf!

1.78 a) 2,106 b) 903,4 c) 253,2 d) 355,31 e) 16,52
f) 0,4187 g) 1,875 h) 2,5625 i) 46,83 k) 31,495

1.79 a) 0,44 ± 0,005 b) 0,070 7 ± 0,000 05
c) 0,643 644 ± 0,000 000 5 d) 0,752 975 30 ± 0,000 000 005
e) 0,637 8 ± 0,000 05 f) 0,137 232 3 ± 0,000 000 05
g) 0,899 900 ± 0,000 000 5 h) 0,456 ± 0,000 5
i) 0,715 455 ± 0,000 000 5 k) 0,032 973 173 2 ± 0,000 000 000 05

1.2.4.7 Bruch oder Dezimalzahl?

1.80 a) 1,15 b) $\frac{11}{45}$ c) $\frac{781}{120}$ d) 5,12 e) 15,54 f) 1,31
g) $\frac{154}{15}$ h) $\frac{25}{96}$ i) $\frac{91}{30}$ k) $\frac{581}{225}$ l) 0,85 m) 1,85

1.2.4.8 Größenvergleich von Brüchen

1.81 a)

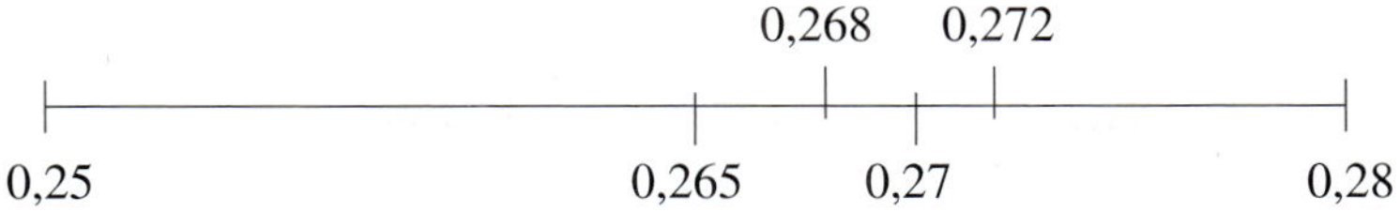

b)

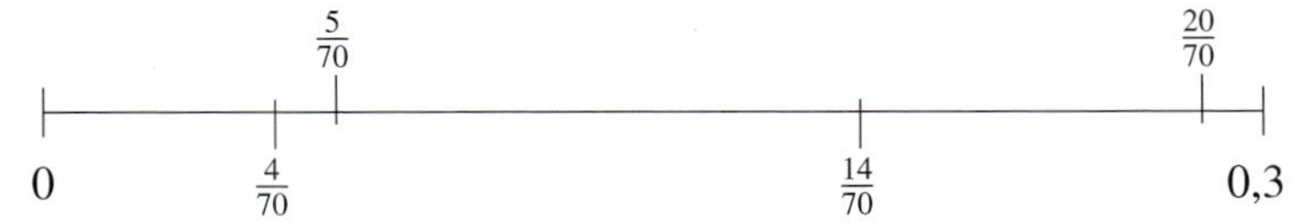

c)

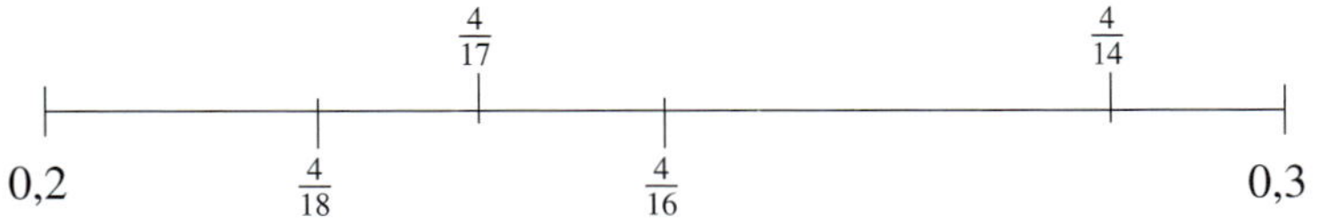

1.3.1 Taschenrechner

1.82 a) $\frac{7\,791}{8\,080}$ b) $\frac{2\,275}{38\,068}$ c) $\approx 36{,}2044$ d) $\approx 9{,}1946$

e) $\approx 0{,}0003$ f) $\approx 0{,}001$ g) $\frac{597}{715}$ h) $\frac{125\,000}{12\,717}$

i) $\frac{818}{1\,511}$ k) $\frac{850}{953}$ l) $\frac{8}{21}$

1.83 a)

x	$f(x)$	x	$f(x)$	x	$f(x)$	x	$f(x)$
−7	−29	−4	−20	−1	−11	2	−2
−6	−26	−3	−17	0	−8	3	1
−5	−23	−2	−14	1	−5	4	4

b) Beachte, dass der TR bei der Termeingabe einen Ausdruck von der Qualität $f(x)$ und nicht $f(a)$ benötigt. Somit ist auch $5x^2 + 17x - 23$ einzugeben.

a	$T(a)$	a	$T(a)$	a	$T(a)$	a	$T(a)$
−6	55	−3	−29	0	−23	3	73
−5	17	−2	−37	1	−1	4	125
−4	−11	−1	−35	2	31	5	187

c)

b	O	b	O	b	O	b	O
3	222	6	342	9	462	12	582
4	262	7	382	10	502	13	622
5	302	8	422	11	542	14	662

d)

a	A	a	A	a	A	a	A
88	139,5	91	144,0	94	148,5	97	153,0
89	141,0	92	145,5	95	150,0	98	154,5
90	142,5	93	147,0	96	151,5	99	156,0

e)

x	$T(x)$	x	$T(x)$	x	$T(x)$	x	$T(x)$
−59	−45,75	−56	−43,50	−53	−41,25	−50	−39,00
−58	−45,00	−55	−42,75	−52	−40,50	−49	−38,25
−57	−44,25	−54	−42,00	−51	−39,75	−48	−37,50

1.84

	α	β	γ	δ	ϵ
a)	−9	−48	−31,6	20	$\frac{629}{36}$
b)	−13	−68	−40,9	3,5	$\frac{133}{18}$
c)	−1	$-\frac{4}{3}$	$-\frac{79}{40}$	3,2	$\frac{37}{17}$
d)	$\frac{1}{3}$	2	0,35	9,8	$\frac{195}{34}$
e)	$-\frac{7}{3}$	$-\frac{22}{3}$	$-\frac{329}{40}$	14,4	$\frac{115}{68}$
f)	−13	$-\frac{272}{3}$	$-\frac{3\,681}{40}$	−14	$\frac{133}{204}$
g)	$-\frac{13}{3}$	−8,5	$-\frac{409}{90}$	−0,35	$\frac{266}{9}$
h)	$-\frac{43}{3}$	−71,5	$-\frac{3\,929}{90}$	−8,6	$\frac{215}{9}$

1.85 a) 1 322 500 b) 0,007 726 41 c) 4 173,16
d) 57 760 000 e) 0,097 969 f) 175 616 000 000
g) 0,000 345 948 408 h) 656,234 909 i) 0,508 169 592
k) 43 614,208 l) 341,8801 m) 65 908,152 32
n) 1,873 887 21 o) 14 776 336 p) $\frac{1}{4\,096}$

1.86 Die Ergebnisse sind gerundet.

a) 2,9563 b) 0,2052 c) 0,0768 d) 81,8535 e) 0,5196
f) 0,4121 g) 18,1712 h) 0,8113 i) 0,4021 k) 0,0639
l) 1,305 m) 4,167 n) 1,3273 o) 0,3761 p) 1,6382
q) 2,2552 r) 0,0024 s) 0,0556

1.3.2 Tabellenkalkulation

1.87 Endsumme: a) 39,99 b) 47,93 c) 36,74 €

1.88

	A	B	C	D	C	D
1	Nr.	Pilze	Flüssigk.	Inhalt	Dose	Gesamt
2	1	228,38	170,36	398,74	62,85	461,59
3	2	232,06	169,62	401,68	61,03	462,71
4	3	230,97	169,77	400,74	61,46	462,20
5	4	231,08	170,88	401,96	62,25	464,21
6	5	229,00	170,46	399,46	61,39	460,85
7	6	230,48	169,13	399,61	62,74	462,35
8	Mittel	230,33	170,04	400,37	61,95	462,32

1.89

	B9	B11	B12
a)	=SUMME(B4:B8)	=B9/B2	=B12/12
b)	9 142,25 €	1 828,45 €	152,37 €

1.3.3 Computeralgebrasystem

1.90 Siehe Lösungen zu den jeweiligen Aufgaben aus dem Abschnitt 2.3. Sollte es zu Abweichungen kommen, so frage man sich zuerst einmal, ob die Buch- bzw. CAS-Lösungen wirklich verschieden sind oder ob es sich nur um andere Darstellungsformen handelt. Unter Umständen kommt man durch weiteres Ausklammern, Kürzen etc. zum gleichen Ergebnis.

1.91 Siehe Lösungen zu den jeweiligen Aufgaben aus dem Kapitel 4. Sollte es zu Abweichungen kommen, so überprüfe, ob durch Verkleinern/Vergrößern ein vergleichbares Ergebnis zu erhalten ist.

1.3.5 Künstliche Intelligenz

1.92 Die Schwachstellen der Anfragen sind insbesondere:

- Die Formulierungen sind zu allgemein oder unspezifisch: Die Themenbereiche bzw. die Probleme sollten besser beschrieben und genauer eingegrenzt werden.
- Der Kontext fehlt: Es fehlen Informationen über den Lernstand der anfragenden Person.
- Beispiele oder eine Aufgabenstellung fehlen: Ein konkretes Beispiel hilft der KI, das Thema genauer einzugrenzen.

☞ Wer anfangs einen Prompt nicht klar formulieren kann, fragt die KI um Hilfe!

Prompt Optimiere diesen Prompt:

„Kannst du mir erklären, wie man Bruchrechnen lernt."

KI-Antwort ## Optimierter Prompt für das Erlernen von Bruchrechnen

Ursprünglicher Prompt:

Kannst du mir erklären, wie man Bruchrechnen lernt

Optimierter Prompt:

Erkläre mir bitte Schritt für Schritt, wie man Bruchrechnen lernt. Gehe dabei auf folgende Punkte ein:

- Was ist ein Bruch? (Erklärung von Zähler, Nenner und Bruchstrich)
- Wie addiert und subtrahiert man Brüche mit gleichen und ungleichen Nennern? (inklusive Erweitern und Kürzen)
- Wie multipliziert und dividiert man Brüche?
- Warum ist das Kürzen und Erweitern wichtig?
- Gib einfache Beispiele zu jedem Rechenschritt.
- Nenne typische Fehler und Tipps zum besseren Verständnis.
- Optional: Empfiehl anschauliche Übungen oder Online-Ressourcen für Anfänger.

Begründung der Optimierung:

Der optimierte Prompt ist deutlich spezifischer und gibt eine klare Struktur vor, welche Aspekte beim Bruchrechnen erklärt werden sollen. Dadurch wird sichergestellt, dass die Antwort umfassend, anschaulich und für Lernende aller Stufen verständlich ist. Die Ergänzung von Beispielen, Fehlerquellen und Übungsmöglichkeiten fördert das Verständnis und die praktische Anwendung.

1.93 Veranschauliche die Sitzverteilung im Deutschen Bundestag nach der Wahl im Frühjahr 2025.

a) Recherchiere die Anzahl und die Verteilung der Mandate auf die einzelnen Parteien nach dem endgültigen amtlichen Ergebnis. Notiere nach jedem relevanten Schritt die verwendeten Quellen.

b) Stelle die Ergebnisse in einer Tabelle dar: Partei | Anzahl Abgeordnete | relativer Anteil in Prozent | Winkel für Kreisdiagramm.

c) Erläutere mir die grundsätzlichen Berechnungsschritte für diese Werte.

d) Erkläre mir das schrittweise Vorgehen zum Erstellen des Kreisdiagramms.

e) Zeichne das Kreisdiagramm.

2 Arithmetik

2.1.3 Verknüpfung von Aussagen

2.1 a) $p \Rightarrow q$ b) $p \Rightarrow q$ c) $p \Rightarrow q$ d) $q \Rightarrow p$
e) $p \Leftrightarrow q$ f) $(p \wedge q) \Rightarrow r$ g) $(p \wedge q) \Rightarrow r$ h) $(p \vee q) \Rightarrow r$
i) $(p \wedge q) \Rightarrow r$ k) $(p \vee q) \Leftrightarrow r$

Anmerkung zu Aufgabe a: Hier haben wir es mit einer Implikation und nicht mit einer Äquivalenz zu tun, wie man leicht an einem Beispiel erkennt: für $x = 2$ folgt zwar $x^2 = 4$. Umgekehrt kann man aus $x^2 = 4$ aber nicht eindeutig $x = 2$ folgern, da $x = -2$ die Aussage q ebenfalls erfüllen würde.
Wir werden dieses Problem im Abschnitt 2.5 noch einmal grundsätzlich aufgreifen!

2.2 Mengen

2.2 a) $M = \{3; 4; 5; 6; 7\}$ b) $A = \{2; 4; 8; 16; 32; \ldots\}$
c) $B = \{1; \frac{1}{2}; \frac{1}{3}; \ldots; \frac{1}{10}\}$ d) $M = \{0; 20; 40; 60; \ldots\}$
e) $M = \{0; 4; 5; 8; 10; 12; 15; 16; 20; 24; 25; 28; 30; 32; \ldots\}$
f) $K = \{0; 1; 8; 27; 64; 125; \ldots\}$ g) $A = \{2; 5; 8; 11; 14; 17; \ldots\}$
h) $V = \{\frac{1}{2}; \frac{2}{3}; \frac{3}{4}; \frac{4}{5}; \frac{5}{6}; \frac{6}{7}; \ldots\}$ i) $L = \emptyset$
k) Alle reellen Zahlen *zwischen* 5 und 6: $x \in]5; 6[$.

2.3 a) $A \subset B$ b) $M_1 = M_2$ c) $A \subset B$
d) keine Relation zwischen S und T e) $G = H$
f) keine Relation zwischen A und B g) $S \subset T$
h) Prim $\subset \mathbf{N}$ i) $A = B$ k) $C = D$
l) keine Relation zwischen E und F m) keine Relation zwischen G und H
n) $B \subset C \subset A$

Anmerkung zu Aufgabe 2.3m: Die Elemente der Menge G sind die in einem Hause wohnenden *Familien*, während die Elemente der Menge H die in demselben Hause wohnenden *Menschen* sind. Die zu vergleichenden Mengen enthalten einander völlig *wesensfremde Elemente*, obwohl es sich in beiden Fällen um Menschenmengen handelt (mehrere Menschen müssen nicht unbedingt eine Familie bilden). Demnach kann weder $G = H$ noch $G \subset H$ und auch nicht $H \subset G$ sein.

2.4 a) $P \cup S = \{1; 2; 3; \ldots; 15\}$ b) $P \cap S = \{5; 6; 7; 8; 9; 10\}$
c) $P \setminus S = \{1; 2; 3; 4\}$ d) $S \setminus P = \{11; 12; 13; 14; 15\}$

2.5 a) K_1 b) K_2 c) Kreisring d) $\emptyset$

2.6 a) K_1 bzw. K_2 (da $K_1 = K_2$) b) K_1 bzw. K_2 c) $\emptyset$ d) $\emptyset$

2.7 a) A b) A c) $\emptyset$ d) A e) $\emptyset$ f) A g) $\emptyset$

2.8 a) $A \cup B = B$ b) $A \cap B = A$ c) $\emptyset$ d) keine Vereinfachung, d. h., $B \setminus A$

2.9 a) $M_1 \subseteq M_2$ b) $M_1 \subseteq M_2$ c) M_1 disjunkt zu M_2
d) $M_1 \subseteq M_2$ e) M_1 disjunkt zu M_2 f) $M_1 = M_2 = \emptyset$

2.10 $M = (M_1 \setminus M_2) \cup (M_2 \setminus M_1) = (M_1 \cup M_2) \setminus (M_1 \cap M_2)$

2.11 $g_1 \cap g_2$ ist der Schnittpunkt der beiden Geraden g_1 und g_2.

2.12 $E_1 \cap E_2$ ist die Schnittgerade der beiden Ebenen E_1 und E_2. –
Im Falle $E_1 \parallel E_2$ ist $E_1 \cap E_2 = \emptyset$.

2.13 a) $A \cap (A \cup B) = A$ b) $A \cup (A \cap B) = A$

2.14 a) $M_1 \times M_2 = \{(a;\ K);\ (a;\ T);\ (b;\ K);\ (b;\ T);\ (c;\ K);\ (c;\ T)\}$

b) $M_2 \times M_1 = \{(K;\ a);\ (T;\ a);\ (K;\ b);\ (T;\ b);\ (K;\ c);\ (T;\ c)\}$

c) $M_1 \times M_1 = \{(a;\ a);\ (a;\ b);\ (a;\ c);\ (b;\ a);\ (b;\ b);\ (b;\ c);\ (c;\ a);\ (c;\ b);\ (c;\ c)\}$

d) $M_2 \times M_2 = \{(K;\ K);\ (K;\ T);\ (T;\ K);\ (T;\ T)\}$

e) $M_1 \times \ = .$
Da die leere Menge keine Elemente enthält, lassen sich auch keine Paare bilden. Somit ist die Produktmenge mit einer leeren Menge ebenfalls leer.

f) $M_1 \times M_2 \times M_2 = \{(a;\ K;\ K);\ (a;\ T;\ K);\ (b;\ K;\ K);\ (b;\ T;\ K);\ (c;\ K;\ K);\ (c;\ T;\ K);\ (a;\ K;\ T);\ (a;\ T;\ T);\ (b;\ K;\ T);\ (b;\ T;\ T);\ (c;\ K;\ T);\ (c;\ T;\ T)\}$

2.15 Kandidaten: $K = \{A; B; C; D\}$
Mögliche Vorstände: $V = K \times K = \{$ ~~$(A;\ A)$~~; $(A;\ B);\ (A;\ C);\ (A;\ D);$
$(B;\ A)$; ~~$(B;\ B)$~~; $(B;\ C);\ (B;\ D);$
$(C;\ A);\ (C;\ B)$; ~~$(C;\ C)$~~; $(C;\ D);$
$(D;\ A);\ (D;\ B);\ (D;\ C)$; ~~$(D;\ D)$~~ $\}$

Beachte, dass das Duo „*BC*" (Bertha als Vorsitzende und Chris als Stellvertreter) eine andere Kombination als „*CB*" (Chris als Vorsitzender und Bertha als Stellvertreterin) darstellt!

Da die Kombination einer Person mit sich selbst keinen Sinn macht, müssen die homogenen Paare gestrichen werden!

Anzahl der möglichen Vorstände: $|V| = |K \times K| - |K| = |K|^2 - |K| = 16 - 4 = 12$

2.3.1.1 Einfache Rechenoperationen mit Variablen

2.16 a) 32,75 b) 339,85 c) 218,125 d) 0,111 67 e) $\dfrac{341}{57}$ f) 7,46022

2.17
a) gerade, wenn *n* gerade; ungerade, wenn *n* ungerade
b) gerade, wenn *n* ungerade; ungerade, wenn *n* gerade
c) für alle *n* ungerade
d) gerade, wenn *n* ungerade; ungerade, wenn *n* gerade
e) stets gerade

2.18

	α	β	γ	δ	ϵ
a)	6	-42	125	96	$17\frac{17}{36}$
b)	-8	-52	41	-51	$7\frac{7}{18}$
c)	$\frac{2}{3}$	$-1\frac{1}{6}$	5	$2\frac{2}{3}$	$2\frac{3}{17}$
d)	$5\frac{1}{3}$	$\frac{1}{2}$	$-11\frac{4}{5}$	$-21\frac{5}{6}$	$5\frac{25}{34}$
e)	$\frac{1}{3}$	$-6\frac{2}{3}$	$-6\frac{1}{5}$	$13\frac{1}{2}$	$1\frac{47}{68}$
f)	$-5\frac{1}{3}$	$-60\frac{2}{3}$	$-73\frac{4}{5}$	-85	$\frac{133}{204}$
g)	-4	$-7\frac{3}{7}$	$4\frac{5}{9}$	5,1	$29\frac{5}{9}$
h)	$-11\frac{1}{2}$	$-53\frac{5}{7}$	$53\frac{4}{9}$	$-27{,}9$	$23\frac{8}{9}$
i)	-4	$-7\frac{3}{7}$	$4\frac{5}{9}$	5,1	$29\frac{5}{9}$
k)	99	-125	234	1 036	$102\frac{1}{12}$

2.19 a) $5x + 3$ b) $2x - 4$ c) $3 \cdot \frac{x}{2}$ d) $\frac{x + 8}{2}$ e) $9x - (3 \cdot x - 1)$ f) $\frac{x}{4} - x^2$

2.3.1.2 Die negativen Zahlen

2.20 a) Subtrahiere 4 vom Doppelten einer Zahl.
b) Quadriere eine um 6 verkleinerte Zahl.
c) Addiere 17 zum 8-fachen Quadrat einer Zahl.
d) Berechne den vierten Teil der um 7 vergrößerten Zahl.
e) Bilde das Produkt aus einer um 1 verkleinerten und einer um 1 vergrößerten Zahl.

2.21 a) $<$ b) $>$ c) $<$ d) $<$ e) $<$ f) $>$ g) $<$ h) $>$ i) $>$ k) $=$ l) $>$ m) $<$

2.22 a) 5,8 b) $7\frac{3}{4}$ c) 0,9 d) 18,345 e) 49

2.23 a) -19; 19 b) $-34{,}7$; 34,7 c) 0 d) $-\frac{5}{8}$; $\frac{5}{8}$ e) Nicht möglich.

2.24 a) $\{-2; -1; 0; 1; 2\}$ b) $\{0\}$ c) $\{2; 3; 4; 5; 6\}$ d) $\{2; 3; 4\}$

2.25 a) $+50$ b) $+20$ c) $+20$ d) $+50$ e) -20 f) -50 g) -50 h) -20

2.26

	α)	β)	γ)	δ)
a)	+13	+33	+60	+32
b)	− 1	−11	+32	0
c)	− 1	−11	+32	0
d)	+13	+33	+60	+32
e)	+ 1	+11	−32	0
f)	−13	−33	−60	−32
g)	−13	−33	−60	−32
h)	+ 1	+11	−32	0

2.27 a) -1 b) 2 c) 221 d) 54,5 e) 0
f) $5\frac{5}{12}$ g) 78,8 h) 0 i) 25 k) $-10\frac{11}{12}$

2.28 a) -2 und 2 b) 10 und 4 c) 3 und $-\frac{11}{3}$ d) Widerspruch! Aufgabe hat keine Lösung
e) 5 und $-\frac{11}{3}$ f) $\frac{3}{2}$ und $-\frac{1}{2}$ g) α) $+1$ β) -1 h) α) -5 β) $+8$
i) α) $+6$ β) $+30$ k) α) 0; 0; 12; -12 β) 5; -5; 19; -19

2.3.1.3 Addition und Subtraktion

2.29 a) $12u + 5r$ b) $22a + 10b$ c) $28h + 4{,}4z$ d) $11a + 13s + 4u$
e) $8a + 7b - 6c$ f) $13{,}3g + 3p - 16$ g) $-2l - m + 36n$ h) $1{,}95k + 3{,}6p$
i) $40x + 50y - 60z$ k) $2p + 6q + 12r + 7s - 17t$
l) $29v - 42w$ m) $-3{,}39a - 9{,}27b + 13{,}1c$
n) $\frac{2}{9}d - \frac{19}{30}e - \frac{1}{14}f - \frac{1}{3}$ o) $988{,}97x + 351{,}46y - 208{,}9z - 495{,}3$
p) $17\frac{1}{30}R_1 - 15R_3 + 1\frac{3}{4}R_4$ q) $30u - 55{,}8v + 14{,}9855w - 45{,}133$

2.3.1.4 Multiplikation

2.30 a) $240a^2bc^2$ b) $90x^3y^2z^2$ c) $1260r^2s^2t^3$ d) $\frac{1}{16}u^2v^4w^2$ e) $a^2b^2c^2$
f) $-36rstxyz$ g) $17p^2q^2rs^2t$ h) $4xy$ i) 0 k) $-\frac{127}{20}abst$

2.3.1.5 Division

2.31 a) $-12x$ b) $-5a$ c) $-8v$ d) -1 e) $-6y$ f) $\frac{a}{3b}$
g) $-\frac{7u}{9v}$ h) $-\frac{3}{7}$ i) $-4{,}6\frac{ab}{rs}$ k) $0{,}9\frac{yz}{x}$ l) $\frac{65au}{98o}$

2.32 a) $8x$ b) $-7u$ c) $-\frac{13}{c}$ d) $\frac{11x}{2y}$ e) $\frac{17}{13b}$ f) $-r$
g) $-\frac{1}{3}a$ h) $\frac{6b}{5a}$ i) $-0{,}11$ k) $-\frac{5a}{9x}$ l) $-\frac{5k^2}{17a^2}$ m) $-550\frac{q}{m}$

2.33 a) $-11a^2b$ b) 0 c) xz d) $\frac{100}{t}$ e) $-\frac{11}{15}$

2.34 a) $-\frac{17}{200}$ b) $-\frac{3}{4}$ c) $\frac{1}{47}$ d) $6{,}22$ e) $\frac{199}{720}$ f) $\frac{1}{36}$ g) 210

2.35 a) $\frac{5}{144}$ b) $\frac{54}{179}$ c) 37 d) $\frac{39}{17}$ e) 2 f) $3{,}7$ g) $\frac{1}{5}$ h) $\frac{49}{750}$
i) $\frac{41}{76}$ k) $-\frac{100}{81}$ l) $-\frac{484}{725}$ m) $6{,}25$ n) $\frac{7}{20}$ o) $\frac{119}{11}$ p) $\frac{4}{5}$ q) 97

2.3.2.2 Setzen und Auflösen additiver und subtraktiver Klammern

2.36 a) $5x+5$ b) $5r+7u+8$ c) $-3x+3y$ d) $-5x$
e) $2r$ f) $2b+10$ g) $0{,}8r+s$ h) $6i$
i) $6m+11w$ k) 0 l) $2m-2p$ m) $u-w$

2.37 a) $11x-4y+9z$ b) $3\frac{3}{10}a-1\frac{7}{20}b+\frac{1}{6}c$ c) $10u-v+w$ d) $6x-7z$

e) $10a-10b$ f) $29a+b-38c+21d$ g) $290m-61n-54p+49q$

h) $35c+33d-88k-53l$ i) $49\frac{1}{16}x^2yz-144\frac{1}{36}xy^2z+135\frac{27}{40}x^2y^2z$

k) $4ab$ l) $-34\frac{1}{2}$ m) $-4a^2-8b^2$ n) 0 o) $\frac{4\,309}{500}y-\frac{734\,029}{49\,500}x$

p) $-\frac{487}{15}a^3\,b\,c-\frac{23\,031}{500}a^2\,b^2\,c-\frac{11\,421}{1\,100}a^2\,b\,c^2-\frac{45\,077}{375}a^2\,b\,c$

2.38 a) $x+(a-b)$ b) $u+(w-v)$ c) $\frac{q}{2}+\left(-\frac{2}{3}v+\frac{1}{4}s\right)$
d) $1+a+(-b+c)$ e) $2x-3y+(4z-5)$ f) $d+a+(-u-b)$

2.39 a) $x-(2y-4z)$ b) $\frac{1}{4}e-\left(-\frac{2}{7}f+\frac{3}{8}g\right)$ c) $0{,}25q-0{,}49r-(0{,}52s-2{,}12t)$

d) $37{,}2a-42{,}5b-(-41{,}6c+0{,}62d)$ e) $\frac{3}{5u}-\frac{7}{9}v-\left(\frac{9}{11}w+\frac{5}{7}x\right)$

2.40 a) $a-(3b-2c+4d)$ b) $x+(0{,}1y-4{,}2z+6{,}3u)$
c) $3p-6q-(2r+4s-5t)$ d) $\frac{1}{3}u-\frac{2}{5}v+\frac{4}{7}w-\left(\frac{5}{9}x+\frac{2}{3}y-\frac{1}{4}z\right)$
e) $0{,}3k+3{,}2l-(4{,}5m+2{,}7n+1{,}6p)$ f) $0{,}9w+(9{,}4x-8z-3)$

2.3.2.3 Multiplikation von Klammerausdrücken

2.41 Ergebnisse alphabetisch und nach Potenzen sortieren!

a) $10u - 65$ b) $6a + 15$ c) $48x^3 + 54x^2 + 24sx$

d) $21d^2z - 35dz^2$ e) $20x^3 - 15x^2$ f) $-63t^2 + 144t$

g) $3ghi + 4ghr$ h) $-10k^2l + 3kl^2$ i) $0{,}21ac + 1{,}02bc$

k) $15r - 6s + 3t$ l) $-4ax + 8ay + 24az$ m) $105abu - 140ab$

n) $-0{,}5uv + 0{,}6v^2 - 0{,}375vw$ o) $-\frac{h}{10} + \frac{q}{12}$

p) $-16{,}12a + 11{,}96b - 24{,}44c + 39{,}52d$ q) $-9{,}6stT - 22{,}4T^2$

r) $cx^3 + ax^2 - 3bx$ s) $-\frac{27b}{20a} - \frac{3h}{2}$ t) $\frac{3z}{19s} + \frac{2q}{25t^2}$

2.42 a) $-4y + 10z$ b) 0 c) $-5{,}6a^5 + 3{,}6a^4 - 2{,}2a^3 + 1{,}2a^2 - 6{,}8a$

d) $72 - 65w$ e) $\frac{3}{5}ar^2t - \frac{3}{7}pr^2t$ f) $63x^2 - 56x + 77$

g) $\frac{3u}{4v} + \frac{21pv}{20u} - \frac{u}{2}$ h) $42a^2b + 105abu - 126abv$

i) $-\frac{8}{7}avw + \frac{15}{14}buw - \frac{20}{49}cuv$ k) $15b^2 - 20b + 35$

l) $\frac{4}{5}xyz - 6xy$ m) $19\frac{8}{21}ab - 4\frac{8}{35}ac$ n) $\frac{8{,}37}{c^2} - \frac{2{,}48}{b^2}$

2.43 a) $8ab - 11ac + 8bc$ b) $5xy$ c) $12\frac{3}{4}rs + rt$ d) 0

e) $-0{,}591\,2ab - 0{,}009\,1ac - 0{,}042\,3bc$ f) $\frac{1}{6}uv - \frac{2}{3}uw$ g) $-47mx + 25nx$

h) $\frac{2}{ax} - \frac{3}{10}$ i) 0 k) ab

2.44 a) $10x^2 + 19xy + 6y^2$ b) $15a^2 + ab - 28b^2$ c) $18m^2 - mn - 4n^2$

d) $63u^2 - 41uz + 6z^2$ e) $121v^2 - 81w^2$ f) $-117x^2 + 83xy + 154y^2$

g) $-\frac{3}{5}a^2 - \frac{661}{480}ab - \frac{3}{4}b^2$ h) $0{,}49u^2 - 0{,}42uv + 0{,}09v^2$

i) $6\frac{2}{3}am - 3\frac{5}{9}bm + 13\frac{1}{8}an - 7bn$ k) $a^2x + \frac{3}{2}aby - \frac{4}{3}abx - 2b^2y$

2.45 a) $x^2 - y^2 + z^2 - 2xz$ b) $2a^2 - 9b^2 - 12c^2 - 3ab - 2ac - 21bc$

c) $0{,}15k^2 - 0{,}42l^2 - 2{,}94m^2 + 0{,}17kl + 0{,}63km - 2{,}24lm$

d) $-117u^2 - 135v^2 + 108w^2 + 308uv + 84uw + 72vw$

e) $\frac{1}{4}p^2 - \frac{4}{9}q^2 - \frac{1}{16}r^2 + \frac{1}{3}qr$ f) $x^3 - 5x^2 - 16x + 80$

g) $6x^3 + 13x^2 + 2x - 5$ h) $6u^3 - 5u^2 - 16u + 15$

i) $60x^3 - 89x^2y - 23xy^2 + 42y^3$ k) $120a^3 - 52a^2b - 52ab^2 + 24b^3$

l) $6kmp - 12lmp - 2knp + 4lnp + 9kmq - 18lmq - 3knq + 6lnq$

2.46 a) $-a^2 - b^2$ b) $105m^6 - 170m^5 + 115m^4 - 85m^3 - 20m^2$
c) $-2x^2y - 2xy^2$ d) $4k + 52$ e) $u^4 - 25u^3v + 25uv^3 - v^4$

2.3.2.4 Ausklammern gemeinsamer Faktoren

2.47 a) $4 \cdot (3x - 2)$ b) $5 \cdot (7u - 4v)$ c) $2 \cdot (3b - 6c + p)$
d) $3t \cdot (2a - 4g + 3t)$ e) $4ag \cdot (2s - 3ak)$ f) $5kp \cdot (8o + 5r)$
g) $7 \cdot (a + x)$ h) $5u \cdot (c - g + 2)$ i) $1{,}6 \cdot (w + 1)$
k) $2 \cdot (k + 2r)$ l) $2dt \cdot (4b - 3s + 2t)$ m) $-42a \cdot (6q^2 + 11ru)$
n) $\frac{1}{4}r \cdot (b - 3)$ o) $\frac{5}{16} \cdot (2t^2x + 1)$ p) $\frac{2}{5} \cdot (k - p + y)$
q) $yz \cdot (e^2 + t - v)$ r) $14t \cdot (2g + 5h)$ s) $0{,}3m \cdot (2m - 7)$
t) $-0{,}5e \cdot (d + e - 3)$ u) $13ab^3 \cdot (2v - 11z)$ v) $24k \cdot (3b + 7f - 4u)$
w) $-5p \cdot (3d - 5n + 11p)$ x) $0{,}4g^2k \cdot (3u - 14w)$ y) $4a \cdot (3a + 6ab + 8b)$

2.48 a) $0{,}8 \cdot (10a + c)$ b) $0{,}03 \cdot (10m + 100u - w)$ c) $-6 \cdot (9a + 5u + 3v)$
d) $-9r \cdot (ef - 4k + r)$ e) $14 \cdot (t^2u + 2xy^3 + 4z)$ f) $\frac{7}{5}(5r + 3t)$
g) $-\frac{6}{7} \cdot (4q - 7uv)$ h) $\frac{4}{9} \cdot (8gk + 7z)$ i) $\frac{2}{5} \cdot (2a - 4h + 7r)$
k) $0{,}6x \cdot (4d - s)$ l) $i \cdot (a + 2c)$ m) $f \cdot (df + 3g)$
n) $p \cdot (p - 4t + 2)$ o) $-8kv \cdot (9u - 4v)$ p) $0{,}2d \cdot (17m - 5p)$
q) $amp \cdot (2t + 3)$ r) $0{,}1cw \cdot (4t - 9y)$ s) $3u \cdot (2a + 7ku + 9u)$
t) $12op \cdot (6b - 4g + 11w)$ u) $7pu^2 \cdot (4p + 3v)$
v) $2adx \cdot \left(5a^2x + 4dt - 7\right)$ w) $\frac{3}{4}y^2z \cdot (24a + 8tz - 17z)$
x) $9mpx \cdot (9m - 2x)$ y) $-\frac{5}{11}kl \cdot \left(11k^2 + u - 22\right)$

2.49 a) $(a + 2) \cdot (x - 3)$ b) $(2a - 3b) \cdot (5c + 9)$ c) $(p_0 + 4) \cdot (x - \alpha)$
d) $(a - 2) \cdot (b + c)$ e) $(5r + 1) \cdot (3s - 1)$ f) $(ab + x)(ab - y)$
g) $2(u - 3)(5v - w)$ h) $2y\left(y^2 - 3y + 9\right)$ i) $5(x - 3)(3y - 2z)$
k) $2(a + 2)(5bc - 1)$ l) $(2r^2 - 5s)(9r + 7s)$ m) $\left(10x - y^2\right)\left(10x^2 + y^3\right)$
n) $4 \cdot (p + 2r)(q - 2r)$ o) $-(4u - 3x)(4v + 3x - y)$
p) $-(3a + 2x)(b - 2x)$ q) $-3k(a - 2b)(7a + 3t)$
r) $\frac{3}{187}(3a + 11x)$ s) $(3x - 2y)\left(3x^2 - 5xz - 2z^2\right)$
t) $-\frac{5}{54}k(3k + 14)$ u) $(a - b)(7x + 5y)$
v) $\frac{1}{104}l(27k + 104l + 324)$ w) $(a - b)(b - c)(c + d)$
x) $-\frac{3}{5}(15a - x) \cdot (ab + 25x)$ y) $\frac{4}{81}l(2m - 9n)(m + 3p)$

2.3.2.5 Binomische Formeln

2.50 a) $4u^2$ b) $25r^2$ c) 16 d) $\frac{9}{16}$ e) $64m^2r^2$

f) $\frac{484}{25}t^2$ g) $36k^2$ h) m^4 i) $0{,}09v^2$ k) $16a^4v^2w^6$

Beispiele typischer Fehler: c) -16 f) $9\frac{49}{25}t^2$ i) $0{,}9v^2$

2.51 a) m^2+6m+9 b) $k^2+16k+64$ c) $r^2+10r+25$

d) $f^2+8f+16$ e) x^2-4x+4 f) $u^2-12u+36$

g) $w^2-18w+81$; 2.B. h) $t^2-1{,}5t+\frac{9}{16}$ i) u^2-1

k) w^2-64 l) $169-s^2$ m) z^2-9

n) $4x^2+4x+1$ o) $36r^2+312r+676$ p) $25t^2-15t+2{,}25$

q) $49y^2-126y+81$ r) $16b^2-9u^2$ s) $25-4r^2$

t) $4u^2+36uz+81z^2$ u) $9c^2+24ct+16t^2$ v) $9k^2p^2-43{,}2kpz+51{,}84z^2$

w) $0{,}16\,o^2-1{,}6\,ox+4x^2$ x) $9d^2-64e^2$ y) $10f^2-21fg-10g^2$ ~~Binom~~

2.52 a) $u^2-2uv+v^2$ b) m^2+2m+1 c) $1-x^2$ d) $z^2+8z+16$

e) $k^2+16k+64$ f) u^2-25 g) y^2-2y+1 h) t^2-49

i) $u^2+\frac{2}{3}u+\frac{1}{9}$ k) $k^2+8k+16$; 1.B. l) $9p^2-6pz+z^2$ m) $4a^2-4ab+b^2$

n) $x^2+6xy+9y^2$ o) $9p^2-12pq+4q^2$

p) $\frac{4}{9}m^2+\frac{1}{3}mn+\frac{1}{16}n^2$ q) $81b^2-84bk+\frac{196}{9}k^2$

r) $4v^2-9a^2$ s) $26{,}01m^4-173{,}4k^3m^2x+289k^6x^2$

t) $\frac{16}{81}b^2t^2-\frac{1}{3}bst+\frac{9}{64}s^2$ u) $9{,}61s^2-32{,}49t^2$

v) $0{,}49u^2-1{,}68uv+1{,}44v^2$

2.53 a) $24-24a$ b) $22u+55$ c) $b+20$ d) $28x-175$

e) 0 f) $-6ab$ g) $16x^4-9y^4$ h) $50x^2+18y^2$

i) $9x^4+19x^2-20x+5$ k) $25-81a^6$ l) $-1{,}92m^2-7{,}84mn+2{,}08n^2$

m) $-2(x-11)^2$ n) $\frac{191v^2-1\,296u^2}{3\,969}$ o) $54mn$ p) l^2+44kl

2.54 a) $(a-3)^2$ b) $(k+7)^2$ c) $(x-4)^2$

d) $(y+6)^2$ e) $(x+5)\cdot(x-5)$ f) $(z-5)^2$

g) kein Fakt. mögl. h) $(2b+3)^2$ i) $-(3a+4v)\cdot(3a-4v)$

k) $\left(c-\frac{3}{7}\right)^2$ l) $(u-8)^2$ m) $4\cdot(t^2+4)$

n) $-(v-14)^2$ o) $(7t-2u)^2$ p) $(a+5{,}1k)^2$

q) $\left(w-\frac{2}{3}\right)^2$ r) $-3\cdot(4t+5)^2$ s) $\frac{1}{25}(3k+35)\cdot(3k-35)$

t) kein Fakt. mögl. u) $(2a+3r)^2$ v) $-\frac{u}{50}(55k+41p)\cdot(55k-41p)$

2.55 a) $(a+1)(a-1)$ b) $(2b+3)(2b-3)$ c) $2r(r+2)(r-2)$
d) keine Fakt. möglich e) $-(9x+1)(9x-1)$ f) $c(c+1)^2$
g) $b(3b-2)^2$ h) $7x^2(3x+5)(3x-5)$ i) $\frac{1}{36}z\,(4v-3w)^2$
k) $-(4u+3x-y-1)(4u-3x+y-1)$ l) $(2p+5q+4r)(2p+5q-4r)$
m) $\left(10x^2-y^3\right)\left(10x^2+y^3\right)$ n) $-(3a+b+2x)(3a+b-2x)$
o) $(ab+xy)(ab-xy)$ p) $(2a+b)(2a-b)(7a+3b)$
q) $-12u(2ux+5)(x-3)$ r) $2ab(3s-t)^2(v-2w)$

2.56 a) $(e+k)^2 = e^2+2ek+k^2$ b) $(2b-x)^2 = 4b^2-4bx+x^2$
c) $(5u+8t)^2 = 25u^2+80tu+64t^2$ d) $(3g-2a)\cdot(3g+2a) = 9g^2-4a^2$
e) $(7-15kv)^2 = 49-210kv+225k^2v^2$ f) $289-529z^2 = (17-23z)\cdot(17+23z)$

2.57 a) 1 681 b) 7 569 c) 1 596 d) 3 800 e) 159 711
f) 1 020 100 g) 18 000 h) 89 984 i) 994 009 k) 455 000

2.58 a) $x^2+y^2+z^2+2xy-2xz-2yz$ b) $u^2+v^2+w^2-2uv+2uw-2vw$
c) $4a^2+9b^2+16c^2-12ab-16ac+24bc$
d) $k^2+l^2+m^2+n^2+2kl+2km+2kn+2lm+2ln+2mn$
e) $4p^2+\frac{1}{4}q^2+\frac{9}{16}r^2+s^2-2pq+3pr-4ps-\frac{3}{4}qr+qs-\frac{3}{2}rs$
f) $-144\,a\,b\,k^2+360\,a\,b\,k\,u+48\,a\,b\,k-225\,a\,b\,u^2-60\,a\,b\,u-4\,a\,b$

2.3.2.6 Quadratische Ergänzung

2.59 a) nein b) $(a+7)^2$ c) nein d) $(b-1)^2$ e) $\left(z-\frac{4}{3}\right)^2$ f) nein
g) nein h) $\left(u-\frac{9}{2}\right)^2$ i) $\left(w+\frac{1}{2}\right)^2$ k) $\left(t-\frac{3}{8}\right)^2$ l) $(x+0{,}4)^2$ m) nein

2.60

	Quadr.Erg. ⋆	Vollst. Quadrat		Quadr.Erg. ⋆	Vollst. Quadrat
a)	$4=2^2$	$(x-2)^2$	b)	$49=7^2$	$(r+7)^2$
c)	$64=8^2$	$(u-8)^2$	d)	$\frac{1}{49}=\left(\frac{1}{7}\right)^2$	$\left(x+\frac{1}{7}\right)^2$
e)	$\frac{4}{9}=\left(\frac{2}{3}\right)^2$	$\left(a-\frac{2}{3}\right)^2$	f)	$0{,}09=0{,}3^2$	$(m-0{,}3)^2$
g)	$56{,}25=7{,}5^2$	$(x+7{,}5)^2$	h)	k^2	$(x-k)^2$
i)	$9i^2=(3i)^2$	$(h+3i)^2$	k)	$6{,}25c^2=(2{,}5c)^2$	$(b-2{,}5c)^2$
l)	$\frac{4\,489}{400}d^2=\left(\frac{67}{20}d\right)^2$	$(c+3{,}35d)^2$	m)	$16r^2=(4r)^2$	$(pq-4r)^2$

2.61 a) $(x-4)^2+1$ b) $(y+6)^2-6$ c) $(z-5)^2+5$ d) $(a-9)^2$

e) $(b+3)^2-9$ f) $\left(c-\frac{3}{7}\right)^2+\frac{1}{2}$ g) $(u-8)^2+36$ h) $-(v-14)^2-5$

i) $\left(w-\frac{2}{3}\right)^2+\frac{59}{9}$ k) $(t+5)^2-107$ l) $(p+15)^2-27$ m) $(r-6)^2+92$

2.62 a) $(x-3)^2+(y-8)^2-9$ b) $(x+4)^2+(y-11)^2+36$

c) $(x+5)^2+(y+7)^2$ d) $(x-2{,}7)^2+(y-3{,}4)^2+14{,}5$

e) $(x+55)^2+(y-6{,}5)^2-35$ f) $(x-17)^2+(y-23)^2-16$

2.63 a) $(x+3)^2-9$ b) $(y\pm 11)^2\mp 22y$ c) $\left(z-\frac{5}{7}\right)^2-\frac{25}{49}$

d) $9\cdot\left(a\pm\frac{8}{3}\right)^2\mp 48a$ e) $16\cdot(b-3{,}75)^2-225$ f) $25\cdot\left(c+\frac{1}{25}\right)^2-\frac{1}{25}$

g) $324\cdot(u\pm 0{,}5)^2\mp 324u$ h) $\left(v\pm\sqrt{7}\right)^2\mp 2\sqrt{7}\,v$ i) $9\cdot\left(w-\frac{80}{3}\right)^2-6\,400$

k) $\frac{16}{49}\cdot\left(t-\frac{7}{6}\right)^2-\frac{4}{9}$ l) $4\cdot(x-0{,}35)^2-0{,}49$ m) $\frac{25}{9}\cdot\left(k-\frac{6}{35}\right)^2-\frac{4}{49}$

2.64 a) $2\cdot(x+3)^2$ b) $-3\cdot(a-4)^2$ c) $7\cdot(h-3{,}5)^2$

d) $4\cdot(u+13)^2$ e) $2\cdot(d+4{,}7)^2$ f) $-6{,}1\cdot(w-3)^2$

g) $8\cdot(i+1)^2+3$ h) $-2\cdot(t-7)^2+15$ i) $5\cdot(x-5)^2-5$

k) $-(x+11)^2+44$ l) $6\cdot(x-6)^2+450$ m) $1{,}3\cdot(x-5)^2-9{,}4$

n) $\frac{2}{3}\cdot(y-7)^2+95$ o) $\frac{7}{15}\cdot(k+9)^2-14$ p) $-3{,}5\cdot(u-4)^2+2{,}6$

q) $2{,}5\cdot(i+1{,}9)^2+3{,}6$ r) $-6{,}2\cdot(q-7)^2-18{,}4$ s) $14\cdot(a-4{,}9)^2+23{,}5$

2.65 a) $(x+3)^2-7^2=(x+10)\cdot(x-4)$

b) $(x+5)^2-8^2=(x+13)\cdot(x-3)$

c) $4\cdot(a-6)^2-5^2=(2a-7)\cdot(2a-17)$

d) $9\cdot(y-1)^2-2^2=(3y-1)\cdot(3y-5)$

e) $(x+5{,}3)^2-2{,}1^2=0{,}04\cdot(5x+16)\cdot(5x+37)$

f) $0{,}09\cdot(p+3{,}8)^2-8{,}4^2=\frac{9}{2\,500}\cdot(5p-121)\cdot(5p+159)$

2.3.3.1 Erweitern und Kürzen von Brüchen

2.66 a) $\frac{a-1}{a+1}$ b) $\frac{a}{5}$ c) $\frac{ab-b^2}{ac-c^2}$ d) $-\frac{3}{4}$ e) $-\frac{4}{9}$

f) $\frac{a+b}{a}$ g) $\frac{u-v}{u+v}$ h) m^2-n^2 i) $\frac{k}{k-1}$ k) -1

2.67 a) $\frac{4+7m}{4}$ b) $\frac{x+2y}{x-2y}$ c) $a+2$ d) $\frac{5(2a+3b)}{4(2a-3b)}$
e) Lässt sich nicht kürzen. f) $\frac{t+s}{t-s}$ g) $3a+1$
h) $\frac{1}{5t-2s}$ i) Lässt sich nicht kürzen. k) $4m-9n$

2.68 a) $\frac{a}{a^2}$ b) $\frac{b}{ab}$ c) Nicht möglich. d) $\frac{ab}{a^2b}$ e) $\frac{3}{3a}$ f) $\frac{x-2y}{ax-2ay}$

2.69 a) $\frac{-1}{y-x}$ b) $\frac{x-y}{x^2-2xy+y^2}$ c) $\frac{x+y}{x^2-y^2}$
d) Nicht möglich. e) $\frac{x^2-y^2}{x^3+y^3-x^2y-xy^2}$ f) $\frac{a-1}{ax-x+y-ay}$

2.70 a) Nicht möglich. b) $\frac{m^2-m}{m^2+m}$ c) $\frac{m^2-1}{m^2+2m+1}$
d) $\frac{m^2-2m+1}{m^2-1}$ e) $\frac{3m^2-10m+7}{3m^2-4m-7}$ f) $\frac{m^2-4m+3}{m^2-2m-3}$

2.71 a) $\frac{3t-6s}{21t-12s}$ b) Unmöglich. c) $\frac{7t^2-10st-8s^2}{49t^2-16s^2}$ d) $\frac{8s^2-18st+7t^2}{16s^2-56st+49t^2}$
e) $(4s+7t)^2 \Rightarrow \frac{-32s^3-96s^2t-42st^2+49t^3}{-64s^3-112s^2t+196st^2+343t^3}$ f) $\frac{6as-3at-2bs+bt}{12as-21at-4bs+7bt}$

2.3.3.2 Addition und Subtraktion von Brüchen

2.72 a) $u+2w$ b) $+a$ c) $-b$ d) $5k+p$ e) ab f) 4 g) $\frac{a}{3}$ h) $\frac{5}{6}x$
i) $-\frac{a}{2}$ k) $\frac{u+v}{12}$ l) $\frac{n+2p}{21}$ m) $\frac{34b-15a}{12}$ n) $\frac{x+1}{72}$ o) $\frac{55-u^2}{120}$

2.73 a) 1 b) $\frac{x-24y+6z}{96}$ c) $\frac{25a^2-40ab-4b^2}{12}$ d) $\frac{u-15x}{14}$
e) $\frac{75b^2+132ab-34a^2}{72}$ f) $\frac{7a^2+6b^2-9c^2}{6abc}$ g) $\frac{11x-2}{60}$
h) $\frac{261x^3-19x^2+112x-16}{216x^4}$ i) $\frac{1}{b}$ k) 0 l) $\frac{a^2+b^2}{ab}$

2.74 a) $\frac{x+y+1}{x+y}$ b) $\frac{v}{u+v}$ c) $\frac{6a-15b+5c}{3(3b-c)}$ d) $\frac{y}{x-y}$
e) $\frac{n}{n-m}$ f) $\frac{14s}{5(10r+7s)}$ g) $\frac{a^2+b^2}{a^2-b^2}$ h) $\frac{2v}{u^2-v^2}$
i) $\frac{-ay}{x+y}$ k) $\frac{a^2-6a+10}{a-3}$ l) $-\frac{4mr+3m-18}{9(r+3)}$ m) $\frac{344ku-105u+525}{5880u}$

2.75 a) $\frac{-4ay}{3x(3x-2y)}$ b) $\frac{u^3+v^3}{uv(u-v)}$ c) $\frac{a+16}{3a(a-2)}$ d) $\frac{1}{2}$

e) $\frac{m^2+mn+n^2}{m+n}$ f) $\frac{x^3+4x^2+4x-1}{(x+1)(x+2)(x+3)}$ g) $\frac{2\left(6a^2-x^2\right)}{(x-a)(x-2a)(x-3a)}$

h) $\frac{2}{t-1}$ i) $\frac{20x^2+27y^2}{(2x-3y)^2(2x+3y)}$ k) $\frac{-2k\cdot(125k^2-8)}{(5k-1)^2\cdot(5k+1)}$

2.76 a) 0 b) 0 c) $\frac{-12u^2}{\left(u^2-1\right)\left(u^2-4\right)}$ d) $-\frac{75a^2+28ab+6b^2}{(5a+b)(5a+2b)}$ e) $\frac{a-b}{x^2-y^2}$

f) $\frac{25a}{6a^2-6}$ g) $\frac{1}{(a+b)^2}$ h) $\frac{1}{x^2-5x+6}$ i) $\frac{1}{q}$ k) $\frac{18-8x}{(x-1)(x-2)(x-3)}$

2.3.3.3 Multiplikation und Division von Brüchen

2.77 a) $\frac{12a}{5bu}$ b) $\frac{13rs}{81t}$ c) $\frac{32}{3u}$ d) $\frac{2xy}{5}$ e) $\frac{27ux}{10r}$ f) $\frac{7a}{4b}$ g) $\frac{1}{4}uv^2$

h) $\frac{7}{3}ars$ i) $\frac{24uvz}{xy}$ k) $-\frac{7k}{3t}$ l) $\frac{1}{2}$ m) $\frac{b^3}{2ac^2}$ n) $\frac{4a^2-b^2}{2ab}$ o) x^2+9y^2

p) $35x^2-36y^2+28z^2$ q) $\frac{25x^2-16y^2}{20xy}$ r) $\frac{6a^6-11a^4-14a^2+24}{a^3}$ s) $-\frac{5m^2+7}{5n}$

2.78 a) $\frac{5}{2ar}$ b) $\frac{3a}{2b}$ c) $\frac{8ax}{3cd}$ d) $\frac{7bs}{4a^2}$ e) $\frac{198k^2ru^2}{7m}$ f) $-\frac{2v}{u}$

g) $\frac{3(1+b)}{4(1-b)}$ h) $\frac{6+15a-x-3ax}{(3a+1)\cdot(x+5)}$ i) $\frac{15acv+16bcu-30uvw}{18cuv}$

k) $-\frac{x^2+xy+y^2}{4}$ l) a m) $\frac{9x+6}{6x+2}$ n) $3a^2$ o) $\frac{a^2u(4a+5u)}{7u+v}$

2.3.3.4 Doppelbrüche

2.79 a) $\frac{4+a^2}{4-a^2}$ b) $\frac{x-1}{x+1}$ c) $m-1$ d) $-4\frac{v}{u}$ e) $\frac{3-x}{3+x}$

f) $-\frac{1}{x}$ g) $\frac{3-10a}{3+10a}$ h) $\frac{a+x}{a-x}$ i) $r-s$ k) $\frac{8}{a}$

2.80 a) $\frac{a}{b}$ b) $u+1$ c) 1 d) 1 e) $\frac{2}{3}h$ f) $1-x-x^2$

g) $\frac{a^3}{a^3-4a+12}$ h) 8 i) $\frac{2x}{1+x+2x^2}$ k) $-a$

2.81 $R_{\text{Reihe}} = 1\,900\ \Omega$ $R_{\text{Par}} \approx 93\ \Omega$

2.82 a) $\frac{2a}{35rux^2}$ b) $\frac{12fx^2y^3}{5m}$ c) $\frac{n-4}{2(x-3)}$ d) $\frac{2}{v}$

e) $\frac{5(c+d)}{7(c-d)}$ f) $\frac{3u+p}{2(s-h)}$ g) $-\frac{1}{5}a$ h) $\frac{3u-2p}{24ux}$

i) $-\frac{(b+4x)m}{2bx}$ k) $\frac{35w+58}{7(x-3)}$ l) $\frac{32(4x+33)}{(4x-3)^4}$ m) $\frac{23ru-8tx}{4ux}$

n) $\dfrac{8(x-5)}{49(x-9)^3}$ o) $\dfrac{70a-6t+15x}{5amx}$ p) $\dfrac{5aq}{3bp}$ q) $\dfrac{7w}{40k}$

r) $\dfrac{t(a-2)}{9o}$ s) $\dfrac{15mu}{7v}$ t) $\dfrac{31}{5ap}$ u) $\dfrac{5pz}{2k^2r}$

v) $\dfrac{6(m+n)}{t(m-n)}$ w) $\dfrac{17vw}{2u}$ x) $\dfrac{ax}{21d}$ y) $\dfrac{27x+8}{4x+8}$

2.4 Potenzrechnung

2.83 a) $4 \cdot r$ b) u^4 c) $5k+5$ d) $8v^3$ e) g^3t^2 f) $8q^3u$ g) $(a-k)^3$ h) $5a^6$
i) $-2a+4b$ k) $12uw^4(t^2-u^2)$ l) $x^2+12d^2x^2$ m) $7i^2p^3(r+x)^3$ n) $(-2)^3 \cdot x^6$

2.84 a) $2^3=8$ bzw. $2 \cdot 3 = 6$ b) $4^2=16$ bzw. $4 \cdot 2 = 8$
c) $2^3=8$ bzw. $3^2=9$ d) $(-5)^2=+25$ bzw. $-5^2=-25$
e) $3^2=9$ bzw. $\left(\dfrac{1}{3}\right)^2=\dfrac{1}{9}$ f) $(-1)^3=-1^3=-1$ bzw. $-1^3=-1$
g) $0{,}1^3=\dfrac{1}{1\,000}$ bzw. $10^3=1\,000$ h) $4^2=16$ bzw. $2^4=16$ Ausnahme!

2.85 a) richtig b) falsch: $(-2)^7=-128$ c) falsch: $-125 \neq -243$
d) richtig e) falsch: $2\,187 \neq 343$ f) richtig
g) richtig h) falsch: $-64 \neq +81$ i) richtig k) richtig

2.86 a) $\dfrac{1}{81}$ b) 0,000 000 000 000 01 c) 0,000 000 16
d) 39,69 e) 39,69 f) 101
g) 245 h) 199 i) 289 k) $-a^{2k-5}$

2.87 a) falsch: $13 \neq 25$ b) richtig c) falsch: $27 \neq 9$
d) richtig e) richtig

2.88 a) 74 b) 144 c) 187 d) 121 e) 117
f) 9 g) 90 h) 0 i) −476 k) −2 744
l) 15 625 m) 125 n) −6 625 o) 32 p) 8

2.89 a) 380 689 b) 38,068 9 c) 38 068 900 d) 0,380 689
e) 0,000 038 068 9 f) 51 478 848 g) 51,478 848 h) 51 478 848 000
i) 0,051 478 848 k) 0,000 051 478 848 Kommaverschiebung beachten!

2.90 a) 0,000 000 252 004 b) 24,304 9 c) 645 160 000
d) 0,000 000 004 489 e) 0,000 094 284 1 f) 83 453 453 000
g) 0,000 000 778 688 h) 0,000 000 000 001 601 613 i) 246 491 833 000 000
k) 0,017 373 979

2.91 a) 6,76 b) 388,09 c) 0,394 384 d) 104 329
e) 0,000 214 622 5 f) 64,963 6 g) 0,170 569 h) 462,25
i) $3{,}14^2 = 9{,}8596$ k) 101,002 5 l) 46,656 m) 0,348 913 664
n) $\approx 2\,060{,}503\,6$ o) 30,959 144 p) 0,000 841 232 384 q) 8,489 664
r) 0,030 371 328 s) 0,000 220 348 864
t) 1 018 108,216 u) 0,000 000 535 387 328

2.4.2.1 Addition und Subtraktion von Potenzen

2.92 a) $5a^3$ b) $-15u^7$ c) $-16x^2 - 7y^2$
d) $\frac{3}{2}uv^2 - \frac{5}{22}u^2v$ e) $\frac{137}{12}ay^3 - \frac{13}{3}by$ f) nicht möglich
g) $9 \cdot (a-p)^2$ h) nicht möglich i) $\frac{44}{9}u^3v^2 - \frac{53}{5}u^2v^3$
k) keine Zusammenfassung möglich l) $14x^7 - 8x^6 + 12x^5 - 5x^4$

2.4.2.2 Multiplikation von Potenzen

2.93 a) 2^7 b) 7^5 c) 4^6 d) 10^7 e) 5^6
f) x^9 g) m^9 h) r^{13} i) b^{u+2} k) z^{m+4}
l) x^{n+4} m) a^{n+1} n) u^{2n+3} o) b^{3n+2} p) p^{2m-1}
q) y^{2n+1} r) z s) m^{16} t) m^{9n+7} u) t^9

2.94 a) x^8y^8 b) $\frac{8}{21}a^{n+5}b^5x^{m+1}y^{n+3}$ c) $10x^{2m+n+5}$
d) $\frac{5}{8}m^{x+4}n^{y+3}t^{z+8}$ e) $4a^6b^{5m-5n+5}$ f) $600x^{12}(y-z)^{13}$
g) $(-a)^{n+11}$ h) $\frac{1}{4}x^{38}$ i) $-7{,}5g^4u^6$
k) $21a^7 - 23a^6 + 21a^5 - 3a^4 - 3a^3 + 5a^2$ l) $15x^{2n} - 9x^{3n+2}y^{n+2} \ldots$
$\ldots + 12x^{4n-1}y^{2n-1} - 5x^{2n-4}y^{2n+3} + 3x^{3n-2}y^{3n+5} - 4x^{4n-5}y^{4n+2}$

2.95 a) $a^m \cdot a^n$ b) $b^{2x} \cdot b$ c) $c^a \cdot c^b$
d) $x^a \cdot x^{2b} \cdot x^{3c}$ e) z. B.: $a^4 \cdot a^{24}$ oder $a^{19} \cdot a^9$ oder $a^{11} \cdot a^9 \cdot a^8$ usw.
f) $3^3 \cdot 3^2$ g) $12^2 \cdot 12^2$ h) $(a-b)(a-b)^n$
i) $3 \cdot x^m \cdot x^2$ k) $(-a)^{2n} \cdot (-a) = -a \cdot a^{2n}$

Anmerkung: Außer den hier angeführten Zerlegungen sind auch zahlreiche weitere Lösungen möglich.

2.4.2.3 Division von Potenzen

2.96 a) 5^3 b) 2 c) 500 d) u^{16} e) r^2k^8 f) $\frac{25}{z^3}$
g) $\frac{4a}{9x}$ h) $30xy^3$ i) $\frac{4s^6}{9rt^3}$ k) $\frac{70u^4w^2}{39v^3}$ l) $\frac{17(m-n)n^2}{13lm^2}$
m) $\frac{2a^3b}{3c^2}$ n) $\frac{5x^2z}{3y}$ o) $\frac{1}{28rst}$ p) $\frac{57(a+b)}{119(c-d)}$ q) $13{,}75xyz$

2.4.2.4 Potenzieren einer Potenz

2.97 a) $2^6 = 64$ b) $2^9 = 512$ c) b^{20} d) x^{5n} e) $-y^{12}$
f) b^{12m} g) b^{12m} h) x^{2m+2} i) $-y^{4n^2-1}$ k) $z^{2a^2+3ab-2b^2}$

2.4.2.5 Klammergesetze

2.98 a) a^8b^{12} b) $x^{28}y^7$ c) $u^{3x}v^9$ d) $32m^{10}n^{15}$
e) $-27x^6y^{3n}z^{3m-3}$ f) $\frac{81a^{12}}{625b^{20}}$ g) $\frac{m^{40}n^{16}}{x^{56}y^{48}}$ h) v^8
i) $\frac{27b^2}{128a^{11}}$ k) xy^2

2.99 a) $\frac{1}{2}by^2$ b) $\frac{8}{3}bc^2$ c) $\left(\frac{u}{x}\right)^{99} \cdot \left(\frac{v}{y}\right)^{72}$ d) $\left(\frac{x+y}{x+b}\right)^2 \cdot \frac{b-x}{x-y}$
e) $m^2 \cdot n^{x-2} \cdot (m+n)$ f) $\frac{10}{aby^3}$ g) $\frac{1+r^3-2r^6}{r^8}$ h) $\frac{81}{125}a^{2x+5}b^{n-1}$
i) $\frac{a^2+9}{(a-3)^9}$ k) $-\frac{fx^{n+1}-ex^n-cx^{n-1}+dx^5-bx^2-a}{x^{n+1}}$

2.100 a) $\frac{a^3-1}{a^{m+1}}$ b) $\frac{z}{y^2}$ c) $\frac{54u^{19}}{245v^9 \cdot y^{49}}$ d) $\frac{1}{x^5}$
e) $\frac{1}{2r^5s^4t^2}$ f) $\frac{x^4}{(x-1)^6}$ g) $135ay$ h) $\frac{v^y}{u^{2x-y+z} \cdot w^{x+z-2}}$
i) $\frac{25}{243}b^{5n-1}c^{2n+3}$ k) $\frac{v^{94}}{y^{44}}$

2.101 a) $6{,}4 \cdot 10^7$ b) 32 c) 256 d) 1 e) 216
f) 625 g) 10^6 h) $-3^8 = -6\,561$ i) $\frac{5}{3}$ k) 81

2.4.3 Erste Erweiterung des Potenzbegriffs

2.102 a) $\frac{1}{2^3} = \frac{1}{8}$ b) $\frac{1}{3^2} = \frac{1}{9}$ c) $\frac{1}{0{,}2^4} = 625$ d) $2 \cdot \frac{1}{5^2} = \frac{2}{25}$
e) $5 \cdot \frac{1}{2^5} = \frac{5}{32}$ f) $\frac{1}{(-4)^3} = -\frac{1}{64}$ g) $-\frac{1}{4^3} = -\frac{1}{64}$ h) $\frac{1}{(-4)^4} = \frac{1}{256}$
i) $-\frac{1}{4^4} = -\frac{1}{256}$ k) $\frac{1}{0{,}1^1} = 10$

2.103 a) 64 b) 81 c) $\frac{8}{5}$ d) $\frac{5}{8}$ e) $-\frac{27}{343}$
f) $\frac{36}{2\,209}$ g) 1 h) $\frac{343}{64}$ i) $\frac{1}{448}$ k) $\frac{x^m}{a^m}$

2.104 a) 3^{-1} b) a^{-3} c) $5 \cdot 7^{-1}$ d) $c(ab)^{-1}$
e) $(a-b)^{-1}$ f) $(x+y)(x-y)^{-1}$ g) $3x^{-2} - 2x^{-1} + 1$
h) u^3v^{-5} i) $a^{-2}n^{-1}$ k) $mn^{-1}(y^3+2)(x^2-1)^{-1}$

2.105 a) 5^{-1} b) $\frac{1}{5^{-1}}$ c) $\frac{1}{m^{-4}}$ d) $\frac{b^{-2}}{a^{-3}}$ e) $\frac{x^{-2}}{3^{-1}}$

f) $\frac{n^{-x}}{m^{-1}}$ g) $\left(\frac{n}{m}\right)^{-x}$ h) $\frac{n^{-1}}{m^{-x}}$ i) $m^{-1}n^{-x}$ k) $m^{-x}n^{-x}$

2.106 a) $\frac{x^m}{x}$ b) $\frac{3a^{2m}}{a^5}$ c) $\frac{b^2}{b^m}$ d) $\frac{a^n}{a^2b^{2n}}$ e) $\frac{(bc)^3}{d^2}\cdot\left(\frac{d}{abc}\right)^x$

f) $\frac{(a-b)^m}{(a-b)^n}$ g) $\frac{1}{x^{3m}}+\frac{1}{x^{2m}}+\frac{x}{x^m}$ h) $\frac{2}{a^{4n}}+\frac{5a^2}{a^m}-\frac{3a^m}{a^n}$

i) $\frac{1}{(2a)^{4n}}+\frac{(5a)^m}{5a}-\frac{(3a)^n}{(3a)^m}$ k) $\frac{1}{x^2}+\frac{1}{y^2}$

2.107 a) $30a^2$ b) $\frac{3}{14}\cdot\frac{a^3}{b^2}$ c) $\frac{5x^9}{2yz^2}$ d) $\frac{3m^{2x}}{2m^2n^{x+3}}$ e) $\frac{9axy^3}{10b}$

f) $\frac{9a^2}{20mn^3}$ g) $\frac{bc^2}{xyz}$ h) $\frac{m^{3x}\cdot t^2}{m^4s^{3m}t^{3m}}$ i) $\frac{a^8}{x^{11}y}$ k) $v^2x^2y^4$

2.108 a) $\frac{1}{x^6}$ b) $\frac{1}{8x^6}$ c) $\frac{x^6}{25}$ d) 1 e) $\frac{b^{24}}{a^4}$

f) $\frac{1}{4\,096}$ g) 4 096 h) -4096 i) r^{12} k) $\left(\frac{x^3y^2}{z^4}\right)^{15}$

2.109 a) $30x^{-6}y^{-5}-10x^{-5}y^{-6}+35x^{-4}y^{-7}$ b) $\frac{3}{10}a^{-2}b^{n+3}-\frac{3}{8}a^n+\frac{1}{5}a^{1-2n}b^{3n+3}$

c) $3x^3+2x^2-x$ d) $\frac{2}{3}m^{-3}n^5-\frac{5}{4}m^{-2}n^4+\frac{7}{12}m^{-1}n^3-\frac{1}{6}n^2$

e) $\frac{1}{3}y^{3n-2}-\frac{1}{5}y+\frac{2}{5}y^{-3n-6}$

2.4.4 Potenzen von Binomen

2.110 a) $v^3+15v^2+75v+125$ b) $b^3-24b^2+192b-512$

c) $x^4-4kx^3+6k^2x^2-4k^3x+k^4$ d) $r^4+4r^3w+6r^2w^2+4rw^3+w^4$

e) $x^7+7x^6y+21x^5y^2+35x^4y^3+35x^3y^4+21x^2y^5+7xy^6+y^7$

f) $8a^3-12a^2+6a-1$ g) $27u^3-189u^2+441u-343$

h) $8x^3+36x^2y+54xy^2+27y^3$

i) $243x^5-810x^4y+1\,080x^3y^2-720x^2y^3+240xy^4-32y^5$

k) $16a^4-16a^3+6a^2-a+\frac{1}{16}$ l) $-64u^3-240u^2v-300uv^2-125v^3$

m) $-32\,768a^5k^5-81\,920a^4k^4m-81\,920a^3k^3m^2-40\,960a^2k^2m^3$

$-10\,240akm^4-1\,024m^5$ n) $\frac{1}{8}y^3-\frac{3}{2}y^2+6y-8$ o) $27a^3-8b^3$

p) $\frac{1}{64}b^6-\frac{3}{16}b^5+\frac{15}{16}b^4-\frac{5}{2}b^3+\frac{15}{4}b^2-3b+1$

2.111

	α	β	γ	δ	ϵ	ζ
a)	64	81	4	25	400	400
b)	34	53	100	97	200	200,02
c)	4	25	196	169	0	0,04
d)	16	−45	28	−65	0	4
e)	512	729	8	125	8 000	8 000
f)	152	351	296	665	2 000	2 000,6
g)	8	−125	2 744	−2 197	0	0,008
h)	98	−335	728	−793	0	60,002

2.112 a) $\dfrac{b+3a}{b-3a}$ b) $q^5(x-py)^2$ c) $54(2u-v)$

d) $\dfrac{a(x+y)^n}{b^{n-1}\cdot(x-y)^{n-1}}$ e) $\dfrac{a^m b^n}{c^{m+n}\cdot(u+v)^n\cdot(u-v)^m}$ f) $r\cdot(a+2b)^2$

Anmerkung zu 2.112 und 2.113: Die Binome nicht entwickeln, sondern geschickt umformen!

2.113 a) 0 b) $2(a-x)^3 = -2(x-a)^3$

c) $-(a-x)^{12} = -(x-a)^{12}$ d) $(x+a)^{10} = (a+x)^{10}$

e) $\dfrac{1}{(r-s)(u+v)}$ f) $a(x-y)^{2n}$ g) $36(p-q)^{2x}$

h) $6(a-b)^{2k}$ i) $1\,458(5a-9b)^6$ k) 0

2.4.5 Polynomdivision

2.114 a) $3x-2y$ b) $5-b+8c$ c) $\frac{4}{3}w-\frac{2}{9}z+\frac{2}{3}wz$

d) $\dfrac{5m}{n}+\dfrac{2lp}{k}-\dfrac{1}{3q}$ e) $96x^4-27x^3y+54x^2y^2-15xy^3+3y^4$

f) $4a+3b-7c$ g) $x-2y+3z-4u$

h) $\frac{1}{3}rs-\frac{1}{4}rt-ru+\frac{1}{6}st+\frac{1}{7}su-\frac{1}{8}tu$ i) $2{,}4lm-3{,}4ln+4{,}4mn$

k) $0{,}22x^2yz-0{,}33xy^2z+0{,}44xyz^2$

2.115 a) x^2-2x-3 b) $x^2-22x+105$ c) $3{,}1x-15{,}5$ d) $x^2+2x-80$

e) $x^2-2x-99$ f) $x^2+20x+84$ g) $20x^2-28x-279$ h) $x^2-16x+64$

i) $8x^2-10{,}4x+3{,}36$ k) $x^2+0{,}1x-0{,}06$ l) $2x^2+7x-77{,}08$ m) $7x^2-4x-20$

2.116 a) $4\cdot(x+7{,}5)$ b) $-7\cdot(x+19)$ c) $4{,}2\cdot(x+9{,}1)$

d) $x^2+2x-63$ e) $-0{,}0315\cdot(500x-23)$ f) $150\cdot(x-3)$

g) $x^2+12{,}5x+37{,}5$ h) $35x+16$ i) $5x^2+18{,}5x+1{,}8$

k) $14\cdot\left(2x^2+11x+15\right)$ l) $x^2+81x+648$ m) $-\left(x^2+1{,}7x-30{,}08\right)$

n) $0{,}41 \cdot \left(30x^2 - 37x - 194\right)$ o) $18{,}3x \cdot \left(x^2 + 1{,}6x - 61{,}77\right)$

p) $-\frac{1\,031}{50\,000} \cdot \left(50x^4 + 555x^2 + 1\,309\right)$ q) $4 \cdot \left(300x^5 + 180x^4 + 205x + 123\right)$

r) $x^2 - 13x + 36$ s) $2 \cdot \left(x^4 - x^3 + x - 1\right)$

2.117 a) $2{,}7$ b) 7 c) $19u$ d) $54a^2b$ e) $a + b$
f) $3x + 1$ g) $u - 5$ h) $x + y$ i) $14m + 13$ k) $x^2 - xy + y^2$

2.118 a) $3x + 2y$ b) $3a^2 - 7ab + 5b^2$ c) $3x^2 + 2xy - y^2 + \frac{y^3}{3x - 2y}$

d) $6s^2 + 7s - 3$ e) $2a^3 - 9ab^2 - 8b^3 + \frac{9b^5 - 11ab^4}{a^2 - 2ab + b^2}$

f) $\frac{1}{2}a - \frac{1}{3}b$ g) $15a + 24b$

h) $41u^3 + 31u^2v + 41uv^2 - 11v^3 + \frac{11v^5 - 32uv^4}{u^2 - uv + v^2}$

i) $4x^2 - 3y$ k) $12p^4q^2 - 3p^3q^3 - 5p^2q^4 + 2pq^5$

2.119 a) $4x^2 - 7x + 3$ b) $a^2 + ab + b^2$ c) $2u - 3v - 4w$

d) $x^2 - xy + y^2$ e) $11a + b - 2x + \frac{x^2}{3a - 7b + 8x}$

f) $0{,}8a^4 - 0{,}3a^2 + 0{,}7$ g) $8l + 3m - n$ h) $\frac{2}{3}x^2 - \frac{3}{5}x + \frac{5}{6}$

i) $y^4 - y^3 + y^2 - y + 1$ k) $2a^2 - 3ab + 4ac - 5b^2 - 6bc + 7c^2$

2.120 a) $3a^2 + 4ab - 7b^2$ b) $y^{2n} - y^nz^n + z^{2n}$ c) $a^{n+1} - a^{n-1}$
d) $x^5 + x^4y + x^3y^2 - x^2y^3 - xy^4 - y^5$ e) $p^{10} + p^5$

2.4.6 Ausklammern für Fortgeschrittene

2.121 a) $\dfrac{3 - \frac{7}{x} + \frac{12}{x^2}}{\frac{5}{x} - 8}$ b) $\dfrac{19 + \frac{11}{x^2} - \frac{22}{x^3}}{\frac{9}{x^2} - \frac{4}{x} + 5}$ c) $\dfrac{3}{4 - \frac{7}{x^2}}$

d) $\dfrac{\frac{2}{x+2} - \frac{7}{(x+2)^2} + \frac{1}{(x+2)^3}}{4 + \frac{11}{(x+2)^2} - \frac{3}{(x+2)^3}}$ e) $\dfrac{2 + \frac{1}{x} - \frac{96}{x^2} + \frac{11}{x^3} - \frac{15}{x^4}}{\frac{4}{x^2} + \frac{1}{x^3} - \frac{12}{x^4}}$

2.122 a) $\dfrac{71}{(8x+3)^2}$ b) $\dfrac{-6x^2}{\left(x^3+1\right)^2}$ c) $\dfrac{2 \cdot \left(20x^2 - 5x - 1\right)}{(8x-1)^2}$

d) $\dfrac{2}{x^2 \cdot (1-x)^3}$ e) $-\dfrac{18x}{\left(x^2-2\right)^2}$ f) $\dfrac{10\left(10x^4 - 83x^2 + 150\right)}{7x\left(5x^2+2\right)^2}$

g) $\dfrac{32x^2(7x-6)}{\left(8x^3 - 7x + 4\right)^2}$ h) $-\dfrac{27x + 1\,603}{6\,859\,(3x-7)^2}$ i) $\dfrac{x^4 + 16x - 24}{3x}$

2.5.1.1 Der Wurzelbegriff

2.123 a) richtig b) Zahlenwert falsch c) richtig
d) richtig e) falsch (negativer Radikand!) f) falsch g) richtig
h) richtig i) negatives Vorzeichen falsch k) falsch (negativer Radikand!)

2.124 a) falsch b) falsch c) richtig d) falsch
e) richtig f) Zahlenwert und Vorzeichen falsch g) falsch
h) richtig i) falsch k) falsch

2.125 a) $2\sqrt{145} \approx 24{,}0832$ b) $\frac{1}{10}\sqrt{874} \approx 2{,}9563$ c) $\sqrt{0{,}0421} \approx 0{,}2052$
d) $\frac{3}{10}\sqrt{3} \approx 0{,}5196$ e) $10\sqrt{67} \approx 81{,}8535$ f) $12\sqrt[3]{6} \approx 21{,}8054$
g) $\frac{3}{50}\sqrt[3]{30} \approx 0{,}1864$ h) $\frac{3}{50}\sqrt[3]{45} \approx 0{,}2134$ i) $\frac{1}{10}\sqrt[3]{766} \approx 0{,}9150$
k) $\frac{1}{2}\sqrt[3]{242} \approx 3{,}1158$ l) $2\sqrt[4]{21} \approx 4{,}2814$ m) $\frac{1}{2}\sqrt[4]{26} \approx 1{,}1291$
n) $\frac{1}{2}\sqrt[5]{6\,300} \approx 2{,}8763$ o) $\frac{1}{6}\sqrt[5]{40\,500} \approx 1{,}3910$ p) $\frac{5}{12}\sqrt[4]{216} \approx 1{,}5974$

2.126 a) 59,9197 b) 6 253,5579 c) 402,0041 d) 0.0421 e) 0.0363
f) 3.5991 g) 1.3446 h) 0.7874 i) 0.0073 k) 8.1061 l) 1.2451

2.5.1.2 Definitionsbereich und einschränkende Bedingungen

2.127 a) $0 \leq x < \infty$ b) $0 \leq x < \infty$ c) $0 \leq x < \infty$
d) $0 \leq x < \infty$ e) $-\infty < x < \infty$ f) $0 \leq x < \infty$
g) $-\infty < x \leq 1$ h) $-\infty < x < \infty\,;\; -\infty < y < \infty$
i) $y \leq x < \infty$ k) $-a \leq x \leq +a$

2.128 a) 8 b) -1 c) 4 d) 27 e) 2 f) $-\infty < u{,}v < +\infty : |uv|$
g) $a + b \geq 0 : a + b$ h) $-\infty < x < +\infty : 5x^2$
i) $|x| < 1 : \sqrt{1 - x^2}$ k) $-\infty < a{,}b < +\infty : (2ab^2)^2$

2.129 a) $|a| \cdot |b|^3 \cdot c^2$ b) $|1 - x|$ c) $u - 8$ mit $u \geq 8$ d) $2\,|a| \cdot b^2 \cdot |c|^5$
e) $33(a - b)$ f) 3 g) -32 h) 0 i) 2

2.5.1.3 Die Berechnung von Wurzelwerten

2.130 a) [1 ; 2] [1,7 ; 1,8] [1,73 ; 1,74]
[1,732 ; 1,733] [1,732 0 ; 1,732 1] [1,732 05 ; 1,732 06]
[1,732 050 ; 1,732 051] $\sqrt{3} \approx 1{,}732\,05$
b) $\sqrt{17} \approx 4{,}123\,11$ c) $\sqrt{22} \approx 4{,}690\,42$ d) $\sqrt{9{,}8} \approx 3{,}130\,50$
e) $\sqrt{0{,}005} \approx 0{,}070\,71$ f) $\sqrt[3]{9} \approx 2{,}080\,08$ g) $\sqrt[3]{5{,}1} \approx 1{,}721\,30$

2.5.3 Wurzeln als Potenzen mit gebrochenen Exponenten

2.131 a) $\sqrt[3]{4}$ b) $\sqrt[5]{x^2}$ c) $\dfrac{1}{\sqrt{a}}$ d) $\dfrac{b}{\sqrt[7]{c^2}}$
e) $\dfrac{1}{\sqrt[7]{b^2c^2}}$ f) $\dfrac{1}{\sqrt[3]{y^2}}$ g) $z^3 \cdot z^{\frac{1}{2}} = z^3 \cdot \sqrt{z}$
h) $\dfrac{1}{\sqrt[x]{m-n}}$ i) $\dfrac{1}{\sqrt{a}}$ k) $a \cdot b^2 \cdot b^{0,6} = ab^2 \cdot \sqrt[5]{b^3}$

2.132 a) $\sqrt[6]{5}$ b) $\dfrac{1}{\sqrt[7]{b^4}}$ c) $\sqrt[8]{c^{11}} = c \cdot \sqrt[8]{c^3}$
d) $\dfrac{1}{d^2 \cdot \sqrt[3]{d^2}}$ e) $\sqrt[25]{e^{16}}$ f) $x^2 \cdot \sqrt{x}$ g) $\dfrac{1}{y^2 \cdot \sqrt[10]{y}}$
h) $z \cdot \sqrt[5]{z^2}$ i) $\dfrac{1}{\sqrt[4]{u^3}}$ k) $\dfrac{1}{\sqrt[5]{v^{2n}}}$

2.133 a) $5^{\frac{1}{3}}$ b) $2^{\frac{1}{2}}$ c) $7^{\frac{1}{4}}$ d) $a^{\frac{1}{5}}$ e) $x^{\frac{1}{9}}$
f) $b^{\frac{3}{4}}$ g) $x^{\frac{4}{7}}$ h) $x^{\frac{7}{4}}$ i) $(a+b)^{\frac{1}{2}}$ k) $(x^3-y^3)^{\frac{1}{3}}$

2.134 a) p^3 b) $u^{\frac{4}{3}}$ c) $(x+y)^{\frac{3}{4}}$ d) $m \cdot p^{\frac{2}{k}}$
e) $x^{\frac{n+1}{n-1}}$ f) $|m-3n|^3$ g) $(m^2+n^2)^{\frac{1}{4}}$
h) $6 \cdot 4^{\frac{1}{3}} \cdot a^{\frac{2}{3}} \cdot b \cdot c^{\frac{4}{3}}$ i) $p^{\frac{2}{5}} \cdot (q-r)^{\frac{4}{5}}$ k) $x^{\frac{5}{6}} \cdot |y| \cdot |z|^{\frac{4}{3}} \cdot u^2 \cdot |v|^{\frac{7}{3}} \cdot w^{\frac{5}{2}}$

2.135 a) $a^{-\frac{1}{2}}$ b) $x^{-\frac{1}{3}}$ c) $y^{-\frac{3}{4}}$ d) $(x-y)^{-\frac{1}{2}}$ e) $(1-x)^{-\frac{2}{3}}$
f) $a^{\frac{1}{2}} \cdot b^{-\frac{1}{2}}$ g) $x^{\frac{2}{5}} \cdot y^{-\frac{3}{5}}$ h) $a^m \cdot b^{-\frac{x}{n}}$ i) $u^{\frac{5}{4}} \cdot v^{-\frac{4}{5}}$ k) $3 \cdot x^{-\frac{1}{2}} \cdot y^{-\frac{2}{3}}$

2.136 a) 1,4142 … b) 8 c) 2 d) 0,7 e) 2
f) $\dfrac{1}{2}$ g) $\dfrac{1}{6}$ h) 42,25 i) 172,103 68 k) 0,420 189 749

2.5.4.1 Addition und Subtraktion von Wurzeln

2.137 a) $7 \cdot \sqrt{2}$ c) $-\dfrac{1}{4} \cdot \sqrt[4]{a}$ e) $1{,}1 \cdot \sqrt[5]{5b} + 6{,}2 \cdot \sqrt[5]{ab}$ f) $3 \cdot \sqrt[3]{2} - \sqrt{3}$
g) $\sqrt{5}$ b), d), h) und i) keine Vereinfachung möglich
k) $\dfrac{17}{15}$ l) 6 m) $(1+2a-4b+c) \cdot \sqrt[7]{x^2}$

2.5.4.2 Multiplikation und Division von Wurzeln mit gleichen Wurzelexponenten

2.138 a) 6 b) 5 c) 28 d) 12 e) 75 f) 6
g) 70 h) $2x$ i) $6a^2b$ k) $12xyz$ l) $48uv^2w$ m) a^{n+1}

2.5.4.3 Teilradizieren

2.139 a) $3\sqrt{3}$ b) $5\sqrt{3}$ c) $7\sqrt{2}$ d) $8\sqrt{5}$ e) $12\sqrt{3}$ f) $6\sqrt{2}$
g) $3\sqrt{5}$ h) $6\sqrt{10}$ i) $14\sqrt{6}$ k) $4\sqrt[3]{7}$ l) $2\sqrt[3]{20}$ m) $3\sqrt[4]{5}$
n) $25\sqrt{15}$ o) $18\sqrt{14}$ p) $90\sqrt{55}$ q) $6\sqrt[3]{60}$ r) $45\sqrt[3]{630}$ s) $30\sqrt[5]{234}$
t) $168\sqrt[4]{57}$ u) $5\sqrt{6}$ v) $\sqrt{91}$ w) $\frac{7}{20}\sqrt{209}$

2.140 Siehe auch Lösungen von Aufgabe 2.125.

2.141 a) $48 \cdot \sqrt{7}$ b) $37 \cdot \sqrt{2} - 56 \cdot \sqrt{5}$ c) 44 d) $42 + 13 \cdot \sqrt{6}$
e) $a - b$ f) $12 \cdot \sqrt{3} - 27 \cdot \sqrt{2} + 90$ g) $74 - 12 \cdot \sqrt{30}$
h) 1 i) $-2 \cdot \sqrt[3]{2}$ k) $55 \cdot \sqrt[3]{3} - 51 \cdot \sqrt{3}$

2.142 a) 16 b) 32 c) 3 d) $14 - \sqrt{6}$ e) $|a+b| - |a-b|$
f) 4 g) $8 \cdot \sqrt{3}$ h) 1 i) $16 - 6 \cdot \sqrt[5]{2} - 4 \cdot \sqrt[5]{16}$ k) 283

Anm. zu (e): Eine weitere Auflösung ist uns an dieser Stelle noch nicht möglich.

2.143 a) $x < 0: \; -\sqrt{x^2y}$; $x > 0: \; \sqrt{x^2y}$ b) $\sqrt{48}$ c) $a < 0: \; -\sqrt[3]{27|a|^3x}$; $a > 0: \; \sqrt[3]{27a^3x}$ d) $x \cdot y < 0: \; -\sqrt{x^2y^2z}$; $x \cdot y > 0: \; \sqrt{x^2y^2z}$
e) $\sqrt[4]{16m^5}$ f) $\sqrt{x}$ g) $\sqrt[3]{\frac{40}{y^2}}$ h) $\sqrt{\sqrt{3} + \sqrt{2}}$
i) $b < 0: \; -\sqrt[3]{a|b|^3}$; $b > 0: \; \sqrt[3]{ab^3}$ k) $-\sqrt{5 \cdot \sqrt{11} + 4 \cdot \sqrt{2}}$ l) $\sqrt{\frac{b}{3a}}$ m) $\sqrt[3]{u^2 - v^2}$

Bei (e), (f), (g) und (l) garantiert der Radikand, dass die jeweilige Variable nicht negativ ist, weshalb hier keine Fallunterscheidungen notwendig sind.

2.5.4.4 Division von Wurzeln mit gleichen Wurzelexponenten

2.144 a) 7 b) 4 c) $\sqrt{5}$ d) $2 \cdot \sqrt{6}$ e) 2 f) 2
g) $\frac{3}{4}$ h) x i) a^2 k) $2\sqrt{2}$ l) $\frac{1}{10} \cdot \sqrt{30}$ m) $2\sqrt[3]{3}$

2.145 a) 30 b) $16 \cdot \sqrt{5}$ c) $\frac{15}{8} - \frac{45}{8} \cdot \sqrt{\frac{2}{3}} + 3 \cdot \sqrt{\frac{6}{5}}$ d) $\frac{9}{4} - \sqrt[3]{9}$ e) $|x| + |y|$
f) $b + \sqrt{b} + \sqrt{ab}$ g) $x,y > 0: \; \frac{15\sqrt{6} \cdot x^2}{8y} + \frac{5\sqrt{3} \cdot x}{12} - \frac{3\sqrt{2}}{2y}$
$x,y < 0: \; \frac{15\sqrt{6} \cdot x^2}{8y} - \frac{5\sqrt{3} \cdot x}{12} + \frac{3\sqrt{2}}{2y}$
h) $(a-b) \cdot \sqrt{a}$ i) $\frac{15b^2}{4a^2} \cdot \sqrt[3]{\frac{2b^2}{5}} + \frac{5b^3}{2a^5} \cdot \sqrt[3]{\frac{6}{ab}} - \frac{6b}{a^3} \cdot \sqrt[3]{\frac{b^2}{5a}}$ k) $(xy - 1) \cdot \sqrt{y}$

2.5.4.5 Rationalmachen des Nenners

2.146 a) $30a^2b$ b) $\frac{2}{u}$ c) $\frac{\sqrt{a-x}}{a-x}$ d) a^3
e) $\sqrt{m}+\sqrt{n}$ f) $2-\sqrt{a}$ g) $\sqrt[3]{6x}+\sqrt[3]{3y}$ h) $\sqrt[3]{a^2}-\sqrt[3]{ab}+\sqrt[3]{b^2}$
i) $2\sqrt[3]{2m^2}+\sqrt[3]{28mn}+\sqrt[3]{49n^2}$ k) $3x\sqrt{x}-2\sqrt{xy}+5y\sqrt{y}$

2.147 a) $\frac{1}{3}\cdot\sqrt{7}$ b) $\sqrt{2}$ c) $\frac{1}{3}\sqrt{3}$ d) $\frac{1}{5}\sqrt{5}$ e) $\sqrt{15}$
f) $\frac{1}{6}\cdot\sqrt{6}$ g) $\frac{1}{5}\cdot\sqrt{15}$ h) $4\cdot\sqrt{10}$ i) $\frac{1}{6}\sqrt{30}$ k) $\frac{5}{6}\cdot\sqrt{3}$

2.148 a) $\frac{1}{x}\cdot\sqrt{x}$ b) $\frac{b\sqrt{15a}}{9a}$ c) $\frac{\sqrt{5mx}}{2x}$ d) $\sqrt[4]{a}$ e) $3\cdot|x|\cdot\sqrt[7]{|x|^5}$ f) $\frac{1}{|y|}\cdot\sqrt[n]{y^4}$
g) $4m^2\cdot\sqrt[5]{m^3}$ $(m>0)$ $-4m^2\cdot\sqrt[5]{|m|^3}$ $(m<0)$ h) $2\cdot\sqrt{2}+\sqrt{6}$ i) $4\cdot\sqrt[3]{2}-6\cdot\sqrt[3]{10}$
k) $\frac{\sqrt[4]{27}-\sqrt[4]{54}}{3}$ l) $(2a-5b)\cdot\sqrt{2a+5b}$ m) $\frac{7m-3n}{7m+3n}\cdot\sqrt{7m+3n}$

2.149 a) $2-\sqrt{3}$ b) $\sqrt{7}+\sqrt{6}$ c) $3\left(2\cdot\sqrt{3}+3\right)$ d) $3\left(7+3\cdot\sqrt{5}\right)$
e) $2\left(2\sqrt{2}-\sqrt{5}\right)$ f) $2\left(\sqrt{10}+\sqrt{3}\right)$ g) $4+\sqrt{15}$ h) $\frac{1}{3}\sqrt{6}$
i) $\frac{1}{3}\cdot\sqrt{21}$ k) $5+2\cdot\sqrt{6}$ l) $\frac{5-\sqrt{5}}{4}$ m) $7+4\sqrt{3}$

2.150 a) $\frac{2}{75}\cdot\sqrt{15}$ b) $\frac{1}{7}\left(3\sqrt{6}+2\sqrt{3}+3\sqrt{2}+2\right)$ c) $\sqrt{x+y}+\sqrt{y}$
d) $\sqrt{2}-\sqrt{3}+\sqrt{5}$ e) $\frac{1}{2}\left(\sqrt{2}+\sqrt{6}\right)$ f) $\sqrt{2}+\sqrt{3}$
g) $\frac{1}{11}\left(3\cdot\sqrt{3}+\sqrt{5}\right)$ h) $\frac{1}{2}\left(\sqrt{10}-\sqrt{14}+\sqrt{15}-\sqrt{21}\right)$ i) $\frac{2\sqrt{k^2-9}}{k+3}$
k) $\sqrt{2}-\sqrt{3}+\sqrt{6}-2$ l) $1+\sqrt{2}$ m) 4

Tipp: Bei mehr als zwei Summanden im Nenner verfahre analog zum dritten Binom:

$$\frac{\dots}{a+b+c}=\frac{\dots\cdot(a-b-c)}{(a+b+c)\cdot(a-b-c)}$$

Später muss dann nochmals erweitert werden, was aber sofort einsichtig ist.

2.5.4.6 Radizieren von Potenzen und Wurzeln

2.151 a) 5 b) $|a|$ c) $\sqrt[3]{b^2}$ d) y^2 e) $|x|\cdot y^2\cdot\sqrt[4]{x^2y}$
f) $\frac{1}{\sqrt[7]{m^2ny^3}}$ g) $|a|\,b\,\sqrt[3]{|a|\,c^2}$ h) $\frac{1}{x}$ i) $|r|\,st^2\cdot\sqrt[4]{s}$ k) $\frac{1}{(abc)^2}$

2.152 a) 2 b) $\sqrt[3]{4}$ c) $\sqrt{2}$ d) $\sqrt[3]{3}$ e) $\sqrt[5]{8}$
f) $\sqrt{5}$ g) 3 h) $\sqrt{6}$ i) $\sqrt{3}$ k) $\sqrt[3]{5}$

2.153 a) 8 b) $1\,024$ c) 36 d) $1\,000$ e) 7
f) 5 g) $1{,}2$ h) $0{,}0001$ i) $2\cdot\sqrt{2}$ k) $27\cdot\sqrt{3}$

2.154 a) $\sqrt[3]{a^2}$ b) $|x|\cdot\sqrt[3]{|x|}$ c) $|a|\cdot\sqrt{|a|}$ d) $|y|\cdot\sqrt{5\,|x|\cdot|y|}$
e) $|m|\cdot\sqrt{2\,|m|\cdot|n|}$ f) $p^k\cdot\sqrt[3]{q^n}$ g) $\sqrt[3]{|v|}$ h) $|u|^5$
i) $u^{k-1}\cdot v^{k+1}$ k) $a^2\cdot|b|\cdot c\cdot|d|\cdot\sqrt{2\cdot|b|\cdot|z|}\cdot\sqrt[3]{y^2\;|u|}\cdot\sqrt[4]{cx^3v}\cdot\sqrt[6]{|e|^5\cdot|w|}$

2.155 a) $\sqrt[6]{u^3}$ b) $\sqrt[12]{v^8}$ c) $\sqrt[8]{x^6y^2}$ d) $\sqrt[21]{a^{15}b^6c^{18}}$
e) $\sqrt[20]{(a+b)^4}$ f) nicht möglich g) $\sqrt[18]{\left(a^2b^3-c\right)^3}$ h) $\sqrt[15]{a^3k^6r^3}$
i) $\sqrt[4]{(x-y)^2}$ k) nicht möglich l) $\sqrt[18]{\left(a^2-b^2\right)^2}$ m) $\sqrt[9]{m^6|u-v|^3}$

2.156 a) $\sqrt[5]{x^2}$ b) $\sqrt[3]{2}$ c) $\sqrt[3]{2}$ d) $\sqrt[3]{|a|}$ e) $\sqrt[5]{u-v}$
f) $\sqrt[3]{p^2q}$ g) $\sqrt[9]{|m|\cdot|n|^3}$ h) $\sqrt[5]{a^2bc^3}$ i) $\sqrt[6]{a}$ k) $z\cdot\sqrt[3]{xy^2}$

2.5.4.7 Wurzeln mit verschiedenen Wurzelexponenten

2.157 a) $\sqrt{3}$ b) 2 c) 6 d) $\sqrt[8]{\dfrac{a^3}{b^3}}=\dfrac{\sqrt[8]{a^3\,b^5}}{|b|}$ e) $\sqrt[6]{\dfrac{x^4}{|y|^3}}=\dfrac{\sqrt[6]{x^4\,|y|^3}}{|y|}$
f) 1 g) $m\cdot\sqrt[8]{m}$ h) $\dfrac{\sqrt[8]{a^5}}{a}$ i) u k) $\dfrac{1}{x}$

2.158 a) 2 b) $\sqrt[6]{200}$ c) $\sqrt[12]{648}$ d) $\dfrac{\sqrt[6]{486}}{3}$ e) $\sqrt[12]{\dfrac{4}{5}}$ f) $\sqrt[10]{8}$
g) $\sqrt[6]{\dfrac{27}{4}}$ h) $\sqrt{2}$ i) $\sqrt[30]{\dfrac{6^6}{5^5}}$ k) $\sqrt[28]{\dfrac{1\,000}{81}}$ l) $\sqrt[4]{20}$ m) $\sqrt[20]{2^2\cdot3^3\cdot7^5}$

2.159 a) $\sqrt[20]{x^{19}}$ b) $v\cdot\sqrt[30]{u^{25}v^{22}}$ c) $|m|\cdot n^3\cdot\sqrt[12]{m^8n^9}$ d) $\sqrt[12]{\dfrac{27}{2}}$
e) $3\cdot\sqrt[4]{200}-2\cdot\sqrt[12]{2\,048}+\sqrt[4]{50}$ f) $\sqrt[6]{32}-\sqrt[6]{243}-\sqrt{6}+\sqrt[3]{6}$
g) $8+3\cdot\sqrt[6]{32}$ h) $\sqrt[4]{72}+2\cdot\sqrt[12]{32}-6$ i) 4 k) 1 l) $2\cdot\sqrt{b}$
m) $100\cdot\left(10+3\sqrt{11}\right)$ n) $\dfrac{(x-1)^2}{4x}$ o) $\dfrac{1}{2}\left(1-\sqrt{3}\right)$ p) $\sqrt[20]{972c^5r^2}$

2.160 a) $\dfrac{6}{\sqrt{x\cdot(9x+4)^3}}$ b) $\dfrac{x}{\sqrt{\left(2-x^2\right)^3}}$ c) $\dfrac{-|x|}{\sqrt{\left(x^2+1\right)^3}}$ d) $\dfrac{-2}{\sqrt{(4x-7)^3}}$ e) $\dfrac{-1}{r}$

2.6 Logarithmenrechnung

2.161 a) $\log_2(16)=4$ b) $\log_{0.5}\left(\dfrac{1}{8}\right)=3$ c) $\log_{0,2}(25)=-2$ e) $\log_6\left(\dfrac{1}{36}\right)=-2$
f) $\log_a(x)=-7$ g) $\log_8(512)=3$ h) $\log_x(1)=0$ i) $\log_{0,01}\left(10^{-8}\right)=4$
$a>0\wedge a\neq1$ d) und k) nicht lösbar, da negative Basis.

2.162 e) und f) sind falsch; alle anderen sind richtig. Für (h) gilt: $k > 0 \wedge k \neq 1$
Richtig ist: e) $\log_{0,2}(5) = -1$ und f) $\log_{0,5}(8) = -3$.

2.163 a) $\log_{64}(8) = \frac{1}{2}$ b) $\log_{243}(3) = \frac{1}{5}$ c) $\log_{0,001}(0,1) = \frac{1}{3}$ d) $\log_{390\,625}(5) = \frac{1}{8}$
e) $\log_k(q) = \frac{1}{p}$ f) $\log_{a^2}(b) = \frac{1}{3}$ g) $\log_{\frac{1}{x}}(y) = \frac{1}{4}$ h) $\log_{p^q}(r) = \frac{1}{n}$
i) $\log_{\frac{1}{m}}(n) = \frac{1}{k}$ k) $\log_{\frac{1}{s^3}}(t) = \frac{1}{r}$

2.164 a) 4 b) 6 c) -4 d) 2 e) 4 f) 1
g) -1 h) -2 i) -1 k) -3 l) 1,5 m) $-n$

2.165 a) $\frac{1}{2}$ b) $\frac{1}{4}$ c) $-\frac{1}{6}$ d) $-\frac{1}{2}$ e) 0 f) -3
g) gibt es nicht h) $\frac{1}{3}$ i) $\approx \frac{1}{2}$ k) -2 l) -5 m) 2

2.166 a) 32 b) 46 656 c) 4 d) 5 e) 2
f) $\frac{1}{9}$ g) 1 024 h) 3 i) 10 k) a

2.167 a) 9 b) 0,0081 c) $\frac{1}{7}$ d) 13 e) a
f) 3 g) $\frac{1}{n}$ h) 16 i) 3 k) -2

2.168 a) -4 b) 2 c) 4 d) $-\frac{m}{n}$ e) $\frac{1}{3}$
f) $\frac{1}{4}$ g) 3 h) $-n$ i) $x > 0 \wedge x \neq 1$ k) -4

2.169 a) 4 b) 6 c) 1 d) -1 e) -5
f) $\approx \frac{1}{2}$ g) -2 h) existiert nicht i) 10 k) $\approx \frac{1}{3}$

2.170 a) 0 b) $-0,5$ c) -1 d) $-1,4$ e) -4
f) 3 g) -5 h) -8 i) 1 k) $\approx 0,5$

2.6.1.2 Logarithmengesetze

2.171 a) $2 \cdot \log_a|x| + \frac{1}{2} \cdot \log_a(y) - 3 \cdot \log_a(z) - \frac{1}{4} \cdot \log_a(u)$
b) $\log_m(3) + 2 \cdot \log_m|u| - \log_m(4) - \frac{1}{2} \cdot \log_m(v)$
c) $\frac{1}{2}\left(\log_p(4) + 3 \cdot \log_p|a| + \frac{1}{2} - 5 \cdot \log_p|b| - 7 \cdot \log_p|q|\right)$
d) $\log_{10}|x+y| + \log_{10}|x-y| - \log_{10}\left(x^2+y^2\right)$

e) keine weitere Vereinfachung möglich

f) $\log_x(5) - 2 - 3 \cdot \log_z(y)$

g) $\log_y(a) + \frac{1}{2} \cdot \log_y(b) - 2 \cdot \log_y|c|$

h) $\log_r(x) + \frac{1}{8}\log_r(x+y)$

i) $5 \cdot \left(\log_5(3) + \log_5(a)\right)$

k) $-\frac{5}{4} \cdot \log_y|x| - \frac{3}{4}$

l) $\log_c|x| + \frac{3}{2}\log_c|y| - \frac{1}{2}\log_c|k|$

m) $\log_k|r| + \frac{1}{4} - \frac{1}{2}\log_k|t-1|$

2.172 a) $\log_k\left(\frac{ab}{cd}\right)$ b) $\log_a\left(\frac{x^2 \cdot y^3}{u \cdot v^4}\right)$ c) $\log_x\left(\sqrt{u} \cdot \sqrt[3]{v}\right)$ d) $\log_x\left(\sqrt{u \cdot \sqrt[3]{v}}\right)$

e) $\log_m\left(\frac{\sqrt[3]{ac^2}}{\sqrt[4]{bd^3}}\right)$ f) $\log_a\left(\frac{q^p}{p^q}\right)$ g) $\log_s\left(\frac{1}{x^k \cdot \sqrt[5]{y}}\right)$ h) $\log_r\left(a^n b^{n-1} c^{n-2}\right)$

i) $\log_z\left(\frac{\sqrt[q]{r^p}}{\sqrt[p]{s^q}}\right)$ k) $\log_d\left(\frac{\sqrt[a]{c^b} \cdot \sqrt[c]{a^b}}{\sqrt[a]{b^c \cdot d^3}}\right)$

2.173 Die anderen Logarithmengesetze lassen sich aus dem ersten herleiten:

a) $\log_b(u^r) = \log_b\Bigl(\underbrace{u \cdot u \cdot \ldots \cdot u}_{r\text{-facher Faktor}}\Bigr) = \underbrace{\log_b(u) + \log_b(u) + \ldots + \log_b(u)}_{r \text{ mal}} = r \cdot \log_b(u)$

b) $\log_b\left(\frac{u}{v}\right) = \log_b\left(u \cdot \frac{1}{v}\right) = \log_b\left(u \cdot v^{-1}\right) = \log_b(u) + \log_b\left(v^{-1}\right) = \log_b(u) - \log_b(v)$

2.6.2 Spezielle Logarithmensysteme

2.174 Es sei $z = \lg(4{,}036) \approx 0{,}60595$.

a) $z + 2 \approx 2{,}605\,95$
b) $z + 5 \approx 5{,}605\,95$
c) $z - 1 \approx -0{,}394\,05$
d) $z + 3 \approx 3{,}605\,95$
e) $z - 3 \approx -2{,}394\,05$
f) $z + 1 \approx 1{,}605\,95$
g) $2(z-2) \approx -2{,}7881$
h) $0{,}5(z+4) \approx 2{,}302\,98$
i) $3(z-4) \approx -10{,}182\,15$
k) $\frac{1}{3}z \approx 0{,}201\,98$

2.175

n	$\left(1 + \frac{1}{n}\right)^n$
1	2,000000000
2	2,250000000
3	2,370370370
10	2,593742460
100	2,704813829
1.000	2,716923932
100.000	2,718268237
1.000.000	2,718280469

Die Werte tendieren gegen e.

Vorschlag für eine Excel-Tabelle:

	A	B
1	1	= (1 + 1/A1)^(A1)
2	2	= (1 + 1/A2)^(A2)
...		
8	1.000.000	= (1 + 1/A8)^(A8)

Achtung: Man wähle hier nicht zu große Werte für n, da *Excel* „nur" mit einer Genauigkeit von 15 signifikanten Stellen rechnet. Für größere Zahlen benutzt man besser ein CAS.

2.176

a) −0,6021	b) −0,0458	c) 0,3979	d) 1,2304	e) 2,4509
f) −1,7148	g) −0,2231	h) 1,2528	i) 3,3322	k) 6,1633
l) −1,3219	m) −0,2345	n) 2,1043	o) 3,6893	p) 8,9513
q) −0,5162	r) 1,4225	s) 2,2465	t) 14,6110	u) −19,2262

2.177 a) $\lg(\mathrm{e}) = \frac{1}{\ln(10)}$ b) $\frac{\lg^2(x)}{\lg(2)} = \frac{\ln^2(x)}{\ln(2)\cdot\ln(10)}$ c) $\frac{\lg^{\frac{3}{2}}(\mathrm{e})}{\lg(7)} = \frac{1}{\ln(7)\,\sqrt{\ln(10)}}$

d) $\frac{\lg(\mathrm{e})\cdot[\lg(\mathrm{e})+1]}{x\cdot\lg(x)} = \frac{\ln(10)+1}{x\cdot\ln(10)\cdot\ln(x)}$ e) $\frac{15\,\lg(2)}{8x}\cdot\left(\frac{\lg(\mathrm{e})}{\lg(x)}\right)^3 = \frac{15\,\ln(2)}{8x\,\ln(10)\cdot\ln^3(x)}$

2.178 a) $\approx 35{,}3997$ b) $\frac{462}{125} = 3{,}696$ c) $\lg(227{,}3) \approx 2{,}3566$
d) 0,2913 e) $\lg(0{,}84392) \approx -0{,}0737$ f) $\approx 5{,}6650$
g) 169 h) nicht lösbar, da Numerus < 0 i) $\approx 107{,}3989$ k) 0,25

2.179 a) $\approx 8{,}8430$ b) $0{,}5\lg(471{,}67) \approx 1{,}3368$ c) 81
d) $-\lg(5\,921{,}7) \approx -3{,}7725$ e) $\approx 954{,}9926$ f) $\frac{5}{373} \approx 0{,}0134$
g) nicht lösbar h) $\approx 0{,}8132$ i) $2\lg(65{,}793) \approx 3{,}6364$ k) 6,2

2.180 a) $\approx 0{,}0066$ b) 53,29 c) $-0{,}5\,\lg(0{,}077\,425) \approx 0{,}5556$ d) 0,2678
e) $3\,\lg(12\,346) \approx 12{,}2746$ f) 32 g) $\approx 0{,}0778$
h) $7\,\lg(0{,}000\,005\,590\,9) \approx -36{,}7676$ i) 0,2 k) $\approx 43{,}4300$

2.181 a) $(7x+1)\cdot \mathrm{e}^{7x+2}$ b) $8(x+9)\cdot \mathrm{e}^{3x+2}$ c) $5{,}2\,x^2\,\mathrm{e}^{3x+1}$

d) $\frac{\mathrm{e}^x}{\mathrm{e}^{2x}-1}$ e) $\frac{4(2x-1)\cdot \mathrm{e}^{2x}}{x^2}$ f) $-(x-3)\cdot x^2\cdot \mathrm{e}^{-x}$

g) $-\left(x^2-x-1\right)\cdot \mathrm{e}^{-x}$ h) $\frac{(\mathrm{e}^x-1)\cdot[(2x-3)\cdot \mathrm{e}^x+3]}{x^4}$

i) $-x\cdot(x-2)\cdot \mathrm{e}^{-x}$ k) $5x\cdot(\mathrm{e}^2x+2)\cdot \mathrm{e}^{2x-6}$ l) $-10\cdot(2ax^2-1)\cdot \mathrm{e}^{-ax^2}$

2.182 a) $\frac{3\cdot(\lg|x|-1)}{2\,\lg^2|x|}$ b) $\frac{-5\,(\ln(x)-1)}{2\ln^2(x)}$ c) $-\frac{x\,\ln(x)-1}{x\,\mathrm{e}^x}$

d) $\frac{2x^3}{(x^2-1)\cdot\ln(x^2-1)}$ e) $\frac{-(x-0{,}5)\cdot\ln(x)+1}{\mathrm{e}^x\cdot\sqrt{x}}$ f) $\frac{\ln(x)+2}{2\sqrt{x}}$

3 Algebra

3.1.3.2 Einfache lineare Gleichungen

3.1 Wende immer auf beide Seiten der Gleichung die gegenteilige Operation dessen an, was den zu entfernenden Ausdruck mit der Variablen x verbindet.

	a)	b)	c)	d)	e)
Umformung:	$\div 2$	-4	$+7$	$\cdot 5$	$+3$
Lösung:	$x = 2{,}5$	$x = 8$	$x = 16$	$x = 30$	$x = 10$

3.2 Immer zuerst den kleineren x-Wert auf die andere Seite bringen!

a) $-2x$ b) $+8x$ c) $+23x$ d) $+4x$ e) $+3x$ f) $-1{,}3x$

3.3 a) 4 b) 25 c) -18 d) 3 e) 13 f) 72 g) 30
h) 75 i) $-\frac{1}{3}$ k) 4 l) -7 m) 11 n) 5 o) 0,4
p) 132 q) $\frac{44}{13}$ r) 0 s) 5,1 t) 8,1 u) $\frac{76}{13}$ v) $\frac{-114}{415}$

3.4 a) $\frac{8}{3}$ b) 1,25 c) $\frac{34}{7}$ d) $-12{,}8$ e) $-5{,}75$ f) $\frac{410}{117}$

3.1.3.3 Nichtlineare Gleichungen auf lineare Gleichungen zurückführen

3.5 a) $-1; 7$ b) $-4; 5$ c) $-1; 2; 8$ d) $-\frac{3}{4}; \frac{1}{5}$ e) $-\frac{6}{7}; 0; 1{,}2$
f) 0 (2-fach); 11 g) 0; 15 h) $-\frac{2}{3}$; 0 (4-fach) i) $-\frac{2}{3}; \frac{3}{2}$
k) 0 (2-fach); 4 l) 2 (3-fach) m) $-2{,}7$ (4-fach); 0; 8,6 (5-fach)

3.6 a) $-8; 0$ b) $0; 7$ c) $-12; 0$ d) $0; 3$ e) $0; 1$ f) $0; 0{,}75a$

3.7 a) 1 b) $-1{,}6; 1{,}6$ c) 4 d) 4,3 e) $-1; 0; 1$ f) $-2; 2$

3.1.3.4 Gleichungen mit Parametern

3.8
a) $k \neq 0: x = -\frac{k}{3}$; $k = 0: \mathbf{L} = \mathbf{R}$
b) $r \neq 0: x = \frac{5(r+7)}{8r}$; $r = 0: \mathbf{L} = \emptyset$
c) $a \neq 5: x = \frac{17a}{5-a}$; $a = 5: \mathbf{L} = \emptyset$
d) $a \neq -3: x = 1$; $a = -3: \mathbf{L} = \mathbf{R}$
e) $b \neq u: x = u$; $b = u: \mathbf{L} = \mathbf{R}$
f) $x = m + 3$
g) $a \neq -d: x = \frac{c-b}{a+d}$; $a = -d \wedge b = c: \mathbf{L} = \mathbf{R}$; $a = -d \wedge b \neq c: \mathbf{L} = \emptyset$
h) $t \neq 4{,}2: x = 7$; $t = 4{,}2: \mathbf{L} = \mathbf{R}$
i) $a \neq 0: x = 4$; $a = 0: \mathbf{L} = \mathbf{R}$
k) $s \neq 0: x_{1,2} = 4{,}1$; $x_3 = k$; $s = 0: \mathbf{L} = \mathbf{R}$
l) $a \neq 0: x_1 = -\frac{4}{7}$; $x_2 = 0$; $a = 0: \mathbf{L} = \mathbf{R}$
m) $9 \cdot (x-t)^2 = 0$; $x_{1,2} = t$
n) $y \neq -z: x = -\frac{5}{8}$; $y = -z: \mathbf{L} = \mathbf{R}$
o) $a \neq -\frac{4}{11}: x = y$; $a = -\frac{4}{11}: \mathbf{L} = \mathbf{R}$
p) $(8x - 3k)^2 = 0$; $x_{1,2} = \frac{3}{8}k$

3.1.3.5 Gleichungen mit Klammerausdrücken

3.9 a) 11 b) -2 c) 4 d) 2,1 e) 9 f) 4,5
g) 2 h) $u = 5$ i) $\frac{4}{11}$ k) $25a$ l) 9 m) $y = -b$
n) $b \neq 0: x = \frac{a+c}{b}$ $b = 0 \wedge a = -c: \mathbf{L} = \mathbf{R}$ $b = 0 \wedge a \neq -c: \mathbf{L} = \emptyset$
o) $-\frac{14}{3}$ p) $\mathbf{L} = \emptyset$ q) $z = 5$ r) $\frac{14}{23}$

3.10 a) 12 b) $\frac{1}{3}$ c) $b \neq 0: x = 5a - 6b$; $b = 0: x \in \mathbf{R}$ d) $a \neq -b: x = -\frac{ab}{a+b}$; $a = b = 0: \mathbf{L} = \mathbf{R}$; $a = -b: \mathbf{L} = \emptyset$ e) $t = 1$

f) $a \neq b: x = 0$; $a = b: x \in \mathbf{R}$ g) $3(u - 2v)$ h) $y = 4$ i) 1,2 k) $a \neq 0: z = 2a$; $a = 0: z \in \mathbf{R}$

3.1.3.6 Bruchgleichungen

3.11 a) 9,6 b) 1,75 c) 3,25 d) $\frac{8}{15}$ e) 12,75 f) $\frac{29}{3}$

g) -3 h) $\emptyset$ i) $-\frac{1}{30}$ k) 38 l) 3,2 m) $\frac{109}{19}$

n) $\frac{248}{63}$ o) $-\frac{7}{17}$ p) -1 q) $-\frac{4}{17}$ r) 2 s) $\frac{4}{143}$

3.12 a) 7 b) 3 c) $-5\frac{1}{2}$ d) $\frac{35}{8}$ e) $\frac{1}{3}$ f) $\frac{40}{69}$

g) 2 h) $\frac{b\left(f^2 + k\right)}{f}$ i) 1 k) $a \neq b: x = 1$; $a = b: x \in \mathbf{R}^{\neq 0}$ l) $\frac{1}{2}$ m) 2,5

n) $\frac{ab}{a+b}$ o) $\frac{a-b}{a+b}$

3.13 a) 2 b) 0 c) 2 d) 6 e) 0 f) $-\frac{2}{3}$

g) 5 h) $a^2 - b^2$ i) $-\frac{8}{9}$ k) $\frac{8-5c}{2c+7}$ l) 5 m) $\frac{1}{7}$

n) 2 o) $\frac{10}{7}$

3.1.3.7 Wurzelgleichungen

3.14 a) 169 b) $\frac{49}{36}$ c) 0 d) $-\frac{61}{384} \notin \mathbf{D}$ $\mathbf{D} = \left\{ x \in \mathbf{R} \,\middle|\, x \geq \frac{1}{6} \right\}$

e) $a \geq -2$: $x = a^3 + 6a^2 + 12a + 10$ f) [11] Scheinlösung $\Rightarrow \mathbf{L} = \emptyset$ g) 7

h) -12 i) 5 k) $\mathbf{L} = \mathbf{D} = \left\{ x \in \mathbf{R} \,\middle|\, x \geq -3{,}5 \right\}$

3.15 a) 6 b) 17 c) 9 d) 19 e) 19

f) 4 g) 14 h) 34 i) 5 k) 7

3.1.3.9 Das Umstellen von Formeln

3.16 a) $q = \frac{m}{p} - 1$ b) $\alpha = \frac{l_t - l_0}{l_0 \cdot t}$ c) $t_2 = t_1 - \frac{Q}{mc}$ d) $n = \frac{g - a + d}{d}$

e) $t = \frac{s}{g} + \frac{1}{2}$ f) $m = \frac{a-b}{a+b}$ g) $f = \frac{ar}{r_1 - r}$

h) $y = \frac{y_2 - y_1}{x_2 - x_1}(x - x_1) + y_1$ i) $r = \frac{p^2 + s^2}{2p}$ k) $a = c - \frac{d}{b}$

3.1.3.10 Anwendungen

3.17 a) $87{,}3 + x = 102{,}4 \Rightarrow x = 15{,}1$ b) $53\frac{2}{3} - x = 17\frac{1}{6} \Rightarrow x = 36\frac{1}{2}$

c) $x - \frac{7}{27} = \frac{5}{6} \Rightarrow x = 1\frac{5}{54}$ d) $x \cdot 9{,}7 = 652{,}325 \Rightarrow x = 67{,}25$

e) $x \cdot 5\frac{1}{3} = \frac{1}{2} \Rightarrow x = \frac{3}{32}$

3.18 a) $4 \cdot (2x + 3x) = 7x - 39 \Rightarrow x = -3$ b) $6 \cdot x = \frac{x}{2} + 2\frac{3}{4} \Rightarrow x = \frac{1}{2}$

c) $(236{,}6 - x) \cdot (72{,}38 - x) = (137{,}9 - x) \cdot (111{,}86 - x) \Rightarrow x = 28{,}7$

d) $\frac{\{10[(10x + 5) - 9] + 3\} + 37}{52} = 2x - 1 \Rightarrow x = 13$

e) $\frac{10\,[10(7x + 9) - 17] - 30}{7} = 200 \Rightarrow x = 1$ f) Zahl $= 5hze$ mit $0 \leq h,z,e \leq 9$

$5\,000 + 100h + 10z + e = 1\,000h + 100z + 10e + 5 + 4\,410 \Rightarrow$ Zahl $= 5\,065$

3.19 a) $30m - 70 = 25m + 25 \Rightarrow m = 19$ Mitglieder, 500 h

b) $\frac{4}{5}v - 2{,}4 = \frac{2}{3}v \Rightarrow v = 18\,\text{L}$ c) $R = \frac{U}{I}$ $R = \frac{120}{2{,}4} - \frac{120}{6} \Rightarrow R = 30\,\Omega$

d) $\frac{m_{\text{Cu}}}{9} + \frac{2 - m_{\text{Cu}}}{7} = \frac{2}{8{,}5} \Rightarrow m_{\text{Cu}} \approx 1{,}588\,\text{kg}$ $m_{\text{Zn}} \approx 0{,}412\,\text{kg}$

e) $\frac{1}{5{,}5} \cdot (x - 2) + \frac{1}{7}x = 1 \Rightarrow x = 4{,}2$ Tage

f) $\frac{1}{15} + \frac{1}{12{,}5} + \frac{1}{x} = \frac{1}{5} \Rightarrow x = 18{,}75$ Tage g) $\frac{1}{4{,}5} + \frac{1}{6{,}75} = \frac{1}{x} \Rightarrow x = 2\,\text{h}\;42\,\text{min}$

h) $v = 35 \cdot \frac{30}{1\,000} : \frac{30}{3\,600} \Rightarrow v = 126\,\text{km} \cdot \text{h}^{-1}$

i) $v = (s - 1) \cdot \frac{30\,(\text{m})}{1\,000} : \frac{t\,(\text{s})}{3\,600} \Rightarrow v = \frac{108(s\,(\text{m}) - 1)}{t\,(\text{s})}\,\text{km} \cdot \text{h}^{-1}$

k) $42\frac{\text{km}}{\text{h}} \cdot \frac{29}{60}\,\text{h} = v \cdot \frac{28}{60}\,\text{h} \Rightarrow v = 43{,}5\,\text{km} \cdot \text{h}^{-1}$

l) $\frac{20}{100} \cdot x + \frac{78}{100} \cdot (5 - x) = \frac{35}{100} \cdot 5 \Rightarrow x = \frac{215}{58}\,\text{L}$ 78-proz.: 1,293 L
20-proz.: 3,707 L

3.1.4 Das Rechnen mit Ungleichungen

3.20 a) $x < 0{,}75$ b) $x > 3$ c) $x > 0$ d) $x < -2$
e) $x > 1{,}4$ f) $x < 27$ g) $x < 20$ h) $x < 1{,}4$

3.21 a) $x < 3$ b) $x > 2$ c) $x < -3$ d) $x \geq -\frac{2}{7}$
e) $x < \frac{93}{140}$ f) $x > -\frac{5}{8}$ g) $x \leq 2$

3.22 a) $x > 2$ b) $x < -1 \vee x > 0$ c) $-1 < x < +1 \vee x > 3$

d) $a < 0{,}5$: $x < \frac{a}{1 - 2a}$ $a = 0{,}5$: $x \in \mathbf{R}$ $a > 0{,}5$: $x > \frac{a}{1 - 2a}$

e) $x < 1 \vee 2 < x < 3$ f) $x \leq -2{,}5 \vee -1 < x < 1$

g) $x < 0 \vee x \geq 0{,}5$

h) $a < b$: $0 < x < 1$ $a = b$: $\mathbf{L} = \emptyset$ $a > b$: $x < 0 \vee x > 1$

i) $x < -5 \vee 2 < x \leq \frac{20}{3}$

3.23 a) $x < \frac{1}{3}$ b) $x \geq \frac{13}{12}$ c) $x \leq 0 \vee x \geq \frac{2}{3}$ d) $x \leq -5{,}5 \vee x \geq 0{,}5$

3.2 Proportionen

3.24 a) 2 : 3 b) 3 : 2 c) 4 : 1 d) 12 : 5 e) 22 : 23
f) 5 : 6 g) 3 : 2 h) 7 : 8 i) 9 : 11 k) 8 : 9

3.25

a)	f)	i)
$2:6=3:9$	$a:x=y:b$	$I_1:I_2=R_2:R_1$
$9:6=3:2$	$b:x=y:a$	$R_1:I_2=R_2:I_1$
$2:3=6:9$	$a:y=x:b$	$I_1:R_2=I_2:R_1$
$9:3=6:2$	$b:y=x:a$	$R_1:R_2=I_2:I_1$
$6:2=9:3$	$x:a=b:y$	$I_2:I_1=R_1:R_2$
$3:2=9:6$	$y:a=b:x$	$R_2:I_1=R_1:I_2$
$6:9=2:3$	$x:b=a:y$	$I_2:R_1=I_1:R_2$
$3:9=2:6$	$y:b=a:x$	$R_2:R_1=I_1:I_2$

Die übrigen Aufgaben sind entsprechend zu lösen.

3.26 a) 2 : 3 b) 7 : 4 c) 2 : 5 d) 11 : 9 e) 9 : 11
f) 3 : 8 g) 100 : 19 h) 16 : 21 i) 7 : 1 k) 1 : 1 000

3.27 a) richtig b) falsch c) richtig d) richtig e) falsch
f) falsch g) falsch h) richtig i) falsch k) richtig

3.28 a) 24 b) 28 c) 12,6 d) 42 e) $32\dfrac{d}{b}$
f) $\dfrac{3}{5}a^3b$ g) $\dfrac{1}{4u^2v}$ h) $\dfrac{1}{2}mn$ i) ± 7 k) $\pm\dfrac{5b^2}{6a}$

3.29 a) $\dfrac{120}{7}$ b) 25 c) 45 d) 3,25 e) 8
f) 8 g) 3 h) 6 i) 4 k) 10,5

3.3 Prozentrechnung

3.30

a) $3\,\% = \dfrac{3}{100} = 0{,}03$ b) $25\,\% = \dfrac{25}{100} = \dfrac{1}{4} = 0{,}25$

c) $33\,\% = \dfrac{33}{100} = 0{,}33$ d) $210\,\% = \dfrac{210}{100} = \dfrac{21}{10} = 2{,}1$

e) $0{,}8\,\% = \dfrac{0{,}8}{100} = \dfrac{1}{125} = 0{,}008$ f) $0{,}05\,\% = \dfrac{0{,}05}{100} = \dfrac{1}{2\,000} = 0{,}0005$

g) $50\,\% = \dfrac{50}{100} = \dfrac{1}{2} = 0{,}5$ h) $35\,\% = \dfrac{35}{100} = \dfrac{7}{20} = 0{,}35$

i) $382\,\% = \dfrac{382}{100} = \dfrac{191}{50} = 3{,}82$ k) $62{,}5\,\% = \dfrac{62{,}5}{100} = \dfrac{5}{8} = 0{,}625$

l) $0{,}28\,\% = \dfrac{0{,}28}{100} = \dfrac{7}{2\,500} = 0{,}0028$ m) $4{,}8\,\% = \dfrac{4{,}8}{100} = \dfrac{6}{125} = 0{,}048$

n) $48\,\% = \dfrac{48}{100} = \dfrac{12}{25} = 0{,}48$ o) $5\,\% = \dfrac{5}{100} = \dfrac{1}{20} = 0{,}05$

p) $97\,\% = \dfrac{97}{100} = 0{,}97$ q) $143\,\% = \dfrac{143}{100} = 1{,}43$

r) $75\,\% = \dfrac{75}{100} = \dfrac{3}{4} = 0{,}75$ s) $14{,}6\,\% = \dfrac{14{,}6}{100} = \dfrac{73}{500} = 0{,}146$

3.31 a) 25 % b) 11 % c) 9 % d) 4 % e) 8 % f) 2,4 %
g) 0,08 % h) ≈ 1,1 % i) ≈ 6,5 % k) ≈ 2,9 % l) ≈ 9,4 % m) 72 %

3.32 a) $\frac{8{,}20}{132} \approx 6{,}2\ \%$ b) $\frac{237{,}48}{1\,158{,}23} \approx 20{,}5\ \%$ c) $\frac{8}{57} \approx 14\ \%$

d) Nicht eindeutig, da G fehlt. e) $\frac{1\,163{,}86}{4\,200} \approx 27{,}7\ \%$ f) $\frac{1\,383}{8\,349} \approx 16{,}6\ \%$

g) Jeder Siebte = einer von sieben Angestellten $= \frac{1}{7} \approx 0{,}143 \approx 14\ \%$.

h) Pkw: 34,5 %; Lkw: 16,7 %; Bus und Bahn: 10,6 %; Motorrad: 12,9 %; Elektroroller: 0,4 %; Fahrrad: 24,9 %

3.33 a) ≈ 65,5 %; ≈ 20,7 %; ≈ 13,8 % b) ≈ 9,8 %; ≈ 16,7 % c) ≈ 17,42 %

d) ≈ 20,64 % e) ≈ 48,19 mg Trockenmasse ⇒ $x \approx 6{,}12\ \%$

f) ≈ 27,3 % C; ≈ 72,7 % O g) $\frac{60}{100} \cdot 7 + \frac{10}{100} \cdot 33 = \frac{x}{100} \cdot 40 \;\Rightarrow\; x = 18{,}75\ \%$

3.34 1,6 %; 0,8 %; 0,8 %; 0,7 %; 0,4 %; 1,2 %; 0,9 %; 0,4 % *Excel*-Datei.

3.35 a) 359,34 € b) 1 776,32 kg c) 3 933 t d) 2 633,868 ha
e) 98,736 m f) ≈ 86 Stück g) ≈ 79,34 € h) 137,28 L
i) 468 kW k) 1 580 130 l) ≈ 28 Min m) 101,99 m

3.36 a) 129,72 m^2 b) 315 € c) $43\,969 < P < 44\,822$

d) ≈ 16,34 m^2 e) ≈ 27 909 € f) $844 \cdot 0{,}55 \cdot 0{,}64 \approx 297$

3.37 a)

Note 5:	0 … 23	Pkte.
Note 4:	24 … 32	Pkte.
Note 3:	33 … 44	Pkte.
Note 2:	45 … 56	Pkte.
Note 1:	57 … 60	Pkte.

b)

Acker:	1 955,61 ha
Wiesen:	1 165,64 ha
Wald:	790,97 ha
Rest:	249,78 ha
Summe:	4 163,00 ha

c) 2 760 t

3.38 a) ≈ 731 Stück b) 826,– € c) ≈ 463 m d) 2,5 t e) 767 ha
f) 80,– € g) 120 MW h) 87 g i) 72 300 Einw. k) ≈ 56,2 hl

3.39 a) 734,08 € ÷ 0,8 = 917,60 € b) ≈ 126 € c) ≈ 61 857 000

d) Nicht lösbar. e) ≈ 244,88 Mrd. € f) ≈ 6,7 Mrd.

g) 1995: 3 295 000 ÷ 0,3329 ≈ 9,9Mio. t; 2000: 13,2Mio. t

h) Verwarnungsanteil: 1 − 0,961 = 0,039 = 3,9 %; 11 ÷ 0,039 ≈ 282 Kontrollen

3.40 25 %

3.41 a) 422,38 €; Anteil ≈ 93,9 %

b) $u = \frac{100 \cdot (g + f + v)}{100 - p} \approx 478{,}64$ €

3.3.7 Zinsrechnung

3.42 a) 34 357,50 € b) 1 074,42 € c) ≈ 1,79 € d) ≈ 1 156,03 € e) ≈ 3 245,53 €
f) 2, – € g) 2, – € h) 0,80 € i) 1 310,40 € k) 4,20 €

3.43 Zinsen: 1 575 €; Abzüge: 415,40 €, entsprechend ≈ 26,4 %.

3.44 Durch den vorgezogenen Kauf könnte man laut Beispiel 3.105c ca. 2,6 % des alten Verkaufspreises sparen

$$\frac{2{,}6}{100} \cdot 600\,€ = 15{,}60\,€ \ ,$$

müsste dafür aber Zinsen zahlen in Höhe von

$$Z = 600\,€ \cdot \frac{12}{100} \cdot \frac{1}{2} = 36\,€ \ .$$

Allgemein betrachtet, würde man 2,6 % des Verkaufspreises einsparen, müsste dafür aber 6 % des Preises an Zinszahlungen tätigen.

3.45 a) ≈ 59 626 € b) ≈ 35 866 € c) ≈ 20 Jahre d) ≈ 5,65 %

3.46 a) $K_1 \approx 18\,130{,}80$ €; $K_2 \approx \ldots$; $K_{10} \approx 26\,255{,}87$ € *Excel*-Datei.

b) Der Zinssatz wird in einer separaten Zelle eingetragen, so dass er leicht verändert werden kann. Für die einzelnen Berechnungen des Sparplans wird für den Zinssatz nicht der konkrete Zahlwert verwendet, sondern jeweils der Inhalt dieser Zelle abgefragt.

c) $p\,\% \approx 5{,}6\,\%$

3.4.2 2er-LGS

3.47 a) −1; 4 b) 1; 5 c) −3; −2 d) 6; 9 e) 10; 4 f) $-2;\ -\frac{1}{3}$
g) 6; 7 h) 0,2; 0,7 i) 0,8; 0,1 k) 9; 4 l) 6; 2 m) −1,2; 3,4
n) 0,6; −3 o) 5; 2 p) 3; 5 q) −4; −2 r) 6; 5 s) 11; 13
t) −3; 4 u) 2,5; 1 v) 6; 10 w) 2; 2,25 x) 3; 8 y) −3; 4

3.48 a) 13; 5 b) 2; 4 c) 4; 1 d) $-\frac{2}{3};\ 0$ e) 3; 2
f) 2; 5 g) 1; 5 h) $\frac{259}{38};\ \frac{692}{133}$ i) 18; 24

3.49 a) $a + b = 518;\ a - b = 204;\ a = 361;\ b = 157$
b) $z + e = 9;\ 10e + 1z = 10z + 1e + 45;\ z = 2;\ e = 7;$ Zahl $= 27$
c) $a + b = 219;\ \frac{a}{6} + 19 = \frac{b}{3};\ a = 108;\ b = 111$
d) $v + 4 = 3 \cdot (s + 4);\ v - 4 = 5 \cdot (s - 4);$ Vater: 44 Jahre; Sohn 12 Jahre
e) $a + b = 238;\ a : b = 3 : 11;\ a = 51;\ b = 187$
f) $(a + 3) : b = 5 : 7;\ (b + 9) : a = 2 : 1;\ a = 22;\ b = 35$
g) $(z + 1) : (n + 1) = 8 : 9;\ (z - 1) : (n - 1) = 7 : 8;\ n = 17;\ z = 15;\ \frac{15}{17}$
h) $20a + 20b = 1\,000;\ 10a + 35b = 1\,000;\ a = 30\,\mathrm{m^3/min};\ b = 20\,\mathrm{m^3/min}$
i) $3k + 2w = 76;\ 1k + 4w = 72;\ k = 16\,\mathrm{l/min};\ w = 14\,\mathrm{l/min};$ beide: 4 min.

3.50 a) 3; 2 b) t; $4t-1$ $t \in \mathbf{R}$ c) 17; 1 d) $\emptyset$ e) 4; 1
f) -2; 7 g) $1{,}5k+3$; k $t \in \mathbf{R}$ h) 8; 9 i) $\emptyset$ k) 0,31; 0,13
l) 3,5; $-8{,}5$ m) 1; $a+b$ n) $\emptyset$ o) 6; 3 p) k; 0,45

3.51 a) $a+3=b$; $2(a+b)=38$; $a=8$ cm; $b=11$ cm
b) $a+3=b-1$; $2(a+3)+2(b-1)=2(a+b)+4$.
Keine eindeutige Lösung: $\mathbf{L}=\{a;\ b=a+4 \text{ mit } a \in \mathbf{R}^{>0}\}$
c) Rechteck: a,b; $2\cdot[(a+2)+(b-3)]=2(a+b)+6$ ↯ Keine Lösung.
d) $a+b=55\,000$; $\frac{7{,}3}{100}\cdot a+\frac{8{,}45}{100}\cdot b=4\,250{,}75$; $a=34\,500$ €; $b=20\,500$ €

3.52 a) 6; 4 b) 3; 2 c) 1; 1 d) 9; 10
e) 1; 1 f) $\frac{a}{b}$; $\frac{b}{a}$ g) $\frac{2}{5}\left(a^2+b^2\right)$; $\frac{1}{5}\left(a^2+5ab+b^2\right)$

3.53 a) 7; 2 b) $a(a+b)$; $b(a-b)$ c) 12; 5 d) $\frac{a+b}{a-b}$; $\frac{a-b}{a+b}$
e) 11; 8 f) 9; 5 g) $2a+b$; $2a-b$ h) $\frac{a+1}{ab-1}$; $\frac{b+1}{ab-1}$

3.54 a) $m_1+m_2=50$; $m_1:m_2=2:3$; $m_1=20$ kg; $m_2=30$ kg
b) 1,2 V; 1,6 Ω
c) 18 V; 6 Ω
d) $1{,}2x+1{,}7y=1{,}6(x+y)$; $1{,}2(x+7)+1{,}7(y-8)=1{,}5(x+y-1)$
1. Mischung: $x=7{,}4\,\text{cm}^3$ der ersten Sorte und $y=29{,}6\,\text{cm}^3$ der zweiten;
2. Mischung: $14{,}4\,\text{cm}^3$ der ersten Sorte und $21{,}6\,\text{cm}^3$ der zweiten.
d) $\frac{1}{a}+\frac{1}{b}=\frac{1}{12}$; $\frac{6}{a}+\frac{12}{b}+\frac{4}{b}=1$; $a=30$ Tage; $b=20$ Tage

3.4.3 3er-LGS

3.55 a) $x=2$; $y=3$; $z=8$ b) $x=5$; $y=4$; $z=1$
c) $x_1=8$; $x_2=2$; $x_3=9$ d) $x=-2$; $y=2$; $z=3$
e) $k=5$; $g=-9$; $t=0$ f) $a=0{,}3$; $b=-0{,}7$; $c=3$
g) $x=2$; $y=-0{,}1$; $z=0{,}5$ h) $x=-2$; $y=2$; $z=1$
i) $x=-8$; $y=2$; $z=9$ k) $u=-1{,}3$; $v=2{,}7$; $w=3$
l) $x=7$; $y=-4$; $z=7$ m) $x_1=11$; $x_2=4$; $x_3=9$
n) Der Lösungsweg ist prinzipiell unabhängig von der Bezeichnung der Variablen. Da hier die Koeffizienten der Variablen identisch sind, unterscheiden sich die Lösungsstrategien nicht, wohl aber die Lösungen.
Tipps: (g) I ÷ 5; (h) II→I; (i) III→I; (k) sortieren; (l) I ÷ 8

3.56 a) $a=4$; $b=-1$; $c=2$ b) $a=-\frac{3}{4}$; $b=9{,}4$; $c=11$
c) $x_1=\frac{1}{50}$; $x_2=3{,}9$; $x_3=7{,}04$ d) $r=\frac{3}{11}$; $s=-\frac{17}{4}$; $t=\frac{5}{6}$
e) $a=-\frac{15}{8}$; $b=0$; $c=\frac{9}{500}$ f) $u=-3{,}05$; $v=4{,}1$; $w=126$

3.57 a) $a = 20;\ b = 20;\ c = -9$ b) $x = -1;\ y = -2;\ z = 3$
c) $m = 13;\ n = -11{,}5;\ p = 4$ d) $u = -12;\ v = 10;\ x = -14$
e) $r = 0;\ s = -16;\ p = 6{,}5$ f) $x = 1{,}5;\ y = -20;\ z = 1{,}5$
g) $m = 15;\ n = -19;\ p = 11$ h) $x = -20;\ y = -5;\ z = 1$
i) $f = -4;\ g = 17;\ k = 16{,}5$ k) $m = -8;\ n = -8;\ o = 1$
l) $x = 7{,}5;\ y = -11{,}5;\ z = 15{,}5$ m) $a = -10;\ b = -8;\ c = -13$

3.58 a) $a + b = 40;\ b + c = 63;\ a + c = 71;\ a = 24$ cm; $b = 16$ cm; $c = 47$ cm
b) $a + b + 2c = 245;\ a + 2b + c = 170;\ 2a + b + c = 161;\ a = 17;\ b = 26;\ c = 101$
c) $a + b + c = 640;\ c = a + \frac{3}{5}b;\ c = b + \frac{70}{100}a;\ a = 200$ l; $b = 150$ l; $c = 290$ l
d) a, b, c, d: Menge der benötigten Rohstoffe in Gramm mit $a, b, c, d \geq 0$.

Au: $86a + 74b + 76c = 78 \cdot 52$; Pt: $12a + 25b + 23c = 20 \cdot 52$; Zn: $2a + b + c + 100d = 2 \cdot 52$

$$\mathbf{L} = \left\{ (a = 52 - 99d\,;\ b = 208 - 533d\,;\ c = 631d - 208) \;\middle|\; \text{mit } \frac{208}{631} \leq d \leq \frac{16}{41} \right\}$$

Beispiele für mögliche Mischungen mit $0{,}3296 \leq d \leq 0{,}3902$ g:

Leg 1	$a =$	19,366 g	18,340 g	16,459 g	14,875 g	13,366 g
Leg 2	$b =$	32,304 g	26,780 g	16,653 g	8,125 g	0 g
Leg 3	$c =$	0 g	6,540 g	18,529 g	28,625 g	38,244 g
Zink	$d =$	0,330 g	0,340 g	0,359 g	0,375 g	0,390 g
Summe		52,000 g	52,000 g	52,000 g	52,000 g	52,000 g

3.59 a) 3; 5; 9 b) 4; 7; 2 c) 8; 4; −2 d) 10; 20; 30 e) 8; 4; 1
f) 12; 20; 30 g) 30; 12; 70 h) $k;\ k;\ -k\ (k \in \mathbf{R})$ i) $\emptyset$ k) 5; 3; 1

3.60 a) 0; 1; 1 b) $39u - 48{,}8;\ 58 - 39u;\ \frac{39u - 46}{7}$ c) $\frac{a+b}{a};\ \frac{a-b}{b};\ \frac{a^2-b^2}{ab}$
d) 4; 3; −6 e) $\frac{2}{a+b-c};\ \frac{2}{c+a-b};\ \frac{2}{b+c-a}$ f) 4; 2; 1
g) $(a+b)^2;\ (a-b)^2;\ a^2 - b^2$ h) $\frac{1}{7};\ \frac{1}{8};\ 1$ i) 1; 2; 3

3.61
a) $u = 0$ $x = 3$ $y = 4$ $z = 1$
b) $u = 4$ $x = 1$ $y = 2$ $z = 3$
c) $u = 3$ $v = -3$ $x = 6$ $y = 5$ $z = 4$
d) $u = 2b$ $v = -a + 3b$ $x = 2a$ $y = 3a - b$ $z = a - b$
e) $x_1 = 5$ $x_2 = 4$ $x_3 = 3$ $x_4 = 2$ $x_5 = 1$
f) $u = 2$ $v = 10$ $w = 4$ $x = 5$ $y = 7$ $z = 3$
g) $u = 7$ $v = 7$ $x = 13$ $y = 10$ $z = 8$
h) $u = 3$ $v = 2$ $w = 1$ $x = 6$ $y = 5$ $z = 4$
i) $u = 0$ $x = 30$ $y = 20$ $z = 10$
k) $a = -6$ $b = 3{,}1$ $c = 4$ $d = 1{,}8$
l) $a = 9$ $b = -2$ $c = 12{,}5$ $d = -13$ $e = -7$

3.62 a, b, c: Länge der Dreieckseiten in cm

a) $a^2 = h^2 + 30^2$; $b^2 = h^2 + 9^2$; $a - b = 9$: $a = 50$ cm; $b = 41$ cm

b) $a + b = 40$; $a^2 - b^2 = 12^2 - 8^2$; $a = 21$ cm; $b = 19$ cm; $c = 12 + 8 = 20$ cm

3.5 Quadratische Gleichungen

Einige Ergebnisse sind in eckigen Klammern aufgeführt, da es sich dabei um *Scheinlösungen* handelt oder sie nicht zum Definitionsbereich der Gleichung gehören.

3.63 Durch Einsetzen feststellen: a), d) und f): richtig; b), c), e), g) und h): falsch.

3.5.2.1 Die reinquadratische Gleichung

3.64 a) ± 14 b) ± 5 c) $\pm 29{,}6$ d) $\pm \frac{4}{3}$ e) ± 1 f) $\emptyset$

3.65 Gesuchte Zahl sei x, der Kehrwert $\frac{1}{x}$: $x = n \cdot \frac{1}{x} \Rightarrow x^2 = n \Rightarrow x_{1,2} = \pm\sqrt{n}$

3.66 a) $\{0\}$

b) $\left\{\pm \frac{8}{7}\right\}$

c) $\{+17\}$, da $x \geq 15{,}4$;
$[-17]$ (Scheinlsg.)

d) $a + b = -3$: $\mathbf{L} = \mathbf{R}$
$a + b \neq -3$: $\{0\}$

e) $a = b = 0$: $\mathbf{L} = \mathbf{R}$
$a \neq 0; a \cdot b \geq 0$: $\left\{\pm \sqrt{\frac{b}{a}}\right\}$
sonst : $\mathbf{L} = \emptyset$

f) $a = b = 0$: $\mathbf{L} = \mathbf{R}$
$a > 0$: $\left\{\pm \sqrt{\frac{a^2 + b^2}{a}}\right\}$
sonst : $\mathbf{L} = \emptyset$

g) $a = 0$: $\mathbf{L} = \mathbf{R}$
$a \geq 1$: $\{\pm\sqrt{a - 1}\}$
sonst : $\mathbf{L} = \emptyset$

h) $a \notin \left[-1; -\frac{1}{2}\right[$:
$\left\{\pm \sqrt{\frac{2a + 1}{a + 1}}\right\}$

i) $a = 4$: $\mathbf{L} = \mathbf{R}$
$a \geq -4$: $\{\pm\sqrt{a + 4}\}$
$a < -4$: $\mathbf{L} = \emptyset$

k) $a = b$: $\mathbf{L} = \mathbf{R}$
$a \neq b$: $|a + b|$

3.67 a) ± 1 b) ± 13 c) $+5$; $[-5]$ d) $+5$; $[-5]$ (Schein)
e) $0\,(a \geq 0)$ f) $\pm a\,(a \geq 0)$ g) ± 2 h) 7; -1 i) $a + b$; $a - b$

3.5.2.2 Die gemischtquadratische Gleichungohne Absolutglied

3.68 a) $0; 6$ b) $0; 3$ c) $-4; 0$ d) $-\frac{2}{5}; 0$ e) $-\frac{3}{7}; 0$ f) $0; \frac{13}{8}$

g) $0; \frac{5}{21}$ h) $0; 6$ i) $0; \frac{v}{u}$ $(u \neq 0)$ k) $-2p; 0$ l) $0; b$ m) $-\frac{b^2}{a^2}; 0$ $(a,b \neq 0)$

3.5.3.1 Die Lösungsformel für quadratische Gleichungen

3.69 a) $-11;\ 5$ b) $-3;\ 7$ c) $0{,}4;\ 3{,}2$ d) $-0{,}9;\ -0{,}9$ e) $\frac{8}{15};\ \frac{2}{3}$
f) $-\frac{2}{3};\ \frac{7}{3}$ g) $\frac{1}{2};\ \frac{13}{15}$ h) $-1{,}5;\ 1{,}7$ i) $-12-\sqrt{155};\ -12+\sqrt{155}$

3.70 a) $1; 5$ b) $-7; 2$ c) $-5; 1$ d) $-1; 1$ e) $-1; 5$ f) $0; 12{,}1$
g) $2{,}5; 4$ h) $3{,}8; 4{,}2$ i) $0{,}3$ k) $\emptyset$ l) $-3{,}74; 1{,}12$ m) $\emptyset$
n) $1-\sqrt{3}; 1+\sqrt{3}$ o) $2m-7; 2m+7$ p) $r-\sqrt{2}; r+\sqrt{2}$

3.5.3.2 Lösungen der allgemeinen Form

3.71 a) $2;\ 7$ b) $-9;\ 5$ c) $\emptyset$ d) $-23;\ -4$ e) 134
f) $3{,}5;\ 9{,}6$ g) $\emptyset$ h) -15 i) $9{,}7$ k) $-0{,}8;\ 12$
l) $3;\ 5$ m) $-2;\ 9$ n) 4 o) $-8;\ -1$ p) $\emptyset$ q) $7;\ 12$

3.72 a) $\frac{1}{2};\ 9$ b) $-4{,}25;\ -3{,}25$ c) $-22;\ 4{,}6$ d) $-\frac{7}{3};\ \frac{15}{8}$ e) $-4{,}1;\ -2{,}7$
f) $\frac{17}{16};\ 5$ g) $4;\ \frac{84}{17}$ h) $-\frac{2}{3};\ \frac{3}{4}$ i) $0{,}4a;\ 5a$ k) $3b;\ -2{,}5c$

3.73 a) $-15;\ 2$ b) $-6;\ 35$ c) $3;\ 7$ d) $2\pm\sqrt{3}$
e) $\frac{25\pm\sqrt{145}}{10}$ f) $-\frac{9}{4};\ \frac{2}{3}$ g) $3\pm\sqrt{6}$ h) $-9{,}3;\ 2{,}4$

3.74 a) $5\pm\sqrt{5}$ b) $3\pm\frac{1}{2}\sqrt{3}$ c) $3b;\ \frac{b}{3}$ d) $\frac{5\pm\sqrt{33}}{2}$
e) $\frac{46\pm\sqrt{191}}{5}$ f) $\frac{-9\pm\sqrt{5}}{2}$ g) $\sqrt{5};\ -\sqrt{3}$ h) $-1;\ \frac{3}{4}\sqrt{5}$

3.75 a) $2;\ 9$ b) $3;\ 3$ c) $6{,}2;\ 8$ d) $b+a;\ b-a$
e) $a+3b;\ 3a+b$ f) $10;\ \frac{46}{21}$ g) $\sqrt{a};\ -a\ \ (a>0)$ h) $\emptyset$

3.76 a) $2;\ \frac{45}{38}$ b) 6; [1] (Schein) c) $0;\ -8$ d) $\frac{4}{3};\ \frac{2}{5}$ e) $3;\ -\frac{1}{5}$
f) $11;\ -1{,}5$ g) $14a;\ -4a$ h) $\pm 2a\sqrt{3}$ i) $\emptyset$ k) $-3{,}1\pm\sqrt{11{,}21}$

3.77 a) $8;\ \frac{16}{7}$ b) $-1;\ -\frac{38}{15}$ c) $3;\ [2\notin \mathbf{D}]$ d) $10;\ \frac{26}{5}$ e) $3a;\ -2a$
f) $\frac{a+b}{a-b};\ 1$ g) $\frac{a+b}{a-b};\ \frac{a-b}{a+b}$ h) $\emptyset$ i) $\frac{a-c}{c-d};\ 1$ k) $\emptyset$

3.78 $ax^2 + bx + c = 0 \quad | : a$

$$x^2 + \frac{b}{a}x + \frac{c}{a} = 0 \quad | -\frac{c}{a}$$

$$x^2 + \frac{b}{a}x = -\frac{c}{a} \quad | \text{ quadr. Erg.}$$

$$x^2 + \frac{b}{a}x + \left(\frac{b}{2a}\right)^2 = \left(\frac{b}{2a}\right)^2 - \frac{c}{a}$$

$$\left(x + \frac{b}{2a}\right)^2 = \frac{b^2 - 4ac}{4a^2}$$

$$x + \frac{b}{2a} = \pm\frac{\sqrt{b^2 - 4ac}}{2a}$$

$$x_{1,2} = \frac{-b \pm \sqrt{b^2 - 4ac}}{2a}$$

3.5.4.1 Die Diskriminante

3.79 a) $a = 0: x_{1,2} = 3$ b) $p = -0{,}5: x_{1,2} = 5$ c) $r = 0{,}25: x_{1,2} = -2$

d) $a = 0: x_{1,2} = 0$ e) $k = -0{,}4: x_{1,2} = 2$ f) $h = 3: x_{1,2} = 3$

g) $r = 0: x_{1,2} = 0$; $r = 1: x_{1,2} = -2{,}5$

h) $u = -1{,}2: x_{1,2} = -\frac{25}{12}$; $u = 1{,}2: x_{1,2} = \frac{25}{12}$ i) $t = 14: x_{1,2} = 42$

k) $t = 7: x_{1,2} = 7$ l) $k = -4: x_{1,2} = -18$ m) $t = -0{,}3: x_{1,2} = 3v$

3.80

	zwei Lösungen		eine Lösung		keine Lösung
a)	$r \in \mathbf{R}$, $t \in \mathbf{R}^*$	$x_1 = 4r - 5t$ $x_2 = 4r + 5t$	$t = 0:$	$x_{1,2} = 4r$	$--$
b)	$k > 0:$	$x_1 = 7 - \sqrt{k}$ $x_2 = 7 + \sqrt{k}$	$k = 0:$	$x_{1,2} = 7$	$k < 0$
c)	$h \in \mathbf{R}:$	$x_1 = h - 4$ $x_2 = h + 4$		$--$	$--$
d)	$h \in \mathbf{R}^*:$	$x_1 = -5h$ $x_2 = 7h$	$h = 0:$	$x_{1,2} = 0$	$--$
e)	$u \in \mathbf{R}:$	$x_1 = u - 10$ $x_2 = u + 4$		$--$	$--$
f)	$s > 2:$	$x_1 = 2 - \sqrt{s-2}$ $x_2 = 2 + \sqrt{s-2}$	$s = 2:$	$x_{1,2} = 2$	$s < 2$
g)	$s \neq 6:$	$x_1 = 4$ $x_2 = 2s - 8$	$s = 6:$	$x_{1,2} = 4$	$--$
h)	$g < 7:$	$x_1 = 11 - \sqrt{7-g}$ $x_2 = 11 + \sqrt{7-g}$	$g = 7:$	$x_{1,2} = 11$	$g > 7$
i)	$d > 4{,}5:$	$x_1 = 3d - \sqrt{2d-9}$ $x_2 = 3d + \sqrt{2d-9}$	$d = 4{,}5:$	$x_{1,2} = 13{,}5$	$d < 4{,}5$
m)	$a \neq -0{,}4:$	$x_1 = -5a$ $x_2 = 2$	$a = -0{,}4:$	$x_{1,2} = 2$	$--$
l)	$b \in \mathbf{R}^*:$	$x_1 = -2b$ $x_2 = -b$	$b = 0:$	$x_{1,2} = 0$	
k)	$t > 0{,}2:$	$x_1 = 2 - 3\sqrt{5t-1}$ $x_2 = 2 + 3\sqrt{5t-1}$	$t = 0{,}2:$	$x_{1,2} = 2$	$t < 0{,}2$

3.5.4.2 Wurzelsatz von VIETA

3.81 a) $-3;\ 7$ b) $-1;\ 8$ c) $3;\ 3$ d) $8; -9$ e) $-2; -7$
f) $7; -16$ g) $-1; -1$ h) $16;\ 18$ i) $-4; -6$ k) $a; -b$

3.82 Siehe Lösungen zu Aufgabe 3.63.

3.5.4.3 Produktform quadratischer Terme

3.83 Siehe Lösungen zu Aufgabe 3.5.

3.84 a) $a \cdot \left(x^2 - 7x + 10\right) = 0 \qquad (a \in \mathbf{R}^*)$ b) $a \cdot \left(x^2 - 4x - 21\right) = 0$
c) $a \cdot \left(x^2 + 25x + 154\right) = 0$ d) $a \cdot \left(x^2 + 126x - 387\right) = 0$
e) $a \cdot \left(18x^2 - 63x - 65\right) = 0$ f) $a \cdot \left(x^2 - 14x + 47\right) = 0$
g) $a \cdot \left(25x^2 + 160x - 144\right) = 0$ h) $a \cdot \left(3x^2 - 5kx - 2k^2\right) = 0$

3.85 a) $(x-3) \cdot (x-8)$ b) $2\,(x-5) \cdot (x+7)$
c) $(x-3) \cdot (x+4)$ d) $6\left(x + \frac{8}{3}\right) \cdot \left(x - \frac{5}{2}\right)$
e) $\sqrt{2} \cdot \left(x - 5\sqrt{2}\right) \cdot \left(x + 3\sqrt{2}\right)$ f) $25\,(x - 0{,}12) \cdot (x - 15)$
g) $(x-a) \cdot (bx+1)$ h) $15\left(x - \frac{2}{3}y\right) \cdot \left(x + \frac{9}{5}y\right)$
i) $(x - a + 2b) \cdot (x + 2a - b)$ k) $18\,(x - 1{,}19) \cdot (x - 3{,}56\,k)$

3.86 a) $x - 9$ b) $\dfrac{x-3}{4}$ c) $-\dfrac{x+2}{6}$
d) $-\dfrac{3}{14}(x - 10{,}1)$ e) $\dfrac{x - 3{,}4}{4\,(x-1)}$ f) $-\dfrac{310 \cdot (x + 9{,}5)}{490 \cdot (x + 7{,}2)}$

3.87 Man hüte sich davor, die beiden Klammern auszumultiplizieren!

Damit verschafft man sich nur eine Menge Arbeit mit unbequemen Zahlen. Wesentlich schneller kommt man zum Ziel, wenn man daran denkt, dass ein Produkt nur dann null sein kann, wenn einer der beiden Faktoren null ist (⇒ *Nullproduktsatz*). Damit ergeben sich die beiden relativ einfachen linearen Gleichungen

$$2{,}784x - 5{,}387 = 0 \qquad \text{und} \qquad 25 \cdot \pi - x \cdot \sqrt{2} = 0,$$

die mit geringem Aufwand gelöst werden können:

$$x = \frac{5\,387}{2\,784} \approx 1{,}935 \qquad \vee \qquad x = 12{,}5\,\pi\sqrt{2} \approx 55{,}536$$

3.5.5 Quadratische oder höhere Ungleichungen

3.88 a) $x < 3 \vee x > 8$ b) $-9 < x < 5$ c) $x \leq -3{,}6 \vee x \geq 2{,}7$
d) $x \leq -9{,}5 \vee x \geq -4$ e) $26{,}2 < x < 37{,}1$ f) $x < 3{,}4 \vee x > 8$
g) $-2 \leq x \leq 4$ h) $-9 \leq x \leq 7$ i) $-\frac{1}{3} \leq x \leq \frac{4}{3}$
k) $x < 0{,}42 \vee x > 0{,}91$ l) $-\frac{27}{13} \leq x \leq \frac{41}{65}$ m) $0{,}8 < x < 1{,}4$

3.89 a) $-2 < x < +2$ b) $-\frac{5}{3} < x < +\frac{5}{3}$ c) $\emptyset$

d) $2 < x < 5$ e) $-7 < x < -3$ f) $-1 < x < +12$

g) $x < 1 \vee x > 7$ h) $x < -1 \vee x > +1$ i) $\emptyset$

k) $x < -10 \vee x > -3$ l) $x \leq -\frac{169}{24} \vee x \geq 12$

3.90 a) $-0{,}3 \leq x \leq 0 \vee x \geq 6$ b) $x < 5 \wedge x \neq 0$ c) $x > 0$

d) $-2 \leq x \leq 2$ e) $x < -11$ f) $\emptyset$

g) $T < 0: x < -\frac{\sqrt{3}}{3} \vee x > \frac{\sqrt{3}}{3}$ $T = 0: x = \pm\frac{\sqrt{3}}{3}$ $T > 0: -\frac{\sqrt{3}}{3} < x < \frac{\sqrt{3}}{3}$

h) $T < 0: -\sqrt{2} < x < \sqrt{2}$ $T = 0: \emptyset$ $T > 0: x < -\sqrt{2} \vee x > \sqrt{2}$

i) $-0{,}5 < x < 0 \vee x > 3$ k) $-5 \leq x \leq -2 \vee x \geq 4$

l) $x < -3{,}75 \vee \frac{2}{3} < x < 21$ m) $x > 14$ n) $x \leq 0 \vee \frac{1}{8} \leq x \leq \frac{3}{4}$

☞ (g), (h): Ein Bruch ist positiv (negativ), wenn Zähler und Nenner gleiche (verschiedene) Vorzeichen besitzen.

3.91

	zwei Lösungen	eine Lösung	keine Lösung
a)	$k < 0 \vee k > \frac{3}{121}$: $x_{1,2} = 11k \pm \sqrt{k \cdot (121k - 3)}$	$k = 0: x_{1,2} = 0$ $k = \frac{3}{121}: x_{1,2} = \frac{3}{11}$	$0 < k < \frac{3}{121}$
b)	$-3 < k < 4$: $x_{1,2} = 2 \pm \sqrt{(k+3) \cdot (4-k)}$	$k = -3$ $\vee k = 4: x_{1,2} = 2$	$k < -3 \vee k > 4$
c)	$t < -9 \vee t > -5$: $x_{1,2} = 3t \pm \sqrt{2(t+5)(t+9)}$	$t = -9: x_{1,2} = -27$ $t = -5: x_{1,2} = -15$	$-9 < t < -5$
d)	$p < -8{,}5 \vee p > 2{,}1$: $x_{1,2} = 5 \pm \sqrt{(p - 2{,}1) \cdot (p + 8{,}5)}$	$p = -8{,}5$ $\vee p = 2{,}1: x_{1,2} = 5$	$-8{,}5 < p < 2{,}1$
e)	$k < 4 \vee k > 16$: $x_{1,2} = \frac{k + 8 \pm \sqrt{(k-4)(k-16)}}{2}$	$k = 4: x_{1,2} = 6$ $k = 16: x_{1,2} = 12$	$4 < k < 16$
f)	$0 < r < 1 \vee r > 4$: $x_{1,2} = 4 \pm \sqrt{r \cdot (r-1) \cdot (r-4)}$	$r = 0 \vee r = 1$ $\vee r = 4: x_{1,2} = 4$	$1 < r < 4$ $\vee r < 0$

3.5.6 Wurzelgleichungen, Teil 2

3.92 a) 0; 6 b) 8; 16 c) 4; $\left[-\frac{44}{25}\right]$ d) 8; [1] e) 5; [14]

f) $\left[-\frac{7}{4} \notin \mathbf{D}\right]$; $\frac{1}{4}$ g) [3]; 17 h) $\left[-\frac{3}{7} \notin \mathbf{D}\right]$; 3 i) $\left[-\frac{7}{47} \notin \mathbf{D}\right]$; 3 k) $7a$; $-a$
D beachten!

3.5.7 Quadratische Gleichungssysteme

3.93 a) $\{(7\,;\,8);\,(0\,;\,9)\}$ b) $\{(3\,;\,-3);\,(4\,;\,-4)\}$ c) $\mathbf{L} = \emptyset$

d) $\{(11{,}2\,;\,2{,}3);\,(12{,}2\,;\,1{,}3)\}$ e) $\{(-5\,;\,7);\,(-3\,;\,15)\}$ f) $\{(12{,}1\,;\,0{,}4)\}$

3.94 a) $\{(4\,;\,3);\,(4{,}8\,;\,1{,}4)\}$ b) $\{(3\,;\,4);\,(8\,;\,27)\}$ c) $\mathbf{L} = \emptyset$ d) $\mathbf{L} = \mathbf{R}$

e) $\left\{(17\,;\,7);\,\left(\frac{1\,553}{157}\,;\,\frac{3\,145}{157}\right)\right\}$ f) $\left\{(-1\,;\,4);\,\left(\frac{216}{109}\,;\,\frac{611}{109}\right)\right\}$

g) $\mathbf{L} = \emptyset$ h) $\left\{\left(\frac{2+\sqrt{19}}{2}\,;\,\frac{1-2\sqrt{19}}{2}\right);\,\left(\frac{2-\sqrt{19}}{2}\,;\,\frac{1+2\sqrt{19}}{2}\right)\right\}$

3.95 Die beiden gesuchten Zahlen seien x und y mit $\mathbf{D}_x = \mathbf{D}_y = \mathbf{N}$. Es sind zwei aufeinander folgende Zahlen $(y = x + 1)$, wobei die Summe ihrer Quadrate 25 sein soll $(x^2 + y^2 = 25)$. Da $x = -4 \notin \mathbf{D}$, gilt $x = 3$ und $y = 4$.

3.5.8 Biquadratische Gleichungen

3.96 a) -3; -2; 2; 3 b) -4; -2; 2; 4 c) -3; 3 d) $\emptyset$

e) -4; -2; 2; 4 f) $\emptyset$ g) -5; 5 h) $\emptyset$

i) -2; $-\sqrt{3}$; $\sqrt{3}$; 2 k) $-\frac{1}{3}\sqrt{6}$; $\frac{1}{3}\sqrt{6}$ l) $\emptyset$ m) $-3{,}5$; $3{,}5$

n) -25; $-2\sqrt{2}$; $2\sqrt{2}$; 25 o) -9; $-2\sqrt{6}$; $2\sqrt{6}$; 9 p) $-2{,}9$; $2{,}9$

Linearfaktorschreibweise: a) $(x+3)\cdot(x+2)\cdot(x-2)\cdot(x-3) = 0$

e) $3\cdot(x+4)\cdot(x+2)\cdot(x-2)\cdot(x-4) = 0$

i) $0{,}2\cdot(x+2)\cdot\left(x+\sqrt{3}\right)\cdot\left(x-\sqrt{3}\right)\cdot(x-2) = 0$

o) $-5\cdot(x+9)\cdot\left(x+2\sqrt{6}\right)\cdot\left(x-2\sqrt{6}\right)\cdot(x-9) = 0$

3.97 a) ± 3; ± 5 b) ± 5 c) 0; $\pm 2\sqrt{2} \approx \pm 2{,}8$

d) $\pm 3\sqrt{3}$; $\pm 4\sqrt{3}$ e) $\emptyset$ f) $\pm 0{,}5$; $\pm\sqrt{2}$

g) $\pm 3\sqrt{2}$; $\pm\sqrt{26}$ h) $\pm 2\sqrt{2}$; ± 25 i) $\pm 0{,}1\sqrt{5\sqrt{3\,585}-75} \approx \pm 1{,}5$

k) ± 7; $\pm 2\sqrt{31}$ l) ± 2; $\pm\sqrt{17}$ m) $\pm 0{,}5\sqrt{2\sqrt{17}+6} \approx \pm 1{,}9$

n) ± 3; ± 4 o) $\pm\sqrt{2}$; ± 3 p) ± 2; ± 4

3.98

	Def.-Menge	Substitution	Resubstitution	Lösung(en)
a)	$s \in \mathbf{R}$	$z = s + 4$	$s = z - 4$	$\{-12;\ -1\}$
b)	$x \in \mathbf{R}$	$z = x^2 + 4$	$x = \pm\sqrt{z-4}$	$\{\pm 1;\ \pm 4\}$
c)	$t \in \mathbf{R}^+$	$z = \sqrt{t}$	$t = z^2$	$\{16;\ 576\}$
d)	$x \in \mathbf{R}$	$z = x^2 - 6$	$x = \pm\sqrt{z+6}$	$\{0;\ \pm\sqrt{13}\}$
e)	$x \geq -1{,}5$	$z = \sqrt{2x+3}$	$x = 0{,}5\left(z^2 - 3\right)$	$\{11\}$
f)	$x \in \mathbf{R} \setminus \{0;2\}$	$z = x^2$	$x = \pm\sqrt{z}$	$\{\pm 3\}$
g)	$x \in \mathbf{R}$	$z = x^3$	$x = \sqrt[3]{z}$	$\left\{1;\ 2\sqrt[3]{2}\right\}$
h)	$x \in \mathbf{R}^+$	$z = x^{\frac{1}{3}}$	$x = z^3$	$\{125;\ 1\,000\}$
i)	$r \in \mathbf{R}^+$	$z = r^{\frac{2}{3}}$	$r = z\sqrt{z}$	$\left\{\frac{8}{27}\right\}$
k)	$x \in \mathbf{R}$	$z = x^4$	$x = \pm\sqrt[4]{z}$	$\{\pm\sqrt{7}\}$
l)	$x \in \mathbf{R}^+$	$z = x^{2/3} - 8$	$x = (z+8)\cdot\sqrt{z+8}$	$\{64;\ 125\}$
m)	$x \in \mathbf{R} \setminus \left\{\pm 1;\pm\sqrt{5}\right\}$	$z = x^2 - 3$	$x = \pm\sqrt{z+3}$	$\left\{\pm\sqrt{2};\ \pm 2\right\}$

Gemischte Aufgaben zu den quadratischen Gleichungen

3.99 a) $4;\ -34$ b) $6;\ 0{,}5$ c) 9 d) $-2;\ \frac{19}{6}$ e) $-29;\ [-1]$
f) $\mathbf{L} = \mathbf{R}$ g) $\mathbf{L} = \emptyset$ h) $-\frac{8}{11}$ i) $2;\ 3{,}6$

3.100 a) $5;\ 29$ b) $1;\ [5]$ c) $\mathbf{L} = \emptyset$ d) 12
e) $u \in \mathbf{R}^{\geq 4}$ f) $\mathbf{L} = \emptyset$ g) $\approx -2{,}1489;\approx 2{,}0028$ h) $-3{,}5$

3.101 a) $\pm 0{,}5$ b) $\mathbf{L} = \emptyset$ c) 0 d) $\pm 0{,}05$

3.102 a) ± 2 b) $-3;\ [+3 \notin \mathbf{D}]$ c) ± 1

3.103 a) ± 1 b) ± 1 c) ± 2 d) $-6{,}5 \pm 2{,}5\sqrt{5}$ e) ± 3 f) ± 2

3.104 a) $\frac{a}{b};\ -\frac{1}{a}$ $(a,b \neq 0)$

b) $\frac{a}{a-b};\ -\frac{a}{a+b}$ $(a \neq 0, a \neq |b|)$

c) $a = b: x \in \mathbf{R}^*$
$a \neq b: -a;\ b$
$(a,b \neq 0)$

d) $a = b: x \in \mathbf{R}^*$
$a \neq b: a;\ -b$
$(a,b \neq 0)$

e) $\frac{a-b}{a+b};\ -\frac{a+b}{a-b}$

f) $\frac{a-b}{a+b};\ \frac{a+b}{a-b}$

3.105 a) $v = \pm\sqrt{\frac{2\cdot(E-Gh)}{m}}$ b) $w = \pm\sqrt{\frac{b\,l}{l\,r + r^2}}$

c) $c = \pm\sqrt{\frac{E - h\cdot(f_1 - f_2)}{m}}$ d) $n = \pm\sqrt{\frac{v}{c + v - c_1}}$

e) $v = \pm\sqrt{\dfrac{2\,D(M+m)}{M\,m}}$ f) $v_1 = \pm\sqrt{\dfrac{2\,E\,(m_1+m_2)}{m_1\,m_2} + {v_2}^2}$

Im tatsächlichen Anwendungsfall muss darüber nachgedacht werden, ob beide Lösungen von den angegebenen Vorzeichen ($\pm$) physikalisch sinnvoll sind.

3.6 Polynomgleichungen

3.106 Siehe auch Lösungen zu den Aufgaben 3.5, 3.6 und 3.7.

3.107
a) $L = \{0;\ 1{,}3\}$ $20x \cdot (x - 1{,}3) = 0$
b) $L = \{-4{,}5;\ 0;\ 2{,}7\}$ $20x \cdot (x + 4{,}5) \cdot (x - 2{,}7) = 0$
c) $L = \{-11{,}2;\ 0;\ 7\}$ $10x \cdot (x + 11{,}2) \cdot (x - 7) = 0$
d) $L = \{-2{,}1;\ 0;\ 2{,}1\}$ $50\,x^2 \cdot (x + 2{,}1) \cdot (x - 2{,}1) \cdot \left(x^2 + 8{,}3\right) = 0$

3.108 Siehe auch Lösungen zu den Aufgaben 2.115 und 2.116.

3.109
a) $x^2 + 6x - 91$ b) $4x^2 - 28x + 44$
c) $-x^2 - 9{,}1$ d) $25x^2 - 75{,}5x + 37{,}2$

3.110
a) $\mathbf{L} = \{-14;\ -2;\ 7\};\ (x + 14) \cdot (x + 2) \cdot (x - 7) = 0$
b) $\mathbf{L} = \{-11\};\ (x + 11) \cdot \left(x^2 + 3\right) = 0$
c) $\mathbf{L} = \{-4{,}2;\ -1{,}6;\ 4{,}2\};\ 1{,}25 \cdot (x + 4{,}2) \cdot (x + 1{,}6) \cdot (x - 4{,}2) = 0$
d) $\mathbf{L} = \{0{,}45;\ 3{,}8\};\ 20 \cdot (x - 0{,}45)^2 \cdot (x - 3{,}8) = 0$
e) Angegebene Lösung ist falsch; Gleichung ist so nicht lösbar.
f) $\mathbf{L} = \{-2;\ 2\};\ 3 \cdot (x + 2) \cdot (x - 2) \cdot \left(x^2 + 2\right) = 0$
g) $\mathbf{L} = \{-4{,}5;\ 1{,}5;\ 3\};\ 4 \cdot (x + 4{,}5) \cdot (x - 1{,}5) \cdot (x - 3) = 0$

3.111
a) $\{-3;\ -2;\ 1\}$ b) $\{-1;\ 1;\ 4\}$ c) $\{-2;\ 5\}$ d) $\{0;\ 14;\ 23\}$
e) $\{-8;\ 4;\ 8\}$ f) $\{-4;\ -3;\ 2\}$ g) $\{-11;\ 0;\ 35\}$ h) $\{1\}$
i) $\{-5;\ 1\}$ k) $\{4\}$ l) $\{9;\ 2\}$ m) $\left\{-\sqrt{5};\ \sqrt{5};\ 8\right\}$
n) $\{-5\}$ o) $\{-9;\ 7\}$ p) $\{-4;\ 2;\ 8\}$ q) $\{-4;\ 4\}$

3.112
a) $\{-2{,}5;\ -1;\ 2\}$ b) $\{0{,}4;\ 1;\ 2{,}5\}$ c) $\{-0{,}5;\ 1{,}5;\ 2\}$
d) $\{-2{,}6;\ -1{,}3;\ 11\}$ e) $\{-1{,}1;\ -1;\ 1\}$ f) $\left\{-\sqrt{11};\ -2{,}3;\ \sqrt{11}\right\}$
g) $\left\{-0{,}4;\ \dfrac{1}{3};\ 15\right\}$ h) $\left\{-3{,}4;\ 0;\ \dfrac{1}{9};\ 3{,}5\right\}$

i) Die Gleichung ist mit vertretbarem Aufwand händisch nicht lösbar, da die möglichen Kombinationen der Teiler von $656\,667 = 3^4 \cdot 11^2 \cdot 67$ und $2\,200 = 2^3 \cdot 5^2 \cdot 11$ zu zahlreich sind. Mit dem Taschenrechner finden wir $\mathbf{L} = \{-5{,}5;\ 6{,}7;\ 8{,}1\}$.

k) $\{-1\}$ l) $\left\{-\dfrac{2}{5};\ \dfrac{9}{7};\ 3\right\}$ m) $\left\{-\dfrac{4}{9};\ \dfrac{2}{3};\ 5\right\}$

3.113
a) $\{-5;\ 1;\ 3;\ 8\}$ b) $\left\{-15;\ -\dfrac{1}{4};\ \dfrac{1}{2};\ 8\right\}$ c) $\{-10;\ -5;\ 1;\ 2;\ 7\}$
d) $\left\{-3;\ -\dfrac{2}{3};\ \dfrac{2}{3};\ 3\right\}$ e) $\{-11;\ -1;\ 1;\ 2;\ 20\}$ f) $\{-10;\ -2;\ 1\}$
g) $\{0\}$ h) $\{-4;\ 0;\ 4\}$ i) $\{-4;\ 7\}$
k) $\{-14;\ 0;\ 1{,}3;\ 17\}$ l) $\left\{-\dfrac{\sqrt[3]{4}}{2} \approx -0{,}79;\ 1\right\}$ m) $\left\{-\sqrt[3]{5} \approx -1{,}71;\ -1;\ 1\right\}$

3.114 Typ / Lösungsschritte

Typ		Lösungsschritte	
(1)	Polynomgleichung	(1)	$\ldots = 0$
(1a)	Normalform	(2)	Klammern auflösen
(1b)	Allgemeine Form	(3)	Zusammenfassen
(1c)	Biquadratisch	(4)	Ausklammern
(2)	Bruchgleichung	(5)	Nullproduktsatz
(3)	Wurzelgleichung	(6)	pq-Formel
(4a)	Absolutglied a_0 vorhanden	(7)	Substitution
(4b)	Absolutglied a_0 fehlt	(8)	Raten, Polynomdivision

	Typ	Lösungsschritte	Lösungsmenge
a)	(1a) $n = 3$; gemischte Exponenten; (4a)	(1); (8)	$\{-7;\ 4;\ 6\}$
b)	(1a) $n = 3$; gemischte Exponenten; (4a)	(8)	$\{-1\}$
c)	(1b) $n = 4$; symmetrische Exponenten; (4a)	(8)	$\left\{\frac{1}{5};\ \frac{1}{2};\ 2;\ 5\right\}$
	Symmetrische Exponenten (10; −77; 150; −77; 10) sind ein Hinweis, dass neben einer Zahl auch ihr Kehrwert in der Lösungsmenge vorkommt.		
d)	(1a) $n = 4$; gemischte Exponenten; (4b)	(1); (4); (8)	$\{-7;\ 0;\ 2\}$
e)	(1b) $n = 6$; nur gerade Exponenten (symmetrisch!); (4b)	(7) $x^2 = z$; kub.Gl.: (8)	$\{\pm\frac{1}{2};\ \pm1;\ \pm2\}$
f)	(1b) $n = 3$; gemischte Exponenten; (4a)	(1); (4); (8)	$\{-4{,}5;\ 1{,}5;\ 3\}$
g)	(2)	(1); · HN; (8)	$\{-3;\ 1;\ 5\}$
h)	(1a) $n = 4$; gemischte Exponenten; (4a)	(1); (8)	$\{-1;\ 2\}$
i)	(1b) $n = 4$; gemischte Exponenten; (4a); drei Lösungen bekannt	(1); PD mit $\left(x - \frac{2}{3}\sqrt{3}\right)^2$; (6)	$\{-2\sqrt{3};\ \frac{2}{3}\sqrt{3}\}$
k)	(1a) $n = 3$; gemischte Exponenten; (4a)	(1); (8)	$\{-3;\ -1{,}8;\ 2\}$
l)	(1b) $n = 3$; gemischte Exponenten; (4a)	(1); (8)	$\{-0{,}2;\ 0{,}3;\ 4\}$
m)	(1b) $n = 5$; nur ungerade Exponenten; (4b)	(4); (7)	$\left\{\pm\frac{\sqrt{2}\left(\sqrt{5}-1\right)}{4};\ \pm\frac{\sqrt{2}\left(\sqrt{5}+1\right)}{4};\ 0\right\}$
n)	(1b) $n = 4$; gemischte Exponenten; (4a)	(1); ·100; (8)	$\{2;\ 3;\ 7\}$
o)	(1b) $n = 10$; gemischte Exponenten; (4b)	(1); (4): $5x^3$; (5); (8) mit $(x - 7{,}1)$; (7)	$\{0;\ \sqrt[3]{2} \approx 1{,}26;\ \sqrt[3]{9} \approx 2{,}08;\ 7{,}1\}$

3.7 Exponentialgleichungen

3.115 a) $x = -4$ b) $x = -0{,}2$ c) $r = 4$ d) $x = 1{,}5$
e) $x = 1$ f) $k = -10$ g) $x = 4$ h) $x = 3$
i) $x = 0{,}5$ k) $k = 1$ l) $r = 0$ m) $x = 0{,}25$

3.116 a) $k = -\frac{3}{8}$ b) $x = \frac{5}{3}$ c) $k = \frac{14}{5}$
d) $x_1 = -8;\ x_2 = 4$ e) $x = -\frac{5}{27}$ f) $r_1 = 2{,}3;\ r_2 = 4{,}1$
g) $x_1 = -3;\ x_2 = 0$ h) $x = 0$ i) $x = 0{,}5$
k) $r = -2$ l) $x_1 = 1 - 2\sqrt{5} \approx -3{,}47$; $x_2 = 1 + 2\sqrt{5} \approx 5{,}47$ m) $x = 3$

3.117 a) $x = \dfrac{\lg(25)}{\lg(2)} \approx 4{,}6439$ b) $x = \dfrac{\lg(58)}{\lg(3)} \approx 3{,}696$ c) $t = \dfrac{\lg\left(\frac{2}{3}\right)}{\lg(4)} \approx -0{,}2925$

d) $k = \dfrac{\lg\left(\frac{7}{15}\right)}{\lg\left(\frac{5}{6}\right)} \approx 4{,}1802$ e) $x = \dfrac{\lg\left(\frac{45}{4}\right)}{\lg(7)} \approx 1{,}2438$ f) $x = \dfrac{\lg\left(\frac{5}{14}\right)}{\lg(3)} \approx -0{,}9372$

g) $x = \dfrac{\lg(2)}{\lg(3)} \approx 0{,}6309$ h) $r = \dfrac{\lg(16{,}2)}{7 \cdot \lg(1{,}8)} \approx 0{,}6769$ i) $|x| = 2 \cdot \sqrt{\dfrac{\lg(5)}{\lg(3)}}$; $x \approx \pm 2{,}4207$

k) $x = \dfrac{5}{9} \cdot \dfrac{\lg(37)}{\lg(2)} + \dfrac{4}{3}$; $x \approx 4{,}2275$ l) $x = \dfrac{\lg(34)}{\lg(16)} - 2$; $x \approx -0{,}7281$ m) $r = \dfrac{\lg(8{,}1) - \lg(m)}{\lg(b)}$; $b{,}m > 0 \wedge b \neq 1$

n) $x = 0{,}4 - \ln(1{,}5)$; $x \approx -0{,}00547$ o) ↯ p) $x_1 = \dfrac{2 - \sqrt{4 + 3\ln(2{,}3)}}{3} \approx -0{,}1831$; $x_2 = \dfrac{2 + \sqrt{4 + 3\ln(2{,}3)}}{3} \approx 1{,}5164$

3.118 $t_G = \dfrac{1}{\lambda} \cdot \ln\left(\dfrac{A_0}{A_G}\right);\quad \lambda = \dfrac{1}{\tau} \cdot \ln(2);\quad t_G = \dfrac{\tau}{\ln(2)} \cdot \ln\left(\dfrac{A_0}{A_G}\right) \approx 63{,}6\,\text{a}$

3.119 a) $x = \dfrac{\lg(4)}{\lg(0{,}75)}$; $x \approx -4{,}8188$ b) $r = \dfrac{\lg(15)}{\lg(0{,}6)}$; $r \approx -5{,}3013$ c) $r = \dfrac{\lg(2)}{\lg(6{,}125)}$; $r \approx 0{,}3825$

d) $x = \dfrac{\lg\left(\frac{4}{3}\right)}{\lg(2{,}5)}$; $x \approx 0{,}314$ e) $m = \dfrac{\lg(1{,}6)}{\lg\left(\frac{7}{3}\right)}$; $m \approx 0{,}5547$ f) $x = \dfrac{\lg\left(\frac{18}{41}\right)}{\lg\left(\frac{5}{9}\right)}$; $x \approx 1{,}4005$

g) $x = \dfrac{\lg\left(\frac{45a^2}{4b^3}\right)}{3 \cdot \lg\left(\frac{a}{b}\right)}$ h) $x = \dfrac{\lg\left(\frac{1161}{29}\right)}{\lg\left(\frac{3}{8}\right)}$; $x \approx -3{,}7619$ i) $t = \dfrac{5 - \ln(8{,}4)}{7}$; $t \approx 0{,}4103$

3.120 a) $x = \frac{\lg(0{,}186)}{\lg(16{,}2)}$
$x \approx -0{,}604$

b) $x = \frac{\lg\left(\frac{30}{14\,641}\right)}{\lg(726)}$
$x \approx -0{,}9393$

c) $x = \frac{\lg(5)}{\lg(96{,}8)}$
$x \approx 0{,}352$

d) $x_1 = \ln(5) \approx 1{,}6094;$
$x_2 = \ln(7) \approx 1{,}9459$

e) $x = 1{,}5 \pm \sqrt{5{,}25 + \ln(1{,}22)}$
$x_1 \approx -0{,}8343;\ x_2 \approx 3{,}8343$

f) $t = \frac{15 + 3\lg(\mathrm{e})}{1 - 2\lg(\mathrm{e})}$
$t \approx 124{,}0602$

3.121 a) $t = \frac{\lg\left[\frac{\lg(9)}{\lg(6)}\right]}{\lg(1{,}5)} \approx 0{,}5031$

b) $x = \frac{\lg\left[\frac{\lg(2{,}8)}{\lg(3{,}6)}\right]}{\lg(1{,}4)} \approx -0{,}6491$

c) ↯

d) $x = \frac{\ln\left[\frac{\ln(3)}{\ln(2)}\right]}{\ln(10) - 5} \approx -0{,}1707$

e) $x = \frac{\lg\left[\frac{\lg(a)}{\lg(b)}\right]}{\lg(v) - \lg(u)}$
$x = \frac{\lg\left[\lg(a)\right] - \lg\left[\lg(b)\right]}{\lg(v) - \lg(u)}$

f) ↯

3.122 a) Subst.: $6^x = z$
$z = 1 \vee z = 4$
$x = 0 \vee x = \frac{\ln(4)}{\ln(6)} \approx 0{,}7737$

b) Subst.: $3^x = z$
$z = -3 \vee z = \frac{1}{9} = 3^{-2}$
$x = -2$

c) Subst.: $10^x = z$
$z = -10 \vee z = \frac{1}{10} = -1$
$x = -1$

d) Subst.: $2^{2x} = z$
$z = 2{,}5 \vee z = 3 \vee z = 4$
$x = \frac{\lg(2{,}5)}{\lg(4)} \vee x = \frac{\lg(3)}{\lg(4)} \vee x = 1$

e) Subst.: $2^x = z$
$z = 1 \vee z = \pm\sqrt{2}$
$x = 0 \vee x = +0{,}5$

f) Subst.: $3{,}5^{100d} = z$
$z_{1,2} = 16 \pm \sqrt{255}$
$d = \frac{\lg(z)}{100 \cdot \lg(3{,}5)}$; $d \approx \pm 0{,}0277$

g) Subst.: $5^{2x} = z$
$z = 2^2 \vee z = 3^2$
$x = \frac{\lg(2)}{\lg(5)} \vee x = \frac{\lg(3)}{\lg(5)}$
$x \approx 0{,}4307 \vee x \approx 0{,}6826$

h) Subst.: $0{,}3^{2x} = z$
$z = 15^2 \vee z = \left(\frac{50}{3}\right)^2$
$x = \frac{\lg(15)}{\lg(3) - 1} \vee x = \frac{\lg(50) - \lg(3)}{\lg(3) - 1}$
$x \approx -2{,}2493 \vee x \approx -2{,}3368$

i) Subst.: $5^x = z$
$z = 1 \vee z = 25$
$x = \frac{\lg(1)}{\lg(5)} = 0 \vee x = \frac{\lg(25)}{\lg(5)} = 2$

k) Subst.: $3^x = z$
$z = 3 \vee z = 8$
$x = \frac{\lg(3)}{\lg(3)} = 1 \vee x = \frac{\lg(8)}{\lg(3)} \approx 1{,}8928$

l) Subst.: $\mathrm{e}^t = z$
$z = -4 \vee z = 3 \vee z = 5$
$t = \ln(3) \approx 1{,}0986 \vee$
$t = \ln(5) \approx 1{,}6094$

m) Subst.: $\mathrm{e}^t = z$
$z = -\sqrt{3\,\mathrm{e}} \vee z = \sqrt{2\,\mathrm{e}}$
$t = \frac{\ln(2) + 1}{2} \approx 0{,}8466$

3.123 a) $x = 0$ b) $\mathbf{L} = \emptyset$ c) $x = 0$
d) $t = \mathrm{e} \approx 2{,}72$ e) $x_1 \approx -3{,}02;\ x_2 \approx 0{,}46;\ x_3 \approx 2{,}77$
f) $k_1 \approx -1{,}23;\ k_2 \approx 2{,}03$ h) $x_1 \approx -5;\ x_2 \approx -2{,}02;\ x_3 \approx 3{,}22$

3.124 a) Exp.-Vergleich $x = 2$ b) Exp.-Vergleich $x = 3$ c) $x = k + 1$
d) NPS: $x = 0 \vee x = 9$ e) $x = 2{,}5$ f) $x = \dfrac{\lg(5{,}184)}{\lg(2{,}5)}$, $x \approx 1{,}7959$
g) $t = 5{,}5$ h) NPS: $r = \frac{14}{3}$ i) Subst.: $\mathrm{e}^x = z$, $x = -\ln(3) \approx -1{,}0986$
k) Grafik: $x_1 \approx -1{,}9961$, $x_2 \approx 0{,}3005$ l) Subst.: $\mathrm{e}^{2t} = z$, $t = \dfrac{\ln(5)}{2} \approx 0{,}8047$ m) $\mathbf{L} = \emptyset$

3.125 a) $n = \dfrac{\ln\left(\frac{K_n}{K_0}\right)}{\ln(q)}$ b) $t = \dfrac{\ln\left(\frac{m_0}{m}\right)}{k}$

c) $n = \dfrac{\ln\left(\dfrac{r + S_n \cdot (q-1)}{r}\right)}{\ln(q)}$ d) $n = \dfrac{\ln\left(\dfrac{r \cdot q + S_n' \cdot (q-1)}{r}\right)}{\ln(q)} - 1$

e) $n = 1 - \dfrac{\ln\left(\dfrac{r \cdot q \cdot (q-1) - S_0'}{r \cdot (q-1)}\right)}{\ln(q)}$ f) $n = \dfrac{\ln\left(\dfrac{r}{r - S_0 \cdot (q-1)}\right)}{\ln(q)}$

g) $n = \dfrac{\ln\left(\dfrac{K_n \cdot (q-1) \pm r}{K_0 \cdot (q-1) \pm r}\right)}{\ln(q)}$ h) $n = \dfrac{\ln\left(\dfrac{K_n \cdot (q-1) \pm r \cdot q}{K_0 \cdot (q-1) \pm r \cdot q}\right)}{\ln(q)}$

i) $t = \dfrac{\ln(2)}{k}$ k) $t = \dfrac{\ln\left(\dfrac{a - S}{y - S}\right)}{k}$

l) $t = \dfrac{\ln\left(\dfrac{y \cdot (a-S)}{a \cdot (y-S)}\right)}{k \cdot S}$ m) $n = \dfrac{\ln\left(\dfrac{K_0 \cdot (q-1) + T_1}{T_1}\right)}{\ln(q)}$

3.8 Logarithmische Gleichungen

3.126 a) $x = 5^2 = 25$ b) $x = 3^3 = 27$ c) $x = 2$
d) $a = 2$ e) $4^2 = 3x - 2 \Rightarrow x = 6$ f) $5^6 = 2x + 15\,603 \Rightarrow x = 11$

3.127 a) $x = \dfrac{\sqrt{5} - 1}{2}$ b) $r = 0{,}5$ c) $x = \dfrac{\sqrt{5} + 7}{2}$ d) $t = 0{,}4$
e) $x = 2\,500$ f) $x = \dfrac{1}{9}$ g) $k = \dfrac{5}{3}$ h) $x_{1,2} = \dfrac{9 \pm \sqrt{61}}{2}$

3.128 a) $x \approx 1{,}2078$ b) $x = 0{,}5$ c) $k = 10^{-0{,}2} \approx 0{,}631$
d) $\lg(x) = 3 \Rightarrow x = 1\,000$ e) $t = 4$ f) $x = \frac{8}{21} \approx 0{,}381$

3.129 a) Subst.: $\lg(x) = z$; $x = 10^z$
$z = -3 \quad \vee\ z = 8$
$x = 10^{-3} = 0{,}001 \ \vee\ x = 10^8$

b) Subst.: $\lg(7x + 1) = z$; $x = \frac{1}{7}(10^z - 1)$
$z = -1 \ \vee\ z = 0 \ \vee\ z = 6$
$x = -\frac{9}{70} \ \vee\ x = 0 \ \vee\ x = 142\,857$

c) Subst.: $\lg(x) = z$
$z = -0{,}5 \quad \vee\ z = 2{,}5$
$x \approx 0{,}3162 \ \vee\ x \approx 316{,}2278$

d) Subst.: $\lg(x + 2) = z$; $x = 10^z - 2$
$z = -5 \quad \vee\ z = 0{,}5 \quad \vee\ z = 4$
$x = -1{,}99999 \ \vee\ x \approx 1{,}1623 \ \vee\ x = 9\,998$

3.130 a) $x \approx 3{,}5885$ b) $u \approx 1{,}3902$ c) $x \approx 531{,}05$ d) $t \approx 0{,}1186$

3.131 a) $x = 1{,}5$ b) $x = 14$ c) $x = 1$ d) $x = 7$

3.132 a) $x_1 \approx 0{,}1024$; $x_2 = 1$ b) $\mathbf{L} = \emptyset$
c) $x_1 \approx -3{,}9549$; $x_2 \approx -0{,}4132$ d) $x_1 \approx 0{,}0525$; $x_2 \approx 4{,}5052$

4 Funktionen

4.2 Arten der Darstellung von Funktionen

4.1 $A(2\,|\,4)$ $B(-2{,}5\,|\,2{,}5)$ $C(0\,|\,3)$ $D(-4\,|\,4)$ $E(5{,}5\,|\,0)$ $F(-3\,|\,-2)$
$G(4{,}5\,|\,-3{,}5)$ $H(-4\,|\,0)$ $I(-5\,|\,2)$ $K(-2\,|\,-4)$ $L(3\,|\,-5)$ $M(2{,}5\,|\,1{,}5)$

4.2

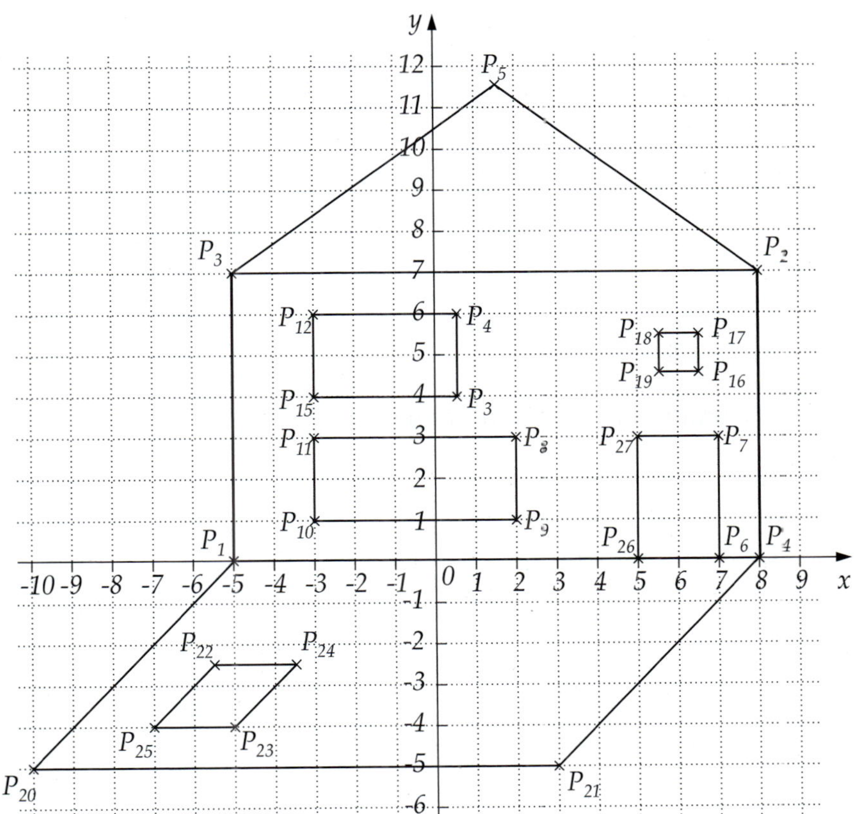

Bild L.1

4.3 a) y-Koordinate ist null: $P_x(x \mid 0)$

b) x-Koordinate ist null: $P_y(0 \mid y)$

c) x- und y-Koordinaten sind gleich: $P(x \mid x)$

4.4 a) P_2 und P_3 liegen auf der Geraden, P_1 nicht.
b) P_1 liegt auf der Geraden, P_2 und P_3 nicht.
c) P_3 liegt auf der Geraden, P_1 und P_2 nicht.
d) P_2 liegt auf der Parabel, P_1 und P_3 nicht.
e) Alle drei Punkte liegen auf der Kurve (keine Funktion!).

4.5 a) $x_1 = \frac{35}{6}$ $x_2 = -\frac{5}{12}$ $x_3 = 1$ b) $x_1 = 0$ $x_2 = \frac{1}{3}$ $x_3 = 1$

c) $x_1 = -\frac{3}{7}$ $x_2 = \frac{219}{28}$ $x_3 = 2$

d) $x_{1(1)} = -\sqrt{2}$ $x_{1(2)} = \sqrt{2}$ $x_{2(1)} = -2{,}1$ $x_{2(2)} = 2{,}1$ $x_{3(1)} = -3$ $x_{3(2)} = 3$

e) $x_{1(1)} = -\frac{2}{3}$ $x_{1(2)} = \frac{3}{5}$ $x_{2(1)} = -\frac{7}{3}$ $x_{2(2)} = \frac{34}{15}$ $x_{3(1)} = -\frac{2}{5}$ $x_{3(2)} = \frac{1}{3}$

4.6

	$f(x_0)$	$f(x_0+h)$	$\frac{f(x_0+h)-f(x_0)}{h}$
a)	$3x_0$	$3x_0 + 3h$	3
b)	$-2gx_0 + 9$	$-2gx_0 - 2gh + 9$	$-2g$
c)	$4x_0^2 + 8$	$4x_0^2 + 8hx_0 + 4h^2 + 8$	$8x_0 + 4h$
d)	$ax_0^2 - 5bx_0$	$ax_0^2 + 2ahx_0 - 5bx_0 + ah^2 - 5bh$	$2ax_0 + ah - 5b$
e)	$-7x_0^2 + 3x_0 + 5$	$-7x_0^2 + 3x_0 - 14hx_0 - 7h^2 + 3h + 5$	$-14x_0 - 7h + 3$
f)	$0{,}2x_0^3 + 14$	$0{,}2x_0^3 + 0{,}6hx_0^2 + 0{,}6h^2x_0 + 0{,}2h^3 + 14$	$0{,}6x_0^2 + 0{,}6hx_0 + 0{,}2h^2$

Fortgeschrittene Leser werden in dem Bruchterm in der rechten Spalte den *Differenzenquotienten* wiedererkennen!

4.3.5 Schnittpunkte mit den Achsen

4.7 a) $S_y(0 \mid -2)$ $N(2 \mid 0)$ b) $S_y(0 \mid 5)$ $N\left(-\frac{5}{3} \,\middle|\, 0\right)$

c) $S_y\left(0 \,\middle|\, -\frac{4}{7}\right)$ $N\left(-\frac{6}{7} \,\middle|\, 0\right)$ d) $S_y\left(0 \,\middle|\, -\frac{5}{3}\right)$ $N(2 \mid 0)$

e) $S_y\left(0 \,\middle|\, \frac{7}{3}\right)$ $N(-1{,}5 \mid 0)$ f) $S_y = N_1(0 \mid 0)$ $N_2(3 \mid 0)$

g) $S_y(0 \mid 4)$ $N_1(-2 \mid 0)$ $N_2(0{,}5 \mid 0)$ h) $S_y\left(0 \,\middle|\, -\frac{491}{6}\right)$ keine Nullstellen

i) $S_y(0 \mid -2{,}6)$ $S_y(0 \mid 2{,}6)$ $N_1(-2{,}6 \mid 0)$ $N_2(2{,}6 \mid 0)$ (Kreis, keine Fkt.!)

k) $S_y\left(0 \,\middle|\, -\frac{10}{3}\right)$ $S_y\left(0 \,\middle|\, \frac{10}{3}\right)$ $N_1(-5 \mid 0)$ $N_2(5 \mid 0)$ (Ellipse, keine Fkt.)

4.4 Lineare Funktionen

4.8 a) $f(-3{,}5) = -8{,}5$ $P(-3{,}5 \mid -8{,}5)$ $f(0) = 9$ $P(0 \mid 9)$ $f(11) = 64$ $P(11 \mid 64)$ $f(86) = 439$ $P(86 \mid 439)$

b) $f(-3{,}5) = 37{,}5$ $f(0) = 36$ $f(11) = \frac{219}{7}$ $f(86) = -\frac{6}{7}$

$P(-3{,}5 \mid 37{,}5)$ $P(0 \mid 36)$ $P\left(11 \mid \frac{219}{7}\right)$ $P\left(86 \mid -\frac{6}{7}\right)$

4.9 R, Z liegen auf der Geraden, S und W nicht.

4.4.3 Die Funktion $y = mx$

4.10 a) $m = 5$ b) $m = -3{,}1$ c) $m = \frac{19}{37}$ d) $m = -4{,}9$

4.11 a) $y = 2x$ b) $y = -0{,}4x$ c) $y = 8x$ d) $y = -3x$ e) $y = 7x$

4.12 a) $\alpha \approx 76°$ b) $\alpha = 45°$ c) $\alpha = 135°$ d) $\alpha \approx 99{,}2°$ e) $\alpha \approx 38{,}7°$ f) $\alpha \approx 91{,}4°$

4.4.4 Die Funktion $y = mx + b$

4.13 a) $y = 2x$ b) $y = -3x + 13$ c) $y = \frac{3}{4}x + \frac{125}{56}$

4.14 a) $y = 2x - 13$ b) $y = -4x - 7$ c) $y = \frac{2}{3}x + 8$ d) $y = -\frac{5}{4}x - \frac{7}{8}$

e) $y = \frac{6}{7}x + 19$ f) $y = -8{,}25x - 13$ g) $y = 126x - 44$ h) $y = -85x + 739{,}2$

4.15 a) $y = 2x + 1$ b) $y = -5x + 12$ c) $x = 2$ d) $y = -3{,}4x + 1{,}6$ e) $y = 0{,}01x + 15$ f) $y = 4{,}9$ g) $y = -8{,}21x + 0{,}95$ h) $y = 19{,}05x - 4{,}75$

4.16 a) $y = 6x + 8$ b) $y = -4x - 31$ c) $y = 11{,}2x - 52{,}84$ d) $y = -\frac{114}{7}x + 812$

4.4.5 Grafische Darstellung der linearen Funktion

4.17

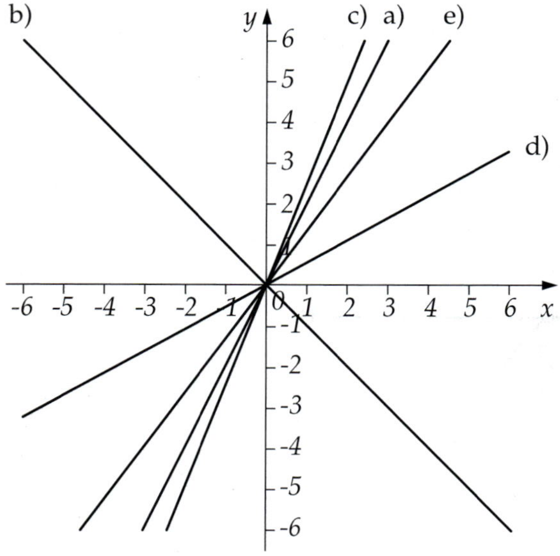

Bild L.2

4.18 Siehe Bild L.3

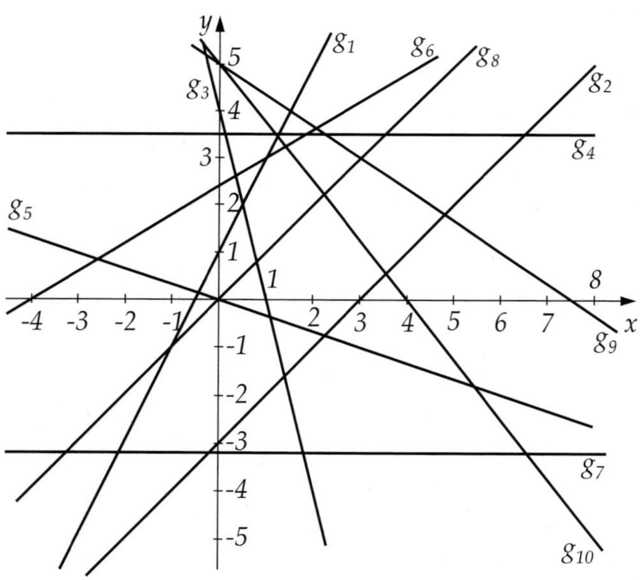

Bild L.3

4.19

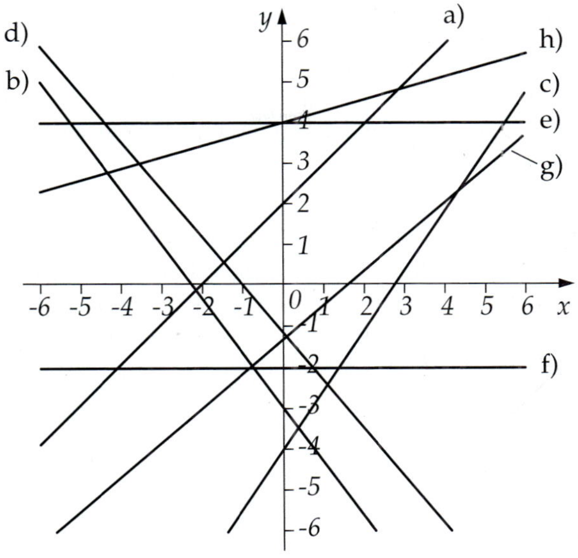

Bild L.4

4.20 a) $y = 3x$ b) $y = \frac{4}{5}x$ c) $f(x) = -2x$ d) $y = -\frac{3}{5}x$ e) $y = \frac{1}{2}x$

4.21 a) $y = 2x + 4$ b) $y = -0{,}5x - 3$ c) $y = -0{,}5x + 2$
d) $y = 5$ e) $y = x - 4$ f) $y = -0{,}4x + 4$

4.22 a) $N(-3\,|\,0)$ b) $N(4{,}8\,|\,0)$ c) $N\left(\frac{34}{7}\,|\,0\right) \approx N(4{,}9\,|\,0)$ d) $N(-14\,|\,0)$

4.23 a) $S_y(0\,|\,9)$ b) $S_y(0\,|\,24)$ c) $S_y(0\,|\,-1{,}7)$ d) $S_y(0\,|\,-448)$

4.4.6 Grafische Lösungen

4.24 a) $P_s(-2\,|\,-5)$ b) $P_s(4\,|\,0{,}9)$ c) $P_s(3\,|\,7)$ d) $P_s(-2\,|\,-6)$
e) $P_s(-1\,|\,+3)$ f) $P_s(2\,|\,-7)$ g) $g_1 \parallel g_2$ h) $g_1 = g_2$

4.25 a) $g_1 \parallel g_2$ b) $S_{1,2}(1\,|\,7)$ c) $s_1 = s_2$ d) $S_{gh}\left(\frac{45}{28}\,\middle|\,\frac{53}{28}\right) \approx (1{,}6\,|\,1{,}9)$

4.26 Eigene Grafik mit einem Funktionenplotter überprüfen!

a) $x = -1{,}5$ b) $x = 6{,}4$ c) $x = 3\,;\, y = 5$ d) $x \approx 0{,}67\,;\, y \approx -0{,}83$
e) $x = 1\,;\, y = -1$ f) $x = 5\,;\, y = 2$ g) $x = 2\,;\, y = 3$ h) $x = 1{,}5\,;\, y = 0{,}75$
i) $x = 1{,}5\,;\, y = 1{,}25$ l) $x \approx -2{,}33\,;\, y \approx 1{,}33$

k) Kein Schnitt, da die Geraden parallel verlaufen! Die Gleichungen widersprechen einander; es gibt keine Lösung!

m) Die Geraden liegen aufeinander. Die beiden Gleichungen sind linear abhängig voneinander. Es gibt keine eindeutige, sondern unendlich viele Lösungen:

$$\mathbf{L} = \{\, (x\,;\, y) \mid (t\,;\, 3t + 5)\,,\, t \in \mathbf{R} \,\}$$

n) $x \approx 0{,}33\,;\, y = 0{,}5$ o) Widerspruch, analog (k) p) analog (m)

4.27 a) x-Achse: Menge in Gramm [0 ; 5 000]; y-Achse: Preis in Euro.

$$y_{\text{Ba}} = \frac{25}{10\,000}x;\quad y_{\text{Bi}} = \frac{26}{10\,000}x;\quad y_{\text{E}} = \frac{44}{10\,000}x;\quad y_{\text{Ä}} = \frac{23}{10\,000}x$$

b) Für 5 € erhält man 2000 g Bananen, ca. 1923 g Birnen, 1136 g Erdbeeren oder 2174 g Äpfel. 300 g Erdbeeren kosten 1,32 €.

c) Augenscheinlich sind die Bananen billiger. Da aber deren Schale (ca. 38,3 % des Gesamtgewichtes) mitgewogen wird, obwohl sie nicht verzehrt werden kann, muss der Kunde für einen Vergleich vom Nettopreis ausgehen. Bei den Bananen sind dies 4,05 €/ kg (= 2,50 ÷ 0,617) und bei den Birnen 2,83 €/ kg (= 2,60 ÷ 0,92), d. h., die Bananen sind ca. 1,6 mal teurer als die Birnen. Der Verbraucher muss insbesondere die Preiskurve für Bananen in Gedanken steiler ansetzen.

4.5 Quadratische Funktionen

4.28

a) $y = (x-3)^2 + 1;\quad S\,(3\,|\,1)$

b) $y = (x-2)^2 - 5;\quad S\,(2\,|\,-5)$

c) $y = (x+4)^2 + 2;\quad S\,(-4\,|\,2)$

d) $y = (x+1)^2 - 3;\quad S\,(-1\,|\,-3)$

e) $y = (x-4{,}5)^2 - 19;\quad S\,(4{,}5\,|\,-19)$

f) $y = (x-1{,}5)^2 + 1{,}75;\quad S\,(1{,}5\,|\,1{,}75)$

g) $y = (x-0{,}5)^2 - 11;\quad S\,(0{,}5\,|\,-11)$

h) $y = \left(x - \frac{1}{4}\right)^2 + \frac{11}{16};\quad S\left(\frac{1}{4}\,\middle|\,\frac{11}{16}\right)$

i) $y = (x-0{,}4)^2 - 1{,}8;\quad S\,(0{,}4\,|\,-1{,}8)$

k) $y = (x+8)^2 - 64;\quad S\,(-8\,|\,-64)$

l) $y = (x-0)^2 + 7;\quad S\,(0\,|\,7)$

m) $y = \left(x + \frac{1}{2}\right)^2 - \frac{9}{4};\quad S\left(-\frac{1}{2}\,\middle|\,-\frac{9}{4}\right)$

4.29

a) $y = (x+3)^2 - 21$ $\quad S\,(-3\,|\,-21)$

b) $y = (x-2)^2 + 1$ $\quad S\,(2\,|\,1)$

c) $y = (x+6)^2 - 6$ $\quad S\,(-6\,|\,-6)$

d) $y = (x+3{,}5)^2 - 30{,}25$ $\quad S\,(-3{,}5\,|\,-30{,}25)$

e) $y = (x-2{,}5)^2 - 12{,}25$ $\quad S\,(2{,}5\,|\,-12{,}25)$

f) $y = (x-1{,}1)^2 + 2{,}89$ $\quad S\,(1{,}1\,|\,2{,}89)$

g) $y = (x+1{,}7)^2 - 3{,}89$ $\quad S\,(-1{,}7\,|\,-3{,}89)$

h) $y = (x-2{,}35)^2 + \frac{9\,391}{400}$ $\quad S\left(\frac{47}{20}\,\middle|\,\frac{9\,391}{400}\right) \approx S\,(2{,}35\,|\,23{,}48)$

i) $y = (x+6{,}5)^2 - 50{,}45$ $\quad S\,(-6{,}5\,|\,-50{,}45)$

k) $y = (x-9{,}75)^2 - \frac{1\,577}{16}$ $\quad S\left(\frac{39}{4}\,\middle|\,-\frac{1\,577}{16}\right) \approx S\,(9{,}75\,|\,-98{,}56)$

l) $y = \left(x + \frac{1}{3}\right)^2 - \frac{73}{9}$ $\quad S\left(-\frac{1}{3}\,\middle|\,-\frac{73}{9}\right) \approx S\,(-0{,}33\,|\,-8{,}11)$

m) $y = \left(x - \frac{3}{7}\right)^2 + \frac{111}{196}$ $\quad S\left(\frac{3}{7}\,\middle|\,\frac{111}{196}\right) \approx S\,(0{,}43\,|\,0{,}57)$

n) $y = (x-0)^2 - 9$ $\quad S\,(0\,|\,-9)$

o) $y = \left(x + \frac{5}{14}\right)^2 - \frac{25}{196}$ $S\left(-\frac{5}{14} \,\middle|\, -\frac{25}{196}\right) \approx S(-0{,}36 \mid -0{,}13)$

p) $y = (x - 0)^2 - \frac{9}{5}$ $S(0 \mid -1{,}8)$

4.30 a) $x_1 = -7;\ x_2 = 4$ b) $x_1 = 11;\ x_2 = 29$ c) keine Nst.

d) $x_1 = -1{,}4;\ x_2 = -3{,}2$ e) keine Nst. f) $x_{1,2} = -6{,}9$

4.31
a) $y = 2 \cdot (x - 3)^2 - 8$; $\text{Min}(3 \mid -8)$
b) $y = 7 \cdot (x - 4)^2 - 1$; $\text{Min}(4 \mid -1)$
c) $y = -2 \cdot (x - 1)^2 - 3$; $\text{Max}(1 \mid -3)$
d) $y = 3 \cdot (x - 2)^2 + 7$; $\text{Min}(2 \mid 7)$
e) $y = -5 \cdot (x + 7)^2 + 1$; $\text{Max}(-7 \mid 1)$
f) $y = -0{,}1 \cdot (x - 9)^2 - 8{,}5$; $\text{Max}(9 \mid -8{,}5)$
g) $y = \frac{1}{3}(x - 3)^2 - 2$; $\text{Min}(3 \mid -2)$
h) $y = -(x + 12)^2 + 4$; $\text{Max}(-12 \mid 4)$
i) $y = 4 \cdot \left(x - \frac{2}{3}\right)^2 - 6$; $\text{Min}\left(\frac{2}{3} \,\middle|\, -6\right)$
k) $y = (x - 0{,}5)^2 - 0{,}8$; $\text{Min}(0{,}5 \mid -0{,}8)$
l) $y = -\frac{2}{7}(x - 1{,}4)^2 + 3$; $\text{Max}(1{,}4 \mid 3)$
m) $y = 8{,}1\left(x - \frac{2}{9}\right)^2 - 3$; $\text{Min}\left(\frac{2}{9} \,\middle|\, -3\right)$

4.32
a) $y = (x - 2)^2 + 3$
$a = 1;\ d = 2;\ e = 3$

b) $y = 5 \cdot (x - 8)^2 - 11$
$a = 5;\ d = 8;\ e = -11$

c) $y = -3 \cdot (x + 2{,}4)^2 + 3{,}5$
$a = -3;\ d = -2{,}4;\ e = 3{,}5$

d) $(x - 3)^2 + (y - 8)^2 = 1$
$a = 3;\ b = 8;\ r = 1$

e) $(x - 11{,}2)^2 + (y + 4{,}3)^2 = 25$
$a = 11{,}2;\ b = -4{,}3;\ r = 5$

f) $(x + 2{,}6)^2 + (y - 9)^2 = 7$
$a = -2{,}6;\ b = 9;\ r = \sqrt{7}$

g) $\frac{x^2}{64} + \frac{y^2}{25} = 1$
$a = 8;\ b = 5$

h) $\frac{x^2}{51{,}84} + \frac{y^2}{225} = 1$
$a = 7{,}2;\ b = 15$

i) $\frac{x^2}{1{,}96} + \frac{y^2}{12{,}96} = 1$
$a = 1{,}4;\ b = 3{,}6$

k) $\frac{x^2}{65{,}61} - \frac{y^2}{729} = 1$
$a = 8{,}1;\ b = 27$

l) Form existiert nicht!

m) $\frac{x^2}{22{,}09} - \frac{y^2}{96{,}04} = 1$
$a = 4{,}7;\ b = 9{,}8$

4.33

a) $x_1 = 2;\ x_2 = 4$ b) $x_1 = -7;\ x_2 = 8$ c) $x_{1,2} = -4$

d) keine NSt. e) $x_1 = -13{,}7;\ x_2 = -6{,}4$ f) keine NSt.

g) $x_1 = 2{,}8;\ x_2 = 6{,}8$ h) $x_{1,2} = -12{,}7$ i) $x_1 = 4{,}6;\ x_2 = 21{,}5$

k) keine NSt. l) $x_1 = -0{,}41;\ x_2 = 0{,}65$ m) $x_1 = -27{,}4;\ x_2 = -19{,}1$

4.34

a) $x_1 = 1$ $x_2 = 5$

b) $x_1 = 4 - \frac{\sqrt{7}}{7} \approx 3{,}62$ $x_2 = 4 + \frac{\sqrt{7}}{7} \approx 4{,}38$

c) keine Nullstellen

d) keine Nullstellen

e) $x_1 = -7 - \frac{\sqrt{5}}{5} \approx -7{,}45$ $x_2 = -7 + \frac{\sqrt{5}}{5} \approx -6{,}55$

f) keine Nullstellen

g) $x_1 = 3 - \sqrt{6} \approx 0{,}55$ $x_2 = 3 + \sqrt{6} \approx 5{,}45$

h) $x_1 = -14$ $x_2 = -10$

i) $x_1 = \frac{2}{3} - \frac{\sqrt{6}}{2} \approx -0{,}56$ $x_2 = \frac{2}{3} + \frac{\sqrt{6}}{2} \approx 1{,}89$

k) $x_1 = \frac{1}{2} - \frac{2}{5} \cdot \sqrt{5} \approx -0{,}39$ $x_2 = \frac{1}{2} + \frac{2}{5} \cdot \sqrt{5} \approx 1{,}39$

l) $x_1 = 1{,}4 - 0{,}5 \cdot \sqrt{42} \approx -1{,}84$ $x_2 = 1{,}4 + 0{,}5 \cdot \sqrt{42} \approx 4{,}64$

m) $x_1 = \frac{2}{9} - \frac{\sqrt{30}}{9} \approx -0{,}39$ $x_2 = \frac{2}{9} - \frac{\sqrt{30}}{9} \approx 0{,}83$

4.35

	Scheitel	Nst.	y_S		Scheitel	Nst.	y_S
a)	Min$(8 \mid -4)$	6; 10	60	b)	Min$(5 \mid -16)$	1; 9	9
c)	Min$(-3 \mid -25)$	−8; 2	−16	d)	Min$(6 \mid -100)$	−4; 16	−64
e)	Min$(1{,}5 \mid -9)$	−1,5; 4,5	−6,75	f)	Min$(-3{,}5 \mid 0)$	−3,5	12,25
g)	Max$(1 \mid 25)$	−4; 6	24	h)	Min$(7 \mid -50)$	2; 12	48
i)	Max$(-6 \mid 48)$	−10; −2	−60	k)	Min$(2 \mid 2)$	keine	18
l)	Max$(5 \mid 16)$	3; 7	−84	m)	Min$(-9 \mid -845)$	−22; 4	−440
n)	Max$(2 \mid -17{,}8)$	keine	−23	o)	Max$(12 \mid 43{,}2)$	9; 15	−648
p)	Min$\left(\frac{7}{5} \mid -\frac{49}{150}\right)$	0,7; 2,1	0,98	q)	Min$\left(\frac{9}{5} \mid -\frac{162}{125}\right)$	−1,8; 5,4	$-\frac{243}{250}$
r)	Max$\left(8{,}2 \mid \frac{343}{900}\right)$	7,5; 8,9	$-\frac{623}{12}$	s)	Max$(3{,}7 \mid 0)$	3,7	$-\frac{1\,369}{125}$

4.36

a) p: nach unten geöffnet und gestreckt,
Max$(-1 \mid 2)$, $N_1(-2 \mid 0)$, $N_2(0 \mid 0)$, $S_y(0 \mid 0)$.

b) p: nach unten geöffnet und gestreckt,
Max$(2 \mid -1)$, keine Nullpunkte, $S_y(0 \mid -7)$.

c) p: nach oben geöffnet und gestaucht,
Min$(0 \mid -2{,}7)$, $N_1(-3 \mid 0)$, $N_2(3 \mid 0)$, $S_y(0 \mid -2{,}7)$.

d) p: nach unten geöffnet und gestreckt,
Max$(1 \mid 2)$, $N_1(\approx 0{,}2 \mid 0)$, $N_2(\approx 1{,}8 \mid 0)$, $S_y(0 \mid -1)$.

e) p: nach oben geöffnet und gestreckt,
Min$(-1 \mid -2)$, $N_1(-2{,}3 \mid 0)$, $N_2(0{,}3 \mid 0)$, $S_y\left(0 \,\middle|\, -\frac{6}{7}\right)$.

f) p: nach unten geöffnete Normalparabel (NP),
Max$(1 \mid -2)$, keine Nullpunkte, $S_y(0 \mid -3)$.

g) p: nach oben geöffnet und gestaucht,
Min$(3 \mid -3)$, $N_1(0 \mid 0)$, $N_2(6 \mid 0)$, $S_y(0 \mid 0)$.

h) p: nach oben geöffnet und gestreckt,
Min$(-0{,}25 \mid -6{,}25)$, $N_1(-1{,}5 \mid 0)$, $N_2(1 \mid 0)$, $S_y(0 \mid -6)$.

i) p: nach unten geöffnete NP,
Max$(-0{,}8 \mid 2{,}76)$; $N_1(\approx -2{,}5 \mid 0)$, $N_2(\approx 0{,}9 \mid 0)$, $S_y(0 \mid 2{,}12)$.

k) p: nach unten geöffnet und gestaucht,
Max$(3 \mid 0{,}25)$, $N_1(2 \mid 0)$, $N_2(4 \mid 0)$, $S_y(0 \mid -2)$.

4.37 a) $x_1 = -5;\ x_2 = 9$ $\quad S(2 \mid -49)$ b) $x_1 = -3;\ x_2 = 3$ $\quad S(0 \mid -18)$

c) $x_1 = 4;\ x_2 = 7$ $\quad S(5{,}5 \mid 6{,}75)$ d) $x_1 = -5;\ x_2 = 7$ $\quad S(1 \mid -201{,}6)$

e) keine NSt., S nicht bestimmbar f) $x_1 = -45;\ x_2 = 92$ $\quad S(23{,}5 \mid 3\,753{,}8)$

4.38 Besitzt die Parabel $y = ax^2 + bx + c$ die Nullstellen x_1 und x_2, so kann der Funktionsausdruck auch in seiner Linearfaktorenform $y = a \cdot (x - x_1) \cdot (x - x_2)$ geschrieben werden. Wandelt man diese durch Ausmultiplizieren und quadratischer Ergänzung in die Scheitelpunktform, so erhält man

$$y = a \cdot \left(x - \frac{x_1 + x_2}{2}\right)^2 - \frac{a \cdot (x_1 - x_2)^2}{4},$$

woraus sich der Scheitelpunkt $S\left(\frac{x_1 + x_2}{2} \,\middle|\, -\frac{a \cdot (x_1 - x_2)^2}{4}\right)$ ablesen lässt. □

4.5.6 Modellieren quadratischer Funktionen

4.39 a) $y = x^2 - 2x + 5$ b) $y = x^2 + 3x - 4$ c) $y = x^2 - 7x - 3$

d) $y = -x^2 + 5x + 1$ e) $y = x^2 - 35x + 126$ f) $y = -x^2 + 6x - 14$

g) $y = x^2 - 8x + 7$ h) $y = x^2 + 2x - 4$ i) $y = x^2 - 9x + 3$

k) $y = 2x^2 + 5$ l) $y = -3x^2 + x$ m) $y = 2x^2 + 5x - 17$

n) $y = -3x^2 + 7x - 7$ o) $y = 8x^2 - 4x + 5$ p) $y = -26{,}3x^2 + 2{,}5x + 3$

q) $y = -14{,}7x^2 - x + 8{,}2$ r) $y = 9{,}8x^2 + 3{,}6x + 2$ s) $y = \frac{5}{3}x^2 - \frac{9}{4}x + 22$

4.40 a) $y = x^2 - 16x - 17$ b) $y = x^2 - 9x + 11{,}25$ c) $y = -x^2 - 6x + 55$

d) $y = 4x^2 - 64x + 60$ e) $y = 3{,}6x^2 + 7{,}2x - 54$ f) $y = 1{,}9x^2 - 9{,}5x - 285$

4.41 Bogen: $y = -\frac{37}{3\,200}x^2 + 74$; Spannweite: $x_2 - x_1 = 160$ m; Höhe: $y_S = 74$ m

4.5.7 Parabel und Gerade

4.42 a) Sekante: $S_1(3\,|\,8)$, $S_2(9\,|\,38)$ b) Tangente: $B(7\,|\,25)$
c) Passante d) Sekante: $S_1(1\,|\,0)$, $S_2(5\,|\,24)$
e) Sekante: $S_1(-6\,|\,84)$, $S_2(-2\,|\,36)$ f) Tangente: $B(3{,}8\,|\,6{,}36)$
g) Sekante: $S_1(3{,}3\,|\,20{,}88)$, $S_2(15{,}3\,|\,66{,}48)$ h) Passante

4.43 a) $P_1(1\,|\,2)$; $P_2(-1\,|\,2)$ b) $P_1(3{,}5\,|\,21{,}5)$; $P_2(-3{,}5\,|\,21{,}5)$
c) $B(-2\,|\,-3)$ d) $P_1\left(-1\,|\,1{,}5\right)$; $P_2\left(-3\,|\,1{,}5\right)$

4.44 α)

a) p: nach oben geöffnete NP,
Min$(1\,|\,2)$, keine Nullstellen, $S_y(0\,|\,3)$.

b) p: nach oben geöffnete NP,
Min$(-2\,|\,-3)$, zwei Nst: $N_1(\approx -3{,}7\,|\,0)$, $N_2(\approx -0{,}3\,|\,0)$, $S_y(0\,|\,1)$.

c) p: nach unten geöffnete NP,
Max$(3\,|\,8)$, zwei Nst: $N_1(\approx 0{,}2\,|\,0)$, $N_2(\approx 5{,}8\,|\,0)$, $S_y(0\,|\,-1)$.

d) p: nach unten geöffnete NP,
Max$(-3\,|\,-4)$, keine Nullstellen, $S_y(0\,|\,-13)$.

e) p: nach oben geöffnet und gestaucht,
Min$(-1\,|\,-3)$, zwei Nst: $N_1(\approx -4{,}2\,|\,0)$, $N_2(\approx 2{,}2\,|\,0)$, $S_y\left(0\,\middle|\,-\frac{19}{7}\right)$.

f) p: nach oben geöffnet und gestreckt,
Min$(-2{,}5\,|\,0)$, eine (doppelte) Nst. (= Berührstelle): Min$(-2{,}5\,|\,0)$, $S_y\left(0\,\middle|\,\frac{25}{3}\right)$.

g) p: nach oben geöffnet und gestaucht,
Min$(-2\,|\,2{,}25)$, keine Nullstellen, $S_y(0\,|\,3{,}25)$.

h) p: nach oben geöffnet und gestaucht,
Min$(0\,|\,-4)$, zwei Nst: $N_1(-6\,|\,0)$, $N_2(6\,|\,0)$, $S_y(0\,|\,-4)$.

i) p: nach unten geöffnet und gestreckt,
Max$(4\,|\,-3)$, keine Nullstellen, $S_y(0\,|\,-35)$.

k) p: nach unten geöffnet und gestaucht,
Max$(4{,}5\,|\,0)$, eine (doppelte) Nst. (= Berührstelle): Max$(4{,}5\,|\,0)$, $S_y(0\,|\,-13{,}5)$.

β) Siehe Bild L.5.

γ) a) $P_1(-1\,|\,6)$; $P_2(2\,|\,3)$ b) $P_1(0\,|\,1)$; $P_2(-3\,|\,-2)$
c) $P_1(4\,|\,7)$; $P_2(-1\,|\,-8)$ d) keine Schnittpunkte!
e) $P_1\left(1\,\middle|\,-\frac{13}{7}\right)$; $P_2\left(-3\,\middle|\,\frac{13}{7}\right)$ f) $P_1\left(-2{,}5\,|\,0\right)$; $P_2(-4\,|\,3)$
g) $B(2\,|\,6{,}25)$ h) keine Schnittpunkte!
i) $P_1(3{,}5\,|\,-3{,}5)$; $P_2(5\,|\,-5)$ k) $B\left(7\,\middle|\,-\frac{25}{6}\right)$

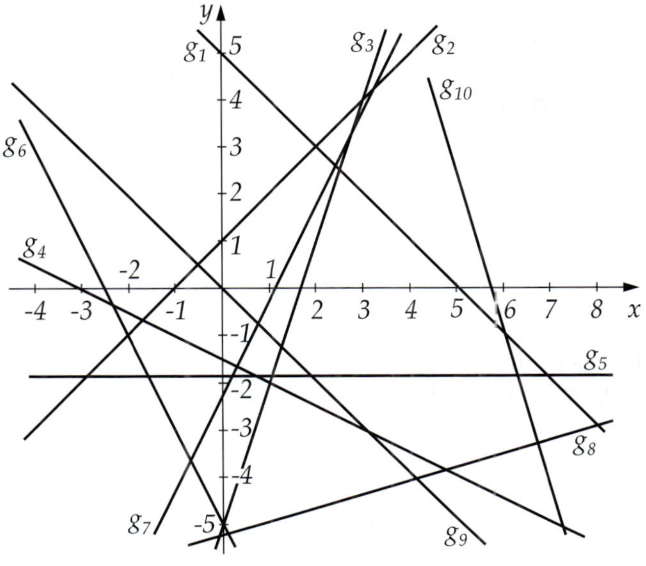

Bild L.5

4.5.8 Grafische Lösung quadratischer Gleichungen

4.45 a) 1; $-1{,}3$ b) 3; $-1{,}5$ c) keine Lösung
d) 0; 3,4 e) 2,5; $-2{,}8$ f) doppelte Lösung: 0,7
g) keine Lösung h) 0,5; $-1{,}5$ i) doppelte Lösung: $-1{,}8$
k) 0,2; $-2{,}2$

4.6 Potenzfunktionen

4.46 a) α) Ursprungsgerade mit Steigung $m = R$ $U(I) = R \cdot I$
β) Ursprungsgerade mit Steigung $m = I$ $U(R) = I \cdot R$
γ) Hyperbel $I(R) = \dfrac{U}{R}$
δ) Ursprungsgerade mit Steigung $m = 1/R$ $I(U) = \dfrac{1}{R} \cdot U$
ε) Hyperbel $R(I) = \dfrac{U}{I}$
ζ) Ursprungsgerade mit Steigung $m = 1/I$ $R(U) = \dfrac{1}{I} \cdot U$

b) α) Ursprungsgerade mit Steigung $m = 2\pi$ $U(r) = 2\pi \cdot r$
β) Quadratische Parabel $A(r) = \pi r^2$
γ) Quadratische Parabel $A_O(r) = 4\pi r^2$
δ) Kubische Parabel $V(r) = \dfrac{4}{3}\pi \cdot r^3$

4.7 Wichtige transzendente Funktionen

4.47 a) $y = 5 \cdot 3^x$ b) $y = -2 \cdot 3^x$ c) $y = 4 \cdot \left(\dfrac{2}{3}\right)^x$ d) $y = 2{,}4 \cdot 1{,}6^x$

4.48

a)	Quadratische Funktion	$y = x^2 + 2$
b)	Quadratische Funktion	$y = -x^2 + 2x + 1$
c)	Kubische Funktion	$y = 0{,}1 \cdot x^3 + 3$
d)	Kubische Funktion	$y = -x^3 + 2$
e)	Wurzelfunktion	$y = \sqrt{x - 2}$
f)	Wurzelfunktion	$y = \sqrt[3]{x^2}$
g)	Exponentialfunktion	$y = 0{,}1 \cdot 2^x$
h)	Exponentialfunktion	$y = a \cdot 10^{-x}$
i)	Logarithmische Funktion	$y = b \cdot \lg(x)$
k)	Logarithmische Funktion	$y = 3 - \ln(x)$

5 Planimetrie

5.3 Symmetrie

5.1 Ein regelmäßiges n-Eck besitzt n Symmetrieachsen.

- n gerade: $\frac{n}{2}$ Symmetrieachsen durch je zwei gegenüberliegende Ecken sowie $\frac{n}{2}$ durch die Mitten gegenüberliegender Seiten.
- n ungerade: n Symmetrieachsen; jede verbindet eine Ecke mit der Mitte der gegenüberliegenden Seite.

5.2 Eine axialsymmetrische Fläche ist dann auch zentralsymmetrisch, wenn sie zwei zueinander senkrechte Symmetrieachsen besitzt.

5.3 Die regelmäßigen n-Ecke mit einer geraden Anzahl von Ecken sind zentralsymmetrisch.

5.4 Alle regelmäßigen n-Ecke sind drehsymmetrisch. Zusammen mit der Ausgangslage sind n Symmetrielagen möglich; werden Umklappungen zugelassen, sind es doppelt so viel. Der kleinste Drehwinkel ist $\frac{360°}{n}$.

5.4 Das Dreieck

5.5

Schnittpunkt der ...	**spitzwinkliges △**	**rechtwinkliges ◺**	**stumpfwinkliges △**
... Höhen	im △	Scheitelpunkt rechter Winkel	außerhalb △
... Mittelsenkrechten = Mittelpunkt Umkreis	im △	Mittelpunkt Hypotenuse	außerhalb △
... Seitenhalbierenden = Schwerpunkt	im △	im ◺	im △
... Winkelhalbierenden = Mittelpunkt Inkreis	im △	im ◺	im △

Übersicht zur Lage der Schnittpunkte von Dreieckstransversalen

5.6 Das Vieleck

5.6 a) $\omega = \frac{n-2}{n} \cdot 180° \Rightarrow n = \frac{360°}{180° - \omega} \Rightarrow n = 8$ (Achteck).

b) $\omega \approx 128{,}5° \Rightarrow n \approx 6{,}99$. Es ist ein regelmäßiges Siebeneck.

c) $\gamma = \frac{360°}{n} = 4{,}5° \Rightarrow n = 80$

5.8 Ähnlichkeit

5.7 Zeichne zwei Strahlen mit dem gemeinsamen Punkt Z. Trage auf dem ersten Strahl von Z aus die Strecke $|\overline{ZA}| = b = 32$ mm und $|\overline{ZB}| = a = 55$ mm ab. Schlage um B einen Kreisbogen mit $r = b = 32$ mm und nenne die Schnittpunkte mit dem zweiten Strahl D und D'. Sollte kein Schnitt zustande kommen, verringere den Winkel zwischen den Strahlen.

Lege eine Parallele zu $\overline{BD}$ (oder $\overline{BD'}$) durch A und bezeichne den Schnittpunkt mit dem zweiten Strahl mit C (bzw. C'). Die Strecke $|\overline{AC}|$ (bzw. $|\overline{AC'}|$) liefert die gesuchte Größe x: $|\overline{AC}| = x \approx 18{,}6$ mm.

5.8 $h \approx 40{,}28$ m

5.8.3 Strahlensätze

5.9 a) [1] $u = \frac{a \cdot r}{k} = 6$ cm [2] $s = k - r = 5$ cm

[3] $m = \frac{r \cdot w}{k - r} = 2$ cm [4] $b = \frac{k \cdot w}{k - r} = 4{,}5$ cm

b) [1] $b = \frac{a \cdot m}{u} = 11{,}9$ cm [2] $w = \frac{m \cdot (a-u)}{u} = 8{,}4$ cm

[3] $r = \frac{s \cdot u}{a - u} = 11$ cm [4] $k = \frac{a \cdot s}{a - u} = 37{,}4$ cm

c) [1] $w = b - m = 13$ cm [2] $a = \frac{b \cdot u}{m} = 8{,}64$ cm

[3] $r = \frac{m \cdot s}{b - m} \approx 4{,}31$ cm [4] $k = \frac{b \cdot s}{b - m} \approx 15{,}51$ cm

5.10 $a = \frac{b \cdot h}{d} = 30$ cm

5.11 $b = \frac{2}{3} h \approx 2{,}33$ m; $c = \frac{1}{3} h \approx 1{,}17$ m

5.12 $|\overline{AC}| = \frac{|\overline{AC_1}| \cdot |\overline{AB}|}{|\overline{AB_1}|} = 88{,}8$ m

5.8.4 Zentrische Streckungen

5.13 Übertrage die Angaben in ein Koordinatensystem und konstruiere die fehlenden Punkte oder errechne den Streckfaktor.

a) $A'(2{,}8 \mid 1{,}8)$, $B'(3{,}4 \mid 3)$, $C'(-0{,}2 \mid 4{,}2)$, $D'(-1{,}4 \mid 1{,}2)$

b) $A'(-3{,}2 \mid 4{,}6)$, $B'(-2{,}8 \mid 5{,}4)$, $C'(-5{,}2 \mid 6{,}2)$, $D'(-6 \mid 4{,}2)$

c) $A'(2{,}5 \mid -2)$, $B'(4 \mid 1)$, $C'(-8 \mid 1)$, $D'(-2 \mid 4{,}8)$

d) $B(5\,|\,4)$, $D'(2{,}2\,|\,2{,}6)$, $Z(-1\,|\,1)$, $k = 1{,}6$

e) $D(-1\,|\,1{,}5)$, $C'(-1\,|\,-2)$, $Z(-1\,|\,0{,}5)$, $k = -1$

f) Keine zentrische Streckung für die Figur möglich, da die Punkte Z, C und C' nicht auf einer Linie liegen. $A(-1{,}5\,|\,-0{,}5)$, $B(1\,|\,1{,}5)$, $D'(-1{,}5\,|\,1{,}8)$

5.9 Das rechtwinklige Dreieck

5.14 $\text{Hyp}^2 = \text{Kath}_1^2 + \text{Kath}_2^2 \;\Rightarrow\; c^2 = a^2 + b^2 \;\Rightarrow\; c = \sqrt{a^2 + b^2}$

a) $c = \sqrt{57{,}7} \approx 7{,}6\,\text{cm}$ b) $c \approx 140{,}9\,\text{mm}$ c) $c \approx 0{,}91\,\text{m}$
d) $c \approx 8{,}956\,\text{km}$ e) $c \approx 27{,}1\,\text{dm}$ f) $c \approx 1{,}14\,\text{m}$

5.15 $\text{Hyp}^2 = \text{Kath}_1^2 + \text{Kath}_2^2 \Rightarrow c^2 = a^2 + b^2 \Rightarrow a = \sqrt{c^2 - b^2}$

a) $a = 0{,}6\sqrt{91} \approx 5{,}7\,\text{cm}$ b) $a = 0{,}8\sqrt{55} \approx 5{,}9\,\text{cm}$ c) $a \approx 5{,}04\,\text{dm}$
d) $a \approx 35{,}1\,\text{m}$ e) $a \approx 0{,}529\,\text{km}$ f) $a \approx 58{,}58\,\text{mm}$

5.16 a) 3,9 dm b) 5 m c) $10\sqrt{6} \approx 24{,}5$ cm
d) $\approx 1{,}899$ km e) $0{,}3\sqrt{357} \approx 5{,}67$ m f) $\sqrt{4 - t^2}$ (m)

5.17 a) $v^2 = a^2 + b^2$; $b = 15$ cm b) $b^2 = c^2 + r^2$; $r = 84$ cm
c) $s^2 = g^2 + k^2$; $s = 7{,}3$ cm d) $a^2 = u^2 + w^2$; $a \approx 2{,}7$ km
e) nicht lösbar, da Kath > Hyp f) $n^2 = e^2 + g^2$; $e = 11$ cm

5.18 Im rechtwinkligen Dreieck muss der Satz von PYTHAGORAS erfüllt sein:
Längste Seite = Hypotenuse = 7 m. $7^2 = 4{,}5^2 + 5{,}5^2$ ↯ $\Rightarrow$ $\triangle$ ist *nicht* rechtwinklig.

5.19 a) $h \approx 9{,}37$ m b) $s \approx 2{,}4$ cm c) $g \approx 49$ cm d) ↯
e) $s \approx 99{,}2$ cm f) $h \approx 3{,}9$ cm g) $g \approx 6{,}9$ cm h) $s = \sqrt{h^2 + 1}$ (m)

5.20 Benutze die Formeln aus Beispiel 5.31 und beachte Bild 5.74.

a) $h \approx 3{,}5$ cm b) $h \approx 6{,}7$ cm c) $a \approx 10{,}4$ cm d) $a \approx 2{,}19$ m
e) $h = \frac{1}{2} a\sqrt{3}$ (m) f) $a \approx 9{,}8$ mm g) $h = 7{,}5$ cm h) $a = 6$ m

5.21
[1] Beide Schenkel s sind gleich lang.

[2] Höhe halbiert mit Lotfußpunkt F die Hypotenuse c: $p = q = \frac{1}{2}c$

[3] $\triangle ABC \sim \triangle BCF \Rightarrow \triangle BCF$ ist ebenfalls gleichschenklig-rechtwinklig
$\Rightarrow h = p = q$

[4] Transversale t: (4a) $t := \frac{1}{2}c = p = q = h$

[5] Schenkel s: $s^2 = h^2 + p^2 \xrightarrow{(4a)} s = t\sqrt{2}$; $c = s\sqrt{2}$

[6] Fläche: $A = \frac{1}{2}c \cdot h \xrightarrow{(4a)} A = t^2$

[7] Umfang: $U = c + 2s \xrightarrow{(4a)} U = 2t \cdot \left(1 + \sqrt{2}\right) \approx 4{,}83\,t$

5.22 a) Durch $C(17\,|\,4)$ ergibt sich ein rechtwinkliges Dreieck mit $\overline{AB}$ als Hypotenuse:
$\text{dist}(A,B) = |\overline{AB}| = \sqrt{|\overline{AC}|^2 + |\overline{BC}|^2} = 2\sqrt{65} \approx 16{,}1$ cm – nachmessen!

b) $\text{dist}(A,B) = |\overline{AB}| = \sqrt{(\Delta x)^2 + (\Delta y)^2} = \sqrt{(x_B - x_A)^2 + (y_B - y_A)^2}$

5.23

a)	$a \approx 7{,}4$ cm	$b \approx 8{,}1$ cm	$c = 11$ cm	$h \approx 5{,}5$ cm	$A \approx 30{,}1\text{ cm}^2$
b)	$a \approx 14{,}9$ cm	$b \approx 8{,}2$ cm	$p = 13$ cm	$h \approx 7{,}2$ cm	$A \approx 61{,}3\text{ cm}^2$
c)	$a \approx 11{,}7$ cm	$c \approx 16$ cm	$p \approx 8{,}5$ cm	$q \approx 7{,}6$ cm	$A \approx 54{,}1\text{ cm}^2$
d)	$a \approx 47$ cm	$c = 49$ cm	$p = 45$ cm	$h \approx 13{,}4$ cm	$A \approx 328{,}7\text{ cm}^2$
e)	$a \approx 10{,}8$ cm	$b \approx 7{,}2$ cm	$c = 13$ cm	$q = 4$ cm	$A = 39\text{ cm}^2$
f)	$c = 10$ cm	$p = 6{,}4$ cm	$q = 3{,}6$ cm	$h = 4{,}8$ cm	$A = 24\text{ cm}^2$
g)	$a = 12$ cm	$c \approx 16{,}97$ cm	$p \approx 8{,}49$ cm	$q \approx 8{,}49$ cm	$h \approx 8{,}49$ cm
h)	$a \approx 40{,}75$ cm	$c \approx 47{,}45$ cm	$q = 12{,}45$ cm	$h \approx 20{,}87$ cm	$A = 495{,}12\text{ cm}^2$
i)	$a \approx 9{,}39$ cm	$b \approx 5{,}75$ cm	$c \approx 11{,}01$ cm	$h \approx 4{,}9$ cm	$p \approx 3{,}01$ cm

5.24 $b = \frac{a}{2} \cdot \left(\sqrt{3} - 1\right) \cdot \sqrt{2} \approx 0{,}5176\,a$

5.25 $b = \frac{a}{3} \cdot \sqrt{6}$

5.26 a) $a = \frac{3}{5}c = 4{,}8$ cm $\quad b = \frac{4}{5}c = 6{,}4$ cm $\quad A = \frac{6}{25}c^2 = 15{,}36\text{ cm}^2$

b) $a = \frac{m \cdot c}{m^2 + n^2} \cdot \sqrt{m^2 + n^2} \quad b = \frac{n \cdot c}{m^2 + n^2} \cdot \sqrt{m^2 + n^2} \quad A = \frac{m \cdot n}{2\left(m^2 + n^2\right)} \cdot c^2$

5.27 $\frac{a}{b} = \sqrt{\frac{c^2 + \sqrt{c^4 - 3d^4}}{c^2 - \sqrt{c^4 - 3d^4}}} \approx 1{,}2577$

5.28 $a = \sqrt{p \cdot (p+q)} = 3\sqrt{5}\text{ cm} \approx 6{,}7\text{ cm}; \quad b = \sqrt{q \cdot (p+q)} = 6\text{ cm};$
$A = \frac{1}{2}(p+q)\sqrt{p \cdot q} = 9\sqrt{5}\text{ cm}^2 \approx 20{,}1\text{ cm}^2$

5.29 $a = \frac{h}{q} \cdot \sqrt{h^2 + q^2} = \frac{5}{3}\sqrt{34}\text{ cm} \approx 9{,}7\text{ cm} \quad b = \sqrt{h^2 + q^2} = \sqrt{34}\text{ cm} \approx 5{,}8\text{ cm}$
$c = \frac{h^2 + q^2}{q} = \frac{34}{3}\text{ cm} \approx 11{,}3\text{ cm} \quad A = \frac{h}{2q} \cdot \left(h^2 + q^2\right) = \frac{85}{3}\text{ cm}^2 \approx 28{,}3\text{ cm}^2$

5.30 a) $x = \frac{a\,b}{a+b}$ b) $x = \frac{u\,v}{u^2 + v^2} \cdot \sqrt{u^2 + v^2}$

5.31 $r_2 = \frac{1}{3} r_1$

5.32 $r_2 = \frac{1}{2} r_1; \quad h_1 = \frac{1}{2} r_1 \sqrt{5}; \quad h_2 = \frac{1}{2} r_1 \sqrt{3}$

5.33 $r_2 = r_1\left(\sqrt{2} - 1\right); \quad r_3 = r_1\left(3 - 2\sqrt{2}\right); \quad r_4 = \frac{1}{4} r_1 \left(\sqrt{2} - 1\right)$

5.34 $r_2 = (2\sqrt{3} - 3) \cdot r_1 \approx 0{,}4641\, r_1$ $\quad r_3 = \dfrac{2\sqrt{3} - 1}{11} \cdot r_1 \approx 0{,}224\, r_1$

5.35 $h = \sqrt{a^2 - (g_2 - g_1)^2} = \sqrt{21}\,\text{dm} \approx 4{,}58\,\text{dm}$

5.36 $h = \frac{1}{2}\sqrt{4\,l^2 - s^2} = \frac{1}{4}\sqrt{391}\,\text{m} \approx 4{,}94\,\text{m}$

5.37 $b = \frac{1}{2}\sqrt{a^2 + 4h^2} = 2\sqrt{13}\,\text{m} \approx 7{,}21\,\text{m};$ $\quad c = \dfrac{a^2 + 4h^2}{4a} = \frac{13}{3}\,\text{m} \approx 4{,}33\,\text{m};$

$d = \dfrac{h}{2a}\sqrt{a^2 + 4h^2} = \frac{2}{3}\sqrt{13}\,\text{m} \approx 2{,}4\,\text{m}$

5.38 $F_R = \sqrt{F_1^2 + F_2^2} \approx 65{,}6\,\text{N}$

5.39 $k = \frac{1}{3}\,s\sqrt{3} = \frac{17}{3}\sqrt{3}\,\text{mm} \approx 9{,}81\,\text{mm}$

5.40 $h = \frac{1}{2}\sqrt{4s^2 - d^2} = \frac{1}{2}\sqrt{4 \cdot 11^2 - 20^2} = \sqrt{21}\,\text{mm} \approx 4{,}6\,\text{mm}$

5.41 $l = \sqrt{a \cdot b} + \sqrt{b \cdot (b - a)} \approx 3{,}7\,\text{m}$

5.42 $c = \sqrt{a^2 - b^2} = \frac{1}{10}\sqrt{623}\,\text{m} \approx 2{,}5\,\text{m}$ $\quad f = \dfrac{h \cdot \sqrt{a^2 - b^2}}{g + h} \approx 0{,}72\,\text{m}$

$i = \dfrac{h}{g + h} \cdot \sqrt{a^2 - b^2 + (g + h)^2} = \frac{24}{415}\sqrt{1\,878}\,\text{m} \approx 2{,}51\,\text{m}$

$d = \dfrac{g}{g + h} \cdot \sqrt{a^2 - b^2 + (g + h)^2} = \frac{59}{415}\sqrt{1\,878}\,\text{m} \approx 6{,}16\,\text{m}$

$e = \dfrac{\sqrt{h^2 \cdot (a^2 - b^2) + g^2 \cdot (g + h)^2}}{g + h} \approx 5{,}94\,\text{m}$

5.43 $r_2 = \sqrt{|\overline{MC}|^2 - r_1^2} = 24\sqrt{2}\,\text{mm} \approx 33{,}9\,\text{mm}$

$e_1 = \dfrac{r_1 \cdot |\overline{MC}|}{|\overline{MC}|^2 - r_1^2} \cdot \sqrt{|\overline{MC}|^2 - r_1^2} = \frac{323}{3}\sqrt{2}\,\text{mm} \approx 152{,}3\,\text{mm}$

$e_2 = \dfrac{|\overline{MC}|}{r_1} \cdot \sqrt{|\overline{MC}|^2 - r_1^2} = \frac{456}{17}\sqrt{2}\,\text{mm} \approx 37{,}9\,\text{mm}$

5.44 $Q = \frac{4}{9} \cdot h_{\triangle}^2 \cdot v \cdot t = 131{,}072\,\text{m}^3$

5.45 $a = 2\sqrt{3 \cdot (d - 12)} = 4\sqrt{114} \approx 42{,}7\,\text{mm}$

5.46 $F_1 = \frac{3}{8}\sqrt{641}\,\text{N} \approx 9{,}5\,\text{N}$

5.47 $h = \frac{1}{2}\left(d - \sqrt{d^2 - d_1^2}\right) \approx 37{,}3\,\text{mm}$

5.48 $p = \dfrac{a^2 - b^2 + c^2}{2c}$; $\quad q = \dfrac{-a^2 + b^2 + c^2}{2c}$

5.49 $b = \sqrt{a^2 - c^2 + 2cq}$

5.50 $m \approx 0{,}902\,\text{kg}$ Farbe

5.10.2 Winkel am Kreis

5.51 a) [1] Basiswinkel im gleichschenkligen Dreieck BPM: $\measuredangle PBM = \measuredangle MPB$

$\Rightarrow$ (1a) $\measuredangle BMP = 180° - 2\measuredangle MPB$

[2] Nebenwinkel: $\measuredangle AMB = 180° - \measuredangle BMP \xrightarrow{(1a)} \measuredangle AMB = 2\measuredangle MPB$

$\Rightarrow$ Mittelpunktswinkel $= 2 \cdot$ Umfangswinkel □

b) [1] Fertige eine Skizze an und verlängere $\overline{PM}$ über M hinaus zum Durchmesser und bezeichne den Schnittpunkt mit dem Kreis als Punkt C.

[2] Basiswinkel im gleichschenkligen Dreieck APM: $\measuredangle PAM = \measuredangle MPA$

[3] Innenwinkelsummensatz im Dreieck APM: (3a) $\measuredangle AMP = 180° - 2\measuredangle MPA$

[4] Nebenwinkel: $\measuredangle CMA = 180° - \measuredangle AMP \xrightarrow{(3a)}$ (4a) $\measuredangle CMA = 2\measuredangle MPA$

[5] Mittelpunktswinkel über $\overset{\frown}{CB}$: $\measuredangle CMB = \measuredangle CMA + \measuredangle AMB$

$\xrightarrow{(4a)}$ (5a) $\measuredangle CMB = 2\measuredangle MPA + \measuredangle AMB$

[6] Mittelpunktswinkelsatz über $\overset{\frown}{CB}$ (entsprechend Ergebnis aus Teil a):

$$\measuredangle CMB = 2\measuredangle CPB$$

$$\xrightarrow{(5a)} \quad 2\measuredangle MPA + \measuredangle AMB = 2 \cdot (\measuredangle MPA + \measuredangle APB)$$

$$\measuredangle AMB = 2\measuredangle APB$$

$\Rightarrow$ Mittelpunktswinkel $= 2 \cdot$ Umfangswinkel □

5.52 Aus dem Höhensatz $h^2 = p \cdot q$ erhalten wir mit $p = s$ und $q = 1$: $h = \sqrt{s \cdot 1} = \sqrt{s}$. Die Höhe h repräsentiert die zu konstruierende Länge $\sqrt{s} = \sqrt{9{,}2}\,\text{cm} \approx 3{,}03\,\text{cm}$.

5.53 a) Zur Kontrolle werden die Koordinaten von D angegeben: $D(6{,}5\,|\,7{,}3)$

b) Die drei Punkte liegen auf dem „gefährlichen Kreis“ mit dem Mittelpunkt $M(6\,|\,7)$ und dem Radius $r = 5$.

5.10.3 Ähnlichkeit am Kreis

5.54 Die Konstruktion entspricht zunächst der aus Beispiel 5.43, wobei S der Schnittpunkt der Verlängerung von $\overline{AB}$ mit g ist. $\overline{ST}$, von S aus auf g übertragen, gibt den Berührungspunkt C des Kreises mit g. Der Umkreis des Dreiecks ABC ist der gesuchte Kreis.

5.55 $|\overline{SC}| = |\overline{SD}| \Rightarrow |\overline{SC}|^2 = |\overline{SA}| \cdot |\overline{SB}| \Rightarrow h^2 = p \cdot q$

5.56 Die Länge der Dreieckshöhe h und repräsentiert die mittlere Proportionale bzw. das geometrische Mittel der beiden Größen p und q: $h^2 = p \cdot q \Rightarrow h = \sqrt{p \cdot q}$.

5.10.4 Der Goldene Schnitt

5.57 Nutze die Anleitung aus Beispiel 5.46 für die Streckenlänge von 15 cm. Die Konstruktion ergibt $a \approx 9{,}27$ cm und $b \approx 5{,}73$ cm. Kontrolle der Ergebnisse:

- $a + b = 9{,}27\,\text{cm} + 5{,}73\,\text{cm} = 15\,\text{cm} = s$ ✓
- $s : a = 15\,\text{cm} : 9{,}27\,\text{cm} \approx 1{,}6181 \approx \Phi$ ✓
- $a : b = 9{,}27\,\text{cm} : 5{,}73\,\text{cm} \approx 1{,}6178 \approx \Phi$ ✓

5.58 $\varphi = \frac{1}{\Phi} \Rightarrow \frac{1}{\Phi} = \frac{2}{\sqrt{5}+1} = \frac{2 \cdot \left(\sqrt{5}-1\right)}{\left(\sqrt{5}+1\right) \cdot \left(\sqrt{5}-1\right)} = \frac{\sqrt{5}-1}{2} = \varphi$ ✓

a) [1] $\Phi = \frac{\sqrt{5}+1}{2}$ [2] $\Phi - 1 = \frac{\sqrt{5}+1}{2} - 1 = \frac{\sqrt{5}-1}{2} = \varphi$ ✓

b) [1] $\Phi^2 = \left(\frac{\sqrt{5}+1}{2}\right)^2 = \frac{\sqrt{5}+3}{2}$ [2] $\Phi^2 - \Phi = \frac{\sqrt{5}+3}{2} - \frac{\sqrt{5}+1}{2} = 1$ ✓

c) [1] $\varphi^2 = \left(\frac{\sqrt{5}-1}{2}\right)^2 = \frac{3-\sqrt{5}}{2}$ [2] $\varphi^2 + \varphi = \frac{3-\sqrt{5}}{2} + \frac{\sqrt{5}-1}{2} = 1$ ✓

d) [1] $\varphi^2 = \left(\frac{\sqrt{5}-1}{2}\right)^2 = \frac{3-\sqrt{5}}{2}$ [2] $\varphi\sqrt{5} = \frac{\sqrt{5}-1}{2} \cdot \sqrt{5} = \frac{5-\sqrt{5}}{2}$

[3] $\varphi\sqrt{5} - \varphi^2 = \frac{5-\sqrt{5}}{2} - \frac{3-\sqrt{5}}{2} = 1$ ✓

5.59 Die Seiten sind *nicht* aus einer stetigen Teilung hervorgegangen, da

$$148\,\text{mm} \div 105\,\text{mm} \approx 1{,}41 \neq \Phi\,.$$

5.60 $h = \frac{1}{4}\left(3 - \sqrt{5}\right) \cdot U \approx 24{,}1\,\text{cm}$; $b = \frac{1}{4}\left(\sqrt{5} - 1\right) \cdot U \approx 38{,}9\,\text{cm}$

5.61 Die Konstruktion erfolgt nach dem Goldenen Schnitt. Zur Kontrolle seien die folgenden Maße gegeben:

a) Umkreisradius $r \approx 5{,}1$ cm; Diagonale $d_5 \approx 9{,}71$ cm

b) Umkreisradius $r \approx 3{,}15$ cm; Seite $s_5 \approx 3{,}71$ cm

c) Konstruiere zu allen Fünfeckseiten die zugehörigen Seitenhalbierenden; ihre Schnitte mit dem Umkreis liefern die zusätzlichen Eckpunkte zur Ergänzung zu einem Zehneck.

Mit dieser Methode lässt sich ganz allgemein aus einem regelmäßigen n-Eck das zum jeweiligen Umkreis gehörende $2n$-Eck gewinnen: $n = 5 \rightarrow 10 \rightarrow 20 \rightarrow \ldots$ Die rechnerischen Zusammenhänge zwischen den Seitenlängen eines n- und $2n$-Ecks werden in der Aufgabe 5.63 behandelt.

5.62 a) $s_{10} = \frac{1}{2}\left(\sqrt{5} - 1\right) \cdot r = \varphi \cdot r \approx 0{,}628\,r$

b) $r = \frac{1}{2}\left(\sqrt{5} + 1\right) \cdot s_{10} = \Phi \cdot s_{10} \approx 1{,}628\,s_{10}$

5.63 $s_n = \frac{s_{2n}}{r} \cdot \sqrt{4r^2 - s_{2n}^2}$; $\quad s_{2n} = \sqrt{r} \cdot \sqrt{2r - \sqrt{4r^2 - s_n^2}}$

5.11.1 Vierecke

5.64 $A = 142\,\text{cm}^2$

5.65 $A = 245{,}44\,\text{cm}^2$

5.66 $A = 84{,}3\,\text{cm}^2$

5.67 $b = \sqrt{d^2 - a^2} = \sqrt{55}\,\text{cm} \approx 7{,}42\,\text{cm}$; $\quad A = a\sqrt{d^2 - a^2} = 3\sqrt{55}\,\text{cm}^2 \approx 22{,}25\,\text{cm}^2$

5.68 $b = \frac{A}{a} = 4\,\text{cm}$; $\quad d = \frac{1}{a}\sqrt{a^4 + A^2} = 2\sqrt{5}\,\text{cm} \approx 4{,}47\,\text{cm}$

5.69

a, b: $\quad d = \sqrt{a^2 + b^2} \qquad A = a \cdot b^2 \qquad U = 2 \cdot (a + b)$

a, d: $\quad b = \sqrt{d^2 - a^2} \qquad A = a \cdot \sqrt{d^2 - a^2} \qquad U = 2 \cdot \left(a + \sqrt{d^2 - a^2}\right)$

a, A: $\quad b = \frac{A}{a} \qquad d = \frac{\sqrt{a^4 + A^2}}{a} \qquad U = \frac{2}{a} \cdot \left(a^2 + A\right)$

a, U: $\quad b = \frac{U - 2a}{2} \qquad d = \frac{1}{2}\sqrt{8a^2 - 4aU + U^2} \qquad A = \frac{a}{2} \cdot (U - 2a)$

b, d: $\quad a = \sqrt{d^2 - b^2} \qquad A = b \cdot \sqrt{d^2 - b^2} \qquad U = 2 \cdot \left(b + \sqrt{d^2 - b^2}\right)$

b, A: $\quad a = \frac{A}{b} \qquad d = \frac{\sqrt{b^4 + A^2}}{b} \qquad U = \frac{2}{b} \cdot \left(b^2 + A\right)$

b, U: $\quad a = \frac{U - 2b}{2} \qquad d = \frac{1}{2}\sqrt{8b^2 - 4b\,U + U^2} \qquad A = \frac{b}{2} \cdot (U - 2b)$

d, A: $\quad a = \sqrt{\frac{d^2 - \sqrt{d^4 - 4A^2}}{2}} \qquad b = \sqrt{\frac{d^2 + \sqrt{d^4 - 4A^2}}{2}}$

$$U = \sqrt{2} \cdot \left(\sqrt{d^2 - \sqrt{d^4 - 4A^2}} + \sqrt{d^2 + \sqrt{d^4 - 4A^2}}\right)$$

d, U: $\quad a = \frac{U + \sqrt{8d^2 - U^2}}{4} \qquad b = \frac{U - \sqrt{8d^2 - U^2}}{4} \qquad A = \frac{U^2 - 4d^2}{8}$

A, U: $\quad a = \frac{1}{4} \cdot \left(U - \sqrt{U^2 - 16A}\right) \qquad b = \frac{1}{4} \cdot \left(U + \sqrt{U^2 - 16A}\right)$

$\quad d = \frac{1}{2} \cdot \sqrt{U^2 - 8A}$

	Seite a	Seite b	Diagonale d	Fläche A	Umfang U
(a)	16,61 LE	38,89 LE	42,29 LE	**646 FE**	**111 LE**
(b)	22,3 LE	**42,3 LE**	47,77 LE	939,06 FE	**129 LE**
(c)	0,78 LE	**37,8 LE**	37,81 LE	**29,4 FE**	77,16 LE
(d)	12,29 LE	7,31 LE	**14,3 LE**	89,84 FE	**39,2 LE**
(e)	**24,9 LE**	37,6 LE	45,1 LE	936,24 FE	**125 LE**
(f)	1,54 LE	3,69 LE	**4 LE**	**5,7 FE**	10,47 LE
(g)	**12,8 LE**	21,12 LE	**24,7 LE**	270,4 FE	67,85 LE
(h)	**2,3 LE**	**9,1 LE**	9,39 LE	20,93 FE	22,8 LE
(i)	38,11 LE	**22 LE**	**44 LE**	838,31 FE	120,21 LE
(k)	**9,4 LE**	9,28 LE	13,21 LE	**87,2 FE**	37,35 LE

5.70 $d = \sqrt{b^2 + h^2} = 13\,\text{cm}$

5.71 a) $b = \frac{4}{3} \cdot \sqrt{6}\,\text{cm} \approx 3{,}27\,\text{cm}$; $c = 2 \cdot \sqrt{6}\,\text{cm} \approx 4{,}9\,\text{cm}$; $d = \frac{2}{3} \cdot \sqrt{78}\,\text{cm} \approx 5{,}89\,\text{cm}$

b) $b = \dfrac{a}{n} \cdot \sqrt{m \cdot n}$; $c = \dfrac{a}{m} \cdot \sqrt{m \cdot n}$; $d = \dfrac{a}{m \cdot n} \cdot \sqrt{m \cdot n \cdot (\mathrm{m}^2 + n^2)}$

5.72 a) $b = 2 \cdot \sqrt{9 + \sqrt{65}} \approx 8{,}26\,\text{cm}$; $c = 2 \cdot \sqrt{9 - \sqrt{65}} \approx 1{,}94\,\text{cm}$

b) $b = \dfrac{a}{m} \cdot \sqrt{n^2 + \sqrt{n^4 - m^4}}$; $c = \dfrac{a}{m} \cdot \sqrt{n^2 - \sqrt{n^4 - m^4}}$

5.73 $a = \sqrt{b\,c} \approx 3{,}87\,\text{cm}$

5.74 $d = 1\,\text{cm}$; $A = 0{,}5\,\text{cm}^2$

5.75 a) $b = \frac{4}{3}\left(\sqrt{3} + 1\right) \cdot \sqrt{6}\,\text{cm} \approx 8{,}92\,\text{cm}$; $c = \frac{4}{3}\left(\sqrt{3} - 1\right) \cdot \sqrt{6}\,\text{cm} \approx 2{,}39\,\text{cm}$

b) $b = \dfrac{a\sqrt{2}}{2} \cdot \left(1 + \sqrt{1 - \dfrac{2n}{m}}\right)$; $c = \dfrac{a\sqrt{2}}{2} \cdot \left(1 - \sqrt{1 - \dfrac{2n}{m}}\right)$

5.76 a) $a' \approx 35{,}03\,\text{mm}$ b) $a' \approx 32{,}83\,\text{mm}$ c) $a' \approx 31{,}51\,\text{mm}$ d) $a' \approx 29{,}96\,\text{mm}$

5.77 $a = \frac{1}{2}\,d\,\sqrt{3} = 21{,}5 \cdot \sqrt{3}\,\text{m} \approx 37{,}24\,\text{m}$; $b = \frac{1}{2}\,d = 21{,}5\,\text{m}$

5.78 $a = \dfrac{U + 12}{4} = 17{,}5\,\text{cm}$; $b = \dfrac{U - 12}{4} = 11{,}5\,\text{cm}$

5.79 $a = \sqrt{\dfrac{d^2 - \sqrt{d^4 - 4A^2}}{2}} \approx 61{,}91\,\text{m}$; $b = \sqrt{\dfrac{d^2 + \sqrt{d^4 - 4A^2}}{2}} \approx 96{,}91\,\text{m}$;

Holzbedarf $G \approx 79{,}41\,\text{m}^3$

5.80 $T \approx 90{,}04$ €

5.81 $c \cdot d = (a - d) \cdot (b - c) \Rightarrow A_{AEKH} = A_{KFCG}$, d. h., die Flächen sind gleich groß.

5.82 $a = \frac{b+h}{2} - \frac{1}{6}\sqrt{9\,(b+h)^2 - 12bh} \approx 1{,}36\,\text{cm}$

5.83 $b = \frac{A}{a} = 11\,\text{cm}$; $d = \frac{\sqrt{a^4 + A^2}}{a} \approx 45{,}35\,\text{cm}$; $u = \frac{A^2}{a \cdot \sqrt{a^4 + A^2}} \approx 2{,}67\,\text{cm}$

$v = \frac{a^3}{\sqrt{a^4 + A^2}} \approx 42{,}69\,\text{cm}$; $l = \frac{a\,A}{\sqrt{a^4 + A^2}} \approx 10{,}67\,\text{cm}$; $\frac{u}{v} = \frac{A^2}{a^4} = \frac{1}{16}$

5.84 a) $|\overline{AD}| \approx 455{,}4\,\text{mm}$ b) $|\overline{AE}| \approx 431{,}2\,\text{mm}$ c) $|\overline{CE}| \approx 143\,\text{mm}$

d) $|\overline{AG}| \approx 747{,}6\,\text{mm}$ e) $|\overline{CH}| \approx 470{,}5\,\text{mm}$

5.85 $a = \frac{1}{2}\sqrt{e^2 + f^2} = \sqrt{13}\,\text{cm} \approx 3{,}61\,\text{cm}$; $A = \frac{e\,f}{2} = 12\,\text{cm}^2$

5.86 $h = \frac{e}{2\,a}\sqrt{4a^2 - e^2} = \frac{3}{16}\sqrt{247}\,\text{cm} \approx 2{,}95\,\text{cm}$

5.87 $h = \frac{A}{a} = \frac{8}{3}\,\text{cm} \approx 2{,}67\,\text{cm}$

5.88 $r_i = \frac{572}{65} \cdot \sqrt{653}\,\text{mm} \approx 22{,}4\,\text{mm}$

5.89 $b = \frac{1}{4}\,a\sqrt{10} \approx 4{,}74\,\text{cm}$; $A = \frac{1}{2}\,a^2 = 18\,\text{cm}^2$

5.90 $\Delta l = \frac{1}{3}\sqrt{128\,a^2 + 9\,l^2} - l = 320\,\text{mm}$

5.91 $h_a = 3\,\text{cm}$; $d = 2 \cdot \sqrt{2\sqrt{55} + 20}\,\text{cm} \approx 11{,}8\,\text{cm}$

5.92 Parallelogramm: $h = \frac{1}{2}\,a\sqrt{2} = 110\sqrt{2}\,\text{mm} \approx 155{,}56\,\text{mm}$;

$|\overline{AC}| = \sqrt{a^2 + a\,d\sqrt{2} + d^2} \approx 849{,}9\,\text{mm}$; $\overline{BD}| = \sqrt{a^2 - a\,d\sqrt{2} + d^2} \approx 547\,\text{mm}$

5.93 a) $F_R \approx 181\,\text{N}$ b) $F_R \approx 170{,}4\,\text{N}$

5.94 Bild 5.133, Seite 620: $A = h \cdot \sqrt{e^2 - h^2}$

5.95 $A = 18{,}74\,\text{cm}^2$

5.96 $A_{\text{Verlust}} = 605\,\text{cm}^2$

5.97 Bild 5.133, Seite 620: $g_1 = 6 + \sqrt{5}\,\text{cm} \approx 8{,}24\,\text{cm}$; $g_2 = 6 - \sqrt{5}\,\text{cm} \approx 3{,}76\,\text{cm}$.

5.98 a)
1. $|\overline{AB}| = a = 7{,}2\,\text{cm}$
2. Parallele zu $\overline{AB}$ im Abstand $h = 2{,}4\,\text{cm}$
3. Kreisbogen um B mit $r = b = 3{,}1\,\text{cm}$, Schnitt mit Parallele ergibt C_1 bzw. C_2
4. Trage von C_1 bzw. C_2 aus auf der Parallelen jeweils $c = 4{,}2\,\text{cm}$ nach links ab und erhalte dadurch D_1 bzw. D_2.
5. Verbinde A mit D_1 zu Trapez ABC_1D_1 bzw. mit D_2 zu Trapez ABC_2D_2.

b) Trapez ABC_1D_1: $a = 7{,}2\,\text{cm}$, $b = 3{,}1\,\text{cm}$, $c = 4{,}2\,\text{cm}$, $\boldsymbol{d \approx 2{,}61\,\text{cm}}$, $h = 2{,}4\,\text{cm}$, $m = 5{,}7\,\text{cm}$, $\boldsymbol{t_1 \approx 1{,}04\,\text{cm}}$, $t_2 \approx 1{,}96\,\text{cm}$, $\boldsymbol{e \approx 5{,}76\,\text{cm}}$, $\boldsymbol{f \approx 6{,}61\,\text{cm}}$, $A = 13{,}68\,\text{cm}^2$, $\boldsymbol{U \approx 17{,}11\,\text{cm}}$

Trapez ABC_2D_2: $a = 7{,}2\,\text{cm}$, $b = 3{,}1\,\text{cm}$, $c = 4{,}2\,\text{cm}$, $\boldsymbol{d \approx 5{,}51\,\text{cm}}$, $h = 2{,}4\,\text{cm}$, $m = 5{,}7\,\text{cm}$, $\boldsymbol{t_1 \approx 4{,}96\,\text{cm}}$, $t_2 \approx 1{,}96\,\text{cm}$, $\boldsymbol{e \approx 9{,}47\,\text{cm}}$, $\boldsymbol{f \approx 3{,}28\,\text{cm}}$, $A = 13{,}68\,\text{cm}^2$, $\boldsymbol{U \approx 20{,}01\,\text{cm}}$

c) Wenn wir im Konstruktionsschritt [4] von C_1 bzw. C_2 aus die Grundlinie c auf der Parallelen nach rechts abtragen, so erhalten wir die Punkte D_1' bzw. D_2', die jeweils mit A verbunden, die gesuchten verschränkten Figuren ergeben.

5.99 a) $t_1 = \sqrt{d^2 - h^2} = \frac{17}{50}\sqrt{449} \approx 7{,}2\,\text{cm}$ $\quad t_2 = \sqrt{b^2 - h^2} \approx 47{,}15\,\text{cm}$

$a = c + \sqrt{b^2 - h^2} + \sqrt{d^2 - h^2} \approx 61{,}01\,\text{cm}$ $\quad e = \sqrt{c^2 + d^2 + 2c\sqrt{d^2 - h^2}}$

$e \approx 13{,}95\,\text{cm}$ $\quad f = \sqrt{b^2 + c^2 + 2c\sqrt{b^2 - h^2}} \approx 53{,}83\,\text{cm}$

$m = \frac{1}{2}\left(2c + \sqrt{b^2 - h^2} + \sqrt{d^2 - h^2}\right) \approx 33{,}83\,\text{cm}$

$A = \frac{h}{2}\left(2c + \sqrt{b^2 - h^2} + \sqrt{d^2 - h^2}\right) \approx 54{,}13\,\text{cm}^2$

$U = b + 2c + d + \sqrt{b^2 - h^2} + \sqrt{d^2 - h^2} \approx 122{,}22\,\text{cm}$

b) $t_2 = \sqrt{b^2 - h^2} \approx 8{,}601\,\text{km}$ $\quad t_1 = a - c - \sqrt{b^2 - h^2} \approx 4{,}799\,\text{km}$ $\quad m = \dfrac{a + c}{2}$

$m = 10{,}8\,\text{km}$ $\quad d = \sqrt{(a - c)^2 - 2(a - c)\sqrt{b^2 - h^2} + b^2} \approx 5{,}365\,\text{km}$

$e = \sqrt{a^2 + b^2 - 2a\sqrt{b^2 - h^2}} \approx 9{,}217\,\text{km}$ $\quad A = \dfrac{(a + c) \cdot h}{2} = 25{,}92\,\text{km}^2$

$f = \sqrt{b^2 + c^2 + 2c\sqrt{b^2 - h^2}} \approx 12{,}926\,\text{km}$ $\quad U = a + b + c + d \approx 35{,}895\,\text{km}$

c) $t_1 = \sqrt{d^2 - h^2} \approx 5{,}2\,\text{cm}$ $\quad a = \sqrt{d^2 - h^2} + \sqrt{f^2 - h^2} \approx 9\,\text{cm}$

$t_2 = \sqrt{d^2 - h^2} + \sqrt{f^2 - h^2} - \sqrt{e^2 - h^2} \approx 1{,}7\,\text{cm}$

$c = \sqrt{e^2 - h^2} - \sqrt{d^2 - h^2} \approx 2{,}1\,\text{cm}$

$m = \frac{1}{2}\left(\sqrt{e^2 - h^2} + \sqrt{f^2 - h^2}\right) \approx 5{,}55\,\text{cm}$

$$b = \sqrt{h^2 + \left(\sqrt{d^2 - h^2} + \sqrt{f^2 - h^2} - \sqrt{e^2 - h^2}\right)^2} \approx 3{,}36\,\text{cm}$$

$$A = \frac{h}{2}\left(\sqrt{e^2 - h^2} + \sqrt{f^2 - h^2}\right) \approx 16{,}09\,\text{cm}^2$$

$U = b + d + \sqrt{e^2 - h^2} + \sqrt{f^2 - h^2} \approx 20{,}41\,\text{cm}$

d) $m = \frac{1}{2} \cdot (a + c) = 1{,}15\,\text{dm}$ $\quad h = \sqrt{d^2 - \left(\dfrac{a - c}{2} - \dfrac{b^2 - d^2}{2\,(a - c)}\right)^2} \approx 2{,}2\,\text{dm}$

$t_1 = \dfrac{(a - c)^2 - b^2 + d^2}{2\,(a - c)} \approx 0{,}21\,\text{dm}$ $\quad t_2 = \dfrac{(a - c)^2 + b^2 - d^2}{2\,(a - c)} \approx 1{,}49\,\text{dm}$

$$e = \sqrt{\frac{a\left(d^2 - c^2\right) + c\left(a^2 - b^2\right)}{a - c}} \approx 2{,}26\,\text{dm}$$

$$f = \sqrt{\frac{c\left(a^2 - d^2\right) + a\left(b^2 - c^2\right)}{a - c}} \approx 2{,}84\,\text{dm} \qquad U = a + b + c + d = 7{,}17\,\text{dm}$$

$$A = \frac{a+c}{2} \cdot \sqrt{d^2 - \left(\frac{a-c}{2} - \frac{b^2 - d^2}{2\,(a-c)}\right)^2} \approx 2{,}53\,\text{dm}^2$$

e) $h = \dfrac{A}{m} = 4{,}9\,\text{cm} \qquad a = 2m - c = 15{,}5\,\text{cm}$

$$t_1 = \frac{\sqrt{d^2\,m^2 - A^2}}{m} \approx 2{,}5\,\text{cm} \qquad t_2 = \frac{2m\,(m-c) - \sqrt{d^2\,m^2 - A^2}}{m} \approx 6{,}5\,\text{cm}$$

$$b = \sqrt{d^2 + \frac{4\,(m-c)}{m} \cdot \left(m\,(m-c) - \sqrt{d^2\,m^2 - A^2}\right)} \approx 8{,}14\,\text{cm}$$

$$U = b + d + 2m \approx 35{,}64\,\text{cm} \qquad e = \sqrt{c^2 + d^2 + \frac{2c}{m}\sqrt{d^2\,m^2 - A^2}} \approx 10{,}25\,\text{cm}$$

$$f = \sqrt{d^2 + (2m - c) \cdot \left[2m - c - \frac{2}{m}\sqrt{d^2\,m^2 - A^2}\right]} \approx 13{,}89\,\text{cm}$$

f) $t_1 = \sqrt{d^2 - h^2} \approx 4{,}98\,\text{m} \qquad t_2 = \sqrt{b^2 - h^2} = \frac{1}{5}\sqrt{19} \approx 0{,}87\,\text{m}$

$c = m - \frac{1}{2}\left(\sqrt{d^2 - h^2} + \sqrt{b^2 - h^2}\right) \approx 1{,}07\,\text{m} \qquad A = m \cdot h = 7{,}2\,\text{m}^2$

$a = m + \frac{1}{2}\left(\sqrt{d^2 - h^2} + \sqrt{b^2 - h^2}\right) \approx 6{,}93\,\text{m} \qquad U = b + d + 2m = 15{,}3\,\text{m}$

$$e = \sqrt{h^2 + \left(m + \frac{\sqrt{d^2 - h^2} - \sqrt{b^2 - h^2}}{2}\right)^2} \approx 6{,}32\,\text{m}$$

$$f = \sqrt{h^2 + \left(m - \frac{\sqrt{d^2 - h^2} - \sqrt{b^2 - h^2}}{2}\right)^2} \approx 2{,}65\,\text{m}$$

5.100 a) Im Bild 5.131, Seite 619 wird im $\triangle\, DAE$ die Höhe $h = \overline{DE}$ durch m im Verhältnis 1 : 2 geteilt. Laut Strahlensatz stehen dann auch die Strecken $\overline{DH}$ und $\overline{DA}$ auf dem Schenkel im Verhältnis 1 : 2. Somit gilt: $|\overline{AH}| = |\overline{DH}|$ bzw. $|\overline{BG}| = |\overline{CG}|$.

b) Analog wird im $\triangle\, CAF$ die Höhe $h = \overline{CF}$ durch m im Verhältnis 1 : 2 geteilt. Laut Strahlensatz stehen dann auch die Strecken $\overline{CS_e}$ und $\overline{CA}$ auf der Diagonalen im Verhältnis 1 : 2. Somit gilt: $|\overline{AS_e}| = |\overline{CS_e}|$ bzw. $|\overline{BS_f}| = |\overline{DS_f}|$.

5.101 s. a. Bild 5.35, Seite 572: $g_1 = 5\,\text{cm}; \quad b = 2\sqrt{5}\,\text{cm} \approx 4{,}47\,\text{cm}$

5.102 $h = \dfrac{2A}{U - 2s}; \quad g_1 = \dfrac{U - 2s}{2} + \sqrt{s^2 - \dfrac{4A^2}{(U - 2s)^2}}; \quad g_2 = \dfrac{U - 2s}{2} - \sqrt{s^2 - \dfrac{4A^2}{(U - 2s)^2}}$

5.103 $h = \frac{8}{3}\,\text{cm} \approx 2{,}67\,\text{cm}; \quad d = \frac{1}{3}\sqrt{145}\,\text{cm} \approx 4{,}01\,\text{cm}; \quad s = \frac{1}{3}\sqrt{73}\,\text{cm} \approx 2{,}85\,\text{cm}$

5.104 $A_1 = 3\sqrt{55}\,\text{cm}^2 \approx 22{,}25\,\text{cm}^2; \quad A_2 = \dfrac{511\sqrt{55} - 1\,320}{165}\,\text{cm}^2 \approx 14{,}97\,\text{cm}^2$

5.105 $d = \frac{1}{2}s\sqrt{2} \approx 2{,}5\,\text{cm}$; $A_{\text{innen}} \approx 5\,132\,\text{cm}^2$

5.106 $h_1 = 4\left(2-\sqrt{2}\right)\,\text{cm} \approx 2{,}34\,\text{cm}$

5.107 $h_1 = \dfrac{h}{m+n}\cdot\left(m+n-\sqrt{m\cdot(m+n)}\right)$.

Die Lösung von Aufgabe 5.106 wird durch $m = n$ bestätigt!

5.108 $A_{\triangle} = \dfrac{5}{12}\sqrt{3}\,r^2 = 15\sqrt{3}\,\text{cm}^2 \approx 25{,}98\,\text{cm}^2$

5.109 $h = \dfrac{5-\sqrt{10}}{5}\cdot b = \frac{8}{5}\cdot\left(5-\sqrt{10}\right)\,\text{cm} \approx 2{,}94\,\text{cm}$

5.110 $a = 4\sqrt{2\sqrt{3}} \approx 7{,}44\,\text{cm}$; $\dfrac{h_{\triangle}}{h_{\triangle}} = \dfrac{1}{3}\cdot\sqrt{2\sqrt{3}} \approx 0{,}62$

5.111 a) $a = 5c$ b) $a = c \Rightarrow$ Parallelogramm c) nicht realisierbar d) $\frac{1}{3} < v < 3 \wedge v \neq 1$

5.112 a) [1] Strahlensatz im Dreieck ACD: $|\overline{AH}| : |\overline{AD}| = |\overline{HS_e}| : |\overline{CD}|$

$$\Rightarrow \tfrac{1}{2} = \frac{|\overline{HS_e}|}{c} \Rightarrow |\overline{HS_e}| = \frac{c}{2}$$

[2] Analog ergibt sich im Dreieck BCD: $|\overline{S_fG}| = \dfrac{c}{2}$.

Somit gilt $|\overline{HG}| = |\overline{HS_e}| + |\overline{S_eS_f}| + |\overline{S_fG}|$

$$m = \frac{c}{2} + |\overline{S_eS_f}| + \frac{c}{2} = \frac{a+c}{2}$$

$$\Rightarrow |\overline{S_eS_f}| = \frac{a-c}{2} \quad \square$$

b) $A_{\triangle} = \dfrac{h_{\triangle}}{8}\cdot\dfrac{(a-c)^2}{a+c}$ c) $\dfrac{A_{\triangle}}{A_{\triangle}} = \frac{1}{4}\cdot\left(\dfrac{a-c}{a+c}\right)^2$ d) $U = \dfrac{(a-c)\cdot(a+c+e+f)}{2\cdot(a+c)}$

5.11.2 Dreiecke

5.113 a) $A = 10{,}5\,\text{cm}^2$ b) $A = 23\,\text{m}^2$ c) $A \approx 8{,}92\,\text{cm}^2$ d) $A \approx 0{,}176\,\text{km}^2$

5.114 Egal, welche Dreieckseite als Grundseite gewählt wird, mit der zugehörigen Höhe ergibt sich immer der gleiche Flächeninhalt:

$A_{\triangle} = \frac{1}{2}\,a\,h_a \approx \frac{1}{2}\cdot 4{,}1\cdot 6{,}24 \approx 12{,}79\,\text{cm}^2$;

$A_{\triangle} = \frac{1}{2}\,b\,h_b \approx \frac{1}{2}\cdot 6{,}8\cdot 3{,}76 \approx 12{,}78\,\text{cm}^2$;

$A_{\triangle} = \frac{1}{2}\,c\,h_c \approx \frac{1}{2}\cdot 6{,}4\cdot 4 \approx 12{,}8\,\text{cm}^2$

5.115 a) $g = 8\,\text{cm}$ b) $h_b \approx 15{,}4\,\text{mm}$ c) $h_c \approx 15{,}9\,\text{cm}$ d) $a \approx 49{,}5\,\text{cm}$

5.116 a) $h_a = 7{,}36$ cm; $A_{\triangle} = 18{,}4\,\text{cm}^2$

b) $a \approx 3{,}4$ m; $A_{\triangle} \approx 1{,}75\,\text{m}^2$

c) $h_c \approx 5{,}807$ km; $A_{\triangle} = 63{,}875\,\text{km}^2$

5.117 $A_{\triangle} = 24{,}24\,\text{cm}^2; \quad c \approx 8{,}09\,\text{cm}$

5.118 $A_{\triangle} = 4{,}5\sqrt{3}\,\text{cm}^2 \approx 7{,}79\,\text{cm}^2$

5.119 $a = \frac{1}{2}\sqrt[4]{12}\,b \approx 0{,}931\,b$ bzw. $b = \frac{1}{3}\sqrt[4]{108}\,a \approx 1{,}075\,a$

5.120 $a = 2\sqrt{2\left(4+\sqrt{7}\right)} \approx 7{,}29\,\text{cm} \qquad b = 2\sqrt{2\left(4-\sqrt{7}\right)} \approx 3{,}29\,\text{cm} \qquad c = 8\,\text{cm}$

5.121 rechtwinkliges Dreieck: $A_{\triangle} = \frac{1}{2}\,a \cdot c = 6\,\text{cm}^2$

5.122 $c_1 = \sqrt{a^2+b^2-2\sqrt{a^2b^2-4A^2}} = \sqrt{34-10\sqrt{5}} \approx 3{,}41\,\text{cm}$

$c_2 = \sqrt{a^2+b^2+2\sqrt{a^2b^2-4A^2}} = \sqrt{34+10\sqrt{5}} \approx 7{,}51\,\text{cm}$

5.123 $a = 13\,\text{cm}, b = 14\,\text{cm}, c = 15\,\text{cm}$

5.124 $h_c = \frac{1}{2}\sqrt{4a^2-c^2}$

5.125 $a = \frac{1}{2}\,c\sqrt{5}; \qquad A_{\triangle} = \frac{1}{2}\,c^2$

5.126 $A = 5\sqrt{39}\,\text{cm}^2 \approx 31{,}2\,\text{cm}^2$

5.127 PYTHAGORAS: $s^2 = h^2 + \left(\frac{1}{2}\,g\right)^2 \Rightarrow h = \frac{1}{2}\sqrt{4s^2-g^2} \Rightarrow A_{\triangle} = \frac{1}{4}\,g\cdot\sqrt{4s^2-g^2}$

5.128 $h_c = 5\,\text{cm}; \qquad a = \sqrt{29}\,\text{cm} \approx 5{,}39\,\text{cm}$

5.129 $a = \dfrac{2m}{n}\cdot\dfrac{\sqrt{n\cdot A_{\triangle}}}{\sqrt[4]{4m^2-n^2}} = \frac{4}{5}\cdot\sqrt[4]{1\,500}\,\text{cm} \approx 4{,}98\,\text{cm};$

$c = \dfrac{2\cdot\sqrt{n\cdot A_{\triangle}}}{\sqrt[4]{4m^2-n^2}} = \frac{2}{5}\cdot\sqrt[4]{1\,500}\,\text{cm} \approx 4{,}98\,\text{cm} \approx 2{,}49\,\text{cm};$

$h_c = \dfrac{1}{n}\cdot\sqrt{n\cdot A_{\triangle}}\cdot\sqrt[4]{4m^2-n^2} = \sqrt[4]{540}\,\text{cm} \approx 4{,}82\,\text{cm}$

5.130 $r_{\text{i}} = \dfrac{a\,b}{a+b+\sqrt{a^2+b^2}} = \dfrac{a+b-\sqrt{a^2+b^2}}{2} = 2\,\text{cm}$

5.131 $r_{\text{AnKr}_a} = \dfrac{2A_{\triangle ABC}}{-a+b+c}; \qquad$ rechtwinkliges $\triangle$: $r_{\text{AnKr}_a} = \dfrac{a-b+\sqrt{a^2+b^2}}{2} = 4\,\text{cm}$

5.132 $c_1 = \left(\sqrt{41}-3\right)\,\text{cm} \approx 3{,}4\,\text{cm} \qquad r_{\text{i}_1} = \left(14-2\sqrt{41}\right)\,\text{cm} \approx 1{,}19\,\text{cm}$

$c_2 = \left(\sqrt{41}+3\right)\,\text{cm} \approx 9{,}4\,\text{cm} \qquad r_{\text{i}_2} = \frac{1}{8}\cdot\left(13-\sqrt{41}\right)\,\text{cm} \approx 0{,}82\,\text{cm}$

5.133 $a = 5\,\text{cm}; \quad c = 6\,\text{cm}; \quad A_{\triangle} = 12\,\text{cm}^2$

5.134 $a = \sqrt{29}\,\text{cm} \approx 5{,}39\,\text{cm}; \quad f = \frac{10}{29}\sqrt{29}\,\text{cm} \approx 1{,}86\,\text{cm}$

5.135 $\dfrac{A_{\text{rechtw}}}{A} = 3 \cdot \left(3\sqrt{2} - 4\right) \cdot \sqrt{3} \approx 1{,}2608 \qquad \dfrac{A}{A_{\text{rechtw}}} = \frac{1}{18} \cdot \left(3\sqrt{2} + 4\right) \cdot \sqrt{3} \approx 0{,}7931$

5.136 $\dfrac{A_1}{A_2} = 1$

5.137 $s_a = \frac{1}{20}\sqrt{10\,939}\,\text{cm} \approx 5{,}23\,\text{cm}$

5.138 $c = \frac{1}{2}\sqrt{193}\,\text{m} \approx 6{,}95\,\text{m}; \qquad b = 8{,}7\,\text{m}$

5.139 $A \approx 2\,491{,}9\,\text{mm}^2$

5.140 $r_{\text{i}} = \frac{1}{6}\,a\sqrt{3} = \frac{1}{2}\sqrt{3}\,\text{cm} \approx 0{,}87\,\text{cm}; \qquad r_{\text{u}} = \frac{1}{3}\,a\sqrt{3} = \sqrt{3}\,\text{cm} \approx 1{,}7\,\text{cm}$

5.141 $r_{\text{AnKr}_a} = \frac{1}{2}\,a\sqrt{3}$

5.142 $\dfrac{A_a}{A_b} = \dfrac{m^2}{n^2} = \dfrac{4}{9}$

5.143 $h = \frac{1}{6}\,U\sqrt{3}; \quad A = \frac{1}{36}\,U^2\sqrt{3}$

5.144 $A = \frac{484}{25}\sqrt{3}\,\text{cm}^2 \approx 33{,}5\,\text{cm}^2$

5.145 $e = \frac{2}{3}\,s\sqrt{3} = 14\sqrt{3}\,\text{mm} \approx 24\,\text{mm}$

5.146 $d_3 = 2\,a - d_2 = 566\,\text{mm}$

5.147 $d = d_1 + \frac{3}{4}\,P\sqrt{3} \approx 48\,\text{mm}$

5.148 $a = \sqrt{3 \cdot \left(l^2 - h^2\right)} = \frac{3}{5}\sqrt{2\,937}\,\text{m} \approx 32{,}5\,\text{m}$

5.149 $a = \frac{118}{3}\sqrt{3}\,\text{mm} \approx 68{,}1\,\text{mm}$

5.150 $a = \frac{1}{2}\,d\sqrt{3} = 7{,}1\sqrt{3}\,\text{mm} \approx 12{,}3\,\text{mm}$

5.151 b) $b = 50 \cdot \sqrt{193 - 36\sqrt{3}} \approx 571{,}5\,\text{mm}$

c) Totlagen der Schwinge c für $\beta \approx 34{,}5^\circ$ bzw. $\beta \approx 228{,}5^\circ$

d) $|\overline{DB}| = 200\sqrt{7}\,\text{mm} \approx 529{,}2\,\text{mm}$

e) $|\overline{AC}| = 750\,\text{mm}$

5.152 $a = r = 5\,\text{cm}; \qquad A = \frac{1}{2}\,r\,s = 17{,}5\,\text{cm}^2;$

$b = \sqrt{2\,r^2 + r \cdot \sqrt{4\,r^2 - s^2}} = \sqrt{50 + 5\sqrt{51}}\,\text{cm} \approx 9{,}3\,\text{cm}$

5.11.4 Regelmäßige Vielecke

5.153 Einige Beziehungen können durch einfaches Umstellen der mit ⊛ markierten Formeln hergeleitet werden, für andere ist die Kombination zweier Gleichungen notwendig. Die Details finden sich in den kommentierten Lösungen.

5.154 Einige Beziehungen können durch einfaches Umstellen der mit ⊛ markierten Formeln hergeleitet werden, für andere ist die Kombination zweier Gleichungen notwendig. Die Details finden sich in den kommentierten Lösungen.

5.155 Einige Beziehungen können durch einfaches Umstellen der mit ⊛ markierten Formeln hergeleitet werden, für andere ist die Kombination zweier Gleichungen notwendig. Die Details finden sich in den kommentierten Lösungen.

5.156 Einige Beziehungen können durch einfaches Umstellen der mit ⊛ markierten Formeln hergeleitet werden, für andere ist die Kombination zweier Gleichungen notwendig. Die Details finden sich in den kommentierten Lösungen.

5.157 Einige Beziehungen können durch einfaches Umstellen der mit ⊛ markierten Formeln hergeleitet werden, für andere ist die Kombination zweier Gleichungen notwendig. Die Details finden sich in den kommentierten Lösungen.

5.158 Einige Beziehungen können durch einfaches Umstellen der mit ⊛ markierten Formeln hergeleitet werden, für andere ist die Kombination zweier Gleichungen notwendig. Die Details finden sich in den kommentierten Lösungen.

5.159 Das Sechseck setzt sich aus sechs gleichseitigen Dreiecken zusammen. Jedes Dreieck besitzt die Seitenlänge $a = r$ und die Höhe $h = \frac{1}{2} a \sqrt{3}$. $A_{\hexagon} = 6 \cdot A_{\triangle} = \frac{3}{2} a^2 \sqrt{3}$.

5.160 Beachte Beispiel 5.49 auf Seite 624 (Sehnenachteck). $s = 12\sqrt{2-\sqrt{2}}\,\text{cm} \approx 9{,}2\,\text{cm}$;
$A = 288\sqrt{2}\,\text{cm}^2 \approx 407{,}3\,\text{cm}^2$; $\quad r_{\text{i}} = 6\sqrt{2+\sqrt{2}}\,\text{cm} \approx 11{,}1\,\text{cm}$

5.161 $s_6 = \frac{1}{3} s_3 \sqrt{3} = \frac{4}{3}\sqrt{3}\,\text{cm} \approx 2{,}3\,\text{cm}$

5.162 $b = \frac{1}{3} a \sqrt{2\sqrt{3}} = \frac{10}{3}\sqrt{2\sqrt{3}}\,\text{cm} \approx 6{,}2\,\text{cm}$

5.163 a) $A_5 = \frac{1}{100} \cdot U_5^2 \cdot \sqrt{5\left(5+2\sqrt{5}\right)}$ b) $A_6 = \frac{1}{24} \cdot U_6^2 \cdot \sqrt{3}$

c) $A_8 = \frac{1}{32} \cdot U_8^2 \cdot \left(1+\sqrt{2}\right)$ d) $A_{10} = \frac{1}{40} \cdot U_{10}^2 \cdot \sqrt{5+2\sqrt{5}}$

5.164 $b = a\left(3-\sqrt{3}\right) = 8\left(3-\sqrt{3}\right)\,\text{cm} \approx 10{,}1\,\text{cm}$

5.165 $b = \frac{1}{4}\left(3\sqrt{2}-\sqrt{6}\right) \cdot a = \frac{3}{4}\left(3\sqrt{2}-\sqrt{6}\right)\,\text{cm} \approx 1{,}3\,\text{cm}$

5.166 $b = 6\sqrt{2+\sqrt{2}}\,\text{cm} \approx 11{,}1\,\text{cm}$ $\quad s = 6\left(1+\sqrt{2}\right) \approx 14{,}5\,\text{cm}$

$h = 3\sqrt{10+7\sqrt{2}}\,\text{cm} \approx 13{,}4\,\text{cm}$ $\quad A_{\triangle} = 9\left(4+3\sqrt{2}\right)\,\text{cm}^2 \approx 74{,}18\,\text{cm}^2$

5.167 $s_8 = 1{,}5\,\text{cm}; \quad A_6 = 6\sqrt{3}\,\text{cm}^2 \approx 10{,}39\,\text{cm}^2; \quad A_8 = 4{,}5 \cdot \left(1+\sqrt{2}\right)\,\text{cm}^2 \approx 10{,}86\,\text{cm}^2$

5.168 $\dfrac{A_5}{A_{10}} = \dfrac{1+\sqrt{5}}{4} = \frac{1}{2}\,\Phi; \quad \dfrac{U_5}{U_{10}} = \frac{1}{4} \cdot \sqrt{2 \cdot \left(5+\sqrt{5}\right)}; \quad \dfrac{s_5}{s_{10}} = \frac{1}{2} \cdot \sqrt{2 \cdot \left(5+\sqrt{5}\right)}$

5.169 $A = 25 \cdot \left(2-\sqrt{3}\right)\,\text{cm}^2 \approx 6{,}7\,\text{cm}^2$

5.170 $s_5 = 3\,\text{cm}; \qquad r_{5_{(u)}} = \frac{3}{10} \cdot \sqrt{10 \cdot \left(5+\sqrt{5}\right)}\,\text{cm} \approx 2{,}6\,\text{cm};$

$A_5 = \frac{9}{4} \cdot \sqrt{5 \cdot \left(5+2\sqrt{5}\right)}\,\text{cm}^2 \approx 15{,}48\,\text{cm}^2$

5.171 $s = \frac{1}{10} \cdot \sqrt{770\left(\sqrt{2}-1\right)}\,\text{m} \approx 1{,}79\,\text{m}$

5.172 $d_{\bigcirc} = 76\,\text{cm}$

5.173 $r_{10_{(u)}} = \left(1+\sqrt{5}\right)\,\text{cm} \approx 3{,}24\,\text{cm}$

5.174 $A_{\text{Hexagramm}} = 36 \cdot \sqrt{3}\,\text{cm}^2 \approx 62{,}35\,\text{cm}^2$

5.175 $s_5' = \left(3{,}2 - \sqrt{5-2\sqrt{5}}\right)\,\text{cm} \approx 2{,}47\,\text{cm}; \qquad A_5' \approx 10{,}53\,\text{cm}^2; \qquad k \approx 59{,}8\,\%$

5.176 $a = \sqrt[4]{3} \cdot \left(2\sqrt{2}-\sqrt{5}\right)\,\text{cm} \approx 7{,}8\,\text{mm}$

5.177 $s_{6_2} = \frac{1}{3}\left(9-\sqrt{3}\right)\,\text{m} \approx 2{,}42\,\text{m}; \qquad s_{6_3} = \frac{1}{3}\left(9-2\sqrt{3}\right)\,\text{m} \approx 1{,}85\,\text{m}$

5.178 $A_{10} = \frac{405}{8} \cdot \sqrt{5+2\sqrt{5}}\,\text{cm}^2 \approx 155{,}81\,\text{cm}^2$

5.179 $A_3 = \frac{25}{4}\sqrt{3}\,\text{cm}^2 \approx 10{,}83\,\text{cm}^2 \qquad A_4 = \frac{225}{16}\,\text{cm}^2 \approx 14{,}06\,\text{cm}^2$

$A_5 = \frac{9}{4}\sqrt{5 \cdot \left(5+2\sqrt{5}\right)}\,\text{cm}^2 \approx 15{,}48\,\text{cm}^2 \qquad A_6 = \frac{75}{8}\sqrt{3}\,\text{cm}^2 \approx 16{,}24\,\text{cm}^2$

5.180 $A' = \frac{1}{100} \cdot \left(38\sqrt{3}-15\right)\,\text{m}^2 \approx 0{,}508\,\text{m}^2; \qquad \dfrac{A'}{A} = \dfrac{76-10\sqrt{3}}{75} \approx 78{,}2\,\%$

5.181 $A_8 = 512 \cdot \left(\sqrt{2}-1\right)\,\text{cm}^2 \approx 212{,}1\,\text{cm}^2$

5.182 $A = 1\,892{,}25\sqrt{3}\,\text{cm}^2 \approx 3\,277{,}5\,\text{cm}^2$

5.183 $s_{10}' = 4\sqrt{2}\,\text{mm} \approx 5{,}7\,\text{mm}$

5.184 $s_{10} = 9 \cdot \sqrt{5 \cdot \left(5-2\sqrt{5}\right)}\,\text{cm} \approx 14{,}62\,\text{cm}$

5.185 $s_8 = 5 \cdot \sqrt{5\left(\sqrt{2}-1\right)}\ \text{cm} \approx 7{,}2\ \text{cm}$

5.186 $U = 1{,}68\ \text{m}$

5.187 $d = \left(2{,}9 + 3{,}5\sqrt{2}\right)\ \text{cm} \approx 7{,}85\ \text{cm}$

5.188 $e = 8\sqrt{3}\ \text{cm} \approx 13{,}86\ \text{cm};\quad U = 16 \cdot \left(1+\sqrt{3}\right)\ \text{cm} \approx 43{,}71\ \text{cm};$

$A = 64\sqrt{3}\ \text{cm}^2 \approx 110{,}85\ \text{cm}^2$

5.189 $r = \frac{1}{2} \cdot \sqrt{42\sqrt{3}}\ \text{cm} \approx 4{,}26\ \text{cm}$

5.11.5 Kreis und Kreisteile

5.190 a) $d = 8\ \text{cm};\quad U = 8\pi\ \text{cm} \approx 25{,}1\ \text{cm};\quad A = 16\pi\ \text{cm}^2 \approx 50{,}3\ \text{cm}^2$

b) $d = 7\ \text{km};\quad U = 7\pi\ \text{km} \approx 22\ \text{km};\quad A = 12{,}25\pi\ \text{km}^2 \approx 38{,}48\ \text{km}^2$

c) $r = 3{,}8\ \text{m};\quad U = 7{,}6\pi\ \text{m} \approx 23{,}9\ \text{m};\quad A = 14{,}44\pi\ \text{m}^2 \approx 45{,}36\ \text{m}^2$

d) $r = \frac{5}{\pi}\ \text{m} \approx 1{,}59\ \text{m};\quad d = \frac{10}{\pi}\ \text{m} \approx 3{,}18\ \text{m};\quad A = \frac{25}{\pi}\ \text{m}^2 \approx 7{,}96\ \text{m}^2$

e) $r = \frac{3}{\pi}\sqrt{13\pi}\ \text{m} \approx 6{,}1\ \text{m};\quad d = \frac{6}{\pi}\sqrt{13\pi}\ \text{m} \approx 12{,}2\ \text{m};\quad U = 6\sqrt{13\pi}\ \text{m} \approx 38{,}3\ \text{m}$

f) $r = \frac{446{,}5}{\pi}\ \text{mm} \approx 14{,}2\ \text{cm};\quad d = \frac{893}{\pi}\ \text{mm} \approx 28{,}4\ \text{cm};\quad A = \frac{U^2}{4\pi} \approx 634{,}6\ \text{cm}^2$

g) $r = \frac{1}{2}t\ \text{m};\quad U = \pi d = \pi t\ \text{m};\quad A = \frac{1}{4}\pi t^2\ \text{m}^2$

h) $r = \frac{1}{\pi} \cdot \sqrt{\pi s}\ \text{m};\quad d = \frac{2}{\pi} \cdot \sqrt{\pi s}\ \text{m};\quad U = 2\sqrt{\pi s}\ \text{m}$

5.191 a) $P = \frac{107{,}632}{\pi}\ € \approx 34{,}26\ €$

b) $A = \frac{U^2}{4\pi};\ P = \frac{U^2 \cdot p}{4\pi}$

	A	B	C
1	Kreisumfang	4,96	m
2	Furnierpreis	17,5	€ / m²
3			
4	Kreisfläche	=B1^2 / (4*PI())	m²
5	Gesamtpreis	=(B1^2 *B2) / (4*PI())	€

Bild L.6

5.192 $d = \frac{2}{\pi} \cdot \sqrt{30\pi}\ \text{cm} \approx 6{,}2\ \text{cm}$

5.193 $U = 2\sqrt{\pi A} = 4\sqrt{2\pi}\ \text{cm} \approx 10\ \text{cm}$

5.194 a) $A_{\text{Abfall}} \approx 62{,}02\ \text{cm}^2;\qquad \text{proz. Anteil} = \frac{62{,}02}{17^2} \cdot 100 \approx 21{,}5\ \%$

b) $A_{\text{Abfall}} = A_{\square} - A_{\bigcirc} = \frac{4-\pi}{4}\,a^2$; proz. Anteil = $\frac{A_{\text{Abfall}}}{A_{\square}} \cdot 100\,\% \approx 21{,}5\,\%$

5.195 a) $U = 217\,\pi\,\text{mm} \approx 681{,}73\,\text{mm}$ $U_{\text{Näherung}} = 3{,}15\,d = 683{,}55\,\text{mm}$

$\Delta \approx 1{,}82\,\text{mm}$ $\Delta\,\% \approx 0{,}3\,\%$

b) $U \approx 3 \cdot d \cdot \frac{105}{100} = 3{,}15\,d$; $\pi \approx 3{,}15$; $\Delta\,\% = \frac{3{,}15-\pi}{\pi} \cdot 100\,\% \approx 0{,}3\,\%$

5.196 $A_{\text{grau}} = \frac{1}{4}\,(4-\pi)\,a^2 \approx 0{,}2146\,a^2$

5.197 $A_{\text{grau}} = \frac{1}{4}\,\pi\,r^2$

5.198 $r_2 = \sqrt{\frac{12}{\pi} + 25}\ \text{cm} \approx 5{,}4\,\text{cm}$

5.199 a) $r_3 = \frac{1}{2} \cdot \sqrt{\frac{5\,A_1 + 2\,\sqrt{A_1 \cdot A_2} + 5\,A_2}{\pi}}$; $r_4 = \frac{\sqrt{A_1} + \sqrt{A_2}}{2\,\sqrt{\pi}}$

b) $r_3 = \sqrt{\frac{A_1 + \sqrt{A_1 \cdot A_2} + A_2}{\pi}}$; $r_4 = \frac{1}{\pi} \cdot \sqrt[4]{\pi^2 \cdot A_1 \cdot A_2}$

c) $r_3 = \frac{1}{\sqrt{A_1} + \sqrt{A_2}} \cdot \sqrt{\frac{(A_1 + A_2)^2 + 4\,A_1 \cdot A_2 + 2\,(A_1 + A_2) \cdot \sqrt{A_1 \cdot A_2}}{\pi}}$

$r_4 = \frac{2}{\pi} \cdot \frac{\sqrt{\pi \cdot A_1 \cdot A_2}}{\sqrt{A_1} + \sqrt{A_2}}$

5.200 $r_1 = \frac{10\,\pi - 1}{\pi} \approx 9{,}7\,\text{cm}$; $r_2 = \frac{10\,\pi + 1}{\pi} \approx 10{,}3\,\text{cm}$

5.201 Ein Trapez mit der Mittellinie $m = \frac{1}{2}\,(r_1 + r_2)$ und der Höhe $h = 2\,\pi \cdot (r_1 - r_2)$ besitzt die Fläche $A_{\text{Trapez}} = m \cdot h = \pi\,\left(r_1^2 - r_2^2\right)$.

5.202 $r_1 = r_2 \cdot \sqrt{2} \approx 1{,}41\,r_2$

5.203 $r_2 = \sqrt{v+1} \cdot r_1$ mit $r_1 < r_2$ und $v > 0$

5.204 $A_{\text{Ring}} : A_2 = 1 : 3$

5.205 $r = 2{,}5\,\text{cm}$

5.206 $s = 2\,\sqrt{\frac{h}{\pi} \cdot (U - \pi\,h)}$

5.207 $A_1 : A_2 : A_3 = \left(7 - 3\,\sqrt{5}\right) : \left(3 - \sqrt{5}\right) : 2 \approx 0{,}29 : 0{,}76 : 2$

5.208 $d = \frac{5}{2\,\pi}\,\text{m} \approx 79{,}6\,\text{cm}$

5.209 ca. 16 zusätzliche Umdrehungen/km

5.210 $a = (35 - 10\,\pi)\ \text{cm} \approx 3{,}6\,\text{cm}$

5.211 $d = \frac{10}{33}\sqrt{\frac{55}{\pi}}\ \text{m} \approx 1{,}27\,\text{m}$

5.212 $A_{\text{Blech}} = (720 + 56\,\pi)\ \text{mm}^2 \approx 895{,}9\,\text{mm}^2$

5.213 $n = \frac{700}{0{,}78\,\pi} \approx 286$ Umdrehungen/min

5.214 $d_1 = \frac{2}{\pi}\,\text{m} \approx 0{,}637\,\text{m};\quad d_2 = \frac{1{,}44}{\pi}\,\text{m} \approx 0{,}458\,\text{m};\quad d_3 = \frac{1{,}2}{\pi}\,\text{m} \approx 0{,}382\,\text{m}$

5.215 $a = \frac{235}{\pi}\,\text{mm} \approx 74{,}8\,\text{mm}$

5.216 $d = \frac{1}{125}\sqrt{\frac{65}{\pi}}\ \text{m} \approx 3{,}6\,\text{cm}$

5.217 $\sigma = \frac{6\,000}{49\,\pi} \cdot 10^6\,\frac{\text{N}}{\text{m}^2} \approx 38{,}98\,\text{MPa}$

5.218 $a = 2\,\pi\,b$

5.219 $A_{\text{Blech}} = 260 \cdot (11 + 4\,\pi)\,\text{mm}^2 \approx 61{,}27\,\text{cm}^2$

5.220 $d = \frac{1}{30\,\pi} \cdot \sqrt{102\,\pi}\ \text{mm} \approx 0{,}19\,\text{mm}$

5.221 $d = \frac{12}{\pi} \cdot \sqrt{10\,\pi}\ \text{mm} \approx 21{,}4\,\text{mm}$

5.222 $d = 2\sqrt{505}\ \text{cm} \approx 44{,}9\,\text{cm}$

5.223 $\Delta\,n = \frac{78\,750}{19\,\pi} \approx 1\,319$ Umdrehungen

5.224 $d_1 = \frac{94\,\pi - 60}{\pi}\,\text{cm} \approx 74{,}9\,\text{cm}$

5.225 $\Delta A = \left(10{,}5 - \frac{1}{4}\,\pi\right)\ \text{cm}^2 \approx 9{,}71\,\text{cm}^2\ (\approx 27{,}7\,\%);\quad U_1 = (21 - \pi)\ \text{cm} \approx 17{,}9\,\text{cm}$

5.226 $\Delta A = (768 + 34\,\pi)\ \text{mm}^2 \approx 874{,}8\,\text{mm}^2\ (\approx 28{,}5\,\%)$

5.227 $A = \frac{1}{6} \cdot \left(48 + 11\,\pi - 6\sqrt{3}\right)\ \text{m}^2 \approx 12{,}03\,\text{m}^2$

5.228 $A = 50 \cdot [64 + \pi]\ \text{mm}^2 \approx 3\,357{,}1\,\text{mm}^2$

5.229 $U_3 = 4{,}6\,\pi\,\text{cm} \approx 14{,}45\,\text{cm}$

5.230 $a = 8\sqrt{2\pi}\,\text{mm} \approx 20{,}1\,\text{mm}$

5.231 $A = 1\,246\,\pi\,\text{mm}^2 \approx 39{,}14\,\text{cm}^2$

5.232 $a = \dfrac{23}{20\,\pi}\,\text{m} \approx 0{,}37\,\text{m};\quad A = \dfrac{3\,841}{400\,\pi}\,\text{m}^2 \approx 3{,}1\,\text{m}^2$

5.233 $U_2 = (42 + 1{,}2\,\pi)\,\text{cm} \approx 45{,}8\,\text{cm};\quad d_2 = \dfrac{42 + 1{,}2\,\pi}{\pi}\,\text{cm} \approx 14{,}6\,\text{cm}$

5.234 $d_{\text{Bohrung}} = 42\sqrt{2}\,\text{mm} \approx 59{,}4\,\text{mm}$

5.235 $d_1 = 31\sqrt{2}\,\text{mm} \approx 43{,}8\,\text{mm};\qquad d_2 = \dfrac{150}{\pi}\,\text{mm} \approx 47{,}7\,\text{mm};$

$w = \left(\dfrac{75}{\pi} - 15{,}5\sqrt{2}\right)\,\text{mm} \approx 1{,}95\,\text{mm}$

5.236 $A_1 = 6{,}24\,\pi\,\text{mm}^2 \approx 19{,}6\,\text{mm}^2;\qquad A_2 = 7{,}52\,\pi\,\text{mm}^2 \approx 23{,}62\,\text{mm}^2;$

$A_3 = 8{,}8\,\pi\,\text{mm}^2 \approx 27{,}65\,\text{mm}^2$

5.237 $A_{\text{Rest}} = (45\,000 - 5\,940\,\pi)\,\text{mm}^2 \approx 263{,}4\,\text{cm}^2$

5.238 $v = 3 \cdot (59 + 4\,\pi)\,\text{m} \cdot \text{min}^{-1} \approx 214{,}7\,\text{m} \cdot \text{min}^{-1}$

5.239 $A_{\text{Schelle}} = (64 + 100\,\pi)\,\text{mm}^2 \approx 378{,}2\,\text{mm}^2$

5.240 $\alpha = \dfrac{270^\circ}{\pi} \approx 85{,}9^\circ;\qquad A = 12\,\text{cm}^2$

5.241 $A_{\text{Rest}} = 16 \cdot \left(4\,\pi - 3\sqrt{3}\right)\,\text{cm}^2 \approx 117{,}9\,\text{cm}^2$

$A_{\text{Segment}} = \frac{16}{3} \cdot \left(4\,\pi - 3\sqrt{3}\right)\,\text{cm}^2 \approx 39{,}3\,\text{cm}^2$

5.242 $A = 8\,\text{cm}^2;\qquad r_{\bigcirc} = \dfrac{r}{2\,\pi} \cdot \sqrt{2\,\pi} = \dfrac{2}{\pi} \cdot \sqrt{2\,\pi}\,\text{cm} \approx 1{,}6\,\text{cm}$

5.243 $A = 6\left(4\,\pi - 3\sqrt{3}\right)\,\text{cm}^2 \approx 44{,}2\,\text{cm}^2$

5.244 $b_{\text{Sektor}} = 2{,}6\,\text{cm}$

5.245 Der Flächeninhalt der beiden Möndchen ist genauso groß wie der des rechtwinkligen Dreiecks ABC:

$$A_{\text{Möndchen}} = A_{\triangle} = \tfrac{1}{2}\,a\,b.$$

5.246 $A_{\text{grau}} = 18\left(2\,\pi - 3\sqrt{3}\right)\,\text{cm}^2 \approx 19{,}57\,\text{cm}^2$

5.247 $A_{\text{markiert}} = A_{\triangle ABC} = \tfrac{1}{2}\,a \cdot b$

5.248 $A_{\text{Figur}} = 4{,}5 \cdot (\pi - 2)\,\text{cm}^2 \approx 5{,}1\,\text{cm}^2$

5.249 $A = 8\left(2\sqrt{3} - \pi\right)\ \mathrm{cm}^2 \approx 2{,}58\ \mathrm{cm}^2$

5.250 $l = \left(8 + \frac{130}{3}\pi\right)\ \mathrm{m} \approx 144{,}14\ \mathrm{m}$

5.251 $A_{\mathrm{Blech}} = \frac{1\,492}{3}\pi\ \mathrm{mm}^2 \approx 15{,}62\ \mathrm{cm}^2$

5.252 $A_{\mathrm{Welle}} \approx 25{,}6\ \mathrm{cm}^2$

5.253 $U = \frac{16}{3}\cdot\left(5\pi + 12\sqrt{3}\right)\ \mathrm{mm} \approx 194{,}6\ \mathrm{mm}$

5.254 $s = 26\sqrt{2}\ \mathrm{mm} \approx 36{,}8\ \mathrm{mm};\quad A = \left(520\sqrt{2} + 338\pi - 676\right)\ \mathrm{mm}^2 \approx 11{,}21\ \mathrm{cm}^2$

5.255 $\alpha = 102°;\quad b_1 = \frac{442}{15}\pi\ \mathrm{mm} \approx 92{,}6\ \mathrm{mm};\quad b_2 = \frac{544}{15}\pi\ \mathrm{mm} \approx 113{,}9\ \mathrm{mm}$

5.256 $A = 256\,(\pi - 2)\ \mathrm{mm}^2 \approx 292{,}2\ \mathrm{mm}^2$

5.257 $A = \left(\frac{74\,437}{120}\pi - 770\right)\ \mathrm{mm}^2 \approx 1\,178{,}8\ \mathrm{mm}^2$

5.258 $A = 53\,645\,\pi\ \mathrm{mm}^2 \approx 1\,685{,}3\ \mathrm{cm}^2$

5.259 $U = \frac{8}{3}\cdot(17\pi + 9)\ \mathrm{mm} \approx 166{,}4\ \mathrm{mm};\qquad A = \frac{1\,648}{3}\pi\ \mathrm{mm}^2 \approx 17{,}26\ \mathrm{cm}^2$

5.260 $A_{\mathrm{Segment}} = 12\cdot\left(4\pi - 3\sqrt{3}\right)\ \mathrm{mm}^2 \approx 88{,}4\ \mathrm{mm}^2$

5.11.6 Umfang und Flächeninhalt ähnlicher Flächen

5.261 $d_{\mathrm{Al}} = \dfrac{2}{5}\cdot\sqrt{\dfrac{170}{\pi}}\ \mathrm{mm} \approx 2{,}94\ \mathrm{mm}$

5.262 $k^2 = 2$. Die Flächen der Blätter verdoppeln sich mit fallender Klassennummer.

6 Goniometrie

6.1 Das Bogenmaß

6.1

a) 2° 04′ 35″	b) 15° 31′ 58″	c) 88° 48′ 37″	d) 168° 38′ 9″
e) 0,670 35	f) 0,733 26	g) 2,872 61	h) 2,016 47

6.2.1 Definition der Winkelfunktionen

6.2 bis **6.5**

	6.2	**6.3**	**6.4**	**6.5**
a)	0,2476	0,6626	0,2477	0,8236
b)	0,9480	− 0,9733	0,9480	− 0,1438
c)	0,6523	− 13,7157	0,6527	− 1,0680
d)	6,7584	− 0,6581	6,7487	− 13,8940
e)	0,9930	− 0,5854	0,9930	− 0,5681
f)	0,4623	− 0,9449	0,4622	0,5066
g)	1,2203	− 3,1240	1,2207	18,7763
h)	0,2177	1,7127	0,2175	3,6526

6.6 a) 1,0367; b) 1,0233

6.2.4 Die Umkehrung der Winkelfunktionen

6.7 a) $6^\circ\,28' \approx 6{,}47^\circ$; $173^\circ\,32' \approx 173{,}53^\circ$ b) $25^\circ\,44' \approx 25{,}73^\circ$; $334^\circ\,16' \approx 334{,}27^\circ$
c) $32^\circ\,59' \approx 32{,}98^\circ$; $212^\circ\,59' \approx 212{,}98^\circ$ d) $20^\circ\,58' \approx 20{,}97^\circ$; $200^\circ\,58' \approx 200{,}97^\circ$
e) $61^\circ\,58' \approx 61{,}97^\circ$; $118^\circ\,2' \approx 118{,}03^\circ$ f) $64^\circ\,45' \approx 64{,}75^\circ$; $295^\circ\,15' \approx 295{,}25^\circ$
g) $57^\circ\,15' \approx 57{,}24^\circ$; $237^\circ\,15' \approx 237{,}24^\circ$ h) $48^\circ\,48' \approx 48{,}81^\circ$; $228^\circ\,48' \approx 228{,}81^\circ$
i) $\approx 209^\circ$; $\approx 331^\circ$ k) $\approx 95^\circ$; $\approx 265^\circ$
l) $115^\circ\,20' \approx 115{,}33^\circ$; $295^\circ\,20' \approx 295{,}33^\circ$ m) $147^\circ\,50' \approx 147{,}83^\circ$; $327^\circ\,50' \approx 327{,}83^\circ$

6.2.5 Elementare Beziehungen zwischen den Winkelfunktionen

6.8 a) $\cos(\alpha) = \frac{1}{5}\sqrt{21}$ $\tan(\alpha) = \frac{2}{21}\sqrt{21}$ $\cot(\alpha) = \frac{1}{2}\sqrt{21}$

b) $\sin(\alpha) = \frac{4}{5}$ $\tan(\alpha) = \frac{4}{3}$ $\cot(\alpha) = \frac{3}{4}$

c) $\sin(\alpha) = \frac{2}{5}\sqrt{5}$ $\cos(\alpha) = \frac{1}{5}\sqrt{5}$ $\cot(\alpha) = \frac{1}{2}$

d) $\sin(\alpha) = \frac{12}{13}$ $\cos(\alpha) = \frac{5}{13}$ $\tan(\alpha) = \frac{12}{5}$

6.3.1 Die Winkelfunktionen am rechtwinkligen Dreieck

6.9
a) $c \approx 5{,}49\,\text{cm}$ $\alpha \approx 33^\circ\,6'\,41'' \approx 33{,}1^\circ$ $\beta \approx 56^\circ\,53'\,19'' \approx 56{,}9^\circ$
b) $b = 60\,\text{cm}$ $\alpha \approx 10^\circ\,23'\,20'' \approx 10{,}4^\circ$ $\beta \approx 79^\circ\,36'\,40'' \approx 79{,}6^\circ$
c) $b \approx 6{,}82\,\text{cm}$ $c \approx 12{,}11\,\text{cm}$ $\alpha = 55^\circ\,42'\,00'' = 55{,}7^\circ$
d) $a \approx 24\,\text{cm}$ $b \approx 7{,}68\,\text{cm}$ $\beta = 17^\circ\,44'\,24'' = 17{,}74^\circ$

6.10 $h = \frac{b \cdot \tan(\beta)}{2} \approx 6{,}23\,\text{cm}$; $s = \frac{b}{2 \cdot \cos(\beta)} \approx 11{,}03\,\text{cm}$; $A \approx 56{,}7\,\text{cm}^2$; $U \approx 40{,}26\,\text{cm}$

6.11 $h = b \cdot \sin(180^\circ - \varphi) = b \cdot \sin(\varphi)$; $A = g \cdot h = a \cdot b \cdot \sin(\varphi) \approx 395{,}5\,\text{cm}^2$

6.12 $d_1 = 2a \cdot \sin\left(\frac{\varphi}{2}\right) \approx 52{,}42\,\text{cm}$; $d_2 = 2a \cdot \cos\left(\frac{\varphi}{2}\right) \approx 117{,}43\,\text{cm}$

6.13

	Mittelpunkts-winkel	Bogen-länge	Höhe	Sehnen-länge	Fläche	Radius
a)	$\approx 125^\circ\,26' \approx 125{,}4^\circ$	$\approx 17{,}51$	$\approx 4{,}33$	**14,22**	$\approx 43{,}98$	**8**
b)	$\approx 67^\circ\,58'\,25'' \approx 68^\circ$	$\approx 14{,}24$	**2,05**	$\approx 13{,}42$	$\approx 18{,}67$	**12**
c)	$\approx 113^\circ\,3'\,49'' \approx 113{,}1^\circ$	**2,96**	$\approx 0{,}67$	$\approx 2{,}5$	$\approx 1{,}18$	**1,5**
d)	**42° 30′ = 42,5°**	$\approx 1{,}85$	$\approx 0{,}17$	$\approx 1{,}81$	$\approx 0{,}21$	**2,5**
e)	**20°**	$\approx 6{,}99$	$\approx 0{,}3$	**6,95**	$\approx 1{,}41$	$\approx 20{,}01$
f)	**14° 54′ = 14,9°**	$\approx 3{,}7$	**0,12**	$\approx 3{,}69$	$\approx 0{,}3$	$\approx 14{,}22$
g)	**70°**	**13,44**	$\approx 1{,}99$	$\approx 12{,}62$	$\approx 17{,}07$	≈ 11
h)	**45°**	$\approx 23{,}72$	$\approx 2{,}3$	$\approx 23{,}12$	**35,71**	$\approx 30{,}2$
i)	$\approx 75^\circ$	$\approx 45{,}82$	$\approx 7{,}23$	$\approx 42{,}61$	**210,14**	**35**

6.14 $l = 2h \cdot \tan(\alpha/2)$ a) $l \approx 7{,}67\,\text{m}$; b) $l \approx 6{,}98\,\text{m}$

6.15 $\cos\left(\frac{\alpha}{2}\right) = \frac{2d}{U}$ a) $\alpha \approx 49^\circ\,14'\,55'' \approx 49{,}2^\circ$ und $\beta \approx 130^\circ\,45'\,5'' \approx 130{,}8^\circ$
b) $\alpha \approx 47^\circ\,56'\,20'' \approx 47{,}9^\circ$ und $\beta \approx 132^\circ\,3'\,40'' \approx 132{,}1^\circ$

6.16 $\tan(\alpha) = h : \left(\frac{a}{2}\sqrt{3}\right)$, $\alpha \approx 63^\circ\,12' \approx 63{,}2^\circ$; $\tan(\beta) = \frac{h}{a}$, $\beta \approx 59^\circ\,45' \approx 59{,}7^\circ$;
$s = \sqrt{h^2 + a^2}$ $\sin\left(\frac{\gamma}{2}\right) = \frac{a}{2} : s$; $\gamma \approx 29^\circ\,11' \approx 29{,}2^\circ$

6.17 Neigungswinkel der Seitenfläche: α; Neigungswinkel der Seitenkante: β.
$\cos(\alpha) = \frac{a}{6}\sqrt{3} : \frac{a}{2}\sqrt{3} = \frac{1}{3}$; $\alpha \approx 70^\circ\,32'$; $\cos(\beta) = \frac{a}{3}\sqrt{3} : a = \frac{1}{3}\sqrt{3}$; $\beta \approx 54^\circ\,44'$

6.18 $h = \frac{a}{2}\sqrt{2}$; $\tan(\alpha) = \sqrt{2}$ ergibt $\alpha \approx 54^\circ\,44'$; $\beta = 45^\circ$;
$\cos(\varphi) = -\frac{1}{3}$ gibt $\varphi \approx 109^\circ\,28'$ (Kosinussatz).
Eine andere Überlegung ergibt unmittelbar $\varphi = 2\alpha$, wenn man sich die einfache Pyramide zum vollständigen Oktaeder ergänzt denkt.

6.19 $\varphi \approx 42^\circ$

6.20 $l \approx 4\,384\,\text{mm}$

6.21 Mantellinie: $m = \sqrt{r^2 + h^2}$; Mittelpunktswinkel: $\alpha = \frac{d \cdot 180^\circ}{m} \approx 58^\circ\,8'$

6.22 $\alpha = 180^\circ$ ergibt $d = m$; $2r = \sqrt{r^2 + h^2}$; $r : h = 1 : \sqrt{3}$

6.23 $H \approx 42{,}85\,\text{m}$

6.24 $d \approx 4{,}14\,\text{m}$

6.25 $A_{\text{Querschnitt}} \approx 1\,415{,}1\,\text{cm}^2$

6.3.3 Die Berechnung schiefwinkliger Dreiecke

6.26

	$\frac{a}{\text{cm}}$	$\frac{b}{\text{cm}}$	$\frac{c}{\text{cm}}$	$\frac{A}{\text{cm}^2}$	α	β	γ
a)	**38,0**	**44,5**	≈ 67,6	≈ 795,3	≈ 31,9°	**38,25**°	≈ 109,8°
b)	≈ 106	≈ 68,6	**62,3**	≈ 2 032	**108**°	38°	**34**°
c)	**14,5**	**30**	≈ 23,5	≈ 167,1	≈ 28,3°	≈ 101,5°	**50,2**°
d)	**29,2**	**45,4**	**57,6**	≈ 655,1	≈ 30°	≈ 51,1°	≈ 98,8°
e)	≈ 7,3	≈ 6	**6,5**	**18,4**	**72**°	≈ 50,5°	≈ 57,5°
f)	**20**	**40**	**30**	≈ 290,5	≈ 29°	≈ 104,5°	≈ 46,6°
g_1)	**36**	≈ 13,5	**42**	≈ 232,1	**55**°	≈ 17,9°	≈ 107,1°
g_2)	**36**	≈ 34,7	**42**	≈ 596,7	**55**°	≈ 52,1°	≈ 72,9°
h_1)	**10**	≈ 10,6	**18**	**45**	≈ 28,2°	30°	≈ 121,8°
h_2)	**10**	≈ 27,1	**18**	**45**	≈ 10,6°	150°	≈ 19,4°

Die Dreiecke in (g) und (h) sind nicht eindeutig bestimmt. In (g) liegt der Winkel α der kleineren Seite a gegenüber. In (h) hat die Gleichung $A = 1/2\,a\,c\,\sin(\beta)$ mit $\sin(\beta) = 0{,}5$ zwei Lösungen: $\beta = 30°$ oder $\beta = 150°$.

6.27 Mittelpunkts-Abstände: $a = 11\,\text{cm}$ $b = 12$ cm $c = 13$ cm
zugehörige Winkel: $\alpha = 52°$ $\beta = 59{,}3°$ $\gamma = 68{,}7°$

6.28 a) $F_R = 10{,}4\,\text{N}$; $\measuredangle(F_R F_1) = 56°\,51'$
b) $F_R = 7{,}0\,\text{N}$; $\measuredangle(F_R F_1) = 64°\,24'$
c) $F_R = 55{,}9\,\text{N}$; $\measuredangle(F_R F_1) = 33°\,01'$

6.29 $\measuredangle(F_1 F_2) = 95°\,13'$ $\measuredangle(F_2 F_3) = 142°\,12'$; $\measuredangle(F_3 F_1) = 122°\,35'$

6.30 $\overline{AC} = 73{,}2\,\text{m}$ $\overline{BC} = 89{,}6\,\text{m}$

6.31 $\alpha \approx 87°\,42'\,27'' \approx 87{,}7°$ $\beta \approx 34°\,54'\,55'' \approx 34{,}9°$ $d \approx 8{,}03\,\text{cm}$

6.32 $F_1 = 358{,}6\,\text{N}$ $F_2 = 292{,}8\,\text{N}$

6.33 $F = 88{,}8\,\text{N}$ $\measuredangle(F_1 F) = 52°$

6.34 $\overline{LP} = 24{,}19\,\text{m}$

6.35 $F_1 \approx 195$ N $F_2 \approx 137\,\text{N}$ $\alpha = 22{,}3°$ $\beta = 49{,}5°$

6.36 Zwischenwerte: $\varphi = 65{,}4°$ $x = \overline{BB'} = 534{,}43$ m; Berghöhe: 1 046,63 m

6.37 $x = 262{,}96\,\text{m}$ $y = 276{,}22\,\text{m}$ $h_x = 118{,}73\,\text{m}$ $h_y = 118{,}86\,\text{m}$
$h_{\text{Mittel}} = 118{,}80\,\text{m}$

6.4 Additionstheoreme

6.38 $\sin(15°) = \cos(75°) = \frac{1}{4}\sqrt{2}\left(\sqrt{3} - 1\right)$ $\cos(15°) = \sin(75°) = \frac{1}{4}\sqrt{2}\left(\sqrt{3} + 1\right)$
$\tan(15°) = \cot(75°) = 2 - \sqrt{3}$ $\cot(15°) = \tan(75°) = 2 + \sqrt{3}$

6.39 Die Vereinfachung mithilfe der Additionstheoreme ergibt *null*.

6.5 Goniometrische Gleichungen

6.40 a) $\mathbf{L} = \{45°;\ 90°;\ 135°;\ 225°;\ 270°;\ 315°\}$
b) $\mathbf{L} = \{0°;\ 45°;\ 135°;\ 180°;\ 225°;\ 315°;\ 360°\}$
c) $\mathbf{L} \approx \{38°\,10'\,22'';\ 141°\,49'\,38''\}$
d) $\mathbf{L} = \{90°;\ 270°\}$
e) $\mathbf{L} = \{0°;\ \approx 126°\,52';\ 180°;\ \approx 233°\,8';\ 360°\}$
f) $\mathbf{L} \approx \{51°\,50';\ 308°\,10'\}$
g) $\mathbf{L} = \{60°;\ 240°\}$
h) $\mathbf{L} = \{0°;\ 45°;\ 180°;\ 315°;\ 360°\}$
i) $\mathbf{L} = \{45°;\ 315°\}$
k) $\mathbf{L} = \emptyset$

6.41 Allgemeine Lösungen mit $k \in \mathbf{Z}$:

a) $\mathbf{L} = \{\ 60° + k \cdot 360°;\ \approx 75{,}52° + k \cdot 360°;\ \approx 284{,}48° + k \cdot 360°;\ 300° + k \cdot 360°\ \}$

b) $\mathbf{L} = \{\ 45° + k \cdot 360°;\ \approx 161{,}57° + k \cdot 360°;\ 225° + k \cdot 360°;\ \approx 341{,}57° + k \cdot 360°\ \}$

c) $\mathbf{L} \approx \{12{,}15° + k \cdot 180°;\ 63{,}43° + k \cdot 180°;\ 122{,}85° + k \cdot 180°\}$

d) $\mathbf{L} = \{\ \approx 19{,}5° + k \cdot 360°;\ 30° + k \cdot 360°;\ 150° + k \cdot 360°;\ \approx 160{,}5° + k \cdot 360°;\ \approx 199{,}5° + k \cdot 360°;\ 210° + k \cdot 360°;\ 330° + k \cdot 360°;\ \approx 340{,}5° + k \cdot 360°\ \}$

6.42

a) $\mathbf{L} = \{\frac{1}{4}\pi;\ \frac{3}{4}\pi;\ \frac{5}{4}\pi;\ \frac{7}{4}\pi\}$ b) $\mathbf{L} \approx \{0{,}99;\ 2{,}15;\ 4{,}13;\ 5{,}29\}$

c) $\mathbf{L} \approx \{0{,}74;\ 2{,}4;\ 3{,}88;\ 5{,}54\}$ d) $\mathbf{L} = \emptyset$

e) $\mathbf{L} \approx \{0{,}81;\ 1{,}65;\ 3{,}95;\ 4{,}79\}$ f) $\mathbf{L} \approx \{0{,}63;\ 1{,}12;\ 3{,}77;\ 4{,}26\}$

g) $\mathbf{L} \approx \{0{,}45;\ 2{,}69\}$ h) $\mathbf{L} \approx \{1{,}29;\ 3{,}14\}$

6.43

a) $\mathbf{L} \approx \{(0{,}212 + 2k) \cdot \pi; (0{,}788 + 2k) \cdot \pi\}$ mit $k \in \mathbf{Z}$

b) $\mathbf{L} = \{(\approx 0{,}26 + 2k) \cdot \pi;\ (0{,}5 + 2k) \cdot \pi;\ (\approx 0{,}74 + 2k) \cdot \pi;\ (1{,}5 + 2k) \cdot \pi\}$

c) $\mathbf{L} \approx \{(0{,}129 + 2k) \cdot \pi;\ (0{,}871 + 2k) \cdot \pi\}$

d) $\mathbf{L} = \{(0{,}5 + 2k) \cdot \pi; \approx (0{,}58 + 2k) \cdot \pi; \approx (1{,}42 + 2k) \cdot \pi; (1{,}5 + 2k) \cdot \pi\}$

e) $\mathbf{L} = \{\frac{1}{4}(1 + 2k) \cdot \pi;\ \frac{1}{3}k\pi\}$

f) $\mathbf{L} = \{2k\pi\}$

g) $\mathbf{L} \approx \{(0{,}0738 + 2k) \cdot \pi;\ (1{,}3358 + 2k) \cdot \pi\}$

h) $\mathbf{L} = \{\left(\frac{1}{2} + 2k\right) \cdot \pi;\ (1 + 2k) \cdot \pi\}$

i) $\mathbf{L} \approx \{-2{,}7;\ 0{,}12;\ 2{,}5\}$

k) $\mathbf{L} = \{\left(\frac{1}{2} + k\right) \cdot \pi;\ (\approx 0{,}2602 + 2k) \cdot \pi;\ (\approx 1{,}7398 + 2k) \cdot \pi\}$

7 Stereometrie

7.3.2.1 Quader und Würfel

7.1 $k \approx 4{,}37\,\text{cm}$

7.2 $m \approx 325{,}485\,\text{kg}$

7.3 $h_1 \approx 2{,}82\,\text{m}$; $\Delta V = 50{,}2\,\text{m}^3$

7.4 $V = 26{,}3175\,\text{m}^3$

7.5 $m \approx 8{,}019\,\text{kg}$

7.6 $h \approx 4{,}9\,\text{cm}$

7.7 $V = 35{,}964\,\text{cm}^3$; $A_O = 108{,}60\,\text{cm}^2$

7.8 $h = 7{,}2\,\text{cm}$

7.9 $a_{\text{Stahl}} \approx 2{,}34\,\text{cm}$; $a_{\text{Cu}} \approx 2{,}24\,\text{cm}$; $a_{\text{Al}} \approx 3{,}33\,\text{cm}$

7.10 $b \approx 9{,}87\,\text{cm}$

7.11 $h = 20\,\text{cm}$

7.12 $l = 214{,}6\,\text{m}$

7.13 $m = 3{,}67\,\text{kg}$

7.14 $V = \sqrt{\left(\frac{A_O}{6}\right)^3}$

7.15 $A_O = 2d^2$; $V = \frac{d^3}{9}\sqrt{3}$

7.16 $V = 3\,240\,\text{cm}^3$; $A_O = 1\,656\,\text{cm}^2$

7.17 $c \approx 9{,}3\,\text{cm}$

7.18 $a \approx 10{,}25\,\text{mm}$; $V = 441\,\text{cm}^3$

7.19 $h \approx 235{,}6\,\text{cm}$

7.20 $a \approx 25{,}9\,\text{mm}$

7.21 $c = \frac{k^3}{ab} = 36\,\text{cm}$

7.22 $V = 216\,\text{cm}^3$

7.23 $\Delta m \approx 0{,}762\,\text{kg}$

7.24 $h \approx 5{,}86\,\text{m}$

7.25 $V \approx 2{,}758\,\text{m}^3$

7.3.2.3 Gerades Prisma

7.26 $l \approx 1\,388{,}9\,\text{m}$

7.27 $m \approx 5{,}139\,\text{kg}$

7.28 $m \approx 6{,}48\,\text{kg}$

7.29 $h \approx 5{,}19\,\text{cm}$

7.30 $V \approx 3\,118\,\text{cm}^3$

7.31 $a = 2\,\text{cm}$

7.32 $m \approx 6{,}54\,\text{g}$

7.33 $m \approx 57\,\text{g}$

7.34 $V \approx 142{,}2\,\text{cm}^3$

7.35 $m \approx 17{,}740\,\text{kg}$

7.36 $V_K \approx 0{,}26\,\text{m}^3$; $V_S \approx 1{,}03\,\text{m}^3$

7.37 $V \approx 273{,}065\,\text{cm}^3$; $A_O \approx 483{,}66\,\text{cm}^2$

7.38 $V_1 \approx 4\,365{,}3\,\text{cm}^3$ $V_2 \approx 8\,275{,}8\,\text{cm}^3$ $V_3 \approx 6\,428{,}6\,\text{cm}^3$

7.39 $a \approx 4{,}7\,\text{cm}$

7.40 $h \approx 2{,}8\,\text{cm}$

7.41 $l_1 \approx 101\,\text{cm}$ $l_2 \approx 206{,}2\,\text{cm}$

7.42 $m \approx 9{,}585\,\text{kg}$

7.43 $V_1 \approx 6\,696\,\text{cm}^3$ $V_2 \approx 7\,245\text{cm}^3$

7.44 $V \approx 141\,900\,\text{m}^3$

7.45 $h \approx 0{,}62\,\text{cm}$

7.46 $V \approx 12{,}3\,\text{cm}^3$

7.3.2.4 Satz des CAVALIERI

7.47 a) $\sin(60°) = \dfrac{b}{0{,}8}$ b) $\tan(30°) = \dfrac{0{,}7}{d}$ c) $V = 0{,}8^2 \cdot d = 0{,}448\sqrt{3}$

$b = 0{,}4\sqrt{3} \approx 0{,}69\,\text{m}$ $d = 0{,}7\sqrt{3} \approx 1{,}21\,\text{m}$ $V \approx 0{,}776\,\text{m}^3$

7.48 ① $A = A_\triangle = \dfrac{a^2}{4}\sqrt{3}$ ② $\sin(60°) = \dfrac{h}{m}$; $h = \dfrac{\sqrt{3}}{2} \cdot m$ ③ $V = A \cdot h = \dfrac{3}{8}a^2 m$

7.3.2.5 Pyramide

7.49 $h \approx 184{,}8\,\text{cm}$

7.50 $a \approx 6{,}8\,\text{cm}$

7.51 $h \approx 11{,}9\,\text{cm}$

7.52 $V \approx 1{,}887\,\text{cm}^3$

7.53 $V \approx 364{,}18\,\text{cm}^3$

7.54 $A \approx 15{,}14\,\text{m}^2$

7.55 $A_2 = \frac{1}{2}\sqrt[3]{2} \cdot A_1 \approx 0{,}63 \cdot A_1$

7.56 $x = h \cdot \sqrt[3]{\frac{m}{n}}$

7.57 $V \approx 7{,}45\,\text{cm}^3$

7.58 $\frac{V_P}{V_R} = \left(\frac{m+n}{n}\right)^3$

7.59 $V = a^2 h \frac{n^2}{m^3}(m-n) \approx 53{,}33\,\text{cm}^3$

7.60 $V_{\text{Kunststoff}} \approx 176\,\text{cm}^3$

7.3.2.6 Pyramidenstumpf

7.61 $m \approx 0{,}891\,\text{kg}$

7.62 $V \approx 115{,}04\,\text{m}^3$ $A \approx 129{,}44\text{m}^2$

7.63 $m \approx 0{,}226\,\text{kg}$

7.64 $h \approx 7{,}752\,\text{m}$

7.65 $V \approx 0{,}99\,\text{cm}^3$

7.66 $m \approx 1{,}44\,\text{kg}$

7.67 $h \approx 180\,\text{cm}$

7.68 $b \approx 1{,}77\,\text{cm}$

7.69 $h = \frac{1}{5} \cdot \sqrt{25k^2 - 2a^2} \approx 5{,}89\,\text{cm}$ $V = \frac{49}{375}a^2 \cdot \sqrt{25k^2 - a^2} \approx 61{,}57\,\text{cm}^3$
$b = 0{,}6\,a = 2{,}4\,\text{cm}$

7.70 $c \approx 6{,}1\,\text{cm}$

7.71 $V = 14r^3 = 14\,000\,\text{cm}^3$

7.72 $A_m = \left(\frac{\sqrt{A_1} + \sqrt{A_2}}{2}\right)^2$

7.73 $V \approx 85{,}9\,\text{cm}^3$ $A_O = 122{,}4\,\text{cm}^2$

7.74 a) $A \approx 7{,}75\,\text{cm}^2$; $V_1 \approx 29{,}44\,\text{cm}^3$; $V_2 \approx 4\,\text{cm}^3$

b) Pyramidenstumpf mutiert zu einem Dreiecksprisma: $V_{\text{Prisma}} = \frac{1}{4}a^2 h\sqrt{3}$
$V_1 = \frac{1}{6}a^2 h\sqrt{3} = \frac{2}{3} \cdot V_{\text{Prisma}}$; $V_2 = \frac{1}{12}a^2 h\sqrt{3} = \frac{1}{3} \cdot V_{\text{Prisma}}$; $A = \frac{1}{4}a\sqrt{3a^2 + 4h^2}$

7.3.3.1.1 Gerader Voll- und Hohlzylinder

7.75 $m_{100} \approx 13{,}859\,\text{kg}$

7.76 $V \approx 12{,}161\,\text{dm}^3$ $A \approx 0{,}384\,\text{m}^2$

7.77 a) $V_{\text{Kappe}} \approx 47{,}66\,\text{m}^3$ b) $V_{\text{Schacht}} \approx 82{,}651\,\text{m}^3$

7.78 $V_{\text{Abfall}} \approx 8{,}9\,\text{cm}^3$, d. h., ca. 59,5 %.

7.79 $l \approx 84{,}88\,\text{m}$

7.80 $l \approx 612\,\text{m}$

7.81 $l \approx 66{,}028\,\text{m}$

7.82 $h \approx 4{,}4\,\text{cm}$

7.83 $V = 4{,}4\,\text{cm}^3$

7.84 $a \approx 1{,}4\,\text{mm}$

7.85 $a \approx 4{,}43\,\text{cm}$

7.86 $h \approx 6{,}83\,\text{cm}$; $d \approx 13{,}66\,\text{cm}$

7.87 $V \approx 9{,}11\,\text{m}^3$

7.88 $l \approx 19{,}911\,\text{m}$

7.89 $m = 449{,}89\,\text{kg}$; $m_1 = 58{,}79\,\text{kg}$

7.90 $d_1 \approx 7{,}96\,\text{cm}$; $d_2 \approx 7{,}16\,\text{cm}$; $V \approx 1\,006\,\text{cm}^3$

7.91 $h \approx 24{,}95\,\text{cm}$

7.92 $d \approx 5{,}1\,\text{cm}$

7.93 $V \approx 50{,}3\,\text{cm}^3$; $A_O \approx 75{,}4\,\text{cm}^2$

7.94 $V = \pi r^2 h = \dfrac{A_M^2}{4\pi h} \approx 79{,}58\,\text{cm}^3$

7.95 $V = \pi r^3 \cdot \dfrac{n}{m} = 41{,}88\,\text{cm}^3$; $A_M = 2\pi r^2 \cdot \dfrac{n}{m} = 41{,}88\,\text{cm}^2$

7.96 $r_2 \approx 4{,}93\,\text{cm}$; $h_2 \approx 8{,}23\,\text{cm}$

7.97 $\dfrac{r_1}{r_2} = \dfrac{\sqrt{2}}{1}$

7.98 $\frac{A_{M_1}}{A_{M_2}} = \frac{\sqrt{2}+1}{1}$

7.99 $r_1 \approx 1{,}28\,\text{cm}$; $r_2 \approx 0{,}28\text{cm}$

7.100 $r \approx 2{,}24\,\text{cm}$

7.101 $V = \pi r_1^2 h \cdot \frac{m^2 - n^2}{m^2} \approx 131{,}92\,\text{cm}^3$; $A_M = 2\pi r_1 h \cdot \frac{m+n}{m} \approx 263{,}84\,\text{cm}^2$

7.102 $m \approx 0{,}375\,\text{kg}$

7.103 $l \approx 133{,}52\,\text{m}$

7.104 $d \approx 2{,}971\,\text{m}$

7.105 $d \approx 66{,}5\,\text{mm}$

7.106 $h \approx 4{,}75\,\text{cm}$

7.107 a) $h_1 \approx 0{,}19\,\text{cm}$; b) $z \approx 333{,}3$

7.108 $h \approx 42{,}2\,\text{cm}$

7.109 $m \approx 120{,}69\,\text{g}$

7.110 $V = \left[\frac{360^\circ - \alpha}{360^\circ} \cdot \pi r_1^2 + \frac{\alpha}{360^\circ} \cdot \pi r_2^2 + (r_1 + r_2) \cdot \sqrt{s^2 - (r_1 - r_2)^2} - \frac{\pi}{4} d^2\right] \cdot b$

7.111 $m \approx 4{,}18\,\text{kg}$

7.112 $m \approx 360\,\text{g}$

7.113 $m \approx 5{,}333\,\text{kg}$

7.114 $m \approx 13{,}86\,\text{kg}$

7.115 $m \approx 895{,}32\,\text{g}$

7.116 a) $V \approx 40{,}41\,\text{m}^3$; b) $A \approx 160{,}52\,\text{m}^2$

7.3.3.1.2 Schiefer Voll- und Hohlzylinder

7.117 $V = \pi r^3 \sqrt{3}$

7.118 $V = \frac{\pi b^2}{h} \cdot \left(h^2 + m^2\right)$

7.119 $V = 2\pi b^3 \sqrt{2}$

7.3.3.2 Kegel

7.120 $V \approx 12\,741{,}3\,\text{m}^3$

7.121 $h_1 = 2\,\text{cm}$

7.122 $A_\text{O} \approx 31{,}9\,\text{m}^2$

7.123 $m = \frac{290}{3}\,\text{g} \approx 96{,}7\,\text{g}$

7.124 $V \approx 23{,}86\,\text{cm}^3$

7.125 $V \approx 928{,}7\,\text{cm}^3$

7.126 $a \approx 5{,}1\,\text{cm}$; $b \approx 6{,}4\,\text{cm}$; $c \approx 7{,}4\,\text{cm}$

7.127 $r_\text{Kreis} \approx 21{,}2\,\text{cm}$ $A \approx 1\,166{,}6\,\text{cm}^2$

7.128 $r = 31{,}25\,\text{cm}$; $h \approx 20{,}7\,\text{cm}$; $V \approx 21{,}16\,\text{dm}^3$

7.129 $A_\text{O} \approx 25{,}1\,\text{cm}^2$; $V \approx 8{,}21\,\text{cm}^3$

7.130 $r_2 = \frac{r_1}{2} \cdot \sqrt[3]{4}$

7.131 $\Delta V \approx 120{,}6\,\text{cm}^3$

7.132 $V \approx 50{,}25\,\text{cm}^3$; $A_\text{M} \approx 62{,}82\,\text{cm}^2$

7.133 a) $h_\text{aM} = 30\,\text{cm}$; b) $h_\text{gM} = 40\,\text{cm}$

7.134 $V \approx 114{,}4\,\text{cm}^3$

7.134 $a = 6 \cdot \left(3 - \sqrt{5}\right) \approx 4{,}58\,\text{cm}$; $b = 6 \cdot \left(\sqrt{5} - 1\right) \approx 7{,}42\,\text{cm}$

$$V = \frac{\pi}{24} \cdot \sqrt{3} \cdot \left(a^3 + b^3\right) \approx 114{,}4\,\text{cm}^3$$

7.135 $m \approx 36{,}801\,\text{kg}$

7.136 $V = \frac{1}{3}\,r\,h \cdot (\pi r + 3a)$; $A_\text{O} = (\pi\,r + 2a) \cdot \left(r + \sqrt{r^2 + h^2}\right)$

7.3.3.3 Kegelstumpf

7.137 $V \approx 60{,}18\,\text{cm}^3$

7.138 $A \approx 960{,}6\,\text{cm}^2$

7.139 $V \approx 69{,}7\,\text{cm}^3$

7.140 $V \approx 12{,}3\,\text{L}$

7.141 $V \approx 595{,}4\,\text{m}^3$

7.142 $m \approx 381{,}7\,\text{g}$

7.143 $A \approx 246{,}7\,\text{cm}^2$

7.144 $h \approx 3{,}8\,\text{cm}$

7.145 $l \approx 29{,}4\,\text{cm}$

7.146 $V \approx 54{,}7\,\text{m}^3$

7.147 $V \approx 45{,}838\,\text{L}$

7.148 $A_\text{m} = \frac{\pi}{4} \cdot \left(r_1^2 + r_2\right)^2$

7.149 Näherung: $V \approx 65{,}97\,\text{cm}^3$; genauer Wert: $V \approx 66{,}29\,\text{cm}^3$

7.150 $V \approx 596{,}8\,\text{cm}^3$

7.151 $\frac{r_1}{r_2} = \frac{m+n}{m}$

7.152 $h = 99{,}84\,\text{mm} \approx 10\,\text{cm}$

7.153 a) $x = \frac{r_1 - r_2}{r_1} \cdot h$ b) $r_2 = \frac{h-x}{h} \cdot r_1$ c) $x = \frac{m-n}{m} \cdot h$

d) $x = \frac{1}{2} \cdot \left(2 - \sqrt{2}\right) \cdot h$ e) $x = \frac{1}{4} h$ f) $x = \frac{r_2^2}{r_1^2 + r_1 r_2 - r_2^2} \cdot h$

7.154 $m \approx 4{,}605\,\text{kg}$

7.155 $m \approx 0{,}14\,\text{kg}$

7.3.3.4 Kugel- und Kugelteile

7.156 $D \approx 6{,}5\,\text{cm}$

7.157 $r \approx 0{,}62\,\text{m}$

7.158 $r \approx 0{,}28\,\text{m}$

7.159 a) $t \approx 231\,015$ Tage ≈ 633 Jahre

b) $t \approx 1\,320$ Tage $\approx 3{,}6$ Jahre

c) $b \approx 55\,\text{m}, l \approx 82{,}50\,\text{m}$

7.160 $V \approx 16\,621\,\text{cm}^3$; $A_\text{O} \approx 4\,423\,\text{cm}^2$

7.161 $m_\text{Cr} \approx 689{,}1\,\text{g}$

7.162 $d \approx 13{,}7\,\text{cm}$

7.163 $D \approx 13{,}007\,\text{cm}$

7.164 $d \approx 7{,}01\,\text{cm}$

7.165 $V \approx 68{,}1\,\text{cm}^3$

7.166 $m \approx 125{,}7\,\text{kg}$

7.167 $m \approx 3{,}74\,\text{g}$

7.168 $\varrho \approx 0{,}491\,\text{g/cm}^3$

7.169 $d \approx 1{,}90\,\text{m}$

7.170 $s \approx 0{,}002\,\text{mm}$

7.171 $d \approx 1{,}43\,\text{m}$

7.172 $s \approx 0{,}3\,\text{mm}$

7.173 $d \approx 16{,}04\,\text{cm}$

7.174 $\frac{r_1}{r_2} = \frac{\sqrt{6}}{2}$

7.175 $d \approx 26{,}98\,\text{cm}$

7.176 $r_1 \approx 2{,}26\,\text{cm}$; $r_2 \approx 1{,}26\,\text{cm}$

7.177 $\frac{V_1}{V_2} = \frac{1}{27}$; $\frac{A_1}{A_2} = \frac{1}{9}$

7.178 $V \approx 113{,}1\,\text{cm}^3$; $A \approx 113{,}1\,\text{cm}^2$

7.179 $V_1 : V_2 : V_3 = 1 : 2\sqrt{2} : 3\sqrt{3}$;

7.180 a) $\frac{V_H}{V} = \frac{m^3 - n^3}{n^3}$; b) $\frac{r_1}{r_2} = \frac{\sqrt[3]{2}}{1}$

7.181 a) $d_1 \approx 12{,}56\,\text{cm}$; $d_2 \approx 11{,}44\,\text{cm}$ b) $V_1 \approx 1{,}03\,\text{dm}^3$; $V_2 \approx 0{,}77\,\text{dm}^3$

7.182 a) $V_1 \approx 265{,}53\,\text{cm}^3$
b) $V_2 \approx 243{,}1\,\text{cm}^3$

7.183 $h_1 = h_2 = 11\,\text{cm}$

7.184 $V_1 \approx 61{,}72\,\text{dm}^3$; $V_2 \approx 28{,}06\,\text{dm}^3$

7.185 $V \approx 17{,}95\,\text{cm}^3$

7.186 $r_1 \approx 5{,}17\,\text{cm}$

7.187 $m \approx 0{,}268\,\text{kg}$

7.188 $d \approx 3{,}58\,\text{cm}$

7.189 $m \approx 0{,}277\,\text{kg}$

7.190 $A \approx 31{,}4\,\text{cm}^2$

7.191 $V \approx 267{,}59\,\text{dm}^3$

7.192 $A \approx 33{,}06\,\text{cm}^2$

7.193 $m \approx 24{,}55\,\text{g}$

7.194 $A_\text{O} \approx 19{,}86\,\text{m}^2$

7.195 $m \approx 17{,}395\,\text{kg}$

7.196 $V \approx 27{,}4\,\text{cm}^3$

7.197 $V \approx 32{,}98\,\text{cm}^3$

7.198 $r \approx 6\,\text{cm}$; $h \approx 0{,}27\,\text{cm}$

7.199 $h = 6\,\text{cm}$

7.200 $h = 2{,}5\,\text{cm}$

7.201 $V \approx 18{,}95\,\text{cm}^3$; $r \approx 6{,}37\,\text{cm}$

7.202 $V_1 = \dfrac{4\,\pi\,r^3}{3} \cdot \dfrac{m^2\,(m+3n)}{(m+n)^3}$ $A_{\text{M}_1} = 4\,\pi\,r^2 \cdot \dfrac{m}{m+n}$

$V_2 = \dfrac{4\,\pi\,r^3}{3} \cdot \dfrac{n^2\,(3m+n)}{(m+n)^3}$ $A_{\text{M}_2} = 4\,\pi\,r^2 \cdot \dfrac{n}{m+n}$

7.203 a) $x = r \cdot \dfrac{n}{m+n}$ b) $x = \dfrac{1}{2}r$

7.204 $V \approx 1{,}97\,\text{cm}^3$

7.205 $V \approx 2\,052{,}18\,\text{cm}^3$

7.206 $V \approx 1{,}23\,\text{m}^3$; $A_\text{O} \approx 6{,}56\,\text{m}^2$

7.207 $V \approx 1{,}521\,\text{m}^3$; $A_\text{O} \approx 7{,}957\,\text{m}^2$; $A \approx 1{,}709\,\text{m}^2$

7.208 $V \approx 384{,}06\,\text{cm}^3$

7.209 $V \approx 278{,}02\,\text{m}^3$; $A_\text{O} \approx 208{,}81\,\text{m}^2$

7.210 $V_1 \approx 552\,\text{mm}^3$; $V_2 \approx 1\,433\,\text{mm}^3$

7.211 $m \approx 112{,}79\,\mathrm{g}$

7.212 $m \approx 11\,\mathrm{kg}$

7.213 $V \approx 126{,}9\,\mathrm{cm}^3$

7.214 $V = 0{,}86r^3$

7.215 $V = \frac{4}{3}\pi r^3 \cdot \frac{\alpha}{360°} = \frac{2}{3} r^3\,\widehat{\alpha}$ Tipp: Gleichung (6.2)

7.3.4 Die GULDIN'schen Regeln

7.216 $V \approx 131{,}1\,\mathrm{dm}^3$; $A_O \approx 2{,}1\,\mathrm{m}^2$

Alles Wissen und die Vermehrung des Wissens
endet nicht mit einem Schlusspunkt,
sondern mit einem Fragezeichen.

Hermann Hesse, 1877–1962

Sachwortverzeichnis

Die fettgesetzten Seitenzahlen verweisen auf Einträge im Glossar.

A

Abbildung 475 f.
abc-Formel 413, **807**
ABEL, Niels Hendrik 447
abrunden 72
Absolutglied 306, 400, 436, **807**
Abstand zweier Punkte 600
Abszisse 486, **807**
Abszissenachse 485, **807**
Abszissenwert **807**
Achse 485
Achsensymmetrie 556, **807**
Achteck 624, 800, 805
Addition 41, 160, **808**
Additionssystem 36
Additionstheorem 692, **808**
Additionsverfahren 375
additiv **808**
Adjunktion 124
Ähnlichkeitsabbildungen 722
Ähnlichkeitsfaktor 588
Ähnlichkeitspunkt 588
ähnliche Flächen 631
ähnliche Körper 721
Ähnlichkeit 582, **808**
Ähnlichkeitslage 587
Ähnlichkeitsverhältnis 582
AI, *siehe* Künstliche Intelligenz
Algebra 291
algebraische Summe 163, 169, **808**
Algorithmus 33, 249, **808**
–, EUKLIDischer 49
Alternative 124
Altersrätsel 394
Ankathete 673, **808**
Ankreis 569, 641
Anstieg, *siehe* Steigung
Anteil 354
Antiproportionalität 349, **808**
Applet 569
äquivalent **808**
Äquivalenz 127, 299
Äquivalenzumformung **809**
Ar 789
ARCHIMEDES 762
Argument 478, **809**
Arkus-Funktion **809**
Arkusfunktion 666
Assoziativgesetz 165, **809**
Asymptote 542, **809**
Aufgabe, Anwendungs- 323
–, Arbeitsverteilung 342, 387
–, Bewegungs- 326
–, Füllungs- 326
–, Mischungs- 325, 342, 368, 382, 396
–, Text- 323
–, Verteilungs- 324
aufrunden 72
Ausdehnung 551
Außenglied 344
Außenwinkel 563
Ausklammern 176, 229, **809**
Ausmultiplizieren 172, **809**
Aussage 119, **809**
Aussageform 120

B

Basis 42, 207, **810**
– Dreieck 565
Basiswechsel bei Logarithmen 283, 468
Berührpunkt **810**
Berührstelle **810**
Berührungsradius 605
Bestimmungsstück 563
Betrag 159, 334, **810**
Betragsfunktion 484
Betragsgleichung 334
Betragsungleichung 336
Beweis, Abschlusszeichen 172
–, EUKLID 251
–, Widerspruchs- 251
Bijunktion 127
Binom 174, 178, 221, **810**
Binomialkoeffizient 221, **810**
Binomische Formeln 178, 221
biquadratisch **810**
biquadratische Gleichung 425

Blitz-Symbol 284
Bogenbrücke 530
Bogenmaß 553, 653, 657, **810**
Bruch 52, **810**
–, echter 52 f., **814**
–, erweitern 54, 184
–, gewöhnlicher 52
–, gleichnamiger 55
–, Kehrwert 58
–, kürzen 54, 184
–, potenzieren 101, 216 f.
–, radizieren 102, 259
–, Schreibweise 42
–, unechter 53, **835**
–, ungleichnamiger 55
Bruchgleichung 313, **810**
–, lineare 338
–, quadratische 429
Bruchrechnung 62
Bruchterm 183, **811**
Bruchungleichung 331
Brückenbau 530
Brutto 357, **811**

C

CARDANO 439
CAS 106, **811**
–, Gleichungen lösen 305
CAVALIERI 729
–, Satz des 729, **811**
Chatbot 108
ChatGPT 108
Co-Funktion 663
Computeralgebrasystem 106
cos, *siehe* Kosinus
cot, *siehe* Kotangens

D

D-Achse 485, **811**
Deckfläche 707, **811**
Deckungsgleichheit von Flächen **811**
Definition 208
Definitionsbereich 247, 292, 296, 319, 400, 476, 478, **811**
–, Logarithmus 277
–, Wurzel 247
Definitionsmenge *siehe* Definitionsbereich
DEG **812**
Delta 510, **812**
Derive 106
–, Graphen zeichnen 492
–, Koordinaten anzeigen 496
–, Spur-Modus 496
DESCARTES 487
Dezimalbruch 31, 63, **812**
–, endlicher 63
Dezimalbruchentwicklung 68
Dezimalsystem 31
Dezimalzahl 63, **812**
–, unendliche nichtperiodische 72
Diagonale 570, 596, 720, **812**
Dichte 323, **812**
Differenz 41, 163, **812**
–, Symbol 729
Differenzenquotient 510, **812**, 902
Differenzmenge 146
Differenzwert 41
Disjunktion 124
Diskriminante 414, 525, 531, 533, **812**
Distributivgesetz 172, **812**
Dividend 42, **812**
Division 42, 165, **813**
–, durch null 168
Divisor 42, **813**
Dodekaeder 710
Doppelbruch 60, 189
Doppellösung 409
Doppelwurzel 409, 414
Drachenviereck 573, 620
Drehsinn, positiver 552
Drehsymmetrie 558
Drehung, Orientierung 552
Dreieck 563, **813**
–, Ankreisradius 640
–, Inkreisradius 640
–, Fläche 621, 681
–, gleichschenkliges 565, 601, 640
–, gleichseitiges 566, 569, 596, 621, 792, 805
–, Konstruktion 579
–, rechtwinkliges 565, 593, 621, **813**
–, schiefwinkliges 595, 679
Dreiecksberechnung 672
Dreieckstransversale 566
Dreiecksungleichung 564
Dreiergruppensumme 44
Dreisatz **813**
Dualsystem 32
Durchmesser 604, 625, **813**

E

Ebene 552
Ebenflächner 707, 719
Ecke 707
Einheit 29
Einheiten umrechnen 322
Einheitskreis 658, **814**
Einsetzungsverfahren 373 f.
Element einer Menge 131
Ergänzung, quadratische 181, 524
Ergänzungsteiler 43
erweitern 54, 184, **814**
Erweiterungsfaktor 185
EUKLID 49, 594
–, Beweis 251
EUKLIDischer Algorithmus 49
EULER, Polyedersatz 707
EULER'sche Gerade 569
Excel 104
–, formatierte Ausgabe 361
–, mathematische Funktion 106
–, Rechengenauigkeit 879
–, Spalte 104
–, Summe 106
–, Zeile 104
Exponent 42, 207, **814**
Exponentenvergleich 452
Exponentialfunktion 545
Exponentialgleichung 451
–, lösen 452
Exponieren 466
Extremstelle **814**
Extremum **814**

F

Fünfeck, Konstruktion 618
Fachbegriff 17
Faktor 41, 165, **814**
Faktorenzerlegung 176, 417
– quadratischer Terme 417
Faktorisieren 176, 179, 183, 226, 229, **814**
Fallunterscheidung 310, 415, **814**
falsch 120
FE **815**
Fehler, Symbol 284
FERRARI, Ludovico 447
Festmeter 723
Flächendiagonale 720
Fläche 552, **815**
–, ähnliche 631
Formelsammlung 807
Formelumstellen 320
Fünfeck 796, 805
–, Umfang 643
–, Fläche 643
Funktion 475, 477, **815**
–, abschnittsweise definierte 484
–, Arkus 666
–, Co- 663
–, gerade 501
–, Graph zeichnen 107
–, lineare 507
–, logarithmische 547
–, Nullstelle 503
–, quadratische 520
–, Schar 513
–, trigonometrische 655
–, ungerade 502
–, zyklometrische 666
Funktionenplotter 107, 492, **815**
–, Spur-Modus 496
Funktionenschar **815**
Funktionsterm **815**
Funktionswert 478, 486, **815**
–, ermitteln 489, 494, 498, 508

G

ganze Zahlen **815**
GAUSS, Carl Friedrich 89
GAUSS, Summenformel 89
GAUSS-Algorithmus **815**
GAUSS-Verfahren 389, **815**
Gegenkathete 673, **815**
Gegenzahl 159
gemischte Zahlen **816**
Geometrierätsel 394
geometrisches Mittel 256, 351, 610
geordnetes Paar 149, 476
Gerade 551, **816**
–, EULER'sche 569
–, Funktionsgraph 507
– mit Kreis 604
gerade Zahl 156
Geraden, parallele 512
Geradenbüschel 513
Geradenschar 513
gerader Körper **816**

Geschwindigkeit 321
geteilt durch 42
ggT 48, **816**
Gleichsetzungsverfahren 374
Gleichung 294, 306, 483, **816**
–, biquadratische 425
–, ersten Grades 306
–, Exponential- 451
–, gemischtquadratische 405
–, goniometrische 697
–, kubische 439
–, kubische, TR 446
–, lineare 306
–, Linearfaktor 441
–, logarithmische 464
–, lösen 449
–, lösen mit CAS 305
–, lösen mit Grafik 461, 471, 515, 533
–, lösen mit TR 303
–, Lösungen 437
–, Lösungsformel 439
–, Normalform 436
–, *n*-ten Grades 436
–, Polynom- 436
–, quadratische 400
–, quartische 436, 448
–, reinquadratische 402
– zweiten Grades 400
Gleichungssystem 372, **816**
–, lineares 372, **822**
–, lösen mit CAS 392
–, lösen mit TR 391
–, Lösung 372
–, Probe 374, 391
–, quadratisches 423
Glied, absolutes 306
–, lineares 306
Glossar 807
Goldene Zahl 613
Goldener Schnitt 611
Goniometrie 653, 672, **816**
Grad 436, **816**
Gradmaß 553, 653, 657, **816**
grafische Darstellung 514
Graph 487, **817**
Größe 29, 154
Großkreis 713
größter gemeinsamer Teiler 48, **816**
Grundfläche 707, **817**
Grundlinien 619
Grundmenge **817**
Grundwert 354
–, vermehrter 357
–, verminderter 357
Grundzahl 27, 207
GTR **817**
GULDIN 777
GULDIN'sche Regeln 777

H

Halbgerade 551
Halbwertszeit 455
Hauptnenner 55, 185
Hauptwert 666
Hektar 789
herausheben, *siehe* Ausklammern
HERON'sche Formel 622
Hexadezimalsystem 34
Hexaeder 710, **817**
Hexagon **817**
Hexagramm 644
Hilfsvariable, *siehe* Parameter
Hinterglied 344
HIPPOKRATES, Möndchen des 650
Hochachse 485, **817**
Hochzahl, *siehe* Exponent
Höhe 593, **817**
–, Dreieck 566, 568, 593
–, Kegel 712
–, Prisma 724
–, Pyramide 708
–, Zylinder 710
Höhensatz 594, **817**
Hohlkörper 707
Hohlzylinder 711, 741
homolog 577
HORNER-Schema 440, **817**
Hyperbel 542, **817**
Hypotenuse 565, **817**
Hypotenusenabschnitt 593

I

Icon 492
Identität 297
Ikosaeder 710
Implikation 126
Index 154, 403, 408, 435, **817**
inkommensurabel 251
Inkreis 568, 624, 641, **817**

Innenglied 344
Innenwinkel 563
Innenwinkelsummensatz 563, 576, **818**
Intervall 138, **818**
Intervallschachtelung 249
Inversionsgesetz 329
irrationale Zahl *siehe* Zahl, -irrationale
irreduzibler Faktor 437, **818**
IWS **818**

K

Kalotte, *siehe* Kugelkappe
Kante 707, **818**
Kapital 363
Kardinalität 137
Kardinalzahl 27
kartesisches Produkt 148
Kathete 565, **818**
Kathetensatz 594, **818**
Kegel 710, 712, 748, **818**
–, Höhe 749
–, Mantel 748
–, Oberfläche 749
–, Volumen 748
Kegelstumpf 712, 753, **818**
–, Mantel 753
–, Oberfläche 753
–, Volumen 753
Kehrwert 58, 218, **818**
Kettenbruch 62
kgV 51, **819**
KI, *siehe* Künstliche Intelligenz f., *siehe* Künstliche Intelligenz
Klammer 155, 169
–, verschiedene Arten 171
Kleiner GAUSS 89, **819**
kleinstes gemeinsames Vielfaches 51, **819**
Koeffizient 164, 400, 436, **819**
Körper, ähnliche 721
Kombinatorik 150
Kommazahl 63
Kommutativgesetz 160, 165, **819**
Komplementärteiler 43
Komplementwinkel 554, 664
Kongruenz 577, **819**
–, gleichsinnige 578
Kongruenzabbildungen 578
Kongruenzsätze 578
Konjunktion 122
Konstante 39, **819**
Konstruktion, Fünfeck 618
–, Wurzelwert 617
–, Zehneck 615, 618
Konstruktionen, geometrische 559
konzentrisch 626
konzentrischer Kreis **819**
Koordinaten 486, **819**
–, kartesische 487
Koordinatenachse 485
Koordinatensystem 485, **819**
–, rechtwinkliges 485
Körper 552, 707, **819**
–, geometrischer 707
–, platonischer 710
Körperhöhe 724, **819**
korrespondierende Addition, Subtraktion 345
Kosinus 656, **819**
Kosinuskurve 659
Kosinussatz 682, **820**
KoSy 485, **820**
Kotangens 656, **820**
–, Taschenrechner 657
Kreis 561, **820**
– mit Gerade 604
Kreisabschnitt 627, **820**
Kreisausschnitt 627, **820**
Kreisbogen 627, **821**
Kreiskegel, *siehe* Kegel
Kreislinie 625
Kreisring 627
Kreissegment, *siehe* Kreisabschnitt, **820** f.
Kreissektor, *siehe* Kreisausschnitt, **821**
Kreiszahl 626, **821**
Kreiszylinder 710, 740
Kreuzprodukt 148
Krummflächner 707, 710, 740
kubisch **821**
kubische Gleichung 439
Kugel 713, **821**
–, Oberfläche 767
–, Volumen 759
Kugelabschnitt, *siehe* Kugelsegment
Kugelkappe 713
–, Fläche 767
Kugelschicht 713
–, Volumen 759
Kugelsegment 713
–, Mantelfläche 767
–, Volumen 760

Kugelsektor 714
–, Oberfläche 768
–, Volumen 761
Kugelzone 713
–, Mantel 767
Künstliche Intelligenz 24 f., 108
Kurve 487 f.
–, Schnittpunkt zweier 495
kürzen 54, 184, **821**

L

Länge, Strecke 600
LE **821**
Leitkoeffizient 400, 436, 526, **821**
–, Einfluss 445, 526
Lerngruppe 24
LFZ *siehe* Linearfaktorenzerlegung
LGS, *siehe* Gleichungssystem, lineares
linear **822**
lineare Abhängigkeit 376
lineares Gleichungssystem *siehe* Gleichungssystem, lineares
lineares Glied 400
Linearfaktor 437, 441, **822**
Linearfaktordarstellung 425
Linearfaktorenform 526
Linearfaktorenzerlegung 417, **822**
Linie 551
Linksdrehung 552
Logarithmen, Basiswechsel 283
Logarithmenrechnung 273
Logarithmensystem 279
Logarithmentafel 279
Logarithmieren **822**
Logarithmische Gleichung 464
Logarithmus 273, **822**
–, binärer 282
–, dekadischer 280
–, dualer 282
–, natürlicher 281
Lösung 298, **822**
– einer Ungleichung 298
– eines Gleichungssystems 383
–, erraten 441
–, grafisches Verfahren 515
–, Unterschied zu Ergebnis 308
Lösungen, mehrfache 439
Lösungsformel 408, **822**
Lösungsmenge 296, 298, **822**
– einer Gleichung 296
Lösungsvariable 310, 321, 392
Lot **822**
–, Konstruktion 559
Lotfußpunkt 593, **822**
Lücke 541
LUDOLF'sche Zahl 626, **822**

M

Mächtigkeit 137
mal 41
Mantel **823**
Mantelfläche 707, 710, 748, **823**
Mantellinie 710, **823**
Maßeinheit 29, 232
Masse 323
Maßzahl 29
Maximum 527, **823**
Mehrtafelprojektion 714
Mehrwertsteuer 359
Menge 130
–, Differenz 146
–, disjunkte 146
–, Durchschnitt 144
–, Element einer 131
–, Gleichheit 141
–, leere 137, **821**
–, Schreibweise 28, 791
–, Vereinigung 142 f.
Mengenprodukt 148
Minimum 527, **823**
Minuend 41, **823**
minus 41
Minute 553
Mischungsrechnung 368, 397
Mittellinie 619
Mittelpunktswinkel 606
Mittelpunktswinkelsatz 607
Mittelschnitt 709
Mittelsenkrechte 559, 562, 566
–, Konstruktion 559
Mittelwert, geometrischer 256, 351
Mitternachtsformel, *siehe abc*-Formel
mittlere Proportionale 350, 610
Möndchen 650
Monotonie 499, **823**
Monotonieverhalten 521
Multiplikation 41, 165, **823**
multiplikativ **823**
Multiplizieren **823**

N

Nachfolger 29, 156
Nebenwinkel 554, **823**
n-Eck 576, **823**
Nenner 52, **824**
Netto 357, **824**
Netz 708
– eines Körpers **824**
Neugrad 657
Normalform **824**
– der Geradengleichung 507
Normalparabel 520, **824**
Normalschnitt 710
NPS, *siehe* Nullproduktsatz
Null 30, 168, **824**
Nullproduktsatz 166, **824**
–, Anwendung 186, 308, 405, 438
Nullpunkt 503, 515
Nullstelle 503, 515, **824**
–, Berechnung 505
–, Parabel 525
numerisch **825**
Numerus 274, **825**

O

Oberfläche 707, **825**
Obermenge 140
oder 122, 403
Oktaeder 710
Oktalsystem 35
Operationszeichen 160
Ordinalzahl 27
Ordinate 486, **825**
Ordinatenachse 485, **825**
Ordinatenwert **825**
Ordnungszahl 27
Origo 485, **825**
orthogonal 714, **825**
Orthogonalprojektion 714

P

Paar, geordnetes 149, 476
Pantograph 591
Parabel 520, **825**
–, *n*-ter Ordnung 539
–, Nullstelle 525
–, quadratische 520
–, Scheitelpunkt 520, 525
parallel 554, **825**
Parallele, konstruieren 560
Parallelenschar 513
Parallelogramm 572, 619, **825**
Parallelperspektive 716
Parameter 310, 376, 415, **826**
Partialdivision 225
PASCAL 222
PASCAL'sches Dreieck 222, **826**
Passante 531, 606, **826**
Periode 69, 660 f., **826**
Periodenlänge 69
Periodizität 665
Peripheriewinkel, *siehe* Umfangswinkel
Pfeilhöhe 628
PFZ *siehe* Primfaktorzerlegung
π 626, **826**
Planimetrie 551
Planskizze 674
platonischer Körper 710
plus 41
Pol 542
Polstelle 661
Polyeder 707, **826**
Polygon 576
Polynom **826**
Polynomdarstellung 425
Polynomdivision 225, **826**
–, Anwendung 440
Polynomgleichung 436
Portofunktion 492
Positionssystem 31
Potenz 42, 207, 253, **826**
–, negativer Exponent 218
Potenz eines Punktes 609
Potenzen, Addition von 211
–, Division von 212
–, mit 0 und 1 208
–, Multiplikation von 211
–, Potenzieren von 214
Potenzfunktion 538
Potenzgesetze 234
Potenzieren 42, 262, **826**
Potenzrechnung 207
Potenzwert 207
pq-Formel 408, **826**
Primfaktor 47
Primfaktorzerlegung 47, **827**
Primteiler 47
Primzahl 46, **827**

Prisma 708, **827**
–, gerades 724
–, Mantelfläche 725
–, Oberfläche 725
–, schiefes 730
–, Volumen 724
Prismatoid 709
Probe 299
–, mit TR 304
Produkt 41, 165, **827**
–, kartesisches 148
Produktgleichheit 349
Produktgleichung 344
Produktmenge 148
Produktwert 41
Produktzerlegung 176
Projektion 714
–, axonometrische 714
–, dimetrische 716
–, isometrische 716
–, Mehrtafel- 714
Promille 362, **827**
Prompt 109, 112
Proportion 344
–, fortlaufende 346
–, mittlere Proportionale 350
–, stetige 350
Proportionalität 348
–, direkte 348, **827**
–, indirekte 349, **808**
Proportionalitätsfaktor 348
Prozent 354, **827**
Prozentsatz 354
prozentual **827**
Prozentwert 354
Punkt 551, **827**
–, merkwürdiger 566
Punkt vor Strich 91, 155, 210
Punkte, Abstand 600
Punktmenge 147, 487, 500, 551, 561
Punktprobe 494, 508, 530, **827**
Punktsymmetrie 558, **828**
Pyramide 708, 730, **828**
–, Mantelfläche 732
–, Oberfläche 732
–, Volumen 730
Pyramidenstumpf 708 f., **828**
–, Oberfläche 735
–, Volumen 735
PYTHAGORAS, allgemeine Form 687, **828**
–, Satz des 594, **828**
–, trigonometrischer 670, **828**
pythagoreische Dreieckszahlen 595
pythagoreische Satzgruppe 595, **828**

Q

Quader 708, 719, **828**
–, Oberfläche 719
–, Volumen 719
Quadrant 485, **828**
Quadrat 794, 805, **829**
–, Fläche 619
–, Potenz 42
–, vollständiges 181
quadratisch **829**
quadratische Ergänzung 181, 524, **829**
quadratische Funktion **829**
quadratische Gleichung 400, **829**
–, allgemeine Form 411
–, lösen mit TR 401
–, Lösungsformel 408
–, Normalform 401
quadratisches Gleichungssystem 423
quadratisches Glied 400
Quadratwurzel 244, **829**
quadrieren **829**
quartische Gleichung 436, 448, **829**
Quersumme 44, **830**
Quotient 42, **830**
Quotientengleichheit 348
Quotientenwert 42

R

Rabatt **830**
rad/RAD **830**
Radialsymmetrie 558
Radiant 654, **830**
Radikand 244, **830**
Radioaktiver Zerfall 454
Radius 625, **830**
Radizieren 243, 264
Raten einer Lösung 441
Rationalmachen des Nenners 260
Rätselaufgaben 393
Raum 552
Raumdiagonale 720
Raute 572, 621, **830**

Rechenoperation 160
– dritter Stufe 155
– erster Stufe 160
– zweiter Stufe 165
Rechenzeichen 160
Rechteck 573, 618
rechter Winkel **830**
Rechtflach, *siehe* Quader
Rechtkant, *siehe* Quader
Rechtsachse 485, **830**
rechtwinklig 714
Relation **831**
Relationszeichen 295, 298
Rentenrechnung 463
Restmenge 146
Resubstitution 424
reziproker Wert 58
Rhombus, *siehe* Raute
Rotationskörper 710, 777
Rücksubstitution 424
Rückwärtseinschneiden 608, 617
Rundungsregeln 72

S

Sattelpunkt **825**
Sattelstelle **831**
Schar 513, **831**
Scheinlösung 301
Scheitel 552, **831**
Scheitelpunkt **831**
–, ermitteln 525, 527, 529
–, Parabel 520, 525
Scheitelpunktform 523, 527, **831**
Scheitelwinkel 554
Schenkel 552, 565, 619, **831**
Schlussrechnung **813**
Schnittmenge 144, **831**
Schnittwinkel 696
Schwerelinien 567
Schwerpunkt 557, 567, 587
Sechseck 643, 798, 805
–, Diagonale 602
–, Konstruktion 643
–, Umfang 643
–, Fläche 643
–, Höhe 602
–, regelmäßiges **831**
Segment, *siehe* Kreissegment
Sehne 604, 625, **832**
Sehnensatz 609
Sehnen-Sekantensatz 610
Sehnenvieleck 623
Seiten 570
Seitenhalbierende 566, **832**
Sekante 531, 604, **832**
Sekantensatz 609
Sekanten-Tangentensatz 610
Sektor, *siehe* Kreissektor
Sekunde 553
senkrecht **832**
sexagesimal 553
Signum-Funktion 484
Simplex **834**
sin, *siehe* Sinus
Sinus 656, **832**
Sinuskurve 659
Sinussatz 680, **832**
–, doppeldeutiger Fall 684
Sokratische Methode 111
Spalte 104
Spitzbogen 630
spitzer Körper **832**
Sprache 119
Stammbruch 52
Steckbriefaufgabe, exponentielle 546
–, lineare 512
–, quadratische 529
Steigung 509, **832**
Steigungswinkel 510
Stelle 486, **832**
Stellenwert 30
Stereometrie 551, 707
stetige Teilung 611
Stetigkeit 500, **832**
Storchschnabel 591
Strahl 551, **832**
Strahlensatz 584, **832**
Strecke 551, **833**
–, inkommensurable 251
–, Länge 600
Streckfaktor 588
Streckung **833**
Streckzentrum 588
Stufenwinkel 555
Stufenzahl 30, **833**
Stumpf **833**
stumpfer Körper **833**
Subjunktion 126
Substitution 424, 699

Substitutionsmethode 426, 458, 467
Substitutionsverfahren 374
Subtrahend 41, **833**
Subtrahieren **833**
Subtraktion 41, 160, **833**
Summand 41, **833**
Summe 41, **833**
–, algebraische 163, 169
Summenwert 41
Supplementwinkel 554, **833**
Symbol, Aufgaben 18
–, CAS 19
–, Hinweishand 18
–, Internet 19
–, Lesen 17
–, schreibende Hand 18
–, Tabellenkalkulation 18
–, Taschenrechner 18
–, typische Fehler 18
–, Warndreieck 18
Symmetrie 556, **833**
–, axiale 556
–, zentrale 558
Symmetrieachse 557
Symmetriezentrum 558

T

Tabelle 104
Tabellenkalkulation 104
tan, *siehe* Tangens
Tangens 656, **833**
Tangente 531, 605, **833**
Tangentensatz 610
Tangentenvieleck 623
Tara **833**
Taschenrechner 88
–, Cursorsteuerung 92
–, Eingabemarke 92
–, Ergebnis-Speicher 94
–, Funktionentaste 100
–, Gleichungen lösen 303
–, Kaufkriterien 103
–, Klammertaste 90
–, Kommataste 64
–, Löschtaste 91
–, Mode 92
–, Operationstaste 90
–, Potenzieren 100
–, Probe 304
–, Runden 74
–, saldierender Speicher 95
–, Speicher abrufen 94
–, Speicher löschen 95
–, Speichern von Werten 94
–, Taste, Zweitbelegung 92
–, Umkehrfunktion 101
–, Umschalttaste 92
–, Vorzeichentaste 90, 162
–, Wurzeltaste 102
–, Zifferntaste 90
Teilbarkeit von Zahlen 44
Teilbarkeitsregeln 44
Teiler 42, 48, **834**
–, gemeinsamer 48
–, größter gemeinsamer 48, **816**
teilerfremd 48
Teilermenge 46
Teilmenge 140, **834**
–, echte 140
Teilradizieren 257
Teilung 611
–, stetige 611
Teilungsverhältnis 613
Term 154, **834**
–, quadratischer 417
Terme berechnen, Taschenrechner 95
Terminologie 17
Terrassenpunkt **825**
Terrassenstelle **834**
Tetraeder 688, 710, **834**
THALES 608
–, Satz des 608
THALES, Satz von **834**
Tilgung 463
TR, *siehe* Taschenrechner
Trace 496
Transversale 566, **834**
Trapez 571, 619, 637, **835**
–, Grundlinien 619
–, Konstruktion 637
–, gleichschenkliges 620
–, symmetrisches 620
–, verschränktes 637
Treppenfunktion 492
Trigonometrie 672, **835**
trigonometrische Funktion 655
trigonometrischer PYTHAGORAS 670, **835**
Trinom 174, 180
Tripel 149

trivial 258, **835**
Tupel 149

U

über Kreuz multiplizieren 314
Umfang 626, **835**
Umfangswinkel 606
Umfangswinkelsatz 607
Umformung 299
–, äquivalente 299
Umkreis 567, 576, 624, 641, **835**
Umsatz **835**
Umsatzsteuer 359
und 121, 403
Unendlich 137, 139
Unendlichkeitsstelle 542
Ungleichung 298, 328, 483
–, Betrags- 336
–, Bruch- 331
–, höhere 419
Ungleichungen, Inversionsgesetz 329
Unstetigkeit 500
Ursprung 485, **835**
Ursprungsgerade 509, **835**

V

Variable 39, 41, 120, 153, 295, 478, **835**
–, abhängige 478
–, indizierte 154
–, unabhängige 478
VE **836**
Venn-Diagramme 142
Verdopplungszeit 366, 463
Vereinigungsmenge 142, 144
vergrößern 588, 722
vergrößern 582
Verhältnis 343, **836**
Verhältnisgleichung 344
verkleinern 582, 588, 722
vermehrter Grundwert 357
verminderter Grundwert 357
Vieleck 576, 622, **836**
Vielfaches 43, 51
–, kleinstes gemeinsames 51, **819**
Viereck 570, **836**
–, überschlagenes 570
–, konkaves 570
–, konvexes 570
–, verschränktes 570
–, Familie 576
Vierflach **834**
VIETA 416, 441
–, Wurzelsatz von 416, 441, **836**
Vollwinkel 554
Vollzylinder 740
Volumen 323, 707, **836**
Vorderglied 344
Vorgänger 29, 156
Vorperiode 70
Vorrangregel 155
Vorzeichen 158, 160
Vorzeichen-Funktion 484
Vorzeichenregel 166

W

W-Achse 485, **836**
Wachstum, beschränktes 463
–, exponentielles 366, 463
–, logistisches 463
wahr 120
Wahrheitswert 120
Wahrheitswertetafel 129
Wechselwinkel 555
Weg 321
wenn ..., dann ... 125
Wertebereich 476, 478
Wertemenge **836**
Wertetabelle 481, 489, 528, **836**
–, Taschenrechner 95
Widerspruch, Symbol 284
Winkel 552, **836**
–, Rechter 554
–, überstumpfer 554
–, gestreckter 554
–, spitzer 554
–, stumpfer 554
–, gegenüberliegende 555
–, gestreckter **837**
–, halbieren 559
–, Komplement- 554
–, Neben- 554
–, negativer 655
–, Null- **837**
–, rechter **837**
–, Scheitel- 554
–, spitzer **837**
–, Stufen- 555

–, stumpfer **837**
–, Supplement- 554
–, überstumpfer **837**
–, übertragen 560
–, Voll- **837**
–, Wechsel- 555
–, Winkelfeld **837**
Winkelfunktion 655, **837**
Winkelhalbierende 562, 566, **837**
Winkelmaß 553, **837**
Winkelminute 553
Winkelsekunde 553
Winkelsumme 563
Winkelumrechnung 553, 654
Würfel 708, 720, **837**
Wurzel 244, **837**
Wurzelexponent 244
Wurzelfunktion 544
Wurzelgesetz 255
Wurzelgleichung 316, **837**
–, lineare 340
–, quadratische 432
Wurzelrechnung 243, **837**
Wurzelterm **837**
Wurzelwert 244
–, Konstruktion 617
Wurzelziehen, teilweises 257

X

x-Achse 485, **838**
x-Koordinate 486, **838**
x-Wert **838**

Y

y-Achse 485, **838**
y-Koordinate 486, **838**
–, berechnen 489, 508
y-Wert **838**

Z

Zahl 27, **838**
–, benannte 154, 163
–, Betrag 159, 334
–, entgegengesetzte 159
–, ganze 132
–, gemischte 53
–, gerade 43, 156
–, irrationale 133, 251, 261, 280, 288, 444, 626, 662, **818**
–, LUDOLF'sche 626
–, natürliche 28, 42, 132, **823**
–, negative 158
–, nicht-negative 791, **824**
–, positive 158
–, positive ganze 28, **826**
–, rationale 133, 251, **830**
–, reelle 134, 252, **831**
–, relative 159
–, römische 36
–, ungerade 43, 156
–, Vorzeichen 158
Zahlbegriff 27
Zahlbereichserweiterung 133
Zahlengerade 158
Zahlenrätsel 393
Zahlenstrahl 29
Zahlensymbol 28
Zähler 52, **838**
Zehneck 802, 805
–, Konstruktion 615, 618
–, Umfang 643
–, Fläche 643
Zehnerpotenz 30, 231
Zeile 104
Zeit 321
Zeitachse **838**
Zeitberechnung 553
Zelle 104
Zentrale 604
zentrische Streckung **838**
Zentrische Streckung 588
Zentriwinkel, *siehe* Mittelpunktswinkel
Zerfall, exponentieller 463
–, radioaktiver 454
Zerfallskonstante 462
Ziffer 28, 30, **838**
Ziffernwert 30
Zinsen 363, **839**
Zinseszins 364
Zinseszinsformel 365
Zinsfaktor 365
Zinsfuß 363
Zinssatz 363
Zuordnung 482
Zuordnungsvorschrift 482
zyklometrische Funktion *siehe* Arkusfunktion
Zylinder 710, 740, **839**
–, Oberfläche 740
–, schiefer 746
–, Volumen 740
Zylinderhuf 711